Pathogens and the Diseases They Cause

VIRUSES

Virus	Group Family	Disease	Page
adenovirus	Adenoviridae	acute upper & lower respiratory tract distress, pharyngitis, pneumonia, follicular conjunctivitis, epidemic keratoconjunctivitis	277, 281 593–594 647–649 652–653
arenavirus	Arenaviridae	Bolivian hemorrhagic fever	281, 743
	Arenaviridae	Lassa fever	281, 743
bunyavirus	Bunyaviridae	encephalitis	283, 742
canine parvovirus	Paroviridae	severe vomiting & diarrhea	743
Colorado tick fever	Reoviridae	encephalitis	743
coronavirus	Coronaviridae	colds, GI disturbances	665–666
coxsackle	Picornaviridae	common cold syndrome & pharyngitis; severe systemic illness of newborn; muscle pain & damage; diabetes; meningoencephalitis	743–744
cytomegalovirus	Herpesviridae	mononucleosis, congenital cytomegalic inclusion disease, severe birth defects	282, 632–634
dengue	Flaviviridae	dengue fever (break-bone fever)	334, 739
Eastern equine encephalitis	Togaviridae	encephalitis	429, 761
Ebola	Filoviridae	hemorrhagic fever	742
enterovirus	Picornaviridae	acute hemorrhagic conjunctivitis	278–279
Epstein-Barr	Herpesviridae	Burkitt's lymphoma, infectious mononucleosis, nasopharyngeal carcinoma	282, 740
erythrovirus (B19)	Parvoviridae	aplastic crisis in sickle cell anemia, fifth disease (erythema infectiosum)	283, 743
feline panleukopenia	Parvoviridae	decreased number of white blood cells with fever	743
Hantaan	Bunyaviridae	Korean hemorrhagic fever	281
hantavirus	Bunyaviridae	hantavirus pulmonary syndrome	281, 284, 666
hepatitis A	Picornaviridae	infectious hepatitis	696–698
hepatitis B	Hepadnaviridae	serum hepatitis	699
hepatitis C	?	hepatitis C (non-A, non-B)	699–700
hepatitis D	?	hepatitis D (delta hepatitis)	700
hepatitis E	?	hepatitis E (enterically transmitted non-A, non-B, non-C)	700
herpes simplex type 1	Herpesviridae	oral herpes, gingivostomatitis, herpes labialis (cold sores), keratoconjunctivitis, herpetic whitlow	281–282, 627
herpes simplex type 2	Herpesviridae	genital herpes, oral & whitlow	282, 627–628
herpesvirus	Herpesviridae	meningoencephalitis	282, 630
human immunodeficiency (HIV)	Retorviridae	HIV disease, AIDS	555–560
human papillomavirus	Papovaviridae	common warts (papillomas), genital warts (condylomas); associated with cervical cancer	271, 586–588, 592
influenza	Orthomyxoviridae	influenza (flu)	280–281, 660–661
Marburg	Filoviridae	hemorrhagic fever	742
measles	Paramyxoviridae	rubeola, sometimes subacute sclerosing panencephalitis (SSPE)	582–583
monkeypoxvirus	Orthopoxviridae	monkeypox	586
parainfluenza	Paramyxoviridae	rhinitis, pharyngitis, bronchitis, pneumonia, croup	280, 648–649, 683
paramyxovirus (mumps)	Paramyxoviridae	mumps	280, 682–684
poliovirus	Picornaviridae	poliomyelitis	278, 768–770
polyomavirus: BK	Papovaviridae	associated with renal transplant infection, immunosuppressed patients	762–763
polyomavirus: JC	Papovaviridae	mild respiratory illness	762–763
poxvirus group (unclassified)	?	molluscum contagiosum	282, 586
rabies	Rhabdoviridae	rabies	280, 434, 758–760
respiratory syncytial	Paramyxoviridae	pneumonia in children under age 1, upper respiratory infection in older children & adults	666–667 652–653
rhinovirus	Picornaviridae	common cold	279, 648
Rift Valley fever	Bunyaviridae	fever & hemorrhage	742
rotavirus	Reoviridae	enteritis	696–697
rubella	Togaviridae	German measles, 3-day measles	581–583
St. Louis encephalitis	Flaviviridae	encephalitis	428, 761
smallpoxvirus	Orthopoxviridae	smallpox	585–586
varicella-zoster	Herpesviridae	chickenpox, shingles	282, 583–585
Venezuelan equine encephalitis	Togaviridae	encephalitis	456, 761
Western equine encephalitis	Togaviridae	encephalitis	761
yellow fever	Flaviviridae	yellow fever	277, 280, 334, 739

FUNGI

Organism	Disease	Page
Aspergillus sp.	aspergillosis, pneumonia in compromised patients, skin infections in burn patients, corneal & external ear infections	590
Blastomyces dermatitidis	blastomycosis	589–590
Candida albicans	candidiasis	590
Calviceps purpurea	ergot poisoning	816
Coccidioides immitis	coccidiodomycosis (valley fever)	667–668
Epidermophyton sp.	ringworm (tinea)	588
Filobasidiella neoformans	cryptococcosis	668–669
Histoplasma capsulatum	histoplasmosis	668
Microsporum sp.	ringworm (tinea)	588
Mucor sp.	zygomycosis	590–591
Pneumocystis carinii	*Pneumocystis* pneumonia	669
Rhizopus sp.	zygomycosis	590–592
Sporothrix schenckii	sporotrichosis	589
Trichophyton sp.	ringworm (tinea)	588

Pathogens and the Diseases They Cause (*Continued*)

BACTERIA—ALSO SEE APPENDIX B

Organism	Gram Stain*	Basic Morphology	Diseases	Page
Actinomadura sp.	+	rod, some filamentous forms	Madura foot (maduromycosis)	591
Actinomyces israelii	+	filamentous, diptheroid, & coccal	actinomycosis, mouth, & other lesions	591
Afipia felis	–	rod	cat scratch fever	597
Bacillus anthracis	+	rod, encapsulated	anthrax	413, 724–25, 796
Bacillus cereus	+	rod, encapsulated	food poisoning	684
Bacteroides sp.	–	small rod	mouth lesions, septicemia, abscesses, Vincent's angina	719
Bartonella bacilliformis	–	curved or coccoid	Oroya fever (systemic form), verruga peruana (cutaneous form)	737
Bartonella henselae	NA	coccobacillus	cat scratch fever	597, 738
Bordetella pertusssis	–	coccobacillus	whooping cough	649–651
Borrelia burgdorferi	–	spiral	Lyme disease	334, 733–4
Borrelia recurrentis	–	large spiral	epidemic relapsing fever	731
Brucella sp.	–	coccobacillus	brucellosis (undulant fever or Malta fever)	730–731
Calymmatobacterium granulomatis	–	rod, encapsulated	granuloma inguinale (donovanosis)	627–628
Campylobacter sp.	–	rod	gastroenteritis	684
Chlamydia psittaci	NA	coccoid, very tiny	ornithosis (psittacosis)	659
Chlamydia trachomatis	NA	coccoid, very tiny	conjunctivitis, trachoma, genital tract infection (nongonococcal urethritis), infant pneumonitis, lymphogranuloma venereum	591–593, 625–626
Clostridium botulinum	+	rod	food poisoning (botulism), wound infections, infant botulism	413, 684–685, 767–8, 796, 818, 821
Clostridium difficile	+	rod	pseudomembranous colitis	382, 694
Clostridium perfringens	+	rod	gas gangrene, food poisoning	413, 595–6, 684, 819
Clostridium tetani	+	rod	tetanus	413, 765–766
Corynebacterium diptheriae	+	rod, club-shaped, pleomorphic, forms palisades	diptheria: pharyngeal, laryngeal & cutaneous	413, 614–615
Coxiella burnetii	NA	coccobacillus	Q fever pneumonia	659–60
Escherichia coli	–	rod	urinary tract infections, "traveler's diarrhea," nosocomial infections	84, 180, 216, 223, 413, 690
Francisella tularensis	–	small rod (coccobacillus)	tularemia	334, 729–730
Gardnerella vaginalis	–	small rod	bacterial vaginitis (nonspecific), urethritis	613
Haemophilus aegyptius	–	coccobacillus	bacterial conjunctivitis	593
Haemophilus ducreyi	–	rod	chancroid	624–25
Haemophilus influenzae	–	coccobacillus, some strains form capsules	meningitis in children under 5, epiglottitis, ear infections, pneumonia in elderly or compromised patients	224, 644
Helicobacter pylori	–	curved rod	chronic gastritis, peptic ulcer	692–694
Klebsiella pneumoniae	–	rod, encapsulated	pneumonia, infant diarrhea, urinary tract infections	128, 223, 408, 652–3, 787, 824
Legionella pneumophilia	–	coccoid rod	Legionnaires' disease (pneumonia)	653
Leptospiria interrogans	–	spiral	leptospirosis	612–13
Listeria monocytogenes	+	rod	listeriosis, meningitis, abortion	757, 776
Mycobacterium avium	A-F	rod	chronic pulmonary disease, opportunistic infections in immunosuppressed patients	655
Mycobacterium leprae	A-F	rod	Hansen's disease (leprosy)	407, 763–765
Mycobacterium tuberculosis	A-F	rod, branching forms	tuberculosis	654–658
Mycoplasma pneumoniae	NA	too small to be visualized by light microscope	primary atypical bacterial pneumonia	645, 653
Neisseria gonorrhoeae	–	cocci in pairs	gonorrhea, ophthalmia neonatorum, meningitis, arthritis, keratitis	616–620
Neisseria meningitidis	–	cocci in pairs; capsules formed in young cells	meningitis, Waterhouse-Friderichson syndrome	444, 756
Nocardia sp.	+	rod, some filamentous forms	nocardiosis, Madura foot (maduromycosis)	660
Porphyromonas gingivalis	–	rod	periodontal disease	682
Propionibacterium acnes	+	rod	acne	384, 580
Providencia stuartii	–	rod	urinary tract infections, wound infections	580
Pseudomonas aeruginosa	–	rod	urinary tract infections, skin lesions, eye & ear infections, septicemia in immunocompromised patients	413, 580–81, 611, 719
Rickettsia akari	NA	coccobacillus	rickettsialpox	737
Rickettsia prowazekii	NA	coccobacillus	epidemic typhus, Brill-Zinsser disease	736
Rickettsia ricketsii	NA	coccobacillus	Rocky Mountain spotted fever	736–37
Rickettsia tsutsugamushi	NA	coccobacillus	tsutsugamushi fever	334, 736
Rickettsia typhi	NA	coccobacillus	endemic or murine typhus	736
Rochalimaea quintana	NA	coccobacillus	trench fever	737
Salmonella enteritidis, S. paratyphi, S. typhimurium	–	rod	salmonellosis (food poisoning)	685–686, 816
Salmonella typhi	–	rod	typhoid fever	686–687
Serratia marcescens	–	rod	urinary tract infections, hospital epidemics, septicemia, peritonitis, arthritis, pneumonia	719

Pathogens and the Diseases They Cause (*Concluded*)

BACTERIA (*Concluded*)—ALSO SEE APPENDIX B

Organism	Gram Stain*	Basic Morphology	Diseases	Page
Shigella boydii, S. dysenteriae, S. flexneri, S. sonnei	−	rod, generally single	shigellosis (bacterial (dysentery)	413, 687–688
Spirillum minor	−	spiral	rat bite fever	597
Staphylococcus aureus	+	cocci in clusters	skin lesions, abscesses, boils, scalded skin syndrome, impetigo, toxic shock syndrome, food poisoning, pericarditis	84, 128, 413, 578, 614, 643, 684, 819
Staphylococcus epidermidis	+	cocci in clusters	skin lesions, contamination of prosthesis	128, 611
Streptobacillus moniliformis	−	rodlike, often pleomorphic	rat bite fever	597
Streptococcus mutans	+	cocci in chains	dental caries, possibly plaque, subacute endocarditis	679–681
Streptococcus pneumaniae	+	cocci in pairs, encapsulated	bacterial pneumonis, otitis media, meningitis, sinusitis	652–653, 757
Streptococcus pyogenes	+	cocci in chains	pharyngitis, skin lesions, impetigo, scarlet fever, erysipelas, puerperal fever, rheumatic fever, glomerulonephritis	413, 579, 644, 719–720
Streptomyces sp.	+	rod, some filamentous forms	Madura foot (maduromycosis)	384, 388
Treponema pallidum	−	spiral	acuqired & congenital syphillus	620–624
Ureaplasma urealyticum	NA	very small rod	nongonococcal urethritis; may be responsible for low sperm counts	626
Vibrio cholerae	−	comma-shaped rod	Asiatic cholera	13, 413, 689
Vibrio parahaemolyticus	−	rod	food poisoning	690
Yersinia enterocolitica	−	rod	yersiniosis (enteritis)	692, 334
Yersinia pestis	−	short, thick rod; exhibits bipolar staining	bubonic plague, septicemic plague, pneumonic plague	433, 436, 727–729

*Key to Gram stain
− = Gram-negative
+ = Gram-positive
A-F = acid fast
NA = not applicable

PARASITES

Organism	Type	Disease	Page
Ancylostoma duodenale (hookworm)	roundworm	Old World hookworm disease	707
Ascaris lumbricoides	roundworm	ascariasis	330, 708–709
Babesia microti	protozoan	babesiosis	749
Balantidium coli	protozoan	balantidiasis	701–702
Clonorchis sinensis (Chinese liver fluke)	flatworm	clonorchiasis	704
Cryptosporidium sp.	protozoan	cryptosporidiosis	702
Diphyllobothrium latum (broad fish tapeworm)	flatworm	diphyllobothriasis	706
Dirofilaria immitis (heartworm)	roundworm	heartworm disease (filariasis)	719
Dracunculus medinensis (Guinea) worm)	roundworm	dracunculiasis	330, 591
Echinococcus glanulosus	flatworm	echinococcosis	706
Entamoeba histolytica	protozoan	amoebic dysentery	701
Enterobius vermicularis (pinworm)	roundworm	pinworm infestation	328, 701
Fasciola hepatica (sheep liver fluke)	flatworm	fascioliasis	326, 328, 704
Fasciolopsis buski (Chinese liver fluke)	flatworm	fasciolopsiasis	705, 710
Giardia intestinalis	protozoan	giardiasis	700
Hymenolepsis nana (dwarf tapeworm)	flatworm	hymenolepiasis	706
Leishmania	protozoan	leishmaniasis	744
L. braziliensis		cutaneous and mucous membrane infection	
L. donovani		kala azar	744
L. tropica		oriental sore (cutaneous)	744
Loa loa	roundworm	loaiasis	330, 595
Necator americanus (hookworm)	roundworm	New World hookworm disease	707
Onchocerca volvulus	roundworm	onchocerciasis (river blindness)	331, 335, 594–595
Paragonimus westermani (liver/lung fluke)	flatworm	paragonimiasis	327, 669–670
Pediculus humanus	louse	pediculosis (lice infestation)	599
Phthirus pubis	louse	"crabs" (pubic lice)	599
Plasmodium sp.	protozoan	malaria	317–318, 745–747
Sarcoptes scabiei	mite	scabies	598
Schistosoma sp.	flatworm	swimmer's itch	591
Schistosoma sp.	flatworm	schistosomiasis	328
Strongyloides stercoralis	roundworm	strongyloidiasis	709–711
Taenia saginata (beef tapeworm)	flatworm	taeniasis	326–327
Taenia solium (pork tapeworm)	flatworm	taeniasis	705–707
Toxocara sp.	roundworm	visceral larva migrans	709
Toxoplasma gondii	protozoan	toxoplasmosis	747–749
Trichinella spiralis	roundworm	trichninosis	330, 707
Trichomonas vaginalis	protozoan	trichomoniasis	615
Trichuris trichiura (whipworm)	roundworm	trichuriasis	709
Trombicula sp.	mite	chigger dermatitis	598
Trypanosoma brucei gambiense and *T. brucei rhodesiense*	protozoan	trypanosomiasis (African sleeping sickness)	773–775
Trypanosoma cruzi	protozoan	Chagas' disease	334, 775–776
Tunga penetrans	sandflea	chigger infestation	598
Wuchereria bancrofti	roundworm	elephantiasis	331–332, 723

The tables of viral and fungal pathogans appear on the back of the facing page.

International Student Version

Black의 미생물학 제7판

PRINCIPLES AND EXPLORATIONS

International Student Version

Black의 미생물학 제7판

PRINCIPLES AND EXPLORATIONS

JACQYELYN G. BLACK
Marymount University, Arlington, Virginia

Contributor: **LAURA J. BLACK**

대표역자 박용근

Black의 미생물학 제7판

인쇄 | 2011년 2월 20일
발행 | 2011년 2월 28일
공역 | 대표역자 박용근

발행인 | 박선진
발행처 | 도서출판 월드사이언스
등록번호 | 제16-1601호
등록일자 | 1988년 2월 12일

주소 | 서울특별시 서초구 방배동 864-31 월드빌딩 1층
전화 | 02) 581-5811~3
FAX | 02) 521-6418
E-mail | worldscience@hanmail.net
URL | http://www.worldscience.co.kr

정가 42,000원
ISBN 978-89-5881-162-6

이 도서의 국립중앙도서관 출판시도서목록(CIP)은 e-CIP 홈페이지(http://www.nl.go.kr/cip.php)에서 이용하실 수 있습니다.
(CIP제어번호: CIP2011000743)」

저자 서문

루벤후크의 '극미 동물' 관찰에서부터 사람에게 처음 접종된 파스퇴르의 광견병백신, 플레밍의 페니실린 발견, SARS의 확산을 막기 위한 연구, AIDS 백신을 개발하기 위한 경쟁에 이르기까지 미생물학의 발전은 과학사에 있어서 가장 극적인 이야기 중 하나가 되었다. 미생물과 사람 사이의 상호작용을 포함해서 미생물이 우리의 삶에 어떤 역할을 하고 있는지 연구하기 위해서 우리는 반드시 그들의 세계, 즉 미생물의 세계에 대해 조사하고 연구해야 한다.

미생물은 어디에도 존재한다. 그들은 산이나 화산뿐 아니라 깊은 바다의 협곡이나 열수구에도 존재하며, 우리가 숨 쉬고 있는 공기나, 우리가 먹는 음식, 심지어 우리 몸속에서도 발견된다. 사실, 우리는 매일 셀 수 없이 많은 미생물과 접하고 있다. 어떤 미생물들은 병을 일으키기도 하지만, 대부분의 미생물들은 병을 일으키지 않는다. 오히려 그들은 에너지를 제공하여 삶을 영위하게 해주는 과정 속에서 중요한 역할을 한다. 심지어 몇몇 미생물들은 질병을 막아주며, 어떤 것들은 병을 치료하기 위해 사용되기도 한다.

미생물은 자연 속에서 다양한 역할을 수행하기 때문에, 미생물학은 줄곧 흥미로우면서 중요한 학문 분야가 되었다. 그리고 미생물은 우리의 일상생활과 밀접한 연관이 있기 때문에, 미생물학의 역사에는 많은 도전과 그에 따른 보상이 있었다. 만약 당신이 신문을 읽게 된다면 미생물학과 관련된 다양한 기사들(예를 들어, AIDS나 결핵, 암과 같은 질병; 말라리아와 뎅기열의 출현, 조류독감, 인체유두종 바이러스(HPV), 웨스트 나일열, 원숭이 천연두, 중증 급성 호흡기 증후군과 같은 새롭게 출현한 질병과 에볼라 바이러스나 한타 바이러스에 의한 질병; 궤양과 위암을 일으키는 미생물; 식량생산 증대를 위해 고안된 기술; 항생제 내성을 유도하지 않는 박테리오파지 사용; 독성폐기물과 기름유출을 정화하기 위해 사용되는 미생물; 인체의 세포 안에 암호화된 유전정보를 해석하는 인간 게놈 프로젝트)을 쉽게 찾을 수 있을 것이다.

주제

이 책의 전체 주제는 미생물학이란 현재 우리 모두에게 영향을 미치는 중요하면서 흥미로운 중심과학이라는 것이다. 여러분들과 함께 학문을 시작하면서 느끼게 되는 설레임을 공유하고 싶다. 여러분들은 미생물학과 관련된 세계에 대하여 이 책에서 이끄는 대로 따라오기 바란다. 농업에서 진화, 또는 생태학에서 치과학에 이르기까지 수많은 영역에서 미생물학은 과학적 지식을 제공하였으며, 문제를 해결해왔다. 따라서, 이 책에서는 미생물학의 역사와 방법론 및 미생물학이 인류에 기여했던 사례들과 최첨단 과학의 진보를 위한 여러 가지 방법들을 소개하려고 한다.

독자와 구성

이 책은 보건과학이나 생물학을 전공하는 학생뿐만 아니라 미생물학의 기초를 확실히 하고자 하는 다른 과학 분야의 학생들도 이해할 수 있도록 되어있다. 이 책에서는 양쪽 독자들에게 미생물학의 일반 개념을 설명하기 위해 방대한 임상정보가 인용되거나 부수적인 다양한 응용설명들이 수록되어 있다.

이번 7판에서는, 박스기사를 재구성하여 학생들이 본문 중간 중간에 나오는 응용설명들의 유형을 쉽게 알 수 있도록 적절한 아이콘으로 표시하였다.

이번 7판의 구성에 있어서 학문간의 통합이 계속 시도되었다. 각 장은

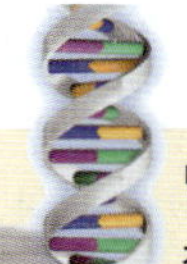

생명공학

당신이 가지고 있는 DNA는 누구의 것인가?

진핵생물의 핵은 한 종의 세포로부터 제거된 후의 핵이 제거된 난자세포질에 착상... 아는 그들 자신의...

공중 보건

비누와 위생

현대적 공중세탁소에서 의류의 세탁 및 건조는 일반적으로 안전한데 만일 수온이 충분히 높다면 의류가 거의 소독되기 때문이다. 비누, 세제와 표백제는 많은 세균을 죽이고 많은 바이러스를 불활성화 시킨다. 세탁기 ...존한 많은 미 ...비누의 사용은 ...있다. 공중화 ...물이 함유되어 ...며 일부 생물 ...으로 액체비누 ...에서 덩어리

확대경

새로운 미생물의 발견

새로운 세계 또는 새로운 창조물을 발견할 여지가 있을까? 그렇다! 최근 과학자들은 심해의 열수 분출공, 분화구, 유전과 같은 다양한 환경으로부터 ... 최초로 ... 물, 기타 ...

도전하라

겨울 딜레마

눈이 오고 얼음이 얼어서 도로는 염과 모래로 덮여 있는 혹독한 겨울을 상상해보라. 그리고 이제 봄이 되었지만 나무와 식물이 도로를 따라 자라는 데에 문제가 있다. 겨울에 뿌린 염에서 나온 과량의 화학물질들이 토양의 화학을 변화시켰거나 토양에서 미생물이 자라지 못하게 된 것인가?

응용

집을 떠날 때는 탄산가스를 가지고 떠나라!

환자로부터 실험실까지 검사시료를 운반하는 것은 때때로 문제점을 야기한다. 미생물은 건조한 조건, 너무 많거나 또는 너무 적은 산소에 노출되면 안 된다. 물론 시료 취급자는 감염으로부터 보호받아야 한다. 예를 들어 임질 환자로부터 Neisseria gonorrhoeae가 생장 하고 있을 거라고 예상하는 시료를 채취하여 운반할 때는 시료 채취현장에서 사용하는 배지에 비교적 많은 양의 이산화탄소를 공급해 주어야한다. 이를 위해 JEMBEC(John E.

기초화학, 세포, 현미경에서부터 대사작용, 생장, 유전학; 미생물과 기생충의 분류; 숙주와 미생물의 상호작용; 인간의 감염질환; 환경미생물학과 응용미생물학에 이르기까지 그룹화 되어 있다. 각 장은 보편적인 미생물학 수업의 진도 순서를 따르고 있다. 하지만, 반드시 처음부터 순서대로 학습하지 않아도 되며, 각자의 목적에 따라 이 책의 진도를 바꾸어 학습해도 된다.

문체와 경향

새로운 분야의 연구나 신약, 심지어는 새로운 질환과 같이 숨가쁘게 변화하는 학문분야에 대한 수업교재들은 가능한 최신 정보들로 빠르게 개정되어야 한다. 이 책은 지리미생물학이나 파지 치료법, 깊고 뜨거운 생물권, 임상적인 실습 등 미생물 전 분야에 걸쳐 최신 정보들을 수록하고 있다. 또한 유전공학이나 분류학, 수평적 유전자 전달, 자궁경부암, 광우병, 면역학과 같이 중요하면서도 급속히 발전하는 분야에 대해서도 각별히 다루었다.

미생물학은 빠르게 발전하는 학문이기 때문에 미생물을 가르치거나 배우는 것은 만만치가 않다. 따라서 이번 *'미생물학 : 원칙과 탐구'* 7판에서는 되도록 문장은 간결, 정확하고 이해하기 쉽도록, 미생물학의 개념과 방법은 명확하고 자세히 묘사하며, 학생들이 설명된 정보들을 쉽게 이용할 수 있도록 구성되었다. 수업에 열정적인 학생들은 약봉지에 적혀진 대로 약을 복용하는 것처럼 이미 정해진 수업만 소화하려는 학생들보다 많은 시간을 들여 본문에 나오지 않은 것들도 공부하려고 한다. 교재가 반드시 설명하려 하는 주제만 다루어야만 하는 것은 아니기 때문에, 직접적이고 딱딱한 설명과 더불어 유머스러운 얘기나 감동적인 이야기 또는 미생물 생활사에 대한 발견과 경이, 그리고 저자가 가지는 학문적 열정을 일부분이나마 전달해 주고자 저자의 생각도 덧붙였다. 학생들은 일상생활이나 직업이 주제와 연관될 때 수업에 가장 높은 관심을 보이기 때문에 미생물학의 지식들을 학생들의 경험과 연결시키는데 중점을 두었다. 앞서 설명된 박스기사들이 하나의 연결통로라고 할 수 있다. 또는 본문 중간중간에 포스트잇 형식으로 본문의 내용과 관련된 토막기사들을 삽입하여 재미있는 막간토론이 되도록 하였다.

감기를 일으키는 리노바이러스는 집안의 가구에서 3일정도 생존할 수 있다.

디자인과 삽화

'미생물학 : 원칙과 탐구' 7판은 철저하게 시각적으로 재구성되어 가독성을 높이고 삽화 사진설명을 늘려 더욱 효과적으로 강의에 사용되도록 하였다. 명확하면서 눈에 쏙 들어오는 삽화나 신중히 선별된 사진들을 수록하여 과학적인 주제에 대한 학생들의 이해도를 높이려 하였다. 전체적으로 단순한 색을 사용하지 않고 학습강의를 위한 목적으로 색을 입혔다. 예를

표 15.6 — See Table 15.6 Key on p.458

바이오테러리즘의 병원

병원체	배양기간	병리징후/ 증상	진단분석	예방조치
탄저균	1-5일	열, 불쾌감, 피로, 기침, 가슴에 가벼운 불쾌감, 감기/독감 같은 증상 2-3일후 개선 호흡기로 갑작스러운 발병. 괴로움, 쇼크, 흉부 X-ray : 폐의 종격이 넓어짐	비강 호흡 배양, 형광 항체, PCR, 혈액-그람 염색, 배양, PCR, 혈청-항원 ELISA	표준
보툴리누스 중독	1-5일	뇌신경마비-하수증, 시력 저하, 입	비강면봉 호흡, PCR, 항원 ELISA,	표준
브루셀라 증				

화학요법	화학적 예방법	백신	비고/(다른 사람에게 전달 가능 여부)
• 사이프로플로삭신 400 mg 8~12시간 마다 정맥주사 • 독시사이클린 200 mg 정맥주사, 그 후 100 mg 12시간 마다 정맥주사 • 페니실린 2000유닛 2시간 마다 정맥주사 • 스트렙토마이신 30 mg/kg 매일 근육주사 또는 젠타마이신 • 어린이/임산부: 사이프로플로삭신, 페니실린, 독시사이클린 중 선택	• 사이프로플로삭신 500mg 하루에 2번씩 × 4주 경구투여 • 만약 백신을 접종하지 않았다면 백신 접종 • 독시사이클린 100mg 하루 2번 경구투여 +백신	바이오포트 백신 0.5ml 1년에 1번 & 1, 2, 4 주, 6, 12, 18 달마다 피하주사	(없음)
• 국방성 7가말-혈청형에 대한 항독소 감소(A-G 연구용 신약) 1병 정맥주사	5가 독소 백신 종류 (A-E)	국방성 7가말-혈청형에 대한 항독소 감소(A-G 연구용 신약) 1병 정맥주사	백신 접종 전에 피부 검사 (없음)

들어 비슷한 분자나 구조들은 쉽게 알 수 있도록 삽화에 나올 때 마다 같은 색이 사용되었다.

삽화는 설명부분을 강화하는 쪽으로 꼼꼼하게 만들어졌다. 본문에 수록된 삽화들은 생산 공정도처럼 간단하기도 하고, 오늘날 가장 많이 사용되고 있는 의학 삽화들처럼 복잡한 것들도 있다. 저자가 개인적으로 소장하거나 관찰한 사진들을 포함하여 본문에 실린 사진들은 본문의 내용을 충실히 보충해준다. 사진들은 수많은 현미경 사진과 임상 검체의 사진, 실험중인 미생물학자, 실험기법과 결과 등으로 구성되어있다. 종종, 익숙하지 않은 주제에 대한 이해를 돕기 위해 어떤 사진들은 선으로 표시하였다.

특화된 학습지도용 특징들

이 책에는 학생들이 미생물학을 더욱 효과적으로 학습하며 이해할 수 있도록 특화된 학습지도용 도구들이 개발되었다. 미생물학을 학습할 때는 새로운 단어를 익히며, 기본개념을 이해하고 다른 개념과 연결시킬 수 있어야 하고, 우리 주변에 이 개념들을 적용하는 것이 필요하다. "미생물학 : 원칙과 탐구"의 학습용 구조는 이러한 목적을 따르고 있다. 이러한 특징들은 각 장의 "시작하며" 부분에 있는 동영상클립이나 중점질문사항, 개념 고리, 요약, 다른 관점에서 보기, 용어정리, 임상사례연구, 비판적 사고를 위한 질문, 자가진단, 웹으로의 탐험 등이 포함되어 있다. 앞의 내용들은 서문 다음에 나오는 "학생들을 위한 성공안내서"에 자세히 설명되어 있다.

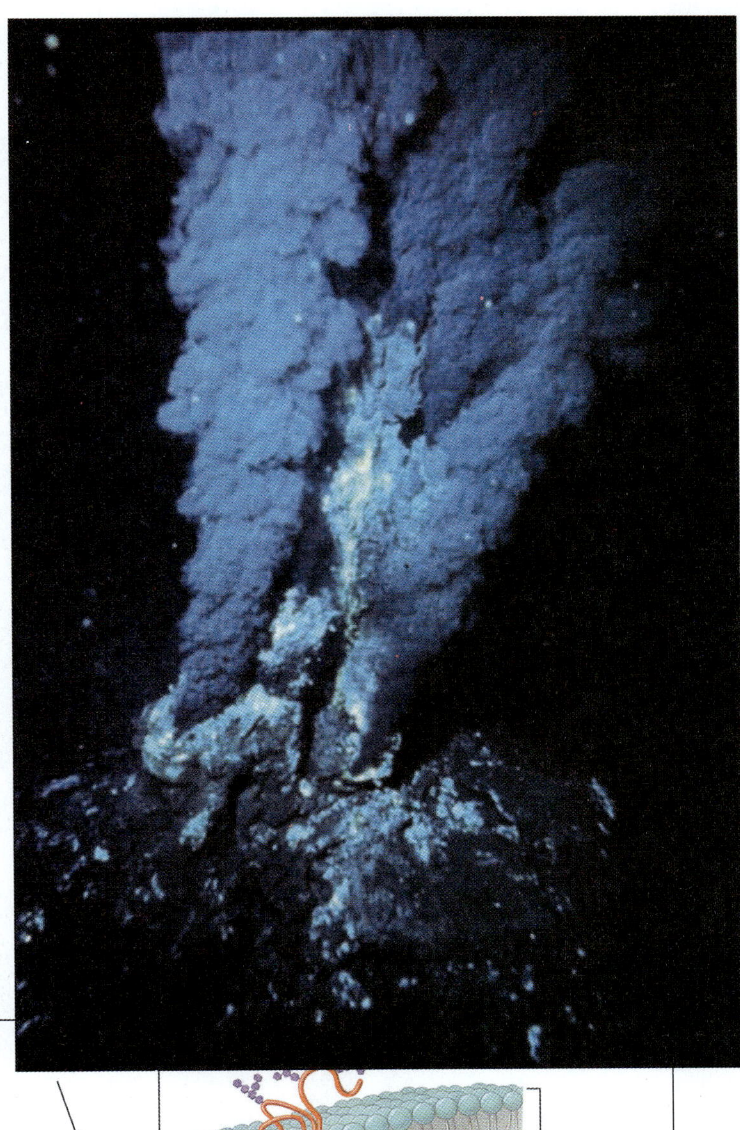

블랙스모커

세포막의 유동성모자이크 모델

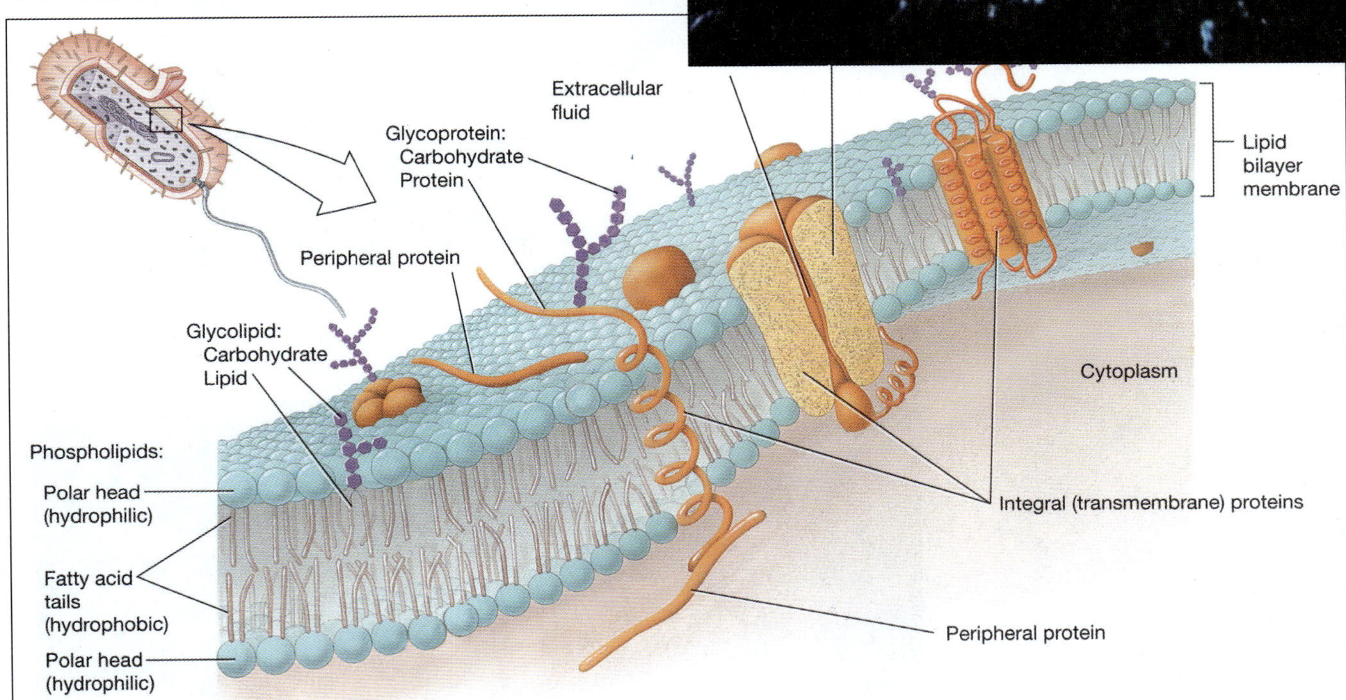

인간파필로마바이러스 예방제인 가다실(Gardasil)

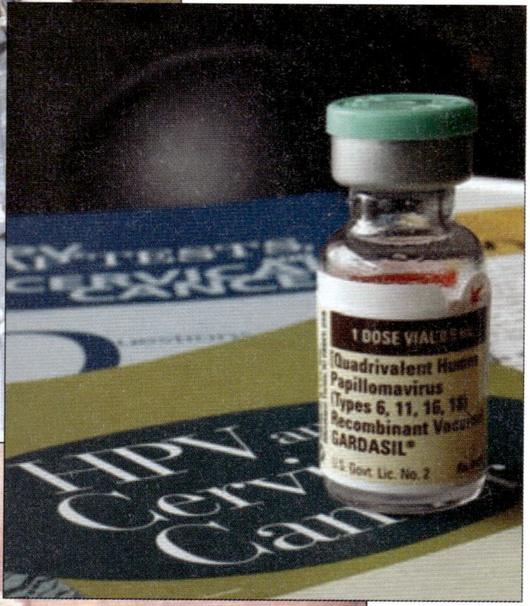

세들락 수도원의 납골당

탄저병의 피하외상

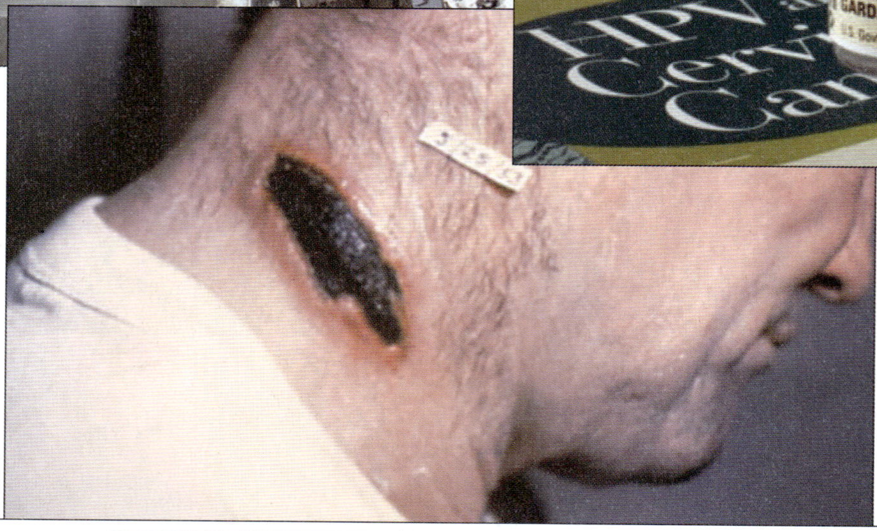

박테리오파지

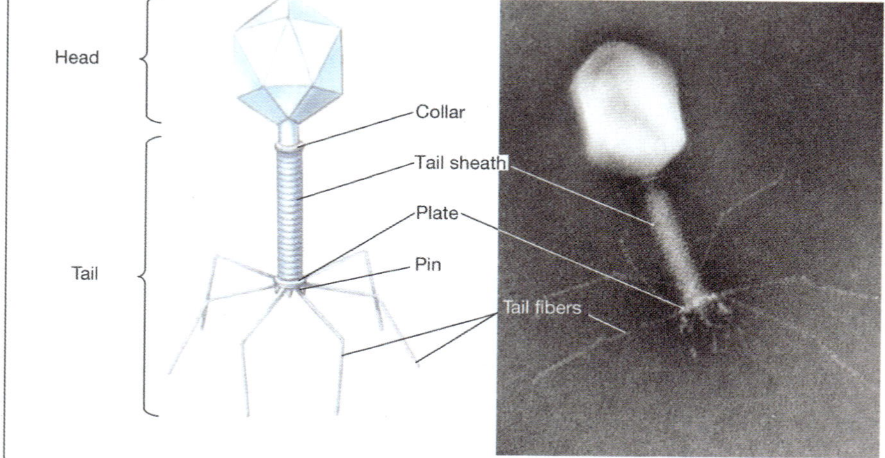

특징

학습과 교육환경을 성공적으로 조성하기 위하여 "미생물학 : 원칙과 탐구" 7판에서는 정교하게 고안된 다음과 같은 보조도구들이 뒷받침되어 있다.

새롭고 다채로운 영상매체

미생물학을 공부하는 것은 흥미로우면서, 한편으로는 목표를 추구해야 한다. 이 점을 염두에 두고 이 책에는 다양한 애니메이션 설명과 동영상이 제공되고 있다.

시작하며

새롭게 도입된 "시작하며"의 동영상클립에서는 각 장의 학습시작을 독려하기 위해 저자가 학생들을 흥미로운 미생물학의 세계로 초대하고 있다. "시작하며"의 동영상들은 WileyPLUS에서 볼 수 있다.

다른 관점에서 보기

이것은 학생들이 관심을 가지는 중점 주제에 대해 추가정보를 제공한다. 애니메이션이나 동영상, 사진, 본문 설명들이 적절히 혼합되어 있어 학생들은 주요 개념의 다른 면에 대하여 탐구해 볼 수 있다. "다른 관점에서 보기" 아이콘은 본문에 표시되어 있으며 WileyPLUS에서 볼 수 있다.

애니메이션

다음에 열거된 추가 애니메이션들은 "미생물학 : 원칙과 탐구"에 삽입된 삽화에 연결되어 제작되었다. 애니메이션 아이콘이 표시된 삽화들은 WileyPLUS에서 볼 수 있다.

2장
산과 염기
화학결합
극성과 용해도
반응과 평형의 유형

3장
세균의 염색 : 그람염색
파장의 유사성

4장
진핵세포의 구조와 기능
단순확산
원핵세포의 구조와 기능
내포작용과 외포작용
체세포분열과 생식세포분열의 비교
삼투
펩티도글리칸
지질다당류

5장
지방과 단백질의 동화작용
효소의 경쟁적 및 비경쟁적 저해
신진대사 및 동화작용과 이화작용의 총합
효소의 기능과 ATP의 사용
비특이적인 질병저항 조절기작
세포호흡

6장
이분법
내생포자의 형성
출아법
획선평판법
엔테로시험관(enterotube)

7장
최종산물저해
효소유도; 락오페론
진핵세포의 유전자는 인트론을 가진다.
돌연변이
중합효소연쇄반응
원핵세포의 DNA 복제
티민 2합체 수선
단백질생합성

8장
유전자 이동
형질도입
접합
재조합 DNA

9장
5계 분류체계
계통림
유전자의 수평적 이동
DNA 혼성화
3도메인 분류체계

10장
바이러스
프리온 단백질

13장
항생제 치료
항생제 기작
항바이러스제 유사물질

16장

선천적 숙주방어

염증

17장

특이적 면역반응의 소개

단일클론항체의 생산

항체매개 면역반응

세포매개 면역반응

18장

중증 근무력증

과민증의 4가지 유형

학생을 위한 편의

출판사의 웹사이트(www.wiley.com/college/black)에서 학생들의 자가 진단을 위한 퀴즈나 생물학 기사검색, 해부학 개요, 통찰과 탐구, 플래시 카드 등을 이용할 수 있다.

미생물학 실험실습서 3판(978-0-470-13392-7, Robert A.Pollack, Lorraine Findlay, Walter Mondschein, Ronald Modesto 공저)은 이 책에 꼭 들어맞는 내용으로 새롭게 출판되었다. 이 실험실습서는 학생들에게 미생물학의 기본 개념을 전달하기 위해 다양한 상호 활동이나 실험들이 포함되어 있다. 또한 이 책은 하나의 성장환경에서 다른 환경으로 미생물을 안전하게 옮기는 방법이나, 미생물의 분류 및 동정, 미생물 생화학에 대한 내용들도 다루고 있다.

강사를 위한 편의

출판회사의 웹사이트는 www.wiley.com/college/black에서 쉽게 접속할 수 있으며, 수업강사에게 다음과 같은 수업지원 자료들이 제공된다.

위스콘신-폭스밸리 대학의 두베르 크로닝(Dubear Kroening)이 **집필한 강사를 위한 수업지침서(Instructor' s Resource Manual)**는 강의 개요 및 본문의 각 표제 관련 강의 지침, 수업시간 중 활동, 강의실에서 수업에 도움이 되는 팁들을 포함하고 있다.

애모리 대학의 엘리사 마골리스가 집필한 **문제은행과 자동화-문제은행(Testbank and Computerized Testbank)**에는 다양한 개념과 응용에 대한 다지선다 및 간단한 주관식 질문들이 포함되어 있다. 자동화-문제은행은 쉽게 사용할 수 있는 문제생성 프로그램으로써, 그림, 시험지, 학생용 답안지 및 정답이 제공된다. 이 놀라운 소프트웨어를 이용하여 강사들은 자신이 설명했던 부분에 관한 시험문제를 출제할 수 있을 것이다.

앤텔로프 밸리 대학의 앤 햄슬리(Anne Hemsley)는 특별히 수업 중 학생들의 토론과 논쟁을 조성하기 위하여 **개인응답체계(Personal Response System Questions)**을 고안하였다.

모데스토 주니어 대학의 리처드 앤더슨(Richard anderson)은 **애니메이션(Animations)**을 통하여 본문의 내용을 한 장의 그림으로 잘 표현하였으며, 당신의 수업자료에 플래쉬 파일이나 파워포인트 슬라이드로 용이하게 삽입될 수 있다.

'미생물학: 원칙과 탐구, 7판' 의 **모든 삽화나 사진(All Line Illustrations and Photo)**은 출판사의 웹사이트에서 jpeg 형식으로 이용할 수 있다.

앤텔로프 밸리 대학의 앤 햄슬리(Anne Hemsley)의 **파워포인트 자료(PowerPoint Presentations)**는 '미생물학: 원칙과 탐구, 7판 '의 주제와 학습 목표에 맞게 만들어졌다. 이 자료들은 삽화와 사진을 삽입하여 본문의 주요 개념들을 전달하도록 제작되었다.

강사를 위한 출판사 웹사이트의 **주문형 투명창(Transparencies on Demand)**을 통하여 '미생물학: 원칙과 탐구 사용자들은 자신만의 그림과 디자인을 만들 수 있다. 본문의 표제나 중심어구를 검색하여 '미생물학: 원칙과 탐구 7판' 의 삽화뿐만 아니라 Wiley 출판사의 다른 생명과학 삽화들도 선택할 수 있다.

WileyPLUS

WileyPLUS는 본문의 온라인 버전을 포함하여 사용하기 쉽도록 웹사이트에서 강의와 학습 자료들을 통합하여 제공하고 있다. WileyPLUS는 수업 중에 여러분이 수행하는 주요 활동들에 맞게 구성되어 있어서 당신에게 다음과 같은 도움을 줄 것이다.

- **준비와 발표.** 본문의 온라인 버전, 파워포인트 슬라이드, 애니메이션 및 여러분의 강연 시간을 효율적으로 만들어줄 기타 다른 것들이 포함된 Wiley 자료들을 이용하여 수업자료를 제작할 수 있다. 수업시간에 필요한 내용에 맞도록 수정하고, 변형하여 추가할 수도 있다.
- **과제 제작.** Wiley에서 제공하는 문제은행을 이용하거나 당신이 직접 작성한 과제나 퀴즈를 자동으로 할당하고 등급을 매길 수 있다. 학생들의 결과값은 자동으로 등급이 나눠져 당신의 등급표에 기록된다. WileyPLUS를 통해 과제의 문제들은 온라인 본문의 해당부분으로 연결되며 학생들은 적절한 도움을 받을 수 있다.
- **학생의 발전경과 추적.** 당신은 학생의 발전정도 및 이해정도를 알아보기 위하여 개인적 또는 전체적인 결과를 분석해주는 등급표를 통해 학생의 발전양상을 추적할 수 있다.
- **학습관리.** Wiley PLUS는 당신만의 방식으로 수업을 진행하기 편리하도록 다른 수업관리 시스템이나 등급표 또는 당신이 수업에 사용하는 다른 자료들과도 쉽게 통합될 수 있다.

ACKNOWLEDGMEMTS

이번 7판의 출간이 현실이 될 수 있도록 도움을 주신 많은 분들에게 감사의 인사를 드립니다. 중요한 팀 멤버였던 Kevin Witt 수석 초고편집자과 Merillat Staat 편집장, Elizabeth Swain 수석 탈고편집자, Madelyn Lesure 수석디자이너, Clay stone 최고영업본무장, Anna Melhorn 수석 삽화편집자, Hilary Newman 사진매니저, Mary Ann Price 사진연구자, Alissa Rufino 편집보조원, Lisa

Vecchio 수석 영업보조원께 감사드립니다.

각 장의 마지막 부분에 있는 자가진단과 요점 사고 문제를 갱신하고 수정해 준 메리몬트 대학 Michael Chase 에게도 감사드립니다. 앤틸로프 밸리 대학의Anne Hemsley는 통찰력 있는 조언과 개정 시 많은 지적에 대해 심심한 감사를 표현합니다. 또한 Martha Roberts의 모든 도움에 대해 특히 감사드립니다.

무엇보다 기꺼이 시간을 내셔서 이 책이 보다 발전할 수 있도록 조언과 제언을 해 주신 많은 검토위원들에게 진심으로 감사드립니다. 여러분의 노력이 의미있는 발전을 이루었습니다.

REVIEWERS FOR THE SEVENTH EDITION

Sally McLaughlin Bauer, Hudson Valley Community College
Gregory Bertoni, Columbus State Community College
Margaret Beucher, University of Pittsburgh
Judith K. Davis, Florida Community College at Jacksonville
Nwadiuto Esiobu, Florida Atlantic University
Sara K. Germain, Southwest Tennessee Community College
Anne Hemsley, Antelope Valley College
Dale R. Horeth, Tidewater Community College
Karen Kendall-Fite, Columbia State Community College
Marty Lowe, Bergen Community College
Rebecca Nelson, Pulaski Technical College
Robert A. Pollack, Nassau Community College
Madhura Pradhan, Ohio State University
Mary V. Mawn, Hudson Valley Community College
Eric Raymond Paul, Texas Tech University
Karl J. Roberts, Prince George' s Community College
Victoria C. Sharpe, Blinn College
Jia Shi, De Anza College
Kent R. Thomas, Wichita State University
Winfred E. Watkins, McLennan Community College
Valerie A. Watson, West Virginia University
Mark Zelman, Aurora University

REVIEWERS FOR PREVIOUS EDITIONS

Ronald W. Alexander, Tompkins Cortland Community College
D.Andy Anderson, Utah State University
Richard Anderson, Modesto Community College
Rod Anderson, Ohio Northern University
Oswald G. Baca, University of New Mexico
David L. Balkwill, Florida State University
Keith Bancroft, Southeastern Louisiana University
James M. Barbaree, Auburn University
Jeanne K. Barnett, University of Southern Indiana
Rebekah Bell, University of Tennessee at Chattanooga
R. L. Bernstein, San Francisco State University
David L. Berryhill, North Dakota State University
Steven Blanke, University of Houston
Alexandra Blinkova, University of Texas
Richard D. Bliss, Yuba College
Kathleen A. Bobbitt, Wagner College
Katherine Boettcher, University of Maine
Clifford Bond, Montana State University
Edward A. Botan, New Hampshire Technical College
Benita Brink, Adams State College
Kathryn H. Brooks, Michigan State University
Burke L. Brown, University of South Alabama
Daniel Brown, Santa Fe Community College
Linda Brushlind, Oregon State University
Barry Chess, Pasadena Community College
Kotesward Chintalacharuvu, UCLA
Richard Coico, City University of New York Medical School
William H. Coleman, University of Hartford
Iris Cook, Westchester Community College
Thomas R. Corner, Michigan State University
Christina Costa, Mercy College
Mark Davis, University of Evansville
Dan C. DeBorde, University of Montana
Sally DeGroot, St. Petersburg Junior College
Michael Dennis, Montana State University at Billings
Monica A. Devanas, Rutgers University
Von Dunn, Tarrant County Junior College
John G. Dziak, Community College of Allegheny County
Susan Elrod, California Polytechnic State University
Mark Farinha, University of North Texas
David L.Filmer, Purdue University
Eugene Flaumenhaft, University of Akron
Pamela B.Fouche,Walters State Community College
Christine L.Frazier, Southeast Missouri State University
Denise Y.Friedman, Hudson Valley Community College
Ron Froehlich, Mt. Hood Community College
David E. Fulford, Edinboro University of Pennsylvania
William R. Gibbons, South Dakota State University
Eric Gillock, Fort Hays State University
Mike Griffin, Angelo State University
Van H. Grosse, Columbus State University
Richard Hanke, Rose State College
Pamela L. Hanratty, Indiana University
Janet Hearing, State University of New York, Stony Brook
Ali Hekmati, Mott Community College
Donald Hicks, Los Angeles Community College
Lawrence W. Hinck, Arkansas State University
Elizabeth A. Hoffman, Ashland Community College
Clifford Houston, University of Texas
Ronald E. Hurlbert, Washington State University
Michael Hyman, North Carolina State University
John J. Iandolo, Kansas State University

Robert J. Janssen, University of Arizona
Thomas R. Jewell, University of Wisconsin–Eau Claire
Wallace L. Jones, De Kalb College
Ralph Judd, University of Montana
John W. Kimball, Harvard University
Karen Kirk, Lake Forest College
Timothy A. Kral, University of Arkansas
Helen Kreuzer, University of Utah
Michael Lawson, Montana Southern State College
Donald G. Lehman, Wright State University
Jeff Leid, Northern Arizona University
Harvey Liftin, Broward Community College
Roger Lightner, University of Arkansa, Fort Smith
Tammy Liles, Lexington Community College
Jeff Lodge, Rochester Institute of Technology
William Lorowitz, Weber State University
Caleb Makukutu, Kingwood College
Stanley Maloy, Sand Diego State University
Alesandria Manrov, Tidewater Community College, Virginia Beach
Judy D. Marsh, Emporia State University
Rosemarie Marshall, California State University, Los Angeles
John Martinko, Southern Illinois University
Anne Mason, Yavapai College
William C. Matthai, Tarrant County Junior College
Pam McLaughlin, Madisonville Community College
Robert McLean, Southwest Texas State University
Karen Messley, Rock Valley College
Chris H. Miller, Indiana University
Rajeev Misra, Arizona State University
Barry More, Florida Community College at Jacksonville
Timothy Nealon, St. Philip' s College
Russell Nordeen, University of Arkansa, Monticello
Russell A. Normand, Northeast Louisiana University
Christian C.Nwamba, Wayne State University
Douglas Oba, Brigham Young University–Hawaii
Roselie Ocamp-Friedmann, University of Florida
Cathy Oliver, Manatee Community College
Raymond B. Otero, Eastern Kentucky University
Curtis Pantle, Community College of Southern Nevada
C.O. Patterson, TexasA&MUniversity
Kimberley Pearlstein, Adelphi University
Roberta Petriess, Witchita State University
Robin K. Pettit, State University of New York, Potsdam
Robert W. Phelps, San Diego Mesa College
Holly Pinkart, Central Washington University
Robert A. Pollack, Nassau Community College
Jeff Pommerville, Glendale Community College
Leodocia Pope, University of Texas at Austin
Jennifer Punt, Haverford College
Ben Rains, Pulaski Technical College
Jane Repko, Lansing Community College
Quentin Reuer, University of Alaska, Anchorage
Kathleen Richardson, Portland Community College
Robert C. Rickert, University of California, San Diego
Russell Robbins, Drury College
Richard A. Robison, Brigham Young University
Dennis J. Russell, Seattle Pacific University
Frances Sailer, University of North Dakota
Gordon D. Schrank, St. Cloud State University
Alan J. Sexstone, West Virginia University
Deborah Simon-Eaton, Santa Fe Community College
K.T. Shanmugam, University of Florida
Pocahontas Shearin Jones, Halifax Community College
Brian R. Shmaefsky, Kingwood College
Sara Silverstone, State University of New York, Brockport
Robert E. Sjogren, University of Vermont
Ralph Smith, Colorado State University
D. Peter Snustad, University of Minnesota
Larry Snyder, Michigan State University
Joseph M. Sobek, University of Southwestern Louisiana
J. Glenn Songer, University of Arizona
Jay Sperry, University of Rhode Island
Paul M. Steldt, St. Philips College
Bernice C. Stewart, Prince George' s Community College
Gerald Stine, University of Florida
Larry Streans, Central Piedmont Community College
Paul E.Thomas, Rutgers College of Pharmacy
Teresa Thomas, Southwestern College
Grace Thornhill, University of Wisconsin–River Falls
Jack Turner, University of Southern California–Spartanburg
James E. Urban, Kansas State University
Manuel Varella, Eastern New Mexico University
Phylis K.Williams, Sinclair Community College
George A. Wistreich, East Los Angeles College
Shawn Wright, Albuquerque Technical-Vocational Institute
Michael R. Yeaman, University of New Mexico
John Zak, Texas Tech University
Thomas E. Zettle, Illinois Central College

Comments and suggestions about the book are most welcome. You can contact me through my editors at John Wiley and Sons.

Jacquelyn Black
Arlington,Virginia

학생을 위한 성공지침서

이 책의 저자는 집필하는 동안 여러분이 미생물학을 더욱 효과적이며 확실하게 공부할 수 있도록 다양한 특징들을 개발해왔다. 어떤 학생들은 자신이 중요하다고 느끼는 부분을 형광펜으로 표시해가며 공부하는 것을 좋아하지만, 이들은 결코 자신의 것으로 오래도록 기억에 남지 못한다. 미생물학을 배우면서 여러분들은 기본개념을 확실히 익히고 다른 개념과 상호 연결시키며 당신 주변의 세계에 그것들을 적용할 수 있어야 한다. 여러분들은 각 장에 나타난 특징들을 따라 밟아가면서 공부시간을 능률적으로 활용할 수 있을 것이다.

이 책의 특징은 이전 교재를 사용해왔던 학생과 이 학문분야를 연구하기를 원하는 학생들의 의견을 반영하고 있다. 이 책을 이용하는 방법을 습득하면 여러분은 미생물의 세계에 대한 새로운 발견들을 즐길 수 있을 것이다. 다음의 내용에서 이 방법에 대한 약간의 힌트를 주려고 한다. 각 장에서 학습해야 할 내용들을 먼저 예상해 보거나 앞으로 배울 내용을 이전에 배웠던 개념과 연결시켜 보면서 시작해보자.

시작부분의 삽화들은 사진과 함께 수록되며, 앞으로 여러분이 배우게 될 주제를 보충하기 위해 실제 생활에 적용되는 사례나 토의 주제 등을 함께 소개하고 있다. 저자가 손을 데었던 일이나 명예훼손 사건처럼 극히 개인적인 이야기에 대한 삽화도 포함되어 있다.

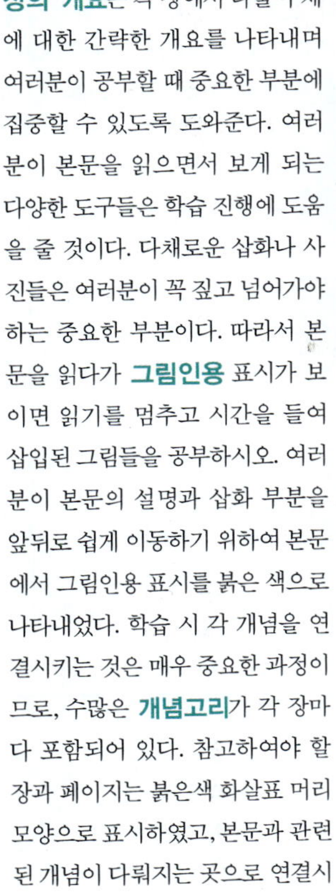

장의 개요는 각 장에서 다룰 주제에 대한 간략한 개요를 나타내며 여러분이 공부할 때 중요한 부분에 집중할 수 있도록 도와준다. 여러분이 본문을 읽으면서 보게 되는 다양한 도구들은 학습 진행에 도움을 줄 것이다. 다채로운 삽화나 사진들은 여러분이 꼭 짚고 넘어가야 하는 중요한 부분이다. 따라서 본문을 읽다가 **그림인용** 표시가 보이면 읽기를 멈추고 시간을 들여 삽입된 그림들을 공부하시오. 여러분이 본문의 설명과 삽화 부분을 앞뒤로 쉽게 이동하기 위하여 본문에서 그림인용 표시를 붉은 색으로 나타내었다. 학습 시 각 개념을 연결시키는 것은 매우 중요한 과정이므로, 수많은 **개념고리**가 각 장마다 포함되어 있다. 참고하여야 할 장과 페이지는 붉은색 화살표 머리 모양으로 표시하였고, 본문과 관련된 개념이 다뤄지는 곳으로 연결시켜 준다.

미생물학의 범위와 역사 1

시작하며...

미생물학자란 누구일까? 병원 연구실에서 하얀 가운을 입고 환자로부터 채취한 병원성 미생물을 배양하는 사람들이 미생물학자일까? 물론 그는 병원 미생물학자이다. 하지만 미생물학은 훨씬 더 많은 것을 포함하며, 이전에는 결코 생각하지 못했던 영역으로 당신을 안내할 것이다.

2명의 지질미생물학자인 뉴멕시코 대학의 다이애나 E. 노스럽 박사(Dr. Diana E. Northrup)(오른쪽, pH 측정 중)와 뉴 멕시코 기술대학의 페니 보스턴 박사(Dr. Penny Boston)와 함께 뉴 멕시코의 레츄길라(Lechuguilla) 동굴로 탐험을 떠나보자. 보호 마스크와 독성 가스를 탐지할 수 있는 측정기는 반드시 가져가야 한다. 자동차의 배터리 내의 산만큼이나 강한 황산들이 벽에서 떨어져 옷이나 피부에 닿을 경우 구멍을 만들기 때문이다. 동굴 벽의 세균들은 "스노타이트(Snotites)"라 불리는 길고 끈적끈적하게 연속되는 세균 군체를 형성하여 강산을 만들고 동굴 벽을 부식시킨다. 지질학자들은 모든 동굴들이 석회암원형이 물에 의해 침식되어 형성되었을 것으로 생각하고 있다. 그러나 지금 우리는 몇몇 동굴, 심지어 몇몇 거대한 동굴들이 바위를 먹는 세균에 의해 형성되었다는 것을 알게 되었다! 우리는 앞으로 더 많은 것들을 배우게 될 것이다.

아직 놀라운 것들이 많이 남아있다. 우리가 이번 장에서 배울 내용은 진짜 모험이 될 것이다!

(오른쪽 위) Chris Howes
(위, 왼쪽 아래) Courtesy Kenneth Ingham

이 주제와 관련된 비디오는 WileyPLUS에서 볼 수 있습니다.

중점 질문 사항

1. 미생물학을 공부하는 세 가지 이유를 쓰시오.
2. 미생물학과 세균학의 다른 점이 무엇인가?
3. 병인학과 역학의 다른 점은 무엇인가?
4. 세균성 질병 5가지와 바이러스성 질병 5가지를 쓰시오.

주요 단락의 끝부분에서는 빨간색 번호로 표시된 중점질문사항이 있다. 일단 학습을 여기서 멈추고 여러분이 학습하였던 내용을 얼마나 이해하고 있는지 점검하시오. 여러분은 몇몇 질문들을 풀기 위해서 기초적인 사실이나 개념을 떠올리면 되지만, 어떤 질문들은 여러분이 배웠던 내용들을 응용해야 해결할 수 있을 것이다. 모든 질문들에 답하려고 노력하시오. 당신이 모든 문제에 답할 수 있다면 다음 장으로 넘어갈 준비가 된 것이다. 각 장의 끝부분에서는 유용한 다른 자료들을 찾을 수 있다. **요약**에서는 각 장의 내용이 간략하게 요약되어 있다. 요약은 각 장에서 보았던 개념과 사실을 설명하는 로드맵이 사용될 수 있으며, 각 장의 중요 중점은 강조하고 연결될 수 있는 요점형식으로 구성되었다. 주의 깊게 복습하고 요약 정보에 대해 스스로 질문하고 답해보시오. 당신이 읽었던 부분을 떠올리고 마음속으로 요약에서 설명된 요점들을 강사가 강의시간에 설명한 내용과 연결하도록 노력하시오. 여러분은 여러분이 생각했던 것 보다 더 많은 것을 기억하고 있음을 알게 될 것이다.

미생물학에 관련된 언어를 말할 수 있다는 것은 미생물학을 마스터하는데 절반은 성공한 것입니다. 어휘를 모르면서 좋은 성적을 받을 수 없음을 명심하시오. 각 장의 핵심 어휘를 복습할 때 **용어정리**를 이용하시오. 단어와 단어를 가장 잘 설명하는 정의를 큰소리로 외치시오. 그 용어들이 각 장의 전체적인 구성에 따라 어떻게 사용되었는지 생각하도록 노력하시오. 만약 단어가 잘 떠오르지 않는다면, 인용페이지를 참고하여 본문에서 단어가 처음 제시되었던 곳으로 돌아가시오.

용어집은 또한 정의를 빠르게 찾는데 유용하다. **부록 C**에서는 단어를 쉽게 기억하고 의미를 이해할 수 있도록 어근의 목록을 나타내었다. 오디오용어집은 출판사의 웹사이트와 연결되어 있으며 여러분은 그곳에서 단어의 정확한 발음을 들을 수 있다.

발음기호

미생물학을 공부하다 보면 종종 새로운 단어들을 발음하기 어려울 때가 있다. 발음하기 어려운 단어들을 위하여 발음기호를 새로운 단어와 함께 표시하였다. 발음은 다음의 간단한 지시를 따른다.

- 하나의 강세부호 (ʹ)는 단어의 주된 강세를 나타낸다.
- 필요에 따라 두개의 강세부호(ʺ)는 약한 강세를 나타낸다.
- 모음 뒤에 따라오는 어떠한 자음도 길게 발음하지 않는다.
- 음절들은 하이픈과 강세부호에 의해서 분리된다.

각 장의 끝부분에는 여러분이 새롭게 얻은 지식을 재확인하도록 도와주는 학습부분이 있다. 이번 7판에서는 **임상사례연구**를 새롭게 추가하였다. 여기서 여러분들은 학습한 내용에 기초하여 의학적 상태에 대해 진단하고 처방을 내려야 하는 요청을 받게 된다. 추가적인 상호작용 사례연구들은 출판사의 웹사이트에서 확인하기 바란다. **요점사고문제**는 단순한 복습에서 더 나아가 여러분이 기본 개념을 어떻게 이해하고 연결시키며 적용해야 하는지 평가할 것이다. **자가진단문제**를 통해 여러분은 실제 시험에 앞서

요약

왜 미생물학을 공부하는가?

- 미생물은 인간을 둘러싼 환경의 일부분이므로 인간의 건강과 생활에 중요하다.
- 미생물에 대한 연구는 생명의 모든 형태에서 삶의 과정에 대한 통찰을 제공한다.

미생물학의 범위

미생물

- 미생물학[...]에는 세균, 조류, 곰팡이, 바이러스, 비로이드, 프리온, 원생동물이 포함된다.

미생물학자

- 면역학, 바이러스학, 화학요법과 유전학은 가장 활발히 연구되는 미생물학의 분야이다.
- 미생물학자들은 대학이나 병원, 산업기관에서 연구자나 강사 및 교사로 일한다. 이들은 진단테스트의 실시와 설계; 항생제와 백신 개발 및 테스트; 감염억제; 공중위생 보호; 환경보호; 식음료 산업에서 중요한 역할을 담

용어 정리

가설(p. 19)	바이러스(p. 5)	세포설(p. 9)	조류(p. 5)
결론(p. 19)	박테리오파지(p. 22)	실험변수(p. 19)	코흐의 가설(p. 13)
균륜(p. 5)	변수(p. 19)	예측(p. 19)	통제변수(p. 19)
미생물(p. 4)	비로이드(p. 5)	원생동물(p. 5)	프리온(p. 5)
미생물학(p. 4)	세균(p. 4)	자연발생설(p. 10)	항생제(p. 17)

자신의 지식을 측정하는 기회를 얻게 된다. 여기에는 다지선다나 참-거짓, 짝짓기, 삽화문제 등이 포함된다.

여러분이 각 장의 학습을 끝내기 전에 **웹상에서 탐구문제**를 풀어보길 바란다. 인터넷은 미생물학의 학습능력을 높일 수 있는 좋은 방법이다. 출판사의 웹사이트(http://www.wiley.com/ college/black)에서는 자가진단문제, 상호작용적 사례연구, 플래쉬카드와 용어퀴즈 제작도구 및 오디오 부록집, 중점 웹 탐색, 탐구활동, 미생물학자와의 인터뷰, 관련 정보의 웹연결, 애니메이션 이용 등 각 장의 내용을 확장시켜주는 다양한 도구들을 제공하도록 제작되어 있다. 각 장의 마지막에 제시된 몇 개의 질문과 설명에서 여러분은 웹에서 탐구해야 하는 주제에 대한 실마리를 찾을 수 있을 것이다.

마지막으로 여러분이 성공에 이르는 가장 중요한 길은 미생물학을 즐기는 것이다. 이 책의 본문을 통해 전달하고자 했던 관심이나 설레임들이 미생물학이었기를 바란다. 미생물학자가 되어 갈수록 더욱 흥분될 것이다. 이것은 결코 지치거나 지루한 것이 아니다. 이것은 끊임없이 새롭고 생명력이 넘치는 학문이다. 이것은 삶을 위한 열정 모두이다. 여러분과 그것을 공유할 수 있다는 사실에 매우 기쁘다. 성공적인 학기가 되길 바란다!

▌ 임상 사례 연구

미국의 의사들이 처음으로 AIDS를 진단하였을 때, 그들은 AIDS에 대하여 많이 알지 못하였다. 그들 앞에는 풀어야 할 수많은 문제들이 기다리고 있었다. 그들은 병인론 측면에서 무엇을 찾았는가? AIDS의 역학에서 무엇이 관찰되었는가?

▌ 요점 사고 문제

1. 18세기 잉글랜드의 에드워드 제너는 처음으로 테스트가 완료되지 않은 천연두 백신을 어린아이에게 주입한 뒤, 얼마 후 살아있는 천연두 바이러스를 주입하였다. 오늘날 비슷한 실험을 수행한 사람이 있다면 어떤 반응이 나타날까? 당신이 생각하기에 현재의 과학자는 가능성 있는 새로운 백신을 어떻게 테스트해야 하는가?

2. 코흐의 가설은 더 이상 들어맞지 않는다고 생각된다. 그러나 아직 많은 질병들의 원인이 밝혀지지 않았고 새로운 질병들이 계속 출현하고 있다. 당신은 시간이 지나면 코흐의 가설이 더 이상 사용되지 않을 것이라고 생각하는가? 당신의 대답은?

3. "우리가 미생물학에 대해서 많이 배울수록, 우리가 모른다는 것을

4. 안톤 반 루벤후크 이외의 사람들도 미생물을 관찰하기 위하여 렌즈를 사용하였을 것이며, 로버트 훅은 1665년에 복합현미경을 개발하여 사용하였고, 루벤후크가 런던왕립협회에 처음으로 편지를 쓴 해는 1673년이다. 왜 우리는 루벤후크의 관찰에 대해서는 알지만, 다른 사람에 대해서는 알지 못할까? 과학자가 자신의 연구결과를 발표하는 것이 왜 중요하다고 생각하는가?

5. 우리가 미생물의 세계를 이해하는 과정 중에는 확대렌즈나 복합현미경과 같은 과학기술의 발전과 고체 배지에 미생물을 배양하기 위해 첨가된 한천의 사용이 있었다. 당신은 과학기술이 여전히 중요한 역할을 하고 있다고 생각하는가? 당신은 미생물 세계를 더 이해하도록 도와주는 최신 과학

▌ 자가 진단 문제

1. 1% 미만의 미생물들은 해로우며 병을 일으킨다. 참일까, 거짓일까?

2. 만약 모든 미생물이 박멸된다면 지구상의 삶은 더 나아질 것이다. 참일까, 거짓일까?

3. 세균 하나의 무게는 ________ 이고, ________ 정도로 작다.
(a) 1 그램, 1 센티미터
(b) 1 밀리그램, 1 밀리미터
(c) 100만 밀리그램, 1,000 밀리미터
(d) 0.00000000001 그램, 1 마이크로미터(μm)
(e) 0.00000000001 밀리그램, 0.00000000001 미터

4. 미생물이 연구에 유용한 이유를 세 가지 쓰시오.

5. 미생물학 연구는 ______에서 중요하다.
(a) 살충제 생산
(b) 농업
(c) 오염 정화
(d) 질병 예방
(e) 위의 답 모두

▌ 웹상에서 탐구 문제

http://www.wiley.com/college/black

당신이 이 장의 공부를 마쳤다면, 웹상에서 도전을 계속 할 수 있다. 위의 웹사이트를 방문하여 이 장의 개념들에 대한 당신의 지식을 조율하고, 밑에 제시된 질문들에 대한 답을 찾아보시오.

1. 당신은 오스트리아, 비엔나의 박물관에서 제멜바이스가 병원에서 사용했던 세면대 중 하나가 전시되고 있다는 사실을 알고 있는가? 제멜바이스에 관한 더 많은 것과 그가 산욕열의 발생률을 내렸던 방법에 대하여 찾아보시오.

2. 웹사이트에서 와인 자체의 풍미를 변화시키지 않으면서 와인 산업에 악영향을 미쳤던 미생물을 제거하기 위해 개발되었던 절차들을 찾아보시오.

역자소개

박용근교수 고려대 생명과학부 (대표역자)

권영인교수 | 한남대 식품영양학과

권오식교수 | 계명대 미생물학과

김경훈교수 | 강원대 생명과학과

김수기교수 | 건국대 동물생명과학부

김평현교수 | 강원대 분자생명과학과

남재환교수 | 가톨릭대 생명공학과

류지훈교수 | 고려대 식품공학부

박경량교수 | 한남대 생명공학과

박만성교수 | 한림대 의대 미생물학교실

박영두교수 | 목원대 바이오건강학부

박진숙교수 | 한남대 생명공학과

방성호교수 | 한서대 생명과학과

방일수교수 | 조선대 치대 미생물학교실

손승렬교수 | 단국대 미생물학과

송홍규교수 | 강원대 생명과학과

안철 교수 | 강원대 의생명공학과

윤철원교수 | 고려대 생명과학부

이인수교수 | 한남대 생명공학과

전계택교수 | 강원대 분자생명과학과

정용태교수 | 단국대 미생물학과

정혜신교수 | 한남대 생명공학과

최순용교수 | 한남대 생명공학과

하남주교수 | 삼육대 약학대학

한성옥교수 | 고려대 생명공학부

황경숙교수 | 목원대 미생물나노소재학과

역자 서문

Jacquelyn G.black의 미생물학은 미생물학의 기초와 응용을 잘 조화시켜 정리한 책이다. 7판까지 거듭되면서 새로운 내용의 추가와 함께 저자의 오랜 강의 경험을 바탕으로 26장으로 나누어 꾸며졌으며 10살부터 이 책 출판 작업을 도운 Black의 딸인 Laura의 도움이 큰 것으로 보인다.

또한 다른 미생물학 서적에서는 볼 수 없는 각 장의 중간 중간에 각 주제에 대한 중점 질문사항을 통해서 미생물학의 지식을 점검할 수 있도록 되어 있고 매 장마다 주제와 부합되는 내용으로 '도전하라(try it)', '응용(application)', '공중보건(public health)', '확대경(close up)', '생명공학(biotechnology)' 등의 box를 기사를 통해 좀 더 풍성한 현장의 경험이나 필요한 지식을 알 수 있도록 하였고 매 장마다 마지막 요약과 더불어 용어정리를 할 수 있도록 했으며 또한 '임상사례연구' 나 '요점사고 문제', '자가 진단 문제' 등을 두어 학생들이 공부한 내용을 복습하는 효과를 최대로 증가시키기 위한 노력이 일반 미생물학 교과서와는 크게 다르다고 할 수 있다. 뿐만 아니라 웹상에서 더 많은 문제들에 도전할 수 있는 탐구문제도 첨가하여 미생물학도들이 효율적으로 공부할 수 있도록 배려되었다.

이 책의 번역에 12개 대학교 26명의 교수들이 참여해서 학생들이 이 책의 내용을 잘 이해할 수 있도록 하기 위해서 최선의 노력을 기울였으나 용어의 통일이나 적당한 우리말의 표현에는 아쉬움이 있었다. 이 책을 가르치면서 좀 더 좋은 번역이 될 수 있도록 개정작업을 서두를 것이다.

끝으로 이 책이 출판될 수 있도록 여러 지원을 아끼지 않은 월드 사이언스 관계자 여러분 특히 임후택부장과 이은경 편집과장 및 편집부 직원들에게 감사한다.

2011년 2월
옮긴이 일동

Brief Contents

23 심장혈관계 질병, 림프계 질병 및 전신병 717

24 신경계 질병 754

25 환경 미생물 782

26 응용 미생물학 815

부록

목차

8 유전자 이동과 유전공학 211

9 분류학의 개요 : 세균 240

19 피부와 눈의 질병; 상처와 물린 상처 574

20 비뇨생식계 질환과 성병 606

21 호흡계 질환 639

22 구강 및 위장관 질환 676

23 심장혈관계 질병, 림프계 질병 및 전신병 717

24 신경계 질병 754

25 환경 미생물 782

26 응용 미생물학 815

List of Boxes

적용

공중보건

확대경

도전하라

생명공학

1 미생물학의 범위와 역사

시작하며...

미생물학자란 누구일까? 병원 연구실에서 하얀 가운을 입고 환자로부터 채취한 병원성 미생물을 배양하는 사람들이 미생물학자일까? 물론 그는 병원미생물학자이다. 하지만 미생물학은 훨씬 더 많은 것을 포함하며, 이전에는 결코 생각하지 못했던 영역으로 당신을 안내할 것이다.

2명의 지질미생물학자인 뉴멕시코 대학의 다이애나 E. 노스럽 박사(Dr. Diana E. Northrup)(오른쪽, pH 측정 중)와 뉴 멕시코 기술대학의 페니 보스턴 박사(Dr. Penny Boston)와 함께 뉴 멕시코의 레츄길라(Lechuguilla) 동굴로 탐험을 떠나보자. 보호 마스크와 독성 가스를 탐지할 수 있는 측정기는 반드시 가져가야 한다. 자동차의 배터리 내의 산만큼이나 강한 황산들이 벽에서 떨어져 옷이나 피부에 닿을 경우 구멍을 만들기 때문이다. 동굴 벽의 세균들은 "스노타이트(Snotites)"라 불리는 길고 끈적끈적하게 연속되는 세균 군체를 형성하여 강산을 만들고 동굴 벽을 부식시킨다. 지질학자들은 모든 동굴들이 석회암원형이 물에 의해 침식되어 형성되었을 것으로 생각하고 있다. 그러나 지금 우리는 몇몇 동굴, 심지어 몇몇 거대한 동굴들이 바위를 먹는 세균에 의해 형성되었다는 것을 알게 되었다! 우리는 앞으로 더 많은 것들을 배우게 될 것이다.

아직 놀라운 것들이 많이 남아있다. 우리가 이번 장에서 배울 내용은 진짜 모험이 될 것이다!

(오른쪽 위) Chris Howes
(위, 왼쪽 아래) Courtesy Kenneth Ingham

이 주제와 관련된 비디오는 WileyPLUS에서 볼 수 있습니다.

지난세기 전까지 10살 미만 아이들 두 명 중 한 명은 전염병으로 죽었다.

당신은 "어떤 미생물이 유행이야"는 말을 다른 사람에게서 들었거나 혹은 당신이 하루 이틀 정도 아플 때 스스로 말한 적이 있을 것이다. 사실, 우리 모두가 가지고 있으면서도 미생물 탓으로 돌리는 원인불명의 병들은 모든 미생물 중에서 가장 작은 바이러스에 의해 유발되었을 것이다. **미생물(microorganism)**의 다른 그룹 - 세균, 균류, 원생동물, 몇몇 조류 - 또한 병을 유발할 수 있다. 그러므로 우리는 미생물학 공부를 시작하기 이전에 미생물을 단지 병을 일으키는 세균으로만 생각하기 쉽다. 보건 과학자는 병원성 미생물과 이들이 일으키는 병을 막고 치료하는 데에 관심이 있다. 하지만 알려진 미생물의 1% 미만이 병을 일으키기 때문에 질병에 관련된 미생물에 대해서 공부를 집중하는 것은 미생물학을 너무 편협하게 보는 것이 된다.

왜 미생물학을 공부해야 하는가?

만약 당신이 미생물이 자랄 수 있게 만들어진 배지위에 책상위의 먼지를 털거나 먼지가 묻은 옷을 흔든다면, 하루 혹은 며칠 후에 다양한 미생물들이 배지 위에서 자라는 것을 관찰할 수 있을 것이다. 또는 당신이 그 배지위에서 기침을 하거나 손가락으로 지문을 찍는다면, 또 다른 종류의 미생물이 배지위에서 자라는 것을 발견할 수 있다. 당신이 인후염에 걸려서 의사가 목구멍에 있는 세균을 배양하게 되면, 다양한 미생물-아마도 당신의 인후염을 유발한 유기체를 포함하여-들이 배양액 안에 존재할 것이다. 따라서, 미생물은 인간과 밀접하게 연관되어 있다. 그들은 우리의 몸 안, 피부, 그리고 우리 주변의 거의 모든 곳에 존재한다**(그림 1.1)**. *미생물학을 공부하는 하나의 이유는 미생물이 인간 환경의 한 부분이며 인간의 건강에 중요하기 때문이다.*

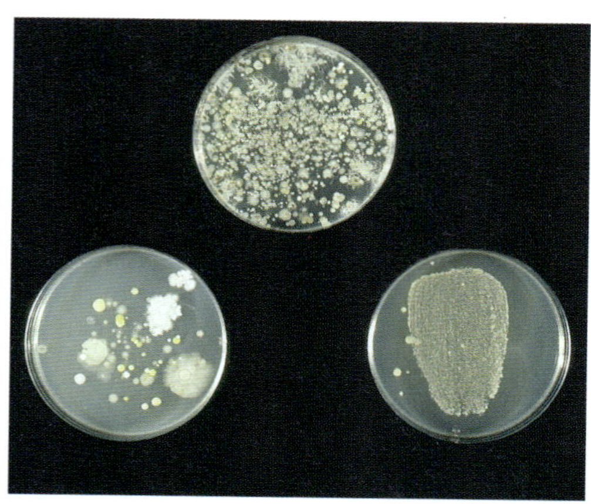

그림 1.1 미생물이 우리 주변의 거의 모든 환경에 존재한다는 것을 보여주는 간단한 실험. 미생물 배양 시 사용되는 한천배지에 흙을 뿌려놓았다(위쪽 배지); 다른 한천배지는 공기에 노출시켰다(왼쪽 아래); 한천배지 표면에 혀로 자국을 내었다(오른쪽 아래). 적당한 조건으로 3일간 배양을 하면 3개의 배지에서 수많은 미생물의 생장이 쉽게 관찰된다.

미생물은 모든 환경에 있어서 생물망으로서 중요하다. 대양이나 민물수역의 미생물들은 햇빛으로부터 에너지를 얻고, 다른 생물들이 영양분으로 사용하는 분자의 형태로 에너지를 저장한다. 미생물은 사체나 살아있는 유기체의 배설물, 심지어는 몇몇 종류의 산업폐기물까지 분해한다. 또한 그들은 질소를 식물이 이용할 수 있도록 만든다.

이런 예들은 미생물이 다른 생물들과 어떻게 상호작용하는지 그리고 자연의 균형을 어떻게 유지하는 지에 대한 많은 예들 중 몇 가지에 지나지 않는다. 대부분의 미생물들은 직접적으로나 간접적으로 다른 생물과 인간에게 유익하다. 그들은 인간이 섭취하는 식물이나 동물이 포함된 많은 먹이사슬의 고리를 연결하는데 중요하다. 수생 미생물은 육안으로 보일 정도의 작은 동물에게 먹이를 제공하고, 이것은 차례로 인간이 섭취하는 물고기나 조개에게 먹이를 제공한다. 어떤 미생물은 소나 양과 같은 초식동물의 소화관에 살면서 그들의 소화 작용을 도와준다. 이러한 미생물이 없다면 소는 풀을 소화시킬 수 없고 말은 건초에서 영양분을 얻을 수 없다. 인간은 때때로 어떤 조류나 곰팡이와 같은 미생물을 직접 먹기도 한다. 예를 들어, 버섯은 현미경으로만 볼 수 있는 크기의 균류가 눈에 보일 정도로 거대하게 뭉쳐진 군체이다. 식품산업에서는 피클이나 소금에 절인 양배추, 요구르트나 다른 유제품들, 음료수에 사용되는 과당, 인공감미료인 아스파탐을 만들기 위해 미생물이 수행하는 생화학반응을 이용한다. 미생물의 발효 반응은 효모 반죽으로 빵을 굽거나 양조산업에서 맥주나 와인을 만들 때도 사용된다.

미생물이 주는 가장 큰 혜택 중 하나는 다른 미생물을 죽이거나 생장을 억제할 수 있는 물질, 즉 *항생제*를 합성할 수 있다는 것이다. 그러므로 미생물은 병을 일으킬 수도 있고 병을 치유하는데 이용될 수 있다. 마지막으로, 미생물은 유전공학에 주요한 도구로서 이용된다. 현재 유전공학 덕분에 인터페론이나 성장 호르몬과 같이 인간에

확대경

우리는 혼자가 아니다.

"우리는 수에서 압도당하고 있다. 보통 인간은 약 10조 개의 세포를 가진다. 인간의 표면에는 약 10배나 많은 미생물, 혹은 100조 개의 현미경으로 볼 수 있는 수준의 작은 생물들이 존재한다... [그들은] 그들이 속한 곳에서 조화롭게 지내고 있는 한, 우리에게 해를 끼치지 않는다... 사실, 그들 중 다수가 우리들에게 몇몇 중요한 서비스를 제공하고 있다. [하지만] 대부분은 기회주의자이며, 만약 생장이 증가하거나 새로운 부위로 침투하는 기회가 주어진다면 감염을 일으킬 것이다."

- 로버트 J. 설리반, 1989

게 중요한 몇몇 물질들은 미생물에 의해 비용이 절감되어 생산되고 있다.

새로운 미생물들은 유출된 석유를 분해하고, 흙으로부터 독성 물질을 제거하거나 다루기 위험한 폭발물질을 처리하는데 이용된다. 이들은 우리의 환경을 정화하는 주요한 도구가 될 것이다. 다른 미생물들은 폐기물을 에너지로 전환하도록 설계될 것이다. 어떤 미생물들은 다른 생물 종에 원하는 유전자를 도입시킨다 - 예를 들어, 농작물은 식물생장에 필요한 질소함유 물질을 만드는 세균의 유전자가 주입될 것이다. 현재 그리고 내일의 더 많은 사람들이 많은 미생물이 만드는 산물과 과정을 배우고 이해해야만 한다.

비록 단지 몇몇 미생물들이 병을 일으키지만, 병이 전염되는 방법과 진단, 치료, 예방법을 배우는 것은 보건과학 분야에서 대단히 중요하다. 이러한 지식들은 당신이 환자를 돌보는 직업에 종사하거나 자신이 감염되는 것을 막을 때 필요할 것이다.

미생물학을 배우는 다른 이유는 이 학문이 *모든 생활형에서 생명의 과정을 자세히 보여주기 때문이다*. 다양한 분야의 생물학자들은 미생물학의 개념을 이용하고 미생물 자체를 이용한다. 생태학자들은 물질이 어떻게 분해되어 끊임없이 재순환되는지 이해하기 위해 미생물학의 원리를 차용한다. 생화학자들은 미생물을 이용하여 대사경로-살아있는 생명체에서 일어나는 일련의 화학반응-를 연구한다. 유전학자들은 유전정보가 어떻게 전달되며 유전정보가 생물의 구조와 기능을 어떻게 조절하는지 연구하기 위해 미생물을 이용한다.

하나의 세균은 약 10^{-11}그램(g)의 무게가 나가지만, 미생물의 총 무게는 지구 생물량의 약 60%를 차지한다.

미생물은 적어도 3가지 이유 때문에 연구에 유용하다.

1. 다른 미생물과 비교해보면, 미생물은 상대적으로 간단한 구조를 가지고 있다. 복잡한 다세포 생물보다는 간단한 단세포생물에서 생명의 과정을 쉽게 연구할 수 있다.
2. 합리적인 가격면에서 다량의 미생물이 통계적으로 믿을만한 결과를 도출하기 위해 실험에 사용된다. 10억개의 세균을 키우는 비용은 쥐 10마리를 유지하는 비용보다 적게 든다. 많은 수의 미생물을 가지고 하는 실험은 적은 수의 개체변이를 가진 생물보다 더 믿을만한 결과를 준다.
3. 미생물은 매우 빠르게 번식하기 때문에 유전정보의 전달에 대한 연구에서 특히 유용하다. 어떤 세균은 1시간에 세포분열을 세 번 할 수 있어서, 여러 세대에 걸쳐 유전자 전달의 영향이 빠르게 나타난다.

과학자들은 미생물에 대해 연구하면서 생명의 과정과 질병의 제어를 이해하는데 괄목할 만한 성공을 이루었다. 예를 들어 지난 수십년 동안 백신은 유아기의 무서운 질병들-홍역, 소아마비, 풍진, 유행성 이하선염, 천연두를 포함-을 거의 퇴치하였다. 한때 유럽인의 10명 중 1명은 천연두로 사망했지만, 1978년 이후로는 지구 어느 곳에서도 사례가 보고되지 않고 있다. 세균에서 유전적 변이가 항생제 내성을 유도하는 방법이나 유전정보가 처리되는 방법에 대해서는 많이 알려져 있다. 하지만, 아직 알아야 할 것들이 훨씬 많이 남아있다. 예를 들면, 과연 백신이 전세계적으로 사용될 수 있을까? 새로운 항생제의 개발이 미생물의 유전적 변이에 뒤지지 않을 수 있을까? 해외여행의 증가가 질병의 전염에 지속적으로 영향을 주는가? 오염되지 않은 숲이 인간에 의해 계속 잠식되어질 때 새로운 질병이 출현할 수 있을까? 후천성면역결핍증(AIDS)에 대한 백신이나 효과적인 치료법이 개발될 수 있을까? 앞의 예시들은 다음 세대의 생물학자와 보건학자가 도전해야할 과제들이다.

지구라는 행성에서도 세균의 전체적인 분포와 중요성이 지금 막 밝혀지고 있다. 심부시추 프로젝트 과정 중에는 어느 누구도 상상하지 못한 깊이에서 서식하는 세균들이 발견되었다. 처음에는 세균들이 시추장비의 표면에서 오염되었을 것으로 보고되었지만 현재 여러 가지의 심층조사 결과, 프랑스에서는 1.6 km, 알라스카의 4.2 km, 스웨덴의 5.2 km와 같은 깊이에서 세균 개체군이 확인되었다. 우리가 계속 아래로 뚫고 내려가더라도 그 지역에서 서식하는 세균들은 항상 발견될 것이다. 비록 지구의 중심으로 접근할수록 온도는 깊이에 비례해서 올라가지만, 알래스카의 어떤 세균들은 약 110℃에서도 생존한다! 미국의 과학자 토마스 골드(Thomas Gold)가 명명한, "깊고, 뜨거운 생물권(deep, hot biosphere)" 에 대한 많은 증거들이 축적되고 있다. 미생물의 생활영역은 "지표생물권(surface biosphere)" 에서 10km 깊이까지 펼쳐져 있다. 앞의 두 생물권사이의 경계를 따라서 석유, 황화수소(H_2S), 메탄(CH_4)과 같은 물질들이 용승하고 있으며, 깊숙한 지역에 서식하는 세균이 이 물질들과 함께 위쪽으로 이동한다. 이제 과학자들은 전 지표면의 밑에 위치한 깊고 뜨거운 지각을 채우고 있는 "연속된 지각층의 배양체(continuous subcrustal culture)"를 언급하고 있다. 지표생물권의 세균 총량은 다른 모든 생물체의 전체 무게를 훨씬 초과한다. 여기에 깊고 뜨거운 생물권에 서식하는 세균들의 전체 무게를 더한다면, 우리 지구를 "세균의 행성(the planet of bacteria)" 이라 부르는 것이 정확한 표현일 것이다.

이 장의 초반부 사진에서 설명된 동굴은 깊고 뜨거운 생물권으로부터 기체가 분출되는 지역으로 두 생물권사이의 경계에서 형성된 장소 중 하나이다. 이 책에서 우리는 다른 경계지역(예를 들어, 해저 깊숙한 곳에서 발견되는 블랙스모커(black hot smoking vents), 지각판위의 대양에서 분출되는 냉용수, 미국의 옐로우스톤 국립공원이나 러시아의 캄차카반도의 부글부글 끓는 진흙 도가니)에서 발견되는 세균에 대하여 살펴볼 것이다. 물론, 이 장의 초반부 사진에 나온 매혹적인 동굴에 대해서 좀 더 알아볼 것이다.

미생물학의 범위

미생물학(microbiology)은 **미생물(microbe)**에 대해 연구하는 것으로, 미생물은 크기가 너무 작아서 그들을 연구하기 위해서는 현미경이 필요하다. 우리는 미생물학의 범위에 대해 다음의 2가지 측면에서 생각해 보려 한다 : (1) 미생물의 다양한 종류와 (2) 미생물학자가 하는 작업에 대한 종류

미생물

미생물학에서 연구되는 미생물의 주요 그룹은 세균, 조류, 균류, 바이러스 그리고 원생동물이다**(그림 1.2a~e)**. 모든 그룹들은 자연에 넓게 분포되어 있다. 최근 연구에 따르면, 꿀벌의 양분(일벌이 섭취한 꽃가루로 만든 영양분)에서 188종류의 곰팡이와 29종류의 세균이 발견되었다. 대부분의 미생물은 하나의 세포로 구성된다(세포란 살아있는 생물체에서 구조와 기능의(기본 단위이다: 이것에 대해서는 4장에서 다룰 것이다). 생물과 무생물의 경계에 있는 작은 무세포 개체인 바이러스는 세포 안으로 들어가서 살아있는 미생물처럼 행동한다. 이들 또한 미생물학에서 다룬다. 미생물의 크기는 직경이 20 nm인 작은 바이러스부터 어떤 원생동물은 5 mm 이상 되기도 한다. 다른 말로 말하면, 가장 큰 미생물의 크기는 가장 작은 미생물의 25만 배나 된다! (계량 단위의 설명은 ◀부록 A를 참고하시오.)

길이가 1 μm(1/1000 밀리미터)인 세균 500마리는 글자 "i" 의 윗점 끝에서 끝까지 길이정도 될 것이다.

현재까지 알려진 다양한 미생물 그룹 중에서, 세균에 대한 연구가 가장 잘 수행되었다. **세균(Bacteria)** (단수는 *Bacterium*)은 대개 구형, 막대형, 나선형이며 몇몇 종은 실 형태를 가지는 단세포 미생물이다. 대부분은 너무 작아서 고배율의 광학 현미경에서만 관찰된다. 비록 세균이 세포의 형태지만, 세포핵을 가지지 않으며, 대부분의 다른 세포에서 발견되는 막성세포소기관을 가지고 있지 않다. 많은 세균들이 주변 환경으로부터 영양분을 섭취하지만 어떤 세균들은 광합성이나 다른 합성경로를 통해 스스로 영양분을 만들기도 한다. 어떤 세균들은 운동성이 없지만, 어떤 세균들은 움직여서 이동할 수 있다. 세균은 수중환경이나 부패된 물질에서 발견될 정도로 자연계에 널리 퍼져 있다. 그리고 어떤 세균들은 때때로 병을 일으키기도 한다.

세균과는 대조적으로 몇몇 미생물 그룹들은 세포핵을 가지며 크고, 복잡한 구조의 세포들로 구성되어 있다. 조류, 균류, 그리고 원생동물이 여기에 속하며, 이들 모두는 형광현미경으로 쉽게 관찰된다.

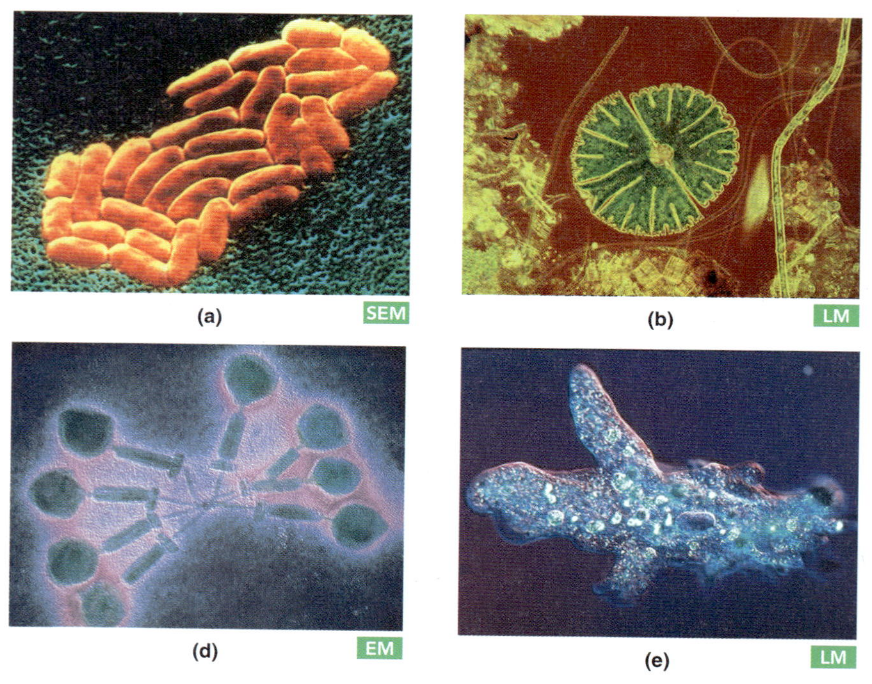

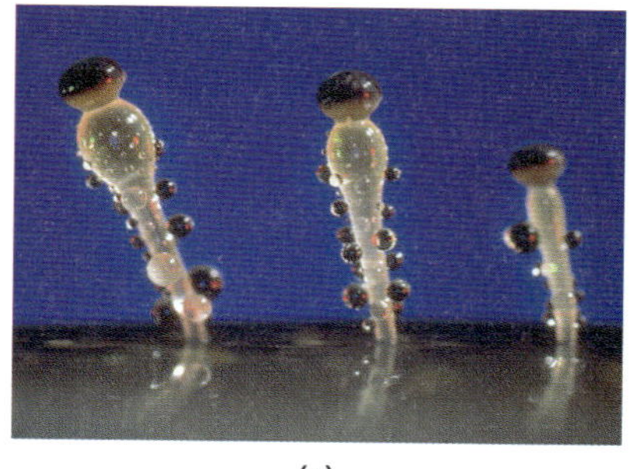

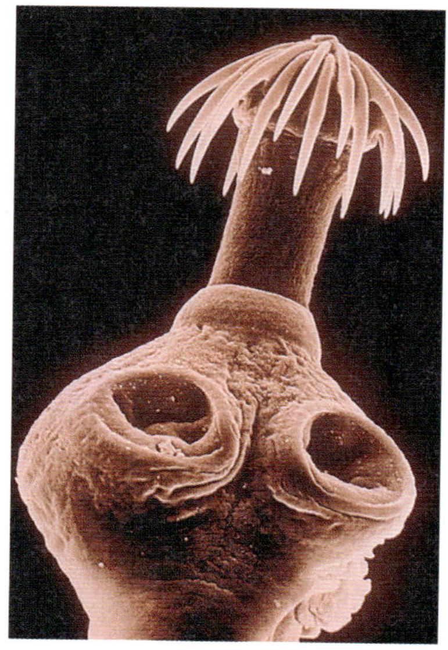

그림 1.2 대표적인 미생물들(인공적으로 색을 입혔음). (a) 클렙시엘라 뉴모니아(*Klebsiella pneumoniae*) 세포, 인간에게 폐렴을 일으킬 수 있음 (5, 821X) **(b)** *Micrasterias*, 담수에 서식하는 녹조류의 하나(334X) **(c)** 위쪽부위에 새로운 지역으로 균체를 형성하기 위해 공기중으로 퍼뜨리는 검은포자낭을 가지는 *Philobolus crystallinus* 곰팡이 균의 자실체 (50X) **(d)** 세균파지(세균에 감염하는 바이러스 :35,500X) **(e)** 아메바, 원생동물(183X) **(f)** *Acanthrocirrus retrirostris* 촌충의 머리부분 (189X). 기생충은 머리 꼭대기 부분에는 인간의 장 조직에 부착하는데 사용되는 갈고리와 흡착판을 가지고 있다.

표 1.1

미생물과 기생충에 의해 발병되어 보고된 질병들[a]

세균성 질병	세균성 질병	세균성 질병	바이러스성 질병	조류성 질병
탄저병	선회병	연쇄상구균 독소충격증후군	한타바이러스 폐렴 증후군	없음
세균성 뇌막염	라임병	매독	간염 A,B,C	**곰팡이성 질병**
보툴리누스 중독	뇌막염	파상풍	간염(미확진된)	콕시디오이데스 진균증
브루셀라 증	백일해	독소충격증후군	에이즈(성인)	
연성 하감	역병	(연쇄상구균 제외)	에이즈(소아)	**원생생물성 질병**
클라미디아 성병 감염	앵무새병	결핵	독감	크립토스포리디오시스
콜레라	Q열병	야토병	홍역	원포자충증
디프테리아	로키산 홍반열	장티푸스 열병	유행성 이하선염	지아르디아성 질병
O157:H7 대장균	살모넬라증	반코마이신 저항 황색 포도상 구균	급성 회백수염 (마비성)	말라리아
식중독	시가독소를 만드는 대장균			**기생충 질병**
임질	이질	**바이러스성 질병**	광견병(동물과 인간)	선모충병
헤모필루스 독감 감염 (침투성)	연쇄상구균병 ,침투성, 그룹 A	후천성 면역 결핍증 (징후성 경우)	풍진(독일 홍역)	
한센병(나병)	연쇄상구균 폐렴 ,	아르보바이러스 감염	사스(중증 급성 호흡기증후군)	
재향 군인병	약제 내성 침투성 질병	뇌염 : (eastern equine, St,Louis, West Nile, western equine)	천연두	
			수두(대상 포진)	
			황열	

[a] 감염질환은 주마다 다르게 보고된다. 이 표는 미국 질병관리본부(CDC)에 주로 보고된 질병들을 나타내고 있다.

많은 **조류(algae)**(단수는 *alga*)들이 현미경으로 볼 수 있는 단세포 미생물이지만, 어떤 해조류들은 거대하면서 상대적으로 복잡한 다세포 생물체이다. 세균과는 달리, 조류는 확실히 구분되는 세포핵과 다수의 막성세포소기관을 가진다. 모든 조류는 식물처럼 광합성을 통해 자신의 영양분을 얻을 수 있으며 많은 조류들이 이리저리 움직일 수 있다. 조류는 담수나 대양에 널리 분포하고 있다. 조류는 그 수가 굉장히 많으며, 햇빛으로부터 만든 영양분이 에너지를 포함하고 있기 때문에 다른 생물체가 섭취하는 중요한 영양원이 된다. 조류는 의학적으로는 그리 중요하지 않다; 오직 *Prototheca* 종만이 인간에게 질병을 유발하는 것으로 알려져 있다. 엽록소를 잃어 더 이상 영양분을 만들지 못할 때는 인간처럼 먹이를 섭취하기도 한다.

조류와 비슷하게 효모나 몇몇 사상균과 같이 많은 **균류(fungi)**(단수는 *fungus*)는 현미경으로 볼 수 있는 단세포 미생물이다. 어떤 균류들은 버섯처럼 다세포이며 육안으로 관찰될 수 있다. 균류는 세포핵과 세포내 기관을 가지고 있다. 모든 균류는 주변에서 만들어진 영양분을 섭취한다. 어떤 곰팡이들은 거대하게 연결된 필라멘트 구조를 형성하기도 하지만, 대개 움직이지 않는다. 균류는 사체의 분해자로써 물이나 흙에 골고루 퍼져있다. 의학적으로 어떤 균류들은 백선이나 캔디다성 질염과 같은 병원체나 또는 항생제의 원료로써 중요하다.

바이러스(virus)는 광학현미경으로도 보이지 않을 정도로 작은 무세포 개체이다. 이들은 특수한 화학물질−핵산과 몇몇 단백질(◀2장 참고)−로 이루어져 있다. 실제로 몇몇 바이러스는 결정화되어 선반의 용기 안에서 수년 간 보관될 수도 있다. 하지만, 이 바이러스들은 여전히 세포침투 능력을 보유하고 있다. 바이러스는 세포 안으로 침투했을 때에만 스스로 복제하며 살아있는 개체의 특성을 보인다. 많은 바이러스들이 인간세포에 침투하여 병을 일으킨다. 병을 일으키는 훨씬 작은 무생물 개체로는 **비로이드(viroids)** (단백질 외피가 없는 핵산)과 **프리온(prions)** (핵산이 없는 단백질)이 있다. 비로이드는 다양한 식물병을 유발하는 반면, 프리온은 광우병과 이와 관련된 질환을 유발하는 것으로 알려져 있다.

원생동물(protozoa)(단수: protozoan) 또한 적어도 하나의 세포핵과 여러 세포내 기관들을 가지며 현미경으로 볼 수 있는 단세포 미생물이다. 몇몇 아메바 종들은 육안으로 관찰될 정도로 크지만, 세포 구조를 연구하기 위해서는 현미경이 필요하다. 다수의 원생동물들은 작은 미생물을 삼키거나 섭취하여 양분을 얻는다. 대부분의 원생동물들은 움직일 수 있지만, 인간에게 질병을 일으키는 몇몇 원생동물들은 이동성이 없다. 원생동물은 물이나 토양환경에서 발견될 뿐 아니라, 말라리아를 옮기는 모기와 같이 동물의 몸속에서도 발견된다.

미생물학의 범주 안에 당연히 속하는 미생물 이외에도 우리는

표 1.2

미생물학의 분야	
분야(발음)	**연구 예**
미생물 분류학	미생물의 분류
연구되는 미생물에 따른 분야	
세균학(Bacteriology) (bak″ter-e-ol′o-je)	세균
조류학(Phycology) (fi-kol′o-je)	조류 (phyco, "해초")
균류학(Mycology) (mi-kol′o-je)	균류 (myco, "곰팡이")
원생동물학(Protozoology) (pro″to-zo-ol′o-je)	원생동물 (proto, "최초"; zoo, "동물)
기생충학(Parasitology) (par″a-si-tol′o-je)	기생충
바이러스학(Virology) (vi-rol′o-je)	바이러스
연구되는 과정이나 기능에 따른 분야	
미생물 대사학	미생물에서 발생하는 화학반응
미생물 유전학	미생물에서 유전정보의 전달과 기능
미생물 생태학	미생물끼리 혹은 미생물과 주변환경과의 연관관계
보건관련 분야	
면역학(Immunology) (im″u-nol′o-je)	숙주가 미생물의 감염에 어떻게 방어하는가
역학(Epidemiology) (epi-i-de-me-ol′o-je)	질병의 빈도와 분포
병인학(Etiology) (e-te-ol′o-je)	질병의 원인
감염억제	병원에서 감염되거나 (nosocomial, nos-o-ko' me-al) 병원에서 획득된 감염을 어떻게 제어하는가
화학요법	질병을 치료하는 화학물질의 개발 및 사용
지식의 응용에 따른 분야	
식음료 기술	신선하고 보존식품에서 질병유발 미생물로부터 인간을 보호하는 방법
환경미생물학	안전한 음용수의 유지, 폐수처리, 환경오염을 제어하는 방법
산업미생물학	미생물의 발효산물과 다른 산물의 생산을 위해 미생물의 지식을 이용하는 방법
제약미생물학	항생제, 백신 및 다른 건강제품을 생산하는 방법
유전공학	인간에게 유용한 물질을 생산하기 위해 미생물을 이용하는 방법

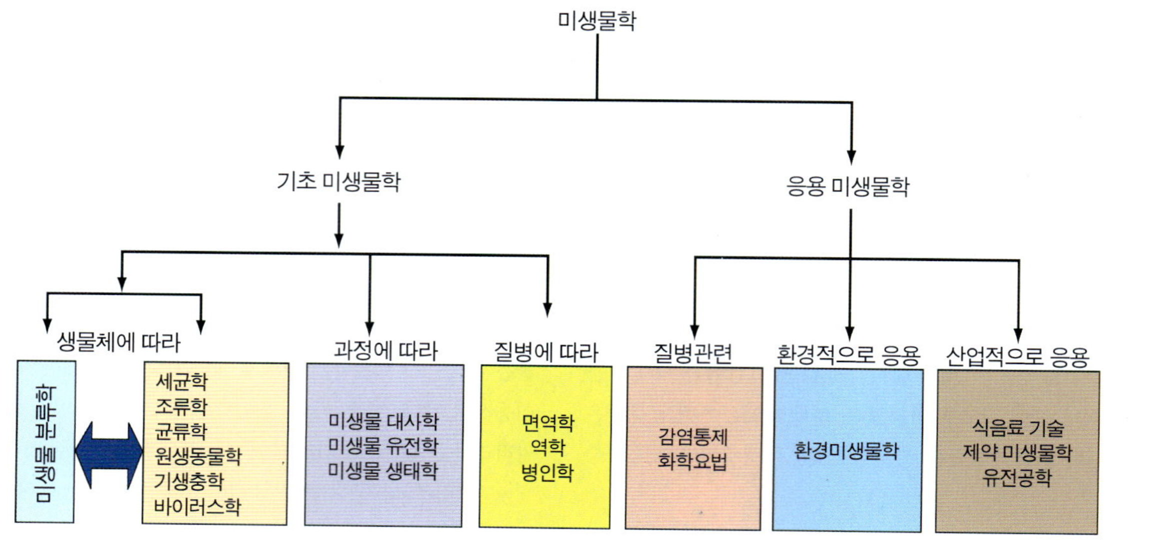

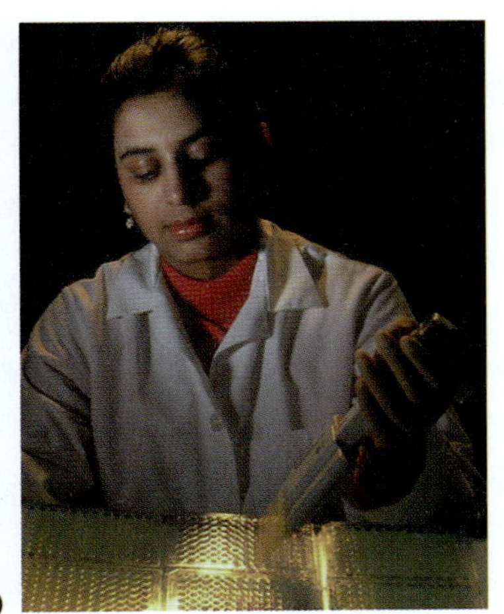
(a)

(b)

(c)

(d)

(e)

그림 1.3 다양한 직업에서 미생물학이 사용된다. 다음의 직업들에서 미생물학이 사용되고 있다. **(a)** 식이요법이 암 발병의 위험에 어떤 영향을 미치는지 조사하기 위하여 유전적으로 조작된 세균을 이용한다. **(b)** 수중 미생물이 분해하는 것으로 보이는 40%의 녹말로 만들어진 플라스틱(바구니 안의 조각들)을 조사하고 있다. **(c)** 독성폐기물을 정화하기 위해 세균을 이용한다. **(d)** 휘젓는 그물을 이용하여 가축과 인간에게 병을 전파할 수 있는 진드기를 조사한다. **(e)** 수의과학의 진보로 인하여 애완동물과 양육동물의 건강을 유지하고, 생산성을 증가시킨다.

육안으로 보이는 *장내 기생충(helminths)*(기생충)**(그림 1.2f)**과 *절지동물(arthropods)*(곤충과 이와 비슷한 개체)에 대해서도 고려해야 한다. 병을 유발하는 기생충의 생활사 중에는 현미경으로 관찰해야만 하는 단계들이 있으며, 절지동물은 이런 단계를 거치거나 다른 질병 유발 미생물들을 전파하기도 한다.

우리는 ◀9장에서 미생물의 분류에 대하여 더 배울 것이다. 지금 인지해야 할 사실은 세포성 개체들은 2개의 이름: 속명(genus)과 종명(species)으로 명명된다는 것이다. 예를 들어, 인간의 장에서 주로 발견되는 세균 종은 대장균(*Escherichia coli*)이라 불리며, 심한 설사 병을 유발하는 원생동물 종은 지알디아(*Giardia intertinalis*)라고 불린다. 바이러스의 명명은 덜 규칙적이다. 헤르페스 바이러스와 같은 몇몇 바이러스는 그들이 속한 그룹에 따라 명명되며, 폴리오바이러스와 같은 바이러스들은 그들이 일으키는 병에 따라 명명된다.

인간에게 병을 일으키는 미생물과 질병에 대해서는 ◀19~24장에서 상세하게 설명할 것이다.

이미 수백 개의 감염성 질환들이 의학계에 보고되었다. 이들 중 가장 중요한-의사가 미국 질병관리본부(CDC)에 반드시 보고해야 하는- 질병 목록을 **표 1.1**에 수록했다. 질병관리본부는 질병과 그 질병을 제어하기 위한 치료법 개발에 관한 정보를 수집하는 연방 기관이다.

미생물학자

미생물학자는 미생물과 관련된 많은 주제에 관하여 연구한다. 어떤 미생물학자들은 균류의 생활단계와 같이 미생물의 특정 유형에 대하여 더 많은 것을 알아내려고 하며, 어떤 미생물학자들은 특정 당의 물질대사나 유전자의 작용기작과 같은 특정 기능에 대하여 관심을 보인다. 또 다른 과학자들은 새로운 항생제를 합성하고 정제하는 방법이나 특정 질병에 대한 백신을 제작하는 방법과 같이 실용적인 주제에 직접 접근하기도 한다. 종종 하나의 연구과제에서 도출된 결과들은 다른 분야에서 유용하게 사용되기도 한다. 농업학자가 해충을 박멸하거나 농장물의 수확량을 증대시키기 위해 미생물학의 정보를 이용하고, 환경학자는 자연의 먹이사슬을 유지하거나 환경에 대한 피해를 예방하기 위해 이용하기도 한다. 미생물학과 관련된 여러 분야는 **표 1.2**에 설명되어있다.

미생물학자는 다양한 분야에서 일을 한다(**그림 1.3**). 어떤 미생물학자들은 대학 교단에서 강의하고, 연구하며 학생들을 실습시킨다. 대학이나 사설 연구소에 종사하는 미생물학자들은 유전공학에서 사용되는 미생물을 개발하는데 힘쓴다. 몇몇 법률사무소들은 새로운 유전자 조작생물의 특허등록과 같은 복잡한 절차를 처리하기 위해 미생물학자들을 고용하기도 한다. 이러한 미생물들은 환경을 정화하거나(생물복원, *bioremediation*), 해충을 제거하고, 식품을 개선하며 질병을 퇴치하는데 중요한 도구로 사용될 수 있다. 많은 미생물학자들은 보건관련 직업에 종사하고 있으며, 어떤 학자들은 임상연구소에서 일하면서, 병의 진단테스트를 실시하거나 병을 치유하기 위해 어떤 항생제를 처방해야 할지 결정한다. 몇몇 미생물학자들은 새로운 임상실험을 개발하기도 하며, 어떤 학자들은 산업체 연구소에서 항생제나 백신 및 이와 유사한 생물학적 제제를 개발하거나 제조하기도 한다. 감염의 전파를 방지하고 공중보건에 관심을 가지고 병원이나 정부 연구기관에서 일하는 학자들도 있다. 워싱턴 D.C.에 있는 스미스소니언 국립동물원의 사육사나 수의사에 대한 기사를 읽어보길 원한다면 http://www.wiley.com/college/black 웹사이트의 1장으로 접속하길 바란다. 미생물학이 얼마나 중요한지 알게 될 것이다!

보건 과학자의 관점에서 보면 현재의 연구는 미래의 새로운 기술에 대한 자원이 된다. 면역학 연구를 통해 미생물에 의해 숙주반응이 어떻게 유발되는지 그리고 미생물이 이러한 면역반응을 회피하는 기작에 대한 많은 지식이 축적되고 있다. 이 연구들은 새로운 백신의 개발과 면역질환의 치료에 기여하고 있다. 바이러스학 연구는 바이러스가 어떻게 병을 일으키며 암과 어떤 연관이 있는지에 대해서 우리의 이해를 돕는다. 화학요법의 연구를 통해 감염을 치료하는 의약품의 종류가 늘어나고 있으며 약의 작용기작과 관련된 지식이 늘어나고 있다. 마지막으로, 유전학적 연구는 유전정보의 전달과 관련된 새로운 정보, 특히 분자수준의 작용기전에 대한 정보들을 제공한다.

중점 질문 사항

1. 미생물학을 공부하는 3가지 이유를 쓰시오.
2. 미생물학과 세균학의 다른 점이 무엇인가?
3. 병인학과 역학의 다른 점은 무엇인가?
4. 세균성 질병 5가지와 바이러스성 질병 5가지를 쓰시오.

역사적 기원

성서에서 발견되는 기초 위생에 대한 고대 모세의 율법들 중 상당수가 수세기에 걸쳐 사용되었으며, 예방의학에서도 꾸준히 적용되고 있다. 신명기 13장에서 모세는 병사들에게 삽을 가져와 고체 폐기물을 묻으라고 지시하였다. 또한 성서에서는 나병(*leprosy*)과 나병 환자의 격리에 대해 언급되어 있다. 비록 그 당시에는 나병이라는 단어가 전염성, 비전염성 질병을 모두 지칭하고 있지만, 격리는 확실하게 전염성 질병의 전파를 제한하였다.

고대 그리스인들은 미생물학을 예견하면서, 많은 업적을 이루었다. 기원전 400년경에 살았던 그리스 의사인 히포크라테스(Hippocrates)는 오늘날에도 여전히 적용되고 있는 약품 복용에 대한 윤리적인 기준을 확립하였다. 히포크라테스는 인간관계에 박식하였으며 또한 예리한 관찰자였다. 그는 특정 징후나 증상을 질병들과 연관시켰으며, 질병이 옷이나 다른 물건들에 의해 한 사람에서 다른 사람으로 전염될 수 있음을 알았다. 동시대의 그리스인 역사가 투키디데스(Thucydides)는 역병에서 살아난 사람이 역병환자들을 돌볼 때 재감염의 위험이 없다는 것을 관찰하였다.

로마인 역시 기원전 1세기부터 미생물학에 기여하였다. 철학자이자 작가였던 바로(Varro)는 눈에 보이지 않는 작은 동물이 병을 일으키기 위해 입이나 코를 통해 몸 안으로 들어온다고 생각하였다. 철학자이며 시인이었던 루크레티우스(Lucretius)는 그의 책 '만물의 본성에 대하여(*De Rerum Natura*, (*On the Nature of Things*))' 에서 질병의 "씨앗(seeds)" 이라는 말을 언급하기도 하였다.

흑사병(Black Death)으로 불리는 선페스트(bubonic plague)는 542년 지중해 지역에서 출현한 뒤 급속히 확산되어 수백만 명의 사망자를 냈다. 1347년에 페스트는 중앙아시아에서 대상로와 해로를 통해 유럽으로 침투하였으며, 이탈리아에서 처음 시작하여, 프랑스, 잉글랜드를 거쳐 마지막에는 북유럽으로 확산되었다. 비록 그 당시의 정확한 기록이 남아있지 않지만, 이후 300년간 페스트의 지속적인 창궐로 인하여 수천만의 사람들이 사망했을 것으로 추정되고 있다. 흑사병은 모든 사람에게 평등하여, 부자나 가난한 사람 가릴 것 없이 페스트로 죽었다(**그림 1.4**). 부자들은 멀리 떨어진 피서용 별장으로 도망쳤지만, 씻지 않은 머리카락이나 옷에서 페스트에 감염된 벼룩들이 함께 옮겨졌다. 14세기 중반(1347~1351)에 흑사병으로 인하여 2500만 명—유럽과 인접지역 인구의 1/4—이 단지 5년 안에 사망하였다. 프라하 인근의 세들렉 수도원 부근에서는 3만 명이 넘는 사람들이 1년 내에 흑사병으로 사망하였다. 사망자들의 뼈는 현재 납골당에 전시되고 있다(**그림 1.5**).

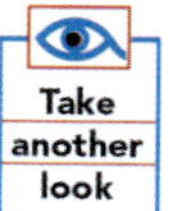

17세기까지 미생물학의 발달은 미생물을 관찰할 수 있는 마땅한 도구가 없어서 더딜 수밖에 없었다. 1665년 경, 영국의 과학자 로버트 훅(Robert Hooke)은 복합현미경(빛이 2개의 렌즈를 통과함)을 만들어 얇은 코르크 조각을 관찰하였다. 그는 현미경으로 관찰한 코르크에서 질서정연하게 배열된 작은 상자모양들을 보고 수도사의 작은 독방(cell)(작고 텅 빈 방)이 연상되어 cell이라고 이름 붙였다. 하지만,

그림 1.4 피터 브뢰겔(Pieter Brueghel the Elder)의 죽음의 승리. 16세기 중엽, 흑사병이 여전히 유럽의 여러 지역을 강타했던 시대에 그려진 이 그림은 흑사병으로 인한 모든 사회, 경제 계층 사람들의 죽음의 급속한 확산과 불가피성을 극화시켰다. (피터 브뤼겔, 1528-1569).

처음으로 렌즈를 만들어 살아있는 미생물을 관찰한 사람은 네덜란드의 의류상인이자 취미로 렌즈를 갈곤 했던 안톤 반 레벤후크(Anton Van Leeuwenhoek)**(그림 1.6)**였다. 레벤후크는 최고 품질의 렌즈들을 만들었다; 어떤 렌즈는 300배까지 확대가 가능했으며 특히 상의 뒤틀림이 없었다. 평생동안 그는 열정적으로 렌즈를 만들어 관찰하였다. 그는 관찰했던 모든 곳에서 자신이 "극미동물(animalcules)" 이라고 불렀던 것들을 발견할 수 있었다. 그것은 고여 있는 물, 환자, 심지어는 자신의 입안에서도 발견되었다. 수년에 걸쳐서 레벤후크는 모든 주요 미생물들-원생동물, 조류, 효모, 균류와 구형, 막대형, 나선형의 세균들-을 관찰하였다. 그는 한때 "스스로 판단하건대 (앞서 말했던 것처럼 내 입을 깨끗이 닦았지만), 네덜란드에 살고 있는 모든 사람들은 바로 지금 내 입안에 살고 있는 생물들보다 많지 않을 것이다"라고 쓰기도 했다. 그는 1670년부터 시작해서 91세의 나이로 생을 마감한 1723년까지 런던의 왕립협회에 수많은 투고를 하였으며 자신의 연구를 수행하였다. 하지만, 레벤후크는 자신이 만든 현미경을 다른 사람에게 파는 것에 반대하였기 때문에 그가 이룩했던 수많은 미생물학의 발전들이 계속 진척되지 못하였다.

레벤후크의 사망한 뒤, 미생물학은 1세기 이상 발전되지 못했다. 결국 현미경이 더 쉽게 이용될 수 있을 때에야, 미생물학의 진보가 재개되었다. 또한 몇몇 연구자들은 미생물을 잘 관찰할 수 있도록 염색하는 방법을 개발하였다.

스웨덴 식물학자 카를로스 린네(Carolus Linnaeus)는 살아있는 모든 생물을 대상으로 일반적인 분류 체계를 고안하였다. 독일 식물학자 마티아스 슐라이덴(Matthias Schleiden)과 독일 동물학자 테오도어 슈반(Theodor Schwann)은 '세포가 생물의 기본 단위이며 생물의 모든 기본적인 기능을 수행한다' 는 **세포설(cell theory)**을 정립하였다. 오늘날에도 그들의 이론은 바이러스를 제외한 모든 세포성 생물에 적용이 되고 있다.

그림 1.5 프라하 근처에 위치한 세들렉 수도원의 납골당(뼈 전시). 이 곳에 전시된 대부분의 뼈는 흑사병이 창궐했던 1347~1351년 동안 사망한 30,000명이 넘는 희생자들의 것이다.

그림 1.6 안톤 반 레벤후크(Leeuwenhoek, 1632-1723). 그가 간단한 현미경 하나를 들고 있다.

미생물 병인론

미생물병인론(germ theory of disease)은 미생물(세균)이 다른 생물에 침입하여 병을 일으키는 것을 의미한다. 이렇듯 간단한 개념의 이 이론은 오늘날에도 일반적으로 수용되고 있지만, 19세기 중엽에 이론이 공식화될 때까지 널리 받아들여지지 않았다. 많은 사람들은 가만히 놓아 둔 고기스프가 뿌옇게 흐려지는 것이 스프 자체의 어떤 물질 때문이라고 믿었다. 심지어 고기스프 안에 있는 미생물이 스프를 뿌옇게 만든다는 것이 밝혀진 후에도, 사람들은 부패된 고기에 있던 "벌레"(파리의 유충이나 구더기)가 무생물로부터 발생하였다는 **자연발생설(spontaneous generation)**의 개념을 신봉하였다. 심지어 과학자들 사이에서도 자연발생설의 믿음이 만연해 있어서 미생물학의 학문적 발전이 저해되었고, 미생물 병인론 역시 수용되지 못하였다. 과학자들이 미생물은 무생물 물질로부터 발생한다고 믿는 한, 병이 전파되는 방법이나 제어되는 방법에 대해 생각한다는 것은 무의미하였다. 자연발생설의 환상을 탈피하기까지는 수년간의 고생스러운 노력들이 있었다.

그림 1.7 고기에서 구더기의 자연발생설을 반박하는 레디(Redi' s)의 실험. 고기를 열린 병에 방치했을 때 파리들이 고기에 알을 낳고, 알이 구더기(파리 유충)로 부화한다. 그러나 밀봉된 병에서는 구더기가 나타나지 않는다. 만약 병을 거즈로 덮는다면 거즈의 윗면에 있던 파리의 알이 구더기로 되지만 고기에서는 여전히 구더기가 나타나지 않는다.

초기 연구

인류가 존재해왔던 오랜 시간 동안 사람들은 살아있는 생물이 무생물로부터 자연적으로 발생하였을 것이라고 믿어왔다. 아리스토텔레스(Aristotle)의 4가지 "원소(element)"-불, 흙, 공기, 물-에 관한 이론은 무생물이 어떻게 해서든지 생물의 발생에 기여하고 있다고 설명하였다. 심지어 어떤 자연주의자들은 축축한 곡물에서는 쥐가, 먼지에서는 딱정벌레가, 진흙에서는 벌레와 개구리가 발생하였다고 믿었다. 19세기 후반까지 대다수 사람들이 썩은 고기에서 '벌레' 가 발생한 다고 확신하였다.

그림 1.8 파스퇴르(Pasteur)가 자연발생설 이론 반박을 위해 사용한 "백조목" 플라스크. 비록 플라스크 안으로 공기는 들어갈 수 있지만 미생물은 구부러진 목 부분에 걸려서 내용물로 결코 들어가지 못한다. 그러므로 내용물은 비록 공기에 노출되었지만 현재까지 계속 무균상태로 유지되고 있다.

17세기 후반에, 이탈리아의 의사인 프란체스코 레디(Francesco Redi)는 만약 고기 한 점을 거즈로 덮어서 파리가 고기에 접근하는 것을 막는다면, 고기는 썩어도 벌레는 생기지 않을 것이라고 가정한 뒤 일련의 실험을 고안하였다(그림 1.7). 하지만, 파리가 거즈 윗면에 낳은 알들은 구더기로 부화하였다. 구더기가 자연적으로 발생하지 않는다는 증거에도 불구하고, 몇몇 과학자들은 여전히 자연발생설-적어도 미생물의 발생에 관해서-을 신봉하였다. 이탈리아의 성직자이자 과학자인 라자로 스팔란차니(Lazzaro Spallanzani)는 좀 더 의문이 많았다. 그는 유기체(살아있는 생물과 이전에 살았던 생물)을 함유한 고기스프 혼합물을 끓인 뒤 플라스크를 봉인하여 이들로부터 어떠한 생물도 자연적으로 발생하지 못한다는 것을 증명하려 하였다. 하지만 비평가들은 이 결과를 자연발생설에 대한 반증으로 받아들이지 않았다. 그들은 스프를 끓이는 동안 산소(그들은 모든 생물은 산소를 필요로 한다고 생각하였다)가 증발하였고, 플라스크를 밀봉한 것이 산소가 다시 들어가는 것을 막았다고 주장하였다.

몇몇 과학자들은 이 비평에 반박하기 위해 다른 방법으로 공기를 주입하려 하였다. 슈반(Schwann)은 플라스크에 넣기 전에 공기를 가열하였으며, 화학제품이나 솜 마개로 공기를 여과한 과학자들도 있었다. 이런 모든 방법들은 플라스크 안에서 미생물의 성장을 저해하였다. 하지만 여전히 반대 진영에서는 변형된 공기가 자연발생설을 방해한다고 주장하였다.

심지어 19세기에는 몇몇 명망있는 과학자들조차 자연발생설을 집요하게 주장하였다. 그들은 살아있는 생물로부터 형성된 유기물질들은 "생명력(vital force)" 을 포함하고 있으며, 이 힘에서 생명이 탄생한다고 생각하였다. 물론 그들이 말했던 생명력은 공기를 필요로 했으며, 공기를 주입하는 모든 과정에서 공기가 변형되어 생명력과 상호작용하지 못하였다고 주장하였다.

자연발생설의 지지자들은 프랑스의 화학자 루이 파스퇴르(Louis Pasteur)와 잉글랜드 물리학자 존 틴달(John Tyndall)의 연구 결과로 마침내 무릎을 꿇었다. 1859년 프랑스 과학학회가 주최한 "자연발생설의 의문에 새로운 화두를 던지는 잘 수행된 실험들의 시도" 라는 대회에 파스퇴르(Pasteur)가 참여하였다.

파스퇴르는 와인 공장에서 몇 년간 일하면서, 오직 효모가 있을 때만 와인에서 알코올이 생성된다는 것을 증명하였으며, 미생물의 생장에 관하여 많은 연구를 수행해 왔었다. 대회에서 그는 그의 유명한 "백조목(swan-necked)" 플라스크를 가지고 참여하였다(그림 1.8). 그는 먼저 플라스크에서 내용물(음식물의 육즙)을 끓인 후, 플라스크의 유리 목 부분을 가열하여 길고 구부러진 모양으로 잡아 늘인 뒤, 끝을 개방한 채로 놔두었다. 공기는 비평가들이 효능을 제거한다고 주장해왔던 어떠한 변형도 거치지 않은 채 플라스크로 주입되었다. 공기로 운반되는 미생물들은 외부에서 플라스크의 목 부분까지는 들어갈 수 있었지만, 목의 구부러진 부분에서 걸려 더 이상 플라스크의 내용물로 들어갈 수 없었다. 파스퇴르의 실험에서 플라스크를 기울여서 내용물을 목까지 흐르게 한 뒤 다시 플라스크로 집어 넣지 않는 한 내용물은 멸균된 상태로 유지되었다. 하지만, 파스퇴르가 플라스크를 기울였을 때, 목에 걸려있던 미생물이 내용물과 함께 휩쓸린 뒤, 자라서 뿌옇게 되었다. 또한 파스퇴르는 다른 실험에서 공기를 3개의 솜마개에 통과시킨 뒤, 마개들을 멸균된 배양액에 담그면 마개에 걸려있던 미생물들이 배양액에서 성장하는 것을 시연해 보였다.

틴달도 자연발생설 사상에 또 다른 일격을 가하였다. 그는 배양액을 끓여서 밀봉한 플라스크를 공기가 차단된 상자 안에 놔두었다. 상자의 바닥에 먼지가 쌓일 때까지 기다린 뒤, 그가 상자의 뚜껑을 열었을 때, 상자 안의 플라스크들은 무균 상태로 남아있었다. 틴달은 "생명력"이 작용하는 것을 방해했다는 어떤 처리도 하지 않고 가만히 놔둠으로써 공기가 멸균되었음을 보여주었다.

파스퇴르와 틴달이 내용물을 가열하는 동안, 내용물에 존재하였던 생물체들이 열에 의해 모두 파괴된 것은 행운이었다. 같은 실험을 시도했었던 다른 과학자들은 가열 후에도 미생물의 생장 때문에 내용물이 뿌옇게 되는 것을 관찰하였다. 지금에서야 우리는 관찰된 미생물의 생장이 내열성 혹은 포자형성 미생물 때문이라는 것을 알고 있지만, 그 시대에는 이런 미생물의 생장이 자연발생설을 지지하는 증거로 보였었다. 그래도 파스퇴르와 틴달의 연구는 당시의 대부분의 과학자들에게 자연발생설이 잘못되었음을 성공적으로 증명하였다. 미생물의 생장은 배양액에 주입된 뒤에만 관찰된다는 인식은 미생물학-특히 미생물 병인론-이 더 크게 발전하는 계기가 되었다.

파스퇴르의 또 다른 공헌

루이 파스퇴르(그림 1.9)는 19세기에 미생물학을 연구했던 과학자들 중에서 가장 위대한 사람이므로, 우리는 그의 수많은 업적들 중 몇 몇에 대해 더 짚고 넘어가야 한다. 파스퇴르는 1822년 나폴레옹 군대의 하사관의 아들로 태어났고 초상화가와 선생님으로 일하면서 여가 시간에는 화학을 연구하였다. 이 연구로 인해 그는 프랑스의 여러 대학에서 화학교수로 근무했으며, 와인과 누에산업에 지대한 공헌을 하였다. 그는 정성들여 신중하게 선별된 효모들이 좋은 와인을 만들며, 다른 미생물이 섞이게 되면 당을 두고 효모와 경쟁하게 되어 와인의 점성이 높아지거나 신 맛이 난다는 것을 알았다. 파스퇴르는 이 문제를 해결하기 위해, 저온살균법(pasteurization, 와인을 무산소 조건에서 30분간 56℃의 열을 가함)을 개발하여 원하지 않는 미생물들을 제거하였다. 그리고 그는 누에를 연구하면서 각각의 다른 질병을 유발하는 3가지 미생물을 동정하였다. 그가 비록 인간이 아닌 누에에서 발병하는 질병과 해당 미생물들을 연관시켰지만, 이 생각은 미생물병인론을 발전시키는 중요한 첫걸음이 되었다.

비록 파스퇴르는 3딸이 먼저 세상을 떠나고 자신은 뇌일혈로 영구마비를 겪는 개인적 불행이 있었지만, 백신 개발에 지속적으로 헌신하였다. 그의 가장 잘 알려진 백신은 광견병에 감염된 토끼의 척수를 건조시켜서 만든 광견병 백신으로 먼저 동물에서 테스트되었다. 그 후 광견에게 심하게 물린 9살 소년이 파스퇴르를 찾아왔을 때, 그는 밤새 고민한 끝에 자신이 만든 백신을 소년에게 투여하였다. 그는 의사도 아니었으며, 이전에 약을 처방한 적도 없었다. 죽을 운명이었던 그 소년은 결국 살아남았고 광견병에 면역된 최초의 사람이 되었다. 이후 제2차 세계대전 때 성년이 된 소년은 독일군이 파스퇴르의 뼈를 파헤치려고 무덤으로 접근하는 것을 제지하다가 희생되었다.

1894년에 파스퇴르는 그를 위하여 파리에 건립된 파스퇴르 연

그림 1.9 실험실에 있는 루이 파스퇴르(Louis Pasteur). 파스퇴르는 광견병에 감염된 토끼의 척수를 건조하여 광견병 백신을 개발하였다.

그림 1.10 로버트 코흐(Robert Koch)와 그의 아내. 코흐는 특정 질병을 특정 미생물과 연관시키는 4가지 가설을 세웠다.

그림 1.11 안젤리나(Angelina)와 월터 헤시(Walther Hesse). 코흐의 조수였던 월테 헤시의 미국인 아내는 순수배양을 하기 위해서 배양액에 한천을 더해 응고시키는 것을 제안하였다. 그녀는 부엌에서 배지를 굳히기 위해서 한천을 사용하였고, 오늘날에도 우리는 실험실에서 한천을 사용하고 있다.

구소의 책임자가 되었다. 1895년 사망할 때까지 그는 연구소에서 다른 과학자들을 교육하고 연구를 지도하였다. 오늘날 파스퇴르 연구소는 설립자의 기념물이자 번성하는 연구기관이 되었다.

코흐(Koch's)의 공헌

파스퇴르와 동시대에 살았던 로버트 코흐(Robert Koch)**(그림 1.10)**는 1872년에 수련의 과정을 마치고, 경력의 대부분을 독일에서 의사로 일하였다. 그는 현미경과 사진현상 기구들을 구입한 뒤, 평생을 미생물 특히 질병을 일으키는 원인 세균을 연구하였다. 코흐는 가축이나 때로는 사람에게 전염성이 강하고 치명적인 탄저병을 일으키는 미생물을 동정하였다. 그리고 그는 활발히 분열하는 세포와 휴지상태의 세포(포자)를 인지하고 이들을 시험관 안에서(살아있는 개체 밖에서) 연구하는 기법을 개발하였다.

또한 코흐는 순수배양-오직 1종류의 미생물을 배양-을 통해 세균을 배양하는 방법을 발견하였다. 처음에 그는 절단된 감자조각 위에 세균 현탁액을 도말하다가 나중에는 응고된 젤라틴 위에 도말하였다. 하지만 젤라틴은 배양기 온도(체온)에서도 녹았으며, 심지어 실온에서도 몇몇 미생물이 젤라틴을 녹이기도 하였다. 그러던 중 코흐와 함께 연구하던 동료의 미국인 부인이었던 안젤리나 헤시(Angelina Hesse)**(그림 1.11)**가 코흐에게 세균배지를 만들 때 한천(조리할 때 사용되는 증점제)을 첨가할 것을 제안하였다. 이것은 배지의 표면을 딱딱하게 만들어 미생물 현탁액이 그 위에서 얇게 펴지게 되었으며, 심지어는 몇몇 개개의 미생물이 다른 것들과는 완전히 분리될 수 있었다. 그 뒤 각각의 미생물은 분열을 계속하여 수천 개의 자손으로 이루어진 군락(colony)을 형성하였다. 코흐의 순수배양 기법은 오늘날에도 여전히 사용되고 있다.

코흐의 훌륭한 업적은 4가지 가설을 통해 특정 미생물과 특정 질병을 연결시킨 것이다. **코흐의 가설(Koch's Postulates)**은 과학자들에게 미생물 병인론을 확립할 수 있는 방법을 제시하였으며, 다음과 같다:

1. 특정 질병의 원인이 되는 미생물은 그 질병을 앓고 있는 모든 경우에 발견되어야 한다.
2. 질병을 일으키는 미생물은 순수 배양에서 분리되어야만 한다.
3. 순수 배양해서 얻어진 미생물을 건강한 숙주에게 접종했을 때 동일한 질병을 일으켜야 한다.
4. 질병을 일으키는 미생물이 접종된 숙주에서 분리되어야 한다.

코흐의 가설은 하나의 미생물이 하나의 질병에 대응한다는 개념에 바탕을 두고 있다. 이 가설들은 감염질병이 하나의 미생물로부터 발생하였다고 가정하며 이 가정을 사실로 뒷받침하고 있다. 이 개념은 미생물 병인론의 발달에 있어서 중요한 진보를 가져왔다.

코흐는 1880년 본 대학에서 연구원이 된 후, 그의 모든 시간을 미생물을 연구하는데 보냈다. 그는 결핵을 일으키는 세균을 동정하였고, 이 세균을 염색하는 복합적인 방법을 개발하였으며 결핵이 유전된다는 개념을 부정하였다. 그는 또한 콜레라를 유발하는 세균인 비브리오 콜레라(*Vibrio cholerae*)균을 분리하는 연구를 도왔다.

몇 년 후, 코흐는 베를린 대학에서 위생학 교수가 되어, 자신이 처음 수업을 받았던 미생물학을 강의하였다. 또한 그는 결핵에 대한 백신을 만들고자 투베르쿨린(tuberculin)을 개발하였다. 그는 결핵균이

확대경

마지막 한 방울에는 무엇이 들어있었을까?

19세기 프랑스와 독일 과학자들은 치열하게 경쟁하였다. 경쟁의 한 분야는 순수배양을 얻는 것이었다. 독일 과학자들은 고체배지의 집락에서 순수배양을 얻는 확실한 코흐의 방법으로 한발 앞서 나갔다. 하지만 프랑스 과학자들은 현재 미생물의 수를 세는데 자주 사용되는 배지 희석법(◀6장)이 그들의 발목을 붙잡았다. 그들은 새 배지에 배양액 몇 방울을 넣고 섞은 뒤, 또 다른 새 배지에 희석액을 몇 방울 넣었다. 그들은 이런 방법으로 몇 차례 희석하다보면, 마지막 배양액에서 자라는 미생물은 단일 종일 것이라 가정하였다. 하지만, 마지막 희석액에는 보통 하나 이상의 미생물들이 자라고 있었고, 그것들이 다른 종류일 때도 있었다. 이 불완전한 기법은 결국 동물에게 예방접종을 하는 대신 치명적인 미생물을 주입하는 등 다양한 실패로 이어졌다.

(a)

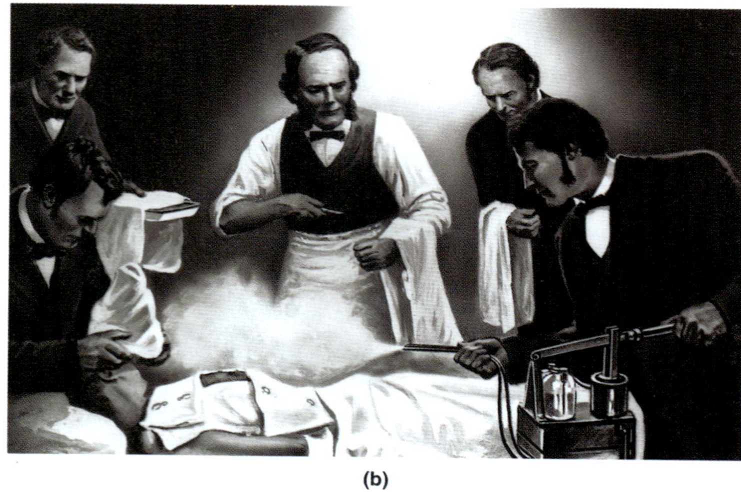

(b)

그림 1.12 19세기 2명의 감염억제 선구자. (a) 자신의 이론이 널리 수용되기도 전에 보호시설에서 생을 마감한 이그나츠 필립 제멜바이스가 그려진 1965년도 오스트리아 우표(Granger Collection) **(b)** 수술부위에 석탄수를 뿌려 수술을 시행했던 조셉 리스터는 무균법을 완성하기 위해 제멜바이스의 이론을 계승하였다.

쉽게 죽지 않는 것을 인지하지 못하다가 몇몇 사람들이 투베르쿨린 사용 후에 결핵으로 사망하였다. 비록 투베르쿨린이 백신으로 인정되지는 않았지만, 그것의 개발은 결핵을 진단하는 피부검사의 기초가 되었다. 백신 대재앙 후에 코흐는 독일을 떠났다. 그는 몇 차례 아프리카를 방문하였고, 아시아는 최소한 2번, 미국은 1번 방문하였다.

그는 삶의 마지막 15년 동안, 다수의 다양한 연구업적을 내었다. 그는 말라리아, 장티푸스, 수면병을 비롯한 다른 질병들에 대하여 연구하였다. 결핵에 대한 연구로 그는 1905년 노벨 생리의학상을 수상하였으며, 아프리카와 아시아에서는 그의 연구로 인해 많은 존경을 받았다.

감염 억제에 대한 연구

코흐와 파스퇴르와 같이 19세기의 2명의 의사인 오스트리아의 이그나츠 필립 제멜바이스(Ignaz Philipp Semmelweis)와 영국의 조셉 리스터(Joseph Lister) 역시 미생물이 감염을 유발한다고 확신하였다**(그림 1.12)**. 제멜바이스는 부검과 산욕열(산욕) 사이의 연관관계를 인지하였다. 당시의 많은 의사들은 부검 후 손을 씻지도 않은 채 진료실에서 산모를 검사하였다. 제멜바이스가 손을 씻는 위생적인 습관을 더욱 독려하였지만, 그는 동료들에게 비웃음거리가 되었고 괴롭힘을 당하다가 신경쇠약에 걸려 보호시설에 수감되었다. 결국에는 아이러니하게도 그는 산욕열을 유발하던 그 미생물에 감염되어 고통을 받았다. 1865년, 리스터(Joseph Lister)는 저온살균에 관한 파스퇴르의 연구와 공중위생 개선에 관한 제멜바이스의 연구를 탐독하고, 감염을 줄이기 위하여 붕대 및 다른 수술도구들을 희석한 석탄수로 세척하기 시작하였다. 리스터 역시 주위의 비웃음을 샀지만, 침착한 성격과 굳은 결의, 적대적 비판에 대한 인내심을 가지고 연구를 계속하였다. 그가 처음으로 고안했던 무균법(aseptic techniques)으로 인해 수술실에서 수술창상으로 인한 감염이 상당히 감소하였다. 리스터가 석탄수를 사용하기 시작한지 37년이 되는 75세 때, 그는 감염확산의 억제에 대한 업적으로 메리트 훈장을 수여받았다. 그는 무균수술의 아버지로 불린다.

중점 질문 사항

1. 과거 흑사병의 전염과 오늘날 에이즈의 전염을 비교할 때 유사성과 차이점은 무엇인가?
2. 미생물 병인론에 대하여 서술하시오. 미생물 병인론에 부합하지 않는 병과 원인에 대한 예를 설명하시오.
3. 파스퇴르는 "백조목" 플라스크를 이용하여 어떻게 자연발생설을 부정하였는지 설명하시오.
4. 프랑스 미생물학자들의 배양액 희석방법은 미생물의 순수배양을 얻기에 왜 불충분한가?

미생물학과 연관된 특수한 학문분야의 출현

이 관점에서 본다면 파스퇴르와 코흐 및 대부분의 미생물학자들은 다양한 분야에 관심을 가졌던 지식인들이었다. 어떤 과학자들은 더 특수한 학문분야에 관심을 보였으며 그들의 업적 역시 미생물학에 크게 기여하였다. 실제로, 그들이 이루었던 성과들은 오늘날 엄청난 지식을 쏟아내고 있는 면역학, 바이러스학, 화학요법, 미생물유전학의 전문적인 연구분야를 개척하는데 도움을 주었다. 미생물학에 관련된 특수 분야들을 표1.2에서 정의하였다.

면역학

질병은 숙주에 침입한 미생물뿐 아니라 미생물의 침입에 대항하는 숙주의 반응과 연계되어 있으며, 오늘날 이러한 숙주의 반응은 면역체계가 일으키는 반응의 일부라고 알려져 있다.

고대 중국인들은 천연두에 걸렸던 사람은 다시 그 병에 걸리지 않는다는 것을 알고 있었다. 그들은 천연두에서 회복된 사람의 마마자국에서 마른 딱지를 채취한 뒤, 코로 흡입하기 위하여 분말 형태로 갈았다. 독성이 약해진 미생물을 흡입한 결과, 그들은 경미한 천연두를 겪게 되었지만, 대신에 더 이상 천연두에는 걸리지 않았다.

12세기에 십자군이 아랍원정에서 귀환하면서 천연두를 들여올 때까지 유럽에서는 알려져 있지 않았다. 이후 17세기까지 천연두는 퍼져나갔다. 1717년, 터키주재 영국대사의 부인인 메리 애슐리(Lady Mary Ashley)는 일종의 예방주사를 영국으로 도입하였다. 그녀는 1가닥 실을 천연두 수포(물집)액에 적신 뒤, 팔에 작은 상처를 내고 실로 감았다. "우두접종(variolation)"으로 불리는 이 기법은 처음에는 소수의 유명한 사람들에게만 시술되다가, 나중에는 일반인들에게 널리 보급되었다.

포카혼타스는 1617년 영국에서 천연두로 사망하였다.

18세기 후반, 에드워드 제너(Edward Jenner)는 우두를 앓았던 소의 젖을 짜는 여성은 천연두에 걸리지 않는다는 사실을 인지하고, 그는 자신의 아들에게 우두물집으로부터 얻은 액을 접종하였다. 그 후 그는 비슷한 방법으로 8살짜리 아이에게 접종한 다음 같은 아이에게 천연두를 접종하였다. 그 아이는 천연두에 걸리지 않고 건강하였다. 백시니아(vaccinia, vacc는 라틴어로 "소(cow)"를 뜻함)라는 말은 우두를 일으키는 바이러스의 이름이 되었으며 여기에서 백신(vaccine)이라는 단어가 파생되었다. 1800년대 초에 제너는 백신에 대한 자신의 연구를 확장하도록 영국으로부터 총액 30,000파운드의 지원금을 받았다. 오늘날, 이 지원금은 백만 달러 이상의 가치가 있으며, 의학 연구를 위한 첫 번째 연구지원금이 되었다.

미주정착 시대에 예방접종 시술자들은 털이 깎이고, 우두의 상처로 뒤범벅된 소를 집집마다 데리고 다녔다.

파스퇴르는 광견병과 콜레라 백신 연구를 통해 면역학이 출현하는데 큰 기여를 하였다. 1879년, 파스퇴르가 닭 콜레라를 연구하던 시기에, 그의 조수는 실수로 몇몇 닭에게 오래된 닭 콜레라 배양액을 주입하였다. 이 닭들은 어떠한 병증도 보이지 않았다. 후에 그 조교가 신선한 닭 콜레라 배양액을 같은 닭들에게 접종했을 때, 그 닭들은 건강하였다. 처음부터 오래된 배양액을 사용하려고 계획했던 것은 아니었지만, 파스퇴르는 그 닭이 닭 콜레라에 대해 면역되었다는 것을 알게 되었으며, 그 미생물이 비록 병을 유발하지는 못하지만, 면역을 유도하는 능력은 가지고 있을 것으로 추론하였다. 이 발견으로 인하여 파스퇴르는 다른 미생물을 대상으로 면역유도 능력을 가지게 하는 방법들을 찾게 되었다. 한 예로 광견병 백신 개발의 시도는 성공적이었다.

그림 1.13 엘리 메치니코프(Elie Metchnikoff). 메치니코프는 침입에 대항하는 인체방어를 연구했던 최초의 과학자 중 한명이었다.

제너, 파스퇴르와 함께, 19세기 러시아 동물학자인 엘리 메치니코프(Elie Metchnikoff)도 면역학의 선구자였다(**그림 1.13**). 1880년대의 많은 과학자들은 면역은 혈액에 있는 비세포성 물질에 의해 유도된다고 믿었다. 메치니코프는 혈액에 있는 어떤 세포들이 미생물을 섭식하는 것을 발견하고, 이 세포들을 문자 그대로 "세포를 먹는다"는 의미의 대식세포(phagocyte)라고 불렀다. 신체에 침입한 미생물로부터 몸을 방어하는 대식세포의 발견은 면역을 이해하기 위한 첫걸

확대경

"가시"가 만든 문제

메치니코프의 사생활은 식세포의 발견에 한몫 하였다. 홀아비였던 그는 16살 아내와 재혼하면서 결혼서약의 일부로 12명이나 되는 아내의 남동생과 여동생들을 돌봐야했다. 한번은 메치니코프가 연구하던 불가사리를 현미경 아래에 놓아둔 채, 부인과 점심식사를 하러 나갔다. 아이들은 짓궂게도 방치되어 있는 불가사리를 가시로 마구 찔렀다. 메치니코프는 상처 입은 불가사리를 보고 화가 났지만, 그 불가사리를 버리기 전에 현미경으로 한번 관찰하였다. 그는 가시로 인한 상처 주변으로 불가사리의 세포들이 모여드는 것을 관찰하고 매우 놀랐다. 그는 연구를 계속하여 백혈구(leukocyte)를 발견하였고, 그들이 외부물질을 삼키는 것을 알아내었다. 그는 이 과정을 설명하기 위하여 식세포활동(phagocytosis, phago는 "먹다", cyte는 "세포"를 의미함)이라는 단어를 만들었다. 그는 이 발견으로 1908년 노벨상을 수상했으며, 면역학의 아버지로 불리고 있다-그는 이 과정이 신체방어의 주요 기작임을 깨달았다. 여담이지만, 그는 절대로 자식을 낳지 않았다.

음이었다. 메치니코프는 또한 여러 가지 백신을 개발하였다. 몇몇 백신은 성공적이었지만, 불행하게도 어떤 백신의 경우, 면역되어야 했던 미생물체에 오히려 접종자가 감염되었다. 접종을 받은 사람들 중 백신 때문에 임질과 매독을 얻는 경우도 있었다. 추측건대 메치니코프는 순수배양을 얻기 위해 프랑스식 방법을 사용하였을 것이다.

바이러스학

세균정도 크기의 입자를 관찰하고 분리할 수 있는 기술이 개발되기 전까지 바이러스는 알려지지 않았기 때문에 바이러스학은 세균학이 발전한 뒤에 출현하였다. 파스퇴르의 동료였던 찰스 챔버랜드(Charles Chamberland)가 1884년 물속의 미생물을 제거하기 위해 필터를 개발하였을 때, 그는 어떤 감염성 물질이라도 필터를 통과하지 못할 것으로 생각하였다. 하지만 연구자들은 비록 미생물은 필터에 걸러지더라도 여과물(필터를 통과한 물질)에는 전염성이 남아있다는 것을 곧 알게 되었다. 독일 미생물학자 마르티누스 바이저링크(Martinus Beijerinck)는 이 여과액이 전염성을 가지고 있음을 밝혀냈으며, 바이러스의 특성을 기술한 최초의 사람이었다. 바이러스(virus)라는 단어는 처음에는 일반적으로 독이나 전염성 물질을 지칭하는 용어로 쓰였다. 바이저링크는 특히 세포 안으로 침입하는 물질을 의미하는 "병원성"(pathogenic, 병을 일으키는)이라는 용어를 사용하였다. 또한 그는 이러한 병원성 물질이 숙주세포(host cell)로 알려진 감염된 세포의 물질대사와 복제기작을 자신의 용도에 맞게 차용하고 있다고 믿었다.

바이러스학이 더 발전하기 위해서 바이러스를 분리하거나 수를 늘리고, 분석하는 실험기법의 개발이 요구되었다. 미국 과학자 웬델 스탠리(Wendell Stanley)는 1935년 담배 모자이크 바이러스를 결정화하여 살아있는 생명체의 특성을 가진 병원체가 화학물질처럼 행동하는 것을 증명하였다(**그림 1.14**). 결정체는 단백질과 리보핵산(RNA)으로 구성되어 있으며, 얼마 후 핵산은 바이러스의 감염에 중요한 인자로 판명되었다. 바이러스는 1939년에 전자현미경으로 처음 관찰되었다. 그 이후로 바이러스를 조사하기 위하여 현미경과 화학적 연구가 이용되었다.

1952년에 미국의 생물학자 알프레드 허쉬(Alfred Hershey)와 마샤 체이스(Martha Chase)는 몇몇 바이러스의 유전물질은 또 다른 핵산인 디옥시리보핵산(DNA)이라고 주장하였다. 1953년에는 미국의 박사후 과정생이었던 제임스 왓슨(James Watson)과 영국 생물리학자인 프란시스 크릭(Francis Crick)이 DNA의 구조를 밝혀냈다. 이를 계기로 바이러스와 세포성 생명체에서 유전물질로서의 DNA의 기능을 규명하는 것이 빠르게 진전되었다. 1950년 이후로, 수 백 가지의 바이러스들이 분리되었고 특성들이 기술되었다. 아직 바이러스에 대하여 연구할 부분이 많이 남아있지만, 바이러스의 구조와 기능을 해석하기 위한 거대한 진보가 계속 되고 있다.

화학 요법

그리스 물리학자 디오스코리데스(Dioscorides)는 1세기에 약물학(*Materia Medica*)을 편찬하였다. 이 5권의 책은 수많은 식물제제와 오늘날에도 여전히 사용되고 있는 약용식물(디기탈리스, 큐라레, 에페드린 그리고 모르핀)의 추출물에 대하여 설명하고 있다. 많은 개척단체들이 미국으로 많은 약용식물을 도입하였지만, 아메리칸 원주민들은 유럽인들이 아메리카로 건너오기 전부터 많은 식물을 약용으로 사용하고 있었다. 많은 원시부족들은 아직도 식물을 광범위한 용도로 사용하고 있으며, 몇몇 제약회사들은 원시인들이 사용했던 주변 식물들의 용법을 조사하기 위하여 아마존 분지와 다른 오지의 탐험에 투자하고 있다.

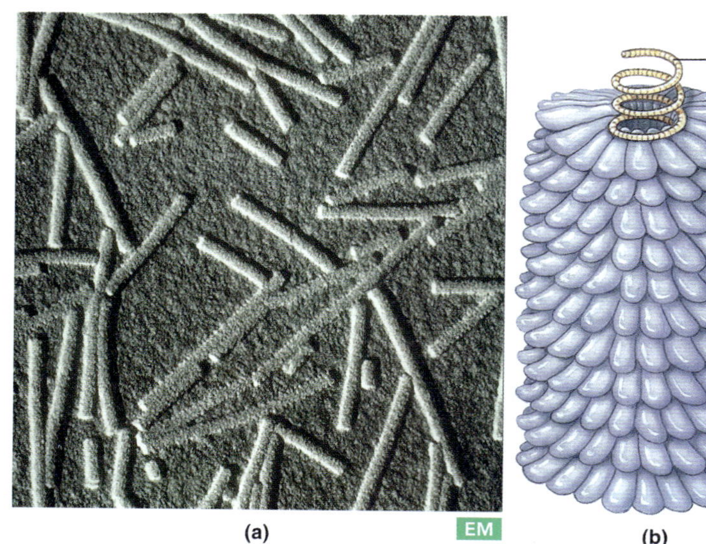

그림 1.14 담배 모자이크 바이러스. **(a)** 담배 모자이크 바이러스의 전자현미경 사진 (약 617,000배 확대). **(b)** 담배 모자이크 바이러스의 구조. 중심부의 RNA 나선은 단백질 단위가 반복되어 이루어진 외막으로 둘러쌓여 있다. 바이러스의 구조는 매우 규칙적이어서 결정화될 수 있다.

공중 보건

늪지대의 공기일까 아니면 모기일까?

1905년 미국인들이 파나마 운하를 건설하는 동안, 늪지대에서 일하고 있던 사람들에게 황열병이 급속하게 퍼졌다. 황열병(yellow fever)은 치명적이면서 끔찍한 질병이었다. 폴 드 크루이프(Paul de Kruif)는 그의 책 '미생물 사냥꾼들(Microbe Hunter)' 에서 "매일 수십, 수백의 마을사람들이 혈색이 노랗게 변하면서 딸꾹질하고, 피가 섞인 구토를 할 때쯤, 우리가 해야 할 유일한 일은 벌떡 일어나서 마을을 떠나는 것이었다."라고 황열병을 묘사하였다. 이 질병으로 인해 전반적인 운하 사업이 위험에 처하게 되자, 내과의사였던 월터 리드(Walter Reed)가 질병을 저지하라는 임무를 부여받았다. 리드는 모기에 의해 황열병이 전염된다고 주장해 온 쿠바 하바나의 카를로스 핀레이 바레스 박사(Dr. Carlos Finlay Barres)의 조언을 귀담아 들었다. 리드는 핀레이 박사를 두고 이론만 늘어놓는 바보 늙은이라고 놀려대며 늪지의 공기에 의해 황열병이 전염된다고 주장하던 사람들을 무시하였다. 리드의 오랜 동료였던 제임스 캐롤(James Carroll)을 포함한 몇몇 사람들은 황열병 환자를 물었던 모기에 자원해서 물렸다. 캐롤은 황열병으로 숨이 멎을 정도로 죽을 뻔 하다 살아났지만, 대부분의 지원자들은 사망하였다. 리드와 함께 일했던 물리학자 제시 라지어(Jesse Lazear)도 환자를 간호하던 중 뜻하지 않게 모기에게 물렸다. 그는 5일 후 증상을 보이기 시작하다가 12일 만에 사망하였다. 이로써 모기가 황열병을 옮긴다는 사실이 명백해졌다. 비슷한 실험에서 지원자들은 황열병 환자의 구토물로 더럽혀진 침대에서 잠을 잤지만, 황열병을 앓지 않았기 때문에 나쁜 공기나 오염된 물, 침대, 접시는 전염과 연관이 없었다. 후에 캐롤은 황열병 환자의 피를 자기 필터에 거른 뒤 병에 걸리지 않은 세 사람에게 여과된 피를 주입하였다. 그가 어떻게 그들의 협조를 구했는지는 알려지지 않았지만, 그들 중 두 명은 황열병으로 죽었다고 알려졌다. 결국 자기 필터를 통과한 물질은 바이러스로 확인되었다.

사실 중세기간 동안에는 병을 치료하기 위해 사용되는 화학물질 연구는 발전하지 못하였다. 16세기 초반 스위스의 물리학자 아우레올루스 파라셀수스(Aureolus Paracelsus)는 질환을 치료하기 위하여 금속화학원소(일반감염에는 안티몬을, 매독에는 수은을 사용)를 사용하였다. 17세기 중반, 영국 물리학자 토마스 시드넘(Thomas Sydenham)은 말라리아를 치료하기 위하여 기나나무(cinchona tree) 껍질을 도입하였다. 현재 이 나무껍질에는 퀴닌이 포함되어 있다고 보고되었으며, 스페인과 남아메리카에서는 열병을 치료하기 위해 사용되었다. 19세기에는 모르핀이 양귀비에서 추출되어 의학적으로 진통 완화에 사용되었다.

그림 1.15 **폴 에를리히(Paul Ehrlich).** 에를리히는 감염질환에 대한 화학요법 개발의 선두자였다.

화학요법 분야의 초기 중요 연구자였던 폴 에를리히(Paul Ehrlich)는 1878년 독일 라이프치히대학에서 박사학위를 받았다(그림 1.15). 그는 특정 염료가 동물세포가 아닌 미생물만 염색시키는 것을 발견하고 염료나 다른 화학물질이 미생물 세포만 선택적으로 죽일 수 있을 것이라고 생각하였다. 그는 주변조직에 손상을 가하지 않으면서 특정 세균만을 파괴하는 화학물질인 "마법의 탄환(magic bullet)"을 찾아내었다. 에를리히는 화학요법(chemotherapy)이라는 용어를 제안했고 질병의 치료약을 개발하는 세계 최초 연구소의 책임자가 되었다.

20세기 초 마법의 탄환에 대한 연구는 특히 에를리히 연구소의 과학자들을 중심으로 계속되었다. 수백 개의 화합물(각 화합물에 번호를 매겼음)을 시험한 후에 에를리히는 화합물 418(아세노페닐글리신)이 수면병에 효과가 있으며 화합물 606(살바르산)은 매독에 효과가 있음을 알았다. 40년간 살바르산은 매독치료에 가장 효과적인 처방이었다. 1922년 스코틀랜드 물리학자 알렉산더 플레밍(Alexander Fleming)은 눈물, 침, 땀에서 발견되는 리소자임이 세균을 죽일 수 있다는 사실을 알아내었다. 리소자임은 화학요법의 특성을 가지는 것으로 보이는 최초의 체외 분비물이다.

항생제(antibiotics)의 발달은 1917년 특정 미생물(방선균류)이 다른 세균의 증식을 억제한다는 관찰에서부터 시작되었다. 1928년에 플레밍(Fleming)(그림 1.16)은 페니실리움(*Penicillium*) 곰팡이 군락이 포도상 구균 배양액으로 오염되었을 때, 곰팡이 주변에 있는 세균들의 성장이 저해되는 것을 관찰하였다. 플레밍이 이 현상을 최초

그림 1.16 알렉산더 플레밍(Alexander Fleming). 플레밍은 페니실린의 항세균 특성을 발견하였다.

로 관찰한 사람은 아니었지만, 감염에 대응할 수 있는 곰팡이의 가치를 인식한 최초의 사람이었다. 그러나 그가 페니실린(*penicillin*)이라 부른 물질을 충분한 양으로 정제하는 것은 매우 어려운 작업으로 드러났다. 제 2차 세계 대전 당시 이런 항생제들의 엄청난 수요와 록펠러 연구소로부터의 지원금, 독일인 생화학자인 언스트 체인(Ernst Chain)과 오스트레일리아 병리학자인 하워드 플로리(Howard Florey), 옥스퍼드 대학의 연구원들의 고된 연구 끝에 대량 정제의 과업을 이루었다. 페니실린은 인간에게 쓰일 수 있는 안전하면서, 다용도의 화학요법물질로 사용되고 있다.

이 사업이 진행되고 있는 동안, 설파제가 개발되었다. 1935년에 설폰아미드 화학작용기를 가지고 있는 빨간색 염료인 프론토실 러브럼(prontosil rubrum)이 연쇄상 구균 감염 치료에 사용되었다. 연구결과 설폰아미드는 인체에서 설파닐아미드로 전환되는 것이 밝혀졌고, 후속연구들은 설파닐아미드를 포함한 약물 개발에 기여하였다. 독일 화학자인 **게르하르트 도마크(Gerhard Domagk)**는 이 연구에 중요한 역할을 하였고, 설파닐아미드계 약물 중 하나인 프론토실은 딸의 생명을 구하기도 하였다. 1939년에는 그의 업적으로 노벨상을 받게 되었으나, 히틀러(Hitler)는 도마크가 노벨상을 받으러 가는 것을 허락하지 않았다. 도마크의 연구가 확장되어 결핵의 효과적인 치료제인 이소니아지드가 발명되었다. 설파제와 이소니아지드는 오늘날에도 여전히 사용되고 있다.

항생제의 발달은 우크라이나에서 출생하여 1910년에 미국으로 이주한 셀먼 왁스먼(Selman Waksman)의 연구와 함께 지속되었다. 셀먼은 1939년 프랑스 미생물학자인 르네 두보스(Rene Dubos)가 발견한 토양세균에서 합성된 항생제인 타이로스라이신(tyrothricin)에서 영감을 얻어 세계 곳곳에서 토양샘플을 채취한 뒤, 미생물 생장 억제나 그들의 산물에 대해 조사하였다. 1941년 그는 악티노마이신(actinomycin)과 다른 분리물질을 설명하기 위하여 항생제(antibiotics)라는 용어를 사용하였다. 타이로스라이신과 악티노마이신은 일반적인 항생제로 사용하기에는 강한 독성을 보였다. 계속된 노력 끝에 왁스먼은 1943년 독성이 약한 스트렙토마이신(streptomycin)을 분리하였으며, 스트렙토마이신은 결핵치료에 큰 발전을 가져왔다. 같은 시기에 왁스만과 동료들은 네오마이신(neomycin)과 클로람페니콜(chloramphenicol), 클로르테트라사이클린(chlortetracycline)을 분리하였다.

토양샘플을 조사하는 것은 항생제를 발견하는 좋은 방법으로 이미 입증되었고, 탐험가와 과학자들은 아직도 토양샘플을 수집하여 분석하고 있다. 일반적으로 사용되는 항생제를 합성하는 미생물들이 반복되어 발견되기는 하지만, 새로운 항생제를 발견할 가능성은 여전히 남아있다. 심지어 세팔로스포리움 아크레모니움(*Cephalosporium acremonium*) 곰팡이와 같이 바다에서도 항생제가 만들어진다. 이탈리아 미생물학자인 주세페 브로추(Giuseppe Brotzu)는 하수가 유입되는 바닷물 근처에는 병인성 미생물들이 존재하지 않는 것을 관찰하고, 그 지역에 항생제가 퍼져있을 것으로 예측하였다. 그 후 세팔로스포린이 정제되었고, 지금은 다양한 세팔로스포린 유도체들이 인간의 질병을 치유하는데 사용되고 있다.

많은 항생제들이 발견되고 있다는 사실은 더 많은 항생제의 탐색을 독려하고 있다. 치료되지 못하는 질환이 존재하는 한 항생제의 탐색은 계속될 것이다. 비록 효과적인 치료법이 있을지라도, 더욱 효과가 좋고, 독성이 덜하며, 더 값싼 항생제가 발견될 수 있다. 현재 수많은 화학요법 약품들이 사용되고 있지만, 아직 바이러스에 의한 감염을 치유하지는 못한다. 그 결과로, 오늘날 대부분의 약물탐색작업은 효과적인 항바이러스 약품의 개발에 초점을 두고 있다.

유전학과 분자생물학

근대유전학은 1900년에 그레고르 멘델(Gregor Mendel)의 유전법칙이 재발견되며 시작되었다. 하지만, 이 중대한 발견이 있은 후 약 30년이 지나도록 미생물의 형질이 유전되는 방식에 대한 해석은 조금도 진척되지 않았다. 이러한 이유로, 미생물 유전학은 가장 최근에 가지를 뻗은 미생물학의 분야이다. 1928년 영국의 과학자 프레데릭 그리피스(Frederick Griffith)는 전에는 무해하던 세균이 자신의 특질을 변형시켜 병을 일으킬 수 있음을 발견하였다. 이 발견에서 주목할 만한 것은 살아있는 세균이 죽은 세균으로부터 유전형질을 획득할 수 있음을 보여주는 것이었다. 1940년 초반에는 뉴욕 록펠러 연구소의 오스왈드 에이버리(Oswald Avery)와 매클린 매카티(Maclyn McCarty), 콜린 맥로드(Colin MacLeod)가 형질변화는 DNA에 의

확대경

미생물학자들은 문제점들을 어떻게 해결할까?

다른 과학자들과 마찬가지로, 미생물학자들도 실험을 디자인하고 수행하면서 문제를 해결한다. 이러한 실험들은 과학자들이 의학적 문제들을 해결할 때 사용되는 정보를 제공한다. 이 글의 대부분은 실험에서 얻은 정보를 나열하고, 이 정보들이 감염질환을 이해하는데 어떻게 해석되는지 보여주는 것에 중점을 둘 것이다. 과학자들은 문제점들을 어떻게 해결할까?

우선, 과학적인 방법들은 자연적인 조건과 사건들만을 다루기 때문에 과학적 문제들은 자연적인 조건의 측면에서 생각되어야 한다. 미생물학적인 문제들은 미생물을 포함한 자연 조건과 사건들을 다루어야 한다. 둘째로, 과학적 문제들은 명확하게 정의되고 범위가 제한되어 있어서 가설이나 예측이 정형화될 수 있어야 한다. **가설**(hypothesis)은 관찰된 상황이나 사건을 설명할 수 있는 시험적인 설명이다. 특정 실험에 대한 가설은 (1)정의된 문제를 설명할 수 있어야 하고 (2)시험적이어야 한다. 실험적 가설은 가설을 지지하거나 반증하도록 수집된 증거의 일부이다. **예측**(prediction)은 가설이 맞았을 때 발생되는 결론이나 영향이다. 과학자는 과학적인 실험을 시작하기 전에, 문제를 정의하고 가설을 세우며 예측을 하여야 한다.

좋은 가설이란 문제에 대해 가장 합리적인 설명이나 가장 간단한 해석이다. 과학적 실험의 목적은 가설로부터 나온 예측이 들어맞는지 결정함으로써 가설을 시험하는 것이다. 과학적인 진행은 가설을 세우고 테스트하면서 이루어진다.

예를 들어, 미생물학자들이 순수배양에서 생물체를 분리하여, 온도가 생물체의 생장에 미치는 영향에 대해 연구하려 한다고 가정해 보자. 이전 연구의 정보를 기초로 하여, 연구자는 (1) 생물체의 생장속도가 온도에 따라 증가한다고 가설을 세우고 (2) 배양액 안의 많은 생물체의 증가율이 온도의 증가와 비례한다고 예측할 수 있다. 가설을 세우고 예측을 한 뒤, 연구자는 가설을 시험할 수 있는 실험을 설계한다. 실험은 가설을 시험하여 예측이 맞는지 결정할 수 있는 증거들을 수집하도록 분명하게 설계되어야만 한다.

좋은 실험을 설계하기 위해서, 연구자는 결과에 영향을 미칠 수 있는 모든 변수들을 고려해야 한다. **변수**(variable)는 실험의 목적에 맞게 변경될 수 있다. 실험은 반드시 하나의 **실험변수**(experimental variable), 즉 실험에 맞게 고의로 변경되는 요소만을 포함해야 한다. 예를 들어, 생물체에 미치는 온도의 영향에 대한 연구에서 온도는 실험변수이다. 가설과 예측은 실험변수와 연관이 있다. 모든 다른 변수들은 **통제변수**(control variable)이며, 바뀔 수는 있지만, 실험이 수행되는 동안에는 변하지 말아야 할 요소이다. 위의 예에서 통제변수는 생물체의 수와 특성, 배지의 질과 특성 그리고 온도를 제외한 모든 환경인자들을 포함한다.

모든 변수들이 정의되면, 연구자는 실험수행 순서를 세운다. 일단 실험이 설계되면, 계획에 따라 정확히 수행되어야 한다. 연구자는 정확하고 정밀하게 관찰하고 기록하여야 한다. 만약 예기치 못한 문제나 상황이 발생하면, 주의하여 주를 달아야 한다. 예를 들어, 배양기가 고장 나서 적절한 시간동안 주어진 온도에서 배양할 수 없다면, 이 실패는 기록되어야 하고 실험을 해석하는데 참고 되어야 한다. 실험이 완료되면, 연구자는 가설과 예측의 측면에서 결과를 분석하고 해석한다. 실험에 대한 결과분석은 종종 표나 그래프로 표시되거나 실험변수와 통제변수 하에서 얻어진 결과와 비교된다.

실험의 목적은 가설의 진위여부에 대한 **결론**(conclusion)을 도출하는 것이다. 만약 분석된 실험이 가설에 부합하지 못할 때에도 연구자들은 더 나은 대안가설을 세운다. 실험자는 이 새로운 가설을 시험하기 위해 후속 실험들을 설계할 것이다. 때때로 예기치 못한 실험결과들이 가장 흥미로운 발견이 되기도 한다.

본문에서 당신은 '겨울 딜레마' (p. 35)나 '당신의 건강미용 상품에는 어떤 미생물이 자라고 있을까?' (p. 593)와 같은 작은 박스기사에서 당신 스스로 해결해야 하는 과제들을 발견할 수 있을 것이다. 당신이 이 과제들을 수행할 수 없어도 최소한 문제해결을 위한 가설과 과정들을 마음 속으로 계획을 세워보라. 아마도 당신은 강의중이나 실험실에서 당신의 실험설계에 관하여 토의할 수 있을 것이다. 어떤 다른 질문들이 당신에게 있었습니까? 그렇다면 당신은 그 질문들에 대해 어떻게 가설을 세우고 시험하려 합니까? 과학자들은 실험을 수행하면서, 다른 과학자들이 이 결과를 증명하고 사용할 수 있도록 그들의 결과물을 보고하여야 한다. 이것은 다른 과학자들에 의해 반복 실험되고 이 결과가 재연되어야 한다. 또한 그들이 기존의 정보를 토대로 새로운 실험을 개발할 수 있도록 허용해야 한다.

해 형성되었다고 설명하였다. 이 결과 이후에 제임스 왓슨과 프랜시스 크릭은 DNA의 구조를 발견하였으며, 이 중대한 발견은 현대 분자 유전학의 길을 열어주었다.

이와 비슷한 시기에 미국의 유전학자였던 에드워드 테이텀(Edward Tatum)과 조지 비들(George Beadle)은 유전정보에 의해 물질대사가 조절되는 방법을 설명하기 위하여 붉은빵 곰팡이인(*Neurospora*)의 유전자 변이를 이용하였다. 1950년대 초에는 미국인 유전학자 바바라 매클린톡(Barbara McClintock)이 어떤 유전자(유전되는 정보를 가진 단위)들은 염색체의 한 위치에서 다른 위치로 움직일 수 있음을 보여주었다. 그녀의 연구가 있기 전까지 유전자란 가만히 움직이지 않는 것으로 간주되었었다. 그녀의 혁신적인 연구들로 인해 유전학자들은 유전자에 대한 그들의 생각을 바꾸지 않을 수 없었다.

보다 최근에는 침입한 미생물 및 그들의 독성물질에 대항하기 위

표 1.3

미생물의 황금시대 : 초기 미생물학자와 그들의 업적

연도	연구자	업적
1874	빌로트(Billroth)	연쇄상 구균을 발견
1876	코흐(Koch)	탄저병을 일으키는 *Bacillus anthracis*을 발견
1878	코흐(Koch)	포도상 구균을 분리
1879	얀센(Hansen)	나병을 일으키는*Mycobacterium leprae*를 발견
1880	네이세르(Neisser)	임질을 일으키는 *Neisseria gonorrhoeae*를 발견
1880	라베란(Laveran)과 로스(Ross)	감염된 인간의 적혈구에 서식하는 말리리아 기생충의 생활사를 규명
1880	에베르트(Eberth)	장티푸스를 일으키는 *Salmonella typhi*를 발견
1880	파스퇴르(Pasteur)와 스텐버그(Sternberg)	침에서 폐렴구균의 분리 및 배양
1881	코흐(Koch)	약독화된 탄저균(anthrax baciili)를 동물에 접종
1882	레이스티코프(Leistikow)와 뢰플러(Loeffler)	임질균(*Nesisseria gonorrhoeae*)의 배양
1882	코흐(Koch)	결핵을 일으키는 *Mycobacterium tuberculosis* 발견
1882	뢰플러(Loeffler)와 슛츠(Schutz)	동물질환인 마비저병(glanders)를 일으키는 actinobacillus를 동정
1883	코흐(Koch)	콜레라를 일으키는 *Vibrio cholerae*를 동정
1883	클렙스(Klebs)	디프테리아를 일으키는 *Corynebacterium diphtheriae*와 독소를 동정
1884	뢰플러(Loeffler)	*Corynebacteirum diphtheriae*를 배양
1884	로젠바하(Rosenbach)	연쇄상구균(streptocci)와 포도상구균(staphylococci)를 순수배양함
1885	에셰리히(Escherich)	인간의 장에서 정상서식하는 *Escherichia coli*를 동정
1885	붐(Bumm)	Nesisseria gonorrhoeae을 순수배양함
1886	플러지(Flugge)	세균을 식별할 수 있도록 염색함
1886	프랑켈(Fraenckel)	*Sterptococcus pneumoniae*를 폐렴과 연결시킴
1887	바이젤바움(Weichselbaum)	*Neisseria meningitidis*를 수막염과 연결시킴
1887	브루스(Bruce)	가축에서 브루셀라병을 일으키는 *Brucella melitensis*를 동정
1887	페트리(Petri)	배양접시 개발
1888	룩스(Roux)와 예르신(Yersin)	디프테리아 독소의 작용기작 발견
1889	샤랭(Charrin)과 로저(Roger)	면역혈청에서 세균의 응집을 발견
1889	키타사토(Kitasato)	파상풍 독소를 만드는 *Clostidium tetani* 발견
1890	파이퍼(Pfeiffer)	파이퍼 바실러스인 *Haemophilus influenzae*를 동정
1890	폰 베링(von Behring)과 키타사토(kitasato)	디프테리아 독소를 이용하여 동물을 예방접종함
1892	이바노프스키(Ivanovski)	담배 모자이크 바이러스의 필터여과성을 발견
1894	룩스(Roux)와 키타사토(Kitasato)	선페스트(bubonic plague)를 일으키는 *Yersinia pestis*를 동정
1894	파이퍼(Pfeiffer)	면역혈청에서 용균현상 발견
1895	보데(Bordet)	알렉신(보체, complement)와 용혈현상 발견
1896	비달(Widal)과 그륀바움(Grunbaum)	면역혈청에서 티푸스균의 응집에 기초한 진단법 개발
1897	판 에르멩겜(van Ermengem)	보툴리누스 중독을 일으키는 *Clostridium botulinum* 발견
1897	크라우스(Kraus)	침강소(preciptins) 발견
1897	에를리히(Ehrlich)	항체형성의 측쇄설 정립
1898	시가(Shiga)	이질을 일으키는 *Shigella dysenteriae* 발견
1898	뢰플러(Loeffler)와 프로쉬(Frosch)	구제역을 일으키는 바이러스의 여과성 발견
1899	베이저링크(Beijerinck)	담배 모자이크 바이러스의 체내 복제 발견
1901	보데(Bordet)와 장구(Gengou)	백일해를 일으키는 *Bordetella pertussis* 동정;보체결합 시험법의 개발
1901	리드(Reed)와 동료들	황열병을 일으키는 바이러스를 동정
1902	포르티에(Portier)와 리셰(Richet)	과민증(anaphylaxis)에 대해 연구
1903	렘링거(Remlinger)와 리파트-베이(Riffat-Bey)	광견병을 일으키는 바이러스 동정
1905	샤우딘(Schaudinn)과 호프만(Hoffmann)	매독을 일으키는 *Treponema pallidum* 동정
1906	바세르만(Wasserman)과 네이세르(Neisser), 브룩(Bruck)	매독항체를 이용한 바세르만 반응법 개발
1907	애시번(Asburn)과 크레이그(Craig)	뎅기열병을 일으키는 바이러스 동정
1909	플렉스너(Flexner)와 루이스(Lewis)	회백수염을 일으키는 바이러스 동정
1915	트워트(Twort)	세균에 감염하는 바이러스 발견
1917	데렐(d' Herelle)	독립적으로 세균에 감염하는 바이러스 재발견(박테리오파지)

표 1.4

미생물학과 연관된 연구로 수여된 노벨상

수상년도	수상자	연구주제
1901	폰 베링(von Behring)	혈청을 이용한 디프테리아 치료법
1902	로스(Ross)	말라리아
1905	코흐(Koch)	결핵
1907	라베란(Laveran)	원생동물과 질병의 발생
1908	에를리히(Ehrlich)와 메치니코프(Metchnikoff)	면역
1913	리셰(Richet)	과민반응
1919	보데(Bordet)	면역
1928	니콜(Nicolle)	발진티푸스
1939	도마크(Domagk)	프론토실의 항세균 효과
1945	플레밍(Fleming)과 체인(Chain), 플로리(Florey)	페니실린
1951	테일러(Theiler)	황열병 백신
1952	왁스만(Waksman)	스트렙토마이신
1954	엔더스(Enders)와 벨러(Weller), 로빈스(Robbins)	폴리오바이러스의 배양
1958	레더버그(Ledergerg)	유전자 기작
	비들(Beadle)과 테이텀(Tatum)	유전형질의 전달
1959	오초아(Ochoa)와 콘버그(Kornberg)	염색체에서 유전형질을 담당하는 화학물질
1960	버넷(Burnet)과 메다워(Medawar)	후천성 면역관용
1962	왓슨(Watson)과 크릭(Crick), 윌킨스(Wilkins)	DNA의 구조
1965	제이콥(Jacob)과 르보프(Lwoff), 모나드(Monod)	미생물의 유전자의 조절기작
1966	라우스(Rous)	바이러스와 암
1968	홀리(Holley)와 코라나(Khorana), 니렌버그(Nirenberg)	유전암호
1969	델브뤼크(Delbruck)와 허쉬(Hershey), 루리아(Luria)	살아있는 세포에 바이러스의 침투기작
1972	에델만(Edelman)과 포터(Porter)	항체의 구조와 화학적 특성
1975	볼티모어(Baltimore)와 테민(Temin), 둘베코(Dulbecco)	종양바이러스와 세포의 유전물질간 상호작용
1976	블룸버그(Blumberg)와 가이듀섹(Gajdusek)	감염질환의 기원과 전파에 대한 새로운 기작
1978	스미스(Smith), 네이선스(Nathans)	DNA를 절단하는 분해효소
1980	베나세라프(benacerraf)와 스넬(Snell), 도세(Dausset)	장기이식에서 면역학적 요소들
1980	베르그(Berg)	재조합 DNA
1984	밀스타인(Milstein)과 쾰러(K?hler), 예르네(Jerne)	면역학
1987	토네가와(Tonegawa)	항체 다양성의 유전학
1988	블랙(Black)과 엘리온(Elion), 히칭스(Hitchings)	약물 치료의 원칙
1989	비숍(Bishop)과 바머스(Varmus)	암의 유전적 기초
1990	머레이(Murray)와 토마스(Thomas), 코레이(Corey)	이식기술과 약품
1993	물리스(Mullis)	DNA를 복제증식시키는 연쇄중합반응 기법
1993	스미스(Smith)	DNA에 외부성분을 도입하는 방법
1993	샤프(Sharp)와 로버츠(Roberts)	유전자의 불연속성
1996	도허티(Doherty)와 칭커나겔(Zinkernagel)	면역방어에 의한 바이러스 감염세포의 인지
1997	프루시너(Prusiner)	프리온
2005	마샬(Marshall)과 워렌(Warren)	위궤양을 일으키는 Helicobacter pylori

하여 면역계에 의해 매우 다양한 종류로 만들어지는 항체(antibody)의 체내 생성원리에 대한 유전적 기초가 과학자들에 의해 해명되었다. 면역계에 존재하는 세포들의 유전자들은 다양한 조합으로 섞이고 결합되기 때문에 우리의 몸은 수백만 종류의 항체를 생산할 수 있으며, 어떤 항체들은 이전에 우리가 접촉하지 못했던 위협으로부터 우리를 보호한다.

내일의 역사

오늘의 발견이 내일에는 역사가 된다. 미생물학과 같이 연구가 활발한 분야에서는 완전한 역사란 존재할 수 없다. 이 장에서 빠진 미생물학자들을 **표 1.3**에서 소개하였다. 표에서 나타난 대로 1874년에서 1917년은 미생물학의 황금시대로 불린다. 여러분에게는 당시의 과학자들이 이룩했던 업적을 설명하기 위해 사용되었던 대다수의 용어들이 지금은 낯설겠지만, 앞으로 미생물학을 꾸준히 공부하면서 이 용어들과 친숙해질 것이다. 1900년부터 우수한 과학자들에게 매년 노벨상이 수여되고 있으며, 많은 수상자들이 생리학이나 의학 분야에 종사하고 있다(**표 1.4**). 어떤 해에는 노벨상이 독립적으로 연구를 수행했던 여러 과학자들에게 공동수여 되기도 하였다. 당신이 미생물학의 새로운 영역에 대하여 공부하려 할 때 표 1.3과 1.4를 참조하라.

당신은 표1.4에서 볼 수 있듯이 미생물학이 지난 수십 년 동안 그리고 아마도 지금이 가장 좋은 시기일 정도로 의학과 생물학 분야의 선두에 있다. 1가지 이유로는 AIDS의 출현으로 인해 감염질환이 재조명되고 있으며, 다른 이유는 지난 20년간 유전공학의 비약적인 발전 때문이다. 미생물은 유전공학 혁명의 중요한 부분이 되었다. 현재 우리가 유전학을 이해하는데 도움을 주었던 대부분의 중요한 발견들이 미생물 연구에서 나왔다. 오늘날 과학자들은 다양한 목적으로 미생물을 재설계하려 하고 있다(우리는 ◀8장에서 살펴볼 것이다). 세균은 약품이나 호르몬, 백신, 다양한 생물학적 중요화합물을 만드는 공장으로 개조되고 있다. 그리고 미생물 중 특히 바이러스들은 과학자들이 새로운 유전자를 다른 개체에 삽입할 때 전달 수단으로 종종 사용된다. 이러한 기술들을 이용하여 우리는 병충해에 저항성을 갖는 작물과 같이 개량된 식물이나 동물을 만들 수 있게 되었으며, 더 나아가 인간의 유전질환을 고칠 수 있게 되었다.

1990년 9월, 네 살배기 여자 아이가 첫 번째 유전자 치료 환자가 되었다. 그녀는 면역계에 장애를 가지는 결함유전자를 물려받았다. 미국 국립보건원(NIH)의 의사들은 연구실에서 그녀에게서 추출한 백혈구의 일부에 정상적인 유전자 복사본을 삽입한 뒤, 유전자-치료된 세포들이 그녀의 면역계를 회복시키기를 희망하면서 그녀의 몸속으로 주입하였다. 비평가들은 그녀의 백혈구에 무작위로 삽입된 새 유전자들이 다른 유전자들에게 해를 입히고 암을 유발할 것이라며 걱정하였다. 하지만, 실험은 성공적이었고 그녀는 현재 건강하게 지내고 있다.

새로운 정보들이 계속 발견되고 있으며 때로는 이전의 발견들을 대치하고 있다. 어떤 경우에는 새롭게 발견된 정보들이 즉시 의학적으로 응용개발되어 페니실린과 같은 새로운 물질로 만들어졌으며, 머지않아 AIDS에 대한 치료제나 백신이 개발 될 것이다. 그러나 자연발생설과 같은 낡은 사상이나 의학에서의 비위생진단과 같은 구식관습들은 대치되기까지 수년이 걸릴 수도 있다. 새롭게 대두되는 많은 생명윤리 문제들 역시 신중하게 고려되어야 할 것이다. 에이즈 진단과 발표, 이식, 클로닝, 환경정화, 이와 관련된 기타 문제점들은 쉽고 빠르게 해결되지 않을 것이다. 여러분은 풍부한 기존 지식을 바탕으로 이 수업을 통해서 많은 연구자들이 미생물에 관하여 평생 배웠던 것보다 더 많은 것을 배우게 될 것이다. 그렇지만 이 선구자들은 미개척 분야에서 누구에게 배우지도 않고 작업했다는 점에서 충분히 존경받을만하다.

미생물학의 미래에는 흥미로운 개발 분야들이 있다. 한 분야는 특정한 세균 종만 공격하여 사멸시키는 바이러스인 **박테리오파지(bacteriophage)**의 이용분야이다. "큰 벼룩에는 그들을 물어뜯는 작은 벼룩이 존재하고, 이는 무한히 계속된다." 세균감염을 치료하기 위한 파지의 사용은 1920년, 1930년대의 동유럽과 소비에트연방에서 개발되었다. 1940년대에 항생제의 개발로 파지의 이용은 인기를 잃었고, 서구 의료 업무에서는 배제되었지만, 소비에트 지방에서는 현재에도 파지치료가 더 선호되고 있다. 구소련 군인들은 색깔로 구분된 다양한 파지꾸러미를 지니고 다녔으며, 각 파지들은 그들이 감염될 수 있을만한 세균 질병들에 대해 특이적이었다. 처음 몇 사람이 "A"라는 질병에 걸리면, 모든 사람이 "빨간" 꾸러미를 열어 파지를 사용하였고, "B"라는 질병에는 "파란" 꾸러미를 사용하여 전염병이 확산되는 것을 예방하였다. 학교에 다니는 학생들도 같은 꾸러미를 받았다. 오늘날, 우리는 항생제에 대해 내성을 획득한 세균들(어떤 세균은 알려진 모든 항생제에 대하여 내성을 가진다)과 힘겨운 투쟁을 하고 있으며 이로 인하여 과학자들은 파지의 유용성을 재검토하게 되었다.

최근에는 농업과 식품에 관련된 문제에서도 파지를 이용한 해법을 찾고 있다. 냉장고 온도에서도 생존과 생장이 가능한 *Listeria monocytogenes*는 세균성 설사를 일으키며, 발병사례 중 20%는 치명적이다. 화학적 살균처리제나 세척의 경우보다 파지를 이용할 경우, 절단된 사과나 멜론에서 리스테리아의 생장이 잘 조절되었다. 많은

그림 1.17 미생물이 잡초를 제거한다. 미국 농림부 과학자가 한천 배지에 단풍잎돼지풀(giant ragweed, *Ambrosia trifida*) 씨앗이 담긴 배양접시를 들고 있다. 몇몇 씨앗은 토양미생물과 함께 무성하게 자라났다. 그는 어떤 종자들이 미생물에 의해 썩지 않는지 원인과 방법에 대하여 연구하고 있다.

가축 무리들도 또한 파지를 이용하여 보호할 수 있다. 2007년 1월 미국 농무부는 종종 치명적인 출혈성 이질을 유발하는 *E.coli* O157:H7의 감염을 막기 위하여 도축을 앞둔 동물들에게 사용할 수 있도록 파지가 포함된 스프레이나 세척을 승인하였다. 도축되기 전에 동물의 가죽에서 세균을 제거하는 것은 다진 소고기와 같은 제품에 세균이 들어가는 것을 방지하며, 나아가 소비자에게 식품공급이 안전하게 유지되는데 도움이 될 것이다. 인간 질병에 대한 파지의 효능성 검증은 현재 진행중에 있으며, 곧 항생제의 대체물을 얻게 될 것으로 희망하고 있다.

불행하게도 미래는 우리에게 생물테러라는 또 하나의 공포를 안겨주었다. 하지만, 파지는 이 공포로부터 우리를 구해줄 수 있다. 예를 들어, 탄저병을 일으키는 많은 세균 종들을 파괴하는 파지들이 이미 분리되었기 때문이다. 테러에 관련된 질병 및 테러 병원체의 사용 및 제어방법들은 ◀15장과 질병에 관련된 장에서 다룰 것이다. 구소련의 비밀 세균전 프로그램의 책임자였던 켄 알리베크(Ken Alibek) 박사의 책 '생물학적 위험(Biohazard,1999)' 에서 "우리 공장은 탱크나 트럭, 자동차, 코카콜라를 제조하는 것처럼 확실하면서 효율적인 공정으로 하루에 2톤의 탄저균을 생산할 수 있었다" 라는 문장은 우리를 오싹하게 만든다. 또한 그는 "평방 1 킬로미터 지역에 살고 있는 사람의 절반을 감염시키는 데는 카자흐스탄에서 개발된 탄저균 836이 5 킬로그램이면 충분하다." 라고 설명하였다.

밭에서 잡초 때문에 고생하는 농부들도 곧 미국 농무부의 지원을 받을 것이다. 농무부의 과학자(**그림 1.17**)들은 화학제품을 살포하지 않아도 토양에 있는 잡초만 골라 썩혀서 시들어 죽게 하는 특수한 미생물을 탐색하고 있는 중이다.

유전체학

미생물의 유전학 기법들로 거대한 과학사업인 인간게놈프로젝트(the Human Genome Project)가 가능하였다. 프로젝트의 목적은 인간게놈에 있는 모든 유전자의 위치와 화학적 염기서열, 즉 인간이라는 종의 모든 유전물질을 밝히는 것이다. 이 사업은 1990년에 착수하여 약 30억 달러의 비용으로 2005년 완료를 목표로 하였다. 놀랍게도, 이 사업은 일정보다 앞선 2000년 5월 예산을 넘기지 않고 완료되었다! 또 다른 놀라운 사실은 인간이 가지고 있을 것이라 예상되었던 최대 142,000개의 유전자보다 적은 25,000개를 조금 넘긴 유전자를 가지고 있다는 것이었다. 2001년 2월 두 경쟁자 그룹이 프로젝트를 완료하여, 셀레라 지노믹스(Rockville, Maryland)의 사장인 크레이그 벤터 박사(Dr. J. Craig Venter)는 사이언스(Science) 저널에 발표하였고, 미 국립보건원과 런던의 웰컴트러스트연구소(Wellcome Trust of London)에서 지원을 받는 학술단체인 국제 인간게놈 염기서열 분석 컨소시엄(the International Human Genome Sequencing Consortium)을 대표하는 에릭 랜더(Eric Lander) 박사는 네이처(*Nature*) 저널에 발표하였다. 인간 게놈에 있는 30조개의 염기쌍이 모두 기능을 가진 유전자를 암호화하는 것은 아니다. 그들 중 약 75%가 "정크 DNA(junk DNA)" 이다. 하지만, 많은 과학자들은 현재 "정크(junk)" 라고 불리는 것의 용도를 결국에는 알아낼 것이라 믿고 있다. 인간게놈 프로젝트의 작업은 작업상 규모가 작고 쉬운 미생물 게놈의 염기서열을 분석하기 위해 개발되었던 기술에 기반을 두고 있다. 100개가 넘는 미생물 게놈의 염기서열이 완료되었다. 놀라운 것은 모든 세균은 하나만 가지고 있을 것이라고 예상되었던 염색체를 어떤 미생물들은 2개나 가지고 있다는 사실이었다. 인간 게놈의 113개 이상의 유전자들이 세균에서 직접 유래했다는 것도 흥미롭다. 벤터는 생쥐 게놈의 염기 서열분석하고, 인간은 생쥐에서 발견되지 않는 300개의 유전자를 가지고 있다고 보고하였다. 인간 유전자의 41.7%는 아직 기능이 밝혀지지 않았다. 벤터는 "인생의 비밀은 게놈에서 한자 한자 밝혀졌고, 우리는 단지 이것을 어떻게 해석하는지 배울 뿐이다." 라고 말하였다. 인간게놈 해석에 조력하는 것은 미생물을 이용한 실험에서 가장 큰 부분이 될 것이다.

✓ 중점 질문 사항

1. 제너와 메치니코프, 에를리히, 플레밍, 맥클린톡, 벤터가 과학에 기여한 바는 무엇인가?
2. 미생물학의 황금시대는 언제인가? 이 기간동안 무엇들이 발견되었는가?
3. 인간게놈 프로젝트란 무엇인가? 미생물학이 이 사업과 어떻게 연관되어 있는가?

요약

왜 미생물학을 공부하는가?

- 미생물은 인간을 둘러싼 환경의 일부분이므로 인간의 건강과 생활에 중요하다.
- 미생물에 대한 연구는 생명의 모든 형태에서 삶의 과정에 대한 통찰을 제공한다.

미생물학의 범위

미생물

• 미생물학은 현미경을 통해 볼 수 있는 모든 미생물에 대한 학문이다. 여기에는 세균, 조류, 곰팡이, 바이러스, 비로이드, 프리온, 원생동물이 포함된다.

미생물학자

• 면역학, 바이러스학, 화학요법과 유전학은 가장 활발히 연구되는 미생물학의 분야이다.

• 미생물학자들은 대학이나 병원, 산업기관에서 연구자나 강사 및 교사로 일한다. 이들은 진단테스트의 실시와 설계; 항생제와 백신 개발 및 테스트; 감염억제; 공중위생 보호; 환경보호; 식음료 산업에서 중요한 역할을 담당하며 생물과학의 기본연구를 수행한다.

역사적 기원

• 고대 그리스인과 로마인, 유대인들은 질병의 확산을 초기에 이해하는데 기여를 하였다.

• 선페스트와 수면병과 같은 질병들은 감염을 억제하거나 치료하는 방법에 대한 지식이 부족하여 수백만 명이 사망하였다.

• 루벤후크가 개발한 고품질 렌즈들로 미생물을 관찰하는 것이 가능해졌고, 훗날 세포설(cell theory)이 만들어졌다.

미생물 병인론

• 미생물 병인론은 미생물(세균)이 다른 생물에 감염하여 병을 일으키는 것을 의미한다.

초기연구

• 자연발생설 개념이 부정된 뒤, 미생물학이 발전하고 미생물 병인론이 수용되었다. 레디와 스팔란차니는 생물이 무생물로부터 생성되지 않는다고 설명하였다. 파스퇴르는 백조목 플라스크를 가지고, 틴달은 먼지가 제거된 공기를 가지고 자연발생설 개념을 완전히 축출하였다.

파스퇴르의 또 다른 기여

• 파스퇴르는 또한 와인제조 및 누에와 관련된 질병에 대하여 연구하였고 최초로 광견병 백신을 만들었다. 그는 특정 질병을 특정 미생물과 연결시켜 세균설 확립에 일조하였다.

코흐의 기여

• 코흐의 4가지 가설은 미생물 병인론의 확립에 결정적인 역할을 하였다. 코흐의 가설은 다음과 같다.

1. 특정 질병의 원인이 되는 미생물은 그 질병을 앓고 있는 모든 경우에 발견되어야 한다.
2. 질병을 일으키는 미생물은 순수 배양에서 분리되어야만 한다.
3. 순수 배양해서 얻어진 미생물을 건강한 숙주에게 접종했을 때 동일한 질병을 일으켜야 한다.
4. 질병을 일으키는 미생물이 접종된 숙주에서 분리되어야 한다.

• 코흐는 미생물을 분리하는 방법을 발전시켰고, 결핵을 일으키는 바실러스를 발견했으며, 투베르쿨린을 개발하였고, 아프리카와 아시아에서 다양한 질병에 대해 연구하였다.

감염억제를 향한 노력

• 리스터와 제멜바이스는 세균설을 적용하고 무균법을 이용하여 의약분야에서 위생을 향상시키는데 기여하였다.

특수한 미생물학 분야의 출현

면역학

• 예방접종은 천연두를 예방하기 위하여 처음 사용되었다; 제너는 천연두를 예방하기 위하여 우두의 수포액을 이용하였다.

• 파스퇴르는 미생물을 약독화하는 방법을 개발하여 병을 일으키지 않으면서 면역성을 유도할 수 있었다.

바이러스학

• 베이저링크는 바이러스를 자신의 목적을 위해 숙주세포의 메커니즘을 차용하는 병독성 분자들로 규정하였다.

• 리드는 모기가 황열병의 병원체를 운반한다고 설명하였고, 다른 연구자들은 20세기 초에 바이러스를 찾아내었다. DNA(많은 수의 바이러스와 모든 세포성 생물의 유전물질)의 구조는 왓슨과 크릭에 의해 발견되었다.

• 바이러스를 분리하고 증식시키며 분석하는 실험법들이 개발되었다. 그 후 바이러스가 관찰되었고, 많은 경우 결정화될 수 있으며 이들의 핵산이 연구되고 있다.

화학요법

• 에를리히가 세균을 죽이는 화학물질에 대해 체계적인 연구를 시작하기 이전에는 약용식물에서 추출한 약물들이 사실상 화학요법의 하나뿐인 원료였다.

• 플레밍과 그의 동료들은 페니실린을 개발하였고, 도마크와 동료들은 설파제를 발견하였다.

• 왁스만과 그의 동료들은 토양생물에서 스트렙토마이신과 다른 항생제들을 개발하였다.

유전학과 분자생물학

• 그리피스는 예전에는 해가 없던 세균이 특성이 바뀌어 병을 일으킬 수 있음을 발견하였다. 에이버리, 맥카티, 맥로드는 이 유전적 변이가 DNA 때문임을 증명하였다. 테이텀과 비들은 유전정보가 대사를 조절하는 방법을 증명하기 위하여 *Neurospora*의 생화학 돌연변이 균주를 연구하였다.

내일의 역사

• 미생물학은 의약과 생물학연구의 선두에 있으며 미생물은 유전공학과 유전자 치료에서 중요한 역할을 하고 있다.

• 박테리오파지는 병을 치료할 수 있고 식품안전을 지키는데 도움을 준다.

유전체학

• 인간게놈프로젝트는 인간 유전체안의 모든 염기의 위치와 서열을 밝혔다. 미생물과 미생물학적 기법들이 이 연구 사업에 이용되었다.

• 100개가 넘는 세균의 유전체 염기서열이 분석되었다. 몇몇 세균들은 하나 대신 2개의 염색체를 가지고 있다.

용어 정리

가설(p. 19)
결론(p. 19)
균류(p. 5)
미생물(p. 4)
미생물학(p. 4)
미생물 병인론(p. 10)
바이러스(p. 5)
박테리오파지(p. 22)
변수(p. 19)
비로이드(p. 5)
세균(p. 4)
세포설(p. 9)
실험변수(p. 19)
예측(p. 19)
원생동물(p. 5)
자연발생설(p. 10)
조류(p. 5)
코흐의 가설(p. 13)
통제변수(p. 19)
프리온(p. 5)
항생제(p. 17)

임상 사례 연구

미국의 의사들이 처음으로 AIDS를 진단하였을 때, 그들은 AIDS에 대하여 많이 알지 못하였다. 그들 앞에는 풀어야 할 수많은 문제들이 기다리고 있었다. 그들은 병인론 측면에서 무엇을 찾았는가? AIDS의 역학에서 무엇이 관찰되었는가?

요점 사고 문제

1. 18세기 잉글랜드의 에드워드 제너는 처음으로 테스트가 완료되지 않은 천연두 백신을 어린아이에게 주입한 뒤, 얼마 후 살아있는 천연두 바이러스를 주입하였다. 오늘날 비슷한 실험을 수행한 사람이 있다면 어떤 반응이 나타날까? 당신이 생각하기에 현재의 과학자는 가능성 있는 새로운 백신을 어떻게 테스트해야 하는가?

2. 코흐의 가설은 더 이상 들어맞지 않는다고 생각된다. 그러나 아직 많은 질병들의 원인이 밝혀지지 않았고 새로운 질병들이 계속 출현하고 있다. 당신은 시간이 지나면 코흐의 가설이 더 이상 사용되지 않을 것이라고 생각하는가? 당신의 대답은?

3. "우리가 미생물학에 대해서 많이 배울수록, 우리가 모른다는 것을 더 발견할 뿐이다." 이 문장은 당신에게 어떤 의미일까?

4. 안톤 반 루벤후크 이외의 사람들도 미생물을 관찰하기 위하여 렌즈를 사용하였을 것이며, 로버트 훅은 1665년에 복합현미경을 개발하여 사용하였고, 루벤후크가 런던왕립협회에 처음으로 편지를 쓴 해는 1673년이다. 왜 우리는 루벤후크의 관찰에 대해서는 알지만, 다른 사람에 대해서는 알지 못할까? 과학자가 자신의 연구결과를 발표하는 것이 왜 중요하다고 생각하는가?

5. 우리가 미생물의 세계를 이해하는 과정 중에는 확대렌즈나 복합현미경과 같은 과학기술의 발전과 고체 배지에 미생물을 배양하기 위해 첨가된 한천의 사용이 있었다. 당신은 과학기술이 여전히 중요한 역할을 하고 있다고 생각하는가? 당신은 미생물 세계를 더 이해하도록 도와주는 최신 과학기술의 개발예시를 제안할 수 있는가? 미래의 기술개발은 어떠할 것인가?

자가 진단 문제

1. 1% 미만의 미생물들은 해로우며 병을 일으킨다. 참일까, 거짓일까?

2. 만약 모든 미생물이 박멸된다면 지구상의 삶은 더 나아질 것이다. 참일까, 거짓일까?

3. 세균 하나의 무게는 ________ 이고, ________ 정도로 작다.
(a) 1 그램, 1 센티미터
(b) 1 밀리그램, 1 밀리미터
(c) 100만 밀리그램, 1,000 밀리미터
(d) 0.00000000001 그램, 1 마이크로미터(μm)
(e) 0.00000000001 밀리그램, 0.00000000001 미터

4. 미생물이 연구에 유용한 이유를 세 가지 쓰시오.

5. 미생물학 연구는 ______에서 중요하다.
(a) 살충제 생산
(b) 농업
(c) 오염 정화
(d) 질병 예방
(e) 위의 답 모두

6. 중앙아시아 사람들은 여전히 천연두를 앓고 있다. 참일까, 거짓일까?

7. 다음의 미생물들을 가장 잘 설명한 것을 연결하시오.

____ 조류	(a) 가지로 연결된 필라멘트를 가지는 다핵형 미생물
____ 세균	(b) 증식하기 위해 숙주를 필요로 하는 무세포의 독립체
____ 곰팡이	(c) 인간에게는 질병을 거의 유발하지 않는 거대한 광합성 세포
____ 원생동물	(d) 기생하는 벌레
____ 바이러스	(e) 크면서 핵을 가지는 단세포 미생물
____ 기생충	(f) 핵이 없는 단세포 미생물

8. 균류학자는 ____________을 연구하는 미생물학자이고, 조류학자(phycologist)는 ___________을 연구한다.

9. 어떤 과학자가 질병의 빈도와 분포에 대하여 활발히 연구한다면 그(혹은 그녀)는 ______ 일 것이다.
(a) 균류학자
(b) 면역학자
(c) 병인학자(etiologist)
(d) 역학자(epidemiologist)
(e) 생태학자

10. 유럽과 북아프리카, 중앙아시아를 강타하여 수천만 명의 희생자를 냈던 전염병은 흑사병으로 알려져 있다. 이 병은 무엇에 의해 발병되는가?
(a) 천연두
(b) 선페스트
(c) 더러운 공기의 호흡
(d) 탄저균
(e) 돼지인플루엔자

11. 고대 유대인 집단에서 선페스트의 발병률이 낮았던 이유는?
(a) 효능있는 항생제의 사용
(b) 세균발육억제 치료
(c) 위생적인 생활환경
(d) 감염된 환자에 코흐의 가설을 적용

12. 과학으로서 미생물학의 발전과 확립을 시작하게 했던 사건은?
(a) 자연발생설
(b) 살균제의 사용
(c) 예방접종
(d) 미생물 병인론
(e) 현미경의 개발

13. 고급 품질의 확대렌즈(초기 현미경)로 미생물을 관찰하여 미생물학에 기여했던 선구자는?
(a) 훅
(b) 루벤후크
(c) 제멜바이스
(d) 코흐
(e) 파스퇴르

14. 구더기는 파리에 노출되었던 부패된 고기에서만 나타난다고 주장하여 최초로 자연발생설을 부정했던 과학자는?
(a) 리스터
(b) 파스퇴르
(c) 훅
(d) 레디
(e) 코흐

15. 자연발생설에 따르면 살아있는 세포들이 오직 다른 살아있는 세포에서 발생한다. 참일까, 거짓일까?

16. 미생물학의 수용과 발전에 가장 큰 걸림돌은 무엇이었나?
(a) 효과적인 백신의 부족
(b) 멸균된 용기의 부족
(c) 자연발생설
(d) 17세기 이전 소모성 질환의 부재
(e) 무균법의 사용

17. 루이 파스퇴르가 자연발생설을 반박하기 위해 고안했던 백조목 플라스크의 목적은 무엇이었나?
(a) 배양액안에서 미생물의 증식을 허용하기 위하여
(b) 썩은 고기위에 에서 구더기의 발생을 파리와 연관시키기 위하여
(c) 고기배양액을 저온멸균하기 위하여
(d) 플라스크로 공기가 들어가는 것을 막기 위하여
(e) 미생물을 붙잡아 배양액으로 들어가지 못하게 하려고

18. 미생물 병인론이란?
(a) 다른 생물에 침입한 미생물은 그 생물체에서 질병을 일으킬 수 있다.
(b) 미생물은 쇠약해진 숙주에서 자연적으로 발생할 수 있다.
(c) 미생물은 감염질환을 일으키지 않는다.
(d) 어떤 미생물도 해롭지 않다.
(e) 말라리아는 나쁜 공기("Mal"-" Aria) 때문에 유발된다.

19. 코흐의 가설을 적고 미생물학의 발전에 왜 중요한지 기술하시오.

20. 미생물학은 코흐가 미생물 배지를 만들 때 사용했던 응고제로 인하여 엄청나게 발전하였다. 참일까, 거짓일까?

21. 다음의 과학자들과 미생물학의 기여를 올바르게 연결하시오.

____ 에를리히	(a) 천연두에 대한 백신을 개발하였다.
____ 제멜바이스	(b) 코르크 세포를 관찰하기 위하여 복합현미경을 개발하였다.
____ 훅	(c) 분만 시 무균법을 사용하였다.
____ 슐라이덴과 슈반	(d) 감염질병을 치료하기 위하여 화학제품 사용을 제안하였다.
____ 제너	(e) 세포설을 확립하였다.

22. 다음의 과학자들이 미생물학 분야에 기여한 바를 설명하시오.
베이저링크, 플레밍, 메치니코프

23. 감염질병에 대한 박테리오 치료법은 더 이상 어디에서도 실시되지 않는다. 참일까, 거짓일까?

24. 과학자들은 토양의 미생물을 조사하면서 많은 항생제를 발견하였다. 참일까, 거짓일까?

25. 유전물질인 DNA의 알파 나선구조는 누구에 의해 발견되었는가?
(a) 제임스 왓슨과 프랜시스 크릭
(b) 오스왈드 에이버리, 맥클린 맥카티, 콜린 맥로드
(c) 폴 에를리히
(d) 에드워드 테이텀
(e) 아직 발견되지 않았다.

26. 파스퇴르의 백조목 플라스크에서 플라스크 안의 멸균된 배양액이 오염되는 것을 방지한 방법을 다음 그림을 이용하여 설명하시오. (a)의 멸균된 배양액에서 발생한 일과 열을 식힌 뒤 (b)에서 일어난 일을 설명하시오. 먼지와 미생물과 접촉할 수 있을 정도로 플라스크를 기울인 뒤 (c)에서 일어난 현상은?

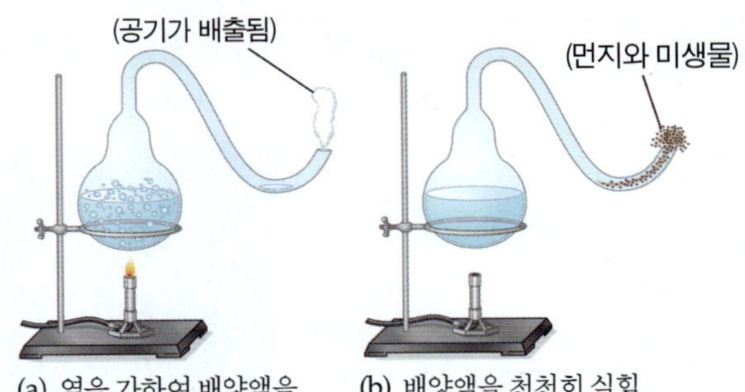

(a) 열을 가하여 배양액을 멸균시킴 (b) 배양액을 천천히 식힘

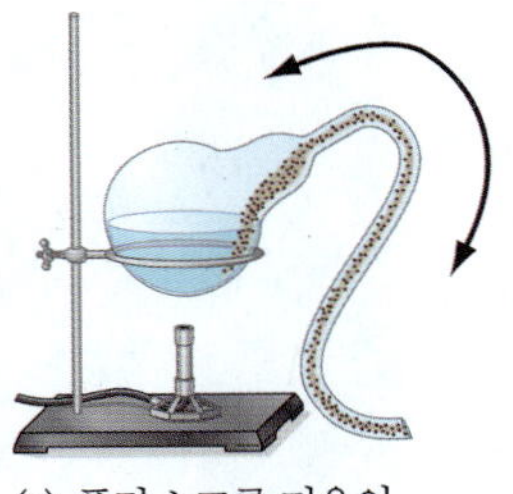

(c) 플라스크를 기울임

▌ 웹상에서 탐구 문제

http://www.wiley.com/college/black

당신이 이 장의 공부를 마쳤다면, 웹상에서 도전을 계속 할 수 있다. 위의 웹사이트를 방문하여 이 장의 개념들에 대한 당신의 지식을 조율하고, 밑에 제시된 질문들에 대한 답을 찾아보시오.

1. 당신은 오스트리아, 비엔나의 박물관에서 제멜바이스가 병원에서 사용했던 세면대 중 하나가 전시되고 있다는 사실을 알고 있는가? 제멜바이스에 관한 더 많은 것과 그가 산욕열의 발생률을 내렸던 방법에 대하여 찾아보시오.
2. 웹사이트에서 와인 자체의 풍미를 변화시키지 않으면서 와인 산업에 악영향을 미쳤던 미생물을 제거하기 위해 개발되었던 절차들을 찾아보시오.

2 화학의 기초

시작하며...

당신은 무중력의 자유낙하를 하면서 다른 사람들에게 가까이 간다. 다른 스카이다이빙 동료들과 손을 맞잡아서, 방금 전 비행기 안전판에서 논의했던 배열을 만든다. 하늘과 땅의 중간에서 떠돌면서 당신을 묶고 있는 연결이 중요하다는 것을 안다.

스카이다이버들을 복잡한 배열로 고정시키는 손과 같이 원자 간의 화학결합은 원자들을 복잡한 분자 배열로 고정시킨다. 분자의 모양은 매우 중요하다. 분자의 모양이 변하면 분자의 성질도 변한다. 생물체에서 이러한 변화는 삶과 죽음의 차이가 될 수도 있다.

© Michael McGowan Fun Air Productions

이 주제와 관련된 비디오는 WileyPLUS에서 볼 수 있습니다.

왜 화학을 학습하는가?

화학적 구성물과 화학결합

화학적 구성물 / 원자의 구조 / 화학결합 / 화학반응

물과 용액

물 / 용액과 콜로이드 / 산, 염기와 PH

복잡한 유기 분자들

탄수화물 / 지질(lipids) / 단백질 / 뉴클레오티드와 핵산

모든 생물과 무생물은 물질로 구성되어 있으며, 미생물도 마찬가지이다. 따라서 미생물의 모든 성질은 물질의 성질에 의해 결정된다는 것은 놀라운 일이 아니다.

왜 화학을 학습하는가?

*화학*은 물질의 기본적 성질을 다루는 과학이다. 따라서, 미생물을 이해하기 위해서는 화학을 어느정도 아는 것이 필요하다. 화학물질은 화학반응에 의해 변화하고 상호작용한다. 대사는 영양분을 사용하여 에너지를 내고 세포의 물질을 만들어내는 것이며, 많은 서로 다른 화학반응으로 구성된다. 이러한 현상은 생명체가 인간이건 미생물이건 모두 같다. 따라서 화학적 기본 원리를 이해하는 것은 생명체의 대사과정을 이해하는 데에 필수적이다. 미생물학자들은 미생물의 구조와 기능을 이해하고 인간의 질병 과정에 끼치는 영향과 더 나아가서는 미생물이 지구의 모든 생명체에 어떻게 영향을 끼치는지를 이해하는 데에 화학을 사용한다.

화학적 구성물과 화학결합

화학적 구성물

물질은 기본적 화학적 구성물을 형성하는 매우 작은 입자로 구성되어 있다. 수년간 화학자들은 물질을 관찰하여 이러한 입자들의 성질을 유추하였다. 마치 알파벳으로 수천 가지 단어를 만들 수 있는 것처럼, 화학적 구성물은 수천 가지 서로 다른 물질을 만드는 데에 사용될 수 있다. 화학 물질의 복잡성은 단어의 복잡성을 훨씬 넘어선다. 단어는 거의 20개 글자 이내로 구성되지만, 어떤 복잡한 화학 물질은 20,000 개 이상의 구성물로 되어 있다.

물질의 가장 작은 화학적 단위는 **원자(atom)**이다. 여러 종류의 원자가 존재한다. 1가지 원자로 구성되어 있는 물질은 **원소(element)**라 부른다. 각 원소는 특별한 성질을 가지고 있어서 서로 다른 원소와 구분된다. 탄소는 원소이다. 순수한 탄소는 많은 수의 탄소 원자로 구성된다. 산소와 질소도 역시 원소이며, 지구 대기에 기체로서 존재한다. 화학자들은 하나 혹은 두 글자 기호를 사용하여 원소를 나타낸다. C는 탄소이며, O는 산소, N은 질소이며, Na는 소듐 (라틴어로는 나트륨)이다.

질소는 독일에서 "stickstoff"라 불리며, 이탈리아에서는 "azoto"라고 불리는데, 세계 어떤 나라에서든 N 이라는 기호로 쓰인다.

원자는 여러 화학적 방식으로 결합한다. 단일 원소의 원자가 서로 결합하기도 한다. 예를 들어 탄소 원자는 생명체의 구조에 중요한 긴 사슬을 형성한다. 산소와 질소는 O_2와 N_2와 같이 쌍을 이룬 원자로 형성된다. 1가지 원소의 원자는 종종 다른 원소의 원자와 결합한다. 이산화탄소(CO_2)는 탄소 원자 하나와 산소 원자 2개로 되어 있다. 물(H_2O)에는 2개의 수소 원자와 하나의 산소 원자가 있다(화학식의 아래첨자는 각 원소의 원자 수를 나타낸다).

2개 이상의 원자가 화학적으로 결합하면 **분자(molecule)**를 형성한다. 분자는 N_2와 같이 동일한 원소의 원자로 구성될 수도 있고, CO_2와 같이 서로 다른 원소의 원자로 구성될 수도 있다. 2가지 이상의 원소로 형성된 분자를 **화합물(compound)**이라 부른다. 따라서 CO_2는 화합물이지만 N_2는 화합물이 아니다. 화합물의 성질은 그 화합물을 구성하는 원소들의 성질과 다르다. 예를 들어, 수소와 산소는 원소 상태에서는 상온에서 기체이나, 결합하여 물을 형성하면 물은 상온에서 액체이다.

생명체는 몇 가지 원소의 원자들로 구성된다. 주된 원소는 탄소, 수소, 산소와 질소이나, 이들이 결합하여 매우 복잡한 화합물을 형성한다. 단순당 분자는 $C_6H_{12}O_6$ 이며 24개의 원자를 포함하고 있다. 생명체에서 발견되는 많은 분자들은 수천 개의 원자들로 구성되어 있다.

원자의 구조

원자는 그 원소의 성질을 지니는 어떤 원소의 가장 작은 단위이지만, 원자는 그러한 성질의 원인이 되는 더 작은 입자들을 가지고 있다. 물리학자들은 그런 소립자들을 연구하지만 우리는 **양성자(proton)**, **중성자(neutron)**와 **전자(electron)**만을 다룰 것이다. 이들 입자들의 3가지 중요한 성질은 원자질량, 전기적 전하와 원자에서 위치이다(**표 2.1**). *원자질량(atomic mass)*은 *원자질량 단위(atomic mass unit, AMU)*로 측량된다. 양성자나 중성자의 질량은 거의 정확히 1 AMU이다. 전자의 질량은 훨씬 작다. 전기적 전하를 보면, 전자는 음(—)전하를, 양성자는 양(+)전하를 가진다. 중성자는 중성이며, 전하가 없다. 원자는 통상적으로 동일한 수의 양성자와 전자를 가지고 있으므로 전기적으로 중성이다. 무거운 양성자와 중성자는 원자의 중심의 작은 *핵(nucleus)*에 들어 있고, 가벼운 전자는 핵 주위의 궤도를 따라 운동한다.

특정 원소의 원자는 항상 동일한 수의 양성자를 가지고 있다. 즉, 양성자 수는 그 원소의 **원자번호(atomic number)**이다. 원자번호는

표 2.1

소립자의 성질

입자	원자질량	전하	위치
양성자	1	+	핵
중성자	1	없음	핵
전자	1/1,836	-	핵 주변 궤도

1부터 100까지 있다. 원소의 원자에서 중성자 수와 전자 수는 변할 수 있지만, 양성자 수(즉, 원자번호)는 특정 원소의 모든 원자에서 동일하다.

양성자와 전자는 반대의 전하를 가지고 있다. 결과적으로 이들은 서로 끌어당긴다. 이러한 인력은 전자를 원자 핵에 가까이 머물게 한다. 전자는 지속적으로 빠른 운동을 하고 있어서 핵 주위에 전자 구름을 형성한다. 어떤 전자는 다른 전자보다 더 많은 에너지를 가지고 있으므로, 화학자들은 동심의 원들, 즉 **전자껍질(electron shell)**이 있는 모델을 사용한다. 가장 낮은 에너지를 가지고 있는 전자는 핵에 가장 가까이 있고, 더 많은 에너지의 전자는 핵에서 멀리 떨어져 있다. 각 에너지 준위는 전자껍질에 해당된다(**그림 2.1**).

수소 원자에는 하나의 전자만이 있으며 가장 안쪽 껍질에 있다. 헬륨 원자에는 2개의 전자가 있으며, 가장 안쪽 껍질에는 최대 2개의 전자가 발견된다. 2개 이상의 전자를 가지는 원자는 2개의 전자는 안쪽 껍질에 있으며, 두 번째 껍질에는 전자가 8개까지 있을 수 있다. 전자들은 안쪽 껍질을 먼저 채운 후 비로소 두 번째 껍질을 채우고 그 다음에 세 번째 껍질을 채울 수 있다. 매우 큰 원자는 더 많은 전자를 채울 수 있는 더 많은 전자 껍질을 가지고 있으나, 생명체에서 발견되는 원소들은 바깥 전자껍질이 8개의 전자로 채워져 있으면 화학적으로 안정하다. 이 이론은 **8전자 규칙(rule of octets)**이라 알려져 있으며,

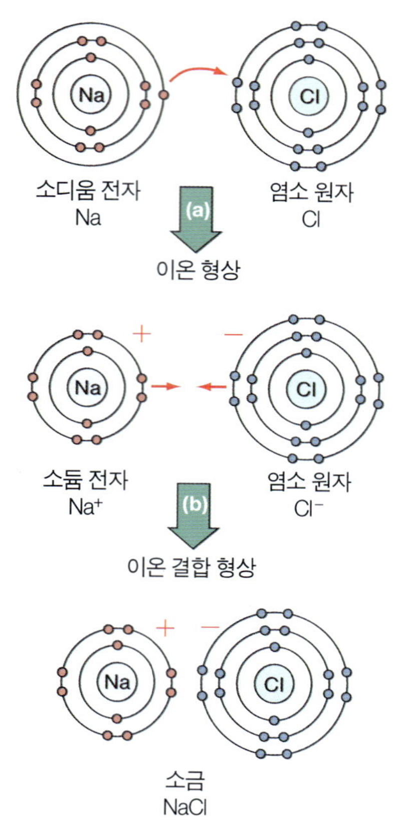

그림 2.2 이온 또는 전기적 전하를 지니는 원자의 형성. (a) 중성 소듐 원자가 바깥 껍질의 전자 하나를 잃으면 소듐 이온(Na^+)이 된다. 중성 염소 원자가 전자 하나를 바깥 껍질에 얻으면 염소 이온(Cl^-)이 된다. (b) 반대 전하를 가지는 이온은 서로 끌어당긴다. 이와 같은 인력은 이온결합을 형성하여 소듐 클로라이드(NaCl)과 같은 이온화합물을 생성한다.

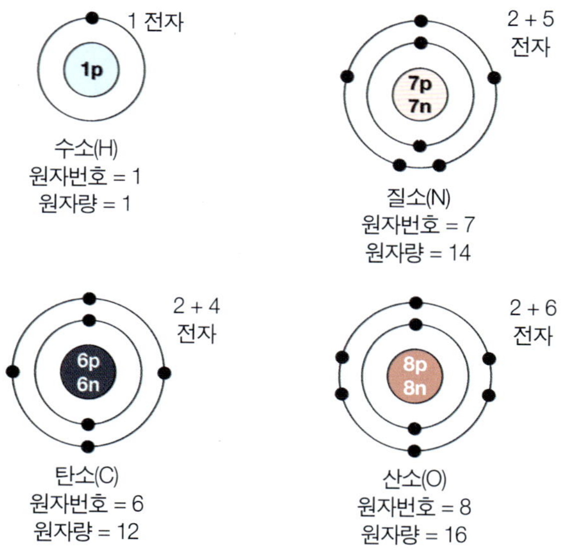

그림 2.1 생물학적으로 중요한 4가지 원자의 구조. 수소는 가장 단순한 원소이고, 핵에 양성자 1개와 첫 번째 껍질에 전자 1개로 구성되어 있다. 탄소, 질소와 산소에서 첫 번째 껍질은 2개의 전자로 모두 채워져 있고 두 번째 껍질은 일부만 채워져 있다. 탄소에는 핵에 6개의 양성자가 있고 두 번째 껍질에는 4개의 전자가 있다. 질소의 두 번째 껍질에는 5개의 전자가, 산소의 두 번째 껍질에는 6개의 전자가 있다. 화학결합에 참여하는 것은 가장 바깥 껍질에 있는 전자들이다.

화학결합을 이해하는데 중요하며, 우리는 간단하게 논할 것이다.

바깥 전자껍질이 거의 채워져 있거나(6개나 7개), 거의 비어 있으면(1개나 2개) 이온을 형성하기 쉽다. **이온(ion)**은 원자가 전자를 얻거나 잃어서 생성되는 하전된 원자이다(**그림 2.2a**). 소듐 원자(원자번호 11)가 양성자는 그대로 이면서 바깥껍질에 있는 전자 하나를 잃게 되면 양전하를 가지는 이온, 즉 **양이온(cation)**이 된다. 염소 원자(원자번호 17)가 전자를 얻어서 바깥껍질을 채우게 되면 음전하를 가지는 이온, 즉 **음이온(anion)**이 된다. 이온 상태에서 염소(chlorine)는 클로라이드(chloride)라 한다. 소듐이나 염소 원소의 이온은 바깥 전자껍질이 모두 채워져 있으므로 각 원소의 원자 상태보다 화학적으로 더 *안정(stable)*하다. 미생물이나 그 주변의 많은 원소는 이온 상태로 발견된다(**표 2.2**). 바깥 껍질에 하나 혹은 2개의 전자가 있는 원자는 전자를 잃어서 +1 혹은 +2 전하의 이온으로 되려는 성질이 있다. 바깥 껍질에 7개의 전자를 가지고 있는 원자는 전자를 얻어서 -1 전하의 이온으로 되려는 성질이 있다. 수산 이온(OH^-)와 같은 이온들은 2가지 이상의 원소를 가지므로 화합물이다.

동일한 원소의 모든 원자는 동일한 원자번호를 가지고 있으나, 원자량은 다를 수 있다. **원자량(atomic weight)**은 원자의 양성자와 중성자 수의 합이다. 많은 원소는 원자량이 서로 다른 원자들로 구성된다. 예를 들어, 탄소는 대개 양성자 6개와 중성자 6개로 되어 있어서 원자

표 2.2

몇 가지 이온

이온	이름	간단한 설명
Na^+	소듐	해수와 다세포생물의 체액의 염도 제공
K^+	칼륨	세포 팽압 유지에 중요한 이온
H^+	수소	용액의 산도의 원인이며, 대개 운동성을 조절
Ca^{2+}	칼슘	종종 화학적 전달물질로 작용
Mg^{2+}	마그네슘	대개 화학반응이 일어나기 위해 필요
Fe^{2+}	제1철	에너지를 생성하는 화학반응에서 전자를 산소로 전달. 인간 질병을 일으키는 미생물 성장 억제
NH^{4+}	암모늄	동물 노폐물에서 발견되며 일부 세균에 의해 분해됨
Cl^-	염화물	대개 양이온의 형태로 발견되며 전하를 중화시킴
OH^-	수산기	대개 H^+이 고갈된 염기성 용액에 과량 존재
HCO_3^-	중탄산염	종종 해수와 체액의 산성을 중화시킴
NO_3^-	질산염	아질산염을 식물이 사용할 수 있는 형태로 전환시키는 일부 세균의 활동 산물
SO_4^{2-}	황산염	대기오염원과 산성비에 있는 황산의 구성원
PO_4^{3-}	인산염	다른 분자와 결합하여 고에너지 결합을 형성하여 생명체가 사용할 수 있는 형태로 저장됨

량은 12이다. 그러나, 자연에 존재하는 어떤 탄소 원자는 1 또는 2개의 중성자를 더 가지고 있어서, 원자량이 13 또는 14가 된다. 또한 중성자 수가 서로 다른 원자를 실험실에서 만들어낼 수 있는 기술이 있다. 특정 원소에서 중성자 수가 서로 다른 원자들을 **동위원소(isotope)**라 부른다. 원소 기호의 왼쪽 위 첨자는 특정 동위원소의 원자량을 나타낸다. 예를 들어 원자량이 14인 탄소는 화석의 연대를 측정하는 데에 사용되는데, ^{14}C라 표기된다. 자연에서 발견되는 동위원소들을 가지고 있는 원소의 원자량은 자연에 존재하는 동위원소 혼합물의 평균 원자량이다. 따라서 어느 특정 원자는 정수의 중성자와 양성자를 가지고 있지만 원자량이 항상 정수인 것은 아니다. 표 2.3은 생명체에서 발견되는 몇 가지 원소의 원자량과 몇 가지 성질을 보여준다.

그램 분자량(gram molecular weight), 즉 **몰(mole)**은 물질의 분자에 있는 원자량의 합이 그램으로 표기된 무게이다. 예를 들어, 글루코오스($C_6H_{12}O_6$) 1몰의 무게는 180그램이다. 즉, [탄소 원자 6개 × 12 (원자량)] + [수소 원자 12 개 × 1 (원자량)] + [산소 원자 6개 × 16 (원자량)] = 180그램이다. 어떤 물질 1몰은 항상 6.023×10^{23}개의 입자를 지니고 있는 것으로 몰은 정의된다.

어떤 동위원소는 안정하나, 어떤 것은 그렇지 않다. 불안정한 동위원소의 핵은 소립자를 방출하고 방사하는 성향이 있다. 이러한 동위원소는 *방사성(radioactive)*이라 하고, **방사성동위원소(radioisotope)**라 부른다. 방사성 핵에서 나오는 방출은 방사능 카운터에 의해 검출될 수 있다. 이와 같은 방사는 화학적 과정을 연구하는 데에 유용하게 사용될 수 있으나, 생명체에는 해가 될 수도 있다.

화학결합

원자의 바깥 껍질에 있는 전자들의 상호작용을 통해서 원자 간에 **화학결합(chemical bond)**이 형성된다. 이런 결합 전자에 연관된 에너지는 원자를 결합시켜서 분자를 생성한다. 생명체에서 공통적으로 발견되는 3가지 종류의 화학결합은 이온결합, 공유결합과 수소결합이다.

이온결합(ionic bond)은 서로 반대 전하를 지니는 이온들 사이의 인력에 의해 형성된다. 예를 들어, 소듐 이온(Na^+)은 양전하를 가지고 있어서 음전하를 지니는 염소 이온(Cl^-)과 결합한다(그림 2.2b).

많은 화합물들, 특히 탄소를 포함하고 있는 화합물은 **공유결합(covalent bond)**에 의해 결합되어 있다. 이온결합에서처럼 전자를 얻거나 잃는 대신, 공유결합을 이루는 탄소는 다른 원자와 전자쌍을 공유한다(그림 2.3). 탄소 원자 하나는 바깥 껍질에 4개의 전자를 가지고 있어서 4개의 수소 원자와 전자를 공유할 수 있다. 동시에, 각 수소 원자는 탄소 원자와 전자 하나를 공유한다. 4개의 전자쌍이 공유되며, 각 전자쌍은 탄소의 전자와 수소의 전자로 이루어져 있다. 이와 같은 상호적 공유는 탄소 원자 바깥 껍질에 전자를 8개로 만들어서 탄소 원자를 안정화시키고, 수소 원자는 바깥 껍질에 2개의 전자가 있어서 역시 안정화시킨다. 동등한 공유는 하전된 부위가 없는 *비극성 화합물(nonpolar compound)*를 생성한다. 탄소 원자와 산소와 같은 원자가 두 쌍의 전자를 공유하면 이중결합이 형성된다. 이 경우에도 8전자 규칙(octet rule)이 적용되며, 각 원자는 바깥 껍질에 8개의 전자를 지님으로써 안정화된다. 구조식에서는 단일 공유 전자쌍을 나타내기 위해

표 2.3

생명체에서 발견되는 중요한 원소의 성질 (중요성과 많은 순서대로)

원소	기호	원자번호	원자량	최외각 전자	생물체에서 역할
산소	O	8	16.0	6	생물 분자의 구성요소; 호기성 물질대사에 필요
탄소	C	6	12.0	4	모든 유기 화합물의 필수적 원자
수소	H	1	1.0	1	생물 분자의 구성요소; 산에서 H^+ 방출
질소	N	7	14.0	5	단백질과 핵산의 구성요소
칼슘	Ca	20	40.1	2	뼈와 치아에 존재; 많은 세포 과정 조절
인	P	15	31.0	5	핵산, ATP 몇몇의 지질에 존재
황	S	16	32.0	6	단백질에 존재; 몇몇 세균에 의한 물질대사
철	Fe	26	55.8	2	산소 운반; 몇몇 세균에 의한 물질대사
칼륨	K	19	39.1	1	중요한 세포내 이온
나트륨	Na	11	23.0	1	중요한 세포외 이온
염소	Cl	17	35.4	7	중요한 세포외 이온
마그네슘	Mg	12	24.3	2	많은 효소에 필요
구리	Cu	29	63.6	1	몇몇 효소에 필요; 몇몇 미생물의 생장을 억제
요오드	I	53	126.9	7	갑상선 호르몬의 구성요소
불소	F	9	19.0	7	미생물 생장 억제
망간	Mn	25	54.9	2	몇몇 효소에 필요
아연	Zn	30	65.4	2	몇몇 효소에 필요; 미생물 생장 억제

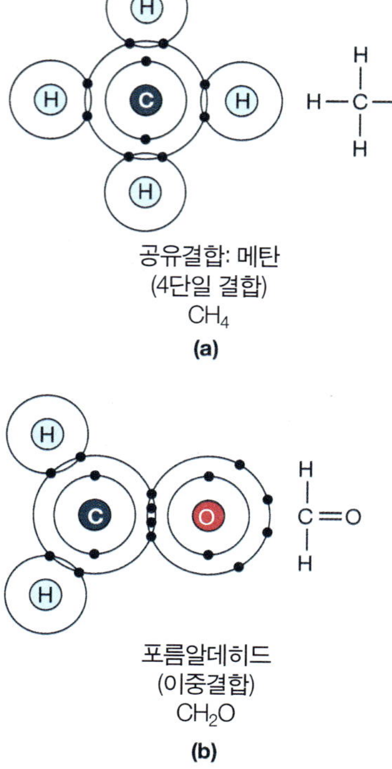

그림 2.3 전자를 공유해서 공유결합이 형성된다. **(a)** 메탄은 탄소 원자 4개의 전자가 최외각에 존재하며 이는 4개의 수소 원자와 전자쌍을 공유하고 있다. 이런식으로 모든 5개의 원자가 안정성을 얻게되며, 최외각을 채우고 있다. 공유하고 있는 각각의 전자쌍은 단일 공유결합으로 구성되어있다. **(b)** 포름알데히드는 탄소원자가 2개의 수소 원자와 전자쌍을 공유하고 있으며, 산소 원자와도 2개의 전자쌍을 공유하여, 2중 공유 결합을 형성한다.

단일선을 사용하며, 2개의 공유 전자쌍은 이중선으로 표기된다(그림 2.3).

탄소, 수소, 산소와 질소의 4가지 원소의 원자는 공통적으로 공유결합을 형성하여 바깥 전자껍질을 채운다. 탄소는 4개의 전자를 공유하고, 수소는 1개, 산소는 2개, 질소는 3개의 전자를 공유한다. 대다수의 이온결합과는 달리 공유결합은 안정하므로 생물학적 구조를 이루는 분자에서 중요하다.

수소결합(hydrogen bond)은 이온결합이나 공유결합보다 약하지만, 생물학적 구조에서 중요하며, 보통 다수가 존재한다. 산소와 질소의 원자핵은 전자를 매우 강하게 끌어당긴다. 수소가 산소나 질소에 공유결합으로 결합되어 있으면 공유결합의 전자는 불균등하게 공유되어 수소보다 산소나 질소에 더 가까이 있게 된다. 따라서, 수소 원자는 부분적 양전하를 가지게 되고, 다른 원자는 부분적 음전하를 가지게 된다. 이와 같은 불균등하게 공유되면 분자에서 서로 반대 전하를 가진 지역이 생기므로 **극성 화합물(polar compound)**이라 부른다. 이러한 부분 전하 간의 약한 인력을 수소결합이라 부른다.

물과 같은 극성 화합물은 종종 수소결합을 가진다. 물 분자에서 수소 원자의 전자는 산소 원자에 가까이 오고, 수소 원자는 산소 원자의 한 쪽에 오게 된다(그림 2.4). 따라서 물 분자는 극성 분자이며 양

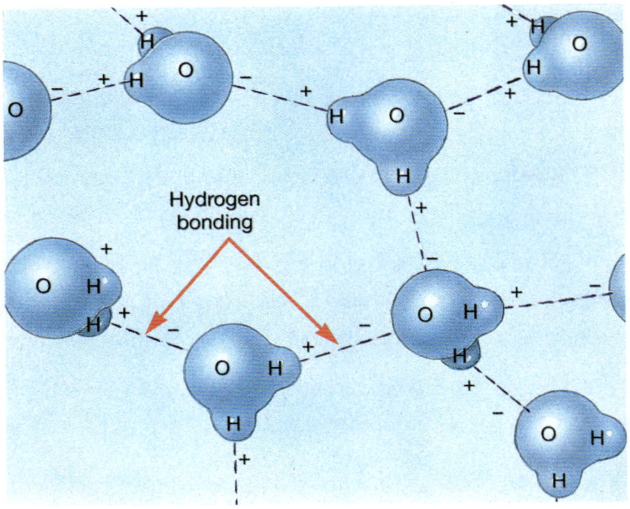

그림 2.4 극성 화합물과 수소결합. 물 분자는 극성이다. 그들은 일부 양 전하를 띄는 부위를 가지며(수소 원자) 일부 음 전하를 띄는 부위(산소 원자)를 가진다. 수소 결합은 서로 다른 분자의 서로 다른 전하 부위 사이의 인력에 의해 형성되며, 클러스터 안에서 물 분자를 함께 붙잡는다.

성 수소 부위와 음성 산소 부위가 있다. 수소 원자와 산소 원자 간의 공유 결합은 원자들을 서로 묶어 준다. 물 분자에서 수소와 다른 물 분자의 산소 사이의 수소 결합은 분자들을 다발로 묶는다.

수소 결합은 긴 원자 사슬을 가지고 있는 단백질과 핵산과 같은 거대 분자의 구조에 기여하기도 한다. 사슬이 3차원적 구조로 감겨 있거나 접혀 있는 데에는 수소결합이 일부 기여한다.

중점 질문 사항

1. 어떤 원자인지 확인할 수 있게 하는 숫자는 어느 것인가?
2. 원소의 분자를 가지는 것이 가능한가? 화합물의 분자는 가능한가? 예를 드시오.
3. 동위원소가 쌍둥이, 3쌍둥이, 6쌍둥이 등으로 생각할 수 있다면 어떤 점에서 같은 점과 차이 점이 있는가?
4. 두 원자 사이의 전자 쌍을 동등하게 공유하여 생성되는 결합은 어떤 것이 있는가? 불균등하게 공유되는 결합은?

화학반응

생명체의 화학반응에는 화학결합을 만들기 위한 에너지의 사용과 화학결합을 절단하여 에너지를 방출하는 것들이 있다. 예를 들어, 우리가 먹는 음식물은 화학결합으로 저장되어 있는 에너지가 많은 분자이다. 물질의 분해인 **이화작용(catabolism)**에 의해 음식물을 분해하여 저장되어 있던 에너지가 방출된다. 미생물은 동일한 일반적인 방식으로 영양분을 사용한다. 이화반응은 다음과 같이 표시할 수 있다.

$$X-Y \rightarrow X+Y+\text{에너지}$$

X – Y는 영양 분자이고 X와 Y 사이의 결합에 에너지가 저장되어 있다.

이화반응은 **에너지 방출성(exergonic)**이다. 즉, 에너지를 방출한다. 반대로, 새로운 화합물의 합성에 의해 화학결합을 형성하는 데에는 에너지가 사용된다. **동화작용(anabolism)**에서는 물질이 *합성(synthesis)*되고 결합을 만들기 위해 에너지가 사용된다. 이화반응은 다음과 같이 표기할 수 있다.

$$X+Y+\text{에너지} \rightarrow X-Y$$

새로운 물질인 X – Y에 에너지가 저장된다. 동화반응은 살아 있는 세포에서 작은 분자들을 사용하여 큰 분자를 합성할 때에 일어난다. 세포는 나중에 사용하기 위해 에너지를 약간 저장할 수도 있고, 새로운 분자를 만들기 위해 에너지를 쓸 수도 있다. 대부분의 동화반응은 **에너지 흡수성(endergonic)**, 즉 에너지가 필요하다.

물과 용액

물은 가장 간단한 화합물들 중 하나이며, 생명체에게 가장 중요한 것들 중 하나이다. 물은 여러 화학반응에 직접 참여한다. 많은 물질들은 물에 용해되거나 콜로이드 현탁액을 만든다. 산과 염기는 대개 수용액으로 이루어지고 수용액에서 작용한다.

물

물은 생명체에 필수적이어서 물이 없으면 사람은 단 며칠뿐이 살지 못한다. 많은 미생물들은 호수, 연못,바다나 습한 토양과 같은 정상적인 수용성 환경에서부터 꺼내면 거의 즉시 죽는다. 하지만, 어떤 미생물은 물 없이도 몇 시간 혹은 며칠 동안 생존할 수 있고, 어떤 것들은 포자를 만들어서 물 없이 수 년간 생존한다. 몇몇 종류의 세균은 사람 피부의 분비선에서 나오는 습하고 영양분이 풍부한 분비물을 최적의 환경으로 삼는다.

물은 생명체에게 중요한 몇 가지 성질이 있다. 물은 극성 화합물이며, 수소결합을 형성하므로, 표면에 얇은 막을 형성하고, 용매로서 작용할 수 있다. 물은 극성 물 분자가 이온을 둘러싸기 때문에, 이온에 대한 좋은 용매이다. 물 분자의 양성 부위는 음이온에게 끌리고, 물 분자의 음성 부위는 양이온에 끌린다. 따라서 여러 종류의 많은 이온들은 물 속에 골고루 분포되어 용액(solution)을 형성한다**(그림 2.5)**.

물은 표면장력이 크기 때문에 얇은 막을 만든다. **표면장력**

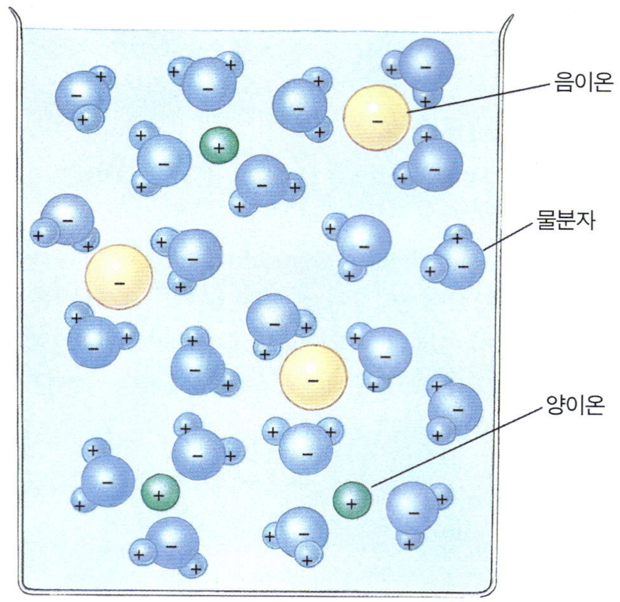

그림 2.5 극성과 물 분자. 극성인 물은 많은 이온 화합물을 녹일 수 있다. 물 분자의 양 전하 부위는 음 전하로 둘러싸이고 용액에서 이온을 붙잡고 있다.

(surface tension)은 물 표면이 얇고 투명한 신축성 있는 막으로 작용하는 현상이다(그림 2.6). 물 분자는 극성에 의해 서로 강한 인력이 생기지만 물 표면의 공기에 있는 기체 분자와는 인력이 없다. 따라서 물 분자의 표면은 서로 달라붙어 표면 밑에 있는 다른 분자와 수소결합을 형성한다. 이와 같은 표면장력은 살아 있는 세포의 막을 물의 얇은 막으로 덮어서 세포의 습기를 유지시켜 준다.

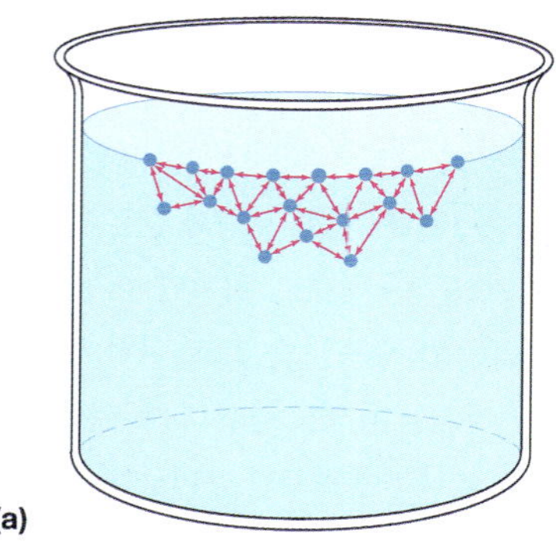
(a)

(b)

그림 2.6 표면장력. (a) 물 분자 사이의 수소 결합은 표면 장력을 형성하며, 물 표면에 탄성 막과 같이 작용하게 한다. (b) 물의 표면장력은 소금쟁이와 같은 곤충의 무게를 지지해주기에 충분한 힘이 있다.

물은 큰 *비열(specific heat)*을 지녀서, 온도의 큰 변화 없이도 많은 열에너지를 흡수하거나 방출할 수 있다. 물의 이런 성질은 대부분이 물로 구성되어 있는 생명체의 체온과, 많은 미생물들이 살아가는 환경인 물의 온도가 안정되게 돕는다.

마지막으로, 물은 세포 내 대부분의 화학반응이 일어나는 매체이기도 하고, 화학반응에 참여하기도 한다. 예를 들어, 물질 X가 수소이온을 잃거나 얻고, 물질 Y가 수산이온을 잃거나 얻을 수 있다. 반응에 들어가는 물질을 **반응물(reactants)**이라 한다. 동화반응에서는 물의 구성원, 즉 수소이온이나 수산이온이 반응물에서 제거되어 더 큰 생성물을 만든다.

$$X-H+HO-Y \rightarrow X-Y+H_2O$$

이런 종류의 반응은 **탈수합성반응(dehydration synthesis)**이고, 복합 탄수화물, 지질(지방)과 단백질의 합성에서 일어난다. 반대로, 많은 이화반응에서는 반응물에 물이 더해져서 더 단순한 생성물을 만든다.

$$X-Y+H_2O \rightarrow X-H+HO-Y$$

이와 같은 반응을 **가수분해(hydrolysis)**라 하며, 큰 영양분자들을 분해하여 단순당, 지방산과 아미노산들을 방출할 때 일어난다.

용액과 콜로이드

용액과 콜로이드 분산액은 혼합물의 예이다. 분자 내에 원자들이 특정 비율로 구성되는 화학적 화합물과는 달리 **혼합물(mixtures)**은 화학결합을 이루지 않으면서 비례에 관계없이 섞여 있는 2이상의 물질로 구성된다. 혼합물에 있는 각 물질은 혼합물의 성질에 기여한다. 예를 들어 설탕과 소금의 혼합물은 2가지 성분을 어떤 비례로도 만들 수 있다. 혼합물의 단맛과 짠맛의 정도는 들어 있는 설탕과 소금의 양에 따라 달라지지만, 단맛과 짠맛은 남아 있을 것이다.

용액(solution)은 2이상의 물질의 혼합물이며, 각 물질 분자들이 골고루 분산되어 있어서 대개는 방치해두어 층이 나뉘지 않는다. 물질이 녹아 있는 매체를 **용매(solvent)**라 한다. 용매에 녹아 있는 물질은 **용질(solute)**이다. 용질은 원자, 이온 혹은 분자도 될 수 있다. 세포와 세포가 살아가는 매체의 거의 모든 용액의 용매는 물이다. 대표적인 용질에는 글루코오스, 이산화탄소 기체, 산소 기체와 여러 종류의 이온들이 있다. 많은 작은 단백질들은 용액의 용질로서 작용한다.

고농도 용액에서 생존할 수 있는 생명체는 드물다. 이러한 사실을 이용해서 우리는 음식물을 보존한다. 냉장고에서 보관하지도 않고 밀봉되어 있지도 않지만 오랜 기간 동안 보존되는 음식을 생각할 수

겨울 딜레마

눈이 오고 얼음이 얼어서 도로는 염과 모래로 덮여 있는 혹독한 겨울을 상상해보라. 그리고 이제 봄이 되었지만 나무와 식물이 도로를 따라 자라는 데에 문제가 있다. 겨울에 뿌린 염에서 나온 과량의 화학물질들이 토양의 화학을 변화시켰거나 토양에서 미생물이 자라지 못하게 된 것인가?

주정부 실험실의 환경과학자로서 당신은 이것을 조사해야 한다. 토양과 겨울 동안 사용된 화학물질에서 나온 물을 검사한다. 염이 사용된 주변 도로에서 나온 제설용 화학물질의 농도가 높은가? 이 화학물질은 얼마나 멀리 퍼졌나? 식물이 다시 정상적으로 자라는 곳은 어디인가? 수거한 토양은 일반적, 발산적 미생물 분포를 보이고 있나? 도로 주변의 식물의 성장과 관계 있는 특이한 병리적 현상이 있는가?

당신이 이러한 상황에 있다고 상상해서 여기서 무슨 일이 일어나고 있는지를 밝힌 만한 실험을 과학적 방법을 사용해서 설계해 보아라.

있는가? 젤리, 잼이나 사탕은 금방 상하지 않는데, 설탕 농도가 높아서 미생물이 살지 못하기 때문이다. 소금에 절인 고기는 염 농도가 높아서 대부분의 미생물들이 자라지 못하고, 피클은 미생물이 살기에는 너무 산성이다.

용액을 만들기에는 크기가 너무 큰 입자는 콜로이드 교질 혹은 **콜로이드(colloids)**라는 것을 형성한다. 후식으로 먹는 젤라틴은 젤라틴 단백질이 수용액에 분산되어 있는 콜로이드이다. 이와 비슷하게 세포안에서 큰 단백질 분자들이 물에 분산되어 콜로이드 교질이 형성된다. 살아 있는 세포 안의 유체 혹은 반유체(semi-fluid) 물질은 콜로이드 복합체이다. 큰 입자는 반대 전하로 분산되어 있고, 그 주위에 물분자 층이 싸고 있다. 성장하는 미생물의 배지로서 고형화된 한천(agar)을 쓰기도 하는데, 이 배지는 콜로이드 교질이다. 젤라틴이 녹는 것과 같이 어떤 콜로이드는 반고체로 변하기도 한다. 아메바는 반고체와 유체 상태를 왔다 갔다 할 수 있는 콜로이드 물질을 사용해서 운동한다.

산, 염기와 pH

화학적 용어로 말하면 대부분의 생물체는 상대적으로 중성 환경에서 존재하지만, 어떤 미생물들은 *산성(acidic)* 혹은 *염기성(basic, alkaline)* 환경에서 살아간다. 사람 세포에 영향을 주는 미생물을 연구하기 위해서는 산과 염기를 이해하는 것이 중요하다. **산(acid)**은 수소이온(H^+) 공여체이다. (수소이온은 양성자이다.) 산은 H^+을 용액에 내준다. 생명체에서 발견되는 산은 염산과 같은 강산도 있지만, 대개는 아세트산(식초)과 같은 약산이다. 산은 H^+을 방출해서, 카르복실기(-COOH)가 COO^-와 H^+로 이온화된다. 염기는 양성자 수용체 혹은 수산 이온 공여체이다. **염기(base)**는 용액에서 H^+을 받거나, 용액으로 OH^-을 내놓는다. 생명체에서 발견되는 염기는 대개 약염기이며, 아미노기(NH_2)와 같은 약염기는 H^+을 받아서 NH_3를 형성한다.

화학자들은 용액의 산성이나 알칼리성을 정하기 위해 pH 개념을 도입하였다. **pH** 척도(**그림 2.7**)는 양성자 농도와 pH의 관계를 나타내며, 로그형이다. 즉, 수소이온(양성자) 농도가 10배 변하면 1 pH 단위가 변한다. pH 범위는 대개 0에서 14이다. pH 7인 용액은 산성이나 **알칼리성**이 아닌 **중성(neutral)**이다. 순수한 물의 수소이온 농

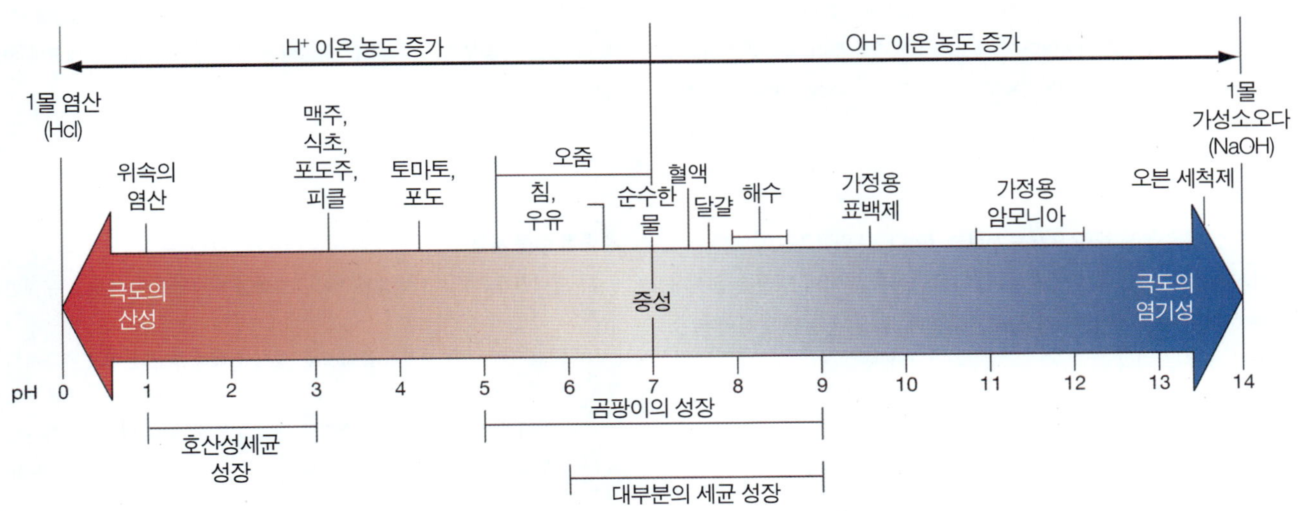

그림 2.7 몇 가지 물질들의 pH 값. pH의 각 단위는 수소 이온의 농도에서 10배 증가 또는 감소를 나타낸다. 따라서, 식초의 경우 순수한 물 보다 10,000배 더 산성이다.

적용

박테리아의 산이 최후의 만찬을 먹고 있다.

과거의 문명은 영원히 남을 성전, 무덤과 기념물을 돌로 지었다. 실제로 이집트의 피라미드와 같은 구조는 수 천 년간 남아 있다. 그러나, 최근에는 이러한 고대의 돌들이 부서져서 가루로 되기 시작했다. 전문가들은 처음에는 이러한 돌의 파괴가 자동차나 공장의 굴뚝에서 나온 공해 가스로 인한 것이라 생각했다. 그러나 지금은 미생물들의 미생물계라는 전혀 새로운 것들을 발견했다. 즉, 돌 속에는 미생물계가 살고 있어서 공해 가스와 상호작용해서 화학적 파괴가 일어나고 있다는 것이다.

고대의 대리석을 갉아 먹는 가장 악당은 *Thiobacillus thioparis*라는 세균이며, 공해물질인 이산화황(sulfur dioxide, SO_2) 기체를 황산(sulfuric acid, H_2SO_4)으로 전환시킨다. 황산은 대리석의 탄산칼슘(calcium carbonate, $CaCO_3$)에 작용해서 이산화탄소와 회반죽의 하나인 황산칼슘(calcium sulfate, $CaSO_4$)을 만든다. 세균은 탄소원으로써 이산화탄소를 이용한다. 이러한 과정으로 생성된 회반죽은 부드럽고 비에 씻겨 내리며, 부스러기로 떨어져 나간다. 이러한 세균은 그리스의 파르테논 신전과 같은 많은 건축물에 만연해 있어서 대리석 표면의 2인치 두께 정도를 침식하여 회반죽으로 만들었다. 실제로, 지난 300년 간 파괴된 대리석보다 지난 35년 간 파괴된 대리석이 더 많다.

그러나 모든 손상이 화학적 과정에 의한 것은 아니다. 어떤 것은 균류가 바위 속으로 밀고 들어가 실같이 생장해서(hyphae) 바위를 쪼개서 가루로 만드는 물리적 작용에 의한 것이다. 십 수가지 종류의 세균, 효모, 섬유상 균류와 조류(algae)는 산을 생성해서 결국은 돌을 먹게 된다. 회화도 미생물 생장에 의한 영향에서 자유롭지 않다. 레오나르도 다빈치의 최후의 만찬과 같이 벽에 그린 프레스코화도 갉아 먹어서 조각이 떨어져 나가고 밝은 색상은 흐릿해진다.

이러한 미생물의 침략에 대한 해결책이 있는가? 어느 미생물들이 돌을 공격하는지를 알아내고, 어떤 항생제가 가장 효과적으로 미생물을 죽이는지를 결정하는 것이 치료 계획이다. 건축물에 항생제를 투여하는 것은 까다로운 일이다. 피하주사 바늘이나 알약이 아닌 분사장치(spray gun)를 사용해야 하지만, 어떤 항생제는 분사장치로 뿌릴 수 없어서 적절한 것을 찾아내는 데에 어려움이 있다. 염화 아이소티아졸리논(isothiazolinone chloride)과 같은 소독제가 사용되기도 하지만, 이런 화학물질은 주의해서 다루어야 한다. 예를 들어, 캄보디아의 앙코르에서는 기술자가 아닌 군인이 균류가 자라는 것을 없애려는 열정으로, 딱딱한 붓과 항균제 용액으로 고대 신전의 회화를 닦아 내었다.

불행하게도, 항생제 처리는 이미 진행된 손상을 복귀시키지 못했다. 사람이 감염에서 회복된 것처럼, 동상은 새로운 옷을 입지 못했다. 따라서, 미생물에 의해 형성된 회반죽 층을 고온에서 구워서 굳히는 과정에 대해 연구 중이다. 하지만, 이러한 방법을 모든 동상과 신전에 쓸 수는 없을 것이다. 공해가 대기 중에 남아 있는 한 취약한 이런 구조물을 어떻게 보호할 것인가? 동상을 실내로 들여오고, 건축물에는 보호 지붕을 씌우는 방법도 생각해 볼 수 있다. 실현 가능성이 희박하지만 확실한 방법은 우리의 환경을 깨끗이 하는 것이다.

도는 수산이온 농도와 같으므로 pH는 7이다. 그림 2.7은 체액의 pH, 몇 가지 음식과 다른 물질들의 pH를 나타낸다. 위액의 염산은 음식물을 분해하고, 음식에 있는 세균도 분해한다. 위산이 결핍된 사람은 소화관 감염이 잘 된다.

중점 질문 사항

1. 에너지흡수성 화학반응과 에너지방출성 화학반응의 차이는 무엇인가?
2. 물 분자의 어떤 성질이 물이 이온 분자에 대해 좋은 용매로 작용하게 만드는가?
3. pH 11가 pH 9 보다 더 강염기가 되고, pH 5가 pH 3보다 더 약산이 되는 이유는 무엇인가?

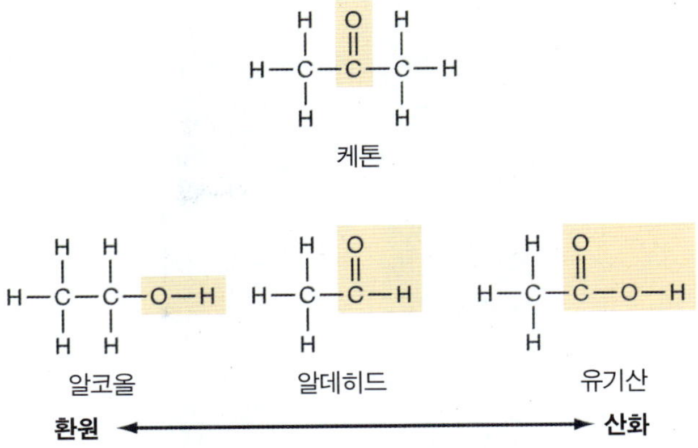

적용

신 것이 좋아

지구의 대부분의 자연 환경은 pH가 5에서 9 사이이며, 여기에서 서식하는 미생물은 이 pH 범위에서 자란다. pH 2 이하 혹은 pH 10 이상의 환경에서 자라는 것으로 알려진 세균종은 특이한 성질을 가지고 있어서 우리가 유리하게 이용할 수 있다. 낮은 pH에서 자라는 어떤 세균은 호산성(acidophiles)이라 하며, 산업적으로 중요한 금속을 회수율이 낮은 광석에서 뽑아내는 데에 사용된다. 쌓아 놓은 질 낮은 구리 광석을 황산 희석액과 *Thiobacillus ferroxidans*가 들어 있는 용액으로 처리한다. *T. ferroxidans*는 아황산 구리의 산화 속도를 증가시켜 황산구리를 생성시킨다. 황산구리는 물에 매우 잘 녹으므로 다른 불용성 침전물로부터 황산구리를 경제적으로 추출할 수 있다.

```
      H   O   H
      |   ||  |
  H — C — C — C — H
      |       |
      H       H
```
케톤

```
  H   H                    H   O                 H   O
  |   |                    |   ||                |   ||
H—C — C — O — H        H — C — C — H         H — C — C — O — H
  |   |                    |                     |
  H   H                    H                     H
```
알코올 알데히드 유기산

환원 ◀———————▶ 산화

그림 2.8 산소를 포함하는 유기화합물 4종류. 알코올은 하나 이상의 하이드록실기(-OH)를 포함하며, 알데히드와 케톤은 카보닐기(-C=O)를 포함하며, 유기산은 카르복실기(-COOH)를 포함한다.

복잡한 유기 분자들

일반화학의 기본 원리는 탄소 화합물의 화학인 **유기화학(organic chemistry)**에도 적용된다. 생체 내에서 일어나는 화학반응의 연구분야는 유기화학에서 뻗어나간 **생화학(biochemistry)**이다. 1800년대 초에는 생명체의 분자들은 초자연적인 생기(vital force)로 차있어서 화학이나 물리학의 원리로써 설명할 수 없다는 믿음이 있었다. 생체 밖에서 *유기화합물(organic compounds)*을 만드는 것은 불가능하다고 여겨졌다. 1828년 독일의 Friedrich Wohler가 동물 배설물에서 발견되는 작은 화합물인 요소를 합성함으로써 이러한 생각이 틀렸다는 것을 입증하였다. 그 이후로 플라스틱, 비료, 의약과 같은 수천 가지의 유기화합물들이 실험실에서 합성되었다. 탄수화물, 지질, 단백질과 핵산과 같은 유기화합물은 생물체에서 발견되며, 생물체의 생성물이다. 공유결합을 할 수 있는 탄소원자는 긴 사슬을 형성할 수 있어서 거의 무한대의 종류의 유기화합물을 만들 수 있다.

가장 간단한 탄소화합물은 탄소 원자 사슬에 수소 원자가 결합되어 있는 *탄화수소(hydrocarbon)*이다. 탄화수소인 프로판(propane)은 C_3H_8이며, 다음과 같은 구조이다.

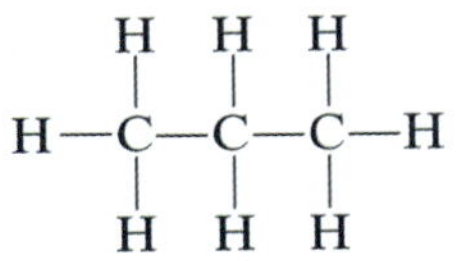

```
      H   H   H
      |   |   |
  H — C — C — C — H
      |   |   |
      H   H   H
```

탄소 사슬은 수소 뿐만 아니라 산소나 질소와 같은 다른 원자와 결합할 수 있다. 이런 원자들은 작용기를 형성하기도 한다. **작용기(functional group)**는 화학반응에서 하나의 단위로 움직이거나 어떤 분자에 특정 화학적 성질을 부여하는, 분자의 일부이다.

4가지 종류의 중요한 화합물, 즉 알코올, 알데하이드, 케톤과 유기산은 산소를 포함하는 작용기를 가지고 있다(**그림 2.8**). 알코올(alcohol)은 하나 혹은 그 이상의 수산기(–OH)를 가지고 있다. 알데하이드(aldehyde)는 탄소사슬 말단에 카르보닐기(–CO)를 가지고 있고, 케톤(ketone)은 사슬 내에 카르보닐기를 가지고 있다. 유기산(organic acid)은 하나 혹은 그 이상의 카르복실기(–COOH)를 가지고 있다. 산소가 없는 작용기로서는 아미노기(–NH_2)가 중요하다. 아미노기는 단백질의 질소를 대표하며, 아미노산에서 발견된다.

서로 다른 작용기에서 산소의 상대적인 양은 중요하다. 산소를 적게 지니고 있는 알코올과 같은 작용기는 환원되었다(reduced)고 하고, 카르복실기와 같이 산소가 비교적 많은 작용기는 산화되었다(Oxidized)고 한다(그림 2.8). 앞으로 ◀5장에서 살펴볼 것이지만, *산화(oxidation)*는 물질에 산소를 첨가하거나 물질에서 수소나 전자를 제거하는 것이다. 연소는 산화의 한 예이다. *환원(reduction)*은 물질에서 산소를 제거하거나 물질에 수소나 전자를 첨가하는 것이다. 일반적으로 더 환원된 분자는 더 많은 에너지를 가지고 있다. 가솔린과 같은 탄화수소는 산소가 없으므로 에너지가 매우 높은 환원된 분자이다. 탄화수소는 많은 에너지를 지니고 있으므로 좋은 연료이다. 반대로, 더 산화된 분자는 더 적은 에너지를 가지고 있다. 이산화탄소는 탄소 원자 하나에 2개 이상의 산소가 결합할 수 없으므로 산화된 분자의 극단적인 예이다. 산화는 분자로부터 에너지를 방출시킨다.

이제 미생물을 포함한 모든 생물체가 지니고 있는 거대하고 복잡한 생화학 분자들을 살펴보도록 하자.

탄수화물

탄수화물(carbohydrates)은 대부분의 생물체의 주 에너지원으로 작

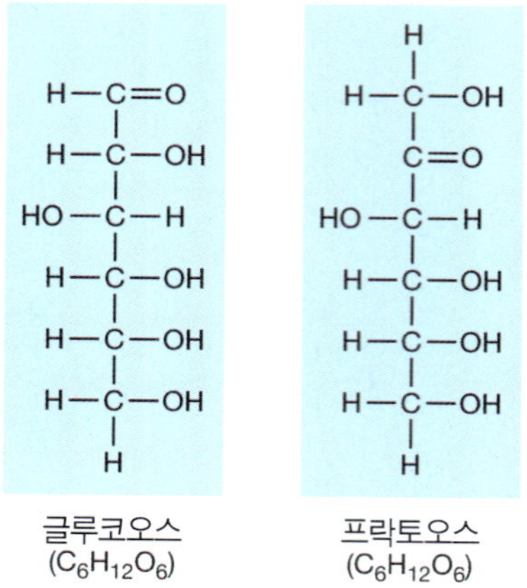

그림 2.9 이성질체. 글루코오스와 프락토오스는 이성질체이다. 이들은 같은 원자를 가지고 있으나 구조는 서로 다르다.

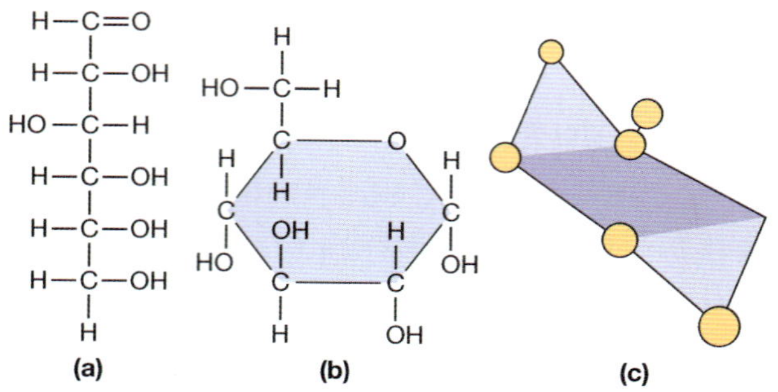

그림 2.10 글루코오스 분자를 표기하는 3가지 방법. (a) 용액에서, 직선 사슬 형태로 드물게 발견된다. (b) 그 보다도, 이들의 분자 결합은 6각형 고리 구조를 형성한다. 고리는 전통적으로 평면 6각형으로 그린다. (c) 3차원적 구조는 더 복잡하다. 구는 탄소원자를 묘사한 것이다.

용한다. 식물은 탄수화물을 만들며, 셀룰로오스와 같은 구조 탄수화물과 전분과 같은 에너지 저장형 탄수화물이 있다. 동물은 탄수화물을 음식으로 이용하며, 사람을 포함한 많은 동물들은 *글리코겐(glycogen)*이라는 탄수화물로 에너지를 저장한다. 많은 미생물들은 주변 환경으로부터 탄수화물을 섭취하여 에너지를 내며, 또한 여러 종류의 탄수화물을 만든다. 세포막의 탄수화물은 세포를 화학적으로 인식하기 위한 표지로서 작용할 수 있다. 화학적 인식은 면역반응과 생물체의 다른 여러 과정에서 중요하다.

모든 탄수화물은 탄소, 수소와 산소를 포함하고 있으며 대개는 수소 2개, 산소 1개와 탄소 1개의 비율로 되어 있다. 3가지 종류의 탄수화물이 있는데, 단당류, 이당류와 다당류이다. **단당류(monosaccharides)**는 하나의 탄소 사슬 혹은 고리로 되어 있으며 여러 개의 알코올기와 다른 작용기, 즉 알데하이드나 케톤기를 가지고 있다. 글루코오스나 프락토오스와 같은 몇몇 단당류는 동일한 분자식($C_6H_{12}O_6$)을 가지지만, 구조와 성질이 서로 다른 **이성질체(isomers)**이다**(그림 2.9)**. 따라서 화학적 수준에서도 구조와 기능이 연관되어 있다는 것을 알 수 있다.

글루코오스(glucose)는 가장 흔한 단당류이며, 뻗은 사슬이나 고리로 나타낼 수 있다. **그림 2.10a**에 있는 사슬 구조는 1번 탄소(사슬의 가장 위의 탄소)의 카르보닐기를 잘 보여준다. **그림 2.10b**는 글루코오스 분자가 용액에서 어떻게 재배열하여 고리를 형성하는지를 보여준다. **그림 2.10c**의 3차원적 투시는 분자의 실제 모양을 더 잘 보여준다. 구조식을 학습하는 데에는 각 분자의 3차원적 모습을 상상하는 것이 중요하다.

단당류는 환원되어 디옥시슈거(deoxy sugar)나 슈거알코올(sugar alcohol)이 될 수 있다**(그림 2.11)**. 디옥시슈거 혹은 디옥시리보스(deoxyribose)는 1탄소에 OH 대신 수소 원자를 가지고 있으며, DNA의 구성성분이다. 어떤 슈거알코올은 알데하이드나 케톤 대신 알코올기를 더 가지고 있으며 특정 미생물에서 대사될 수 있다. 만니톨(manitol)과 다른 슈거알코올은 어떤 미생물을 검출하는 진단용으로 사용된다.

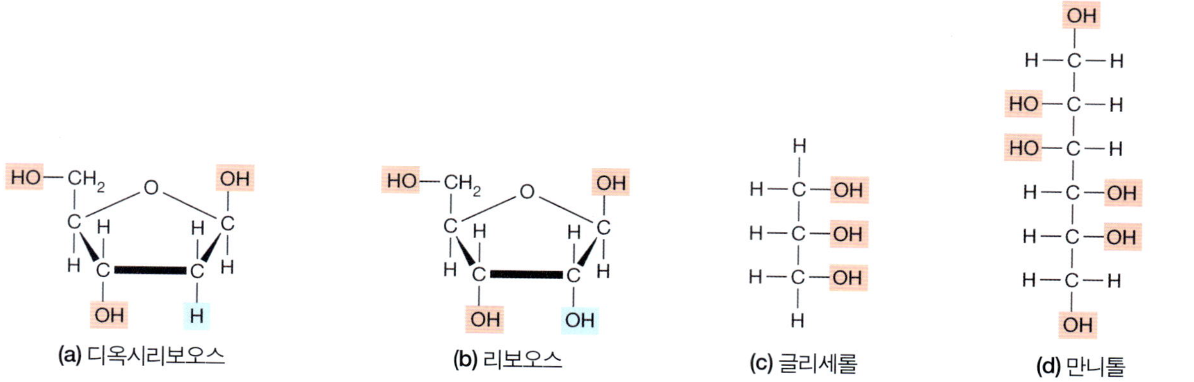

그림 2.11 디옥시슈거와 슈거 알코올. (a) 디옥시는 산소 원자가 하나 적은 것을 가리킨다-디옥시슈거 디옥시리보스는 탄소 원자 하나에 하이드록실기가 없고, (b) 리보스는 있다. (c) 글리세롤은 세개의 탄소 슈거 알코올이며, 이것은 지방의 구성요소이다. (d) 만니톨은 슈거 알코올이며, 특정 미생물의 진단 시험 시 사용된다.

이당류(disaccharides)는 2개의 단당류가 탈수 반응에 의해 **글리코시드 결합(glycosidic bond)**을 형성하여 생성된다(그림 2.12a). 설탕은 글루코오스와 프락토오스로 구성되어 있는 이당류이다. **다당류(polysaccharides)**는 많은 단당류가 글리코시드 결합으로 연결되어 형성된다(그림 2.12b). 다당류에는 전분, 글리코겐과 셀룰로오스가 있으며 글루코오스가 반복단위인 긴 사슬의 **고분자(polymer)**이다. 그러나 각 고분자의 글리코시드 결합은 서로 달리 배열되어 있다. 식물과 대부분의 조류(algae)는 전분과 셀룰로오스를 만든다. 전분은 에너지를 저장하는 방법을 제공하며, 셀룰로오스는 세포벽의 구조 성분이다. 동물은 글리코겐을 만들어서 에너지가 필요할 때에는 이것을 글루코오스로 분해할 수 있다. 미생물은 여러 다른 중요한 다당류를 가지고 있는데, 다음 장에서 살펴볼 것이다.

표 2.4에 탄수화물의 종류가 요약되어 있다.

지질(lipids)

지질은 화학적으로 다양한 물질의 그룹이며, 지방, 인지질과 스테로이드가 있다. 지질은 비교적 물에 불용성이지만 에테르나 벤젠과 같은 비극성 용질에는 용해된다. 지질은 세포의 구조의 일부를 형성하는데, 특히 세포막을 형성하며, 에너지를 내는 데에 사용되기도 한다. 일반적으로 지질은 탄수화물보다 비교적 많은 수소와 적은 산소를 가지고 있으므로, 탄수화물보다 더 많은 에너지를 지니고 있다.

음식의 지방 함량이 높으면 내장을 통해 대변이 천천히 이동하게 되고, 박테리아는 소화되지 않은 지방을 암-유발 화합물로 변환시킨다.

지방(fats)은 탄소 3개의 알코올인 글리세롤과 지방산으로 구성된다. **지방산(fatty acid)**은 수소 원자가 결합되어 있는 긴 탄소 사슬과 사슬 끝의 카르복실기로 구성된다. 지방은 글리세롤과 지방산으로부터 지방산의 카르복실기와 글리세롤의 알코올기 사이의 탈수반응으로 에스터 결합을 생성하여 합성된다(그림 2.13a). 예전에는 트리글리세라이드(triglyceride)라고 불렸던 **트리아실글리세롤(triacylglycerol)**은 3분자의 지방산이 글리세롤에 결합되어 생성되는 지방이다. 모노아실글리세롤(monoacylglycerols)과 다이아실글리세롤(diacylglycerol)은 각각 하나와 두 분자의 지방산을 가지고 있으며

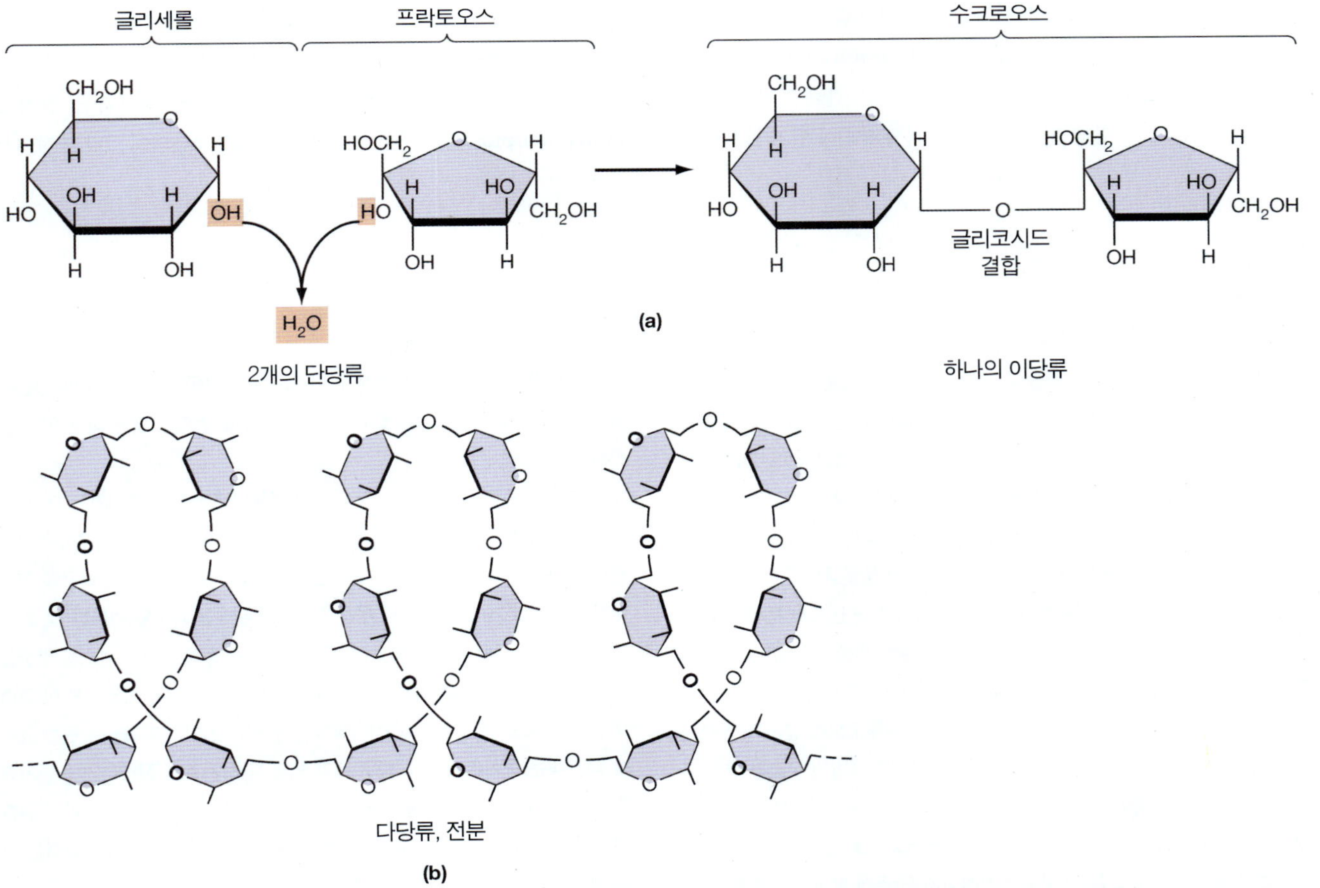

그림 2.12 이당류와 다당류. (a) 2개의 단당류가 탈수 반응과 클리코시드 결합 형성에 이당류를 형성한다. (b) 전분과 같은 다당류는 많은 단당류가 긴 사슬로 연결되어 있다.

표 2.4

탄수화물의 종류		
탄수화물의 분류	**예**	**설명 및 발생**
단당류	글루코오스	대부분의 생물체에 있는 당
	프락토오스	과일에 있는 당
	갈락토오스	우유에 있는 당
	리보스	RNA에 있는 당
	디옥시리보스	DNA에 있는 당
이당류	수크로오스	글루코오스와 프락토오스; 설탕
	락토오스	글루코오스와 갈락토오스; 유당
	말토오스	2개의 글루코오스; 전분 소화시 생성물
다당류	전분	식물에 저장된 글루코오스 고분자, 사람에 의해 소화됨
	글리코겐	동물 간과 골격 근육에 저장된 글루코오스 고분자
	셀룰로오스	식물에 저장된 글루코오스 고분자, 사람에 의해 소화되지 않으며, 몇몇 미생물에 의해 소화됨

진드기의 체 막은 다당류의 키틴으로 되어 있어 대부분의 농약이 스며들지 않는데, 곰팡이의 세포벽에서도 또한 찾아 볼 수 있다.

대개 트리아실글리세롤의 분해로부터 생성된다.

지방산은 포화되거나 불포화될 수 있다. **포화지방산(saturated fatty acid)**는 가능한 수의 수소 원자를 모두 지니고 있어서 수소가 포화되어 있다**(그림 2.13b)**. **불포화지방산(unsaturated fatty acid)**는 적어도 둘 이상의 수소 원자가 적어서 두 탄소 간에 2중결합이 있다**(그림 2,13c)**. '불포화'는 수소가 완전히 포화되어 있지 않은 것을 말한다. 올레산(oleic acid)은 불포화지방산이다. 고도 불포화지방(polyunsaturated fats)은 대개 식물성 기름이며 상온에서 액체이고 여러 개의 불포화 지방산을 가지고 있다.

어떤 지질은 지방산과 글리세롤 이외에 하나 혹은 그 이상의 다른 분자를 가지고 있다. 예를 들어 세포막에 존재하는 **인지질(phospholipids)**은 지방산 하나가 인산으로 치환되어 있다는 점에서

적용

젖소가 터져버릴 수 있나?

젖소는 사람이 먹을 수 없는 풀, 건초와 다른 섬유질 채소로부터 좋은 영양소를 제공한다. 우리는 식물의 주성분인 셀룰로오스를 소화할 수 없다. 만약 건초를 먹고 살아야 한다면, 아마 굶어 죽을 것이다. 그러나 젖소와 다른 발굽이 있는 동물들은 어떻게 이런 것을 먹고 살 수 있는가?

이상하게도 젖소는 셀룰로오스를 소화할 수 없지만, 소화할 필요가 없고 대신 소화해주는 것이 있다. 젖소나 그와 비슷한 동물들은 위에 미생물들이 잔뜩 있어서, 동물들이 이용할 수 없는 셀룰로오스를 당으로 분해한다. 흰개미도 마찬가지이다. 장 속에 서식하는 미생물들이 셀룰로오스를 분해하지 않는다면 주택의 나무 기둥을 먹을 수 없을 것이다.

셀룰로오스는 전분과 매우 유사하다. 모두 글루코오스 분자가 연결된 긴 사슬로 되어 있다. 그러나 글루코오스 분자 사이의 결합의 구조가 약간 다르다. 그 결과, 동물들이 전분 분자를 분해해서 글루코오스로 만드는 효소는 셀룰로오스에는 작용하지 못한다. 실제로, 셀룰로오스를 분해하는 효소를 생산하는 생물체는 매우 드물다. 젖소나 흰개미의 위 속에 살고 있는 핵이 있는 단세포생물인 원생동물(protists)조차도 혼자서는 분해하지 못한다. 젖소와 흰개미가 몸 안에 있는 원생동물에 의존하듯이, 원생동물은 몸 안에 영원히 서식하는 세균에 의존한다. 필수적인 소화효소를 만드는 것은 바로 이 세균이다.

이러한 소화를 수행하는 장 속의 미생물의 활동은 축복이기도 하고, 암소와 사람을 지켜주기도 한다. 세균은 또한 메탄 가스를 생성하는데, 한마리 암소가 CH_4^-를 하루에 190-380 리터를 생성한다. 메탄의 생산은 빠르게 이루어지므로, 암소가 트림을 하지 못하면 암소의 위장은 파열될 것이다. 몇몇 독창적인 발명가들은 실제로 암소가 동물의 측면을 통해 증강된 가스를 방출할 수 있는 안전 밸브로 특허를 받았다. 하나의 방법 또는 다른 방법으로 이 암소의 가스가 방출되었을 때, 대기의 메탄은 증가될 것이다. 이것들은 온실 효과를 나타내는데 기여하며, 태양열 트래핑과 지구 기후의 전반적인 온난화를 초래한다(◀25장). 과학자들은 세상의 암소가 매년 메탄을 5천만 톤 방출할 것이라 추정하며, 양, 염소, 영양, 물소와 풀을 먹는 다른 것들이 방출하는 것은 셀 수 없을 것이라 추정한다.

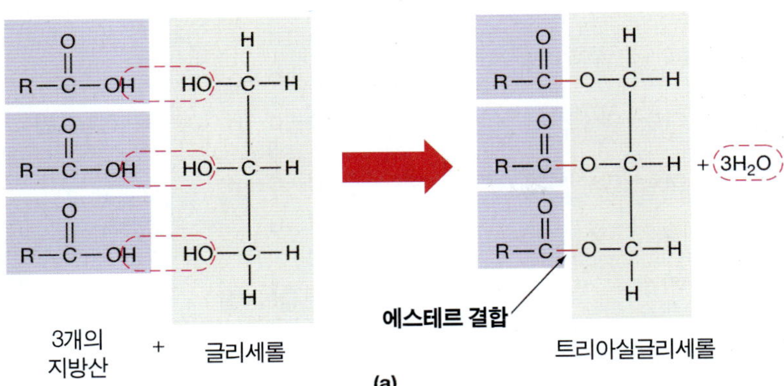

그림 2.13 지방의 구조. **(a)** 3개의 지방산이 글리세롤과 결합하고 있는 트리글리세롤 분자의 형태로 지방의 종류. 지정된 R기는 긴 탄화수소사슬로 서로 다른 지방산에서 여러 가지 길이로 존재한다. 이것은 포화되었거나 불포화되어있다. **(b)** 포화 지방산은 그들의 탄소 사슬에서 탄소원자 사이에 오직 하나의 공유결합을 가지고 있고, 수소를 가능한 많이 수용할 수 있다. **(c)** 올레산과 같은 불포화 지방산은 탄소 사이에 하나 이상의 2중결합을 가지고 있어서 적은 수의 수소를 포함할 수 있다. 2중결합은 탄소 사슬에서 구부림을 형성할 수 있다. **(b)**와 **(c)**에서 두 구조 수식과 공간 채움 모형을 보여주고 있다.

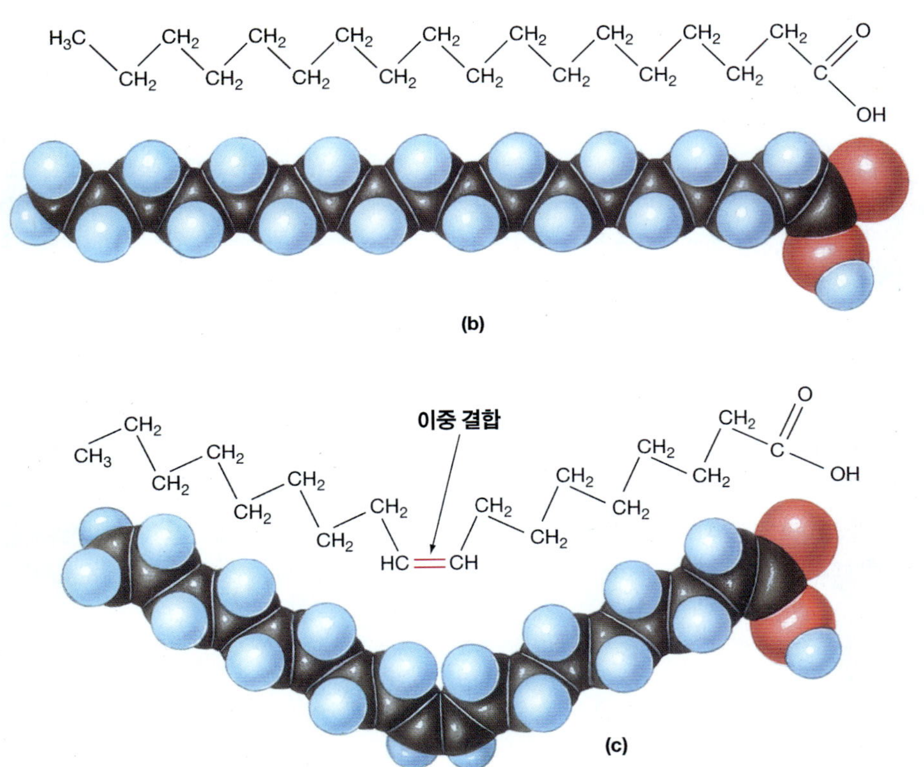

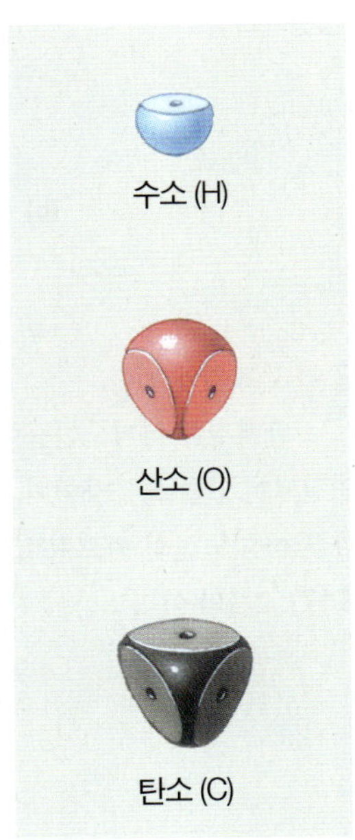

지방과 다르다**(그림 2.14a)**. 하전된 인산기(–HPO_4^-)는 대개 다른 하전된 작용기에 결합되어 있다. 이들은 모두 물과 섞일 수 있지만 지방산의 탄화수소 부분은 물과 섞일 수 없다**(그림 2.14b)**. 인지질의 이러한 성질은 세포막의 성질을 결정하는 데에 중요하다(◀4장 참조).

스테로이드(steroids)는 4개의 고리 구조이며**(그림 2.15a)** 다른 지질과 매우 다르다. 스테로이드에는 콜레스테롤, 스테로이드 호르몬과 비타민 D가 있다. 콜레스테롤(cholesterol)은 물에 녹지 않으며**(그림 2.15b)**, 동물 세포와 마이코플라즈마(*Mycoplasma*)라는 세균의 세포막에서 발견된다. 스테로이드 호르몬과 비타민D는 동물에게 중요하다.

단백질

단백질과 아미노산의 성질

생물체에서 발견되는 분자들 중 단백질은 구조와 기능면에서 가장 다양하다. **단백질(proteins)**은 **아미노산(amino acids)**라는 기본단위로 구성되어 있는데, 아미노산은 아미노기(–NH_2)와 카르복실기(–COOH)를 가지고 있다. 아미노산의 일반적 구조와 단백질에서 발견되는 20가지 아미노산의 구조가 **그림 2.16**에 있다. 각 아미노산은 중심 탄소에 결합되어 있는 **R기(R group)**라는 서로 다른 화학적 작용기에 의해 구분된다. 모든 아미노산은 탄소, 수소, 산소와 질소를 가지고 있고 어떤 것은 황을 가지고 있기 때문에 단백질도 이런 원소들

$CH_3-CH_2-CH_2-CH_2-CH_2-CH_2-CH_2-CH_2-CH_2-CH_2-CH_2-CH_2-CH_2-C(=O)-O-CH$

$CH_3-CH_2-CH_2-CH_2-CH_2-CH_2-CH_2-CH_2-CH=CH-CH_2-CH_2-CH_2-CH_2-CH_2-C(=O)-O-CH_2$

$H_2C-O-P(=O)(O^-)-O-$ 다른 전하를 띤 기

전하를 띠지 않은 지방산 사슬

전하를 띤 인산기

글리세롤 부위

(a)

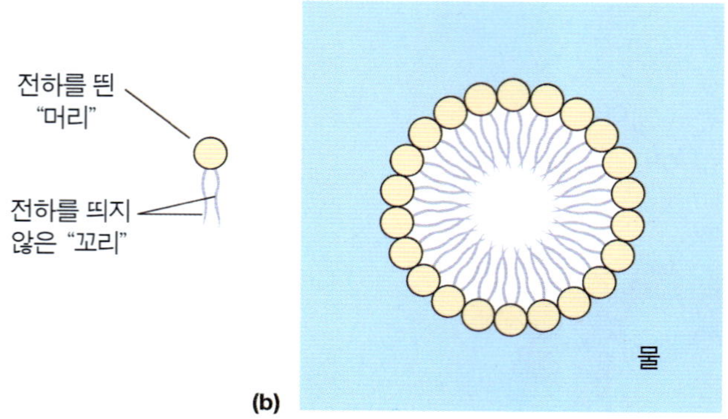

(b)

그림 2.14 인지질. (a) 인지질에서, 지방 분자의 하나의 지방산은 인산으로 교체된다. 전하를 띄는 인산기와 또 다른 기는 물 분자와 상호작용할 수 있고, 극성이나, 전하를 띠지 않는 지방산 꼬리는 그렇지 않다. (b) 그 결과, 인지질 분자는 물에서 인산기가 바깥쪽으로 향하고 지방산이 안쪽을 향한 구형 구조 형태를 띄는 경향이 있다.

을 가지고 있게 된다.

단백질은 아미노산들이 **펩티드 결합(peptide bond)**으로 서로 연결되어 있는 고분자이며, 펩티드 결합은 한아미노산의 아미노기와 다른 아미노산의 카르복실기가 공유결합으로 연결된 것이다(그림 2.17). 2개의 아미노산이 서로 연결되어 *다이펩티드(dipeptide)*를 이루고, 3개의 아미노산은 *트라이펩티드(tripeptide)*를, 여러 개는 **폴리펩티드(polypeptide)**를 이룬다. 어떤 아미노산은 아미노기와 카르복실기 이외에도 *황화수소(sulfhydryl, –SH)*기의 R기를 지닌다. 인접한 아미노산들 사이의 황화수소기는 수소를 잃어서 이황화결합(disulfide linkage, –S–S–)을 형성한다.

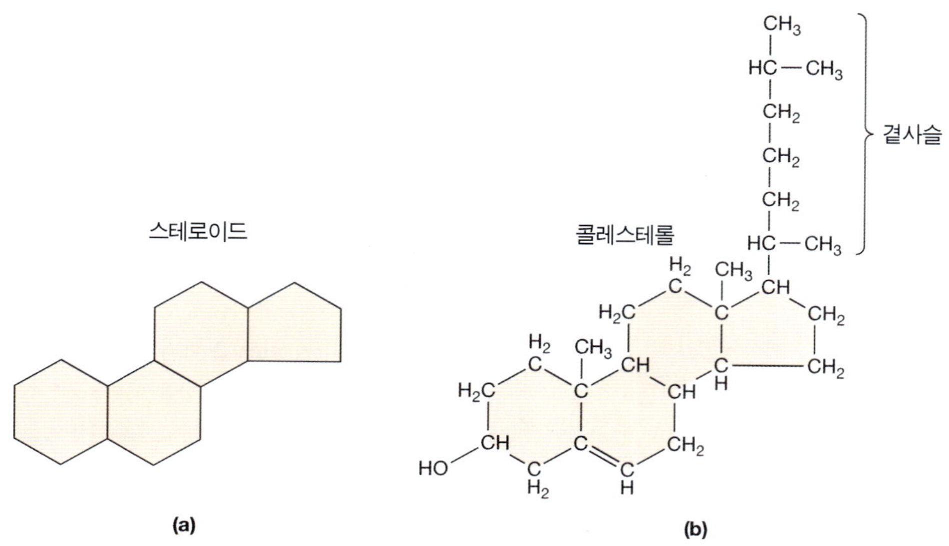

그림 2.15 스테로이드. (a) 스테로이드는 4개의 고리구조로 이루어진 지질이다. 특별한 화학적 작용기는 고리에 붙어서 다른 스테로이드의 특징을 결정짓는다. (b) 생물학적으로 매우 중요한 스테로이드는 콜레스테롤인데, 동물 세포의 막의 구성요소이며, 세균의 구성요소 중 한 그룹이다.

적용

하수구

당신은 비누가 물속에서 식기의 기름진 성분을 제거 한다는 것을 알고 많은 양의 설거지를 한다. 당신이 비누가 어떻게 작용하는지 모를지라도, 비누에 대한 화학은 당신이 이 장에서 배운 것의 응용이다. 물은 극성 분자이기 때문에, 이것은 높은 표면장력을 가지며 깨끗한 표면에서 방울진다. 물을 좀 더 습기있게 만들려면, 계면활성제를 첨가함으로 인해 표면 장력을 낮춰야 할 필요가 있다. 비누는 음이온 계면활성제로 지방과 기름이 처리된 강 알칼리성으로 만들어졌다. 이 과정은 한 쪽 끝의 전하가 있는 카르복실기와 다른 하나의 이온화 되지 않은 포화 탄화 수소와 함께 복잡한 분자를 생성한다. 비누 분자의 포화 탄화 수소 일부는 접시의 지방과 섞이게 되고 전하를 띈 카르복실기와 개숫물이 섞이게 된다. 기름, 비누와 물의 화학적 상호작용은 음식물 찌꺼기를 접시에서 제거시킬 것이고 그들은 하수구로 옮겨질 것이다.

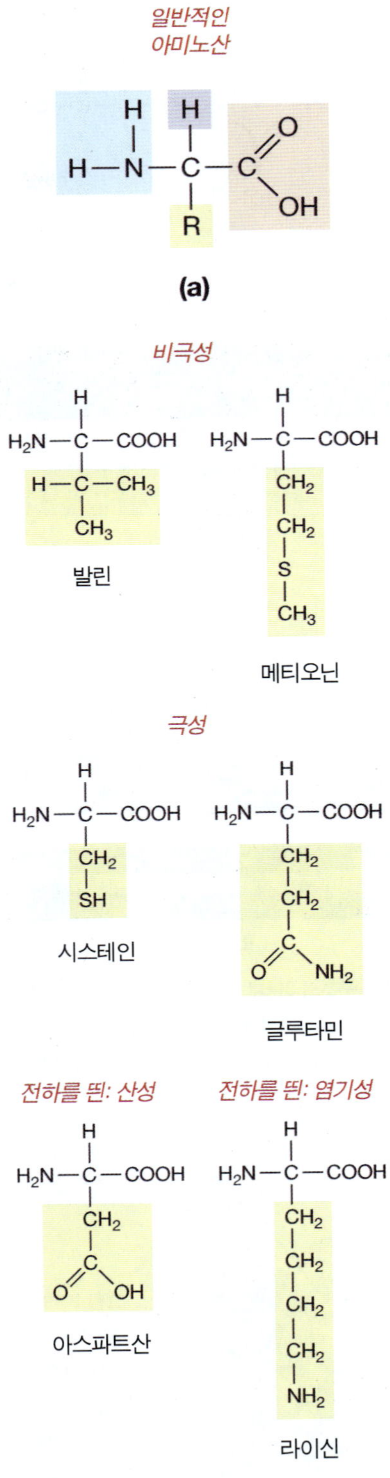

일반적인 아미노산

(a)

비극성

발린

메티오닌

극성

시스테인

글루타민

전하를 띈: 산성

전하를 띈: 염기성

아스파트산

라이신

(b)

그림 2.16 아미노산. **(a)** 아미노산의 일반적 구조 **(b)** 6개의 대표적인 예. 모든 아미노산은 중심 탄소 원자에 4개의 작용기가 연결되어있다: 아미노(–NH_2)기, 카르복실(–COOH)기, 수소 원자, 각 아미노산 마다 다른 지정된 R기. R기는 분자의 화학적 특징을 결정짓는다-예를 들어, 이것이 비극성인지, 극성인지, 산성인지 또는 염기성인지.

단백질의 구조

단백질의 구조는 몇 가지 단계로 나눌 수 있다. 단백질의 **1차 구조(primary structure)**는 폴리펩티드 사슬에 있는 아미노산들의 서열이다**(그림 2.18a)**. 단백질의 **2차 구조(secondary structure)**는 아미노산 사슬이 특정 모양으로 접히거나 꼬인 구조이며, 여기에는 나선이나 접힌 시트가 있다**(그림 2.18b)**. 이러한 모양을 만드는 것은 수소결합이다. 단백질 분자가 더 접혀서 구형(무정형의 타원형) 모양이나 섬유상 모양을 만들어서 **3차 구조(tertiary structure)**를 만든다**(그림 2.18c)**. 헤모글로빈과 같이 큰 단백질들은 3차 구조를 가진 여러 개의 폴리펩티드 사슬을 결합하여 **4차 구조(quaternary structure)**를 만든다**(그림 2.19)**. 3차 구조와 4차 구조는 대부분 이황화결합, 수소결합과 아미노산의 R기 사이의 다른 힘들에 의해 유지된다. 단백질 분자의 3차원적 모양과 단백질 내에서 다른 분자들이 결합할 수 있는 부위의 성질은 생명체에서 단백질이 어떻게 작용하는가를 결정하는 데에 매우 중요하다.

단백질의 구조를 유지하는 수소결합이나 다른 약한 힘을 파괴할 수 있는 여러 조건이 있다. 고농도의 간이나 염기, 섭씨 50도 이상의 고온 등이 그것이다. 2차, 3차와 4차 구조가 파괴되는 것을 단백질 **변성(denaturation)**이라 한다. 멸균과 소독은 종종 단백질 변성에 의해 미생물을 죽이는 화학약품이나 열을 사용한다. 또한 고기를 요리하면 단백질 변성에 의해 부드럽게 된다. 따라서 단백질 구조의 파괴를 방지하기 위해서, 미생물과 더 큰 생명체의 세포는 좁은 pH 범위와 온도 범위에서 유지되어야 한다.

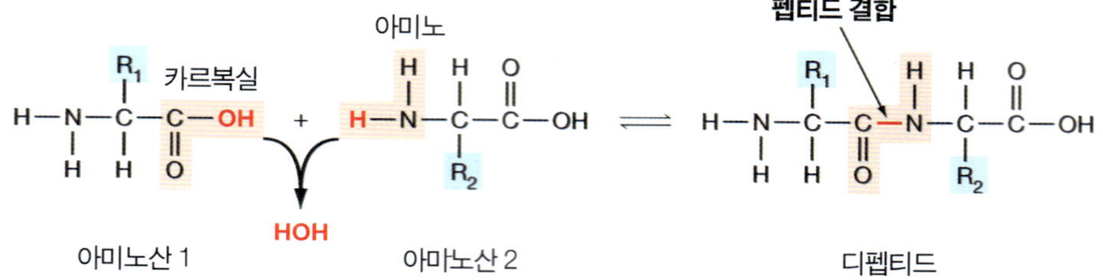

그림 2.17 펩타이드 결합. 2개의 아미노산은 물 분자의 제거(수화반응)에 의해 결합하고 다른 하나의 –COOH기와 또 다른 하나의 NH_2기의 펩티드 결합을 형성한다.

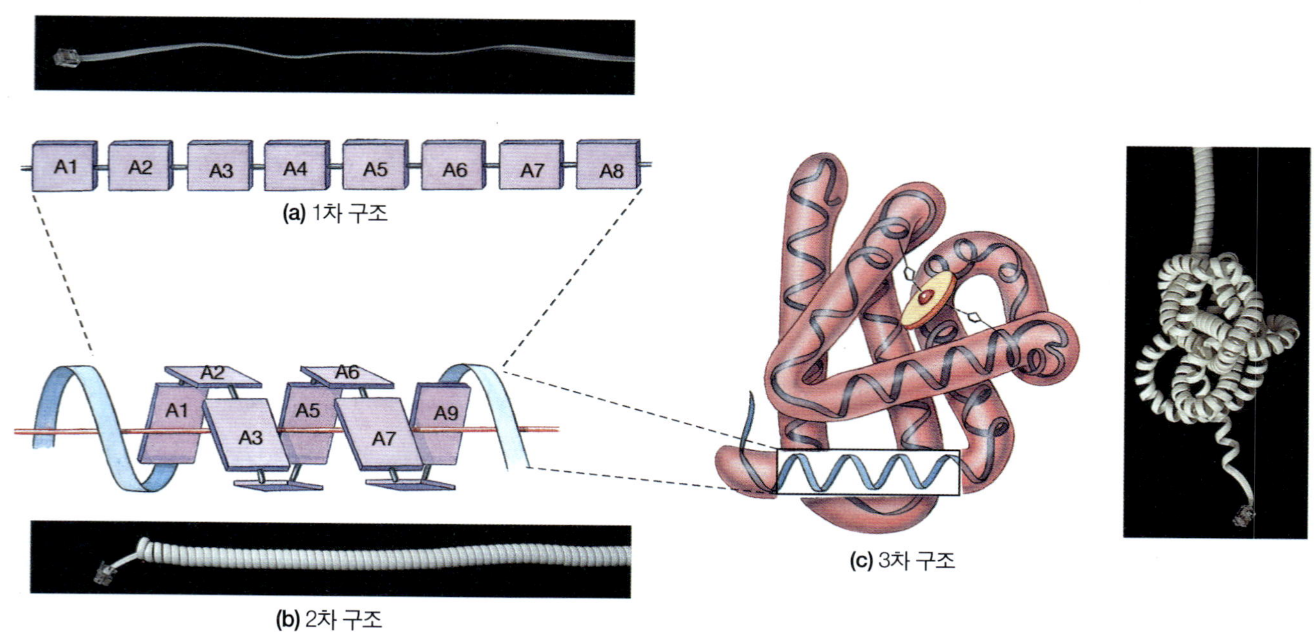

그림 2.18 단백질 구조의 3단계. **(a)** 1차 구조는 폴리펩티드 사슬에서 아미노산의 서열이다. 그림은 직선의 전화 코드이다. **(b)** 폴리펩티드 사슬, 특히 구조 단백질은 단순하고 일반적이게 감기거나 접히는 경향이 있다. 3차원적 경향을 2차 구조라 한다. 그림은 감겨있는 전화 코드이다. **(c)** 효소의 폴리펩티드 사슬과 다른 수용성 단백질은 2차 구조를 나타낸다. 게다가, 이 사슬은 더 복잡하게 접히고, 구형으로 되는 경향이 있는데 이것이 단백질의 3차 구조이다. 그림은 감긴 전화 코드가 매듭져진 형태.

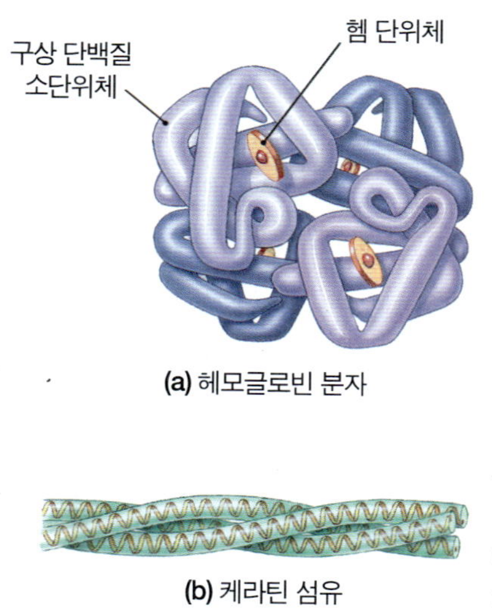

그림 2.19 단백질의 4차 구조. **(a)** 사람의 적혈구 세포에서 산소를 운반하는 헤모글로빈과 같은 많은 큰 단백질은 몇 개의 폴리펩티드 사슬로 만들어져 있다. 이 사슬의 배열로 이루어진 단백질이 4차 구조이다. **(b)** 사람의 피부와 머리카락의 구성요소인 케라틴은 몇 개의 폴리펩티드 사슬로 구성되어 있으며, 4차 구조를 가지고 있다.

단백질의 분류

대부분의 단백질은 효소나 구조 단백질과 같은 주요 기능에 의해 분류된다. **구조 단백질(structural proteins)**은 이름에서 보듯이 세포, 세포 기관과 세포막의 3차원적 구조에 공헌한다. *운동 단백질(motile proteins)*이라 불리는 어떤 단백질은 구조와 운동에 모두 관여한다. 이들은 동물 근육세포의 수축과 미생물의 운동에 모두 관여한다. **효소(enzymes)**는 세포의 화학반응 속도를 조절하는 단백질 *촉매(catalyst)*이다. 구조 단백질도 아니고 효소도 아닌 단백질도 있다. 이들은 세포막에 있는 수용체를 형성하기도 하거나, 몸의 면역반응에 관여하는 항체도 있다(◀17장 참조).

효소

효소는 생명체가 지니는 온도에서도 생명체에서 화학반응이 일어날 수 있도록 반응의 속도를 증가시킨다. 우리는 ◀5장에서 효소에 대해 더 자세히 살펴볼 것이며, 여기서는 효소의 성질에 대해 간략히 살펴보기로 한다. 일반적으로 효소는 반응일 일어나기 위해 필요한 에너지를 감소시킴으로써 반응을 빠르게 일어나게 한다. 효소는 반응물 분자를 반응이 일어나기 좋게 가까이 방향을 잡는다. 각 효소는 **활성 부위(active site)**가 있는데, 효소와 반응하는 물질인 **기질(substrate)**이 결합하는 부위이다. 효소는 각 효소가 특정 기질이나 특정 화학결합에만 반응하는 **특이성(specificity)**을 가지고 있다.

무기화학반응에서의 촉매와 마찬가지로, 효소는 반응에서 소모되거나 반응 중 다른 것으로 변하지 않는다. 효소 분자는 반복되어 재사용되어 반응을 촉매 한다. 효소는 단백질이기 때문에 극한 온도나 pH에서는 변성되나, 매우 산성이거나 높은 온도와 같은 극한 환경에서 서식하는 어떤 미생물은 이러한 조건을 극복할 수 있다.

뉴클레오티드와 핵산

*뉴클레오티드(nucleotide)*의 화학적 성질은 여러 가지 필수적인 기능을 가능하게 한다. 중요한 기능 중의 하나는 절단될 때에 대부분의 공유결합보다 더 많은 에너지를 내는 **고에너지 결합(high-energy bonds)**에 에너지를 저장하는 기능이다. 뉴클레오티드가 서로 연결되어 형성된 *핵산(nucleic acid)*은 생화학적 물질들 중 가장 두드러진 물질이다. 핵산은 조상에서 후대로 전달되고 단백질 합성을 지시하고 정보를 저장한다.

뉴클레오티드는 3부분으로 나뉘어 있다. 질소를 포함하는 염기, 5개의 탄소로 된 당과 하나 혹은 여러 개의 인산기이다. 그림 2.20a은 뉴클레오티드 *아데노신 3인산(adenosine triphosphate, ATP)*의 구조를 보여준다. 당과 염기만 있으면 *뉴클레오시드(nucleoside)*이다(그림 2.20b).

뉴클레오티드 ATP는 세포가 이용할 수 있는 형태의 화학 에너지를 저장하고 있으므로, 세포의 주요 에너지원이다. ATP에서 인산

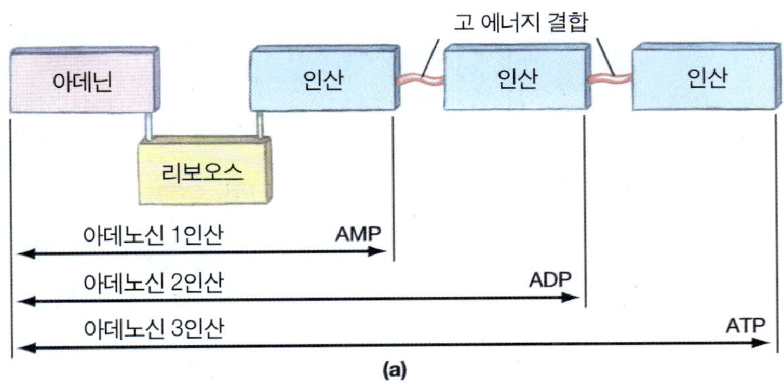

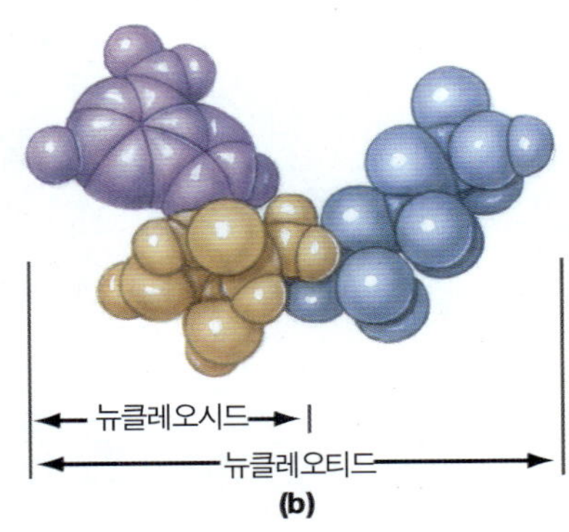

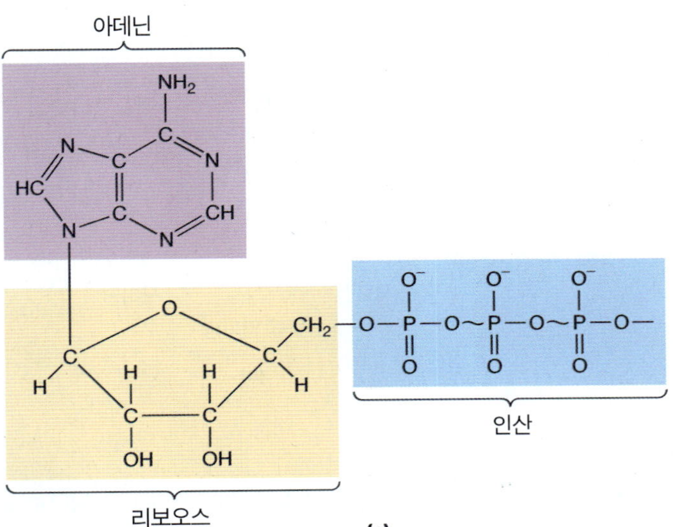

그림 2.20 뉴클레오티드. **(a)** 뉴클레오티드는 질소 염기와 5개의 탄소로 된 당과 하나이상의 인산기로 구성되어있다. **(b)** 뉴클레오시드는 인이 없고 당과 염기로 구성되어있다. **(c)** 아데노신 3인산(ATP)는 살아있는 세포의 대부분의 활동을 위한 주 에너지 원천이다. ATP에서 염기는 아데닌이며 당은 리보스이다. 아데노신 2인산에 인산기를 첨가하면, 분자의 에너지를 많이 증가시킨다; 세번째 인산기를 제거하면 에너지는 방출되며, 이는 세포에 의해 사용된다.

기 사이의 결합은 고에너지 결합이며, 물결선으로 표시된다(**그림 2.20c**). ATP는 절단되면 대부분의 공유결합보다 더 많은 에너지가 방출되므로 많은 에너지를 지니고 있다. 효소는 고에너지 결합의 생성과 파괴를 조절해서, 세포가 필요할 때에 에너지가 방출되도록 한다. 에너지의 포획, 저장과 이용은 세포 대사의 중요한 부분이다(◀5장 참조).

핵산(nucleic acids)은 **폴리뉴클레오티드(polynucleotides)**라 하며, 뉴클레오티드의 긴 고분자이다. 핵산은 유전정보를 지니고 있어서 미생물이나 사람을 포함한 모든 생명체에서 유전되는 모든 성질을 결정한다. 이러한 정보는 세대에서 세대로 전달되고 각 생명체에서 단백질 합성을 지시한다. 핵산은 단백질 합성을 지시함으로써 생명체가 어떤 구조 단백질과 어떤 효소를 가질 지를 결정한다. 효소는 생명체에서 어떤 반응이 일어나고 어떤 물질을 만들지를 결정한다.

생명체에서는 2가지 핵산이 발견되는데, **리보핵산(ribonucleic acid, RNA)**과 **디옥시리보핵산(deoxyribonucleic acid, DNA)**가 그들이다. 몇 가지 바이러스를 제외하고는 RNA는 단일 가닥이며, DNA는 2중나선으로 되어 있는 2중 가닥이다. 핵산에는 인간기와 당분자가 견고한 골격을 만들고 질소를 지닌 염기가 나와있는 모습이다. DNA의 각 사슬은 염기 사이의 수소결합으로 연결되어 있어서 전체 분자 모양은 여러 단을 지닌 사다리 모양을 닮았다(**그림 2.21a**).

DNA와 RNA는 약간 다른 구성 단위를 가지고 있다(표 2.5). RNA는 리보오스 당을, DNA는 산소 원자가 하나 없는 디옥시리보오스 당을 가지고 있다. 아데닌, 사이토신, 구아닌의 3가지 질소 염기는 DNA와 RNA에서 모두 발견된다. 이 외에도 DNA는 티민을, RNA는 우라실을 가지고 있다. 아데닌과 구아닌은 2개의 고리를 지닌 질소 염기인 **퓨린(purines)**이라 하고, 티민, 사이토신과 우라실은 단일 고리를 지닌 질소 염기인 **피리미딘(pyrimidines)**이라 한다(**그림 2.22**). 모든 세포 유기체는 DNA와 RNA를 가지고 있다. 바이러스는 DNA나 RNA 중 하나를 가지고 있으나 2가지를 다 가지고 있지는 않는다.

DNA의 2사슬은 염기 사이의 수소결합과 다른 힘에 의해 연결되어 있다. **그림 2.21b**에서 보는 것과 같이 아데닌은 항상 티민과,

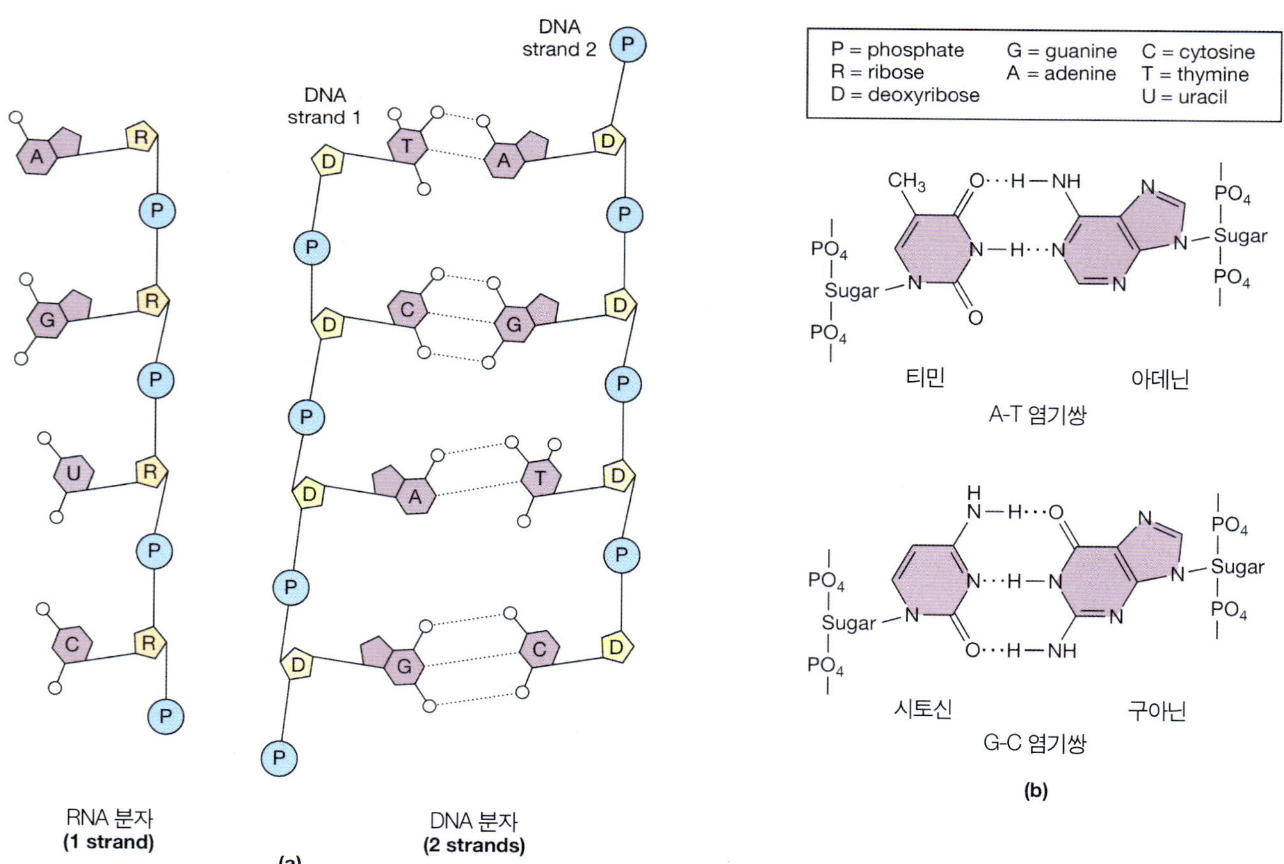

그림 2.21 핵산의 구조. 핵산은 질소 염기에 당과 인산기가 번갈아 가며 결합되어 있는 골격으로 구성되어있다. **(a)** RNA는 보통 단일 가닥이다. DNA 분자는 일반적으로 염기 사이의 수소 결합에 의해 두 개의 가닥이 함께 연결되어있다. **(b)** DNA의 상보적 염기쌍으로, 어떻게 수소결합으로 연결되는지 보여주고 있다.

표 2.5

DNA와 RNA의 구성물

구성요소		DNA	RNA
	인산	X	X
당	리보스		X
	디옥시리보스	X	
염기	아데닌	X	X
	구아닌	X	X
	사이토신	X	X
	티민	X	
	우라실		X

구아닌은 항상 사이토신과 수소결합으로 연결되어 있다. 이와 같은 특정 염기의 결합은 **상보적 염기쌍(complementary base pairing)**이라 한다. 이것은 염기의 크기와 모양에 의해 결정된다. 단백질 합성의 초기 단계에서 DNA에서 RNA로 정보가 전달될 때에도 같은 종류의 상보적 염기쌍이 생긴다(◀7장 참조). 이런 경우에는 DNA의 아데닌은 RNA의 우라실과 염기쌍을 이룬다.

DNA와 RNA 사슬은 특정 서열로 배열된 수백 혹은 수 천개의 뉴클레오티드로 구성되어 있다. 이와 같은 뉴클레오티드의 서열은 문장이나 단어에서 글자의 배열과 같이 생명체에서 지니는 단백질을 결정한다. 단어에서 글자를 바꾸는 것과 같이 서열에서 뉴클레오티드를 바꾸면 그것이 지니는 정보도 바뀐다. 염기 배열에 의해 서로 다른 가능한 서열은 거의 무한대이므로, DNA와 RNA는 매우 다양한 정보를 지닐 수 있다.

DNA와 RNA의 기능은 정보를 전달하는 능력과 관련된다. DNA는 한 세대에서 다른 세대로 전달되며, 새로운 개체의 유전 가능한 성질을 결정한다. 반면에 RNA는 DNA에서 세포의 단백질이 생산되는 부위로 정보를 전달한다. 그곳에서 RNA는 단백질의 실질적 조립을 지시하고 관여한다. 핵산의 기능은 ◀7장과 8장에 더 자세히 기술되어 있다.

중점 질문 사항

1. 전분, DNA와 RNA를 모두 고분자로 여기는 이유는 무엇인가?
2. 단백질의 1차, 2차, 3차 및 4차 구조를 구분하시오.
3. 탄수화물, 지질, 단백질과 핵산을 어떻게 구분하는가?

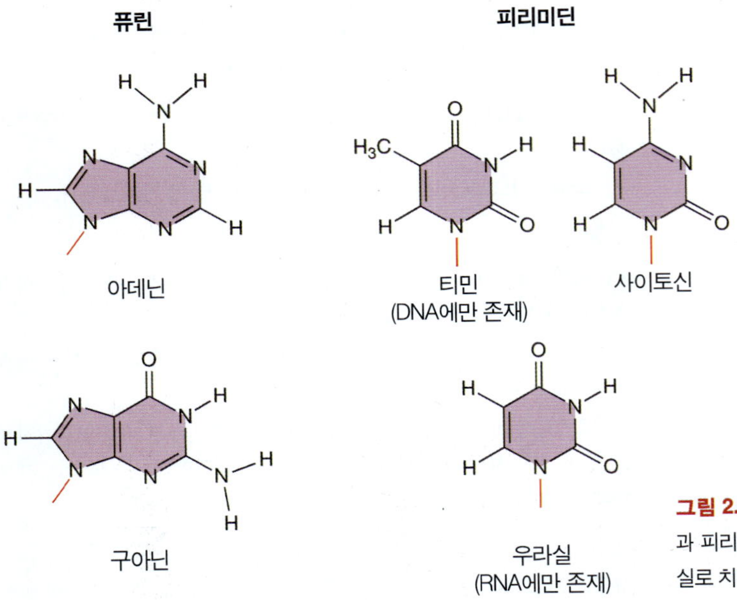

그림 2.22 핵산에서 발견되는 5가지 염기. DNA는 퓨린인 아데닌과 구아닌과 피리미딘인 사이토신과 티민을 포함한다. RNA는 티민이 피리미딘인 우라실로 치환된다.

요약

왜 화학을 학습하는가?

- 미생물이 어떻게 작용하고 사람과 환경에 어떻게 영향을 끼치는가를 이해하기 위해서는 기본 화학적 지식이 필요하다.

화학적 구성물과 화학결합

화학적 구성물

- 물질의 가장 작은 화학적 단위는 **원자(atom)**이다. **원소(element)**는 물질의 근본적인 종류이며, 원소의 가장 작은 단위는 원자이다. 원소는 1종류의 원자로 구성되어 있다. **분자(molecule)**는 2개 이상의 같거나 다른 종류의 원자가 화학적 결합으로 이루어져있다. **화합물(compound)**은 2개 이상의 다른 종류의 원자가 화학적 결합으로 이루어져있다.
- 생명체의 주된 원소는 탄소(C), 수소(H), 산소(O)와 질소(N)이다.

원자의 구조

- 원자는 원자의 핵에 존재하며, 아주 작은 양전하로 이루어진 **양성자(Protons)**와 중성인 **중성자(neutrons)** 그리고 핵 주위의 궤도를 따라 운동하는 음전하의 **전자(electrons)**로 이루어져있다.
- 원자의 양성자수는 **원자번호(atomic number)**와 같다. 양성자와 중성자의 총 수는 원소의 **원자량(atomic weight)**을 결정한다.
- **이온(ions)**은 전자나 분자가 하나 이상의 전자를 얻거나 잃은 것이다.
- **동위원소(isotopes)**는 중성자수가 서로 다른 같은 원소의 원자이다. **방사성동위원소(radioisotopes)**는 불안정한 동위원소로 소립자를 방출하고 방사하는 성향이 있다.

화학결합

- 분자의 원자들은 **화학결합(chemical bonds)**으로 연결되어있다.
- **이온결합(Ionic bonds)**은 서로 반대되는 전하의 인력으로부터 형성된다. **공유결합(covalent bonds)**은 원자의 전자쌍을 공유한다. **수소결합(hydrogen bonds)**은 수소 원자의 극성부위와 산소나 질소 원자 사이의 약한 인력이다.

화학반응

- 화학 반응은 화학 결합을 절단하거나 형성하며 에너지를 방출하거나 사용한다.
- **이화작용(catabolism)**은 분자를 분해하고 에너지를 방출한다. **동화작용(anabolism)**은 거대 분자를 합성하며, 에너지를 필요로 한다.

물과 용액

물

- 물은 **극성 화합물(polar compound)**이며, 용매와 반응하며, 높은 **표면장력(surface tension)**에 의해 얇은 막을 형성한다.
- 물은 또한 큰 비열을 가지며, 많은 화학 반응의 매질로 사용된다.

수용액과 콜로이드

- **용액(solutions)**은 하나 이상의 **용질(solute)**이 **용매(solvent)**에 골고루 분산되어 있는 **혼합물(mixtures)**이다.
- **콜로이드(Colloids)**는 용액을 만들기에는 너무 큰 입자를 포함하고 있다.

산, 염기와 pH

- 대부분의 용액은 산이나 염기를 가지고 있는데, **산(acids)**는 H^+ 이온을 방출하고, **염기(bases)**는 H^+ 이온을 받는다(또는 OH^- 이온을 방출한다).
- 용액의 pH는 산성이나 알칼리성을 측정하는 것이다. pH 7은 **중성(neutral)**이며, 7보다 낮으면 산성, 7보다 높으면 염기성 또는 **알칼리성(alkaline)**이다.

복잡한 유기 분자들

- **유기 화학(organic chemistry)**은 탄소를 포함하는 화합물을 연구하는 학문이다.
- 알코올, 알데하이드, 케톤, 유기산, 아미노산과 같은 유기 화합물은 그들의 **작용기(functional group)**로 분류할 수 있다.

탄수화물

탄수화물(carbohydrates)은 탄소 사슬로 구성되어 있으며 대부분의 탄소원자는 알코올기와 하나의 수소를 가진 알데하이드기나 케톤기와 결합되어 있다.

- 가장 간단한 탄수화물은 **단당류(monosaccharides)**이며, 이들은 결합하여 **이당류(disaccharides)**와 **다당류(polysaccharides)**의 형태가 될 수 있다. 긴 사슬의 반복단위를 **고분자(polymers)**라고 부른다.
- 신체는 에너지를 내기 위해 탄수화물을 첫 번째로 사용한다.

지질

- 모든 **지질(lipids)**은 물에 불용성이지만 비극성 용매에는 용해된다.
- **지방(fats)**은 글리세롤과 **지방산(fatty acids)**으로 구성되어있다.
- **인지질(phospholipids)**은 하나의 지방산 부위에 인산기를 포함하고 있다.
- **스테로이드(steroids)**는 복잡한 4개의 고리 구조를 가지고 있다.

단백질

- **단백질(proteins)**은 **펩티드 결합(peptide bonds)**에 의해 연결된 **아미노산(amino acids)** 사슬로 구성되어있다.
- 세포 구조의 단백질 형태 부분은 효소의 역할을 하며, 운동성, 수송과 조절과 같은 다른 기능에 기여한다.
- **효소(enzymes)**는 살아있는 생명체에서 화학반응의 비율을 증가시키는 좋은 **특이성(specificity)**의 생물학적 촉매이다. 각 효소는 **기질(substrate)**과 결합하는 **활성부위(active site)**를 가지고 있다.

뉴클레오티드와 핵산

뉴클레오티드(nucleotide)는 질소를 포함하는 염기, 당, 하나 이상의 인산기로 구성되어있다.

- 몇몇 뉴클레오티드는 **고에너지 결합(high-energy bonds)**을 갖는다.
- **핵산(nucleic acids)**는 뉴클레오티드 사슬로 구성된 중요한 정보를 가진 분자이다. 핵산은 생물체에서 **리보핵산(ribonucleic acid, RNA)**과 **디옥시리보핵산(deoxyribonucleic acid, DNA)**으로 발견된다.

용어 정리

1차 구조(p. 43)
2차 구조(p. 43)
3차 구조(p. 43)
4차 구조(p. 43)
8전자 규칙(p. 30)
가수분해(p. 34)
고분자(p. 39)
고에너지 결합(p. 45)
공유결합(p. 31)
구조 단백질(p. 44)
그램 분자량(p. 31)
극성 화합물(p. 32)
글리코시드 결합(p. 39)
기질(p. 45)
뉴클레오티드(p. 45)
다당류(p. 39)
단당류(p. 38)
단백질(p. 41)
동위원소(p. 31)
동화작용(p. 33)
디옥시리보핵산(DNA)(p. 46)
리보핵산(RNA)(p. 46)
몰(p. 31)
반응물(p. 34)
방사성동위원소(p. 31)
변성(p. 43)
분자(p. 29)
불포화지방산(p. 40)
산(p. 35)
상보적 염기쌍(p. 47)
생화학(p. 37)
수소결합(p. 32)
스테로이드(p. 41)
아미노산(p. 41)
알칼리성(p. 36)
양성자(p. 29)
양이온(p. 30)
에너지 방출성(p. 33)
에너지 흡수성(p. 33)
염기(p. 35)
용매(p. 34)
용액(p. 34)
용질(p. 34)
원소(p. 29)
원자(p. 29)
원자량(p. 30)
원자번호(p. 29)
유기화학(p. 37)
음이온(p. 30)
이당류(p. 39)
이성질체(p. 38)
이온(p. 30)
이온결합(p. 31)
이화작용(p. 33)
인지질(p. 40)
작용기(p. 37)
전자(p. 29)
전자껍질(p. 30)
중성(p. 35)
중성자(p. 29)
지방(p. 39)
지방산(p. 39)
지질(p. 39)
콜로이드(p. 35)
탄수화물(p. 37)
탈수합성반응(p. 34)
트리아실글리세롤(p. 39)
특이성(p. 45)
펩티드 결합(p. 42)
포화지방산(p. 40)
폴리뉴클레오티드(p. 46)
폴리펩티드(p. 42)
표면장력(p. 33)
퓨린(p. 46)
피리미딘(p. 46)
핵산(p. 46)
혼합물(p. 34)
화학 결합(p. 31)
화합물(p. 29)
활성 부위(p. 45)
효소(p. 44)
pH(p. 35)
R기(p. 41)

임상 사례 연구

결핵과 나병을 유발하는 특정 세균은 세포벽에 많은 왁스 지질 물질을 가지고 있다. 그들은 보통 세균보다 염색하기가 힘들다. 당신은 이 세균을 증기열에 노출시킨 다음 염색을 해야 한다. 또한, 이들에게는 항생제가 효과가 없다. 당신은 어떤 화학적 설명으로 이들의 특징을 설명할 수 있는가?

요점 사고 문제

1. 만약 당신이 우주를 탐사하게 된다면, 다른 행성에 물이 있는지 없는지의 여부를 주의하여 확인할 것이다. 지구에 있는 물의 어떤 특성 때문에 우리의 생명에 필수적이라고 알고 있는가? 물이 없는 행성에서 생물계가 발달될 수 있다고 생각하는가?

2. 살아있는 생물에서 탄소의 어떤 특징 때문에 대부분의 필수적인 화학물질의 "중심" 원소가 되는가? 지구, 이곳, 우주의 어디든 살아있는 모든 것에서 탄소의 역할을 할 수 있는 다른 원소는 없는가?

3. 단백질은 열과 살균제와 같은 보통의 항균제에 의해 손상되기가 쉽다. 이런 제제가 단백질에 어떤 역할을 하며, 어떻게 단백질의 기능에 영향을 줄 수 있는가?

4. 핵산은 단백질과 달리 열과 변성에 저항성을 가지고 있다. 핵산이 안정한 게 왜 중요하다고 생각하는가? 세포에서 핵산의 기능은 무엇인가?

광우병은 프리온이라 불리는 단백질 입자에 의해 나타난다. 이것은 핵산을 포함하지 않는다. 단백질의 어떤 활성이 더 많은 프리온 입자를 생성할 수 있는가? 당신 교과서의 색인을 이용하면 프리온이 어떻게 더 많은 프리온을 만들 수 있는지 알 수 있을 것이다.

자가 진단 문제

1. 원소의 특징을 모두 유지하는 원소의 가장 작은 단위는:
(a) 분자 (b) 화합물
(c) 원자 (d) 전자
(e) 양이온 (f) 음이온

2. 원자는 화학적 반응에서 어떠한 형태로 결합되어 있는가:
(a) 화합물 (b) 원자
(c) 에너지 (d) 원소
(e) 비열

3. 이온은 항상 전자수와 양성자수가 같다. 사실인가 거짓인가?

4. 살아있는 세포에서 가장 풍부하고 중요한 화합물은:
(a) 탄소 (b) 수소
(c) 산소 (d) 물
(e) 질소

5. 살아있는 세포에서 가장 흔한 원소는 무엇이며, 그들이 상징하는 것은?

6. 화학 결합과 가장 잘 설명한 것을 연결하라:
_____공유 결합 (a) 같은 전하를 가진 두 이온 사이의 인력
_____이온 결합 (b) 원자 사이의 전자의 공유
_____수소 결합 (c) 두 극성 분자 사이의 인력
(d) 두 비극성 분자 사이의 인력
(e) 다른 전하를 가진 두 이온 사이의 인력

7. 다음의 물의 특징 중 살아 있는 세포에 중요한 특징은?
(a) 극성 분자이며 용액 형태가 될 수 있다.
(b) 높은 표면 장력을 가진다.
(c) 높은 비열을 가진다.
(d) 탈수합성반응과 가수분해 반응을 할 수 있다.
(e) 위의 모든 것

8. 수용성 용액에 식초를 첨가하게 되면 용액의 pH는 (   ) 이다. 암모니아를 첨가하게 되면 용액의 pH는 (   ) 이다.

9. 유기 화합물은 모든 살아있는 세포에 존재한다. 다음 특징 중 모두가 공유하는 것은:
(a) 단백질 합성에 사용된다
(b) 생물학적 촉매를 한다
(c) 염소 원자에 의해 탄소 원자 사슬에 둘러싸여 있다
(d) 소수성이다
(e) 수소 원자에 의해 탄소 원자 사슬에 둘러싸여 있다

10. 글루코오스는 우리 몸에서 세포의 주 에너지원이다. 이것은 탄수화물에서 다당류로 분류 된다. 사실인가 거짓인가?

11. 살아있는 세포의 주 에너지원의 일반적인 형태는:
(a) 지질 (b) 탄수화물
(c) 케톤 (d) 단백질
(e) 비타민

12. 다음의 탄수화물 종류와 살아 있는 세포에서의 그 역할을 연결하라:
_____글리코겐 (a) 에너지의 저장
_____전분 (b) 주 에너지원
_____셀룰로오스 (c) 세포벽의 구조적 구성요소
(d) 효소 활성
(e) 세포막의 구조적 구성요소

13. 스테로이드는 동물세포의 세포막에 일반적으로 존재한다. 사실인가 거짓인가?

14. 지질은 일반적으로:
(a) 소수성이다. (b) 세포막에 존재한다.
(c) 지방산의 구성원이다 (d) 높은 에너지원이다
(e) 위의 모든 것

15. 펩티드 결합은 두 개의 아미노산 사이에서 형성되는데 하나의 아미노산의 (   ) 과 다른 아미노산의 (   ) 의 반응에 의해 형성된다.
(a) R기/R기
(b) R기/카르복실기
(c) 아미노기의 OH/카르복실기의 C=O
(d) 아미노기의 H/카르복실기의 OH
(e) NH_3기/중심 탄소 원자

16. 단백질 분자의 아미노산 서열을 규정하는 것은:
(a) 단백질의 2차 구조
(b) 자연적 단백질 접힘
(c) 없음; 단백질은 아미노산으로 구성되어있지 않다.
(d) 단백질의 3차 구조
(e) 단백질의 1차 구조

17. 효소는 생물학적 촉매다. 다음 특징들 중 모두 공유하는 것은?
(a) 화학반응에서 소비되지 않는다
(b) 반응시 낮은 활성 에너지를 낸다
(c) 반응율을 증가시킨다.
(d) 높은 온도를 필요로 하는 반응이 발생할 수 있다.
(e) 위의 모든 것

18. 높은 온도와 극한 pH에서 효소는 일반적으로 변성되며, 기능을 잃게 된다. 사실인가 거짓인가?

19. 에너지는 모든 살아있는 세포의 대사 반응에서 빠르게 소비되고 생성된다. 어떤 형태가 이들 세포에서 에너지로 이용 되는가?
(a) 글루코오스 (b) 락토오스
(c) ATP (d) 대사 효소
(e) DNA

20. 뉴클레오티드는:
(a) DNA의 구성물 (b) 핵 안에 있는 작은 담
(c) 주 에너지 원 (d) 단백질의 구성물
(e) 세포막 안에 있는 흔한 존재

21. 다음 일치하는 것은:

_____뉴클레오티드 (a) 중심 탄소 원자에 아미노기와 카르복실기 결합을 갖는다
_____핵산 (b) 탄소와 수소 원자의 긴 사슬과, 한쪽 끝에 카르복실기를 갖는다
_____알데하이드 (c) 탄소 사슬에 카보닐기를 갖는다
_____아미노산 (d) 5탄당, 인산기와 질소를 포함하는 염기를 갖는다
_____케톤 (e) 탄소 사슬 한쪽 끝에 카보닐기를 갖는다

22. 질소를 포함하는 염기 중 DNA에서는 찾아볼 수 있으나 RNA에는 없는 것은?

(a) 사이토신 (b) 티민
(c) 우라실 (d) 아데닌
(e) 구아닌 (f) 이 중에 없다

23. 다음 거대분자들을 연결하라:

_____다당류 단백질
_____폴리펩티드 염색체
_____지방 지질
_____DNA 탄수화물
_____스테로이드 단백질 합성

24. 모든 효소는 단백질이다. 사실인가 거짓인가?

25. 물 표면의 얇고 보이지 않는 탄성막 때문에 나타나는 능력은:

(a) 낮은 비열 (b) 높은 비중
(c) 수용성 (d) 이배체 특성
(e) 높은 표면 장력

26. 이 화합물의 화학적 특성은 무엇인가? 이 분자의 동그라미 친 부분을 각각 분류하시오.

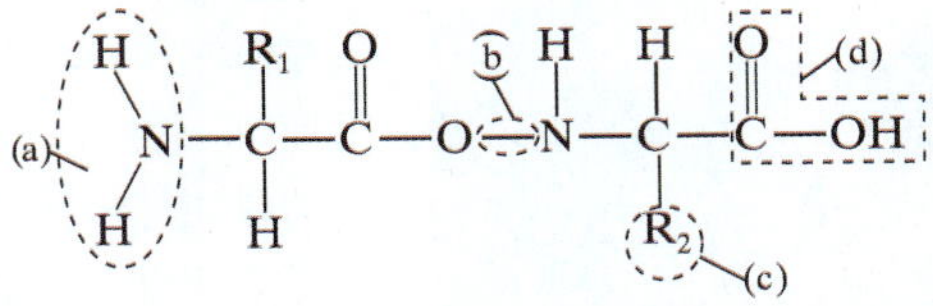

(a) _____
(b) _____
(c) _____
(d) _____

웹상에서 탐구 문제

당신이 이 장을 모두 공부하였다면, web에서 더 도전할 것이 있다. Web site에 가서 이 장에서 이해한 내용을 확인하고 아래에 제시된 질문에 답하여라.

1. 우리가 살고 있는 지구는 탄소 원소를 기본으로 하고 있다. 공상 과학 소설가는 몇 년 동안 다른 세계에는 모든 생명체가 실리콘 원소를 기본으로 존재한다는 제안을 받았다. 어떤 생명체가 그러할 것이라고 생각이 드는가?
2. 1953년 2월에 왓슨과 그릭은 캠브리지, 잉글랜드의 독수리 술집의 단골손님임을 발표하였고, 그들의 인생의 비밀을 발견하였다. 그들이 뜻하는 바는 무엇인가?

3 현미경과 염색법

시작하며...

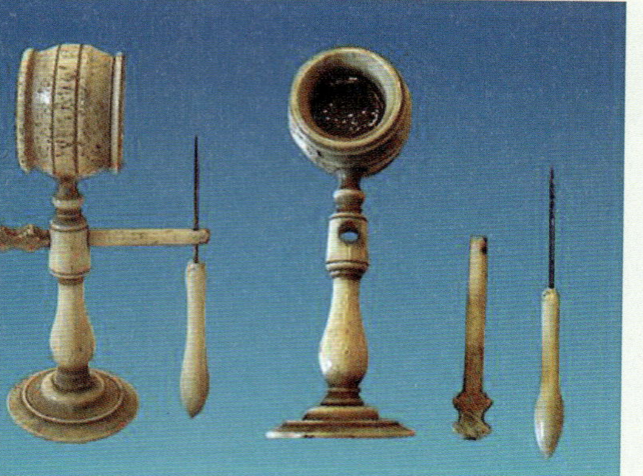

매우 귀한 17세기의 단순 현미경, 높이 3.5인치
(George Black 제공)

집안에서 사용하는 깨끗한 핀을 가까이 보면 무엇이 보일까? 아마도 떨어져서 보는 것과 큰 차이는 없을 것이다. 만약 여러분이 정상적인 시력을 가졌다면 햇빛에 비쳐서 깜박이는 20 μm(1 μm=1/1000 mm) 정도 크기의 먼지를 볼 수 있을 것이다. 그러나 놀라운 것은 여러분이 많은 것들을 보지 못하고 있다는 것이다. 대부분의 세균은 길이가 겨우 0.5 μm에서 2.0 μm이므로 현미경의 도움 없이는 볼 수 가 없다. 육안으로 보는 것의 겨우 10배를 증가함으로써 여러분은 복잡하며 살아서 꿈틀거리는 미생물 세계를 볼 수 있다. 그렇다면 이렇게 확대해서 보는 것이 육안으로는 깨끗하게 보이는 포크를 입안으로 넣거나 샐러드 바에서 깨끗해 보이는 야채를 고르는데 어떤 영향을 줄까?

조그마한 핀 끝에 얼마나 많은 수의 세균을 올려놓을 수 있을까? 여기 있는 확대된 사진을 보고 세어 보라. 노란색 막대모양들은 인위적으로 염색된 세균들이다. 만약 육안으로는 깨끗해 보이는 이 핀으로 손가락을 찌른다면 얼마나 많은 세균들이 손가락에 남게 될까? 그리고 감염을 일으키는 데는 얼마나 많은 세균이 필요할까? 때론 10마리 이하의 세균으로도 충분히 감염이 일어날 수도 있다.

오늘날의 현미경들은 이런 세밀한 것들을 볼 수 있게 해준다. 그러나 여러분이 만약 오래전에 미생물을 공부하는 학생이었다면 어떠했을까? 여러분 보다 앞서서 현미경을 사용했던 생물학자들에 대해 알아보기로 하자.

SEM (91X)

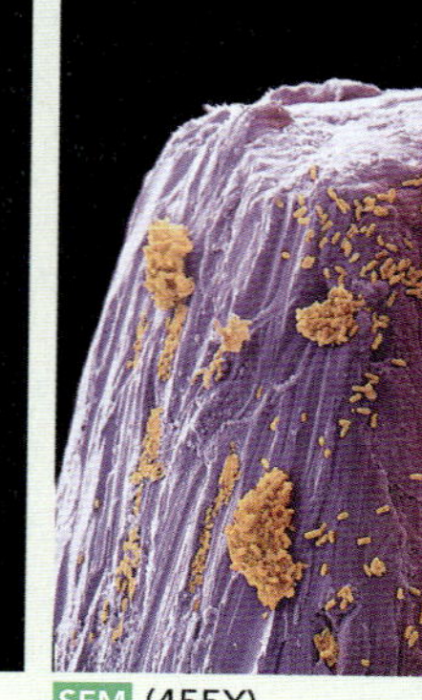

SEM (455X)

SEM (2,2764X)

SEM (12,548X)

주사전자현미경 91X배, 455X배, 2,276X배, 12,548X배.

이 주제와 관련된 비디오는 WileyPLUS에서 볼 수 있습니다.

현미경의 역사

현미경의 원리

미터법 단위/빛의 특성:파장과 분해능/빛의 특성: 빛과 사물

광학현미경

복합광학현미경/암시야현미경/위상차현미경/Nomarski(차등간섭대비)현미경/형광현미경/공초점현미경/디지털현미경

전자현미경

투과전자현미경/주사전자현미경/주사터널링현미경

광학현미경 기술

광학현미경 관찰을 위한 시료의 준비
염색의 원리

현미경의 역사

네덜란드 델프트에 살았던 Anton van Leeuwenhoek (1632-1723)가 미생물을 관찰한 최초의 사람이란 것이 거의 확실 하다. 그는 100배에서 300배로 대상을 확대할 수 있는 간단한 현미경들을 제작했다. 이들 기구들은 오늘날 우리가 일반적으로 생각하는 현미경과는 다르다. 공들여 연마한 1개의 조그마한 렌즈로 구성된 이기구들은 실제로 매우 효과적인 확대경 이었다(**그림 3.1**). Leeuwenhoek의 현미경은 표본들의 초점을 맞추기가 너무나 힘들어서 현미경 관찰을 위해 표본을 바꾸는 대신에, 사용했던 현미경과 표본을 같이 남겨 놓고 각각의 표본 관찰을 위한 새로운 현미경을 제작 했다. 외부 연구자들이 현미경을 사용하기 위해 Leeuwenhoek의 연구실을 방문 했을 때, 그는 그가 만든 현미경의 초점 맞추는 장치를 방문연구자들이 만지는 것을 막기 위해 손을 뒷짐 지고 관찰하도록 했다.

1676년 런던왕립학회에 보낸 편지에서 Leeuwenhoek는 그의 첫 번째 현미경 관찰인 물속에 사는 세균과 원생동물에 대하여 묘사했다. 그러나 그는 그의 현미경 기술은 비밀에 부쳤다. 오늘날에도 Leeuwenhoek가 시료들을 통과한 광원보다는 시료 옆으로 반사되어 나오는 간접광원을 사용한 것 같다는 것은 알지만 그의 조명방법을 확실히 알지는 못한다. 또한 Leeuwenhoek는 그가 만든 419개의 현미경의 어느 하나도 내어 놓으려 하지 않았다. 그의 지시에 따라 그의 임종 전 100개의 현미경이 그의 딸에 의해 왕립학회에 보내졌다. 1723년 Leeuwenhoek 의 사망 이후 어느 누구도 현미경 제작과 디자인을 완성하려는 일을 지속하여 수행 하지 않았고, 현미경의 발달은 지체 되었다. 여전히 Leeuwenhoek가 현미경 개발을 시작한 첫 번째 사람이었다. 1670년대 중반 그가 왕립학회에 보낸 편지를 통해서 미생물의 존재가 과학계에 알려지게 되었다. 그리고 1683년 그는 자신의 구강에서 채취한 세균을 기술했다. 그러나 Leeuwenhoek는 미생물들의 구조를 아주 조금 상세하게 본 것에 불과했다. 더 많은 연구를 위해서는 우리가 곧 보게 될 것처럼 보다 더 복잡한 현미경의 개발이 필요했다.

현미경의 원리

미터법 단위

현미경(microscopy)은 아주 작은 물체를 육안으로 볼 수 있게 해주는 기술이다. 미생물들은 너무나 작기 때문에 그들을 측정하는데 사용할 단위는 거시적 세계를 다루는데 익숙한 초보학생들에게는 생소할 수도 있다(**표 3.1**).

앞에서 말한 마이크론(Micron,μ)인 **마이크로미터(μm)**는 0.000001 미터(m)와 같다. 1 μm는 또한 10^{-6} m 로도 표현 할 수 있다. 두 번째 단위 밀리마이크론(mμ)인 **나노미터**(nm)는 0.000000001 m 와 같다. 이것 또한 10^{-9} m 로 표현 할 수 있다. 세 번째 단위는 오래된 문헌에 많이 사용되었으나 더 이상 공식적으로 인정되지 않는 **옹그스트롱**(Å) 이다. 이것은 0.0000000001 m 와 같고 0.1 nm 혹은 10^{-10} m 와 같다. **그림 3.2**는 육안으로 식별될 수 있는 크기의 범위, 다양한 종류의 현미경을 통해 관찰 가능한 범위, 그리고 다양한 생물

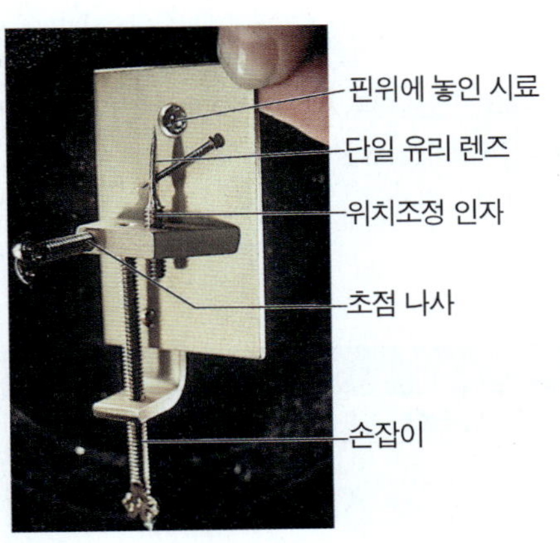

(a)

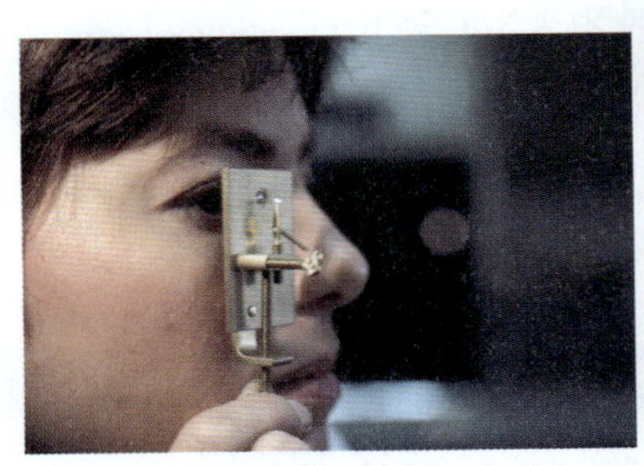

(b)

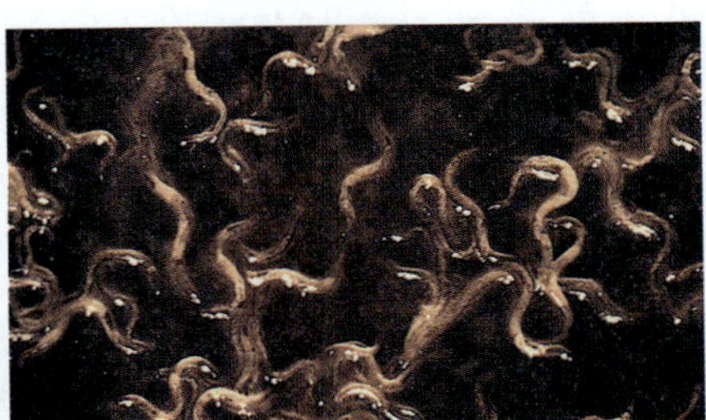

미지의 신비한 세계

"우리 집에는 식초에 사는 작은 벌레 보는 것을 좋아하는 몇몇 귀부인들이 있었다. 그러나 그들 중 몇몇은 그 광경이 너무나 역겨워 다시는 식초를 사용하지 않겠다고 맹세를 하게 되었다. 그러나 가까운 장래에 누군가가 그런 사람들에게 남성의 구강 내 치아표면의 찌꺼기에는 전 세계에 살고 있는 남성들보다도 더 많은 수의 동물들이 살고 있다고 말해야 한다면 어찌될 것인가? Anton van Leeuwenhoek 1683.

그림 3.1 Leeuwenhoek 의 연구. **(a)** Leeuwenhoek 현미경 복제품. 이 단순한 현미경은 1개의 작고 원형에 가까운 렌즈가 금속판에 부착된 매우 효과적인 확대경으로 구성되어 있다. 시료는 바늘형태의 수직의 자루 끝에 부착되어 지고 반대쪽 렌즈를 통해 관찰 되어 진다. 많은 나사못들은 시료의 위치를 조정하는데 사용되어 지고 매우 어려운 과정을 거쳐 시료의 초점을 맞추는데 사용하게 된다. **(b)** Leeuwenhoek 현미경을 보는 방법. **(c)** Leeuwenhoek의 친필 발췌와 Leeuwenhoek 동료들을 화나게 한 초산벌레(선충류), 80X배(a,b: Kathy Talaro/Visuals사; c:John D. Cunningham/Visuals 사)

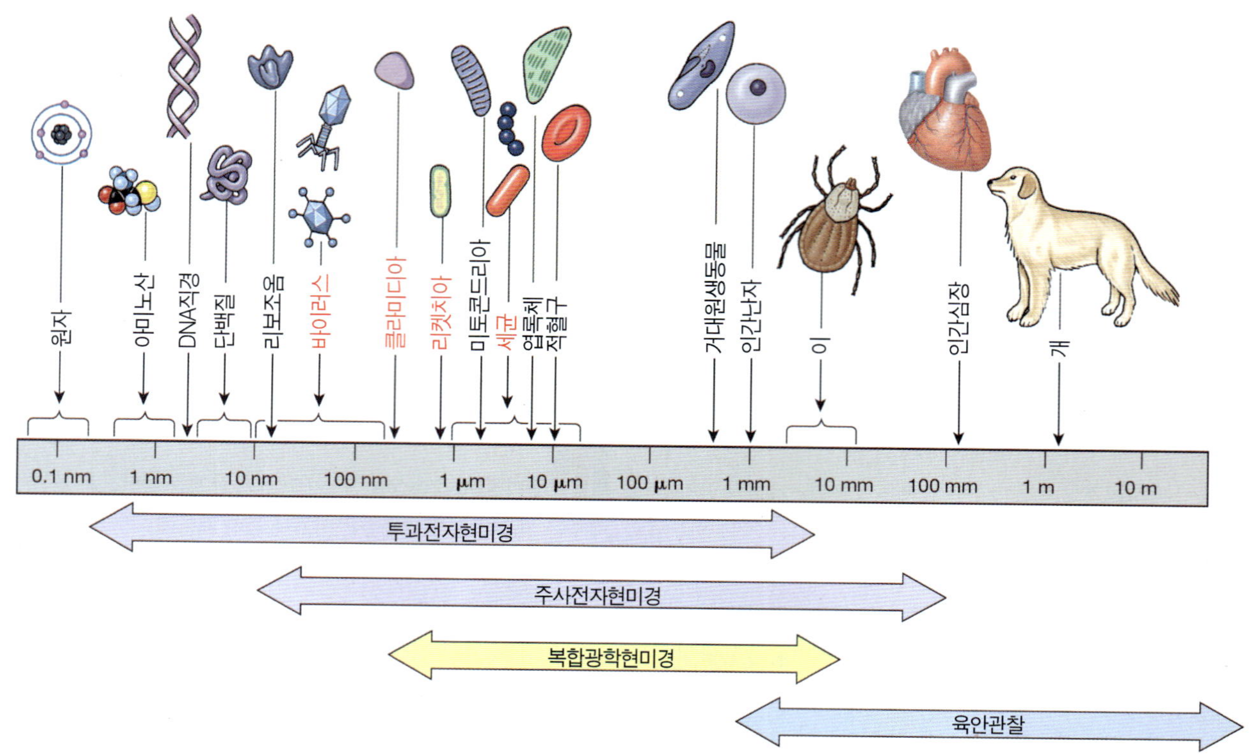

그림 3.2 생물들의 상대적 크기 비교. 각각의 크기들을 미터법으로 상대 비교 하였다. 적색으로 된 이름들은 미생물학에서 연구되어지는 생물들이다. 클라미디아(Chlamydia)와 리켓치아(Rickettsia)는 다른 세균들보다도 훨씬 작은 그룹에 속한다. 여러 종류의 실험장비들을 사용하기 위한 효과적인 사용범위도 묘사 되어 있다.

들이 각각 어느 범위에 위치하는지를 미터시스템 단위로 요약하여 보여 주고 있다.

빛의 특성: 파장과 분해능

빛은 육안이나 현미경으로 사물을 형상화하는데 작용하는 몇 가지 특성들을 가지고 있다. 현미경 사용능력을 개선하기 위해서는 이러한 특성을 잘 이해하는 것이 필요하다.

빛의 가장 중요한 특징 중의 하나는 빛의 **파장**(광선의 길이, **wavelength**)이다(**그림 3.3**). 그리스 문자 람다(λ)로 표현되어지는

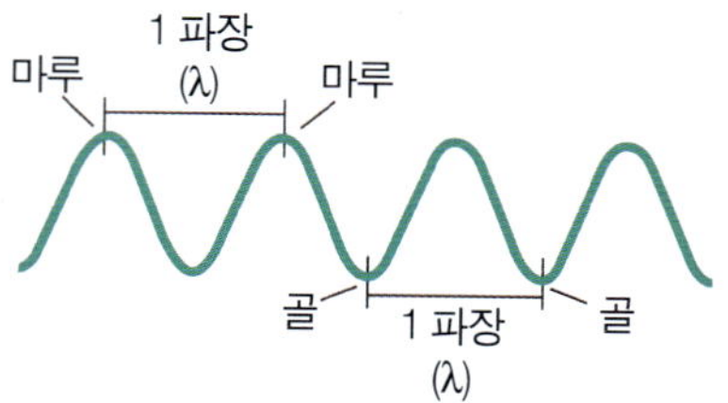

그림 3.3 파장. 파도의 2개의 근접한 마루 사이 혹은 이웃한 2개의 골 사이 거리가 1 파장으로 정의되며 그리스 문자인 람다(λ)로 표현 된다.

표 3.1

일반적으로 사용되는 길이의 단위

단위(약어)	접두사의 의미	미터 환산	영국식 환산
미터(m)			3.28 ft(피트)
센티미터(cm)	센티 = 100분의 1	0.01 m = 10^{-2} m	0.39 in.(인치)
밀리미터(mm)	밀리 = 1000분의 1	0.001 m = 10^{-3} m	0.039 in.
마이크로미터(μm)	마이크로 = 1,000,000분의 1	0.000001 m = 10^{-6} m	0.000039 in.
나노미터(nm)	나노 = 1,000,000,000분의 1	0.000000001 m = 10^{-9} m	0.000000039 in.
옹그스트롱(Å)		0.0000000001 m = 10^{-10} m	0.0000000039 in.

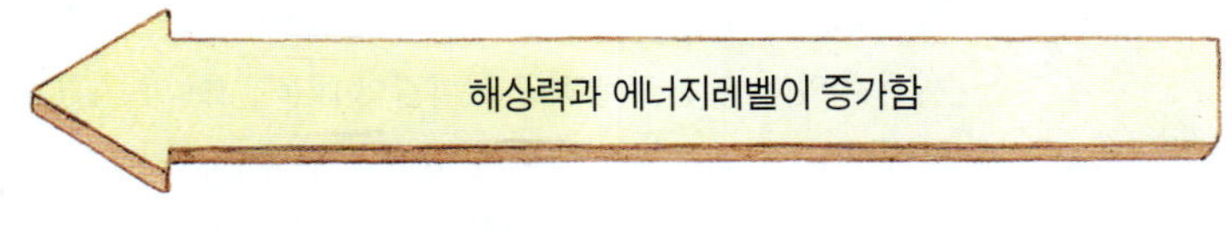

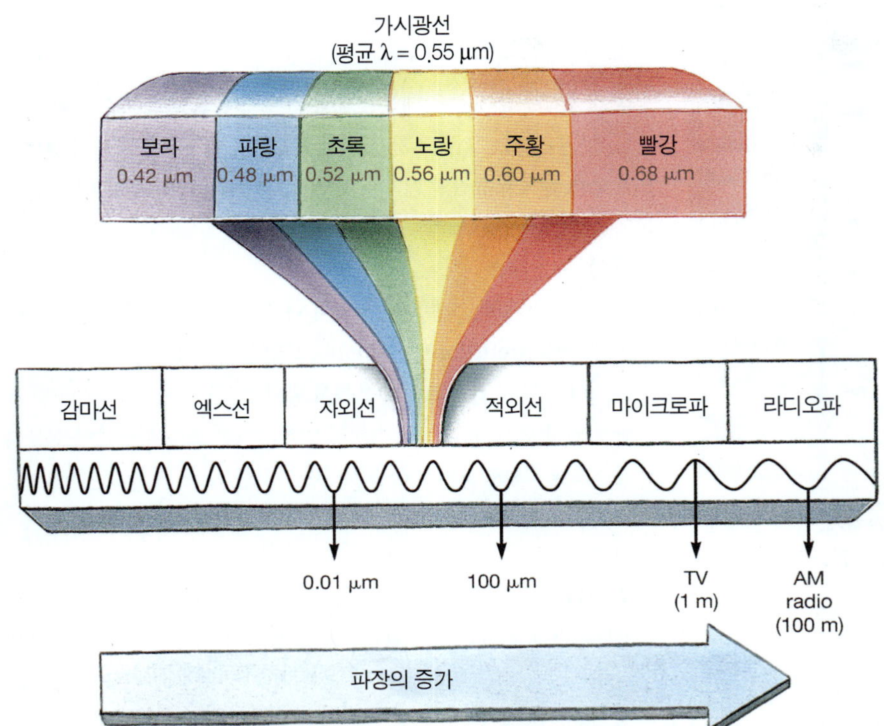

그림 3.4 전자기스펙트럼. 가시광선과 자외선과 같은 좁은 범위의 파장들만이 광학현미경에서 이용되어 질 수 있다. 단파장을 사용하면 높은 분해능을 얻을 수 있다. 백색광은 모든 색깔 있는 가시광선의 조합이다.

파장은 2개의 근접한 물결의 마루사이의 거리 혹은 이웃한 파도의 골짜기 사이의 거리와 같다. 태양은 지속적으로 다양한 길이의 파장을 가진 전자기방사스펙트럼을 만들어 낸다(**그림 3.4**). 가시광선, 자외선 그리고 적외선들이 이 스펙트럼의 특정 부분을 구성하고 있다. 백색광은 가시광선 모든 색깔의 조합인 반면에 검은 색은 가시광선이 없는 경우이다. 현미경 관찰에 사용되어지는 파장은 절대적으로 현미경의 분해능과 관련 있다. **분해능(resolution)**이란 2개의 사물이 혼동되거나 하나로 겹쳐지지 않고 따로따로 분리된 형체로 보이게 하는 능력이다(**그림 3.5a**).

현미경 관찰에서 물체가 확대는 되지만 서로 분리되지 않는다면 확대는 소용이 없다(**그림 3.4b**). 빛은 반드시 2개의 물체가 분리된 사물로 보이게 하기 위해서 그들 두 물체 사이를 관통하여야만 한다. 만약 우리가 사물을 보려는 빛의 파장이 너무 길어서 물체 사이를 관통하지 못한다면 2개의 물체는 하나로 보일 것이다. 분해능의 핵심은 분리해서 관찰하려는 사물들 사이에 꼭 맞는 충분히 작은 파장의 빛을 사용하는 것이다. 파장 길이의 2분의1 보다도 작은 세포 조직들은 작아서 볼 수가 없을 것이다.

이러한 현상을 쉽게 이해하기 위해서 흰색배경 위에 약 30 cm 크기의 영문글자 E를 목표물로 놓았다고 가정해 보자. 그리고 다양한 파장에 상응하는 지름을 가진 잉크가 적셔진 물체를 던진다고 가정해 보자(**그림 3.6**). 만약 던져진 물체가 글자 E의 3개의 팔 사이의 거리보다 작은 지름을 가졌다면 물체는 팔 사이를 통과하고 각각의 팔들은 분리된 구조로 구분되어 질 것이다. 첫 번째 농구공을 던진다고 상상해 보면, 농구공은 팔 사이를 통과할 수 없으므로 농구공 크기의 광선은 낮은 분해능을 보일 것이다. 다음으로 테니스공을 던진다면 분해능은 개선 될 것이다. 그리고 콩을 던져 보고 마지막으로 작은 구슬을 던져 보면, 각각의 직경이 감소함에 따라 글자 E의 3개의 팔들을 통과하는 물체들의 수가 증가 할 것이다. 분해능은 개선되고 글자의 모양이 보다 더 명확하게 드러나게 된다.

그림 3.5 분해능. **(a)** 두 점이 분리 되어 있다. 따라서 두 점은 명확하게 분리된 구조로 보여 질 수 있다. **(b)** 두 점들이 분리 되어지지 않았음으로 합쳐진 것으로 보인다.

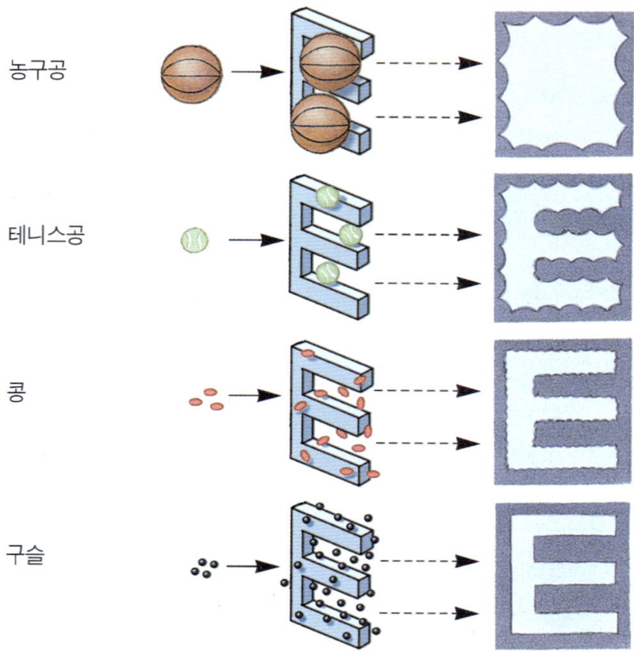

그림 3.6 분해능에 대한 파장의 효과에 대한 예시. 작은 물체(짧은 파장)는 보다 쉽게 글자 E의 팔들 사이를 통과할 수 있으므로 보다 선명하고 예리한 이미지를 만들 수 있다.

현미경 숙련자들은 분해능을 개선하기 위해 가능한 한 작은 파장의 전자기방사선을 사용한다. 평균 파장이 550 nm인 가시광선은 220 nm 보다 작게 나눠진 물체들을 분해할 수 없다. 파장이 100 nm에서 400 nm인 자외선은 110 nm 만큼 작은 물체의 분해도 가능하다. 그러므로 세밀한 세포 구조를 확인하는 데는 가시광선 대신에 자외선을 사용하는 현미경이 사용되어 진다. 한편 빛 대신에 전자를 사용하는 전자현미경의 발명은 사물을 분해하는 능력의 증가시키는 주요한 단계였다. 전자는 입자와 파장 모두로 작용한다. 전자의 파장은 약 0.005 nm이고 따라서 0.2 nm 만큼 작은 간격의 분해가 가능하다.

특정 렌즈의 **해상력(resolring power, RP)**은 그 렌즈로 얻을 수 있는 분해정도를 수치적으로 나타낸 것이다. 구분될 수 있는 물체사이의 거리가 작으면 작을수록 렌즈의 해상력은 큰 것이다. 빛이 집광렌즈(콘덴서 렌즈)들에 의해 집적되어 지고 대물렌즈에 의해서 모아지는 정도를 나타내는 수학적인 표현인 **개구수(numerical aperture, NA)**를 알면 렌즈의 해상력을 계산 할 수 있다. 해상력을 계산하는 수식은, 해상력(RP)=λ/2NA 이다. 이 수식이 말해 주듯이 작은 람다(λ) 값과 큰 NA값은 렌즈의 해상력이 큰 것을 의미한다.

Galileo(천문학자)는 곤충의 눈을 현미경으로 관찰함으로써 곤충 눈의 생물학적 특성을 기록한 최초의 사람이었다.

각 렌즈들의 다른 NA값은 배율이나 다른 특성들에 좌우 된다. NA값은 각 대물렌즈(대물대와 가장 가까이 있는 렌즈)의 옆 부분에 새겨져 있다. 일반적인 최근 현미경의 대물렌즈의 NA값은 낮은해상도에서 0.25, 높은 해상도에서 0.65, 이멀젼오일 사용 렌즈에서 1.25이다. 높은 NA값은 높은 분해능을 얻을 수 있다.

빛의 특성: 빛과 사물

빛이 공기나 물과 같은 매질을 통과할 때, 사물을 비출 때 다양한 현상들이 나타난다 (그림 3.7). 이러한 현상들을 조사하고 우리가 현미경을 통해 물체를 관찰할 때 이들이 어떠한 영향을 주는지 살펴보자.

반사

만약 빛이 사물을 비추고서 튕겨져 나온다면(사물의 색을 나타내고) 우리는 **반사(reflction)**가 일어났다고 말할 수 있다.

다시 말해, 스펙트럼의 초록색 범위에 있는 광선이 식물의 잎 표면에 의해 반사되어 지고, 이렇게 반사되어진 초록색 광선이 식물의 잎을 초록색으로 보이게 하는 것이다.

투과

투과(Transmission)란 물체를 가로지르는 빛의 통과를 말한다. 빛이 창문을 통과해 지나는 것처럼 바위를 통과해 지나갈 수 없기 때문에 우리는 바위 속을 들여다 볼 수 없다. 현미경을 통해 사물을 보려면,

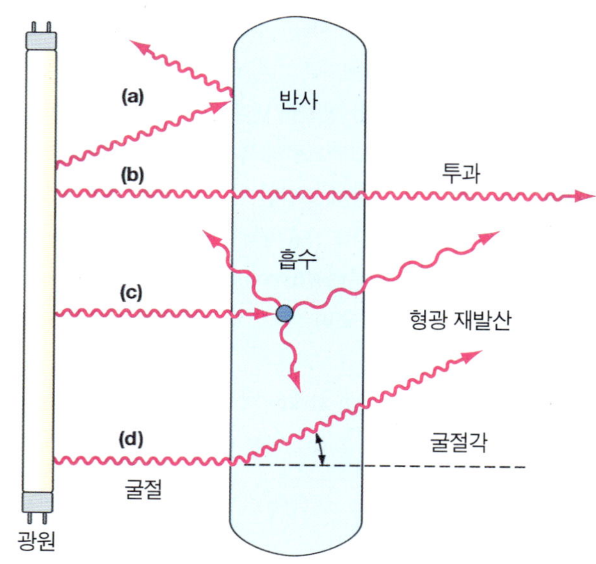

그림 3.7 빛과 조사되는 물체와의 다양한 상호반응들. **(a)** 빛은 물체로부터 반사 되어 질 수 있다. **(b)** 빛은 물체를 직접 통과 할 수도 있다. **(c)** 빛은 물체에 의해서 흡수되거나 혹은 포집될 수 있다. 어떤 경우는 흡수된 빛이 형광으로 알려진 현상처럼 더 긴 파장으로 재발산 될 수도 있다. **(d)** 물체를 통과한 빛은 굴절되거나 구부러질 수 있다.

빛이 관찰하려는 물체로부터 반사되거나 투과되어야만 한다. 대부분의 경우는 투과된 빛을 통해 미생물 관찰이 이루어진다.

흡수

광선이 사물을 통과하지 못하거나 반사되지 못하고 사물에 머물게 된다면 **흡수(absorption)**가 일어난 것이다. 흡수된 광선의 에너지는 다양한 방법으로 사용되어 질 수 있다. 예를 들어, 초록색 범위를 제외한 태양광선의 모든 파장은 식물의 잎에 의해 흡수된다. 이들 흡수된 광선 에너지의 일부는 광합성에 이용되거나 식물의 양분을 만드는데 사용된다. 또한 흡수된 빛의 에너지는 사물의 온도를 올릴 수도 있다. 빛을 반사하지 못하고 흡수하는 검은색 물체는 모든 광선을 반사하는 흰색 물체보다 더 빠르게 열을 얻을 수 있을 것이다.

어떤 경우에는, 자외선과 같이 흡수된 광선들이 보다 더 긴 파장으로 변화 되어 방출 되어 진다. 이러한 현상을 **발광현상(luminescence)**이라고 한다. 만약 이러한 발광현상이 빛이 사물에 비추어지는 동안에만 일어난다면 이 사물은 **형광(fluoresce)**을 내는 것으로 말할 수 있다. 많은 형광염료들은 미생물학 연구에 중요하다. 이러한 형광염료는 미생물 내부의 변화와 면역반응들을 시각화 시켜줌으로 특별히 면역학 연구에 중요하다. 한편 광선이 사물을 비추지 않는 경우에도 빛을 발산 한다면 사물은 인광성 물질(phosphorescent)인 것이다. 심해저에 사는 세균 중 인광성 박테리아가 존재 한다.

굴절

굴절(Refraction)은 빛이 각기 다른 밀도를 가진 두 매질을 통과할 때 구부러지는 것을 말한다. 광선의 구부러짐은 굴절각, 굴절도를 만든다(그림 3.7d). 수면 위로 뻗어 있는 막대기의 수면아래 부분이나 혹은 휘어져 보이는 컵속의 음료용 빨대를 본적이 있을 것이다(그림 3.8). 물체를 물에서 들어 올려 보면 물체는 확실하게 곧은 모양이다. 이러한 이유는 광선이 물-공기 접촉면을 가로지를 때 속도가 변하는 것처럼 물에서 공기로 지나갈 때 광선이 휘어 지거나 꺽어지기 때문에 구부러져 보이는 것이다. 물질의 **굴절률(index of refraction)**은 빛이 물질을 통과하는 속도로 측정한다. 두 물체가 서로 다른 굴절률을 가지고 있다면 빛이 이 두 물질을 통과할 때 구부러질 것이다. 현미경 유리 슬라이드, 공기 그리고 유리 렌즈를 통과하는 빛은 한 매질에서 다른 매질로 지나갈 때 마다 매번 굴절되어 진다. 이러한 굴절은 빛의 손실과 흐릿한 이미지의 원인이 된다. 이런 문제를 피해하기 위해 현미경 사용자는 공기를 대신해 유리와 같은 굴절률을 가진 **이멀젼오일**을 사용해야 한다.

이멀젼오일은 전혀 새로운 것이 아니다. 초창기 미생물학자인 Robert Hooke가 이미 1678년에 이러한 형태의 오일사용에 관한 언급을 했다.

슬라이드와 렌즈가 이멀젼오일층에 의해 함께 맞붙어있다, 즉 이미지를 흐리게 만드는 굴절이 없는 것이다(그림 3.9). 이멀젼오일 렌즈에 오일을 사용하지 않으면 시료를 명확하게 초점 맞추기 어렵다. 또한 시료염색은 굴절률의 차이를 증가시킴으로서 표본의 세밀한 관찰을 용이하게 해준다.

그림 3.8 굴절. 물에서 공기로 지나는 광선의 굴절로 인해 연필이 구부러지게 보이게 된다.

도전하라

범죄

다이아몬드가 과세품 신고 없이 세관통과 되기를 원한다면 여기에 그 방법이 있다. 다이아몬드와 똑같은 굴절률을 가진 오일을 구해서, 베이비오일이라고 쓴 레이블을 붙인 투명한 유리병에 넣고, 다이아몬드를 넣으면 된다. 깨끗한 다이아몬드라면 육안으로 볼 수가 없다. 빛은 같은 굴절률의 매질들을 통과 할 때 굴절이 일어나지 않기 때문에 이런 속임수가 가능하다. 결국, 다이아몬드와 사용된 오일의 경계가 구분되어지지 않기 때문이다.

남의 물건을 훔치고 싶거나 혹은 다이아몬드에 대한 욕심이 없다면 재미로 한번 해보라.

유리막대를 깨끗하게 닦은 후 이멀젼오일에 담갔다 꺼내면서 유리막대가 사라졌다 다시 나타나는 것을 살펴보라. 이 실험을 통해 현미경관찰 시에 이멀젼오일을 사용하는 이유를 알게 될 것이다.

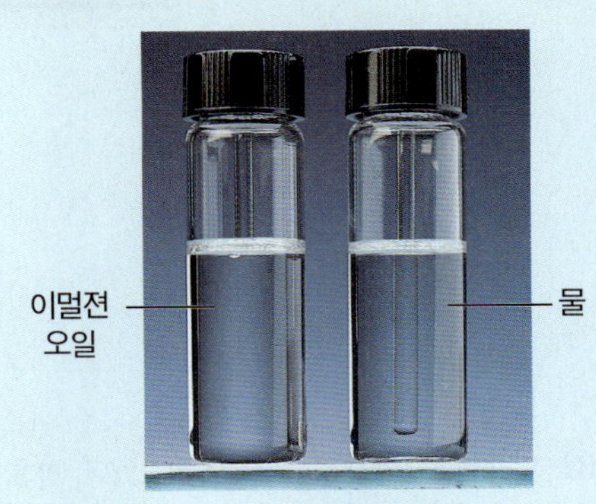

(Richard Megna/Fundamental Photographs)

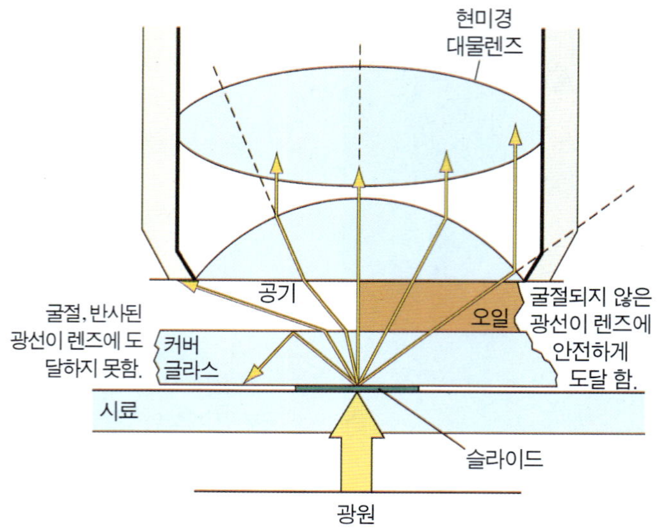

그림 3.9 이멀젼오일. 이멀젼오일을 사용하면 굴절에 의해 생기는 빛의 손실을 막을 수 있다. 가능한 한 많은 양의 빛을 한곳으로 모을 수 있다면 깨끗한 이미지를 얻을 수 있다. 또한 집광기(Condenser)와 슬라이드 아랫부분 사이에 굴절을 제거하기위해서 이멀젼오일을 첨가할 수도 있다.

회절

빛이 구멍이나 틈새, 혹은 2개의 인접한 세포조직 같은 작은 통로를 지날 때, 빛은 통로주위에서 휘어진다. 이러한 현상을 **회절(diffraction)**이라 한다. **그림 3.10**은 빛이 작은 구멍이나 사물의 말단을 주위를 지날 때 형성되는 회절방식을 보여주고 있다. 바닷물이 방파제 후미주변이나 입구를 지날 때 비슷한 패턴이 나타난다. 물위를 비행할 기회가 있으면 이러한 현상을 확인 할 수 있다.

빛이 지나가야할 렌즈들이 작은 구멍처럼 작용하므로 회절 현상은 현미경 사용자에게 문제가 된다. 즉, 흐릿한 이미지가 보이게 된다. 고배율의 렌즈일수록 렌즈의 크기가 더 작아야 하므로 회절이 더 많이 일어나고, 그 결과 흐릿한 이미지를 얻게 되는 것이다. 약 1000X 배의 확대능을 가진 현미경은 100X배의 이멀젼오일 렌즈 배율과 10X배의 접안렌즈 배율을 통해 사물을 확대 시킬 수 있으며, 이것이 광학현미경의 확대 가능한 사용한계이다. 고배율을 가진 작은 렌즈는 심각한 회절현상을 발생 시키므로 좋은 분해능을 얻기가 불가능하다.

중점 질문 사항

1. 현미경을 사용할 때 빨간색(파장 0.68 μm)또는 파란색(파장 0.48 μm)중에 어떤 것이 더 좋은 분해능을 보일 수 있을까? 그 이유는?
2. 전체를 5000X 배율로 광학현미경을 만든다면 1000X 배율 현미경의 분해능과 비교하여 더 좋게, 더 나쁘게, 아니면 똑같이 될까? 그 이유는?
3. 라디오파와 마이크로웨이브는 왜 미생물의 실험에 적합하지 않을까?
4. 플라스틱 슬라이드에 이멀젼오일을 사용하면 굴절을 막을 수 있을까? 왜 그럴까? 막을 수 없다면 왜일까?

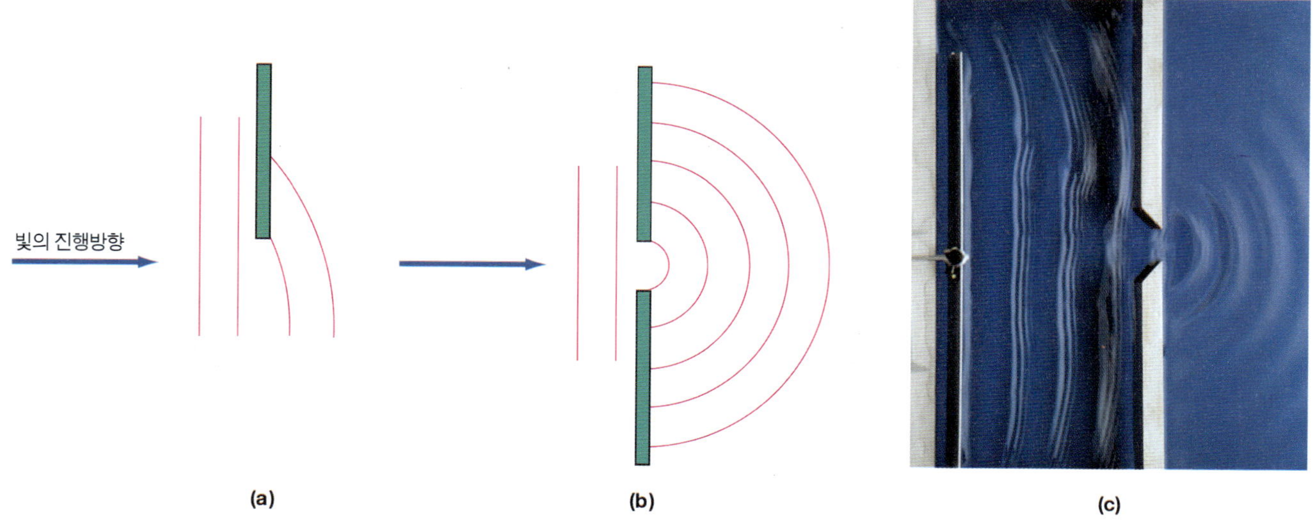

그림 3.10 회절. 빛 파장은 다음과 같은 경우에 회절 된다. **(a)** 물체의 모서리 주변 **(b)** 작은 구멍을 통과 할 때 **(c)** 물의 파장 역시 방파제의 입구를 통과 할 때 회절 되어 진다.

광학현미경

광학현미경(Light Microscopy)이란 시료를 관찰 하기위해 가시광선을 사용하는 현미경을 말한다. 현대 광학현미경의 시작은 Leeuwenhoek의 단일렌즈 현미경이 아니라 1개 이상의 여러 렌즈를 가진Hooke의 복합현미경이다(◀1장 p. 9). 단일렌즈 현미경은 두가지의 문제점을 가지고 있다. 첫째, 시료 전 영역을 한 번에 초점 맞출 수 없으며, 둘째로는 시료 주변에 색깔환이 생긴다. 이 2가지 문제점은 주확대렌즈에 복합 보정렌즈를 사용하므로써 해결되었다**(그림 3.11)**. 현대 복합현미경은 대물렌즈와 접안렌즈를 사용하므로써 거의 왜곡 없는 이미지를 볼 수 있게 되었다. 수년에 걸쳐, 몇몇 종류의 광학현미경들이 개발되어져서 다양한 관찰에 적용 되어 졌다. 먼저 표준 광학 현미경을 살펴보고, 그 다음으로 몇가지 특별한 종류의 현미경을 살펴보자.

복합광학현미경

광학현미경(optical microscope)은 Leeuwenhoek 시대 이후로 다양한 개선이 이루어져 왔고, 특히 20세기 시작 직전에 현재의 형태에 이르렀다. 이 현미경이 바로 **복합광학현미경(Compound Light Microscope)**으로서 하나 이상의 렌즈를 가지고 있다. 현대 복합광학현미경의 구성과 각각의 부품을 지나가는 빛의 경로는 **그림 3.12**에서 볼 수 있다. 복합현미경은 1개의 접안렌즈를 가진 것 **단일접안렌즈(monocular)**와 2개의 접안렌즈를 가진 **양안접안렌즈(binocular)**로 구분 된다.

빛은 현미경의 **바닥몸통(base)** 안에 있는 광원으로부터 현미경으로 들어가, 긴파장의 빛을 걸러내고 짧은 파장의 빛은 통과시켜 분해능을 개선시키는 푸른색 필터를 지나게 된다. 그리고는 집광렌즈로 들어간다. **집광기(condenser)**는 빛을 모아줌으로써 빛이 시료를 관통하게 해준다. **조리개(iris diaphragm)**는 시료를 관통해 대물렌즈에 다다르는 빛의 양을 조절한다. 시료를 깨끗하게 보기 위해서는 더 높은 배율과 더 많은 양의 빛이 필요하다. 이를 위해 **대물렌즈(objective lens)**는 이미지를 확대 시켜 **경통(body tube)**을 통해 접안부위의 접안렌즈(ocular lens)에 이르게 하고, 접안렌즈는 더욱더 이미지를 확대 시킨다. **재물대톱니(mechanical stage)**는 정교하게 슬라이드를 움직이도록 하는데, 특히 미생물의 연구에 유용하다. 초점을 맞추는 기작은 대물렌즈와 시료 사이의 거리를 빠르게 바꿀 수 있는 **조동조절나사(coarse adjustment knob)**와 대물렌즈와 표본사이의 거리를 천천히 정밀하게 바꿀 수 있는 **미동조절나사(fine adjustment knob)**로 이루어져 있다. 조동조절나사는 시료의 위치를 바꾸는데 사용되며 미동조절나사는 초점을 선명하게 하는데 사용된다.

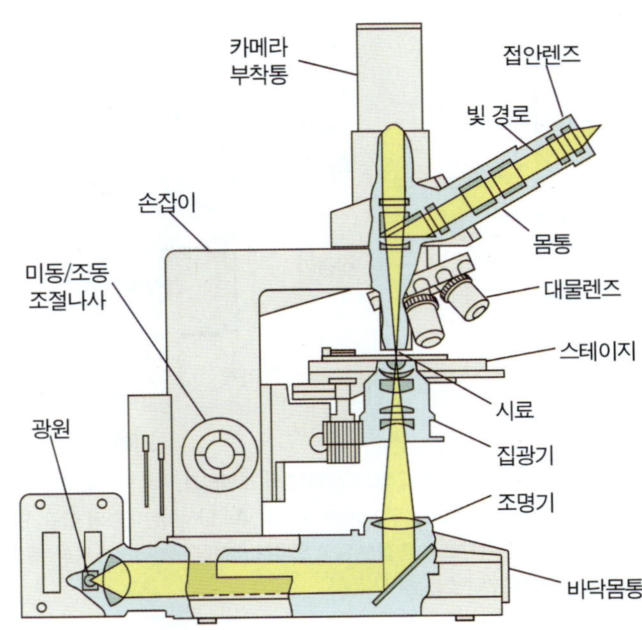

그림 3.12 복합광학현미경. 노란색은 현미경을 지나는 빛의 경로를 나타낸다.

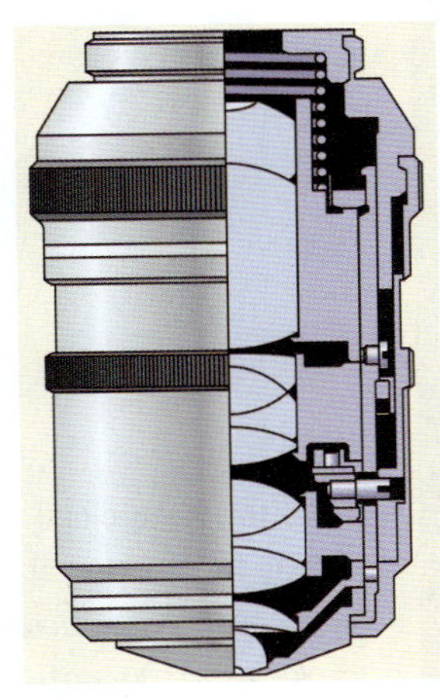

그림 3.11 현대현미경 대물렌즈의 내부구조. 우리가 단일 대물렌즈라고 이야기하는 것이 실제로는 색이나 초점의 변형을 교정하는데 필요한 여러 렌즈들의 집합체이다. 최고급의 대물렌즈는 12개 이상의 구성요소들을 가지고 있다.

복합현미경에는 호환성 있는 각기 다른 배율을 가진 대물렌즈가 6개까지 들어 있다. 광학현미경의 **전체배율(total magnification)**은 대물렌즈(시료를 보는데 사용하는 렌즈)와 접안렌즈(관찰자의 눈에 가까이 있는 렌즈)의 배율을 곱함으로써 계산된다. 10X배 접안렌즈를 사용하는 현미경의 일반적인 전체배율 값은 아래와 같이 구할 수 있다.

- 주사(Scanning)(3X) × (10X) = 30X배율
- 저배율(10X) × (10X) = 100X배율
- 건조-고배율(40X) × (10X) = 400X배율
- 이멀젼오일-고배율(100X) × (10X) = 1000X배율

대부분의 현미경들은 현미경관찰자가 배율을 증가시키거나 감소시키기 위해 다른 배율의 대물렌즈를 교체 하더라도 시료에 대한 초점거리가 거의 같도록 디자인 되어 있다. 이러한 현미경들을 **동초점거**

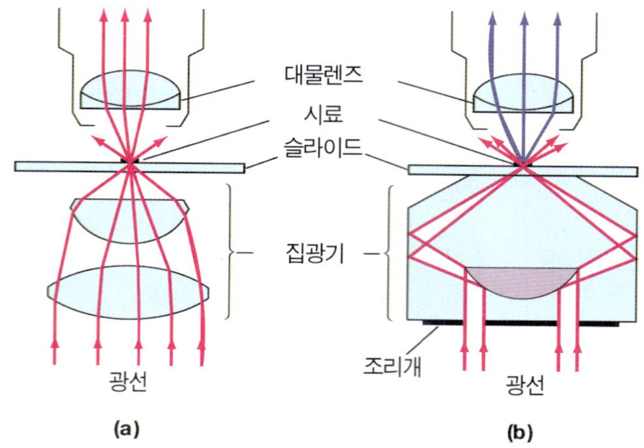

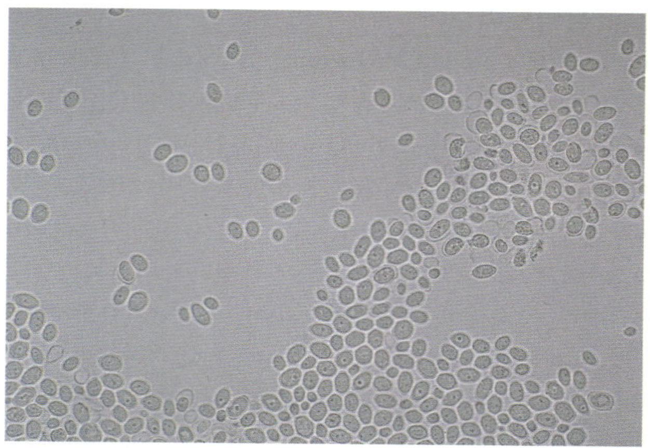

그림 3.13 명시야현미경과 암시야현미경의 조명비교. (a) 명시야현미경의 집광기는 직접 빛을 시료로 투과 시켜 모은다. (b) 암시야현미경의 집광기는 빛을 모으거나 이미지로 초점 잡는 않고 오히려 광선을 구부러지게 하여 특정 각도에서 시료로부터 빛을 반사시킨다.

리(**parfocal**, par은 같음을 의미한다) 되었다고 말한다. 이러한 등초점거리 현미경의 개발은 현미경의 효율을 크게 증진 시켰으며 슬라이드와 대물렌즈의 손상을 감소 시켰다. 요즘의 학생용 현미경 대부분은 등초점거리 현미경이다. 몇몇 현미경은 관찰되어지는 시료의 크기 측정하기 위한 **접안경 마이크로미터(ocular micrometer)**를 갖추고 있다. 이러한 현미경에는 접안렌즈안의 렌즈들 사이에 눈금자가 표시된 유리판이 있다. 이 접안렌즈의 눈금자를 통한 크기의 측정은 반드시 미터단위가 새겨진 재물대 마이크로미터(stage micrometer)와 함께 보정 되어야 한다. 다양한 배율에서 현미경을 통해 눈금들이 보여 질 때, 각 대물렌즈들의 눈금과 일치하는 접안마이크로미터 눈금의 미터 값을 결정 할 수 있다. 그러고 나서 관찰자는 관찰 된 사물에 의해 채워진 눈금수를 접안렌즈를 통해서 세고, 시료의 정확한 실제 크기를 결정하기 위해 그 대물렌즈에 대한 보정계수만 곱해 주면 된다.

암시야현미경

보통의 광학현미경에 사용되어지는 집광기는 **그림 3.13a**처럼 빛을 모으거나 시료에 직접 투과 되어 지게 한다. 즉 **명시야조명(bright-field illumination)**을 제공 하는 것이다**(그림 3.14a)**. 그러나, 광민감 생물처럼 배경과 시료가 모두 밝아서 약한 대비를 보이는 시료를 관찰할 때는 다른 조명을 사용하는 것이 더 유용하다. 매독이나 다른 병을 일으키는 나선모양의 세균인 살아있는 스피로케츠(spirochete)가 바로 이런한 유기체이다. 이런 경우에 **암시야 조명(dark-field illumi-nation)**이 사용된다. 암시야조명을 사용한 현미경에는 시료를 통해 투과된 빛은 막고 그 대신 특정 각도에서 시료로부터 빛을 반사시키는 집광기가 있다**(그림 3.14b)**.

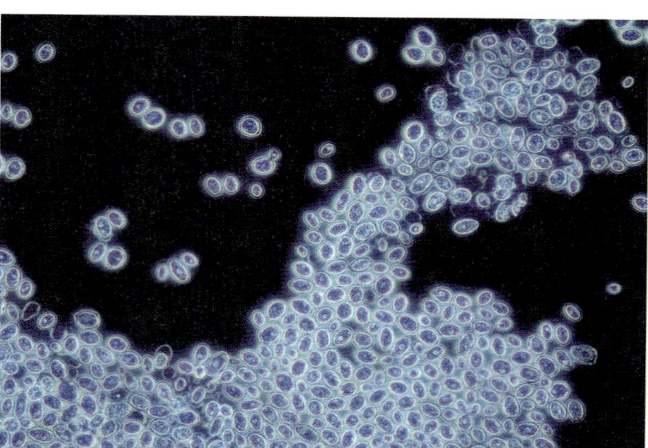

(a)

(b)

그림 3.14 명시야 이미지와 암시야 이미지의 비교. (a) 명시야와 (b) 암시야 현미경을 통한 Saccharomyces cerevisiae(975X배로 확대한 맥주발효 효모)의 관찰. 암시야 조명은 엄청난 명암대비의 증가를 일으킨다. *(Jim Slliday/Biological Photo Service)*

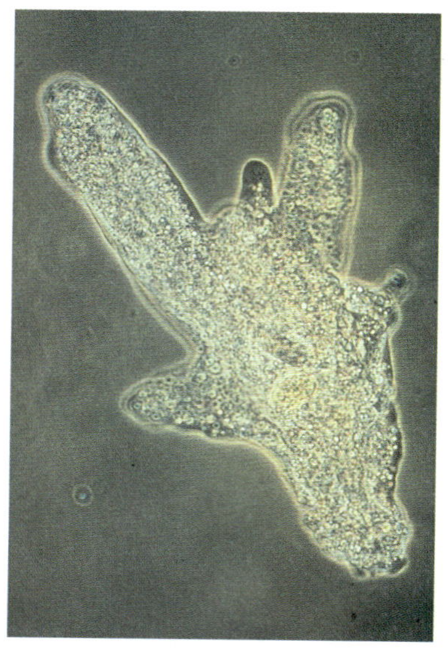

그림 3.15 위상차 이미지. 원생동물 아메바(160X배 확대) *(Biophoto Associates/Photo Researchers, Inc.)*

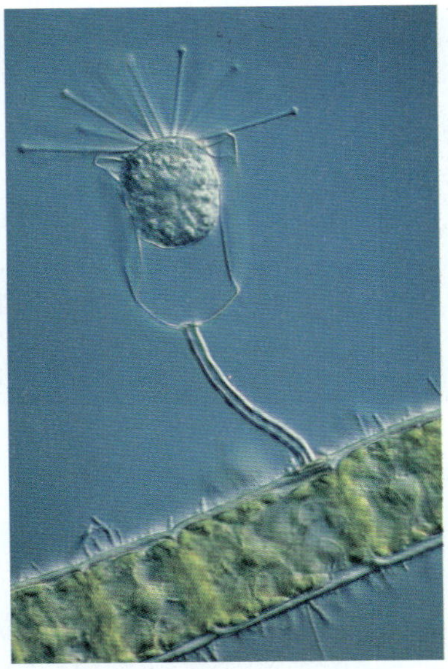

그림 3.15 위상차 이미지. 원생동물인 Paracineta가 긴 자루(stalk)에 의해 녹조류인 Spongomorpha에 붙어 있다(400X배 확대). (Biological Photo Service)

위상차현미경

일반적으로 염료는 생물체를 사멸시키므로 대부분의 살아있는 미생물들은 착색제로 색을 입히는 염색을 통해 관찰하기가 쉽지 않다. 그들을 염색하지 않고 살아 있는 상태로 관찰하기 위해서는 **위상차현미경(phase-contrast microscopy)**을 사용해야 한다. 위상차 현미경에는 생물체내부의 다양한 구조들 각각의 작은 굴절률 차이를 더 벌어지게 하는 특별한 집광기와 대물렌즈가 있다. 다른 굴절률을 가진 시료들을 통과한 빛은 그 속도가 느려지고 분산 되어 진다. 이러한 빛의 속도 변화가 명도의 차이로 보여 지게 된다(**그림 3.15**).

Nomarski(차등간섭대비)현미경

위상차현미경 마찬가지로 **Nomarski 현미경**은 염색하지 않은 세포나 구성분들을 형상화 하기위해 굴절률의 차이를 이용한다. 그러나 사용하는 차등간섭대비현미경은 일반 위상차현미경보다 높은 분해능을 가지고 있다. 이 현미경은 매우 짧은 피사계심도(Depth of field)-초점을 맞추었을 때 선명한 이미지를 나타내는 가장 가까운 곳과 가정 먼곳 사이의 범위-를 가지고 있고, 3차원에 가까운 이미지를 만들어 낼 수 있다(**그림 3.16**).

형광현미경

형광현미경(fluorescence microscopy)에 있어서 자외선은 분자들을 들뜬상태로 만들고, 이를 통해 시료는 원래 쪼여진 자외선의 파장보다 긴 파장을 방출하게 된다. 각기 다른 파장들은 오렌지색, 노란색, 노란 연두색의 밝은 그림자로 보여 지게 된다. 녹농균(Pseudomonas)속의 미생물들은 태생적으로 자외선을 방사하면 형광을 낸다. 결핵균(*Mycobacterium tuberculosis*)이나 매독을 일으키는 *Treponema pallidum*과 같은 미생물들은 반드시 형광색소로 불리우는 형광염료로 처리해야 만 관찰이 용이하다. 형광염료로 처리하면 이들 미생물들은 어두운 배경에서 선명하게 보이게 된다(**그림 3.17**). 아크리딘오렌지(Acridine orange)는 핵산과 결합하는 형광색소로서 형광현미경에 사용한 필터의 종류에 따라 밝은 녹색, 오렌지연두색 혹은 노란색을 나타낸다. 이 형광 색소는 밝은 오렌지색이나 녹색으로 보이는 살아있는 세포관찰을 통해 미생물증식 연구를 위해 사용하기도 한다.

형광항체염색(fluorescence antibody staining)은 항원(미생물과 같은 외부물질)의 존재여부를 가리기 위해 진단방법으로 널리 사용되어 지고 있다. 항체—외부침입 항원에 대한 면역반응으로 인체에서 만들어지는 분자들—는 혈액이나 혈청 같은 많은 임상시료에서 발견 되어 진다. 환자의 검체가 특별한 항원을 가지고 있다면, 항원은 항원에 대해 특이적으로 만들어진 항체와 응집될 것이다. 그러나 이 반응은 일반적으로 볼 수 가 없다. 그러므로 형광염료분자가 붙여진 항체와 항원이 있다는 가정 하에, 형광염료분자가 시료에 의해서 남아 있게 된다면 양성 진단이 내려 질 수 있는 것이다. 그래서 매독균에 대한 항체(형광염료가 부착된)가 스피로케츠를 보유하고 있는 시료에 첨가 되고, 항체가 생물체에 결합하는 것이 형광염료를 통해 확인되면, 이들 미생물들은 매독의 원인균으로써 동정되어 질수 있다. 이 기술은 특별히 면역학에서 중요한 기술로써 항원항체반응에 대한 많은 연구가 수행 되어 졌다(◀ 17장과 18장, 특히 형광항체염색 기술에

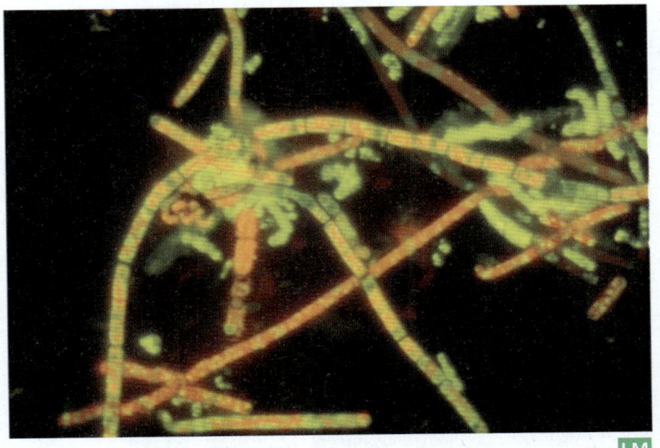

그림 3.17 형광 항체 염색. 형광염료가 부착된 항체를 통해 살아있는 세균세포(녹색)와 죽은세포(붉은색)를 명확하게 보여주고 있다(854X배 확대). (David Phillips/Visuals Unlimited)

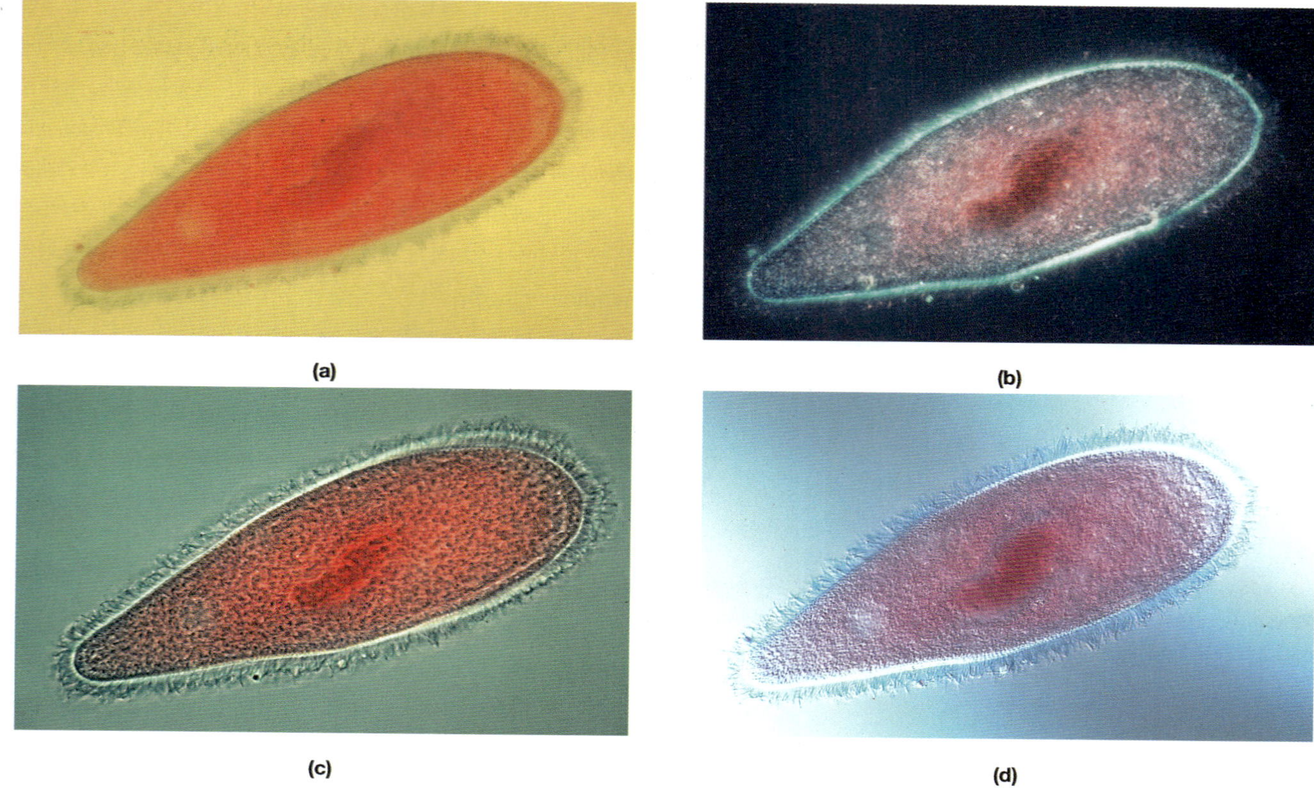

(a) (b) (c) (d)

그림 3.18 4가지 다른 기술로 만들어진 동일 미생물(*Paramecium*, 600X배 확대)의 이미지들. **(a)** 명시야현미경, **(b)** 암시야현미경, **(c)** 위상차현미경, **(d)** Nomarski 현미경. 하나의 현미경으로 4가지 모든 기법을 광학적으로 수행 할 수 있다. (G. W. Willis, M.D./Visuals Unlimited)

대한 그림 18.35). 이러한 형광염료를 사용하는 면역학적 기법을 이용한 진단은 수 시간이나 수 일이 소요되는 미생물을 분리, 배양, 동정과 비교하여 수 분 내에 끝낼 수 있다. **그림 3.18**은 4가지 다른 현미경 기술에 의해 완성된 이미지를 보여주고 있다.

공초점현미경(confocal microscopy)

공초점 시스템은 형광 화학 염료분자를 방사광으로 여기(excite)시키기 위해 자외선 레이저광을 사용한다(**그림 3.19**). 여기된 광선빔은 얇은 광섬유를 통해서 혹은 바늘구멍이나 틈새를 통과하여 시료(일반

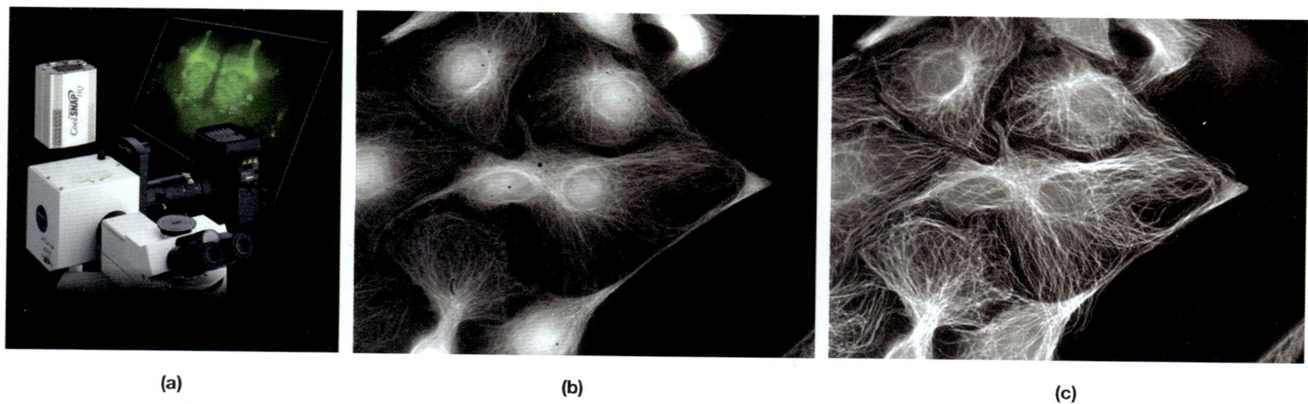

(a) (b) (c)

그림 3.19 **(a)** 올림푸스(Olympus)사에서 만든 공초점현미경. 세포의 미소관(Microtubular) 부분을 **(b)** 표준 형광현미경과 **(c)** 공초점현미경을 사용하여 관찰. (올림푸스 회사 제공, 과학장비분과)

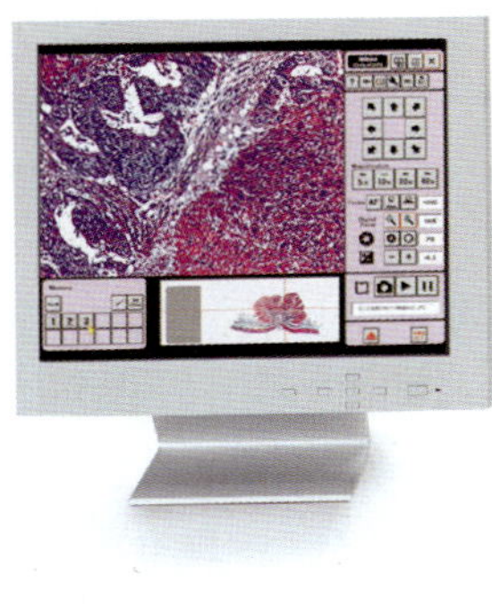
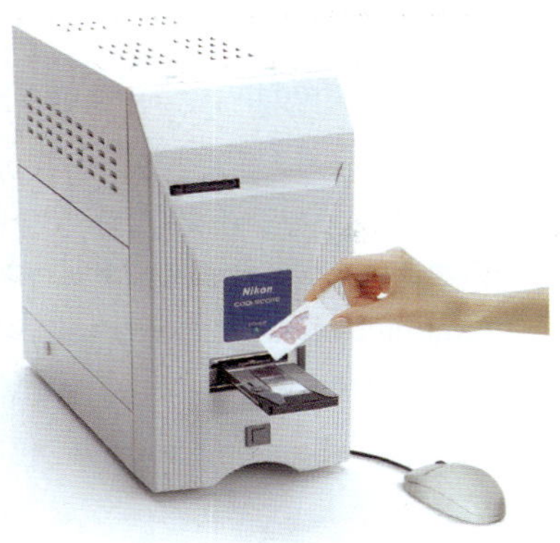

(a)

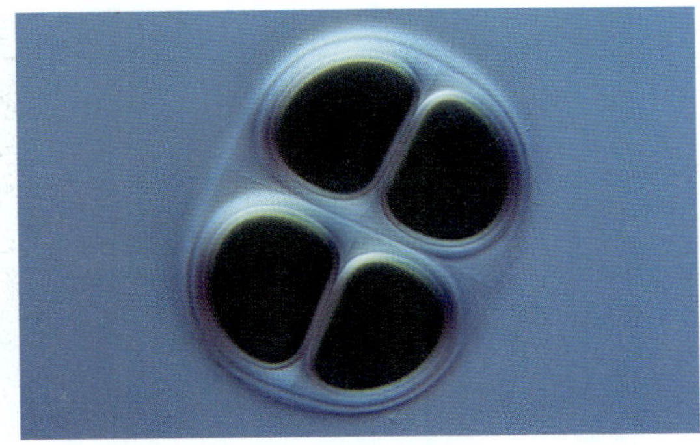

(b)

그림 3.20 **(a)** Nikon사에서 개발한 디지털현미경 시스템(Nikon Instruments Inc 제공) **(b)** Cyanobacterium, Chroococcus(Wim van Egmond)

적으로 죽은 세포)로 모아지게 된다. 합쳐진 형광발산(Fluorescent emission)은 전면에 작은 조리개나 틈(slit)을 가진 검출기에 모아진다. 조리개들의 크기가 작을수록 검출기에 의해 제거되는 초점에서 벗어난 광선량이 늘어난다. 방출된 빛으로부터 컴퓨터가 재구성한 이미지의 분해능은 광학현미경보다 약 40% 정도 더 좋다. 초점의 예리함 때문에 이미지는 시료를 매우 얇은 칼날로 자른 것과 같다. 두꺼운 시료들의 경우, 성공적인 초점평면절단 이미지의 연속물 전체는 컴퓨터에 의해 기록되어지고 서로 조합되어 3차원 모델로 형상화 된다. 이러한 기법은 살아있는 세균막(Biofilm) 연구와 같이 미생물을 교란시키지 않고 미생물 군락을 연구하는데 많은 도움이 된다.

디지털현미경

실험실에서 슬라이드의 초점을 잡을 수 없어서 당황했던 순간이 있었습니까? 그렇다면 디지털현미경의 자동초점, 자동조리개, 자동 광조절, 모터가 달린 재물대와 자동배율변환기를 좋아 하게 될 것이다 (그림 3.20). 그뿐 아니라 **디지털현미경(digital microscopy)**에는 부수적으로 디지털카메라와 미리 탑재된 소프트웨어가 장치되어 있다. 관찰자가 할 것이라곤 장비의 전원을 연결하고 전원을 켜고 나서, 모니터나 프로젝터를 통해 스크린에서 염색되거나 혹은 살아있는 시료를 보기위해 마우스를 사용하면 된다. 또한 지역 혹은 원거리교육이나 원격회의 등에도 사용되어 질 수 있다. 멀리 떨어져 있는 사촌이나 친구에게 연못에서 채취한 시료 안에 살고 있는 미생물들을 실시간 영상으로 보여 주는 것을 상상해 보라. 그러나 이 디지털현미경에도 2가지 단점이 있다. 최대배율에 한계가 있다는 것과 가격이 비싸다는 것이다.

전자현미경

광학현미경은 미생물 연구의 무대를 열어 놓았다. 그러나 광학현미경으로는 0.2 μm 보다 작은 사물의 전세포와 그들의 배열을 관찰

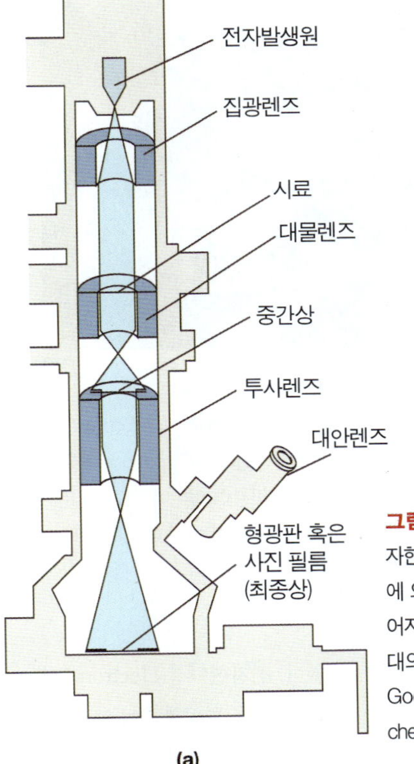

(a)

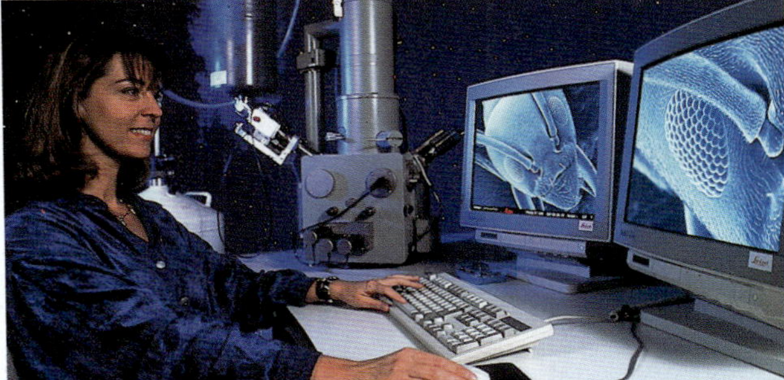

(b)

그림 3.21 **전자현미경.** **(a)** 전자현미경 단면도, 전자기렌즈에 의해 전자빔이 초점을 맞추어지는 경로 **(b)** 사용 중인 현대의 주사전자현미경 (Pascal Goetgheluck/Photo Researchers, Inc.)

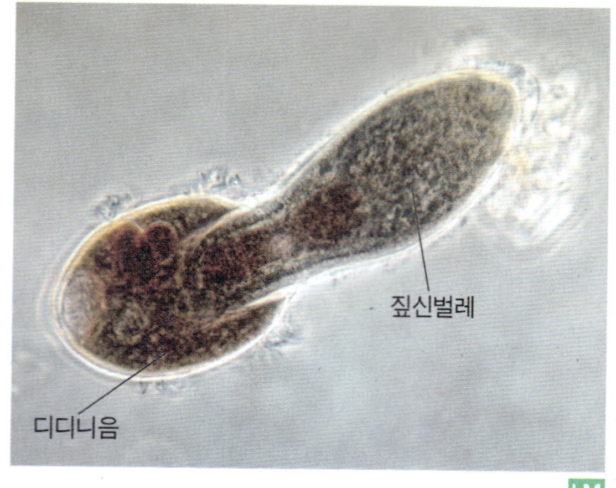

(a)

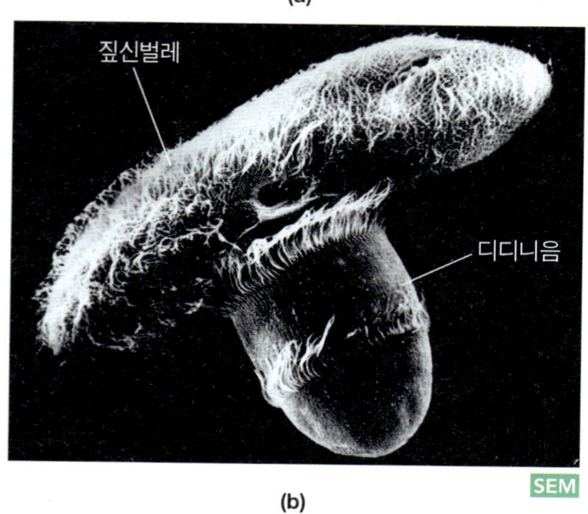

(b)

그림 3.22 광학현미경과 전자현미경의 이미지 비교. **(a)** 광학현미경(160X 배율)과 **(b)** 전자현미경(425X 배율)로 관찰한 짚신벌레(*Paramecium*)를 먹고있는 디디니움(*Didinium*)의 이미지. 주사전자현미경이 얼마나 정교한지를 잘 보여주고 있다. (위쪽:Eric V. Grave/Photo Researchers, Inc.; 아래: Biophoto Associates/Photo Researchers ,Inc.)

하기에 충분한 분해능을 얻을 수 없다. **전자현미경(Electron Microscope, EM)**의 출현이 이러한 작은 구조들을 형상화하여 연구하는 것을 가능하게 만들었다. 전자현미경은 1932년에 개발되어 1940년대 초반까지 많은 실험실에서 사용 되었다. 전자현미경은 광학현미경에서 사용하는 광선 빔을 대신해 전자 빔을 사용하고 유리렌즈 대신에 전자석을 이용하여 빔의 초점을 맞춘다**(그림 3.21)**. 공기분자와의 충돌이 전자를 확산시켜 이미지 왜곡을 일으키므로 전자들은 반드시 진공상태를 통해 이동되어야 한다. 전자현미경은 일반 광학현미경에 비해 상당히 비싸다. 또한 전자현미경은 많은 공간을 차지하고 시료 준비와 사진현상을 위한 추가의 공간이 필요하다. 현미경을 통해 찍은 사진을 통상 현미경사진(Micrographs)이라고 하고 전자현미경을 통해 찍은 사진은 **전자현미경사진(electron micrographs)**이라 한다. 미세한 생물학적 구조를 보기 위해서는 전자현미경 보다 효율이 좋은 장비는 없다**(그림 3.22)**.

독일인이 전자현미경을 발명했다. 2차 세계대전 말기에 미국은 Hitler 주치의사의 전자현미경을 압수했다. 미국의 과학자들은 미국식 전자현미경을 만들기 위해 압수된 독일 전자현미경을 연구했다.

가장 대표적인 2가지 종류의 전자현미경은 투과전자현미경(Transmission electron microscope, TEM)과 주사전자현미경(Scanning electron microscope, SEM)이다. 2가지 모두 다양한 미생물과 생명체의 연구를 위해 사용되고 있다. 보다 더 진보된 주사터널링현미경(Scanning tunneling microscope, STM)과 원자간힘현미경(Atomic force microscope, AFM)은 분자들과 개별 원자들까지도 관찰이 가능하다.

투과전자현미경

투과전자현미경(transmission electron microscopy, TEM)은 미생물의 내부 구조를 다른 어떤 현미경 보다 더 잘 보이게 해준다. 투과전자현미경의 조명으로서 사용되는 전자의 매우 짧은 파장 때문에 500,000배까지 미생물을 확대시켜서 1 나노미터(nm) 만큼 작은 사물을 분해 할 수 있다. 투과전자현미경 사용을 위해 시료를 준비하기 위해서는 플라스틱 블럭안에 시료를 고정 시키고 다이아몬드나 유리 칼을 사용하여 매우 얇은 박막(Sections) 형태를 만든다. 이들 박막은 관찰하기 위해 얇은 격자위에 올려 놓아 지게 되고, 전자빔이 박막을 직접 통과하게 된다. 전자들은 시험재료 내부로 깊숙이 관통 되어 질 수 없으므로 박막을 굉장히 얇게 (70~90 nm) 만들어 야 한다. 한편 시료는 중금속 원소 등으로 특별한 전처리를 시킬 수 있다. 중금속들은 전자를 확산시켜 선명한 이미지를 형성하는데 기여 한다.

분자들이나 바이러스와 같이 매우 작은 시료들을 플라스틱 코팅

그림 3.23 음영처리. 시료위에 백금이나 금을 특정 각도로 분무하면 금속이 부착되지 않은 부위에는 그림자나 어두운 부분이 남게 된다. 이러한 음영처리 기술을 통해 사진처럼 소아마비 바이러스(*Polio virus*) 3차원 형상의 이미지를 만들어 낸다(330X, 480X배). 만약 금속분무 각도를 안 다면 그림자의 길이 측정을 통해 생물체의 두께를 계산 할 수 있다. (John J. Cardamone Jr. & B.A. Phillips/Biological Photo Service).

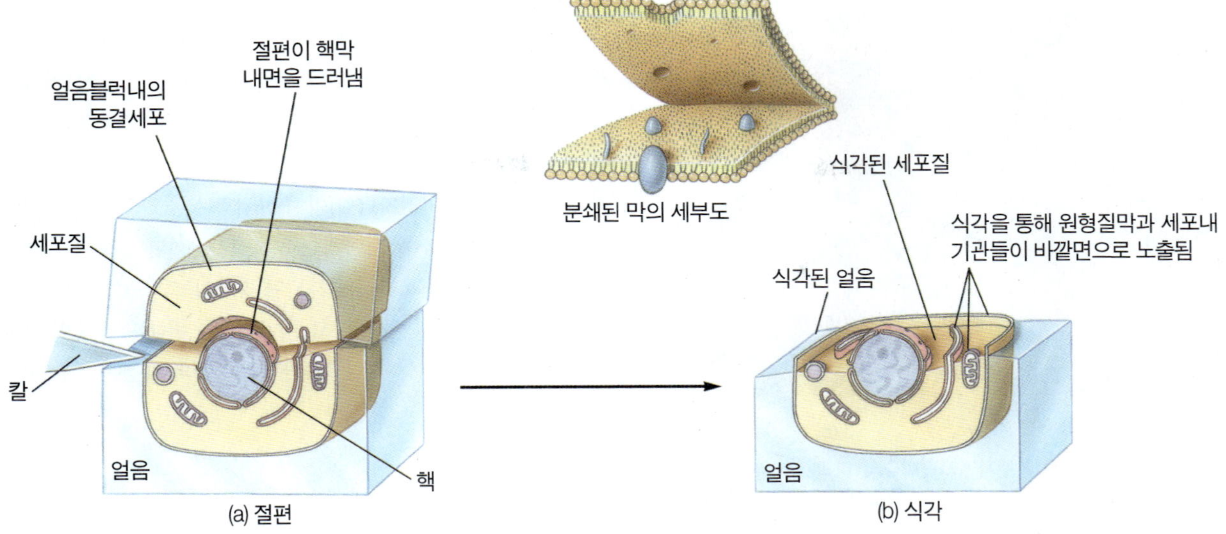

그림 3.24 동결파쇄법과 동결식각법. (a) 동결파쇄법에서는 동결되어 얼음블럭이 된 시료를 매우 날카로운 칼로 파쇄 시킨다. 잘라진 조각을 통해 세포의 내부구조가 드러나고 세포의 이중막을 관통하여 내부구조가 보여지게 된다. **(b)** 동결식각기법으로 분쇄된 시료는 동결된 세포질(Cytoplasm)로부터 수분이 증발 되어 더 많은 단면이 드러나게 된다.

된 격자위에 직접 올려놓고 나서 시료위에 백금이나 금 같은 중금속을 특정 각도에서 뿌리는 기법을 **음영처리(shadow casting)** 라고 한다. 시료의 뒷부분을 제외한 부위에는 음영을 띄는 금속 코팅이 되는데 이 음영들이 이미지에 3차원 효과를 주게 된다**(그림 3.23)**. 전자빔은 두껍게 코팅된 시료 부분에서는 휘어지게 되지만 대부분의 나머지 부분에서는 음영부위를 통과한다.

동결파쇄법(Freeze-fracturing)이라는 기술을 사용하면 투과전자현미경으로 세포의 내부를 관찰하는것도 가능하다. 이 기법은 세포를 동결 시키고 나서 칼로 파쇄 하는 것이다. 이 과정을 통해 파쇄된 시료의 조각들은 표면에 세포 내부의 구조를 드러내게 된다**(그림 3.24a)**. **동결식각법(freeze-etching)**은 동결되어 파쇄된 시료로부터 수분을 증발 시켜 시료의 표면을 더 많이 노출 시키는 기법이다 **(그림 3.24b)**. 노출된 표면은 반드시 중금속으로 코팅 되어야 음영을 나타낼 수 있다. 복제품(replica)으로 불리우는 중금속으로 코팅된 표면이 투과전자현미경으로 보이게 된다 **(그림 3.25)**. 전자빔에 의해 형성된 이미지는 광학이미지처럼 형광 스크린이나 모니터로 볼 수 있게 되어 있다(전자빔에 의해 만들어진 실제 이미지는 볼 수 없다. 직접 육안으로 보려 한다면 눈에 화상을 입게 될 수 도 있다). 전자들이 스크린에 코팅된 인광물질(Phosphors, 발광 화합물)을 활성화시킴으로 형상화가 이루어진다. 그러나 이 과정은 잘못하면 전자빔에 의해 시료가 타게 된다. 그러므로 이러한 일을 막기 위해 이미지를 비디오 스크린에 인화하거나 사진틀로써 스크린을 사용하는 전자현미경사진이 만들어졌다**(그림 3.26a)**. 전자현미경사진들은 일반사진을 확대하는 것처럼 쉽게 확대 될 수 있는데 이를 통해 20,000,000배까지 확대가 가능하다. 전자현미경사진은 관찰된 시료의 기록을 영구적으로 저장 할 수 있고 원하는 때에는 언제든지 사용이 가능하다. 전자현미경사진의 연구를 통해 미생물 내부구조에 대한 많은 연구 지식이 제공되었다. 그러므로 투사전자현미경(TEM)과 주사전자현미경(SEM, 다음 페이지에 나옴)에서의 M을 Microscope(현미경) 혹은 Micrograph(현미경사진) 어느 것이던 사용할 수 있다.

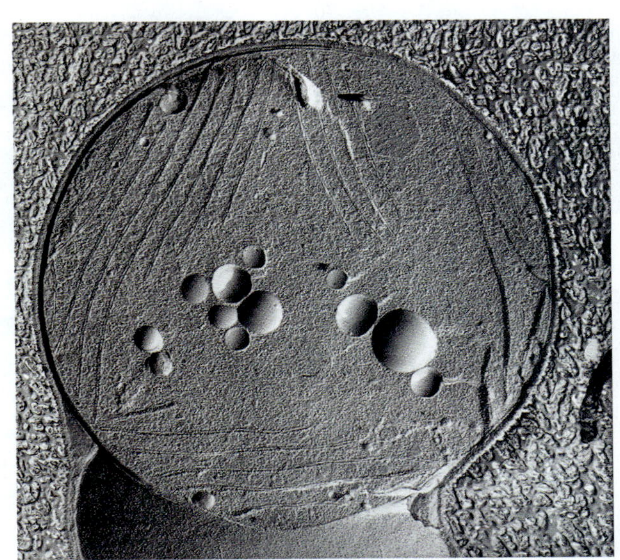

그림 3.25 동결식각법을 통해서 본 사진. 거대 구형 가스낭을 자세히 보여주고 있는 독성 시아노박테리움(*Cyanobacterium*)의 하나인 *Microcystis aeruginosa* (18,000X배 확대).

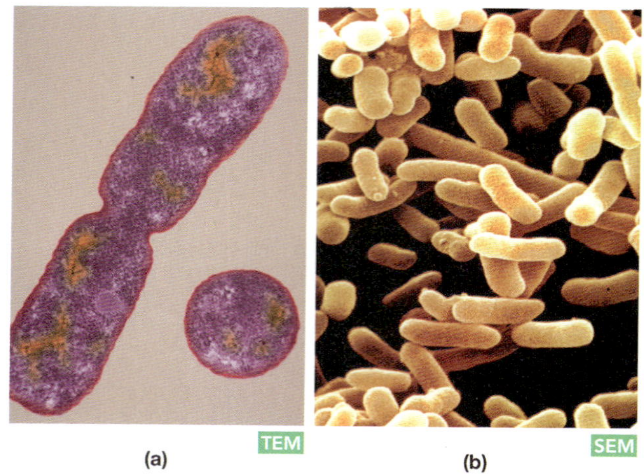

(a) (b)

그림 3.26 **투과전자현미경과 주사전자현미경의 비교.** 착색 된 대장균(*Escherichia coli*)의 전자현미경 사진, **(a)** 투과전자현미경(66,952X배)과 **(b)** 주사전자현미경(39,487X배). (a:Dennis Kunkel/Phototake; b: David M. Phillips/Visuals Unlimited).

주사전자현미경

주사전자현미경(scanning electron microscopy, SEM)은 투과전자현미경보다 최근에 개발되어졌고, 시료 표면의 이미지를 만드는데 사용되어 진다. 주사전자현미경은 약 50,000배 까지 확대가 되며 20 nm 정도 크기의 사물을 분해할 수 있다. 주사전자현미경은 세포외부의 완벽한 3차원 형상을 만들어 준다(**그림 3.26b**). 주사전자현미경의 시료의 준비를 위해서는 금 또는 백금과 같은 중금속의 얇은 층에 의한 코팅이 필요하다. 주사현미경은 금속 코팅된 시료의 앞뒤로 매우 정밀한 전자빔(전자탐침)이 주사되거나 훑고 지나감으로써 작동 된다. 시료의 표면에 남아있는 2차 전자들이나 후방산란된 전자들이 모아져서 전자 흐름이 증가되어 형상이 스크린에 나타나게 된다. 이미지 사진들이 만들어 지고, 추가연구를 위해 확대 되어 질수도 있다. **그림 3.27**에 보여지는 3차원적 미생물의 광경은 놀랄만큼 아름답다.

주사터널링현미경

1980년, Gerd Binnig와 Heinrich Rohrer은 주사탐침현미경으로 불리우는 첫 번째 **주사터널링현미경(scanning tunneling microscopy, STMs)**시리즈를 발명했다. 5년 뒤, 이들은 이 발명을 통해 노벨상을 수상 했다. 백금과 비리디움(viridium)으로 만들어진 얇은 탐침이 점자책을 읽을 때 손가락으로 점자를 따라가듯이 물질의 표면을 추적하는데 사용된다. 탐침과 시료 표면의 전자구름(Electron cloud, 전자운동범위)이 서로 겹치게 되어 전자구름 사이로 지나가는 전자의

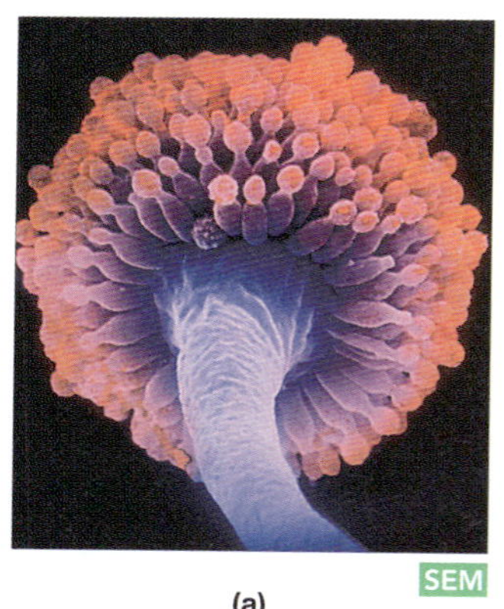

(a)

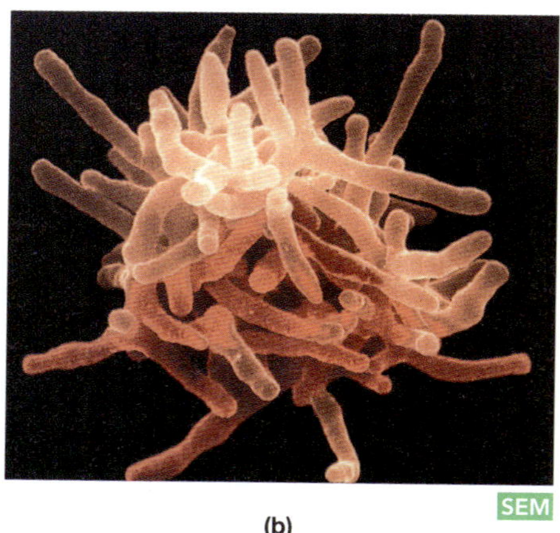

(b)

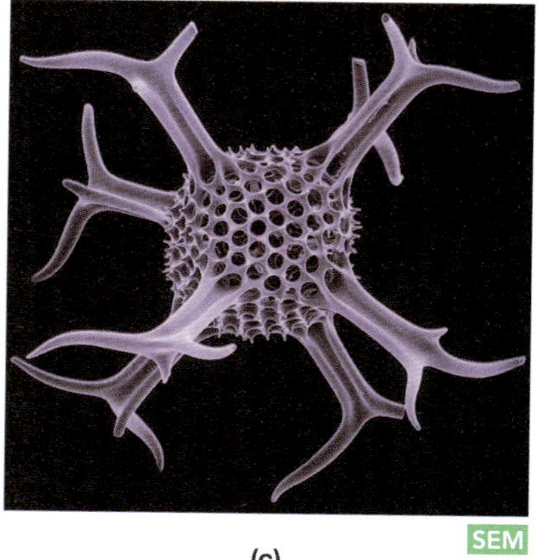

(c)

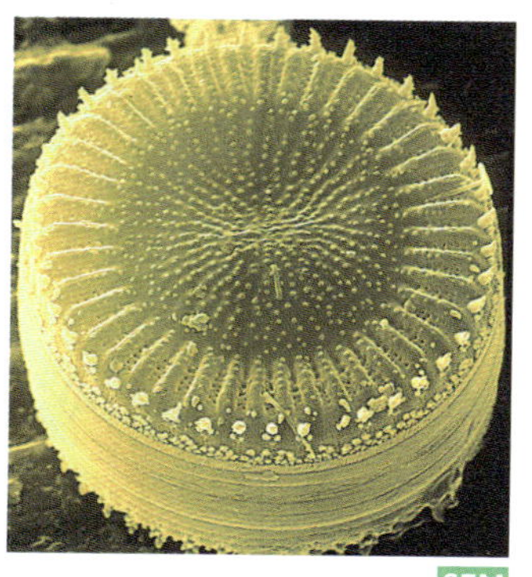

(d)

그림 3.27 **착색된 미생물들의 주사전자현미경 사진들.** **(a)** 호흡기계 질환을 유발하는 곰팡이 (*Aspergillus*, 10,506X배), **(b)** 가지를 친 세균 (*Actinomyces*, 5670X배), **(c)** 인도양에 서식하는 방산충(*Radiolarian*, 1761X배), (d) 광합성을 통해 수중 먹이사슬의 기본이 되는 생물의 하나인 규조류(*Cyclotella meneghiniana*, 1584X배). (a:Visual Unlimited; b: David M. Phillips/Photo Researchers, Inc.; c:Manfred Kage/Peter Arnold, Inc.; d: Dr. Anne Smith/Photo Researchers, Inc.).

터널을 형성 한다. 이 터널링 현상이 관측 가능한 전류를 형성 시킨다. 원자 최외각에 가까이 접근할수록 강한전류가 탐침으로 흐르게 된다. 이를 통해 탐침을 직선으로 교차시키면 시료 표면의 크고 작은 분자나 원자를 감지 할 수 있다(그림 3.28). 각각의 피브린 분자가 모여서 혈전을 만드는 것이 이 기술을 통해 처음으로 관찰 되었다. 주사터널링현미경은 용액상태에서도 작동되므로 세포에 감염된 바이러스가 폭발적으로 증식하여 세포외로 배출되는 것과 같이 살아있는 시료에서 벌어지는 현상도 관찰이 가능하다.

보다 더 진보된 주사터널링현미경 시리즈의 하나인 **원자간힘현미경(AFM, atomic force microscope)**은 3차원 형상화와 원자수준에서부터 약 1 μm에 이르는 구조의 측정이 가능하다. 전자밀도상태를 이용하여 아데닌이나 구아닌 같은 염기들 간의 식별이 가능하므로 원자간 힘현미경은 DNA연구에 매우 유용하다. 원자간힘현미경도 용액상태에서 관찰이 가능하므로 살아있는 세포표면에서 일어나는 화학반응의 연구에 사용될 수 있어서 세포벽 물질들의 화학분석에도 이용될 수 있다(그림 3.29). 이 현미경은 이미지를 만드는 것뿐만 아니라 세포막에 존재하는 단백질들의 펼침(unfold) 반응을 위한 힘도 측정 할 수 있다. 또한 다당류분자가 끊어지기 전까지 얼마나 길게 연장될 수 있는지 알기 위한 다당류분자의 유연성도 측정 할 수 있다. 이러한 측정정보는 세포가 숙주세포와 결합하는 능력 혹은 이웃한 세포와 군집이나 필름 형성과 같은 응집형성을 위한 세포 간 부착을 연구하는데 중요하다. 현미경의 다양한 종류와 각각의 용도가 표 3.2에 요약 되어 있다.

그림 3.28 주사터널링현미경 크세논(Xenon)원소 각각의 원자들이 주사터널링현미경에 의해 명확하게 구분되어 질 수 있다. 7개의 크세논원자들의 환은 IBM 과학자들에 의해 각 원자를 한 번에 하나씩 이동시켜 완성되었다. 원자들은 1인치의 10억분의 1이나 0.5 nm씩 떨어져 있다. 원자들은 서로 결합되어 있는데 말단 원자 하나를 이동시켜 한 번에 3개까지 원자를 재배치시킨다. (*International Business Machines Corporation* 제공. 허가 없이 사용을 금합니다.)

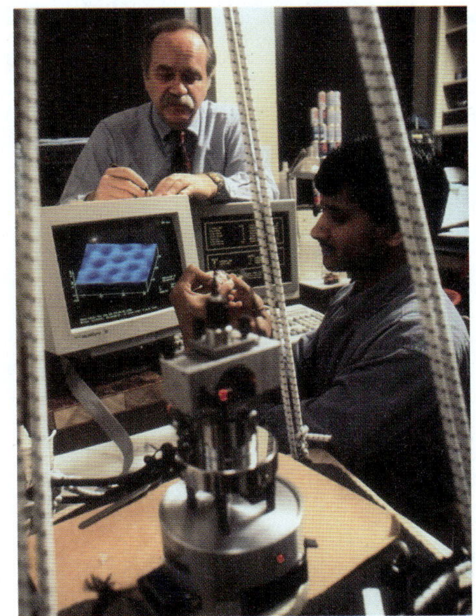

(a)

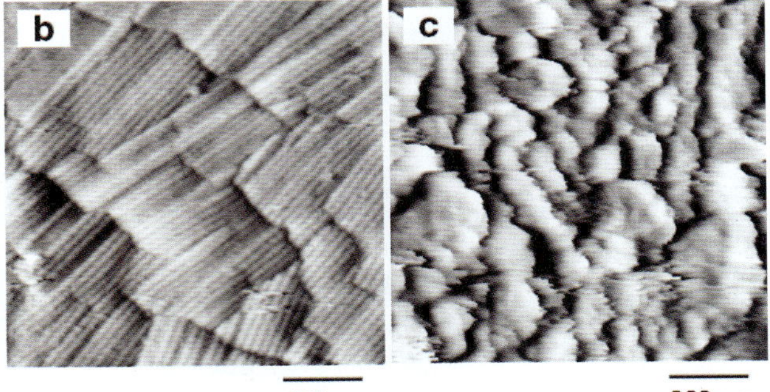

그림 3.29 (a) 원자간 힘현미경 (b) 막대형 단백질에 의해 덮혀 있는 곰팡이 *Aspergillus oryzae*의 휴지기 포자 표면 (c) 몇 시간 후, 막대형 단백질이 부드러운 층으로 분해되고, 다당류로 구성되어 있는 내생포자가 드러나기 시작한다. 전체 과정은 용액속에서 실시간으로 관찰된 것으로 원자간힘현미경으로 촬영되었다(*Michael L. Abramson/Time Life Picture/Getty Images, From B. Jean and H. Horben, Force Microscopy, Wiley Liss, 2006, Fig. 5-4cd, page77*).

✔ 중점 질문 사항

1. 광선이나 유리렌즈 대신에 전자현미경이 사용하고 있는 것은 무엇인가? 형광현미경이 사용하고 있는 것은 무엇인가?
2. 투과전자현미경과 주사전자현미경 사진을 어떻게 구별 할 수 있는가? 그림 3.25는 어느현미경을 사용한 것인가?
3. 왜 착색된 전자현미경사진에는 "착색된" 혹은 "원래색과 다름"이라고 쓰여 있나?
4. 다음의 현미경들을 사용하는 조명빔의 파장에 따라 긴파장 부터 순서를 정해 보시오. 형광현미경, 투과전자현미경, 명시야현미경. 파장은 이들 현미경의 해상력에 어떤 영향을 주는가?

표 3.2

현미경 종류의 비교

유형	특징		관찰 형태	용도
명시야현미경 (bright-field)	가시광선 사용, 간단한 사용법, 저렴하다.	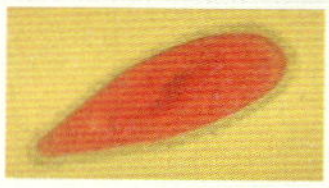 a	밝은 배경에 컬러 혹은 투명한 시료	사멸된 염색 생물체의 관찰 또는 충분한 천연 색대비를 가진 살아있는 생물체
암시야 현미경 (dark-field)	가시광선 사용, 특정 각도에서 광선이 시료에서 반사를 일으키게 하는 특별한 집광기	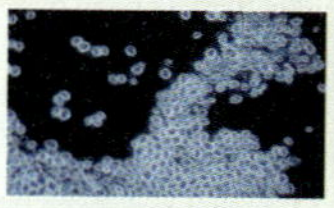 b	어두운 배경에 밝은 시료	염색하기 어려운 생물체나 염색 않된 살아있는 생물체, 움직임도 관찰가능
위상차 (phase-contract)	가시광선과 위상이동판, 시료의 위상차를 만드는 특수한 집광기 사용	 c	명암의 정도가 다른 시료	살아있는 비염색 생물체의 내부구조 상세 관찰
차등간섭대비 현미경 (Nomarski)	위상이 다른 가시광선을 이용(표준 위상차현미경보다 더 높은 분해능을 가짐)	 d	3차원 영상	살아있는 비염색 생물체의 내부구조 매우 상세한 관찰
형광현미경 (fluorescence)	분자가 다른 파장의 빛을 발산하도록 활성화시키기 위해 자외선이나 밝은 색 사용, UV에 의해 눈에 화상을 입을 수 있으므로 특수 렌즈재료 사용	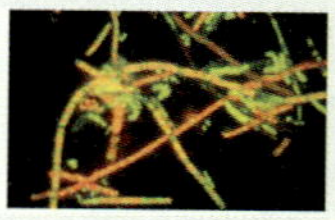 e	밝은 형광, 어두운 배경에 컬러 시료	면역학 연구 및 임상시료에서 항체나 미생물 검출을 위한 임상분석 도구
공초점 현미경 (confocal)	시료 내에서 미세한 초점거리 부분을 얻기위해 레이저를 이용, 초점을 벗어난 빛을 줄여 분해능이 40배 더 좋음	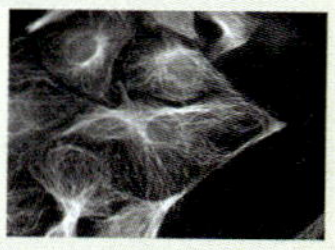 f	선명한 박막 이미지	매우 특별한 시료의 관찰
디지털 (digital)	자동초점, 자동조리개를 사용하고, 컴퓨터 기술을 이용하여 시료 사진을 찍고, 바로 온라인 연결 가능	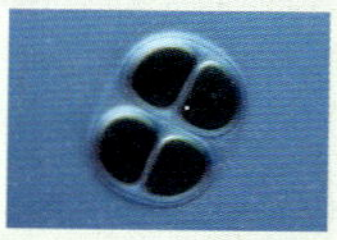 g	표준 영상	작동이 쉽고 온라인 이용가능
투과형전자현미경 (transmission electron)	광선 대신 전자빔, 유리렌즈 대신 전자석렌즈를 사용, 이미지를 비디오 스크린으로 볼 수 있고, 매우 고가임. 준비과정에 많은 시간과 연습이 요구됨.	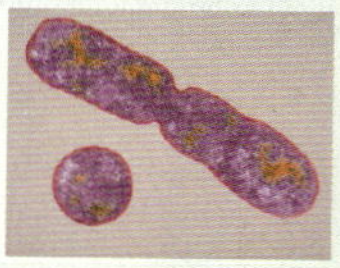 h	고배율, 고화질 이미지, 음영처리를 제외하고는 3차원 영상 아님.	상세한 세포의 내부구조, 외부구조, 바이러스 및 표면 관찰을 위해 동결파쇄한 세포의 박막 사용
주사전자현미경 (scanning electron)	전자빔, 전자석렌즈를 이용, 가격이 비쌈. 시료 준비과정에 많은 시간과 연습이 요구됨	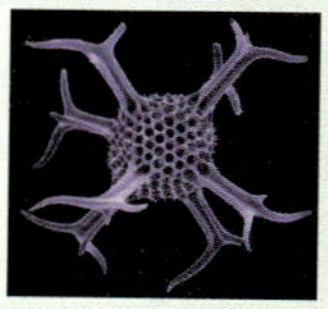 i	표면의 3차원 모습	세포의 외부표면 또는 내부표면 관찰
주사터널링현미경 (scanning tunneling)	표면을 투사하는 탐침으로 시료의 표면과 탐침 사이의 전자 이동(터널)이 일어나 시료표면의 높낮이를 나타내는 전류가 발생됨.	 j	표면의 3차원 모습	원자 또는 분자의 외부표면의 관찰

광학현미경 기술

현미경은 관찰하려는 시료가 적절하게 준비되지 않으면 소용이 없다. 이 장에서는 광학현미경 사용에 관한 중요한 기법들이 설명된다. 분해능과 확대가 현미경에서 중요하지만 시료의 배경과 관찰되어지는 시료의 구조들 간의 대비(Contrast)도 역시 이에 못지않게 중요하다. 대비 없이는 어느 것도 볼 수 없으므로 대비를 강화시키기 위한 특별한 기술들이 개발 되어져 왔다.

광학현미경 관찰을 위한 시료의 준비

습식표본

습식표본(Wet mounts)은 생물체가 들어 있는 배지를 현미경 슬라이드에 고정 시킨 것으로서, 살아 있는 미생물을 관찰하기위해 사용된다. 2% 카복시메틸셀룰로오스(carboxymethylcellulose) 용액을 첨가함으로써 점성이 높은 용액을 만들어 빨리 움직이는 생물체를 느리게 하여 관찰을 쉽게 해준다. 습식표본의 특별한 기법의 하나인 **현적표본(hanging drop)**은 종종 암시야조명과 함께 사용되어 진다(그림 3.30). 바셀린이 원형으로 두껍게 발라져 있는 커버글라스(Cover glass) 중심에 배양액 한방울을 올려 놓는다. 커버글라스를 뒤집어서 중앙부분이 오목 파여진 슬라이드 글라스 위에 놓는다. 시료 방울이 커버글라스에 매달려 있게 되고, 시료 주위에 두툼하게 원형으로 발라진 바셀린이 수분 증발을 막아주게 된다. 이러한 시료의 전처리는 미생물의 운동성을 관찰하기 위한 좋은 방법이다.

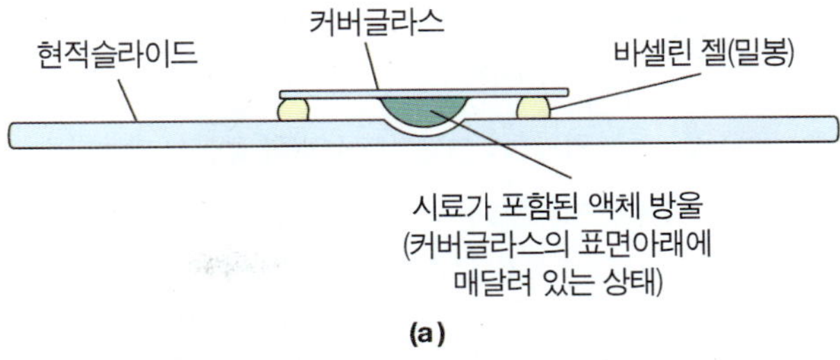

(a)

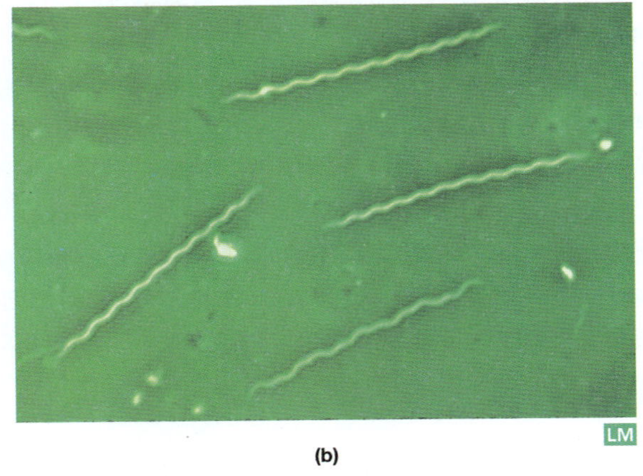

(b)

그림 3.30 현적표본법. (a) 바셀린이 발라져 있는 커버글라스 중심에 배양액 한 방울을 떨어뜨리고 나서 뒤집으면 배양액은 오목 파여진 슬라이드(depression slide) 위에 놓여 지게 된다. 이때 바세린이 수분 증발을 막아준다. (b) 현적표본법을 이용한 나선균 *Treponema pallidum*(매독균)의 암시야 현미경 사진(A. M. Siegelman/Visuals Unlimited)

도말표본

도말표본(Smears)이란 백금이(white loop)를 사용하여 배지로부터 미생물을 떠내어 슬라이드글라스 표면에 펼쳐 놓는 방법으로서, 사멸된 생물체를 관찰하는데 사용되어 진다. 시료가 슬라이드 위에 놓일 때, 시료를 슬라이드에 고착 시키는 과정에서 살아 있는 생명체가 사멸하게 된다. 만약 너무 두껍게 도말표본을 만들면 개별 세포를 관찰하기 어려우며, 너무 얇게 만들었을 경우에는 세포를 찾아 볼 수 없을 수도 있다. 한편 배양액 시료를 슬라이드 위에서 도말하는 과정에서 지나치게 휘저을 경우, 세포의 배열이 붕괴 될 수 도 있다. 일반적으로 생물체는 1개, 2개 혹은 4개가 모여진 형태로 보일 수 있다. 실제로는 1가지 종류인 생물체가 다양한 형태로 보이는 것인데 현미경 초보실험자에게는 다른 종류의 생물체로 보이게 되곤 한다. 도말표본이 제작되어지면 공기 중에서 완전히 건조 시킨다. 그러고 나서 3~4회 빠르게 화염 속을 통과 시킨다. 이 과정을 **열고정(heat fixation)**이라고 한다. 열고정은 다음 3가지를 달성하도록 해준다. (1) 생물체를 사멸시키고, (2) 시료가 슬라이드에 단단히 고정되게 해주고, (3) 생물체를 변형시켜 염색이 쉽게 되도록 한다. 슬라이드가 완전히 건조되지 않으면 화염에 통과시킬 때 생물체가 끓게 되거나 파괴되어 진다. 열고정을 너무 약하게 해주면 생물체는 단단히 고정되지 않고 잇따르는 다음과정에서 물에 씻겨 나가게 된다. 살아있는 세포들은 염색이 잘 되지 않는다. 열고정을 지나치게 시키면 생물체가 타서 재가 되어 파괴된 세포나 잔류물들만 보이게 된다. 미생물의 협막 같은 구조들은 열고정에 의해 파괴되므로, 이런 경우에는 열고정 과정을 생략하고 바로 슬라이드에 점적 후 공기 중에서 건조 시킨다.

염색의 원리

염색(Stain) 혹은 염료는 세포의 구조와 결합하여 색을 나타나게 하는 분자를 말한다. 염색기술은 현미경 상에서 주위배경과 대조적으로 미생물을 선명하게 보이도록 한다. 이 기술은 미생물 연구자들에게 있어서 주된 연구 분야로서, 세포의 특정 부분을 관찰하거나 세포구조의 화학적, 구조적 차이를 실험을 통해 연구 할 수 있게 해준다. 미생물학에서 가장 보편적으로 사용되는 염료는 **양이온성(cationic), 염기성(basic) 염료(dyes)**인 메틸렌블루(methyleneblue), 크리스탈 바이올렛(crystal violet), 사프라닌(safranin), 말라카이트그린(malachite green) 등이다. 이들 염료는 음이온을 띠고 있는 세포 구성분에 쉽게 결합 되어 진다. 대부분의 세포막은 표면에 음이온을 띠

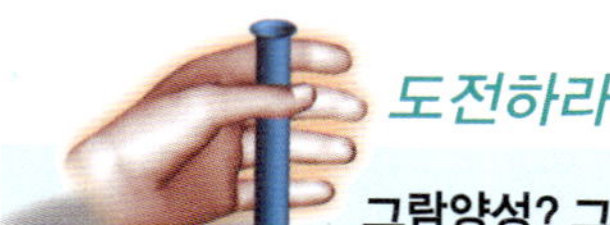

그람양성? 그렇다면 실처럼 보이지 않는다.

그람염색법은 간단한 방법이 아니다. 어떤 종류의 그람양성 유기체는 쉽게 탈색되어 그람음성으로 잘못 보여 질 수 있다. *Streptobacillus moniliformis* 와 같은 그람음성세균은 그람양성으로 보여 진다. 그람염색반응을 확실하게 확인할 수 있는 방법이 있을까? 몇 가지 방법이 있다. 그중 하나가 수산화칼륨(KOH) 시험법이다.

3% 수산화칼륨용액 두 방울을 슬라이드에 떨어뜨린다. 순수 콜로니에서 백금이로 시험할 균을 떼어 낸다. 이것을 슬라이드의 수산화칼륨용액에 넣어 약 30초간 잘 저어서 섞어준다. 백금이를 저을 때 슬라이드에서 약 1~2cm 백금이를 들어 올려보면 실과 같은 끈적거리는 물질이 매달려 올라오는 지를 관찰한다. 만약 시험균이 정말 그람 음성균 이라면 수산화칼륨은 세균의 세포벽을 깨뜨리고, 이로인해 세포내의 DNA가 밖으로 나오게 되어 실처럼 된다. 그람 양성세균에서는 이러한 현상이 일어나지 않음으로 실 모양이 형성 되지 않는다.

므로 쉽게 염기성염료들과 결합 할 수 있다. 다른 종류의 염색제에는 에오신(eosin)과 피크릭산(picric acid)과 같은 음이온성(anionic), **산성(Aacidic) 염료(dyes)**들이 있다. 이들은 세포의 양이온성 물질들과 쉽게 결합 될 수 있다. 미생물학에서 사용하는 염색법은 크게 단순염색과 분별염색 2가지로 나눌 수 있다. 이 2가지 방법의 차이는 **표 3.3**에 정리 되어 있다. **단순염색(simple stain)**은 1개의 염료를 사용하여 기본적인 세포의 모양과 배열을 보여준다. 메틸렌블루, 사프라닌, 카보프크신(carbofuchsin)과 크리스탈바이올렛등이 가장 일반적으로 단순염색법에 사용된다. **분별염색(differential stain)**은 2개 이상의 염료를 사용하여 2 종류의 생물체나 2 종류의 세포부위를 구별하는데 사용된다. 일반적인 분별염색에는 그람염색법, 지엘-닐센(ziehl-Neelsen) 항산성(acid-fast) 염색법 그리고 쉐퍼-플톤(schaeffer-Fulton) 포자염색법이 있다.

그람염색

1884년 네덜란드 외과의사인 Hans Christian Gram에 의해 고안된 **그람염색**이 가장 빈번하게 사용되는 분별염색의 하나이다. Gram은 생검과 부검 재료의 새로운 염색법을 실험하던 중, 어떤 염색법이 세균을 주위의 조직들과는 다르게 염색 시키는지를 알아냈다. 염색을 통한 그의 실험결과를 토대로 현재의 그람 염색법이 개발 된 것이다. 그람염색법에서 세균의 세포는 크리스탈바이올렛을 포집한다. 그러고 나서 첨가되는 요오드는 세포내로 들어간 염색제를 유지하게 해주는 **매염제(mordant)**로 사용되어 진다. 크리스탈바이올렛을 포집하고 있지 못하는 세포는 95% 에탄올 용액이나 에탄올-아세톤 용액에 의해 탈색되어 지고 연이어 사프라닌(대비염색)으로 염색된다. 그람염색법의 염색단계는 **그림 3.31**에서 볼 수 있다.

그람염색법으로 크게 4종류의 생물체들이 구분 되어 질 수 있다. (1) 세포벽이 크리스탈바이올렛으로 염색되는 그람양성 생물체, (2) 세포벽이 크리스탈바이올렛으로 염색되어지지 않는 그람음성 생물체, (3) 염색되어지지 않는 그람비반응 생물체, (4) 균일하지 않게 염색되는 그람부정 생물체로 나누어진다. 그람양성과 그람음성 생물체의 차이점은 ◀4장에서 설명되는 세균 세포벽 구조의 차이에 따라 나눌 수 있다. 이러한 그람염색법에 대한 세균의 반응은 그람양성, 그람음성 그리고 근본적으로 다른 분류학적 군에 속하는 그람 비반응군을 구별 하는데 사용된다(◀9장 참조).

그람부정 생물체는 어떤 이유에서인지 그람염색에 대해 특이적으로 반응하지 못하는 군이다. 48시간이상(24시간일 경우도 있음) 배양한 생물체는 종종 그람 부정균으로 관찰되는데 아마도 세포벽의 노화로 인한 변화 때문인 것으로 생각된다. 그러므로 그람염색법으로 생물체를 판정할 때는 반드시 18~24시간 정도의 배양을 거친 생물체를 사용하여야 한다.

지엘-닐센 항산성 염색법

Ziehl-Neelsen 항산성염색법은 1882년 Paul Ehrlich에 의해 개발되어진 변형된 염색법이다. 주로 *Mycobacterium*속의 결핵균이나 나병원인균의 검사에 사용되어 진다(**그림 3.32**). 슬라이드 위의 생물체에 카보푸크신(Carbofuchin)을 첨가하여 가열하고 수세를 거친후, 3% 염산을 함유한 95% 에탄올 용액에 의해 탈색을 시키고 다시 수세하여 로플러 메틸렌블루(Loeffler' s methyleneblue)로 염색 시킨다. 대부분의 세균 속들의 경우는 붉은색 카보프크신염색이 씻겨져 나가지만 항산성(Acid-fast) 속들은 밝은 적색을 띄게 된다. 이들 항산성 세균의 세포벽에 존재하는 지질구성분에 의해 이러한 현상이 일어나게 되며, 이는 ◀4장에서 논의되어 진다. 비 항산성 세균은 붉은색이 탈색되어지고 로플러 메틸렌블루에 의해 청색으로 염색되어 진다.

특수 염색 방법

매질염색 매질염색(Negative Staining)은 협막과 같이 시료가 염색제를 흡수하지 못할 때 사용한다. 협막은 다당류 층으로서 많은 세균들의 세포주위를 둘러싸고 있으며 숙주방어기작에 대한 장벽으로써 작용한다. 매질염색에서는 생물체 주위의 배경부분이 인디아잉크(india ink)나 산성염료인 니그로신(nigrosin)에 의해 채워진다. 이 과정을 통해서 생물체는 염색되지 않고 투명한 상태로 남게되고, 어둡게 염색된 배경과 대비되어 명확하게 보이게 된다. 그러므로 크리스탈바이올렛(crystal violet)으로 염색된 보라색 세포, 메틸렌블루(methylene blue)에 의해 청색으로 염색된 세포, 세포외부의 염색되

표 3.3

염색법 비교

종류	예		결과	용도
단순염색				
1개 염료 사용, 구조나 유기체를 구분하지 않음.	메틸렌블루 사프라닌 크리스탈바이올렛	a	동일한 청색 염색 동일한 적색 염색 동일한 보라색 염색	세포의 크기, 모양과 배열을 보여줌
분별염색				
세균의 각 부위나 다양한 세균의 종류에 각기 다르게 반응하는 2개 이상의 염료를 사용하여 이들을 구분함.	그람염색	b	그람양성: 크리스털바이올렛에 의한 보라색 그람음성: 대비염색제 사프라닌에 의한 적색 그람가변성:중간색이나 혼합색(같은 슬라이드에서 어떤 것은 그람양성 다른 것은 그람음성을 보임) 그람비반응성: 아주약하거나 전혀 염색 않됨.	그람양성, 음성, 가변성, 비반응성 유기체를 구분함
	지엘-닐센(Ziehl-Neelsen) 항산성염색	c	항산성세균은 carbofuchsin과 결합하여 적색. 비항산성 세균은 대비염색제인 메틸렌블루와 결합하여 청색	다른 세균으로 부터 *Mycobacterium*속과 *Norcardia*속을 구분하는데 사용
	매질염색	d	어두운 배경에 협막은 투명하게 보임.	대부분의 염료와 결합하지 않는 협막과 같은 구조를 지닌 유기체의 관찰에 사용.
특수염색				
다양한 특수구조들을 구분함.	편모염색		은과 반응하여 어두운 선모양을 띠거나 carbolfuchsin과 반응하여 적색을 나타냄.	표면에 염색층을 형성하여 편모의 존재를 확인함.
	쉘퍼-플톤(Schaeffer-Fulton) 포자염색	e	내생포자는 Malachite green과 반응함. 영양세포는 대비염색제인 사프라닌과 반응하여 적색	*Clostridium*속이나 *Bacillus*속 같은 염색이 어려운 내생포자의 관찰에 사용

지 않은 투명한 협막부분, 그리고 어두운 배경 등을 관찰 할 수 있다 **(그림 3.33)**.

편모염색 편모(flagella)는 세포의 부속기관으로 세포이동에 관여하며 너무 얇아서 광학현미경으로는 쉽게 볼 수 없다. 편모의 존재나 배열에 대한 관찰이 필요할 때, **편모염색법(flagellar stainings)**은 은과 같은 금속이나 염료를 사용하여 편모의 표면을 코팅하는 수고스런 작업이 수행 되어야 한다. 이러한 기술들은 상당히 어렵고 시간이 소요되므로 미생물학 기초과정에서는 일반적으로 생략되어 진다(◀그림 4.12).

내생포자염색 일부의 세균들이 생산하는 내생포자의 세포벽은 일반적인 염색제의 침투가 매우 어렵다. 단순염색법을 사용할 때 포자들은 투명하거나 흐릿하게 보이므로 세균 세포내에서 쉽게 알아 볼 수

(a) 크리스털바이올렛 (1분)

모두 보라색

흘려 버리고 세척

(b) 요오드 (1분)

모두 보라색, 요오드는 염색을 고정시키기 위한 매염제로 작용

흘려 버리고 세척

(c) 알코올에의한 탈색(1회 세척), 곧바로 물로 세척

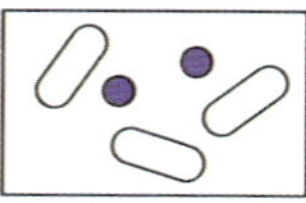

그람양성 cocci : 보라색
그람음성 rod : 투명

(d) 사프라닌(30~60초)

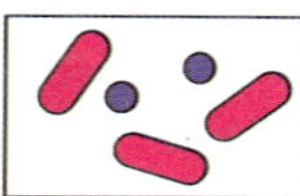

그람양성 cocci: 보라색
그람음성 rod: 적색(분홍색)

흘려 버리고 세척 후 염색확인.

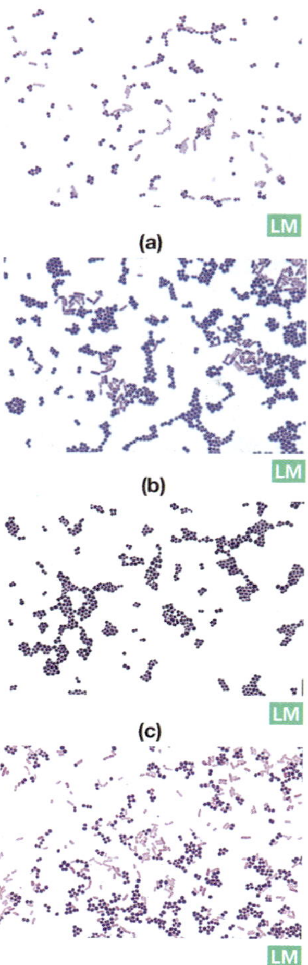

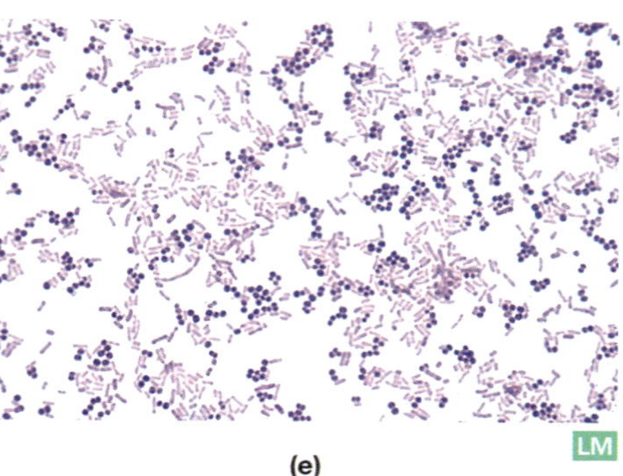

그림 3.31 그람염색법. **(a)~(d)** 그람염색법의 단계, **(e)** 그람양성 세포는 크리스탈바이올렛의 보라색을 띠는 반면 그람음성세포는 알코올에 의해 탈색 된 후 대비염색제인 사프라닌과 결합하여 적색을 띠게 된다(Michael Abbey/Visuals Unlimited).

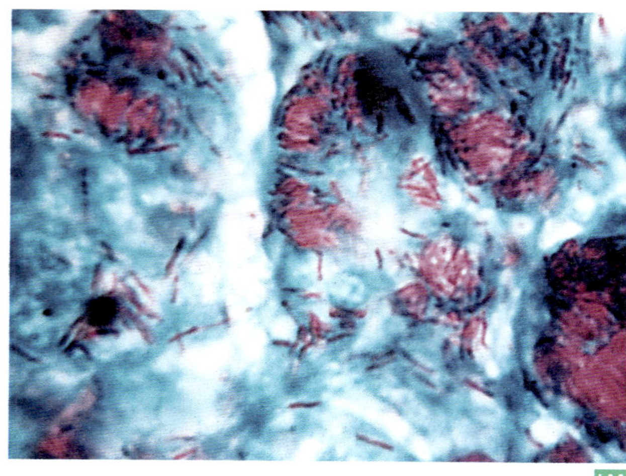

그림 3.32 Ziehl-Neelsen 항산성 염색법. 이 염색법은 나병균인 *Mycobacterium leprae*와 같은 항산성 세균을 선명한 적색으로 염색 시킨다(3,844X배). (John D. Cunningham/Visuals Unlimited).

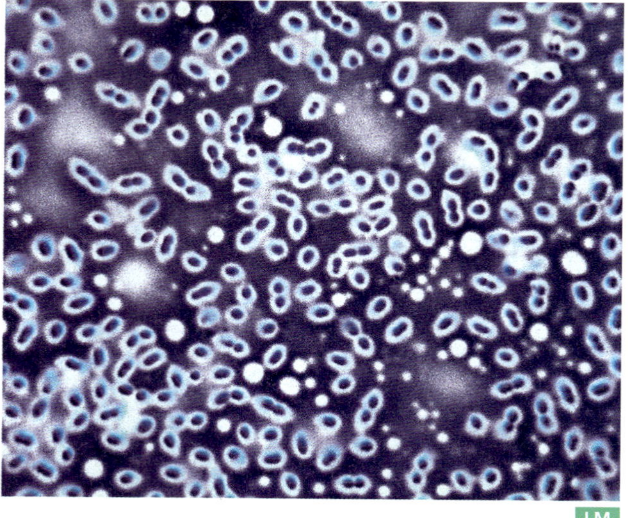

그림 3.32 매질염색법. 협막(염색제가 결합하지 못한)이 투명하게 보이는 매질염색, 인디아 잉크와 대비염색제인 크리스탈바이올렛에 의한 어두운 분홍색 배경. 세포는 대비염색제에 의해 진한 보라색으로 염색 되었다. 쌍으로 배열되어 있는 세균은 *Streptococcus peumoniae*이다(3,399X배). (Jack Bostrack/Visuals Unlimited).

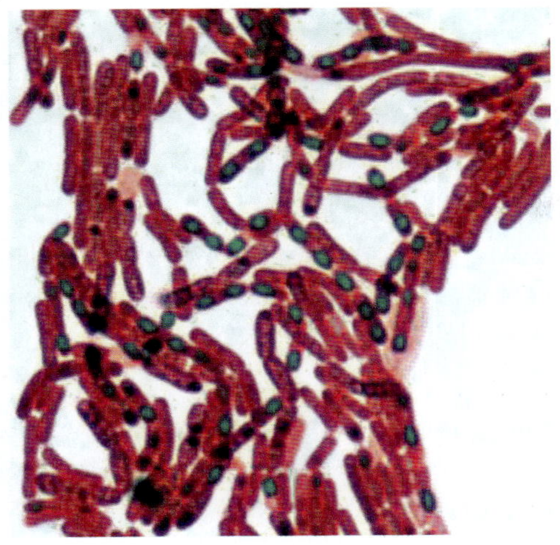

그림 3.34 Schaeffer-Fulton 포자염색법. *Bacillus megaterium*의 내생포자는 세포내에서 달걀모양의 녹색으로 보이고 바깥쪽 막대모양의 적색은 세포이다. 포자를 형성하지 않는 단계의 영양세포와 세포내에 포자가 없는 부분은 적색으로 보인다(2,335X배). (CDC/Larry Stauffer 제공/Oregon State Public Health Lab)

가 있다. 그러므로 엄밀히 말하자면 포자의 관찰을 위해서 내생포자의 염색이 반드시 필요한 것은 아니다. 그러나 분별 **Schaeffer-Fulton 포자염색법**은 포자를 보다 더 손쉽게 관찰 할 수 있도록 해준다**(그림 3.34)**. 열고정 도말된 시료에 말라카이트그린(malachite green)을 점적하고 나서 약한 불로 시료가 기화 될 때까지 가열한다. 약 5분동안 이렇게 가열하면 내생포자의 세포벽에 염료가 보다 더 많이 침투 될 수 있다. 그러나 최근에 개발된 염색제는 그렇게 오랜 시간동안 열을 가할 필요가 없다. 가열 후, 슬라이드를 30초간 물로 수세하여 내생포자 외의 다른 부위에 있는 말라카이트그린을 제거 한다. 그리고 나서 대조염색제로서 사프라닌(Safranin)을 첨가하여 포자를 형성하지 않는 영양세포를 염색한다. 포자를 형성하지 않은 세포들은 적색을 띄고 내생포자는 녹색을 띄게 된다.

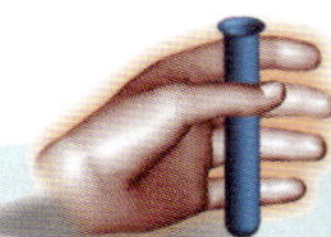

도전하라

바늘로 구멍내기

여러분의 실제 주변에서 포자를 보고 싶으세요? 곧은 접종 바늘을 사용해서(끝이 둥근 백금이가 아닌) 약간의 토양속에 넣고 비비고 나서 영양한천배지(Nutrient Agar)를 가득채운 시험관의 위쪽에서 아래쪽으로 한 번에 깊이 찌르세요. 바늘을 꺼내고 시험관을 24~48시간 배양 합니다. 미생물은 확실하게 시험관속의 바늘이 지나간 길을 따라 자라게 될 겁니다. 자라난 미생물을 가지고 Schaeffer-Fulton 포자염색법으로 염색하세요. 여러분은 아마도 파상풍, 보툴리즘 그리고 가스괴저와 같은 질병의 원인균인 클로스토리디움(*Clostridium*)속의 많은 세포들이 내생포자를 지니고 있는 것을 보게 될 겁니다.

한천배지의 안쪽 내부에 산소의 농도가 어떻게 될까요? 산소가 내생포자의 형성과 무슨 관계가 있을 런지요?

비록 현미경과 염색기술이 미생물에 대한 값진 정보를 제공한다고 하더라도 이러한 방법들은 대다수 미생물들의 동정에는 충분하지 않다. 많은 다른 종들의 미생물들이 현미경 상으로는 동일하게 보인다. 결국 수천종의 미생물 중에서 상당히 제한적인 수의 미생물들에 대한 기본적인 형태, 배열, 염색반응이 관찰 가능하다. 이러한 이유로 미생물의 최종 동정에 앞서서 생화학적 특성과 유전자적 특징이 반드시 선행되어야 한다(◀9장 참조).

✓중점 질문 사항

1. 열고정 슬라이드에서는 볼 수 없지만 습식표본(Wet-mount)과 현적표본(Hanging-drop) 시료에서는 관찰 할 수 있는 것은 무엇인가?
2. 단순염색과 분별염색의 차이는 무엇인가?
3. 그람염색후 그람 음성 생물체는 무슨 색을 띄는가? 그람 양성 생물체는 무슨 색인가?

요약

현미경의 역사

- 미생물의 존재는 현미경이 발명되기 전까지 알려져 있지 않았다. 1600년대에 미생물을 처음으로 본 Leeuwenhoek가 육안으로 매우 작은 것들을 보이게 만드는 기술을 통해 미생물 관찰을 위한 장치를 만들었다.
- Leeuwenhoek의 단순한 현미경은 시료를 조금 세밀하게 볼 수 있게 해 주었다. 오늘날 현미경을 구성하는 복합렌즈는 거의 실물에 가까운 이미지를 볼 수 있게 해 주었고 심도 있는 미생물연구를 가능하게 해 주었다.

현미경의 원리

미터법 단위

- 미생물의 크기를 표현하는 데는 3가지 단위가 주로 사용 된다. 일반적으로 마이크론(Micron)으로 불리우는 **마이크로미터(micrometer**, μm)는 0.000001 m이고 10^{-6}으로도 표기되며, **나노미터(nanometer**, nm)는 **밀리마이크론**(mμ)으로서 0.000000001 m로 10^{-9}으로 사용되고, **옹스트롱(angstrom**, Å)은 0.0000000001 m로 0.1 nm 나 10^{-10}과 같으나 현재는 잘 사용되지 않는다.

빛의 특성: 파장과 분해능

- 파장은 광선의 길이이며 분해능의 제한인자이다.
- 분해능은 2개의 사물을 분리된 독립체로 보이게 하는 능력을 의미한다. 빛의 파장은 반드시 분해되어야할 2개의 사물간의 거리보다 충분히 작아야 한다.
- 해상력은 람다(λ)가 빛의 파장일 때, 해상력(RP)=λ/2NA으로 정의 된다. λ값이 작을수록, NA값이 클수록 렌즈의 해상력은 좋아진다.
- 개구수는 빛이 집광기에 의해 집중되어지고, 대물렌즈에 의해 모아지는 정도와 관련 있다. 개구수 값은 각 대물렌즈의 옆에 적혀 있다.

빛의 특성: 빛과 사물

- 빛이 사물에 비추어지고 튕겨져 나오게 되면 반사(사물이 색을 띠게 하는 현상)가 일어 난 것이다.
- 투과는 빛이 사물을 통해 지나가는 것이다. 광학현미경으로 사물을 보기 위해서 빛은 반드시 사물을 통해 투과되어지거나 반사되어야 한다.
- 광선이 반사도 일어나지 않고 사물을 통과하지도 않은 채 사물에 의해 잡혀지면 흡수가 일어난 것이다. 흡수된 빛 에너지는 광합성을 수행하거나 조사된 사물의 온도를 올리는데 사용되어 진다.
- 흡수된 빛이 장파장 빛으로의 재발산 되는것은 발광으로 알려져 있다. 만약 재발산이 단지 조사과정 동안에만 일어난다면 사물은 형광성이라고 말한다. 재발산이 조사 후에도 계속 일어 난다면 사물은 인광성이라고 말한다.
- 굴절은 빛이 하나의 매질에서 밀도가 다른 매질을 통과할 때 구부러지는 것을 말한다. 유리와 같은 굴절률을 가진 이멀젼오일은 공기를 대신해서 사용되어져서 유리-공기 간섭에 의해 발생되는 굴절을 막아 준다.
- 회절은 빛이 현미경의 작고 배율이 높은 확대렌즈나 이웃한 2개의 세포의 구조 사이의공간이나 구멍, 틈새 같은 작은 입구를 통과할 때 빛의 파장이 휘어지는 것을 말한다. 휘어진 광선은 이미지를 왜곡시키고 광학현미경의 실용성의 제한을 준다.

광학현미경

복합광학현미경

복합광학현미경의 주요 부품과 기능은 다음과 같다.

- **바닥몸통:** 현미경 구조를 지지하고 일반적으로 광원을 포함한다.
- **집광기:** 빛을 시료로 통과시키기 위해서 광선빔을 한점에 모이게 한다.
- **조리개(Iris diaphragm):** 시료를 지나는 빛의 양을 조절
- **대물렌즈:** 이미지를 확대
- **경통:** 빛을 접안렌즈로 전달
- **접안렌즈:** 대물렌즈로부터 이미지를 확대. 1개의 접안렌즈를 가진 단일 접안렌즈, 2개의 접안렌즈를 가진 쌍안접안렌즈.
- **재물대 톱니(mechanical stage):** 슬라이드의 세밀한 움직임을 조절
- **조동조절(coarse adjustment):** 시료의 위치를 조절
- **미동조절(fine adjustment):** 시료의 세밀한 초점을 조절
- 광학현미경의 총확대율은 대물렌즈 확대율과 접안렌즈 확대율의 곱으로 구할 수 있다. 좋은 분해능이 유지되지 않는 확대증가는 소용이 없다.

암시야현미경

- 시료를 직접 통과하는 명시야조명은 일반광학현미경에서 사용된다.
- 암시야조명은 시료를 직접 지나가지 않고 특정 각도로 빛이 시료에 의해 반사되어 나가게 하는 집광기를 사용한다.

위상차현미경

- **위상차현미경**은 염색하지 않은 살아있는 세포내 구조의 작은 굴절률 차이를 증폭시키는 특별한 집광기를 사용하는 현미경이다.

Nomarski(차등간섭) 현미경

- **Nomarski 현미경**은 기본적으로 위상차현미경과 같은 방법으로 작동되어 지나 매우 짧은 피사체심도(depth of field)와 높은 분해능을 가진 현미경이다. 거의 3차원에 가까운 이미지를 만들어 낸다.

형광현미경

- **형광현미경**은 백색광 대신에 자외선을 사용하여 시료내의 분자들이나 시료에 붙어있는 염료분자들을 활성화 시킨다. 이들 분자들은 밝은 색깔의 각기 다른 파장을 발산 한다.

공초점현미경

- **공초점현미경**은 레이저를 사용하여 좁은 범위의 초점부위(심도)를 얻을 수 있고 초점에서 벗어난 광선은 제거하여 40배정도 높은 분해능을 보여준다.

디지털 현미경

- **디지털현미경**은 자동초점, 자동조도조절을 위해 컴퓨터를 사용하여 시료의 사진을 작성한다. 이 사진들은 바로 전송 되어 온라인상에서 볼 수 있다.

전자현미경

- **전자현미경(EM)**은 광선빔 대신에 전자빔을 사용하고 초점을 맞추기 위해 유리렌즈 대신에 전자석을 사용한다. 일반 현미경보다 상대적으로 비싸며 사용하는데 복잡하나 약 500,000배까지 확대가 가능하며 해상력은 1 nm 이하 이다. 바이러스는 오로지 전자현미경을 통해서만 관찰이 가능하다.
- 보다 더 진보된 전자현미경은 실제 분자들이나 개별 원자까지도 관찰이 가능하다.

투과전자현미경

- **투과전자현미경** 관찰을 위해서는 미생물이나 세포의 내부 구조를 노출시키기 위해 매우 얇게 잘라진(박막) 시료가 사용된다.

주사전자현미경

- **주사전자현미경** 관찰을 위해서는 금속으로 코팅된 시료가 사용된다. 3차원 이미지를 만들기 위해 전자빔이 코팅된 시료 위를 훑고 지나가거나 주사(scanning) 한다.

주사터널링현미경

- **주사터널링현미경**은 개별 분자와 원자의 3차원 이미지나 동영상을 만들 수 있다. 원자간힘현미경도 세포표면의 분자수준의 변화를 볼 수 있게 해준다.

광학현미경 기술

광학현미경 관찰을 위한 시료의 전처리

- 습식표본은 살아 있는 생명체를 관찰하는데 사용된다. 현적표본기술은 습식표본의 특별한 1종류이고 유기체의 운동성 유무를 결정하는데 사용된다.

- 적당한 두께로 만들어진 도말표본은 완전하게 공기건조 한 후, 화염 속을 통과 시킨다. 이 과정을 열고정이라고 부르며 유기체를 사멸시키고 유기체를 슬라이드에 단단히 고정시키며 염색을 용이하게 해준다.

염색의 원리

- **염색제** 혹은 염료는 각각의 구조들과 결합하여 색을 나타내는 분자들이다.
- 대부분의 미생물 염색제는 양이온성, 염기성 염료(메틸렌블루) 이다. 대부분 세균의 표면이 음성전하를 띠고 있으므로 이들 염료(양이온성 염기성)는 세포표면에 잘 결합 된다.
- **단순염색**은 한가지 염료를 사용하며 기본적인 세표의 형태와 배열을 보여 준다. 분별염색은 2개 혹은 그 이상의 염료들을 사용하여 다양한 유기체의 특성을 구분 시킨다. 그람염색법, **Schaeffer-Fulton** 포자염색법 그리고 **Ziehl-Neelsen** 항산성염색법등이 좋은 예이다.
- **음성염색(매질염색)**은 염색이 되지 않는 세포 대신에 세포의 주변배경을 염색시키는 방법이다.
- **편모염색**은 편모표면을 관찰하기 위해 염료나 금속을 편모의 표면에 첨가하는 것이다.
- **schaeffer-fulton** 포자염색에서 내생포자는 말라카이트그린을 받아들여 녹색으로 염색되며, 영양세포는 사프라닌으로 인해 적색을 띤다.

용어 정리

개구수(p. 56)
경통(p. 59)
공초점현미경(p. 62)
광학현미경(p. 58, 59)
굴절(p. 57)
굴절률(p. 57)
그람염색(p. 70)
나노미터(p. 53)
단순염색(p. 70)
단일접안렌즈(p. 59)
대물렌즈 (p. 59)
도말표본(p. 69)
동결식각법(p. 65)
동결파쇄법(p. 65)
등초점 거리(p. 59)
디지털현미경(p. 63)
마이크로미터(p. 53)
매염제(p. 70)
매질염색(p. 70)
명시야조명(p. 60)
미동조절나사(p. 59)
바닥몸통(p. 59)
반사(p. 56)
발광현상(p. 57)
복합광학현미경(p. 59)
분별염색(p. 70)
분해능(p. 55)
습식표본(p. 69)
암시야조명(p. 60)
양안접안렌즈(p. 59)
양이온(염기성)염료(p. 69)
열고정(p. 69)
염기성 염료(p. 70)
염색(p. 69)
원자간힘현미경(p. 67)
위상차현미경(p. 61)
음영처리(p. 65)
이멀젼오일(p. 57)
재물대 톱니(p. 59)
전자현미경(p. 63)
전자현미경사진(p. 64)
전체비율(p. 59)
접안경렌즈(p. 59)
접안마이크로미터(p. 60)
조동조절(p. 59)
조리개(p. 59)
주사전자현미경(p. 66)
주사터널링현미경(p. 66)
집광기(p. 59)
투과(p. 56)
투과전자현미경(p. 64)
트롱(p. 53)
파장(p. 54)
편모염색(p. 71)
해상력(p. 56)
현미경(p. 53)
현적표본(p. 69)
형광(p. 57)
형광항체염색(p. 61)
형광현미경(p. 61)
회절(p. 58)
Nomarski 현미경(p. 61)
Schaeffer-Fulton 포자 염색법(p. 73)
Ziehl-Neelsen 항산성염색(p. 70)

임상 사례 연구

Jones 는 3가지 질병중 하나로 보여 지는 증상으로 병원을 방문하고 있다. 이들 3가지 질환에 대한 치료와 예후는 각각 매우 다르다. Jones 가 매우 아프기 때문에 그의 질환을 정확하고 빨리 알아내는 것이 중요하다. 실험실의 실험자가 형광염료분자라고 쓰여 있는 항체가 들어있는 시약병들을 가지고 있다. 어떤 방법으로 실험자는 환자의 시료로부터 배양된 세균이 3가지 의심되는 생물체의 하나라는 것을 결정해 낼 수 있겠는가?

요점 사고 문제

1. Lisa는 5일간 배양된 그람양성 세균을 조심스럽게 염색했다. 이멀전오일을 사용하여 염색된 슬라이드를 보는 순간 적색으로 염색된 시료를 보고 깜짝 놀랐다. 어찌된 일일까?

2. Graig는 그람음성세균과 그람양성세균을 차례로 염색했다. 그런데 요오드를 첨가하는 것을 깜박 잊었다. 그가 이멀전오일을 사용하여 염색된 시료를 관찰했을 때 여러분은 그가 무엇을 보았다고 생각하는가? 그리고 왜 그럴까?

3. 이전보다 미생물을 2배만큼 크게 관찰하기 위해서 Tim은 10배 확대율의 접안렌즈를 20배율의 접안렌즈로 그의 복합광학현미경에 바꾸어 장착했다. 이 과정으로 Tim은 이멀전오일을 사용하여 총확대배율 2,000배를 얻었다. 그러나 Tim은 깨끗한 현미경사진을 얻을 수 없었다. 이 과정에서 무엇이 잘못된 것일까?

자가진단문제

1. 크기와 거리를 측정할 때 다음중 가장 작은 측정 단위는?
(a) 밀리미터(mm)
(b) 마이크로리터(μl)
(c) 센티미터(cm)
(d) 데시미터(dm)
(e) 나노미터(nm)

2. 복합광학현미경은 다음 중 어떤 것을 관찰할 때 사용될 수 있는가?
(a) 원자, 단백질, 바이러스, 세균
(b) 바이러스, 세균, 세포기관, 적혈구
(c) 아미노산, 세균, 적혈구
(d) 리보조옴, 세균, 세포기관, 적혈구
(e) 세균, 세포기관, 적혈구

3. 육안으로 볼 수 있는 가시광선 파장의 평균은 ?
(a) 800 nm
(b) 200 nm
(c) 550 nm
(d) 100 nm
(e) 420 nm

4. 분해능이란 2가지 사물을 분리해서 다르게 구분하는 능력이다. 맞는가 틀리는가?

5. 다음을 맞는 설명끼리 연결 하시오.

____반사	(a) 2가지 다른 매질을 통과하는 빛이 특정 각도로 휘어지는 현상
____투과	(b) 빛이 사물의 표면으로부터 튕겨져 나오는 현상
____굴절	(c) 빛이 사물에 의해 잡히는 현상
____흡수	(d) 빛이 사물을 직접 관통하는 현상
____형광	

6. 광학현미경에서 집광기의 역할은 무엇인가?
(a) 광선을 우리 눈으로 초점 잡아준다
(b) 시료를 통과한 광선을 확대해 준다
(c) 광선을 시료에 초점 잡아 준다
(d) 빛의 강도를 증가시킴
(e) 눈부심을 경감시킴

7. 표준광학현미경에서 왜 이멀전오일은 100배율의 렌즈와 같이 사용하는가? 어떻게 이멀전오일이 대물렌즈로 들어가는 빛의 양을 증가 시킬 수 있는가?

8. 현미경의 총확대율은 어떻게 계산되는가?
(a) 대물렌즈와 접안렌즈의 확대율을 더한다
(b) 대물렌즈와 접안렌즈의 확대율을 곱한다
(c) 대물렌즈와 집광렌즈의 확대율을 곱한다
(d) 대물렌즈 확대율의 제곱
(e) 답이 없음

9. 형광현미경의 사용방법을 설명하시오

10. 세균의 도말표본에서 열고정을 통해 얻을 수 있는 것은?
(a) 시료를 보다 더 빠르게 건조 시킬 수 있다
(b) 세균을 슬라이드에 고정 시킬 수 있다
(c) 세균을 쪼그라들게 하고 슬라이드에 고정 시킬 수 있다
(d) 유기체를 슬라이드에 고정 시키고, 미생물을 사멸시키고, 염색이 용이하게 해준다.
(e) 유기체 건조, 유기체 사멸, 슬라이드에 고정시킬 수 있다.

11. 다음중 어떤 염색법이 Mycobacterium과 세포벽에 다량의 지질성분을 가지고 있는 다른 미생물을 구별하는데 자주 사용 되는가 ?
(a) 그람염색법
(b) Schaeffer-Fulton 염색법
(c) 항산성염색법
(d) 지방염색법
(e) 포자염색법

12. 다음 중 어느 것이 세포벽성분에 따라 미생물을 분류하는데 사용되는 염색법인가?
(a) 협막염색
(b) 그람염색
(c) 포자염색
(d) 매질염색
(e) 메틸렌블루

13. 그람염색에서 그람양성 세균은 이들 세포벽 안으로 ____염료를 받아들이므로 ____ 색을 띈다.

14. 염색과정에 있어서 매염제의 역할은 무엇인가? 그람염색법 사용하는 시약 중에서 매염제로 사용된 것은 어느 것인가?

15. 오래된 그람양성세균의 순수배양은 그람염색에서 적색을 보일 수 있다. 맞는가 틀리는가?

16. 그람염색법에 사용되는 시약들의 사용 순서가 맞는 것은?
(a) 크리스탈바이올렛, 요오드, 사프라닌, 알코올
(b) 알코올, 크리스탈바이올렛, 요오드, 사프라닌
(c) 요오드, 크리스탈바이올렛, 사프라닌, 알코올
(d) 크리스탈바이올렛, 요오드, 알코올, 사프라닌
(e) 크리스탈바이올렛, 사프라닌, 알코올, 요오드

17. 형광현미경은 자외선을 광원으로 사용하고 형광염료를 염색제로 사용한다. 맞는가 틀리는가?

18. 그람염색을 통해서 세균세포의 안쪽에 투명하고 빛나는 부분을 볼 수 있었다. 다음 단계로 수행 해야 할 염색법은 무엇인가?
(a) 단순염색법
(b) 편모염색법
(c) 그람염색법 한번 더
(d) 내생포자염색법
(e) 항산성염색법

19. 세포벽 주위 협막의 존재는 일반적으로 살균제에 대한 세균의 내성과 병원성을 증가 시켜준다. 협막은 다음 중 어느 방법에 의해 관찰 할 수 있는가?
(a) 포자염색법
(b) 주사전자현미경
(c) 그람염색법
(d) Ziehl-Neelsen 염색법
(e) 매질염색법

20. 세균의 운동성에 관여하는 기관의 관찰에 적합한 염색법은?
(a) 매질염색법
(b) 그람염색법
(c) 메틸렌블루
(d) 편모염색법
(e) 단순염색법

21. 다음 중 어느 현미경이 세균 세포의 3차원 이미지를 제공해 주는가?
(a) 투과전자현미경
(b) 주사전자현미경
(c) 매질염색현미경
(d) 암시야현미경
(e) 형광현미경

22. 주사전자현미경과 투과전자현미경의 차이를 설명하시오.

23. 광선빔 대신에 전자빔을 사용하므로 투과전자현미경은 가장 높은 해상력을 보여준다. 전자빔의 어떤 장점 때문인가?
(a) 전자빔이 광선빔 보다 긴 파장을 가졌기 때문에
(b) 시료에 전자가 침투 되지 않으므로
(c) 빛의 파장은 육안으로 볼 수 없기 때문에
(d) 전자가 빛보다 더 짧은 파장을 가지고 있기 때문에
(e) 전자가 빛 보다 덜 침투되기 때문에

24. 다음의 현미경기법과 용도를 맞게 연결하시오

____위상차현미경	(a) 그람염색된 미생물 세포 관찰
____형광현미경	(b) 세균 내부 절편의 나노크기 구조 관찰
____투과전자현미경	(c) 살아있는 염색되지 않은 세포의 내부 구조 관찰
____명시야현미경	(d) 항체부착 세포 관찰
____암시야현미경	(e) 반투명 미생물의 관찰
____주사전자현미경	(f) 세균외부의 나노크기 구조 관찰

25. Nomarski 현미경의 장점을 설명하시오.

26. 복합현미경. 미생물의 (a)부터 (g)까지의 각 부분명칭을 채워 넣고 그들의 기능을 설명하시오.

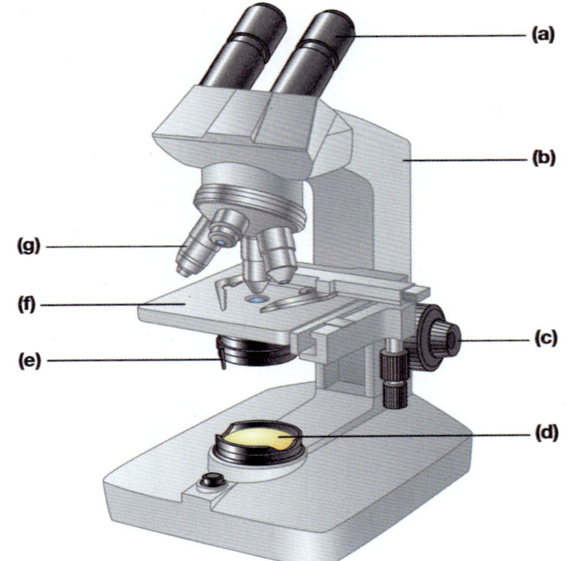

(a)__________
(b)__________
(c)__________
(d)__________
(e)__________
(f)__________
(g)__________

27. 아래 각 현미경의 총확대율은 얼마인가?
(a) 20배 접안렌즈와 40배 대물렌즈
(b) 10배 접안렌즈와 99배 대물렌즈

웹상에서 탐구 문제

http://www.wiley.com/college/black

여러분이 이 장을 완전히 공부했다고 생각한다면 더 많은 알아야 할 것들을 웹상에서 찾을 수 있을 것이다. 웹사이트를 방문해서 이 장에 대한 여러분의 이해를 한층 더 높이고 아래의 질문에 대한 답을 찾아보시오.

1. 만약 Galileo와 Leeuwenhoek가 현미경을 발명하지 않았더라면 누가 발명했을까?

2. 1660년에 Marcello Malpighi 는 혈액순환에 대한 William Harvey의 이론을 증명하려고 모세혈관을 관찰하기 위해 현미경을 사용 하였다.

3. 세균은 1초에 그들 몸의 10배정도 거리를 이동할 수 있다는 것을 알고 있습니까? 같은 시간에 Michael Jordan은 자신의 키에 5.4배 밖에 움직일 수 없어요.

원핵세포와 진핵세포의 특징

4

시작하며...

점점 더 작은 세균들이 발견되고 있다. 1996년부터, 캘리포니아 대학(University of California, Berkeley)에 근무하는 밴필드(Jill Banfield)는 캘리포니아의 아이언 마운틴(Iron Mountain)의 리치몬드 광산(Richmond Mine)에서 흘러나온 진흙에 살고 있는 세균을 연구하였다. 2006년 12월에 그녀는 바이러스 크기의 3가지 새로운 세균 종들을 발표 하였는데, 이 균들은 광산으로부터 유출된 녹색의 물 표면에 떠있는 분홍색의 매끄러운 층에서 발견되었다. 이 물은 전지산(battery acid)만큼 산성이고, 화씨 108도의 체온보다 뜨거우며, 유해한 금속원소들인 비소, 구리, 아연, 철이 풍부하다. 이 유출액체는 매우 독성이 강해서 환경보호국(Environmental Protection Agency, EPA)은 지역수들을 오염시키지 않도록 따로 모아서 처리를 하고 있다. 또한 이 미생물들은 그들이 살 수 있는 극한 환경을 조성한다! 그들이 어떻게 이런 일을 하는지 배우기 위해 웹사이트를 방문하길 바란다. 그리고 비슷한 작은 세균들이 화성의 토양이나 인간의 신장 결석(kidney stone)에서 살 수 있을지 생각해보자.

이 주제와 관련된 비디오는 WileyPLUS에서 볼 수 있습니다.

기본 세포 종류

살아있는 모든 세포들은 **원핵생물(prokaryotic,** *pro*는 그리스어로 "전의", *karyon*은 "핵") 또는 **진핵생물(eukaryotic,** *eu*는 "사실의", *karyon*은 "핵")로 분류할 수 있다. 원핵세포들은 막으로 둘러싸인 핵과 다른 내부구조가 없는 반면, 진핵세포는 이러한 구조들을 갖고 있다.

모든 원핵생물들은 단세포 생물이고 모두 세균들이다. 이 책의 내용의 대부분은 원핵생물에 할애될 것이다. 진핵 생물은 모든 식물, 동물, 곰팡이류, 원생생물(아메바, 짚신벌레, 말라리아 기생충과 같은 생명체들)을 포함한다. 또한 우리는 진핵생물, 특히 곰팡이류와 다양한 기생충들에 대한 공부와 나아가 진핵세포와 원핵세포의 관계에 대한 공부에도 약간의 시간을 할애할 것이다.

원핵세포와 진핵세포는 몇 가지 면에서 비슷하다. 두 세포 모두 *세포막*이나 *원형질막*에 둘러싸여 있다. 비록 몇몇 세포들은 세포막 주변에 확장된 구조를 갖는 경우가 있지만, 일반적으로 세포막은 살아있는 세포의 외부와의 경계선으로 작용한다. 또한 원핵세포와 진핵세포 모두 DNA분자들로 유전 정보를 암호화 한다.

이 두 종류의 세포들은 이외의 중요한 면에서 다르다. 진핵세포에서 DNA는 막을 형성하는 핵막(nuclear envelope)으로 둘러싸여 있지만, 원핵세포의 DNA는 막으로 둘러싸여 있지 않은 핵 영역(nuclear region)에 존재한다. 또한 진핵세포는 하나 또는 그 이상의 막으로 둘러싸인 **세포소기관(organelles),** 또는 소기관(little organs)이라고 불리는 다양한 내부구조들을 갖는다. 일반적으로 원핵세포는

표 4.1

원핵세포와 진핵세포의 유사점과 차이점

특징	원핵세포	진핵세포
유전적 구조		
유전물질(DNA)	주로 단일의 원형 염색체로 발견됨	전형적으로 쌍을 이루는 염색체로 발견됨
유전 정보의 위치	핵 영역(Nuclear region) (핵양체, nucleoid)	막으로 둘러싸인 핵
핵(Nucleolus)	없음	있음
히스톤(Histones)	없음	있음
염색체 외의(Extrachromosomal) DNA	플라스미드 내	미토콘드리아, 염색체 등의 세포기관 내부와 플라스미드 내부
세포 내부 구조		
방추체(Mitotic spindle)	없음	세포분열중 존재
원형질막(Plasma membrane)	스테롤이 없는 유동 모자이크 구조	스테롤이 존재하는 유동 모자이크 구조
세포내막(Internal membrane)	광합성을 하는 유기체에만 존재	막으로 둘러싸인 많은 세포소기관에 존재
소포체(Endoplasmic reticulum)	없음	있음
호흡효소(Respiratory enzymes)	세포막	미토콘드리아
색소세포(Chromatophores)	광합성을 하는 세균에 존재	없음
엽록체(chloroplasts)	없음	일부존재
골지체(Golgi apparatus)	없음	있음
리소좀(Lysosomes)	없음	있음
페르옥시좀(Peroxisomes)	없음	있음
리보좀(Ribosomes)	70S	세포질과 소포체에서는 80S, 세포소기관에서는 70S
세포골격(Cytoskeleton)	없음	있음
세포외부 구조		
세포벽(Cell wall)	대부분 세포에서 펩티도글리칸 발견	셀룰로오즈, 키틴 또는 식물과 균류 세포에서는 둘 다 발견
외부층(External layer)	협막(capsule) 또는 점질층(slime layer)	얇은 막, 개각(test), 또는 특정 원생생물의 경우 딱딱한 외피(shell)
편모(Flagella)	존재하는 경우, 플라겔린(flagellin) 포함	존재하는 경우, "9+2" 미세소관 배열이 있는 막으로 둘러싸인 구조 복합체를 포함
섬모(Cilia)	없음	몇몇 진핵세포에서 편모보다 짧지만 비슷한 구조로 존재함
선모(Pili)	몇몇 원핵세포에서 부착 또는 접합(conjugation) 선모로 존재함	없음
생식방법		
세포분열	2분법(Binary fission)	체세포분열(Mitosis) 그리고/또는 감수분열(Meiosis)
유전물질의 성적 교환	생식의 일부가 아님	감수분열
유성 또는 무성생식	무성생식만 함	유성 또는 무성생식

막으로 둘러싸인 세포소기관들을 갖지 않는다. 우리는 숙주인 사람에게는 해를 끼치지 않으면서 병을 유발하는 세균들을 제어하려고 할 때, 사람의 진핵세포와 세균의 원핵세포간의 이러한 차이를 활용한다.

이 장에서 우리는 **표 4.1**에 정리된 것처럼 원핵세포와 진핵세포의 유사점과 차이점을 살펴볼 것이다(이 표는 새로운 세포 구조를 배울 때 마다 참고하길 바란다). 바이러스는 비세포여서 어떤 분류에도 적합하지 않다. 하지만 몇몇 바이러스들은 원핵세포를 감염시키고 또 다른 바이러스들은 진핵세포를 감염시키기도 한다(◀10장에서 바이러스를 자세히 다룰 것이다).

원핵세포

세포에 대한 상세한 연구는 원핵생물들이 도메인(*domain*) 이라 불리는 2개의 큰 그룹으로 나눠지기에 충분할 만큼 서로 다르다는 것을 알아냈다. 생물학 분류체계에서 비교적 새로운 개념인 도메인은 계(Kingdom)보다도 상위인 가장 상위의 분류범주이다. 3가지의 도메인이 존재한다: 2개의 원핵생물 도메인과 1개의 진핵생물 도메인:

- 고세균(Archaea) (archaeobactera, 고대라는 의미의 *archae*에서 비롯)
- 진정세균(Bacteria) (eubacteria)
- 진핵생물(Eukarya)

고세균 도메인과 진정세균 도메인의 모든 구성원은 원핵생물이고, 전통적으로 세균으로 불려왔다. 세균(*bacteria*)를 표기할 때 b를 대문자로 표기할지 소문자로 표기할지에 대한 용어상의 문제가 발생한다. 모든 세균들(bacteria, 소문자 b)은 원핵생물이지만 모든 원핵생물이 진정세균(Bacteria, 대문자 B) 도메인에 포함되지는 않는다. 고세균 도메인과 진정세균 도메인의 차이는 분자적 수준이나 구조적 면에서 그리 크지 않다. 그러므로 이 장에서 우리가 "세균(bacteria)"라고 일컫는 대부분의 것들은 고세균 도메인과 진정세균(Bacteria) 도메인에 모두 적용된다(◀9장에서 고세균 도메인에 대하여 좀 더 논의할 것이다).

환경에 존재하고 사람 내부나 표면에서 살고 있는 지구상 대부분의 세균들은 모두 진정세균 도메인의 구성원이다. 지금까지는 질병을 유발하는 고세균을 발견하지 못하였지만, 아마도 잇몸 질병에 관여할 것으로 예상된다. 하지만 이들 고세균들은 지구상에서 생태학적으로 매우 중요한데, 특히 해양저의 구멍에서 황을 함유하며 온도는 물의 끓는점을 초과하는 물이 존재하는 심해저의 열수분출공(hydrothermal vents)과 같은 극한 환경에서 중요하다.

크기, 형태, 배열

크기

원핵생물들은 모든 생물체 중에서 가장 작다. 대부분의 원핵생물들의 지름은 0.5에서 2.0 μm이다. (비교를 위해) 사람 적혈구의 지름은 약 7.5 μm이다. 하지만 우리가 세포 크기를 구체화하기 위하여 주로 지름을 사용함에도, 많은 세포들의 형태는 둥글지 않다는 것을 항상 명심해야한다. 몇몇 나선균(spiral bacteria)은 훨씬 큰 지름을 갖고 있으며, 몇몇 시아노세균(cyanobacteria, 전에는 blue-green algae라고 불린)의 길이는 60 μm나 된다. 이러한 작은 크기 때문에, 세균들은 큰 표면적 대 부피 비율을 갖는다. 예를 들어, 지름이 2 μm인 구형균의 표면적은 약 12 μm^2 이고, 부피는 약 4 μm^3이다. 이들의 표면적 대 부피 비율은 12:4 또는 3:1이다. 대조적으로, 지름이 20 μm인 진핵세포들은 표면적이 약 1,200 μm^2 이고 부피는 약 4,000 μm^3 이다. 이들의 표면적 대 부피 비율은 1,200:4,000 또는 0.3:1이다—겨우 10분의 1이다. 표면적 대 부피 비율이 높다는 것은 세포의 표면에서 멀리 떨어진 내부기관이 없으므로 영양분들이 쉽고 빠르게 세포의 모든 부분에 도달한다는 것을 의미한다.

형태

전형적으로 세균들은 3가지 기본적인 형태를 갖는다 — 구형(spherical), 막대모양(rodlike), 나선형(spiral)**(그림 4.1)** —그러나 다양한 형태도 많이 존재한다. 구형의 세균은 **구균(coccus**, 복수는 *cocci*)이라고 불리며 막대모양의 세균은 **간균(bacillus**, 복수는 *bacilli*)이라고 불린다. 구형간균(*cocobacilli*)이라고 불리는 몇몇 세균들은 짧은 막대모양으로 구균과 간균의 중간 형태이다. 나선형의 세균은 다양하게 구부러진 형태를 갖는다. 쉼표 모양(comma-shaped)을 한 세균은 **비브리오(vibrio)**라고 한다; 견고한 물결모양(wave-shaped)을 가진 세균은 **나선균(spirillum**, 복수는 spirilla)이라고 한다; 타래송곳 모양(corkscrew-shape)을 하는 세균을 **스피로헤타(spirochete)**라고 한다. 몇몇 세균들은 앞서 언급한 어떤 구분에도 속하지 않고 방추 형태를 하거나 불규칙한 모양, 잎 모양 등을 가지고 있다. 1981년에 홍해(Red Sea)의 해안에서 네모진 세균이 발견되었다. 이들의 가장자리 길이는 2~4 μm이고 가끔 와플형태로 결집되기도 한다. 세모형의 세균은 1986년까지 발견되지 않았다.

같은 종류의 세균이라 할지라도 때때로 다양한 크기와 형태를 보인다. 환경에 영양분이 풍부하고 빠른 세포분열이 일어날 경우, 간균은 적당한 양의 영양공급이 있을 경우와 비교하여, 주로 2배가 크다. 같은 종의 세균이 다양한 형태를 갖는 경우는 드물지만 예외는 있

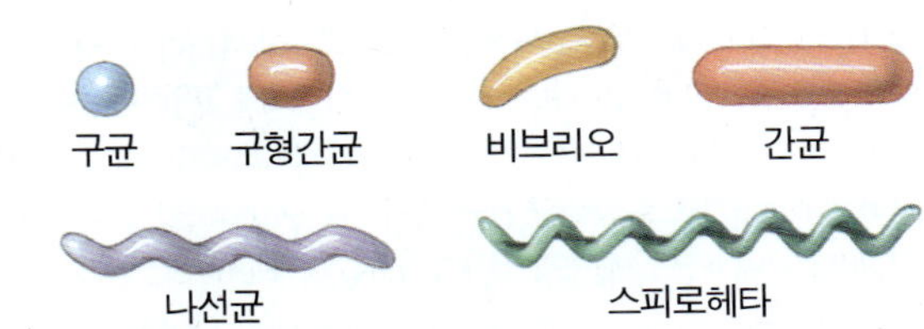

그림 4.1 일반적인 세균의 형태들.

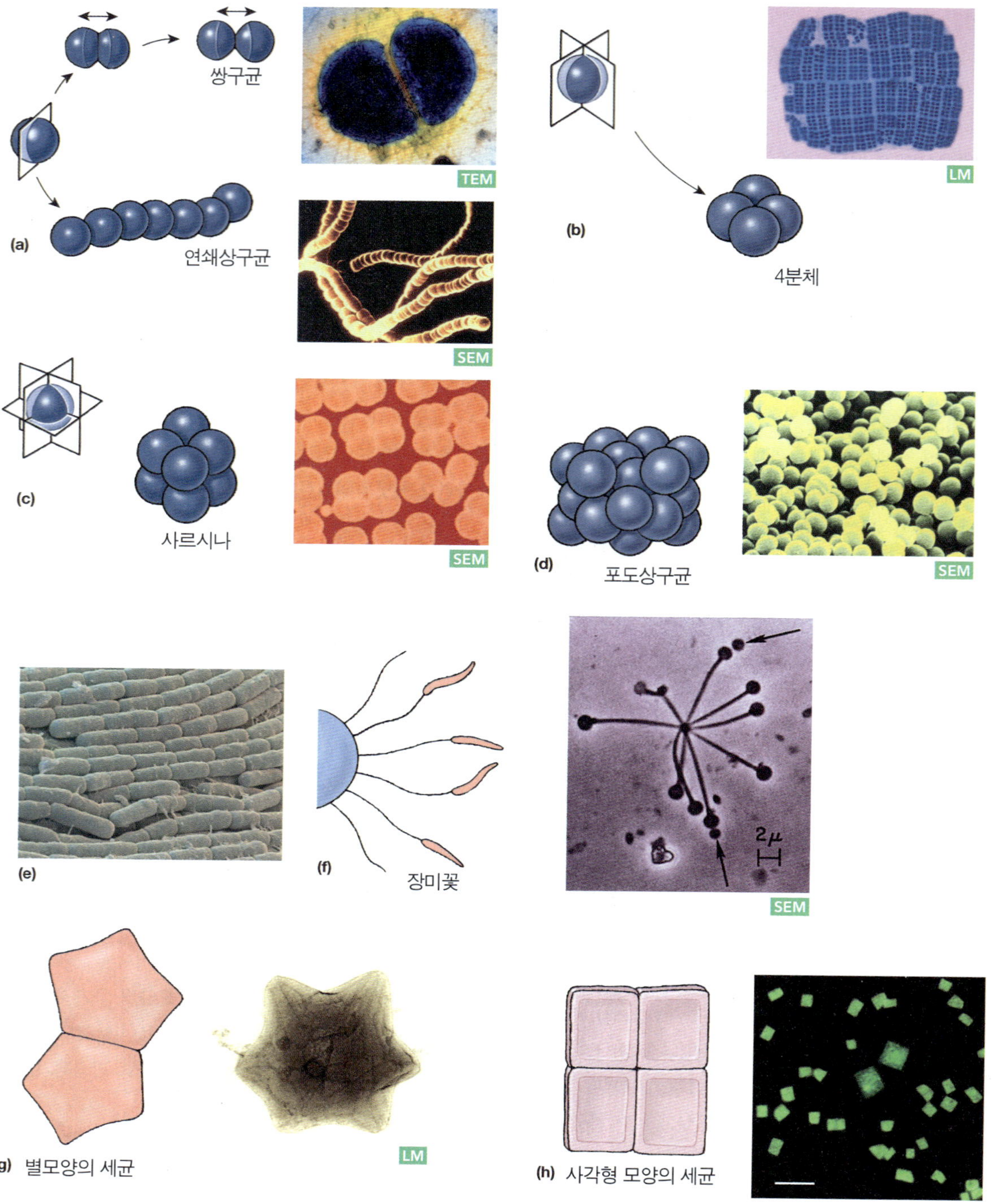

그림 4.2 세균의 배열. **(a)** 쌍으로 배열된 구균(*Neisseria*의 쌍구균)과 사슬모양으로 배열된 구균(연쇄상구균), 하나의 평면에서 분열되어 형성되었다. (위, 22,578X; 아래, 9,605X). (Kwangshin Kim/Photo Researcher, Inc., David M. Phillips/Visuals Unlimited.) **(b)** 사분체로 배열된 구균(*Merisopedia*, 100X), 2개의 평면으로 분열되어 형성되었다. (Science Vu/Visuals Unlimited.) **(c)** 사르시나(Sarcina)로 배열된 구균(*Sarcina lutea*, 16,000X), 3개의 평면으로 분열되어 형성되었다. (R. Kessel & G. Shih/Visuals Unlimited.) **(d)** 집단으로 무작위로 배열된 구균(*Staphylococcus*, 5,400X), 많은 평면으로 분열되어 형성되었다. (Dr. Tony Brain/Photo Researchers, Inc.) **(e)** 연쇄간균(Streptobaclli)라고 불리는 사슬모양으로 배열된 간균(*Bacillus megaterium*, 6,017X) (David Scharf/Science Faction.) **(f)** 장미꽃(Rosette) 모양으로 배열된 간균(*Caulobacter*, 2,400X), 줄기를 사용하여 기질에 접착되어 있다. (Courtesy James T. Staley, University of Washington.) **(g)** 별 모양(Star-shaped)의 세균(Stella). (Courtesy Dr. Heinz Schlesner, University of Kiel, Germany.) **(h)** 4각형 모양(Square-shaped)의 세균, *Haloarcula*, 고세균 영역 중의 호염균에(salt-loving member) 속한다. (Courtesy Dr. Mike Dyall-Smith, University of Melbourne, Austrailia.)

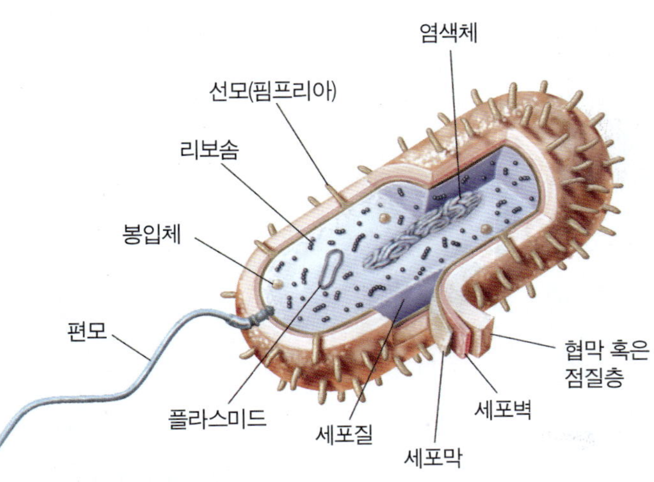

그림 4.3 전형적인 원핵세포. 묘사된 세포는 극편모(polar flagellum)를 가진 간균이다(편모는 한쪽 끝에 있다).

다. 몇몇 세균들은 함께 배양이 되었음에도 다양한 형태를 지니는데 이러한 현상을 **다형성(pleomorphism)** 이라고 한다. 게다가 생물들이 대부분의 영양분을 소비하고 폐기물을 축적하고 있는 오래된 세포 배양액의 세포들은 일반적으로 더 작을 뿐 아니라, 종종 매우 다양한 비정상적인 형태를 보인다.

배열

특징적인 형태와 더불어, 많은 세균들은 특이적인 배열을 이룬 세포 그룹으로서 발견되기도 한다(**그림 4.2**). 이러한 세포 그룹들은 세포가 분리되지 않고 분열될 때 생긴다. 구균은 하나 또는 그 이상의 평면으로 분열하거나 무작위로 분열한다. 하나의 평면에서 분열하면 쌍을 이루는 세포(접두사 **쌍-(diplo-)**으로 표시)나 사슬모양(접두사 **연쇄-(strepto-)**로 표시) 의 세포 그룹이 생성된다. 2개의 평면으로 분열하면 **4분체(tetrad**, 세포 4개가 네모를 이루며 배열) 형태의 세포를 형성한다. 3개의 평면으로 분열하면 **사르시나**(단수: **sarcinae**; 8개의 세포가 정육면체를 형성)를 형성한다. 무작위 평면으로 분열하면 **포도송이 모양(staphylo-)**을 형성한다. 간균(bacilli)은 오직 하나의 평면으로 분열하여, 한쪽 끝과 다른 쪽 끝이 연결되거나(마치 기차처럼), 옆으로 나란히 연결된 세포 그룹을 생성할 수 있다. 나선균들은 일반적으로 함께 무리를 이루지 않는다.

중점 질문 사항

1. 바이러스는 원핵생물인가 진핵생물인가? 그렇다면 이유는 무엇인가?
2. 원핵생물과 진핵생물의 표면적 대 부피 비율을 비교하라. 이러한 차이의 중요성은 무엇인가?
3. 원핵생물의 증식에는 성별이 관련되지 않았음을 설명하라. 그렇다면 증식의 목적은 무엇인가?
4. 원핵생물은 미토콘드리아가 없다. 어떤 구조가 원핵생물에서 미토콘드리아의 기능을 수행하는가?

원핵세포는 체세포분열이나 감수분열이 아닌 2분법으로 분열한다. 새로운 세포벽이 자라게 되고, 세포들은 새로운 세포벽이 자란 부분에서 반으로 조여져 나누어지게 된다. 이때 세포 내부에서는 이미 염색체가 복제되어 있고 그들은 각각 딸세포로 나누어진다.

구조의 개요

구조적으로, 세균은 다음의 것들로 구성된다(**그림 4.3**).

1. 세포막, 주로 세포벽으로 둘러싸여 있으며 때때로 추가적인 외막으로 둘러 쌓여 있다.
2. 리보솜을 포함하는 내부 세포질, 핵 영역, 그리고 때때로 과립(granules)이나 소낭(vesicles) 구조
3. 협막(capsule), 편모, 선모 등의 다양한 외부 구조.

이제 이러한 구조들을 좀 더 자세히 살펴보자.

세포벽

반고체 상태의 **세포벽**은 거의 모든 세균의 세포막 바깥쪽에 존재한다. 이것은 2가지의 중요한 기능을 수행한다. 첫 번째로 세포벽은 세포의 형태적 특성을 유지한다. 만일 세포벽이 효소에 의해 분해되면, 세포는 구형의 모양을 가지게 된다. 두 번째로, 세포벽은 삼투압(osmosis, 이 장의 뒤에서 설명함)에 의해 세포 안으로 액체가 흘러들어올 때 세포가 터지지 않도록 보호한다. 세포벽이 세포막을 둘러싸고 있지만, 많은 경우에 세포벽은 다공성이며 물질들의 세포내 유입을 조절하는 데는 큰 역할을 하지 않는다.

세포벽의 구성성분

펩티도글리칸 뮤레인(murein)으로도 불리는 펩티도글리칸(peptidolyca)은 세균의 세포벽에서 가장 중요한 구성성분이다. 이것은 중합체이며 매우커서 공유결합으로 연결된 하나의 거대한 분자로 생각할 수 있다. 이것은 여러 겹의 체인으로 연결된 울타리 (chain-link

확대경

세포벽을 보는 데(시각화하는데)에 어려움이 있는가?

그렇다. 편평한 2차원적 종이에 그려진 그림만 가지고 3차원적인 어떤 것을 상상하기란 어렵다. 세균의 세포벽을 이런 식으로 생각해보자: 1 또는 2피트 떨어져 평행으로 서있는 2개의 강철 철사로 짜인 울타리(chain-link fence)를 상상해보자. 그 사이의 공간에 많은 수의 튼튼한 금속 막대들을 서로 닿도록 더하고, 서로 단단하게 고정하자. 이제 당신은 멋지고 튼튼한 구조를 가졌다. 다음으로, 더 많은 울타리(chain-link fence)를 더하고 많은 금속 크로스바(crossbar)로 그들을 모두 서로 연결하자. 당신은 이렇게 크고 무거운 울타리를 돌파하는 게 쉬울 것이라 생각하는가? 아니다, 그리고 세균의 세포벽을 돌파하는 것 또한 쉽지 않다. 그러나 울타리의 바깥에는 강한 철사 끊는 기구(wire cutter)를 가져서 때때로 들어올 수 있는 것들이 있다 (예를 들어 항생제, 효소).

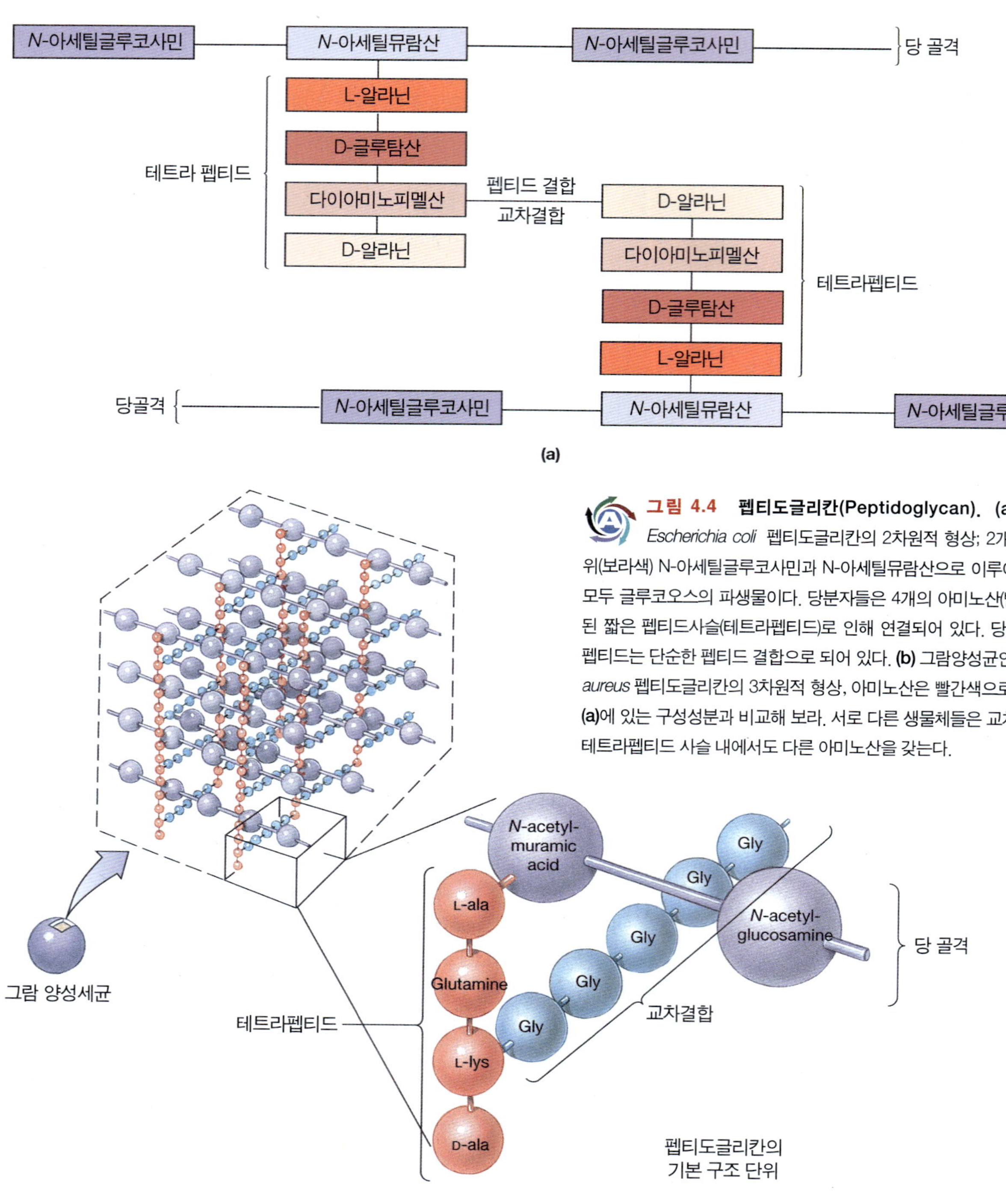

그림 4.4 펩티도글리칸(Peptidoglycan). **(a)** 그람음성균인 *Escherichia coli* 펩티도글리칸의 2차원적 형상; 2개의 교차된 당 단위(보라색) N-아세틸글루코사민과 N-아세틸뮤람산으로 이루어진 중합체로 둘 모두 글루코오스의 파생물이다. 당분자들은 4개의 아미노산(빨간색)으로 구성된 짧은 펩티드사슬(테트라펩티드)로 인해 연결되어 있다. 당분자들과 테트라펩티드는 단순한 펩티드 결합으로 되어 있다. **(b)** 그람양성균인 *Staphylococcs aureus* 펩티도글리칸의 3차원적 형상, 아미노산은 빨간색으로 표시되어 있다. **(a)**에 있는 구성성분과 비교해 보라. 서로 다른 생물체들은 교차결합 뿐 아니라 테트라펩티드 사슬 내에서도 다른 아미노산을 갖는다.

fence)와 비슷한 모양으로 세균 주위의 지지구조를 형성한다(**그림 4.4**). 그람 양성균(Gram-positive)은 40여 겹의 층을 가질 수 있다. 펩티도글리칸 중합체는 *N*-아세틸글루코사민(*N*-acetylglucosamine, gluNAc) 분자와 *N*-아세틸뮤람산(*N*-acetylmuramic acid, murNAc)이 교차되어 있다. 이 분자들은 4개의 아미노산 사슬인 테트라펩티드(tetrapeptide)에 의해 교차결합 된다. 대부분의 그람양성세균의 세 번째 아미노산은 리신(lysine)이며, 대부분의 그람음성세균의 세 번째 아미노산은 다이아미노피멜산(diaminopimelic acid)이다. 다른 많은 유기 화합물들과 마찬가지로, 아미노산 또한 입체이성질체(steroisomers)—마치 왼손이 거울상으로 오른손인 것처럼 서로 거울상을 하는 구조—를 갖는다. 테트라펩티드 사슬의 몇몇 아미노산들은 흔히 발견되는 아미노산의 거울상으로 존재한다. 이 사슬들은 쉽게 분

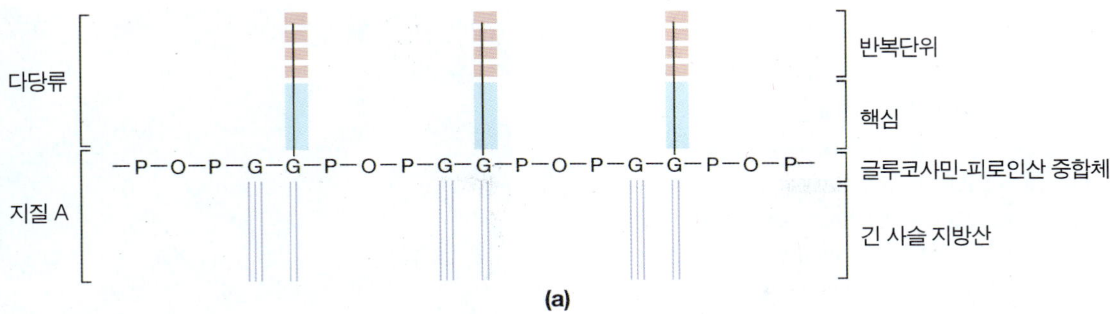

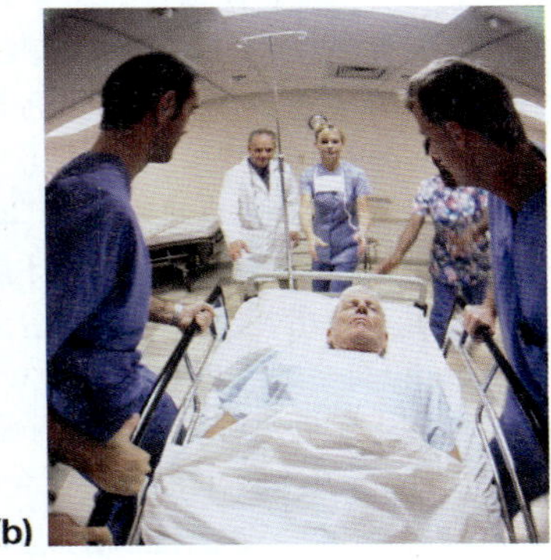

그림 4.5 **(a)** 내독소라고도 불리는 지질다당체(LPS)는 그람음성 세포벽 외막의 중요한 구성성분이다. 지질A 부분은 교차되는 피로인산 단위(POP, 연결된 인산 그룹들)와 글루코사민(G, 글루코오스 파생성분)으로 구성된 골격과 그에 부착된 긴 지방산 곁가지로 이루어져있다. 지질A는 그람음성균에 의한 감염의 위험성에 기여하는 독성 성분이다. 글루코사민 단위로부터 밖으로 뻗어 나온 다당류 곁가지들이 분자의 나머지부분을 이룬다. **(b)** 그람음성균 감염 시, 항생제 치료 시작 전에 너무 오래 기다리는 것은 위험하다. 많은 수의 그람음성 세포를 죽이는 것은 그들의 세포벽이 파괴되면서 거대한 양의 LPS(내독소) 방출을 야기할 수 있다. 입원, 심지어는 죽음도 초래할 수 있다. *(Arthur Tilley/Taxi/Getty Images)*

해되지 않는데, 대부분의 생물체에는 입체이성질체 형태를 분해할 수 있는 효소가 없기 때문이다.

그람양성 생물체의 세포벽은 추가적으로 **테이코산(teichoic acid)** 분자를 함유하고 있다. 테이코산은 글리세롤, 인산염(phosphates), 당 알코올인 리비톨(ribitol)을 포함하는 최대 30단위 길이의 중합체이다. 이 중합체는 세포벽 너머까지 확장되며 심지어 협막으로 둘러싸인 세균의 협막 너머까지도 확장된다. 테이코산의 기능은 불분명하지만, 박테리오파지(bacteriophage, 박테리아를 감염시키는 바이러스)의 결합 장소를 제공하고, 이온들이 세포 안팎을 이동할 수 있는 통로도 제공할 것으로 생각된다.

외막 그람음성세균에서 주로 발견되는 **외막(Outer Membrane)**은 2중층의 막이다(이장의 뒤에서 논의됨). 이것은 세포벽의 가장 바깥층을 형성하며 작은 지질단백질(lipoprotein, 지질과 결합된 단백질) 분자에 의하여 연속적으로 펩티도글리칸에 부착되어있다. 지질단백질은 외막에 박혀있으며 펩티도글리칸에 공유결합으로 연결되어 있다. 외막은 엉성한 체와 같은 구조로서 물질들의 세포 안팎으로의 이동 조절에는 영향을 거의 주지 않는다. 그러나 외막은 환경으로부터의 특정 단백질의 수송을 조절하는 역할을 한다. 포린(porin)이라고 불리는 단백질은 외막을 통과하는 채널을 형성한다. 그람음성세균은 그람양성세균보다 페니실린(penicillin)에 덜 민감한데, 부분적으로는, 외막이 페니실린의 세포내로의 침입을 저해하기 때문이다. 외막의 바깥표면은 표면 항원(surface antigen)과 수용체(receptor)를 갖는다. 특정 바이러스는 세균을 감염시키는 첫 번째 과정으로서 몇몇 수용체에 결합할 수 있다.

내독소(endotoxin)라고도 불리는 **지질다당류(lipopolysaccharide, LPS)**는 외막의 중요한 구성성분이며 그람음성세균을 증명하는데 사용될 수 있다. 이 구조는 세포벽의 필수적인 부분이며 세균이 죽은 후 세포벽이 분해될 때까지 분리되지 않는다. LPS는 다당류(polysaccharides)와 **지질 A(lipid A)**로 구성된다**(그림 4.5)**. 다당체는 생물체의 바깥쪽으로 뻗어있는 반복된 곁사슬(side chain)로 관찰된다. 이러한 반복된 단위들은 다른 그람음성세균들을 구별하는데 사용된다. 지질A는 독성의 성질을 갖는데 관여하여, 어느 그람음성세균 감염도 잠재적으로 심각한 건강상 문제를 일으킬 수 있도록 한다. 이는 발열, 혈관 팽창을 유발하여 혈압이 급격히 떨어진다. 세균은 죽으면서 주로 내독소를 방출하기 때문에 이들을 죽이는 것은 이 강한 독성물질의 농도를 증가시킬 것이다. 그러므로 감염 시 뒤늦게 항생제를 주입하는 것은 더 심각한 증상을 일으키거나 환자의 죽음까지 유발할 수 있다.

주변세포질 공간 많은 세균들의 또 다른 특징적인 특성은 세포막과 세포벽 사이에 공간(gap)이 존재한다는 것이다. 이 공간은 그람음성세균을 전자현미경으로 관찰할 때 가장 쉽게 관찰된다. 이러한 생물체에서 이 공간은 **주변세포질 공간(periplasmic space)**이라고 불린다. 주변세포질 공간은 세포 대사에서 매우 활성화된 영역이다. 이 공간은 세포벽 펩티도글리칸뿐만 아니라 많은 분해효소(digestive

확대경

거대한 그리고 더 거대한 미생물

매우 작은 원핵세포의 특징을 벗어난 예외적인 미생물이 1985년에 발견되었는데, 이 미생물은 오스트레일리아의 그레이트 베리어 리프(Great Barrier Reef)와 홍해(Red Sea)에서 잡힌 철갑상어의 내장 안쪽에서 공생하며 살고 있었다. *Epulopiscium fishelsoni*라 불리는 이 미생물은 육안으로 관찰할 수 있다. 길이 600μm에 직경이 80μm에 달하는 것도 있으며, 이것은 보통 *Paramecium caudatum*과 같은 단일 원핵생물 길이의 수배에 해당 되며, *E. coli* 보다는 100만 배 이상의 길이에 해당한다. 당신은 현미경 없이도 이 미생물을 육안으로 볼 수 있다! 그러나 이것은 이 미생물의 독특한 특징들 중 하나일 뿐이다. 이러한 균들은 이분법이 아닌, "live-birth"라고 하는 색다른 방법에 의해서 증식한다. 모세포의 세포질 안에, 2개의 작은 "아기 박테리아"가 발달하게 된다. 이것은 모세포의 한쪽 끝에서 틈같이 열려진 곳을 통해 방출 된다(탄생 한다). 이런 기작은 포자를 형성하던 조상과 관련 있을 것으로 생각된다. *Epulopiscium*의 또 다른 독특한 특징은 이 세균의 큰 사이즈로 볼때, 세포에 치명적인 손상 없이 세포내 탐침자(intracellular probe)를 삽입하는 것이 가능할 수도 있다는 것이다. 이것이 가능하다면 모든 종류의 세포질 기능에 관한 연구가 가능할 것이다. 일반적인 세균들은 이러한 실험을 하기에는 너무 작다.

그 후 1997년, 독일의 해양미생물 학생이었던 슐츠(Heide Shultz)는 지금까지 알려지지 않았던 지름이 750μm에 이르는 가장 거대한 구형세균을 발견하였다. 그것은 아프리카 나미비아(Namibia) 해안 근처의 해저 퇴적물에서 살며, 그 세포질 안에 수백 개의 반짝이는 백색 황 과립을 가지고 있으며, 최대 50개에 이르는 세포들로 사슬을 이루며 성장하여 마치 진주 가닥처럼 보인다. 이 세균은 *Thiomargarita namibia*(티오, 황; 마르가리타, 진주)라는 적절한 이름으로 명명되었다. 이 세균들은 그 거대한 사이즈로 인하여, 새로운 영양분의 공급없이 3개월간 생존할 수 있는 충분한 영양분을 저장할 수 있다.

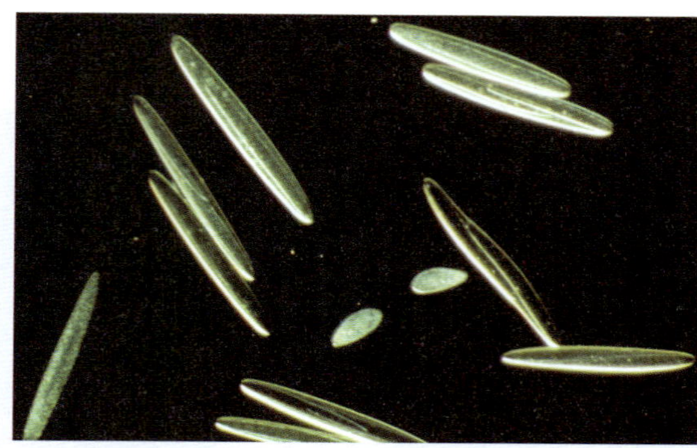

Epulopiscium fishelsoni. (Esther R. Angert/Phototake) 

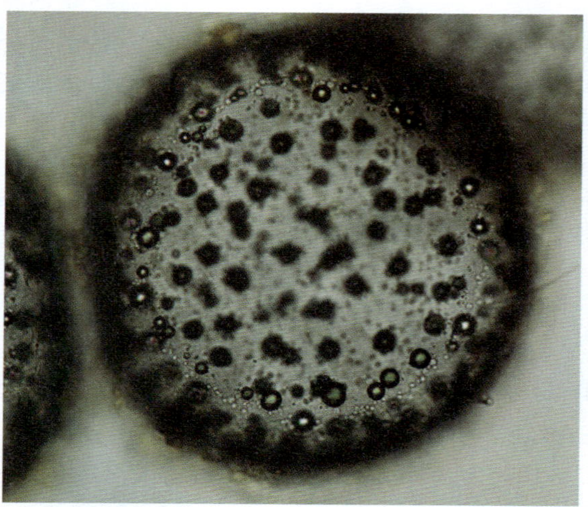

Thiomargarita namibia, 거대구균, 수백개의 황입자 가짐. SEM
(courtesy Heide Schulz, Max Planck Institute for Marine Mikrobiology, Bremen, Germany)

enzyme)들과 수송 단백질을 함유하고 있으며 이들은 각각 잠재적으로 해로운 물질을 파괴시킬 수 있고 세포질에 대사물질을 전달해 준다. 주변세포질(periplasm)은 주변세포질 공간에서 발견되는 대산산물과 단백질 성분 그리고 펩티도글리칸으로 구성된다. 주변세포질 공간은 그람양성세균에서는 거의 관찰하기 어렵다. 그러나 이러한 균들도 그람음성세균이 가지고 있는 동일한 대사 및 수송 기능을 수행해야만 한다. 대부분의 그람양성세균들은 대사적 분해가 일어나고 펩티도글리칸이 부착되어 있는 주변세포질만 있고 주변세포질 공간은 없는 것으로 생각된다. 따라서 그람양성세균 세포의 주변세포질은 세포벽의 일부분이 된다.

표 4.2

그람양성균, 그람음성균, 항산성균의 세포벽의 특징

특징	그람양성균	그람음성균	항산성균
펩티도글리칸	두꺼운 층	얇은 층	비교적 적은 양
테이코산	대부분 존재	없음	없음
지질	매우 소량 존재	지질다당류	마이콜산 (Mycolic acid), 다른 왁스류 (other waxes), 당지질
외막	없음	존재	없음
주변세포질 공간	없음	존재	없음
세포 형태	항상 견고함	견고하거나 유동적	견고하거나 유동적
효소 분해 결과	원형질체	스페로플라스트	분해가 어려움
염료와 항생제에 대한 민감성	가장 민감함	중간정도의 민감함	가장 덜 민감함

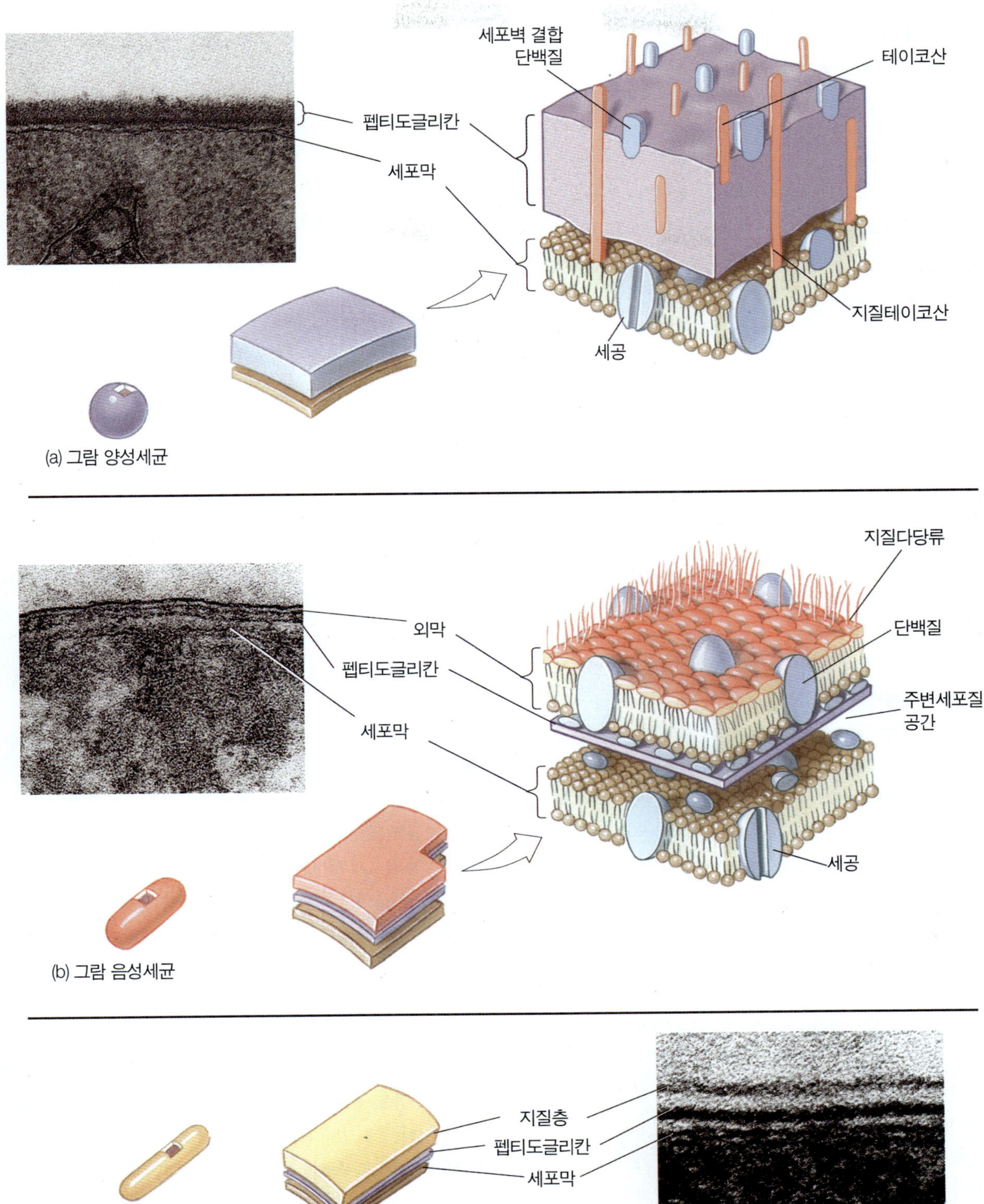

그림 4.6 세균의 세포벽. 대표적인 세균의 투과 전자현미경 사진과 도식도 **(a)** 그람양성세균(*Bacillus fastidosus*), 확대배율 미지수(Biological Photo Service), **(b)** 그람 음성세균(*Azomonas insignis*) (280, 148X), (Dr. T. J. Beveridge/Biological Photo Service), **(c)** 항산성세균(*Mycobacterium phlei*) (24,013X). (Terrance J. Beveridge & T. Paul/Visuala Unlimited)

세포벽에 의한 균의 분류

세포벽이 지닌 특정한 속성은 염색 반응에서 다른 양상을 일으킨다. 그람양성세균, 그람음성세균 그리고 항산균은 이러한 반응을 기준으로 구분 할 수 있다(**표 4.2**와 **그림 4.6**).

그람양성세균. 그람양성세균의 세포벽은 폭이 20~80 nm인 상대적으로 두꺼운 펩티도글리칸 층을 지닌다. 펩티도글리칸 층은 세포막의 외부 표면과 밀접하게 붙어있다. 화학 분석 결과, 그람양성세균 세포벽의 60~90%는 펩티도글리칸인 것으로 알려졌다. 연쇄상구균(stretococci)을 제외한 대부분의 그람양성세균 세포벽은 단백질을 거의 함유하고 있지 않다. 펩티도글리칸이 세포벽으로부터 분해되면, 그람양성세균은 **원형질체(protoplasts)**, 세포벽은 없지만 세포막을 지니는 세포가 된다. 원형질체는 세포 내부의 압력과 동일한 등장액(isotonic solution) 상태에 있지 않다면 쭈그러들거나 터지게 된다.

그람양성세균은 두꺼운 세포벽을 지니므로 세포질에서 크리스탈 바이올렛-요오드 염색(crystal violet-iodine dye)을 유지할 수 있으며, 펩티도글리칸이 없지만 두꺼운 벽을 지니는 효모에서도 이 염색이 가능하다. 따라서 그람 염색의 유지는 펩티도글리칸이 아니라 세포벽의 두께와 직접적인 관계가 있는 것으로 보인다. 세포의 생리적인 손상이나 노화는 그람양성세균의 세포벽을 물질이 빠져나가기 쉬운 상태로 만들어 염색 복합체를 방출시킨다. 이런 균들이 노화됨에 따라 그람-가변성(Gram-variable) 혹은 심지어 그람-음성(Gram-negative)이 될 수 있다. 그러므로 그람 염색은 반드시 24시간미만의 배양균으로 실시해야 한다.

그람양성세균은 외막(outer membrane)과 주변세포질 공간(periplasmic space)이 없다. 그러므로 주변세포질(periplasm)이 함유하지 못하는 분해 효소들은 주변 환경으로 분비되게 되는데, 그 분비된 분해 효소들은 주변 환경에 희석되어 균들에게 아무런 도움을 주지 못한다.

그람음성세균. 그람음성세균의 세포벽은 그람양성세균의 세포벽보다 얇지만 훨씬 더 복잡한 구조를 가지고 있다. 세포벽의 10~20% 만이 펩티도글리칸이며, 나머지는 다양한 다당류, 단백질, 지질들로 이루어져 있다. 세포벽은 벽의 외부 표면을 구성하는 외막을 포함하며 매우 좁은 주변세포질 공간을 가지고 있다. 벽의 내부 표면은 세포막과의 사이에 넓은 주변세포질 공간을 포함하고 있다. 독소와 효소는 균에게 해를 끼칠 수 있는 물질을 파괴하는데 충분한 농도로 주변세포질 공간에 존재하지만, 이들을 만들어 내는 균에는 해롭지 않다. 세포벽이 만약에 분해되어 사라지면, 그람음성세균은 세포막과 외막을 둘 다 지니는 **스페로플라스트(spheroplasts)**가 된다. 그람음성세균은 탈색과정에서 부분적으로 크리스탈 바이올렛-요오드 염색을 유지하지 못하는데, 이는 그람음성세균이 얇은 세포벽을 가지고 있고 상대적으로 많은 양의 지질단백질(lipoproteins)과 지질다당류(lipopolysaccharides)를 가지고 있기 때문이다.

항산성세균. 항상균 즉 마이코박테리아(mycobacteria)의 세포벽은 그람양성세균처럼 두껍지만, 대략 60%의 지질과 아주 적은 양의 펩티도글리칸으로 구성된다. 항산성 염색 과정에서 카르볼푹신(carbolfuchsin)은 세포질에 부착되어 산-알코올 혼합물에 의하여 잘 제거되지 않는다(◀3장 p. 70). 지질은 항산균에서 대부분의 다른 염료들에 의한 염색이 잘 안되도록 막아주며 산이나 알칼리로부터 균들을 보호한다. 항산균은 느리게 성장하는데 이는 지질이 영양분이 세포 안으로 들어가는 것을 방해하고, 세포들은 지질 합성을 위해 많은 양의 에너지를 소비하기 때문이다. 항산균은 그람염색법에 의해 염색이 가능하며, 그람양성세균과 동일하게 염색된다.

세포벽 손상을 이용한 세균 억제. 균을 억제하는 몇몇 방법들은 세포벽의 특성에 기초를 둔다. 예를 들어, 항생물질인 페니실린(penicillin)은 펩티도글리칸 합성의 최종 단계를 방해한다. 만약 페니실린이 세균 세포가 분리될 때 존재한다면, 그 세포는 완전하게 벽을 형성하지 못하고 죽게 된다. 유사하게, 눈물이나 사람의 다른 분비물에 존재하는 라이소자임(lysozyme) 효소는 펩티도글리칸을 분해한다. 이 효소는 몸에 들어온 균으로부터 보호해 주고 눈병에 대한 신체의 주요한 방어책이 된다(◀그림 19.4 참조).

세포벽이 결핍된 세균

마이코플라스마 속(genus)에 속하는 세균들은 세포벽이 없다. 하지만 그들은 세포막에 스테롤을 가지고 있어서 세포막을 강화하여 삼투압에 의한 세포의 팽창과 파열로부터 세포를 보호할 수 있다. 스테롤들은 진핵세포에서 주로 발견되는 분자로서 원핵세포에서는 거의 발견되지 않는다. 스테롤을 함유한 강화된 세포막에 의한 보호는 완전하지 못하며, 따라서 마이코플라즈마를 배양하기 위해서는 특정배지를 사용하여야 한다. 단단한 구조의 세포벽이 없으므로 그들은 다양한 형태를 가지고 있어서, 종종 가느다란 가지의 섬유사(flaments)를 형성하거나 극단적인 다형성(pleomorphism)을 나타내기도 한다.

세포벽을 지니고 있지만 갑자기 세포벽 형성 능력을 상실하는 종류의 세균들도 있다. 이와 같이 세포벽이 결핍된 균주들을 **L-형태(L-form)** 이라고 부르는데, 이 이름은 70여년 전에 Lister Institute에서 발견된 것을 기념하여 명명하였다. 세포벽은 자연적으로 또는 화학적 처리에 의해서 상실된다. L-형태는 만성질환 혹은 병의 재발에서 중요한 역할을 할 수도 있다. 세포벽의 합성에 영향을 주는 항생물질을 이용한 치료는 대부분의 균을 죽이겠지만, 소량의 L-형태의 균이 살아남게 된다. 치료가 중지되면, L형태는 벽이 있는 형태로 전환될 수 있고 감염 균으로 다시 성장하게 된다. 이와 관련된 예는 장의 만성 장애인 크론병(Crohn' s disease)을 일으키는 *Mycobacterium*

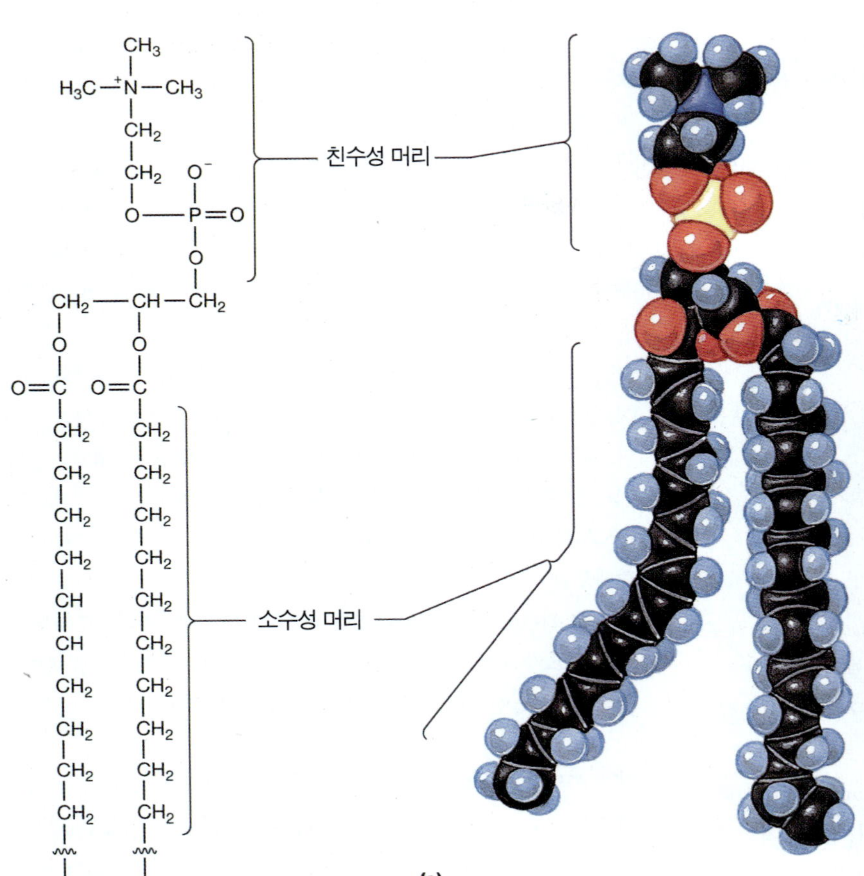

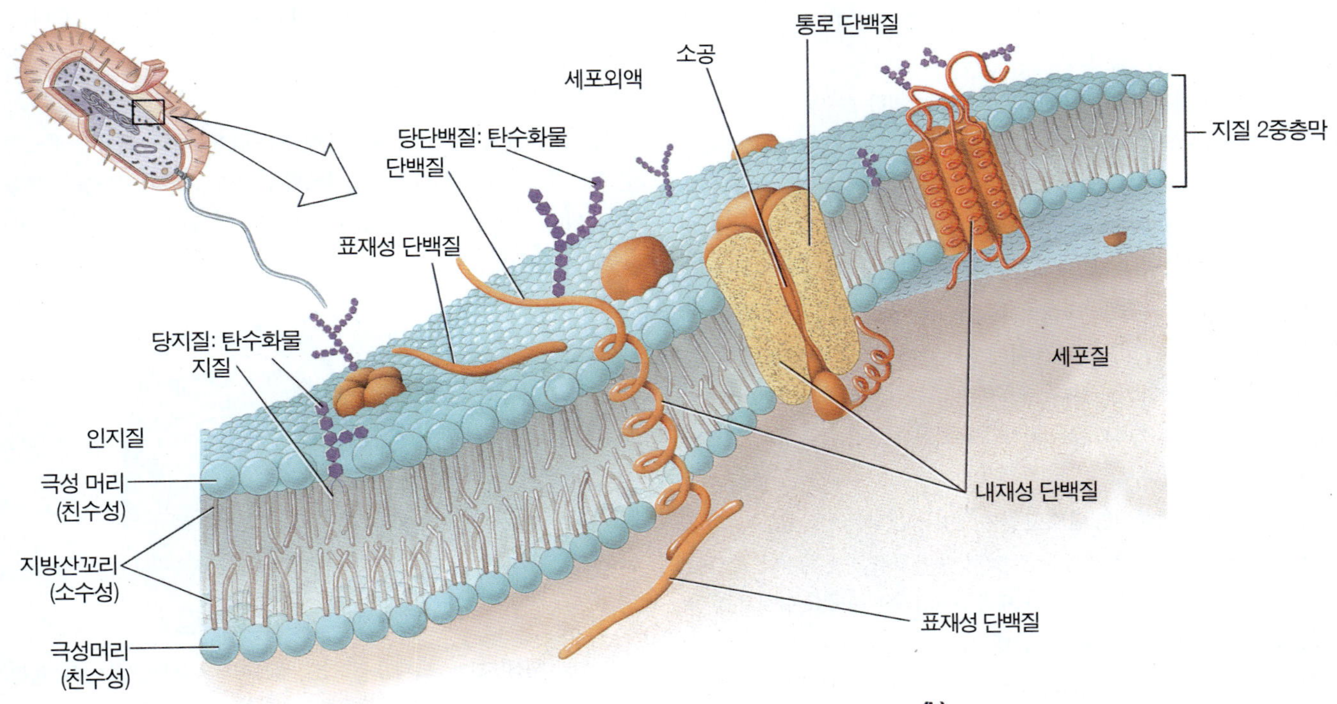

그림 4.7 세포막의 유동모자이크 모델. (a) 막의 기본적인 구조적 성분은 인지질 분자이다. 인지질은 탄화수소로 이루어진 2개의 긴 지방산 "꼬리"를 지닌다. 꼬리는 소수성으로 이들은 물과 상호작용을 할 수 없으며 대부분의 수용성 물질에 대해 기름 장벽을 형성한다. "머리"는 전하를 띤 인산그룹으로 구성된 분자이며, 보통 전하를 띤 질소를 함유하는 그룹에 붙어있다. 머리는 친수성으로 물과 상호작용을 한다. hydrophilic head-친수성 머리 hydrophobic tails-소수성 꼬리. **(b)** 막 구조의 유동모자이크 모델. 인지질은 소수성인 꼬리가 중심부(cantral core)를 형성하고 친수성인 머리가 세포의 내부와 외부 환경 두 곳을 향하면서 표면을 형성하여 2중층을 이룬다. 이런 유동성 2중층에서, 단백질은 빙산같이 떠다닌다. 몇몇 단백질들은 외부로 2중층 밖으로 나와 있고, 다른 단백질들은 세포막의 내부 혹은 외부 표면에 고정되어 있다. 당의 사슬에 연결된 단백질과 지질들은 각각 당단백질과 당지질이라고 부른다. 마이코플라즈마(mycoplasma)와 같이 몇몇 세균들은 진핵세포들처럼 그들의 막에 콜레스테롤(cholesterol) 분자를 가진다. 마이코플라즈마는 세포벽이 결핍되어 있다; 콜레스테롤 분자들이 세포막을 단단하게 해준다.

paratuberculosis 균에서 볼 수 있다.

몇몇 고세균(Archaea)은 세포벽이 완전히 결핍되어 있을 수도 있지만, 다른 종들은 펩티도글리칸 없이 다당류 혹은 단백질로 이루어진 벽을 지니기도 한다. 그 대신에 이들은 슈도뮤레인(pseudomurein)라 불리는 유사한 화합물을 지닌다.

중점 질문 사항

1. 펩티도글리칸과 테이코산의 위치와 기능을 비교하여라.
2. 주변세포질 공간에서는 무엇을 하는가? 이런 공간은 어느 균에 존재하나?
3. 다음 용어들이 서로 어떠한 관련이 있는지 설명하시오: 세포벽, 외막, 지질다당류, 내독소, 지질A, 세포의 죽음.
4. 그람양성균, 그람음성균 그리고 항산균의 세포벽을 비교하여라.

세포막

세포막(cell membrane) 혹은 원형질 막(*plasma membrane*)은 세포와 그 세포 주변 환경을 구분하는 막이다. 또한 세포질 막으로도 알려져 있으며, 막은 동적이고, 끊임없이 변화하며 세포벽과 구별되는 구조이다.

박테리아의 세포막은 다른 모든 세포막들과 동일한 일반적 구조를 지닌다. 이러한 막들은 이전에는 단위막(unit membrane)이라 불리었으며, 주로 인지질과 단백질로 구성되어 있다. **유동모자이크 모델(Fluid-mosaic model)** **(그림 4.7)**은 이와 같은 막 구조를 설명하고 있다. 이름에서 알 수 있듯이 유동모자이크 모델은 막에 있는 인지질이 유동적인 상태이고 그 지질분자 사이에 단백질들이 모자이크처럼 펼쳐져 있다는 가설이다.

막의 인지질은 2중층(bilayer) 혹은 인접한 2개의 층을 형성한다. 각각의 층에서, 지질 분자의 인산 말단은 막 표면을 향해 뻗어있고, 지방산은 안쪽을 향해 뻗어있다. 전하를 띤 인산의 말단은 **친수성(hydrophilic, water-loving)**이여서 물과 같은 주변 환경과 상호작용이 가능하다(그림 4.7a). 주로 비극성 탄화수소 사슬로 이루어진 지방산의 말단은 **소수성(hydrophobic, water-fearing)**의 특성을 가지고 있어서 세포와 그 주변 환경 사이에서 장벽을 만든다. 어떤 막들은 다른 지질을 함유하기도 한다. 세포벽이 없는 마이코플라즈마(mycoplasmas)의 막은 스테롤(sterol)이라 불리는 지질을 함유하여 견고한 막을 형성하고 있다.

지질 분자 사이에는 단백질 분자들이 산재되어 있다 (그림 4.7b). 몇몇 단백질들은 막 전체에 퍼져 있고 운반체로 작용하거나 물질이 세포로 들어오거나 나갈 수 있는 세공(pore)이나 채널을 형성하고 있다. 막의 외부표면에 존재하는 단백질들은 특정 세균들을 구분할 수 있는 특성을 부여하기도 한다. 다른 단백질들은 막 안에 박혀 있거나, 느슨하게 부착되어 있다. 막의 내부에 존재하는 단백질들은 주로 효소들이다. 마이코플라즈마와 같은 많은 균들은 대부분의 진핵세포들(eukaryotes)처럼 그들의 세포막에 콜레스테롤(cholesterol) 분자를 지닌다. 마이코플라즈마는 세포벽이 없기 때문에, 콜레스테롤 분자가 세포막을 견고하게 만들어 준다.

세포막은 역동적이고 끊임없이 변화하는 구조이다. 물질들은 선택적으로 세공(pore)이나 지질을 통해 지속적으로 이동한다. 또한 막에 존재하는 지질과 단백질은 계속해서 위치를 바꾸고 있다. 몇몇 항생물질과 살균제는 세포막을 누출시켜 박테리아를 죽이는데, 이 내용은 ◀13장에서 다룰 것이다.

세포막의 주요 기능은 수송 기작들에 의해 세포의 내부와 외부 사이의 물질 이동을 조절하는 것으로, 이 내용은 이 장에서 다룰 것이다. 세균의 세포막은 진핵세포의 다른 구조들에 의하여 수행되는 몇몇 기능을 수행하기도 한다. 세포막은 세포벽 구성 성분을 합성하고, DNA 복제를 돕고, 단백질을 분비하며, 호흡작용을 수행하고, ATP 형태로 에너지를 저장하는 역할을 한다. 또한 편모(*flagella*)라고 불리는 부속 기관의 기저부위(base)를 포함하고 있는데, 이 기저부위로 인하여 편모가 움직이게 된다. 마지막으로, 세균의 세포막에 존재하는 몇몇 단백질들은 주변 환경에 있는 화학물질에 대해 반응하기도 한다.

내부 구조

세균은 세포질(cytoplasm)안에 일반적으로 리보솜(ribosomes), 핵양체(nucleoid), 그리고 다양한 소낭들(vaculoes)을 포함하고 있다. 그림 4.3은 일반적인 원핵생물에서 이러한 구조들의 위치를 보여준다. 어떤 세균들은 간혹 내생포자(endospores)를 포함하기도 한다.

세포질

원핵세포의 **세포질**은 세포막 안쪽에 있는 반유동성 물질이다. 세포질은 주로 1개, 2개 혹은 3개의 염색체와 리보솜과 같은 구조들을 포함하고 있다. 세포질의 4/5는 물이고 1/5는 그 물에 용해되어 있거나

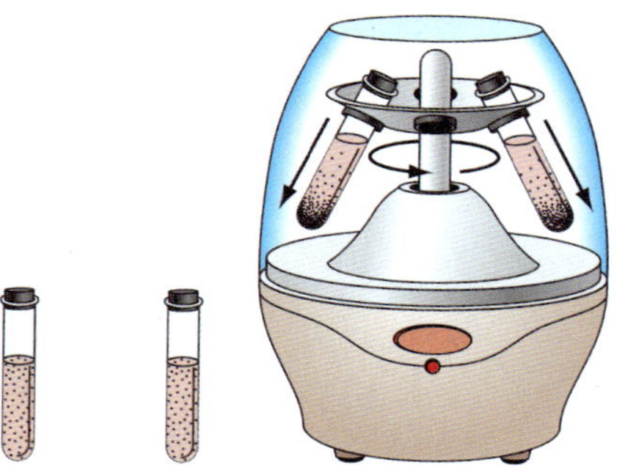

그림 4.8 원심분리기. 액체가 들어있는 튜브에서 부유하는 입자들은 높은 속도로 회전하게 되면 튜브의 바닥으로 가라앉거나 다른 높이에서 밴드를 형성한다. 밴드가 위치하거나 가라앉는 정도에 따라서 크기와 무게 그리고 입자의 모양을 결정하는데 이용할 수 있다.

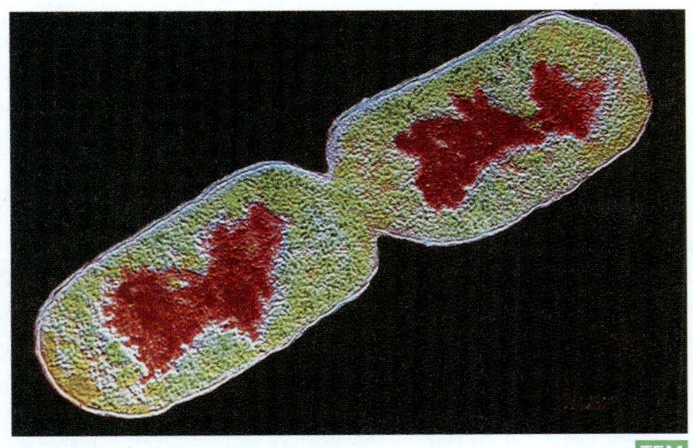

그림 4.9 세균의 핵 영역. 빨간 색으로 표시된 DNA가 관찰되는 *Escherichia coli*의 얇은 단면도 컬러 투과 현미경사진(42,382X), (CNRI/Custom Medical Stock Photo, Inc.)

부유중인 물질로 이루어져 있다. 이러한 물질은 효소 및 다른 종류의 단백질들, 탄수화물, 지방 및 다양한 무기 이온들을 포함한다. 동화 작용과 이화 작용 같은 많은 화학 반응이 이 세포질에서 일어난다. 진핵세포질과는 달리, 원핵생물의 세포질은 "원형질 유동(streaming)" 이라 알려진 운동을 못한다.

리보솜

리보솜은 RNA와 단백질로 이루어져 있다. 리보솜은 세균의 세포질에 풍부하게 존재하며 종종 **폴리리보솜(polyribosomes)**이라고 불리는 긴 사슬을 이루기도 한다. 리보솜은 거의 구형에 가깝고, 진하게 염색되며, 큰 소단위와 작은 소단위로 이루어져 있다. 리보솜은 단백질 합성 부위로 작용한다(◀7장).

리보솜과 리보솜을 이루는 소단위들의 상대적인 크기는 원심분리기(centrifuge)라 불리는 기계에서 튜브가 빠르게 회전할 때 튜브 바닥으로 이동하는 침전 비율을 측정하여 결정할 수 있다. 일반적으로 분자 크기에 따라 변하는 침전 비율은 스베드버그(*Svedberg*, S) 단위로 표현된다. 진핵세포의 리보솜보다 작은 세균의 리보솜은 70S의 비율을 나타내며, 이들의 소단위들은 30S와 50S의 비율을 지닌다. 스트렙토마이신(streptomycin)과 에리트로마이신(erythromycin)과 같은 특정 항생 물질들은 특별히 70S 리보솜과 결합하여 세균의 단백질 합성을 방해한다. 진핵세포에서 발견되는 더 큰 80S 리보솜은 이러한 항생물질에 영향을 받지 않으므로, 이러한 항생물질들은 숙주 세포에 해를 끼치지 않고 세균을 죽일 수 있다.

핵영역(Nuclear Region)

진핵세포와 다른 원핵세포의 가장 중요한 특징 중 하나는 핵막으로 둘러싸인 핵이 없다는 것이다. 핵(nucleus) 대신에 세균은 **핵 영역(nuclear region)** 혹은 **핵양체(nucleoid)**를 가지고 있다 **(그림 4.9)**. 세포의 중심에 위치한 핵영역은 주로 DNA로 구성되어 있지만, 관련된 몇몇 RNA, 단백질들도 포함되어 있다. 오랜 기간 DNA는 크고 동그란 하나의 염색체(chromosome)의 형태로 존재한다고 믿어져 왔다. 그 후 1989년에 2개의 원형 염색체가 수생 광합성균인 *Rhodobacter sphaeroides*에서 발견되었다. *Agrobaterium rhizogenes*도 마찬가지로 2개의 원형 염색체를 지니고 있고, 이와 유사한 식물 종양의 원인으로 작용하는 *Agrobacterium tumefaciens*는 하나는 원형 염색체와 하나의 선형 염색체를 가지고 있다. 돼지의 병원균인 *Brucella suis*(부루셀라균)은 보통 2개의 염색체를 갖지만 같은 종들 중 어떤 균주(strain)들은 1개의 염색체만을 갖기도 한다. 콜레라 원인균인, *Vibrio cholerae*는 2개의 원형 염색체를 가지고 있다: 하나는 크고, 다른 하나의 크기는 큰 사이즈의 약 1/4이다. 이 2개의 염색체는 모두 증식에 있어서 필수적이다. 어떤 균들은 또한 플라스미드(plasmid)라고 불리는 작은 원형의 DNA 분자를 포함하기도 한다. 플라스미드에 있는 유전적 정보는 염색체에 있는 정보를 보충한다(◀8장). 세균이 가지고 있는 염색체 수 진화와 관련된 내용은 ◀9장에서 다뤄질 것이다.

내막 체계

광합성세균과 시아노박테리아는 **색소체(chromatophores)**라고 알려져 있는 내막계를 가지고 있다**(그림 4.10)**. 세포막에서 나온 색소체의 막은 당의 합성에 이용되는 광에너지를 포집하는데 사용된다. 질소 화합물을 녹색식물이 이용할 수 있는 형태로 전환시키는 토양 생물체인 질화세균(Nitrifying bacteria)도 내막을 가지고 있다. 이들은 질소 화합물을 산화시킴으로써 에너지를 얻는데 사용되는 효소를 지닌다(◀5장).

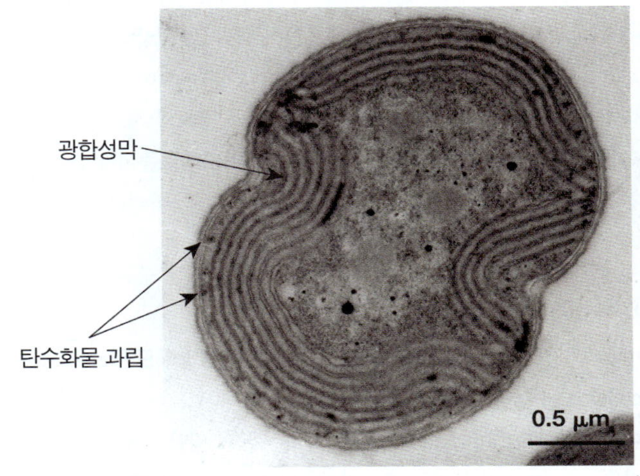

그림 4.10 내막체계. 색소체가 보이는 시아노박테리아 *Synechocystis*의 투과전자현미경 사진. 세포의 외부 영역은 광합성막(photosynthetic membrane)으로 가득 차 있다. 막들 사이의 검은 점은 과립(granule)으로 광합성으로부터 만들어진 탄수화물을 저장한다.

박테리아 세포의 전자 현미경 사진은 종종 메소좀(mesosome)이라 불리는 큰 세포막의 함입구조를 보여준다. 비록 처음에는 이들이 살아있는 세포에 존재하는 구조라고 생각되었지만, 지금은 그것이 인위적 구조임이 증명되었다: 즉, 메소좀은 전자현미경으로 표본을 준비하는 과정에서 형성되는 것이다.

봉입체

박테리아는 그들의 세포질 안에 **봉입체**라고 불리는 다양한 작은 구조들을 지닐 수 있다. 간혹 과립(granule)이나 소낭(vesicle)이라고 부르기도 한다.

과립은 비록 막으로 경계가 있지는 않지만, 매우 밀도있게 물질들을 함유하고 있으므로 세포질에서 쉽게 용해되지 않는다. 각각의 과립은 글리코겐(glycogen)이나 폴리인산(polyphosphate)과 같은 특정 물질을 함유한다.

글루코오스의 중합체인 글리코겐은 에너지로 이용된다. 폴리인산은 인산 중합체로 다양한 대사 과정에 인산을 공급한다. 폴리인산 과립은 **볼루틴 과립(volutin granule)**, 혹은 **변색반응(metachromasia)**을 나타내기 때문에 **변색성 과립(metachromatic granule)**이라고도 불린다. 즉, 메틸렌블루(methylene blue)로 단순염색된 대부분의 물질들은 일정하고 명확한 색을 띠지만, 변색성 과립은 다양한 색을 나타낸다. 세균들이 이러한 과립을 충분히 가지고 있더라도 기아상태에서는 고갈되게 된다. 황의 물질 대사로 에너지를 얻는 세균들은 세포질에 비축된 황 과립을 포함하기도 한다.

특정 세균은 **소낭(vesicle)**이라 불리는 막으로 둘러싸인 특수한 구조를 지닌다. 일부 수생광합성세균과 시아노박테리아는 가스로 가득 찬 단단한 소낭들을 지닌다(◀그림 3.25 참조). 이러한 박테리아들은 소낭 안에서 가스의 양을 조절하여, 광합성을 위한 최적의 빛을 얻기 위한 높이로 떠오른다. 오직 세균에서만 발견되는 또 다른 형태의 소낭은 폴리베타하이드록시부티르산(poly-β-hydroxybutyrate)을 축적한다. 이러한 지질 축적물은 에너지의 저장소와 새로운 분자 건축물을 위한 탄소의 공급원으로 작용한다. **마그네토좀**이라 불리우는 철-함유 소낭을 설명하고 있는 p. 97의 살아있는 자석이라는 "도전하라"를 참고하시오.

내생포자

방금 묘사된 박테리아 세포들의 특성들은 **영양세포(vegetative cells)** 또는 영양분의 대사를 수행하고 있는 세포들에만 적합할 것이다. *Bacillus*와 *Clostridium*과 같은 몇몇 세균의 영양 세포들은 **내생포자(endospore)**라 불리는 휴지기의 세포를 만들기도 한다. 세균의 내생포자는 보통 단순하게 포자(spore)라고 언급되기도 하지만, 곰팡이의 포자와 구분해야한다. 1개의 세균은 하나의 내생포자를 형성하며, 이는 단지 세균이 생존하는데 도움을 줄 뿐이지 생식에 사용되지는 않는다. 곰팡이는 수많은 포자를 형성하며, 이는 생존에 도움을 주고 또한 생식의 수단으로 이용된다.

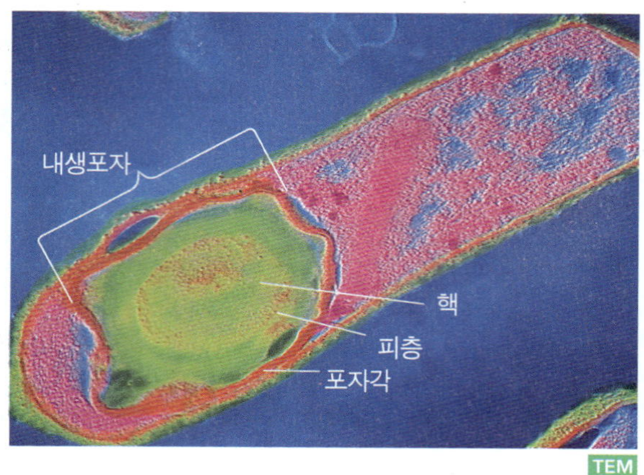

그림 4.11 내생포자. *Clostridium perfrigences* 세포 안에 내생포자의 칼라 전자현미경 사진(29,349X). (Institut Pasteur/Phototake)

1877년 F. Cohn이 최초로 세균성 포자를 설명하였다.

세포 안에 형성되는 내생포자는 매우 적은 양의 물을 함유하고 있으며 열, 건조, 산, 염기, 특정 살균제와 심지어는 방사선에 대해 높은 저항성을 보인다. 영양분의 고갈은 보통 많은 수의 세포가 포자를 만들어 내도록 유도한다. 그러나 많은 연구자들은 포자가 일반적인 생활사의 일부분이고, 심지어는 영양분이 충분하고 환경적 조건이 좋아도 어느 정도 개체수의 포자가 형성된다고 믿고 있다. 따라서 내생포자를 형성하는 포자형성(sporulation)은 세균이 앞으로 조건이 나빠질 수도 있는 가능성에 대한 준비로 보이며, 이는 국가들이 전쟁에 대비하여 '상비군(standing armies)'을 두는 것과 비슷하다.

구조적으로 내생포자는 피질(cortex)로 둘러 싸여진 중심부(core), 포자 외피(spore coat), 그리고 몇몇 종에서 포자 외막(exosporium)이라 불리는 섬세하고 가느다란 막으로 이루어져있다 (그림 4.11). 중심부는 외부 중심부 벽, 세포막, 핵 영역 그리고 다른 세포 구성성분으로 이루어져 있다. 영양세포와 달리, 내생포자는 디피콜린산(dipicolinic acid)과 많은 양의 칼슘 이온(Ca^{2+})을 함유한다. 중심부에 저장되는 이러한 물질들은 매우 낮은 수분 함량을 지니기 때문에 내생포자 열 저항성의 원인이 된다고 여겨진다.

내생포자는 열악한 환경적 조건에서 10,000년 이상의 오랜 기간 동안 살아남을 수 있다 (내생포자가 호박에 밀봉되어 이천오백만년 이상 생존하였다는 주장이 있다). 남극 세균 포자들은 영하 14도, 430미터 깊이의 얼음에서 최소한 만년은 휴지 상태로 살아남을 수 있다. 일부 포자들은 끓는 온도에서 수 시간도 견뎌낼 수 있다. 주변 환경이 좋아지면 내생포자들은 발아 되어 영양세포로서의 기능을 발현하기 시작한다. (포자 형성과 발아에 대한 과정은 ◀6장에서 다루며, 발아하는 곰팡이 포자의 표면 변화에 대한 원자간 힘 현미경 사진(atomic force photos)은 ◀3장, 67쪽에서 볼 수 있다) 내생포자는 저항성이 크기 때

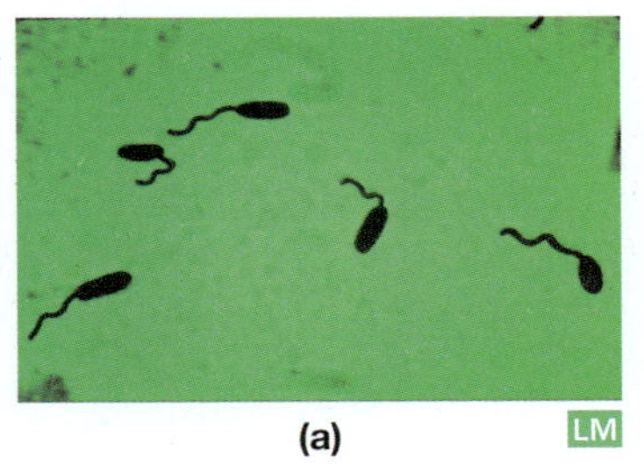

(a)

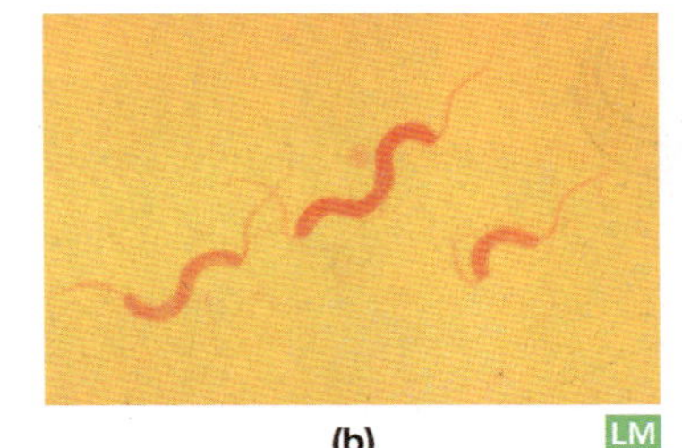

(b)

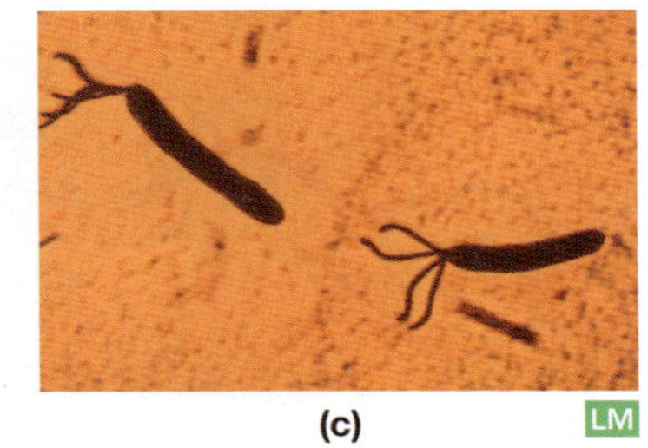

(c)

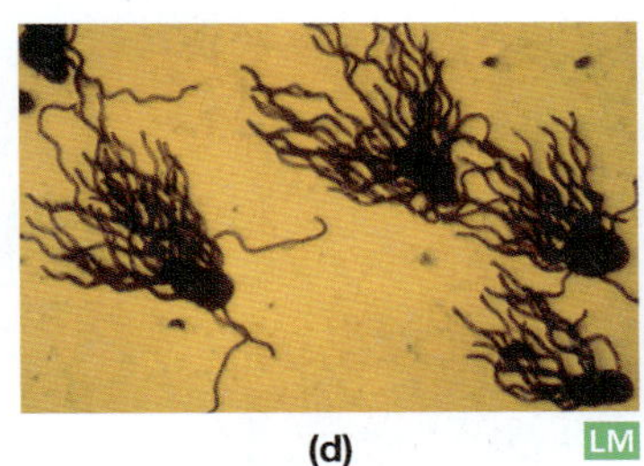

(d)

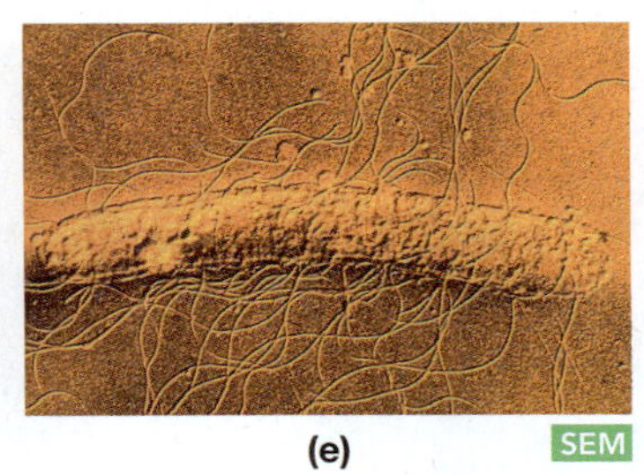

(e)

그림 4.12 세균 편모의 배열. **(a)** 단모성편모 *Psedomonas*(한쪽 끝에 단일 편모)(3,300X). (E. C. S. Chan/Visuals Unlimited **(b)** 양극성 *Spirillum*(양쪽 끝에 하나씩 단일편모) (694X). (Jack M. Bostrack/Visuls Unlimited) **(c)** 속모성 *Spirillum*(한쪽 혹은 양쪽 끝에 편모다발) (1,214X) (E. C. S. Chan/Visuals Unlimited) **(d)** 주모성 *Salmonella*(편모로 전체가 둘러쌓임) (1,200X) (John D. Dunningham/Visuals Unlimited) **(e)** 전자현미경(SEM)을 이용한 주모성 편모를 관찰 *Proteus*(29,400X). (Fred Hossler/Visuals Unlimited)

문에 멸균과정에서 그들을 죽이기 위한 특별한 방법들이 사용되어야 한다. 그렇지 않으면 내생포자들은 멸균되었다고 생각한 배지에서 발아하여 생장하게 된다. 배양 배지와 식품의 살균과정에서 내생포자를 죽이는 확실한 방법들은 ◀13장에서 설명된다. 또한 여러분들은 내생포자를 염색하는 것이 어렵다는 것을 알게 될 것이다. 테러리스트들에 의하여 오염된 미국 정부기관 건물로부터 탄저균 포자를 멸균시키는 일은 대단히 어렵고 비용이 많이 든다는 것이 입증되었다.

외부 구조

많은 세균들은 세포벽을 둘러싸거나 세포벽 밖으로 뻗은 구조를 가지고 있다. 편모(flagella)와 선모(pili)는 세포막으로부터 시작하여 세포벽을 통과하고 그 밖으로 나온다. 협막(capsule)과 점질층(slime layer)은 세포벽 주변에 있다.

편모

세균의 대략 절반 정도는 운동성(motile)이 있거나 이동할 수 있다. 세균은 명백한 목적을 가지고 빠르게 이동하며, 보통 **편모(flagella, 단수형:flagellum)**라고 불리는 길고 가늘며 나선형인 부속기관을 이용하여 이동한다. 세균은 하나 혹은 2개 혹은 다수의 편모를 가질 수 있다. 세균의 한 부분의 끝에 하나의 편모를 가지고 있는 세균을 **단모성(monotrichous)** (mon-o-trik' -us; **그림 4.12a**); 세균의 양쪽 끝에 각각 하나씩, 2개의 편모를 가지고 있는 세균을 **양극성(amphitrichous)** (am-fe-trik' -us; **그림 4.12b**)라고 부른다; 이와 같은 두 종류의 형태를 극성 편모라 부른다. 세균의 한쪽 혹은 양쪽의 끝 부분에 2개 혹은 그 이상의 편모를 가지고 있는 세균을 **속모성(lophotrichous)** (lo-fo-trik' us; **그림 4.12c**); 세균의 표면 전체에 편모가 덮고 있는 세균을 **주모성(peritrichous)** (pe-ri-trik' us; **그림 4.12d** and **e**), 편모가 없는 세균을 **무모성(atrichous)** (a-trik' us) 이라 부른다. 대부분의 구균은 편모를 가지고 있지 않다.

원핵생물의 편모 지름은 진핵생물의 편모 지름의 약 1/10정도 이다. 편모는 플라젤린(*flagellin*) 이라고 불리는 단백질로 구성되어 있다. 각 편모는 플라젤린이 아닌, 다른 단백질로 구성된 기저부에 의해 세포막에 부착되어 있다(**그림 4.13**). 기저부는 갈고리형태의 구조물이 포함되어 있는 복잡한 형태의 기저체(*basal body*)를 가지고 있다. 기저체는 중심막대 또는 중심축과 그를 둘러싼 여러 고리들로 구성되어 있다. 그람음성세균은 세포막에 한 쌍의 고리구조를 가지고 있고, 세포벽의 펩티도글리칸(peptidoglycan)과 지질다당류(lipopolysaccharide)에 각각 고리 구조를 가지고 있다. 그람양성세균은 세포막과 세포벽에 각각 하나씩의 고리 구조를 가지고 있다.

대부분의 편모는 주방용 믹서기인 밀가루 반죽용 고리나 잔디 다듬는 기계의 줄(string)이 도는 것처럼 L-형태의 고리가 회전하여 움직인다. 편모의 움직임은 세포막에 있는 링들 중 하나의 링이 에너지를 소비하면서 회전하여 발생하는 것으로 생각된다. 편모들이 시계반대방향으로 회전할 때는 한 묶음으로 움직이며 (**그림 4.14a**), 세균들은 주행(run)을 하여 똑바로 이동한다. 편모가 시계방향으로 회전할 때, 편모의 묶음은 흩어지면서 전도(tumble)의 움직임을 보인다 (**그림 4.14b**). 주행과 전도는 모두 일반적으로 방향성이 없다; 즉, 특정방향으로 움직이지 않는다. 주행은 평균 1초 동안 지속되며, 그 동안 세균들은 자신의 길이의 약 10~20배 정도의 거리를 유영한다. 전도는 약 0.1초 정도의 시간이 소요되고, 앞으로 이동하지 못한다. 세균의 "순항속도"(cruising speed)는 신장의 10배/1초 인데, 이것은 사람에게 "비행속도"(flying speed)와 같은 것이다.

주화성 때때로 세균들은 **주화성(chemotaxis)**이라고 불리는 방향성을 가진 이동 과정에 의하여 환경에 존재하는 어떤 물질을 향해 끌려가거나 멀어질 수 있다(**그림 4.14c**). 환경에 존재하는 대부분의 물질

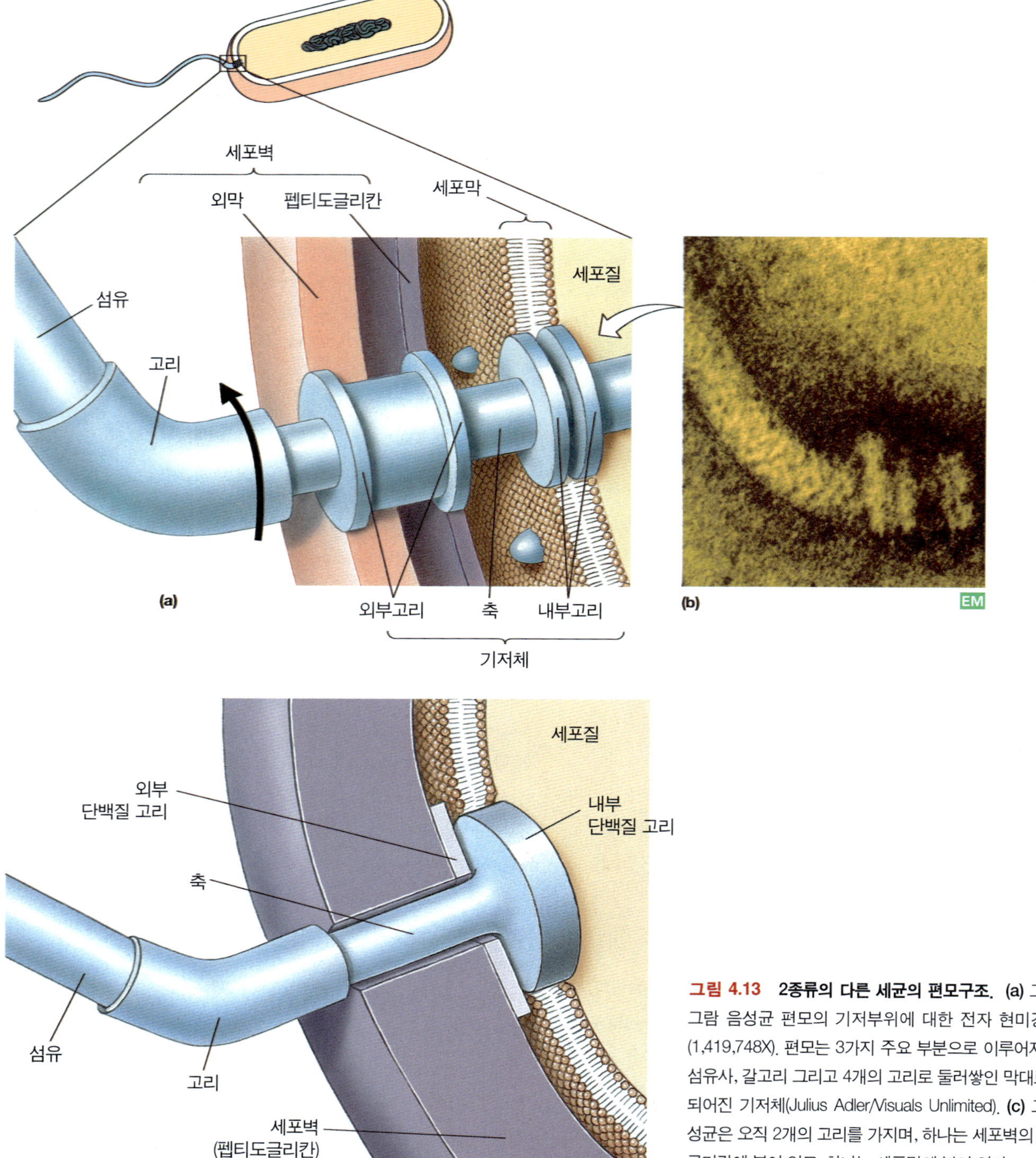

그림 4.13 2종류의 다른 세균의 편모구조. (a) 그림 (b) 그람 음성균 편모의 기저부위에 대한 전자 현미경 사진(1,419,748X). 편모는 3가지 주요 부분으로 이루어져 있다: 섬유사, 갈고리 그리고 4개의 고리로 둘러쌓인 막대로 구성되어진 기저체(Julius Adler/Visuals Unlimited). (c) 그람 양성균은 오직 2개의 고리를 가지며, 하나는 세포벽의 펩티드 글리칸에 붙어 있고, 하나는 세포막에 붙어 있다.

은 농도에 따라 농도기울기가 다르게 나타난다 - 즉, 고농도에서 저농도의 농도구배를 갖는다. 세균이 유인물질(영양분과 같은)의 농도가 높은 쪽으로 이동할 때 편모의 주행은 길어지고 전도의 빈도가 줄어드는 경향이 있다. 편모가 유인물질로부터 멀어질 때 편모의 주행은 짧아지고 전도의 빈도는 증가 된다. 비록 개별적인 주행은 방향성은 없지만 이것을 결과적으로 유인물질을 향한 이동을 하게 하며, 이를 양성 주화성(*positive chemotaxis*)이라 한다. 배척물질로부터 도망가는 움직임, 음성주화성(*negative chemotaxis*),은 반대의 반응에 의하여 발생된다: 배척물질의 저농도에서 세균의 움직임은 오랜 시간 주행을 하고 전도의 빈도는 줄어들며, 고농도에서는 짧은 시간 주행을 하고 전도의

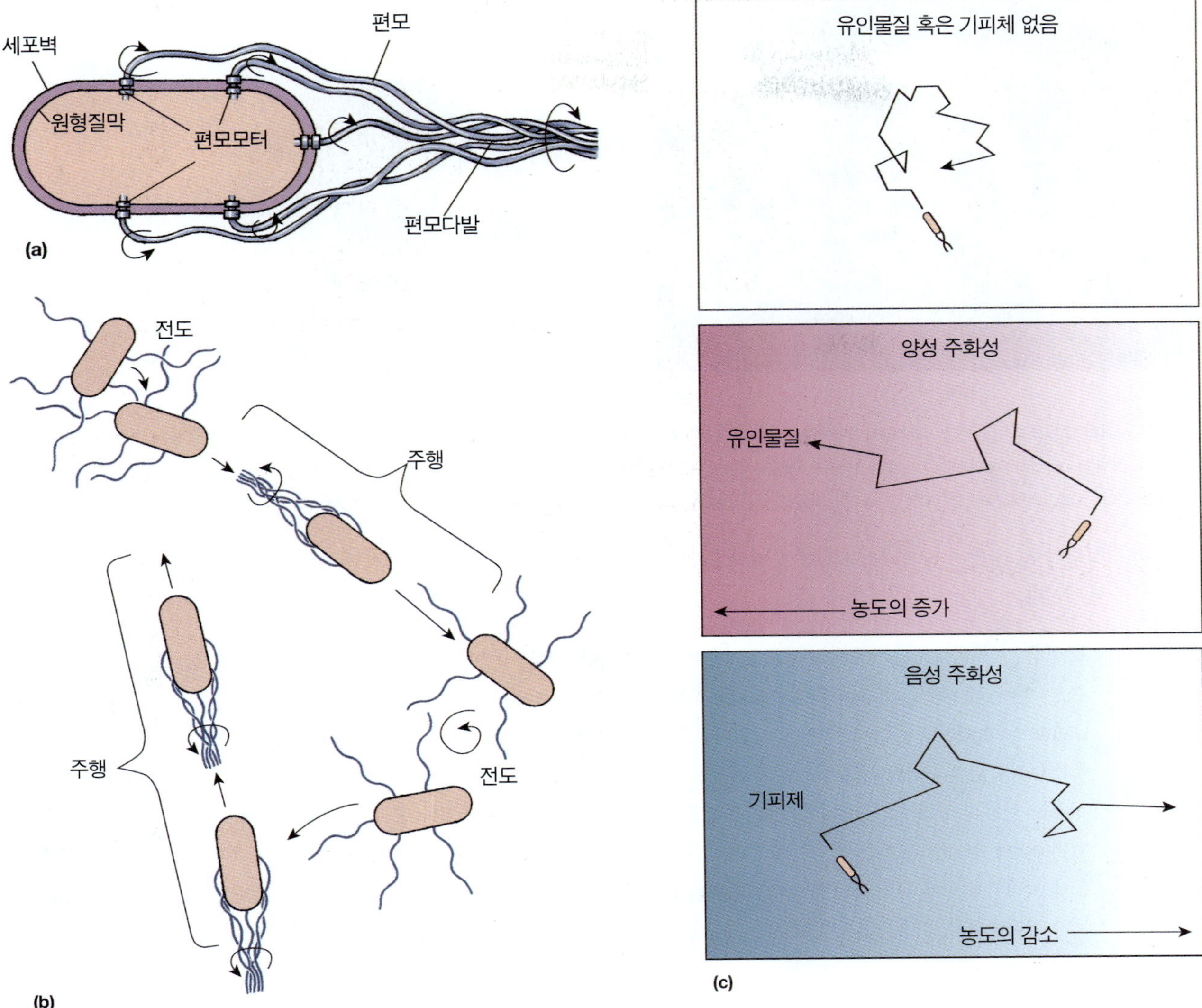

그림 4.14 주화성. **(a)** 세균의 편모가 시계 반대방향으로 돌고 있을 때, 편모들은 뭉쳐지고, 곧은 직선 방향으로 세균을 밀어서 움직이게 한다. 편모가 반대로 시계방향으로 돌면, 뭉쳐졌던 편모들은 분리가 되면서, 각각의 편모는 독립적으로 움직이고, 세포는 전도된다. **(b)** 주모성 편모나 속모성 편모를 가지는 세균은 주행하거나 전도된다. 세포가 앞쪽으로 움직일 때는 오직 편모가 뭉쳐질 때만 이루어지며, 세균이 전도되면 방향을 전환하는 것을 주목하라. **(c)** 유인체나 기피체가 없다면 세균은 짧은 주행을 하면서 자주 전도되어 결국 무질서한 운동을 보인다.

빈도는 증가한다. 이러한 행동에 대한 정확한 기전이 완전하게 밝혀지지는 않았지만, 세균의 세포 표면에 존재하는 어떤 구조가 농도의 변화를 감지할 수 있는 것으로 알려져있다. *Escherichia coli* 세포는 세포막에서 연장된 구조로 화학물질과 자극을 감지할 수 있는 4개의 다른 형태의 수용체(*transducers* 라고 불리는)를 가지고 있다.

우리는 세균이 외부의 자극을 받으면 나선형의 움직임을 보이는 것을 알고 있다. 미생물들은 일직선으로 유영하지는 않지만, 나선형의 경로(helical pathway) 내에서 전체적으로는 한쪽 방향으로 이동한다. 미생물들은 나선형의 이동방향을 바꿀 수 있다. 오른쪽으로 휜 나선형으로 움직이면 양성주성을, 반대로 왼쪽으로 휜 나선형으로 움직이면 음성주성을 나타낸다. 미국 해군은 "잃어버린 자산"을 찾기 위해서 나선형의 방향으로 물속에서 자유롭게 이동할 수 있는 작은 로봇("Micro Hunter," 17cm, 70g)을 만들기 위해 주성에 관한 미생물학적 연구를 확대시켜 왔다.

주광성. 어떤 세균은 빛을 향해서 가거나 빛을 피해서 도망갈 수 있다; 이러한 반응을 **주광성(phototaxis)**이라 한다. 빛이 존재하는 방향으로 향해 움직이는 세균은 양성 주광성(*positive phototaxis*)이라고 하고, 반면 빛이 존재하는 방향에서 도망가는 세균을 음성 주광성(*negative phototaxis*)이라고 한다. 이러한 움직임은 편모에 의해서 이루어진다. 또한, 몇몇의 광합성 수중 세균(photosyn-thetic aquatic bacteria)의 경우에는, 아마 세포질 내의 오일을 포함하는 봉입체들에

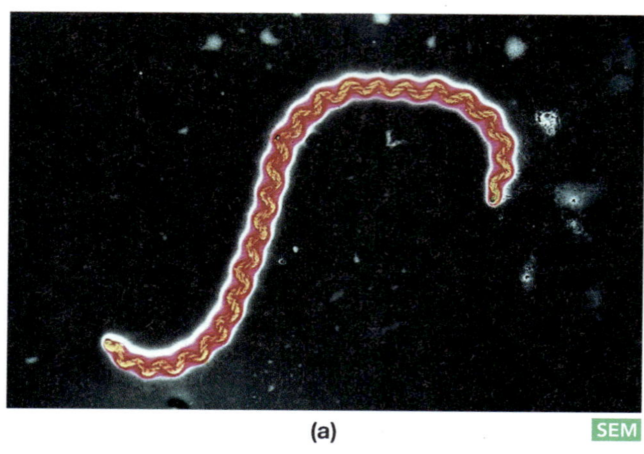

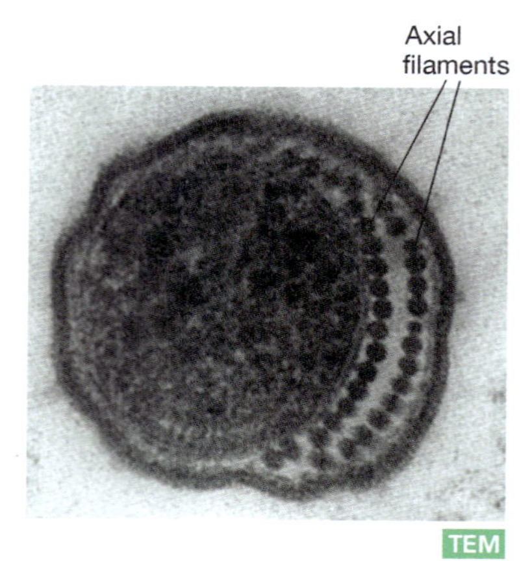

그림 4.15 선모. (a) 스피로헤타균인 *Leptospira interrogans*의 축섬유로서 몸체를 따라 세포벽 안쪽에 노란 리본 모양이 나선형태로 형성된 것이 명확히 보인다. (50,000X). (CNRI/photo Researchers, Inc.) (b) 수많은 축섬유(어두운 부분)로 보이는 스피로헤타균의 TEM 사진. 축섬유들은 외부 덮개와 세포벽 사이에 놓여져 있다. (Coutesy Dr. Max Listgarten, School of Dental Medicine, University of Pennsylvania, an puvlished in Journal of Bacteriology 88:1087-1103.)

의하여 부력이 형성되어 좀 더 많은 빛에너지가 있는 수면의 표면 방향으로 움직이게 될 것이다.

세균은 성적교배에 의하여 증식하지 않는다. 성적교배에 의하여 암컷의 세균이 임신을 하는 것이 아니다. 그대신, 세균은 배우자균으로부터 새로운 유전물질을 얻을 수 있도록 진화되어 왔다.

축섬유. 스피로헤타(Spirochetes)는 세포벽 밖으로 뻗어있는 편모 대신에 **축섬유(axial filaments or endoflagella)**들을 가지고 있다(그림 4.15). 각각의 섬유는 스피로헤타균의 몸체를 형성하는 원통의 양 끝에 연결되어 있다. 축섬유는 외피(outer sheath)와 세포벽 사이에 존재하기 때문에 이것의 꼬이게 되면 단단한 스피로헤타의 몸체가 타래송곳과 같이 회전하게 된다.

선모

선모(singular: *pilus*)는 작고, 속이 비어있는 돌기이다. 선모는 세균이 표면에 부착하기 위해 사용되어지며 운동성과는 관련이 없다. 단일 선모의 기본 구성 성분은 필린(*pilin*)이라는 단백질이다. 세균은 2종류의 선모를 가지고 있다(그림 4.16): (1) 긴 접합선모(long *conjugation pili*), 또는 F 선모(*F pili*)(또는 성 선모라 불린다). 그리고 (2) 짧은 부착선모(short *attachment pili*), 또는 핌브리애(*fimbriae*) ((fim' -bre-e; 단수형:핌브리아(*fimbria*))

덩굴월귤 (cranberry)에 있는 어떤 화학물질은 미생물의 선모에 의한 부착을 방해하여 비뇨기관의 감염을 막는다.

접합선모. 특정 세균 무리에서 발견되는 **접합선모(conjugation pili)**는 두 세포를 접합시키며, 유전물질인 DNA의 전달을 위한 통로를 만들 수 있다. 이 전달 과정은 접합이라 부른다. 다른 많은 고등생명체의 유성색식이 그러하듯이, 세균간의 DNA 전달은 세균의 유전적 다양성을 부여한다. 이러한 세균들 사이의 전달은, 인간에게 문제를 일으키는데 DNA 전달과정을 통하여 미생물간에 항생제 내성 유전자가 전달될 수 있기 때문이다. 결과적으로, 점점 더 많은 세균이 저항성을 얻을수록, 사람들은 이러한 세균의 성장을 제어할 새로운 방법을 연구해야 한다.

부착선모. **부착선모(Attachment pili)** 혹은 **핌브리애(fimbriae)**는 세포 표면이나, 물, 공기의 접촉 표면과 같은 곳에 세균이 부착할 수 있도록 도와준다. 부착선모는 어떤 세균에서는 다른 생명체의 세포표면에 균체형성(colonization) 능력을 향상시킴으로서 병원성(질병을 일으키는 능력)을 부여하기도 한다. 예를 들어, 어떤 세균은 선모를 부착시켜 적혈구세포에서 붙어 있을 수 있고, 이것은 혈액 세포들을 응집시키는 원인 된다. 이러한 과정을 적혈구 응집반응(hemagglutination)이라 한다. 세균 중 어떤 종은, 부착선모를 가지고 있는 것도 있고 부착선모를 가지고 있지 않은 것도 있다. 선모가 없는 *Neisseria gonorrhoeae*는 임질(gonorrhea)을 거의 일으키지 않지만, 선모가 있는 *Neisseria gonorrhoeae* 들은 비뇨기계의 상피세포에 부착할 수 있으므로 매우 감

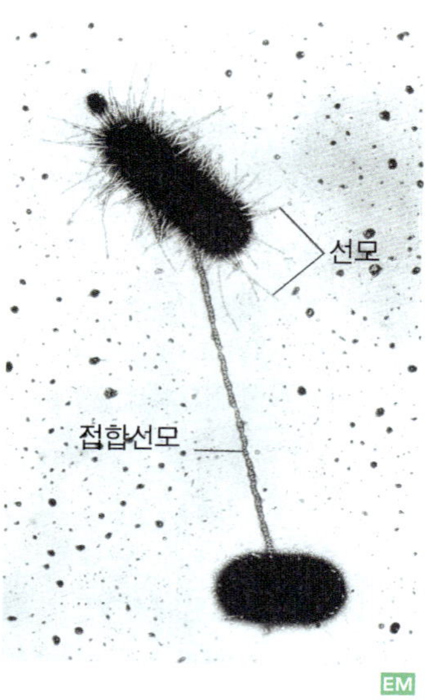

그림 4.16 선모. Escherichia coli cell (14,300X), 2종류의 선모가 관찰되어진다. 짧은 선모는 핌프리애(fimbriae), 표면에 부착하기 위해 사용되어진다. 다른 세포에 접근하기 위한 긴 관은 접합선모(conjugation pilus), 아마 DNA를 이동하기 위해 사용하는 것 같다. (Courtesy Charles C. Brinton, Jr., and Judith Carnahan)

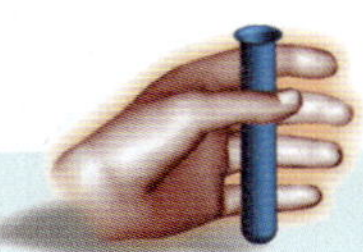

도전하라

살아있는 자석

주자기성 세균(Magnetotatic bacteria)은 자철광(magnetite) 혹은 철연자석(lodestone)을 합성하며, 그것은 막으로 이루어진 마그네토좀(Magnetosomes)이 불리는 소포에 보관한다(자철광은 처음으로 발견된 자기력을 가지는 물질이다). 세균의 자기성 함유물의 존재는 주자기성 세균이 자기장에 반응할 수 있도록 해주는 역할을 한다. 북반구에서, 주자기성 세균은 북극쪽으로 헤엄친다. 남반구에서는, 주자기성 세균은 남극쪽으로 헤엄친다.; 그리고 적도 근처에서는, 어떤 것은 북쪽, 또다른 것들은 남쪽으로 헤엄친다. 또한 세균은 물 속에서 아래쪽 방향으로 움직이게 되는데, 그 이유는 지구의 극으로부터의 자기력이 지평선을 통하지 않고 지구를 빗겨가기 때문이다.

자기적 극성쪽으로 미생물이 움직이는 현상을 주자기성이라고 한다. 세균의 아래쪽 주자기성 반응은 혐기성 세균이 섭취하는 영양소가 풍부하고, 산소포화도가 낮은 침전물 방향으로 내려가는 것을 도와주는 것처럼 보인다.

주자기성 세균은 진흙, 염분 성분이 있는 물속에 살고 있으며 12종 이상이 발견되었다. 대부분은 단일 편모를 가지지만 *Aquaspirillum magnetotaticum*은 각각 양 끝에 두개 혹은 1개의 편모를 가져서 앞뒤로 움직일 수 있다. 1개의 편모를 가지는 주자기성 세균이 전자석의 영역에 존재 할 때, 극성방향의 반대 방향으로 있으면 뒤돌아서 움직이게 된다.

마그네토좀은 크기가 거의 비슷하며, 자기장 섬유가 병렬식 체인의 형태로 연결되어 있다. 현재 이러한 주자기성 세균을 이용하여 자석, 오디오테입, 그리고 비디오테입을 만드는 연구가 진행중에 있다.

마그네토좀은 화성의 운석 내부에서 발견되어 왔다. 마그네토좀은 몇몇 과학자들이 화성의 세균형태라고 믿고 있는 간균형태의 구조물에서 발견되었다.

도전하라: 당신은 스스로 주자기성 세균을 쉽게 발견할 수 있다. 주자기성 세균들은 매우 흔한 미생물들이다. 연못에서 진흙을 채취하여 양동이에 몇 인치를 채운 후에, 연못의 물을 충분히 양동이에 채워넣는다. 담수지역, 염수지역, 담염수 지역의 진흙을 이용해보라. 양동이를 덮고 어두운 곳에서 (당신은 남조류를 배양하고 싶지는 않을 것이다) 1달정도 저장을 한다. 커다란 비이커를 이용하여 물을 채취한 후, 비이커의 유리 밖에 자석을 둔다. 이렇게 하루나 이틀이 지나면 자석의 양 끝에 희미한 점을 관찰할 수 있을 것이다. N극, S극 중 어느 쪽에 더 많은 미생물들이 모였을까? 파이펫을 이용하여 액체 샘플을 채취하여 현미경을 이용하여 관찰해보다. 재물대 위에 자석을 놓으면, 거기에 존재하는 주자기성 세균들은 스스로 특정 방향으로 움직일 것이다. 세균은 배지에 스트리킹(streaking)함으로써 순수분리할 수 있으며, 산소가 없는 조건에서 배양할 수 있을 것이다. 이러한 과정은 ◀6장에서 잘 설명되어 있다.

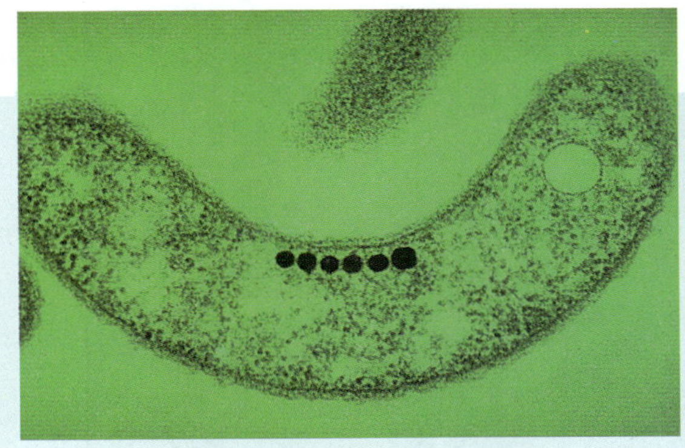

(a)

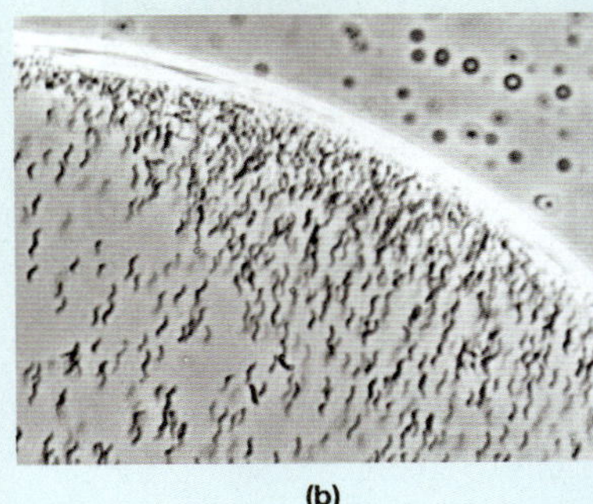

(b)

(a) 주자기성 세균 *Aquaspirillum magnetotacticum*의 전자현미경 모습. 수많은 어두운 사각형 모양의 세포함유물은 마그네토좀이라 부르며, 자철광(Fe_3O_4)으로 구성되어 있다. (b) 세균들은 이러한 마그네토좀을 이용하여 자기장 속에서 특정하게 배열할 수 있다.(a: D. Balkwill & D. Maratea/Visuals Unlimited; b: Courtesy Richard Blakemore, University of New Hampshire)

염성이 높게 된다. 이러한 선모들로 인하여 균들은 정액세포에 부착을 할 수 있고, 결과적으로 다음 사람으로 쉽게 전파되도록 한다.

일부 호기성 세균들은 액체 배지 표면 위의 공기와 물의 접촉면에 빛나거나 보풀모양의 얇은 층을 형성하기도 한다. 이러한 층들은 **균막(pellicle)**이라고 불리우며 부착선모에 의하여 붙어있는 수많은 세균으로 구성되어 있다. 이러한 부착선모들로 인하여 호기성 미생물들은 산소의 농도가 최대가 되는 공기와의 접촉면과 영양분을 공급받을 수 있는 배지부분에 머물 수 있게 된다.

당질피질

당질피질은 일반적으로 세포벽 외부, 두꺼운 협막(capsules)에서부터 얇은 점질층(slime layers)까지에서 관찰되는 모든 다당류를 포함한 물질을 언급할 때 사용되는 용어로 쓰인다. 모든 세균은 적어도 얇은 점질층(slime layers)을 가지고 있다.

협막 **협막**은 미생물의 세포벽 바깥쪽에서 발견되는 보호 구조를 말한다. 미생물 한 종(species) 안에서 모든 균주들이 협막을 형성할 수 있는 것은 아니며, 오직 몇몇 균주들만 협막을 형성할 수 있는 능력이 있다. 예를 들어, 탄저병을 일으키는 세균은 주로 소에서 질병을 일으키는데, 이 균들이 소 외부의 환경에서 자랄 때는 협막을 형성하지 않다가 동물에 감염되었을 때만 협막을 형성한다. 협막은 일반적으로 젤(gel) 형태로 배열된 복합다당류로 이루어져 있다. 그러나 각각의 협막의 화학 조성은 협막을 분비하는 세균의 균주에 따라 다르다. 탄저균들은 단백질을 함유한 협막을 가지고 있다. 협막을 생성한 세균

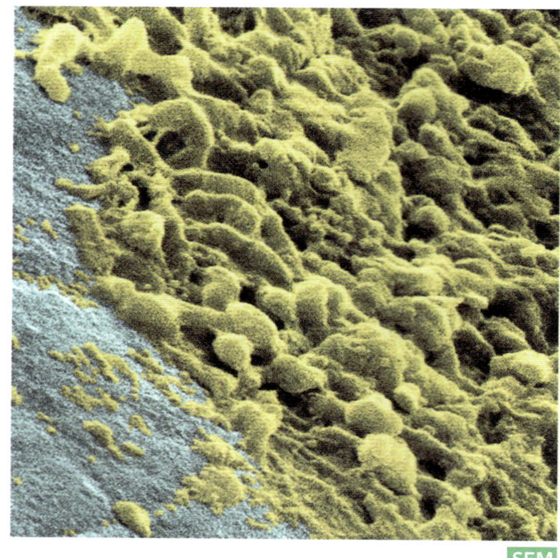

그림 4.17 점질층. 치아의 에나멜 표면에 자라는 균들은 점질층의 작용으로 처음에 부착하게 된다. 이후 이들은 "바이오필름"을 형성하고, 이러한 바이오필름의 형성은 치아표면에 있는 세균들을 치약과 양치질로부터 보호하게 된다.(Dr. Brain/Photo Resaerchers, Inc.)

들이 숙주세포를 침입하였을때, 협막은 숙주의 식균작용과 같은 방어대사를 방해한다. 만일 세균들이 협막을 잃게 되면 질병을 유발하기가 덜 쉬울 것이고 좀 더 쉽게 파괴될 것이다.

점질층 **점질층**은 세포벽에 덜 단단하게 부착되어 있고 주로 협막보다 두께가 얇다. 점질층은 건조로부터 세포를 보호하고, 세포 주변의 영양소 획득을 도우며, 때때로 여러 세포들을 뭉치게 한다. 점질층을 이용하여 미생물은 산소나 영양소에 쉽게 노출되는 환경인 식물의 뿌리부분이나 바위표면에 머무를 수 있게 된다. 이렇게 형성된 "바이오필름(biofilm)"은 환경이나 인공의 화학물질로부터 세균을 보호한다.

예를 들면, 어떤 구강균(oral bacteria)은 점질층에 의하여 치아에 부착한 후, 치태(dental plaque)를 형성한다(**그림 4.17**). 점질층에 의하여 세균은 치아의 표면에 가깝게 위치할 수 있으며, 그 곳에서 충치를 유발한다. 치태는 치아표면과 아주 단단하게 결합되어 있다. 만약 규칙적인 칫솔질로 제거하지 않는다면, 치과의사가 행하는 스켈링(scaling)에 의하여 제거할 수 밖에 없다.

중점 질문 사항

1. 세균은 주화성으로 어떻게 움직이나? 주행과 전도, 빈도수를 구별하라
2. 만일 주변환경이 나빠질때까지 미생물이 포자들을 형성하지 않는다면, 포자형성균 종들은 어떤 위험에 노출되겠는가?
3. 선모(pili)의 기능은 무엇인가?
4. 핵(nucleus)과 핵양체(nucleoid)를 구별하라.

진핵세포

구조의 개요

진핵세포는 원핵세포에 비해 크며, 구조가 더 복잡하다. 대부분의 진핵세포들은 10 μm 이상의 지름을 가지며, 그 이상의 세포들도 많다. 또한 진핵세포는 다양하게 분화된 구조들을 가지고 있다. 이 세포들은 원생생물계(Protista), 식물계(Plantae), 균계(Fungi) 그리고

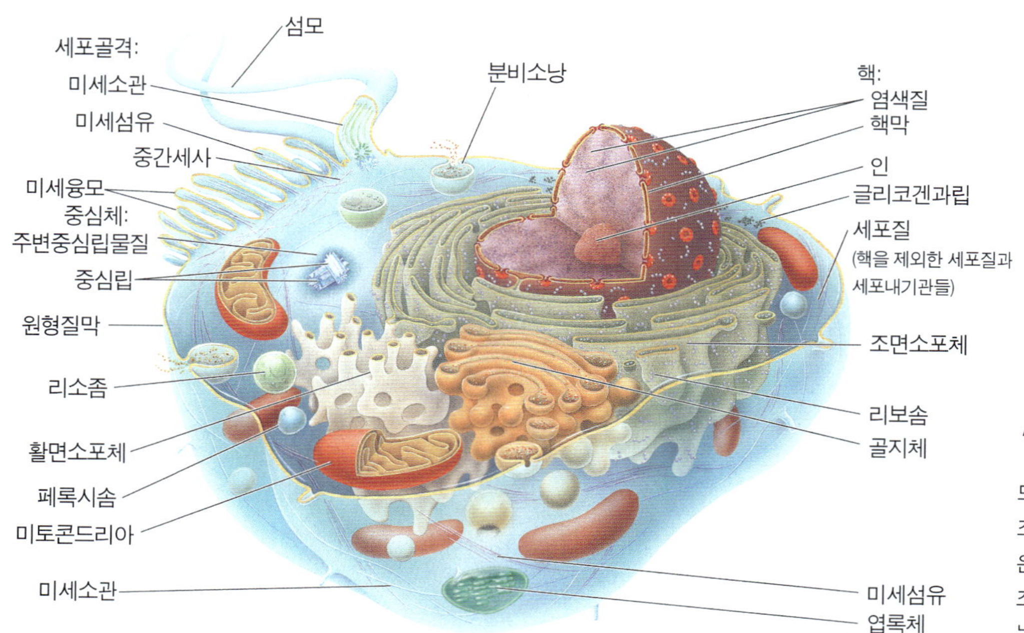

그림 4.18 일반적인 진핵세포. 대부분의 구조들은 거의 모든 진핵세포에 존재하지만, 어떤 구조들(중심립, 미세융모 그리고 리소좀)은 동물세포에서만 나타나고, 다른 구조(엽록체)는 오직 광합성을 할 수 있는 세포에서만 볼 수 있다.

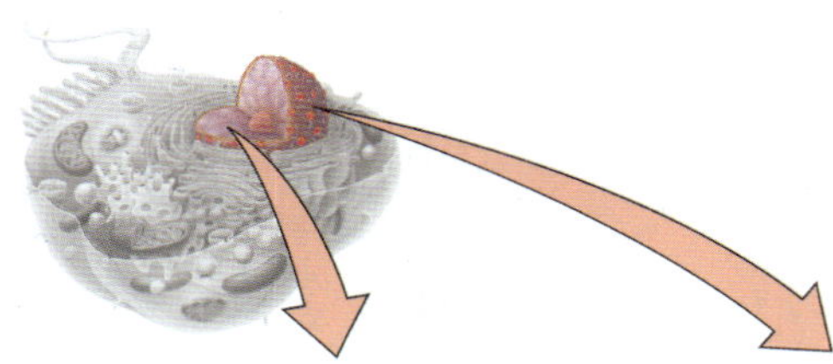

그림 4.19 세포핵 안의 핵공. **(a)** 어두운 과입 모양의 물질은 염색질이다. 핵막 안의 핵공을 통하여 물질의 입출입이 가능하다(120,000X). (Don Fawcett/Photo Researchers, Inc.) **(b)** 핵의 freeze-fracture 사진(비교 ◀그림 3.23). 많은 환상구조는 핵공이다(264,139X). (Don Fawcett/Visuals Unlimited)

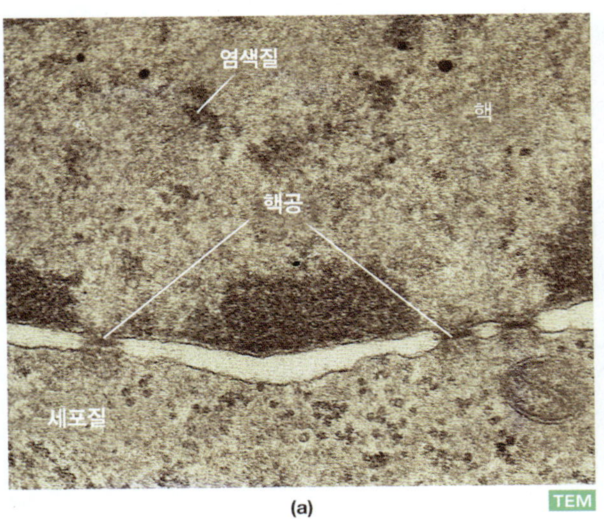

(a)

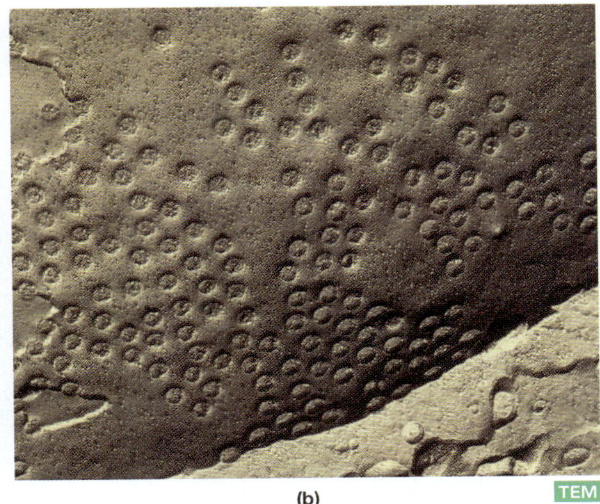

(b)

동물계(Animalia)에 속하는 모든 유기체의 기본의 구조 단위이다. (◀ 9장) 진핵생물은 현미경적 원생동물(Protozoa), 조류(algae), 그리고 균류(fungi)를 포함하며, 대체적으로 미생물학에서 다루어진다. 진핵세포의 일반적인 구조는 **그림 4.18**에서와 같다.

원형질막

진핵세포의 세포막, 혹은 **원형질막(plasma membrane)**은 원핵세포의 세포막과 같이 유동 모자이크 구조를 가진다. 또한 진핵세포는 비슷한 막 구조를 가진 몇몇 세포 소기관을 함유하고 있다.

진핵세포의 세포막은 함유하는 지방들의 다양성 등 여러 관점에서 원핵세포의 세포막과 차이점을 보인다. 진핵세포의 세포막은 원핵세포 중 마이코플라스마(mycoplasmas)에서 유일하게 발견되는 스테롤을 포함하고 있다. 스테롤은 세포막을 더 단단하게 해주며, 진핵세포에서 세포막을 유지하는데 중요한 역할을 하는 것으로 예상된다. 세포의 크기가 크기 때문에, 진핵세포는 원핵세포보다 더 적은 비표면적(surface to volume ratio)을 가진다. 세포막으로 둘러 쌓인 세포질의 부피가 증가할수록, 세포막은 좀 더 스트레스를 받는 환경에 놓여진다. 세포막에 존재하는 스테롤은 그 스트레스를 견딜 수 있도록 도와준다. 기능적으로, 진핵세포의 세포막은 원핵세포의 세포막보다 덜 실용적이다. 진핵세포의 세포막은 대사에너지를 ATP의 형태로 저장하는 호흡효소를 가지고 있지 않다. 대부분의 진핵세포에서 그 기능은 미토콘드리아에 의하여 수행되도록 진화되어왔다.

내부구조

진핵세포의 내부 구조는 원핵세포의 구조보다 훨씬 더 복잡하다. 또한 진핵세포는 좀 더 정교하게 구성되어 있고 많은 세포소기관을 함유 하고 있다.

세포질

진핵세포 안에는 많은 세포 소기관이 채워져 있기 때문에, 진핵세포의 세포질의 양은 원핵세포 보다 상대적으로 적은 부분을 구성하고 있다.

원핵세포의 세포질처럼, 진핵세포의 세포질은 물과 그 물에 녹아 있는 물질들을 주요 성분으로 함유하고 있는 반유동성 물질이다. 또한 이 세포질은 세포들의 형태를 제공하고 지지하는 섬유 조직인 세포골격의 요소들을 포함하고 있다.

세포 핵

원핵생물과 진핵생물의 가장 큰 차이점은 진핵세포 속에 핵이 존재하는 것이다. **세포 핵(cell nucleus)(그림 4.19)**은 핵막(nuclear envelope)으로 둘러싸인 구형의 세포 소기관으로 핵 원형질(nucleoplasm), 인(nucleoli) 그리고 (주로 1벌로 구성 된) 염색체(chromosomes)를 함유하고 있다. **핵막(nuclear envelope)**은 이중막으로 구성되어 있고, 각 층은 원형질막과 유사한 구조를 하고 있다. 막에 존재하는 **핵공(Nuclear pores)**은 단백질을 합성하기 위해 RNA가 반유동성 물질로 되어있는 **핵 원형질**을 이동하여 통과하게

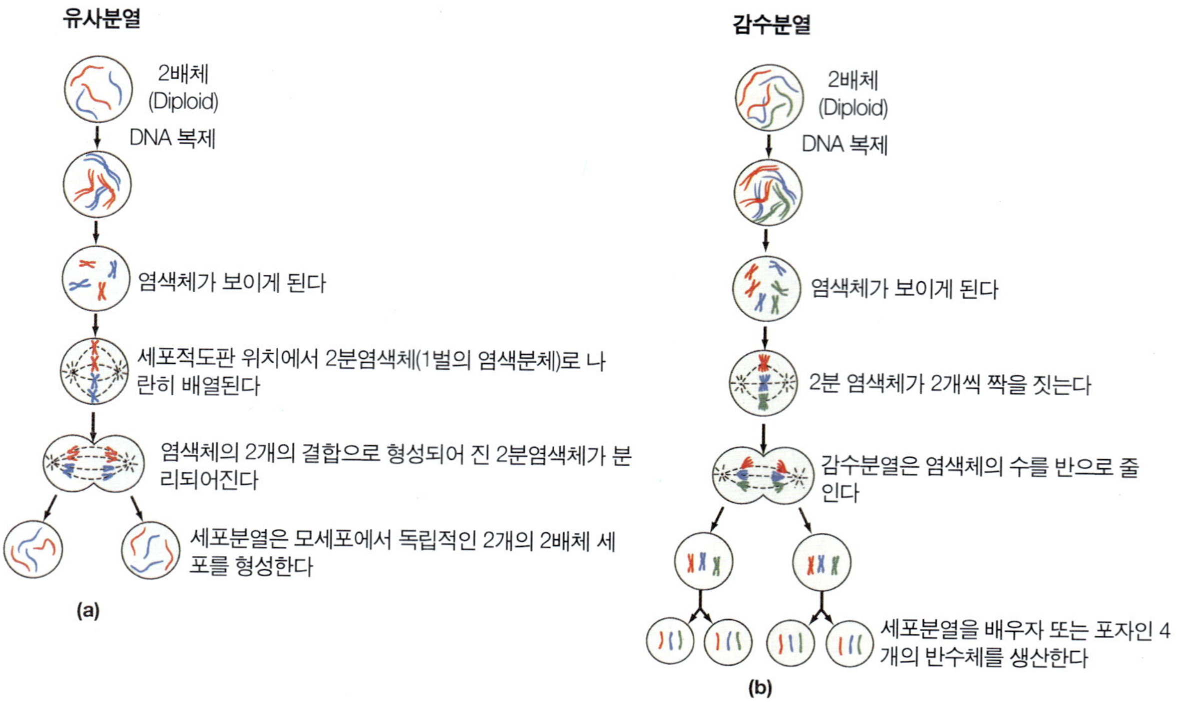

유사분열

2배체
(Diploid)
DNA 복제
염색체가 보이게 된다
세포적도판 위치에서 2분염색체(1벌의 염색분체)로 나란히 배열된다
염색체의 2개의 결합으로 형성되어 진 2분염색체가 분리되어진다
세포분열은 모세포에서 독립적인 2개의 2배체 세포를 형성한다
(a)

감수분열

2배체
(Diploid)
DNA 복제
염색체가 보이게 된다
2분 염색체가 2개씩 짝을 짓는다
감수분열은 염색체의 수를 반으로 줄인다
세포분열을 배우자 또는 포자인 4개의 반수체를 생산한다
(b)

그림 4.20 유사분열과 감수분열의 비교. 두 과정은 DNA 복제 후에 일어나게 된다: 직 후에 염색체가 관찰된다. **(a)** 유사분열은 동일한 수의 염색체를 가지는 2개의 딸 세포를 형성한다. **(b)** 감수분열에서 2번의 세포분열이 일어나 모세포의 염색체 수를 절반만 가지고 있는 4개의 세포가 형성된다. 이러한 이유 때문에 감수분열은 때때로 reduction division 이라고 불리어진다.

하기 위한 통로 역할을 한다. 각 핵 속에는 하나 또는 그 이상의 **인(nucleoli:** 단수 nucleolus)을 가지고 있는데 리보솜을 합성하기 위한 장소로 상당히 많은 양의 RNA를 함유하고 있다.

대부분의 진핵생물의 핵 내부에는 한 벌로 존재하는 **염색체(chromosomes)**가 있고, 각각의 염색체는 DNA와 **히스톤(histones)**이라고 불리는 단백질을 포함하고 있다. 히스톤은 염색체에 직접 부착되어 있고, 다른 단백질들은 염색체의 기능을 도와주는 역할을 한다. 세포가 분열되는 동안 염색체는 매우 단단하게 꼬이고 접힌 형태를 유지하면서 조밀한 구조를 형성 한다. 그러나 분열 중에 염색체는 꼬여있는 형태가 풀리고 **염색질(chromatin)**이라고 불리는 밀도 높은 섬유상 물질을 관찰할 수 있는데 이것은 핵 속에서 과립형태로 존재한다.

진핵세포의 핵은 **유사분열(mitosis)**이라는 과정에 의해 분열된다(그림 4.20a). 핵이 분열되기 전에, 염색체는 복제되지만 서로 부착하여 **2분 염색체(dyads)**를 형성하고 있다. 대부분의 진핵세포들의 경우, 유사분열기간 동안 세포막은 분열되고 **방추조직(spindle apparatus)**이라고 불리는 얇은 섬유조직이 염색체의 이동을 조절한다. 방추의 중심에는 2분 염색체 (dyads aggregate)가 배열되어 있고 방추체의 극에서 섬유를 따라 염색체가 이동함으로써 단일 염색체로 분리되어 진다. 이렇게 해서 모세포가 가지고 있던 복제된 염색체는 새로운 세포에 나누어진다. 모세포의 염색체는 2벌씩 존재하고 있기 때문에 딸세포 역시 2벌의 염색체로 존재한다. 이렇게 2벌의 염색체를 가진 세포를 **2배체(diploid; 2*N*)** 세포라고 한다.

유성생식(sexual reproduction)을 하는 동안, 성세포(sex cells)의 핵은 **감수분열(meiosis)**이라는 과정에 의해 분열 된다 (그림 4.20b). 염색체가 복제되어진 후에, 2분 염색체를 형성하고, 복제된 1벌의 2분 염색체가 모이게 된다. 2개의 세포로 분열되는 과정동안 2분 염색체는 분열되어 4개의 세포로 나눠진다. 따라서 각각의 세포는 각 쌍으로부터 단지 하나의 염색체만을 받게 된다. 이와 같은 세포를 **반수체(haploid; 1*N*)** 세포라고 한다. 반수체 세포는 **배우자(gametes)** 또는 포자(spores)가 될 수 있다. 배우자 세포는 반수체 세포로 유성생식을 한다; 2개의 모세포로부터 형성된 각각의 배우자 세포는 결합하여 2배체의 **접합자(zygote)**라고 하는 하나의 세포가 된다. 몇몇 **포자(spores)**는 휴면상태로 있지만, 그렇지 않은 생식세포는 반수체 상태의 영양세포 상태로 유사분열에 의해 복제되어 진다. 생존하기 불리한 환경에서 생식세포는 휴면상태로 존재한다. 이러한 환경이 개선되면 생식세포는 발아하게 되고 분열을 시작한다. 결국 이러한 세포 중 일부는 배우자가 되어, 결합하여 접합자를 형성한다. 따라서 이러한 세포는 반수체와 2배체의세대기가 교차되면서 발생한다.

미토콘드리아와 엽록체

진핵세포의 발전소 (powerhouses)로서 알려진 **미토콘드리아 (단수: mitochondrion)**는 진핵세포에서 매우 중요한 역할을 하는 세포 소

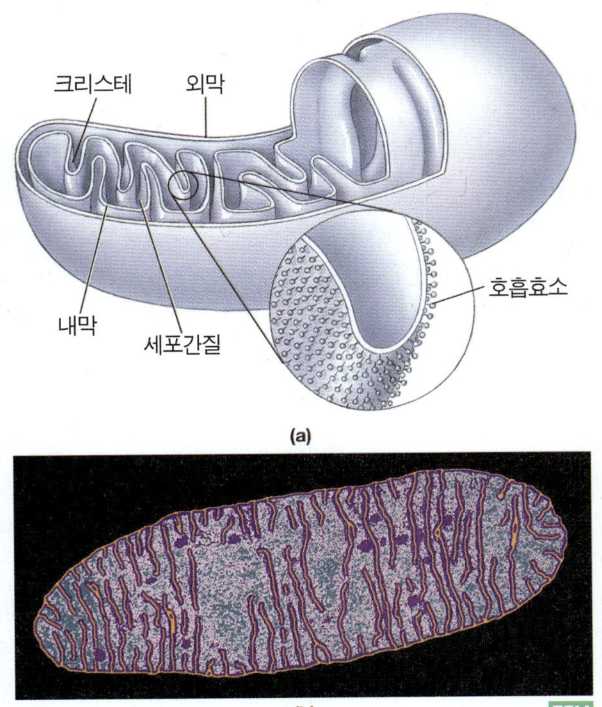

그림 4.21 미토콘드리아. **(a)** ATP를 생산하는 호흡효소는 내막과 내막의 주름이 잡힌 형태인 크리스테의 표면에 존재한다. **(b)** TEM으로 관찰한 미토콘드리아의 종단면(45,000X). (Dr. Donald Fawcett & Dr. Porter/Visuals Unlimited)

기관이다. 일부 세포에서 미토콘드리아는 매우 많이 존재하여 세포전체 부피의 20%정도를 차지하기도 한다. 미토콘드리아는 대개 폭이 1μm이며 내막과 외막으로 구성되어 있고, 내막 내의 공간은 유동성이 있는 **기질(matrix)**로 구성되어 있는 복잡한 구조이다**(그림 4.21)**. 내막은 주름이 많이 잡힌 **크리스테(cristae)**를 형성하고 있고 이것은 기질내부로 연장되어 있다. 미토콘드리아에서는 에너지를 ATP의 형태로 저장하는 산화반응이 일어난다. 이렇게 만들어진 ATP는 세포의 활성을 위한 에너지로 이용되어 진다.

진핵세포는 **엽록체(chloroplst)**를 이용하여 광합성을 한다**(그림 4.22)**. 엽록체 역시 외막과 내막을 가지고 있다. 엽록체의 내막의 안쪽에 존재하는 **스트로마(stroma)**는 미토콘드리아의 기질과 구조적으로 일치한다. 미토콘드리아와 다르게 엽록체는 분리된 **틸라코이드 (thylakoids)**라는 내막을 가지고 있는데, 이 구조에는 광합성을 하는 동안 빛으로부터 에너지를 포획하기 위한 클로로필(chlorophyll)과 같은 색소체를 포함하고 있다. 미토콘드리아와 엽록체는 DNA를 지니고 있으며 독립적으로 복제를 할 수 있다. 이러한 사실과 다른 증거들을 살펴 볼 때 생물학자들은 미토콘드리아와 엽록체가 최초에 자유생활을 하는 박테리아에서 유래했을 것이라고 추측하고 있다.

리보솜

진핵세포의 리보솜(Ribosomes)은 원핵세포의 리보솜보다 크며, 60%의 RNA와 40%의 단백질로 구성되어 있다. 리보솜의 침강계수는 80S이며, 소단위의 침강계수는 60S와 40S이다. 리보솜은 핵(nucleus) 내에 존재하는 인(nucleoli)에서 만들어 진다. 모든 리보솜은 단백질을 합성 할 수 있는데 몇몇은 일련으로 나열되어 있는 폴리리보솜(polyribosomes)으로 배열되어 있다. 소포체(*endoplasmic reticulum*)에 부착되어 있는 리보솜은 주로 세포 밖으로 분비되어 지는 단백질을 만든다; 세포질에서 자유롭게 존재하는 리보솜은 세포내에서 사용되는 단백질을 합성한다.

소포체

소포체(endoplasmic reticulum)(그림 4.18)**(ER)**는 세포질 내에서 수

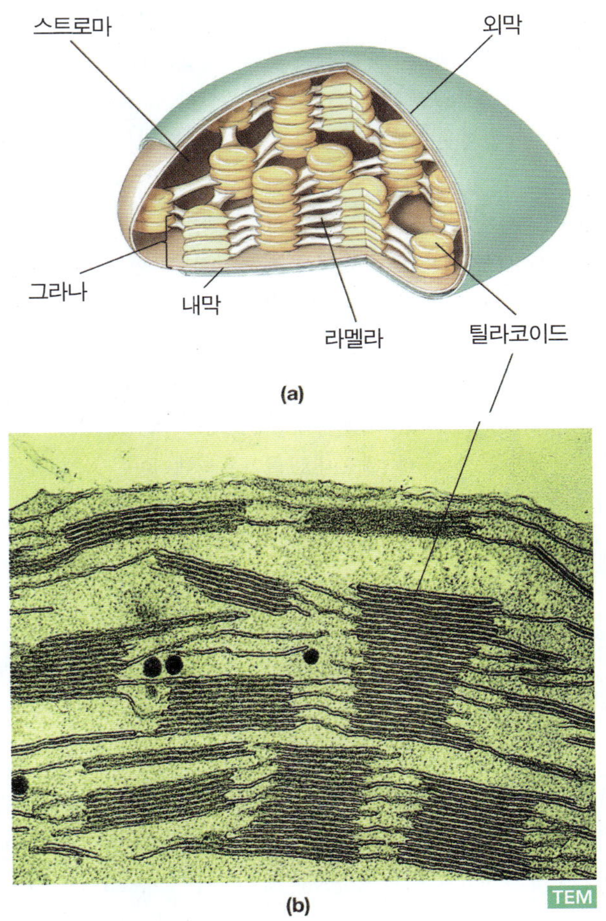

그림 4.22 엽록체. **(a)** 틸라코이드막은 클로로필, 다른 종류의 색소 그리고 광합성을 하기 위한 효소들을 가지고 있다. 틸라코이드는 그라나로 불리어지는 판상의 더미 내에 존재한다. 그라나는 라멜라라고 불리는 막으로 된 평평하고 얇은 판 조직이 연결되어있는 형태를 하고 있다. **(b)** 색으로 표현된 옥수수 잎에 존재하는 엽록소의 TEM 사진(61,680X로 확대되어짐). (Dr. Kenneth R. Miller/Photo Researchers)

많은 튜브와 납작한 접시형태로 존재하는 커다란 막구조이다. 소포체는 표면이 매끄럽거나 거친 구조를 가지고 있다. 매끄러운 표면을 가진 소포체(smooth endoplasmic reticulum)는 지질 합성에 사용되는데, 특히 세포막(membranes)을 만드는 지질의 합성에 사용된다. 거친 조직을 가진 소포체 (Rough endoplasmic reticulum)는 소포체 바깥쪽에 리보솜이 많이 부착되어 있어 거친 표면을 가지고 있다. 소포체의 기능은 리보솜과 함께 단백질을 제조하는 역할을 한다. 소포체막의 표면 또는 안에서 합성된 단백질과 지질은 소낭 형태로 골지체로 전달된다.

골지체

골지체(Golgi (gol' je) apparatus)(그림 4.18)는 납작한 주머니 모양의 소낭이 서로 겹쳐진 형태로 구성되어 있다. 소포체로부터 만들어진 물질은 골지체로 전달되어 저장되며, 대체로 그들의 화학적 구조가 변하게 된다. 이렇게 형성된 물질이 막(membranes)의 단편으로 포장되어 분비 될 수 있도록 변형된 형태를 **분비소낭(secretory vesicle)**이라고 부른다. 분비소낭은 원형질막(plasma membrane)에 융합되어 세포 외부로 방출된다. 골지체는 원형질막과 리소좀 막을 형성하는 것을 돕는 역할을 한다.

리소좀

리소좀(Lysosomes) (그림 4.18) 은 매우 작은 크기로 동물세포의 골지체에서 막으로 둘러 쌓여 있는 소기관이다. 리소좀은 다양한 종류의 소화효소들을 포함하고 있으며, 만일 세포질로 이 소화효소가 방출된다면 세포의 파괴를 유발할 것이다. 리소좀은 물질을 둘러싸는 것으로 형성되는 액포(vacuoles)와 융합한 후, 효소를 방출하여 소포 내의 물질을 분해시킨다. 세포 내로 들어온 박테리아는 특히, 백혈구에 의해 함입되어 리소좀 효소에 의해 파괴된다.

페르옥시좀

페르옥시좀(Peroxisome)은 크기가 작고, 효소를 포함하고 있는 막으로 둘러싸인 소기관이다. 페르옥시좀은 식물과 동물세포에 존재하지만 각각의 세포에서 다른 역할을 한다. 동물세포에서 페르옥시좀의 효소는 아미노산을 산화시키는 역할을 하지만, 식물세포에서는 지방산을 산화시킨다. 페르옥시좀의 효소는 과산화수소를 물로 분해하는 기능을 수행하는데 이러한 기능은 동물세포와 식물세포에서 모두 가능하다. 만약 세포내에 과산화수소가 축적되면 사람이 살균제를 사용해서 세균을 사멸 시키는 것처럼 세포를 파괴하게 된다.

액포

진핵세포에서 **액포(vacuoles)**는 막으로 둘러 싸여 있는 형태인데 녹말, 글리코겐, 에너지를 생성하기 위해 사용되는 지방과 같은 물질의 저장소 이다. 어떤 액포들은 세포가 영양분 입자(food particle)를 세포 내로 흡입했을 때 형성된다. 앞의 내용에서 이미 설명했듯이 액포내의 저장물질은 리소좀 효소에 의해서 분해된다. 액상물질을 포함하고 있는 액포는 식물세포에서 단단한 구조를 유지하기 위한 역할을 담당한다. 액상물질의 소실이 일어나게 되면 식물의 구조적 형태가 약해진다.

세포골격

세포골격(cytoskeleton)은 **미세소관(microtubules)**(속이 빈 관)과 **미세섬유(microfilaments)** (실과 비슷한 섬유)로 만들어진 단백질 섬유들로 이루어진 망상조직이다. 세포골격은 세포의 형태를 유지하고 단단한 구조를 지지하는 역할을 한다. 또한 세포가 물질을 함입하거나 아메바성 움직임을 만드는 것과 같은 운동성에도 관여한다 (다음 장에서 설명할 것이다.) 최근 몇몇 박테리아에서 진핵세포의 소관과 섬유가 존재한다는 연구가 발표되었다.

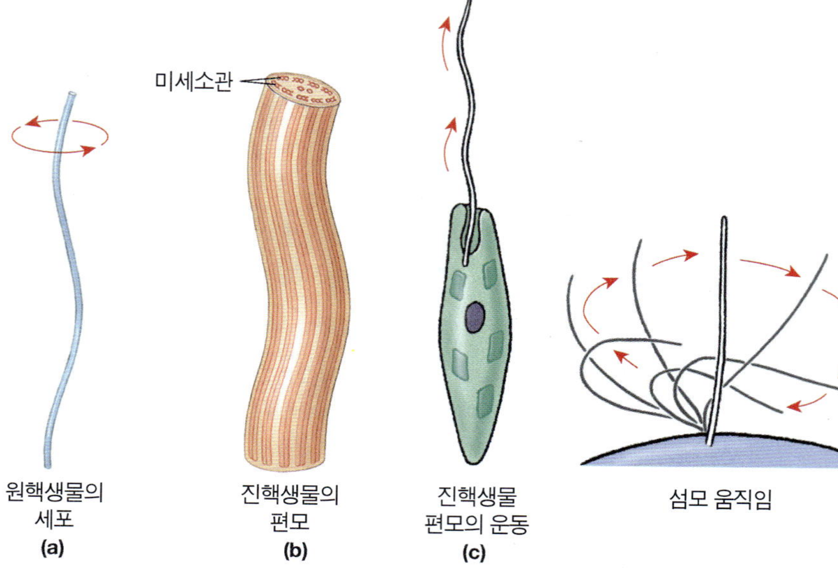

그림 4.23 원핵생물과 진핵생물의 편모의 비교. (a) 원핵생물의 편모; (b) 진핵생물의 편모. 두 구조의 직경의 차이에 주목하라. (c) 진핵생물의 편모와 섬모의 운동.

생명공학

당신이 가지고 있는 DNA는 누구의 것인가?

진핵생물의 핵은 한 종의 세포로부터 제거된 후의 핵이 제거된 난자세포질에 착상 되어 질 수 있다. 그러나, 두 번째 종의 세포질 내 미토콘드리아는 그들 자신의 DNA를 계속 유지한다. 결과적으로 발달된 배아세포는 2개의 종으로부터 유래된 DNA를 가지게 될 것이다. 이것은 옛 노래의 가사에 새로운 의미를 부여 할 수 있다. "어머니들이여, 당신의 자녀들을 소의 자식으로 성장시키지 마세요".

외부구조

원핵세포의 외부구조와 마찬가지로 진핵세포의 외부구조 역시 이동성에 부여하거나 또는 외피층을 구성하여 원형질막을 보호한다. 이러한 구조들은 편모(flagella), 섬모(cilia), 세포벽(cell walls) 그리고 기타 외피층이 포함된다. 엄밀히 말하면 위족(Pseudopodia)은 세포의 표면구조에 포함되지 않지만, 위족이 움직임에 관여하는 구조이기 때문에 이 장에서 설명할 것이다. 조류(algae)와 눈으로 관찰 가능한 녹색 식물 (macroscopic green plants)의 세포에는 세포벽이 존재하고 몇몇의 원생동물(protozoa)은 특별한 세포 외피층을 가지고 있다.

편모

진핵생물의 편모(Flagella)는 원핵생물의 편모보다 크기가 더 크고 복잡한 구조를 가지고 있어서**(그림 4.23a)**, 진핵생물의 편모는 2개의 중앙 미세소관과 9쌍의 주변 미세소관 (9+2구조)이 막에 의해 둘러싸여 있는 형태를 하고 있다**(그림 4.23b)**. 각각의 미세소관은 튜블린(*tubulin*) 단백질로 구성되어 있다. 진핵생물의 미세소관 하나의 크기는 원핵생물이 가지고 있는 전체 편모 (Flagellum)의 크기와 거의 비슷하다. 중앙 미세소관을 둘러싸고 있는 주변 미세소관 각각의 쌍에는 디네인(dynein) 이라 불리는 단백질이 부착되어 있다. 진핵생물의 편모는 채찍과 같은 형태로 이동을 하고**(그림 4.23c)**, 반면에 원핵생물의 편모는 갈고리가 회전하는 모양으로 이동을 한다. 진핵세포 편모 운동의 1가지 메카니즘은 디네인과 다른 편모 단백질사이에 교차연결이 되는 것이다. 디네인 단백질은 ATP 가수분해 능력을 가지는데 ATP의 화학에너지를 운동에너지로 전환시켜 생성된 에너지를 이용해서 편모를 움직이게 한다. 편모 속에 존재하는 미세소관은 세포를 잡아당기거나 밀어내면서 파도치듯이 움직이는데 이것 때문에 전체 편모운동이 이루어진다.

편모는 원생동물(protozoa)과 조류(algae)에서도 자주 관찰된다. 대부분의 진핵생물들은 하나의 편모를 가지고 있지만, 어떤 진핵생물의 경우에는 2개 또는 그 이상의 편모를 가지고 있는 경우도 있다. 정자(spermatozoa)는 사람의 세포에서 유일하게 편모를 가지고 있는 구조를 하고 있다.

섬모

섬모(cilia)는 편모보다 길이가 짧고 편모 보다 수가 많지만 화학적 구성성분이 같고 기본적인 미세소관들의 배열이 일치한다. 섬모는 대개 원생동물(protozoa)에서 찾아 볼 수 있는데 그들의 세포 표면에는 10,000개 또는 그 이상의 섬모가 존재한다**(그림 4.24)**. 각 섬모는 세게 치고 원래 상태로 돌아가는 주기를 반복하면서 앞으로 나아간다. 섬모들은 같이 움직이면서 생명체의 한쪽 끝에서 다른 쪽 끝으로 이동하는 물결을 만들어낸다. 많은 수의 섬모를 가진 짚신벌레(pacamecia)와 생물체는 협력적으로 섬모를 치면서 편모를 가지고 있는 생물체 보다 더 빠르게 움직일 수 있다. 몇몇 세포에 존재하는 섬모는 유체, 용해된 미립자, 박테리아, 점성물질, 기타 세포를 지나간 물

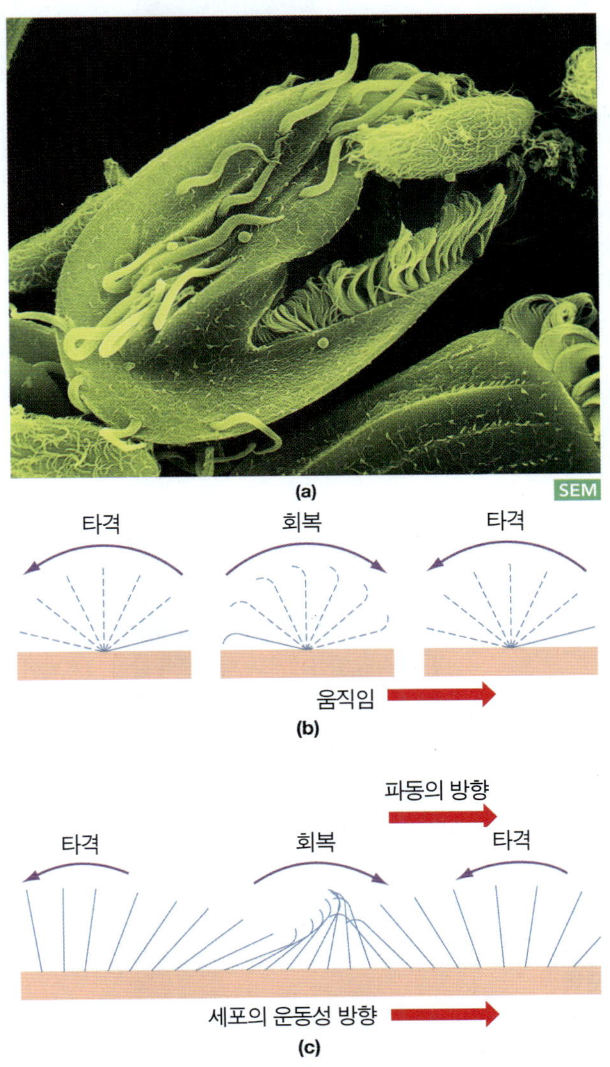

그림 4.24 섬모(Cilia). **(a)** 섬모를 가지고 있는 원생동물 *Oxytricha*(918X). (Manfred Kang/Peter Arnold, Inc.) **(b)** 세게 타격하고 원상태로 돌아가는 것을 반복하는 섬모의 움직임 **(c)** 섬모는 생물체를 앞으로 나아가게 하기 위해 파동을 동시에 유발시키는 방법으로 생명체를 움직이게 한다.

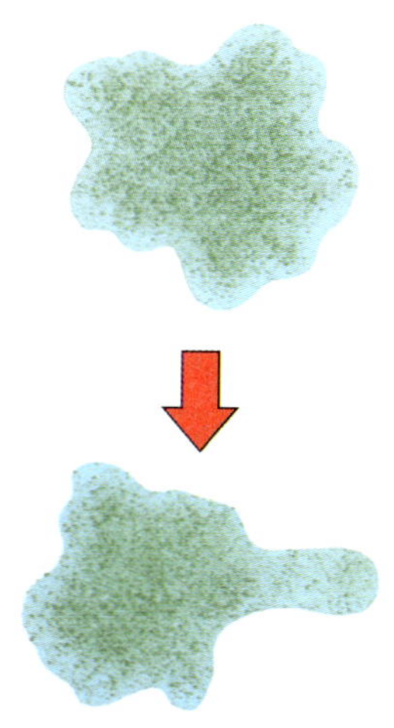

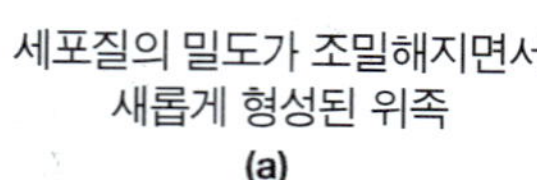

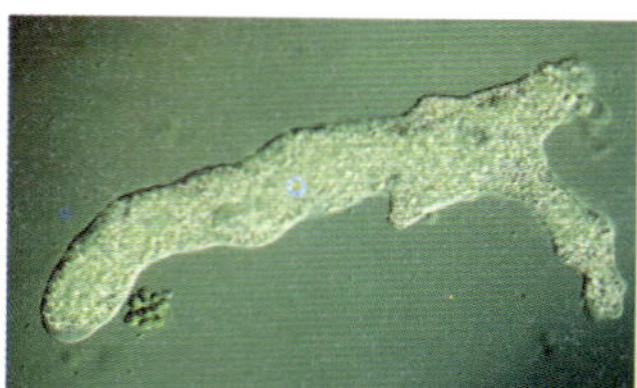

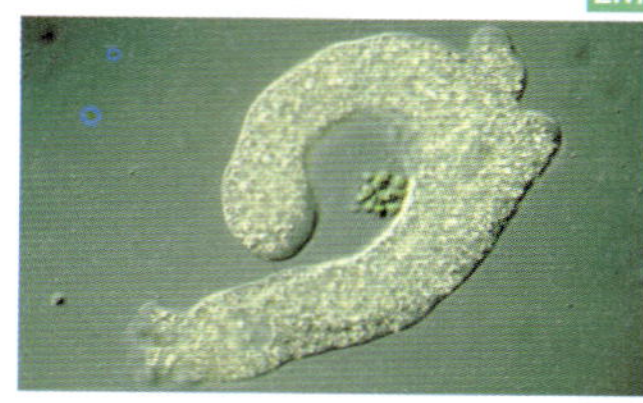

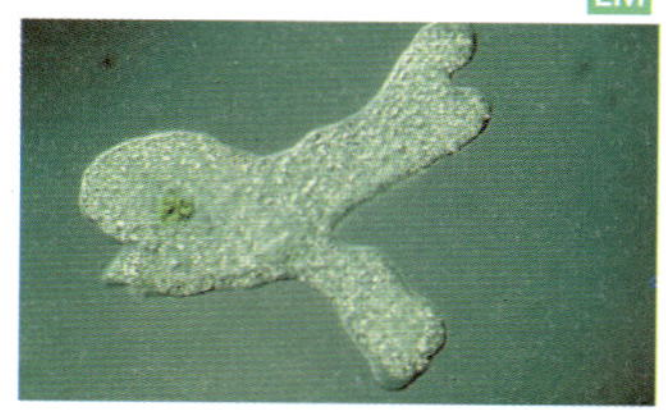

그림 4.25 위족(Pseudopodia). **(a)** 위족의 형성, 세포직의 확장은 아메바와 같은 생물체를 움직이게 하고 먹이를 포획하게 한다. **(b)** 먹이를 삼키는 아메바의 현미경 사진(132X). (Michael Abbey/Visuals Unlimited).

질들을 밀어낼 수 있다. 섬모의 이러한 기능은 질병에 대응하는 숙주의 방어 기작에서 중요한 역할을 하는데, 특히 호흡기관에서, 사람의 경우 점액섬모상승(mucociliary escalator)이 알려져 있다.

아메바 운동은 우리 자신의 근육에 존재하는 것과 비슷한 액틴과 미오신 근육 미세섬유 사이의 상호작용에 의해서 일어난다.

위족

위족(Pseudopodia) (su" do-po' de-a" 단수: *pseudopodium*) 또는 "가짜 다리"는 **아메바 이동**과 관련된 세포질의 일시적인 돌출부위이다. 이러한 움직임은 아메바나 백혈구와 같이 세포벽이 없는 세포와 세포가 고체표면에서 놓여 있을 때만 나타난다. 아메바가 위족을 형성하기 위해 몸의 일부를 확장하게 되면 위족내의 세포질은 세포의 다른 기관에서 보다 덜 조밀한 상태가 된다 **(그림 4.25)**. 결과적으로 **세포질 유동(cytoplasmic streaming)**에 의해 다른 세포질 부분이 위족 쪽으로 부드럽게 끌려오게 된다. 이과 같은 과정을 거치면서 아메바성 이동은 천천히 진행된다.

세포벽

많은 단세포성 진핵생물은 세포벽(cell wallk)을 가지고 있지만 박테리아의 특징적 구조인 펩티도글리칸(peptidoglycan)을 가지고 있는 경우는 없다. 조류(algal)의 세포벽은 주로 셀룰로오스로 구성되어 있는데 어떤 종에서는 다른 종류의 다당류를 포함하는 경우도 있다. 곰팡이류의 세포벽은 셀룰로오스나 키틴질로 구성되어 있는데 이것을 모두 가지고 있는 경우도 있다. 다당류로 구성된 키틴질은 곤충과 갑각류와 같은 절지동물의 외골격에서도 흔히 발견된다. 원생동물은 외피라고 불리는 탄력성을 가진 외부 막이 있다. 구성성분에 관계없이 세포벽은 세포를 단단하게 유지하는 역할을 하고 외부로부터 세포 내부에 물이 이동될 때 세포가 터지는 것을 막는 역할을 한다.

내부 공생설에 의한 진화

생물학자들은 40억년 전에 지구에서(혹은 운석에 의해 생명체가 전달이 되었든) 오늘날과 같은 원핵생물의 종이 형성되었다고 믿는다. 화석에서 발견되는 증거를 통해서 보았을 때 진핵생물이 발생하는 데는 약 10억년 정도 걸린 것으로 보인다. 어떻게 해서 원핵생물이 진핵생물로 진화가 되었는지 알 수는 없지만 **내부공생 이론(endosymbiotic theory)**은 그럴듯한 이유를 제시하고 있다. 우리가 보았듯이 원핵생물과 진핵생물의 가장 큰 차이점으로 진핵생물은 막으로 둘러싸인 세포핵과 같은 세포 소기관을 가지고 있다는 점이다. 내부 공생설에 따르면 진핵생물의 이러한 기관은 진핵생물과 공생적 관계에 있던 원핵세포에서 기원되었다고 설명하고 있다. 공생은 가깝게 밀착하여 사는 서로 다른 2개의 생물체 사이에서 발생하는 관계이다. 만약 하나의 생명체가 다른 생명체의 내부에서 살아간다면 이것을 내부 공생(*endosymbiosis*)이라고 한다.

최초의 진핵세포는 아메바와 같은 세포였는데 어떤 경위에 의해서 핵을 가지게 되었을 것이다. 세포막 일부가 소낭을 형성하기 위해 쉽게 분리되는 것을 볼 때, 초기의 염색체를 막으로 둘러싸면서 원시적인 핵을 형성했다는 것은 쉽게 상상할 수 있을 것이다. 아마도 초기의 진핵세포는 환경에 존재하는 물질, 아마 여기에는 다른 세포도 포함 되는데, 이것을 영양분으로 사용하는 식세포 작용을 하는 세포였을 것이다. 이렇게 진핵세포에 의해 삼켜진 대부분의 원핵세포는 분해되어 영양분으로 사용되었지만, 몇몇의 살아남은 세포들은 진핵세포의 세포질 내에서 세포 내 기관으로 발전되었을 것이다. 진핵세포와 진핵세포에 의해 삼켜진 원핵세포는 이러한 배치를 통하여 서로 이득을 얻게 된다. 삼켜진 원핵세포는 진핵세포로 부터 보호받게 되었고 진핵세포는 내부공생자를 통해서 새로운 능력을 획득하게 되었다.

이러한 이론을 뒷받침하는 증거들은 진핵세포들의 기관과 원핵세포의 특징을 비교하여 얻을 수 있다.

- 미토콘드리아와 엽록체는 둘 다 크기가 원핵세포와 비슷하다.
- 다른 기관과 달리 미토콘드리아와 엽록체는 자신의 고유한 DNA를 가지고 있다. 이러한 DNA는 원핵 생물의 염색체와 같이 하나의 원형고리 형태로 존재한다**(그림 4.26)**.
- 진핵생물이 80S 리보솜을 가지고 있는 것과 대조적으로 소기관들은 원핵세포의 리보솜과 같은 70S의 리보솜을 가지고 있다.
- 소기관에 의한 단백질 합성과정은 진핵생물의 DNA에 의해 수행되는 단백질 합성과정 보다 세균의 DNA와 리보솜에 의한 단백질 합성과정과 더 유사하다.

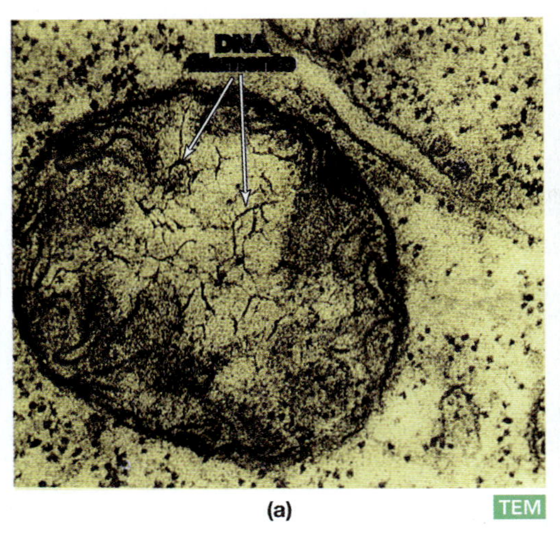

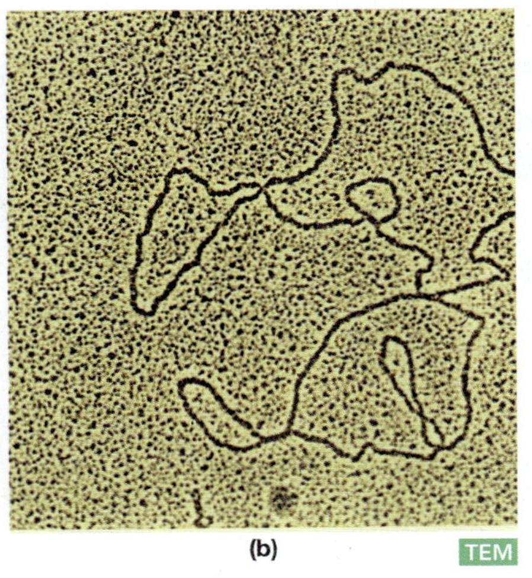

그림 4.26 예전에 독립적인 생물체였던 미토콘드리아와 그들 자신의 DNA. **(a)** 개구리 세포의 미토콘드리아에서 DNA 필라멘트가 보여진다(390,206X). (D.W. Fawcett/ Visuals Unlimited) **(b)** DNA 필라멘트가 미토콘드리아로부터 분리되어졌다. (I.B. David, D.R. Wolstenholme, D. W. Fawdett/ Visuals Unlimited)

- 세균의 리보솜에 의해서 만들어지는 단백질 합성을 억제하기 위한 항생물질은 엽록체와 미토콘드리아의 리보솜에 마찬가지로 작용한다.
- 미토콘드리아와 엽록체는 진핵세포의 세포주기와는 독립적으로 이분법으로 분열한다.
- 미토콘드리아와 엽록체의 2중막 구조는 그람음성 세균의 막과 매우 유사한 구조를 하고 있으며, 심지어는 같은 종류의 세공(pore)을 가지고 있다.
- 엽록체는 원핵의 시아노세균이 가지고 있는 클로로필 II 색소체를 이용해서 광합성을 하는 것과 매우 유사한 방법으로 광합성을 한다.
- 미토콘드리아의 DNA는 발진티푸스를 유발하는 리케차(*Rickettsia prowazekii*)의 DNA와 가장 유사한 구조를 하고 있다.

더욱이 진핵세포 내부에 원핵세포들이 살아간다는 내부공생에 대한 개념은 단순한 추측이 아니다.

이것에 관련된 예가 자연 속에서 널리 존재한다. 산소농도가 낮은 환경에서 살아가는 몇몇의 진핵생물은 미토콘드리아가 결핍되어 있었는데 "미토콘드리아의 대리자"로써 내부에 살고 있는 세균과 공생관계를 유지하고 있다. 흰개미의 후장(hindgut)에 살고 있는 원생생물은 미토콘드리아와 크기와 분포가 비슷한 공생세균에 의해 점유(colonize)되어 있다**(그림 4.27)**. 이러한 세균들은 산소가 부족한 환경에서 미토콘드리아보다 더 유용한 작용을 한다. 그들은 영양분을 산화시켜서 에너지를 ATP의 형태로 공생생물인 원생동물에게 공급한다. 진핵생물 중 원시적인 몇몇은 오늘날에도 여전히 미토콘드리아를 가지고 있지 않은 종이 있다. 설사를 유발하는 기생충의 한 종류인 지아르디아(Giardia)가 미토콘드리아를 가지고 있지 않은 진핵생물의 한 예이다.

연못 바닥의 진흙에는 펠로믹사(*Pelomyxa palustris*) 라는 거대 아메바가 살고 있다. 이 거대 아메바 역시 미토콘드리아를 가지고 있지 않지만 적어도 두 종류 이상의 공생생활을 하는 세균을 가지고 있다. 항생제에 의해 세균이 죽게 되면 젖산이 축적되게 된다. 이것은 미토콘드리아가 일반적으로 수행하는 작용인 포도당발효로 만들어진 최종산물을 세균이 산화시킨다는 것을 암시한다. 그 외에 미토콘드리아가 하는 일에는 어떤 것이 있을까? 그들은 골지체의 형성과 기능에 필요한 일을 수행한다. 이 그룹에는 모든 원핵생물이 포함된다. 아마도 세포로 세균성 내부공생자가 융합됨으로써 미토콘드리아와 골지체의 발달이 이루어지는 것 같다.

Dr. Lynn Margulis는 진핵생물의 편모와 섬모 (그녀는 이들을 "undulipodia"라고 명명했다)는 광합성을 할 수 없는 원생동물과 스피로헤타(Spirochetes)의 운동성을 가진 세균과의 공생관계에서 기원되었을 것이라고 제안하였다. 현대 미생물종의 이러한 관계는 많이 알려져 있다. 오스트리아의 흰개미인 마스트로테르메스 다윈이엔시

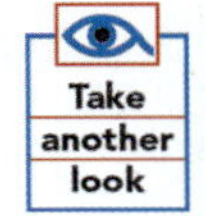

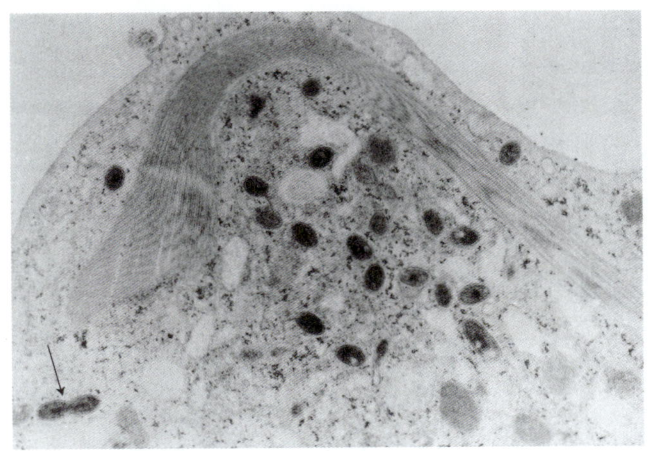

그림 4.27 내부공생(Endosymbiosis). 흰개미의 후장에 공생생활을 하며 살고 있는 원생생물인 *Pyrsonympha*의 세포질, 세균(검은타원체)은 원생생물을 위한 미토콘드리아처럼 행동한다. 왼쪽사진의 아랫부분에 세균이 분열하는 것을 관찰할 수 있다(화살표). (*Micrograph by David G. Chase from Early Life by Margulies) ((c) 1984 by Jones & Bartlett Publishers, Inc.)*

스 (*Mastotermes darwiniensis*)의 후장에서 발견되는 원생생물인 내부공생자 믹소트리카 파라독사(*Mixotricha paradoxa*)는 이들의 방향을 조정하기 위해서 앞쪽에 있는 4개의 편모를 사용하지만 이동력을 위해서는 이들의 표면을 덮고 있는 50만개의 스피로헤타에 의존한다. 이러한 스피로헤타는 살아있는 혹은 죽은 원생동물의 표면을 덮으려는 경향이 있다. 연출영상에 의하면, 일단 스피로헤타가 표면에 부착한 후에는 그들의 파동이 조화를 이루어 숙주를 이동시킨다. Margulis는 고대의 스피로헤타가 섬모와 편모가 되기 위해 그들의 숙주세포에 융화되었다는 가설을 세웠다. 그녀는 더 나아가 다른 스피로헤타는 내막안으로 들어와서 (현대의 종에서 관찰되어 지는 과정이다) 결과적으로 미세소관으로 변형된다고 제안하였다.

스피로헤타는 진핵생물에 이동능력을 부여하고, 동시에 진핵생물을 통해 흘러 나오는 영양물질을 섭취할 것이다. 심해저 열수구(hydrothermal vent) 가까이에 살고 있는 거대한 관 벌레(6피트 길이)는 입, 항문, 소화관이 결핍되어 있다. 그들이 어떻게 살아있을까? 원핵의 내부공생 세균들은 그들의 내부 조직을 점유하고 있다. 세균들은 열 수구로부터 방출되는 황화수소를 대사시켜 에너지를 만들어 낸다. 잉여 에너지는 관 벌레로 전달된다. 이것과 비슷한 관계가 내부공생세균과 수구에 살고 있는 거대 대합조개 사이에서 존재한다. 내부 공생설은 삶에서 흔하게 나타나는 형태이다.

막을 관통하는 물질의 이동

살아있는 세포는, 원핵생물이던 진핵생물이던, 동적인 존재이다. 세포는 막으로 인해 환경으로부터 분리되어 있고, 그 막을 사이에 두고 물질들은 세심하게 조절되면서 지속적으로 이동하고 있다. 세포의 기능을 이해하기 위해서는 이러한 물질이동이 어떻게 일어나는지 반드시 이해하여야 한다. 물, 이온, 수용성분자와 같은 매우 작은 극성물질들은 막의 세공을 통해 통과할 것이다. 지질이나 무극성 입자들(분자 또는 이온)과 같은 비극성 물질들은 세포막의 지질층에 용해되어 통과한다. 다른 물질들은 운반 분자(carrier molecules)들을 이용하여 막을 통과한다. 대부분의 큰 분자들은 특정 운반체의 도움 없이는 세포내로 들어가지 못한다.

물질들이 막을 통과하여 이동하는 기작은 수동적이거나 능동적이다. 수동 수송에서 세포는 물질을 농도 기울기 아래로, 즉 높은 농도에서 낮은 농도로 이동시키며 에너지를 사용하지 않는다. 수동 과정에는 단순 확산(*simple diffusion*), 촉진 확산(*facilitated diffusion*), 그리고 삼투압(*osmosis*)이 있다. 능동 과정에서 세포는 ATP의 에너지를 소비하여 물질이 농도 기울기에 거슬러 운반될 수 있도록 한다. 이 과정은 능동 수송(*active transport*)을 포함한다. 진핵세포에서만 발생하는 세포내 흡입(*endocytosis*)과 세포외 배출 (*exocytosis*) 과정은 원형질막을 가로지르는 물질 이동의 또 다른 기작이다.

단순 확산

모든 분자들은 운동에너지를 갖는다; 즉, 그들은 지속적으로 움직이며 계속적으로 재배열된다. **단순 확산(simple diffusion)**은 높은 농도 지역에서 낮은 농도 지역으로 입자들이 순 이동(net movement)하는 것을 뜻한다(**그림 4.28**). 예를 들어, 당신이 한 잔의 커피에 각설탕 하나를 떨어뜨렸다고 가정해보자. 처음에, 설탕의 농도는 각설탕에서 가장 높고 컵의 가장자리에서 가장 낮다. 그러나 결국에 설탕 분자는 저어주지 않아도 커피의 전체에 고르게 퍼지게 된다(그것은 평형상태(*equilibrium*)에 도달한다).

확산은 입자들의 무작위적 움직임 때문에 발생한다. 입자들이 빠른 속도로 움직이더라도, 그들은 멀리 움직이지 못하고 무작위로 움직이는 다른 입자들과 충돌하게 된다. 그렇다 하더라도 높은 농도 지역의 입자들은 결국에는 낮은 농도의 지역으로 이동을 하게 된다. 농도 기울기의 반대 방향으로 이동하는 입자의 숫자는 더 적은데, 그 이유는 2가지가 있다.: (1) 낮은 농도의 지역에는 움직이는 입자의 수가 적다, 그리고 (2) 낮은 농도의 입자들은 높은 농도 지역의 입자들에 충돌하여 반사될 확률이 크다.

입자들이 세포를 가로질러 확산하는데 필요한 시간은 세포 지름이 증가할수록 늘어난다. 물질들은 작은 원핵세포를 통하여 매우 빠르게 확산되고, 더 큰 진핵세포의 경우에도 영양분을 공급하고 노폐물을 효과적으로 제거하기에 충분한 속도로 확산된다. 만약 세포가 훨씬 더 크다면, 세포 전체로의 확산이 생명을 유지하기에는 너무 느

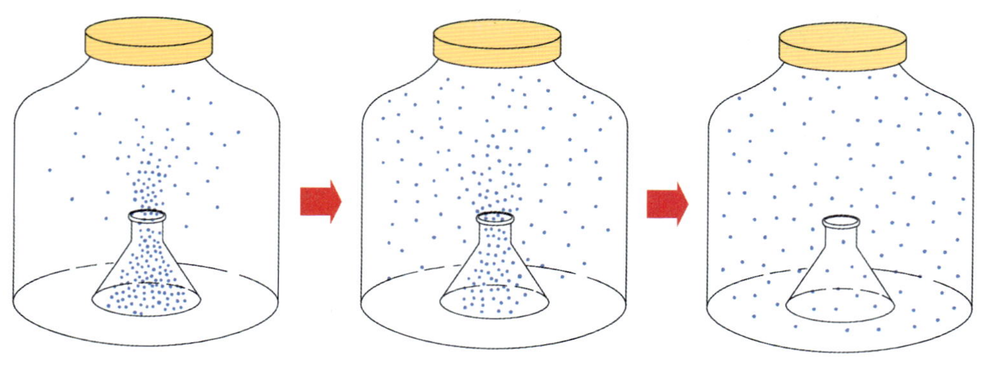

그림 4.28 단순확산. 분자들의 무작위 운동들이 그들을 결국 동등하게 분산될 때까지 높은 농도의 구역에서 낮은 농도의 구역으로 움직이도록 퍼져나가게(확산하게) 한다. (즉, 평형에 도달하였다)

확대경

세균 속의 세균

만약 미토콘드리아가 원래 세균이었다면, 미토콘드리아 내의 또 다른 세균은 무엇일까? 그것을 먹는 것, 이것은 무엇일까! 라임병(Lyme disease)의 주된 매개 곤충(vector)인 진드기(tick), 개진드기(Ixodes ricinus)를 연구하던 연구자들은 그들의 표본에서 이상한 DNA를 발견했다. 그들은 진드기 난소의 난자 속에 사는 새로운 종의 세균을 조사했다. 그러나 이 새로운 "세균(bug)"은 세포질이 아닌 미토콘드리아 내에 있었다. 어떤 방법으로(somehow), 그들은 미토콘드리아의 내막과 외막 사이로 들어가, 단지 외막만 남겨두고 미토콘드리아의 모든 내용물을 먹어버렸으나, 진드기가 이것으로 인해 해를 입지는 않는 듯 했다. 아마도 미토콘드리아의 약 절반만이 먹혔기 때문일 것이다.

세균이 미토콘드리아를 감염시키는, 처음으로 알려진 이런 경우에 놀란 연구자들은 전 세계에 존재하는 같은 종의 진드기들을 얻었다. 아니나 다를까 암컷종의 100%는 그들의 난자에 같은 세균이 감염되어 있었다. 2006년에 이 세균은 공식적으로 *Midichloria mitochondrii*이라는 이름을 갖게 되었다.

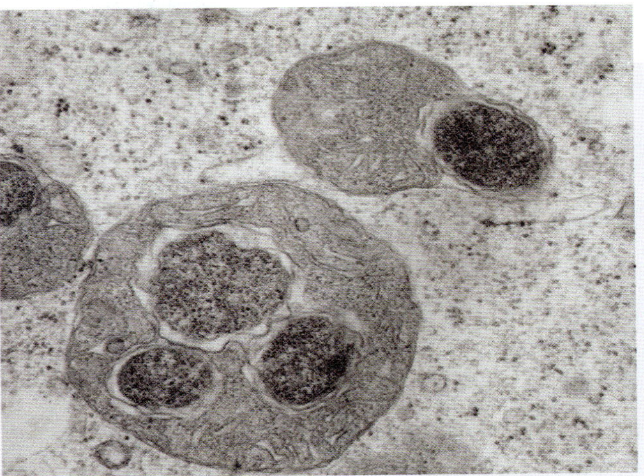

진드기의 미토콘드리아에서 공생하는 세균. 미토콘드리아는 많은 수의 세균들을 수용할 수 있을 정도로 크기가 큰 점에 주목하라. (Courtesy Luciano Sacchi, The University of Pavia, Italy)

리기 때문에 확산 속도는 세포의 크기를 제한하는 부분적인 원인이 될 것이다.

세포의 막은 확산을 엄격하게 제한하지만, 그럼에도 불구하고 많은 물질들이 막의 지질을 통해 확산된다. 인지질의 2중층을 통한 확산은 몇몇 요인들의 영향을 받는다: (1) 확산되는 물질의 지질에 대한 용해도, (2) 온도, 그리고 (3) 확산되는 물질의 가장 높은 농도와 가장 낮은 농도 사이의 차이. 스테로이드(steroids)나 가스(CO_2, O_2)와 같은 비극성 물질들은 막 인지질층의 비극성 지방산 꼬리에 용해되어 빠르게 막을 통과한다.

소수의 물질들 또한 세공(pores)을 통해 확산된다. 그러한 확산은 확산 입자의 크기와 전하, 그리고 구멍 표면의 전하들에 의해 영향을 받는다. 세공들은 대부분 0.8㎚ 보다 작은 직경을 가지고 있으므로 물, 수용성의 작은 분자들, 그리고 H^+, K^+, Na^+, 그리고 Cl^-같은 이온들만 통과할 수 있다. 이것이 막이 **선택적 투과성**(반투과성)이라고 불리는 1가지 이유이다.

촉진 확산

촉진 확산(Facilitated diffusion)은 농도 기울기에 따라 이루어지는 확산이며, 특별한 세공들이나 운반 분자들(carrier molecules)의 도움에 의하여 물질이 막을 통과하게 된다. 사실상, 막은 특정 이온을 이동시키기 위한 단백질로 이루어진 세공들을 가지고 있다. 이러한 세공들은 특정한 이온의 빠른 통과에 용이한 전하 배치를 가지고 있다. 운반 분자들은 단백질들로, 막 속에 파묻혀 있으며, 하나 혹은 몇몇 특정 분자들과 결합하고 그들의 이동을 도와준다. 촉진 확산에 대한 1가지 가능한 가설은, 운반자가 회전문이나 왕복선처럼 행동하여 물질들이 막을 가로질러 이동하기 쉽도록 하는 일방통행로를 제공한다는 것이다**(그림 4.29)**. 운반 분자들은 포화될 수 있으며, 그리고 유사한 분자들이 때때로 같은 운반자를 두고 경쟁하기도 한다. 포화는 모든 운반 분자가 그들이 가능한 한 빠르게 확산분자들을 운송하고 있을 때 발생한다. 이러한 상황에서 확산률은 최대점에 도달하며, 더 이상 증가하지 않는다. 운반 분자가 하나 이상의 물질을 운반할 수 있을 때,

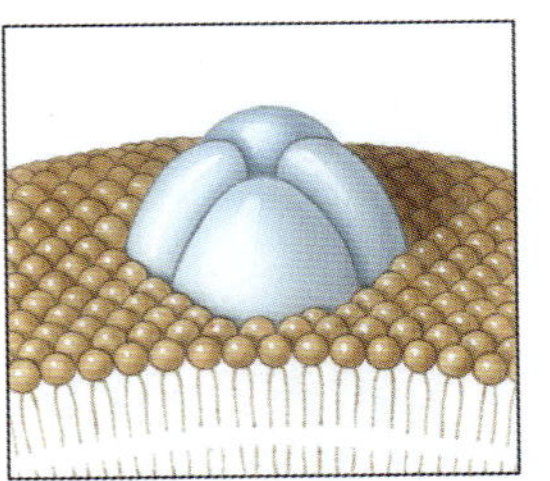

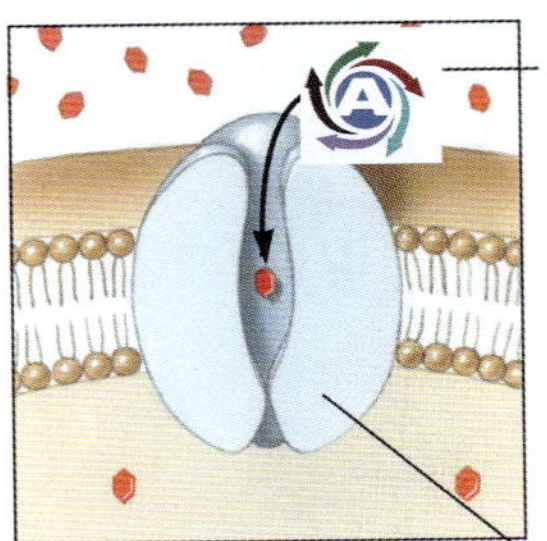

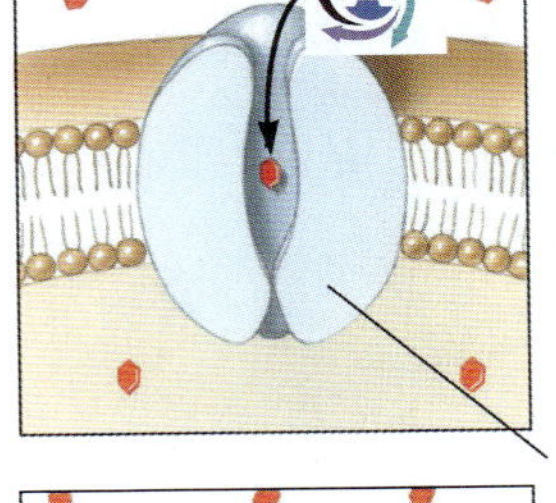

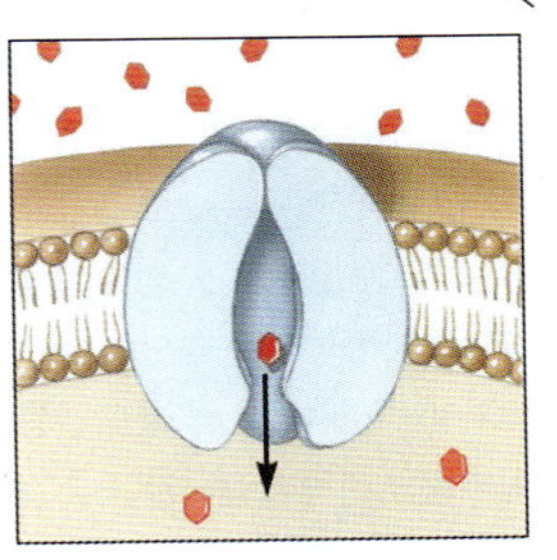

그림 4.29 촉진확산. 운송단백질 분자들은 물질들이 막을 통과하도록 도와주는 역할을 하지만, 오직 낮은 농도 구배의 방향으로만 작용을 한다(그들의 농도가 높은 지역으로부터 그들의 농도가 낮은 지역으로). 이러한 과정에서 세포는 어떠한 에너지(ATP)도 사용하지 않는다.

물질들은 그들의 농도 비율에 의해 운반자를 두고 경쟁한다. 예를 들어, 물질 A가 물질 B보다 2배 이상 많다면, 물질 A가 물질 B보다 2배 이상 빠르게 막을 가로질러 이동할 수 있다.

삼투

삼투(Osmosis)는 물 분자들이 선택적 투과성 막을 가로질러 확산되는 특별한 형태의 확산이다. 삼투에 대한 설명은 물만 투과시키는 막으로 분리된 2개의 구획으로부터 시작할 수 있다. 한 구획은 순수한 물을 함유하고 있으며, 그리고 또 다른 구획은 단백질이나 당 같이 크기가 커서 막을 통하여 확산할 수 없는 분자들을 포함하고 있다(그림 4.30a). 물 분자들은 양쪽 방향으로 움직일 수 있으나, 그들의 순 운동은 순수한 물(농도 100%)에서 다른 분자들을 포함한 물(농도가 100%보다 낮음; 그림 4.30b)을 향하고 있다. 그러므로, 삼투는 물 분자들의 농도가 높은 지역에서 물 분자들의 농도가 낮은 지역으로 반투과성 막을 가로지르는 물 분자들의 순 흐름이다(그림 4.30c).

삼투압(Osmotic pressure)은 삼투에 의한 물의 순 흐름을 *막기* 위하여 요구되는 압력으로 정의할 수 있다. 주어진 용액에서 순수한 물로의 움직임을 방지하기 위한 최소한의 수압이 그 용액의 삼투압이다. 한 용액의 삼투압은 그 용액의 주어진 부피 안에 용해되어 있는 입자들의 수에 비례한다. 같은 농도로 존재할 때 1분자 당 2개의 이온을 형성하는 NaCl과 다른 염들은 포도당이나 이온화되지 않는 다른 화합물과 비교하여 2배의 삼투압을 나타낸다.

삼투와 삼투압에 관하여 미생물학자들이 알아야 하는 중요한 점은 유체 환경에 용해되어 있는 입자들이 그 환경에 있는 미생물에 어떻게 영향을 미치는가 하는 점이다(그림 4.31). 이러한 이유로 긴장성(tonicity)은 유용한 개념이다. *긴장성*은 유체 환경에서의 세포들의 반응을 나타낸다. 세포들이 기준점이고, 유체 환경이 세포들과 비교된다. 세포 부피에 변화가 없을 때 세포를 둘러싼 유체 환경은 세포에 대해 **등장성(isotonic)**이라고 한다(그림 4.31a). 환경으로부터 세포로 물이 움직여 세포가 팽창하거나 터지게 된다면 유체는 **저장성(hypotonic)**이라고 한다(그림 4.31b); 물이 세포에서 주변 환경으로 빠져가나 세포가 오그라들거나 주름지게 된다면 세포에 대해 **고장성(hypertonic)**이라고 한다(그림 4.31c). 세균들이 고장성 환경에 노출되면 탈수되어 수축된 세포질이 세포벽으로부터 떨어져 나가게 되지만, 이들이 고장성 환경에 노출되면 주로 세포벽이 세포파열을 방지하는 역할을 한다. 잼이나 젤리의 높은 당함량으로 인하여 세균의 생장을 억제하는 것은 긴장성의 좋은 예일 것이다.

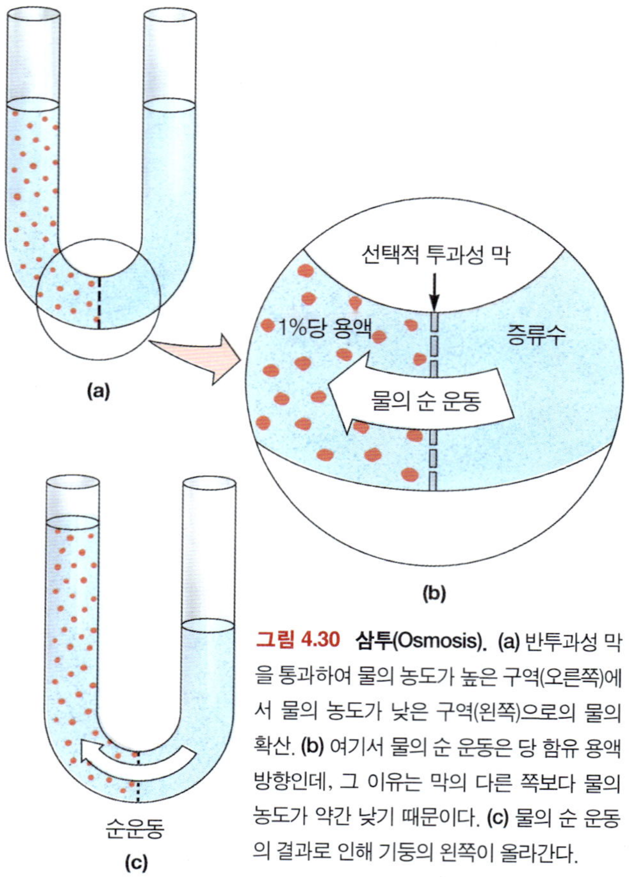

선택적 투과성 막

1%당 용액

증류수

물의 순 운동

(a)

(b)

순운동

(c)

그림 4.30 삼투(Osmosis). (a) 반투과성 막을 통과하여 물의 농도가 높은 구역(오른쪽)에서 물의 농도가 낮은 구역(왼쪽)으로의 물의 확산. (b) 여기서 물의 순 운동은 당 함유 용액 방향인데, 그 이유는 막의 다른 쪽보다 물의 농도가 약간 낮기 때문이다. (c) 물의 순 운동의 결과로 인해 기둥의 왼쪽이 올라간다.

능동 수송

수동적인 과정과는 반대로, **능동 수송(active transport)**은 농도가 낮은 구역에서 높은 구역으로 농도 기울기를 거슬러 분자들이나 이온들을 이동시킨다. 이 과정은 무언가를 언덕 위로 굴러 올리는 것과 유사한 것으로, 세포는 ATP로부터 에너지를 소모하며 이 일을 수행한다. 세포 주변 환경에 낮은 농도로 존재하는 영양분을 이동시키기 위하여 능동수송은 미생물에게 매우 중요하다. 능동수송은 운반자와 효소의 역할을 동시에 수행하는 막 단백질을 필요로 한다(그림 4.32). 이러한 단백질들은 각각의 운반자가 이동시키는 하나의 물질이나 밀접하게 연관된 몇몇 물질들에 대하여 특이성을 가지고 있다. 능동수송의 결과 미생물들은 농도 기울기에 반하여 어떤 물질을 막의 한쪽으로 집중시키거나 일정 농도를 유지할 수 있게 된다. 촉진확산과 마찬가지로 능동수송의 운반자들은 포화될 수 있으며, 또한 유사한 분자들의 결합부위에 대한 경쟁이 일어나기도 한다.

작용기 전달 반응(Group translocation reactions)은 세균 세포 바깥쪽에서 안쪽으로 물질을 이동시키는 동안 물질이 확산되어 밖으로 빠져나가지 않도록 화학적으로 변형시키는 것이다. 이러한 과정은 포도당 같은 분자들이 농도 기울기에 거슬러 축적되도록 한다. 세포 내부에서 변형된 분자들은 세포 외부에 있던 분자들과 구조가 달라졌으므로 실제적인 농도기울기가 생기지 않기 때문이다. 이 과정에 사용되는 에너지는 고에너지 인산염 물질인 포스포엔올피루브산

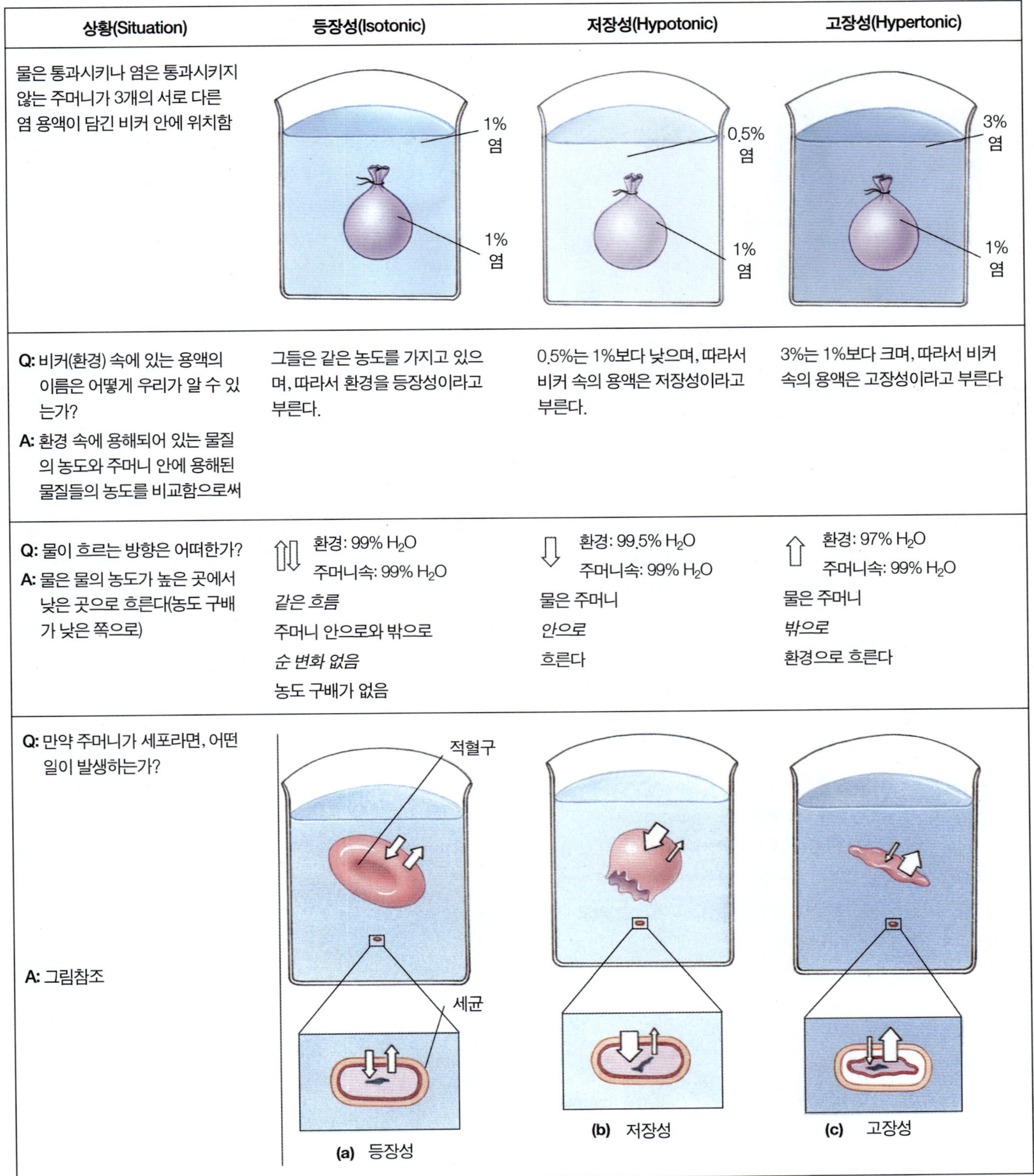

그림 4.31 삼투압에 대한 긴장성의 효과를 검사하기 위한 실험들. **(a)** 등장성 환경에 있는 세포-세포 내부와 용해된 물질의 농도가 같음-는 물의 순유입이나 순손실이 없을 것이며, 세포 원형의 모양을 유지할 것이다. **(b)** 저장성 환경에 있는 세포-세포 내부보다 용해된 물질의 농도가 낮음-는 주변 환경으로부터 물을 얻게 되어 팽창하게 될 것이다. 세균 세포와는 다르게 적혈구 세포는 터지게 되는데, 세포벽에 없기 때문이다. (c) 고장성 환경에 있는 세포-세포 내부보다 용해된 물질의 농도가 높음-는 물을 잃게 되고 오그라들게 될 것이다.

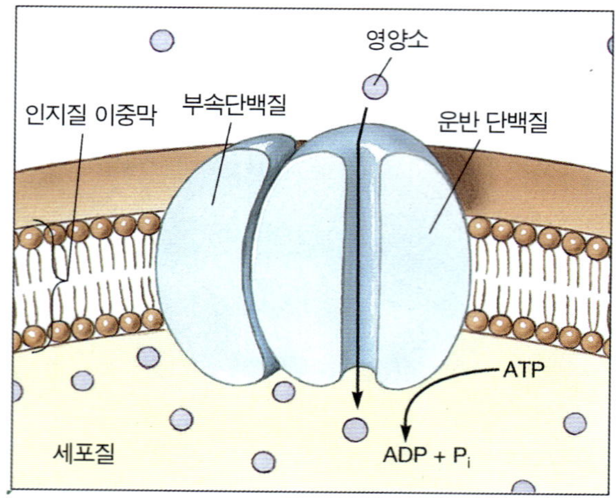

그림 4.32 능동 수송(Active transport). 운반단백질 분자는 막을 통과하는 분자들의 운동을 돕는다. 이러한 과정은 농도 구배를 거슬러 일어나며 그리고 에너지(ATP 형태)를 사용한다. 부속 단백질은 운반 단백질의 기능에 관여한다(P_i는 무기 인산염이다. HPO_4)

(phosphoenolpyruvate, PEP)에서 공급된다. 많은 진핵세포들이 확산을 방지하기 위한 유사한 능동 수송 작용 기작을 가지고 있다.

내포작용과 외포작용

물질이 직접적으로 막을 가로지르는 과정에 더하여, 진핵 세포들은 막으로 둘러싸인 소낭들을 만들어 물질들을 운반하기도 한다. 그런 소낭들은 원형질막의 일부분을 이용하여 만들어진다. 만약 그것들이 안쪽으로 함입되며(찌르고 들어오며) 그리고 세포 외부의 물질들을 둘러싸며 만들어진다면, 그 과정을 **내포작용(endocytosis)**이라고 부른다. 이러한 소낭들은 원형질막으로부터 떨어져 나오며, 세포 안으로 들어온다. 만약 세포 내부의 소낭들이 원형질막과 함께 융합되며 그들 안의 내용물을 세포로부터 방출한다면, 그 과정을 **외포작용(exocytosis)**이라고 부른다. 내포과정과 외포과정 모두 에너지를 필요로 하며, 아마도 세포골격의 수축 단백질들을 이용하여 소낭들을 이동시키는데 사용될 것이다.

내포작용

내포작용에는 몇몇 유형이 있다. 수용체 매개 내포작용(*receptor-mediated endocytosis*)으로 알려진, 한 유형은, 세포 외부의 물질이 원형질막과 결합하여 함입되면서 원형질막에 의하여 둘러싸인다. 세포 외부 물질의 원형질막에 대한 결합 및 함입을 시작하는 정확한 작용기작들은 원형질막의 수용체에 따라 특이적으로 다르다. 일단 물질이 원형질막에 완전히 둘러싸여 소낭을 형성하게 되면, 그 소낭은 원형질막으로부터 떨어져 나오게 된다.

내포작용을 이용하면, 단지 5분 안에, 아메바가 자신의 본래 단백질 함량보다 50배가 더 많은 단백질들을 흡수할 수 있다.

모든 유형의 내포작용 중에서, 미생물학자들은 특히 식세포작용에 관심을 갖는다. **식세포작용(Phagocytosis)**에서는, 파고좀(*phagosmes*)이라고 부르는 커다란 소포가 미생물들 그리고 손상된 조직에서 나온 조각들 주위에 형성된다. 이런 소포들은 많은 양의 원형질막과 함께 세포 안으로 들어간다(**그림 4.33**). 이 소포막은 리소좀(lysosomes)과 결합하게 되는데, 이때 리소좀의 효소들이 소포 안으로 방출된다. 이 효소들은 소포들(*phagolysosomes*)의 내용물들을 분해하며, 분해된 작은 분자들을 원형질로 방출한다. 소화되지 않은 입자들은 원형질막으로 다시 되돌아가서 원형질막과 결합한다. 이런 조각들은 외포작용을 통해 세포로부터 방출된다. 어떤 백혈구 세포들은 식세포작용에 아주 특별히 숙련되어 있으며 미생물감염으로부터 신체를 방어하는데 중요한 역할을 한다.

외포작용

세포가 분비물을 방출하는 작용기작인 외포작용은 내포작용의 정반대라고 생각할 수 있다. 대부분의 분비물들은 리보솜들이나 활면소포체에서 합성된다. 그들은 소포체의 막을 통하여 운반되고; 소낭으로 포장되며; 그 내용물이 최종 분비물이 되는 골지체로 운반된다. 분비 소낭들이 형성되면, 원형질막으로 이동하여 결합하게 된다(**그림 4.33**). 소낭들의 내용물들은 세포로부터 방출되게 된다.

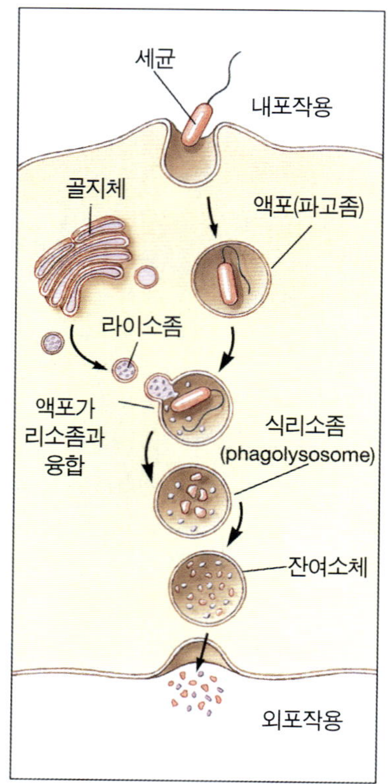

그림 4.33 내포작용과 외포작용. 내포작용은 물질들을 세포 안으로 받아들이는 작용이다; 외포작용은 세포로부터 물질들을 방출하는 작용이다. 식세포작용이라고 불리는 내포작용에 의하여 유입된 물질들은 파고좀이라고 알려진 소포에 의하여 유입된 물질들은 파고좀이라고 알려진 소포에 의하여 둘러쌓여진다. 파고좀은 소포 내용물들을 분해하는 강력한 효소들을 방출하는 리소좀과 결합한다. 재사용할 수 있는 구성 성분들을 세포로 흡수되고 파편들은 외포작용을 통해 방출된다.

중점 질문 사항

1. 대부분의 원핵생물들은 그들의 원형질막에 스테롤들(sterols)이 결여되어 있다. 진핵생물의 원형질막에서 발견되는 콜레스테롤과 같은 스테롤들의 기능은 무엇인가?
2. 원색 생물들과 진핵 생물들의 염색체들의 수와 구조를 비교하여라.
3. 내부공생설에 의하여 진핵생물의 진화에 원핵생물들이 관련이 있다는 견해를 지지하는 2가지 특정한 논거를 제시하여라.

요약

기본 세포 유형

- **원핵세포(prokaryotic cells)**와 **진핵세포(eukaryotic cells)** 양쪽 모두 살아있는 세포의 경계를 구분하는 막을 가지고 있으며, 유전 정보가 저장된 DNA를 가지고 있다.
- 원핵세포가 진핵세포와 다른 점은 분리된 핵과 막으로 둘러싸인 **세포 소기관**들이 없다는 것이다 (단순한 막으로 둘러싸인 조직체를 가진 몇몇 원핵생물을 제외하고).

원핵세포

- 모든 원핵생물들은 고세균계(The domain Archaea)와 세균계(The domain Bacteria)로 구분된다.

크기, 모양, 그리고 배열

- 원핵생물은 가장 작은 살아있는 유기체들이다.
- 세균들은 모양에 따라 **구형(cocci)**, **막대모양(bacilli)**, **나선형(spirilli;** 단단한, 물결모양), **비브리오** (콤마 모양), 그리고 **스피로헤타** (나선모양)으로 구분한다.
- 세균들은 배열 형태에 따라 이분체, 사분체, 사르시나, **포도송이 형태(staphylo-)**, 그리고 **긴 사슬(strapto-)** 등으로 나뉜다.

구조의 개요

- 세균의 세포는 세포막, 원형질, 리보솜들, 핵 영역, 그리고 외부 구조들을 가지고 있다.

세포벽

- 세포막 외부의 단단한 **세포벽**은 대부분 **펩티도글리칸(peptidoglycan)**의 중합체로 구성되어 있다.
- 세포벽은 구성과 구조가 다르다. 그람양성 세균의 경우, 세포벽은 두껍고 밀도가 높은 펩티도글리칸 층으로 되어 있으며, 그 내부에는 **테이코산(teichoic acid)**을 포함하고 있다. 그람음성 세균의 경우, 세포벽은 **주변세포질 공간 (periplasmic space)**에 의해 원형질막과 분리된 얇은 펩티도글리칸 막을 가지고 있으며, **지질다당류 (lipopolysaccharide)**나 **내독소(endotoxin)**로 만들어진 **외막(outer membrane)**으로 둘러싸여 있다. 항산성 세균의 경우, 세포벽은 주로 지질로 구성되어 있으며, 또한 어떤 것들은 순수한 왁스로, 또 어떤 것들은 당지질들로 구성되어 있다.
- 어떤 세균의 세포벽들은 페니실린이나 라이소자임에 의해 손상을 입는다.

세포막

- **세포막**은 인지질로 형성된 이중막과 모자이크 구조 사이에 단백질이 산재된 **유동 모자이크 (fluid-mosaic)** 구조를 가진다.
- 세포막의 주요 기능은 세포로 들어오고 나가는 물질들의 이동을 조절하는 것이다.
- 또한 세균의 세포막들은 보통 진핵세포들의 세포 소기관들이 가지고 있는 기능을 수행하기도 한다.

내부 구조

- **원형질(cytoplasm)**은 세포막 내부의 반유동성 물질이다.
- RNA와 단백질로 구성된 **리보솜들(ribosomes)**은 단백질 합성 장소이다.
- **핵 영역(nuclear region)**은 대부분 하나의, 커다란 원형의 염색체를 포함하고 있지만, 때로는 2 또는 3개일 수도 있고, 어떤 것들은 선형 모양일수도 있으며, 그리고 DNA와 약간의 RNA 그리고 단백질을 포함하고 있다.
- 세균들은 다양한 **봉입체(inclusions)**를 포함하고 있는데, 글리코겐이나 다른 물질들을 저장하는 **과립(granules)**과 가스나 **마그네토좀 (magnetosomes)**으로 채워진 **소낭들(vesicles)**이 포함된다.
- 어떤 세균들은 **내성포자들(endospores)**을 형성한다. 내성포자의 핵은 살아있는 물질들을 함유하고 있으며, 피질, 포자 외피, 그리고 포자외막으로 둘러싸여 있다.

외부 구조

- 운동성 세균들은 1개 또는 그 이상의 **편모(flagella)**를 가지고 있으며, 그것은 그들의 기저부에 있는 고리의 움직임으로 세포를 앞으로 나아가게 한다.
- 많은 세균들의 운동은 무작위이지만, 어떤 세균들은 **주화성(chemotaxis)** (유인제를 향해 또는 저해제로부터 멀어지는 움직임), 그리고/또는 **주광성(phototaxis)**(빛을 향해 또는 멀어지는 움직임)을 나타낸다.
- 어떤 세균들은 **선모(pili)**를 가지고 있다; **접합선모(conjugation pili)**는 DNA의 교환에 이용되고, **부착선모(attachment pili)(fimbriae)**는 세균이 표면들에 부착하는 것을 돕는다.
- **당질피질 (glycocalyx)**은 세균 세포벽 외부의 모든 다당류들을 포함한다. **협막(capsule)**은 숙주 세포로부터 세균을 보호한다.; 어떤 세균들의 협막은 특정한 화학적 구성을 가지고 있다. **점질층(Slime layer)**은 세균 세포를 건조로부터 보호하고, 영양분을 포획하는 것, 그리고 때때로 치아의 플라그에서 볼 수 있듯이 세포간의 부착을 돕는다.

진핵세포

구조의 개요

• 일반적으로 원핵세포들보다 크고 더욱 복잡한 진핵세포들은 원생생물계, 식물계, 곰팡이계, 그리고 동물계의 생명체들의 기본 구조 단위이다.

원형질막

• 진핵세포들의 **원형질막(Plasma membrane)**은 그들이 스테롤을 포함하고 있다는 것을 제외하면, 원핵세포들의 막과 매우 유사하다. 그러나 진핵세포의 원형질막들의 기능은 우선적으로 세포들에 출입하는 물질들의 운동을 조절하는데 제한된다.

내부 구조

• 진핵세포들은 막으로 둘러싸인 **세포핵(cell nucleus)**이 존재한다는 특징을 가지고 있으며, 그 핵은 **핵 막(nuclear envelope)**, **핵질(nucleoplasm)**, **인(nucleoli)**, 그리고 DNA와 히스톤(histones)이라고 불리는 단백질을 포함하고 있는 **염색체들**(일반적으로 이분체)을 포함하고 있다.

• **유사분열(mitosis)**에 의한 세포 분열의 경우, 각각의 세포는 모세포들에서 찾을 수 있는 각각의 염색체 중 하나를 받는다. **감수분열(meiosis)**에 의한 세포 분열의 경우, 각각의 세포는 각각의 1쌍의 염색체 중에서 하나의 구성요소만 받으며, 그리고 그 결과로 **배우자(gametes)**나 **포자(spores)**가 될 수 있다.

• **미토콘드리아(Mitochondria)**는 진핵세포의 발전소로서 에너지를 ATP로 저장하는 산화적 반응을 수행한다.

• 빛으로부터 에너지를 저장하는 광합성 세포들은 **엽록체들(chloroplasts)**을 함유하고 있다.

• 진핵세포의 리보솜들은 원핵세포들의 리보솜보다 크며, 소포체에 붙어있거나 세포질에 자유롭게 존재할 수 있다. 자유 리보솜들은 세포에서 쓰이는 단백질을 만든다; 소포체에 붙어있는 리보솜들은 세포 외부로 분비될 단백질을 만든다.

• **소포체(endoplasmic reticulum)**는 확장된 막 조직이다. 리보솜들이 없는(활면 소포체) 소포체는 지질들을 합성한다; 리보솜들과 결합(조면 소포체)했을 때는 단백질들을 생산한다.

• **골지체(Golgi apparatus)**는 겹겹이 층진 막들로 단백질들을 받고, 개조하고, 포장하여 **분비 소낭들(secretory vesicles)** 내부로 넣는다.

• 동물 세포들에 있는, **리소좀들(lysosomes)**은 소화 효소들을 함유하고 있는 세포소기관들로, 죽은 세포들을 파괴하고 액포들의 내용물들을 소화한다.

• **페르옥시좀들(peroxisomes)**은 과산화물을 물과 산소로 변환하고 때때로 아미노산과 지방들을 산화시키는 막으로 둘러싸인 세포소기관들이다.

• **액포들(vacuoles)**은 다양한 물질들을 저장하며 그리고 식포작용에 의해 물질들을 삼킨다.

• **세포 골격(cytoskeletone)**은 세포를 단단하게 유지하며 세포에 움직임을 제공하는 **미세섬유들(microfilaments)**과 **미세소관들(microtules)**의 망상조직이다.

외부 구조

• 진핵세포들의 외부 구성물들 대부분은 움직임과 연관이 있다. 진핵세포의 편모는 미세소관들로 구성되어 있다; 그들의 기저부에서 단백질의 미끄러지는 현상이 움직임을 일으킨다.

• 섬모는 편모보다 작으며 협력적인 파동을 이끌어 낸다.

• 위족들은 원형질의 흐름을 일으키는 돌출부위로서 미생물이 기어다니는 움직임을 일으킨다.

• 식물계와 곰팡이계의 진핵세포들은 원생 조류들의 것처럼, 세포벽을 가지고 있다.

세포내공생설에 의한 진화

• **내부공생 이론(endosymbiont theory)**은 원핵세포들이 진핵세포에 함입된 후 생존하여 살아있는 세포내에서 공생관계를 형성하게 됨으로써 진핵세포의 세포 소기관이 유래되었다는 이론이다.

• 미토콘드리아, 엽록체, 편모, 그리고 미세소관들이 내부공생 원핵생물들로부터 기인된 것으로 믿어지고 있다.

• 진핵생물 내부에서 공생관계를 유지하며 살고 있는 현대 진핵 생물들의 많은 예가 존재한다.

막들을 가로지르는 물질들의 이동

• 막을 가로지르는 모든 수동적 물질 이동은 높은 농도의 지역에서 낮은 농도의 지역으로 향한다. 이런 과정들은 세포에 의한 에너지의 소비를 요구하지 않는다.

단순 확산

• **단순 확산(simple diffusion)**은 분자 운동 에너지와 입자들의 무작위 운동의 결과로서 생긴다. 살아있는 세포에서 확산은 입자의 크기, 막들의 특성, 그리고 세포들 내부로 움직여야하는 물질들의 거리에 영향을 받는다.

촉진 확산

• **촉진 확산(facilitated diffusion)**은 단백질 운반 분자들이나 막들 속의 단백질로 채워진 소공들을 이용하여 이온들이나 분자들을 농도가 높은 곳에서 낮은 곳으로 이동시킨다.

삼투

• **삼투(Osmosis)**는 **반투과성** 막(**selectively permeable** membrane)을 통과하여 물의 농도가 높은 곳에서 낮은 곳으로 이동하는 물 분자의 순 움직임이다. 용액의 **삼투압(Osmotic pressure)**은 그런 흐름을 방지하기 위하여 필요한 압력이다.

능동 수송

• 능동적인 과정으로 물질들이 막을 가로지르게 되면 일반적으로 농도가 낮은 지역에서 농도가 높은 지역으로 이동하는 결과를 나타내며, 이때 에너지가 소비된다.

• 능동수송은 세포막에 있는 단백질 운반체, ATP 공여체, 그리고 ATP에서 에너지를 분출하기 위한 효소가 필요하다.

• 능동 수송은 중요한 세포의 기능으로서 환경에서 낮은 농도로 존재하는 물질들을 흡수하게 해주고 그러한 물질들을 세포 내부에 축적하게 해준다.

내포작용과 외포작용

• **내포작용**과 **외포작용**은 진핵세포에서만 일어나는 현상으로서, 내포작용은 일부 원형질막이 소낭을 형성하는 과정을 포함하며 외포작용은 소낭이 원형질막으로 융합되는 과정을 포함하고 있다.

• 내포작용에선 **식세포작용(phagocytosis)**에서 볼 수 있듯이 소낭이 세포 안으로 들어간다.

• 외포작용에선 물질을 분비할 때 소낭이 세포에서 방출된다.

• 내포작용과 외포작용은 중요한데 그 이유는 상대적으로 많은 양의 물질들이 원형질막을 가로질러 움직일 수 있기 때문이다.

용어 정리

2배체(p. 100)
2분염색체(p. 100)
간균(p. 81)
감수분열(p. 100)
고장성(p. 108)
골지체(p. 102)
과립(p.91)
구균(p. 81)
균막(p. 96)
기질(p. 101)
나선균(p. 81)
내독소(p. 85)
내부공생이론(p. 104)
내생Ø汰v(p. 92)
내포작용(p. 110)
능동수송(p. 100)
다형성(p. 81)
단모성(p. 93)
단순확산(p. 106)
당질피질(p. 97)
등장성(p. 108)
리보솜(p. 90)
리소좀(p. 102)
마그네토좀(p. 92)
무모성(p. 93)
미세섬유(p. 102)
미토콘드리아(p. 100)
반수체(p. 100)
방추조직(p. 100)
배우자(p. 101)
변색반응(p. 92)
변색성 과립(p. 92)
볼루틴 과립(p. 92)
봉입체(p. 91)
부착선모(p. 96)
분비소낭(p. 102)
비브리오(p. 81)
사르시나(p. 81)
사분체(p. 81)
삼투(p. 107)
삼투압(p. 108)
색소체(p. 92)
선모(p. 96)
선택적 투과성(p. 107)
섬모(p. 103)
세포골격(p. 102)
세포막(p. 90)
세포벽(p. 83)
세포소기관(p. 80)
세포질(p. 90)
세포질유동(p. 104)
세포핵(p. 100)
소낭(p. 92)
소수성(p. 90)
소포체(p. 101)
속모성(p. 93)
스트로마(p. 101)
스페로플라스트(p. 88)
스피로헤타(p. 81)
식세포작용(p. 110)
쌍(p. 81)
아메바 운동(p. 104)
액포(p. 102)
양극성(p. 93)
염색질(p. 100)
염색체(p. 100)
엽록체(p. 102)
영양세포(p. 92)
외막(p. 85)
외포작용(p. 110)
원핵생물(p. 80)
원형질막(p. 99)
원형질체(p. 88)
위족(p. 103)
유동 모자이크모델(p. 90)
유사분열(p. 100)
인(p. 100)
작용기 전달반응(p. 108)
저장성(p. 108)
점질층(p. 97)
접합선모(p. 96)
접합자(p. 100)
주광성(p. 95)
주모성(p. 93)
주변세포질 공간(p. 86)
주화성(p. 93)
지질 A(p. 88)
지질다당류(LPS)(p. 85)
진핵생물(p. 80)
촉진확산(p. 107)
축섬유(p. 95)
친수성(p. 90)
크리스테(p. 101)
테이코산(p. 85)
틸라코이드(p. 101)
페르옥시좀(p. 102)
펩티도글리칸(p. 93)
편모(p. 92)
포자(p. 100)
폴리리보솜(p. 90)
피므리애(p. 97)
핵 영역(p. 91)
핵공(p. 100)
핵막(p. 100)
핵양체(p. 91)
핵원형질(p. 100)
협막(p. 97)
협막(p. 98)
히스톤(p. 100)
L-형태(p. 88)
Staphylo-(p. 81)
Strepto-(p. 81)

임상 사례 연구

루이스는 윗 입술에 매우 아픈 발진이 있었다. 그는 학기 초기에 손에 베인 상처를 치료하기 위해 polymyxin을 함유한 국소성 크림을 사용하였다. 그 때, 그는 미생물학 교과서에서 polymyxin이 세포막을 분해하는 기전을 가진 항생제라는걸 읽었다. 그는 약간의 polymyxin 크림을 매일 입가 발진에 발랐으나 효과를 얻지 못했다. 왜 이 치료는 실패하였을까?

요점 사고 문제

1. 당신의 룸메이트는 당신이 대부분의 시간을 미생물학 공부를 하며 보내는 것을 알아채고 그 과목에 대해 알고 싶어졌다. 그녀는 원핵생물이 진핵생물과 어떻게 다른지 가능한 가장 간단한 방법으로 설명해달라고 물었다. 당신은 그녀에게 어떻게 말할것인가?

2. 오늘날의 많은 항생제는 세포벽의 성장을 방해하는 작용기전을 갖는다. 왜 이러한 약물들이 사람 세포에는 독성이 거의 없을까?

3. 원핵생물은 비록 진핵생물이 생존하는데에 필수적인 미토콘드리아 같은 몇몇 기관들이 없지만, 그들이 갖고 있지 않은 기관들과 관련된 모든 기능들을 수행할 수 있다. 이것이 어떻게 가능할까?

자가진단문제

1. 원핵생물의 평균 반지름은:
(a) 0.5~2.0 μm
(b) 1.0~4.0 μm
(c) 1.0~10.0 μm
(d) 5.0~10.0 μm
(e) 10.0~30.0 μm

2. 당신은 현미경으로 토양 샘플을 관찰하다가 핵이 없는 막대모양의 세포를 발견했다. 이 상태에서 가질 수 있는 올바른 가정은:
(a) 그 세포는 원핵생물이다.
(b) 그 세포는 그람양성균이다.
(c) 그 세포는 펩티도글리칸을 함유한다.
(d) 그 세포는 미토콘드리아를 함유한다.
(e) 그 세포는 다세포 미생물의 일부이다.

3. 아래 지시된 세포 형태를 그 설명과 연결하라.

__구균	(a) 막대 모양의
__바실러스	(b) 포도모양의 송이
__나선균	(c) 둥근 원형
__비브리오	(d) 코르크마개 모양의
__포도상구균	(e) 4개 세포의 입방체
__테트라드	(f) 굽은 막대

4. 모든 세균은 원핵생물이고 대부분 막으로 싸인 세포소기관을 갖지 않는다. 진실 아니면 거짓?

5. 세포막의 "유동 모자이크 모델"을 설명하여라

6. 다음 중 N-아세틸뮤람산 과 N-아세틸글루코사민으로 이루어진 구조를 갖는가:
(a) 스페로플라스트 (spheroplasts)
(b) 미코플라스마 (mycoplasmas)
(c) 대장균 (Escherichia coli)
(d) 원생생물 (protoplasts)
(e) 아메바 (amoebas)

7. 그람음성균 안의 내독소는 이것의 존재로 인한 것:
(a) 펩티도글리칸 (peptidoglycan)
(b) 지질다당류 (lipopolysaccharide)
(c) 폴리펩티트 (polypeptide)
(d) 스테로이드 (steroids)
(e) 경화 단백질 (calcified protein)

8. 세균 세포가 진핵세포들보다 삼투성 쇼크에 더 저항성이 강한 이유는 그들이:
(a) 셀룰로오스로 구성된 세포벽을 갖고 있어서
(b) 삼투조절성 포린(porin)을 갖고 있어서
(c) 세포로 들어오는 물 분자를 활발하게 막아서
(d 선택적으로 투과가능해서
(e) 펩티도글리칸으로 구성된 세포벽을 갖고 있어서

9. 아래중 어떤 것이 원핵세포의 세포막을 설명하는가?
(a) 선택 투과성이다.
(b) 세포 안과 바깥으로의 물질의 통행을 조절한다.
(c) 단백질과 인지질을 포함한다.
(d) 대사 효소를 갖는다.
(e) 위의 모두.

10. 원핵세포의 편모는 ______ 방식으로 움직이고, 진핵세포의 편모는 ______ 방식으로 움직인다.
(a) 때림(beating) / 회전(rotating)
(b) 때림 / 물결치기(undulating or wavelike)
(c) 회전 / 물결치기
(d) 회전 / 회전
(e) 회전 / 때림

11. 세균이 아래의 상황에 놓였을 때 어떤 일이 일어날지 그림으로 설명하시오.
(a) 저장액　(c) 고장액　(b) 등장액

12. 대부분의 세균에게 생존하기 위하여 필수적인 기관은?
(a) 세포벽
(b) 세포막
(c) 피막
(d) a 와 b
(e) a, b, c

13. 세균의 핌브리애는 바깥 세포 표면에 ____에 사용하기 위해 존재 한다.
(a) 세포 이동성
(b) 유성 생식
(c) 세포 벽 합성
(d) 표면에 부착
(e) 부착과 유전 정보 교환

14. 주모성 편모(peritrichous flagella)와 양극성 편모(amphitrichous flagella)의 다른 점은 무엇인가?

15. 세균은 주로 _____상황에 반응하여 더 많은 내생포자를 형성한다.
(a) 생식을 위해 필요할 때
(b) 콜로니 형성
(c) 불리한 환경의 스트레스
(d) 영양분 공급
(e) 공기에 더 많이 노출되었을때

16. 아래의 세균 구조와 그 구조가 발견되는 세균의 종류를 연결하여라.

__세포벽	(a) 그람양성균
__지질다당류	(b) 그람음성균
__편모	(c) 그람양성균 그람음성균 모두
__섬모	(d) 세균에서 발견되지 않음
__타이코산	

17. 세포 리보솜을 저해하거나 비활성화 시키는 항생제의 사용은 다음 기능의 손실을 직접적으로 야기할것이다.
(a) ATP 생산 (b) DNA 복제 (c) 식세포작용
(d) 단백질 합성 (e) 세포 분열

18. 플라스미드는 반드시 필요하지는 않지만 환경에 대한 경쟁력을 부여할 수 있는 유전자를 포함하는 염색체외의 작은 DNA 분자이다. 진실 또는 거짓?

19. 원핵세포에서의 ATP 합성장소는 __________이고 진핵세포 에서는 _________이다.

20. 엽록체는 광합성을 활발하게 수행하는 세포소기관이다. 다음 중 이들의 특성이 아닌것은?
(a) 식물과 조류의 세포에서 발견된다.
(b) 색소인 엽록소를 함유한다.
(c) 막으로 둘러싸여있다.
(d) 원핵세포의 광합성에서 발견된다.
(e) 오직 진핵세포에서만 발견된다.

21. 원생생물, 스피로헤타, L-forms, 미코플라스마는 세포벽이 없다. 진실 또는 거짓?

22. 아래의 세포소기관과 그 기능을 연결하여라

__세포골격	(a) 지질합성을 위한 효소를 함유
__리소좀	(b) 분해효소를 함유한 액포
__조면소포체	(c) 단백질 합성을 위한 장소가 있음
__활면소포체	(d) 리보솜 합성 장소
__핵	(e) 미세소관과 미세섬유의 망상 조직

23. 아래 중 식세포 작용에 대하여 맞는 설명은?
(a) 에너지 의존적이지 않다.
(b) 농도구배를 필요로한다.
(c) 원핵세포와 진핵세포에서 일어난다.
(d) 위에 것중 어떤것도 아니다.
(e) 큰 세포가 작은 세포를 삼켜서 결국 작은 세포는 내부 액포 내에 존재하게 된다.

24. 아래의 세포 수송 기능과 각각에 대한 설명을 연결하여라.

__엑소사이토시스	(a) 물 분자가 높은 농도에서 낮은 농도로 반투과성 막을 가로지르는 순 동.
__단순 확산	(b) 분자가 막단백질의 도움으로 높은농도에서 낮은농도로 이동함.
__삼투성	(c) 분자와 이온이 막단백질의 도움으로 낮은농도에서 높은 농도로 이동함
__능동 수송	(d) 분비소낭이 세포막에 분리되어 나감.
__촉진 확산	(e) 높은 농도에서 낮은 농도로의 분자의 순 이동.

25. 아래는 모두 유사분열에 속한다. 단, ___를 제외하고:
(a) 새로운 세포는 각 부모 세포의 염색체에서 하나의 복제물질을 받는다.
(b) DNA복제보다 먼저 일어난다.
(c) 방추기관이 염색체 이동을 인도한다.
(d) 핵분열의 과정이다.

26. 이 그림에 표시된 지역의 명칭과 기능을 설명하라.

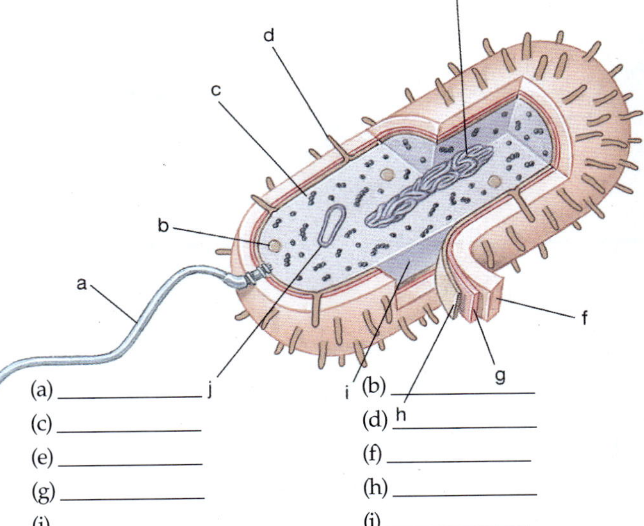

(a) __________	(b) __________
(c) __________	(d) __________
(e) __________	(f) __________
(g) __________	(h) __________
(i) __________	(j) __________

웹상에서 탐구 문제

http://www.wiley.com/college/black

만일 당신이 이 장을 모두 이해했다면 웹상에서 좀 더 자세히 공부할 수 있다. 이 장의 내용을 더 섬세하게 이해하고, 아래에 있는 질문들에 대한 대답을 찾기 위해서는 연계된 웹사이트를 참고하라.

1. 핵에 DNA 가 있다는 것은 누구나 알 것이다. 그러나 미토콘드리아와 엽록체들도 그들만의 DNA 가 있다는 사실을 아는가? 그리고 미토콘드리아와 엽록체가 커다란 세균에 의하여 포식된 작은 세균으로부터 유래되었을 가능성이 높다는 것을 아는가?
2. 세포막의 구성요소들이 옆으로 이동하거나 위아래로 움직일 수 있다는 사실을 아는가?

5 물질대사의 주요한 개념

시작하며...

네 그렇습니다! 여러분께서는 소 안에 있는 제 팔을 보고 계십니다. 이곳은 반추위라고 하는 소가 가진 위와 비슷한 4개의 장기 중의 하나입니다. 이 안은 따뜻하고 질퍽거리죠. 그 안에서 이 소가 먹은 잡초와 풀들이 지금 소화되고 있습니다. 왜 우리는 그런 비용이 저렴한 음식을 소화 할 수 없는 걸까요? 그것은 소에게 있는 풀을 소화하게 도와주는 효소 대사경로가 우리에게는 없기 때문입니다. 반면에 이 소는 수 억 개의 미생물을 가지고 있는데, 즉 4억 개 종류의 각기 다른 미생물이 4개의 위안에 각각 다른 조합으로 있어서 소가 풀을 소화하게 도와줍니다. 바로 그 것들이 없다면 그 소는 굶어 죽겠죠. 제가 지금부터 첫번째 위(반추위) 에있는 내용물의 일부를 샘플로 채취 하겠습니다. 저는 물기를 제거 한 뒤 현미경으로 그것을 조사하고, 흥미로운 몇몇 미생물을 자라게 할 것입니다. 미생물은 사람들보다 더 많은 종류의 물질대사를 할 수 있습니다. 그리고, 기억 하십시오, 지구표면의 대부분의 메탄은 반추위의 미생물들에서 왔다는 것을요! 미생물의 물질대사는 우리 세계가 돌아가도록 돕습니다. 자, 저와 함께 이 서로 돕는 소 내부로 가볼까요?

 이 주제와 관련된 비디오는 WileyPLUS에서 볼 수 있습니다.

물질대사: 개요

효소
효소의 특성 / 조효소와 보조인자의 특성

효소 활동억제
효소 반응에 영향을 미치는 요인들

혐기성 물질대사: 해당과정과 발효
해당과정 / 해당과정의 대안 / 발효

호기성 물질대사: 호흡작용
크렙스 회로 / 전자전달과 산화적 인산화 / 에너지 획득의 중요성

지방과 단백질의 물질대사
지방 물질대사 / 단백질의 물질대사

그 외 물질대사 과정
광독립영양생물 / 광종속영양생물 / 화학독립영양생물

에너지의 이용
생합성 활동 / 세포막 수송과 운동 / 생물발광

19세기 중반까지, 사람들은 어떻게 과일주스가 포도주가 되는지, 우유가 시큼해지는지 알 수 없었습니다. 그러다, 1857년, 루이 파스퇴르(Louis Pasteur)가 미생물이 알코올 발효를 일으킨다는 사실을 증명해냈습니다. 그리고 몇 년 후 그는 시큼한 우유와 발효 주스의 샘플에서 특정한 생물체를 밝혀냈습니다. 파스퇴르는 살아있는 생물체 안에서 일어나는 화학적 과정을 처음으로 연구한 사람 중 하나였습니다. 그때부터 그런 과정에 대해 많은 연구가 있어왔습니다.

물질대사: 개요

물질대사(metabolism)는 살아있는 생물체가 수행하는 모든 화학과정의 총체를 말한다**(그림 5.1)**. 그것은 단순한 분자로부터 복잡한 분자를 합성하는 에너지가 요구되는 **동화작용(anabolism)**과 복잡한 분자가 구조 분자로 재사용될 단순한 분자로 쪼개지며 에너지를 방출하는 **이화작용(catabolism)**을 포함한다. 동화작용은 성장과 생식, 그리고 세포구조의 재생에 필요하다. 이화작용은 움직임, 수송, 그리고 동화작용이라 하는 복잡한 분자의 합성을 포함한 생명의 과정에 필요한 에너지를 유기체에게 제공한다.

모든 이화작용의 반응은 ATP와 그와 유사한 분자에서 높은 에너지 결합으로부터 에너지를 얻어내는 *전자 이동*을 수반한다(◀부록 E 참조). 전자의 이동은 산화 환원과 직접적인 관계가 있다**(표 5.1)**. **산화(oxidation)**는 전자의 소실 또는 제거로 정의 할 수 있다. 비록 많은 물질이 산소와 결합하여 전자를 산소로 이동시키지만, 만일 다른 전자수용체가 있다면 꼭 산소가 있을 필요는 없다. **환원(reduction)**은 전자의 획득이라고 정의할 수 있다. 물질이 전자를 잃어, 즉 산화가 되면, 에너지가 방출 되고 동시에 다른 물질은 반드시 전자를 얻어 환원되어야만 한다. 예를 들자면, 생물 분자의 산화 과정에서, 수소 원자는 제거 되어 산소를 환원시키기 위해 사용되어 물을 생성한다.

$$\underset{\text{수소}}{2H_2} + \underset{\text{산소}}{O_2} \rightarrow \underset{\text{물}}{2H_2O}$$

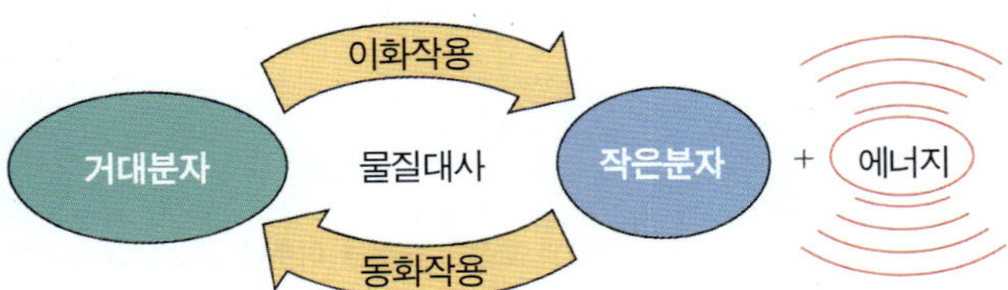

그림 5.1 물질대사, 이화작용과 동화작용의 총체. 거대하고 복잡한 분자들은 일반적으로 작고 간단한 물질들보다 에너지가 더 높다. 이화 반응은 거대한 분자를 더 작은 분자들로 분해시키면서 에너지를 방출한다. 개체들은 그들의 생명 활동을 위하여 이 에너지의 일부를 얻는다. 동화 반응은 작은 구성물질로부터 더 큰 물질을 생산하기 위해 에너지를 사용한다. 이 반응으로 합성되는 분자들은 성장, 생식, 회복을 위해 사용된다.

표 5.1

산화와 환원의 비교

산화	환원
전자 소실(A)	전자 획득(B)
산소 획득	산소 소실
수소 소실	수소 획득
에너지 소실 (에너지 내보냄)	에너지 획득 (환원형의 물질로 에너지 저장)
발열반응; 방출 (열 에너지의 방출)	흡열반응; 흡수 (열과 같은 에너지 필요)

A의 산화
이동
e^- A + B → A + B e^-
A B 산화된 환원된
B의 환원

이와 같은 반응 안에서 수소는 **전자 공여체(electron donor)**, 즉 *환원제*가 되고, 산소는 **전자수용체(electron acceptor)**, 즉 *산화제*가 된다. 산화와 환원반응은 반드시 동시에 일어나야 하기 때문에, 그 반응은 때로는 *레독스(redox) 반응*이라고도 불리 운다.

모든 살아 있는 것들 중, 특히 미생물은 그들이 에너지를 얻는 방법이 다양하다. 다양한 미생물이 에너지를 포획, 탄소를 획득하는 방법은, **독립영양(autotrophy)** (aw-to-trof′-e)-"스스로 먹이는" 또는 **종속영양(heterotrophy)** (het″er-o-trof′-e)-"다른 것으로 먹이는"으로 분류된다**(그림 5.2)**. **독립영양생물(autotrophs)**은 유기 분자를 합성하는데 이산화탄소(무기 물질)를 사용한다. 그것은 빛에서 에너지를 획득하는 **광독립영양생물(photoautotrophs)**들, 황화물과 아질산염과 같은 단순한 무기 물질들의 산화 과정으로부터 에너지를 획득하는 **화학독립영양생물(chemoautotrophs)**을 포함한다. **종속영양생물(heterotrophs)**들은 탄소를 죽었거나 살아있는 다른 유기체에서 획득한 이미 만들어져 있는(ready-made) 유기 분자들로부터 얻는다. 빛에서 화학 에너지를 획득하는 **광종속영양생물(photoheterotrophs)**들, 이미 만들어진(ready-made) 유기 복합체를 분해하여 화학에너지를 획득하는 **화학종속영양생물(chemoheterotrophs)**들이 있다.

아이라이너(Eyeliner)는 모낭 눈진드기(Follicle eye mite)가 살기 위해 필요한 모든 영양분을 가지고 있기 때문에 그들이 선호하는 음식이다.

독립영양적 물질대사(특히 광합성)는 많은(숙주를 떠난) 독립생활 미생물들의 에너지획득의 방법이라는 점에서 중요하다. 그러나, 그런 미생물들은 일반적으로 질병을 일으키지 않는다. 우리는 화학종속영양생물에서 일어나는 물질대사의 과정을 강조하는데, 그 이유는, 거의 모든 전염성 미생물을 포함하여 많은 미생물이 화학종속영양생

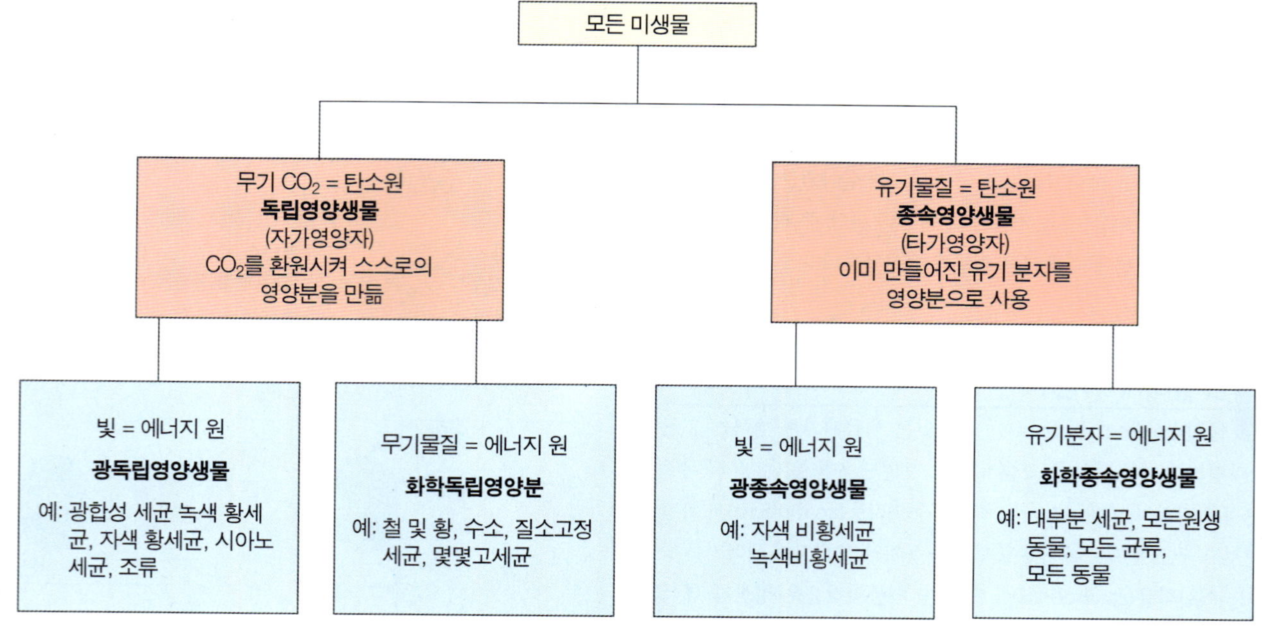

그림 5.2 에너지 포획 대사의 주된 유형.

물이기 때문이다. 이 과정들은 *해당작용*(당의 피루브산으로의 산화), *발효*(피브루산의 에틸알콜, 젖산 또는 다른 유기 복합체로의 전환), 그리고 *호기성 호흡*(피브루산의 이산화탄소와 물로의 산화)을 포함한다. 해당작용과 발효(혐기성 과정)는 산소를 필요로 하지 않으며, 또한 당 분자의 아주 소량의 에너지만 ATP로 얻어진다. 호기성 호흡은 전자 수용체로 산소를 필요로 하며, 당 분자의 에너지 중에 상대적으로 많은 양이 ATP로 얻어진다. 해당작용과 호기성 호흡으로 인한 당의 완전한 산화는 다음과 같은 공식으로 요약 될 수 있다:

$$\underset{\text{포도당}}{C_6H_{12}O_6} + \underset{\text{산소}}{6O_2} \rightarrow \underset{\text{이산화탄소}}{6CO_2} + \underset{\text{물}}{6H_2O} + \underset{\text{에너지}}{\text{energy}}$$

많은 수의 미생물들은 광합성으로 에너지를 획득한다. 즉, 빛에너지와 물이나 다른 화합물의 수소를사용하여 이산화 탄소를 더 많은 에너지를 가진 유기물로 환원시킨다. 시아노박테리아나 조류 (그리고 녹색 식물들)에서 전반적인 광합성에 의한 당의 합성은 다음의 공식으로 요약 할 수 있다:

$$\underset{\text{이산화탄소}}{6CO_6} + \underset{\text{물}}{6H_2O} \longrightarrow \underset{\text{포도당}}{C_6H_{12}O_6} + \underset{\text{산소}}{6O_2}$$

(앞으로 우리가 다룰 다른 광합성 박테리아는 이 과정의 다른 방법을 사용한다.) 광합성 생물은 에너지를 얻기 위해서 이 방법으로 만들어진 당이나 다른 탄수화물을 사용한다. 위의 두 공식은 서로의 공식을 뒤집어놓았음을 주의하자. **그림 5.3**은 호흡과 광합성의 관계를 보여준다.

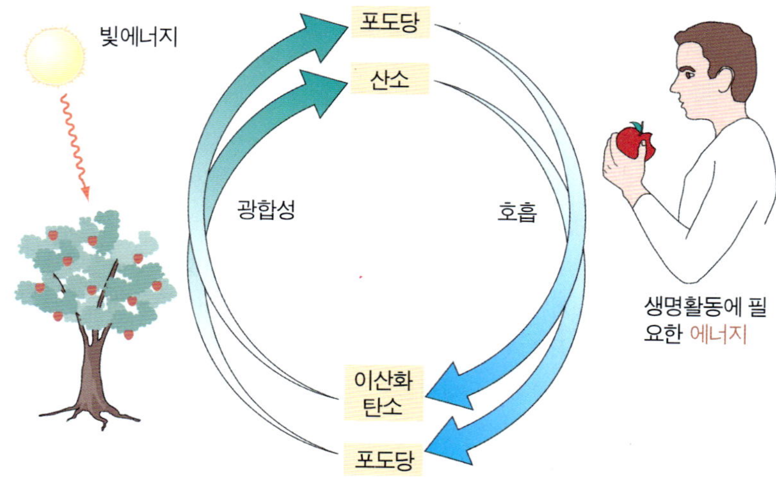

그림 5.3 광합성과 호흡은 순환을 이룬다. 광합성에서는 빛에너지가 이산화탄소를 환원시키기 위해 사용되어 당이나 탄수화물과 같은 에너지 복합체를 만든다. 호기성 호흡에서는 에너지가 풍부한 복합체가 이산화탄소와 물로 산화되고, 또 방출된 에너지의 일부는 생명과정에사용된다(여기서 묘사되는 광합성의 방법은 시아노세균, 조류와 녹색 식물들이 수행한다. 녹색과 자색 세균은 수소원자의 공급책으로 물 보다는 다른 복합체를 사용하여 이산화탄소를 환원시킨다).

살아있는 유기체에서의 거의 대부분의 다른 화학 과정처럼, 해당, 발효, 호기성 호흡, 그리고 광합성은 각각 한 반응의 *생산물*이 다음 반응의 *기질*(효소의 작용을 받는 물질)로 작용하는 연속 화학반응으로 구성된다: A → B → C → D → E, 등등. 이와 같은 연쇄 반응을 **물질 대사 경로(metabolic pathway)**라고 부른다. 한 경로의 각각의 반응은 특정한 효소에 의해 조절된다. 이 경로에서, A는 최초 *기질*, E는 최종 생성물, B, C 그리고 D는 *중간산물*이다.

물질대사경로는 이화 또는 동화(생합성) 경로로 나눌 수 있다. **이화경로(catabolic pathwys)**는 세포가 사용할 수 있는 형태로 에너지를 획득한다. **동화 경로(anabolic pathways)**는 세포, 효소의 구조를 구성하는 복합분자와 세포를 조절할 수 있는 다른 분자들을 만든다. 이런 경로들은 당, 글리세롤, 지방산, 아미노산, 뉴클레오티드, 그리고 다른 분자들을 단위구조로 이용하여 탄수화물, 지방, 단백질, 핵산, 또는 당지질(탄수화물과 지방으로부터 만들어진), 당단백질(탄수화물과 단백질로부터 만들어진), 지질단백질(지방과 단백질로부터 만들어진), 그리고 핵단백질(핵산과 단백질로부터)같은 복합체를 만들어 낸다. APT 분자들은 이화와 동화 경로를 1쌍으로 만드는 연결고리이다. 이화반응에서 방출된 에너지가 ATP 분자의 형태로 획득 되어 저장된다. 그리고 그것은 나중에 생합성 경로에서 새로운 분자를 구성하는데 사용할 에너지를 공급하기 위해 분해된다. 세균은 호기성 물질대사 동안 대략 40%의 당 분자 에너지를, 그리고 혐기성 발효 과정에서 5%의 당 분자 에너지를 ATP로 전환시킨다. 호기성 과정에서 산출이 높은 이유는 그들의 최종 결과물이 완전히 산화되기 때문이며, 반면 혐기성 과정의 최종 산물은 오직 부분적으로만 산화된다

중점 질문 사항

1. 광합성과 호흡은 서로 어떤 관계가 있는가?
2. 화학합성독립영양생물과 화학합성종속영양생물의 중요한 차이점은 무엇인가? 둘 중 세균을 포함하는 것은 어느 것인가? 둘 중 어떤 것이 사람에게 질병을 유발하는 생물체를 포함하는가?

효소

효소(enzymes)란 모든 살아있는 생물체에 있는 단백질의 특별한 범주를 뜻한다. 사실, 대부분의 세포가 몇 백 개의 효소를 가지고 있으며, 세포들은 끊임없이 단백질을 합성하고 있는데 그 중 많은 것들이 효소이다. 효소들은 *촉매* 물질로써의 역할을 감당하는데, 그들은 생명을 유지하기에 불충분한 비 촉매 속도(The uncatalyzed rate)를 백만 배 정도 반응을 촉진 할 동안 변하지 않는다. 그 반응 속도를 촉진할 유일한 다른 방법은 온도를 상승시키는 것뿐일 것이다: 일반적으로 10도의 온도 상승은 반응 속도를 2배로 만든다. 그러나, 대부분의 세포는 그와 같은 온도상승에 노출되면 죽고 만다. 그러므로, 효소는 세포가 견딜 수 있는 온도에서 살기 위해 필요하다. 어떻게 효소들이 이런 일들을 하는지 설명하기 위해 그들의 특성들을 고려해야 할 것이다(◀2장 p. 45 참조).

환경친화적인 하수관 세정제들은 머리카락이나 기름때를 분해하는 세균이나 세균들의 효소들을 포함하고 있다.

효소의 특성

대개, 에너지를 배출하는 화학적 반응은 주변으로부터의 에너지 유입 없이 일어날 수 있다. 그럼에도 불구하고, 이와 같은 반응은 측정할 수 없을 만큼 극도로 낮은 속도로 주로 일어나는데, 그 이유는 분자자체에 그 반응을 시작하기 위한 에너지가 부족하기 때문이다. 예를 들자면, 비록 당의 산화작용이 에너지를 배출해도, 시작할 에너지가 이용 가능하지 않는 한 그 반응은 일어나지 않는다. 이와 같은 반응을 일으키는데 필요한 에너지를 **활성화 에너지(activation energy)**라고 부른다(**그림 5.4**). 활성화 에너지는 반응을 일으키기 위해 분자가 반드시 넘어야 하는 장벽이라고 할 수 있다. 비유하자면, 언덕의 꼭대기의 움푹 패인 웅덩이에 있는 바위는 그 웅덩이에서 밀어내지기만 하면 쉽게 언덕 밑으로 굴러 떨어진다. 활성화 에너지는 이렇게 웅덩이에서 바위를 꺼내는데 사용되는 에너지와 흡사하다.

반응을 일으키는 일반적인 방법은 마치 성냥에 불을 붙이는 것처럼 온도를 상승시킴으로써 분자 움직임을 증가시키는 것이다. 성냥은 보통 자발적으로 타오르지 않는다. 마찰(타격)로 인한 에너지가 성냥 머리에 있는 반응물에 더해지면, 온도가 올라가서, 불길로 타오르게 된다. 세포에서 이와 같은 반응은 충분히 단백질을 변성시키고 지방의 수분을 증발시키기에 충분할 만큼 온도를 상승시킨다. 효소는 활성화 에너지를 낮추기 때문에 살아있는 세포에서 그다지 높지 않은 온도에서 반응이 일어날 수 있다.

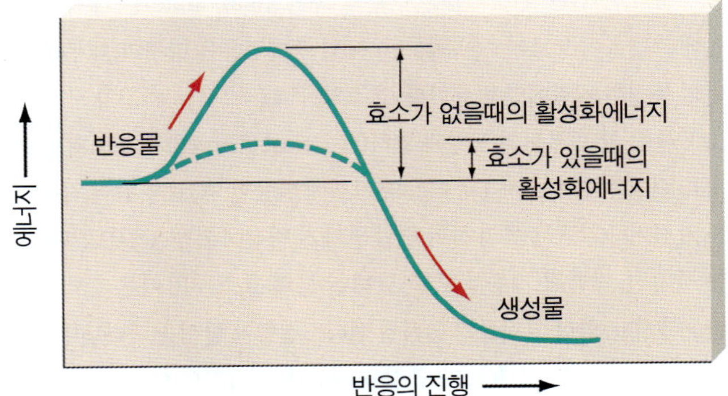

그림 5.4 활성화에너지에 미치는 효소의 영향. 화학반응은 반응을 일으킬 수 있는 특정양의 활성화 에너지가 이용가능하지 않는 한 일어날 수 없다. 효소는 반응을 유발하는데 필요한 활성화 에너지의 양을 낮춘다. 그러므로 그들(효소)은 생물이 견딜 수 있는 비교적 낮은 온도에서 생물학적으로 중요한 반응이 일어나도록 만들어 준다.

그림 5.5 물질 생산을 위한 기질(회로기판)에 대한 효소의 반응. **(a)** 컴퓨터로 만든 활성 부위에 결합된 효소와(파랑과 보라) 기질분자(노랑)의 모형. 효소의 활성부위는 효소가 활동할 수 있는 특정한 기질분자가 결합할 수 있도록 틈 혹은 주머니 모양의 화학적 구성으로 이루어져 있다. **(b)** 각각의 기질이 활성 부위에 결합하여 효소-기질 복합체를 만들어낸다. 그 효소는 화학적 반응을 일으키는데 도움을 주고, 하나 혹은 그 이상의 생성물을 만들어낸다. 이 예는 2개의 기질분자가 결합하는 반응이다. 다른 효소 촉매 반응은 1분자 기질이 2개로 또는 2개 이상으로 나누어지는 것, 또는 기질의 화학적 변형을 수반한다.

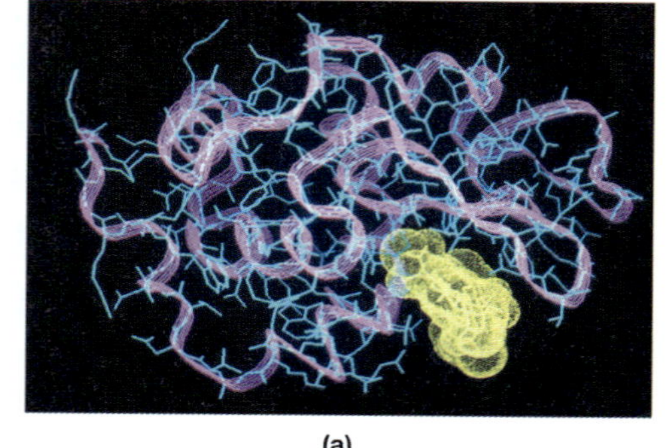

(a)

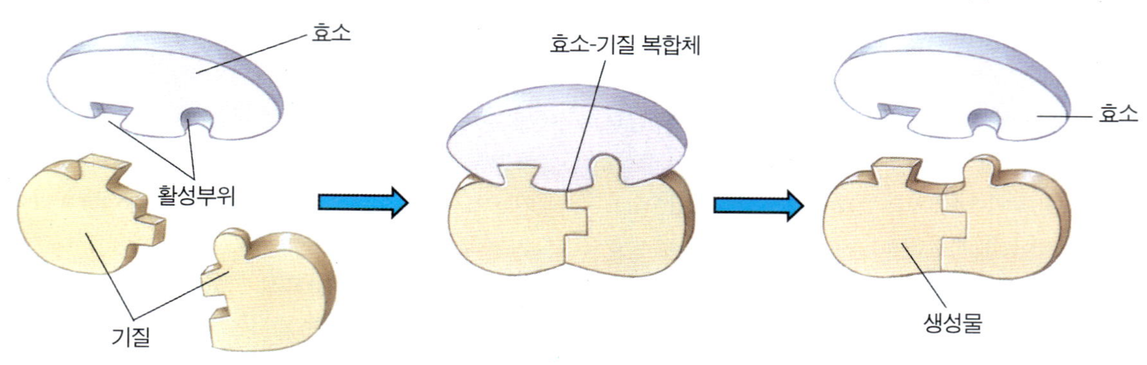

(b)

효소는 또한 반응들이 일어나는 그 표면도 제공한다. 각각의 효소는 그 표면에 **활성 부위(active site)**, 또는 결합 부위라고 불리는 특정 부분이 있다. 활성 부위는 효소가 그 기질과 느슨하게 결합하는 지역이며 기질을 효소가 활성을 일으키는 물질이라고 한다(**그림 5.5a**). 모든 분자처럼, 기질분자도 활동 에너지를 가지고 있으며, 이것은 세포 안의 여러 가지 분자와 충돌한다. 이것이 그 효소의 활성화 부위와 충돌할 때 **효소-기질 복합체**(**그림 5.5b**)가 형성된다. 효소와의 결합으로 인해 기질 안의 몇몇 화학 결합이 약해진다. 그러면, 그 기질이 화학적 변화를 겪고, 생성물이나 생성물들이 생성되며, 효소는 떨어진다.

효소는 일반적으로 높은 수준의 **특이성(substrate)**을 가지고 있는데 그것들이 오로지 1종류의 반응에만 촉매작용을 미치며, 대부분 하나의 특정한 기질에만 반응한다. 효소의 구조(◀2장 p. 45, 3차 구조 참조), 특히 활성 부위의 모양과 전하(electrical charges)가 효소의 특이성을 결정한다. 효소가 1개 이상의 기질에 반응할 때, 보통 같은 작용기를 가졌거나 같은 종류의 화학 결합을 가진 기질에 활성을 일으킨다. 예를 들자면, 단백질 *가수분해*, 즉 단백질-분해 효소들은 다른 단백질에 반응하지만, 항상 그것들의 단백질 펩티드결합에 활성을 나타낸다.

효소는 보통 그 효소가 활성을 나타내는 기질의 이름에 접미사-ase를 덧붙여 이름 지어진다. 예를 들자면, 포스파타아제는 인산염에 반응하고, 수크라아제는 설탕 자당(수크로오스)를 분해하고, 리파아제는 지질을 분해하며, 펩티다아제는 펩티드결합을 분해한다. 효소는 그들이 어디에서 활동하는지에 따라 2개의 부문으로 나눠질 수 있다. **세포내 효소(endoenzymes)**는 그들을 생성해낸 세포 안에서 활동한다. 세포 밖의 효소를 포함한 **세포외 효소(exoenzymes)**는 세포 안에서 합성되지만, 세포막을 횡단하여 주변세포질 공간이나 세포의 근처 환경에서 활동한다.

조효소와 보조인자의 특성

많은 효소는 오직 *조효소* 또는 *보조인자*라 불리는 물질이 존재 할 때만 반응을 변화시키는 촉매작용을 할 수 있다. 이런 효소는 **아포효소(apoenzyme)**라 불리는 단백질 부분으로 구성되며, 비단백질인 조효소 혹은 보조인자와 결합하여 활성이 있는 **전효소(holoenzyme)**를 구성한

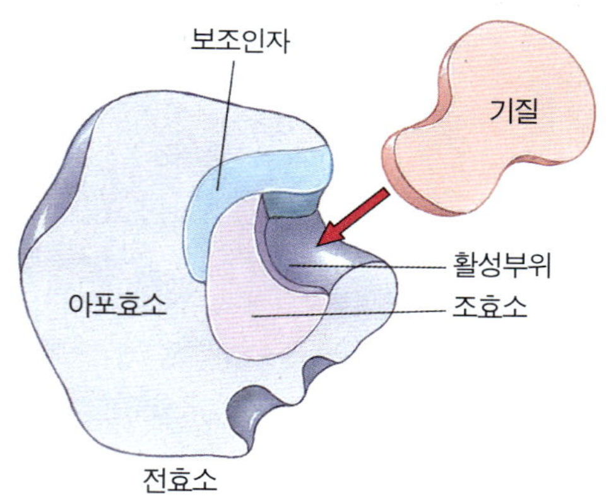

그림 5.6 효소의 각 부분. 많은 효소들은 단백질 아포효소로구성되어 있는데, 그 아포효소는 비단백질 조효소(유기분자) 또는 보조인자(무기이온) 또는 둘 모두와 결합하여야만 기능을 하는 전효소를 만들 수 있다. 당신이 섭취하는 음식에서 비타민과 미네랄이 중요한 이유를 설명할 수 있습니까?

도전하라

스파게티 또는 마카로니?

몇몇 세균, 예를 들자면, 바실러스 종은 단백질 젤라틴을 소화하는 세포외효소를 생산해낸다. 당신은 당신의 실험실에서 아마도 고체 젤라틴이 든 시험관을 사용하여 그것의 존재유무를 실험 해볼 수도 있다. 그러나 그것은 오직 찬 온도에서만 고체상태이다. 더운 날 젤로(젤라틴 디져트)를 가지고 나가서 테이블에서 녹는걸 보십시오. 일단 실험 미생물을 고체 젤라틴에 접종(inoculate) 했다면 그것이 녹을 수 있는 온도의 인큐베이터에 넣어 두어야 한다. 그 후, 당신은 그것이 다시 굳는지 보기 위해 냉장 해야 할 것이다. 만일 굳지 않는다면, 그 세균이 젤라틴을 소화하는 세포외효소 젤라틴 가수분해효소를 방출 한 것임이 틀림없으며 당신은 긍정적 결과를 얻은 것이다. 그렇다면, 이것은 무엇을 의미하는가? 이렇게 생각해보자: 젤라틴의 긴 단백질 분자가 스파게티 국수 가닥이라고 가정해보자. 스파게티 한 가닥을 스파게티 국수 한줌에서 뽑아내는 것은 어려운데, 이것은 모든 국수 가닥들이 한 실타래처럼 엉켜 있기 때문이다. 이것이 바로 젤라틴이 고체화 될 때의 모습이다. 세포외효소 젤라틴분해효소를 가위로 가정해보자. 그것이 스파게티 가닥을 마카로니처럼 짧은 조각으로 자를 것이다(가수분해). 마카로니 한줌을 집어 드는 것은 쉬운가? 그것들은 함께 붙어있지 않으며 당신의 손가락 사이로 빠져나간다. 이것은 액체 상태의 포지티브 젤라틴 분해효소 테스트와 흡사하다. 젤라틴 테스트에서 가장 까다로운 부분이 확실한 온도에서 결과를 읽는 것이다. 너무 따뜻하면, 잘못된-긍정적 결과를 가질 것이고, 만일 너무 차거나 얼면, 잘못된-부정적 결과를 갖게 될 것이다. 그렇다면, 더 쉬운 방법은 없을까요? 이렇게 한번 해보시죠. X-ray film에 디밸롭 하지 않은 상태의 노출된 스트립을 실험관에 넣을 수 있을 만큼 작게 자른다. 스트립의 밑부분 반이 덮히도록 영양 배지를 충분히 더한다. 배지에 실험 생물을 접종하고 배양한다. 그 세균들이 젤라티네이즈를 만들어내면, 세포외효소가 플라스틱 필름 백킹으로 빛에 예민한 은색 낟알을 잡고 있는 젤라틴의 코팅을 소화(가수분해) 할 것이다. 투명한 플라스틱만 보게 될 것이다. 만일 그것이 여전히 어둡다면, 젤라틴이 소화되지 않은 것이다. 더 이상 적정 온도에 대한 걱정은 하지 않아도 된다!

젤라티네이즈의 작용 때문에 투명한 플라스틱 필름이 나타나게 된 것이다. (L.De la Mara, M. Pezzlo & E.J Baro, Color Atlas of Diagnostic Microbiology, Mosby, 1997, page 47에서 발췌.)

다(**그림 5.6**). **조효소(Coenzyme)**는 비단백질 유기분자로 효소와 느슨하게 결합되어 있다. 많은 조효소들은 필수 영양소인 *비타민*으로부터 합성된다. 정확히 말하자면, 비타민이 조효소를 만드는데 필요하기 때문이다. 예를 들면, *조효소 A*는 비타민 판토텐산에서 만들어지고, **NAD**(*nicotinamide adenine dinucleotide*)은 비타민 니코틴산(니아신)에서 만들어진다. **보조인자(cofactor)**는 보통 마그네슘이나, 아연, 망간과 같은 무기 이온이다. 보조인자는 주로 효소와 기질과의 적합성을 향상시키며, 그 존재 자체가 반응진행을 일으키는 필수조건이다.

많은 산화반응에서, 시토크롬이나 조효소같은 운반 분자들은 수소 원자 혹은 전자들을 운반한다(**그림 5.7**). 조효소가 수소 원자나 전

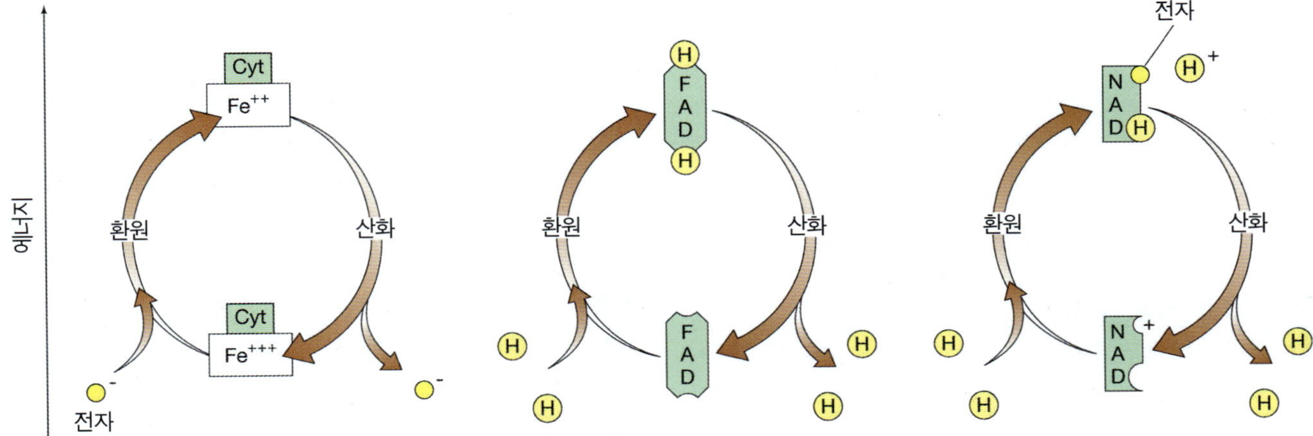

그림 5.7 운반분자에 의한 에너지 전달. 시토크롬이나 다른 조효소들과 같은 운반자들은 많은 생화학 반응에서 전자의 형태로 에너지를 전달한다. FAD 같은 조효소들은 전체 수소 원자를 운반(양성자와 전자); NAD는 하나의 수소 원자와 하나의 "벗겨진" 전자를 운반. 조효소가 환원되면(전자를 얻으면), 에너지가 증가; 조효소가 산화되면(전자를 잃으면), 에너지가 감소.

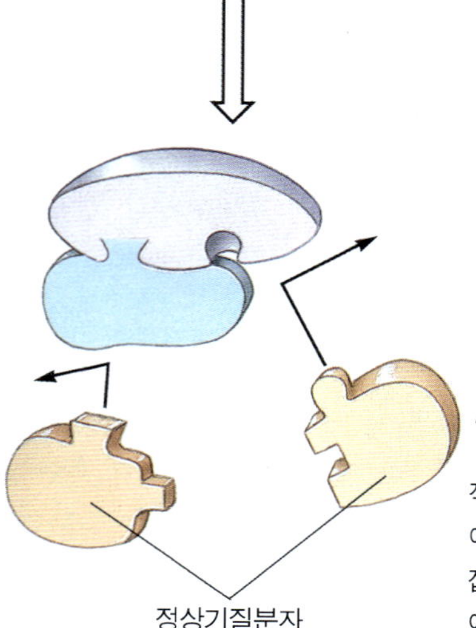

그림 5.8 효소들의 경쟁적 억제제. 경쟁적 억제제는 효소의 활성 부위에 결합하여 기존의 기질이 근접하는 것을 방해하지만 반응에 참여하지는 않는다.

자를 받을 때는 환원되고, 방출할 때는 그것이 산화된다. 예로, 조효소 **FAD**(*플라빈 아데민 디뉴클리티드*)가 2개의 수소 원자를 받으면 $FADH_2$(환원된 FAD)가 된다. 조효소 NAD 는 산화상태(NAD^+)에서 양 전하를 가진다. 그것의 환원 상태에서, NADH, 그것은 하나의 수소 원자와 다른 수소원자로부터 이탈된 전자 하나를 운반한다. 전자가 떨어져 나가서 양성자로된 다른 수소원자는 세포액에 남아있다. 이와 같은 모든 산화-환원 반응에서, 전자는 하나의 분자에서 다른 분자로 에너지를 운반한다. 그러므로 간단히, 우리는 "벗겨진" 전자일 때나 수소 원자(양성자와 전자)일 때나 변화 없이 운반되는지 알아 볼 것이다.

효소 활동억제

어떤 생물체도 그의 모든 효소가 지속적으로 최대의 활성을 나타내도록 할 수는 없다. 이것은 단지 물질과 에너지의 낭비뿐 아니라, 다른 것은 부족하게 하면서 유해한 혼합물의 양을 축적 하게 할 수 있다. 그러므로, 효소 작용을 억제하여 그 속도를 늦추거나 멈추게 할 만한 방법이 필요하다. 그렇다면, 어떻게 효소가 억제 되는가? 우리가 그 답을 안다면, 미생물의 성장 속도를, 즉 그들이 생성하는 물질의 감소를 제어 할 수 있게 된다.

AIDS를 치료하기 위해 사용되는 약인 AZT는 바이러스의 증식을 위해 필요한 역전사 효소에 대한 경쟁적인 억제제제이다.

구조상 기질과 유사한 분자는 반응을 할 수 없을지라도, 가끔 효소의 활성부위에 결합한다. 이 비기질 분자는 활성 부위에 대해 그 기질과 경쟁하기 때문에 **경쟁 억제제(competitive inhibitor)**라고 불리운다(**그림 5.8**). 경쟁 억제제가 활성부위에 결합하게 되면 기질이 그곳에 결합하지 못하여 활성을 나타내지 못하게 된다.

이런 경쟁 억제제의 결합은 가역적이기 때문에 그 억제의 정도는 기질과 억제제의 상대적 농도에 달려있다. 기질의 농도가 높고, 억제제의 농도가 상대적으로 낮을 때, 약간의 효소분자의 활성부위만이 그 억제제와 결합되어, 반응 속도는 오직 약간 감소할 뿐이다. 만일 기질농도가 낮고 억제제의 농도가 상대적으로 높으면, 많은 효소분자의 활성 부위가 억제제와 결합하여 그 반응 속도는 크게 감소 할 것이다.

설파제(◀13장)는 경쟁 억제제이다. 보통, 세균 세포는 *파라아미노벤조산(PABA)*을 필수 비타민인 엽산으로 변환하는 효소를 가지고 있다. 설파제가 존재할 때, 그것은 효소의 활성부위에 대해 PABA와 경쟁한다. 설파제의 농도가 높을수록 엽산 합성의 억제가 더 커진다.

효소들은 또한, **비경쟁 억제제(noncompetitive inhibitors)**라고 불리는 물질에 의해 저해 될 수 있다. 몇몇 비경쟁 억제제들은 효소의 활성부위와는 다른 부위인 **알로스테릭 부위(allosteric site)**에 결합한다(**그림 5.9**). 이런 억제제들은 단백질 3차 구조를 왜곡시켜 활성 부위의 모양을 변형시킨다. 이렇게 영향을 받은 효소 분자는 더 이상 기질에 결합할 수 없으며, 그러므로 반응을 촉매 할 수 없다. 비록 몇몇 비 경쟁 억제제가 가역적으로 결합하지만, 대부분은 비가역적으로 결합하여, 영구적으로 효소분자를 활동하지 못하게 하므로 반응속도를 크게 낮추게 된다. 비경쟁 억제는 경쟁 억제와는 다르게, 기질의 농도를 높이는 것이 반응 속도를 높이지 못한다. 비록 비경쟁 억제제는 아니지만, 납, 수은과 그 외의 중금속들은 효소의 다른 부위에 결합해 영구적인 효소의 변형을 유발하여 활성을 감소시킨다.

가역적 비경쟁적 저해의 한 종류인 **피드백 저해(feedback inhibition)**는 많은 대사경로의 속도를 조절한다. 예로, 한 경로의 최종 생산물질이 축적되면, 그 물질은 주로 그 과정의 첫 번째 반응의 촉매 작용을 하는 효소와 결합하여 활성을 억제시킨다. 피드백 저해는 7장에서 더 자세히 다뤄보기로 한다.

중점 질문 사항

1. 조효소와 보조인자를구별한다. 비타민과 이들의 상관관계는?
2. 왜 다른 자리 부위에 결합하는 억제제를 비경쟁 억제제라고 하는가?

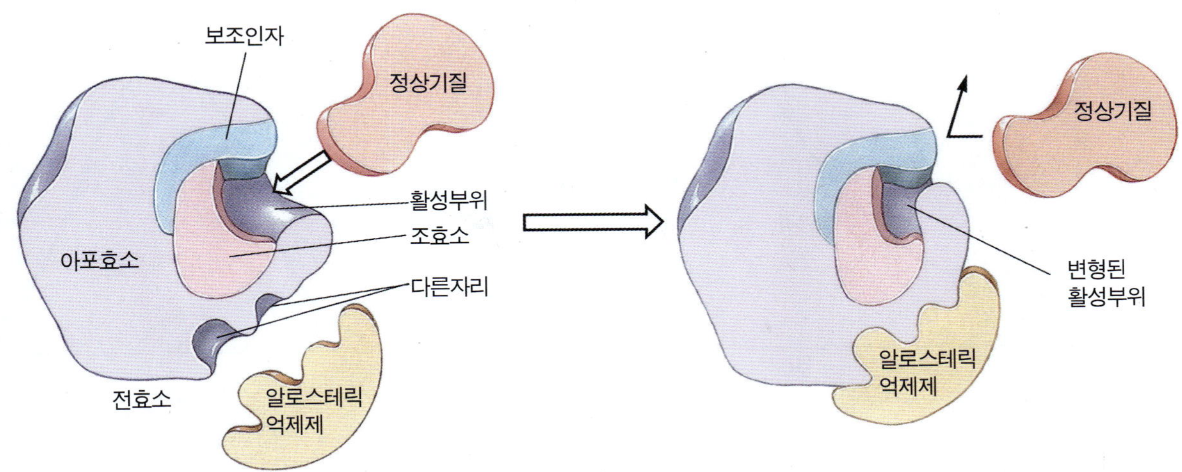

그림 5.9 효소의 비경쟁(다른 자리) 억제. 비경쟁(다른 자리) 억제제는 주로 활성 부위 이외의 부위(다른 자리 부위)에 결합한다. 그것은 일반적인 기질과의 결합을 방해하기에 충분할 만큼 효소의 모양을 변형시킨다. 어떤 비경쟁 억제제는 물질대사 경로의 조절을 위해 사용되어지나, 그 외 다른 것들은 독이다.

효소 반응에 영향을 미치는 요인들

효소반응 속도에 영향을 미치는 요인들은 다음과 같다:

- 온도
- pH
- 기질, 생성물, 효소의 농도

온도와 pH

다른 단백질과 같이 효소도 열과 극도의 pH에 영향을 받는다. 아주 작은 pH의 변화도 여러 화학적 작용기의 전하에 변화를 일으킨다. 그 때문에 효소 분자에서는 기질에 결합하고 반응을 촉매 시키는 능력이 변경된다.

대부분의 인간의 효소들은 가장 빠르게 반응을 촉매 할 수 있도록 인간의 체온에 가까운 *최적의 온도*를 가지고 있고, 중립에 가까운 *최적의* pH를 가지고 있다. 미생물의 효소도 그와 같이 최적의 온도와 pH에서 기능을 하는데 이것은 생물의 표준 환경과 관계가 있다. 사람을 감염시키는 미생물의 효소는 대략 사람효소와 같은 최적의 온도와 pH를 가지고 있다.

효소활동성, 효소가 반응을 촉매하는 속도의 변화는 **그림 5.10**에서 볼 수 있다. 첫번째 그래프에서, 효소의 활성이 효소의 최적 온도에 이를 때까지 온도에 따라 증가되는 것을 볼 수 있다. 하지만 40도 이상에서는 효소가 빠르게 변성하고, 따라서 그 활동이 줄어든다(◀2장 p. 45). 두번째 표는 그 활성이 효소의 최적의 pH에서 극대화대는 것과, pH가 최적에서 멀어짐에 따라 그 활성도 함께 감소하는 것을 보여준

적용

효소를 불활성화 시키는 방법

효소가 생명에 중요한 물질대사 기능을 가지고 있다면, 그것의 억제제는 독으로의 역할을 할 것이다. 경쟁적인 억제제는 일시적으로 효소분자에 독이 되고 그 반응을 느리게 만든다. 만일 이것이 모든 분자의 활동 부위에 동시에 붙는다면, 반응을 완전히 멈추게 할 수 있다. 하지만 효소 그 자체는 영향 받지 않아서, 그 독이 제거되어지면 다시 그 기능을 재개한다. 만일 그 독이 효소에 공유결합을 형성한다면, 그것은 영구적인 독이 되고 효소가 기능할 수 있는 능력을 불가역적으로 파괴시킨다.

효소 억제는 넓은 범위의 적용을 가지고 있다. 페니실린과 같은 몇몇의 항생물질들은 세포를 망가트리고 세포용해를 일으켜서 세균을 죽인다. 항생물질이 세포 성장 동안에 세포벽을 구성하는 펩티도글리칸 분자가 끊어지고 다시 이어지는 데 필요한 효소에 결합하여 효소를 비활성화 시킨다. 세포가 충분히 약해지면 세포용해가 일어난다. 충치를 예방하는 불화물은 에나멜을 강하게 하고 효소에 독이 된다. 낮은 농도에서 그것은 인간 세포에 해를 입히지 않고 입 속 세균을 죽이나, 그 농도가 높으면 사람의 세포도 죽일 수 있다. 많은 구충제나 제초제는 경쟁적 억제제로 그들의 영향을 발휘한다. 암을 치료하는 어떤 화학 요법제는 악성세포를 포함한 빠르게 분열하는 세포에서 가장 활동적인 효소를 억제한다. 마지막으로, 중금속은 효소를 비경쟁적으로 또 영구적으로 비활성화 시키고, 따라서 많은 살균제에서 활성재료로 기능을 한다.

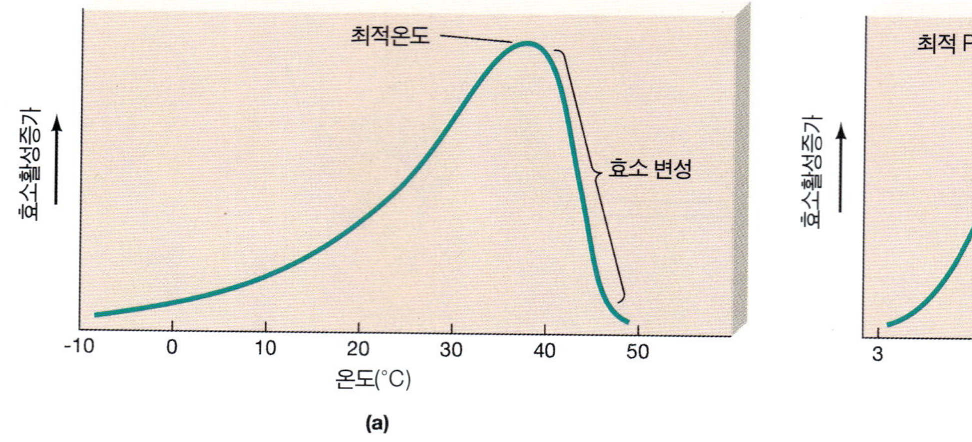

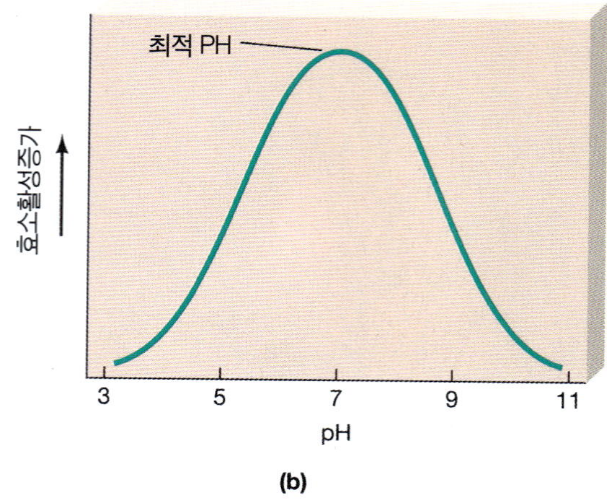

그림 5.10 효소 활성에 영향을 주는 요인들. **(a)** 효소들은 온도가 증가함에 따라 활성이 증가한다. 그러나 40도 이상에서는, 대부분의 효소가 변성되어 활성이 급속히 떨어진다. **(b)** 대부분의 효소들은 가장 효과적으로 기능하는 최적 pH를 가지고 있다. 식초(산)를 첨가할 때 미생물의 의한 음식의 부패가 어떻게 지연되는지 알겠는가?

다. 높은 온도와 같이, 극한 산성이나 알카리 조건은 효소를 변성시킨다. 이런 조건들은 미생물을 죽이거나 성장을 조절하기 위해 사용된다.

농도

생성물과 기질 농도의 효소촉매반응에 대한 영향을 이해하기 위해 우선적으로 반드시 기억해야 할 것은, 이론적으로는 모든 화학반응이 가역적이라는 것이다. 효소는 AB → A + B 또는 A + B → AB의 2개의 방향으로 가도록 반응을 촉매 할 수 있다. 기질과 생성물의 농도가 반응의 방향을 결정하는 몇 가지 요인에 속한다. 높은 AB(생성물)의 농도는 A와 B(기질)를 형성하는 방향으로 반응을 몰아간다. 이런 생성물이 형성되는 만큼 빠르게 다른 반응에서 A와 B를 이용하는 것은 또한 더 많은 A와 B의 형성으로 반응을 유도한다. 거꾸로, AB를 다른 반응에서 이용하여서 AB의 농도가 낮은 것은 AB를 형성하는 방향으로 반응을 유도한다. AB나 A 와 B 둘 다 이 체계에서 제거 되어지지 않을 때, 반응은 최종적으로 **화학적 평형(chemical equilibrium)**이라 알려진 안정된 상태에 도달한다. 평형에서 AB, A, 또는 B 농도의 순변화는 일어나지 않는다.

유효한 효소양은 보통 물질대사 반응의 속도를 조절한다. 하나의 효소분자는 1초당 일정한 수의 반응만을 촉매 할 수 있다. 그것은 오직 일정한 수의 기질 분자에만 활동 할 수 있다는 것을 말한다. 반응 속도는 효소분자의 수와 함께 증가하고, 모든 활동 가능한 효소분자가 최대생산능력으로 일할 때 최고치에 도달한다. 그러나, 만일 기질농도가 모든 효소분자가 최대 생산 능력에서 일하도록 유지하기에 너무 낮다면, 그 기질농도자체가 반응 속도를 결정 지을 것이다.

물질 대사 과정의 개관과, 효소의 이해, 그리고 그들이 어떻게 일하는지에 더하여 물질대사 과정을 더욱 자세히 볼 준비가 되었다. 해당과정, 발효, 그리고 대부분의 미생물이 에너지를 얻기 위해 이용하는 호기성 호흡 과정을 먼저 들여다보자.

혐기성 물질대사: 해당과정과 발효

해당과정

메이어호프 경로라고도 불리우는 **해당과정(glycolysis)**은 호기성, 혐기성 미생물 모두에서 대부분의 독립영양과 종속영양 생물들에 의해 이용되는 물질대사 경로로 당 분해를 시작한다. 해당과정이라는 명칭은 문자 그대로 *설탕(glyco)*을 *분해하다(lysis)*라는 뜻이다. 이것은 산소를 필요로 하지 않지만 산소 있거나 없거나 두 상태 모두에서 일어날 수 있다. **그림 5.11**은 중요한 4개의 반응이 일어나는 해당 경로 10 단계를 보여준다:

1. 기질-수준 인산화(인산염 작용기의 ATP에서 당으로의 이동)
2. 1개의 6-탄소분자(당)를 2개의 3-탄소 분자로 분해
3. 두 전자의 조효소 NAD로의 이동
4. APT로 에너지획득

인산화(phosphorylation)는 주로 ATP로 부터의 인산염 작용기가 다른 분자에 첨가되는 것을 말한다. 이 첨가는 보통 분자의 에너지를 증가시킨다. 그러므로 인산염 작용기는 생화학 반응에서 보통 에너지 운반자의 역할을 한다. 해당 과정의 초기 단계에서, APT로부터 2분자의 인산염 작용기가 당에 첨가된다. 이런 2개의 ATP의 지출은 당의 에너지 수준을 높인다(마치 언덕 꼭대기 위에 있는 바위를 웅덩이에서 밀어내는 것과 같이). 이 에너지 수준은 그 다음의 반응에 참여할 수 있고, 당은 세포에서 떨어질 수 없게 된다. 인산화된 분자는 세포의 물질대사 반응을 추진한다.

인산화 이후에, 당은 2개의 3탄소분자로 분해되고, 각각의 분자

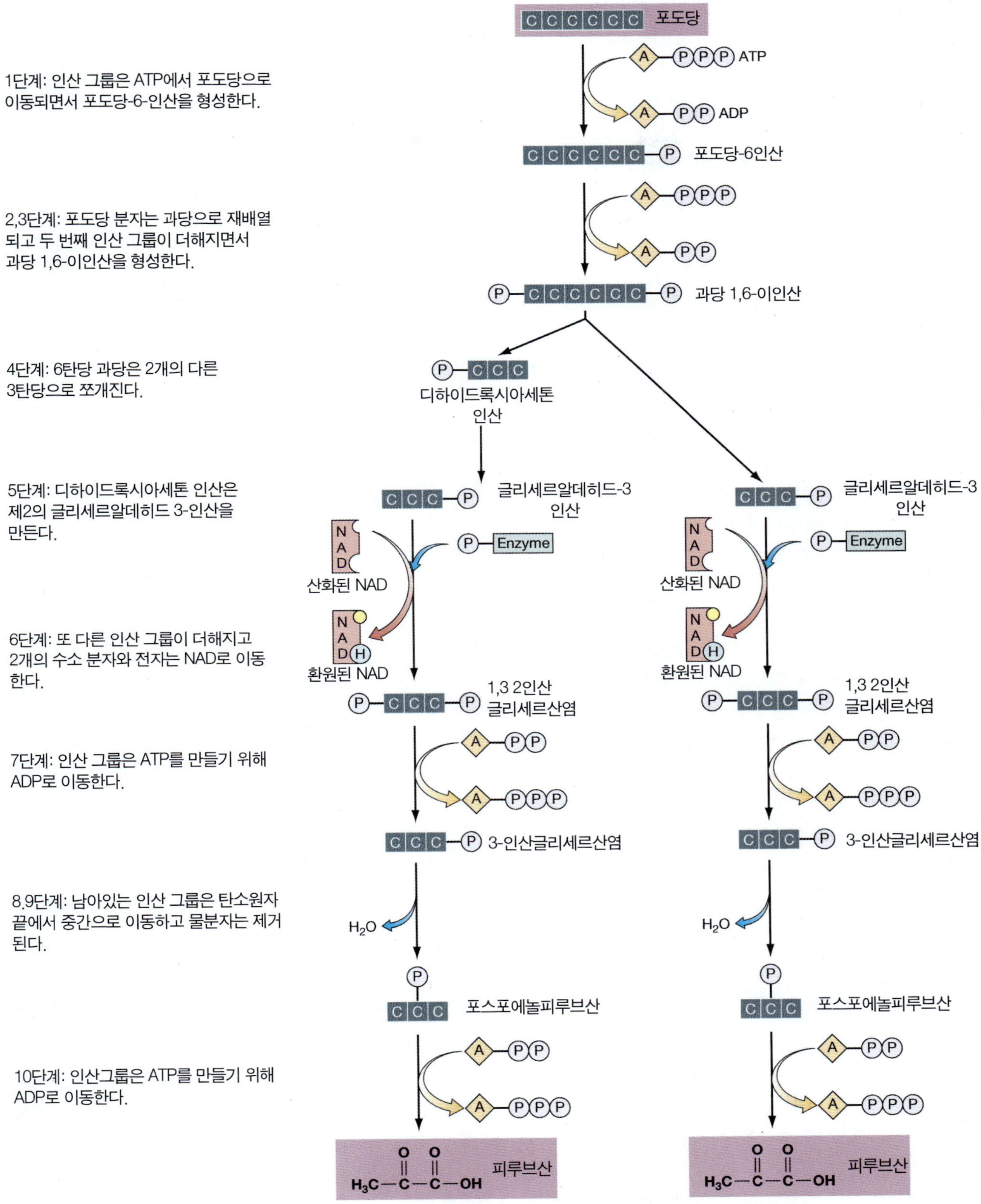

1단계: 인산 그룹은 ATP에서 포도당으로 이동되면서 포도당-6-인산을 형성한다.

2,3단계: 포도당 분자는 과당으로 재배열되고 두 번째 인산 그룹이 더해지면서 과당 1,6-이인산을 형성한다.

4단계: 6탄당 과당은 2개의 다른 3탄당으로 쪼개진다.

5단계: 디하이드록시아세톤 인산은 제2의 글리세르알데히드 3-인산을 만든다.

6단계: 또 다른 인산 그룹이 더해지고 2개의 수소 분자와 전자는 NAD로 이동한다.

7단계: 인산 그룹은 ATP를 만들기 위해 ADP로 이동한다.

8,9단계: 남아있는 인산 그룹은 탄소원자 끝에서 중간으로 이동하고 물분자는 제거된다.

10단계: 인산그룹은 ATP를 만들기 위해 ADP로 이동한다.

그림 5.11 해당과정. 단계 1과 단계 3을 주목해보면, 2개의 ATP 분자가 사용된다(A=아데노신). 단계 7과 단계 10에서는, 2개의 ATP 분자가 형성된다. 각 포도당 분자가 반응 7과 10을 진행하는 3탄당을 2개를 생산하기 때문에, 실제로는 4개의 ATP 분자가 형성되고, 포도당 하나당 총2개의 ATP를 생산한다.

는 산화되어 2개의 전자가 NAD로 이동된다. 최종 생산물은 피루브산(이온화 상태에서 피루브산염이라 불리는)의 2분자와, 환원된 2분자의 NAD(NADH)이다.

에너지는 기질 수준에서 ATP로 획득되는데, 그것은 대사과정 후반에 서로 다른 두 반응에서 이루어지는 데 해당과정의 직접적인 경로이다. 세포질에 있는 이용 가능한 *아데노신 이인산염(ADP)*과 *무기인산염(P_i)*을 이용하여, 기질 분자에서 방출된 에너지는 ADP 와 P_i 사이의 높은 에너지 결합을 형성하는데 사용된다:

$$ADP + P_i + \text{에너지} \rightarrow ATP$$

해당과정은 비교적 적은 양의 에너지를 세포에 공급한다. 에너지는 각각 3 탄소분자의 대사과정 동안 2개의 ATP 분자가 형성되고 하나의 6-탄소 당분자로 총 4개의 ATP가 만들어지고 2분자의 피루브산이 형성된다(◀해당과정의 더 구체적인 설명은 부록E 참조). 최초의 인산화에서 두 ATP에서 얻은 에너지를 사용했기 때문에, 해당과정의 결과로 당 분자 하나당 단 2 ATP의 순 에너지를 획득하게 된다. 공기 중에 산소가 있고, 생물체가 호기성 호흡을 수행할 수 있는 효소를 가지고 있다면, 환원된 NAD에서 나온 전자들은 나중에 설명될 생물학적 산화과정 동안 산소로 이동된다.

해당과정의 대안

해당과정 이외에도, 많은 미생물들은 당산화를 위한 1나 2개의 다른 물질 대사의 경로를 가지고 있다. 예를 들자면, *대장균*과 *바실러스 서브틸리스*를 포함한 많은 세균은 *5탄당 인산화 경로(pentose phosphate pathway)*를 가지고 있다. 해당과정과 동시에 실행이 가능한 이 경로는 포도당만을 분해 하는 것이 아니라 5-탄소당(5탄당)도 분해할 수 있다(◀대략적인 이 경로에 대한 설명은 부록 E 참조). *슈도모나스*를 포함한 몇몇 세균 종에서, 효소들은 오탄당 인산화 경로와 해당과정을 대체하는 *앤트로-돈더로프 회로(Entner-Doudoroff pathway)*를 실행한다. 이 과정에서 당은 짧은 연속적인 반응에 들어가면서 중간산물인 글리세르알데히드 3-인산이 형성되고 이 물질은 전형적인 해당과정의 마지막 5단계를 거치면서 피루브산을 형성하고 2분자의 ATP를 생산한다.

2개의 부가적인 특징은 일반적인 물질대사 과정에 적용되는 원리를 보여준다:

1. 각각의 반응은 특정 효소에 의해 촉매 된다. 우리의 논의를 간단히 하기 위해 효소의 이름이 생략되었지만, 물질대사 과정에서의 각각의 반응은 효소에 의해서 촉매 되었다는 것을 기억해야 한다.
2. 물질대사 과정에서 전자가 중간물질로부터 제거되면, 두 조효소 NAD 나 NADP(*니코틴아미드 아데닌 디뉴클레오티드 인산염*) 중 하나로 이동된다. 환원된 상태(NADH 나 NADPH)에서는, 이런 조효소는 세포에서 *환원력*을 갖고 있다. 예로, 해당과정에서 산화된 NAD^+는 환원된 NAD(NADH)가 된다. 다음에 설명한대로 발효과정동안 환원된 NAD에서 전자가 제거되어서 더 많은 전자들이 당으로부터 제거되도록 하고 해당과정이 지속되도록 한다. 세포는 한정된 양의 효소와 조효소를 가지고 있기 때문에, 해당과정과 다른 경로의 반응이 일어나는 속도는 이 중요한 분자들의 이용가능성에 의해 제한된다.

포도당이 몇몇의 미생물의 주요 영양분이라고는 하지만, 그 외 다른 미생물은 다른 당으로부터 에너지를 얻을 수 있다. 그런 생물들은 해당 과정에서 다른 당을 중간물질로 바꿀 수 있는 특정한 효소를 가지고 있다. 일단 그 당이 해당과정에 들어가면, 피부르산으로 물질대사 되고, 그 후에 발효되거나 호기적으로 물질 대사 된다. 이 과정은 뒤에 설명될 것이다.

발효

해당과정을 통한 포도당이나 다른 당의 물질대사는 거의 모든 세포에서 수행되는 과정이다. 그 중에 피루브산이 산소 없이 계속적으로 물질대사를 일으키는 하나의 과정이 발효이다. 감소된 NAD의 전자를 다른 분자로 보내면서 한정된 양의 NAD를 재활용해야 할 필요성에 의해 생긴 결과물이 **발효(fermentation)**이다. 이것은 많은 다른 과정으로 일어난다(그림 5.12). 가장 중요하고 또 일반적으로 일어나는 2경로는 젖산 발효와 알코올 발효이다. 2개 모두 피루브산의 물질대사로부터 APT로 에너지를 획득하지 않는다. 그러나, 2과정 모두 환원된 NAD에서 전자를 제거하여 전자 수용체로서의 역할을 계속하게 한다. 그러므로 그들은 해당과정을 유지시킴으로써 간접적으로 에너지를 획득하도록 한다.

과실에 있는 효모와 세균들은 과실의 당을 알코올로 발효시킨다. 이러한 과실을 먹는 새들은 비행 방식을 잊어버릴 정도로 취하게 될 수 있다.

젖산 발효

가장 간단한 피루브산 물질대사 과정은 인간의 젖산만이 만들어지는 **젖산 발효(homolactic acid fermentation)**이다(그림 5.13). 피루브산은 환원된 NAD로부터의 전자를 이용하여 직접 젖산으로 전환된다. 다른 발효들과는 다르게 이 발효는 가스를 생산하지 않는다. 이것은 포유류의 근육세포, 락토바실리라고 불리는 세균, 그리고 연쇄구균의 몇몇 종류에서 일어난다. Lactobacilli 에서의 경로는 몇몇 치즈를 만드는데 사용된다.

알코올 발효

알코올 발효(alcoholic fermentation)(그림 5.14)에서는 피루브산에서 이산화탄소가 방출되고 중간체인 아세트 알데히드가 되고 이것

그림 5.12 발효의 경로. 많은 다른 발효 경로는 미생물에서 발견된다. 두 다른 미생물, 각각이 같은 양의 똑 같은 재료를 가지고 발효를 한다면 과연 같은 부산물을 생성해낼까? 그렇다면 맞은? (*위의 왼쪽과 가운데, SUPERSOCK; 위의 오른쪽, Mike Pares/Custom Medical Stock Photo, Inc.*)

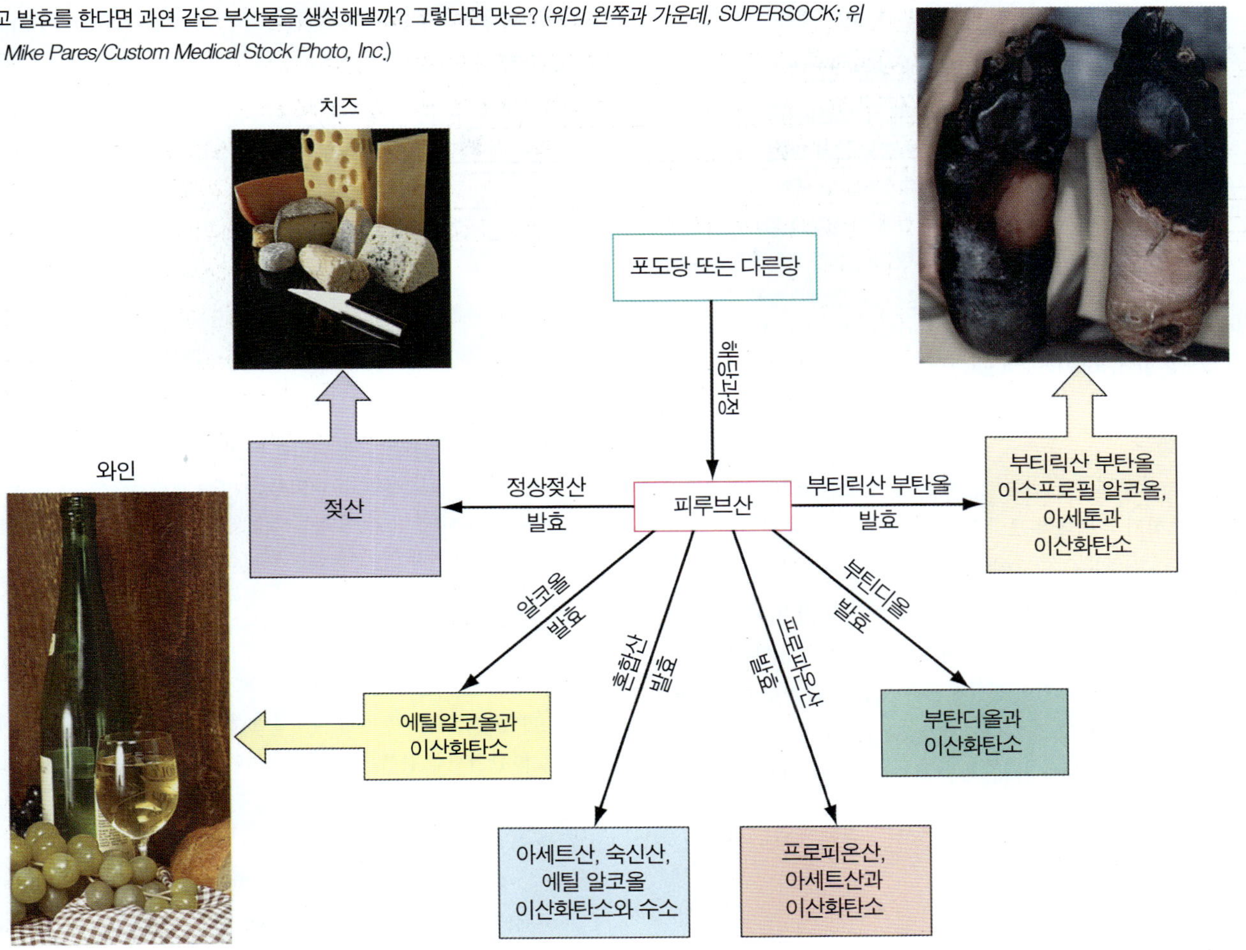

치즈

괴저로 인한 수족 흑화증

와인

포도당 또는 다른당

해당과정

피루브산

젖산

정상젖산 발효

부티릭산 부탄올 발효

부티릭산 부탄올 이소프로필 알코올, 아세톤과 이산화탄소

알코올 발효

에틸알코올과 이산화탄소

혼합산 발효

아세트산, 숙신산, 에틸 알코올 이산화탄소와 수소

프로피온산 발효

프로피온산, 아세트산과 이산화탄소

부틴디올 발효

부탄디올과 이산화탄소

은 환원된 NAD로부터 전자를 받아 빠르게 에틸알코올로 환원된다. 알코올 발효는 비록 세균에서는 드물지만, 이스트(효모)에서 흔하고, 맥아 빵과 와인에서 활용된다(◀26장에서 이 주제들에 대해 주의 깊게 다룬다).

다른 종류의 발효

다른 종류의 발효는 그림 5.12에서 요약되는데, 그것은 매우 다양한 미생물에 의해 수행된다. 이런 과정들에서 가장 중요한 것 중 하나는

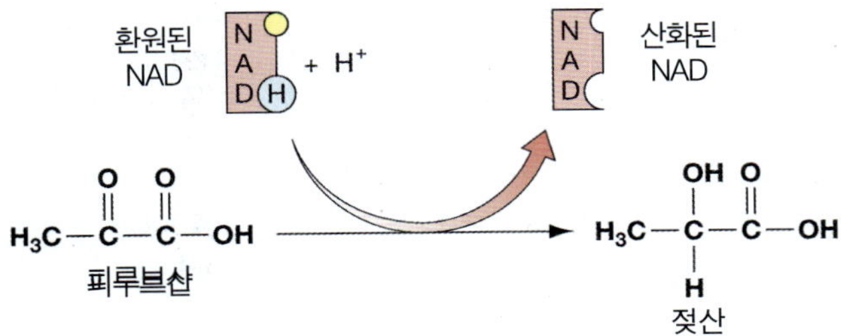

그림 5.13 젖산 발효. 피루브산은 해당과정의 6단계로부터의 NAD로 인해 젖산으로 환원된다(그림 5.11).

이 과정이 어떤 감염성 생물들에서 일어나고, 그들의 생성물들이 진단에 사용된다는 것이다. 예로, 부텐다이올 발효의 중간생성물인 아세토인에 대한 보개스-프로스커 테스트는 폐렴을 일으키는 *Klebsiella*

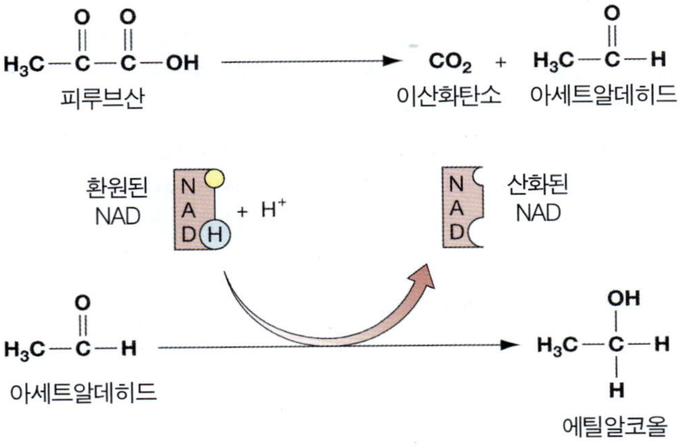

$$H_3C-\overset{O}{\overset{\|}{C}}-\overset{O}{\overset{\|}{C}}-OH \longrightarrow CO_2 + H_3C-\overset{O}{\overset{\|}{C}}-H$$

피루브산 → 이산화탄소 + 아세트알데히드

환원된 NAD (NADH) + H^+ → 산화된 NAD

$$H_3C-\overset{O}{\overset{\|}{C}}-H \longrightarrow H_3C-\underset{H}{\underset{|}{\overset{OH}{\overset{|}{C}}}}-H$$

아세트알데히드 → 에틸알코올

그림 5.14 알코올 발효. 이 두 단계 과정에서 피루브산으로부터 이산화탄소가 먼저 제거되어 아세트알데히드를 형성한다. 아세트알데히드는 그후 NAD에 의해 에틸알코올로 환원된다.

적용

왜 나무 진액을 와인에 넣는것인가?

세라믹 와인 병이 2003년에 구 소련의 구르지아공화국에서 발견되었는데, 석기시대 사람들이 8000년 정도 전에 만든 와인병인 것이 증명되었다. 그리고, 그들은 의도적으로 발효 전에 나무 진액을 포도 쥬스에 넣고 이 레드와인을 숙성시켰다. 나무 진액 안에 있는 자연 항균성의 혼합물이 발효 후 와인이 식초로 변하기 전에 더 오랜 기간 동안 와인을 유지시켜 준 것이다. 고대 로마인들도 이렇게 했는데, 소나무, 히말라야 삼목, 테레빈나무의 진액들이 사용 되었다. 오늘날은, 수지향 그리스 포도주에서 테레빈나무 진액은 사용하는 방법만이 지켜오고 있다.

그림 5.15 양성의(노랑) 만니톨-발효 실험. 이 실험은 병원성의 *Staphylococcus aureus*(오른쪽)을 비병원성의 *Staphyloccoccus* 종으로부터 구분해 낸다. S.aureus은 마니톨을 발효시켜, 배지에 있는 pH 지시약을 (페놀 레드) 노란색으로 변화시키는 산을 생성한다. 접종(왼쪽)전의 배지는 밝은 빨강이다. (*Courtesy George A. Wistreioch, East LA Colleagues*)

pneumoniae 세균을 검출하는데 도움이 된다. *클로스트리듐속*(屬)의 세균은 혐기적 브트릭-브틸릭 발효를 일으키는데 이것은 파상풍과 보툴리누스 식중독을 일으킨다. *Clostridium perfringens*로 인한 뷰티릭산 생성물은 심각한 조직 파괴를 일으키는 최저의 주요 원인이다. 이런 발효는 또한 냄새 나는 버터와 치즈의 좋지 않은 냄새를 낸다.

포도당 이외의 당을 발효시킬 수 있는 능력은 다른 진단 테스트의 기초를 형성한다. 그 중 하나의 테스트는**(그림 5.15)** 마니톨당을 사용하고 PH를 맞추기 위해 페놀레드를 사용한다. 병원성 세균인 *Staphylococcus aureus*는 마니톨을 발효하고 산을 생성해서, 배지의 페놀 빨간색이 노란색으로 변하게 한다. 비병원성 세균인 *Staphylococcus epidermidis*는 마니톨을 발효하지 못하여, 배지의 색을 변화시키지 않는다.

이런 발효들과 그 외의 다른 발효들로 인해 생성되는 아세트산, 아세톤 같은 많은 생성물들은 상업적 가치가 있다. 26장에서는 미생물의 발효로 만들어지는 산업, 제약, 식품에 대해 논의할 것이다. 이런 것들은 비싼 석유화학제품에 대한 의존도를 낮출 수도 있을 것이다.

적용

의도하지 않은 만취

버지니아 주에서 한 남자가 음주운전으로 구속되었다. 그는 대단히 특이한 변호를 했다: 그의 위 안에 있는 음식의 효모 발효로 인해 알코올이 생성되어 혈관으로 흡수되었기 때문에 의도하지 않은 만취를 일으켰다는 것이다. 판사는 그의 변론을 깊게 생각하지 않았고 그에게 유죄를 선고했다. 그것은 그 피의자에게서 그런 감염을 가진 사람들에서 보통 볼 수 있는 것보다 상당히 높은 혈중 알코올 농도가 나타났기 때문이다. 그러나, 일본과 미국에서 문서화된 사례처럼, *Candida albicans* 같은 독특한 종류의 효모가 위에 감염되어 술 취하지 않은 상태로 머무는 것이 어려운 사람들이 있다는 사례가 있다. 캔디다는 소화관의 다양한 부분에서 발견되지만, 보통은 어떤 문제도 일으키지 않는다. 보통은 법적 독성 한계를 넘을 정도로 혈중알코올농도를 올릴 수 없지만, (아주 많은 양의 식사가 섭취되지 않는 한) 그러나 이 특이한 균은 탄수화물을 함유한 음식이나 음료를 알코올로 변환시킨다. 다행이, 그 감염은 치료가 가능하여 환자들은 술이 잘 취하지 않는 상태로 돌아 갈 수 있다. 그러나, 치료되기 전까지, 이런 문제를 가지고 있는 사람들을 운전 못하게 하는 것은 어렵다. 빵을 발효시키는 효모들도 이와 같이 알코올을 생산한다. 그렇다면 당신은 왜 디너롤을 먹는 것으로 인해 취하지 않는가? 그 이유는 빵을 굽는 동안 약간의 알코올이 오븐 안에서 증발하기 때문이다.

호기성 물질대사: 호흡작용

우리가 보았듯이, 대부분의 생물들은 해당과정을 통해 당을 피루브산 물질대사 함으로써 에너지를 얻는다. 미생물 중에서, 혐기성과 호기성 모두가 이런 반응들을 수행한다. **혐기성 생물(anaerobes)**은 산소를 사용하지 않는 생물이다. 그것들은 산소에 노출됐을 때 죽어버리는 것들을 포함한다. **호기성 생물(aerobes)**은 산소를 *사용하는* 생물들이다, 그것들은 산소가 꼭 있어야 하는 것들을 포함한다. 게다가, 굉장히 많은 수의 미생물 종들이 *조건적인 혐기성 생물*들이고(◀6장) 이것들은 산소가 있으면 사용하지만 없어도 제 기능을 할 수 있는 것들이다. 비록 호기성생물이 해당과정을 통해 그들의 에너지를 얻지만, 그것은 주로 더욱 생산적인 과정의 서곡이며 이들은 포도당에 잠재되어있는 훨씬 더 많은 에너지를 얻을 수 있다. 이런 과정이 *크렙스 회로와 산화적 인산화*를 거치는 **호기성 호흡(aerobic respiration)**이다.

적용

내 죽음의 빛

죽음과 장례식을 둘러싼 문화는 많은 변화를 거듭해왔다. 미국 초기에 그리고 1900년대 초기에 매장하기 전에 보통 1주일 정도는 시체를 집에 두었다. 후에 장례식장과 장례회관이 대중화되고 나서 시체가 더 오랜 시간 동안 보관되었다. 시체가 냉장 영안실에 안치되기 전까지 끓어오르는 가스와 발효로 인한 팽창이 장의사들에게는 극복해야 할 미용상의 실제적인 문제였다. 시체를 세균성 가스의 축적으로 인한 뒤틀림으로부터 보호하기 위해 장의사들은 아주 작은 구멍을 시체에 내고 그 구멍에 초를 잠시 대기도 했다. 그럼 그 시체에서 나온 가스로 인해 길고 파란 불꽃이 보이기도 한다. 이 불꽃은 모든 가스가 연소될 때까지 3-4일을 유지한다. 호기성 물질대사가 발효보다 19배 많은 에너지를 획득한다는 관찰을 어떤 증거로 설명해 주는가?

크렙스 회로

크렙스 회로(krebs cycle)는 *아세틸 그룹*이라 불리는 2-탄소 단위를 CO_2와 H_2O로 물질 대사하는 단계를 말하는데, 1930년대 말에 독일의 생화학자 Hans Krebs가 증명해 그의 이름을 따라 이름 지어졌다. 이것은 **TAC 회로(Tricarboxylic acid cycle)**라고도 불리우는데, 이 회로상의 몇몇 분자들이 3개의 카르복실(COOH) 작용기를 가지고 있기 때문이고, 또는 **구연산 회로(citric acid cycle)**라고도 불리는데 이것은 구연산이 중요한 중간생성물이기 때문이다.

피루브산(해당과정의 생성물)은 크렙스 회로에 들어가기 전에 반드시 먼저 *아세틸-CoA*로 전환되어야 한다. 이 복잡한 반응은 CO_2의 한 분자의 제거, NAD로의 전자 이동, 조효소 A(CoA)의 첨가를 수반한다**(그림 5.16)**. 원핵생물에서는 이러한 반응들이 세포질에서 일어난다. 진핵생물에서는 그 반응들이 미토콘드리아의 기질에서 일어난다.

크렙스 회로는 아세틸 작용기들이 이산화탄소로 산화되는 반응의 연속이다. 수소원자들도 또한 제거되어서, 그것들의 전자는 전자 운반자 역할을 하는 조효소로 이동된다**(그림 5.17)**. (우리가 앞으로 보게 될 것처럼, 수소는 결국 산소와 결합하여 물을 형성한다.) 크렙스 회로에서 각각의 반응은 특정한 효소에 의해 조절되고, 그 분자들은 이 회로를 지나면서 1효소에서 다음의 효소로 전달된다. 그 반응들은 1회로를 구성하는데 그것은 첫번째 반응물인 oxaloacetic acid(oxaloacetate)이 그 회로의 마지막 단계에서 재생하기 때문이다. 하나의 아세틸 작용기가 물질 대사를 할 때, 옥살아세르산은 다른 물질과 결합하여 구연산을 형성하며, 다시 그 회로를 통과한다(◀부록 E에는 크렙스 회로에 대해 좀더 상세한 설명이 담겨있다).

크렙스 회로에서 특정한 현상들은 특히 중요하다:

- 탄소의 산화
- 조효소로의 전자들의 이동
- 기질-수준의 에너지 획득

각각의 아세틸 작용기가 회로를 통과할 때, 이산화탄소 2분자가 2탄소화합물의 완전한 산화로부터 발생된다. 많은 양의 에너지가 다

생명공학

미생물을 활용하기

우린 *Klebsiella pneumoniae*에서 폐렴 이외에 무엇을 얻을 수 있을까? 아크릴 플라스틱, 의복, 약품, 페인트 등은 3-히드록시 프로피온알데히드가 모체 화합물이다. 이 물질은- *K pneumonia*가 글리세롤 발효로부터 생산된다. 글리세롤은 동물지방과, 콩에서 나오는 것과 같은 식물성기름을 만드는 과정에서 가장 흔한 부산물이다. 그러므로, 미국에서 석유화학제품을 수입하는 높은 비용을 대체하는 것을 남아도는 농업 생산물들을 이용한 미생물 발효가 도울 수 있을 것이다.

과학자들은 또한 *Saccharomyces cerevisiae*(제빵의 효모) and *S. carlsbergensis*(술제조의 효모) 같은 여러 미생물들을 더욱 유용하게 쓰이도록 변형시키는 것의 가능성을 탐구 중이다. 이런 과학자들은 정맥주사로 놓았을 때, 피의 응집을 풀어서 심장마비나 뇌졸중으로부터 오는 훼손을 줄이는 높은 활동성의 효소를 효모로부터 얻기를 기대하고 있다. 이 생화학적으로 다재 다능한 효모는 석유화학적인 오염물질로 인해 더럽혀진 우리의 공기도 깨끗하게 하도록 도와줄 것이다. 효모 *Pachysolen tannaphilus*는 옥수수대와 같은 목재 식물의 일부에서 발견되는 당인 자일로즈를 직접 에탄올로 변환시킨다. 미국의 농산부에서는 이와 같은 효모가 매년 농업폐기물로부터 40억 갤론의 친환경적인 연료 알코올을 생산해 낼 수 있다고 예상하고 있다.

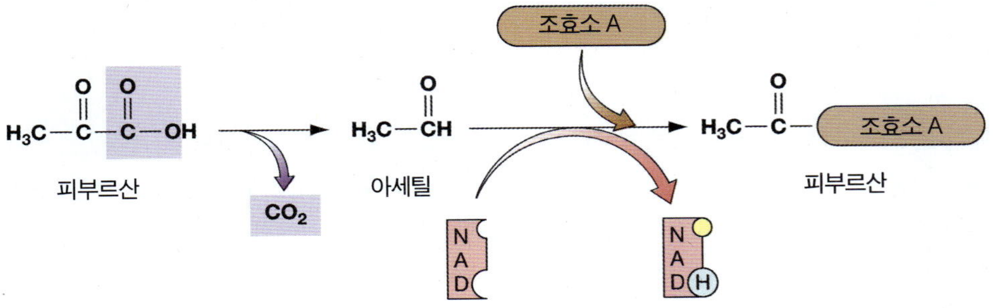

그림 5.6 크렙스 회로로의 관문. 피루브산은 CO_2 1분자를 잃는다. 그리고 NAD로 인해 산화된다, 2-탄소 아세틸 그룹이 조효소 A 에 첨가되어 아세틸-CoA를 만든다.

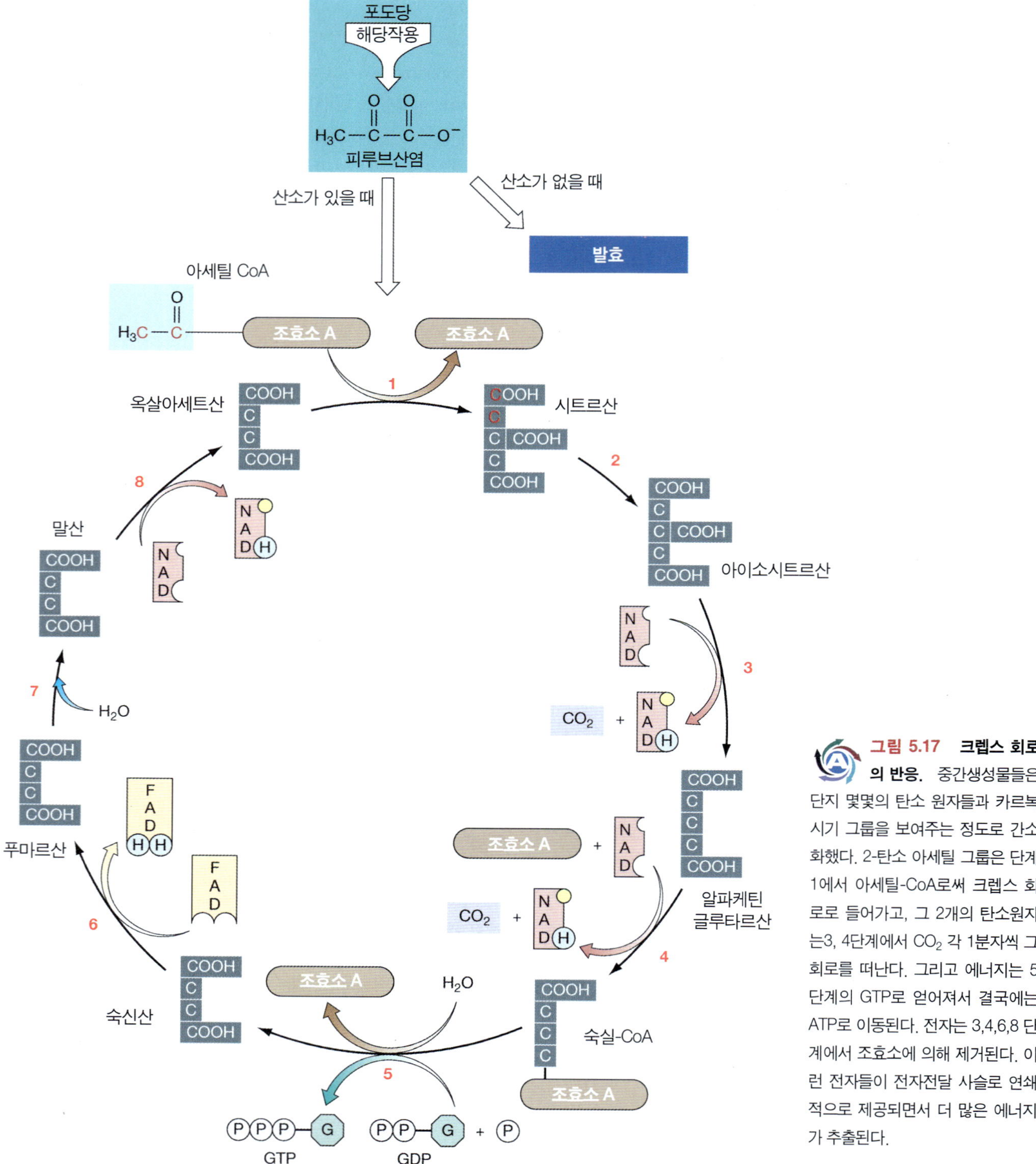

그림 5.17 크렙스 회로의 반응. 중간생성물들은 단지 몇몇의 탄소 원자들과 카르복시기 그룹을 보여주는 정도로 간소화했다. 2-탄소 아세틸 그룹은 단계 1에서 아세틸-CoA로써 크렙스 회로로 들어가고, 그 2개의 탄소원자는3, 4단계에서 CO_2 각 1분자씩 그 회로를 떠난다. 그리고 에너지는 5단계의 GTP로 얻어져서 결국에는 ATP로 이동된다. 전자는 3,4,6,8 단계에서 조효소에 의해 제거된다. 이런 전자들이 전자전달 사슬로 연쇄적으로 제공되면서 더 많은 에너지가 추출된다.

음의 호기성 호흡 단계에서 이 전자들로부터 얻어지는 것을 볼 것이다. 마지막으로 얼마간의 에너지가 guanosine triphosphate (GTP)의 높은-에너지 결합으로 얻어진다. 이런 반응은 기질 수준에서 일어난다. 즉, 크렙스 회로 반응의 진행에서 직접적으로 일어난다. GTP에서의 에너지는 ATP로 쉽게 이동된다. 각각의 포도당 분자가 2 아세틸-CoA 를 만들기 때문에, 하나의 포도당 분자의 대사로부터의 결과물을 산출했을 때는 반드시 2배가 되어야 한다.

전자전달과 산화적 인산화

전자 전달과 산화적 인산화는 물이 3개의 큰 강과 많은 작은 강을 만든다는 점에서 일련의 폭포수와 비유될 수 있다(그림 5.18). 대부분의 전자 전달(작은 강)에서, 단지 작은 양의 에너지가 방출된다. 세 곳(큰 강) 에서는 더 많은 에너지가 방출되고, 그 중 일부는 P_i를 ADP에 첨가하여 ATP를 만드는데 사용된다.

전자전달(Electron transport)은 기질에서 전자를 O_2로 이동시키는 과정이고 이것은 에너지를 방출하는 이화작용의 수소제거 반응 중에 시작된다. 2수소 원자가(각각이 하나의 전자와 하나의 양성자를 포함한다) NAD로 이동되어 환원된 NAD를 만든다. 결과물은 차례대로 전자쌍을 박테리아의 세포 막이나 미토콘드리아의 내막에 박혀 있는 다른 운반자 복합체 사슬 중 하나로 운반한다. 이런 운반자 복합체는 **전자전달 사슬(electron transport chain)**을 만드는데, 이것은 주로 호흡사슬이라고도 불린다(그림 5.19). 하나의 산화-환원 반응 연쇄를 통해 전자 전달은 2개의 기본 기능을 수행한다. (1) 전자 공여체로부터 전자를 받고 그것을 전자 수용체에게 전달한다. (2) APT 합성을 위해 전자이동에서 방출된 일부 에너지를 보존시킨다. 호기성

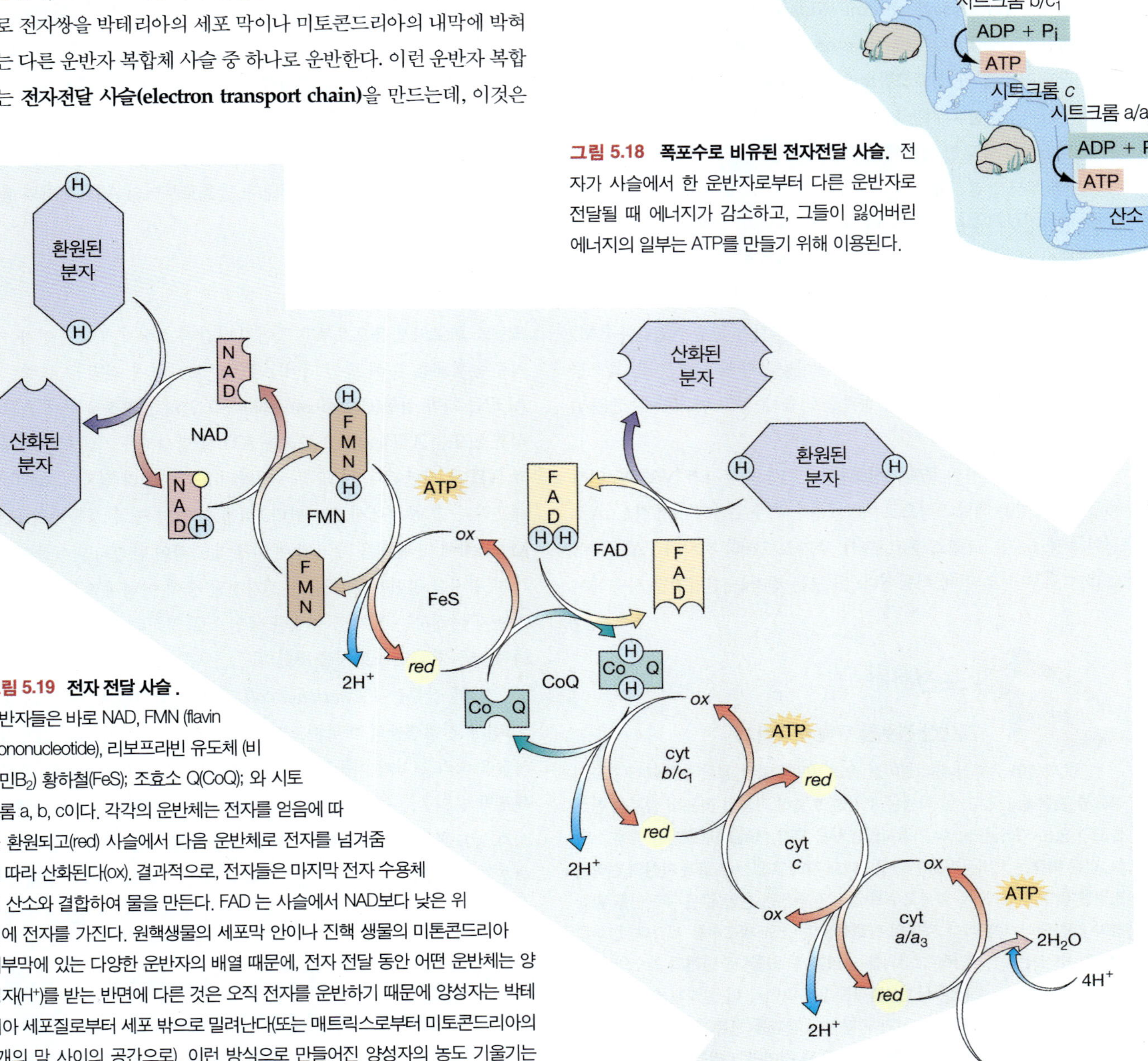

그림 5.18 폭포수로 비유된 전자전달 사슬. 전자가 사슬에서 한 운반자로부터 다른 운반자로 전달될 때 에너지가 감소하고, 그들이 잃어버린 에너지의 일부는 ATP를 만들기 위해 이용된다.

그림 5.19 전자 전달 사슬 . 운반자들은 바로 NAD, FMN (flavin mononucleotide), 리보프라빈 유도체 (비타민B_2) 황하철(FeS); 조효소 Q(CoQ); 와 시토크롬 a, b, c이다. 각각의 운반체는 전자를 얻음에 따라 환원되고(red) 사슬에서 다음 운반체로 전자를 넘겨줌에 따라 산화된다(ox). 결과적으로, 전자들은 마지막 전자 수용체인 산소와 결합하여 물을 만든다. FAD 는 사슬에서 NAD보다 낮은 위치에 전자를 가진다. 원핵생물의 세포막 안이나 진핵 생물의 미톤콘드리아 내부막에 있는 다양한 운반자의 배열 때문에, 전자 전달 동안 어떤 운반체는 양성자(H^+)를 받는 반면에 다른 것은 오직 전자를 운반하기 때문에 양성자는 박테리아 세포질로부터 세포 밖으로 밀려난다(또는 매트릭스로부터 미토콘드리아의 2개의 막 사이의 공간으로). 이런 방식으로 만들어진 양성자의 농도 기울기는 ATP를 만드는데 사용된다(그림 5.20).

호흡에서 많은 양의 에너지가 획득된다. 이것은 전자전달 사슬에서 전자이동으로 생기는데 높은 에너지 수준에서 낮은 에너지 수준으로 이동하면서 ATP를 합성한다(그림 5.19). 에너지는 P_i가 ADP와 결합하여 ATP를 생성하는 것처럼 고에너지 결합으로 얻어진다. 이 과정은 **산화적 인산화(oxidative phosphorylation)**라고 알려져 있다. 사슬 각각의 부분이 전자를 얻을 때마다 환원된다. 그리고 전자를 다음 부분으로 넘겨주면서 산화된다. 호기성 호흡에서 산소가 마지막 전자 수용체이며 환원되어서 물이 된다(그림5.19).

몇몇 종류의 효소 복합체가 전자이동과 관련 있다. 이것은 NADH 디히이드로 제네이즈(dehydrogenase), 시트크롬 환원효소와 시토크롬산화효소(cytochrome oxidase)를 포함한다. 전자 운반자는 **플래빈 단백질**(FAD와 Flavin mononucleotide, FMN와 같은), 황하철 단백질(FeS)와 **시트크롬(cytochrome)**, *헴*이라고 불리는 철을 포함한 고리구조를 가지는 단백질들을 포함한다. **퀴논(quinones)** 또는 *조효소Q*로 알려진 비단백질 그룹인 지용성 전자 운반자들 또한 전자전달계에서 발견되었다.

전자전달사슬은 생물에 따라 모두 다르다. 그리고 가끔은 주어진 생물이 하나 이상의 종류를 가지고 있기도 하다. 그러나, 그것들은 모두 수소 원자만을 받는 플래보단백질와 퀴논같은 복합체와 오직 전자만 받는 시토크롬 같은 복합체들이다. 전자가 환원 NAD와 FAD로부터 전자 전달 사슬을 통해 산소로 이동되지 않는 한, 이런 효소들은 크렙스 회로로부터 더 많은 전자를 얻을 수 없고 이 모든 과정은 멈춰질 수 밖에 없다.

하나의 당분자의 물질대사로부터, 10쌍의 전자가 NAD로 인해 이동된다(2쌍은 해당과정으로부터, 2쌍은 피루브산의 아세틸 CoA로 전환과정, 6쌍은 크렙스 회로부터). 추가로 2쌍의 전자가 FAD(크렙스 회로로부터)로 인해 이동된다. 이 모든 전자는 전자전달 사슬에서 다른 전자 운반자로 전달된다.

우리의 폭포 비유에서 본 것처럼, 물이 2개의 다른 위치 즉 하나는 그 다른 하나보다 높은 산 위 에서 계곡으로 떨어져 들어오는 것을 생각해 볼 수 있다. 높은 위치의 물은 낮은 위치의 물보다 더 멀리 떨어져 내린다. 세균에서, NAD에서 전자전달사슬로 들어가는 전자는 정상에서 시작하고, 그들의 강하는 3개의 ATP를 만들기에 충분한 에너지를 방출한다. FAD 에서 들어가는 전자는 사슬에서 좀 낮은 경로로 시작하고 이것은 2개의 APT를 만드는데 필요한 충분한 에너지를 얻는데 기여한다. 그러므로, 당 분자의 호기성 물질대사 과정 중에 NAD로부터 온10쌍의 전자는 30개의 ATP를 생산하고, FAD로부터의 2쌍의 전자는 ATP 4개를 만들어내어 전부 34개의 ATP를 만들어내게 된다. 해당과정에서 만든 2개의 APT와 크렙스 회로로부터 온 2개의 GTP분자(=2개의 APT와 동일)까지 합치면 1개의 당 분자에서 총38 APT가 생산된다.

발효와 비교했을 때 산화적인산화로부터 더 많은 양의 에너지를 발생시킨다. 발효는 해당과정 중에 기질 수준의 ATP생성으로만 오직 5%만큼만의 ATP를 산출해낸다. 발효로부터의 ATP 분자의 총 획득양은 2개이다.

도전하라

재생산 경주를 위해 주유하기

두 학생이 실험실에서 현미경 슬라이드에 담긴 설탕 용액에서 효모의 성장을 관찰하고 있다. 한 학생은 호기성 호흡이 가능한 정도의 충분한 산소 농도가 있는 커버글라스의 가장자리근처에 자기 현미경의 초점을 맞추고 있다. 다른 학생은 커버글라스의 가운데에서 자라고 있는 효모에 자신의 현미경 초점을 맞추고 있다. 두 학생모두 수업이 진행되는 동안 같은 부분만을 관찰하며 20분에서 30분마다 자신의 관찰부분의 효모 세포수를 세었다. 결과를 예상할 수 있는가? 무엇이 그결과를 설명할 수 있을까? 당신의 교수의 동의를 얻어, 당신에게 주어진 실험실과제를 완수하면서 이 실험에 쉽게 도전해 볼 수 있으며, 수업의 나머지 시간에 당신의 결과를 공유할 수 있다. 당신은 이 실험이 모든 종의 생물에서 같은 결과를 낼 것이라고 생각하는가? 왜 그렇게 생각하는가?

화학 삼투

크렙스 회로의 반응으로부터 떨어져 나간 수소원자에 있는 전자는 전자수송체계를 통해 운반되어 ATP의 고에너지 결합을 생성한다. ADP는 **화학 삼투(chemiosmosis)**라고 알려진 과정을 통해 ATP합성효소(또는 *ATPase*)라고 불리는 ATP를 합성하는 거대 복합체에 의해 ATP로 전환된다. 이 과정은 일련의 화학반응의 결과이고, 이것은 세포막과 그 주변에서 일어난다. 비록 1961년 영국 생물학자 Peter Mitchell에 의해 처음 제기된 이 과정의 기작이 완전히 받아들여지기까지 수년이 걸렸지만, 지금은 전자전달 중에 어떻게 ATP가 만들어지는지 이해하는데 가장 중요한 공헌으로 인식된다. 미첼은 1978년 화학 삼투 가설로 노벨상을 받았다.

화학 삼투는 *Escherichia coli* 같은 원핵생물의 세포막**(그림 5.20)**과 진핵생물의 미토콘드리아 내막 등에서 일어난다. 전자전달 사슬을 따라 전자가 이동될 때, 양성자는 막 밖으로 이동되고, 그 결과 세포막 밖의 이온농도가 안보다 높아진다. 이 과정은 세포막 안의 양성자 농도를 낮춰서 세포막 안쪽과 바깥쪽 농도를 같게 만들기 위해 세포 안이나 미토콘드리아 세포간질로 양성자를 다시 들어오게 하는 힘을 만들어 준다. 어떤 농도 기울기도 그 자체가 자연적으로 평형을 이루게 된다.

이런 세포막 사이의 양성자 농도 기울기뿐만 아니라, 세포막을 ATP 생성이 가능한 일종의 생물학적 건전지로 만드는 전기 화학 기울기도 있다. 세포막 한쪽에 H^+ 과다는 다른 쪽과 비교해 그쪽에 양전하를 띠게 한다. 이런 기울기로 인해 생기는 힘을 *양성자 힘*이라고 부

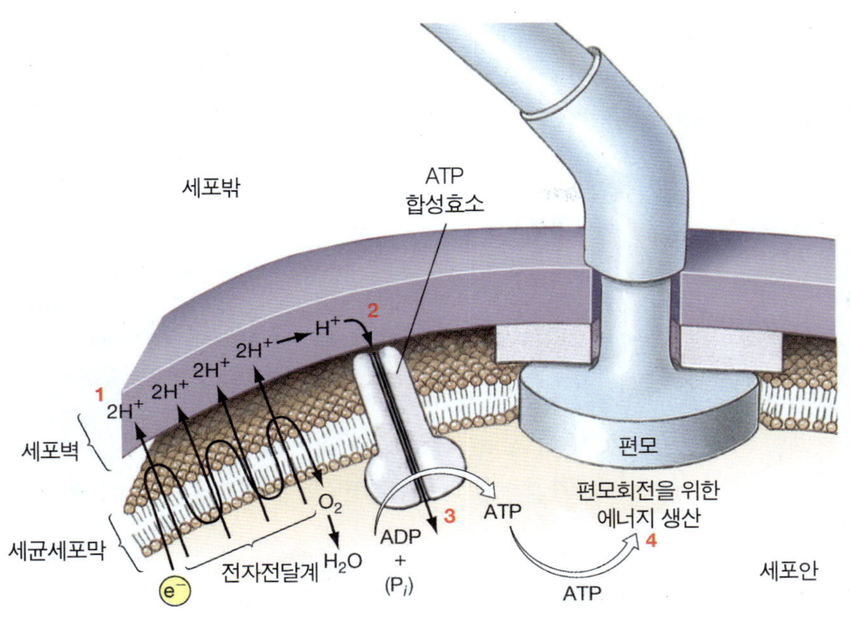

그림 5.20 화학삼투. 세균의 세포막에서 화학 삼투를 통해 에너지가 생성된다. (1) 전자전달 과정에서 양성자가 밖으로 "방출된다". (2) APT 합성 효소의 통로를 통해 다시 돌아온다. (3) ATP를 만들기 위해 ADP를 인산화한다. (4) 양성자의 흐름은 이런 반응을 일으키기 위한 에너지를 제공한다. 그리고 편모의 회전을 일으킨다.

른다. 양성자는 합성효소 복합체의 특별한 채널을 통해 흐른다. 그 결과 에너지가 방출되고, 이것은 ADP와 무기 인산염(P_i)으로부터 ATP를 만들기 위해 사용된다.

혐기성 호흡 – 세균의 대안

어떤 세균은 크렙스 회로와 전자 전달 사슬의 일부분만을 이용한다. 그것들은 최종 전자 수용체로서 자유 산소를 사용하지 않는 혐기성 미생물이다. 그 대신 그들은 **혐기성 호흡(anaerobic respiration)**이라고 불리는 과정에서, 그들은 질산염(NO_3^-), 아질산염(NO_2^-) 그리고 황산염(SO_4^{2-}) **(그림 5.21)**와 같은 무기 산소-함유 분자를 사용한다. 왜냐하면 혐기성 미생물들은 대사회로를 거의 사용하지 않기 때문에 호기성 미생물보다 더 적은 ATP를 생산한다.

소변분석에서 일반적으로 하는 검사가 아질산염시험이다. 혐기성 호흡 반응의 하나가 바로 아질산염(nitrite)을 만들기 위해 질산염(nitrate)에서 1개의 산소 원자를 제거하는 것이기 때문이다. 아질산염 시험에서 양성반응이 나오면 그것은 *대장균* 같은 세균의 존재를 가리킨다. 다른 세균도 아질산염을 암모니아(NH_3)와 질소가스(N_2) 와 같은 혼합물로 환원시킬 수 있다. 이것들이 바로 질소순환에서 중요한 반응들이며 이것은 ◀25장에서 더 자세히 다뤄볼 것이다.

에너지 획득의 중요성

우리가 이미 본 것처럼, 해당과정과 발효에서 포도당 분자당 혐기적 당

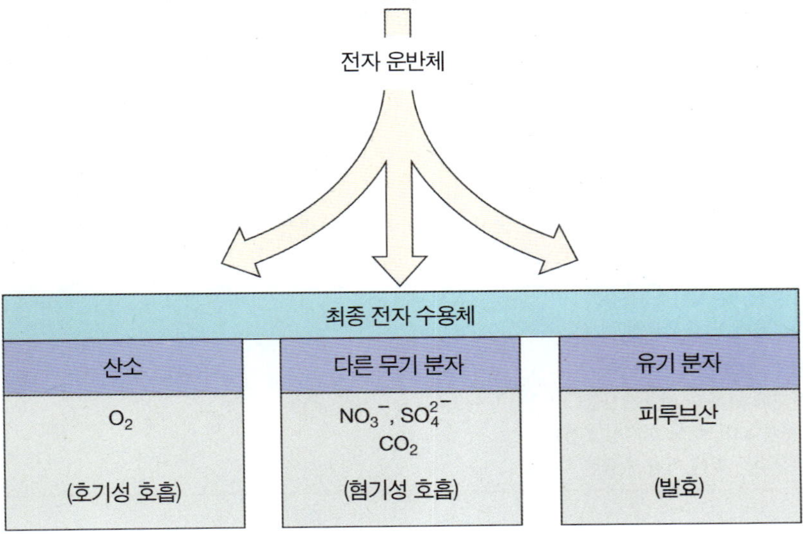

그림 5.21 최종 전자 수용체. 호기성 호흡, 혐기성 호흡 그리고 발효는 각각 다른 최종 전자 수용체를 가진다.

표 5.2

원핵 생물에서 혐기성, 호기성 물질 대사에 의해 포도당 분자에서 ATP 분자로 획득된 에너지

원핵생물의 물질 대사 과정	ATP 분자의 수	
	혐기성 조건	호기성 조건
해당과정		
기질 수준	4	4
수소에서 NAD	0	6
아세틸-CoA로의 피루브산		
수소에서 NAD	0	6
크렙스 회로		
기질 수준	0	2
수소에서 NAD	0	18
수소에서 FAD	0	4
인산화로 인한 에너지 손실	−2	−2
총합	2	38

물질대사는 총 ATP 2개를 생산해낸다. 해당과정 후에 호기성 호흡이 일어나면, 각각의 당 분자는 크렙스 회로의 기질 수준에서 추가적인 ATP 2분자와 산화적 인산화로 34개의 ATP 분자를 만들어 낸다. 즉, 포도당 분자는 호기성 기작에 의해 38개의 ATP를 산출하지만, 해당과정과 발효는 오직 2개의 ATP를 만들어낸다**(표 5.2)**. 그러므로, 호기성 물질대사에서 얻어지는 에너지는 발효에서 얻을 수 있는 양의 19배에 달한다! 따라서, 충분한 산소가 있는 환경에서 호기성 미생물은 일반적으로 혐기성 미생물보다 더 빠르게 자란다. 그러나 호기성 생물은 그들이 발효로 변환할 수 있는 장치가 없다면 산소가 부족하게 될 때 죽어버린다. **표 5.3**은 우리가 지금까지 공부한 물질대사 과정을 요약해준다.

중점 질문 사항

1. 산소의 존재가 해당과정을 멈추게 하는가? 발효를 멈추게 하는가? 크렙스 회로를 멈추게 하는가?
2. 1개의 포도당 분자가 해당과정을 거쳐 실제로는 ATP 4개의 분자를 생성하는데, 왜 우리는 해당과정이 오직 2개의 ATP만을 산출한다고 말하는가?
3. NAD(NADH) 와 FAD(FADH)의 기능은 무엇인가?
4. 전자 전달 사슬은 원핵 생물과 진핵 생물의 어디서 그 기능을 하는가?

지방과 단백질의 물질대사

포도당은 미생물을 포함한 대부분의 생물의 중요한 에너지 자원이다. 그러나, 거의 모든 유기물질에 관해서, 에너지를 얻기 위해 그 물질을 분해시키는 미생물 종을 발견할 수 있다. 지구상의 어디서든 미생물을 찾을 수 있다는 사실을 생각할 때, 미생물의 이런한 특징은 모든 생물의 사체, 썩은 물질, 폐기물을 분해하는 능력을 설명한다.

지방 물질대사

대부분의 동물에서처럼 대부분의 미생물은 지질에서 에너지를 얻을 수 있다. 다음의 예는 어떻게 그런 과정이 일어나는지에 대한 일반적

표 5.3

물질대사 과정의 비교

	해당과정	발효	크렙스 회로[a]	전자 전달계
위치	세포질	세포질	원핵생물: 세포질 진핵생물: 미토콘드리아 기질	원핵생물: 세포막 진핵생물: 미토콘드리아 내벽
산소 조건	혐기성; 산소 불필요; 그러나산소가 있어도, 멈추지는 않음	무산소; 산소가 있으면 대사가 중지됨	호기성	호기성
시작 물질	1 포도당(6C)	다양한 기질들이 해당과정을 통해 2 피루브산을 생성	2 피루브산	6 O_2
최종 물질	2 피루브산(3C) 2 NADH	다양함, 발효의 형태에 따라 달라짐, 예, 에탄올, 젖산, 이산화탄소, 아세트산	6 CO2 8 NADH 2 FADH	6 H2O
ATP의 생산량	4 ATP (순 2ATP)	다양함, 발효가 일어나는 형태에 의존함, 보통 2 또는 3개의 ATP; 항상 호기성 호흡에서 생산되는 것에 비하여 훨씬 적음	2 GTP (=2 ATP)	34 ATP

[a] 피루브산이 아세틸 CoA가 되는 단계를 포함.

생명공학

미생물의 청소

슈도모나스균 속의 몇몇 종과 같은 세균의 일부 종들은 에너지를 얻기 위해 원유를 이용할 수 있다. 그것들은 영양분으로 오직 기름, 칼륨 인산염, 그리고 요소(질소 원료)를 이용해서 바닷물 속에서 자랄 수 있다. 이런 생물들은 "Bioremediators"(생물학적 복원자)로 활약하며 바다에 쏟아진 기름을 정화할 수 있다. 그것들은 또한 유조선에서 기름을 하역한 후 부력조정(ballast) 기능을 하는 탱크 안의 물에 남아있는 기름 찌꺼기를 분해하는데 유용하다는 것이 이미 증명됐다. 그 후에 새로운 기름화물을 싣기 위한 준비를 위해 오염되지 않은 물이 유조선에서 뿜어져 바다에 버려진다. 최근에 이러한 생물체에서 세척제와 같은 물질이 분리됐다. 그 세척제가 많은 양의 기름 찌꺼기에 더해지면, 찌꺼기의 90%가 4일안에 사용 가능한 연료로 변환되고, 그 결과 폐기물을 줄이며 기름 범벅의 탱크를 정화하는데 유용한 수단을 제공한다.

(a)

(b)

(c)

(a) 1989년 액손 발대즈(Exxon Valdez) 기름유출사건은 그린아일랜드처럼 알라스카 만에 거대한 기름 웅덩이를 만들었다. **(b)** 1989년 생물복원. 연안에 영양분(질소와 인)을 첨가함으로 기름을 이산화탄소와 물로 전환하는 세균에 의한 생물학적 분해를 가속하였다. **(c)** 1991년에는 그 지역이 조사되었는데, 기름이 거의 정화되었으므로 더 이상 처리하라는 권고가 필요 없었다(*Courtesy Exxon Corporation*).

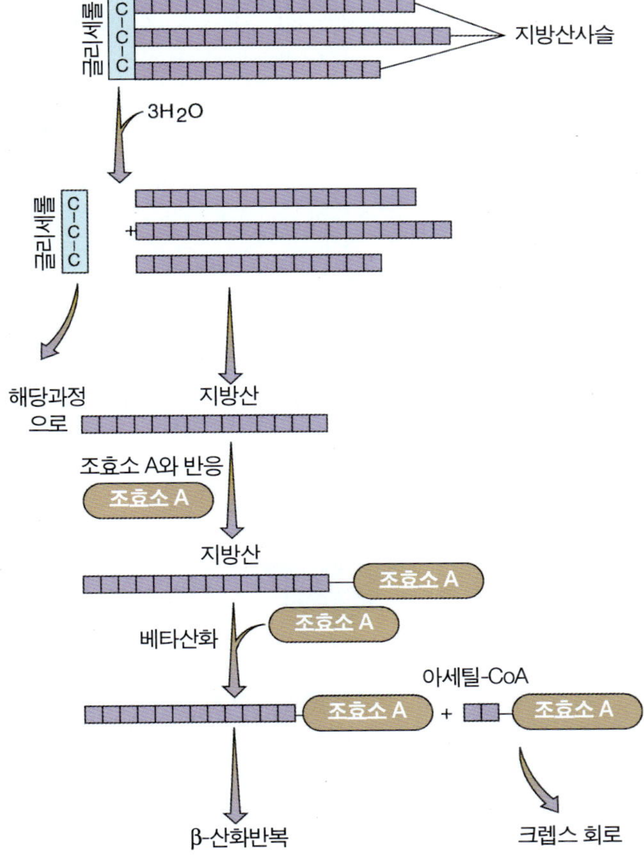

인 개념을 보여준다. 지방은 글리세롤과 3개의 지방산으로 가수분해된다. 글리세롤은 해당과정을 통해 물질대사 된다. 대체적으로 짝수(16, 18, 또는 20)의 탄소를 가지고 있는 지방산은 **베타 산화(beta oxidation)**라고 불리는 물질대사 과정을 통해 2-탄소 조각으로 분해된다. 이 과정에서 지방산은 먼저 코앤자임(조효소)A와 결합한다. 지방산의 베타 탄소(카르복시기그룹으로부터 두번째탄소)의 산화는 아세틸-coA를 방출하는 결과를 가져오며, 지방산을 2개의 탄소 원자만큼 짧게 만든다. 그 후 그 과정이 반복되어, 또 다른 아세틸-CoA 분자가 방출된다. 새롭게 만들어진 아세틸-CoA는 추가적으로 에너지를 얻기 위해 크렙스 회로를 통해 산화된다**(그림 5.22)**.

단백질의 물질대사

단백질도 에너지를 얻기 위해 물질대사 될 수 있다**(그림 5.23)**. 그것들은 먼저 *단백질 가수분해*(단백질-소화) 효소에 의해 각각의 아미노산으로 가수분해된다. 그 후, 아미노산이 탈 아미노화 된다. 큰 부호는 그것은 아미노산에서 아미노 그룹이 제거되는 것이다. *탈아미노화* 된

그림 5.22 지방의 분해대사(이화작용). 트리글리세리드는 글리세롤과 지방산으로 가수분해된다. 글리세롤이 해당과정을 통해 분해된다. 지방산은 2-탄소 단위로 나누어지고 그것들이 추가에너지를 만들기 위해 크렙스 회로를 통해 물질대사 된다.

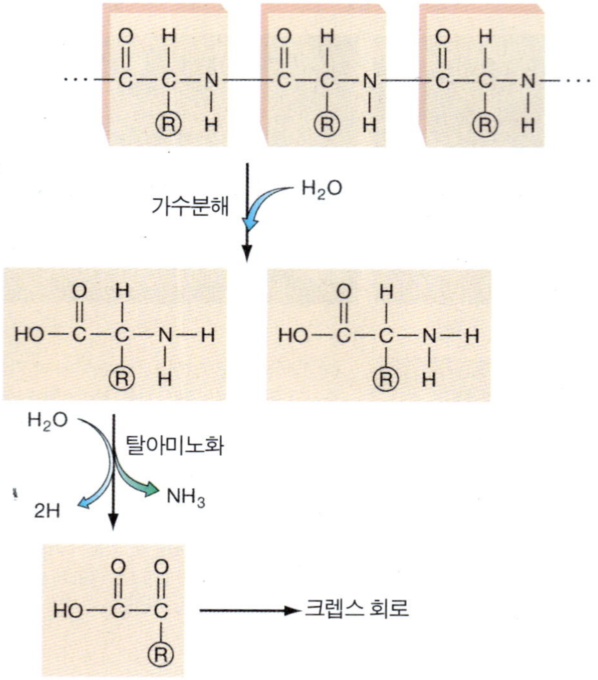

그림 5.23 단백질의 분해대사(이화작용). 폴리펩티드는 아미노산으로 가수분해된다. 아미노산은 탈 아미노화 되고 분자들은 크렙스 회로로 연결되는 과정으로 들어가게 된다.

분자 결과물은 해당과정, 발효 또는 크렙스 회로로 들어간다. 에너지를 얻기 위한 주요 영양분(지방, 탄수화물, 단백질)의 물질대사는 **그림 5.24**에서 요약 정리 되었다.

그 외 물질대사 과정

화학종속영양생물에서의 에너지 획득을 고려하면서, 우리는 지금부터 간략히 광독립영양생물, 광종속영양생물, 그리고 화학합성독립영양생물에서의 에너지획득을 생각해 볼 것이다.

광독립영양생물

광독립영양생물이라고 불리는 생물들은 빛으로부터 에너지를 획득하고, 그 에너지를 이용하여 이산화탄소로부터 탄수화물을 제조하는 **광합성(photosynthesis)**을 수행한다. 광합성은 녹색과 보라색 세균, 남조류, 조류, 그리고 고등식물에서 일어난다. 생물의 진화과정에서 일찍 진화한 것으로 보이는 광합성 세균은 산소의 부재에도 그들만의 변형된 광합성을 수행한다. 그러나 조류와 녹색 식물은 훨씬 많은 탄수화물 공급을 만들어내므로 우리는 녹색 식물에서 일어나는 과정을 먼저 공부할 것이고, 그 후에 그것이 녹색, 자색 세균과 어떻게 다른지 볼 것이다.

녹색 식물, 조류, 그리고 남조류에서 광합성은 빛 에너지가 화학에너지로 변환되는 *광반응*인 "빛" 부분 과 화학에너지가 생물분자를 만드는데 사용되는 *암반응*이라고 하는 "합성" 부분 이렇게 2개의 부분으로 나눠져 일어난다. 각각의 부분은 일렬의 단계를 수반한다.

빛-의존(광) 반응(light-dependent(light) reactions)에서는 엽록체의 틸라코이드에서 빛이 녹색소인 엽록소 a에 부딪힌다(◀4장 p. 101). 엽록소의 전자는 들뜨게 된다. 그것은 높은 에너지 수준으로 올라간다는 것을 뜻한다. 이런 전자는 순환적 광인산화와 비순환적 광인산화 과정에서 ATP를 발생시키는데 참여한다(**그림 5.25**). 순환

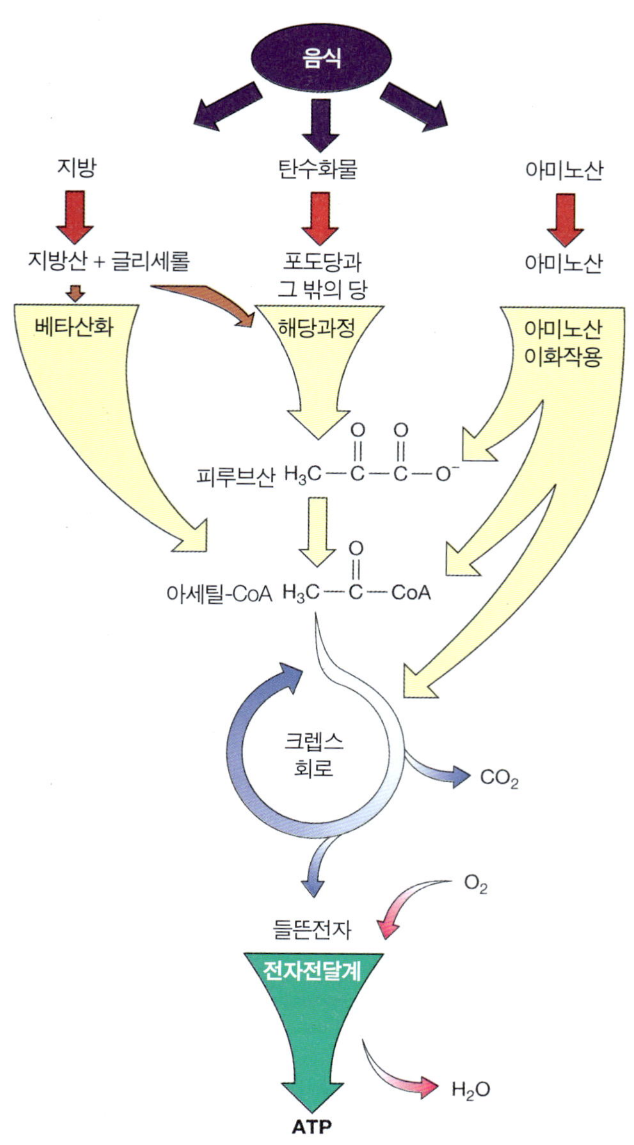

그림 5.24 주요 생물분자의 물질대사 요약. 이것은 3개의 종류 영양소가 모두 결과적으로 크렙스 회로로 들어가는 경로이므로 이 과정은 대형굴뚝으로 비유될 수 있다.

적 광인산화(cyclic photophosphorylation)에서, 엽록소의 들뜬 전자는 전자 전달 사슬을 따라 내려온다. 그것들이 전달되면서 에너지가 화학삼투(앞서 설명된 것처럼 산화적 인산화와 연결)를 거쳐 ATP로 얻어진다. 전자가 엽록소로 되돌아오면, 그 전자가 계속해서 들뜰 수 있으므로 그 과정을 순화적이라고 부른다.

비순환적 광환원 과정(noncyclic photoreduction)에서도, 에너지는 화학삼투를 통해서 획득된다. 게다가, 세포막 단백질과 빛에서 얻어지는 에너지는 물 분자를 양성자, 전자, 산소분자로 쪼개는 **광분해(photolysis)** 과정에 사용된다. 이 전자가 엽록소에서 잃은 것들을 대체하고, 그것은 조효소 NADP를 환원시키기 위해 방출된다. ATP와 환원 상태의 NADP(NADPH)—광반응의 산출물—과 대기

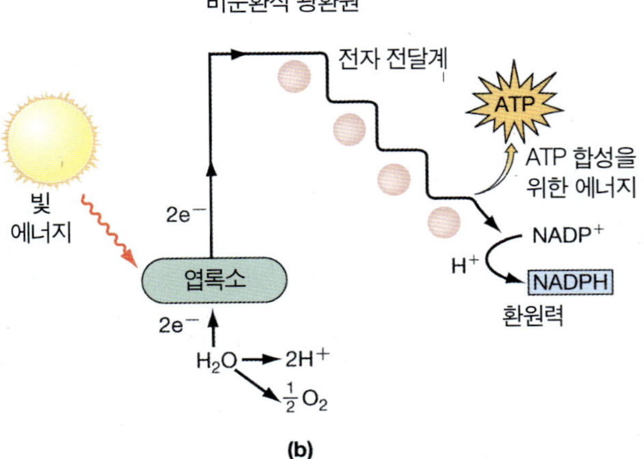

그림 5.25 시아노박테리아, 조류, 녹색 식물이 수행하는 광합성의 광반응. 엽록소의 전자들은 빛 에너지로 들뜸을 받으며, 여분의 에너지는 ATP를 만들기 위해 사용된다. 순환적 광인산화 경로에서 **(a)** 전자들이 다시 엽록소로 되돌아가고 계속 반복적으로 다시 사용될 수 있다. 비순환적 광환원 경로의 경우 **(b)** 전자들은 두번째 들뜸으로 에너지를 NADP를 환원시키는데 사용한다. 이 전자들은 물을 분해시킴으로써 대체된다.

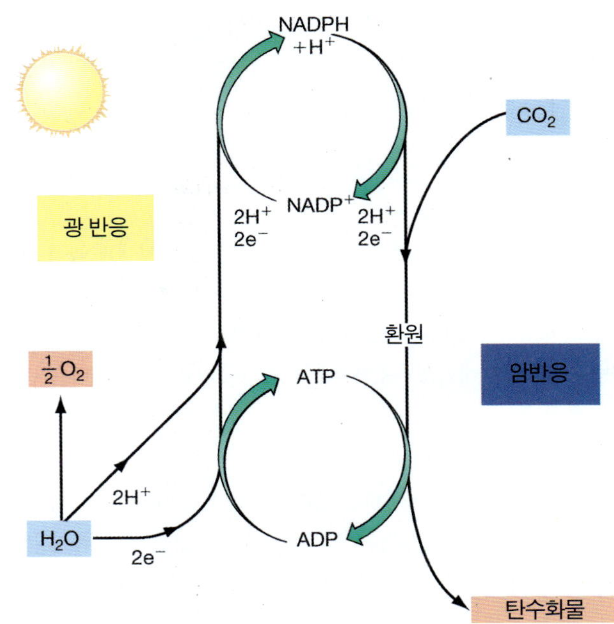

그림 5.26 광반응과 암반응 사이의 관계. 암반응에서는, ATP와 NADPH (광반응의 생산물)가 이산화탄소를 환원시키는데 사용되어 포도당과 같은 탄수화물을 생성한다. 암반응은 어둠을 반드시 필요로 하지는 않는다; 단지 이 반응이 광 반응의 생성물을 이용할 수 있는 한 어둠속에서도 일어나기 때문에 이름 붙여졌다.

중 CO_2가 암반응에 이어서 참여한다.

광-독립 반응(암반응), 즉 *탄소 고정 반응*은 엽록체의 기질에서 일어난다. 이산화탄소는 *칼빈-벤슨 회로*라고 불리는 과정에서 NADPH 부터의 전자로 인해 환원된다(◀부록 E). ATP로부터의 에너지와 NADPH로부터의 전자는 이 합성 과정에 필요하다. 여러 종류의 탄수화물, 주로 포도당은 암반응의 생산물이다**(그림 5.26)**.

녹색과 자색 황 세균의 광합성은 녹색 식물, 조류, 그리고 남조류의 광합성과 생물의 진화에 관계된 여러 가지 관점에서 다르다. 첫 번째 광합성 생물은 아마도 수소는 풍부하지만 산소는 없는 환경에서 진화된 자색과 녹색 세균일 것이다. 그들은 녹색 식물, 조류, 그리고 남조류와는 아래와 같이 다르다:

1. 세균의 엽록소는 엽록소 *a* 보다 조금 더 긴 파장의 빛을 흡수한다.
2. 그것들은 이산화탄소를 환원시키기 위해 물(H_2O)을 사용하기보다 황하수소(H_2S) 과 같은 수소 복합체를 사용한다. 그들의 색소로부터 얻어지는 전자들은 H_2S를 쪼갤 충분한 에너지 수준에(그러나 H_2O를 나누기엔 부족한 레벨) 도달하며, ATP 합성을 위한 H^+ 농도 기울기를 만들기에 충분한 에너지 수준에 도달한다(어떤 자색과 녹색 세균은 황 원소를 부산물로 만들어낸다; 몇몇은 진한 황산을 생성해낸다).

3. 그것들은 주로 편성혐기성 생물들이며 산소가 없는 곳에서만 살 수 있다. 그것들은 녹색 식물들과는 달리 광합성의 산물로 산소를 방출하지 않는다.

이와 같이 원시적인 광합성을 하는 세균 종류의 특징들은 **표 5.4**에서 설명하고 있다.

시아노박테리아도 광합성을 하지만, 그것들은 자색과 녹색 세균 이후에 진화되었다고 추정된다. 비록 원핵생물이지만, 시아노박테리아는 녹색 식물과 조류처럼 광합성 과정에서 산소를 방출한다. 즉, 시아노박테리아는 원시 대기에 산소가 추가된 요인일 것으로 추측된다.

광종속영양생물

광종속영양생물들은 작은 세균 그룹으로 빛으로부터의 에너지를 사용하지만, 탄소원으로 알코올이나 지방산, 탄수화물 같은 유기 물질을 필요로 한다. 자색, 녹색 비황 세균이 여기에 속한다.

화학독립영양생물

화학독립영양생물 세균은(*화학무기영양생물*이라고도 불린다) 광합성을 할 수는 없지만, 에너지를 얻기 위해 무기 물질을 산화할 수 있다. 이 에너지와 탄소원으로서 이산화탄소를 이용하여, 이런 세균들은 탄수화물, 지방, 단백질, 핵산, 다른 생물체가 비타민처럼 필요로 하는 물질 등과 같이 엄청나게 다양한 물질을 합성할 수 있다.

무기 물질을 산화하는 능력, 즉, 무기물질로부터 에너지를 추출하는 것은 화학독립영양생물의 가장 두드러진 특징일 것이다. 또한 이런 세균들은 눈여겨볼만한 다른 특징을 가진다. 질화 세균은 특별히 중요한데, 그 이유는 식물이 사용 가능한 질소 합성물의 양을 증가시키고 식물이 흙에서 이용한 질소를 대체하기 때문이다. *Thiobacillus*와 일부 다른 황 세균은 황 원소나 황화수소를 산화함으로 황산을 생성해낸다. 황 세균에 의해 pH 1보다 낮은 산성이 생성된다. 황은 종종 알카리성 토양을 산성화하기 위해 첨가되기도 하는데, 이것은 대부분의 토양에 존재하는 많은 양의 티오바실리(Thiobacilli)로 인해 가능하다. 마지막으로, 해양 바닥의 화산구 근처에서 발견된 화학합성 독립영양 생물 고세균(chemoauto-trophic Archaeobacteria)는 아주 높은 온도와 때로는 매우 산성인 환경에서 자란다. 화학독립영양생물의 특징들은 **표 5.5**에 정리되어있다.

표 5.4

광합성 세균의 특성

구분	과 (Family) 대표 속(Genus)	색소
녹색황 세균	*Chlorobiaceae* *Chlorobium*	세균의 엽록소
자색황 세균	*Chromaticease* *Chromatium*	세균의 엽록소 적색, 자색 카로티노이드 색소

표 5.5

화학독립영양 세균의 특성

대표하는 질소 고정 세균	에너지원	산화 반응 후의 생성물
질소 고정 세균		
Nitrobacter	HNO_2	HNO_3
Nitrosomonas	NH_3	$HNO_2 + H_2O$
비광합성 황세균		
Thiothrix	H_2S	$H_2O + 2S$
Thiobacillus	S	H_2SO_4
철세균		
Siderocapsa	FE^{2+}	$Fe^{3+} + OH^-$
수소세균		
Alcaligenes	H_2	H_2O

중점 질문 사항

1. 지방은 글리세롤과 지방산으로 분해된다. 그렇다면 각각 이것들은 그 후에 어떻게 물질대사가 될까?
2. 비순환적 광환원에서는 엽록소로 돌아가지 않고, 순환적 광인산화과정에서 엽록소로 돌아가는 것은 무엇인가?
3. 지구상에서 가장 최초의 광합성 생물은 무엇이었을까? 그것들은 호기성이었을까? 혐기성이었을까? 그것들은 광합성의 생성물로 산소 기체를 배출했을까?
4. 어떤 종류의 물질대사가 질화 세균의 특징일까? 왜 그것들이 중요한 생물일까?

에너지의 이용

미생물은 다음의 과정들을 위해 에너지를 사용한다. 생합성, 세포막 수송, 운동, 성장. 여기서 우리는 생합성 작용과, 세포막 수송과 운동에 대한 기작을 정리해 볼 것이다. 그리고 우리는 미생물의 성장도 생각해 볼 것이다(◀6장).

생합성 활동

미생물은 다른 생물들과 많은 생화학적 특징들을 공유한다. 모든 생물들은 단백질과 핵산을 만들기 위해 동일한 기본 단위 물질을 필요로 한다. 아미노산, 퓨린, 피리미딘, 리보오스 같은 대부분의 단위 물질들은 에너지를 생산하는 경로의 중간생성물로부터 얻어진다**(그림 5.27)**. 에너지 생산 경로가 처음으로 발견되었을 때, 그것이 순수하게

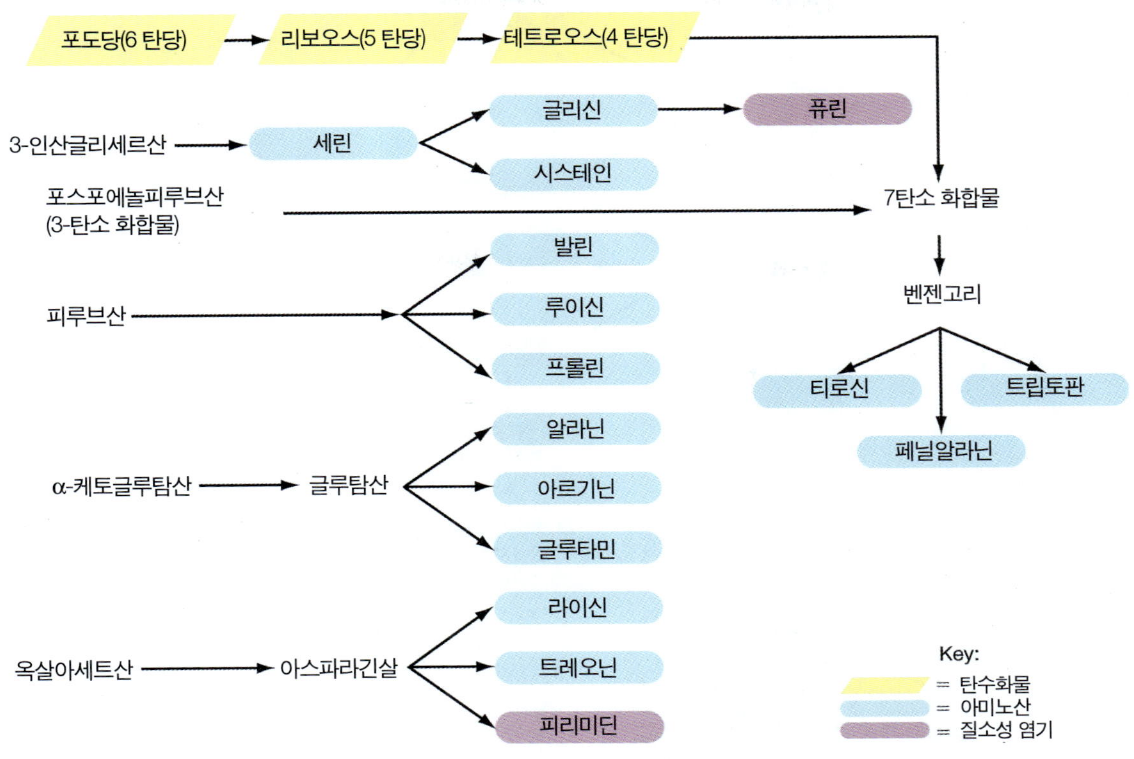

그림 5.27 일부 생합성 경로. 이 도표의 흐름은 아미노산과 핵산의 염기, 리보오스가 해당과정의 중간물질이나 크렙스 회로로부터 어떻게 만들어지는지 보여준다.

이화작용이라고 생각되었었다. 현재는 많은 중간생성물들이 생합성에 참여한다고 알려졌으며, 그것들은 좀더 정확하게 **양성대사(amphibolic pathways)**라고 불리는데 왜냐하면 그것은 에너지를 생산하거나 합성 반응을 위한 단위 물질을 만들기 때문이다.

일부 생합성 경로는 무척 복잡하다. 예를 들자면, 생물체들의 아미노산의 합성은 각각의 반응을 위한 효소와 함께 많은 반응을 필요로 한다. 타이로신 합성은 효소가 10개나 필요하고, 트립토판 합성은 적어도 13개의 효소를 필요로 한다. 피리미딘과 퓨린을 만드는 합성 경로 또한 복잡하다. 합성 경로에서 단 1개의 효소만 없어도 그 물질의 합성을 방해할 수 있다. 생물이 합성할 수 없는 필수 물질들은 주변 환경으로부터 반드시 얻을 수 있어야 한다. 그렇지 않으면 그 생물은 죽는다. 그러므로, 효소가 없다는 것은 생물의 영양적 필요를 증가시킨다.

확대경

끝없는 악취의 늪

멋진 호수에서 "끝없이 악취가 나는 늪"으로 변할 수 있는 가능성이 있다. 왜냐하면 호흡과 발효 사이에 정교한 환경적 균형이 존재하기 때문이다. 탄소, 질소, 등이 부영양화될 때 식물과 세균의 성장이 증가한다. 호기성 세균은 호수에 녹아있는 산소를 고갈시킬 것이다. 물고기, 식물과 동물이 더 많이 사멸할수록, 혐기성 세균은 생태적 이점을 얻는다. 이제부터 발효가 지배한다.! 아름다웠던 호수는 거품이 이는 양어장이 되어, 죽음의 냄새인 푸트레신과 카다베린 향이 더해진 메탄과 황화수소 가스를 내뿜는다.

여러 종류의 많은 미생물들도 다양한 탄수화물과 지방을 합성할 수 있다. 그것들이 합성되는 속도는 매우 다양하며, 효소의 활성과 이용 가능성에 달려있다. 호기성 생물인 *초산균(Acetobacter)*과 같은 일부 생물들은 보통 식물에서 발견되는 섬유소(셀룰로스)를 합성한다. 셀룰로스의 가닥들이 세포표면에 닿을 때, 이산화탄소 기포들을 잡을 수 있는 매트를 만들고 세포의 부유성을 유지한다. 이런 생물체들은 반드시 산소를 필요로 하기 때문에, 그 매트는 산소가 충분한 배지 표면 가까이에 자신들을 부유시킴으로써 생존에 영향을 준다.

많은 세균들은 펩티도글라이칸, 지질다당류, 그리고 세포벽과 관련된 다른 중합체들을 합성한다(◀4장 p. 83). 어떤 세균들은 특별히 혈청이나 많은 양의 당을 함유한 배지에서 캡슐을 만든다. 캡슐들은 보통 하나나 여러 개의 단당류의 중합체로 이루어진다. 반면에 탄저병을 일으키는 *Bacillus anthracis*의 캡슐은 글루탐산의 중합체이다.

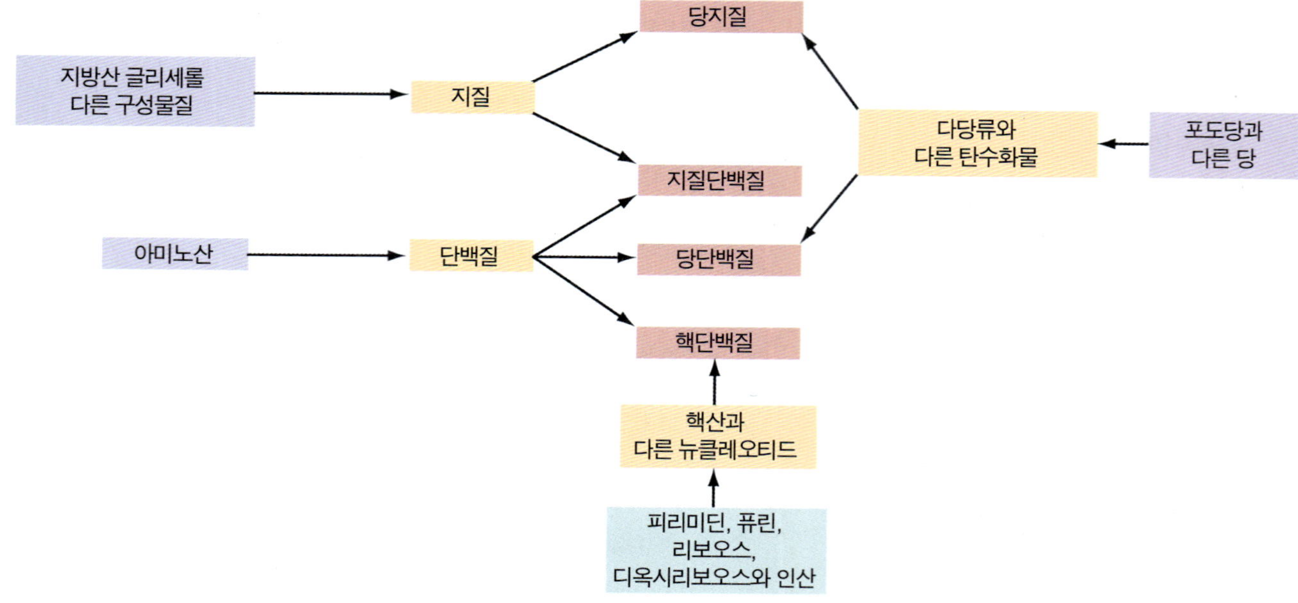

그림 5.28 간단한 구성물질로부터 복잡한 생체분자의 형성.

미생물의 생합성 과정은 **그림 5.28**에 요약되어있다.

세포막 수송과 운동

생화학 과정을 위한 에너지 사용뿐만 아니라, 미생물들은 또한 물질을 세포막으로 횡단 수송하는데 에너지를 사용하며 그들 자신의 운동을 위해서도 사용한다. 이런 에너지 이용은 그들의 생화학 활동에서 중요한 것처럼 생존에도 똑같이 중요하다.

세포막 수송

미생물은 대부분의 이온과 대사산물을 농도 기울기를 역행하여 세포막을 횡단시키기 위해 에너지를 사용한다. 예를 들어, 세균은 당이나 아미노산을 낮은 농도의 세포 밖에서 높은 농도의 세포 내부로 수송할 수 있다. 이것은 그것들이 영양분을 세포 밖 농도보다 100배에서 1000배 더 높은 농도의 세포 안에 축적시키는 것을 의미한다. 그것들은 같은 방법으로 특정 무기 이온도 축적시킬 수 있다.

세균에서 물질을 세포 안에 농축시키는 2개의 기작이 존재하는데, 이 2개 모두 에너지를 필요로 한다. 그 중 하나인 능동 수송 기작은 *대장균*과 같은 그람 음성의 세균에만 해당된다. 이런 세균은 2개의 막을 가지고 있다. -그 세포의 세포질을 둘러싸고 있는 세포막, 그리고 세포벽의 일부를 형성하는 세포외막(◀4장 p. 85). **포린(porins)**이라고 불리는 세포막전달 운반자 단백질은 세포외막에 통로를 만든다. 포린은 *촉진 확산*(방출을 용이하게 만든)을 통해 이온과 작은 친수성의 대사물질들의 진입을 가능케 한다(◀4장 p. 107). 주변세포질공간으로 들어간 뒤, 특정한 주변세포질 단백질은 확산된 이온이나 대사물질 중 하나와 결합한다. 주변세포질 단백질은 물질을 세포 막에서 특정한 운반자 단백질을 통해 세포질로 수송하기에 용이하게 만든다. 그런 물질들은 보통 능동 수송을 통해 들어갈 수 있게 된다. ATP 가수분해를 통해, 운반자 단백질은 모양을 바꾸고 세포질 안으로 대사물질을 들여놓는다(◀그림 4.32).

다른 기작은 모든 세균에서 나타나는데, 이것은 **포스포트란스페아제 회로(phosphotransferase system, PTS)**라고 불린다. 이것은 **투과효소(per' me-a-sez)**라고 불리는 당특이성 효소 구조물을 포함하는데, 이것은 세포막을 통한 수송체계를 만든다. PTS 는 고-에너지 인산염 분자인 포스포에놀피루브산(PEP)에너지형태를 사용한다. PEP가 세포질에 존재할 때, 그것은 에너지와 인산염 작용기를 세포막에 있는 투과효소에 제공할 수 있다. 그 다음, 투과효소는 세포막 너머의 당으로 인산염을 전달한다. 그리고, 인산화된 당은 세포 안으로 수송되고 물질대사를 수행할 준비를 하게 된다. *작용기 전달 반응*은 4장에서 설명한다(◀p. 108).

운동

거의 모든 움직일 수 있는 세균은 편모로 움직이지만, 어떤 것들은 미끄러지고, 기거나 코르크스큐류 동작으로 인해 움직인다. 편모를 가진 세균은 그들의 편모를 회전시키므로 움직인다(◀4장 p. 95). 회전 기작은 완전히 이해되지 못하고 있지만, 화학 삼투에서처럼 양성자 농도 기울기를 수반하는 것으로 보인다. 양성자가 기울기를 이동하면서 회전을 유도한다. 미끄러지는 세균은 썩은 유기물질과 같은 고체 표면과 맞닿아야만 움직인다. 활주운동을 설명하기 위해 많은 기작이 제안되어 왔지만 *Myxococcus*이 미끄러지는 기작이 가장 잘 연구되어 왔다. 이 기관은 세균의 뒤쪽 끝의 표면 장력을 낮춰주는 물질인 **계면활성제(surfactant)**를 분비하기 위해 에너지를 사용한다. 앞과 뒤쪽 끝의 표면장력의 차이(수동적현상)는 *Myxococcus*를 미끄러지게 만든다.

스피로헤타는 기어 다니거나 엎치락뒤치락하는 운동 모두에 에너지를 사용한다. 고체 표면에서 그들은 앞과 뒤 끝을 상호적으로 끌어당김으로써 자벌레처럼 기어 다닌다. 액체배지에 뜬 상태에서는 비꼬거나 돈다. 기고 엎치락뒤치락하는 2가지 운동 모두 필라멘트 축성에 저항하여 힘을 쓰는 세포 물질의 수축 파동에 의해 일어난다.

(a)

(b)

그림 5.29 미생물의 생물발광. (a) 배양접시의 생물발광 세균은 글을 읽을 수 있을 정도의 충분한 빛을 생산한다. (John D. Cunningham/Visuals Unlimited) **(b)** 아구는 턱의 근처로 먹이를 유인하는 긴 "미끼"에서 공생하는 생물발광 세균에 의하여 어둡고 깊은 해양에 빛을 낸다. 이것은 턱의 근처로 먹이를 유인한다. (Peter David/Taxi/Getty Images)

생물발광

생물발광, 즉 생물이 빛을 방출하는 능력은 호기적 대사의 부산물로 진화한 것으로 보인다. *Photobacterium*, *Achromobacter*속의 세균과 반딧불, 반딧불이의 유충 그리고 심해에 사는 특정 해양 생물들은 생물발광을 한다**(그림 5.29)**. 빛을 내는 많은 생물은 *루시퍼레이즈*(*luciferase*)라는 효소를 가지고 있으며, 이들은 다른 조성으로 이루어진 전자 수송 시스템을 갖고 있다(루시퍼레이즈라는 이름은 "morning star"라는 뜻의 Licifer로부터 파생됐다). 루시퍼레이즈는 분자 산소가 알데하이드 혹은 케톤을 산화하는데 사용되는 복잡한 반응을 촉매한다. 동시에, 전자전달 사슬로부터 나오는 $FMNH_2$는 산화되어 리보플라빈으로부터 파생된 운반자인 플라빈 모노뉴클레오티이드(FMN)의 들뜬 형태가 되고, 다시 들뜨지 않은 상태로 되면서 빛을 낸다. 이 과정에서 인산화 반응은 무시되고 ATP가 발생하지 않는다. 대신 에너지는 빛으로 방출된다.

빛을 내는 미생물은 대개 몇몇 오징어나 물고기 같은 해양 생물의 표면에 산다. 300년도 더 전에 아일랜드의 화학자인 Robert Boyle은 죽은 물고기의 피부에서 빛나는 것은 산소를 사용 가능할 때만 빛나는 것을 관찰했다. 이것에 대한 전자수송회로나 그것에서의 산소의 역할은 아직 밝혀지지 않았다.

더 큰 생물에 의한 생물발광은 생존을 위한 것이다. 그것은 심해에서 사는 해양생물들에겐 유일한 빛의 근원이고, 또한 반딧불처럼 육지에 사는 생물에겐 짝을 찾을 수 있도록 도와준다. 어떻게 생물발광이 미생물에서 시작되었는지는 밝혀지지 않았다. 1가지 가설은 살아있는 것들의 초기 진화에 의한 것이라는 것으로, 광합성을 하는 최

적용

모두에게 무언가를

환경과학자들은 매우 다양한 미생물 군집이 자라는 위험 폐기물 처리장이 적은 수의 미생물이 자라는 곳보다 더 생물적 환경 정화를 하기가 쉬운 것을 밝혔다. 다양한 종이 자라는 곳은 더 빠르게 정화되고 독성 있는 대사 부산물의 생산과 축적에 관련한 문제가 거의 없다. 이런 현상의 이유는 공동 물질대사이다. 특정 기질을 산화하는 과정에서 2차적인 기질도 마찬가지로 산화하는 생물에게 이득이 되는 것이다. 2차 대사산물은 두 번째 생물의 영양원이 아니다. 공동대사가 잘 일어나는 위험물폐기장은 유기폐기물을 효과적으로 이산화탄소와 물로 광물화시킨다.

초의 생물에서 파생된 것으로 생물발광이 대기로부터 산소를 제거하였다는 것이다. 이것은 호기성 생물에게 이익이 되지 않지만 편성 혐기성생물에겐 이익이다. 왜냐하면 그 시대에 살던 대부분의 미생물은 산소가 독성효과를 일으키는 혐기성 생물이었기 때문에 생물발광은 그들에게 이익이었을 것이다. 오늘날 많은 생물발광 미생물들은 그들의 숙주와 공생관계에 있음으로 이익을 얻는다.

과학자들은 생물발광 세균을 이용하는 방법을 찾아왔다. Microtox 급성 독성 평가에서 생물발광 세균을 물에 노출함으로써 시료가 독성이 있는지를 결정하였다. 세균의 성장으로 인한 빛 산출의 변화로 양성 또는 음성의 변화를 관찰하였다. 시료의 독성은 발광 수준을 전과 후로 측정하여 비교함으로써 계산되었다. 캘리포니아의 brainchild of Microbes Corp.는 이 독성평가를 수행하는 데에 오직 몇 분이면 된다고 밝혔다.

Microtox 급성 독성평가테스트는 식수의 질 평가와 많은 다른 산업적 응용에 유용하다. 예를 들어 폐수처리플랜트에서 그들이 처리하여 유출되는 물질이 정부의 독성허가테스트를 통과할 수 있는지를 신속히 결정하는 데에 그 테스트를 사용한다. 제지공장은 제조과정을 늦추고 생산물의 질을 떨어뜨리는 미생물을 장비로부터 제거하기 위해 얼마나 많은 살균제가 필요한지 결정할 때 이 테스트를 사용한다. 가정 세척제, 샴푸, 화장품 생산자들은 생산물이 토끼의 눈에 들어갔을 때의 위해 정도를 결정할 때 시용하는 논쟁의 여지가 있는 동물실험에 대한 대안으로 이 테스트를 사용한다. 그리고 세포 배양 기술과는 다르게, 이 테스트는 수행하고 해석하는 데에 기술이 거의 필요하지 않다. 생물발광은 미래 산업의 매우 중요한 공정임이 입증되었다.

요약

물질대사: 개요

- **물질 대사**는 살아있는 생물의 모든 화학적 과정의 총체이다. 이것은 단순한 분자에서 복잡한 분자로 합성하는데 에너지가 필요한 반응인 **동화작용**과 복잡한 분자를 단순한 분자로 쪼개면서 에너지를 방출하는 반응인 **이화작용**으로 구성되어있다.
- **자가영양생물**은 **광독립영양생물**(광합성을 수행)과 **화학독립영양생물**처럼 이산화탄소를 이용하여 유기분자를 합성한다.
- 다른 생물에 의해 만들어진 유기물을 이용하는 **종속영양생물**에는 **화학종속영양생물**과 **광종속영양생물**이 있다.
- 성장과 움직임 그리고 다른 활동을 위해, **대사 경로**는 **동화작용 경로**로부터 얻어진 에너지를 사용한다.

효소

효소의 특성

- **효소**는 살아있는 생물에서 반응을 일으키는데 필요한 **활성화 에너지**를 낮춤으로써 화학적 반응을 촉매 하는 단백질이다.
- 효소는 **기질**(효소가 작용하는 물질)이 결합하여 **효소-기질 복합체**를 형성하도록 하는 결합 부위, 즉 **활성화 부위**가 있다. 효소는 전형적으로 촉매하는 반응에 대한 높은 **특이성**을 나타낸다.

조효소와 보조인자의 특징

- 일부 효소는 효소의 단백질 부분인 **아포효소**와 결합하여 **전효소**를을 만드는 비단백질 유기 분자인 **조효소**를 필요로 한다. 어떤 효소는 또한 **보조 인자**로써 무기 이온을 필요로 한다.

효소억제

- **효소활성**은 효소의 활성화 부위에 대해 기질과 경쟁하는 분자인 **경쟁적 저해제** 혹은 활성화부위가 아닌 다른부위인 **알로스테릭 부위**에 결합하는 **비경쟁적 저해재**에 의해 감소된다.

효소 반응에 영향을 미치는 요인들

- 효소 반응 속도에 영향을 미치는 요인들은 온도, pH, 기질과 생산물 그리고 효소의 농도이다.

혐기성 물질대사: 해당과정과 발효

해당과정

- **해당과정**은 포도당이 피루브산으로 산화되는 물질대사 경로이다.
- 혐기조건에서 해당과정은 글루코오스 1분자당 2개의 총 ATP를 생산한다.

해당과정의 대안

- 어떤 생물은 5탄당 인산화 경로를 사용하거나 해당과정 대신 Entner-Doudoroff 경로를 사용하기도 한다.

발효

- **발효**는 NADH가 NAD로 산화되는 물질 대사 경로를 일컫는다. 유기분자는 최종 전자 수용체이다.
- 발효의 6단계 경로는 그림 5.12에 요약되어있다. **인간 젖산**과 **알코올발효**는 가장 중요하고 흔히 일어나는 발효 경로이다.

호기성 물질대사: 호흡

- **혐기성 생물**은 산소를 사용하지 않는다. **호기성 생물**은 산소를 사용하고 주로 **호기성 호흡**을 통해 에너지를 얻는다.

크렙스 회로

- **크렙스 회로**는 2-탄소 화합물을 이산화탄소와 물로 대사하여 직접적으로 각각의 아세틸기에서 하나의 ATP와 아세틸기를 생산하고 수소 원자를 전자 수송계로 전달한다.
- 에너지생산에서 크렙스 회로는 Acetyl-CoA를 사용하여 (전자전달계에서) 수소원자가 에너지를 얻기 위해 산화될 수 있다.

전자 전달과 산화적 인산화

- **전자 전달**은 전자를 산소(최종 전자 수용체)로 운반하는 것을 말한다.
- **산화적 인산화**는 ATP 합성을 위한 **전자전달사슬**과 관련이 있고 특정 기질에 대한 물질 대사와 관련이 없는 막에서 조절되는 과정이다.
- **화학삼투**의 이론은 어떻게 에너지가 ATP를 합성하는데 사용되는지 설명한다.
- **혐기적 호흡**은 자유 산소가 없을 때 일어나고, 크렙스 회로나 전자 전달계의 모든 부분을 이용하지는 않으므로 ATP를 적게 만든다. 무기분자가 최종 전자 수용체이다.

에너지 획득의 중요성

- 원핵생물에서 호기적(산화적) 대사는 혐기적 대사보다 19배의 에너지를 획득한다.

지방과 단백질 대사

- 대부분의 생물은 주로 포도당으로부터 에너지를 얻는다. 하지만 대부분의 다른 유기 물질에 대하여 그것을 대사하는 몇몇 미생물이 있다.

지방 물질대사

- 지방 물질대사는 글리세롤과 지방산의 가수분해와 효소적 발효과정과 연관이 있다. 지방산은 **베타-산화**에 의해 차례로 산화되어 Acetyl-coA를 방출하고, 이것은 크렙스 회로로 들어간다.

단백질 물질대사

- 단백질 대사는 단백질이 아미노산으로 분해되는 것, 아미노산의 탈아미노, 그리고 해당과정, 발효, 크렙스 회로에서의 부수적인 대사과정과 연관된다.

다른 물질대사과정

광독립영양생물

- **광합성**은 빛 에너지를 사용하여 탄수화물을 합성하는 것이다: (1) **광종속반응(광반응)**은 NADP의 **비순환적인 광환원**에 의해 수행되는 광분해와 **순환적 광인산화**를 포함한다 (2) **광독립반응(암반응)**은 이산화탄소의 탄수화물로의 환원과 관련 있다.
- 시아노박테리아와 조류의 광합성은 녹색 식물에서 처럼 영양분을 만드는 수단을 제공한다. 하지만 광합성세균은 일반적으로 물 이외의 몇몇 물질을 이용하여 이산화탄소를 환원시킨다.

광종속영양생물

- **광종속영양생물**은 빛을 에너지의 일부로 사용한다. 이들은 탄소원으로 유기화합물이 필요하다.

화학독립영양생물

- **화학독립영양생물**, 즉 **화학무기영양생물**은 무기물질을 산화하여 에너지를 획득한다. **화학무기영양생물**은 탄소원으로서 오직 이산화탄소만 필요하다.

에너지의 이용

생합성 활동

- **양성대사 경로**는 에너지를 획득하거나 세포에 필요한 물질을 합성하는 대사 경로이다.
- 그림 5.27에 에너지를 생산하는 대사과정의 중간생산물과 그것으로부터 만들어질 수 있는 합성반응에 필요한 기본 물질이 요약되어 있다.
- 박테리아는 다양한 세포벽 폴리머를 합성한다.

세포막 수송과 움직임

- 막 수송은 막에서 ATP를 생산하는 전자 전달계에서 생성된 에너지를 사용하여 농도기울기를 거슬러 농축시킨다. 이것은 능동수송과 **인산기 전달 과정**에 의해 일어난다.
- 세균의 운동은 편모의 미끄러짐, 기어다님 혹은 측면의 필라멘트에 의해 일어난다.

생물발광

- 빛을 내는 생물의 능력은 지구역사 초기의 원시 혐기성 미생물의 주위를 둘러싸고있는 산소를 제거하는 방법에서부터 진화한 것이라 추측된다. 오늘날 그것은 더 큰 생물과의 공생관계에서 기능을 한다.

용어 정리

종속영양(p. 117)
종속영양생물(p. 117)
퀴논(p. 132)
크렙스 회로(p. 128)
투과효소(p. 140)
특이성(p. 120)
포린(p. 140)
플래빈 단백질(p. 132)
포스포트란스페라제 회로(p. 140)
피드백 저해(p. 122)
해당과정(p. 124)
혐기성 생물(p. 128)
혐기성 호흡(p. 133)
호기성(p. 128)
호기성 호흡(p. 128)
전효소(p. 120)
화학독립영양생물(p. 117)
화학적 삼투(p. 132)
화학종속영양생물(p. 117)
화학 평형(p. 124)
환원(p. 117)
활성부위(p. 119)
활성화 에너지(p. 119)
효소(p. 119)
효소-기질 복합체(p. 120)
FAD(p. 122)
NAD(p. 121)
TCA 회로(p. 129)

임상 사례 연구

얼마전 엄마가 된 김씨는 아이가 갑자기 고열이 올라 위험할 수 있다는 이야기를 들었다. 그녀의 6달된 아들은 가벼운 호흡기 질환 증상을 나타내고 있지만 침대에서 잘 자고 있다. 아들이 갑자기 고열이 올라 온도가 106°F 즉 41.2℃가 되어 놀란 상황을 상상해보라. 아이가 어떤 고통도 보이지 않는 것 같아 소아과 의사를 불러야 할지 고민한다. 이 장에서의 정보에 기초했을 때 40℃ 이상의 고열의 위험에 대해 김씨에게 뭐라고 말하겠는가?

요점 사고 문제

1. *대장균* 같은 일부 생물들은 폐와 대장 같은 사람의 신체 일부에서 살 수 있다. 이것의 대사 능력에 대하여 무엇을 말할 수 있겠는가

2. 이 장을 읽고 나면 수많은 미생물 사이의 다양하고 서로 다른 대사 과정이 인상적일 것이다. 왜 이렇게 다양한 종류의 대사 과정이 생긴 것이라 생각하는가?

3. 미생물에 의한 감염을 막기 위해 많은 약을 사용하고 있다. 만약 당신이 새로운 항균제를 개발한다면 새로운 효소저해약품을 어떻게 만들겠는가?

자가 진단 문제

1. 광독립영양생물들은 그들의 성장을 유지하기 위하여 다음 중 어떤 것이 필요할까?
(a) 빛과 단순한 탄수화물 (b) 빛과 산소
(c) 간단한 탄수화물과 산소 (d) 빛과 이산화탄소
(e) 모두 옳지 않음

2. 다음을 짝지어라
_____ 광독립영양체
_____ 화학독립영양체
_____ 광종속영양체
_____ 화학종속영양체
(a) 에너지 생산을 위해 무기 화학 반응을 사용
(b) 에너지 자원으로 빛을, 탄소원으로 유기화합물을 사용
(c) 빛과 이산화탄소를 사용
(d) 에너지 생산을 위해 유기화합물을 사용

3. 화학종속영양생물들은 하나의 커다란 생물 집단인데, 그들의 성질은 :
(a) 빛에서 에너지를 획득
(b) 무기 분자의 산화로부터 에너지를 획득
(c) 포도당을 합성하기 위해 이산화탄소를 이용
(d) 대부분의 병원성 세균, 균류, 원생 생물을 포함
(e) 모두 아님

4. 다음 화학적 과정들을 짝지어라:
_____ 산화 (a) 영양분의 분해
_____ 이화반응 (b) 인산기의 첨가
_____ 동화반응 (c) 전자의 상실
_____ 환원 (d) 거대분자의 형성
_____ 인산화 (e) 전자의 획득

5. 살아있는 세포 내에서 화학적 반응이 진행되기 위해서는, 활성화 에너지가 공급되어야만 한다. 보통 모든 반응은 세포가 가지고 있는 것보

다 더 많은 에너지를 필요로 한다. 그렇다면 어떻게 이 반응들이 진행될 수 있는가?
(a) 세포는 풍부한 양의 에너지를 ATP의 형태로 생산한다
(b) 세포가 가진 효소들은 낮은 활성화 에너지를 가진다
(c) 세포는 인접한 다른 세포로부터 에너지를 빌려온다
(d) 리보솜이 에너지를 발생시키기 위한 단백질을 활동적으로 합성한다
(e) 인산화가 일어날 때까지 세포는 휴면 상태를 유지한다.

6. 물질 대사는 세포 내에서 일어나는 동화 작용과 이화 작용을 뜻하기 위하 사용되는 단어이다. 이들 각각에 대한 예를 들어라.

7. 동화 반응은 보통 에너지의 __________ 을 수반하는 반면에, 이화 반응은 에너지의 ___________ 을 수반한다.

8. 효소는 생산물(Product)에 작용하여 기질(Substrate)를 생산해낸다. 맞는가 틀리는가?

9. 효소는 보통 화학적 반응에 소비되며, 세포는 지속적으로 더 많은 효소를 생산해야 한다. 맞는가 틀리는가?

10. 효소의 보조 인자는 보통 효소와 기질 사이의 "적합성"을 향상시켜 효소 활성을 강화시키는 무기 이온들이다. 맞는가 틀리는가?

11. 경쟁적 저해제와 비경쟁적 저해제 사이의 차이점은 무엇인가?

12. 다음 중 효소 반응 속도에 영향을 주는 것이 어떤 것인가?
(a) 온도 (b) 산도 (pH)
(c) 기질 분자의 농도 (d) 생산물 분자의 농도
(e) 이들 모두

13. 화학 물질이 효소의 다른 자리에 결합하면, 효소의 활성에 어떤 영향을 줄 것인가?
(a) 효소를 경쟁적으로 저해한다
(b) 활성화 에너지를 낮춘다
(c) 효소의 활성에 영향을 주지 못할 가능성이 있다
(d) 효소 반응 속도를 감소시킨다
(e) 효소 반응 속도를 증가시킨다

14. 살아있는 세포에서 주요한 에너지 교환 분자는:
(a) 포도당 (b) 아네노신 3인산 (ATP)
(c) RNA (d) 아네노신 1인산 (AMP)
(e) 에너트란

15. 화학 삼투 동안에 얻어지는 에너지는 세포막 사이의 __________ 움직임을 통해 일어난다.

16. 다음 중 어떤 것이 발효의 특성인가?
(a) 산, 가스 그리고 알코올을 생산한다
(b) 산소가 없을 때 일어난다
(c) 피루브산의 분해로 시작한다
(d) 해당과정이 다음 과정으로 일어나 NAD를 생산한다
(e) 위의 것 모두

17. 호기성 세포 호흡에서 대부분의 에너지는 _________ 동안에 생산된다
(a) 크렙스 회로 (b) 해당과정
(c) 발효 (d) ATP ->ADP
(e) 전자 전달 사슬 반응

18. 완전 호기성 세포 호흡의 전형적인 최종 생산물은 이산화 탄소, 물, 그리고 ________ 이다
(a) ATP (d) 젖산
(b) 포도당 (e) 피루브산염
(c) 시트르산

19. 5탄당 인산화 경로, 엔테르도우도르프 경로, 해당 경로가 가지는 공통점은 _______
(a) 동화 작용 경로이다
(b) 모든 종의 세균에서 일어난다
(c) 발효 경로이다
(d) 포도당을 피루브산염으로 산화시킨다
(e) 같은 부류의 효소를 사용한다

20. 베타-산화는 지방산을 분해시킴으로써 에너지를 생산한다. 맞는가 틀리는가?

21. 미생물들이 어떻게 유제품을 초산화시키는가?

22. 시아노박테리아와 녹색 식물에서 광합성의 최종 생산물은 _____ 이다
(a) 물과 산소 (b) 포도당과 물
(c) 포도당과 산소 (d) 물과 이산화탄소
(e) 포도당과 이산화탄소

23. 시아노박테리아에서 광합성 반응을 일으키는 에너지원은 ____ 이다
(a) 열 (b) 빛
(c) 복합당 (d) ATP
(e) 산소

24. 광합성 반응에서, 다음 중 어떤 것이 사실이 아닌가?
(a) 이산화탄소는 암반응에서 필요로 한다
(b) 에너지는 암반응에서 생산된다.
(c) 광반응은 빛에너지를 필요로 한다
(d) 진핵세포의 틸라코이드에서 일어난다
(e) 일반적으로 포도당이 형성된다.

25. 다음을 짝지어라

_____ 화학삼투
_____ 해당작용
_____ 전자 전달 사슬
_____ 발효
_____ 광합성
_____ 크렙스 회로

(a) 포도당의 분해를 시작하는 경로
(b) 원형질막 사이의 양성자 농도 기울기를 통해 ATP를 생산
(c) 유기 최종 전자 수용체를 사용하는 혐기성 경로
(d) 이산화탄소, 빛 그리고 색소를 탄수화물을 생산하기 위해 사용하는 경로
(e) 또는 Tricarboxylic 산 회로 또는 구연산회로로 알려져 있다.
(f) 황색단백질, 시토크롬, 퀴닌

26. 이 효소의 (a) 부터 (g) 까지 명칭을 적어라

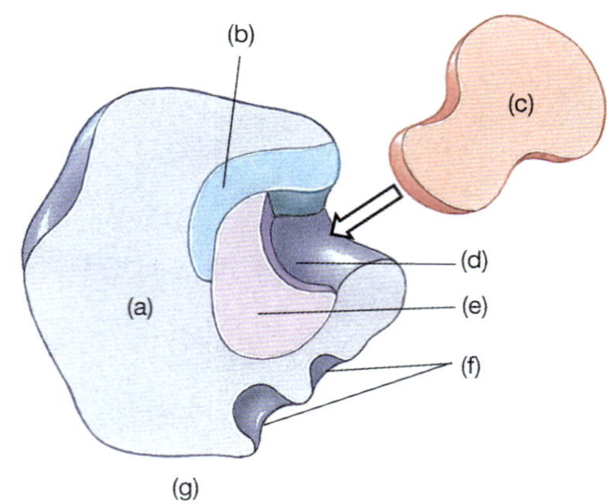

웹상에서 탐구 문제

http://www.wiley.com/college/black

당신이 이번 장을 전부 이해했다면, 웹상에 도전할만한 더 많은 것들이 있다. 웹사이트에 방문하여 이번 장의 개념들에 대한 이해를 확실히 하고 아래에 제시된 문제에 대한 답을 찾아라.

1. 화학 반응에서 과전압을 어떻게 할 수 있는가?
2. 효소가 없다면, 활동하는 생물에서 유지되는 모든 화학적 반응은 90°C(또는 200°F) 아래에서 일어날 수 없다는 것을 아는가?
3. 어떻게 하나의 화학적 회로가 tricarboxylic 산 회로, 시트르산회로, 그리고 크렙스 회로라는 3개의 다른 이름으로 불리는지 설명하여라.

세균의 생장과 배양

6

Courtesy Jacquelyn G. Black

시작하며...

나는 주위에 펼쳐진 장관을 완전히 망각한 채 경외하는 마음으로 아이스랜드의 간헐천 앞에 마주 섰다. 나의 탐험의 모든 이유는 간헐천에서 넘쳐흐르는 실개천의 흐름 속에서 부드럽게 파동을 일으켰다. 길게 물결치는 유황세균의 섬유 다발은 미풍에 날리는 금발 머리처럼 보였다. 그것은 실로 장엄하였다! 마침내 수년간 책으로만 보아 왔던 세균을 내 눈으로 직접 보게 되었던 것이다.

흥분에 압도된 나머지 뜨거운 수증기를 뱉어내는 물에 손을 집어넣었다. 나는 단지 섬유 다발의 감촉이 어떤지를 알고 싶었을 뿐이다. 그러나 손을 집어넣자마자 내 손은 거의 끓는 물에 데고 말았다. 나중에 물집과 상처 받은 자만심을 간호하면서 나는 (나를 포함한) 거의 모든 생물이 도저히 살 수 없는 고온 환경에서 어떻게 이 세균이 번성할 수 있는지 곰곰이 생각해 보았다.

이 주제와 관련된 비디오는 WileyPLUS에서 볼 수 있습니다.

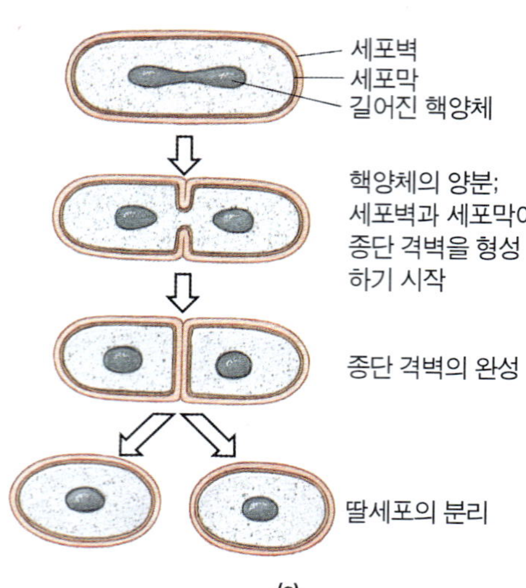

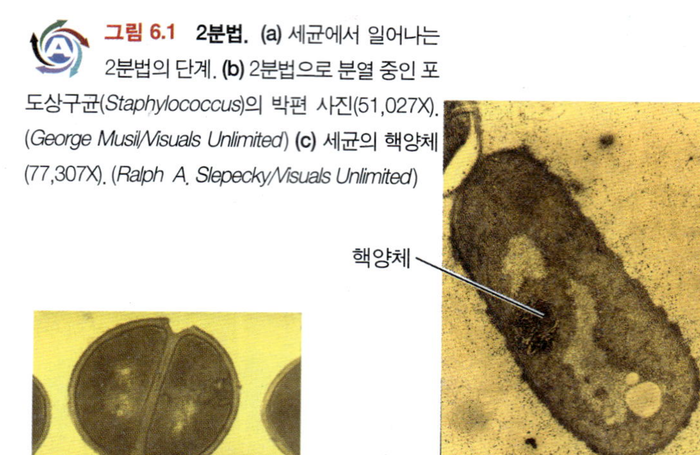

그림 6.1 2분법. (a) 세균에서 일어나는 2분법의 단계. (b) 2분법으로 분열 중인 포도상구균(*Staphylococcus*)의 박편 사진(51,027X). (*George Musil/Visuals Unlimited*) (c) 세균의 핵양체(77,307X). (*Ralph A. Slepecky/Visuals Unlimited*)

이 장에서는 5장에서 미생물의 대사에 대해 배운 내용을 바탕으로 실험실에서 미생물을 어떻게 키우는가를 다룰 것이다. 다른 어떤 미생물보다도 더 철저히 연구되어 온 세균의 생장은 다양한 물리적 그리고 영양적 요인의 영향을 받는다. 이러한 요인들이 어떻게 생장에 영향을 미치는가를 알면 실험실에서 미생물을 배양하거나 원하지 않는 장소에서 미생물의 생장을 억제하는 일이 수월해질 것이다. 더욱이, 미생물을 순수 배양하는 것은 병원균을 식별하는 진단 시험을 수행하는데 있어 필수적이다.

생장과 세포 분열

미생물 생장의 정의

일반적으로 생장(growth)이란 단어는 크기의 증가를 의미한다. 우리는 흔히 어린이나 동물 또는 식물이 생장하는 모습에 익숙해져 있다. 단세포미생물도 물론 생장하지만 **모**(또는 어버이)**세포(mother cell)**가 자라 크기와 세포 내용물이 대충 2배가 되면 곧 2개의 **딸세포(daughter cells)**로 분열한다. 딸세포는 이어서 2배로 자라 다시 새로운 2 딸세포로 분열한다. 각각의 세포는 2 딸세포로 분열할 정도로만 자라기 때문에 **미생물 생장(microbial growth)**이란 용어는 세포 크기의 증가로 정의하지 않고 세포 분열에 따른 세포 숫자의 증가로 정의한다.

세포분열

세균의 세포분열은 진핵생물의 세포분열과 달리 통상 2분법이나 드물게 출아법에 의해 일어난다. **2분법(binary fission)**에서는 세포의 구성 성분이 2배로 늘어난 후 같은 모양의 두 세포로 나누어진다(그림 6.1a). 격벽이 두 딸세포 사이에 형성되면서 두 세포는 독립적으로 분리된다(그림 6.1b). 세균은 진핵세포와 달리 DNA가 특정시기에 합성되는 세포주기를 가지고 있지 않다. 그 대신 세균은 세포분열이 일어난 바로 다음부터 DNA를 지속적으로 합성하여 세포가 분열하기 바로 전에 복제를 완료한다. 염색체 DNA는 세포막에 부착한 채로 복제되며 세포막이 확장되면서 복제된 두 염색체는 분리된다. 염색체는 세포분열이 일어나기 전에 복제되므로 세포 분열 직전에는 일시적으로 2개 또는 그 이상의 핵양체(nucleoid)를 보유하게 된다. 어떤 종은 분열된 세포의 분리가 불완전하여 직선상 사슬(연결된 막대균), **4쌍구균(tetrads**; 네 구균의 입방체), **8쌍구균(sarcinae** 단수형은 sarcina; 여덟 구균의 입방 다발), 포도상구균(포도송이 모양)의 형태를 띤다(그림 4.2). 어떤 막대균은 언제나 사슬 또는 실모양을 이루지만 다른 막대균은 불리한 생장 조건에서만 그러한 모양을 이룬다. 연쇄상구균은 인공배지에서 자랄 때는 사슬을 이루지만 인간 숙주에 감염하여 빠르게 자랄 때는 단독 또는 쌍으로 존재한다.

효모와 몇 몇 종류의 세균에서는 **출아법(budding)**에 의해 세포분열이 일어난다. 이 과정에서는 하나의 작은 새로운 세포가 기존의 어버이 세포 표면에서 발생하여 분리되어 나온다(그림 6.2).

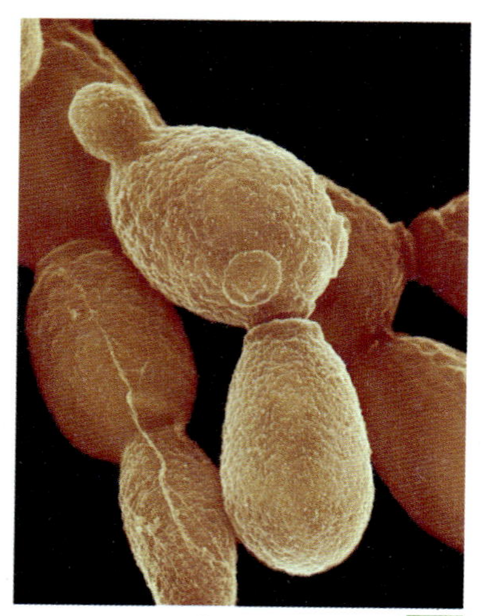

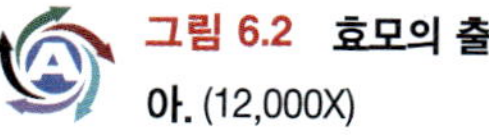

그림 6.2 효모의 출아. (12,000X) (*SPL/Photo Researchers, Inc.*)

생장의 단계

어떤 미생물 개체군에 신선하고 영양분이 풍부한 **배지(medium**, 복수형은 media: 미생물이 자랄 수 있는 혼합물)를 공급하면 이 미생물은 4개의 주요 생장 단계를 거치게 된다: (1) 적응기(lag phase), (2) 대수증식기(log or logarithmic phase), (3) 정지기(stationary phase), (4) 하강기 또는 사멸기(decline phase or death phase). 이 단계들은 **세균의 표준생장곡선(standard bacterial growth curve)**을 형성한다 (그림 6.3).

1 cm²의 피부에는 평균 100,000 마리의 미생물이 살고 있다. 세균은 매우 빠르게 증식하므로 씻고 몇 시간만 지나면 이 개체수가 회복된다.

적응기

적응기(lag phase)의 세균은 균체수를 빠르게 증가시키지는 않으나 배지로부터 얻은 여러 가지 분자들을 이용하여 활발한 대사를 수행하여 효소를 비롯한 여러 생체고분자를 활발하게 합성한다. 따라서 이 기간 동안에 세포는 크기가 커지며 ATP 형태의 에너지를 많이 합성한다.

적응기의 길이는 부분적으로 세균 종류의 특성과 배지의 조건에 의해 결정된다. 세균에 새로 공급한 배지와 이 세균이 바로 전에 자라던 배지 모두 영향을 준다. 어떤 종은 한 두 시간 내에 새로운 배지에 적응하나 어떤 종은 며칠이 걸리기도 한다. 영양분이 부족하고 노폐물이 많이 쌓인 오래된 배양액에서 자라던 세균은 비교적 신선하고 영양분이 풍부한 배지에서 자라던 세균보다 새로운 배지에 적응하는 데 더 오래 걸린다.

이상적인 조건에서 세균 한 마리는 7시간 내에 2,097,152 마리로 증식할 수 있다.

대수증식기

일단 세균이 새로운 배지에 적응하게 되면 개체군 크기는 **지수증식속도** 또는 **대수증식속도(exponential rate** 또는 **logarithmic rate)**로 증가한다. 그래프의 수직축의 눈금을 지수로 표시하여 **대수증식기(log phase)**의 생장곡선을 그리면 곧게 그은 상승 사선 모양을 얻게 될 것이다(밑이 10인 지수로 표시한 그래프에서 눈금 하나가 증가하면 세균의 숫자는 10배 증가한다; ◀부록 A). 대수증식기에는 세균이 가장 빠른 속도로 분열하는데 이 속도는 배양 조건과 세균의 유전적 조건에 따라 결정된다. 세균의 농도가 2배로 되는데 걸리는 시간을 **세대기간(generation time)**이라 한다. 예를 들어 세대기간이 20분인 세균을 밀리리터 당 1,000 마리 함유한 배양액은 20분 후에는 밀리리터 당 2,000 마리, 40분 후에는 4,000 마리, 1시간 후에는 8,000 마리, 2시간 후에는 64,000 마리, 그리고 3시간 후에는 512,000를 함유할 것이다. 이러한 생장을 대수증식이라 한다.

대부분 세균의 세대기간은 20분에서 20 시간 사이이며 전형적으로는 1시간 이내이다. 결핵균이나 나병균의 세대기간은 이 보다 훨씬 길다. 어떤 세포는 적응기에서 대수증식기로 가는 데 다른 세포보다 조금 더 시간이 걸리기 때문에 세포들은 모두 정확하게 함께 분열하지 않는다. 만일 이들이 함께 분열을 시작하고 세대기간도 정확하게 20분이라면 배양액의 세포수는 계단 모양을 하며 20분마다 정확하게 2배로 증가할 것이다. 이러한 가상적 생장을 **동조생장(synchronous growth)**이라 한다. 실제적인 배양에서 각각의 세포는 20분 세대기간 중 서로 다른 어떤 시점에 분열한다. 즉, 평균적으로 개체군의 5%가 매 분마다 분열한다. 이러한 자연적 세포생장을 **비동조생장(nonsynchronous growth)**이라고 한다. 비동조생장은 그래프 상에서 계단 모양이 아닌 부드러운 선으로 표시된다(그림 6.4).

배양액의 미생물은 제한된 시간 동안만 대수증식기를 유지할 수 있다. 균체수가 증가함에 따라 영양분이 고갈되고 대사노폐물이 쌓이게 된다. 생존공간도 좁아지고 호기성 미생물은 산소 부족에 시달리게 된다. 일반적으로 대수증식기의 지속은 ATP 형태의 에너지가 생산되는 속도에 의해 제한된다. 사용할 수 있는 영양분이 감소함에 따라 세포의 ATP 생산량이 줄어들기 때문에 생장속도도 줄어들게 된다. 생장속도의 감소는 그림 6.3에서 보는 것처럼 생장곡선의 점차적인 기울기 감소로 나타난다(대수증식기 바로 오른쪽의 처진 부분).

생장속도가 감소한 배양액에 새로운 배지를 첨가해 주지 않거나 미생물을 신선한 배지로 옮기지 않으면 바로 정지기로 진입하게 된다. 그러나 신선한 배지를 연속적으로 배양조에 공급하는 한편 오래된 배양액을 연속적으로 배양조에서 제거하는 **연속배양장치(chemostat)**(그림 6.5)를 이용하면 대수증식기를 유지할 수 있다. 또는 정지기 배양액으로부터 신선한 배지에 옮겨주면 세포는 짧은 적응기를 겪은 후 빠르게 대수증식기로 다시 진입할 수 있다.

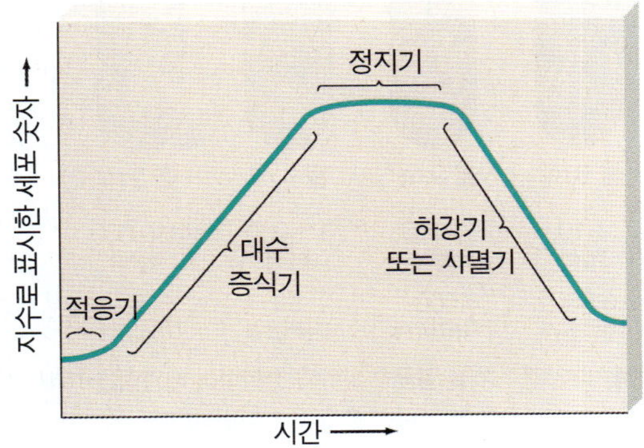

그림 6.3 세균의 표준 생장 곡선.

정지기

세포분열이 감소하여 새로운 세포가 생산되는 속도와 오래된 세포가 사멸하는 속도가 같아지면 살아 있는 세포의 수는 일정해진다. 이렇게 되면 배양액이 **정지기(stationary phase)**에 들어섰다고 한다. 정지기는 그림 6.3에서 보듯이 수평으로 곧게 표시된다. 배지는 영양분이 부족해지고 독성 노폐물을 함유할 수도 있다. 또한 산소 공급이 호

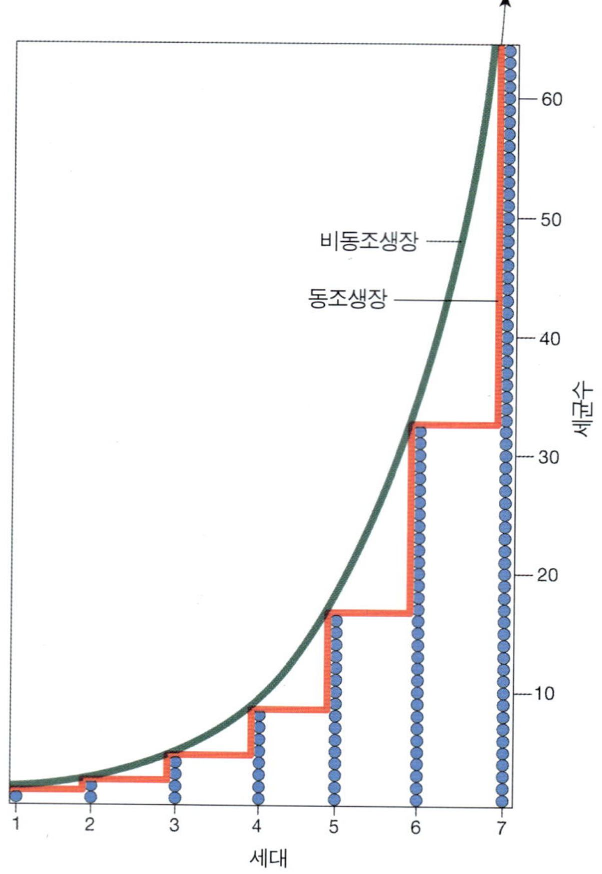

그림 6.4 동조생장 대 비동조생장. 지수적으로 증식하는 개체군의 생장곡선. 적색선은 동조적으로 분열하는 개체군을 나타내고 녹색선은 비동조적으로 분열하는 개체군을 나타낸다. 청색의 원은 하나의 세포에서 시작하여 경과된 각 세대의 세균수를 나타낸다.

기성 미생물이 살기에 부적당해질 수 있고 pH 변화가 심해져 세포 생장을 저해할 수도 있다.

하강기 또는 사멸기

배지의 조건이 점점 더 나빠지면서 분열하여 새로 생기는 세포보다 죽는 세포의 수가 더 많아지게 된다. 이러한 **하강기(decline phase)** 또는 **사멸기(death phase)**에 들어서면 살아 있는 세포의 수는 그림 6.3에 곧은 하강 사선으로 나타낸 것처럼 기하급수적으로 감소한다. 많은 세포들은 하강기에 비정상적인 모양으로 변형되어 식별하기가 어려워진다. 포자를 형성하는 미생물의 하강기 배양액에는 대사가 활발히 일어나는 영양세포보다 더 많은 수의 포자가 살아남게 된다. 하강기의 지속 시간은 대수증식기의 지속 시간과 마찬 가지로 매우 다양하다. 이 둘 모두 주로 배양 미생물의 유전적 특성에 의존한다. 어떤 세균의 배양액은 모든 생장 단계를 거쳐 며칠 만에 다 죽어 버리며 어떤 세균의 배양액은 몇 달 심지어 몇 년이 지난 다음에도 소수의 살아 있는 세포를 함유한다.

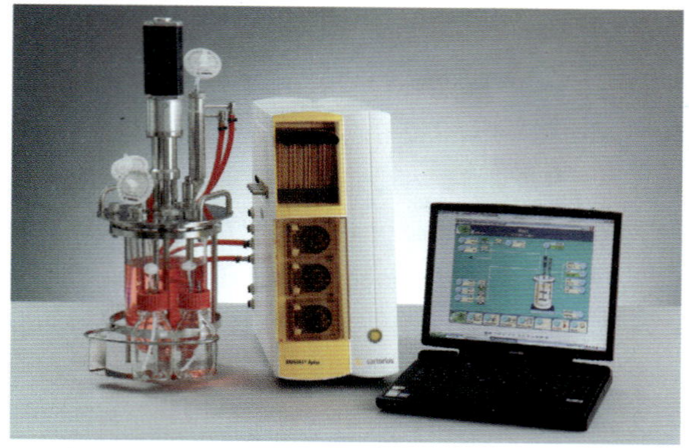

그림 6.5 BIOSTAT®. 연속배양장치라고도 알려진 간편하고 멸균할 수 있는 생물반응 발효조 체계. 측정수치는 노트북 컴퓨터로 이송된다. 일정한 속도로 배양액에 배지를 공급함으로서 미생물은 연속적으로 대수증식기를 유지하며 생장할 수 있다. (*Sartorius BBI Systems, Inc.*의 전재승인)

집락에서 일어나는 생장

고체 배지에서 자라는 집락에서는 생장 단계가 다른 방법으로 전개된다. 일반적으로 하나의 세포는 기하급수적으로 분열하여 하나의 작은 **집락(colony)**을 형성한다. 이 집락을 이루는 세포는 모두 처음 분열을 시작한 세포의 자손이다. 집락은 가장자리에서 빠르게 자란다; 집락의 가운데 근처에 있는 세포들은 이용할 수 있는 영양분이 점점 줄어들고 독성 노폐물에 노출됨에 따라 생장이 둔화되거나 또는 죽기 시작한다. 집락에서는 생장 곡선의 모든 단계가 동시에 일어난다. 즉 집락의 생장은 비동조생장이다.

세균 생장의 측정

세균의 생장은 생장 단계 도중에 2분법으로 늘어난 세포의 수를 추산

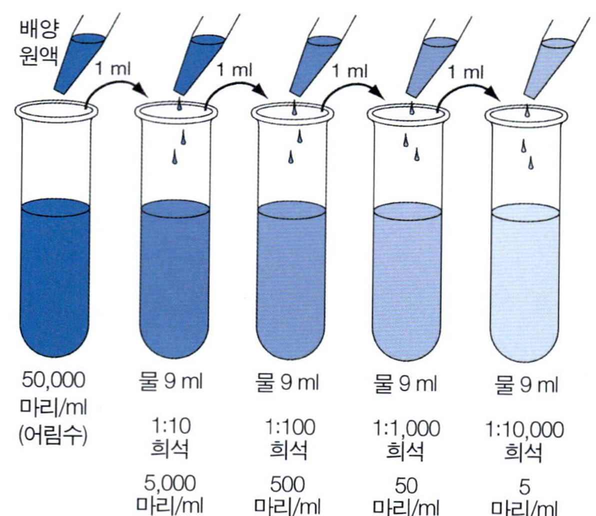

그림 6.6 연속 희석. 배양액 1 ml을 멸균수 9 ml과 혼합하여 배양액을 10배 희석한다. 원하는 세포 농도에 도달할 때까지 이 과정을 반복한다.

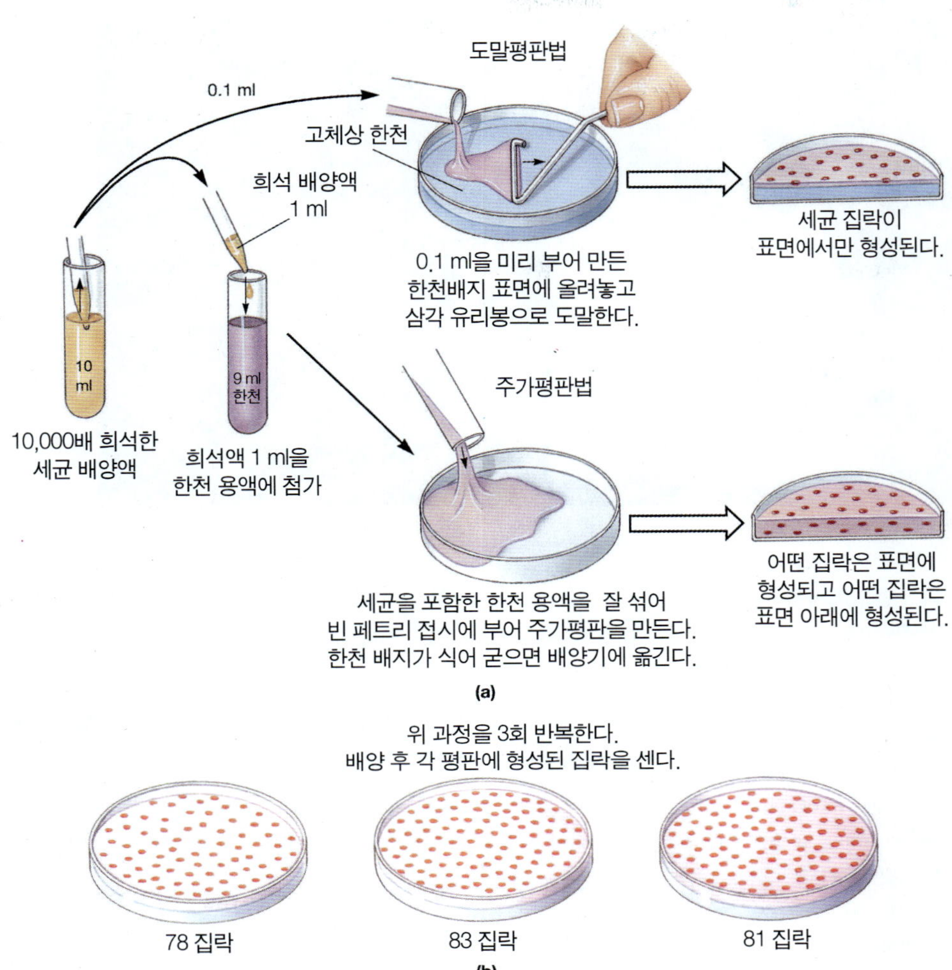

그림 6.7 연속 희석을 이용한 배양액 1 ml 당 세균수의 계산. **(a)** 10,000 배로 희석한 배양액 1 ml을 한천 용액 9 ml과 혼합한다. 이 때 한천용액의 온도는 액체 상태를 유지하되 혼합되는 세균을 죽이지는 않을 정도로 유지한다. 잘 섞은 후 재빨리 멸균된 빈 페트리 접시에 부어 주가평판을 만든다. 한천이 굳으면 평판을 배양기에 옮긴다. 다른 방법으로는 10,000배로 희석한 배양액 0.1 ml을 미리 준비한 한천배지 표면에 올려놓고 멸균된 삼각 유리봉으로 골고루 도말한다. 이렇게 만든 도말평판을 배양기에 옮긴다. **(b)** 형성된 집락을 센다. 단 한 번의 측정 결과는 신뢰성이 낮기 때문에 전 과정을 적어도 세 번 반복하여 평균치를 얻는다. 집락의 평균수에 희석배수를 곱하여 배양 원액 1 ml당 세균수를 추산한다.

하여 측정한다. 이 측정은 배양액 1 ml에 존재하는 생균수로 표현된다. 세균의 생장을 측정하는 몇 가지 방법이 있다.

연속희석과 표준평판계수법

세균의 생장을 측정하는 한 방법으로 표준평판계수법이 있다. 이 기술은 하나의 살아 있는 세포를 적절한 조건이 갖추어진 한천 평판 배지에 키우면 분열하여 하나의 집락만을 형성한다는 사실에 기반을 두고 있다. 한천 평판이란 어떤 해양조류에서 추출한 다당류인 **한천(agar)**을 넣어 반고체 상태로 굳힌 영양 배지를 함유한 페트리 접시를 칭하는 말이다. 하나의 한천 평판에서 300개 이상의 집락을 세는 것은 어려우므로 통상 일정 부피의 배양액을 한천 평판에 뿌리기 전에 배양 원액을 희석할 필요가 있다. 이를 위해 연속희석(*serial dilution*)을 수행한다.

연속희석(serial dilution) (그림 6.6)은 액체 배양액에서부터 시작하여 수행한다. 배양액 1 ml을 9 ml의 멸균수에 더하면 10배 희석액이 되고 10배 희석액 1ml을 9 ml의 멸균수에 더하면 100배 희석액이 된다. 매번 희석할 때 마다 밀리리터 당 세균수는 90% 씩 감소한다. 배양원액에 대단히 많은 수의 세균이 있으면 추가적으로 희석하여 1,000 배, 10,000 배, 100,000 배, 1,000,000 배, 또는 10,000,000 배 희석액을 만든다.

보통 100배 희석액에서 시작하여 각 희석액 0.1 ml을 한천 평판에 옮겨 심는다. (통상 0.1 ml의 10배 희석액을 페트리 접시에 옮기면 셀 수 없을 정도로 많은 수의 집락이 형성된다.) 희석액은 주가평판법 또는 도말평판법을 이용하여 옮긴다(그림 6.7). **주가평판(pour plate)**은 우선 따뜻하게 가열하여 녹인 9 ml의 영양한천 배지와 희석액 1 ml을 혼합하여 빈 페트리 접시에 부어 만든다. 한천 배지가 식어 굳은 다음 이를 배양하면 배지 속과 배지 표면에 집락이 형성된다. 이 과정에서 따뜻한 한천의 열에 의해 심한 상해를 받은 세포는 집락을 형성하지 못할 것이다. 한천 속에서 자란 세포는 한천 표면에서 자란 세포보다 작은 크기의 집락을 형성할 것이다. **도말평판법(spread plate method)**에서는 모든 세포가 고체배지 표면에 남아 있기 때문에 열에 의한 상해 문제를 배제할 수 있다. 희석한 시료를 우선 식어서

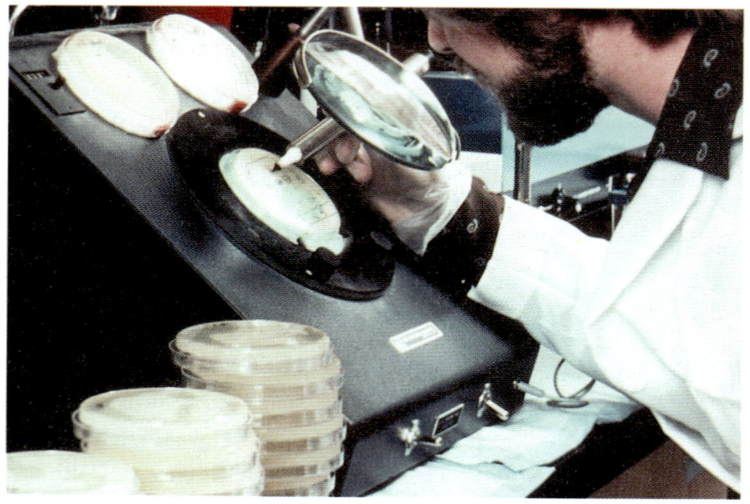

(a)

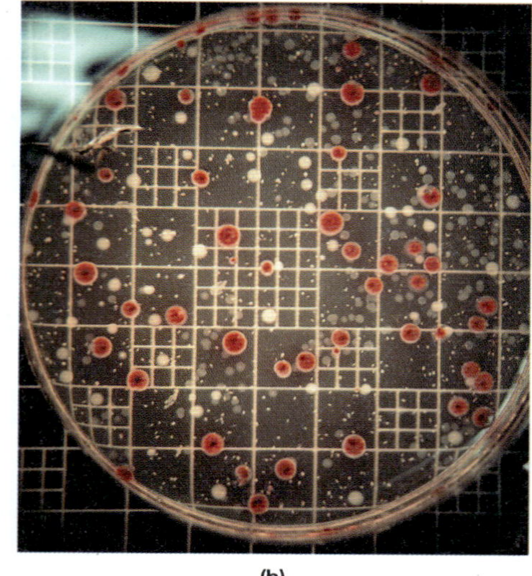

(b)

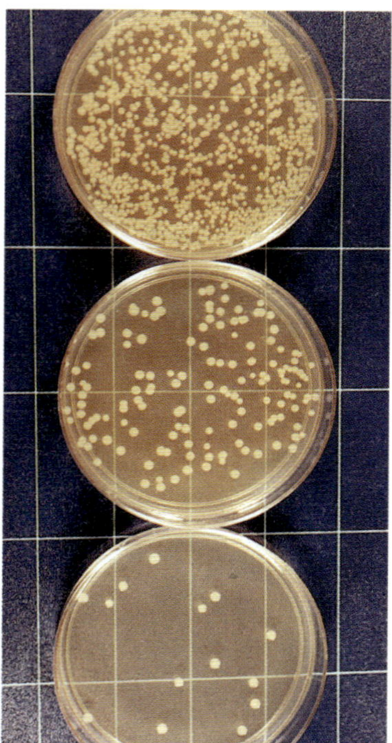

(c)

그림 6.8 집락의 계수. **(a)** 집락계수기를 사용하는 계수. (SIM/Visuals Unlimited) **(b)** 확대경을 통해 보이는 계수 격자와 세균 집락. 평판 배양은 주가 평판법으로 만들어졌다. 서로 다른 모양의 집락이 몇 개나 관찰되는가? (*Biological Photo Service*) **(c)** 이 세 평판 중에서 어느 것을 계수하는 것이 옳은가? 왜? (*M. Gabridge/Visuals Unlimited*)

균은 한천 배지 표면 가운데에 올려놓은 다음 멸균한 삼각 유리봉을 이용하여 한천 표면 위에 골고루 도말한다. 이를 배양하면 한천 표면에 집락이 만들어진다.

한천 평판 위에 치상된 한 마리의 살아 있는 세균은 그 자리에서 분열을 거듭하여 하나의 집락을 형성한다. 즉 각각의 세균은 **집락형성단위(colony-forming unit, CFU)**가 되는 것이다. 서로 다른 희석액을 옮겨 심은 여러 평판 중 1 또는 2개에는 서로 구별되어 쉽게 셀 수 있는 숫자의 집락이 형성될 것이다. 희석을 적절하게 수행하면 반드시 **계산가능수(countable number)**의 집락(평판 당 30 내지 300)을 형성한 평판을 얻을 수 있다.

집락을 실제로 셀 때는 평판을 집락계수기(*colony counter*)의 확대경 아래에 놓고 세기도 한다(**그림 6.8**). 배양 원액에 존재하는 집락형성단위의 숫자를 결정하려면 평판에 형성된 집락의 수에 희석배수(*dilution factor*, 분수로 표시되어 있을 때는 분모를 사용)를 곱해야 한다. 희석배수 1,000은 1:1,000 또는 1/1,000로 표시되며 희석배수 10,000은 1:10,000으로 표시된다. 100,000분의 1(희석배수 = 100,000)로 희석한 시료로부터 평균 81개의 집락이 형성된 경우의 계산은 다음과 같다:

$$81 \times 100{,}000 = 8{,}100{,}000 \text{ 또는 } 8.1 \times 10^6 \text{ CFU/ml}$$

연속희석과 평판계수의 정확도는 각각의 희석액 안에서 미생물이 얼마나 균질하게 분산되어있느냐에 달려있다. 시료를 채취하기 전에 배양액과 희석액을 잘 흔들어주고 하나의 희석액을 사용하여 여러 개의 평판을 접종하면 오차를 최소화할 수 있다. 정확도는 세포의 사멸에 의해서도 영향을 받는다. 계수된 집락의 수는 살아 있는 세포의 수를 나타내므로 희석을 시작할 당시는 살아 있었으나 평판에 옮겨 심은 시점에 사멸한 세포는 집락을 형성하지 못 할 것이며 선택된 배지에서 자랄 수 없는 미생물도 집락을 만들지 못하게 된다. 대수증식기의 왕성한 배양액을 사용하면 이런 오차를 최소화할 수 있다.

직접검경계수법

세균의 생장은 **직접검경계수법(direct microscopic count)**에 의해 측정될 수 있다. 이 방법에서는 페트로프-하우서 계수기(*Petroff-Hausser counting chamber*) 또는 혈구계수기라고 부르는 특수 슬라이드의 눈금이 매겨진 움푹 파인 방에 일정 부피의 배양액을 넣는다(**그림 6.9**). 눈금이 새겨진 파이펫을 이용하여 세균 현탁액을 방으로 옮긴다. 세균이 정착하고 액체의 흐름이 느려진 후 특별하게 눈금이 새겨진 지역의 세균을 현미경 시야에서 직접 센다. 적절한 공식을 이용하여 배양 원액의 단위 부피당 세균수를 계산한다. 배양액 1 ml 당 세

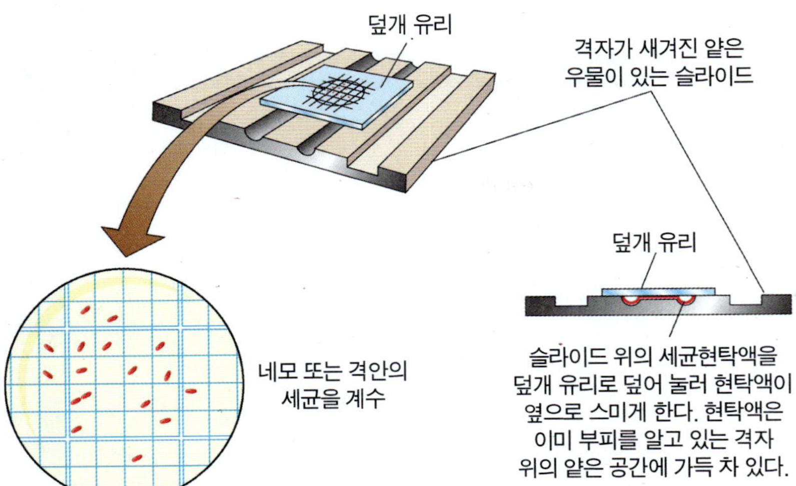

그림 6.9 페트로프-하우서 계수기(혈구계수기). 현탁액은 이미 부피를 알고 있는 격자와 덮개 슬라이드 사이의 좁은 공간에 채워져 있으므로 단위 부피당 세균의 숫자를 계산할 수 있다.

균수는 비교적 정확하게 추산된다. 직접검경계수법의 정확도는 배양액 1 ml 당 세균수가 천만을 넘어야 보장된다. 이는 많은 수의 세균이 존재하여야만 정확한 계수가 가능하도록 계수기가 고안되었기 때문이다. 세균이 배양액에 균질하게 분포하면 역시 계수의 정확도가 올라간다. 이 방법은 일반적으로 살아 있는 세포와 죽은 세포를 구별하지 못하는 단점을 가지고 있다.

첨가한 희석액의 부피	배양 결과					양성 시험관의 개수
10 ml	+	+	+	+	+	5
1 ml	+	−	−	−	+	2
0.1 ml	−	−	−	−	−	0

(a)

최적예측수

식품 위생이나 수질 위생에 관련된 연구에서는 흔히 시료가 너무 적은 수의 미생물을 보유하여 표준 평판계수법에 의해서는 개체군의 크기를 측정하기 어렵다. 또한 어떤 미생물은 한천 평판배지에서 자라지 않는다. 이러한 경우에 **최적예측수(most probable number, MPN)** 결정법이 쓰인다. 이 방법에서는 시료를 관찰하여 시료의 미생물 농도를 예측한 다음 희석배수가 점진적으로 증가하는 일련의 희석액을 만든다. 희석배수가 올라가면서 어떤 시험관에는 세균이 한 마리 이상 존재하고 나머지 시험관에는 세균이 한 마리도 없는 희석배수가 나올 것이다. 전형적인 최적예측수 검사는 각 희석액에서 다섯 벌씩 3종류의 부피 (10 ml, 1 ml, 0.1 ml)를 취하여 시행한다(**그림 6.10**). 미생물

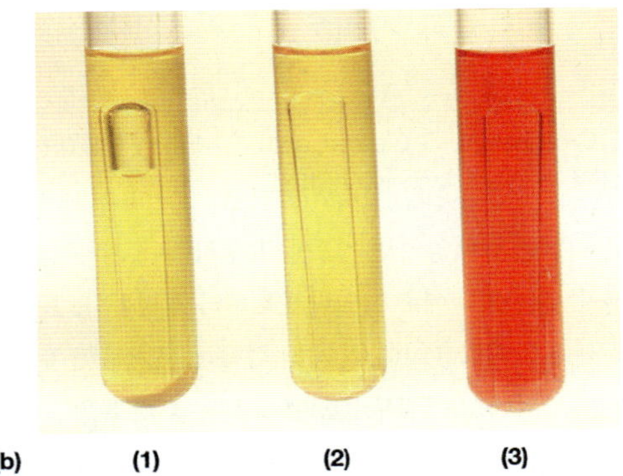

그림 6.10 최적예측수(MPN) 시험. **(a)** 기체 방울이 보이는 시험관(+로 표지)에는 미생물이 들어 있다. 배지가 발효되면서 만들어진 기체는 위로 올라가 시험관 안에 뒤집어 넣은 작은 시험관(Durham 시험관)의 꼭대기 부분에 포집된다. **(b)** 확대해서 본 모습 (1) Durham 시험관 안에 포집된 탄산가스를 보여주는 탄수화물 발효 시험의 양성 반응; (2) 가스는 생성되지 않았지만 산이 생성된 양성 반응 시험; (3) 산도 가스도 생성되지 않은 음성 시험. 산이 만들어지면 노랗게 변하는 배양액 속의 pH 지시약이 빨간 색으로 남아 있다. (*Jacquelyn G. Black의 전재승인*)

표 6.1

희석액 10 ml, 1 ml, 그리고 0.1 ml을 각각 5개의 시험관에 넣고 배양하여 얻은 음성 및 양성 결과의 조합에 대한 최적예측수 지표

양성 결과를 보이는 시험관의 숫자							
10 ml	**1 ml**	**0.1 ml**	**최적예측수 지표 / 100 ml**	**10 ml**	**1 ml**	**0.1 ml**	**최적예측수 지표 / 100 ml**
0	0	0	<2	4	3	1	33
0	0	1	2	4	4	0	34
0	1	0	2	5	0	0	23
0	2	0	4	5	0	1	30
1	0	0	2	5	0	2	40
1	0	1	4	5	1	0	30
1	1	0	4	5	1	1	50
1	1	1	6	5	1	2	60
1	2	0	6	5	2	0	50
2	0	0	4	5	2	1	70
2	0	1	7	5	2	2	90
2	1	0	7	5	3	0	80
2	1	1	9	5	3	1	110
2	2	0	9	5	3	2	140
2	3	0	12	5	3	3	170
3	0	0	8	5	4	0	130
3	0	1	11	5	4	1	170
3	1	0	11	5	4	2	220
3	1	1	14	5	4	3	280
3	2	0	14	5	4	4	350
3	2	1	17	5	5	0	240
4	0	0	13	5	5	1	300
4	0	1	17	5	5	2	500
4	1	0	17	5	5	3	900
4	1	1	21	5	5	4	1600
4	1	2	26	5	5	5	≥1600
4	2	0	22				
4	2	1	26				
4	3	0	27				

출처: A. E. Greenberg, L. S. Clesceri, and A. D. Eaton, Eds. *Standard Methods for the Examination of Water and Wastewater*. 18th ed. Washington, DC: American Public Health Association, 1992.

을 함유한 시험관을 배양하면 기포를 발생하거나 혼탁해진다. 배양 원액의 미생물 수는 최적예측수 일람표로부터 결정한다. **표 6.1**은 전체적인 최적예측수 일람표이다. 통계적 확률에 근거하여 제시된 일람표의 수치는 배양원액의 미생물수를 95% 확률로 예측한 것이다. 배양원액에 존재하는 미생물의 수가 많을수록 희석배수가 높은 데도 생장을 보이는 시험관의 수가 많아진다. 각각의 희석액에서 생장을 보인 시험관의 수(그림 6.10a에 예시한 시료의 경우 5, 2, 0)에 해당하는 최적예측수 지표값(MPN Index/100 ml)을 일람표에서 구한다(이 시료의 경우 50 마리/100ml).

최적예측수 검사는 물의 순도를 측정하는 경우에 가장 유용하게 적용된다. 25장 p. 803에는 장내세균(대변 배설물 유래 세균)의 숫자를 예측하는 방법인 다중시험관 발효법이 설명되어 있다.

여과법

크기가 작은 세균 개체군의 밀도를 측정하는 또 한 방법으로 **여과법(filtration)**이 있다. 일정 부피의 물 또는 공기를 세균이 통과할 수 없는 크기의 구멍을 가진 여과지를 통해 거른다. 이 여과지를 고체배지 상에서 배양하여 얻어진 집락은 여과지에 의해 걸러진 1마리의 세균에서 유래한다. 따라서 여과지 상의 집락의 수를 세어 물 또는 공기 1리터당의 세균수를 계산할 수 있게 된다(그림 25.19는 여과 과정과 여과지에 자란 집락을 보여주고 있다).

그 밖의 방법들

이 밖에도 세균의 생장을 측정하는 몇 몇 방법이 있다. 특별한 기구를 이용하여 단순히 배양액의 탁도를 측정하거나, 기체 또는 산 생성을

그림 6.11 탁도(Turbidity). 왼쪽 시험관이 뿌옇게 보이는 것 또는 탁도를 보이는 것은 세균의 생장 때문이다. (*Richard Megna/Fundamental Photographs*)

검출하여 대사산물을 측정하며, 세포 건조 중량을 재기도 한다.

배양액이 **탁도(turbidity**, 뿌옇게 보이는 것)를 띠는 것은 미생물이 존재하기 때문이다(**그림 6.11**). *비색계(colorimeter)* 또는 *분광광도계(spectrophotometer)* 같은 광전자 장치를 이용하여 배양액의 탁도를 측정하면 세균의 생장 정도를 상당히 정확하게 어림할 수 있다(**그림 6.12**). 이 방법은 배양액에 별도의 처리를 하지 않은 상태에서 생장속도를 측정하는데 특히 유용하게 쓰인다. 그렇지만 세포 농도가 매우 높은 시료는 정확한 측정을 위하여 희석하여야 한다. 배양액의 세포농도가 1 ml 당 백만 개 이하인 시료의 경우에는 탁도에 의한 세균 생장의 측정에도 역시 오차가 생기기 쉽다. 이러한 시료는 생장이 일어나고 있더라도 거의 탁도를 보이지 않는다. 반면에 배양액에 함유된 높은 농도의 죽은 세포에 의해서도 탁도가 증가할 수도 있다.

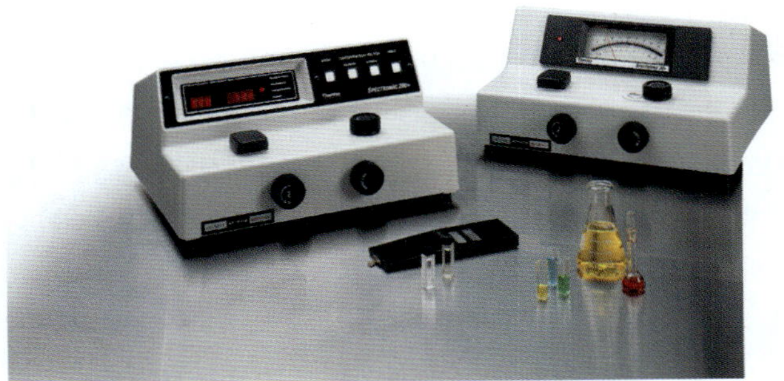

그림 6.12 분광광도계. 이 계기는 배양액을 투과하는 빛의 정도를 잼으로서 미생물 생장을 측정하는 데 쓰인다. 광학적으로 투명한 특수 시험관 안에 담긴 배양액 시료를 분광광도계 안에 넣고(계기의 왼쪽에 보이는 사각형 뚜껑 아래에) 배지를 대조구로 하여 흡광도를 측정한다. (*Thermo Electron Corporation의 전재승인*)

세균 생장을 간접적으로 측정하기 위하여 개체군의 대사산물을 측정하기도 한다. 배양액으로부터 기체나 산 같은 대사산물이 만들어지는 속도는 배양액에 존재하는 균체량에 비례한다. 기체 생성은 배양액이 함유된 큰 시험관의 내부에 거꾸로 놓은 작은 시험관 안에 기체를 포집하여 검출(측정이 아니고)한다. 산의 생성은 pH 변화에 따라 색이 변하는 화학물질인 *pH 지시약*을 대사활성이 활발한 세균이 자라는 액체 배지에 넣어 검출한다(그림 6.10b).

포도당이나 산소 같은 물질이 소모되는 속도 역시 균체량에 비례한다. 예를 들어 산소 소모를 간접적으로 또는 직접적으로 측정하는 *염료환원시험(dye reduction test)*은 세균 균체량을 측정하는 방법의 하나이다. 이 시험에서는 메틸렌블루(methylene blue) 같은 염료를 우유가 포함된 배지에 집어넣는다. 이 배지에 접종된 세균은 우유를 대사하면서 산소를 소모한다. 메틸렌블루는 산소가 존재하면 파랗지만 산소가 없어지면 무색으로 변한다. 따라서 산소가 빨리 없어지면 없어질수록 배지가 빨리 탈색될 것이며 이는 그만큼 더 많은 세균이 존재한다는 것을 의미하게 된다. 염료가 탈색(환원)되는 속도를 측정하는 것은 매우 간접적인 접근 방법이다; 이는 세균 균체량의 정확한 측정법은 아니다.

마지막으로 세균의 건조중량을 측정하여 배양액의 세균 농도를 결정하는 방법이 있다. 세포의 건조중량을 측정하려면 여과 또는 원심분리 같은 물리적 방법을 사용하여 세균을 배지로부터 분리하여야 한다. 분리된 세포를 건조한 후 그 중량을 잰다.

✔ 중점 질문 사항

1. 세균생장곡선에서 적응기와 대수증식기의 차이점은 무엇인가?
2. 대수적 생장 증가율은 산술적 생장 증가율과 어떻게 다른가? 아래 일련의 숫자들은 어떤 형태의 생장 증가율의 표본인가? 1, 2, 4, 8, 16, 32.
3. 처음에 ml 당 37,000 마리의 세균을 함유한 어떤 배양액을 1대 1,000으로 희석하면 희석액 1 ml에는 평균 몇 마리의 세균이 존재할까?
4. 페트로프-하우서 계수기를 사용하는 직접검경계수로는 생균 계수치를 산출할 수 없다. 그 이유는? 이 방법은 도말평판법이나 주가평판법과 어떻게 다른가?

세균 생장에 영향을 주는 요인

미생물은 다른 생물이 살 수 없는 환경을 포함하여 지구상 거의 모든 환경에서 발견된다. 미생물은 작아서 쉽게 분산되며 장소를 많이 차지하지 않을 뿐 아니라 소량의 영양분을 필요로 하면서 영양요구성은 매우 다양하기 때문에 매우 다양한 환경에서 서식할 수 있다. 미생물은 또한 환경변화에 적응하는 능력이 뛰어나다. 거의 모든 물체에는 그 것을 영양분으로 대사할 수 있는 어떤 미생물이 존재하며 거의 모든 환경 변화에 대해서도 살아남을 수 있는 미생물이 존재한다.

온혈동물로서 숨을 쉬며 육상에 사는 포유류인 인간은 우리 지구 표면의 72%가 물로 덮여있으며 그 물의 90%는 염수이고 생물이 살고 있는 환경의 평균 온도가 5℃라는 사실을 망각하는 경향이 있다. 사람과 달리 미생물은 주로 물에 살며 많은 종은 우리가 생각하기에 최적이라고 여기는 온도보다 높거나 낮은 온도에 적응하여 산다. 보건학 분야에서 특별히 관심이 있는 미생물은 전체미생물 종류의 극히 일부분에 지나지 않는다. 이들은 인체 내부 또는 인체 표면의 조건에 적응한 미생물에 불과하다.

다양한 환경 즉 높은 산성 또는 비교적 염기성 환경, 남극의 설원과 열천, 순수한 온천수와 염습지, 호기성 또는 혐기성 조건의 대양, 심지어 높은 압력 조건이나 해저 열수공에서도 다양한 종류의 미생물들이 살 수 있다.

토양과 지하에 살고 있는 세균의 총 중량은 대략 10,034 x 10^{12} 톤으로 추산된다.

주어진 환경에 사는 생물의 종류와 그 생물의 생장 속도는 다양한 물리적 그리고 생화학적 요인에 의해 영향을 받는다. **물리적 요인(physical factors)**은 수소이온농도(pH), 온도, 산소 농도, 수분, 정수압, 삼투압, 방사선을 포함한다. **영양 요인(nutritional** or *biochemical* **factors)**은 탄소, 질소, 황, 인, 미량원소, 비타민 따위의 가용 농도를 포함한다.

물리적 요인

수소이온농도(pH)

주지하는 바와 같이 배지의 산도와 염기도는 pH로 표시한다(◀2장 p. 35). pH 척도는 화학에서 널리 쓰이고 있으나 이는 원래 여러 종류의 배지에서 미생물의 생장을 제한하는 산도를 기술하기 위해 덴마크 화학자 Sθφren Sφrenson에 고안된 것이다. 어떤 미생물의 생장이 가장 활발한 pH를 그 미생물의 **최적 pH(optimum pH)**라고 한다. 미생물의 최적 pH는 통상 7 부근이다. 대부분의 미생물은 자신의 최적 pH보다 1 이상 높거나 낮은 pH에서는 잘 자라지 못한다.

산도나 염기도에 대한 내성에 따라 세균은 아래와 같이 분류된다.

- 호산성세균 (acidophiles)
- 호중성세균 (neutrophiles)
- 호염기성세균 (alkaliphiles)

이 3범주의 pH 영역 전체에 걸쳐서 자랄 수 있는 세균은 하나도 없으나 많은 종류는 두 범주가 중첩되는 pH 영역에서 자랄 수 있다. **호산성세균(acidophiles** 또는 acid-loving organisms)는 pH 0.1에서 5.4 범위에서 가장 잘 자란다. 유산을 생산하는 유산균(*Lactobacillus*)은 호산성세균이지만 약산성 조건에서만 자란다. 그러나 황을 황산으로 산화하는 어떤 세균은 주위의 pH와 1.0까지 떨어뜨리면서도 생장할 수 있다. 당신의 의복을 부식시킬 수 있는 황산 생성균이 석회암을 녹여 미국 남서부에 위치한 Carlsbad 동굴과 같은 거대한 석회암 동굴을 탄생시켰다고 한다. 이러한 동굴의 벽이나 천장에 서식하는 황산생성균의 집락에서 떨어져 내리는 콧물처럼 생긴 산성의 점질성 "비루석" ("snotites")은 1장 1p의 시작하며... 사진에 잘 나타나 있다. **호중성세균(neutrophiles)**은 pH 5.4와 8.0 사이에서 잘 자란다. 인간에 질병을 유발하는 세균의 대부분은 호중성세균이다. **호염기성세균 (alkaliphiles** 또는 alkali-loving organisms)은 pH 7.0과 11.5 사이에서 잘 자란다. 아시아형 콜레라를 일으키는 *Vibrio cholerae*는 pH 9.0 부근에서 가장 잘 자란다. 이미 다른 질병으로 약해진 인간에 때때로 감염하는 *Alcaligenes faecalis*는 pH를 9.0 또는 그 이상으로 올리면서 생장할 수 있다. 토양세균인 *Agrobacterium*은 pH 12.0의 토양에서도 자란다.

pH가 생물에 미치는 영향은 배지 내에 존재하는 유기산 농도와 세포벽이 제공하는 보호에 관련지어 부분적으로 설명할 수 있다. 발효에 의해 유기산을 생성하는 *Lactobacillus*와 여타의 미생물은 젖산이나 피루브산을 생성하여 배지에 축적함으로서 자신의 생장을 억제한다. pH 변화는 효소나 다른 단백질의 변성을 야기하며 세포막에서의 이온 수송을 방해한다. 어떤 생물들은 세포막이 배지의 극한 pH에 노출되는 것을 막아주는 비교적 투과성이 낮은 세포벽을 가지고 있다. 이러한 생물들은 세포 자체가 거의 중성 pH를 유지할 수 있기 때문에 주위의 높은 산도나 염기도에 견딜 수 있는 것처럼 보인다.

많은 세균은 때때로 대사 부산물로 충분한 양의 산을 생성하여 결국 그로 인해 자기 자신의 생장을 억제한다. 이를 방지하기 위하여 실험실에서 세균을 배양할 때는 적절한 pH 수준을 유지해 주는 완충액(*buffers*)을 배양 배지에 첨가한다. 인산염 완충액이 이 목적을 위해 흔히 사용된다.

온도

대부분의 세균은 30℃ 이상의 범위에 걸쳐 자랄 수 있으나 생육이 가능한 최저온도와 최고온도는 종류마다 다르다. 해양수는 0℃ 이하에서도 액체 상태로 남아있으며 차가운 해양수에 서식하는 생물은 얼음이 어는 온도 이하에서도 생존할 수 있다. 세균은 생육 온도에 따라 아래와 같이 분류된다.

- 저온균 (psychrophiles)
- 중온균 (mesophiles)
- 고온균 (thermophiles)

이 세 범주의 온도 영역 전체에서 자랄 수 있는 세균은 거의 없으나 일부 세균은 두 범주가 중첩되는 온도에서 생존할 수 있다. 이러한 무리

확대경

모든 구석과 틈새

세균은 생물이 살 수 있는 어느 곳에서도 효율적으로 서식한다. 세균은 생태적으로 복잡한 우리 몸의 장 속, 남극의 얼어붙은 빙하, 매우 높은 압력과 높은 온도 조건의 심해 열수공 등 다양한 환경에 서식한다. 70°C 이상 되는 지구 환경에서 사는 생물은 모두 세균이다. *Thermophila acidophilum*이라고 불리는 세균은 60°C에 pH가 1 내지 2되는 곳에서 잘 자란다. 타고 있는 석탄의 표면이나 열수 온천 속에서 발견되는 이 세균은 38°C에서는 "얼어" 죽는다. 최근 지하 900 m에 위치한 콜럼비아강 현무암층에서 미생물 군집이 산 채로 발견된 적이 있다. 이 세균들은 혐기성이며 암석 사이를 스며 흐르는 지하수에 의해 현무암층의 광물질에서 용탈된 수소를 산화하여 에너지를 얻어 생장한다. 극한 환경에서 서식하는 세균의 특성을 파악하면 다양한 생존 전략에 대해 통찰할 수 있을 뿐 아니라 특유의 성능을 보유한 생물 소재를 생산하고 사용할 수 있는 기회를 얻을 수 있다.

는 편성균과 통성균으로 세분된다. **편성(obligate)** 생물은 특정 조건이 반드시 갖추어진 환경에서만 살 수 있으며 **통성(facultative)** 생물은 특정한 조건에 적응하여 살 수 있을 뿐 아니라 다른 조건에서도 살 수 있다.

조류독감바이러스는 동결된 호수의 얼음장 안에서도 수십 년간 생존할 수 있다. 지구온난화로 인해 조류독감바이러스가 얼음으로부터 방출되면 이 바이러스를 퍼뜨리는 철새를 감염시킬지도 모른다.

저온균(psychrophiles 또는 cold-loving organisms)은 0°C에서도 제법 잘 자라는 종도 있으나 15°C와 20°C 사이에서 가장 잘 자란다. 이들은 20°C 이상에서는 자라지 못하는 *Bacillus globisporus* 같은 **편성 저온균(obligate psychrophiles)**과 20°C 이하에서 가장 잘 자라지만 20°C 이상에서도 생존할 수 있는 *Xanthomonas pharmicola* 같은 **통성 저온균(facultative psychrophiles)**으로 나뉜다. 저온균은 주로 찬 물과 토양에서 자란다. 저온균은 인체에서는 자랄 수 없으나 *Listeria monocytogenes* 같은 몇 몇 종은 냉장 식품에 부패를 일으켜 때때로 인간에게 치명적인 질병을 유발하기도 한다.

대부분의 세균을 포함하는 **중온균(mesophiles)**은 25°C와 40°C 사이에서 가장 잘 자란다. 인체 병원균이 이 범주에 들며 이들의 대부분은 인체 온도(37°C) 부근에서 가장 잘 자란다. *내열성(thermoduric)* 생물은 보통 중온균으로 자라지만 단기간의 고온에 노출되더라도 죽지는 않는다. 통조림을 만들거나 저온처리하는 중에 열처리를 충분하게 하지 않으면 이러한 내열성 생물이 살아남아 식품을 변질시킬 수 있다.

고온균(thermophiles 또는 heat-loving organisms)은 50°C와 60°C 사이에서 가장 잘 자란다. 많은 고온균은 퇴비 더미에서 많이 발견되며 일부 고온균은 끓는 열수 온천의 110°C에도 견딘다. 고온균은 37°C 이상의 환경에서만 자랄 수 있는 **편성 고온균(obligate thermophiles)**과 37°C 이상에서도 자라고 이하에서도 자라는 **통성 고온균(facultative thermophiles)**으로 나뉜다. 보통 편성고온균으로 분류되는 *Bacillus stearothermophilus*는 65°C와 75°C 사이에서 가장 잘 자라지만 30°C에서도 천천히 자라 식품을 변질시킨다. 고온 유황세균은 간헐천으로부터 흘러 넘쳐흐르는 개울에서 자신이 가장 잘 자라는 온도를 띠는 지역을 찾아 자란다(**그림 6.13**). 개울가를 따라 다양한 장소에서 다양한 종류의 고온균이 분포한다. 내열성이 가장 높은 종은 간헐천 가까운 장소에서 자라고 내열성이 낮은 종들은 물이 흐르면서 자신의 최적 생육온도로 식은 장소에서 왕성하게 생장한다. 개울의 깊은 곳에는 내열성이 높은 종이 서식하며 내열성이 가장 낮은 종은 물이 어느 정도 식은 개울의 표면에 서식한다. 심해 열수공에서 분리한 어떤 고세균은 실험실에서 고압을 이용하여 수온을 115°C까지 올린 조건에서도 생장한다(이 놀라운 세균에 대해서는 9장에 더 자세히 기술되어 있다).

실제로 토마토를 사용하여 만든 토마토즙한천(tomato juice agar) 배지는 유산균의 배양에 사용된다.

어떤 생물이 자랄 수 있는 온도 범위는 대체로 그 생물의 효소가 기능하는 온도에 의해 결정된다. 이 온도 범위 안에는 3가지의 중요한 온도가 존재한다:

1. 세포가 분열할 수 있는 최저 온도인 *최저생장온도(minimum growth temperature).*
2. 세포가 분열할 수 있는 최고 온도인 *최고생장온도(maximum growth temperature).*
3. 세포가 가장 빨리 분열하는 (그래서 세대기간이 가장 짧아지는) 온도인 *최적생장온도(optimum growth temperature).*

그림 6.13 고온균. 네바다주 Black Rock 사막의 Geyser Hot Springs. 고온 유황세균은 이처럼 거의 물이 끓을 정도로 뜨거운 간헐천의 넘쳐흐르는 물에서 생장할 수 있다. (*Stephen Trimble/DRK Photo*)

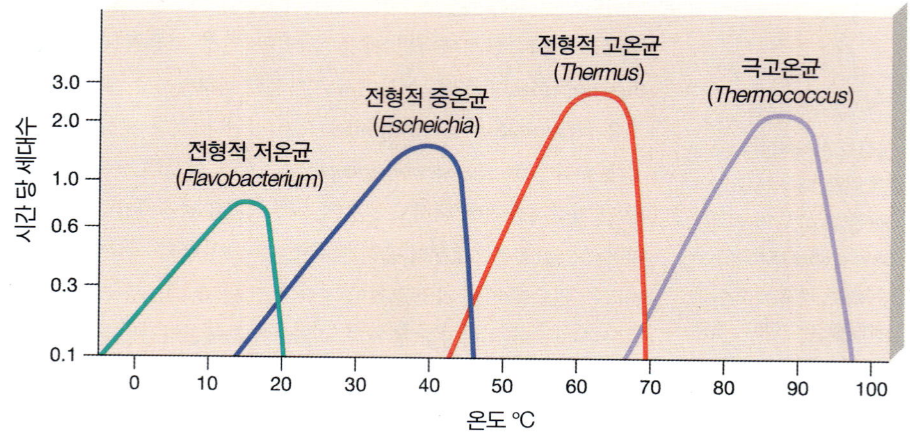

그림 6.14 저온균, 중온균, 그리고 고온균의 생장 속도. 이 세균들의 생육 가능 온도 범범위가 중첩되는 것에 주목하시오. 생육 범위의 양 극단에서는 생장 속도가 매우 느리다.

세균의 종류와 관계없이 최저온도에서 최적온도로 가면서 생장 속도는 점차로 증가하며 최적온도에서 최고온도로 가면서 생장속도는 급격하게 감소한다. 더욱이 최적온도는 흔히 최고온도에 매우 근접해 있다**(그림 6.14)**. 이러한 생장 특성은 효소 활성의 변화에 기인한다(◀5장 p. 123). 높은 온도에 의해 효소 단백질이 변성될 때까지 온도가 10℃ 오를 때마다 효소 활성은 대체로 2배 씩 증가한다. 최적 온도보다 약간 높은 온도에서 효소 분자의 변성이 시작되어 효소 활성이 가파르게 떨어지게 된다.

온도는 미생물 생장에 필요한 조건을 마련해주는 데 있어서 뿐 아니라 미생물 생장을 억제하는 데 있어서도 중요하다. 보통 4℃로 식품을 냉장하면 저온균의 생장이 둔화되며 대부분의 다른 균의 생장은 억제된다. 그러나 식품이나 혈액은 냉장 조건에서도 몇몇 세균의 생장을 뒷받침하기 때문에 부패하기 쉬우면서 냉동에 견딜 수 있는 재료를 장기간 보관하려면 −30℃ 냉동고에 보관한다. 높은 온도 역시 미생물 생장을 방지하는 수단으로 이용된다(12장). 실험실 기구와 배지는 일반적으로 가열하여 멸균하며 식품은 흔히 익혀 밀폐 용기에 저장하여 보존한다. 세균은 극심한 고온보다 극심한 저온에서 살아남기 쉽다; 효소는 저온에서 변성되지 않지만 고온에서는 영구히 변성되곤 한다.

2, 3백만년 전에 형성된 시베리아의 영구동토에서 분리된 *Exiguobacterium* 속 세균은 낮은 온도 덕택으로 그 오랜 세월 동안 보존되었을 가능성이 크다. 이 세균은 −2.5℃에서 잘 자라며 인간에 감염을 일으키기도 한다. 그리고 예상과 다르게 미국 산악 지역의 토양에 서식하는 진균은 여름철에 활발히 생장하지만 겨울철에도 눈이나 얼음 아래에서 생장을 이어간다는 사실이 밝혀졌다.

산소

세균, 특히 종속세균은 생장하는데 산소를 요구하는 호기성균과 산소를 요구하지 않는 혐기성균으로 나누어진다(◀5장 p. 128). 같은 호기성균이라도 빠르게 분열하는 균은 천천히 분열하는 균에 비해 더 많은 산소를 요구한다. 흔히 병원감염을 일으키는 *Pseudomonas* 같은 **편성 호기성균(obligate aerobes)**은 유기호흡을 위해 절대적으로 산소를 요구한다. 반면에 *Clostridium botulinum*, *C. tetani*, 그리고 *Bacteroides* 같은 **편성 혐기성균(obligate anaerobes)**은 산소에 의해 죽는다. 영양액체배지(nutrient broth)가 들어 있는 시험관에서 배양하는 경우, 호기성균은 대기 중의 산소가 확산되어 들어가는 배지 표면 근처에서 자라며 편성 혐기성균은 산소가 도달하기 힘든 바닥 부근에서 자란다**(그림 6.15)**.

산소는 흔히 호기성균의 생장을 제한하는 환경 요인이다. 산소는 물에 잘 녹지 않기 때문에 배양액의 산소 농도를 높게 유지하기 위해 배지를 격렬하게 섞어주거나 어항에 공기 방울을 공급해 주는 것처럼 액체 배지에 기포를 강제로 주입해 준다. 이러한 통기는 항생제를 생산하거나 폐수를 처리하기 위한 산업적 배양 과정에서 특히 중요하다.

극단적인 편성 호기성균과 편성 혐기성균 사이에는 *미호기성균*

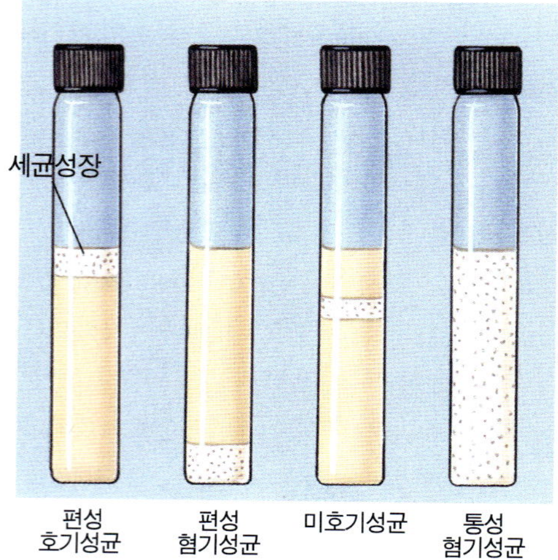

그림 6.15 산소 이용 양상. 산소 요구성 또는 산소 민감성이 서로 다른 생물들은 영양 액체배지의 서로 다른 지역에 축적된다.

확대경

살기 힘들면 돌 속에 숨어라

몇 몇 세균은 다른 생물들이 도저히 살기 어려운 남극의 지독히 춥고 건조한 계곡에 산다. 상대습도가 대단히 낮아 물은 언 상태에서 바로 증기 상태로 기화하여 액체 상태로는 거의 존재하지 않는다. 그럼에도 불구하고 이 곳에 사는 생물들은 수증기를 이용하거나 대사열로 소량의 얼음을 녹여 대사활동을 꾸려나간다. 그러나 이들은 남극 대기의 혹독한 조건에서는 살아남을 수 없다. 이 세균은 햇빛이 들 수 있는 투명한 돌(석영, 장석, 그리고 대리석) 속에 숨어 광합성을 수행하여 살아가야만 한다. 돌 속에서 살아야하는 이들(endolithic organisms)은 광물을 녹이는 물질을 만들지 못하기 때문에 다공성 돌에서 서식한다. 이들은 통상 돌 속 수 mm 정도 되는 지점을 피난처로 삼아 암석이 풍화될 때까지 살아간다.

화성은 원래 따뜻한 행성이었으나 대기가 소실되면서 식어버렸다. 만일 온난기에 화성에서 생명체가 생겨났다면 그 생명체는 돌 속에서 피난처를 구하였을까? 화성의 운석을 조사해 본 결과 세균을 닮은 초기 생명체가 그들의 마지막 피난처 안에서 매장된 것 같은 증거가 드러났다.

(microaerophiles), *통성 혐기성균(facultative anaerobes)*, 그리고 *산소내성 혐기성균(aerotolerant anaerobes)*이 있다. **미호기성균(microaerophiles)**은 소량의 산소가 존재할 때 가장 잘 자란다. 이들은 시험관의 배지 표면 아래에서 자라는데 산소 농도가 이들의 요구에 들어맞는 지점에서 가장 잘 자란다. 장에서 설사를 유발하는 *Campylobacter* 같은 미호기성균은 동시에 **호탄산균(capnophiles** 또는 carbon dioxide-loving organisms)이다. 이들은 낮은 산소 농도와 높은 탄산가스 농도에서 잘 자란다. **통성 혐기성균(facultative anaerobes)**은 산소가 존재하면 호기성 대사를 수행하지만 산소가 없으면 혐기성 대사를 수행한다. *포도상구균(Staphylococcus)*과 *대장균(Escherichia coli)*은 통성 혐기성균으로 소량의 산소만이 존재하는 장이나 요도에서 흔히 발견된다. **산소내성 혐기성균(aerotolerant anaerobes)**은 산소가 존재하여도 죽지 않으나 산소를 대사에 이용하지는 않는다. 예를 들어 *Lactobacillus*는 주위에 산소가 있건 없건 관계없이 언제나 발효에 의하여 에너지를 얻는다.

산소요구성에 따라 정의된 다른 부류의 미생물에 비해 통성 혐기성균은 가장 복잡한 효소 체계를 가지고 있다. 이들은 산소를 최종전자수용체로 사용할 수 있도록 하는 1벌의 효소와 산소가 없을 때 다른 전자수용체를 사용할 수 있도록 하는 다른 1벌의 효소를 모두 가지고 있다. 이와 대조적으로 다른 부류로 정의된 세균은 호기성 대사에 필요한 효소만 가지고 있거나 혐기성 대사에 필요한 효소만 가지고 있다.

편성 혐기성균은 기체상 산소에 의해 죽는 것이 아니라 **초산화물(superoxide, O_2^-)**이라 불리는 독성을 가진 활성산소종에 의해 죽는다. 어떤 산화효소에 의하여 생성되는 초산화물은 **초산화물불균화효소(superoxide dismutase)**라고 불리는 효소에 의해 산소(O_2)와 독성의 과산화수소(H_2O_2)로 전환된다. 과산화수소는 **카탈레이즈(catalase)**라고 불리는 효소에 의해 물과 산소로 분해된다. 편성 호기성균과 대부분의 통성 혐기성균은 이 2효소를 모두 가지고 있다. 일부의 통성 혐기성균과 산소내성 혐기성균은 초산화물불균화효소는 가지고 있지만 카탈레이즈는 가지고 있지 않다. 대부분의 편성 혐기성균은 이 2효소를 모두 가지고 있지 않기 때문에 초산화물과 과산화수소의 독성으로 인해 죽게 된다.

수분

활발하게 대사를 수행하는 모든 세포들은 일반적으로 물을 필요로 한다. 보호성 외투와 체내 수분을 보유하는 대형 생물과 달리 단세포미생물은 환경에 직접적으로 노출되어 있다. 대부분의 영양 세포는 수분이 존재하지 않으면 몇 시간 밖에 살 수 없다; 오직 포자형성생물의 포자만이 건조한 환경에서 휴면 상태로 생존할 수 있다.

정수압

바다나 호수의 물은 깊이에 비례하여 물기둥에 의해 가해지는 압력인 **정수압(hydrostatic pressure)**을 받는다. 이러한 압력은 깊이가 10 미터 증가할 때 마다 2배씩 증가한다. 예를 들어 깊이가 50 미터인 호수에서는 정수압이 대기압의 32배가 된다. 어떤 대양의 골짜기는 7,000 미터보다 더 깊지만 어떤 세균은 이런 깊은 곳에서 극심한 압력을 견디며 생존하고 있다. 높은 압력에서는 살지만 실험실의 대기압하에서는 몇 시간 안에 죽어버리는 세균을 **호압균(barophiles)**이라고 부른다. 호압균의 세포막과 효소는 단순히 압력을 견디는 것이 아니고 압력을 받아야만 적절하게 기능을 수행하는 것 같다. 높은 압력을 받아야 이들의 효소 분자는 적당한 삼차원적 구조를 유지한다. 높은 압력을 받지 않으면 호압균의 효소들은 모양이 변형되어 변성되므로 균은 죽게 된다.

삼투압

모든 미생물의 세포막은 선택적인 투과성을 보인다는 것은 이미 4장에서 설명한 바 있다. 물은 삼투 현상에 의해 세포막을 통과하여 세포질과 세포 밖 환경을 오고 간다(그림 4.31). 용질을 함유한 세포외액은 세포에 삼투압을 가하게 되는데 이 압력은 세포질의 용질에 의한 삼투압을 넘어설 수도 있다. 이러한 *과잉삼투(hyperosmotic)* 환경에 사는 세포는 수분을 잃으면서 세포가 쭈그러드는 **원형질분리(plasmolysis)** 현상을 겪는다. 세포벽을 가지고 있는 미생물에서는 세포막이 세포벽에서 이탈한다. 반대로 증류수 속의 세포는 바깥보다 높은 삼투압을 갖게 되므로 물이 세포질로 들어온다. 세균의 세포벽은 세포가 부풀어 터지는 것을 막아주지만 세포는 물로 가득 차서 팽팽해진다.

대부분의 세균은 제법 넓은 범위의 용질 농도에 견딜 수 있다. 세

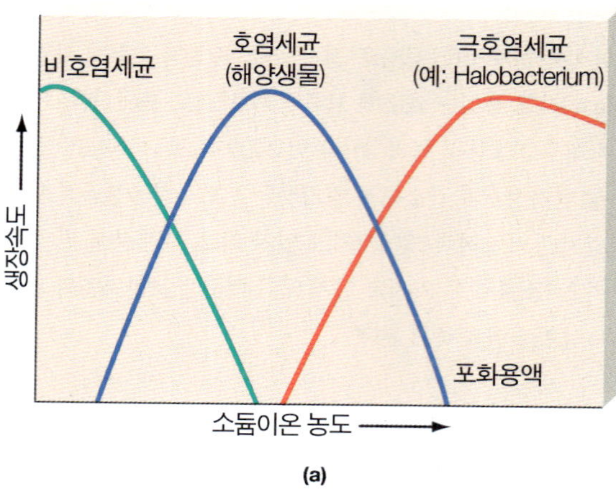

(a)

(b)

그림 6.16 염에 대한 반응. **(a)** 소듐 이온 농도에 따른 호염세균과 비호염세균의 생장속도. **(b)** 호염세균이 번성하는 유타의 대염호. 호수 가장자리 주변 지역이 하얗게 보이는 것은 마른 소금 때문이다. (© *Tony Hamblin/Corbis*)

균의 세포막은 용질의 이동을 조절하는 수송 체계를 갖추고 있다(◀5장 p. 140). 그렇지만, 세포 밖의 용질 농도가 너무 높아지면 수분 손실로 인해 생장이 억제되거나 죽는다.

햄과 베이컨을 제조하거나 오이절임을 만들 때 소금을 보존제로 사용하는 것은 고농도의 용질이 충분한 삼투압을 유발하여 미생물의 생장을 억제하거나 미생물을 죽인다는 사실에 근거를 두고 있다. 젤리나 잼을 만들 때 설탕을 보존제로 쓰는 것도 같은 원리에 근거한다.

호염세균(**halophiles** 또는 salt-loving organisms)이라 불리는 세균은 중간 정도 내지 많은 양의 소금을 필요로 한다. 이들의 세포막 수송 체계는 소듐 이온을 세포 밖으로 능동적으로 배출하며 포타슘 이온은 세포 안에 농축시킨다. 어째서 호염세균이 소듐 이온을 요구하는 지에 대해서는 2가지 가능한 설명이 제시된 바 있다. 하나는 세포질의 포타슘 이온 농도를 높게 유지하여 효소가 제 기능을 발휘하도록 한다는 것이다. 다른 하나는 소듐이온이 세포막의 본래 구조를 유지하는데 필요하다는 것이다.

호염세균은 전형적으로 염분 농도가 3.5%인 바다에서 많이 발견된다. 고도 호염세균(extreme holophiles)은 20 내지 30%의 염분 농도를 필요로 한다(**그림 6.16**). 이들은 사해 같은 예외적으로 높은 염분을 함유한 곳에서 자라며 때로는 오이지를 절이는 염수통에서도 자라 오이지를 상하게 한다.

방사선

감마선이나 자외선 같은 방사 에너지는 DNA에 돌연변이를 유발하며 생물을 죽이기도 한다. 그러나 어떤 미생물은 방사선을 차단하여 DNA 상해를 막아주는 색소를 가지고 있거나 상해 받은 DNA를 수선할 수 있는 효소 체계를 가지고 있다.

*Deinococcus radiodurans*라고 하는 세균은 10,000 Gy의 방사선량에도 살아남는다. Gy는 방사선의 흡수량을 측정하는 단위이다. 인간은 5 Gy를 쏘이면 죽는다. 1,000 Gy는 대장균 배양액을 멸균할 수 있는 용량이다. 높은 수준의 방사선을 견디는 세균은 오염지역의 청소에 유용하게 쓰일 수 있다.

확대경

분홍색 대염호

유타주의 대염호(The Great Salt Lake)는 염도가 매우 높은데도 세균이 서식한다. 해양수보다 거의 10배나 더 짠 이 호수에는 다양한 호염세균이 서식한다. 모든 호염세균은 세포벽에 peptido-glycan이 없기 때문에 그람 음성세균이다. 더구나 이들은 대부분의 항생제에 대해 감수성을 보이지 않고, 유별나게 큰 플라스미드를 가지고 있으며 편성 호기성균이다. 호염세균은 생장을 위해 많은 양의 소듐 이온을 요구하는데 소듐 이온과 비슷한 다른 이온은 이러한 요구를 만족시키지 못 한다. 어떤 고도호염균들은 빛을 이용하여 ATP를 합성한다. 녹색 식물과 달리 광 의존성 ATP 합성에 쓰이는 호염균 색소는 주황색 카로티노이드, 주자색 bacterioruberin, 그리고 주자색 bacteriorhodopsin이다. 고염도 호수와 주변 연못을 공중에서 촬영하면 이들 호염세균의 찬란한 색채가 보이는데 마치 분홍색의 조각이불을 깔아 놓은 것 같은 독특한 모양으로 보인다.

Aeria Archives

영양적 요인

미생물의 생장은 물리적 요인 뿐 아니라 영양적 요인에 의해서도 영향을 받는다. 미생물이 필요로 하는 영양분은 탄소, 질소, 황, 인, 미량원소, 그리고 비타민이다. 미생물은 자신의 영양요구를 충족시키는 과정에서 원소들의 지구화학적 순환을 돕는다. 탄소, 질소, 황, 그리고 인 순환에 관여하는 미생물 활성은 26장에 기술되어 있다. 일부 미생물은 실험실에서는 맞추어주기 힘든 **까다로운(fastidious)** 영양요구성을 보인다. 임질을 일으키는 균은 영양요구성이 까다로워서 인체에서는 잘 자라지만 실험실의 영양한천배지에서는 쉽게 자라지 않는다.

탄소원

대부분의 세균은 에너지원으로서 유기 탄소화합물을 사용한다. 종속영양 세균은 세포 성분을 합성하기 위한 재료로서 유기 탄소화합물을 사용하지만 자가영양 광합성 생물은 이산화탄소를 환원하여 포도당이나 다른 유기화합물을 만든다. 자가영양생물이나 종속영양생물 모두 해당작용, 발효, 그리고 크렙스 회로에 의해 포도당을 분해하여 에너지를 얻으며 이러한 분해 과정 중에 생성된 중간생성물질을 이용하여 세포 성분을 합성한다.

질소원

미생물을 포함하여 모든 생물은 효소 단백질, 다른 단백질, 그리고 핵산을 합성하기 위해 질소를 필요로 한다. 어떤 미생물은 무기질소원으로부터 질소를 얻으며 심지어 몇몇 미생물은 무기질소화합물을 산화하여 에너지를 얻는다. 많은 미생물은 질산(NO_3^-) 이온을 아미노기(NH_2)로 환원하여 이를 아미노산 합성하는 데 사용한다. 어떤 세균은 단백질을 구성하는 20 종류의 아미노산 전부를 합성할 수 있으나, 다른 세균은 하나 이상의 아미노산을 배지에 공급해 주어야만 살 수 있다. 어떤 까다로운 생물은 배지에 20 종 아미노산 전부와 그 밖의 성분을 공급해 주어야만 산다. 질병을 유발하는 많은 생물은 그들이 기생하는 사람이나 다른 생물의 세포로부터 아미노산을 얻어 단백질이나 기타 질소함유 물질을 합성한다.

일단 아미노산이 합성되거나 배지로부터 흡수되면 이들은 단백질 합성에 쓰인다. 이와 유사하게 퓨린과 피리미딘은 DNA와 RNA를 합성하는데 사용된다. 단백질과 핵산이 합성되는 과정은 세포가 보유하는 유전정보와 직접적으로 관련된다. 이에 단백질과 핵산의 합성은 7장과 8장에서 논의될 것이다.

확대경

까다로운 식성

Spiroplasma 속의 종은 세포벽이 없는 작은 나선균으로 영양적으로 가장 까다로운 생물로 알려져 있다. 최근 미국 농무부(U.S. Department of Agriculture, USDA) 소속 과학자인 Kevin Hackett는 이 균의 영양요구를 만족시키기 위해 지질, 탄수화물, 아미노산, 염류, 비타민, 유기산, 그리고 페니실린(있을지 모르는 경쟁자를 억제하기 위한 성분)을 포함하여 80여 성분이 망라된 정밀한 배지조성을 고안하였다. 그는 이 배지를 이용하여 실험실에서 30여 종의 *Spiroplasma* 균을 배양하는데 성공하였다. 이로서 이들을 100 여 종이 넘는 이들의 숙주(곤충, 진드기, 식물 등) 체외에서 연구할 수 있는 길이 열리게 된 것이다. 지금까지는 *Spiroplasma* 균을 이들의 숙주 밖에서 배양하는 것이 불가능하였다.

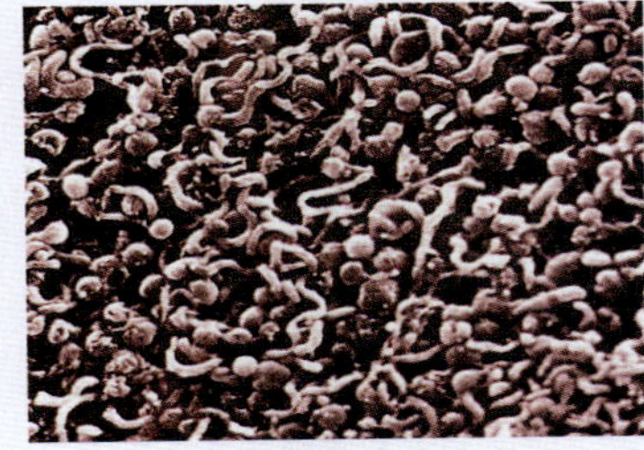
Spiroplasma (55,100 배 확대). *(David M. Philips/Visuals Unlimited)*

미생물 "비약"에 대해 연구하고 있는 미국 농무부의 Kevin Hackett. 80여 성분이 들어 있는 "비약"을 사용하면 영양적으로 까다로운 *Spiroplasma* 균을 이들의 숙주 밖에서 배양할 수 있다. *(미국 농업부 Agricultural Research Service의 전재 승인)*

Spiroplasma 균은 수많은 농작물이나 동물에 질병을 일으킨다. 의료 분야의 과학자들은 실험 동물에 종양을 유발하는 한 종에 특별히 흥미를 느끼고 있다. 어떤 종은 꿀벌을 죽이며 또 다른 종은 감자, 가지, 그리고 토마토에 피해를 주는 콜로라도감자딱정벌레에 살고 있지만 이 벌레에 해를 끼치지는 않는다. 과학자들은 이 균이 콜로라도감자딱정벌레를 죽일 수 있도록 이 균을 유전적으로 변형시키려고 애쓰고 있다.

미국 농업부 과학자들은 역시 세포벽이 없는 *Mycoplasma*와 유사한 세균을 배양할 수 있는 복합 배지를 고안하기 위해 노력하고 있다. 이 들은 수많은 농작물에 질병을 일으켜 매년 엄청난 경제적 손실을 끼치며 감염된 곤충에 의하여 여러 식물체에 전파된다. 이 과학자들은 인간에게 소위 "걸어다니는 폐렴"을 유발하는 *Mycoplasma pneumoniae*를 배양할 수 있는 배지 조성을 알아내기 위해서도 애쓰고 있다.

황과 인

탄소와 질소 이외에 미생물은 세포의 주요 성분인 황과 인을 필요로 한다. 미생물은 무기 황산염이나 황을 함유하는 아미노산으로부터 황을 얻어 단백질, 조효소, 그리고 여타의 세포 성분을 합성하는데 사용한다. 어떤 미생물은 무기 황화합물과 다른 아미노산으로부터 황 함유 아미노산을 합성할 수 있다. 미생물은 무기인산염(PO_4^{3-})으로부터 인을 얻어 ATP, 인지질, 그리고 핵산을 합성하는데 사용한다.

미량 원소

많은 미생물은 아주 적은 양의 구리, 철, 아연, 그리고 코발트 같은 **미량원소(trace elements)**를 이온의 형태로 요구한다. 미량원소는 흔히 효소 반응의 보조인자로 작용한다. 모든 생물은 일정량의 소듐 이온과 염화 이온을 필요로 하며 호염세균은 많은 양의 소듐 이온을 요구한다. 포타슘, 아연, 마그네슘, 그리고 망간은 어떤 효소들을 활성화한다. 비타민 B_{12}를 합성하는 생물은 코발트가 필요하다. 철은 전자전달계의 cytochrome 같은 헴을 함유하는 화합물을 합성하는데 쓰인다. 철은 비록 소량이 요구되지만 부족하게 되면 생장이 심하게 저해된다. 칼슘은 그람 양성 세균의 세포벽 합성에 쓰이며 포자형성균의 포자 생성에도 쓰인다.

비타민

생물은 주로 세포내에서 조효소로 사용되는 소량의 **비타민(vitamin)**을 필요로 한다. 많은 미생물은 간단한 물질로부터 자신이 필요로 하는 비타민을 만들어 낸다. 어떤 미생물은 비타민을 합성하는데 관여하는 효소가 부족하기 때문에 배지에 몇몇 비타민을 보충해 주어야 산다. 어떤 미생물이 요구하는 비타민에는 엽산, 비타민 B_{12}, 그리고 비타민 K가 있다. 사람에 기생하는 병원균은 흔히 다양한 비타민을 요구하며 그래서 이들은 숙주로부터 비타민을 충분히 공급받을 경우에만 잘 자랄 수 있다. 이러한 병원균을 실험실에서 배양하려면 통상 이들이 숙주에서 얻어왔던 영양분이 모두 포함된 복합 배지를 사용하여야 한다. 사람의 장 안에서 서식하는 미생물은 혈액 응고에 필요한 비타민 K와 몇 몇 비타민 B를 합성하므로 숙주에 이롭다.

영양적 복잡성

한 생물의 **영양적 복잡성(nutritional complexity)**이란 생장을 위하여 반드시 섭취해야하는 영양분의 수로서 그 생물이 보유하는 효소의 종류와 숫자에 의해 결정된다. 하나의 효소가 없으면 한 특정 물질의 합성이 불가능해지므로 그 물질을 환경으로부터 영양분의 형태로 섭취해야 한다. 미생물은 종류에 따라 보유하는 효소의 숫자가 다양하다. 많은 종류의 효소를 가지고 있는 미생물은 필요한 영양분을 거의 다 합성할 수 있으므로 영양요구성이 단순하다. 적은 종류의 효소를 가지고 있는 미생물은 생장에 필요한 많은 물질을 다 합성할 수 없으므로 영양요구성이 복잡하다. 따라서 영양적 복잡성은 생합성 효소의 부족을 반영한다.

효소의 위치

대부분의 미생물은 세포막을 통해 다양한 소형 분자들을 운반하여 대사한다. 여기에는 여러 가지 무기 이온은 물론 포도당, 아미노산, 소형 펩타이드, 뉴클레오사이드, 그리고 인산이 포함된다. 많은 세균(그리고 진균)은 세포 안에서 작용하는 체내효소를 만드는 것은 물론(5장 p. 120) *체외효소(exoenzymes)*를 생산하여 세포막 밖으로 분비한다. 흔히 그람양성 간균에 의하여 생산되는 **세포외효소(extracellular enzymes)**는 세포 주위의 배지에서 작용하며 그람음성 세균에 의하여 생산되는 **주변세포질효소(periplasmic enzymes)**는 세포막과 외막 사이의 주변세포질공간에서 작용한다. 대부분의 체외효소는 가수분해효소이다; 이들은 탄수화물, 지질, 또는 단백질 같은 거대분자에 물을 투여하여 흡수하기 쉬운 작은 분자로 분해한다(**표 6.2**). 비록 세포막을 통하여 거대 분자를 운반할 수는 없으나 자연계의 미생물은 체외효소를 분비하여 다른 생물에서 유래한 거대분자를 작은 분자로 소화하여 흡수한다.

표 6.2

체외효소의 예

효소	작용
복잡한 탄수화물에 작용하는 효소	
탄수화물가수분해효소	큰 탄수화물 분자를 작은 분자로 분해
아밀레이즈	전분을 맥아당으로 분해
섬유소분해효소	섬유소를 셀로비오스로 분해
당류에 작용하는 효소	
설탕분해효소	설탕을 포도당과 과당으로 분해
유당분해효소	유당을 포도당과 갈락토오스로 분해
맥아당분해효소	맥아당 한 분자를 포도당 2분자로 분해
지질에 작용하는 효소	
지질분해효소	지방을 글리세롤과 지방산으로 분해
단백질에 작용하는 효소	
단백질분해효소	단백질을 펩타이드와 아미노산으로 분해
유단백분해효소	유단백을 아미노산과 펩타이드로 분해
젤라틴분해효소	젤라틴을 아미노산과 펩타이드로 분해

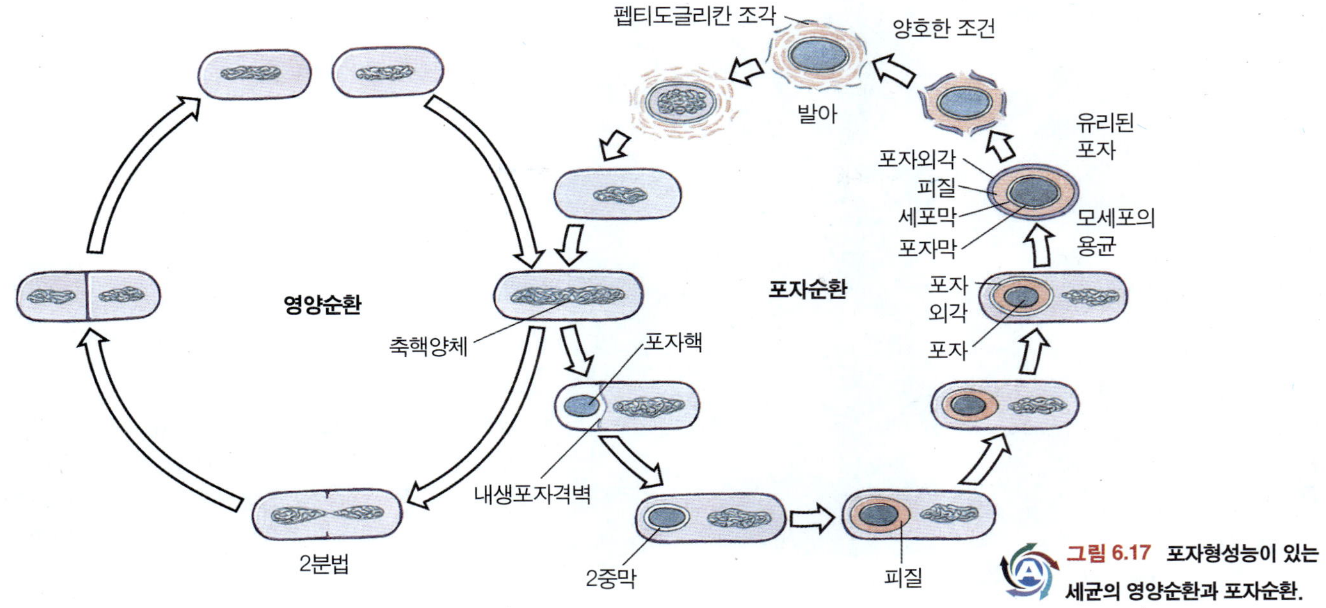

그림 6.17 포자형성능이 있는 세균의 영양순환과 포자순환.

제한된 영양분에 대한 적응

미생물은 몇 가지 방법으로 제한된 양의 영양분에 대해 적응한다:

1. 어떤 미생물은 제한된 영양분을 섭취하고 대사하는데 필요한 효소의 양을 증가시킨다. 이로 인해 미생물은 소량의 가용 영양분을 적극적으로 많이 섭취하여 이용할 수 있게 된다.
2. 어떤 미생물은 다른 영양분을 이용할 수 있는 효소를 합성할 수 있다. 예를 들어 포도당이 부족하고 유당이 풍부하면 어떤 미생물은 유당을 섭취하여 이용할 수 있는 효소를 생산한다.
3. 많은 생물은 가장 부족한 영양분의 가용성에 맞추어 영양분의 대사 속도와 생장속도를 조절한다. 대사와 생장이 지체되지만 사용할 수 없는 생성물을 합성하는데 에너지를 낭비하지는 않게 된다. 조건이 호전되면 생장은 다시 빨라진다.

중점 질문 사항

1. 어미 *-phile*의 의미는 무엇인가? *편성(obligate)*과 *통성(facultative)*이라는 두 용어를 구별하시오.
2. 대부분의 편성 혐기성균은 어떤 효소들이 결핍되어 있는가? 이 결핍은 어째서 산소가 존재하는 조건에서 편성 혐기성균을 죽게 하는가?
3. 영양요구성이 까다로운 미생물의 효소 숫자는 영양요구성이 간단한 미생물의 효소 숫자보다 더 많을까 더 적을까? 그 이유는?

포자형성

포자형성(sporulation), 즉 내생포자의 형성은 *Bacillus*, *Clostridium*, 그리고 몇 몇 다른 그람양성 세균에서 일어나는데, *B. subtilis*와 *B. megaterium*에서 가장 자세히 연구되었다. 세균의 내생포자는 세포 안에 형성된 포자로서 진균의 포자와 혼동하지 마시오. 많은 수가 생산되는 진균의 포자는 생식의 결과로 형성된다(11장 p. 320). 세균의 내생포자는 열악한 환경이나 영양, 그리고 세포주기의 신호에 반응하여 정지기 중에 만들어진다.

탄소 또는 질소 영양분이 부족해지면 모세포 안에서 내성이 대단히 높은 내생포자가 형성된다. (드물지만 어떤 세균은 영양분이 부족하지 않을 때도 내생포자를 만든다.) 내생포자는 대사활성이 없지만 오랜 가뭄에 살아남으며 높은 온도, 방사선, 그리고 독성 화학물질에 대해 저항성을 보인다. 내생포자는 영양 세포의 최고온도보다 훨씬 높은 온도에 견딘다. 내생포자 자체는 분열할 수 없으며 모세포는 단 하나의 내생포자를 생성한다. 따라서 세균의 포자형성은 생식의 방법이 아니라 보호 또는 생존을 위한 수단이다.

내생포자가 형성되기 시작하면서 DNA는 복제되어 길고 치밀한 *축핵양체(axial nucleoid)*로 된다**(그림 6.17)**. 복제되어 형성된 2염색체는 분리되어 세포내의 서로 다른 위치로 이동한다. 어떤 세균에서는 내생포자가 세포 가운데 부분에 형성되며 다른 세균에서는 말단 부위에 형성된다**(그림 6.18)**. 내생포자가 형성되는 위치에 존재하는 DNA는 내생포자 형성을 관장한다. 대부분의 세포 RNA와 일부 단백질들이 이 DNA 주위에 모여 내생포자의 살아 있는 부분인 **포자핵(core)**을 형성한다. 포자핵은 단백질 구조를 안정화시켜 내생포자에 열 저항성을 부여하는 **디피콜린산(dipicolinic acid)**과 칼슘 이온을 함유하고 있다. 포자핵 주위에는 2층의 인지질막으로 구성된 **내생포자 격벽(endospore septum)**이 형성된다(그림 6.17). 2층의 인지질막은 펩티도글리칸(peptidoglycan)을 합성하여 두 막 사이의 공간으로

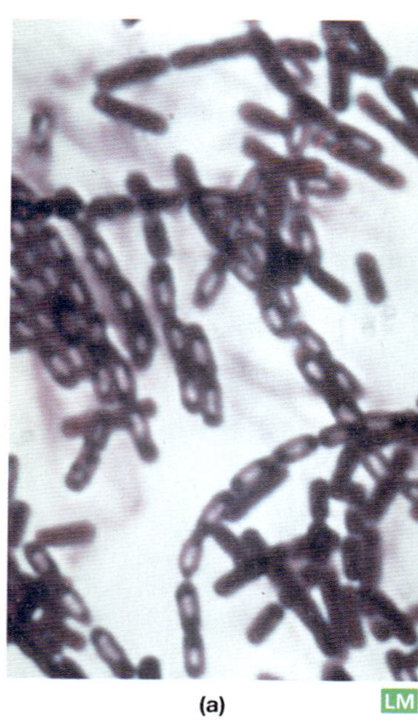

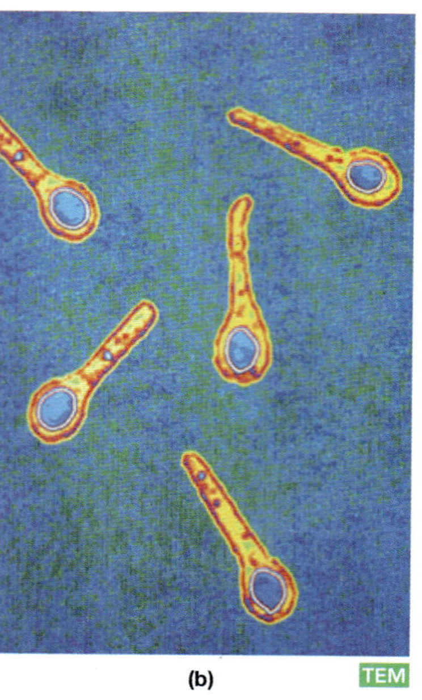

그림 6.18 ***Clostridium*** **두 종의 내생포자.** **(a)** 내생포자가 세포질 가운데에 형성된 세포(2,121X) (*Soad Tabaqchali/Visuals Unlimited*) **(b)** 내생포자가 세포질 끝에 형성되어 곤봉 모양으로 보이는 세포(17,976X). (*Alfred Pasieka/Photo Researchers, Inc.*)

분비함으로서 층상의 구조물인 **피질(cortex)**로 변환된다. 피질은 건조한 조건에서 야기되는 삼투압 변화에 대하여 포자핵을 보호한다. 모세포는 케라틴 유사 단백질로 이루어졌으며 많은 화학물질의 통과를 억제하는 **포자외각(spore coat)**을 피질 주위에 형성한다. 마지막으로, 어떤 내생포자에서는 지질 단백질막인 **포자외막(exosporium)**이 포자외각 주위에 형성되기도 한다. 포자외막의 기능은 알려져 있지 않다. 실험실 조건에서 포자형성은 약 7 시간 걸린다.

일단 환경 조건이 호전되면 내생포자는 저항성을 상실한 영양세포로 발달하는 **발아(germination)** 과정을 거친다. 발아는 3단계로 진행된다. 첫 번째는 *활성화(activation)*단계로서 포자외각에 손상을 줄 수 있는 낮은 pH 또는 높은 열 같은 다소 충격적인 자극을 필요로 한다. 이러한 손상이 선행되지 않으면 발아가 안 되거나 되더라도 매우 더디게 진행된다. 두 번째는 *발아준비(germination proper)* 단계로서 손상된 포자외각을 관통할 수 있는 물과 발아제(예를 들어 아미노산의 일종인 알라닌 또는 어떤 무기 이온)를 필요로 한다. 이 과정에서 피질의 펩티도글리칸은 상당 부분 파괴되어 배지 밖으로 배출된다. 살아 있는 세포, 즉 포자핵은 다량의 물을 흡수하고 열에 대한 저항성과 빛에 대한 *굴절성(refractility)*을 잃게 된다. 마지막 단계는 *발아생장(outgrowth)* 단계로서 적절한 영양분이 함유된 배지에서 단백질과 RNA를 합성하며 약 한 시간 이내에 DNA 합성을 시작한다. 이제 내생포자는 영양세포로 전환되었으며 2분법으로 세포분열을 하면서 생장한다.

2,500만년 동안이나 호박에 갇혀있던 내생포자가 영양배지에서 발아하였다.

이렇게 내생포자를 형성하는 세균은 *영양순환(vegetative cycle)*과 포자순환(sporulation cycle) 2종류의 생활환으로 살아간다(그림 6.17). 영양순환은 20여분 간격으로 반복되며 포자순환은 필요에 따라 주기적으로 개시된다. 300년 이상 된 내생포자가 호조건의 배지에서 발아하는 것이 관찰된 바 있다. 결론적으로 내생포자는 멸종에 대한 훌륭한 보험 수단이라고 할 수 있다.

기니피그의 장에 서식하는 *Metabacterium polyspora*는 *Epulopiscium fishelsoni*의 근연종으로 매우 특이하다. 이 2종은 모두 포자를 형성하는 *Clostridium* 속의 근연종이다. *M. polyspora*는 세포의 양끝 부분에 여러 개의 내생포자를 형성한다. 이는 세균의 내생포자형성이 생식수단이 아니라는 일반적 견해에 배치되는 예외이다.

포자와 유사한 세균의 구조들

*Azotobacter*와 같은 세균은 둥글고 두꺼운 벽에 둘러싸여 내성이 높은 **포낭(cyst)**을 형성한다. 내생포자와 마찬가지로 포낭은 대사 활성이 없으며 건조한 환경에 잘 견딘다. 그러나 내생포자에 비해 고온에 대한 저항성은 약하다. 포낭은 조건이 호전되면 단세포로 발아하므로 생식의 수단은 아니다.

*Micromonospora*와 *Streptomyces* 같은 일부 사상균은 무성생식을 통해 두꺼운 외벽으로 둘러싸인 기층 포자가 사슬 모양으로 늘어선 **분생포자(conidia)**를 형성한다. 이 포자들은 일시적으로 휴지 상태로 존재하나 특별히 열이나 건조에 대해 저항성을 보이지는 않는다. 하나의 세포에서 생산되는 많은 수의 분생포자는 적절한 환경으로 분산되면 새로운 사상균 섬유를 형성한다. 분생포자는 내생포자와 달리 생식수단의 하나이다.

세균의 배양

실험실에서 세균을 배양하는 데는 2가지 문제점이 있다. 첫째, 1종의 특성을 연구하려면 그 종을 순수 배양하여야 한다. 둘째, 원하는 미생물의 생장을 지원하는 배지를 고안하여야 한다. 이러한 문제를 해결할 수 있는 몇 가지 방법을 살펴보기로 하자.

순수 배양을 얻는 방법

오직 1종류만을 포함하는 **순수배양(pure culture)**을 확보하는 것은 실험실에서 세균을 연구하는데 있어 매우 중요하다. 순수배양 기술이 발달하기 전에는 서로 다른 몇 종류의 생물이 섞인 *혼합배양(mixed culture)*이 사용되었다. 연구자들은 과거에는 다양한 모양과 크기의 생물을 관찰할 수 있었으나 각 종의 영양요구성이나 생장특성에 대해서는 거의 알 수가 없었다. 요즈음에 이르러서는 단일 세포의 자손을 분리하여 순수배양을 얻을 수 있게 되었다.

지금은 쉽지만 순수배양 기술은 어렵게 개발되었다. 연속 희석에 의하여 단일세포를 분리하려는 시도는 자주 실패로 돌아갔는데 그것은 가장 높은 배수로 희석한 배양액에도 2가지 이상의 다른 종이 섞여 있었기 때문이었다. 코호(Koch)는 고체 표면에 세균을 얇게 도말하는 기술을 개발하였는데 이것은 고체 표면 곳곳에 1마리의 세균만이 붙도록 하여 상당히 효율적이었다. 코호는 다양한 고체 배지를 시험하였지만 최종적으로 그의 동료의 부인인 헤세(Angelina Hesse)의 발견에 힘입어 순수배양에 가장 이상적인 고체배지로 한천 고체배지를 사용하게 되었다. 한천을 분해하는 생물은 거의 없고 1.5% 한천이 함유된 고체 배지는 95°C 이하에서는 녹지 않는다. 더구나 녹은 다음에도 40°C 근처로 식기 전 까지는 액체 상태를 유지할 수 있어 식기 바로 전에 영양분과 세포를 한천에 섞어 굳히면 영양분과 세포가 열에 의해 파괴되는 것을 막을 수 있다.

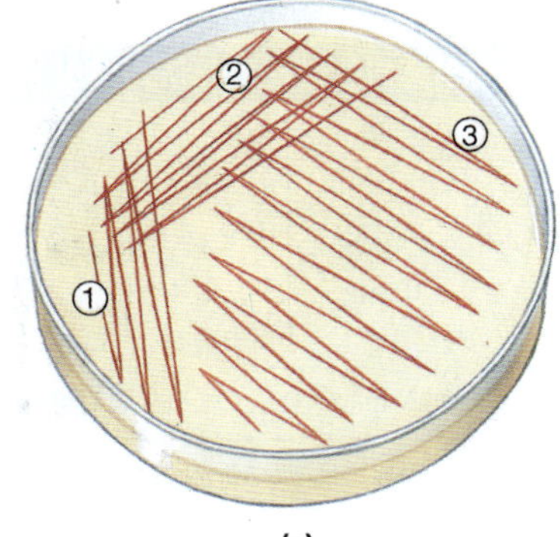

(a)

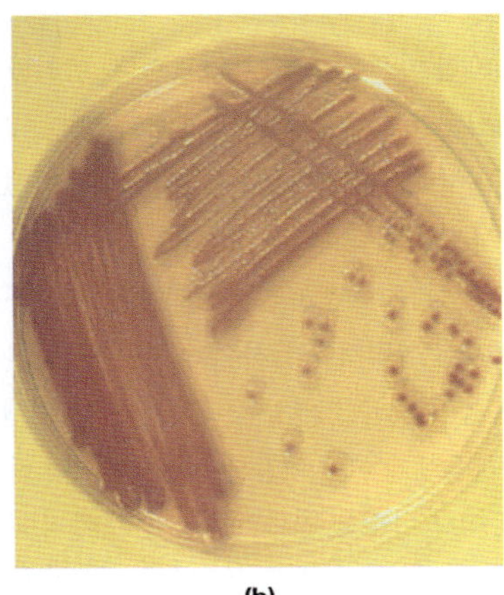

(b)

그림 6.19 순수배양을 얻기 위한 획선평판법. **(a)** 철사 접종 고리에 배양액 1방울을 묻혀 한천 표면의 지역 1을 따라 가볍게 획선을 그어 1차로 접종한다. 화염으로 멸균한 접종 고리로 지역 1에서 균을 묻혀 지역 2에 획선을 그어 이차로 접종한다. 접종고리를 화염으로 멸균하고 지역 3에서 획선 접종 과정을 반복한 후 평판을 배양한다. **(b)** 배양이 끝난 *Serratia marcescens*의 획선 평판. 획선 접종이 계속되면서 집락의 수가 현저하게 적어진다. (Christine Case/Visuals Unlimited)

획선평판법

오늘날 가장 널리 쓰이는 순수배양법은 한천평판을 이용한 **획선평판법(streak plate method)**이다. 멸균된 철사 고리(loop)에 균을 묻혀 한천 표면을 따라 가볍게 획선을 그어 균을 일차로 접종한다. 접종 고리를 화염으로 멸균하여 식힌 다음 일차 접종된 지역에서 균을 묻혀 그림 6.19에 보이는 것처럼 새로운 한천 표면에 획선을 그어 이차로 접종한다. 획선이 계속되면서 점점 더 적은 수의 균의 접종되며 매 획선 후에는 접종 고리를 화염으로 멸균한다. 최종적으로 마지막 획선 지역에는 개별 세포가 접종된다. 접종이 끝난 평판을 적절한 온도에서 배양하면 하나의 세균 세포에서 유래한 작은 집락이 여러 개 나타난다. 추가적인 연구를 수행하려면 멸균된 철사 고리로 분리된 집락의 균을 묻혀 적절한 멸균 배지에 접종한다. 무균조작 과정을 충실히 따르면 새로운 배지는 오직 1종류의 미생물만을 포함할 것이다.

주가평판법

순수배양을 얻기 위한 또 다른 방법은 연속 희석을 이용하는 **주가평판법(pour plate method)**이다(그림 6.7a). 마지막 희석액이 약 1,000마리의 세균을 함유하도록 일련의 연속 희석을 수행한다. 마지막 희석액 1 ml을 약 45°C 정도로 식힌 9 ml 한천배지 용액과 섞어 멸균된 평판에 재빨리 부어 식힌다. 이렇게 만든 주가평판은 적은 수의 세균을 포함하게 되며 일부 세균은 분리된 집락을 형성할 것이다. 이 방법으로는 집락이 한천배지 표면 아래에서도 형성될 수 있으므로 배지 표면의 산소에 노출되면 자랄 수 없는 미호기성균의 순수 분리에는 주가평판법이 특히 유효하다.

배양 배지

대양, 호수, 토양, 그리고 살아 있거나 죽어 있는 유기물에는 많은 종

표 6.3

Proteus vulgaris 배양을 위한 한정합성배지의 조성

성분	양	성분	양
물	1 l	K_2HPO_4	1 g
$MgSO_4 \cdot 7H_2O$	200 mg	$FeSO_4 \cdot 7H_2O$	10 mg
$CaCl_2$	10 mg	포도당	5 g
NH_4Cl	1 g	니코틴산	0.1 mg
미량원소(무기염 상태의 Mn, Mo, Cu, Co, Zn, 각각 0.02-0.5 mg)			

출처: Adapted from R. Y. Stanier et al. *The Microbial World*. 5th ed. Upper Saddle River, NJ: Prentice-Hall, 1986.

류의 세균과 여타의 미생물이 섞여 살고 있다. 이러한 재료들은 *자연배지(natural media)*라고 여길 수도 있다. 흔히 토양이나 물 시료를 실험실로 운반하여 시료로부터 미생물을 분리한다. 이렇게 준비한 순수배양은 연구에 사용된다.

실험실에서 세균을 키우려면 세균이 어떤 영양분을 필요로 하며 그 영양분을 배지에 어떻게 공급하여야 하는가를 알아야 한다. 실험실에서 여러 해 동안 세균을 배양한 경험을 통해 미생물학자들은 많은 종류의 미생물들에게 어떤 영양분을 공급하여야 하는지 알게 되었다. 그러나 매독이나 나병을 일으키는 균들은 아직도 실험실 배지에서 배양되지 않는다. 이 들은 인간이나 다른 동물의 살아 있는 세포를 함유한 배지에서만 배양된다. 영양요구성이 비교적 잘 알려진 다른 많은 미생물은 하나 또는 그 이상의 배지에서 잘 자란다.

배지의 종류

세균의 실험실 배양에는 앞에서 언급한 자연 배지가 아닌 합성 배지가 일반적으로 쓰인다. **합성배지(synthetic media)**란 조성이 정확하거나 비교적 잘 정의된 물질을 이용하여 실험실에서 조제한 배지를 말한다. **한정합성배지(defined synthetic media)**란 조성 화학물질의 종류와 양이 정확히 정의된 배지이다. 표 6.3과 표 6.4는 합성배지의 예를 보여 주고 있다. **복합배지** 또는 **비한정합성배지(complex media 또는 chemically nondefined media)**는 생산될 때 마다 화학 조성이 조금 씩 달라지는 재료로 만든 배지이다. 예를 들어 혈액이나 소고기, 효모, 콩 따위의 추출물이 복합배지에 들어간다. 복합배지에 흔히 첨가되는 성분중의 하나는 단백질의 가수분해 산물인 **펩톤(peptone)**이다. 미생물은 펩톤을 작은 펩타이드 성분으로 사용한다. 많은 미생물을 배양하는데 쓰이는 액체영양배지나 고체 한천배지는 대부분 복합배지이다. 표 6.5는 복합배지의 한 예를 보여준다.

흔히 사용되는 배지

대부분의 일상적인 실험실 배양에 쓰이는 영양액체배지와 고체 한천배지는 고기 또는 생선으로 만든 펩톤을 함유한다. 이러한 배지는 때

표 6.4

영양요구성이 까다로운 세균인 *Leuconostoc mesenteroides*의 배양을 위한 한정합성배지

성분	양	성분	양
물	1 l		
에너지원			
포도당	25 g		
질소원			
NH_4Cl	3 g		
염류			
KH_2PO_4	600 mg	$FeSO_4 \cdot 7H_2O$	10 mg
K_2HPO_4	600 mg	$MnSO_4 \cdot 4H_2O$	20 mg
$MgSO_4 \cdot 7H_2O$	200 mg	NaCl	10 mg
유기산			
Sodium acetate	20 g		
아미노산			
DL-α-Alanine	200 mg	L-Lysine · HC1	250 mg
L-Arginine	242 mg	DL-Methionine	100 mg
L-Asparagine	400 mg	DL-Phenylalanine	100 mg
L-Aspartic acid	100 mg	DL-Proline	100 mg
L-Cysteine	50 mg	DL-Alanine	50 mg
L-Glutamic acid	300 mg	DL-Threonine	200 mg
Glycine	100 mg	DL-Tryptophan	40 mg
L-Histidine · HCl	62 mg	L-Tyrosine	100 mg
DL-Isoleucine	250 mg	DL-Valine	250 mg
DL-Leucine	250 mg		
퓨린과 피리미딘			
Adenine sulfate,H_2O	10 mg	Uracil	10 mg
Guanine · HCl · $2H_2O$	10 mg	Xanthine · HCl	10 mg
비타민			
Thiamine · HCl	0.5 mg	Riboflavin	0.5 mg
Pyridoxine · HCl	1.0 mg	Nicotinic acid	1.0 mg
Pyridoxamine · HCl	0.3 mg	p-Aminobenzoic acid	0.1 mg
Pyridoxal · HCl	0.3 mg	Biotin	0.001 mg
Calcium pantothenate	0.5 mg	Folic acid	0.01 mg

출처: H. E. Sauberlich and C. A. Baumann. ''A factor required for the growth of *Leuconostoc citrovorum*.'' *J. Biol. Chem*. 176(1948):166.

표 6.5

다수의 종속영양세균에 적합한 복합배지

영양액체배지 성분	양
물	1 l
펩톤	5 g
Beef extract	3 g
NaCl	8 g
고체배지	
한천	15 g
위에 지정한 양의 영양액체배지 성분	

때로 여러 가지 비타민, 조효소, 그리고 뉴클레오사이드를 함유한 **효모추출물(yeast extract)**로 보강된다. 우유단백질로 만든 **유단백가수분해물(casein hydrolysate)**은 많은 아미노산을 함유하고 있어 일부 배지의 보강 성분으로 사용된다. 혈액은 배양이 까다로운 병원균이 필요로 하는 영양분을 많이 함유하고 있어 **혈청(serum)** (혈액이 응고 된 후에 남는 액체), 전혈, 그리고 열처리한 전혈을 필요에 따라 배지 보강제로 사용한다. **혈액한천배지(blood agar)**는 적혈구를 파괴하는 즉 용혈을 일으키는 미생물을 동정하는데 유용하다. 혈액한천배지에는 사람 혈액보다 용혈이 좀 더 명확하게 일어나는 양의 혈액이 사용된다.

맛있음직한 "초콜릿 한천배지"에는 초콜릿이 들어 있지 않다. 배지 만들 때 가열된 혈액 때문에 초콜릿색이 나는 것이다. 이 배지는 영양요구성이 까다로운 세균의 배양에 쓰인다.

선택배지, 분별배지, 증균배지

감염 질병을 앓고 있는 환자로부터 특정 미생물을 분리하여 동정하기 위하여 흔히 *선택배지(selective media)*, *분별배지(differential media)*, 또는 *증균배지(enrichment media)*가 이용된다. 이러한 특수 배지는 현대 진단미생물학의 필수적인 도구이다. **표 6.6**은 특수 진단용 배지의 몇 예를 보여주고 있다. 더 이상의 사진과 다른 종류의 배지는 이 장에 관한 웹사이트에서 찾아볼 수 있다.

선택배지(selective media)는 어떤 미생물의 생장은 촉진하나 다른 미생물의 생장은 억제하는 배지이다. 예를 들어 항생제 설파다이아진(sulfadiazine)과 폴리믹신 황산염(polymixin sulfate)을 함유한 SPS 한천 배지는 식중독을 일으켰다고 의심되는 음식 시료에서 *Clostridium botulinum*을 분리하는데 유용한 선택배지이다. 이 배지에 시료를 접종하여 혐기적으로 배양하면 *C. botulinum*은 잘 자라지만 대부분의 다른 *Clostridium* 종은 생장이 억제된다.

분별배지(differential media)는 미생물에 의해 특정 생화학반응이 일어나면 육안으로 관찰할 수 있는 변화(색깔의 변화 또는 pH 변화)를 보이는 성분을 가지고 있다. 이러한 변화를 관찰함으로서 미생물학자는 어떤 유형의 집락을 동일한 평판에 자라는 다른 집락과 분별할 수 있게 된다(**그림 6.20**). SPS 한천배지는 분별배지로도 쓰인다. 이 배지에서 형성되는 *C. botulinum*의 집락은 황을 함유한 배지 첨가물로부터 황화수소를 만들므로 까맣게 보인다.

SPS 한천배지나 맥콩키(MacConkey) 한천배지 같이 많은 배지들은 선택배지이면서 동시에 분별배지이다. 맥콩키 *한천배지(MacConkey agar)*는 그람양성균의 생장은 억제하고 그람음성세균의 생장에는 영향을 주지 않는 crystal violet과 담즙염을 함유한다. 한편 맥콩키 한천배지는 유당과 pH 지시약을 함유하기 때문에 유당을 발효하는 집락은 적색을 띠고 유당을 발효하지 못하는 집락은 무색투명하게 된다. 몇 몇 예외가 있지만 사람의 장속에 서식하는 대부분의 미생물은 유당을 발효하나 대부분의 병원균은 유당을 발효하지 못한다.

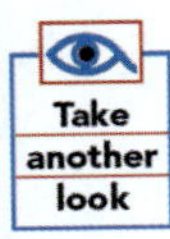

증균배지(enrichment media)는 보통 배지에서는 충분히 자라지 못해 분리 동정하기 어려운 균의 생장을 촉진하기 위하여 특별한 영양분을 보강한 배지이다. 선택배지와 달리 증균배지는 다른 균의 생장을 억제하지는 못한다. 예를 들어 분변 시료에 *Salmonella typhi*의 숫자가 많지 않아 이 균을 분리할 가능성이 낮을 때 이 균의 생장을 촉진하는 셀레늄이 첨가된 증균배지에 분변 시료를 접종하여 배양하면 상대적으로 이 균의 농도가 올라갈 것이다. 따라서 이 균을 분리할 가능성도 높아진다.

배지 산소 농도의 조절

편성호기성균, 미호기성균, 그리고 편성혐기성균을 배양할 때는 생장에 적합한 산소 농도를 유지하기 위해 특별한 주의를 기울여야한다. 대부분의 편성호기성균은 액체 영양배지 또는 고체한천배지로부터 충분한 산소를 얻을 수 있으나 어떤 편성호기성균은 더 많은 산소를

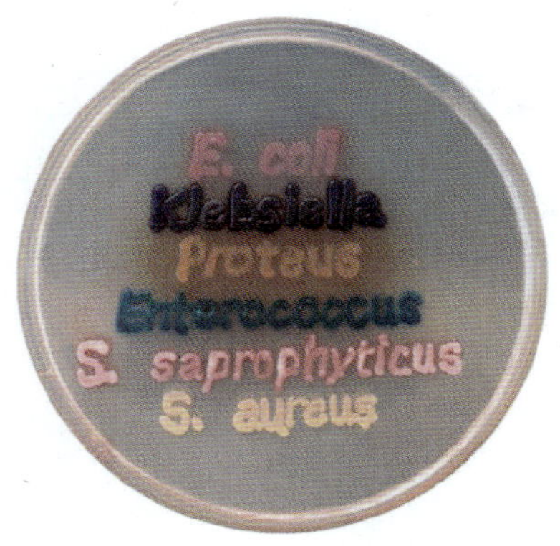

(a)

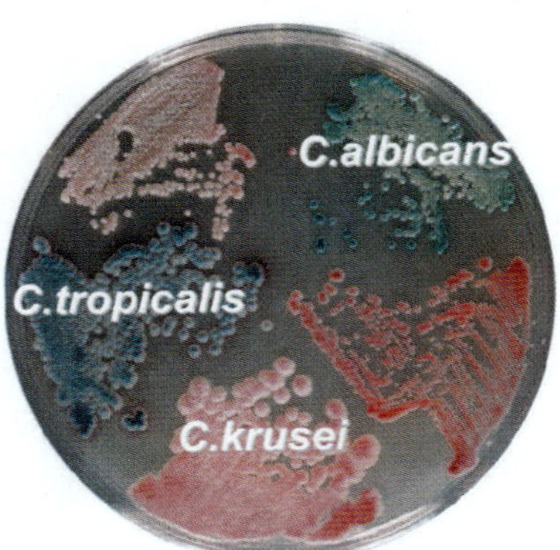

(b)

그림 6.20 분별배지. **(a)** CHROMagerE에 의해 생산되는 이 배지를 사용하면 요로 감염을 일으키는 병원성세균의 동정이 쉬어진다(*CHRPMAGAR/DRG International, Inc*의 전재 승인). **(b)** 혼합배양으로부터 *Candida* 속의 3 종을 분별할 수 있는 CHROMager Candida 평판(*CHRPMAGAR/DRG International, Inc의 전재 승인*).

표 6.6

대표적인 진단배지 몇 가지

배지	동정 세균	선택성 그리고 또는 분별성
 Brilliant green agar (a)	*Salmonella*	**선택성** Brilliant green 염료는 그람양성세균의 생장을 억제하므로 그람음성세균에 선택적. **분별성** *Salmonella*는 유당과 설탕을 발효하지 못하여 적색에서 백색. 다른 세균은 설탕 또는 유당을 발효하여 황색에서 녹색.
 Eosin methylene blue agar (EMB) (b)	그람음성 장내 세균(Enterobacteriaceae)	**선택성** 그람양성세균을 부분적으로 억제. **분별성** 대장균 집락은 자주색이며 전형적으로 녹색의 금속 광택을 띰. *Enterobacter aerogenes*의 집락은 유당을 분해하여 분홍색. 유당을 분해하지 않는 다른 세균의 집락은 흰색.
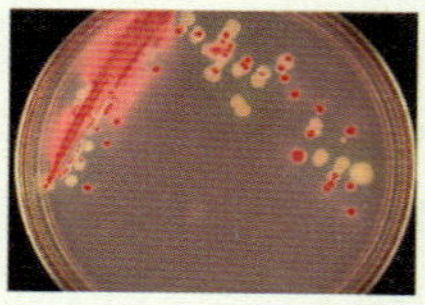 MacConkey agar (c)	그람음성 장내 세균	**선택성** 크리스탈바이올렛과 담즙염은 그람양성세균을 억제. **분별성** 산이 생성되면 적색으로 변하는 neutral red와 유당이 들어 있어 유당 발효세균은 적색 집락을 형성하고 유당 비발효세균은 아주 약한 분홍색의 집락을 형성. 대부분의 병원성 장내 세균은 유당 비발효세균임.
Triple sugar-iron agar(TSL) (①  d, ②  e, ③  f, ④  g)	그람음성 장내 세균	**선택성 없음** **선택성** 한천 용액을 기울여 굳힌 한천 사면을 이용. 사면의 표면에서 일어나는 호기적 생장과 사면의 밑동에서 일어나는 혐기적 생장 특성에 의거하여 분별. 배지에는 정량의 포도당, 설탕, 그리고 유당, 황을 함유하는 아미노산, 철, 그리고 pH 지시약이 들어 있어 각 당의 상대적 이용도와 황화수소 생성을 검정할 수 있음. 1. 접종하지 않은 TSI 시험관. 2. 접종: 빨간 사면과 빨간 밑동 = 변화 없음; 발효된 당 하나도 없음. 3. 노란 사면과 노란 밑동 = 유당과 포도당 발효됨; 발효에 의해 산과 기체가 발생되어 밑동에 공기 방울 포집됨. 4. 빨간 사면(유당 발효 안됨)과 노란 밑동(포도당 발효); 검은 침전 = 황화수소 생성; 때때로 노란 밑동을 가림. 거의 모든 장내 병원성세균은 빨간 사면과 노란 밑동을 만들며 황화수소 또는 기체를 발생하거나 발생하지 않음.

TSI 배양결과에 따른 장내 간균의 분별

빨간 사면 빨간 밑동	노란 사면 노란 밑동 황화수소(-)	노란 사면 노란 밑동 황화수소(+)	빨간 사면 노란 밑동 황화수소(-)	빨간 사면 노란 밑동 황하수소(+)
↓	↓	↓	↓	↓
Pseudomonas *Acinetobacter* *Alcaligenes*	*Escherichia* *Enterobacter* *Klebsiella*	*Citrobacter* *Arizona* 일부 *Proteus*	*Shigella* 일부 *Proteus*	대부분의 *Salmonella* *Citrobacter* *Arizona*

(*a: George A. Wistreich, East Los Angeles College*의 전재승인; *b: Runk Schoenberger/Grant Heilman Photography; c: Cytographics, Inc./Visuals Unlimited; d: LeBeau/Custom Medical Stock Photo; e: LeBeau/Custom Medical Stock Photo; f: Raymond B. Otero/Visuals Unlimited; g: SUPERSTOCK*)

적용

집을 떠날 때는 탄산가스를 가지고 떠나라!

환자로부터 실험실까지 검사시료를 운반하는 것은 때때로 문제점을 야기한다. 미생물은 건조한 조건, 너무 많거나 또는 너무 적은 산소에 노출되면 안 된다. 물론 시료 취급자는 감염으로부터 보호받아야 한다. 예를 들어 임질 환자로부터 *Neisseria gonorrhoeae*가 생장 하고 있을 거라고 예상하는 시료를 채취하여 운반할 때는 시료 채취현장에서 사용하는 배지에 비교적 많은 양의 이산화탄소를 공급해 주어야한다. 이를 위해 JEMBEC(John E. Martin Biological Environment Chamber)같은 상업적 이산화탄소 공급 장치가 개발되어 쓰이고 있다. 이 장치는 선택배지가 들어 있는 작은 플라스틱 평판과 중탄산염과 구연산으로 만든 정제로 구성되어 있다. 시료를 평판에 접종하고 평판 위에 정제를 올려놓은 다음 평판을 플라스틱 봉지 안에 넣고 밀봉한다. 배지의 수분에 의해 정제로부터 탄산가스가 배출되어 이산화탄소의 농도가 대략 5% 내지 10%에 이르게 된다. 접종된 임질균은 실험실로 운반하기 전에 이미 생장을 개시하게 된다.

필요로 하기 때문에 필터로 여과하여 멸균한 공기를 기포 상태로 액체 배지에 공급하거나 평판배지 배양기에 주입한다. 미호기성균은 액체배지 또는 한천고체배지에 접종하여 양초를 켜 놓은 유리 단지 안에 넣고 단지를 밀봉하여 배양한다**(그림 6.21)**. (향이 나는 양초를 사용하면 안 된다. 왜냐하면 향초에서 나오는 향료 성분이 세균 생장을 억제하기 때문이다.) 초가 타면서 단지 안의 산소는 소모되고 이산화탄소 농도는 증가한다. 이산화탄소에 의해 양초불이 꺼지면 임질을 일으키는 *Neisseria gonorrhoeae*처럼 소량의 이산화탄소를 요구하는 세균은 활발하게 생장하게 된다.

편성 혐기성균을 키우려면 모든 산소를 배지로부터 제거하여야 한다. Thioglycollate, cysteine, 또는 sodium sulfide 같은 산소결합 제제를 배지에 첨가하면 산소가 편성 혐기성균에 끼치는 독성을 방지할 수 있다. 공기를 배제하기 위해 나사뚜껑 시험관에 배지를 완전히 채워 밀봉하여 배양하거나 집락을 얻기 위해 고체 한천 배지에 배양할 때는 평판과 시험관을 모두 수용할 수 있는 특별한 밀봉 단지를 사용한다. 한천 평판은 산소를 제거하고 이산화탄소를 발생하는 화학물질이 내장된 밀봉 단지 안에서 배양한다**(그림 6.22)**. 곧은 접종 철사에 혐기균을 묻혀 시험관 속의 고체 한천배지에 깊이 찔러 접종하여 배양하는 *천자배양*(stab culture)도 할 수 있다. 혐기균을 일상적으로 다루는 실험실에서는 흔히 *혐기균접종상자*(*anaerobic transfer chamber*)가 사용된다**(그림 6.23)**. 실험 기구와 배양물은 산소가 없는 기밀실을 통해 상자 안으로 운반하며 실험자는 밀폐된 상태로 상자 안으로 돌출된 장갑을 이용하여 작업한다.

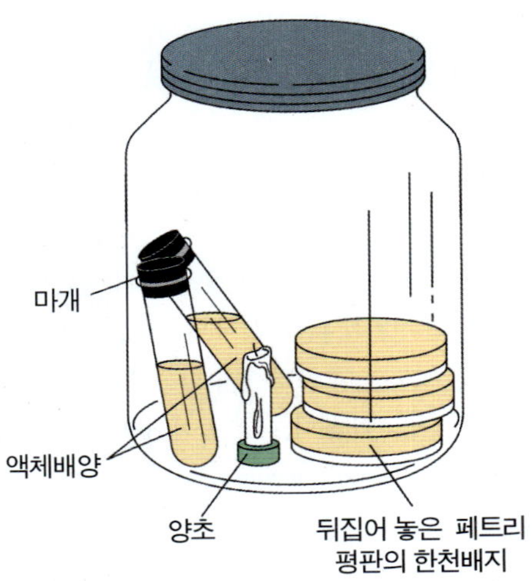

그림 6.21 혐기성균과 미호기성균의 양초 단지 배양. 미호기성균은 액체배지 또는 한천고체배지에 접종하여 이산화탄소가 축적되어 꺼질 때까지 양초가 타고 있는 유리 단지 안에 넣고 단지를 밀봉하여 배양한다. 소량의 산소는 남아 있게 된다. 이 방법은 더 이상 널리 쓰이고 있지 않지만 예전에는 혐기성균을 배양하는 주된 수단이었다.

배양 유지

어떤 미생물이 일단 분리되면 **보존배양(stock culture)**이라 불리는 순수배양 상태로 무한정 유지될 수 있다. 연구용으로 필요하면 보존배양으로부터 미생물을 취해 신선한 배지에 접종하여 배양한다. 보존배양 자체는 결코 실험실 연구에 사용되지 않는다. 하지만 보존배양 중인 미생물도 다른 배양균과 마찬가지로 자라면서 영양분을 소모하고 노폐물을 축적한다. 배양 기간이 길어지면 형태와 특성이 변할 수도 있다. 따라서 주기적으로 새로운 배지에 계대 배양함으로서 보존배양균의 안정적인 생장을 유지한다.

그림 6.22 이산화탄소 배양기. 산소를 제거하고 이산화탄소를 발생시키는 화학물질을 평판과 함께 단지에 넣고 밀봉하여 혐기상자를 만든다. 이 장치는 혐기배양을 하여야하는 평판의 소요량이 많지 않은 소규모 실험실에 적합하다. (*Jack M. Bostrack/Visuals Unlimited*)

그림 6.23 혐기적 운반. 실험기구와 배양물이 운반되는 기밀실과 배양 작업을 할 수 있는 창구가 갖추어진 커다란 혐기균 접종상자. (*Shellab*의 전재승인)

모든 배양 조작에는 세심한 무균조작기술을 사용하는 것이 중요하다. **무균조작기술(aseptic technique)**은 배양균이 주위환경의 잡균에 오염되는 것을 막아주거나 배양중인 병원균이 주위 환경으로 유출되는 것을 차단한다. 이러한 기술은 특히 보존배양을 계대배양할 때 중요하다. 부주의로 원하지 않은 미생물로 오염되면 보존배양균을 다시 분리하여야 한다. 주기적으로 새로운 배지에 계대배양을 할지라도 보존배양균에 돌연변이가 일어나 균의 특성이 변할 수 있다.

보관배양

오염의 위험을 피하고 돌연변이 발생률을 낮추기 위해 보존배양균은 휴면상태로 유지되는 **보관배양(preserved culture)**으로 남겨두어야 한다. 보관배양에 가장 흔히 쓰이는 방법은 세포를 급속 냉동하여 냉동 상태로 건조한 후 진공 상태의 유리병에 밀봉하여 보관하는 *동결건조(lyophilization)*법이다. 동결건조된 배양은 실온에서 무기한으로 보관할 수 있다.

미생물은 유전적 변이가 자주 일어나므로 기준배양이 있어야 한다. **기준배양(reference culture)**은 최초 분리 당시의 세균 특성이 유지된 보관배양을 말한다. 미국표준균주보관국(American Type Culture Collection)을 비롯하여 많은 대학과 연구소는 세균 및 여타 미생물의 모든 알려진 종과 균주의 기준배양을 유지 보관하고 있다. 보존배양이 변질되거나 새로운 균주를 사용하여 연구를 시작하고자 할 경우에는 기준배양을 유지 보관하는 기관으로부터 필요한 균주를 분양받을 수 있다.

✓ 중점 질문 사항

1. 어째서 내생포자는 생식 수단으로 여겨지지 않는가? 어째서 생존에 불리한 조건이 만들어질 때까지 기다려 포자를 형성하는 것이 평소에 계속하여 포자를 만드는 것보다 세포를 더 큰 위험에 처하게 하는가?
2. 다양한 종류의 배지를 구별하시오: 합성배지, 복합배지, 한정배지, 선택배지, 분별배지, 증균배지, 그리고 수송배지. 어떤 하나의 배지가 2가지 이상의 배지로서 쓰일 수 있는가?
3. 보관배양의 목적은 무엇인가? 어째서 보관배양은 그 자체로서 실험실 검사에 사용되지 않는가?

다중 진단 시험을 하는 방법

대부분의 진단 실험실은 Enterotube Multitest System® 또는 Analytical Profile Index (API) 같은 많은 종류의 분별 또는 선택배지를 함유한 배양 체계를 사용한다. 이러한 체계를 이용하면 단 1번의 접종으로 다양한 진단 배지에 대한 세균의 반응을 동시에 확인할 수 있다. 이 체계의 장점은 소량의 배지를 사용하고, 배양 공간을 적게 차지하면서도 감염성 미생물을 효율적이고 신뢰성 높게 동정할 수 있다는 점이다.

Enterotube System®은 장티푸스, 파라티푸스, 세균성이질, 위장염, 그리고 몇 종류의 식중독 같은 장관 질병을 일으키는 장내 병원균을 동정하는데 쓰인다. 이들은 모두 그람 음성 간균이라 생화학적 검사를 수행하지 않으면 구별이 불가능하다. Enterotube System®은 각각 하나 또는 그 이상의 서로 다른 배지를 포함한 여러 구획으로 나누어진 시험관과 멸균된 접종 막대로 구성되어 있다**(그림 6.24a)**. 접종 막대의 끝에 집락의 균을 묻혀 전 구획을 가로질러 잡아당기면 각 구획의 배지가 접종된다. 시험관을 37°C에서 24 시간 배양한 후 가스 생성 유무와 배지의 색을 관찰하여 15 가지의 생화학적 검사 결과를 얻는다. 검사 항목 3가지씩 묶어 5개 모둠으로 나누며 모둠을 구성하는 각 시험은 1, 2, 또는 4로 번호를 매긴다**(그림 6.24b)**. 각 모둠에서 양성 반응을 보인 시험 번호를 합산한다. 만약 합이 3이면 1번 시험과 2번 시험이 양성이고, 합이 5면 1번 시험과 4번 시험이 양성이며, 그리고 합이 6이면 2번 시험과 4번 시험이 양성이고, 합이 7이면 모든 시험이 양성이다. 각 모둠의 한 자리 숫자 합을 결합한 다섯 자리 수는 특정 미생물의 식별 번호가 된다. 예를 들어 36601은 *대장균(Escherichia coli)*이고 34363은 *Klebsiella pneumoniae*이다. 이 검사 체계는 식별 번호와 그 번호에 해당하는 생물의 목록을 구비하고 있다.

API는 서로 다른 종류의 탈수 배지를 함유한 20개의 *작은 컵(cupule)* 모양의 소형 시험관을 적재한 플라스틱 접시로 구성되어 있다**(그림 6.25)**. 각 시험관의 탈수배지에 물을 가하고 분리된 집락으로부터 준비한 세균현탁액을 접종한다. Enterotube 시험에서와 마찬

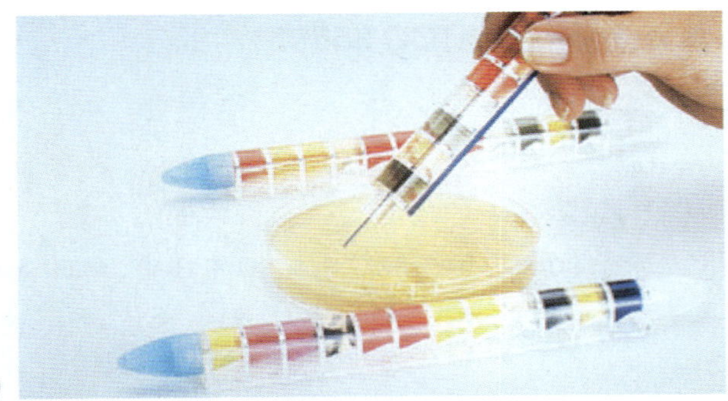
(a)

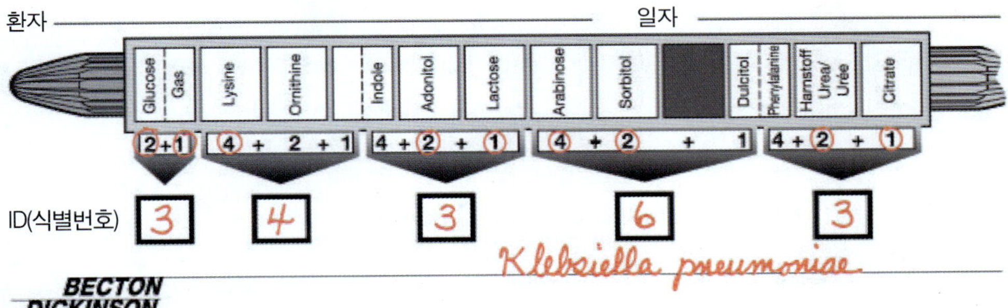

(b)

그림 6.24 **Enterotube Multitest System®.** **(a)** 멸균된 뚜껑이 제거된 접종 철사에 집락의 균을 묻혀 시험관의 전 구획을 가로질러 잡아당기면 모든 구획의 배지가 접종된다. **(b)** 배양이 끝나면 양성 시험 결과에 번호를 부과한다. 같은 모둠을 구성하는 시험의 번호를 합산한 식별번호를 얻어 식별 목록에서 해당 미생물을 동정한다. 필요한 추가 확인 실험도 병기한다. 모둠을 구성하는 각 시험에 매기는 번호는 2의 거듭제곱수(1, 2, 4, 8 등)이기 때문에 각 모둠에서 양성반응을 보이는 조합의 번호 합은 유일한 수가 된다. 1종을 구성하는 균주들은 특성이 조금씩 다르기 때문에 1종에도 서로 다른 여러 식별번호가 있을 수 있다. (*Becton Dickinson Microbiology Systems의 전재승인*)

가지로, 시험관을 배양하고 시험 결과를 관찰한다. 검사 항목 3가지씩 묶어 7개 모둠으로 나누며 모둠을 구성하는 각 시험은 1, 2, 또는 4로 번호를 매긴다. 각 모둠의 1자리 숫자 합을 결합한 7자리 수는 특정 미생물의 식별 번호가 된다.

지금까지 간략하게 서술한 다중시험 진단체계는 빙산의 일각에 지나지 않는다. 여타 진단 시험 중에서는 미생물의 면역학적 특성에 기초한 여러 가지 시험이 자주 쓰이는 편이다. 이 중 몇 시험은 면역학 또는 특정 감염인자에 대해 논의할 때 다룰 것이다. 또한 인간의 여러 기관이나 조직에는 어떤 미생물이 감염하는가에 대해서도 많이 알려졌으며 호흡기 분비물, 분변 시료, 혈액, 다른 조직 시료, 그리고 체액에서 발견되는 미생물들을 분별할 수 있는 많은 진단시험법도 고안되어 있다.

배양이 불가능한 미생물

이 장 전반에 걸쳐 미생물의 배양 방법에 대해 논의하였지만 놀랍게도 *대부분의* 미생물은 실험실에서 배양할 수 없으며 아직까지 동정도 되지 않았다. 우리는 그 균을 현미경으로 관찰할 수 있고 DNA도 추출할 수 있지만 배양할 수 없으며 그 균이 어떤 환경에서 어떤 활성을 가지고 살아가는지도 모르고 있다. 유전학에 관한 다음 2장에서는 세균의 DNA 시료를 분석하여 세균을 동정하는 방법을 배울 것이다. 미래의 병원이나 환경 실험실은 수많은 시험관 거치대로 가득 찬 오늘날의 모습과는 다를 것이다. 며칠 씩 또는 심지어 몇 주씩 미생물이 생장하는 것을 더 이상 기다리지는 않을 것이다. 단지 수분 또는 수 시간 이내에 DNA를 확인하여 세균을 동정할 것이다. 그러나 누군가는 배양불가능 미생물의 배양법을 찾아내 단지 그들을 동정하는데 그치지 않고 그들의 특성을 연구할 수 있도록 하여야 한다. 당신이 그 누군가이길 바란다.

***Klebsiella pneumoniae pneumoniae* ATCC 35657**

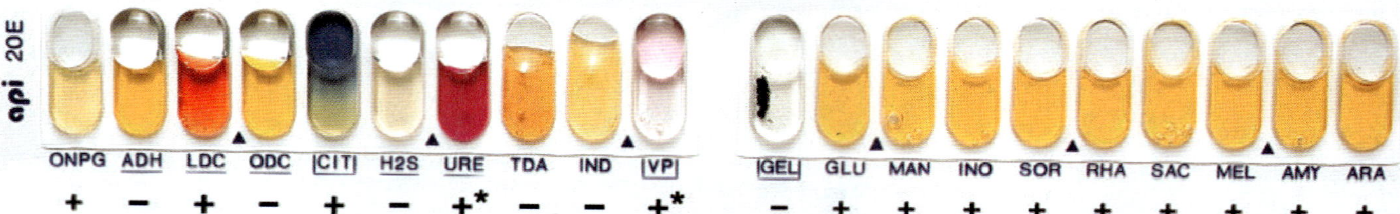

***Enterobacter cloacae* ATCC 13407**

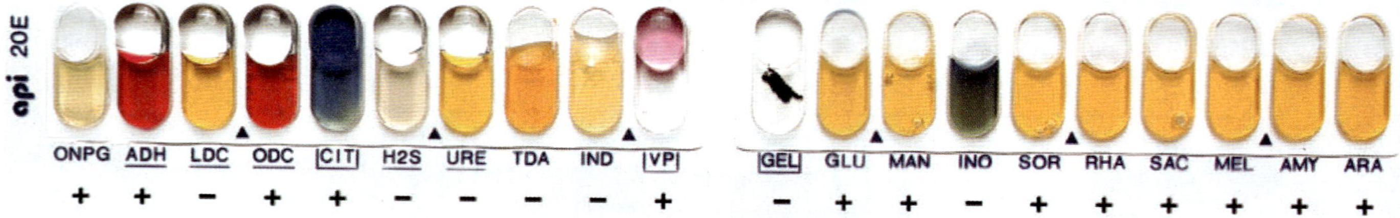

***Proteus mirabilis* ATCC 35659**

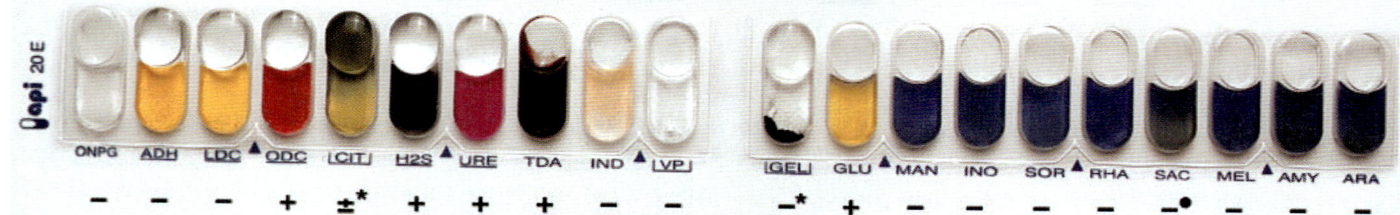

***Escherichia coli* ATCC 25922**

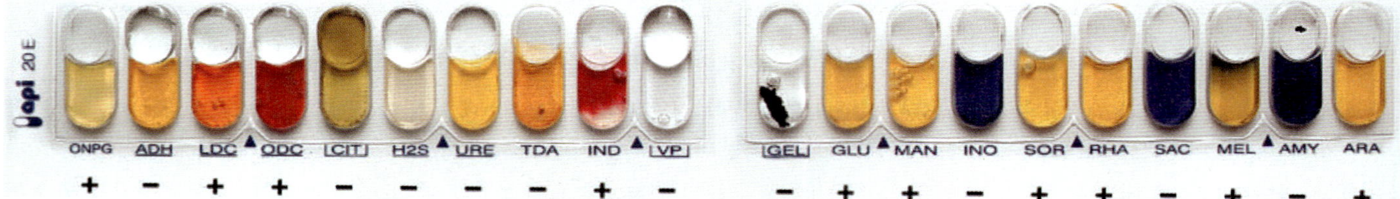

그림 6.25 API 20E 시험계. Enterobacteriaceae과에 속하는 여러 종의 다양한 생화학적 시험 결과를 보여 주고 있다. 이 시험계를 사용하면 125종의 그람음성 장내간균을 종 수준에서 동정할 수 있다. *(API/CounterPart Diagnostics/bioMerieux Vitek, Inc.의 전재승인)*

요약

생장과 세포 분열

미생물 생장의 정의

- 미생물 생장이란 세포 성분의 증가와 세포 분열에 따른 세포 숫자의 증가로 정의한다.
- 세포크기의 증가는 제한적이므로 미생물의 생장은 세포 숫자의 증가로 측정한다.

세포분열

- 세균의 세포분열은 대부분 핵양체가 2개로 분리되고 세포질 중간에 종단격벽이 형성되어 모세포가 2개의 동일한 딸세포로 분리되는 **2분법(binary fission)**으로 일어난다.
- 효모와 몇 종류의 세균에서는 하나의 작은 새로운 세포가 기존의 어버이 세포 표면에서 발생하여 분리되는 **출아법(budding)**에 의해 세포분열이 일어난다.

생장의 단계

- 세균은 영양분이 풍부한 **배지(medium**, 미생물이 자랄 수 있는 혼합물)에서 빠르게 분열한다. 세포가 1번 분열하는데 걸리는 시간을 **세대기간(generation time)**이라 한다. 세대기간이 짧은 생장은 **지수생장속도(exponential or logarithmic rate)**로 일어난다고 말한다.
- 신선하고 영양분이 풍부한 배지를 공급하면 세균은 4개의 주요 생장 단계를 거치게 된다: (1) **적응기(lag phase)**에는 활발한 대사를 수행하여 여러 생체고분자를 활발하게 합성하나 세균수의 증가는 미미하다. (2) **대수증식기(log phase)**에는 일정한 세대기간을 유지하며 지수생장속도로 분열한다. 이러한 대수생장의 특성은 세대기간과 경과한 세대의 수를 계산하는데 이용된다. 신선한 배지를 연속적으로 공급할 수 있는 **연속배양장치(chemostat)**를 사용하면 대수증식기를 계속 유지할 수 있다. (3) **정지기(stationary phase)**에는 분열에 의해 새로이 태어나는 세포의 수와 사멸하는 세포의 수가 같게 된다. 배지는 영양분이 부족해지고 독성 노폐물을 함유할 수도 있다. (4) **하강기** 또는 **사멸기(decline phase** or **death phase)**에는 많은 세포들이 분열 능력을 잃고 결국 죽는다. 살아 있는 세포의 수는 기하급수적으로 감소한다.
- 고체 배지에서 자라는 집락의 생장도 액체 배지에서의 생장과 비슷하나 대부분의 생장이 집락의 가장자리에서 일어나며 생장곡선의 모든 단계가 집락의 곳곳에서 동시에 일어난다는 점이 다르다.

세균 생장의 측정

- 세균의 생장은 세균 배양액을 10배 씩 연속적으로 희석하여 **한천평판(agar plate)**에 옮기는 **연속희석(serial dilution)**에 의하여 측정한다. 한천평판에 형성된 집락을 계수하여 희석배수를 곱해 세균의 농도를 계산한다. 하나의 집락은 하나의 살아 있는 세포에 의해 형성된다.
- **직접검경계수법(direct microscopic count)**, **최적예측수(most probable number, MPN)** 결정법, **여과법(filtration)**, **탁도(turbidity)** 측정법, 대사산물 측정법, 그리고 건조 중량 측정법에 의해서도 세균의 생장을 측정할 수 있다.

세균 생장에 영향을 주는 요인

물리적 요인

- 배지의 산도와 염기도는 생장에 영향을 주며 대부분의 미생물이 가장 활발히 자라는 **최적 pH(optimum pH)** 범위는 1 pH 단위 이내이다.
- 온도는 세균의 생장에 영향을 준다. (1) 대부분의 세균은 30°C 이상의 범위에 걸쳐 자랄 수 있다. (2) 세균은 생육 온도에 따라 3종류로 분류된다: 25°C 이하의 낮은 온도에서 잘 자라는 **저온균(psycrophiles)**; 25°C와 40°C 사이에서 가장 잘 자라는 **중온균(mesophiles)**; 그리고 40°C 이상의 높은 온도에서 자라는 **고온균(thermophiles)**. (3) 어떤 생물이 자랄 수 있는 온도 범위는 대체로 그 생물이 가지고 있는 효소의 작용이 가장 활발한 온도와 밀접한 관계가 있다.
- 생장 환경의 산소량은 세균의 생장에 영향을 미친다. (1) **편성 호기성균(obligate aerobes)**은 생장에 상대적으로 많은 양의 산소를 요구한다. (2) **편성 혐기성균(obligate anaerobes)**은 산소에 의해 죽기 때문에 산소가 없는 조건에서만 자란다. (3) **통성 혐기성균(facultative anaerobes)**은 산소가 존재하면 호기성 대사를 수행하지만 산소가 없으면 혐기성 대사를 수행한다. (4) **산소내성 혐기성균(aerotolerant anaerobes)**은 혐기성 대사를 수행하나 산소가 존재하여도 죽지 않는다. (5) **미호기성균(microaerophiles)**은 소량의 산소가 존재할 때 가장 잘 자란다.
- 활발하게 대사를 수행하는 세포들은 주위 환경에 적량의 물을 필요로 한다.
- 어떤 세균은 대양의 깊은 골짜기에서 다른 생물은 도저히 견딜 수 없는 극심한 **정수압(hydrostatic pressure)**을 이기며 살아간다.
- 삼투압은 세균의 생장에 영향을 주며 물은 세포질과 환경에 녹아 있는 용질에 의해 야기되는 상대적 삼투압에 따라 세포질과 세포 밖 환경을 오고 간다. (1) 환경의 높은 삼투압이 미치는 효과는 능동수송에 의해 최소화한다. (2) **호염세균(halophiles)**이라 불리는 세균은 중간 정도 내지 많은 양의 소금을 필요로 하며 바다와 예외적으로 높은 염분을 함유한 물에서 자란다.

영양적 요인

- 모든 생물은 탄소원을 요구한다: (1) 자가영양생물은 이산화탄소를 탄소원으로하여 다른 필요한 다른 유기화합물을 합성한다. (2) 종속영양생물은 포도당이나 다른 유기 탄소원을 이용하여 에너지를 얻거나 생합성 과정에 필요한 중간물질을 얻는다.
- 미생물은 단백질과 핵산을 합성하기 위해 무기 또는 유기 질소원을 필요로 한다. 미생물은 또 세포의 주요 성분인 황, 인, 포타슘, 철, 그리고 많은 **미량원소(trace elements)**를 요구한다.
- 특정 비타민을 합성하는데 관여하는 효소가 부족한 미생물은 주위환경으로부터 비타민을 섭취하여만 살 수 있다.
- 한 생물의 영양요구성은 효소의 종류와 숫자에 의해 결정된다. 따라서 **영양적 복잡성(nutritional complexity)**은 생합성 효소의 부족을 반영한다.
- 생물의 대사 특성을 이용한 생물 검정 기술은 음식이나 다른 재료에 함유된 비타민 같은 성분의 양을 측정하는데 쓰인다.
- 대부분의 미생물은 세포막을 통해 다양한 소형 분자들을 세포질로 운반하여 대사한다. 일부 세균(그리고 진균)은 세포막 밖에서 거대분자를 소화하는 체외효소(exoenzymes)를 생산하기도 한다.
- 미생물은 제한된 양의 영양분 공급에 대해 적응하기 위해 필요한 효소의 생산량을 증가시키거나 다른 가용 영양분을 이용할 수 있는 효소를 합성한다. 또한 미생물은 가장 부족한 영양분의 가용성에 맞추어 영양분의 대사속도와 생장속도를 조절하기도 한다.

포자형성

- *Bacillus*, *Clostridium*, 그리고 몇 몇 다른 그람양성 세균에서 일어나는 **포자형성(sporulation)**은 그림 6.17에 요약된 과정을 거친다.
- 내생포자는 세균이 장기간의 건조 조건과 극한 온도에 견디게 한다.
- 환경 조건이 호전되면 내생포자는 영양세포로 발달하기 시작하는 **발아(germination)** 과정을 거친다.

세균의 배양

순수 배양을 얻는 방법

- **순수배양(pure culture)**을 얻기 위한 **획선평판법(streak plate method)**에서는 한천평판의 표면에 세균을 묻혀 가볍게 획선을 그어 도말하여 분리된 집락을 얻는다. 순수배양은 분리된 집락의 균을 적절한 멸균 배지에 접종하여 얻는다.
- 순수배양을 얻기 위한 **주가평판법(pour plate method)**에서는 연속희석한 배양액을 한천용액에 섞어 멸균된 페트리 접시에 부어 분리된 집락을 얻는다.

배양 배지

- 자연계에서 미생물은 자연배지 즉 대양, 호수, 토양, 그리고 살아 있거나 죽은 유기물에서 영양분을 얻어 살고 있다.
- 실험실에서는 **합성배지(synthetic media)**를 이용하여 세균을 배양한다. (1) **한정합성배지(defined synthetic media)**는 조성 화학물질의 종류와 양이 정확하다. (2) **복합배지(complex media)**는 생산될 때 마다 화학 조성이 조금 씩 달라지는 재료로 만든 배지이다.
- 실험실에서 흔히 사용하는 복합배지에는 육류 또는 생선 단백질의 가수분해 산물인 **펩톤(peptone)**이 들어 있다. 이러한 배지는 때때로 **효모추출물(yeast extract)**, **유단백가수분해물(casein hydrolysate)**, **혈청(serum)**, 혈액 또는 열처리한 혈액을 첨가하여 보강한다.
- 진단배지에는 (1) 어떤 미생물의 생장은 촉진하나 다른 미생물의 생장은 억제하는 **선택배지(selective media)**, (2) 어떤 유형의 집락을 동일한 평판에 자라는 다른 집락과 분별할 수 있게 하는 **분별배지(differential media)**, 또는 (3) 특정한 균의 생장을 촉진하는 영양분을 함유하고 있는 **증균배지(enrichment media)**가 있다.
- 미생물을 일상적으로 연구하기 위해서는 순수배양을 **보존배양(stock culture)** 상태로 유지하지만 보존배양의 오염과 특성 변화를 막기 위해 반드시 **보관배양(preserved culture)**을 준비하여야 한다. 또한 미생물 종과 균주의 특성을 유지하기 위해 **기준배양(reference culture)**을 확보하여야 한다.

다중 진단 시험을 하는 방법

- 다중진단시험계를 사용하면 다양한 분별배지와 선택배지에 대한 세균의 반응을 동시에 확인하여 결과를 분석함으로서 세균을 빠르게 동정할 수 있게 된다.
- 가장 많이 사용되는 다중진단시험계는 Enterotube Multitest System®과 Analytical Profile Index(API)이다.

배양이 불가능한 미생물

- 대부분의 미생물은 실험실에서 배양할 수 없다. 그러나 이들을 DNA에 의해 동정하는 것은 가능하다.

용어 정리

2분법(p. 148)
4쌍구균(p. 148)
8쌍구균(p. 148)
계산가능수(p. 152)
고온균(p. 157)
기준배양(p. 170)
까다로운(p. 161)
내생포자격벽(p. 152)
대수증식기(p. 149)
대수증식속도(p. 149)
도말평판법(p. 152)
동조생장(p. 149)
디피콜린산(p. 164)
딸세포(p. 148)
모세포(p. 148)
무균조작기술(p. 170)
물리적요인(p. 156)
미량원소(p. 162)
미생물생장(p. 148)
미호기성균(p. 159)
발아(p. 164)
배지(p. 149)
보관배양(p. 170)
보존배양(p. 170)
복합배지(p. 167)
분별배지(p. 167)
분생포자(p. 165)
비동조생장(p. 149)
비타민(p. 162)
비한정합성배지(p. 167)
사멸기(p. 150)
산소내성혐기성균(p. 159)
선택배지(p. 167)
세균의 표준생장곡선(p. 149)
세대기간(p. 149)
세포외효소(p. 163)
순수배양(p. 165)
여과법(p. 155)
연속배양장치(p. 149)
연속희석(p. 151)
영양요인(p. 156)
영양적복잡성(p. 162)
원형질분리(p. 160)
유단백가수분해물(p. 167)
저온균(p. 157)
적응기(p. 149)
정수압(p. 159)
정지기(p. 149)
주가평판(p. 515)
주가평판법(p. 165)
주변세포질효소(p. 163)
중온균(p. 157)
증균배지(p. 167)
지수증식속도(p. 149)
직접검경계수법(p. 164)
집락(p. 150)
집락형성단위(p. 152)
초산화물(p. 159)
초산화물불균화효소(p. 159)
최적 pH(p. 156)
최적예측수(p. 149)
출아법(p. 148)
카탈레이즈(p. 159)
탁도(p. 155)

요점 사고 문제

*Helicobacter pylori*는 대부분의 위궤양을 일으키는 세균이다. 이 세균은 위의 매우 낮은 pH 환경에서 살아가는 법을 찾아내었다. 과학자들은 이 세균이 요소를 분해하여 암모니아를 생산하는 요소분해효소를 만든다는 것을 발견하였다. 이것이 어떻게 세균을 위의 산성 pH로부터 보호할 수 있을까?

요점 사고 문제

1. 세대기간이 30분인 세균 100 마리를 오전 8시에 신선한 멸균 배지에 접종하여 하루 종일 최적 배양온도를 유지하며 배양하였다. 오후 3시에는 몇 마리의 세균이 존재할까? 오후 5시에는 몇 세대가 지났을까?

2. 위 예제에서 세균의 수는 무한정으로 30분마다 2배로 증가할 것이라고 생각하는가? 왜 그렇게 생각하는가?

3. *Staphylococcus* 속의 세균들은 통상적으로 내염성을 가지고 있다. 이런 견지에서 잡다한 세균이 섞여 있는 진단 시료로부터 *Staphylococcus* 균을 분리하려면 어떤 배지를 사용하여야 할까?

자가 진단 문제

1. 세균의 생장에 필요한 화학 영양 원소를 통칭하여 CHNOPS라고 부른다. 맞나 틀리나?

2. 일반적으로 세균 세포는 (　　)라고 부르는 과정에 의해 분열한다.
(a) Gastration
(b) 감수분열
(c) 유사분열
(d) 2분법
(e) 포자형성

3. 미생물 생장은 대체로 세포 크기의 증가에 의해 측정한다. 맞나 틀리나?

4. 전형적인 세균 생장 곡선의 어떤 단계에서 세포 사멸 속도가 세포 증식 속도보다 빨라지는가?
(a) 적응기
(b) 대수증식기
(c) 정지기
(d) 휴지기
(e) 하강기

5. 세대기간에 대한 최상의 정의는 아래 중 어느 것인가?
(a) 적응기가 지속되는 시간의 길이
(b) 세포 개체군이 크기가 2배로 되는데 걸리는 시간의 길이
(c) 하나의 세포가 분열하는데 걸리는 최단시간
(d) 배양이 정지기에 머무는 시간의 길이
(e) 대수증식기가 지속되는 시간의 길이

6. 세대기간이 30분인 세균 1마리를 0 시점에 적절한 멸균 영양배지에 접종하여 3 시간 동안 배양하면 몇 마리의 세균이 배양액에 존재할 것이라고 기대하는가?
(a) 256　(b) 128　(c) 64
(d) 16　(e) 96

7. 세균의 최적 생장 조건은 무엇에 의해 결정되는가?
(a) 세균의 최적 막유동성
(b) 세균의 최적 효소활성
(c) 세균의 최적 DNA 구조
(d) 세균의 최적 RNA 분해효소 활성
(e) 세균의 최적 DNA 분해효소 활성

8. 수분 손실에 따른 세포의 붕괴를 무엇이라 부르는가?
   (a) 수분생성
   (b) 호염세균
   (c) 삼투조절
   (d) 원형질분리
   (e) 세포는 수분 손실이 일어나도 붕괴되지 않음

9. 세균은 무엇을 위해 체외효소를 만드는가?
   (a) 세균 내부 성분을 합성하기 위하여
   (b) 탄수화물, 단백질, 핵산을 합성하가 위하여
   (c) 거대분자를 가수분해하여 세균 안으로 수송하기 위하여
   (d) 영양요구성이 까다로운 생물이 필요한 물질을 합성하기 위하여
   (e) 세균은 체외효소를 만들지 않음

10. 높은 농도의 염류나 당류를 함유한 음식은 부패를 막기 위해 냉장 보관할 필요가 없다. 맞나 틀리나?

11. 어떤 세균은 영양요구성이 복잡한데 그 이유는?
   (a) 많은 수의 서로 다른 물질로 구성되어 있어서
   (b) 간단한 전구물질로부터 다양한 세포 구성 물질을 합성할 수 있어서
   (c) 많은 종류의 효소를 이용하여 많은 물질을 합성할 수 있어서
   (d) 보통 세균에는 존재하지 않는 독특한 분자를 함유하므로
   (e) 많은 효소가 부족하여 생장에 필요한 많은 물질을 공급받아야 하므로

12. 효소 카탈레이즈는 많은 세균의 생존에 중요하다. 이것의 중요한 기능은?
   (a) 수소의 분해
   (b) 호흡작용의 촉진
   (c) 염류의 분해 촉진
   (d) 독성 과산화수소의 분해
   (e) 수분 손실 방지

13. 통상적으로 깊은 물의 바닥에서 생장하는 세균은?
   (a) 통성 혐기성균
   (b) 편성 혐기성균
   (c) 미호기성균
   (d) 편성 호기성균
   (e) 호탄산균

14. 생장에 필요한 산소요구성과 그에 대한 바른 설명을 짝 지으시오.

_____산소내성 혐기성균	(a) 산소에 의해 죽음
_____편성 호기성균	(b) 충분한 산소가 있어야만 함
_____호탄산균	(c) 이산화탄소를 좋아함
_____미호기성균	(d) 소량의 산소가 필요함
_____통성 혐기성균	(e) 산소가 있어도 자라고 없어도 자람
_____편성 혐기성균	

15. 고염도 환경에서 자라며 생장을 위해 염분을 요구하는 세균을 ( )이라 부른다.
   (a) 호염세균
   (b) 중온균
   (c) 호뇌막세균
   (d) 호산성세균
   (e) 호염기성세균

16. 세균에 의한 내생포자 형성은 생식을 위한 수단이다. 맞나 틀리나?

17. 구성 성분의 화학 조성이 정확하게 알려진 세균 배지를 무엇이라 하는가?
   (a) 지명합성배지
   (b) 정밀합성배지
   (c) 한정합성배비
   (d) 선택합성배지
   (e) 심미합성배지

18. 혈액한천배지는 흔히 배지 위에 자라는 집락의 주위 형상이 어떻게 변화하는가를 관찰하는데 쓰인다. 그렇다면 이 배지는 ( )라고 부를 수 있다.
   (a) 선택배지
   (b) 지명배지
   (c) 분별배지
   (d) 한정배지
   (e) 정밀배지

19. 1 l의 물에 20 g의 소고기추출물과 10 g의 NaCl을 넣어 만든 세균 배지는 한정 배지이다. 맞나 틀리나?

20. 맥콩키 한천은 그람양성세균의 증식을 억제하는 크리스탈바이올렛과 담즙염, 그리고 유당발효세균을 검출할 수 있는 유당과 pH 지시약을 함유하고 있다. 맥콩키 한천은 ( )로 분류된다.
   (a) 분별배지, 선택배지
   (b) 복합배지, 선택배지
   (c) 한정배지, 선택배지, 분별배지
   (d) 분별배지
   (e) 조절배지, 선택배지

21. 다음 세균 중 인간의 감염과 가장 연관이 높다고 여겨지는 것은?
   (a) 고온균
   (b) 호유균
   (c) 저온균
   (d) 친아동균
   (e) 중온균

22. 세균의 명칭과 그에 대한 바른 설명을 짝 지으시오.

_____저온균	(a) 0~20°C 사이의 생장 범위
_____호산성균	(b) pH 0.0~ pH 5.4 사이의 생장 범위
_____고온균	(c) 45°C 이상의 생장 범위
_____중온균	(d) 25~ 40°C 사이의 생장 범위

23. 부적절하게 처리된 통조림 식품에서 증식하는 세균은 ( )일 가능성이 높다.
   (a) 호기성세균
   (b) 육식동물
   (c) 잡식동물
   (d) 혐기성세균
   (e) 통성 혐기성세균

24. 편성 혐기성세균은 통상적으로 초산화물불균화효소와 카탈레이즈를 가지고 있지 않다. 맞나 틀리나?

25. 다음 중 시료의 생균수를 측정하는 방법은?
(a) 탁도 측정
(b) 건조 중량 측정
(c) 평판 계수
(d) 직접검경계수
(e) 총질소량 측정

26. 다음은 아래 그림의 어느 위치에 해당되는 설명인가?
_____세포가 가장 빠른 속도로 분열한다.
_____새로운 세포가 생기는 속도와 오래된 세포가 죽는 속도가 같다.

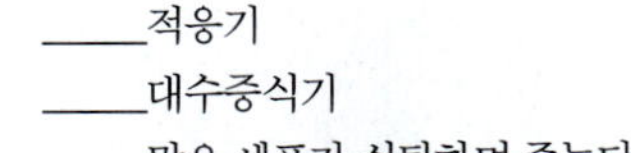
_____적응기
_____대수증식기
_____많은 세포가 쇠퇴하며 죽는다.

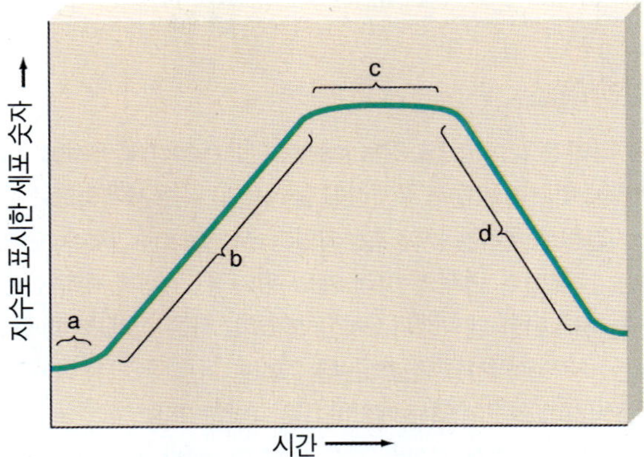

웹상에서 탐구 문제

http://www.wiley.com/college/black

이 장의 내용을 잘 숙지하였겠지만 웹상에는 더 많은 도전이 기다리고 있다. 관련된 웹 사이트를 방문하여 이 장에서 배운 내용을 정밀하게 가다듬고 아래 질문에 대한 답변을 찾아내 보자.

1. 어떤 세균은 100℃ 이상의 환경에서도 자라고 어떤 세균은 남극 바다에서도 자란다는 사실을 알고 있었는가?
2. 물의 색깔을 노란색, 빨간색, 또는 주황색으로 변화시키고 변기통에 녹빛의 점질성 부착물을 만드는 철을 먹고 사는 세균은 지구상에 태어난 최초의 생물이었을 것이다.

7 미생물 유전학

시작하며...

TIGR("타이거"같이 발음), The Institute for Genomic Research,의 외곽에 위치한 방문객 주차장에 들어서자, 나는 세계적으로 유명한 시설을 방문하는 것에 흥분되었다. Maryland주, Rockville에 위치한 17에이커 면적의 여러 개의 현대적 건물에 자리 잡은 TIGR는 자그마한 대학캠퍼스처럼 보였다. 나는 전에 학회에서 Karen E. Nelson박사를 만났었는데, 그녀는 나를 TIGR 투어에 기꺼이 초빙하여 연구에 대해 얘기하기로 승낙하였다.

(Courtesy Karen Nelson/TIGR)

그녀의 사무실에 자리를 잡고, 나는 그녀에게 TIGR의 배경에 대해 질문하였다. 유전체(Genomics)는 한 생물체의 모든 유전자(DNA)를 연구하는 학문이다. TIGR연구소는 1992년 J. Craig Venter에 의하여 창립되었는데, 그는 현재 인간유전체 프로젝트(Human Genome Project)를 완성한 것으로 유명하다.

TIGR는 비영리 기관이기 때문에, 이러한 어마어마하고 고비용의 연구과제를 수행하는데 필요한 경비를 어디에서 조달하는지 물어보았다. Karen박사는 연구비의 상당한 부분이 다음과 같은 재단과 정부기관의 연구비로부터 나온다고 설명하였다; 국립보건원(NIH), 에너지부, 국무부, 국립과학재단(NSF), 농림부, 머크(Merk) 유전체연구소, 해군 연구부, 암젠(Amgen), 버로웰컴재단(Burroughs Wellcome Fund), 카이론(Chiron) 등이다. 미생물학자로서 나는 TIGR가 미생물로 이루어 놓은 큰 업적에 대해 잘 알고 있다. 내가 미처 몰랐던 것은 쌀, 토마토, 감자와 같은 다른 종류의 생물체를 가지고 얼마만한 연구를 하고 있었는가였다. 그들은 Human Genome Project의 16번 염색체에 대해 연구하였다.

1995년 Venter박사와 Hamilton O. Smith박사가 이끄는 TIGR 과학자들은 처음으로 놀라운 업적을 달성하였다. 최초로 어린이 귀에 감염되어 뇌수막염을 일으키는 *Haemophilus influenzae*라는 미생물의 전체 유전체 염기서열을 결정한 것이다. 이어서 곧바로 같은 해에 Claire Fraser팀은 가장 작은 미생물유전체를 가지 것으로 알려진 *Mycoplasma genitalium* DNA의 전체 염기서열을 결정하였고, 1996년에는 고온, 고압의 심해 열수공에 살면서 수소와 이산화탄소로부터 메탄올을 생성시키는 고세균인 *Methanococcus jannashii*의 염기서열을 결정하였다. 그 후로 TIGR에서 유전체가 연속적으로 결정되었다. Karen박사는 하나가 아닌 2개의 염색체를 가진 것으로 발견된 최초의 박테리아의 염기서열을 결정하였다.

이 주제와 관련된 비디오는 WileyPLUS에서 볼 수 있습니다.

우리는 대사와 성장의 여러 가지 측면을 공부하였지만 핵산과 단백질의 합성을 알아보고자 한다. 이러한 복합분자의 합성이, 유전현상에 대한 연구인 **유전학(genetics)**의 기본이다. 미생물의 유전학은 관심을 갖는 활발한 연구 분야이며 미생물학자에게 보상을 가져다주는 분야이다. 1990년 노벨생리의학상이 도입된 이래 30년 이상의 수상이 미생물과 관련된 분야, 특히 미생물유전학 분야에 수여되었다. 이러한 집중적 연구 덕분에 미생물유전학의 많은 부분이 밝혀졌다. 유전학에 관련하여 어떻게 박테리아가 DNA, RNA와 같은 핵산을 합성하는가, 단백질 합성에 핵산이 어떻게 관여하는 지에 대해 알아보는 것으로 시작하기로 한다. 또한, 유전자 (DNA의 특정부위)가 어떻게 활동하고, 어떻게 조절되며, 돌연변이에 의해 어떻게 변이하는지에 대해 알아보기로 한다. 다음 장에서는 유전정보가 미생물 가운데에서 전달되는 기작에 대해 토론할 것이다.

유전 과정의 개괄

유전의 기초

생명에 필요한 모든 정보는 생물체의 유전물질인 DNA, 또는 많은 바이러스의 경우, RNA에 저장되어 있다. **유전현상(heredity)**—유전정보가 한 생물체에서 자식으로 전달—을 설명하기 위하여 염색체와 유전자의 성질에 대해 생각하여야 한다.

염색체(chromosome)는 전형적으로 환상(원핵생물) 또는 선상(진핵생물)의 실 같은 형태의 DNA분자이다. DNA는 핵산 2가닥으로 구성되어 있으며 각각의 뉴클레오티드는 당, 인산, 그리고 염기(아데닌, 티민, 구아닌, 시토신)로 되어 있음을 상기하라. 뉴클레오티드는 염기쌍이 수소결합에 의하여 연결된 나선으로 배열되어 있다(**그림 7.1**; ◀2장 p. 46). DNA내의 뉴클레오티드 특정 서열은 복제되어 다른 DNA 분자를 만들 수 있거나, 단백질 합성에 쓰이는 RNA를 만들 수 있다.

전형적인 원핵세포는 하나의 환상 염색체를 가지고 있으며, 완전히 풀렸을 경우 세포 자체 길이보다 1,000배 더 긴, 1 mm 길이의 단일 DNA 분자로 구성되어 있다. 이러한 대단한 분자는 세포 내에 촘촘히 들어가 있으며, 그 안에서 자체적으로 꼬여서 핵양체(nucleoid)(◀4장 p. 91)를 형성하는데, 이 과정을 초나선(*supercoiling*)이라 한다. 원핵세포가 2분법으로 생식할 때, 염색체 자체가 증식되거나 복제되어, 각각의 딸세포는 그 염색체의 하나를 받게 된다. 이러한 기작으로 부모로부터 딸세포로의 유전정보의 규칙적인 전달이 일어난다.

미생물학에서는 항상 예외가 있는 듯하다. 미생물학자들이 현미경으로 들여다 볼 필요가 없을 정도로 큰 박테리아를 발견하였고, *Mycoplasma*속에 속하는 박테리아는 세포벽이 없음을 발견한 것을 상

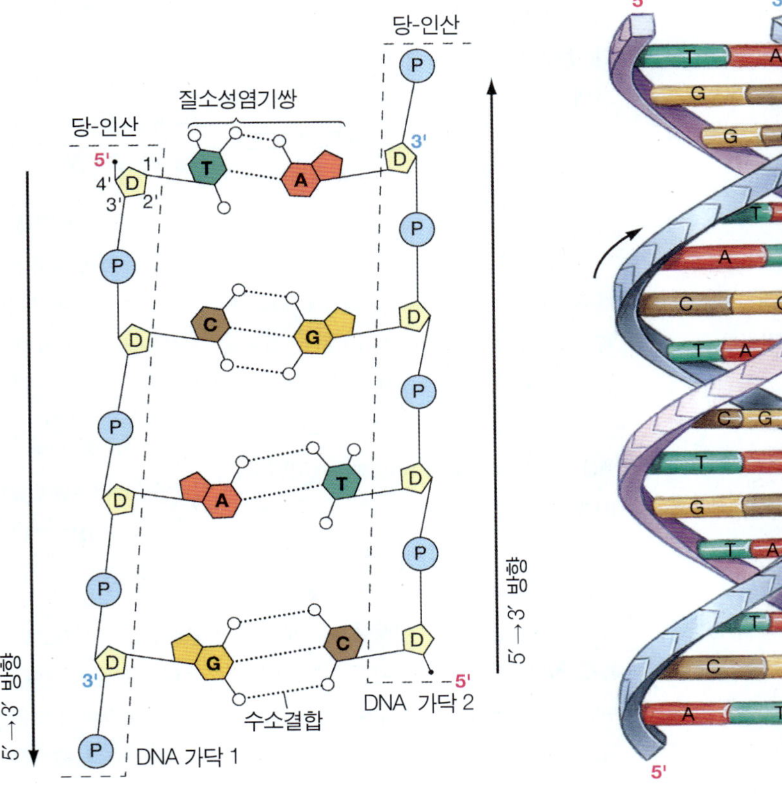

그림 7.1 DNA 구조. **(a)** 당 디옥시리보스(D)와 인산 그룹(P)으로 구성된 2개의 수직 방향의 가닥은 상보적 염기 사이의 수소결합에 의해 함께 연결되어 있다. 아데닌(A)는 항상 티민(T)와, 구아닌(G)은 항상 시토신(C)와 쌍을 이룬다. 따라서 각각의 가닥은 새로운 DNA 분자 형성에 필요한 정보를 제공할 수 있다. **(b)** DNA분자는 이중 나선으로 꼬여 있다. 2개의 당-인산 가닥은 반대(antiparallel) 방향으로 있다. 각각의 새로운 가닥은 5′ 말단에서 3′ 말단 쪽으로 이어져 나간다.

기하라. 그래서, 과학자들이 박테리아 염색체의 예외성을 발견한 것이 놀랄만한 일이 아니다. 첫째, 환상의 염색체가 아니라 선상의 염색체를 가진 일부 박테리아가 발견되었다. 수년 전, Karen E. Nelson (이 장의 초기 삽화에서 기술)는 적어도 24개의 박테리아종이 2개의 염색체(또는 3개 이상!)를 가지고 있고, 이들 중 하나는 때때로 선상으로 존재한다는 것을 발견하였다. *Vibrio cholerae*는 2개의 환상 염색체를 가지고 있는데, 하나는 크고 하나는 작다. 작은 염색체가 단지 하나의 커다란 플라스미드로 간주되지 않는 이유는 무엇인가? 그 대답은 염색체의 정의에 놓여있다: 염색체가 되기 위해서는, DNA분자는 생물체의 연속적 생존에 필수적인 유전정보를 포함하고 있어야 한다. 플라스미드는 생물체에 도움이 될 수 있지만, 그것 없이도 생존할 수 있는 유전정보만을 가지고 있다. 대조적으로, *V. cholerae*의 작은 염색체는 "필수" 유전자를 포함하고 있다. 여러 중요한 대사경로에는 하나의 염색체에 있는 유전자에 의해 조절되는 일부 단계에 대한 정보를 가진 반면, 다른 단계는 다른 염색체에 위치한 유전자에 의해 조절된다. 단지 큰 염색체만을 가진 세포는 잠시 동안 살아있을 수 있지만, 번식할 수 없다.

체세포분열이 일어나지 않는 상태에서, 어떻게 딸세포가 각각 종류 염색체의 한 복사본을 얻게 되는지 이해할 수 없다. 단지 큰 염색체만을 가진 세포집단이 바이오필름(표면에서 자라는 박테리아의 얇은 막)에 축적됨에 따라, 분명히 실수가 자주 일어난다. 그들이 살아있으면서 근처에 있는 2개의 염색체를 가진 세포에 도움이 되는 물질을 공급해서, 그들이 더 빨리 자라고 번식할 수 있다고 여겨진다. 2개의 염색체의 다른 수와 조합을 가진 세포에 대해 연구하고 있다- 또 다른 모험과 수많은 발견이 미생물학자들을 기다리고 있다! 마찬가지로 2개의 염색체를 가지고 있으며 방사능에 엄청난 저항성을 가진 박테리아인, *Deinococcus radiodurans*에 대해 자세히 연구할 예정이다.

유전현상의 기본 단위인, **유전자(gene)**는 염색체 또는 플라스미드의 기능적 단위를 형성하는 DNA 뉴클레오티드의 일직선상의 서열이다. 생물체의 구조와 기능에 관련된 모든 정보가 유전자에 암호화되어 있다. 많은 경우, 하나의 유전자가 하나의 성질을 결정한다. 그러나, 염색체나 플라스미드 상의 특정 **유전자 자리(locus**: 위치)에서 발견되는, 특정 유전자에 담겨져 있는 정보는 항상 동일하지 않다. 동일 유전자 자리에서 다른 정보를 가진 유전자를 **대립유전자(alleles)**라 한다. 원핵세포는 단일 염색체를 가지고 있기 때문에 일반적으로 각각의 유전자는 단지 1가지 버전, 또는 대립유전자를 보유하고 있다. (◀8장에서 이 규칙에 대한 예외성을 발견할 것이다). 다수(모든 것이 아니라)의 진핵세포는 2쌍의 염색체를 가지고 있어 각각의 유전자에 대해 2개의 대립유전자가 존재하는데, 이들은 같을 수도 있고 틀릴 수도 있다. 예로, 인간의 혈액형의 경우, A, B, 또는 O 형의 유전자 중 하나가 특정 유전자 자리에 위치할 수 있다. 대립유전자 A는 적혈구 세포로 하여금 세포 표면에 특정 당단백질을 가지도록 하는데, 이 경우 A형 분자라고 명명한다. 대립유전자 B는 B분자를 갖도록 하고, 대립유전자 O는 세포 표면에 어떠한 당단백질 구조도 갖지 않도록 한다. AB형 혈액을 가진 사람은 대립유전자 A와 B를 모두 가지고 있기 때문에 분자 A와 B를 모두 합성한다.

자손의 성질에서 유전적 변이는 돌연변이에 의하여 일어날 수 있다. **돌연변이(mutation)**는 DNA의 영구적인 변화이다. 돌연변이는 보통 DNA상의 뉴클레오티드 서열을 바꾸어서 DNA에 담겨져 있는 정보를 변화시킨다. 변이된 DNA가 딸세포에 전달되면, 딸세포는 하나 또는 다수의 성질에 대해 부모세포와 다를 수 있다. ◀8장에서 원핵생물의 성질에서의 유전적 변이가 다양한 기작에 의해 일어날 수 있는 경우를 보게 될 것이다.

정보 저장과 전달에서의 핵산

정보 저장

세포의 구조와 기능에 대한 모든 정보는 DNA에 담겨져 있다. 예로, 박테리아 *Escherichia coli*의 염색체의 경우, 쌍으로 이루어진 DNA 가닥의 각각은 일직선상의 서열로 약 5백만 염기를 포함하고 있다. 이러한 염기에 담겨져 있는 정보는 각각 수백 개 염기로 이루어진 단위로 나뉜다. 이러한 단위의 각각이 하나의 유전자다. 일부 유전자와 *E. coli* 염색체에서의 이들의 위치가 **그림 7.2**에 나타나 있다.

유전자를 핵산 언어로 쓰여진 문장으로 생각할 수 있다. 이러한 언어로 쓰인 각 문장은 DNA 내 4개의 질소성 염기에 해당하는 4글자 알파벳으로부터 만들어 진다: 아데닌(A), 티민(T), 시토신(C), 그리고 구아닌(G). 이러한 4글자가 수백 개의 글자로 된 "문장"을 만들기 위해 결합될 경우, 가능한 문장의 수는 거의 무한정이 된다. 마찬가지로, 무한한 수의 가능한 유전자가 존재한다. 각각의 유전자가 500개의 염기를 가지고 있다면, 5백만 개의 염기를 가진 염색체는 10,000개의 서론 다른 유전자를 보유할 수 있다. 따라서 DNA의 정보 저장 능력은 엄청나게 크다!

미생물유전체는 작고 연구하기 쉬운데, 인간과 마우스 유전체가 가지는 30억 쌍에 비교할 때, 보통 천만 DNA 염기쌍보다 크지 않다.

*Haemophilus influenzae*는 그 유전체(1.83 Megabase; 1 megabase(Mb) = 100만 염기 쌍)의 염기서열이 완전히 해독된 최초의 미생물이다. 그 염기서열은 1995년 7월 28일, Science에 게재되었다. 그 후로 350 종 이상의 미생물 유전체의 염기서열이 결정되었는데, 이들 중 하나의 경우 5곳의 다른 실험실에서, 각각 다른 부분을 맡아, 하루만에 염기서열을 완전히 해독하였다. 오늘날 자동화 장비의 도움으로, 한 미생물 유전체의 염기서열을 완전히 해독하는데 약 13시간이 걸린다.

E. coli 유전체는 4,639,221 염기쌍으로 구성되어 있으며, 적어도 4,288개의 단백질을 암호화 한다.

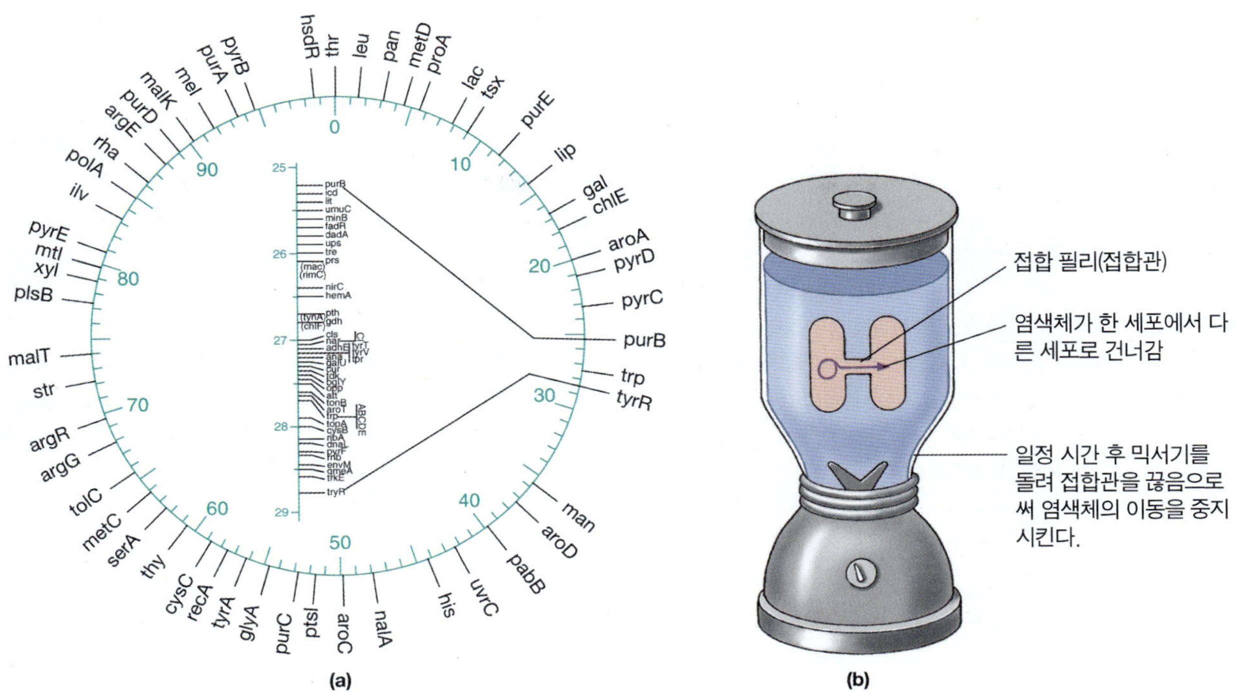

그림 7.2 ***E. coli*****의 부분 염색체 지도.** **(a)** *E. coli*의 전체 유전체는 대략 4,000 유전자로 구성되어 있다. 외곽 원은 일반적으로 연구되는 유전자들과 함께 염색체를 단순하게 표시한 것이다. 염색체 전체가, 박테리아 간에 유전자가 이동되는 기작인, 접합에 의해 공여세포에서 수용세포로 이동되는데 약 100분이 걸린다(◀8장). 원의 안쪽에 표기된 숫자는 염색체 상의 지점에 도달하는데 요구되는 전달 시간(분)을 의미한다. 내부에 표기된 것은 *E. coli* 지도의 조그만 일부분으로서, 그 지역 내에 위치한 몇몇 유전자를 보여주기 위해 확대한 것이다. **(b)** 이러한 시간은 믹서기 내에서 서로 다른 박테리아 사이에 접합이 시작되어 일정 시간에 접합관을 끊어지게 만들어 염색체 이동이 중단되도록 함으로써 측정되었다. 수용세포가 자란 다음 어느 유전자가 수용세포에 이동되었는지 확인한다. 다양한 시간에 따라 측정하면, 염색체 상의 유전자 순서를 알 수 있다.

확대경

가장 작은 것으로 알려진 박테리아 유전체-하나의 생물체가 되어가는 과정에 있는 것인가?

2006년 10월 *Nanoarchaeum equitans*는 가장 작은 유전체를 가진 박테리아 기록 보유체로서의 지위를 빼앗겼다. 이 박테리아는 491,000 DNA 염기쌍을 보유하고 있다. 새로운 챔피온은, *Carsonella ruddii*로서, 단지 1/3 수준인 159,662 염기쌍을 가지고 있으며, 182개의 단백질 유전자를 제공한다.

*C. ruddii*는, 오렌지나무에서 황룡병("greening")를 퍼뜨리며 수액을 빨아먹는 나무이(psyllid) 곤충 내부에 존재하는, 박테리옴(bacteriom)이라 불리는 특이한 구조로 특정 세포(bacteriocyte) 내에서 살아가는 내부공생체이다. 식물 수액은 영양분이 부족해서, 일부 수액을 빨아먹는 곤충은 아미노산 같은 필요 성분을 만드는 내부공생 박테리아에 의존한다. 일부 경우에, 곤충과 박테리아는 오랜 기간 함께 진화해 와서 서로가 없이는 생존할 수 없다. 곤충 숙주 내부에서, 박테리아는 숙주가 필요한 많은 것을 공급해 주기 때문에, 생존하는데 보다 적은 유전자를 필요로 한다. 아마도 박테리아 유전자 중의 일부가 곤충의 유전체로 이동하여, 박테리아에 공급하는 일을 담당하였을 것이다. 그 후에, 박테리아가 그들의 유전자를 잃었다 하더라도 문제가 안 되고, 단지 박테리아 유전체가 줄어드는 일만 생긴 것이다. *C. ruddii*는 생명 유지를 위해 절대적으로 필요하다고 여겨지는 유전자를 상실하였다. 이러한 감소된 유전체를 가진 박테리아는 숙주세포 내의 기관이 되는 과정 중에 있을 지도 모른다. ◀4장 p.104로 돌아가 "내부공생에 의한 진화"를 다시 생각해 보라!

The bright yellow structure (bacteriome) inside this insect contains endosymbiotic bacteria, *Carsonella ruddii*, which have the smallest genome yet (as of October, 2006) found among bacteria. *(Courtesy Nancy Moran, University of Arizona)*

적용

적균 DNA

당신의 면역계의 세포들이 어떻게 박테리아나 바이러스와 같은 외부 침입자를 확인할 수 있는가? 현재까지, 면역학자들은 침입하는 세포와 바이러스의 외곽 표면에 있는 단백질들이 신체의 방어 시스템에 경고를 알리는 방아쇠 역할을 하는 것으로 생각하고 있다. 그러나, 지금은, Iowa대학교 의과대학의 Arthur M. King박사의 예비연구에 의하면 이러한 표면단백질에 반응하기 전에도 박테리아와 바이러스 DNA를 인식하여 침입자들에게 손상을 가하기 시작하는 것으로 밝혀졌다. C-G 염기서열이 반복되는 것과 같이 박테리아와 바이러스에만 있는 염기 양상을 감지하는 것이다. 이러한 염기 조합은 고등생물 DNA에는 흔하지 않다. 있다 해도 시토신에, 박테리아나 바이러스 C-G에 갖고 있지 않은, 메틸기가 붙어 있다.

면역 시스템이 신체의 자기 DNA를 공격하는 자가면역 질환인, 전신 홍반성 낭창(lupus)을 앓는 환자의 경우 자신의 DNA에 메틸기를 붙이는 정상적인 능력이 없는 여러 증거가 있다. 따라서 이들의 DNA는 면역 시스템에 외부 DNA와 같이 보일 수 있다. 아마 이러한 질병을 치료하기 위해서는 메틸기를 첨가하는 환자의 능력을 높여줘야 할 것이다. 또 다른 임상 적용 분야는 면역 시스템이 촉진될 필요가 있는 환자에게 인공적으로 합성한 C-G 염기서열을 주입하는 것이다. 실험실에서, B 세포(외부 침입자에 대응하는 항체나 단백질을 만드는 면역세포)에 이러한 C-G 염기서열을 주입하면 반시간 이내에 세포의 95%가 증식하기 시작한다. 이러한 효과가 전체 생물체에서도 일어나는 지 더 연구할 필요가 있다.

정보 전달

DNA에 저장된 정보는 세포 분열에 대비해서 DNA의 복제를 유도하고 단백질 합성을 지시하는 데 사용된다. 이러한 정보가 전달되는 세가지 방법은 다음과 같다:

1. 복제: DNA가 새로운 DNA를 만든다.
2. 전사: 단백질 합성의 첫번째 단계로서 DNA가 RNA를 만든다.
3. 번역: RNA가 단백질이 형성되도록 아미노산을 연결시킨다.

DNA 복제와 전사 모두에서, DNA는 새로운 뉴클레오티드 중합체를 합성하기 위한 **주형(template)**(마치 재봉질본 처럼)으로 작용한다. 새로운 중합체 각각에서의 염기서열은 원래 DNA에 있는 염기서열에 상보적이다. 이러한 배열은 염기쌍 결합에 의해 이루어진다. ◀2장에서 언급한, DNA의 상보적 염기쌍에서, 아데닌은 항상 티민(A-T)과, 구아닌은 항상 시토신(G-C)과 짝을 이룬다는 것을 기억하라. 또한 DNA가 RNA 합성의 주형으로 작용할 때 결합이 다름을 기억하라: RNA에서, 티민은 아데닌과 짝을 이룰 때 우라실(U)로 대치됨을 기억하라.

DNA 복제(DNA replication)에서, 새롭게 만들어지는 중합체는, 마찬가지로 DNA이다. 단백질 합성에서, 새로운 중합체는 전령 RNA(mRNA)라 불리는 특정 형태의 RNA인데, 하나의 단백질에 아미노산 배열을 지시하는 두 번째 주형으로 작용한다. 일부 단백질은 세포의 구조를 형성하며, 다른 단백질(효소)은 대사를 조절하고, 또 다른 것은 세포막을 통해 물질을 수송하는 역할을 한다.

단백질 합성까지의 전체 과정에서, DNA 주형으로부터의 mRNA 합성을 **전사(transcription)**라 하고, mRNA에 담겨있는 정보로부터 단백질을 합성하는 과정을 **번역(translation)**이라 한다. 같은 단어로 손으로 쓴 문장을 타이프 친 문장으로 전사한 것처럼 전사는 하나의 핵산에서 다른 핵산으로 정보를 전달하는 것으로 유추할 수 있다. 마찬가지로 번역은, 영어 문장을 다른 언어로 번역하는 것처럼, 핵산의 언어로부터 아미노산의 언어로 정보를 전달하는 것이다. 정확한 복제가 전달되도록 하기 위해, 일어날 수 있는 실수를 제거하는데 관여하는 "교정" 효소라는 것도 있다.

RNA를 유전물질로 갖고 있는 바이러스의 경우, 과학자들은 어떻게 이러한 바이러스들이 또 다른 RNA를 만들 수 있는지 초기에는 이해할 수 없었다. 그때, **역전사(reverse transcription)**에 대한 효소가 발견되어 RNA로부터 DNA가 합성되는 과정이 밝혀졌다. 만들어진 DNA로 RNA를 합성할 수 있다. 이러한 역과정 때문에 이 바이러스를 retrovirus라 부른다(◀10장에서 이들에 대해 자세히 배울 것이다). 에이즈를 일으키는, HIV는 retrovirus다. 역전사는 정상적인 전사보다 정확도가 떨어지는 과정이다. 수정되지 않은 실수가 돌연변이나, 한 생물체의 유전자에서 영구적 변이로서 전달된다. HIV는 대부분의 생물체의 경우보다 돌연변이율이 500배 높은데, 이러한 것은 백신제조자에게는 불행한 사실일 것이다.

DNA 복제, 전사, 그리고 번역 모두 하나의 분자에서 다른 분자로 정보를 전달한다(**그림 7.3**). 이러한 과정으로 DNA에 담겨져 있

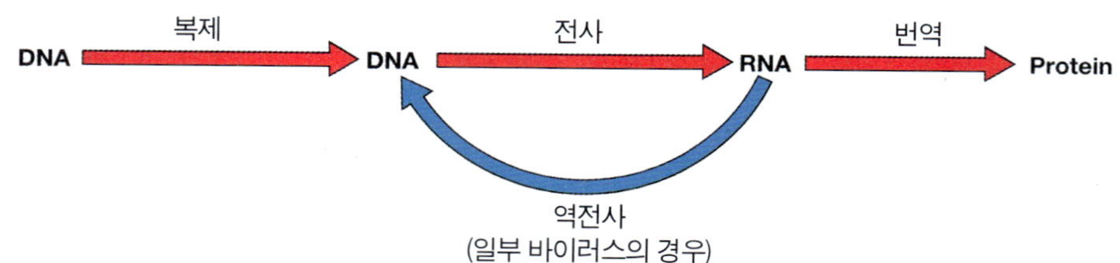

그림 7.3 DNA에서 단백질로의 정보의 전달. 후에 보게 되겠지만, 에이즈를 일으키는 것과 같은 특정 바이러스는 RNA로부터 DNA 합성을 지시할 수 있다(역전사).

는 정보가 각기 새로운 세대의 세포로 전달되는 것이 가능하게 되어 단백질 합성을 통해 세포의 기능을 조절하는데 사용할 수 있게 된다.

중점 질문 사항

1. 원핵세포와 진핵세포의 염색체를 비교, 대비해 보라.
2. DNA가 항상 유전물질이 아니다. 그 예외는?
3. 돌연변이로 어떻게 유전자의 새로운 형질이 발생하는가?
4. 박테리아 DNA와 바이러스 DNA는 인간 DNA와 어떻게 다른가? 어떤 질병이 이러한 차이점에 관련되어 있는가?
5. 번역은 전사와 어떻게 다른가?

DNA 복제

DNA 복제를 이해하기 위하여, ◀2장에서 DNA 나선가닥 쌍이 아데닌은 티민과, 시토신은 구아닌과 염기 결합으로 형성되어 있다는 것을 기억할 필요가 있다. 또한 각 가닥의 끝이 다른 것도 알 필요 있다. 3′(3 프라임) 말단이라 불리는 한쪽 끝에는 디옥시리보스의 3번 탄소가 다른 분자에 자유롭게 연결될 수 있다. 5′(5 프라임) 말단인, 다른 끝에는 디옥시리보스의 5번 탄소에 인산이 연결되어 있다(그림 7.1). 이러한 구조는 3′ 끝에는 엔진이 5′ 끝에는 승무원 차량이 달려있는, 화물열차의 구조와 어느 정도 유사하다. 2중나선의 2가닥이 염기쌍이 결합될 때, 두미(head-to-tail), 또는 **역평행(antiparallel)**의 형태로 일어난다. 가닥의 배열은 마치 두 열차가 반대 방향으로 향하고 있는 것 같고, 염기쌍은 두 열차의 승객이 서로 악수를 하고 있는 형태이다.

DNA 복제는 원핵세포의 원형 염색체의 특정 위치(원점)에서 시작하여, 원점에서 양방향으로 동시에 멀어지는 형태로 진행된다. 이것으로 2개의 이동 **복제분지(replication fork)**가 만들어지는데, 이곳이 DNA 2가닥이 갈라져 DNA 복제가 일어나는 지점이다(그림 7.4). 여러 가지 효소들(helicase)이 두 DNA 가닥의 염기 사이에 있는 수소결합을 깨서, 서로 각각으로부터 가닥을 풀고, 노출된 단일가닥을 안정화하여, 서로 다시 되돌아가는 것을 방지한다. 그러면 **DNA 중합효소(DNA polymerae)** 분자가 각 복제분자 뒤를 따라 움직이며, 초당 대략 1,000 뉴클레오티드의 속도로 상보적인 새로운 DNA 가닥을 합성해 나간다. 또한 DNA 중합효소는 잘못 짝을 이룬 염기와 같은 실수를 고치며, 새로 만들어지는 가닥을 "교정"한다. 이러한 빠른 속도에서도, 교정으로 단지 10^6 염기쌍 당 하나 정도의 실수만을 남긴다.

DNA 중합효소는 새로 자라는 DNA 가닥의 3′ 말단에만 뉴클레오티드를 붙일 수 있다. 이에 따라, 원 DNA의 1가닥만이 계속적인 새로운 가닥의 합성에 대한 주형으로도 작용할 수 있는데, 이를 5′에서 3′ 방향으로 가는 **선도사슬(leading strand)**이라 한다. 3′에서 5′ 방향으로 향하는, 다른 가닥을 따라서, **지체사슬(lagging strand)**이라 불리는 새로운 DNA의 합성은 불연속적이다; 즉, 중합효소가 앞서 뛰어가서, 100에서 1,000염기쌍으로 이루어진 **오카자키단편(Okazaki fragment)**이라 불리는 일련의 짧은 DNA 절편을 만들며, 뒷 방향으로 작업하여 간다. 각 단편은 새로운 DNA 합성을 시작하기 위하여 부모 DNA에 부착된 **RNA시발체(RNA primer)**라 불리는 짧은 RNA 조각을 가지고 있어야 한다. 단편은 이어서, **연결효소(ligase)**라 불리는 다른 효소에 의해 연결된다. 선도, 지체사슬의 형성은 동시에 진행된다. 그러나 오카자키단편을 만드는 DNA중합효소는 복제분지점에서 RNA시발체가 형성되도록 충분한 DNA가 열릴 때 까지 기다려야 한다. 그래서 "지체" (lagging)라 한다. 궁극적으로, 2개의 분리된 염색체가 형성되는데 (그림 7.4), 한 사슬은 오래된 부모사슬과 다른사슬은 새로운 DNA로 구성된 2중나선이다. 한 사슬이 항상 보존되기 때문에 이러한 복제를 **반보존적 복제(semiconservative replication)**라 한다.

단백질 합성

전사

모든 세포는 생명 과정을 수행하기 위하여 항상 단백질을 합성하여야 한다: 생식, 성장, 수선 그리고 대사 조절. 이러한 합성에는 DNA 사슬(유전자)의 일직선상의 정보가 단백질의 일직선상 아미노산 서열로 정확하게 전달 과정이 따라야 한다.

단백질 합성 무대를 만들기 위하여, DNA 가닥의 염기사이의 수소결합이 특정 지역에서 효소적으로 깨어져서 가닥이 분리된다. 쌍을 이루지 않게 된 짧은 DNA 염기서열이 노출되어 전사과정의 주형으로서 작용하게 된다. 단지 1가닥만이 1유전자의 mRNA 합성을 지시한다; 상보가닥은 DNA 합성이나 다른 유전자의 전사과정 중 주형으로서 사용된다. RNA는 티민 대신에 우라실 염기를 포함하고 있음을 기억하라(◀2장 p. 46).

적용

DNA가 단지 단백질만 만든다면, 탄수화물과 지방을 만드는 것은 무엇인가?

DNA의 유전정보가 단백질 구조를 결정하는데만 특정하게 사용된다면, 탄수화물과 지방 구조는 어떻게 결정되는가? 그렇다면 세포가 가지고 있는 단백질의 종류에 대해 생각해 보라. 많은 단백질은 효소이고, 물론, 이들 효소 중 일부는 탄수화물과 지방의 합성을 지시한다. 세포 전체는 DNA에 의해 통제된다. DNA 복제와 구조단백질 합성에서와 같이 직접적으로, 또는 탄수화물과 지방 합성을 조절하는 효소 합성과 같은 간접적인 방법으로.

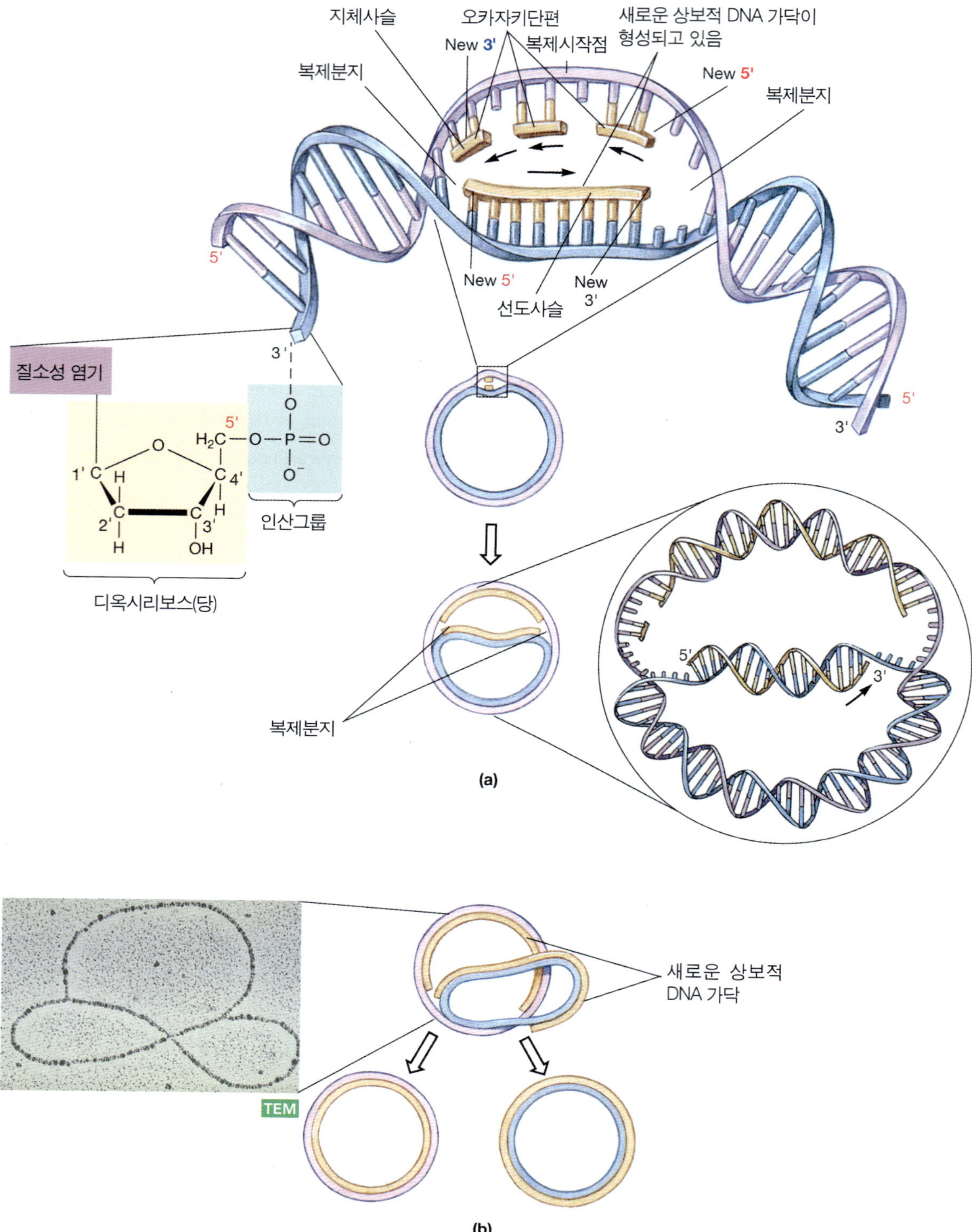

그림 7.4 원핵세포의 DNA 복제. **(a)** DNA 가닥은 분리되고, 각 가닥에서 복제분지에서 복제가 시작된다. 합성이 진행됨에 따라, DNA의 각 사슬은 상대방 복제에 대한 주형으로 작용한다. DNA 2중나선의 상보적 가닥의 역평행 배열을 주목하라. 새로운 DNA 합성은 단지 한 방향으로 일어나기 때문에, 한 가닥을 따라서는 과정이 불연속적이다. 짧은 단편이 형성되고, 그러면 화살표가 가리키는 것 처럼 함께 연결된다. **(b)** 두 복제분지가 만나면, 두 새로운 염색체가 떨어져 나가는데, 하나의 오래된 가닥과 다른 하나의 새로운 가닥으로 되어 있으며, 반보존적 복제의 보기이다. 각각의 새로운 세포는 그 후에 복제를 진행할 수 있다(21,011X). (*NIH/Kakefuda/Photo Researchers, Inc.*)

따라서 DNA로부터 mRNA가 전사될 때, 우라실은 아데닌과 쌍을 이룬다; 그밖에는 DNA 복제에서 하는 것 같이 염기가 쌍을 이룬다. 전령RNA는 5′에서 3′ 방향으로 형성된다.

DNA를 전사하기 위하여, 세포는 고에너지 인산기 결합을 포함한 많은 양의 뉴클레오티드를 가지고 있어야 하는데, 후속 반응에 참여하는 뉴클레오티드에 에너지를 제공한다. DNA 가닥을 분리한 후, **RNA중합효소(RNA polymerase)**는 노출된 DNA의 한가닥에 결합하는데, 여기가 유전자 시작점(프로모터 서열)임을 가리키는 DNA 염기서열을 인식한다. **그림 7.5**에서 보는 바와 같이, 효소가 DNA (이 경우, 아데닌)의 첫 번째 염기에 결합한 후, 적절한 뉴클레오티드가 DNA염기-효소 복합체에 가담한다. 그러면 새로운 염기가 염기쌍에 의해 DNA의 주형 염기에 결합한다. 효소는 다른 DNA 염기로 이동하고, 적절한 인산화 뉴클레오티드가 복합체에 가담한다. 두 번째 뉴클레오티드의 인산은 첫 번째 뉴클레오티드의 리보오스에 연결되고, 2인산(인산기 2개가 연결된 분자)이 떨어져 나온다. RNA의 새로운 중합체에서 새로운 연결이 형성되는 것이다. 이러한 연결을 형성하는 에너지는 ATP의 가수분해로부터 나온다. 이러한 과정은 RNA 분자가 완성될 때 까지 반복된다.

원핵세포에서, 전사, 번역 모두 세포질에서 일어나는데 반해, 진핵세포에서는, 전사가 세포의 핵에서 일어난다. 진핵세포 전사에 의한 mRNA가 완전히 형성되어 핵공을 통해 전사가 일어나기 전 세포질로 이동되어야 한다. 더구나, mRNA 분자는 핵을 떠나기 전에 추가적인 가공이 일어난다. 고세균(◀9장에서 논의할 예정)에서 알려진 것과 같이, 진핵세포에서, 단백질을 코드하는 유전자 지역을 **엑손(exon)**이라 부른다. 엑손은 단백질을 코드하지 않는 DNA 단편에 의해 유전자 내에서 일반적으로 분리되어 있다. 이러한 암호와 하지 않는 끼어있는 지역을 **인트론(intron)**이라 한다. 핵에서, RNA중합효소는 먼저 전체 유전자로부터 엑손과 인트론을 포함한 mRNA를 만든다. 새로이 형성된, 긴 mRNA는 다른 효소에 의해 간결하게 되는데, 인트론을 제거하고 엑손을 잘라 붙인다. 그 결과 생기는 mRNA는 단백질 합성을 지시할 수 있는 준비가 되어 핵을 빠져 나간다**(그림 7.6)**.

RNA 종류들

3종류의 RNA-리보솜RNA, 전령RNA, 그리고 운반RNA-는 단백질 합성에 참여한다. 각 RNA는 단일 뉴클레오티드 가닥으로 구성되어 있고 주형으로 DNA를 사용하여, 전사에 의해 합성된다. 단백질 합성에 관한 이야기를 마무리하기 위해서, 3가지 형태의 RNA에 대해 좀 더 자세한 정보가 필요하다.

리보솜RNA(ribosomal RNA)는 특정 단백질에 밀착 결합하여 2종류의 리보솜 단위체를 형성한다. 각 종류의 단위체는 결합하여 하나의 리보솜을 만든다. 리보솜은 세포 내에서 단백질 합성이 일어나는 곳임을 기억하라(◀4장 p. 91). 이것은 전령RNA의 결합부위로서 작용하며, 이들 단백질의 일부는 단백질 합성을 조절하는 효소로서 작용한다. 원핵세포의 리보솜은 소(30S), 대(50S) 단위체로 구성되어 있다 (진핵세포의 리보솜은 40S와 60S 소단위체로 구성). 두 단위체가 mRNA 가닥 주변에 함께 결합한 후**(그림 7.7)**, 펩티드 합성이 시작된다. 새로 생성된 폴리펩티드 사슬은 50S 단위체 터널을 통해 자라난다.

전령RNA(messenger RNA)는 하나 또는 그 이상의 폴리펩티드 사슬에 대한 합성을 지시하는 충분한 정보를 가진 단위체로서 합성된다. 하나의 mRNA 분자는 DNA의 기능적 단위인, 하나, 또는 그 이상의 유전자에 해당한다. 각 mRNA 분자는 하나 또는 여러 개의 리보솜과 결합하게 된다. 리보솜에서, mRNA에 담겨져 있는 정보는

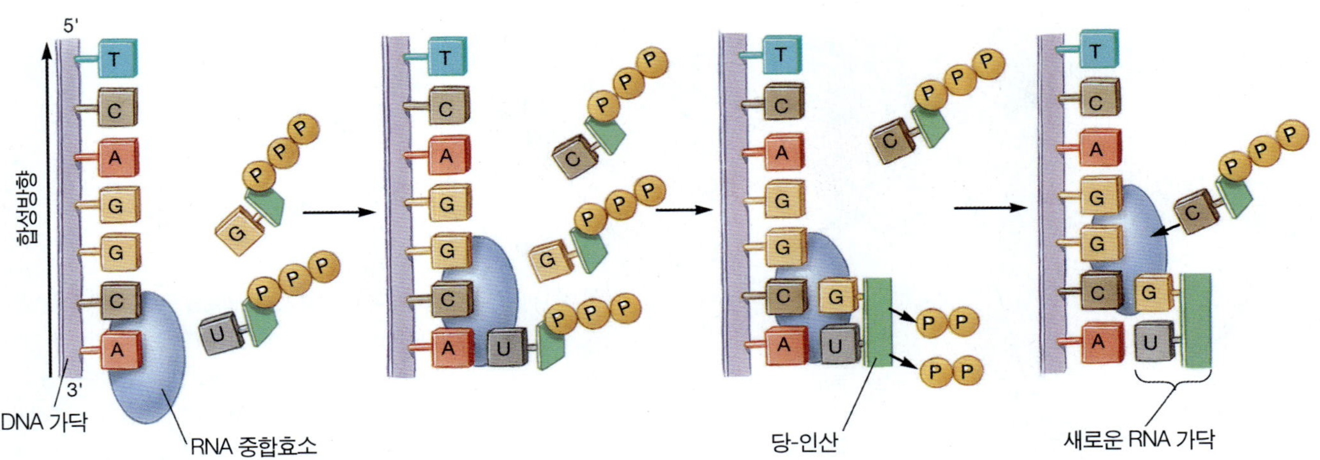

그림 7.5 주형 DNA로 부터의 RNA 전사. PPP는 삼인산을 나타내고, PP는 이인산을 의미한다. RNA에서, A는 T 대신 U와 쌍을 이룬다.

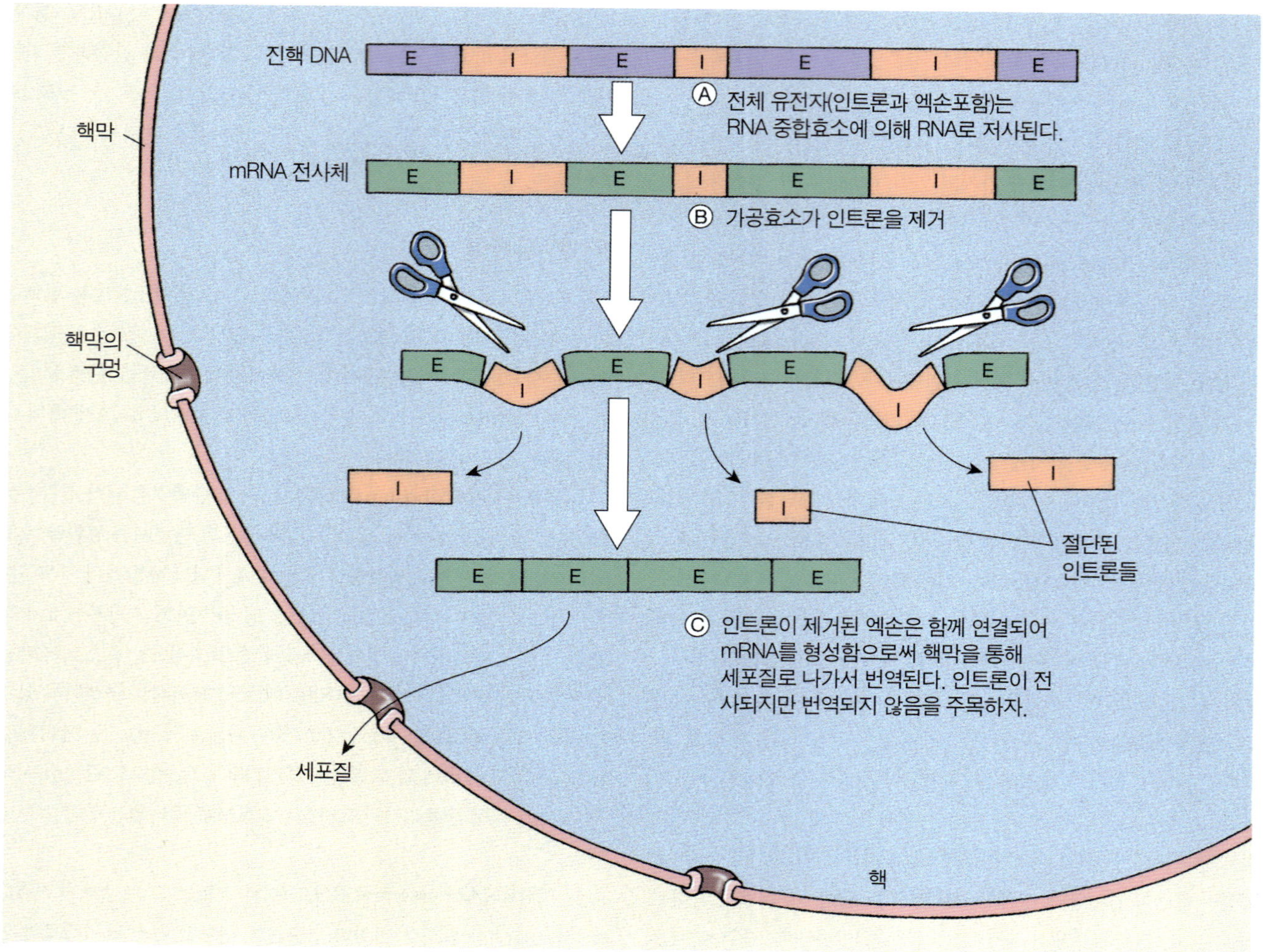

진핵 DNA
E I E I E I E
Ⓐ 전체 유전자(인트론과 엑손포함)는 RNA 중합효소에 의해 RNA로 저사된다.
핵막
mRNA 전사체
E I E I E I E
Ⓑ 가공효소가 인트론을 제거
핵막의 구멍
E I E I E I E
I
I
I
절단된 인트론들
E E E E
Ⓒ 인트론이 제거된 엑손은 함께 연결되어 mRNA를 형성함으로써 핵막을 통해 세포질로 나가서 번역된다. 인트론이 전사되지만 번역되지 않음을 주목하자.
세포질
핵

그림 7.6 복잡성면에서 진핵세포의 유전자는 원핵세포의 유전자와 다르다. 엑손(E)이라 불리는 DNA의 암호서열은 인트론(I)이라 불리는 비암호서열과 번갈아 위치한다. 모두가 RNA로 전사된 후, 인트론은 제거되고, 번역이 일어나는 세포질로 진입하기 위하여 함께 접합된 엑손만 남는다. 고세균을 제외한 모든 원핵세포는 인트론이 결핍되어 있다.

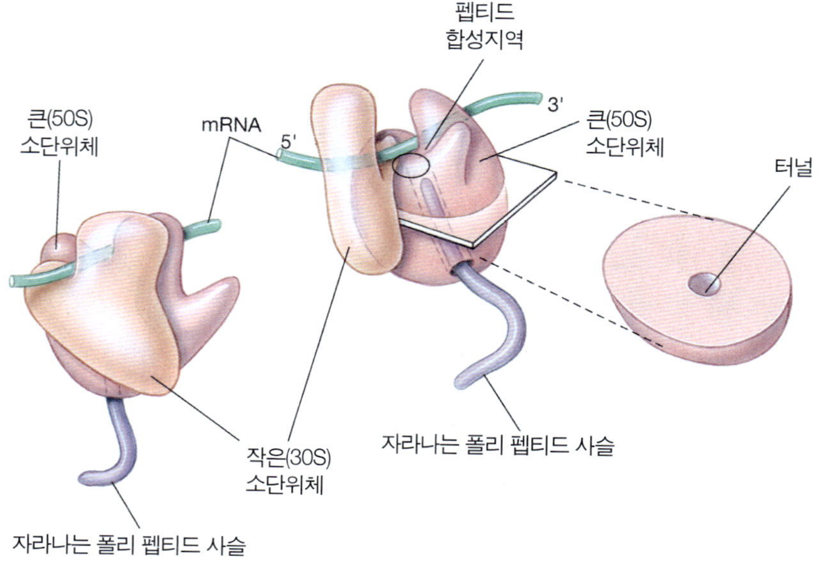

그림 7.7 원핵세포의 리보솜 구조. 2가지 다른 각도로 소(30S), 대(50S) 단위체를 보여주고 있다. 단위체가 mRNA 사슬을 감싸고 있다. 펩티드 합성 지역은 이와같은 3가지 성분의 합류지점이다. 자라나는 폴리펩티드 사슬은 단면에서 볼 수 있는, 50S 단위체의 터널을 통과한다.

번역과정 중 단백질에 있는 아미노산 서열을 결정한다.

단백질 번역에서, mRNA의 각 트리플릿(3염기서열)은 **코돈(codon)**을 형성한다. 코돈은 핵산의 언어에서 "단어"에 해당한다. 각 코돈은 특정 아미노산을 지정하거나 종결코돈으로 작용한다. mRNA분자의 첫 번째 코돈은 **개시코돈(start codon)**으로 작용한다. 이 코돈은, 후에 단백질로부터 제거될 수 있지만, 항상 아미노산 메치오닌을, 암호화한다. mRNA 분자에서 번역되는 마지막 코돈은 **종결자(terminator)**, 또는 **종결코돈(stop codon)**이다. 이것은 단백질 분자의 끝을 나타내는 일련의 구두점 역할을 한다. 문장으로 유추해 보면, 메치오닌 코돈은 문장의 시작점에 있는 대문자이고, 종결코돈은 문장 끝에 있는 구두점에 해당한다.

단백질에서 발견되는 20개 아미노산에 대해 적어도 한 코돈이 존재한다. 일부 아미노산에 대해서는 여러 개 코돈이 존재한다; 예로, 6개의 서로 다른 코돈이 류우신(Leu)을 암호화한다. 이러한 것을 **그림 7.8**에서 확인해 보라. 각 코돈과 특정 아미노산 간의 관계가 **유전암호(genetic code)**를 구성한다(그림 7.8). 아미노산을 암호화하는 코돈을 **전사코돈(sense codon)**이라 한다. 유전암호에 대한 연구 초기에, 어느 아미노산도 암호화 하지 않는 몇몇 코돈이 발견되었다. 따라서 이러한 코돈을 **비전사코돈(nonsense codon)**이라 한다. 후에 이들은 종결코돈으로 밝혀졌다. 유전정보는 DNA에 저장되어 있지만, 유전암호는 mRNA의 암호로 씌어져 있다. 물론, 코돈에 담겨져 있는 정보는 전사과정 중 상보적 염기 쌍에 의해 DNA로부터 직접적으로 비롯된다.

2006년 노벨상은 특정 mRNA의 발현을 저지함으로써 유전자를 침묵시키는 간섭RNA(interference RNA: RNAi)라는, 또 다른 형태의 RNA를 발견한 공로로 Andrew Fire와 Craig Mello에게 수여되었다. 이것으로 특정 유전자의 기능, 또는 다른 유전자와의 상호작용 기작이 밝혀질 수 있다.

다른 생물체간의 코돈을 비교해 보면 박테리아로부터 인간에 이르기까지, 모든 생물체에서 거의 동일함이 밝혀졌다. 이러한 유전암호의 보편성은 다른 생물체를 연구하는 과학자로 하여금 인간세포의 정보전달 과정을 이해하는데 적용할 수 있게 해준다. 유전암호의 작동 기작에 대한 상당한 부분이 박테리아 연구로부터 밝혀졌다.

운반RNA(transfer RNA, tRNA)의 기능은 단백질 분자에 아미노산을 배치시키기 위하여 세포질에 있는 아미노산을 리보솜으로 전달하는 것이다. 여러 가지 다른 종류의 tRNA가 세포질로부터 분리되었다. tRNA 분자는 75개에서 80개 뉴클레오티드로 구성되어 있으며 자체가 접혀져서 상보적 염기쌍에 의해 안정화 되는 여러 고리 구조를 형성한다 **(그림 7.9)**. 각 tRNA는 특정 mRNA 코돈에 상보적인 3개의 염기로 구성된 **안티코돈(anticodon)**을 가지고 있다. 또한 아미노산-mRNA 코돈에 의해 명기되는 특정 아미노산에 대한 결합 부위를 가지고 있다(물론, mRNA는 DNA로부터 직접 정보를 얻는다). 따라서, tRNA는 코돈과 이에 상응하는 아미노산 사이의 연결 역

First position	Second position: U		Second position: C		Second position: A		Second position: G		Third position
U	UUU	Phe	UCU	Ser	UAU	Tyr	UGU	Cys	U
U	UUC	Phe	UCC	Ser	UAC	Tyr	UGC	Cys	C
U	UUA	Leu	UCA	Ser	UAA	*Stop*	UGA	*Stop*	A
U	UUG	Leu	UCG	Ser	UAG	*Stop*	UGG	Trp	G
C	CUU	Leu	CCU	Pro	CAU	His	CGU	Arg	U
C	CUC	Leu	CCC	Pro	CAC	His	CGC	Arg	C
C	CUA	Leu	CCA	Pro	CAA	Gln	CGA	Arg	A
C	CUG	Leu	CCG	Pro	CAG	Gln	CGG	Arg	G
A	AUU	Ile	ACU	Thr	AAU	Asn	AGU	Ser	U
A	AUC	Ile	ACC	Thr	AAC	Asn	AGC	Ser	C
A	AUA	Ile	ACA	Thr	AAA	Lys	AGA	Arg	A
A	AUG	Met	ACG	Thr	AAG	Lys	AGG	Arg	G
G	GUU	Val	GCU	Ala	GAU	Asp	GGU	Gly	U
G	GUC	Val	GCC	Ala	GAC	Asp	GGC	Gly	C
G	GUA	Val	GCA	Ala	GAA	Glu	GGA	Gly	A
G	GUG	Val	GCG	Ala	GAG	Glu	GGG	Gly	G

그림 7.8 아미노산에 대하여 표준 3글자 약어로 구성된 유전암호. mRNA의 AGU 코돈에 대한 아미노산을 찾기 위하여, 왼쪽 세로칸에서 A로 표지된 블록까지 내려가, 그림의 윗단에 있는 G로 표지된 네 번째 틀로 가로질러 이동하고, 그림의 오른쪽 측면에 있는 U로 표지된 첫 번째 선을 찾아라. 그곳에서 세린에 대한 약자인, Ser를 발견할 것이다. Stop은 3개가 있는데 종결코돈을 나타낸다. 개시코돈은 AUG이며, 항상 메치오닌을 코드한다. 따라서 단백질 합성은 항상 메치오닌으로 시작한다. 메치오닌은 일반적으로 나중에 제거되는데, 모든 단백질이 실질적으로 메치오닌으로 시작되지는 않는다. mRNA 사슬의 중간에서 발견되는 AUG는 메치오닌을 코드한다.

표 7.1

여러 가지 다른 RNA의 성질

RNA 종류	성질
리보솜RNA	특정단백질과 함께 결합하여 리보솜 형성
	단백질 합성에 대한 장소 제공
	단백질 합성을 조절하는 효소와 연합
전령RNA	하나의 단백질 합성에 대한 정보를 DNA로부터 전달
	DNA 상에서 하나 또는 그 이상의 유전자에 해당하는 분자
	유전암호를 구성하는 코돈이라 불리는 트리플렛 염기를 보유
	하나 또는 그 이상의 리보솜에 부착
전달RNA	세포질에서 발견되며, 그곳에서 아미노산을 골라 mRNA에 전달
	특정 아미노산에 대한 부착부위를 가진 토끼풀잎 모양의 형태를 가진 분자
	안티코돈이라 불리는 하나의 트리플렛 염기를 가지고 있으며, mRNA의 해당 코돈에 상보적으로 결합

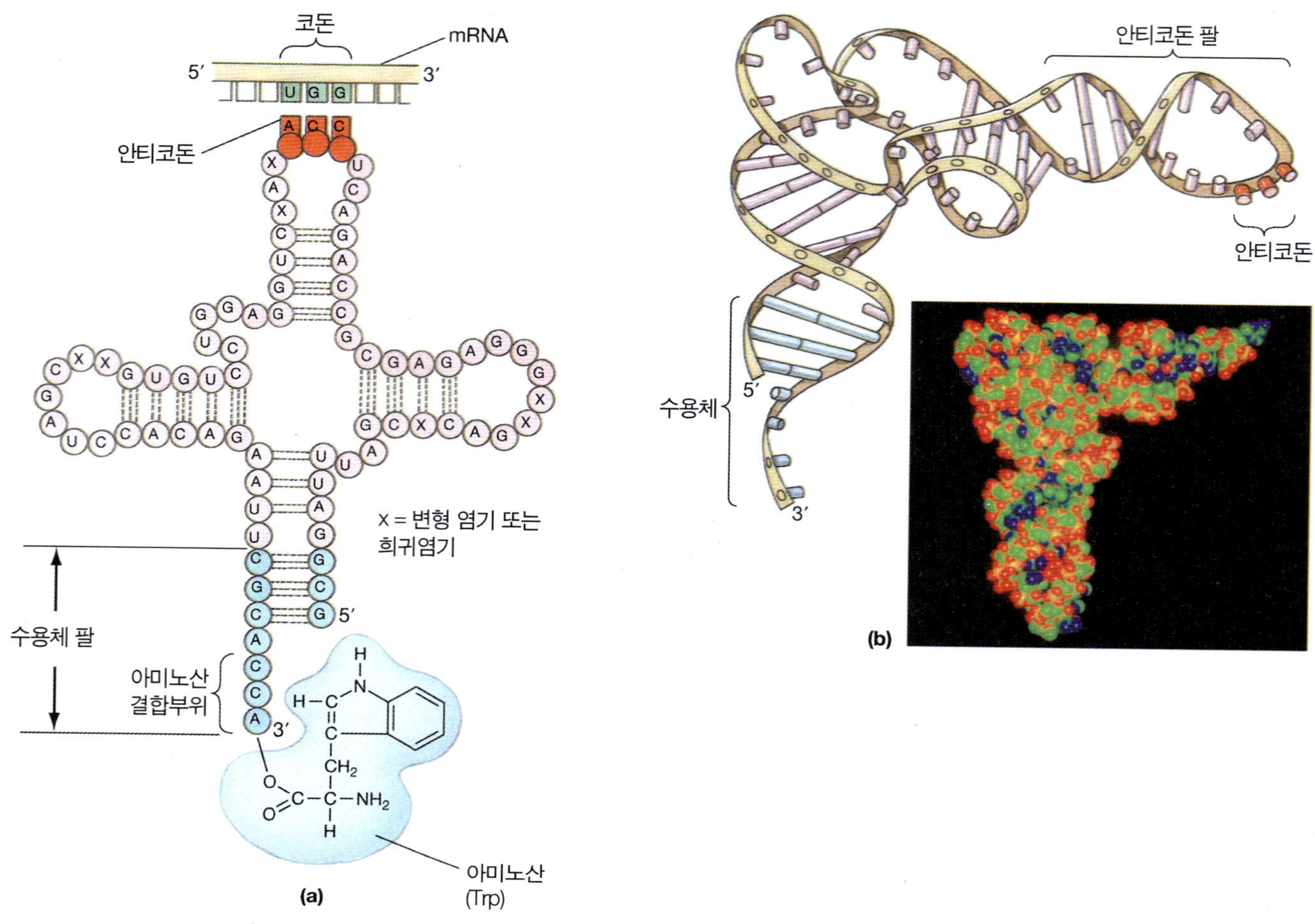

그림 7.9 전달RNA. **(a)** 트립토판 전달RNA의 2차원 구조. 안티코돈 끝이 mRNA 가닥에 있는 코돈과 짝을 이루고 해당하는 아미노산(트립토판)을 전달하는데, 반대편에 있는 수용체 팔에 결합한다. 전달RNA는 팔(점선)을 형성하는 가닥 사이의 수소결합에 의한 토끼풀잎 모양으로 유지된다. **(b)** tRNA 분자는 그림과 같은 형태와 컴퓨터로 만든 모델처럼, 복잡한 3차원 구조로 접힌다.

할을 한다. 아미노산-활성효소와 ATP로부터 나온 에너지의 작용으로 특정 tRNA 분자에 아미노산이 부착하게 된다.

적절한 mRNA 코돈에 대해 상보적 염기쌍에 의하여 안티코돈이 부착함으로써 이에 해당하는 아미노산이 단백질로 유입되도록 정열한다. 단백질 합성에 있어 아미노산 배치의 정확성은 코돈과 안티코돈과의 정교한 결합에 의존한다. 3가지 형태의 tRNA에 대한 성질이 **표 7.1**에 요약되어 있다.

번역

박테리아 성장에서 매우 중요한 과정인, 단백질 합성에 박테리아 세포가 가진 에너지의 80-90%를 사용한다. 일반적으로, 단백질 합성 중에, 충분한 양의 다양한 RNA와 아미노산이 이용 가능하다. RNA는 기능을 상실하기 전에 여러 번 재사용될 수 있다. RNA 형태 중, mRNA는 특정 단백질에 대한 세포의 필요에 따라 대단히 정확한 양으로 합성된다. **그림 7.10**에서 3가지 형태의 RNA와 이것들에 대한 단백질 합성에서의 역할을 보여주고 있다.

일단 mRNA가 전사되고 리보솜과 결합하면, 리보솜은 단백질 합성을 시작하고 단백질 조립에 대한 장소를 제공한다. 각 리보솜은 먼저 단백질의 시작에 해당하는 mRNA의 끝에 부착한다. 하나의 리보솜으로부터 나오는 각 폴리펩티드 사슬의 길이는 리보솜이 "읽은" mRNA의 양에 해당한다. 여러 개의 리보솜이 mRNA를 따라 여러 지점에 붙어 **폴리리보솜(polyribosome** 또는 **polysome)**을 형성한다(**그림 7.11**).

원핵세포에서(진핵세포와는 달리), 전사와 번역이 세포질에서 일어나는데, 이곳에 필요한 모든 효소와 리보솜이 존재한다. 진핵세포에서는, 핵에서 형성된 mRNA는 단백질 합성이 일어나는 리보솜

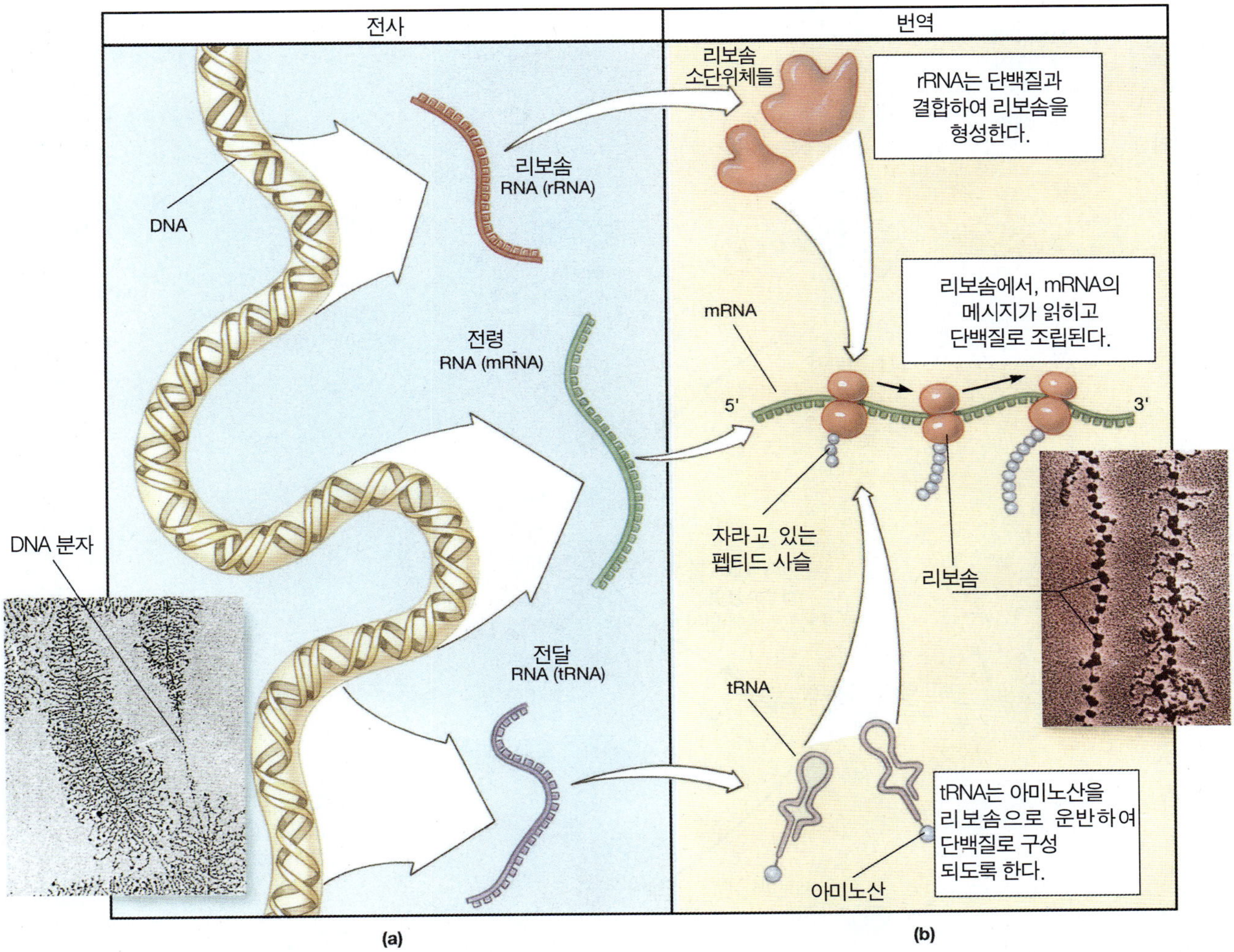

그림 7.10 전사와 번역. **(a)** DNA에서 RNA로의 전사 **(b)** RNA에서 단백질로의 번역. 같은 mRNA에 연결되어 mRNA를 읽는 많은 리보솜을 폴리리보솜이라 한다.

에 접근할 수 있기 전에 핵막을 통과해 빠져나와야 한다.

단백질 합성의 중요 단계**(그림 7.12)**를 다음과 같이 요약할 수 있다: 과정은 mRNA 분자가 리보솜 상에서 적절히 위치할 때 시작된다. mRNA의 각 코돈이 "읽혀짐" 에 따라, 적절한 tRNA가 함께 부착하여 특정 아미노산을 단백질 조립장소에 전달한다. 첫 번째 tRNA가 짝을 이루는 리보솜에서의 위치를 P사이트라 한다. 그 다음 mRNA의 두 번째 코돈은 두 번째 아미노산을 P사이트 옆에 있는, A사이트에 전해주는 tRNA와 짝을 이룬다. 코돈과 안티코돈의 조합으로 단백질의 아미노산 서열이 정해진다. 아미노산이 하나하나 전달되고 그 사이에 펩티드결합이 형성됨에 따라, 폴리펩티드의 길이가 증가하게 된다. 이 과정은 리보솜이 종결코돈을 인식할 때 까지 계속된다. 리보솜이 A사이트에서 종결코돈을 "읽으면", 완성된 단백질이 P사이트

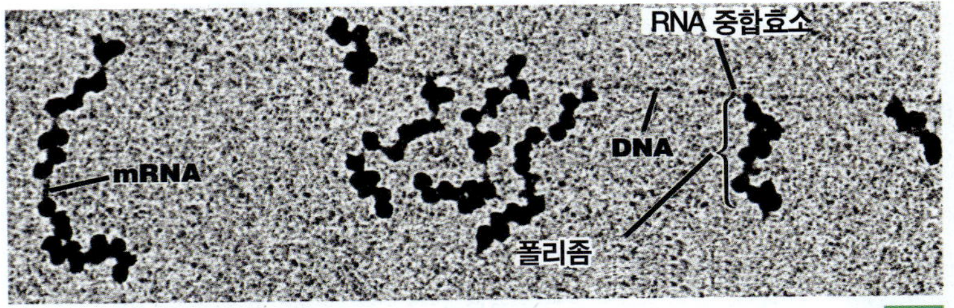

그림 7.11 원핵세포에서 동시 발생의 전사와 번역. *E. coli* DNA의 일부분이 전자현미경 사진에서 수평으로 뻗어있다(24,013X). 리보솜이 mRNA에 붙어있고, 오른쪽에서 왼쪽으로 길이가 증가하는 단백질을 합성하고 있는데, 이것은 전사의 방향을 나타낸다. 하나의 mRNA에 동시에 모두 "올라탄" 많은 리보솜 때문에 폴리리보솜(또는 폴리좀)이라 한다.

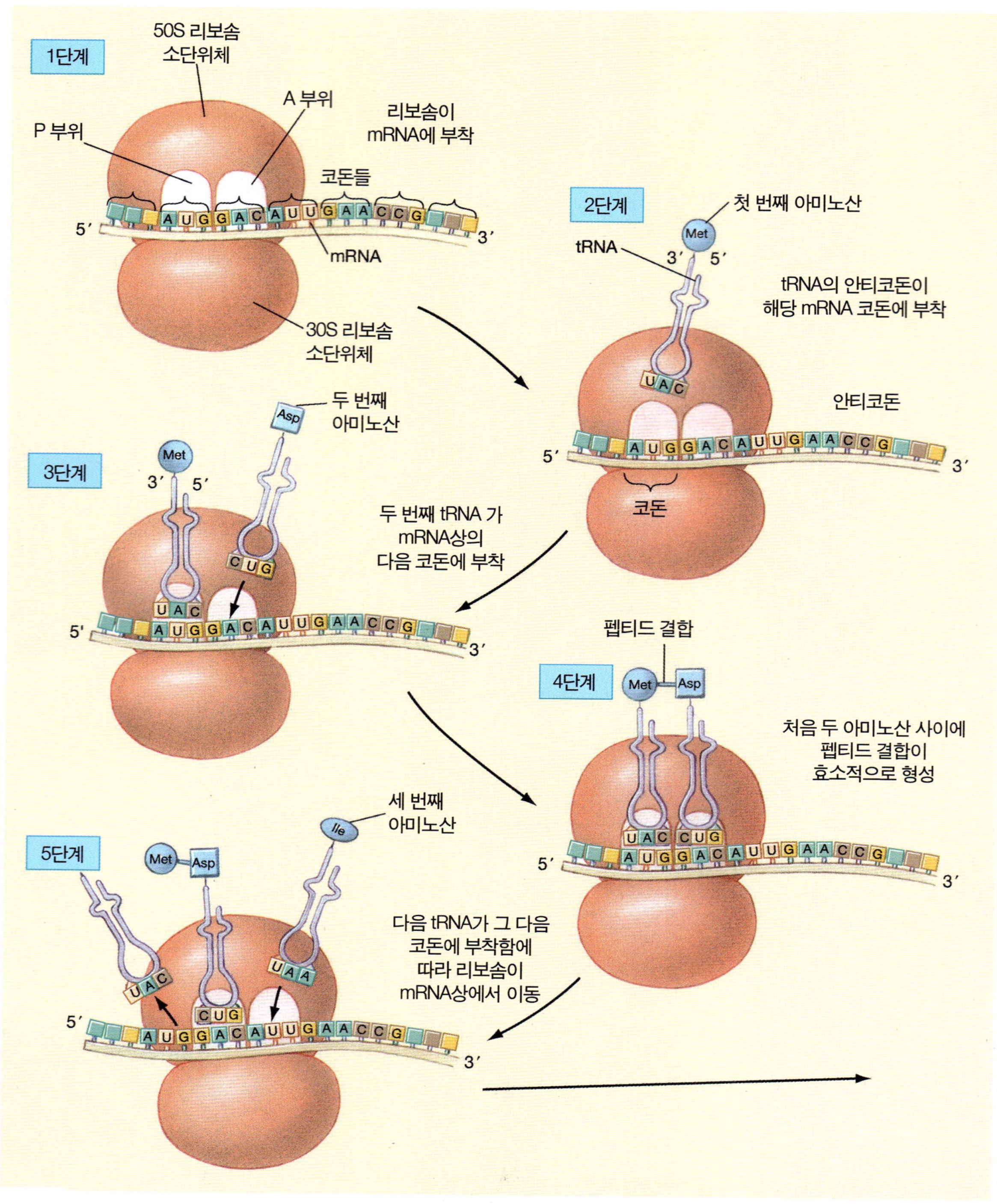

그림 7.12 단백질 합성. 단계 1-5: 단백질 합성의 중 단계. 단계 6과 7: 많은 리보솜이 같은 mRNA 가닥을 동시에 "읽을" 수 있다. 왼쪽에서 오른쪽으로 이동하는 리보솜을 볼 수 있다.

로부터 떨어져 나간다.

mRNA 분자는 동시에 많은 동일한 단백질 분자 합성—각각의 리보솜이 지나가며 하나씩—을 지시할 수 있다. 리보솜, mRNA, 그리고 tRNA는 재사용할 수 있다. tRNA는 세포질에서 아미노산을 집어 올려 왔다 갔다 하며 리보솜에 전달하여, 거기서 아미노산이 단백질로 통합된다.

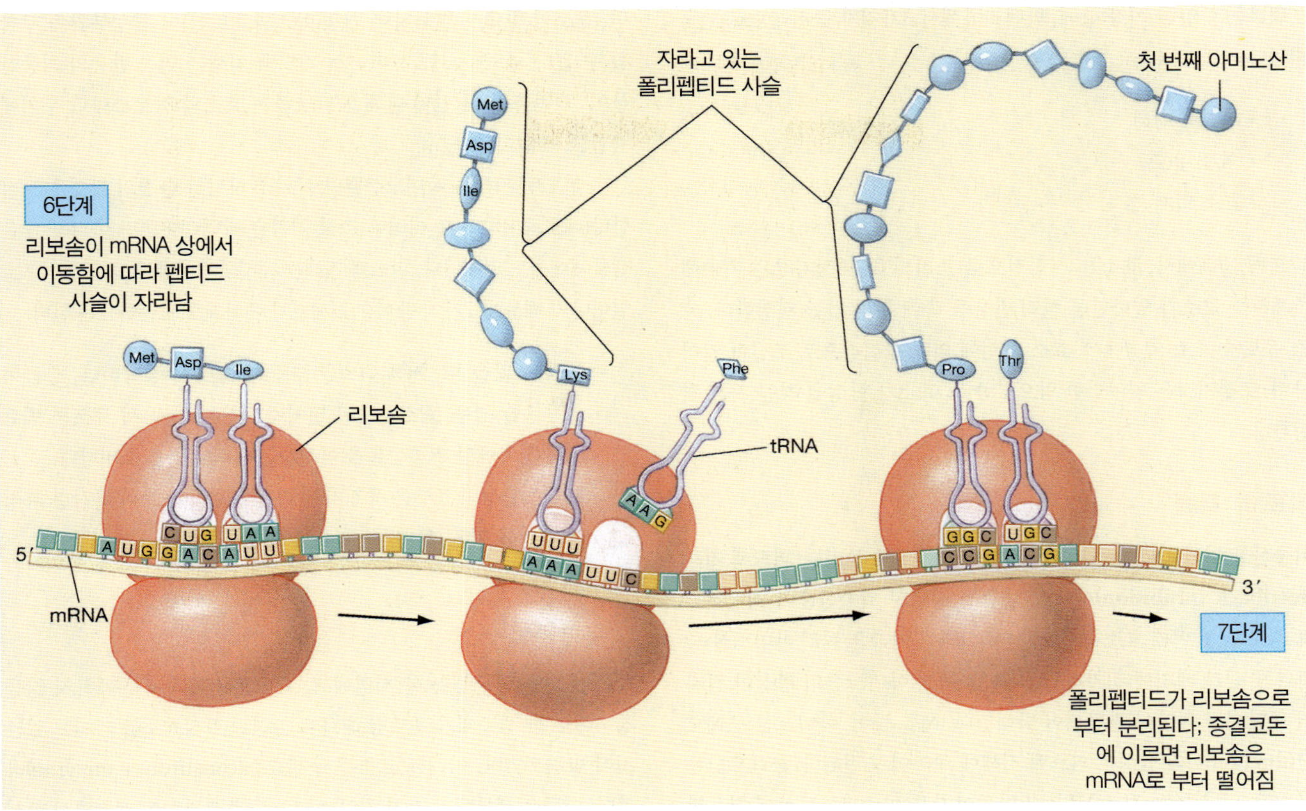

그림 7.12 *(계속)*

✔ 중점 질문 사항

1. 선도와 지체사슬을 구별하라.
2. 5′과 3′은 무엇에 해당하는가? 이것들이 새로운 DNA 합성 방향을 어떻게 결정하는가?
3. 유전암호에 동의어가 있는가?
4. 3종류의 RNA를 대조해 보라. DNA는 3가지 모든 종류를 만드는가?

대사 조절

조절기작의 중요성

박테리아는 에너지의 대부분을 생장에 필요한 물질을 합성하는데 사용한다. 이러한 물질에, 세포의 부품을 형성하는 단백질, 에너지 생산과 합성 반응을 조절하는 효소들이 포함되어 있다. 박테리아의 생존은 이상적이지 않은 나쁜 조건에서도 자랄 수 있는 능력에 의존한다–예를 들어, 영양분이 부족할 때. 진화상으로, 박테리아 세포(다른 모든 생물체와 함께)는 필요에 따라 반응을 켜고 끄는 기작을 개발하였다. 에너지와 재료들은 너무 가치가 있어 버릴 수 없는 것들이다. 또한, 세포는 합성할 때 과잉으로 생기는 재료를 저장하는 한정된 공간을 가지고 있다. 따라서 세포는 필요한 양만큼 물질을 합성하는데 에너지를 사용하며 낭비적인 과량이 만들어 지기 전에 합성을 차단한다.

모든 생명체는 대사 활동을 조절하는 통제 기작을 가지고 있는 것이 당연한 것으로 여겨진다. 그러나 박테리아에 대한 조절기작 연구가 다른 생물체 보다 많이 되어 있다. 박테리아는 여러 가지 이유로 이러한 연구에 이상적이다:

1. 다양한 환경 조건에서 상대적으로 저렴하게 많은 수로 늘어날 수 있다.
2. 빠르게 많은 새로운 세대를 만들어 낸다.
3. 빠르게 증식하기 때문에, 상대적으로 짧은 기간에 다양한 돌연변이가 관찰된다.

조절 기작의 작동을 좀 더 이해하기 위하여 조절 기작에 변화가 일어난 돌연변이 생물체를 분리하고 돌연변이가 일어나지 않은 생물체와 함께 연구할 수 있다.

조절 기작의 범주

대사를 조절하는 기작은 직접 효소 활동을 조절하거나 특정 효소를 암호화하는 유전자를 켜거나 끔으로써 효소 합성을 조절한다. 대사를

조절하는 다양한 기작 중에, 박테리아에서 3가지가 중점적으로 연구되었다:

- 피드백 저해
- 효소 유도
- 효소 억제

*피드백 저해*에서, 효소는 직접적으로 조절되고, 조절기작은 기존에 존재하는 효소가 얼마만큼 빨리 반응을 촉매 하는 가를 결정한다. *효소 유도*와 *효소 억제*에서, 효소 합성에 의해 간접적으로 조절이 일어나며, 조절기작은 얼마만한 양으로 어느 효소가 합성될 것인 지를 결정한다.

피드백 저해

최종산물 저해(end-product inhibition)라고도 불리는, **피드백 저해(feedback inhibition)**에서는 생합성 경로의 최종산물이 직접적으로 경로의 첫 번째 효소를 저해한다. 이러한 기작은 여러 아미노산 중 하나를 생장 배지에 첨가하였을 때 그 특정 아미노산의 합성이 갑자기 중단되는 현상이 관찰되어 밝혀졌다. 예를 들어, 아미노산 쓰레오닌(threonine)의 합성은 피드백 저해에 의하여 조절된다. 쓰레오닌은 아스파르트산(aspartate)로부터 만들어지고, 아스파르트산에 작용하는 알로스테릭(allosteric) 효소가 쓰레오닌에 의해 저해된다(**그림 7.13**). (아스파르트산은 크렙스회로에서 만들어 지는 옥살아세트산으로부터 유래된다.) 저해자(쓰레오닌)가 알로스테릭 부위에 결합하면, 효소의 형태가 변화하여 기질(아스파르트산)이 활성부위에 부착할 수 없다(◀5장 p. 122). 따라서 피드백 저해는 연속 반응의 최종산물이 그 반응의 첫 번째 단계를 담당하는 효소의 알로스테릭 부위에 결합할 때 일어난다.

피드백 저해는 아미노산뿐만 아니라 다양한 물질의 합성을 조절한다(예로, 피리미딘). 이러한 조절 기작은 박테리아뿐만 아니라 많은 생물체에서도 일어난다. 피드백 저해는 대사과정에 빠르고 직접적으로 일어나기 때문에, 2가지 방식으로 세포가 에너지를 보존하도록 한다:

1. 양이 많을 때, 저해자(최종산물)가 효소에 결합한다; 공급이 부족할 경우, 효소로부터 떨어져 나온다. 따라서 세포는 필요할 경우에만 최종산물을 합성하는데 에너지를 소비한다.
2. 효소활성의 조절은 유전자 발현을 조절하는 보다 복잡한 과정에 비해 적은 에너지를 필요로 한다.

효소 유도

대사 조절을 연구하는 한 시점에서, 포도당이 배지에 존재하지 않을 경우에도 한 생물체가 포도당 대사에 관련된 활성효소를 가지고 있는 것이 발견되었다. 이러한 효소를 **구성효소(constitutive enzyme)**라 한다; 이들은 생물체가 가지고 있는 영양분에 상관없이 계속해서 합성된다. 이들 효소를 만드는 유전자는 항상 활동하고 있다. 반면에, 기질의 존재 유무에 따라, 어떤 때는 활동하고, 어느 경우에는 불활성인 유전자에 의해 합성되는 효소를 **유도효소(inducible enzyme)**라 한다.

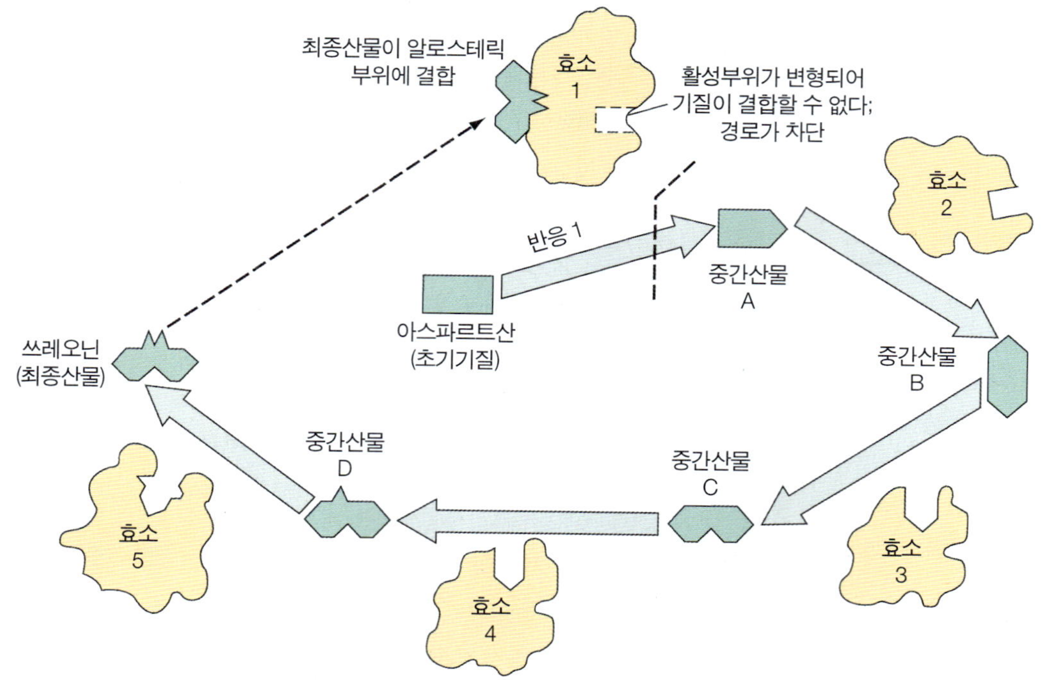

그림 7.13 피드백 저해. 쓰레오닌의 합성에는 효소적으로 조절 받는 5단계 반응(화살표)과 4개의 중간산물(A, B, C, 그리고 D)이 존재한다. 쓰레오닌(최종산물)은 반응1을 촉매하는 알로스테릭 효소1을 저해한다. 알로스테릭 효소는 알로스테릭 부위가 비어있을 때 작용하고 일련의 반응의 최종산물이 그 부위에 결합하면 기능을 하지 않는다.

적용

시스템을 이길 수 없다

유도성 효소시스템은 미생물뿐만 아니라 인간에도 중요하다. 당뇨가 의심될 경우, 환자는 포도당 내성검사를 받게 되는데, 측정된 양의 포도당을 섭취하고, 혈당의 변동을 측정한다. 정상적인 속도로 혈류로부터 포도당을 제거하지 못하면 아마 당뇨로 판정받을 것이다. 당뇨 진단을 두려워하는 일부 환자의 경우, 미리 수일 전부터 당분을 먹지 않음으로써 검사를 "속일" 계획을 세운다. 그러나 그들도 검사에서 섭취한 당분을 이용하기 위한 효소 공급에는 대처할 수 없다. 이 효소들은 유도성이어서, 유도인자(당분)을 먹지 않았던 환자는 효소를 곧바로 만들지 못한다. 따라서 그들의 혈당 수치는 정상 보다 약간 떨어져 있을 것이다. 환자는 되도록 많은 효소를 유도하기 위하여 검사 전 3일 동안 매일 캔디바 형태로 적어도 일정양의 당분을 섭취하여야 한다.

*E. coli*와 같은 박테리아가 젖당이 없는 영양배지에서 자랄 경우, 세포는 에너지원으로서 젖당을 이용하는데 필요한 어떠한 효소도 만들지 않는다. 그러나 젖당이 존재할 때, 세포는 락토오스 대사에 필요한 효소를 합성한다. 이러한 현상이 **효소유도(enzyme induction)**의 한 예이다. 효소유도는 생장배지에 영양물질이 있을 때 그 물질의 분해를 조절한다. 이러한 시스템은 한 영양분이 유용할 때 작동하고 고갈될 때 작동이 꺼진다. 영양물질 자체가 효소 생산의 **유도자(inducer)**로서 작용한다.

오페론(operon)이론이, 박테리아에서 일부 단백질 조절을 설명하는 모델, François Jacob과 Jacques Monod에 의하여 1961년 제안되었으며, 이들은 이 연구로 1965년 노벨상을 받았다. 이 모델은 여러 오페론에 적용되지만, 락토오스 대사를 조절하는, *lac* 오페론으로 설명할 것이다. **오페론(operon)**은 효소 생산을 조절하는 밀접하게 관련된 유전자들의 서열이다. 하나의 오페론은 하나 또는 그 이상의 **구조유전자(structural gene)**를 포함하는데, 이들은 효소분자와 같은 특정 단백질의 합성에 대한 정보를 보유하며, 구조유전자의 발현을 조절하는 **조절부위(regulatory site)**를 가지고 있다. **조절(*i*)유전자(regulator gene)**는 오페론과 함께 작동하지만, 오페론과 어느 정도 떨어진 곳에 위치할 수도 있다. 원핵세포에서, 여러 구조유전자는 하나의 오페론에 의하여 조절받는데-각각의 유전자가 자체의 조절부위에 의해 조절되는 진핵세포보다 보다 유용한 방법이다. 오페론은 거의 대부분 원핵세포에 한정돼 있는 듯하다. 지금까지, 오페론이 발견된 진핵세포는 *Caenorhabditis elegans*와 같은 선충류가 유일하다.

lac 오페론**(그림 7.14)**은 프로모터와 오퍼레이터라 불리는 조절부위와, 특정 효소의 합성을 지시하는 3개의 구조유전자 *Z, Y, A*로 구성되어 있다. 전사가 시작되기 전 RNA중합효소가 프로모터에 결합하여야 한다. 떨어져 있는 *I* 유전자가 *lac* 억제자라 불리는 물질의 합성을 명령한다. **억제자(repressor)**는 오퍼레이터에 결합하여 인접한 *Z, Y, A* 유전자의 전사를 억제하는 단백질이다. 그 결과, 젖당을 분해하는 효소들이 만들어지지 않는다. *I* 유전자는 구성 유전자(constitutive gene)의 한 예이다-보다 많은 억제자 단백질을 생산하기 위하여 항상 단백질 합성이 일어나고 프로모터에 의하여 조절 받지 않는다.

젖당이 배지에 존재하면, 젖당은 *lac* 억제자에 결합하여 불활성화 시키는 유도자의 역할을 한다. 그러면 RNA중합효소가 프로모터에 결합하게 되어, 오퍼레이터로 하여금 하나의 긴 mRNA 가닥으로서 *Z, Y, A* 유전자의 전사가 시작되도록 한다. 이 mRNA는 리보솜에 결합하여 3개의 효소 합성을 지시한다: 베타 갈락토시데이즈(β-galactosidase) (*Z* 유전자), 투과효소(permease) (*Y* 유전자), 그리고 트랜스아세틸레이즈(transacetylase) (*A* 유전자). 오페론의 발견으로 단일 mRNA 분자가 하나 이상의 단백질, 예를 들어 *lac* 오페론에서 3효소, 합성을 암호화 할 수 있음을 알게 되었다. 투과효소는 젖당을 세포 안으로 수송하고, 베타 갈락토시데이즈는 젖당을 포도당과 갈락토오스로 분해한다(그림 7.14b). 트랜스아세틸레이즈의 역할은 분명하지 않지만, 갈락토사이드가 빨리 없어지도록 촉진하는 역할을 할 것으로 추측한다. 유용한 젖당이 모두 분해되면, 억제자에 결합할 수 있는 것이 남지 않게 된다. 활성억제자가 다시 오퍼레이터 부위에 결합하게 되고, 오페론은 작동이 중지된다.

효소 억제

전형적으로 분해대사를 조절하는, 효소 저해와는 대조적으로, **효소억제(enzyme repression)**는 일반적으로 동화작용을 조절한다. 생장에 필요한 물질을 합성하는 과정을 조절한다. 예로, 아미노산 트립토판의 합성은 5개의 구조유전자로 구성된, *trp* 오페론의 작용을 통한 효소억제에 의하여 조절된다.

트립토판이 박테리아 세포에 이용 가능할 경우, 트립토판이 불활성 억제자에 결합한다. 이 결합으로 억제자가 활성화 되어, 프로모터에 결합할 수 있게 되고 트립토판을 만드는데 필요한 효소들의 합성을 억제한다. 트립토판이 부족하면, 억제자는 불활성 상태로 남게 되어, 억제가 일어나지 않는다. 구조유전자가 전사되고, 트립토판이 합성된다. 트립토판의 양이 많아지면, 다시 오페론을 억제한다. **감쇠작용(attenuation)**이라 불리는 보다 미세한 조절기작으로 *trp* 오페론의 전사가 시작되나 세포 내에 충분한 양의 트립토판이 이미 존재할 경우 복잡한 과정을 통해 조급히 전사가 종결된다. 여러 오페론, 특히 아미노산 합성에 관련된 오페론들은 감쇠작용 기작을 가지고 있다.

전형적인 효소억제는 동화작용 경로를 조절하지만, 일부 분해대사와 연관하여 작동하는 조금 다른 종류의 억제가 존재한다. 특정 박테리아(예를 들어, *E. coli*)가 포도당과 락토오스가 모두 포함된 배지

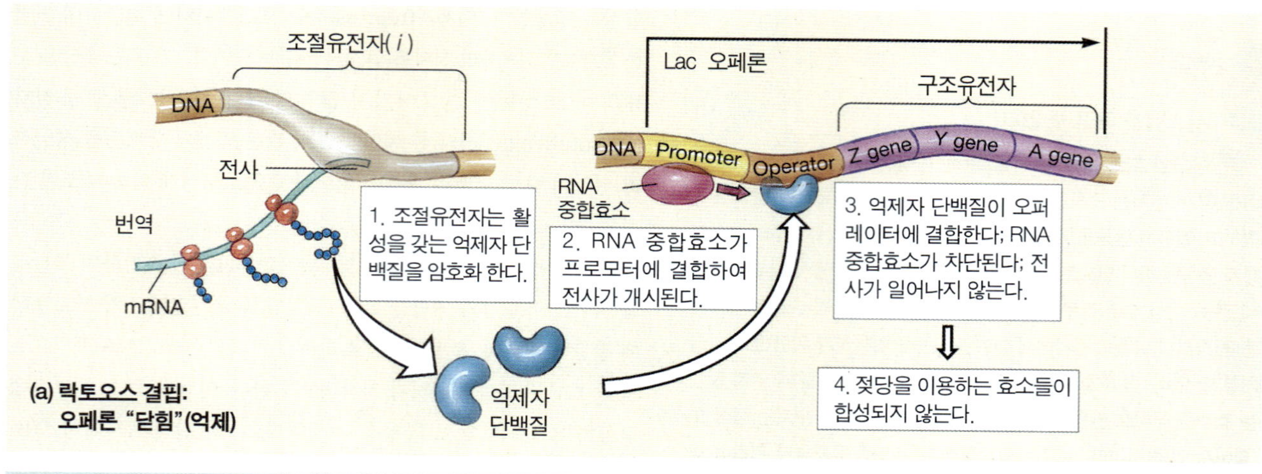

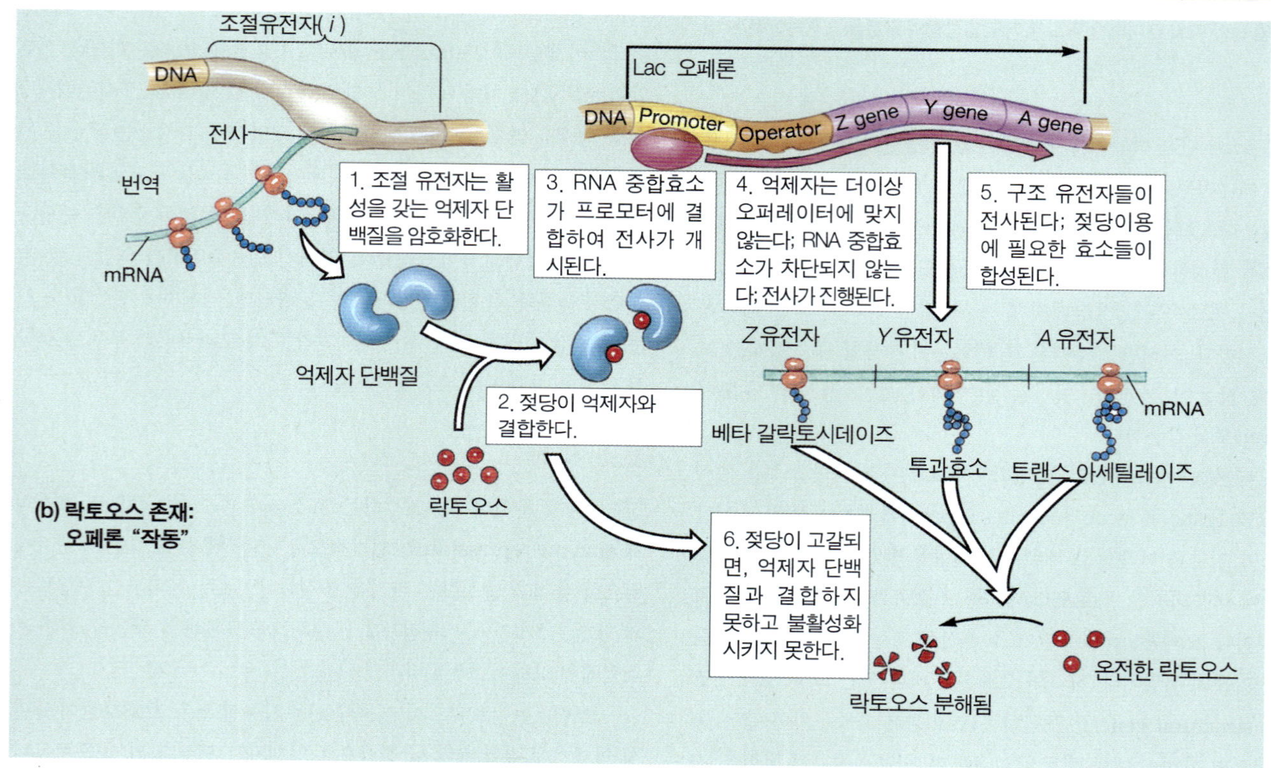

그림 7.14 효소 유도. lac 오페론의 작동 기작. **(a)** 젖당이 존재하지 않을 때, 억제자가 오퍼레이터에 결합하여, 젖당을 분해하는데 이용할 효소를 암호화하는 유전자의 전사를 억제한다. **(b)** 젖당이 존재하면, 억제자에 결합하여 억제자를 불활성화 한다. 오페론의 구조유전자가 전사되고, 락토오스 대사에 필요한 효소가 합성된다. 조절(*i*)유전자는 오페론으로부터 어느 정도 떨어진 위치에 있다.

에서 자라는 경우, 포도당이 있을 경우에 한해 대수적으로 생장한다. 포도당이 떨어지면, 정지기로 들어서나 그렇게 빠르지는 않지만 곧 대수적으로 다시 생장하기 시작한다**(그림 7.15)**. 이러한 대수생장기는 락토오스의 대사로부터 나온 것이다. 정지기에 락토오스를 분해하는데 필요한 효소가 합성된다.

젖당은 초기부터 배지에 존재하는데, 포도당이 고갈될 때까지 이들 효소의 합성이 유도되지 않는 이유가 무엇일까? 그 대답은 박테리아가 포도당을 고효율의 영양분으로 사용한다는 것이다. 포도당을 분해하는 효소들은, 구성분적이어서, 세포내에 항상 존재한다.

따라서 포도당이 풍부하면, 젖당이 있다 하더라도 젖당을 분해하는 효소를 만드는 것이 유리하지 않다. 그 결과, 전에 기술한 *lac* 오페론은 포도당이 적정량으로 존재할 경우 억제되는데, **이화물질억제(catabolite repression)**로 알려진 효과이다. 이러한 방법으로 필요하지 않은 효소를 만들지 않음으로써 세포는 에너지를 절약한다. 포

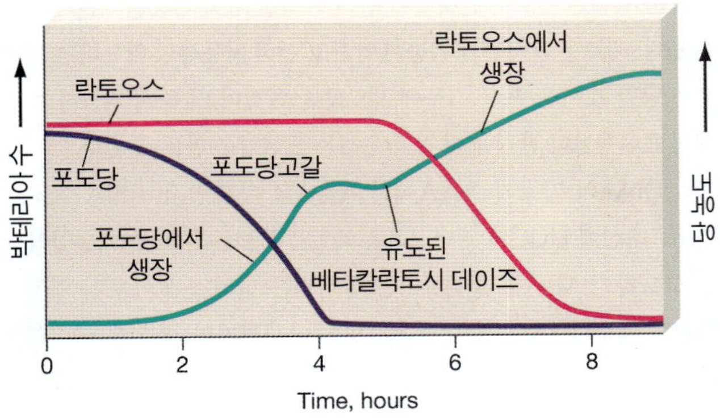

그림 7.15 이화물질 억제. 포도당과 젖당을 포함한 초기 배지에서의 박테리아 생장곡선. 포도당이 모두 사용되면, 생장은 일시적으로 정지되나, 젖당을 에너지원으로 사용하여, 느린 속도로 다시 재개된다.

도당 공급이 떨어지면, 억제가 해제되고, *lac* 오페론 유전자들은 전사되고 세포는 젖당을 사용하는 방향으로 스위치를 틀 준비를 완료한다. 요컨대, *lac* 오페론의 전사에는 젖당이 존재해야 하며 포도당이 없어야 하는 두 조건을 필요로 한다.

효소저해와 효소억제 모두 유전자 발현을 변경함으로써 효소 생산을 통제하는 조절 기작이다. 이 두 기작은 다른 효과를 가지고 있지만, 유전자를 켜고 끄는 단일 기작의 작동의 2가지 실직적인 예이다 (**표 7.2**).

중점 질문 사항

1. 피드백 저해에서 "되먹임"이란 무엇인가? 무엇을 저해하는가? 어떻게 이런 작용을 하는가?
2. *lac* 오페론에 대한 유도자는 무엇인가?
3. 효소유도와 효소억제를 비교하라.

돌연변이

돌연변이, 또는 DNA의 변화는 DNA 상의 뉴클레오티드 서열에 있어서의 유전적 변화로 보다 정확하게 표현될 수 있다. 돌연변이는 미생물(그리고 좀 더 큰 생물체)에서 진화적인 변화와 종 내에서 다른 품종을 만드는 변이에 대해 설명한다. 여기서 돌연변이 중 DNA가 어떻게 변화하고 이러한 변화가 생물체에 영향을 주는 지에 대해 설명할 것이다.

생명공학

너무나 많은 선택들

토양과 지하수를 오염시키는 유해한 물질을 분해시키기 위하여 생물학적 환경처리에 미생물을 사용한다. 처리계획이 현장에서 시작되기 전에, 오염물질을 대사시킬 수 있는 미생물의 능력에 대한 검사를 실험실에서 실시한다. 실험실에서는 훌륭하게 일을 수행하던 것이, 그러나 현장에 이 요술적인 미생물을 투입하면, 실제로는 아무 것도 일어나지 않는다! "너무 춥거나, 미생물생장에 필요한 질소가 충분하지 않아서" 라고 말한다. 충분한 대화가 오고 간 후, 현장에 썩은 식물질이 풍부하고 박테리아가 생장하기 위해 유해물질 대신에 식물질을 이용한다는 것을 발견한다. 결국, 미생물이 칼로리를 얻는데 보다 쉬운 길이 있을 때 문제를 일으키며 효소를 만드는데 대사학적인 비싼 경비를 쓰겠는가?

돌연변이의 형태와 효과

돌연변이와 이의 효과를 설명하기 전에, 생물체의 유전자형과 표현형의 차이를 구분할 필요가 있다. **유전자형(genotype)**은 생물체의 DNA 내에 들어있는 유전정보에 해당한다. **표현형(phenotype)**은 생물체에 의해서 표현되는 특정한 특색을 의미한다. 돌연변이는 항상 유전자형을 변화시킨다. 이러한 변화로, 돌연변이의 유형에 따라, 표현형에 변화가 나타날 수도 있고 그렇지 않을 수도 있다.

2가지 중요한 돌연변이 종류는 단일 염기에 영향을 주는 *점돌연변이(point mutation)*와, DNA에서 하나 이상의 염기에 영향을 줄 수 있는 *틀이동돌연변이(frameshift mutation)*이다. 돌연변이는 가끔 생물체로 하여금 하나 또는 여러 개의 단백질을 합성하지 못하게 한다. 한 단백질의 결핍은 생물체 구조나 특정 물질을 대사하는 능력의 변화를 가져온다.

세 번째 형태의 돌연변이는 점돌연변이나 틀이동돌연변이와 같이, 염기에 관련이 없는 변화이다. 대신, 염색체의 일정 부분이 잘라지거나 같은 또는 다른 염색체의 부분으로 옮겨감(트랜스포손)으로써 위치의 변화가 생긴다. 또는 같은 위치에 뒤집어져서(역위) 재 삽입되기도 한다. *lac* 오페론을 다시 생각해 보면, 염색체 상에서 유전자가 올바른 순서를 유지하는 게 왜 중요한지를 알 수 있다. 염색체 일부 조각이 갑자기 오페론의 중간으로 삽입되었다면 어떤 일이 벌어질 수 있

표 7.2

오페론으로 관련된 조절시스템의 효과

조절기작(예)	조절되는 경로 유형	조절물질	유전자발현을 이끄는 조건
효소 유도(*lac* 오페론)	이화(분해)적이고 에너지 방출	영양분(젖당)	영양물질의 존재(젖당)
효소 억제(*trp* 오페론)	동화적(생합성)이고 에너지 소비	최종합성물(트립토판)	최종물질의 결핍(트립토판)

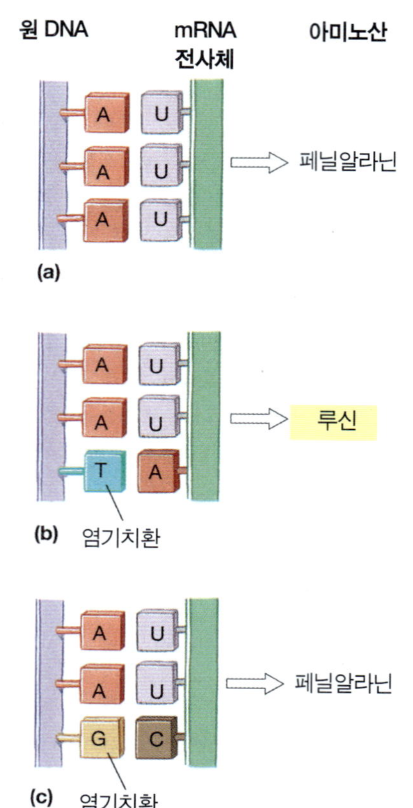

그림 7.16 염기치환의 효과(점돌연변이). 만들어지는 단백질은 새로운 코돈이 같은, 또는 유사한 아미노산을 코드하는 지, 전혀 다른 아미노산을 코드하는 지에 따라 상당한 영향을 받을 수도 있고 받지 않을 수도 있다. 이 그림에서, 단일 염기의 변화로 페닐알라닌(a) 코돈이 루신 코돈으로(b) 또는 페닐알라닌의 동의어인 다른 코돈(c), "침묵" 돌연변이, 으로 바뀐다.

는지 상상해 보라! ◀8장에서 염색체에 유전자를 삽입하는 유전공학자들이 어떻게 고려하는가에 대해 알아볼 것이다.

점돌연변이(paint mutation)는 염기 치환, 또는 뉴클레오티드 교체인데, 하나의 염기가 유전자 내의 특정 위치에서 다른 염기로 바뀐 것이다. 돌연변이는 mRNA 상의 단일 코돈을 바꾸며, 단백질의 아미노산서열을 바꾸거나 바꾸지 않을 수 있다. 몇 가지 예를 보기로 하자(**그림 7.16**).

DNA의 3-염기 서열이 AAA에서 AAT로 바뀌었다고 가정하자. 전사 과정 중 mRNA 코돈은 UUU로부터 UUA로 바뀔 것이다(RNA의 우라실은 DNA의 아데닌과 짝을 이루는 것을 기억하라; ◀2장 p. 47). mRNA 내의 정보가 단백질 합성에 사용될 때, 아미노산 페닐알라닌은 단백질 내에서 루신으로 교체될 것이다(스스로 이것을 확인하려면, 그림 7.8의 유전암호를 참조하라). 단일 아미노산 치환으로, 새로운 단백질은 정상적인 단백질과 다를 것이다. 생물체의 표현형에 미치는 영향은 새로운 단백질이 원래 단백질 처럼 기능한다면 무시할 수 있다. 새로운 단백질의 기능이 약하고 전혀 작동하지 않는다면 영향은 상당할 것이다. 드문 경우에 새로운 단백질이 더 좋게 기능하며 원래의 표현형보다 환경에 더 잘 적응하는 표현형을 만들 수 있다.

DNA의 암호가 AAA에서 AAG로 바뀌면, mRNA 암호는 UUU 대신에 UUC가 된다. UUC와 UUU 코돈은 모두 페닐알라닌을 코드하기 때문에, 돌연변이는 합성되는 단백질에 아무런 영향을 미치지 않는다. 이런 경우, 유전자형은 바뀌었지만, 표현형에는 영향이 없다.

가끔 DNA 상의 단일 염기의 치환이 mRNA에서 종결코돈을 만들 수 있다. 종결코돈이 하나의 단백질을 만들어야 하는 mRNA분자의 중간에 도입되면, 합성은 분자의 중간에서 끝날 것이다. 세포 내에서 기능을 하지 못할 것으로 예측되는 폴리펩티드가 방출되고, 고유한 단백질은 합성되지 않을 것이다. 사라진 단백질이 세포 구조나 기능에 필수적인 것이라면, 효과는 치명적이다.

틀이동돌연변이(frameshift mutation)는 하나 또는 그 이상의 염기의 **결실(deletion)** 또는 **삽입(insertion)**이 일어난 돌연변이이다(**그림 7.17**). 이러한 돌연변이로 결실 또는 삽입이 일어난 다음의 모든 3-염기 서열이 바뀐다. 이렇게 바뀐 DNA로부터 전사된 mRNA가 단백질 합성에 이용되면, 서열 상의 많은 아미노산이 변경될 수 있다. (3염기 세트, 코돈으로 리보솜이 mRNA를 읽는다는 것을 기억하라.) 이러한 돌연변이는 또한 일반적으로 종결코돈을 가져오고 짧은 길이의 폴리펩티드가 만들어져 단백질 합성이 중단되게 만든다. 틀이동돌연변이는 보통 특정 단백질의 합성을 저해하고, 유전자형과 표현형 모두를 바꾼다. 생물체에 나타나는 효과는 생물체의 기능에서 상실된 단백질의 역할에 달려있다. 점돌연변이와 틀이동돌연변이, 그리고 그 효과를 **표 7.3**에 요약하였다. 3개의 염기, 또는 다수의 3염기가 삽입되거나 상실된다면 무슨 일이 일어날까? 하나 또는 그 이상의 아미노산이 생기거나 없어질 것이다.

표현형 변이

돌연변이가 일어난 박테리아에서 자주 보이는 표현형의 변이에는 콜로니 형태, 콜로니 색, 또는 영양요구 등의 변화가 포함된다. 예로, 정상적인 부드럽고, 윤이 나며, 볼록한 콜로니 대신에 돌연변이가 일어난 DNA를 가진 콜로니는 평평하고거친 표면을 가진다. 돌연변이로 세포의 특정 표면 물질을 만드는 과정이 손상된 것이다. 전형적으로 캡슐을 만드는 생물체에서, 돌연변이로 다당류 캡슐 합성이 저해된다. 영양요구에 변화를 일으키는 돌연변이는 보통, 하나 또는 그 이상의 효소의 합성 능력을 손상시킴으로써, 생물체의 영양적 필요성을 증가시킨다. 그 결과, 생물체는 특정 아미노산이나 비타민을, 자체적으로 만들 수 없기 때문에, 배지 내에 필요로 할 수 있다.

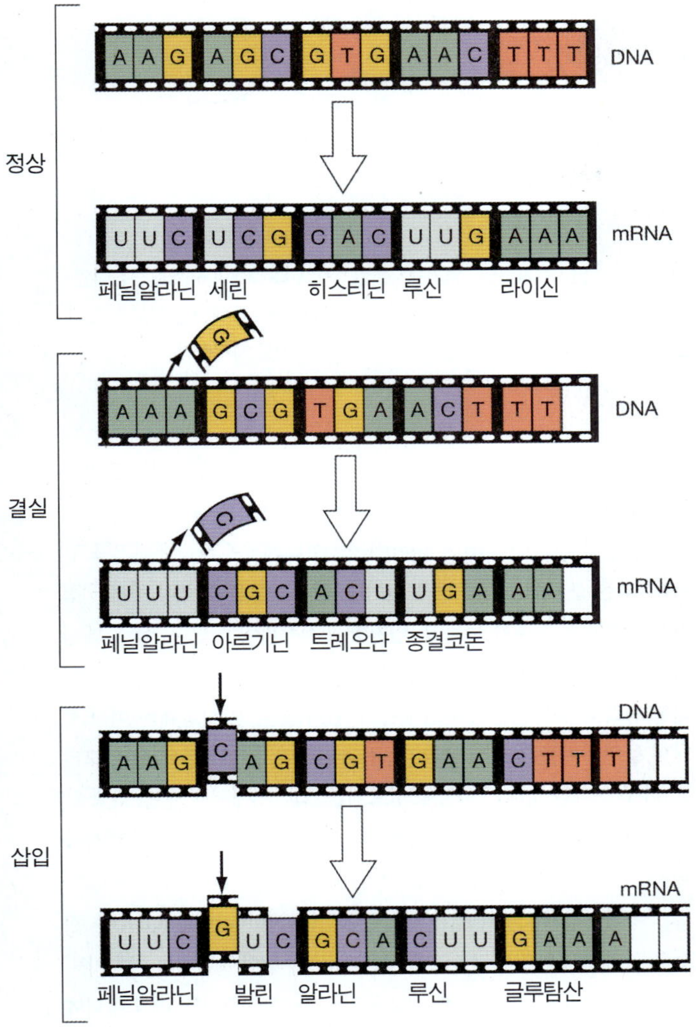

그림 7.17 틀이동돌연변이의 효과. 하나 또는 그 이상의 뉴클레오티드 삽입, 결실로 그 지점으로부터 전체 유전자에 의해 코드되는 아미노산 서열이 바뀌게 된다. (3 뉴클레오티드의 삽입 또는 결실은 만들어지는 단백질에 큰 영향을 주지 않을 수 있다. 왜 그런지 아는가?)

특정 효소를 합성하는 능력을 상실한 박테리아에 대한 연구는 대사경로를 이해하는데 중요한 역할을 해주었다. 이러한 영양적으로 결실된 돌연변이를 **영양요구주(auxotroph)**(*auxo*, "증가", 그리고 *trophos*, "음식"); 생장을 유지하기 위하여 배지 내에 특정 물질을 필요로 한다. 영양요구와는 대조적으로, 정상적이며, 비돌연변이 형태를 **원영양체(prototroph)**, 또는 야생형(*wild type*)이라 한다. 영양요구주와 원영양체를 비교해 보면 대사과정에 일어난 돌연변이의 효과를 알 수 있다. 축적되는 대사산물과 영양요구주의 배지에 첨가하여야 하는 영양분을 관찰함으로써 특정 물질의 대사과정에서의 특정 단계를 결정하였다.

유전적 기반에 의한 표현형 변이의 또 다른 형태는 온도 감수성

표 7.3

돌연변이의 형태와 생물체에 미치는 영향

돌연변이 형태	생물체에 미치는 영향
점돌연변이	
DNA에 단일 염기에 변화가 일어났지만 mRNA 코돈에 의해 결정되는 아미노산에는 변화가 없음	단백질에 무영향: "침묵" 돌연변이
mRNA 코돈에 의해 결정되는 아미노산의 변화와 함께 DNA에도 변화	한 마이노산이 다른 아미노산으로 치환된 단백질 변화; 단백질의 기능을 크게 바꿀 수있음
mRNA에서 종결코돈이 생기는 DNA의 변화	생물체에 필요 없는 폴리펩티드를 합성하며 정상적인 단백질 합성을 저해
틀이동돌연변이	
DNA에서 하나 또는 그 이상의 염기 삽입 또는 결실	전체 코돈서열이 변화하며 아미노산 서열을 크게 바꿈; 종결코돈이 유입되어 정상 단백질 대신 쓸모없는 폴리펩티드가 합성될 수 있음

이다. 예로, 한 때 생물체가 넓은 범위의 환경 온도에서 잘 자랐다고 가정하자. 돌연변이에 의하여, 전에는 가능했던 고온에서 자라는 능력을 상실하였다. 25℃에서는 자라지만 40℃에서는 더 이상 자랄 수 없다. 이러한 현상은 효소 내의 한 아미노산이 바뀐 점돌연변이에 기인할 수 있다. 약간 바뀐 효소가 온화한 온도에서는 기능하지만 쉽게 변성되어 고온에서 불활성화 된다.

일부 표현형 변이는 환경 요소에 의해 일어나고 유전자형의 변화(DNA 내의 변화) 없이도 발생한다. 예로, 배지 내의 많은 당분과 자극물이 일부 생물체로 하여금 정상보다 큰 캡슐을 만들게 할 수 있다. 탄저균과 같은 일부 생물체는 공기 중이나 출혈, 또는 세포 안이 아닌 세포 표면에서 포자를 형성한다. 환경적 온도의 변이는 색소 합성에 영향을 끼칠 수 있다. *Serratia marcenscens*는 보통 실온에서 색소를 만들지만 고온에서는 합성하지 않는다. 색소 합성에 관련된 유전자를 가지고 있는데, 이 유전자는 특정 온도에서만 발현된다.

자연발생돌연변이와 유도돌연변이

돌연변이는 무작위적이거나 우연한 사건처럼 보인다; 보통 돌연변이가 언제 또는 어느 유전자가 변화할 지 예측하기 힘들다. 모든 돌연변이가 DNA의 영구적 변화로 일어나지만, 자연발생적이거나 유도성일 수 있다. **자연발생돌연변이(spontaneous mutation)**는 DNA의 변화를 일으키는 것으로 알려진 물질이 없는 상태에서 일어난다. 이 돌연변이는 DNA복제과정 중에 발생하며 DNA의 구, 신가닥에서 뉴클레오티드 염기쌍의 잘못에 기인하는 것 같다. 박테리아의 DNA 상

영양분이 고갈되면, E. coli는 돌연변이율을 높여, 도움이 되는 돌연변이에 의한 생존의 기회를 증가시킨다.

의 여러 유전자는 세포분열 당 10^{-3}에서 10^{-9}까지 다양한 자연발생 *돌연변이율*(mutation rate)을 가지고 있다. 다른 말로, 한 유전자는 매 천 번의 세포분열마다 1번씩($1/10^3$) 자연발생돌연변이가 일어날 수 있는 반면, 다른 유전자는 매 10억 번의 세포분열 당 1번꼴로($1/10^9$) 돌연변이가 일어나기도 한다. **유도돌연변이(induced mutation)**는 **돌연변이유발원(mutagen)**이라는 물질에 의해 생성되는데, 자연발생돌연변이보다 돌연변이율이 훨씬 높다. 돌연변이유발원에는 화학물질과 방사선이 포함된다**(표 7.4)**.

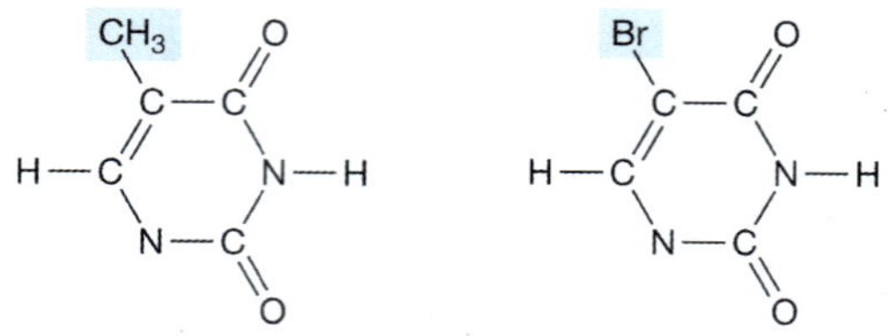

그림 7.18 염기유사물질. 염기유사물질 5-bromouracil의 구조와 정상적인 염기 티민 구조의 유사성으로 일부 경우에서 티민자리에 대신 들어설 수 있다. 브롬(Br) 그룹이 메틸(CH_3) 그룹과 같은 크기로 위치를 차지한다.

화학적 돌연변이유발원

화학적 돌연변이유발원은 DNA의 염기서열을 바꾸는데 분자수준에서 영향을 미친다. 이들에는 염기유사물질, 알킬화제, 탈아민물질, 아크리딘유도체 등이 포함된다.

염기유사물질(base analog)은 보통 DNA에서 발견되는 질소성 염기 중의 하나와 구조가 매우 유사한 분자이다. 세포에서 정상적인 염기를 대신해 DNA로 염기유사물질이 들어갈 수 있다. 예로, 티민 대신에 5-bromouracil이 DNA로 들어갈 수 있다**(그림 7.18)**. 5-bromouracil이 들어간 DNA가 복제될 때, 유사물질은 염기쌍에서 실수를 유발할 수 있다. 티민을 대체한 5-bromouracil은 아데닌, 정상적으로는 티민과 결합, 대신에 구아닌과 쌍을 이룰 수 있다. 상당한 양으로 존재하는 5-bromouracil이 존재하는 곳에서 DNA복제가 일어나면, 유사물질은 DNA분자의 여러 곳으로 삽입된다. 유사물질이 아데닌 대신 구아닌을 삽입시킨 곳에서는 다음에 일어나는 복제에서 돌연변이가 발생한다. 또 다른 퓨린 염기유사물질인, 카페인은 태아에 돌연변이를 유발할 수 있다. 이런 이유로 임신 여성에게는 카페인 섭취를 피하거나 제한할 것을 권장한다.

알킬화제(alkylating agent)는 알킬그룹(–CH_3, 메틸그룹 같은)을 다른 분자에 붙여주는 물질이다. 알킬그룹을 질소성 염기에 첨가하면 염기의 형태가 변하고, 염기쌍에 실수가 일어난다. 예로, 메틸그룹을 구아닌에 붙이면 시토신 대신에 티민과 쌍을 이루게 된다. 이러한 변화로 점돌연변이가 발생할 수 있다. 일부 알킬화제는 여러 형태의 돌연변이를 일으킬 수 있다; 점돌연변이; 틀이동돌연변이; 그리고, 아주 심각한 피해나 사망을 일으키는, 염색체에서의 절단. 가장 악독한 알킬화제는 아마, 1차 세계대전 중 참호전에서 수천 명의 병사를 죽이는데 사용된, 겨자가스였을 것이다.

아질산 (HNO_2)와 같은 **탈아민물질(deaminating agent)**은 질소성 염기에서 아미노그룹(-NH_2)을 제거한다. 아데닌으로부터 아미노그룹이 제거되면 구아닌과 비슷해지고, 탈아민 염기는 티민 대신에

표 7.4

일부 돌연변이원과 그 효과

돌연변이원	효과
화학물질	
염기유사물질 예: caffeine, 5-bromouracil	DNA 복제 중 정상적인 질소성 염기와 유사한 물질로 대체 → 점돌연변이
알킬화물질 예: nitrosoguanidine	메틸기(-CH_3)와 같은 알킬기를 질소성 염기에 첨가하여, 부정확한 짝짓기를 유발 → 점돌연변이
탈아민물질 예: nitrous acid, nitrates, nitrites	질소성 염기로부터 아미노기(-NH_2)를 제거 → 점돌연변이
아크리딘유도체 예: acridine dye, quinacrine	DNA사다리 골격사이에 삽입되어 새로운 가로대를 형성하여 나선을 뒤틀음 → 틀이동돌연변이
방사선	
자외선	티민 2합체 형성처럼, 옆의 피리미딘을 각각 연결하여, 복제를 손상시킴
X-선과 감마선	세포내의 분자를 이온화하고 파괴하여 자유라디칼을 형성함으로써 DNA 파괴

시토신과 쌍을 이룬다. 질산염(NO_3^-)과 아질산염(NO_2^-)은 핫도그나 냉장육과 같은 음식에 착색, 향료, 방부용으로 자주 첨가된다. 이러한 첨가제의 위험성은, 신체 내에서, 기형아출산, 암, 실험동물의 돌연변이 등을 일으키는 것으로 알려진 탈아민물질인, 니트로사민을 형성한다는 것이다.

점돌연변이를 일으키는, 이러한 변화와는 대조적으로, **아크리딘 유도체(acridine derivatives)**는 틀이동돌연변이를 일으킨다. 아크리딘분자는 하나의 피리미딘과 2개의 벤젠고리를 가지고 있다**(그림 7.19)**. 이 분자 또는 유도체는 DNA 2중나선에 끼어들어가, 양쪽 염기쌍을 바꾼다. 이러한 변화로 나선이 뒤틀려지고 DNA가닥이 부분적으로 풀리게 된다. 뒤틀림으로 하나 또는 그 이상의 염기가 삽입되거나 빠지게 되어, 틀이동돌연변이가 일어난다. quinacrine (Atabrine)약품은 아크리딘 유도체로서, 부작용이 덜한 약이 개발될 때까지 말라리아 치료에 사용되었었다. 이 약품은 말라리아의 원인 기생균과 투약 받는 인간 숙주에도 돌연변이를 일으킨다.

돌연변이유발원으로서의 방사선

X선과 자외선과 같은 **방사선(radiation)**은 돌연변이유발원으로 작용할 수 있다. 자외선은 보다 깊숙한 침투에 필요한 에너지가 부족하기 때문에 인간의 피부에만 영향을 주지만, 쉽게 침투하는 미생물에게는 상당한 영향을 끼친다. 자외선 등은 공기 중 박테리아를 죽이기 위하여 병원이나 실험실에 설치되어 있는 경우가 있다. 자외선이 DNA를 때리면, 주변의 피리미딘 염기가 서로 결합하여, 피리미딘 2합체가 형성된다. **2합체(dimer)**는 2개의 인근 피리미딘이(2개의 티민, 2개의 시토신, 또는 티민과 시토신) DNA 사슬에 함께 결합된 것이다**(그림 7.20)**. 피리미딘이 서로 결합됨으로써 주변의 DNA 가닥이 복제되는 과정에서 염기 쌍을 이루는 것을 방해하여, 복제되는 DNA에 틈이 생긴다. 틈에서 mRNA의 전사가 중지되어, 영향을 입은 유전자는 정보를 전달하지 못한다.

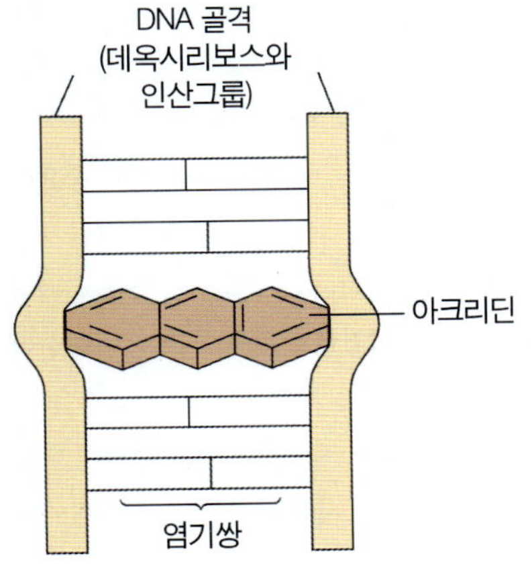

그림 7.19 화학적 돌연변이유발원, 아크리딘. DNA 나선으로 아크리딘이 껴들어 가면 틀이동돌연변이가 발생할 수 있다.

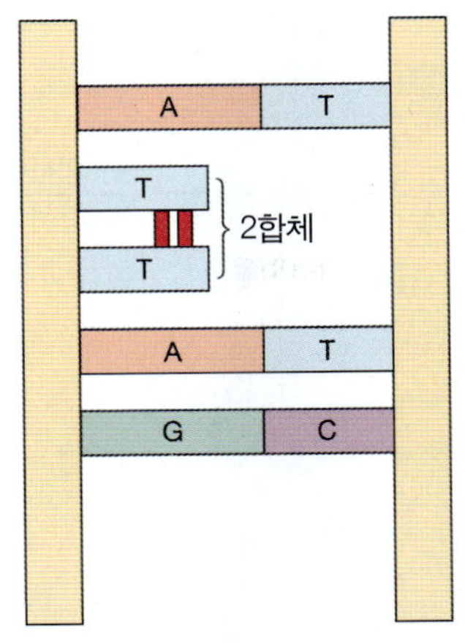

그림 7.20 방사능에 의하여 발생한 티민 2합체. 2합체가 형성되면 영향을 받은 염기는 DNA의 상보적 가닥에 있는 염기와 짝을 이루지 못하여, 복제가 손상되고 전사가 일어나지 않는다.

자외선보다 훨씬 에너지가 강한, X선과 감마선은 분자 내의 화학결합을 쉽게 깨트린다(◀3장 p. 55). 그 결과 매우 반응성이 큰 원자, 분자, 또는 이온인, *자유라디칼*이 흔히 만들어지고, 이것들은 DNA를 포함한 세포내 분자를 공격하게 된다.

최근까지, 미생물학자들은 미생물이 돌연변이유발원으로 처리되었을 때 어떤 유전자에 돌연변이가 일어나는지 알 수가 없었다. 현재는 이러한 연구를 크게 촉진시키는데 유용한 특정 효소가 개발되었다. **제한효소(restriction enzyme)**가 정확한 염기서열에서 DNA를 절단하고, **핵산말단가수분해효소(exonuclease)**가 DNA 절편을 제거한다. 이러한 효소들로 개별 유전자를 분리하여 사전 지정된 부위를 돌연변이 시킬 수 있게 되었다. 돌연변이된 유전자를 숙주의 염색체에 끼어 넣어, 특정 돌연변이에 대한 효과를 연구할 수 있다.

DNA 손상의 수선

다수의 박테리아는, 다른 생물체도 마찬가지로, DNA에 일어난 손상을 수선할 수 있는 효소를 가지고 있다. *광요구성 수선*과 *암 수선*으로 알려진 두 기작은 2합체로 발생한 손상을 수선하는 것으로 알려졌다.

광요구성 수선(light repair), 또는 **광회복(photoreactivation)**은 자외선에 노출되었었던 박테리아에서 가시광선의 존재 하에서 일어난다. 2합체를 가지고 있는 생물체가 가시관선에 계속 노출되면, 광선은 2합체의 피리미딘 사이의 결합을 부수는 효소를 활성화 한다**(그림 7.21a)**. 따라서 딸세포로 전달될 수도 있었던 돌연변이는 교정되고, DNA는 정상 상태로 되돌아온다. 이러한 기작은 박테리아의 생존에 기여하지만 미생물학자에게는 문제를 일으킨다. 돌연변이를 일으키기 위하여 자외선을 조사한 배양물은 돌연변이가 유지되기 위하여 어두운 곳에 계속 있어야 한다.

일부 박테리아에서 일어나는, **암수선(dark repair)**은 광 존재 유무에 상관없이 일어나고, 여러 효소의 통제를 받는 반응이 요구된다 **(그림 7.21b)**. 첫째, 핵산내부가수분해효소가 2합체 부분의 결합이

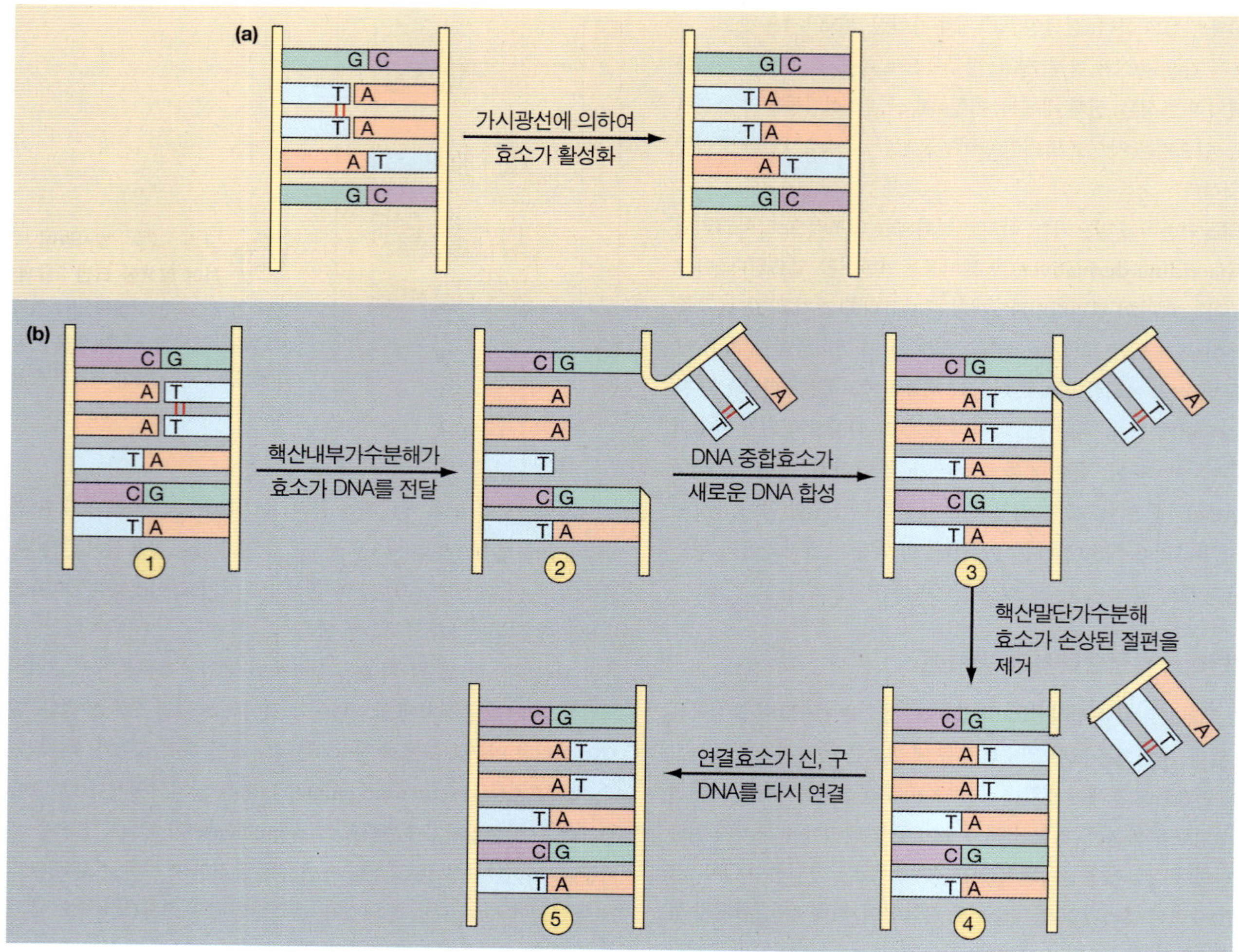

그림 7.21 티민 2합체 수선. (a) DNA의 광요구성수선(광회복)으로 2합체가 제거된다. (b) 암수선에서, 손상이 일어난 DNA 절편이 잘리고 교체된다.

있는 DNA 가닥을 자른다. 둘째, DNA중합효소가 기질로서 정상적인 상보적 가닥을 사용하여 결함이 생긴 부분을 대체하기 위한 새로운 DNA를 합성한다. 셋째, 핵산말단가수분해효소가 결함이 있는 DNA 절편을 제거한다. 마지막에, 연결효소가 수선된 절편을 나머지 DNA 가닥에 연결시킨다. 이러한 반응은 *E. coli*에서 확인되었으나 현재는 많은 다른 박테리아에서도 일어나는 것으로 밝혀졌다. 인간세포도 유사한 기작을 가지고 있다; 색소성 건피증(**그림 7.22**)과 같은, 일부 피부암은 세포성 DNA수선 기작이 결여되어 발생한다.

돌연변이에 대한 연구

미생물은 짧은 세대와 연구에 필요한 돌연변이체를 대량으로 유지하는 저렴한 비용 때문에 돌연변이를 연구하는데 특히 유용하다. 정상적인 생물체와 돌연변이체를 비교함으로써 유전적 기작과 대사경로를 이해하는 데에 중요한 진전이 이루어졌다. 미생물은 이러한 과정에 대한 지식을 넓혀 나가기를 시도하는 연구자들에게 계속 중요한 존재로 남아있다. 그러나 돌연변이에 대한 연구에 문제가 없는 것은 아니다. 2가지 일반적인 문제점은 (1) 자연발생과 유도돌연변이를 구별하는 것이고 (2) 돌연변이와 정상적인 생물체를 모두 포함한 배양물로부터 특정 돌연변이를 분리하는 것이다. 자연발생과 유도돌연변이를 구분하기 위하여 *방황변이시험(fluctuation test)*과 돌연변이체를 분리하기 위해서 *복제도말 기법(replica plating)*이 사용된다.

자연발생돌연변이와 유도돌연변이를 구별하는 것이 왜 중요한가? 이러한 구별로 미생물의 진화 기작에 대해, 아마도 다른 생물체도 마찬가지로, 이해하는데 도움이 될 것이다. 예로, 일부 미생물은 페니실린에 대해 저항성이다—항생제의 성질에도 불구하고 페니실린이 포함된 배지에서 자란다. 이론적으로, 생물체가 이러한 저항성을 획득할 수 있는 방법에는 2가지 방식이 있다: 페니실린이 미생물의 변화를 유도하여 페니실린이 포함된 배지에서 자라게 하거나, 돌연변이가

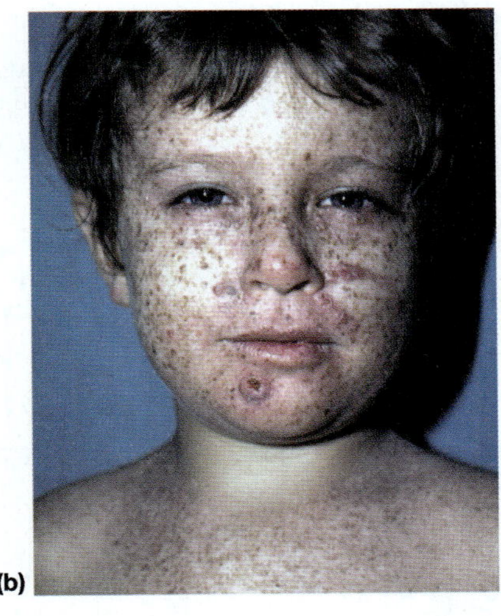

그림 7.22 UV에 의한 2합체의 수선 불능. **(a)** 일광욕자들은 자외선에 의해 발생하는 2합체를 갖게 되는데, 적절히 수선되지 않으면 피부암이 발생할 수 있다. **(b)** 색소성건피증은 평상시 DNA의 UV손상을 수선하는 효소가 결여된 유전질병으로서, 태양광선에 노출되면 피부암이 발생한다.

자발적으로 일어나 그 후에 페니실린에 노출되었을 때 자라는 경우이다. 후자의 경우에, 페니실린은 비저항성 미생물을 죽이며, 따라서 저항성 돌연변이만을 선별한다. 여러 가지 실험 중 다음에 기술하는 2가지 실험에서, 두 번째 기작, 즉 자연발생돌연변이체의 선별이 미생물에 있어서 진화의 주요 수단이다.

1943년 Salvador Luria와 Max Delbruck에 의해 고안된, **방황변이시험(fluctuation test)**은 다음과 같은 가설에 기반을 둔다: 저항성을 나타내는 돌연변이가 자발적이고 무작위로 일어난다면, 수많은 배양체 가운데 배양 당 저항성 생물체의 숫자에 있어 상당한 변동이 있을 것으로 예측할 수 있다. 이러한 변이는 저항성을 발생시키는 물질의 존재에 상관없이 일어날 것이다. 돌연변이가 배양 초기, 배양 후기에 일어나거나, 또는 아예 일어나지 않을 수 있다. 초기에 돌연변이가 발생한 배양체 내에는 많은 돌연변이 후손들이 포함되어 있을 것이다. 후기에 발생한 경우는 적은 돌연변이체가 존재하고, 돌연변이가 일어나지 않은 경우는 돌연변이체가 아예 없을 것이다. 또 다른 가정은 물질에 저항성을 나타내는 돌연변이가 물질의 존재 하에서만 발생한다는 것이다. 물질을 포함한 배양체는 대략 동일한 수의 저항성 생물체를 포함하지만, 물질이 없는 배양체는 저항성 생물체가 없을 것이다.

이러한 가정을 시험하기 위하여, Luria와 Delbruck은 큰 플라스크의 액체배지에 스트렙토마이신 항생제에 민감한 박테리아를 접종하

생명공학

오존 바이오센서

오존(O_3)은 유해한 자외선을 걸러내기 때문에 지구 대기의 오존층에서 구멍이 발견됨으로써 얼마나 많은 양의 자외선이 지구에 도달하는 지에 대해 우려하게 되었다. 특별히 관심을 갖는 것은 자외선이 얼마나 깊숙이 해수 속으로 침투하며 플랑크톤(떠다니는 미생물)이나 플랑크톤을 공격하는 바이러스와 같은 해양생물에 어떤 영향을 미치는 가이다. 플랑크톤은 해양 먹이사슬의 기반을 형성하며 광합성을 위해 이산화탄소를 흡수함으로써 지구의 온도와 기후에 영향을 줄 것으로 믿고 있다.

방사선생물학과 환경건강연구소(캘리포니아대학, 샌디에고)의 Deneb Karentz박사는 자외선 침투와 강도를 측정하는 간단한 방법을 고안하였다. 남극 해양에서, 그녀는 UV에 의한 DNA손상을 전혀 수선할 수 없는 특별한 *E. coli* 균주를 담은 플라스틱 주머니를 다양한 깊이로 잠기게 하였다. 이러한 주머니에 담긴 박테리아의 사망률을 같은 미생물이 담긴 노출되지 않은 대조군 주머니의 사망률과 비교하였다. 박테리아 "바이오센서"는 10m 깊이, 그리고 자주 20~30 m에서 지속적이고 상당한 자외선 손상이 일어남을 관찰하였다. Karentz박사는 자외선이 해양에서 계절적인 플랑크톤 부영양화에 끼치는 영향에 대해 추가적인 연구를 계획하고 있다.

침투와 강도를 측정하기 위해 남극 해양에서 *E. coli* 샘플을 회수하고 있다.

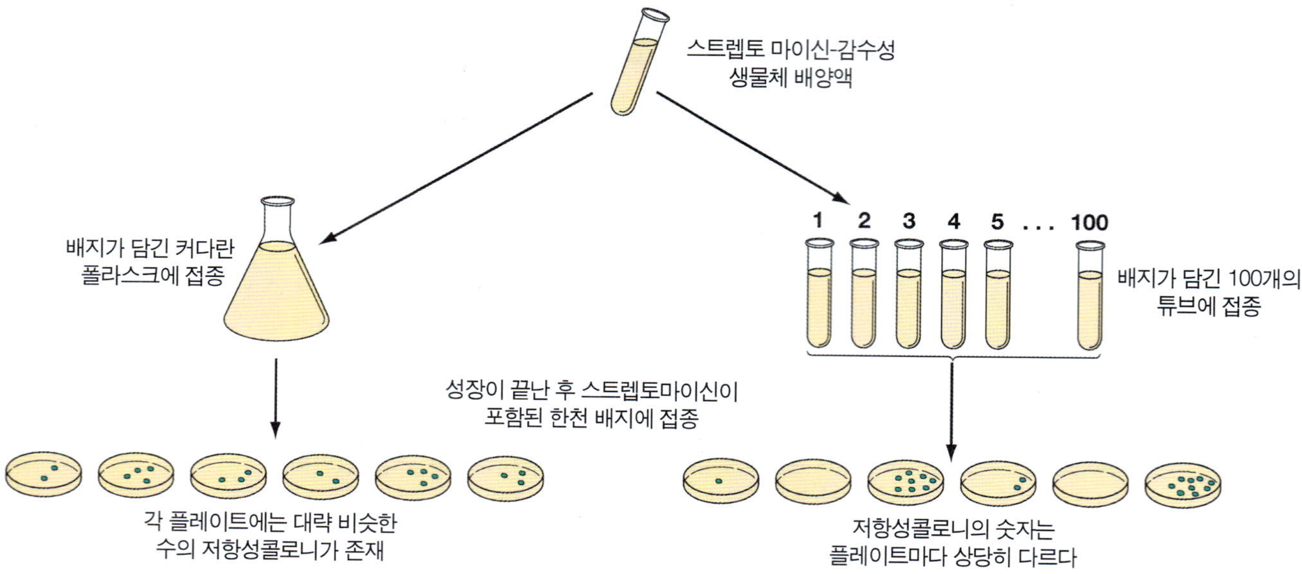

그림 7.23 방황변이 시험. Luria와 Delbruck의 방황변이 시험은 항생제 저항성을 나타내는 돌연변이가—항생제에 노출되어 유도된 것이 아니라—무작위적이라는 것을 입증한다.

였다. 동시에 100개의 작은 튜브의 액체배지에 같은 박테리아를 접종하였다. 플라스크나 튜브 양쪽에 스트렙토마이신을 넣지 않았다. 양쪽 모두를 최대로(미리리터당 10^9마리) 도달하도록 키웠다. 이때 1미리리터 샘플을 스트렙토마이신이 들어있는 한천배지에 접종하였다; 하나의 플레이트는 각각의 튜브로부터 접종되었고, 플라스크로는 여러 개의 플레이트에 접종하였다. 24시간 후, 각 플레이트에 나타난 콜로니 수를 세었다. 각 콜로니는 스트렙토마이신 하에서 자라게 되는 저항성 돌연변이를 나타낸다. 플라스크로 접종한 플레이트 보다 튜브로부터 접종한 플레이트에서 나타난 콜로니의 수에서 큰 변동을 보였다**(그림 7.23)**. 따라서 돌연변이는 다른 시기에 일어났거나 여러 튜브에서 전혀 일어나지 않았을 것이다. 돌연변이는 또한 플라스크에서 다른 시기에 일어났지만, 돌연변이체의 후손은 배지에 골고루 분포되어, 각 샘플에 들어있는 돌연변이의 수에서는 큰 차이를 보이지 않았다. Luria와 Delbruck은 저항성은 스트렙토마이신에 노출되어서가 아니라 튜브 안의 미생물 가운데 다른 시기에 일어난 무작위적 돌연변이로부터 기인한 것이라고 결론 내렸다. (저항성이 단지 스트렙토마이신에 노출되어 발생되었다면 어떤 결과를 얻을 수 있는지 예상할 수 있는가?)

1952년 Lederberg에 의하여 고안된 **복제평판법(replica plating)** 기술도 돌연변이 연구에 사용되었다. 방황변이시험와 같이 같은 이유에 근거하여, 어떤 물질에 대한 저항성은 그 물질에 대한 노출이 필요 없이 자발적이고 무작위적으로 발생한다고 가정한다. 원래의 복제평판법 연구에서**(그림 7.24)**, 액체배양한 박테리아를 아가플

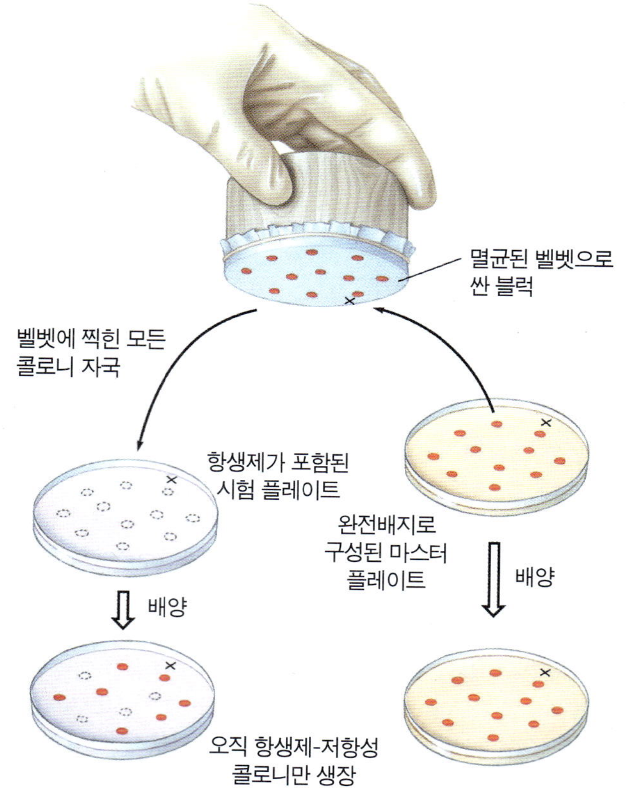

그림 7.24 복제평판법. 이 기술로 항생제-내성 미생물의 검출이 가능하다. 플레이트의 측면에 표시된 X자는 같은 미생물의 콜로니를 확인하기 위한 참고로 활용한다.

적용

중합연쇄반응(PCR)—과거 그리고 미래 DNA 세계에 대한 열쇠

무덤에 비밀이 있는가? 더 이상 아니다. 1700만년 정도 오래된 고대 DNA가 복원되고 그 염기서열이 읽혀지고 있다. 과거 생물체는 어떠한 유전자를 가지고 있을까? 얼마나 많은 유전자가 우리에게 까지 전해져 왔을까, 그리고 우리는 얼마나 많은 변이 버전을 가지고 있을까? 7,500년 전, 플로리다의 토탄습지에 묻혀 미이라가 된 91명의 선사시대 미국 원주민들의 뇌로부터 DNA가 추출되었다. 1985년 최초로 개발된 기술인, **중합연쇄반응(PCR)** 덕택에 그 DNA들은 현재 분석 중에 있다. PCR은 살아있는 세포가 필요 없이 수십억 개의 DNA를 빠르게(증폭) 합성할 수 있게 해준다. 이러한 막대한 양으로 분석이 쉽게 가능하다.

DNA의 PCR증폭은 어떻게 일어날까? 복제하거나 DNA조각을 많이 만들기 위하여 복제하고자 하는 DNA조각의 끝에 있는 짧은 염기서열을 알아야 한다. 이러한 짧은 서열에 대한 복제본을 자동합성장비로 24시간 내에 만들 수 있다.이 짧은 서열을 올리고뉴클레오티드 (올리고, "적은")라 한다. 올리고뉴클레오티드는 표적 DNA에 결합하여 프라이머분자로 작용하고 PCR반응에서 DNA합성에 대한 시작점을 제공한다. 복제되는 목표DNA가 매우 길면 DNA 내의 특정 염기를 절단하는 제한효소라 불리는 효소로 짧은 조각으로 절단할 수 있다.

PCR반응에서 일어나는 일련의 장면들이 그림에 나타내어 있다. 새로 합성된 DNA를 단일 가닥으로 전환하는, 가열과정(열 순환)이 원하는 DNA 조각을 수십억개 만들 때까지 반복된다. 그러면 DNA는 쉽게 검출되거나(임상진단 테스트와 같이) 전체 염기서열이 분석된다. 길이가 큰 DNA를 짧은 조각으로 자르고, PCR로 증폭한 많은 양으로 염기서열을 결정하고, 말단의 중첩되는 부분을 분석함으로써 원래의 전체 DNA의 서열을 결정할 수 있다.

과학자들은 이러한 도구를 과거에 관련된 많은 의문에 적용하였다. 예로, 호박 안에 갇힌 화석 초파리로부터 DNA를 추출하였는데, 묘하게도, 쥬라기공원 책이 출판된 바로 직후이다. 또한 1,700만년 전 아이다호의 이판암에 갇힌 화석 잎으로부터 (그 DNA는 현재의 목련과 매우 유사하다), 아브라함 링컨이 암살당한 당시에 왕진간 의사에 의해 보존되었던 혈흔, 머리카락, 뼛조각으로부터 DNA를 추출하였다. 링컨은 유전병인 마르판증후군(Marfan' s syndrom) 에 걸렸던 것으로 의심하고 있는데, 이 병은 약화된 동맥이 파열되어 죽음으로 까지 갈 수 있는 병이다. 마르판증후군을 앓는 대부분의 사람들은 링컨의 나이에 이르기 전에 죽는다. 암살을 당하지 않았다면 링컨은 곧 사망했을까? 현재 우리는 링컨의 DNA 라이브러리를 만들 수 있다. Human genome project로 다양한 유전자(마르판의 유전자 포함)들이 확인됨에 따라, 이것들을 링컨의 DNA에 연관시켜 어느 유전자를 링컨이 가지고 있는가를 확실히 알 수 있다.

현대의 법의학적인 문제는 PCR이란 용어를 보통 미국인의 입에 오르내리게 하였다. O. J. Simpson의 변호사는 수백만 세계인의 앞에서 DNA분석과 PCR기술의 신뢰성에 대해 논쟁하였다. 과학전인 진보가 그렇게 빠르게 대중의 주목을 받은 적이 거의 없다. 수년동안 투옥된 죄수들이 재판으로부터 DNA분석을 요구하기 시작하였다. PCR로 예전에는 불가능했던 증거를 제시할 수 있게 되었다.

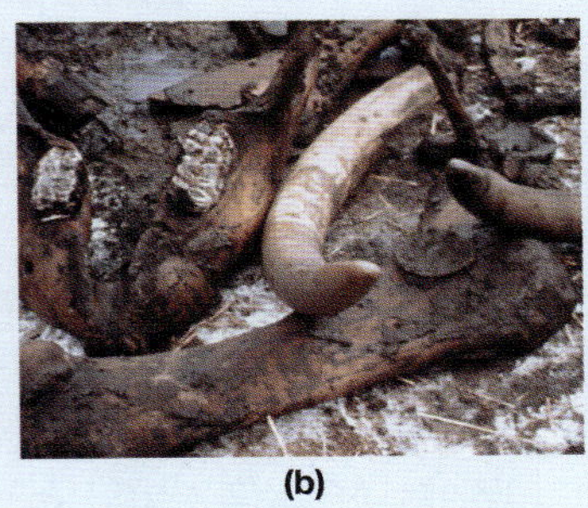

(a) *Enterobacter cloacae*. 이 박테리아는 1989년 오하이오, 뉴왁에서 발견된 11,000년 된 마스토돈의 잔해로부터 분리, 배양되었다. **(b)** 마스토돈의 유해. 소화관이 진한 색깔을 띠고, 개개의 원통형의 덩어리들이 내장 굴곡의 형태로 휘어져 있다. 내장 근처에서 채취한 지역에서는 아무런 생물체도 발견되지 않았다.

DNA분석은 유죄를 입증하는 것뿐만 아니라 결백한 사람을 보호하기 위하여 사용될 수 있다. 정액 샘플에 대해서 PCR과 DNA분석을 실시한 후에, 강간죄를 선고받은 사람이 강간하지 않았음이 판명되었다. 그가 철창에 갇혀있던 10년 동안 그의 가족은 그의 무죄에 대한 신뢰를 잃어버린 적이 없었다. (성폭행 경우에 정액검사로 초기 용의자의 30%가 풀려나게 되었다.)

이러한 기술은 강력한 법의학적 도구들이다. 야구모자의 속테로 부터 충분한 DNA를 확보하고, PCR로 증폭하여, 확실하게 그 모자를 착용했던 사람을 찾아낼 수 있다. 편지봉투의 우표 뒤에 남아있는 침에 대한 DNA분석으로 우표를 핥은 사람이 누구인지를 확인할 수 있다.

오하이오에 있는 11,000년 된 무덤으로부터 2균주의 *Enterobacter cloacae*가 되살아 났는데, 선사시대 사냥꾼에 의해 살해되고, 도살된 후, 토탄늪(식품보존의 원시 형태)(사진 참조)에 묻힌 4톤-무게의 마스토돈의 장에서, 살아있는 상태, 그러나 가사상태에서 얼어붙은 채로 회수되었다. 그래서 보존되어 있었다! 지난 11,000년 동안 돌연변이가 발생하지 않았다. PCR분석으로 이와 같은 고대 생물이 현재의 *E. cloacae* 균주와 어떻게 다른지 밝혀질 것이다. 식물학자들은 마스토돈의 마지막 식사로부터 DNA분석 결과를 애타게 기다리고 있다: 꽃가루, 이에 낀 낟알, 습지, 나뭇잎, 이끼, 그리고 수련. 진화 역사에 대한 장이 새로 쓰이고 있다.

살아있는 생물체에 대해서, PCR-증폭DNA 분석으로 배양하기 어렵고, 위험하고, 느리게 자라거나, 일반적인 임상실험실에서 배양하는데 특별한 기술을 필요로 하는 생물체의 존재를 밝힐 수 있다. 결핵균을 배양하는데 8주가 소요된다; PCR기술로 단 몇 시간 안에 결핵균 DNA의 존재를 확인할 수 있다. 미래의 이러한 기술에 대해 학생들을 훈련시키는 의학-기술 프로그램이 필요하고, 현재의 인력들에 대해서도 재교육이 필요하다.

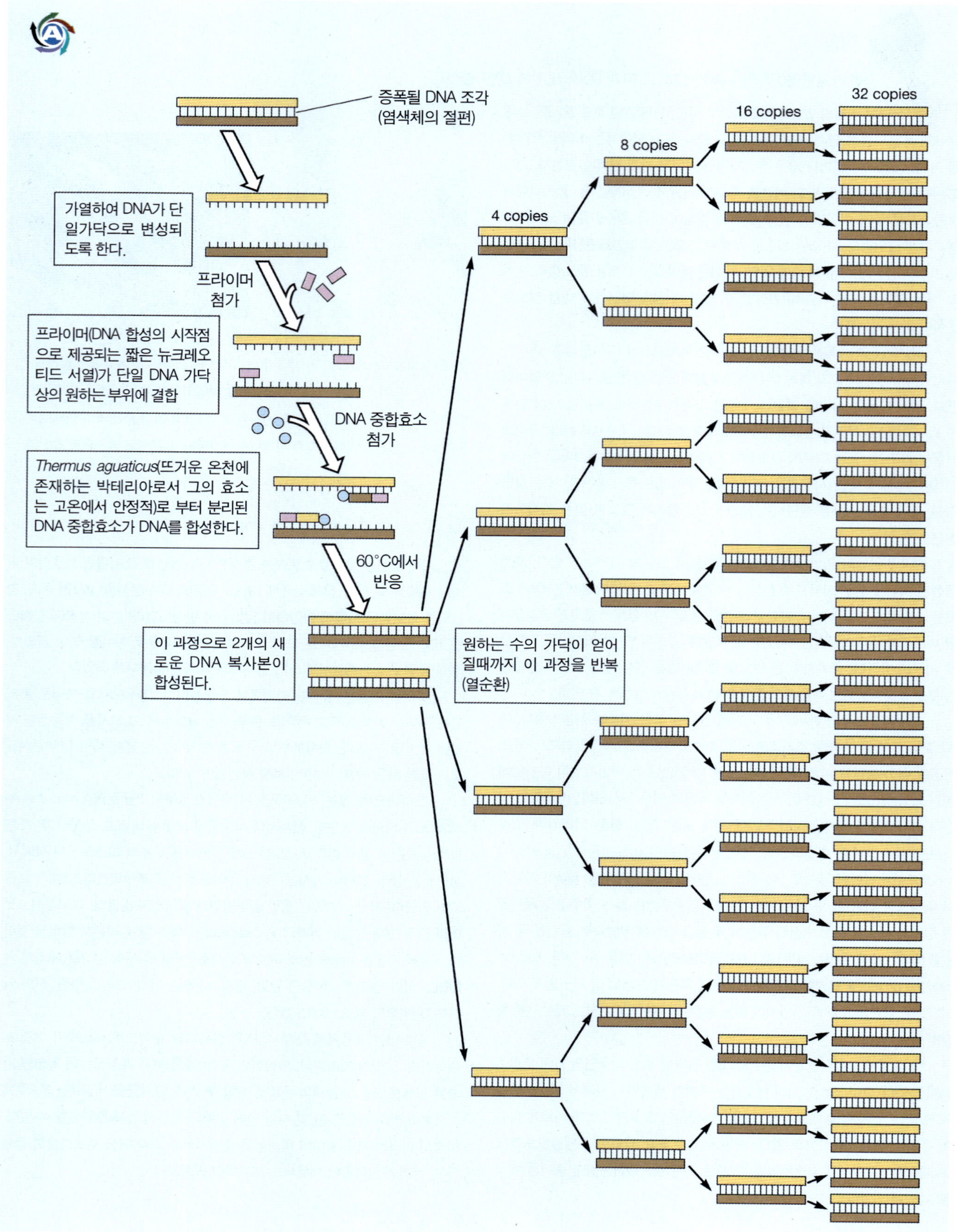

증폭될 DNA 조각
(염색체의 절편)

가열하여 DNA가 단
일가닥으로 변성되
도록 한다.

프라이머
첨가

프라이머(DNA 합성의 시작점
으로 제공되는 짧은 뉴크레오
티드 서열)가 단일 DNA 가닥
상의 원하는 부위에 결합

DNA 중합효소
첨가

Thermus aguaticus(뜨거운 온천에
존재하는 박테리아로서 그의 효소
는 고온에서 안정적)로 부터 분리된
DNA 중합효소가 DNA를 합성한다.

60°C에서
반응

이 과정으로 2개의 새
로운 DNA 복사본이
합성된다.

원하는 수의 가닥이 얻어
질때까지 이 과정을 반복
(열순환)

4 copies

8 copies

16 copies

32 copies

레이트에 골고루 도말하고 4내지 5시간 동안 배양한다. 멸균된 벨벳 패드로 마스터플레이트의 표면을 부드럽게 눌러서 콜로니에 있는 미생물을 묻힌다. 벨벳의 작은 천들은 마치 수백 개의 작은 접종침처럼 작용한다. 패드의 방향을 그대로 유지하며, 미생물이 저항성을 나타낼 수 있는, 페니실린과 같은 물질이 포함된 아가플레이트에 접종한다. 배양 후, 두 플레이트 상의 해당 콜로니의 정확한 위치를 체크한다. 페니실린이 포함된 배지에서 발견되는 콜로니의 박테리아는 사전에 페니실린에 접촉하지 않았음에도 페니실린에 저항성을 갖는다.

복제평판법은 저항성을 부여하는 돌연변이의 자발성을 증명할 뿐만 아니라, 물질에 노출됨이 없이 저항성 생물체를 분리할 수 있는 수단을 제공한다. 옮기는 과정에서 벨벳천을 똑바로 정열 함으로써, 저항성 생물체를 가진 원래의 플레이트에 있는 콜로니들을 마스터 페니실린 플레이트에 있는 콜로니에 대해 상대적인 위치로서 확인할 수 있다.

복제평판법은 현재 많은 박테리아의 특성 변화를 연구하는 데에 광범위하게 사용되고 있다. 벨벳 패드는 멸균과 조작하기 쉬운 다른 물질로 대체되었다. 이 기술은 영양요구 돌연변이주를 확인하는데 특히 유용하다. 복제한 것을 특정 영양분이 각각 결핍된 다양한 배지로 옮길 수 있다. 결핍된 배지에서 자라지 못하는 특정 콜로니는 돌연변이로 그 영양분을 합성할 수 없음을 나타낸다.

에임스 테스트

인간의 암은 DNA를 변화시킴으로써 작용하는 환경물질에 의해 발생될 수 있다. 어느 물질이 **발암물질**(**carcinogen**: 암-발생 화합물)인지 밝히기 위하여 많은 연구가 시도되고 있다. 발암물질은 돌연변이의 경향이 있어, 물질이 돌연변이성인지를 밝히는 것이 발암물질임을 확인하는 첫 번째 단계이다. 박테리아는, 돌연변이가 잘 일어나고, 다른 큰 생물체에 비해 연구하기 쉽고 저렴하기 때문에 돌연변이성 물질을 선별하기 위하여 사용된다. 박테리아에서 어느 물질이 돌연변이를 유발함을 입증한 것이 인간의 세포에서도 그러한 것을 입증하는 것은 아니다. 인간의 세포에서 돌연변이를 일으키는 것을 입증하여도 이것이 암으로 진전되는 것을 증명하는 것도 아니다. 동물시험을 포함한, 발암물질임을 확인하기 위하여 추가 시험이 필요하지만, 박테리아 초기선별 시험으로 특정물질에 대한 그 이상의 추가연구를 방지할 수 있다. 특정물질이 박테리아의 큰 집단에서 돌연변이를 일으키지 않으면, 미국식품의약안전국을 포함한 대부분의 연구자들은 발암물질이 아닐 것으로 믿는다.

미국의 미생물학자인 Bruce Ames가 고안한 **에임스 테스트** (**Ames test**) **(그림 7.25a)**는 물질이 아미노산 히스티딘을 합성하지 못하는 특정 살모넬라(영양요구주) 균주에서 돌연변이 유발 여부를 검사하는데 사용된다. 이 균주는 히스티딘을 합성할 수 있는 능력을

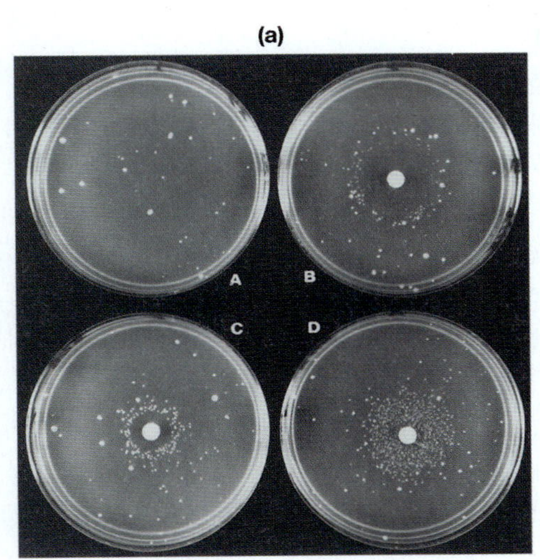

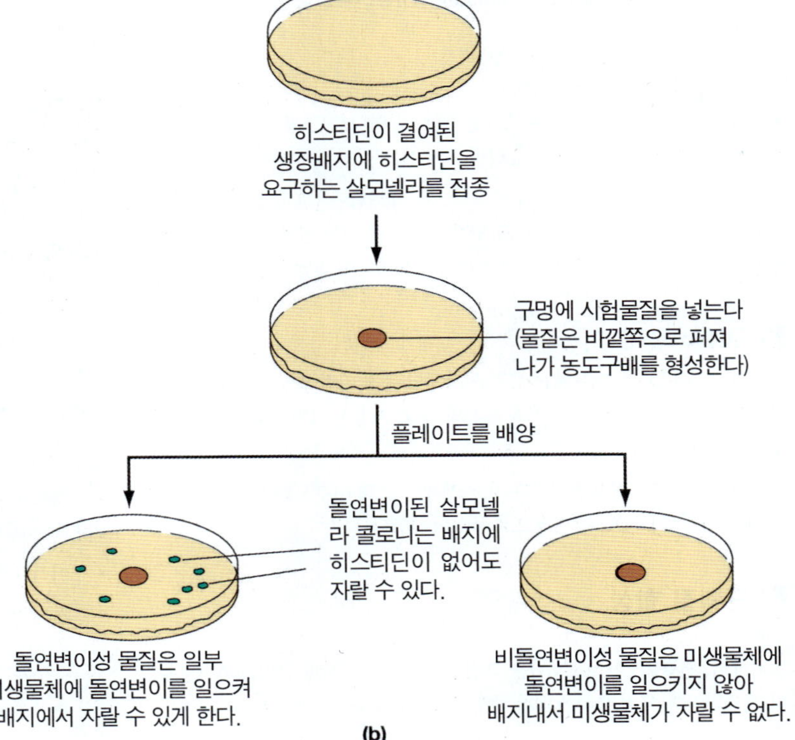

그림 7.25 화학물질의 돌연변이 성질에 대한 에임스 테스트. **(a)** 에임스 테스트에서 사용한 플레이트. **(b)** 이 테스트는 하나의 물질이 돌연변이원인지, 그리고 잠재적인 발암물질인가를 결정하는데 사용한다.

회복하는 또 다른 돌연변이가 쉽게 일어난다. 에임스 테스트는 물질이 발암물질이라면, 균주가 히스티딘 합성자로 되돌아가는 정도가 증가할 것이라는 가정에 기반을 두고 있다**(그림 7.25b)**. 더구나, 물질의 돌연변이능이 강하면 강할수록, 이로 인해 나타나는 복귀 균주의 수가 많을 것이다. 실제로, 균주는 시험 물질의 존재 하에 자란다. 어떤 균주가 히스티딘을 합성하는 능력을 얻게되면, 그 물질을 돌연변이원으로 의심하게 된다. 합성 능을 회복한 균주의 수가 많을수록, 물질의 돌연변이 능력은 더 강할 것이다.

중점 질문 사항

1. 돌연변이원에 노출된다면, 그것은 점돌연변이를 일으키는 물질인가 또는 틀이동돌연변이를 일으키는 물질이라 생각하는가? 왜?
2. 유전자형의 변화가 어떻게 표현형의 변화를 가져오지 못하는가? 표현형의 변화는 항상 유전자형의 변화를 필요로 하는가?
3. 미생물의 생장을 억제하여 식중독을 방지하기 위하여 소세지에 첨가하여 온, 질산염과 아질산염은 왜 인간에게 위험한 물질인가?
4. 항생제에 노출되면 세균은 이러한 항생물질에 저항하기 위하여 돌연변이를 일으키는가? 어떻게 증명되었는가?

요약

유전 과정의 개괄

유전의 기초

- **유전(heredity)**은 한 생물체로부터 그 자손에게로의 정보의 전달에 관계한다.
- **유전자(gene)**는 한 생물체의 구조와 기능에 관한 암호화된 정보를 담고 있는 선형의 DNA 서열이다.
- 원핵세포의 염색체는 DNA로 구성된 실과 같은 원형 구조이다. 원핵세포에서 정보의 전달은 염색체가 복제되는 무성생식 중에 전형적으로 일어나고, 각각의 딸세포는 부모세포에 있는 것 같은 염색체를 받는다. 극히 일부분의 세균만이 세포 당 염색체를 2개, 드물게는 3개 포함하고 있다.
- 자손으로 전달된 **돌연변이(mutation**: DNA 변화)로 생물체에서의 다양한 변이를 설명할 수 있다.

정보 저장과 전달에서의 핵산

- 세포의 기능에 대한 모든 정보는 질소성 염기로 구성된 특정 서열의 DNA 내에 다겨져 있다: 아데닌, 티민, 시토신, 구아닌
- DNA에 담겨진 정보는 2가지 목적으로 사용된다: (1) 세포분열에 대비하여 DNA를 복제하기 위하여, (2) 단백질 합성을 위한 정보를 제공하기 위해서다. 이 두 과정에서, 정보는 염기 짝짓기에 의하여 전달된다.

DNA 복제

- 박테리아 DNA의 복제는 원형 염색체의 특정 지점에서 시작해서 동시에 양 방향으로 진행한다. DNA 복제의 주요 과정은 그림 7.4에 요약되어 있다.
- DNA 복제는 **반보존적**이다-각 염색체는 오래된(부모) DNA의 1가닥과 새로 합성된 DNA의 1가닥으로 구성되어 있다.

단백질 합성

전사

전사에서, **전령RNA(mRNA)**는 그림 7.5에 요약한 것과 같이, DNA로부터 전사되며, 단백질 합성에 대한 주형의 역할을 한다.

RNA의 종류

- mRNA 이외에, 다른 2종류의 RNA가 비슷하게 합성되어, 단백질 합성에 이용된다: (1) **리보솜RNA(rRNA)**, 특정 단백질이 결합하여 단백질 합성 장소인, 리보솜을 형성하고, (2) **운반RNA(tRNA)**, 아미노산을 조립장소로 가져온다.

번역

- 번역 과정에서, mRNA 내의 3-염기 서열이 코돈으로 작용하고 tRNA의 **안티코돈**과 염기 짝짓기로 결합된다. mRNA 코돈은 유전암호를 구성한다—모든 생물체에서 반드시 동일하고, 특정 아미노산이 함께 연결되어 궁극적으로 단백질을 형성하는 순서를 결정하는 암호이다.
- mRNA와 리보솜이 정열하면, 단백질합성 과정이 그림 7.12처럼 **종결자**, 또는 **정지코돈**을 만날 때까지 진행된다.

대사 조절

조절기작의 중요성

- 대사를 조절하는 기작으로 세포의 필요성에 부합하여 반응을 작동시키거나 중지시킴으로써 세포가 다양한 에너지원을 이용할 수 있도록 하고 필요한 양 만큼 물질의 합성을 제한한다.

조절 기작의 범주

- 조절기작의 기본적인 두 범주는: (1) 세포 내에 이미 존재하는 이용 가능한 효소의 활성을 조절하는 기작과 (2) 이용 가능한 효소와 단백질을 결정하는, 유전자의 작용을 조절하는 기작이다.

피드백 저해

- **피드백 저해**에서, 생화학 경로의 최종산물은 경로 상의 첫 번째 효소를 직접적으로 저해한다(그림 7.13).
- 이러한 조절을 받는 효소는 일반적으로 알로스테릭하다.
- 피드백 저해는 기존 효소의 활성을 조절하며 급속-작용 조절 기작이다.

효소 유도

- 효소 유도(그림 7.14)에서, 물질이 존재하면 **구조유전자**와 **조절부위**를 포함하는 밀접히 관련된 일련의 유전자인, 오페론이 활성화된다: (1) 젖당이

존재하지 않으면, **억제자-조절자 (i) 유전자** 산물-는 오퍼레이타에 부착하여 *lac* 오페론의 유전자 전사를 억제한다. (2) 젖당이 존재하면, 억제자가 불활성화 되어 *lac* 오페론의 유전자 전사가 일어난다.

효소 억제

- **효소 억제**에서, 동화작용의 산물은 오페론을 불활성화함으로써 더 이상의 합성을 저해한다: (1) 트립토판이 존재하면, 억제자 단백질에 결합하여 *trp* 오페론의 유전자를 억제한다. (2) 트립토판이 없으면, 억제자는 활성화되지 않아, *trp* 오페론의 유전자들은 전사된다.
- **이화물질억제**에서, 보다 선호하는 영양분 (흔히 포도당)이 존재하면 일부 선택적인 물질을 대사하는데 필요한 효소의 합성을 억제한다.
- 효소유도와 효소억제 모두 유전자 발현을 변경함으로써 조절한다. 두 경우 모두 효소합성에 대한 영향은 앞서 예에서 같이 젖당, 트립토판, 포도당 같은 조절물질의 존재 유무에 따른다.

Ⅲ 돌연변이

돌연변이의 형태와 효과

- 한 생물체의 유전적 구성을 그의 **유전자형**이라 한다. 유전자형의 물리적 발현을 **표현형**이라 한다.
- 돌연변이는 한 생물체의 유전자형의 변화를 일으킨다; 이 변화는 표현형으로 나타날 수도, 나타나지 않을 수도 있다.
- 2가지 큰 종류의 돌연변이는 (표 7.3): (1) 단일 뉴클레오티드의 변화로 구성된, **점돌연변이**와, (2) 하나, 또는 그 이상의 뉴클레오티드의 **삽입** 또는 **결실**로 구성된 **틀이동돌연변이**가 있다.
- 세 번째 종류의 돌연변이는 염색체 일부분의 이동이다.

표현형 변이

- 돌연변이에 의하여 생성된 표현형 변이로 콜로니 형태, 영양요구, 또는 온도 감수성의 변화가 일어날 수 있다.

자연발생돌연변이와 유도돌연변이

- **자연발생돌연변이**는 기존의 알려진 돌연변이유발원이 없는 상태에서 발생하며 DNA 복제시 염기 짝짓기에서의 실수에 의한 것이다.
- 유도돌연변이는 돌연변이유발원이라 불리는 행위자에 의해 발생하는 돌연변이이다.

화학적 돌연변이유발원

- 화학적 돌연변이유발원에는 **염기유사물질**, **알킬화제**, **탈아민물질**, 그리고 **아크리딘 유도체** 등이 포함된다.

돌연변이유발원으로서의 방사선

- 방사선은 자주 2합체의 형성을 유발한다-옆에 인접한 두 피리미딘 염기가 서로 붙어 DNA 복제를 방해하는 티민 2합체를 형성한다.

DNA 손상의 수선

- 많은 박테리아는 DNA에 발생한 일정한 피해를 수선할 수 있는 효소를 가지고 있다 (그림 7.20) (1) **광요구성 수선**에서는 가시광선에 의하여 활성화 되고 2합체의 피리미딘 사이의 결합을 끊어주는 효소를 사용한다. (2) **암수선**은 활성화에 광선을 필요로 하지 않는 여러 효소를 이용한다; 결함이 있는 DNA를 절단하고 정상적인 DNA가닥과 상보적인 DNA로 교체한다.

돌연변이에 대한 연구

- 미생물은 여러 세대가 빠르고 저비용으로 만들어지기 때문에 돌연변이 연구에 유용하다.
- **방황변이실험**은 화학물질에 대한 저항성이 유도되기보다 자발적으로 발생한다는 것을 증명한다.
- **복제평판법**은 돌연변이의 자발적인 성질을 증명할 수 있다; 또한 내성이 생기는 물질에 노출됨 없이 돌연변이체를 분리하는데 사용될 수 있다.

에임스 테스트

- **에임스테스트**는 **영양요구성** 박테리아가 원래의 합성 능력을 되갖는 돌연변이 정도에 기반을 둔다. 잠재적인 발암원을 가리키는, 화학물질에 대한 돌연변이 성질을 구분하기 위하여 사용한다.

▌ 용어 정리

2합체(p. 200)
DNA 복제(p. 183)
DNA 중합효소(p. 184)
RNA시발체(p. 184)
RNA중합효소(p. 186)
감쇠작용(p. 194)
개시코돈(p. 188)
결실(p. 197)
광요구성 수선(p. 200)
광회복(p. 200)
구성효소(p. 192)
구조유전자(p. 194)
대립유전자(p. 181)
돌연변이 유≠傷)(p. 199)
돌연변이(p. 181)
리보솜RNA(p. 186)
반보존적 복제(p. 184)
발암물질(p. 206)
방사선(p. 198)
방황변이시험(p. 202)
번역(p. 183)
복제분지(p. 184)
복제평판법(p. 203)
비전사코돈(p. 188)
삽입(p. 197)
선도가닥(p. 184)
아크리딘 유도체(p. 200)
안티코돈(p. 188)
알킬화제(p. 199)
암수선(p. 200)
억제자(p. 194)
에임스 테스트(p. 206)
엑손(p. 186)
역전사(p. 183)
역평행(p. 184)
연결효소(p. 184)
염기유사물질(p. 199)
염색체(p. 180)
영양요구주(p. 198)
오카자키단편(p. 184)
오페론(p. 194)
운≠ NA(p. 188)
원영양체(p. 198)
유도돌연변이(p. 199)
유도효소(p. 193)
유전암호(p. 188)
유전자(p. 181)
유전자자리(p. 181)
유전자형(p. 196)
유전학(p. 180)
유전현상(p. 180)

이화물질억제(p. 195)
인트론(p. 186)
자연발생 돌연변이(p. 199)
전령RNA(p. 186)
전사(p. 183)
전사코돈(p. 188)
점돌연변이(p. 195)
제한효소(p. 200)
조절부위(p. 194)
조절유전자(p. 194)
종결자(p. 188)
주형(p. 183)
중합효소연쇄반응(p. 204)
지체사슬(p. 184)
최종산물저해(p. 191)
코돈(p. 188)
탈아민물질(p. 199)
틀이동 돌연변ℵ⊂(p. 197)
폴리리보솜(p. 204)
표현형(p. 196)
피드백 저해(p. 191)
핵산말단가수분해효소(p. 200)
효소억제(p. 194)
효소유도(p. 194)

임상 사례 연구

캐시는 그녀의 성기에 통증을 유발하는 물집 같은 상해를 갖는다. 의사는 그녀가 헤르페스 바이러스에 감염되었다고 알려주고, 항바이러스제인 acyclovir 처방을 준다. 캐시는 집에 와서 용법에 따라 고통스럽게 acyclovir를 투약하지만 통증이 사라지지 않는다. 그녀의 친한 친구인, 매리도 한때 헤르페스에 감염되었던 적이 있었으며, acyclovir를 사용하면 언제나 통증이 사라진다. 이러한 경우에 대해 매리와의 대화에 근거를 두고, 캐시는 정말로 그녀가 헤르페스에 감염되었는지 의심한다; 의사가 틀릴 수도 있다. 그녀는 의사를 다시 방문하였는데, 의사는 그녀가 acyclovir가 듣지 않는 돌연변이 헤르페스 바이러스에 감염되었을 것이라고 하고 다른 항바이러스 처방을 내린다. 집에 오는 길에, 캐시는 바이러스가 정말로 돌연변이될 수 있는지, 또 얘기한 것을 의사가 정말로 알고 있는지 의문을 갖는다. 당신은 그녀에게 무어라 얘기할 수 있는가?

요점 사고 문제

1. 원핵세포는 일반적으로 단지 하나의 염색체를 가지고 있으며 각각의 특성에 대한 하나의 유전자를 보유하고 있다. 반면, 인체의 세포는 1쌍의 유전물질을 보유하고 있다: 각 특성에 대하여 2개의 유전자. 인간의 유전자에 반해 이러한 사실이 박테리아에서 유전자 발현에 어떠한 영향을 끼치는가?

2. DNA가 스스로 복제하는 능력이 결여되어 있다면, 생명이 계속 유지될 수 있을까? 어떠한 일이 벌어질 것인가?

3. 생물학을 공부한 적이 없는 친구에게, 유전자와 단백질 간의 관계를 설명해 보라. 힌트: 몇 번은 "서열 (sequence)" 이라는 단어를 사용할 필요가 있을 것이다.

자가 진단 문제

1. 다음 용어에 맞는 설명을 연결하라

___ 표현형	(a) 단일위치 (자리)에서 발견되는 유전자의 다른 형태
___ 자손	(b) 기질이 존재할 경우에만 형성
___ 구성효소	(c) 관찰할 수 있는 특성, 생물체의 효소
___ 돌연변이원	(d) 기질이 없어도 형성
___ 대립형질	(e) 돌연변이를 유도하는 물질
___ 유도효소	(f) 자식

2. 특정 생화학 반응에 관여하는 단백질을 암호화하는 유전자를 포함한 유전적 단편을 나타내는 용어는?
(a) 운반RNA
(b) 안티코돈
(c) 코돈
(d) 오페론
(e) 유전자형

3. 전형적인 박테리아 세포에서 발견되는 염색체의 수는?
(a) 2
(b) 1
(c) 4
(d) 23
(e) 16

4. DNA 연결효소의 작용없이, 세포는 복제를 완성할 수 없을 것이다. DNA연결효소의 작용은 무엇인가?
(a) DNA 2중나선을 단일가닥으로 푼다.
(b) 단일가닥 DNA를 안정화한다.
(c) 진행가닥을 만들기 위하여 DNA 서열에 함께 결합한다.
(d) 복제과정을 교정한다.
(e) DNA에 대한 RNA 복사본을 만든다.

5. 다음 과정에 맞는 해당 설명을 연결하라.

___ 광회복	(a) RNA주형으로부터 폴리펩티드 합성

___ 전사 (b) DNA주형으로부터 mRNA 합성
___ 번역 (c) DNA가 DNA를 만든다.
___ 복제분지 (d) 자외선에 의한 손상에 대해 가시광선에 노출된 후 일어나는 수선
___ 효소유도 (e) 기질이 존재함으로써 효소합성이 일어난다
___ 복제 (f) DNA복제 과정 중 나선이 분리되는 지점

6. 염기서열이 CCCGAT인 가닥이 있다면, 상보적인 RNA가닥의 서열은?
(a) GGGCTA
(b) GGGCUA
(c) GGGCAU
(d) GGGCUU
(e) CCCGAT

7. 오페론에서 프로모터 지역에 결합하는 것은 무엇인가?
(a) 억제자
(b) 단백질합성효소 베타
(c) RNA중합효소
(d) 프로세서단백질 알파
(e) rRNA

8. 어떠한 형태의 RNA가 단백질 합성에 관여하는가?
(a) 전달RNA
(b) 전령RNA
(c) 리보솜RNA
(d) 이들 모두
(e) 모두 아님

9. 어떤 형태의 RNA가 단백질 합성에 필요한 유전정보를 가지고 있는가?
(a) 전달RNA
(b) 전사RNA
(c) 리보솜RNA
(d) 이들 모두
(e) 모두 아님

10. 어떤 형태의 RNA가 안티코돈을 가지고 있는가?
(a) 전달RNA
(b) 전사RNA
(c) 리보솜RNA
(d) 이들 모두
(e) 모두 아님

11. 비전사코돈이 나타내는 의미는?
(a) 돌연변이단백질을 나타냄
(b) 결함있는 단백질을 나타냄
(c) DNA전사의 실수
(d) 폴리펩티드 사슬에 대한 암호의 종결을 나타냄
(e) 아미노산 부조화

12. 피드백 저해에서:
(a) 효소 형성을 저해하기 위하여 경로의 산물이 DNA에 영향을 끼친다.
(b) 효소 형성을 저해하기 위하여 경로의 기질이 DNA에 영향을 끼친다.
(c) 경로의 산물이 경로 상에 있는 첫 번째 효소의 활성을 저해한다.
(d) 효소활성을 저해하기 위하여 경로의 산물이 기질과 반응한다.

13. *lac* 오페론의 어떤 유전자가 구조적인가?
(a) z 유전자
(b) a 유전자
(c) I 유전자
(d) y 유전자
(e) 모두 아님

14. 박테리아는 다음을 조절하기 위하여 억제기작을 사용한다:
(a) 이화경로
(b) 동화경로
(c) 양(兩)화경로
(d) 단백질합성
(e) DNA합성

15. 이화물질억제는 무슨 물질의 농도에 의해 조절된다:
(a) 젖당
(b) 포도당
(c) 전사RNA
(d) 아미노산
(e) 활성리보솜

16. 2개의 딸세포는 부모세포로부터 다음의 어느 변화를 유전 받을 것인가:
(a) 단백질 내에서의 변화
(b) tRNA 내에서의 변화
(c) rRNA 내에서의 변화
(d) mRNA 내에서의 변화
(e) 염색체 DNA 내에서의 변화

17. 틀이동돌연변이는 다음과 같은 과정에 따라 발생한다:
(a) 1염기의 삽입
(b) 1염기 이상의 삽입
(c) 1염기의 결실
(d) 1염기 이상의 결실
(e) 모두 해당

18. 방사선은 다음과 같은 2합체를 형성함으로써 피해를 유발한다:
(a) 구아니딘과 시토신
(b) 시토신과 티미딘
(c) 아데닌과 시토신
(d) 구아니딘과 아데닌
(e) 티미딘과 아데닌

19. 항생제 스트렙토마이신은 30S 리보솜의 단백질에 결합함으로써 박테리아의 생장을 저해한다. 이러한 정보에 근거하여, 스트렙토마이신은 다음을 저해한다:
(a) DNA 합성
(b) 진핵세포의 전사
(c) 원핵세포의 번역

(d) 진핵세포의 번역
(e) 원핵세포의 전사

20. 오카자키 단편이 발견되는 장소:
(a) 복제과정 중 DNA의 선도가닥
(b) 역전사에 의하여 합성되고 있는 DNA
(c) 복제과정 중 DNA의 지체가닥
(d) 단백질합성 중 리보솜
(e) 전사 중 mRNA

21. DNA의 염기서열은 화학돌연변이원에 의하여 바뀔 수 있다. 다음과 같은 기작에 의해 변화가 발생한다:
(a) 염기유사물질로 작용하여 DNA에 편입된다.
(b) 염기에 메틸기를 첨가하여, 염기 짝짓기의 실수를 유발한다.
(c) 염기로부터 아미노기를 제거한다.
(d) 2중가닥 DNA에 삽입된다.
(e) 모두 해당

22. 에임스테스트에서:
(a) 잠재적 발암물질이 확인된다.
(b) 화학돌연변이원이 확인된다.
(c) 살모넬라 균주의 돌연변이 수정이 체크된다.
(d) 살모넬라 균주가 히스티딘을 합성하는 능력이 체크된다.
(e) 모두 해당

23. *lac* 오페론에 대해, 다음을 연결하라:

___ 유도자	(a) 조절유전자
___ 오페론을 차단하기 위해 억제자가 결합하는 장소	(b) RNA중합효소
___ 전사개시를 위해 프로모터에 결합하는 물질	(c) 구조유전자
___ 오페론을 계속 "작동" 시키기 위해 억제자와 결합한다	(d) 젖당
___ Z, Y, A	(e) 오퍼레이터
___ 오페론에서 어느 정도 떨어진 위치에 있고 프로모터의 조절을 받지 않음	(f) 억제자

24. 다음 중 원핵세포와 관련되지 않은 것은?
(a) 반보존적 복제
(b) 유도적 오페론
(c) 지체, 선도가닥
(d) 인트론과 엑손
(e) 복제원점

25. 수백만 개의 DNA를 합성하기 위하여 실험실에서 사용하는 과정은:
(a) 에임스 테스트
(b) *In situ* 중합
(c) 방황변이 시험
(d) 중합연쇄반응(PCR)
(e) 역전사효소

26. 다음과 같은 돌연변이 용어와 효과를 설명하라.

(a) 전 / 후

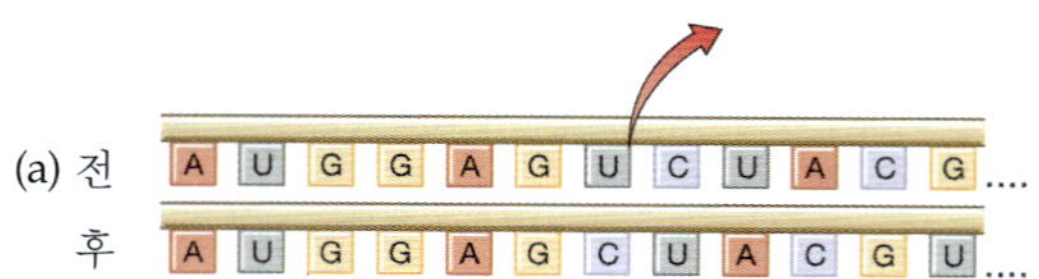

(b) 전 / 후

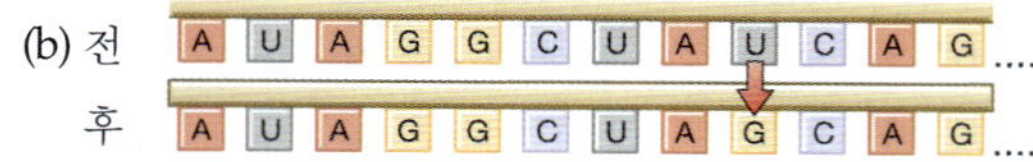

(c) 전 / 후

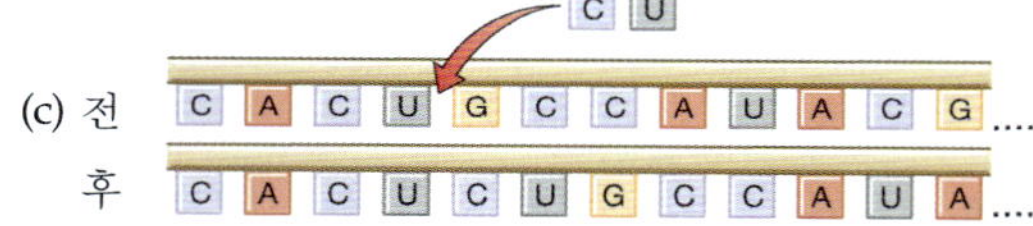

(a) ____________________
(b) ____________________
(c) ____________________

웹상에서 탐구 문제

http://www.wiley.com/college/black

이 장을 마쳤다고 생각하면, 웹상에서 더 도전할 것이 있다. 동반된 웹사이트로 가서 이 장의 개념에 대한 이해를 세부조정하고 아래에 주어진 문제에 대한 답을 찾아라.

1. 진핵세포는 선상의 염색체를 가진 반면 박테리아는 하나의 원형 염색체를 가진 이유는 무엇인가?
2. DNA가 세포내에서 일어나는 모든 것—모든 활동, 합성되는 모든 물질, 모든 사건, 모든 반응—에 대한 정보를 보유하고 있는 이유를 찾아라.
3. *Yersinia pestis*(페스트균)가 벼룩의 장에서 해롭지 않게, 오랜 기간 서식자로 지내다가 blood-feeding 발작을 일으켜 대량의 박테리아를 토하게 되어 페스트를 효과적으로 전파하는데 관련된 단 3개의 유전자에 무슨 변화가 일어나는가?

8 유전자 이동과 유전공학

시작하며...

자신이 선택하거나 만든 유전자들을 가지고 시작하여 인간이 새로운 형태의 생명체들을 설계하고 만들 수 있을까? 이것을 시도하고 있는 사람이 있으니 J. Craig Venter박사이다. Time 잡지는 2007년도 세계에서 가장 영향력 있는 100인의 명단에 그를 포함시켰다. 인간 게놈 프로젝트를 완성시키는 데에 있어서 자신의 역할로 이미 유명해진 그는 현재 "합성 생물학"이라는 새로운 프로젝트를 착수하였다.

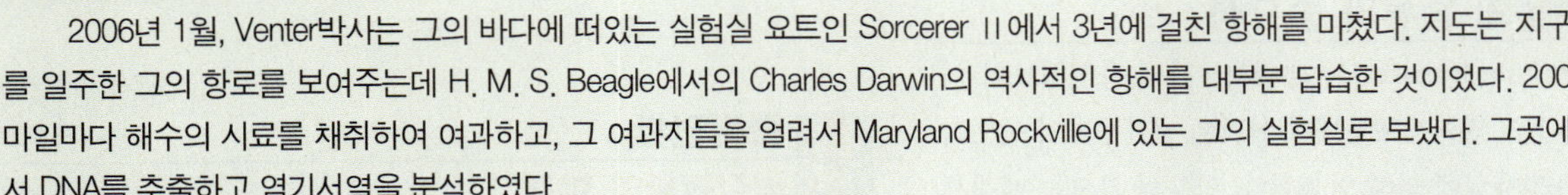

2006년 1월, Venter박사는 그의 바다에 떠있는 실험실 요트인 Sorcerer II에서 3년에 걸친 항해를 마쳤다. 지도는 지구를 일주한 그의 항로를 보여주는데 H. M. S. Beagle에서의 Charles Darwin의 역사적인 항해를 대부분 답습한 것이었다. 200마일마다 해수의 시료를 채취하여 여과하고, 그 여과지들을 얼려서 Maryland Rockville에 있는 그의 실험실로 보냈다. 그곳에서 DNA를 추출하고 염기서열을 분석하였다.

Sargasso Sea 한 곳에서 채취한 시료들에 대한 분석에서 그는 적어도 1800개의 새로운 종들과 전에는 발견되지 않았던 적어도 120만개의 새로운 유전자들을 발견하였다. 모든 시료들이 분석된다면 얼마나 많은 새로운 종들과 유전자들이 발견될 지는 생각만해도 굉장할 것이다. 이러한 모든 정보들은 모든 연구자들의 이용을 위해 인터넷에 무료로 제공되고 있다.

Venter 박사가 이 정보들을 가지고 무엇을 하려고 하는가? 이미 그는 그의 실험실에서 유전자들을 연결함으로써 일주일 안에 완전히 새로운 합성 박테리오파지를 만들었다. 그러나 대부분의 생물학자들은 바이러스를 살아있다고 여기지 않기 때문에 그의 현재 목표는 이미 알려진 유전자들과 그가 새로 발견한 유전자들을 함께 사용하여 아마도 *Mycobacterium laboratorium*이라고 명명할 완전히 새로운 세균을 만들어 특허를 얻는 것이다. 즉, 생명을 창조하는 것이다. Synthetic Genomics라는 그의 새로운 회사는 대체 연료로서 에탄올과 수소를 생산하는 새로운 미생물을 만들어 내는 데에 전력을 다하고 있다. 그는 말한다. "우리는 유전암호를 읽는 것에서 쓰는 것으로 발전하고 있다."

이 주제와 관련된 비디오는 WileyPLUS에서 볼 수 있습니다.

유전자 이동의 종류와 중요성

형질전환

형질전환의 발견 / 형질전환의 기작 / 형질전환의 중요성

형질도입

형질도입의 발견 / 형질도입의 기작들 / 형질도입의 중요성

접합

접합의 발견 / 접합의 기작 / 접합의 중요성

유전자 이동 기작들의 비교

플라스미드

플라스미드의 특징들 / 내성 플라스미들 / 전위인자 / 박테리오시노젠

유전공학

유전자융합 / 원형질체 융합 / 유전자증폭 / 재조합DNA 기술 / 혼성세포 / 재조합 DNA의 장점과 단점의 비교

하나의 생명체에서 다른 생명체로 유전물질의 이동은 광범위한 결과를 가져올 수 있다. 미생물들에서는 바이러스가 세균에게 유전정보를 전해주는 방법들을 제공하기도 하고 세균들의 발병능력이나 항생제 내성을 증가시키는 기작을 제공하기도 한다.

미생물들간 유전물질 이동에 관한 연구에서 얻은 지식은 농업, 산업, 의학 뿐 아니라 전염성 질병들의 예방과 치료에 관한 문제에까지 응용될 수 있다. 이 장에서 유전자 이동의 기작들과 중요성들에 관해 공부할 것이다.

유전자 이동의 종류와 중요성

유전자 이동(Gene transfer)은 생명체들간에 유전정보의 이동을 의미한다. 대부분의 진핵세포들에서 이것은 생활주기의 필수적인 부분이고 대개 유성생식에 의해 발생한다. 암수의 부모는 생식세포들을 생산하는데 이것들이 합쳐져서 새로운 개체의 첫 번째 세포인 접합체를 형성한다. 각각의 부모는 유전적으로 다른 많은 생식세포들을 생산하기 때문에 유전물질의 많은 다른 조합들이 후손에게 전달된다. 세균에서는 유전자 이동이 생활주기의 필수적인 부분이 아니다. 이것이 발생할 때에는 대개 공여세포 유전자들의 일부분이 수용세포로 이동된다. 2개의 다른 세포들의 유전자들(DNA)의 이러한 결합은 **재조합(recombination)**이라고 하고 이러한 세포를 재조합세포라고 한다. 부모로부터 후손들에게 유전자들이 전달될 때 이것을 **수직적 유전자 이동(vertical gene transfer)**이라 하는데 동식물의 유성생식에서 볼 수 있다. 반면에 세균들은 2분법에 의한 무성생식을 할 때에 수직적 유전자 이동을 한다. 여기에 더하여 세균들은 같은 세대의 다른 미생물들에게 유전자들을 전해줌으로써 **수평적 유전자 이동(lateral 또는 horizontal gene transfer)**도 할 수 있다. 1920년대 이전까지 세균들은 2분법으로만 번식하고 진핵세포들이 유성색식을 통하여 하는 것과 견줄만한 유전자 이동의 방법이 없는 것으로 생각되었다. 그 이후에 세균에서 수평적 유전자 이동의 3가지 기작들이 발견되었는데 모두 번식과는 연관이 없는 것들이다. 우리는 이 장에서 각각의 기작—형질전환, 형질도입, 접합—에 관해 서술할 것이다.

유전자 이동은 생명체들의 유전적 다양성을 크게 증가시켜주기 때문에 중요하다. 7장의 p. 196에서 설명한 바와 같이 돌연변이가 유전적 다양성에 어느 정도 기여하지만 생명체들간의 유전자 이동은 기여하는 바가 훨씬 크다. 생명체들이 환경조건의 변화에 직면하게 될 때 유전적 다양성은 생명체들이 특정조건에 적응할 가능성을 높여준다. 이러한 다양성이 진화적인 변화로 이끈다. 환경에 적응하도록 도와주는 유전자들을 가진 생명체들은 살아남아 번식하지만 이러한 유전자들이 없는 생명체들은 멸망한다. 만약에 모든 생명체들이 유전적으로 동일하다면 모두 살아남아 번식하거나 모두 죽을 것이다. 9장에서 수평적 유전자 이동이 진화의 역사에서 전에 생각되었던 것 보다 훨씬 더 흔한 것이라는 새로운 증거들에 대해 서술할 것이다. 이러한 발견이 진화적인 관계에 대한 현재 우리의 견해에 커다란 변화를 가져왔다.

재조합 DNA 기술에서 1종류 생명체의 유전자가 수평적 유전자 이동을 통하여 다른 종류 생명체의 유전체에 전달된다(예를 들어 인간의 유전자들이 돼지 세포들에게 넣어진다). 유전공학자들은 원하는 재조합 DNA와 재조합 생명체를 만들기 위하여 수평적 유전자 이동의 3가지 자연적 방법들을 인위적으로 조작하는 것을 알아냈다. 이제 그 3가지 기본적인 기작을 자세히 살펴보자.

형질전환

형질전환의 발견

세균의 **형질전환(transformation)**은 유전정보의 이동에 의해 세균의 특성이 변화하는 것인데, 영국의 군의관인 Frederick Griffith가 생쥐의 폐렴감염에 관하여 연구하던 중 1928년에 처음 발견했다. 협막이 있는 폐렴구균은 표면이 부드럽고(S형) 반짝이는 집락을 만들지만 협막이 없는 것들은 거칠고(R형) 반짝이지 않는 집락을 만드는데, 협막을 생산하는 폐렴구균만이 생쥐에게 접종했을 때에 폐렴을 일으킬 수 있는 병원균이다. 이러한 병원균 하나가 빠르게 증식하여 생쥐를 죽일 수 있게 된다. 생쥐는 폐렴구균에 예민한 감수성을 갖고 있으므로 좋은 실험동물이 될 수 있다. 협막은 생쥐의 면역체계에 의해 생산되는 분자들이 세균의 표면에 도달하지 못하도록 돕는다. 또한 침입한 세균들을 백혈구들이 삼키기 힘들게 만든다. 다시 말하면 협막은 세균들을 생쥐의 면역체계로부터 보호한다.

Griffith는 하나의 생쥐 집단에는 열처리로 죽인 S형 폐렴구균들을, 두 번째 집단에는 살아있는 S형 폐렴구균들을, 세 번째 집단에는 살아있는 R형 폐렴구균들을, 네 번째 집단에는 살아있는 R형과 열처리한 S형의 혼합물을 주사하였다(**그림 8.1**). 예상대로 살아있는 S형을 주사한 생쥐들은 폐렴이 발생하여 죽었지만 열처리한 S형이나 살아있는 R형을 주사한 생쥐들은 폐렴이 발생하지 않고 생존했다. 그러나 놀랍게도 혼합물을 주사한 생쥐들도 폐렴 때문에 사망했다. 이 생쥐들로부터 살아있는 S형들을 분리했을 때 Griffith가 얼마나 놀랐겠는가? 그는 정확히 어떤 일이 일어났는지 몰랐지만 몇몇 세포들이 R형에서 S형으로 변형됐다는 것을 알았다. 더구나 이 변화는 유전됐다. 우리는 죽은 S형에서 나와 노출된 DNA를 R형이 가져와 자신의 DNA에 끼워 넣었다는 것을 이제는 안다. 협막 유전자가 있는 DNA를 가져간 R형이 S형으로 유전적으로 변형되었다.

Oswald Avery는 형질전환에 대한 후속실험에서 협막의 다당류가 폐렴구균 병원성의 원인이라는 것을 밝혔다. Oswald Avery,

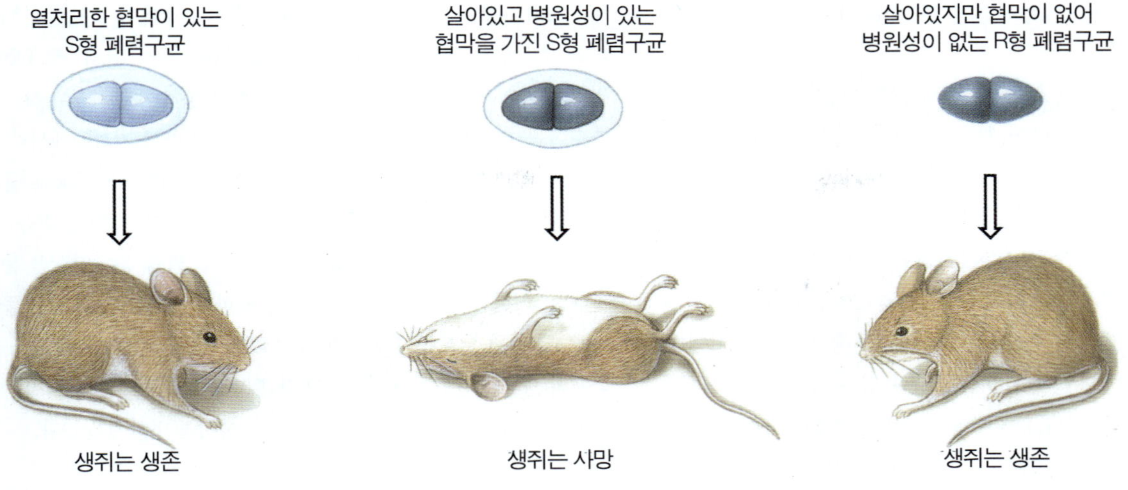

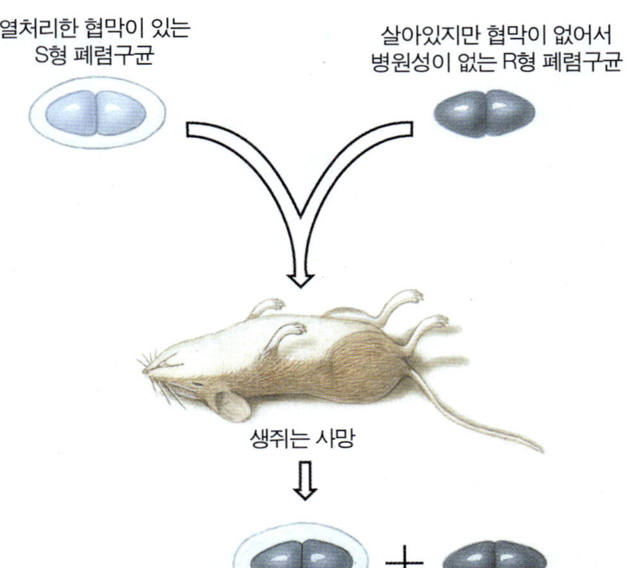

그림 8.1 형질전환의 발견 : 생쥐의 폐렴구균 감염에 대한 Griffth의 실험. S형 폐렴구균(협막의 존재로 인하여 표면이 부드러운 집락을 형성)을 생쥐에게 주입했을 때 생쥐는 폐렴으로 인하여 사망한다. R형 폐렴구균(협막의 부재로 인하여 표면이 거친 모양의 집락을 형성)이나 열처리로 죽인 S형 폐렴구균을 주입하면 쥐는 생존한다. 그러나 살아있는 R형과 열처리한 S형 폐렴구균(둘 다 자체로는 치명적이지 않다)의 혼합물을 주입시키면 생쥐는 사망하고 살아있는 S형과 R형을 죽은 생쥐로부터 얻을 수 있다.

Colin MacLeod와 Maclyn McCarty는 폐렴구균의 형질전환의 원인물질을 분리하고 그것이 바로 DNA라는 것을 알아냈다. 뒤돌아 보면 이 발견이 분자유전학의 탄생으로 기록될 수 있지만 당시에는 DNA가 유전정보를 운반하는 것을 알지 못했다. 식물과 동물염색체를 연구하는 과학자들이 염색체로부터 DNA와 단백질을 분리했지만 유전정보는 단백질에 있는 것으로 생각했었다.

James Watson과 Francis Crick이 DNA의 구조를 밝혀낸 후에야 DNA가 유전정보를 암호화하는 방법을 명확히 알 수 있었다. 폐렴구균(지금은 *Streptococcus pneumoniae*)을 가지고 한 처음의 연구 이후에 자연적인 형질전환이 *Acinetobacter*, *Bacillus*, *Haemophilus*, *Neisseria*, *Staphylococcus*를 포함한 다양한 종의 세균들과 효모인 *Saccharomyces cerevisiae*에서도 관찰되었다. 자연적인 형질전환에 더하여서 과학자들은 실험실에서 인공적으로 세균을 형질전환하는 방법을 개발하였다.

형질전환의 기작

형질전환의 기작을 연구하기 위하여 과학자들은 세균 염색체로부터 수백개의 노출된 DNA조각들을 얻을 수 있는 복잡한 생화학적인 방법을 이용하여 공여 생명체로부터 DNA를 추출한다(노출된 DNA란 생명체로부터 방출된 DNA로서 대개 세포가 용해된 후 염색체나 다른 세포구조에 붙어있지 않은 DNA를 말한다). 추출된 노출 DNA는 그것을 받아들일 수 있는 생명체가 있는 배지에 넣어지는데 대부분의 생명체는 자신이 가지고 있는 DNA양의 5%이하로 최대 약 10개의 조각을 흡수할 수 있다.

DNA흡수는 세포의 성장주기에서 높은 세포밀도와 영양분 고갈에 대한 반응으로 특정 단계에서만 발생한다. 이 단계에서 **반응요소(competence factor)**라고 불리는 단백질이 배지로 분비되어 DNA의 흡수를 도와준다. 하나의 배양에서 나온 반응요소를 이용하여 다른 배양을 처리하면 세포들은 DNA를 받아들일 능력을 갖게 되어 DNA조각들을 흡수할 수 있게 된다. 그러나 모든 세균들이 이러한 능력을 갖게 되는 것은 아니어서 모두가 형질전환 되는 것은 아니다. DNA흡수는 세포벽의 변화나 DNA에 결합할 수 있는 세포막의 특정 수용체 형성에 의존한다. DNA 운반 단백질(DNA를 세포 안으로 가져오는 단백질)들과 DNA 핵산말단분해효소(DNA를 절단하는 효소)도 역시 필요하다. 자연적 형질전환이 가능한 대부분의 세균들은 아무 DNA나 흡수할 수 있으나 *Neisseria gonorrhoeae*와 *Haemophilus influenzae*는 동종의 DNA만 흡수할 수 있다. 이 2종의 DNA에 있는 특정 염기서열들이 같은 종의 형질전환 가능한 세균의 표면에 있는 수용단백질에 의해 인식된다(**그림 8.2**).

DNA가 세포표면에 오게되면 핵산중간분해효소가 2중가닥 DNA를 7000~10000 뉴클레오티드 크기로 자른다. 2중가닥 DNA는 분리되어 1가닥만 세포로 들어가는데 단일가닥 DNA는 여러 핵산분해효소에 대하여 민감하므로 세포표면의 이 효소들이 불활성화 되어야만 세포 안으로 들어갈 수 있다. 세포 안에서 공여 단일가닥 DNA는 즉시 수용염색체의 일부분과 염기결합을 통하여 합쳐져야 하는데 그것이 안 되면 파괴되고 만다. 유전자이동의 다른 기작들에서와 같이 형질전환에서도 공여 단일가닥 DNA는 동일한 좌위(locus)들이 서로 옆에 위치하도록 수용 DNA옆에 자리 잡는다. 그러면 DNA 가닥을 자르고, 조각을 제거하고, 새로운 조각을 끼워 넣어 양끝을 붙여준다. 이러한 과정을 상동재조합이라고 한다. 수용세포의 효소들이 자신의 DNA 일부를 잘라내고 공여 DNA로 대체하여 수용세포 염색체의 영원한 일부분이 되도록 한다. 밀려난 나머지 수용 DNA는 즉시 파괴되어 세포 DNA의 뉴클레오티드 숫자는 변하지 않는다.

형질전환의 중요성

형질전환은 주로 실험실에서 관찰되어 왔지만 자연계에서 발생한다. 같은 종이나 밀접하게 연관된 종들이 존재하는 환경에서 죽은 생명체의 분해에 뒤 이어서 형질전환이 발생할 것이다. 그러나 자연계에서 생명체들의 유전적 다양성에 형질전환이 얼마나 기여하는가는 충분히 알려져 있지 않다. 실험실에서 과학자들은 생명체가 가진 DNA와 다른 DNA의 효과를 연구하기 위하여 화학약품이나 열, 냉각 또는 강한 전기장을 이용하여 인공적으로 형질전환을 유도한다. 형질전환은

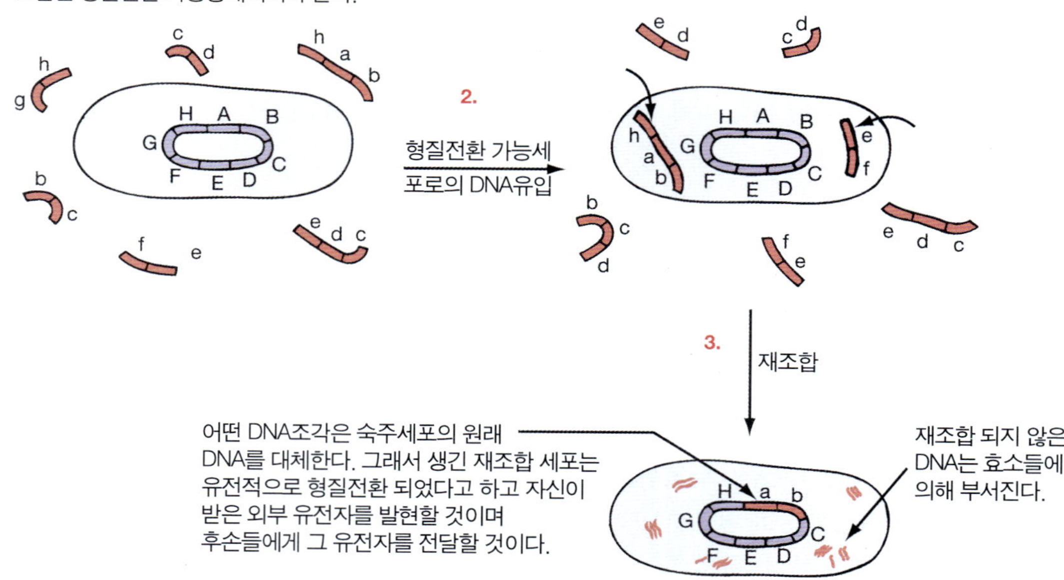

그림 8.2 **세균형질전환의 기작.**

염색체상의 유전자들의 위치를 연구하거나 하나의 종의 DNA에 다른 종의 DNA를 끼어 넣어 재조합 DNA를 만드는 데에도 이용된다.

형질도입

형질도입의 발견

형질전환과 같이 **형질도입(Transduction)**은 하나의 세균에서 다른 세균으로 유전물질을 이동시키는 방법이다(trans, "건너서", ductio, "끌어당기다" ; 바이러스가 유전자들을 하나의 세포에서 다른 세포로 운반하거나 끌어당긴다). 노출 DNA가 이동되는 형질전환과는 달리 형질도입에서 DNA는 세균을 감염시킬 수 있는 바이러스인 **박테리오파지(bacteriophage)**에 의해 운반된다. 형질도입 현상은 1952년에 Joshua Lederberg와 Norton Zinder에 의해 *Salmonella*에서 발견되었으며 이후에 많은 다른 종의 세균들에서도 관찰되었다.

인간만이 바이러스에 의해 감염되는 것은 아니다. 세균, 식물, 동물, 진균, 조류, 그리고 원생동물들을 특이적으로 감염하는 바이러스들도 있다.

형질도입의 기작들

형질도입의 기작을 이해하기 위해서 박테리오파지 또는 **파지(phage)**의 특징을 알 필요가 있다. 10장에서 자세히 서술되어 있는 바와 같이 파지는 핵산중심부가 단백질 외투막에 의해 싸여있다. 이들은 세균세포(숙주)를 감염하여 **그림 8.3**에서 보는 바와 같이 그 안에서 증식한다. 세균을 감염할 수 있는 파지는 세포벽의 수용체에 흡착한다. 파지 효소가 세포벽을 약화시킨 후 파지핵산이 세균세포에 들어간다. 그리고 단백질 외투막은 세포벽에 붙은 채 밖에 남는다. 일단 핵산이 세포 안에 들어오면 파지가 용균성이냐 용원성이냐에 따라 2경로 중 하나를 따른다. **독성 파지(virulent phage)**는 세균세포를 감염시키고 결국에는 파괴하고 죽일 수 있다. 세포 안으로 파지 핵산이 들어가면 파지 유전자는 파지특이적인 핵산과 단백질의 합성을 세

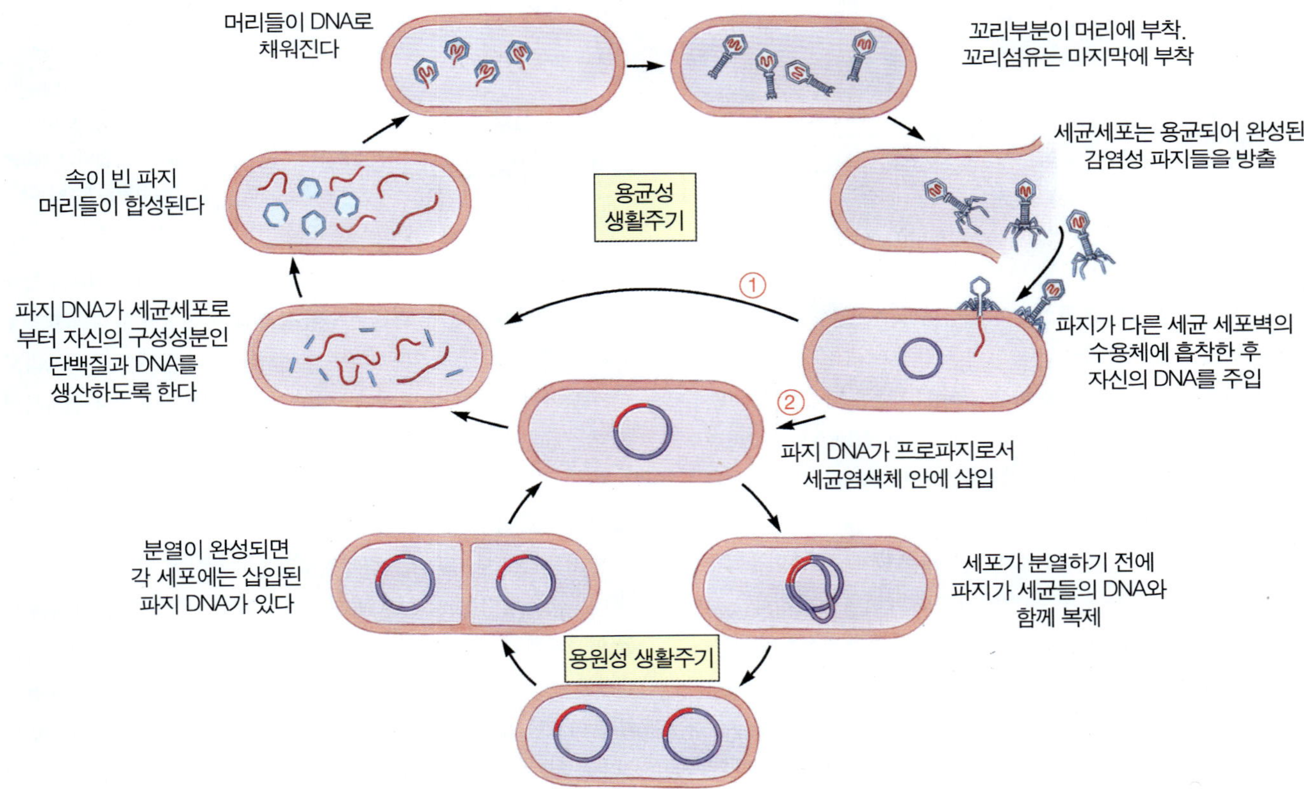

그림 8.3 박테리오파지의 생활주기들. 박테리오파지가 자신의 DNA를 숙주세균 안으로 주입하면 적어도 2가지 결과가 가능하다. 용균성 생활주기는 용균성파지의 특징으로, 파지 DNA가 세포의 주도권을 잡고 ① 세포로 하여금 새로운 바이러스 구성성분들을 합성하게 하여 완전한 바이러스 입자로 조립되게 한다. 세포는 용균되어 새로운 숙주세포로 들어갈 수 있는 감염성 바이러스를 방출한다. 용원성 생활주기에서 용원성파지 DNA는 숙주세포 안으로 들어가 ② 프로파지로서 세균 염색체에 끼어들어가고 많은 세포분열에 따라 염색체와 함께 복제된다. 그러나 용원성파지는 갑자기 용균성 생활주기로 되돌아갈 수 있다. 따라서 프로파지는 감염된 세포 안에 있는 일종의 시한폭탄이다.

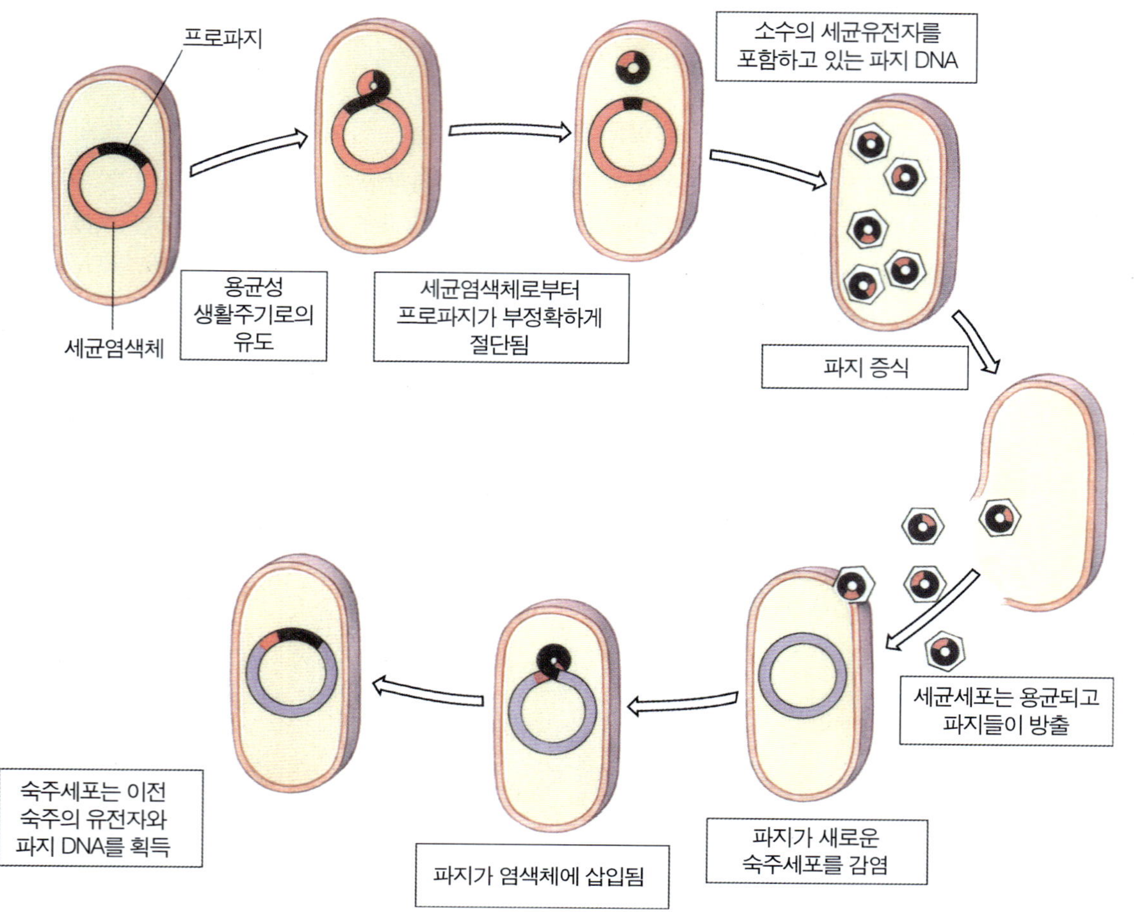

그림 8.4 **대장균에서 람다 파지에 의한 특별형질도입.** 이 과정에서 파지 DNA는 항상 숙주세균 염색체의 특정한 곳에만 삽입된다. 파지 DNA가 복제될 때 자신의 DNA와 함께 양 옆의 세균 유전자들도 함께 새로운 파지로 들어간다. 숙주 염색체의 다른 부위에 있는 유전자들이 아닌, 삽입부위 옆에 있는 유전자들만이 도입된다. 이 유전자들이 파지의 다음 숙주세포에 도입되어 새로운 유전적 성질들을 부여한다.

포에게 지시한다. 단백질 중의 일부는 숙주세포의 DNA를 파괴하는 반면에 다른 단백질들과 핵산들은 조립되어 완전한 파지를 만든다. 세균이 백개 이상의 파지로 가득 차게 되면 파지 효소가 세포를 터뜨려서 새로 형성된 파지를 방출하는데 이 파지들은 다른 세포들을 감염시킬 수 있다. 이 증식 주기는 숙주세포의 **용균(lysis)** 또는 파괴로 이어지게 때문에 이것을 **용균성 생활주기(lytic cycle)**이라고 한다.

용원성 파지(temperate phage)는 일반적으로 파괴적인 감염을 야기하지 않는다. 대신에 파지 DNA가 세균 DNA로 끼어들어가서 그것과 함께 복제된다. 이 파지는 세균 DNA의 파괴를 방지하는 억제물질을 생산하고 파지 DNA는 파지 입자의 합성을 지시하지 않는다. 숙주세균 DNA에 끼어들어간 파지 DNA를 **프로파지(prophage)**라고 부른다. 파지를 복제하지 않으며 세균세포를 죽이지 않고 프로파지가 있는 것을 **용원성 생활주기(lysogeny)**라고 하고 프로파지를 가지고 있는 세균을 **용원성(lysogenic)**이라 한다. 이러한 세포들을 용균성 증식주기로 유도하는 몇 가지 방법이 알려져 있는데 대부분이 억제물질을 불활성화 시키는 방법들이다.

용원성 파지는 세균염색체안의 프로파지로서 또는 독립적으로 새로운 파지들을 조립함으로써 복제될 수 있다. 형질도입은 새로 만들어진 파지 머리에 파지 DNA만 집어넣는 대신 세균 DNA가 들어갈 때 발생한다. 용원성 파지는 일반적 형태와 특별한 형태의 형질도입을 수행할 수 있다. 일반형질도입에서는 어떠한 세균 유전자라도 파지에 의해 이동될 수 있지만 특별형질도입에서는 특정 유전자들만이 이동될 수 있다.

특별형질도입

소수의 용원성 파지들이 특별형질도입을 수행하는 것으로 알려졌는데 대장균의 람다(lambda;λ)파지가 가장 많이 연구되었다. 파지는 세균 염색체에 끼어들어갈 때 특정한 곳에만 끼어들어간다. 람다파지는 대장균 염색체에 끼어들어갈 때 맥아당 이용을 조절하는 *gal* 유전자와 바이오틴 합성을 조절하는 *bio* 유전자 사이에 끼어들어간다. *gal* 유전자와 *bio* 유전자는 오페론들의 일부이다(◀7장, p. 194). 람다파지를 가지고 있는 세포가 용균성 생활주기로 들어가도록 유도될 때 파지 유전자들은 둥그런 모양을 형성하여 세균 염색체로부터 잘려나온다(그림 8.4). 그러면 람다 파지 DNA는 새로운 파지 입자들의 합성과 조립 그리고 숙주세포의 용균을 지시한다. 대부분의 경우, 방출된 새로운 파지 입자들은 파지 유전자들만을 가지고 있다. 아주 드물게

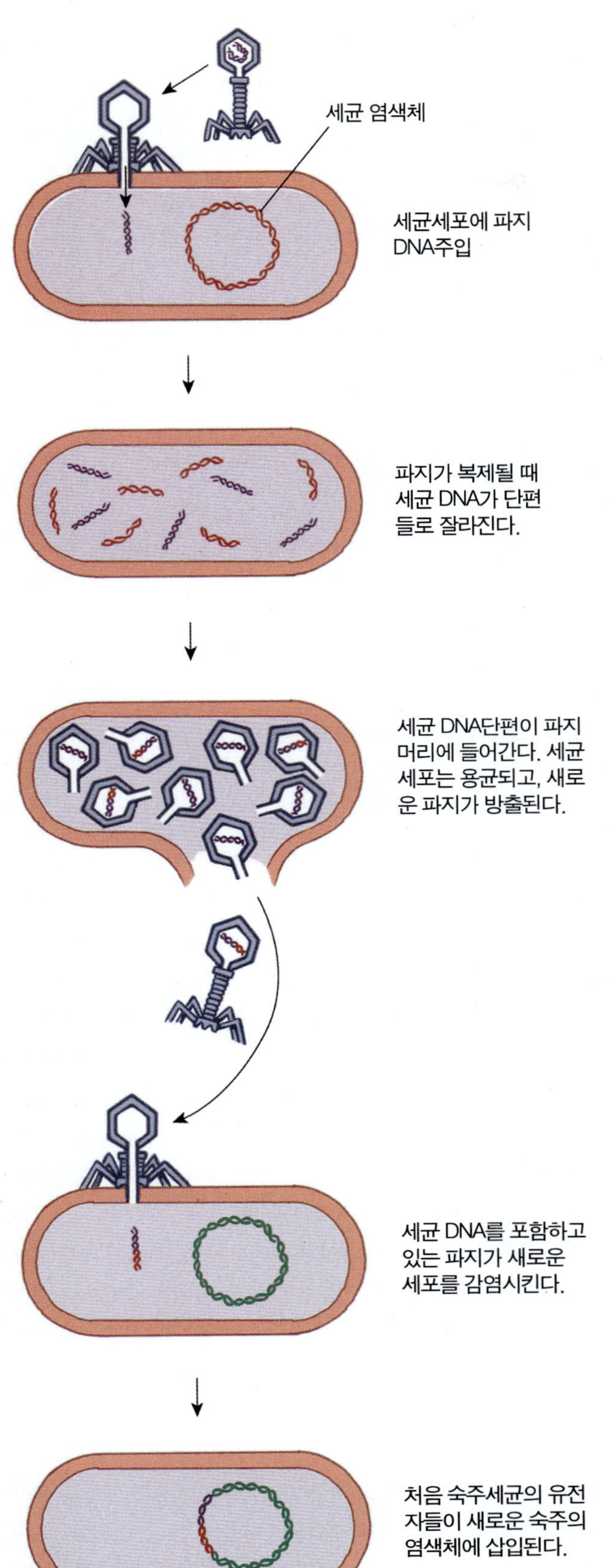

(백만분의 일) 파지는 자신이 세균염색체의 일부분일 때 주위에 있던 소수의 세균 유전자들을 갖게 된다. 예를 들어, *gal* 유전자가 파지 입자에 들어갈 수 있다. 이것이 다른 세균 세포를 감염하게 되면 그 입자는 파지 유전자들 뿐 아니라 *gal* 유전자도 옮기게 된다. 파지 입자가 하나의 세균세포로부터 다른 세균세포로 특정 유전자들을 이동시키는 이 과정을 **특별형질도입(specialized transduction)**이라고 한다. 특별형질도입에서 도입되는 세균 DNA는 프로파지 주변에 있던 소수의 유전자들로 제한된다.

일반형질 도입

파지 DNA를 가지고 있는 세균 세포가 용균성 생활주기로 들어가게 되면, 파지효소들이 세균의 DNA를 많은 조각으로 자른다**(그림 8.5)**. 파지가 새로운 파지입자들의 합성과 조립을 할 때 머리부분에 DNA가 가득 차도록 넣는다. 이 방식 때문에 세균 DNA조각이 종종 파지 입자 안에 들어가게 된다. 같은 방식으로 플라스미드 DNA나 세포를 감염하고 있던 다른 바이러스의 DNA도 파지 머리에 들어갈 수 있게 된다. 새로 얻은 세균 DNA를 가진 파지 입자가 감염시킨 숙주를 떠나면 다른 민감한 세균을 감염시켜서 **일반형질도입(generalized transduction)** 과정을 통해 세균 유전자들을 옮기게 된다. 숙주세포 염색체의 어떤 부분이라도 같은 확률로 파지의 복제 과정 중에 우연히 파지입자의 일부분이 될 수 있다.

형질도입의 중요성

형질도입은 몇가지 이유로 중요하다. 먼저, 하나의 세균 세포로부터 다른 세균세포로 유전물질을 이동시켜서 수용세포의 유전적 특성을 변화시킨다. *gal* 유전자의 형질도입에서 보여지는 바와 같이 맥아당의 대사능력이 없는 세포가 그 능력을 획득할 수 있다. 다른 유전적 특성들도 특별형질도입이나 일반형질도입을 통해 이동될 수 있다.

둘째로, 세균 염색체로 파지 DNA가 끼어들어가는 것은 프로파지와 숙주세균 세포간의 밀접한 진화적인 관계를 보여준다. 프로파지 DNA와 숙주 염색체의 DNA는 상당히 유사한 염기 배열들을 가지고 있어야 한다. 그렇지 않으면 프로파지는 세균 염색체에 결합하지 않는다. 결합을 한 후에야 끼어들어가게 된다.

셋째로, 프로파지가 세포 안에 오랜기간 동안 존재한다는 사실

그림 8.5 일반 형질도입. 박테리오파지가 숙주세균을 감염시킴으로써 용균성 생활주기를 시작한다. 세균 염색체는 많은 단편으로 부서지고 그 중에 어떤 것이라도 파지 DNA와 함께 새로운 파지 입자 안에 포함될 수 있다. 이 단편들이 방출되어 다른 세균세포를 감염시키면 이 새로운 숙주는 이전의 숙주세균세포의 유전자를 획득하게 된다.

은 암의 바이러스 유래에 대해 유사한 가능성있는 기작을 제시하게 된다. 만약 프로파지가 세균세포 안에 존재하고 어느 때에 세포 DNA의 발현을 변화시키게 된다면 이것이 동물바이러스가 악성 변이를 유발하는 방법에 대한 설명이 될 수 있을 것이다. 예를 들어 인간 염색체에 끼어들어간 바이러스 유전자들이 몇몇 유전자들의 조절을 망가뜨려서 구조유전자들이 적당하지 않은 시점에 발현되거나, 계속 발현되거나 또는 아예 발현이 되지 않도록 하게 만든다. 태아유전자들은 발생초기동안 세포의 빠른 성장을 야기하지만 이러한 성장은 금방 느려지게 되고 결국은 어른이 되어 멈추게 된다. 이러한 태아유전자들이 만약 어떤 세포들에서 인생의 후반기에 활성화 된다면 이들은 빨리 성장하여 종양이 될 것이다(바이러스와 암은 10장에 서술되어 있다).

넷째로, 소수의 동물바이러스들은 새로운 인간숙주를 감염시킬 때 이전의 숙주들로부터 유전자들을 같이 가져올 수 있다. 이러한 이전 숙주들이 반드시 인간이라는 법은 없다. 이러한 의미에서 당신도 완전한 인간이 아닌 형질전환체 일지도 모른다.

마지막으로 분자유전학자들에게 가장 중요한 것은 형질 도입이 유전자연결 연구를 위한 방법을 제공한다. 유전자들이 DNA상에 가까이 있어서 함께 이동할 가능성이 높을 때 연결되었다고 말한다. 다른 종류의 파지들은 대개 각각의 특정 위치를 통하여 세균 염색체 안에 끼어들어갈 수 있다. 많은 다른 종류의 형질도입을 연구함으로써 과학자들은 염색체의 어느 위치에 끼어들어가며 그 주변의 어떤 유전자들을 그들이 이동시킬 수 있는지 알 수 있게 된다. 이러한 연구들을 종합하면 결국에는 염색체의 유전자 순서들을 알 수 있게 된다. 이러한 과정을 **염색체 지도작성(chromosome mapping)**이라고 한다.

중점 질문 사항

1. 형질전환은 형질도입과 어떻게 다른가?
2. 원핵세포의 유전자 이동과 진핵세포의 유전자 이동은 어떻게 다른가?
3. 일반형질도입에서는 어떠한 유전자들이 이동되고, 특별형질도입에서는 어떠한가?

접합

접합의 발견

형질전환이나 형질도입과 마찬가지로 **접합(conjugation)**에서도 유전정보가 한 세균에서 다른 세균으로 이동된다. 그러나 접합은 다른 것들과 2가지 면에서 다르다: (1) 공유세포와 수용세포간의 접촉이 필요하고 (2) 훨씬 많은 양의 DNA(때로는 전체 염색체)가 이동한다.

접합은 1946년에 Joshua Lederberg에 의해 처음 발견되었는데, 당시 그는 의과대학생이었다. 그의 실험에서 Lederberg는 특정

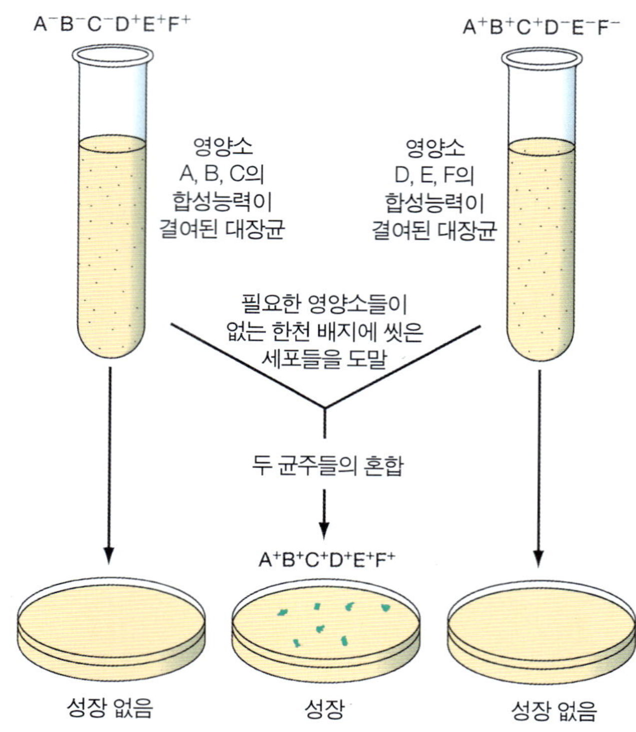

그림 8.6 접합의 발견: Lederberg의 실험.

물질을 합성할 수 없는 대장균 돌연변이주들을 사용하였다. 그는 서로 다른 합성 경로가 결핍된 두 균주를 선택하여 영양이 풍부한 배지에서 배양했다(**그림 8.6**). 그는 각각을 배양해서 세포를 꺼내어 묻어있는 영양배지들을 제거하기 위하여 그들을 씻었다. 그리고 그 균주들이 필요로 하는 특정 영양분이 결핍된 한천배지에서 각각의 균주들을 배양했다. 또한 그는 두 균주를 혼합하여 같은 배지에서 배양하였다. 각각의 세포들은 자라지 못했지만 혼합배양에서는 소수 세포가 성장하였다. 이들은 필요한 모든 물질을 합성할 수 있는 능력을 얻었기에 자란 것이다. Lederberg와 동료들은 이 현상을 계속 연구하여 결국은 접합의 세세한 기작까지 알아내었다.

Lederberg는 균주들의 선택에서 운이 좋았는데 왜냐하면 대장균의 다른 균주를 이용한 비슷한 연구에서는 접합을 증명할 수 없었기 때문이다. Lederberg가 사용한 균주들은 합성경로가 결핍된 돌연변이를 갖고 있을 뿐 아니라 접합도 가능한 균주였기 때문이다.

접합의 기작

접합의 기작은 몇몇 중요한 실험들에 의해서 밝혀졌다. 이들 중 우리는 3가지를 생각해보자: F 플라스미드의 이동, 고빈도 재조합, F′(F 프라임) 플라스미드의 이동. ◀4장 p.91에서 서술하였듯이 **플라스미드(plasmid)**는 작은 염색체외 DNA 분자이다. 세균 세포는 다양한 비

필수적인 세포기능들을 위한 유전적 정보를 운반하는 여러 개의 다른 플라스미드들을 종종 가지고 있다.

F 플라스미드의 이동

Lederberg의 초기 실험이후에 접합기작에 관한 중요한 발견이 있었다. 접합을 할 수 있는 대장균의 어떤 집단에서도 F^+와 F^-의 2종류의 세포가 발견되었다. **F^+ 세포(F^+ cell)**는 **F^-(fertility) 플라스미드**라고 하는 염색체외 DNA를 갖고 있지만 **F^- 세포(F^- cell)**는 그것이 없다(Lederberg는 이러한 DNA를 설명하기 위하여 1950년대에 플라스미드라는 단어를 사용하였다).

F 플라스미드는 약 100,000 뉴클레오티드 쌍(세균 염색체의 약 2%)을 가지고 있는 환형 2중가닥 DNA분자이다.

F 플라스미드에 의해 운반되는 유전정보 중에는 F 섬모를 형성하는 단백질들의 합성을 위한 정보가 있다. F^+ 세포는 F^- 세포와 접합할 때 F^-세포에 F^+세포가 부착하는 연결고리로 **F 섬모**(F pilus, 성 섬모 또는 접합 섬모)를 만든다(**그림 8.7**, ◀4장 p.96). 그러면 F 플라스미드의 복제물이 F^+ 세포에서 F^- 세포로 이동하게 된다(**그림 8.8**). F^+ 세포는 공여세포 또는 숫세포라 부르고 F^- 세포는 수용세포 또는 암세포라고 부른다.

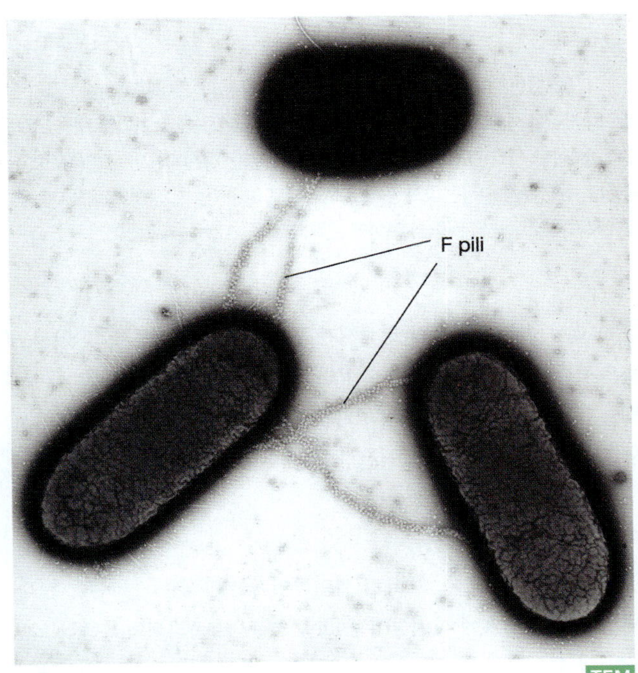

그림 8.7 대장균 F 섬모의 주사전자현미경 사진(18000배). 섬모에 흡착한 파지들로 인해 관찰이 가능하다. 짧은 일반섬모와는 다르게, 이 긴 섬모는 접합 시에 유전자들의 이동에 사용되므로 성섬모라고도 불린다. (Dr. L. Caro/ Photo Researchers, Inc.)

정확한 이동기작은 아직 잘 모르지만 DNA는 접합통로를 통하여 단일 가닥으로서 이동하게 된다. 접합 섬모는 단일 가닥 DNA가 통과할 수 있는 구멍을 갖고 있기 때문에 확실하지는 않지만 DNA는 이 통로를 통하여 수용세포로 들어가는 것이 가능하다. 그러나 접합하는 세포들이 일시적으로 융합하여 그동안 DNA가 이동한다는 것을 지지하는 증거도 있다. 접합 섬모가 수용세포 표면의 수용체와 접촉을 하면 그곳에 구멍이 형성되고, F^- 세포 안으로 접합 섬모가 끌어당겨져서 분해된다. 이러한 방법으로 두 세포는 더 가까워지게 되고 이곳을 통하여 F^+ 세포에서 F^- 세포로 DNA가 들어오게 된다. 그러면 각각의 세포는 DNA에 상보적인 가닥을 합성하여 모두 완전한 F 플라스미드를 갖게 된다. F^+ 세포와 F^- 세포의 혼합배양에 있는 모든 F^- 세포들이 F 플라스미드를 받게 되므로 전체집단은 빠르게 F^+로 된다. 그러나 F^- 세포들만이 있는 배양에서는 이동이 이루어지지 않으므로 세포들이 F^- 세포로 남게 된다.

고빈도 재조합

접합의 기작은 이탈리아 과학자 L. L. Cavalli-Sforza이 F^+와 F^-의 접합에서 발생하는 유전적 재조합보다 천 배이상의 재조합을 유도할 수 있는 F^+ 균주로부터 하나의 **클론**(clone ; 하나의 부모세포로부터 유래한 동일한 세포들의 집단)을 분리함으로써 더욱더 명확해졌다. 이러한 공여 균주를 **고빈도 재조합균주(high frequency of recombination(Hfr) stain)**라 한다.

Hfr 균주는 F 플라스미드가 세균 염색체의 가능한 몇 군데 중 한 군데에 끼어들어감으로써 생긴다(**그림 8.9a**). Hfr 세포가 접합에서 공여세포로 작용할 때 F 플라스미드가 염색체 DNA의 이동을 시작한다. 대개 **개시부위(initiating segment)**라고 불리우는 F 플라스미드의 일부분만이 주변의 염색체 유전자들과 함께 이동한다(**그림 8.9b**). F 플라스미드의 일부분만이 이동되기 때문에 수용세포는 F^+ 공여세포로 되지는 않는다.

1950년대에 프랑스 과학자 Elie Wollman과 Francois Jacob는 일련의 교배 중단 실험들에서 이 Hfr 과정을 연구하였다. 그들은 Hfr 균주와 F^- 균주들을 섞은 후 일정한 간격마다 세포시료들을 분리하였다. 각각의 세포시료들의 접합을 중지시키기 위하여 믹서를 이용한 기계적인 교반을 하였다. 각 시료의 세포들을 다양한 배지에 배양하였는데 각각의 배지는 그들의 영양요구를 알아보기 위하여 특정 영양분이 결핍된 것들이었다. 많은 실험에서 세포들의 유전적 특성들을 관찰한 결과 이들은 접합에서의 DNA이동이 직선적이고 정확한 시간에 따른다는 것을 발견하였다. 8분후에 접합을 중지시키면 대부분의 수용세포들은 하나의 유전자를 받게 되고 120분후에 중지시키면 그들은 훨씬 많은 DNA를 받게 되는데 때로는 염색체 전체를 받게 된다. 중간 시간대에는 이동된 유전자들의 숫자가 접합이 진행된 시간에 비례한

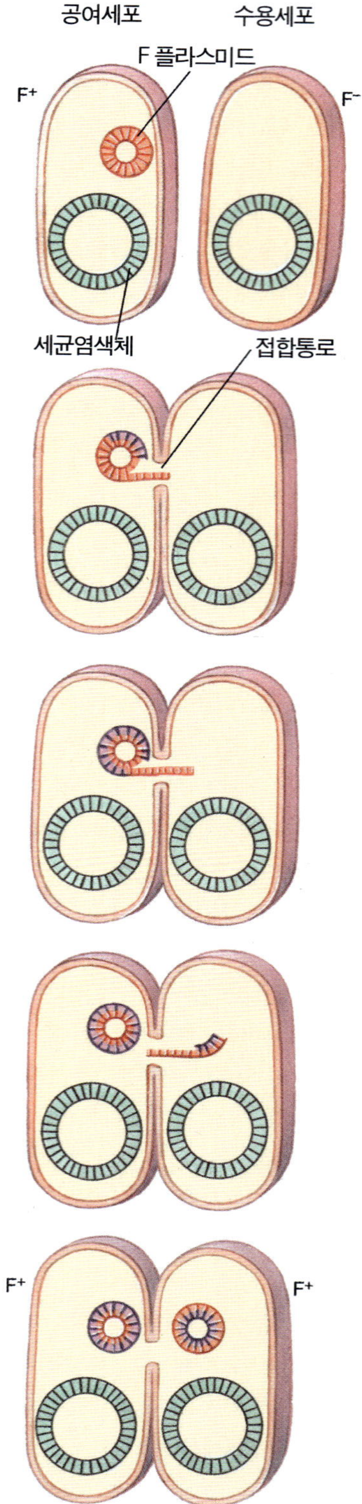

그림 8.8 F⁺와 F⁻의 접합. 접합통로를 통하여 F⁺ 세포가 자신의 F 플라스미드 DNA 1가닥을 F⁻세포로 이동시킨다. 동시에 F⁻ 플라스미드 DNA의 상보적 가닥이 합성된다. 따라서 수용세포는 완전한 F 플라스미드를 얻게 되고 공여세포도 완전한 F 플라스미드를 유지하게 된다.

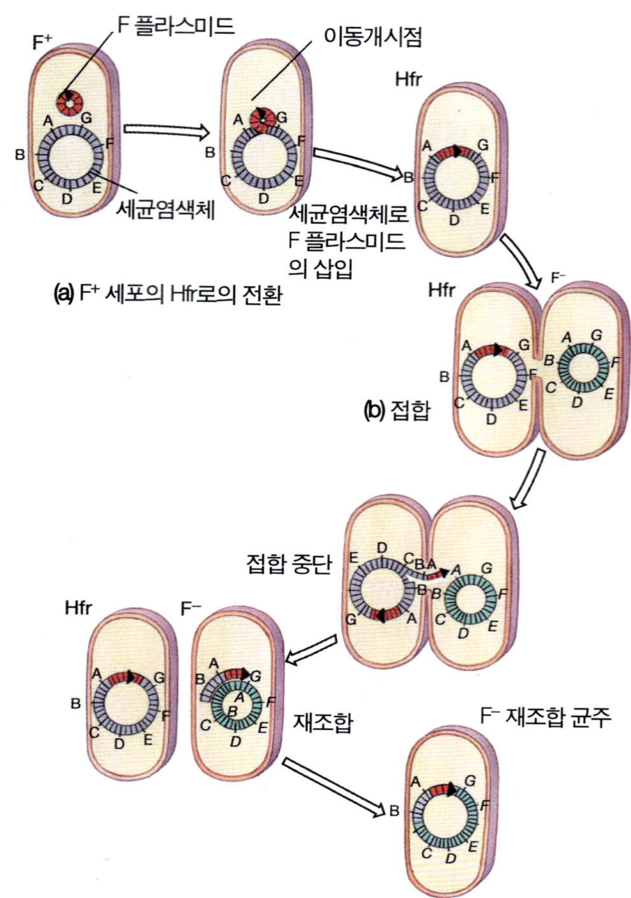

그림 8.9 고빈도 재조합. (a) F⁺ 세포의 Hfr로의 전환. F⁺ 세포에서 F⁺ 플라스미드가 세균염색체의 몇 군데 가능한 삽입부위 중 한 곳에 삽입되면 Hfr 세포가 된다. (b) 접합 시 F 플라스미드의 개시부위와 연결된 유전자들이 수용세포로 이동된다. 유전자들은 직선상의 순서로 이동되고 이동되는 유전자들의 숫자는 접합유지기간과 DNA의 끊어짐 여부에 달려있다.

다. 그러나 이동하는 동안 염색체가 부러지는 경향 때문에 몇몇 세포들은 접합시간에서 예상되는 것보다 적은 유전자들을 받게 된다. 이동하는 유전자수에 관계없이 유전자들은 F 플라스미드가 끼어들어가서 생긴 시작부위로부터 항상 직선상의 순서로 이동하게 된다.

F′ 플라스미드의 이동

세균 염색체로 F 플라스미드가 끼어들어가는 과정은 가역적이다. 다시 말하여, 염색체에 끼어들어간 DNA는 다시 분리되어 F 플라스미드가 될 수 있다. 어떤 경우에는 이 분리가 정확하지 않아서 염색체의 일부분이 F 플라스미드와 함께 나오게 되어 **F′ 플라스미드(F prime plasmid)**를 형성하게 된다(그림 8.10). 이러한 플라스미드를 가지고 있는 세포를 F′ 균주라고 한다. F′ 균주가 F 세포와 접합 할 때 염색체 유전자들을 포함한 전체 플라스미드가 이동된다. 따라서 수용세

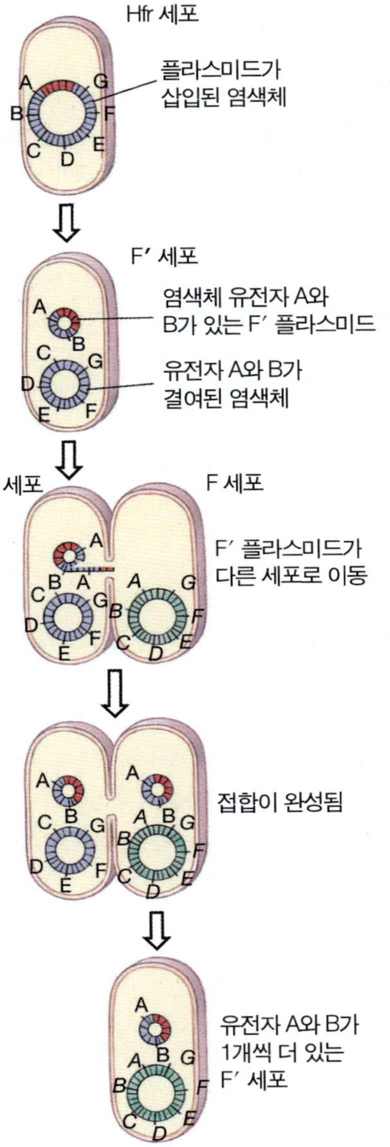

그림 8.10 F′ 플라스미드의 형성과 이동. Hfr 세포의 F 플라스미드가 세균염색체로부터 분리될 때 염색체 DNA일부를 가지고 나올 수 있다. 이러한 F′ 플라스미드는 접합에 의해 F⁻세포로 이동될 수 있다. 그리하여 수용세포는 유전자들을 2개씩 갖게 된다. 자신의 염색체에 하나, 그리고 플라스미드에 하나.

포는 일부 염색체 유전자들을 2개씩 갖게 되는데 하나는 염색체에 또 하나는 플라스미드에 존재한다. F′ 플라스미드는 일반적으로 수용세포의 염색체에 끼어들어가지 않는다.

다른 모든 접합에서와 마찬가지로, F와 F′ 플라스미드의 이동에서, 공여세포는 F 플라스미드의 복제물을 포함하여 전에 가지고 있던 모든 유전자를 유지하게 된다. 단일가닥 DNA가 이동하게 되고 공여세포와 수용세포는 그들이 가지고 있는 단일 가닥에 대한 상보적인 가닥을 합성한다.

F, Hfr, F′ 이동에 관여하는 접합의 결과들은 **표 8.1**에 요약되어 있다.

접합의 중요성

다른 유전자 이동의 기작과 마찬가지로 접합은 유전적 다양성에 기여하기 때문에 중요하다. 접합에서는 다른 유전자 이동들보다 많은 양의 DNA가 이동하기 때문에 유전적 다양성을 증가시키는 데에 있어서 접합은 특히 중요하다. 사실상 접합은 형질도입과 형질전환의 무성적 과정과 진핵세포의 유성생식에서 발생하는 세포들의 실제 융합 사이에 진화적 위치를 차지한다. 유전자들의 정확한 직선상의 이동이 염색체 지도 작성의 유용하기 때문에 미생물학자들에게 접합은 특히 중요하다.

F 섬모를 형성할 수 있는 유전자를 가지고 있어서 자가이동이 가능한 플라스미드는 종종 다른 종으로 이동할 수 있다. 때로는 별로 관련이 없는 종이나 진핵세포로 까지도 이동이 일어난다. 이것은 건강과 진화에 중요한 영향을 미친다.

소수의 그람양성세균들은 F 섬모를 형성할 수는 없지만 자가이동이 가능한 플라스미드를 가지고 있다. 이 플라스미드가 없는 세균들은 접합을 하기 위하여 펩타이드 물질을 분비하여 주변에 이 플라스미드를 가지고 있는 세균을 자극하게 된다. 일단 세균이 이 플라스미드를 획득하게 되면 접합을 위한 유인 펩타이드의 생산을 중지하게 된다. 이것은 에너지를 절약할 수 있는 좋은 방법이다. 그러나 이 세포들은 자신들이 아직 획득하지 못한 다른 플라스미드를 위한 유인물질로 작용하는 다른 펩타이드들을 계속 분비한다.

표 8.1

각각의 접합들의 결과

공여세포	수용세포	이동되는 것	결과물
F^+	F^-	F 플라스미드	F^+ 세포
Hfr	F^-	F 플라스미드의 개시부위와 다양한 양의 염색체 DNA	다양한 양의 염색체 DNA를 가진 F세포
F′	F^-	F′ 플라스미드와 이것이 가지고 있는 일부 염색체 유전자들	소수의 유전자 2개씩을 가진 F^- 세포 : 염색체에 하나, 플라스미드에 하나

유전자 이동기작들의 비교

유전정보이동의 주요한 형태들 사이에 가장 근본적인 차이는 이동되는 DNA양과 이동이 발생하는 기작에 있다. 형질전환에서는 세균세포 DNA의 1%미만이 이동되고 오직 염색체 DNA만이 이동한다. 형질도입에서는 이동되는 DNA양이 소수의 유전자부터 염색체의 커다란 조각까지 다양하고 이동에 항상 박테리오파지가 관여한다. 특별형질도입에서 파지는 세균염색체에 끼어들어간 후 분리되면서 소수의 숙주 유전자를 가지고 나온다. 일반형질도입에서 파지는 세균염색체를 조각내고 파지 입자가 조립될 때 그 조각들이 우연히 입자안에 들어오게 된다.

접합에서는 기작에 따라 이동되는 DNA양의 변화가 심하다. 이동에는 항상 플라스미드가 관여하는데 F^+와 F^-의 접합에서는 F 플라스미드 자체가 이동된다. Hfr 접합에서는 플라스미드의 개시부위와 함께 소수의 유전자부터 염색체 전체까지 다양한 양의 염색체 DNA가 이동된다. F′ 접합에서는 플라스미드와 염색체로부터 와서 플라스미드에 있는 유전자들이 이동된다. 이러한 특징들은 **표 8.2**에 요약되어 있다.

생명공학

한번 쏴 보시오

플라스미드가 식물체를 감염시킨다고 들었을 때, 당신은 금방 플라스미드가 식물체에 해를 입힌다고 생각할 것이다. 그러나 이것이 항상 옳지는 않다. 유전공학 덕분에 과학자들은 자연계에서 식물세포를 감염시킨다고 알려진 플라스미드에 유용한 유전자들을 가지고 있는 유전자 조각을 끼워넣었다. 이렇게 조작된 플라스미드들은 식물체들로 하여금 질소를 고정할 수 있게 하거나, 제초제에 대해 내성을 갖게 하거나, 또는 고효율의 광합성을 하도록 하는 유전자들을 이동시킬 수 있다. 그러나 아마도 과학자들이 플라스미드를 집어넣는 데에 사용하는 더 재미있는 방법은 아주 작지만 DNA로 덮인 금속 "총알들"을 살아있는 세포안으로 쏘는 "유전자 총"일 것이다. 따라서 만약 당신의 장래희망이 식물유전학자라면 당신은 겨냥하고 쏠 기회가 있을지도 모른다.

플라스미드

플라스미드의 특징들

앞에서 설명한 F 플라스미드는 처음 발견된 플라스미드였다. 그 이후에 많은 다른 플라스미드들이 발견되었다. 이들 대부분은 환형이고 2중가닥의 염색체외 DNA이다. 그들은 다른 DNA들이 복제할 때 사용하는 것과 같은 기작을 이용하여 자가 복제가 가능하다. 대부분의 플라스미드들은 세균안에서 그들이 제공하는 소수의 눈에 띄는 기능 때문에 발견되었다. 이들 기능들은 다음과 같다.

1. F 플라스미드는 자가조립하여 접합섬모를 형성하는 단백질들의 합성을 지시한다.
2. *내성(Resistance:R) 플라스미드*는 클로람페니콜과 테트라사이클린 같은 다양한 항생제나 비소나 수은과 같은 중금속에 내성을 제공하는 유전자들을 가지고 있다.
3. 어떤 플라스미드들은 *박테리오신*이라고 불리우는 세균사멸 단백질들의 합성을 지시한다.
4. 살모넬라(*Salmonella*)에 있는 것과 같은 독성 플라스미드나 *Clostridium tetani*의 플라즈미드에 있는 신경 독소 유전자들은 질병을 유발한다.
5. 종양유도(Ti) 플라스미드는 식물체에서 종양형성을 야기할 수 있다.

표 8.2

다양한 유전정보이동의 효과 요약

이동의 종류	효과
형질전환	세포 DNA의 1% 이하가 이동. 반응요소가 필요함. 어떤 유전자가 이동되는가에 따라 생명체의 특징이 변화됨.
형질도입	박테리오파지에 의해 이동됨.
특별형질도입	프로파지 주변의 유전자들만이 다른 세균으로 이동됨.
일반형질도입	숙주세균 DNA의 다양한 길이와 숫자의 단편들이 바이러스의 머리에 포함됨.
접합	플라스미드에 의해 이동됨.
F^+	플라스미드 하나만 이동.
Hfr	플라스미드의 개시부위와 연결된 세균 DNA가 이동.
F′	플라스미드와 이것이 세균염색체에서 분리될 때 함께 나온 세균유전자들이 이동.

6. 어떤 플라스미드들은 이화작용에 관여하는 유전자들을 가지고 있다. 일반적으로 플라즈미드는 세포성장에 필수적이지 않은 기능들을 암호화하는 유전자들을 가지고 있고, 염색체는 필수적인 기능을 암호화하는 유전자들을 가지고 있다.

내성플라스미드

*R 플라스미드*나 R 요소로도 알려진 **내성 플라스미드(Resistance plasmids)**는 소화기관에서 발견되는 몇몇 장내세균들이 흔히 사용되는 소수의 항생제들에 대한 내성을 획득한다는 것에 주목하면서 발견되었다. 우리는 내성 플라스미드가 어떻게 생기는지 알지 못하지만 항생제들에 의해 유도되지 않는다는 사실은 알고 있다. 이 사실은 항생제 사용 이전부터 보관되어온 미생물들이 항생제들에 처음 노출되었을 때에 내성을 보인다는 것을 관찰함으로써 증명되었다. 그러나 항생제들은 내성플라스미드를 가지고 있는 균주들의 생존에 기여한다. 다시말해서 내성균주와 내성이 없는 균주들의 집단이 항생제에 노출되었을 때에 내성균주는 살아남아 증식하지만 내성이 없는 균주는 살지 못한다. 따라서 내성균주는 생존을 위해 선택되어진다고 말한다. 이러한 선택은 Charles Darwin이 인식했듯이 진화적인 변화에 있어 주된 요인이다.

Darwin에 의하면 모든 생명체들은 자연선택의 대상들인데, 자연선택이란 주변환경에 적응하는 그들의 능력에 의한 생명체의 생존이다. 많은 식물과 동물에 대해 연구한 결과 Darwin은 2가지의 중요한 결론을 이끌어내었다. 첫 번째, 생명체들은 그들이 환경에 적응하도록 도와주는 어떤 유전적인 특성들을 가지고 있다. 두 번째, 환경조건이 변하면 새로운 환경에 적응하도록 하는 특성을 가진 생명체들은 살아남아 번식한다. 그러한 특성들이 없는 생명체들은 멸망하여 자손을 남기지 못한다. 환경조건의 변화는 직접적으로 생명체가 변하도록 하지는 않는다. 단지 그들의 적응능력에 대한 시험을 제공할 뿐이다. 새로운 조건하에서 그들의 생명과정을 수행할 수 있는 생명체들만이 살아남는다.

항생제 내성은 돌연변이나 유전자 이동에 의해 획득할 수 있다.

내성 플라스미드(그림 8.11)들은 일반적으로 2가지 요소를 가지고 있다: **내성전달인자(resistance transfer fector, RTF)**와 1개 이상의 **내성(R)유전자들(resistance genes)**. RTF의 DNA는 F 플라스미드의 DNA와 유사하다. RTF는 접합에 의한 내성유전자 전체의 이동을 도와주고 세균에서 다른 세균으로 내성의 이동에 필수적이다. 각각의 내성유전자는 특정 항생물질이나 독성 금속에 대한 내성을 부여하는 정보를 가지고 있다. 이 유전자들은 항생제 내성을 위하여 대개 항생제를 불활성화 시키는 효소의 합성을 지시한다. 몇몇 내성 플라스미드들은 많이 사용되는 4가지 항생제들인 설파닐아마이드, 클로람페니콜, 테트라사이클린, 스트렙토마이신에 대한 내성유전자들을 가지고 있다. 이러한 플라스미드의 수용세균으로의 이동은 이 4가지 항생제 모두에 대한 내성을 부여하게 된다. 다른 내성 플라스미드들은 이들 항생제들 중 1가지 이상에 대한 내성유전자를 가지고 있다. 어떤 플라스미드들은 10종류나 되는 항생제에 대한 내성유전자를 가지고 있다.

내성세균으로부터 내성이 없는 세균으로의 내성 플라스미드 이동은 빨라서 이전에 내성이 없던 많은 수의 세균들이 신속히 내성을 획득할 수 있다. 뿐만 아니라 내성플라스미드의 이동은 같은 종들간에서 뿐만 아니라 가까운 종들인 *Escherichia, Klebsiella, Salmonella, Serratia, Shigella, Yersinia*들 사이에서도 발생한다. 이 이동은 별로 가

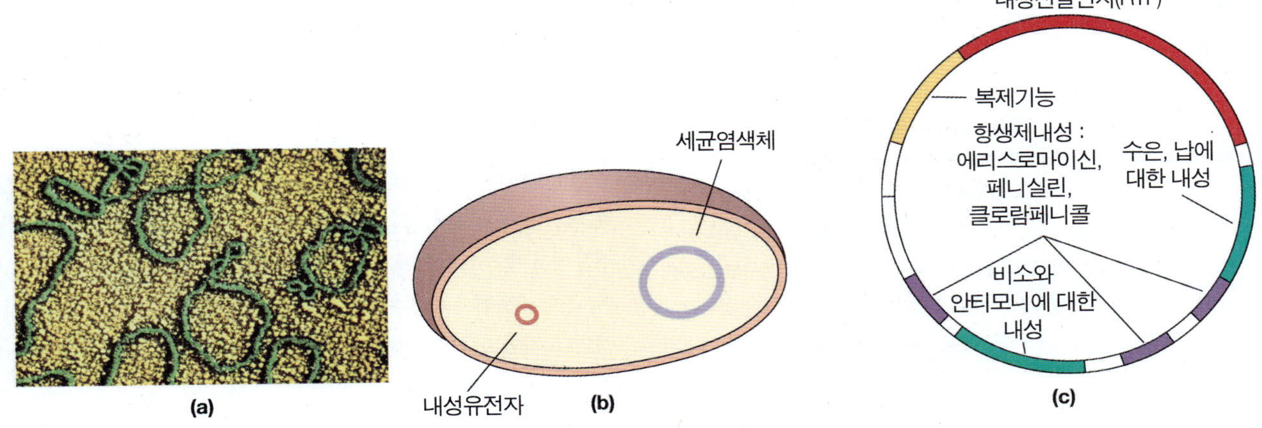

그림 8.11 내성 플라스미드. **(a)** 내성플라스미드(268,000 배율) (K. G. Murti/Visuals Unlimited) **(b)** 이들 환형 DNA 조각들은 세균 염색체보다 훨씬 작다. **(c)** 전형적인 내성 플라스미드는 다양한 항생제와 때로는 소독제로 사용되는 독성 무기물질에 내성을 부여하는 유전자를 가질 수 있다. 내성전달인자는 플라스미드가 접합을 하는데 필요한 유전자들을 가지고 있다.

깝지 않은 종들 사이에서까지도 관찰된다. 내성 플라스미드의 이동은 내성균주들의 수적증가와 항생제들의 효과감소에 책임이 있으므로 의학적으로 아주 중요하다.

플라스미드들에 관한 정보와 그것들이 어떻게 항생제 내성을 부여하는가에 대한 정보를 축적함에 따라 과학자들은 내성 균주들의 발생과 인간건강에 대한 그들의 잠재적인 위험에 대해 더욱 걱정하고 있다. 13장에서 보듯이 *Neisseria gonorrhoeae*, *Haemophilus influenzae*, 그리고 *Staphylococcus* 몇몇 종들의 페니실린 내성 균주들이 이미 존재한다. 이들 균주들에 의해 발생한 질병들을 치료하기 위해서는 다른 항생제들이 사용되어야 하며 이들을 효과적으로 치료할 수 있는 항생제가 없게 될 날이 다가올 것이다. 항생제들을 자주 사용하면 할수록 내성 균주들의 출현이 더 많아질 것이다. 따라서 어떤 질병을 치료하기 위해 항생제를 사용하기 전에 병원균이 가장 민감한 항생제를 알아내는 것이 가장 중요하다.

항생제들이 해로운 세균들 뿐 아니라 이로운 세균들까지 죽이기 때문에 다른 미생물들이 그들의 개체 수들을 늘릴 수 있는 "진공 상태"가 생기게 하여 설사와 같은 부작용이 발생한다. 따라서 병원균의 해로운 작용만을 억제시켜서 그들과 그들의 이웃들을 그 자리에 남게 하는 것이 더 좋을 것이다. 이것을 하기 위한 새로운 방법은 독소 생산이나 항생제 내성 유전자를 가지고 있는 플라스미드를 병원균으로부터 제거하는 것이다. 2007년 1월을 기하여 우리는 이것을 수행할 수 있는 새로운 방법인 **디스플레이신(displacin)**을 개발하였다. 디스플레이신은 토양세균으로부터 분리한 DNA조각으로서 일반적으로 무해한 대장균에 붙인 것이다. 많은 세균들 사이에 들어갔을 때 이것이 대장균으로부터 나와 병원균에 들어가서 유해한 유전자를 가지고 있는 플라스미드를 대체하여 병원균을 비병원성으로 만든다.

확대경

어렸던 그 시절

오늘날 유전학자들이 그들의 연구와 발견으로 인하여 명성을 얻기 때문에 Barbara McClintock의 작은 Cold Spring Harbor실험실을 보게 된다면 놀랄 것이다. 테니스라켓, 스케이트와 다림질판, 페트리디쉬와 번센버너 사이에 있는 열판을 보고도 놀랄 것이다. Barbara McClintock는 연구비, 넓은 실험실, 연구동료들이 제공되기 이전시대에 이 작은 실험실 방에서 연구하고 생활하였는데 그 때는 과학적인 연구가 대부분 여성들의 능력을 벗어난 것이라고 생각되던 시절이었다. 당연하게도 1940년대 중반의 전위인자에 관한 그녀의 보고들은 그녀의 통찰력이 유전학 연구에 의해 증명된 1970년대 이전까지는 대부분의 동료과학자들에 의해 받아들여지지 않았다. 과학사회에 의해 밀려난 그녀의 인생도 그녀를 20세기의 가장 위대한 유전학자들 중의 한사람으로 자리잡도록 하는 것을 막지는 못했다. 50여년전에 완성된 그녀의 연구는 오늘날에도 중요하고 높이 존경받고 있다.

전위 인자

접합에 의해 내성 플라스미드에 의해 이동되는 것 이외에도 내성유전자들은 한 세포안의 하나의 플라스미드에서 다른 플라스미드로 옮겨갈 수 있고, 염색체에도 끼어들어갈 수 있다. 한 곳에서 다른 곳으로 옮겨가는 염기서열의 능력을 **전위(transposition)**라고 하고, 이러한 이동성 염기서열들을 **전위인자(transposable element)**라고 부른다. 가장 간단한 종류의 전위인자는 삽입서열(insertion sequence)로서 삽입서열의 위치를 옮기는데 필요한 효소(트렌스포제이즈; transposase)를 암호화하는 유전자를 가지고 있다; 이 유전자는 양 끝에 역반복 서열(inverted repeat)이라고 불리는 9~41개의 뉴클레오티드 서열을 가지고 있다. 전위인자는 플라스미드나 염색체에 있을 때에만 복제된다. 위치를 옮길 때 삽입인자는 트렌스포제이즈와 세포내 효소들에 의하여 복제된다. 이 복제물은 세균 염색체나 다른 플라스미드에 무작위적으로 끼어들어가고 원래의 삽입서열은 자기자리에 남아있게 된다. 전위인자가 플라스미드들 사이에서 또는 염색체로 옮기는 능력은 그것이 세포의 유전적 구성에 영향을 미치는 방법을 크게 증가시켜 준다. 전위인자가 끼어들어간 유전자의 암호화서열이나 조절부위는 망가질 수 있다. 전위인자들은 돌연변이를 야기하는 것으로 알려져 있고 몇몇 자연적 돌연변이의 원인이 된다.

트랜스포존(transposon)은 전위를 위한 유전자 이외에 1개 이상의 다른 유전자를 가지고 있는 전위인자이다(**그림 8.12**). 전형적으로 이들 다른 유전자들은 독소생산을 위한 것이거나 내성유전자들이다. 따라서 트랜스포존은 내성 유전자를 하나의 플라스미드에서 다른 플라스미드나 세균 염색체로 이동시킬 수 있다. 바이러스와 플라스미드는 트랜스포존을 다른 세포나 다른 종의 세포까지로도 옮길 수 있다. 이러한 이동은 진핵세포들과 원핵세포들 사이에서도 발생할 수 있다. 트랜스포존의 전위는 그것이 어디에 끼어들어가느냐에 따라 유전자의 기능을 망가뜨릴 수도 있다. 그러나 대부분은 유전자 내부보다는 유전자들 사이에 끼어들어간다. 원예학자들은 항상 새로운 꽃 색깔들에 관심이 많은데, 이 새로운 꽃 색깔들은 종종 트랜스포존에 의해 발생한다.

1983년에 Barbara McClintock는 옥수수를 사용한 트랜스포존에 관한 연구로 노벨상을 수상하였다. 그 이후에 트랜스포존들이 미생물에서 발견되었으며 이제는 보편적인 현상으로 받아들여지고 있다. 진핵세포에서의 전위는 상대적으로 드문 현상으로 잘 발견되지 않는다. 과학자들이 어떤 특징에 관해 더 쉽게 시험할 수 있고 많은 숫자를 갖고 실험할 수 있는 세균들에서 전위가 더 쉽게 발견된다.

박테리오시노젠

벨기에의 과학자인 Andre Gratia는 1925년에 대장균의 어떤 균주들이 같은 대장균의 다른 균주들의 성장을 방해하는 단백질을 분비하는

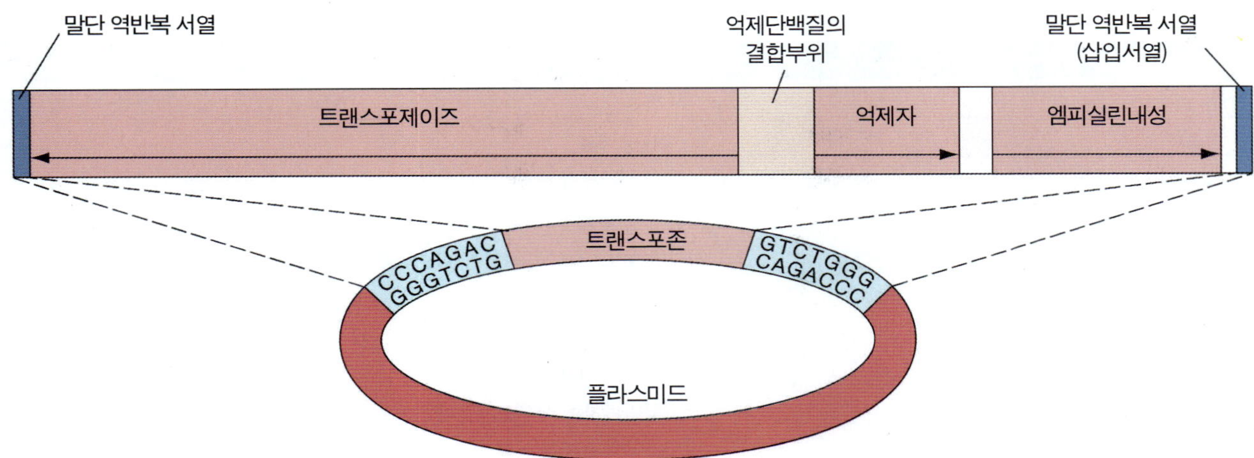

그림 8.12 트랜스포존. 전형적인 트랜스포존은 양 끝에 역반복 서열(상대편가닥을 반대방향으로 읽을 때 똑같은 염기서열을 가진 DNA부위)을 가지고 있다. 삽입서열의 DNA를 절단하는 트랜스포제이즈 효소를 암호화하는 유전자가 트랜스포존 자신을 절단하여 염색체나 플라스미드 안으로 들어가거나 분리되도록 한다. 또한 트랜스포제이즈 유전자의 전사를 방해하는 억제단백질의 유전자도 있다.

것을 관찰하였다. 이 단백질은 그 균주들이 다른 균주들과의 영양분과 공간에 대한 경쟁에서 이기도록 도와준다. **콜리신(colicin)**이라고 불리우는 약 20종의 그러한 단백질들이 대장균에서 밝혀졌고 유사한 단백질들이 많은 다른 세균들에서도 밝혀졌다. 성장을 방해하는 이런 모든 단백질들을 **박테리오신(bacteriocin)**이라고 부른다. 일반적으로 박테리오신은 같은 종의 다른 균주들이나 밀접하게 연관된 종들의 성장을 방해한다.

박테리오신은 **박테리오시노젠(bacteriocinogen)**이라고 불리는 플라스미드에 의해 생산된다. 비록 대부분의 경우에 박테리오신의 생산이 억제되지만 어떤 경우에는 이 플라스미드가 억제를 벗어나 박테리오신을 생산하게 된다. 자외선 조사는 박테리오신의 생산과 방출을 유도할 수 있다. 박테리오신이 방출되면 민감한 세포에 대해 매우 강한 효과를 나타내는데, 박테리오신 1분자는 세균 하나를 죽일 수 있다.

박테리오신들의 활동기작은 매우 다양하다. 세균 안으로 들어가 DNA를 파괴하거나 단백질 합성에 필요한 라이보솜의 분자구조를 와해함으로써 단백질 생산을 중지시키거나 세포막에 작용하여 능동수송을 방해하거나 막의 이온투과성을 증가시키기도 한다.

✓ 중점 질문 사항

1. F^+, F^-, F', Hfr이 무엇을 뜻하는가?
2. 내성 플라스미드가 항생제에 의해 유도되는가?
3. 어떻게 내성 유전자가 트랜스포존에 의해 옮겨지는가?
4. 트랜스포존의 삽입이 *lac* 오페론의 기능을 저해하는 방법들을 열거해보시오(그림 7.14).
5. 디스플레이신이 무엇이며 어떤 작용을 하는가?

생명공학

나쁜 비난을 받지 않아도 되는 세균

오늘날 뉴스에서 우리는 식중독 창궐을 야기하는 세균에 대한 이야기를 듣는다. 하지만 세균들이 음식물을 상하지 않도록 한다는 것을 당신은 알고 있었는가? 박테리오신이라고 불리는 어떤 세균들의 단백질들은 음식물 부패에 원인이 되는 세균균주들의 성장을 억제할 수 있다. 미국 식품의학국은 치즈에 나이신(nisin)이라고 불리는 박테리오신의 사용을 이미 허가하였다. 이것은 식중독을 일으키는 미생물 균주인 *Clostridium botulinum*의 성장을 방해한다. 과학자들은 소고기 조직에 있는 세균세포들을 거의 모두 죽일 수 있는 박테리오신에 관해 연구하고 있다. 우리는 아마도 더 안전하고 더 오랜 기간 싱싱한 우유나 육류제품들로 인해 감사해야 될 세균들을 멀지 않아 갖게 될 것이다.

유전공학

유전공학(genetic engineering)이란 인위적으로 유전물질을 조작하여 생명체의 성질을 바람직한 방향으로 바꾸는 것을 말한다 **(표 8.3)**. 미생물학자들은 유전자 조작의 다양한 방법을 이용하여 미생물에서 유전물질의 새로운 조합을 만들어낼 수 있다. 동종간의 유전자 이동은 자연계에서 발생하고 또 수 십년간 실험실에서도 이루어졌다. Lederberg의 실험(그림 8.6)이 이런 기술의 한 예이다. 다른 종간의 유전자의 이동도 이제는 가능하다. 이제는 유전공학의 5가지 기술에 관해 서술할 것이다: 유전자 융합, 원형질체 융합, 유전자 증폭, 재조합 DNA기술, 혼성세포(hybridoma)만들기.

표 8.3

유전공학의 제품들과 응용	
의약품	**용도**
인간 인슐린	당뇨병 치료
인간 성장 호르몬	뇌하수체성 왜소발육증 방지
혈액응고인자VIII	혈우병 치료
에리스로포이에틴	빈혈 치료; 새로운 적혈구 형성을 자극
알파, 베타, 감마 인터페론	암이나 바이러스성 질병 치료
종양 괴사인자	암세포 파괴
인터루킨-2	암이나 면역결핍증 치료
조직 플라스미노젠 활성인자	심장마비치료, 혈액응고분해
텍솔	난소암과 유방암 치료
골성장인자	골절과 골다공증 치료, 골 성장 자극
상피성장인자	상처 치료
단클론항체	질병들의 진단과 치료
간염 A 및 B백신	간염 예방
후천성 면역결핍증후군 단위백신 (임상 실험중)	불완전한 바이러스 백신
인간 헤모글로빈	응급상황에서 혈액대체제(유전자조작돼지에서 생산)
항체	미생물 사멸 또는 성장 억제(유전자조작에 의한 생산증가)
유전학 연구	
DNA 및 RNA 탐침자	태아와 성인의 병원균, 질병, 유전적 결함을 확인
유전자 치료	난자나 정자 또는 성인의 결핍되거나 손상된 유전자를 대체
유전자 라이브러리	생명체들의 연관성이나 유전자의 구조 및 기능의 이해, 인간게놈프로젝트
산업적 응용	
기름제거 재조합세균	기름유출제거, 유조선의 남아있는 기름 제거
오염물질/독성물질분해 재조합세균	오염된 지역의 정화
효소, 비타민, 아미노산, 산업적화학약품	다양한 용도(생산하는 미생물의 유전자증폭을 통한 생산증가)
농업적 응용	
프로스트반 세균(*Pseudomonas syringae*)	딸기의 냉해 방지
식물과 동물 신종들의 교배	식품을 제공하고 장식효과를 높임
제초제내성 곡류 식물	제초제 살포에서 생존하게 함
살충제로서의 바이러스	해충들을 감염하고 죽임

유전자 융합

유전자 융합(genetic fusion)은 유전자가 염색체상의 한 위치에서 다른 곳으로 옮기도록 해준다. 또한 DNA일부분을 제거하여 두 오페론의 부분들이 연결되도록 하기도 한다. 예를 들어, 맥아당 이용을 조절하는 *gal* 오페론과 바이오틴 합성을 조절하는 *bio* 오페론이 염색체 상에 서로 이웃해 있다고 가정해보자(**그림 8.13**). *bio* 오페론의 조절유전자의 제거는 이 오페론들을 연결하여 유전자 융합이 되도록 한다. 이러한 융합은 맥아당 이용을 조절하는 유전자가 바이오틴 합성에 관여하는 효소들을 만드는 유전자를 포함한 전체 오페론을 조절할 수 있게 한다.

앞에 서술한 것처럼 동종간 유전자 융합의 주된 응용은 미생물들의 특성에 관한 연구에 있다. 그러나 유전자 융합 실험을 위해 개발된 기술들은 다른 종류의 유전공학의 개발로 확대되고 변형되었다.

유전자 융합을 응용한 1가지 예는 식물에서 자라는 세균인 *Pseudomonas syringae*에서 볼 수 있다. 유전적으로 변형된 균주가 개발되어 감자나 딸기와 같은 식물들이 냉해에 대한 저항성을 증가시키

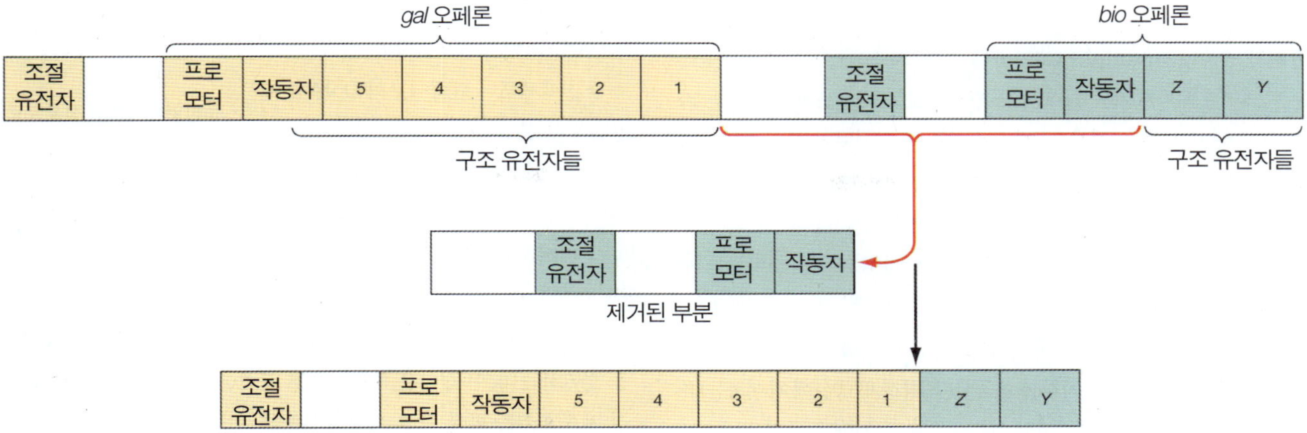

gal 오페론

조절 유전자 | 프로모터 | 작동자 | 5 | 4 | 3 | 2 | 1 | 조절 유전자 | 프로모터 | 작동자 | Z | Y

bio 오페론

구조 유전자들

구조 유전자들

조절 유전자 | 프로모터 | 작동자

제거된 부분

조절 유전자 | 프로모터 | 작동자 | 5 | 4 | 3 | 2 | 1 | Z | Y

그림 8.13 유전자 융합. 염색체의 일부분을 제거하여 인접한 2개의 오페론들을 연결하는 예. 첫 번째 오페론의 조절기작이 두 번째 오페론에 있는 유전자들의 발현도 조절하게 된다.

도록 만들었다. 식물의 잎에 자연적으로 자라는 이 세균의 균주들은 얼음결정의 형성을 위한 핵을 만드는 단백질을 생산한다. 얼음결정들은 세포와 잎에 틈을 벌어지게 하여 식물들에 해를 입힌다. 얼음결정 단백질을 생산하는 유전자의 일부분을 제거함으로써 과학자들은 이 단백질을 만들지 못하는 *P. syringae*의 균주를 만들어냈다. 이 균주들이 식물의 잎에 뿌려졌을 때 이들이 자연적으로 자라는 균주들을 몰아내게 된다. 그렇게 되면 식물들은 영하 5℃의 낮은 온도에서도 냉해에 저항성을 가진다(8장 끝의 박스를 보시오).

원형질체 융합

원형질체(protoplast)는 세포벽이 제거된 세균이다. **원형질체 융합(protoplast fusion)(그림 8.14)**은 두 균주의 세포벽을 효소적으로 제거하여 생긴 원형질체를 혼합함으로써 가능하다. 세포융합과 함께 그들의 유전물질도 융합하게 된다; 다시 말해서 새로운 세포벽이 만들어지기 전에 한 균주와 다른 균주의 물질들이 섞이게 된다. 자연계에서는 약 100만분의 1의 비율로 유전자 재조합이 발생하지만 원형질체 융합에서는 많으면 5분의 1의 비율로 발생한다. 따라서 원형질체 융합은 자연계에서 아주 제한된 방법으로 발생하는 과정을 빠르게 하는 것이다.

각각 바람직한 성질을 가지고 있는 두 균주를 혼합함으로써 2가지 성질 모두를 갖는 새로운 균주를 만들어 낼 수 있다. 예를 들어, 많은 양의 바람직한 물질을 만들어 내지만 천천히 자라는 균주와 생산량은 적지만 빨리 자라는 균주를 혼합할 수 있다. 원형질체 융합 이후에 어떤 것들은 빨리 자라면서 그 물질을 많이 생산할 것이다. 천천히 자라고 적게 생산하는 다른 것들은 제거한다. 또 다른 예로 잘 생산하는 두 균주를 혼합하여 훨씬 더 잘 생산하는 균주를 얻을 수 있다. 항생제인 세팔로마이신을 생산하는 *Nocardia lactamdurans*의 두 균주를 이용하여 부모균주들보다 항생제를 10~15% 더 생산하는 새로운 균주를 만들었다.

원형질체 융합은 동종의 균주들에서 가장 잘 이루어진다. 그러나 곰팡이 같은 속의 두 종들(*Aspergillus nidulans*와 *A. rugulosus*) 사이와 효모의 두 속(*Candida*와 *Endomycopsis*) 사이에서도 실행되었다.

미생물학자들은 원형질체 융합이 응용 가능한 분야들을 연구하고 있다. 이것은 방법들이 잘 다듬어 졌고 유용한 균주들이 개발되었기 때문에 미래의 밝은 전망을 제공한다. 두 균주들의 소수 유전자들이 아닌 전체 유전체가 이동하기 때문에 정확한 프로모터를 옮기는 것과 같은 어려운 조작을 피할 수 있다.

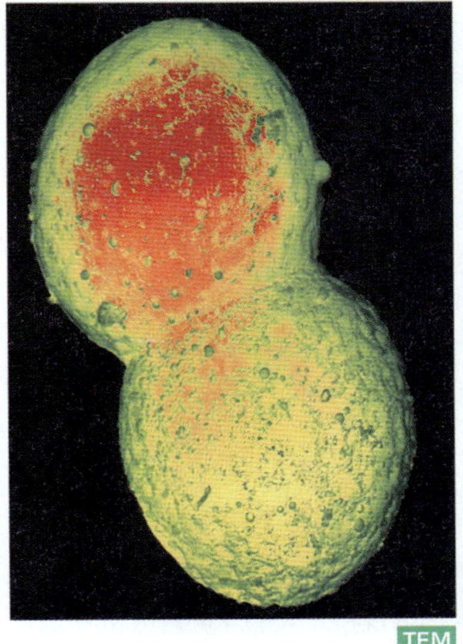

그림 8.14 원형질체 융합. 원형질체 융합을 하고있는 2개의 담배 잎 세포들의 투과 현미경 사진 (775배) 원형체 융합은 효소를 사용하여 서로 다른 성질을 가진 생명체들의 세포벽을 제거한 후 함께 놓아두면 세포들은 융합하고 두 생명체의 유전자를 모두 가진 융합된 세포에 새로운 세포벽이 형성된다.

유전자 증폭

유전자 증폭(gene amplification)은 플라스미드나 또는 어떤 경우에는 박테리오파지가 세포 안에서 빠른 속도로 복제하도록 유도하는 과정이다. 어떤 물질의 생산을 위하여 필요한 유전자가 플라스미드에 있거나 또는 플라스미드로 옮겨질 수 있다면 플라스미드 숫자의 증가는 숙주세포에 의한 그 물질의 생산을 증가시킬 것이다.

항생제를 생산하는 것들을 포함한 많은 종류의 플라스미드를 세균들과 진균들이 가지고 있다. 그러한 플라스미드들, 특히 항생제 합성을 위한 유전자를 갖고 있는 플라스미드들은 항생제 생산의 증가를 위해 유전자 증폭을 사용할 기회를 제공한다. 항생제 생산에 관여하는 유전자들이 염색체에 있을 때에도 과학자들은 그것들을 플라스미드로 옮길 수가 있다. 증가된 플라스미드의 복제는 항생제 생산에 관여하는 유전자의 숫자를 크게 증가시키게 된다. 이렇게 함으로써 세포들이 생산할 수 있는 항생제의 양을 엄청나게 증가시킬 수 있다.

유전자 증폭을 이용한 분야는 항생제 생산의 증가에만 국한되지 않는다. 사실상, 유전자 증폭은 더 단순한 경로에 의해 합성되는 물질들의 생산을 증가시키는 데에 더욱 효과적이다. 이 물질들에는 효소들과 아미노산들, 비타민들, 그리고 뉴클레오티드가 있다.

박테리오파지의 빠른 복제는 이미 아미노산인 트립토판을 만드는 데에 사용되고 있다. *trp* 오페론(트립토판을 만드는 효소들의 합성을 조절하는 유전자들)을 가지고 있는 박테리오파지는 대장균 안에서 빠르게 증식하도록 유도된다. 따라서 *trp* 오페론의 많은 복제물을 가지고 있는 세포들은 그 효소들을 많이 생산하게 된다. 이러한 세포들을 분석해 보면 세포내 단백질의 약 반 정도가 트립토판 합성에 관여하는 효소들이다.

재조합 DNA기술

유전공학의 가장 유용한 기술들 가운데 하나는 **재조합 DNA (recombinant DNA)**의 생산이다. 재조합 DNA란 다른 2종의 생명체로부터의 유전정보를 갖고 있는 DNA이다. 만약에 이러한 유전자들이 후손들에게 전달될 수 있도록 난자나 정자세포에 들어간다면 이렇게 생긴 후손을 **형질전환체(transgenic)** 또는 재조합 생명체라고 부른다. 재조합 DNA를 만드는 데에는 3과정이 요구된다:

1. 세포 밖에서 DNA의 조작
2. 파지나 플라스미드 안에서 세균 DNA와 다른 생명체 DNA의 재조합
3. 외부 DNA를 가지고 있는 파지나 플라스미드와 유전적으로 동일한 많이 후손들의 생산

이러한 과정들은 1972년에 처음 수행되었는데 다른 원핵세포의 DNA를 세균 안에 집어넣은 Paul Berg와 A. D. Kaiser에 의해, 그리고 진핵세포의 DNA를 세균에 집어넣은 S. N. Cohen과 Herbert Boyer에 의해 수행되었다.

유전공학적으로 생물발광하도록 만들어진 세균을 쥐한테 주사하면 그들의 이동이나 연관된 질병들을 발광에 의하여 감시할 수 있다.

진핵세포나 원핵세포의 DNA를 세포로부터 분리하여 작은 조각들로 자른 후, 이 공여 DNA조각들을 파지나 플라스미드와 같이 자가복제가 가능한 운반체인 **벡터(vector)**에 끼워넣게 된다(그림 8.15). 먼저 제한효소(DNA의 특정 염기서열을 자르는 효소)를 사용하여 벡터와 공여 DNA의 2중가닥을 절단하는데, 이 절단은 부분적으로 겹치는 말단을 남기게 된다. 특정 제한효소는 항상 같은 상보적 말단을 만들어 낸다. 그 후에 공여 DNA는 뉴클레오티드 사슬의 말단들을 이어주는 DNA연결효소에 의해 벡터에 끼어들어가게 된다. 따라서 벡터는 원래의 DNA이외에 공여 DNA의 새로운 부분을 포함하게 된다.

이 새로운 DNA 부분이 벡터에 끼어들어가게 되면 이것은 대장균과 같은 세포에 넣어지게 되는데 이 세포들은 염화칼슘용액에서의 열처리나 **전기천공법(electroporation)**에 의해 형질전환이 가능하도록 된 것들이다. 전기천공법은 잠시의 전기충격을 사용하여 세포막에 벡터가 통과할 수 있는 구멍을 일시적으로 만드는 것이다. 세포가 분열함에 따라서 그 안의 벡터들도 클로닝을 통해 복제된다. 벡터를 포함하고 있는 세포들을 확인하여 배양하고 파괴하여 공여 DNA의 특정부분을 포함하고 있는 벡터를 다시 얻을 수 있다. 어떤 경우에는 공여 유전자에 의해 발현되는 많은 양의 단백질을 얻을 수도 있다.

수백종류의 **제한효소(Restriction endonuclease)**들이 다양한 세균들에 존재한다. 세포 안에서 그것들은 외부 파지 DNA를 작은 조각들로 절단함으로써 세균들을 박테리오파지 감염으로부터 보호한다. 이렇게 파지성장을 억제하는 능력을 제한(restriction)이라고 한다. 세균들은 DNA합성 기간 중에 제한효소들이 절단하는 부위에 메틸그룹을 첨가함으로써 자신의 DNA를 보호한다. 각각의 제한효소는 특정 서열의 4~8염기쌍을 인식하고 절단하여 **제한단편(restriction fragment)**을 만들어낸다. 제한효소가 2중가닥 끝의 길이가 같도록(blunt end) 자르게 되면 이 DNA들은 다시 붙기가 어렵고, 2가닥 중 1가닥이 조금 더 길게(staggered end, sticky end) 자르면 DNA분자들의 튀어나온 1가닥끼리 상보적으로 쉽게 결합한다. 그러면 DNA연결효소가 작은 DNA조각을 염색체나 플라스미드에 연결하게 된다.

과학자들은 인식서열을 알고 있는 수백종류의 제한효소들을 세균에서 분리하였다. 과학자들은 이 효소들을 이용하여 특정 유전자들을 염색체나 플라스미드의 선택한 정확한 위치에서 제거하거나 삽입할 수 있게 되었다. 이러한 방법으로 인간 인슐린 유전자가 인간 염색체에서 잘려나와 세균 플라스미드로 삽입되었다. 제한효소들은 그것들이 분리된 세균에 따라 명명하였는데 첫째 글자는 속명, 그리고

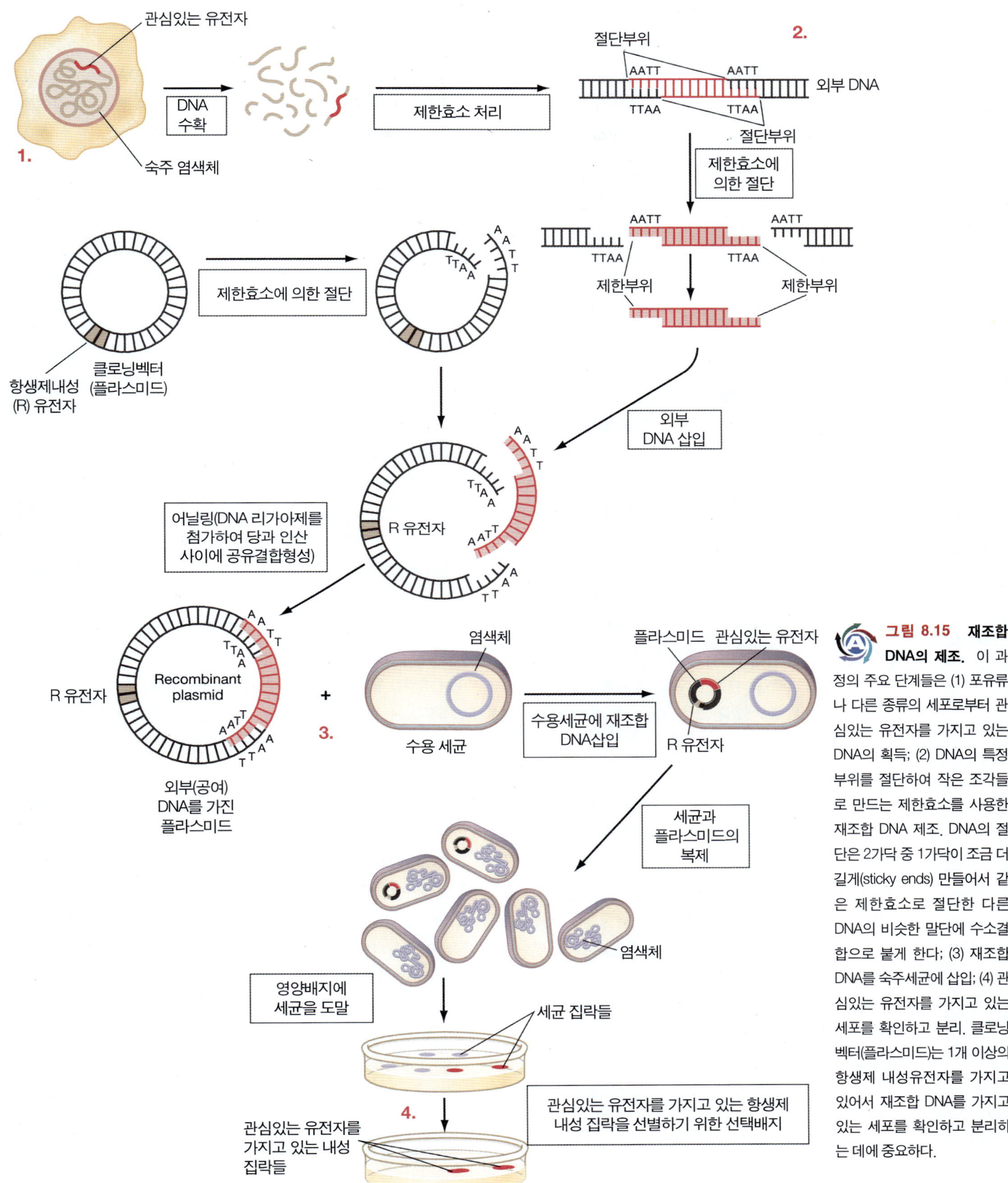

그림 8.15 재조합 DNA의 제조. 이 과정의 주요 단계들은 (1) 포유류나 다른 종류의 세포로부터 관심있는 유전자를 가지고 있는 DNA의 획득; (2) DNA의 특정부위를 절단하여 작은 조각들로 만드는 제한효소를 사용한 재조합 DNA 제조. DNA의 절단은 2가닥 중 1가닥이 조금 더 길게(sticky ends) 만들어서 같은 제한효소로 절단한 다른 DNA의 비슷한 말단에 수소결합으로 붙게 한다; (3) 재조합 DNA를 숙주세균에 삽입; (4) 관심있는 유전자를 가지고 있는 세포를 확인하고 분리. 클로닝벡터(플라스미드)는 1개 이상의 항생제 내성유전자를 가지고 있어서 재조합 DNA를 가지고 있는 세포를 확인하고 분리하는 데에 중요하다.

다음 2글자는 종의 이름이고 여기에 발견된 순서에 따라 숫자를 덧붙인다. 따라서 EcoR I은 *Escherichia coli* type-R에서 발견된 첫 번째 제한효소이고 Hpa I은 *Haemophilus parainfluenzae*에서 처음 분리된 것이다.

DNA 염기서열은 같은 종의 균주들 사이에 조금씩 다를 수 있다. **제한효소절편길이다형성(restriction fragment length polymorphilsms, RFLPs)**은 같은 종의 다른 개체들의 DNA를 같은 제한효소로 절단하였을 때 제한효소가 자르는 부위의 DNA결실이나 삽입 때문에 제한효소 절편의 길이들이 달라지기 때문에 발생한다. RFLP는 개인의 조상을 알아내거나 특정 개인의 DNA를 확인하거나 유전질병의 원인이 되는 유전자의 위치를 확인하거나 또는 새로 삽입된 유전자나 DNA를 확인하는 데에 이용된다.

재조합 DNA의 의학적 응용

재조합 DNA기술의 의학적 응용 중에서 가장 중요한 것 중의 하나는 세균들로 하여금 인간에게 유용한 물질들을 만들도록 변형시키는 것이다. 세균들이 사람의 단백질을 만들도록 하기위해서는 그 단백질 합성을 위한 정보를 가진 인간의 DNA유전자를 벡터에 삽입하여야 한다. 인슐린과 몇몇 바이러스 감염 및 암 치료에 사용되는 물질인 인터페론은 재조합 DNA기술를 이용하여 처음 생산한 된 것들이다. 인간성장호르몬, 백신, 혈우병 환자를 위한 혈액응고 단백질, 그리고 콜레스테롤 대사이상을 진단하기 위한 콜레스테롤 산화효소같은 효소들이 이러한 방법으로 만들어졌다. 표 8.3에 있는 많은 제품들이 재조합 DNA기술의 결과로 만들어졌다.

재조합 인슐린은 1982년에 FDA 승인을 받았다. 1년에 5억 달러가 판매되어 가장 많이 팔린 200개의 약품 중에 속한다.

인간에게 유용한 물질들을 만들기 위한 재조합 DNA기술의 이용은 더 많은 환자들이 더 안전하고 값싸게 치료받을 수 있도록 해준다. 예를 들어, 재조합 DNA를 이용하여 인간 인슐린을 만들기 전에는 당뇨병환자를 위한 인슐린이 오직 도축된 소와 돼지로부터만 공급되었었다. 어떤 환자들은 이러한 인슐린에 대하여 알레르기 반응을 보였으며 인슐린을 필요로 하는 환자들의 숫자도 증가하였다. 재조합 DNA기술을 이용하여 인슐린을 생산함으로써 알레르기를 일으키지 않는 인간 인슐린을 만들게 되었고 인슐린 공급을 늘릴 수 있게 되었다. 대부분의 미국인 1종 당뇨병환자들은 이제 유전공학적으로 생산된 인슐린을 함유한 약품을 사용한다.

이와 유사하게, 재조합 DNA기술을 이용한 인간성장호르몬의 생산 이전에는 이 호르몬을 해부한 시체의 뇌하수체로부터 얻었고, 선천성 뇌하수체성 주유(왜소발육증)를 가진 어린이를 치료하기 위한 1번의 용량을 얻기 위하여 여러 구의 시체가 필요했었다. 그러나 이 치료는 치명적이고 퇴행성 신경질환인 Creutzfeldt-Jakob 병(광우병과 유사)이 발생한 몇 가지 경우로 인하여 1985년 4월에 미국과 영국에서 금지되었다. 그러나 같은 해 후반에 FDA가 인간시체로부터 얻은 호르몬과 같은 효과가 있는 유전공학적 호르몬을 승인하였다. 이러한 선천성 질환 이외에도 재조합 DNA기술로 만든 이 호르몬은 상처나 골절의 더딘 치료와 노화와 관련된 대사장애의 치료에도 유용할 것이다.

재조합 DNA기술에 의한 특정 혈액응고 단백질들의 생산은 혈우병이나 다른 혈액질환을 가진 사람들에게 더 쉽게 다가갈 것이다. 또한 오염된 혈액제품으로부터 감염될 수 있는 후천성 면역결핍증후군이나 B형간염의 감염을 막을 수도 있다.

재조합 DNA는 백신을 전보다 더욱 값싸게 많이 만드는 데에 이용된다. 이 방법에서는 몇몇 미생물들이 다른 미생물들의 질병발생능력과 싸우도록 한다. 질병을 발생시키는 세균이나 바이러스, 또는 원생동물의 항원이라고 불리는 특정물질의 합성을 지시하는 유전자를 다른 미생물에 삽입시킨다. 그러면 그 미생물은 순수한 항원을 만들어낸다. 항원이 인간에게 들어오면 인간면역체계는 질병발생 미생물에 대한 방어의 하나로 항체라고 불리는 물질을 생산한다(17장).

1981년에 허가를 얻은 B형간염 백신은 재조합 DNA기술에 의해 생산되어 인간에게 사용된 첫 번째 백신이다.

A형과 B형간염 그리고 독감에 대한 백신을 만드는 재조합 DNA방법들이 이미 개발되었다. 이 백신들은 기존의 것들에 비해 값이 저렴할 뿐 아니라 더 순수하고 특이적이어서 바람직하지 않은 부작용을 거의 야기하지 않는다. 이 백신들은 A형과 B형간염에 대하여 고도로 특이적이고 아주 효과적이라는 것이 증명되었다.

재조합 DNA기술이 다른 많은 방면에도 응용되기 시작하였다. 그 중에 중요한 것은 태아의 유전적 결함을 진단하는 것인데, 양수에 있는 태아세포의 효소들을 연구함으로써 가능하다. 이러한 결함들은 알려진 염기서열을 갖고 있는 재조합 DNA를 이용하여 태아 DNA의 염기서열에 있는 실수를 찾아냄으로써 발견된다. 태아 DNA의 이러한 실수는 효소의 결핍이나 결함이 있는 효소의 원인이 되는 유전적 결함을 의미한다. 이러한 기술의 응용은 많은 유전적 결함들에 대한 태아진단을 크게 개선시킬 수 있다. 동물세포의 재조합 DNA를 만드는 기술이 발전함에 따라 궁극적으로 인간세포에서 결실된 유전자를 끼워 넣거나 결함이 있는 유전자를 정상적인 것으로 대체할 수 있을 것이다(유전자 치료). 사실상, 세포 안에 정상적인 유전자들을 삽입함으로써 면역결핍질병으로 알려진 유전적 질병을 치료할 수도 있다 (18장). 이러한 유전자를 결함이 있는 생식세포(난자나 정자)에 삽입함으로써 유전병이 후손에게 유전되는 것을 막을 수 있다.

생명공학

수혈이 필요하십니까?
유전자 변형 돼지에게 부탁하세요.

과학자들은 주로 유전자 변형 돼지로부터 생산된 인간헤모글로빈으로 구성된 혈액대체물의 정부 인가를 이른 시일 내에 기대하고 있다. 뉴저지의 프린스톤에 위치한 생명공학회사 DNX는 그들 어미의 자궁으로부터 얻은 1일 된 수정란에 2종류 인간헤모글로빈 유전자의 복제물 수천 개를 주사하였다. 이 수정란들은 다른 돼지의 자궁에 착상되어 태어날 때까지 자란다. 생후 2일에 이 새끼 돼지들이 돼지 헤모글로빈과 함께 인간헤모글로빈을 생산하는지 확인한다. 다시 말하면 형질전환체(유전자 변형체)인지 실험한다. 이들 중 약 0.5%만이 성공한다.

하나의 형질전환동물을 만드는 데에 5만 달러~7천5만 달러가 필요하다. DNX는 처음에 이러한 돼지 3마리를 만드는데 성공하였다. 그 후 회사는 하나의 형질전환 수퇘지와 1000마리 이상의 암컷들을 교배하였고 여기서 나온 후손들을 교배시켰다. 그러는 동안 이 회사는 두 번 주인이 바뀌었다. 현재 주인인 Baxter Healthcare는 현재 수 백 마리의 형질전환 돼지를 가지고 있다. 이러한 교배가 많은 세대동안 계속되었고 인간헤모글로빈 유전자는 이 변형된 돼지에서 아직까지는 완전히 정상적으로 작동하여 새로운 환경에서 유전자의 돌연변이나 이탈의 걱정을 완화시켜주었다. 이 형질전환 돼지들은 현재 인간헤모글로빈이 반 이상 포함된 혈액을 생산하고 있다.

혈액대체 물질을 얻기 위해서는 이 돼지들의 혈액을 채취하여 적혈구를 파괴한다. 혹시나 1가지 방법에 의지하여 실수로 오염물질을 제거 못할지도 모르는 위험성을 없애기 위하여 여러 종류의 크로마토그래피를 사용한 다 단계의 정제과정을 통하여 순수한 인간헤모글로빈은 인간/돼지 혼성 헤모글로빈이나 돼지헤모글로빈으로부터 분리된다.

이 대체물질은 진짜 인간혈액에 비하여 여러 장점을 가지고 있다:

1. 수 주일의 보관기간에 비하여 수 개월의 보관기간을 가지고 있다.
2. 헤모글로빈을 함유하고 있는 적혈구는 자신에게 대항하도록 면역체계를 자극하는데 반하여 순수한 헤모글로빈은 자극하지 않으므로 이 대체물질은 혈액형에 관계없이 누구에게나 수혈이 가능하다.
3. 인간혈액을 오염시키는 인간병원균들(후천성 면역결핍증후군 바이러스 포함)로부터 안전할 수 있다.

이 돼지는 인간 헤모글로빈의 생산을 위한 유전자들을 가지고 있다. 이러한 돼지들이 사육되어 혈액으로부터 인간 헤모글로빈을 얻어서 수혈에 의해 인간의 생명을 구할 수 있다. 이것이 동물에서 약품을 생산하는 "파밍(pharming)"의 좋은 예이다.

4. 헤모글로빈의 산소운반능력 때문에 지진, 사고나 전쟁과 같은 경우 산소원 역할을 하여 환자가 병원에 도착할 때까지 생존하도록 해준다.

인간혈액은 최근 단위당 300에서 500달러로 가격이 올랐다. 훗날에 혈액대체물질의 가격이 혈액과 같거나 싸질 것이다.

보관비용이 낮아질 것이며 혈액형 검사비용이 없어질 것이다. 이 방법의 단점은 수혈 후, 적혈구의 헤모글로빈이 6개월 지속하는 데에 반하여 겨우 수 시간이나 수일간 지속된다. 그러나 이 시간도 응급치료에는 충분한 시간이다. 또 다른 문제점은 정제과정이 확실치 않으면 돼지의 분자들이나 돼지병원균들에 의해 오염될 가능성이 있다는 것이다. 아직까지 문제점으로 대두되지 않은 것은 종교적인 이유로 돼지를 먹지 않는 유대인들에 의한 사용이다. 미국의 랍비위원회의 위원장은 종교적인 이유에 의한 반대는 없을 것이라고 말했다. 유대인 율법에 의하면 돼지들은 식용이외의 용도로 이용될 수 있고(심장판막대체나 인슐린의 공급원과 같이) 생명을 다투는 경우에는 유대인 율법이 보류된다.

중합효소연쇄반응(PCR)에 의한 DNA증폭과 제한효소절편길이다형성분석과 같은 DNA기술의 법의학적 응용은 법정에서 급속도로 사용되기 시작하였다. 예를 들어, 친자확인의 경우 전문가들은 DNA비교(◀p. 204)에 근거하여 어떤 사람이 어떤 아이의 아빠라고 약 99%의 확신을 가지고 결정할 수 있게 되었다. 강간범이나 살인범들도 그들이 범죄현장에 남긴 정액, 혈액, 모발 또는 피해자 손톱 밑의 조직에 대한 "DNA지문"에 의해 밝혀질 수 있게 되었다. 사용된 물컵의 가장자리나 모자의 안창으로부터 분석에 필요한 충분한 양의 DNA도 얻을 수 있게 되었다.

재조합 DNA의 산업적 응용

포도주, 항생제 그 외 다른 물질들을 만드는 데에 사용되는 발효과정들은 재조합 DNA를 이용함으로써 크게 개선될 수 있다. 예를 들어, 효모 *Saccharomyces*에게 아밀레이즈 합성을 위한 유전자를 넣어주면 전분으로부터 알코올을 생산할 수 있게 된다. 맥주를 만들기 위하여 곡류를 엿기름으로 만드는 과정이 필요 없을 것이며 당류대신 전분을 함유한 과즙으로부터 와인을 만들 수 있을 것이다. 또 다른 응용은 대부분 버려지는 식물 구성성분인 셀룰로오즈와 리그닌의 분해, 연료의 생산, 환경오염물질의 분해 그리고 함량이 낮은 광석으로부터 금속의 제련 등이다. *Pseudomonas putida*의 균주들은 석유의 서로 다른 구성성분들을 분해하는 것으로 이미 알려졌는데 이것을 조작하여 한 균주가 모든 구성성분들을 분해하도록 할 수 있을 것이다. 구리나 우라늄 광석으로부터의 산업적 금속 제련은 *Thiobacillus*속의 특정 세균들에 의해 이미 실행되고 있다. 그들이 제련하는 금속의 독성이나 열에 대해 이들 세균들의 저항성이 더 강해지도록 만들 수 있다면 이 추출과정은 훨씬 빨라질 것이다.

생명공학

전갈의 침을 가진 바이러스

당신은 아마도 경련, 마비 또는 죽음을 야기하는 바이러스를 주변의 두고 싶지 않을 것이다. 그러나 농부들은 이러한 특징을 가진 바이러스를 만들어낸 유전학자들로 인해 기뻐하고 있다. 정상적인 환경에서 소중한 곡류들을 먹어치우는 유충들은 종종 다른 생명체들에게는 해가 없는 바이러스에 의해 자연적으로 감염된다. 이 유충들은 오랜기간동안 질병에 시달리다가 그 식물의 꼭대기에 올라가서 터져서 감염성 바이러스들을 발산하게 된다. 그러나 이 질병기간동안 그들은 계속 많은 양의 곡류들을 먹는다. 유전공학자들은 전갈 독의 유전자를 바이러스에 삽입하였다. 이 재조합 바이러스에 의해 감염된 유충들은 전갈의 독을 생산하여 전혀 먹지 못하면서 빠른 시간 내에 경련과 마비를 일으켜 죽게 된다. 남아있는 변형된 바이러스는 햇빛에 의해 파괴되고 화학살충제는 식품에 들어갈 염려가 없으므로 걱정할 필요가 없다.

재조합 DNA의 농업적 응용

어떤 세균들은 곡식들에게 해를 입히는 곤충들을 제어하도록 조작되고 있다. *Monsanto*라는 회사는 옥수수 뿌리를 감염시키는 *Pseudomonas fluorescens*의 한 균주의 유전적 구성을 최근 변형시켰다. 이 세균은 *Bacillus thuringiensis*의 유전자가 삽입되도록 조작되어 해충을 죽이는 단백질을 합성하도록 했다(**그림 8.16**). *B. thuringiensis*에 의해 생성되는 독소는 추출되어 살충제로서 수년간 사용되어 왔다. 옥수수 표면에 살포된 *Pseudomonas fluorescens*는 옥수수 뿌리근처에서 자라며 독소를 생산할 수 있게 되었다.

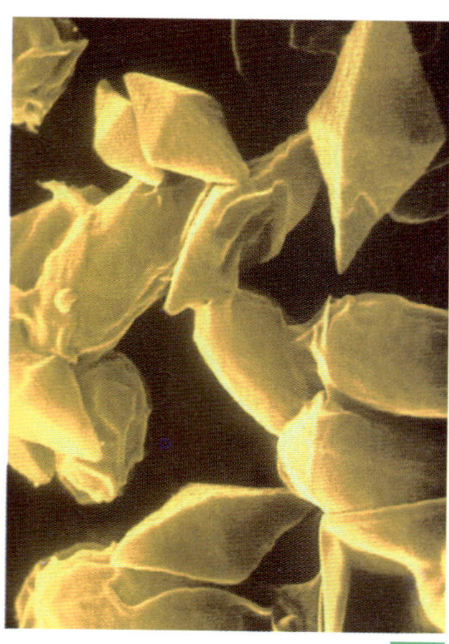

그림 8.16 많은 곤충들에게 독성이 있는 물질의 결정의 주사현미경 사진 (118,750배율). 이 독소의 생산을 위한 유전자를 이것을 자연적으로 생산하는 *Bacillus thuringiensis*로부터 얻어서 유전공학 기술을 이용하여 다른 세균에 집어넣었다. 자신이 살충제를 가지고 있는 곡류들의 장점을 상상해 보라: 화학적 살충제 비용이 안 들고, 살포하는 동안 위험이 없고, 토지나 물에 축적되지 않고, 식품에 살충제가 들어갈 가능성이 없어진다. 그러나 댓가를 지불해야할 지도 모른다. 과학자들은 이러한 독성에 내성이 있는 곤충들의 예를 보고하였다.

연구가 계속된다면 곡식표면에 정상적으로 존재하는 다른 세균들도 다른 해충들을 제어하도록 변형될 수 있을 것이다. 낙관적인 과학자들은 이러한 더 안전하고 값싼 해충방제방법에 의해 화학 살충제가 사라질 것이라고 믿고 있다.

또한 지금 개발되고 있는 것은 생산량이 많고, 다른 바람직한 특징들을 가지고 있으며 잡초를 죽이는 제초제에 저항력이 있는 곡류의 씨앗을 유전공학적인 방법으로 만들어내는 것이다. 환경보호청(Environmental Protection Agency ; EPA)은 자기 자신의 살충제를 생산하는 씨들을 많이 확보하기 위하여 유전적으로 변형된 곡식의 재배를 승인하기 위한 걸음을 내딛었다. 감자, 옥수수, 목화가 *B. thuringiensis*로부터 살충독소의 생산을 위한 유전자를 가져왔다. 이것들의 씨앗들은 자신을 해치는 많은 해충들을 죽일 것이다. 농부들은 재배상의 많은 문제점들을 해결해 주는 씨앗들을 구입할 수 있을 것이다. 비콩과 식물들에게 질소고정 유전자를 유입시키는 시도가 이루어지고 있다(25장). 몇몇 식물들에서는 이 연구가 성공적이지만 중요한 곡류에서는 아직 성공하지 못하고 있다. 만약 곡류에서도 성공이 된다면 많은 곡류들은 자신의 질소요구를 충족시킬 수 있어서 지하수를 오염시키는 비싼 상업적 비료가 없어도 잘 자랄 것이다. 기아

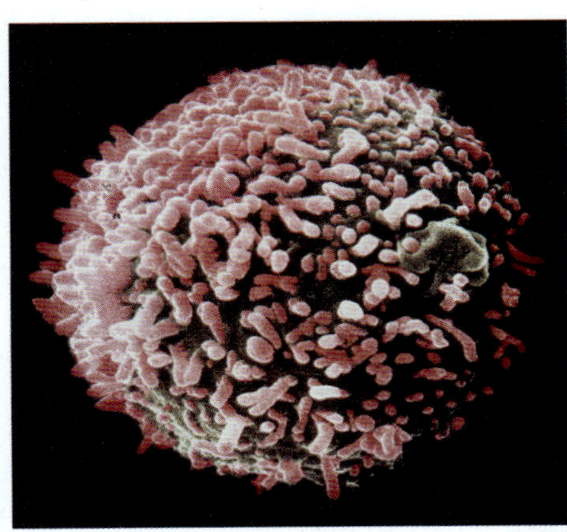

그림 8.17 혼성세포. 2개의 다른 세포가 융합한 혼성세포의 주사현미경 사진 (11,875배율) 혼성세포는 주로 항체생산 형질세포와 암세포를 융합하여 만든다. 암세포는 세포들이 무한정 분열하고 자라도록 해주며 형질세포는 혼성세포로 하여금 자신이 자극받은 항원에 대한 순수 항체를 생산하도록 해준다.

가 상존하는 위협이며 비싼 비료를 살돈이 없는 저개발 국가들에게 이것은 특히 유익할 것이다.

혼성세포

미생물에서의 유전자 재조합 연구와 함께 고등 생물에서의 그러한 조합에 대한 연구가 진행되었다. 산업미생물에서 유용한 첫 번째 조합은 골수암 세포와 항체를 생산하는 백혈구의 융합이었다. 이 두 세포의 융합을 **혼성세포(hybridoma)**라 한다(그림 8.17). 이 특정 혼성세포는 실험실에서 배양될 수 있고 그 백혈구가 이전에 자극받은 항원에 대해 **단클론항체(monoclonal antibody)**라고 불리는 순수한 특정 항체를 생산한다. 혼성세포와 그들에 의한 단클론항체 생산 이전에는 순수한 항체의 생산원이 존재하지 않았다. 현재는 많은 종류의 단클론항체들이 상업적으로 생산되고 있고 면역학에서 중요한 발전을 대표한다. 단클론항체의 생산과 사용은 17장에 더 자세히 기술되어 있다.

혼성세포생산 능력은 미래의 또 다른 발전을 이끌 것이다. 최근에 농업 학자들이 이 기술을 이용하여 우리가 먹는 감자세포와 아주 드문 야생 감자세포를 융합하였다. 이 야생 감자는 자연적 해충 퇴치제를 생산하는 유전자를 가지고 있기 때문에 선택되었다. 이 학자들은 이 융합세포들을 재배하여 상업적으로 필요한 특징을 가지고 있으면서 잎에서 해충 퇴치제를 합성하는 식물로 키워냈다.

재조합 DNA의 장점과 단점

재조합 DNA연구에 많은 잠재적인 유익에도 불구하고 초기에 과학자들은 그것의 위험에 대하여 걱정을 하였다. 특히 그들은 재조합 균주들이 인간이 면역력이 없거나 효과적인 치료방법이 없는 새로운 병원균일 가능성에 대하여 염려하였다. 1974년도에는 그 위험성을 정확히 알아낼 때까지 특정 실험들을 금지했었다. 이러한 노력의 결과로 실험실 밖에서 생존할 수 없는 돌연변이를 가진 생명체에 대해서만 재조합 DNA를 만드는 것으로 제한하게 되었다.

그러나 1981년도에 다음의 여러 관찰의 결과로 재조합 DNA연구에 관한 제한이 다소 누그러졌다.

1. 실험실 종사자들의 질병 중 재조합 균주로 인한 것이 발견되지 않았다.
2. 실험에 사용된 대장균 균주들이 자원하여 많은 양이 균주를 주입받은 사람들을 감염시키지 못했다.
3. 대장균에 포유류의 유전자가 끼어들어가는 것이 자연계에서 관찰되었으나 이 유전자들은 예외없이 대장균이 자연계에 적응하는 능력을 저해하였다. 이것은 실험실 균주들이 외부로 나가더라도 자연환경에서 생존하지 못할 것이라는 것을 의미한다.
4. 재조합 DNA를 갖고 있는 대장균 돌연변이 균주들은 공인된 소독방법들에 의해 제어되었다.

지금은 대부분의 과학자들이 현재 사용되고 있는 재조합 DNA 기술이 인간들에게 커다란 유익과 미미한 위험을 제공한다는 데에 동의한다.

✓ 중점 질문 사항

1. 유전공학을 정의하시오.
2. 재조합 DNA는 무엇인가?
3. 재조합 DNA를 만드는 데에 필요한 3가지 과정들은 무엇인가?
4. 제한 효소란 무엇인가?

생명공학

세균의 재구성

사람들은 식물체의 냉해가 부분적으로는 미생물학적인 현상이라는 것을 알고 놀란다. 어떤 세균들이 얼음결정 형성에 중요한 역할을 하기 때문이다. 이러한 얼음생성 세균들이 얼음결정에 있는 물 분자와 구조와 같은 단백질을 생산하고 물 분자들이 그 위에 쌓이게 된다. 얼음결정이 커짐에 따라 그것들이 잎이나 꽃 내부의 공간으로 침투하여 냉해를 일으킨다. 이러한 손상 때문에 주된 냉해 균주인 *Pseudomonas syringae*에 의한 질병에 식물이 민감하게 된다.

화학약품들이 얼음결정을 형성하도록 하는 세균들을 제어할 수는 있다. 그러나 그러한 화학약품들은 비싸고, 환경에 해가 되며, 제한된 효과만 있고, 질병을 야기할 수도 있다. 이 화학약품들은 해로운 균들뿐만 아니라 이로운 균들도 죽이기 때문이다.

이 문제에 관하여 연구하는 미생물학자인 Trevor Suslow는 캘리포니아의 오클랜드에 있는 DNA Plant Technology 회사의 미생물 살균제의 책임자이다. 냉해 세균제어에 있어서 이 연구진의 목표는 이로운 세균들은 건드리지 않고 얼음생성 세균들만을 제거하는 것이다. 전략은 얼음을 생성하지 못하는 세균을 개발하거나 찾아내어 얼음 생성 세균과 경쟁 시키는 것이다.

이 연구진은 얼음생성 세균이 얼음형성단백질을 더 이상 생성하지 못하게 하는 데에 초점을 맞추고 있다. 이 연구진은 유전공학 기술을 이용하여 이 단백질의 생산을 조절하는 유전자를 찾아내어 대장균에 집어넣었다. 제한효소를 사용하여 이 유전자의 3분의 1가량을 제거하면 유전자를 불활성화시킬 뿐만 아니라 다른 돌연변이에 의하여 원래의 기능을 절대 회복할 수 없다는 것을 알게 되었다. 이 잘려진 유전자를 클로닝하여 플라스미드에 집어넣은 후 이 플라스미드를 *P. syringae*에 집어넣었다. 같은 세포 안에 있는 플라스미드와 염색체는 서로가 가지고 있는 유사한 유전자들을 교환할 수 있다. 그리하여 이 연구진은 이 현상(상동 재조합)이 일어나서 잘려져 기능이 없는 얼음형성유전자를 염색체에 가진 세균세포를 찾아냈다. 이것들이 얼음을 생성하지 못하는 세균들이다. 이와 같은 결실돌연변이는 자연계에서도 자주 발생하지만, 이 방법은 더 정확하고 예상가능하며 실험실에서의 유전적인 수술을 수행하는 데에 비용이 적게 든다.

캘리포니아 브랜트우드에서 프로스트반의 현장실험을 위해 딸기에 살포하는 모습.

Suslow와 그의 연구진은 그들이 프로스트반(Frostban)이라고 부르는 얼음을 생성하지 못하는 세균에 대해 수 백번의 실험을 거듭하였고 이제는 현장실험을 할 시기이다. 그는 현장 실험을 위한 허가를 획득하였으나 이러한 실험이 야기할 소동에 대해서는 준비되어 있지 않았다. 여러방면에서 반대를 하였는데 그들은 프로스트반이 안전하던 말던 상관이 없었다. 어떤 사람들은 어떤 생명체이건 살아있는 생명체에 대한 유전공학에 반대하였다. 프로스트반은 미래의 모든 재조합 DNA에 대한 그들 투쟁의 상징이 되었다.

환경론자들은 생태계 균형의 파괴에 대하여 걱정한다. 농부들은 더 당면한 걱정을 하고 있다. 어떤 사람들은 이 세균들이 무엇이며 무엇을 할 수 있는지에 대해 확신이 없으며, 다른 사람들은 자신들에게 이익도 가져다주지 못할 제품이 자신들의 곡식에 미칠 잠재적인 위험에 대하여 걱정하고 있다. 프로스트반이 이렇게 퍼질 가능성이 거의 없다는 연구결과도 농부들을 설득하지는 못했다.

Suslow와 연구진은 증가하는 소송과 반달리즘에 의해 괴롭힘을 당하고 있다. 그들은 현장실험을 중지하고, 자연적으로 얼음형성유전자를 잃어버려서 얼음을 생성 못하는 세균을 분리하기 위하여 실험실로 돌아왔다. 이들의 효과는 유전공학균주들과 같지만 자연적으로 발생한 것이기 때문에 많은 사람들에게 더 쉽게 받아들여진다.

생명공학

애완동물을 유전공학적으로 만들어도 되는가?

지브라 데니오(zebra danio)피쉬는 미국에서 처음으로 공인된 유전적 변형 애완동물이다. 산호의 유전자를 삽입함으로써 이들은 특히 자외선 하에서 빨간색과 파란색의 빛을 낸다. 원래 싱가포르의 실험실에서 만들어진 이 열대어는 살아있는 지시체계의 일종으로 오염된 물에서 수영할 때에 빛을 발하도록 되어있었다. 그러나 1번 빛을 발하면 그것이 멈춰지지 않았다. 그때부터 열대어 애호가들이 1마리당 5달러에 구입하였다.

미국식품의약국은 2003년도에 이 열대어들에 대한 제약을 풀어서 판매를 허용하였다. 유전공학적으로 만들어져서 초록빛을 발하는 메다카(medaka) 피쉬는 식약청의 검열대상조차 되지 않았고 현재 판매되고 있다. 그러나 모든 사람들이 이것에 대해 찬성하지는 않는다. 다른 이유없이 인간의 즐거움을 위하여 한 동물의 유전적 구성을 바꾸는 것이 윤리적인가? 변형이 어느 정도까지 허용되어야 하는가? 만약 변형된 동물이 야생으로 나가 원래의 종과 경쟁하여 이기게 된다면? (지브라피쉬와 메다카는 찬물에 살 수 없다.) 이 문제에 대한 당신의 생각은 어떠한가?

유전자가 조작된 지브라 피쉬 정상 지브라 피쉬

생명공학

유전자변형 생물체(Genetically Modified Organism; GMO)에 대한 성명서

GMO에 대한 미국미생물학회(ASM)의 성명서로부터의 발췌문

2000년 7월 17일에 발표된 이 성명서는 논란이 많은 이 주제에 대한 미국미생물학회의 관점을 요약한 것이다:

최근에 생명공학에 대한 일반사람들의 이해는 GMO에 대한 논란으로 인해 도전받고 있다. 좋은 품질의 식품을 많이 생산하기 위하여 생명공학을 이용하는 것에 대한 위험성과 이익에 관한 고발과 역고발에 사람들은 직면하고 있다. 기존의 육종을 이용한 것에 비하여 생명공학이 훨씬 더 정확하고 예측가능하게 한 생명체에서 다른 생명체로 특성이 잘 알려진 유전자의 이동을 가능하도록 하기 때문에, 생명공학을 이용하여 만든 변형식물들이나 제품들이 개선된 영양과 맛, 그리고 더 오랜 저장기간의 가능성을 가진 것으로 사람들을 안심시킬 수 있을 만큼 ASM은 충분히 확신한다.

인생에서 위험이 전혀 없는 것은 없다. 그러나 위험을 최소화 하기위하여 두려움 보다는 사실에 의존하는 것이 중요하고, ASM은 생명공학적으로 생산되고 FDA의 감시대상인 식품이 안전하지 않거나 위험성이 많다는 증거를 알지 못한다. 오히려 생명공학적으로 만들어진 다양한 식물체들이 기존의 곡류들에 비해 더욱 효율적이고 값싸게 재배된다. 이것이 결국은 소비자들에게 낮은 비용으로 더 영양가있는 제품을 공급할 수 있게 되고, 감소된 살충제 사용과 증가된 환경보호로 연결이 될 것 이다. 생명공학의 발전에 반대하는 사람들은 어떻게 다른 방법으로 1년에 거의 9천만명의 비율로 빠르게 증가하는 세계인구들을 먹이고 건강을 유지할 수 있는지 대답해야 할 것이다. 그러나 지금과 같이 사람들의 걱정이 계속 표출되는 것을 정부는 인식해야 하고 연구를 더 지원하고 생명공학제품들의 규제정보에 대한 일반인의 접근성을 개선해야할 것이다.

출처 : David Pramer, "Statement of the American Society for Microbiology on Genetically Modified Organisms," ASM News 66(2000):590-591. The statement was developed with an ASM ad hoc committee.

요약

유전자 이동의 종류와 중요성

- **유전자이동**은 생명체들간의 유전정보의 이동을 의미한다. 수직적 유전자이동은 부모로 부터 자식들에게 유전자의 전달을 의미하고, 수평적 유전자이동은 같은 세대의 세포들 간의 유전자이동을 의미한다. 이것은 세균들에서 형질전환, 형질도입, 접합에 의해 발생한다.
- 유전자이동은 한 집단안의 유전적 다양성을 증가시킴으로써 그 안의 몇 몇 개체들이 환경적 변화에 생존할 가능성을 높여주기 때문에 중요하다.

형질전환

형질전환의 발견

- 세균의 형질전환은 Griffith에 의해 1928년에 발견되었는데 그는 살아있고 표면이 거칠은 폐렴균과 열처리로 죽인 표면이 부드러운 폐렴균의 혼합배양에서 쥐를 죽일 수 있는 살아있는 표면이 부드러운 폐렴균이 생길 수 있다는 것을 보여주었다.
- Avery는 협막 다당류가 독성의 원인이고 형질전환이 DNA에 의한 것이라는 것을 증명했다. Watson과 Crick은 DNA의 구조를 규명하였는데, 이것은 세포의 유전정보가 그것의 핵산에 암호화되었다는 것을 증명한 연구로 이어졌다.

형질전환의 기작

- 형질전환은 DNA조각이 방출되면 다른 세포가 성장주기 중 특정 단계에서 그 DNA를 흡수하는 것이다. (1) DNA흡수는 수용세포가 DNA에 결합할 수 있도록 만들어주는 반응요소라고 불리는 단백질을 필요로 한다. (2) 핵산중간분해효소가 2중가닥 DNA를 소단위들로 자른 후 2중가닥이 분리되어 단일가닥만 이동한다. (3) 결국 공여 DNA가 수용 DNA에 끼어들어간다. 밀려난 수용 DNA는 분해되어 세포의 전체 DNA양은 변함이 없게 된다.

형질전환의 중요성

- 형질전환은 (1) 유전적 다양성에 기여하고 (2) 다른 세균의 DNA를 집어넣어 그 효과를 관찰하고, 유전자의 위치를 연구하는 데에 이용될 수 있고 (3) 재조합 DNA를 만드는 데에 이용될 수 있기 때문에 중요하다.

형질도입

형질도입의 발견

- **형질도입**에서 유전물질은 **박테리오파지**에 의해 운반된다.

형질도입의 기작들

- 파지는 용균성이거나 용원성이다. (1) **용균성파지**는 용균성생활주기에서 숙주세포의 DNA를 파괴하고, 파지입자의 합성하도록 하고, 숙주세포의 용균을 야기한다. (2) **용원성파지**는 세균염색체의 일부분인 프로파지로서 자신을 복제하거나, 궁극적으로 새로운 파지입자를 만들고 숙주세포를 용균시킬 수 있다. 숙주세포를 파괴하지 않고 파지가 세포내에 있는 것을 용원성이라한다.
- 프로파지는 세균염색체에 끼어들어가거나 염색체외 DNA인 플라스미드와 같이 존재할 수 있다. 프로파지를 가지고 있는 세포를 **용원성세포**라고 하는데 왜냐하면 그것들은 용균성 생활주기로 전환될 잠재성이 있기 때문이다.

- 형질도입은 일반형질도입과 특별형질도입이 있다. (1) **특별형질도입**에서 파지는 염색체 안에 끼어들어가서 자신의 주변에 있는 유전자들만 이동시킬 수 있다. (2) **일반형질도입**에서는 파지가 플라스미드와 같이 존재하여 아무 DNA조각이나 이동시킬 수 있다.

형질도입의 중요성

- 형질도입은 유전물질을 이동시키고 프로파지와 숙주세포 DNA간의 밀접한 진화적 관계를 보여주기 때문에 중요하다. 또한 프로파지로서 세포안에 지속적으로 존재하는 것은 암의 바이러스 유래에 대한 기작을 암시해주며 유전자연결의 연구에 대한 기작을 제공해준다.

접합

접합의 발견

- 접합에서는 많은 양의 DNA가 공여세포와 수용세포가 접촉하는 동안 하나의 생명체에서 다른 생명체로 이동한다.
- 접합은 Lederberg가 1946년에 서로 다른 대사결핍을 가지고 있는 대장균 균주들을 혼합하였을 때 이 결핍들을 극복하는 세포들을 관찰함으로써 처음 발견하였다.
- 플라스미드는 염색체외 DNA분자이다.

접합의 기작

- 접합의 3가지 기작이 관찰되었다. (1) F 플라스미드의 이동에서는 플라스미드가 이동한다. (2) 고빈도 재조합에서는 염색체에 끼어들어간 **F 플라스미드**의 일부(**개시부위**)가 부근의 세균유전자들과 함께 이동된다. (3) 염색체에 끼어들어갔다가 분리된 F 플라즈미드는 F′ 플라스미드가 되고 자신에게 따라온 염색체 유전자를 이동시킨다.

접합의 중요성

- 접합은 유전적 다양성을 증가시키고, 무성생식과 유성생식의 진화적 연결고리가 될 수 있으며, 세균염색체의 유전자지도 작성의 도구를 제공하기 때문에 중요하다.

유전자 이동 기작들의 비교

- 유전자 이동 기작들은 이동되는 DNA양에서 차이가 있다.

플라스미드

플라스미드의 특징들

- 플라스미드는 보통 세포성장에 비필수적인 유전정보를 운반하는 환형이고 자가복제가능하고 2중가닥인 염색체외 DNA이다.

내성 플라스미드

- **내성 플라스미드**는 다양한 항생제와 특정 중금속에 대한 내성을 부여하는 유전정보를 갖고 있다. 일반적으로 내성전달인자와 1개이상의 내성유전자들로 구성되어있다. 이플라스미드들은 디스플레이신에 의해 세균으로부터 제거될 수 있다.

전위인자

- 세포안의 하나의 플라스미드에서 다른 플라스미드로 또는 염색체로 이동하는 내성 유전자는 자신들이 위치를 옮기기 때문에 전위인자의 일부분이다.

박테리오시노젠

- 박테리오시노젠은 같은 종이나 밀접하게 연관된 종의 다른 균주들의 성장을 방해하는 단백질인 박테리오신을 생산하는 플라스미드이다.

유전공학

- **유전공학**은 생명체의 특정을 변형시키기 위하여 유전물질을 조작하는 것이다.

유전자융합

- **유전자융합**은 유전자들의 위치를 염색체의 한 곳에서 다른 곳으로 옮기거나 때로는 일부분을 제거하여 두 오페론의 유전자들을 연결하도록 해준다.

원형질체 융합

- **원형질체 융합**은 원형질체들을 융합하여 유전정보들이 합쳐지도록 해준다.

유전자 증폭

- **유전자 증폭**에서는 유용한 물질의 생산을 증가시키기 위하여 미생물에 플라스미드를 넣어준다.

재조합 DNA기술

- **재조합 DNA**는 한 생명체의 유전자들을 다른 종류의 생명체의 유전체에 집어넣음으로써 만들어지는 DNA이다. 이렇게 생긴 생명체를 **형질전환체**라고 한다.
- 재조합 DNA는 의학, 산업, 농업에서 특히 유용하다는 것이 입증되었다.

혼성세포

- 혼성세포는 고등생물세포들의 유전적 재조합이다.

재조합 DNA의 장점과 단점

- 재조합 DNA기술이 처음 개발되었을 때 과학자들은 독성 병원균들이 만들어질 것을 염려하여 그들을 봉쇄하는 방법들을 개발하였다. 연구가 진행됨에 따라 재조합 균주에 의한 질병이 관찰되지 않았기 때문에 대부분의 과학자들은 재조합 DNA기술의 장점이 단점에 비해 훨씬 많다는 것을 믿게 되었다.

용어 정리

F^+ 섬모(p. 219)	개시부위(p. 219)	내성 전달 인자(p. 223)	독성 파지(p. 215)
F^- 세포(p. 219)	고빈도 재조합 균주(p. 219)	내성 플라스미드(p. 223)	디스플레이신(p. 224)
F′ 플라스미드(p. 219)	내성 유전자들(p. 223)	단클론 항체(p. 233)	박테리오시노젠(p. 225)

박테리오신(p. 225)
박테리오파지(p. 215)
반응요소(p. 214)
벡터(p. 228)
수직적 유전자 이동(p. 212)
수평적 유전자 이동(p. 212)
염색체 지도 작성(p. 218)
용균(p. 216)
용균성 생활주기(p. 216)
용원성 파지(p. 216)
용원성(p. 216)
원형질체 융합(p. 227)
원형질체(p. 227)
유전공학(p. 225)
유전자 융합(p. 226)
유전자 이동(p. 212)
유전자 증폭(p. 228)
일반형질도입(p. 217)
재조합 DNA(p. 228)
재조합(p. 212)
전기천공법(p. 228)
전위 인자(p. 224)
전위(p. 224)
접합(p. 218)
제한 단편(p. 228)
제한 효소(p. 228)
제한효소 절편 길이 다형성(p. 230)
콜리신(p. 225)
클론(p. 219)
트랜스포존(p. 224)
특별 형질도입p. 217)
파지(p. 215)
프로파지(p. 216)
플라스미드(p. 219)
형질도입(p. 215)
형질전환(p. 212)
형질전환체(p.228)
혼성세포(p. 233)

임상 사례 연구

당신이 지방 보건소에서 연구하는 과학자라고 상상해보시오. 당신의 미생물실험실이 최근 동일한 4가지 항생제에 내성을 보이는 그람음성 장내세균들인 *Salmonella typhimurium*, *Salmonella enteriditis*, *Escherichia coli*, *Shigella*종의 몇몇 균주들을 받았다. 이 다른 세균들이 어떻게 같은 4가지 항생제에 대한 내성을 얻게 되었는지 설명할 수 있는가? 당신의 가설을 증명하기 위하여 무엇을 찾아볼 것인가?

요점 사고 문제

1. 항생제내성 세균들은 동물 사료에 첨가된 항생제의 결과로 발생한다고 알려져 있다. 때때로 이들 세균들은 다진 쇠고기와 같은 동물성 식품에 존재한다. 최근의 연구는 내성세균들을 섭취한 후에 사람의 장에서 다른 종의 세균으로 항생제내성 유전자들이 전파된다는 것을 증명하였다. 어떤 과정을 통하여 이 유전자들이 1종류의 세균에서 다른 종으로 옮겨가게 되었을까? 이 문제의 심각성을 감소시키기 위하여 어떻게 해야 하는가?

2. 세균들이 그들의 유전자들의 일부를 염색체 밖의 플라스미드라고 불리는 작은 환형 DNA에 운반한다고 당신은 배웠다. 세균이 자신의 유전자를 모두 염색체에 운반하는 것에 비하여 플라스미드를 갖고 있는 것이 어떤 장점이 있다고 생각하는가?

3. 재조합 DNA기술에 관련하여 많은 논란들이 있었고 또 생겨날 것이다. 재조합 DNA기술의 잠재적인 이익과 잠재적인 폐해에 관하여 당신이 생각할 수 있는대로 가능한 한 많이 열거해보시오. 모든 것을 고려할 때 형질전환체가 점점 더 많아지는 것에 대해 당신은 더 많은 이익이 있다고 생각하는가? 아니면 더 많은 위험이 있다고 생각하는가?

자가 진단 문제

1. 노출된 DNA의 세균에 의한 흡수는:
(a) 접합
(b) 형질전환
(c) 트랜스펙션(transfection)
(d) 형질도입
(e) 클로닝

2. 세균들간에 박테리오파지에 의한 유전물질의 이동은:
(a) 형질전환
(b) 트랜스펙션
(c) 접합
(d) 형질도입
(e) 클로닝

3. 다양한 세균 유전자들을 이동시킬 수 있는 형질도입은:
(a) 일반형질도입
(b) 특별형질도입

4. 용원성 파지가 숙주세포 유전체의 DNA에 끼어들어갔을 때:
(a) 용균성 파지
(b) 람다 파지

(c) 콜리 파지
(d) 라이소 파지
(e) 프로파지

5. 공여세균과 수용세균의 직접 접촉을 통한 유전물질의 이동은:
(a) 형질도입
(b) 형질전환
(c) 접합
(d) 트랜스펙션
(e) 용원성 생활주기

6. 수용세포에 F 플라스미드를 전달해 줄 수 있는 대장균은:
(a) F^+ 세포
(b) F^- 세포
(c) 형질전환 가능세포
(d) 프로파지 유도세포
(e) 표면이 부드러운 집락

7. F^+ 세균의 염색체에 F 플라스미드가 끼어들어갔을 때 이 세포들은:
(a) F^+
(b) Hfr
(c) F^-
(d) F′
(e) 프로파지

8. 다음 중 형질 전환을 방해하는 것은 무엇인가?
(a) DNA를 절단하는 핵산말단 분해효소의 존재
(b) 세균배양의 과격한 교반
(c) 공여세포와 수용세포의 분리
(d) 배양에 박테리오파지의 첨가
(e) 위의 아무것도 형질전환을 방해하지 못한다.

9. 항생제 내성을 제공하는 유전자를 운반하는 플라스미드는:
(a) R 플라스미드
(b) A 플라스미드
(c) Ti 플라스미드
(d) C 플라스미드
(e) V 플라스미드

10. 일반적으로 플라스미드는 어떤 종류의 유전정보를 갖고 있는가?
(a) 비필수유전자들
(b) 필수적유전자들
(c) 대사관련유전자들
(d) 필요없는 유전자들
(e) RNA

11. 이동성 유전적 서열은:
(a) 박테리오파지
(b) 형질도입 인자
(c) 플라스미드
(d) 트랜스포존
(e) 접합균

12. 같은 종의 다른 균주들의 성장을 방해하기 위하여 세균에 의해 생산되는 단백질은:
(a) 백신
(b) B 인자
(c) 박테리오신
(d) 항생제
(e) R 인자

13. 세균은 다음에 의하여 새로운 효소나 독소를 만들 능력을 자연적으로 획득할 수 있다:
(a) 돌연변이
(b) 형질전환
(c) 접합
(d) (a), (b), (c) 모두
(e) (b)와 (c)

14. 세포벽이 제거된 세균은:
(a) 원형질체
(b) 마이코플라즈마
(c) 그람양성
(d) 그람음성
(e) 전위인자

15. 2종류의 세균이 접합을 할 때 공여세균은 다음에 의하여 수용세균으로부터 구별된다:
(a) F 플라스미드의 존재
(b) 편모의 존재
(c) 내성전달인자의 존재
(d) (a), (b), (c) 모두
(e) 답이 없음

16. 실험실에서 세포들은 차가운 염화칼슘이나 전기천공법에 의하여 무엇이 가능할 수 있게 되는가?
(a) 위치이동
(b) 형질전환
(c) 접합
(d) 재조합
(e) 형질도입

17. 생명공학과 유전공학이나 분자유전학은 다음을 제외한 모든 것을 만드는 데에 사용할 수 있다:
(a) 백신
(b) 인간호르몬
(c) 약품
(d) 생명체
(e) 인슐린

18. 제한효소에 관하여 다음 중 어떤 것이 맞는가?
(a) 전위인자이다.
(b) 탄수화물이다.
(c) 특정DNA서열을 인식하고 자른다.
(d) 바이러스에서 유래했다.

(e) 숙주세포의 DNA를 파괴한다.

19. 혼성세포는 항체생산 백혈구와 무엇을 융합하여 형성되는가:
(a) 바이러스
(b) 세균
(c) 골수암세포
(d) 적혈구
(e) 골수세포

20. 개개의 혼성세포들은 오직 1종류, 또는 항체를 생산한다:
(a) 단클론
(b) 다클론
(c) Ig E
(d) Ig A
(e) 야생형

21. 숙주세포 DNA를 파괴하고 파지입자를 생산하며 숙주세포의 용균을 야기하는 파지는 :
(a) 온순한 파지
(b) 프로파지
(c) 용원성 파지
(d) 용균성 파지
(e) 형질도입

22. 재조합 DNA에 관하여 다음 중 틀린 것은?
(a) 지금까지 실험실 종사자들이 유전자 재조합 때문에 아픈 적이 없다.
(b) 재조합 DNA기술을 이용하여 인슐린이나 인간성장호르몬 같은 단백질들의 대량생산이 가능해졌다.
(c) 재조합 DNA기술이 과학자들이나 의사들, 그리고 일반 대중들에게 특정한 이점들을 제공한다.
(d) 유전자 재조합에 의해 만들어진 세균 돌연변이 균주는 대개 자연적인 환경에서 생존하지 못한다.
(e) 재조합 DNA기술이 일반 대중의 건강에 고도의 위험을 제공한다.

23. 인간에게 사용하기 위하여 재조합 DNA기술을 이용하여 생산된 첫 번째 백신은:
(a) B형 간염 백신
(b) MMR(볼거리, 홍역, 풍진) 백신
(c) 후천성 면역결핍증후군 백신
(d) 소아마비 백신
(e) A형 간염 백신

24. 다음 중 세균들이 자연적으로 유전정보를 변형시키거나 교환하는 방법이 아닌 것은?
(a) 형질도입
(b) 전위
(c) 형질전환
(d) 원형질체 융합
(e) 접합

25. 다음 그림에 (a)부터 (e)까지의 과정을 설명하시오:

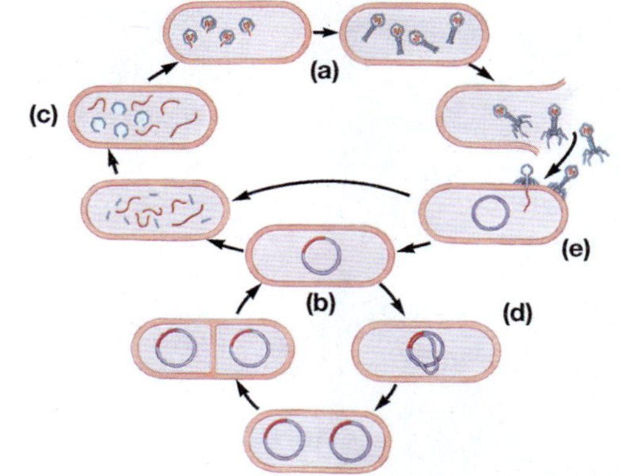

(a) ______
(b) ______
(c) ______
(d) ______
(e) ______

웹상에서 탐구 문제

http://www.wiley.com/college/black

당신이 이 장을 완전히 이해했다면, 웹에 당신을 위한 문제들이 더 있다. 웹 사이트로 가서 이 장의 개념들에 대한 당신의 이해를 더 높이고 다음의 문제들에 대한 답을 살펴보시오.

1. 유전공학자들은 실제로 무엇을 하는가? 또 어떤 기술들을 사용하는가?
2. 세균들이 무성생식만 한다면, 어떻게 유전자들을 이동시킬 수 있는가?

9 분류학의 개요 : 세균

Courtesy ATCC

시작하며...

와인을 음미하거나 치즈를 먹을 때 이들을 생산하는 데 중요한 역할을 하는 미생물들에 대해 의문을 가져본 적이 있는가? 이 미생물들은 어디에서 유래하였으며 어떻게 보관 되어질까? 이들은 주로 Virginia Manassas에 위치해 있는 ATCC (American Type Culture Collection)에 보관된다. ATCC는 과학계에서 필요로 하는 여러가지 생물학적 재료나 미생물들을 보관, 증명, 배포하는 일을 하는 국제적 비영리 기구이다. ATCC는 또한 연구와 과학 발전에 필요한 질 좋은 미생물 배양체를 확보하거나, 와인제조가, 양조업자, 치즈 생산자 등을 포함하여 영리기구들이 상업적 목적으로 사용할 수 있도록 미생물 배양체를 제공하기도 한다. ATCC에서는 이러한 유용한 배양체들을 아주 저온의 액체 질소 탱크 안에 넣어 다중 보안시스템에 의해 보관한다(사진을 보라). 와인이나 치즈를 비롯하여 미생물을 필요로 하는 제품의 제조업자들은 다시 필요할 때까지 미생물을 ATCC에 안전하게 보관할 수도 있다. ATCC에 보관된 미생물 배양체들은 다양한 분야의 연구와 개발에 유용하게 사용된다. ATCC의 과학자들은 연구자들이 사용하는 미생물 배양체의 올바른 동정과 균주의 유전적, 생화학적 특성이 유지되도록 보증하는 일을 한다.

이 주제와 관련된 비디오는 WileyPLUS에서 볼 수 있습니다.

인간은 본질적으로 사물에 이름을 부여하려는 속성이 있는 것 같다. 많은 원시 사회에서 어떤 사물의 이름이나 다른 사람의 진짜 이름을 알고 있는 사람은 그 사물 또는 그 사람에 대하여 지배력을 갖는 것으로 믿겨져 왔다. 이름을 부여하는 것은 우리가 사는 세계를 이해하거나 그에 대하여 다른 사람과 의사소통을 하는데 도움을 준다.

분류학 : 분류의 과학

과학에 있어 정확하고도 표준화된 이름은 필수적이다. 화학자들이 어떠한 원소나 화합물을 논할 때 그것들은 각각 같은 것을 의미해야 하며, 물리학자들이 물질이나 에너지에 대해 논의할 때에도 동일한 용어가 사용되어야 하며, 생물학자들도 호랑이는 호랑이로, 세균은 세균으로 반드시 생물의 이름을 합의하여 사용하여야 한다.

방대하고도 다양한 종의 생물에 대하여 생물학자들은 각각의 생물의 특징을 이용하여 특정 형태를 묘사하거나 또는 새로운 생물을 동정해 왔다. 서로 연관된 생물을 하나의 그룹으로 묶는 것이 분류의 기본이다. 분류의 가장 주된 목적은 (1) 생물을 동정하기 위한 기준의 확립 (2) 서로 연관된 생물을 그룹으로 배열하는 것 (3) 생물이 어떻게 진화하여 왔는가에 대한 정보의 제공이다. **분류학(taxonomy)**은 분류(classification)의 과학이다. 분류학은 생물을 명명하거나 또는 생물을 하나의 범주 또는 **분류군(taxon** 복수:taxa)으로 위치시키기 위해 잘 정리된 기반을 제공한다.

분류학의 또 다른 중요한 측면은 살아있는 생물들의 통일성과 다양성의 개념을 이해하고 활용하는 것이다. 어떤 특정 그룹으로 분류된 생물들은 일정한 공통의 특징을 갖는다. 즉, 어떤 특징에 대하여 특정 그룹의 생물들은 통일성을 나타낸다. 예를 들면, 사람은 직립보행을 하며 매우 발달된 뇌를 갖는다. *Escherichia coli* (대장균)는 막대 모양이며, 그람 음성의 세포벽을 가지고 있다. 동일한 분류그룹 에 속한 생물들은 동시에 다양성도 나타낸다. 같은 종의 구성원이더라도 크기, 모양, 기타 특징이 매우 다양하다. 사람도 신장, 체중, 머리카락이나 눈동자의 색, 얼굴형 등이 다양하다. 어떤 종의 세균은 형태 혹은 내생포자와 같이 특이적 구조를 형성하는 능력에 있어 다소 차이를 나타내기도 한다.

분류학의 기본 원리는 보다 상위의 분류군으로 갈수록 하위분류군에 비해 공유하는 특징이 적다는 것이다. 모든 척추동물이 그러하듯이 인간에도 척추가 있지만 어류나 조류는 다른 포유류에 비해 사람과 공유하는 특징이 매우 적다. 마찬가지로, 거의 모든 세균은 세포벽을 가지고 있으나, 어떤 것은 그람 양성이며 다른 일부는 그람 음성의 세포벽을 갖는다.

린네, 분류학의 아버지

18세기 스웨덴의 식물학자 카를로스 린네(Carolus Linnaeus)는 분류학의 기초를 확립하였다(**그림 9.1**). 그는 현재까지도 모든 생물의 명칭을 부여하는데 사용하는 **2명법(binomial nomenclature)**을 창시하였다. 2명법, 혹은 "복명(two-name)" 체계에서 첫 번째 이름은 **속명(genus** 복수: genera)을 나타내며, 첫 번째 글자를 대문자로 표기한다. 두 번째 이름은 **종형용어(specific epithet)**로 첫 글자는 대문자로 쓰지 않으며, 그것을 발견한 사람의 이름에서 유래했을 경우조차도 마찬가지이다. 속명과 종형어를 함께 사용하여 그 생물이 속하는 **종(species)**을 나타낸다. 이 두 단어는 인쇄 시에는 기울임 꼴로, 필사 시에는 밑줄을 쳐서 나타낸다. 혼란의 여지가 없다면, 속명은 한 글자로 줄여도 된다. 따라서 *Escherichia coli*는 종종 *E. coli*로, 사람(*Homo sapiens*)은 *H. sapiens*로 표기한다. 한 생물의 명칭은 종종 그들의 형태나 발견된 장소, 사용하는 영양원, 발견한 사람 또는 어떤 병의 원인이 되는 지와 같은 특성들을 나타내기도 한다. 이름과 의미에 대한 몇 가지의 예가 **표 9.1**에 나와 있다.

한 종에 속하는 구성원들은 일반적으로 몇

그림 9.1 Carolus Linnaeus (1707~1778). 린네는 분류학의 아버지로 알려져 있다. 이 그림은 그가 라플란드에서 표본을 수집할 때로, 크로스컨트리 스키 복장을 하고 있다. 신발의 구부러진 코끝에 스키를 고정시킨다(*Granger Collection*)

왜 분류학인가? 일반적인 이름은 혼란을 야기한다. Passer domesticus는 미국에선 참새, 영국에선 집참새, 스페인에선 gorion, 네덜란드에선 musch, 스웨덴에선 hussparf이라고 불리운다.

표 9.1

미생물 이름의 의미	
미생물명	**이름의 의미**
Entamoeba histolytica	*Ent*, 장내세균; *amoebae*, 형태 및 이동을 뜻함. Histo, 조직; lytic, 용해 혹은 조직의 소화
Escherichia coli	1888년 Theodor Escherich의 이름을 따서 명명; 대장에서 발견
Haemophilus ducreyi	*Hemo*, 혈액; *phil*, 좋아하는; 1889년 Augusto Ducrey의 이름을 따서 명명
Neisseria gonorrhoeae	1879년 Albert. L. Neisser의 이름을 따서 명명; 임질의 원인
Saccharomyces cerevisiae	*Saccharo*, 당; *myco*, 곰팡이; *cerecisiae*, 맥주 또는 에일
Staphylococcus aureus	*Staphylo*, 송이; *Kokkus*, 구형; *aureus*, 금색의
Lactococcus lactis	*Lacto*, 우유; *Kokkus*, 구형
Shigella etousae	1898년 Kiyoshi shiga의 이름을 따서 명명: 미군의 유럽작전명 European Theater of Operations of the U. S. Army에서 따옴(마지막의 e는 라틴어형으로 만들기 위해 붙임.)

가지의 공통된 특징을 가지고 있어 다른 모든 종과 그 종을 구별하는데 도움을 준다. 종의 구성원들은 일반적으로 특정 형질에 있어 현저하게 다른 그룹으로 세분화되지 않는 것이 원칙이지만 이 원칙에는 예외가 있다. 때때로 한 종의 구성원들은 작지만 영구적인 유전적 차이, 즉 특정 영양소에 대한 요구, 특정 항생제 대한 내성, 특정 항원의 존재에 의해서 세분화될 수도 있다. 하나의 순수 배양체가 동일 종에 속하는 다른 순수 배양체와 다르다면 서로 다른 배양균주로 인식된다. **균주(strain)**는 종의 하위집단(subgroup)으로 같은 종의 다른 하위집단과 구분되는 하나 이상의 특징을 갖는다.

약 4,400종의 식물과 7,700종이 넘는 동물에서 여전히 린네에 의해 명명된 이름이 사용되고 있다. 종, 명 뒤에 붙인 "L."이라는 것은 Linnaeus가 명명하였다는 것을 의미한다.

각 균주는 종형용어에 연속되는 이름, 숫자 또는 문자를 이용하여 나타낸다. 예를 들면 *E. coli* 균주 K12는 플라스미드 및 다른 유전적 특성에 대한 연구에 널리 이용되고 있다. *E. coli* O157:H7은 사람의 결장에 출혈성 염증을 일으키는 대장균이다.

린네는 명명법으로써 2명법을 도입하였을 뿐만 아니라 종(species), 속(genus), 과(family), 목(order), 강(class), 문(phylum 혹은 division), 계의 분류학적 계급을 확립하였다. 린네는 모든 생물을 최상위 분류계급에서 2개의 *계*(kingdom) 즉, 식물계와 동물계로 나누었다. 각각의 생물에 종명을 부여하고 아주 유사한 종은 속으로 묶는 형식의, 그가 구축한 많은 분류학적 계급이 오늘날에도 여전히 사용되고 있다. 더 나아가 몇 개의 비슷한 속은 과로 묶고 몇몇 과는 목으로 묶는 형식으로 분류계급의 상위까지 이어진다. 오늘날의 분류계급에는 추가적으로 *아문*(subphyla)과 같은 계급이 더해졌다. 또 계 다음의 하위 계급은 문으로써 동물계에선 phyla, 다른 계(현재 5계가 있음)에서는 division으로 관습적으로 부르고 있다. 최근 5계는 3도*메인*(domain)으로 그룹화되었다. 도메인은 계보다 상위의 새로운 분류 계급으로 도메인은 이 장의 후반부에서 논의하도록 하겠다. 인간, 개, 늑대 그리고 세균의 분류에 대하여 **그림 9.2**에 나타내었다.

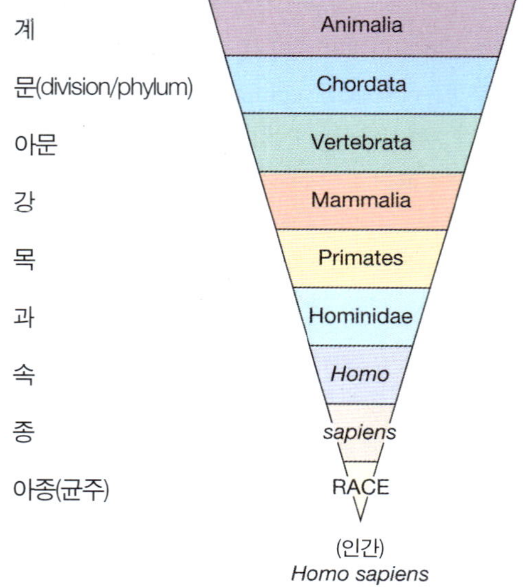

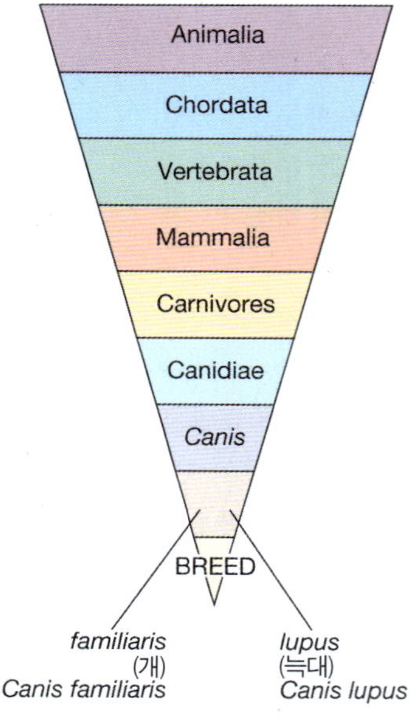

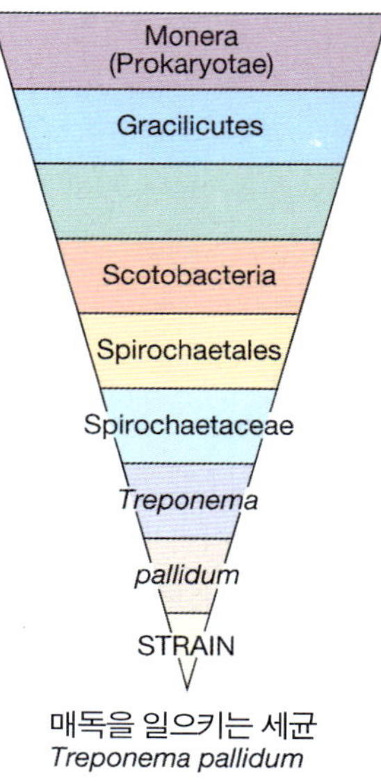

그림 9.2 사람, 개, 늑대, 세균의 분류.

분류검색표의 사용

생물학자들은 종종 *분류표*(taxonomic key)를 이용하여 그 특성에 따라 생물을 동정한다. 가장 일반적인 종류는 **2분법 검색표(dichotomous key)**로 생물의 특성이 1쌍 씩으로 설명되어있다. 한 쌍씩 설명되어있으므로 양자택일의 요령으로 올바른 설명을 선택한다. 선택한 설명 뒤에 표시된 지시에 따라 생물의 이름이 나타날 때까지 다음 쌍의 설명으로 진행해나간다. **그림 9.3**은 미국에서 흔히 사용되는 4개의 미국 동전인 쿼터(quarters), 다임(dimes), 니켈(nickels), 페니(pennies)를 동정하기 위한 2분법 검색표를 나타낸 것이다. 1a와 1b의 설명을 읽고, 어느 쪽의 설명이 주어진 동전과 일치하는지를 결정한다. 설명의 오른쪽에는 다음으로 진행해야 할 번호가 씌여 있다. 이와 같은 방식으로 동전의 이름이 씌여있는 곳까지 진행한다. 이와 같이 주의 깊게 검색해나가면 주어진 동전의 이름에 다다르게 될 것이다.

물론 동전과 같이 잘 알고 있고 더우기 간단한 것을 동정하는데 분류 검색표를 이용할 필요는 없다. 그러나 세상에 존재하는 많은 종류의 세균을 모두 동정하는 것은 쉽지 않다. 세균의 주요 그룹은 **그림 9.4**의 검색표를 이용하여 동정할 수 있다. 좀 더 구체적인 검색항목으로 염색반응, 대사작용(특정 당의 발효 여부 혹은 방출하는 가스의 종류), 생장온도, 고체 배지에서의 콜로니의 특성, 배양상의 특성 등이 있다. 검색표를 따라 한 단계씩 진행해가면 미지의 미생물을 동정할 수 있으며, 또한 검색표가 충분히 상세하다면 균주의 구별도 가능할 것이다.

분류학에서의 문제점

분류 체계를 구축하는 목적 중의 하나는 살아있는 생물에 대한 지식을 조직화하여 생물에 대한 의사소통이 가능하도록, 생물의 기준이 되는 이름을 확립하는 것이다. 생물을 그들의 **계통발생학적(phylogenetic)** 또는 진화적 유연관계를 따라 분류하는 것이 이상적이지만 이것이 쉬운 일은 아니다. 미생물의 진화는 연속적으로, 비교적 빠른 속도로 이루어지는데다 생물의 진화 역사에 대한 우리의 지식은 불완전하기 때문이다. 분류학은 진화론의 변화나 새로운 지식과 더불어 변화하지 않으면 안된다. *불변의 분류의 체계보다 최신의 지식을 반영한 분류체계가 더 중요하다.*

살아있는 모든 생물을 개관할 수 있으며 모든 살아있는 생물의 유연관계를 규명한 분류체계를 만들어 내는 데는 일정한 문제점이 있다. 2가지의 문제점이 분류계급의 양끝에서 발생한다. (1) 종을 어떻게 구성할 것인가 (2) 계를 어떻게 구성할 것인가 또는 계를 어떤 도메인에 포함시킬 것인가를 결정하는 문제이다. 첫 번째 문제에 있어서 분류학자들은 종의 통일성 내에 얼마나 많은 다양성을 허용할지를 결정하고자 노력한다. 두 번째 문제의 경우, 분류학자들은 진화의 기본적 차이를 반영한 분류계급에 생물을 귀속시키기 위해 생물의 다양한 특성을 어떻게 정리할 것인지를 결정하고자 노력한다. 식물이나 동물과 같이 가장 진화된 생물들은 유성생식을 하므로 그들의 생식 능력에 의해 종이 1차적으로 구별된다. 같은 종의 수컷과 암컷은 교배에 의해 DNA의 전달이 가능하며 그리하여 생식력이 있는 자손을 낳을 수 있는 반면, 서로 다른 종끼리는 일반적으로 성공적 교배가 이루어지지 않으며 교배가 이루어진다고 하더라도 생식 능력이 없는 자손을 얻게 된다. *형태*(구조적 특징)와 지리적 분포 또한 종을 정의하는 데 고려된다.

1a 테두리가 매끈하다	2로
1b 테두리가 거칠다	3으로
2a 은색	5센트 동전
2b 구리색	1센트 동전
3a 크다 (직경 약 1인치)	25센트 동전
3b 작다 (직경 약 3/4인치)	10센트 은화

그림 9.3 미국 동전의 2분법 검색표. '납작하다' 는 키워드는 왜 이 검색표에서 사용되지 않을까?

1a 그람 양성	2로
1b 그람 양성이 아님	3으로
2a 구형 세포	그람 양성 구균
2b 구형이 아님	4로
3a 그람 음성	5로
3b 그람 음성이 아님(세포벽 없음)	마이코플라즈마(Mycoplasma)
4a 막대형 세포	그람 양성 간균
4b 막대형이 아님	6으로
5a 구형 세포	그람 음성 구균
5b 구형이 아님	7로
6a 곤봉형 세포	Corynebacteria
6b 다형성 세포	Propionibacteria
7a 막대형세포	그람 음성 간균
7b 막대형이 아님	8로
8a 나선형 세포	Spirochetes
8b 컴마형 세포	Vibriods

그림 9.4 주요 세균 그룹의 2부법 검색표.

세균에서는 종을 정의하는데 이러한 기준을 사용할 수 없는 데 그 이유는 우선적으로, 세균에서는 유전자의 수평적 이동(유전적 재조합)이 극히 일반적으로 일어나지만 형태적 변화는 거의 없기 때문이다. 세균 종은 균주 간에 발견되는 유사성에 의해 정의된다. 세균의 종은 생화학 반응, 화학적 조성, 세포 구조, 유전적 특성, 면역학적 특징 등과 같은 형질들을 사용하여 정의한다. 어떤 생물에 대해서도 종의 동정과 종의 한계를 결정짓는 것은 생물 분류에 있어 가장 어려운 문제이다.

분류학자들이 미생물에 대하여 주의를 돌리기 이전에는 식물과 동물만으로 이루어진 2계 체계가 매우 타당하였다. 누구라도 개와 나무를 구별할 수 있듯이 식물과 동물은 구별할 수 있다. 식물은 스스로 영양원을 만들 수 있지만 움직이지 못하며, 동물은 움직일 수 있으나 스스로 영양원을 만들 수 없다. 간단 명료하다. 그러나 이 분류체계에서는 영양원을 직접 생산하는 운동성 미생물인 유글레나를 어떻게 분류할 것인가? 생활환의 시기에 따라 운동성과 비운동성의 시기로 나뉘는 해파리나 해면의 경우는 어떻게 분류할 것이며, 움직이지도 못하며 영양원을 생산하지도 못하는 무색 곰팡이의 경우는 어떻게 분류하겠는가? 끝으로, 단세포일 수도 다세포일 수도 있으며 운동성이 있을 수도, 없을 수도 있는 점균류는 어떻게 분류할 것인가? 2계 체계를 사용하여 생물을 분류할 경우 분명히 수많은 문제에 직면하게 될 것이다.

린네시대 이후의 발전

독일의 생물학자 에른스트 헤켈(Ernst H. Haeckel)은 1866년 미생물 분류에 대한 문제를 처음으로 제기하고, 세 번째 계인 원생생물계(Protista)를 창안하였다. 그는 세균, 다수의 조류, 원생동물, 다세포성의 곰팡이, 해면과 같이 모든 "단순한" 형태의 생물을 원생생물계에 포함시켰다. 그가 만든 원생생물이라는 용어 자체는 오늘날의 분류학에서도 쓰이고 있지만 현재는 주로 단세포성의 진핵생물에 한하여 사용하고 있다.

세균의 분류는 세기를 넘어 지금까지 여전히 분류학적 문제를 가지고 있다. 최근까지 많은 분류학자들은 세균을 엽록소가 결여된 작은 식물로 여겨왔다. 1957년 말에 출판된 세균 동정의 전문서인 "Bergey's Manual of Determinative Bacteriology 제 7판"에서도 세균을 단세포 식물로 간주하고 있다. 이러한 관점은 세균의 연구방법이 개발됨에 따라 변화되었다. 우선 세포의 기본적 구조를 기재하는데 광학현미경과 염색기술이 사용되었고 두 번째, 세포의 초미세 구조를 연구하는데 전자현미경을 사용하게 되었다. 그리고 세 번째는 세포 내의 화학적 조성과 화학반응을 연구하는데 생화학적 기술을 사용하게 되었다. 이처럼 다양한 연구로부터 얻은 가장 중요한 발견 중의 하나는, DNA가 핵 내에서 염색체의 형태로 조직화되어 있다라는 것 보다 오히려 세포분열시 DNA가 특이한 행동양상을 나타낸다는 것이다.

세포의 구조와 기능에 대한 연구에 의해 원핵생물과 진핵생물이라는 2가지의 기본적인 세포의 구조도 인식할 수 있게 되었다. 이와 같이 2가지의 서로 다른 세포구조에 근거한 분류는 1937년에 이미 제창되었다. 1950년대에 연구를 수행했던 코퍼랜드(H. F. Copeland), 스테니어(R. Y. Stanier), 반닐(C. B. van Niel) 그리고 위태커(R. H. Whittaker) 등의 수많은 분류학자들은 세균을 핵을 지닌 생물이 아닌 무핵(세포핵을 결여하고 있는)생물계로 분류하였다. 1962년, Stanier와 van Niel은 "세균의 독특한 특성은 원핵생물 그 자체이다" 라고 언급하였다.

1956년, Lynn Margulis와 H. F. Copeland는 다음의 4계 분류체계에 의해 원핵생물과 진핵생물의 분류체계를 제안하였다.

1. 모네라계(Monera) : 진정세균과 남조류를 포함한 모든 원핵생물
2. 프로토시스타계(Protoctista) : 모든 진핵성 조류, 원생동물, 균류
3. 식물계(Plantae) : 모든 녹색식물.
4. 동물계(Animalia) : 접합체, 즉 난자와 정자의 결합에 의해 생성된 세포로부터 유래한 모든 동물.

이 분류학자들은 또한 원핵생물로부터 진핵생물로의 진화는 내부공생에 의해 일어났다는 가설을 제시하였다(◀4장 p. 104).

위태커는 이러한 내부공생설로 원핵생물과 진핵생물 간의 모든 차이점을 설명하기에는 무리가 있다고 생각하였다. 따라서 그는 분류체계를 구축할 때 각 생물들의 영양물 획득방식에 대해서도 고려해야 한다고 생각하였다. 초기의 분류체계에서는 광합성에 의한 독립영양과 다른 생물로부터 얻은 물질을 소화하는 형식의 종속영양은 고려하였으나 영양물을 획득하는 유일한 수단으로써의 흡수(absorption)는 간과되었다. 위태커에게 있어서, 흡수를 통해서만 필요한 영양물을 얻는 균류는 식물과는 분명히 다르므로 그들을 다른 계로 분류하는 것이 합당하였다. 균류는 또한 다른 생물들과는 상이한 생식과정을 갖는다. 이러한 특징들에 근거하여 1969년, 위태커는 모네라계, 식물계, 동물계는 유지한 채 프로토시스타계(Protoctista)를 원생생물계(Protista)와 균류계(Fungi)의 2계로 나눈 새로운 분류 체계를 제안하였다. 그 후, 지난 수십 년간에 걸쳐 분류학자들에 의해 위태커의 분류체계가 수정되어 마침내 5계 체계가 완성되었다.

5계 분류체계

5계 분류체계(five-kingdom classification system)와 그것이 어떻게 미생물에 적용되는 지를 논의하기 전에, 그들이 속한 계에 관계없이 생명체로서 가지고 있는 공통특징에 대하여 언급하여 보자. 모든 생물은 세포로 구성되어있으며 모든 세포는 영양소를 섭취하고

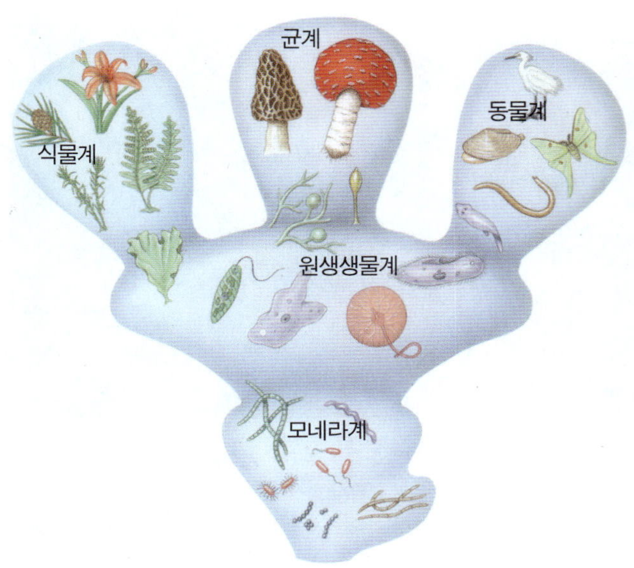

그림 9.5 분류의 5계 체계.

노폐물을 배출하는 것과 같은 일정한 기능을 수행한다. 세포는 모든 생물의 기본구조이며, 기능의 단위이다. 바이러스가 세포가 아니라는 사실은 그들을 생물로 고려하지 않는 이유 중의 하나이다. 모든 세포는 세포막이나 원형질막으로 구획되어 있고 DNA형태로 유전 정보를 운반하며 단백질을 생산하는 리보솜을 갖는다. 또한 모든 세포는 같은 종류의 유기 화합물, 즉 단백질, 지질, 핵산 그리고 탄수화물을 포함하고 있다. 세포는 또한 그들의 세포질과 환경사이에서 선택적으로 물질을 수송한다. 그러므로 비록 생물들이 매우 다양한 분류학적 그룹으로 나뉘어져도 그들의 세포의 구조와 기능은 매우 유사하다.

모든 생물학자들에게 받아들여지는 유일한 분류 체계는 존재하지 않는다. 가장 일반적으로 받아들여지는 것 중 하나가 **5계 분류체계**이다(**그림 9.5**). 이 체계의 가장 큰 장점은 미생물을 뚜렷하게 구분한 것이라고 할 수 있다. 이 체계에서는 세포핵이 결여된 미생물인 **원핵생물(prokaryotes)**을 모두 모네라계로 분류하고 있으며(◀4장 p. 80), 독립된 핵을 갖는 생물인 단세포성 **진핵생물(eukaryotes)**은 대부분 원생생물계로 분류한다(1982년에 Margulish 역시 5계 분류체계와 매우 유사한 분류체계를 제안하였으나 그녀는 단순한 진핵생물계를 **원생생물(Protista)**이 아닌 프로토시스타(Protoctista)로 분류하였다). 5계 분류체계에서는 균류도 하나의 독립된 계로 분류하고 있다.

이어서 5계의 각각의 특징과 구성원에 대하여 설명하며, **표 9.2**에 요약되어있다. 더 구체적인 세균의 분류는 부록 B에 있다.

모네라계

모네라계(Monera)는 1937년, 프랑스의 해양 생물학자인 에드워드 샤톤(Edouard Chatton)의 제안에 근거하여 **원핵생물계(Prokaryotae)**로도 불리운다. 이 계는 진정세균과 시아노세균 그리고 고세균을 포함한 모든 원핵생물들로 구성된다(**그림 9.6**).

모네라계에 속한 모든 생물은 단세포 생물이다. 진정한 핵이 결여되어있으며 일반적으로 막으로 둘러싸인 세포내소기관 역시 결여되어 있다. 이들의 DNA는 대부분 단백질에 결합되어 있지 않다. 모네라계 생물의 생식은 주로 2분법에 의해 이루어진다. 모네라계의 생물 중 **진정세균(eubacteria)**은 보건학과 가장 관련성이 크며, 이 책에서도 몇몇 장에서 구체적으로 기술하게 될 것이다.

한때 남조류로 알려졌었던 **시아노세균(cyanobacteria)**은 자연환경의 균형을 유지하는데 있어 특히 중요하다. 시아노세균은 이따금씩 세포가 연결되어 가늘고 긴 섬유를 형성하기도 한다. 광합성을 하는 전형적인 단세포 생물로 독립영양체이기 때문에 다른 생물을 공격하지 않는다. 따라서 물에 독소를 방출하는 것을 제외한다면 인간의 건강에 위협을 주지 않는다.

표 9.2

5계 체계에 의한 분류

	모네라계 (원핵생물계)	원생생물계	균류계	식물계	동물계
세포 타입	원핵세포	진핵세포	진핵세포	진핵세포	진핵세포
세포 구성	단세포; 때때로 군집화한다.	단세포; 때로 다세포	단세포 혹은 다세포	다세포	다세포
세포벽	대부분 존재한다	일부 존재한다, 그 외에는 존재하지 않는다	존재한다.	존재한다.	존재하지 않는다.
영양	흡수, 일부는 광합성, 일부는 화학합성	섭취 혹은 흡수, 일부는 광합성	흡수	흡수, 광합성	일부의 기생 생물은 때때로 흡수에 의함
증식	무성, 보통 2분법	대부분 유성, 때때로 유성과 무성 둘 다에 의함	유성과 무성 둘다에 의함, 때때로 복잡한 생활사를 포함	유성과 무성 둘다에 의함	주로 유성

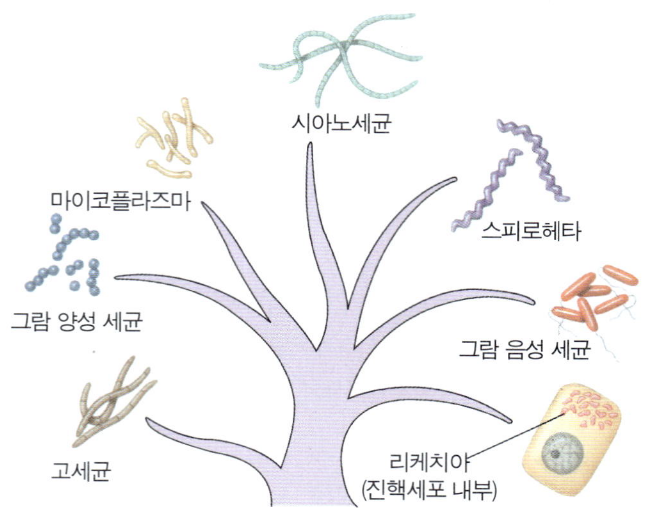

그림 9.6 모네라계의 대표적인 생물. 모네라계의 생물은 원핵생물로 세포핵이 없으며 막으로 둘러싸인 세포내 소기관을 지니지 않는다.

그림 9.7 고세균: "검은연기"와 같은 특수한 서식지를 이용할 수 있는 극한 생물. 지구 내부로부터의 뜨거운 유황 화산 가스가 분출되고 있는, 심해 분화구에 서식하는 고세균은 지금까지 알려진 환경 중 가장 가혹한 환경에서 생존하는 생물이다. 이 분화구는 대서양 중앙 해령의 수심 3,100m에 위치하고 있다. 수압은 엄청나며 온도는 360°C에 이른다. 세균은 황화합물로부터 에너지를 얻는다. (*JAMSTEC*에 의해 촬영된 사진).

시아노세균은 혐기적 환경을 포함하여 대단히 다양한 서식지에서 생장하며, 보다 복잡한 종속영양생물의 식량원을 제공하기도 한다. 대기 중의 질소를 "고정"하여 조류나 다른 생물들이 사용할 수 있는 질소화합물로 전환하는 것도 있다. 또한 어떤 시아노세균은 영양원이 풍부한 수중에서 번성하여 수화현상(algal bloom)의 – 수표면에 조류로 이루어진 두꺼운 막을 형성하여 수면 아래로 빛의 투과를 막는 – 원인이 되기도 한다. 이러한 수화 현상은 독성 물질을 방출하여 물에 악취를 발생시키거나 이 물을 마시는 가축이나 어류에 해를 끼치기도 한다.

현재까지 살아남은 **고세균(Archaea)**은 극한 환경에 적응한 원시의 원핵생물이다. 메탄생성균은 탄소를 함유한 화합물을 메탄가스로 분해한다. 극한 호염균은 극도로 염농도가 높은 환경에 서식하며, 호열성 호산성균은 대양저의 화산 분출구와 같이 고온의 산성 조건의 환경에 서식한다**(그림 9.7)**. 여기에는 거대 서관충(길이 2m 이상)과 같은 생물들과 공생관계를 형성하는 몇몇 세균 종도 존재한다. 이 벌레는 입, 장 또는 항문이 결여되어있다. 그렇다면 이 생물은 어떻게 섭식을 할까? 이 거대서관충 내부에는 화학무기영양 고세균이 서식하며 이들은 독립영양생물의 캘빈회로와 동일한 효소를 사용하여 무기물(CO_3^-, HCO_3^-)을 유기 탄소원으로 고정하는 대사경로를 갖는다. 이때 거대 서관충은 고세균의 대사과정에서 생산되는 유기탄소를 사용할 수 있다.

서관충은 고세균을 위해서는 어떤 일을 할까? 서관충은 관이 잘 발달된 자색 부분을 지니고 있어 열수분출구로부터 산소와 황화수소를 포집하여 이들 화학무기영양체에 전달한다. 고세균은 그들의 생명 유지를 위한 에너지 반응에 산소와 황화수소를 이용하고 생태계에 영양소를 제공한다. 매우 오랜 기원을 갖는 것으로 생각되는 이 고세균들은 세포벽의 구조나 RNA 중합효소의 구조 등, 여러 가지 점에서 진정세균과는 다르다는 것이 발견되었다. 고세균은 이 장의 후반에서 매우 자세하게 설명될 것이다.

원생생물계

비록 현재의 원생생물 그룹이 매우 다양하다하더라도 이들이 헤켈(Heackel)에 의해 처음 정의되었을 때 보다 훨씬 적은 종류의 생물을 포함하고 있다. 현재 **원생생물계(Protista)**로 분류되어 있는 모든 생물은 진핵생물이다**(그림 9.8)**. 대부분은 단세포이지만 군체를 형성하는 것도 있다. 원생생물은 다른 진핵생물들처럼 세포질 내에 막으

확대경

아무도 가보지 않은 곳으로의 출발

만약 당신이 미생물이라면, 다른 미생물이 생존할 수 없는 장소에서 살기를 원할 것이다. 그렇게 하고 있는 것이 바로 고세균이다. 고세균은 1977년에 발견되었을 때, 이미 아주 이상한 생물로 생각되었다. 고세균은 바다 염분 농도의 5배 이상이 되는 소금물이나 다른 생물이 바삭하게 구워질 것 같은 지열환경, 산소가 극미량도 존재하지 않는 혐기환경에서 서식할 수 있다. 고세균은 오늘날에 와서 더욱 특이한 생물이라는 것이 증명되었다. Pyrolobus fumarii는 113°C라는 화상을 입을 정도의 고온에서 생육하며 이것은 지금까지 알려진 생장온도 중 최고 기록이다. 남극의 고세균은 -1.8°C에서 생장한다. 고세균은 논, 토양, 담수호 퇴적지, 와인공장의 부산물에서도 발견된다.

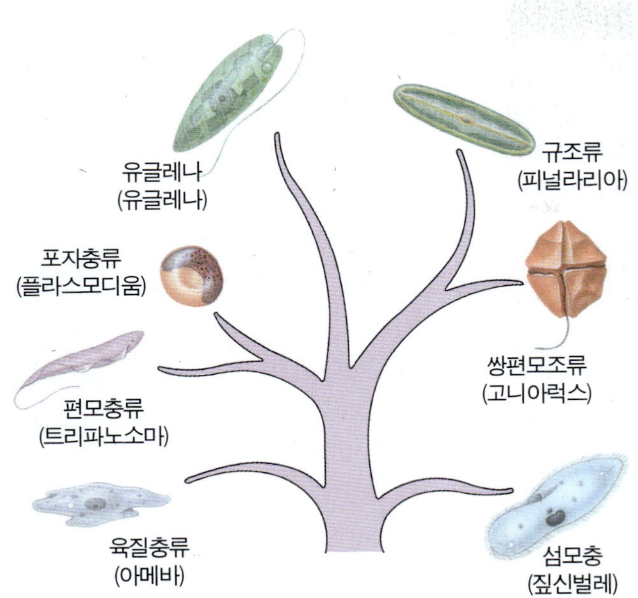

그림 9.8 **원생생물계의 대표적인 생물.** 원생생물은 단세포 진핵생물이다.

로 둘러싸인 세포내소기관을 갖는다. 많은 원생생물이 담수에 서식하며 몇몇은 해수에, 극소수는 토양에서 서식하기도 한다. 원생생물은 그들이 무엇을 할 수 있는가 혹은 무엇을 가지고 있는가 보다 무엇을 할 수 없는가 혹은 무엇을 가지고 있지 않은가로 구별되는 경우가 많다. 원생생물은 식물이나 동물처럼 배아로부터 발생하지 않으며 균류처럼 포자로부터 자라나지도 않는다. 그러나 원생생물 중, 조류는 식물과 비슷하며 원생동물은 동물과 비슷하다. 그리고 유글레나류는 식물과 동물의 특징을 모두 지닌다. 원생생물 중에서 보건학과 가장 관련성이 높은 것이 질병을 일으키는 원생동물이다(◀11장 p. 314).

균계

균류계(Fungi, 그림 9.9)는 소수의 단세포 생물을 포함하나 주로 다세포생물로 구성되어 있다. 죽은 생물로부터 유기물을 흡수하는 것에 의해서만 영양분을 얻는다. 그들이 살아있는 조직에 침입할 때조차 균류는 세포를 죽인 후 그들로부터 영양분을 흡수하는 것이 일반적이다. 균류는 식물과 공통의 특성을 지니기도 하나 구조는 식물의 잎이나 줄기에 비해 훨씬 단순하다. 곰팡이는 포자를 생성하나 씨앗은 만들지 않는다. 대다수의 균류는 다른 생물에 위해를 가하진 않지만 일부는 식물과 사람을 포함한 동물을 공격하기도 한다(◀11장 p. 320). 효모나 버섯과 같은 종류들은 식품자체로 혹은 식품제조에 있어 중요하다(◀26장 p. 829).

식물계

현미경적 크기의 진핵생물은 대부분 원생생물에, 위치시켰기 때문에 **식물계(Plantae)**에는 거시적인 녹색 식물만이 남는다. 대부분의 식물은 육상에 서식하며 엽록체라 불리는 세포내소기관에 엽록소를 포함하고 있다. 식물 중 몇몇은 퀴닌(quinine)과 같은 미생물 감염의 치료제로 사용될 수 있는 의약 물질을 포함하고 있어 미생물학자들에게 관심의 대상이 되고 있다. 많은 미생물학자들이 식물과 미생물의 상호작용, 특히 식량 공급에 위협을 주는 식물 병원균에 대하여 흥미를 갖는다.

동물계

동물계(Animalia)는 접합체(난자 및 정자와 같은 두 배우자의 결합에 의해 생성된 세포)로부터 유래하는 모든 동물을 포함한다. 이 계에 속한 거의 모든 구성원들은 거시적이므로 미생물학자들에게는 관심의 대상이 되지 않으나 몇몇 동물 그룹은 다른 생물의 내부나 표면에서 서식하거나, 일부는 미생물의 운반자로 작용하기도 한다(그림 9.10).

연충증(Helminthiasis)은 사람의 기생충 감염증 중 가장 광범위하게 퍼져 있는 기생충 감염증이다. 회충(ascaris)은 14억, 편충(trichuris)은 13억, 십이지장충(hookworms)은 20억 인구에 감염되어 있다.

연충(helminth) 중에는 인간이나 다른 동물에 기생하는 것도 있다. 흡충, 촌충, 회충 등의 연충은 숙주의 체내에 서식한다. 또한 숙주의 표면에 서식하는 거머리도 연충에 속한다. 미생물학자들은 종종 현미경적 크기든 혹은 육안으로 볼 수 있는 크기든 연충을 동정해야 할 필요가 있다(◀11장 p. 326).

숙주의 표면에 서식하는 *절지동물(arthropods)* 중 몇몇은 질병을 매개한다. 진드기, 벼룩, 그리고 이 등은 그들의 생활환 중 적어도 일정시기 이상은 숙주에 서식한다. 진드기, 이, 벼룩 그리고 모기는 그들 체내의 감염성 미생물을 인간이나 다른 동물에게 확산시킬 수 있다 (◀11장 p. 333)

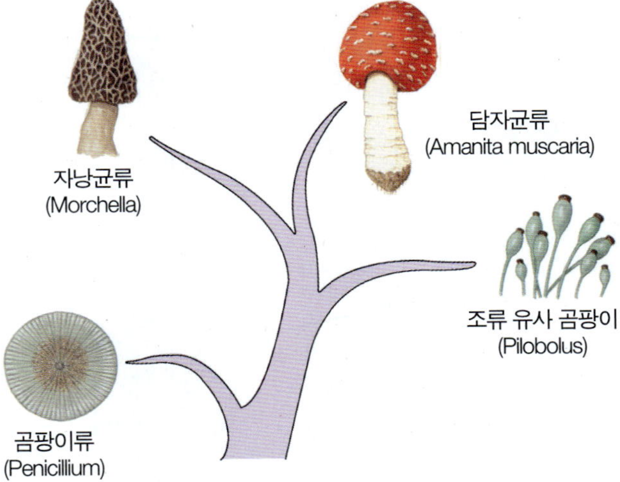

그림 9.9 **균류계의 대표적인 생물.** 균류는 진핵생물로 세포벽을 갖으며 광합성은 하지 않는다. 균류는 유기물을 먹이로 섭취한다(즉, 화학독립영양체이다).

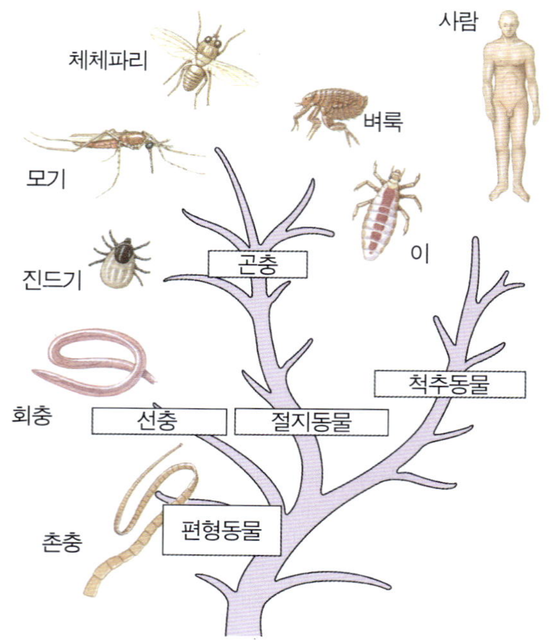

그림 9.10 미생물학과 관련이 있는 동물계의 그룹.

3도메인 분류체계

1970년대 후반, 칼 우즈(Carl Woese), 폭스(G. E. Fox) 및 다른 연구자들에 의해 수행된 고세균에 대한 연구로부터 고세균은 제 3의 세포 타입이라는 것이 시사되었다. 그들은 또한 살아있는 모든 생명체는 공통의 조상으로부터 진화하였다는 또 다른 진화체계를 제시하였다(**그림 9.11**). *원시진핵생물(urkaryotes)*이라고 하는 가장 오래된 세포 혹은 시원 세포 그룹이 원핵생물을 경유하지 않고 직접 진핵생물로 진화하였으며, 또한 핵을 가진 원시진핵생물이 특정의 진정세균과의 내부 공생을 통해 세포내소기관을 획득함으로써 진정한 진핵생물이 되었다는 가설을 제안하였다.

원핵생물의 진화

고세균에 관한 연구가 시작된 것과 거의 비슷한 시기에 스트로마톨라이트에 대한 연구가 시작되었다. **스트로마톨라이트(stromatolite)**는 화석화된 광합성 원핵생물로 세포 덩어리 혹은 미생물 매트로 관찰된다. 일반적으로 산호초에 둘러싸인 얕은 바다나 온천에서 발견되며 오늘날에도 생성되고 있다. 스트로마톨라이트는 화석화된 원핵생물이기 때문에 계통학적 관계 혹은 진화적 유연 관계에 대한 정보를 얻을 수는 없지만 그들이 발생한 시기를 결정하는 데는 이용될 수 있다. 스트로마톨라이트에 대한 연구에 의하면 생명체는 약 40억 년 전에 발생하였으며, 이어서 약 30억 년 동안은 다세포 생물이 존재하지 않은 **"미생물 시대(Age of Microorganisms)"**가 지속되었음을 나타내고 있다. 고세균 및 가장 오래된 스트로마톨라이트에 대한 연구로부터 얻은 결과를 조합해보면, 미생물 시대에 생물계통수의 3가지가 형성되었으며 각각의 가지는 뚜렷하게 다른 생물 그룹으로 발생하였다는 사실에 대해 많은 과학자들이 납득할만한 것이다.

화석화된 스트로마톨라이트가 중국에서는 흔히 바닥재나 아이들의 미끄럼틀의 표면재로 사용된다.

1990년, 우즈는 계 보다 상위에 **도메인(domain)**이라는 새로운 분류학적 범주를 추가할 것을 제안하였다. 그는 원핵생물과 진핵생물을 분자 수준에서 비교하고, 타당하다고 생각되는 진화적 유연관계에 근거하여 이러한 제안을 하였다. 우즈는 고세균이 진정세균보다 오히

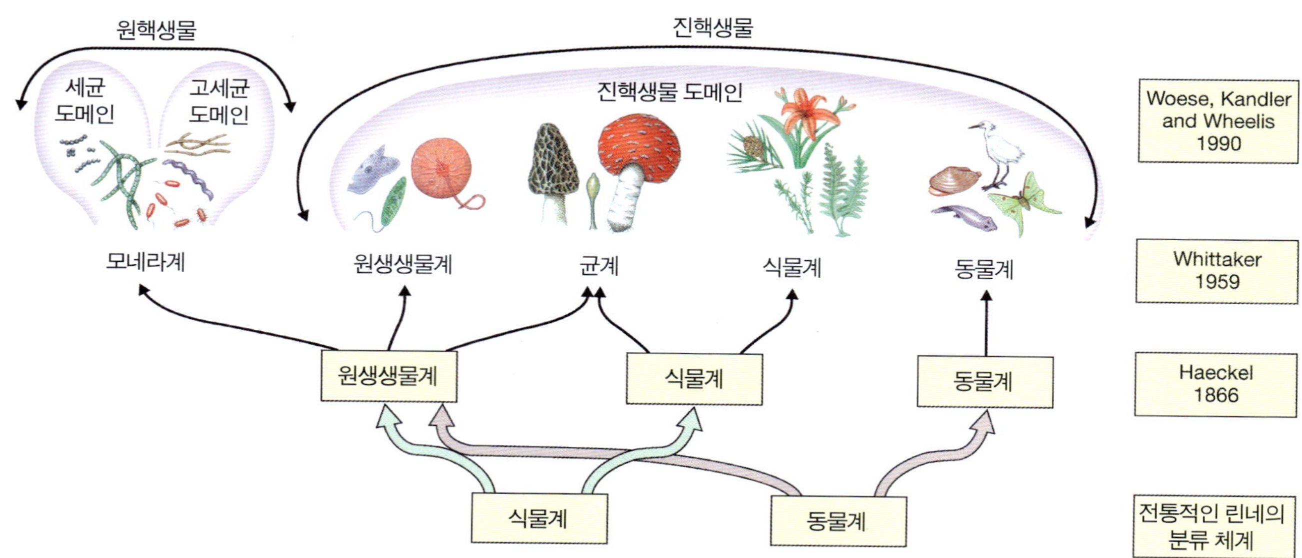

그림 9.11 분류 체계의 변천사. 분류 체계는 린네의 단순한 2계 체계에서 현재의 5계와 3도메인으로 발전하였다.

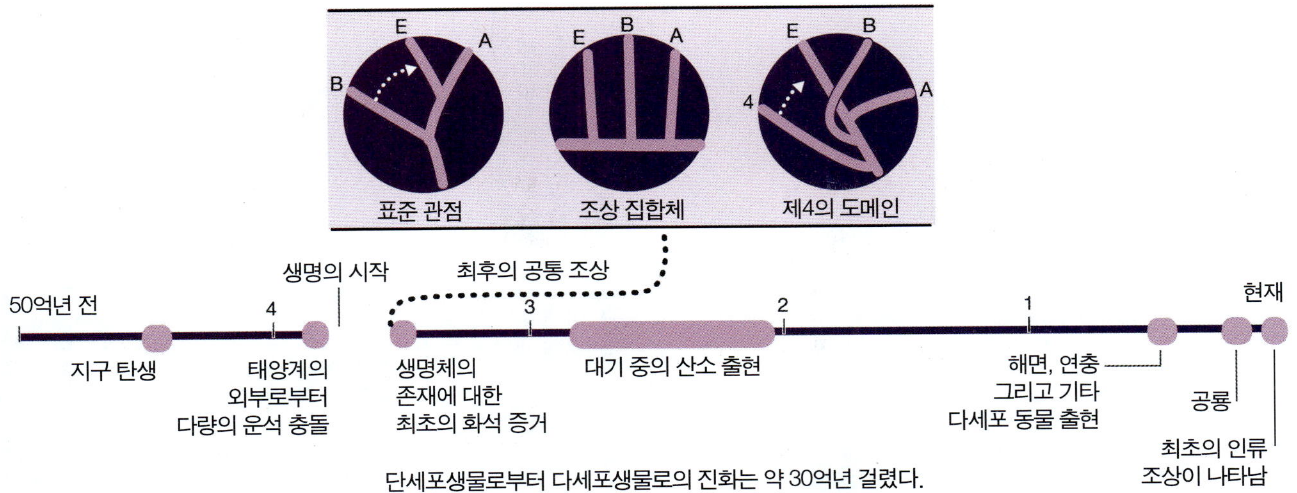

그림 9.12 3도메인에 대한 가설. 표준 관점에서는 생명의 공통 조상으로부터 세균과 고세균이 나뉘어지고 그 후 진핵생물이 고세균으로부터 나뉘어 졌다는 것이다. 또 다른 관점은 공통조상 그룹에서 3개의 계가 독립적으로 진화하였다는 것이다. 제 3의 관점에서는 이미 절멸한 제 4의 분기가 있었으며 그것이 진핵생물에 유전자를 제공하였다는 것이다.

려 진핵 생물과 가까운 유연관계를 갖을 것이라는 결론을 내렸다.

1998년, 우즈는 3도메인이 어떻게 발생하였는지에 대한 가설을 전개하였다(**그림 9.12**). 표준적 관점에서는 생물의 공통조상으로부터 우선 **세균(Bacteria)**과 **고세균(Archaea)**이 나뉘어지고 그 후 **진핵생물(Eukarya)**이 고세균으로부터 분기된다. 두 번째 관점은 공통조상 풀(pool)로부터 3도메인이 동시에 발생하였다는 것이다. 이 공통조상 풀은 서로 유전자 교환이 가능하며 따라서 공통의 유전자 코드를 가지고 있다. 세 번째 관점은 수많은 유전자들이 진핵생물에는 존재하는데 왜 고세균과 세균에는 결여되어있는 지에 대한 설명을 찾고자하는 것이다. 이 관점에서는 진핵생물의 유전자에 직접적으로 기여하고 사라진 네 번째의 도메인이 존재하였다고 가정하는 것이다. 이미 멸종되었으므로 오늘 날에는 그 후손은 볼 수 없다.

우즈가 제안한 3도메인은 **그림 9.13**에 나타나있다. 진핵생물 도메인은 동물, 식물, 균류, 원생생물 등과 같은 모든 진핵생물을 포함

표 9.3

세균, 고세균, 진핵생물의 비교

	세균	고세균	진핵생물
세포 타입	원핵 세포	원핵 세포	진핵 세포
전형적인 크기	0.5-4μm	0.5-4μm	〉5μm
세포 벽	통상 존재한다, 펩티도글리칸 함유	통상 존재한다, 펩티도글라이칸 결여	존재하지 않거나 다른 물질로 이루어져 있다
막의 지질성분	지방산이 존재한다, 에스테르결합에 의해 연결	이소프렌이 존재한다, 에테르결합에 의해 연결	지방산이 존재한다, 에스테르결합에 의해 연결
단백질 합성	첫 번째 아미노산 = N-포밀-메티오닌; 클로람페니콜에 의해 저해된다	첫 번째 아미노산 = 메티오닌; 클로람페니콜에 의해 저해되지 않는다	첫 번째 아미노산 = 메티오닌; 대부분 클로람페니콜에 의해 저해되지 않는다
유전 물질	작은 환상 염색체와 플라스미드; 히스톤은 존재하지 않는다	작은 환상 염색체와 플라스미드; 히스톤 유사 단백질이 존재한다	하나 이상의 커다란 선상 염색체를 갖는 복잡한 핵 구조; 히스톤이 존재한다
RNA 합성효소	단순	복잡	복잡
이동	단순한 편모, 활주, 가스소포	단순한 편모, 가스소포	복잡한 편모, 섬모, 다리, 지느러미, 날개
서식지	광범위한 환경	보통 극한 환경에만 서식	광범위한 환경
대표적인 생물	장내세균, 시안세균	메탄생성균, 호염균, 극호열균	조류, 원생동물, 균류, 식물, 동물

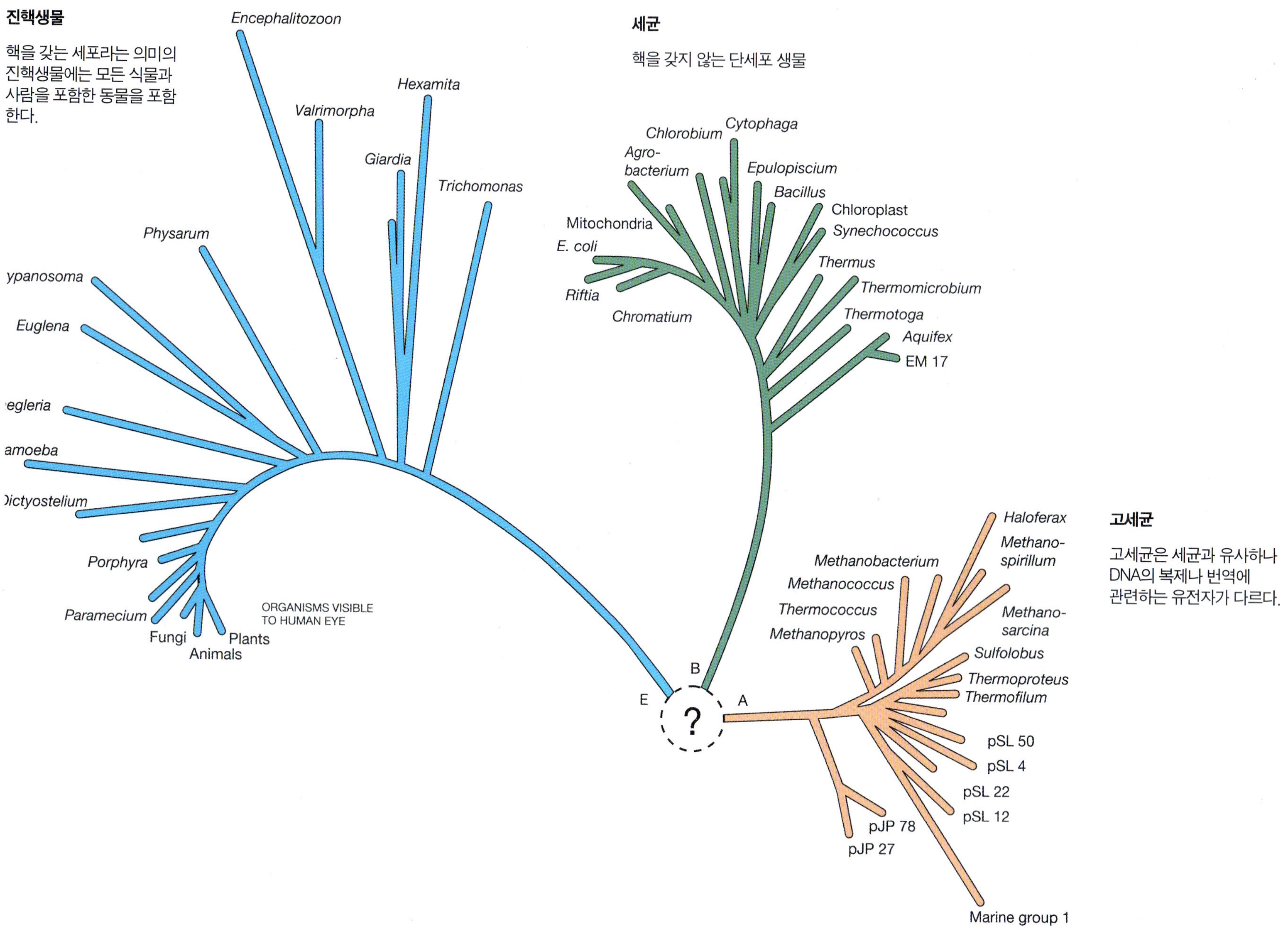

진핵생물

핵을 갖는 세포라는 의미의 진핵생물에는 모든 식물과 사람을 포함한 동물을 포함한다.

세균

핵을 갖지 않는 단세포 생물

고세균

고세균은 세균과 유사하나 DNA의 복제나 번역에 관련하는 유전자가 다르다.

Encephalitozoon
Valrimorpha
Hexamita
Giardia
Trichomonas
Physarum
ypanosoma
Euglena
egleria
amoeba
Dictyostelium
Porphyra
Paramecium
Fungi
Animals
Plants
ORGANISMS VISIBLE TO HUMAN EYE

Chlorobium
Cytophaga
Agro-bacterium
Epulopiscium
Bacillus
Chloroplast
Synechococcus
Mitochondria
E. coli
Riftia
Chromatium
Thermus
Thermomicrobium
Thermotoga
Aquifex
EM 17

E
B
A
?

Haloferax
Methano-spirillum
Methanobacterium
Methanococcus
Thermococcus
Methanopyros
Methano-sarcina
Sulfolobus
Thermoproteus
Thermofilum
pSL 50
pSL 4
pSL 22
pSL 12
pJP 78
pJP 27
Marine group 1

그림 9.13 **도메인 분류 체계.** 여기에는 3도메인의 대표적인 생물들을 나타냈다. 가지(branch)의 길이는 리보솜 rRNA 유사도에 근거하여 산출한 각 생물간의 유전적 차이를 나타낸다.

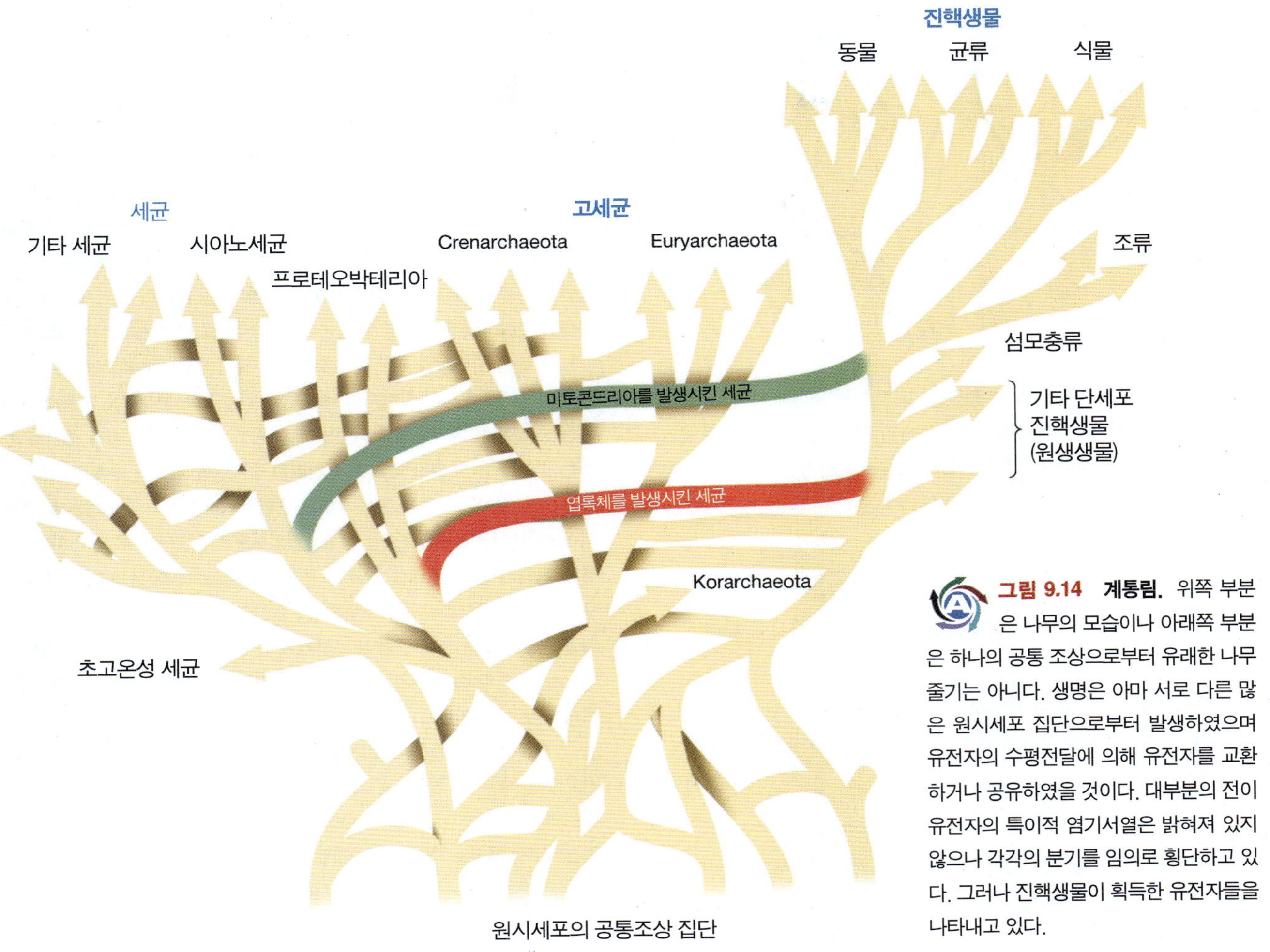

그림 9.14 계통림. 위쪽 부분은 나무의 모습이나 아래쪽 부분은 하나의 공통 조상으로부터 유래한 나무줄기는 아니다. 생명은 아마 서로 다른 많은 원시세포 집단으로부터 발생하였으며 유전자의 수평전달에 의해 유전자를 교환하거나 공유하였을 것이다. 대부분의 전이 유전자의 특이적 염기서열은 밝혀져 있지 않으나 각각의 분기를 임의로 횡단하고 있다. 그러나 진핵생물이 획득한 유전자들을 나타내고 있다.

한다. 전통적인 모네라계는 고세균 도메인과 세균 도메인의 2도메인으로 나뉘어진다. 3도메인의 비교는 **표 9.3**에 나타나있다.

생물의 계통수는 계통림으로 대체된다

유전체의 완전한 서열을 점차 많이 이용할 수 있게 됨에 따라 생물이 공통조상(*universal common ancestor*)으로부터 직선상의 분지된 계통수로 발생한다는 개념은 이제 지나치게 단순하거나 혹은 잘못된 것처럼 보여진다. 표준적 관점(그림 9.12)에 따르면 공통조상의 계통은 최초의 2계 즉 세균과 고세균으로 분기된다. 그리고 나서 진핵생물계는 고세균으로부터 분기되고 그 후 세균으로부터 두 번에 걸쳐 유전자를 받는다. 즉 한번은 엽록체(와 광합성), 또 한번은 미토콘드리아(와 호흡)이다. 그렇다면 고세균은 세균의 유전자는 갖지 않으며, 진핵생물은 오직 광합성과 호흡에 관여하는 유전자만을 갖을 것이다. 그러나 반드시 그렇지만은 않다. 카렌 넬슨(Karen Nelson)에 의해 서열이 분석된 *Thermotoga maritima*라는 세균은 유전체의 24%가 고세균 유전자로 이루어져있다. 그녀는 유전자의 수평전달에 의해 이 유전자들을 얻었다고 확신한다(◀8장 p. 212). 고세균인 *Archaeoglobus fulgidus* 역시 많은 세균 유전자를 가지고 있으며 그 유전자로 인해 해저 석유를 이용할 수 있다. 그리고 많은 진핵생물들이 광합성이나 호흡에 관계없는 세균 유전자를 가지고 있다. 어떤 생물들은 3도메인 모두로부터 유래한 유전자를 가지고 있다. 캐나다의 Nova Scotia에 있는 Dalhousie대학의 두리틀(W. Ford Doolittle)은 생명체의 초기 진화에 관하여 현재의 이해를 좀 더 잘 반영한 생명진화의 **"계통림"(shrub of life)**이라는 그림을 선 보였다**(그림 9.14)**. 이 그림에는 단 하나의 조상 계통이 아닌 많은 뿌리가 있다. 또 많은 가지들이 교차와 합류를 반복한다. 이 그림에서 합류는 유전체 전체의 접합을 의미하는 것이 아니고 하나 혹은 몇몇개의 유전자의 전달을 나타낸다**(그림 9.15)**.

우리는 유전자의 수평 전달이란 같은 시대에 존재하는 생물 간의 유전자 교환을 의미하며 오늘날에도 발생하고 있다는 것을 알고 있다. 수평 전달에 의해 항생제 내성 유전자는 플라스미드로 운반되어 갖가지의 세균들에 퍼진다. 우리가 이제 배우고자하는 것은 수평유전자 전달이 얼마나 진화에 영향을 끼쳤는지 혹은 지금도 영향을 끼치고 있는

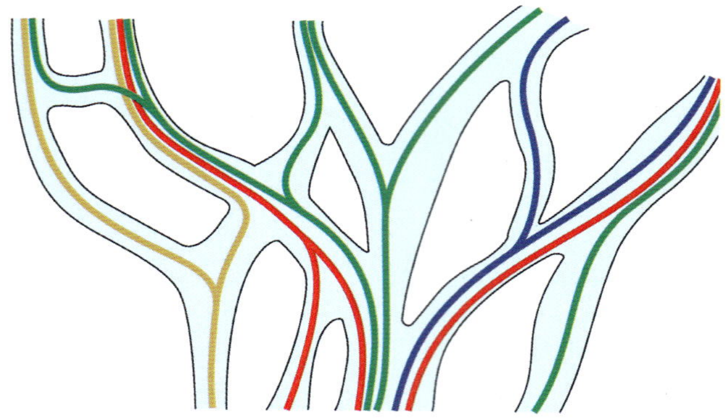

그림 9.15 유전자의 수평전달. 서로 다른 조상세포로부터 유래한 것을 나타내는 각기 다른 색의 선은 한 세포에서 다른 세포로 유전자가 수평전달하고 있음을 나타낸다. 다양한 기원을 갖는 유전자가 결합하여 여러 조상을 갖는 새로운 유형의 세포가 형성된다.

지에 대한 중요성이다. 이 모든 것들이 너무 혼란스러운가? 우리는 잘못된 길을 걸어와 버린 것일까? Doolittle의 대답은 다음과 같다.

> 몇몇 생물학자들은 이 개념에 대해 혼란을 느끼며 낙담할지도 모르겠다. 이것은 마치 다윈이 우리에게 남긴 과업, 즉 유일무이한 생물의 계통수를 해명하는 것에 실패한 것처럼 보일지도 모른다. 그러나 실제로 우리의 과학은 마땅히 가야할 방향으로 가고 있다. 주의를 끄는 가설이나 모델(단순한 생물계통수)은 실험에 의해 확인해보고 싶어진다. 이 경우 사용되는 방법은 유전자의 염기서열 수집과 분자생물학적 계통발생의 분석이다. 그 결과 이 모델은 지나치게 단순하다는 것이 나타난다. 이제 새로운 가설이 필요하다. 그 가설이 최종적인 형태라고 단언할 수는 없을지라도.
>
> W. Ford Doolittle, "생물계통수의 뿌리를 뽑다", Scientific America(2000년 2월), p. 95

고세균

고세균은 세균과 많은 차이를 나타낸다. 첫 번째 주목할 만한 차이는 세포벽의 구조이며 지금까지 상당한 차이점들이 관찰되었다(표 9.3을 보라). 그러나 모든 고세균이 다 같은 것은 아니다. 메탄생성, 극호염성 그리고 극호열성의 3개의 주요 고세균 그룹들이 알려져 있다. 이러한 그룹들의 분류는 생리학적 특성에 근거하였기 때문에 계통학적 분류나 진화적 분류라고 할 수는 없다. **메탄생성균(methanogens)**은 절대 혐기성 생물로 침수 토양이나 호수 퇴적물, 습지, 해양 퇴적물, 사람을 포함한 동물의 위장관과 같은 혐기적 환경에서 분리되며, 혐기적 먹이 연쇄의 구성원으로, 유기분자를 메탄으로 분해한다. **극호염성균(extreme halophiles)**은 그레이트솔트 호(Great Salt Lake)나 사해(Dead sea), 염수증발호(salt evaporation pond) 그리고 염장식품의 표면과 같이 고농도의 염분이 함유된 환경에서 생장한다. 메탄생성균과는 달리, 극호염성균은 보통 절대 호기성 생물이다. **극호열성 호산성균(extreme thermoacidophiles)**은 세균이 거의 발견되지 않는 독특한 서식지에 살고 있다. 즉 온천이나 지열에 의해 뜨거워진 해양퇴적물 그리고 해저 열수분출공과 같은 환경에서 독특한 생태학적 지위를 형성한다. 생장 최적 온도는 보통 80℃ 이상이며 절대 호기성, 통성호기성 또는 절대 혐기성생물 중의 하나에 속할 것이다. 극한효소(extromozymes)라고 알려진 열안정성 효소(heat-stable enzyme)는 이러한 생물들에서 발견되므로 과학자들의 특별한 주목을 받고 있다.

적용

극한 효소의 용도

고세균은 결빙된 물에서부터 심해 열수 분출공에 이르기까지, 혹은 농축된 염수에서 뜨거운 유황 온천에 이르기까지의 극도로 다양한 환경 조건에서 생존할 수 있다. 이러한 환경 조건하에서는 거의 모든 효소가 불활성화 혹은 변성되므로 이 조건하에서 생물이 생육, 번식하기 위해서는 무엇인가 특별한 적응 즉, 저항성의 효소를 필요로 하게 된다. 이러한 가혹한 조건에서 활성을 유지하고 또 작용할 수 있는 효소를 극한효소(extremozymes)라 한다.

수년간 일반적인 미생물 효소를 PCR이나 DNA fingerprint법은 물론 인공 감미료나 스톤워시 청바지의 생산 등과 같은 제조 공정에도 사용하여왔다. 가장 큰 문제는 미생물 효소의 반응과 보관을 위해 적절한 환경 조건을 유지하는 것이다. 극한 효소의 사용은 이러한 문제점을 해결할 수 있다. PCR(◀7장 p. 204) 반응은 저온과 고온 사이를 순환하면서 이루어져야 하는데, 고온에서 일반적인 DNA 중합효소는 불활성화되므로 저온 조건에서 다시 한 번 효소를 첨가해야 한다. 호열성 세균인 *Thermus aquaticus*에서 분리한 *Taq* DNA 중합효소는 고온에서도 불활성화되지 않으므로 전자동 PCR 기술의 발명을 가능하게 하였다. 보다 강한 내열성을 갖는 DNA 중합효소 *Pfu*가 호열성균인 *Pryococcus furiosus*("타오르는 불덩이")로부터 분리되었으며 이 효소의 최적 온도는 100°C이다.

호알칼리성 세균으로부터 분리된 단백질 분해효소(protease) 및 지질분해효소(lipase)는 세정력을 증가시키기 위해 세제 첨가물로 사용되고 있으며, 데님의 스톤워시 가공에도 사용되고 있다. 많은 고세균과 고세균 극한효소가 발견되면서 새로운 제조기술이 개발되고 있다.

바이러스의 분류

바이러스(viruses)는 세포보다도 작은 비세포성 병원체이다. 바이러스는 핵산(DNA 또는 RNA)을 가지며 단백질 껍질로 싸여있는 구조로 되어있다. 바이러스에는 계(kingdom)가 할당되어 있지 않다. 실제로 생명체로서의 특징은 매우 적게 나타난다.

바이러스는 처음에는 숙주에 따라 그리고 일으키는 질병에 의해

확대경

비로이드와 프리온

과학은 변화한다. 오랫동안 바이러스가 가장 작은 병원체라고 생각되어 왔다. 그러나 최근 바이러스보다 더 작은 입자가 발견되어 그것이 병원체로 작용한다는 것이 밝혀졌다. 비로이드(Vir+oides)와 프리온(Pre+onz)이다. 비로이드는 RNA 조각으로 이루어져 있다. 감자 줄기병을 일으키는 비로이드는 단 359개의 염기로 되어있어 모두 번역된다 하더라도 119개의 아미노산에 해당하는 정보량 밖에 포함하고 있지 않다. 가장 작은 바이러스와 비교하여도 1/10의 핵산량이다! 프리온(단백질성 감염 입자)은 바이러스의 1/10 크기로 돌연변이로 인해 불규칙하게 접혀진 단백질 분자로 이루어져 있다. 자기 복제가 가능한 이 입자는 소의 광견병이나 사람의 뇌 변성 질환의 원인이 되고 있다.

바이러스의 명명은 누가 책임을 질까? 바이러스 분류학 국제위원회(ICTV, Committee on Taxonomy Viruses)에 참여하는 400인 이상의 바이러스 학자들이다.

분류되어 왔다. 바이러스에 관하여 보다 많은 지식을 얻게 됨에 따라 "하나의 바이러스에 하나의 질병" 이라고 하는 초기의 분류에 이용되어 온 개념이 맞지 않는 경우가 많아졌다. 오늘날 바이러스는 핵산의 유형이나 배열, 형태(입방형 혹은 관상), 핵산을 둘러싸는 단백질 껍질의 대칭성, 피막(envelope)의 유무, 효소, 꼬리 구조, 지질과 같은 화학적 및 물리학적 특징에 의해 분류되고 있다**(그림 9.16)**. 이러한 분류는 일반적인 특성만을 반영한 것으로 진화적인 유연관계를 나타내고 있지는 않다. 바이러스의 분류는 부록B에 수록되어 있다.

바이러스에 대한 연구 즉, *바이러스학(virology)*은 아래의 2가지 이유 때문에 미생물학 교과과정에 있어 매우 중요하다. : (1) 바이러스학은 미생물학의 한 분야로 인식되어 있으며, 바이러스를 연구하는 기술은 미생물학적 기술에서 유래하였다. (2) 바이러스는 사람, 동물, 식물 그리고 미생물에까지 질병을 일으키므로 의료관계자들에게 중요하다.

중점 질문 사항

1. 분류군과 분류학의 차이는 무엇인가?
2. 종과 종 형용어의 차이는 무엇인가?
3. 계통에 의한 분류 체계란 무엇을 의미하는가? 왜 이와 같은 분류체계가 빈번히 변하는가?
4. 계와 도메인의 차이는 무엇인가? 5계와 3도메인 그리고 각각에 포함되는 생물의 종류를 기술하시오.
5. 바이러스, 비로이드 및 프리온은 분류학적으로 어디에 속하는가?

진화적 유연관계의 조사

많은 생물학자들은 생물이 어떻게 진화되어 왔으며 또 생물들이 서로 어떤 유연관계를 갖는지에 대하여 관심을 갖는다. 실제 대부분의 사람들은 생명이 어떻게 기원하였으며 생물의 다양성이 어떻게 발생하였는지에 대하여 호기심을 가지고 있다. 진화적 유연관계의 상세한 조사는 분류학자들에게는 주요한 관심사이지만 의료 관계자들에게는 그다지 중요하지 않다. 예를 들면, 진화적 유연관계를 확립하기 위해 사용하는 생화학적 특성의 대부분은 미생물을 동정하는 데에도 사용된다. 진화적인 관점에서 보면 공생관계(예를 들면, 질소고정 세균과 콩과식물)이거나 병원체와 숙주의 관계이거나 그들은 일반적으로 함께 진화한다는 것이다. 진화에 대한 이러한 지식은 미생물이 다른 생물에 감염하는 능력을 가져 때로는 공생관계를, 때로는 질병을 일으킬 수 있는 상황을 이해하는데 유용하다.

모든 세균이 1개의 환상염색체를 갖는다는 오랫동안 가져왔던 믿음이 깨어지고**(표 9.4)** 많은 의문들이 떠오르게 되었다. 예를 들면, 복수의 염색체, 그중 어떤 것은 염색체가 직선형이기도 한 이 염색체는 어떻게 하여 발생하였을까? 또 유사분열 없이 어떻게 각각의 딸세포가 정확한 종류의 수와 염색체를 물려받을 수 있도록 보장되어 질까?

우선 염색체의 정의를 기억해 보자. 플라스미드는 극히 드물게 필요로 하는 유전자나 지속적인 사용을 필요로 하지 않는 유전자를 포함한다. 만약 *메가플라스미드(megaplasmid)*가 일상생활에 필요로 하는 "관리유전자" 집단을 획득한다면 염색체의 지위로 승격된다. 대단히 혼란스러운 일이지만 유전자나 플라스미드는 수직 또는 수평전달에 의해서도 획득될 수 있다. 또 트랜스포존은 유전자를 염색체로부터 플라스미드로 이동시킬 수 있다. 또는 1개의 염색체를 갖는 세균의 염색체가 파괴되어 자기 복제 부분의 유전체가 세포질로 방출되어 두 번째의 염색체를 만들어 내기도 한다.

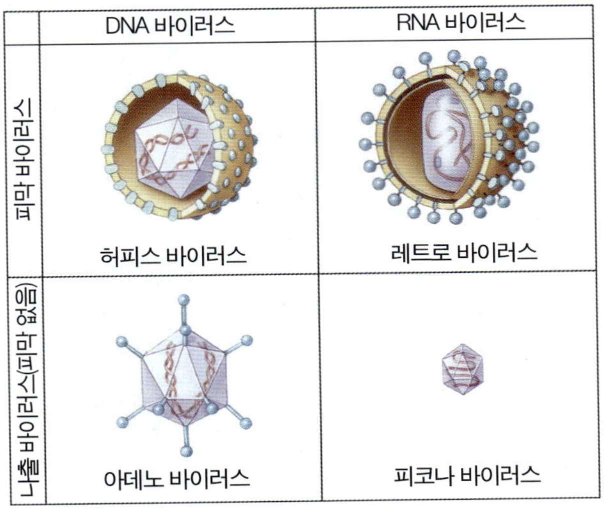

	DNA 바이러스	RNA 바이러스
피막 바이러스	허피스 바이러스	레트로 바이러스
나출 바이러스(피막 없음)	아데노 바이러스	피코나 바이러스

그림 9.16 바이러스의 분류.

표 9.4

2개의 염색체를 갖는 세균

미생물명	주 염색체 크기(kb) (1kb = 1,000염기)	부 염색체 크기(kb) (1kb = 1,000염기)
Agrobacterium rhizogenes	4,000	2,700
Agrobacterium tumefaciens	3,000	2,100(선상형)
Rhizobium galegae	5,850	1,200
Rhizobium loti	5,500	1,200
Sinorhizobium melioti	3,400	1,700
Brucella suis(biovar 3)	3,100	없음
Brucella suis(biovar 2 and 4)	1,850	1,350
Brucella ovis	2,100	1,150
Brucella meltensis	2,100	1,150
Brucella abortus	2,100	1,150
Ochrobactrum intermedium	2,700	1,900
Rhodobacter sphaeroides	3,046	914
Deinococcus radiodurans	2,649	412

한편, 근연 세균의 유전체에 대한 연구에서 어떤 경우, 조상세균이 2개의 염색체를 가지고 있다가 결국 1개로 합쳐질 수 있다는 것이 시사되었다. 사실, 어떤 것은 사이즈가 작기 때문에 플라스미드라고 하지만 실제는 필수 불가결한 유전자를 포함하고 있는 작은 염색체일지도 모른다. 플라스미드를 갖지 않는 종류 중에서 염색체 내의 플라스미드 형태의 병원성 유전자가 발견되는 경우가 있으며, 이 유전체는 수평전달에 의해 도입되었을 가능성이 높다. *Brucellar suis*와 같은 단일 세균 종으로 부터 분기된 균주(생물형, biovas) 중에는 1개 또는 2개의 유전체를 가질 수도 있다. 어떠한 생물형이 더 잇점을 갖는지에 대한 것은 분명하지 않다. 이것은 적어도 이 세균 종에 있어서는 염색체를 하나 갖던지 혹은 2개를 갖던지 간에 진화적으로는 영향을 끼치지 않는다는 것을 의미한다. 그러나 중복 유전자가 한 세포내의 2개의 염색체 양쪽에 존재하는 경우에 각각 서로 다른 조절을 받아 약간 다른 생성물(돌연변이에 의해)이 만들어 질 수도 있다. 이것은 그 세균에 있어 잇점이 될 수도 있다. 그런데 우리들은 이러한 세포를 무엇이라고 부르는 것이 좋을까? 반수체도 아니고 1배체도 아니다. 단지 몇 몇 유전자가 중복해 있을 뿐으로 완전한 2배체는 더욱 아니다. 이것을 지칭하는 단어로 *메소플라스미드(mesoplasmid)*라는 단어가 제시되었다.

현시점에서 이 부분에 대해서는 해답보다는 질문이 더 산적해있다. 복수 염색체의 정확한 분배 방법은 아직 잘 알려져 있지 않다. 어떤 연구자들은 아직 충분히 규명되어 있지는 않지만, 세포질 내의 가상적인 미세소관에 의존하는, 유사분열과 유사한 과정을 거쳐 염색체의 분배가 이루어지고 있다고 생각한다. 양 쪽의 염색체를 받지 못한 세포는 잠시 동안은 존속할 수 있으나 결국은 사멸한다는 것만 알려져 있다. 아마 정확한 분배를 보증하는 '시스템' 은 존재하지 않으며 정확하게 분배받지 못한 불행한 세포는 그저 사멸할 뿐인 것 같다.

이러한 모든 유전자 교환과 유전체의 재구성에 관하여, 전체 세균 집단을 네트워크와 같은 구조를 갖는 단일의 거대한 초개체(super organism)로 간주하는 극단적인 견해도 있다. 모든 세균 세포는 수평 혹은 수직 전달에 의해 집적된 유전자 정보에 접근이 가능하며, 초개체의 한 부분에서 다른 부분으로 지속적으로 유전자 전달이 일어난다는 것이다. 실제로 오랫동안 과학자들은 세균끼리의 유전자 조합은 극히 드물며 돌연변이가 진화의 주요한 원동력이라고 생각해 왔다. 그러나 현재 우리들은 훨씬 높은 빈도로 일어나는 유전자의 수평전달을 고려하여 세균의 진화를 다시 생각해 보지 않으면 안 된다.

진핵세포의 유전자는 특히 세포내공생(endosymbiosis)을 통해 이러한 유전자 풀에 들어간다. 세균의 유전자는 숙주세포의 염색체로 수평 전달되고 이어서 숙주 유전자중 어떤 것은 세균에 제공된다. 최종적으로 각각의 세균에 있어 필수적인 유전자들 중 몇 개는 마침내 다른 세균의 유전체로 들어가 그 결과 양자는 독립해서 존재할 수 없게 된다. 즉, 공생관계가 필수적이 된다. 병원성 세균은 그들의 섬모(pili)를 이용하여 감염 유전자를 진핵세포의 염색체 내로 삽입한다. 세균으로부터 기원한 이들 감염성 유전자의 일부는 진핵생물의 염색체에서 발견되지 않는다. 따라서 아마도 세균 전체 뿐 만 아니라 1개의 거대한 초개체로써 생명체 전체에서의 유전 물질의 이동을 고려해야 한다. 즉, 수직이동에 의한 클론의 전달만으로 한정하기보다 오히려 네트워크와 같은 구조체를 통하여 유전물질이 이동한다고 생각해야 할 것이다.

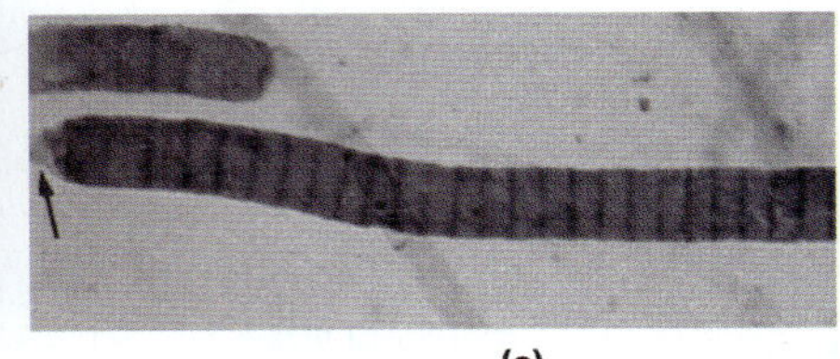

그림 9.17 스트로마톨라이트. **(a)** Australia 서부의 얕은 바다에서 스트로마톨라이트로 자라나는 시안세균 매트. 이 형성층은 1,000~2,000년에 걸쳐 형성되었다. **(b)** Montana에 있는 스트로마톨라이트 화석의 단면도. 세균의 생장에 의해 형성된 수평층이 보인다. **(c)** 동 Siberia의 Lakhanda Formation의 사상형 시안세균(Paleolyngbya). 이 미생물 화석은 9억 5천만 년 전의 선캄브리아기 후기의 것이다.

원핵생물의 분석에 필요한 특별한 방법

대부분의 진핵생물의 분류는 현존하는 생물의 형태(구조적 특징), 유전학적 특징, 화석으로부터 얻어지는 진화적 유연관계에 대한 지식 등에 근거하여 이루어진다. 그러나 원핵생물의 경우 형태나 화석으로부터 거의 정보를 얻을 수 없다. 무엇보다도 원핵생물은 화석으로 거의 남겨져 있지 않다. 앞에서 언급했던 스트로마톨라이트—원핵생물의 퇴적물로 이루어진 화석—는 수 백만 년 전, 세균이 밀집층으로 퇴적될 수 있는 환경이 있던 장소에서 많이 발견되고 있다(**그림 9.17 a, b**). 스트로마톨라이트는 고세균의 기원에 관한 많은 정보를 제공하였다. 그러나 유감스럽게도 대부분의 원핵생물의 선조들의 흔적은 소멸되고 말았다.

20억 년 전의 토양에 세균, 조류 또는 기타 단세포성 생물이 존재하였다는 화학적 흔적이 남아프리카의 망간 단괴 내에서 발견되었다.

시아노세균의 개개의 세포가 화석화되어 매몰되어 있는 암석이 발견되었으나(**그림 9.17 c**) 많은 정보를 얻기에는 부족하다. 더욱이 원핵생물은 형태적인 특징이 빈약한 데다 환경의 변화에 따라 형태적인 특징도 신속하게 변화한다. 대형 생물은 번식하는데 상당한 기간을 필요로 하는 경향이 있지만 원핵생물의 생식(복제)은 대단히 빠르게 진행된다. 세대 당 같은 수의 돌연변이가 일어난다고 가정했을 때 생식(복제)기간이 짧은 생물이 훨씬 많은 수의 변이가 축적될 것이다. 이와 같이 돌연변이에 의한 변화의 비율이 빠르기 때문에 화석에서 볼 수 있는 원핵생물과 현대의 생물 간의 관계를 증명하기는 대단히 어렵다.

원핵생물의 분류에는 형태와 진화는 그다지 이용되지 않으며 대사반응, 유전적 관계나 기타 특성 등이 이용된다. 병원 검사실에서 감염 원핵생물을 동정하는 경우, 그 생물의 진화적 유연관계를 생각할 필요는 없기 때문에 이러한 특성을 사용한 동정방법으로 충분하다. 앞으로 논의할 방법들은 진화적 유연관계를 탐구하는데 이용하는 것들이다. 이들은 특히 원핵생물에 적용하는 방법이지만 동시에 진핵생물에도 적용할 수 있다.

수리분류

수리분류(numerical taxonomy)는 생물의 특징을 많이 사용하면 사용할수록 그 정확도—유사도로 검출가능—를 향상시킨다는 발상에 근거하고 있다. 만약 그 특징들이 유전적으로 규명되어 있다면 2개의 생물 간에 공유하는 특징이 많을수록 진화적 유연관계가 보다 가깝다고 할 수 있다. 수리분류학의 개념은 컴퓨터를 이용할 수 있기 이전에 개발되어 있었으나 컴퓨터에 의해, 서로 다른 많은 특징들에 대하여 수많은 생물을 신속하게 비교할 수 있게 되었다. 수리분류의 단순한 예로 각각의 특징이 존재할 경우는 1점, 없는 경우 0점으로 나누는 것이다. 그람염색, 산소 요구성, 협막의 유무, 핵산이나 단백질의 특징, 특정 효소나 화학반응의 유무 등의 특징을 사용할 수 있다. 이러한 특

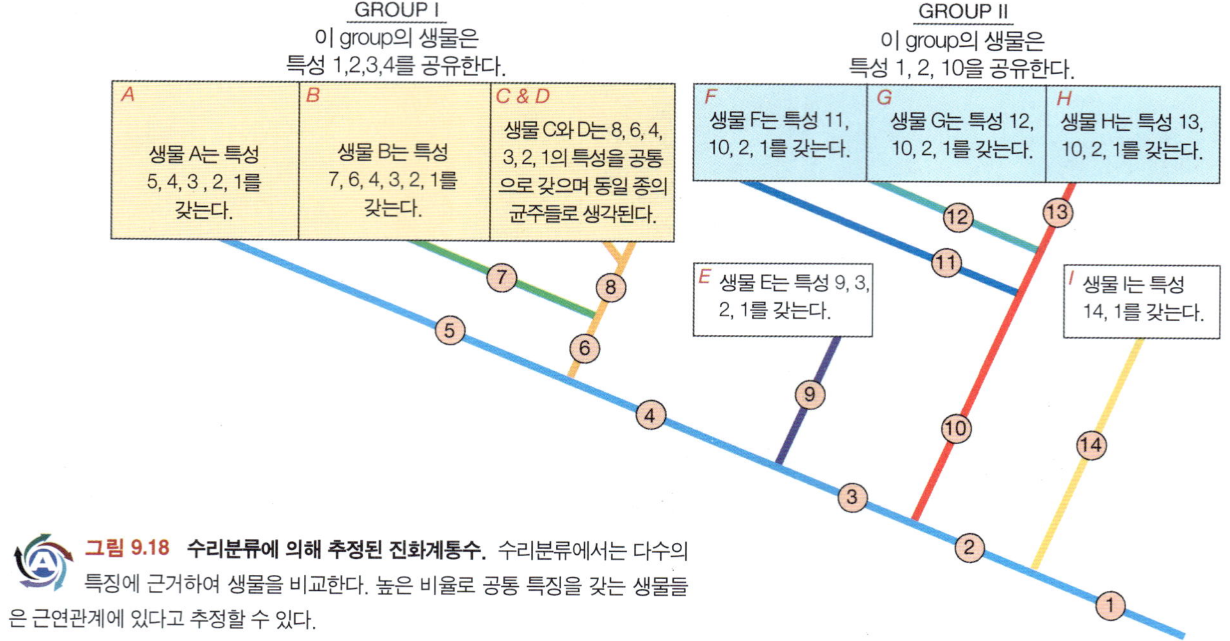

그림 9.18 수리분류에 의해 추정된 진화계통수. 수리분류에서는 다수의 특징에 근거하여 생물을 비교한다. 높은 비율로 공통 특징을 갖는 생물들은 근연관계에 있다고 추정할 수 있다.

징에 의해 각각의 생물을 비교하여 유사도나 상이도를 찾아낼 수 있다(**그림 9.18**). 수리분류학을 사용하면 모든 생물을 단 하나의 특성에 의해 임의로 2개의 그룹으로 나눌 필요가 없다. 만일 2개의 생물에서 조사한 특징이 90%이상 일치한다면 그 두 생물은 동일 종에 속한다고 추정할 수 있다. 컴퓨터화된 수리분류학은 모든 생물의 상호 유연관계에 대하여 우리의 지식을 향상시키는데 큰 도움을 줄 것이다.

유전적 상동성

1953년, 제임스 왓슨(James Watson)과 프란시스 클릭(Francis Click)은 DNA의 구조를 발견하였으며 이 새로운 지식은 분류학자 특히, 진핵생물의 분류체계나 진화를 연구하는 학자들에 의해 신속하게 응용되었다. 그들은 생물 간의 DNA의 **유전적 상동성(genetic homology)** 혹은 유사성에 대한 연구를 시작하였다. 이론적으로는 모든 생물의 유전체 전체의 염기 서열을 결정하고 그것들을 서로 비교하는 방법이 있으나 이 방법은 현재로서는 실질적인 방법은 아니다. 단 1개의 유전체의 염기서열을 결정하는데 대단한 노력과 시간을 필요로 한다(카렌 넬슨 박사의 웹사이트의 인터뷰 참조). 유전적 상동성을 신속하고 간단하게 비교할 수 있는 몇 가지 방법들이 있다. DNA의 유사도는 DNA의 염기조성의 결정, DNA나 RNA의 일부의 염기서열의 결정, 그리고 DNA 혼성화 등의 직접적인 방법에 의해 연구할 수 있다. 또한 생물의 단백질은 DNA에 의해 결정되기 때문에 단백질 분석(*protein profiles*)이나 단백질의 아미노산 서열 정보로부터 간접적으로 DNA의 유사도를 연구할 수도 있다.

염기 조성

생물이 가지고 있는 DNA 염기의 상대적 비율에 의해 생물을 몇 개의 그룹으로 나눌 수 있다. DNA는 4개의 염기－A(adenine), T(thymine), G(guanine), C(cytosine)－를 포함한다(◀2장 p. 46). 염기쌍은 A와 T그리고 G와 C간에만 형성된다. 염기의 비율은 시료 DNA 내의 G와 C의 합계량을 결정하여 %로 표시한다. 100에서 이 비율을 빼면 A와 T의 %를 얻을 수 있다. 예를 들면, 어떤 DNA의 G-C함량이 60%라면 A-T함량은 40%이다. 염기조성은 단순하게 각 염기의 양을 알려줄 뿐으로 염기서열에 관해서는 아무 정보도 주지 않는다. 염기 조성에 관한 연구에 의하면 세균의 G-C 함량은 23%에서 75%까지 다양하다. 또 어떤 종의 세균, 예를 들어, *Chlostridium tetani*와 *Staphylococcus aureus*와 같은 세균 종들은 서로 매우 유사한 DNA 염기 조성을 가지나 이들은 *Pseudomonas aeruginosa*와는 매우 다른 DNA 염기 조성을 갖는다. 따라서 *Chlostridium tetani*와 *Staphylococcus aureus*는 아마도 *Pseudomonas aeruginosa*와 비교하면 서로 가까운 유연관계에 있다고 생각하기 쉽다. 그러나 염기 조성이 유사하다고 하여 그 생물이 서로 가까운 유연관계에 있다고 할 수는 없다. 왜냐하면 염기 서열이 매우 다를 경우가 있기 때문이다(예를 들면, 사람과 *Bacillus subtilis*는 거의 동일한 G-C %를 갖는다). 단, 두 생물 간의 염기 조성이 매우 다르다면 그들은 근연관계가 아니라고 할 수 있다.

그림 9.19 DNA 자동염기서열동정 장치. 자동염기서열동정 장치는 DNA 단편의 염기서열을 자동으로 동정할 수 있다.

DNA와 RNA의 염기서열 분석

DNA와 RNA의 염기서열을 동정하기 위한 자동염기서열 동정장치는 이제 합리적인 가격으로 이용할 수 있다(**그림 9.19**). 따라서 특정 종에 특이적이라고 알려진 염기서열을 이전에 비해 쉽게 탐색할 수 있게 되었다. PCR법과 DNA 합성장치를 사용하면 많은 **탐침자(probe**, 탐색하려고 하는 염기서열과 상보서열을 갖는 단일가닥 DNA 단편)를 만들 수 있다(◀7장 p. 196). 형광염료나 방사성 표지(표식 분자)를 탐침자에 붙일 수도 있다. 탐침자가 표적 DNA를 발견하면 그것에 상보적으로 결합하여 세정에 의해 씻겨 내려가지 않는다. 그다음 형광 염료 혹은 방사능 활성을 조사한다. 특이적 DNA 서열의 존재 유무는 시료의 동정에 도움을 준다.

DNA 혼성화

DNA 혼성화(DNA hybridization)는 두 생물의 각각의 2중나선 DNA가 단일가닥으로 나뉘어질 수 있으며 두 생물로부터 유래한 단일가닥은 서로 결합할 수 있다는 원리에 기초한다(**그림 9.20**). 서로 다른 생물로부터 유래한 DNA 가닥은 염기쌍 A와 T 그리고 G와 C에 의해 서로 재결합(anneal)한다. 재결합하는 DNA의 양은 두 DNA내의 동일한 염기서열의 양에 직접 비례한다. 두 생물이 긴 부분에 걸쳐 동일한 염기서열을 갖는다면 높은 상동성을 나타낼 것이다. 높은 상동성을 나타낸다는 것은 그 두 생물이 근연의 관계이며 공통의 조상으로부터 진화했을 가능성을 의미한다. 이러한 생물들의 조상은 아마도 수천 년 전에 분기하여 이후 각각의 진화경로를 거쳤을 것이다.

상보가닥 DNA의 혼성화에 의해 감염 바이러스 유래의 DNA 염기서열을 검출할 수 있다.

단백질 분석과 아미노산 서열

모든 단백질 분자는 특정의 아미노산 서열을 가지고 있으며, 표면 전하에 따라 특정의 형태를 형성한다. 현대적인 실험방법을 이용하면 단백질의 특징에 기초하여 세포 혹은 생물을 비교할 수 있다. 다세포 생물은 세포 내에 포함된 단백질이 다양하기 때문에 단백질 분석을 적용하는 것이 어렵지만 단세포 생물의 연구에는 대단히 유용하다.

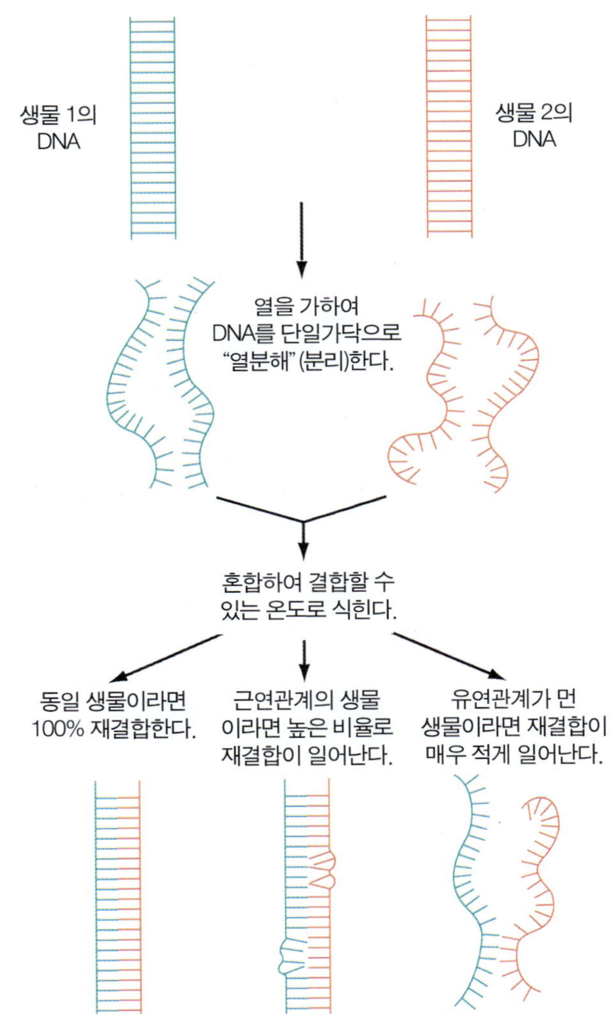

그림 9.20 DNA 혼성화. DNA 가닥은 두 가닥으로 나뉘어 서로 다른 2개의 생물로부터 유래한 각각의 DNA 가닥은 재결합할 수 있다(수 많은 상보 염기쌍에 의해 수소결합한다). 동일한 유전자, 또는 그 일부에서만 재결합이 일어난다고 가정한다면 재결합의 비율은 그 생물 간의 유연관계를 반영한다.

단백질 분석(protein profile)은 실험실에서 세포로부터 제조한 단백질 패턴의 해석이다(그림 9.21a). 세포의 단백질은 유전정보의 산물이므로 각각의 생물종의 세포는 독특하고 다양한 단백질—사람의 지문과 마찬가지로—을 합성한다.

단백질 분석은 **폴리아크릴아미드겔 전기영동(PAGE, polyacrylamide gel electrophoresis)**에 의해 수행된다. 이 방법의 원리는 단백질을 분자량에 따라 분리하는 것이다(그림 9.21b). 이 방법에서는 세포를 파쇄하여 얻어진 단백질을 계면활성제에 용해시킨 후 얇은 폴리아크릴아미드겔 판의 시료 주입구(움푹 파인 홈)에 주입한 후 겔 판을 완충액이 채워진 전기영동조에 넣고 일정 시간동안 겔에 전류를 흐르게 한다. 이 전류에 의해 단백질 분자가 겔판의 반대편 끝으로 이동한다. 이 때, 큰 단백질 분자는 작은 것에 비해 천천히 이동한다. 가장 작은 단백질이 충분히 이동한 후 전류를 차단하고 겔 판을 떼어낸다. 그 다음 염색하여 분리된 각각의 단백질 밴드를 관찰한다(◀18장 p. 567).

1종류의 세포로부터 얻어진 각각의 밴드는 각각 서로 다른 단백질을 나타내고 있다. 서로 다른 세포를 이와 같은 방법으로 분석하여 각각의 밴드가 같은 위치에 나타난다면 각기 다른 세포들이 동일한 단백질을 갖는다는 것을 나타낸다.

또한 단백질의 아미노산 서열을 결정하여 생물 간의 유사성과 상이성을 동정할 수도 있다. 많은 생물들의 호흡대사에 관여하는 시토크롬과 같은 특정 단백질이 아미노산 서열의 연구에 흔히 이용된다. 서로 다른 생물들이 갖는 같은 종류의 단백질에 대한 아미노산 서열들이 결정되어 있으므로 DNA 혼성화와 마찬가지로 단백질의 아미노산 서열 비교에 의해서도 생물 간의 유연관계를 알 수 있다.

한 생물이 가지고 있는 단백질은 그 생물의 DNA 정보에 의해 직접적으로 결정된다. 따라서 단백질 분석과 아미노산 서열의 결정은 생물의 유연관계를 추정하는 데 있어 DNA 상동성 만큼이나 의미가 있다고 할 수 있다. 이들은 모두 생물의 진화역사와 관련되어 있다.

기타 방법

진화적 유연관계를 연구하는 그 외의 다른 방법으로 리보솜의 특성, 면역반응, 파지형의 결정 등이 있다.

리보솜의 특성

리보솜은 원핵생물과 진핵생물 모두에서 단백질의 합성 장소로 작용

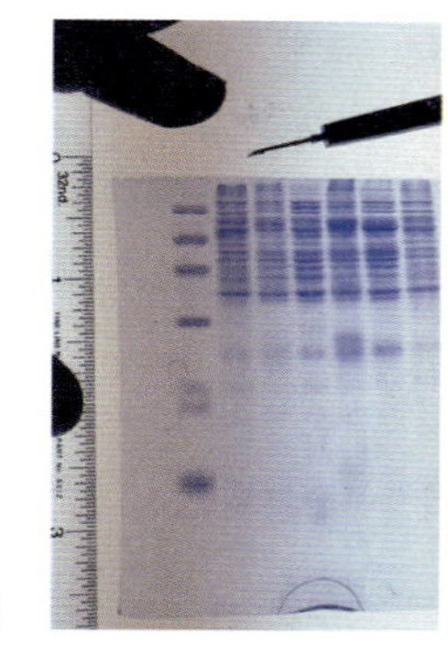

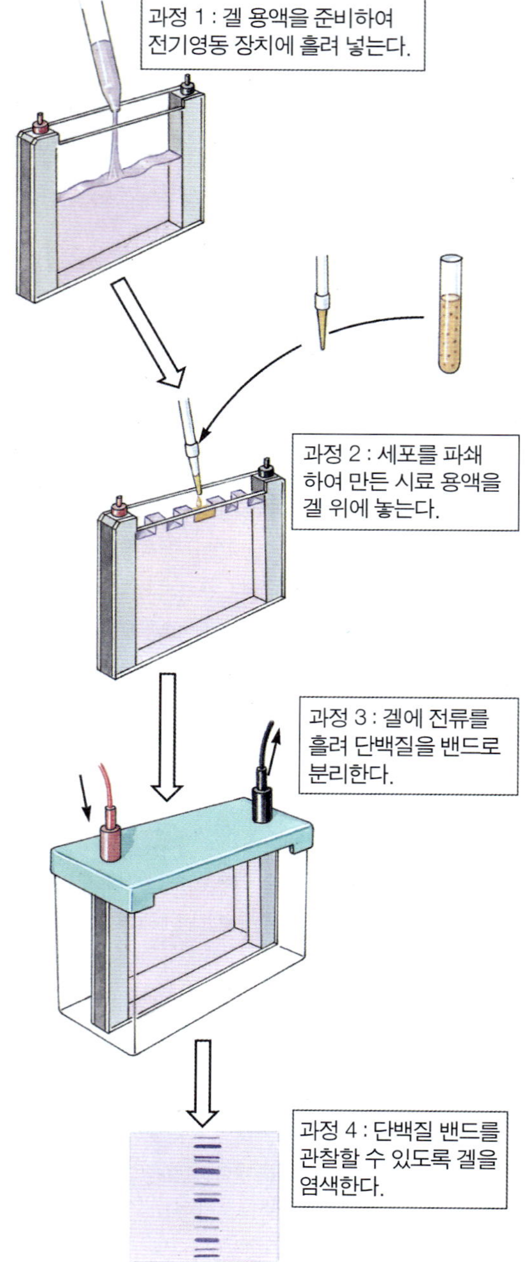

그림 9.21 단백질의 분리. **(a)** 단백질 분석은 세포내에 있는 단백질의 "지문" 정보이며, 서로 다른 생물들의 유사도를 결정하는데 사용할 수 있다. **(b)** PAGE의 실험 과정.

세균에서 RNA의 기능은 동일하므로 특정 세균의 16S 혹은 rRNA 염기서열을 표적으로 하여 별개의 서로 다른 질병을 치료할 수 있는 약을 발견할 수 있을지도 모른다.

한다. 리보솜에 존재하는 RNA는 크기에 따라 여러 가지 종류로 나뉜다. 그 중에서 16S rRNA는 여러 가지 이유에서 진화 계통의 연구에 유용하다는 것이 이미 증명되어 있다. 16S rRNA 분자는 유전자 구조에 약간의 변화가 생기는 것만으로 쉽게 불활성화되기 때문에 돌연변이를 거의 허용하지 않는다. 그 때문에 RNA의 진화속도는 대단히 느리다. 두 생물 간의 16S rRNA 염기서열의 유사도는 진화적 유연관계를 나타낸다. 만약 두 생물 간의 16S rRNA의 염기서열이 매우 유사하다면 이 생물들은 진화적으로 매우 근연관계에 있다고 할 수 있다. 생물종 간의 진화적 유연관계를 분석하기 위하여 16S rRNA의 염기서열을 직접 결정했었으나 PCR과 같은 보다 새로운 방법으로 대체되기 시작하고 있다. PCR법은 rRNA를 증폭하여 사용하므로 직접적인 rRNA 염기서열 결정에 비해 소량의 세포만이 필요하다. 따라서 많은 시료들을 보다 빠르고 간편하게 해석할 수 있다.

면역반응

면역반응은 17장에서 설명하는 것처럼 미생물의 생화학 조성이나 표면구조의 연구 및 동정에도 사용될 수 있다. 높은 특이성과 감도를 갖는 방법으로 *단일 클론 항체(monoclonal antibodies)*라는 단백질을 사용하는 방법이 있다. 단일 클론 항체는 보통 세포 표면에 존재하는 단 1종의 단백질과 결합하도록 만들어져 있다. 만약 이 항체가 여러 종의 생물의 표면에 결합한다면 그 단백질은 그 생물들에 공통적이라고 할 수 있다. 이 방법은 각 미생물에 특징적인 생화학적 특징을 식별하는데 대단히 유용하다. 바꿔 말하면 그와 같은 특징의 동정은 분류학적 유연관계를 결정하는데 대단히 유용하다.

파지형

파지형(phage typing)은 박테리오파지, 즉 세균을 공격하는 바이러스를 사용하여 서로 다른 세균간의 유사도를 결정하는 방법이다. 우선 조사하고 싶은 세균들을 각각의 한천배지에 접종한다. 이때 멸균된 면봉이나 도말봉을 사용하여 한천 표면에 도말한다. 배양하면 마치 *잔디(lawn)* 혹은 1장의 시트와 같이 *밀집하여(confluent)* 세균이 생장한다.

세균의 종류보다 10배 이상 많은 파지의 종류가 있다.

파지형의 본 실험에서는 한천배지에 조사하려는 세균을 도말한 후 파지액을 떨어뜨린다. 그 때 미리 한천배지 아랫면에 구획선을 그려 넣어 하나의 구획 안에 하나의 파지용액이 떨어지도록 하면 나중에 어느 위치에 어느 파지액을 떨어뜨렸는지 알 수 있다. 잔디와 같이 한 면에 세균이 밀집하게 증식할 때 까지 배양하면 세균 밀집 생장지역 내에 *용균영역(plaques)*이 나타난다**(그림 9.22)**. 박테리오파지의 수용체 부위는 매우 특이적이기 때문에 동일종의 세균에서도 특정 균주만이 특정 파지의 공격을 받는다. 어떤 파지에 의해 플라그가 생성되었는가에 따라 균주를 동정할 수 있다. 파지에 의한 용균 패턴이 동일한 균주들은 다른 용균 패턴을 나타내는 균주들에 비해 보다 유연관계가 가깝다고 할 수 있다.

연구 성과의 중요성

진화적 유연관계를 결정하는 연구 방법은 근연관계의 생물을 그룹화하거나 유연관계가 먼 생물을 나눌 수 있기 때문에 중요한 의미를 갖는다. 근연관계에 있는 생물 그룹은 공통의 조상을 가지는 것으로 추정할 수 있으며 그들 간의 다소의 차이점은 *분기진화(divergent evolution)*의 과정에 의한 것으로 생각할 수 있다. **분기진화**란 공통선조를 갖는 한 생물종의 하위 집단이 다른 종으로 동정될 정도로 많은 돌연변이를 일으켜 일어난다.

세균은 초기의 분기에 의해 2개의 주요 하위그룹인 그람양성세균과 그람음성세균이 발생하였다. 이어서 각 그룹 내에서 분기가 일어나 현재의 많은 세균종이 발생하였다. 그람 음성 세균 중 자색비황색세균은 오늘날 동물의 소화관에 서식하는 세균의 기원이 되었다.

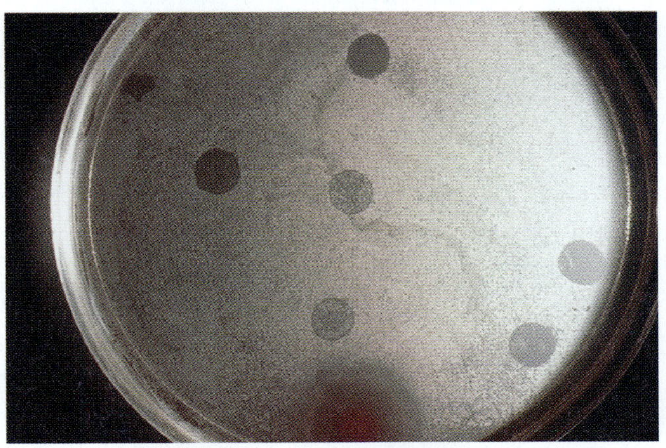

그림 9.22 파지형 박테리오파지의 수용체 부위의 특이성은 매우 높다; 어떤 세균의 균주는 특정 파지에 의해서만 공격을 받는다. 파지가 세균을 죽이면 투명대(플라크)가 남는다. 어떤 균주를 어떤 파지가 공격하는지에 의해 균주의 식별이 가능하다.

중점 질문 사항

1. 스트로마톨라이트란 무엇인가? 스트로마톨라이트에 의해 진핵생물의 진화에 대하여 무엇을 알 수 있을까?
2. 미생물의 진화와 분류에 관한 연구에서 유전적 상동성이 형태보다 더 유용한 까닭은 무엇인가?
3. 생물의 진화적 유연관계를 연구하는데 있어 리보솜 RNA 연구가 특히 유용한 까닭은 무엇인가?

세균 분류학과 명명

세균 분류의 지표

대부분의 거시적 생물은 관찰 가능한 세포의 구조적 특징에 따라 우선 분류할 수 있다. 그러나 미시적 생물 특히 세균은 그들 대다수가 유사한 세포 구조를 지니기 때문에 형태로 분류하는 것은 매우 어렵다. 세포의 형태, 크기, 그리고 세포의 배열에 따라 나누는 것으로는 유용한 분류 체계를 구축할 수 없다. 특수한 구조인 편모, 내생포자, 협막 등의 유무는 특정 세균종의 동정에만 사용할 수 있다. 따라서 다른 분류 지표들도 반드시 사용해야 한다. 염색성, 특히 그람 염색은 세균의 분류에 이용하는 형태 이외의 최초의 특성이었다. 생장, 영양 요구성, 생리적 특징, 생화학 반응, 유전적 특성이나 분자 생물학적 분석 등을 포함하는 특징들이 현재 사용되고 있다. DNA와 단백질의 특징도 이용되고 있다. 세균 분류에 이용되는 중요한 지표들이 **표 9.5**에 요약되어 있으며 분류와 동정에 사용되는 유용한 생화학적 반응들은 **표 9.6**에 기술되어 있다.

여러 가지 분류학적 지표를 사용하여 그 생물이 속하는 속이나 종을 동정할 수 있다. 세균에서 종이란, 다수의 공통 특성을 공유하며 다른 균주들과는 충분히 다른 균주들의 집합체를 말한다. 세균 *균주*(*strain*)란 순수 배양에 의해 분리된 단일 균주로 구성된다. 세균학자들은 한 종의 세균 중 한 균주를 **표준균주(type strain)**로 지정한다. 일반적으로, 표준균주는 가장 먼저 기재된 균주이다. 표준균주는 그 종을 대표하는 것으로 하나 이상의 미생물 보존기관에 보존된다. 1925년에 설립된 비영리 과학단체인 미국 표준균주보존기관(ATCC, The American Type Culture Collection)은 미생물 표준균주의 수집, 보존, 분양을 수행하고 있다. 이 장의 서문에 있는 짧은 글과 비디오를 상기해보자. 미생물보존기관의 서비스가 없다면 분류 동정과 관련된 많은 중요한 연구들과 또한 미생물을 사용한 산업에 심각한 영향을 줄 것이다.

과학자들은 많은 세균 균주들을 특정 종의 구성원으로 결정할 수 있다. 그러나 일부 어떤 균주들은 기존의 세균 종 중 어디에 해당하는지를 결정하거나 다른 종과 명백히 다르다는 것을 판단하기가 어려운 경우가 있다. 최근에는 미생물간의 DNA 및 단백질 유사도에 의해

표 9.5

세균의 분류를 위한 지표

분류지표	예	적용
형태	세포의 크기와 형태; 쌍, 덩어리, 혹은 사상형의 세포배열; 편모, 선모, 내생포자, 협막의 존재	주로 속의 구별, 때때로 종의 구별
염색	그람양성, 그람음성, 항산성	진정세균을 문으로 나눔
생장	액체배지와 고체배지에서의 생장특성, 콜로니 형태, 색소 생산능	종과 속의 구별
영양	독립영양, 종속영양, 다양한 발효산물을 생산하는 발효; 에너지원, 탄소원, 질소원, 특정 영양소에 대한 요구	종, 속, 상위분류군의 구별
생리	온도 (최적 온도 및 범위); pH(최적pH 및 범위), 산소요구성, 염요구성, 삼투압 내성, 항생물질 감수성과 내성	종, 속 그리고 상위 분류군의 구별
생화학	세포벽, RNA 분자, 리보솜, 저장 과립, 색소, 항원과 같은 세포 구성성분의 특징	종, 속 그리고 상위 분류군의 구별
유전학	DNA 염기 조성(G +C 비율); DNA 혼성화	속과 과내에서의 유연관계 결정
혈청학	슬라이드 응집반응, 형광표지 항체	균주 및 종의 구별
파지형	박테리오파지에 대한 감수성	균주의 동정
rRNA 염기서열	rRNA 염기의 서열의 결정	모든 생물 간의 유연관계 결정
단백질 분석	2차원 전기영동(PAGE)에 의한 단백질의 분리	균주의 구별

표 9.6

세균의 동정과 분류에 사용되는 생화학 시험

생화학 시험	시험의 특징
당발효	특정 당을 포함하는 배지에 시험균주를 접종한다; 생장 및 가스를 포함한 최종 발효산물을 기록한다. 혐기적 발효는 고체배지에 천자 배양하여 검출한다.
젤라틴 액화	젤라틴을 포함하는 고체배지에 시험균주를 접종(천자)한다; 실온에서의 액화 혹은 냉장온도에서 재고체화하지 않는 것에 의해 단백질 분해(단백질 소화)효소의 존재를 확인한다.
전분 가수분해	전분을 함유한 한천 배지에 시험균주를 접종한다; 배지에 그람요오드 용액을 첨가하였을 때 나타나는 콜로니 주변의 투명한 부분은 전분 분해효소의 존재를 나타낸다.
리트머스 밀크	리트머스 우유 배지(10% 탈지유 + 리트머스 지시약)에 시험균주를 접종한다; 산성 혹은 염기성으로 배지 pH의 변화, 카제인 단백질의 변성(응고), 가스 생산 등의 특징적인 변화는 특정 미생물의 동정에 이용할 수 있다.
카탈라아제	사면 배지에서 과밀하게 생장시킨 시험균주에 과산화수소(H_2O_2)를 떨어뜨린다; 산소 기포의 발생은 과산화수소를 물과 산소로 산화하는 카탈라아제의 존재를 나타낸다.
옥시다아제	한천 배지상에 생장한 시험균주에 옥시다아제 시약을 두 세 방울(또는 디스크) 떨어뜨린다; 시약의 색이 청색, 자색, 흑색으로의 색 변화는 시토크롬 옥시다아제의 존재를 나타낸다.
구연산 이용능	구연산이 유일한 탄소원으로 함유된 구연산 한천배지에 시험균주를 접종한다; 구연산이 대사되면 배지에 포함된 지시약의 색이 변한다. 구연산의 이용능은 세포내로 구연산을 운반하는 퍼미아제 복합체가 존재함을 나타낸다.
황화수소	펩톤철배지에 시험균주를 접종한다; 검은색의 황화철의 생성은 황화수소(H_2S)의 생산능을 나타낸다.
인돌 생산	아미노산 트립토판을 함유하는 배지에 시험균주를 접종한다; 트립토판의 질소성 분해산물인 인돌의 생성은 트립토판을 인돌로 전환하는 효소가 존재함을 나타낸다.
질산염 환원	질산염(NO_3^-)을 포함한 배지에 시험균주를 접종한다; 아질산염이 검출된다면 질산염 환원효소를 가졌다는 것을 의미하며, 아질산염이 검출되지 않는다면 질산염 환원효소가 존재하지 않거나 아질산염(NO_2^-) 환원효소(아질산염을 질소가스나 암모니아로 환원시키는 효소)가 존재함을 나타낸다.
메틸레드	MR-VP 배양액에 시험균주를 접종한다; 메틸레드를 지시약으로 첨가한다; 산이 생성되면 지시약이 붉은색으로 변한다.
Voges-Proskauer	MR-VP 배양액에 시험균주를 접종한다; 알파 나프톨과 수산화칼륨 크레아틴을 첨가한다; 시토크롬 산화효소가 존재하면 지시약의 색이 변한다(장미빛).
페닐알라닌 디아미나제	페닐알라닌과 제 II 철 이온을 포함하는 배지에 시험균주를 접종한다; 페닐 피루브산이 형성되고 제 II철 이온과 반응하여 색이 변화한다. 이 반응에 의해 페닐알라닌 디아미나아제의 존재를 확인한다.
우레아제 실험	요소를 포함하는 배지에 시험균주를 접종한다; 암모니아의 생성은 우레아제의 존재를 나타내며 보통 알칼리성 pH검출 지시약에 의해 검출가능하다.
특정 영양소	특정 아미노산(예, 시스테인)이나 비타민(예, 나이아신)과 같이 특정 영양소를 포함하는 배지에 시험균주를 접종한다; 특정 영양소가 들어있는 배지에서만 생장하는 것을 확인하므로써 특정영양소에 대한 영양요구체를 동정할 수 있다.

기존의 세균 종에 속하는 균주인지 혹은 신종으로 설정해야 하는 균주인지에 대한 판단을 신뢰성 있게 할 수 있게 되었다.

이상하게도 세균의 속을 고차분류계급, 즉 과, 목, 강, 문에 할당하는 것은 균주나 종을 속으로(*within genera*) 그룹화하는 것보다 훨씬 어렵다. 많은 거시적 생물들은 화석자료에 의해 확립된 진화적 유연관계에 의해 분류된다. 세균의 경우에도 진화적 유연관계에 근거한 분류를 수행하려는 노력은 이루어지고 있으나 화석 자료가 불충분하며 지금까지 발견된 화석에서도 충분한 정보를 얻을 수 없기 때문에 이러한 노력에는 제한이 따른다. 만약, 완전한 화석자료가 있다 하더라도 형태에 관한 정보를 얻을 수 있을 뿐이므로 진화적 유연관계를 결정하는 데는 충분하지 않다.

버지편람의 역사와 중요성

세균 동정에 관한 참고서로 널리 인정되고 있는 것이 버지편람(Bergeye' s manual)이다. *Bergey's Manual of Determinative Bacteriology* 제 1판은 1923년 미국 미생물학회에 의해 출판되었다. 버지(David H. Bergey)**(그림 9.23)**는 이 편집위원회의 위원장이었다. 그 후 제 8판에 이르기까지 요약본과 많은 부록이 출판되었다. 세균의 동정에 관한 정보(*determinative information*, 세균 동정에 이용되는 정보)는 1권으로 모아져 *Bergey's Manual of Determinative Bacteriology* 제 9판으로 1994년에 출판되었다. 버지편람은 세균 분류학에 있어 국제적으로 인정되는 참고서가 되었다. 또한 감염의 원인균의 동정에 관심을 갖는 의료종사자들에게도 신뢰성 있는 참고서로 도움이 되고 있다.

Bergey's Manual of Systematic Bacteriology 제 1판의 4권은 1984년에서 1989년 사이에 출판되었으며 보다 확장된 범위를 포함하고 있다. 종의 기재와 사진, 속과 종의 구별 시험, 미생물 간의 DNA 상동성 그리고 다양한 수리분류 연구의 결과를 제시하고 있다**(그림 9.24)**.

그러나 기억해 두어야 할 것은, 두 버지편람이 세균의 정확한 진화적 유연관계를 나타내고 있지는 않다는 것이다. 버지편람은 오히려 세균의 동정을 쉽게 하기 위한 실용적인 그룹화를 제시하고 있다. 우리들은 아직 세균의 진화계통수를 완전히 그려내기에 충분한 정보를 갖고 있지 못하다.

*Bergey's Manual of Determinative Bacteriology*의 제 8판에서 9판으로의 개정이 그러한 것처럼 *Bergey's Manual of Systematic Bacteriology* 제2판의 5권(부록 B)은 *Bergey's Manual of Systematic Bacteriology*의 제 1판과는 출판 방침이 크게 달라져 있다. 즉, 표현형에 기초한 그룹화가 아닌 계통발생(진화)에 기초한 체계로 되어있다. 16S rDNA 염기서열의 분석이 전체를 바라볼 수 있는 길잡이로서 사용되고 있으나 그것은 어디까지나 "현재 진행형"이다.

그림 9.23 **David H. Bergey, 버지편람의 창시자.** 버지편람 제 1판은 1923년에 출판되었다. 그는 교육단체를 설립하여 편람으로부터 나오는 모든 권리와 특허료를 개정판의 준비, 편집, 출판에 이용할 수 있도록 하고 아울러 연구기금을 마련하여 미생물 분류, 동정에서 발생하는 문제를 규명할 수 있도록 하였다. 이 비영리 단체에 의해 버지편람은 영속적인 출판이 보장될 것이다.

확대경

즐거운 사냥

사람들은 대부분 복제양 돌리나 복제 송아지 제퍼슨이라는 이름을 들어보았을 것이다. 이와같은 유전학적 발견과 실험의 성공에 의해 아마 많은 사람들이 지구상에 살고 있는 대부분의 생물을 전부 알고 있다고 생각할 지도 모른다. 그러나 이것은 사실이 아니다. 지구상에 가장 많으며 또 광범위한 영역에 분포하고, 어떤 영양물이라도 생화학적으로 이용할 수 있는 생물 즉, 원핵생물에 대한 근본적인 정보들은 오늘날에도 여전히 계속하여 발견되고 있다. 원핵생물은 35억년 이상 지구상에 번성해 왔으며 우리 생물권에 있어서 탄소, 질소, 황의 화학적 전환에 중요한 역할을 한다. 또한 어떠한 장소든지, 믿을 수 없을 만큼 극한 환경에서조차도 존재하고 있어 아마도 원핵생물은 지구상에서 가장 이해하기 어려운 생물일 것이다. 예를 들면, 최근의 연구에서 단 한 장소의 서식지에서 많은 종류의 신규 미생물이 밝혀져 미생물 문이 거의 2배로 증가하였다. 미생물학자들은 걱정할 필요는 없다. 여전히 광활하고 거대한 미지의 미생물 세계가 펼쳐져 있기 때문이다.

세균 분류학에서의 문제점

20억 내지 30억 종으로 추정되는 미생물종 중 0.5% 이하만이 동정되었으며, 나머지는 적절한 분류가 이루어지기를 기다리고 있다.

세균의 분류에 엄청난 노력을 기울여 왔음에도 불구하고 세균의 분류 방법을 찾고 있는 세균 학자들의 상태는 다음과 같이 설명할 수 있을 것이다. 상위 분류계급에서 하위 분류계급을 바라보는 학자는 적어도 그럴 듯한 원핵생물 문을 제안할 수 있다. 하위 분류계급에서 상위로 그룹화를 수행하는 세균학자는 균주, 종, 속을 확립할 수 있고 때때로 세균을 보다 상위의 분류계급으로 위치시킬 수 있다. 그러나 많은 세균에 대해서 명확하게 정의할 수 있는 강, 목을 확립하기에는 진화적 유연관계에 대한 지식이 너무 적다. 전체 유전체 염기서열의 분석이 진행될 수록 더 많은 유전자의 수평전달의 예가 발견되므로 세균의 분류는 점차 어려워지고 있다.

세균의 명명

모든 분류학적 문제에도 불구하고 세균의 명명법은 확립되어 있다. 세균의 *명명*(*bacterial nomenclature*)은 국제적으로 합의된 규칙에 따라 종의 이름을 정하는 것을 말한다. 분류와 명명은 새로운 정보가 얻어지면 변경되어야 한다. 미생물은 때때로 한 분류범주에서 다른 범주로 옮겨지며 공식적인 이름 역시 바뀌기도 한다. 예를 들면, 야토병(즉, 감염된 토끼와의 접촉에 의해 발열을 일으키는 야토병)의 원인이 되는 세균은 *Pasturella tularensis*로 불리어 왔다. 이 속명은 DNA 혼성화 실험에 의해 *Pasturella*의 DNA와 잡종을 형성하지 않는다는 것이 밝혀졌으며 이후 속명은 *Francisella*로 변경되었다. 그러나 이 세균의 DNA는 *Francisella novicada*와 78% 일치하였다. 특정의 목이나 과를 고려할 때 목이나 과는 항상 일정한 어미, 즉 목은-*ales*, 과는 -*aceae*로 끝난다는 것을 기억해 두어야 한다.

세균

리케치아(Rickettsiae)와 **클라미디아(Clamidiae)**와 같은 세균그룹에는 보다 특이한 세균들이 포함되어있다. 이들 두 세균 그룹은 세포 내 절대 기생생물로 오직 살아있는 세포 내에서만 생장할 수 있다. 클라미디아는 리케치아나 대부분의 세균처럼 이분법에 의해 분열하지 않고 흥미롭고 복잡한 생활사를 거친다**(그림 9.25)**. **마이코플라스마(mycoplasma)**는 세포벽이 결여되어 있으며 계란 프라이와 같이 생긴 콜로니를 형성한다. 그들은 세포막에 스테롤을 지니고 있어 형태가 대단히 유연하다(다형성 ◀4장 p. 82). 또한 **우레아플라스마(ureaplasmas)** 역시 흥미로운 세균으로 비정상적인 세포벽과 세포막 혹은 세포벽이나 세포막을 갖는다. 이러한 세균 그룹과 좀 더 전형적인 세균 및 바이러스에 대한 비교를 **표 9.7**에 나타내었다.

세균 분류학과 당신

이 교과를 처음 공부하는 학생에게 있어 이 장에서 나오는 특정 세균들의 수많은 특징을 기억하는 것은 의심할 바 없이 어려울 것이다. 버지편람 제 1판의 네 권 전부의 가격은 약 400달러로 무게가 21파운드에 달하며 4권 전부를 수업에 지참하고 다닐 수는 없을 것이다. 그러나 여러분은 이 책의 앞과 뒤표지의 면지를 활용할 수 있다. 만약 주어진 미생물이 그람 양성인지 음성인지, 그것의 형태가 어떠한지, 일으키는 질병 등을 찾으려고 한다면 맨 뒤표지의 면지에서 이름을 찾아보면 된다. 미생물은 세균, 바이러스, 진균, 기생생물(원생생물과 기생충)로 그룹화되어 있다. 만약 당신이 질병에 대해 토론할 때 그 질병의

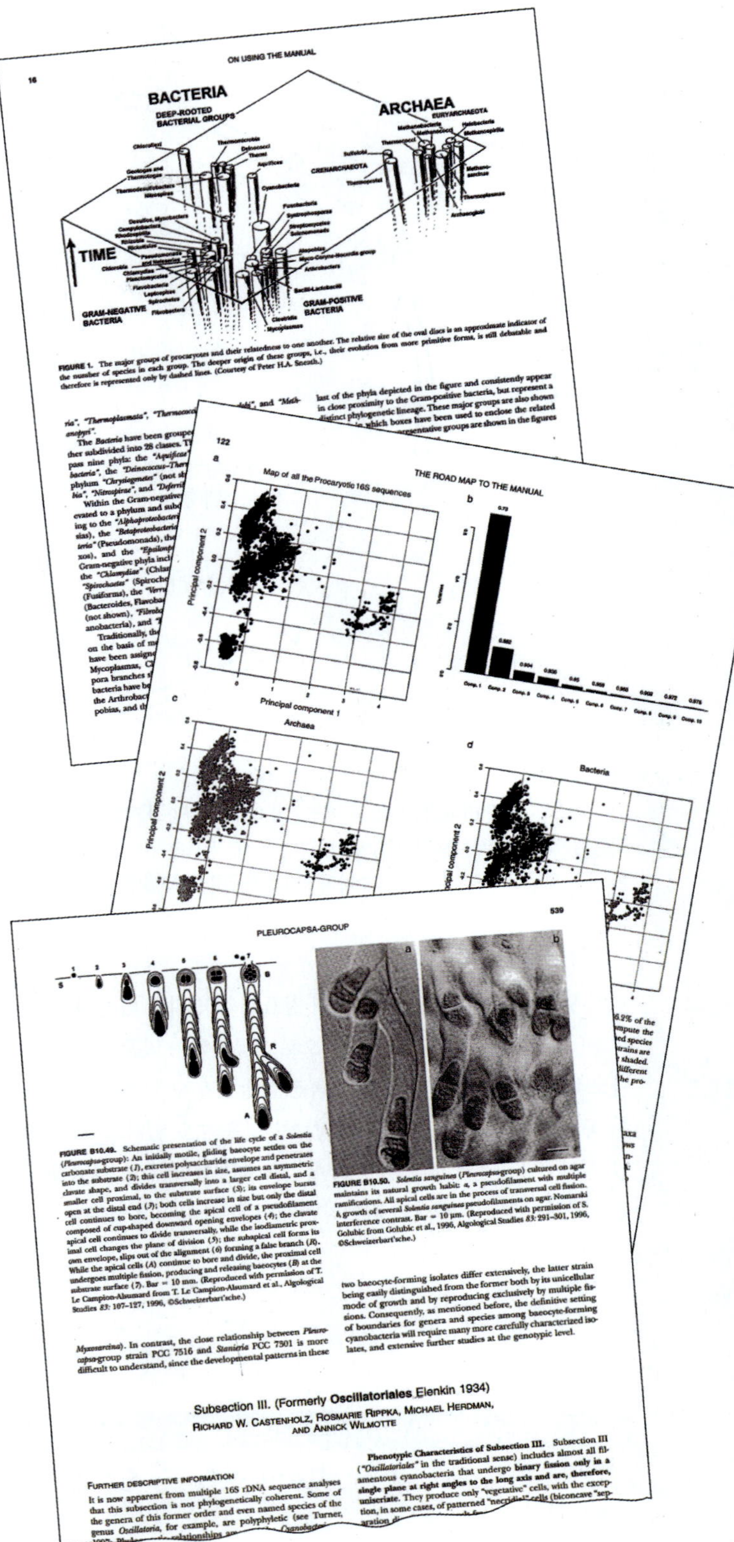

그림 9.24 버지편람의 예. 여기에 나타낸 것은 Bergey' s Manual of Systematic Bacteriology의 전체 5권에서 복사한 대표적인 3쪽이다. (상) 세균의 주요 그룹과 그들의 상호유연관계. (중) DNA 염기서열에 근거한 다양한 고세균과 세균의 진화거리 지도. (하) Solentia의 생활사, 아래로 향해 열린 외피로부터 사상체를 형성하는 특이한 세균.

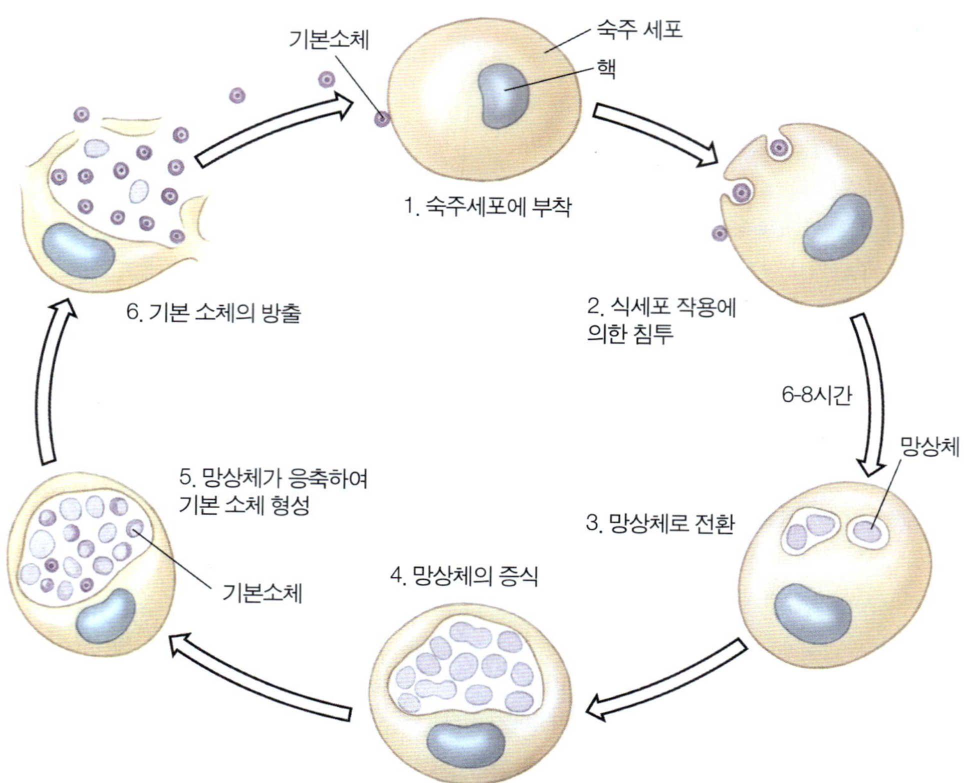

그림 9.25 클라미디아의 생활사. (단계 1) 어두운 색깔의 작은 기본 소체(클라미디아의 생활사에서 유일한 감염 시기). 기본소체가 숙주세포에 부착, (2) 식세포 작용에 의하여 침투, (3) 막으로 싸여진 기본 소체, 두꺼운 벽이 소실되고 세포는 확장되어 망상체가 된다. (4) 망상체는 2분법에 의해 증식하여 신속하게 숙주 세포를 가득 채운다. (5) 망상체가 응축하여 감염성의 기본소체를 형성하고 (6) 용균하여 방출된 후 새로운 숙주세포에 부착한다.

원인 미생물이 생각나지 않는다면 앞표지의 면지에 있는 병명(세균성, 바이러스성, 진균성, 기생 질병으로 그룹화되어 있음)의 하단을 찾아보라. 그러면 미생물의 이름과 특징을 발견할 수 있을 것이다. 표시된 쪽 번호를 이용하여 더 많은 정보를 얻을 수도 있다. 그냥 책장을 넘겨가며 찾는다면 세세한 정보의 검색에 실패할 수도 있겠지만 책 표지의 부록을 이용한다면 정보의 검색이 좀 더 쉬워질 것이다.

✓ 중점 질문 사항

1. 표준균주와 표준균주 보존기관이란 무엇인가? 왜 이와 같은 균주 보존기관이 연구자들에게 필수적인가?
2. 버지편람 초판의 대부분이 계통발생학적으로 분류되어 있지 않은 이유는 무엇인가?
3. 세균 종 결정을 위한 버지편람(Bergey' s Manual Determinative Biology)은 세균계통분류학을 위한 버지편람(Bergey' s Manual Systematic Biology)과 비교하여 어떤 종류의 정보를 포함하고 있는가?

표 9.7

세균, 리케치아, 클라미디아, 마이코플라스마, 우레아플라스마, 바이러스의 특징

특성	전형적인 세균	리 케 차	클라미디아	마이코플라스마	우레아플라스마	바이러스
세포벽	예	예	예	아니오	때때로	아니오
세포 내 기생성	아니오	예	예	아니오	아니오	예
스테롤 요구성	아니오	아니오	아니오	때때로	예	아니오
DNA와 RNA 모두 함유	예	예	예	예	예	아니오
대사체계의 유무	예	예	예	예	예	아니오

확대경

새로운 미생물의 발견

새로운 세계 또는 새로운 창조물을 발견할 여지가 있을까? 그렇다! 최근 과학자들은 심해의 열수 분출공, 분화구, 유전과 같은 다양한 환경으로부터 살아있는 생물을 발견하였다. 1990년 미국과 소련의 공동 연구팀은 최초로 담수의 열수 분출공을 발견하였으며 거기에서 고세균, 연충, 해면동물, 기타 다른 생물들의 군집을 발견하였다.

열수 분출공은 세계에서 가장 깊고 담수량이 많은 러시아의 바이칼 호의 수심 400m 아래에 자리 잡고 있다. 바이칼 호는 중앙 아시아와 시베리아 두 대륙 사이에 위치하고 있다. 아시아 대륙은 여러 개의 대륙판이 충돌하여 단단하게 형성된 덩어리로 바이칼 호 지역은 주변을 서로 끌어당겨 열곡(대륙의 갈라진 틈)이 생겨 최종적으로 새로운 대양이 되었다. 이 지역은 태평양의 해양저의 중심(해령)에 필적할 정도의 많은 열수 분출공들이 발견되고 있다. 두 지역은 지구 내부의 깊숙한 곳으로부터 뜨거운 물질이 생성되고 있다. 바이칼 호는 생명의 진화와 미생물의 형태를 연구하기 위한 귀중한 자산이다. 거의 대부분의 호수가 수천 년 전에 생성된 것에 비하여 바이칼 호는 약 2억 5천만년 전에 생성되었다. 바이칼 호의 바닥에는 진화 초기의 미생물과 유사한 생명체가 여전히 존재하고 있을지도 모른다.

화산 내부에는 무엇이 살고 있을까? 1980년, St. Helens 화산의 분화구 조사에서 몇몇 흥미로운 의문들이 제기되었다. 수심 200m의 해저 분화구(흑연구)에서 발견되는 고세균들이 St. Helens 분화구의 100°C나 되는 곳에 서식하고 있는 것이 발견된 것이다. 이들은 어디에서 유래한 것일까? 어떤 과학자들은 화산 내부의 깊은 곳에 있었을 것이라고 생각한다. 더 나아가 해저 열수 분출공의 고세균은 어디에서 유래한 것일까? 그들의 존재는 육상과 해저의 화산의 활동이 서로 연관되어 있음을 나타내고 있는 것일까? 우리들은 생물이 지구의 표면상에만 존재하는 것으로 생각하는 경향이 있으나 아마도 우리들이 전혀 알지 못하는 전혀 다른 영역의 생명체가 지구의 지각 내부의 깊은 곳에 존재하고 있을 지도 모른다. "연속적인 지각 배양(Continous crustal culture)"의 개념에 대한 유리한 증거가 나날이 축적되어 가고 있다. 지구에 구멍을 뚫어 생긴 유전의 가장 깊은 부분으로부터 시료를 채취하여, 화산 활동과 연계되어 있지 않은 지역의 고세균에 대하여 알아볼 수 있다. 우리들의 행성의 발달 초기부터 존재해왔던 태고의 세균들이 지구 내부의 뜨거운 혐기적인 장소-초기 지구의 표면에 형성되었던 것과 유사한 조건-에서 여전히 집락화를 진행하고 있을지도 모른다.

Mount St. Helens, shown here erupting in July 1980, is home to archaeobacteria. *(David Weintraub/Photo Researchers, Inc.)*

다양한 생태학적 문제들로 인하여 대학, 정부, 산업계의 과학자들이 환경 정화에 유용한 새로운 미생물들을 탐색하고 있다. Massachusetts주의 Woods Hole 해양과학 연구소의 과학자들은 California만의 수심 1800m 이상의 깊이를 조사하여 그곳에서 나프탈렌과 석유 유출시 발견되는 다른 탄화수소를 분해할 수 있는 혐기성 세균을 발견하였다. 생물정화가 필요한 장소는 때때로 산소가 결핍되어 있어 호기성 미생물을 사용할 수 없으므로 심해의 혐기성 미생물을 탐색하는 것이다. General Electric사는 혐기성 미생물을 발견하였으며 그것을 PCBs(폴리염화비닐)의 분해에 이용하려고 계획하고 있다. PCBs는 산업폐기물에 포함되어 있는 화학물질로 동물 조직에 축척되어 암이나 기형을 포함한 동물 세포 손상의 원인이 된다.

새로운 세균, GS-15는 미국지질조사팀(USGS, U.S. Geological Survey)에 의해 Potomac강에서 발견되었으며 이 세균은 흔히 철의 상태를 변화시킨다. 그러나 이들 세균은 우라늄도 쉽게 이용할 수 있으며 이 과정에서 두 배의 에너지를 얻고 우라늄을 불용성의 침전물로 변화시킨다. USGS팀은 GS-15를 이용하여 미국 서부에서 볼 수 있는 오염된 우물, 우라늄 채광, 우라늄 가공 공장 및 폐기처리장에서 우라늄을 제거하려는 계획을 하고 있다.

아직 발견되지 않은 수많은 미생물들이 존재한다. 자연계에 존재하는 미생물종과 아울러, 유전공학을 이용하는 과학자들에 의해 새로운 미생물 종이 디자인 될 것이다. 혹은 다른 혹성에서 발견될지도 모른다! 이들 모든 미생물 종은 분류되고 명명되어야 한다. 분명히 버지편람은 결코 완결되지 않을 것이다.

요약

분류학: 분류의 과학

- 생물은 특징, 발견 장소, 발견한 사람, 일으키는 질병에 따라 명명된다. 분류학(taxonomy)은 분류의 과학이며 각 분류 범주는 **분류군(taxon)**이다.

린네, 분류학의 아버지

- 린네는 **2명법(bionomial nomenclature)**의 체계 즉, 각 생물을 2개의 이름으로 구별하는 체계를 개발하였다.
- 생물은 **속(genus)**과 **종 형용어(specific epithet)**로 그 생물이 속하는 종을 구별한다.
- 또한 린네는 분류 계급을 확립하였으며 생물을 2개의 계, 식물(Platae)과 동물계(Animalia)로 분류하였다.

분류 검색표의 사용

- **2분법 검색표(dichotomous key)**는 양자택일의 방법으로 선택하도록

되어있는 미생물의 특징이 1쌍 씩, 일련의 문장으로 구성되어 있다. 적절한 문장을 선택하여 검색표를 진행함으로써 미생물을 분류할 수 있으며 만약 검색표가 충분히 상세하다면 속과 종까지 동정할 수 있다.

분류학에서의 문제점

- 이론적으로 생물은 **계통발생학적(phylogenetic)**으로 혹은 진화적 유연관계에 따라 분류되어야 한다.
- 분류학의 문제점에는 미생물의 진화속도가 빠르다는 것과 계와 종의 구성요소를 결정하는 것이 어렵다는 것이 포함된다.

린네 시대 이후의 발전

- 린네 시대 이후, 많은 분류학자들이 생물의 다양한 특징들에 근거하여 3계 체계와 4계 체계를 제안하였다. 위태커는 1969년, 5계 체계를 제안하였다.
- 1925년 이후 Bergey' s Manual of Determinative Biology는 세균 동정의 중요한 참고서로 기여해 왔다.

5계 분류체계

- **5계 체계(five-kingdom system)**는 모네라계(Prokaryotae), 원생생물계(Protista), 균류계(Fungi), 식물계(Plantae), 그리고 동물계(Animalia)로 구분된다. 각 계의 구성원의 특징은 표 9.2에 요약되어 있다.

모네라계

- 모든 모네라계의 생물은 단세포 **원핵생물(prokaryotes)**이다. 보통 세포내 소기관이 없고 진정한 핵을 갖지 않으며 DNA는 아주 소량의 단백질과 결합되어 있거나 혹은 단백질과 결합되어 있지 않다.
- **시안세균(cyanobacteria)**은 광합성을 수행하는 모네라계의 생물로 생태학적으로 매우 중요하다.

원생생물계

- 원생생물은 대부분 단세포의 다양한 **진핵생물(eukaryotes)** 그룹이다.

균류계

- 균류에는 단세포와 다세포 생물이 포함되며 흡수에 의해서만 영양원을 얻는다.

식물계

- 대부분의 식물은 육상에 서식하며 엽록체라 불리우는 세포내소기관에 엽록소를 함유하고 있다.

동물계

- 모든 동물은 접합체로부터 발생하며 대부분 육안으로 볼 수 있다.

3도메인 분류체계

- 3개의 **도메인(Domain)**은 계보다 상위의 분류계급이다. 도메인에는 **세균(Bacteria), 고세균(Archaea), 진핵생물(Eukarya)**이 포함된다. 이들의 특징은 표 9.3에 요약되어 있다.

세균 도메인

- 세균 도메인은 모두 단세포 원핵생물이며 진정세균(eubacteria, true bacteria, "진정한 세균")이 포함된다.

고세균 도메인

- 모든 고세균은 단세포 원핵생물로 펩티도글리칸 이외의 물질로 이루어진 세포벽을 갖는다.

진핵생물 도메인

- 모두 진핵세포이며 진정한 핵을 갖는다.

바이러스의 분류

- **바이러스**는 비세포성의 감염성 병원체로 생물로서의 특징이 매우 적으며 5계의 어느 곳에도 포함되지 않는다. 바이러스는 핵산, 화학적 조성, 형태에 의해 분류된다.

진화적 유연관계의 조사

원핵생물의 분석에 필요한 특별한 방법

- 원핵생물의 진화적 유연관계를 결정하기 위해서는 특별한 방법이 필요하다. 원핵생물은 형태적 특징이 매우 적으며 화석도 매우 드물기 때문이다.
- 수리분류와 유전자 상동성을 포함한 몇 가지 방법들이 일반적으로 생물 간의 진화적 유연관계를 결정하는데 이용된다.

수리분류

- **수리분류(numerical taxonomy)**에서는 생물을 수많은 특징에 기초하여 비교하고, 공유하는 특성의 비율에 따라 그룹화한다.

유전적 상동성

- **유전적 상동성(genetic homology)**은 서로 다른 생물 간의 DNA 유사도를 말하며 유연관계를 측정하는데 쓰인다. 유전적 상동성을 결정하는데 여러 가지 유용한 기술들이 있다.
- DNA의 염기 조성의 비율은 근연관계를 측정하는 방법이다. DNA의 염기 조성을 결정하여 G-C %를 생물 간에 비교한다.
- 염기서열을 DNA 탐침자(probe)로 결정할 수 있다.
- **DNA 혼성화(DNA Hybridization)**에서는 생물 간에 DNA가닥의 염기 서열의 일치도를 비교한다.
- **단백질 분석(protein profiles)**은 폴리아크릴아미드 겔 전기영동(PAGE, polyacrylamide gel electrophoresis)에 의해 수행되며 이것을 이용하여 동일한 단백질이 서로 다른 생물에 존재하는지를 조사한다.
- 근연 생물의 아미노산 서열은 매우 유사하므로 아미노산 서열의 결정은 근연관계를 측정하는 또 다른 수단이 될 수 있다.

기타 다른 방법

- 그 외 리보솜의 특성, 면역 반응, **파지형(phage typing)** 등이 있다.

연구 성과의 중요성

- 진화적 유연관계는 근연관계의 생물들을 그룹화하는데 사용할 수 있다. 생물 간의 작은 차이는 공통조상으로부터 **분기진화**(확산진화, **divergent evolution**) 과정에 의해 발생된다. 진정세균의 2개의 주요그룹인 그람양성세균과 그람음성세균은 진화초기에 분기하여 발생하였다.

세균의 분류학과 명명

세균 분류의 지표

- 세균의 분류에 사용되는 지표는 표 9.4에 요약되어 있다. 이러한 분류지표를 이용하여 세균을 종 혹은 종 내의 균주까지 분류할 수 있다. 많은 세균종에 대하여 특정의 균주가 **표준균주(type strain)**로 지정되어 표준균주 보존기관에 보존되어 있다.

버지편람의 역사와 중요성

- *Bergey's Manual of Determinative Bacteriology* (세균 종의 결정을 위한 버지편람)는 1923년에 처음으로 출판되어, 수 차례 개정되었으며 1994년에 제 9판이 출판되었다.
- *Bergey's Manual of Systematic Bacteriology* (4권 세트, 세균의 계통분류를 위한 버지편람)는 세균의 동정과 분류에 대하여 신뢰성있는 정보를 제공한다.

세균 분류학에서의 문제점

- 원핵생물계(Monera)의 구성원을 어떻게 나눌 것인가에 대하여 분류학자들은 일치된 견해를 보이지 않는다. 많은 세균 종들이 속으로, 그 중 일부는 과로 그룹화되어있다. 4개의 *문(Divisions*, Phyla와 동일함)이 설정되어 있다. 진화적 유연관계를 결정하여 강과 목을 확립하기 위해서는 좀 더 많은 정보가 필요하다.

세균

- 부록 B에 모든 세균의 목록이 게재되어있다.
- 중요한 세균 그룹에는 스피로헤타(Spirochetes), 마이코플라스마(mycoplasmas), 리케치아(rickettsiae), 클라미디아(chlamydiae), 마이코박테리아(mycobacteria), 시안세균(cyanobacteria)이 포함된다.

세균 분류학과 당신

- 이 교과서에 앞뒤의 면지를 이용하여 분류학적 정보에 친숙해지도록 하자.

용어 정리

2명법(p. 241)
2분법 검색표(p. 243)
5계 분류체계(p. 245)
DNA 혼성화(p. 258)
계통림(p. 252)
계통발생학적(p. 243)
고세균(p. 246)
균류계(p. 247)
균주(p. 242)
극호열성 호산성균(p. 253)
극호염성균(p. 253)
단백질 분석(p. 258)
도메인(p. 251)
동물계(p. 247)
리케치아(p. 263)
마이코플라스마(p. 263)
메탄생성균(p. 252)
모네라계(p. 245)
바이러스(p. 253)
분기진화(p. 260)
분류군(p. 241)
분류학(p. 241)
세균(p. 251)
속명(p. 241)
수리분류(p. 255)
스트로마톨라이트(p. 249)
시안세균(p. 246)
식물계(p. 247)
우레아플라스마(p. 263)
원생생물(p. 246)
원핵생물(p. 245)
원핵생물계(p. 245)
유전적 상동성(p. 256)
재결합(p. 257)
종(p. 241)
종형용어(p. 241)
진정세균(p. 246)
진핵생물 도메인(p. 251)
진핵생물(p. 245)
클라미디아(p. 263)
탐침자(p. 257)
파지형(p. 259)
폴리아크릴아미드겔 전기영동 (p. 258)
표준균주(p. 260)

임상 사례 연구

다음 이야기는, 이름은 가명을 사용하였지만 실화이다. 질병을 일으키는 미생물을 동정하는 것이 왜 그렇게 중요한지에 대한 실례이다. 오버랜드(Overland)박사는 교직을 은퇴한 직 후 병원에서 당뇨병으로 혈관 촬영이라고 불리는 검진을 받았다. 이 검진은 심장의 기능분석을 위해 순환계에 색소를 주입하여 분석하는 방법이다. 오버랜드 박사는 검진을 받은 며칠 후 발열증상이 나타나 병원에 가서 다시 진찰을 받았다. 의사는 그녀를 입원시키고 우선 세균을 죽이는 항생제를 사용하여 치료를 시작한 후, 혈액을 채취하여 질병을 일으킨 미생물을 동정하였다. 원인균은 세균이 아닌 효모성 진균인 *Candida albicans*로 밝혀졌으나 *C. albicans*를 죽이는 항생제를 사용해보기도 전에 오버랜드 박사는 숨을 거두었다. 이 병원에서는 병원균을 동정하는데 왜 그렇게 많은 시간이 소요되었던 것일까?

요점 사고 문제

1. 린네에 의해 전 세계적으로 통일되어 있는 2명법, 즉 학명(scientific names)이 창시되기 전에는 동일한 생물이 지역에 따라 다른 이름으로 되어 있었다. 이것이 왜 과학자들에게 있어 문제가 되는가?

2. 어떤 전문가들은 세균의 명명에 있어 또 다른 종의 개념을 제안한다. 이와 같은 제안을 하는 이유는 무엇이라고 생각하는가?

3. 임상검사실에서는 매일 병원체가 포함된 시료를 받아 병원체를 동정해야한다. 병원체를 동정하기 위하여 새로운 방법과 고전적인 방법 등 다양한 방법이 일반적으로 사용되고 있다. 파스퇴르시대에는 생각할 수도 없었지만 오늘날에 와서는 흔히 사용되고 있는 동정 방법에는 어떠한 것들이 있을까?

자가 진단 문제

1. 생물의 분류에 관한 과학은 어느 것인가?
   (a) 분류학
   (b) 미생물학
   (c) 명명학
   (d) 식별학(classificology)
   (e) 사이언톨로지(scientology)

2. 분류학이 제공하고자 하는 것은 무엇인가?
   (a) 생물을 동정하는 방법
   (b) 연관된 생물을 그룹으로 나누는 것
   (c) 생물이 어떻게 진화하였는가에 대한 정보
   (d) a와 b
   (e) a, b 그리고 c

3. 2명법에서 첫 번째 이름은 속명을 나타낸다. 두 번째 이름은 무엇을 나타내는가?
   (a) 종 형용어
   (b) 목
   (c) 과
   (d) 계
   (e) 문

4. 생물을 동정할 때 사용되는 2분법 분류검색표란?
   (a) 2개의 선택지로 구성된다.
   (b) 각각의 특성에 대하여 항상 2개 중 하나를 선택해 나가는 흐름도(Flowchart)를 이용한다.
   (c) 생물의 동정에 DNA 염기서열을 이용한다.
   (d) 생물의 모든 특성이 기재된 한 셋트의 표를 이용한다.
   (e) 세균을 동정하는 유일한 방법이다.

5. 속명과 종명은 인쇄 시 이탤릭으로 표기해야 한다. 손으로 쓸 경우에는 어떻게 표기해야 하는가?
   (a) 강조한다.
   (b) 대문자로 쓴다.
   (c) 굵게 표기한다.
   (d) 밑줄을 긋는다
   (e) 푸른색 잉크로 쓴다.

6. 한 종의 구성원들은 때때로 하위그룹으로 나뉠 수 있는데 이 하위그룹을 무엇이라 하는가?
   (a) 목
   (b) 속
   (c) 균주
   (d) 과
   (e) 계

7. 다음 중 원생생물이 아닌 것은?
   (a) 세균
   (b) 짚신벌레
   (c) 남조류
   (d) 시안세균
   (e) 고세균

8. 진핵생물과 원핵생물에서 성공적 교배능력은 종 수준의 생물 동정에 이용된다. 사실인가? 거짓인가?

9. 어떤 세균이 남조류라 불리우는가?
   (a) 짚신벌레
   (b) 고세균
   (c) 진정세균
   (d) 원생생물
   (e) 시안세균

10. 고세균에 대한 설명으로 적절치 않은 것은?
    (a) 고온의 산성 환경에서 서식하는 미생물을 포함한다.
    (b) 모두 절대 혐기성이다.
    (c) 극호염성 환경에 서식하는 미생물을 포함한다.
    (d) 세포벽에 펩티도글리칸이 결여되어있다.
    (e) 탄소를 메탄가스로 환원하는 미생물을 포함한다.

11. 원생생물계의 구성원이 모네라계의 구성원과 다른 점은 주로 어떤 세포성분이 존재하기 때문인가?
    (a) RNA
    (b) 리보솜
    (c) 세포벽
    (d) DNA
    (e) 막으로 둘러싸인 핵

12. 극호열성균은 무엇이 높은 조건에서 생장하는가?
    (a) 온도
    (b) 염도
    (c) 산소
    (d) 질소
    (e) 메탄

13. 극호염균은 이것을 다량 포함한 조건에서 생장한다. 이것은 무엇인가?
    (a) 질소
    (b) 온도
    (c) 메탄
    (d) 산소
    (e) 염분

14. 어떤 생물의 G-C함량이 36%라면 이것이 의미하는 바는 무엇인가?
    (a) 36% A-T
    (b) 36% A + 64% T
    (c) 64% A + 36% T
    (d) 64% A-T
    (e) 36% A + 36% T

15. PAGE에서 크기가 큰 단백질이나 핵산은 그보다 작은 것에 비해 __________ 이동한다.

(a) 수평적으로
(b) 빠르게
(c) 느리게
(d) 같은 속도로
(e) 확산하며

16. 다음 세포 구성성분을 암호화하고 있는 DNA 중 생물의 진화과정을 통하여 가장 잘 보존되어 있는 것은 어느 것인가?
(a) 편모
(b) 리보솜
(c) 항생제 내성
(d) 항원 단백질
(e) 막 단백질

17. 세균을 분류하는 방법으로 가장 특이적인 것은 다음 중 어느 것인가?
(a) DNA 분석
(b) 파지형
(c) 형태
(d) 크기
(e) 협막

18. 마이코플라스마는 어떤 세포 구조가 없는가?
(a) 세포벽
(b) 세포막
(c) RNA
(d) DNA
(e) 리보솜

19. 광우병과 같은 질병의 원인이 되는 작은 단백질은 무엇이라 불리우는가?
(a) 비로이드
(b) 프리온
(c) RNA 바이러스
(d) 프로톤
(e) 박테리오파지

20. 다음 중 미지의 세균을 동정하는데 가장 도움이 되는 것은?
(a) 백과사전
(b) 사전
(c) *Bergey's Manual of Systematic Bacteriology*
(d) 미생물학 교과서
(e) 미생물학 교수

21. DNA의 짧은 단편을 증폭하는데 사용하는 방법은?
(a) DNA 혼성화
(b) 서던블롯
(c) 제한효소 길이다형성(RFLP)
(d) 클로닝
(e) 중합효소 연쇄 반응(PCR)

22. 다음 중 바이러스의 분류에 이용되는 특성은 어느 것인가?
(a) 핵산의 종류와 배열
(b) 캡시드의 형태
(c) 외피의 유무
(d) 꼬리구조의 유무
(e) 위의 전부

23. 관계 있는 것끼리 짝지어라.

____동물계	(a) 보통 단세포성 진핵생물
____식물계	(b) 단세포 혹은 다세포성의 흡수형 종속영양
____원생생물계	(c) 다세포 소화형 종속영양체
____모네라계	(d) 다세포 광합성생물
____진균계	(e) 단세포 원핵생물

24. 미생물학자들이 세균의 동정에 참조하는 것은 무엇인가?
(a) 인터넷
(b) 참고문헌
(c) 파스퇴르의 세균학 사전 (*Pasteur's Dictionary of Bacteriology*)
(d) 세균 종의 결정을 위한 버지편람 (*Bergey's Manual of Determinative Bacteriology*)
(e) 블랙의 분류학 편람 (*Black's Manual of Taxonomy*)

25. *Escherichia coli*에서 종명은 무엇인가?
(a) *Escherichia*
(b) *coli*
(c) *Escherichia coli*
(d) 전부 아니다.

26. 다음은 *Chlamydia trachomatis*의 생활사를 나타낸 모식도이다. 1-6 단계와 (a)-(d)에 알맞은 명칭을 기술하시오.

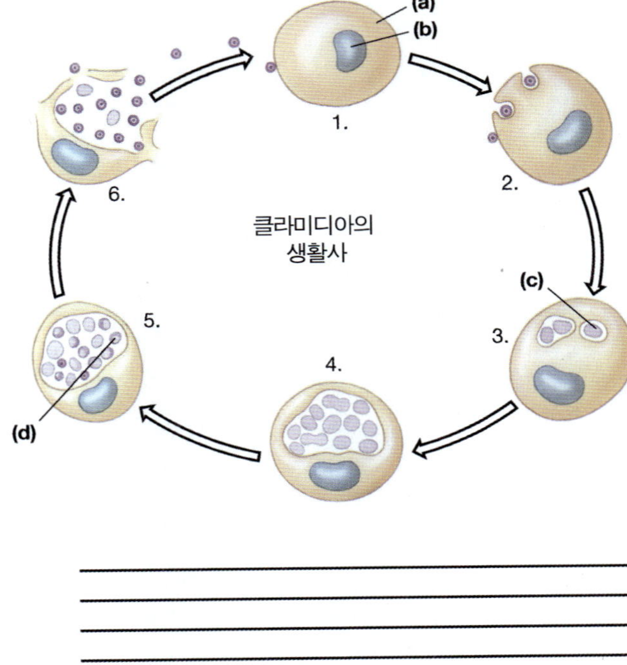

______
______
______
______
______
______

웹상에서 탐구 문제

http://www.wiley.com/college/black

이 장을 숙지한 후 웹에 접속하여 이 장에서 배운 내용을 더욱 심화시켜 아래의 질문에 대한 답을 찾아보시오.

1. 장내 세균과에 속하는 세균은 수막염, 세균성 설사, 장티푸스, 식중독을 일으킨다. 만약 장내세균에 감염되었다면 당신은 그 감염균이 젖당을 발효하는 세균이기를 바라겠는가?

2. 그람음성 비발효성 간균 중 특히 면역 억제 환자, 화상 환자, 인공 호흡장치나 카테터를 사용하는 사람에게 주로 원내감염을 일으키는 세균은 무엇인가?

3. 오늘날 과학자들이 2 진화 계통보다 오히려 3 진화 계통을 믿는 이유에 대하여 좀 더 배우자.

10 바이러스

시작하며...

전 세계적으로 매년 273,500명의 여성들이 자궁경부암으로 죽는데, 미국에서만 3,900명이 죽었다. 그들 중 얼마나 많은 사람들이 이 병이 인간 파필로마바이러스(HPV)에 의하여 유발하는 성접촉성 질병임을 알았을까? 이 바이러스는 모든 자궁경부암 조직의 99.7%에서 발견된다. 그러나 이제는 새로운 백신인 가다실(Gadasilⓡ)이 있고 제2의 백신도 조만간 시장에 출시될 것이며 이 백신들에 의해서 자궁경부암의 예방이 가능하게 되었다! HPV는 100균주 이상이 존재하는데 그들 중 13가지 바이러스균주가 모든 자궁경부암의 99%를 유발하고 있다. 다른 종류의 인간 파필로마바이러스는 성기(性器)에 사마귀를 유발한다 (◀19장, 그림 19.15, p. 587의 사진을 보시오). 현재 미국에서만 대략 2,000만 명이 HPV에 감염되어 있다. 성(性)적으로 왕성한 미국 여성의 80%가 50세가 될 때쯤이면 이 바이러스에 모두 감염될 것이다. 다행히도 이 바이러스 감염의 90%는 자연적으로 치유되며 별다른 해가 없다. 이러한 바이러스균주는 자궁경부암을 유발하지 않지만 사마귀를 유발하며 이것은 "무증상 감염"으로 병 증상이 없지만 암을 유발할 수 있을 만큼 오랫동안 지속하는 고질적인 만성감염이 된다. HPV는 치료법은 없고 오직 가다실 백신만이 우리를 이 바이러스로부터 예방을 해줄 뿐이다.

©AP/Wide World Photos

가다실은 모든 자궁경부암의 70%를 유발하는 HPV의 2 균주를 표적으로 하고 있으며 이 두 유형의 바이러스는 성기에 나타나는 사마귀의 30%를 유발한다. 가다실은 이 바이러스에는 99% 이상 효과적이지만 이미 바이러스에 감염되어 있을 경우 치료할 수 없다. 그렇지만 이 백신은 이미 당신이 가지고 있는 4가지 표적균주로부터 보호해 줄 수 있다. 한편 백신 공급이 제한적이기 때문에 아직 성경험을 하지 않는 대략 9세에서 26세까지의 처녀들에게 이 백신의 접종을 권장하고 있다. 2개월 간격으로 3번(6개월간) 접종해야 할 필요가 있다. 1번에 120달러를 지불해야 하는데 보험이 적용되지 않는다.

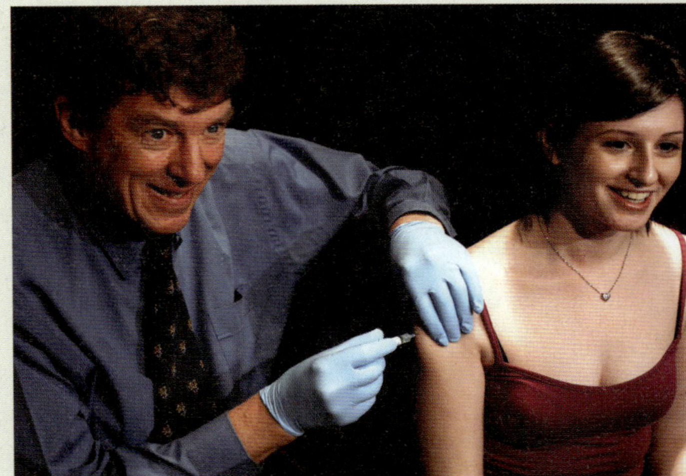
©AP/Wide World Photos

미국의 몇몇 주(州)는 초등학교 6학년이 되기 전의 모든 어린 소녀들에게 백신접종을 필수적으로 하도록 계획하고 있다. 어떤 부모들은 이러한 정책에 대하여 강력한 항의를 제기했다. 그 이유는 이 백신이 접종한 사람에게 피해를 줄 수 있다는 공포감 혹은 그것이 너무 비싸다든가 그 효과가 오래가지 않거나 혹은 백신을 맞은 소녀들이 "안전하다"는 느낌을 갖게 되면서 더욱 더 성적 쾌락에 빠져들게 되기 때문이다. 그러나 성폭행을 당한 소녀의 경우나 많은 여자들과 부적절한 성적 관계를 갖는 남편을 둔 아내들의 경우는 어떠할까? 이에 대한 몇 가지 새로운 뉴스를 알기를 원한다면 웹사이트를 방문하시오. 또한 이에 대한 당신과 학생들의 의견은 무엇입니까? 이것이 바로 지금 일어나고 있는 미생물학 해프닝입니다!

이 주제와 관련된 비디오는 WileyPLUS에서 볼 수 있습니다.

인간의 역사를 통해서 바이러스 대유행은 우리의 삶과 역사의 방향에 있어서 미생물의 지대한 영향력을 우리에게 환기시켰다. 지나간 20세기에 있어서 우리는 1918년과 1919년 사이의 독감 대유행, 1940년대와 1950년 소아마비 발발, 1960년대 마르부르그병, 1970년대와 1990년 에볼라 출혈열, 그리고 1980년대와 1990년대의 HIV 등을 되새겨 볼 필요가 있다. 이들을 생각해 보면 바이러스 감염은 우리 사회에 심각한 영향을 미쳤음을 알 수 있다. 사실 우리는 그렇게 멀리 볼 필요도 없다. 1996년, 1997년, 2000년에 우리가 살고 있는 이 지구는 간염, 뎅기열, 황열, 라사열, 조류독감, 폴리오 등의 발발을 경험했으며 또한 2002년에 서부 나일열, 2003년에 싸스(SARS)를 경험했다. 현재 우리가 걱정하며 대처하고 있는 것은 절박하고도 위험한 조류독감의 전 세계적인 발발일 것이다.

매스컴은 대중화된 과학적인 기사로써 "새로운" 혹은 "다시 출현하는" 바이러스에 대해서 연일 보도하고 있다. 어떠한 요소들이 이런데 커다란 영향력을 미치는가? 그러한 바이러스는 진짜로 새로운 바이러스일까? 아니면 이미 존재하던 바이러스가 다시 나타나는 것인가? 어떠한 요소들이 그들의 "재발"을 이끄는 것인가? 우리는 천연두가 사라지는 것을 보아왔으며 지구상의 많은 나라에서 폴리오가 거의 박멸되었다는 보고를 들은 바 있다(아주 최근에 지중해와 러시아에서 발생했지만). 한타바이러스, 뎅기열 그리고 황열은 다시 출현한다고 말할 수 있다. 천연두도 다시 나타날 수 있을 것인가?(전 세계적으로 비밀스럽게 보관되고 있는 천연두바이러스는 잔혹한 생물학적 전쟁을 위한 준비해 놓고 있는 것일까?) 독감은 매년 나타나고 있으나 지난 몇 년 동안 대유행이 없었다. 우리는 1918년에 미국에서만 10달 동안 50만 명이 죽었던 그러한 정도의 전 세계적인 독감 대유행을 다시 보게 될 것인가? 싸스(SARS)가 다시 나타나는 것은 가능하다. 이는 많은 종의 야생동물과 마찬가지로 집에서 기르는 고양이라든지 흰 족제비 같은 애완동물에 의해서 전파된다. 우리는 그러한 일들이 일어나기 전에 미리 백신을 확보하게 되리라고 기대하고 있다. 어떤 형태의 암은 확실히 인간에서 인간에게로 전파하는 바이러스에 의해서 걸린다. 당신이 이러한 바이러스에 의해 암이 걸릴 찬스는 얼마나 될까?

이러한 것들은 오늘날 바이러스 감염에 있어서 몇 가지 질문일 뿐이다. 오늘날 바이러스학 연구는 바이러스의 구조, 바이러스의 복제, 바이러스 질환에 대한 보다 나은 이해를 제공한다. 우리가 바이러스의 기능에 대해서 더 많이 알게 된다면, 이를 통하여 바이러스 감염을 통제하거나 무력화하는 방법을 발전시키려는 우리의 능력을 향상시킬 수 있다. 또 이러한 노력은 또한 모든 생물학자들에게 있어서 매우 중요한 테마인 생명체의 본질에 대한 이해를 넓혀줄 것이다.

이 10장에서 우리는 바이러스의 구조와 성질을 공부할 것이며 유사바이러스에 대해서도 알아볼 것이다. 이 장(章)의 끝 부분에 가면 당신은 자연계에서 가장 작은 크기이지만 가장 위험스러운 미생물 그룹에 대하여 큰 관심과 이해를 갖게 될 것이다. 가장 먼저 알아두어야 할 것은 바이러스(*virus*)란 이름이 라틴어로 "독(毒, poison)"을 의미하는 것으로부터 유래하였다는 것이다.

바이러스의 일반 특성

바이러스란 무엇인가?

바이러스(virus)는 광학현미경으로 보기에는 너무나 작은 감염성 물질로 세포는 아니다. 바이러스는 세포핵도 세포내소기관 혹은 세포질도 없다. 바이러스가 감염 가능한 숙주세포에 침입할 때, 바이러스는 살아있는 유기체의 성질을 나타내며 생물과 무생물의 경계선에 있는 것처럼 보인다. 바이러스는 오직 살아있는 숙주세포 안에서만 *복제*하거나 증식할 수 있다. 그래서 바이러스를 클라미디아와 리케챠처럼 **절대적 세포내기생체(obligate intracellular parasites)**라고 부른다. 우리는 1991년 12월에 E. Wimmer, A. Molla 및 A. Paul의 연구발표가 있은 다음부터 바이러스에 대한 고전적 정의를 다시 생각해 봐야 한다. 그들은 살아있는 인간세포가 아닌 세포추출물이 들어있는 시험관 안에서 완전한 폴리오바이러스를 성공적으로 증식시켰다. 폴리오바이러스의 RNA는 세포추출물에 더해졌고 5시간 후에 완전한 새로운 바이러스 입자가 나타나기 시작했다. 이러한 실험은 많은 다른 연구자들에 의해서도 재현되었으나 다른 어떠한 바이러스에서도 아직 성공하지는 못했다.

2003년 11월 인간게놈프로젝트를 완수한 그의 역할로 유명해진 Craig Venter 박사는 생물대체에너지연구소에서 팀을 이끌면서 새로운 바이러스를 인공적으로 만들었다. 그들은 바이러스의 구성물들을 만들지는 않고 필요한 바이러스 구성물들을 기존의 여러 회사로부터 주문해 사용하였다. 그리고 그들은 새로운 박테리오파아지를 만들어내기 위해서 단지 5,000개 이상의 DNA 빌딩블록과 단백질을 함께 섞었다. 그들은 궁극적으로 목적에 맞는 유전적 형질전환체(GMO)가 될 수 있기를 희망했다. 즉 그들은 새 창조물이 이산화탄소를 먹어 치울 수 있고 환경을 깨끗이 할 수 있는 유전자 재조합된 유기체로 만들어지기를 희망했다. 그러나 몇몇의 환경전문가들은 그러한 인공유기체가 미친듯이 설치며 재앙을 불러올까 매우 화를 내며 두려워하고 있다.

바이러스는 다음의 중요한 점에서 세포와 다르다. 원핵세포와 진핵세포가 DNA와 RNA를 동시에 갖는데 반해서 바이러스 입자는 오직 1가지 종류의 핵산(DNA나 RNA 중 하나)을 갖는다. 그러나 결코 2가지 핵산을 동시에 가질 수는 없다. 세포들은 증식하며 분열하지만 바이러스는 그렇지 않다. 새로운 바이러스 입자의 조립을 위하여, 바이러스 복제과정은 바이러스 입자가 세포를 감염하고 숙주세포의 생합성 기구가 바이러스의 구성요소들을 합성하는 것이 필수적이다. 이 때 바이러스가 감염된 세포는 수십만 개의 새로운 바이러스를 생산해낼 수도 있으며 감염 세포는 일반적으로 죽는다. 세포사멸 결과로 일어나는 조직상해는 바이러스 질병에 있어서 흔히 볼 수 있는 파괴적인 효과이다.

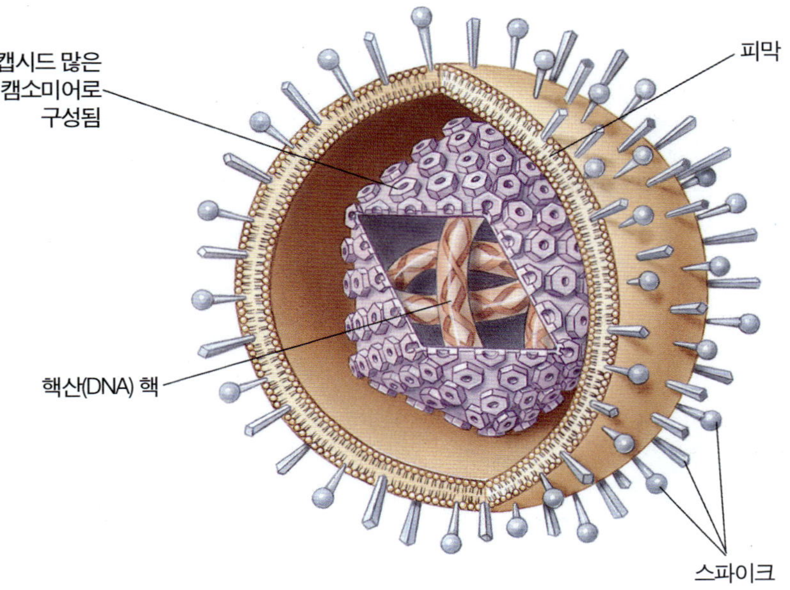

그림 10.1 동물 바이러스(허피스바이러스)의 구성요소들.

바이러스의 구성요소들

전형적인 바이러스 구성요소들이 **그림 10.1**에 나타나 있다. 이러한 요소들은 핵산으로 된 중심부와 **캡시드(capsid)**라고 불리는 단백질 껍질로 둘러싸여 있다. 또한 몇몇 바이러스는 **피막(envelope)**라고 불리는 지질 2중막을 갖는다. 그러한 피막을 포함하고 있는 완전한 바이러스 입자를 **비리온(virion)**이라고 부른다.

핵산

1960년에 노벨 생리의학상을 받은 영국의 면역학자 Peter Medawar는 바이러스를 "단백질로 포장한 나쁜 뉴스의 일부분"이라고 묘사했다. "나쁜 뉴스"는 핵산인데 왜냐하면 숙주세포 내에서 바이러스가 그들의 **게놈(genome)** 즉 유전적 정보로 이용하여 자신을 복제하기 때문이다(◀7장). 그 결과 종종 숙주세포의 활동이 파괴되거나 숙주가 죽는다. 바이러스 게놈은 DNA나 RNA 중 하나로 구성된다. 감염한 숙주세포 내에서 새로운 바이러스 게놈과 단백질을 만들기 위하여, 바이러스는 그들 게놈의 발현에 의존한다. 바이러스 핵산은 단일가닥이거나 2중가닥이며, 선형이거나 환형 혹은 단편화(몇 개의 조각으로 존재함)될 수 있다. RNA 바이러스에서 모든 유전적 정보는 RNA에 의해서 전해진다. RNA 게놈은 바이러스 안에 있으며, RNA성 유사바이러스물질은 바이로이드라고 부른다.

캡시드

대부분의 경우 바이러스의 핵산은 캡시드 안에 동봉되어 있으며 따라서 캡시드는 핵산을 보호하고 바이러스의 모습을 결정한다. 또한 캡시드는 바이러스가 숙주세포에 부착할 때 중요한 역할을 한다. 모든 캡시드는 소위 **캡소미어(capsomere**, 그림 10.1)라고 불리는 단백질 소단위로 구성된다. 어떤 바이러스는 캡소미어에서 발견되는 단백질이 1가지 종류이지만 다른 종류의 바이러스에서는 여러 가지 다른 단백질이 존재한다. 이러한 단백질의 수(數)와 바이러스 캡소미어의 배열은 모든 바이러스의 특이한 특징이기 때문에 바이러스의 동정과 분류에 매우 유용하다.

피막

피막보유바이러스(enveloped virus)는 그들의 캡시드 바깥쪽에 지질로 된 전형적인 2중막을 갖고 있다. 이 바이러스들은 발아(*bud*)하면서 혹은 지질 막을 통과하면서 숙주세포에서 조립된 후에 피막을 갖게 된다. 비리온의 **뉴클레오캡시드(nucleocapsid)**는 캡시드와 바이러스 게놈을 포함한 것이다. 뉴클레오캡시드만 가지고 있든가 피막이 없는 **나출형 바이러스(naked virus)**는 비피막성이다. 일반적으로 피막의 구성은 바이러스 핵산에 의해서 결정되어지며 또한 숙주의 막으로부터 유래한 요소들로 결정된다. 지질, 단백질 그리고 탄수화물 등이 대부분의 피막을 이루고 있다. 바이러스에 따라서 **스파이크(spike**, 그림 10.1)라고 부르는 돌출부가 바이러스 피막으로부터 길게 뻗어 나와 있다. 이러한 표면 돌출물을 **당단백질(glycoprotein)**로 바이러스가 숙주세포의 표면에 위치한 특이 수용체부위에 결합하게 한다. 어떤 바이러스는 스파이크 때문에 여러 종류의 적혈구를 서로 뭉치게 할 수 있다. 이는 바이러스를 동정하는데 유용한 성질인 적혈구응집(*hemagglutination*)이라고 부른다.

피막을 가지고 있는 바이러스는 어떠한 점이 유리할까? 숙주세포의 막으로부터 얻은 피막 때문에 바이러스는 숙주의 면역체계의 공격을 피할 수 있을지도 모른다. 또한 피막은 막 융합을 통하여 숙주세포나 숙주세포의 세포막과 융합함으로써 바이러스가 새로운 세포에 감염하는 것을 돕는다. 반대로 피막보유바이러스는 쉽게 부서질 수 있다. 막을 파괴시키는 환경 조건, 예를 들면 온도의 증가, 동결, 해동, pH 6 이하 혹은 pH 8 이상, 지질용매 그리고 염소라든지 과산화수소 혹은 페놀과 같은 화학소독제는 바이러스의 막을 파괴시킨다. 오직 캡시드만으로 구성된 비피막성의 바이러스(이하 캡시드바이러스)는 일반적으로 그러한 환경적 조건에 매우 저항성이 있다.

크기와 모습

대부분의 바이러스는 너무 작아서 광학현미경으로 볼 수 없다. 그러나 **그림 10.2**에서 보는 것처럼 그들은 다양한 크기를 갖는다. 가장 큰 바이러스는 크기가 240 nm인 폭스바이러스로 가장 작은 박테리아의 크기이

숙주세포는 보통 바이러스의 1,000배 이상의 부피를 갖고 있다.

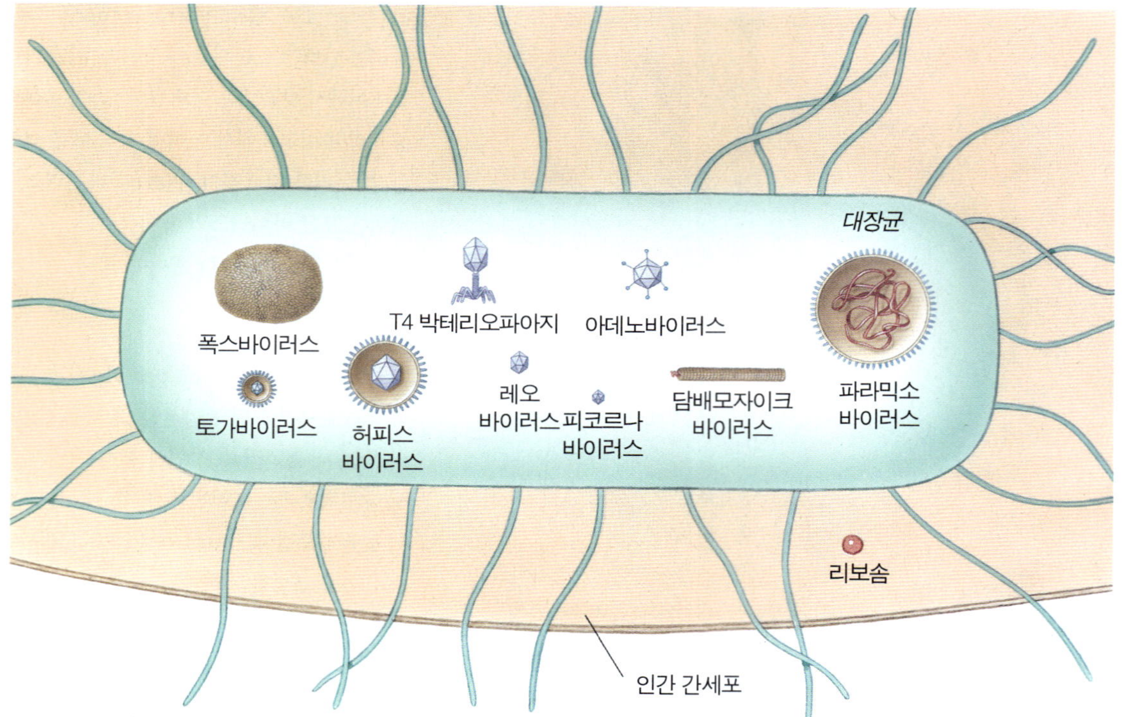

그림 10.2 **바이러스의 크기와 모습.** 세균 세포, 동물 세포 및 진핵세포의 리보솜과 비교한 여러 가지 바이러스의 모양과 크기.

며 적혈구 세포의 십분의 일 정도 크기이다. 복합형 박테리오파아지는 65 nm ~ 200 nm이다. 지금까지 알려진 가장 작은 바이러스는 엔테로바이러스로 직경이 30 nm 이하이다. 그러나 그림 10.2에서 보는 것처럼, 대부분의 바이러스는 박테리아나 진핵세포와 비교해 보면 매우 작다. 전형적인 리보솜이 직경이 25~30 nm인 점을 생각해 보시오.

많은 종류의 바이러스의 모습이 아주 다양하지만, 대부분의 바이러스는 그들의 캡소미어나 피막에 의해서 결정된 특이한 모습을 갖는다. 그림 10.2는 여러 가지 종류의 바이러스 배열을 보여주고 있다. *나선형* 캡시드는 핵산 주위로 나선형을 형성하는 리본 같은 단백질로 구성되어 있으며 담배 모자이크 바이러스(TMV)는 나선형 바이러스이다(◀1장 p. 16). *정다면체* 바이러스는 많은 면을 갖고 있다. 피코나바이러스(picornavirus) 와 인간 아데노바이러스(adenovirus)는 정다면체 바이러스이다. 가장 일반적인 정다면체 캡시드의 하나는 정20면체로, 정20면체(*icosahedral*) 바이러스는 20개의 3각형 면을 갖는다. 복합형(complex) 캡시드는 나선형과 정20면체의 복합체이며, 또한 몇몇 바이러스는 탄환(*bullet*) 모양의 캡시드를 갖는다.

피막을 갖는 대부분의 바이러스는 공 모양의 모습을 갖는다. 예를 들면 그림 10.1을 보면 허피스바이러스는 정다면체 캡시드와 피막을 갖고 있으며 필로바이러스(예; 에볼라와 마르부르그)는 실과 같은 모양이다.

폭스바이러스와 많은 세균성 바이러스는 소위 **복합형 바이러스(complex virus)**라고 부르는데 왜냐하면 그들은 보다 더 정교한 껍질이나 캡시드를 갖기 때문이다(그림 10.2). 많은 박테리오파아지 혹은 세균을 감염하는 바이러스는 복합형 형태를 띠는데 예를 들면, 머리, 꼬리 그리고 꼬리섬유 같은 특별한 구조를 갖는다(그림 10.2). 스파이크처럼 꼬리섬유는 바이러스가 숙주세균에 부착하는데 사용된다. 박테리오파아지의 또 다른 특별한 구조물은 박테리아 세포를 감염하는데 이용된다.

바이러스의 숙주범위와 특이성

바이러스는 비록 아주 작고 구조와 복제전략이 서로 많이 차이나지만, 바이러스는 모든 형태의 생명체(숙주)에 감염할 수 있다. 바이러스의 **숙주범위(host range)**는 바이러스가 감염할 수 있는 숙주의 스펙트럼을 의미한다. 바이러스는 박테리아, 곰팡이, 조류(algae), 원생동물, 식물, 척추동물, 무척추동물까지도 감염할 수 있다. 그러나 대부분의 바이러

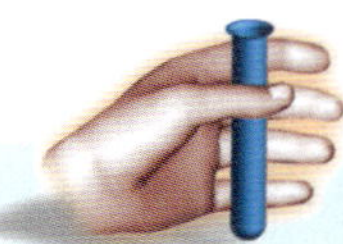

도전하라

담배의 또 다른 나쁜 점

흡연자는 토마토 농장에 가지 마시오. 우리가 피우는 담배(손에 들고 있거나 버린 꽁초)에는 언제나 토마토식물을 감염시키기에 충분한 일정한 수의 담배모자이크바이러스(TMV)가 존재하기 때문이다. 실험을 해보자. 담배꽁초의 담배 잎을 풀어놓은 물은 담배모자이크바이러스를 전파할 수 있을까? 건조한 담배는? 담배연기는? 흡연자의 안 씻은 손가락은? 담배식물의 몇몇 종은 담배모자이크바이러스 감염에 저항성을 갖도록 육종되었다.

적용

식물 바이러스

박테리아나 인간에게 특이성을 갖는 바이러스를 제외한 다른 바이러스들은 식물에 특이적으로 감염한다. 대부분의 바이러스는 식물 세포벽의 상처부위를 통하여 식물 세포에 들어가고 소위 플라스모데스마타라고 불리는 원형질 연락사를 통하여 전파한다.

식물 바이러스가 농작물에게 엄청난 피해를 입히기 때문에 많은 연구가 그 피해를 해결하는데 집중되었다. 담배모자이크 바이러스는 담배식물을 감염한다. DNA나 RNA 게놈을 갖는 다른 식물 바이러스는 카네이션과 튤립과 같은 다양한 관상식물을 감염한다. 식용 작물은 바이러스의 감염에 면역성이 없다. 상추, 감자, 무, 오이, 토마토, 콩, 옥수수, 카울리플라워 및 튤립은 식물 바이러스에 의해 모두 쉽게 감염된다.

이 튤립의 아름다운 줄무늬는 바이러스 감염에 의한 것이다. 불행히도 식물들 사이에 전파하는 바이러스는 식물을 허약하게 만든다. 따라서 식물 육종가들은 유전적으로 이런 줄무늬를 가지는 튤립을 개발하고 있다.

곤충은 작물손상에 치명적인 것으로 알려졌는데 왜냐하면 그들의 게걸스러운 먹이행태 때문이다. 그러나 많은 곤충들은 또한 식물 바이러스를 나르고 전파한다. 곤충들은 식물을 씹어 먹음으로써 식물에 피해를 입힘과 동시에 식물 바이러스가 식물에 감염하는데 매우 중요한 역할을 한다. 그러나 이제 과학자들은 이러한 곤충바이러스가 감염된 식물을 이용하여 거꾸로 곤충을 없애고자 노력하고 있다.

스는 오직 1가지 숙주와 오직 특이한 세포에만 감염이 제한된다. 예를 들면 폴리오바이러스는 실험실 조건에서 원숭이의 콩팥세포에서 자랄 수 있지만 인간을 제외한 다른 동물에게는 자연적인 감염을 유발하지 못하는 것으로 알려졌다. 이와는 반대로 광견병 바이러스는 많은 온혈 동물들의 중추신경계를 공격할 수 있다. 광견병 바이러스의 숙주범위는 폴리오바이러스의 숙주범위보다 훨씬 더 광범위하다.

바이러스 특이성(virus specificity)이란 바이러스의 또 다른 중요한 특징으로 하나의 바이러스가 특이한 종류의 세포에만 감염하는 것을 의미한다. 예를 들면 사마귀를 유발하는 어떤 파필로마바이러스는 그들의 복제전략이 매우 특이해서 오직 피부세포에만 감염한다. 이와는 반대로 세포거대바이러스(CMV, 싸이토메갈로바이러스)는 침샘, 소화기 계통, 간, 허파 및 다른 장기를 공격한다. 세포거대바이러스는 또한 태반통과성이 있어 태아조직을 공격하며 특별히 중추신경계를 공격한다. 이처럼 하나의 바이러스가 인체 내의 여러 신체조직에 여러 가지 증상을 야기할 수 있는 이 바이러스의 발견으로 말미암아 "하나의 바이러스, 하나의 질병"이라는 개념이 더 이상 지지받지 못하게 되었다.

바이러스의 특이성은 주로 바이러스가 하나의 세포에 흡착되는 것에 의해서 결정된다. 흡착(혹은 부착)은 숙주세포의 표면에 있는 특이 수용체부위의 존재에 의존한다. 그리고 바이러스 캡시드나 피막에 있는 특수한 흡착구조에 의존한다. 특이성은 또한 바이러스가 세포 내에서 증식가능하게 만드는 적절한 숙주의 효소와 다른 단백질에 의해서 영향을 받는다. 마지막으로 특이성은 복제된 바이러스가 세포로부터 방출되어 다른 세포로 퍼져나갈 수 있는가에 의해서 영향을 받는다.

인간 장기이식수술을 위하여 사용되는 돼지의 장기는 인간 세포에 감염할 수 있는 돼지 바이러스를 갖고 있을 수 있다. 1998년 이 후, 모든 돼지장기(예를 들면, 심장판막)는 그것을 환자에게 이식하기 전에 반드시 "바이러스 프리"임을 시험하고 확인해야만 한다.

바이러스의 기원

바이러스는 확실히 세포로 이루어진 미생물들과는 매우 다르다. 숙주 밖에 존재하는 바이러스는 복제가 불가능하다. 따라서 바이러스는 반드시 숙주세포를 침입하여야 하며, 바이러스의 유전물질은 숙주의 생합성기구에 의해 복사되든가 전사되어야 한다. 따라서 논쟁거리는 바이러스가 살아있는 것인가 아니면 무생물적인 분자덩어리인가 하는 것이다. 바이러스가 스스로 재생하거나 대사기능을 수행할 수 없기 때문에 많은 과학자들은 바이러스가 살아있는 것이 아니라고 믿는다. 다른 과학자들은 바이러스가 복제를 위한 유전적 정보를 갖고 있으며

확대경

점심감인 숙주는 싸울 수 없다는 것을 명심하라!

몇몇 기생성 장수말벌은 그들의 알을 나비의 애벌레에 낳는다. 알에서 유충으로 부화하면 배고픈 말벌의 유충은 숙주인 나비의 애벌레를 파먹는다. 이들은 나비 애벌레가 살아갈 수 있게끔 먼저 불필요한 부분부터 살아있는 채로 파먹는다. 한편 나비 애벌레는 말벌의 유충을 죽이게끔 면역체계를 작동시킨다. 그러나 말벌의 애벌레에 감염된 폴리드나바이러스는 나비 애벌레의 면역체계를 억제한다. 그래서 식사감인 나비 애벌레는 대항해서 싸울 수 없게 된다. 그러는 사이 말벌의 애벌레는 먹이인 나비 애벌레를 파먹으면서 자라고 점점 커간다. 이 바이러스에 감염되지 않은 말벌 유충은 나비 애벌레의 면역공격에 패하고 만다.

만일 당신이 이러한 부류의 암컷 말벌이라면 당신의 소화기관이나 난소에 이 폴리드나바이러스를 가지고 다니겠습니까? 왜 그런가? 그러하다면 이제 장수말벌들은 폴리드나바이러스에 감염되어 있다고 생각하는 것이 옳을까 혹은 틀릴까? 왜 그런가?

아버지로부터 유래하는 태아의 많은 유전자들은 어머니에게는 이물질(foreign)일 것이다. 어떤 과학자들은 포유류의 태반이 진화하기 전에 그 포유류의 조상은 면역억제적인 바이러스에 의해 감염되어 있었다고 생각한다. 만성적인 유산으로 고통을 받는 임산부는 그러한 아버지로부터 온 유전자에 대해서 비관용적인 면역체계를 갖고 있을지도 모른다.

이러한 정보가 감염 후 활성화되기 때문에 바이러스는 살아있는 것이라고 주장한다. 바이러스 유전자의 많은 유전적 조절작용은 숙주 유전자의 조절작용과 비슷하다. 한편 바이러스는 자신의 복제를 위해 숙주세포의 리보솜을 이용한다.

현재 우리는 바이러스가 살아있는 생물이라든가 무생물이라고 확실히 말할 수는 없다. 하지만 우리는 바이러스의 기원이 무엇인가는 물어볼 수 있다. 이 역시도 우리는 알지 못한다. 바이러스가 출현하게 된 데는 아마도 여러 가지 과정이 있을 것이다. 사실 바이러스는 우리의 행성인 지구의 긴 시간을 통해서 끊임없이 연속적으로 나타나며 사라지는 것 같다. 그러나 바이러스가 숙주세포 없이는 복제할 수 없기 때문에 바이러스는 원시세포가 진화하기 전에는 존재하지 않았을 가능성이 크다. 하나의 가설은 바이러스와 세포 유기체가 함께 진화했다는 것이다. 바이러스나 세포가 세포이전의 세계에서 존재했던 자가복제 분자로부터 유래했다라고 본다. 또 다른 생각은 역진화론인데 일시적으로 바이러스는 예전에는 세포였지만 대부분의 세포적인 기능을 잃어버리고 오직 그들 스스로 다른 세포의 대사기구를 이용함으로써 자가복제할 수 있는 정보만 남게 되었다는 것이다. 세 번째 가설은 많은 박테리아 세포에서 발견되는 자가복제성 DNA 분자인 플라스미드(◀8장 p. 219)나 혹은 역전이인자[(retrotransposon, (◀8장 p. 224)] 로부터 진화했다는 것이다. 플라스미드는 자가복제적이며 DNA와 RNA 형태로 존재한다. 그렇지만 그들은 캡시드를 만드는 유전자를 가지고 있지는 않다. 사실 플라스미드가 바이로이드로부터 진화했다고 제안된 적이 있다. 몇몇의 바이로이드가 한 세포에서 한 세포로 이동함으로써 바이로이드 RNA는 단백질 껍질을 만드는 정보를 포함한 몇 가지의 유전적 정보를 픽업했을지도 모른다. 사실 바이러스, 바이로이드, 플라스미드 그리고 트랜스포존(전이인자)은 수평적 유전자전달(◀8장 p. 212)을 통해 진화한 물질들이다. 세포를 생산하는 난자나 정자에 자신의 DNA를 삽입하는 바이러스는 한 세대에서 다음 세대로 전달되어 내려가며 그러한 생물들의 게놈에 영구적으로 존재한다.

바이러스의 기원을 이해하는데 있어서 바이러스학자들은 어떤 뉴클레오티드 서열이 일부 바이러스들에 있어서 공통적으로 존재한다는 사실을 알아냈다. 이러한 정보에 의하면 이러한 바이러스들은 그들의 유사한 뉴클레오티드 서열과 유전적 구성 때문에 하나의 과(family)로 여겨진다. 하지만 그들은 서로 다른 기원에서 유래할 수도 있다. 새로 발견되는 바이러스의 게놈의 뉴클레오티드 서열을 조사함으로써 그리고 이미 알려진 다른 바이러스의 서열과 비교함으로써 신종 바이러스의 잠재적인 질병효과가 미리 예측될지도 모른다.

중점 질문 사항

1. 왜 숙주세포는 바이러스 복제에 필수적인가?
2. 캡시드와 캡소미어를 구별해 보시오.
3. 캡시드바이러스와 피막보유바이러스를 구별해 보시오.

바이러스의 분류

바이러스의 구조나 화학적 성질에 대하여 많은 것을 알기 전에 바이러스학자들은 바이러스를 그들의 숙주유형이나 감염된 숙주구조의 유형으로 분류하였다. 따라서 바이러스는 박테리아 바이러스(박테리오파아지), 식물 바이러스 및 동물 바이러스로 분류하였다. 그리고 동물 바이러스는 그들이 침입하는 조직에 의하여 나누었다. 만일 바이러스가 피부를 감염하면 향피부성(*dermotropic*)으로 만일 바이러스가 신경조직을 감염하면 향신경성(*neurotropic*)으로, 만일 바이러스가 소화기 계통의 장기를 감염하면 향내장성(*viscerotropic*)으로 혹은 바이러스가 호흡기 계통에 감염하면 향호흡기성(*pneumotropic*) 바이러스로 분류하였다.

우리가 생화학적 혹은 분자적 수준에서 바이러스의 구조에 대해서 알게 됨으로써 바이러스 분류는 그들의 핵산구조, 복제방법, 숙주범위 그리고 다른 화학적, 물리적 특징에 기반을 두게 되었다. 또한 바이러스가 더 많이 발견될수록(오늘날 전 세계적으로 수집된 바이러스만 40,000종이 넘는다.), 바이러스 분류체계는 점점 더 혼란스러워졌고 결과적으로 많은 혼란과 나쁜 의미를 초래하였다. 따라서 전 세계적 차원에서 바이러스에 대한 체계적인 분류를 위하여 1966년 국제 바이러스 분류위원회(ICTV)를 설립하였다. 이 위원회는 매 4년마다 모임을 갖고 바이러스를 분류하는 법칙을 설정한다. 바이러스 분류는 ◀ Appendix B에 요약되어 있다.

바이러스는 세포성 유기체와 너무나 차이가 나기 때문에, 예를 들면 계(界)나 문(門) 등의 전형적인 분류체계로 바이러스를 분류하는 것은 어렵다. ICTV에 의하여 사용되는 가장 높은 단계의 분류단계는 과(科)이다. 바이러스의 과는 이미 결정되었지만 이들 대부분은 새로운 것이기에 매우 천천히 받아들여지고 있다. 이러한 분류에 있어서의 발전에도 불구하고 바이러스 종(種)-같은 게놈과 같은 유기체 관계를 갖는 바이러스의 무리-을 결정하고 이름을 짓는 문제와 *바이러스 종*(species)과 바이러스 *균주*(strain) 사이를 구별하는 문제들은 아직도 완전히 해결되지 않았다. 최근에 국제 바이러스 분류위원회는 라틴어로 된 이명법 보다는 영어로 된 통상적 이름을 그 바이러스의 종을 지정하기 위하여 사용한다. 예를 들면 광견병(rabies) 바이러스에 대한 분류 · 지정된 이름은 다음과 같다: 과(科): Rhabdoviridae; 속(屬): *Lassavirus*; 종(種): rabies virus. HIV의 경우에는 분류 · 지정은 과(科): Retroviridae; 속(屬): *Lentivirus*; 종(種): human immunodeficiency virus(HIV)이다.

특정한 바이러스의 이름은 HIV-1 혹은 HIV-2처럼 종종 그 바이러스가 속하는 그룹과 숫자로써 표시하고 있다. 바이러스의 과는 종종 그들의 핵산 유형, 캡시드 배열(모양), 피막 그리고 크기에 의해서 일차적으로 구별한다(**표 10.1**과 **표 10.2**). ICTV는 5,000개가 넘는 바이러스를 108과(科)와 203속(屬), 그리고 아직 과가 정해지지 않은 30여 속으로 지정하였다. 많은 바이러스 과의 이름은 그 바이러스가

표 10.1

인간에게 질병을 일으키는 중요한 RNA바이러스 그룹의 분류

과(科)	피막과 캡시드	크기(nm)	예(속 혹은 종)	감염 혹은 질병
(+)가닥 RNA 바이러스				
피코나바이러스 (1개의 RNA)	비피막, 정다면체	18-30	*엔테로바이러스* *리노바이러스* *헤파토바이러스*	폴리오, 감기 A형 간염
토가바이러스 (1개의 RNA)	피막, 정다면체	40-90	루벨라바이러스 말뇌염바이러스	루벨라(독일홍역) 말뇌염
플라비바이러스 (1개의 RNA)	피막, 정다면체	40-90	*플라비바이러스*	황열
레트로바이러스 (2개의 RNA)	피막, 구형	100	HTLV-1 HIV	성인백혈병, 종양 에이즈
(-)가닥 RNA 바이러스				
파라믹소바이러스 (1개의 RNA)	피막, 나선형	150-200	*모빌리바이러스*	홍역
랍도바이러스 (1개의 RNA)	피막, 나선형	70-180	*리싸바이러스*	광견병
오소믹소바이러스 (1개의 RNA)	피막, 나선형	100-200	독감바이러스	독감 A형과 B형
필로바이러스 (1개의 RNA)	피막, 실 모양	80	*필로바이러스*	에볼라, 마르부르그
부니야바이러스 (3조각의 RNA)	피막, 구형	90-120	*한타바이러스*	기도장애, 출혈열
2중가닥 RNA 바이러스				
레오바이러스 (10-12조각의 RNA)	비피막, 정다면체	70	*로타바이러스*	호흡기와 내장감염

표 10.2

인간에게 질병을 일으키는 중요한 DNA 바이러스 그룹의 분류

과(科)	피막과 캡시드	크기(nm)	예(속 혹은 종)	감염 혹은 질병
2중가닥 DNA 바이러스				
아데노바이러스 (선형 DNA)	비피막, 정다면체	75	인간 아데노바이러스	호흡기감염
허피스바이러스 (선형 DNA)	피막, 정다면체	120~200	*대상포진바이러스* *수두바이러스*	구강, 성기 허피스 소아수두, 수두
폭스바이러스 (선형 DNA)	피막, 복합형	230 × 270	오소폭스바이러스	천연두, 우두
파포바바이러스 (환형 DNA)	비피막, 정다면체	45~55	사람 파필로마바이러스	사마귀, 자궁암, 음경암
헤파디엔에이 바이러스	피막, 정다면체	40~45	간염 B형 바이러스	B형 간염
단일가닥 DNA 바이러스				
파보바이러스 (선형 DNA)	비피막, 정다면체	22	B19	제5의 질병 (소아 전염성 홍반)

확대경

바이러스의 이름짓기

국제 바이러스 분류위원회가 바이러스 이름을 승인했음에도 불구하고 바이러스학자들은 종종 새로 발견된 바이러스의 이름을 짓는데 창의적이다. 예를 들면, Picornaviridae는 다음과 같은 특징을 갖고 있다. 극단적으로 작은 바이러스(*piccolo*, 이태리어로 "아주 작은")로 그들의 유전적 정보는 *RNA*이다. Retroviridae는 RNA를 갖는데 이것은 DNA 합성을 지시하기 때문에 보통의 전사의 역방향을 의미하는 *retro*(라틴어로 "거꾸로")를 의미한다. Parvoviridae는 매우 작은 바이러스로 *parvus*(라틴어로 "작은")를 의미한다. 그러나 Togaviridae는 토가바이러스의 피막이 갑옷(*toga*, 혹은 망토, 외투)과 비슷하다고 생각하였다. Arbovirus는 *ar*thropod *bo*rne virus에서 따왔으며 이 바이러스는 토가바이러스, 플라비바이러스, 부니야바이러스 및 아레나바이러스를 포함하고 있다. Coronaviridae는 *corona*(라틴어로 "왕관")로부터 이름을 지었다.

바이러스의 배양이 가능해지면서 어떤 바이러스는 알려진 질병이 없으며 실험동물에 질병을 일으키지 않았다. 이러한 바이러스는 "고아(orphan)"라는 이름이 주어졌다. 따라서 Reoviridae는 *r*espiratory *e*nteric *o*rphan virus이다. 이제 ICTV는 바이러스 이름에 사람 이름을 허용하지 않지만 지역 및 장소를 나타나는 것은 허용하고 있다. 예를 들면 *Bunya*viridae는 이 바이러스가 처음 발견된 우간다의 Bunyamwere로부터 이름을 지었다.

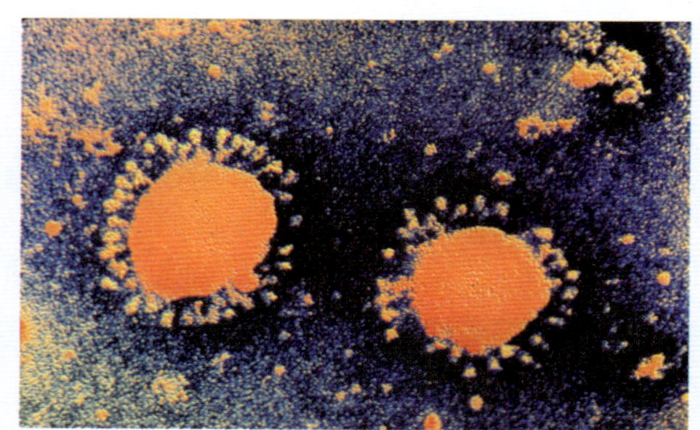

당신은 이 바이러스를 왜 코로나바이러스라고 부르는지 알 수 있는가? 싸스(SARS)는 코로나바이러스에 의해서 병이 유발된다(112,059배). Dr. Steve Patterson/ Photo Research, Inc.)

유발하는 인간과 여러 동물의 중요한 질병의 의미를 포함하고 있다. 추가적인 과는 다른 동물, 식물, 곰팡이, 알가 혹은 박테리아를 감염하는 바이러스를 포함하고 있다.

핵산 분류

주요한 바이러스의 그룹은 먼저 핵산의 종류로써 RNA 혹은 DNA 바이러스로 구별하고 있다. 이에 따른 세부적인 구분은 대체로 핵산의 성질에 기인한다. 대부분의 바이러스는 단일가닥이지만 RNA 바이러스는 단일가닥(ssRNA) 혹은 2중가닥(*ds*RNA)일 수 있다(표 10.1). 대부분의 진핵세포는 RNA를 복제하는 효소를 갖고 있지 않기 때문에 RNA 바이러스는 반드시 스스로가 RNA를 복제하는 효소를 갖고 있거나 자신의 게놈의 일부로써 복제 효소의 유전자로 갖게 된다. 표 10-1은 단일가닥 RNA 바이러스의 2가지 유형(양성가닥과 음성가닥 RNA 바이러스)을 나타내었다. 많은 ssRNA 바이러스는 **양성가닥 RNA [positive (+) sense RNA]**를 포함하고 있으며 숙주의 리보솜이 번역하는 mRNA와 같은 역할을 하는 것을 의미한다. 다른 ssRNA 바이러스는 **음성가닥 RNA[negative (–) sense RNA]**를 갖는다. 이 바이러스의 경우, RNA는 바이러스가 숙주 세포에 들어갔을 때 상보적인 양성가닥 mRNA를 만들기 위한 주형으로써 작용한다(◀7장 p. 189). 이 가닥이 숙주의 리보솜에 의하여 번역된다. 한편 음성가닥 RNA 바이러스는 전사를 수행하기 위해 반드시 바이러스 입자 내에 RNA 합성효소를 가지고 있다.

DNA 바이러스도 RNA 바이러스처럼 단일가닥이나 2중가닥의 형태로 존재한다(표 10.2). 예를 들면 허피스바이러스와 감기를 일으키는 인간 아데노바이러스는 2중가닥 DNA(*dsDNA*) 바이러스이다. 오직 1종류의 단일가닥 DNA(*ssDNA*)바이러스가 현재 인간의 질병을 일으킬 수 있는 것으로 알려져 있다.

이 정도의 기초 지식을 갖고 이제 간단히 여러 과(科)의 동물 RNA 바이러스와 DNA 바이러스를 간단히 공부해보자.

RNA 바이러스

RNA 바이러스의 유전적 성질

여러 과(科)의 RNA 바이러스는 핵산의 성질, 캡시드 모습 그리고 피막의 유무에 의하여 나누고 있다(표 10.1; **그림 10.3**). 대부분의 RNA 바이러스는 양성가닥 RNA나 음성가닥 RNA 중 하나를 갖는다. 그러나 만일 RNA가 완전한 양성가닥을 2개를 갖고 있거나 작은 분절의 음성가닥 RNA로 존재하는 경우 이들은 다른 바이러스과(科)에 속하게 된다. 마지막으로 분절된 dsRNA를 갖는 하나의 과(科)가 있다.

RNA 바이러스의 중요한 그룹

피코나바이러스과. **피코나바이러스(picornavirus)**는 매우 작으며(직경 30 nm), 피막이 없는 정다면체를 갖는 양성가닥 RNA 바이러스이다. 이 바이러스는 150종 이상으로 구성되며 인간에게 질병을 유발한다. 피코나바이러스는 감염 후 빠르게 숙주세포의 DNA와 RNA의 모든 기능을 방해한다. 피코나바이러스과는 *엔테로바이러스속*, *헤파토바이러스속* 그리고 *리노바이러스속* 등의 몇 그룹으로 나눠진다.

엔테로바이러스(enterovirus, *entero*는 그리스어로 "내장" 이라는 뜻)는 폴리오바이러스를 포함하고 있다(그림 10.3a). 이 바이러스는 많은 화학약품에 저항성이 있으며 정상적인 소화계를 통과하며 복제한다. 만일 숙주 방어체계가 비활성화된다면 이 바이러스는 혈액과 림프를 침입하

1940년대 뉴욕시(市)의 모든 마비성 폴리오환자 중 100명 이상은 폴리오 감염증상이 없었다.

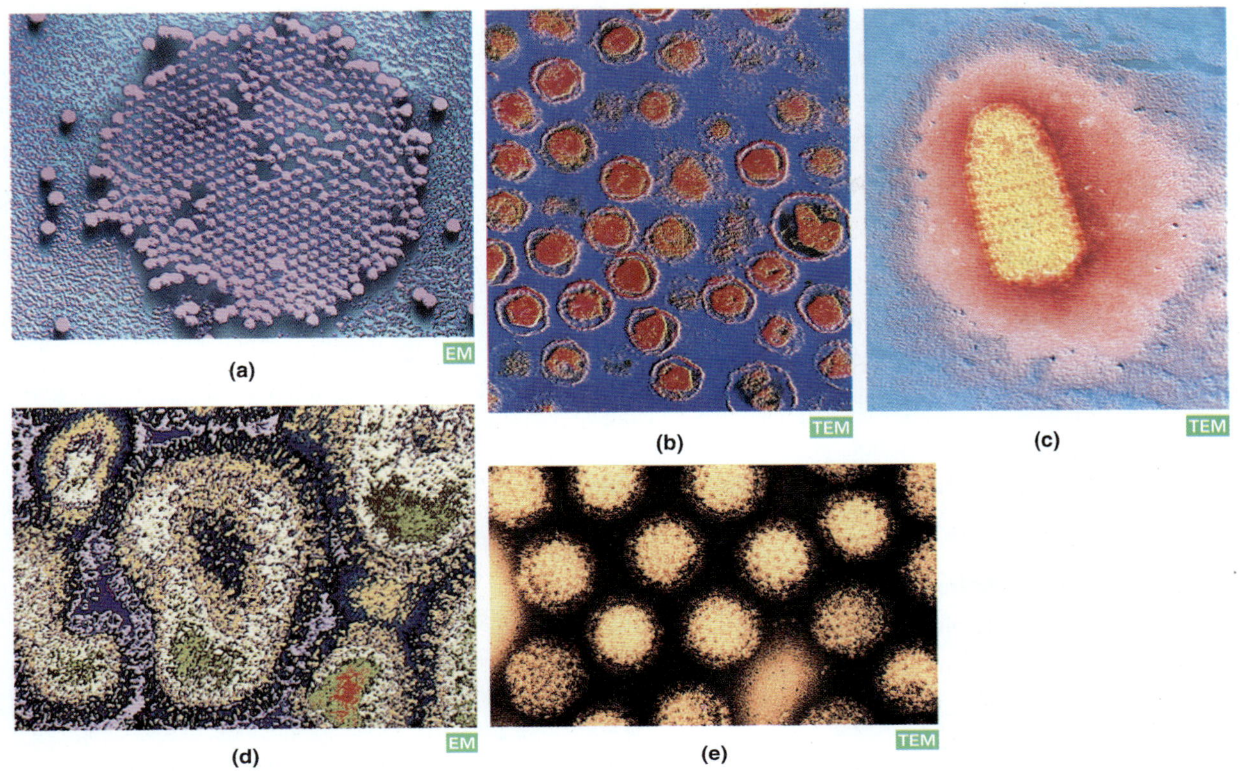

그림 10.3 대표적인 RNA 바이러스의 전자현미경 사진. **(a)** 피코나바이러스(폴리오바이러스; 71,500배); (Omilron/Photo Researchers) **(b)** 레트로바이러스(온코바이러스; 42,500배); (CNRI/Custom Medical Stock Photo Inc.) **(c)** 랍도바이러스(광견병바이러스; 164,121배); (Tektoff-RM/CNRI/Photo Researchers) **(d)** 오소믹소바이러스(독감바이러스; 186,098배); (Herbert Wagner/Photoyake) **(e)** 레오바이러스(호흡기바이러스 (780,411배). (K. G. Murti/Visuals Unlimited)

며 온몸으로 특히 신경계로 퍼진다. 불결한 위생은 엔테로바이러스의 수를 증가시키며 붐비는 인간들은 이 바이러스가 퍼져나가는 것을 도와준다. 그 결과 빈번한 바이러스와의 접촉에 의해서 주로 어린이들이 유년기에 바이러스에 감염되는데 마비가 일어나지 않으면 그 증상은 독감과 유사하다. 통상적으로 마비를 일으키는 사람은 다자란 어린이와 성인들이다. 따라서 소아마비 증상은 선진국에서는 비교적 드물다.

불결한 위생 또한 일종의 **헤파토바이러스(hepatovirus**, *hepato*는 그리스어로 "간"이라는 뜻)의 전파에 일조하고 있다. 예를 들면 간염 A형 바이러스는 구강 및 분변을 통해서 전파하는데 이러한 질병은 오염된 음식이나 물을 섭취함으로써 일어난다. 이 바이러스가 감염하는 주요한 장기는 간이다.

리노바이러스속(*rhino*, 그리스어로 "코")은 100여 종이 넘는 인간 **리노바이러스(rhinovirus)**를 포함하고 있다. 이 바이러스속의 하나는 인간의 감기에 관련되어 있다. 인간 리노바이러스는 소화관에 질병을 유발하지 않는데 그 이유는 그들은 위에 상당한 산성을 견뎌낼 수 없기 때문이다. 대신에 이 바이러스는 코의 점막을 통해서 신체로 들어오며 상기도의 상피세포에서 복제한다. 리노바이러스의 캡시드에 대해서 많은 것이 최근에 알려졌다(**그림 10.4**). 바이러스학자들은 이 바이러스의 캡시드가 오직 코의 점막에 있는 몇 개의 수용체에만 흡착하는 것을 발견하였다. 따라서 가까운 미래에는 리노바이러스가 부착되지 못하도록 이러한 수용체를 화학적으로 덮는 방법을 고안함으로써 감기를 예방할 수 있을지도 모른다.

감기를 일으키는 리노바이러스는 집안의 가구에서 3일정도 생존할 수 있다.

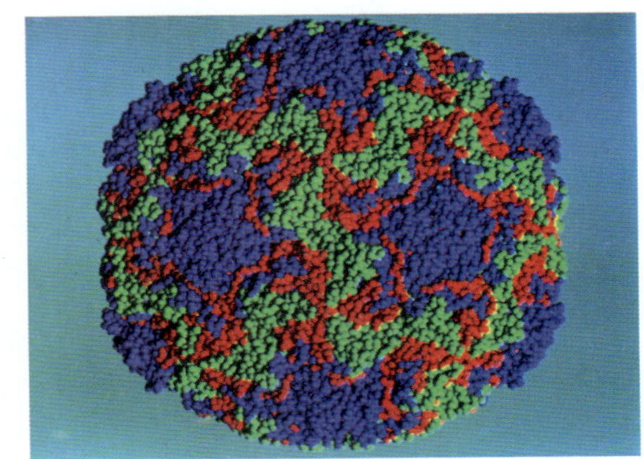

그림 10.4 감기바이러스. 감기를 일으키는 인간 리노바이러스의 컴퓨터 합성 모델. 각각의 색은 각각 다른 캡소미어를 나타낸다. (*Courtesy Michael G. Rossmann, Purdue University*)

토가바이러스과. **토가바이러스(togavirus)**는 작으며 피막이 있는 정다면체, 양성가닥 RNA 바이러스로 많은 포유류와 절지동물의 세포질에서 증식한다. 절지동물 유래바이러스로 알려져 있는 토가바이러스는 모기를 통해서 전파하며 여러 종류의 뇌염(복수형: encephalitides)을 인간과 말에 일으킨다. 토가바이러스과에 속하는 독일홍역(루벨라)을 유발하는 루벨라바이러스는 절지동물에 의해서 전파되지는 않고 오히려 인간 대 인간으로 전파한다.

플라비바이러스과. **플라비바이러스(flavivirus)**는 피막이 있는 정다면체의 양성가닥 RNA 바이러스로 모기나 진드기에 의해서 전파된다. 이 바이러스는 사람에게 여러 가지 종류의 뇌염과 열을 유발한다. 황열바이러스는 출혈열을 유발하는 플라비바이러스로 피부나 점막 그리고 내장장기에 통제 불능의 상태로 출혈을 일으킨다. C형 간염은 또한 플라비바이러스에 의해서 일어난다.

레트로바이러스과. **레트로바이러스(retrovirus)**는 완전한 양성가닥 RNA를 2개 갖는 피막보유바이러스이다(그림 10.3b). 이 바이러스는 역전사효소를 갖고 있다. 이 효소는 바이러스 RNA를 상보적인 DNA 가닥으로 만들어 dsDNA를 만든다. 이 반응은 전형적인 전사과정(DNA→RNA)의 정확히 반대이다. 바이러스의 복제가 계속되기 위해서 새로 만들어진 DNA는 반드시 바이러스 RNA로 전사되어야 한다. 이 RNA는 바이러스 단백질합성을 위한 mRNA로써 기능을 하며 새로운 바이러스 입자에 포함될 것이다. 그렇게 하기 위해서 DNA는 먼저 숙주세포의 핵으로 이동하여야 하며 숙주세포의 염색체와 통합한다. 이렇게 통합된 바이러스 DNA를 **프로바이러스(provirus)**라고 한다. 레트로바이러스는 설치류와 새 그리고 인간에게 종양과 백혈병을 일으킨다. 인간 레트로바이러스는 *T 임파구*라고 불리는 면역세포에 침입하며 이 바이러스는 인간 T 세포 백혈병바이러스(HTLV)로 불린다. HTLV-1과 HTLV-2는 백혈병이나 종양과 같은 암과 관련되어 있으며, 반면 인간 면역결핍바이러스(HIV-1과 HIV-2)는 후천성 면역결핍증후군(AIDS)을 야기한다. AIDS는 ◀18장에 논의되어 있다.

파라믹소바이러스과. **파라믹소바이러스(paramyxovirus**; *para*, 라틴어의 "가까움"; *myxo*, 그리스어로 "점액")는 중간 크기의 바이러스로 피막을 가지며 나선형 뉴클리오캡시드를 갖는 음성가닥 RNA 바이러스이다. 일부 파라믹소바이러스속의 바이러스는 유행성 이하선염, 홍역 그리고 바이러스성 폐렴과 어린이에게 있어서 기관지염과 청년들에게 가벼운 상기도 감염을 일으킨다.

랍도바이러스과. 또 다른 음성가닥 RNA 바이러스인 **랍도바이러스(rhabdovirus**, *rhabdo*, 그리스어로 "막대")는 중간 크기의 바이러스로 피막을 갖는다. 이 바이러스는 피막을 갖지만 캡시드는 나선형이며 바이러스가 막대나 탄환 모양과 비슷하다(그림 10.3c). 랍도바이러스의 입자는 RNA 의존성 RNA 합성효소(RdRp)를 갖고 있으며, 이 효소는 음성가닥을 이용하여 양성가닥을 만든다. 새로이 만들어진 가닥은 mRNA로써 작용하며 후대 바이러스 RNA 합성을 위한 주형으로써 작용한다. 인간에 있어서 광견병은 거의 항상 광견병 동물들에게 물림으로써 일어나는데 이 동물들이 광견병바이러스를 가지고 있다. 랍도바이러스는 척추동물과 무척추동물이나 식물을 감염할 수 있다. 박쥐에게 있어서 질병을 일으키는 라고바이러스(Lago virus)와 아프리카에서 잔소리가 심한 여자들에게 감염하는 모콜로바이러스(Mokolo virus)는 이 광견병바이러스와 매우 가까운 유연관계를 갖는다.

광견병은 오래된 고대의 질병이다. 광견병은 기원전 2,300년에 이집트에서 이미 기록된 바 있으며, 고대 그리스에서는 아리스토텔레스가 이 병을 매우 잘 기술해 놓았다.

오소믹소바이러스과. **오소믹소바이러스(orthomyxovirus;**

공중 보건

만일 이것이 당신의 집에 들이닥친다면?

에볼라(Ebola) 유행병은 아프리카의 자이레와 수단에 매번 수백 명 이상에게 발발하였다. 자이레에서의 치사율은 88%이었으며 수단에서는 51%였다. 반복적으로 에볼라는 찾아온다. 그러나 치료법이 없다. 백신도 없으며 항생제도 무용지물이다. 그런데 이 병이 만일 당신이 살고 있는 곳에 퍼지게 된다면?

어느 날 당신은 머리가 욱신거리는 두통과 함께 잠에서 깨어난다. 그리고 등뼈도 아프다. 고열, 현기증, 구토가 뒤따른다. 그리고 혈반이 당신의 피부에 나타나기 시작한다. 당신 피부에 나타난 피는 응고하지 않는다. 이래서 에볼라바이러스 감염증상에 "출혈열"이라고 이름을 붙였다. 출혈은 이제 당신의 뇌, 콩팥, 호흡기관, 소화기관에서도 시작된다. 당신이 구토할 때마다 엄청난 양의 혈액이 쏟아진다. 마지막에는 당신의 항문에서 피와 조직이 쏟아져 나온다. 이제 죽음이 거의 임박해 있다!

그런데 더 놀라운 일은 어떤 사람들은 이 에볼라 감염으로부터 멀쩡하게 살아남는다는 것이다. 사실 중앙아프리카에 살고 있는 시골사람들의 25%는 이 에볼라바이러스에 대한 항체를 갖고 있는 것으로 나타났으며, 이러한 결과는 그 사람들은 이미 에볼라바이러스에 감염으로부터 살아남았음을 의미한다.

이 바이러스는 어디서 왔을까? 우리는 머나먼 정글지역에서 이 바이러스와 홀연히 살고 있는 유기체(동물)가 무엇인지 아직도 모르고 있다. 그러나 사람들을 이 지역으로 더욱 몰아 놓을수록 사람들은 알 수 없는 바이러스와 마주치게 된다. 바이러스가 새로운 숙주로 "종 점핑(jumping species)" 하게 되면, 매우 우려할만한 질병이 출현한다. 과거에는 원래의 숙주와 친근한 좋은 관계였으나 새로운 숙주인 인간에게는 아직은 그러한 좋은 관계가 이루어질 시간이 오지 않았다. 이것이 바로 "새롭게 출현하는(신흥)" 질병이다. (Top photo: Gilbert Liz/Corbis Sygma/Corbis; bottom: Barry Dowsett/Photo Researchers, Inc.)

ortho, 그리스어로 "정통의")는 중간 크기로써 피막을 가지며, 구형과 나선형 등의 여러 가지 모습으로 존재하는 음성가닥 RNA 바이러스이다(그림 10.3d). 이 바이러스의 게놈은 8조각으로 분절되어 있다. 파라믹소바이러스와 같이 오소믹소바이러스는 점액에 친화성이 있다. 우리에게 너무나 친숙한 A형 독감바이러스는 오소믹소바이러스로 또한 조류, 돼지, 말, 고래에도 감염한다. B형 독감바이러스는 인간에게만 특이성이 있다.

필로바이러스과. **필로바이러스(filovirus)**는 피막보유바이러스로 실 모양의 음성가닥 RNA 바이러스이다. 이 바이러스는 인간에서 인간으로 전파될 수 있으며 혈액이나 정액, 다른 분비물과 오염된 주사기 바늘에 의해서 인간에서 인간으로 전파될 수 있다. 이 필로바이러스는 마르부르그병과 에볼라병에 관련이 있으며 출혈열을 일으킨다.

부니야바이러스과. **부니야바이러스(bunyavirus)**는 피막을 보유하는 음성가닥 RNA 바이러스로 게놈이 3개의 분절로 구성된다. 부니야바이러스는 절지동물에 의해서 전파되지만 설치류가 주요한 대표적 숙주이다. 가장 최근에 알려진 부니야바이러스는 한타바이러스인데 한타바이러스 폐증후군(HPS)의 원인이다. 이 *한타바이러스*속의 다른 종은 출혈열을 일으킨다.

아레나바이러스과. **아레나바이러스(arenavirus)**는 부니야바이러스와 마찬가지로 피막을 갖는 음성가닥 RNA 바이러스이지만 이 바이러스의 게놈은 오직 2개의 분절로 이루어져 있다. 아레나바이러스는 설치류에 의해서 전파된다. 인간으로의 감염은 에어로솔, 감염동물의 오줌이나 분변의 접촉이나 감염된 박쥐에게 물림으로써 일어난다. 아르헨티나 출혈열, 볼리비아 출혈열, 라싸열 등이 아레나바이러스의 주된 감염 증상이다.

로타바이러스는 10개의 바이러스 입자만 먹어도 감염이 되고 설사를 하기에 충분하다.

레오바이러스과. **레오바이러스(reovirus)**는 비피막성으로 정다면체 캡시드를 갖는다(그림 10.3e). 이 바이러스는 중간 크기의 바이러스로 dsRNA 바이러스이다. 레오바이러스는 세포질에서 복제하며 에오신에 의해서 염색되는 걸출한 봉입체를 만든다. 레오바이러스는 오소레오바이러스(orthoreovirus), 오비바이러스(orbivirus)와 로타바이러스(rotavirus)를 포함하고 있다. 로타바이러스는 영아들에게 심한 설사를 일으키는 가장 일반적인 바이러스로 2세 이하의 어린이에게 있어서 심한 설사를 일으킨다. 또한 어른들에게 미약하지만 상기도 감염과 위장관계 감염이 있을 수 있다. 다른 레오바이러스는 다른 종류의 동물들을 감염한다.

DNA 바이러스

DNA 바이러스의 일반적 성질

RNA 바이러스에서처럼 동물 DNA 바이러스는 DNA 구성에 따라서 과(科)로 나눈다(표 10.2; 그림 10.5). 모든 dsDNA 바이러스는 DNA의 모습(선형 혹은 환형), 캡시드 구조 그리고 피막의 존재 유무에 따라 또다시 과로 나눈다. DNA 바이러스 중 오직 하나의 과만이 ssDNA를 갖는다.

DNA 바이러스의 중요한 그룹

아데노바이러스과. **아데노바이러스(adenovirus**; *adeno*, 그리스어의 "샘")는 중간 크기로 선형의 dsDNA를 갖는 캡시드바이러스이다. 이 바이러스는 처음에 아데노이드조직에서 발견되었는데 화학약품에 아주 저항성이 있으며 pH 5~pH 9까지 안정적임과 동시에 36 ~ 47℃ 에서도 안정적이다. 동결한 바이러스는 감염력을 상실하지 않는다. 아데노바이러스는 80여종 이상이 발견되었으며, 많은 종의 아데노바이러스들이 인간의 호흡기질환과 관련이 있다. 아데노바이러스 40형과 41형은 모든 경우의 어린이와 유아 설사병의 10~30%를 차지한다. 어린이들의 반 이상이 그들의 목구멍에 이 바이러스를 가지며 병 증상을 보인다.

보통 아데노바이러스에 의해 일어나는 질병들은 급성이다(즉, 갑자기 발병하였다가 짧은 기간 존속한다). 이 바이러스가 인체에 들어온

공중 보건

동물의 새로운 바이러스 질병들

사람이 아닌 동물들에게 병을 일으키는 몇몇 바이러스가 발견되었다. 고양이에게서 발견된 고양이 면역결핍바이러스(FIV)라고 불리는 레트로바이러스는 인간 면역결핍바이러스(HIV)와 유사하다. 대략적으로 미국에서는 고양이의 1~3%가 감염되어 있다. FIV는 고양이의 림프절을 감염하는데 증상이 잘 나타나지 않는다. 그렇지만 FIV는 3~6년의 긴 시간을 통해 주둥이, 피부, 호흡기에 심한 감염증상을 보이며 HIV처럼 점진적으로 면역체계를 공격한다. 고양이는 면역력을 잃게 되면서 설사, 체중감소, 폐렴, 열과 신경질환을 앓게 된다. HIV와는 달리 FIV는 성접촉으로 전파되지 않으며 또한 사람에게나 다른 동물들에게는 전파되지 않는다. 고양이 사이의 전파는 보통 물어뜯기에 의해서 일어난다. 수의사들은 이 바이러스가 HIV처럼 수십 년간 있어왔으며 치료방법이 없다고 믿고 있다.

최근의 동물의 질병 역시 또 다른 바이러스들의 발발에 기인한다. FIV와 유사성이 높은 바이러스가 사자, 호랑이, 표범에서 발견되었다. 또한 피코나바이러스과와 매우 유사한 칼리시바이러스(calicivirus)가 돼지, 물개 고양이에게서 발견되었다. 이 바이러스는 소의 구제역과 비슷한 피부발진을 유발한다. 감염된 돼지는 체중감소, 발열, 돼지의 발, 혀, 코 등의 피부에 수포를 만든다.

1993년 12월과 1995년 1월 사이에 아프리카 탄자니아에서 100마리가 넘는 사자들이 개(dog)의 급성 전염병인 디스템퍼의 출몰로 죽었다. 개 디스템퍼바이러스는 사자처럼 큰 고양이과 동물에게는 매우 드문 병으로 보통 개나 늑대에게 나타난다. 탄자니아 국립공원 근처의 애완용 개로부터 전파된 것 같다. 아프리카 과학자들은 이 바이러스가 표범이나 들개에게까지 널리 퍼졌다고 믿고 있다. 미국에서는 야생동물에게 바이러스를 퍼뜨리지나 않을까하여 야생동물 보호구역으로 사람들이 집에서 기르는 개를 데리고 오는 것을 법으로 금지하고 있다.

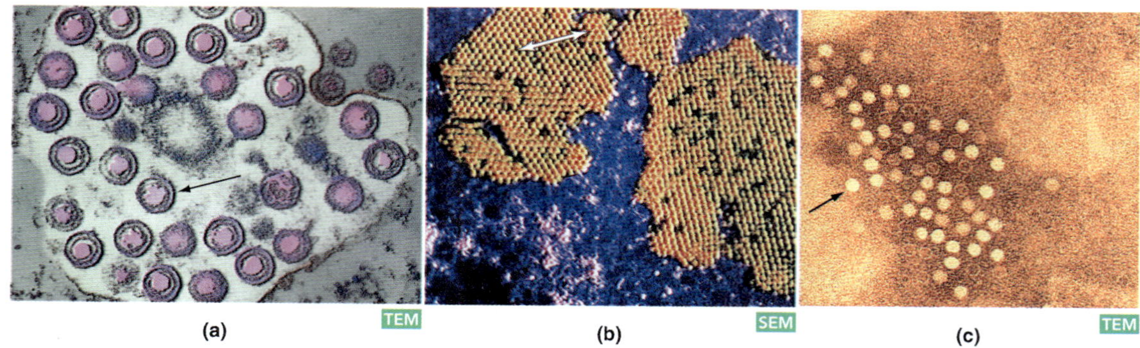

그림 10.5 대표적인 DNA 바이러스의 전자현미경 사진(화살표는 1개의 입자를 표시함). **(a)** 허피스바이러스(세포 내의 보라색 구형(148,942배)); *(Center for Disease Control/Photo Researchers)* **(b)** 파포바바이러스(인간 파필로마바이러스; 61,1000배); (CNRI/Photo Researchers) (c) 파보바이러스(147,000배). *(Central Veterinary Laboratory, Weybridge, England/Photo Researchers)*

직후 바이러스 입자들이 혈액에서 발견되며 홍역과 유사한 발진이 나타난다. 아데노바이러스의 출처는 호흡기 타액과 감염자의 대변이다.

허피스바이러스과. **허피스바이러스(herpesvirus**; *herpes*, 그리스어의 "근질거리는")는 대체적으로 크며 피막이 있으며 선형 dsDNA를 갖는다(그림 10.5a). 허피스바이러스는 자연계에 광범위하게 분포하고 있으며 대부분의 동물들은 발견된 100가지의 허피스바이러스 중에서 하나 이상에 감염되어 있다. 허피스바이러스는 다양한 질병을 일으키고 있는데 **표 10.3**에 요약되어 있다.

허피스바이러스 입자의 중심부는 DNA가 감겨져있는 단백질로 존재한다. 허피스에 감염된 세포에는 바이러스 dsDNA가 프로바이러스로써 존재할 수 있다. 따라서 허피스바이러스의 일반적인 특징은 **잠복성(latency)**이다. 잠복성이란 숙주세포 내에 남아있는 능력으로 보통 오랫동안 신경세포에 잠복되어 있고 거기서 복제할 능력을 존속시킨다. 예를 들면 수두(varicella)로부터 회복된 어린이는 아직 잠복형태의 바이러스를 갖고 있다. 수 년 혹은 수 십년 후 그 바이러스는 스트레스나 물리적인 요인에 의해 재활성화하며, 어른에게 있어서는 대상포진(*shingles*)을 일으켜 아주 아프고 쇠약하게 만든다. 허피스바이러스 중 수두나 대상포진을 일으키는 이 바이러스는 물집으로부터 흘러나오는 액체에 존재하면서 비감염자에게 수두를 일으킨다. 허피스바이러스에는 100여 개가 넘는 유전자가 존재하는데 이중 11개 유전자가 잠복성과 관련되어 있는 것으로 알려졌다.

폭스바이러스과. **폭스바이러스(poxvirus)**는 피막을 갖는 선형 dsDNA 바이러스로 모든 바이러스 중에서 가장 크고 가장 복잡하다. 이 바이러스는 자연계에 널리 분포하고 있다. 거의 모든 동물 종들은 폭스바이러스의 한 형태에 감염되어 있다. 인간의 폭스바이러스(오소폭스바이러스)는 크고 피막이 있으며 벽돌모양의 바이러스로 250~450 nm의 길이와 160~260 nm의 너비를 갖는다. 이 바이러스는 *바이러스플라즘(viroplasm)*이라고 부르는 숙주세포의 세포질의

표 10.3

인간에게 질병을 유발하는 허피스바이러스

	바이러스 유형	감염 혹은 질병	기타 정보
Simplexvirus	Herpes simples 1형	구강 허피스(가끔 성기 및 태아 허피스), 뇌염	p. 298
	Herpes simples 2형	성기 및 태아 허피스(가끔 구강 허피스), 뇌막염	pp. 627-9
Varicellovirus	Varicella-zoster	소아 수두(수두)와 대상포진(포진)	pp. 574, 583-4
Cytomegalovirus	Cytomegalovirus (침샘바이러스)	급성발열; 에이즈 환자, 장기이식 환자, 면역이 저하된 환자; 기형 출산	p. 298, 632-4
Roseolovirus	Roseola infantum (전에는 HHV 6형)	돌발성 발진(roseola infantum), 유아의 발진 및 발열같은 일반 증상	p. 583
Lymphocryptovirus	Epstein-Barr virus	전염성 단핵구증과 Burlitt 임파종(아프리카 어린이에게 나타나는 턱의 암), Hodgkin 병(임파종)과 연관됨. B 세포 임파종. 아시아인의 비강인두암.	pp. 305, 740-1
Human herpes virus 8형	Kaposi' s sarcoma virus	에이즈와 관련된 카포시 육종	p. 558

특정부분에서 증식하는데 여기서 폭스바이러스는 천연두, 전염성 연종 및 우두의 전형적인 피부반점을 유발한다. 다른 종류의 폭스바이러스, 예를 들면 원숭이 폭스바이러스는 인간을 감염할 수 있으며 이 원숭이와 접촉한 사람은 감염될 수 있다. 천연두바이러스는 지구상에서 최초로 멸종된 인간의 병원체로 알려져 있다.

파포바바이러스과. **파포바바이러스(papovavirus)**는 파필로마(*pa*pilloma), 폴리오마(*po*lyoma) 그리고 공포(*va*cuolating) 바이러스를 의미하는 3가지 관련된 바이러스의 약자이다. 이 바이러스들은 크기가 작고 정다면체 캡시드와 dsDNA를 갖으며 숙주세포의 핵에서 복제한다. 파포바바이러스 역시 자연계에 광범위하게 분포되어 있다. 25종 이상의 인간 파필로마바이러스와 2 종의 인간 폴리오마바이러스가 발견되었다. 파필로마바이러스는 흔히 숙주세포의 DNA에 통합되어 있지 않는 상태로 핵 내에서 발견된다(그림 10.5b). 폴리오마바이러스는 거의 항상 프로바이러스로써 염색체에 통합되어 있다. 파필로마바이러스는 인간에게 양성종양과 악성의 사마귀를 유발한다. 그리고 13종의 파필로마바이러스는 인간의 자궁경부암과 관련되어 있다. 가장 철저하게 연구한 공포바이러스는 원숭이바이러스 40 (SV-40)이다. SV-40은 바이러스학자들이 바이러스의 증식과정, 통합과정, 종양발생과정(암세포의 발생)을 연구하는데 이용하여 왔다.

헤파디엔에이바이러스과. **헤파디엔에이바이러스(hepadnavirus)**는 작으며 피막이 있고 대부분이 dsDNA 바이러스(일부분은 ssDNA)이다. 이 이름은 DNA 바이러스가 간염(hepatitis)을 일으키는 것을 의미한다. 헤파디엔에이바이러스는 인간과 오리를 포함한 다른 동물들의 간에 만성(즉, 오랫동안 계속적으로)감염을 일으킨다. 인간에게 있어서 간염 B형 바이러스를 일으키는데 궁극적으로 간염은 간암으로 발전한다. 우리는 ◀22장에서 바이러스에서 유발되는 다른 형태의 간염에 대해서 논의할 것이다.

파보바이러스과. **파보바이러스(parvovirus)**는 캡시드를 갖는 조그만 선형 ssDNA 바이러스이다(그림 10.5c). 이 바이러스의 유전적 정보는 매우 적기 때문에 헬퍼바이러스의 도움이 필요하며 복제를 위하여 감염된 숙주세포가 분열해야만 한다. 3가지 속인 *Dependovirus*, *Parvovirus*, *Erythrovirus*는 척추동물에서 발견되고 있다. Dependovirus는 adeno-associated virus(AAV)라고 부르는데 바이러스가 복제하기 위해서 아데노바이러스(혹은 허피스바이러스)의 동시감염이 필수적이다. 이 바이러스와 관련된 알려진 인간질병은 없다. 파보바이러스속의 바이러스는 쥐, 생쥐, 돼지, 고양이, 개에게 질병을 일으킬 수 있다. 쥐 파보바이러스는 태내에서 선천성 기형을 일으킨다. 개의 파보 바이러스는 개나 강아지에게 아주 심각한 때로는 치명적인 위소장염을 일으킨다. 인간(주로 어린이)에게 감염하는 것으로 알려진 단 하나의 파보바이러스는 소위 B19라고 부르는 *Erythrovirus*이다. 1974년에 발견된 이 바이러스는 "제 5의 질병"(전염성 홍반)을 일으킨다. 이 바이러스는 유년시절 질병의 전형적인 발진과 관련된 질병으로써 제 5의 질병이라는 이름이 붙여졌다. 이 질병은 홍역, 성홍열, 독일 홍역, 더 이상 나타나지 않는 네 번째 발진에 이어 다섯 번째 질병으로 알려졌다. B19는 어린이의 볼과 귀에 진한 붉은 발진을 일으키는데 어른에게 있어서는 발진과 관절염을 일으킨다. B19바이러스는 태반통과성이 있고 태아에게 혈액을 형성하는 세포에 치명적인 영향을 줌으로써 빈혈이나 심장마비 혹은 치사를 일으킨다.

✓ 중점 질문 사항

1. 오늘날 바이러스는 어떤 기준으로 분류되는가?
2. 양성가닥과 음성가닥 RNA를 구별하시오.
3. dsDNA와 ssDNA의 차이는 무엇인가?

신흥 바이러스

바이러스는 수천 년간 인간을 감염하여 왔으며, 바이러스가 일으키는 질환은 수천만 명의 죽음을 불러왔다. 미생물학자는 예측하지 못한 많은 바이러스성 질병이 소위 **신흥 바이러스(emerging virus)**에 의하여 최근에 일어나고 있다고 믿는다. 신흥 바이러스는 예전에는 지역적으로 나타나는 낮은 수준의 감염인 풍토병(*endemic*)이거나 종간의 장벽을 뛰어넘는, 즉 그들의 원래 숙주범위에서 다른 종으로의 팽창이라고 믿어왔다. 예를 들면 폴리오바이러스 감염은 고대로부터 풍토병이었지만 갑자기 1900년대에 와서는 연례적으로 많은 사람들에게 병을 발발시키는 대유행병(*pandemic*, 전 세계적으로 높은 수준의 감염)은 이 바이러스로부터 초래했는데 매년 여러 차례 병 발생을 일으킨다. 왜 질병은 증가하는 것일까?

폴리오바이러스는 수 세기를 걸쳐 더욱 독한 병원체로 돌연변이 된 것이 아니다. 오히려 바이러스학자와 역학자들은 산업혁명 이후 도시인구의 증가가 바이러스의 팽창에 있어서 적합한 환경조건을 제공하였다고 믿는다. 병 발생이 심하지 않은 지역으로부터 이민해 온 면역력을 갖추지 않은 사람들이 폴리오바이러스를 보유한 면역된 사람들에게 노출되었다. 따라서 폴리오는 급속히 퍼졌으며 치명적인 결과를 가져왔다. 1950년대 폴리오백신이 제조되고서야 이러한 전 세계적인 발병은 중지되었다. 아직도 폴리오가 풍토병으로 남아있는 나라들이 있음에도 불구하고 세계보건기구(WHO)는 2006년까지는 백신 프로그램을 통하여 폴리오가 박멸되기를 희망했었다. 2006년 3월, 이집트는 3년 연속 폴리오 발발이 나타나지 않자 비로소 "폴리오로부터 해방(polio-free)" 되었음을 공표하였다. 그러나 몇몇 다른 나라들은 아직도 폴리오가 발발하고 있기 때문에 폴리오를 박멸하겠다는 목표는 아직도 수 년 내에 이루어지지 않을 것이다. 그러나 천연두처럼 일단 폴리오가 박멸된다면 인간에서만 나타났던 폴리오는 영원히 지구상에서 사라질 것이며 따라서 인간은 더 이상 폴리오바이러스의 보유숙주가 아니다.

홍역같이 인간에게 전파되는 또 다른 풍토성 바이러스 질병은 역시 인간의 이동과 인구수의 증가에 따라 되풀이하여 발생하고 있다. 그러나 몇몇 바이러스 질환은 *보유숙주*(감염체가 존재하는 건강한 동물로 다른 숙주를 감염할 수 있음) 혹은 바이러스 *벡터*(보균자) 역할을 하는 다른 동물들과 관련되어 있다. 이 경우에 있어서 만일 그 벡터가 보유숙주의 역할을 하는 종으로부터 인간으로 전파된다면 바이러스는 종의 벽을 뛰어넘었을 수 있다. 예를 들면, 1930년 전에는 황열병은 오로지 1종의 모기(*Aedes aegypti*)에 의해서만 전파된다고 생각했다. DDT의 처리나 백신접종을 통하여 도시지역의 모기를 통제함으로써 이 황열병은 통제할 수 있었다. 그러나 1950년대 후반에 황열병이 발발했는데 벡터는 *A. aegypti*가 아니었으며, 정글(숲)의 황열병은 오히려 다른 종류의 모기인 *Hemagogus*속에 의하여 발발하였다. 원래 이 모기는 밀림의 숲속 높은 장소에서 사는 원숭이들에게 황열병 바이러스를 전파한다. 그런데 밀림의 나무꾼이 숲속의 나무들을 채벌함으로써(산림의 제거), *Hemagogus* 모기는 나무 끝에서 숲의 바닥으로 옮겨진 것이다. 거기서 모기가 벌목하는 사람이나 농사짓는 사람들에게 바이러스를 옮겼다.

이 황열병의 경우는 어떻게 그러한 바이러스 질병이 곤충벡터가 살고 있는 지역의 풍토병에서 대유행병으로 바뀌는가에 대해서 알려주는 가장 좋은 예이다. 그러나 이제는 사람이 전혀 살지 않았던 적도지역이 점차로 농업지역과 작물경작지로 변경되면서 바이러스를 갖고 있는 곤충과 인간의 만남은 피할 수가 없게 되었다.

현재까지 500종 이상의 곤충매개바이러스(arbovirus)가 알려져 있다. 이 중 80가지만 인간에게 질병을 유발하는데 이 중 20가지는 신흥 바이러스라고 여겨진다. 가장 위험스러운 것은 백년이상 풍토병으로 있었던 것이 다시 출현한 황열병 바이러스와 온난화의 진행에 따라 점차 북쪽으로 이동하고 있는 뎅기열 바이러스이다. 이제 미국에서도 이 병이 발생하고 있으며, 이 2가지 바이러스는 모두 모기에 의해서 전파된다.

많은 바이러스학자들은 이러한 유사한 사례가 HIV의 경우에서도 나타났다고 믿는다. HIV와 유사한 레트로바이러스가 집에서 기르는 고양이(고양이 면역결핍바이러스, FIV)와 원숭이(원숭이 면역결핍바이러스, SIV)에도 존재한다. SIV의 돌연변이 형태가 종을 뛰어넘어 SIV에 감염된 원숭이하고 접촉한 인간에게 전해졌을 가능성이 높다. 어쨌든 SIV에 대한 항체가 인간에게서도 발견되었다. 그러므로 SIV 자체가 처음으로 인간에게 감염되어졌으며 후에 돌연변이 된 것이다. 적자생존은 이러한 돌연변이를 선호하는데 왜냐하면 SIV가 새로운 숙주인 인간에게 더 잘 적응했기 때문이다.

미국에서는 최근의 신흥 바이러스로 설치류 오줌과 분변으로부터 인간에게 전파된 한타바이러스가 있다. 이 한타바이러스는 폐증후군인 HPS(Hantavirus pulmonary syndrome)를 유발하는데 1993년 5월 미국의 뉴멕시코주에서 발발하였다. 우리는 비록 이 바이러스가 어떻게 그 지역의 설치류에 전해졌는지는 모르지만 유전적 분석결과와 지역주민에 의하면 이 바이러스가 수년간 설치류에 풍토병으로 있었음을 알려준다. 우리는 그 지역의 설치류 개체수의 폭발적인 증가로 말미암아 설치류의 분변과 인간이 더욱 더 많은 접촉을 하게 되었다는 것을 안다. 한편 전 세계적으로 수백만의 사람에게 출혈열을 일으키는 것으로 알려진 또 다른 종류의 한타바이러스가 알려져 있다. 소위 한탄바이러스라고 불리는 이 바이러스는 1978년 한국에서 처음으로 분리되었다. 그렇지만 이 바이러스는 1930년대 이래로 출혈열을 일으켜왔다고 믿어진다(◀21장 p. 666).

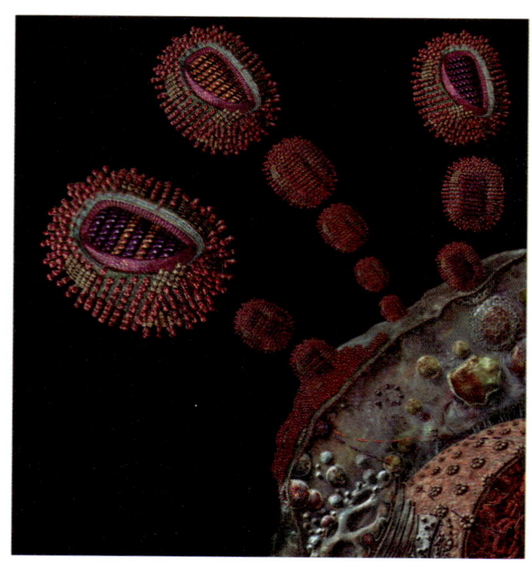

그림 10.6 새로운 독감바이러스 균주의 생성. 다른 2가지 바이러스 유형이 동일세포(왼쪽 아래 보라색 게놈과 아래 중간의 오렌지색 게놈)를 감염한다. 복제시 게놈의 일부가 두 균주 사이에서 "교환"될 수 있다. 그 결과 새로운 조합의 돌연변이바이러스(위 중간, 보라색과 오렌지색)가 만들어진다. 이 새로운 균주는 빠르게 확산될 수 있으며 치명적일 수 있다. 그리고 다양한 숙주를 공격할지도 모른다. (*Russell Kightley*, http://www. rkm.com.au)

독감바이러스의 새로운 종은 대단히 걱정스럽다. 만일 숙주세포가 동시에 2가지 다른 종의 독감바이러스에 감염된다면(예를 들면 하나는 인간 그리고 또 다른 하나는 동물), 그들은 자신들의 게놈 일부를 서로 "교환(swap)" 할 수 있으며 따라서 새로운 돌연변이형 바이러스를 만들어낸다(그림 10.6). 이 바이러스는 아주 엄청나게 변화할지도 모른다. 그러면 아마도 인간 독감바이러스의 핵이 닭이나 오리, 돼지의 독감바이러스의 캡시드에 싸여지게 되며 그럴 경우 인간의 면역체계는 그것을 인식하지 못하거나 공격하지도 못한다. 숙주 내에서 빠른 증식은 심각한 질병을 야기할 수 있으며 결국에는 죽음에 이르게 한다. 이 경우가 전 세계적으로 2,000만~4,000만 명을 죽인 1918년 돼지독감 대유행의 경우이다(◀21장 참조. p. 660). 최근에 그 당시 희생자의 무덤을 파내 시체에서 바이러스를 회수해 분석하였는데, 이 희생자에서 찾아낸 바이러스는 인간 독감바이러스와 돼지 독감바이러스로부터 유래한 유전물질의 혼합체임을 알아냈다. 이 바이러스의 적혈구 응집소(hemaglutinin, HA) 유전자의 염기서열을 결정한 바,

표 10.4

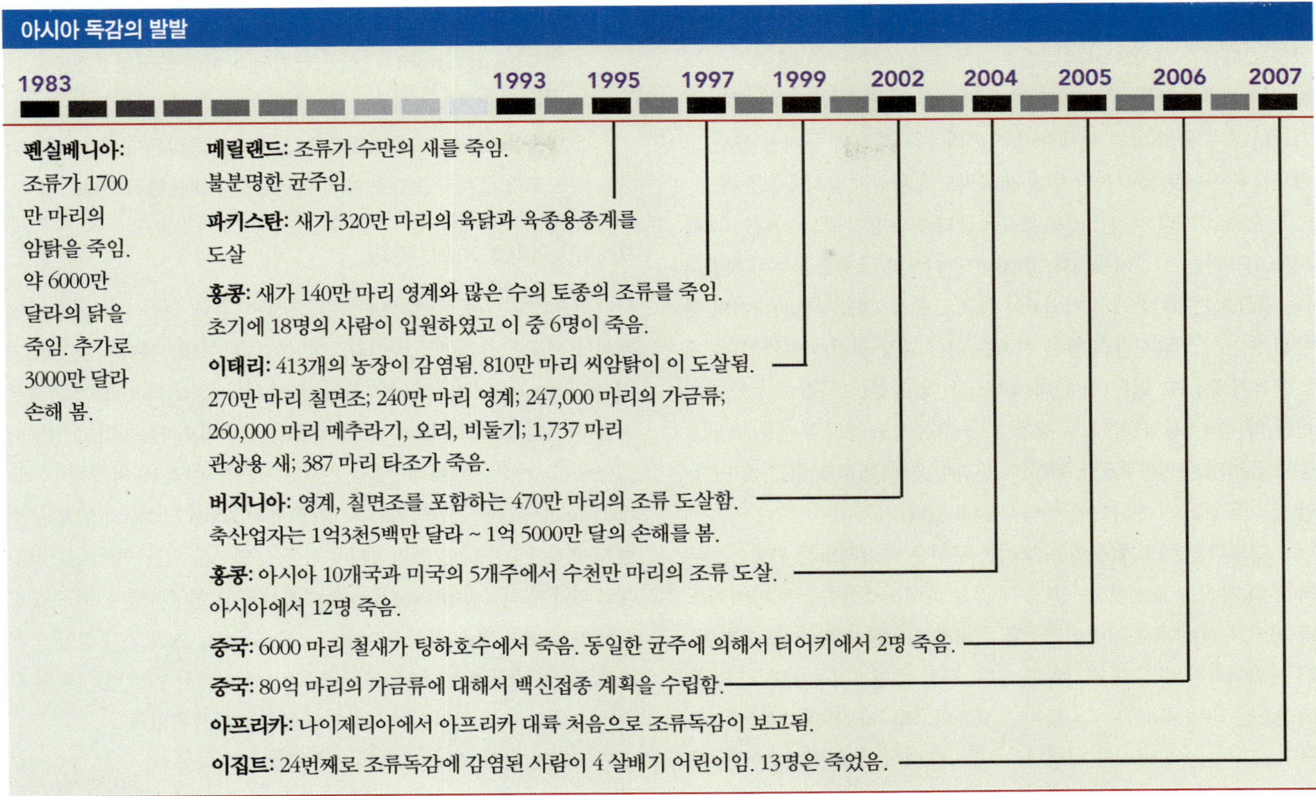

아시아 독감의 발발

1983 1993 1995 1997 1999 2002 2004 2005 2006 2007

펜실베니아: 조류가 1700만 마리의 암탉을 죽임. 약 6000만 달라의 닭을 죽임. 추가로 3000만 달라 손해 봄.

메릴랜드: 조류가 수만의 새를 죽임. 불분명한 균주임.

파키스탄: 새가 320만 마리의 육닭과 육종용종계를 도살

홍콩: 새가 140만 마리 영계와 많은 수의 토종의 조류를 죽임. 초기에 18명의 사람이 입원하였고 이 중 6명이 죽음.

이태리: 413개의 농장이 감염됨. 810만 마리 씨암탉이 이 도살됨. 270만 마리 칠면조; 240만 마리 영계; 247,000 마리의 가금류; 260,000 마리 메추라기, 오리, 비둘기; 1,737 마리 관상용 새; 387 마리 타조가 죽음.

버지니아: 영계, 칠면조를 포함하는 470만 마리의 조류 도살함. 축산업자는 1억3천5백만 달라 ~ 1억 5000만 달의 손해를 봄.

홍콩: 아시아 10개국과 미국의 5개주에서 수천만 마리의 조류 도살. 아시아에서 12명 죽음.

중국: 6000 마리 철새가 팅하호수에서 죽음. 동일한 균주에 의해서 터어키에서 2명 죽음.

중국: 80억 마리의 가금류에 대해서 백신접종 계획을 수립함.

아프리카: 나이제리아에서 아프리카 대륙 처음으로 조류독감이 보고됨.

이집트: 24번째로 조류독감에 감염된 사람이 4 살배기 어린이임. 13명은 죽었음.

출처: *Diseases of Poltry*, 11th edition, edited by W. M. Saif, Iowa State Press 2003; Virginia state officials; Maryland Department of Agriculture

이 유전자의 앞부분과 끝부분은 인간 독감바이러스의 염기서열인 반면, 이 유전자의 중간부분은 돼지 독감바이러스부터 온 것임을 알아냈다. 따라서 조류 독감바이러스로 잘 알려진 "닭 독감"이 홍콩에서 발발한 1997년, 1999년 그리고 2003년 병든 조류와 접촉한 사람들이 심한 독감을 앓았을 때 보건관계자들은 경종을 울렸다. 1998년 이래 인간, 오리 그리고 돼지에서 유래한 새로운 독감바이러스는 미국에서 돌고 있으며 우리를 걱정하게 만들고 있다.

조류 독감바이러스는 감염된 닭, 오리, 기러기, 다른 가금류 그리고 철새의 분변에 존재한다. 소량의 분변이 새가 날개를 펄럭이든가 발로 긁음에 의해서 대기 중으로 쉽게 퍼져나간다. 1997년 18명이 입원하였는데 6명이 죽었다. 치사율이 33%이다! 홍콩의 전체 가금류 140만 마리가 조류독감이 퍼지는 것을 막기 위하여 살처분되었다.

1999년 홍콩에서 다시 발발한 이후 2003년에는 조류독감이 이웃한 10개의 나라(태국, 캄보디아, 인도네시아, 일본, 라우스, 베트남, 중국, 한국, 파키스탄과 타이완)에 퍼졌다(**표 10.4**). 수 천만 마리의 새들이 살처분되었다(**그림 10.7**). 이 조류독감 게놈의 염기서열은 아직도 이 조류독감 바이러스는 조류의 완전한 염기서열임을 보여준다. 아직 게놈의 "교환"이 일어나지 않았다. 그러나 인간과 가금류가 아주 가까이 접촉하는 것이 지속되는 한 "교환"은 단지 시간의 문제일 뿐이다. 동물들을 산채로 팔고 있는 가금류 시장이 폐쇄되는 것이 바람직하다. 그리고 그러한 조류들은 도시에 배달되기 전에 살처분해야 한다. 그래야만 대부분의 질병이 가까운 접촉에 의해서 새들 사이

그림 10.7 **(a)** 2003년 "닭 독감"의 발발로 수 천만 마리의 가금류가 살처분되었다. (AP/Wide World Photos) **(b)** 인간과 조류의 가까운 접촉은 인간과 조류독감 균주에 의해서 쉽게 공감염될 수 있다. 아마도 재조합은 매우 위험한 돌연변이를 만들어낼 것이다. (EPA/Corbis)

(a)

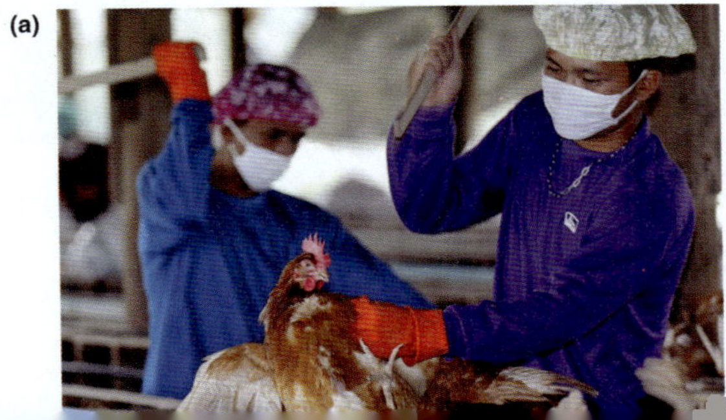

(b)

에서만 일어나고, 인간과 인간 사이의 접촉으로 인한 전파는 극히 제한될 수 있을 것이다. 진짜 걱정은 유전자 "교환"이 쉽게 돌연변이를 만들고 사람들 사이로 퍼져 나감으로써 통제 불가능한 대유행병이 되는 경우이다. 적절하게 요리된 닭과 달걀은 질병을 일으키지 않는다. 그러나 홍콩을 떠나는 철새들이 시베리아나 북한에 둥지를 틀면 그 철새들은 아마도 조류독감을 전 세계적으로 확산시킬지도 모른다.

오늘날 가장 걱정스러운 조류독감의 전파방법 중의 하나는 비행기를 이용하는 항공여행이다. 1950년대 이후로 국제항공 여행객들의 1년 평균치는 200만에서 거의 6억 명으로 증가했다. 제트여객기의 제한된 통기시스템(질병의 빠른 전파를 위한 가장 적절한 환경임)은 제트여객기에 타고 있는 신흥 바이러스를 갖고 있는 사람이나 모기에 의해 바이러스를 단번에 전 세계로 나른다. 오늘날의 무서운 걱정은 중증 급성 호흡기증후군(SARS)의 전파이다. 다행히도 최근 몇 년 동안 싸스(SARS)의 전파가 일어나지 않고 있다.

그렇다면 어떻게 우리는 그러한 무서운 바이러스의 위협으로부터 우리 자신을 보호할 수 있는가? 많은 바이러스학자들은 바이러스가 퍼지기 전에 새로운 바이러스를 추적하기 위한 '바이러스 전망대'가 세워져야만 한다고 제시하고 있다. 천천히 전파하는 HIV같은 바이러스는 더욱 추적하기 힘들지도 모른다. 왜냐하면 전 세계적인 규모로 그러한 바이러스가 나타나는 데는 수년이 걸리기 때문이다. 반대로 황열병 바이러스는 수일 내에 혹은 몇 시간 안에 면역성이 없는 사람에게 임상적인 증상이 나타난다. 아마도 신흥 바이러스의 존재가 의심스러운 지역에서 일하는 사람이나 방문객들을 위해서 격리는 필요하게 될 것이다.

신흥 바이러스의 질병이 나타나는 몇 가지 원인이 제안되었다. 그 원인들은 생태학적 변화와 개발(자연숙주와 사람과의 접촉 혹은 보유숙주), 인구통계에 있어서의 변화(특별히 기아나 전쟁), 국제여행과 교역(바이러스의 빠른 유입, 새로운 지역과 숙주에게 바이러스를 빠르게 유입하는 것을 허용함), 기술과 산업(예를 들면 감염된 동물을 가공처리하거나 교환하는 기간), 미생물적 적응과 변화(유전적 조성에 있어서 높은 돌연변이율이나 변화), 그리고 환경의 변화(지구 온난화에 의한 벡터범위의 확장) 등이다.

바이러스의 복제

복제의 일반적 특성

일반적으로 바이러스는 더 많은 바이러스 입자를 만들어내기 위하여 **복제주기(replication cycle)**를 다음의 다섯 단계로 수행한다.

1. **흡착(adsorption)**. 바이러스가 숙주세포에 부착함.
2. **침입(penetration)**. 바이러스 혹은 바이러스의 게놈이 숙주세포 안으로 들어감.
3. **합성(synthesis)**. 숙주세포 내에서 숙주세포의 대사기구를 이용하여 바이러스가 새로운 핵산분자, 캡시드 단백질 그리고 바이러스 구성요소들을 합성함.
4. **성숙(maturation)**. 새로이 합성된 바이러스 구성요소들이 완전한 비리온(virion)으로 조립됨.
5. **방출(release)**. 숙주세포로부터 새로운 비리온이 나옴. 일반적으로 방출이라고 말하지만 때때로 숙주세포를 죽인다.

박테리오파아지의 복제

박테리오파아지(*bacteriophage*) 혹은 간단히 말해 파아지(*phage*)는 박테리아 세포를 감염하는 바이러스이다(**그림 10.8**). 파아지는 1915년 영국의 Frederic Twort와 1917년 프랑스의 Felix d' Herelle에 의해서 처음 발견되었다. d' Herelle는 그것들을 박테리오파아지라고 명명하였는데 그 뜻은 "박테리아를 먹어치우는 놈"이라는 의미이다. d' Herelle는 열렬한 공산주의자로 1923년에 Giorgi Eliava와 함께 구소련 그루지아의 수도인 트빌리시에 파아지 연구를 위한 연구소를 설립하고 **파아지 치료법(phage therapy)**에 대해서 연구하였다. 연구소 정원에 그를 위한 작은 집이 지어졌고, 그는 거기서 오랜 동안 살았던 것 같다. 어쨌든 Eliava가 Stalin의 비밀경찰에 의해서 1937년 처형된 후 d' Herelle는 떠났고 다시는 그루지아로 돌아가지 않았다.

> *바닷물에는 ml당 1억 마리의 박테리오파아지를 담을 수 있다.*

그러는 동안 그 연구소는 지속되었으며 파아지 치료제를 개발하거나 생산하는데 집중한 세계에서 가장 큰 연구소가 되었다. 항생제 저항성 세균이 발견될 당시, Stalin은 그들을 트빌리시에 있는 그 연구소로 보냈다. 거기서 전문가들은 이러한 세균에 의해서 일어나는 감염을 치료할 수 있는 파아지 균주를 분리하였다. 후에 구소련

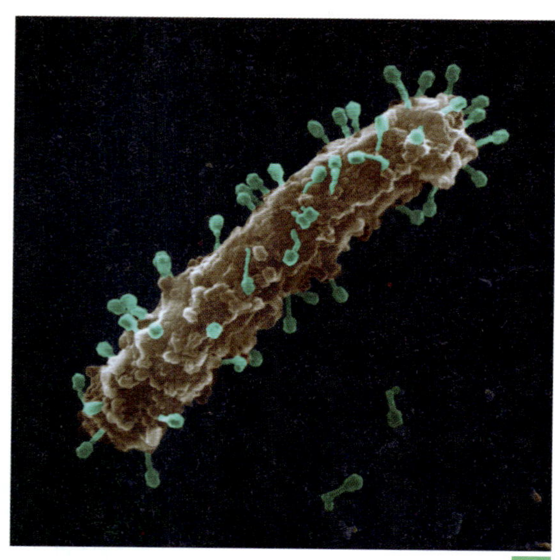

그림 10.8 박테리오파아지가 대장균(*Escherichia coli*)을 공격하고 있다. (*Eye of Science/Photo Researchers, Inc.*)

그림 10.9 호주에서 파아지 치료법을 d' Herelle의 증손자 Hubert Mazure와 연구하는 그루지아 과학자인 Leila Kalandarishvii 박사. (*Virginia Young/Newspix*)

은 탄저균 같은 미생물을 이용한 세균전을 위한 프로그램을 비밀리에 시작하였다. 많은 샘플들이 이러한 "수퍼박테리아"에 대항하여 능동적 치료를 할 수 있는 파아지를 찾아내기 위하여 트빌리시로 보내졌다. 비밀경찰 조직인 KGB에 속해있던 그 연구소는 철저한 보안 속에 있었고 따라서 연구 결과의 발표는 거의 불가능하였다. 이 연구소가 최고조에 있을 때인 1980년대에는 대략 1,200명의 연구원이 있었으며 연구소에서는 파아지 치료제를 하루에 2톤씩 생산하였다. 소련 연방에서는 파아지 치료법은 항생물질로써 사용되어졌다. 박테리오파아지는 아주 특이적이기 때문에 오직 표적세균만 공격하며 인간의 소화기 계통과 다른 장소에 보통 살 수 있는 잠재적 유익균은 공격하지 않는다. 파아지는 또한 가격이 저렴하며 아주 적은 양으로 효과가 있고 거의 부작용이 없다. 전형적인 파아지 치료법은 10알 혹은 분무식이며 효과가 아주 빨라 하루나 이틀이면 병이 낫는다. 폴란드 미생물학자 Stefan Slopek와 그의 동료는 항생제 저항성 세균의 장기감염 환자 138명을 파아지 사용으로 성공적으로 치료하였다. 모든 환자들은 그러한 치료의 만족하였고 88%는 완전히 치유되었다. 이러한 결과는 1980년대에 영국에서 발표되었으며 비로소 수십 년 만에 처음으로 서방세계에 알려지게 되었다.

1940년대 항생물질의 발견과 소비에트 러시아의 비밀주의로 인하여 서방세계는 파아지 치료법을 멀리하였다. 미국에서 7가지 파아지 치료제를 생산하고 있던 엘리 릴리(Eli Lilly) 제약회사는 파아지 생산을 중단하였다. 파아지 치료법은 구소련 연방에서만 지속되었고 구소련과 그들의 관련 국가에서만 계속되었다. 1992년 구소련 연방이 붕괴되고 그루지아 공화국의 새로운 독립은 아사상태의 트빌리시 연구소에 자금을 대어주기 시작하였다. 그루지아 공화국의 과학자들은 자금조달을 위하여 서방세계를 바라보았다. 날로 증가하는 항생제 저항성 균주의 위험에 직면한 서방세계는 그루지아 과학자들에게 희망을 걸기 시작했다. 오늘날 d' Herelle의 증손자인 Hubert Mazure 박사와 Leila Kalandarishvii 박사는 트빌리시와 호주에서 함께 연구하면서(**그림 10.9**) 아주 요긴한 파아지 치료법을 소개하며 우리들을 돕고 있다. 새로운 항생제를 찾기 위하여 매우 값비싼 투자를 했던 거대기업 제약회사들과 함께 우리는 아마 곧 이러한 파아지 치료법을 사용할 수밖에 없을 것 같다.

저자의 경험: 러시아를 여행하는 동안 나는 48시간을 몸져누워 있었는데 그 때 감염치료를 위해서 파아지 치료법을 받았다. 1개의 박테리아 세포가 터짐으로써 약 100개 정도의 새로운 파아지가 복제되는 것은 같은 시간 동안의 세균 증식속도를 훨씬 능가한다. 세균은 단지 2분법에 의해 같은 시간 동안 2배만 증가할 수 있다. 표적인 세균이 없어지게 되면, 남아있는 파아지는 복제할 수가 없으며 세망내피계에 의해서 몇 일만에 제거된다. 파아지에 대한 세균의 저항성도 생겨난다. 그러나 보통 몇 일안에 연구자들은 즉각적으로 새로운 파아지 치료제를 재빠르게 개발할 수 있다. 그러나 대부분 일반적인 파아지 치료제는 20~50가지의 파아지 균주의 "칵테일"이기 때문에 성공율이 매우 높아진다(◀1장 p. 22).

서방세계에서는 파아지가 매우 상세하게 연구되었는데, 그 이유는 실험실에서 다세포 숙주를 갖는 바이러스보다 단세포인 박테리아 세포의 바이러스를 훨씬 더 쉽게 처리할 수 있기 때문이다. 사실 현대의 분자생물학은 파아지 연구로부터 시작하였다.

박테리오파아지의 성질

다른 바이러스처럼 박테리오파아지는 자신의 유전적 정보를 2중가닥이나 단일가닥의 RNA 혹은 DNA에 갖고 있다. 상대적으로 그들은 단순하거나 복잡한 구조를 가질 수 있다. 파아지 복제를 이해하기 위해서 우리는 짝수 T 파아지(*T-even phage*)를 조사할 것이다. T2, T4, T6(T는 "type"을 의미함)로 명명된 이 파아지들은 복합형이나 그들의 유전물질은 dsDNA이며 피막이 없는 캡시드바이러스로 매우 잘 연구된 바이러스이다. 가장 철저하게 연구된 파아지는 박테리오파아지 T4로 장내세균인 *대장균*의 절대기생체이다. 파아지 T4는 캡시드로 만들어진 머리와 칼라 그리고 꼬리를 갖는 독특한 모습을 취하고 있다(**그림 10.10**; **표 10.5**). 파아지의 DNA는 정다면체 머리에 채워져 있으며 거기에 나선형의 꼬리가 붙게 된다.

짝수 T 파아지의 복제

파아지 T4의 복제를 통한 감염주기가 **그림 10.11**에 일련의 과정으로 나타나 있다.

표 10.5

박테리오파아지의 구조적 구성요소의 기능

구성요소	기능
게놈	새로운 파아지 입자의 복제에 필요한 유전정보를 나름
꼬리수초	수축함으로써 게놈이 머리에서 숙주세포의 세포질로 이동시킴
바닥판과 꼬리섬유	파아지를 감수성 숙주세균의 세포 벽의 특이수용체 부위에 흡착시킴

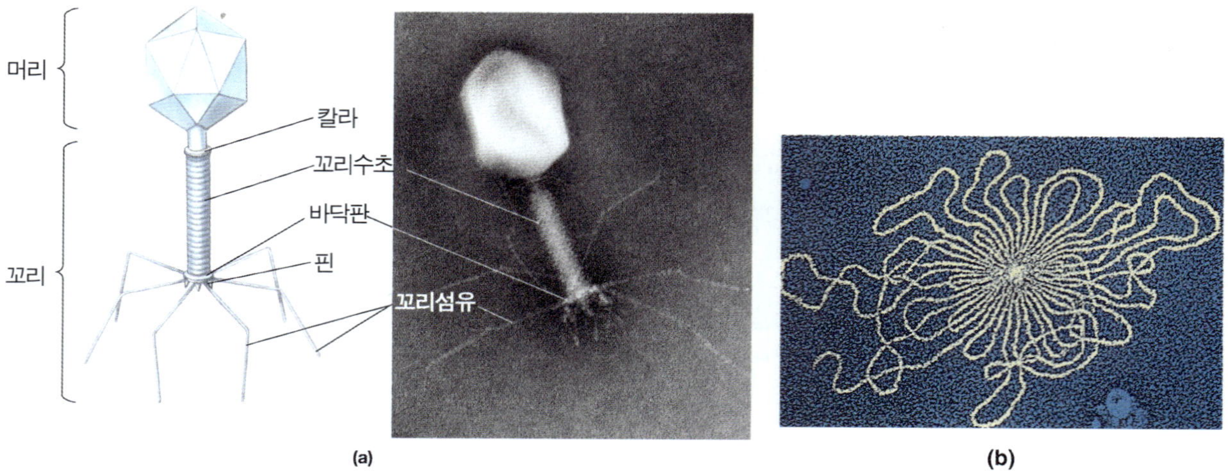

그림 10.10 박테리오파지. **(a)** 짝수 T 파아지(T4)의 구조와 전자현미경 사진 (191,500배). (*Courtesy Robley C. Williams, Jr., Vanderbilt University*) **(b)** DNA는 파아지 머리에 싸여져 있다. 파아지에 있던 엄청난 양의 DNA를 보여주는 터진 머리에서 나온 파아지의 DNA(72,038배). (*Omikron/Photo Researchers, Inc.*)

흡착. 파아지 T4가 숙주세포에 정확한 방향으로 충돌한다면 파아지는 숙주세포의 표면에 붙거나 흡착할 것이다. 흡착은 화학적 작용으로, 이 작용은 숙주세포의 특이 수용체 부위에 결합할 파아지 꼬리섬유에서 발견되는 특이한 단백질인자가 필요하다. 이 꼬리섬유는 휘어지며 핀(pin)이 세포 표면에 닿을 수 있게 한다. 파아지 T4를 포함한 많은 파아지들이 세포벽에 부착하지만 어떤 파아지들은 편모나 섬모에 흡착할 수 있다.

침입. 파아지 꼬리에 존재하는 라이소자임(*lysozyme*)이라는 효소는 박테리아 세포벽을 약화시킨다. 꼬리 바닥판이 수축하게 할 때 꼬리에 존재하는 속이 빈 튜브(core)는 약화된 세포벽을 침입하며 박테리아 세포막과 만나게 된다. 그러면 머리에 있는 바이러스는 그 튜브를 통하여 박테리아 세포 안으로 들어간다. 파아지 DNA가 세균의 세포질 안으로 직접 들어가는지는 확실하지 않다. 최근의 증거에 의하면, 파아지 T4는 자기의 DNA를 세포막과 세포벽 사이에 존재하는

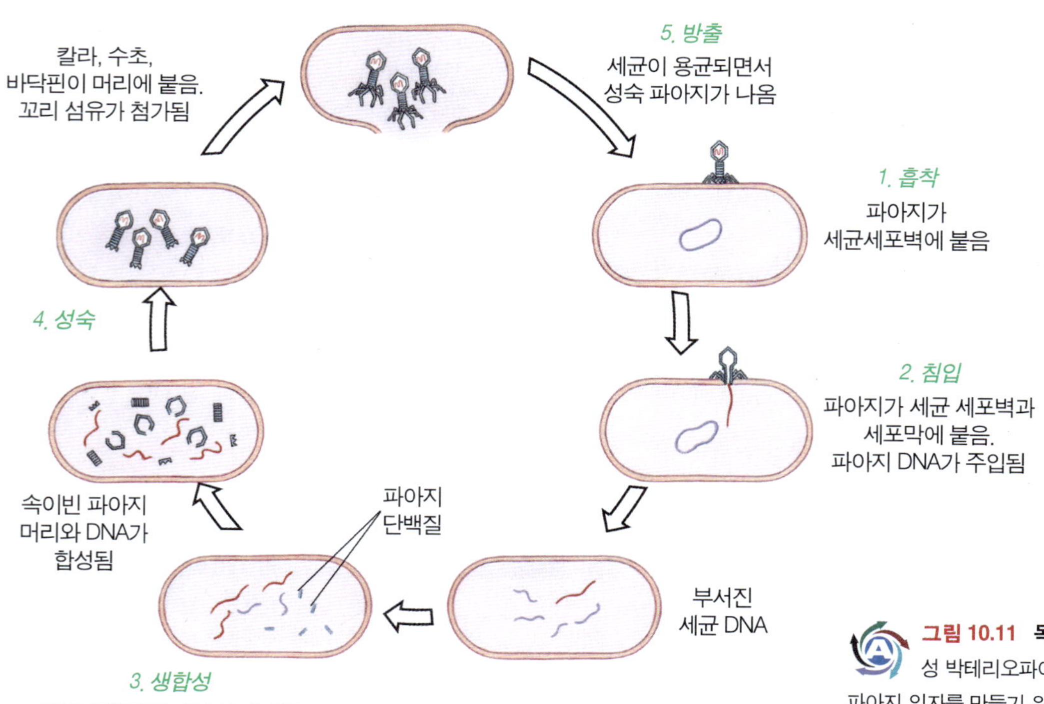

그림 10.11 독성 박테리오파아지의 복제. 독성 박테리오파아지는 세균세포 내에서 새로운 파아지 입자를 만들기 위한 용균과정을 수행한다. 세포의 용해는 더 많은 세균을 감염할 수 있는 새로운 파아지 입자를 방출한다.

확대경

바이러스용 햇볕 차단기

인간만이 햇볕 아래에서 생활할 수 있는 유일한 개체는 아니다. 자외선은 박테리오파아지같은 바이러스에 손상을 준다. 햇볕에 직접적으로 노출되고 있는 대양에서 어떻게 이러한 바이러스가 살아남을 수 있을까? 아이러니하게도 많은 바이러스는 자외선을 파괴시켜 자신을 보호하고 있다. 자외선은 손상된 세균 DNA를 수리하는 효소인 광분해효소를 세균이 생산하도록 촉진한다. 이 과정을 광회복이라고 부른다. 따라서 건강한 세균은 바이러스가 복제하도록 바이러스의 핵산을 보호하며 바이러스를 보호하던 세균은 궁극적으로 바이러스에 의해서 용균된다.

주변세포질공간에 집어넣는다. 어쨌거나 파아지의 캡시드는 박테리아 세포의 외부에 남아있다.

합성. 약 25만 뉴클레오티드로 구성되는 바이러스 게놈은 너무 작기 때문에 스스로 자가복제를 하는데 필요한 모든 유전적 정보를 담을 수가 없다. 따라서 그들은 숙주세포 내에 존재하고 있는 생합성기구를 이용해야만 한다. 일단 파아지 DNA가 숙주세포에 들어가면, 파아지 유전자는 숙주세포에 대사기구의 통제권을 탈취한다. 보통 박테리아 DNA는 분쇄되며 그래서 분해된 핵산의 뉴클레오티드는 새로운 파아지를 위한 재료로 사용된다. 숙주세포의 생합성기구를 이용해서 파아지 DNA는 mRNA로 전사된다. 이 mRNA는 숙주세포의 리보솜에 의해서 번역되며 캡시드용 단백질과 바이러스 효소의 합성을 지시하게 된다. 몇몇 효소들은 DNA 합성효소로 파아지 DNA를 합성한다. 따라서 파아지 감염은 숙주세포가 오직 바이러스 생산물(바이러스 DNA와 바이러스 단백질)만 만들어 내게끔 지시한다.

성숙. 파아지 T4의 머리는 숙주세포의 세포질에서 새로이 합성된 캡시드 단백질로 조립된다. 그러면 바이러스 dsDNA는 각각의 머리에 채워진다. 이와 동시에 파아지 꼬리는 새로이 형성된 바닥판, 꼬리덮개, 칼라로부터 조립된다. 머리에 DNA가 적절히 채워지면 각각의 머리는 꼬리에 붙는다. 머리와 꼬리가 붙여진 즉시 꼬리섬유가 붙으면서 성숙한 감염성이 있는 파아지를 형성된다.

방출. 파아지 유전자에 암호화되어 있는 효소인 라이소자임은 박테리아 세포벽을 부수고 바이러스가 탈출할 수 있게 해준다. 이 과정에서 숙주세포인 박테리아는 용균된다. 따라서 파아지 T4 같은 파아지를 **독성파아지(virulent phage)** 혹은 **용균파아지(lytic phage)**라고 부르는데 이 파아지들이 세균을 용균하고 파괴하기 때문이다(◀8장 p. 215). 방출된 파아지는 이제 더 많은 세균을 감염할 수 있으며 또 다른 감염과정을 시작하고 계속해서 자꾸만 이 과정을 수행한다, 이러한 독성파아지의 감염을 **용균주기(lytic cycle)**이라고 부른다.

흡착으로부터 방출까지의 시간을 **방출시기(burst time)**라고 부르는데 파아지에 따라 20~40분이 걸린다. 하나의 박테리아 숙주로부터 방출된 새로운 파아지의 수는 **바이러스 수율(viral yield)** 혹은 **방출량(burst size)**이라고 부른다. 파아지 T4의 경우 50~200개의 새로운 파아지가 하나의 감염된 박테리아로부터 방출된다.

파아지 생육과 파아지 수의 계산

세균의 생육과 마찬가지로 바이러스의 생육(생합성과 성숙)은 **복제곡선(replication curve)**에 의해서 묘사될 수 있으며, 이는 실험실에서 배양할 때 감염된 세균을 관찰하는 것에 기초하고 있다(**그림 10.12**). 파아지 복제곡선에는 침입으로부터 생합성까지의 시간을 의미하는 **암흑기(eclipse period)**가 있다. 암흑기 동안에 성숙한 비리온은 숙주세포 내에서 발견할 수 없다. **잠복기(latent period)**는 침입 후부터 파아지가 방출되는 시각까지를 의미한다. 그림 10.10에서처럼 잠복기는 암흑기보다 길다. 감염한 숙주세포 1개당 나타나는 바이러스의 수는 암흑기 이후부터 증가되기 시작하다가 궁극적으로 그 수치가 수평에 다다른다.

만일 파아지 용액이 시험관에 있다면 당신은 어떻게 그 시험관 안에 있는 바이러스 수를 결정할 수 있는가? 파아지는 광학 현미경으로 볼 수도 없고 전자현미경으로부터 그러한 파아지 개수를 세는 것도 쉽지가 않다. 따라서 바이러스학자와 미생물학자는 파아지 수를 측정하기 위하여 다른 방법을 사용한다. 이 바이러스 검정시험은 소위 **용균반점시험(plaque assay)**이라고 부른다. 용균반점실험을 위해서 바이러스학자들은 파아지 용액을 가지고 시작한다. 박테리아에서도 사용되어졌던 것처럼 단계적 희석액을 준비한다(◀6장 p. 151). 파아지 희석액 샘플을 감염가능성 있는 세균층을 의미하는 **세균발**

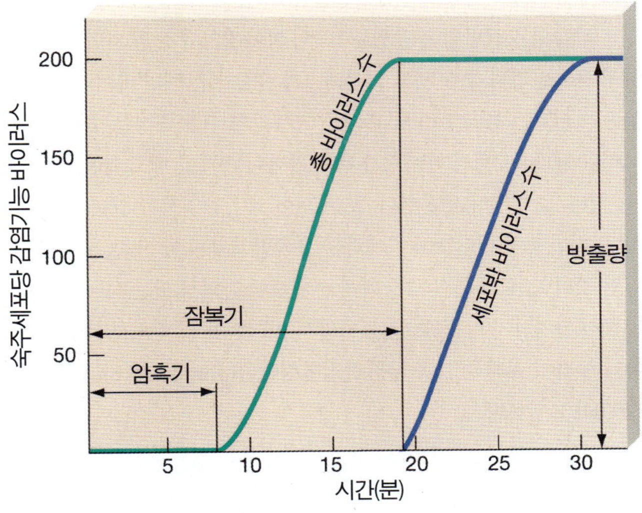

그림 10.12 박테리오파아지의 증식곡선. 암흑기(eclipse period)는 파아지의 침입으로부터 생합성까지의 시간을 의미한다. 잠복기(latent period)는 침입 후부터 파아지의 방출되는 시각까지를 의미한다. 감염된 숙주세포 1개당 나타나는 바이러스의 수는 바이러스 수율(viral yield) 혹은 방출량(burst size)라고 부른다.

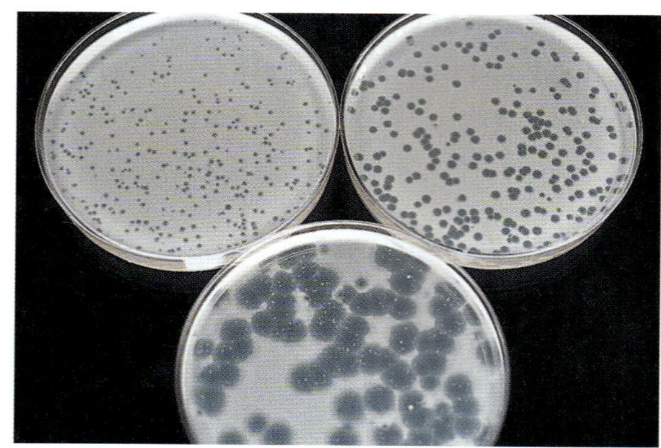

그림 10.13 용균반점시험. 샘플의 박테리오파아지 수는 세균이 성장한 결과인 "밭" 위에 뿌려진다. 파아지가 생육하고 세균세포를 파괴하면 용균반점이라고 부르는 투명한 반점이 남는다. 이 용균반점의 수가 처음 샘플에 있었던 파아지의 수인 것이다. 다른 종류의 파아지는 동일한 세균종(예를 들면 대장균)에서도 별개의 크기와 모양의 용균반점을 만든다. 위 왼쪽 플레이트는 파아지 T2, 위 오른쪽은 파아지 T4, 아래의 플레이트는 파아지 람다로 접종한 것이다. (*Bruce Iverson/Bruce Iverson Photomicrography*)

(bacterial lawn)이 만들어진 평판(플레이트)에 접종한다. 이론적으로 바이러스학자들은 오직 하나의 파아지가 하나의 세균에 감염하도록 희석한다. 감염의 결과로 새 파아지는 감염된 세포로부터 만들어지며 세포는 용균된다. 이후 파아지는 주변에 존재하고 있는 또 다른 숙주세포에 감염하며 세균을 용균한다. 접종 후 몇 번이고 용균이 거듭되면 세균밭은 소위 **용균반점(plaque)**이라고 부르는 투명한 영역을 보여준다(그림 10.13). 반점은 바이러스가 숙주세포를 용균한 부분을 의미한다. 세균밭의 다른 장소에 있는 감염되지 않은 세균들은 빠르게 증식하고 불투명한 생육층을 형성한다.

각각의 용균반점은 감염한 1개의 파아지의 후손을 의미한다. 따라서 용균반점의 수를 세고 희석배수의 수를 계산하면 바이러스학자들은 바이러스 용액 1 ml당 존재한 파아지의 수를 측정할 수가 있다. 그러나 때때로 2개의 파아지가 너무 가까이 존재할 때 그들은 하나의 용균반점을 형성하기도 한다. 모든 파아지가 감염성이 있는 것은 아니다. 따라서 플레이트에 존재하는 용균반점의 수를 세는 것은 대략적인 것이며, 원래 파아지 용액에 존재했던 감염성 있는 파아지 수와 정확히 일치하지 않을 수 있다. 따라서 이러한 방법에 의한 계수는 파아지 수라기 보다는 보통 **용균반점형성단위(plaque-forming unit, PFU)**라고 말한다.

용원성

용원성의 일반적 성질

우리가 언급한 독성파아지는 숙주세포를 죽인다. **약독파아지(temperate phage)**는 항상 용균주기를 수행하는 것은 아니다. 약독파아지는 파아지 핵산이 숙주세포의 핵산에 통합되어 파아지와 숙주와의 긴 시간동안의 안정적 관계를 의미하는 **용원성(lysogeny)**을 보인다.

이에 관여하는 박테리아를 *용원성* 세포(*lysogenic cell*)이라고 부른다. 가장 잘 알려지고 연구된 용원파아지 중의 하나가 *대장균*의 파아지 람다(λ)이다(그림 10.14). 파아지 람다는 박테리아 세포에 흡착한 후 자신의 선형 DNA를 박테리아의 세포질에 삽입한다(그림 10.15). 그러나 일단 세포질에 들어오면 파아지 DNA는 환형이 되며 역시 환형인 박테리아 염색체의 특정한 위치에 삽입된다. 박테리아 염색체 내의 이러한 바이러스 DNA를 **프로파아지(prophage)**라고 부른다. 즉 박테리아와 약독파아지의 통합물을 **용원균(lysogen)**이라 부른다.

파아지 람다의 삽입은 박테리아의 유전적 특징을 변화시킨다. 프로파아지에 존재하고 있는 2개의 유전자는 바이러스 복제를 억제하는 단백질을 생산한다. 프로파아지는 또한 같은 타입의 또 다른 파아지가 감염하는 것에 대한 "면역성"을 유발하는 유전자를 갖고 있다. 이러한 과정을 **용원성 변환(lysogenic conversion)**이라고 부르는데, 이 과정은 용원균이 이미 갖고 있는 DNA 유형의 파아지가 흡착하거나 생합성하는 것을 방해한다. 이러한 면역성에 관련된 유전자는 다른 약독파아지나 독성파아지의 감염으로부터 용원균을 보호하지는 않는다.

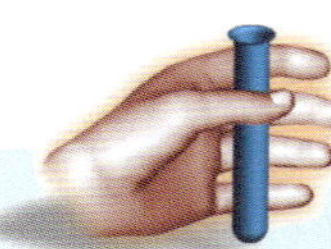

도전하라

당신의 킬러파아지를 발견하라

박테리오파아지를 갖고 있는 샘플을 구하시오. 파아지가 발견된 원래의 샘플은 하수오물로 오염된 강물에 있다. 퇴비는 아주 좋은 샘플이다. 큰 부스러기와 큰 유기물을 제거하기 위하여 원심분리를 하시오. 박테리아는 제거하고 바이러스를 얻을 수 있는 적절한 구멍 크기를 갖는 Millipore사의 막 필터를 이용하라. 이제 당신은 파아지 입자 용액을 얻었다. 그러나 아직 이 용액은 너무 진하기 때문에 셀 수 있을 만큼의 적절한 수의 용균반점을 얻기 위해서는 몇 번이고 1: 10 희석을 해야 할 것이다.

한 방울의 희석한 샘플(혹은 희석전의 원래 샘플)을 특정 세균이 배양된 몇 ml의 액체배지에 넣어라. 잘 흔든 후에, 0.1 ml의 이 혼합물을 영양한천배지 표면에 뿌리시오. 몇 시간 동안 37℃에서 배양하시오. 이 플레이트는 투명한 점(용균반점)을 가지는 세균의 "밭"이 될 것이다. 하나의 용균반점에는 특정 세균을 용균하는 박테리오파아지가 넘친다. 멸균된 백금이로 하나의 용균반점에 있는 샘플을 따낸다. 그것을 같은 세균이 배양된 불투명한 배양용액에 집어넣고 자주 관찰하시오. 몇 시간 후 파아지가 세균을 용균하게 됨으로써 뿌연 배양액은 투명해질 것이다. 자, 이제 당신은 엄청난 파아지를 저장한 용액를 얻었다. 용균반점 수에 희석배율을 곱하면 원래의 샘플에 존재하는 총 파아지 수를 추정할 수 있다.

어느 정도 차이는 있지만 이런 방법으로 시아노세균을 용균하는 파아지를 찾아내면 바람직하지 않은 녹조류의 증식을 억제할 수 있을 것이다.

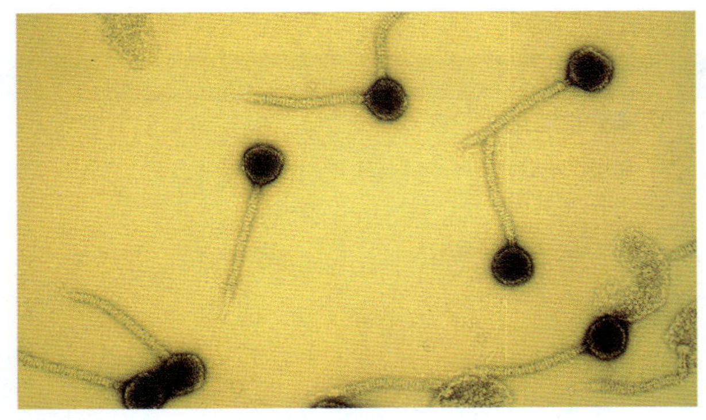

그림 10.14 약독 파아지 람다의 전자현미경 사진(85,680배). 이 파아지는 대장균을 감염한다. *(M. Wurtz, Biozantrum/Photo Researchers, Inc.)*

이러한 용원성 변환은 의학적으로 중요한 의미가 있는데, 왜냐하면 어떤 세균 감염에 있어서의 독성효과는 그 세균이 갖고 있는 프로파아지에 의해서 야기되기 때문이다. 예를 들면 박테리아인 *Corynebacterium diphtheriae*와 *Clostridium botulinum*은 독소를 생산하는 유전자를 갖고 있다. 대체로 비독성에서 독성으로의 변화는 디프테리아와 보툴리누스중독에 의한 조직상해를 일으킨다. 이 박테리아는 프로파아지 없이는 질병을 일으키지 않는다.

바이러스는 일단 프로파아지가 되면 긴 시간동안 잠복상태를 유지할 수 있다. 박테리아가 분열할 때마다 프로파아지는 박테리아 자손이 지니는 염색체의 일부분으로 복제된다. 따라서 이러한 프로파아지가 있는 세균의 생육기간을 **용원주기(lysogenic cycle)**라고 부른다(그림 10.15). 그러나 자연적이던지 아니면 외부의 자극에 의해서든지 프로파아지는 활성형이 될 수 있고 전형적인 **용균주기(lytic cycle)**를 개시한다. **유도(induction)**라고 부르는 이 과정은 세균생육에 필요한 영양분의 부족이나 용원균에 유해한 화학약품을 처리하면 일어나게 된다. 프로바이러스는 "생존"할 수 있는 조건이 열악해지는 것을 감지하는 것 같으며, 이때가 새로운 근거지를 발견하는 시간이다. 유도를 통하여 프로바이러스는 박테리아의 염색체로부터 떨어져 나온다. 그러면 파아지 DNA는 새로운 약독파아지를 조립할 바이러스 단백질을 용균파아지와 같은 방법으로 암호화한다. 결과적으로 새

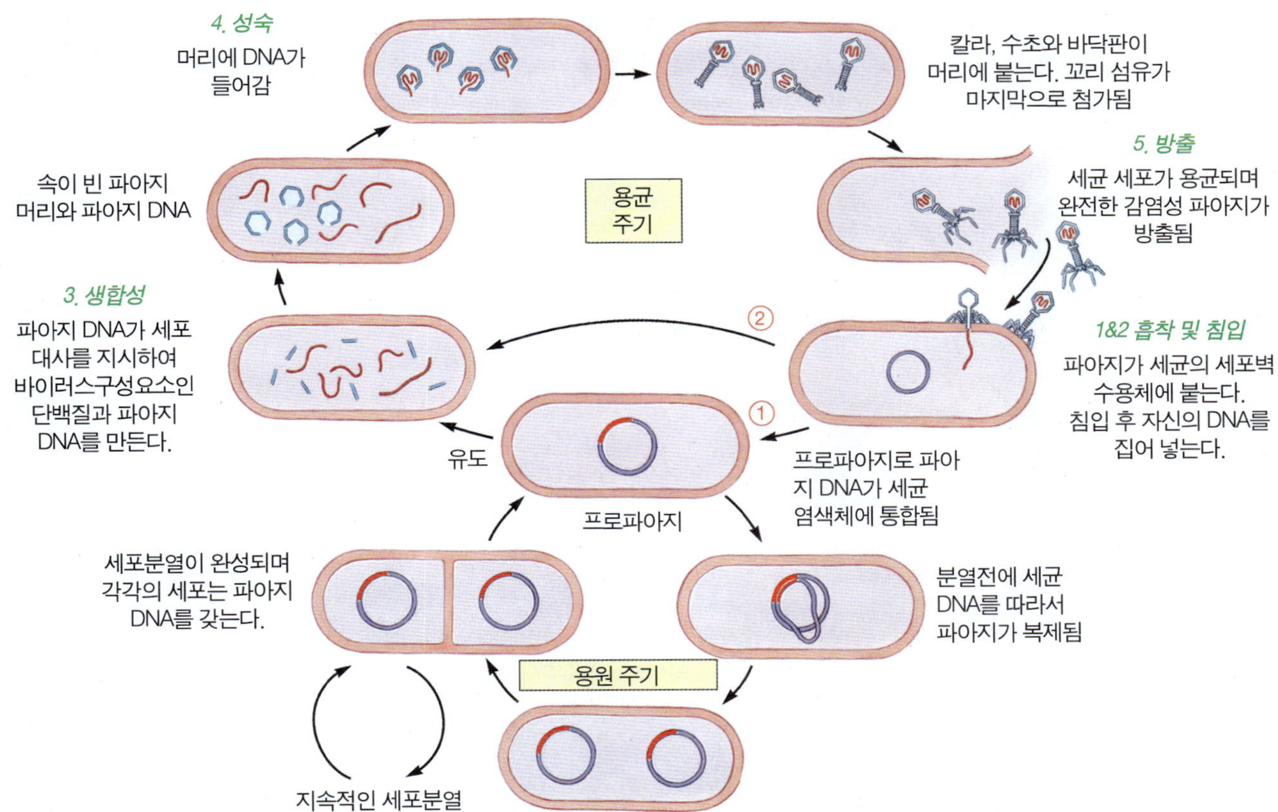

그림 10.15 약독 파아지의 복제. 흡착과 침입에 이어 바이러스는 프로파아지 형성과정을 수행한다. 용원주기에서, 약독파아지는 숙주세포 안에서 오랫동안 프로파아지로서 해롭지 않게 존재할 수 있다. 박테리아 염색체가 복제할 때마다 프로파아지도 또한 복제된다. 따라서 모든 박테리아의 딸세포들은 프로파아지에 "감염" 되어 있다. 유도는 프로바이러스가 박테리아의 염색체로부터 떨어져 나오면서 자연적으로 아니면 환경적으로 일어난다. 생합성과 성숙이 수반된 전형적인 용균주기가 개시되면 새로운 약독파아지가 방출된다.

표 10.6

박테리오파아지와 동물 바이러스 복제의 비교

단계	박테리오파아지	동물바이러스
흡착	세포벽 단백질에 꼬리섬유가 붙음	원형질막 단백질에 스파이크, 캡시드, 피막이 붙음
침입	세균 세포벽을 통하여 바이러스 핵산을 주입함	세포내이입이나 융합
탈피	불필요함	바이러스 단백질의 효소적 분해
합성	세포질 내	세포질 내(RNA 바이러스) 혹은 핵 내(DNA 바이러스)
	세균 합성 중단 바이러스의 DNA, RNA가 복제, 바이러스 mRNA의 형성 바이러스 구성요소 합성	숙주세포 합성 중단 바이러스의 DNA, RNA가 복제, 바이러스 mRNA의 형성 바이러스 구성요소 합성
성숙	칼라, 수초, 바닥판 및 꼬리섬유가 핵산을 함유한 머리에 첨가됨	캡시드에 바이러스 핵산을 집어넣음
방출	숙주세균의 용균	출아(피막형 바이러스), 세포용해(비피막성 바이러스)
만성감염	용원	잠복, 만성감염, 암

로운 약독파아지는 성숙하며 용균을 통하여 세포 밖으로 방출된다.

1950년에 프랑스의 미생물학자인 Andre Lwoff가 처음으로 용원성 개념을 설명하였다. 그는 또한 용원균의 일부가 어느 순간에 파아지를 생산하는 것을 발견하였다. 용균의 결과로써 파아지는 방출된다. 남아있는 용원균은 용원성 변환 때문에 유도과정을 수행하지 않으며 같은 유형의 박테리오파아지 감염으로부터 보호받게 된다. 이러한 발견으로 Lwoff는 Francois Jacob과 Jacques Monod와 함께 1965년 노벨 생리의학상을 공동수상하였다.

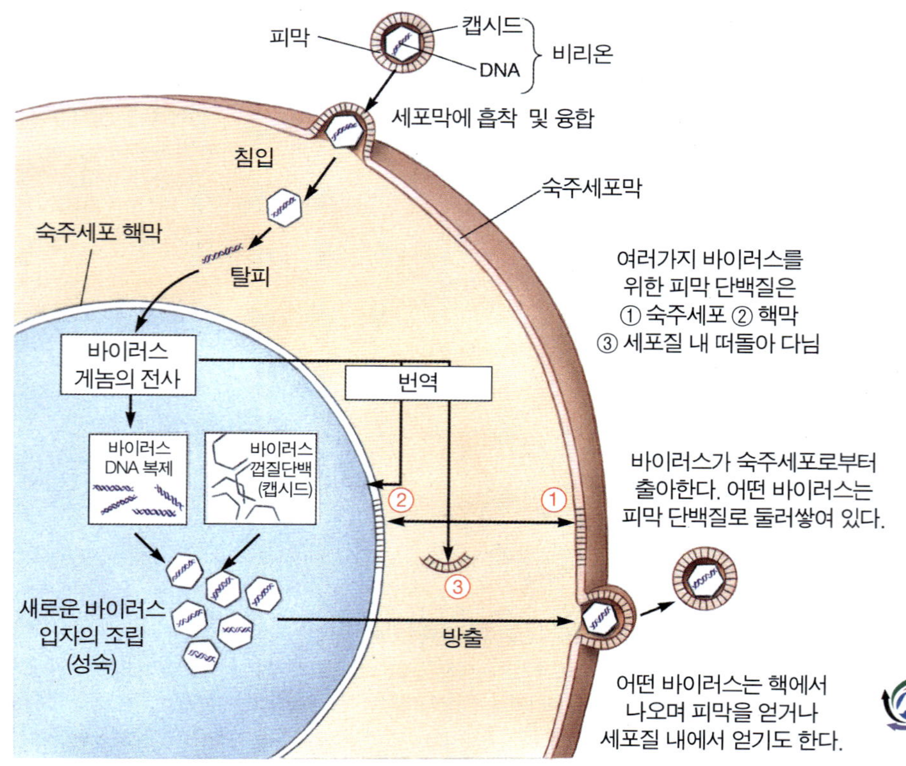

그림 10.16 dsDNA를 갖는 피막보유 동물 바이러스의 복제. 허피스바이러스의 경우임.

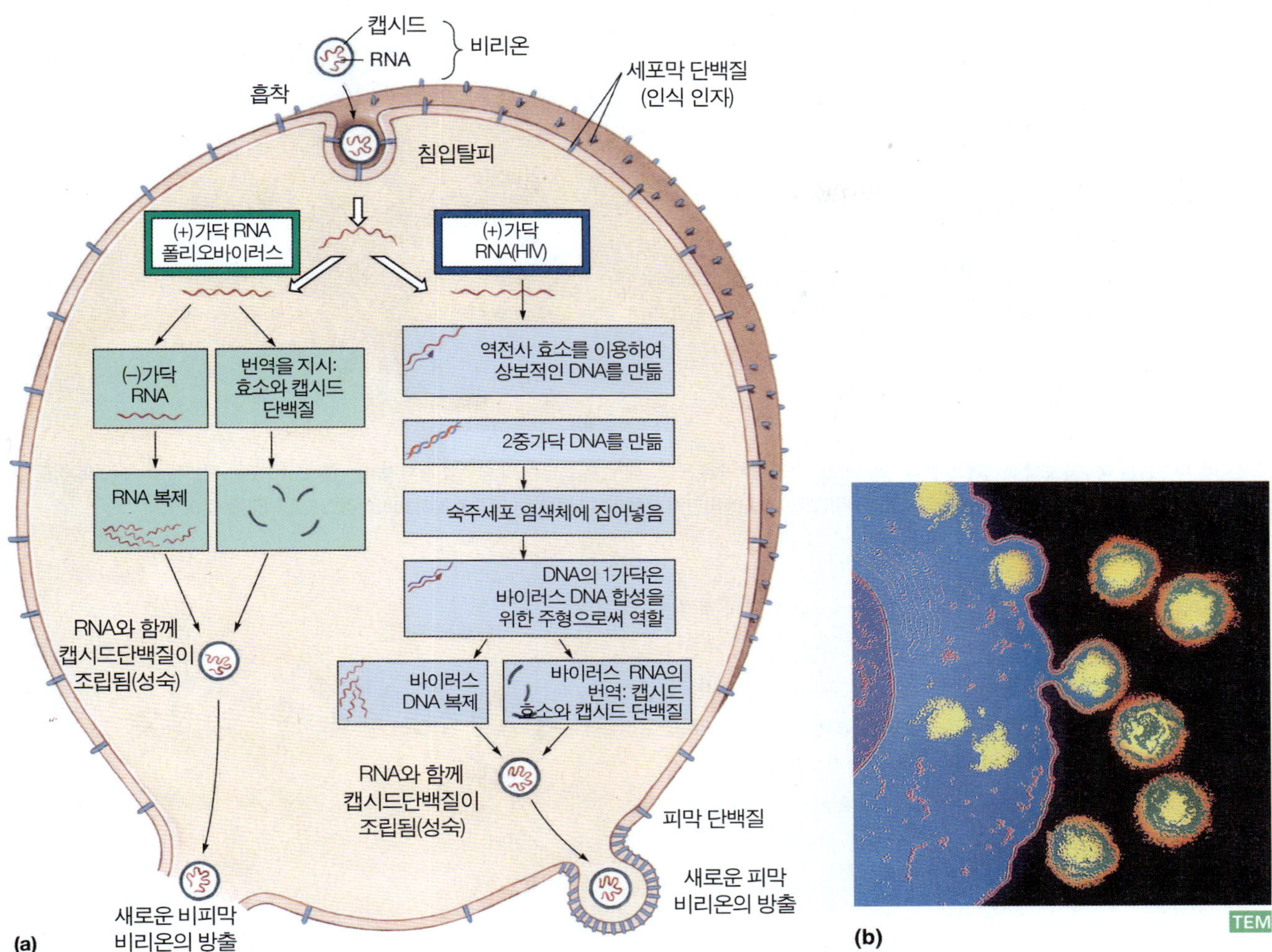

그림 10.17 RNA 바이러스의 복제. (a) 양성가닥 RNA를 갖는 동물 바이러스의 2가지 복제 전략. 왼쪽: 폴리오바이러스에서는 바이러스의 양성가닥 RNA가 mRNA로 작용한다. 바이러스 재생을 위한 단백질을 즉각적으로 번역한다. 방출 중에 성숙한 폴리오바이러스는 세포를 용해한다. 오른쪽: HIV 경우에는, 양성가닥 RNA는 역전사효소의 도움을 받아 ssDNA로 전사되며 이것은 상보적 가닥의 합성을 위한 주형으로 사용된다. dsDNA는 얼마 동안 그곳에 머물다가 숙주 염색체로 통합한다. 바이러스 복제시 DNA의 1가닥은 바이러스용 양성가닥 RNA 합성을 위한 주형으로 작용한다. 성숙한 HIV 입자는 세포를 용해하지 않고 막으로 둘러싸인 세포로부터 출아한다. **(b)** HIV 입자가 T4 임파구에서 출아하고 있다(84,777배). (*Chris Bjornberg/Photo Researchers, Inc.*)

대다수의 박테리오파아지는 용원성이다. 그 이유는 복제와 관련이 있다. 기억해보면 독성파아지는 새로운 파아지의 형성에 의해서만 숙주에서 숙주로 이동할 수 있는데 그러한 독성파아지는 하나의 세포에서 다른 세포로 감염하면서 방출된다. 이와는 대조적으로 용원주기를 갖는 약독파아지는 새로운 박테리오파아지를 만들어내지 않고도 더 많은 박테리아를 감염할 수 있다. 이분법에 의한 분열 결과로 파아지 DNA의 복사물은 새로운 박테리아 세포에 분포하게 된다.

동물 바이러스의 복제

다른 바이러스처럼 동물 바이러스는 흡착, 침입, 합성, 성숙, 방출이라는 과정을 통하여 동물세포를 침입하고 동물세포 안에서 복제한다. 그러나 동물 바이러스는 박테리오파아지가 복제하고 있는 방법과는 좀 다른 방법을 채택하고 있으며, 여러 가지 과정에서 박테리아파아지와 다른 방법으로 복제한다(**표 10.6**). 동물 DNA 바이러스의 완전한 복제주기는 **그림 10.16**에 요약되어 있다. 그리고 양성가닥 RNA 동물 바이러스의 2가지 복제방법이 **그림 10.17**에 요약되어 있다.

흡착

우리가 공부한 것처럼 박테리오파아지는 박테리아 세포벽에 부착하기 위한 특별한 구조를 가지고 있다. 동물세포는 세포벽이 없기 때문에 동물 바이러스는 숙주세포에 흡착하는 다른 방법을 가지게 된다. 바이러스와 숙주세포의 인식에는 특이성이 관련되어 있다.

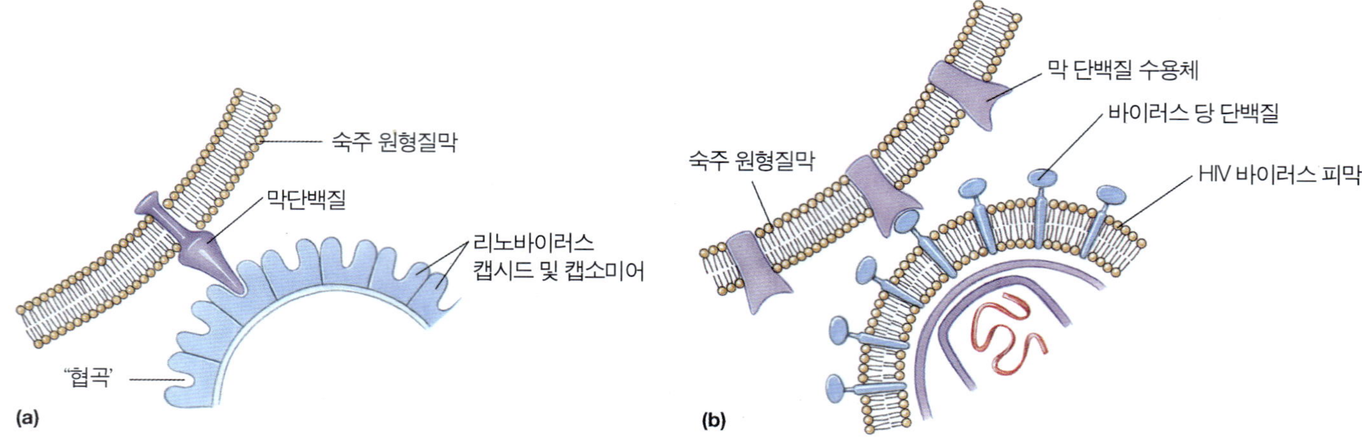

그림 10.18 동물 숙주세포의 바이러스 인식. (a) 리노바이러스는 숙주세포막에 있는 특별한 막 단백질에 부착하는 캡시드에 있는 "협곡(canyon)" 혹은 함몰된 부분을 갖고 있다. **(b)** HIV는 숙주면역세포의 표면에 존재하는 특이한 막단백 수용체에 부착하는 피막 스파이크(바이러스 당단백질)를 갖고 있다.

피막이 없는 캡시드바이러스는 그들의 캡시드의 표면에 적절한 숙주세포에 상응하는 부위에 결합하는 흡착부위(단백질)를 가진다. 예를 들면 바이러스학자들은 감기바이러스인 리노바이러스가 "협곡" 혹은 함몰된 부분을 갖고 있음을 보여주었는데 그들의 캡시드는 보통 세포부착에 관련된 특이 막 단백질에 결합한다**(그림 10.18a)**. 반대로 HIV과 같은 피막보유바이러스는 어떤 특이한 면역세포의 표면에 있는 막 단백질 수용체를 인식하는 스파이크를 갖는다**(그림 10.18b)**.

침입

침입은 바이러스 입자가 숙주의 원형질막에 흡착된 직후 매우 빠르게 일어난다. 박테리오파아지와는 달리 동물 바이러스는 그들의 핵산을 숙주세포에 집어넣는 메카니즘이 없다. 따라서 핵산과 캡시드는 동물 숙주세포에 들어가게 된다. 대부분 피막이 없는 바이러스는 세포내이입(endocytosis)에 의하여 세포에 들어간다. 이때 바이러스 입자는 세포 표면의 구덩이같은 영역에 포위되며 막성 소포체로 세포질에 들어간다**(그림 10.19)**. 피막보유바이러스는 그들의 피막을 숙주세포의 원형질막에 융합시키거나 세포내이입에 의하여 들어간다. 후자의 경우 바이러스 피막은 소포체막에 융합된다.

일단 동물 바이러스가 숙주세포의 세포질로 들어오면, 바이러스의 게놈은 소위 **탈외피(uncoating)**이라고 부르는 과정을 통해서 단백질 껍질로부터 분리되어야만 한다(방출). 피막이 없는 캡시드바이러스는 숙주세포의 단백분해효소나 바이러스가 갖고 있는 단백분해효소에 의하여 껍질이 벗겨진다. 폭스바이러스의 탈외피는 감염 직후 생성되는 특별한 효소(바이러스 DNA에 암호화 되어있음)에 의하여 완성된다. 폴리오바이러스는 바이러스의 침입이 끝나기도 전에 이미 탈피를 시작한다.

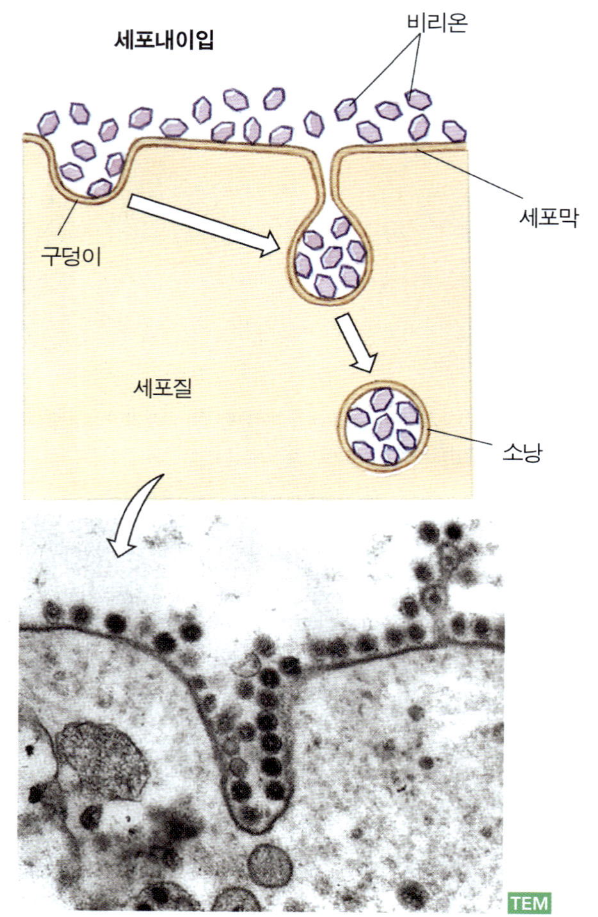

그림 10.19 동물 바이러스가 숙주세포로 침입함. 많은 캡시드바이러스는 세포표면에 들러붙으며 세포 표면의 구덩이에 포위된다. 이 구덩이는 분리된 세포질 소포체를 형성하기 위해 함입된다. 전자현미경 사진에서 코로나바이러스는 숙주세포의 세포질로 함입되고 있다. (*Center for Disease Control and Prevention, CDC*)

합성

새로운 유전물질과 단백질의 합성은 감염한 바이러스의 성질에 의존한다.

동물 DNA 바이러스의 합성. 일반적으로 동물 DNA 바이러스는 바이러스 효소의 도움으로 숙주세포의 핵에서 그들의 DNA를 복제한다. 또 동물 바이러스는 그들의 캡시드와 다른 단백질을 숙주세포의 생합성기구를 이용해서 세포질에서 합성한다. 새로 만들어진 바이러스 단백질은 핵 안으로 이동하며 거기서 바이러스 입자를 만들기 위하여 새로운 바이러스 DNA와 결합한다(그림 10.16). 이러한 전략은 아데노바이러스, 헤파디엔에이바이러스, 허피스바이러스 그리고 파포바바이러스에서 전형적으로 나타난다. 예외적으로 폭스바이러스는 자신의 구성물을 숙주세포의 세포질에서 합성한다.

dsDNA 바이러스의 복제는 전기(*early*)와 후기(*late*)의 전사와 번역이라고 지칭되는 복잡하고도 연속적인 과정을 통하여 이루어진다. 전기의 과정은 바이러스 DNA의 합성 전에 일어나며 결과적으로 바이러스 DNA 복제에 필요한 효소와 여러 가지 단백질들을 합성한다. 후기 과정은 바이러스 DNA의 합성 후에 일어나며 새로운 캡시드를 만드는데 필요한 구조단백질을 만든다. 박테리오파아지의 복제와 비교해 보면 동물 바이러스 복제와 합성은 훨씬 더 긴 시간이 걸린다. 예를 들면 허피스바이러스의 캡시드는 많은 종류의 단백질로 이루어져 있어서 단백질 합성에만 8~16시간이 걸린다.

파보바이러스는 ssDNA만 갖고 있다. 바이러스 복제가 시작되기 전에 바이러스 DNA는 바이러스 게놈을 형성하기 위해서 dsDNA로 복제되어야 한다.

동물 RNA 바이러스의 합성. 동물 RNA 바이러스의 합성은 동물 DNA 바이러스에서 발견한 것보다 훨씬 더 다양한 방법으로 이루어진다. 피코나바이러스 같은 RNA 바이러스에 있어서 양성가닥 RNA는 mRNA로 역할을 하며, 바이러스 단백질은 침입과 탈피 이후 즉시 만들어진다(그림 10.17). 이 과정은 숙주세포의 핵과는 무관하게 이루어진다. 바이러스 단백질은 또한 이러한 바이러스의 합성에 중요한 역할을 한다. 바이러스 단백질의 1종류는 숙주세포의 생합성 활성을 저해한다. 생합성을 위해서 음성가닥 RNA를 만드는 주형으로써 양성가닥을 사용하는 효소를 사용한다. 반대로 이 음성가닥 RNA를 주형으로 많은 수의 양성가닥 RNA 분자가 복제되는데 이것이 새로운 바이러스를 만드는데 필요한 RNA인 것이다.

HIV와 같은 역전사효소 바이러스에 있는 2개의 양성가닥 RNA는 mRNA로 기능을 하지 않는다. 오히려 이 mRNA는 역전사효소의 도움을 받아 ssDNA로 역전사된다(그림 10.17). 그러면 ssDNA는 상보적인 염기쌍 형성을 통해 dsDNA로 복제된다. 세포의 핵에서 이 dsDNA는 프로바이러스(provirus)로써 숙주세포 염색체에 삽입된다. 이 프로바이러스는 영원히 그대로 거기에 머무를 수 있다. 감염된 세포가 분열할 때 프로바이러스는 숙주 염색체에 남아있으면서 같이 복제된다. 따라서 바이러스의 유전정보는 숙주세포의 후대를 통해서 전달된다.

어쨌든 프로파아지와는 달리 프로바이러스는 잘라낼 수 없다. 프로바이러스가 활성화되고 유전자 발현과정이 일어난다면, 즉 프로바이러스 유전자들이 바이러스 mRNA를 만드는데 이용된다면 만들어진 mRNA는 바이러스 단백질의 합성을 지시하는 mRNA이다. 전체 길이 갖는 양성가닥 RNA 분자가 프로바이러스로부터 전사된다. 2개의 양성가닥 RNA는 하나의 바이러스에 포장된다. 음성가닥 RNA를 갖는 동물 바이러스인 홍역이나 A형 인플루엔자를 유발하는 바이러스의 경우 바이러스 내에 존재하는 전사효소가 양성가닥 RNA 분자(mRNA)를 만들기 위해서 주형으로 음성가닥 RNA를 이용한다. 조립 전에 새로운 음성가닥 RNA는 양성가닥 RNA를 주형으로 이용하여 만든다. 이 과정은 본질적으로 그들의 RNA가 1가닥(홍역) 이거나 여러 가닥(A형 인플루엔자)이든가 상관없이 같다.

레오바이러스의 경우, dsRNA는 여러 개의 바이러스 단백질을 암호화하고 있다. dsRNA의 각 가닥들은 자신의 상보적 가닥을 위한 주형으로써 작용한다. DNA 복제처럼 레오바이러스의 RNA 복제는 반보존적이며 따라서 만들어진 RNA 분자의 1가닥은 원래 있었던 RNA이고 다른 1가닥은 새로 만들어진 RNA이다. 이 바이러스는 결코 완전히 분해되지 않는 2중벽의 캡시드를 가지며 캡시드 안에서 복제가 일어난다.

성숙

일단 많은 수의 바이러스 핵산, 효소 그리고 단백질이 합성되면 완전한 바이러스 입자를 만들기 위한 조립이 시작된다. 이 과정을 성숙 혹은 후대 바이러스의 조립이라고 하는데 성숙이 일어나는 세포의 장소는 바이러스의 종류에 따라 다르다. 예를 들면 인간 아데노바이러스의 뉴클레오캡시드는 세포핵 내에서 조립되며(그림 10.16), HIV 같은 바이러스는 숙주세포 원형질막의 안쪽 표면에서 조립된다. 폭스바이러스, 폴리오바이러스와 피코나바이러스는 세포질에서 조립된다.

피막보유바이러스의 성숙은 박테리오파아지의 경우 보다 더 길고 더 복잡한 과정이다. 우리가 보아온 것처럼 바이러스와 숙주세포 내에서 만들어진 핵산 및 효소는 바이러스 구성요소의 합성에 관여한다. 후대 바이러스를 위하여 사용되도록 예정된 구성요소 중에서 단백질과 당단백질은 바이러스 게놈에 의해서 암호화되어 있으며 피막 지질과 당단백질은 숙주세포 효소에 의해서 합성되어 숙주세포 원형질막에 존재하게 된다. 만일 바이러스가 피막을 가져야만 한다면, 비리온은 바이러스에 따라 차이가 있지만 숙주세포의 막(핵, 소포체, 골지체, 원형질막)을 통하여 출아할 때까지 완성되지 않는다(그림 10.16).

방출

막을 통한 새로운 바이러스의 출아는 숙주세포를 죽이거나 죽이지 않을 수 있다. 예를 들면 인간 아데노바이러스는 숙주세포로부터 정교한 방법으로 출아한다. 새로운 바이러스의 발산(shedding)은 숙주세포를 용해하지 않는다. 다른 종류의 동물 바이러스는 숙주세포를 죽인다. 감염된 동물세포가 후대 바이러스로 꽉 차게 되면 원형질막은 용해되고 후대 바이러스가 방출된다. 종종 세포의 용해는 감염의 임상적 증상이나 질병을 유발한다. 바이러스의 방출 결과로 허피스바이러스는 단순포진을 일으키며 폭스바이러스는 피부세포를 파괴시킨다. 그리고 폴리오바이러스는 방출과정 동안에 신경세포를 괴멸시킨다.

바이러스의 잠복감염

많은 개개인들은 보통 단순포진이나 물집(수포)이라고 불리는 피부발진의 재발을 경험하는데 이는 허피스바이러스의 일종인 단순포진 바이러스에 의하여 일어난다. 우리가 먼저 보아왔듯이 이 바이러스는 용해과정을 수행하는 dsDNA 바이러스이다. 또한 이 바이러스는 일생을 통하여 숙주세포 내에 잠복할 수 있다. 그러나 그들이 침입한 피부세포가 아니라 신경세포 내에서 잠복감염을 한다. 만일 감기라든지 열, 기타 면역억제 혹은 스트레스에 의해서 이 바이러스가 활성화될 때 그들은 다시 세포용해를 일으키는 복제를 한다.

모든 종류의 허피스바이러스는 이러한 잠복능력이 있다. 수두를 일으키는 또 다른 종류의 허피스바이러스는 중추신경계에 잠복감염을 한다. 이 수두바이러스가 활성화되면 세포매개성 면역의 변화 때문에 바이러스는 그들이 잠복하고 있는 신경세포를 따라서 발진을 유발한다. 이러한 재활성화를 대상포진이라고 한다. 많은 사람들이 어떠한 종류의 증상도 보이지 않으면서 평생토록 이 바이러스들을 지니고 있다.

✓ **중점 질문 사항**

1. 바이러스 복제에 있어서 다섯 단계의 순서를 정확히 적으시오.
2. 이 다섯 단계는 박테리오파아지와 동물 바이러스와 어떻게 다른가?
3. 박테리오파아지에 있어서 용균주기와 용원주기를 비교하시오.

동물 바이러스의 배양

배양방법의 발전

만일 바이러스학자가 바이러스를 연구하기를 원한다면 이전에는 먼저 바이러스를 동물개체에서 길러야만 했다. 이러한 방법은 세포수준에서 바이러스의 특이적 효과를 관찰하기가 매우 어렵다. 1930년대에 바이러스학자들은 허피스바이러스, 폭스바이러스와 인플루엔자바이러스들이 발육계란에서 증식할 수 있음을 발견했다. 이 병아리 배아는 쥐나 토끼보다 더 단순하지만 그래도 그것은 복잡한 생명체이다. 배아의 사용은 바이러스에 의해 야기되는 세포효과를 연구하는 문제를 완전히 해결하지는 못하였다. 또 다른 문제점은 배아에 세균이 자랄 수 있다는 것과 바이러스의 효과가 종종 세균감염 때문에서 일어나는 것인지 정확히 결정할 수가 없었다. 이 시기의 바이러스학은 더 향상된 바이러스 배양기술이 발명될 때까지 천천히 진척되었다.

2가지의 큰 발견이 바이러스학자와 다른 과학자들을 위한 세포배양의 유용성을 향상시켰다. 첫 번째 발견은 세균감염을 막게끔 할 수 있는 항생제의 발견과 사용이었다. 두 번째는 특별히 트립신이라는 단백분해효소가 조직으로부터 세포가 상해되지 않게끔 하면서도 개개의 세포로 분리할 수 있게끔 한 것이다. 세포를 씻은 후 세포들은 계수될 수 있으며 이 후 배양용기인 플라스틱 플라스크, 페트리디쉬, 굴림병에 분주된다(그림 10.20). 그러한 부유액 속에 있는 세포들은 시간이 지남에 따라 플라스틱에 표면에 달라붙어 증식하고 하나의 세포층 두께로 된 가느다란 **단층(monolayer)**라고 부르는 단일 세포층을 형성한다. 이 단층은 계대배양할 수 있다. **계대배양(subculture)**이란 이미 배양중인 세포를 새로운 영양배지가 있는 배양용기로 옮기는 과정이다. 따라서 하나의 조직샘플로부터 수많은 계대배양이 얻어진다. 따라서 대단히 균일한 배양을 확인할 수 있으며 바이러스의 효과를 잘 연구할 수 있다.

조직배양(tissue culture)이란 용어는 이러한 테크닉을 의미하는 것으로써 광범위하게 사용되어졌다. 하지만 **세포배양(cell culture)**이라는 용어가 훨씬 더 정확한 용어일 것 같다. 오늘날 배양되는 세포의 대부분은 단층의 세포를 효소처리하여 얻은 것들이다. 매우 다양한 세포배양법과 오염을 억제하는 항생물질의 사용을 통하여 바이러스학은 "전성기"에 들어섰다. 1950년대와 1960년대에 400개가 넘는 바이러스가 분리되고 동정되었다. 아직도 많은 새로운 바

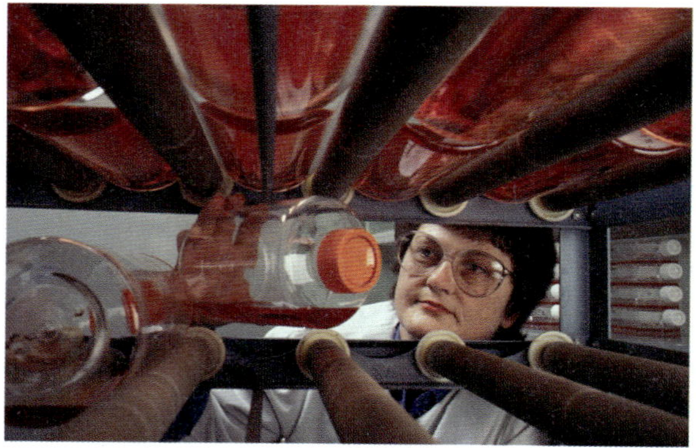

그림 10.20 나선형의 플라스틱 코일에 장치된 굴림병의 모습. 세포의 밀도를 증가시키는 방법은 세포가 부착할 수 있는 표면적을 증가시키는 것이다. 굴림병은 1시간에 5바퀴씩 회전하며 따라서 적은 양의 배양용액이 사용된다. 세포들은 잠깐씩 용액 밖으로 나오는 것을 견딜 수 있다. (Science Source/Photo Researchers, Inc.)

이러스가 발견되고 있지만 이제는 보다 더 정확히 바이러스를 동정하고 바이러스 감염과 복제에 있어서의 정교한 과정을 결정하는 것에 중점을 두고 있다.

파아지를 연구하는데 사용되어졌던 것과 유사한 반점형성시험이 동물 바이러스에서도 사용될 수 있다. 예를 들면 인간세포를 배양하여 단일 세포층으로 만든 후 바이러스를 접종한다. 만일 바이러스가 세포를 용해한다면, 몇 번의 감염의 과정을 통해서 단층에 반점이 형성될 것이다.

세포배양의 종류

현재 임상적으로나 바이러스 연구에 있어서 가장 많이 사용되는 3가지 기본적인 세포배양 방법으로 (1) 1차 세포배양, (2) 2배체 섬유모세포, (3) 영속 세포주(continuous cell line) 등이 있다. **1차 세포배양(primary cell culture)**이란 동물로부터 직접적으로 오며 계대배양이 안된 것이다. 동물이 어릴수록 거기서부터 얻은 세포들은 배양액에서 훨씬 더 잘 자란다. 전형적으로 그들은 근육세포와 상피세포 등 여러 종류의 세포유형으로 혼합되어 존재한다. 그러한 세포들은 몇 번밖에 분열하지 않음에도 불구하고 많은 종류의 바이러스의 증식을 가능케 한다.

만일 1차 세포배양이 반복적으로 계대배양 된다면 한 세포의 유형만이 우점종이 되며 그러한 배양세포를 **세포주(cell strain)**라고 부른다. 세포주에 있어서 모든 세포는 유전적으로 서로 동일하다. 그들은 세포의 변화가 바이러스 효과의 결정에 방해가 되지 않는 범위 내에서 몇 세대 동안에만 계대배양될 수 있다.

가장 많이 사용되는 세포주 중에는 **2배체 섬유모세포주(diploid fibroblast strain)**가 있다. 섬유모세포(*fibroblast*)는 피부의 진피층과 같은 연결조직의 성분인 콜라젠과 섬유를 생산하는 미성숙 세포이다. 태아조직으로부터 분리된 이러한 세포주들은 매우 빠르게 반복되는 세포분열의 능력을 갖고 있다. 그러한 세포주들은 광범위한 바이러스의 생육을 가능케 하며 일반적으로 나이든 동물에서 얻은 세포주에서 종종 발견할 수 있는 바이러스의 오염으로부터 자유롭다. 이러한 이유 때문에 이 세포주들은 바이러스 백신을 만드는데 사용되고 있다.

세 번째 종류의 세포배양은 가장 많이 사용되어지는 유형으로 **연속 세포주(continuous cell line)**이다. 연속 세포주은 수십 세대를 통하여 재생될 수 있다. 가장 유명한 것은 HeLa 세포주으로 1951년부터 지금까지 전 세계적으로 지속적으로 유지되며 배양하고 있다. HeLa 세포주의 출처는 자궁경부암을 가진 여성으로부터 왔으며 첫 번째 글자들은 그녀의 이름이다. 사실 많은 초기의 영속 세포주는 암세포이며 아주 빠른 증식능력을 갖고 있었다. 이러한 불멸의 세포주은 실험실에서 노화를 일으키지 않고 아주 빨리 반복적으로 분열하고 자란다. 그리고 일반세포보다 훨씬 간단한 영양조건을 요구한다. 이러한 HeLa 세포주의 영생성(immortality)은 2개의 바이러스 유전자로부터 기인한다. 영생성 세포주는 이수성(다른 수의 염색체를 가짐)이며 따라서 유전적으로 다양성이 존재한다.

그림 10.21 나선형의 플라스틱 코일에 장치된 굴림병의 모습. 인플루엔자바이러스를 포함하는 몇몇 바이러스는 발육계란에서 키운다. (Account Phototake/Phototake)

세포배양은 동물 바이러스를 연구하는데 있어서 필수적인 동물 개체와 발육계란을 대체하였다. 그러나 발육계란은 아직도 인플루엔자 A형 바이러스 배양에는 가장 좋은 숙주이다**(그림 10.21)**. 또한 절지동물매개 바이러스인 아보바이러스(*arbovirus*)를 배양하는데 있어서 아직도 어린 흰둥이 스위스 생쥐를 사용하고 있으며 다른 포유동물 세포주나 때로는 모기 세포주도 같이 사용하고 있다.

세포변성효과

세포에 있어서 바이러스가 일으키는 가시적인 효과는 **세포변성효과(cytopathic effect, CPE)**라고 부른다. 배양중인 세포는 몇 가지 공통적인 효과를 보여주는데 세포모양의 변화, 이웃한 세포로부터의 분리

공중 보건

송충이 같은 애벌레가 당신을 위한 차세대 독감백신을 만들 수 있을까?

계란으로 만든 백신에 알레르기가 있는가? 이제는 안심해도 좋다. 달걀을 사용하지 않는 곤충세포 배양법을 이용하는 새로운 방법으로 곧 대체된다. 곤충 세포배양을 통해 자라는 곤충바이러스(baculovirus)가 독감바이러스 단백질을 만들어내도록 유전적으로 조작이 되었다. 이 단백질은 인간의 면역체계를 자극하며, 적당한 양의 투약으로 안전성과 더불어 100% 효과가 나타나는 독감백신 제조에 사용하고 있다.

더욱 중요한 것은 보통 달걀을 사용하여 백신을 만들기 위해서는 보통 6개월이 소요되는데 반해 이 독감 단백질은 더 짧은 시간 내에 대량생산할 수 있다는 점이다. 보건관계자들은 조류독감 같은 새로운 독감균주에 효과적인 백신을 빠르게 그리고 대량으로 생산할 수 있는가에 매우 관심이 높다. 현재 임상실험이 진행 중이다.

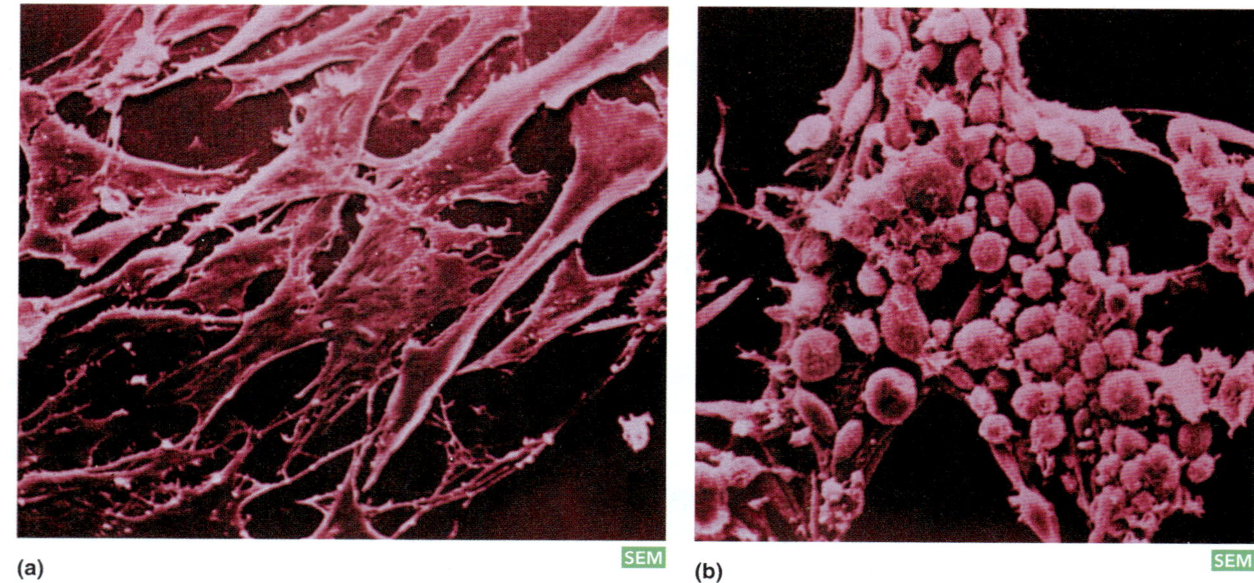

그림 10.22 바이러스에 의한 세포의 형질전환. **(a)** 정상세포 **(b)** 형질전환된(악성) 세포(둘 다 8,171배). 이러한 형질전환은 Rous 육종바이러스(RSV)에 감염에 의해서 야기된 세포변성효과(CPE)의 한 예이다. 형질전환시 세포는 동글동글해지며 배양용기에 달라붙지 않는다. (G. Steven Martin/Visual Unlimited)

혹은 세포배양 플라스크로부터 떨어져 나오는 것이다**(그림 10.22)**. 어쨌거나 CPE는 유능한 바이러스학자가 종종 바이러스 감염에 대한 일차적인 확인을 위하여 사용하는 특별한 것이다. 예를 들면 인간 아데노바이러스와 허피스바이러스는 감염세포를 부풀어 오르게 한다. 반면 피코나바이러스는 그들이 세포 안에 들어갈 때 세포의 기능을 정지시키며 떠날 때 세포를 용해한다. 파라믹소바이러스는 근접한 세포들을 배양 중에 통합시켜 **합포체(syncytia)**라고 부르는 아주 크고 다핵성의 세포를 형성한다. 합포체는 하나의 세포질에 4~100개의 핵을 포함할 수 있다. 바이러스에 의해서 생성되는 또 다른 종류의 CPE는 "정상세포를 암세포로 변화시키는 것"을 의미하는 형질전환(*transformation*)으로 우리는 이를 10장의 후반부에서 공부할 것이다.

세포거대바이러스, 루벨라바이러스와 몇몇 아데노바이러스처럼 천천히 증식하는 바이러스는 1~4주 동안에는 뚜렷한 CPE를 만들지 않는다.

바이러스와 기형발생

기형발생(teratogenesis)은 태아발육 중에 기형이 생기는 것이다. **기형발생인자(teratogen)**는 그러한 기형을 유발하는 약품이나 물질이다. 기형발생인자로 알려진 어떤 바이러스는 태반을 통과하여 태아에게 전달될 수 있다. 임신초기에 있어 태아가 감염되며 더 심각한 손상이 일어나기 쉽다. 태아발육의 초기 단계 동안에 즉, 기관이나 신체 조직이 몇 개의 세포로만 존재할 때 이러한 세포에 있어서 바이러스가 주는 피해는 그 기관이나 신체조직의 발달을 방해할 수 있다. 생육후기에 일어나는 바이러스 감염은 거의 세포에 피해를 주지 않으며 따라서 미미한 영향을 미친다. 이러한 이유는 태아의 모든 세포수가 매우 빨리 증가되면서 각각의 기관과 신체조직을 이루는 수천 개의 세포로 형성되기 때문이다.

세포거대바이러스(CMV), 대상포진바이러스(HSV) 1형과 2형, 그리고 루벨라 등의 3개의 인간바이러스는 여러 가지 기형발생효과를 일으킨다. 세포거대바이러스(CMV) 감염은 태어나는 아기의 1%에서만 발견되는데 그중 10분의 1은 궁극적으로 CMV 감염에 의해서 죽는다. 대부분의 증상은 신경성이며 따라서 어린이들은 다양한 정신지체 장애를 겪게 된다. 어떤 경우에는 비장이 부풀어 오르던가 간 손상 혹은 신생아 황달을 보인다. HSV는 출생 직후 아니면 출생시 감염된다. 출생 전에 HSV에 감염되는 경우는 아주 드물다. 모든 부분의 인체를 통해서 퍼져나가는 비산성 감염의 경우 어떤 영아는 죽게 되며, 살아난다 하더라도 그들의 눈과 중추신경계는 영구적인 손상을 입는다.

임신 중 감염된 세포거대바이러스는 이제 신생아의 선천성 이상(기형)을 유발하는 대표적인 바이러스이다.

산모에 있어서 루벨라바이러스(rubella virus)의 감염은 대부분의 경우 임신 첫 4달 동안에 태아에게 기형을 일으키는데 이를 "루벨라증후군"(rubella syndrome)이라고 한다. 벙어리, 감각기관의 손상, 심장과 다른 순환계의 장애 그리고 정신지체가 이에 포함된다. 그리고 그 손상의 양상은 상당히 다양하다. 어떤 어린이는 그러한 장애에 적응하고 살아날 수 있으나 그렇지 않은 경우 손상이 심하여 죽거나 자연유산이 된다. 선천성 루벨라에 대해서는 ◀ 19장 p. 582에 설명되어 있다.

TORCH 계열(TOURCH series)이라고 부르는 혈액검사는 가끔씩 임신한 여성과 갓 출생한 영아의 기형발생 질병을 확인하는데 사용된다. 이 검사는 독소플라스마(Toxoplasma. 원생동물), 다른 질병유발 바이러스(Other disease, 보통 간염B형 바이러스와 수두바이러스를 포함한), rubella virus, CMV, HSV에 관한 항체를 검출하는 테스트이다. 이 모든 질병은 태반을 통하여 태아에게 감염될 수 있다. TORCH 계열보다 다른 자궁내 질병(매독과 후천성면역결핍증후군) 또한 신생아에게 나타날 수 있다. 따라서 TORCH 검사에서 이상이 없다고 해서 반드시 건강한 아기의 출산을 보장하는 것은 아니다.

유사바이러스: 위성, 바이로이드 및 프리온

대부분의 경우 바이러스는 가장 작은 미생물로 숙주세포 내에서 새로운 바이러스를 만들어내는 유전 정보를 갖고 있다. 여기에 예외가 있는데 어떤 바이러스는 자신을 위한 필요한 모든 유전 정보를 갖고 있지 않다. 앞서 언급한 바 있는 디펜도바이러스(파보바이러스과)같은 바이러스는 새로운 바이러스 입자를 만들기 위한 필요한 구성성분을 얻기 위하여 헬퍼바이러스가 존재하여야 한다. 즉 바이러스보다 더 작은 감염체로 위성, 바이로이드 및 프리온 등이 있다.

위성

위성은 작고 단일가닥 RNA(보통 500~2,000 nucleotide)를 갖는데 복제를 위하여 필요한 유전자가 결여되어 있다. 따라서 위성의 복제를 위한 도우미인 헬퍼바이러스가 필요하다. 여기에는 **위성바이러스(satellite virus)**와 **위성핵산**(비루소이드로 알려진 **satellite nucleic acid**)의 2종류가 존재한다. 이들을 위성이라고 부르는 이유는 이들이 헬퍼바이러스 주위를 "공전하면서" 복제하기 때문이다.

위성바이러스는 그들의 헬퍼바이러스의 결손제품(고장나서 수리가 필요한, 일부 구성물의 없어진 혹은 헬퍼바이러스의 게놈 일부분)이 아니다. 또한 헬퍼바이러스는 그들의 모체가 아니다. 즉 두 바이러스는 완전히 다른 것으로 서로 연관성이 없다. 위성은 결손입자이기에 절대로 스스로 복제할 수 없다. 그렇지만 위성바이러스는 자기의 핵산을 덮고 있는 캡시드에 대한 유전정보를 갖고 있다. 이와는 반대로 위성핵산(비루소이드)은 헬파바이러스의 캡시드에 의해 덮여져 있다.

대부분의 위성은 식물 바이러스와 연관이 있다. 동물 바이러스와 달리 식물 바이러스는 종종 그들의 게놈이 몇 개의 조각으로 분절되어 있으며 각각의 게놈 조각이 따로따로 캡시드로 쌓여져 있다. 따라서 감염을 위해서 다중입자의 완전한 세트가 필요하다. 하지만 예외가 있는데 오직 인간에게만 감염하는 간염 델타바이러스는 위성과 바이로이드(다음에 설명함) 사이의 혼성체로 나타난다. 바이로이드와 위성의 기원은 아직 밝혀지지 않았다.

간염 델타바이러스

간염 델타바이러스(hepatitis delta virus, HDV)는 1970년대 중반에 발견되었다. 이들의 염기서열을 조사한 바 HDV는 식물에 감염하는 바이로이드와 비루소이드 RNA와 유사함을 알 수 있었다. HDV는 처음에는 간염 B형 바이러스(HBV)의 일부로 생각되었는데 왜냐하면 이 바이러스는 B형 간염이 있을 때만 발견되기 때문이다. 그러나 현재는 모든 경우의 B형 간염에서 발견되지 않으며, 오직 아주 심한 질병일 경우, 즉 B형 간염 단독으로 보다 10배 이상 치사율이 높은 감염에서만 발견되고 있다. 1980년에 간염 델타 바이러스의 복제를 위하여 간염 B형 바이러스의 공감염이 필수적으로 요구되는 별개의 결손 병원체임을 발견하였다. 이 바이러스는 간염 B형 백신을 맞게 되면 감염으로 보호받을 수 있는데 그 이유는 HBV라는 헬퍼바이러스의 도움이 없이는 감염이 성립하지 않기 때문이다. HDV는 알려진 어떤 동물바이러스보다 작은 게놈(1679~1683 nucleotide)을 갖는다. 하지만 HBV는 3,000~3,300 nucleotide 크기의 게놈을 갖고 있다. HDV는 자신 고유의 캡시드가 없으며 HBV의 표면항원(예전에는 호주형 항원으로 불림)의 일부로 만들어진 캡시드로 싸여져 있다. 이 HDV는 수혈을 통해서 1차적으로 전파된다. HDV는 현재 전 세계적으로 감염되고 있으며, 특별히 60% 이상의 감염율을 보이는 아마존 분지, 중앙아프리카 및 중동에서 가장 많이 나타나고 있다.

바이로이드

1971년 식물병리학자인 T. O. Diener는 새로운 유형의 감염물체를 밝혀냈다. 그는 바이러스에 의해서 일어나는 질병이라고 생각되는 감자 갈쭉병을 연구하고 있었다. 그러나 Diener는 어떠한 바이러스도 발견할 수 없었으며 오히려 그는 감염된 식물 세포의 핵에서 어떤 종류의 RNA를 발견하였다**(그림 10.23a)**. 그는 이것을 **바이로이드(viroid)**라고 명명하고 바이러스보다 더 작은 감염성 있는 RNA 입자라고 주장하였다. 이후에 바이로이드는 바이러스와 다음의 6가지 점에서 다른 감염체임을 알아내었다:

1. 바이로이드는 하나의 환형 RNA 고리로 분자량이 작으며 246~399 nucleotide로 구성된다.
2. 바이로이드는 세포 내부에 보통 핵 내에 존재하는 RNA로 캡시드나 피막이 없다.
3. 파보바이러스 같은 바이러스와는 다르게 바이로이드는 헬퍼바이러스가 필요하지 않다.
4. 바이로이드 RNA는 단백질을 생산하지 않는다.
5. 숙주세포의 세포질이나 핵에서 복제되는 일반적인 바이러스 RNA와는 다르게 바이로이드 RNA는 항상 숙주세포의 핵 내에서만 복제된다.

(a)

(b)

그림 10.23 바이로이드와 감염효과. **(a)** 감자 갈쭉병을 일으키는 바이로이드 입자(전자현미경 사진의 노란 막대로 표현됨)는 단지 300~400 nt 정도의 매우 짧은 RNA 조각이다. 큰 DNA 가닥(파란색과 심홍색)은 박테리오파아지 T7의 DNA이다. 이러한 비교를 통해서 왜 그렇게 오랜 시간 동안 바이로이드가 무시되었는지 쉽게 알 수 있다. (Reprint from Agricultural Research, vol. 37, no. 5(May 1989), p. 4, published by the Agricultural Research Service of the USDA) **(b)** 왼쪽의 토마토식물은 정상이며 오른쪽은 바이로이드에 감염되어 토마토 선단왜소증을 일으킨 것이다. (Courtesy United States Department of Agriculture)

6. 바이로이드 입자는 RNA 염기서열을 동정하는 특별한 연구 기법 없이는 감염된 조직 내에서 발견하기 힘들다.

바이로이드는 이들이 어떠한 단백질도 생산하지 않기 때문에 어떻게 해서든지 숙주세포의 대사과정을 파괴시켜야만 하는데, 바이로이드 RNA가 어떻게 병을 유발하는지는 알려지지 않았다. 아마도 바이로이드는 숙주세포의 mRNA 가공을 방해하는 것처럼 보인다. 완전한 mRNA 없이는 숙주세포 단백질이 합성될 수 없다. 만일 그렇다면 세포대사가 방해받아 그 결과로 세포는 죽을 수 있다. 비록 몇몇의 바이로이드는 확실한 증상이 없으며 숙주세포에게 미약한 병리효과를 나타내지만, 어떤 바이로이드는 감자 갈쭉병, 백합 왜소증, 오이 백색병, 토마토 선단왜소증 등과 같은 몇몇 치명적인 질병을 야기하는 것으로 알려져 있다**(그림 10.23b)**. 수 세기 동안 이러한 작물들이 대량으로 재배되었음에도 불구하고 이러한 질병은 1922년 이전에는 보고된 바 없다. 몇몇 또 다른 바이로이드 질병이 최근에 밝혀졌다. 일부 과학자들은 외딴 곳에서 자라는 식물들은 수 년 동안 바이로이드를 보유하고 있다고 믿고 있다. 인접한 장소에서 똑같은 농작물을 대량으로 재배하고 추수하기 위해서 농기계 기구를 사용하는 현대적 경작 방법을 통해서 이 바이로이드 질병이 퍼져나가고 있으며, 관심을 갖는 관찰자들만이 바이로이드 질병을 인식한다. 바이로이드는 잘 알려지지 않은 야생식물로부터 농작물로 도입된 것 같다. 이러한 생각은 최초의 바이로이드가 감염된 농작물이 경작하지 않은 땅과 접해있는 농지의 가장자리를 따라서 나타나기 때문이다. 바이로이드는 씨앗이나 진드기에 대해서 전파될 수 있다. 현재까지 바이로이드는 어떠한 동물에게도 감염되지 않은 것으로 알려졌지만 꼭 그럴 수는 없을 것이라는 의심은 전혀 잘못된 것이라고 할 수 없다.

바이로이드의 기원에 대하여 적어도 2가지의 가설이 제안되었다. 하나는 바이로이드는 아마도 고대의 유전물질이 RNA이였을 때 세포진화 초기에 출현하였다는 것이며, 두 번째 가설은 상대적으로 바이로이드가 아주 극단적인 기생체를 대표하는 새로운 감염체라는 것이다.

프리온

1920년대에 Hans Gerhardt Creutzfeldt와 Alfons Maria Jakob이 독자적으로 매우 천천히 진행적으로 발달하는 인간의 질병에 관한 몇 가지 사례를 관찰하였다. 이제 소위 *크로이펠츠-야곱병*(CJD)이라고 불리는 이 병은 정신능력 퇴화, 운동신경 기능의 손실, 궁극적으로 죽음을 가져다준다. 이후 몇 건의 유사한 신경퇴행성 질환이 발표되었다(◀24장). 그 하나는 자발적 운동신경의 통제기능상실과 궁극적으로 죽음에 이르게 하는 병인 쿠루(*kuru*)로 뉴기니아(New Guinea)의 원주민에 나타난 질병이다. 이러한 죽음은 식인종이 사람 고기를 먹는 카니발리즘의 결과로써 감염원이 전파되었기 때문이다. 다른 동물에서는 양의 *스크래피*, 흔히 사육되는 소에게 나타나는 "광우병"으로 알려진 소 *해면체뇌증*(BSE) 등은 감염된 동물의 신경기능을 천천히 손상시켜 죽음에 이르게 하는 병으로 밝혀졌다. 이러한 감염된 동물을 먹음으로써 인간에게는 *신변종* CJD라고 부르는 인간 질병이 나타났다. 2003년, 미국과 캐나다에서 광우병에 감염된 소들이 발견되었다. ◀p. 772 그림 24.14를 찾아보면, "해면체"라는 이름이 주어진 뇌의 절단면에 나있는 구멍을 볼 수 있다. 미국 서부 지역에서는 사슴이나 엘크의 무리에서 해면체뇌증이 발견되었다. 불행히도 몇몇 사냥꾼들은 프리온 감염으로 죽었다. 아마도 사냥한 동물을 가죽 벗겨내는 중이나 도살하는 동안에 이 병을 얻은 것 같다. 생쥐 역시 이 병과 관련 있다.

최근에 이와 관련된 질병에 대한 몇몇 연구는 이 병이 바이러스에 의해 일어나는 것이 아닐까 보고 있지만 여러 가지 증거들은 이 병이 바이러스와는 다른 유형임을 알려주고 있다. 이 병을 유발하는 감염원은 아마도 엄청나게 작은 크기의 단백질성 감염입자(*prion*)일 것

표 10.7

바이러스, 바이로이드 및 프리온의 비교

	바이러스	바이로이드	프리온
핵산	+ (ssDNA, dsDNA, ssRNA, dsRNA)	+ (ssRNA)	−
캡시드나 피막의 유무	+	−	−
단백질 존재 유무	+	−	+
헬퍼바이러스의 필요성	+/− (파보바이러스는 필요함)		
관찰방법	전자현미경	핵산염기서열	숙주세포 상해
열과 단백질 변성제의 영향	+	−	−
DNA나 RNA 분해효소의 영향	+	+	−
숙주	세균, 동물 혹은 식물	식물	포유류

이다. 1982년 Stanley Prusiner는 그러는 감염성 입자를 소위 **프리온(prion)**이라고 제안하였고 Prusiner는 프리온에 대해서 연구 결과로 1987년 Nobel상과 컬럼비아대학교의 Louisa Gross Horwitz상을 수상하였다. 프리온은 다음과 같은 특징이 있다.

1. 프리온은 바이러스가 비활성화되는 90℃ 열처리에 의해서도 비활성화 되지 않는 열저항성이 있다.
2. 프리온 감염은 바이러스 게놈이 손상되는 방사선처리에 감수성이 없다.
3. 프리온은 DNA나 RNA 분해효소에 의해서 파괴되지 않는다.
4. 프리온은 페놀이나 요소 같은 단백질 변성제에 감수성을 갖는다.
5. 프리온은 직접 접합하는 아미노산을 갖는다.

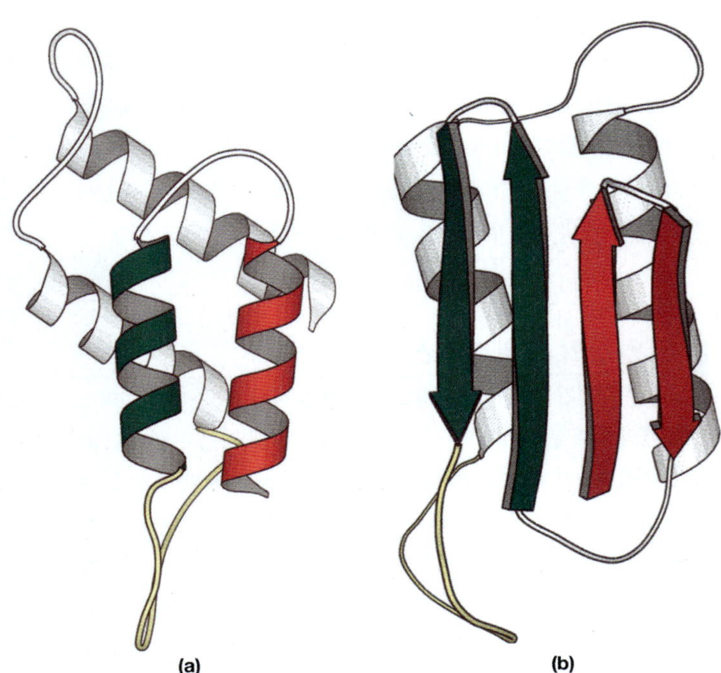

그림 10.24 2종류의 프리온 단백질(PrP)의 단백질 구조. 단백질 나선은 나선형 리본으로 나타나 있다. (a) 무해한 프리온 (b) 유해한 프리온.

바이러스, 바이로이드와 프리온의 성질이 **표 10.7**에 나타나 있다.

Prusiner의 연구와 다른 사람의 연구로부터 프리온은 돌연변이 결과로 잘못 접혀진 정상 단백질임이 밝혀졌다(**그림 10.24**). 무해한 정상적인 단백질이 많은 포유류세포 특히 뇌세포의 원형질막에서 발견되었다. 이 프리온 단백질(PrP)은 세포내에서 서로 붙어 조그만 단백질 섬유나 소섬유를 형성한다. 소섬유는 원형질막에서 올바르게 정렬할 수 없기 때문에 그러한 집합체는 결국 세포를 죽인다.

가장 시급한 문제는 프리온 질병이 어떻게 전파되는가를 알아내는 것이다. 연구자들은 프리온이 정상 단백질의 또 다른 복제물을 부정확하게 접히게 함으로써 질병은 야기한다고 믿고 있다. 1990년대 초기에 영국에서 발생한 광우병에서는 감염성 있는 프리온은 그 시작이 단백질 보충제가 첨가된 가축의 사료로부터 기인하였다. 이 단백질 보충제는 스크래피에 감염된 양(sheep)의 부산물이 들어 있었다! 사실 일련의 실험은 정상 생쥐에게 프리온 추출물을 체내에 주사하면 병이 발생한다. 프리온은 이렇듯 1종에서 다른 종으로 쉽게 이동하는 것으로 보인다(**그림 10.25**). 인위적으로 프리온은 항상 종-특이성(species-specific)이지 않다. 스위스 과학자들의 최근 보고에 의하면 감염초기에 프리온 단백질이 뉴런에 집합하는 것을 방해하면 생쥐 뇌의 해면체가 정상화됨을 알려주었다. 신경세포가 아닌 인접한 교세포(비신경성)가 프리온 단백질로 가득 찼지만 생쥐는 정상상태를 유지하였다. 프리온과 이에 관련된 더 많은 정보는 ◀24장 p. 769~773을 보시오.

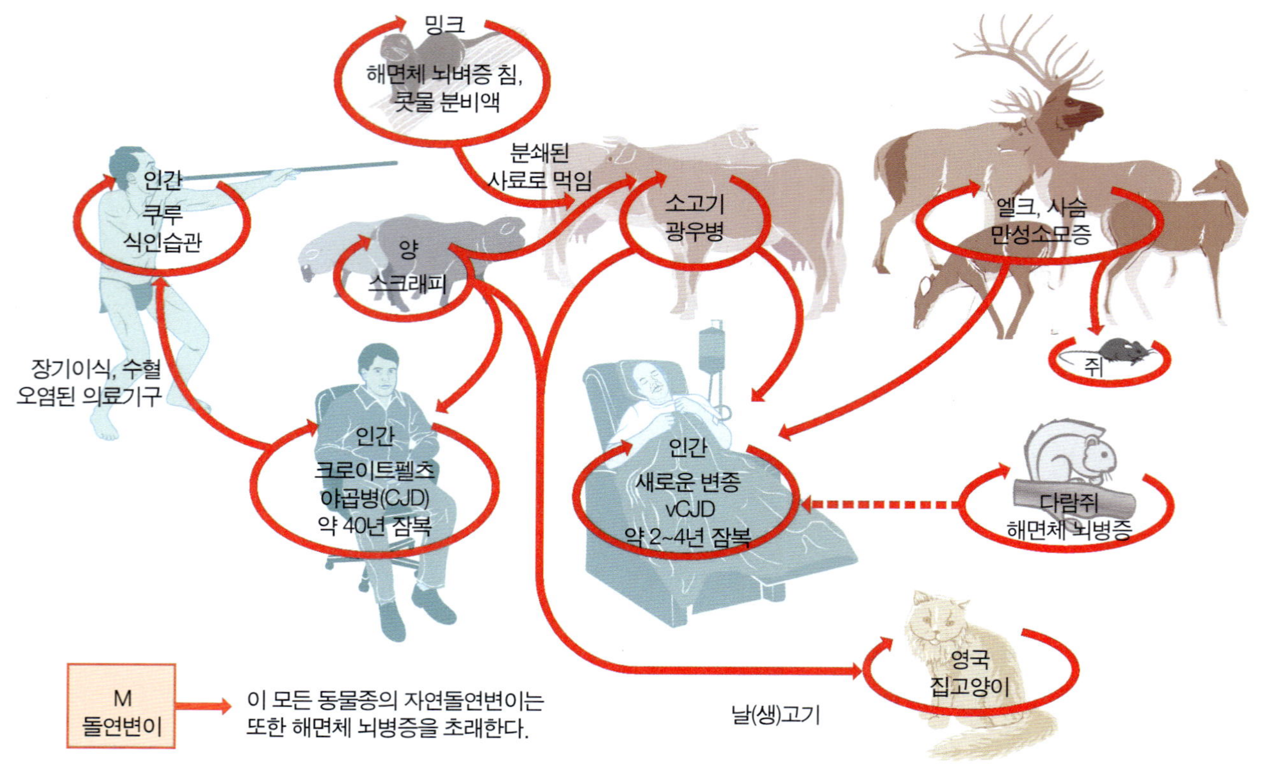

그림 10.25 프리온성 해면체 뇌병증. 이 병은 여러 종에서 일어나며 1종에서 다른 종으로 전파되곤 한다. 또한 다른 동물로부터 전파되지 않았던 몇몇 사례는 자연돌연변이에 의해서 일어남을 보여주었다. 동물원의 여러 동물들이 생고기를 먹을 때 이 병을 얻었다. 자세한 것은 24장 p. 769~773을 보시오.

중점 질문 사항

1. 바이러스를 증식하기 위해 사용된 세포배양의 3가지 유형은 무엇인가?
2. 어떻게 영생성 세포주를 만들었는가?
3. 세포변성효과(CPE), 합포체 그리고 형질전환을 정의하시오.
4. 바이러스성 기형발생의 2가지 예를 드시오.
5. 위성이란 무엇인가? 위성의 2가지 유형은 어떻게 다른가?
6. 바이러스, 바이로이드 및 프리온을 비교해 보시오.

바이러스와 암

암이란 세포의 정상적인 기능과 행동을 교란하는 일련의 질병이다. 우리는 **암(cancer)**이란 비정상적인 세포의 통제 불가능하며 공격적인 증식으로 정의할 수 있다. 암세포는 지속적으로 분열한다. 그 결과는 **종양(tumor)**이라고 알려진 세포의 국소적인 축적 혹은 신생물(neoplasm)이다. 종양은 비(非)암적으로 증식하는 **양성(benign)**일 수 있다. 그러나 만일 세포들이 주변의 조직을 침입하고 정상적 기능을 방해 한다면, 그 종양은 **악성(malignant)**이라고 한다. 그리고 그 세포들은 **전이(metastasis)**하거나 신체의 다른 조직에 퍼질 수 있다.

1911년 F. Peyton Rous는 바이러스가 동물에게 어떤 종류의 암을 유발한다는 것을 발견하였다. 그는 닭의 어떤 *육종*(sarcoma, 연결조직의 종양)이 바이러스에 의해서 일어난다는 것을 알고 그 바이러스를 *Rous sarcoma virus*(RSV)라고 명명하였다. 따라서 인간에게 있어서도 또한 바이러스가 암과 관련될 수 있다는 것은 놀라운 사실이 아니다. 물론 대부분 인간의 암은 유전적 돌연변이에 의해 일어나지만, 바이러스와 함께 암을 유발할 수도 있는 것이다. 역학연구자는 인간 암의 약 15%는 바이러스 감염에 의해 일어나는 것이라고 추정하고 있다.

인간의 암바이러스

수십 년간의 연구와 실험으로 우리는 적어도 6가지 바이러스가 인간의 암과 관련되어 있다는 것을 이제는 알게 되었다. 아마도 더 많은 바이러스가 암과 관련되어 있다는 것이 발견될지도 모른다. 아마도 Epstein-Barr 바이러스(EBV)는 인간 암바이러스로써 가장 잘 이해되고 있다. 처음에 이 DNA 바이러스는 턱이 부어오르고 궁극적으로 턱을 파괴하는 무서운 병인 Burkitt 림프종이라는 악성종양으로 고통을 받는 아프리카 어린이로부터 발견한 허피스바이러스이다(◀ 그림 23.19 p. 741). 사실 3가지 다른 종양이 EBV와 관련되어 있는 것으로 알려져 있다.

확대경

빵과 와인의 프리온을 걱정하지 마시오!

효모 역시 스크래피 프리온과 같은 방법으로 잘못 접혀진 단백질인 프리온을 갖고 있다. 그러나 효모 프리온은 해롭지 않다. 사실 효모 프리온은 효모가 생존하기 부적합한 환경에서 자랄 수 있도록 해준다.

몇몇 인간 파필로마바이러스(HPV)는 인간의 어떤 암과 매우 강력한 상관관계가 있음을 보여주고 있다. 이 DNA 바이러스의 몇 종은 단지 양성인 사마귀를 유발하지만 다른 유형(HPV-8, HPV-16)은 자궁경부에 악성종양(상피조직의 종양)을 일으킨다. 글자 그대로 모든 자궁경부암의 99.7%가 HPV에 의해서 발생하며 성접촉을 통해서 전파된다. 강력한 암을 유발하는 또 다른 DNA바이러스는 간염 B형 바이러스(HBV)이다. 간염 B형 바이러스는 간에 염증을 일으키며 궁극적으로 모든 간암의 80%를 유발한다. 혈관이나 임파계의 내피세포의 암인 카포시육종(*Kaposi's sarcoma*)은 인간 허피스바이러스 8형(HHV-8)과 관련되어 있다.

주된 인간 암바이러스는 대부분 DNA 바이러스이다. 그러나 어떤 양성가닥 RNA 바이러스, 특히 레트로바이러스는 또한 암과 관련되어 있다. 예를 들면 HTLV-1는 성인에게 T 세포 백혈병 혹은 임파종을 유발한다.

어떻게 암바이러스는 암을 유발하는가

박테리오파아지처럼 몇몇 동물 바이러스는 종종 동물에게 감염하여 세포용해를 통하여 세포사를 유발한다. 다른 동물 바이러스는 세포를 감염할 수 있으며 프로바이러스를 형성할 수 있다. 어떤 경우에는 이러한 감염이 숙주세포에게 물리적과 혹은 유전적 변화를 초래한다. CPE는 이미 언급하였다. 예를 들면 RSV는 배양중의 세포가 배양 플라스크나 원통형 굴림병으로부터 세포들이 떨어져 나오게 한다(그림 10.22b). 프로바이러스로 존재할 수 있는 **DNA 종양바이러스(DNA tumor virus)**의 경우 대부분의 CPE는 감염세포의 통제 불가능한 세포분열이다. **종양형질전환(neoplastic transformation)**이라고 부르는 이 과정은 전형적인 DNA 종양바이러스의 특성이다. 이들은 숙주 DNA의 여러 임의부위에 그들의 DNA의 전부나 일부를 삽입한다. 이러한 바이러스 유전자의 아주 일부분만이 형질전환에 필요하다.

인간에게 암을 일으키는 파필로마바이러스(파포바바이러스과)는 세포를 감염하지만 바이러스 DNA는 숙주의 세포질에 그대로 남아있다**(그림 10.26)**. 파필로마바이러스의 일부 유전자만이 세포분열과 함께 바이러스를 복제하게 할 수 있다. 만일 바이러스 DNA가 우연히 숙주세포의 DNA에 삽입된다면 바이러스 단백질의 무절제한 복제가 일어날 수 있다. 이러한 단백질들은 숙주세포를 통제 불가능하게 분열하게 만든다. 이러한 바이러스 단백질의 일부는 통제 불가능한 세포분열을 막는 종양억제유전자의 효과를 억제한다. 종양억제유전자의 산물이 없다면 숙주는 통제되지 않는 세포분열을 경험하며 종양으로 발달하게 된다.

많은 레트로바이러스는 **RNA 종양바이러스(RNA tumor virus)**이다. 이 레트로바이러스가 역전사효소를 사용하여 양성가닥 RNA를 DNA로 역전사한 후 숙주 염색체에 프로바이러스로써 삽입되는 바이러스임을 상기하라. HTLV-1의 프로바이러스는 숙주세포를 종양상태로 전환하는 단백질을 암호화하고 있다. 감염 역시 새로운 바이러스의 생산이 출아에 의해서 유도하는데 이 경우 바이러스에 감염된 세포는 죽지 않는다. 따라서 RNA 종양바이러스는 계속해서 다른 비감염 세포나 성세포를 감염할 수 있게 된다. 후자의 경우 바이러스 입자의 존재는 바이러스가 후대에 전파하는 것을 확실시 한다.

암유전자

종양바이러스에 의해서 생산되는 단백질은 통제 불가능한 숙주세포의 분열을 야기하는데 이 단백질은 **암유전자(oncogene,** *onco*는 그리스어로 "덩어리")라고 부르는 DNA의 조각으로부터 만들어진다.

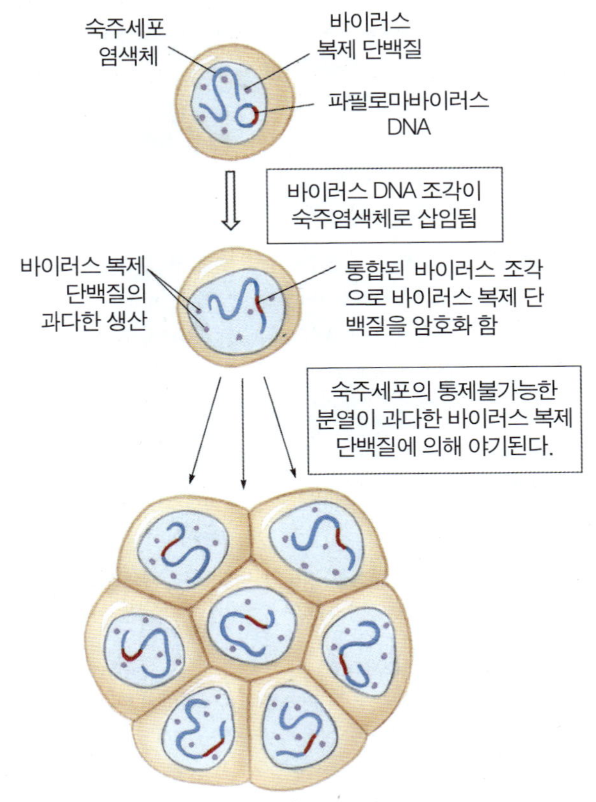

그림 10.26 악성종양의 형성. 이 특이한 종양은 파필로마바이러스(DNA 종양바이러스)에 의하여 생긴 것이다. 프로바이러스의 삽입은 숙주세포의 분열을 촉진하여 암으로 이르게 하는 바이러스 복제단백질의 합성을 야기한다.

DNA 종양바이러스에서 암유전자가 종양을 유발할 뿐만 아니라 바이러스 복제를 위한 바이러스 단백질의 합성에 필요한 정보도 갖고 있다. RNA 종양바이러스의 암유전자는 매우 다양하다. 바이러스학자와 세포생물학자는 어떤 RNA 종양바이러스는 바이러스가 증식하는 동안에 정상적인 숙주세포로부터 "여분의" 유전자들을 얻는다고 한다. 이 여분의 유전자들은 암유전자하고 유사한 것으로 **원형암유전자(proto-oncogene)** 혹은 세포성 암유전자라고 부른다. 원형암유전자는 정상적인 유전자로 바이러스 통제 하에서 통제 불가능한 무절제한 세포분열을 야기한다. 즉 이 유전자는 암유전자로써 행동을 한다. 이러한 바이러스에 의해서 옮겨지는 그러한 암유전자는 바이러스 복제에는 필요가 없는 것이다.

많은 암유전자가 암바이러스에서 발견되었고 대부분의 유전자는 무한적으로 지속되는 세포분열을 야기하는 정보를 갖고 있다. 이러한 유전자는 일부 결실이나 치환된 돌연변이 유전자이다(◀7장 p. 196). 이러한 돌연변이는 그 유전자가 암호화하고 있는 단백질의 구조적 변화를 유발한다. 그러한 암유전자는 다음의 2가지 방법 중 1가지를 수행한다. (1) 암유전자의 생산물은 정상세포의 기능을 붕괴시키며 세포분열을 이끌어 낸다. (2) 발암유전자는 그들이 숙주세포의 염색체에 통합하는 부위 근처에 있는 바이러스 조절자에 의해서 통제된다. 이 조절자는 그 유전자를 활성화시킴으로써 정상적인 단백질이 만들어지게 하지만 과다하게 혹은 세포주기의 잘못된 시간에 만들어지게 한다. 다시 말하자면 또다시 과도한 세포분열이 일어난다. 바이러스에 존재하는 암유전자의 발견은 우리가 암을 이해하는데 있어서 가장 중요한 영향을 끼쳤다. 인간의 암에 대해서 배워야 할 것이 아직도 많이 있지만 아마도 가까운 미래에 효과적인 항바이러스 약품들이 바이러스에 의해서 유발하는 암을 예방할 것이다. 또한 억제 RNA(RNAi)는 특이한 유전자의 비활성화를 위해서 사용되어질 수도 있다.

"마이크로어레이"라고 부르는 첨단기술을 사용한 게놈 시퀀싱에 의해서 정상조직을 암조직으로 변환시키는 것이 이제 가능하다. 이로써 우리는 특이 유전자의 기능을 정지시키는 약제(drug)를 알아낼 수 있다. 이는 암연구에 있어서 엄청난 진보를 약속할 것이다.

요약

바이러스의 일반적 특성

바이러스란 무엇인가?

- **바이러스**는 전자현미경으로만 관찰이 가능한 **절대적 세포내기생체**라고 부르며 오직 살아있는 숙주세포 안에서만 복제한다.

바이러스의 구성요소들

- 바이러스는 핵산으로 된 중심부와 단백질 **캡시드**로 구성된다. 어떤 바이러스는 또한 막으로 된 **피막**이 있다.
- 바이러스의 유전정보는 DNA나 RNA 중 단 하나에만 저장된다.
- 캡시드는 **캡소미어**라고 부르는 소단위로 이루어져 있다.
- 바이러스의 캡시드와 게놈은 **뉴클레오캡시드**를 형성한다. 그런 바이러스를 **나출형바이러스**라고 하며 뉴클레오캡시드가 피막에 싸여져 있는 바이러스를 **피막보유바이러스**라고 한다.

크기와 모습

- 바이러스는 정다면체, 나선형, 이중의, 탄환모습 혹은 복합형 모습을 가지며 크기는 20~300 nm으로 다양하다.

바이러스의 숙주범위와 특이성

- 바이러스는 **숙주범위**와 **숙주 특이성**이 다양하다. 많은 바이러스들이 단 1종류의 숙주 종에 감염한다. 어떤 바이러스는 여러 종류의 세포와 여러 숙주에 감염한다.

바이러스의 기원

- 바이러스는 아마도 다양한 기원에서 지속적으로 나타났을 것이다.
- 바이러스는 그들이 수평적 유전자전달을 함으로써 진화에 관여하는 생명체이다.

바이러스의 분류

- 바이러스는 그들이 가지고 있는 핵산(DNA 혹은 RNA), 화학 · 물리적 성질, 복제방법, 모양, 숙주범위 로 분류한다. 표 10.1과 10.2에 이것들의 성질이 요약되어 있다.
- 유사한 바이러스는 속(屬)으로 무리지어 지며 속은 과(科)에 속한다. 같은 게놈과 유기체(숙주)와의 유연관계를 공유하는 바이러스는 일반적으로 같은 바이러스 종(種)을 구성한다.

RNA 바이러스

- 양성가닥 RNA 바이러스과(科)에는 폴리오바이러스, 간염 A형 바이러스, 리노바이러스가 포함된 피코나바이러스과; 루벨라를 일으키는 바이러스가 포함된 토가바이러스과; 황열병 바이러스가 포함된 플라비바이러스과; 암과 AIDS를 유발하는 레트로바이러스과 등이 있다. 음성가닥 RNA 바이러스과에는 홍역, 이하선염, 몇 가지 호흡기 질환을 일으키는 파라믹소바이러스과; 광견병을 일으키는 바이러스가 포함된 랍도바이러스과; 독감 바이러스가 포함된 오소믹소바이러스과; 에볼라병과 마르브르그병을 일으키는 필로바이러스과; 라싸열을 일으키는 아레나바이러스과; 한타바이러스 폐증후군을 일으키는 부니야바이러스과가 있다. 2중가닥(ds) RNA 바이러스과는 상기도 감염과 소화기 감염을 유발하는 레오바이러스과만이 있다.

DNA 바이러스

- ds DNA 바이러스과는 호흡기 감염을 일으키는 아데노바이러스과; 구강과 성기 허피스, 수두, 대상포진 및 단핵구증을 일으키는 허피스바이러스과; 천연두와 유사질병을 일으키는 폭스바이러스과를 포함하고 있다. 파포바바이러스과는 사마귀를 유발하며 어떤 파포바바이러스는 암과 관련되어 있다. 헤파디엔에이바이러스과는 인간 B형 간염을 일으키며, 파보바이러스과는 인간과 관련된 질병을 거의 일으키지 않는다.

신흥 바이러스

- 많은 새로운 질병은 국소적 지역에서 낮은 수준의 풍토병으로 있는 바이러스에 의해 일어나지만 때때로 전에는 사람이 살지 않았던 정글을 개발하는 등의 인간 활동에 의하여 종을 "뛰어넘는" 바이러스와 새로운 숙주범위를 갖게 된다.

바이러스의 복제

복제의 일반적 특성

- 일반적으로 바이러스는 복제과정을 **흡착**, **침입**, **합성**, **성숙** 및 **방출**의 다섯 단계를 수행한다. 이 과정은 박테리오파아지와 동물 바이러스에 있어서 같지 않다.

박테리오파아지의 복제

- **박테리오파아지**의 복제는 **독성파아지**인 짝수 T 파아지로 매우 잘 연구되었다.
- **파아지 치료법**은 항생제를 대신할 수 있다.
- 짝수 T 파아지는 흡착 동안에 숙주세포의 세포벽에 있는 특이 수용체 부위에 결합할 인식인자가 필요하다. 효소가 세포벽을 무르게 하여 바이러스 핵산이 들어가게끔 한다.
- 생합성 중 바이러스 DNA는 바이러스 구성성분을 만들도록 지시한다.
- 성숙기에 바이러스 구성성분은 완전한 바이러스 입자로 조립된다.
- 마지막 단계인 방출은 효소인 라이소자임에 의해 촉진된다. 흡착으로부터 방출까지의 시간을 **방출시기**라고 부르며 하나의 박테리아 숙주로부터 방출된 새로운 파아지의 수를 **방출량**이라고 부른다.
- 파아지 복제곡선은 침입으로부터 생합성까지의 시간을 의미하는 **암흑기**와 침입 후부터 파아지가 방출되는 시각까지를 의미하는 **잠복기**가 있다.
- 감염시 생성되는 파아지 수는 바이러스가 감염된 세균의 플레이트에 있는 용균반점의 수를 계수함으로써 결정할 수 있다(**용균반점시험**). 각 **용균반점**은 **용균반점형성단위**를 나타낸다.
- 이러한 복제단계를 수행하는 파아지는 숙주세포를 파괴하는 **용균주기**의 감염이 나타난다.

용원성

- **약독파아지**는 파아지와 숙주와의 사이에 긴 시간동안의 안정적 관계를 의미하는 **용원성**을 보인다. 약독파아지 DNA는 **프로파아지**로 존재하거나 유도를 통해 용균주기로 바뀐다.
- 파아지 람다(λ)같은 프로파아지는 박테리아의 염색체의 특별한 부위에 삽입된다.

동물 바이러스의 복제

- 바이러스 표면에 있는 단백질은 흡착기간 동안에 숙주 원형질막에 부착을 위하여 이용된다. 따라서 동물 바이러스는 세포 안으로 들어가는 입장권을 얻는다. **탈외피**(캡시드의 상실)는 원형질막이나 세포질에서 일어난다.
- DNA 바이러스와 RNA 바이러스는 합성과 성숙에서 차이를 보여준다. 대부분의 DNA 바이러스에서는 DNA가 핵에서 질서정연한 순서로 합성되며, 단백질은 숙주세포의 세포질에서 만들어진다. RNA 바이러스에서는 RNA는 단백질 합성, mRNA 합성, 역전사시 DNA 합성을 위한 주형이 된다. 바이러스 입자는 세포 내에서 조립되며, 어떤 경우에는 바이러스 DNA가 숙주세포 염색체에 **프로바이러스**로 삽입된다.
- 방출은 숙주세포의 직접적 용해를 통해서 일어나거나 숙주 막을 통한 출아로써 일어난다.

바이러스의 잠복감염

- 모든 허피스바이러스는 잠복능력을 가지며 휴지상태로 존속한다. 활성화는 보통 세포매개성 면역의 변화와 관련되어 있다.

동물 바이러스의 배양

배양 방법의 발전

- 발육계란의 사용과 세포배양에 있어서 세균 오염을 예방할 수 있게 해준 항생제의 발견과 세포 **단층**을 개개의 세포로 분리시키는 트립신의 사용은 바이러스학 연구에 엄청난 능력을 제공하였다.

세포 배양의 종류

- **1차 세포배양**은 동물로부터 직접적으로 오며 계대배양이 안된 것이다.
- 하나의 **세포주**로부터 오는 모든 세포는 동일하며 1차 배양세포를 계대배양 함으로써 얻어진다. 태아조직의 1차 배양을 통해 얻은 **2배체 섬유모세포**는 안정적인 배양을 약속하며 수년간 유지될 수 있다. 이들은 백신생산에 이용되고 있다.
- 보통 암세포로부터 유래하는 **영속 세포주**은 실험실에서 노화 등이 없이 자라며 반복적으로 분열한다. 또 이 세포주는 영양요구성이 아주 감소하며 이수성을 보인다.
- 감염된 숙주세포에서 바이러스가 만들어내는 가시적인 효과는 집합적으로 **세포변성효과(CPE)**라고 부른다.

바이러스와 기형발생

- 태아의 발육 중에 기형을 유발하는 약품이나 물질을 **기형발생인자**라고 한다.
- 바이러스는 태반을 통과하면서 그리고 태아세포를 감염하는 기형발생인자로 작용한다. 임신 초기에 감염될수록 더 심한 부작용을 일으킨다.
- 루벨라바이러스는 태아를 죽일 수도 있으며, 세포거대바이러스와 허피스바이러스도 기형발생인자로 작용하여 심각한 출생기형을 유발한다.

유사 바이러스들: 위성, 바이로이드, 프리온

위성

- **위성**은 서로 연관성이 없는 헬퍼바이러스 없이는 복제가 불가능한 작은 RNA 분자로 2가지 유형이 존재한다. **위성바이러스**는 자신의 캡시드 유전자를 가지며, 위성핵산(비루소이드)은 헬퍼바이러스의 캡시드를 갖는다. 대부분의 위성은 식물 바이러스와 연관이 있다.

바이로이드

- **바이로이드**는 바이러스와 매우 다르다. 바이로이드는 단지 조그만 RNA 분자일 뿐이다.
- 바이로이드는 mRNA 가공을 방해함으로써 식물에게 병을 일으킨다.

프리온

- **프리온**은 단백질로 된 감염성 입자이다. 프리온은 잘못 접혀지게 된 보통의 단백질이다.
- 프리온은 크로이펠츠-야곱병, 쿠루, 스크래피, 광우병 및 만성 소모성 질환 등의 신경 퇴행성 질환을 유발한다.

바이러스와 암

- **암**은 일반적으로 통제 불가능한 그리고 혹은 침입성 증식을 하는 비정상인 세포이다.

인간의 암바이러스

- **종양** 혹은 **신생물**은 **양성**(암이 아닌)이거나 **악성**(암이 되는)이다. 악성 종양은 전이를 통하여 퍼진다.
- 몇 가지 동물 바이러스(Epstein-Barr 바이러스, 몇몇 인간 파필로마바이러스, 간염 B형 바이러스 및 HTLV-1과 같은 레트로바이러스)는 암을 유발한다.

어떻게 암바이러스는 암을 유발하는가

- **DNA 종양바이러스**는 세포분열을 제어하는 정상적인 숙주세포 단백질의 기능을 파괴하는 단백질을 생산하는 바이러스 유전자를 갖고 있다.
- **RNA 종양바이러스**는 **종양형질전환**과 바이러스 복제를 위해 사용되는 유전자를 갖고 있다.

암유전자

- **암유전자**는 숙주세포의 통제 불가능하게 분열을 유발하는 바이러스 유전자이다.
- 원형암유전자는 정상적인 유전자로 바이러스의 통제 아래에서는 암유전자로 작용하여 통제 불가능한 세포분열을 일으킨다.
- RNA 종양바이러스의 암유전자는 과량의 단백질을 생산하거나 잘못된 시간에 단백질을 생산한다. 이들의 단백질은 감염된 숙주세포는 통제 불가능한 세포분열을 시작한다.

용어 정리

1차 세포배양(p. 298)
2배체 섬유모세포주(p. 298)
간염 델타바이러스(p. 300)
게놈(p. 273)
계대배양(p. 298)
기형발생(p. 299)
기형발생인자(p. 299)
나출형 바이러스(p. 273)
뉴클레오캡시드(p. 273)
단층(p. 298)
당단백질(p. 273)
독성(용균)파아지(p. 290)
랍도바이러스(p. 281)
레오바이러스(p. 281)
레트로바이러스(p. 280)
리노바이러스(p. 280)
바이러스 수율(p. 290)
바이러스 입자(p. 272)
바이러스 특이성(p. 275)
바이로이드(p. 301)
비리온 (p. 272)
박테리오파아지(p. 287)
방출(p. 290)
방출량(p. 290)
방출시기(p. 290)
복제곡선(p. 290)
복제주기(p. 287)
복합형 바이러스(p. 274)
부니야바이러스(p. 281)
비루소이드(p. 300)
성숙(p. 290)
세균밭(p. 291)
세포배양(p. 298)
세포변성효과(CPE)(p. 299)
세포주(p. 298)
숙주범위(p. 275)
스파이크(p. 273)
신생물(p. 302)
신홍 바이러스(p. 284)
아데노바이러스(p. 282)
아레나바이러스(p. 281)
악성(p. 304)
암(p. 304)
암유전자(p. 305)
암흑기(p. 290)
약독파아지(p. 291)
양성(p. 304)
양성가닥 RNA(p. 278)
엔테로바이러스(p. 279)
역전사효소(p. 281)
영속 세포주(p. 298)
오소믹소바이러스(p. 281)
용균반점(p. 291)
용균반점시험(p. 289)
용균반점형성단위(p. 291)
용균주기(p. 290)
용균파아지(p. 290)
용원균(p. 292)
용원성(p. 292)
용원성 변환(p. 292)
용원주기(p. 293)
원형암유전자(p. 305)
위성바이러스(p. 300)
위성핵산(p. 300)
유도(p. 294)
음성가닥 RNA(p. 278)
잠복기(p. 291)
잠복성(p. 283)
전이(p. 304)
절대적 세포내기생체(p. 272)
조직배양(p. 298)
종양(p. 304)
종양형질전환(p. 304)
침입(p. 287)
캡소미어(p. 273)
캡시드(p. 273)
캡시드바이러스(p. 273)
탈외피(p. 296)
토가바이러스(p. 280)
파라막소바이러스(p. 281)
파보바이러스(p. 284)
파아지 치료법(p. 287)
파포바바이러스(p. 283)
폭스바이러스(p. 283)
프로바이러스(p. 281)
프로파아지(p. 292)
프리온(p. 302)
플라비바이러스(p. 280)
피막(p. 273)
피막보유바이러스(p. 273)
피코나바이러스(p. 279)
필로바이러스(p. 281)
합성(p. 290)
합포체(p. 299)
허피스바이러스(p. 282)
헤파디엔에이바이러스(p. 283)
헤파토바이러스(p. 279)
흡착(p. 287)
DNA 종양바이러스(p. 304)
RNA 종양바이러스(p. 305)
TORCH 계열(p. 300)

임상 사례 연구

코흐의 가정은 모든 바이러스 병원균에도 준수될 있을까? 바이러스에서는 어떤 단계에 어려움이 있는가? 어떤 과학자들은 아직도 코흐의 가정이 에이즈를 일으키는 HIV의 경우에는 충실히 준수되지 않는다고 한다. 웹사이트 http://www.niaid.nih.gov/publications/hivaids/12.htm을 방문하시오. 그리고 이 문제에 대해서 더 많은 것을 탐구하시오.

요점 사고 문제

1. 누군가는 바이러스가 아주 단순하기 때문에 아주 쉽게 파괴할 수 있다고 믿는다. 그러나 세균을 죽이는 많은 소독약품, 방부제, 항생제는 바이러스를 죽이는데 실패한다. 왜 그럴까?

2. 바이러스 복제의 5단계를 보게 되면, 당신은 바이러스 감염을 예방하거나 통제할 수 있는 어떤 기막힌 방법을 알아낼 수 있는가?

3. 당신은 바이러스를 생물로 혹은 무생물로 혹은 그 중간의 것으로 분류할 수 있는가? 그 이유를 설명해 보시오.

자가진단 문제

1. 바이러스의 크기의 범위는:
(a) 1~100 nm
(b) 25~300 nm
(c) 10~100 μm
(d) 400~1000 nm
(e) 1~10 μm

2. 모든 바이러스에서 발견되는 구성요소는:
(a) 피막
(b) DNA
(c) 캡시드
(d) 꼬리섬유
(e) 스파이크

3. 모든 바이러스에서 발견되는 화학성분은:
(a) 단백질
(b) 지질
(c) DNA
(d) RNA
(e) 당단백질

4. 바이러스의 공통적인 정다면체 캡시드 모습은:
(a) 5각형
(b) 정6면체
(c) 정20각형
(d) 피라미드
(e) 구형

5. 바이러스가 특이 숙주세포에 흡착하도록 돕는 당단백질 돌출물은:
(a) 꼬리섬유
(b) 후크
(c) 선모
(d) 섬모
(e) 스파이크

6. 엔테로바이러스가 리노바이러스와 차이나는 중요한 점은:
(a) 핵산의 유형
(b) 크기
(c) 캡시드의 모습
(d) 산성 조건에서의 생존능력
(e) 핵산가닥

7. 비리온은 무엇인가:
(a) 용균반점
(b) 바이러스 입자
(c) 바이로이드
(d) 프리온
(e) 비루소이드

8. 어떤 바이러스가 수 년 동안 잠복(주로 신경세포에)할 수 있는가:
(a) 토가바이러스
(b) 허피스바이러스
(c) 엔테로바이러스
(d) 리노바이러스
(e) 레트로바이러스

9. 감염을 돕기 위한 효소인 라이소자임을 갖고 있는 바이러스는:
(a) 박테리오파아지
(b) 동물 바이러스
(c) 식물 바이러스
(d) 곰팡이 바이러스
(e) 인간 바이러스

10. 세균을 감염하는 바이러스는 무엇이라고 부르는가:
(a) 위성
(b) 박테리오신
(c) 간염 델타바이러스
(d) 박테리오파아지
(e) 박테리오바이러스

11. 박테리오파아지의 계수를 위한 실험방법은:
(a) 면역검정시험
(b) ELISA
(c) 용균반점시험
(d) 조직배양법
(e) 전자현미경법

12. 수 세대를 통해서 복제를 가능하게 하고 바이러스 복제를 돕는 세포배양의 유형은?
(a) 1차 세포배양
(b) 영속성 세포주
(c) 세포주
(d) 2배체 섬유아세포
(e) 연결조직

13. 다음 중 RNA 바이러스 아닌 것은
(a) 레트로바이러스 (d) 아데노바이러스
(b) 엔테로바이러스 (e) 루벨라바이러스
(c) 랍도바이러스

14. 2개의 완전한 양성가닥 RNA와 역전사효소를 갖는 바이러스는:
(a) 토가바이러스 (d) 레오바이러스
(b) 랍도바이러스 (e) 엔테로바이러스
(c) 레트로바이러스

15. 일반적으로 박테리오파아지의 흡착으로부터 새로 만들어진 박테리오파아지의 방출까지 걸리는 시간은:
(a) 1~5분 (d) 6~24시간
(b) 20~40분 (e) 1~2일
(c) 1~4시간

16. 숙주세포 안에서 오랜 기간 안정적인 관계를 유지하는 박테리오파아지는:
(a) 용균파아지 (d) 게으른 파아지
(b) 결손파아지 (e) 용원파아지
(c) 독성파아지

17. 어떤 바이러스의 양성가닥 RNA는 전령으로 역할하지 않고 DNA로 변환되어 숙주세포의 DNA에 통합된다. 이 바이러스는:
(a) 리노바이러스 (d) 레오바이러스
(b) 엔테로바이러스 (e) 피코나바이러스
(c) 레트로바이러스

18. 어떻게 동물 바이러스는 그들의 숙주로 침입하는가:
(a) 핵산을 세포 안에 주입함으로써
(b) 바이러스 핵산의 세포내이입으로
(c) 숙주 세포막에 바이러스가 융합하거나 세포내이입에 의해서
(d) 숙주세포 핵과 바이러스가 융합함으로써
(e) 세포막을 통한 스파이킹

19. 자궁 내에서 세포거대바이러스(CMV)에 감염된 영아는 어떠한 고통을 받게 되나:
(a) 정신지체 (d) 모두 다
(b) 비장의 팽창 (e) 모두 아님
(c) 간 손상

20. 바이로이드는 어떤 점에서 유별난가:
(a) 캡시드 단백질이나 피막이 없다.
(b) RNA를 함유한다.
(c) 광학현미경으로는 볼 수 없다.
(d) 식물에게 질병을 유발할 수 있다.
(e) 레트로바이러스이다.

21. 크로이펠츠-야곱병(CJD), 쿠루, 스크래피 및 광우병은 무엇 때문에 야기되는가;
(a) 바이로이드 (d) 프리온
(b) 레트로바이러스 (e) RNA 바이러스
(c) DNA 바이러스

22. Burkett' s 임파종(턱의 악성 종양)과 관련된 인간 바이러스는:
(a) 세포거대바이러스
(b) 인간 파필로마바이러스
(c) 레트로바이러스
(d) Epstein-Barr 바이러스
(e) 엔테로바이러스

23. 관련된 것끼리 연결하시오:

___오소믹소바이러스	(a) 단핵구증
___단순포진바이러스	(b) 대상포진
___Epstein-Barr 바이러스	(c) 독감
___대상포진바이러스	(d) 열성 수포
___리노바이러스	(e) 간세포를 감염하는 2중가닥 DNA 바이러스
___헤파디엔에이바이러스	(f) 감기
___레트로바이러스	(g) 에이즈

24. __________는 태아발생 시기에 장애를 유발한다. 이러한 손상을 유발하는 3가지 인간 바이러스는 ___________, ___________, 및 __________ 이다.

25. 바이러스와 암에 관련하여 사실이 아닌 것은:
(a) 인간 암의 15% 정도는 바이러스 감염에 의한 것이다.
(b) 암은 DNA 종양바이러스와 RNA 종양바이러스에 의해서 유발될 수 있다.
(c) 암유전자는 DNA로 되어있다.
(d) 모든 종양은 악성이다.
(e) 바이러스 감염에 의해 유발되었다고 믿어지는 인간의 암은 Kaposi 육종, 성인 T 세포 백혈병/임파종 및 자궁경부암 등이 있다.

26. 다음의 파아지 생육곡선에 있는 (a), (b), (c)에 해당하는 적절한 단어를 적고 그 시기에 무슨 일이 일어나는가를 설명하시오.

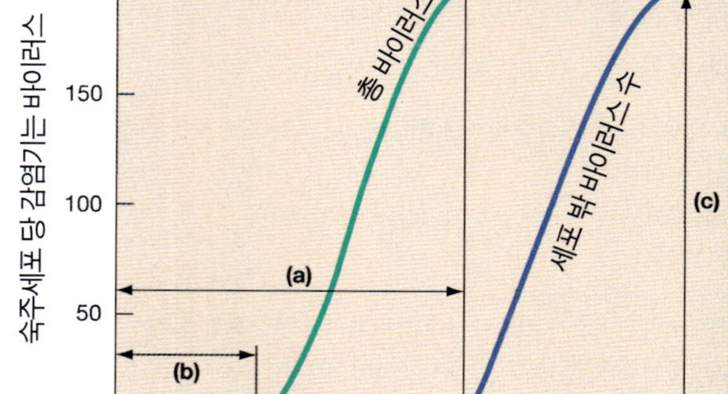

웹상에서 탐구 문제

http://www.wiley.com/college/black

만일 당신이 이 장(章)을 끝냈다고 생각한다면 당신이 도전해야할 더 많은 것이 이 웹사이트에 있다. 이 장(章)의 개념에 대한 당신의 이해력을 좀 더 향상시키기 위하여 그리고 아래의 어려운 질문에 해답을 찾기 위해서 상기의 웹사이트를 방문하시오.

1. 파푸아뉴기니아의 어떤 고대부족들은 괴상한 종교적 의식을 집행하다 적어도 2,500명 이상이 전체 인구의 1%의 비율로 발생하는 쿠루(Kuru)병에 걸렸다. 왜 그러한 사례의 대부분이 여성과 어린이에게만 발견되었는가?
2. 왜 Creutzfeldt-Jakob병(CJD)은 유전병일 수 있는가?
3. 어떻게 박테리오파아지가 질병을 치료하거나 예방하는데 이용되는가?

11 진핵 미생물과 기생생물

시작하며...
내 몸 위에 무엇이 있는지 보자! 없애버리자!

진드기는 볼 수도 들을 수도 없다. 그 대신에 그들 앞발의 끝에 있는 기관들이 열, 이산화탄소, 그리고 진동을 느껴서 그들이 숙주를 찾을 수 있도록 해준다. 평균 2에서 4년의 살아있는 기간 동안에 암컷 진드기는 세 번의 많은 양의 혈액 섭취만 갖고도 살아갈 수 있다. 만약에 방해 받지 않는다면 그 먹이섭취는 1주일 정도 지속될 수 있다. 수컷은 여러 번의 보다 작은 식사를 한다. 진드기 타액의 화학물질은 물린 부위의 가려움을 막아주어서, 발견되기 전까지 그들이 긴 시간 동안 먹을 수 있도록 해준다.

아! 먹고 있는 진드기를 당신이 발견했다면 그들을 제거할 가장 좋은 방법은 무엇일까? 주둥이는 작은 갈고리에 의해

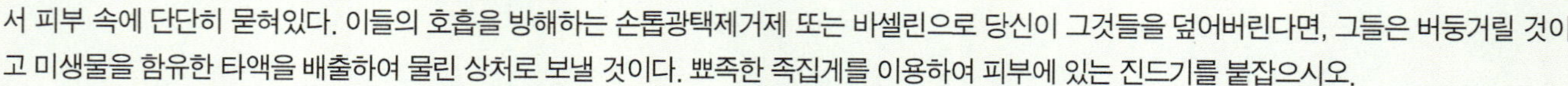

서 피부 속에 단단히 묻혀있다. 이들의 호흡을 방해하는 손톱광택제거제 또는 바셀린으로 당신이 그것들을 덮어버린다면, 그들은 버둥거릴 것이고 미생물을 함유한 타액을 배출하여 물린 상처로 보낼 것이다. 뾰족한 족집게를 이용하여 피부에 있는 진드기를 붙잡으시오.

진드기의 몸체를 으깨지 마시오, 그렇게 되면 미생물 함유 액체가 상처로 들어가게 될 것이다. 주둥이 전체가 나올 때까지 천천히 조심스럽게 뒤로 잡아당기시오. 잘려진 조각이 상처에 남게 되면 그 부위가 곪게 되고 감염되게 된다. 진드기를 분류하고자 할 때는 소량의 알콜에 보관하시오. 많은 양의 진드기는 변기의 물로 씻어 내리거나 태우시오. 만약에 이렇게 안 할 경우에는 그들은 쓰레기통에서 기어 나올 것이다! 그것들을 손톱으로 으깨게 되면 당신 손위로 미생물들이 방출될 것이다. 그리고 단단한 껍질을 갖고 있는 진드기는 으깨기가 어렵다!

이 주제와 관련된 비디오는 WileyPLUS에서 볼 수 있습니다.

우리의 미생물에 대한 연구에서는 모네라 계의 세균과 바이러스에 주목해왔다. 그러나 진핵 생물계의 일부 구성원들도 미생물학자, 생태학자, 그리고 보건학자들에게 흥밋거리이다. 원생생물과 진균계는 많은 수의 미시적인 종을 포함하고 있고, 이들 중 일부는 음식물과 항생물질을 제공하고 일부는 질병을 일으킨다. 동물계는 질병을 일으키는 연충(helminths)과 질병을 야기 또는 전염시키는 절지동물을 포함한다. 연충과 절지동물은 물론 미시적 진핵생물을 공부하는 것은 보건학자의 교육의 중요한 부분이다.

보건학자들이 기생충학의 강의를 받지 않는 한 연충과 절지동물에 대하여 배울 수 있는 그들의 유일한 기회는 미시적 감염 매개체에 대한 연구와 관련된 것 일 뿐이다.

기생충학의 원리

기생생물(parasite)은 숙주라 불리는 다른 생물의 희생으로 살아가는 생물이다. 기생생물이 그들 숙주에 가하는 피해의 정도가 다양하다. 일부는 아주 약간의 피해만을 주지만 다른 것들은 중간 또는 심각한 피해를 가한다. 기생생물은 **전염병(pathogens)**이라 불리는 질병을 일으킨다. **기생충학(parasitology)**은 기생생물에 대한 학문이다.

생물 중에는 비기생성 보다 기생성 생물이 아마도 더 많다는 것을 아는 사람은 별로 없겠지만 이러한 기생생물 중의 많은 것들은 그들의 생활환 동안 또는 그 것의 일부 단계에서 현미경적 크기이다. 역사적으로 생명과학이 발전하는 동안에 기생충학은 다른 생물의 희생으로 살아가는 원생동물, 연충, 그리고 절지동물에 대하여 연구하였다. 우리는 기생생물이라는 용어를 이들 생물들에 대하여 사용할 것이다. 엄격히 말하면 숙주의 희생으로 살아가는 세균과 바이러스도 기생생물이다.

기생생물이 숙주에 대해 미치는 영향 방식은 앞장에서 언급한 세균과 바이러스의 경우와 어떤 점에서는 다르다. 기생생물과 그들 영향을 서술하기 위한 특별한 용어가 사용되었다. 기생충학의 서론으로서 여기서는 기생생물에 대하여 이야기하고 다음 장에서는 보다 심도 있게 논할 것이다.

기생의 의미

기생생물은 인류 역사 동안 줄곧 두통거리였다. 사실 기생생물 질병을 치료하고 조절하는 현대에 있어서도 살아있는 사람보다 더 많은 수의 기생생물 감염이 존재하고 있다. 매년 사망하는 6천만 명 중 사분의 일은 전적으로 기생충 감염 또는 그 합병증으로 죽는다.

기생생물은 전 세계 경제에서 부정적이기는 하지만 중요한 역할을 한다. 예를 들면 전 세계의 경작가능 면적의 절반 보다 적은 면적이 경작되고 있다. 주된 이유는 그 지역의(항상 존재하고 있는) 기생생물에 의한 풍토병이 그 지역에 사람과 가축이 사는 것을 방해하기 때문이다. 세계의 인구가 증가하고 그에 따른 음식물에 대한 수요가 증가하면서 그들 지역에 대한 경작이 보다 중요해질 것이다. 일부 경작지역에서 많은 사람들은 거의 기아 상태이고 기생생물에 의해 심각하게 쇠약해져 있다. 더욱이 야생동물과 가축의 기생생물은 인간 감염의 원천이 되고 동물의 쇠약함과 죽음의 원인이 된다. 그래서 식용으로 사용되는 소나 다른 동물의 증가를 가로 막게 된다. 기생생물에 의해서 야기되는 많은 문제 때문에, 모든 시민들-특히 건강학자들-은 기생성 질병의 치료와 조절에 관련된 문제를 이해하는 것이 필요하다.

그들 숙주와 관련된 기생생물

기생생물은 다른 생물의 표면위에서 사는 진드기와 이(lice)와 같은 **외부기생생물(ectoparasites)**과 다른 생물의 체내에서 살아가는 일부 원생동물 및 벌레와 같은 **내부기생생물(endoparasites)**로 나눌 수 있다. 대부분의 기생생물은 **절대기생생물(obligate parasites)**이다. 그들은 숙주의 내부 또는 표면 위에서 그들 생활환의 일부를 살아가야만 한다. 예로서 말라리아를 일으키는 원생동물은 적혈구 세포를 침범한다. 소수의 기생생물은 **조건기생생물(facultative parasites)**이다. 그들은 일부의 토양 곰팡이처럼 자유생활을 한다. 그러나 그들은 많은 곰팡이들이 피부감염을 일으켰을 때 그러는 것처럼 숙주로부터 영양분을 얻을 수 있다. 기생생물이 침범한 숙주는 보통 그들에 대한 효과적인 방어가 결여되어 있어서 그러한 질병은 심각해 질 수 있고 가끔은 치명적이기도 하다.

하나의 촌충은 30에서 35년을 살 수 있다. 그것은 직경이 대략 1-2mm정도 되는 배(pear)모양의 머리를 갖고 있고 길이는 10m에 이를 수도 있다.

기생생물은 숙주와 관계된 기간에 따라서 분류될 수도 있다. 촌충과 같은 **영구기생생물(permanant parasites)**은 일단 숙주에 침범하면 내부 또는 표면위에 남아 있게 된다. 많은 무는 곤충과 같은 **임시기생생물(temporary parasites)**은 숙주 위에서 먹고는 떠나버린다. **우연기생생물(accidental parasites)**은 그들의 정상적인 숙주이외의 다른 생물을 침범한다. 진드기는 보통 개나 야생동물을 공격하지만 가끔 사람을 공격 한다; 그래서 진드기는 우연 기생생물이다. **중복기생(hyperparasitism)**은 기생생물 자신이 기생생물을 갖고 있는 경우를 말한다. 일부의 모기는 일시적 기생생물인데 말라리아 기생충 또는 다른 기생생물을 갖고 있다. 그러한 곤충은 많은 인간의 기생성 질병의 **매개체(vector)** 또는 전달체 역할을 한다.

새로운 숙주에게 기생생물을 옮겨주는 생물은 매개체이다. 기생생물이 그 내부에서 생활환의 일부를 수행하는 매개체는 **생물학적 매개체(biological vector)**이다. 말라리아 모기는 숙주이면서 생물학적 매개체이다. **기계적 매개체(mechanical vector)**는 기생생물이 그 내부에서 운반되는 동안에 그것의 생활환의 일부를 수행하지 않는 운반체이다. 기생생물 알, 세균 또는 바이러스를 배설물로부터 음식물로 운반하는 파리는 기계적 매개체이다.

기생생물이 숙주 내에서 유성생식을 하는 경우 **고유숙주**

(definitive hosts)로 분류 된다; 일부의 다른 발달 단계 동안의 기생생물을 갖고 있는 경우는 **중간숙주(intermediate hosts)**라 한다. 모기는 말라리아 기생생물이 모기내부에서 유성 생식을 하기 때문에 그 기생생물에 대한 명확한 숙주이고, 사람은 기생생물로부터 훨씬 큰 손상의 고통을 겪지만 중간 숙주이다. **보유숙주(reservoir hosts)**는 다른 숙주로 기생생물이 전달될 수 있도록 해주는 감염된 생물이다. 인간 기생생물 질병에 대한 보유 숙주는 대표적으로 가축 또는 야생 동물이다. 그 내부에서 기생생물이 성숙할 수 있는 숙주의 범위를 **숙주 특이성(host specificity)**이라한다. 일부 기생생물은 완전한 숙주 특이성이어서 단 하나의 숙주에서만 성숙한다. 말라리아 기생충은 주로 *Anopheles* 모기 내에서 성숙한다. 다른 기생생물들은 많은 다른 숙주 내에서 성숙할 수 있다. 선모충병을 일으키는 벌레는 대부분의 어떠한 온혈 동물 내에서 성숙할 수 있으나, 그 기생생물은 오염되고 부적당하게 요리된 돼지고기를 통해서 돼지로부터 사람에게로 전달된다.

수천 년이 넘는 진화의 시간 속에서 기생생물은 그들 숙주에게 덜 해로운 쪽으로 진화해 왔다. 그러한 조절은 숙주를 보존하여 기생생물이 지속적인 영양분의 공급을 보장받게 되었다. 그들 숙주를 파괴하는 기생생물은 그들 자신의 지원 수단을 파괴하는 것이기도 하다. 기생생물과 숙주 서로 간의 조절은 숙주의 방어 기작과 밀접하게 연관되어 있다. 많은 기생생물들은 숙주방어 기작을 회피하기 위한 다음의 기작 중 하나 또는 그 이상을 갖고 있다.

1. *포낭형성(encystment)*, 불리한 환경 조건에 대하여 방어하는 외부 덮개의 형성. 이러한 저항적인 포낭 단계는 기생체의 내부 재구성과 세포분열의 장소를 제공하고, 기생생물이 숙주에 흡착할 수 있도록 도와주거나, 또는 하나의 숙주로부터 다른 숙주로 기생생물의 전달에 도움이 된다.
2. 숙주가 새로운 항생물질(항원을 인식하고 공격하는 분자)을 만들어 내는 것보다 더 빠른 기생생물의 표면 항원(면역을 유도하는 분자)의 변화.
3. 기생생물의 항원과 반응할 수 없는 항체를 만들어 내는 숙주의 면역 체계를 유도하는 것.
4. 숙주 방어 기작의 범위를 벗어난 곳의 숙주세포에 침범.

기생생물이 숙주 방어를 뚫고 성공적으로 침범했을 때, 그들은 여러 종류의 손상을 야기시킨다. 모든 기생생물은 그들 숙주의 영양분을 빼앗아 간다. 일부는 영양분의 많은 부분을 가져가든가 숙주 창자의 많은 표면에 손상 입혀서 숙주는 너무 적은 양의 영양분만을 받아들이게 된다. 많은 기생생물들은 숙주 조직에 심각한 손상을 입힌다. 그들은 피부에 상처를 만들고, 조직과 기관의 세포를 파괴하고, 혈관에 방해 그리고 손상을 가하고, 내부 출혈도 야기할 수 있다. 숙주의 방어기작을 뚫지 못하는 기생생물은 가끔 심각한 염증과 면역 반응을 일으킨다. 예로서 어떤 벌레에 감염된 사람의 치료는 벌레를 효과적으로 죽이는 것인데, 그 기생생물이 살아 있을 때 보다 죽은 벌레로부터의 독소가 더 큰 조직 손상을 유발시킨다. 개 심장 사상충, *Dirofilaria immitis*,은 심장 벽에 구멍을 뚫고 구멍을 남겨놓은 채로 죽어서는 썩게 된다. 그래서 사상충 예방 치료 전에 모든 개에 대하여 사상충의 존재에 대한 테스트는 수의사에게는 매우 중요한 일이다. 많은 기생생물 존재에 대한 증명은 생식 능력이다. 기생생물이 한번 안정되면 기생이란 쉬운 생활이기는 하지만 하나의 숙주에서 다른 숙주로 전달되는 동안 위험한 생활이다. 예를 들면 많은 기생생물들은 배설물을 통하여 사람 몸을 떠나게 되면 다른 숙주에 도달하기 전에 말라서 죽게 된다. 만약에 완전한 생활환을 위하여 여러 숙주가 필요하다면, 그 위험성은 몇 배로 커지게 된다. 결과적으로 많은 기생생물들은 예외적인 생식능력을 갖고 있다. 어떤 원생동물과 같은 일부 기생생물은 하나의 세포가 여러 개의 세포로 증식하는 **분열생식(schizony)**또는 다중 분열을 수행한다. 다양한 벌레와 같은 다른 기생충들은 많은 수의 알을 만들어 낸다. 일부의 벌레는 **자웅동체(hermaphroditic)**—즉 하나의 생물이 암컷과 수컷의 생식 기관을 다 갖고 있으며 2가지 모두 기능이 있다—이다. 사실 촌충과 같은 어떤 벌레는 소화관은 없고 거의 오직 생식기관만을 갖고 있다.

원생생물

원생생물의 특징

원생생물계의 구성원인 **원생생물(protists)**은 어떤 일반적인 특성을 공유하는 다양한 생물들이다. 원생생물은 단세포(가끔 군체를 이루기는 하지만)로 이루어져 있으며, 진정한 핵과 막으로 둘러싸여진 세포 소기관을 갖고 있는 세포로 구성된 진핵생물이다. 대다수 원생생물들은 미시적이지만, 직경은 5 μm에서 5 mm정도로 크기가 다양하다.

원생동물은 너무 작아서 일부는 곤충의 타액선 안에서 발생한다.

원생생물의 중요성

Leeuwenhoek이 그의 첫 번째 현미경을 만든 이후 원생생물들은 생물학자들의 관심을 사로잡았다. 그가 관찰한 극미동물(animalcules)의 대부분은 사실 원생생물이었다. Leeuwenhoek와 같이 많은 사람들은 원생생물이 고유의 흥미로움이 있다는 사실을 발견하였고, 생물학자들은 원생생물로부터 생명현상에 대한 많은 것을 배웠다.

또한 원생생물은 다른 이유로도 사람들에게 중요하다. 예를 들면 그들은 먹이 사슬의 중요 부분이다. 독립영양성 원생생물은 햇빛으로부터 에너지를 받아들인다. 일부의 종속영양성 원생생물은 독립영양체와 다른 종속영양체를 섭취한다. 다른 것들은 죽은 유기체들을 분해 또는 소화시켜서 살아있는 생명체로 재순환될 수 있도록 해준다. 또한 높은 단계의 소비자를 위한 음식물의 역할도 한다. 원생생물에 의해서 제일 먼저 획득된 일부 에너지는 궁극적으로 사람에게 도

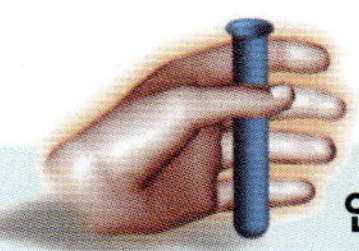

도전하라

연못 표면에 떠있는 찌끼를 없애자.

최근 영국에서 발견된 것을 통해서 여름철 당신의 농장과 정원 연못의 표면 찌꺼기를 아마도 없애 줄 것이다. 보리 건초 100 파운드를 연못 1에이커(깊이는 상관없음)에 띄웠더니, 조류와 싸워서 깨끗이 없애버렸다. 건초더미를 철망이나 철사로 감싸야하고, 이것이 물에 잠기는 것을 막아주고 뜨게 해주는 빈 플라스틱통이 필요할 것이다. 새와 거북이는 그 위에서 일광욕을 즐기고 물고기들은 그 밑에 숨게 된다. 나중에 그것은 좋은 비료가 된다.

그러나 그것이 어떻게 그런 기적을 만드는지? 가능한 설명은 그것이 커다란 찻주머니(teabag)와 같은 역할을 해서 조류에 대한 저해성 화학물질을 물로 방출하는 것이다. 이 화학물질의 근원은 무엇인가? 미생물들이 그런 일을 할 수 있었을 것인가? 이 현상을 탐구하기 위한 실험을 고안해 보시오.

달하게 된다. 예로서 태양으로부터의 에너지는 원생생물에게 전달되고, 굴이 원생생물을 먹고 그 굴은 다시 사람에게 먹히게 된다.

원생생물은 경제적으로 이로울 수도 해로울 수도 있다. 어떤 원생생물은 탄산칼슘으로 **피각(tests)** 또는 껍질(shells)을 갖고 있다. 탄산염 껍질은 고대 바다에 살고 있던 원생생물에 의해서 많은 양이 침전되어서 영국 도버의 하얀 절벽을 형성하였고, 이렇게 만들어진 석회암은 이집트의 피라미드를 건축하는데 사용되었다. 서로 다른 겉껍질을 형성하는 원생생물들은 서로 다른 지질학적 연대 동안에 번성하였기 때문에, 암석층에 존재하는 원생생물을 동정하면 바위의 시대를 결정할 수 있다. 어떤 겉껍질 형성 원생생물은 원유 매장층 가까운 암석층에 나타나는 경향이 있기 때문에, 원유를 찾는 지질학자들은 그것을 발견하게 되면 기뻐한다. 어떤 독립영양성 원생생물은 그 원생생물을 먹는 굴에게는 해롭지 않은 독소를 생산 한다 그러나 그것이 축적되면 굴을 먹는 사람에게는 질병을 일으키거나 심지어 죽음에 이르게 할 수 도있다. 그러한 원생생물에 의해서 굴 양식장이 감염되면 굴 채취자들에게는 커다란 경제적 손실이 오게 된다. 다른 독립 영양성 원생생물은 무기영양분이 풍부한 곳에서 매우 빠른 속도로 증식하여 수면위로 형성되는 생물의 두꺼운 층인 "대번식층(bloom)"을 형성한다. 이러한 과정을 **부영양화(eutrophication)**라고 부르는데 햇빛을 차단하기 때문에 대번식층 밑의 식물들을 죽이고 어류들은 기아현상에 직면하

공중보건

적조

*Gonyaulax*의 어떤 종, *Pfiesteria piscicida*와 일부 다른 쌍편모조류는 독소를 생성한다. 이러한 해양 생물들이 주기적으로 대량으로 나타날 때, 그들은 적조라고 알려진 대번식(bloom)을 일으킨다. 이 독소는 원생생물을 먹고 사는 굴과 대합과 같은 갑각류의 체내에 축적된다. 독소가 갑각류에게는 해롭지 않더라도 감염된 갑각류를 먹은 사람과 일부 물고기에서 마비성의 갑각류중독을 일으킨다. 돌고래와 같이 커다란 동물조차도 이 독소 때문에 많은 수가 죽는다. 적조 기간 동안에 이 독소가 소량 들어 있는 공기를 들여 마시면 호흡기점막에 염증을 일으켜서 민감한 사람은 바다를 피해야 하고 그 기간동안 바다에서 생산된 것들을 먹지 말아야 한다.

(Bill Bachman/Photo Researchers)

지난 30년간 전 세계적으로 적조의 수는 심각하게 증가했다—인구증가와 맞물려서.

게 된다. 죽은 동식물을 분해하는 미생물들은 다량의 산소를 사용하기 때문에, 산소의 결핍은 더 많은 죽음을 가져오게 된다. 이러한 사건들 모두가 어업에 커다란 경제적 손실을 가져오게 한다.

마지막으로 일부 원생생물은 기생성이다. 특히 이러한 원생생물들을 박멸하기위한 재원이 없는 가난한 나라에서는, 많은 사람이 허약하게 되서 가끔 죽게도 한다. 원생동물에 의한 기생성 질병은 아메바적리, 말라리아, 수면병, 레슈마니아증, 그리고 톡소플라스마증(toxoplasmosis; 주혈원충병)이 있다. 이러한 질병들 모두 인간의 생산성 감소, 무수한 인간의 고통과 많은 죽음의 원인이 된다.

원생생물의 분류

생물의 모든 집단과 같이, 원생생물은 많은 변화를 나타내어서 원생생물계를 문(phyla)과 부분(section)으로 나누는 기초를 제공한다. 그러나 분류가 이루어지는 방법에 대해서는 분류학자들은 동의하지 않는다. 그들과 가장 비슷한 거시적인(macroscopic) 생물의 계(kingdom)에 따라서 원생생물들을 분류함으로서 우리들은 다양성

표 11.1

원생생물의 성질

집단	특징	예
식물과 유사한 원생생물	엽록체보유, 습기 있고 해가 비치는 환경에서 서식	유글레나류, 규조류, 쌍편모조류
진균과 유사한 원생생물	대부분 부생식물 ; 아마도 단세포 또는 다세포	물곰팡이; 변형성 그리고 세포성 점균류
동물과 유사한 원생생물	종속영양체; 대부분은 단세포, 대부분은 자유생활, 그러나 일부는 편리공생 생물 또는 기생충.	편모충류, 육질충류, 정복합체포자충류, 그리고 섬모충류

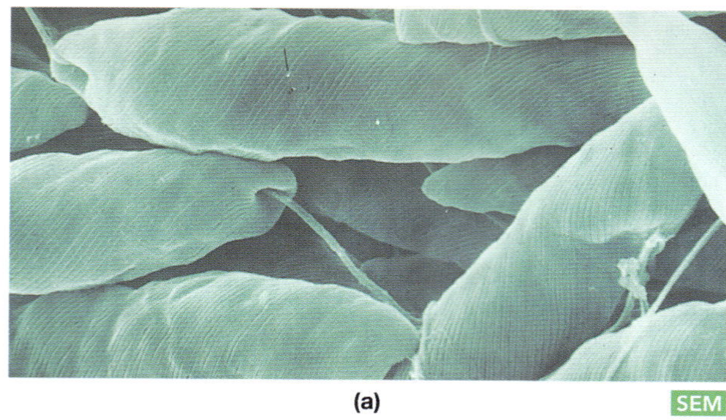

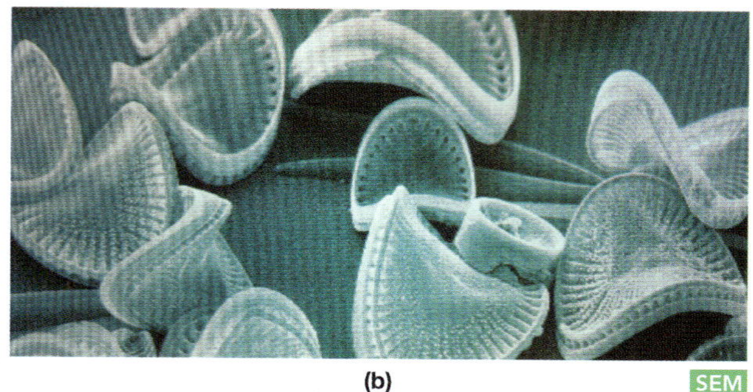

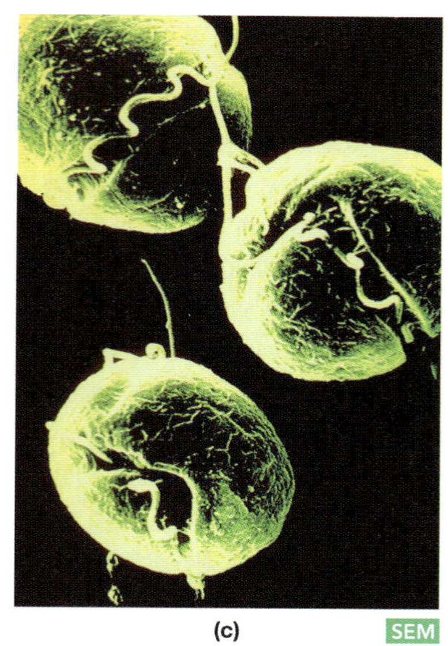

그림 11.1 전형적인 조류 또는 식물과 유사한 원생생물. (a) 유글레나, 유글레나류(euglenoid)(895X).(California Biological Supply Company/Phototake) **(b)** 규조류 Campylodiscus hibernicus(250X). (Andrew Syred/Photoresearchers, Inc.) **(c)** Gonyaulax, 적조를 유발하는 쌍편모조류(9,605X).(David M. Phillips/visuals Unlimited))

설명의 주요목적을 성취하고 분류학적 문제를 피할 수 있었다**(표 11.1)**. 그래서 우리는 식물과 유사한 원생생물**(그림 11.1)**, 균류와 유사한 원생생물**(그림 11.2)**, 그리고 동물과 유사한 원생생물**(그림 11.3)**이라고 부른다.

식물과 유사한 원생생물

식물과 유사한 원생생물 또는 조류는 엽록체를 갖고 있고 광합성을 수행한다. 그들은 습기 있고 햇볕이 잘 드는 환경에서 서식한다. 대다수는 세포벽과 그들을 움직일 수 있도록 해주는 하나 또는 2개의 편모를 갖고 있다. **유글레나류(euglenoids)**는 하나의 편모와 반점(stigma)이라 불리는 색소가 있는 안점을 갖고 있다. 반점은 아마도 편모운동 방향을 조정해 주어서 생명체가 빛있는 방향으로 이동하도록 하는 것으로 보인다. 대표적 유글레나류인 *Euglena gracilis***(그림 11.1a)**는 길고 담배 시가모양의 유연한 몸체를 갖고 있다. 그들은 세포벽 대신에 **외피(pellicle)** 또는 외막덮개를 갖고 있다. 유글레나류는 보통 2분법에 의해서 증식한다. 대부분은 담수에서 일부는 토양에서 산다.

식물과 유사한 원생생물의 다른 집단은 엽록소에 추가하여 다른 색소들을 갖고 있다. 이들 원생생물들은 실리콘 또는 탄산칼슘을 포함하는 느슨하게 결합된 분비된 피각(secreted test)에 의해서 세포벽이 둘러싸여져 있다. 대다수는 2분법에 의해서 증식한다. 이들에는 편모가 없는 **규조류(diatoms)**와 편모가 있고 황색과 갈색색소에 의해서 구별되는 여러 다른 집단들이 있다. 규조는 특히 수가 많은 집단이고 담수와 해양환경 모두에서 생산자로서 중요하다. 규조토라고 알려진 규조류의 화석 퇴적물은 다양한 산업체에서 여과제(filtering agents)와 연마제로서 사용된다.

쌍편모조류(dinoflagellates)는 2개의 편모—하나는 꼬리와 같이 뒤로 뻗어져 있고 하나는 가로 홈안에 누어있다—를 일반적으로 갖고 있는 식물과 유사한 원생생물이다**(그림 11.1c)**. 그들은 세포벽을 가질 수도 또는 아닐 수도 있는 작은 생물이다. 일부는 전형적으로 섬유소를 갖는 단단히 부착된 포자낭(theca)을 갖는다. 섬유소는 식물에서는 풍부할지라도, 원생생물에서는 보기 드문 물질이다. 대부분의 쌍편모조류는 엽록소를 갖고 있고 광합성을 수행할 수 있는 반면 다른 것 들은 색소를 갖고 있지 않으며 유기물질을 먹고 산다. 여러 쌍편모조류들은 생물발광현상을 나타낸다. 광합성 쌍편모조류는 해양환경에서 생산자(광합성자)로서 규조류에 이어 두 번째 위치를 갖는다.

적용

맥주의 거품을 유지하라!

분류학자들은 진핵조류를 어떻게 분류해야 할 것인지에 대해서는 서로 의견이 다르다. 그들은 가끔 원생생물로 또는 식물로 분류되든가 아니면 원생생물과 식물계 사이의 어중간한 위치로 분류되기도 한다. 진핵조류는 원핵세포인 남조류(지금은 시아노박테리아)와 혼동해서는 안 된다.

진핵과 원핵 조류 모두 많은 환경에서 중요한 생산자이지만, 일반적으로 의학적으로는 중요하지 않다(그러나 엽록소를 상실한 *Prototheca*속의 시아노박테리아는 피부손상을 일으키는 것으로 보고되어 있다). 미생물학 실험실에서는 매우 중요한 한천은 작은 해초(적조류; red algae)로부터 추출하여 만들어진 것이다. 켈프(kelps, 갈조류)와 같은 일부의 진핵 조류는 음식으로 사용되고, 부드러움과 퍼짐성을 주기 때문에 치즈스프레드, 치약, 마요네즈를 만드는 공장에서 사용된다. 그들은 또한 맥주의 거품을 유지하도록 해준다.

공중보건

손상받는 것은 어류만이 아니다.

늦은 밤 홀로 연구실에서, 노스 캐롤라이나 강어귀에서 발생한 10억 마리가 넘는 어류의 죽음의 원인을 연구하다 보면, 어떤 과학자는 자신만의 공포소설에 빠져들게 된다. 조류 대번식 동안에 갑자기 개체수가 급등한 쌍편모조류인 *Pfiesteria piscicida*에 의해서 만들어진 독소 때문에 어류가 타격을 받은 것이다. 독소 중 하나는 물이 매개하고 나머지는 공기가 매개한다. 운명이 꼬이게 되면 *Pfiesteria*가 자라는 실험실로부터의 공기가 공기관을 통하여 옆방의 다른 과학자에게로 가게 된다.

이 독소는 면역체계와 뇌기능을 고도로 황폐화 시킬 수 있는 타격을 가한다. 타격이 시작되면 눈은 흐려지고 숨을 헐떡이며 여러 시간 동안 메스껍고 토하며 격렬한 발작이 나타난다. 마약중독자와 같은 정신착란 증세가 나타나고 나면 정신이 나간 것 같고 피부에 출혈 손상이 나타난다. 이런 고통을 받는 사람들은 그들 자신의 이름도 모르고 문장도 완성하지 못하며 읽지도 못한다. 5~7년 후까지 신경 손상은 지속된다. 이 독소에 노출된 잠시 후 면역체계의 20에서 40%는 파괴되고 몇 년 동안 손상된 채로 남아있다. *Pfiesteria*는 현재 밀폐된 용기에서 키우며 과학자들은 air pack을 통하여 호흡한다. 지역의 뱃사공들은 물고기가 죽은 지역을 배로 다니고 난 후 비슷한 문제점을 얘기한다. 이 독소와 접촉한 어류는 30초 내로 배를 위로 하여 떠오르며 혼란에 빠진 듯 퍼덕거리다 1분 내로 죽게 된다.

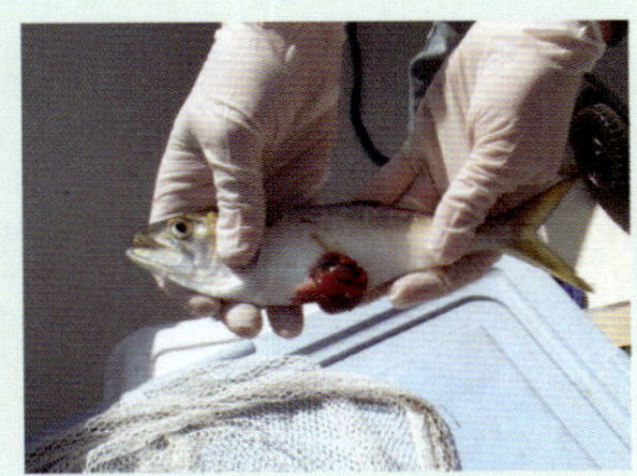

(Courtesy Center for Applied Aquatic Ecology)

*Pfiesteria*는 겨울 동안에 조류를 먹고 사는데 조류의 완전한 엽록체를 받아 들여서 조류의 공급이 떨어지는 경우에는 엽록체를 이용하여 광합성을 한다. 이러한 엽록체를 이용하는 현상을 묘사하기 위하여 새로운 용어가 고안되었는데 엽록체-절도광(klepto-chloroplasts)이다. 만지역 연안의 물로 거름이 유출되면 과도한 영양분은 조류 대번식을 유발시키고 어류를 유인한다. 어류 배설물의 냄새는 *Pfiesteria*가 물 표면으로 떠오르도록 한다. 올라오는 도중에 평화로운 아메바 형태에서 집게발을 갖고 있는 모습으로 변화한다. 이 집게발은 어류를 조각으로 찢어서 *Pfiesteria*가 그것을 먹는다. 공격은 일반적으로 어류의 항문에서부터 시작한다. *Pfiesteria*는 근본적인 "형태-변화자(shape-changer)"이다.—생활사 동안에 20개 이상의 단계와 형태를 갖는 것으로 보고되고 있다.

진균과 유사한 원생생물

진균과 유사한 원생생물, 또는 물곰팡이(water molds)및 점균류(slime molds)는 진균의 일부 특징과 동물의 특징 일부를 갖는다.

물곰팡이. **물곰팡이(water molds)**와 관련된 원생생물인 노분병(mildew)을 일으키는 **난균문(Oomycota)**은 때때로 진균으로 분류되곤 한다. 백분병과 식물 마름병을 일으키는 이들 균류는 무성생식에 의해 유주자(zoospore)라 불리는 편모를 가진 포자를, 유성생식에 의해서는 커다란 운동성 배우체를 만든다. 그들 생활사 동안 가장 두드러진 시기는 배우자의 연합에 의해 2배체 세포를 구성하는 것이다. 이들 원생생물은 민물에서 자유롭게 살거나 식물 기생체로 살아간다; 그들은 포도와 사탕무우에 노균병(downy mildew) 및 감자에 잎마름병(late blight)과 같은 질병을 초래한다. 난균문의 한 구성원은 1840년대 아일랜드 감자 기근을 일으킨 장본인이다. 몇몇 예외가 있긴 하지만, 물곰팡이는 의학적으로 사람에게는 중요치 않다. 그러나 그것들은 물고기와 다른 수생 생물에게는 질병을 유발시킨다.

점균류. **점균류(slime molds)**는 보통 썩은 통나무 위에서 번들거리고 점성이 있는 점액질 덩어리로 발견 된다; 그들은 다른 부패한 물질이나 토양에서도 살 수 있다. 대부분의 점균류는 **부생생물(saprophyte)** 또는 죽거나 부패한 물질을 먹으며 살아가는 생물체이다. 조류, 균류, 현화 식물에 기생하는 것은 있으나 사람에게 기생하는 것은 없다. 점균류는 변형점균류(plasmodial slime molds)와 세포성 점균류(cellular slime molds) 두 종류가 있다.

변형점균류(그림 11. 2a)는 다핵체이고, 천천히 움직이고 죽은 물질을 식작용하는데 사용할 수 있는 **변형체(plasmodium)**라 불리는 아메바성 덩어리를 형성한다. 때때로 변형체는 이동을 멈추고 자실체를 형성할 수도 있다. 각 자실체는 포자를 만드는 주머니인 포자낭(sporangia)을 발달시킨다. 포자가 방출되고 편모를 가진 배우체로 발아한다. 두 배우체가 융합하고 편모를 상실한 뒤 새로운 변형체를 형성한다. 그 변형체가 먹이를 먹고 자라면, 분열하여 새로운 변형체를 직접 생산한다.

(a)

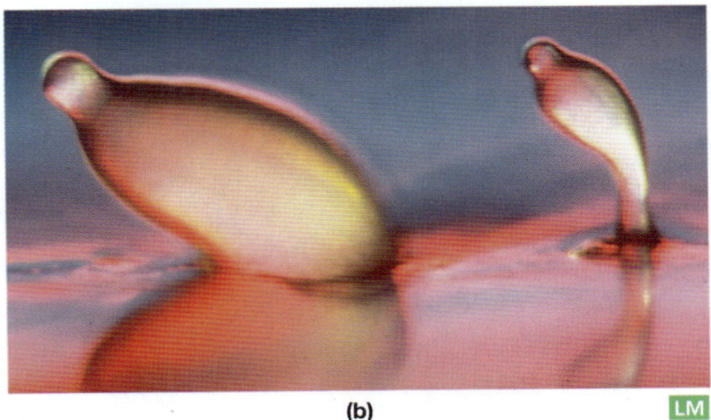

(b) LM

그림 11.2 전형적인 진균과 유사 원생생물들. **(a)** 썩은 통나무위에 있는 Hemitrichia 속의 변형점균류Dwight Kuhn Photography). **(b)** 세포성 점균류인 Dictyostelium discoideum의 위변형체(93,583X). (Cabisco/Visuals Unlimited)

세포성점균류(cellular slime molds)(그림 11. 2b)는 위변형체, 자실체 및 포자를 형성하는데 변형점균류와는 매우 다른 특징을 갖는다. **위변형체(pseudoplasmodia)**는 다소 운동능이 있는 세포의 집합체이다. 그것이 자실체를 생산하고, 이 자실체가 교대로 포자를 생산한다. 포자는 아메바성 식세포로 발아하고 이 세포는 다시 분열하여 더 독립적인 아메바성 세포를 생산한다. 먹이가 고갈되면 세포들이 느슨히 조직화된 새로운 위변형체로 집합하게 된다.

동물과 유사한 원생생물

동물과 유사한 **원생생물(protozoa)** 또는 원생동물은 타가영양체이고 대개는 단세포 생물이지만 일부는 군락을 형성하기도 한다. 대부분이 자유생활을 한다. 일부는 다른 생물체 안이나 표면에 살면서 해를 끼치지 않는 **편리공생자(commensals)**이며, 몇몇은 기생생물이다. 기생성의 원생동물은 보건학 분야에서 특히 관심이 지대하다. 많은 원생동물은 물이 있는 환경에서 살며, 환경이 안 좋아지면 포낭을 형성한다. 일부 원생동물은 단단한 외피(pellicle)에 의해 보호된다. 많은 것은 운동능이 있고 그들은 운동 방법을 기준으로 해서 더 분류되어야 한다(그림 11.3). 이 책에서 는 편모충류(Mastigophora), 육질충류(Sarcodina), 정복합체포자충류(Apicomplexa, Sporoaoa로 알려진), 섬모충류(Ciliata, Ciliophora라고도 함)등의 군에 속하는 원생동물을 만나게 될 것이다.

편모충류. **편모충류(mastigophorans)**는 편모를 갖는다. 몇몇 종은 담수나 해수에서 자유생활을 하지만 대부분은 식물이나 동물과 공생관계를 하면서 산다. 공생체인 *Trichonympha*(그림 11.3a)는 흰개미 장에서 살면서 섬유소 분해 효소를 제공한다. 사람에게 기생하는 편모충류는 *Trypanosoma, Leishmania, Giardia, Trichomonas*속의 구성원들이다. 파동편모충(trypanosome)은 아프리카 수면병을 일으키며, 리슈마니아(leishmanias)는 피부 손상이나 전신성 고열을 초래하고, 지아르디아(giardias)는 설사, 트리코모나드(trichomonads)는 질 염증을 일으킨다. 리슈마니아는 특히 이라크에 주둔하는 군대에 문제를 일으켜 왔다.

아메바류. **아메바류(amebozoa)**전에는 육질충(sarcodines)이라 불리움)는 위족으로 움직인다(그림 11.3 b)(4장 p.104). 몇몇 아메바류는

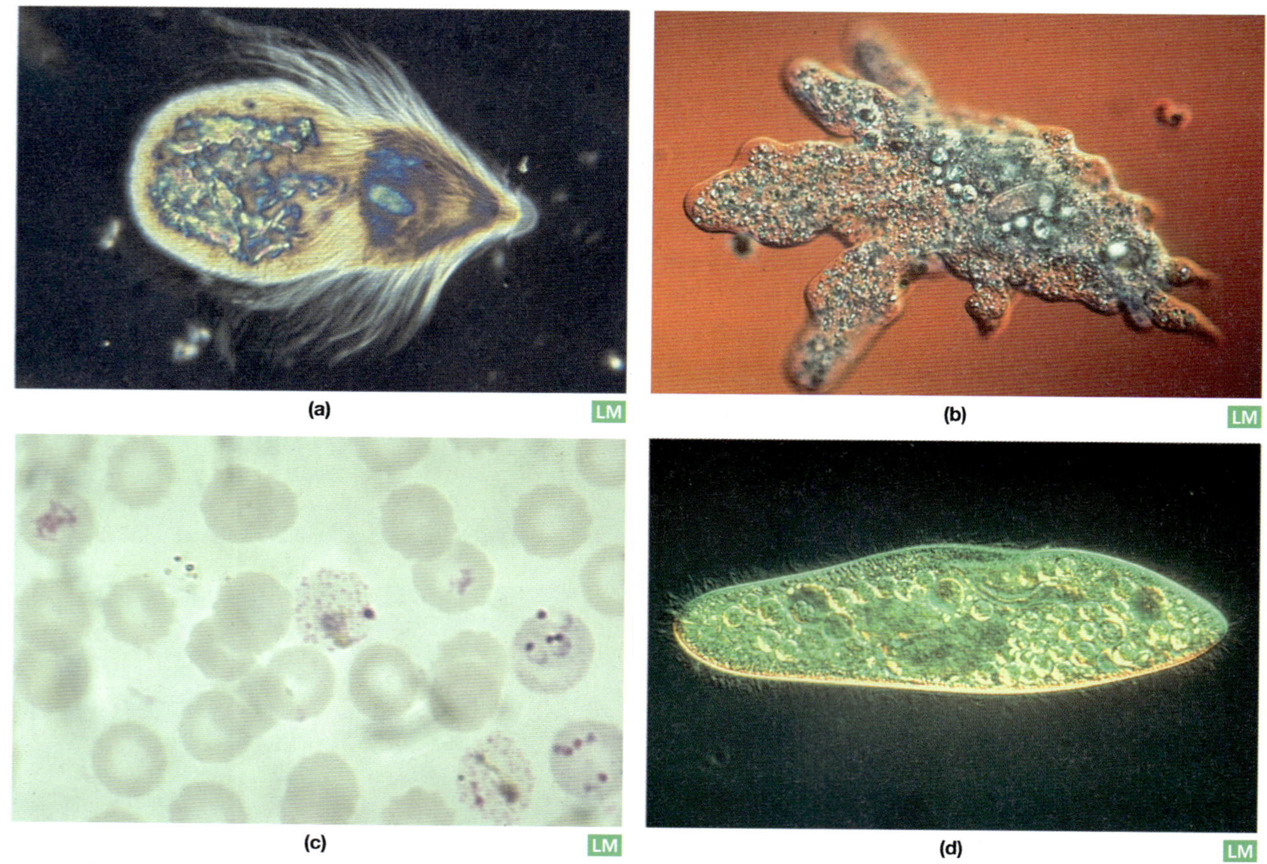

그림 11.3 전형적인 원생동물 또는 동물과 유사한 원생생물들. **(a)** 편모충인 *Trichonympha*, 흰개미 장의 내부 공생자이다. 몸 내부에 보이는 입자는 소화된 나무 조각이다(324X). (Eric Grave/Photo Researchers, Inc.) **(b)** 육질충인 *Amoeba proteus*(445X), 연못에서 자유생활을 한다.(Michael Abbey/Visuals Unlimited) **(c)** 포자충류인 *Plasmodium vivax*(적혈구 세포 내부에), 말라리아를 일으키는 기생체 중 하나이다(1,081X). (Arthur M. Siegelman/Visuals Unlimited) **(d)** 섬모충인 *Paramecium caudatum* (171X). (Michael Abbey/Visuals Unlimited)

생활사 중 일부 시기에 편모를 갖는다. 다른 원생동물이나 작은 조류를 포함한 다른 미생물을 주로 먹고 산다. 유공충류(foraminiferans)와 방산충류(radiolarians)를 포함하는 아메바류는 껍질을 가지고 있고 해양에서 주로 발견되며, 껍질이 없는 아메바류는 전형적으로 기생체이다.

많은 종의 아메바류는 사람의 장관에 서식할 수 있다. 대부분은 불리한 환경을 견디게 도와주는 포낭을 형성한다. 흔히 발견되는 속인 *Entamoeba*, *Dientamoeba*, *Endolimax*, *Iodamoeba* 등은 심각한 정도가 다양한 아메바성 이질을 초래한다. *Entamoeba gingivalis*는 입에서 발견된다. 2개의 핵을 가지며 포낭을 형성하지 않는다는 점에서 독특한 *Dientamoeba fragilis*는 4%에 해당하는 사람의 대장에서 발견된다. 전파 수단은 알려져 있지 않다. 대개 편리공생자로 알려져 있으나 가벼운 설사를 만성적으로 일으킬 수 있다.

정복합체포자충류. **포자충류(apicomplexans** 또는 sporozoans)는 기생체이며 운동능이 없다(그림 11.3c). 그들 세포의 정단부위(apices)에 있는 소기관의 복합체(complexes)내에 존재하는 효소들은 숙주세포내로 그들이 침입하는 통로를 만들며 그것 때문에 정복합포자충이라는 이름이 붙여졌다. 이들 기생체들은 대개 복잡한 생활사를 갖는다. 중요한 예는 사람과 모기 숙주를 둘 다 필요로 하는 말라리아 기생체인 열원충(*Plasmodium*)의 생활사이다(그림 11.4).(이 정복합체포자충류를 점균류의 변형체(plasmodium)와 혼동하지 마시오.) 감염된 모기의 침샘에서 **포자소체(sporozoites)**로 존재하는 기생체는 모기에 물린 상처를 통해 사람의 혈액으로 들어간다. 정복합체포자충류는 간으로 이동하여 **분열소체(merozoites)**가 된다. 약 10일 후, 혈액에 나타나고 적혈구로 침입한 뒤 영양체(trophozoites)가 된다. 영양체는 무성생식에 의해 매우 많은 분열소체를 생산하고 그 분열소체는 적혈구 세포를 파괴시켜 혈액내로 방출된다. 분열소체의 증식과 방출은 몇 차례 되풀이된다. 일부 분열소체는 유성생식기에 들어가 **배우자 모세포(gametocytes)** 또는 수컷과 암컷 세포로 된다. 모기가 감염된 사람을 물어 혈액을 섭취하면, 그때 배우자 모세포를 갖게 되고 그것의 대부분은 모기의 위의 내벽에서 성숙하고 융합하여 접합자를 형성한다. 접합자는 위벽을 빠져나와 포자소체로 되고 결국 침샘으로 이동된다.

더피 혈액군(Duffy blood group ; 적혈구 막단백질의 한 종류) 단백질이 없는 사람들은 Plasmodium vivax가 일으키는 말라리아에 내성이 있다: 서부 아프리카인 중 90%가 말라리아에 안 걸리며 아프리카계 미국인의 60%는 이 분자가 결여되어 있다.

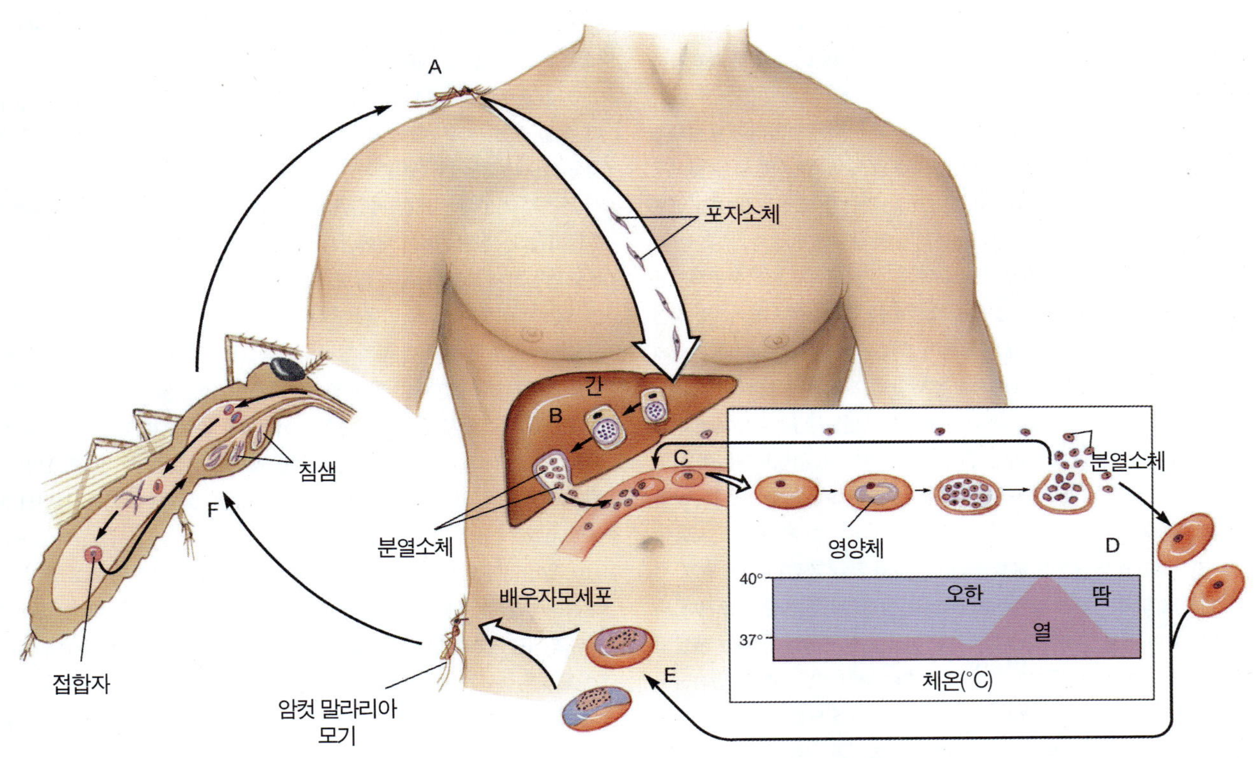

그림 11.4 말라리아 기생체인 *Plasmodium*의 생활사. **(a)** 암컷 *Anopheles* 모기는 사람을 물었을 때 그것의 침샘으로부터 포자소체를 전파한다. 포자소체는 사람 혈액에서 간으로 이동한다. **(b)** 간에서, 포자소체는 증식하고 분열소체가 되는데, 이 분열소체는 간세포가 터지면 혈류를 따라 나온다. **(c)** 분열소체는 적혈구 세포로 들어가서 영양체가 되고, 이 영양체는 먹이를 먹어 결국 더 많은 분열소체를 만든다. **(d)** 분열소체는 적혈구 세포 파열에 의해 방출되는데, 이때 사람에게는 오한, 고열(40℃), 발한이 수반된다. 그 후 그들은 다른 적혈구 세포를 감염시킬 수 있다. **(e)** 그러한 무성생식환이 몇 번 진행된 후, 배우자 모세포(유성생식)가 만들어진다. **(f)** 배우자 모세포가 모기에 의해 섭취되면, 그것의 침샘에서 더 감염성이 있는 접합자를 형성한다. 그런 후 이것들은 다른 사람들을 감염시킬 수 있다.

공중보건

말라리아와의 전쟁 : 과실과 획기적 사건

*Plasmodium*속의 원생동물이 일으키는 말라리아는 인류를 괴롭히는 가장 심각한 기생충 감염 중의 하나이다. 이 질병의 확산을 억제하려는 수많은 노력에도 불구하고 어떤 해에는 5억명 정도 까지 공격하여 일년에 150만에서 300만 명의 인명을 앗아갔는데 그들 중 많은 수가 어린이들이다. 말라리아는 예로부터 인류에게는 천벌이다. 기원전 1500년부터의 이집트 파피루스에 쓰여진 기록을 보면 말라리아임에 틀림없는 간헐적인 고열의 질병을 기술하고 있다. 거기에는 모기 퇴치제로서 나무 기름이 사용되었다고 언급하고 있다—약 30세기가 지난 시점까지도 모기가 이 질병의 매개체(vector 또는 carrier)라는 것이 증명되지 않았고 일부 저지대의 고대 도시들에서는 시민 거의 전부가 이 질병으로 죽었다. 여름에 언덕으로 이사갈 수 있는 여유가 있는 일부 부자들만이 더위, 모기, 열병을 피할 수 있었다. 중세의 십자군 전사들의 많은 수가 말라리아로 죽었고 훗날 노예 무역은 그 병 확산의 중요한 원인이 되었다. 이 우울한 역사에서 하나의 멋진 사건은 16세기에 *Chinchona* 나무에서 만들어진 키니네라는 약이 말라리아를 치료할 수 있다는 발견이다.

습지와 열병사이의 연결성은 오래 전부터 인식되어 왔으나 잘못 알고 있었다. 말라리아의 원인에 대하여 초기의 연구자들은 공기와 물에 초점을 맞췄다-나쁜 공기가 원인이라 생각되어 사실 이 병의 이름은 "나쁜 공기"(mal; 나쁜)로부터 붙여진 것이다. 이집트의 기록에서 암시했던 이 질병과 모기와의 연관관계는 무시되었다. 1870년대에 병원체설(germ theory)이 나타나면서 *Bacillus malariae*라는 세균에 의해서 말라리아가 감염된다고 일부 과학자들은 믿었다.

북아프리카의 프랑스 군의관인 Alphonse Laveran은 말라리아 병원체가 발견됐다는 사실을 모르고 있었다. 더러운 재료와 낮은 품질 및 낮은 해상도의 현미경을 갖고서 병원체를 계속 찾고 있었다. 그는 현재 우리가 알고 있는 것과 같이 사람 혈액 내의 말라리아 기생충의 숫컷 생식세포가 병원체라는 것을 결국 알아냈다. 그가 1884년에 Pasteur에게 수컷 생식세포가 병원체임을 증명할 때 까지 대다수 과학자들은 *Bacillus*학설을 지지하여 Laveran의 발견을 인정하지 않았다. 그러나 그 때가 돼서야 과학자 사회는 *Plasmodium*속의 원생동물이 말라리아를 일으킨다는 사실을 받아 들였다.

이탈리아의 생리학자인 Camillo Golgi는 1885년도에 *Plasmodium*의 여러 종을 동정하므로서 Laveran의 연구에 부언하였다. 1891년도에는 러시아의 과학자가 말라리아 혈액 도말에 관련된 Romanovsky의 염색방법(methylene blue와 eosin)을 발전시켰다. 약간 변형을 시킨 후 현재도 사용하고 있다. 말라리아의 병원체가 밝혀졌지만 그것의 전달 과정은 미처 알지 못하였다. 인도의 의학 사무관인 Ronald Ross는 말라리아 기생충이 모기에 의해서 운반된다는 것을 증명하기 위하여 몇 년동안 연구하였다. 그는 전달의 형태를 완전히 설명하지는 못하였으나 결국 *Anopheles* 모기내에서 말라리아 기생충을 찾아내었다. 그의 노력은 그의 상관들에 의해 인증 받지도 지원 받지도 못하였으나, 1902년에 생리의학분야에서 노벨상을 수상하였다.

말라리아의 운반체가 밝혀지자 과학자들은 매개체 개체군을 방제하므로서 질병의 전파를 조절하는 쪽으로 방향을 바꾸었다. 최초로 효과적인 모기 방제 방법을 발전시킨 것은 20세기 초 파나마 운하 건설 기간 동안 위생을 책임진 의학 사무관인 미국의 내과 의사 William Crawford Gorgas의 업적이다. 습지를 건조시키고 모기장의 사용을 실시함으로써, Gorgas는 운하건설 종사자들의 말라리아와 황열병 모두의 발생빈도를 현격히 감소시켰다.

1930년대와 1940년대에는 말라리아의 치료와 방제방법이 발전하므로써 이 병은 더 이상 위협이 아니었다. 그러나 1차 대전에 참전했던 군인들이 키니네 치료로서 완치되었다고 생각했으나 말라리아 창궐지역을 다녀온 후에 재발의 고통을 겪게 되자 과학자들은 새로운 연구에 돌입하였다. 이때 그들은 기생충이 인간 조직의 어느 부위에 숨어 있는지 그 부위를 찾고 있었다. 1938년에 S. P. James와 P. Tate는 어떤 조류의 적혈구 세포 외부의 기생충을 발견하였다. 1948년도에는 H.C. Shortt와 P. C. C. Garnahm은 사람에게서 이와 비슷한 *P. vivax*를 발견하였다. 현재 기생충은 간과 다른 조직의 세포를 침범하므로서 혈액순환에서 사라짐으로 약물 치료 범위를 벗어난다고 알려져 있다.

말라리아와의 전쟁은 계속 되고 있으나 제한적인 성공을 거두고 있다. 1960년대의 살충제(DDT)의 대규모 살포는 세계 많은 지역의 질병을 근절시켰으나 DDT-저항성 모기가 곧 출현하였다. 질병의 빈도가 증가하자 가끔 전염병의 빈도도 증가하였다. 기생충의 일부 균주는 말라리아 치료에 가장 좋은 약 중 하나인 클로로퀸에도 저항성을 갖게 되었다.

최근 말라리아 복귀의 또 다른 요인은 개발도상국가의 환경변화일 것이다. 예를 들면 1950년대 말에 케냐 카로 평원의 주민들은 옥수수 재배와 목축업을 했으나 많은 현금을 벌어드리는 쌀농사로 전환하였다. 벼는 습한 조건에서 자라기 때문에 건조한 평원은 물에 잠기게 되었고 가축들은 그 지역에서 추방되었다. 그러나 벼가 자라면서 드디어 카로 평원은 *Anopheles* 모기의 생육도 번성하게 되었다. 물과 습도가 증가함에 따라 말라리아 운반모기가 비운반 모기에 비하여 2:1의 비율로 우세하게 되었다. 그리고 *Anopheles* 모기가 선호하는 숙주인 소가 이 지역에서 제거됨으로써 모기들은 그들의 먹이로 사람을 선택하게 되었다. 이 모든 환경 변화의 결과는 말라리아의 발생 빈도의 놀라운 증가이다. 사실 지구 온난화는 사람에게 가장 위협적인 말라리아를 유발시키는 *P. falciparum*의 확산을 가져올 것으로 예상된다. 컴퓨터 모델은 이들 모기가 미국, 카나다의 동부와 대부분의 유럽, 호주로 확산 될 것이라고 예상한다.

말라리아 방제를 위한 새로운 여러 방법들이 현재 연구되고 있다. 그러나 성공적인 백신은 아직 개발되고 있지 않다. 이런 사실은 건강 교육과 클로로퀸의 적당한 대체물이 말라리아 방제에는 최고의 방법임을 나타내 주고 있다. 모기를 죽이는 화학약품이 주입된 모기장 또한 효과적일 수 있다. 감비아(Gambia)에서는 이러한 모기장을 도입한 이후 말라리아에 의한 어린이 사망률이 63%의 놀랄만한 감소를 나타냈다.

열원충의 몇몇 종은 말라리아를 일으키는데, 각각은 생활사에서 변이를 보이며 숙주인 모기의 적합한 종들도 각각 다양하다. 또 다른 정복합체포자충류인 *Toxoplasma gondii*는 성인에게는 림프계 감염과 맹인을 만들며, 임신한 여성이 감염되면 태아에게 심각한 신경계 손상을 초래한다. 최근에는 정신분열증의 가능한 원인으로 보고되기도 하였다. 감염된 애완 고양이 또는 그들의 배설물과 접촉, 오염된 날고기의 섭취, 그런 고기를 다룬 후 손을 씻지 않은 행위 등은 기생체의 전파 수단이 된다. *T. gondii* 생활사의 고찰과 더 많은 정보를 위해 23장을 보시오.

섬모충류. 가장 커다란 원생동물 군인 **섬모충류(Ciliates)**는 그들 표면의 대부분을 덮고 있는 섬모를 갖는다. 섬모는 세포질 내에 그들이 자리 잡을 수 있는 기저체를 가지며 세포 표면으로부터 섬모를 확장시킬 수 있다. 섬모는 생물체로 하여금 운동능을 갖게 하며, *Paramecium*(그림 11.3d) 같은 일부 속에서 섬모는 먹이 수집을 돕는다. 사람에게 기생하는 유일한 섬모충인 *Balantidium coli*는 이질을 일으킨다.

섬모충류는 몇몇 고도로 특수화된 구조를 갖는다. 대부분의 섬모충류는 잘 발달된 수축포를 갖는데 그것은 세포내 액체들을 조절한다. 일부는 강화된 외피(pellicle)를 가지며, 다른 것들은 먹이 잡는데 사용할 수 있는 촉수 또는 표면에 부착하는데 사용할 긴 자루 형태인 **섬모포(毛胞, trichocyst)**를 갖는다. 섬모충류는 **접합(conjugation)**을 한다. 한 생물체가 다른 생물체로부터 유전 정보를 받는 세균 접합과는 달리, 섬모충류에 있어서의 접합은 두 생물체 사이에 유전 정보의 교환을 의미한다.

중점 질문 사항

1. 기생체와 약탈자는 어떻게 다른가?
2. 만약 기생체가 최근 새로운 개체군에 침입했다면, 그것이 미치는 증상 및 영향의 정도가 심각할 것인가 또는 가벼울 것 같은가?
3. 원생생물의 "대번식(bloom)"이란 무엇인가? 그것은 왜 발생하는가? 그것의 영향은 무엇인가?

진균

진균의 특징

진균(fungi, 단수; fungus)은 다양한 종속영양생물체의 한 군으로서 **진균학(mycology)**에서 다루는 분야이다. 대부분이 동 · 식물 사체나 생물체의 노폐물과 같은 유기물을 분해하여 살아가는 부생생물(saprophytes)이다. 일부는 영양분을 다른 생물체에서 얻는 기생생물이다. 사상균이나 버섯과 같은 대부분의 진균은 다세포이지만 효모는 단세포이다.

진균의 몸체는 **엽상체(thallus)**라 불린다. 대부분의 다세포 진균의 엽상체는 **균사체(mycelium)**로 구성되어 있으며 그 균사체는 **균사(hypahe**, 단수; hypha, 그림 11.5)라 불리는 미세한 섬유가 망상구조로 이루어져 있다. 균사체는 부패한 유기물이나 토양, 또는 살아있는 생물체의 조직등에 파묻혀 있다. 균사에서는 효소를 분비하여 기질을 분해한 후 작은 영양 분자 상태로 흡수한다. 일부 진균의 세포벽은 셀루로오즈로 구성되어 있으나, 대부분 진균의 세포벽은 진드기나 거미와 같은 절지동물의 외골격에서도 발견되는 다당류인 **키틴(chitin)**을 가진다. 모든 진균은 손상된 세포를 분해하거나 기생 진균이 숙주를 공격할 때 필요한 효소인 리소좀을 가지고 있다. 많은 진균은 저장 다당류인 글리코겐을 합성하고 과립 형태로 저장한다. 효모와 같은 일부 진균은 플라스미드를 갖는 것으로 알려져 있다. 이들 플라스미드는 유전공학에서 가장 널리 이용되는 방법(◀8장, p. 212)인 효모 세포내로 외부 유전자를 클론하는데 이용될 수 있다.

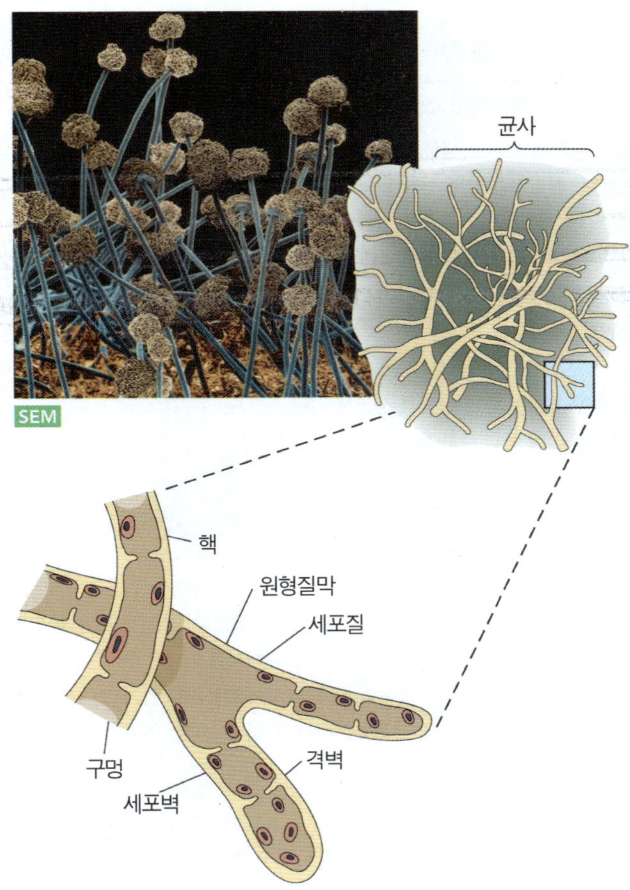

그림 11.5 전형적인 진균의 균사체. 사상균인 Aspergillus niger(85X)는 섬유상 균사로 이루어져 있고, 그것의 세포는 다핵체이고 구멍을 가진 격벽에 의해 분리되어 있다. (David Scharf/Peter Arnold, Inc.)

Phytophthora infestans는 아일랜드 감자 대 기근을 초래하여 백만 명의 아일랜드인을 죽게 했으며, 또 다른 이 백만 명은 이민을 가게 했다.

대부분의 진균에서는 균사 세포에 하나 혹은 2개의 핵을 가지며, 많은 균사는 **격벽(septa**, 단수; septum)이라 하는 가로 벽에 의해 나뉜

확대경

지의류(Lichen) 동거인

지의류는 한 생물체가 아니라 진균이 시아노박테리아나 녹조류와 공생으로 살아가고 있는 것이다. 각 구성원들은 분리될 수 있고 각각은 그 자체로도 정상적으로 살 수 있다. 아마도 함께 사는 게 이점이 있을 것이다. 대부분의 학자들은 지의류가 협력 관계에 있는 각 구성원이 모두 이익이 되는 관계인 상리공생을 보여준다는 데 동의한다. 진균은 광합성 생물체로부터 영양물질을 얻는 반면 광합성 생물체에게는 불리한 환경(특히 탈수)으로부터 보호될 수 있는 구조를 제공한다.

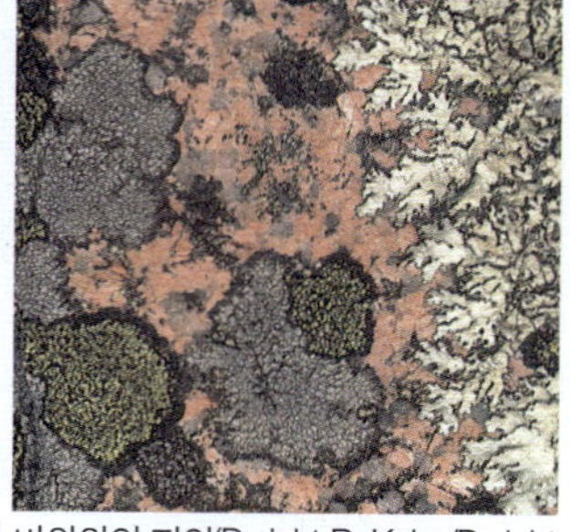

바위위의 지의(Dwight R. Kuhn/Dwight Kuhn Photography)

지의류-형성 생물체들은 연합해서 자라는 경우 서로 다르고 매우 독특한 모양을 지닌다. 고착형 지의류(분홍, 보라, 녹색)는 표면에 붙어 자라고 빵 껍질을 닮았다. 엽상(잎모양) 지의류(위 오른쪽)는 대개 바위나 나무 둥치 같은 토대에서 튀어나온 주름진 층 안에서 자라기 때문에 잎 모양을 갖는다. 관목상 지의류는 가장 키가 크고 때때로 소형 숲처럼 보이기도 한다. 순록 이끼는 이끼이기 보다는 관목상 지의류의 한 예이다.

다. 격벽에 있는 구멍은 세포들 사이에 세포질과 핵이 통과할 수 있다. 일부 진균은 마치 체와 같은 많은 구멍을 갖는 격벽을 갖기도 하고, 격벽이 갖지 않는 진균도 일부 존재 한다. 단일 격벽공을 갖는 어떤 진균은 우로닌 소체(Woronin body)라 불리는 기관을 갖는다. 균사 세포가 노화하거나 손상되면, 우로닌 소체가 구멍 쪽으로 이동하여 그 구멍을 막아 손상된 세포로부터 건강한 세포로 물질이 이동할 수 없게 한다.

많은 진균은 유성생식이나 무성생식을 통하여 증식하지만, 일부는 단지 무성생식 생활사만 갖는다. 무성생식의 경우 효모에서 출아**(그림 11.6)**가 일어나는 것처럼 대개는 유사분열을 거친다. 유성생식은 몇 가지 방법으로 일어난다. 그 중 한 과정에서는 반수체 배우자가 연합하여 **세포질융합(plasmogamy)** 과정에 의해 그들의 세포질이 섞인다. 그러나 만약 핵들이 연합하지 못하는 경우 **2핵체(dikaryonic)** 세포가 만들어 지고 그 상태가 몇 번의 세포 분열동안 유지될 수도 있다. 결과적으로 그 핵들은 **핵융합(karyogamy)** 과정에서 합쳐져서 2배체 세포로 된다. 그러한 세포들이나 그들의 자손들은 후에 새로운 반수체세포를 생산한다. 일부 진균은 생활사 중 2핵체(2배체) 시기 동안 유성생식을 할 수 있다. 진균은 대개 생활사 동안 반수체, 2핵체, 2배체 시기를 거치게 된다**(그림 11.7)**.

진균은 유성생식과 무성생식에 의해 포자를 만들어내며 포자는 하나 또는 다수의 핵을 갖는다**(그림 11. 8)**. 전형적으로, 수생 진균의 포자는 편모를 가져 운동능력이 있으며, 육상 진균의 포자는 두꺼운

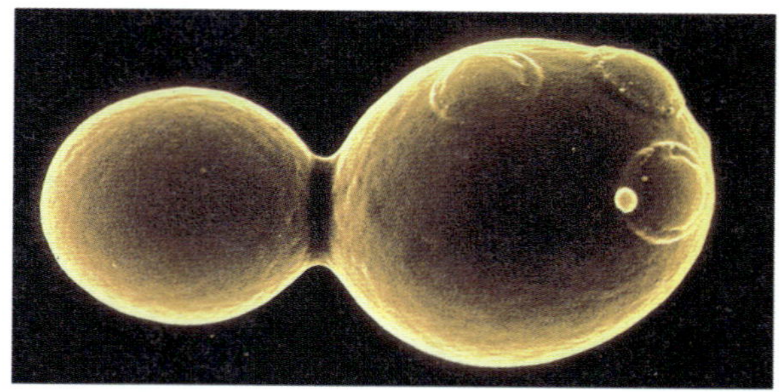

그림 11.6 출아중인 효모. 오른쪽 세포의 표면에 보이는 원형 흔적은 전에 출아한 부위를 표시한다(6,160X). 20~30번 분열 후 흔적이 세포 표면을 뒤덮고 나면 다시는 분열할 수 없다. (J. Fordyke/Photo Researchers, Inc.)

보호벽을 갖는다. 포자가 발아하는 경우 단세포 또는 발아관(germ tube)을 만들며, 발아관은 약해진 포자벽을 뚫고 나와 균사로 발달하는 실모양의 구조이다.

진균의 중요성

생태계에서 진균은 분해자로서 중요한 위치를 차지하고 있다. 위생학에서는 기회 기생생물로서 중요하다. 즉, 진균은 죽은 유기물질이나 살아 있는 생물로부터 모두 영양분을 얻을 수 있다. 모든 진균이 사체로부터도 영양분을 얻을 수 있기 때문에 진균은 결코 절대 기생생물이 아니다. 진균이 생물체에 기생하고 있을 때조차도 그들이 세포를 죽이고 부생생물로서 영양분을 얻을 수 있다. 거의 모든 생물체에는 다양한 진균이 기생할 수 있다. 일부 진균은 세균의 생장을 억제하거나 죽일 수 있는 항생제를 생산한다. 기생진균은 그들이 가할 수 있는 손상의 정도가 다양하다. 무좀을 일으키는 종류의 진균은 거의 대개는 피부위에 존재하고 때론 심각한 손상을 야기하기도 한다. 그러나, 히스토프라즈마증(histoplasmosis)을 일으키는 진균은 림프계에 널리 퍼져 고열, 빈혈 심지어는 사망까지도 초래한다.

부생 진균은 분해자로서, 항생제 생산자로서 이로운 존재이다. 그러한 진균의 분해능은 진균 자신만이 아니라 다른 생물체에도 역시 영양 물질을 공급한다. 그들이 사체를 분해하여 내놓는 탄소 및 질소 화합물은 생태계의 물질 재순환에 아주 중요한 역할을 한다. 진균은 또한 리그닌과 다른 목질 성분 분해에도 필수적이다. 일부 진균은 다른 생물체, 특히 토양미생물에게 해로운 대사 부산물을 분비한다. 토양에서 그러한 독성물질인 항생제의 생산을 **항생작용(antibiosis)**이라 한다. 이러한 독성물질은 아마도 그것을 생산하는 종(species)들이 경쟁에서 살아남을 수 있게 할 것이다. 추출 및 정제된 항생제들은 사람 감염을 치료하기 위해 사용된다(13장).

기생 진균은 다른 생물체에 침입했을 때 아주 파괴적일 수 있다. 이들 진균이 침입 시 3가지 필요한 조건이 있다. : (1) 숙주에 근접함, (2) 숙주를 뚫고 들어갈 수 있는 능력, (3) 숙주의 영양물질을 분해해

포자
무성생식환
반수체 생물
배우자
세포질융합
배우자
포자
2핵체
유성생식환
일부
유사분열
반수체 포자
형성 구조(포자낭)
2핵체 생물
감수분열
2N
핵융합
접합자(2배체)

그림 11.7 진균에서 유성생식의 한 예. 반수체 생물은 무성포자 형성(베이지 바탕)이나 출아에 의해 그 상태를 유지한다. 또 다른 하나(파란 바탕)에서, 그들은 처음에 세포질융합(세포질 부분이 융합)을 거쳐 배우자를 생산한다. 여전히 핵이 분리된 채 몇 번의 유사분열 후 두 핵이 핵융합(핵이 융합)을 거쳐 2핵체의 접합자를 형성한다. 접합자는 그 후 감수분열을 거쳐 반수체 상태로 되돌아가고 생식 포자를 생산한다.

서 흡수할 수 있는 능력. 많은 진균은 포자가 바람이나 물에 의해 숙주에 접근할 수 있다. 다른 진균은 곤충이나 다른 동물의 표면에 붙어서 숙주에 도달한다. 예를 들자면 목질부에 구멍을 뚫는 곤충은 자낭균에 의한 느릅나무병(Dutch elm disease, **그림 11.9**)을 일으키는 진균의 포자를 제 1차 세계 대전 후 수 십년간 북미에 전파시켜, 미국 일부 지역에서는 거의 모든 느릅나무를 죽였다. 진균은 식물 세포벽에 압력을 가해 뚫고 들어갈 수 있는 균사 못(hyphal peg)을 만들어 식물 세포에 침투한다. 그러나 세포벽이 없는 동물 세포를 어떻게 침투하는가 하는 것은 완전하게 알려져지지 않았으나, 리소좀이 중요한 역할을 하는 것만은 명백하다. 일단 진균이 세포에 들어가면 세포 구성 물질을 분해하여 영양 물질을 흡수한다. 세포가 죽게 되면 진균은 인접한 세포에 침투하고 영양물질의 분해와 흡수를 계속한다.

식물의 진균 기생체는 시들음병, 백분병, 마름병, 녹병, 깜부기병 등과 같은 병을 일으키며 그것으로 인해 광범위한 농작물 피해와 경

(a) SEM

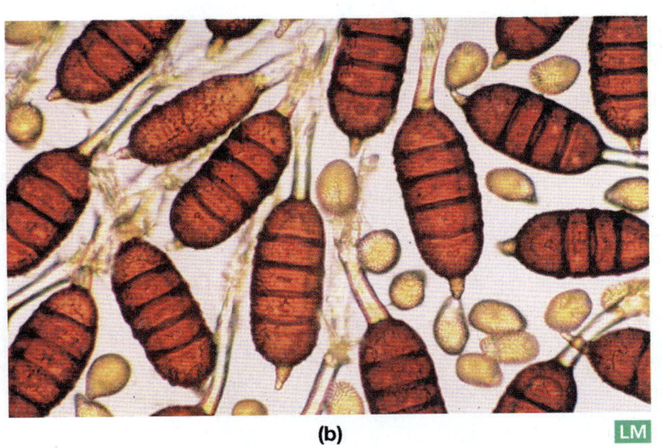

(b) LM

그림 11.8 무성포자(분생포자, conidiospores)의 형성. (a) 붓 모양을 이루고 있는 일련의 *Penicillium* 포자(1,400X). (Andrew Syred/Photo Researchers, Inc.) (b) 장미 녹병균인 *Phragmidium*의 포자(1,000X).(Bruce Iverson/Visuals Unlimited)

그림 11.9 느릅나무병. 미국 느릅나무(*Ulmus americana*)는 느릅나무병 때문에 죽었다. (*Richard Thorn/Visuals Unlimited*)

제적 손실을 초래한다. 애완용 새나 포유동물이 진균에 감염되면 이것 또한 광범위한 경제적 손실을 피할 수 없다. 사람을 공격하는 진균은 고통과 생산성 감소, 때때로 장기간의 의료비 지출을 야기한다. 진균에 의한 사람의 질병, 또는 **진균증(mycoses)**은 하나 이상의 생물체가 일으킨다. 진균증은 피부, 피하, 조직등에 병을 일으키는 것으로 나뉜다. 피부에 생기는 질병은 단지 피부, 털, 손톱, 발톱등의 각질화된 조직에 영향을 미친다. 피하에 생기는 질병은 각질화된 조직 아래의 피부층에 영향을 주고 림프관을 통해 퍼질 수 있다. 조직에 생기는 질병은 내부 기관에 침투해서 심각한 파괴를 초래한다. 일부 진균은 기회적이다; 항상 질병을 일으키는 것이 아니라, AIDS 환자나 면역억제 약물 투여자인 장기이식 수혜자처럼 면역계에 이상이 있는 개인에서만 질병을 일으킨다. 전 보다 더 많은 진균증 환자가 병원 치료를 원하고 있다.

알려져 있는 대략 70,000 종의 진균 중 단지 300종만이 사람에게 병원성이다.

진균증을 일으키는 병원체의 배양과 동정은 특별한 실험적 기술을 요한다. 항생제가 첨가된 산성이고 높은 당을 함유한 배지는 세균의 생장을 막고 진균이 생장하는데 도움을 준다. 약 1세기전 프랑스 진균학자에 의해 개발된 배지인 Sabouraud agar는 여전히 많은 실험실에서 사용되고 있다. 가장 좋은 조건에서 대부분의 병원성 진균은 천천히 자란다; 일부는 자라는데 2주 내지는 4주가 걸린다.

진균의 분류

진균은 유성생식 생활사의 특성에 따라 분류된다. 그런 분류는 2가지 문제점을 야기 한다: (1) 일부 진균의 경우 유성생식 생활사가 발견되지 않는다. (2) 일부 진균의 무성 및 유성생식 시기를 구분 짓는 것이 때로는 어렵다. 예를 들면, 어떤 한 연구자가 진균의 무성생식 시기를 알아내고 그 진균의 이름을 붙였는데, 또 다른 연구자가 동일한 진균을 연구하여 다른 이름을 붙이는 경우가 발생한다. 유성과 무성생식 시기 간의 유연관계가 명백하지 않기 때문에, 어떤 한 종의 진균은 누군가 동일 생물체에서 2가지 시기를 모두 발견할 때까지 2가지 이름을 가질 수도 있다. 예를 들자면, 무좀을 일으키는 진균은 무성생식 하는 경우 *Trichophyton* 이라 불리지만, 유성생식을 하는 경우 *Arthroderma* 라 불린다. 또 다른 문제는 많은 진균이 조직에서 자랄 때(효모처럼)와 그들의 자연 서식지에서 자랄 때(실 모양) 매우 다르게 보인다는 것이다. 서식지가 변할 때 그들의 구조를 바꿀 수 있는 생물체의 능력을 **이**

확대경

진균과 난

19세기 탐험가들이 처음으로 남미에서 영국으로 난을 가져왔을 때 영국인들은 온실에서 그 단아한 모습의 식물을 보고 즐거워하였다. 그러나 그들은 새로운 토양과 새로운 화분에 조심스럽게 옮겨 심었는데도 불구하고 식물이 잘 자라지 않아 커다란 실망감을 겪어야 했다. 난이 그들의 자연 환경을 벗어나 자랄 수 있는 방법을 알아보기 위해 영국인들은 여러 해에 걸쳐 실험을 수행했고 아마도 우연치 않게 일부 난을 본래 배양토에 심어보았다. 결국 난이 잘 자라기 위해 진균이 필요하다는 것을 발견했다. 이들 진균은 난 뿌리와 공생적 연합을 형성 한다; 그런 연합을 균근(*mycorrhizae*)이라 부른다. 난이 잘 자랄 수 있는 배지에 새로운 시험용 난을 심으면 난과 진균은 균근을 형성하고 둘 다 잘 자란다.

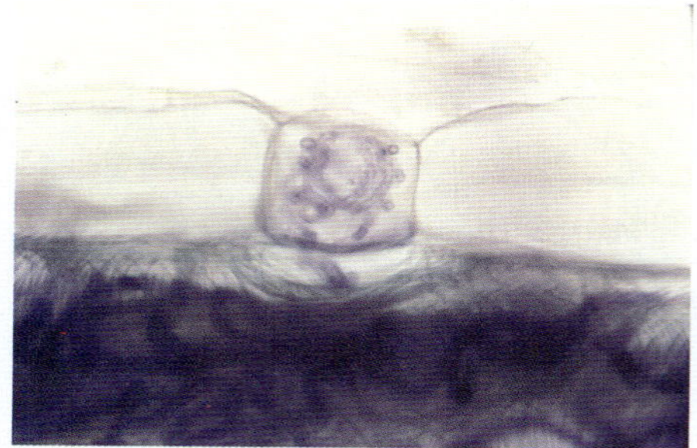

진균 뿌리와 연합해서 자란 균근의 진균 사진

뿌리를 보이며 활짝 핀 난

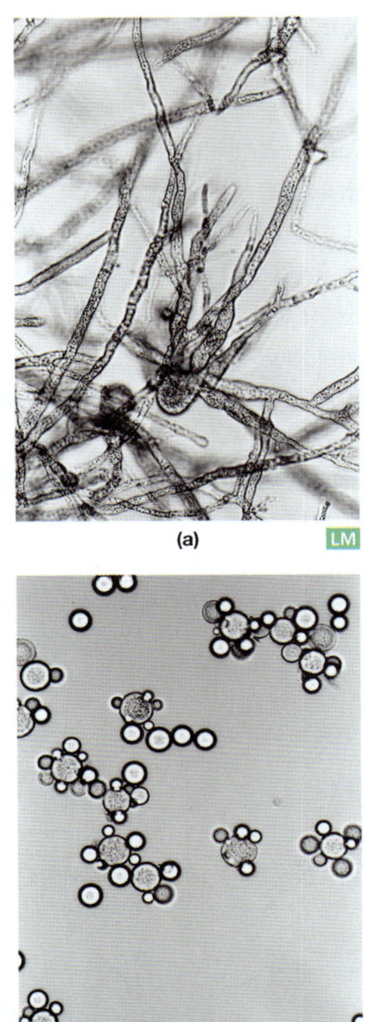

(a) LM

(b) LM

그림 11.10 진균의 이형성. (a) 털곰팡이(*Mucor*)의 균사(667X).(*Courtesy Michael E. Oriowski, Lousiana State University*) **(b)** 털곰팡이의 효모형(667X).(*Courtesy Michael E. Oriowski, Lousiana State University*)

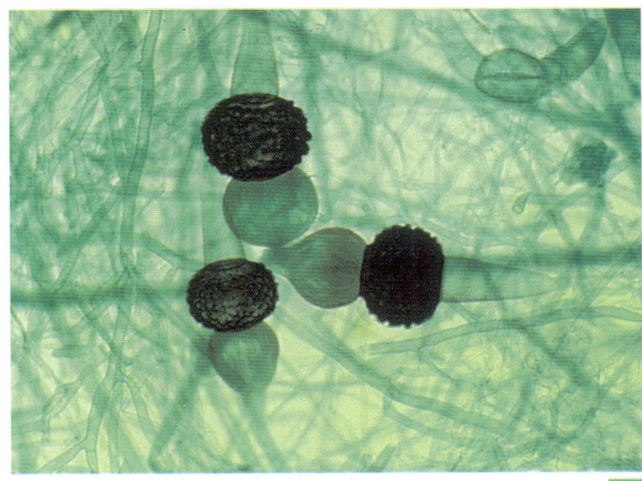

LM

그림 1.11 검은빵곰팡이, *Rhizopus nigricans*. 유성적 접합포자(검은색, 가시 모양의 구조)는 특수한 균사 가지의 끝에서 유전물질이 연결되고 융합한 결과이다. 접합포자는 발아하여 포자낭(sporangium)을 만들고, 다음에 무성포자(377X)를 생산한다. (*Bruce Iverson/Photo Researchers, Inc.*)

형성(dimorphism)이라 한다**(그림 11.10)**. 진균에 있어서 이형성은 진균증을 야기하는 병원체의 동정(identification) 문제를 복잡하게 만든다. 우리는 다음 절에서 빵 곰팡이, 자낭균류, 담자균류, 유성생식 시기를 잃어버린 것으로 믿고 있는 소위 불완전류 등을 살펴볼 것이다**(표 11.2)**.

빵곰팡이

빵곰팡이(bread molds), 접합균류(zygomycota 또는 conjugation fungi)라 불리는 진균은 키틴성 세포벽을 갖는 균사(격벽 없음)로 구성된 복합적인 균사체를 갖는다. 검은 빵곰팡이인 *Rhizopus***(그림 11.11)**는 먹이 표면과 그 아래로 재빠르게 생장하는 균사를 갖는다. 일부 빵곰팡이 균사는 공기 흐름을 따라 쉽게 이동할 수 있는 포자를 만든다. 포자가 적합한 먹이에 도달하면 발아하여 새로운 균사를 만든다. 때때로 +와 – 균주로 불리는 2개의 다른 균주의 짧은 균사 가지

표 11.2

진균의 특성

문	일반명	특 징	예
접합균문	빵곰팡이	접합과정을 수행	*Rhizopus*, 다른 빵곰팡이류
자낭균문	자낭균류	유성생식동안 자낭과 자낭포자를 생산	*Neurospora, Penicillium, Saccharomyces* 및 다른 효모들: *Candida, Trichophyton*, 몇몇 사람병원체
담자균문	곤봉상균류	담자기와 담자포자를 생산	*Amantia*와 다른 버섯들; *Claviceps*(에르고트 생산); *Cryptococcus*
불완전균문	불완전균류	유성생식시기가 존재하지 않거나 알려져 있지 않다.	토양생물; 여러 가지 사람 병원체

는 서로를 향해 자란다. 이 들 균사가 서로 결합하기 때문에 접합균류이라 불리게 되었다. 이때 서로 다른 균사를 유인하는데 화학물질인 유인제가 관여한다. 균사가 결합한 곳에 다핵 세포가 형성되고 많은 +와 – 핵의 쌍들은 접합자를 형성한다. 각 접합자는 두꺼운 벽으로 된 저항성 구조인 **접합포자(zygospore)**내에 갇히게 된다. 접합포자 내에서 유전 정보는 두 균주로부터 얻어지는 것인 반면, 균사 포자 내에서는 한 균주에서만 얻어지는 것이다.

빵곰팡이가 진균학자의 관심 대상이고, 세균학자들에게는 그들이 배양한 배지를 오염시켜 망치게 하는 장본인이지만, 사람에게 질병을 일으키지는 않는다. 그러나 *Rhizopus*는 사람에게는 기회감염을 일으키는 병원체이다; 당뇨가 잘 조절 되지 않는 사람에게는 특히 위험하다.

자낭균류

자낭균류(sac fungi)는 효모를 포함하여 3만 종 이상으로 구성된 다양한 군이다. 자낭균류는 키틴 성분의 세포벽을 가지며 포자에 편모가 없다. 균사를 형성하지 않는 일부 효모를 제외하고는, 자낭균류의 균사는 중앙에 하나의 구멍이 있는 격벽을 갖는다. 이들 진균은 정확하게는 **자낭균류(Ascomycota)**라 불린다; 다른 진균과 달리, 유성생식 동안 주머니 모양인 **자낭(ascus)**을 만든다(**그림 11.12**). 대부분의 효모는 유성생식 시기가 알려져 있지 않다 하더라도 자낭균강(ascomycetes)에 속한다. 유성 및 무성생식 둘 다 하는 종들의 경우, 무성생식 시기에는 변형된 균사의 끝에서 **분생자(conidia)**라 불리는 무성포자를 형성한다. 유성생식 시기에, 한 균주는 커다란 조낭기(ascogonium)를 가지며 인접한 균주는 보다 작은 장정기(antheridium)를 갖는다. 이들 구조가 결합하고 그들의 핵이 섞이고, 2핵체를 갖는 균사 세포가 연합된 덩어리로부터 자란다. 결국 2핵성 핵은 융합하여 접합자를 만들고 접합자 핵은 각 자낭에서 8 개의 핵으로 나뉜다. 각 자낭은 8 개의 **자낭포자(ascospores)**를 만들어 방출한다.

일부 자낭균류는 미생물학자들에게 상당한 관심의 대상이다.

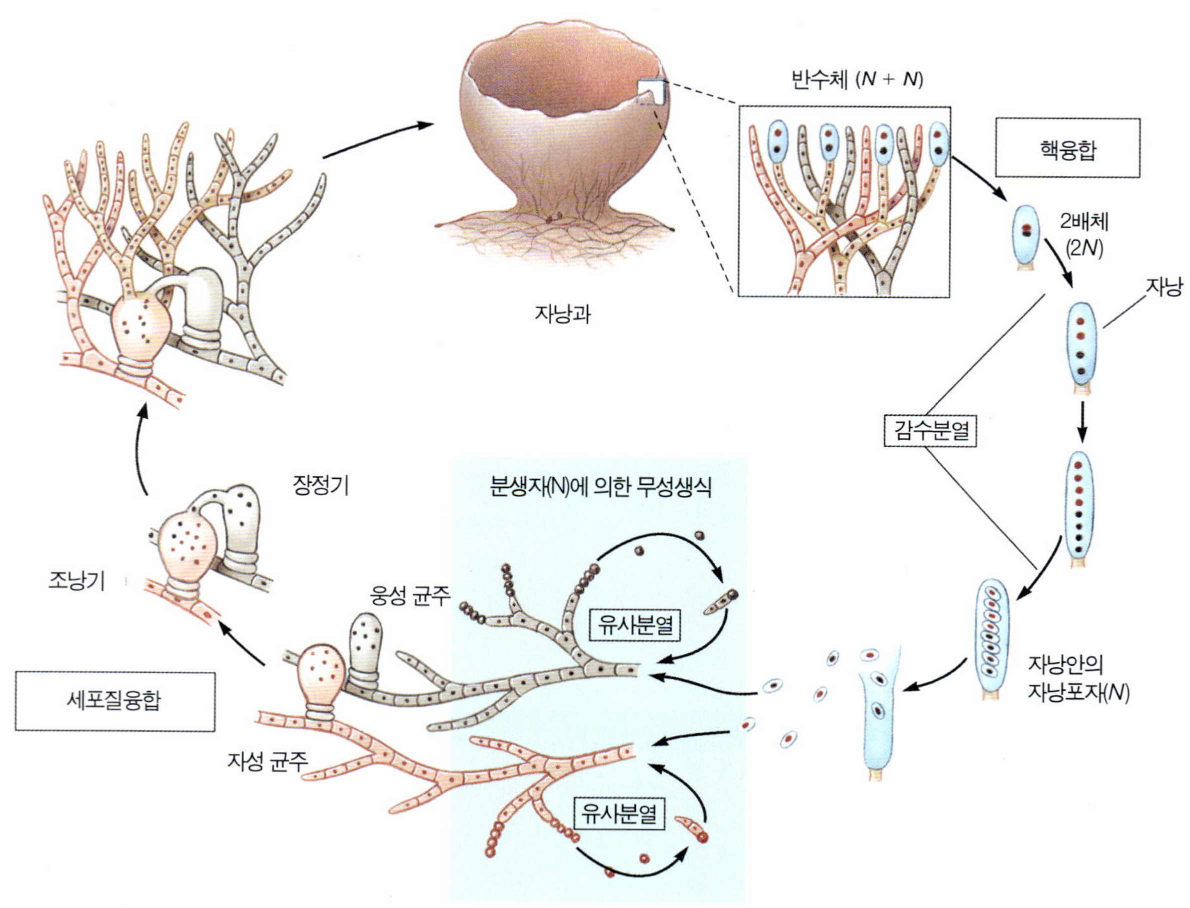

그림 11.12 자낭균강(ascomycete)의 생활환. 무성생식 시기에 분생자(conidia)라 불리는 포자는 변형된 균사의 끝에서 형성된다. 유성생식 시기에 분생자를 생산하는 균사체는 역시 배우자-생산 구조인 장정기(수)와 장난기(암)를 형성한다. 이들 구조의 세포질융합이 일어난 후 2핵성 균사 세포는 발달하고 주머니 모양의 자낭이 자라는 장소인 자낭과(ascocarp)내에서 뒤섞인다. 각 자낭 내에서 2핵성 핵은 융합하여 접합자를 형성하고 접합자 핵은 8개의 핵으로 나뉜다. 이것들로부터 8개의 자낭포자가 형성되고 방출된다.

*Neurospora*의 경우 그들의 자낭포자가 중요한 유전적 정보를 제공하기 때문에 의미가 있다. *Penicillium notatum*은 항생제인 페니실린을 만든다; *P. roquefortii*와 *P. camemberti*는 록포르 치즈 및 까망베르 치즈의 색깔, 조직, 풍미 등에 기여한다. 효모 특히 *Saccharomyces* 속에 속하는 것들은 발효 산물로 이산화탄소와 알콜을 방출하기 때문에 빵을 부풀리거나, 맥주와 와인의 알콜 성분을 만드는데 사용된다(26장). 수많은 자낭균류은 사람의 병원체이다. *Candida albicans*는 질의 효모 감염을 초래한다. *Trichophyton*은 무좀과, *Aspergilus*는 기회적인 호흡기 감염과 관련된다. *Blastomyces*와 *Histoplasma*는 호흡기 감염을 일으키고 전신에 퍼질 수 있다.

곤봉상 균류

곤봉상 균류(club fungi)는 버섯, 독버섯(toadstool), 녹병균, 깜부기병균을 포함한다. 녹병균과 깜부기병균은 식물에 기생해서 상당한 농작물 피해를 초래한다. 균사가 집합하여 균사체를 형성하는 것 외에도 곤봉상 진균은 **담자균문(Basidiomycota)**이라는 이름의 유래이기도 한 **담자기(basidia)**라 불리는 곤봉 모양의 유성생식 구조를 가진다(그림 11.13). **담자균강(basidiomycetes)**의 전형적인 생활사에서 담자포자(basidiospore)라 불리는 유성포자가 발아하여 격벽을 가진 균사체를 형성하고 균사체의 세포들은 2핵체 형태로 결합한다. 이 2핵체형의 균사체가 자라 담자기를 만들고 다시 거기서 담자포자를 형성한다. 26장에서는 버섯농장을 방문하게 될 것이다. *Amantia* 같은 일부 버섯은 사람을 죽일 수 있는 정도의 독소를 생산한다. 호밀 기생체인 *Claviceps purpurea*는 맥각이라고 하는 독성물질을 생산한다. 이 물질은 편두통을 치료하거나 자궁 수축을 유도하기 위해 사용될 수 있으나, 양이 많아지면 사람을 죽일 수 있다(22장). 효모인 *Cryptococcus*는 기회적인 호흡기 감염을 초래하고, 중추신경계에까지 퍼지면 수막염과 뇌에 감염되어 치명적이 될 수 있다. 이 생물체는 AIDS 환자에서 점점 증가하는 추세이다.

도전하라

포자 찍기

버섯을 동정하려면 알려지지 않은 시료의 포자에 관한 지식이 필요하다. 버섯 동정에 관한 일부 검색은 포자 색에 따라 이루어진다. 그렇다면 당신은 그런 정보를 어떻게 얻을 것인가? 이 간단한 방법을 시도해 보시오.

(Dwight R. Kuhn/Dwight Kuhn Photography)

첫째, 갓이 막 피었거나, 완전히 핀 신선한 버섯을 수집. 갓의 밑부분과 평행이 되게 줄기를 자른다. 종이위에 주름 쪽을 아래로 향하게 갓을 놓는다. 그런 후 흔들리지 않게 하루 밤 또는 마를 때까지 방치. 갓을 조심스럽게 들어 올리고 주름 표면에서 뿌려진 햇살모양의 포자를 보시오. 만약 당신에게 동일한 종의 버섯 2개가 있다면 건조 과정 전에 하나는 어두운 색의 종이 위에 놓고, 다른 하나는 하얀 종이 위에 놓아보시오. 그 이유는 당신에게 어떤 색의 포자가 보여질 지 알 수 없기 때문이다. 포자는 검은 색에서부터 흰색, 황갈색, 핑크색에 이르기까지 다양한 색을 가진다.

불완전 균류

불완전균류(Fungi Imperfecti) 또는 **불완전균문(deuteromycota)**은 그들의 생활사 동안 유성생식 시기가 발견되지 않아서 "불완전하다" 고 불린다. 유성생식생활사에 관한 정보가 없는 경우, 분류학자들은 그것들을 어떤 한 분류군으로 지정할 수 없다. 그러나, 생장에 관한 특징과 무성 포자 생산을 기준으로 하면 이들 진균은 자낭균류에 속하는 경우가 대부분이다. 많은 불완전균류는 최근 다른 문(phyla)으로 재분류되어 새로운 속 이름을 갖게 되었다. 그러나 새로운 명칭은 아직 친숙하지 않고 임상적인 연구에 널리 사용되지 않기 때문에, 우리는 이 전의 명칭을 그대로 사용하였다. **무성생식형(anamorphic)** 이름은 무성생식 시기에 관련된 반면, **유성생식형(teleomorph)** 이름은 유성생식시기와 관련되어 있다.

(a)

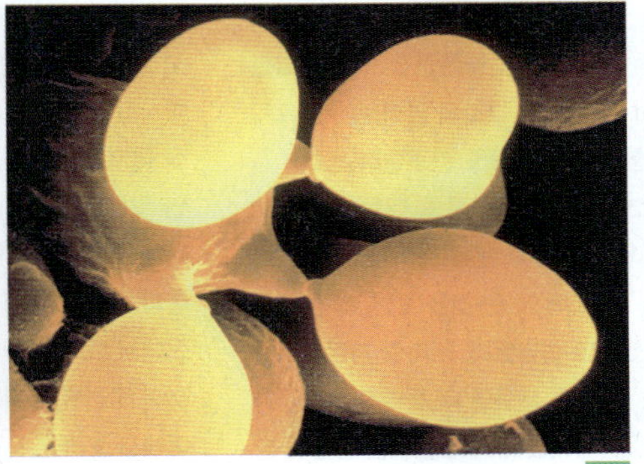

(b)

그림 11.13 버섯 포자. **(a)** 버섯(*Leucoagaricus naucinus*) 갓의 아래쪽에 있는 주름은 현미경적이고, 담자라 불리는 곤봉 모양의 구조를 갖는다(Grant Heilman Photography). **(b)** 각 담자(*Psilocybe mexicana*, 225X)는 담자포자라 불리는 4개의 풍선모양의 구조를 생산한다.(S. Flegler/*Visuals Unlimited*)

중점 질문 사항

1. 엽상체, 균사체, 균사를 구별하시오.
2. 이형성이 어떻게 일어나고, 그것이 초래하는 문제점이 무엇인지 설명하시오.
3. 불완전균류는 왜 "불완전하다"고 간주되는가?

연충

연충의 특징

연충(helminths) 또는 벌레(worms)는 좌우대칭형 즉, 거울상 처럼 오른쪽 반과 왼쪽 반을 갖는다. 기생충 역시 머리와 꼬리를 가지며 조직은 뚜렷한 3개의 조직 층으로 분화되었다: 외배엽, 중배엽, 내배엽. 사람에게 기생하는 연충은 편형동물(flatworms)과 선형동물(roundworms)을 포함한다(**표 11.3**).

편형동물

편형동물(Flatworms)(편형동물문, Platyhelminthes)은 대개 두께가 1mm도 안 되지만, 일부 큰 촌충은 길이가 10 m에 이르기도 하는 원시적인 벌레이다. 고등동물의 경우 소화관과 체벽 사이에 위치한 **체강(coelom)**이 편형동물에서는 없다. 대부분의 편형동물은 단순한 구멍을 가진 간단한 소화관을 가지지만 일부 기생성 편형동물인 촌충은 소화관이 소실되었다. 대부분의 편형동물들은 각 개체가 수컷과 암컷의 생식계를 모두 갖는 자웅동체(hermaphroditism)이다. 그들은 뇌 진화에 있어 초기에 나타나는 뉴런의 집합체를 머리끝에 갖는다. 편형동물들은 순환계가 결여되어 있으며, 대부분 체벽을 통해 영양물질과 산소를 흡수한다.

15,000종 이상의 편형동물이 동정되어 있다. 플라나리아 같은 수생인 것은 대부분 자유생활을 하며, 두 종류의 기생체로는 **흡충(*trematodes*)**과 **촌충(*cestodes*)**이 있다. 두 기생군은 고도로 특수화된 생식계와 숙주에 붙을 때 필요한 흡반(sucker) 또는 갈고리를 갖는다. 흡충은 내부 또는 외부 기생체이다. *Fasciola hepatica*와 몇몇 다른 흡충은 사람에 기생한다. 촌충은 거의 예외 없이 동물의 소장에 기생하지만, 때때로 눈이나 뇌에서 나타나기도 한다. 육우 촌충인 *Taenia saginata*와 몇몇 다른 촌충들은 사람에 기생한다.

확대경

진균은 지구상에서 가장 크고 오래된 생물체인가?

미시간 북부에 있는 크리스탈 폭포 가까운 숲에 있는 약 100톤 이상의 무게(흰긴수염고래보다 무거운)가 나가고 거의 40 에이커의 면적을 차지하고 있는 것은 진균 *Armillaria bulbosa* 하나의 거대한 개체이다. 1,500년과 10,000년 전 사이, 아마도 지난 빙하기 말쯤에, 부모 버섯으로부터 포자 한 쌍이 날아와 발아하고 교배했다. 그 후 생장을 시작했고 오늘날까지도 계속된다. 진균은 주로 토양 아래에서 자라기 때문에 부주의한 관찰자에게는 보이지 않는다. 이 균사체의 균사는 분해와 재순환을 위한 나무 부스러기를 찾기 위해 토양 속을 면밀히 찾아다닌다. 토양 속을 통해 생장하는 진균 생장율의 실험적 측정은 과학자로 하여금 현재 크기에 이르게 하는데 필요한 시간을 측정 가능하게 했다.

흔히 단추 혹은 꿀 버섯이라 불리는 생물의 자실체 구조와 근상균사체(rhizomorph)라 불리는 그것의 끈 모양인 땅 밑의 집락형성 구조로부터 12개 유전자의 DNA 분석 결과 거대한 진균은 하나의 거인 클론인 것으로 밝혀졌다. 그 클론의 모든 부분은 유전적 조성이 동일하다. 그것의 연속성에 중요치 않은 중단 지점이 있기는 하지만 여전히 한 개체인 것으로 간주된다.

이 진균이 큰 부피임에도 불구하고, 발견자인 토론토 대학의 Myron Smith와 James Anderson, 미시간 공대의 Johann Bruhn은 이것이 가장 큰 생물체는 아닐 것 이라고 예견했다. 1992년 봄 'Nature'에 쓴 것을 보면, 많은 종류의 나무로 조성된 숲에서 그 진균을 발견했다고 설명했다. 커다란 자작나무나 포플러와 같은 한 종류로 구성된 숲에서는 그 나무 종류를 더 좋아하는 진균이 더 큰 크기로 자랄 수 있다. 그러나 이 진균은 경계를 따라 경쟁적인 진균과 상충하기 때문에 아마도 자신의 최대 크기에 도달한 것으로 여겨진다.

버섯(*Armillaria bulbosa*) (Courtesy Johann N. Bruhn, University of Missouri)

과학자의 예견은 꽤 빨리 증명되었다. Nature에 논문이 출간된 지 약 1개월 후, 2명의 숲 병리학자인 워싱턴주 자원보호국의 Ken Russell과 미 산림청의 Terry Shaw는 워싱턴주 남서쪽 Adams 산 근처에 서식하는 더 큰 진균에 관하여 연구하고 있음을 발표하였다. *Armillaria ostoyae* 한 개체는 미시간 진균보다 거의 40배나 넓은 면적인 1,500 에이커(약 2.5 평방 마일)를 뒤덮고 있다. 워싱턴 진균(Washington fungus)은 주로 한 종류(이 경우 소나무)의 나무가 살고 있는 지역 내에서 자라고, 따라서 광대한 영양물질의 자원을 만끽한다. 워싱턴 진균은 크기 면에서 미시간 진균(Michigan fungus)을 더 작아 보이게 하지만, 실지로 더 젊은 400살 내지는 1,000살의 추정치를 갖는다. 그리고 미시간 진균은 "가장 큰"이 아닌 "가장 오래된"(적어도 현재까지는)이란 명칭을 보유하고 있다.

결국 과학자들은 워싱턴 진균보다 더 큰 것을 발견할까요? 십중팔구 그렇다. 실지로 인터뷰에서, Shaw는 Oregon주에서 발견한 *A. ostoyae*는 워싱턴에서 그가 발견한 것 보다 더 큰 것이라고 언급하였다. 그리고 여전히 더 큰 것이 발견될 여지가 있다. "가장 크고 가장 오래된"을 찾는 것은 미생물학 분야에서 놀라운 사건이 될 것임을 약속한다.

표 11.3

연충의 특징

군	특 징	예
편형동물(편형동물문)	숙주 내부 또는 외부에서 사는 벌레	*Taenia*와 다른 촌충들은 내부 기생생물이다; 흡충은 내 • 외부 기생생물
선형동물(선충)	숙주의 장이나 순환계에서 사는 대부분의 벌레	십이지장충, 요충, 장이나 림프계에서 사는 다른 선형동물

선형동물

선형동물(roundworms) 또는 **선충(nematodes)**은 편형동물과 많은 특징을 공유하지만, 이들 선형동물은 고등동물에서 발견되는 체강(진체강)을 둘러싼 완전한 한 겹의 막이 결여되어 있고, 더 원시적이고 액체로 가득 찬 체강인 **의체강(pseudocoelom)**을 가진다. 선형동물은 양 끝이 가늘어 지는 모양의 원통형 몸을 가지며, 두껍고 보호기능이 있는 큐티클로 덮여 있다. 길이는 1 mm에서 1 m이상인 것 까지 다양하다. 체벽에 있는 강한 근육이 수축하면 의체강 내의 액체에 압력을 가하여 몸을 경직시킨다. 뾰족한 끝과 경직된 선형동물로 하여금 토양과 조직사이를 쉽게 이동하게 한다. 암컷 선형동물은 수컷보다 더 크다. 교배는 암컷에서 방출한 수컷을 유인하는 화학 유인제에 의해 촉진된다. 암컷은 하루에 200,000개 정도의 알을 낳는다. 딱딱한 껍질에 의해 잘 보호된 수많은 알들은 그들의 생존과 생식을 보장한다.

80,000종 이상의 선형동물이 보고되었다. 토양, 민물, 해수에서 자유생활을 하는 것과 여전히 연구되고 있는 것으로서 모든 동 • 식물에서 기생체로 살아가는 것 들이 있다. 토양 에이커당 10억 개체의 선형동물이 포함될 수 있다. 많은 것들이 곤충과 식물에 기생한다 ; 단지 상대적으로 적은 수의 종들만이 사람을 감염시킬 뿐만 아니라, 사람을 상당한 허약, 고통, 죽음에 이르게 까지 한다. 십이지장충과 요충과 같은 사람에 기생하는 대부분의 선형동물들은 주로 장관에 살지만, *Wuchereria* 같은 일부는 유충의 형태로 혈액이나 림프에 산다. 사람에 대한 선형동물의 영향은 고대 중국문헌에 처음 기록되었고 그 후로는 거의 모든 지역에서 보고되었다(현대 미국인들은 선형동물이 숨어 있는 초밥과 다른 형태의 날 생선을 경험하기 때문에, 22장의 초밥에 관한 박스 내용을 보시오).

기생성 연충

우리는 기생성 연충에만 관심을 가져, 4개의 군을 다룰 것이다: 흡충(fluke), 촌충(tapeworm), 장의 성체 선형동물, 선형동물 유생(**그림 11.14**). 연충은 질병을 유발하는 그들의 능력과 관련된 복잡한 생활

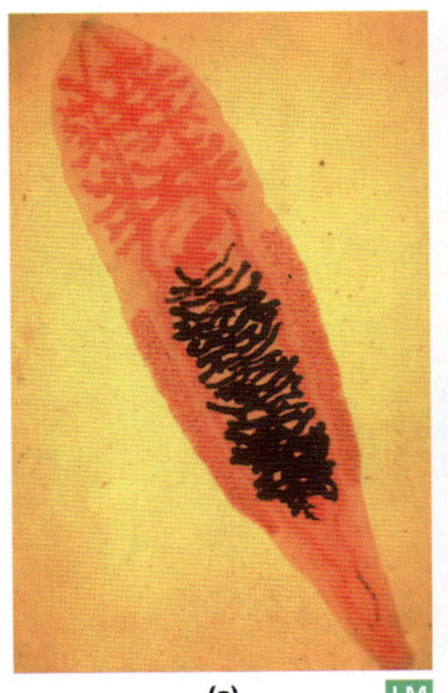
(a) LM

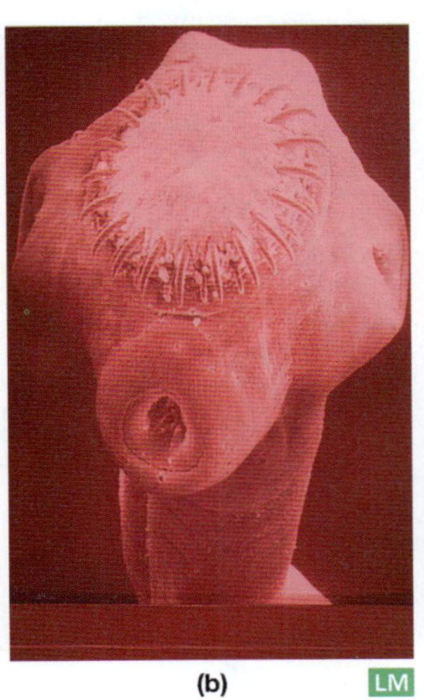
(b) LM

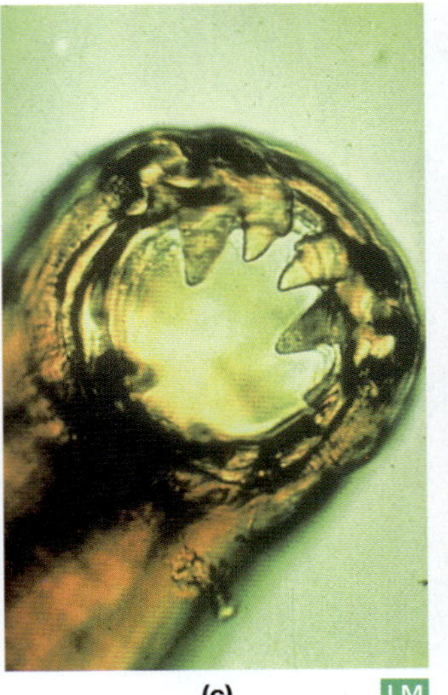
(c) LM

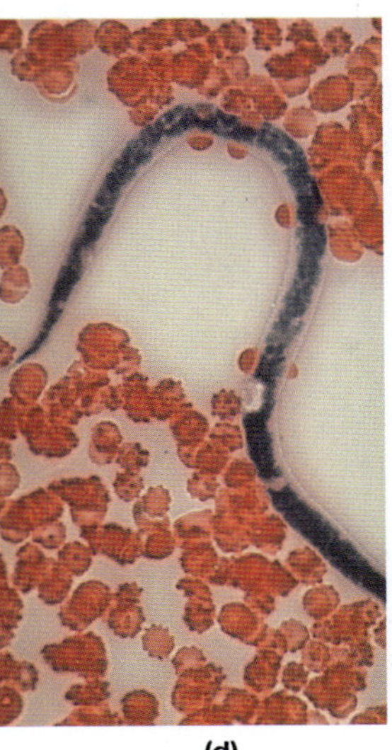
(d)

그림 11.14 대표적인 연충. **(a)** *Clonorchis sinensis*, 중국 간 흡충으로서 조직 내부를 보기 위해 염색함. 담낭, 담관, 이자관 등에 만연하며 거기서 담낭 경변과 황달을 일으킨다(59X)(*John D. Cunningham/Visuals Unlimited*). **(b)** 촌충의 두절(scolex)(220X). 갈고리 모양의 회전반과 흡반을 사용하여 장 표면에 붙는다(*G. Shin & R〉 Kessel/ Visuals Unlimited*). **(c)** 세계적으로 오래된 십이지장충인 *Ancylostoma duodenale*(59X)의 입. 이 선형동물의 근육성 인두는 숙주 장 내막에서 피를 펌프질 한다(*Fred Marsik/Science VU/Visuals Unlimited*). **(d)** 개 혈액에 있는 개심장사상충(heartworm)인 *Dirofilaria immitis*의 *microfilariae*(소형 유생) 시기로서 모기에게 물려야 전파된다. 더 크면 심장에서 살며 심장벽에서 증식한다.

사를 갖기 때문에 우리는 각 군의 전형적인 생활사를 고찰할 것이다.

흡충

사람에서는 두 종류의 흡충 감염이 발생한다. 하나는 담즙, 폐, 또는 다른 조직에 붙는 조직 흡충(tissue fluke)이고; 다른 하나는 생활사 중 일부 시기가 혈액에서 발견되는 주혈흡충(blood fluke)이다. 사람에게 기생하는 조직 흡충은 폐흡충인 *Paragonimus westermani* 와 간흡충인 *Clonorchis sinensis* **(그림 11.14a)** 및 *Fasciola hepatica* 가 포함된다. 주혈흡충은 *Schistosoma* 속의 여러 종을 포함한다.

기생성 흡충은 몇몇 숙주를 거치는 복잡한 생활사**(그림 11.15)**를 갖는다. 수컷과 암컷 배우자가 융합하여 수정된 알을 생산하는데 이 알은 암컷 흡충의 자궁을 통과하는 동안 단단한 껍질에 싸인다. 그 알은 숙주의 배설물을 통해 나온다. 알이 물에 도달하면, **흡충섬모유생(miracidia)**라 불리는 자유 유영하는 유생으로 부화한다. 흡충섬모유생은 달팽이나 다른 연체동물 숙주에 침입하면 **포자포낭(sporocyst)**이 되어 숙주의 소화샘으로 이동한다. 포자포낭 내부의 세포는 유사분열을 하여 **레디아유생(rediae)**을 형성하고 이 레디아는 다시 연체동물에서 물로 빠져나와 자유 유영을 하는 **유미유충(cercariae)**으로 된다. 드러난 피부에 파고 들기 위해 효소를 사용하여 유미유충은 또 다른 숙주에 침투한 후 포낭에 싸여 **낭충(metacercariae)**이 된다. 이 숙주가 고유 숙주에게 먹히면, 낭충은 포낭을 벗고 숙주의 장(창자)안에서 성숙한 흡충으로 발달한다.

촌충

촌충은 장벽에 붙기 위한 **흡반(sucker)**이 있는 **두절(머리마디, scolex)** 또는 머리 끝**(그림 11.14b)**과 긴 사슬의 자웅동체성 **편절(proglottid)**로 이루어져 있다. 각 편절 내부는 2가지 성의 생식기관으로 꽉 차 있다. 새로운 편절은 두절 뒤부터 발달하고 성숙하여 그들 스스로 수정한다. 오래된 편절은 뒤쪽 끝부터 떨어져 나와 알(egg)을 배출한다. 사람에 감염하는 촌충 중 소고기와 돼지고기 촌충은 *Taenia*

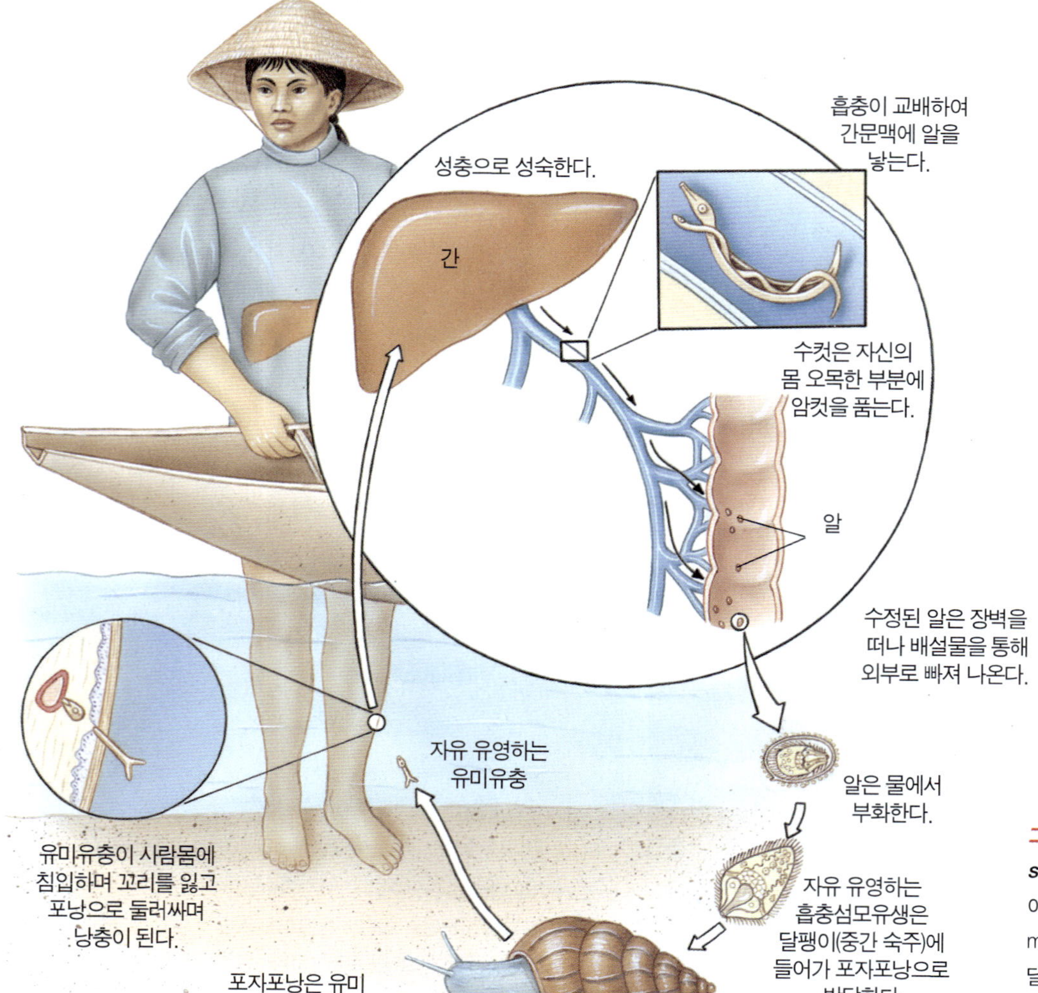

그림 11.15 주혈흡충인 *Schistosoma japonicum*의 생활사. 이것은 주혈흡충증(schistosomiasis)을 일으킨다. 일부 흡충과는 달리 *S. japonicum* 은 레디아유생 시기도 없으며 절지동물 숙주에 들어가지도 않는다.

의 일부 종(species)들이 있고, 쥐를 비롯한 작은 동물의 촌충은 *Hymenolepis*, 촌충의 포충(hydatid)은 *Echinococcus*, 개의 촌충은 *Dipylidium*, 광범위한 물고기 촌충은 *Diphyllobothrium* 등이다.

종들 간에 변이가 적기는 하지만, 촌충의 생활사(**그림 11.16**)는 다음 단계들을 거친다: 배(embryo)는 알 내에서 발달한 후 편절에서 배출된다; 편절과 알은 배설물에 섞여 숙주의 몸에서 빠져나온다. 또 다른 동물이 알로 오염된 음식물이나 물을 섭취하면 알은 유충으로 부화하고 유충은 장(창자)벽으로 침입하여 다른 조직으로 이동해 갈 수 있다. 유충은 **낭미충**(**cysticercus**, 또는 bladder worm)으로 발달하거나, 포낭(cyst)을 형성할 수 있다. 낭미충은 장벽에 남거나 혈관을 따라 다른 기관으로 이동한다. 포낭은 확장하여 그것 안에서 많은 촌충 머리를 발달시켜 **포충 포낭**(**hydatid cyst**)이 될 수 있다(22장). 만약 동물이 그런 포낭이 포함된 고기를 섭취한다면, 각 두절은 하나의 새로운 촌충으로 발달할 수 있다.

성체 선형동물

사람에 기생하는 대부분의 선형동물은 그들 생활사의 많은 부분을 소화관에서 산다. 그들은 대개 음식이나 물 섭취에 의해 몸에 침입하지만 십이지장충 같은 것들은 피부를 통해 침입한다. 이들 기생충에는 돼지 선형동물인 *Trichinella spiralis*, 일반적인 회충인 *Ascaris lumbricoides*, 메디나충(Guinea worm)인 *Dracunculus medinensis*, 요충인 *Enterobius vermicularis*, 십이지장충인 *Ancylostoma*

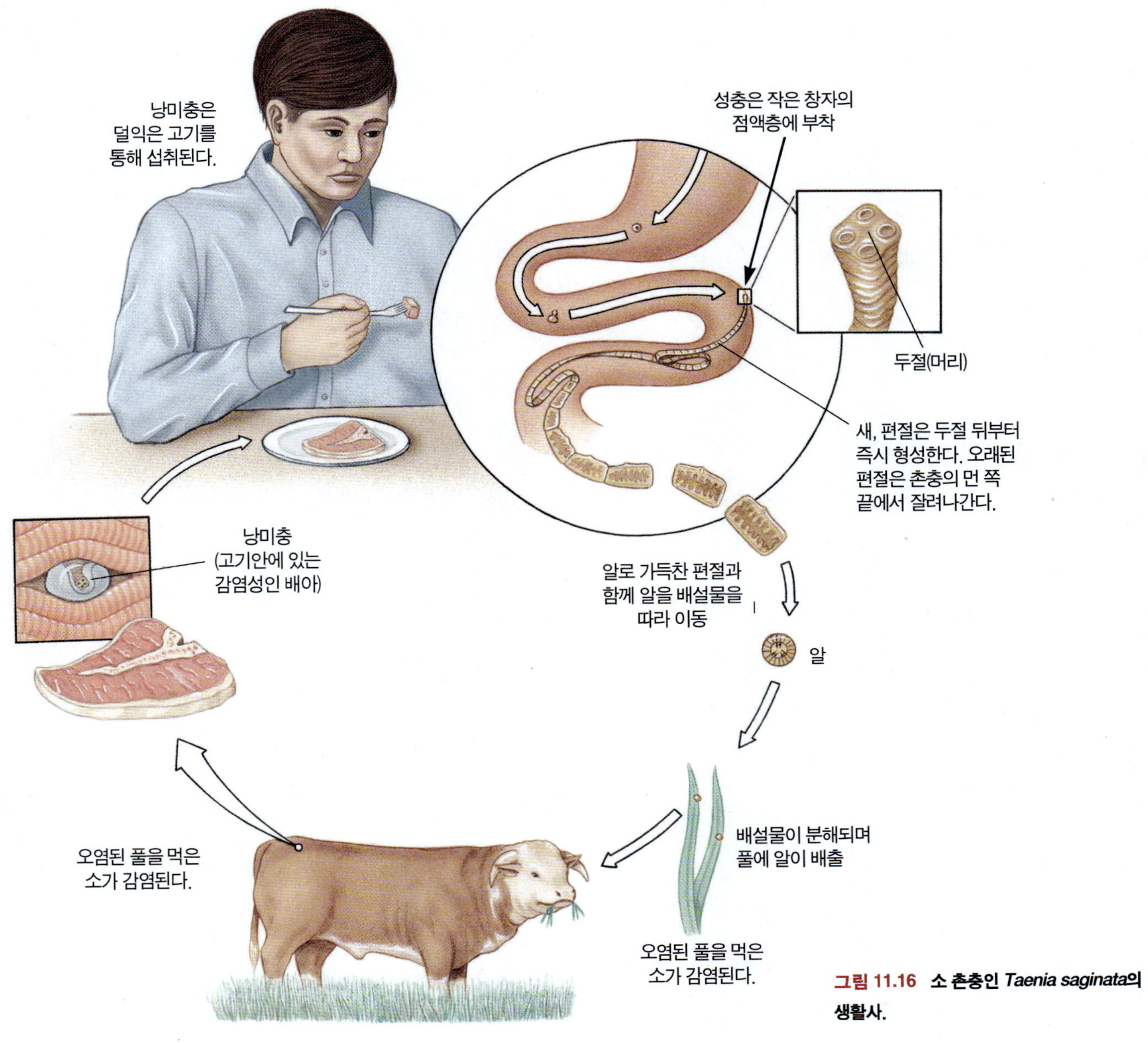

그림 11.16 소 촌충인 *Taenia saginata*의 생활사.

새는 일시적으로 Trichinella spiralis 의 숙주가 될 수도 있으나, 이 선형동물은 가금류나 냉혈동물의 근육 내에서는 포낭에 싸이지 않는다.

duodenale(**그림 11.14c**)와 *Necator americanus*등이 있다.

작은 창자에 기생하는 선형동물은 상당한 변이를 보인다. 따라서 우리는 *Trichinella spiralis* 의 생활사를 예시하였다(**그림 11.17**). 이들 선형동물은 덜 익힌 돼지고기를 먹었을 때, 감염된 돼지의 근육 내에서 포낭에 싸여져 있던 유생이 사람에게 침입한다. 포낭벽은 고기에 의해 분해되어 유생만이 작은 창자에 배출된다. 그 유생은 2일 가량 성적으로 성숙한 후 교배한다. 암컷은 장벽으로 기어 들어가 알을 낳고 성체 내부에서 부화하여 유생이 된다. 유생은 림프관으로 이동하고 혈액으로 옮겨진다. 혈액으로부터 이 유생은 근육으로 기어 들어가서 포낭으로 둘러싸인다. 이 포낭은 근육 안에 몇 년 동안 남아 있을 수 있다. 동일한 과정이 돼지 안에서도 일어나서 포낭은 그들의 조직에 존재한다.

선형동물 유생

대부분의 선형동물이 작은 창자의 조직에 피해를 입히는 경우는 성체일 때라고는 하지만, 일부는 다른 조직에서 주로 유생일 때 피해를 입힌다. 이들 선형동물에는 림프조직에서 살며 상피병(elephantiasis)을 일으키는 *Wunchereria bancrofti*, 눈에 감염하는 *Loa loa*, 피부와 눈에 감염하여 회선사상충증(riverblindness)를 일으키는 *Onchocerca volvulus*, **그림 11.18**에서 보여주는 바와 같은 생활사와 증후군을 갖는 *Dracunculus medinensis*(메디나충) 등이 있다. 메디나충의 박멸은 조지아주 애트랜타 카터 재단의 특별 중심 사업이다. 전 미 대통령 지미 카터는 생활사와 이 질병의 증후군을 인터뷰에서 설명하였다. 여기서는 인터뷰의 일부만 실었으며 나머지는 웹 사이트에서 볼 수 있다.

미국에서의 메디나충(Dracunculus)! 서로 다른 종이 미국너구리를 감염시키고 미국너구리가 그들의 먹이를 연못에 씻을 때 때때로 손목에 길고 하얀 "줄"로 보여진다.

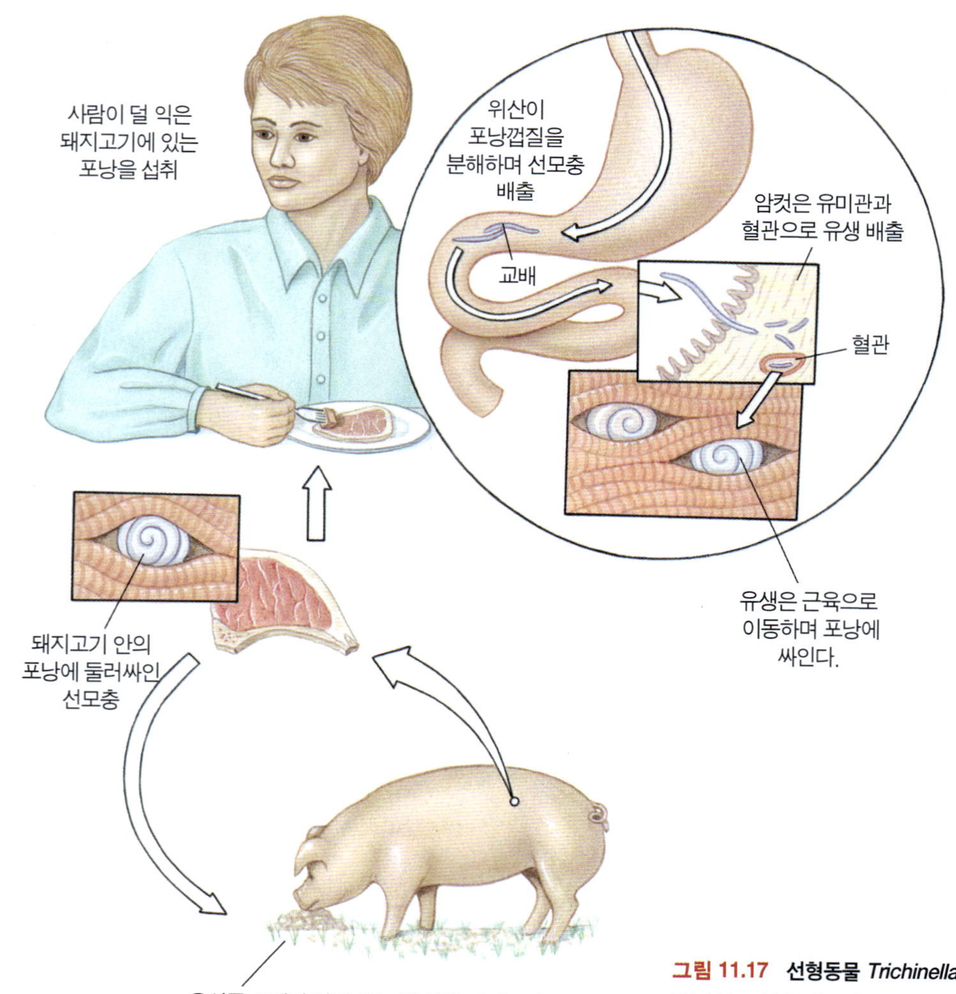

그림 11.17 선형동물 *Trichinella spiralis*의 생활사. 이 선형동물은 선모충병(trichinosis)을 일으킨다.

Carter 전 대통령: 메디나충증은 선형동물의 유생이 오염된 연못, 우물, 저수지, 또 다른 고인 물 등을 마셨을 때 걸립니다. 메디나충인 *Dracunculus medinensis* 는 단지 사람에게만 영향을 미치고 실지로 그들 생활사의 연장을 위해 사람 숙주를 이용합니다. 오염된 물이란 덜 성숙한 메디나충 유생을 먹은 물벼룩을 포함하고 있는 경우이고, 유생은 사람 위안의 소화액이 벼룩을 죽이면 빠져나옵니다. 유생은 위벽을 통과하고 복부 주위를 돌아다니며 몇 달 내에 성숙하고 교배한 후 수컷이 죽습니다. 단지 암컷만이 길이 2~3 피이트로 자라고, 약 1년이 지난 후 독소를 분비하여 피부에 수포를 형성하게 됩니다. 대개 몸의 감염된 부분이 찬 물에 닿아 수포가 터지면 메디나충이 나오기 시작하고, 이 과정은 메디나충이 결국 몸에서 다 빠져나오기 전 까지 30~100일 정도 소요됩니다. 감염된 사람이 마을 연못이나 물놀이 시설에 들어가게 되면 메디나충은 물로 수 십만의 아주 작은 유생이 배출됩니다.

Hopkins 박사: 수포가 올라오기 전에 생긴 작은 벤 상처는 메디나충을 점차 상처 밖으로 드러나게 하고 상처 주위를 감싸게 됩니다. 이것은 의사란 직업의 상징, 즉 지팡이를 감싸 올라간 뱀 모양인, 그리이스 신화의 에르메스 지팡이(caduceus)의 기원이 되었을 겁니다. 많은 학자들은 메디나충을 성경의 "불같은 뱀" 이라고 생각합니다. 메디나충을 완전히 제거하기 위하여 몇 주간 매일 부드럽게 감아올려야 합니다. 만약 메디나충이 죽으면 화농과 감염을 초래하여 숙주 내부를 썩게 한다. 만약 상처의 일부가 조직까지 밀려 들어가면 그 부위에 파상풍 포자를 옮겨와서 치명적인 파상풍병을 일으킵니다. 상처에 소 배설물을 올려놓는 일부 나라들에서의 이런 민간요법은 특히 파상풍을 일반적이게 만듭니다. 부르키나 파소(아프리카 서부 공화국, Upper Volta)와 나이지리아에서 메디나충은 파상풍에 걸리게 하는 세 번째 원인입니다. 다른 형태의 미생물 역시 상처에 들어갈 수 있고, 만약 파상풍을 피할 수 있다 하더라도 2차 감염은 종종 일어납니다. 만약 메디나충이 주요 관절 가까이에 출현한다면, 영원히 흉터가 형성되어 관절이 경직되고 불구가 되게 합니다. 메디나충이 혀 아래 나타나서 먹을 수 없다면, 그 사람은 기아 때문에 죽게 됩니다. 대부분의 메디나충이 다리 아래에 출현한다고는 하지만, 몸 어디에나 출현할 수도 있습니다 : 음낭, 머리, 가슴, 얼굴.

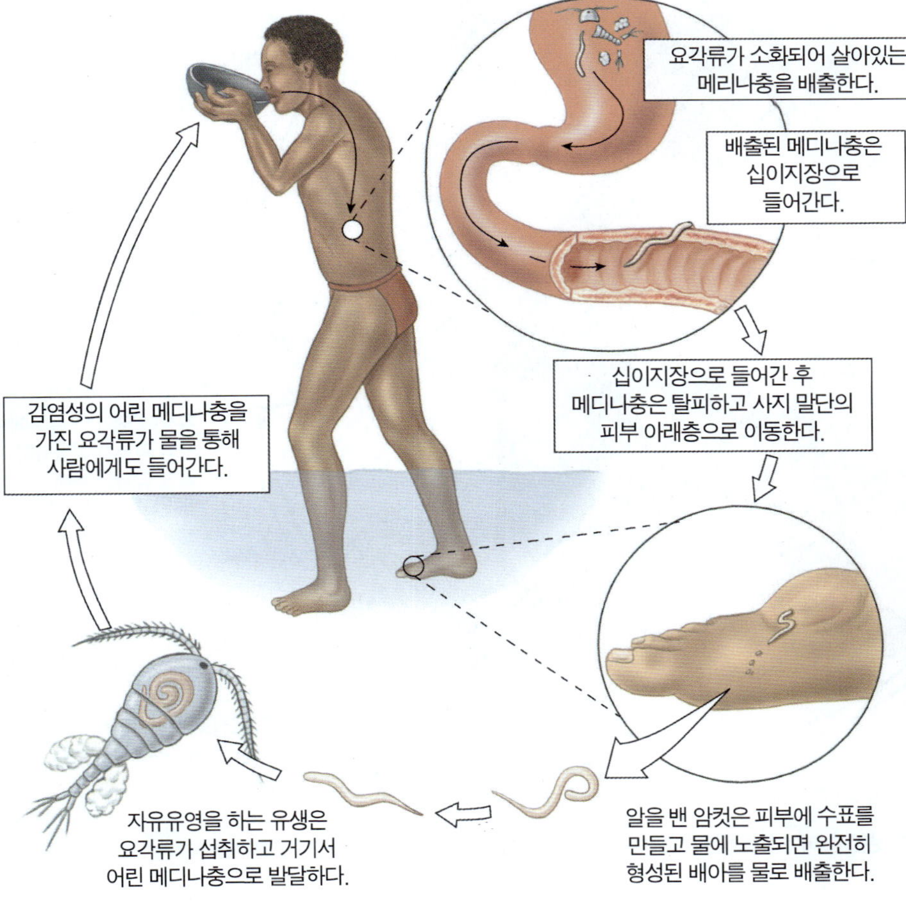

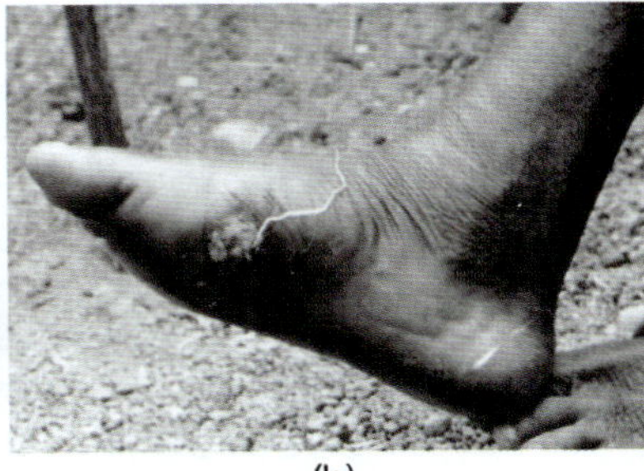
(b)

그림 11.18 ***Dracunculus medinensis*** **(Guinea worm, 메디나충).** **(a)** 생활사. **(b)** 암컷 메디나충은 감염자의 발 위에 생긴 수포에서부터 나온다. (카터 센터에서 제공)

이 인터뷰는 웹에 계속된다. www.wiley.com/college/black.

유생으로 사람에 기생하는 선형동물의 생활사는 중간 숙주로 모기를 필요로 한다**(그림 11.19)**. 이 선형동물은 감염된 모기에 물리면 **소형유생(microfilariae)**이라 불리는 성숙 전의 유생 상태로 사람 몸에 들어간다. 소형유생은 조직을 지나 림프로 이동하고 이동하는 중간에 교배한다. 암컷은 많은 수의 소형유생을 생산하고 이것은 대개 밤에 혈액으로 들어간다**(그림 11.14d)**. 감염된 사람을 모기가 물면 소형유생이 전달된다. 몇몇 종의 모기 중 어떤 한 종이 숙주로 제공될 수 있다. 소형 유생이 모기의 중장에 도달하면, 거기서 장벽을 통과해 첫 번째로 가슴 근육으로 이동한 후 입 부위로 간다. 거기서 생활사가 계속되는 장소인 새로운 사람 숙주에게로 전달된다.

73개국에 있는 10억 명 이상의 사람이 상피병(elephantiasis)의 위험에 노출되어 있으며 1억 2천만 이상의 인구가 이미 감염되어 있다.

Loa loa 성체는 2분 이내에 1인치 속도로 피부 밑을 통과한다. 그들은 콧마루를 가로지르는 동안 특히 문제를 일으킨다.

✓ 중점 질문 사항

1. 흡충과 촌충은 어떻게 다른가?
2. 촌충의 생활사의 각 단계를 낭미충(cysticercus)과 포충 포낭(hydatid cyst)시기를 포함하여 설명하시오.
3. 소형유생(microfilariae)이란 무엇인가? 그것들은 대개 어떻게 전파되는가? 그것들은 무엇이 되는가?
4. 촌충과 주혈흡충의 생활사에서 최후의 숙주는 무엇인가?

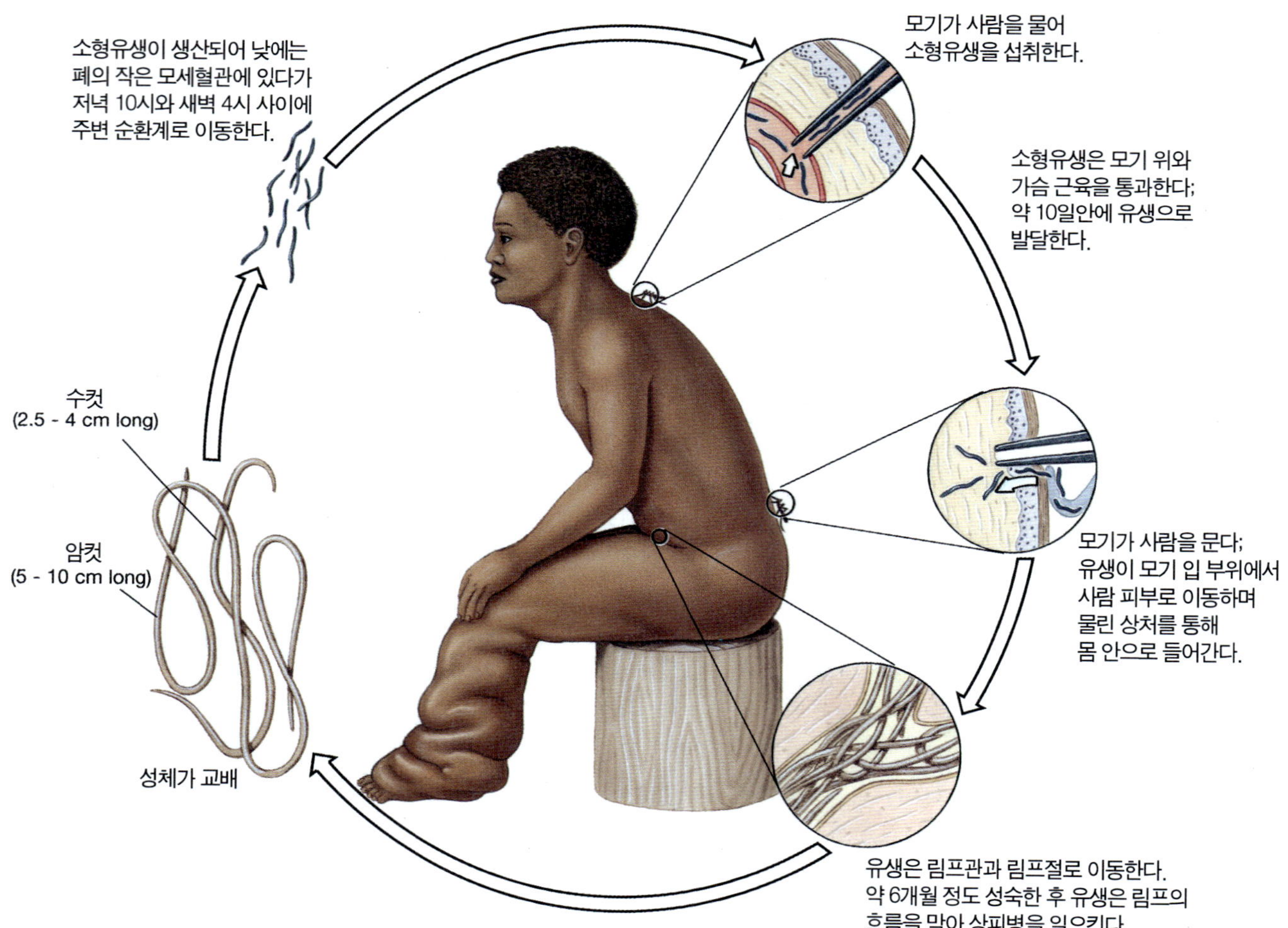

그림 11.19 선형동물인 *Wuchereria bancrofti* 의 생활사. 이 선형동물은 소형유생(microfilariae)을 만들고 특히 다리와 음낭에 상피병(elephantiasis, 만성 부종; 그림 23.4 참조)을 일으킨다.

절지동물

절지동물의 특징

절지동물(arthropod)은 모든 동물 종의 80%가 절지동물문(Arthropoda)에 속할 만큼 거대한 군으로 구성되어 있다. 절지동물의 특징은 키틴성의 외골격, 체절성의 몸, 관절이 달린 부속지 등이다. 절지동물이란 이름은 관절(arthros)과 발(podos)에서 유래되었다. 외골격은 생물체를 보호하고 근육의 부착부위를 제공한다. 이들은 고등동물의 혈액처럼, 영양물질을 공급하는 액체로 가득 찬 진체강을 갖는다. 절지동물은 작은 뇌와 광범위한 신경망을 갖는다. 여러 군들이 대기나 수생환경에서 산소를 얻기 위한 서로 다른 구조들을 가지고 있다. 절지동물에서는 성별이 뚜렷하며, 암컷은 많은 알을 낳는다. 절지동물은 거의 모든 환경, 즉, 토양 내, 식물 위, 담수 및 해양에서는 자유생활, 많은 동물과 식물에서 기생체로서 발견된다.

절지동물의 분류

절지동물의 3개 아군(강)인 거미류, 곤충류, 갑각류(**표 11.4**)는 기생체로서 또는 질병 매개체로서 중요하다(**그림 11.20**). 절지동물에 의해 전파되는 질병들을 **표 11.5**에 요약해 놓았다.

표 11.4

절지동물 세 강의 특징

분류 군	특 징	예
거미류	8개의 다리	거미, 전갈, 진드기, 응애
곤충류	6개의 다리	이, 벼룩, 파리, 모기, 진정 곤충
갑각류	각 체절마다 1쌍의 부속지	게, 새우, 요각류

거미류

거미류(Arachnid)는 몸이 2개의 부위-두흉부(cephalothorax)와 배(abdomen)로 나눌 수 있으며, 4쌍의 다리, 그리고 떨어져 있는 먹이를 포획하여 찢을 수 있는 입 부위를 갖는다. 거미류에는 거미, 전갈, 진드기, 응애 등이 포함된다. 거미가 물고 전갈이 찌르면 국부적으로 염증이 일어나고 조직이 죽을 수도 있고, 그들의 독소는 심각하게 전신에 영향을 미칠 수 있다. 진드기와 응애는 많은 동물의 외부 기생체이고

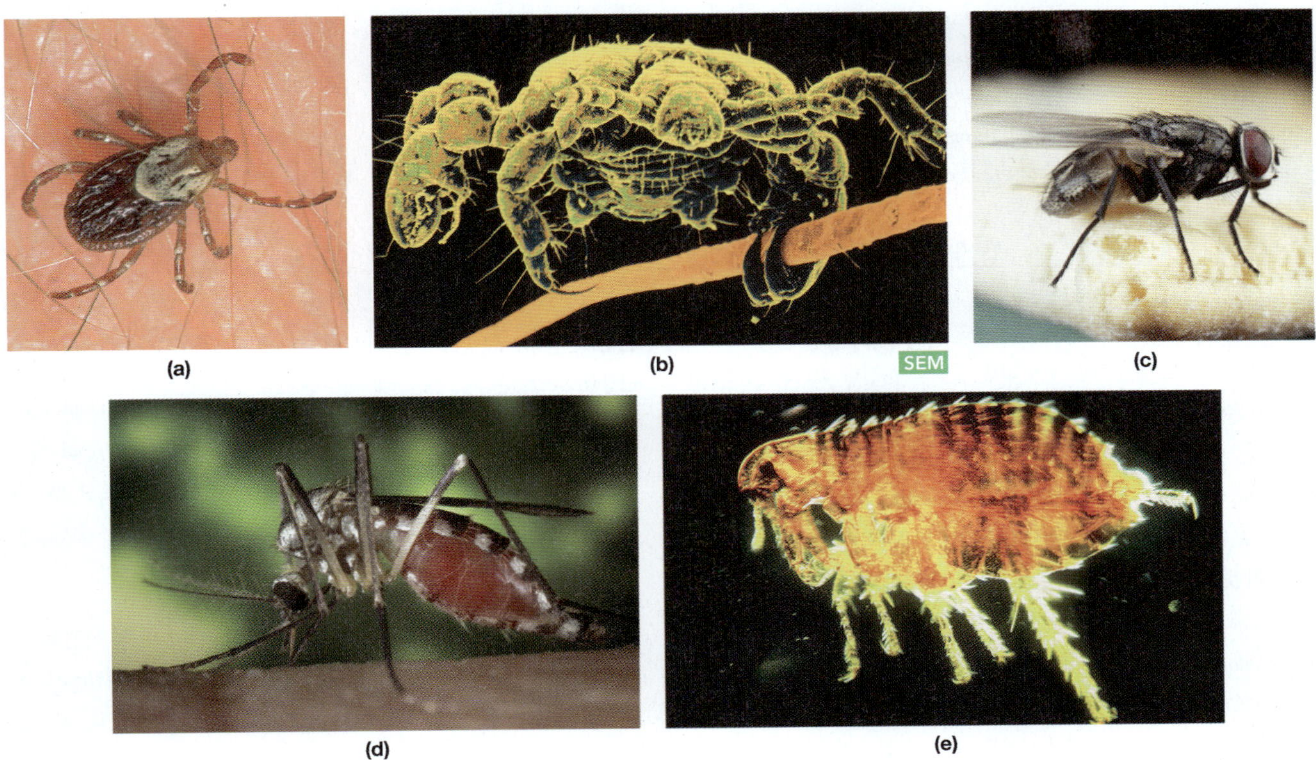

그림 11.20 기생성이거나 질병 매개동물로 작용하는 대표적인 절지동물. ***(a)*** 나무 진드기, *Dermacentor andersoni*(*L. West/Photo Researchers, Inc.*). ***(b)*** 사람 음모에 매달려 있는 사면발이(crab louse)라고도 불리는 음부 이(pubic louse)인 *Phthirus pubis*의 적외선 SEM 사진(55X). 이는 하루에 약 5번 먹이를 먹는다. (*Cath Wadforth/Photo Researchers, Inc.*) ***(c)*** 집파리인 *Musca domestica*(4X)는 자신의 몸 위에 미생물을 나를 수 있다(*Runk Schoenberger/Grant Heilman Photography*). **(d)** 각다귀(*Aedes*) 모기.(*Courtesy Centers for Disease Control and Prevention CDC*) **(e)** 벼룩, *Ctentocephalidis canis*(33X). (*A.M. Siegelman/Visuals Unlimited*)

표 11.5

절지동물에 의해 전파되는 질병

질병	원인체	주요 매개체	유행지역
페스트	*Yersinia pestis*	벼룩	현대에는 단지 산발적;설치류내에서 전염의 보유숙주가 유지되는 경우
야토병	*Francisella tularensis*	벼룩, 진드기	미 서부
살모넬라증	*Salmonella* 종	파리	전세계
라임병	*Borrelia burgdorferi*	진드기	미국, 호주, 유럽의 일부
재귀열	*Borrelia* 종	진드기, 이	미국의 로키산과 태평양 연안;많은 열대 및 아열대 지역
발진티푸스	*Rickettsia prowazekii*	이	아시아, 북아프리카, 중남미
진드기매개발진티푸스	*Rickettsia conorii*	진드기	지중해 지역;아프리카, 아시아, 호주 일부
털진드기병	*Rickettsia tsutsugamushi*	응애	아시아와 호주
쥐발진티푸스	*Rickettsia typhi*	이	열대 및 아열대지역
로키산 뇌척수막염	*Rickettsia rickettsii*	진드기	미국,캐나다, 멕시코, 남미 일부
Q 열	*Coxiella burnetii*	진드기, 응애	전세계
참호열	*Rochalimaea quintana*	이	단지 전투 중인 군대에서만 발생
바이러스성 뇌염	Togaviruses	모기	전세계; 다양한 바이러스와 매개체
황열	Togavirus	모기	열대와 아열대
뎅기열	Togavirus	모기	인도, 극동지역, 하와이, 카리브해 섬들, 아프리카
눈에놀이열	bunyavirus과의 바이러스	암컷 눈에놀이	지중해 지역, 인도, 남미 일부
콜로라도 진드기열	orbivirus	진드기	미 서부
진드기 매개 뇌염	다양한 바이러스	진드기	유럽과 아시아
아프리카 수면병	파동편모충	체체파리	아프리카
샤가스병	*Trypanosoma cruzi*	진정 곤충	남미
내장리슈만편모충증 및 다른 리슈만편모충증	*Leishmania* 종들	눈에놀이	열대와 아열대 지역
말라리아	*Plasmodium* 종들	모기	열대와 아열대 지역

일부는 역시 감염원의 매개동물로 작용할 수도 있다.

감염된 진드기는 사람에게 몇몇 질병을 옮긴다. *Ixodes* (진드기)의 어떤 종은 뇌염을 일으키는 바이러스와 라임병(Lyme disease)을 일으키는 스피로헤타인 *Borrelia burdorferi*를 나르기도 한다. 진드기 독마비를 일으키는 흔한 진드기인 *Dermacentor andesoni* 는 뇌염과 콜로라도 진드기열을 일으키는 바이러스, 로키산 뇌척수막염을 일으키는 리켓치아, 야토병을 일으키는 세균 등도 옮길 수도 있다. *Amblyoma* 진드기의 몇몇 종 역시 로키산 뇌척수막염 리켓치아를, *Ornithodorus* 진드기는 재귀열과 관련된 리켓치아를 전파한다. 응애는 털진드기병 및 Q 열과 같은 리켓치아에 의한 병을 매개한다.

최근 미국에서의 연구에 의하면 하나의 진드기 질병을 치료한 사람의 24%는 제2, 제3의 그와 같은 질병에 실지로 감염되는 것으로 나타난다. 그래서 이런 감염을 여러균 감염(polymicrobial infection)이라 부른다. 어떤 한 미생물을 죽이기 위한 처리가 환자를 다른 진단되지 않는 질병으로 고통 받게 할 수도 있다.

곤충

곤충(insects)은 배, 가슴, 배 세부분으로 이루어져 있으며, 3쌍의 다리, 고도로 특수화된 구기(mouthpart)를 갖는다. 일부 곤충은 피부를 뚫거나 피를 빠는데 적합하도록 특수화된 구기를 가지며, 이들에게 물리면 상당히 아픈 상처를 남기게 된다. 질병의 매개동물이 될 수 있는 곤충은 모든 이와 벼룩, 어떤 파리, 모기, 빈대 및 노린재류 곤충(reduviid bug) 같은 *진정 곤충(true bug)*을 포함한다. 모든 곤충이 진정 곤충으로 간주된다고는 하나, 곤충을 연구하는 학자인 곤충학자들은 진정 곤충이라는 용어를, 두껍고 왁스층을 갖는 날개와 물기보다는 빠는 구기를 갖는 전형적인 어떤 곤충으로 간주한다.

사면발이(crab louse) 또는 음부에 사는 이(pubic louse)는 먹이가 없으면 2일 이내에 죽는다. 암컷과 수컷 모두 피를 빨아 먹는다.

몸니는 발진티푸스와 참호열을 일으키는 리켓치아와 재귀열을 일으키는 스피로헤타의 주요 매개동물이다(이 스피로헤타는 진드기가 나르는 것과는 다른 종의 *Borrelia*이다). 이가 일으키는 모든 전염병은 대개 사람이 많이 붐비는 비위생적인 환경 하에서 발생한다. 이가 매개하는 모든 질병의 병원체는 이의 배설물이 물린 상처에 스치면 그 때 몸에 침입한다.

머릿니와 몸니는 서로 교배해서 생식 능력이 있는 자손을 낳을 수 있다.

사람 벼룩인 *Pulex irritans*는 다른 숙주들에서도 살 수 있고 페스트를 옮길 수도 있다. 그러나 보통 쥐와 설치류에 기생하는 벼룩이 더욱 사람에게 페스트를 옮기는 것 같다. 미국에서는 이러한 세균 질병이 야생 설치류 및 그 벼룩과 접촉한 개인에게서 여전히 발생하고 있다.

몇몇 종류의 파리는 사람의 분비물을 먹고 살아가며, 여러 질병에 대한 매개동물로 작용한다. 보통 집파리인 *Musca domestica*는 어떤 병원체 생활사의 일부분도 아니며, 배설물에서 발견되는 어떤 병원체의 중요한 보균자도 아니다. 이 파리는 사람 음식물과 배설물을 좋아해서 가는 곳마다 세균, 구토, 배설물의 흔적을 남긴다. 진디등에(blackfly)같은 다른 곤충은 회선사상충을 일으키는 *Onchocerca volvulus*의 매개 동물이다. 눈에놀이(sandfly)는 리슈만편모충증과 바르토넬라증을 일으키는 세균 및 눈에놀이 열(sandfly fever)과 몇몇 다른 질병을 일으키는 바이러스의 매개동물이다. 체체파리(tsetse fly)는 아프리카 수면병을 일으키는 트리파노조마의 매개동물이며, 사슴 파리는 로아사상충증(loaiasis)을 일으키는 동물을 매개한다. 작은 집파리처럼 보이는 눈 각다귀(eye gnat)는 세균성 결막염과 인도마마(yaws)를 일으키는 스피로헤타를 전파시킨다.

많은 종의 모기들 역시 질병의 매개동물이다. 흔한 모기인 *Culex pipiens*는 물에 알을 낳고 밤에 먹이를 먹는다. 이것은 *Wuchereria*(선형동물)의 매개동물이다. 또 다른 모기, *C. tarsalis*는 해가 드는 쪽 물속에 알을 낳고 역시 밤에 먹이를 먹는다. 이것은 서부말뇌염(WEE)과 세인트루이스뇌염을 일으키는 바이러스의 매개동물이다. 서부말뇌염이 매우 자주 말에게 심각한 질병을 야기한다 할지라도, 어린아이에게도 역시 심각한 뇌염과 어른에게는 고열과 중추신경계 감염을 동반한 경미한 질병을 야기할 수도 있다(중추신경계 감염은 때때로 수면병이라 불리기는 하지만 아프리카 수면병과 혼동하면 안 된다). *Aedes*(각다귀 일종)의 많은 종들은 사람을 괴롭히고 질병에 시달리게 한다. *Aedes aegypti*는 뎅기열, 황열, 유행성 출혈열을 포함한 다양한 바이러스에 의한 질병을 매개한다. 몇몇 종의 말라리아 모기(*Anopheles*)는 말라리아 매개동물이다. 그것들은 다양한 번식 습성을 가지므로, 방제하기 위해서는 서로 다른 박멸 방법이 적용되어야 한다.

몇몇 종의 노린재류 곤충은 중남미의 심장혈관 질환인 샤가스병(Chagas' disease: 라틴아메리카의 잠자는 병)을 일으키는 기생충을 전파시킨다. 빈대는 피부염을 야기하며 한 종류의 간염 전파에도 관여한다.

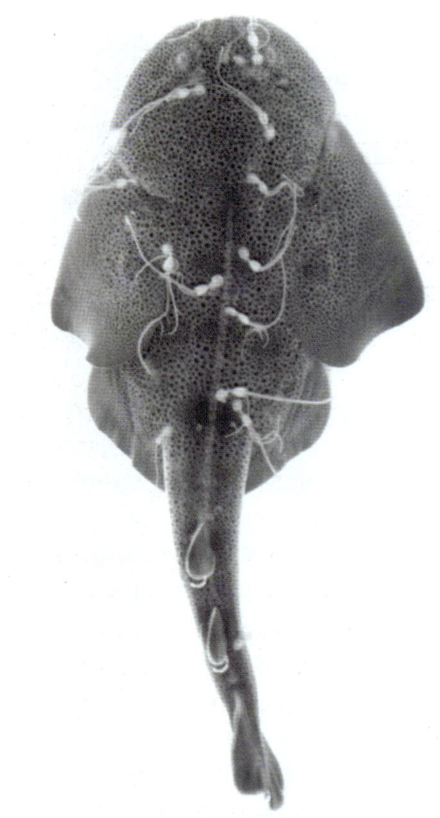

그림 11.21 기생성 요각류에 감염된 일본 전자리상어의 배(embryo). 긴 복부쪽에서 성체 암컷 요각류는 외부 기생생물로서 피를 빨아 먹는 반면, 상어 자궁안에서는 내부 공생체로서 산다—내부공생성 외부 기생생물!(사진 인용; *The Journal of Parasitology, Vol. 84, No. 6,pp. 1218-1330 Dec. 1998*)

갑각류

갑각류(Crustaceans)는 전형적으로 각 체절에 1쌍의 부속지를 갖는 일반적인 수생 절지동물이다. 부속지란 구기, 집게발, 보각(walking leg), 유영 또는 교미에 필요한 부속지등이 포함된다. 사람에 감염되는 병원체의 숙주로는 가재, 게, 요각류(copepods)라 불리는 작은 갑각류등이 포함된다. 메디나충(Guinea worm)은 요각류에 의해 옮겨진다. 아주 독특한 요각류인 *Trebius shiinoi*는 외부 기생체인 동시에 내부 공생자이기도 하다(**그림 11.21**). 성체 암컷 요각류는 일본 전자리상어(angelshark)인 *Squatina japonica*의 자궁 안에서 살기 때문에 내부 공생자라고하는 반면, 자궁 안에서 발달하는 상어 배(embryo)의 표면에서 혈액을 빨아 먹고 살기 때문에 외부 기생체라고도 한다. 기생충학의 세계는 생물학적 유연성의 놀라운 예로 가득 차 있다.

중점 질문 사항

1. 절지동물은 다른 기생체와 어떻게 다른가?
2. 사람 질병과 관련된 절지동물 3개의 강 또는 아군의 이름을 말하시오.

요약

기생충학의 원리

- **기생생물**은 또 다른 생물체인 숙주를 희생하여 살아가는 생물체이다. **병원체**는 질병을 야기하는 기생체이다.
- **기생충학**은 대표적으로 원생동물, 기생충, 절지동물을 포함하는 기생체를 연구한다.

기생의 중요성

- 기생생물은 사람, 식물, 동물의 많은 질병과 죽음 및 상당한 경제적 손실을 초래한다.

그들의 숙주와 연관된 기생생물

- 기생생물은 숙주 표면이나 안에 살 수 있다. 기생생물은 **절대적** 또는 **조건적**, 그리고 **영원히**, **일시적** 또는 **우연적**일 수 있다. **매개체**는 기생생물 전달자이다.
- 기생생물은 **고유숙주**에서 유성적으로 증식하며, **중간숙주**에서는 다른 생활사 시기를 거친다. **보유숙주**는 기생생물을 사람에게 옮길 수 있다.
- 숙주 특이성은 기생생물이 그것 안에서 성숙할 수 있는 서로 다른 숙주의 수로 간주된다.
- 시간이 지나면 기생생물은 숙주에 더욱 적응되고 그들 숙주에게 피해를 덜 입히게 된다. 대부분의 기생생물은 숙주 방어를 피할 수 있는 기작과 특별히 빼어나게 숙련된 증식능력을 갖는다.

원생생물

원생생물의 특징

- 원생생물은 진핵생물체이며, 대부분 단세포이다. 그들은 자가영양체이거나 타가영양체이고 일부가 기생성이다.

원생생물의 중요성

- 원생생물은 먹이사슬에서 생산자와 분해자로서 중요하다; 그것들은 경제적으로 유용하거나 해로운 것일 수 있다.

원생생물의 분류

- 원생생물은 식물과 유사한 생물체(유글레나류, 규조류, 쌍편모조류), 진균과 유사한 생물체(물곰팡이, 점균류), 동물과 유사한 생물체(편모충류, 아메바, 정복합체포자충류, 섬모충과 같은 원생동물)들을 포함하고 있다. 원생생물의 여러 군들이 표 11.1에 요약되어 있다.
- 부생생물은 사체에서 먹이를 얻는 생물체이다.

진균

진균의 특징

- 진균이란 일반적으로 균사체를 갖는 부생생물체이거나 기생체를 말한다. 균사체는 실모양의 균사로 이루어진 느슨하게 조직화된 덩어리이다. 대부분의 진균은 무성 및 유성생식을 하며, 그들의 유성생식 시기는 그것들의 분류에 사용된다.

진균의 중요성

- 진균은 생태계에서는 분해자로서, 건강학에서는 기생체로서 중요하게 다루어진다.

진균의 분류

- 진균은 빵곰팡이류, 자낭균류, 곤봉상균류, 불완전균류을 포함하고 있다. 불완전균류란 유성생식 시기가 없거나 아직 밝혀지지 않았기 때문에 어떤 군으로도 분류될 수 없는 군을 말한다. 진균의 여러 군들이 표 11.2에 요약되어 있다.

연충

연충의 특징

- **연충(helminths)** 또는 벌레(worm)는 좌우 대칭성이며 머리와 꼬리, 분화된 조직층을 갖는다.

기생성 연충

- 연충의 단지 두 군의 편형동물과 선형동물(선충)만이 기생성인 종들을 포함한다.
- **체강(coelom)**이 결여된 **편형동물(flatworms)**은 하나의 개구만 갖는 간단한 소화관을 가지며, **자웅동체(hermaphroditic)**이다. 여기에는 **촌충(tapeworm)**과 **흡충(flukes)**이 포함된다.
- **선형동물(roundworm)**은 **의체강(pseudocoelom)**, 뚜렷한 성별, 원통형의 몸을 가지고 있다. 이 동물에는 십이지장충, 요충, 장관과 림프계의 다른 기생생물이 포함된다.

절지동물

절지동물의 특징

- **절지동물(arthropods)**은 키틴성 외골격의 연결, 체절성 몸, 관절이 연결된 부속지등을 갖는다.

절지동물의 특징

- 기생성이며, 매개체로 작용하는 절지동물은 일부 거미류와 곤충을 포함한다; 몇 몇 갑각류 역시 사람 기생생물의 중간숙주로 관여한다. 질병을 매개하는 절지동물은 표 11.5에 요약하였다.
- **거미류(arachnids)**는 8개의 다리를 가진다; 전갈, 거미, 진드기와 응애가 포함된다.
- **곤충류(insects)**는 6개의 다리를 가진다; 이, 벼룩, 파리, 모기, 진정곤충(true bugs) 등이 포함된다.
- **갑각류(crustaceans)**는 일반적으로 수생인 절지동물, 즉 전형적으로 각 체절마다 한 쌍의 부속지를 갖는다; 가재, 게, 요각류(copepods) 등이 포함된다.

용어 정리

2핵체(p. 320)
갑각류(p. 335)
거미류(p. 333)
검사(p. 313)
격벽(p. 319)
고유 숙주(p. 311)
곤봉상 균류(p. 325)
곤충(p. 334)
규조류(p. 314)
균사(p. 319)
균사체(p. 319)
기계적 매개체(p. 311)
기생생물(p. 311)
기생충학(p. 311)
난균문(p. 315)
낭미충(p. 329)
낭충(p. 328)
내부기생생물(p. 311)
담자균문(p. 325)
담자기(p. 325)
담자포균강(p. 325)
두절(p. 328)
레디아 유생(p. 328)
매개체(p. 311)
무성생식형(p. 325)
물곰팡이(p. 315)
배우자 모세포(p. 317)
변형 점균류(p. 316)
변형체(plasmodium)(p. 316)
보유 숙주(p. 312)
부생생물(p. 316)
부영양화(p. 313)
분생자(p. 324)
분열생식(p. 312)
분열소체(p. 317)
불완전균류(p. 325)
불완전균문(p. 325)
빵곰팡이(p. 323)
생물학적 매개동물(p. 311)
선충(p. 327)
선형동물(p. 327)
섬모충류(p. 319)
섬모포(p. 319)
세포성 점균류(p. 316)
세포질융합(p. 320)
소형유생(p. 332)
숙주 특이성(p. 312)
숙주(p. 311)
쌍편모조류(p. 314)
아메바(p. 316)
연충(p. 326)
엽상체(p. 319)
영구기생생물(p. 311)
영양체(p. 317)
외부기생생물(p. 311)
외피(p. 314)
우연 기생생물(p. 311)
원생동물(p. 316)
원생생물(p. 312)
위변형체(p. 316)
유글레나류(p. 314)
유미유충(p. 328)
유성생식형(p. 325)
의체강(p. 327)
이형성(p. 323)
임시 기생생물(p. 311)
자낭(p. 324)
자낭균류(p. 324)
자낭균류(p. 324)
자낭포자(p. 325)
자웅동체(p. 312)
전염병(p. 311)
절대기생생물(p. 311)
절지동물(p. 333)
점균류(p. 316)
접합(p. 319)
접합균류(p. 323)
접합포자(p. 324)
정복합체포자충류(p. 317)
조건 기생생물(p. 311)
중간 숙주(p. 311)
중복 기생(p. 311)
진균(p. 319)
진균증(p. 322)
진균학(p. 319)
체강(p. 326)
촌충(p. 326)
키틴(p. 319)
편리공생자(p. 316)
편모충류(p. 316)
편절(p. 328)
편형동물(p. 326)
포자소체(p. 317)
포자포낭(p. 328)
포충 포낭(p. 329)
피각(p. 313)
항생작용(p. 320)
핵융합(p. 320)
흡충(p. 326)
흡충섬모유생(p. 328)

임상 사례 연구

George는 최근 돼지와 야채를 키우는 가족 농장에 여행을 다녀왔다. 구운 돼지고기와 신선한 야채로 훌륭한 식사를 했다. 그는 돌아온 후 얼마 지나지 않아 설사를 했다. 몇 주 후 그는 격심한 근육통과 관절통, 메스꺼움, 고열 등을 경험해야 했다. 가장 가능성 있는 원인체는 무엇일까? 이 원인체는 George의 몸 어디에서 발견될까? 그것은 무엇을 닮았을까? 그 병원체가 속한 것은 어떤 생물체 군일까?

요점 사고 문제

1. 당신의 환자가 썩은 생물체 위에서 보통 사는 진균이 일으키는, 삶을 위협할 만한 호흡기 감염인 것으로 배양과 다른 실험실 검사에 의해 판명되었다. 당신이 검사해보기를 원하는 이 기회 감염에 대한 일부 근원적인 원인은 무엇일까?

2. 심각한 질병을 일으키고 가끔 숙주를 죽이는 생물체와 단지 그들 숙주에게 단지 가벼운 만성적 병을 일으키는 생물체 중 기생적 생활사에 더 잘 적응할 것 같은 것은 어느 생물체일까?

3. 당신은 이 장에서 논의된 어떤 생물체를 많은 양의 페니실린으로 죽일 수 있다고 생각하는가? 설명하시오.

자가 진단 문제

1. 숙주 표면이나 안에서 그들 생활사의 적어도 일부를 보내야만 하는 기생생물을 무엇이라 부르는가?
   (a) 조건기생생물
   (b) 중복기생생물
   (c) 숙주 특이적 기생생물
   (d) 절대기생생물
   (e) 병리학적 기생생물

2. 기생생물은 그들 숙주의 몸에 어떻게 피해를 입히는가?
   (a) 숙주로부터 영양분을 얻으면서
   (b) 혈관을 막히게 하고 손상을 주어서
   (c) 염증반응을 시작케 하여
   (d) 내부 출혈을 일으켜서
   (e) 위의 것 모두 다

3. 다음에 대하여 가장 잘 설명한 것은?
   ____고유 숙주
   ____중간 숙주
   (a) 이 숙주 안에서 무성생식에 의해 기생생물이 증식한다.
   (b) 이 숙주 안에서 유성생식에 의해 기생생물이 증식한다.
   (c) 숙주를 희생시키면서 또 다른 생물체 표면이나 안에서 사는 생물체
   (d) 대개는 더 진보된 숙주 종
   (e) 사람을 감염시키는 것과 동일한 기생생물에 의해 감염되는 동물 종

4. 외부 기생생물이 발견될 것 같은 곳은?
   (a) 숙주 안에서
   (b) 숙주 표면에서
   (c) 광합성 조류와 공유하는 외형질에서
   (d) 극한 환경에서
   (e) 숙주를 필요로 하지 않는

5. 매개체-유래 기생생물이 의미하는 것은?

6. 분열생식의 과정과 관련된 것은?
   (a) 수컷과 암컷 생식기관을 모두 갖는 생물체
   (b) 광범위한 숙주를 감염시킬 수 있는 미생물의 능력
   (c) 많은 자손 생산을 위해 다수의 분열을 거치는 것
   (d) 내피(endothelial) 질병-야기 기생생물
   (e) 좁은 범위의 숙주를 감염시킬 수 있는 미생물의 능력

7. 실리콘이나 탄산칼슘으로 둘러싸인 식물과 유사한 원생생물 그룹은?
   (a) 쌍편모조류
   (b) 유글레나류
   (c) 편모충류
   (d) 규조류
   (e) 아메바류

8. 자실체, 포자, 위변형체를 모두 만드는 그룹은?
   (a) 물곰팡이
   (b) 육질충류
   (c) 쌍편모조류
   (d) 빵곰팡이
   (e) 세포성 점균류

9. 어떤 미생물이 적조와 연관된 종들을 포함하는가?
   (a) 규조류
   (b) 쌍편모조류
   (c) 물곰팡이류
   (d) 아메바류
   (e) 연충

10. 가장 방대한 원생생물 그룹은?
    (a) 육질충류
    (b) 정복합체포자충류
    (c) 편모충류(Mastigophorans)
    (d) 편모충류(Flagellates)
    (e) 섬모충류

11. 항생제를 생산할 것 같은 그룹은?
    (a) 식물과 유사한 원생생물
    (b) 조류
    (c) 세포성 점균류
    (d) 진균
    (e) 지의류

12. 식용진균(버섯)과 중요한 식물 병원체(녹병과 깜부기균)를 포함한 진균의 중요한 그룹은?
    (a) 자낭균강
    (b) 담자균강
    (c) 접합균강
    (d) 불완전균강
    (e) 지의류

13. 진균이 식물계로 분류되지 않는 이유는 그들이 :
    (a) 단세포와 다세포 형태를 갖기 때문
    (b) 원핵생물체이기 때문
    (c) 타가영양체이기 때문
    (d) 높은 습도를 필요로 하기 때문
    (e) 유성생식을 하기 때문

14. 다음 미생물과 그들에 대한 설명을 짝지으시오.
    ____자낭균류
    ____물곰팡이류
    ____빵곰팡이류
    ____곤봉상균류
    ____이형성 진균
    (a) 접합포자를 생산
    (b) 자낭내에서 자낭포자를 생산
    (c) 담자포자를 생산
    (d) 운동성 있는 유성 및 무성 포자를 생산
    (e) 37℃에서는 효모처럼 생장하고 25℃에서는 사상균으로 생장

15. 균사 내에서 세포를 분리하는 가로지르는 벽을 무엇이라 하는가?
    (a) 가근

(b) 발아관
(c) 격벽
(d) 포낭
(e) 포자

16. 불완전균류 또는 불완전균문은:
(a) 완전한 균사를 갖지 않는다.
(b) 균사를 형성하지 않는다.
(c) 유성생식 시기가 관찰되지 않는다.
(d) 분생자를 형성할 수 없다.
(e) 단지 장정기만 형성한다.

17. 다음에서 잘못 연결된 것은 어느 것인가?
(a) woronin body/건강한 세포를 보호하기 위해 격벽공을 막는 기관
(b) 담자포자/곤봉형 담자기에서 생산되는 유성포자
(c) 맥각/편두통 치료에 사용되는 맥각균의 생산물
(d) 자낭포자/두 균사사이에 만들어진 하나의 두꺼운 벽으로 된 유성포자
(e) 분생자/균사의 끝에서 생긴 무성포자

18. 담관, 폐, 혈액에서 발견될 것으로 여겨지는 기생성 연충은?
(a) 촌충
(b) 선형동물
(c) 편형동물
(d) 흡충
(e) 개심장사상충

19. 다음 기생생물과 그에 대한 설명을 짝지으시오.

____Wuchereria bancrofti	(a) 장에 감염하는 요충
____Taenia species	(b) 소화관을 통해 침입한 후 사람 근육 안에서 포낭으로 남는다
____Trichinella spiralis	(c) 소고기와 돼지고기 촌충
____Enterobius vermicularis	(d) 림프 조직에서 살며 뇌염을 일으키는 소형유생
____Fasciola hepatica	(e) 간 흡충

20. 촌충의 어느 부분이 숙주에 부착할 때 필요한가?
(a) 체강
(b) 목
(c) 편절
(d) 두절
(e) 큐티클

21. 라임병을 일으키는 스피로헤타를 옮길 것 같은 생물체는?
(a) 모기
(b) 파리
(c) 진드기
(d) 이
(e) 잉어과 물고기

22. 잘못 연결된 것은?
(a) 벼룩 / Q 열
(b) 벼룩 / 플라크
(c) 모기 / 세인트루이스 뇌염
(d) 모기 / 뎅기열
(e) 이 / 재귀열

23. 단세포이고, 진정 핵과 막성 기관을 갖는 진핵생물체인 것은?
(a) 절지동물
(b) 지의류
(c) 흡충
(d) 원생생물
(e) 접합균류

24. 체절성 몸과 관절이 달린 부속지를 갖는 키틴성의 외골격으로 된 기생생물은?
(a) 원생생물
(b) 진균
(c) 연충
(d) 절지동물
(e) 원생동물

25. 다음 기생생물과 그에 대한 설명을 짝지으시오.

____거미류	(a) 편절을 갖는 두절
____갑각류	(b) 분생포자를 갖는 균사
____곤충	(c) 각 체절에 있는 1쌍의 부속지
	(d) 6개의 다리를 갖는다
	(e) 8개의 다리를 갖는다

26. 다음의 촌충 그림에서 (a)와 (b)부분을 가장 오래된 편절과 가장 새로운 편절로 구분지으시오.

(a) ____________________

(b) ____________________

웹상에서 탐구 문제

http://www.wiley.com/college/black

만약 당신이 이 장을 다 공부했다고 생각한다면, 웹상에서 더 도전할 수 있다. 이 장의 내용에 관한 당신의 이해를 좀 더 확실히 하고 아래 제시된 문제에 대한 답을 발견하기 위하여 대상 웹 사이트로 가보시오.

1. 말라리아로 인한 사망률이 매해 백만 명이상인 것으로 추정되며 세계적 온난화 때문에 그 질병이 퍼지고 있다. 1997년에, 영국에서는 2,364건의 말라리아가 보고되었다. 말라리아가 영국으로 어떻게 퍼졌겠는가?

2. 쌍편모조류는 자신의 "도난경보기"를 갖는다: 그들은 생체발광을 한다. 쌍편모조류는 어떻게 생체발광을 하며, 그들은 왜 불꽃 식물이라 불리는가?

멸균과 소독 12

시작하며...

Norman Miner 박사. 미국 텍사스 Euless 소재 MicroChem Laboratory 제공.

당신은 막 자신의 귀를 뚫었다. 귀가 다 나을 때까지 귀에 바르라는 소독제는 진짜 미생물을 죽이는가? 수영장에 투여하는 화학물질은 진짜 물을 안전하게 지키는가? 병원에서 사용하는 소독제는 가장 위중한 환자에서 가장 병독성이 높은 미생물을 실제로 죽일 수 있는가? 포자? 결핵균? 생물테러리스트의 공격은 어떠한가—탄저균 포자를 죽이기 위해 무엇에 의존해야 하는가? 다른 사람의 대변을 검사하는데 사용되었던 내시경을 당신에게 사용하려고 한다—화학 멸균제가 모든 미생물을 실제로 죽였는가? 멸균과 소독은 정말 중요하다.

미국 텍사스주의 Dallas시 근교의 Euless시에 위치한 MicroChem Laboratory의 책임자인 Norman Miner 박사를 만나보자. 나는 그의 연구소가 어떻게 항미생물제를 조사하고 효과 여부를 인증하는지 보기 위해 그곳에 갔다. 나는 ASM (미국미생물학회)의 생물방어(biodefense)회의에서 그를 처음 만났는데 그는 모든 미국 가정에서 사용할 수 있는 싸고 간단한 멸균제를 선보였다. 그것은 죽이기에 가장 힘든 오래된 탄저균 포자도 죽일 수 있다. 이 제조법을 알아두자:

물 3.8 리터
표백제 1컵
식초 1컵

이것을 환기가 잘되는 곳에서 섞고 8시간 내에 사용한다. 20분 처리한 후 염소를 제거하기 위해 닦아낸다.

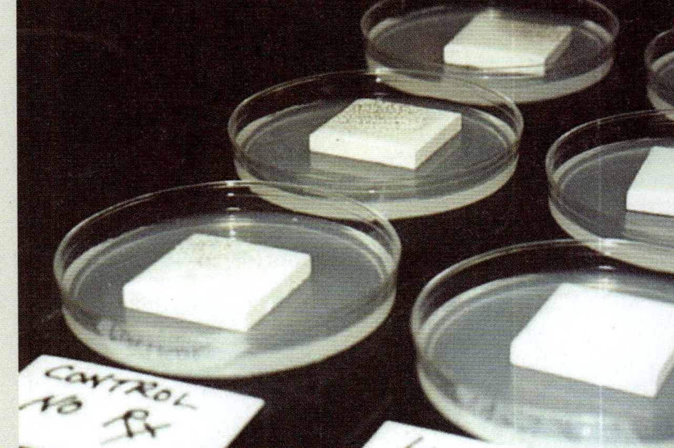

노균병균의 정균성 시험에서 도기 타일 상에서 자라는 *Aspergillus niger*. 미국 텍사스 Euless 소재 MicroChem Laboratory 제공.

이 주제와 관련된 비디오는 WileyPLUS에서 볼 수 있습니다.

당신은 향신료가 들어간 식품을 좋아하는가? 그것들의 인기에 대한 본래의 이유를 당신은 아마도 좋아하지 않을 것이다. 통조림과 냉장 같은 현대적 식품보전 방법이 이용되기 이전에 식품 내 미생물 생장의 제어는 어려운 문제였다. 짧은 시간 경과 후에도 불가피하게 식품은 부패의 역한 냄새를 내기 시작하였다. 향신료는 이 불쾌한 맛을 가리기 위해 사용되었다. 일부 향신료는 또한 보전제로서도 효율적이었다. 마늘의 항미생물 효과는 오래 전부터 알려졌다. 다행히도 오늘날 우리는 상한 음식을 먹지 않아도 되며 안전하게 보전된 음식의 풍미를 더 높이기 위해서만 향신료를 사용할 수 있게 되었다.

특히 수술실 같은 곳에서의 의학적 치료도 오늘날 더욱 안전해졌다. Ignaz Semmelweis와 Josheph Lister의 업적에서 보듯이 조심스런 세척과 화학물질의 사용은 많은 감염성 미생물의 제어에 효과적이다(◀1장 p. 14). 이 장에서는 실험실, 병원과 가정에서 미생물의 제어에 사용되는 다양한 화학적 및 물리적 방법의 특성을 살펴볼 것이다. 미국의 병원감염 제어기사의 특별한 자격에 대해서는 웹사이트에서 이 장의 내용을 참조할 수 있는데 이것은 간호사와 생물학 전공자 모두에게 공개된 공인된 자격이다. 웹 문서는 또한 병원에서 사용되는 멸균과 소독의 특별한 방법을 구체적으로 설명하고 있다.

멸균과 소독의 원리

멸균(sterilization)은 물질 내부 또는 표면에 있는 모든 미생물의 사멸 또는 제거이다. 무균성에는 정도가 없는데 **무균성(sterility)**은 물질 내부 또는 표면에 살아있는 생물이 없는 것을 의미한다. 적절하게 수행될 때 멸균과정은 심지어 저항성이 매우 높은 내생포자와 진균 포자까지 확실하게 죽인다. 19세기에 자연발생과 관련된 논란 중 많은 것은 생물이 없는 것으로 생각되었던 물질 내에 있었던 저항성 세포의 사멸의 실패로부터 비롯되었다. 멸균과 달리 **소독(disinfection)**은 물질의 내외에 있는 병원성 생물의 개체수의 감소를 의미하며 따라서 그것은 질병의 위협을 감소시킨다.

소독제(disinfectant)는 전형적으로 생명이 없는 물질에 적용되며 **살균제** 또는 **방부제(antiseptic)**는 살아있는 조직에 적용된다. 비록 대부분의 소독제가 섬세한 피부 조직에 사용하기에 너무 강하지만 소수만이 소독제와 살균제 모두로 적당하다. 피부에 흔히 적용하지만 항생물질은 ◀13장에서 별도로 설명된다. 멸균과 소독에 관련된 용어는 **표 12.1**에 규정되어 있다.

생명공학

우주의 미생물

Han Solo(역자 주: 영화 Star Wars 내의 등장인물) 만의 문제가 아니지만 실제 우주여행 상황에서는 우주인이 갖고 있는 세균이 실제로 문제가 된다. 일부 미생물로 인한 문제에는 감염성 질환, 미생물 대사산물에 대한 알레르기, 구조물의 미생물 부식 등이 포함된다. 우주선 내부에서 미생물 문제의 예방은 전염병 감염경로의 제한 및 효율적인 폐수 회수체제의 사용을 요구한다. 비록 무균상태는 가능하지 않지만 질병 전파의 흔한 경로의 대부분은 물, 식품, 에어로졸과 환경 표면 같이 우주선 내에 존재한다. 우주 계획의 초창기부터 장기간의 우주여행을 위한 식수 제공은 중요한 문제이었다. 과거 15년 동안 미국 항공우주국(National Aeronautics and Space Administration, NASA)의 Marshall Space Flight Center에서 폐수 회수체제의 다양한 원형이 개발되어 왔다. 이 체제를 이용하여 습기 농축액, 세척수, 소변 및 연료전지수가 수집되면 미생물 및 화학오염물질을 제거하여 식수로 만들었다.

미생물 생장의 제어

◀6장(p. 149)의 생장곡선에서 설명되었듯이 미생물의 생장과 죽음은 모두 지수적 속도로 일어난다. 여기에서 우리는 사멸률 그리고 미생물을 죽이거나 그들의 생장을 저해하는 항미생물제가 사멸률에 미치는 영향에 관심이 있다.

항미생물제로 처리된 생물은 사멸률에 있어서 자연적 원인에 의한 개체수 감소와 동일한 법칙을 따른다. 여기에서는 이 원리를 사멸제로서 열을 이용할 경우로 나타내려 하는데 그 효과가 가장 많이 연구되었기 때문이다. 열이 물질에 가해질 때 그 내부 또는 표면에 있는 생물의 사멸률은 지수상태를 유지하지만 크게 가속된다. 열은 항미생물제로 작용한다. 만일 처음 1분 내에 생물의 20%가 죽으면 살아 남아있는 것의 20%가 다음 1분 내에 죽고 이런 과정이 계속된다. 만일 다른 온도에서 처음 1분에 30%가 죽으면 남아있는 것의 30%가 다음 1분에 죽고 이것이 계속된다. 이 관찰에서 다음의 원리가 유도된다: *주어진 시간 내에 일정한 비율의 생물이 죽는다.*

남은 살아있는 생물의 수가 작아질 때—예를 들면 100 마리—어떤 일이 일어날까? 분당 30%의 사멸률에서 1분 후 70이 남고 2분 후에 49, 3분 후 34, 그리고 12분 후에는 1마리만이 남는다. 하나의 살아있는 생물을 발견할 가능성은 매우 작아진다. 대부분의 실험실은 백만 마리에서 하나의 살아있는 생물을 발견할 가능성보다 크지 않을 때 시료가 무균상태라 한다.

소독이 시작되었을 때 존재하는 생물의 총수는 그것을 제거하는데 요구되는 시간 길이에 영향을 미치며 두 번째 원리가 존재한다: *존재하는 생물이 적을수록 멸균에 필요한 시간이 적게 든다.* 멸균 전에 철저한 세척이 이 원리를 실제로 적용하는 예이다. 물질에서 조직 잔류물과 혈액을 제거하는 것이 또한 중요한데 그런 유기물이 많은 화학제의 효율을 저하시킨다.

다른 항미생물제가 다양한 세균 종 및 그들의 내생포자에 다르

표 12.1

멸균과 소독에 관련된 용어

용어	정의
멸균 (sterilization)	물질의 내부나 표면의 모든 미생물의 사멸 또는 제거
소독 (disinfection)	병원성 미생물 개체수의 질병 위험이 없는 수준까지 감소
방부제 (antiseptic)	미생물을 죽이거나 생장을 저해하기 위해 살아있는 조직의 외부에 안전하게 사용할 수 있는 화학제
소독제 (disinfectant)	미생물을 죽이기 위해 무생물에 사용하는 화학제. 대부분의 소독제는 포자를 죽이지 않는다.
세정제 (sanitizer)	세균수를 감소시켜 공중보건 기준을 맞추기 위해 전형적으로 식품-관련 기구와 식기에 사용되는 화학제. 세정은 단순히 비누 또는 세제만으로의 철저한 세척을 지칭할 수도 있다.
정균제 (bacteriostatic agent)	세균의 생장을 저해하는 것
살균제 (germicide)	미생물을 신속하게 죽일 수 있는 것; 일부 그런 것은 특정 미생물을 효율적으로 죽이지만 다른 생물은 생장만을 저해.
살세균제 (bactericide)	세균을 죽이는 것. 대부분은 포자를 죽이지 않는다.
살바이러스제 (viricide)	바이러스를 불활성화 시키는 것
살진균제 (fungicide)	진균을 죽이는 것
살포자제 (sporocide)	세균 내생포자 또는 진균 포자를 죽이는 것

게 영향을 미친다. 더욱이 어떤 주어진 종이 생장의 한 시기에 다른 시기보다 한 항미생물제에 더욱 취약할 수도 있는데 그 시기에 많은 효소들이 활발히 합성 반응을 수행하며 심지어 효소 하나의 교란도 생물을 죽일 수 있기 때문이다. 이 관찰로부터 3번째 원리가 나온다: *미생물은 항미생물제에 대한 민감성이 다르다.*

화학적 항미생물제

화학제의 효능

화학적 항미생물제의 잠재능 또는 효능은 시간, 온도, pH 및 농도에 의해 영향을 받는다. 생물의 사멸률은 앞서 열에 대해 설명한 것처럼 생물이 항미생물제에 노출된 시간의 길이에 의해 영향을 받는다. 따라서 화학제가 생물의 최대수를 죽이기 위해 항상 적절한 시간이 허용되어야만 한다. 화학제가 적용된 생물의 사멸률은 온도 증가에 의해 가속화된다. 10°C의 온도 증가는 화학 반응의 속도를 대략 2배로 증가시키므로 화학제의 효능이 증가된다. 산성 또는 알칼리성 pH는 화학제의 효능을 증가 또는 감소시킨다. 화학제의 이온화 정도를 증가시키는 pH는 흔히 그것의 세포 투과능을 증가시킨다. 그런 pH는 또한 세포 자체의 함유물을 변화시킬 수 있다. 마지막으로 농도의 증가는 대부분 화학제의 효과를 증가시킨다. 고농도는 **살균성(bactericidal**, 사멸성)이 되며 저농도는 **정균성(bacteriostatic**, 생장 저해성)을 나타낸다.

에틸알코올과 이소프로필알코올 모두 농도증가에 대한 법칙의 예외들이다. 그것들은 비록 99% 농도까지 효과가 있지만 고농도보다는 70%에서 효능이 더 높은 것으로 오랫동안 알려져 왔다. 알코올의 경우 소독을 위해 일부 수분이 있어야만 하는데 알코올이 단백질 응집 (영구적 변성)에 의해 작용하며 응집 반응에 수분이 필요하기 때문이다. 또한 70% 알코올-수분 혼합물이 소독하려는 대부분의 물질에 순수 알코올보다 더 깊이 투과된다.

화학제의 효능 평가

많은 요소들이 화학적 항미생물제의 효능에 영향을 미치므로 효능 평가가 어렵다. 그러나 소독제, 특히 시판되려는 신제품이 나올 때 효능의 비교가 어떻게든 필요하다. 영업사원이 당신에게 그의 제품이 더 좋다고 할 때 그를 믿어야 하는가? 그에게 그 제품의 페놀 계수가 얼마인지 물어보라.

페놀 계수

Lister가 1867년에 소독제로 석탄산(carbolic acid)이라고도 하는 페놀(*phenol*)을 사용한 이후 그것은 동일한 조건에서 다른 소독제를 비교하는 표준 소독제가 되었다. 이 비교의 결과는 **페놀 계수(phenol coefficient)**라 부른다. 소화계의 병원체 *Salmonella typhi*와 흔한 상처의 병원체인 *Staphylococcus aureus*의 두 생물은 페놀 계수 측정에 전형적으로 사용된다. 페놀 계수가 1.0인 소독제는 페놀과 동일한 효능을 가진다. 1.0 이하의 계수는 소독제가 페놀보다 덜 효과적이며 1.0 이상의 계수는 더 효과적인 것을 의미한다. 다른 시험생물에 대한 페놀 계수는 별도로 보고된다(**표 12.2**). 예를 들면 Lysol은 *Staphylococcus aureus*에 대해 5.0의 계수를 가지나 *Salmonella typhi*에 대해서는 불과

표 12.2

다양한 화학 소독제의 페놀 계수

소독제	*Staphylococcus aureus*	*Salmonella typhi*
페놀	1.0	1.0
클로르아민	133.0	100.0
크레졸	2.3	2.3
에틸알코올	6.3	6.3
포르말린	0.3	0.7
과산화수소	-	0.01
Lysol	5.0	3.2
염화수은	100.0	143.0
요오드팅크	6.3	5.8

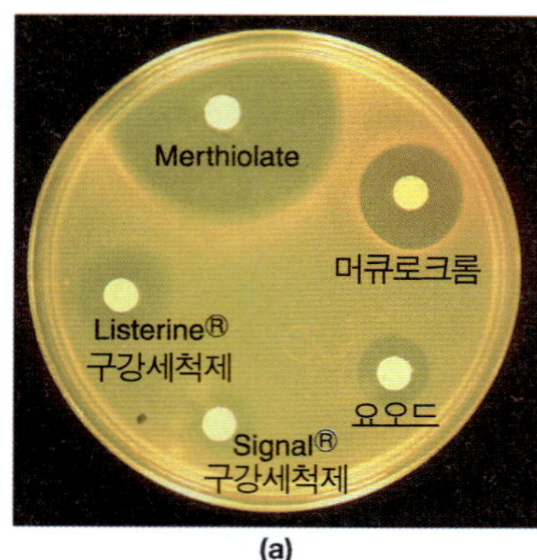

(a)

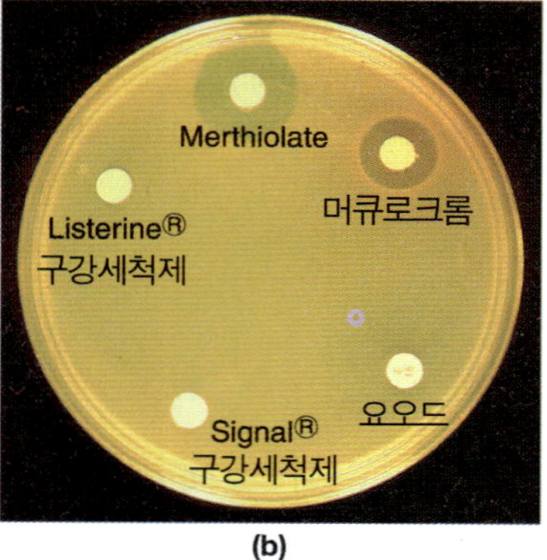

(b)

그림 12.1 소독제와 살균제 평가의 여과지법. **(a)** *Staphylococcus aureus*(그람-양성)(Jack M. Bostrack/ Visuals Unlimited)와 **(b)** *Escherichia coli*(그람-음성)의 여러 흔한 화학제에 대한 반응의 차이를 볼 수 있다. 두 경우 모두 가장 큰 생장의 저해는 페트리 접시 위쪽의 merthiolate를 적신 여과지 주위에서 나타난다. 다양한 여과지를 머큐로크롬, 요오드팅크, 구강세척제 Signal® 또는 Listerine®에 적신 후 시험생물 중 하나로 충분히 접종된 영양배지의 표면에 올려 놓는다. (Jack M. Bostrack /Visuals Unlimited).

3.2이며 에틸알코올은 두 종류 모두에 6.3의 계수를 나타낸다.

페놀 계수는 다음과 같은 단계로 측정될 수 있다. 화학물질을 여러 희석 단계로 준비하고 각각 다른 시험관에 같은 부피를 넣는다. 모든 시험관이 같은 온도가 되게 적어도 5분간 20°C 수조에 두 세트의 시험관을 담근다. 각 시험관에 표준 시험생물의 배양액을 0.5 ml 첨가한다. 5, 10, 15분 후 멸균된 백금이를 이용하여 각 시험관으로부터 일정 부피의 액체를 다른 영양액체배지 시험관으로 옮기고 시험관을 배양한다. 48시간 후 배양의 탁도를 조사하고 5분이 아닌 10분에 모든 생물을 죽인 소독제의 최소 농도(최대 희석)를 찾는다. 동일한 효과를 갖는 페놀의 희석률에 대한 이 희석률의 비를 구한다. 예를 들면 만일 소독제의 1:1000 희석이 페놀의 1:100 희석과 같은 효과를 가지면 그 소독제의 페놀 계수는 10(1000/100)이 된다. 만일 당신이 새 소독제에 대해 이 시험을 실시했을 때 이 결과를 얻는다면 당신은 매우 좋은 소독제를 발견한 것이다. 페놀 계수는 페놀로부터 유래한 소독제의 효율 평가에 좋은 방법이 되지만 다른 소독제에 대해서는 그렇지 않을 수 있다. 또 다른 문제는 생물체가 내부 또는 표면에서 발견되는 물질이 소독제와 결합하거나 불활성화 시켜 소독제 효능에 영향을 미칠 수도 있다. 이 영향은 페놀 계수 수치에 반영되지 않는다.

여과지법

화학제 평가의 **여과지법(filter paper method)**은 페놀 계수 측정보다 간단한 방법이다. 이 방법은 작은 원형 여과지를 사용하는데 각각 다른 화학제에 적시고 시험생물로 접종된 한천 평판 표면에 올려놓는다. 각 시험생물에 대해 다른 평판을 사용한다. 배양 후 시험생물의 생장을 제한하는 화학제는 여과지 주위에 세균이 죽은 투명한 지역에 의해 확인된다(**그림 12.1**). 주의할 점은 한 생물에 대해 효과적인 것이 다른 생물에 대해서 효과가 적거나 없을 수 있다. 여과지 주위로 가장 넓은 저해지역을 갖는 화학제가 사용하기에 가장 효과적인가? 그렇지 않을 수 있다. 혈액, 대변 또는 구토물 같은 유기물이 그것의 작용을 방해할 수 있다. 또한 일부 화학제는 시험된 다른 화학제보다 한천을 통해 더 빨리 또는 더 멀리 이동할 수 있다.

사용-희석 시험

화학제 평가의 세 번째 방법인 **사용-희석 시험(use-dilution test)**은 특정 시험세균의 표준 준비물을 이용한다. 이 세균 중 하나의 액체배양을 작은 스텐레스 금속 실린더 표면에 도포하고 건조시킨다. 각 실린더는 화학제의 여러 희석액 중 하나에 10분간 담갔다 제거한 후 물로 세척하고 액체배지 시험관에 넣는다. 이 시험관을 배양하고 생장 여부를 관찰한다. 최대 희석에서 생장을 저해하는 화학제가 가장 효과적인 것으로 간주된다. 많은 미생물학자들은 이 방법이 페놀 계수보다 의미있는 것으로 생각한다.

소독제 선택

어떤 소독제를 사용할지 정할 때 여러 특성이 고려되어야 한다. 이상적인 소독제의 조건은 다음과 같다;

1. 체액에서의 그것과 같은 유기물질의 존재 하에서도 빠르게 작용해야 한다.
2. 만일 섭취했을 때 조직을 파괴하거나 독소로 작용하지 않으면서 모든 종류의 감염체에 대해 효과적이어야 한다.

3. 소독하려는 물질에 피해나 탈색 없이 쉽게 투과되어야 한다.
4. 준비가 쉽고 광선, 열 또는 다른 환경 요인에 노출되어도 안정해야 한다.
5. 비싸지 않아야 하며, 얻고 사용하기 쉬워야 한다.
6. 불쾌한 냄새가 나지 않아야 한다.

어떤 소독제도 이 모든 기준을 만족시키지는 못하므로 목적에 맞는 가장 많은 수의 기준을 충족시키는 소독제를 선택한다.

실제로 많은 소독제가 다양한 상황에서 시험되며 가장 효과적인 곳에서의 사용을 위해 추천된다. 따라서 일부 소독제는 주방 집기와 식기의 위생을 위해 선택되며 다른 소독제는 병원체 배양을 무해하게 만드는데 선택된다. 더욱이 특정 소독제는 피부에는 저농도로, 생명이 없는 물질에는 고농도로 사용될 수 있다.

✓ 중점 질문 사항

1. 무균성에 정도가 있는가? 왜 그런가 또는 왜 그렇지 않은가?
2. 소독된 제품에 대해 추가로 지불할 가치가 있는가? 이에 대해 설명하라.
3. 소독제 A는 0.5의 페놀 계수를 가지며 소독제 B는 5.0을 갖는다. 이 2가지가 페놀과 어떻게 비교되는가?

화학제의 작용 기작

화학적 항미생물제는 세포 구성요소에 피해를 주는 하나 또는 그 이상의 화학반응에 참여를 통해 미생물을 죽인다. 비록 반응의 종류가 거의 소독제만큼 다양하지만 소독제가 단백질, 막 또는 다른 세포 구성요소에 영향을 미치느냐에 따라 나뉜다.

단백질에 영향을 미치는 반응

세포의 많은 것이 단백질로 이루어져 있으며 모든 효소들이 단백질이다. 단백질 구조의 변화는 변성(*denaturation*)이라 하는데(◀2장 p. 44와 그림 2.18 p. 44), 변성 시 수소결합과 이황화결합이 끊어지며 단백질 분자의 기능적 구조가 파괴된다. 단백질을 변성시키는 어떤 물질도 단백질의 정상적 기능 수행을 방해한다. 약한 열이나 희석된 산, 알칼리 또는 다른 물질을 단시간 처리했을 때 단백질은 일시적으로 변성되며, 그 물질들이 제거된 후 일부 단백질은 그들의 정상 구조를 되찾는다. 그러나 대부분의 항미생물제는 충분히 높은 농도로 상당한 시간동안 사용되어 단백질을 영구적으로 변성시키며, 미생물 단백질의 영구적 변성은 생물을 죽인다. 변성이 단백질을 영구적으로 변형시켜 단백질의 정상 상태가 회복될 수 없다면 변성은 살균성을 나타낸다. 만일 그것이 일시적으로 단백질을 변형시키고 정상 구조가 회복될 수 있다면 변성은 정균성을 나타낸다(**그림 12.2**).

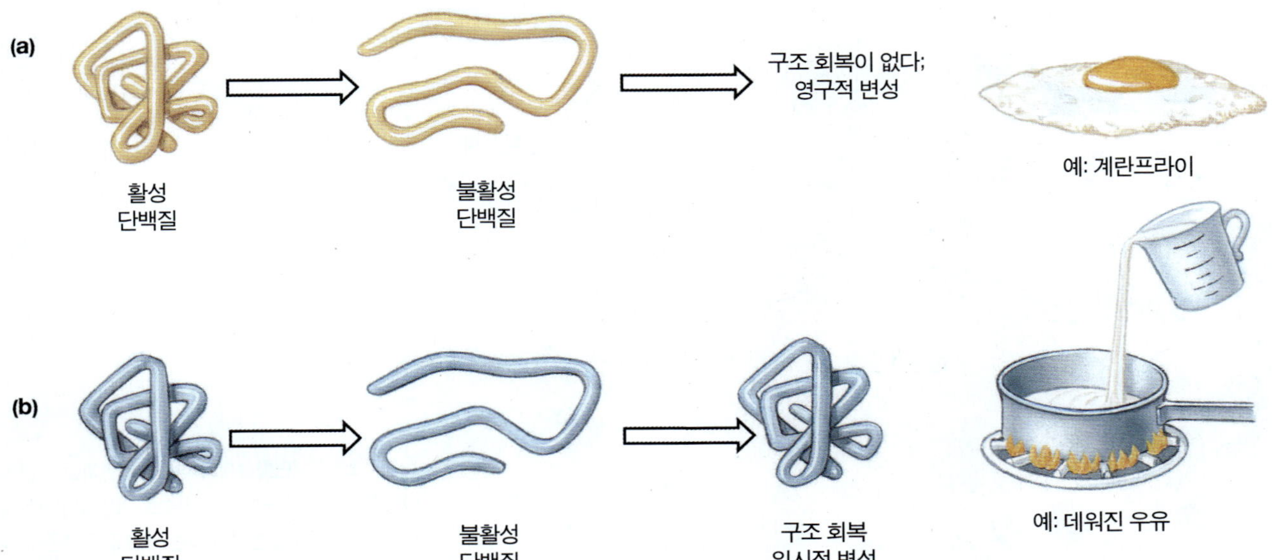

그림 12.2 단백질 변성. (a) 계란프라이에서처럼 영구적으로 변성된 단백질은 그 본래 구조로 되돌아가지 못한다. **(b)** 데운 우유에서처럼 일시적으로 변성된 단백질은 그 본래 구조로 돌아갈 수 있다. 데워진 우유의 단백질 구조는 우유가 식으면 회복된다.

단백질을 변성시키는 반응에는 가수분해, 산화 및 원자 또는 작용기의 부착이 포함된다[가수분해가 물을 첨가하여 분자를 쪼개는 것이며 산화는 산소의 첨가 또는 분자로부터 수소의 제거임을 기억하자 (◀2장 p. 37)]. 붕산 같은 산과 강 알칼리는 가수분해로 단백질을 파괴한다. 과산화수소와 과망간산칼륨 같은 산화제(전자수용체)는 이황화결합(–S–S–) 또는 설프히드릴기(–SH)를 산화시킨다. 염소, 불소, 브롬과 요오드 같은 할로겐을 함유한 물질도 종종 산화제로 작용한다. 수은과 은 같은 중금속은 설프히드릴기에 부착한다. 메틸기($-CH_3$) 또는 유사기를 갖는 알킬화제는 그 작용기를 단백질에 주는데 포름알데히드와 일부 염료가 알킬화제이다. 할로겐은 카르복실기 (–COOH), 설프히드릴기, 아미노기($-NH_2$)와 알코올기 (–OH)에서 수소와 치환될 수 있다. 이 모든 반응들은 미생물을 죽일 수 있다.

막에 영향을 미치는 반응

막은 단백질을 갖고 있기 때문에 앞의 모든 반응에 의해 변형될 수 있다. 막은 또한 지질을 함유하기 때문에 지질을 용해하는 물질에 의해 파괴될 수 있다. **계면활성제(surfactant)**는 용존 화합물로 비누와 세제가 세척 시 기름방울을 쪼개듯이 표면장력을 낮춘다(**그림 12.3**). 계면활성제는 알코올, 세제 및 benzalkonium chloride 같은 4차 암모니움 화합물을 포함하며 지질을 용해한다. 알코올 종류인 페놀은 지질을 녹이고 또한 단백질을 변성시킨다. **물얼룩방지제(wetting agent)**라 부르는 세제는 흔히 다른 화학제와 같이 사용되는데 지질 투과를 돕는다. 비록 세제용액 자체는 보통 미생물을 죽이지 않지만 지질 및 다른 유기물 제거를 도와 항미생물제가 생물에 도달할 수 있게 한다.

스펀지는 미생물학 실험실에서 사용하지 말아야 하는데 비누가 세균 생장을 막지 못하기 때문이다. 스펀지는 세균함유 액체를 표면에 퍼뜨린다. 종이타월을 사용하라.

다른 세포 성분에 영향을 미치는 반응

화학제에 의해 영향받는 다른 세포 성분에는 핵산과 에너지-생산 체제가 있다. 알킬화제는 핵산에서 아미노기 또는 알코올기의 수소를 대체할 수 있다. 크리스탈 바이올렛 같은 특정 염료는 세포벽 형성을 저해한다. 젖산과 프로피온산 (발효의 최종산물) 같은 일부 물질은 발효를 저해하여 특정 세균, 곰팡이와 일부 다른 생물에서 에너지 생산을 막는다.

바이러스에 영향을 미치는 반응

많은 세포성 미생물처럼 바이러스는 감염을 일으킬 수 있으며 따라서 제어되어야만 한다. 바이러스의 제어는 그들의 불활성화, 즉 세포에 감염과 증식을 영원히 하지 못하게 만드는 것을 요구한다. 불활성화는 바이러스의 핵산 또는 그 단백질의 파괴에 의해 영향받을 수 있다.

에틸렌 옥사이드, 아질산과 히드록실아민 같은 알킬화제는 DNA 또는 RNA를 변형시키는 화학적 돌연변이원이다. 만일 변형이 DNA 또는 RNA의 새로운 바이러스 입자 합성의 지령을 막는다면 알킬화제는 효율적인 불활성화제가 된다. 단백질을 변성시키는 세제, 알코올과 기타 물질은 동일하게 세균과 바이러스에 작용한다. 아크리

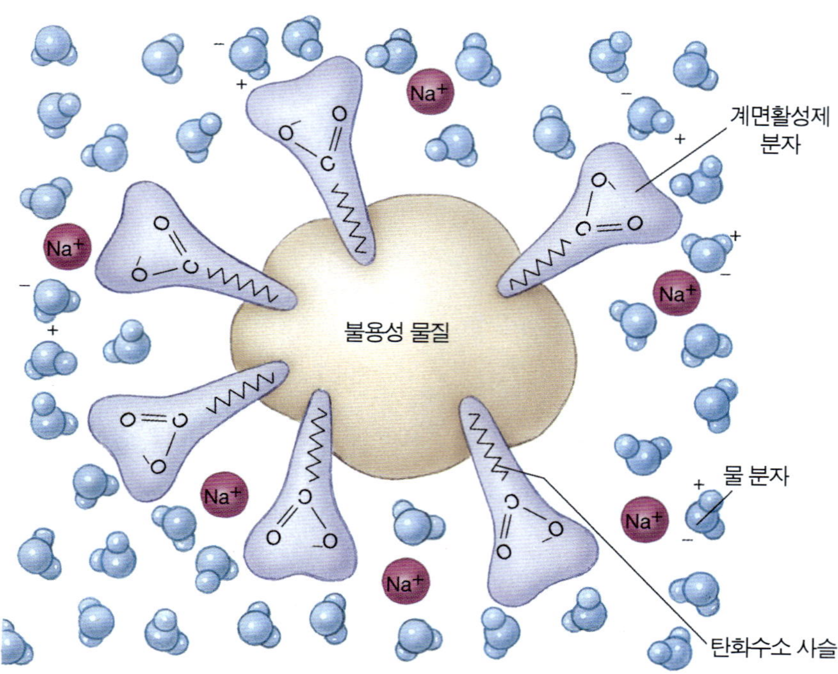

그림 12.3 계면활성제의 작용. 계면활성제 분자가 나트륨 이온과 긴 탄화수소 사슬로 이온화되는데 지그재그형으로 공유결합된 꼬리는 기름 같은 불용성 물질로 들어갈 수 있다. 이 분자의 다른 끝은 음전하의 산소를 가진 카르복실기를 가진다. 이 음전하는 물 분자의 양전하 부위를 끌어당겨 부착된 불용성 물질을 물에 녹게 만들어 물질이 씻겨나갈 수 있다.

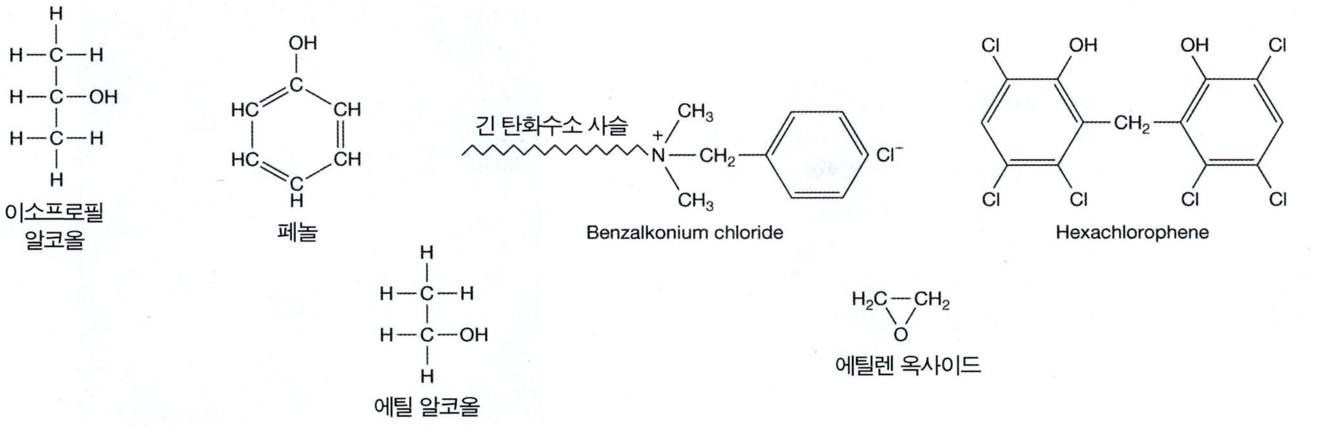

이소프로필 알코올

페놀

긴 탄화수소 사슬

Benzalkonium chloride

Hexachlorophene

에틸 알코올

에틸렌 옥사이드

그림 12.4 일부 중요한 소독제의 구조식.

딘 오렌지와 메틸렌 블루 같은 특정 염료는 가시광선에 노출되었을 때 바이러스가 민감하게 불활성화 된다. 이 과정은 바이러스 핵산의 구조를 파괴한다.

바이러스는 가끔 그들의 단백질이 변성된 후에도 감염성을 유지하기 때문에 세균을 제거하는데 사용된 방법이 감염성 바이러스에 대해 성공적이지 않을 수 있다. 또한 바이러스를 불활성화 시키지 못하는 물질의 사용이 실험실에서의 감염을 유도할 수 있다.

특정 화학적 항미생물제

앞에서 멸균과 소독의 일반적 원리와 그런 물질에 의해 일어나는 반응의 종류에 대해 살펴보았는데, 일부 특별한 소독제와 그 적용에 대해 알아보자. 설명될 일부 가장 중요한 화합물의 구조식은 **그림 12.4**에 있다.

비누와 세제

비누와 세제는 미생물, 기름때와 오물을 제거한다. 기계적인 문지름은 그들의 작용을 크게 증진시킨다. 실제로 격렬한 손 세척은 병원, 의료 및 치과 진료실에서 환자 간에, 식당에서 종업원과 고객 간에, 가족 구성원 간에 질병의 전파를 막는 가장 쉽고 저렴한 방법의 하나이다. 물리적 문지름과 달리 일반적으로 살균비누는 보통 비누보다 훨씬 더 좋은 소독제는 아니다.

공중화장실에서 불과 68%의 사람만이 화장실 사용 후 그들의 손을 씻는 것이 관찰되었다.

비누는 알칼리와 나트륨을 함유하며 *Streptococcus*, *Micrococcus*와 *Neisseria*의 많은 종을 죽이며 인플루엔자 바이러스를 파괴한다. 비누 세척에서 살아남은 많은 병원체는 세척 후 가해지는 소독제에 의해 죽을 수 있다. 손과 생명이 없는 물질의 세척과 헹굼 후 흔히 70% 알코올을 처리한다. 심지어 이런 방법도 손에서 모든 병원체를 제거하지는 못한다. 그래서 의료 종사자가 감염되거나 다른 환자에 병원체를 전파할 위험이 있는 곳에서는 일회용 장갑을 사용한다.

세척수에 약한 농도로 사용되는 세제는 물이 모든 틈새로 스며들게 하여 오물과 미생물을 들어올려 씻겨나가게 한다. 세제는 양전하를 띠면 양이온성이며 음전하를 띠면 음이온성이라 한다. 양이온 세제는 식기 세척에 사용된다. 비록 내생포자를 죽이는데 효과적이지 않지만 그것들은 일부 바이러스를 불활성화 시킨다. 음이온 세제는 의류 세탁과 가정 청소용으로 사용된다. 이들은 양이온 세제보다 덜 효과적인 살균제인데 아마도 세균 세포벽 상의 음전하가 이들을 밀어내기 때문이다.

일부 세균 포자는 70% 에틸 알코올에서 20년간 생존할 수 있다.

공중 보건

비누와 위생

현대적 공중세탁소에서 의류의 세탁 및 건조는 일반적으로 안전한데 만일 수온이 충분히 높다면 의류가 거의 소독되기 때문이다. 비누, 세제와 표백제는 많은 세균을 죽이고 많은 바이러스를 불활성화 시킨다. 세탁기에서 의류의 교반은 기계적 문지름을 일으킨다. 이 작용에서 생존한 많은 미생물은 건조기 내의 열에 의해 죽는다. 공중화장실에서 덩어리 비누의 사용은 그렇게 안전한 방법이 아닌데 비누가 감염체의 공급원이 될 수 있다. 공중화장실에서 수집된 84개 비누 시료의 연구에서 모든 시료에 미생물이 함유되어 있었다. 비누 시료에서 세균과 진균이 100 균주 이상 분리되었으며 일부 생물은 잠재적 병원체이었다. 많은 식당 및 기타 시설에서 이런 이유로 액체비누 분주기를 설치하였다. 실제로 미국 내 많은 지역에서는 그런 시설에서 덩어리 비누의 사용이 불법이다.

도전하라

물 없는 손 세척제가 어떻게 잘 작동하는가?

손을 씻을 장소를 찾는 것이 흔히 어렵다. 최근 그간 사용하던 비누와 물 대신 약간의 젤로 손을 훌륭히 씻을 수 있다고 주장하는 여러 제품들이 시판되고 있다. 그러나 그것들이 실제로 가능한가? 내 실험실의 학생들은 그중 일부가 훌륭한 것을 알아내었지만 많은 다른 것들은 거의 또는 전혀 효과가 없었다. 여기서 당신 고유의 짧은 연구과제를 계획할 기회가 있다. 당신 계획의 디자인과 방법의 타당성 그리고 물론 그것을 실험실에서 시도할 허가에 대해 교수와 상의하라.

많은 양이온 세제는 **4차 암모니움 화합물(quaternary ammonium compound, quat)**로서 질소 원자에 4개의 유기물 작용기가 붙어있다. 암모니움 이온(NH_4)은 4개의 수소를 가지는데 그 각각은 가운데 질소 원자에 결합하는 유기 작용기로 치환될 수 있다. Quat는 4를 뜻하는 라틴어 quattuor의 약자이다. 다양한 quat가 소독제로 이용가능한데 그들의 화학구조는 그 유기 작용기에 따라 다르다. Quat의 한 문제점은 비누, 칼슘 또는 마그네슘 이온 또는 거즈 같은 다공성 물질이 존재할 때 그들의 효능이 감소하는 것이다. 보다 심각한 문제는 이들이 *Pseudomonas* 속의 일부 세균을 죽이는 대신 그 생장을 유지시키는 것이다. Zephiran (benzalkonium chloride)은 한 때 피부 소독제로 널리 사용되었는데 더 이상 권장되지 않는데 처음 생각했던 것 보다 덜 효과적이고 다른 quat와 동일한 문제를 갖기 때문이다. 그것은 아직도 귀를 뚫은 후에 바르는 치료제에 매우 흔히 사용되고 있다. Quat는 현재 이런 일부 문제를 극복하고 그들의 효과를 증가시키기 위해 다른 물질과 흔히 혼합되어 사용된다. 알코올에 용해된 Zephiran은 동량의 Zephiran의 수용액 보다 같은 시간에 두 배의 미생물을 죽인다. 흔들었을 때 거품이 나는 구강세척제는 보통 quat를 함유한다.

산과 알칼리

비누는 약 알칼리이며 그것의 알칼리성 성질은 미생물을 파괴하는데 도움이 된다. 여러 유기산이 발효를 저해하는데 충분하게 물질의 pH를 낮추며 식품 보존제로 사용된다. 젖산과 프로피온산은 빵과 기타 식품에서 곰팡이 생장을 저지한다. Benzoic acid와 여러 그 유도체는 청량음료, 케첩과 마아가린에서 진균 생장을 막는데 사용된다. 소르빈산 (sorbic acid)과 소르베이트 (sorbate)는 치즈와 기타 다양한 식품에서 진균 생장의 방지에 사용된다. 이전에 눈 세척에 사용되었던 붕산 (boric acid)은 그 독성 때문에 더 이상 권장되지 않는다.

중금속

화학제로 사용되는 중금속에는 셀레늄, 수은, 구리와 은이 있다. 이 금속의 작은 양도 세균 생장 저해에 매우 효과적일 수 있다**(그림 12.5)**. 질산은은 한 때 신생아의 임질 감염 방지에 널리 사용되었다. 출산 때 산도를 통과하면서 눈에 들어가는 임질균에 의한 감염으로부터 보호하기 위해 아이의 눈에 질산은 용액 한두 방울을 주입하였다. 현재는 많은 병원에서 erythromycin 같은 항생제가 질산은을 대체하였다. 그러나 항생물질 저항성 임질균의 발달이 일부 지역에서 질산은의 사용을 요구하게 만드는데 임질균에서 질산은에 대한 저항성이 발달하지 않았기 때문이다.

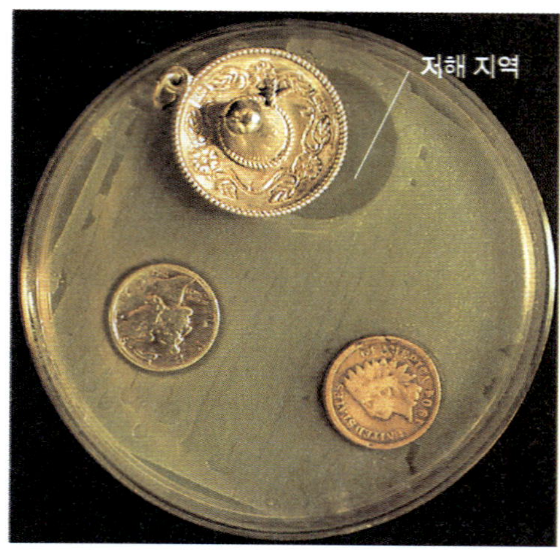

그림 12.5 세균 생장을 저해하는 중금속. 은 이온의 저해효과는 은 장식품(옆으로 밀려나있는)과 은화 주위에 생장이 일어나지 않는 투명대로부터 볼 수 있다. 은화가 아닌 구리 동전은 은처럼 효과적으로 생물체를 저해하지 않았다. (Centers for Disease Control and Prevention CDC)

Merthiolate와 mercurochrome 같은 유기수은 화합물은 피부 상처 소독에 사용되는데 그것들은 영양상태에 있는 대부분의 세균을 죽이지만 포자는 죽이지 못하며 *Mycobacterium*에 효과가 없다. Merthiolate는 보통 알코올에 녹인 **요오드팅크(tincture)**로 사용된다. 요오드팅크의 알코올은 중금속 화합물보다 큰 살균작용을 갖는다. 다른 유기수은 화합물인 thimerosal은 피부와 기구 소독 및 백신 보전제로 사용될 수 있다. Phenylmercuric nitrate와 mercuric naphthenate는 세균과 진균을 모두 저해하며 실험실 소독제로 사용된다.

도전하라

깨끗한 수조를 위해

만일 당신이 수조를 갖고 있다면 물에서 자라는 많은 수의 조류 때문에 물이 완두콩 스프 같이 되어 고생한 경험을 아마도 가졌을 것이다. 이 문제는 수조에 동전 몇 개를 넣어 해결될 수 있다. 조류 생장을 저해하는데 충분한 구리가 동전으로부터 물로 용해된다. 이 작은 투자로 당신은 물의 깨끗함과 물고기의 건강을 크게 증진시킬 수 있다.

황화셀레늄(selenium sulfide)은 포자를 포함해 진균을 죽인다. 셀레늄을 함유한 화학제가 피부 진균 감염 치료에 흔히 이용된다. 셀레늄 함유 샴푸는 비듬 제어에 효과적이다. 두피의 껍질과 박편인 비듬은 항상 그렇지는 않지만 흔히 진균에 의해 일어나며 간혹 진드기가 작용하기도 한다.

황산구리는 조류 생장 제어에 사용된다. 비록 조류 생장이 직접적인 의학적 문제는 보통 아니지만 냉난방 체제와 야외 수영장에서 수질 유지에 문제가 된다(그러나 미국 환경보호청은 황산구리를 환경 위해물질로 평가한다).

할로겐

물에 염소 추가 시 생성되는 차아염소산(hypochlorous acid)은 음용수와 수영장에서 미생물을 효율적으로 제어한다. 이것은 가정용 표백제의 활성 성분이며 식기와 낙농기기를 소독하는데 사용된다. 이것은 세균을 죽이고 많은 바이러스를 불활성화 시키는데 효과적이다. 그러나 염소 자체는 유기물에 의해 쉽게 불활성화 된다. 이는 염소로 정화된 물에서 황산구리 같은 물질이 조류 생장 제어에 사용되는 이유이다.

요오드는 또한 효과적인 항미생물제이다. 그러나 그것은 요오드에 알레르기가 있는 것으로 알려진 사람에게 사용해서는 안된다. 해산물 알레르기는 흔히 해산물 내의 요오드에 의해 일어난다. 요오드 팅크는 최초로 사용된 피부 소독제의 하나이다. 요오드포 (iodophor)는 요오드가 유기분자와 결합된 천천히 방출되는 화합물인데 보다 흔히 사용된다. 그런 약품에서 유기분자는 계면활성제로 작용한다. Betadine과 Isodine은 외과용 세정제나 수술 부위에 사용된다. 이 화합물들은 작용하는데 수분의 시간이 걸리며 피부를 멸균시키지는 않는다. Betadine 3~5% 농도는 진균, 아메바와 바이러스 및 대부분의 세균을 파괴하지만 세균 내생포자는 파괴하지 못한다. Betadine에 *Pseudomonas cepacia*의 오염이 보고되었다.

브롬은 종종 메틸브롬 기체 형태로 사용되는데 식물 재배용 토양의 훈증에 이용된다. 그것은 염소만큼 강한 냄새를 내지 않기 때문에 일부 수영장과 실내 목욕탕에도 사용된다.

염소와 암모니아의 반응물인 클로르아민(chloramine)은 미생물을 죽이는데 다른 염소 화합물보다 덜 효과적이지만 맛과 냄새 문제의 제거에는 탁월하다. 그것은 상처 세척과 치아 신경치료에 사용되며 흔히 물 처리 과정에 투여된다. 그러나 그 잔류물이 수조나 연못에서 물고기를 죽일 수 있으므로 주의해야 한다. 하지만 이 효과를 중화시키는 상업제품이 판매된다.

알코올

물과 섞였을 때 알코올은 단백질을 변성시킨다. 이들은 또한 지질 용매이며 세포막을 용해시킨다. 에틸알코올과 이소프로필알코올(isopropyl alcohol)은 피부 소독제로 사용될 수 있는데 에틸알코올의 법적 규제 때문에 이소프로필알코올이 보다 흔히 사용된다. 그것은 주사를 놓거나 혈액을 채취할 부위의 피부 소독에 사용되는데 알코올은 빨리 증발되고 불과 수 초 동안만 미생물과 접촉하기 때문에 피부를 멸균하지 못하고 소독하게 된다. 그것은 또한 피부 내 공극에 충분히 깊게 침투하지 못하며, 피부 표면에서 생장 중인 미생물을 죽이지만 내생포자, 저항성 세포 또는 피부 공극 내 깊은 곳의 세포는 죽이지 못한다. 70% 에틸알코올에 10~15분 담그면 온도계 소독에 충분하다.

페놀

페놀(*phenol*)과 페놀 유도체(phenolics, 페놀성 물질)는 세포막을 파괴하고 단백질을 변성시키며 효소를 불활성화 시킨다. 그들의 작용이 유기물에 의해 저해되지 않으므로 표면 소독과 폐기된 배양의 파괴에 이용된다. Amylphenol을 함유한 Amphyl은 영양형 세균과 진균을 파괴하며 바이러스를 불활성화 시키며, 피부, 의료용 기기, 접시와 가구에 사용될 수 있다. 표면에 사용될 때 그것은 며칠 동안 항미생물 작용을 갖는다. Lysol 내의 orthophenylphenol도 유사한 성질을 갖는다. 크레졸(cresol) 이라 부르는 페놀 유도체의 혼합물이 나무 기둥, 담장, 철도 침목 등이 썩는 것을 방지하기 위해 사용되는 물질인 크레오소트(creosote)에 존재한다. 그러나 크레오소트가 피부를 자극하고 발암물질이기 때문에 그 사용은 제한된다. 페놀성 분자에 할로겐의 추가는 일반적으로 그 효능을 증가시킨다. 할로겐화 페놀인 hexachlorophene과 dichlorophene은 피부 등에서 각각 포도상구균과 진균을 저해한다. Hexachlorophene과 구조가 유사한 chlorhexidine gluconate (Hibiclens)는 심지어 유기물 존재 하에서도 매우 다양한 미생물에 대해 효과적이며, 외과용 세척에 좋은 소독제이다.

공중 보건

Hexachlorophene

Hexachlorophene은 훌륭한 피부 소독제이다. 3% 용액에서 그것은 포도상구균과 대부분의 다른 그람-양성 세균을 죽이며, 피부에서 그것의 잔류물은 강한 정균성을 나타낸다. 포도상구균 피부 감염은 병원에서 신생아 사이에서 쉽게 전파되므로 이 소독제는 1960년대에 신생아의 목욕에 많이 사용되었다. 감염 제어를 위한 사용의 예측하지 못한 대가는 장시간 그것에 접촉했던 신생아의 영구적 뇌 손상이었다. Hexachlorophene은 피부를 통과해 흡수되어 혈액을 따라 뇌로 이동하는데 hexachlorophene이 함유된 baby powder 때문에 1972년 프랑스에서 40명의 신생아가 죽었다. 현재 미국에서는 처방에 의해서만 이용할 수 있는 hexachlorphene은 포도상구균 감염의 전파를 막는데 여전히 가장 효과적이기 때문에 병원 신생아실에서 매우 조심스럽게 지속적으로 이용되고 있다.

적용

모든 세균이 세척 시 빠져 나오는가?

2006년 9월에 미국의 식품점에서 시금치가 회수되었다. 출혈성 설사와 매우 심한 질병을 일으키는 *Escherichia coli* O157:H7 균주가 미국의 26개 주와 캐나다에서 1명의 사망자를 포함한 139건의 감염을 일으켰다. 이 발병은 오염된 시금치 때문인 것으로 조사되었다. 미국인들은 시금치와 상추 구입에 매년 44억 달러를 쓰며 그중 80%는 포장제품이다. 손질된 채소 포장제품은 세척할 필요 없이 바로 먹을 수 있는 상태로 팔리는데 분명히 무엇인가 잘못되었었다.

무엇이 일어났을까? 미국 정부는 관리자들에게 GMP(good manufacturing practices) 규제를 따를 것을 요구했다. 그러나 이것은 매우 일반적이며 기업은 그것을 따르는데 많은 융통성을 가진다. 채소 잎의 3회 세척은 표준이지만 얼마나 잘 세척되는지는 차이가 있다. 채소 도착 후 작업자들은 가지, 흙덩어리와 분명히 표준 이하 품질의 채소를 제거한다. 그 후 채소를 약하게 염소처리된 물에서 교반하며 나머지 부스러기들을 제거한다. 다음 세척은 보다 높은 농도로 염소처리된 물을 사용하는데 보통 15-20 ppm (parts per million)의 유리 염소를 함유하며 통상적인 수돗물 (3 ppm)보다 훨씬 높다. 세번째 세척은 헹구는 과정으로 염소 냄새를 제거한다. 그 후 채소는 회전탈수시켜 포장한다.

염소처리수는 세척 과정이 잘 진행될 때 채소 표면 미생물의 90-99%를 죽인다. 최근 6년간 미국 FDA (Food and Drug Administration)가 조사한 36개 처리장 중 12개가 염소처리 기준 달성에 실패한 것으로 나타났다. 일부 기업은 염소를 전혀 사용하지 않았고, 다른 곳들은 심지어 염소 수준을 조사하지 않았으며, 일부 작업장에서는 작업자들이 측정을 이해하지 못했으며, 다른 곳들은 불과 1.5-3.0 ppm을 나타내었다. 그러면 당신은 가정에서 채소를 잘 세척하는가? 아마도! 그것은 당신의 손, 싱크대, 식기 등이 얼마나 깨끗한지에 달려 있다. 다른 요소에는 당신의 채소가 얼마나 심하게 오염되었는지가 포함된다. 소가 길을 가로질러 당신의 채소가 자라난 곳에 배설을 하여 채소가 심하게 *E. coli*로 오염되었는가? 대부분의 상추는 밭에서 수확할 때 고갱이가 형성된다. 잘라진 표면으로 들어간 흙은 제거하기 더욱 어려우며 식물 안으로 더 깊이 들어간다. 무엇을 해야 할까? 조리되지 않은 채소의 섭취는 위험을 동반한다는 것을 인식하자.

(a)

(b)

모든 세균이 세척 시 빠져 나오는가? (a) (Andy Washnik) (b) (David Muench/Corbis)

페놀 고리 2개가 연결된 Trichlosan은 항균비누, 주방 도마, 어린이용 식탁, 장난감, 손 로션 등의 소비자 제품에 매우 흔히 사용된다. 그것은 세균에 대해 상당히 효과적이지만 바이러스와 진균에 대해서는 효과적이지 못하다. 더욱이 세균은 그것에 대한 저항성을 나타낼 수 있다.

산화제

산화제(*oxidizing agent*)는 단백질의 이황화물 결합(disulfide bond)을 끊어서 막과 단백질의 구조를 파괴한다. 높은 반응성의 superoxide (O_2^-)를 형성하는 과산화수소 (H_2O_2)는 손상된 상처 세척에 사용된다. 과산화수소가 산소와 물로 분해되면 산소가 상처에 존재하는 절대 혐기성균을 죽인다. 과산화수소는 손상된 조직의 효소에 의해 신속하게 불활성화 된다. 그것은 또한 콘텍트 렌즈 소독에도 매우 효과적이지만 눈 자극을 일으킬 수 있으므로 렌즈 사용 전에 그것을 모두 제거해야만 한다. 분무된 과산화수소를 사용하는 최근에 개발된 멸균법은 무균상자와 작업대 같은 작은 방이나 지역에 사용될 수 있다**(그림 12.6)**. 다른 산화제인 과망간산칼륨은 기기 소독에, 저농도로는 피부 세척에 사용된다.

알킬화제

알킬화제(*alkylating agent*)는 단백질과 핵산의 구조를 파괴한다. 그것은 핵산을 파괴하므로 암을 일으킬 수 있으며 인간 세포에 영향을 미칠 수 있는 상황에서는 사용하지 말아야 한다. 포름알데히드(formaldehyde), 글루타르알데히드(glutaraldehyde)와 베타-프로피오락톤(β-propiolactone)은 수용액으로 사용되고 에틸렌옥사이드(ethylene oxide)는 가스형태로 이용된다.

포름알데히드는 바이러스와 독소의 항원성을 파괴하지 않으면서 그것들을 불활성화 시킨다. 글루타르알데히드는 포자를 포함한 모든 종류의 미생물을 죽이며 그것에 10시간 노출시켜 기기를 멸균시킨다. 베타-프로피오락톤은 대부분의 다른 세균뿐만 아니라 간염 바이러스를 파괴하지만 물질 투과능은 낮다. 그것은 그러나 백신 내 바이러스를 불활성화 시키는데 사용된다.

기체인 에틸렌 옥사이드는 매우 높은 투과성을 가진다. 그것은 50°C에서 500 ml/l 농도로 4시간 사용하면 고온에 의해 손상되는 고무제품, 침대 매트리스, 플라스틱 및 기타 물질을 멸균시킨다. 또한 미국 NASA는 지구 미생물을 다른 행성으로 운반할지 모르는 우주 탐사선을 멸균하는데 에틸렌 옥사이드를 사용한다. 에틸렌 옥사이드 멸균에 사용되는 특별한 기기는 **그림 12.7**에서 보는 바와 같다. 고압멸균에서 설명될 내생포자의 작은 병 (ampule, 밀봉된 유리 용기)을 에틸렌 옥사이드 멸균 때 이용하여 멸균의 효과를 조사한다.

에틸렌 옥사이드는 만일 살아있는 조직에 노출되면 화상을 일으키고 또한 폭발성이 높기 때문에 이것으로 멸균된 모든 것들은 이 독성 기체를 완전히 제거하기 위해 8~12 시간 동안 잘 환기시켜야만 한다. 에틸렌 옥사이드에 노출 후 카데터(catheter), 정맥로(intravenous line), 혈관 밸브와 고무관 같은 물질들은 멸균된 공기로 완전히 세척한다. 에틸렌 옥사이드의 독성과 가연성은 90% 이산화탄소를 함유한 기체 내에서 그것을 사용하면 감소시킬 수 있다. *피부, 눈과 점막에 독성이 있으며 또한 암을 일으킬 수 있는 에틸렌 옥사이드 증기로부터 작업자를 보호하는 것이 매우 중요하다.*

적용

개구리를 더 이상 포르말린에 넣지 않는다

포름알데히드의 37% 수용액인 포르말린 (formalin)은 해부용 실험실 표본 보전에 오랫동안 표준 물질로 사용되었다. 그러나 포름알데히드는 조직에 독성을 가지며 암을 일으킬 수 있으므로 현재는 보전제로 거의 사용하지 않는다. 지금은 다양한 다른 보전제가 사용되고 있는데, 비록 이들은 해부를 하는 학생들에게 독성이 덜하지만 장기간 보전에도 덜 효과적이다. 표본 표면에 자라는 곰팡이가 현재 흔한 문제점이다.

염료

DNA에 돌연변이를 일으켜서 세포 증식을 저해하는(◀7장 p. 200) 염료 아크리딘(acridine)은 상처 세척에 이용될 수 있다. 메틸렌 블루(methylene blue)는 일부 세균 배양의 생장을 저해한다. 크리스탈 바이올렛(crystal violet 또는 gentian violet)은 아마도 그람 염색에서 세포벽 물질에 이 염료의 결합을 일으키는 것과 같은 반응에 의해 세포벽 합성을 저해한다. 그것은 배양이나 피부 감염에서 그람-양성 세균의 생장을 효율적으로 저해하며 또한 그것은 원생동물(*Trichomonas*)과 효모(*Candida albicans*) 감염의 처리에 사용될 수 있다.

기타 제제

특정 식물 기름은 특별한 항미생물제로 사용된다. 백리향(타임, thyme)에서 나온 티몰(thymol)은 보전제로 사용되며, 정향(clove)에서 유래된 유제놀(eugenol)은 치과에서 충치 구멍 소독에 사용된다. 다양한 다른 물질들은 주로 식품 보전제로 사용되는데 아황산과 이산화황은 말린 과일과 당밀 보전에, 이초산나트륨(sodium diacetate)은 빵에서 곰팡이를 저지하는데, 아질산나트륨(sodium nitrite)은 햄, 소시지 같은 육가공품의 보전에 사용된다. 아질산염을 함유한 식품은 적당량만 먹어야 하는데 소화 중 아질산염이 암을 일으킬 수 있는 물질로 전환되기 때문이다.

그림 12.6 과산화수소 소독. 최근에 개발된 생물탈오염 기기는 과산화수소 분무를 이용하여 무균상자와 작업대 같은 작은 밀폐 공간을 멸균한다. 그러나 그것은 작업실 같은 큰 공간을 멸균하기에는 충분하지 않다 (STERIS Corporation이 제공한 VHP(R) 1000 사진).

그림 12.7 에틸렌 옥사이드 멸균. 이 기기는 에틸렌 옥사이드가 폭발성이며 발암성이므로 매우 조심스럽게 사용해야만 한다. 멸균된 물질에서 모든 기체를 제거하기 위해 환기장치가 사용된다. (STERIS Corporation이 제공한 Eagle (R) 3017 100% EC Sterilizer 사진)

표 12.3

화학적 항미생물제의 성질

항미생물제	작용	용도
비누와 세제	표면장력 저하, 미생물의 다른 제제에 접근 허용	손 세척, 세탁, 부엌과 낙농장비 소독
계면활성제	고농도에서 지질 용해, 막 파괴, 단백질 변성, 효소; 불활성화 저농도에서 습윤제로 작용	양이온 세제는 기구 소독; 음이온 세제는 세탁과 청소; 4차 암모니움 화합물은 피부 소독제
산	pH 저하, 단백질 변성	식품 보전
알칼리	pH 상승, 단백질 변성	비누에 존재
중금속	단백질 변성	질산은은 임질 감염 방지, 수은 화합물은 피부와 무생물 소독, 구리는 조류 생장 저해, 셀레늄은 진균 생장 저해
할로겐	유기물 부재 시 세포 성분 산화	염소는 물에서 병원체 사멸과 기구 소독; 요오드 화합물은 피부 소독
알코올	물과 혼합 시 단백질 변성	이소프로필알코올은 피부 소독; 에틸렌 글리콜과 프로필렌글리콜은 에어로졸
페놀	막 파괴, 단백질 변성, 효소 불활성화 ; 유기물에 의한 저해 없음	표면 소독과 폐기 배양체 파괴; 아밀페놀은 영양형 생물 파괴 및 피부와 무생물 표면의 바이러스 불활성화; chlorhexidine gluconate는 외과적 손씻기에 특히 효과적
산화제	이황화결합 파괴	과산화수소는 상처 세척, 과망간산칼륨은 기구 소독
알킬화제	단백질과 핵산 구조 파괴	포름알데히드는 항원성 파괴 없이 바이러스 불활성화, 글루타르알데히드는 기구 멸균, 베타프로피오락톤은 간염바이러스 파괴, 에틸렌 옥사이드는 고온에 손상되는 물질멸균
염료	복제 저해 또는 세포벽 합성 방지	아크리딘은 상처 세척, 크리스탈 바이올렛은 일부 원생동물과 진균 감염 처리

화학적 항미생물제의 성질은 **표 12.3**에 요약되어 있다.

중점 질문 사항

1. 계면활성제는 어떻게 작용하는가?
2. 만일 세균이 비누에서 자랄 수 있다면 물질 세척에 왜 그것을 사용하는가?
3. 아크리딘, 머큐로크롬과 Lysol의 항미생물 작용을 설명하라.
4. 에틸렌 옥사이드 사용의 단점은 무엇인가?

공중 보건

청결이 실제로 그렇게 중요한가?

한 여학생이 소독제 Trichlosan을 사용하지도 않았는데 피부에 그것이 존재하는 것을 발견하였다. 그녀는 Trichlosan을 사용하는 누군가와 살고 있었다. Trichlosan 사용에 대한 논쟁을 조사하기 위해 이 장의 web site에 참여하라. 당신은 자신의 도마 위에 그것이 있는 것을 원하는가?

물리적 항미생물제

여러 세기동안 물리적 항미생물제는 식품 보전에 사용되었다. 고대 이집트인들은 썩기 쉬운 식품의 보전을 위해 그것을 건조시켰다. 스칸디나비아인들은 마른 납작하고 파삭파삭한 빵의 가운데에 구멍을 뚫어 겨울 동안 그들의 집안 공중에 매달았으며, 그와 유사하게 그들은 건조한 장소에 곡물 종자를 보관하였다. 그러지 않으면 길고 매우 습한 겨울동안 밀가루와 곡물 모두 곰팡이가 슬게 된다. 가열이 식품 부패를 왜 막는지 파스퇴르의 연구가 설명하기 50년 전에 이미 유럽인들은 통조림 작업에 가열을 이용하였다. 미생물을 파괴하는 물리적 요인이 오늘날에도 식품 보전과 준비에 여전히 사용되고 있다. 그런 요인은 감염성 질병의 방지에 결정적인 무기로 남아 있다. 물리적 항미생물제에는 다양한 형태의 열, 냉장, 건조(탈수), 광조사와 여과 등이 있다.

열 사멸의 원리 및 적용

열은 그것에 의해 손상되지 않는 모든 물질의 멸균에 선호된다. 열은 화학제가 쉽게 투과하지 못하는 두꺼운 물질에 신속하게 투과된다. 열의 사멸력의 정량에는 여러 방법이 있다. **열 사멸점(thermal death point)**은 중성 pH에서 10분 동안에 24시간 경과 액체배양 내의 모든 세균을 죽이는 온도이다. **열 사멸시간(thermal death time)**은 특정 온도에서 특별한 배양 내의 모든 세균을 죽이는데 걸리는 시간이다. Web 상의 *"Take Another look"* 에서 열 사멸점과 열 사멸시간의 차이를 살펴보라. **십진 감소시간(decimal reduction time, DRT)** 또는 **D 값(D value)**은 특정 온도에서 주어진 개체군의 생물의 90%를 죽이는데 필요한 시간의 길이이다(온도는 아래첨자로 표시: 예, $D_{80℃}$).

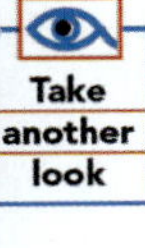

이 측정은 실험실뿐만 아니라 산업에서도 실용적인 중요성을 갖는다. 예를 들면 가능한 빨리 식품 멸균을 원하는 식품처리 작업자가 식품에 존재할 수 있는 가장 저항성 있는 생물의 열 사멸점을 조사하고 그 온도를 이용할 수 있다. 다른 상황에서는 가능한 가장 낮은 온도에서의 처리에 의해 인간 섭취에 안전한 식품을 만드는 것이 선호될 수 있다. 이것은 변성될 수 있고 따라서 그 풍미 또는 밀도가 변하는 단백질을 함유한 식품의 처리에 중요하다. 그러면 작업자는 식품에 있을 수 있는 가장 저항성 큰 생물에 요구되는 온도에서의 열 사멸시간을 알아야할 필요가 있다. 상업적 식품 통조림은 ◀26장 (p. 825)에 설명되어 있다. 일부 생물은 통조림에서도 살아남아 있으며 따라서 시판되는 통조림 식품이 항상 멸균 상태는 아니다.

건열, 습열 및 저온살균

건열(*dry heat*)은 아마도 분자의 산화에 의해 그 손상의 대부분이 일어난다. 습열(*moist heat*)은 주로 단백질 변성에 의해 미생물을 파괴하는데 물 분자의 존재는 단백질의 3차원적 구조를 유지하는 수소 결합과 기타 약한 상호작용(그림 2.18 p. 44)의 파괴를 돕는다. 습열은 또한 막 지질도 파괴한다. 열은 또한 많은 바이러스를 불활성화 시키지만 그들의 단백질 외피가 변성된 후에도 감염할 수 있는 것들은 핵산을 파괴하는 고압증기 같은 극단적 열 처리를 요구한다.

건열

건열은 습열(증기)보다 더 천천히 물질에 투과된다. 그것은 보통 금속과 유리를 멸균하는데 사용되며 기름과 분말의 멸균에 유일하게 적합한 수단이다(**그림 12.8**). 대상물질은 부피에 따라 171℃에서 1시간 동안, 160℃에서는 2시간 또는 그 이상, 121℃에서는 16시간 또는 그 이상의 건열에 의해 멸균된다.

화염은 건열의 형태이며 접종 백금이와 배양 시험관 입구를 연소에 의해 멸균시키며 피펫의 내부를 건조시키는데 사용된다. 실험실에서 물질에 화염을 적용할 때 부유하는 재와 **에어로졸(aerosol)** (공기로 방출되는 연무질)의 형성을 피해야만 한다. 이 물질들은 그 안의 생물이 의도했던 대로 연소에 의해 죽지 않을 경우 감염체 전파의 수단이 될 수 있다. 이런 이유 때문에 특별히 고안된 깊게 집어넣는 백금이 연소기가 접종 백금이 멸균에 흔히 사용된다.

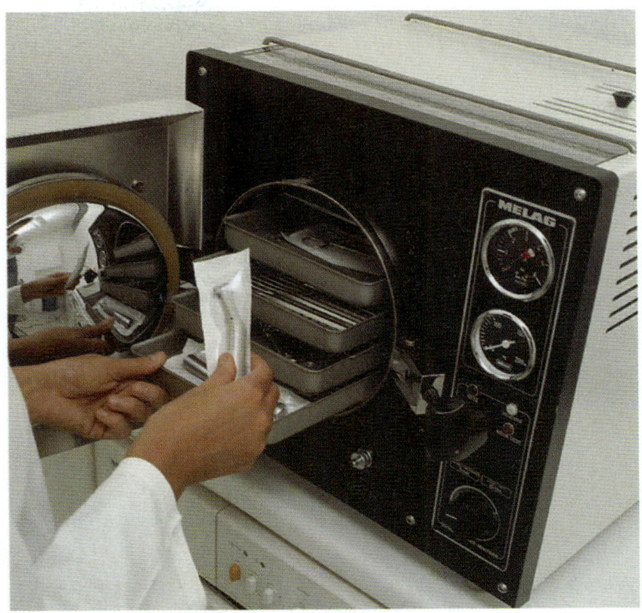

그림 12.8 금속과 유리 제품의 멸균을 위한 건열 멸균기. (Ulrich Sapountis/Okapia/Photo Researchers, Inc.)

연소를 제외하고는 피부를 멸균시키는 것은 불가능하다!

습열

습열은 그 투과성 때문에 널리 사용되는 물리적 제제이다. 끓는 물은 대부분의 세균과 진균의 영양형 세포를 파괴하며 일부 바이러스를 불활성화 시키지만 모든 종류의 포자를 죽이는데 효과적이지는 않다. 비등의 효과는 물에 2% 중탄산나트륨(sodium bicarbonate)의 첨가에 의해 증가될 수 있다. 그러나 만일 물이 압력 하에 가열되면 그 비등점은 상승하여 100℃ 이상 온도가 올라갈 수 있다. 이것은 보통 **그림 12.9**에 보이는 **고압멸균기(autoclave)**의 사용에 의해 일어나는데 그 내부에서 대기압보다 높은 15 lb/in^{2}의 압력이 집어넣는 물질의 부피에 따라 15 내지 20분 정도 유지된다. 이 압력에서 온도는 121℃에 도달하는데 영양형 생물뿐만 아니라 포자를 죽이고 바이러스 내 핵산의 구조를 파괴하는데 충분히 높다. 이 과정에서 미생물을 죽이는 것은 증가된 압력이 아니라 증가된 온도이다.

고압멸균에 의한 멸균은 만일 적절히 수행되고 다음의 2 가지 상

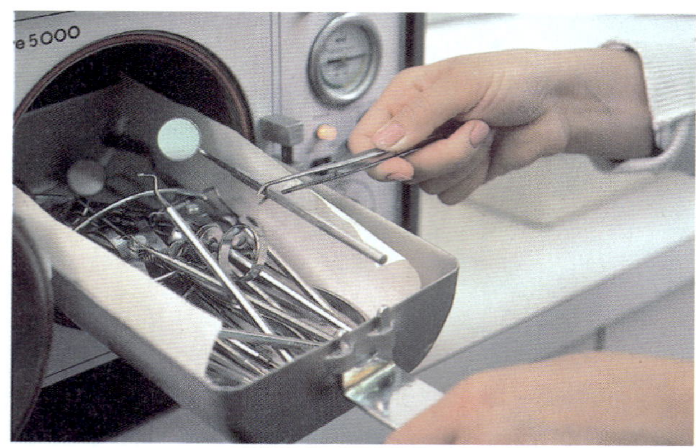

그림 12.9 소형 고압멸균기. (Richard Hutchings/Photo Researchers, Inc.)

프리온은 저항성이 매우 높으며 더 긴 시간과 높은 온도의 고압멸균 (134℃에서 18분)에 의해서 멸균되어야만 한다.

식적인 규칙을 따른다면 항상 성공적이다: 첫째, 대상물질을 증기가 쉽게 투과되도록 고압멸균기 내에 놓아야 한다; 둘째, 내부가 증기로 가득 찰 수 있게 공기를 빼내야 한다. 물체를 알루미늄박(aluminum foil)으로 싸는 것은 권장되지 않는데 그것이 증기 투과를 저해할 수 있기 때문이다. 증기는 증기 출구로부터 공기 배출구까지 고압멸균기를 순환한다(**그림 12.10**). 멸균용 물질 준비 시 용기는 밀봉되지 않아야 하며 증기가 투과될 수 있게 물질이 씌워져야 한다. 큰 덩어리의 물질이나 큰 플라스크의 배지는 열이 투과되려면 더 긴 시간이 필요하다. 여러 개의 물질을 같이 뭉칠 경우 완전한 멸균에 60분 이상 걸릴 수도 있다. 따라서

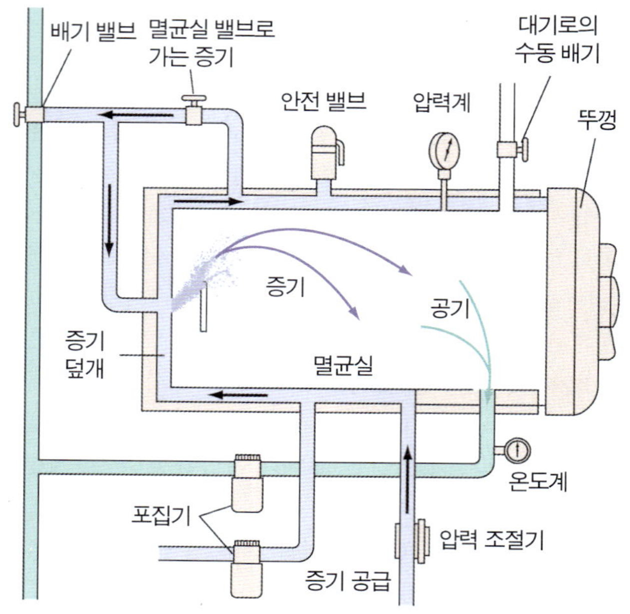

그림 12.10 고압멸균기. 증기는 고압멸균기의 덮개에서 가열되고 후면 상부의 유입구로 멸균 공간으로 들어와 전면 하부에 있는 출구로 배출된다.

한 번에 많은 양보다 두 번의 작은 양으로 나누어 멸균하는 것이 더 효과적이고 안전하다.

고압멸균에서 멸균을 확실히 하려면 여러 방법을 이용할 수 있다. 현대적 고압멸균기는 작동 중 적절한 압력을 유지하고 내부 온도를 기록하는 장치가 있다. 그런 장치의 존재와 관계없이 이용자는 주기적으로 압력을 점검하고 적절한 압력을 유지해야만 한다. 멸균할 물질이 효과적인 멸균 온도에 노출되었을 때 "멸균"이라는 표시가 나타나게 하는 물질이 들어있는 테이프를 붙일 수 있다. 이 테이프는 얼마나 오랫동안 적절한 조건이 유지되었는지 알려주지 않으므로 완전히 믿을 수는 없다. 테이프 또는 다른 멸균 지시제는 열이 멸균할 물질에 투과되는지 알기 위해 큰 물질의 안쪽과 중앙 근처에 놓아야 한다. 멸균할 물질이 열에 노출되었을 때 그 표면은 중앙보다 훨씬 빨리 뜨겁게 되기 때문에 이 주의사항이 필요하다[예를 들면 큰 덩어리의 고기를 구울 때 그 표면은 바싹 구어지지만(well done), 가운데는 덜 구어진(rare) 상태이다].

미국의 질병제어센터(The Centers for Disease Control and Prevention)는 고압멸균기 성능 점검을 위해 *Bacillus stearothermophilus* 같은 열-저항성 내생포자를 함유한 배양을 매주 고압멸균하는 것을 권장한다. 이 작업을 쉽게 하기 위한 내생포자 함유지가 시판된다(**그림 12.11**). 이 포자 함유지와 배지함유 용기가 탄성 플라스틱 용기에 들어 있다. 이 용기를 멸균할 물질의 가운데에 넣고 고압멸균 한다. 내부 용기를 깨뜨리고 배지를 방출시켜 전체 용기를 배양한다. 고압멸균된 배양에 생장이 일어나지 않는다면 멸균이 효과적인 것으로 판명된다.

많은 양의 물질이 멸균되어야 하는 큰 실험실과 병원에서는 사전진공 고압멸균기(*prevacuum autoclave*)라 하는 특별한 고압멸균기가 흔히 사용된다(**그림 12.12**). 증기가 들어오기 전에 고압멸균기 내부 공간의 공기를 제거하여 부분적 진공을 만든다. 진공이 없을 때보다 증기가 들어와서 내부공간을 훨씬 빠르게 가열시켜 적절한 온도에 신속하게 도달한다. 전체 멸균시간이 반으로 줄며 멸균 비용도 크게 감소한다.

저온살균

포도주가 시어지게 만드는 생물을 파괴하기 위해 Pasteur가 고안한 과정인 **저온살균(pasteurization)**은 멸균상태를 만들지 않는다. 그것은 병원체 특히 우유, 기타 유제품 및 맥주에 존재할 수 있는 *Salmonella*와 *Mycobacterium*을 죽인다. *Mycobacterium*은 생우유를 마신 어린이에서 결핵을 많이 일으켰다. 단시간살균법(*flash method*)에서는 71.6℃에서 적어도 15초 동안, 지연살균(*holding method*)에서는 62.9℃에서 30분 가열하여 우유를 저온살균한다. 수년 전 *Listeria* 속 세균의 특정 균주들이 저온살균된 우유와 치즈에서 발견되었다.

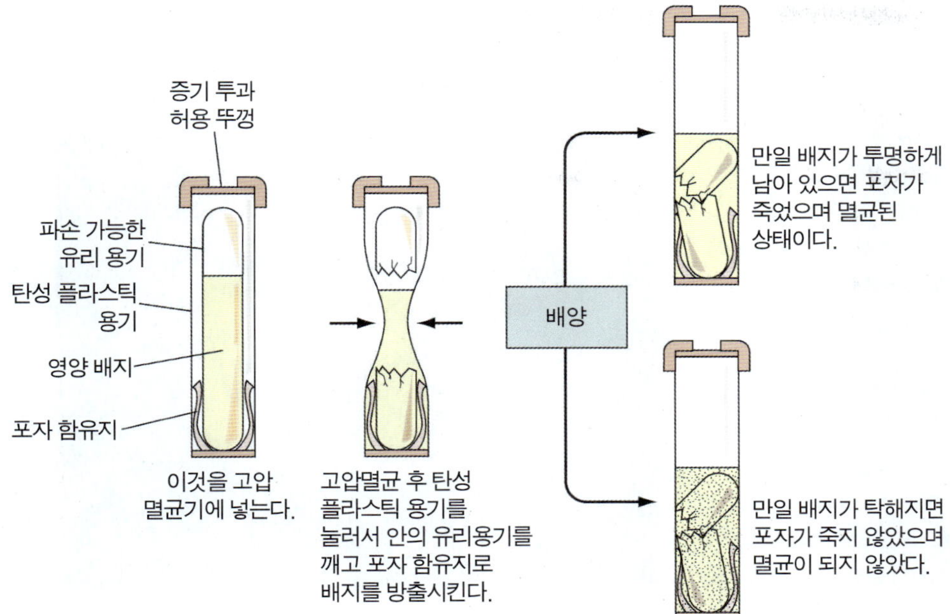

그림 12.11 멸균 점검. 고압멸균기가 제대로 작동하는지 점검하기 위해 시판되는 포자시험 용기를 고압멸균기에 넣고 작동시킨다. 그 후 용기를 눌러 배지를 포자 함유지로 방출시킨다. 만일 멸균이 제대로 되었다면 포자가 죽었을 것이며 배지에서 생장이 일어나지 않을 것이다. 간혹 지시약을 배지에 첨가하는데 만일 미생물 생장이 일어나면 산 부산물의 축적 때문에 색이 바뀌게 된다. 이는 배지를 탁하게 만드는 충분한 생장을 기다리는 것보다 빠르다.

이 병원체는 설사와 뇌염을 일으키며 임산부에서 사망까지 일으킬 수 있다. 소수의 그런 감염은 저온살균의 표준 과정을 고칠 필요성을 제기하였다. 그러나 비록 이미 1950년대에 우유에서 발견된 *Coxiella burnetii*를 죽이기 위해 저온살균 온도를 올렸지만, 저온살균된 우유에서 *Listeria*의 발견이 지속적인 문제가 되지 않았으며 그 동안 아무런 조치도 취해지지 않았다.

비록 미국에서 시판되는 대부분의 우유가 저온살균된 신선한 우유이지만 멸균 우유도 또한 판매된다. 모든 증발 또는 농축 캔우유는 멸균 상태이며 일부 종이곽 용기에 들어있는 우유 또한 멸균된 것이다. 캔우유는 고압증기로 처리되며 조리된 향기를 풍긴다. 종이곽 용기의 멸균 우유는 유럽에서 널리 시판되며 미국 내 일부 상점에서 판매된다. 그것은 저온살균과 유사한 공정을 거치지만 더 높은 온도를 사용한다. 그것 역시 조리된 향기를 갖지만 용기가 밀봉되어 있는 한 냉장하지 않고 보관될 수 있다. 그런 우유는 흔히 바닐라, 딸기 또는 초코렛 향을 첨가한다. **초고온 공정(ultrahigh temperature processing, UHT processing)**은 온도를 74℃에서 140℃로 올린 후 그것을 5초 이내에 74℃로 되돌린다. 우유보다 훨씬 뜨거운 표면에서 우유를 통과시키는 복잡한 냉각과정이 조리된 향이 생기는 것을 방지한다. 전부는 아니지만 일부 작은 용기의 커피 크림이 이 방법에 의해 처리된다.

그림 12.12 병원의 대형 자동 고압멸균기. 기록장치가 작동 중 도달한 실제 온도와 압력을 기록한다. 이것은 이용자에게 일부 오작동을 알려준다. (STERIS Corporation 제공).

냉장, 냉동, 건조 및 냉동건조

저온은 효소-제어 반응의 속도를 늦춰 미생물의 생장을 저지하지만 많은 미생물들을 죽이지는 않는다. 열은 미생물의 사멸에 저온보다 훨씬 효과적이다. 냉장(*refrigeration*)은 식품 부패 방지에 사용된다.

적용

요구르트

요구르트(yogurt) 같은 특정 식품은 우유를 발효하는 lactobacilli 같은 세균을 우유에 첨가하여 만든다. 발효식품은 흔히 발효생물을 죽이고 제품의 유통기한을 늘이기 위해 최초의 저온살균 후에 열-처리한다. 그런 제품의 표지는 그것이 살아있는 발효생물을 함유하고 있는지를 나타낸다. 만일 당신이 집에서 요구르트를 만든다면 종균으로 사용하기 위해 생균함유 요구르트를 구입해야 한다.

적용

가정에서 통조림 제조

가정에서 통조림 제조는 냄비나 압력솥에서 할 수 있다. 용기 가운데까지 열을 전달할 수 있는 상당량의 액체가 있는 식품을 용기에 느슨하게 넣어야만 하며, 용기 사이에는 공간이 있어야만 한다. 일단 적절히 처리되면 통조림 식품은 무한정 보관될 수 있다. 미국 남북전쟁 시 철갑선 Monitor호의 난파 잔해물 중 병에 들은 relish 양념은 대서양 바닥에서 100년 이후에도 실제로 무균상태이었다! 만일 뚜껑에서 나온 독성을 갖는 양의 납이 relish에 녹아있지 않았다면 그 내용물은 먹어도 되었다.

물의 온도가 100℃에 도달하면 과일과 토마토 같은 산성식품의 부패 방지에 적당하다. 이들 식품에 존재하는 산은 대부분 포자의 발아를 저해하는데 포자의 일부는 끓는 물 처리에서 생존한다. 그러나 고기 그리고 옥수수와 콩 같은 알칼리성 채소는 압력솥에서 조리되어야만 한다. 토마토에 양파 또는 풋고추의 첨가는 pH를 올리기 때문에 그런 혼합물도 또한 압력 하에 조리되어야만 한다. 내산성 포자가 존재하기 때문에 가정에서의 통조림 제조는 압력솥으로 조리할 때 가장 안전하다. 모든 상업적 통조림 식품은 압력 기구에서 처리된다. 압력솥은 고압멸균기처럼 작동한다. 솥 안의 식품은 15 lb/in2에서 적어도 15분 처리된다. 이 식품에 존재할 수 있는 어떤 포자들도 죽기 때문에 식품은 멸균된다.

압력솥에서 도달한 고온에서 알칼리성 식품 처리의 실패는 식품 보관 중 여전히 살아있는 *Clostridium botulinum* 세균이 만드는 독소의 축적을 유도할 수 있다. 이 독소는 심지어 매우 적은 양도 치명적일 수 있다. 만일 가정-제조 또는 시판 통조림 식품이 좋지 않은 냄새가 나거나 용기의 뚜껑이 불룩하면 이는 용기 내에서 살아있는 생물에 의해 기체가 생성된 것을 가리키기 때문에 모두 폐기해야 한다. 불행히도 심지어는 뚜껑이 불룩하지 않고 냄새가 나지 않는데도 독소가 존재할 수 있으므로 가정에서 통조림 식품을 만들 때에는 충분히 긴 시간 동안 적절한 압력이 유지되는지 매우 조심해야 한다. 안전을 위해 가정-제조 통조림 식품을 열었을 때 15 내지 20분 동안 격렬히 끓이면 botulism 독소를 파괴할 수 있다. 그러나 가장 좋은 방법은 "의심나면 그것을 버려라."

Jacquelyn G. Black 제공

냉동 (*freezing*), 건조 (*drying*)와 냉동건조 (*freeze drying*)는 식품과 미생물의 보전에 사용되지만 이 방법들은 멸균에는 사용되지 못한다. 그러나 며칠간의 냉동은 아마도 고기에 존재하는 대부분의 기체충들을 죽일 것이다.

적용

가정 냉동

가정에서 식품의 냉동은 아마도 오늘날 가정에서 통조림 제조보다 더 흔한 일이다. 신선한 과일과 채소를 냉동하기 전에 그것을 끓는 물에 데치거나 약 1분 정도 담가야 한다. 데치는 것은 식품의 미생물을 죽이는 것을 돕지만 그 주된 목적은 냉동 온도에서도 탈색 또는 조직의 변화를 일으킬 수 있는 식품 내 효소를 변성시키는 것이다. 그 후 식품을 냉수에서 빨리 냉각시켜 깨끗한 용기에 넣는다. 마지막으로 그것을 가능한 한 빨리 냉동시키기 위해 가정 냉동고의 가장 차가운 곳에 용기 주위에 공간이 있게 집어넣는다.

냉장

많은 신선 식품들은 5℃에서 (보통 냉장고 온도) 보관하면 부패를 방지할 수 있다. 그러나 일부 세균과 곰팡이가 이 온도에서 자랄 수 있으므로 보관은 며칠로 국한되어야 한다. 이것을 확인하기 위해서는 냉장고 뒤쪽에 남아있는 것에서 자라난 일부 이상한 것들을 떠올리면 된다. 드문 경우이지만 혐기성 조건이 존재하는 식품 용기 안쪽 깊은 곳에 *Clostridium botulinum* 균주들이 있을 때 냉장고 안에서도 이들이 자라나고 치명적인 독소를 생성할 수 있다.

냉동

가정과 식품 산업에서 식품 보전에 −20℃에서의 냉동이 이용된다. 비록 냉동은 식품을 멸균하지 않지만 화학반응 속도를 크게 낮추어 미생물이 식품을 부패시키지 못하게 한다. 냉동식품은 해동 후 다시 냉동하면 안된다. 식품의 반복된 냉동과 해동은 느린 냉동 중 식품 내에 큰 얼음 결정의 형성을 일으킨다. 이로 인해 식품 내 세포막이 파괴되고 영양분이 빠져 나오며 식품의 조직이 변형되고 맛이 덜해진다. 그

그림 12.13 건조에 의한 보존. 태양광 건조는 미생물의 생장을 방지하는 오래된 방법이다. 이 포도는 건포도로 먹을 수 있게 유지되는데 미생물이 건조 과일 내부에 남아있는 것보다 더 많은 수분을 요구하기 때문이다. Link/Visuals Unlimited)

것은 또한 식품이 해동될 때 세균이 증식하게 하며 식품을 세균 분해에 더 취약하게 만든다.

냉동은 미생물 보전에 사용될 수 있지만 식품 보전에 사용되는 것보다 훨씬 저온을 요구한다. 세포에 구멍을 낼 수 있는 큰 얼음 결정의 형성을 막기 위해 미생물을 보통 글리세롤 또는 단백질에 현탁시키고 드라이아이스로 –78°C까지 냉각시켜 유지한다. 또는 액체 질소에 넣어 –180°C로 유지한다.

건조

건조는 식품 보전에 사용될 수 있는데 물이 없으면 효소의 작용이 저해되기 때문이다. 완두, 콩, 건포도와 기타 과일을 포함한 많은 식품이 흔히 건조에 의해 보전된다(**그림 12.13**). 제빵에 사용되는 효모 또한 건조에 의해 보전될 수 있다. 그런 식품에 존재하는 내생포자는 건조에도 생존할 수 있으나 그들은 독소를 생성하지 않는다. 건조된 페퍼로니(pepperoni) 소시지와 훈제 생선은 미생물이 자라는데 충분한 수분을 갖고 있다. 훈제 생선은 조리되지 않았기 때문에 그것의 섭취는 감염의 위험성을 갖는다. 그런 생선을 비닐봉지에 밀봉하는 것은 *Clostridium botulinum* 같은 혐기성균의 생장을 허용하는 조건을 만든다.

건조는 또한 감염체의 전파를 자연적으로 최소화시킨다. 매독을 일으키는 *Treponema pallidum* 같은 일부 세균은 건조에 극도로 민감하며 건조 표면에서는 거의 즉시 죽기 때문에 좌변기와 기타 목욕탕 설비를 건조하게 유지하면 그들의 전파를 막을 수 있다. 세탁물을 건조기 또는 햇빛으로 말리면 병원체를 죽일 수 있다.

냉동건조

냉동건조 또는 **동결건조(lyophilization)**는 냉동상태에서의 물질의 건조이다(**그림 12.14**). 이 공정은 일부 인스턴트 커피 제품의 제조에 사용되는데 냉동건조 인스턴트 커피는 다른 종류보다 더 많은 천연향을 가진다. 미생물학자들은 미생물 배양의 파괴 대신 장기간 보전을 위해 동결건조를 이용한다. 작은 병 속의 미생물을 알코올과 드라이아이스 또는 액체 질소 내에서 신속하게 얼리고, 언 상태에서 진공을 걸어 모든 수분을 제거하고 마지막으로 진공에서 밀봉한다. 신속한 냉동은 매우 작은 얼음 결정만이 세포 내에서 생기는 것을 허용하며 따라서 생물체는 이 과정에서 생존한다. 처리된 생물은 냉동건조된 상태로 진공 하에서 수년간 살아있는 채로 보전될 수 있다.

광조사

자외선(ultraviolet light), 이온화 방사선(ionizing radiation), 극초단파(microwave)와 강한 가시광선(특정 환경에서)의 4가지 일반적인 종류의 광조사가 미생물을 제어하고 식품을 보전하기 위해 사용될

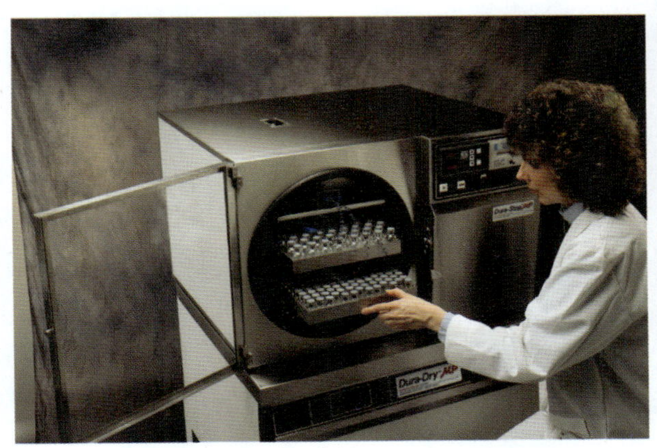

(a)

(b)

그림 12.14 냉동건조(동결건조) 장치. **(a)** Stoppering tray dryer로서 tray가 수분 제거에 필요한 열을 제공한다. 동결건조(약 24시간) 종료 후 이 장치는 자동적으로 vial에 뚜껑을 닫는다. (FTS Systems, Inc., Gary Gold Photography 사진 제공) **(b)** Manifold dryer로서 다른 크기의 용기 내에 미리 냉동된 시료가 수분을 제거하기 위해 진공을 제공하는 연결구를 통해 건조기에 연결될 수 있다. 시료는 그 초기 두께에 따라 4 내지 20 시간 동안 건조된다. Tray dryer와 달리 이 장치는 시료를 추가하거나 제거할 수 있다. (FTS Systems, Inc., Gary Gold Photography 사진 제공)

수 있다. 전자기 스펙트럼(◀그림 3.4)을 되돌아보고 스펙트럼에서 그들의 상대적 파장과 위치를 살펴보라.

자외선

자외선 (UV)은 40-390 nm 사이 파장의 빛으로 구성되지만 200 nm 범위의 파장이 DNA와 단백질 손상을 통해 미생물을 죽이는데 가장 효과적이다. 자외선은 핵산의 퓨린과 피리미딘 염기에 의해 흡수된다. 그런 흡수는 이 중요한 분자를 영구적으로 파괴할 수 있다. 자외선은 바이러스를 불활성화 시키는데 특별히 효과적이다. 그러나 DNA 수선 과정 때문에 예상보다는 훨씬 적은 세균을 죽인다. 일단 DNA가 수선되면 손상된 분자를 대체하기 위해 새로운 분자의 RNA와 단백질이 합성될 수 있다(◀7장 p. 201). 토양에서 태양광에 수십 년 노출된 내생포자는 그들의 DNA에 결합하는 작은 단백질 때문에 UV 손상에 저항성이 있다. 이 단백질은 DNA를 살짝 풀어 그 입체구조를 변화시켜 자외선 조사 영향에 저항성을 갖게 한다.

자외선은 유리, 천, 또는 대부분의 다른 물질을 투과하지 못하며 모서리 또는 실험대 아래로 돌아가지 못하므로 제한적으로 사용된다. 그것은 공기를 효과적으로 투과하여 공기 기원 미생물의 수를 줄이고 우리에 들어있는 동물이 있는 사육실과 작업실 내 표면에 있는 미생물을 죽이는데 효과적이다(**그림 12.15**). 자외선은 시간 경과에 따라 효능이 감소하며 종종 검사를 해야 한다. 사람에 투사하지 않고 공기를 소독하기 위해 방이 사용되지 않을 때 자외선을 조사한다. 햇볕에 타본 사람이 아는 것처럼 자외선에 노출은 화상을 일으킬 수 있으며 눈도 손상시킬 수 있다; 수년 간 피부 노출은 피부암을 유도할 수 있다. 야외에서 맑은 날 세탁물을 널면 햇볕에 있는 자외선의 도움을 받는다. 비록 햇볕의 자외선 양이 작아도 의류 특히 기저귀에 있는 세균을 죽이는데 자외선이 도움이 된다.

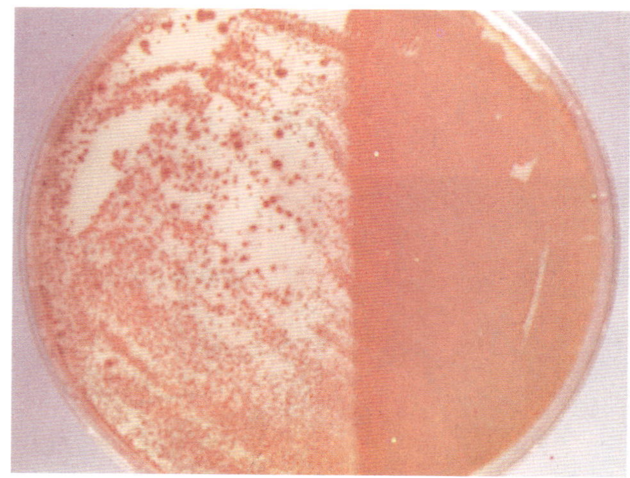

그림 12.15 자외선 조사. 자외선 노출의 영향은 이 *Serratia marcescens*의 페트리 평판에서 볼 수 있는데 왼쪽은 자외선에 노출되었고 오른쪽은 가려졌다. 왼쪽에 있는 생물의 대부분은 죽었다. (Grant Heilman Photography)

일부 지역에서는 하수 처리에서 자외선이 염소를 대체하고 있다. 염소로 처리된 하수 배출수가 하천 또는 다른 수계로 방류될 때 발암성 화합물이 형성되어 먹이 사슬로 들어갈 수 있다. 염소 처리 배출수를 방류하기 전에 염소를 제거하는 비용은 평균 미국 가족의 하수처리 비용에 연간 $100 이상을 추가하게 되며 매우 적은 수의 하수처리장이 이것을 시행하고 있다. 하수 방류 전에 자외선 하에 하수 배출수를 흘려보내면 물의 냄새, pH 또는 화학적 조성의 변화 없이 그리고 발암성 화합물 생성 없이 미생물을 파괴할 수 있다.

이온화 방사선

파장이 0.1~40 nm 범위인 X선과 더 짧은 감마선은 *이온화 방사선* 종류인데 그들이 원자로부터 전자를 제거하여 이온을 만들 수 있기 때문이다(긴 파장은 *비이온화 방사선* 형태이다). 이런 종류의 방사는 또한 미생물과 바이러스를 죽인다. 많은 세균이 0.3~0.4 millirad의 방사선 흡수에 의해 죽으며 poliovirus는 3.8 millirad 흡수에 의해 불활성화된다. **라드(rad)**는 조직 1 그람 당 흡수된 방사 에너지의 단위인데 1 millirad는 1 rad의 1/1000이다. 인간은 보통 50 rad 이상의 노출량에 노출될 때까지는 방사선에 의해 해를 입지 않는다.

광조사는 병원에서 면역기능 저하 환자를 위한 음식 멸균에 사용된다.

이온화 방사선은 DNA를 손상시키고 과산화물을 생성하는데 그것이 세포에서 강력한 산화제로 작용한다. 이 방사는 또한 그것이 도달한다면 인간 세포를 죽이거나 또는 돌연변이를 일으킬 수 있다. 그것은 플라스틱 실험실 및 의학 기구와 의약품을 멸균하는데 사용된다. 그것은 100~250 kilorad의 노출량으로 해산물, 50~100 kilorad로 육류와 가금류 그리고 200~300 kilorad로 과일의 부패 방지에 각각 사용될 수 있다(1 kilorad는 1,000 rad). 미국의 많은 소비자들은 방사선 조사의 공포 때문에 방사선 처리 식품을 거부하지만 그런 식품은 병원체와 방사선이 모두 없이 매우 안전하다. 유럽에서는 우유와 기타 식품을 멸균하기 위해 흔히 방사선 처리를 한다.

극초단파 방사

극초단파(microwave) 방사는 감마선, X선 및 자외선 조사와 달리 전자기 스펙트럼의 장파장 범위에 들어간다. 그것은 약 1 mm~1 m의 파장 범위로 텔레비전과 경찰 레이더를 포함한다. 소위 전자레인지라고도 하는 microwave oven의 진동수는 물 분자의 에너지 수준과 동일하

세균, Deinococcus radiodurans는 사람을 죽이는 방사선량의 1000배 이상에서도 생존하는 능력을 갖고 있다. 그것은 방사성 물질로 오염된 부지의 생물복원에 사용을 위한 후보로 연구되고 있다.

부엌 스펀지를 깨끗이 하기 위해서는 식기세척기로 세척하거나 젖은 스펀지를 전자레인지로 처리할 수 있다. 그러나 마른 스펀지는 전자레인지로 처리할 때 불이 날 수 있으므로 처리하지 말아야 한다.

게 맞춰있다. 액체 상태에서 물 분자는 재빨리 극초단파 에너지를 흡수하고 그것을 열로서 주위 물질에 방출한다. 따라서 종이, 도자기 또는 플라스틱으로 만들어진 접시 같이 물을 함유하지 않은 물질은 차가운 채로 남아있지만 그 위에 있는 수분이 있는 음식은 뜨겁게 된다. 이 이유 때문에 가정용 전자레인지는 붕대나 유리기구 같은 것을 멸균하는데 사용될 수 없다. 금속에서 에너지 전달은 전기불꽃 같은 문제를 일으키므로 대부분의 금속 제품도 극초단파 멸균에 적합하지 않다. 더욱이 거의 물을 함유하지 않는 세균 내생포자는 극초단파에 의해 파괴되지 않는다. 그러나 단 10분 내에 배지를 멸균하는데 사용될 수 있는 특별한 microwave oven이 최근 시판되었다**(그림 12.16)**. 그것은 12개의 압력 용기를 갖는데 각각은 배지 100 ml을 함유한다. 극초단파 에너지가 용기 내 배지의 압력을 증가시켜 멸균온도에 도달한다.

가정용 전자레인지에서 음식을 조리할 때에는 주의해야 한다. 조리되는 음식의 외형과 밀도의 차이가 일부 부위를 다른 곳보다 더 뜨겁게 만들어 종종 매우 차가운 부위가 존재하게 된다. 따라서 전자레인지에서 완전히 음식을 조리하려면 음식을 기계적으로 또는 손으로 회전시키는 것이 필요하다. 예를 들면 돼지고기 구이는 돼지 회충 *Trichinella*(◀ 제22장)의 포낭 (cyst)을 죽이기 위해 자주 뒤집고 완전히 조리해야 한다. 그런 포낭 사멸의 실패는 기생충 포낭이 인간 근육 및 기타 조직에 파묻히는 선모충병 (trichinosis)에 걸리게 한다. 전자레인지가 회전하지 않을 때 모든 실험적으로 감염시킨 돼지고기 구이는 표준 조리시간 후에 일부 부위에 살아있는 기생충이 남아있었다.

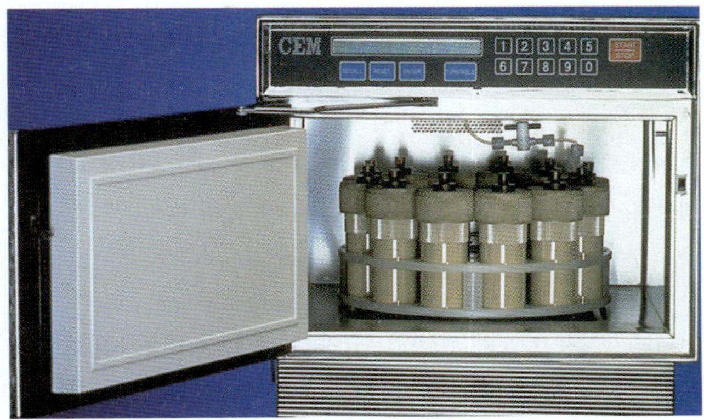

그림 12.16 극초단파 멸균. MikroClave® 체제는 미생물용 배지와 용액의 빠른 멸균을 위해 특별히 제작되었다. 극초단파 에너지를 이용하여 그것은 1.2 리터의 배지를 6.5분 내에 또는 100 ml를 45초 내에 멸균할 수 있다. 멸균 전에 한천을 끓일 필요도 없다. (CEM Corporation)

강한 가시광선

태양광은 세균을 죽이는 효과를 갖는 것으로 오랫동안 알려져 있었으나 그 효과는 주로 태양광 내의 자외선 때문이었다. 400-700 nm (보라색-적색 광) 파장의 빛을 갖는 강한 가시광선은 세균에서 riboflavin과 porphyrin (산화효소의 구성성분) 같은 광-민감성 분자의 산화에 의한 직접적 살세균 효과를 가질 수 있다. 그 이유 때문에 세균 배양은 실험실에서 다룰 때 강한 광선에 노출되지 말아야 한다. 형광염료 eosin과 methylene blue는 강한 빛이 있을 때 단백질을 변성시키는데 그들이 에너지를 흡수하고 단백질과 핵산의 산화를 일으키기 때문이다. 염료와 강한 빛의 조합은 세균과 바이러스 모두를 제거하는데 사용될 수 있다.

음파 및 초음파

들을 수 있는 범위의 음파는 만일 충분한 세기라면 세균을 파괴할 수 있다. 초당 15,000 주파 이상의 진동수를 가지는 초음파는 세균에 진공현상을 일으킨다. **진공현상(cavitation)**은 액체-이 경우는 세균 세포의 액상 세포질-에서 부분 진공의 형성이다. 세균은 그 후 분해되고 그 단백질은 변성된다. 세제에 사용되는 효소는 세균 *Bacillus subtilis*의 진공현상에 의해 얻는다. 음파에 의한 세포의 파괴는 **초음파처리(sonication)**라 한다. 음파나 초음파처리는 실용적인 멸균 방법이 되지 못한다. 여기에서 이들을 거론하는 것은 막, 리보솜, 효소 및 기타 성분을 연구하기 위해 세포를 분획할 때 그들이 유용하기 때문이다.

여과

여과(filtration)는 물질을 여과재 또는 거름장치를 통과시키는 것이다. 여과에 의한 멸균은 극도로 작은 공극을 가진 여과재를 요구한다. 배지에서 세균을 분리하고 열에 의해 파괴되는 물질을 멸균하기 위해 Pasteur 시절부터 여과가 사용되어 왔다. 시간 경과에 따라 여과재는 자기, 석면, 규조토와 소결유리(녹이지 않고 가열된 유리)로 만들어졌다. 여과막(*membrane filter*)**(그림 12.17)**은 공극 크기보다 큰 것의 통과를 막는 공극을 갖는 얇은 원판으로 현재 널리 사용되고 있다. 그것은 보통 nitrocellulose로 만들며 25 μm부터 0.025 μm 이하까지 특별한 공극 크기로 제작될 수 있는 큰 장점을 갖는다. 다양한 공극 크기에 의해 여과된 입자는 **표 12.4**에 요약되어 있다.

여과막은 특정한 장점과 단점을 갖는다. 가장 작은 공극 크기의 것을 제외하고 여과막은 비교적 저렴하며, 쉽게 막히지 않고, 큰 부피의 액체를 비교적 빠르게 여과할 수 있다. 그것은 고압멸균될 수 있으며 이미 멸균된 것을 구입할 수 있다. 여과막의 단점은 많은 것들이 바이러스와 일부 mycoplasma의 통과를 허용하는 점이다. 다른 단점은 그것이 비교적 많은 양의 여과물을 흡수하며 여과물 내로 금속 이온이 들어가게 하는 것이다.

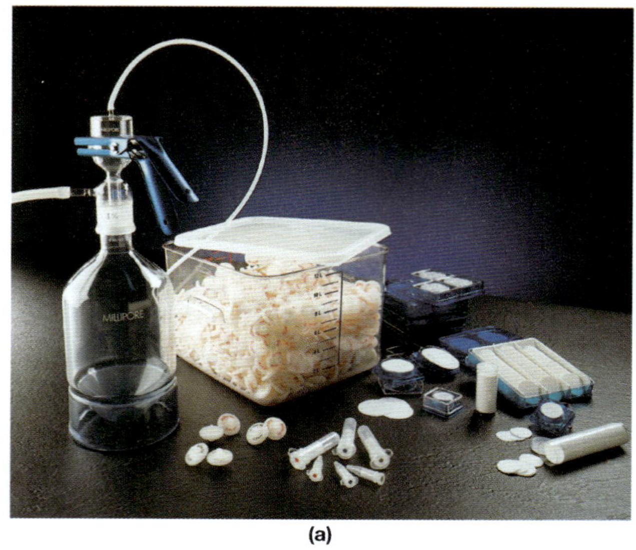
(a)

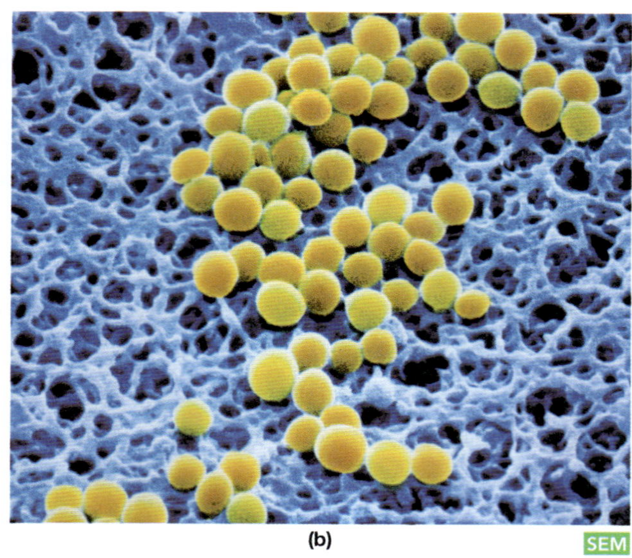

(b)

그림 12.17 여과에 의한 멸균. **(a)** 다양한 종류의 여과막이 큰 또는 작은 양의 액체 멸균에 이용된다. 일부는 진공-여과될 수 있는데 병 또는 플라스크 내로 멸균된 것이 주입되게 한다(*Millipore Corporation, Billerca, Massachusetts 제공*). **(b)** 0.22 μm Millipore 여과막 표면에 포집된 *Staphylococcus epidermidis* 세포의 주사전자현미경 사진(19,944×). 막의 공극 크기는 바이러스는 허용하지만 세균은 통과되지 않게 또는 둘 다 통과되지 않게 선택될 수 있다. (*Millipore Corporation, Billerca, Massachusetts 제공*)

여과막은 가열 멸균에 의해 손상될 수 있는 물질의 멸균에 사용된다. 이런 물질에는 배지, 배지에 첨가되는 특별한 영양물질 및 약품, 혈청과 비타민 같은 의약품이 포함된다. 일부 여과막은 주사기에 부착되어 물질을 비교적 빠르게 통과시킬 수 있다. 여과는 또한 맥주 제조 시 저온살균 대신 사용될 수 있다. 물질 멸균에 여과막을 사용할 때 제품 내로 어떤 감염체도 통과되지 않게 막의 공극 크기를 선택하는 것이 중요하다.

표 12.4

여과막의 공극 크기와 그것을 통과하는 입자

공극 크기 (μm)	그것을 통과하는 입자
10	적혈구, 효모 세포, 세균, 바이러스, 분자
5	효모 세포, 세균, 바이러스, 분자
3	일부 효모 세포, 세균, 바이러스, 분자
1.2	대부분의 세균, 바이러스, 분자
0.45	극소수 세균, 바이러스, 분자
0.22	바이러스, 분자
0.10	중간 크기부터 작은 바이러스, 분자
0.05	작은 바이러스, 분자
0.025	가장 작은 바이러스, 분자
ultrafilter	작은 분자

살아있는 바이러스의 존재를 요구하는 백신의 제조에서 바이러스는 통과하지만 세균의 통과는 막는 여과막의 공극 크기를 선정하는 것이 중요하다. 적절한 공극 크기의 여과막 선택에 의해 poliovirus가 자라난 조직배양에서 바이러스를 액체와 찌꺼기로부터 분리할 수 있다. 이 과정은 소아마비 백신의 제조를 간단하게 한다. 극도로 작은 공극의 cellulose acetate 여과막이 현재 이용가능하며 액체로부터 많은 바이러스 (비록 가장 작은 것은 아니지만)를 제거할 수 있다. 그러나 이 여과막은 비싸며 쉽게 막힌다.

공기와 물 시료로부터 세균을 포집하는데 사용되는 여과막은 직접 한천평판으로 옮길 수 있으며 시료 내 세균의 양이 측정될 수 있다. 또는 여과막을 한 배지로부터 다른 배지로 옮겨 다른 영양 요구성을 가진 생물들이 검출될 수 있다. 여과는 또한 공공 상수처리와 하수처리장에서 미생물과 기타 작은 입자를 제거하는데 사용된다. 이 기술은 그러나 멸균이 아니며 단순히 오염을 줄이는 것이다.

고성능 미립자 공기(*high-efficiency particulate air, HEPA*) 필터는 수술실, 화상병동과 실험실 무균작업대 같은 미생물 제어가 특별히 중요한 곳의 환기체제에 사용된다. HEPA 필터는 또한 결핵환자가 있는 방이나 ◀그림 15.14에 보이는 최대 봉쇄장치 같은 특별히 위험한 미생물을 연구하는 실험실에서 방출되는 생물을 포집한다. 이 필터는 직경 0.3 μm 이상의 거의 모든 생물을 제거한다. 사용된 필터는 처분되기 전에 포르말린에 담근다. 결핵환자를 위한 방의 대부분은 주 출입문 밖에 복도가 있다. 방 안의 음압의 공기는 문이 열릴 때마다 방 밖의 공기가 안으로 들어오게 해야 한다. 그러나 일부 공기가 여전히 방에서 빠져나가는 것으로 조사되는데 따라서 밖에 작은 봉쇄 복도가 필요하다. 이 작은 복도로 들어갈 때 일부 결핵균이 그곳에 있을 수 있으므로 항상 마스크를 착용해야 한다.

삼투압

고농도의 염, 당 또는 다른 물질들은 고삼투성 배지를 만들어 삼투(osmosis, ◀4장 p. 108)에 의해 미생물로부터 물을 빼낸다. **원형질분리 (plasmolysis)** 또는 수분 손실은 세포 기능을 크게 저해하며 결국 세포가 죽게 된다. 젤리, 잼 및 시럽에서 설탕, 그리고 가공육류 및 절임 식품에서 소금물의 사용은 존재하는 대부분의 생물에서 원형질분리를 일으키고 새로운 생물의 생장을 방지한다. 그러나 소수의 호염성 생물이 이런 조건에서 생장하며 특히 절임 식품의 부패를 일으키고 일부 진균은 잼의 표면에서 살 수 있다.

물리적 항미생물제의 특성이 **표 12.5**에 요약되어 있다.

✔ 중점 질문 사항

1. 종이를 통한 물의 여과는 물을 멸균하지 못한다. 그러면 어떻게 여과막은 물을 멸균할 수 있는가?
2. 가정용 전자레인지가 물질을 멸균하는데 사용될 수 있는가? 그 이유는, 또는 그렇지 않은 이유는?
3. 수질이 좋지 않은 물이 공급되는 지역에서 얼음이 물의 안전한 공급원이 되는가?
4. 저온살균 제품은 멸균되었는가?

표 12.5

물리적 항미생물제의 특성

항미생물제	작용	용도
건열	단백질 변성	유리와 금속제품의 멸균에 오븐 열 사용; 미생물 연소에 화염 사용
습열	단백질 변성	고압멸균은 열과 수분에 의해 손상되지 않는 배지, 붕대 및 많은 종류의 병원과 실험실 기구를 멸균한다; 압력솥은 통조림 식품을 멸균한다
저온살균	단백질 변성	우유, 유제품과 맥주 내 병원체를 죽임
냉장	효소-제어 반응 속도를 낮춤	신선식품의 며칠간 저장에 사용; 대부분의 미생물을 죽이지 않음
냉동	효소-제어 반응속도를 크게 낮춤	신선식품의 수개월간 저장에 사용; 미생물을 죽이지 않음; 미생물 보전을 위해 글리세롤과 같이 사용
건조	효소 저해	일부 과일과 채소 보전에 사용; 종종 소시지와 생선 보전에 연기와 같이 사용
냉동건조	탈수는 효소저해	일부 인스턴트 커피 제조에 사용; 미생물의 수년간 보전에 사용
자외선	단백질과 핵산 변성	수술실, 동물 사육실과 배양 접종장소에서 공기 중 미생물의 개체수 감소에 사용
이온화 방사선	단백질과 핵산 변성	플라스틱과 의약품의 멸균 및 식품 보전에 사용
극초단파 방사	물 분자가 흡수한 후 그 에너지를 주위에 열로 방출	특별한 배지-멸균 장치를 제외하고는 믿을만하게 미생물을 파괴하지 못함
강한 가시광선	광-민감성 물질 산화	세균과 바이러스 파괴에 염료와 같이 사용될 수 있다; 의류 살균에 도움이 될 수 있다
음파와 초음파	진공현상 유도	미생물 사멸의 실용적인 방법은 아니지만 세포 성분의 분획 및 연구에 유용
여과막	미생물의 기계적 제거	배지, 의약품과 비타민 멸균, 백신 제조 및 공기와 물의 미생물 시료채취에 사용됨
삼투압	미생물로부터 물 제거	절임 음식과 젤리 같은 식품의 부패 방지에 사용됨

요약

멸균과 소독의 원리

- 멸균은 어떤 물질 내 또는 물체 상의 모든 생물의 사멸 또는 제거를 의미한다.
- 소독은 생물에 의한 더 이상의 질병 위협이 없게 병원성 생물의 수를 감소시키는 것이다.
- 멸균과 소독에 관련된 중요한 용어는 표 12.1에 정의되어 있다.

미생물 생장의 제어

- 미생물의 지수적 사멸률 때문에 주어진 시간 간격 내에 일정한 비율의 생물이 죽는다.
- 더 적은 생물이 존재할수록, 멸균에 더 적은 시간이 요구된다.
- 항미생물제에 대한 미생물의 민감성은 다르다.

화학적 항미생물제

화학제의 효능

- 화학적 항미생물제의 효능 또는 효율은 시간, 온도, pH 및 화학제 농도의 영향을 받는다.
- 생물이 화학제에 노출된 시간의 길이, 증가된 온도, 산성 또는 알칼리성 pH 및 일반적으로 화학제의 증가된 농도에 따라 효능이 증가한다.

화학제의 효능 평가

- 효능 평가는 어려우며 완전히 만족할만한 방법은 없다.
- 페놀과 유사한 물질은 **페놀 계수**를 측정하는데 그것은 5분이 아닌 10분 내에 모든 생물을 죽이는 페놀 희석에 대한 화학제의 희석의 비율이다.

소독제 선택

- **소독제**의 선택에는 다양한 기준이 고려된다. 실제로 대부분의 화학제는 다양한 상황에서 시험되며 만족스런 결과가 나오는 상황에서 사용된다.

화학제의 작용 기작

- 화학적 항미생물제의 작용은 단백질, 세포막과 기타 세포 성분에 대한 그들의 영향에 따라 구분될 수 있다.
- 단백질을 변형시키는 반응에는 가수분해, 산화와 단백질 분자에 원자 또는 화학 작용기의 부착이 있다. 그런 반응은 단백질을 변성시켜 기능을 발휘하지 못하게 한다.
- 단백질을 변성시키는 제제와 표면장력을 낮추고 지질을 용해하는 **계면활성제**에 의해 막이 파괴될 수 있다.
- 다른 화학제의 반응이 핵산과 에너지-생성 체제를 손상시킨다. 핵산의 손상은 바이러스 불활성화의 중요한 방법이다.

특정 화학적 항미생물제

- 비누와 세제는 미생물, 기름과 때의 제거를 돕지만 멸균시키지는 못한다.
- 산은 식품 보전제로 흔히 사용된다; 비누의 알칼리는 미생물을 파괴하는데 도움이 된다.
- 중금속 함유 제제 중 질산은은 임질균을 죽이는데 사용되며, 수은-함유 화합물은 기구와 피부 소독에 사용된다.
- 할로겐 함유 제제 중 염소는 물의 병원체를 죽이는데 사용되며 요오드는 여러 피부 소독제의 주요 성분이다.
- 알코올은 피부 소독에 사용된다.
- 페놀 유도체는 피부, 기구, 접시와 가구, 그리고 폐기 배양을 파괴하는데 사용될 수 있다; 그것은 유기물 존재 시에도 잘 작용한다.
- 산화제는 상처 소독에 특히 유용하다.
- 알킬화제는 다양한 물질의 소독 또는 멸균에 사용될 수 있지만 모두 발암성 물질이다.
- 일부 염료, 식물성 기름, 황-함유 물질과 질산염은 소독제 또는 식품 보전제로 사용될 수 있다.

물리적 항미생물제

열 사멸의 원리 및 적용

- 열은 단백질 변성, 지질 용해, 그리고 화염이 사용될 때에는 연소에 의해 미생물을 파괴한다.

건열, 습열 및 저온살균

- 건열은 금속 물체와 유리제품의 멸균에 사용된다.
- 화염은 접종 백금이와 배양 시험관 입구를 멸균하는데 사용된다.
- 압력 하의 습열을 이용하는 고압멸균기는 멸균을 위한 흔한 기구이며 적절하게 사용하면 매우 효과적이다.
- 저온살균은 우유, 기타 유제품과 맥주에 있는 대부분의 병원체를 죽이지만 멸균하지는 않는다.

냉장, 냉동, 건조 및 냉동건조

- 냉장, 냉동, 건조와 냉동건조는 미생물 생장을 저지하는데 사용될 수 있다.
- 냉동 상태에서의 건조인 동결건조는 살아있는 미생물의 장기간 보전에 사용될 수 있다.

광조사

- 미생물 제어에 사용되는 광조사에는 자외선, 이온화 방사선과 가끔 극초단파와 강한 가시광선이 포함된다.

음파 및 초음파

- 음파와 초음파는 미생물을 죽일 수 있으나 음파에 의한 세포의 파괴인 초음파처리에 대부분 사용된다.

여과

- **여과**는 열에 의해 파괴되는 물질의 멸균, 바이러스의 분리 및 공기와 물 시료로부터 미생물의 수집에 사용될 수 있다.

삼투압

- 고농도의 당과 염은 세포의 원형질 분리 (세포에서 물의 소실이 일어남)를 일으키는 삼투압을 생성하며, 당이나 소금을 많이 넣은 식품에서 미생물의 생장을 방지한다.

용어 정리

4차 암모니움 화합물(p. 348)
계면활성제(p. 346)
고압멸균기(p. 353)
냉동건조(p. 357)
라드(p. 358)
멸균(p. 342)
무균성(p. 342)
물얼룩방지제(p. 346)
방부제(p. 342)
사용-희석 시험(p. 344)
살균성(p. 343)
소독(p. 342)
소독제(p. 342)
십진 감소시간(p. 353)
십진 감소시간(p. 353)
에어로졸(p. 353)
여과(p. 359)
여과지법(p. 344)
열 사멸시간(p. 353)
열 사멸점(p. 353)
요오드팅크(p. 348)
원형질 분리(p. 361)
저온살균(p. 354)
정균성(p. 343)
진공현상(p. 359)
초고온 공정(p. 353)
초음파처리(p. 359)
페놀 계수(p. 343)

임상 사례 연구

다음은 실제로 일어난 이야기이다. 학생 간호사가 간호사 지도선생님과 하루 종일 같이 일을 했다. 일과가 끝날 무렵 간호학과 책임자와의 회의에서 학생이 간호사가 온 종일 손을 한 번만 씻었다고 지적하였다. 그 간호사는 환자변기를 교체했으며 환자를 다루었다! 그 간호사는 가끔 장갑을 사용했었다. 학생 간호사는 이 상황을 어떻게 처리할지 난처한 처지였다. 의료관리에서 어떻게 손 세척이 지속적으로 문제가 되는지에 대해 더 알기 위해 다음의 CDC web site를 방문하라. 의료종사자들이 그들의 손을 너무나 많이 씻을 수 있는가? 손 세척에 어떤 새로운 방법이 비누와 물을 대체하고 있는가? (http://www.cdc.gov/ od/oc/media/pressrel/fs021025.html)

요점 사고 문제

1. 저온살균 우유는 멸균된 제품인가, 아닌가? 그 이유는?

2. 자외선, X-선 또는 감마선은 프리온("광우병"을 일으키는 것 같은)을 파괴하기 위한 멸균법으로 좋은 선택이 되는가? 그에 대해 설명하라.

3. 특정 대학의 미생물학 실험실 내 학생들이 수년간 각 실험 전후에 실험대에 소독제를 분무하였다. 실험실 기술자는 한 번에 수개월 사용량의 소독제를 희석하여 큰 통에 저장하고 그것을 분무기에 담아서 사용하였다. 하루는 한 학생이 변형된 페놀 계수 시험법을 이용하여 소독제를 시험하였는데 그것이 그람-양성과 그람-음성 세균에 대해 효과가 없는 것을 발견하였다. 무엇이 문제였는가?

자가 진단 문제

1. 다음 종류의 항미생물제를 그들의 작용과 연결시키라:

____ 정균성	(a) 미생물을 죽임
____ 살균성	(b) 바이러스를
____ 살바이러스성	(c) 세균을 죽임
____ 살포자성	(d) 세균 생장을 정지시킴
____ 살진균성	(e) 세균 내생포자와 진균 포자를 죽임
____ 살세균성	(f) 효모와 곰팡이를 죽임

2. 물체 표면 또는 내부에 있는 모든 미생물을 제거할 때를 무엇이라 하는가:
   (a) 세정
   (b) 오염제거
   (c) 소독
   (d) 위생처리
   (e) 멸균

3. 만일 소독제가 1분에 미생물 개체군의 90%를 죽인다면, 시험 용액에서 10,000개의 미생물 세포를 100% 죽이는데 필요한 최소한의 시간은 얼마인가?
   (a) 3분　(b) 6분
   (c) 5분　(d) 10분
   (e) 4분

4. 소독제는 전형적으로 __________에 사용되지만 방부제는 ________에 적용된다.

5. 다음 중 페놀 계수 시험에 대한 설명으로 옳은 것은?
   (a) Salmonella typhi와 Staphylococcus aureus를 사용한다
   (b) 다른 화학물질을 비교하는데 페놀을 표준 화학제로 사용한다
   (c) 만일 한 화학물질이 1.0보다 작은 페놀 계수를 가지면 그것은 페놀보다 덜 효과적이다.
   (d) 그것은 페놀로부터 유도된 화학물질에 대해 특히 믿을만하다
   (e) 위의 보기 전부

6. 다음 어떤 방법이 100% 사멸을 수행하지 못하는가?
   (a) 500 mg/l 에틸렌 옥사이드로 50℃에서 4시간
   (b) glutaraldehyde 수용액으로 10시간
   (c) 171℃ 건열로 1-2시간
   (d) 121℃ 습열로 15-20분
   (e) 100℃ 끓는 물로 6시간

7. 다음 중 어느 물질이 알킬화제로 작용하여 단백질과 핵산의 구조를 모두 파괴하는가?
   (a) 페놀 (b) 과산화수소
   (c) 에틸알코올 (d) 포름알데히드
   (e) 산

8. 오염된 고기의 냉동은 다음 어느 생물을 가장 잘 죽이겠는가?
   (a) 세균 (b) 바이러스
   (c) 기생충 (d) 세균 포자
   (e) 박테리오파아지

9. 저온살균 우유는 멸균상태가 아니다. 이 설명이 맞는가, 틀리는가?

10. 자외선 소독의 장점은 그것이 대부분 시료를 쉽게 통과한다는 점이다. 이 설명이 맞는가, 틀리는가?

11. 자외선은 세균을 죽이는데 예상보다는 덜 효과적인데 그 이유는:
   (a) 세균의 세포벽은 자외선을 흡수하여 세균을 보호한다
   (b) 세균은 DNA 수선 기작을 갖고 있다
   (c) 세균의 세포막은 자외선을 흡수한다
   (d) 세균은 자외선을 흡수하는 대신 반사한다
   (e) 세균은 자외선 조사를 불활성화 시킨다

12. 감마선과 X-선이 미생물을 죽이는데 효과적인 이유는:
   (a) 원자로부터 전자를 제거하여 이온을 만든다
   (b) DNA를 손상시킨다
   (c) 강력한 산화제 (과산화물)를 생성한다
   (d) 위 보기 전부
   (e) 답 없음

13. 4차 암모니움 화합물 (quat)은 다음 어느 종류인가:
   (a) 비누 (b) 알킬화제
   (c) 계면활성제 (d) 페놀성 물질
   (e) 염기성 용액

14. 표백제에서 활성 항미생물 성분은:
   (a) 페놀 (b) 염산염
   (c) 차아염소산염 (d) 요오드
   (e) 브롬

15. 다음의 소독제와 그들의 작용 방식 또는 활성 성분을 연결시키라:

___ 과산화수소	(a) 세균 세포막 파괴: 양이온 세제
___ 4차 암모니움 화합물	(b) 계면활성제와 혼합된 요오드
___ hexachlorophene	(c) 끓어져 산소를 방출하여 상처의 혐기성균을 죽임
___ 이소프로필알코올	
___ 요오드포	(d) 수술용 세척에 사용되는 염소화 페놀 (Hibiclens®)
___ chlorohexadine	
	(e) 신생아 병동에서 포도상구균 감염 방지; 할로겐화 페놀

16. 열-민감성 물질(고무와 플라스틱)과 큰 부피의 물질(침대 매트리스)은 다음 중 어느 것을 사용하여 멸균할 수 있는가:
   (a) 건열 (b) 고압멸균
   (c) 자외선 (d) 에틸렌 옥사이드 기체
   (e) 답 없음

17. 습열과 달리 건열은 아마도 다음 중 어느 것에 의해 미생물을 손상시키는가:
   (a) 단백질 변성
   (b) 핵산 변성
   (c) 단백질의 이황화물 결합 파괴
   (d) 분자의 산화
   (e) DNA의 교차 결합

18. 고압멸균에 의한 멸균에 이용되는 최소한의 시간은?
   (a) 5분 (b) 15분
   (c) 45분 (d) 1시간
   (e) 2시간

19. 다음 중 어느 것이 고압멸균기의 한계인가?
   (a) 시간의 길이
   (b) 바이러스 불활성화 능력
   (c) 내생포자 사멸능력
   (d) 열-민감성 물질에 대한 사용
   (e) 유리기구에 대한 사용

20. 고압멸균기가 확실하게 내용물을 멸균하는지를 시험하는데 권장되는 방법은 다음 중 어느 것을 이용하는가:
   (a) Mycobacterium tuberculosis
   (b) 인플루엔자 바이러스
   (c) Staphylococcus aureus
   (d) 박테리오파아지
   (e) Bacillus stearothermophilus

21. 전자레인지는 다음 중 무엇을 함유한 물질만을 가열하는가:
    (a) 단백질
    (b) 수분
    (c) 지질
    (d) 칼슘 또는 철 같은 금속
    (e) 식품 함유 기질

22. 용액 내의 열에 민감한 단백질을 손상시키지 않고 액체의 모든 세균을 죽이기 위해 무엇을 해야 하는가?
    (a) 액체를 0.5-mm 필터에 통과시킨다
    (b) 용액을 고압멸균한다
    (c) 액체를 0.22-mm 필터에 통과시킨다
    (d) 용액을 끓인다
    (e) 용액의 pH를 낮춘다

23. 저온살균 공정을 설명하라

24. 미생물학 분야에서 사용되는 동결건조는 무엇인가

25. 물체로부터 세균의 제거에 다음 중 어느 것이 영향을 미치는가?
    (a) 존재하는 세균의 수
    (b) 온도
    (c) pH
    (d) 유기물의 존재
    (e) 위 보기 모두

26. 다음 그림의 A에서 D까지 항미생물제의 그람-양성과 그람-음성 세균에 대한 효과를 어떻게 비교하는지 설명하라. 대조군 여과지는 멸균수에 적셨다.

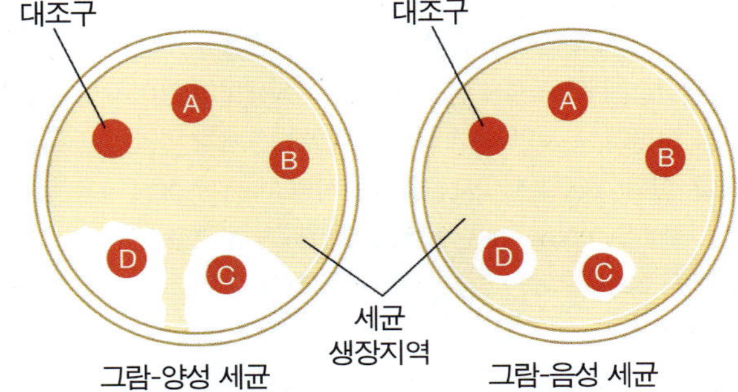

▌ 웹상에서 탐구 문제

http://www.wiley.com/college/black

이 장에 대한 공부를 마쳤다면 web 상에서 도전할 것이 더 있다. 이 장의 개념에 대한 당신의 이해를 미세조정하고 아래의 질문에 대한 답을 찾기 위해 친구의 web site를 방문하라.

1. 산의 개울물 또는 익숙하지 않은 물 공급원의 물을 마시겠는가? 아마도 아닐 것이지만 레크리에이션용 차량은 매번 미지의 물 공급원을 차량에 연결하여 사용한다.
2. 만일 약간의 *Clostridium botulinum*이 통조림 복숭아에 있다면 여전히 그것을 먹겠는가? 왜 그런가 또는 왜 그렇지 않은가?

13 항미생물제 치료

시작하며...

스노클링으로 산호초에 가본 적이 있는가? 그 때 당신은 이곳은 몹시 화려하고 흥분되는 장소인 것을 알 것이다. 산호초의 TV스페셜도 산호초와 그 서식생물의 경이로움을 전한다. 하지만, 세계적으로 산호초는 차차 멸망해가고 있다. 2000년 국제산호심포지엄(International Coral Reef Symposium)은 산호초의 27%가 사라졌고, 20년에서 30년 후에는 다른 32%가 사라질 수도 있다고 추측했다.

산호초의 죽음에는 많은 요인이 포함되는데, 예를 들면, 오물방출에서 인간병원체에 의해 발생하는 산호의 병이 있다. 그러나 높아진 수온과 가장 밀접한 관계가 있다. 1~2°C의 상승으로도 산호를 표백하고 죽이기에는 충분하다. 지구온난화는 그런 죽음만 증가시킬 뿐이다. 새로운 발견은 더 높은 온도가 어떻게 그 피해를 주는지 설명할 수 있는 증거가 된다. 정상적인 온도에서 성장하는 산호는 병원체 침입을 막는 항생물질을 생성한다. 2도 상승은 항생물질 생성을 멈추게 하는 원인이 되어, *Vibrio shiloi* 같은 병원체가 침입해 죽게 될 수 있다.

(Secret Sea Visions/Peter Arnold, Inc.)

이 주제와 관련된 비디오는 WileyPLUS에서 볼 수 있습니다.

당신은 병상에 누워있을 때, 어떤 질병으로부터 고통 받고, 회복할 수 있다는 것에 얼마나 위안을 받으며 어떤 캡슐들을 삼키고, 얼른 낫기를 기대한다. 그러나 사람들은 항상 이렇게 할 수 있었던 것은 아니었다. 많은 시간이 지나면서, 걱정하는 부모들은 그들의 아이들이 발열, 설사, 감염상처 및 다른 병으로 죽는 것을 보아왔다. 마을 전체를 전염병이 쓸었다. 14세기의 중기, 겨우 몇 년 사이에 유럽의 인구의 4분의 1보다 더 많은 이가 흑사병(림프절페스트)으로 죽었다. 전쟁에서 칼이나 총알보다 감염으로 더 많은 사람들이 죽었다. 상대적으로 최근에까지, 전염병에 대하여 유일한 방어는 허브 차와 습포(젖은), 또는 질병지역으로부터 벗어나는 것들이었다. 항생물질과 설파제 같은 미생물에 대항하는 효과적이고 최신의 무기들은 20세기 전까지 이용되지 않았다.

당신 삶을 통해 생각해보라. 당신이 항미생물제가 없어서 죽었을지도 모르는 시대에 있지 않았을까? 그때 당신은 몇 살 때 죽었겠는가? 당신의 가족 구성원의 누가 지금 죽었을 지도 모르지 않는가? 행복하게도 우리는 감염성 생물에 의한 병과 죽음에 대해서 더 좋은 시대에 살고 있다. 미국에서 1850년 출생자의 평균수명은 40세 이내, 1900년에는 대략 50세 그리고 2006년에는 77.6세 이상이 되었다. 1900년대 말에는 해마다 미국인 100명 중 1명이 전염병으로 사망했으나, 2000년에는 3백 명 중 1명정도의 사망자를 냈다. 항미생물제가 지금도 모든 환자를 구하진 못하더라도, 전염병에서 사망률을 확연히 낮췄다. 늘어난 전염병 순환기간이 다시 돌아올 가능성이 있지만 이는, 환자와 의료기관이 항생제의 효능을 보호하지 못할 경우이다. 병원균이 현재의 항생제에 저항성을 기르면서, 우리 몸이 전염병에 맞서 싸우는 힘이 감소한다.

항미생물 화학요법

화학요법(chemotherapy)이라는 용어는 독일 의료 연구가인 Paul Ehrlich가 숙주에 해를 가하지 않게 하면서 병원균 체계를 파괴시키는 화학 물질의 사용을 설명하기 위해 만들었다. 오늘날, 화학요법은 아스피린(aspirin) 또는 두통과 염증, 심 기능조절 약, 악성세포의 덩어리를 제거하는 약과 같이 각종 질병에 처리하는 화학물질의 사용을 말한다. 오늘날 화학요법의 넓은 정의로, 우리는 의학 실습에서 이용되는 어떤 화학물질이든지 **화학요법제(chemotherapeutic agent)**라 한다. 또 그런 약품은 **약, 제제(drugs)**라고도 불린다.

미생물학에서 우리는 **항미생물제(antimicrobial agent)**와 미생물이 일으키는 질병의 치료에 사용되는 화학요법제의 특별한 그룹과 관계가 있다. 따라서 현대용어로, 항미생물제는 Ehrlich가 원래 정의한 대로 화학요법제와 동의어이다. 이 장에서 우리는 다양한 항미생물제와 기생충감염을 치료하기 위해 사용되는 일부 약에 대해 논할 것이다.

항생작용(antibiosis)은 글자 뜻 그대로 "생명에 반대한다."는 의미이다. 스트렙토마이신(streptomycin)의 발견자, Selman Waksman은 1940년대에 **항생물질(antibiotics)**을 "희석용액내에서 세균의 생장을 억제하고 세균과 다른 미생물도 파괴하는 능력을 가진 미생물에 의해 생성된 화학물질"로 규명했다. 그에 반해서, 실험실에서 합성된 약은 **합성제제(synthetic drugs)**로 불린다. 일부 항미생물제는 미생물에서 추출한 물질의 화학적 변형에 의해 합성된다. 천연물질과는 다른 합성선구물질을 미생물에게 공급해서 항생물질 합성을 완료한다. 일부분은 미생물에 의해 만들어지고 일부분은 실험실에서 합성된 항미생물제는 **반합성제제(semisynthetic drugs)**로 불린다.

화학요법의 역사

역사적으로 사람들은 식물추출물 조제로 종종 질병치료에 의한 고통을 완화시키는 것을 시도했다. 고대 이집트인들은 상처를 치료하기 위해 곰팡이 핀 빵을 사용했지만, 그들은 그것을 포함한 항생제에 대한 지식이 전혀 없었다. 아스피린(aspirin)과 관계가 깊은 화합물을 포함하고 있는 것으로 현재 잘 알려져 있는 버드나무 수피의 추출물은 고통을 완화하는데 사용된다. 디기탈리스(foxglove) 식물의 부분은 활성성분, 디기탈리스제제(digitalis)가 확인되지 않았지만, 16세기에 심장병을 치료하기 위하여 이용되었다. 마찬가지로, 기나나무로부터 추출한 퀴닌(quinine)포함물질은 말라리아(malaria)를 치료하는데 이용된다.

질병을 치료하는 부적절한 의식을 치루는 그들의 평판에도 불구하고, 원시사회 특히 열대의 전통적 치료사는 식물의 의약적 특성에 관한 확실한 지식이 있다. 그들은 지식을 대대로 물려주었다. 이런 치

적용

의사 시절 배운 치료

"설명은 약에 관해서 제일 중요한 부분이다. 아픈 환자와 그의 가족들이 가장 알고 싶어 하는 것은 병명과 발병의 원인, 그리고 마지막으로 제일 중요한 것은 그 병의 진행 과정과 결과이다. 우리는 설명의 중요성에 대해서 미처 깨닫지 못했다는 것, 그리고 우리가 바쁘게 분석하기만 했던 많은 질병의 진행과정을 바꿀 수 없다는 사실을 점차적으로 알게 되었다. 세균 감염증 치료제, 술파닐아미드(sulfanilamide)에 관한 뉴스가 갑작스럽게 나오고, 이는 약에 있어서의 혁명의 시작이었다. 보스턴(Boston)에서 1937년 처음 폐구균증과 연쇄상구균 패혈증이 치료되었다는 사례를 놀램으로 접한 것이 기억난다. 이는 믿을 수 없는 일이었다. 이 여럿의 죽어가던 환자들은 치료가 없었더라면 분명히 세상을 떠났을 것입니다. 하지만 약물치료로 다음날 혹은 며칠 뒤에 훨씬 호전된 상태를 보이며 외양으로도 훨씬 나아짐을 알 수 있습니다."

-1983년, Lewis Thomas

료사들이 사라지고 있기 때문에, 제약회사들이 그런 식물들을 실험하려고 함은 물론, 치료사들로부터 정보를 얻어내려고 하고, 치료과정을 문서로 기록하려고 한다.

서구문명에서는 Paul Ehrlich가 처음으로 전염병을 고치는 특정 화학물질을 찾아내려 시도를 했다(◀1장 p. 17). 1910년 매독 치료약으로 살바르산(Salvarsan)을 발견한 것은 치료 계에 있어서 큰 공적이지만, 그보다 더 큰 것은 그가 화학요법을 과학의 새로운 분야로 발전시키는 데 제시한 그의 역할이다. 그는 화학물질이 미생물과 동물조직과 결합하는 기작에 흥미를 가졌다. 조직과 반응하는 화학물질을 이용하여 수행된 조직염색법은 아직도 이용되고 있다.

화학요법의 다음 진보는 설파제와 항생제가 거의 동시에 발달했다는 것이다. Gerhard Domagk은 1935년에 많은 그람양성세균의 생장을 억제하는 프론토실(prontosil), 빨간색 염료를 발견했다. 그 다음해에 Ernest Fourneau는 항미생물활동은 프론토실(prontosil) 분자의 술파닐아미드(sulfanilamide) 때문인 것을 발견했다. 이 발견은 술폰아미드(sulfonamide) 또는 설파제(sulfa drug)라 불리는 물질군의 개발을 자극했다. 설파제의 수가 증가하므로, 다양한 병원체를 직접 공격하는데 이용할 수 있게 되었다. 그러나 설파제의 유용성에는 한계가 있다. 그것들은 모든 병원체를 공격하지는 않으며, 때로는 신장 손상이나 과민증을 일으키는 원인이 된다. 그러나 설파제는 많은 생명을 구했고 오늘날도 계속 사용하고 있다.

알렉산더 플레밍(Alexander Fleming)(◀1장 p. 18)은 미생물의 성장을 억제하는 푸른곰팡이속(*Penicillium*)의 곰팡이의 능력이 이용될 수도 있겠다고 생각했다. 이 생각은 그가 억제제를 확인하고 페니실린(*penicillin*)이라 명명하게끔 이끌었다. 플레밍(Fleming)은 1928년에 많은 다른 미생물학자들처럼 여러 번 그의 세균배양에 이 곰팡이가 오염된 것을 관찰했다. 그러나 다른 것에 오염된 배지에 대해 투덜거리고 던져버리지 않고, 플레밍(Fleming)은 이 우연한 발견에 굉장한 가능성을 보았다. 오직 그 물질(페니실린)만 다량으로 추출해서 수집할 수 있다면, 이것은 감염과 싸우는데 이용할 수 있었다.

플레밍(Fleming)의 생각은 Earnest Chain과 Howard Florey가 페니실린(penicillin)을 분리해내고 다른 연구원들과 대량생산방법을 발전시킨 1940년대까지 현실화 되지 못했다. 이러한 대량생산은 세계 제 2차 대전 때 이루어져, 부상으로 감염된 여러 사람의 목숨을 구했다. 약의 공급량은 한정되어, 전쟁 후까지 민간인이 쉽게 구할 수 없었다. 전쟁 후에 연구가 급속도로 진행되어, 새로운 항생제가 하나 둘 씩 나타났다.

1930년대의 페니실린과 술폰아미드의 출현은 현대 약의 시작을 알리는 것이라 해도 좋다. 의학 작가 Lewis가 말했듯이 "이제 의사들은 정말 병을 고칠(cure) 수 있고, 이러한 사실은 의사들 자신들에게도 놀라운 것이다" 새로운 약을 발견하고, 실험하고 새로운 허가를 얻는 것이 얼마나 복잡하고 돈이 많이 드는 것인지 알고 싶다면 약사 Dan Albrant의 인터뷰가 있는 웹사이트를 방문하라.

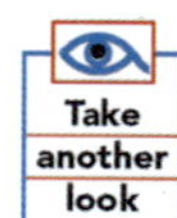

항미생물제의 일반적인 특성

항미생물제는 어떤 공통적인 특성을 가진다. 우리는 선택독성, 활성의 범위, 활성의 양식, 부작용, 그리고 항미생물제에 대한 미생물의 내성 등의 특성을 살펴보면서 이 약들이 어떻게 작용하는지 왜 가끔은 작용하지 않는지에 대해 많은 것을 알 수 있다.

선택 독성

항미생물 효과를 가진 일부 화학물질은 너무 독해서 투약은 불가능하고 국소부위–표피에만 사용할 수밖에 없다. 투여로 사용하려면, 항생제는 **선택독성(selective toxicity)**–즉, 숙주에는 큰 위험을 끼치지 않고 병원균만 선택해서 없애는 능력을 가져야 한다. 페니실린과 같은 일부 약들은 숙주에게 해를 끼칠 수 있는 **독성적 투약량(toxic dosage level)**와 어느 기간 내에 정도를 잘 조절한다면 성공적으로 병원균의 체계를 파괴할 수 있는 **치료적 투약량(therapeutic dosage level)** 사이가 넓은 약이다. 약물의 독성이 신체에 미치는 영향과 약물의 독성이 감염인자에 미치는 영향 간의 관계에 대해서는 화학요법지수로 나타낸다. 어느 특정한 약에 관해, **화학요법지수(chemotherapeutic index)**는 체중을 기준으로 한 최대치 투여 가능한 양과 체중을 기준으로 병을 치료할 수 있는 최저치 투여량으로 나눈 값이다. 따라서, 화학요법지수 8의 특성을 지닌 약은 화학요법지수 1의 특성을 가진 약보다 환자에게 덜 독하며 더 효과적이다.

비소, 수은, 안티몬(antimony)과 같은 성분을 가진 약은 병원균뿐만 아니라 사람과 다른 동물숙주에게도 매우 독성이 강한 것이므로 아주 주의를 기울여서 투여량을 계산해야한다. 기생충병은 치료가 어려운데, 이것은 기생충을 죽이는 물질은 환자에게도 영향을 미치기 때문이다. 반대로, 세균성 병원균은 치료가 비교적 잘 되는 편인데 이때는 숙주와는 다른 대사과정을 막음으로 치료한다. 예를 들어, 페니실린(penicillin)은 세포벽 합성을 억제; 비록 어떤 환자들은 알레르기 반응을 보이기도 하지만, 세포벽이 없는 인간 세포에게는 치명적이지 않다.

활성의 범위

서로 다른 미생물에 관해서 어떤 항미생물제가 어떻게 작용하는지에 대해 범위를 정한 것을 **활성 범위(spectrum of activity)**라고 한다. 그람양성과 그람음성세균과 같은 분류상의 서로 다른 그룹들에 속한 상당한 수의 미생물에 대해 효과적으로 작용하는 약물들은 **광범위(broad spectrum)** 활성을 가졌다고 말한다. 적은 수의 미생물이나 1가지의 분

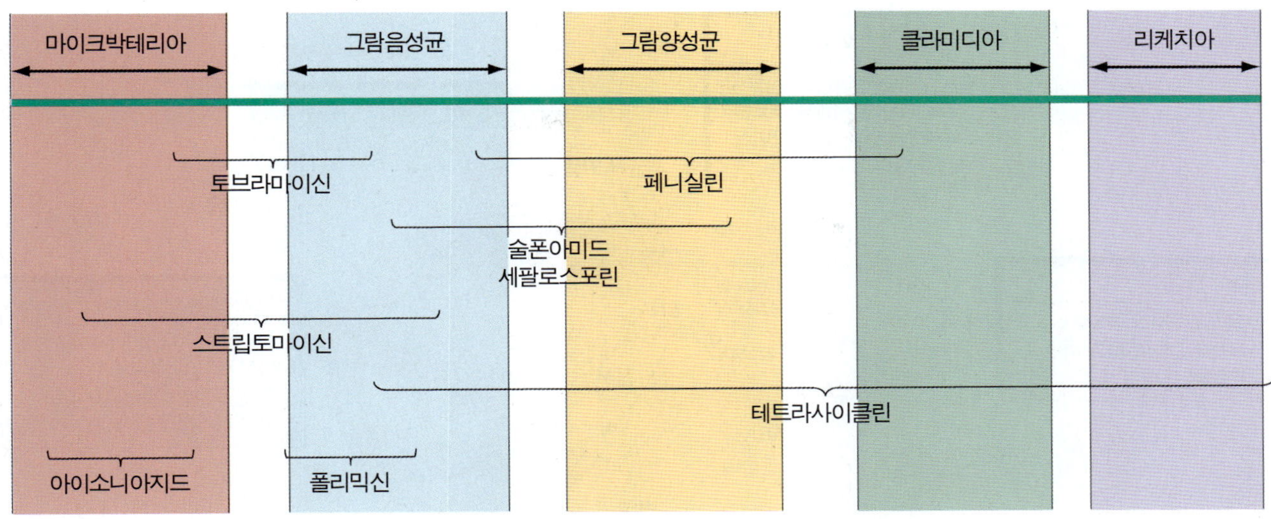

그림 13.1 항생제 활성의 범위. 테트라사이클린(tetracycline)과 같은 광범위의 약은 다양한 다른 미생물에 작용을 하며, 이소니아지드(isoniazid)와 같은 협범위의 약은 일부 특정 유형의 미생물에만 작용을 한다.

류상의 그룹에만 효능이 있는 것을 **협범위(narrow spectrum)** 활성을 가졌다고 말한다**(그림 13.1)**. 일반적인 항생제는 **표 13.1**에 있는 범위를 기준으로 분류된다.

광범위의 약은 환자가 파악되지 않은 미생물감염으로 인해 심각한 상황일 경우에 유용하다. 이런 약의 사용은 미생물이 약에 감수성을 나타낼 확률을 증가시킨다. 그러나 미생물의 정체가 알려지면, 협범위의 약을 사용해야 한다. 이런 협범위 약의 사용은 숙주의 미생물총 또는 정상세균총—숙주의 내 · 외에서 자연적으로 발생된 토착미생물들로 때때로 감염성 미생물들과 경쟁하고 이들의 파괴를 돕는

표 13.1

선택된 항미생물제의 활성의 범위

영향을 받는 미생물들	광범위 항생제	협범위 항생제
박테로이드(*Bacteroides*)와 다른 혐기성균	세팔로스포린 (Cephalosporin)	린코마이신 (Lincomycin)
효모균류	클로람페니콜 (Chloramphenicol)	니스타틴(Nystatin)
그람양성균	젠타마이신 (Gentamicin)	페니실린 G (Penicillin G)
	암피실린 (Ampicillin)	에리트로마이신 (Erythromycin)
그람음성균	카나마이신 (Kanamycin)	폴리믹신 (Polymyxin)
연쇄상구균과 일부 그람음성균	테트라사이클린 (Tetracycline)	스트렙토마이신 (Streptomycin)
포도상구균과 일부 클로스트리디아(clostridia)	테트라사이클린 (Tetracycline)	반코마이신 (Vancomycin)

광범위 항생제는 대부분의 세균에 영향을 미친다.

다—의 파괴를 최소화 한다. 협범위 약의 사용은 미생물의 약에 대한 내성증가를 줄인다.

작용 기전

다른 약품들처럼, 항미생물제는 어떻게 작용하는지 사람들이 알고 있지 못해도 효과가 있기 때문에 간단하게 사용할 수 있다. 세포단계에 어떻게 작용하는지 밝혀지지 않은데도 약 덕분에 많은 사람의 목숨을 구할 수 있었다. 하지만, 약의 활성 양식에 대해서 알고 있는 것이 좋다. 그러한 배경지식이 있으면 환자의 상태를 호전시키는 법을 알 수도 있으며, 투여 시 환자에게 나타나는 효과를 더 잘 살펴볼 수 있고 관리할 수 있다.

항미생물 제제는 보통 동물에서와는 다른 중요한 미생물의 기능과 구조에 일반적으로 작용한다. 이러한 차이는 숙주세포에는 최소의 효력만 작용하는 반면에 세균에는 죽이는 효과 인 살균(bactericidal)을 나타내거나, 또는 성장을 억제하는 효과인 정균(bacteriostatic)을 나타내게 된다(◀12장 p. 343). 하지만, 숙주의 면역계 또는 식세포작용 방어체계가 계속 작동되어 침투세균을 완전히 제거해야한다.

항미생물제의 다른 5가지 작용 기전은 다음과 같다.: (1) 세포벽합성의 억제, (2) 세포막기능의 파괴, (3) 단백질합성의 억제, (4) 핵산합성의 억제, 그리고 (5) 대사길항제로서의 작용 **(그림 13.2)**.

세포벽합성의 억제

동물세포는 세포벽이 없는 반면에, 많은 세균과 진균세포에는 단단한 외부세포벽이 있다. 따라서 세포벽합성의 억제는 세균과 진균세포에 선택적으로 손상을 입힌다. 세균세포, 특히 그람양성균은 내부에 높은

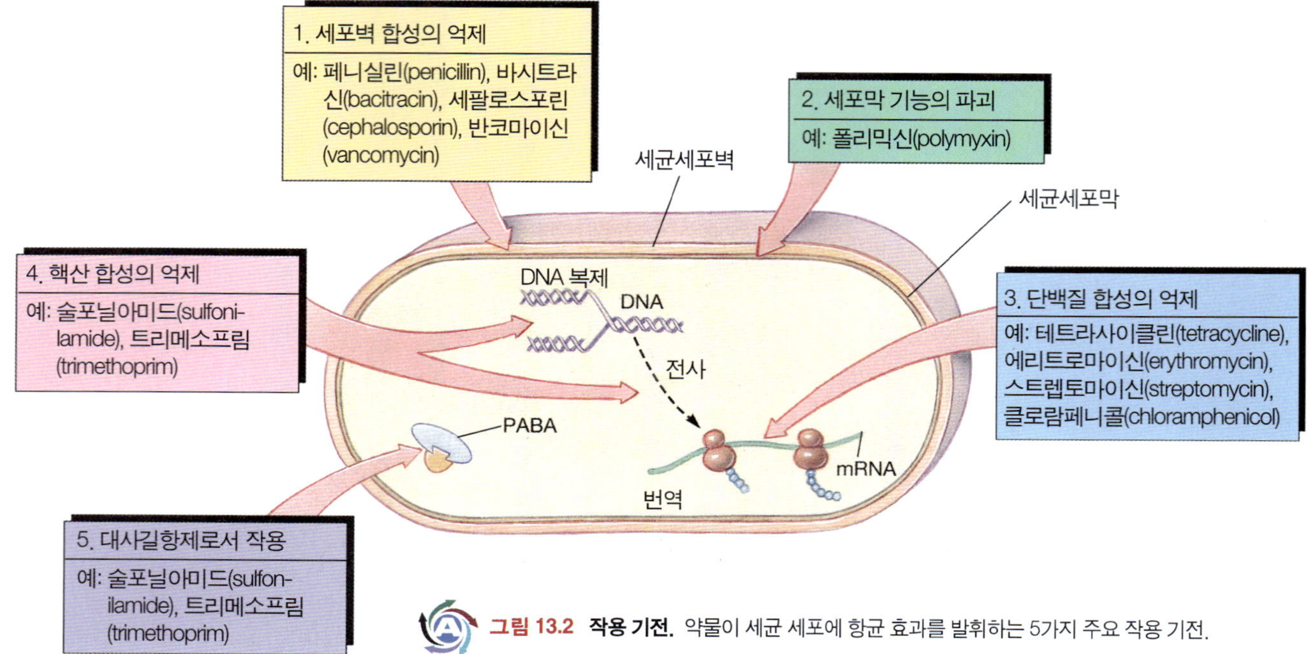

그림 13.2 작용 기전. 약물이 세균 세포에 항균 효과를 발휘하는 5가지 주요 작용 기전.

삼투압을 가진다. 정상적이고, 건강한 세포벽이 없는, 세포는 체액의 낮은 삼투압의 영향을 받을 때 터진다(◀4장 p. 109). 페니실린(penicillin)과 세팔로스포린(cephalosporin)과 같은 항생제는 베타락탐 고리(β-lactam ring)을 갖는데 이것이 펩티도글리칸의 교차결합에 관련된 효소에 붙는다(◀4장 p. 84). 테트라펩티드(tetrapeptide)의 교차결합 방해로, 이 항생제는 세포벽합성을 막는다(그림 13.3). 펩티도글리칸(peptidoglycan)이 없는 진균과 고세균은 이 항생제의 영향을 받지 않는다.

세포막기능의 파괴

모든 세포는 막에 의한 경계가 있다. 모든 세포의 막이 꽤 유사하지만, 세균과 진균은 항미생물제의 선택적 작용을 허용하는데 있어서 동물세포와 상당히 다르다. 폴리믹신(polymyxin)과 같은 어떤 폴리펩티드(polypeptide)계열 항생제는 세척제처럼 작용해서, 세균세포막을 파괴하는데, 이것은 위의 항생제가 막의 인지질에 부착하면서 생긴다(이와 같이 막파괴 시, 세포막은 막단백질에 의해서 더 이상 조절되지 않고 세포질과 세포 물질을 잃는다). 이런 항생제들은 인지질이 풍부한 외부막이 있는 그람음성균을 파괴하는데 특히 효과적이다(◀4장 p. 85). 암포테리신 B(amphotericin B)와 같은 폴리엔(polyene)계열 항생제는 진균세포(그리고 동물세포)의 막에 있는, 특정한 스테롤(sterol)에 부착한다. 그래서, 폴리믹신은 진균에는 효과가 없으며, 폴리엔(polyene)은 세균에 효과가 없다.

단백질합성의 억제

모든 세포에서, 단백질 합성은 DNA와 여러 종류의 RNA에 저장된 정보뿐 아니라 리보좀도 필요로 한다. 세균(70S)과 동물(80S) 리보좀의 차이는 항미생물 약이 동물세포를 해치지 않고 세균세포를 공격하게 하는-즉, 선택적 독성의 역할을 한다. 스트렙토마이신(streptomycin)과 같은 아미노글리코사이드(aminoglycosides)계열 항생제는 그들이 포함하는 아미노산과 글리코시딕 결합으로부터 이름을 얻었다. 그들은 세균 리보좀의 30S에 작용하여 mRNA의 해독작용(translation)을 방해한다-즉, 아미노산의 정확한 결합을 방해한다 (◀7장 p. 186). 클로람페니콜(chloramphenicol)과 에리트로마이신(erythromycin)은 세균 리보좀의 50S에 작용, 폴리펩티드 사슬의 신장을 억제한다. 동물세포의 리보좀은 60S와 40S 단위로 구성되어 있기 때문에 이들 항생제들은 숙주세포에 거의 작용하지 않는다(하지만, 70S 리보좀을 가진 미토콘드리아는 이들 제제에 영향을 받을 수 있다).

핵산합성의 억제

세균과 동물세포의 핵산을 합성하기 위해 사용되는 효소의 차이는 항미생물제의 선택적 작용을 갖게한다. 리파마이신(rifamycin)계의 항생제는 세균RNA 중합효소(polymerase)에 부착해 RNA합성을 억제한다(◀7장 p. 185).

대사길항제로서의 작용

미생물 세포의 일반적인 대사과정에는 대사산물(*metabolites*)이라 불리는, 세포의 성장과 생존에 필요한 중간물이 있다. **대사길항물질**(antimetabolites)은 대사산물의 이용에 영향을 줘서 세포가 필요한 대사적 반응을 진행하지 못하도록 한다. 대사길항물질은 2가지 방식으로 작용: (1) 효소의 경쟁적 억제에 의해 그리고 (2) 핵산과 같은 중

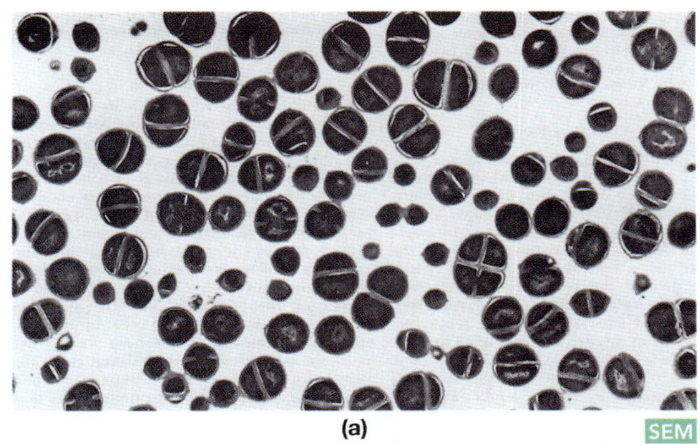

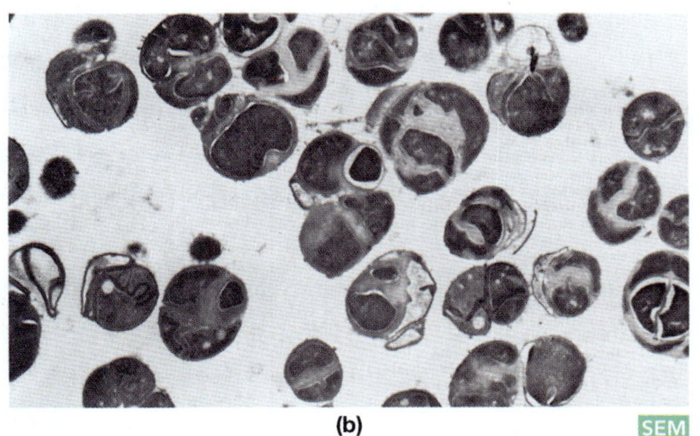

그림 13.3 페니실린(penicillin)에 의한 세포벽 합성의 억제. 페니실린(penicillin)에 **(a)** 노출 전과 **(b)** 후의 세균의 전자현미경 사진(785배). 페니실린(penicillin)에 의한 세포벽의 펩티도글리칸(peptidoglycan)층에 있는 교차결합 테트라펩티드(tetrapeptide)의 파괴 때문에 세포모양의 찌그러짐을 주의하라. (두 사진 모두: From Victor Lorran, Some Effects of Subinhibitory Concentrations of Penicillin on the Structure and Division of Staphylococci, Antimicrobial Agents and Chemotherapy 7, 886, 1975.)

요분자에 잘못끼어 들어가거나 한다. 대사길항물질은 구조적으로 일반적인 대사산물과 비슷하다. 대사길항물질의 작용은 **분자적 의태(molecular mimicry)**로 불리는데, 왜냐하면 대사길항물질이 정상분자를 닮거나 비슷해서 정상분자의 대사반응을 억제하거나 뒤틀리도록 하기 때문이다.

경쟁적 억제에서, 효소의 반응은 효소의 활성부위에 결합해서 반응이 일어나지 않은 기질에 의해 억제된다(◀5장 p. 122). 이러한 경쟁적 기질이 효소의 활성부위를 점유하면, 효소는 기능을 발휘할 수 없고 대사는 느려지거나 효소 분자가 충분히 억제되면 대사가 멈추기도 한다. 화학적으로 파라아미노벤조산(para-aminobenzoic acid, PABA)과 비슷한 술파닐아미드(sulfanilamide)와 파라아미노살리실산(Para-aminosalicylic acid, PAS)을 고려해보라(**그림 13.4**). 이 둘은 PABA에 작용하는 효소를 경쟁적으로 억제한다. 많은

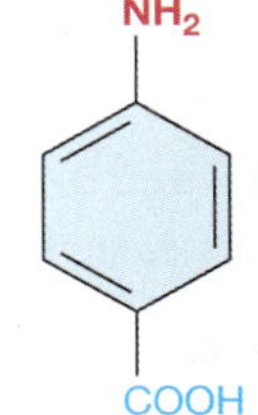

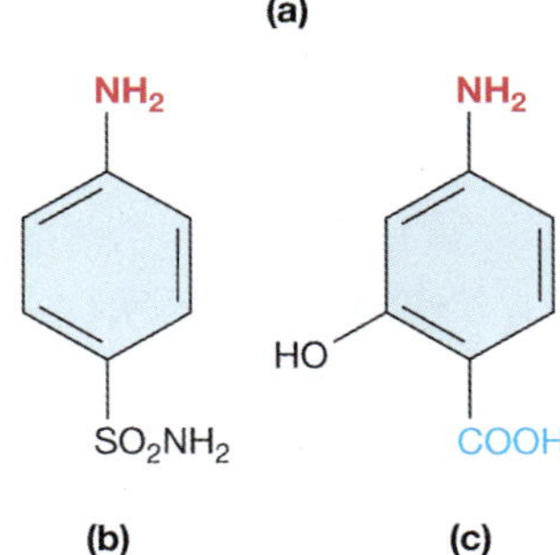

그림 13.4 경쟁적 억제. (a) 파라아미노벤조산(Para-aminobenzoic acid, PABA), 많은 세균이 요구하는 대사산물. **(b)** 술파닐아미드(sulfanilamide), 설파제. **(c)** 파라아미노살리실산(Para-aminosalicylic acid, PAS). 술파닐아미드(sulfanilamide)와 PAS는 PABA의 경쟁적 억제제로 작용한다. 3개 화합물의 구조의 유사성을 주의하라.

세균은 핵산과 대사산물을 합성하는데 필요한 폴산(folic acid)을 만들기 위해 PABA를 필요로 한다. PABA대신에 술파닐아미드(sulfanilamide)나 PAS가 효소에 부착되면, 세균은 폴산(folic acid)을 만들 수 없다. 그러나 동물세포는 폴산을 만드는 효소가 없고 대신 음식물로부터 폴산을 흡수한다. 따라서 동물세포는 이 경쟁적 억제물질로부터 방해받지 않는다.

퓨린(purine) 상동체 비다라빈(vidarabine)과 피리미딘(pyrimidine) 상동체 이독수리딘(idoxuridine)과 같은 대사길항물질은 핵산으로 잘못 끼어들어간다. 이 분자들은 핵산의 정상 퓨린과

생명공학

미래의 약학: 안티센스 제제

미래의 약은 질병을 일으키는 원인이 되는 유전자를 공격해 더 많은 증상을 치료할 것이다. 이 치료의 개발에 그들의 미래를 투자한, 많은 생물 공학 회사는 후천성 면역결핍증후군, 암과 염증성 질환과 관련된 특정유전자의 발현을 막는 RNAi(방해 RNA)와 같은 합성핵산을 이용하고 있다. 안티센스 제제는 높은 표적특이성 때문에 낮은 부작용을 가져올 것이라 생각된다. 그러나 안티센스제제는 독성학적연구에서 다양한 설치류에게서 혈구 수의 감소와 원숭이에게서는 극단적인 저혈압을 일으킬 수 있다는 것을 보여주었다. 안티센스 제제는 3가지의 기본적인 유형이 있다. 기본적인 역배열 화합물은 mRNA의 상보적부위에 부착하고 단백질 합성을 방해하는 작고, 유전자 특이적 올리고뉴클레오티드(oligonucleotide)이다. 안티센스 제제의 두 번째 유형은 리보자임(ribozyme), 역배열 올리고뉴클레오티드(oligonucleotide)에 부착된 특정 mRNAs를 파괴하는 RNA로 만든 효소이다. 올리고뉴클레오티드(oligonucleotide) 안티센스 제제의 세 번째 유형은 특정 조직 또는 기관을 표적으로 한다.

피리미딘과 매우 유사하다(**그림 13.5**). 핵산으로 합성될 때 복제와 전사동안 올바른 염기 짝을 만들지 못하기 때문에 암호를 부여하는 정보를 혼동시킨다. 모든 세포는 뉴클레오티드를 만들기 위해 같은 종류의 퓨린과 피리미딘을 사용하기 때문에 퓨린과 피리미딘 상동체는 미생물에 독한 만큼 동물세포에도 독하다. 이러한 약은 바이러스성 감염을 치료하는데 제일 유용한데, 이는 바이러스들이 세포보다 핵산유사체와 더 빨리 결합하며, 따라서 바이러스(virus)가 더 큰 해를 입는다.

부작용의 종류

항미생물제에 감염된 사람들의 부작용은 일반적으로 (1) 중독, (2) 과민증, 그리고 (3) 정상세균총의 파괴 이렇게 세 부류로 나뉜다. 항생제 내성의 증가 또한 부작용으로 생각된다. 조금 후에 설명하겠지만 내성은 치료하기 힘든 감염을 일으킨다.

독성

항미생물제는 선택독성과 작용 기전에 따라, 숙주세포에 큰 해가 없이 미생물을 죽인다. 그러나 일부 항미생물제는 그것을 쓰는 환자들에게 유독한 영향을 끼친다. 항미생물제의 유독한 영향은 특정 제제와의 연계해서 후에 논의 하였다.

과민증

과민증은 몸의 면역체계가 외부로부터 온 물질, 보통 단백질에 반응하는 상태이다. 예를 들면, 페니실린(penicillin)의 분해물질이 체액내의 단백질과 결합하여 몸이 이물질로 취급하는 분자를 형성하는 것이다. 과민반응은 부드러운 피부의 발진이나 가려움증으로 제한되거나 목숨에 위협을 줄 수 있다. 목숨에 위험한 과민반응의 한 종류로는 과민성쇼크(anaphylactic shock)(◀18장)로, 이미 민감해진 사람의 몸에 이물질이 들어갔을 때 발생한다.

정상세균총의 파괴

항미생물제, 특히 넓은 범위의 활성을 갖는 항생제는 병원균뿐만 아니라 일반적으로 피부와 소화기, 호흡기와 비뇨생식기도에 존재하는 정상서식세균에까지 영향을 끼친다. 이러한 미생물들이 파괴되면, 캔디다 효모균과 같이 항미생물제에 영향을 받지 않는 다른 미생물이 그 부위에 침입해 급속도로 성장한다. 정상세균총을 대체해 감염된 것을 **중복감염(superinfection)**이라고 부른다. 중복감염은 그들이 소수의 항생제에만 감수성을 갖기 때문에 치료하기 힘들다.

짧은 기간 페니실린을 사용하는 것은 보통 정상세균총을 크게 파괴시키지 않지만, 경구용 암피실린(ampicillin)은 가끔 독소를 생산하는 클로스트리디아(*Clostridia*)의 과잉성장을 일으킨다. 긴 시간 페니실린 또는 아미노글리코사이드계열의 사용은 자연적 정상세균총을 파괴하고 장내에 내성을 갖는 그람음성세균과 *Candida*와 같은 곰팡이가 자란다. 생균배양 요거트(lactobacilli를 포함), 또는 Lactinex라고 불리는 제품(정상세균총을 포함)은 항생제의 영향과 반대되는 영향을 준다. 구강과 질의 *Candida* 곰팡이 종의 중복감염은 세팔로스포린(cephalosporin), 테트라사이클린(tetracycline), 그리고 클로람페니콜(chloramphenicol)과 같은 항미생물제의 사용을 오래 사용했기 때문이다. 이러한 문제의 엣날 치료법은 생균배양 요거트 희석 현탁액으로 세척하는 것이다. 심각한 중복감염의 위험이 넓은 활성범위의 항생제를 쓰고 있는 입원환자에게서 가장 잘 나타난 데에는 2가지 이유가 있다. 첫째, 환자는 종종 쇠약해져 감염에 저항하기 어렵다. 둘째, 그들은 약물에 내성을 갖는 병원체가 널리 퍼진 환경에서 살고 있기 때문이다.

미생물의 내성

항생제에 대한 미생물의 **내성(resistance)**이란 예전에 항생제의 작용에 민감했던 미생물에게 그것이 더 이상 영향을 끼치지 못하는 것을 의미한다. 약물내성의 성질을 가진 미생물의 성장에 있어 중요한 사실은 많은 항생제가 살균제이기 보다는 세균성장억제제라는 것이다. 불행히도 대부분의 회복력이 좋은 미생물들은 숙주 방어(◀14장)를

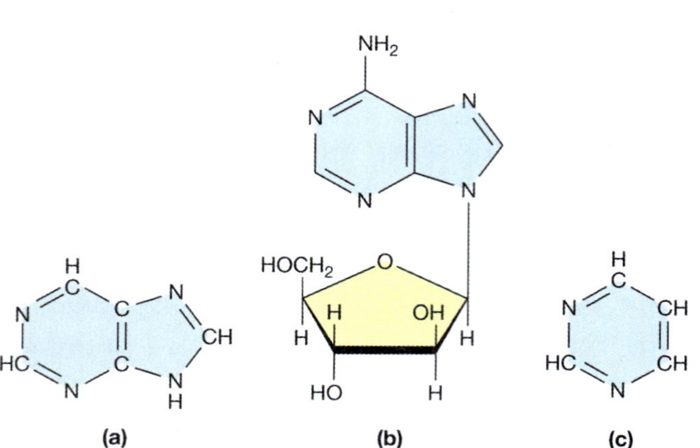

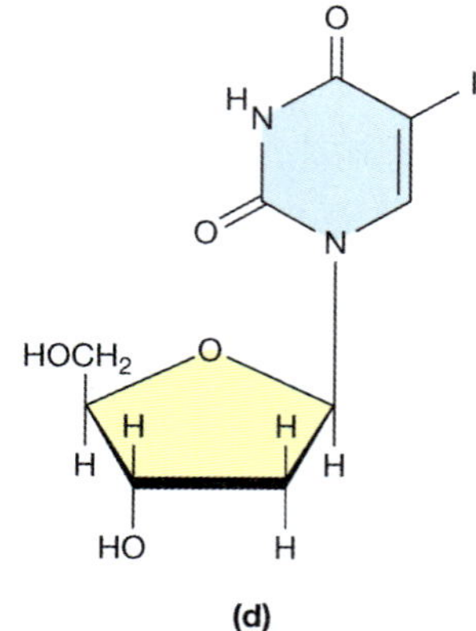

그림 13.5 염기 아날로그. 핵산 염기와 그 유사체: 분자들은 원래의 분자 대신에 결합 할 수 있는 구조가 유사하기에 대사길항제로 작용한다. **(a)** 퓨린 염기구조. **(b)** 퓨린 유사 비다라빈(vidarabine). **(c)** 피리미딘 염기구조. **(d)** 피리미딘 유사 이독수리딘(idoxuridine).

적용

항생제 내성: 동물 사료속의 약

지난 55년 동안 항생제는 질병을 예방하는 것뿐만 아니라 사료에서 가축들의 생장을 촉진시키기 위해 이용되었다. 항생제는 성장을 촉진하기 위해 1톤당 2~50g의 비율로 그리고 특정 질병의 치료할 때 1톤당 50~200g의 높은 비율로 동물의 사료에 첨가되었다. 항생제가 오랜 기간 동안 동물사료에 이용된 이후 동물들의 배설물에서 세균에 대한 내성이 나타났다. 사람들이 농장이나 도살장에서 감염된 동물들과 일할 때 동물에게서 사람에게로 이런 세균의 전염이 일어난다. 식약청에서는 항생제, 특히 플루오로키놀론(fluoroquinolone)은 소화계에 감염된 Campylobacter 세균이 내성을 가지게 하는 중요한 원인이라고 말한다. 대부분은 항생제를 먹고 자란 닭을 섭취해서 나타나게 된다. 이러한 감염은 1999년에는 9,000건, 2000년도에는 11,000건으로 급속히 증가하고 있다. 가축에 성장 촉진제로 항생제의 사용을 금지하는 것은 미국 가계의 육류계산서에 사람 수마다 $5에서 $10을 추가할 것이다. 그러나 항생제 사용 금지는 인간의 고통 및 죽음까지 언급하지 않아도 병원비를 감소시켜 줄 것이다.

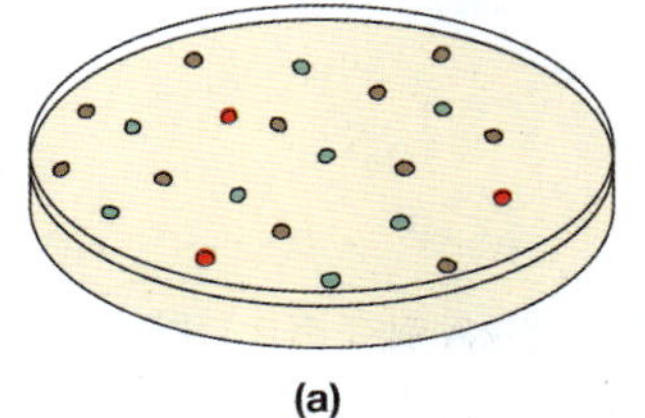

(a)

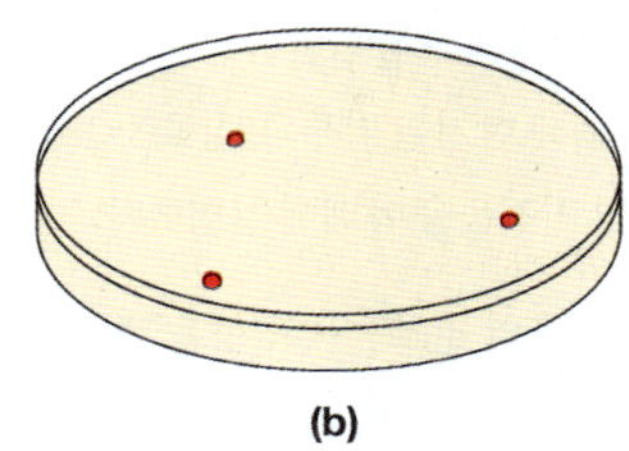

(b)

그림 13.6 유전적 내성을 감별하는 방법. **(a)** 새로운 항생제에 다양한 내성의 세균들이 합쳐진 군집이 존재한다. **(b)** 페트리접시(petri plate)에 항생제를 첨가한다. 충분한 내성을 가진 미생물들만 생존하게 된다. 항생제의 도입은 환경의 변화를 가져오지만, 이는 내성균을 만드는 것이 아니다-그들은 이미 거기에 있었다.

교묘히 피하고 항생제 내성을 증가시킨다.

내성을 얻는 방법

미생물은 일반적으로 유전적 변화에 의해서 항생제내성을 얻는데, 때때로 비유전적인 경로에 의해서도 얻는다. 비유전적 내성은 결핵에 걸리는 것처럼 미생물이 항미생물제가 미치지 못하는 조직속에서 살아났을 때 생긴다. 만약 격리된 미생물이 증식하고 또 자손을 방출하기 시작하면 그 자손도 여전히 항생제에 감수성이다. 이런 타입의 내성을 회피(evasion)라고 부른다. 비유전적 내성의 다른 유형은 어떤 세균이 그들의 세포벽의 대부분을 잃고 L형으로 일시적으로 바뀔 때 일어난다(◀부록B). 몇 세대 동안 세포벽이 결핍된 동안에 이들 미생물은 세포벽에 활성이 있는 항생제에 대해 저항한다. 그러나 그들이 세포벽을 합성하여 원래대로 되돌아가면 다시 항생제에 감수성을 가지게 된다.

항미생물제에 대한 유전적 내성은 자연 선택에 의한 유전적 변화로부터 발달한다(**그림 13.6**; ◀8장 p. 223). 예를 들어, 특정 세균 집단에서 약 10^7~10^{10} 세균당 1마리의 비율로 자발적 돌연변이가 일어난다. 세균은 매우 빠르게 짧은 시간 동안 10억 마리의 유기체들을 만들 수 있고 항상 적은 수의 돌연변이가 일어난다. 환경에서 항미생물제에 저항하는 돌연변이가 일어난다면, 무저항성 유기체는 죽는 반면에 그 돌연변이체와 그것의 자손은 살아날 확률이 매우 높을 것이다. 몇 세대 후에, 대부분의 생존한 균은 항미생물제에 저항할 것이다. 항생제는 돌연변이를 유도하지 않지만 그러나 돌연변이 내성 유기체가 더 잘 생존할 수 있는 환경을 만든다.

어디에서나 가장 잘 이해될 수 있는 세균에서의 유전적 내성은 세균의 염색체의 변화나 염색체 외의 DNA, 보통 플라스미드(plasmid)의 획득 때문에 일어날 수 있다(유전적변화의 기작의 설명은 ◀7~8장). **염색체저항성(chromosomal resistance)**은 염색체 DNA에서의 돌연변이 때문이고 보통 오직 단일 유형의 항생제에 대해 저항하는데 효과적일 수 있다. 종종 이러한 돌연변이는 리보좀 단백질을 합성하는 DNA를 직접 바꾼다. **염색체외저항성(extrachromosomal resistance)**은 보통 **내성(R)플라스미드(resistance (R) plasmid)**나 **R요인(R factor)**의 특정종류의 존재 때문이다(◀8장 p. 223). R플라스미드가 어떻게 기원되었는지는 알려져 있지 않지만 R플라스미드는 1959년 일본에서 *Shigella*에서 처음 발견되었다. 그 이후로 많은 다른 R플라스미드들이 연구되었다. 일부 R플라스미드들은 다른 항생제에 대한 내성을 가지고 있는 6또는 7개의 유전자를 이동시킨다. R플라스미드들은 다른 세균 종이나 균주로부터도 이동될 수 있다. 대부분의 옮겨진 R플라스미드들은 형질도입에 의해 일어나고(박테리오파지에서 플라스미드의 이동), 어떤 R플라스미드들의 이동은 접합에 의해 일어난다(◀8장 p. 215, 218). 박테리오파지(bacteriophage)에 의해 옮겨진 유

적용

미생물을 위한 우주여행

우주비행사가 우주로 올라가 오랜 시간동안 머무르면서 항생제 내성의 증가 때문에 세균성 감염의 치료가 어려운 것이 문제이다. 러시아 우주비행사로부터 분리된 균은 임무수행 전에 분리된 균과 비교할 때 우주여행 후에는 내성이 증가한 것을 보여주었다. 세균의 성장은 무중력 환경에서 보다 빠르게 자라고 두꺼운 세포벽을 가지는 것을 그 이후에 발견하였다. 텍사스 건강과학센터(Texas Health Sciences Center)의 대학, James Jorgensen 박사는 두꺼운 세포벽은 항생제가 미생물을 관통하기 더 어렵게 만듦으로 항생제 감수성이 손실된다고 말한다. 게다가 우주선의 공간 내에는 저항성 유전자의 급속한 확산을 허용하는 많은 장소가 있다. 장차 우주 실험실 실험은 왜 세균이 우주여행 결과로 항생제에 더 내성을 갖게 되는가 하는 방향으로 계획되어야 한다.

전자들은 MRSA(methicillin-resistant *Staphylococcus aureus*)의 확산을 초래한다.

내성 기전

내성의 5가지 기전들은 확인되었고, 미생물의 각각 서로 다른 구조에 변화를 수반한다. 한 기전은 항미생물제가 결합하는 표적의 변화를 수반하며, 그 과정은 일반적으로 세균의 염색체에 돌연변이를 야기한다. 다른 기전은 R 플라스미드의 획득에 의해 야기된 막투과성, 효소 또는 대사경로에서 변화를 수반한다. 5가지 기전들을 아래에 설명했다:

1. *표적의 변화.* 이 기전은 대개 세균의 리보솜에 영향을 미친다. 돌연변이는 DNA를 변화시켜서 단백질을 생성하거나 표적을 변화시킨다. 항미생물제는 표적에 오랫동안 결합할 수 없다. 에리트로마이신, 리파마이신 그리고 대사길항물질에 대한 내성은 이 기전에 의해 발달되었다.
2. *막투과성의 변화.* 이 기전은 새로운 유전정보가 막에서 단백질의 성질을 변화시켰을 때 발생한다. 그러한 변화는 막수송계 또는 막공을 변화시켜 항미생물제가 막을 더 이상 통과 할 수 없게 한다. 세균에서 테트라사이클린, 퀴놀론, 그리고 일부 아미노글리코사이드계열 항생제에 대한 내성은 이 기전에 의해 일어난다. 페니실린 또는 세팔로스포린은 세포벽 합성을 방해하기 때문에 이들 항생제의 존재는 그러한 내성을 부분적으로 이겨낼 수 있다.
3. *효소의 발달.* 보통 내성의 원인은 항미생물제를 파괴하거나 비활성 시킬 수 있기 때문이다. 이 유형의 한 효소는 베타-락타메이즈(β-lactamase)이다. 몇몇의 베타-락타메이즈는 다양한 세균에 존재한다; 그들은 페니실린과 일부 세팔로스포린에서 베타-락탐 고리를 깨뜨릴 능력이 있다. 다양한 아미노글리코사이드와 클로람페니콜을 파괴할 수 있는 유사한 효소는 어떤 그람음성균에서 발견된다.
4. *효소의 변화.* 이 기전은 이전에 설명한 억제 반응이 일어난것과 같다. 그것은 어떤 술폰아미드 내성균 사이에 발견된 기전에 의하여 예증된다. 이들 미생물은 PABA에 매우 높은 친화력을 갖고 술폰아미드에 매우 낮은 친화력을 갖는 효소를 갖는다. 따라서 술폰아미드의 존재에서 조차 이 효소는 기능을 충분히 발휘한다.
5. *대사경로의 변화.* 이 기전은 다른 술폰아미드 내성균에서 나타나는 항미생물제에 억제된 반응을 우회한다. 미생물은 환경으로부터 만들어져 있는 폴산을 사용하는 능력을 획득해왔고 이젠 PABA로부터 폴산을 만드는 것은 더이상 필요 없게 되었다.

적용

미생물의 내성

살균제, 항생제 또는 방부제에 대해 미생물의 내성은 생기지 않지만 이미 미생물 개체군에서 존재한다. 이들 합성물의 부적당한 사용은 선택하는 경향이 있고 그 결과로 우리의 병원과 집에서 내성 미생물의 성장을 증가시킨다. 미생물의 경쟁과 유전적 교환의 생물학적 기전을 통해 내성 미생물은 널리 퍼진다. 항미생물 합성물이 사용될 때, 그들은 현재 표적 개체군에서 가장 감수성이 없는 미생물을 죽이기에 충분히 강력한 농도에서 사용되는 것이 틀림없다. 만약 이 상황이 이루어지지 않는다면 경쟁에 의해 방해가 없는 보다 감수성이 낮은 세균들이 잘 자랄 수 있다.

제 1세대의, 제 2세대의, 그리고 제 3세대의 약

어떤 미생물의 균주가 한 종류의 약에 내성을 가지면, 그 내성균을 효과적으로 치료하기 위해 다른 약을 개발해야 한다. 제 2세대의 약에 내성이 발생된다면, 제 3세대의 약이 요구된다. 임질을 치료하는데 사용했던 약들을 여기서 설명하겠다. 1930년대 전에는 효과적인 치료를 할 수 없었다. 하지만 그 후 술폰아미드가 발견되어 이 병을 치료하였다. 몇 년 후, 술폰아미드 내성 균주가 발견되었지만, 페니실린은 "제 2세대의" 약으로써 곧 이용되었다. 몇 십 년 뒤에, 페니실린 내성 균주가 발견되었지만 페니실린의 매우 많은 투여량으로 이들 내성 균주와 싸웠다. 1970년대 일부 gonococci 균주에서 페니실린의 효과를 완벽하게 중화시키는 베타-락타메이즈(β-lactamase) 효소 생성 능력이 발견되었다(그림 13.7). "제 3세대의" 스펙티노마이신이 사용되었다. 스펙티노마이신 내성 균주가 나타나기 시작하고, 발빠른 의사들은 "제 4세대의" 약에 의지하지만, 새로운 약을 계속 찾아야 하는지 염려스럽다.

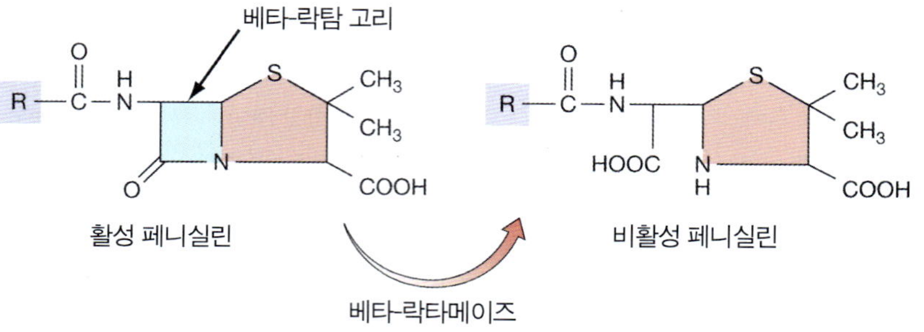

그림 13.7 페니실린에서 베타-락타메이즈의 효과. 많은 세균(staphylococci, streptococci 그리고 gonococci)들이 페니실린을 불활성화 시키는 이 효소를 생성한다. 이 효소는 플라스미드에 의해 전달 될 수 있다. 비록 페니실린과 작용이 비슷한 세팔로스포린은, 다른 고리 구조를 가지고 그 효소의 작용에 보다 내성을 가진다.

미국에서 항생제 내성으로 인한 전반적인 비용은 연간 $350 million과 $35 billion 사이로 추정된다.

약물 내성 미생물은 알맞은 숙주로 써는 감염에 낮은 내성을 갖는 중환자가 있는 병원에서 가장 빈번하게 나타난다. 그러나 보다 더 내성 있는 미생물은 일반적인 개체군 사이에서 감염으로부터 분리되어왔고, 획득한 약물 내성 감염 위험은 모든 사람에게 증가되고 있다. 게다가, 많은 미생물들이 여러가지 항생제 내성을 갖고 있다. 새로운 유전적 탐침 사용이 효과적인 치료를 하는데 지연되는 것을 막기 위해 미생물로부터 내성 유전자를 찾게 될 것이다.

교차내성

교차내성(Cross-Resistance)은 일반적인 기전을 통하여 2개 또는 그 이상의 유사한 항미생물제에 대한 내성이다. 베타-락타메이즈의 작용은 교차내성의 좋은 예다. 많은 사례에서, 하나의 베타-락탐 항생제를 분해하는 효소는 몇몇의 다른 베타-락탐계 항생제들도 분해한다. 그러한 효소의 존재는 그 효소가 분해할 수 있는 모든 항생제에 내성을 갖는 미생물이 될것이다.

제한된 약 내성

우리가 보았듯이, 약물 내성은 항생제에 의해 유도되지는 않지만, 항생제를 포함하는 환경에 의해 촉진된다. 내성을 획득한 미생물의 진행이 3가지 방법으로 방해될 수 있다. 첫째, 항생제의 높은 수치는 내성 돌연변이를 포함하는 모든 병원체를 죽이기에 충분히 오래도록 환자의 체내에서 지속되거나, 병원체를 억제해서 그 결과 체내 방어로 그들을 죽일 수 있다. 이러한 이유로 의사들은 항생제 처방전에 있는 모든 항생제를 먹을 것을 권고하고 보다 건강이 좋아질때까지 항생제 먹는 것을 중단하지 말라고 충고한다. 병원체가 죽기 전에 약물 처리가 중지될 때 내성의 발생은 **그림 13.8**에서 설명하고 있다.

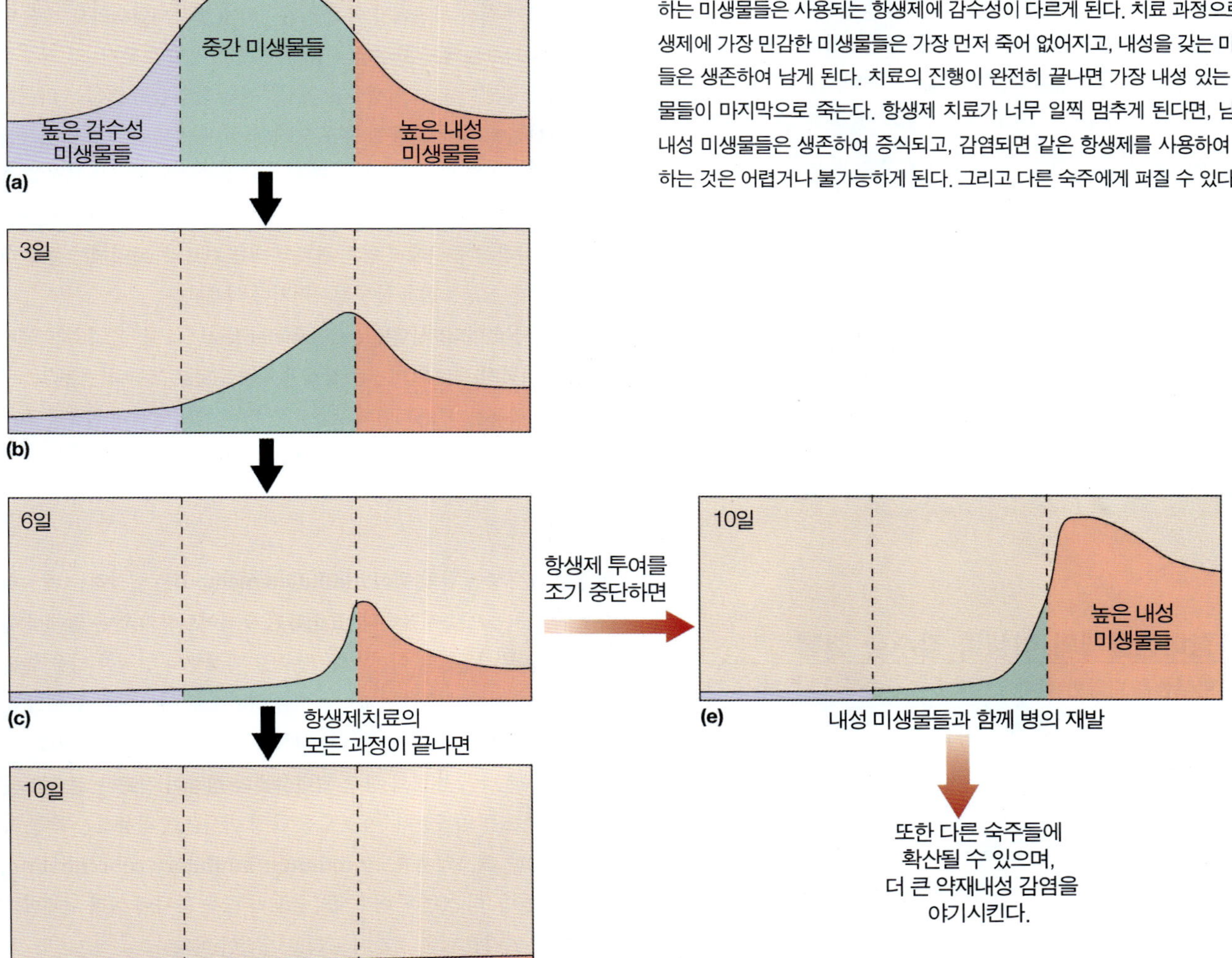

그림 13.8 항생제 치료의 너무 이른 종결의 효과. 치료를 시작하기 전 존재하는 미생물들은 사용되는 항생제에 감수성이 다르게 된다. 치료 과정으로, 항생제에 가장 민감한 미생물들은 가장 먼저 죽어 없어지고, 내성을 갖는 미생물들은 생존하여 남게 된다. 치료의 진행이 완전히 끝나면 가장 내성 있는 미생물들이 마지막으로 죽는다. 항생제 치료가 너무 일찍 멈추게 된다면, 남겨진 내성 미생물들은 생존하여 증식되고, 감염되면 같은 항생제를 사용하여 치료하는 것은 어렵거나 불가능하게 된다. 그리고 다른 숙주에게 퍼질 수 있다.

CDC에 따르면, 1억 5천만 외래환자 중 약 5천만 외래 환자가 항생제 처방이 불필요하다고 한다.

둘째, 2가지 항생제가 동시에 복용되면 그 결과 **상승작용(synergism)**라 불리는 부가적인 효과가 나타날 수 있다. 예를 들어, 치료요법에서 스트렙토마이신과 페니실린을 함께 사용하면, 페니실린에 의해 야기된 세포벽에 손상은 스트렙토마이신의 더 나은 침투를 하게한다. 이 원리의 약간의 변경은 다른 항생제에서 미생물의 내성을 파괴하는 한 항생제의 사용이다. 아목시실린(amoxicillin)이라 불리는 페니실린과 클라불라닉(clavulanic) 산을 함께 투여하게 될 때, 클라불라닉 산은 베타-락타메이즈에 단단히 결합하여 아목시실린의 불활성을 방지한다. 그러나 일부 약은 혼자 사용될 때 보다 혼합하여 사용될 때 덜 효과적이다. 이러한 감소된 효과는 **길항작용(antagonism)**이라 불리고, 성장을 방해하는 테트라사이클린과 같은 정균 제제와, 효과적으로 성장을 요구하는 살균제제 페니실린을 함께 사용했을 때 관찰된다.

셋째, 항생제는 오직 필수적인 사용에만 제한된다. 예를 들어, 대부분 의사들은 2차 세균성 감염의 높은 위험에 처한 환자의 사례를 제외하고는 감기와 다른 바이러스 질병들에 항생제를 처방하지 않는다. 왜냐하면 그러한 병들은 항생제가 반응하지 않기 때문이다. 항생제 사용의 제한은 항생제가 가득한 환경에서 "내성을 갖기를 기다리는" 미생물들이 있는 병원에서 특히 가치가 있다. 게다가, 동물 사료에 항생제의 사용은 금지되었다. "항생제 내성: 동물 사료속의 약"을 보라 p. 373.

중점 질문 사항

1. 모든 항생제 혼합물은 온전히 항생제라 불리는가? 왜 그런가?
2. narrow-spectrum을 선택하고 broad-spectrum 선택하지 않을 때는 언제 인가? 왜 그런가?
3. 중복감염이란 무엇인가? 어떻게 획득하는 것인가?
4. 항생제 노출이 약 내성 돌연 변이를 야기하지 않는다면, 왜 우리는 오늘날 약 내성 균주를 보다 더 많이 보는가?

항미생물제의 미생물 감수성 결정

미생물은 다양한 화학요법제에서 감수성이 다양하고 감수성은 시간이 지남에 따라 변화될 수 있다. 이상적으로 어떤 특정 감염의 치료에 적절한 항생제는 어떤 항생제를 쓰기 전에 결정되어져야만 한다. 때때로 적절한 항생제는 원인이 되는 미생물이 실험실 배양으로부터 확인되자마자 처방될 수 있다. 대개 실험은 항생제가 미생물을 죽이는 것을 관찰한다. 몇몇의 방법-디스크 확산, 희석 그리고 자동화 방법이 있다.

디스크 확산법

디스크 확산법(Disk diffusion method) 또는 **커비-바우어법(Kirby-Bauer methods)**은, 원인이 되는 미생물의 표준 양을 한천평판 위에 균일하게 도말한다. 그리고 나서 선택된 화학요법제가 특정 농도로 들어간 여과 종이 디스크를 한천 표면에 놓는다(그림 13.9a). 마지막으로, 항생제 디스크들과 함께 배양을 하게 된다.

배양하는 동안, 각 화학요법제는 디스크로부터 사방으로 확산되어 나간다. 낮은 분자량의 항생제는 높은 분자량의 항생제 보다 더 빠르게 확산된다. **억제 환(zones of inhibition)**이라 불리는 투명한 부위는, 항생제가 미생물을 억제하여 디스크 주변 한천에 나타난 것을 말한다. 화학요법제의 확산 비율에 차이가 있기 때문에 억제 환의 크기는 반드시 억제 단계의 정도는 아니다. 큰 분자량의 항생제는 비록 강력한 억제제일지라도 작은 거리만 확산되고 작은 억제 환을 생성한다. 특정 배지, 미생물의 양 그리고 약물 농도에 대해 억제 환 직경의 표준 치수가 밝혀져있고 억제환 직경에 따라 어떤 미생물이 약물에 *민감한지, 적당하게 민감한지*, 또는 *내성이 있는지*를 결정한다.

디스크 확산 시험에서 억제가 완전하게 인증되었더라도 가장 억제적인 화학요법제는 감염을 치료하지 못할 지도 모른다. 그 항생제는 아마도 원인이 되는 미생물을 억제하지만 감염을 조절하는 미생물의 충분한 수를 죽이지 못할 수도 있다. 살균제는 대개 감염성 미생물을 제거하기위해 필요하고 디스크 확산법은 살균제 확인을 보장해 주지는 않는다. 게다가, *in vivo* (살아있는 생물에서)에서 얻은 결과는 *in vitro* (실험실에서)에서 얻은 결과와 대개 다르다. 체내에서 물질 대사의 기능은 항생물질을 불활성시키거나 억제한다.

E(입실로미터) 시험법(epsilometer test) (그림 13.10)라 불리는 확산 실험의 새로운 버전은 항생제를 농도별로 포함하는 플라스틱 스트립을 사용한다. 스트립에 프린트된 것은 성장 억제에 필요한 최소 농도를 직접적으로 실험기사가 측정할 수 있다.

희석법

항생제 감수성 실험의 **희석법(dilution method)**은 배양하는 배지의 튜브에서 처음으로 시작된다; 표준화된 플레이트상의 얕은 웰에서 실험한다(그림 13.9b). 이 방법은 접종할 미생물의 일정한 양을 농도별로 화학요법제가 포함된 배양액에 접종함으로 시작된다. 튜브 또는 웰l에서 배양 후(16~20시간동안) 검사하고 가시적인 성장 억제를 나타내는 가장 낮은 농도의 항생제(미생물의 성장이 탁도나 점으로 나타난다) 농도를 기록한다. 이 농도를 특정 미생물에 작용하는 특정 항생제에 대한 **최소억제농도(minimum inhibitory concentration, MIC)**라 한다. 이 실험은 여러개의 튜브나 웰을 동시에 여러 제제별로 사용할 수 있지만 많은 시간이 걸리고 가격이 비싸다.

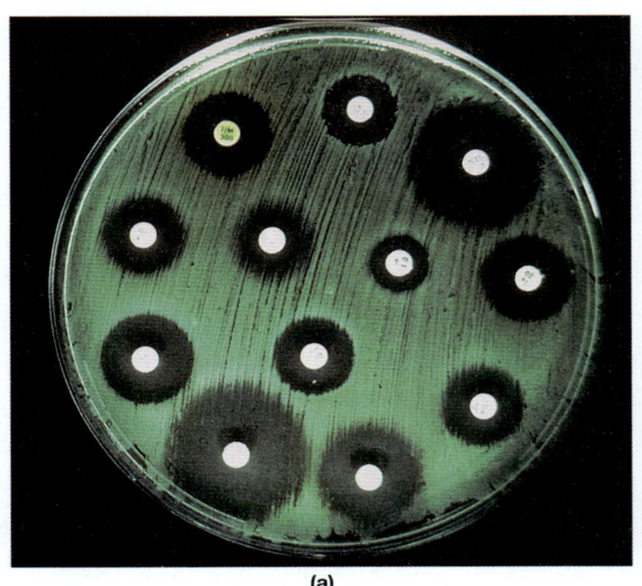

(a)

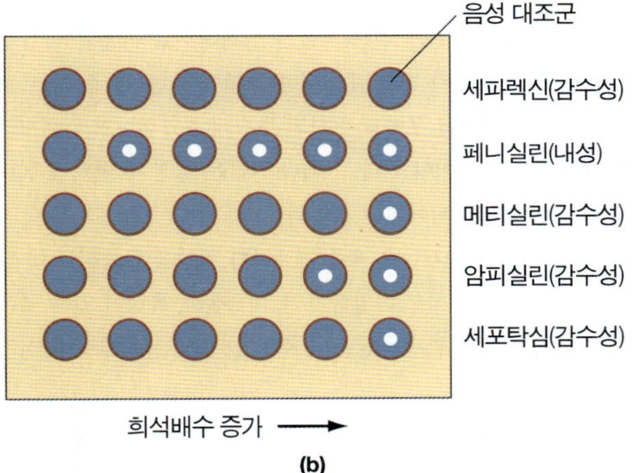

(b)

그림 13.9 다양한 항생제에 미생물 감수성을 결정하는 디스크 확산(커비-바우어) 방법. (a) 페트리접시의 한천배지위에 실험할 미생물을 도말(스트리킹)한다. 특정 항생제의 일정 양을 포함하는 종이 디스크를 배지에 단단히 접촉시켜 놓으면 항생제는 표면에 확산된다. 접시를 배양한 후에, 디스크 주변에 성장이 없는 깨끗한 지역(억제 환)은 항생제에 의해 실험된 미생물의 억제를 의미한다. 깨끗하지 않은 지역은 항생제에 내성을 가지는 것을 의미한다. 다양한 분자들은 배지에서 같은 속도로 확산되지 않기 때문에, 억제 환이 가장 크다고 해서 항상 항생제가 가장 효과가 좋다는 것을 의미하지 않는다. 또한 동일한 약물이 한천에서 나타난 결과와 같이 살아있는 생물에서도 같은 결과로 나타나지는 않는다. 그러나 측정된 기준과 비교할 때 억제 구역의 직경은 미생물이 약에 감수성이 있는지 내성이 있는지 결정할 때 도움이 된다. (b) 최소억제농도(MIC)는 미생물 감수성을 시험한다. 얕은 웰이 있는 표준화된 미세희석 접시에 선택된 항생제가 일정하게 희석되어(일정하게 감소되는 농도) 포함된 액체배지를 넣고 여기에 실험 세균을 접종한다. 그 접시를 배양한다; 가장 낮은 농도에서 성장(웰에 점들)을 방해하는 것이 MIC이다. 이 접시에서 실험한 세균들은 페니실린을 제외한 모든 항생제에서 감수성이 있다. 음성 대조군은 웰에 오직 배지만을 넣어준다.

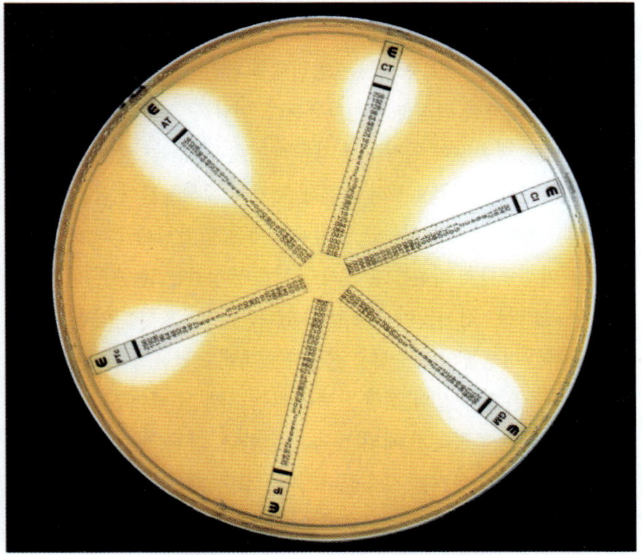

그림 13.10 입실로미터 E(epsilometer) 시험은 항생제 감수성을 결정하고 최소억제농도(MIC)를 측정한다. 주어진 항생제의 농도 증가를 표시한 플라스틱 스트립을 세균을 면봉으로 접종시킨 페트리접시의 표면위에 놓는다. 스트립 주변의 증식 억제 환은 특정 항생제에 대한 미생물의 감수성을 가리킨다. 억제 시작지점은 항생제에 대한 MIC를 가리키고 그려진 눈금으로 읽을 수 있다.

희석법에 의해 억제제를 찾는 것은 디스크 확산법을 사용해 찾는 것 보다 환자에게서 전염성 미생물을 죽일 수 있다는것을 더 증명하지 못한다. 그러나 희석법은 미생물을 죽이는 살균제인가, 아니면 단지 세균의 성장을 억제하는 정균제인가를 구별하는 제 2의 방법에 이용된다. 억제제가 있어 더 이상 성장할 수 없는 튜브에 있는 샘플은 화학요법제를 포함하지 않은 배양액에 접종한다. 이 실험에서, 두 번째 접종 또는 2차 배양으로 인해 더 이상의 성장이 없는 화학요법제의 가장 낮은 농도는 **최소살균농도(minimum bactericidal concentration, MBC)**이다. 그러면 감염을 조절하기 위한 효과적인 화학요법제의 적합한 농도가 결정된다. 그 농도는 감염된 부위에서 유지되어야 하는데 그것은 그 농도가 질병을 치유할 수 있는 최소농도이기 때문이다.

혈청 살상력

화학요법제의 효과를 결정하기 위한 또 다른 방법은 **혈청 살상력(serum killing power)**를 측정하는 것이다. 이 실험은 항생제를 투여받는 환자의 혈액에서 수행된다. 세균 배양액이 일정한 환자의 **혈청(serum)** (혈장에서 응고요소를 뺀 것)에 추가된다. 배양 후에 혈청의 탁도 증가는 항생제가 효과가 없음을 의미한다. 성장이 억제되면 약이 작용하고 있음을 말해주고 혈청살상력을 계속해서 갖는 가장 낮은 농도를 보다 정량적으로 알 수 있다.

자동화된 방법들

자동화된 방법들**(그림 13.11)**은 병원체를 확인하고, 효과적으로 작용하는 항미생물제를 결정하는데 활용된다. 이와 같은 방법 중의 하나는 작은 웰들에 접종량이 일정하게 자동적으로 분배되는 준비된 접시를 사용한다. 다른 환자들로부터 수집된 36가지 미생물들이 같은 접시에 접종 될 수 있다. 그람양성세균, 그람음성세균, 혐기성세균과 호모균 등과 같은 미생물들의 다른 그룹간의 구성을 동정하는 몇 종류의 적당한 배지를 포함하는 접시들이 활용될 수 있다. 접시는 또한 다양한 항미생물제에 대한 미생물의 감수성을 결정하는 데에도 활용될 수 있다.

접시들은 미생물의 성장을 측정하는 기계에 넣어진다. 일부 기계들은 탁도를 측정하기 위해 빛을 사용한다. 다른 기계들은 방사능탄소를 포함하는 배지를 사용한다. 그와 같은 배지에서 성장한 미생물들은 공기 중에 방사성 이산화탄소를 방출하고 샘플링 장치는 자동적으로 그것을 감지한다. 기계는 자동화와 속도의 단계를 다양하게 바꿔 이용 할 수 있다. 일부 어떤 단계를 수행하기 위해서는 기술자가 필요하다: 다른 단계들은 환자들의 차트의 결과가 컴퓨터로 출력된다. 다른 기계는 3~6시간 안에 결과가 나오고, 비록 느리게 성장하는 미생물이 48시간을 필요하더라도 대부분 하루면 결과가 나온다.

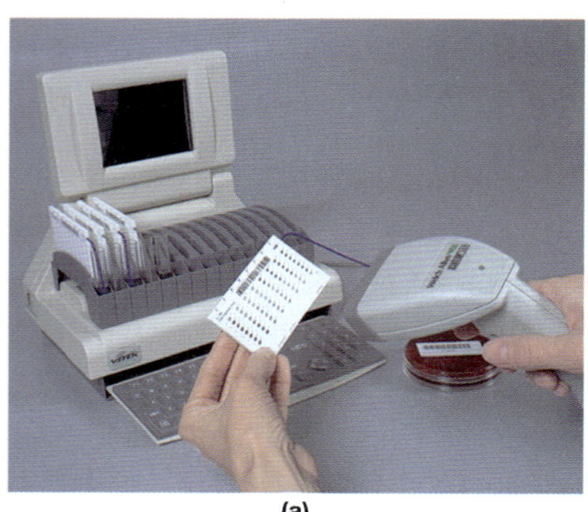

(a)

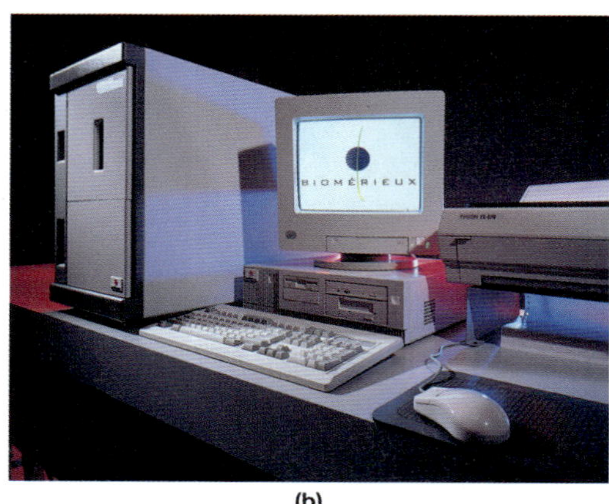

(b)

그림 13.11 미생물을 확인하고 다양한 항미생물제에서 미생물의 감수성을 결정하기 위한 자동화된 시스템. **(a)** 미생물을 포함하는 샘플은 특수한 화학제를 각각 포함하는 얇은 플라스틱 접시의 웰안에 자동적으로 접종된다. **(b)** 실험은 배양기에서 수행되고 결과는 컴퓨터에 의하여 읽고 기록된다. 접시는 매우 다양한 다른 동정과 항미생물제 감수성 시험으로 이용가능하다.

자동화된 방법은 미생물의 실험실 동정과 그들의 항미생물제에 대한 감수성 시험을 더 효과적이고 더 저렴한 비용으로 가능하게 만든다. 실험결과는 한번으로 가능하므로 의사들은 병원체의 특징과 감염부위, 그리고 환자의 알레르기와 같은 다른 요인에 기초해서 적당한 약을 선택할 수 있다. 자동화된 방법은 의사가 연구소에서 항생제의 광범위 실험을 통해 얻은 결과를 기다려서 처방하는 것보다 오히려 감염 초기에 적당한 항생제를 처방하게 한다.

이상적인 항미생물제의 특징

항미생물제가 갖고 있는 갖가지 특성들과 그들에 대한 세균의 감수성을 결정하는 방법들에 대해 우리는 이상적인 항미생물제에 대한 특성을 나열해 볼 수 있다.

1. *체액에 대한 수용성.* 항생제들은 신체내부로 이동되고, 감염조직에 도달하기 위해 체액에 용해되어야 한다. 국소적으로 사용된 항생제들 조차도 손상된 조직에 효과적이기 위해서는 체액에 용해되어야 한다. 그러나 그들은 혈청 내 단백질과 너무 단단히 결합되어서는 안 된다.
2. *선택 독성.* 항생제들은 숙주 세포보다 미생물에 독성이 더 강해야한다. 이상적으로 말하자면, 미생물에 독성이 있는 낮은 농도와 숙주 세포에 손상을 줄 수 있는 농도 사이에 큰 차이가 나는 것이다.
3. *독성은 쉽게 바뀌어서는 안 된다.* 항생제는 표준 독성을 유지해야하며, 음식, 다른 약 또는 숙주에서 당뇨와 신장 질환과 같은 비정상적인 상태와 상호작용에 의해 독성이 더 강해지거나 약해지거나 해서는 안 된다.
4. *비알레르기성.* 항생제는 숙주에서 알레르기성 반응을 유도하여서는 안 된다.
5. *안정성: 혈액과 조직액에서 치료 농도가 일정하게 유지되어야 한다.* 항생제는 오랜 시간동안 치료 작용을 갖도록 체액에 충분할 만큼 안정적이어야 한다. 그것은 천천히 분해되고 방출되어야 한다.
6. *미생물이 내성을 쉽게 획득해서는 안 된다.* 항생제에 대해 내성을 가진 미생물들이 있다고 하더라도, 적어야 한다.
7. *긴 반감기.* 항생제는 빛으로부터 보호 또는 냉동과 같은 최소한의 특별한 조치를 하면 오랜 시간 동안 치료 상의 성질을 유지해야한다.
8. *합당한 가격.* 항생제는 필요한 환자들이 감당할 만한 가격이어야 한다.

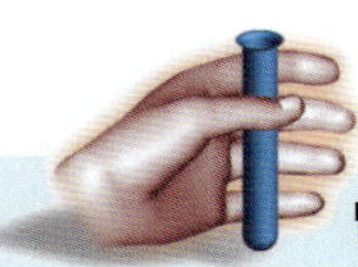

도전하라

발견자가 되자!

토양 미생물들은 항생제의 훌륭한 자원이다. 제약회사들은 전 세계에 걸쳐서, 새롭거나 유용한 항생제를 만드는 미생물을 찾을 희망으로 토양 샘플을 갖고 오는 사람에게 보상을 한다. 오래된 공동묘지, 야생 동물의 피난처, 늪, 낡은 비행기 착륙장에서 샘플이 채취된다. 관심 있는 장소의 토양 샘플을 수집하라! 무균 기술을 사용해서, 대장균과 같은 배양액을 페트리접시의 한천 표면 위에 도포하라. 잔디밭처럼 전 표면에 고르게 배포되도록 하라. 다른 접시 위에 다른 미생물을 배양하라. 다음에 각각 배양된 접시 위에 토양 샘플의 작은 조각들을 뿌린다. 배양기 속이나 상온에 두고 매일 검사해라. 미세한 토양입자들로부터 자라나 콜로니 주변에 투명대가 형성되었는가? 만약 그렇다면 자연적인 항생제가 한천 외부로 확산되어, 그 배경에 있는 잔디밭 같은 미생물의 성장을 억제하는 경우이다. 축하한다. 너는 약간의 항생제를 발견했다!

많은 항미생물제들은 이러한 항목들을 잘 만족시킨다. 그러나 극히 소량의 항생제들만이 이상적인 항미생물제의 기준을 만족시킨다. 더 좋은 약이 발견되어야 하는 만큼, 그것들에 대한 연구는 계속 될 것이다.

항세균제

대부분의 항미생물제는 *항세균제(antibacterial agents)*이다. 일부 항세균제들이 다른 미생물에게도 효과적으로 작용하기 때문에, 항미생물제 종류에 대한 소개를 항세균제로 시작하려 한다. 항세균제는 몇 가지 방법으로 분류된다. 우리는 그것들의 작용 기전에 따라 분류할 것이다. 또 다른 방법으로 항생제를 만드는 미생물에 의해 항생제를 그룹화할 수도 있다**(표 13.2)**.

세포벽 합성의 억제제

페니실린

페니실린 G, 페니실린 V와 같은 천연 **페니실린(penicillin)**은 곰팡이인 *Penicillium notatum*을 배양배함으로써 추출된다. 1950년대 페니실린에 내성인 황색포도상구균 발견은 합성 페니실린의 개발을 촉진시켰다. 이들 중 첫 번째인 메티실린(methicillin)은, 베타-락타메이즈(β-lactamase) 효소에 의해 분해되지 않기 때문에 페니실린에 내성인 균주에 효과적이다. 나프실린(nafcillin), 옥사실린(oxacillin), 암피실린(ampicillin), 아목시실린(amoxicillin), 카베니실린(carbenicillin)과 티카실린(ticarcillin),을 포함하는 다른 합성 페니실린이 빠르게 줄줄이 알려졌다. 각각은 페니실린 핵에 특별한 곁 사슬을 추가함으로써 합성된다**(그림 13.12)**. 천연 페니실린과 합성된 페니실린 둘 다 살균제다.

어떤 박테리오파지는 세균의 세포벽에 구멍을 내기 때문에 항생제를 퍼내는 세균의 시도를 무효화 시킨다. 항생제와 함께 파지의 사용은 필요한 항생제의 농도를 50배나 감소시킬 수 있다.

가장 흔하게 사용되는 천연 페니실린인 페니실린 G는 장을 거치지 않고 근육주사나 정맥주사와 같이 비경구적으로 투입된다. 경구 투여시 대부분이 위산에 의해 파괴된다. 페니실린은 빠르게 혈액에 흡수되어, 최대 농도에 도달하며, 활성을 연장하고 배설을 지연시키는 프로카인과 같은 국부 마취제와 혼용하지 않는다면 정상적으로 배설된다. 페니실린 G는 streptococci, meningococci, pneumo-coccci, spirochetes, clostridia 그리고 호기성 그람 양성 간균 등에 의한 감염을 치료하는 선택 약물이다. 또한 페니실린 내성을 갖지 않는 staphylococci와 gonococci의 일부 균주에 의한 감염을 치료하기 위해 적당하다. 페니실린은 소변에서도 활성을 유지하기 때문에 일부 요로 감염을 치료하기에도 적절하다. 페니실린 G에 내성이 있는 미생물 감염은 나프실린, 옥사실린, 암피실린 또는 아목시실린과 같은 반합성제

표 13.2

항생물질의 원료를 제공하는 선택된 미생물들

미생물	항생재
진균	
Cephalosporium 종	세팔로스포린
Penicillium griseofulvum	그리세오플빈
*Penicillium notatum*과 *P. chrysogenum*	페니실린
Streptomycet과	
Streptomyces nodosus	암포테리신 B
Streptomyces venezuelae	클로람페니콜
Streptomyces erythreus	에리스로마이신
Streptomyces avermitilis	이버멕틴
Streptomyces griseus	스트렙토마이신
Streptomyces kanamyceticus	카나마이신
Streptomyces fradiae	네오마이신
Streptomyces noursei	나이스타틴
Streptomyces mediterranei	리팜피신
Streptomyces aureofaciens	테트라사이클린
Streptomyces orientalis	반코마이신
Streptomyces antibioticus	비다라빈
Actinomycte과	
Micromonospora species	젠타마이신
기타 세균들	
Bacillus licheniformis	바시트라신
Bacillus polymyxa	폴리믹신
Bacillus brevis	티로시딘

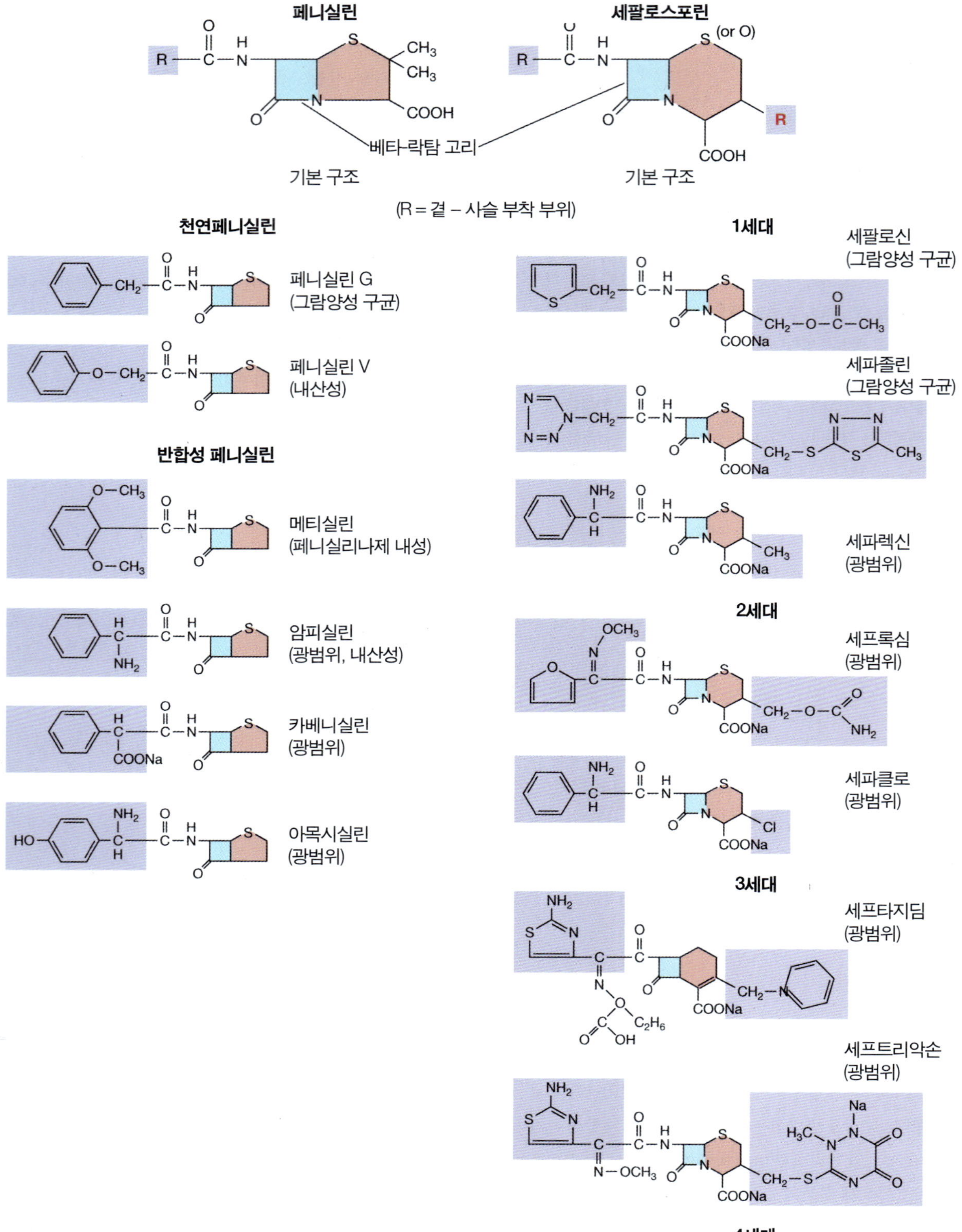

페니실린

세팔로스포린

베타-락탐 고리

기본 구조

기본 구조

(R = 곁 – 사슬 부착 부위)

천연페니실린

페니실린 G
(그람양성 구균)

페니실린 V
(내산성)

반합성 페니실린

메티실린
(페니실리나제 내성)

암피실린
(광범위, 내산성)

카베니실린
(광범위)

아목시실린
(광범위)

1세대

세팔로신
(그람양성 구균)

세파졸린
(그람양성 구균)

세파렉신
(광범위)

2세대

세프록심
(광범위)

세파클로
(광범위)

3세대

세프타지딤
(광범위)

세프트리악손
(광범위)

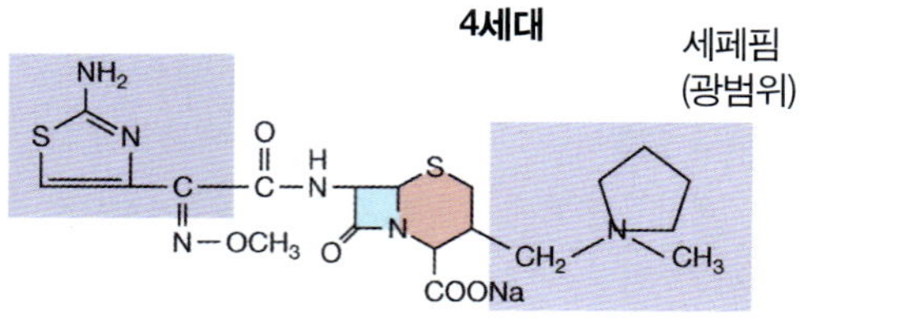

4세대

세페핌
(광범위)

그림 13.12 페니실린. 베타-락탐 고리를 가지는 페니실린과 세팔로스포린 분자의 비교(파란색). 세팔로스포린은 부착된 고리(빨간색)가 조금씩 다르고 페니실린처럼 하나 보다는 2개의 곁사슬부착(보라색)자리를 가진다.

실험에서, 페니실린은 펩티도 글리칸이 없어서 페니실린에 민감하지 않고 천천히 성장하는 고세균보다 원하지 않은 종이 더 많이 자라는 것을 방지하려고 배양액에 종종 혼합되어 사용된다.

제로 치료된다. 카베니실린과 티카실린은 *Pseudomonas* 감염을 치료하는데 특히 유용하다. 페니실린에 의한 알레르기는 어린이의 경우 극히 소수지만, 성인은 1~5%가량 발생한다. 페니실린은 일반적으로 무독성이지만, 다량 섭취시 신장, 간장, 중추신경계에 독성이 나타날 수도 있다.

페니실린은 감염의 치료로 사용되며 또한 예방약으로도 사용될 수 있다. 예를 들면, 심장 결함(특히, 기형 또는 인공판막)이나 심장 질환을 갖고 있는 환자들은 특히 세균 감염에 의해 심장 내면에 염증이 야기되는 심장 내막염에 걸릴 수 있다. 미생물은 손상된 판막 표면을 공격하는 경향을 갖는다. 이와 같은 감염을 예방하기 위하여 감염되기 쉬운 환자들은 혈류로 세균이 퍼질 수 있는 수술이나 치과 치료(심지어 스케일링도) 전에 대게 페니실린을 처방 받는다.

세팔로스포린

진균류인 *Cepharosporium*의 몇몇 종에서부터 유래된 천연 **세팔로스포린(cephalosporins)**은 제한적인 항미생물 작용을 갖는다. 이들의 발견으로 천연 세팔로스포린 C의 반합성으로 유래된, 상당수의 살균제들이 개발되었다. 세팔로스포린의 핵은 페니실린과 아주 유사하며 둘다 베타-락탐 고리를 포함한다(그림 13.12). 반합성 세팔로스포린은 반합성 페니실린과 같이 그들의 곁 사슬의 특성에 따라 다르다. 자주 사용되는 세팔로스포린에는 세파렉신(cehphalexin, keflex), 세프라딘(cephradine), 세파드록실(cefadroxil)이 포함되며 그것들 모두는 장에 잘 흡수되어 경구투여를 할 수 있다. 세팔로틴(cephalothin), 세파피린(cephapirin, keflin), 세파졸린(cefazolin)과 같은 다른 세팔로스로린계 항생제는 보통 근육이나 정맥 주사와 같은 비경구 투여를 해야만 한다.

일반적으로 세팔로스포린이 감염 치료를 위해 선택되는 첫 번째 약품은 아닐지라도, 그것들은 알레르기나 독성때문에 다른 약물을 사용할 수 없을 때 자주 사용된다. 그러나 세팔로스포린은 구조적으로 페니실린과 유사하기 때문에, 일부 페니실린에 대한 알레르기가 있는 환자는 세팔로스포린에 대해서도 민감해 질 수 있다. 그럼에도 불구하고, 세팔로스포린은 미국 병원 약국의 조제 비용중 1/4에서 1/3 가량을 차지한다는 보도가 있으며, 그 원인으로 세팔로스포린은 부작용을 거의 일으키지 않으며 주로 넓은 활성범위를 가지고, 수술 환자들의 예방약으로 사용되기 때문이다. 불행하게도, 그것들은 덜 비싸고 협범위 약물이 효과적일 때에도 종종 사용되어지곤 한다.

새로운 다양한 세팔로스포린의 개발은 예전 항생제들에 내성을 가진 세균의 능력에 대항하는 경주처럼 보인다. 미생물들이 초창기의 '1세대' 세팔로스포린에 내성을 가지게 되었을 때, 세푸록심(cefuroxime)과 세파클로(cefaclor)와 같은 '2세대' 세팔로스포린이 생산되었다(그림 13.12). 현재 '세프트리악손(ceftriaxone) 과 세프타지딤(cephtazidime)과 같은 3세대' 세팔로스포린과 '4세대' 세페핌(cefepime)은 예전 약물들에 내성인 미생물들에 대항하기 위해 사용된다. 이들 약물들은 많은 항생제에 내성을 가진 원내감염을 치료하는데 특히 효과적이다. 지금까지는 그것들은 AIDS와 다른 면역결핍 환자들에게 투여되고있다(이들을 앞서 설명한 제 2의, 제 3의 약물들과 혼동하지 마라. 이 약물들은 하나의 유도체들이 아니었다).

세팔로스포린의 부작용은 국소반응으로 나타나며 약이 구강으로 투입되었을 때의 메스꺼움, 멀미, 구토, 설사 또는 주사 부위의 과민 반응, 염증 등이 있다. 페니실린 알레르기 환자의 4~15%는 또한 세팔로스포린에 알레르기를 갖게 된다. 더욱이 새로운 세팔로스포린은 그람 음성 감염을 치료하는 동안 중복감염이 될 수 있는, 그람 양성 세균에는 거의 효과가 없다.

적용

무장해제와 제거

때때로 클라불라닉(clavulanic) 산과 같은 베타-락타메이즈 억제제가 페니실린계열의 항생제에 첨가된다. 아구멘틴(Augmentin)은 암피실린(ampicillin)에 클라불라닉(clavulanic) 산을 더해서 조합된 것과 같다. 베타-락타메이즈는 클라불라닉(clavulanic) 산에 의해 파괴되고, 클라불라닉(clavulanic) 산은 암피실린(ampicillins)의 베타-락탐 고리가 손상되지 않도록 하고 세균을 제거한다.

세포벽에 작용하는 다른 항미생물제들

카바페넴(carbapenems)은 두 부분의 구조를 갖는 살균성 항생제의 새로운 그룹이다. 전형적인 카바페넴인 *프리맥신(primaxin)*은 신장에서 약물의 분해를 방지하는 물질인 *킬라스타틴 나트륨(cilastatin sodum)*과 세포벽 합성을 방해하는 베타-락탐계열 항생제 *이미페넴(imipenem)*으로 구성된다. 분류군으로써 카바페넴는 아주 큰 광범위 활성을 갖는다.

*바시트라신(Bacitracin)*은, *Bacillus licheniformis*로부터 파생되는 작은 살세균성 폴리펩티드로서 흡수가 잘 되지 않고 신장에 독성이 있기 때문에 피부 또는 점막의 손상과 상처에만 사용된다. *반코마이신(Vacomycin)*은 토양 방선균인 *Streptomyces orientalis*에 의해 생산된 복잡한 거대 분자이다. 그것은 그람 음성 세포벽 외부의 구멍들을 통과할 수 없을 정도로 너무 큰 분자여서 대부분의 그람 음성균에 효과적이지 않다. 그것은 메티실린(methicillin)에 내성을 가진 포도상 구균과 장구균에 의한 감염을 치료하는데 사용될 수 있다. 또한 항생제로 인해 생긴 위막성 대장염(대변에 위막이 형성되는 장염)에 대한 선택 약제이다. 그것은 위장관을 통과해 흡수가 어렵기 때문에 정맥 주사를 통해 투여되어야만 한다. 반코마이신은 꽤 독해서 주의 깊게 관리되지 않는다면, 특히 나이 많은 환자들에게 청력 감퇴, 신장 손상을 줄 수 있다.

세포막 파괴

폴리믹신

A, B, C, D와 E로 지정된 5종류의 **폴리믹신(polymyxins)**은 토양세균인 *Bacillus polymyxa*로부터 얻어진다.

폴리믹신 B와 E는 임상용으로 가장 보편화되어 있다. 그것들은 보통 전형적으로, *Pseudomonas*와 같은 그람 음성균에 의한 피부감염을 치료하기 위해 바시트라신과 함께 사용된다. 복용할 경우 폴리믹신은 사지에 감각을 없애고, 심각한 신장 손상과 호흡의 손상을 야기시킬 수 있다. 환자가 병원에서 치료를 받고, 신장 기능을 관찰할 수 있을 때, 주사에 의해 투여되어야 한다.

단백질 합성의 억제제들

아미노글리코사이드

아미노글리코사이드(aminoglycosides)는 *Streptomyces*와 *Micromonospora*의 다양한 종으로부터 얻을 수 있다. **스트렙토마이신(streptomycin)**은 1940년대에 처음 발견되었으며, 다양한 세균에 효과적이었다. 그 이후로, 많은 세균들은 그것에 대해 저항성을 갖게 되었다. 게다가, 스트렙토마이신은 신장과 내이에 손상을 입힐 수 있고, 귀에서의 영구적인 울림과 현기증의 원인이 될 수 있다. 따라서 이 화합물은 현재 특별한 상황에서만 사용되고, 일반적으로 다른 약과의 조합하여 사용된다. 예를들어, 그것은 페스트나 야토병 치료에 테트라사이클린(tetracyclines)과 함께 사용될 수 있고, 결핵 치료에 이소니아지드(isoniazid)와 리팜핀(rifampin)과 함께 사용될 수 있다.

네오마이신(neomycin), 카나마이신(kanamycin), 아미카신(amikacin), 젠타마이신(gentamicin), 토브라마이신(tobramycin), 네틸마이신(netilmicin)과 같은 다른 아미노글리코사이드(aminoglycosides)는 또한 특별한 사용 목적들을 갖고있으며, 신장과 내이에 대해 독성의 다양한 단계를 보여준다. 낮은 독성을 가진 아미노글리코사이드 일수록 정균성을 띄는 경향이 있다. 그것들은 경구투여 했을 때 흡수가 잘 안되기 때문에 대개 근육내 또는 정맥내로 투여된다.

적용

항생제-관련성 장 질환을 일으키는 *Clostridium difficile*

항생제 요법은 때로는 어두운 면을 가진다. 오늘날, *Clostridium* difficile은 선진국에서 유행성이고 심각한 질병을 일으킨다. 가장 중요한 장내 병원균중 하나이다. 하지만 *C. difficile*은 항생제가 투여된 환자에게서만 장 질환을 유발한다(항생제를 처방하기 전의 시대에 몇몇 예외가 있었지만, 완전히 납득할만한 설명은 불가능하다).

이 병원균은 그람양성 혐기 막대균이다. *C. difficile*은 1935년 처음 발견되었지만, 1978년까지는 명확하게 질병과 관련되어있지는 않았다. 특히 1950년대에, *Staphylococcus aureus*가 어떤 감염을 일으킨다고 보았는데, 지금은 그것이 *C. difficile* 감염이었다는 것을 알고 있다. *C. difficile*은 현재 중요한 원내 병원균으로 여겨지고 있으며 항생제-관련성 대장염의 일반적인 원인으로써 인식되는 유일한 미생물이다. *C. difficile*은 항생제－관련성 설사를 하는 환자의 15~25%, 대장염 환자의 50~75%, 그리고 위막성 대장염 pseudomenbranous colitis(PMC) 환자의 90% 이상에서 발견된다. 위막성 대장염에 걸린 사람에서 섬유성 위막이 결장의 점막을 덮는데 그것은 결장에 모인, 피브린(fibrin)－함유성 용액 때문이다.

이 미생물은 건강한 사람들에게서는 거의 발견되지 않고, 종종 신생아에게서 발견되지만, 유해성은 없다. 이러한 신생아들은 *C. difficile*를 보유하다가 병원이나 집에서 다른사람들에게 쉽게 퍼트릴 수 있다. 그것은 아기가 태어난지 6~12달이 지나면서 사라진다. 좀더 자란 아이들은 항생제를 종종 사용함에도 불구하고 *C. difficile* 문제로 거의 발전되지 않는다. 나이든 성인들에게서 질병으로 가장 진행이 잘 되지만, 나이의 요인은 아직 설명되지 않았다. 또한, 위막성 대장염은 복부 또는 장 수술을 받은 환자 그리고 항생제의 사용에 의해 위장내 미생물총이 변화된 사람에게서 발전될 수 있다.

*C. difficile*은 중간정도의 절대혐기성이다. 그것은 자연계에 널리 분포하는데, 흙에서 그리고 소나 말 같은 동물의 변에서 발견된다. 그것은 환경에 한번 자리를 잡게 되면, 제거되기 힘들다. 그것을 없애려는 노력에도 불구하고 몇 달 또는 몇 년 동안 병원의 병실이나 요양원내에 존재한다. 미생물들은 감염된 환자의 마루, 변기, 시트, 그리고 심지어 방의 벽에서조차 발견된다.

클린다마이신(clindamycin)은 *C. difficile* 감염에 빈번하게 사용하는 항생제이며 암피실린(ampicillin)과 세팔로스포린(cephalosporin)이 사용된다. 이러한 약들은 정상 미생물을 줄이기 위해 복부수술을 받은 사람에게 종종 투여된다. *C. difficile*은 대개 이러한 항생제들에 매우 감수성이 있지만 내생포자를 형성하여 살아남는다. 만약 약이 중단되면, 그들은 재출현하여 장에서 급격히 자랄 수 있지만, 조직을 침입하지는 않는다.

실질적으로 *C. difficile*의 모든 균주는 2가지 독을 생산하지만, 생산된 독의 양에서 균주들은 매우 광범위 하다. 종종 장독소라 불리는 Toxin A는 세포독성을 가지고 있고, 대부분의 관찰된 증상이 바로 이 독소 때문이다. 세포독소라 불리는 Toxin B는 상당한 세포독성이 있지만, 위장관에서 작용하지 않는다. 이 독의 작용은 아직 완전히 밝혀지지 않았다.

대장염의 증상은 복통, 설사, 열(106°F 또는 41.1°C 이상), 전해질 불균형, 독성 거대결장(결장의 급격한 비대), 결장의 천공 등이 포함된다. 반코마이신은 단일적으로 가장 효과적이며, 천공이 발생되지 않았을 때 거의 100%의 효과가 있다. 24~48시간 내에 열이 떨어지고, 5~7일에 정상적인 장 활동으로 돌아온다. 그러나 포자형성 때문에 재발이 일어나기도 한다. 반코마이신(vancomycin)의 가격은 같은 무게의 금에 비해 4배나 비싸다. 치료에 드는 비용이 $200~$600 정도 이다. 메트로니다졸(metronidazole) 또한 비혐기적 속성 때문에 사용된다.

내시경관찰시 결장에서 위막이 발견되면 심각한 *C. difficile* 질병으로 전달된다. 변의 샘플로부터 미생물을 분리하거나 그리고 효소면역측정법(ELIAS)과 조직배양법을 이용하여 독소를 동정하는것으로써 확증된다. Toxin A는 강력하여, 1개의 분자가 배양된 세포를 변화시키는 원인이 되기에 충분하다.

아미노글리코사이드의 중요한 특성은 다른 약과 함께 상승작용을 하는 능력이다.−아미노글리코사이드와 다른 약을 함께 쓰는 것은 하나만 쓰는것에 비해 감염을 더욱 잘 통제할 수 있다. 예를들어, 젠타마이신과 페니실린 또는 앰피실린은 페니실린−저항성 streptococci에 효과가 있다. 다른 상승작용으로는, 젠타마이신 또는 토브라마이신이 카르베니실린(carbenicillin) 또는 티카르실린(ticarcillin)과 함께 작용하여 특히 화상환자에게서 *Pseudomonas* 감염을 통제하고, 아미노글리코사이드는 세팔로스포린와 함께 작용하여 *Klebsiella* 감염을 통제한다.

아미노글리코사이드의 다른 응용으로는 뼈와 관절 감염, 복막염(복강 내의 염증), 골반 종양, 그리고 많은 원내감염의 치료에 사용된다. 뼈와 관절 감염에서, 젠타마이신과 토브라마이신은 관절강에 침투할 수 있기 때문에 특별히 사용된다. 복막염과 골반 종양은 위험하며 종종 enterococci와 혐기성 세균의 혼합에 의해 발생될 수 있는데, 아미노글리코사이드 치료가 대개 미생물이 동정되기 전에 시작된다. 아미카신(amikacin)은 다른 약들에 저항성이 있는 병원감염의 치료에 효과적이다. 또한 미생물이 그것에 대해 저항하게 될 수 있기 때문에, 덜 요구되는 상황에서는 사용되지 않아야한다.

아미노글리코사이드는 종종 신장세포에 손상을 입히는데, 오줌에서 단백질이 배출되며 지속적으로 사용될 경우 신장세포를 죽일 수도 있다. 이러한 효과들은 대부분 나이든 환자들과 신장질병을 이미 갖고 있는 환자들에서 나타난다. 일부 아미노글리코사이드는 여덟 번째 두개골 신경에 손상을 입히는데, 스트렙토마이신(streptomycin)은 현기증과 균형 불안감을 일으킬 수 있으며, 네오마이신은 청각 상실의 원인이 되기도 한다.

테트라사이클린

몇몇 **테트라사이클린(tetracyclines)**은 그것이 최초로 발견되었던 *Streptomyces*종으로부터 얻을 수 있다. 일반적으로 사용되는 테트라사이클린은 *클로르테트라사이클린(chlortetracycline)* (Auromycin)과 *옥시테트라사이클린(oxytetracycline)* (Terramycin)이다: 새로운 반합성의 테트라사이클린은 미노시클린(*minocycline*) (Minocin)과 독시시클린(*doxycycline*) (Vibramycin)이 포함된다. 그것들 모두는 정상적 복용시에 정균성을 가지고, 소화관으로부터 즉시 흡수되며, 조직과 체액(뇌척수액 제외)에 넓게 퍼진다. 이러한 약들은 숙주세포의 세포질로 쉽게 들어가며, 세포내 감염성 세균을 죽이는데 특별히 사용된다.

테트라사이클린이 광범위 항생제라는 사실은 양날의 검이다. 그것은 많은 그람양성균과 그람음성균 감염에 효과적이고 리케차성(rickettsial), 클라미디아성(chlamydial), 마이코플라즈마성(mycoplasmal), 곰팡이성 감염 치료에 적절하다. 그러나 그것의 광범위성 때문에 일반적인 장내미생물군을 파괴하고, 종종 몇몇 위장장애를 발생시킨다. 테트라사이클린 저항성 프로테우스(*proteus*), *슈도모나스*(*pseudomonas*), 포도상구균(staphylococcus), 효모 감염 또한 초래될 수 있다.

테트라사이클린은 약한 수준부터 심각한 수준까지 다양한 독성을 가진다. 메스꺼움과 설사가 일반적이며, 때로는 빛에 민감한 반응이 관찰되기도 한다. 그 약은 피부에 농포를 일으킬 수 있다. 간과 신장에서의 피해는 더 심각하다. 간손상은 치명적이며 일부 심각한 감염환자나 임신기간인 임산부에게 특히 위험할 수 있다. 신장손상은 산독증(낮은 혈액 pH)을 일으킬 수 있고 단백질과 포도당의 배출을 유도할 수 있다. 드문 경우이지만 빈혈증이 발생될 수도 있다. 테트라사이클린은 또한 피임약의 효과를 방해할 수 있다.

5세 이하의 아이들이 테트라사이클린 치료를 받았을 때 또는 그들의 어머니가 임신 후반부에 테트라사이클린 치료를 받았을 때 치아가 변색될 수 있다(**그림 13.13**). 유치와 영구치는 태어나기 전부터의 2가지 치아의 싹 모두 형성되었기 때문에 자라면서 둘다 반점이 생기게 된다. 테트라사이클린을 임신기간동안 사용하면 태아의 두개골을 비정상적으로 형성할 수 있으며 영구적인 두개골 기형을 일으킬 수 있다. 테트라사이클린과 복합체를 형성하는 칼슘이온이 뼈와 치아 변형의 주요 원인이다. 이 칼슘과의 반응이 항생제 효과를 파괴하기 때문에, 환자들은 우유나 다른 유제품을 약과 함께 사용하지 않아야 한다. 콜라드(collard)와 같은 녹색 야채에는 매우 많은 칼슘이 들어있기 때문에 테트라사이클린을 사용할 때 피해야한다.

클로람페니콜

최초에 *Streptomyces venezuelae*의 배양에서 얻어진 **클로람페니콜(chloramphenicol)**은 현재 실험실에서 완전히 합성된다. 이것은 테트라사이클린과 같이 정균제이고, 소화관으로부터 빠르게 흡수되며, 조직에 넓게 퍼지고, 광범위하게 작용한다. 클로람페니콜은 장티푸스, 페니실린(penicillin)−저항성 수막구균과 *Haemophilus influenzae* 감염, 뇌종양, 몇몇 리케차(rickettsial) 감염 치료에 이용된다.

클로람페니콜은 2가지 방법으로 골수에 손상을 입힌다. 그것은 투

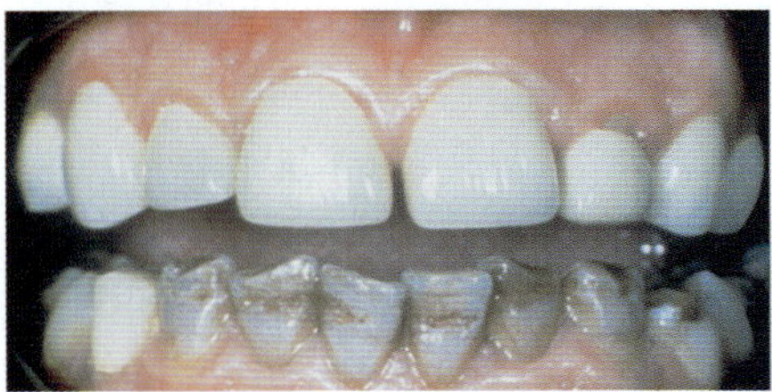

그림 13.3 테트라사이클린(tetracyclines)에 의한 치아 변색. 만약 임신기간중 항생제를 복용했다면, 유치와 영구치 모두 태아때에 형성되기 때문에 둘다 영향을 받을 것이다. (*SPL/Custom Medical Stock Photo, Inc.*)

적용

항생제와 여드름

테트라사이클린과 에리스로마이신의 낮은 투여량은 피부 세균을 감소시키는데, 대개 *Propionibacterium acnes*이며, 피부 염증을 일으키는, 미생물의 지방분해효소 방출을 감소시킨다. 이 요법은 여드름 치료에 사용되지만, 효과는 입증되지 않았다. 여드름 치료에서 항생제 효과를 평가하기 위해 계획된 연구들에 적당한 대조군이 없었고, 적절한 경우와 심각한 경우를 특성화하는데 실패했으며, 다른 수반되는 치료들이 없었기 때문에 이용되지 못했다. 어떠한 연구들은 많은 항생제들의 낮은 투여량이 항생제 내성균주의 등장을 유도하는 것을 보여준다. 여드름 환자들에게 항생제의 이익은 내성균의 발달을 촉진하는 위험에 대응할만한 가치가 있는 것인가?

여량과 관련된, 가역적 재생불량성 빈혈을 일으키는데, 이때 그것은 골수세포가 적혈구를 거의 생산하지 못하고 때때로 백혈구와 혈소판도 생산하지 못하게 한다. 약의 사용을 중단하면 대개 골수가 정상 기능으로 회복된다. 클로람페니콜은 또한 투여량과 관련이 없는, 골수의 파괴에 의한 영구적 재생불량성 빈혈의 원인이다. 재생불량성 빈혈은 치료를 중단한 후 며칠에서 몇 달 사이에 나타나고 대부분 신생아에서 주로 발생한다. 성공적으로 골수 이식이 수행되지 않으면, 재생불량성 빈혈은 대개 치명적이다. 클로람페니콜로 치료를 받는 25,000~40,000명의 환자 중에 1명 꼴로 관찰된다. 클로람페니콜을 장기간 사용하면 눈과 다른 신경에 염증을 일으킬 수 있고, 혼란, 정신착란을 일으킬 수 있으며, 보통수준에서 심각한 수준에 이르는 위장 질환들이 나타난다. 미국 외의 나라에서 클로람페니콜이 때때로 처방되거나 처방 없이 팔리기 때문에 당신이 구입한 항생제의 성분은 항상 주의 깊게 살펴보아야 한다. 미국에서, 클로람페니콜은 다른 효과적인 약이 없을 때 마지막으로 선택하는 약이다.

단백질 합성에 영향을 주는 다른 항세균 물질들

마크로라이드. 일반적으로 사용되는 **마크로라이드(macroli-de)**(큰 고리모양 화합물)인 **에리스로마이신(erythromycin)**은 *Streptomyces erythreus*의 몇몇 계통으로부터 생산되었다. 정균효과를 가지는 에리스로마이신은 쉽게 흡수되고 대부분의 조직과 체액(뇌척수액을 제외한)에 도달한다. 그것은 연쇄상구균, 폐렴쌍구균, 코리네세균(corynebacteria)에 의한 감염에 사용 권장되며, 또한 마이코플라즈마(*Mycoplasma*)와 일부 클라미디아(Chlamydia)와 캄필로박터(Campylobacter) 감염에 대해 효과가 있다. 에리스로마이신은 페니실린 내성 세균 감염이나 페니실린에 알레르기(allergic)를 가지고 있는 환자들의 치료에 가장 유용하다. 불행히도, 치료하는 동안 에리스로마이신에 대해 종종 내성이 생긴다. 에리스로마이신과 어떤 다른 약을 혼합한 이중 항생제 치료는 재향군인병일 수도 있는 폐렴과 유사한 질병을 가진 환자에게 종종 사용된다. 몇몇 항생제들은 다른 폐렴들과 싸우지만 에리스로마이신은 재향군인병과 싸우는 유일한 항생제이다.

에리스로마이신은 일반적으로 사용되는 항생제중에 독성이 가장 작은 것 중에 하나이다. 약한 위장장애가 그 치료를 받는 환자의 2~3%에서 나타난다. 2가지의 새롭고 더 빈번하게 쓰이는 에리스로마이신 계열로는 아지스로마이신(azithromycin)(Zithromax)와 *클래리스로마이신(clarithromycin)* (Biaxin)이 있다.

린코사마이드(lincosamide). *린코마이신(lincomycin)*은 *Streptomyces lincolnensis*로부터 생산되며, *클린다마이신(clindamycin)*은 반합성 유도제인데 그것은 완전히 흡수되고 린코마이신보다 독성이 덜하다. 2가지 약은 모두 린코사미드라 불리며 정균효과를 나타낸다. 린코마이신은 다양한 감염의 치료에 사용될 수 있지만, 널리 사용되는 다른 항생제들에 비해 더 두드러지지는 않다. 그리고 미생물들은 그것에 대해 빠르게 내성을 갖는다. 클린다마이신은 *Clostridium difficile*을 제외한 *박테로이드(bacteroids)*와 다른 혐기균에 대해 효과를 가지는데 *C. difficile*은 종종 클린다마이신 치료기간 동안 중복감염으로 나타날 수 있다. *C. difficile*은 만약 초기에 진단되지 못하고 구강 반코마이신으로 치료되지 않는다면 심각하고 때때로 치명적인 대장염을 유발한다.

핵산 합성의 억제제들

리팜핀

리팜피신(rifamycins)종류 중 하나인 **리팜핀(rifampin)**은 *Streptomyces mediterranei*로부터 생산되었으며, 반합성 리팜핀만이 현재 이용된다. 식후에 바로 복용하였을 때를 제외하면, 소화관으로부터 쉽게 흡수되며 그것은 모든 조직과 체액에 도달한다. 리팜핀은 RNA 전사를 차단한다. 비록 그것이 살균적이고 광범위한 활성을 가지고 있지만, 그것은 미국에서 오직 결핵 치료와 보균자의 비강인두로부터의 수막염균을 제거하기 위해서만 허가되어 있다.

리팜핀은 간손상을 초래할 수 있지만 이전에 간 손상이 이미 있는 환자에게 과도한 투여를 할 때에만 나타난다. 그것은 다른 약과 상호작용하는 능력에서는 다른 항생제들과 다르며, 그러한 상호작용의 가능성은 약이 투여되기 전에 고려되어야만 한다. 경구피임약과 함께 리팜핀을 사용하는 것은 임신장애와 월경장애의 위험을 증가시킨다. 환자가 리팜핀을 투여받는 도중에 혈액응고가 높아진 만큼 낮추기 위해서 항응고제의 투여량을 늘려야 한다. 결국, 메타돈(metha-done)을 받는 마약복용자들은 만약 그들이 메타돈 투여량을 늘리지 않고, 리팜핀을 투여받는다면 때때로 금단현상을 겪는다. 이러한 다양한 효과들에 대한 하나의 설명은 리팜핀이 약들의 다양한 대사에 관련되어 있는 많은 효소를 생산하도록 간을 자극한다는 것이다.

퀴놀론

*날리딕스산(nalidixic acid)*의 합성 살균 유사체의 새로운 그룹인 **퀴놀론(quinolones)**은 많은 그람 양성균과 그람 음성균에 효과적이다.

적용

Red Man 증후군

리팜핀이 red man 증후군을 초래함하는 것으로 보인다. 다량의 항생제의 투여량으로 인해 발생하는 이러한 장애에서, 몸에서 축적된 약의 색깔있는 대사산물은 땀샘을 통해 제거된다. 그것은 밝은 주황색 또는 빨간색의 오줌, 타액, 눈물이나, 삶은 랍스타처럼 보이는 피부로 특징지어진다. 빨간 피부 분비물은 씻겨지지만 약에 의한 간손상은 천천히 회복된다.

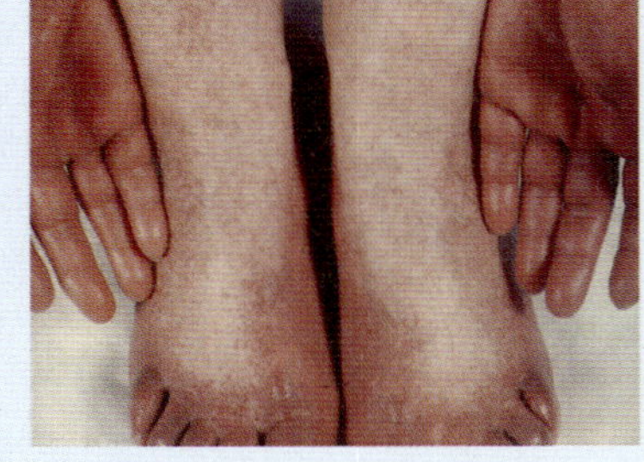

(Courtesy Bill Slue, New York University School of Medicine)

퀴놀론의 기전은 복제되려는 DNA 2중나선을 풀어주는 효소인 DNA 자이레이스(gyrase)를 차단함으로써 세균 DNA 합성을 억제하는 것이다. *노르플록사신(norfloxacin)*, *시프로플록사신(ciprofloxacin)*(Cipro), *에녹사신(enoxacin)*이 이 항생제 그룹의 예이다. 그것들은 여행자들의 설사와 요로의 복합적 내성균에 의한 감염의 치료에 특히 효과적이다.

최근에는 항생제들의 혼성 물질이 만들어졌다. 이들 중 하나인, 퀴놀론-세팔로스포린(cephalosporin) 조합체는 현재 실험되고 있다. 베타락타메이즈(β-lactamase) 효소가 세팔로스포린 성분에 작용하면, 퀴놀론은 혼성분자로부터 방출되고 세팔로스포린-저항성 세균을 죽일 수 있다. 그러한 이중작용에 의한 항생제의 상승효과는 항생제 내성균으로 발달하는 것을예방하거나 늦출 수도 있다.

항대사물질과 다른 항미생물제

설폰아미드

설폰아미드(sulfonamide) 또는 설파제는 완전 합성체익 정균제인 큰 그룹이다. 다수가 최초의 설폰아미드인 설파닐아미드(sulfanilamide)로부터 파생된다(그림 13.4b). 일반적으로, 경구투여되는 설폰아미드는 즉시 흡수되고 조직과 체액으로 넓게 퍼진다. 그것들은 DNA의 질소염기를 만드는데 필요한 엽산의 합성을 차단함으로써 작용한다. 설폰아미드는 현재 보다 더 효과적이고 독성이 덜한 다른 항생제들로 대부분이 대체되고 있다.

설폰아미드는 1930년대에 처음으로 사용되었는데 그것들은 종종 신장 손상을 유도했다. 이러한 약들의 새로운 형태는 신장을 손상시키지 않지만, 때때로 메스꺼움과 피부 발진을 일으킨다. 일부의 설폰아미드는 결장 수술 전에 장내 미생물군을 억제하는데 여전히 사용된다. 그것들은 또한 다른 항생제보다 뇌척수액에 더 잘 들어가기 때문에 일부 수막염에 걸린 아이들의 치료에 이용된다. *설파메톡사졸(sulfamethoxazole)*과 *트리메토프림(trimethoprim)*의 조합체인 *코트리목사졸(cotrimoxazole)*(Septra)은 요로감염 치료와 다른 몇몇 감염들의 치료에 이용된다. 코트리목사졸은 에이즈 환자에서 일반적으로 나타내는 곰팡이 합병증을 일으키는 *Pneumocystis* pneumonia를 통제하기 위해 첫 번째로 사용되는 약이다. 불행히도, 2가지 약은 모두 골수에 독성이 있고 메스꺼움과 피부 발진을 일으킬 수 있다.

이소니아지드

이소니아지드(isoniazid)는 2가지 비타민-니코틴아미드(nicotinamide)(niacin)와 피리독살(pyridoxal)(vitamin B_6)에 대한 항대사물질이다. 그것은 비타민을 유용한 분자들로 전환시키는 효소에 결합하여 불활성화 시킨다. 이것은 정균제의 합성물질이지만, 대부분의 세균에서 효과가 거의 없고, 결핵을 일으키는 마이코박테리움(mycobacterium)에 효과적이다. 이소니아지드는 소화관에서 완전히 흡수되고 모든 조직과 체액에 도달하며, 그곳에서 카탈라아제(catalase)(숙주세포의 효소)에 의해 최초로 활성화된다. 카탈라아제가 파괴되면, 이소니아지드의 활성이 방해받는데, 그것이 마이코박테리아(mycobacteria)가 약에 내성을 갖는 하나의 기전이다. 한번 활성화된 이소니아지드는 마이코박테리아의 세포벽 성분인 마이콜산(mycolic acid)의 합성을 방해함으로써 내산성을 변경시킨다. 마이코박테리아는 대개 이소니아지드-내성균이 포함된 감염들에서 존재하기 때문에, 이소니아지드는 대개 리팜핀(rifampin)이나 다음에 살펴볼 에탐부톨(ethambutol)과 같은 2개나 3개의 약을 함께 사용한다. 이소니아지드는 빠르게 분열하는 간균을 죽이며, 다른 항생제는 느리거나 휴면상태의 간균을 죽인다. 니코틴아미드와 피리독살(pyridoxal)은 또한 이소니아지드와 함께 사용되어야한다.

에탐부톨

합성물질인 **에탐부톨(ethambutol)**은 이소니아지드에 반응하지 않는 마이코박테리아의 특정 균주에 효과적이다. 에탐부톨은 잘 흡수되고 모든 조직과 체액에 도달된다. 그러나, 마이코박테리아가 상당히 빠르게 내성을 갖기 때문에, 이소니아지드(isoniazid)와 리팜핀(rifampin)같은 다른 약들과 함께 사용되어야 한다. 그것의 작용기전은 아직 밝혀지지 않았다.

니트로푸란

니트로푸란(nitrofuran)은 항미생물제로써 민감한 세포에 들어가고 미생물의 호흡계에 확실한 손상을 입힌다. 몇백개의 니트로푸란들이 1930년부터 합성되어졌다. 이것들중 단 몇 개만 현재 사용된다. *니트로푸란토인(nitrofurantoin)*(furadantin)의 구강 투여는 투여량이 낮을 때 정균제로 쓰이며, 쉽게 흡수되고 빠르게 대사된다. 이 약은 급성, 만성 요로감염 치료에 특히 유용하다. 내성을 가질 가능성이 낮기

제제	치료에 대한 사용	일반적인 투여방법*	부작용
세포벽 합성을 억제하는 제제			
페니실린(자연적)	다양한 감염들, 대부분의 그람양성균	IM, O	부작용이 얼마 없지만, 알레르기가 발생할 수 있다.
페니실린(반합성적)	자연적 페니실린에 내성이 있는 감염	O, IV	자연적 페니실린과 같다.
세팔로스포린	알레르기나 독성이 다른 제제를 적합하지 않게 할때의 다양한 감염들	IV, IM, O	독성이 없지만, 중복감염을 유도할 수 있다.
카르바페넴	중복감염, 원내감염, 원인이 알려지지 않은 감염	IV	알레르기 반응, 중복감염, 발작, 위장장애
바시트라신	피부감염(국소 적용)	T	내부복용 시 신장에 독성

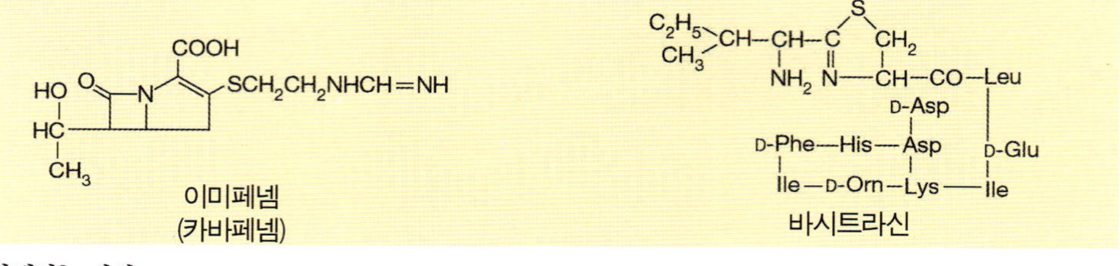

제제	치료에 대한 사용	일반적인 투여방법*	부작용
세포막 기능을 방해하는 제제			
폴리믹신	피부감염(바시트라신과 함께, 국소 적용)	T, IV	내부복용 시 높은 독성
타이로시딘	그람양성구균에 의한 피부감염(국소 적용)	T, IV	내부복용 시 높은 독성

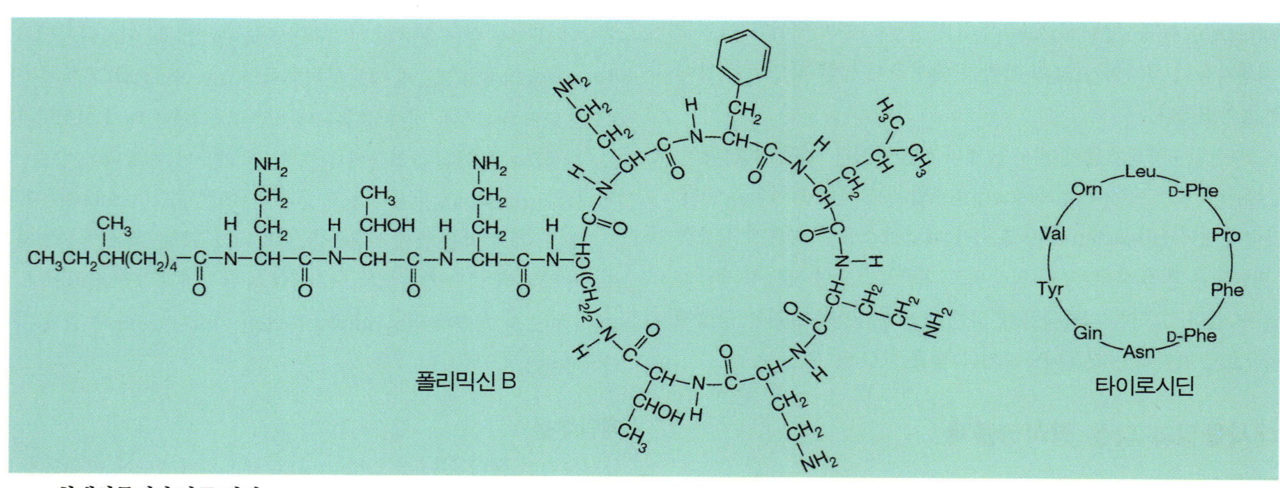

제제	치료에 대한 사용	일반적인 투여방법*	부작용
항대사물질과 다른 제제			
설폰아미드	일부 수막염과 결장 수술 전의 장내 미생물군 억제를 위해 사용	O, IV	초기형태는 신장독성을 초래하지만, 현재 사용되는 것들은 독성을 일으키지 않음
이소니아지드	결핵(에탐부톨과 함께 사용)	O	피리독신 결핍을 초래할 수도 있다.
에탐부톨	결핵(이소니아지드와 함께 사용)	O	
니트로푸란토인	요로감염	O	메스꺼움과 구토

설파닐아미드 (설폰아미드)　이소니아지드　에탐부톨　니트로푸란토인

*IM = 근육내　O = 구강
IV = 정맥내　T = 국소적

그림 13.14 항미생물제.

제제	치료에 대한 사용	일반적인 투여방법*	부작용
단백질 합성을 저해하는 제제			
스트렙토마이신	결핵(이소니아지드와 리팜핀과 함께 사용됨)	IM, O	신장과 내이 손상
젠타마이신과 다른 아미노글리코시드	항생제 내성과 원내감염(다른 약들과 상승작용)하여 사용됨	IM, T(화상)	다양한 정도의 신장과 내이 손상
테트라사이클린	광범위한 세균 감염과 일부 곰팡이 감염	O	치아 변색: 위장 증상 초래: 중복감염을 유도할 수 있다.
클로람페니콜	광범위한 세균 감염, 뇌종양, 페니실린-내성 감염	O	골수에 손상을 입힐 수 있고 재생불량성 빈혈을 일으킬 수 있다.
에리스로마이신	그람양성균 감염, 일부 페니실린 내성 감염, 재향군인병	O	일반적으로 사용되는 최소 독성 항생제 중에 하나

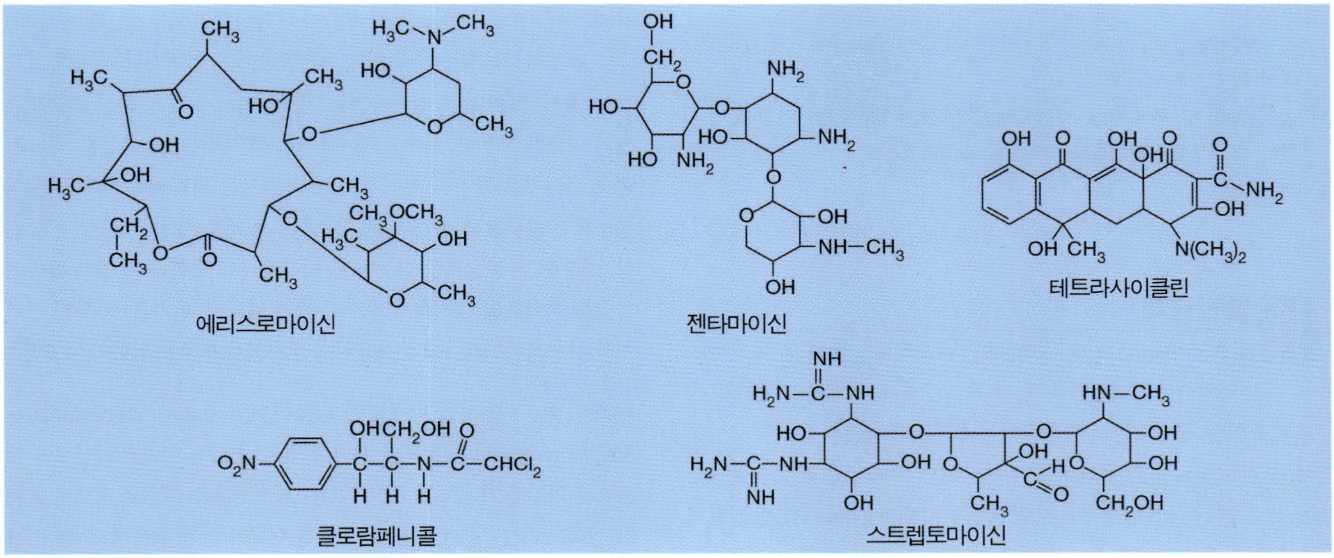

에리스로마이신 젠타마이신 테트라사이클린

클로람페니콜 스트렙토마이신

제제	치료에 대한 사용	일반적인 투여방법*	부작용
핵산 합성을 저해하는 제제			
리팜핀	결핵과 코인두로부터 수막구균을 제거하기 위해	O	밝은 오렌지 또는 적색의 오줌, 타액, 눈물, 피부: 간 손상; 다른 제제와 함께 사용할 때 많은 장애 일으킴
퀴놀론	요로 감염, 여행자의 설사: 많은 항생제 내성 미생물에 저항하는 효과	O	메스꺼움; 두통과 다른 신경계 장애

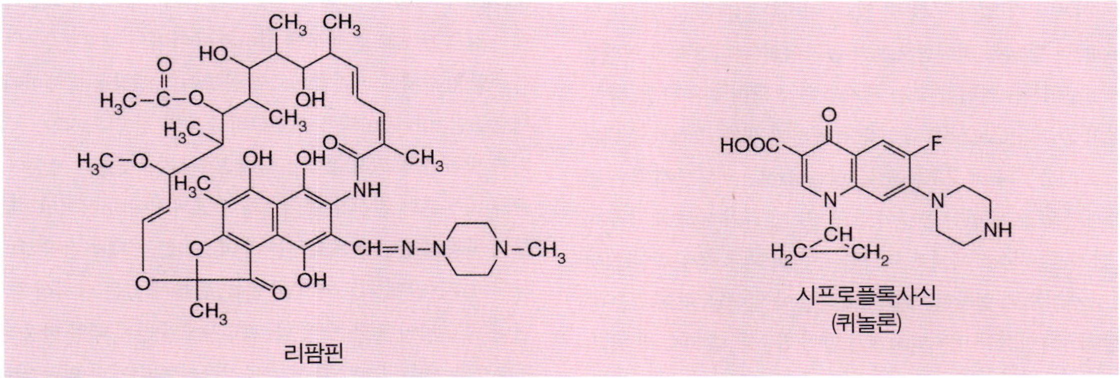

리팜핀

시프로플록사신
(퀴놀론)

그림 13.14 *계속*

때문에 재발을 예방하기 위한 이상적인 예방약이다. 불행히도 환자의 10%는 메스꺼움과 구토와 같은 부작용이 생기며 이 경우 항생물질로 대체제와 함께 치료되어야 한다.

화학구조, 용법, 항세균제의 부작용은 **그림 13.14**에 요약되어 있다.

중점 질문 사항

1. 왜 가장 큰 억제대를 가진 항생제가 환자에게 사용될 때 최우선적으로 필요하지 않은것인가?
2. 테트라사이클린을 썼을 때 어떤 부작용이 있는가? 이 약을 사용하는 동안 어떠한 것을 피해야만 하는가?
3. 베타락탐(β-lactam) 고리가 무엇인가? 그것은 어디서 발견되는가? 그것이 가지는 중요성은?
4. 어떠한 미생물이 이소니아지드와 에탐부톨에 영향을 받는가? 이들 두 합성체는 항새제인가? 이소니아지드의 작용 기전은?

항진균제

*항진균제(antifungal agent)*들은 내성균의 출현과 특히 에이즈에 걸린 면역력이 저하된 환자들이 증가함에 따라 매우 빈번하게 사용되고 있다. 곰팡이는 진핵생물이어서 인간의 세포와 유사하기 때문에, 항진균 치료는 종종 독성 부작용을 일으킨다. 낮은 독성 수준에서는, 많은 전신 감염 곰팡이의 감염에 천천히 반응한다. 게다가, 실험적으로 적절한 감수성과 치료수준을 결정할 수 없다. 이런 어려움에도 불구하고, 많은 효과적인 약들이 처방 없이 사용되고 있다.

이미다졸과 트리아졸

이미다졸(imidazoles)와 *트리아졸(triazoles)*은 합성 살진균제와 관련된 큰 그룹이다. *클로트리마졸(clotrimazole)*, *케토코나졸(ketoconazole)*, *미코나졸(miconazole)*, *플루코나졸(fluconazole)*을 포함하는 몇몇 제제들은 현재 처방 없이 구할 수 있다. 이미다졸과 트리아졸은 막 스테롤(sterols)의 합성을 저해함으로써 곰팡이의 원형질막에 영향을 미치는 것으로 보인다. 이러한 모든 제제들은 곰팡이 피부감염, 피부, 손톱, 입, 질의 *칸디다(Candida)* 감염을 통제하기 위해 크림과 용액으로 국소적으로 이용된다. 케토코나졸(ketoconazole)은 특별히 다른 항진균제가 효과가 없을 때 전신 곰팡이 감염을 치료하기 위해 경구 투여된다. 일부 환자들은 국소 제제로 다양한 수준의 피부 통증이 나타난다. 게다가, 잠재적으로 심각한 약물 상호작용이 일어날 수도 있는데, 특히 특정 항히스타민제와 면역억제제가 함께 작용할 때 그럴 수 있다.

폴리엔

항생물질중에 **폴리엔(polyenes)**계열은 최소 2개의 2중결합을 포함하는 항진균제이다. 암포테리신 B(amphotericin B)와 니스타틴(nystatin)은 가장 일반적인 폴리엔 항생제 이다.

암포테리신 B. 살진균 항생제인 암포테리신 B(amphotericin B)(fungizone)는 *Streptomyces nodosus*로부터 추출된다. 이 약은 인간 세포가 아닌 곰팡이와 일부 조류, 원생동물에서 발견되는 원형질막의 에르고스테롤(ergosterol)에 결합한다. 암포테리신 B는 막 투과성을 높여서 포도당, 칼륨, 그 외에 다른 필수요소가 세포로부터 빠져나가게 한다. 이 약은 소화관에서 잘 흡수되지 못해서 정맥내로 투여된다. 심지어 그렇게 투여되도 투여량의 단 10%만이 혈액에서 발견된다. 치료후 3주간 배출이 지속되지만, 그동안에 약이 어디에 분포되는지는 알 수 없다.

암포테리신 B는 대부분의 전신곰팡이 감염중에서 특별히 효모균증, 콕시디오이데스 진균증, 아스페르길루스증 같은 전신 곰팡이 감염의 치료에 쓰인다. 비록 곰팡이가 이러한 항생제에 내성을 가진 것은 알려지지 않았지만, 부작용이 많고 때로는 위험하다. 그것들은 비정상적인 피부감각, 열과 오한, 메스꺼움과 구토, 두통, 우울함, 신장손상, 빈혈증, 비정상적인 심장박동, 시각장애를 포함한다. 일부 곰팡이 감염들은 치료없이는 치명적일 수 있기 때문에, 환자들 중 특히 면역 저하자나 에이즈환자에게 사용시 불행하게도 부작용 위험이 따른다.

니스타틴. 폴리엔 항생제인 *니스타틴(nystatin)*(Mycostatin)은 *Streptomyces noursei*로부터 생산되었다. 이 약은 암포테리신 B와 같은 작용기전을 가지고 있지만 *캔디다 감염*의 치료에 국소적으로 효과가 있다. 그것은 장의 벽을 통해서 흡수되지 않기 때문에, 오랜 기간 항생제 치료 후에 종종 발생하는 장에서의 곰팡이 중복감염 치료를 위해 구강으로 투여된다. 니스타틴은 그것이 발견된 New York State Health Department를 따서 이름지어졌다.

그리세오풀빈

최초 *Penicillium griseofulvum*으로부터 추출된 **그리세오풀빈(griseofulvin)**은 표재성 곰팡이 감염에 처음 사용되었다. 이 정진균제는 감염된 새로운 세포에 침투하여 아마도 세포분열시 이용되는 유사분열 방추체를 파괴함으로써 곰팡이의 성장을 방해한다. 비록 그리세오풀빈(fulvicin)이 장으로부터 흡수가 잘 안되지만, 구강으로 투여되면 발한을 통해서 표적조직에 도달하는 것으로 보인다. 그것은 세균과 대부분의 전신 곰팡이제제에 효과적이지 않지만 피부, 모발, 손톱의 곰팡이 감염을 치료하는데 국소적으로 매우 유용하다. 대부분의 감염이 4주 안에 치료되지만, 손톱, 발톱에 있는 난치성 감염은 치료 1년 후에도 남아 있을 수 있다. 그리세오풀빈에 대한 반응은 대개 약한 두통으로 제한되지만 특히 치료기간이 길어지면 위장 장애를 일으킬 수 있다. 그것은 또한 피임약의 효과를 감소시키는 것으로 의심되지만, 증명되지 않았다.

다른 항진균제

*플루사이토신(flucytosine)*은 합성약이고 *캔디다*와 몇몇 다른 곰팡이에 의한 감염 치료에 이용된다. 불소가 첨가된 피리미딘(pyrimidine)은 몸에서 우라실(uracil)과 비슷한 플루오로우라실(fluorouracil)로 변환되며 이것에 의하여 핵산과 단백질 합성이 방해받는다. 약은 구강으로 투여될 수 있고 쉽게 흡수되지만 투여량의 90%는 24시간 안에 소변에서 변화되지 않은 채로 발견된다. 그것은 암포테리신 B(amphotericin B)보다 독성이 낮고 부작용이 적기 때문에, 플루사이토신은 가능하다면 암포테리신 B 대신 사용되어야 한다.

톨나프테이트(tolnaftate)(Tinactin)은 보통 처방없이 쉽게 구할 수 있는 국소적 살진균제이다. 비록 그 작용기전은 아직 확실하지 않지만, 그것은 무좀과 백선을 포함하는 다양한 피부 감염들의 치료에 효과적이다.

새로운 살진균제인 *테르비나핀(terbinafine)*(Lamisil)은 피부감염과 피부 캔디다증에 국소적 사용이 승인되었다. 그것은 피부를 통해 즉시 흡수되기 때문에 그리세오풀빈같이 경구로 투여하는 것 보다 훨씬 더 적은 시간으로 치료할 수 있다.

항바이러스제

최근까지 바이러스에 효과적으로 대항하는 화학치료제가 없다. 그런 물질을 찾기 힘든 이유 중 하나는 숙주세포에 해가 없이 세포 안의 바이러스에 작용을 해야하기 때문이다. 현재 구할 수 있는 항바이러스제는 바이러스 복제의 일부 단계를 저해하지만, 바이러스를 죽이지는 못한다.

퓨린과 피리미딘 유사체

몇몇 퓨린(purine)과 피리미딘(pyrimidine) 유사체는 효과적인 항바이러스제이다. 이들은 핵산 안으로 잘못된 정보(유사체)를 끼워넣음으로인해 바이러스 복제를 방해한다(◀7장 p. 199). 그 약들은 이독수리딘(idoxuridine), 비다라빈(vidarabine), 리바비린(ribavirin), 아시클로버(acyclovir), 간시클로버(ganciclovir), 아지도티미딘(azidothymidine)(AZT)을 포함한다.

*이독수리딘(idoxuridine)*과 *트리플루리딘(trifluridine)*은 둘다 티민 유사체이고 허피스바이러스(herpesvirus)가 일으키는 각막의 염증을 치료하기 위한 점안제이다. 그것들은 골수를 억제하기 때문에 내복용약으로 사용되지 않아야 한다.

아데닌 유사체인 *비다라빈*(vidarabine)(ARA-A)은 허피스바이러스와 사이토메갈로바이러스(cytomegaloviruses)에 의해 발생되는 바이러스성 뇌염 치료에 효과적으로 사용된다. 이 약은 태어나기 전에 획득한 사이토메갈로바이러스 감염에는 효과적이지 않다. 비다라빈은 이독수리딘이나 시타라빈(cytarabine)보다 독성이 약하지만 때때로 위장장애를 일으킨다.

구아닌(guanine)의 유사체인 *리바비린*(ribavirin) (Virazole)은 특정 바이러스의 복제를 차단한다. 분무형태로 뿌려서 바이러스를 퇴치할 수 있다; 연고형태로 그것은 헤르페스(herpes) 상흔을 치료할 수 있다. 비록 그것은 낮은 독성을 갖고있지만, 선천적 결손증을 유발하므로, 임산부에게 사용해서는 안된다. 그것은 1993년 미국 남서부의 네 변두리 지역에 사는 나바호족의 치명적인 호흡기 질병의 창궐과 같은 한타바이러스(hantaviruses)에 효과적으로 대항할 수 있었다(◀21장 p. 667). 리바비린은 다양한 종류의 바이러스들에 효과를 보이기 때문에 광범위 항바이러스제제 발견에 희망으로 떠오르고 있다.

구아닌의 유사체인 *아시클로버(acyclovir)*(zovirax)는 정상세포보다 바이러스에 감염된 세포 안으로 훨씬 빠르게 들어간다. 그래서 그것은 다른 유사체보다 독성이 낮다. 그것은 국소적으로나 경구적으로 또는 정맥내로 투여할 수 있다. 그것은 생식기 헤르페스(genital herpes)의 경우에 고통을 감소시키고 1차적 상흔 치료를 진전시키는데 특별히 효과가 있다. 그것은 바이러스의 첫 번째 공격 후에 정기적으로 보이는 재발 상흔의 빈도와 위험을 줄이기 위해 예방약으로 주어진다. 하지만 그것은 신경세포에서 잠재 바이러스가 등장하는 것을 예방 하지는 못한다. 아시클로버는 헤르페스 뇌염과 출생시 획득하는 신생아 헤르페스, 감염에 대항하는데 대해 비다라빈보다 더 효과적이지만, 다른 허피스바이러스에는 효과적이지 않다.

*간시클로버*는 아시클로버와 유사한 구아닌유도체이다. 이 약은 몇몇 허피스바이러스 감염과 특히 에이즈환자에서의 사이토메갈로바이러스 눈 감염에 효과가 있다.

지도부딘(zidovudine)(AZT)은 RNA로부터 DNA를 만드는 역전사효소를 방해한다. 그것은 에이즈 치료에 사용된다.

아만타딘

삼환식 아민(amine)인 **아만타딘(amantadine)**은 인플루엔자 A 바이러스(influenza A viruses)가 세포에 침투하는 것을 예방한다. 경구투여 시, 쉽게 흡수되며, 감염이나 증상을 감소시키기 위해 인플루엔자 A 바이러스에 노출되기 며칠 전부터 노출 후 1주일 안에 사용된다. 불행히도, 불면증과 운동실조를 일으킬 수 있고, 심한 독감으로 고생중인 중년의 환자들에게서 특별히 발생할 수 있다. 아만타딘(amantadine)과 유사한 *리만타딘(rimantadine)*은 다양한 바이러스들에 효과적이고 독성도 낮다.

에이즈의 치료

몇몇 제제들이 에이즈 치료를 위해 실험되고 있다. 에이즈와 그것의 합병증과 치료에 대한 새로운 정보가 매우 빠르게 늘어나고 있다. 우리는 에이즈와 그것을 치료하는데 사용되는 제제와 건강관리종사자에 대한 세부적인 것들을 18장에서 논의해볼 것이다.

적용

약재내성 바이러스

세균과 같이 화학치료제에 내성을 갖는 바이러스에 대한 증거가 축적되고 있다. 아시클로버(acyclovir)에 내성이 있는 헤르페스바이러스(herpesviruses)와 사이토메갈로바이러스(cytomegaloviruses)는 에이즈 환자에게서 관찰된다. 에이즈를 일으키는 바이러스의 일부 실험종은 현재 병을 치료하기 위해 구할 수 있는 가장 효과적인 약인 아지도티미딘(azidothymidine)(AZT)에 내성을 갖는다. 항바이러스 치료제가 얼마 없기 때문에 화학치료제에 대한 내성은 세균에서보다 바이러스에서 큰 문제이다. 하나의 세균이 어떤 항생제에 내성을 가지게 되면, 그 세균에 민감한 다른 항생제를 찾으면 된다. 불행히도, 이것은 바이러스의 경우가 아니며, 우리는 생물공학기술이 약재내성 바이러스와의 싸움에서 우리를 도울 수 있기를 희망한다.

인터페론과 면역증강제

바이러스에 감염된 세포들은 인터페론(interferons)으로 불리는 하나 또는 그 이상의 단백질을 생산한다(16장). 이것이 방출될 때, 이 단백질들은 주변 세포들이 감염되는 것을 막기 위하여 항바이러스성 단백질을 생산하도록 유도 한다. 그래서, 인터페론은 바이러스 감염에 대항하는 자연적 방어기작이다. 일부 인터페론는 현재 유전공학적으로 생산되고 항바이러스제로써 실험된다. 만성 바이러스성 간염과 사마귀를 제거하거나 카포시육종 같은 바이러스관련 암을 억제하는 것에서 일부 긍정적인 결과를 얻었다.

세포는 자연적으로 인터페론를 생산하기 때문에, 바이러스를 죽이기 위해 가능한 방법은 세포가 인터페론를 생산하도록 유도하는 것이다. 합성 2중가닥 RNA가 혈액에서 인터페론의 양을 증가시키는 것을 볼 수 있다. 바이러스에 감염된 원숭이에게 그러한 물질로 실험했을 때, 바이러스의 복제를 억제할 정도로 인터페론의 충분한 증가를 보여주었다.

2가지 다른 제제인, *레바미솔(levamisole)*과 *이노시플렉스(inosiplex)*는 바이러스와 다른 감염에 저항하기 위해 면역계를 자극하는 것으로 보인다. 2가지 약은 인터페론 방출을 자극하는 것 보다는 T 림프구라 불리는 백혈구의 활동을 자극하는 것으로 보인다. 레바미솔은 자연상태에서 바이러스에 의한 만성 상기도 감염의 발병을 감소시킴으로써 예방하는 효과를 보인다. 그것은 또한 류마티스관절염 같은 자가면역장애의 통증을 줄인다. 이노시플렉스(inosiplex)는 더 특이적인 작용을 가지며, 그것은 감기나 독감같은 특정한 바이러스의 감염에 저항하기 위해 면역계를 자극한다. 비록 자연적 방어력 증강에 의한 항바이러스 치료를 개선하고자 하는 노력이 다소 성공적이었지만, 아직 광범위하게 사용되지는 못한다. 효과적인 제제를 동정하거나 합성하는것, 그리고 그들이 작용하는 방법, 가장 효과적으로 사용될 수 있는 방법을 개발하기 위한 더 많은 연구들이 필요하다.

항원충제

비록 많은 원충들은 자유생활 미생물이지만, 인간에게 기생하는 것도 약간 있다. 말라리아를 일으키는 기생충은 적혈구 세포에 침투하여, 환자에게 고열과 오한을 일으킬 수 있다. 다른 원생동물 기생충들은 장이나 요로감염을 일으킨다. 몇몇 *항원충제(antiprotozoon agent)*는 원충을 성공적으로 통제하고 치료하지만, 일부 좋지 않은 부작용을 가지고 있다.

퀴닌

기나나무(페루와 볼리비아가 원산이지만 현재는 인도네시아에서 독점 재배)의 껍질로부터 얻을 수 있는 **퀴닌(quinine)**은 말라리아 치료에 몇세기 동안 이용되었다. 광범위적으로 사용되는 최초의 화학치료제중 하나인 퀴닌은 현재 다른 기생충 약재들에 내성을 갖는 말라리아 치료에만 사용된다.

클로로퀸과 프리마퀸

현재 가장 널리 이용되는 항말라리아제는 합성제인 **클로로퀸(chloroquine)**(Aralen)과 **프리마퀸(primaquine)**이다. 단백질 합성을 방해하는 것으로 보이는 클로로퀸은 다른세포에서보다 적혈구 세포에서 더욱 쉽게 들어간다. 이 약은 기생충 안의 액포에 축적되어 헤모글로빈(hemoglobin) 대사를 하지 못하도록 한다. 클로로퀸은 활성적인 감염들과 싸우는데 이용된다. 말라리아 기생충은 적혈구에 잔존하다가 그것이 증식하고 혈장으로 방출될 때 재발을 일으킬 수 있다. 클로로퀸과 프리마퀸의 조합은 세계의 말라리아 발생지나 감염될 위험이 있는 지역에 방문하거나 그곳에서 일하는 사람들을 보호하기 위해 예방적으로 사용될 수 있다. 그러나 약은 말라리아 지역에 가기 전과 후에 둘다 사용해야 한다. 새로운 예방제인 메플로퀸(mefloquine)(Larian)은 내성 종에 대항하는 효과가 입증되었다.

세계의 일부 지역에서 클로로퀸은 말라리아 내성 종에 효능이 없어서 몇 년간 사용되지 못했다. 오늘날 일부 종들은 클로로퀸에 다시 감수성을 갖게 되었고 그것을 다시 사용 하고 있다.

메트로니다졸

합성 이미다졸(imidazole)인 **메트로니다졸(metronidazole)**은 DNA 가닥을 절단한다. 그것은 전형적으로 질분비물과 가려움증을 일으키는 *트리코모나스(trichomonas)* 감염 치료에 효과적이다. 그것은 또한 기생 아메바와 *지알디아(Giardia)*의 장 감염에 대항하는 효과가 있다. 비록 메트로니다졸(Flagyl)은 이러한 감염들을 억제하지만, 캔디다(*Cancida*) 감염의 과도성장을 억제하지는 않는다. 그것은 또한 선천적 결손증과 암을 일으킬 수 있고 모유를 통해 유아에게 전달될 수 있다. 메트로니다졸은 때때로 특별한 부작용으로 혀 표면의 유두에서 헤모글로빈(hemoglobin)이 파괴되고 침착물이 남기 때문에

"흑모설(black hairy tongue)"이나 "갈색 설태가 낀 혀(brown furry tongue)"를 볼 수 있다(그림 13.15).

기타 항원충제

다양한 유기 화합물들이 특정 원충 감염 치료에 효과가 있음이 발견되고 있다. 피리메타민(pyrimethamine)은 병원성 원충이 숙주세포보다 더 많은 양을 필요로 하는 엽산의 합성을 방해한다. 그것은 톡소플라즈마증 같은 일부 원충 감염 치료를 위해 설파닐아미드(sulfanilamide)와 함께 사용된다. 피리메타민(doraprim)은 또한 말라리아를 예방하기 위한 예방약으로 사용된다.

황 함유 화합물인 *수라민 나트륨(suramin sodium)*은 아프리카 수면병(trypanosomiasis)과 다른 트리파노솜(trypanosome) 감염 치료를 위해 정맥내로 투여될 수 있다. *니트로푸란(nitrofuran)*인 니푸리목스(nifurimox)는 샤가스병을 일으키는 트리파노솜을 치료하는데 사용된다. 비소와 안티몬 화합물은 비록 매우 독성이 강하지만 다루기 매우 어려운 아메바 감염과 리슈만편모충에 대항하는데 성공적으로 사용될 수 있다. *펜타미딘 아이세티오네이트(pentamidine isethionate)*는 아프리카 수면병의 치료에 사용되고 에이즈의 진균성 합병증인 폐포자충폐렴(pneumocystis)의 이차적 선택 약으로써 사용된다.

구충제

다양한 연충은 인간을 감염시킬 수 있다. *다양한 구충제(antihelminthic agent)*는 이러한 기생충을 제거할 수 있도록 도와준다.

니클로사마이드

니클로사마이드(niclosamide)는 탄수화물 대사를 방해하여 기생충이 다량의 젖산을 방출하게 한다. 이 약은 숙주 단백질 분해효소에 의해 소화되는 것을 방해하는 연충에 의해 만들어지는 생성물을 불활성 시킬 수도 있다. 그것은 주로 촌충 감염 치료에 효과적이다.

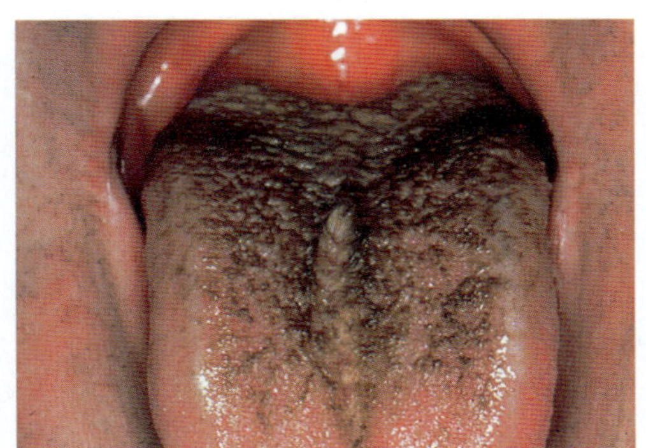

그림 13.15 메트로니다졸(metronidazole)에의 한 반응인, 흑모설. 혀 표면의 유두는 헤모글로빈(hemoglobin)의 파괴된 생성물로 가득찼는데 그것이 혀를 검게 보이게 한다. (*Barts Medical Library/Phototake*)

메벤다졸

이미다졸(imidazole)인 **메벤다졸(mebendazole)**(vermox)은 기생하는 회충에 의한 포도당 흡수를 막는다. 그것은 편충, 요충, 구충 감염 치료에 사용된다. 그러나 그것은 태아에게 손상을 입힐 수 있어서 임산부에게 사용하지 않아야 한다.

기타 구충제

단순한 유기 화합물인 피페라진(piperazine)(antepar)은 회충의 체벽 근육을 마비시키는 강력한 신경독이고 회충(ascaris)과 요충 감염 치료에 유용하다. 비록 피페라진은 장에 있는 연충들에 효과적이지만 만약 그것이 인간 신경계에 도달한다면 특히 아이들에게서 경련을 일으킬 수 있다.

화합물인 아이버멕틴(ivermectin)은 처음에는 말에 기생하는 선충의 치료를 위해 개발되었으며(그리고 개의 심장사상충 예방에 널리 이용되었다.) 그것은 사람에 기생하는 *온코세르카 볼부루스(Onchocerca volvulus)*에 뛰어난 구충 효과가 있음이 보고되었다. 아프리카의 많은 지역에서 넓게 펴져있는 이 회충 감염은 회선사상충증으로 알려진 시각상실이나 하천실명을 일으킬 수 있다.

그림 13.16은 항진균제, 항바이러스제, 항원충제, 구충제의 화학 구조, 사용법, 부작용을 나타낸다.

중점 질문 사항

1. 대부분의 항진균제는 세균도 죽일 수 있는가? 혹은 그 반대인가?
2. 기생충과 연충은 인간과 동일한 많은 수의 생화학적 경로를 가진다는 사실이 어떠한 어려움을 초래하는가?

약재내성 원내감염으로인한 특별한 문제들

항미생물제를 사용할 수 있게됨에 따라, 미생물들이 내성을 보이기 시작했다. 세균 감염 치료에서 최초의 성공 중에 하나는 용혈성연쇄구균 감염 치료를 위한 설파닐아미드(sulfanilamide)의 사용이었다. 그 후 류마티스열을 내는 연쇄구균 감염 재발 예방에 술파디아진(sulfadiazine)이 유용함이 밝혀졌다. 설파닐아미드(sulfanilamide)에 내성을 가진 연쇄구균이 곧 출현했다. 내성균주에 의한 전염병(2차 세계대전동안 군사기지에서 대부분)으로 많은 사상자가 발생하였다. 이러한 전염병들은 페니실린(penicillin)이 등장했을 때 통제되었지만, 곧 페니실린 내성 연쇄구균이 발견되었다.

이러한 연쇄적인 사건들이 계속 반복되었다. 새로운 항생제가 개발됨에 따라, 연쇄구균의 내성도 발전되었다. 이런 유사한 사건들이 연쇄구균, 임균, 살모넬라균, *Neisseria*, 슈도모나스(*Pseudomonas*)를 포함하는 많은 다른 미생물의 항생제 내성 종의 출현을 이끌었다. 슈도모나스(*Pseudomonas*) 감염은 현재 병원에서 주요한 문제이다.

제제	치료에 대한 사용	일반적인 투여방법*	부작용
항진균제			
클로트리마졸	피부와 손톱 감염	O	피부자극
미코나졸	피부감염과 다른 제제에 저항성이 있는 전신감염	T, IV	심한 가려움증, 메스꺼움, 열, 혈전정맥염
암포테리신 B	전신감염	IV	열, 오한, 메스꺼움, 구토, 빈혈, 신장 손상, 실명
니스타틴	*캔디다* 감염증, 장내 중복감염	T	
그리세오풀빈	피부, 모발, 손톱의 감염	T, O	약간의 두통, 신경 염증, 위장 장애
플루시토신	*캔디다*와 일부 전신 감염	O	많은 진균제보다 낮은 독성

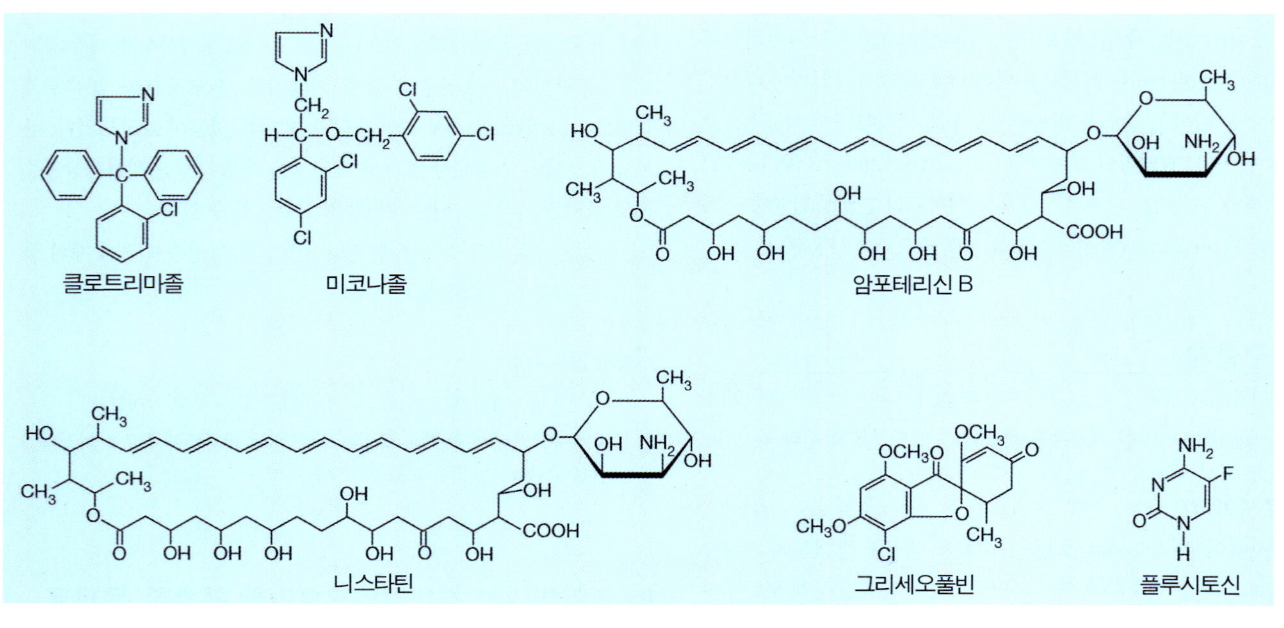

제제	치료에 대한 사용	일반적인 투여방법*	부작용
구충제			
니클로사미드	촌충 감염	O	장의 자극
피페라진	요충과 회충	O	아이들에게 경련을 일으킬 수 있다.
메벤다졸	편충, 요충, 구충 감염	O	임산부에게 사용하면 태아에게 손상을 입힐 수 있다.
아이버멕틴	온코세르카 볼부루스 감염(하천실명의 원인), 동물의 심장사상충 감염	O	최소

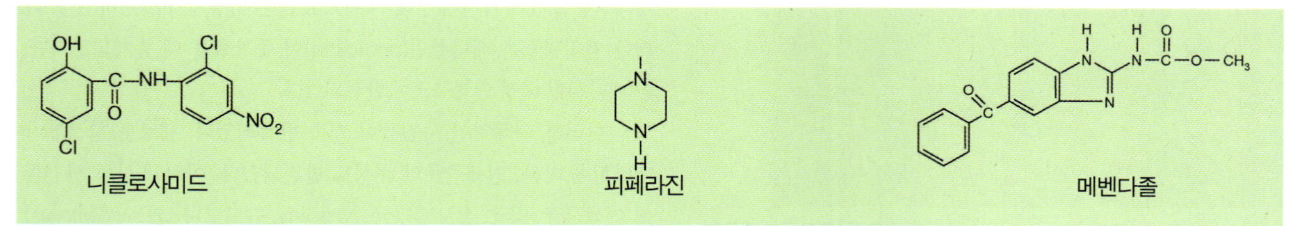

*IM = 근육내　O = 구강
IV = 정맥내　T = 국소적

그림 13.16 항진균제, 구충제, 항바이러스제, 항원충제

제제	치료에 대한 사용	일반적인 투여방법*	부작용
항바이러스제			
이독수리딘	각막 감염	T	골수 기능 저하
간시클로버	에이즈에서 CMV 눈 감염	IV	골수 기능 저하
비다라빈	바이러스성 뇌염	T, IV	다른 항바이러스제 보다 낮은 독성
리바비린	헤르페스반흔(국소적용), 독감(스프레이 형태)	T	임산부에게 주입되면 선천적 결손증을 일으킬 수 있다.
아시클로버	헤르페스 감염: 증상의 심각성이 낮을때	IV, O, T	다른 유사체 보다 낮은 독성
아만타딘	인플루엔자 A 바이러스의 세포침입감염(예방)	O	불면증과 운동실조
AZT	에이즈	O	골수 기능 저하, 메스꺼움

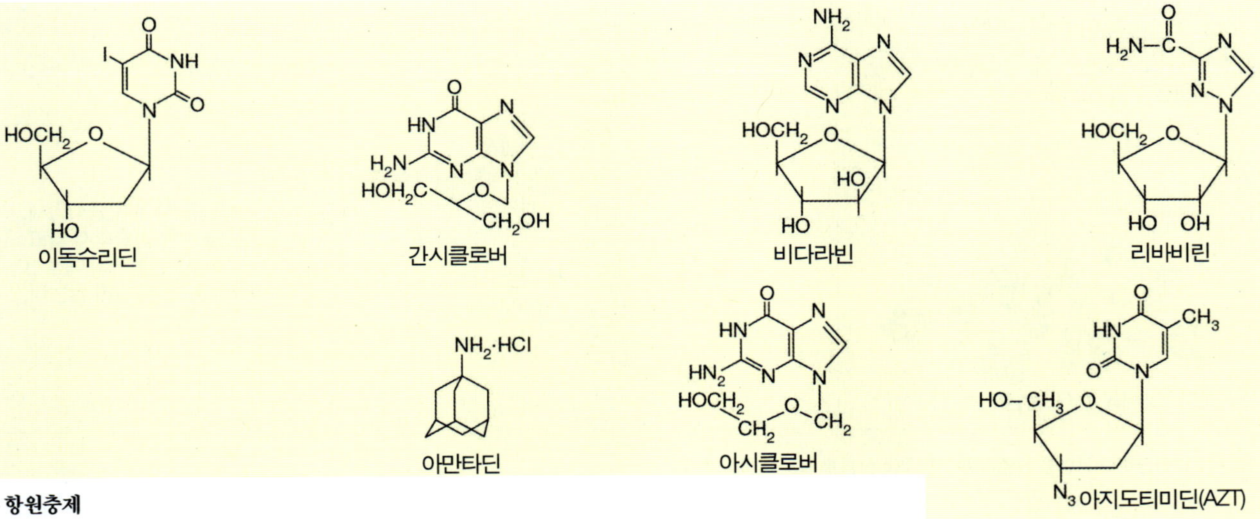

이독수리딘 간시클로버 비다라빈 리바비린

아만타딘 아시클로버 아지도티미딘(AZT)

제제	치료에 대한 사용	일반적인 투여방법*	부작용
항원충제			
퀴닌	다른 제제에 내성이 있는 말라리아	O	
클로로퀸	말라리아	O	두통, 가려움증
프리마퀸	말라리아의 재발을 방지하기 위해 클로로퀸과 함께	O	약간의 메스꺼움, 복통
피리메타민	다양한 원충 감염	O	다량 주입 시 골수에 큰 손상
메트로니다졸	트리코모나스, 지알디아, 아메바 감염	O, IV, T	흑모설

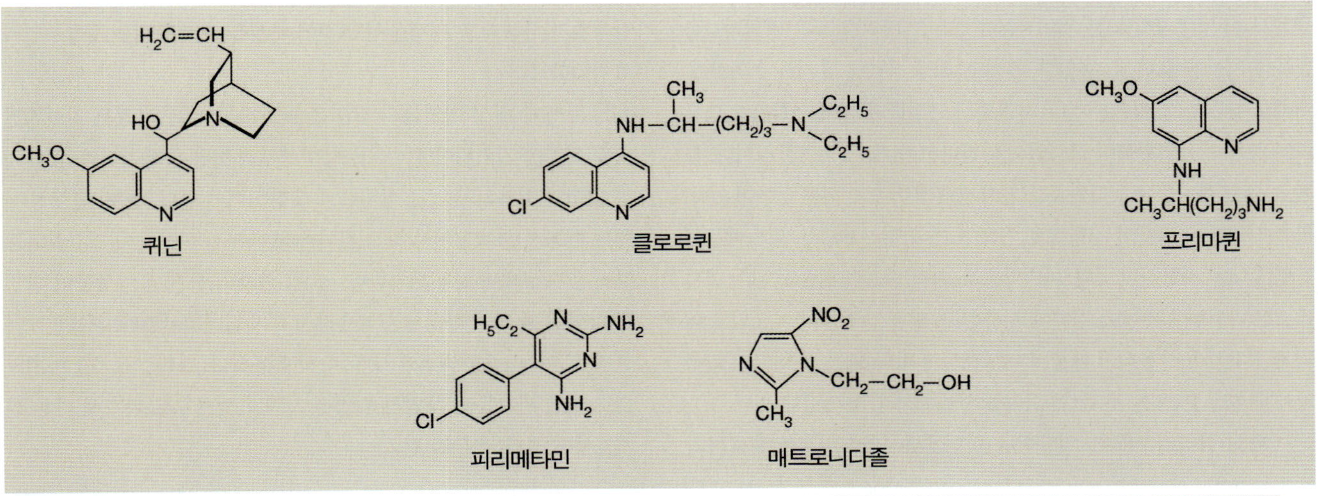

퀴닌 클로로퀸 프리마퀸

피리메타민 매트로니다졸

그림 13.16 *계속*

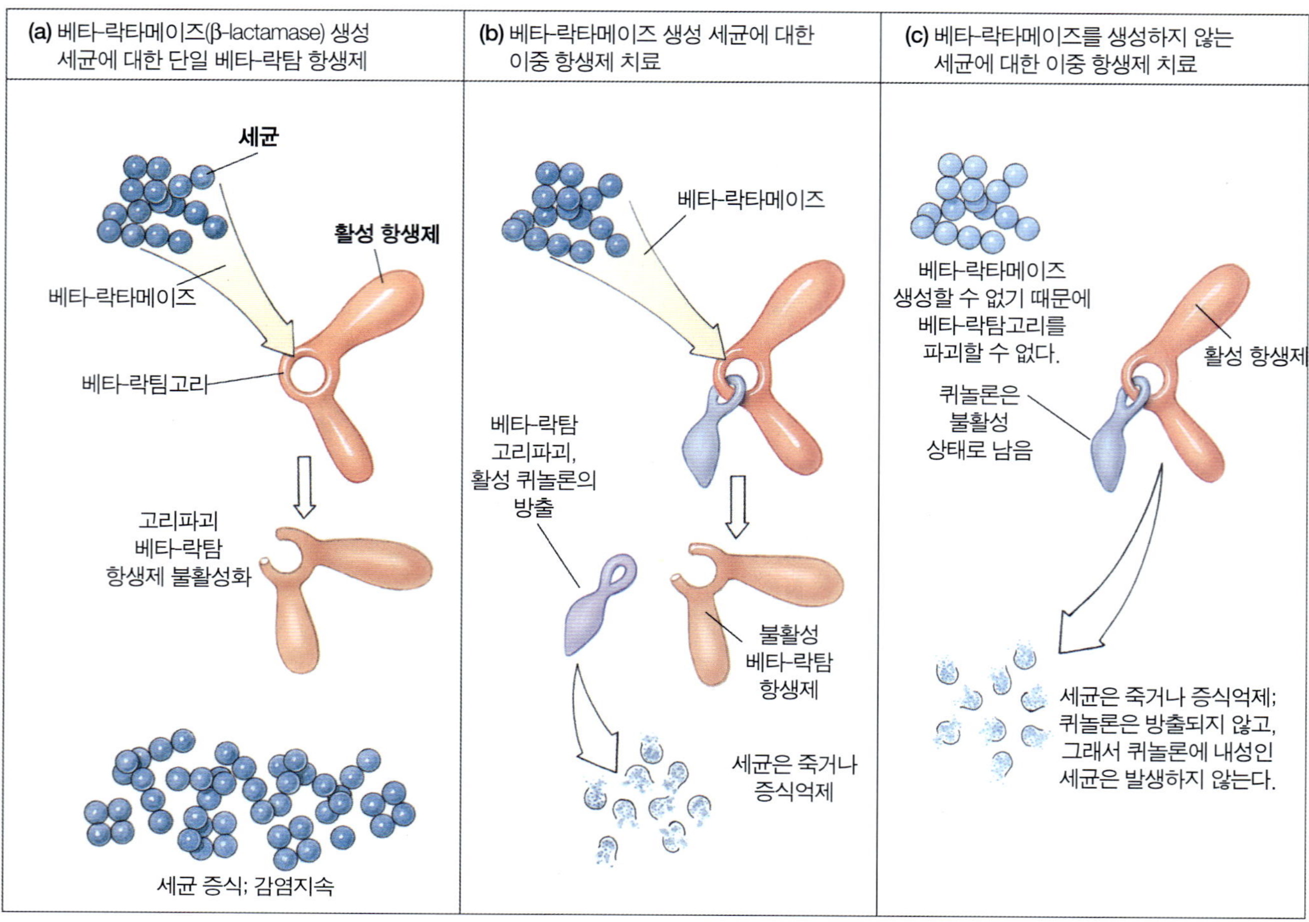

그림 13.17 **내성균주의 감염을 박멸하기 위한 2중 항생제 사용을 통한 치료.**

이러한 많은 미생물들이 현재 여러개의 다른 항생제에 내성을 갖고 있으며, 새로운 내성 종들이 끊임없이 등장하고 있다.

왜 내성을 가진 미생물들이 외래환자들보다 병원내 입원환자들에게서 더 자주 발견되는 것인가? 이 질문은 병원 환경과 병원치료를 받는 환자들을 보면 알 수 있다. 첫째로, 위생 상태를 유지하기 위한 노력에도 불구하고, 병원은 아픈 사람들이 근접한 곳에서 생활하고 많은 다른 종류의 감염원들이 끊임없이 나타나고 쉽게 퍼지는 환경이다. 둘째로, 입원 환자들은 외래환자보다 더 심하게 아프게 되는 경향이 있다; 많은 사람들이 그들의 질병으로 인해 또는 면역저하제를 받기 때문에 감염에 대한 저항성이 낮다. 마지막으로, 가장 중요한 점은 병원이 전형적으로 다양한 항생제를 강하게 사용한다. 많은 감염들이 치료되고 여러 항생제들이 사용되기 때문에 미생물들이 하나 또는 그 이상의 항생제에 내성을 갖는다. 내성균은 환자들 사이에서 쉽게 퍼질 수 있다.

내성 감염의 치료는 악순환을 나타낸다. 만약 미생물에 효과가 있는 항생제를 찾아낸다면 그 약은 감염을 치료하기 위해 사용할 수 있다. 그러나 새로운 항생제에 내성이 있는 미생물의 일부 균주들은 증식하고 다른 새로운 약으로 치료하도록 요구될 수도 있다. 새로운 항생제가 사용되고, 미생물이 그것에 내성을 가지게 되는 재발주기가 확립된다.

항생제 내성 미생물의 감염을 예방하는 것은 어려운 일이지만 몇몇 지침이 지켜져야 한다. 첫째, 항생제의 사용은 환자가 항생제 치료 없이는 회복되지 않는 상황으로 제한되어야 한다. 둘째, 민감성 시험은 반드시 선행되어야 하고 환자에겐 반드시 미생물이 민감하다고 알려진 항생제를 사용해야한다. 셋째, 환자의 몸에서 미생물이 완전히 박멸될 때 까지 항생제는 계속해서 사용되어져야한다. 퀴놀론에서 설명했듯이 이중항생제의 사용, 특히 유용하다(**그림 13.17**). 마지막으로 어떤 환자든지 감염성 질병을 가지고 있으므로 반드시 다른 환자로부터 격리되어야한다.

요약

항미생물제 화학요법

- **화학요법(chemotherapy)**은 질병 치료에 화학약제를 사용하는 것이다.
- **화학요법제(chemotherapeutic agent)** 또는 **약(drug)**은 의료용으로 사용되는 화학약제이다.
- **항미생물제(antimicrobial agent)**는 미생물에 의한 질병을 치료하기 위해 쓰이는 화학약제이다.
- **항생제(antibiotics)**는 미생물이 생산하며 다른 미생물의 성장을 억제하거나 파괴하는 화학물질이다.
- **합성제제(synthetic drug)**는 실험실에서 만들어진 것이다.
- **반합성제제(semisynthetic drug)**는 부분적으로는 미생물에 의해서, 부분적으로 실험실에서 합성되어 만들어 진 것이다.

화학요법의 역사

- 첫 화학요법제는 원시사회때 사용된 식물재료를 혼합해 사용했다.
- "마법의 탄환" 을 위한 Paul Ehrlich의 조사는 화학요법제를 찾아내기 위한 체계적인 첫 시도였다. 그 후 설파제, 페니실린 및 다른 많은 항생제가 발달되었다.

항미생물제의 일반적인 특성

선택적 독성

- **선택 독성(Selective tocixity)**은 숙주보다 미생물에서 독성효과를 극대화시켜 발휘되는 항미생물제의 특성이다.
- 항미생물제의 **치료적 투약량(therapeutic dosage level)**은 병원균을 제거하기 위해 요구되는 시간에 따른 농도이다.
- **화학요법지수(chemotherapeutic index)**는 감염미생물의 독성에 상대적인 신체에 대한 약품의 독성의 척도이다.

활성의 범위

- 항미생물제의 **활성 범위(spectrum of activity)**는 항미생물제에 민감한 미생물의 범위를 말하는 것이다. 광범위(broad spctrum)의 항미생물제는 다양한 미생물들을 공격한다. 좁은 범위(narrow-spectrum)의 항미생물제는 단지 몇몇 미생물을 공격한다.

작용기전

- 약제가 세균을 죽이면 살균이며, 세균의 성장을 억제하면 정균이다.
- 세포벽 합성을 억제하는 약제는 미생물의 막을 파열하고 세포 내용물을 방출하게 한다.
- 막의 기능을 방해하는 약제는 막을 녹이거나 세포 안 밖으로의 물질의 이동을 방해한 다.
- 단백질의 합성을 억제하는 약제는 리보좀이나 다른 방법으로 번역의 과정에 관련된 것을 혼란시켜 미생물의 생장을 억제한다.
- 핵산의 합성을 억제하는 약제는 RNA(전사) 또는 DNA(복제)의 합성을 억제하거나 분자 구성물 정보를 손상시켜 방해한다.
- **항대사물질(antimetabolites)**로 작용하는 약물은 미생물 효소를 경쟁적으로 억제하거나 핵산과 같은 중요한 분자로 잘못 들어감으로써 정상적인 대사산물에 영향을 미친다.

부작용의 종류

- 항미생물제의 부작용은 숙주에게 독성, 알레르기와 정상적인 미생물의 억제를 포함한다.
- 알레르기성 반응은 항미생물제가 몸에서 이물질로 반응할 때 생긴다.
- 많은 항미생물제는 감염미생물 뿐만 아니라 정상 미생물층도 공격한다.

새로운 병원균과의 **중복 감염(superinfection)**은 정상적인 미생물의 방어 능력이 훼손 됐을 때 발생한다.

미생물의 내성

- 항생제에 대한 *내성(resistanc)*은 예전엔 항생제에 민감하게 반응했던 미생물이 더 이상 항생제의 영향을 받지 않는 것을 말한다.
- 비유전적 내성은 미생물을 항생제 반응에 무감각 하게 만드는 것으로, 항생제로부터 격리되거나 세포벽의 손실과 같은 일시적 변화를 겪을 때 발생한다.
- 유전적 내성은 미생물의 항생제에 의한 손상을 피하는 그들의 유전 능력 때문에 항생제 노출에 살아남을 때 발생한다. 민감한 미생물은 죽고, 내성 생존자는 억제되지 않고 수적으로 증가한다.
- **염색체 내성(chromosomal resistance)**은 미생물의 염색체 DNA안에서의 돌연변이 때문이고 **염색체외의 내성(extrachromosomal resistance)**은 **내성 플라스미드(resistance plasmid)** 또는 **R(R factors)**인자 때문이다.
- 내성의 메커니즘은 수용체, 세포막, 효소 또는 대사경로 의 변화를 포함한다.
- **교차 내성(crass-resistance)**은 2개 또는 그 이상의 유사한 항생물질에 저항하는 내성이다.
- 약제 내성은 다음과 같이 사용함으로 최소화 할 수 있다. (1) 질병의 원인 미생물이 모두 파괴 될 때까지 치료적 투약량의 항생제를 적당히 사용하거나 (2) 상승효과(synergism)를 나타내는 2개의 항생제를 사용하고 (3) 꼭 필요할 때만 항생제를 사용한다.

항미생물제의 미생물 민감성 결정

- 화학요법제에 대한 미생물의 감수성은 실험실에서 미생물에 항미생물제를 노출시킴으로써 결정된다.

디스크확산법

- **디스크확산법(disk diffusion methed)**은 실험할 미생물이 있는 한천배지 위에 항생제를 함유한 여과지 종이 디스크를 올려놓는 것이다. 약물에 약제의 민감도는 디스크 주변의 생육저지환의 크기를 기준표와 비교해서 결정한다.

희석법

- **희석법(dilution method)**은 화학요법제의 양을 달리하여 첨가된 배양액 또는 웰에 일정량을 접종한다. 항생제의 **최소억제농도(minimum inhibitory concentration, MIC)**는 미생물의 성장이 억제된 가장 낮은 농도이다. 항생제의 **최소살균농도(minimum batericidal concentration, MBC)**는 2차 배양의 배양액에서 성장이 되지 않는 가장 낮은 농도이다.

혈청살상력

- **혈청살상력법(serum killing power)**은 환자가 항생제를 투여 받는

동안에 환자의 혈청에 세균배양액이 더해지게 되며, 그 미생물이 죽는지 기록한다.

자동화된 방법들

- 자동화된 방법들은 미생물의 동정과 항미생물제에 대한 민감성 결정을 빨리 할 수 있게 한다.

이상적인 항미생물제의 특징

- 전형적인 항미생물제는 체액에 용해되고, 선택 독성이며 비알레르기성이다. 그리고 내성을 일으키지 않으며 혈액과 체액에서 일정한 치료상 농도로 유지되어야 한다. 또한 보존 기간이 길고 비용이 합리적이어야 한다.

항세균제

- 항세균제 물질은 세포벽 합성 억제, 세포막 기능 방해, 단백질 합성 억제, 핵산 합성을 억제하거나 세균을 죽이는 다른 방법으로 작용한다.

항진균제

- 항진균제는 원형질막 투과성을 증가시키고 핵산합성을 방해하거나 세포기능을 약화시킨다.

항바이러스제

- 항바이러스제는 숙주세포의 심각한 손상없이 세포내 바이러스를 손상시켜야 하기 때문에 찾아내기 어렵다.
- 대부분 항바이러스제는 퓨린계 또는 피리미딘계와 비슷하다.
- 인터페론은 바이러스에 감염된 세포에 의해서 방출되고, 인접한 세포를 자극해 항바이러스단백질을 생산 하도록 한다. 인터페론은 바이러스감염과 암의 치료에서 시험을 거치고 유전자공학에의해 만들어 진다.

항원충제

- 일부 항원생동물제는 단백질 합성 또는 염산합성을 방해한다. 다른 제제의 작용 메카니즘은 아직 잘 알려지지 않았다.

구충제

- 구충제는 탄수화물 대사를 방해하거나 신경독으로 작용한다.

약제내성 원내감염으로 인한 특별한 문제들

- 내병원내감염은 다양한 항생제의 집중적인 사용 때문인데, 이것은 내성균주의 성장을 촉진한다. 이런 감염의 치료와 예방은 극도로 어렵다.

용어 정리

광범위(p. 368)
교차 내성(p. 375)
그리세오풀빈(p. 388)
길항작용(p. 376)
내성(p. 372)
내성 플라스미드(p. 373)
니클로사마이드(p. 391)
니트로푸란(p. 385)
대사길항물질(p. 370)
독성적 투약량(p. 368)
리파마이신(p. 384)
마크로라이드(p. 384)
메벤다졸(p. 391)
메트로니다졸(p. 390)
반합성 제제(p. 367)
분자적 의태(p. 371)
상승작용(p. 376)
선택 독성(p. 368)
설폰아미드(p. 385)
세팔로스포린(p. 381)
스트렙토마이신(p. 383)
아만타딘(p. 389)
아미노글리코사이드(p. 383)
억제 환(p. 376)
에리스로마이신(p. 384)
에탐부톨(p. 385)
염색체 내성(p. 373)
염색체외의 내성(p. 373)
원판확산법(p. 376)
이미다졸(p. 388)
이소니아지드(p. 385)
입실로미터 시험법(p. 376)
약, 제제(p. 367)
중복 감염(p. 372)
최소 살균 농도(p. 377)
최소 억제 농도(p. 376)
카바페넴(p. 381)
커비-바우어법(p. 376)
퀴놀론(p. 390)
퀴닌(p. 381)
클로람페니콜(p. 384)
클로로퀸(p. 390)
테트라사이클린(p. 383)
페니실린(p. 379)
폴리믹신(p. 382)
폴리엔(p. 389)
프리마퀸(p. 390)
합성 제제(p. 367)
항미생물제(p. 367)
항생작용(p. 367)
항생제(p. 367)
혈청(p. 377)
혈청 살상력(p. 377)
협범위(p. 368, 369)
화학요법(p. 367)
화학요법제(p. 367)
화학요법지수(p. 368)
활성 범위(p. 368)
희석법(p. 376)
R인자(p. 373)

임상 사례 연구

당신은 입문 미생물학 과목을 배우고 있고, 아플 여유가 없다. 시험이 다음 주에 있다면, 정말 공부가 필요한 때이다. 당신은 친구에게 감기 기운이 있는 것 같다고 말한다. 친구는 몇 년전에 병 때문에 먹었던 몇몇 항생제가 남아있다고 말한다. 그는 그 항생제들을 당신이 복용하도록 기꺼이 준다. 당신이 본문을 통해 배운 내용에 기초해서 생각하면 친구말에서 잘못된 점은 무엇인가? 이 문제점에 대해서 더 많은 것을 배우고 싶다면 다음 웹사이트를 방문하시오. www.tuflos.edu/med/apua/ncga.pdf

요점 사고 문제

1. 특정한 화학제품이 유독하거나 유독하지 않다고 말하는 것이 안전한가? 설명하라.

2. 왜 일부 미생물들이 항생물질을 생성한다고 생각하는가?

3. 당신의 미생물학 교수는 지하철에서 다른 사람에게 세균 감염 되는 게 병원에서 감염 되는 것보다 낫다고 말할 것이다. 왜냐하면 병원관련 감염이 항생제 치료가 더 어려울지도 모르기 때문이다. 당신은 이것을 어떻게 설명 할 수 있는가?

자가진단문제

1. 항생물질은
(a) 병원균의 세포벽 합성을 방해만 하는 화학 물질이다.
(b) 다른 미생물들을 억제할 수 있으며 미생물에 의해서 생산되어진 화학 물질이다.
(c) 감염에 맞서 싸우기 위해 사용되는 인공 화학물질이다.
(d) 독감의 치료에 사용되는 화학적 물질이다.
(e) 면역반응에 의해 생산되는 독소이다.

2. 처음 항생제와 화학요법제를 사용한 이유는?
(a) 말라리아(malaria)치료하기 위해서 이다.
(b) 소아마비(polio) 통제하기 위해서 이다.
(c) 매독(syphilis) 통제하기 위해서 이다.
(d) 반코마이신(vancomycin)을 주입하기 위해서이다.
(e) 페니실린(penicillin)의 발달로 사용했다.

3. 과학자들은 새로운 항생물질을 찾을 때 왜 토양과 수중 미생물을 연구하는가?

4. 정균제(bacteriostatic)와 살균성의 소독제 사이의 차이점은 무엇인가?

5. 미생물이 필요로 하는 물질을 모방함으로써 미생물의 대사를 방해하는 항미생물제를 무엇이라 하는가?
(a) 독소 (b) 반합성
(c) 바시트라신(bacitracin) (d) 대사길항물질(antimetabolite)
(e) 경쟁 독소(competative toxins)

6. 베타-락탐(β-lactam) 고리를 함유하는 구조를 가진 항생제는?
(a) 바시트라신
(b) 페니실린
(c) 스트렙토마이신
(d) 테트라사이클린
(e) 폴리믹신

7. Cephalosporin류와 작용 방법과 구조에서 공통점이 있는 항생제는?
(a) 페니실린
(b) 폴리믹신
(c) 바시트라신
(d) 테트라사이클린
(e) 스트렙토마이신

8. 아미노글리코사이드(aminoglycoside) 항생제는 스트렙토마이신처럼 어떠한 방식으로 세균을 억제하는가?
(a) DNA복제를 멈추게 한다.
(b) RNA 전사를 방해한다.
(c) 세포막을 파괴한다.
(d) 세포벽 합성을 방해한다.
(e) 단백질 합성을 억제한다.

9. 광범위 작용의 항생제는?
(a) 아미노글리코사이드
(b) 세팔로스포린
(c) 페니실린
(d) 폴리믹신
(e) 테트라사이클린

10. 페니실린이 세균에 확실히 효과가 있는 이유는?
(a) 세포벽 합성을 억제한다. (b) 단백질 합성을 억제한다.
(c) 원형질막을 손상시킨다. (d) 핵산 합성을 억제
(e) (a), (b), (c), (d) 4가지 전부 다

11. 의사는 세균감염 치료에 상승적인 약 조합을 처방한다. 이와 같은 치료제의 목적은?
(a) 세포벽이 있는 세균을 세포벽이 없는 L형으로 바꾼다.
(b) 질병의 치료 시간을 줄인다.
(c) 미생물이 내성 획득 하는것을 예방한다.

(d) 항생물질의 독소 부작용을 줄인다.
(e) 항생물질의 더 낮은 복용량의 사용한다.

12. 광범위 작용 항생물질이지만 재생 불량성 빈혈을 일으키는 원인이 될 수 있는 것은?
(a) 스트렙토마이신
(b) 세팔로스포린
(c) 페니실린
(d) 바시트라신
(e) 클로람페니콜

13. 재향군인병(legionnaires' disease)의 원인이 되는 세균에 효과적인 일반적인 항생제는?
(a) 스트렙토마이신
(b) 세팔로스포린
(c) 테트라사이클린
(d) 에리스로마이신
(e) 바시트라신

14. RNA 전사를 막는 항생제는?
(a) 스트렙토마이신
(b) 세팔로스포린
(c) 리팜핀
(d) 페니실린
(e) 바시트라신

15. 퀴놀론계 항생제(quinolones)의 표적이 되는 것은?
(a) RNA 전사 (b) DNA 복제
(c) 단백질 합성 (d) 세포벽 형성
(e) 막 구조

16. 엽산(folic acid)합성을 막는 대사길항물질은?
(a) 페니실린계
(b) 아미노글리코사이드계
(c) 세팔로스포린계
(d) 설폰아미드계
(e) 답 없음

17. 결핵의 원인인 *Mycobacterium* 에 효과적으로 저항하는 대사길항물질은?
(a) 설파닐아미드 (b) 이소니아지드
(c) 바시트라신 (d) 날라디식 산
(e) 폴리믹신 A

18. 전신 균류 감염을 치료하기 위해서 어떤 약을 써야 하는가?
(a) 니스타틴 (b) 그리세오풀빈
(c) 플루시토신 (d) 암포테리신 B
(e) 톨나프테이트

19. 암포테리신 B (Amphotericin B)는 어떻게 세균을 불활성시키는가?
(a) 30S 리보솜을 공격한다.
(b) 균류 세포벽 합성을 방해한다.
(c) 균류의 DNA 중합효소를 방해한다.
(d) 세균의 단백질 합성을 바꾼다.
(e) 균류 세포막에 있는 스테롤에 결합한다.

20. 독감(influenza)바이러스가 세포에 침투하는 것을 예방하는 항바이러스 물질은?
(a) 아시클로비 (b) 이독수리딘
(c) 아만타딘 (d) 비다라빈
(e) 리바비린

21. 바이러스 감염과 그 감염을 치료하는데 사용할 수 있는 항바이러스 약을 연결하라.

___ 아시클로비	(a) 한타바이러스와 다양한 종류의 바이러스들
___ 간시클로비	(b) 사이토메갈로 바이러스 눈 감염증
___ 아지도티미딘	(c) 인간 면역 결핍 바이러스
___ 이독수리딘	(d) 생식기에 헤르페스 바이러스 감염증
___ 리바비린	(e) 눈에 헤르페스 바이러스 감염증

22. 클로로퀸(chloroquine)과 프리마퀸(primaquine)은 어떤 질병치료에 많이 쓰이는 약물인가?
(a) 말라리아 (b) 결핵
(c) 라임병 (d) 재향 군인병
(e) 아구창

23. 원생동물과 기생충질병은 왜 치료가 어려울까?
(a) 인간세포와 구조적, 기능적으로 유사하기 때문에
(b) 원핵세포이기 때문에
(c) 70S 리보솜을 갖고 있지 않아서
(d) 이분법으로 번식하지 않기 때문에
(e) 답 없음

24. 회충의 포도당 흡수를 억제하여 기생충 감염치료에 사용되는 약은?
(a) 니클로사마이드 (b) 메벤다졸
(c) 피페라진 (d) 이소니아지드
(e) 이버멕틴

25. 다음 보기중 약제 내성에 대해 사실이 아닌 것은?
(a) 플라스미드를 통해 운반되어질 수도있다.
(b) 하나의 세균에서 다른 세균으로 접합을 통해서 전달될 수도 있다.
(c) 일부 항생제를 분해하는 효소 때문일 수 있다.
(d) 오직 그람음성세균에게서 발견된다.
(e) 항생제의 표적이 변경되기 때문일 수 있다.

26. 어떤 항생제에 의해서 활성이 억제되는지를 각 상자에 쓰고, 활성을 억제시키는 항생제의 몇 개의 목록을 만들어라.

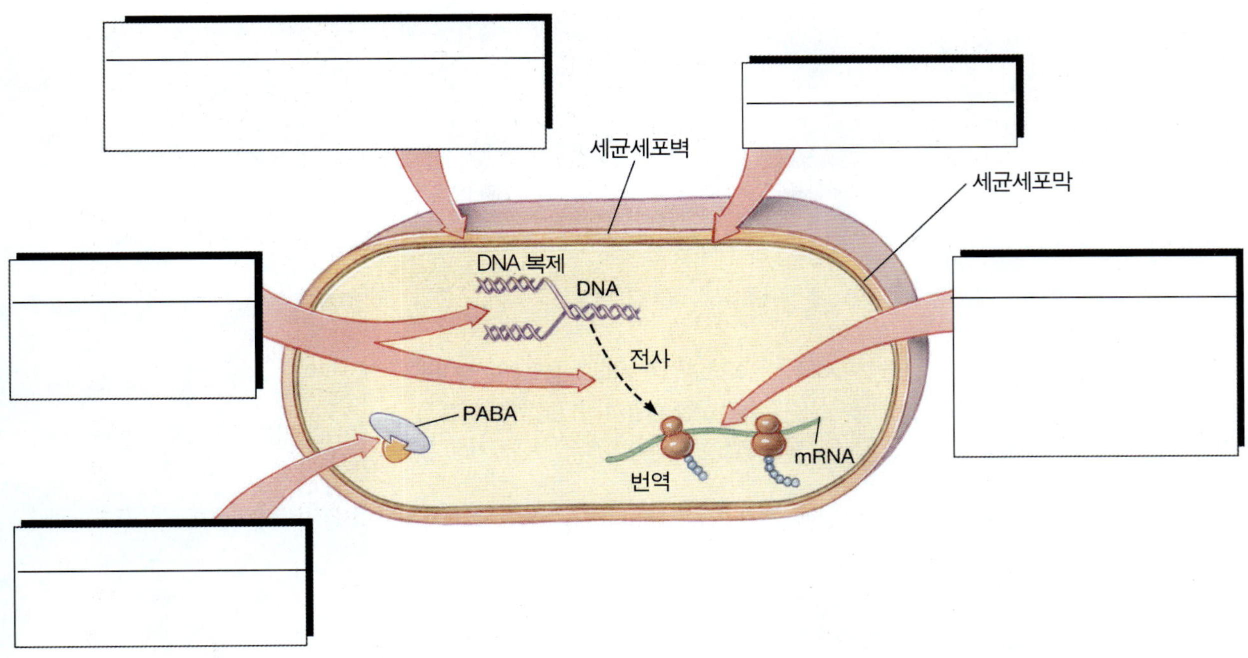

웹상에서 탐구 문제

http://www.wiley.com/college/black

당신이 이번 장을 완벽하게 통달했다고 생각하면 웹상에서 더 많은 문제들을 풀어볼수 있다. 웹 사이트를 방문해서 이번 장에 나온 개념들을 조정하고 아래에 제기된 문제에 답을 확인하라.

1. 올바른 항생제를 선택하는 것은 성공의 가장 좋은 기회이고, 독성이 가장적은 가능성을 제공한다.
2. '적당히 대충하자'는 Fleming의 원칙은 페니실린의 발견에 기여했다. Fleming은 정리된 실험실을 몹시 싫어했다. 그는 배양균 접시를 몇 주동안 방치했는데, 그것들 사이에서 종종 흥미로운 것들을 발견하였고, 푸른 곰팡이도 이들 중 하나였다.
3. 곰팡이는 어떻게 세균을 죽이는 걸까?

14 숙주-미생물 관계와 질병과정

시작하며...

여러분이 색다른 환경에서 아침을 맞이한다면, 배가 매우 고플 것이다. 다행히도 도시의 중심에 시장이 있다.

잠깐 멈춰서 시장을 둘러보는 건 어떨까? 세계에는 아직도 현지 시장의 청결함을 찾아보기 어려운 곳이 많다. 파리, 설치류, 또는 냉동시설을 갖추지 못한 환경이 질병을 퍼지게 할 것인가? 그렇다! 만약 멜론이나 고추가 상한 것처럼 보인다면, 육류와 어류의 진열대를 또한 살펴보아야 할 것이다!

이러한 모든 오염에 직면하고 있는 것은 명백한데, 왜 모든 사람들이 아프거나, 죽거나, 이미 죽지는 않았을까? 사실, 일부 사람들은 병에 걸리고, 개발도상국의 평균 수명은 그렇게 높지 않다. 감염의 가능성은 아마도 상인들이 식품의 무게를 측정할 때 사용했던 접시저울의 균형과 같다고 볼 수 있다: 한쪽은 숙주방어, 다른 한쪽은 미생물의 병원성이다. 그 균형이 미생물 쪽으로 기울게 되면 감염이 일어난다. 당신은 위험을 감수할 것인가, 아니면 당신의 배고픔이 사라지기를 바라면서 지켜보기만 할 것인가? 앞으로 제 3세계의 국가에서 쇼핑을 하거나 먹는 일에 대하여 어떻게 느낄 것인지 알아보자.

이 주제와 관련된 비디오는 WileyPLUS에서 볼 수 있습니다.

당신은 아무리 자주 조심하더라도 질병에 감염되어 아플 수 있다. 항생제로 혹은 항생제 없이 일반적으로 질병에서 회복된다. 이러한 과정에서 당신은 면역력이 생긴다. 따라서 만약 다른 시간에 같은 병원균에 노출되는 경우에라도, 당신은 그 질병에 저항하면서 보호될 수 있다.

병원균(pathogen)이 숙주에 질병을 일으키는 기생충이라는 ◀11장(p. 311)을 상기해 보자. 질병의 발생여부는 병원균의 침투능력과 숙주인 당신이 누가 전쟁에서 이기느냐에 달려있다. 병원균은 어떤 침투능력이 있고, 당신은 여러 가지 방어능력을 갖고 있다. 예를 들면, 많은 나라에서 홍역 바이러스는 일부분의 인구에 항상 존재한다. 감염된 사람들은 바이러스를 방출하여, 감수성이 있는 다른 사람들의 조직에 침투된다. 거기에서 바이러스는 숙주의 방어벽을 뚫고 조직에 침입하여 병을 일으킬 수 있다. 그러나 일부 사람들은 감염되지 않는다.

만약 바이러스가 당신의 조직에 침투하게 되면, 그 바이러스가 질병을 일으키기도 전에 당신의 면역체계 방어가 그것을 제거시킬 수 있을 것이다. 사실상 병에 걸리는 일 없이 앞으로의 노출에 대하여 면역이 될 수 있다. 심지어 당신의 첫 방어능력이 실패하여 질병이 발생한 때에도, 면역을 발달시켜 연속적인 노출에도 그 질병에 대하여 저항할 수 있을 것이다.

숙주와 미생물의 상호작용을 공부하기 위하여, 우리는 숙주와 미생물 사이의 관계의 다양성에 대해서 살펴보고 일부분의 관계들이 어떻게 질병을 초래하는 것에 대해서 알아볼 것이다. 그리고 질병의 특징과 병원균에 의한 질병의 과정을 살펴볼 것이다.

숙주-미생물의 관계

미생물은 다른 미생물 그리고 미생물에 대하여 숙주로서 역할을 하는 보다 큰 생명체들과 함께 다양하고 복잡한 관계를 보여준다. **숙주(host)**는 또 다른 생명체를 살아가게 하는 생명체이다.

공생

공생(symbiosis)은 2개의 종 혹은 더 많은 사이의 관계이다. "함께 살다"를 뜻하는 공생이라는 용어는 상호 관계들 중에서 어떤 스펙트럼을 가지고 있다. 여기에는 상리공생(mutualism), 편리공생(commensalism) 및 기생(parasitism)이 포함된다.

표 14.1

공생 관계의 스펙트럼

상호관계	종(Species) A에 대한 영향	종(Species) B에 대한 영향
상리공생	+	+
기생	+	−
편리공생	+	0
길항작용	−	−

확대경

병원균: 공생에서 성공하지 못한 결과

"실제 생활에 있어 아주 나쁜 환경에서 조차, 우리는 폭 넓은 미생물의 세계에 대하여 상대적으로 매우 적은 관심을 가지고 있다. 병원성은 그렇지 않다. 그것은 정말 드물게 나타나고 지구상의 무수한 세균의 숫자를 감안하면 상대적으로 적은 종을 가지고 있다. 그것은 변덕스러운 면을 가지고 있다. 질병은 경계선의 생물학적 오류, 한쪽이나 다른 한쪽에 의한 경계선의 침범, 즉 공생에 대한 결론에 이를 수 없는 협상의 결과이다."

—Lews Thomas, 1974

스펙트럼의 한쪽 끝에는 집단의 양쪽 요소들이 함께 살며 서로에게 이익을 주는 **상리공생(mutualism)**이 존재 한다(**표 14.1; 그림 14.1**). 예를 들면, 나무와 셀룰로오스를 소화할 수 있는 흰개미의 능력은 그들의 장내에 서식하는 원생동물에 의해서 결정되는 것이다. 이들 원생동물과 세균이나 곰팡이와 같은 미생물은 섭취된 나무를 소화하는 효소를 분비하고, 원생동물과 미생물은 흰개미의 장내에서 자신들이 살 수 있는 안정적인 환경을 제공 받는다. 흰개미에서 이러한 관계는 절대적이다; 그들의 장내에 원생동물이 없다면 굶주리게 될 것이다. 마찬가지로 수많은 대장균이 인간의 대장에서 살아가고 있다. 이 세균들은 혈액 응고인자인 비타민 K와 같이 유용물질을 생산한다. 비록 이러한 관계가 의무적이지 않지만, 대장균은 우리들이 필요로 하는 비타민 K의 요구성을 만족시키고 적당하게 공헌하면서 자신들의 생존에 필요한 양분을 공급 받고 좋은 환경을 제공 받는다.

스펙트럼의 다른 쪽에는 **기생(parasitism)**이 있다. 기생체인 하나의 생명체가 상호관계에서 이익을 얻는 반면에, 숙주인 다른 생명체는 기생체에 의해 손상을 받는다(**그림 14.2**). **기생충(parasite)**에 대

주사전자현미경 SEM

그림 14.1 사람의 피부 위에 있는 수많은 세균의 상리공생(41,616X). 그러나 대부분의 미생물들은 편리공생이다. 편리공생은 영양소들에 대하여 해로운 미생물들과 경쟁하도록 우리들에게 간접적으로 이익을 주고, 해로운 미생물들이 조직에 부착과 침투를 하지 못하도록 한다. (David M. Phillips/ Visuals Unlimited)

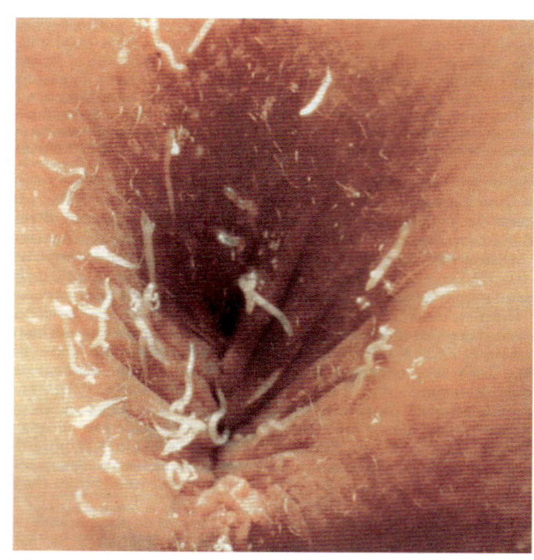

그림 14.2 기생충침입. 5세의 어린이에 있어서 암컷의 요충이 항문 인근의 피부에 알을 낳고 떠나는 모습. (*Photo by Martin Weber, MD., reproduced from The New England Journal Medicine, vol. 328, no. 13, pg. 927© 1993 by the Massachusetts Medical Society*)

한 넓은 의미의 정의로 세균, 바이러스, 원생동물, 곰팡이 그리고 장내 기생충이 있다(일부 생물학자들은 "기생충"이라는 단어를 숙주에서 살고 있는 원생동물, 장내 기생충 그리고 절지동물만을 언급할 때 말한다). 기생충은 숙주를 죽이는 것으로부터 일부는 숙주에 단지 작은 해만 끼치면서 살아가는 것에 이르기까지 광범위하다. 어떤 기생충은 숙주에 적당한 피해만 주고 자신들의 안락한 생활환경을 제공 받는다. 또 다른 기생충은 그들의 숙주를 죽이면서 자신들의 집이 없어진다(◀11장 p. 311). 가장 성공적인 기생충은 그들의 숙주를 심하게 손상시키는 것 없이 그들의 삶의 과정을 유지하는 것이다.

"기생충"이라는 말은 "다른 사람의 식탁에서 식사를 하는 사람"을 의미하는 그리스어 parasitos에서 유래한다.

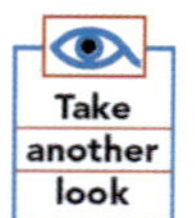

중간 어딘가에 **편리공생(commensalism)**이 존재한다. 한쪽이 이익을 보고 다른 한 쪽은 이익이나 손상이 없는 관계에서 2종이 함께 살아간다. 예를 들면, 많은 미생물은 피부 표면에 살고 피부의 털구멍으로부터 분비된 대사물질을 이용한다. 대사물질은 미생물이 그것을 이용을 하든지 관계없이 방출되기 때문에 미생물은 혜택을 받게 되고, 우리는 보통 이익을 얻지도 않고 손상도 입지 않는다.

편리공생과 상리공생 사이의 선은 항상 명확한 것은 아니다. 공간을 차지하고 영양분을 이용하면서, 편리공생 또는 상리공생 행동을 보여 주는 미생물들은 잠재적으로 유해한 질병을 유발하는 다른 미생물들에 의한 피부의 군집화를 방해 한다-미생물 경쟁(*microbial competition*)으로 알려진 현상. 그러나 이러한 공생관계는 숙주에게 간접적인 이익을 준다.

또한, 기생과 편리공생 사이에는 정확한 선이 있다. 건강한 숙주에 있어서 대장의 많은 미생물들은 단순히 소화된 음식물을 먹음으로써 무해한 관계를 형성한다. 하지만 만약 '무해한' 미생물이 그들이 보통 존재하지 않은 몸의 일부분에 접근을 하게 되면 기생충처럼 행동할 수 있을 것이다. 서로가 이익을 주지 않으면서 2개의 종이 서로에게 해를 끼치는 상태를 길항작용(*antagonism*)이라고 한다.

오염, 감염 그리고 질병

오염, 감염 및 질병은 미생물이 그들의 숙주에 미치는 영향의 심한 정도가 증가할 때 일련의 상황으로써 나타날 수 있다. **오염(contamination)**은 미생물이 존재한다는 것을 의미한다. 무생물의 물체 그리고 피부와 점막의 표면은 매우 다양한 미생물에 의해서 오염될 수 있다. 공생생물은 해를 끼치지 않으나, 기생충은 조직을 침입하는 능력을 갖고 있다. **감염(infection)**은 숙주의 몸 안 또는 표면에 어떤 기생충을 증식 시킨다(때로 감염의 용어는 몸 속 또는 몸 표면의 기생충이나 절지동물과 같은 더 큰 기생충이 존재할 때 사용하기도 한다). 만약 감염이 숙주의 정상적인 기능을 방해하게 되면 질병이 일어난다. **질병(disease)**은 몸의 모든 정상적인 기능을 수행하지 못하도록 몸의 상태를 방해한다.

감염과 질병은 기생충과 그들의 숙주 사이의 상호작용으로부터 기인한다. 가끔 미생물이 조직에 침입함에도 불구하고, 감염은 숙주에 뚜렷한 영향을 나타내지 못하기도 한다. 일반적으로 감염은 건강한 숙주에서 눈에 보이는 방해물을 생산 한다; 즉, 질병을 일으킨다. 감염이 질병을 일으킬 때, 질병의 영향은 약한 상태로부터 극심한 상태까지 이르기도 한다.

오염, 감염 및 질병의 차이를 이해하는데 몇 가지의 예들을 보자. 어떤 건강관리사가 손상된 피부를 치료하는 동안 무균절차를 하지 못한 손은 포도상 구균으로 오염된다. 그러나, 그 사람은 자신의 일을 마친 후, 손을 깨끗이 씻으면 아프지 않는다. 그 사람의 손이 오염되었음에도 불구하고, 어떤 감염으로 발전시키지 않았다. 다른 환자의 같은 일을 수행하는 또 다른 직원은 환자를 치료한 뒤 손을 깨끗이 씻지 않아 미생물이 몸에 침입하면서 작은 상처를 감염시킨다. 곧 상처를 입은 주변의 피부가 하루정도 붉어졌다. 이 사람은 오염되면서 감염되었다. 같은 상황으로 또 다른 세 번째 직원은 피부가 붉어지는 곳이 보다 진행 된다; 그 사람은 신경을 안 쓰다가 며칠 내로 큰 종기를 갖는다. 이 직원들은 오염, 감염 그리고 질병을 경험한 것이다.

질병 즉 병은 정상적인 기능을 방해하는 숙주에서의 변화에 의해서 특징지어진다. 이러한 변화는 가볍거나 심할 수 있으며 하지만 회복할 수 있거나 또는 회복할 수 없다. 예를 들면, 만약 당신이 일반적인 감기를 일으키는 바이러스 중 어느 하나에 감염이 되면, 며칠 동안 그냥 콧물만 흘릴 수 있다. 또는 인후염, 기침, 열 및 두통을 함께 수반한 심한 감기에 걸려, 아무런 영구적인 영향 없이 질병이 1주일 정도 지속될 수 있다. 당신의 건강 상태에서 변화들은 언제든 바뀔 수 있다. 하지만, 만일 당신이 눈의 세균 감염인 트라코마(trachoma)에 대하여 각막의 상처 치료 없이 트라코마가 진행되고 있다면, 영구적인 시각 장애로 이어질 수 있으며 경우에 따라서는 눈이 멀 수도 있다. 이처럼 당신이 연쇄상 구균 감염에 대하여 적당한 치료를 받지 않는다면, 심장이나 신장에 돌이킬 수 없는 손상을 입을 수 있다.

병원균, 병원성 그리고 독성

개인의 건강상태를 악화시키는 병원균의 능력은 다양하다. 즉 각 병원균들은 병원성 정도의 차이를 보여준다. **병원성(pathogenicity)**은 질병을 일으키는 능력이다. 미생물의 병원성은 숙주로 침입능력과 숙주에서의 증식, 그리고 숙주방어에 의한 손상으로부터 피할 수 있는 능력에 달려 있다. 결핵균(*Mycobacterium tuberculosis*)과 같은 어떤 병원균은 감염되기 쉬운 숙주에 들어가 병을 일으킨다. 피부 포도상구균인 *Staphylococcus epidermidis*와 같은 다른 세균은 드물게 질병을 일으키지만 보통 방어가 약한 숙주에게서만 병을 일으킨다. 대부분의 감염원은 이러한 양극단 사이에서 병원성의 정도를 보여준다.

병원성의 중요한 인자는 몸에 들어가는 감염 미생물의 숫자이다. 만약 단지 적은 숫자가 들어간다면, 숙주의 방어가 미생물이 병을 일으키기 전에 미생물을 제거할 수 있다. 반면 많은 숫자가 들어가면, 세균은 숙주의 방어를 제압하여 질병을 일으킬 수 있다. 다른 미생물들은 감염성이 매우 높아서, 예를 들면 *Shigella*는 단 10마리 정도로 몸 안에 들어오게 되면 설사를 유발시킨다.

독성(virulence)은 병원체에 의한 질병의 심한 정도를 나타내고, 미생물 종의 차이에 따라 다양하다. 예를 들면 *Bacillus cereus*는 가벼운 위장염을 일으키는 반면, 광견병 바이러스는 치명적인 신경의 손상을 일으킨다. 또한 독성은 병원균의 동일한 종에 속하는 것들 사이에서도 다양하다. 예를 들면 환자로부터 분리된 미생물은 보균자로부터 분리된 미생물보다 훨씬 독성을 가지는 경향이 있다. 병원균의 독성은 병원균에 의해 감염되기 쉬운 동물의 종에 따라 병원균의 빠른 전파인, **동물이동(animal passage)**에 의해 증가할 수 있다. 한 마리의 동물이 병에 걸리면 그 동물에게서 방출된 미생물은 건강한 동물에게 전염되어 그 동물 역시 병을 얻는다. 이러한 연속이 두 번이나 세 번 반복된다면, 매번 새롭게 감염된 동물은 이전의 동물보다도 그 질병에 대하여 보다 심각하게 겪는다. 미생물은 아마도 매번 동물이동을 통하여 숙주에게 더욱 더 손상을 입힐 수 있다. 때때로 이러한 양식으로 감염질병은 사람들을 통해 퍼지고 유행성 질병이 된다. 유행성 인플루엔자는 이런 방법으로 진행되는데 처음 사람들은 가벼운 질병에 걸리지만 나중에 걸린 사람들은 그 질병에 대하여 보다 심각하게 된다. 이 과정은 영원히 지속되지 못 한다; 미생물은 독성의 정점에 이르게 되고 노출된 사람들은 면역성을 가지게 된다.

병원균의 독성은 병원균이 병을 일으키는 능력의 약화 즉 **약독화(attenuation)**로 저하될 수 있다. 약독화는 실험실 배지에서 반복배양이나 독성의 전이에 의해 이루어진다. **독성의 전이(transposal of virulence)**는 병원균이 보통의 숙주에서 새로운 종의 숙주로 전이되고, 새로운 숙주의 종에 속하는 것들로부터 연속으로 전이된다. 결국 병원균은 완전히 더 이상 원래 숙주에 대하여 독성을 가지지 않고 새로운 종에 적응한다. 다시 말하면 독성이 다른 생명체에서 변형되어 왔다. 파스퇴르는 토끼의 백신을 만들기 위하여 독성의 전이를 사용하였다. 토끼를 통하여 반복된 이동으로 이 바이러스는 사람에게 무해하면서 사람의 백신으로 사용하기에 안전하였다. 오늘날 약독화가 일부 백신의 생산에 있어서 중요한 단계라는 것을 ◀17장에서 볼 수 있다—예를 들면 유행성 이하선염과 홍역이다.

표 14.2

인체에서의 주요한 일반 미생물 균총 (별도로 언급하지 않으면 세균임)

피부	장
*Staphylococcus epidermidis**	*Staphylococcus epidermidis**
Staphylococcus aureus	*Staphylococcus aureus*
Lactobacillus species	*Streptococcus mitis**
*Propionibacterium acnes**	*Enterococcus* species*
Pityrosporon ovale (fungus)*	*Lactobacillus* species*
구강	*Clostridium* species*
*Streptococcus salivarius**	*Eubacterium limosum**
Streptococcus pneumoniae	*Bifidobacterium bifidum**
*Streptococcus mitis**	*Actinomyces bifidus*
Steperococcus sanguis	*Escherichia coli**
Streptococcus mutans	*Enterobacter* species*
*Staphylococcus epidermidis**	*Klebsiella* species
Staphylococcus aureus	*Proteus* species
Moraxella catarrhalis	*Pseudomonas aeruginosa*
*Veillonella alcalescens**	*Bacteroides* species*
Lactobacillus species*	*Fusobacterium* species
Klebsiella species	*Treponema denticola*
*Haemophilus influenzae**	*Endolimax nana (protozoan)*
*Fusobacterium nucleatum**	*Giardia intestinalis (protozoan)*
*Treponema denticola**	**비뇨생식기관**
Candida albicans (fungus)*	*Streptococcus mitis**
Entamoeba gingivalis (protozoan)*	*Streptococcus* species*
Trichomonas tenax (protozoan)*	*Staphylococcus epidermidis**
상부호흡기관	*Lactobacillus* species*
*Staphylococcus epidermidis**	*Clostridium* species
Staphylococcus aureus	*Actinomyces bifidus*
*Streptococcus mitis**	*candida albicans* (fungus)*
Streptococcus pneumoniae	*Trichomonas vaginalis* (protozoan)
Moraxella catarrhalis	
Lactobacillus species	
Haemophilus influenzae	

**잘 확립된 군집들

정상(고유) 미생물 균총

인간과 다양하게 공생하는 미생물은 반드시 질병의 원인이 되지는 않는다. 성인의 몸은 대체로 10^{13} (10조)의 진핵세포로 구성되어 있다. 피부표면, 점막, 소화계, 호흡계, 그리고 생식계에 10^{14}(100조)의 원핵생물과 진핵생물이 존재하고 있다. 따라서 몸을 구성하는 세포보다 신체 내와 표면에 존재하는 미생물이 10배나 된다.

태어나기 전 태아는 엄마가 독일홍역(풍진)과 같은 태반에 존재하는 미생물에 감염되지 않았다면 무균 환경에 있게 된다. 산도를 통해 이동하는 동안 태아는 일시적 혹은 영구적으로 관련된 특정한 미생물을 갖게 된다. 몸 안이나 피부 위에 있는 질병을 일으키지 않는 미생물을 **정상미생물 균총(normal microflora)** 또는 정상미생물총(*normal microbiota*)이라고 한다(**표 14.2**). 그러한 많은 미생물들은 사람과 잘 연관되어 있다. 정상미생물 총에 있어서 대부분 미생물들은 편리공생이다-미생물은 피부와 점막의 표면에 있는 숙주의 분비물인 노폐물들로부터 영양소를 얻는다. 미생물의 두 종류는 상주균총(*resident microflora*)과 일시적균총(*transient microflora*)으로 구분된다.

상주균총(resident microflora)(**그림 14.3**)은 항상 사람의 몸 속이나 피부에 존재하는 미생물이다. 이러한 미생물들은 입, 코, 목의 안쪽, 대장, 비뇨기, 생식기의 통로, 그리고 특히 이들 개구부 가까이에서 발견된다. 신체의 각 부위에서 상주균총은 우세한 조건으로 적응되어 있다. 입과 대장의 보다 아래 부분은 따뜻한 습윤 상태와 충분한 영양을 제공한다. 코, 목, 요도, 그리고 질의 점막은 비록 영양이 더 적게 공급될지라도 따뜻하고 습윤한 상태를 제공한다. 피부는 충분한 영양을 공급하지만 보다 차갑고 수분이 적다.

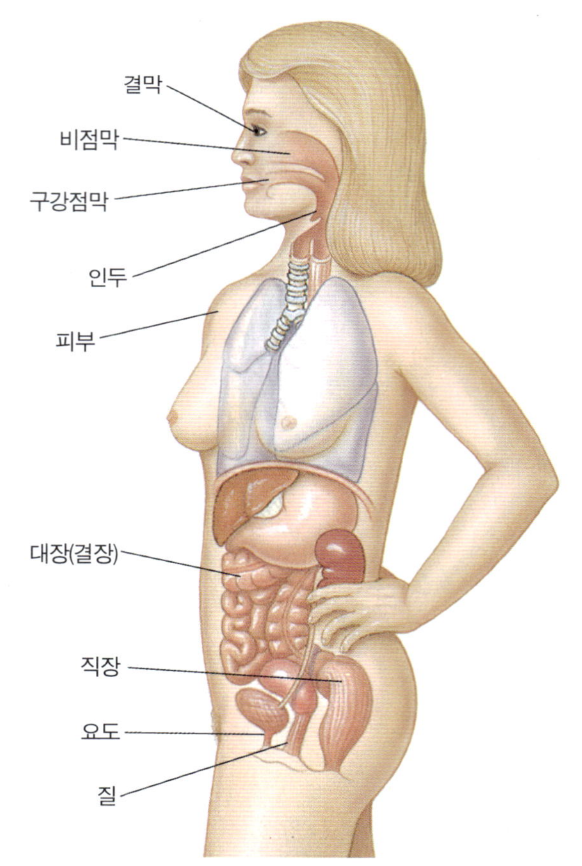

그림 14.3 인체에서의 상주균총의 위치.

적용

사냥개 블러드하운드(Bloodhound)는 정확히 일란성 쌍둥이를 구별할 수 있을까?

우리가 산보하고 있을 때 물건의 주위나 땅 위에 피부조각인 "비듬 조각들"을 떨어뜨리고 있다. 블러드하운드는 이 조각을 킁킁거리며 냄새를 맡음으로써 그 흔적을 추적할 수 있다. 사람의 몸 위에 있는 정상균총은 기름과 분비물들을 가지고 특별한 냄새를 갖는 부산물로 대사시킨다. 일란성쌍둥이는 동일한 정상균총을 가질 수 없다. 그래서 그들의 피부조각은 냄새가 약간 다를 수밖에 없다. 블러드하운드는 이 냄새를 구별할 수 있고, 정확하게 올바른 쌍둥이의 한 사람을 따를 수 있다.

(Carol J. Kaeison/ Animals/ Earth Scenes)

신체의 다른 부위에는 상주균총이 없는데 미생물들에게 부적합한 환경 혹은 숙주 방어로부터 보호되어 미생물이 접근하기 어렵기 때문이다(**표 14.3**). 예를 들어 위의 환경은 너무 산성이기 때문에 균총이 살기 어렵다. 일반적인 조건 하에서 신경계는 미생물이 접근하기 어렵다. 혈액은 상대적으로 접근하기 어렵기 때문에 상주균총을 가지고 있지 않으며, 정착되기 전에 숙주방어 기작이 일반적으로 미생물을 파괴한다.

일시적균총(transient microflora)은 상주균총이 있는 어느 곳에서 어떤 조건 하에 존재할 수 있는 미생물이다. 이들 미생물은 수 시간부터 몇 달 동안 생존할 수 있으나 미생물이 필요한 조건이 계속되는

표 14.3

일반적으로 미생물이 없는 신체조직, 기관 및 체액

내부의 조직과 기관	체액
귀의 중간과 안쪽	혈액
공동	뇌척수액
눈의 내부	분비하기 전의 침
골수	신장과 방광 내의 소변
근육	요도로 가기 전의 정액
분비선	
기관	
순환기	
뇌와 척수	
난소와 고환	

동안만 유지될 수 있다. 일시적균총은 영양소가 보통보다 훨씬 많을 때 점막 위에 나타나거나 혹은 일상보다 수분이 많고 온도가 높을 때 피부 위에 나타난다. 병원균도 일시적균총이 될 수 있다. 예를 들면 여러분이 홍역에 감염된 어린이와 접촉을 해서 일부의 바이러스가 당신의 코와 목구멍으로 들어왔다고 가정해 보자. 여러분들은 몇 년 전에 홍역에 걸렸을 것이고 지금은 그 질병에 대한 면역을 가지고 있다. 그래서 여러분의 몸은 같은 바이러스가 세포에 침입하는 것을 방해한다. 그러나 여러분은 짧은 시간 동안 일시적으로 바이러스를 가지고 있다.

상주 및 일시적균총들 사이에 몇몇 종들은 일반적으로 질병을 일으키지 않지만, 어떤 환경 조건 하에서는 질병을 유발할 수 있다. 이런 미생물들을 **기회감염균(opportunists)**이라고 한다. 왜냐하면 이 미생물들은 질병을 유발하기 위해 특별한 기회를 이용하기 때문이다. 이와 같은 미생물에 대하여 기회를 제공하는 조건들은 다음과 같다.

1. *숙주의 일반적인 방어의 실패.* 약화된 면역방어를 가진 개체들에 대하여 **면역기능저하(immunocompromised)**가 되었다고 말한다. 심한 영양실조, 또 다른 질병의 존재, 아주 어린 나이 혹은 고령, 면역억제제 또는 방사능 치료, 그리고 육체적 또는 정신적인 스트레스가 이런 상태를 만들 수 있다. 예를 들면, 에이즈 환자들의 숙주 방어의 실패는 몇 가지의 다른 기회감염을 발달시킬 수 있다.
2. *이상 신체부위 내로 미생물의 유입.* *Escherichia coli*와 같은 세균은 보통 인간의 대장에 살지만 만약 이것이 요도, 외부 상처 또는 화상과 같이 이상한 곳으로 들어가면 대장균은 질병을 일으킬 수 있다.
3. *정상균총에서의 장애.* 정상균총이 번식하면 병원성 미생물과 경쟁한다. 그리고 경우에 따라서는 **미생물 길항작용(microbial antagonism)**에 의하여 병원성미생물을 배제할 수 있다. 정상균총은 병원균이 필요한 영양을 고갈시키거나 경쟁함으로써 병원균의 성장을 방해하고 병원균이 성장하지 못하게 어떤 물질들을 생산하는 환경을 만든다. 우리들이 ◀13장(p. 372)에서 본 것처럼 항생물질이 종종 병원균을 제압할 때, 때때로 정상균총을 파괴하거나 방해하기도 한다. 이러한 방해는 항생제에 의해 손상을 받지 않는 효모들과 같은 다른 병원성 미생물들을 그들의 길항제인 정상균총이 없는 가운데 번식토록 한다.

뒷장에서 사람의 질병을 유발하는 미생물에 대하여 중점을 두겠지만, 우리는 사람의 신체와 관련된 비병원성 미생물의 중요성에 대해 잘 알아야 된다. 또 질병은 잔류하는 미생물 집단과 숙주사이에 있는 정상적인 생태적 균형이 깨뜨려 졌을 때 초래할 수 있다는 것을 우리는 명심해야 한다.

코흐의 가설

로버트 코흐의 연구와 특정 질병에 관련된 원인에 대한 그가 주장하는 가설의 역할은 ◀1장(p. 12)에 간단히 서술하였다. 이제 우리는 그러한 가설들을 보다 신중하게 살펴보기 위해 감염과 질병에 대한 우리들의 이해력을 이용할 수 있다. 예를 들면, 미생물에 의한 감염이 반드시 질병의 징후가 되는 것은 아니다 라는 것을 이제는 알고 있다. 이러한 지식으로 특정 미생물이 특별한 질병을 일으키는 요소라는 것을 증명하기 위하여 우리는 코흐(Koch's Postulates)의 4가지 가설들의 필요성을 잘 알 수 있다.

1. 특정의 병원균은 어느 질병의 모든 경우에서 관찰되어야 한다.
2. 병원균은 숙주로부터 분리되어야 하고 순수 배양에서 자라야 한다.
3. 순수배양으로부터 분리된 병원균을 건강한 숙주에 접종하였을 때 감염되어야 하고 같은 질병을 유발해야 한다.
4. 병원균은 접종되어 질병에 걸린 숙주세포로부터 다시 분리될 수 있어야 하고 원래의 특정 원인균과 동일한 것으로 확인되어야 한다.

각각의 가설은 세균이 일으키는 다양한 질병에 대하여 마주치게 되고 오늘날 이를 설명하는 것은 비교적 쉽다**(그림 14.4)**. 그러나 어떤 박테리아는 까다로운 영양요구성과 성장을 위한 특별한 요구성을 가지고 있기 때문에 배양하기 어렵다. 예를 들면 매독의 원인균인 *Treponema pallidum*은 수년간 알려져 있지만 인공 합성배지에 자라게 하는 데는 지금까지 성공하지 못하였다. 또한 바이러스와 리케차와 같은 기생균들은 인공 합성배지에서 자랄 수 없고 대신에 살아있는 세포 안에서 증식할 수 있다. 사람의 질병을 유발시키는 어떤 병원

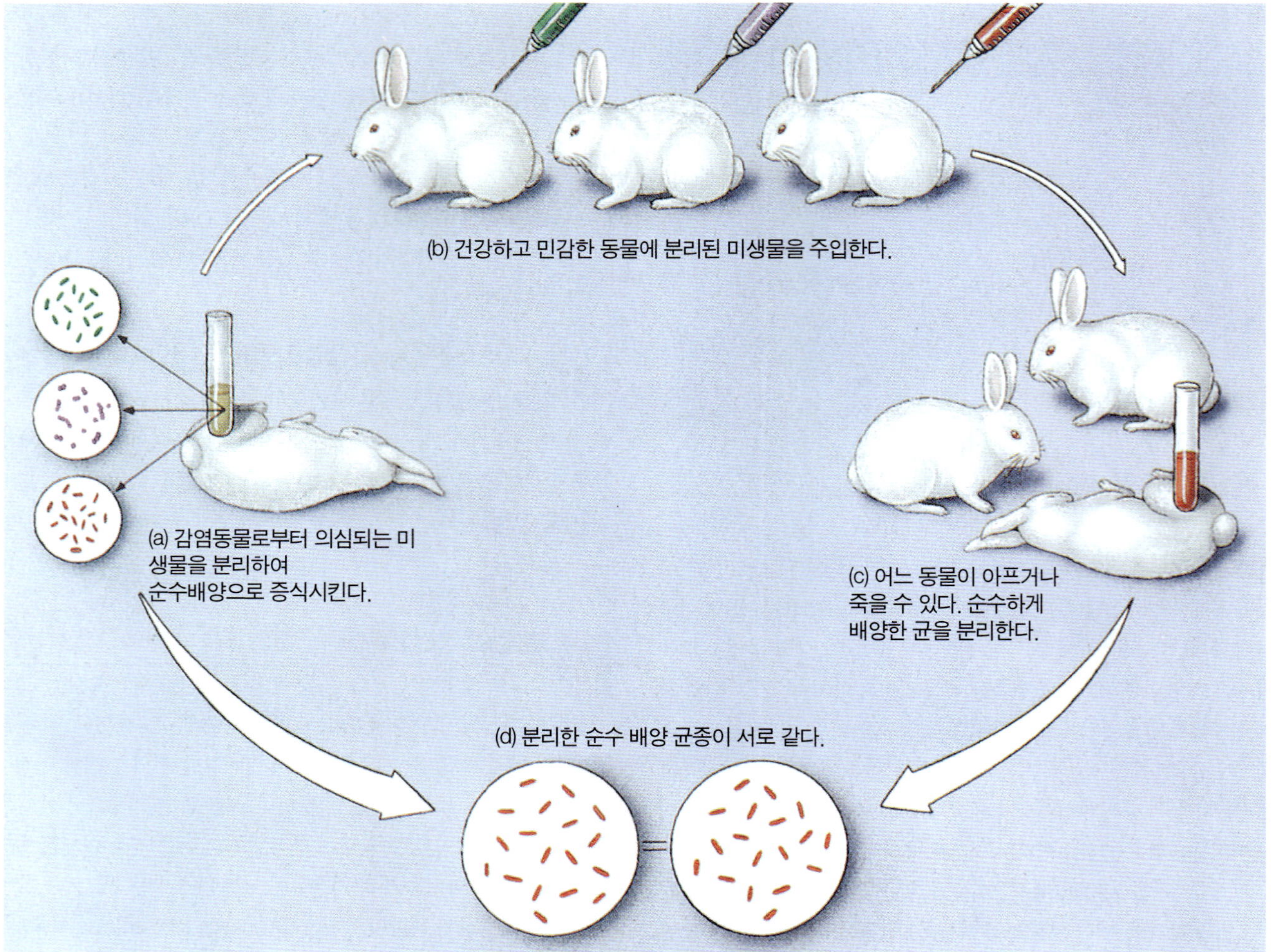

그림 14.4 세균 질병이 코흐의 가설을 만족시키는 설명.

균은 사람 외에 다른 숙주에서 발견되지 않고 있다. 그러므로 해당 숙주 안에 접종하는 경우는 자원 봉사자를 찾지 못하면 불가능하다. 비록 자원봉사자가 있다 할지라도 전염원을 접종하는 것은 윤리상의 문제가 있다.

중점 질문 사항

1. 공생의 다른 형태의 종류들을 구별하면서 설명하라.
2. 병원성과 독성을 비교하라.
3. 기회감염균과 병원균을 비교하라.
4. 코흐의 가설은 무엇을 증명하고 있는가?

질병의 종류

사람의 질병은 감염원, 유전자의 구조적 혹은 기능적인 결함과 환경적 요인, 또는 이 원인들의 어떤 조합으로 부터 야기된다.

감염성 질병과 비감염성 질병

감염성 질병(infectious disease)은 박테리아, 바이러스, 균류, 원생동물과 장내 기생충과 같은 전염원에 의하여 야기된다. 19장에서 24장까지 특별한 감염원과 그것들이 일으키는 질병에 관하여 설명한다. **비감염성 질병(noninfectious disease)**은 감염 미생물 이외의 어떤 요소에 의해 야기된다.

질병의 분류

감염성이나 비감염성 질병의 분류는 사람의 질병에 관하여 매우 제한적인 관점을 주고 있다. 질병을 분류하기 위한 다음의 구성은 보다 이해하기 쉬운 관점을 제공한다. 보다 중요한 것은 전염원이 질병의 원인이 되는 다른 요소와 서로 작용할 수 있다는 것을 보여준다.

1. *유전적 질병(inherited diseases)*은 유전정보의 오류에 의해 야기된다. 결과적인 발달의 장애는 염색체의 수와 분포에 있어 이상

공중 보건

아르마딜로 (Armadillo): 한센병을 위한 배양조

한센병을 일으키는 미생물은 배양하기 어렵다. 여러 가지 다른 방법들이 시도되었고, 9개 줄무늬 모양을 가진 아르마딜로의 다리부분 안에 누군가 그 미생물을 확실히 접종하기 전까지는 만족스럽지 못했다. 거기에서 그들은 매우 잘 자란다; 사실 이 미생물들은 사람의 조직에서보다 아르마딜로에서 훨씬 빠르게 증식한다. 이 미생물이 인체에 감염되었을 때 그것은 질병의 증상이 나타나기 전 30년까지 잠복기간을 가질 수 있다. 아르마딜로가 그 미생물을 배양하기 위하여 사용되기 전에는 코흐의 3번째 가설은 만족될 수 없었다. 아무도 팔을 내밀기를 원하지 않았고, "한센병을 옮기는데 나를 시도해봐" 라고 말하지 않았다. 또한 30년은 이 실험의 결과를 결정하기까지 기다리기에는 너무 긴 시간이었다. 아르마딜로의 사용은 한센병의 원인균으로서 *Mycobacterium leprae*에 대해 코흐의 가설을 확인할 수 있도록 만들었다. 1878년 한센(Armauer Hansen)이 보여준 이 박테리아는 질병과 관련된 것으로 확인된 첫 번째 감염원 중의 하나이고 코흐의 가설을 만족시키는 마지막 중의 하나였다. 자연적으로 발생하는 한센병이 텍사스와 루이지애나의 아르마딜로 집단에서 발견된 이후 아르마딜로는 감염 후에 실험용 숙주로써 선택되었다.

DNA 연구는 아르마딜로의 *M. leprae*의 균주가 사람을 감염시키는 것과 동일하다는 것을 보여주었다. 아르마딜로로부터 후천성 감염을 가진 사람의 경우가 확인되어졌으며, 우리는 지금 미국 남서부에서 그 질병에 대한 보유숙주를 아르마딜로스(armadillos)라고 부르고 있다. 아프리카 침팬지와 망가베이 원숭이에서 한센병이 또한 발견되었다. 아르마딜로스부터 수집된 *M. leprae*를 망가베이에 주입하면 원숭이가 한센병을 나타내게 된다.

(William J. Weber/Visuals Unlimited)

혹은 유전적 그리고 환경적 요인들의 상호작용에 의하여 일어난다. 비록 유전적 질병이 비감염원을 가지고 있을지라도 어떤 것은 미생물의 활성과 관련이 있다. 겸상적혈구 빈혈증 환자는 위약해지게 되고 감염성 질병으로부터 더 민감해진다. 그러나 겸상적혈구 빈혈증 환자 또는 보균자는 말라리아에 걸리지 않는 경향이 있다. 겸상적혈구 빈혈증 환자의 비정상적인 헤모글로빈 S는 축적된 산소를 버린다. 보다 적은 산소로 적혈구 세포는 겸상 (낫) 모양으로 변하게 되고 비장에 의해 제거된다. 적혈구 세포에 들어간 말라리아 기생충은 그 세포를 겸상 (낫) 모양으로 만들고 그들의 생활사를 완성하기 전에 거기에서 죽게 된다.

2. *선천적인 질병*(*congenital diseases*)은 약, 과도한 X-ray 노출, 또는 어떤 감염에 의해 출생 시에 나타나는 구조적 및 기능적 결함이다. 엄마가 풍진 (독일홍역)이나 매독을 가지고 있을 때 감염원은 태반을 통과할 것이고 선천적인 결함의 원인이 될 것이다. 주름을 예방하는 레티놀 A와 항생제인 테트라사이클린과 같은 약은 임신한 여자가 복용할 때 선천적인 결함을 야기할 수 있다.
3. *퇴행성 질환*(*degenerative diseases*)은 노화가 일어나면서 하나 또는 여러 곳의 신체조직에서 발생하는 기능장애이다. 폐기종이나 신장 기능 손상과 같은 퇴행성 질환의 환자는 감염에 민감하다. 반대로 박테리아의 심내막염, 류머티스 심장질병과 어떤 신장질병에서 일어나는 것처럼, 감염원이 조직의 손상을 일으켜 퇴행성 질환이 된다.
4. *영양결핍증*(*nutritional deficiency diseases*)으로 인한 질병은 감염성 질환의 저항성을 낮추고 심각한 감염을 일으킨다. 예를 들면 디프테리아의 원인균 (*Corynebacterium diphtheriae*)은 정상적인 철분의 양을 가진 사람보다 철분 결핍에 있는 사람에게 보다 많은 독소를 생산한다. 영양부족은 또한 홍역의 심각함을 증가시켜 사망하게 할 수 있다. 영양 결핍은 장의 내면을 심하게 손상시키는 예를 들면 기생충의 작용을 발달시킬 수 있다.
5. *내분비선 질환*(*endocrine diseases*)은 호르몬의 결핍 또는 과잉 때문에 일어난다. 췌장의 손상과 연결되어 있는 바이러스의 감염은 인슐린 의존성 당뇨병을 야기할 수 있다.
6. *정신적 질환*(*mental diseases*)은 어떤 감염뿐만 아니라 감정적 그리고 심인성 성격을 포함한 다양한 요인에 의해 야기될 수 있다. 예를 들어 심리적 스트레스는 몇몇의 위장에 관한 기능장애와 피부발진을 일으키고 심지어 호흡곤란까지 초래한다. 정신질환은 신경매독과 프리온이 원인인 크로이츠펠트야코브병(Creutzfeldt-Jakob disease)과 같은 뇌의 감염이 원인일 수 있다.
7. 알레르기, 자가면역질환, 그리고 면역결핍증과 같은 *면역성 질환*(*immunological diseases*)은 면역체계의 기능 부진에 의해 야기 된다; 에이즈는 바이러스 감염과 면역계의 어떤 세포의 파괴에 의한 결과이다.

8. *종양성 질환*(*neoplastic diseases*)은 일반적으로 해롭지 않은 비정상 세포성장과 암과 같은 성장 혹은 종양의 여러 형태를 이루는 비정상적인 세포성장을 포함한다. 이와 같은 질병의 원인은 여러 가지의 방사능, 그리고 미생물, 특히 바이러스와 같은 화학적, 물리적 감염원이 있다. 사마귀를 유발하는 것으로 알려진 유두종 바이러스는 자궁경부암의 발달과 관련이 있고, 다른 바이러스는 식물에서 종양의 성장을 일으키는 것으로 알려졌다(◀10장 p. 302).
9. *의원성 질환*(*iatrogenic diseases*)은 의학적인 처치와 치료에 의해 야기된다. 예를 들어 외과의 오류와, 약물반응 및 병원 치료로부터 얻어지는 감염 등이 있다. 후자는 병원 치료 동안의 감염이라고 불린다. 예를 들어 *Staphylococcus aureus*는 외과의 상처 감염에 관련된 일반적인 세균이다. 병원 안에서의 감염은 15장에서 논의 된다.
10. *특발성 질환*(*idiopathic diseases*)은 원인이 잘 알려지지 않은 질병이다. 어떤 연구자는 알츠하이머 질병(*Alzheimer's disease*)이 감염에 의한 결과로 정신장애를 일으킨다고 믿는다.

전염성 질병과 비전염성 질병

어떤 감염성 질병은 하나의 숙주에서 또 다른 생명체로 퍼지는데 이를 **전염성 질병(communicable infectious disease)**이라고 한다. 어떤 질병은 다른 어떤 것보다 쉽게 퍼진다. 피부홍역(Rubeola)과 풍진(Rubella)은 특히 어린이에게 잘 전파되는 **접촉성 전염병(contagious disease)**이다. 선진국 아이들은 백신으로 보호받지만, 개발도상국에서는 거의 대부분이 면역을 형성하지 못하여 이러한 질병에 걸리고 있다. 감기는 성인 사이에서 쉽게 전염될 수 있으며, 특히 중장년층들이 그러하다. 임질과 생식기의 헤르페스 감염은 무분별한 성적 파트너를 통해 쉽게 퍼진다. 비록 전염성이지만, *Klebsiella* 폐렴과 같은 종류의 질병은 적게 전염된다. 보통 다른 동물들에게 영향을 미치는 일부 질병은 사람에게 전염될 수 있으며, 한센병 (나병)은 사람으로부터 다른 동물들에게 전염될 수 있다.

비전염성 질병(noncommunicable infectious disease)은 어떤 숙주에서 다른 숙주로 전염되지 않는다. 다른 사람으로부터 비전염성인 질병을 받을 수 없다. 그런 질병들은 (1) 맹장 파열에 의한 복강 내벽의 염증을 가진 환자에 있어서 정상균총으로 인한 감염, (2) 식중독의 원인인 황색포도상구균의 내독소와 같이 독소의 섭취로 인한 독성, (3) 흙에서 상처로 인하여 포자에 의한 세균성 감염과 같은 파상풍처럼 주위 환경에서 발견되는 어떤 미생물들에 의해 야기되는 감염이 있다. 폐렴 증세인 레지오넬라증(legionellosis)과 같은 비전염성 질병은 오염된 공기에 의해서 전파될 수 있다.

질병의 과정

미생물은 어떻게 질병을 일으키는가?

미생물들은 질병을 일으킬 수 있는 어떤 기작을 가지고 있다. 이러한 기작에는 숙주에 접근을 하고, 세포 표면에 부착하여 군집화 한 후, 조직에 침입하여 독소나 다른 위험한 대사산물을 생산한다. 그러나 숙주의 방어체계는 미생물의 이러한 행동을 방어하는 경향을 나타낸다. 질병의 발생은 병원체 혹은 숙주 중 어느 쪽이 그 싸움에서 승리했는지에 의해 결정 된다; 만약 그것이 오래 지속된다면, 만성질환을 초래한다.

여기에서 설명하는 병원체의 대부분은 사람의 질병을 일으키는 원핵 미생물과 바이러스이다. 하지만, 곰팡이, 원생동물, 그리고 다세포 기생충(대부분 충류)과 같은 일부 진핵생물도 병원성을 나타낸다(◀11장 p.325). 진핵생물의 병원체들은 질병에 대한 신호나 증상 없이도 숙주세포 안에 존재할 수 있으며, 혹은 그들은 중증 질병을 일으킬 수 있다. 이들 병원체에 의한 손상의 범위는 원핵생물 병원체에 의한 것처럼 병원체의 특성과 그 병원체에 대한 숙주의 반응에 의해 결정된다.

세균은 어떻게 질병을 일으키는가?

세균 병원체들은 종종 성공적으로 숙주에의 침입과 감염을 시킬 수 있는 특이한 구조적 및 생리적 특성을 가지고 있다. **병원성 인자(virulence factor)**는 병원체가 감염이나 질병을 일으킬 수 있도록 돕는 구조적 혹은 생리적인 특성을 가진다. 이러한 요소들은 세포와 조직에 부착하기 위한 섬모와 같은 구조와 숙주 방어로부터 피할 수 있게 하는 혹은 자기 자신을 보호하기 위한 효소 그리고 직접적인 질병을 일으킬 수 있는 독소 등이 있다.

매독 균(syphilis spirochete)은 숙주세포로 "걸기(hook)" 위하여 자기 몸의 꼬리 끝을 이용한다.

세균의 직접적인 작용. 세균은 피부나 점막의 침투, 성교, 음식 섭취, 대기오염 물질의 흡입, 접촉된 물건(감염원으로 오염된 사물)을 통해 몸으로 들어올 수 있다. 만약 세균이 오줌, 기침 혹은 재채기를 통해 우리 몸 밖으로 빠져나온다면, 그들은 감염을 즉시 개시할 수는 없다.

세균성 질병이 형성되는 중요한 점은 숙주세포 표면 위로 미생물의 접착(attachment) 즉 **부착(adherence)**이다. 어떤 감염의 발생은 숙주의 원형질막과 세균의 부착 인자들 사이의 상호작용에 부분적으로 달려 있다. **부착물질들(adhesins)**은 부착 섬모(fimbriae)와 캡슐에서 발견되는 단백질 혹은 당단백질이다(◀4장 p.96). 대부분의 부착물질은 어떤 세포나 조직의 막의 수용체에만 병원체가 부착할 수 있도록 해준다(표 14.4). 예를 들면, 대장균의 부착 섬모의 부착물질은 숙주의 상피세포의 수용체에 부착한다(숙주 백혈구 또한 이러한 부착물질의 수용체를 가지고 있으며, 그래서 같은 부착물질이 세균을

표 14.4

부착성의 병원성 인자들

세균	질병	부착 기작
상부 호흡기		
Mycoplasma pneumoniae	비정형성 폐렴	세포표면의 부착물질이 호흡기 내부의 수용체에 부착
Neisseria meningitidis	수막염	섬모가 부착물질
Streptococcus pneumoniae	폐렴	표면 부착물질이 호흡기 내부의 탄수화물에 부착
입		
Streptococcus mutans	충치	캡슐이 치아 법랑질에 부착
장기		
Shigella species	이질	장내 부착 기작이 알려져 있지 않음
Esherichia coli	설사	섬모 부착물질이 장기내의 수용체에 부착
Campylobacter jejuni	설사	편모 부착물질이 장기 내부에 부착
Vibrio cholerae	콜레라	편모 부착물질이 장기내의 수용체에 부착
비뇨생식기		
Treponema pallidum	매독	세균의 단백질이 세포에 부착
Neisseria gonorrhoeae	임질	섬모 부착물질이 생식기선 내부에 부착

어떤 바이러스는 숙주세포에 사용하는 기질을 모방해서 세포로 들어간다: 광견병 바이러스는 신경전달물질 acetylcholine을 모방한다.

부착하도록 하면서 숙주가 세균을 파괴하도록 한다). 그러나 캡슐과 부착 섬모의 대부분은 항 식작용 구조를 가지고 있다. 이것은 식균세포가 캡슐 혹은 부착 섬모를 가진 세균을 집어 삼키기 힘들게 하며, 따라서 이러한 구조는 훌륭한 병원성 인자로 역할을 할 수 있도록 한다.

숙주 세포 표면의 부착이 감염을 일으키기 위해서는 충분하지 않다. 그 미생물이 세포 표면에서 군집을 이루어야 하고 또한 세포표면을 침투해야 한다. **군집화(colonization)**는 피부나 점막 혹은 다른 숙주의 조직과 같은 상피 표면에 미생물들의 성장을 말한다. 부착 이후에 군집화하기 위해서는 그 병원균은 숙주의 방어 기작에도 불구하고 증식하면서 살아남아야 한다. 예를 들면 피부 표면에서 병원성 세균은 환경 조건들과 세균성장 억제용 분비물로부터 저항할 수 있어야 한다. 호흡기관의 막 위에 존재하는 세균들은 점액과 섬모의 활동을 피할 수 있어야 한다. 소화관의 일부 내부에 있는 세균들은 연동운동, 점액, 소화효소, 그리고 산에 대하여 저항해야 한다. *Chlamydia pneumoniae* 생물막은 관상동맥에서 군집화 하는데 기여하고 심장병과 관련이 있다(◀23장 p. 721).

극히 일부의 병원균들이 표면위에 군집을 이루면서 질병을 일으킨다; 대부분 병원균들은 조직을 침투하기 위해 추가적으로 병원성 인자들을 더 가지고 있다. 병원균의 **침입성(invasiveness**, 숙주의 조직에서 성장하고 침투하기 위한 능력)은 병원균이 가지고 있는 병원성 인자와 관련이 있고 병원균이 만드는 질병의 심한 정도를 결정한다. 폐렴상구균이나 연쇄상구균과 같은 일부 세균들은 이들이 빠르게 조직에 침투하고 심각한 질병을 일으킬 수 있도록 소화효소를 분비한다. 연쇄상구균은 **히알루로니다아제(hyaluronidase)** 즉 *확장인자(spreading factor)*라는 효소를 생산한다. 이러한 효소는 어떤 조직의 세포들을 함께 결합시키는 데 필요한 일종의 풀 같은 물질인 히알루론산(hyaluronic acid)을 분해할 수 있다(**그림 14.5a**). 히알루론산의 소화는 상피세포들 사이를 통과하고 보다 깊은 조직 사이를 침투하도록 한다. *Streptococcus pyogenes*의 어떤 종은 시간당 1인치씩 침투할 수 있는 괴사 장치를 가지고서 조직의 분해를 빠르게 하는 원인이 된다.

어떤 경우에는 같은 병원균이 조직이 다른 경우, 침투력과 병원성의 정도가 다양하다. 가래톳 흑사병(Bubonic plague)과 폐렴형 흑사병(Pneumonic plague)은 모두 세균 *Yersinia pestis*에 의해 발병된다. 가래톳 흑사병은 벼룩에 의해 이 세균이 우리 몸속으로 들어오고, 혈액을 통해 이동하며 많은 기관과 조직을 감염시킨다. 이 질병을 치료하지 않으면 사망률은 약 55% 정도다. 폐렴형 흑사병에 걸린 환자의 기침이나 재채기를 할 때, 이 세균은 공기를 통해 또 다른 사람에게 전파된다. *Yersinia pestis*는 폐의 심각한 감염의 원인이 되며 98%의 높은 치사율을 보인다(◀15장 p. 433).

대부분의 세균은 조직의 손상된 세포를 침투하면서 그 세포 주변에서 발견된다. 이와 같이 조직을 손상시키는데 기여하는 효소는 또 다른 중요한 병원성 인자라고 할 수 있다. **코아귤라제(coagulase)**는 세균이 가지고 있는 혈액응고를 촉진시키는 효소이다. 혈액의 액상부분인 혈장이 혈관에서 조직으로 흘러나올 때 코아귤라제가 혈장을 응고시킨다. *Staphylococcus aureus*는 감염을 돕기 위해 코아귤라

(a)

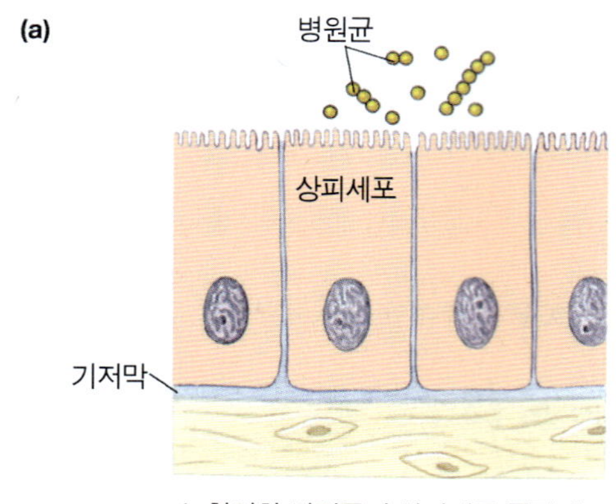

1. 침입한 병원균이 상피세포 표면에 도달한다.

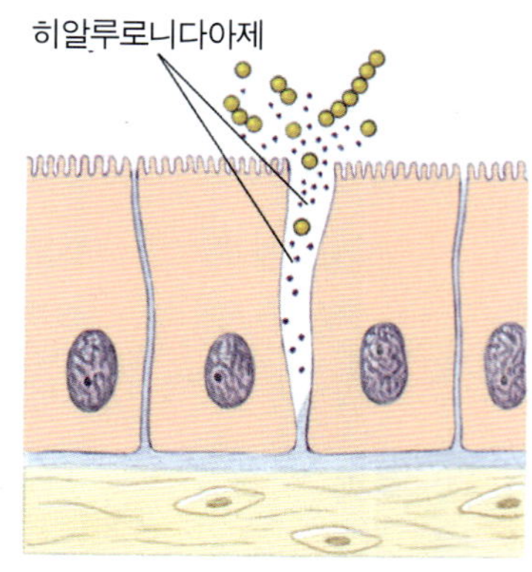

2. 병원균이 히알루로니다아제를 생산한다.

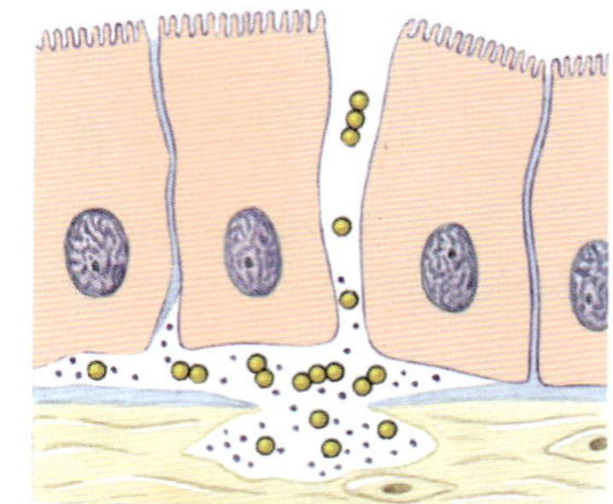

3. 병원균이 보다 깊은 조직에 침투한다.

(b)

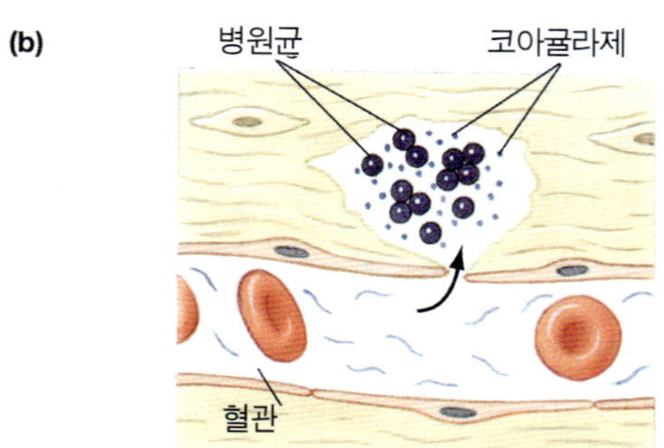

1. 병원균이 코아귤라제를 생산한다.

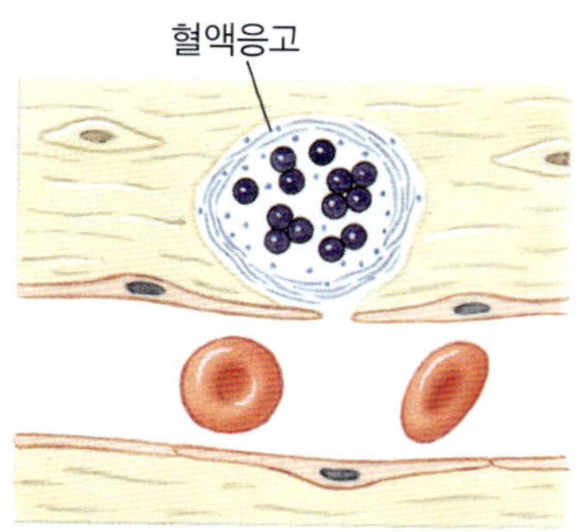

2. 병원균 주위에 응혈이 생긴다.

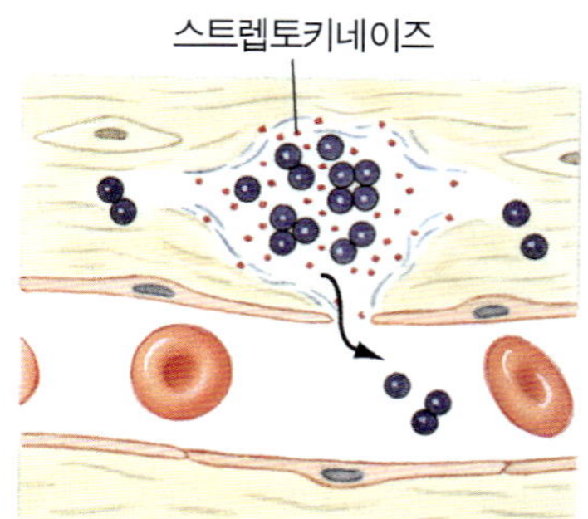

3. 병원균이 스트렙토키네이즈를 생산하여 응혈을 용해하면서 세균은 방출된다.

그림 14.5 조직의 침투와 숙주 방어를 피하는데 도움을 주는 세균의 효소적 병원성 인자. (a) 히알루로니다아제(hyaluronidase)는 소화관의 세포사이를 연결하고 있는 '시멘트'를 용해시킨다. 히알루로니다아제를 생산하는 세균은 장내 조직 내의 보다 깊게 있는 세포로 들어 갈 수 있다. **(b)** 코아귤라제(coagulase)는 혈장을 응고시키고 면역기작으로부터 세균을 보호한다. 스트렙토키네이즈(streptokinase)는 혈액응고를 용해한다. 응혈 내에 잡혀 있는 세균들은 자유로워지고 스트렙토키네이즈를 생산하면서 감염을 전파할 수 있다.

제를 생산한다**(그림 14.5b)**. 코아귤라제는 칼의 양날과 같다: 그것은 미생물들이 퍼질 수 없게 유지시키고, 또한 미생물들을 파괴할지 모르는 면역방어를 피할 수 있도록 하는 역할을 한다. 반대로, 세균의 **스트렙토키네이즈(streptokinase)** 효소는 응고된 혈액을 용해한다. 혈액응고 상태에서는 병원균들은 움직일 수 없고, 이러한 병원성 인자들을 분비시킴으로써 다른 조직으로 그들 스스로 자유롭게 퍼질 수 있도록 한다.

일부 세균성 병원균은 실제 세포 안으로 들어간다. 리케차(rickettsias), 클라미디아(chlamydias) 그리고 일부 다른 병원균들은 세포 안으로 침투해서 성장하고 증식하여 질병을 일으킨다. 또 다른 상황에서 숙주의 식세포 안에서도 살아남을 수 있는 미생물들은 식세포에 의해 파괴되는 것을 피하거나 몸의 보다 더 깊은 조직으로 자유롭게 이동할 수 있다. 이러한 미생물로는 *Mycobacterium tuberculosis*와 *Neisseria gonorrhoeae*가 있다.

세균독소. **독소(toxin)**는 다른 생물체에게 유독한 물질을 말한다. 일부 세균들은 독소를 생산하는데 세균의 세포 안에서 합성되어지고, 그것이 어떻게 방출되느냐에 따라 분류된다. **외독소(exotoxins)**는 숙주의 조직으로 분비되는 용해성 물질을 말한다. **내독소(endotoxins)**는 세균 세포벽의 일부이고 종종 세균이 죽거나 분열할 때, 때로는 많은 양의 그람음성 세균으로부터 숙주의 조직으로 방출되어진다(◀4장 p. 86). 이러한 세균을 죽이기 위해 항생제를 주게 되면 많은 독소를 분비하여 환자의 혈압이 심하게 낮아져 사망을 초래 할 수 있다(내독성 쇼크: *endotoxin shock*). 다음은 내독소와 외독소의 특성과 영향에 대해 살펴보자**(표 14.5)**.

내독소는 대량의 경우를 제외하고는 상대적으로 약하고, 그람음성균에 의해 생산된다. 모든 내독소는 lipopolysaccharide(LPS) 복합체로 구성되며, 이 LPS는 속들(genera)에 있어 변이가 다양하다. 내독소는 특별한 조직에 대하여 친화력을 보이지 않는 비교적 안정된

표 14.5

독소의 특징

특징	외독소	내독소
미생물 생산	대부분 그람양성; 일부 그람음성	대부분 그람음성
세포내의 위치	세포외, 배지로 분비	세균의 세포벽에 결합; 세균의 사멸시 방출
화학적 성질	대부분 폴리펩티드	Lipopolysaccharide(LPS) 복합체
안정성	불안정, 60℃ 이상과 UV에 의한 변성	비교적 안정적, 60℃ 이상에서도 몇 시간 동안 안정
독성	대부분 강한 독성, 어떤 것은 스트리크닌(strychnine)보다 100~100만 배 정도 강함	약함, 하지만 비교적 많은 양을 복용했을 때 치명적
조직의 영향	높은 특이성; 일부는 신경독소 혹은 심근독소처럼 작용	비특이성; 몸살처럼 아프거나 혹은 국부적 반응
열 발생	거의 열이 안남	고열로 빠르게 온도 상승
항원	강함; 항체생산과 면역을 자극함	약함; 보통 질병으로부터 회복하더라도 면역 물질을 생산하지 않음
변성독소 전환과 사용	열이나 화학적으로 처리한 변성독소를 독소에 대하여 면역화 하는데 사용	변성독소로 전환할 수 없음; 면역화 하는데 사용할 수 없음
예	보툴리누스 중독, 가스괴저, 파상풍, 디프테리아, 포도상구균 식중독, 콜레라, 장독소, 플라크	살모넬라증, 야토병, 내독성 쇼크

분자들이다. 세균의 내독소는 열 혹은 갑작스러운 혈압강하와 같이 비특이적 효과를 가지고 있다. 또한 장티푸스(typhoid fever)와 유행성 뇌수막염(epidemic meningitis: 뇌와 척수를 덮는 막의 염증)과 같은 질환에서 조직의 손상을 야기한다.

외독소는 몇몇 그람 양성 및 일부의 그람 음성균에 의해 생산되는 보다 더 강한 독소이다. 대부분은 폴리펩티드이며 열, 자외선 그리고 포름알데히드와 같은 화학물질에 의하여 변성된다. 주로 *Clostridium*, *Bacillus*, *Staphylococcus*, *Streptococcus* 등의 종이나 몇몇 다른 세균들이 외독소를 생산한다.

일부 외독소는 효소이다. **용혈독소(alpha-hemolysin: α-hemolysin)**는 혈액평판배지에서 세균을 키우면서 처음으로 발견되었다. 이 외독소의 주요 작용은 적혈구를 용해시키는 것이다. 두 종류의 용혈독소는 혈액평판배지에서 자란 세균으로부터 동정되었다. **알파-용혈독소(α-hemolysin)**는 혈액 세포를 용해시켜 특히 헤모글로빈을 파괴하고 콜로니 주변에 녹색환을 나타낸다. **베타-용혈독소(β-hemolysin)** 또한 혈액 세포를 용해시켜 완전히 헤모글로빈을 파괴하고 콜로니 주변에 투명환을 남긴다**(그림 14.6)**. 연쇄상구균과 포도상구균은 서로 다른 용혈독소를 생산하고 실험실 배양에서 이 세균들을 구분하는데 도움이 된다. 적혈구 세포 용해가 질병의 증상에 어떤 역할을 한다는 명백한 증거는 없다. 오히려, 용혈독소는 적혈구 세포에서 헤모글로빈 분자로부터 철을 분리시킨다. 철은 숙주와 미생물의 모든 세포에 있어서 성장에 필요한 매우 중요한 성분이다. 그러나 인체 내에서의 유리된 철은 매우 적다. 철의 대부분은 헤모글로빈과 같은 것에 결합되어 있고, 미생물은 효소적으로 그것을 분리한다. 용혈독소를 생산할 수 있는 세균은 이러한 효소를 생산하지 않는 세균들보다 더 잘 자랄 수 있다. 특히 포도상구균에서 용혈독소는 다른 형태의 세포를 또한 손상시킬 수 있다. 알파-용혈독소는 평활근을 손상시키고 피부세포를 죽일 수 있다.

디프테리아 독소(diphtheria toxin) 분자는 535개의 아미노산으로 구성된 분자량 62,000이며 철이 풍부할 때는 생산되지 않는다.

류코시딘(leukocidin)이라고 불리는 병원성인자는 연쇄상구균과 포도상구균 뿐만 아니라 여러 가지 세균에서 생산되는 외독소이다. 이러한 독소들은 호중구라고 불리는 특정 백혈구와 대식세포를 손상시키거나 파괴시킨다. 류코시딘은 세균들이 호중구에 둘러 싸여 방출될 때 가장 효과적이다. 일반적으로 질병에 감염되었을 때에는 백혈구의 수가 증가하지만, 어떤 질병에 감염되었을 때에는 류코시딘의 작용 때문에 백혈구의 수가 감소한다. **류코스타틴(leukostatin)**이라고 불리는 유사물질은 외독소를 분비하는 미생물을 감싸 백혈구의 작용을 방해한다. 앞의 예에서, 감염부위로부터 혈액을 통한 외독소가 퍼지는 것을 **독혈증(toxemia)**이라고 한다. 그러나 미생물에 의하여 발생하는 일부 질환은 병원균에 의한 감염이나 조직 침투에 기인하는 것이 아니고 사람이 병원균이 생성한 독소를 섭취하였을 때 발생한다. 예를 들면 보툴리누스 독소에 의한 식중독은 *Clostridium botulinum*이 생성한 상당량의 독소를 함유한 식품을 섭취한 후 수 시간 내에 나타나는데, 이것은 미생물이

용혈독소는 적혈구 세포와 다른 세포들을 또한 공격하지만 대부분 혈액배지에서 쉽게 볼 수 있다.

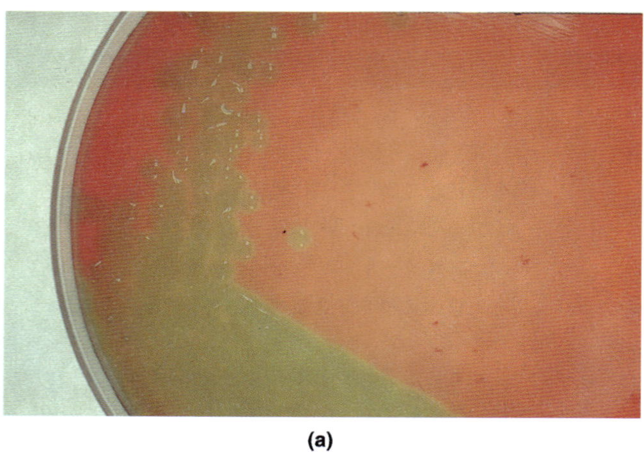

(a)

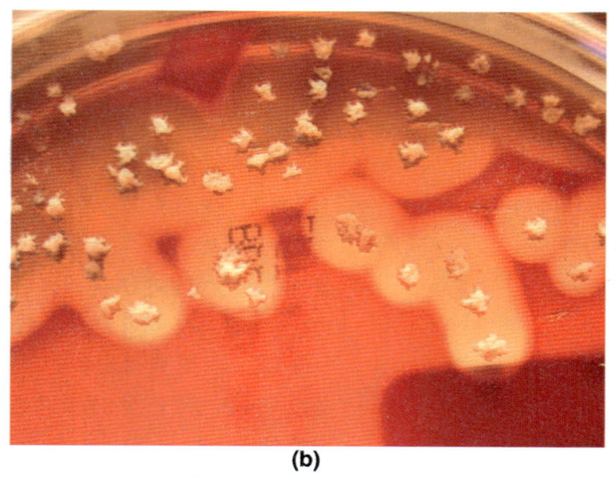

(b)

그림 14.6 용혈현상의 종류. **(a)** 알파 또는 부분적인 적혈구의 용혈작용을 통하여 녹색의 환이 혈액배지 위의 *Streptococcus pneumoniae* 콜로니 주변에 생김 *(L. M. Pope & D. R. Grote, University of Texas, Austin/Biological Photo Service).* **(b)** *Norcadia* 콜로니에서 분비된 베타 용혈현상으로 헤모글로빈의 완벽한 분해를 통하여 혈액배지에 나타난 콜로니 주변에 투명환이 형성됨*(Courtesy ARUP Laboratories).*

적용

보툴리누스 독소의 임상적 사용

*Chlostridium botulinum*이 생산한 신경독소의 강한 효과는 치명적인 식중독으로 잘 알려져 있고, 근긴장이상증(dystonia)으로 희생되는 사람을 돕는데 이용하여 왔다. 근긴장이상증은 일종의 신경학적 장애이며, 비정상적이고 고정된 불수의의 움직임으로 특징지어 진다. 그리고 종종 원인 모를 뒤틀림을 나타낸다. 어떠한 경우는 안검경련(blepharospasm)이라는 증상을 나타내며 환자의 눈이 항상 감겨져 있다. 이러한 경우 내과의사들은 소량의 보툴리누스 독소(상품명 Oculinum A)를 눈 주변 몇 군데에 주사하게 된다. 독소는 근육에 대한 신경자극을 봉쇄하여 눈꺼풀 주변의 경련이 없어지도록 한다(사진 a와 b).

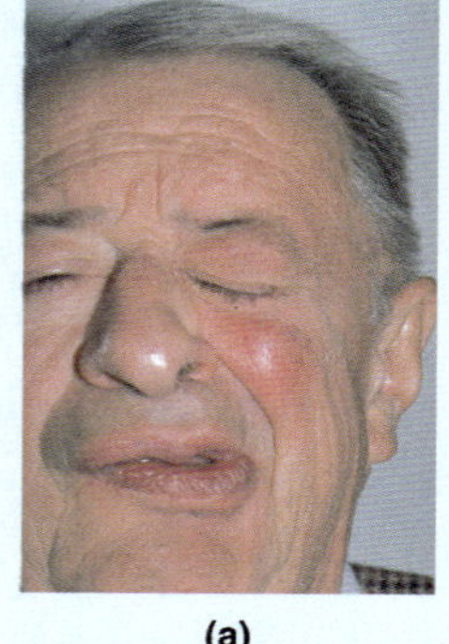

(a)

(b)

(Courtesy Albert W. Biglan, M.D., University of Pitts-burgh School of Medicine)

주사는 2~3개월 마다 맞아야 한다. 일부 사람들은 어려움 없이 4~5년 동안 이러한 치료를 받는 경우도 있고, 또 다른 사람들의 경우는 여러 번의 주사를 통하여 독소에 대한 항체(면역방어) 생성을 유도한다. 독소에는 매우 많은 종류가 있기 때문에 환자는 1종류의 독소에 대한 항체가 형성되면 다른 항체 생산을 위하여 다른 형태의 것을 선택할 수 있다. 일련의 주사 비용은 대략 $400에서 $1,800 정도 비용이 든다.

보툴리누스 독소(보톡스: Botox)의 미용적 이용에 대한 관심은 빠르게 증가하고 있으며, 이것은 주름살을 제거하는 기능을 가져, 특히 찡그렸을 때 이마에 생기는 주름을 제거하는데 이용된다. 앞쪽 이마 근육에 주사를 놓으면 근육은 몇 달 동안 이완된 상태로 마비되고 깊은 주름살이 생기도록 피부를 당기지 않는다(사진 c와 d). 보톡스는 겨드랑이에 땀이 심하게 차는 것을 막는데도 사용될 수 있다. 최근에는 요실금으로 고생하는 사람에게 수술에 비교하여 그 효과는 적지만 도움이 되는 것으로 나타났다. 보톡스를 방광과 괄약근 주변의 근육에 주사하며, 약 15분 정도 걸리고 반드시 6개월마다 한 번씩 맞아야 한다. 다른 근긴장이상증에 대한 보툴리누스 독소의 효과로 악관절근(omandibular) 긴장이상증을 들 수 있으며, 이것은 환자의 턱이 꽉 다물어져서 턱뼈가 부러지고 안면이 접히는 증상이다. 이러한 경우 음식물 섭취와 말하기가 어렵고, 심한 경우 음식을 섭취하지 못하여 사망하는 경우도 있다. 또한 "성대결절"로 목소리가 갈라지고 떨리는 경우나 "속기사의 손가락 경련"으로 가운데 손가락이 쭉 펴져서 딱딱해지는 경우에도 이 독소가 시험적으로 처방되어지고 있다. Oculinum A는 사시 증상을 나타내는 성인(엇갈린 눈이나 졸린 눈)의 치료에 대하여 허가를 받았다. Oculinum A의 소량을 심하게 수축된 눈의 근육에 주사하면 수축이 완화되며 느슨해진다. 반대쪽 눈 근육의 경우에는 수축시켜 느슨해진 눈 근육을 팽팽하게 하여 결과적으로 눈이 앞쪽으로 곧게 보이도록 한다. 보툴리누스 독소는 생물학적 무기로서도 가능성이 높고 현재 보툴리누스 독소에 대한 백신 연구가 진행 중이다. 따라서 보톡스 주사에 너무 의존하지 말아야 한다. 일단 당신이 백신을 맞게 되면 보톡스 주사는 더 이상 당신의 주름을 펼 수 없을 것이다.

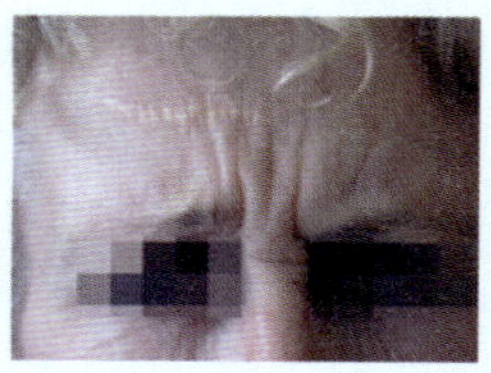

(c)

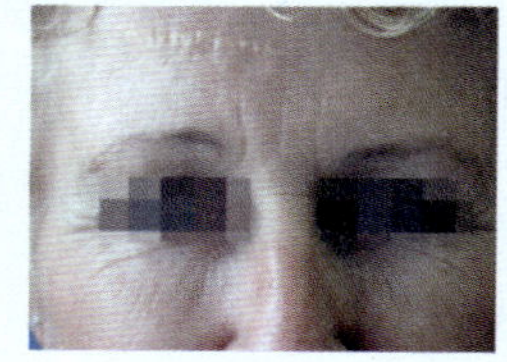

(d)

(Courtesy Dr. Alastair Carruthers)

조직으로 침투하여 질병을 일으키기에는 매우 짧은 시간이다. 멸균상태가 양호하지 못한 식품 용기나 캔의 저장 기간 동안 독소들은 축적되며 소비자에게 있어 즉각적이고 치명적인 효과를 나타낸다. 독소의 섭취를 통하여 야기된 질병을 감염보다는 **중독(intoxication)**이라는 용어를 사용한다.

류코시딘은 리소좀(lysosomes)으로부터 세포를 죽이는 효소를 방출한다.

많은 외독소들은 특정 조직에 대하여 특이적인 친화성을 나타낸다. 보툴리누스 중독의 독소나 파상풍 독소와 같은 **신경독소(neurotoxins)**는 신경계의 조직에 작용하는 외독소로 신경계에 작용하여 근육의 수축(보툴리누스 중독)이나 근육의 이완(파상풍)을 방해한다. 콜레라를 일으키는 독소와 같은 **장독소(enterotoxins)**는 소화기관의 조직에 작용하는 외독소이다. 많은 외독소들은 면역계가 작용하는 것에 대하여 외부물질로 인식되는 항원의 기능을 수행할 수 있다. 포름알데히드와 같은 화학 물질에 의하여 비활성화 되는 항원성 외독소를 **변성독소(toxoid**; oid는 "like" 의 라틴어)라고 부른다. 변성독소는 변형된 독소로서 해를 끼치는 능력은 잃어 버렸지만 항원성은 가지고 있다. 변성독소는 질병을 야기하지 않으면서 면역성 발달을 자극하는 목적으로 이용할 수 있다. 예를 들면, 당신이 파상풍 예방 주사를 맞게 되면, 파상풍 변성독소가 당신에게 주입된 것이다. 이것은 당신의 몸에서 면역물질을 생산하도록 해서, 만약 당신이 피부의 상처를 통하여 활성을 가진 파상풍 독소에 노출되었을 때에도 당신은 파상풍에 걸리지 않게 된다. 사람의 질병에 있어 세균의 외독소의 효과는 **표 14.6**에 요약되어 있다. 이와 같은 질병에 대한 특이적인 효과는 뒤에 나오는 장에서 언급하고 있다.

보툴리눔독소 1 mg은 기니피그 1백만 마리 이상을 죽일 수 있다.

바이러스는 어떻게 질병을 일으키는가?

바이러스는 세포에 부착되어 특이적 숙주세포를 침투해야만 복제할 수 있다. 조직 배양시스템에서 바이러스는 일단 세포내로 들어오면 **세포변성 효과(cytopathic effect, CPE)**라고 부르는 뚜렷한 변화를 초래 한다(◀10장 p. 297). CPE는 바이러스가 세포를 죽일 때 세포파괴(cytocidal)라고 하고 그렇지 않는 경우는 비세포파괴(noncytocidal)이다. 세포파괴성 바이러스는 세포의 리소좀(lysosomes)에 있는 효소들을 방출시키거나 숙주세포의 합성과정을 전환시켜 숙주 단백질들

표 14.6

외독소의 효과

세균	독소 혹은 질병의 이름	독소의 작용	숙주의 증상
Bacillus anthracis	탄저병(세포독성)	혈관의 투과성을 증대	출혈, 폐부종
Bacillus cereus	장독소	수분과 전해질의 과다 손실을 야기함	설사
Clostridium botulinum	보툴리누스 중독(여덟가지의 혈청학적 형태; 신경독소)	신경말단에서 아세틸콜린의 분비를 차단함	호흡기 마비, 복시(겹쳐서 보임)
Clostridium perfringens	가스괴저(알파독소, 용혈독소) 식중독(장독소)	세포막의 레시틴을 분해 수분과 전해질의 과다 손실을 야기함	세포 및 조직 붕괴 설사
Clostridium tetani	파상풍(아관경련) (신경독소)	뇌의 운동신경의 길항제를 방해; 1 ng이 2톤의 세포를 파괴함	골격근계의 강한 경련 및 호흡기 기능 상실
Corynebacterium diphtheriae	디프테리아; 바이러스에 감염된 세균으로부터 생산됨	단백질 합성 저해	회복 몇 주 후에 심장손상으로 인하여 사망할 수 있음
Escherichia coli	여행자들의 설사(장독소)	수분 및 전해질의 과다 손실을 야기함	설사
Escherichia coli	O157:H7(장독소)	용혈성 요독증	위장관 내막의 파괴와 신장내 출혈을 일으킴 출혈, 신장의 출혈 및 기능 상실
Pseudomonas aeruginosa	다양한 감염(외독소 A)	단백질 합성 저해	치명적, 괴사적 상처
Shigella dysenteriae	세균성 적리(장독소)	세포독성 효과; 보툴리누스 중독 독소로서 가능	설사, 토끼에서 척수 출혈로 인한 마비 및 부종을 일으킴
Staphylococcus aureus	식중독(장독소) 화상같은 피부질환(exfoliatin)	구토를 일으키는 대뇌중추를 자극 세포의 표피내 분리를 일으킴	구토 피부의 홍반현상 혹은 탈피
Streptococcus pyogenes	성홍열(적혈구성, 발적독소)	혈관확장을 야기	반점구진(약간 부풀어 오르거나 변색) 손상
Vibrio cholerae	콜레라(장독소)	수분(최대 일일 30 *l* 까지)및 전해질의 과다 손실을 야기함	설사; 수 시간 내에 사망할 수 있음

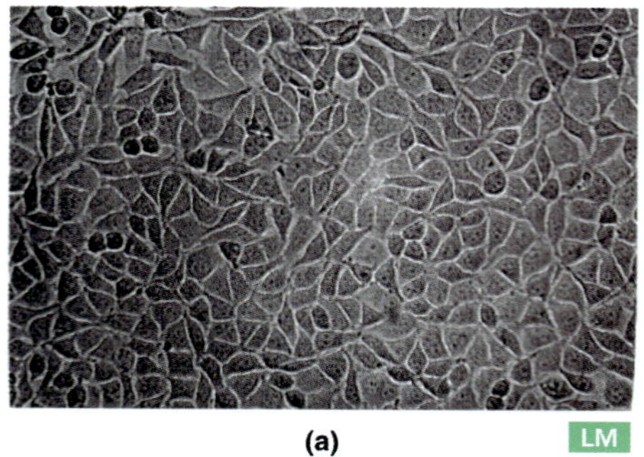
(a) LM

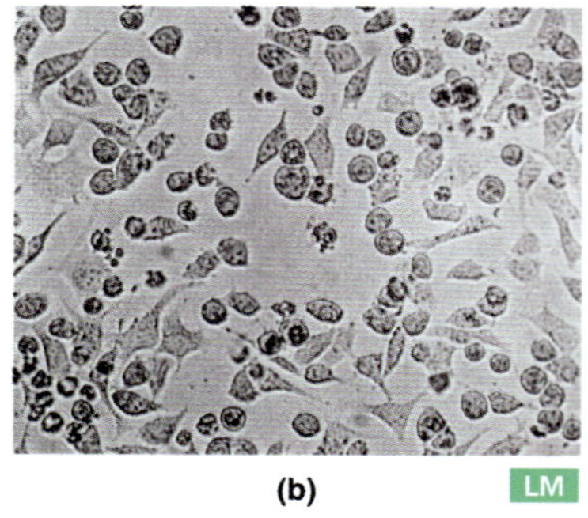
(b) LM

그림 14.7 세포변성 효과 (CPE)의 예. (a) 감염되지 않는 쥐 세포(확대 미지수) **(b)** 소낭 구내염 바이러스로 감염된 24시간 후의 동일 세포(확대 미지수), 대다수는 죽고, 그 밖의 많은 것은 둥근 형태로 비정상적인 형태다. (두 사진: *Gail W. T. Wertz, University of Alabama Medical School/Biological Photo Service*)

과 고분자의 합성을 중단시켜 세포를 죽일 수 있다. CPE는 복합 현미경으로 실험실 조직 배양에서 관찰할 수 있다(**그림 14.7**). CPE는 분명하여 풍부한 임상 경험이 있는 바이러스 학자가 현미경을 통해 감염된 세포를 보면서 임시적으로 판단할 수 있으며 추가 검사를 통하여 동정 할 수 있다(**표 14.7**).

많은 바이러스들은 숙주세포에서 병원성 효과를 가진다. 이러한 것들은 핵산과 아직 바이러스로 조립되지 못한 단백질로 구성된 봉입체(*inclusion bodies*)를 포함한다. 광견병바이러스(rabiesviruses)는 뚜렷한 봉입체를 만들어 광견병을 진단하는데 이를 사용할 수 있다. 레트로바이러스(retroviruses)와 종양바이러스(oncoviruses)는 숙주 염색체로 삽입되어 세포내에서 영원히 존재할 수 있고, 때로는 숙주 세포 표면에 바이러스 항원들의 발현을 유도한다. 인플루엔자와 파라인플루엔자 바이러스들은 헤마글루티닌(hemagglutinins)을 생산해 적혈구를 응집시키거나 덩어리를 형성한다. 이러한 특성은 실험실에서 조사할 때 중요하다.

바이러스감염은 생산성과 유산성이 있다. **생산성감염(productive infection)**은 바이러스가 세포에 들어가 다음에 다시 감염할 수 있는 후손을 생산할 때 일어나고, **유산성감염(abortive infection)**은 바이러스가 세포에 들어가지만 그들이 감염할 수 있는 후손을 만들기 위해 필요한 모든 유전자들을 발현할 수 없을 때 일어난다. 생산성감염은 바이러스가 침입하는 세포의 종류와 숫자에 따라 바이러스들이 일으키는 손상의 정도가 다양하다. 사람의 로터바이러스(rotavirus)나 아데노바이러스(adenovirus)와 같은 장내 바이러스는 장을 감염시켜 수백만의 장내 상피세포를 파괴할 수 있다. 장내 상피세포들이 빠르게 대체되기 때문에 이러한 감염은 일시적이다. 그러나 때때로 설사와 같은 심각한 증상을 일으키기도 하지만 오랜 손상을 주지는 않는다. 그러나 폴리오바이러스(poliovirus)는 중추신경계의 운동신경을 감염시켜 이들 세포를 파괴할 수 있다. 파괴된 신경은 재생될 수 없어 영구적인마비가 올 수도 있다. 사마귀를 일으키는 사람의 파필로마바이러스(papillomaviruses)는 국부적인 세포로 제한되지만, 대조적으로 홍역바이러스(measles virus)는 몸 전체에서 복제되고 전파되어 많은 조직을 손상시킨다.

표 14.7

바이러스에 감염된 세포에 있어서 변화(세포변성 효과)의 예

바이러스 과(family)	세포파괴 효과
아데노바이러스과(Adenoviridae)	세포팽창
허피스바이러스과(Herpesviridae)	세포팽창
피코르나바이러스과(Picornaviridae)	세포종창과 용해
파라믹소바이러스과 (Paramyxoviridae)	세포막 융합 및 새로 만들어지는 하나의 거대 세포에서 핵은 100 개까지 축적
라브도바이러스과(Rhabdoviridae) (광견병)	Negri bodies라고 불리는 봉입체 형성(바이러스 복제 장소 또는 바이러스 항원의 축적)
오토믹소바이러스과 (Orthomyxoviridae)	적혈구 응집 혹은 덩어리 형성을 일으키는 헤마글루티닌 (hemagglutinin)을 생산

잠복성 바이러스 감염(latent viral infections)은 허피스바이러스(herpesviruses)의 특징을 나타낸다. 예를 들면, 수두 감염은 아동기에 일어나고 일반적으로 숙주의 면역 방어도 조절된다. 그러나 바이러스는 신경계로 가서 활성 없이 잠복하면서 존재한다. 나중에 시간이 지난 후, 스트레스, 다른 감염, 또는 발열과 같은 요인들이 이 바이러스를 다시 활성화 시킬 수 있다. 면역계가 약해 지면 이 바이러스는 증식할 수 있다. 그 원인이 무엇이든 간에 질병은 대상포진으로 나타난다.

지속성 바이러스 감염(persistent viral infections)은 수 개월 혹은 수 년에 걸쳐 바이러스들을 지속적으로 만든다. B형 간염 바이러스(HBV)는 만성적으로 간을 감염하여 감염에 대한 외적 증후가 나타나지 않는 경우가 많다. 그러나 이러한 지속적인 감염은 간경화증 또는 간암을 유발할 수 있다.

균류, 원생동물 및 기생충은 어떻게 질병을 일으키는가?

박테리아와 바이러스 외에 곰팡이, 원생동물 및 기생충과 같은 진핵생물 또한 감염질병을 일으킬 수 있다. 일부 조류(algae)가 신경독소를 생산하지만, 조류 *Prototheca*는 직접 피부세포를 침입한다. 대부분의 곰팡이 질병은 곰팡이 포자들을 흡입하거나, 절단이나 상처를 통하여 세포로 들어가는 곰팡이나 포자에 의하여 발생한다. 곰팡이류는 세포를 공격하는 효소를 방출해 숙주의 조직을 손상한다. 곰팡이는 첫 번째 세포를 사멸시킨 후, 점진적으로 인접한 세포를 소화하면서 침입한다. 일부 곰팡이들은 독소를 방출하거나 숙주에 알레르기성 반응을 일으킨다. 식물에 기생하는 어떤 곰팡이는 *마이코톡신(mycotoxins)*을 생산하며 사람이 섭취하는 경우 질병을 일으킬 수 있다. 호밀에 생장하는 곰팡이로부터 생산되는 맥각과 곡류, 시리얼 및 곰팡이가 핀 땅콩으로 만들어진 땅콩버터에서 발견될 수 있는 아플라톡신은 높은 발암성 성분이며 마이코톡신들이다(22장 참조).

병원성 원생동물 및 기생충은 몇 가지 방법으로 사람에게 질병을 일으킨다. 말라리아를 일으키는 것들을 포함한 일부 원생동물들은 적혈구세포를 침입하여 증식한다(◀11장, p. 317). 원생동물 *Giardia intestinalis*는 조직에 부착한 후 숙주의 세포와 조직액을 섭취한다. *지아르디아(Giardia)*의 병원성 인자인 *부착판(adhesive disk)*은 소장에 있는 세포에 부착한다(**그림 14.8**). 조직으로 침투하면서 기생충은 조직액을 헤쳐나가기 위해 편모를 사용한다. 이 과정은 너무나 강한 흡입이어서, 기생충으로 하여금 연동수축에 의하여 방해를 받지 않도록 해준다.

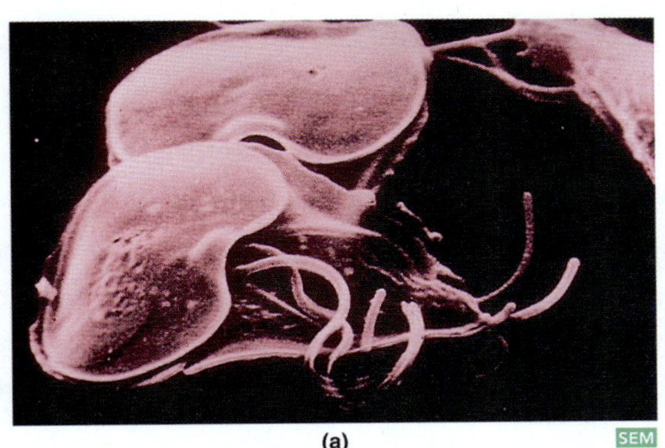

(a) SEM

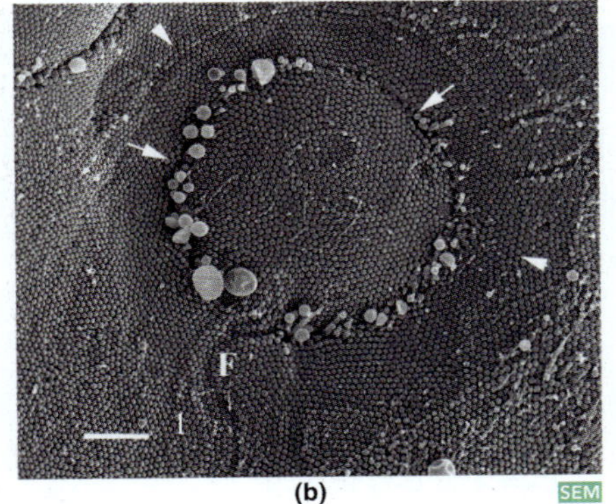

(b) SEM

그림 14.8 *Giardia intestinalis*. (a) *Giardia intestinalis*(21,150X) (Jerome Paulin/Visuals Unlimited). (b) 지아르디아(*Giardia*)의 부착판의 흡입력은 떨어진 후에도 장 표면 위에 표시가 있을 만큼 강하다. 흰색의 화살촉 표시는 흡착기가 부착하였던 곳을 나타내고, 흰색의 화살 표시는 편모에 의해 남겨진 자국을 나타낸다. (*Courtesy Stanley L. Erlandsen, University of Minnesota School of Medicine, Minneapolis*)

대부분의 기생충은 세포 밖에서 기생하며 내장 또는 다른 몸의 조직에 있다. 그러나 일부 기생충은 몸 여러 곳을 이동하면서 조직을 파괴한다. 대부분은 독성을 가진 배설물과 숙주에서 가끔 알레르기성 반응을 일으키는 항원들을 배설물에 방출한다. 사람은 기생충에 특히 알레르기를 가진다. 어떤 사람들은 회충에 저장된 알코올 또는 포르말린에 반응을 나타낸다. 많은 기생충의 최 외곽 표면은 매우 단단해 면역적 공격에 대하여 저항할 수 있다.

✓ 중점 질문 사항

1. 비감염성 질병에 대하여 몇몇 예를 설명하시오.
2. 어떤 질병이 전염하기도 하고 비전염 일수도 있는가?
3. 코아귤라제(coagulase)와 스트렙토키네이즈(streptokinase)를 비교하여 설명하시오.
4. 감염과 중독에 대하여 비교하여 설명하시오.

징후, 증상 및 증후군

대부분의 질병은 그들의 징후 및 증상에 의해 구별된다. **징후(sign)**는 환자를 시험하면서 관찰될 수 있는 질병의 특성이다. 질병의 징후는 팽윤, 발적, 발진, 기침, 뾰루지 형성, 콧물, 발열, 구토 및 설사와 같은 것을 포함한다. **증상(symptom)**은 환자만이 관찰할 수 있거나 느낄 수 있는 질병의 특성이다. 증상은 통증, 호흡 곤란, 구역질, 인후염, 두통 및 불안(불쾌)과 같은 것을 포함한다.

증후군(syndrome)은 징후와 증상이 함께 발생하는 것이고 특별한 질병 또는 비정상적인 상태를 나타낸다. 예를 들면, 대부분의 감염질병은 몸에 급성감염 반응을 일으킨다. 16장에서 토론되는 이 반응은 발열, 불쾌, 종창, 임파선 팽대 및 **백혈구증가증(leukocytosis**, 혈액에서 순환하는 백혈구의 수의 증가)의 증후군이 특징이다.

감염반응에 추가하여, 많은 감염성 질병들은 다른 징후 및 증상들을 일으키는 원인이 된다. 장내 감염으로 불리는 소화관의 감염은 구역질, 구토 및 설사를 주로 유발한다. 상부 호흡기 감염은 일반적으로 기침, 재채기, 인후염, 그리고 콧물이 주된 특징이다. 어떤 때는 서로 다른 병원균들이 원인이 된 질병들에 있어, 그 징후와 증상들이 너무나 유사하여 특별한 진단이 필요할 때도 있다. 따라서 감염원을 확인하는 실험실의 조사는 현대 의약에 있어서 중요한 하나의 요소이다.

회복 후에도 일부 질병은 **후유증(sequelae**; 단수 *sequela*)이라고 불리는 잔존효과를 남긴다. 심장판막의 세균성 감염은 가끔 영구적 판막 손상을 초래하고, 소아마비 바이러스(poliovirus)감염은 영구적인 마비를 남긴다.

감염질병의 유형

감염질병은 신체에서의 기간, 위치 그리고 다른 특성에 따라 다양하다. **표 14.8**에 요약된 일부 중요한 용어들은 이러한 특성을 설명하기

표 14.8

감염을 설명하기 위하여 사용하는 용어

용어	감염 특징
급성질환(acute disease)	증상이 급속하게 발전하고 발병의 과정을 빨리 진행시키는 질환
만성질환(chronic disease)	증상이 느리게 발전하고 질병이 천천히 없어지는 질환
아급성질환(subcute disease)	급성과 만성 사이에서 중간정도의 증상을 가진 질환
잠복성질환(latent infection)	증상이 감염이 오래 지난 후에 나타나거나 다시 나타나는 질병
국소감염(local infection)	종기나 방광 감염과 같이 몸의 작은 지역에 국한된 감염
병소감염(focal infection)	치주염과 감염된 공동에서와 같이 병원성이 몸의 다른 곳으로 이동하면서 제한된 지역에서 감염
전신감염(systemic infection)	병원체가 혈액 또는 림프를 통해서 이동하여 전신에 퍼지는 감염
패혈증(septicemia)	혈액 내에 병원균의 존재와 증식
균혈증(bacteremia)	혈액 내에 세균은 존재하나 증식하지 않음
바이러스혈증(viremia)	혈액 내에 바이러스가 존재하나 증식하지 않음
독혈증(toxemia)	혈액에 있는 독소의 존재
부패혈증(sapremia)	혈액에 있는 부생균 대사산물의 존재
1차감염(primary infection)	이전에 건강한 사람에 있어서 감염
2차감염(secondary infection)	일차감염에 이어 즉시 이어지는 감염
중복감염(superinfection)	일차감염의 치료 동안에 저항한 어떤 병원체가 원인이 되어 야기되는 이차적 감염
혼합감염(mixed infection)	2개 이상의 병원체가 원인이 되는 감염
불현성감염(inapparent infection)	감염은 되었으나 일련의 징후나 증상을 나타내지 않음

위하여 사용된다.

급성질환(acute disease)은 급속하게 발전하여 질병의 과정을 빨리 진행시킨다. 홍역과 감기가 급성질환의 예이다. **만성질환(chronic disease)**은 급성질환 보다는 천천히 발전하고, 일반적으로 심한 정도가 보다 약하며, 오랜 기간 혹은 중간 정도의 기간 동안 지속된다. 결핵과 한센병(나병)은 만성질환의 예이다. **아급성질환(subacute disease)**은 급성질환과 만성질환 사이의 중간에 속하는 질환이다. 치은염 즉 잇몸 질병은 아급성질환으로 존재할 수 있다. **잠복성질환(latent disease)**은 병원균이 침투한 후 징후와 증상이 나타나기 전 그 사이에 활성이 없는 기간으로 볼 수 있다. 단순포진바이러스와 다른 일부 바이러스성 감염은 잠복성질환을 가져온다.

국소감염(local infection)은 몸의 특정한 지역에 제한된다. 종기와 방광 감염은 국소감염이다. **병소감염(focal infection)**은 특정 지역에 국한되지만 그 곳으로부터 병원균 또는 그것들의 독소가 다른 지역으로 확산될 수 있다. 치주염과 공동의 감염은 병소감염이다. **전신감염(systemic infection)** 즉 *전반적인 감염(generalized infection)*은 신체의 대부분에 영향을 미치고, 병원균은 많은 조직에서 널리 분포된다. 장티푸스는 전신감염이다. 병소감염들이 퍼질 때, 그것들은 전신감염이 된다. 예를 들면 치주염의 미생물이 혈류에 들어가 신장을 포함한 다른 조직에 운반될 수 있다. 이러한 미생물은 신장과 요로의 다른 부분을 감염시킬 수 있다.

병원체는 혈액에서 증식하거나 증식하지 않으면서 존재할 수 있다. 한때 혈액중독으로 알려진 **패혈증(septicemia)**에서 병원체는 혈액 내에 있으면서 증식한다. **균혈증(bacteremia)**과 **바이러스혈증(viremia)**에서는 세균과 바이러스는 각각 혈액으로 이동되나 이동 중 증식하지 않는다. 이 미생물들의 확산은 절단, 찰과상 또는 칫솔질과 같은 손상의 경우에 종종 발생한다. 우리가 보아 온 것처럼 일부 병원체는 혈액 속으로 독소를 방출 한다; 혈액 속에 독소가 있으면 독혈증(*toxmeia*)이라 부른다. 부생균은 죽은 조직을 먹는다. 곰팡이는 세포들을 파괴할 때 기생충처럼 행동한다. 곰팡이가 곰팡이를 먹을 때, 다른 사체와 부패되는 물건을 먹을 때는 부생균처럼 행동한다. 곰팡이들은 대사산물을 혈액으로 방출하고, 그 결과 **부패혈증(sapremia)**이라고 불리는 상태를 야기한다.

적용

짜는 것과 짜지 않는 것

여드름과 종기는 짜지 않는 것이 일반적인 경고로 좋은 이유가 있다. 그대로 남겨 두면 보통 신체방어체계는 피부에서 이들의 상처를 제한한다. 그러나 이들을 짜버리면 미생물들이 혈액 속으로 확산 될 수 있으며, 균혈증을 일으키고 훨씬 더 나쁜 상태인 패혈증을 일으킬 수 있다. 패혈증에서 미생물들은 온몸을 통하여 퍼질 수 있고 심각한 감염을 일으킬 수 있다.

1차감염(primary infection)은 이전에 건강한 사람에 있어서 최초의 감염이다. 대부분의 1차감염은 급성이다. **2차감염(secondary infection)**은 일차감염에 이어, 특히 1차감염으로 인해 약해진 개인에서 나타나게 된다. 예를 들어 1차감염으로 감기에 걸린 사람은 2차감염으로 중이염에 걸릴지도 모른다. **중복감염(superinfection)**(13장 p. 372)은 정상균총의 파괴로부터 일어나는 2차감염이며, 종종 광범위 항생제를 사용한다. 많은 감염들이 하나의 병원체로부터 야기 되지만, **혼합감염(mixed infections)**은 같은 시간에 존재하는 수종의 병원체에 의하여 일어난다. 충치나 치근막염은 세균의 혼합감염 때문에 일어난다. **불현성(inapparent) 혹은 아임상적(subclinical) 감염(infection)**은 미생물이 너무 적게 있거나 숙주방어가 효과적으로 병원체를 물리칠 수 있었기 때문에 징후나 증상을 완전히 나타내지 않는다. 그러나 이러한 가벼운 감염이 면역계를 자극하여 미래의 감염에 대하여 보호를 할 수 있다. 가끔 사람들은 결코 어떤 병에도 지금까지 걸리지 않았었다고 생각하며, 반복적인 노출에도 불구하고 그 병을 극복하지 못한다. 어떤 불현성의 경우는 사람들로 하여금 완전히 방어 상태로 놓아두었을지 모른다. B형 간염바이러스의 보균자와 같은 불현성감염이 있는 사람은 다른 사람에게 그 질병을 전파할 수 있다.

감염질병의 단계

한 번쯤은 우리들 모두 일반적인 감기와 같이 치료 없이 감염질환을 고통으로 보낸다. 우리들은 그냥 질병이 진행되는대로 내버려 두어야 한다. 감염원에 의한 대부분의 질병은 일련의 단계 즉 전형적인 과정을 가지고 있다. 이러한 단계들은 *잠복기*(*incubation period*), *전구기*(*prodromal phase*), *절정*(*acme*)을 포함하는 *침입기*(*invasive phase*), *쇠퇴기*(*decline phase*), 그리고 *회복기*(*convalescence period*) 등을 거치게 된다**(그림 14.9)**. 병원균을 제거 하는 치료를 할 때도 대부분 이 모든 과정을 거치게 된다. 치료는 병원균들이 더 이상 증식하지 못하도록 하기 때문에 일반적으로 심한 증상을 줄인다. 치료는 질병의 지속 시간과 회복을 위한 시간을 줄일 수 있다. 징후와 증상은 감염질병의 단계들과 관련되어 있으며, 병원균에 의해 일어나는 결과적인 조직의 손상은 **표 14.9**에 요약되어 있다.

잠복기

잠복기(incubation period)는 어떤 질병의 감염 동안 감염기와 징후와 증상이 나타나는 시기의 사이를 말한다. 비록 감염된 사람은 그것을 알지 못하지만, 그 사람에 의해 질병은 다른 사람에게 전파될 수 있다. 각각의 감염 질병은 전형적인 잠복기를 가지게 된다**(그림 14.10)**. 잠복기간은 병원균의 특성과 미생물에 대한 숙주의 반응에 따라 결정된다.

잠복기에 영향을 미치는 특성은 미생물의 성질, 병원성, 얼마나 많은 미생물들이 몸속에 들어갔는지, 그리고 미생물들이 어느 조직으로 들어가 영향을 미치는지에 따라 다르다. 예를 들면 많은 수의 높은 병원성을 가진 *Shigella*균은 빠르게 장에 도달하여 하루 만에 심한 설사를 유발한다. 이와 대조적으로 적은 수의 낮은 병원성을 가진 균이 많은 음식물과 함께 소화기관으로 들어가게 되었다면 질병의 발전되는 속도는 보다 느릴 것이다. 사실, 숙주의 방어기작은 적은 숫자의 미생물들을 파괴 하여 질병이 전혀 발생하지 않도록 할 것이다. 일생을 살게 되면서, 우리는 확실히 감염보다는 훨씬 많은 노출이 있고, 확실한 질병보다 더 많은 감염을 가지게 된다. 우리가 ◀16장에서 보는 것처럼, 숙주 방어는 병원균이 조직을 침투하기 시작할 때 병원균을 계속 공격하여 잠재적인 질병을 피할 수 있다.

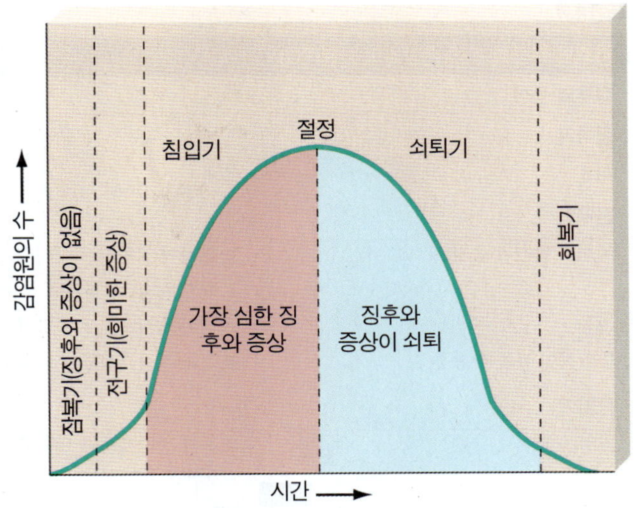

그림 14.9 감염질병의 과정에 있어서 각 단계들.

전구기

질병의 **전구기(prodromal phase)**는 불쾌감이나 때로는 두통과 같은 비특이적이고 심하지 않은 증상이 짧게 나타나는 기간을 말한다. **전구증(prodrome)** (*prodromos*, "예보"의 그리스어)은 질병의 시작을 나타내는 증상이라 볼 수 있다. 아침에 일어났을 때 불편함을 느끼거나 어떤 것에 의해서 기운이 빠지는 것 같은 느낌이 들 때, 하지만 감기의 시작, 목의 통증, 그리고 다른 징후와 증상의 경험이 어느 시점에서 발생하는지는 알 수 없을 것이다. 많은 질병들은 어떤 전구기 없이 고열이나 오한 같은 증상으로 시작한다. 전구기 동안에 감염된 사람은 전염성이 있어 다른 사람에게 그 질병을 전파할 수 있다.

침입기

침입기(invasive phase)는 환자가 질병에 대한 전형적인 징후나 증상을 경험하게 되는 기간이다. 이러한 증상은 고열이나 매스꺼움, 두

표 14.9

징후와 증상이 조직 손상과의 상관 관계

징후와 증상	조직 손상에서 일어나는 특징
잠복기	
없음	없음
전구기	
국소적 발진과 종창	병원균이 침입한 곳에서 조직을 손상시키고, 혈관(발적)을 팽창시키는 화학물질의 방출을 일으킴, 체액이 혈액으로부터 조직으로 유입(종창)
두통	조직의 손상으로부터 유래된 화학물질이 뇌의 혈관을 팽창시킴
일반적인 아픔과 통증	조직의 손상으로부터 유래된 화학물질이 관절이나 근육의 통증수용기들을 자극함
침입기	
기침	호흡기 점막세포가 병원균에 의해 손상을 받음; 많은 점액이 방출. 뇌에 있는 중추신경이 기침을 일으켜 점액을 제거함
인두염	인두의 림프 조직이 팽창하고 병원균이나 백혈구에 의해 분비된 물질들에 의해 염증 유발
발열	백혈구가 분비하는 발열인자(pyrogen)에 의하여 신체의 자동온도 조절장치를 재설정되고 온도가 상승
임파절 부종	백혈구가 세포분화를 자극하는 다른 물질을 분비하고 임파절에 체액이 축적됨; 임파절 자체가 다른 임파절로 흐르면서 영향을 주는 물질들을 방출함; 일부 병원균은 임파절에서 증식함
피부발진	백혈구가 분비하는 물질에 의해 모세혈관이 손상되고 작은 출혈을 일으킴; 일부 병원균은 피부세포를 침입하여 천연두, 수포 및 피부 장애를 초래함
코막힘	비강 점막 세포가 병원균(보통 바이러스)에 의해 손상되어 체액을 분비하거나 점액 분비가 증가
특정지역에서의 통증(귀의 통증, 상처부위의 국소적 통증)	백혈구나 병원균이 분비되는 물질이 통증수용기를 자극; 신호가 뇌로 전달; 통증을 느낌
멀미	병원균의 독소가 신경중추를 자극; 멀미로 나타남
구토	식품의 독소가 뇌의 구토중추를 자극; 구토는 몸의 독소를 제거하는데 도움을 줌
설사	식품의 독소가 체액을 소화기로 들어가도록 함; 일부 병원균은 장상피세포에 직접적으로 손상을 일으킴; 독소나 병원균은 연동운동을 자극; 수분이 많고 증가된 횟수의 변을 초래
절정	
모든 징후와 증상이 최고점에 이름	모든 징후와 증상이 최고로 발달
쇠퇴기	
징후와 증상이 쇠퇴	숙주의 방어기작(그리고 가능할 경우는 인위적 치료)에 의해 병원균을 극복함
회복기	
환자는 힘을 얻음	조직회복이 일어남; 징후나 증세를 일으키는 물질들이 더 이상 방출되지 않음

통, 발진 및 임파선의 부풀어 오름 등을 포함한다. 이 기간 동안에 징후나 증상이 가장 격렬해 지는데 이것을 **절정(acme)**이라고 한다. 절정기 동안 병원균이 조직을 공격하고 손상시킨다. 뇌수막염과 같은 병은 이 시기가 **전격형(fulminating)** (*fulmen*, "*lightning*" 의 라틴어)으로 진행되는데 즉 갑작스러우면서 심각하게 나타난다. B형 간염 같은 다른 질병의 경우에는 지속적, 만성적, 그리고 불분명한 증상과 함께 점진적으로 나타날 수 있다. 오한에 이어 열이 있는 기간이 많은 질병들의 절정이라 볼 수 있다. 징후나 증세가 보일 때, 감염의 형태는 좀 더 확실하게 된다. 이러한 위독한 시기에 있는 사람은 여전히 전염성을 가지고 있다. 숙주의 방어 기작과 병원균 사이의 싸움이 최고조에 달하여 있다. 병원균이 이기면 신체기능의 심한 장애를 초래할 수 있다. 만약 치료가 적절한 시기에 이루어지지 않으면 사망할 수 있다.

발열은 많은 질병들의 절정시기의 중요한 하나의 요소이다. 어떤 병원균들은 **발열인자(pyrogens)**라는 물질을 생산하여, 신체의 "자동온도조절장치" 로 불리는 시상하부의 중추에 작용한다. 발열인자는 정상온도 보다도 더 높은 온도에 자동온도조절장치를 고정시킨다. 신체는 불수의근 수축에 반응하여 열을 생산하고 피부의 혈관을 좁게 수축시켜 열 손실을 막는다. 우리 몸은 새롭게 맞춰진 온도보다

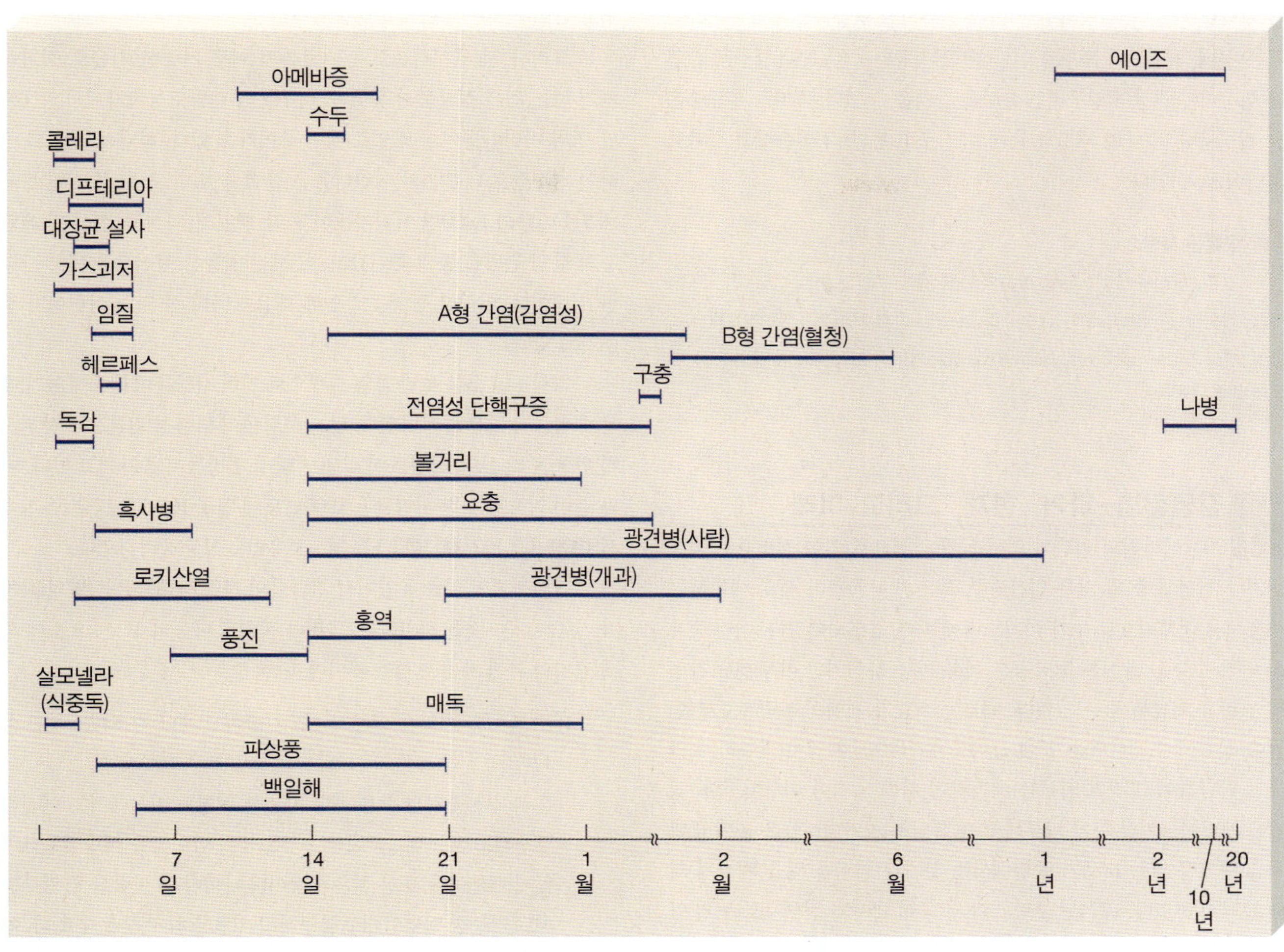

그림 14.10 특정 감염질병들의 잠복기간. (시간 축의 표시는 실측과 다르다).

발열은 병원균에 의해 방출되거나 병원균에 의해 파괴된 백혈구 세포로부터 나오는 화학물질들에 의해 일어날 수 있다.

낮은 온도에서 기능을 하고 있기 때문에, 이 시기에 춥고 오한을 가질 수 있다. 우리가 떨거나 소름이 생기는 것은 무의식중에 근육이 수축하기 때문이다.

발열인자의 효과가 감소할 때, 자동온도조절장치는 더 낮은 온도인 정상으로 다시 고정되어야 하고, 신체는 반응을 하여 그 온도에 도달하며 유지하게 된다. 이러한 반응은 혈관 팽창과 발한을 통하여 열손실을 증가시킨다. 우리 몸이 새롭게 맞춰진 온도에 비교하여 보다 따뜻하기 때문에, 우리는 더움을 느끼고 열을 가지고 있다고 말한다. 우리 피부는 피부 표면 가까이에서 보다 많은 혈액이 순환될 때, 땀이나고 수분이 피부를 적시게 된 얻게 된다. 많은 감염 질병에서 반복되는 발열인자의 방출이 일어나고. 그렇기 때문에 한 차례의 발열과 오한이 일어난다. 급격하게 오르는 고열은 일반적으로 '분리(*crisis*)' 에 의해 갑자기 끊는 반면에, 서서히 오른 저열은' 소산(*lysis*)' 에 의해 차차 정상으로 돌아갈 것이다.

쇠퇴기

증상이 가라앉기 시작하면서 질병은 숙주의 방어기작과 치료 효과로 인해 병원균을 극복하는 시기인 **쇠퇴기(decline phase)**로 들어가게 된다. 신체의 자동온도조절 장치와 몸의 다른 기능은 점진적으로 정상으로 돌아온다. 이차 감염은 이 시기에 일어날 수 있다.

회복기

회복기(convalescence period)에는 조직의 복구로 치료가 되며, 신체는 힘과 회복을 다시 얻게 된다. 사람들은 더 이상 질병증상을 가지지 않는다. 그러나 특히 딱지 같은 형태의 손상이 있는 어떤 질병에서는 그러한 질병으로부터 회복한 사람들은 여전히 다른 사람들에게 병원균을 전파할 수 있다. 질병이 끝난 이 후 잔류하는 영향들을 후유증이라고 부른다(예, 천연두나 수두로 인한 팬 곳과 흉터자국). 연쇄상구균 감염은 심장이나 신장의 영구적인 손상을 가져올 수 있다. 때때로 후유증은 그 질병보다 더 나쁠 때도 있는데, 대상포진 동안 각막 손상의 결과로 실명이 될 수 있다.

중점 질문 사항

1. 징후(sign)와 증상(symptom)의 다른 점은 무엇인가?
2. 패혈증(septicemia)과 균혈증(bacteremia)의 차이점은 무엇인가?
3. 전구기(the prodromal stage)와 잠복기(the incubation period)는 어떻게 다른가?

감염질병-과거, 현재, 그리고 미래

20세기까지의 인간의 역사 동안 감염으로 인한 질병으로 회복되거나 사망하게 된 것은 인간숙주 혹은 병원균들이 서로 대항하는 싸움에서 대체적으로 누가 이기느냐에 따라 결정되어졌다. 여러 종류의 약과 고통을 줄이는 치료들은 이용 가능 하였지만 아무것도 감염성 질병을 치료할 수는 없었다. 때로는 치료가 체액의 불균형으로 인하여 질병이 초래한다는 것에 근거를 두어왔다. 체액이 과다하게 있다고 판단하여 그것의 일부를 제거하기 위한 노력이 이루어졌다. 정맥을 개방시키거나 환자 피부에 피를 흡입하는 거머리들을 붙여서 혈액을 제거하였다. 18세기 유럽에서는 환자가 의식을 잃을 때까지 피를 흘리게 하였다. 1774년 프랑스의 왕 루이 15세가 천연두로 누워 있을 때, 그의 의사가 필사적으로 3일 동안 연속으로 매번 "네 대야 만큼의 피"를 받아 냈었다. 다른 경우는 몸의 담즙을 제거하기 위해 심한 설사를 유도하는 하제를 주었다. 대부분의 경우 이러한 치료들은 환자의 감염원을 제거하는데 실패하였고 그 당시에는 치료 방법을 알 수 없었다. 다만 그러한 치료들은 아마도 죽음을 앞당김으로써 고통을 줄였을 정도이다.

미생물이 질병의 원인이라고 인식하게 된 이후에도, 특정 질병과 그것을 일으키는 감염원과 관련하여 힘든 연구들이 수년 동안 요구되어졌다. 보다 오랜 기간의 연구들이 질병을 치료할 수 있는 항미생물제를 발견하거거나, 질병을 예방할 수 있는 백신을 개발하는데 필요하였다. 이러한 의학 기술의 진전은 미국의 사망률 변화에서 확실히 나타난다**(그림 14.11a)**. 사망률은 1900년에 인구 100,000명당 1,560 명으로부터 1990년대에는 100,000명당 505명으로 감소되었다(그림 14.11b). 감소의 가장 큰 요인은 더 나은 치료 혹은 예방접종을 통한 감염질병의 통제였다. 또한 보다 좋아진 위생도 도움이 되었다. 그림 14.11a는 1900년도에 감염질병으로 인한 사망률이 요즈음의 27배나 되는 것을 보여 준다. 장티푸스, 매독 및 유년기 질병(홍역, 백일해, 디프테리아)으로 인한 사망은 거의 없어졌으며, 폐렴, 감기 및 결핵으로 인한 사망은 크게 줄어들었다.

그러나 전 세계적으로는 지금까지 이용 가능한 기술로 질병을 제거 하는 것은 성공하지 못했다. 대부분의 개발도상국가에서 약 150만 명의 어린이들이 홍역으로 매년 죽어가고 있다. 하나에 12센트 이하인 백신들로 대부분의 어린이들을 살릴 수 있다. 사실 1995년 경우에 5살 이하의 1,400만 어린이들이 홍역, 백일해, 파상풍, 설사 및 폐렴 등의 감염 질병을 통해 죽어갔고, 이 모든 것들은 백신으로 예방 가능한 질병이다. 이러한 질병들로 인해 매 2초 마다 한 명의 어린이가 죽어가고 있다.

그림 14.11b를 보면 감염 질병으로 인한 사망률이 감소하였기 때문에 평균 수명은 증가하였다. 많은 사람들이 퇴행성 질환으로 발전시킬 만큼 오래 살며, 사람들이 살면서 악성 질병들이 증가되고 있다. 이와 같이 암으로 인한 사망률은 1900년도에 인구 100,000 명당 55 명에서 1990년대 100,000 명당 133 명으로 240% 이상 증가하였다.

감염질병의 치료에 있어서 지난날의 성공 사례들은 질병의 퇴치가 가능하다는 것을 시사한다. 그러나 적어도 다음의 4가지 요소에 의해 질병의 완전 제거는 힘들 것이다.

1. *모든 이용 가능한 의학적 전문기술이 언제나 적용되는 것은 아니다.*
   홍역이나 볼거리 같은 예방 가능한 질병도 미국에서는 여전히 발생되고 있는데, 그 이유는 부모들이 아이들을 예방접종하지 않기 때문이다. 또한 젊은 사람이나 나이가 든 사람들 중 일부는 치료 가능한 질병임에도 불구하고 치료를 하지 않을 수 있다. 이러한 문제점은 건강 관리에 대한 개선으로 가능할 것이다.
2. *전염성의 병원체는 높은 적응력을 가지고 있다.*
   미생물의 많은 균주는 몇 가지의 항생제에 대하여 저항성을 가지도록 발달되어 왔다. 항생제 사용은 많은 죽음을 예방할 수 있었다. 하지만 수년간 항생제의 오남용은 항생제에 저항성이 있는 돌연변이 균주를 발달시키는데 원인을 제공하였다. 이러한 미생물들이 일으키는 질병의 치료는 없어지지는 않겠지만 빨리 해결해야 할 도전이다.
3. *이전에 알려지지 않은 희귀병은 인류활동과 사회적 환경의 변화의 결과로써 중시되어 온다.*
   1976년 200주년 기념 축제를 망친 레지오넬라증의 유행은 과거에는 일반적으로 알려지지 않았고 가끔씩 일어난 질병이었다. 그러나 호텔의 에어컨 시스템을 통해 이 병은 전파되었으며 에어컨이 발명되기 전에는 일어날 수 없었을 것이다. 1980년대 초에는 '독성쇼크증후군' (toxic shoch syndrome, TSS)이 갑자기 나타나게 되었다. 이 질병은 포도상구균의 독성이 원인이며 여성의 월경기간동안 사용하는 거칠면서 높은 흡수력을 가진 탐폰에서 자라는 미생물 독소가 보통 혈액에 이르게 된다. TSS는 탐폰이 발명되기 전에는 매우 드문 질병이었다. 그 이후 제조사들은 탐폰을 개선하여 더 이상 건강을 위협하지 않았다.

4. *이민, 해외여행, 그리고 상업으로 인하여 일어나는 신규 및 재발하는 병원균들*
   합법적인 또는 불법의 이민자들의 유입으로 특정 질병이 유입된다. 예를 들면 결핵 같은 것이 이미 그 질환이 없어진 지역으로 다시 유입될 수 있다. 그리고 국제선을 통한 여행은 이전에 없어진 질병을 다시 가져오는 결과를 초래하고 있다.

20세기 중엽 미생물학자와 공중보건 공무원들은 항생제나 백신을 사용하면 감염질병을 제거 할 수 있을 것이라고 생각했다. 이러한 꿈이 천연두에서 실현 되었고 아마도 20세기 전환 직후에 소아마비에 대하여서도 사실이 될 것임에도 불구하고, 많은 감염 질병은 여전히 심각한 건강 위협으로 남아 있다. 결핵이나 콜레라는 최근 다시 증가하고 있고 대부분 항생제 내성이거나 위생 감독의 부재로 인해 나타나고 있다. 또 다른 질병들이 새로운 감염원으로부터 나타나고 있다. HIV가 원인인 ADIS가 대표적이라고 볼 수 있다. 과학자들은 HIV가 다른 동물 종인 아프리카 원숭이로부터 돌연변이 균주가 만들어져 종을 뛰어넘어 사람에게 전파한 것으로 믿고 있다. 이러한 점프는 아마도 이전에도 많이 일어났으며, 인구의 제한된 이동성으로 바이러스는 세계의 다른 곳으로 가지 않는 가운데 사라질지도 모른다. 감염은 서서히 일어나지만, 확실한 질병의 운반체들이 국제 항공여행을 통해 쉽게 세계의 한 곳으로부터 다른 곳으로 질병들을 옮겨 갈 것이다. 2002년도에 미국의약연구소는 신규 감염질병은 신중히 다뤄져야 하며, 공중보건기관들은 가능한 전염병을 취급하지 말라는 성명을 발표였다. 사실 ADIS는 우리가 무방비한 가운데 앞으로 다가 올 다른 질병들의 가장 좋은 예시일 것이다.

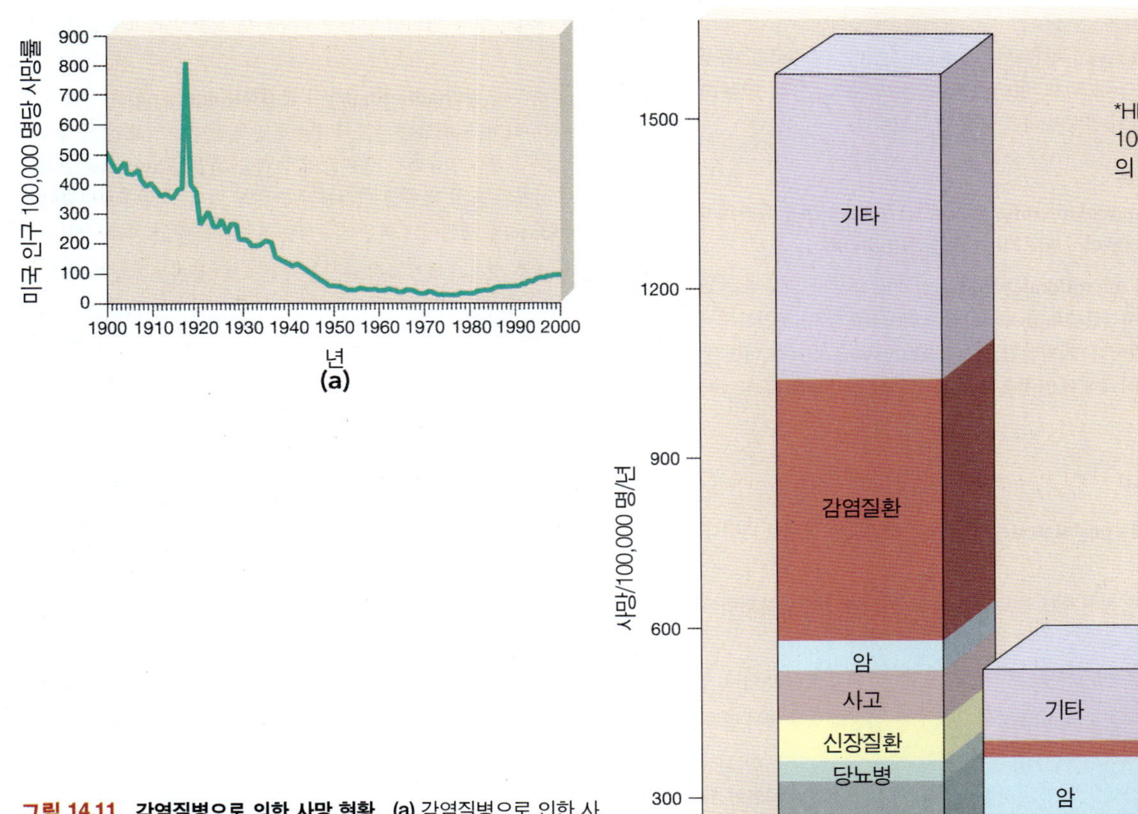

그림 14.11 감염질병으로 의한 사망 현황. **(a)** 감염질병으로 인한 사망률이 대부분 20세기 동안 미국에서 크게 감소하였다. 그러나 1980년부터 1992년 사이에 사망률이 54% 증가되었다. 우리들은 아직 감염질병을 극복하지 못하고 있다. 1918년과 1919년에 사망률이 갑자기 뾰족하게 올라오게 된 것은 돼지인플루엔자가 크게 유행하였기 때문이며 미국에서 50만 명 이상, 세계적으로 2,000만 명이 사망하게 되었다. **(b)** 1900년도에서 2000년도까지 미국에서의 사망 원인의 변화.

요약

- **병원균(pathogen)**은 질병을 유발 시킬 수 있는 기생체이다.

숙주-미생물의 관계

- **숙주(host)**는 다른 생명체를 거주시키는 어떤 생명체이다.

공생

- **공생(symbiosis)**은 '같이 살다' 라는 것을 의미한다. 그리고 **편리공생(commensalism)**은 하나의 생명체가 이익을 얻고 다른 것은 이익도 해도 없다. **상리공생(mutualism)**은 두 생명체 모두 서로 이익을 주는 것이다. **기생(parasitism)**은 **기생체(parasite)**가 이익을 얻으나 다른 쪽(숙주)은 손상을 받는다.

오염, 감염 및 질병

- **오염(contamination)**은 미생물이 존재한다는 것을 의미하며, **감염(infection)**에 있어서 병원균은 신체를 침투하는 것이다. **질병(disease)**에 있어서 병원균이나 다른 인자들은 신체기능을 정상적으로 수행되지 못하도록 건강상태를 방해한다. **체내침입(infestation)**은 신체의 내부나 외부에 기생충이나 절지동물의 존재를 의미한다.

병원균, 병원성 및 독성

- **병원성(pathogenicity)**은 병원균이 질병을 일으키는 능력이고, **독성(virulence)**은 병원균에 의해 일어나는 질병의 강도이며, **약독화(attenuation)**는 병원균의 질병 능력을 약화시킨 것이다.

정상(고유)미생물 균총

- **정상미생물 균총(normal microflora, normal flora)**은 병을 유발하지 않으면서 신체 내부나 외부에서 발견되는 미생물들을 말한다.
- **상주균총(resident microflora)**은 언제나 신체의 내부나 외부에 존재하는 미생물들이다; **일시적균총(transient microflora)**은 어떤 조건하에서 일시적으로 존재하는 것이다; **기회감염균(opportunists)**은 신체의 어떤 장소에서 혹은 어떤 조건 아래에서 질병을 일으킬 수 있는 상주균총 혹은 일시적균총이다.

코흐의 가설

- **코흐의 가설(Koch' s postulates)**은 병원균과 질병과의 관계를 나타내고 있다

1. 특정 질병을 유발하는 병원체는 같은 질병의 모든 사례에서 관찰되어야 한다.
2. 병원체는 질병을 보인 숙주로부터 분리되고 순수배양에서 자라야 한다.
3. 순수 배양된 그 병원체는 건강하고 감염되기 쉬운 실험의 숙주에서 같은 질병을 일으켜야 한다.
4. 병원체는 접종 후에 질병을 일으킨 실험 숙주로부터 다시 격리 되어야 하며, 최초의 특정 질병을 일으키는 병원체로 확인되어야 한다.

- 코흐의 가설이 확립되면서 미생물이 감염질병을 일으키는 원인체로 증명되었다.

질병의 종류

감염성 및 비감염성 질병

- **감염성 질병(infectious disease)**은 감염원에 의하여 일어나고, **비감염성 질병(noninfectious disease)**은 다른 인자들이 원인이 된다.

질병의 분류

- 많은 질병이 비감염성 질병이지만, 이들 중 어떠한 질병들은 감염원과 관련되어 있다.

전염성 그리고 비전염성 질병들

- **전염성 질병[communicable (contagious) infectious disease]**은 하나의 숙주로부터 다른 곳으로 전파될 수 있다. **비전염성 질병(noncommunicable infectious disease)**은 숙주와 숙주사이에서 전파될 수 없으며 토양, 물 그리고 오염된 식품으로부터 일어날 수 있다.

질병의 과정

미생물들이 어떻게 질병을 일으키는가?

- 많은 미생물들이 감염을 일으킬 수 있는 **병원성 인자(virulence factors)**를 가지고 있다. 이러한 인자는 부착분자, 효소 그리고 독소를 포함한다.
- 세균은 숙주에 **부착(adhering)**하여 **군집화(colonizing)**하거나, 숙주의 조직에 침투하거나 때로는 세포에 침투하면서 질병을 일으킨다. 숙주의 조직에서 성장하거나 침투하는 병원균의 능력을 **침입성(invasiveness)**이라고 하며, 이것은 특정 병원성 인자들과 관련이 있다. **히알루로니다아제(hyaluronidase)**는 세균이 조직을 침투하는데 도움을 주는 역할을 한다.
- 세균은 숙주 조직의 대부분의 손상을 주는 다른 물질들을 분비한다. **용혈독소(hemolysin)**는 배양세포에서 적혈구를 용해하면서 숙주의 조직에 직접적 그리고 간접적으로 숙주에 손상을 줄 수 있다. **류코시딘(leukocidin)**은 호중성 백혈구를 파괴한다. **코아귤라제(coagulase)**는 혈액응고를 촉진 시킨다. **스트렙토키네이즈(streptokinase)**는 혈액응고를 용해시켜 신체 조직으로 병원균이 퍼지는 것을 도와준다.
- 또한 많은 세균들은 **독소(toxins)**를 생산한다. **내독소(endtoxin)**는 그람음성 세균의 세포벽의 일부분이며, 세포가 분열할 때나 사멸되었을 때 방출되어진다. 세균이 생산하여 분비하는 **외독소(exotoxin)**는 신경계에 영향을 주면 **신경독소(neurotoxin)**라고 부르고, 소화계에 영향을 주게 되면 **장독소(enterotoxin)**라고 부른다. **변성독소(toxoid)**는 불활성화한 외독소이며 면역화(백신)를 위하여 사용한다.
- 바이러스는 세포에 손상을 주어 다양한 식별 가능한 변화를 보여주는데 이를 **세포변성 효과[cytopathic effect(CPE)]**라고 한다. **생산성감염(productive infection)**은 바이러스의 후손을 방출하는 반면 **유산성감염(abortive infection)**은 감염성이 있는 후손을 생산하지 않는다.
- 병원성 곰팡이는 세포를 침입하면서 점진적으로 용해할 수 있다. 그리고 그 일부는 독소를 생산한다.
- 원생동물과 장내 기생충은 세포나 조직액을 흡수하고 독성물질을 분비하면서 알레르기 반응을 일으켜 조직에 손상을 입힌다.

징후, 증상 및 증후군

- **징후(sign)**는 질병에 대하여 관측할 수 있는 효과이며 **증상(symptom)**는 감염된 사람에 의해 느껴지는 질병의 효과이다. **증후군(syndrome)**은 징후와 증세가 같이 나타나는 것이다.

감염질병의 유형

- **표 14.8**에 질병의 유형들을 서술하기 위하여 사용하는 어휘들이 있다.

감염질병의 단계

- **잠복기(incubation period)**는 감염과 질병의 징후 혹은 증세가 보이는 사이의 시간을 말한다.
- **전구기(prodromal phase)**는 병원균이 조직의 침입을 시작하는 단계로 초기의 비특이적 증세를 보인다.
- **침입기(invasive phase)**는 질병으로 인한 전형적인 징후나 증세를 사람이 경험하는 시기이다. 이 기간 동안에 **절정(acme)**에서 징후나 증상이 최고조에 달한다.
- **쇠퇴기(decline phase)**는 숙주방어가 병원균을 극복하는 단계이다; 징후와 증세가 이 시기에 감퇴하며, 2차 감염이 발생할 수도 있다.
- **회복기(convalescence period)**는 손상된 조직이 회복되고 환자가 체력을 다시 얻는 시기이다. 회복기에 있는 환자들은 다른 이에게 병원체를 여전히 전염시킬 가능성이 있다.

용어 정리

1차감염(p. 417)
2차감염(p. 417)
감염(p. 402)
감염성 질병(p. 407)
공생(p. 401)
국소감염(p. 416)
군집화(p. 409)
균혈증(p. 417)
급성 질병(p. 416)
기생(p. 402)
기생충(p. 402)
기회감염균(p. 405)
내독소(p. 411)
독성(p. 403)
독성의 전이(p. 403)
독소(p. 411)
독혈증(p. 413)
동물이동(p. 403)
류코스타틴(p. 413)
류코시딘(p. 413)
만성 질병(p. 416)
면역기능저하(p. 405)
미생물 길항작용(p. 405)
바이러스혈증(p. 417)
발열인자(p. 419)
백혈구증가증(p. 415)
베타 용혈독소(p. 411)
변성독소(p. 414)
병소감염(p. 416)
병원균(p. 401)
병원성(p. 403)
병원성인자(p. 409)
부착(p. 409)
부착물질(p. 409)
부패혈증(p. 417)
불현성 감염(p. 417)
비감염성 질병(p. 407)
비전염성 질병(p. 408)
상리공생(p. 401)
상주균총(p. 404)
생산성감염(p. 414)
세포변성효과(p. 414)
쇠퇴기(p. 420)
숙주(p. 401)
스트렙토키나아제(p. 410)
신경독소(p. 413)
아급성 질환(p. 416)
아임상적 감염(p. 417)
알파 용혈독소(p. 411)
약독화(p. 403)
오염(p. 402)
외독소(p. 411)
용혈독소(p. 411)
유산성감염(p. 414)
일시적균총(p. 405)
잠복기(p. 417)
잠복성 바이러스 감염(p. 414)
잠복성 질환(p. 414)
장독소(p. 413)
전격형(p. 419)
전구기(p. 418)
전구증(p. 418)
전신감염(p. 416)
전염성 질병(p. 408)
절정(p. 419)
접촉성전염병(p. 408)
정상 미생물 균총(p. 404)
중독(p. 413)
중복감염(p. 417)
증상(p. 415)
증후군(p. 415)
지속성 바이러스 감염(p. 415)
질병(p. 402)
징후(p. 415)
체내침입(p.)
침입기(p. 418)
침입성(p.)
코아귤라제(p. 410)
코흐의 가설(p. 405)
패혈증(p. 417)
편리공생(p. 402)
혼합감염(p. 417)
회복기(p. 420)
후유증(p. 416)
히알루로니다아제(p. 410)

임상 사례 연구

짧은 반바지를 입은 미생물 전공자 학생이 자갈길 위에서 오토바이를 타다가 뒤집혀졌다. 그는 오른쪽 다리에 상당한 열상(laceration)을 입게 되었으며 찢어진 상처가 깊었다. 응급실 담당자는 그의 다리에 깊숙이 박힌 돌조각과 흙을 제거하는데 큰 어려움이 있었다. 많은 부분이 감염이 진행되고, 열상이 있는 곳에서는 죽은 조직이 보였다. 그의 감염은 병원미생물에 기인한 것일까, 아니면 기회감염균 때문일까? 이를 결정하는데 어려움이 있는 이유는 무엇일까?

요점 사고 문제

1. 코흐의 가설 3번째 단계를 수행하는 것은 생명을 위협하는 인간의 질병에 대해서 윤리적인 문제가 있다. 미생물이 어떤 질병을 야기할 수 있는지 없는지에 대하여 증명하는 목표를 달성하기 위하여, 치명적일지도 모르는 미생물은 사람에게 감염시키는 대신 어떤 다른 방법을 제시할 수 있는가?

2. 감염질병의 단계(그림 14.9)와 집단의 성장곡선(그림 6.3)과의 관계를 설명하여 보자.

3. 수년 전 질병을 전염성과 비전염성으로 구분하는데 어려움이 없었다. 이 주제에 대하여 우리의 생각을 바꾸게 한 질병의 예들은 어떤 것이 있는가?

자가 진단 문제

1. 양쪽 모두에 상호 이익을 주는 공생관계의 형태:
(a) 편리공생 (b) 상리공생 (c) 기생
(d) 감염 (e) 체내침입

2. 미생물이 정상적인 건강과 숙주의 기능을 방해하는 과정:
(a) 상리공생 (b) 질병 (c) 체내침입
(d) 감염 (e) 오염

3. 독성의 전이와 약독화는 다음의 무었을 생산하는데 유용한 두 기술이다:
(a) 항생물질 (b) 방부제
(c) 병원성미생물 (d) 독성미생물
(e) 백신

4. 내독소는 _________ 세균과 연관이 되어 있는 반면, 외독소는 _______ 세균에 의해 만들어질 수 있다:
(a) 그람양성; 그람음성
(b) 그람음성; 그람양성
(c) 그람음성; 그람양성과 그람음성
(d) 그람양성; 그람양성과 그람음성
(e) 그람양성과 그람음성; 그람음성

5. 상주미생물 균총에 대하여 가장 알맞게 표현한 용어:
(a) 기생충 (b) 병원균
(c) 체내침입 (d) 편리공생자
(e) 상리공생자

6. 일반적으로 상주균총은 _______에서 발견 된다:
(a) 간 (b) 창자 (c) 위
(d) 신경계 (e) 혈액

7. 아래에 제시된 질병 중 미생물이 직접적인 원인이 될 수 없는 것은?
(a) 면역질환 (b) 퇴행성질병 (c) 유전병
(d) 내분비질환 (e) 선청성질병

8. _________감염은 병원에서 얻어 진다:
(a) 병원 (b) 동물원성 (c) 병소
(d) 아임상적 (e) 일시적

9. 용혈독소의 구체적인 작용:
(a) 백혈구 증가증을 일으킴 (b) 백혈구를 손상시킴
(c) 열이 남 (d) 적혈구를 용해시킴
(e) 신경을 손상시킴

10. 용혈독소를 생산하는 능력은 미생물이 _________는데 도움을 준다.
(a) 질병을 일으킴 (b) 방출된 철을 성장을 위해 사용
(c) 헤모글로빈을 방출 (d) 숙주방어를 파괴
(e) 숙주조직을 파괴

11. 비전염성 질병의 예:
(a) 한센병 (b) 유행성 감기 (c) 폐렴
(d) 홍역 (e) 파상풍

12. 급성질환의 예:
(a) 수두 (b) 결핵 (c) 치주 질환
(d) 포진 (e) C형 감염

13. 다음 중 어느 것이 패혈증에 해당 하는가?
(a) 균혈증 (b) 병소감염 (c) 국소감염
(d) 바이러스혈증 (e) 전신감염

14. 혈액 속에서 증식하지 않으면서 소수의 세균이 존재하는데 이에 해당하는 것은:
(a) 바이러스혈증 (b) 패혈증 (c) 균혈증
(d) 독혈증 (e) 2차 감염

15. 다음 중 틀리게 짝지어진 것은?
(a) 쇠퇴기—죽음을 일으킴
(b) 전격형—갑자기 심한 질병의 개시
(c) 전구기—비특이적 증상이 있음
(d) 발열인자—열을 일으키는 물질
(e) 침입기—질병의 전형적인 징후나 증상이 있음

16. 질병에 있어서 일반적으로 육체적인 불쾌와 몸살을 가지는 짧은 시기:
(a) 잠복기 (b) 전구기 (c) 후유증
(d) 침입기 (e) 전격기

17. HIV에 대하여 양성 항체 실험은 ________질병일 것이다.

(a) 징후　(b) 증후군　(c) 신호
(d) 독성　(e) 후유증

18. 다음 중 코흐 가설의 조건이 아닌 것은?

(a) 질병의 원인체를 분리
(b) 실험실에서 미생물을 배양
(c) 질병을 관찰하기 위해 실험동물에 병균을 접종
(d) 순수배양으로 미생물을 생장시킴
(e) 백신을 생산

19. 세균이 실험대 위에 엎질러졌을 때 무엇이라고 표현하는가?

(a) 감염　(b) 오염　(c) 질병의 만연
(d) 병에 걸림　(e) 염증

20. ________는 질병을 일으키는 능력이다.

(a) 병원성　(b) 독성　(c) 약독화
(d) 이동　(e) 공생

21. 다음 중 틀리게 짝지어진 것은?

(a) 유산성감염–임신부에 있어서 유산을 일으키는 감염
(b) 불현성감염–징후나 증상을 나타내기 위해서는 너무나 적은 미생물이 있다
(c) 국소감염–몸의 특정 부분에 한정되어 있다
(d) 혼합감염–질병을 일으키는 과정에 1종류 이상의 미생물들이 기여한다
(e) 생산성감염–감염숙주세포에서 바이러스가 생산 된다

22. 건강한 피부에 *Staphylococci*가 있으면, 병원성 세균이 군집화하고 질병이 일으키는 것을 방해한다. 이것은 ________의 예이다.

(a) 독성　(b) 병원성　(c) 항생작용
(d) 기회주의　(e) 미생물의 길항작용

23. ________은 세균으로부터 숙주의 조직으로 분비된 용해성 물질이고, ________ 은 세포분열이나 세포사멸 이후에 숙주의 조직에 들어가는 세균의 세포벽의 일부분이다.

(a) 외독소/ 내독소
(b) 내독소/ 외독소
(c) Lipopolysaccharides(LPS)/ 단백질
(d) 다당류/ porins
(e) 변성독소/ metatoxins

24. 보툴리늄(botulinum) 독소는 ________의 한 예이다.

(a) 내독소　(b) Lipopolysaccharide
(c) 탄수화물　(d) 용혈독소
(e) 외독소

25. 잠복성 바이러스 감염은 약 사용의 조절에 의해 발생되어진다. 사실일까 아닐까?

26. 다음 그래프에서 질병의 경로를 추적해 보자. (a)에서 (f)까지 단계를 보고 징후, 증상 그리고 병원미생물의 활성과 관련시켜 각각에 대하여 설명해 보자.

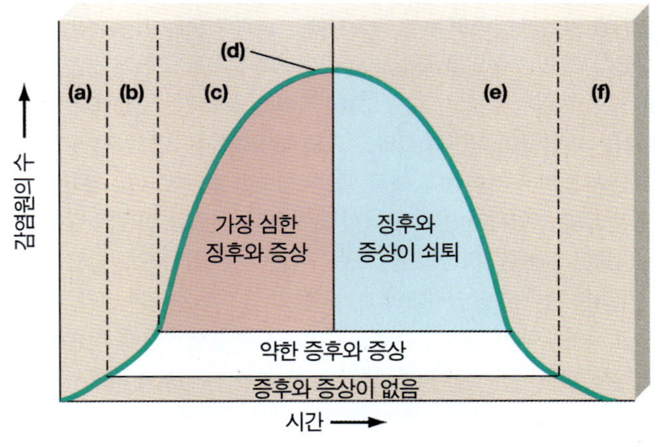

(a) ________
(b) ________
(c) ________
(d) ________
(e) ________
(f) ________

▌ 웹상에서 탐구 문제

http://www.wiley.com/college/black

이 단원을 잘 숙지했다면, 웹사이트에 가서 더 많이 공부해 볼 수 있다. 길잡이가 될 이 웹사이트에 가서 이 단원의 개념을 잘 이해했는지 확인해 보고, 아래의 질문에 대한 답도 찾아보자.

1. 1890년에 나온 코흐의 가설은 여전히 이용되고 있으며 미생물이 질병의 기병성인자임을 보여주고 있다. 대부분의 과학자들이 HIV가 AIDS의 기병성인자임을 믿게 됨과 동시에, 코흐의 가설이 완성되게 된 것은 불과 최근 일이다. 3번째 가설은 건강하면서 감수성이 있는 숙주에 미생물이 들어간 후 질병을 일으킨다. 어떻게 이러한 가설이 성립될 수 있는가?
2. 당신은 혼자가 아니다. 당신의 몸은 피부에 10^{12}개, 입에 10^{10}개, 위장에 10^{14}개의 세균이 살고 있다.
3. 20세기에 암과 심장병이 널리 퍼진 것처럼 18세기에는 천연두가 죽음을 초래하는 질병이었다. 그러나 1980년에 세계보건기구는 공식적으로 " 지구와 지구인들"은 풍토병인 천연두로부터의 해방이 되었음을 선언했다. 어떻게 이 전염병이 없어질 수 있었을까?

15 전염병학과 병원성 감염

시작하며...

헐리우드의 오래된 표상 위에 있는 주술의사에 대해 당신은 무엇을 알고 있는가? 이 사진은 남부 나이지리아의 주술의사를 보여주고 있다. 지식의 세기에 그와 다른 치료사들은 풍토병과 관련해서 풍토식물을 치료를 위해 사용하는 것은 죽음의 위험이 있다고 생각했다. 그들은 질병을 치료하는 셀 수 없는 시간 동안 지식을 얻어왔고 최근 몇 년간 많은 서구의 과학자들은 이러한 치료사들로부터 정보를 얻기 위해 도움을 받아왔다.

남아메리카의 한 늙은 무당은 남은 여생 동안 그의 마을에 살기를 원했던 미국의 부부 과학자에게 그의 기술을 가르치기 시작했다. 그의 부족원들 중 어느 누구도 자발적으로 그에게 견습생이 되기를 원치 않았고 그는 그들이 자신에게서 모든 것을 배우고 나서는 떠날것이 아닌가 그리고 그의 부족원들은 치료받지 못하고 남게 될까 두려워했다. 미국인들은 정보를 출판했고 또 학회에서 발표를 하였지만 언제나 다시 돌아왔다. 산업화 이전의 많은 사람들은 질병을 '악마의 혼' 또는 '나쁜 기운' 의 탓으로 돌렸다 – 이러한 접근은 산업시대의 과학자들의 그것과 차이가 난다. 하지만 자연에 대한 그들의 예리한 관찰은 종종 질병 원인을 찾는데 있어서 실마리를 제공하기도 한다. 예를 들면, 나바호족 치료사는 비 정상적으로 잣이 많이 생산될 때는 남서 사막에 한타바이러스가 창궐한다는 것을 주목했다. 설치류가 그 열매를 소비하고 그 때 소변을 통해 바이러스가 퍼지게 된다.

이 주제와 관련된 비디오는 WileyPLUS에서 볼 수 있습니다.

숙주와 미생물 사이의 연구에 대한 점에서 우리는 감염성 질병을 일으키는 병원균의 특성을 살펴보고 어떻게 질병이 개인에서 일어나는지를 살펴보았다. 그러나 전염병에 감염된 개인은 집단의 구성원들이다; 감염은 집단 내에서 전이를 통해 감염이 되었다. 그래서 이러한 질병을 더욱 이해하기 위해서는 병원내 집단을 포함한 집단에서의 감염에 대한 영향을 고려해야 한다. 불행하게도 미국의 외과 수장인 윌리엄 스튜어트씨가 1967년에 미국국회에서 선언한 감염성 질병과의 전쟁에서 승리했다는 것은 시기상조였다.

전염병학

전염병학이란 무엇인가?

전염병학(epidemiology)은 인간이나 동물 또는 식물 집단에서 발생하는 질병과 건강에 관련된 문제들의 전파 그리고 발생 빈도와 관련된 요소와 그 기작에 대한 연구를 말한다. 이 용어는 그리스 어인 에피데미오스 즉 '사람들 중' 과 로고스, '학문'을 일컫는 단어에서 유래했다. 비록 **전염병학자(epidemiologists)**는 전염병학을 연구하는 과학자로서 자동차사고, 납 중독 또는 담배 흡연과 같은 건강과 관련된 문제들을 연구하는 사람들로 여겨질수 있지만, 여기서 우리는 전염병학자를 감염성 질병의 전달 요소와 과정 뿐만 아니라 집단 내에서의 **병인학(etiology)**을 연구하는 사람으로 제한해서 살펴볼 것이다. 또한 전염병학자가 어떻게 전염병인자를 조절하고 전파를 막는 방법을 디자인하는데 이러한 정보를 사용하는지 볼 것이다.

전염병학은 후천성 면역 결핍증, 결핵 그리고 말라리아 같은 질병들이 병원균에 의해 유발되기 때문에 미생물학의 1가지를 이루고 있다. 십이지장충과 회충 같은 기생충에 의한 질병도 전염병학자들이 연구하는 분야다. 전염병학은 병원균과 숙주 그리고 환경 사이의 연관관계를 포함한다. 이것은 인간 대중들에서 질병의 전달과 통제를 이해하기 위한 방법과 정보를 제공해 주기 때문에 공중 보건과 관계가 있다. 생물학적 테러는 전염병학자들이 특별히 관심을 갖는 분야이다. 농업, 환경 과학자들은 종종 동물과 식물 질병들에 대한 전염병학에 관심을 갖는다. 이러한 질병들이 인간에게 전이될 때 공중 보건에 문제를 일으키기 때문이다. 다음에 이어질 질병과 그들의 전파에서 전염병학자들은 특히 집단 내 질병들의 발생 빈도에 관심을 갖는다.

미국에서 HIV에 대한 검사를 한 모유은행의 우유가 다른 가정으로 보내질 수 있다.

발병률과 유행률

병의 **발병률(incidence)**은 특정 기간 동안 한 집단내에서 새로 발병한 수를 말한다 (일반적으로 1년에 인구 100,000 당 새로이 발병한 수). 질병의 **유행률(prevalence)**은 어느 시점이든지 집단내에 감염이 되는 사람의 총 수를 뜻한다. 유행률은 이전에 진단되거나 새로이 진단된 경우 모두를 포함한다. 예를 들어, 만약 전염병학자들이 조사에서 지난 4주간의 질병에 관해서 조사를 수행했다면 한 주에 감염된 개인이 유행률에서는 4 차례로 세어지지만 발병률에서는 한 차례로 보고된다. 따라서 발병률 자료는 질병의 전파에 있어서 믿을만한 지표이다. 즉, 발병률의 감소는 질병 전파의 감소를 뜻하게 된다. 반대로 유행률 자료는 얼마나 심각하고 얼마나 오래 질병이 집단에 영향을 미치는지 가늠할 수 있게 한다**(그림 15.6)**.

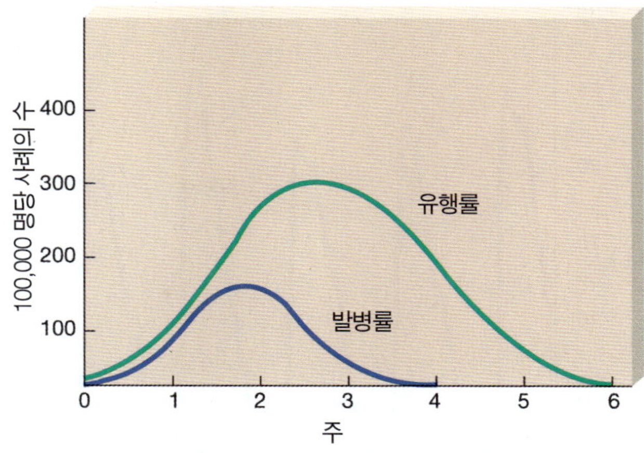

그림 15.1 발병률과 유행률. 지난 4주 간의 가상적인 질병에서 발병률과 유행률의 차이를 보여주고 있다.

이환률과 사망률

빈도는 종종 전체 인구에서 부분으로 표현된다. **이환률(morbidity rate)**은 특정 기간동안 전체 인구의 수에서 상대적으로 질병에 영향을 받은 개인의 수를 나타낸다. 보통 100,000 명당 한 해에 보고된 사례로 나타낸다. **사망률(mortality rate)**은 특정기간동안 전체 집단내에서 질병으로 인해 죽은 사례의 수를 나타내는데 전체 집단의 수와의 상대적 수치로 표현한다. 보통 일 년에 100,000 명당 죽은 수이다.

집단 내 질병

집단 내에서 질병의 발생빈도를 연구할 때 전염병학자들은 영향을 받는 지리적 영역과집단에서 발병되는 질병의 해로운 정도를 고려해야 한다. 이러한 발견을 기초로 해서 질병들은 *풍토병(endemic)*, *유행병(epidemic)*, 전국적 *유행병(pandemic)* 또는 *산발적(sporadic)*으로 구분된다.

감염성 질병 물질이 특정 지역내의 집단에서 지속적으로 나타날 때 **풍토병(endemic)**이라 하지만 질병의 보고 사례와 그 위중성이 공중 건강 문제를 야기하기에는 적어야 한다. 예를 들어, 유행성 이하선염은 미국 전역에서 풍토병이고, 수두는 미국내 남서부에서 풍토병이

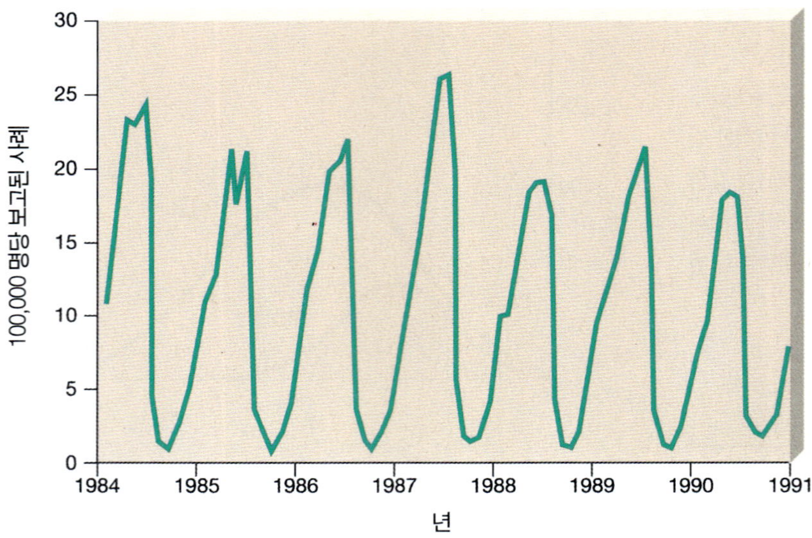

그림 15.2 미국에서 수두의 발병률. 고유의 질병인 수두는 명확하게 계절적인 변화를 보여주고 있다. 대부분의 경우 봄에 발생한다.

다. 수두는 계절형 풍토병 질병이다. 즉, 모든 계절보다 늦 겨울부터 봄에 주로 발병한다(그림 15.2). 풍토병 질병은 또한 풍토병 지역의 서로 다른 부분으로 다양화 될수 있다.

유행성(epidemic)은 질병이 갑자기 보통 발병률보다 더 높은 발병률로 집단내에서 발병할 때 나타난다. 그 때 이환율 또는 사망률 또는 둘 모두는 공중 건강의 문제를 일을 킬 정도로 충분하게 된다. 고유의 질병은 특히 특정의 병원성이 원인균으로 나타나거나 집단내에 면역력이 감소하게 되었을 때 유행성으로 발전할 수 있다. 예를 들어 뇌에 바이러스성 염증을 일으키는 세인트루이스 뇌염의 경우 1975년에 미국에서 유행성 질병을 일으켰다(그림 15.3). 이 것은 이 바이러스를 보유한 면역력이 없는 많은 조류와 이 바이러스를 조류로부터 사람에게 감염시키는 많은 수의 모기의 출현 때문이었다. 이러한 상황은 오늘날 서부 나일 발열 바이러스를 반영한다.

구 소련이 러시아 연방으로 나뉠 때, 유행성 디프테리아가 일시적으로 나타났다. 1990년 이후, 인구 이동에 의한 인구 과밀은 디프테리아 발생률의 급격한 증가를 초래했다(그림 15.4). 1995년에 50,319건의 발병이 보고되었고 이 중 1,746 명의 사망자가 발생했다. 또한 건강하지 않은 어린 아이에게 예방접종을 하는데 대한 문화적 반발이 있었다. 이는 건강하지 않은 아이들이 백신 접종을 받는 것이 위험하다고 여겨졌기 때문이다. 세계 보건기구의 관계자들은 유행성 디프테리아의 확산이 세계 보건문제에 시급한 문제라고 인식하고 있다. 러시아에서 발생한 디프테리아는 이제 동유럽과 북유럽에서도 보고가 되고 있다. 보건 관계자들은 NIS 어린이들에게 디프테리아에 대한 예방 접종을 실시할 계획을 1995년에 세웠다. 그로부터 발병률은 줄어들었고 2000년에 771 건이 보고되었다. 그와 반대로 미국에서는 2003 년에 1간이 보고되었다.

세계적 유행(pandemic)은 유행성 (epidemic)이 전 세계적으로 일어날 때 발생한다. 1918년에 돼지 인플루엔자가 세계적유행으로 나타났다(◀21장). 콜레라는 몇 세기간 일곱번의 세계적유행질환으로 나타났다. 그림 15.5에서 보여주는 것과 같이 1991~1992년에 유행성으로 콜레라가 아메리카 대륙에 퍼졌다. 2006년 여름에 60,000 건 이상이 수단과 앙골라에서 발생했다.

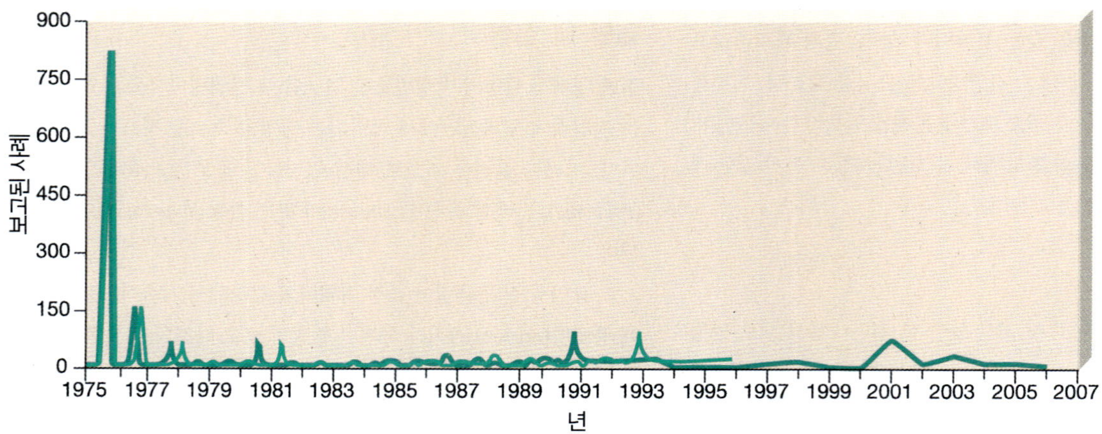

그림 15.3 미국에서 세인트 루이스 뇌염의 발병률. 1975년 말에 바이러스성 질병이 크게 창궐했었음을 보여준다.

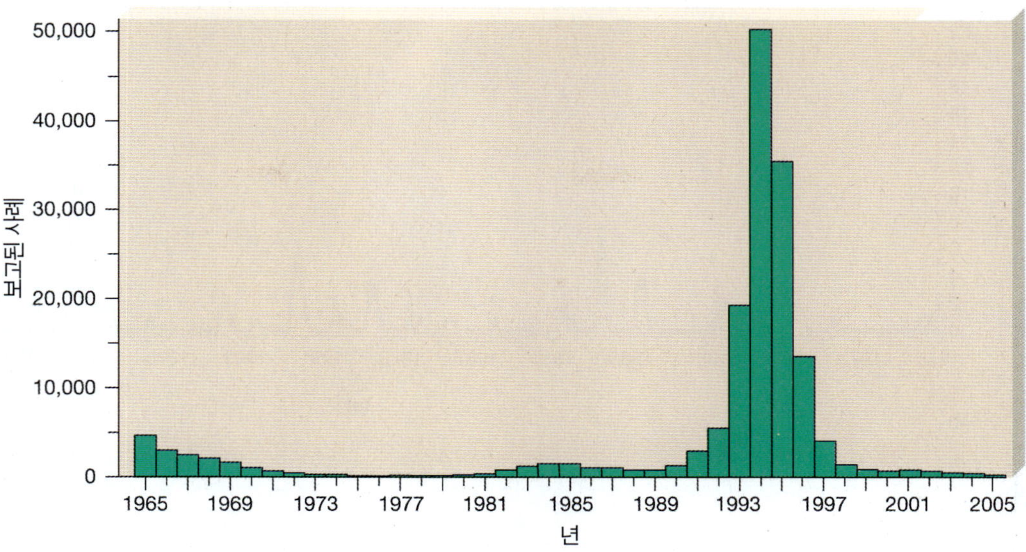

그림 15.4 1965-2000년 사이 러시아 연방에서의 디프테리아 사례. 1991년부터 1994년 사이에 보고된 사례가 증가되었다. 이 것은 소련 연방이 해체되면서 충분한 보건 예방접종을 받지 못했기 때문이다. 그 이후 백신화의 노력으로 정상적 수준으로 내려갔다. 하지만 여행자들은 아직도 이 지역을 방문할 때 디프테리아와 폴리오백신을 맞을 것을 권고 받는다.

산발성 질병(sporadic disease)은 불규칙하고 예측 불가한 형태로 나타난다. 이는 집단 전체에 큰 위협은 되지 않는다. 동부말뇌염은 아메리카 대륙에서의 산발성질병이다. 그림 15.6은 산발성인 동부말 뇌염과 미국 일부 특정지역의 풍토성 캘리포니아 뇌염 그리고 미국에서 유행성인 서부 뇌염을 비교하고 있다. 유행성의 특성과 전파는 병원성균의 원천과 어떻게 이것이 감염가능한 숙주에 도달하는지에 따라 다양할 수 있다. **일반 원천에 의한 발발(common-source outbreak)**는 유행성으로 오염된 물질의 접촉으로부터 일어난다. 발발(outbreak) 이라는 뜻은 세계적 유행성이라는 단어의 공포를 일깨우지는 않는다. 일반 원천에 의한 발발의 전파는 일반적으로 배설물 또는 부적절하게 다뤄진 음식물에 의한 수질 오염으로 추적할 수 있다. 많은 사람들이 갑자기 아프게 된다. 예를 들어 1994년에 캘리포니아의 산페드로에서 부터 멕시코의 엔세나다까지 1,589 명의 여행객 중 586 명이 시겔라 플렉스너리에 의한 소화기 계통의 병을 얻었다. 이러한 발발은 감염 원천을 없앰으로 해서 즉시 가라앉을 수 있다.

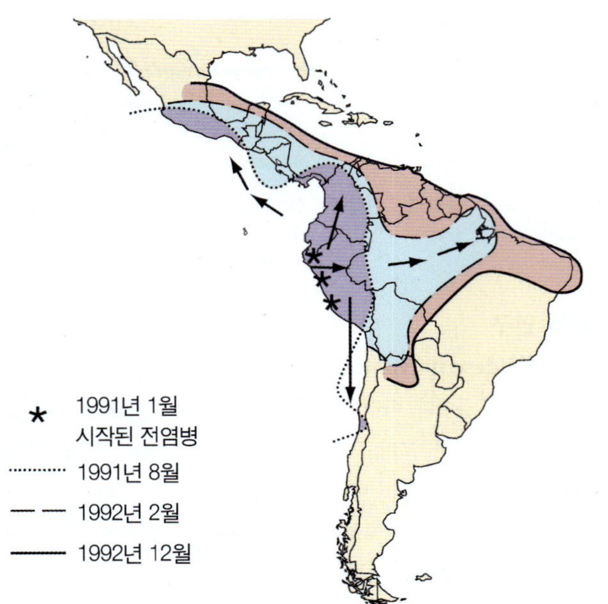

그림 15.5 콜레라의 확산. 1991년 1월 페루에서 시작된 콜레라가 1991~1992년 사이 남아메리카와 중앙아메리카에 퍼졌다. 그리고 나서 콜롬비아와 에콰도르로 옮겨졌다. 1992년 말까지 전염병은 베네주엘라, 볼리비아, 칠레, 파나마, 니카라과 그리고 중앙 아메리카의 엘 살바도르로 퍼졌다. (지도는 이환률과 사망률의 주간 보고에서)

만연된 유행성(propagated epidemic)은 사람과 사람 사이의 직접적인 접촉으로 생긴다(수평적 전이). 병원균은 이미 감염된 사람으로부터 감염되지 않은 그러나 감염될 수 있는 사람으로 전달된다. 만연된 유행성은 그 감염자 수가 천천히 증가하거나 감소하는데 일반 원천에 의한 발발보다 병원성을 제거하기가 힘들다. 일반 원천에 의한 발발과 만연된 유행성에 대한 차이는 그림 15.7에 나타난다.

역학적 연구

빈도 자료의 수집과 결과 도출은 어떤 역학적 연구에서도 기본이다. 영국의 내과의사 존 스노우는 무엇이 첫 번째 **역학적 연구 (epidemiologic studies)**가 되는지 살펴보았다. 1854년에 스노우는 런던을 휩쓸었던 유행성 콜레라의 원인에 대해 조사했다. 그는 결국 골든 스퀘어에 있는 브로드 스트리트 펌프에서 유행성 콜레라의 원인을 찾아냈다(그림 15.8). 그는 사람의 배설물에 오염된 식수에 의해 사람들이 감염되었다는 것을 증명했다.

스노우의 기념비적인 연구 이래로 많은 다른 연구자들은 집단 내에서 질병의 전파에 관련된 많은 것들을 알기 위해 역학적 조사를 수행해왔다. 이러한 연구들은 서술적 분석적 또는 실험적일 수 있다.

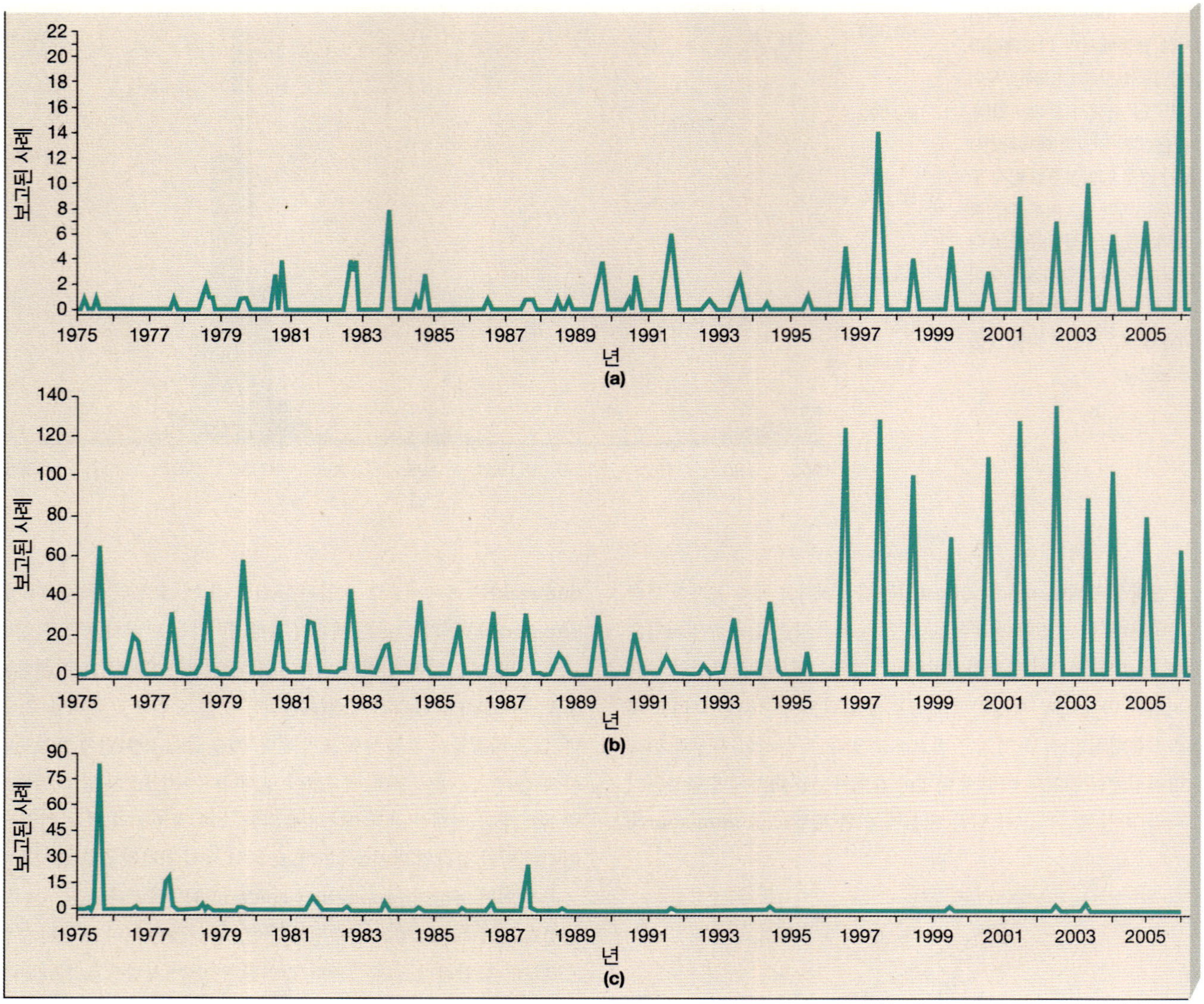

그림 15.6 뇌염의 세가지 다른 형태의 발병률. (a) 동부 말 뇌수막염의 단발성 형태 (b) 캘리포니아 뇌수막염의 전염병적 형태 (c) 서부 말 뇌막수염의 전염병적 창궐

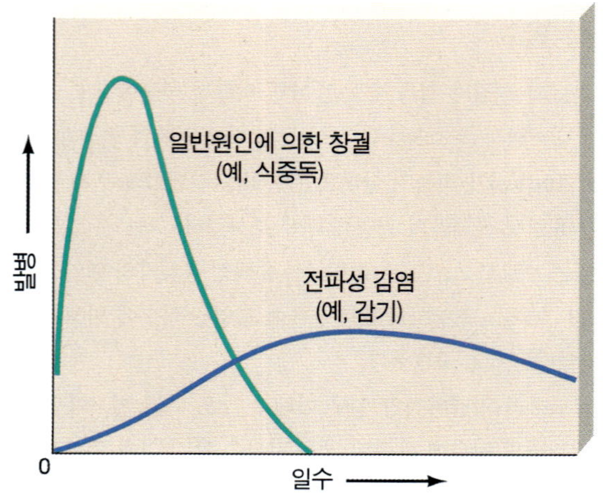

그림 15.7 일반 원인에 의한 창궐의 발병률 형태와 전파성 전염병의 차이. 일반 원인에 의한 창궐에서, 모든 사례는 짧은 기간에 생겨나고 사라진다. 반면 전파성 전염은 새로운 사례가 계속해서 나타난다.

서술적 연구

서술적 연구(descriptive studies)는 존재하는 질병과 전파의 물리적 관점에 관련된 것이다. 이러한 연구는 (1) 발병의 수, (2) 그 것에 영향을 받는 집단의 부분, 그리고 (3) 그러한 발병의 지역과 기간을 기록한다. 나이, 성별, 인종, 혼인 여부, 사회 경제적인 지위 그리고 각 환자 개인의 직업을 기록한다. 역학자들은 이러한 연구로부터 축적된 자료들을 정교하게 분석한 후 어떤 연령대, 남성과 여성, 또는 어떤 인종

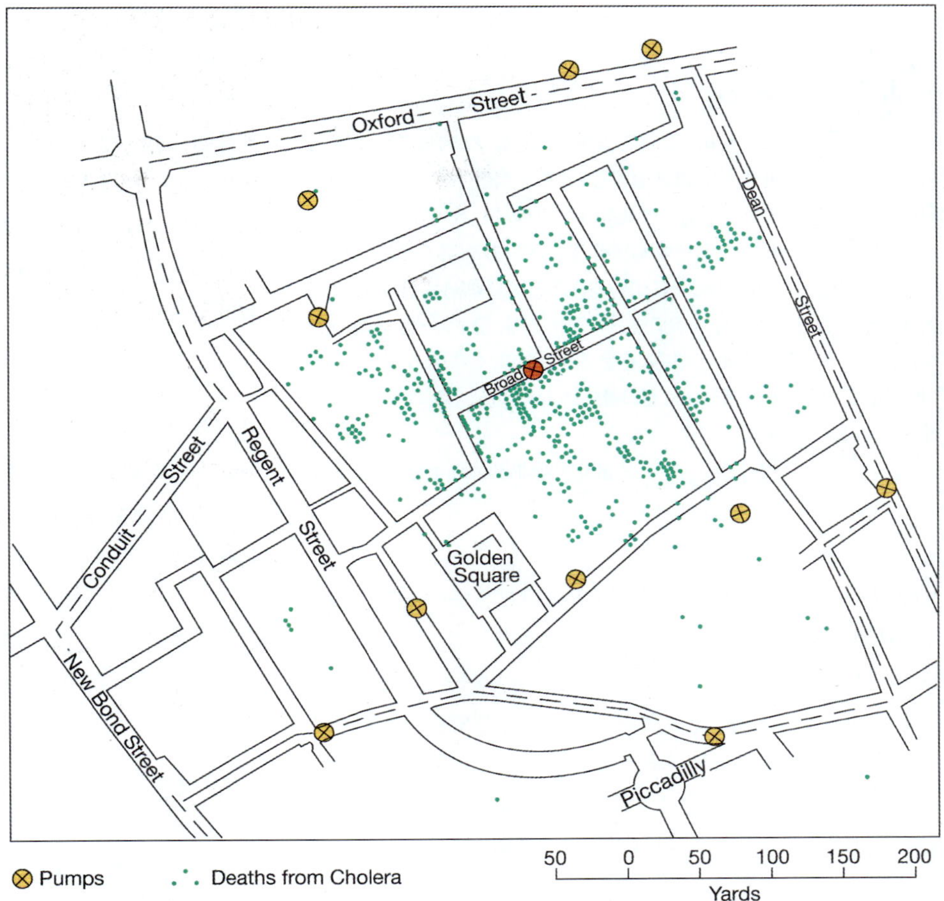

그림 15.8 첫 번째 전염병 연구. 런던의 내과의 존 스노우가 1854년에 보고한 도시내 콜레라 사례의 지역적 형태. 그는 근처에 물을 공급하는 브로드 스트릿 펌프 주위에 집중적으로 콜레라가 발생한다는 것을 찾아냈다. 그는 하수 오물에 의해 오염된 물이 전염병의 원인이라고 추적했다. 펌프의 작동을 멈췄을 때 콜레라의 창궐은 감소하였다. 스노우의 연구는 첫 번째 근대, 체계적이고 과학적인 전염병학 연구이다.

에서 병이 발병할 가능성이 높은지를 결정한다. 혼인 여부 또는 성행위에 기반한 자료들은 병이 성적인 행위로 전이 될 수 있는지를 보여주는데 도움을 줄 수 있다. 사회 경제적 지위에 기반한 자료들은 영양실조나 평균 이하의 생활 환경에 있을 때 쉽게 전이 될 수 있는지를 보여줄 수 있다. 감염된 환자의 직업에 대한 기록은 역학자들이 그 질병이 어떤 공장이나, 도살장 또는 피혁 공장에서 병을 추적하는데 도움을 줄 수 있다. 만약 대부분의 경우 수의사들에게서 질병이 보고되었을 때 이것은 그들이 다루는 동물에 의해 전이된다는 것을 설명한다.

스노우의 연구에서 보여주듯이 어떤 질병의 발병 사례에 대한 지역적 분포 또한 중요하다. 스노우의 반대자들 중 일부는 오염된 물의 공급원이나 간염 바이러스에 감염된 사람들이 일하는 레스토랑 또는 감염성 물질들이 많은 지역을 병의 원천으로 추적해 왔다.

다발성 경화증(Multiple sclerosis)은 척추와 뇌에 있는 수초에 둘러싸인 신경계를 자신의 면역 시스템이 공격을 해서 생기는 병이다. 결국 이것은 근육의 조절 기능을 없애고 중풍에 이르게 한다. 역학적으로 대부분의 다발성 경화증 환자들은 온건한 기후에 살고 백인인종 내에서 발견된다. 미국에서 다발성 경화증의 발병은 미시시피에서 미네소타로 상당히 지역이 넓어지고 있다. 그러나 가장 중요한 결정요인은 어디서 이 사람들이 일생의 첫 14년을 보내느냐 인 것으로 보인다. 예를 들어 어떤 사람이 다발성 경화증이 발병한 경우가 높은 지역의 북쪽에서 자랐고 이후 남쪽으로의 이주가 이 병에 걸리게 되는 경우를 줄어들지 않게 한다. 다양한 연구에서 일부 조사관들은 감염성 바이러스가 다발성 경화증의 증상을 나타내는데 기여할 것이라는 것을 제안했다. 영국의 북쪽 페로스 제도에서의 연구는 2차 세계대전 중 영국군이 이 지역에 주둔하기 전까지는 다발성 경화증에 안전했었다고 보고하고 있다. 그 때부터 다발성 경화증이 몇 번의 주기로 나타났다. 이 군대가 주둔했던 섬에 살았던 사람들은 한 번의 예외를 제외하고는 대부분 다발성 경화증에 걸렸다. 예외적인 경우는 영국 군함이 정박했던 항구 건너에 살고 그 섬에는 전혀 살지 않았던 사람이다. 따라서 어떤 유전적 요인과 하나 또는 그 이상의 미생물에 의한 감염은 살면서 다발성 경화증에 걸릴 가능성을 높인다(18장에서 다발성 경화증과 자가면역증에 대해 더 알아볼 것이다).

마지막으로, 발병이 나타나는 기간과 1년 중의 특정 계절은 서술적 연구에서 중요하게 고려해야 할 사항이다. 전염병의 연구에서 시간의 규칙을 연구하기 위해 전염병학자들은 **초발환자(index case)**를 정의하는데 이것은 동정된 질병의 첫 사례로 나타낸다. 우리가 이미

적용

도시의 운명

함부르크는 비용문제로 급수의 개선을 지속적으로 연기하였다. (함부르크는) 특별한 처리 없이 엘베강으로부터 직접 취수하였다. 인접도시인 알토나(함부르크보다 엘베강의 하류에 위치)에서는 정부의 배려로 정수처리공장이 설립되었다. 1892년에 발병한 콜레라로 인하여, 두 도시를 가르는 길의 한쪽(함부르크)은 황폐해졌지만, 다른 쪽(알토나)에서는 콜레라로부터 온전하였다. 질병이 어디서 시작되었는지 알게 되자, 급수의 중요성에 대한 이론들은 더욱 명확해졌고, 반대론자들은 침묵하였다. 실제로, 미생물오염에 대비하여 도시급수를 체계적으로 정화함으로써, 더 이상 유럽의 도시들에서 콜레라는 나타나지 않았다.

—윌리엄 맥네일(William. McNeill), 1976

보아 왔듯이 질병의 일반적 원인의 창궐은 사례가 증가된 정도나 전염병이 진정되는데 필요한 시간에 의한 전염병과 구별된다. 전염병이 1년 중 어느 계절에 일어나는지는 그 질병이 일어나는 원인을 알아내는데 있어 도움이 될 수 있다. 절족 동물 매개성 전염은 종종 따뜻한 기후에서 일어난다. 그리고 호흡기성 감염은 추운 기후에서, 사람들이 실내에 함께 모여있을 때 쉽게 일어난다. 가을에 가장 유행률이 높은 뇌염의 계절적 특성은 그림 15.6에 보여주고 있다.

분석적 연구

분석적 연구(analytical studies)는 집단에서 질병의 발생 원인과 결과의 상관 관계를 확립하는데 초점을 맞춘다. 이러한 연구들은 예상과 회고에 의해 가능해 진다. 회고적 연구는 유행성 질병의 선행을 설명한다. 예를 들면, 연구자 들은 환자에게 질병에 걸리기 전에 어디에 있었고 무엇을 했었는지에 대해 묻는다. 그리고 나서 환자들은 대조군과 같은 집단 내에 질병에 걸리지 않은 개인들과 비교된다. 만약 환자들이 대조군들은 하지 않았던 특정 나무들이 서식하는 지역에서 도보 여행을 하거나 말과 접촉을 하거나 다른 야외 활동을 했다면 그 행동은 감염의 원인에 대한 실마리를 제공하게 된다. 이런 부류의 몇 몇 연구들은 Berton Rouech' s fascination book *The Medical Detectives* (New York: Truman Talley Books/Plume)에 기술되어 있다.

예상적 연구는 유행성 질병의 확산처럼 일어날 요소에 관심을 갖는다. 예를 들면 집단 내 어떤 어린이가, 어떤 연령대가 어떤 생활 환경에서 수두가 걸릴지 등이 감염에 대한 저항성이나 민감성을 결정하는 요소이다. 1993년에 한타 바이러스가 미 남서부에 창궐했을 때, 전염병 학자들은 질병의 전파를 억제하기 위해 무엇이 병을 일으키고 있는지 그리고 어떻게 생활 환경을 변화시켜야 할 지를 결정해야만 했다.

실험적 연구

실험적 연구(experimental studies)는 가설을 시험하기 위한 실험을 설계한다. 이러한 연구들은 실험에 사용되는 사람이나 동물에게 무해해야 한다는데 제한을 둔다. 예를 들어 연구자들은 어떤 처방이 효과적으로 질병을 치료할 수 있는지에 대한 가설에 대해 실험을 한다. 집단 내에 한 그룹(실험군)은 처방을 받고 다른 한 그룹(대조군)은 위약을 받게 된다. **위약(placebo)**은 의료와 관계없는 물질로 투여자에게 어떠한 효과도 나타내지 않지만 투여자는 처방을 믿게 된다. 이러한 연구 결과로부터 연구자들은 새로운 처방이 효과적인지 아닌지를 알 수 있게 된다.

하지만 어떤 상황에서는 대조군이 쓰이지 않는다. 초기 후천적 면역 결핍증에 대한 연구에서 약물의 처방은 대조군 없이 수행되었다. 그 이유는 미국정부가 실험을 하려는 처방이 잠재적으로 대조군들의 수명을 단축시킬 수 있다는 것 때문이다. 감염성 질병은 그 질병이 퍼지고 감염을 시킬 수 있을 때 인류에게 위협을 준다. 감염성 물질이나 질병이 퍼지는 데 중요한 요소는 다음을 포함한다. (1) 감염의 보균 (2) 생체내로 진입과 이탈에 의한 이동성 (3) 전이의 기작. 다음 장에서는 각 요소를 더욱 구체적으로 살펴 볼 것이다.

✓ 중점 질문 사항

1. 사망률과 이병률, 발병률과 감염률, 풍토병, 유행병, 범발유행병의 차이를 구별
2. 유행병과 일반적인 질병의 발병원인의 차이는?

감염의 보균

대부분의 인간을 감염시키는 병원균은 숙주의 몸 밖에서 감염원으로 가능할 정도로 오랜 기간 살아있을 수는 없다. 그래서 병원균이 새로운 인간 감염을 일으킬 수 있도록 지속적으로 유지될 수 있는 곳이 필요하다. 이러한 곳을 **감염보균(reservoirs of infection)**이라 한다. 사람의 경우 곤충을 포함한 다른 동물, 식물 그리고 비 생물적 물질 예를 들어 물과 토양 등이 있다.

인간 보균

탁아소에 다니는 아이들은 집에서 지내는 아이들에 비해 질병에 대한 감염률이 2~3배 이상 높다

감염되어있는 사람은 다른 사람으로 쉽게 병원균을 옮길 수 있기 때문에 중요한 보균자이다. **매개체(carriers)**는 감염성 물질을 포함하고 있지만 어떤 병적인 증상이 나타나지 않는 개체로 중요한 보균자이다. 유명한 매개자(Typhoid Mary)에 대한 이야기를 읽고(◀22장 p. 687) 넘어갈 수 있다. 따라서, 질병은 증상이나 징후가 너무 미미하여 특수검사를 제외하곤 인지할 수 없는 **무증상(subclinical** infection) 감염 또는 **불현성 감염(inapparent infection)**에 의해 전달될 수 있다. 예를 들어 성인에게 있는 백일해의 경우 진단이 되지 않는다. 성인의 경우 백일해의 특징적인 증상들이 나타나지 않는다. 만약 당신이 주말 동안 심한 기침을 해왔다면 당신은 백일해 기침을 하고 있는 것이며 이는 퍼지고 있는 중이다. 만약 감염성 질병이 잠복기이거나 치유되고 있는 동안 감염이 일어날 수 있다면 이것은 전염성이 있다고 말한다. 만성적 매개체는 감염으로부터 치유가 된 후 오랜 기간 보균하고 있는 경우를 말한다. 간헐성의 매개체는 감염성균을 주기적으로 방출한다.

병에 따라 매개체는 입, 코, 배변을 통해 감염성 생물체를 방출할 수 있다. 일반적으로 매개체의 의해 전파되는 매개질병으로 디프테리아, 장티푸스, 아베바나 간균에 의한 이질, 간염, 스트렙토코코스 감염, 소아마비, 그리고 급성 폐렴이 있다. 국제 항공을 통한 여행은 콜레라 같은 병균에 다른 지역을 방문함으로써 보균자로부터 감염될 위험성을 높인다.

적용

먼지 안에는 무엇이?

가정 내 먼지에는 보통 많은 종류의 미생물, 또 다른 많은 생물들, 비듬, 신체로부터의 이물질 그리고 비 생물적 물질들이 포함되어 있다. 심한 상처에 괴저를 일으키는 클로스트리듐 퍼프리젠의 포자는 에어컨의 필터에서 발견된다. 귓병을 일으키는 페니실륨, 빵 곰팡이 그리고 누룩 곰팡이 같은 많은 다양한 종류의 곰팡이는 먼지 안에서 발견된다. 박테리아의 내생포자, 곰팡이의 포자, 식물의 꽃가루, 곤충의 일부 그리고 진드기가 먼지에 있다. 진드기들은 우리 몸에서 떨어져 나온 피부 조각에 번식한다. 다행스럽게도 살아있는 피부에서는 그렇지 않다. 먼지는 또한 많은 양의 사람이나 동물의 털을 포함하고 때로는 손톱이 있기도 한다. 이러한 것들의 표면에는 미생물이 살고 있다. 마지막으로 먼지를 이루는 비생물적 요소로 보면 페인트 박편에 운석 조각까지 다양하다.

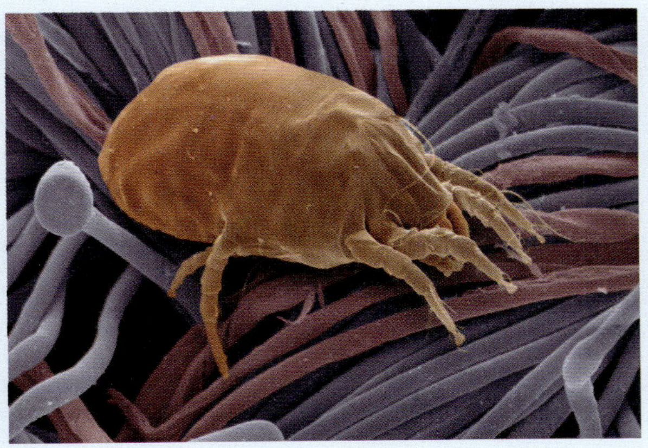

동물 보균

약 150 종의 병원성 미생물은 사람과 다른 동물 모두를 감염시킬 수 있다. 이러한 경우에 동물은 사람에 대한 감염 보균자일 수 있다. 사람과 생리적으로 유사한 동물은 특히 사람에 대한 감염을 일으킬 수 있는 보균자일 수 있다. 때문에 원숭이는 말라리아, 황열병 그리고 많은 사람 감염에 대한 보균자로 중요하다. 일단 사람이 감염되면 그 사람도 역시 보균자가 된다.

질병은 다른 포유동물에서 사람으로 감염이 될 수 있고 이러한 것을 **인수공통 전염병(zoonoses)**이라 한다. 인수공통 전염병으로 분류된 것들을 **표 15.1**에 요약하였다. 다른 질병들 중에 광견병이 미국에서 가장 위협적이다. 이 것은 애완 동물과 야생 동물 모두가 광견병 바이러스에 대한 보균자일 수 있기 때문이다. 미국에서 2003년에 사람에서 세 차례, 2005년에 한 차례 광견병의 사례가 보고되었지만 동물에서는 5,451 건이 보고되었다. 백신 주사를 맞은 개와 토끼가 많은 지역에서 사람은 스컹크나 너구리 박쥐 그리고 여우와 같은 야생 동물에 의해 고유의 광견병에 걸릴 가능성이 높다. 1990년부터 2005년 사이에 48건 중 33건이 박쥐와 연관이 있었다.

보균개체의 수와 보균자일 가능성이 있는 전체 개체 수의 증가로 인해 질병의 박멸은 불가능해 보인다. 이것은 특히 보균자가 야생동물을 포함하고 그 질병이 유행성 질병일 경우 더욱 그러하다. 감염된 모든 동물을 찾아내고 이들 사이의 질병을 통제하는 것은 불가능하다. 오늘날 흑사병에 관여하는 페스트 박테리아 조차도 땅다람쥐나 다른 설치류에 의해 사람을 발병시키는 경우가 미국 서부에서 종종 있다.

사람, 애완동물 그리고 다른 가축들은 유사하게 야생동물에 대한 감염 보균자일 수 있다. 개가 감염되는 바이러스성 질병인 개홍역은 많은 검은발 흰족제비 사이에 퍼지고 죽여왔다. 이미 멸종 위기에 처한 이런 동물들은 상당한 위험에 처해있다. 따라서 애완동물과 가축은 다시 야생으로 방생되는 것을 막아야 한다.

비 생물적 보균

토양과 물은 병원균을 포함한 보균자일 수 있다. 예를 들어 토양은 몇 종류의 박테리아가 서식하는 자연환경이다. 파상풍을 일으키는 클로스트리듐 테타니, 보툴리누스중독증을 일으키는 클로스트리듐 보툴리눔이 어느 곳에서나 발견되고 특히 비료로 사용되는 동물의 배설물에서 더욱 그러하다. 이것들은 소, 말 그리고 몇 몇의 인간 소장내에서 정상적인 미소생물군을 이루는 부분이다. 계곡열을 일으키는 많은 곰팡이 또한 보통 토양에서 서식한다. 종종 토양 곰팡이는 인간의 조직내로 침투해서 백선, 다른 피부질환 또는 전신 감염을 일으킬 수 있다. 적절하지 않게 준비되거나 저장된 음식들 또한 질병의 임시 보균소가 될 수 있다. 제대로 조리되지 않은 고기는 살모넬라와 기생충의 발생

표 15.1

인수공통전염병 (애완동물에 의해 발생되는 질병에 중점을 두었다.)

질병	감염동물	전염방법
세균성 질병		
조류결핵	조류	호흡기
탄저병	개, 고양이를 포함한 가축	동물들과 접촉, 오염된 토양, 상한 우유나 고기 섭취, 포자 흡입
브루셀라증(파상열)	가축	감염세포와 접촉, 감염된 동물의 우유 섭취
흑사병	설치류	벼룩
라임병	사슴, 들쥐	진드기
렙도스피라병	개 또는 돼지, 소, 양, 설치류, 야생동물	소변, 감염된 세포와 접촉, 오염된 물
고양이 발톱병	고양이	긁힌 상처, 물림, 핥기
앵무새병	앵무새, 잉꼬, 다른 새들	호흡기
회귀열	설치류	진드기, 이
로키산홍반열	개, 설치류, 야생동물	진드기
살모넬라증	개, 고양이. 가금류, 거북이, 쥐	오염된 음식이나 물의 섭취
바이러스성 질병		
뇌염	말, 새, 다른 가축동물	모기
광견병	개, 고양이. 박쥐, 스컹크, 늑대	물림, 침에 의한 감염, 흡입
리사열, 한타바이러스 폐 증후군, 출혈열	설치류	소변
곰팡이성 질병		
히스토플라즈마증	새	건조된 감염된 배설물의 흡입
버짐	고양이, 개, 다른 가축동물	직접 접촉
기생충성 질병		
아프리카 수면병	상처입은 야생 동물	체체파리
촌충	소, 돼지, 설치류	날고기 섭취로 인한 유충의 침투, 배설물에서 편절의 침투
톡소포자충증	고양이, 새, 설치류, 가축동물	호흡, 오염된 음식과 물, 태반 통과

지가 될 수 있다. 잘못 냉동된 식품도 미생물의 성장이 일어날 수 있으며 식품을 상하게 하는 독소를 생성할 수 있다. 올바른 냉동 상태에서 완전히 요리가 되지 않은 한 기생충의 유충이 남아있을 수 있다.

침입구

미생물의 의한 감염은 우리 몸의 세포들 안으로 미생물이 들어오면 발생한다. 이 미생물이 몸 안으로 들어올 수 있는 장소를 **침입구(portals of entry)**라고 한다. 일반적으로 피부. 소화관 내벽, 호흡계와 비뇨생식계가 포함된다**(그림 15.9)**. 손상되지 않은 피부가 미생물에 의한 침입을 방어하지만 어떤 것들은 땀샘, 유선 또는 모낭을 통해 들어오기도 한다. 어떤 균은 피부 표면의 세포들을 침입하고, 극소수는 다른 조직으로 이동하기도 한다. 구충과 같은 기생충들은 다른 조직들로 들어가기 위해서 피부를 뚫는다.

우리 몸의 귀, 코, 입, 눈, 항문, 요도, 질과 같이 외부에 노출 된 기관으로 미생물들이 들어 올 수 있다. 미생물들은 미세 먼지조각, 또는 비말입자를 통해 호흡기계의 전염병을 유발시킨다. 소화계의 감염은 음식물 혹은 물의 섭취를 통해서도 이루어지며 청결하지 못한 손에 의해서도 일어난다. 점막이나, 성접촉을 통해 분비되는 물질들은 비뇨생식계 감염의 원인이 된다. 전염성이 강한 미생물들은 질이나 요도를 통해서 전염된다.

또한 미생물들은 물리거나 화상, 사고, 외과수술 후의 상처 혹은 주사바늘에 의한 상처를 통해서 직접 들어오기도 한다. 녹농균(*Pseudomonas aeruginosa*)에 의한 감염은 특히 화상, 외과 수술 환자들에서 찾아 볼 수 있다. 벌레에 물리는 것은 다양한 기생 원생동물의 일반적인 유입 경로이고 연충병은 벌레를 매개로 우리 몸으로 기생충이 침입하여 유발된다.

그림 15.9 **인체 병원성 미생물의 입구.** 남녀 공통의 입구 이 외에 여성에게는 태반과 유선이 더해진다.

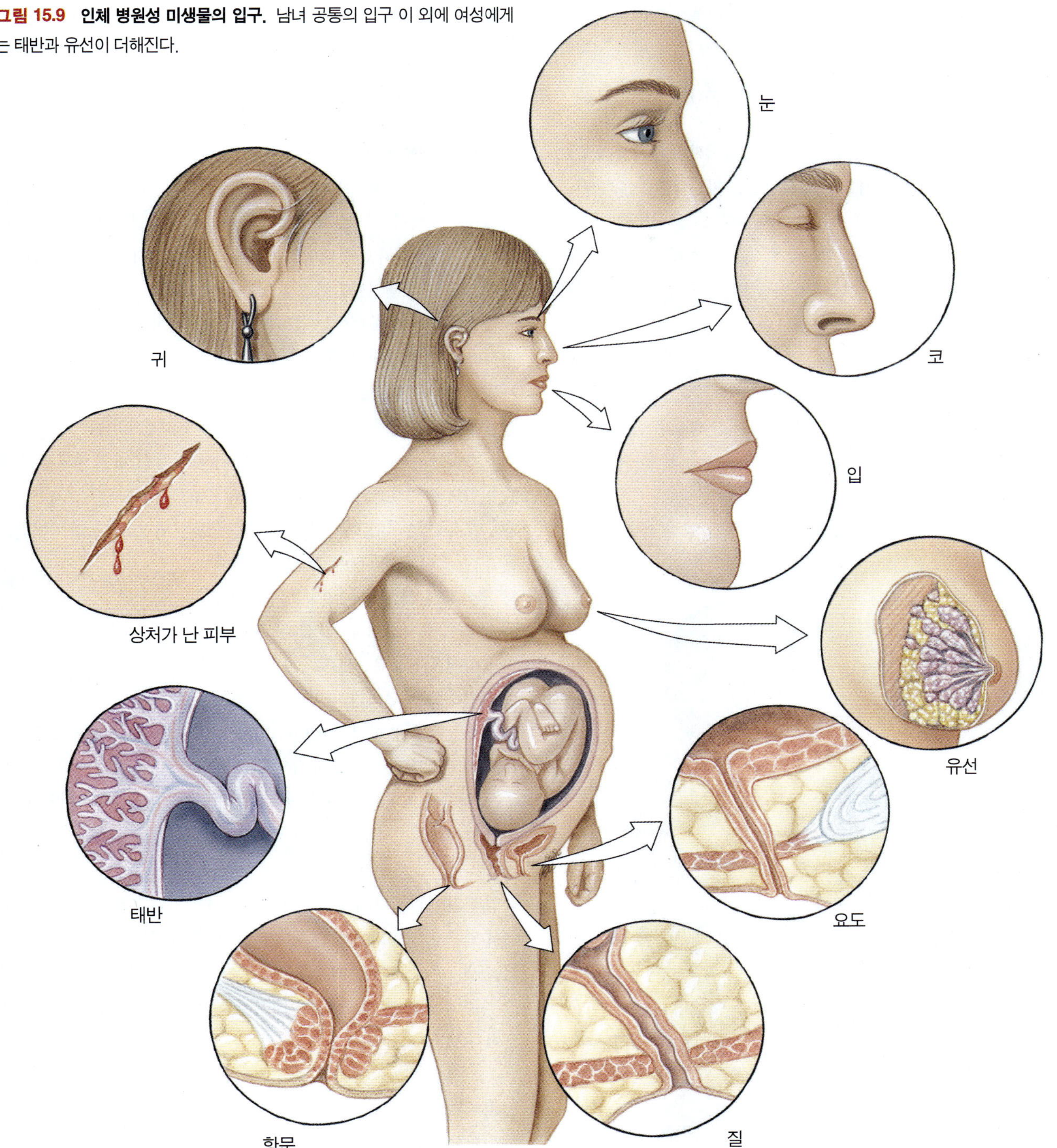

마지막으로, 극소수의 미생물과 바이러스는 감염된 엄마로부터 태반을 통과하여 태아를 감염시킬 수 있다. 거대세포바이러스 감염, 톡소플라즈마 감염, 매독, 에이즈 그리고 풍진과 같은 선천감염에 속한다.

어떤 미생물들은 오직 한 곳을 통해서만 우리 몸 속으로 들어올 수 있다. 다른 미생물들은 여러 곳을 통해서 우리의 몸으로 들어올 수 있고 그것의 병원성은 감염경로에 따라 다를 수 있다. 예를 들면, 소화관에 질병을 유발시키는 많은 병원체들은 기도를 통해 들어왔을 때 질병을 일으키지 못한다. 이와 유사하게 호흡기 질환을 유도하는 많은 병원체들은 소화관의 조직이나 피부를 감염시키지 못한다. 그러나, 어떤 미생물들은 감염경로에 상관없이 감염경로에 따라 발생하는 질병과는 다른 질병들을 유발시킨다. 그 예로, 벼룩에 물려서 페스트균이 몸으로 들어가게 되면 가래톳흑사병이 유발되고 적절한 치료가 이루어지지 않으면 대략 50%정도의 사망률을 보인다. 그러나, 폐렴형 흑사병은 거의 100%의 사망률을 보인다.

몸 안으로 병원체가 들어와도 감염을 유발시키기에 적합한 곳으로 이동하지 못 할 수 있다. 대부분의 사람들은 자신들도 모르게 겨울 동안에 인두 안에 폐렴간균에 감염이 되어있다. 그렇다면 왜 소수의 사람들만이 폐렴에 걸리는가? 그 까닭은 인두에서 폐렴균이 활성을 가지지 못하기 때문이다. 그 미생물들이 질병을 유발 시키기 위해서는 폐로 들어와야만 한다.

출구

병원체들이 어떻게 숙주 밖으로 나오는가에 대한 정보는 질병의 확산에 중요하다. 병원체들이 우리 몸 밖으로 나오는 장소를 **출구(portals of exit)**라 한다(그림 15.10).

일반적으로, 병원체들은 체액이나 배설물을 통해 빠져 나온다.

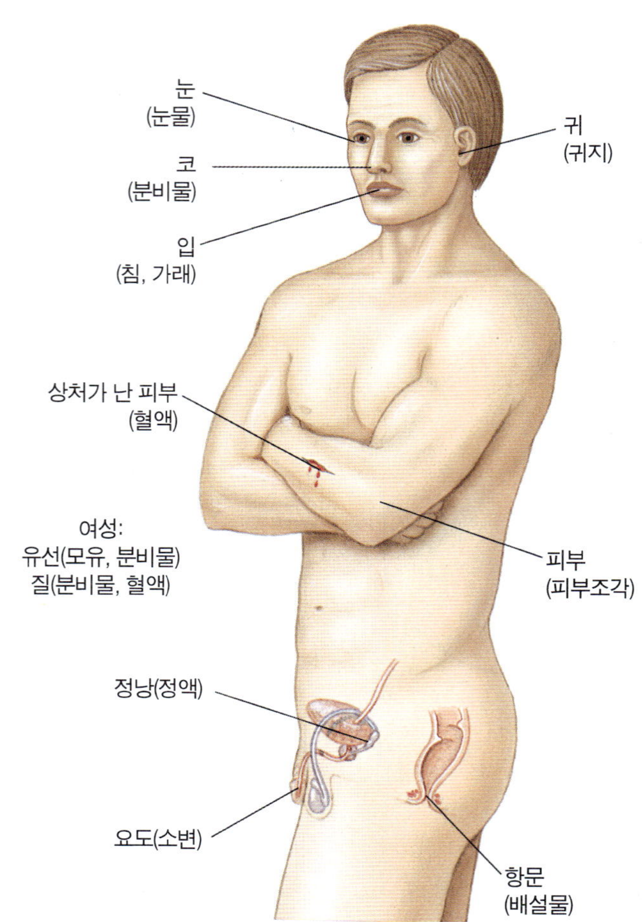

그림 15.10 **인체 병원성 미생물의 출구.** 남녀 공통의 출구 이외에 남성에게는 정낭, 여성에게서는 유선과 질이 더해진다.

호흡기계 병원체들은 기침, 재채기, 혹은 말하는 동안에 코나 입을 통해서 나온다. 개, 고양이, 곤충, 그리고 다른 동물들의 침을 통해서도 감염 미생물들은 이동할 수 있다. 위장관의 병원체들은 배설물을 통해서 나온다. 이러한 병원체들 중에는 건조나 다른 환경에 대해 매우 큰 저항력을 가진 기생충 알도 있다. 소변과 남성의 요도를 통한 정액으로 비뇨생식기 병원체가 옮겨진다. 정액은 병원체로서 간과되기도 하지만 중요하다. 그 예로, 에이즈 바이러스는 백혈구와 정액을 통해서 옮겨지며 B형과 C형 간염도 이를 통해서 일으킬 수 있다. B형과 C형 간염은 성 전염질환으로 포함되어 있다.

환자들의 혈액 내에는 간혹 인체면역결핍바이러스 혹은 간염 바이러스와 같은 감염 미생물을 가지고 있다. 그것으로서 혈액은 부상자들을 돕는 간호사들의 감염 원인이 될 수 있다. 다른 사람의 혈액은 전염병의 가능성 가질 수 있다는 것을 항상 고려해야 한다.

우유는 중요한 병원균의 출구가 된다. 우유의 저온 살균은 소에서 인간으로 폐결핵의 확산을 멈추는데 중요하다.

모유는 감염된 어머니에게서 유아로 인체면역결핍바이러스를 옮길 수 있다. 임신 전에 감염이 되었다면 전송률은 15%이다. 만약 임신 후 혹은 모유 수유기간에 감염이 이루어졌다면 유아의 감염률은 29%로 높아진다. 이러한 감염률은 혈액의 바이러스 감염이 감염률을 더욱 높이기 때문이다. 분유를 먹을 수 없는 개발도상국에서 출생과 임신기간 동안에 감염을 충분히 피할 수 있었던 많은 아기들은 (약 50%의 위험) 모유를 통한 감염에 불행히도 노출되어있다.

주택협회에서는 오염된 월풀 욕조를 통해 재향군인병이 15번 발생했고 2명이 사망했다고 발표하였다.

질병의 전염 방법

감염 질환이 발생하기 위해서는 병원균이 감염원 혹은 병원균의 출구에서 입구로 전염되어야 한다. 전염은 몇 가지 방법으로 발생하며 우리는 세 그룹으로 구분지었다. : 접촉 전염, 매개물에 의한 전염, 그리고 곤충에 의한 전염. 그림 15.11 은 이러한 세 그룹의 전염 방법을 보여 주고 있다.

접촉 감염

접촉 감염(contact transmission)은 직접 인체와 인체가 맞닿으면서 감염이 이루어지는 **직접 감염(direct contact transmission)**, 인체와 인체 사이의 감염에 어떤 매개체가 개입되는 간접 감염, 혹은 비말 감염이 있다. 직접 인체와 인체가 맞닿으면서 이뤄지는 감염은 신체접촉이 필요하다. 이러한 감염은 수평 혹은 수직 감염일 수 있다. **수평 감염(horizontal transmission)**은 개인들은 손을 흔들거나 입을 맞추거나 상처를 만지거나 혹은 성적인 접촉에 의해서 일어난다. 병원체들은 또한 비위생적인 행동으로 인하여 우리 몸의 한 부분에서 다

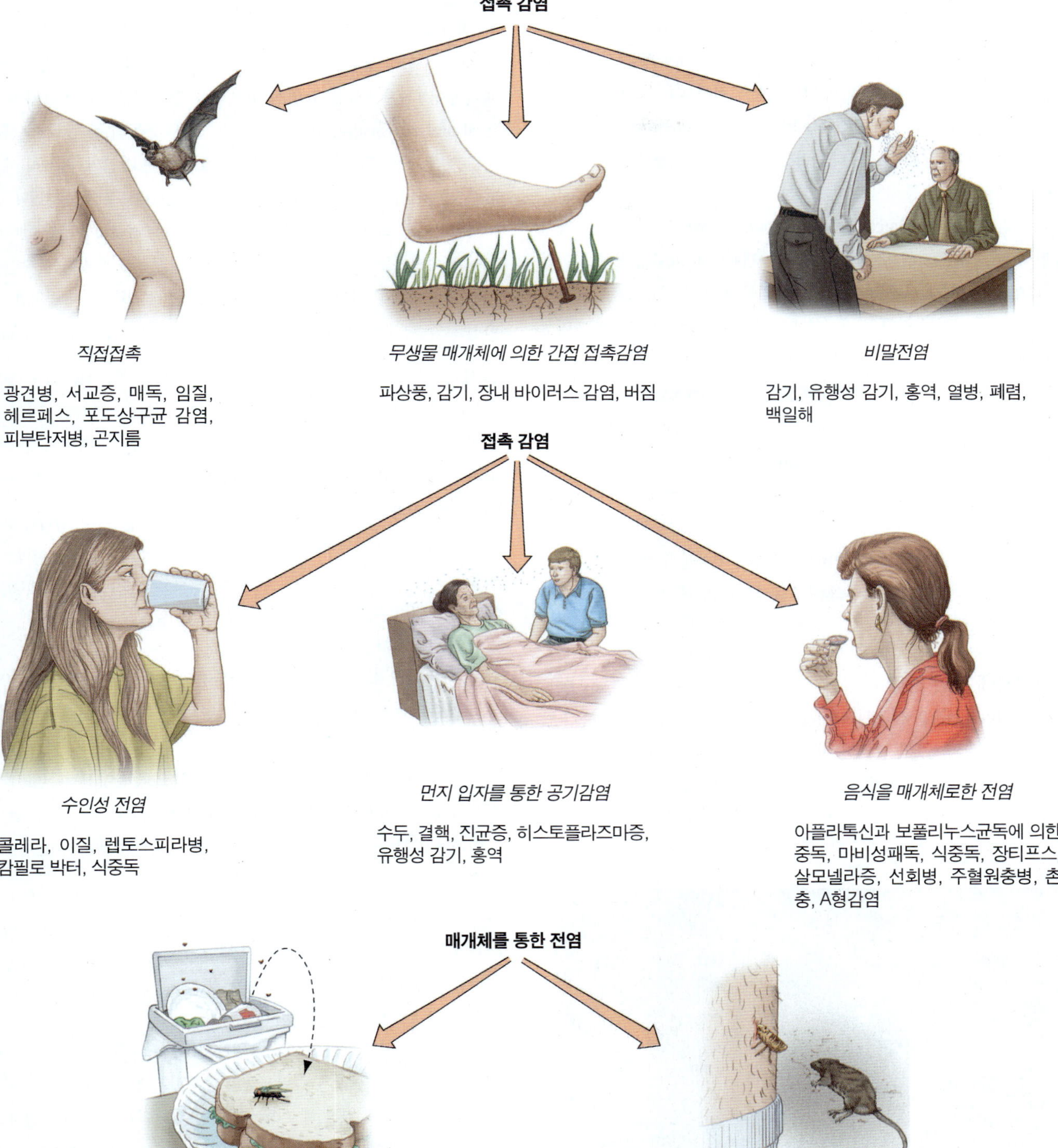

그림 15.11 **질병의 전염 방법.**

른 부위로 이동하기도 한다. 예들 들면, 음부포진의 손상된 곳에 접촉한 뒤 몸의 눈과 같은 다른 부위에 접촉이 있으면 감염은 퍼지게 된다.

배설물속의 병원체 또한 씻지 않은 손으로 입을 만지게 되면 감염이 일어나게 된다. 이것이 **직접적분구전파(direct fecal-oral transmission)**이다. **수직 전염(vertical transmission)**은 부모로부터 자녀로 감염되는 것으로 태반, 모유 혹은 산도를 통해 감염된다(매독과 임질이 이를 통해 발생할 수 있다).

간접 감염(indirect contact transmission)은 병원체를 잠복시킬 수 있고 감염시킬 수 있는 **무생물 매개체(fomites)**를 통해 일어난다. 더러운 손수건이나 접시, 주방 용기, 문 손잡이, 장난감, 비누, 그리고 돈 등이 이러한 비활성 매개체에 포함된다 (미국 달러 지폐는 미생물의 전염을 막기 위해 항균처리가 되어있다).

접촉감염의 세 번째 종류인 **비말감염(droplet transmission)**은 감염된 환자가 기침을 하거나 재채기를 할 때 혹은 옆사람과 이야기를 할 때 발생한다 **(그림 15.12)**. **비말핵(droplet nuclei)**은 기침 이나 재채기를 하면 미생물이 들어있는 입자가 공기중에 나와 수분이 적어지면서 날아다니기 쉬운 형태로 된 것이다. 직접 흡입 될 수 있는 이러한 입자들은 먼지입자들과 바닥에 쌓여있거나 공기 중에 떠다닐 수 있다. 비말 전염은 재채기나 기침에 의해 1미터 내의 물체에 묻기 때문에 공기 감염으로 분류하지 않는다.

매개물에 의한 감염

매개물(vehicle)은 감염원으로부터 숙주를 감염시키기 쉽게 하기 위한 감염물질의 무생물 매개체이다. 일반적인 매개물은 물, 공기, 그리고 음식이 포함된다. 체액 중에서 혈액과 정맥은 또한 질병 감염의 매개체가 될 수 있다.

그림 15.12 비말 전염. 역광조명으로 재채기 할 때 코와 입에서 나오는 무수히 많은 작은 물방울들을 볼 수 있다. 이러한 분산은 대략 1m 반경 내에서 가장 중요하다. 그러나 가장 작은 입자는 공기의 흐름에 의해서 공중에 남아 있고 더욱 멀리 확산 된다. 심지어 수술용 마스크도 모든 물방울로부터 보호받지 못한다. (*Lester V. Bergman/Corbis Images*)

수인성 감염. 비록 수인성 병원체는 깨끗한 물에서는 자라지 못하지만, 비료에 의해 오염된 물이나 적은 양의 영양분이 있는 물에서는 살 수 있다. 수인성 병원균은 보통 오염된 물에서 번성한다. 어떤 생물의 배설물이 다른 생물을 감염시키는 것을 **간접적분구전파(indirect fecal-oral transmission)**이라한다. 병원균은 공공의 물 공급지, 절반 정도 사적인 물 공급지(야영지, 공원과 호텔 같은 개인의 수 처리 시스템이 있는 곳), 그리고 개인의 물 공급지(샘, 우물)로부터 분리된다. 소아마비바이러스, 엔테로바이러스, *Giardia*, *Cryptosporium* 뿐만 아니라 여러 박테리아들은 소화기 계통과 위장관 증후군을 유발하는 수인성 미생물이다. 비록 엔테로바이러스는 물에서 박멸 하기가 어렵지만, 수인성 전염병은 물과 오수의 적절한 처리에 의해 예방할 수 있다(25장).

공기 감염. 공기로 운반되는 미생물들은 토양, 물, 식물, 혹은 동물로부터 발생되는 주요 형질전환체이다. 병원체들은 공기에서 자랄 수 없지만, 건조한 공기, 극한의 기온과 자외선과 같은 고 에너지 방사선에서도 새로운 숙주로 이동할 수 있다. 실제로 건조한 공기는 많은 바이러스의 전파를 증가시킨다. 병원체가 공기 중에서 1 m 이상 이동 할 수 있다면 이를 공기 감염이라고 한다. 공기 중의 병원체와 비말 속의 입자들은 실내에 사람들이 밀집되어 있을 때 새로운 숙주로의 이동이 가장 쉽다. 공기 전염의 발생률의 증가는 난방과 냉방이 인위적으로 조절되고 신선한 공기의 유입이 적은 밀집된 현대의 건물들과 밀접한 관련이 있다.

지구 온난화는 말라리아 같은 열대병이 다른 지역으로 절지동물 매개로 이동하는 결과를 초래한다.

공기 전염 병원체들은 먼지와 함께 바닥으로 떨어지거나 대기 오염물질들 속에 떠다니기도 한다. **대기 오염물질(aerosol)**은 작은 물방울이거나 공기중의 고형 입자로 존재한다. 이 오염물질들 안의 미생물들은 인간에게 직접적으로 들어오지 않아도 된다. 그것들은 자루걸레나 침대 시트를 갈 때, 혹은 옷을 갈아입을 때 먼지 입자들과 섞여서 인간에게 접촉 할 수 있다. 미생물 연구실에서, 박테리아가 묻은 루프를 플레이팅하는 것은 대기 오염물질들 속으로 확산시킬 수 있다.

재채기 한 번으로 15000개 바이러스를 내보낼 수 있고 시간당 100에서 200마일 밖으로 날아갈 수 있다.

먼지 입자들은 많은 병원체들의 잠복처가 될 수 있다. 포도상구균과 연쇄상구균과 같은 세포벽이 단단한 박테리아들은 먼지 입자들 속에서 몇 달 동안 살 수 있다. 바이러스 뿐 만 아니라 박테리아와 진균의 포자들은 더 오랫동안 살아 남을 수 있다.

질병에 대한 낮은 저항력을 가지 입원 환자들과 먼지 입자 속에 남아있던 병원체들에 병력이 있던 사람들은 큰 위험에 노출되어 있다. 젖은 걸레로 바닥을 닦고, 젖은 옷을 닦아내고, 조립식 침대의 시트와 타월을 닦아내는 것은 대기의 오염물질들을 줄이는데 도움이 된다. 수술실에서 사용되는 마스크와 옷은 불에 태우고 감염이 가장 심하게 일

적용

비상 세안소에 아메바가 있는가?

비상 세안소는 화학약품에 의한 사고가 발생했을 때 깨끗한 물을 충분히 공급해주는 곳이다. 미국표준협회는 깨끗한 상태를 유지하기 위해 매주 flushing을 제안한다. 그러나, 상온에서 오랜 기간 동안 세안기 내에 물이 정지해 있게 되면 박테리아나 균이 자라는데 이상적인 환경이 된다. 이런 미생물들은 심한 눈병과 시력을 잃게 만들 수 있는 물 속에 사는 가시아메바의 먹이가 될 수 있다. 많은 종류의 아메바는 재향군인병을 야기하는 *Legionella pneumophila*의 성장 요소와 서식처를 제공한다. 공기 중에 퍼져있는 액적들에 있는 100개의 세포들 만으로도 감염시킬 수 있다. 자주 발견할 수 있는, 위험한 병원체인 슈도모나스는 상당히 심하게 조직을 파괴할 수 있으며 치료하기 까다롭다.

1995년에 건물수도관에 연결된 30개의 dual-spray eyewash 중 1종류 이상의 아메바가 전체 중 60%에서 발견되었다. 규칙적인 flushing은 이런 미생물들을 제거할 수 있다. 수도관이 연결되지 않은 세안통에서는 어떨지 예상할 수 있는가?

어났던 장소는 소각한다. 어떤 병원에서는 또한 자외선과 특수 공기 유량 장치를 사용하여 공기 감염으로부터 환자들의 노출을 막는다.

식인성 전염. 병원체들은 부적당한 검역이나 완전 조리되지 않거나 혹은 제대로 저장되지 않은 음식을 통해 전염된다. 수인성 병원체와 마찬가지로 대부분의 식인성 병원체들은 위장관 장애를 유발시킬 수 있다.

매개체에 의한 전염

◀11장에서 다뤘듯이, **매개체(vectors)**는 인간에게 질병을 전달하는 살아있는 유기체이다. 대부분의 병을 유발 시키는 매개체들은 진드기, 파리, 벼룩, 이, 모기와 같은 절지 동물이다. 그러나, 이런 매개체들의 전파 기작은 기계적 혹은 생물학적이다.

기계적 매개체. 곤충은 그 것들의 발과 몸으로 병원체를 옮길 때 기계적 매개체로서 역할을 한다. 예를 들어, 집파리와 다른 곤충들은 주로 동물이나 사람의 배설물을 먹고 산다. 그것이 사람이 먹는 음식물로 이동한다면, 그 과정에서 병원체들은 퍼지게 된다. 기계적 매개체를 통한 질병의 전염은 매개체나 병원체를 증식시킬 필요가 없다.

이런 질병 전염 방식은 음식을 준비하거나 먹는 장소 밖으로 매개체들을 제거하는 것으로 막을 수 있다. 공원에서 개의 배설물 위로 날아다니는 파리가 당신의 감자샐러드위로 날아가지 못하도록 해야 한다. 또한 기계적 매개체에 의한 질병 전염을 줄이기 위해서 곤충들을 못 들어 오도록 보호막을 설치 하기도 한다. 불행하게도 빈곤한 삶을 사는 지역에서는 보호막이 부족하다. 심지어 병원의 수술실도 열려있다.

생물학적 매개체. 곤충들이 병원체를 능동적으로 전달할 때 생물학적 매개체로서 역할을 한다. 즉, 곤충이 미생물 감염형을 전달하기 전에 매개체내에서 감염인자는 그 생활사를 완수해야 한다. 동물에 물리는 것으로 인한 직접감염과 비교했을 때 매개체를 통한 인수공통 전염병이 더욱 흔히 발생한다. 가장 일반적인 매개체에 의한 질병인 말라리아와 주혈흡충병에서 생물학적 매개체는 병원체의 생활사중 어느 단계에서 숙주가 된다.

생물학적 매개체에 의한 인수공통전염병은 매개체들을 제거하거나 조절에 의해서 제어할 수 있다. 기름과 고여있는 물에 살충제를

적용

"DOG GERMS!"

스누피가 루시에게 키스를 할 때 루시는 항상 비명을 지른다. DOG GERMS 하지만, 가장 걱정을 해야하는 것은 스누피이다. 사람의 입안에는 개의 입안에 있는 것 보다 더욱 많은 병원체들이 있다. 개의 침은 산성을 띠며 미생물들이 살아가기에 적합한 환경이 아니다. 키스가 덜 해로울지는 몰라도 수영을 개와 함께하는 것은 사람에게 더욱 위험한 일이다. 스피로헤타균은 보통 동물의 신장에 감염되고 배뇨작용을 통해 배설된다. 강에서 개와 함께 수영을 했던 어떤 사람은 개가 앞에서 수영을 했던 상황에서 그 사람은 렙토스피라병에 걸리게 되었다. 이 질병은 열, 두통, 그리고 신장에 해를 입힌다. 감염된 개는 많은 사람들이 같이 수영하는 곳에서 매우 위험하다. 렙토스피라병을 예방하기 위해 수영장을 소독 하고 애완동물에 예방접종을 한다면 전염을 막을 수 있을 것이다. 가장 좋은 방법은 수영장에 애완동물을 들여보내지 않는 것이다.

몇 몇 십대 청소년들이 자신들의 소택지전용차를 타고 렙토스피라병에 감염된 사슴의 소변으로 오염된 물을 지나갈 때 이 질병은 발생 할 수 있다. 타이어에 의해 튄 방울에 의해 타고있던 사람들은 확실히 감염 될 것이다.

(Courtesy Jacquelyn G.Black)

뿌리면 독성을 나타내는 곤충의 유충을 죽일 수 있다. 동물의 사육장에 살충제를 뿌리는 것 또한 매개체들이 살충제에 대해 저항성을 가지게 되기 전까지 효과적인 통제 방법이 된다.

질병 전염의 예외적인 문제

매개체에 의한 질병의 전염은 종종 확인이 어렵기 때문에 유행병의 문제를 어렵게 만든다. 이러한 매개체들은 보통 그것이 갑작스럽게 질병을 확산시킬 수 있는 것인지 알 수 없다. 옮겨지는 병원체에 따라서, 매개체들은 직접 혹은 간접적으로 또는 물, 공기, 음식물을 통해서 전달할 수 있다. 이러한 매개체들은 병원체의 근원이 될 수 있다. 또 다른 전염의 문제로는 성전염성질환을 가진 사람들의 증가를 들 수 있다.

매년 2000천만 명 이상이 질병의 감염으로 사망한다.

그러한 질병들은 종종 키스를 하는 것과 같은 직접적인 성적 접촉에 의해 전염되지만 구강 혹은 항문 성교에 의해서 전염될 수 있다. 성전염성질환은 감염된 개인들이 다양한 사람들과도 성적인 접촉을 하기 때문에 유행병성질을 나타낸다. 사실, 후천성 면역 결핍증, 성기단순포진, 성기사마귀, 매독, 클라미디아 (성병) 의 발병은 빠르게 증가하고 있다.

인수공통전염병은 또 다른 유행병이다. 이러한 전염병은 직접적인 접촉에 해당하는 감염된 애완동물이나 야생동물에 물렸을 때 광견병에 걸리는 것에 의해서 전염될 수 있다. 광견병의 경구 백신은 개발되었고 야생동물에 약을 투여하기도 한다.

질병 주기

많은 질병들은 주기적으로 나타난다. 몇 년 혹은 몇 십 년 동안 몇 가지의 질병만이 발병할 수 있지만 많은 경우에 유행병 혹은 전세계적으로 유행하는 병으로 나타나기도 한다. 1가지 예를 들어보자. 가래톳 흑사병 혹은 흑사병이라 불려지는 이 병은 수 세기 동안 재발하여 발병되었다. 기원후 543년과 548년 사이에 이 질병은 인도, 아프리카에서 퍼져나가 이집트를 지나 콘스탄티노플(지금 터키의 Istanbul의 구칭)로 확산되었으며, 200,000명의 사람들이 4달 안에 목숨을 잃었다. 이 질병은 쥐에 기생하는 벼룩에 의해 사람으로 전파 되었고 유럽과 지중해 연안으로 까지 확산되었다. 반세기 후 흑사병은 중국에서 발병하였고 이전과 마찬가지로 파괴적인 결과를 초래하였다. 초창기의 발병 후 다음 2세기 후에 10~24 년 주기로 발병하였다.

그 후 500여 년 동안은 유럽의 모든 사람들은 흑사병이 발병되지 않아 안도의 한숨을 쉬었다. 그러나 1346년, 두 번째로 첫 발병 때보다 극심하게 흑사병이 전세계적으로 발병되었고 대부분의 유럽과 중동, 북아프리카 지역의 사람들은 이 질병으로 고생하였다. 유럽인구의 1/3정도가 죽었고, 이 위협적인 질병으로부터 많은 도시에서 인구의 3/4이 죽었다. 그 후 주기적인 재발은 18세기 프랑스와 17세기 영국에서 많은 목숨을 빼앗아 갔다. 20세기 초기에, 이 전세계적인 전염병은 인도에서 100만 명 이상의 목숨을 앗아갔으며 샌프란시스코를 포함하여 전세계로 퍼져나갔다.

이러한 주기성 질병은 유행병의 성질때문에 어려움이 있다. 역학자들은 아직까지 어떤 질병이 발병이 될 것 인지 그리고 전염병 수준으로 도달 할 지 예측 할 수 없다. 발병률의 증가에 갑작스러운 질병의 치료는 어려우며 이전에 격어보지 않은 질병에 대한 면역성을 부여하는 것은 거의 불가능하다.

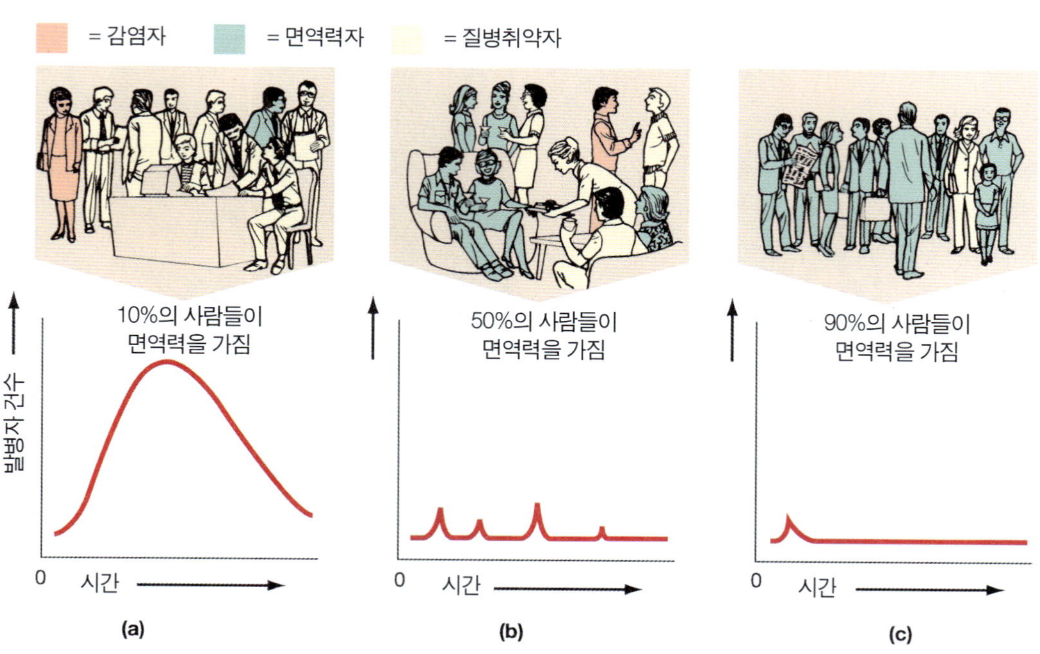

그림 15.13 집단 면역. (a) 면역력을 가진 사람들이 집단 내에 소수일 때, 각 개인은 질병에 노출되기 쉽다. 10%의 사람들이 면역력을 가짐. (b) ,(c) 면역력을 가진 사람들의 비율이 증가하게 되면 각 개인은 질병에 걸릴 확률이 감소된다.

적용

1990년대의 흑사병

1994년 8월 쥐에 의한 전염성 박테리아가 창궐하는 인도의 어느 지역에서 림프절 페스트와 폐렴성 페스트가 발생하였다. 광범위하게 공포가 분출되었고 전세계 의료 종사자들은 이 질병이 전세계적인 전염병이 될 수도 있다는 사실을 심각하게 염려하고 있었다. 1994년 10월이 되면서 인도에서 림프절 페스트와 폐렴성 페스트에 감염되었을 것으로 의심되는 사람들의 수는 693명에 이르렀고 이 중 56명이 사망하였다. 발 빠른 원인규명과 통제로 인하여 전염병은 진정이 되었다.

비행기 여행을 통하여 질병이 거의 하룻밤 사이에 전세계적 전염병이 될 확률이 많아 졌다. 그러므로, 인도에서의 질병보고는 미국 보건당국이 비행기에 의해 전해질 어떠한 의심이 되는 상황도 통제하고 발견할 수 있는 비상대책을 확대하도록 했다. 사실, 전염병에 걸렸을 것으로 의심이 되는 11명의 승객이 뉴욕으로 입국을 했지만 그들은 다른 질병을 겪고 있는 것으로 판명되었다. 매우 운이 좋은 경우이다. 이용하고 있는 백신은 완전히 효과적인 것이 아니고 또한 많은 쥐들은 쥐약에 저항성을 가지고 있다.

집단면역

순환적 질병의 중요한 요인은 사회나 집단에서 특정한 질병에 면역력을 가지고 있는 개인의 비율인 **집단면역(herd immunity)**(그룹면역)이다. 만약 집단면역이 높으면–대부분의 사람들이 질병에 대해 면역을 가지고 있는 것을 의미한다.–질병은 집단 내에서 면역을 가지지 못한 사람들 중에서 극히 일부에서만 발병한다**(그림 15.13)**. 심지어 집단의 구성원이 감염이 되었을 때도 개인이 다른 개인에게 전염시킬 가능성도 적다. 그러므로 충분히 높은 집단면역은 질병에 민감한 구성원을 포함하여 전체 집단을 보호한다.

이로써 왜 공중보건 공무원들이 특히 흔한 순환적 질병에 대하여 가능한 최고로 높은 집단면역을 유지하려고 하는지 쉽게 알 수 있다. 그들은 부모들에게 아이들이 홍역이나 다른 전염성 질병에 대하여 면역을 갖게 하도록 장려하고 있다. 미국의 많은 도시들에서 아이들은 학교에 입학 전 홍역에 대한 면역이 필수이다. 결과적으로 초등학교 나이 또래의 아이들의 약 95%는 홍역에 대하여 면역을 가지고 있다. 비록 홍역을 앓거나 백신을 접종 받은 적이 없는 고등학교와 대학 학생들이 집단면역에 의해 보호를 받고 있지만 많은 학교 시스템이나 대학교에서는 그들의 나이가 어떻든 모든 학생들에게 홍역에 대한 면역이 필수이다.

집단면역의 감소는 질병의 재발을 야기할 수 있다. 구 소련연방의 한 부분인 러시아 연방에서의 디프테리아 발병은 아동기의 백신접종 결여 때문이다. 이러한 집단에서의 집단면역은 점차 저하된다. 일부 사람들은 천연두 바이러스의 박멸로 백신접종이 중지되어 천연두에 대한 집단면역이 저하되는 것을 두려워한다. 만약 천연두 바이러스가 다시 나타나면, 그 여파는 매우 충격적일 것이다. 왜냐하면 천연두에 대한 백신을 접종하는 사람은 거의 없기 때문이다. 또한 천연두 백신은 원숭이천연두 바이러스에 대하여 교차보호를 한다. 원숭이천연두에 대한 인간의 집단면역 역시 저하 될 것이다. 그렇게 되면 일부 지역에서 문제일 것이다.

중점 질문 사항

1. 무생물 감염원과 그 감염 수단의 예를 제시하시오.
2. 생물학적 벡터(매개체)와 기계적 벡터(매개체)의 차이를 구별하시오.
3. 집단면역이란 무엇인가?

질병 전염의 통제

현재 전염성 질병을 완전히 혹은 부분적으로 통제하는데 여러 방법들이 이용되고 있다. 격리, 검역, 예방접종 그리고 매개체의 통제가 그 방법들이다.

격리(isolation)는 전염성 질병에 감염된 환자들이 일반 시민들과의 접촉을 방지하는 것이다. 이러한 적절한 절차는 민감한 개인들과 일반적인 사람들 사이에 질병이 퍼지는 것을 막기 위해서 수행되고 있다. 격리에는 모두 7가지의 종류가 있다**(표 15.2)**. 엄격한 격리는 의료 종사자나 방문객들에게 미생물의 전염이나 유해한 감염을 막기 위해 가능한 모든 절차를 사용하는 것이다. 높은 병원성 미생물 균주를 가지고 일하는 의학 연구자들은 높은 수준의 격리 절차를 수행해야 하며 특수 실험실들은 장비를 갖추어야 한다**(그림 15.14)**.

검역(quarantine)은 전염성 질병에 노출된 건강한 보균자나 매개체를 일반인들과 분리시키는 것이다. 검역은 잠복기간 동안 질병이 퍼져나가는 것을 예방한다. 비록 전염성 질병을 통제하는 오래된 방법이기는 하지만 주로 콜레라나 황열병 같은 심각한 질병에 지금도 사용되고 있다. 검역은 격리와 2가지 측면에서 다르다.: (1) 질병에 노출되어 잠복기에 있는 건강한 사람들에게도 적용이 되고, (2) 잠복기에 있는 사람들의 이동을 제한하는데 적합하며 치료기간 동안 반드시 예방조치가 필요하지는 않다. 검역은 수행하기가 매우 어렵기 때문에 오늘날에는 거의 사용되지 않는다. 감염되지 않는 사람들에게 질병이 확산되지 않게 하기 위해 질병에 노출되었던 모든 사람들은 질병의 잠복기 동안 검역되어야 한다. 예를 들자면, 콜레라가 풍토병인 지역을 여행하고 미국으로 돌아오는 모든 여행자들은 공항이나 항구에서 3일 동안 검역을 받아야 한다 이것은 환영 받을만한 생각이 아니다.

안전한 백신이 사용된다면, 대규모의 예방접종 프로그램은 매우 효과적인 전염성 질병의 통제 수단이다. 이러한 프로그램은 집단면역을 극대 시켜 감염성 질병으로부터 인간의 고통과 사망률을 줄이게 된다. 예방접종으로 인하여 미국에서는 소아마비, 홍역, 볼거리, 그리고 백일해가 거의 박멸되었다. 불행하게도 이러한 질병들의 발생빈도가 적어지면서 사람들이 점차 예방접종을 받는 것에 무관심해지고 있다.

표 15.2

주요 격리 절차의 요약

격리 범주						
엄격한	**접촉**	**호흡기**	**결핵**	**장 질환**	**배액/분비**	**혈액과 체액**
방문객들은 병실에 들어가기 전에 반드시 간호사실에서 점검을 받아야 한다.						
예	예	예	예	예	예	예
병실에 들어갈 때와 나올 때 반드시 손을 씻어야 한다.						
예	예	예	예	예	예	예
방문객들은 개인용 가운을 반드시 착용해야 한다.						
예	예	아니오	예	환자와 직접적인 접촉이 있을 시	오염됐을 시	오염됐을 시
방문객들은 개인 마스크를 반드시 착용해야 한다.						
예	예	질병에 민감할 시 착용	감기를 앓고 있을 시	아니오	아니오	아니오
방문객들은 개인용 장갑을 반드시 착용해야 한다.						
예	환자와 직접적인 접촉이 있을 시	아니오	아니오	환자와 직접적인 접촉 또는 환자의 배설물과 직접적인 접촉이 있을 시	상처 부위와 직접적인 접촉이 있을 시	상처 부위와 직접적인 접촉이 있을 시
문의 폐쇄된 개인 병실이 반드시 필요하다.						
예	예	예	예	아동에 한해	아니오	공중위생이 열악할 시
질병의 예						
폐렴성 페스트, 광견병, 디프테리아, 파종성 포진, 대상포진, 라사열, 수두, 상처에서 포도상구균을 뽑는것	극심한 비감염성 피부염, 비감염성 화상	홍역, 볼거리, 풍진, 백일해	폐결핵	장티푸스, 콜레라, 살모넬라증, 적리, 감염	선페스트, 간에서의 가스 괴저, 분만에 의한 패혈증	AIDS, B형 간염

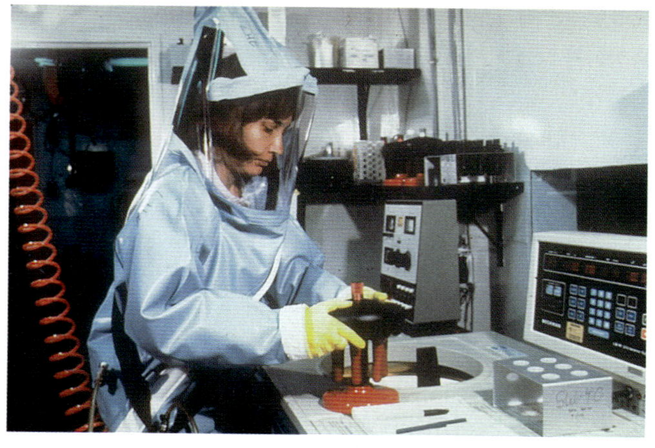

매개체의 통제는 곤충이나 설치류 같이 매개체가 확인되고 매개체의 서식지, 번식습성, 그리고 음식섭취가 결정될 때 감염성 질병을 통제하는 매우 효과적인 수단이다. 매개체의 서식지나 번식지에 살충제나 쥐약이 사용될 수 있다. 창문 방충망, 모기장, 해충약, 그리고 다

그림 15.14 생물학적 안전성 4단계의 실험실. 매우 위험하고, 쉽게 살포될 수 있는 미생물을 가지고 실험을 하는 과학자들은 격리된 실험실에서 일을 해야 한다. 이 실험실의 연구자들은 생물안전성 4단계의 최고 높은 수준의 실험실 안에서 일을 한다. 특별한 환기시설과 우주복과 같은 극도의 예방법들이 미생물과의 접촉을 피하고 미생물이 시설 밖으로 유출될 것을 막기 위해 사용된다. (질병예방통제센터 CDC)

적용

맛있는 백신

경구 투약 백신접종 프로그램은 야생에서 광견병에 대한 경구 투약 백신의 보급을 목적으로 사용된다. 백신은 개사료나 어분으로 만든 미끼의 가운데 빈 공간에 집어 넣는다. 백신은 거의 60여종의 포유류나 조류에서 안전하고 효과적인 재조합 백신이다. 백신은 사람이나 동물에게 광견병을 일으키지 않으며, 감염에 대한 면역반응을 발생시킨다. 붉은 여우에게서 광견병을 통제하기 위해서, 캐나다의 온타리오에서는 수 년 동안 다량의 백신이 함유된 먹이들이 살포되었다. 먹이살포 프로그램은 마침내 붉은 여우의 광견병 발생 주기를 끊었고, 단지 4건의 광견병 발병사례가 보고되었다. 온타리오 공중보건관리들은 이러한 경향이 지속 될 경우 붉은 여우 광견병은 10년 안에 박멸될 것이라고 한다. 코요테와 회색여우를 목표로 하는 비슷한 프로그램이 미국에서 시행 중에 있다.

른 장벽을 이용하여 매개체에 물리는 희생자가 되는 것을 예방할 수 있다. 불행하게도, 매개체도 그들 고유의 방어수단들을 가지고 있다. 일부는 빠져나가거나 살충제에 저항성을 갖거나 장벽을 뚫는 그들만의 방법을 만들어낸다.

미국에서 말라리아의 통제는 모기 매개체의 통제로 완수되었다. 그 결과 대부분의 미국사람들은 말라리아를 앓아본 적이 없기 때문에 말라리아에 대한 집단면역을 거의 가지고 있지 않다. 1940년대 이후로 미국에서 새로이 말라리아에 감염된 경우는 주로 다른 나라에서 감염되어 온 사람들이다**(그림 15.15)**. 감염된 개체가 모기집단 내로 다시 기생하지 않는 한, 낮은 집단면역에도 불구하고 미국 내에서 말라리아가 창궐한 가능성은 매우 낮다. 그러나 최근 몇 년 동안, 말라리아가 창궐하는 지역에서 온 노동자들이 북방지역에 기생충을 옮겨왔다. 그리고 말라리아는 캘리포니아의 일부 지역에서 풍토병이 되었다. 2006년 미국에서 1,245건의 말라리아 발병 사례가 보고되었다.

비록 전염병은 이론적으로 예방이 가능하지만, 몇몇 질병들은 인간사회에서 아직도 높은 발병률을 가지고 있다. 비교적 생활 수준이 높은 나라에서 흔히 감기와 성접촉에 의해 전염되는 많은 질병들이 빈번하게 발병하고 있다. 비교적 생활 수준이 낮은 나라에서는 특히 열대지방에 있는 나라들에서는 말라리아가 만연해 있고 또한 다른 나라들에서 거의 박멸이 된 몇몇 질병을 포함해서 많은 질병들이 매우 빈번하게 발병되고 있다. 그리고 확실히 AIDS(후천성 면역결핍증)은 특수 고 위험 군의 범위를 넘어서 광범위하게 전 세계를 위협하고 있다.

공중보건기구

미국을 비롯한 많은 나라들에서, 감염성 질병의 통제와 다른 건강 위험요소들을 줄이기 위해 공중보건기구들을 창설하였다. 시와 군의 보건 부서들은 예방접종을 제공하고, 요리점과 식료품가게들에 대해서 검사하고 그리고 지역의 다른 대리점들이 수도와 하수 오물을 적절히 처리하도록 하고 있다. 주 보건부서들은 시와 군의 범위를 벗어난 문제들은 다루고 있다. 그들은 종종 동물에서의 광견병, 식수에서의 간염과 독소들은 확인하는 검사를 한다.

질병 통제와 예방센터

미연방정부는 여러 부서를 포함하고 있는 공중보건시설(USPHS)을 운용하고 있다. 이 중에 아틀란타의 조지아에 있는 질병통제와 예방

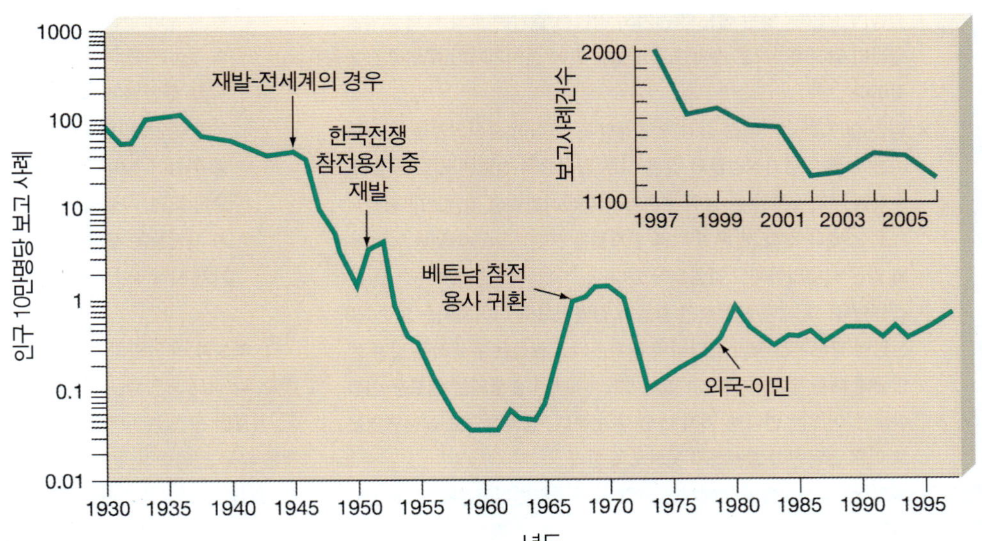

그림 15.15 미국으로의 감염원 유입과 관련한 말라리아 발병률. 또한 CDC에 보고된 총 발병 사례.

센터(CDC)는 전염성질병의 통제와 예방, 그리고 다른 예방 가능한 질병의 통제를 주로 담당하고 있다. CDC의 미생물관련 활동은 다음과 같다(**그림 15.16**):

1. 노동위생과 안전, 검역, 열대의약, 국내 기관들이 외국에서의 협력활동과 국제 기구와의 협력활동, 그리고 공중보건 교육에 대한 지침을 제공한다.
2. 의료사회에 항생제의 사용에 대한, 특히 항생제 저항 개체들에 의해 발병되는 질병에 대한 처방에 대하여 권고한다.
3. 잘 사용되고 있지 않는 약품을 보관하고, 열대 기생충에 의한 질병과 미국에서 거의 볼 수 없는 질병이 발병했을 때 약품을 제공한다.
4. 백신의 관리 차원에서 어떻게, 누구에게, 그리고 적용연령을 권고한다.

CDC는 주간 사망률과 발병율(MMWR)을 출판함으로써 전염병에

공중 보건

수막염 분포지대

16장에서 논의될 많은 질병들과 마찬가지로 수막염균성 수막염은 *Neisseria meningitidis*에 의해 대략 5~12년 주기로 발병한다. 1960년대에만 중국에서 3백만 건의 발병사례가 보고되었다. 1988년 4월 중순, 북 중 아프리카의 차드 공화국의 수도 엔자메나에서 하루에 약 250명의 환자가 병원에 입원하였다. 수도가 아닌 지방에서 의료시설의 도움을 받지 못하고 고통의 받고 죽어간 사람들은 셀 수 도 없었다. 1989년에는 에티오피에서 40,000건의 전염병이 발병하였다. 1996년 아프리카는 역사상 최대 수막염 발병 지역이 되었다: 250,000건의 발병사례 중 25,000명의 사망자가 발생하였다. 그러나 미국에서는 이러한 전염병이 발병하지는 않았다. 이러한 주기들이 중앙아프리카를 가로지르는 거대한 분포도를 형성하게 하는 아프리카만의 특이한 발병 요소는 무엇인가? 이러한 다년간의 주기를 고려함과 동시에 역학자들은 아프리카의 계절적인 주기도 고려를 해야 한다. 전염병이 발병한 년도이건 아니건 매년 수막염은 오직 1월에서 6월 사이의 건기 때 발병하였다. 비가 내리기 시작하면서 발병률을 0%로 떨어졌다가 건기가 시작되면서 다시 오르기 시작했다. 그러나 원인균인 수막염균은 1년 내내 사람들에게 전염된 것으로 나타났다. 이러한 계절에 따른 수막염의 발병은 어떻게 설명 할 것인가?

1. *환경적 요인들*: 낮은 습도와 건기의 강렬한 열기는 코와 목의 점막을 완전히 말려버리므로 수막염균이 혈류 속에 들어가기가 용의해 졌을 것이다.
2. *다른 질병들*: 건기에는 감기, 인플루엔자, 조직이 손상되었을 시 나타나는 상위 호흡기질병들과 같은 다른 질병들의 발병빈도 또한 높다. 수막염 환자들은 수는 상위 호흡기관의 바이러스성 감염보다 평균적으로 23배나 많다. 많은 수막염 환자들은 또한 *Mycoplasma hominis*와 같은 박테리아에도 감염되어 있다.
3. *집단면역*: 왜 매년 계절적인 활동이 전염병으로 이어지지는 않는가? 전염병 발병기간 동안 집단내의 대부분의 사람들은 유행하는 발병 원인균에 대한 항체를 가지고 있다. 그러나 매년 출생되는 새로운 신생아들은 이러한 면역을 가지고 있지 못하다. 궁극적으로 집단면역은 또 다른 전염병이 발병하지 못하도록 한다.
4. *독성 균주*: 전염병이 발병하는 동안 종의 돌연변이가 일어난다. 만약 이런 돌연변이 종들 중 하나가 이전의 종보다 더 강한 독성을 가지게 되면, 이것은 새로운 전염병을 일으킬 수 있다. 역학의 자료를 보면 한 종류의 수막염균은 하나의 전염병만을 일으킬 수 있다. 그래서 종의 독성은 매우 중요한 요인이 된다.
5. *시점*: 돌연변이 종이 집단 내로 들어오는 시점 또한 매우 중요하다. 만약 돌연변이 종이 건기에 들어오게 되면, 이것은 수막염으로 발병할 위험이 높아진다. 그러나 만약 새로운 돌연변이 종이 우기에 들어오게 되면, 사람들에게 전염병이 발병할 확률은 극히 낮아진다. 게다가 사람들은 새로운 돌연변이 종에 대하여 항체를 발전시켜 다음 건기가 시작되면 면역을 갖추게 될 것이다.

확실히, 수막염의 역학은 간단한 문제가 아니다. 여러 요인들이 작용을 하고, 각 각의 요인들은 전염병의 발병에 크고 작게 관여하고 있다. 불행하게도, 사용할 수 있는 수막염 백신은 오직 단기간의 면역에만 작용을 한다. ; 이것은 다음 전염병이 발병할 때까지 면역력을 유지하지 못한다. 그러나, 백신은 전염병이 발병하는 동한 전염병이 퍼지는 것을 멈추게 할 수 있다.

그림 15.16 **조지아주 아틀란타에 위치한 CDC본부.** (질병의 통제와 예방을 위한 센터)

대한 연구를 수행하고 있다. 이러한 출판은 미국과 전세계 여러 지역의 특정질병에 대한 통계를 제공한다**(그림 15.17)**. CDC의 다른 정기 간행물인 권고와 보고 그리고 관리의 요약(Recommendations and Reports and Surveillance Summaries)는 많은 감염성 질병들과 관련된 특정한 문제를 면밀하게 적용하고 있다.

세계보건기구

*세계보건기구(WHO)*는 100여 개 회원국들의 건강을 증진시키기 위해 프로그램을 세우고 조정하는 스위스, 제네바에 위치한 국제 기구이다. 세계보건기구의 기본 목적은 모든 사람들이 최고의 건강상태를 유지하는 것이다. 아프리카, 중동, 유럽, 동남아시아, 서태평양, 그리고 아메리카에서 6개의 지역 기구들이 특별한 활동을 수행하고 있다. WHO는 인구의 통제, 식량공급의 관리, 그리고 다양한 과학적, 교육적 활동들에 대해서 국제연합과 긴밀한 관계를 유지하고 있다.

WHO는 국제 질병의 통제를 위해: 개발도상국들이 효과적인 통제와 예방접종 프로그램을 확립하도록 도와주고: 자료를 수집, 분석, 그리고 보건 자료들을 배부: 잠재적 전염병의 관리 감독에 대한 보건 기준을 마련하였다. 또한 보건 직원에게 교육과 연구 프로그램을 제공하고 개인에게 정보를 제공하고 있다**(그림 15.18)**. WHO는 100개 가 넘는 나라들이 디프테리아, 홍역, 백일해, 소아마비, 파상풍, 그리고 결핵에 면역력을 갖게 도와주고 있으며 궁극적으로 전세계적으로 홍역이 박멸되기를 바라고 있다. 또한 세계 전역에 퍼진 나병, 말라리아, 같은 열대 전염병과 기생충에 의해 발병하는 여러 질병들을 퇴치하기 위해 연구를 지도하고 교육시킨다. WHO는 전 세계 천연두 근절 사업도 지원하고 있다.

신고의 의무가 있는 질병들

미국에서 주 보건기구와 국가 보건 기구들간의 협조로 잠재적으로 대중의 건강에 해가 되고 의사들에게 보고 되어야 하는 감염성 질병들을 대상으로 **신고의무 질병** 목록을 만들었다. 2003년까지 58의 감염성 질병들이 신고의무 목록에 기재되었다**(표 15.3)**. CDC의 제안을 기초로 하여 매년 주 의회와 지역 역학자들에 의해서 목록에서 질병이 추가되거나 제거되었다. 만약 특정 질병의 발병이 감소하는 경향을 나타내면, 그 질병은 목록에서 제거 된다.

비록 감염성 질병에 대한 보고가 주 정부단계에 위임되었지만, 국가 차원에서의 신고의무질병의 보고는 2가지 목적을 달성하기 위해서 이루어진다. : (1) 대중을 위협하는 질병에 대해서 공중보건관리들이 확실히 배우게 하기 위해서 그리고 (2) 이러한 질병들에 대해 일관성 있고 통일된 보고가 제공되게 하기 위해서 이루어진다. 미국에

Weekly — February 13, 2004 / Vol. 53 / No. 5

Outbreaks of Avian Influenza A (H5N1) in Asia and Interim Recommendations for Evaluation and Reporting of Suspected Cases — United States, 2004

During December 2003–February 2004, outbreaks of highly pathogenic avian influenza A (H5N1) among poultry were reported in Cambodia, China, Indonesia, Japan, Laos, South Korea, Thailand, and Vietnam. As of February 9, 2004, a total of 23 cases of laboratory-confirmed influenza A (H5N1) virus infections in humans, resulting in 18 deaths, had been reported in Thailand and Vietnam. In addition, approximately 100 suspected cases in humans are under investigation by national health authorities in Thailand and Vietnam. CDC, the World Health Organization (WHO), and national health authorities in Asian countries are working to assess and monitor the situation, provide epidemiologic and laboratory support, and assist with control efforts. This report summarizes information about the human infections and avian outbreaks in Asia and provides recommendations to guide influenza A (H5N1) surveillance, diagnosis, and testing in the United States.

Poultry Outbreaks

On December 12, 2003, an outbreak of avian influenza A (H5N1) among poultry in South Korea was reported. Subsequent influenza A (H5N1) outbreaks among poultry were confirmed in Vietnam (January 8, 2004), on a single farm in Japan (January 12), in Thailand (January 23), in Cambodia (January 24), in China (January 27), in Laos (January 27), and in Indonesia (February 2). On January 19, a single peregrine falcon found dead in Hong Kong also tested positive for influenza A (H5N1) virus, but no poultry outbreak has been identified.

In Vietnam, as of February 9, a total of 18 human influenza A (H5N1) infections had been reported, resulting in 13 deaths. Patients ranged in age from 4 to 30 years; 10 patients were aged <18 years. The cases included fatal infections in two sisters who were part of a cluster of four cases of severe respiratory illness in a single family.

In Thailand, influenza A (H5N1) infection was confirmed in four males, aged 6–7 years, and one female, aged 58 years. All five patients died (*1*). Other cases are under investigation.

Analysis of Viruses

Antigenic analysis and genetic sequencing distinguish between influenza viruses that usually circulate among birds and those that usually circulate among humans. Sequencing of the H5N1 viruses obtained from five persons in Vietnam and Thailand, including one sister from the cluster in Vietnam, has indicated that all of the genes of these viruses are of avian origin. No evidence of genetic reassortment between avian and human influenza viruses has been identified. If reassortment occurs, the likelihood that the H5N1 virus can be transmitted more readily from person to person will increase. Although all the genes are of avian origin, the current H5N1 viruses are antigenically distinguishable from those isolated from humans in Hong Kong in 1997 and 2003.

Genetic sequencing of the five human H5N1 isolates from Thailand and Vietnam also indicates that the viruses have genetic characteristics associated with resistance to the influenza antiviral drugs amantadine and rimantadine. Antiviral susceptibility testing confirms this finding. Testing for susceptibility of the H5N1 isolates to the neuraminidase

INSIDE

100 Cases of Influenza A (H5N1) — Thailand, 2004
103 Secondary and Tertiary Transfer of Vaccinia Virus Among U.S. Military Personnel — United States and Worldwide, 2002–2004
106 Update: Adverse Events Following Civilian Smallpox Vaccination — United States, 2003
107 Global Polio Eradication Initiative Strategic Plan, 2004
108 Notice to Readers

DEPARTMENT OF HEALTH AND HUMAN SERVICES
CENTERS FOR DISEASE CONTROL AND PREVENTION

그림 15.17 **CDC의 의해 주간으로 발행되는 주간 발병률과 사망률.** 새롭고 보편적인 사례와 경향들이 보고된다. 주 별로 1주에 신고의무가 있는 질병들의 보고된 발병사례, 전 년도 같은 주에 보고되었던 기록, 그리고 누적합계가 기재된다. 이것은 www.cdc.gov에서 확인할 수 있다. (질병의 통제와 예방을 위한 센터)

(a)

(b)

(c)

(d)

그림 15.18 세계보건기구의 보편적인 활동들. **(a)** 페루의 안데스 산맥에서 시력저하를 예방하기 위한 시력검사. **(b)** 중국 벽촌의 환자들을 위해 말을 이용한 의료지원 사업. **(c)** 미얀마에서 병원선을 이용한 환자이송 **(d)** 과테말라에서의 보건교육.

표 15.3

2003년 미국 국가차원에서 신고의무를 가지는 감염성질병			
AIDS	람블편모충증	말라리아	천연두
탄저병	임질	홍역	연쇄살구균에 의한 질병
아르보바이러스	헤모필러스 인플루엔자	수막구균 감염	연쇄살구균에 의한 폐렴, 항생제에 대해 저항성을 갖는다.
보툴리누스 중독	한타바이러스, 폐질환*	볼거리	연쇄살구균에 의한 충격증
브르셀라증*	용혈성요독증후군	백일해	매독
연성 하감	A형 간염	페스트	선천성 매독
클라미디아의 생식기 감염	B형 간염	소아마비	파상풍
콜레라	C형 감염	앵무병	독소충격증후군
콕콕시디오이데스 진균증	간염	Q열	선모충병
선천성 풍진	성인 HIV 감염	광견병, 동물	결핵
크립토스포리디아증	소아 HIV 감염	광견병, 사람	야토병*
싸이클로스포리아시스	인플루엔자	로키산 홍반열	장티푸스
디프테리아	레지오넬로시스증	풍진	반코마이신 저항성 포도상구균
뇌염	나병	살모넬라증	수두
얼리시오시스	리스테리아감염증	코로나바이러스와 연관된 중증급성호흡기증후군	황열병
O157 대장균	라임병	적리	

*표는 모든 주에서 신고의무를 갖지는 않음.
출처: 주간 발병률과 사망률

서는 신고의무질병에 대한 다양한 종류의 정보들은 CDC로 부터 활용할 수 있다. ; 이러한 정보들에 대한 견본은 **표 15.4**와 **표 15.4b**에 표기 되어있다. 감염성질병에 의한 사망은 대부분 간단하고 적은 비용으로 예방할 수 있다는 것을 침착하게 깨달아야 한다**(그림 15.19)**.

병원성 감염

병원성 감염(nosocomial infections)은 병원이나 다른 의료시설에서 감염되는 것을 말한다. nosocomial의 어원은 질병을 뜻하는 그리스어 nosos와 보살핌을 뜻하는 komeo에서 파생되었다. 병원성질병은 의료 처치과정에서 감염된다. 비록 많은 경우에 환자들에게 일어나지만, 의료기관 종사자들도 병원성 감염을 염두에 두어야 한다.

미국에서 매년 병원에 출입한 환자들 가운데 약 2백만 명(10%) 정도가 병원내에서 감염되어 그 때문에 사망률이 높아지고, 병원에 입원기간이 길어지고, 그리고 치료비가 매년 거의 50억 달러가 들어가고 있다. 물론 매년 90,000명이 넘는 사람들이 병원성 감염으로 인하여 사망하고 있다. 이상하게도 병원성감염은 첨단 의료기관에서 빈번하게 발생하고 있다. 정맥주사, 비뇨기, 그리고 다른 도뇨관들; 진단테스트; 그리고 종합 수술과정에서 병원성 세균들이 몸 속으로 들어갈 확률이 높다. 항생제의 과용은 세균들이 저항성을 갖게 하는 주요한 원인이다. 그리고 장기이식 과정에서 거부반응을 줄이기 위한 치료법 또한 병원균에 대한 면역체계를 손상시킨다. 병원성감염의 위험에도 불구하고, 현재 의학적치료는 병원성감염에 의한 희생자 발생빈도 보다 더 많은 경우에서 안전하게 사용되고 있다.

병원성감염의 역학

다른 질병들의 역학과 마찬가지로, 병원성감염의 역학은 감염원, 전염방법, 감염에 대한 민감성, 그리고 예방과 통제를 고려한다. 또한 감염이 빈번하게 발생하는 부위와 시술과정과 감염부위에 대한 상관관계와 같은 감염위험률이 증가하는 의료시술과정에 초점을 맞추고 있다.

감염원

병원성감염은 내인성 감염 또는 외인성 감염이 있다. **외인성 감염(exogenous infection)**은 주변 환경으로부터 환자에게 유입되는 미생물에 의해 감염되는 것이다. 미생물은 다른 환자들이나, 의료 종사자들, 그리고 방문객들에 의해서 환자들에게 감염된다. 미생물들은 감염매개물(화장실, 쓰레기통)에서 곤충을(개미, 바퀴, 파리) 매개체로 하여 환자에게 감염이 된다. 호흡기 또는 정맥내 치료, 도뇨관, 화장실의 비누, 그리고 배수시설의 장비 같은 정적인 물체들 또한 외인성 감염원이 될 수 있다. 몇몇 병원성감염은 특정 미생물이 저항성을 갖는 살균성 4암모늄 화합물이 감염원이 되기도 한다. **내인성 감염(endogenous infection)**은 환자 자신이 갖고 있는 정상미생물총에 의해서 감염될 확률이 높다. 기회적 감염균들은 환자의 저항성이 낮아지거나 항생제의 의해 박멸된 병원성세균과 정상미생물총이 경쟁을 하면서 항생제에 의해 제거될 때 감염을 한다.

대장균, 장내세균 종들, 황색 포도상구균, 그리고 슈도모나스 종들 같은 작은 미생물 집단에 의해서 모든 내인성감염의 절반 정도가 일어난다**(그림 15.20)**. 이러한 미생물들은 어디에나 존재하고 몸 밖으로 배출되었을 시에도 오랜 기간 동안 살아남을 수 있기 때문에 특히 이러한 감염을 잘 유발시킨다. 또한, 이 미생물 종들 중 많은 종이 항생제에 저항성을 나타내고 있다. 메티실린과 반코마이신에 저항성을 갖고 있는 포도상구균들이나 카바페넴에 저항성을 갇고 있는 슈도모나스종들이 특히 문제가 되고 있다.

감염성과 전파

일반 대중들과 비교해서 병원에 있는 환자들은 훨씬 감염되기 쉽다. 즉, 이들은 **면역저하환자(compromised host)**이다. 많은 환자들은 피부조직의 손상, 상처(수술이나 사고에 의한), 그리고 심한 염증들을 가지고 있다. 또한 어떤 환자들은 소화기, 호흡기, 비뇨기, 또는 생식기의 점막에 상처를 가지고 있다. 피부조직과 점막들의 손상은 감염성 미생물들이 감염을 일으키기 쉽게 한다. 또한 대부분의 환자들은 보통 사람들보다 감염원이나 감염성 미생물에 대한 저항성이 쇠약해져 있다. 장기이식을 하여 면역억제제를 투약하고 있는 환자들, 후천성면역결핍증(AIDS)에 걸린 환자들, 그리고 면역체계에 대한 질병을 앓고 있는 환자들 또한 낮은 저항성을 가지고 있다. 환자들에게 저항성을 갖게 하는 요인들은 16과 17장에 기술되어 있다.

이론적으로, 병원성감염은 집단에서 일어나고 있는 모든 전파형태를 통해서 전파가 될 수 있다. 그러나, 감염된 환자들, 의료종사자들, 또는 방문객들, 그리고 감염이 안된 환자들 사이의 사람에서 사람으로의 직접적인 전파; 장비들과 치료과정을 통한 간접적인 전파; 공기를 통한 전파가 병원에서 가장 흔하게 이루어진다**(그림 15.21)**. 어떤 미생물들은 하나 이상의 경로로 감염되기도 한다.

보편적인 예방지침들

1988년 CDC는 의료기관에서 AIDS 바이러스가 전염될 가능성에 주목하다가 이러한 위험을 줄이기 위하여 지침서를 발행하였다. **보편적 예방지침(universal precaution)**이라고 불리는 이 지침은 부록 D에 요약되어 있다. 몇몇 병원들이나 의료시설에서는 CDC가 추천한 것

표 15.4-1

2006년도와 2005년도의 제51주(2006. 12. 23과 2005. 12. 24)에 보고된 일부 신고의무 질병 잠정 사례들 *

보고지역	후천성면역결핍증		클라미디아[†]			임질			라임병			결핵		
	2005 연간누적[‡]	2004 연간누적	이번 주	2006 연간누적	2005 연간누적	이번 주	2006 연간누적	2005 연간누적	이번 주	2006 연간누적	2005 연간누적	이번분기	2007 연간누적	2006 연간누적
미국	30,568	40,725	8,135	934,337	941,275	2,277	324,809	325,457	114	16,835	21,211	2,008	10,878	13,250
뉴잉글랜드	1,141	1,327	644	33,192	32,222	113	5,625	5,816	24	2,903	3,977	33	275	445
코네티컷	423	638	183	9,937	9,825	46	2,363	2,509	16	1,687	1,057	16	81	95
메인	19	48	—	2,189	2,214	—	127	140	6	287	247	5	13	17
매사추세츠	561	451	421	15,183	14,235	66	2,409	2,503	—	33	2,333	—	142	274
뉴햄프셔	26	42	34	1,989	1,813	1	179	174	—	558	250	5	14	4
로드아일랜드	105	132	—	2,851	3,200	—	484	431	—	235	37	2	16	47
버몬트	7	16	6	1,043	935	—	63	59	2	103	53	5	9	8
대서양 중부	6,597	10,045	1,580	117,717	116,683	328	31,526	33,647	67	9,462	12,039	508	2,016	2,096
뉴저지	956	1,766	—	16,110	18,852	—	4,580	5,632	—	1,918	3,345	67	437	485
뉴욕(북부)	891	1,986	695	24,749	23,586	100	6,128	6,861	40	4,025	4,015	64	239	302
뉴욕시	3,522	4,875	561	37,789	38,053	128	9,561	10,240	—	164	399	278	1,002	984
펜실베니아	1,228	1,418	324	39,069	36,192	100	11,257	10,914	27	3,355	4,271	99	338	325
동.북 중부	2,929	3,217	804	152,330	161,041	320	62,642	65,604	—	1,444	1,730	254	1,078	1,319
일리노이	1,504	1,476	—	49,558	49,744	—	18,912	19,705	—	—	127	124	493	589
인디아나	348	389	—	18,820	19,756	—	8,285	7,970	—	21	30	18	111	146
미시간	439	612	804	35,129	28,842	320	15,104	11,804	—	54	61	50	179	246
오하이오	518	585	—	30,717	42,527	—	14,124	20,337	—	42	57	45	226	260
위스콘신	120	155	—	18,106	20,172	—	6,217	5,788	—	1,327	1,455	17	69	78
서.북 중부	690	801	180	57,208	57,675	41	18,113	18,382	1	845	944	108	465	490
아이오와	72	63	—	7,894	7,231	—	1,760	1,584	—	87	91	7	31	55
켄사스	94	113	79	7,029	7,150	23	1,984	2,481	—	5	3	12	97	61
미네소타	176	216	—	11,022	12,035	—	2,844	3,437	1	729	829	51	206	199
미주리	299	323	—	21,891	22,047	—	9,672	9,298	—	12	15	31	101	108
네브라스카	27	58	43	5,191	4,929	12	1,368	1,113	—	11	4	4	18	45
노스다코타	9	17	—	1,570	1,624	—	120	126	—	—	—	—	—	6
사우스다코타	13	11	58	2,613	2,659	6	365	343	—	1	2	3	12	15
대서양 남부	9,183	12,273	1,743	183,226	172,481	685	81,550	76,594	22	1,909	2,262	454	2,294	2,880
델라웨어	134	157	81	3,551	3,343	31	1,462	895	—	465	643	2	30	25
콜롬비아	474	990	—	2,805	3,649	—	1,825	2,111	—	59	8	9	61	52
플로리다	3,963	5,596	876	48,030	42,402	418	22,706	19,754	2	59	46	153	876	1,094
조지아	1,701	1,508	—	32,856	31,420	—	16,504	14,846	—	7	6	56	442	504
메릴랜드	1,370	1,449	280	17,733	18,056	109	6,461	6,949	9	942	1,223	23	183	283
북부 캘리포니아	636	1,126	—	32,609	30,768	—	16,625	14,786	1	30	46	105	336	329
남부 캘리포니아	413	745	—	18,983	18,137	—	8,545	8,437	—	18	21	29	77	211
버지니아	441	613	506	23,634	21,828	127	6,457	8,056	10	315	252	72	268	355

보고지역	후천성면역결핍증		클라미디아†			임질			라임병			결핵		
	2005 연간누적	2004 연간누적	이번 주	2006 연간누적	2005 연간누적	이번 주	2006 연간누적	2005 연간누적	이번 주	2006 연간누적	2005 연간누적	이번분기	2007 연간누적	2006 연간누적
웨스트 버지니아	51	89	—	3,025	2,878	—	966	758	—	14	17	5	21	26
동.남 중부	1,546	1,884	535	72,150	68,486	204	29,230	27,604	—	36	36	142	615	742
알라바마	385	464	63	20,408	16,721	34	9,389	9,245	—	16	3	51	196	216
켄터키	198	217	—	8,854	8,165	—	3,250	2,871	—	7	5	22	81	124
미시시피	288	429	—	18,341	20,756	—	7,241	6,989	—	1	—	35	117	103
테네시	675	774	472	24,547	22,844	170	9,350	8,498	—	12	28	34	221	299
서.남 중부	3,543	4,684	378	104,636	107,396	181	45,547	43,956	—	19	77	47	1,283	1,793
아칸소	173	185	—	7,764	8,353	—	4,046	4,421	—	—	5	21	103	114
루이지애나	650	1,004	4	12,115	16,836	6	7,646	9,332	—	—	3	—	—	—
오클라오마	229	195	374	12,659	11,248	175	4,797	4,454	—	—	—	26	134	144
텍사스	2,491	3,300	—	72,098	70,959	—	29,058	25,739	—	19	69	—	1,048	1,535
산악지방	1,172	1,393	457	49,711	62,176	81	11,266	13,445	—	27	21	82	389	595
아리조나	473	508	457	18,692	20,816	81	4,604	4,842	—	7	8	64	240	281
콜로라도	260	294	—	5,480	15,220	—	2,067	3,153	—	1	—	8	36	101
아이다호	15	19	—	2,333	2,713	—	139	116	—	7	2	—	—	23
몬타나	15	7	—	2,459	2,205	—	186	144	—	—	—	—	—	10
네바다	236	303	—	5,222	7,295	—	1,653	2,877	—	3	3	—	45	112
뉴멕시코	115	182	—	9,402	8,256	—	1,667	1,522	—	2	3	—	31	39
유타	55	64	—	4,815	4,509	—	834	708	—	6	2	9	34	29
와이오밍	3	16	—	1,308	1,162	—	116	83	—	1	3	1	3	—
태평양	3,767	5,101	1,814	164,167	163,115	324	39,310	40,409	—	190	125	380	2,463	2,890
알라스카	25	48	—	3,844	4,203	—	530	581	—	3	4	14	58	59
캘리포니아	3,105	4,274	1,425	129,332	126,485	239	32,496	33,620	—	169	90	288	2,044	2,360
하와이	92	135	—	4,983	5,427	—	836	1,010	N	N	N	18	110	112
오리건	193	277	—	8,508	8,850	—	1,293	1,535	—	15	21	—	—	103
워싱턴	352	367	389	17,400	18,150	85	4,155	3,563	—	3	10	60	251	256
미국령 사모아	U	U	U	U	U	U	U	U	U	U	U	U	U	U
미국령 제도연방	2	U	U	U	U	U	U	U	U	U	U	—	—	U
괌	2	1	—	—	841	—	—	96	—	—	—	—	—	63
푸에르토 리코	814	636	135	4,569	3,922	11	274	357	N	N	N	—	79	113
버진 섬	10	19	—	178	196	—	30	45	—	—	—	—	—	—

N: 확인되지 않음. U: 무효. —: 보고사례 없음. 출처: 주간 발병률과

† 클라미디아는 *C. trachomatis*에 의해 성기에 감염되는 질병을 지칭함. 성전염성질환부서(NCHSTP)에 보고된 합계

*각각 개별사례들은 National Electronic Telecommunications System for Surveillance(NETSS)와 Public Health Laboratory Information system(PHLIS)를 통해 보고되었다.

‡CDC 부속 국립 HIV, 성감염증, 결핵예방센터의 HIV/AIDS 예방부서에서 보고된 내용들이 매달 업데이트된다. 최근 배포된 2006년 1월 6일자 보고서에는 2006년 자료가 포함되어 있지 않다.

자료제공: CDC. Morbidity and Mortality Weekly Report. MMWR55(51&52), 1/2/07

표 15.4-2

2006년도 제51주(2006, 12, 23)에 미국에서 드물게 보고되는 신고의무질병(지난해동안 보고된 사례가 1000건 미만) 장점 사례들

질병	현재 1주간	2006년 연간누적	앞선 5년의 주간 평균†	과거 연도의 총 사례 보고 2005	2004	2003	2002	2001	현재 1주일간 사례가 보고된 주 (숫자)
탄저병	—	1	—	—	—	—	2	23	
보툴리늄중독증									
음식물매개	2	15	1	19	16	20	28	39	CA (2)
유아	1	82	2	90	87	76	69	97	WA (1)
기타(상처&원인불명)	—	46	1	33	30	33	21	19	
브루셀라 증	—	106	3	122	114	104	125	136	
연성 하감	—	28	1	17	30	54	67	38	
콜레라	—	6	0	8	5	2	2	3	
원포자충 감염증§	1	117	1	716	171	75	156	147	FL (1)
디프테리아	—	—	—	—	—	1	1	2	
국내의 얼보바이러스 질환, §¶									
캘리포니아 혈청군	—	7	1	80	112	108	164	128	
동부 말	—	—	0	21	8	14	10	9	
포와산	—	—	0	1	1	—	1	N	
세인트 루이스	—	3	0	13	12	41	28	79	
서부 말	—	—	—	—	—	—	—	—	
에를리히아증¶									
인간의 골수 세포	3	446	24	790	537	362	511	261	NY (3)
인간의 단구 세포	4	403	10	521	338	321	216	142	NY (1), NC (3)
인간(기타 & 원인불명)	1	176	1	122	59	44	23	6	NC (1)
헤모필루스 인플루엔자 **									
침투질환 (5살 미만)§									
혈청형 b	—	8	1	9	19	32	34	—	
혈청형 b가 아님	1	81	5	135	135	117	144	—	CT (1)
알려지지 않은 혈청 형	4	204	4	217	177	227	153	—	NY (1), PA (1), FL (2)
한센병§	—	69	3	88	105	95	96	79	
한타 바이러스 호흡곤란 증후군,¶	—	31	1	29	24	26	19	8	
설사병후 용혈성 요독 증후군, ¶	4	241	6	221	200	178	216	202	NC (1), TX (2), CA (1)
급성 C형 간염 바이러스	7	752	41	751	713	1,102	1,835	3,976	MI (2), MN (1), MO (1), KS (1), MD (1), CA (1)
소아 HIV 감염 (13살 미만)§ ††	—	52	5	380	436	504	420	543	
인플루엔자-연관 소아 사망률	1	41	0	45	—	N	N	N	OH (1)
선회병	7	715	15	892	753	696	665	613	NY (2), MD (2), FL (1), TX (1), WA (1)
홍역 ¶¶	—	45	1	66	37	56	44	116	
침투적 수막염 질환***:									
A,C,Y, & W-135	4	218	7	297	—	—	—	—	IA (1), FL (1), WA (2)
혈청형 B	2	130	5	157	—	—	—	—	FL (1), WA (1)
그 외 혈청형	1	24	0	27	—	—	—	—	FL (1)

질병	현재 1주간	2006년 연간누적	앞선 5년의 주간 평균[†]	과거 연도의 총 사례 보고 2005	2004	2003	2002	2001	현재 1주일간 사례가 보고된 주 (숫자)
유행성 이하선염	17	299	7	314	258	231	270	266	NY (1), MN (5), KS (4), MD (1), VA (1), WV (2), CA (3)
역병	—	16	0	8	3	1	2	2	
중풍 회백수염	—	—	—	1	—	—	—	—	
앵무병[¶]	—	20	0	19	12	12	18	25	
Q 열병[¶]	—	162	2	139	70	71	61	26	
인간 광견병	—	2	—	2	7	2	3	1	
풍진	—	8	0	11	10	7	18	23	
선천성 풍진 증후군	—	1	0	1	—	1	1	3	
중증급성호흡기증후군[§***]	—	—	—	—	—	8	N	N	
천연두	—	—	—	—	—	—	—	—	
연쇄상구균 독성 쇼크 증후군[§]	—	87	3	129	132	161	118	77	
연쇄상구균 폐렴, 침투질환[†] (5살 미만),	15	1,079	28	1,257	1,162	845	513	498	NY (4), MI (1), MN (2), AR (2), OK (2), TX (2), AZ (2)
선천성 매독 (1살 미만)	2	268	9	361	353	413	412	441	AZ (2)
파상풍	1	22	1	27	34	20	25	37	PA (1)
독성 쇼크 증후군(연쇄상구균 제외)[†]	1	96	3	96	95	133	109	127	CA (1)
돼지 선모충증	—	11	0	19	5	6	14	22	
야토병[†]	—	85	3	154	134	129	90	129	
장티푸스	4	261	7	324	322	356	321	368	WA (2), CA (2)
반코마이신중등도내성황색포도상구균[§]	—	3	—	2	—	N	N	N	
반코마이신 내성황색포도상구균[¶]	—	—	—	3	1	N	N	N	
황열	—	—	0	—	—	—	1	—	

—:보고 사례 없음, N: 확인되지 않음, Cum. 연간 누적 계, *2006년 보고에 대한 발생률 자료는 잠정적이나 2001, 2002, 2003, 2004, 2005년 자료는 확정적이다. [†]발생률의 요약의 계산은 현재 일주일의 2주 앞선 일주일이고 앞선 5년의 모든 것은 이주일 다음의 현재 일주일이다. 자세한 정보는 http://www.coc.gov./epo/dphsi/phs/files/5yearweeklyaverage.pdf 에서 볼 수 있다.[§] 모든 주에서 신고된 것은 아님.[¶] 신경침투와 비신경침투를 모두 포함한다. 국립 수의 매개감염 장질환(가칭) ArboNET 감시센터의 매개감염질환 부서에서 보고된 내용들이 매주 업데이트 된다.** 인플루엔자 간균(모든 나이, 모든 혈청형의 종류)의 자료는 표 2에서 볼 수 있다. CDC 부속 국립 HIV 성감염증 결핵예방센터의 HIV/AIDS 예방부서에서 보고된 내용들이 매달업데이트 된다. HIV에 대한 보고서의 이행은 보고사례건수에 영향을 주었다. 소아 에이즈 자료는 국립 에이즈 감시 데이터 관리 시스템의 업그레이드 관계로 나머지 기간에 대한 월별 업데이트는 되지 않을 것이다. 에이즈 자료는 표4에서 분기별로 이용 가능하다.[§§] 예방 접종 및 호흡기 질환 (가칭) 국립 센터의 인플루엔자 부서에서 보고된 내용들이 매주 업데이트 된다.[¶¶] 현재까지 홍역 사례는 보고되지 않았다.*** 수막염 질환의 자료(모든 혈청형 및 알려지지 않은 혈청형)는 표 2에서 이용 가능하다.[†††] 국립 수의 매개감염 장질환(가칭)센터의 바이러스 및 리케치아 질병부서에서 보고된 내용들이 매주 업데이트 된다.

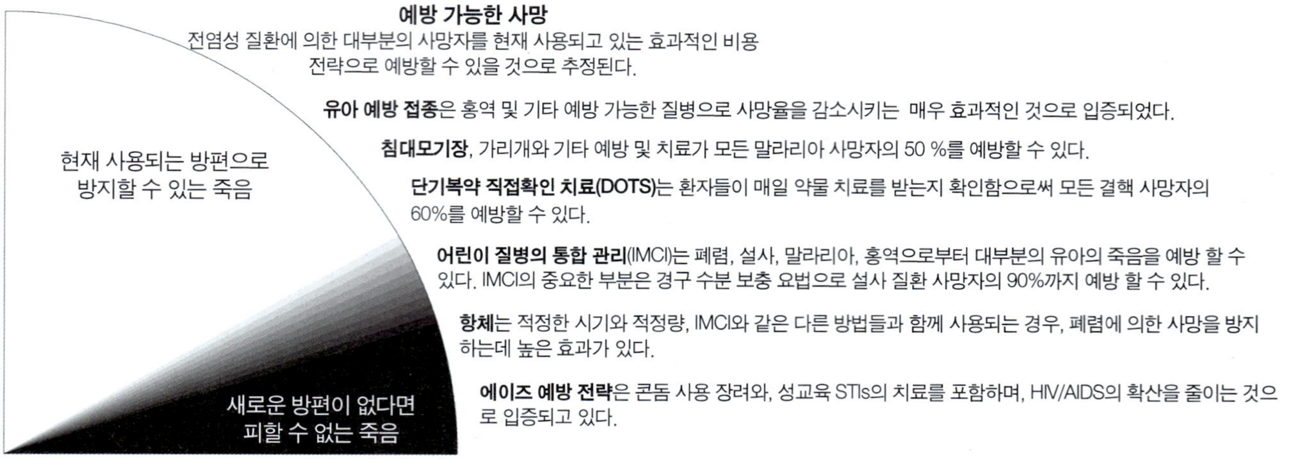

예방 가능한 사망
전염성 질환에 의한 대부분의 사망자를 현재 사용되고 있는 효과적인 비용 전략으로 예방할 수 있을 것으로 추정된다.
유아 예방 접종은 홍역 및 기타 예방 가능한 질병으로 사망율을 감소시키는 매우 효과적인 것으로 입증되었다.
침대모기장, 가리개와 기타 예방 및 치료가 모든 말라리아 사망자의 50 %를 예방할 수 있다.
단기복약 직접확인 치료(DOTS)는 환자들이 매일 약물 치료를 받는지 확인함으로써 모든 결핵 사망자의 60%를 예방할 수 있다.
어린이 질병의 통합 관리(IMCI)는 폐렴, 설사, 말라리아, 홍역으로부터 대부분의 유아의 죽음을 예방 할 수 있다. IMCI의 중요한 부분은 경구 수분 보충 요법으로 설사 질환 사망자의 90%까지 예방 할 수 있다.
항체는 적정한 시기와 적정량, IMCI와 같은 다른 방법들과 함께 사용되는 경우, 폐렴에 의한 사망을 방지 하는데 높은 효과가 있다.
에이즈 예방 전략은 콘돔 사용 장려와, 성교육 STIs의 치료를 포함하며, HIV/AIDS의 확산을 줄이는 것으로 입증되고 있다.
현재 사용되는 방편으로 방지할 수 있는 죽음
새로운 방편이 없다면 피할 수 없는 죽음

© World Health Organization

그림 15.19 예방 가능한 사망.

보다 더 주의 깊게 예방지침을 수행하기로 결정하였다. 이러한 예방법들의 간략한 목록은 **표 15.5**에 표시되어 있다. 보편적 예방지침은 후천성면역결핍증 또는 B형 간염을 일으키는 바이러스에 감염된 환자들뿐만 아니라 모든 환자들에게 적용되기 때문에 '보편적'이라는 단어가 사용되었다. 보편적 예방지침은 다음의 체액들(혈액, 점액, 질액, 조직액, 뇌척수액, 관절낭액, 늑막액, 복막액, 심막액, 양수액)에도 적용된다. 질병예방통제센터는 보편적인 예방지침은 배설물, 코 분비물, 침, 땀, 눈물, 소변, 구토물에서 피가 보이지 않으면 적용되지 않는다고 명시하고 있다. 이것은 이러한 체액에 바이러스가 존재하지 않는다기 보다는 전염 가능성이 매우 낮거나 증명될 수 없음을 의미한다. 예를 들어 연구결과 HIV는 에이즈 환자들의 모든 타액 샘플에 존재하는 것으로 나타났다. 그러나 이 수준은 PCR 기술로 감지할 수 있을 정도로 매우 낮았다(◀7장, p203). 에이즈 환자는 체액에 존재할 수 있는 다른 병원체에 종종 감염된다. 이 병원체에는 가래속에 결핵간균, 살모넬라와 시겔라 같은 박테리아, 배설물 안에 크립토스포르디움, 구강분비물 안에 헤르페스 바이러스가 포함된다. 따라서 일부 보건 의료 시설에서는 직원들이 모든 체액에 대한 보편적인 예방지침을 따르도록 해야한다.

미확인
대장균
황색 포도상구균
연쇄상구균
슈도모나스균
클렙시엘라균
엔테로박터균
칸디다균
포도상구균
박테로이드
세라티아
기타병원균들

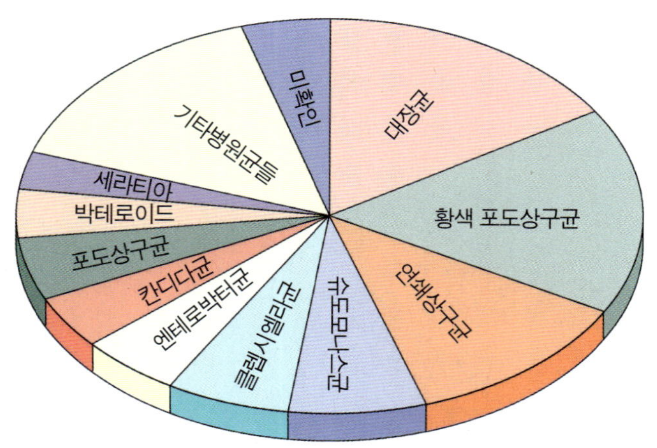

그림 15.20 병원감염의 일반적임 감염원들.

감염을 유발하는 장비와 과정

수술과정이나 카테터 및 호흡장치의 사용은 병원 감염의 주요한 원인이 된다. 작은 부위의 찰과상은 전염원의 유입 통로로 제공될 수 있다. 카테터의 오염이나 카테터 삽입부의 불충분한 세정, 또는 균열된 연결부위로부터 전염원의 이동 등으로 감염이 발생할 수 있다. 또한, 관, 연결부위, 액체 용기, 또는 액체 자체가 오염될 수 있다.

모든 수술 과정에서 환자의 신체 내부는 오염될 수 있는 공기와 수술 기구, 외과의사와 수술실 안에 있는 여러 사람에게 노출된다. 또한 수술 과정에서 환자 몸 안에 있던 장내미생물상들이 감염부위로 침투할 수 있다. 예를 들면, 폐렴을 일으키는 박테리아는 수술하는 동안에 인두에서 폐로 들어올 수 있다.

제트형 네뷸라이저(nebulizer)와 같이 폐의 기도를 확장시켜 산소나 공기 또는 약물을 주입하는 호흡기 장치들도 폐 속 깊이 미생물을 퍼뜨릴 수 있다. 병원체들은 차가운 분무기나 따뜻한 수증기 분사시 가습기 내부에 서식할 수 있으며, 기계가 작동할 때 분사되어 퍼질 수 있다. 그러므로 모든 호흡기 장치를 매일 소독하거나 살균해야 하고 일회용이 아닐 경우에는 다음 환자가 사용하기 전에 소독해야한다.

다른 장치들과 과정들에 의해 작지만 중요한 다수의 병원감염이 많은 미생물에 의한 감염이 일어날 수 있다. 예를 들면, 혈액에서 노폐물을 제거하는 혈액 투석은 몸 안에 미생물을 들여오는 몇 가지

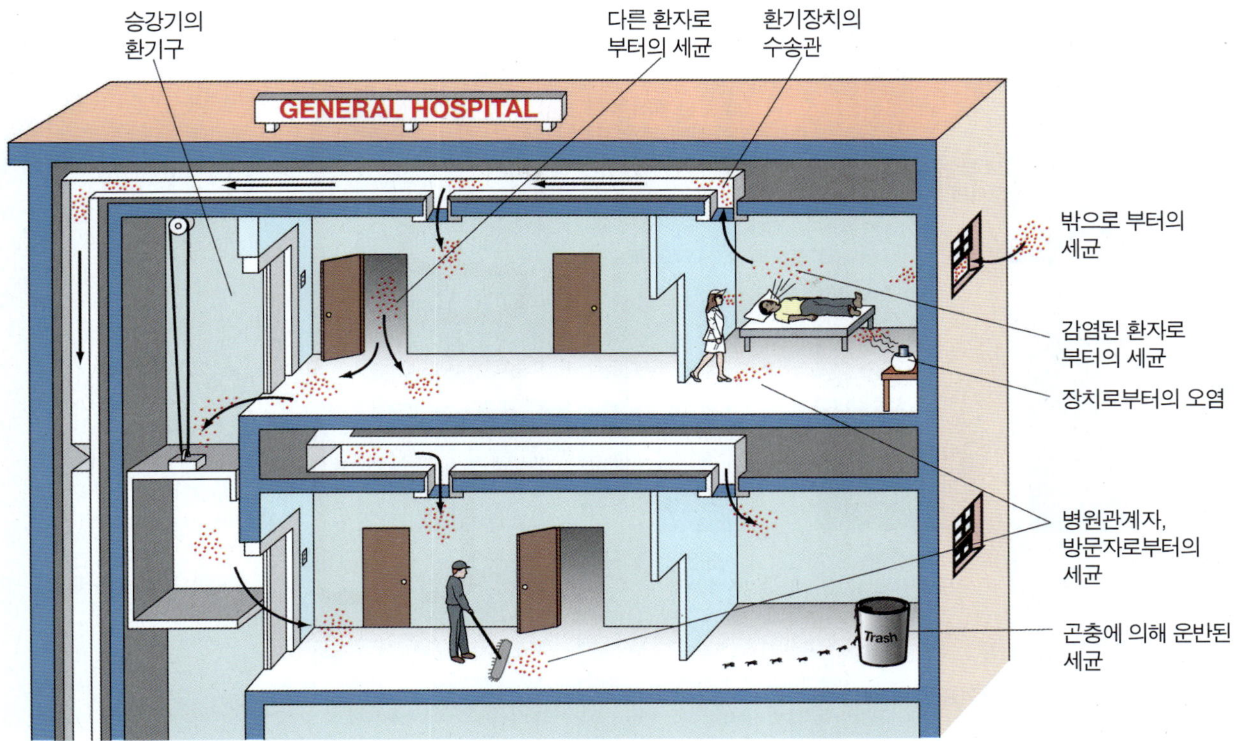

그림 15.21 병원감염이 전파되는 몇 가지 방식들.

방법을 제공한다(**그림 15.22**). 이 장치는 몸 밖에 관을 연결하여 심장이나 주요혈관의 혈압, 또는 뇌척수 액의 압력을 모니터링 하는데

표 15.5

질병 예방 통제 센터의 몇 가지 중요한 보편적 예방지침 및 권장 사항
1. 손이 더러워지거나 혈액이나 체액에 피부나 옷이 노출될 가능성이 있을 때에는 장갑이나 가운을 착용해야한다.
2. 혈액이나 체액이 튀어 오염 가능성이 있기에 마스크와 보호 안경 또는 턱까지 긴 플라스틱 얼굴 보호대를 착용해야한다. 마스크 하나로는 충분하지 않다.
3. 환자와 접촉하기 전과 후, 장갑을 벗은 후 손을 씻어야한다. 각 환자마다 장갑을 교체해야한다.
4. 심폐 소생술 시 마우스피스/기도 내 튜브는 일회용을 사용해야한다.
5. 오염된 주사 바늘과 다른 날카로운 것은 즉시 가까운 특수한 용기에 버려야한다. 바늘은 구부러지거나 잘리거나 재사용 하면 안된다.
6. 혈액이나 감염된 체액을 쏟았을 경우에는 (1) 장갑과 기타 보호장구를 착용하고 (2) 1회용 타월로 깨끗이 닦고 (3) 비누와 물로 씻고 (4) 가정용 표백제와 물을 1:10으로 섞은 용액으로 소독한다. 그것은 표면에 적어도 10분 정도 부어놓는다. 표백제 용액은 24시간 이전에 준비된 것은 안된다.

사용된다. 이러한 장비는 오염될 수 있고 환자나 주변 환경으로부터 미생물에 감염될 수 있다. 깨끗하지 않은 산부인과 장비는 다른 환자로부터 질병을 옮길 수 있다. 신체를 통해 들어와서 방광, 대장, 위, 호흡기 내부을 검사하는데 사용되는 내시경은 소독이 까다로우며 다른 환자로부터 미생물을 이동시킬 수 있다.

병원 감염에 또 다른 중요한 요인은 의료기관에서 사용되는 항생제의 과다 사용에 의한 것이 있다. 항생제가 어떻게 항생제 저항성 병원균의 발달에 기여하는지 또한 이러한 병원균이 어떻게 병원 감염에 기여하는지는 ◀13장에서 논의하였다.

감염의 부위

가장 일반적인 병원 감염 부위는 감염빈도 순으로 요로, 수술 상처, 호흡기, 피부 (특히 화상), 혈액 (균혈증), 소화기관, 중추신경계이다(**그림 15.23**).

병원감염의 예방과 통제

병원 감염의 문제는 광범위하게 인식되고 대부분의 모든 병원에서 감염 관리 프로그램을 운영하고 있다. 미국 병원 협회의 병원들은 환자와 직원, 미생물학 실험실, 격리 절차, 카테터 및 기타 장비의 사용에 대한 허용 절차, 일반적인 위생 절차, 직원을 위한 병원에서 감염한 질

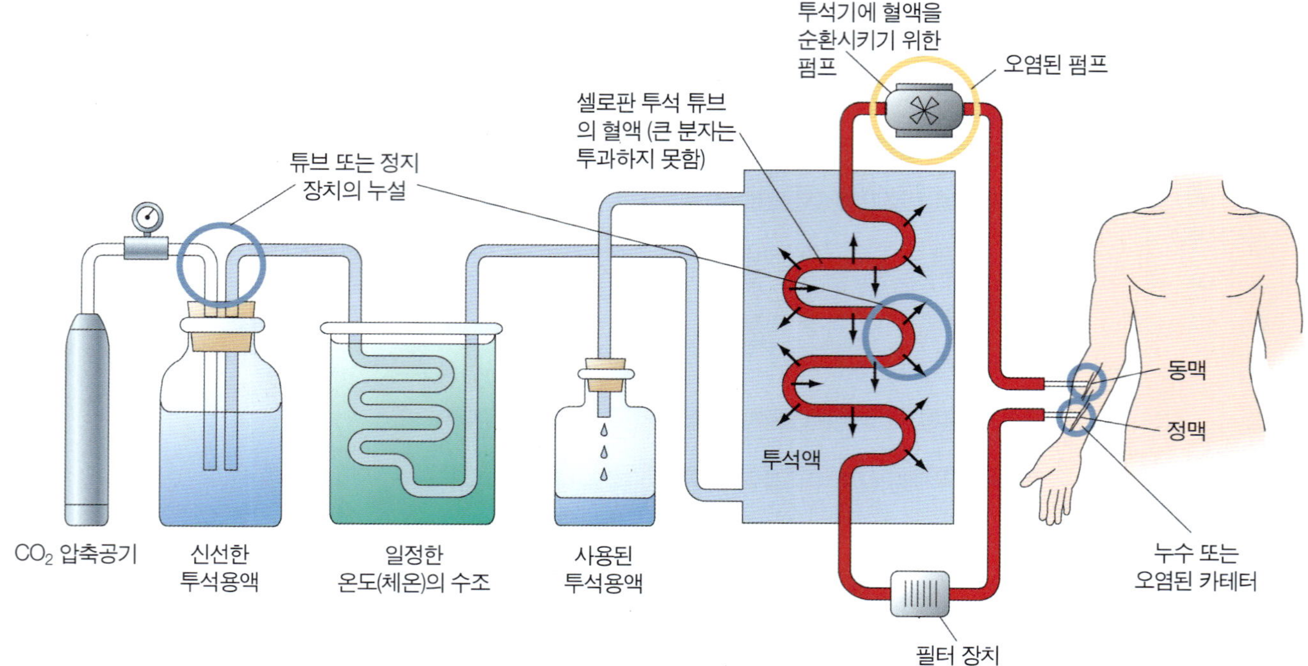

그림 15.22 혈액 투석 장치에서 오염이 가능한 부분들.

적용

치과에서의 감염 통제

치과에서의 감염 통제는 환자와 의료 전문가를 보호하도록 설계되었다. 라텍스 장갑, 보호안경, 에어로졸(최근 드릴과 함께 광범위하게 사용)의 흡입을 막기 위한 마스크, 그리고 살균된 장비들이 안전장치로 필요하다. 환자들의 구강 분비물이나 혈액으로 오염될 수 있는 모든 물품들은 소독해야 한다. 예를 들어, 환자의 입과 닿은 장갑을 착용한 의사의 손이 조명등을 조정하기 위해 장비 트레이를 밀고 난 후 핸드 드릴을 잡는 등의 행동을 통해 모든 곳에 미생물이 남게 된다. 환자가 바뀔 때마다 의사가 장갑을 바꾸는 것으로는 충분하지 않다. 새 장갑을 착용한 후에 미생물이 남아있는 기계를 사용함에 따라서 다른 환자의 입으로 전염될 수 있다. 현재, 환자가 바뀔 때마다 대부분의 치과의사들은 장비의 사용과 빛의 조정을 하기 위해 1회용 플라스틱 커버를 사용한다.

1990년 9월, 플로리다의 치과의사 데이비드 아서 박사가 에이즈로 죽었다. 이후 그의 환자의 5명은 아서 박사와 같은 에이즈 바이러스를 가지고 있는 것으로 확인되었고 치과에서 그로부터 감염된 것으로 예상되었다. 5명 어느 누구도 다른 위험 요인을 가지고 있지 않았다. 질병예방통제센터의 관계자는 전염 가능성을 설명하지 못했지만 현재 추정하기로는 핸드 드릴이 원인이라고 여겨지고 있다. 조지아 대학에서는 드릴 조각을 잡아주는 손잡이의 빈 내부공간, 연마 브러쉬, 그리고 기타 도구들이 혈액, 침, 치아파편으로 덮여 있음을 보여주었다. 미국 치과 협회는 환자가 바뀔 때마다 드릴의 핸들의 열소독을 권장 했지만 이것은 불편하고 고가 장비의 수명을 단축하여 환자들을 치료하는데 더 많은 드릴이 필요해진다. 따라서 일부 치과 의사들은 그렇게 하고 싶어하지 않는다. 비록 드릴의 핸들은 화학적인 소독이 이루어지겠지만, 이것은 에이즈 바이러스에 대한 충분한 소독이 될 수 없다. 모든 치과 의사 개개인의 장갑, 안면보호구, 그리고 마스크의 사용은 감염의 확산을 피할 수 있게 되었지만 또 다른 도구들이 필요하다.

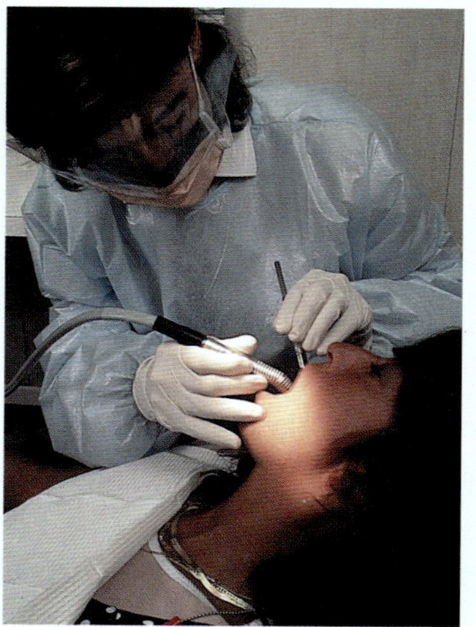
(Larry Mulvehill/Photo Researchers, Inc.)

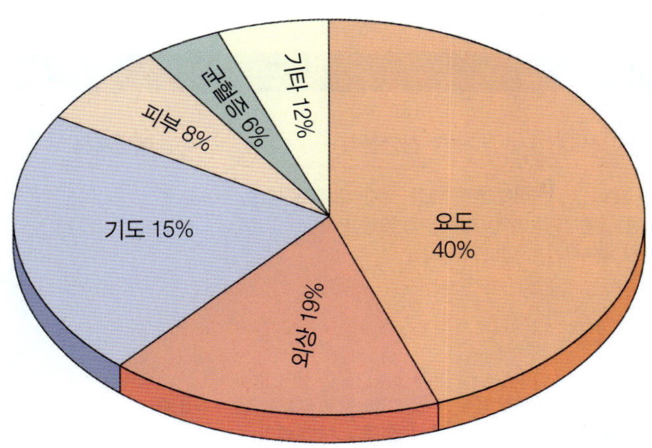

그림 15.23 병원감염 부위의 상대 빈도수.

병 교육 프로그램 같은 병원 감염의 감시 프로그램을 가지고 있다. 대부분의 병원은 이러한 프로그램을 관리 할 수 있는 감염 관리 전문가가 있다.

병원 감염의 확산과 도입을 방지하기 위해 몇 가지 방법이 있다. 손을 씻는 일은 가장 중요한 것 중 하나이다. 환자와 접촉하는 의사, 간호사, 직원들의 비누를 이용한 손의 청결함 유지는 환자들의 질병의 확산을 크게 줄일 수 있다. 또한 멸균장치의 구입과 청결함 유지에 각별한 관심을 가지는 것이 중요하다. 또한, 헌혈 할 때와 환자가 사용했던 변기를 청소 할 때 혹은 환자를 치료할 때 장갑을 사용하는 것은 감염의 확산을 막을 수 있다. 그리고 앞서 언급한대로 파리, 개미, 또는 바퀴벌레가 감염원을 쉽게 퍼뜨리기 때문에 곤충에 물리는 것을 막는 것은 감염의 확산을 막을 수 있다.

항생제 저항성을 가지는 병원균들의 발달을 줄이기 위한 기술이 필요하다. 감염을 막기 위해 일상적으로 사용하고 있는 항생제의 남용은 병원균의 저항성을 증가시켜주기 때문에 잘못된 것이다. 따라서 일부 병원은 항생제 사용을 제한하고 있다. 항생제는 잘 알려진 감염의 경우에 사용하고 특별한 경우 질병의 예방(예방조치)용으로 사용되어야 한다. 예방 조치로 사용되는 항생제는 잠재적인 병원균에 의한 오염이 불가피한 외과 분야, 즉 외상치료나 소화관을 포함하는 수술과정에서의 사용이 허가된다. 또한 자연 방어 매커니즘이 잘못되어 과도하게 쇠약한 환자와 면역반응을 억제시킨 환자에게 항생제 사용이 허가된다.

병원 감염을 방지하기 위한 이러한 방법들이 제대로 지켜진다면 현재의 감염의 발생률을 절반으로 줄일 수 있을 것이다.

✓ 중점 질문 사항

1. 보편적인 예방 지침들을 열거하시오
2. 병원 감염의 의미는 무엇인가?

바이오테러리즘

이 장에서 바이오테러리즘에 대한 부분이 필요하다는 것은 안타까운 사실이다. 많은 역학자들이 질병이 확산되는 일반적인 기작에 대해서 많은 연구를 하고 있지만, 고의적인 질병의 확산으로부터 우리 자신을 방어하는 방법에 대한 연구가 필요하다.

그러나 생물학적 전쟁에서 미생물의 사용은 특별히 새로운 사실은 아니다. 고대 시대에는 감염된 시체를 포위된 도시의 벽을 넘겨 던지거나 식수의 공급지나 우물에 버렸다. 검투사들은 때로는 경기장에 들어가기 전에 칼과 삼지창을 썩어가는 시신에 넣었다. 작은 상처가 나더라도 상대방의 사망이 확실하였고, 검투사들은 먼저 상대방을 죽여야 했다.

미국 혁명 전인 1763년에 영국 식민지 장교는 북미 원주민들을 을 죽일 의도로 그들에게 천연두딱지가 묻은 외투를 주었다. 2차 세계대전 동안, 미국과 영국 과학자들은 1944년 탄저균 폭탄 1000개를 개발하고 생산하여 독일의 히틀러를 쓰러뜨리려 했으나 이 폭탄은 실제 전쟁에서 사용되지 않았다. 1979년 4월, 그 당시 스베르드롭스크로 불렸지만, 지금은 예전의 이름이었던 예카테린부즈크로 바뀐 구 소련도시의 우랄산맥 탄저균 공장에서, 비극적이게도 탄저균 전염병의 원인이 되는 유출사고가 발생하였다. 그로 인해 68명의 희생자가 생겼다. 이 사건의 자세한 사항은 1999년 캘리포니아 대학 출판부에서 출간된 잔느 구일레민의 '탄저균, 치명적 발생에 대한 조사'에서 확인할 수 있다.

1984년 오레곤에서, 라즈니쉬즈로 알려진 종교 단체의 일원들이 열 곳의 지역 레스토랑, 요양원과 심지어는 지역 의료 센터의 샐러드 바에 살포한 미생물로 인해 살모넬라균 식중독 발생이 일어났다. 심지어 그들은 사건을 조사하던 판사를 죽이고자 살모넬라가 들어있는 물을 그에게 건네기도 하였다. 이사건과 또 다른 사건의 자세한 내용은 2001년 Simon & Schuster에서 출간된 주디밀러의 '세균' 에서 찾아볼 수 있다.

그 후 2001~2002년에는 워싱턴 D.C의 정부 건물을 포함한 미국의 동부 해안을 따라 자행된 테러리스트의 탄저균 공격들은 대중에게 바이오테러리즘을 각인시켰고 그 위험에 대한 인식이 높아지게 되었다. **표 15.6**은 현재 바이오테러리즘의 우려 요인에 관한 정보를 요약한 것이다. 리신은 미생물은 아니지만 아주까리의 일종인 리시누스 콤무니스(*Ricinus communis*) 로부터 추출되었다. 바이오테러리즘에 대항하는 국토 방위 준비는 해결책보다 더 많은 의문을 만들어내었다. 민간인의 천연두 예방 접종을 재개하면서 안전성에 대한 의문점이 높아졌다. 2003년 1월 24일부터 12월 31일 동안에 천연두 예방 접종은 39,213명의 건강한 도시 근로자들에게 진행되었다. 발진, 발열, 통증, 두통, 피로 등 가벼운 예방 접종 부작용이 712명에게서 보고되었다. 심근 경색(심장마비)과 같은 심각한 부작용은 두 경우를 포함하

표 15.6 — p458의 표 15.6에 대한 약어풀이를 참조하시오

바이오테러리즘의 병원체

병원체	배양기간	병리징후/ 증상	진단분석	예방지침
탄저균	1-5일	열, 불쾌감, 피로, 기침, 가슴에 가벼운 불쾌감, 감기/독감 같은 증상. 2~3일후 개선. 호흡기로 갑작스러운 발병. 괴로움, 쇼크, 흉부 X-ray : 폐의 종격이 넓어짐	비강 호흡 배양, 형광 항체, PCR, 혈액-그람 염색, 배양, PCR, 혈청-항원 ELISA	표준
보툴리누스 중독	1-5일	뇌신경마비-하수증, 시력 저하, 입술 마름, 연하곤란, 발음곤란, 근육이 약해지고 이완으로 처지고 마비, 호흡 곤란	비강면봉 호흡, PCR, 항원 ELISA, 혈청 독소 분석, 혈액 & 대변 배양	표준
브루셀라 증	5-60일	열, 두통, 근육통, 관절통, 등통, 땀, 우울, 정신상태의 변화, 골관절 판정	비강면봉, 호흡 분비액 배양, PCR, 혈액 배양 & PCR, 골수 배양, 혈청학:응집 반응	병변이 마른다면 접촉
콜레라	4시간-5일	구토, 불쾌감, 두통(초기 발병), 복부 경련, 설사	대변 배양	표준
역병	2-3일	폐렴-고열, 두통, 불쾌감, 기침, 객혈, 호흡곤란, 천음, 치아노제, 위장에 증상 서혜임파선종- 고열, 불쾌감, 고통스럽게 임파절(서혜임파선종) 혈전쇼크로 진행 폐나 혈관 내 산재되어 응고	비강면봉 & 호흡배양, 형광 항체, PCR, 혈액 & 뇌척수액 그람 염색 & 배양. 임파절- Wright-Giemsa 염색, 항원 ELISA, 배양	폐렴 비말
Q 열병	10-40일	열, 기침, 늑막염 흉통	비강면봉, 침, 혈액 : 배양 & PCR, 림프-혈청형 : ELISA, 면역 형광 항체	표준
리신	4-6시간	열, 가슴에서 긴장된 기침, 호흡곤란, 토할 것 같은 관절통, 기도 괴사, 폐의 부종, 호흡시 고통	비강 & 호흡 분비액-PCR 혈청 ELISA	표준
천연두	7-17일	불쾌감, 구토와 열, 두통, 등통 ; 2-3일 후 조직의 손상이 나타남- 반점, 뾰루지, 농포 (얼굴 / 팔다리)	비강/호흡 PCR, 바이러스 배양, 혈청 바이러스 배양, 피부조직/긁어 모아 PCR 바이러스 배양.	공기매개
포도상구균 장독소 B	1-6시간	열, 오한, 두통, 근육통, 증상없는 기침, 숨가쁨, 음식물 섭취시 흉골후방의 가슴통증. 메스꺼움/구토, 설사. 패혈증, 쇼크	비강면봉 & 호흡 PCR, 항원 ELISA, 혈청 & 오줌 항원 ELISA	표준
야토병	2-10일	두통, 열, 불쾌감. 궤양유발샘: 궤양 위치와 임파종 부분. 장티푸스성: 흉곽안쪽 가슴통증, 전립선	비강면봉 & 호흡 배양. 형광 항체, PCR, 혈액 배양, PCR, 임파절 형광 항체, 혈청형-응집	표준
트리코테센 진균독	2-4시간	피부 고통, 가려움증, 소포, 괴사, 객혈, 사망	비강면봉 & 호흡. 형광항체, 혈청 & 조직 독소 검출	오염제거제를 구비한 뒤 접촉
베네수엘라말뇌염	2-6일	열을 동반한 뇌염, 오한, 심한 두통, 광선공포증, 근육통, 메스꺼움/구토, 목이 아픈 기침, 설사	비강면봉 & 호흡 RT, PCR, 바이러스 배양, 혈청 PCR, ELISA 또는 적혈구 응집 저해	표준

화학요법	화학적 예방법	백신	비고/(다른 사람에게 전달 가능 여부)
• 사이프로플로사신 400 mg 8~12시간 마다 정맥주사 • 독시사이클린 200 mg 정맥주사, 그 후 100 mg 12시간 마다 정맥주사 • 페니실린 2000유닛 2시간 마다 정맥주사 • 스트렙토마이신 30 mg/kg 매일 근육주사 또는 젠타마이신 어린이/임산부: 사이프로플로삭신, 페니실린, 독시사이클린 중 선택	• 사이프로플로삭신 500mg 하루에 2번씩×4주 경구투여. 만약 백신을 접종하지 않았다면 백신 접종 • 독시사이클린 100mg 하루 2번 경구투여+백신	바이오포트 백신 0.5ml를 1, 2, 4주, 6, 12, 18 달마다, 그 후 1년에 1번 피하주사.	(없음)
• 국방성의 A-G 혈청형에 대한 7가 말-항독소(연구용 신약) 1병 정맥주사	A-E 유형의 5가 독소 백신	국방성의 A-E 혈청형에 대한 7가 말-특소이드(연구용 신약) 0,2,12주 매년 0.5 ml씩 피하 깊숙히 주사	백신 접종 전에 피부 검사 (없음)
• 독시사이클린 200mg/일 경구투여+리팜핀 600 mg, 900 mg/일 경구투여×6 주 • 오프록사신 400mg/일 경구투여+리팜핀 600~900 mg 매일×6 주	독시사이클린 & 리팜핀×3주	이용할 백신 없음	(없음)
• 테트라사이틀린 500 mg 6시간 마다×3회(가운,장갑) • 독시사이클린 300 mg 1번 -100 mg 12시간 마다×3일(가운, 장갑) • 사이프로플로사신 500 mg 12시간 마다×3일	없음	와이어스-에이어스트 백신 2회 복용량 0.5 ml 근육주사 또는 피하주사 7~30일, 6달 후 이차 접종	퀴놀론계 항생제에 저항 (극히 드물다)
• 스트렙토마이신 30 mg/kg/일 근육주사 2회 분량으로 나누어 10일(또는 젠타마이신) • 독시사이클린 200 mg 정맥주사, 후 100 mg 하루에 두 번 정맥주사×10~14일 • 클로람페니콜 1 g 하루에 네 번 정맥주사×10~14일(가운, 장갑) 어린이: 처음 선택-스트렙토마이신 또는 젠타마이신, 독시사이클린, 사이프로플로사신 임산부: 처음 선택 젠타마이신-그 후 독시사이클린, 사이프로플로사신	• 독시사이클린 100 mg 하루 두 번 경구투여×7일 또는 지속적으로 투여 • 사이프로플로사신 500 mg 하루에 두 번 경구투여×7일 • 독시사이클린 100 mg 하루 두 번 경구투여×7일 • 테트라사이클린 500 mg 경구투여×7일	백신 더 이상 사용할 수 없음	역병뇌수막염에는 클로람페니콜 사용 (있음)
• 테트라사이클린 500 mg 6시간 마다 경구투여×5~7일 • 독시사이클린 100 mg 12시간 마다×5~7일	• 테트라사이클린 8~12일 후 노출×5일 • 독시사이클린 8~12 후 노출×5일	사용할 수 없음	(극히 드물다)
• 흡입제, 보조적인 치료 • 활성탄이나 설사제를 이용하여 위장내 위 세척	없음	백신 없음	(없음)
보조적 관리	종두증 면역 글로불린 0.6 ml/kg 근육주사 (3일 이내, 24시간 이내에서 최적)	와이어스 소 림프 종두증 백신(허가받은 것) 난절법으로 1회 복용량	백신 접종 전&후 노출 마지막 백신 접종 3년 초과 까지 가능(있음)
흡입 노출을 위해 환기구 보조	없음	백신 없음	(없음)
• 스트렙토마이신 30 mg/kg 10~14일 하루 두 번 나누어 근육주사 • 젠타마이신 3~5 mg/kg/일 정맥주사 × 10~14일	• 독시사이클린 100 mg 하루 2번 경구투여×14일 • 테트라사이클린 500 mg 매일 경구투여×14일	연구용 신약-약독화 생백신; 난절법에 의해 1회 분량	(없음)
비누와 물로 피부의 오염을 제거한다(가운, 장갑)	비누/물로 옷/피부의 오염 제거	백신 없음	(없음)
보조적인 치료: 마취제와 경련 방지제	메스꺼움/구토	국방성 VEE TC-83 독소를 약화시킨 백신(연구용 신약) 0.5 ml×1 국방성 VEE C-84 0.5ml 3회분량 까지 피하주사	(낮음)

표 15.6 표의이해: 예방지침(표준): 혈액 모든 종류의 체액 , 손상된 피부, 점막에 접촉할시에 개인용 보호장비(PPE, 가운, 장갑, 마스크, 안면보호구, 고글)들을 사용해야 함. 공기매개 부압이 걸린 공간, N-95 호흡용 마스크 착용. (비말) 격리, 외과용 마스크 (접촉) 격리, 가운, 장갑착용. 약어: **PCR,** polymerase chain reacfion; **RT,** reverse transcriptase PCR; **ELISA,** enzyme-linked immunosorbent assay; **VEE,** venezuelan eguine encephalitis; antigen; **bid,** 2/day; **CP,** chest pain; **CSF,** cerebrospinal fluid; **CXR,** chest X-ray; **d,** day; **DIC,** disseminated intravascular clotting; **DOD,** Department of Defense; **ELISA,** enzyme-linked immunosorbent assay; **FA,** fluorescent antibody; **IFA,** immunofluorescent antibody; **GI,** gastrointestinal; **h,** hour; **HA,** headache, **IM,** intramuscular, **IND,** investigational new drugs; **IV,** intravenous; **N/V,** nausea/vomitting; **PCN** (-units) penicillin; **PCR,** polymerase chain reaction; **po,** per os (by mouth); **PPE,** personal protective equipment; **Q** (-h), every; **QD,** every day; **qid,** 4/day; **QOD,** every other day; **RT,** reverse transcriptase PCR; **SC,** subcutaneous; **SOB,** shortness of breath.

그림 15.24 바이오 테러리즘 대비 훈련. 세균전에서 세균에 노출된 사람들은 적절한 치료를 위해 보호복과 호흡팩을 입은 의료진에게 특수 운송장비를 통하여 운송된다. National Geographic Society

여 97명에게서 나타났다. 예방 접종을 한 578,286명의 군인들 사이에서 종두증 바이러스의 전염이 30번 보고되었다－배우자 12명, 성적 접촉 8명, 성인 친구 8명, 1가정에 아이들 2명; 대다수(89%)의 경우 단순히 피부의 감염이었고 2명(11%)은 눈에 전염되었다. 의료시설 근로자와 환자 사이의 전염 사례는 없었다.

그러나 의료시설 근로자에게 전이는 다른 경우에 염려된다. 관련자는 훈련을 실시하고**(그림 15.24)** 비상 계획이 만들어 졌다. 우리는 이것을 사용하지 않기를 바란다.

식량 공급과 경제에 영향을 미치는 농산물의 바이오테러리즘에 대한 대중의 인식은 높지 않다. 한 연구에 따르면 지역을 캘리포니아로 국한하여서 구제역 발생의 최소 비용을 추산한 결과 몇 개월 만에 그 비용이 백삼십억 달러에 달하였다. 다른 나라들이 수입을 거부하면 소, 양, 돼지의 수출이 급락할 것이다. 일반 가정에서는 그들이 먹고 있는 음식이 안전한지에 대한 불안감이 높아졌다. 또한 농작물도 쉽게 감염되었고, 특히 이러한 병원균은 일반적으로 사람에게 감염되지는 않아 테러리스트들이 다루기에 쉽다. 그러나 전문가들은 식물보다 동물이 더 좋은 대상이라고 생각한다. 동물에서 병원성을 나타내는 위험도가 높은 것으로는 구제역, 조류 인플루엔자, 돼지 콜레라, 조류의 뉴캐슬 병, 우역 바이러스가 포함된다. 미국 정부는 농산물테러리즘에 대처하기 위한 계획을 시작하고 있다.

요약

전염병학

전염병학은 무엇인가?

- **전염병학**은 집단에서 질병의 확산 매커니즘과 요인을 연구하는 학문이다.
- **전염병학자들**이 전염성 질환을 설명할 때, 특정기간 새로 발생한 사례의 수를 **발병률**, 어느 한 시기에 감염된 사람의 수를 **유행률**, 사례수를 집단내의 비율로써 나타낸 **이환률**, 집단내의 사망자 수를 비율로 나타낸 **사망률**을 사용한다.

집단 내 질병

- **산발성 질병**은 집단내에서 개별적으로 소수의 사람들에게서 나타난

다. 유행성 **질병**에서는 집단 내 다수에게서 관찰되며 이 환자들은 보건문제에 충분히 영향을 끼칠 수 있다. **일반원천에 의한 발발**에 의해 확산되는 질병들은 물의 공급과 같은 하나의 오염물질로 인해 시작된다. **만연된 유행성** 질병의 전파는 사람과 사람의 접촉에 의해서 퍼지게 된다. **세계적유행** 전염병은 예외적으로 유난히 넓은 지역 혹은 여러 지역에 널리 퍼진 유행성 질병을 말한다.

역학적 연구

- **역학적 연구**의 목적은 사람들 사이에서 어떻게 질병이 전파되는지 또 어떤 방법으로 이러한 질병들을 조절할 수 있는지 알고자 하는 것이다.
- 질병학 연구의 방법에는 **서술적**, **분석적**(전향성 또는 후향성 연구), **실험적** 연구가 있다.

감염의 보균

- 전염병을 전달 할 수 있는 사람과 동물, 그리고 무생물들을 감염보균이라 한다.
- 사람들 사이에서 **보균자**들은 질병을 전염시킨다. 이들이 주기적으로 병원체를 내보낸다면 간헐성 보인자가 된다.
- 동물보균체로부터의 질병은 동물들과 직접 접촉하거나 매개체들을 통해 전염될 수 있다. 동물에서 사람으로 감염되는 질병들은 **인수공동전염병**이라 한다.
- 무생물 보균체에 의한 질병은 물, 토양, 쓰레기 등에 의해 전염된다.

침입구

- **침입구**에는 피부와 몸의 체계, 조직, 그리고 태반에 걸쳐있는 점막들이 속한다.

출구

- **출구**에는 코, 귀, 입, 피부와 소화계, 비뇨계, 생식계의 산물이 배출되는 구멍들이 포함된다. 보통 유기체들은 체액이나 배설물 속에 있다.

질병의 전염 방법

- 전염은 접촉, 무생물 매개체, 곤충에 의해 일어난다. **직접감염**은 사람과 사람 사이의 **수평감염**과 부모와 자녀 사이의 **수직감염**이 있다. **간접감염**은 무생물 매개체와 비말에 의해 발생한다. 물, 공기와 음식물을 통해 매개물 전염이 일어난다. **곤충**에 의한 전염은 보통 물리적 혹은 생물학적 전염을 통해 발생한다.
- 보균자에 의한 전염, 성전염성질환자들에 의한 전염과 인수공통전염병에 의한 전염은 유행성질병 문제를 야기한다.

질병 주기

- 일부 질병들은 주기적으로 발생한다. 몇 년 동안 거의 발병하지 않다가 갑자기 많은 수가 발병되는 경우도 있다.

집단 면역

- **집단 면역**은 대다수의 개체가 면역을 지님으로서 질병의 전파를 예방할 수 있다.
- 집단 면역의 감소는 주기적인 질병이 갑자기 출현하게 되는 원인이 될 수 있다.

질병 전염의 통제

- 전염병을 관리하는 방법에는 격리, 검역, 예방주사와 매개체 관리 등이 있다.
- **격리** 절차는 표 15.2에 요약되어 있다. **검역**은 질병에 노출된 사람이 다른 사람에게 전염시키는 것을 방지할 수 있지만 좀처럼 사용되지 않는다. 예방주사를 통해 많은 질병으로부터 보호된다. 매개체의 조절은 매개체를 식별하고 박멸함으로서 효과적인 방법이 된다.

공중보건 기구

- 공중보건 기구는 도시, 나라, 주, 연방과 전 세계에 존재한다. 이 기구는 건강기준을 유지하고 확립하며 전염병통제에 협조하고, 정보를 나누며, 전문교육과 일반교육에 관여한다.

신고의무질병

- 신고의무질병은 표 15.3에 정리되었다.

병원성 감염

- **병원성 감염**은 병원에서 혹은 다른 의료기관으로부터 전염된다.

병원성 감염의 역학

- 병원성 감염은 외인성 (외부의 유기체들에 의해 유발됨) 또는 내인성 (정상 세균총의 기회감염에 의해 유발됨) 원인에 의해 감염될 수 있다. 4가지 타입의 병원체에 의해 유발되는 감염이 절반 정도이며 이 균주들은 항생제에 저항성을 가진다.
- 숙주 감수성은 병원감염의 발달에 중요한 요소이다.
- 의료장비와 수술과 같은 치료 과정들은 종종 감염의 원인이 된다.
- 병원 감염의 방식은 그림 15.21에 나타내었다.

병원 감염의 예방과 통제

- 대부분의 병원들은 광범위한 감염 관리 프로그램을 시행하고 있다. 손 씻기, 장갑 사용, 철저한 위생상태 유지와 소독과 항생제 사용과 기타 병원 절차의 감시들은 감염을 줄이는데 도움이 된다.
- 항상 의료 장비들을 다룰 때 우리가 알고 있는 절차들을 주의깊게 지킨다면 병원에서의 감염을 절반 정도 줄일 수 있다.

생물테러

- 생물테러는 불행하게도 생소한 사건이 아니다. 표 15.6의 목록에는 생물테러에 이용되는 주요병원체와 그 것들의 특징들을 설명하였다.

용어 정리

간접적 분구전파(p. 438)	검역(p. 441)	대기오염물질(p. 438)	매개체(p. 432, 439)
간접감염(p. 438)	격리(p. 441)	만연된 유행성(p. 429)	면역저하환자(p. 447)
감염보균(p. 432)	내인성 감염(p. 447)	매개물(p. 438)	무생물매개체(p. 438)

무증상 감염(p. 432)
병인학(p. 427)
보편적 예방지침(p. 447)
분석적 연구(p. 432)
불현성 감염(p. 432)
비말 전염(p. 438)
비말핵(p. 438)
사망률(p. 427)
산발성 질병(p. 429)
서술적 연구(p. 430)
세계적 유행(p. 428)
수직 전염(p. 438)
수평 감염(p. 436)
신고 의무 질병(p. 445)
실험적 연구(p. 432)
역학적 연구(p. 429)
외인성 감염(p. 447)
위약(p. 432)
유행률(p. 427)
유행성(p. 428)
이환율(p. 427)
인수공통전염병(p. 433)
일반 원천에 의한 발발(p. 429)
전염병학(p. 427)
전염병 학자(p. 427)
접촉 감염(p. 436)
직접 감염(p. 436)
직접적 분구전파(p. 438)
집단 면역(p. 441)
초발환자(p. 431)
출구(p. 436)
침입구(p. 434)
풍토병(p. 427)

임상 사례 연구

Shari는 국립 병원의 감염 관리 직원이다. 병원은 새 부속건물을 건축 중이고 병원 감염을 줄이기 위해 감염 관리 위원회와 Shari에게 의견을 부탁하였다. 병원 감염을 줄이기 위한 방법을 찾아보기 위해 다음의 웹사이트를 방문해보자. Shari가 권장한 것은? http://www/healthtrans-formation.net/case/index .asp?ID=14.

요점 사고 문제

1. 어떤 질병이 인간에게 가끔 지역적이며 산발적으로 출현하지만 대부분의 시기에서는 아무도 질병에 걸리지 않는다고 하면 이는 그러한 질병에 대한 보균자가 있음을 나타내는가?

2. 질병의 발생을 매일매일 계산하였다. 첫째날 : 2, 둘째날 : 28, 셋째날 : 17, 넷째날 : 3, 다섯째날과 그 이후에는 질병의 발생이 나타나지 않았다. 이런 경향을 어떻게 생각하는가?

3. 많은 노력에도 불구하고, 병원들은 병원감염을 완전히 줄일 수 없다. 이는 어떤 이유 때문이며 병원감염은 왜 항상 발생하는가?

자가 진단 문제

1. 질병의 발생은 다음과 같이 정의할 수 있다 :
(a) 항시 전체 인구에서 감염된 사람의 총 수.
(b) 매해 전체 감염된 인구수에 새로 감염 발생 수를 더한 것.
(c) 전체 인구에서 질병에 감염된 사람들만 나타낸 것.
(d) 특정 기간 동안 특정 집단 내에서 질병의 발병 수를 나타낸 것.
(e) 질병의 증상이 없는 사람들에게서 발병된 수를 나타낸 것.

2. 격리는 전염성 질병을 가진 환자가 일반 사람과 접촉하는 것을 막기 위해 사용된다. 참일까 거짓일까?

3. 질병의 유행은 다음과 같이 정의 할 수 있다 :
(a) 항시 전체 인구에서 감염된 사람의 수.
(b) 특정 기간 동안 특정 집단 내에서 새로 발병된 경우.
(c) 매해 전체 감염된 인구수에 새로 감염 발생 수를 더한 것.
(d) 전체 인구에서 질병에 감염된 사람들만 나타낸 것.
(e) 질병의 증상이 없는 사람들에게서 발병된 수를 나타낸 것.

4. 특정 질병에 감염된 사람들의 비율을 무엇이라 하는가?
(a) 발생률 (b) 발생률 (c) 이병률
(d) 사망률 (e) 발병률

5. 풍토성 감염원은 :
(a) 전체 인구에서 산발적으로 발병된다.
(b) 인구 집단으로부터 제거되다.
(c) 항상 생명을 위협한다.
(d) 인구집단 내에 항상 존재 한다.
(e) 무해하다.

6. 집단에서 보통 질병이 발병빈도 보다 훨씬 더 많이 질병이 발병하였을 때 ( )이 일어난다.
(a) 풍토병 (b) 유행병
(c) 광역유행병 (d) 사망률
(e) 병원균

7. 전염병이 전세계적으로 퍼졌을 때 ( )이 일어난다.
(a) 병원균
(b) 병원성감염
(c) 일반적 감염원에 의한 발병
(d) 풍토병
(e) 광역유행병

8. 아래의 전염병학 연구 중에서 질병의 발병과 전파의 물리적 관점에서 고려한 것은?
(a) 지표 (b) 분석 (c) 서술

9. 아래의 전염병학 연구 중 집단 내 질병의 발생에서 원인과 결과에 대해 초점을 맞추고 있는 것은?
(a) 서술 (b) 분석 (c) 실험
(d) 서술 (e) 풍토병

10. 대부분의 병원균들은 몸 밖에서 오랜 기간 동안 살아남을 수 없으므로 인간에 대한 감염성을 유지하기 위해서 ( )속에 존재해야 한다.
(a) 대식세포 (b) 바이러스 (c) 보유숙주
(d) 내생포자 (e) 피막

11. 살모넬라는 인간의 담낭에 머무는 동안 어떠한 임상적 증상도 보이지 않는다. 그러나 감염된 개체가 계속해서 감염되어 있으면 ( )로 생각된다.
(a) 병원균 (b) 성가신 사람 (c) 풍토병
(d) 보균자 (e) 살균바이러스

12. 수직 전염은 병원균이 ( )로 부터 전염된 것을 말한다.
(a) 하등생물에서 고등생물로 전염
(b) 젊은 종에서 늙은 종으로 전염
(c) 태중이나 출산 중에 부모에게서 후손으로 전염
(d) 비교적 어린 아이에게서 나이든 아이들에게 전염
(e) 부모에게서 아이에게 전염

13. 동물에게서 사람으로 전염되는 질병을 ( )라고 부른다.
(a) 동물원성 감염증 (b) 광견병 (c) 매개체
(d) 보균자 (e) 무해한

14. 다음 중 미생물들의 일반적인 침입 경로가 아닌 것은?
(a) 피부 (b) 소화관 (c) 비뇨관
(d) 기도 (e) 뇌

15. 감염물질을 함유하고 있거나 전염을 용이하게 하는 무생물을( )라고 부른다.
(a) 비생체 접속매개물 (b) 잠복처 (c) 매개체
(d) 지시물 (e) 보유숙주

16. 다음 중 감염원들의 전파체라고 생각되고 있지 않은 것은?
(a) 물 (b) 음식 (c) 진드기
(d) 혈액 (e) 공기

17. 다음 중 질병의 매개체로 생각되고 있지 않은 것은?
(a) 진드기 (b) 이 (c) 벼룩
(d) 모기 (e) 손수건

18. 다음 질병 중에서 집단면역이 중요한 역할을 하지 않는 것은?
(a) 수두 (b) 천연두 (c) 소아마비
(d) 후천성면역결핍증 (e) 홍역

19. 공중보건에 잠재적으로 해가 되고 반드시 의사에 의해서 보고 되어야 하는 질병을 ( )라고 부른다.
(a) 신고의무질병 (b) 병원성감염
(c) 기록할 수 있는 질병 (d) 인체 면역결핍 바이러스
(f) 풍토병

20. 병원에서 병원균에 감염된 것을 ( )라고 부른다.
(a) 신고의무질병 (b) 병원성감염
(c) 병원균 (d) 포도상구균 감염
(e) 일시적 감염

21. 다음 중 타협숙주라고 생각되지 않는 것은?
(a) 후천성면역결핍증 환자 (b) 장기이식 환자
(c) 건강한 사람 (d) 화상 환자
(e) 화학치료환자

22. 다음 중 병원성감염을 예방하는 방법이 아닌 것 은?
(a) 청결한 위생상태유지 (b) 장갑의 사용
(c) 침대에서의 환자체류 (d) 손 세척
(e) 적절한 항생제사용

23. 유전자 도입과 마찬가지로 항생제의 남용으로 더욱 치명적이고 항생제에 저항성을 갖는 미생물이 아닌 것은?
(a) 폐렴쌍구균 (b) 황색포도구균
(c) 장구균 (d) 인플루엔자
(e) 대장균

24. 다음 중 신체 분비액 중 보편적 예방법에 적용되지 않는 것은?
(a) 눈물 (b) 혈액 (c) 정액
(d) 뇌척수액 (e) 양수

25. 각자의 서술과 아래 항목을 연결하시오
(a) __동물성 병
(b) __매개물
(c) __Droplet nuclei
(d) __외부 감염
(e) __내부 감염

(a) 잠재적 병원균을 포함한 마른 점액
(b) 동물에서 사람으로 전이되는 특히 동물에 의해 생기는 질병
(c) 환자의 몸 밖의 미생물에 의해 생기는 발병
(d) 병원균에 의해 무생물에 생기는 오염
(e) 몸 안의 일반 생물군집에 기회성으로 생기는 것

26. 아래 집단 중에서 집단 면역이 된 집단은? 집단 면역이 무엇인가? 왜 중요한가? 집단 중 10%는 질병에 대해 면역화가 되는 것에 대해 걱정할 필요가 없는가? 나는 내 자식이 백신에 대해 거부 작용이 일어날지 걱정된다. 집단 면역을 기초로 나는 내 자식이 면역화 되는 것이 필요치 않다고 느낀다. 신문과 TV에서 홍역, 볼거리, 풍진의 백신에 대한 토론을 볼 때 나는 내 자식이 백신후에 거부 작용이 일어날지 걱정된다. 다른 백신을 맞은 아이들 때문에 나는 걱정할 필요가 없다. 이것에 대해 찬반 토론을 해봐라.

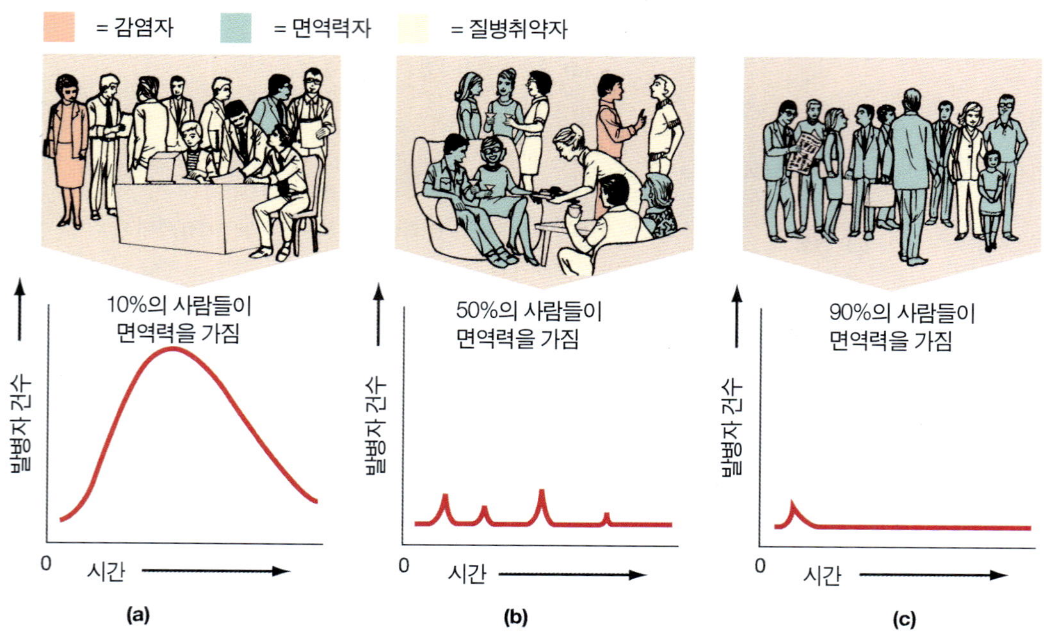

웹상에서 탐구 문제

http://www.wiley.com/college/black

당신이 이번 장을 숙지했다고 생각한다면 웹을 통해 더 많은 것에 도전을 해봐라. 이번 장의 개념과 아래 질문에 대한 답을 얻기 위해 동반 관계의 웹 주소로 가보아라.

1. 서혜 임파선종 플라크가 퍼졌고 많은 사람들을 빠른 시간 내에 죽이고 있다. 서혜 임파선종이 발생한지 5년 후에 2500만명이 죽었다. 이것은 유럽 인구의 3분의 1이다. 이탈리아의 작가 보카치오는 희생자들이 점심은 친구들과 먹고, 저녁은 조상들과 낙원에서 먹었다고 말했다. 웹에서 서혜 임파선종에 대해 더 많은 것을 찾아보아라.
2. 1918년에 전 지구적 유행성 독감은 1개월 동안 11,000의 사람을 죽게 했다. 웹을 통해 이 감염성 질병에 대해 더 공부해 보아라.

16 선천적 숙주 방어

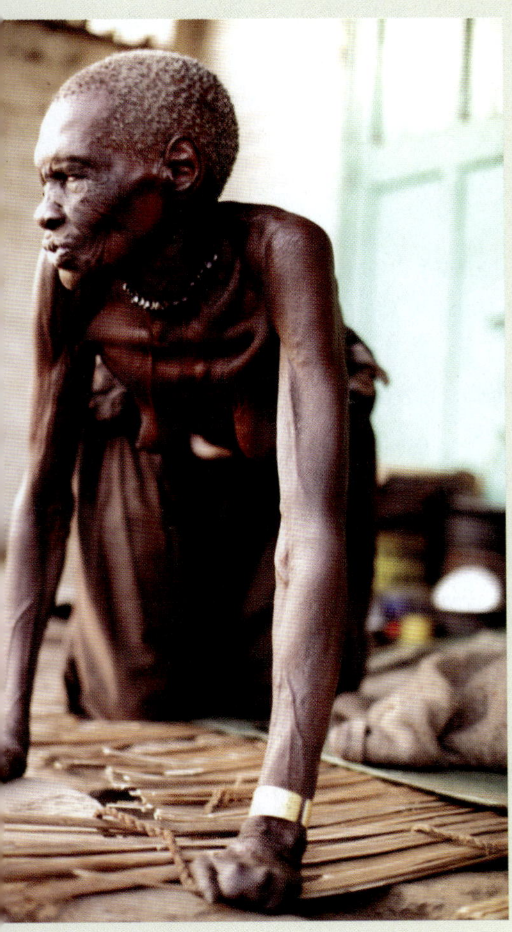

진행된 나병(한센병)으로 고통받는 환자의 모습

시작하며...

가끔은 당신에게 해로운 것들을 제거할 수 없을 때, 가장 좋은 방법은 차단벽을 만들어 분리하는 것이다. 하지만 만약 그 벽이 매우 두껍고 견고하거나, 너무 많은 벽들이 세워졌다면, 이때는 당신의 방어 기전이 자기 자신을 위험에 빠뜨리게 할 것이다. 다른 말로 하자면, 당신의 면역계가 당신을 보호하기 위해 취했던 행동들이 때로는 당신에게 해가 될 수 있음을 의미한다. 육아종은 이러한 면역반응 중 하나의 예이다.

육아종은 화학물질이나 미생물, 기생충, 심지어는 상처에 의해 손상된 조직과 같은 자극원 주변에 생긴 두꺼운 세포층을 말한다. 예를 들어, *Mycobacterium leprae*(나병균)은 매우 천천히 증식하기 때문에 대식세포에 의해 식균되기 어려운 경우와 같이, 자극원이 제거되지 않을 때 육아종이 형성된다. 강한 면역반응을 보이는 환자에서는 나병균 주변으로 육아종(현재 한센병이라 불림)이 형성되고, 이것은 점차 기형적인 혹이 될 것이다. 신경손상으로 인해 감각이 둔화되고, 인식하지 못하는 사이에 감염이 진행된다. 이와 동시에 뼈는 썩어 오그라들고 결국에는 감염된 손가락이나 발가락, 코, 다른 조직까지 잃게 된다.

지금부터 육아종의 여러 종류와 이들의 작용에 대하여 알아보자.

이 주제와 관련된 비디오는 WileyPLUS에서 볼 수 있습니다.

전염병이란 인체에 침입하여 피해를 입히는 감염원과 이러한 침입에 대항하고자 하는 우리 몸 사이의 힘겨루기로 볼 수 있다. 14장과 15장에서 감염원들이 어떻게 우리 몸에 들어와 피해를 주는지, 그리고 우리 몸에서 나와 집단으로 퍼져나가는 과정에 관하여 알아보았다. 다음 3장에서는 인체가 감염원의 침입에 저항하는 방법에 대하여 알아볼 것이다.

우선 적응방어와 선천적방어을 구별하면서 16장을 시작하려 한다. 최근까지 이들은 각각 **특이적(specific defense), 비특이적(nonspecific defense) 방어**라 불렀다. 하지만 비특이적인 방어에 대한 연구가 진행됨에 따라, 이들 역시 매우 특이적인 상호작용을 수반하지만, 활성화되기 위해서 사전노출이 필요없는 것으로 밝혀졌기 때문에 선천적면역(*innate defense*)이라는 용어가 사용되었다. 다음에서 우리는 감염원에 대항하여 인체를 보호하는 선천적 면역기전의 기능에 대하여 좀 더 자세하게 살펴볼 것이다.

선천적숙주방어와 적응숙주방어

잠재적인 병원균이 도처에 존재하는데, 왜 우리는 쉽게 병에 걸리거나 죽지 않을까? 그 이유는 우리의 인체가 수많은 유해생물체의 공격에 버틸 수 있는 방어체계를 가지고 있기 때문이다. 따라서 방어체계가 무너졌을 때에만 우리는 병원균에 쉽게 감염될 수 있다.

숙주 방어는 선천적 방어와 적응방어로 나뉜다. **적응방어(adaptive defense)**은 항원(*antigen*)이라 불리는 특정한 물질에 반응한다. 바이러스와 병원균은 내부나 표면에 항원으로 작용할 수 있는 분자를 가지고 있다. 이후, 적응방어는 항원에 반응하여 항체(*antibody*) 단백질을 생산한다. 인체는 수백만 종류의 서로 다른 항체를 만들 수 있으며, 이들 각각은 특정한 항원에 대해서만 작용한다. 적응방어는 또한 인체 면역계의 특수한 세포인 림프구(*lymphocyte*)의 활성화에도 관여한다. 이들 항체와 세포성 반응은 기억세포의 도움을 받아 동일한 병원균에 대하여 처음 침입 때 보다 이후의 침입에 대하여 더욱 효과적으로 작용한다. 17장에서는 면역계의 적응방어에 대하여 집중적으로 다룰 것이다.

개인의 건강이 위협받을 때마다 매번 적응면역이 요구되지 않는 이유는 우리의 인체가 어떤 종류의 감염원에 대해서도 작용하는 **선천적방어(innate defense)**에 의해 충분히 보호받고 있기 때문이다. 주로 선천적방어는 적응방어기전이 작동되기 전에 기능을 수행한다. 그러나 선천적방어체계는 적응방어체계를 활성화하기 위해서 필요하다. 선천적방어에는 다음과 같은 종류가 있다.

1. 물리적 방어(*physical barrier*), 피부나 점막 그리고 그들이 분비하는 화학물질
2. 화학적 방어(*chemical barrier*), 타액이나 점액, 위액과 같은 체액에 포함된 항균성 물질과 철 제한(iron limitation) 기전을 포함
3. 세포성 방어(*cellular defense*), 침입한 미생물들을 삼키는(식세포작용하는) 특정한 세포로 구성
4. 염증(*inflammation*), 감염부위의 조직이 빨개지고, 열이 발생함
5. 발열(fever), 감염원을 죽이거나 그들의 독소를 불활성화 시키기 위해 체온이 상승
6. 분자적 방어(*molecular defense*), 침투 세균을 파괴하거나 지연시키는 인터페론이나 보체

물리적 방어벽과 일부 화학적 방어벽은 병원균이 몸 안으로 침입하는 것을 막기 위해 작용한다. 다른 선천적방어(세포성 방어, 염증, 발열, 분자적 방어)들은 병원균을 파괴하거나 체내에 유입된 독소물질을 불활성화 시키고, 또한 병원균이 더 이상 다른 조직에 피해를 입히지 못하도록 막기도 한다.

하지만 선천적방어의 지나친 활성은 루푸스나 류마티스 관절염과 같은 자가면역질환이나 기타 다른 질병들을 일으킨다(◀17장). 또한 활성이 불충분할 경우 숙주는 죽음으로 이어질 수 있는 과도한 감염(패혈증)에 쉽게 노출된다. 따라서, 정교한 균형이 요구된다. 선천적방어는 병원균의 침입으로부터 우리 몸을 지키는 첫 번째 방어선 역할을 하며, 적응방어는 두 번째 방어선을 대표한다. 지금부터 각각의 선천적방어에 대하여 살펴보자. 적응방어는 17장에서 다룰 것이다.

적용

22개가 아니라 2개만 복용하시오.

당신은 아스피린이나 이부프로펜을 만성적으로 사용하는 사람들을 알고 있습니까? 오늘날, 대부분의 사람들은 이런 "무해한" 진통제들을 거리낌 없이 사용하고 있다. 하지만 이 작은 알약들이 치명적인 결과를 가져올 수도 있다. 문제는 아스피린이나 이부프로펜, 아세트아미노펜이 그렇게 특이적이지 않다는 것이다. 이들의 이로운 효과들은 염증이나 통증, 열을 촉진시키는 효소의 활동을 영구적으로 막는다는 점에 기인한다. 하지만, 불행하게도 이 의약품들은 위나 신장의 건강을 위해 필요한 관련 효소들의 작용을 더욱 효과적으로 영구저해 한다. 또한 아스피린은 체내의 산-염기 균형을 붕괴시켜 섭취한 양에 따라, 신체 조직(신장, 간, 뇌)을 영원히 멈추게 한다. 또한, 환자들에서는 발작이나 심장부정맥이 동반될 수도 있다.

물리적 방어벽

피부와 점막은 당신의 몸과 내부의 장기를 상처나 감염원으로부터 지켜준다. 이 2가지 물리적 방어벽은 인체의 표면을 따라 형성된 세포들로 구성되며, 병원균의 침입을 막거나 서식하지 못하도록 화학물질을 분비한다. 예를 들어,

천연 항생제인 human beta-defensin-2는 인체의 피부에 잠복하고 있다가 활성화되면 세균막에 구멍을 뚫어 병원균을 죽인다.

피부(skin)는 세균과 유독성 물질에 직접 노출되어 있을 뿐 아니라 피부에 닿아 찰과상을 입히거나, 벨 수 있는 물건들로 인하여 상처를 받기 쉽다. 햇빛과 열, 추위, 화학물질들도 피부에 손상을 줄 수 있다. 또한 절개와 찰과상, 곤충이나 동물에게 물림, 화상, 그리고 이외의 상처들은 피부에 틈을 만들어 감염되기 쉽도록 만든다.

피부와 달리, **점막(mucous membrane or mucosa)**은 외부에 노출된 체강 조직과 기관을 뒤덮고 있다. 그러므로 점막은 병원균이 우리 몸에 침입하기 어렵도록 만드는 또 다른 물리적 방어벽이다.

코와 호흡계의 털과 점막은 병원균의 침투를 막는 대표적인 물리적 방어벽이다. 그러나 기침이나 재채기와 같은 물리적인 반사행동 또한 침투를 막는다. 구토와 설사는 이와 비슷한 방식으로 해로운 세균과 이들의 화학물질들을 소화계로부터 배출한다. 눈물과 타액은 눈과 입으로부터 세균을 씻어낸다. 마찬가지로, 소변은 요로로 침투한 세균을 제거하는데 중요하다. 요로감염은 방광을 완전히 혹은 충분히 자주 비워내지 못한 사람들에게서 흔히 발병한다.

화학적 방어벽

우리 몸에는 세균의 성장을 제어하는 여러 가지 화학적 방어벽이 존재한다. 피부의 땀샘에서는 염분이 녹아있는 액체가 만들어진

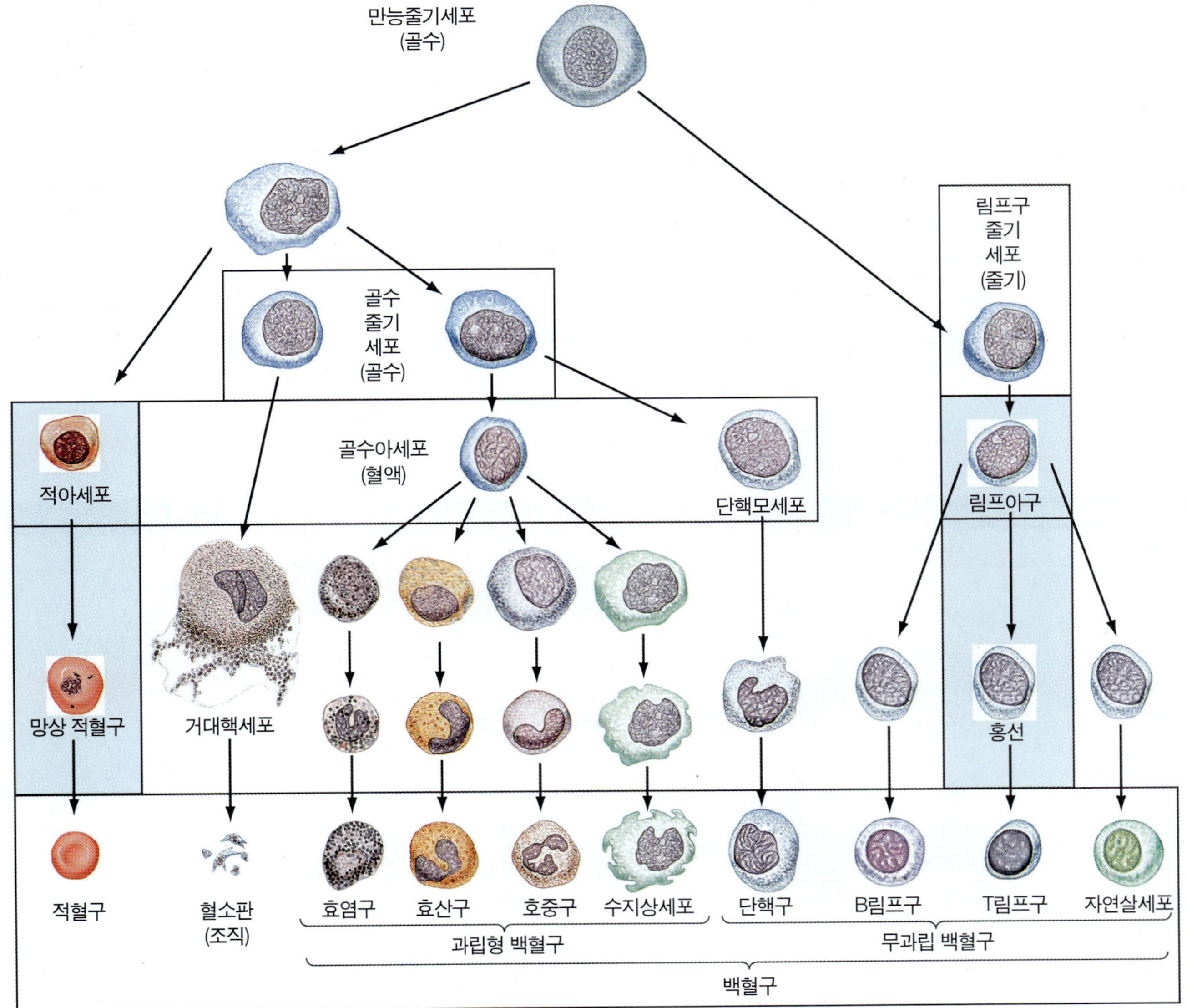

그림 16.1 혈액의 세포성(혈구)들. 이 혈구들은 골수에 있는 만능줄기세포(혈액세포를 계속 공급하는 세포)로부터 얻어진다. 골수줄기세포는 과립성백혈구와 무과립 백혈구로 알려진 여러 종류의 백혈구로 분화된다. 림프구줄기세포는 B 림프구(B 세포)와 T 림프구(T 세포), 자연살세포(NK 세포)로 분화된다.

다. 땀에 함유된 높은 염분은 다양한 세균의 성장을 억제한다. 땀과 피부의 피지선에서 만들어진 피지는 세균의 성장을 억제하는 산성 pH의 분비물을 만들어낸다. 위의 강산 pH는 장내 병원균의 대표적인 선천적방어이다. 눈물과 타액, 점액에 존재하는 리소자임은 펩티도글리칸의 당 사이에 형성된 공유결합을 끊는다. 이러한 이유 때문에 그람양성 세균은 특히 이 효소에 의해 쉽게 제거될 수 있다(◀19장 p. 577). 혈장에 존재하는 트랜스페린 단백질은 혈액 내에서 어떠한 철분과도 결합할 수 있다. 세균은 일부 효소의 보조인자로써 철분을 필요로 하기 때문에, 트랜스페린과 철분의 결합은 혈액 내에서 세균의 증식을 억제한다. 이와 유사한 락토페린 단백질은 침과 점액, 우유 등에 존재하며, 철분과 결합하여 세균 증식을 방해한다. 점액과 세포외액에 존재하는 작은 펩티드인 디펜신(*defensin*)은 병원균을 살상하기 위하여 세포막에 구멍을 내거나 다른 기전으로 성장을 억제하는 분자들 중 하나이다.

세포성 방어

비록 물리적 방어벽이 우리 몸 안으로 세균이 들어오지 못하도록 효과적으로 작용하더라도, 물리적 방어벽은 언제든지 작은 상처들을 입을 수 있다. 종이에 베거나, 건조한 피부가 갈라질 때, 심지어 양치질을 할 때에도 일시적으로 물리적 방어벽에 틈이 생기고, 이곳으로 일부 세균들은 혈액이나 결합조직으로 침투할 수 있다. 그러나 신체에는 침투한 세균을 직접 사멸시키고 혈액이나 조직에서 이들을 제거하는 세포성 방어가 항상 존재하기 때문에 매일 이와 같은 공격으로부터 벗어날 수 있다.

우리의 피부가 어떤 외상에 의해 상처를 입을 때, 주변의 미생물들이 상처부위를 통해 침입할 수 있다. 상처 바깥으로 흘러내리는 혈액은 세균을 제거하도록 도와준다. 곧이어 파열된 혈관의 수축과 혈액응고는 좀 더 확실한 회복이 시작될 때까지 상처부위를 밀봉하도록 도와준다. 그럼에도 불구하고, 세균이 피부의 상처나 점막의 찰과상을 통해 혈액으로 침투한다면, 세포성 방어기전이 작용하게 된다.

방어 세포

세포성 방어기전은 혈액과 체내의 여러 조직에 존재하는 특수목적의 세포들을 이용한다. 혈액은 수분으로 이루어진 60%의 **혈장(plasma)**과 40%의 **혈구(formed element)** (세포와 세포의 단편)로 구성된다. 혈구는 **적혈구(erythrocyte)**, **혈소판(platelet)**, **백혈구(leukocyte)**로 이루어져 있다(**그림 16.1**, **표 16.1**). 이들 모두는 골수에서 혈액세포를 계속 공급하는 세포인 만능줄기세포로부터 분화된다. 혈소판은 거대핵세포(*megakaryocyte*)라 불리는 거대세포의 단편으로써 수명이 짧고, 혈액응고기전의 중요한 구성요소이다.

백혈구는 적응숙주방어와 선천적숙주방어 모두에서 중요한 방어 세포이다. 백혈구는 세포의 특징과 특정염료에 의한 염색형태에 따라 과립성 백혈구와 무과립 백혈구로 나뉜다.

표 16.1

건강한 성인 혈액의 혈구들

구성성분	정상수치 (μl당*)	수명	기능
적혈구		120일	폐에서 조직으로 산소를 운반; 조직에서 폐로 이산화탄소 운반
성인 남성	4.6~6.2 백만 개		
성인 여성	4.2~5.4 백만 개		
신생아	5.0~5.1 백만 개		
백혈구	5,000~9,000	수시간~ 수일	
과립성 백혈구			
수지상 세포			식세포작용, 림프절에서 항원제시
호중구	전체 백혈구 중 50~70%		식세포작용, 포식된 세균을 제거하는 산화화학물질 함유
호산구	전체 백혈구 중 1~5%		기생충에 피해를 주는 방어적 화학물질을 분비; 식세포작용
호염구	전체 백혈구 중 0.1%		염증반응 동안 히스타민과 다른 화학물질을 분비; 알레르기 증상에 관여
무과립 백혈구			
단핵구	전체 백혈구 중 2~8%		조직에서, 식세포작용을 가지는 대식세포로 분화
림프구	전체 백혈구 중 20~50%	수일 ~ 수주	특이적인 숙주면역방어에 필수적; 항체생산
혈소판	250,000~300,000	5~9일	혈액응고

* 1 마이크로리터(μl) = 1 mm^3 = 1/1,000,000 리터

적용

가래(phlegm) 말고 또 없습니까?

당신이 지난번 감기에 걸렸을 때 뱉었던 두껍고 끈적이는 가래를 떠올려 보아라. 꽤 크게 느껴질 것이다. 심지어 그 가래속에 있는 수많은 미생물들을 생각한다면 더욱 크게 느껴지리라. 이러한 방어벽을 뚫고, 독감 병원균이 감염의 최초 장소인 당신의 기도에 침투하는 것이 가능할까? 하지만 불행하게도, 일부 미생물들은 이러한 점액장벽을 통과하여 감염하도록 진화하였다. 예를 들면, 인플루엔자 바이러스의 경우는 점액막에 잘 달라붙을 수 있는 표면분자를 가지기 때문에, 섬모가 부착된 바이러스를 쉽게 떼어내지 못한다. 또 다른 예로, 임질을 일으키는 병원균 역시 비뇨기 점막세포에 잘 부착할 수 있는 표면분자를 가진다. 이렇게 영리한 미생물들이 당신의 물리적 장벽들을 통과할 때 당신의 몸 또한 이러한 미생물들을 공격하기 위해 또 다른 방어체계를 대기시켜 놓는다는 점에 감사할 뿐이다.

과립구

과립구(granulocyte)는 과립세포질과 불규칙한 엽상의 핵을 가진다. 그들은 골수에 있는 골수줄기세포(*myeloid stem cell, meylos*는 그리스어로 골수를 의미함)에서 분화된다. 호염구와 비만세포, 호산구, 호중구들이 과립구에 포함되며, 이들은 세포핵의 모양이나 특정염료에 의한 염색을 통해서 구별된다. **호염구(basophil)**는 염증반응의 초기단계에서 도움을 주는 화학물질인 히스타민을 분비한다. 결합조직과 혈관을 따라 존재하는 **비만세포(mast cell)** 역시 히스타민을 분비하며, 알레르기 반응에 관여한다. **호산구(eosinophi)**는 알레르기 반응(18장)과 기생충 감염 시 많은 수가 존재한다. 또한 이 세포들은 외부 물질을 중화시키며 염증반응이 멈추도록 돕는다. **호중구(neutrophil)**는 다형핵 백혈구(*polymorphonuclear leukocyte, PMNL*)로도 불리며, 감염 시 혈액과 피부, 점막을 보호한다. 이들은 식세포작용을 하며 조직에 상처가 생긴 어느 부위에서나 빠르고 신속하게 반응한다. **수지상세포(dendritic cell)**는 신경세포의 수상돌기와 유사하게 연장된 긴 세포막을 가지기 때문에 그렇게 이름이 붙여졌다. 이들 역시 식세포작용을 하며, 17장에서 다룰 내용인 적응방어반응의 초기단계에 관여한다.

무과립 백혈구

무과립 백혈구(agranulocyte)는 과립세포질이 없고 **원형핵**을 가지며, 단핵구와 림프구가 여기에 속한다. **단핵구(monocyte)**는 골수 줄기세포로부터 분화되지만, **림프구(lymphocyte)**는 골수에 있는 림프성 줄기세포(*lymphoid stem cell*)로부터 유래된다. 림프구는 숙주의 적응면역을 담당한다. 이들은 혈액을 따라 순환하며 대부분 림프절과 비장, 흉선, 편도선에서 주로 발견된다. 호중구와 단핵구는 선천적숙주방어의 가장 중요한 요소이다. 이들은 식세포작용을 하는 식세포들이다.

당신의 몸 안에 림프구를 모두 합치면 대략 뇌나 간과 비슷한 양이 된다.

식세포

식세포(phagocyte)는 글자그대로 다른 물질을 먹거나 삼켜버리는 것을 의미한다(*phago*는 그리스어로 먹다, *cyte*는 세포를 의미함). 이들은 신체를 순찰하고 순환하면서, 세포가 죽거나 다른 것으로 대체될 때 제거되어야 하는 세포 잔해들을 제거한다. 식세포들은 또한 미생물의 침입에 대비하여 점막과 피부를 보호한다. 이들은 많은 조직에 존재하기 때문에, 피부나 점막의 상처와 같은 침투장소에서 미생물이나 외부물질들을 제일 먼저 공격한다. 만약 일부 미생물들이 침투장소의 식세포 공격을 피해 더 깊숙한 조직으로 들어간다면, 림프절이나 혈액을 따라 돌아다니는 식세포가 이들에게 2차 공격을 가한다.

호중구는 순환개체수가 일정하게 유지되도록 끊임없이 골수로부터 생성된다. 성인의 경우 약 500억 개의 호중구가 항시 순환하고 있다. 이들은 만약 감염이 일어나면, 감염부위로 재빨리 이동하기 때문에 가장 먼저 현장에 도달한다. 호중구는 왕성한 활동의 식세포들이기 때문에 세균과 작은 미립자의 활성을 제거하는 데 가장 효과적이다. 이들은 세포분열을 하지 않고 1~2일 후에 '세포예정사'에 의해 사라진다.

호중구는 골수에서 혈액으로 방출되어 7시간에서 10시간 동안 순환한 뒤, 조직으로 이동하여 3일 동안 머문다.

단핵구는 골수에서 혈액으로 이동한다. 이 세포들이 혈액에서 조직으로 옮겨가면서, 연속적인 세포 변화를 거쳐 대식세포로 성숙된다. **대식세포(macrophage)**는 "대식가"(*macro*는 그리스어로 '거대한'을 의미함)로서 미생물뿐만 아니라, 호중구가 미생물을 먹고 소화하고 남은 잔해와 같이 큰 물질들도 파괴한다. 비록 대식세포가 호중구보다 감염지역에 도착하는 시간은 오래 걸리지만, 더 많은 수가 도달한다.

대식세포는 부착하여 고정되거나 자유로이 움직일 수 있다. 고정대식세포(*fixed macrophage*)는 조직에서 이동하지 않고 머물며, 그들이 상주하는 조직에 따라 다른 이름으로 불린다(**표 16.2**). 유주대식

표 16.2

다양한 조직안에 존재하는 고정대식세포의 이름

대식세포의 이름	조 직
폐포대식세포 (alveolar macrophage) (먼지세포)	폐
조직구 (histiocye)	연결조직
쿠퍼세포 (Kupffer cell)	간
미세아교세포 (microglial cell)	신경조직
뼈파괴세포 (osteoclast)	뼈
동굴세포 (sinusoidal lining cell)	비장

그림 16.2 표면위로 움직이는 대식세포의 위색채 주사 전자 현미경 사진 (5,375배 확대). 대식세포는 정상적인 구형에서 넓게 퍼진 형태로, 이동하거나 입자를 포식하기 위해 돌출된 세포질을 사용한다. 대식세포는 폐 내부의 먼지나 꽃가루, 세균, 담배연기의 일부 성분물질들을 청소한다.

세포(*wandering macrophage* ◀4장)는 호중구처럼 혈액을 따라 순환하면서, 미생물이나 다른 외래 물질들이 있는 조직으로 이동한다(그림 16.2). 하지만, 호중구와 달리, 대식세포는 수개월에서 수년을 살 수 있다. 대식세포는 숙주방어에 있어서 비특이적인 역할을 수행하며, 17장에서 살펴볼 예정인 특이적 숙주방어에 있어서도 중요하다.

식세포작용의 과정

고정대식세포의 이름은 조직의 위치에 따라서 달라진다. 간에서는 쿠퍼세포, 결합조직에선 조직구, 폐에서는 폐포대식세포라 불린다.

식세포는 **식세포작용(phagocytosis)**이나 면역반응과 식세포작용을 조합하여 (◀4장) 침입한 미생물과 다른 외부 물질의 대부분을 소화하여 제거한다. 만약 감염이 발생하면, 호중구와 대식세포는 침입한 미생물들을 파괴하기 위하여 다음의 네 단계를 거친다. 식세포들은 미생물을 1)발견, 2)부착, 3)섭취, 4)소화한다.

주화성

조직 내의 대식세포는 우선 어떤 미생물이 침입하였는지 알아내야 한다. 이 과정은 펩티도글리칸이나 지질다당체, 편모단백질, 효모의 지모산(zymosan), 다른 병원 특이적 분자들과 같이 병원균에서만 나타나는 고유한 분자적 형태를 인식하는 대식세포의 수용체인 **toll 유사 수용체(toll-like receptor, TLR)**에 의해서 이루어진다. 대식세포와 수지상 세포는 그람 음성균과 그람 양성균을 구별할 수 있고, 세균과 바이러스 병원체를 구별할 수 있다. TLR은 병원균의 유형에 잘 대처하기위해 일련의 반응들을 작동시킨다. 인간에게서는 10개, 식물에서는 200종 이상의 TLR들이 발견되었다. 각각의 TLR 수용체는 특정 세균이나 바이러스, 균류의 생존에 반드시 필요한 구성 성분들을 인지하도록 설정되어 있다. 예를 들어, TLR 4는 그람 음성세균의 세포벽 구성 성분인 지질다당체(◀4장)를 인식하며, TLR 3과 7, 8은 바이러스의 핵산을, TLR 5는 세균 편모의 단백질을 인지한다. 이들은 초파리 안에서 적절하게 몸의 부분들을 지정해주는 *toll* 유전자와 유사하기 때문에 *toll* 유사수용체라고 명명되었다. *toll* 유전자에 결함을 가진 파리들은 뒤섞이거나 기묘한 형태의 몸 구조를 가진다. 독일어로 *toll*은 '기묘한' 을 의미한다. 감염원과 손상된 조직에서도 단핵구와 대식세포를 유도하는 특수한 화학물질들이 방출된다. 호염구와 비만세포는 히스타민을 방출하며, 감염부위에 이미 존재하던 대식세포들은 **사이토카인(cytokine)**이라 불리는 화학물질을 방출한다. 이 화학물질들은 종류가 다양하며 작은 용해성 단백질로서, 염증반응에 관련된 세포들의 활성화를 비롯하여 숙주방어에 중요한 역할을 한다. **케모카인(chemokine)**은 대식세포들을 감염부위에 추가적으로 유도하는 사이토카인의 한 종류이다. 대식세포는 화학자극원 쪽으로 세포를 이동시키는 주화성(chemotaxis)에 의해 이동한다(◀4장 p. 95). 사이토카인에 대해서는 17장에서 좀 더 심층적으로 다룰 것이다.

어떤 병원균들은 주화성을 방해하여 대식세포로부터 벗어날 수 있다. 예를 들어, 임질을 일으키는 대부분의 세균들 (*Neisseria gonorrhoeae*)이 비뇨기에 존재하지만, 일부 균주들은 국부적인 세포성 방어를 피하여 혈액 속으로 들어간다. 미생물학자들은 침입한 균주가 감염부위로 대식세포를 유도하는 화학자극원의 분비를 막는다고 믿고 있다.

부착과 섭취

주화성으로 인해 감염부위로 대식세포가 도달하면, 감염원은 대식세포의 원형질막에 부착된다. 미생물 표면의 특이적 분자에 대식세포의 세포막이 결합하는 것을 **부착(adherence)**이라 한다.

세균 또는 바이러스처럼 우리 몸이 침입자로 인식하는 복합 항원들은 대식세포에 잘 결합하는 경향이 있고 그 결과 쉽게 파괴된다.

병원균의 생존을 위한 필요조건은 식세포작용을 피하는 것이다. 병원균이 이 방어기전을 피하기 위해 사용되는 가장 보편화된 방편은 항포식 피막(*antiphagocytic capsule*)을 형성하는 것이다. 폐렴구균성 폐렴(*Streptococcus pneumoniae*)과 유아 수막염을 일으키는 미생물(*Haemophilus influenza*)의 피막은 대식세포의 부착을 어렵게 만든다. 류마티스열을 일으키는 세균(*Streptococcus pyogenes*)의 세포막에는 식세포의 부착을 방해하는 *M 단백질*을 포함하고 있다.

이러한 병원균의 저항성을 극복하기 위해, 숙주의 비특이적 방어는 병원균이 식세포작용에 좀 더 취약하도록 만든다. 만약 미생물들이 항체나 보체계(*complement system*, 16장 후반 참조)의 단백질로 먼저 뒤덮인다면 대식세포는 훨씬 빠른 시간 안에 세균과 결합할 수

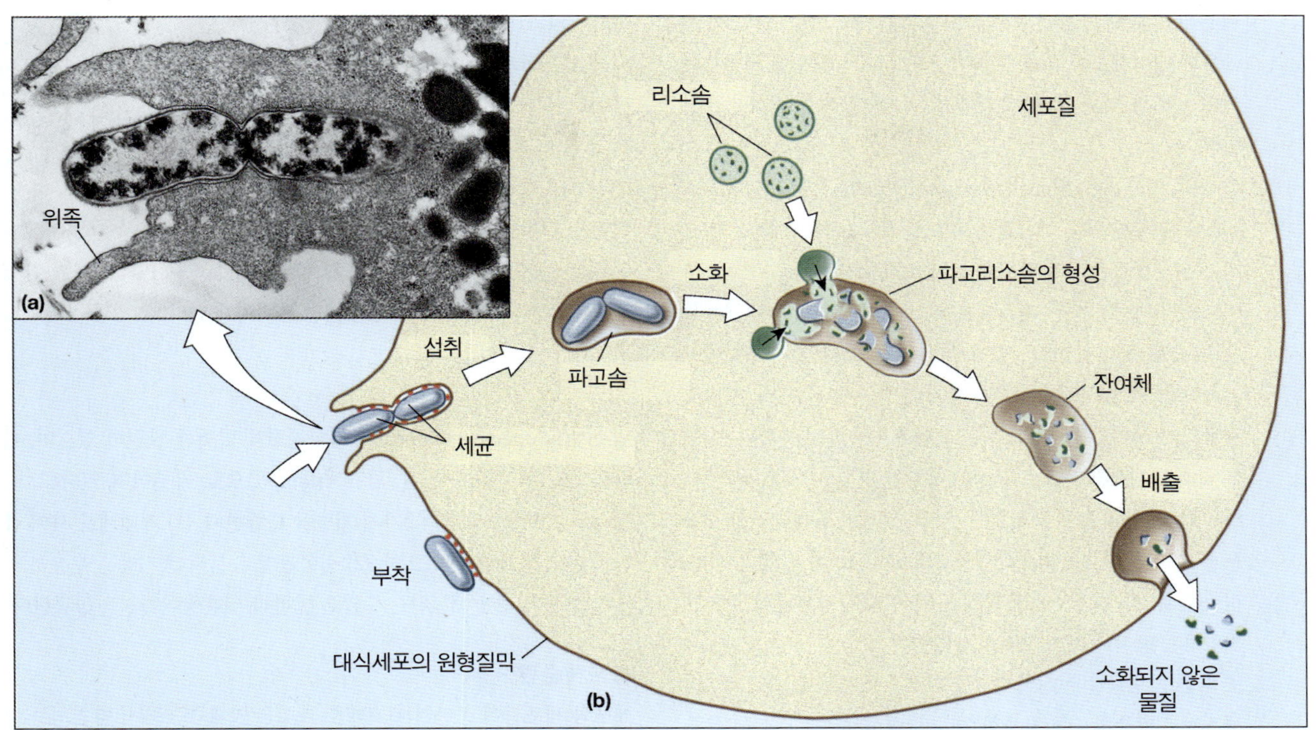

그림 16.3 호중구에 의한 2개의 박테리아 세균의 식세포작용. **(a)** 세포질의 연장인 위족이 세균을 둘러싸고 있다. 위족이 융합되어 세균을 포함하고 있는 세포질 내 공포인 파고솜을 형성한다. **(b)** 대식세포는 주화성에 이끌려 감염부위로 이동된다. 대식세포와 호중구를 포함하는 식세포들은 세균에 부착할 수 있는 단백질을 원형질막에 가지고 있다. 세균은 대식세포 세포질 안의 파고솜에 섭취되며, 파고솜은 리소솜과 결합하여 파고리소솜을 형성한다. 이후 세균은 소화되고, 소화되지 않은 잔여체들은 세포 밖으로 배출된다.

있다. 앞의 두 기전들은 분자적 방어를 대표하기 때문에, 이 장의 후반에서 내용을 다룰 것이다.

대식세포가 일단 미생물을 포획하면, 재빨리 삼켜서 섭취한다. 대식세포의 세포막은 미생물을 둘러싸는 위족(*pseudopodia*)이라 불리는 손가락 모양으로 연장된다**(그림 16.3a)**. 이후 위족은 미생물을 둘러싸고 있는 세포질 공포인 **파고솜(phagosome)**으로 융합된다**(그림 16.3b)**.

소화

대식세포는 다양한 기전으로 섭취한 미생물을 소화하고 파괴한다. 그 중 하나의 기전에서는 대식세포의 세포질에서 발견되는 리소솜(*lysosome*)을 이용한다(◀4장 p. 102). 이 세포 소기관은 소화효소와 디펜신(*defensin*)이라고 불리는 작은 단백질을 포함하며, 파고솜 막과 융합되어 **파고리소솜(phagolysosome)**을 형성한다(그림 16.3b). (리소솜 안에서 30개 이상의 항균 효소가 발견되었다.) 이 과정에서 소화효소와 디펜신이 파고리소솜 내부로 분비된다. 디펜신은 미생물의 세포막에 구멍을 만들어 리소솜 효소들이 자신과 결합하고 있는 대부분의 생물학적 분자들을 분해하도록 돕는다. 그러므로 리소솜 효소는 빠른 시간 내에 (20분 이내) 미생물을 파괴하고, 대식세포는 자신들의 물질대사와 에너지 대사에 필요한 성분들인 작은 분자들(아미노산, 다당, 지방산)로 분해한다.

또한 대식세포는 섭취한 미생물을 죽이기 위해 다른 대사산물을 이용하기도 한다. 이때 대식세포들은 과산화수소(H_2O_2), 일산화질소(NO), 과산화 이온(O_2^-), 차아염소산 이온(OCl^-)을 만들기 위하여 산소를 이용한다(차아염소산염은 항균작용을 하는 가정용 표백제의 구성성분이다.) 앞의 모든 분자들은 섭취된 병원균의 원형질막에 효과적으로 피해를 준다.

일단 미생물이 파괴되면, 소화되지 않는 물질들이 남게 되는데, 파고리소솜에 남겨진 이러한 물질들을 잔여체(*residual body*)라고 부른다. 대식세포는 잔여체를 원형질막 쪽으로 옮기고, 외부로 배출한다(그림 16.3b).

일부 미생물들이 주화성을 방해하거나 부착을 회피하는 것과 마찬가지로, 어떤 미생물들에서는 파고리소솜 내부에서 사멸되는 것을 저해하는 기전이 발달하였다. 실제로, 몇몇 병원균들은 식세포 안에서 증식하기까지 한다. 미생물들은 다음의 3가지 방식으로 대식세포에 의한 소화에 저항한다.

1. 페스트를 일으키는 *Yersinia pestis*와 같이 일부 세균들은 대식

세포에 의해 쉽게 파괴되지 않는 피막을 생산한다. 만약 이 세균들이 대식세포에 의해 포획되더라도 피막 때문에 리소솜에 의해 분해가 되지 않고, 심지어 대식세포 안에서 증식할 수도 있다.

2. 한센병, 즉 나병 (*Mycobacterium leprae*), 결핵 (*M. tuberculosis*)을 일으키는 세균들과 편모증 (*Leishmania* 종)을 일으키는 원생동물은 대식세포에 의한 소화에 저항할 수 있다. 마이코박테리아의 경우, 대식세포에 의해 삼켜진 각각의 균체들은 막으로 둘러싸이고, 액체로 채워진 소체인 기생충공포(*parasitophorous vacuole*, PV)에 자리 잡는다. PV는 리소솜과 결합되지 않기 때문에, 리소솜 효소가 작용하지 못한다. 이들은 왁스 D와 미콜산으로 구성된 복잡한 항산 세포막(◀4장 p. 88) 때문에 리소솜에 저항할 수 있다. 세균이 증식하면서 새로운 PV가 형성된다. 리슈만편모충(leishmania) 감염의 경우, 리소솜 효소들은 PV에서 활성을 가지지만, 병원균이 소화에 저항하는 방식은 아직 알려지지 않았다.
3. 또 다른 미생물들은 대식세포의 리소솜 효소들을 대식세포의 세포질로 방출하도록 유도함으로써, 대식세포를 죽이는 독소를 생산한다. 이러한 독소의 예로써, 포도상구균에서 분비되는 **백혈구독소(leukocidin)**와 연쇄구균에서 분비되는 **용혈소(streptolysin)**가 있다.

따라서, 일부 병원균들은 식세포작용에서 살아남아 그들을 파괴하려 했던 식세포 안에서 몸 전체로 퍼질 수 있다. 대식세포는 수개월 동안 살 수 있기 때문에, 병원균들이 숙주의 다른 방어기제를 벗어날 때까지 오랜 기간 동안 안식처를 제공하게 된다.

세포외살상

앞서 설명한 식세포작용은 미생물이 방어 세포 안에서 분해되는 세포내 살상을 나타낸다. 그러나 바이러스나 기생충과 같은 미생물들은 방어 세포에 의해 섭취되지 않고 파괴된다. 즉, 그들은 방어 세포에 의해 분비된 물질에 의해 세포 밖에서 파괴된다.

호중구와 대식세포는 연충과 같은 큰 기생충을 포식하기에는 크기가 작다. 따라서 또 다른 백혈구인 호산구가 몸의 방어체계에서 선도적인 역할을 수행한다. 호산구는 식세포작용을 할 수는 있지만, 그들은 기생충의 몸에 손상을 입히거나 구멍을 뚫는 주기저단백질(*major basic protein*, MBP)과 같은 독성효소들을 분비하는데 더 적합하다. 일단 기생충이 파괴되면, 대식세포들이 기생충의 파편들을 섭취한다.

바이러스들은 증식하기 위해서 세포 내부로 침투해야 한다(◀1장, p. 5). 그러므로 숙주방어는 감염원이 침투한 세포 안에서 증식하기 전에 작동되어야 한다. 세포안의 바이러스 제거는 **자연살세포(natural killer (NK) cell)**가 담당한다. NK 세포는 인터페론과 사이토카인의 노출에 의해 활성이 크게 증가되는 림프구의 한 유형이다. NK 세포가 바이러스를 인지하는 정확한 기전은 알려져 있지 않지만, 아마도 바이러스에 감염된 세포의 표면에 나타나는 특정 당단백질을 인지할 것으로 예상된다. 이러한 종류의 인식방법은 식세포작용을 유도하기 보다는 NK 세포가 감염된 세포까지 죽이도록 독성단백질을 분비하게 한다.

인간의 세디아크-히가시 증후군(Chediak-Higashi syndrome)은 자연살세포의 결핍과 림프종의 발생증가와 연관되어 있다.

림프계

림프계(lymphatic system)는 심혈관계와 밀접한 관련이 있으며, 혈관과 절, 기타 림프 조직, 림프액(*lymph*)으로 이루어져 있다(**그림 16.4**). 림프계는 다음의 3가지 기능을 수행한다. (1) 체내세포 사이 공간으로 넘친 체액을 모으며, (2) 심혈관계로 분해된 지방을 수송하고, (3) 감염과 질병에 대항하는 수많은 선천적, 적응방어기전을 공급한다.

림프계순환

세포와 세포사이 공간의 체액배출 과정은 인체 곳곳에서 발견되는 림프모세관에서 시작된다. 모세 혈관보다 지름이 조금 큰 이 림프모세관들은 혈액에서 세포 사이 공간으로 새어나온 과잉의 체액과 혈장단백질을 모은다. 림프모세관에 존재하는 이러한 액체를 **림프(lymph)**라고 부른다. 림프모세관들은 보다 큰 **림프관(lymph vessel)**으로 합쳐진다. 액체가 관을 따라 이동하면서 **림프절(lymph node)**을 지나게 된다. 최종적으로 림프는 우측과 좌측의 쇄골하 정맥으로 액체를 배출하는 우측과 좌측의 림프관(*right and left lymphatic ducts*)을 거쳐서 정맥혈로 돌아오게 된다. 림프액을 이동시키거나 퍼 올리는 기전은 알려지지 않았다. 따라서 림프의 흐름은 혈관을 압박하여 림프관으로 림프를 모으는 골격근의 수축에 좌우된다. 림프계 도처에, 림프의 역행을 방지하기 위한 한쪽 방향의 판막들이 존재한다.

림프 기관

림프계의 특정 기관들은 감염원과 암에 대항하는 신체 방어력에 있어서 중요하다. 이 기관들에는 림프절과 흉선, 비장이 포함된다. 모든 림프 기관이 수많은 림프구를 내포하고 있지만, 이 세포들은 골수에서 유래하여 혈액과 림프로 방출된다. 이들은 수주에서 수년 동안 생존하면서 여러 림프 기관으로 분산되거나 혈액과 림프에 남는다. 인체에서 가장 많은 림프구는 B 림프구(*B lymphocyte*) (B 세포)와 T 림프구(*T lymphocyte*) (T 세포)이다. B 세포는 골수에서 스스로 분화하여 림프절과 비장으로 이동한다. 골수에서 나온 미성숙 T 세포는 흉선으로 이동하여 성숙되고, 그 후 림프절과 비장으로 이동한다. 더 자세한 내용은 17장에서 다룰 것이다.

림프액은 림프관을 따라 간격을 두고 인체 곳곳에 분포된 림프

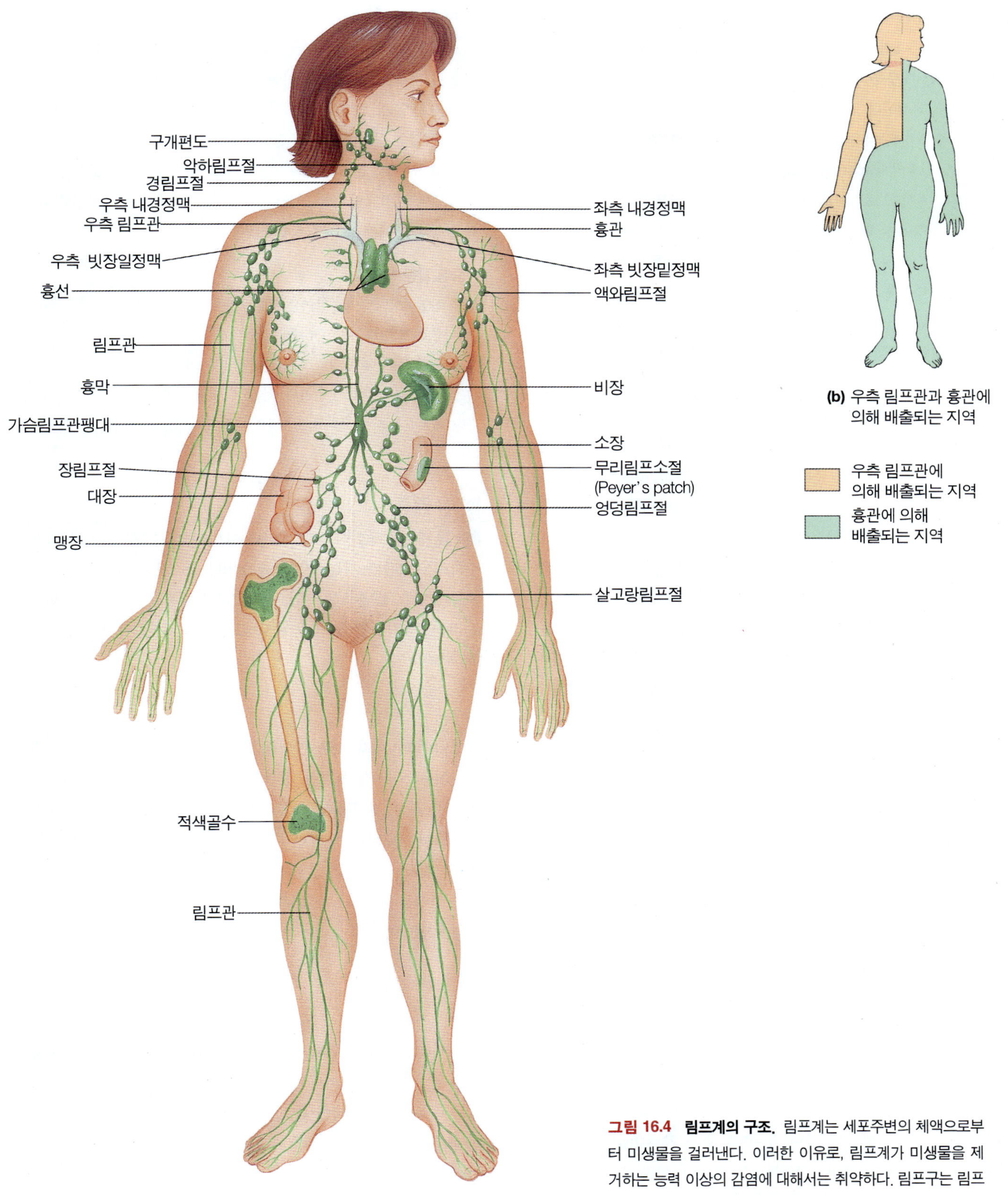

(a) 림프계의 주요 구성요소에 대한 전면도

(b) 우측 림프관과 흉관에 의해 배출되는 지역

그림 16.4 림프계의 구조. 림프계는 세포주변의 체액으로부터 미생물을 걸러낸다. 이러한 이유로, 림프계가 미생물을 제거하는 능력 이상의 감염에 대해서는 취약하다. 림프구는 림프계에서 주로 발견되는 방어 세포들이다.

절을 통과하여 이동한다. 이들은 흉부와 목, 겨드랑이, 사타구니에 가장 많이 존재한다. 림프절은 림프에서 이물질을 걸러낸다. 림프절을 통과하는 대부분의 이물질들은 그곳에 존재하던 방어 세포에 의해 걸러지고, 제거된다.

림프절은 작은 그룹들로 만들어지며, 각각의 그룹은 결합조직 섬유망인 **피막(capsule)**으로 덮여있다(**그림 16.5**). 림프는 림프절을 따라 한 방향으로만 이동한다. 림프는 먼저 림프절의 외부 피질에 있는 넓은 통로를 따라 식세포들이 자리 잡고 있는 **부비강(sinus)**으로 들어온다. *외부 피질(outer cortex)*에는 거대한 B 림프구의 집합체가 위치한다. 이후 림프는 T 림프구가 존재하는 *결피질(deep cortex)*을 통과한다. 림프는 B 림프구와 대식세포, 혈장세포들이 있는 림프절의 안쪽 부위인 *수질(medulla)*을 지나간다. 최종적으로, 림프는 수질에서 부비강을 거쳐 림프절을 떠난다.

감염 시, 림프의 여과 과정은 중요하다. 예를 들어 세균감염이 일어났을 때, 감염부위에서 제거되지 않은 세균들은 림프액을 따라 림프절로 옮겨지고, 이곳을 통과하면서 대다수의 세균들은 제거된다. 림프절에 위치한 식세포들 중에서 특히 수지상 세포들과 대식세포들은 세균을 붙잡아 식세포작용을 하며, 적응면역반응을 개시한다(17장 참고).

흉선(thymus gland)은 흉골(가슴뼈) 아래 위치한 다엽성의 림프 기관이다(그림 16.4). 흉선은 태어날 때부터 존재하여 사춘기까지 자라고 이후 위축(수축)되기 시작해 성인이 되면 대부분이 지방이나 결합조직으로 대체된다. 출생 시점부터 흉선은 림프구를 만들기 시작하고 이들은 T 세포로써 혈액으로 방출된다. T 세포는 면역계에 있어서 B 세포를 항체생산 세포로 분화하도록 조절하고, 일부 T 세포군은 직접 바이러스에 감염된 세포를 죽이는 등 다양한 역할을 수행한다.

비장(spleen)은 복강의 좌측 상부 사분면에 위치하며, 가장 큰 림프 기관이다(그림 16.4). 비장은 해부학적으로 림프절과 유사하다. 이것은 피막으로 덮인 엽상형으로 혈액과 림프관으로 가득 차 있다. 비장의 동양혈관들은 비록 여과 기능은 없지만, 수명이 다한 적혈구와 미생물을 섭취하여 분해하는 다수의 식세포들을 포함하고 있다. 또한 B 세포와 T 세포도 여기에 위치하고 있다.

기타 림프 조직

이전에 소장의 회장에서 발견되는 림프 덩어리를 언급한 적이 있다. 파이어 판(Peyer' s patch)이라고 불리는 **림프 결절(lymphoid nodule)**은 막으로 둘러싸여 있지 않으며, 림프구로 가득 찬 부위를 말한다. 총칭하여 림프 결절 조직은 점막 병원체에 대항하는 항체 생산의 가장 중요한 영역이며, **장-연관 림프 조직(gut-associated lymphatic tissue, GALT)**이라고도 불린다. 이와 유사한 결절들을 호흡기관계나 요로, 맹장에서도 발견할 수 있다.

편도선(tonsil)은 또 하나의 림프구 집합장소이다. 이 조직들은 감염과의 싸움에는 필요하지 않지만, B 세포와 T 세포가 포함되어 있기 때문에 면역 방어에 기여한다.

림프 조직에는 미생물을 포식하는 세포들이 포함되어 있더라도, 그들이 제거할 수 있는 양 이상으로 병원균에 노출되면, 오히려 림프 조직은 감염 장소가 될 수 있다. 따라서 부어오른 림프절이나 편도염은 많은 감염 질병에 있어서 일반적인 징후를 나타낸다.

요약하면, 림프 조직은 미생물과 기타 외부물질을 식세포작용함으로써 선천적방어에 일조한다. 또한 17장에서 논의될 B와 T세포의 활동을 통해서 적응면역에 기여한다.

✓중점 질문 사항

1. 선천적방어와 적응방어는 어떻게 다른지 설명하시오.
2. 선천적방어의 6가지 범주를 열거하시오.
3. 식세포작용의 과정을 열거하여 설명하시오.
4. NK 세포는 무엇이며 어떤 기능을 수행하는지 설명하시오.
5. 림프계의 구성과 그들의 기능에 대하여 설명하시오.

염증

예전에 당신이 칼에 베었던 때가 기억납니까? 상처가 그리 심각하지 않았다면, 피는 곧 멈췄을 것이다. 당신은 상처부위를 씻고, 붕대를 감았을 것이다. 몇 시간 지나지 않아 상처의 주변 부위가 따뜻해지고, 빨개지면서 붓고 통증도 있었을 것이다. 이것이 염증반응(*inflamed*)이다.

염증의 특징

염증(inflammation)은 미생물 감염 시 조직손상에 대한 신체방어 반응이다. 또한 상해(자상, 찰과상), 열과 전기(화상), 자외선(햇볕으로 인한 화상), 화학물질(페놀과 산, 알칼리)과 알레르기에 대해서도 반응하여 나타난다. 하지만 다양한 염증의 원인이 무엇이든지간에, (1) 열-온도의 상승, (2) 발적-빨개짐, (3) 종양-부어오름, (4) 통증-감염이나 상처부위의 고통과 같은 기본적인 징후나 증상을 보인다. 염증 과정에서는 어떤 일이 일어나고, 왜 일어나는가?

급성 염증 과정

염증을 지속기간으로 구분하면 급성 (단기간)과 만성 (장기간) 2가지가 있다. **급성 염증(acute inflammation)**에서 미생물 (또는 염증의 다른 원인)과 숙주사이의 싸움은 일반적으로 숙주의 승리로 끝난다. 감염 시, 급성 염증의 기능은 (1) 침입한 미생물을 죽이고, (2) 조직의 잔해들을 깨끗이 치우고, (3) 상처 조직을 치유하는 것이다. 급성염증 반응을 더 자세히 살펴보자. **그림 16.6**은 앞으로 설명하게 될 단계들을 보여주고 있다.

식세포들은 염증부위로 모여들어 세균을 포식하기 시작하고, 인근의 건강한 세포에도 피해를 줄 수도 있는 분해효소들을 분비한다.

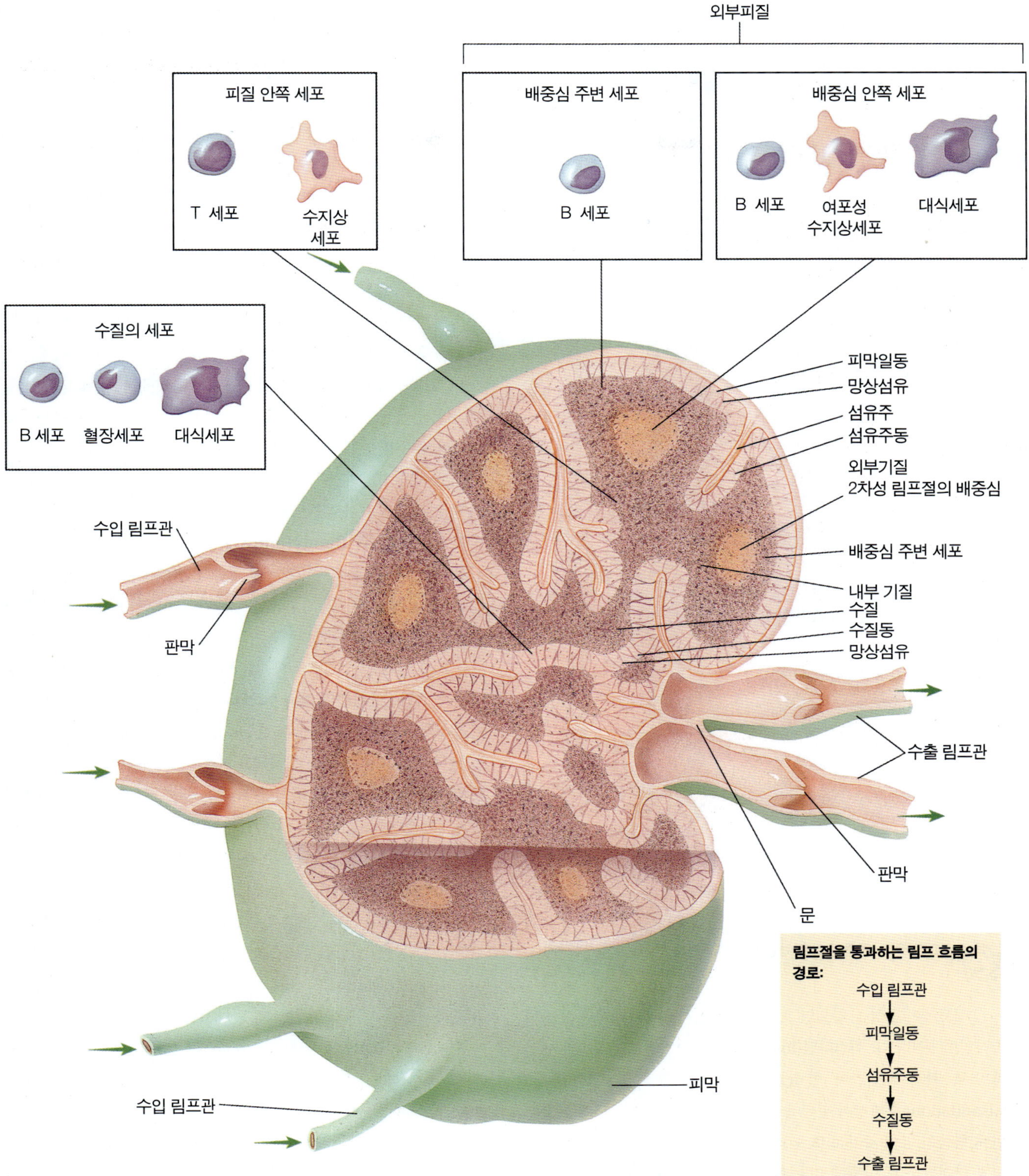

그림 16.5 림프절의 구조. 림프절은 미생물의 제거의 중심이다. 이 조직들은 식세포들과 림프구를 포함하고 있다. 팽창된 림프절은 일반적으로 심각한 감염의 지표가 된다.

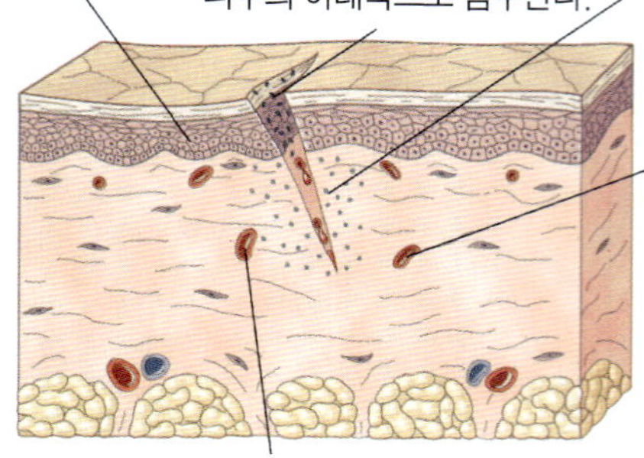

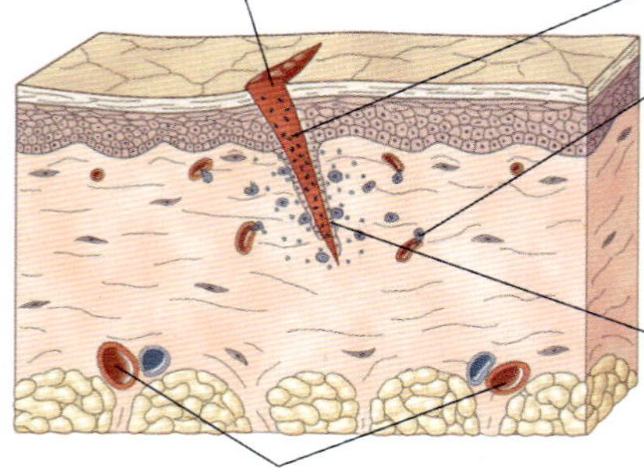

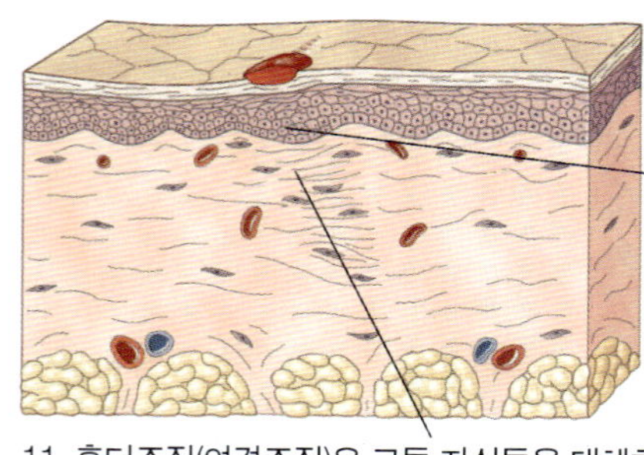

그림 16.6 **염증과 이후 치유과정의 각 단계.**

세포들이 손상을 입으면 호염구와 비만세포에서 화학물질인 히스타민이 분비된다. **히스타민(histamine)**이 근처의 모세혈관과 세정맥으로 확산되면, 이 혈관들의 벽이 확장되고**(혈관확장, vasodilation)** 투과성이 훨씬 좋아진다. 혈관확장으로 인하여 상처부위에 혈액의 양이 증가하고, 이로 인하여 상처부위의 피부가 빨갛게 되고 만져봤을 때 따뜻해진다. 혈관벽은 더욱 투과성이 좋아지기 때문에 체액이 혈관에서 유출되어 손상된 세포 주변으로 축적되고, **부종(edema)**(부어오름)이 생긴다. 혈액은 응혈인자와 영양분, 기타 다른 물질들을 손상된 지역으로 수송하고 노폐물과 과잉의 체액들을 제거한다. 또한 대식세포도 모여들어, 사이토카인을 분비한다. 일부 사이토카인은 케모카인으로써 다른 식세포들을 유인하고, 또 다른 사이토카인인 종양 괴사 인자 알파(*tumor necrosis factor alpha*, TNF-a)는 혈관확장과 부종을 더욱 유도한다.

모든 종류의 조직 상해(화상, 자상, 감염, 곤충에 물림, 알레르기)는 히스타민 분비의 원인이 된다. 히스타민은 혈관에 작용하는 것 이외에도, 고초열 발병 시 눈이 충혈 되고, 눈물을 흘리거나 코감기를 유발하기도 하고, 일부 알레르기에서는 호흡곤란을 유발한다. **항히스타민(antihistamine)** 약제들은 분비된 히스타민이 표적장기의 수용체에 결합하는 것을 저해함으로써 이러한 증상을 완화시켜준다.

상해 조직으로 이동된 체액은 혈액 응고 기전에 필요한 화학물질들을 운반한다. 만약 상처에서 피가 난다면 피브린과 같은 응혈인자와 혈소판들이 손상된 혈관에 응고혈액을 만들어 피를 멈추게 할 것이다. 혈액응고는 상처부위에서 일어나므로 손상된 세포 주변으로 체액의 유동을 크게 감소시키고 상처부위를 신체와 격리시킨다. 조직상해로 인한 통증은 상처 부위로 분비되는 작은 펩티드인 **브라디키닌(bradykinin)**에 기인한다고 생각된다. 브라디키닌이 피부의 통점 수용체를 자극하는 과정은 알려져 있지 않지만, 세포내 조절자인 **프로스타글란딘(prostaglandin)**이 브라디키닌의 효과를 강화시키는 것으로 보인다.

아스피린은 프로스타글란딘의 합성을 저해함으로써 고통을 경감시켜준다.

또한, 염증이 생긴 조직에서는 혈액 내에 많은 양의 백혈구가 증가되는 **백혈구증가증(leukocytosis)**이 촉진된다. 이를 위하여, 손상된 세포들은 더 많은 백혈구의 생산과 침윤을 증강시키는 사이토카인을 분비한다. 염증 반응이 시작되고 한 시간 이내에 식세포들은 감염과 상처부위로 이동하기 시작한다. 예를 들면 중성구들은 혈관벽의 내피세포들 사이로 비집고 들어가 혈액 밖으로 빠져 나온다. 이러한 과정을 **혈구누출(diapedesis)**이라 하고, 상처 주변조직의 체액으로 중성구들이 모이게 된다.

앞서 살펴본 바와 같이, 식세포들이 감염부위에 도달하면 식세포작용에 의해서 침입한 미생물을 에워싸려고 시도한다. 이 과정에서 많은 식세포들은 스스로 사멸한다. 죽은 식세포들과 손상된 세포, 섭취된 미생물의 잔해, 다른 조직의 잔여물들이 축적되면 하얗고 노란 액체인 **고름(pus)**이 형성된다. *Streptococcus pyogenes*와 같은 많은 세균들에서 식세포를 파괴하는 백혈구독소가 만들어지기 때문에 고름이 형성된다. 바이러스들은 이러한 활성이 없기 때문에 고름을 형성하지 않는다. 고름은 감염이나 조직상해가 제어될 때 까지 지속적으로 형성된다. 조직 손상의 움푹 꺼진 부분에 축적된 고름을 **농양(abscess)**이라고 부른다. 종기와 여드름은 일반적인 농양의 예이다.

일반적으로 염증과정은 몸에 이롭지만, 가끔 해가 될 수도 있다. 예를 들면 염증은 뇌와 척수 주변의 막(뇌막)이 붓는(부종) 원인이 되고, 이것은 뇌의 손상으로 이어진다. 부기는 식세포들을 상해조직으로 운반하며, 만약 이것이 폐의 기도를 조이게 되면, 호흡에 방해가 될 수도 있다. 또한 혈관확장은 손상된 조직 안으로 더 많은 산소와 영양분을 전달한다. 평소에는 이것이 병원균보다는 숙주세포에 더 이롭지만, 가끔 병원균들도 잘 자라게 도와줄 수 있다. 또 다른 예로, 급속한 혈액응고와 상처부위의 격리는 병원균이 퍼져나가는 것을 막아 주지만, 이것은 또한 자연적인 방어 및 항생제가 병원균에 도달하는 것도 저지한다. 종기는 먼저 절개한 뒤, 치료약을 발라야 한다. 또한, 염증과정을 억제하려는 시도가 해로울 수도 있으며, 이 경우 자연방어가 세균을 제거할 수 있을 때에도 종기가 형성될 수 있다.

요약하자면, 세포성 방어기전은 항상 감염이 퍼지고 악화되는 것을 막아준다. 하지만, 가끔 세포성 선천적방어기전은 단순히 세균의 수에 의해 제압되거나 세균이 가지는 독성 인자에 의해 억제되고, 병원균들은 신체의 다른 부분으로 침투한다. 세균감염에 있어서 항생제를 이용한 의료처치는 손상된 조직에서 미생물의 성장을 저해하고 감염확산의 가능성을 줄여준다. 하지만 이러한 조치에도 불구하고, 감염은 확산될 수 있다. 17장에서는 숙주의 적응면역방어의 주체로서 초기감염을 극복하고 동일 세균의 재감염을 예방하는데 도움을 주는 다양한 림프구들의 작용기전에 대하여 알아볼 것이다.

회복과 재생

염증반응이 진행되는 동안에도 치유는 계속되고 있다. 염증작용이 진정되고 대부분의 잔해들이 깨끗이 제거되면, 치유과정은 가속화된다. 모세혈관은 혈전으로 퍼지고, 결합조직세포인 **섬유세포(fibroblast)**는 혈전을 녹이면서 손상된 조직을 대체한다. 상처부위에는 부서지기 쉽고 거칠며 붉은 **육아조직(granulation tissue)**이 형성된다. 육아조직에 섬유세포와 섬유질이 축적되고, 재생되지 않는 신경조직과 근육조직으로 바뀐다. 손상된 피부는 새롭게 형성된 표피로 대체된다. 상피세포로 이루어져있는 소화관이나 다른 장기들에서도 손상된 내벽은 비슷하게 대체된다. 반흔 조직은 이전의 조직만큼 탄력이 있지 않지만, 기존의 조직들이 정상 기증을 할 수 있도록 단단하면서 내구성 있는 부위를 형성한다.

치유과정은 여러 가지 인자들에 의해 영향을 받는다. 젊은 사람의 조직은 나이 든 사람의 조직보다 더 빨리 치유된다. 그 이유는 젊은 사람의 세포는 훨씬 빨리 분열하고, 이들의 신체가 좋은 영양 상태에 있으며, 혈액 순환이 더 원활하기 때문이다. 혈액이 치유과정에 여러 가지 역할을 한다고 가정하면, 원활한 혈액순환이 대단히 중요하게 된다. 몇몇 비타민들도 치유과정에 역시 중요하다. 비타민 A는 상피세포의 증식에 필수적이며, 비타민 C는 결합조직의 콜라겐과 다른 구성성분을 생산하는데 없어서는 안 된다. 비타민 K는 혈액 응고에 필요하며, 비타민 E는 치유를 촉진시키고 형성된 반흔조직들의 양을 줄여준다.

만성 염증

때로는 급성 염증이 **만성 염증(chronic inflammation)**으로 진행되기도 하며, 이때에는 염증 유발원과 숙주가 승자 없는 싸움을 계속하게 된다. 혹은 염증을 유발하는 물질들은 지속적으로 조직에 상해를 입히고, 식세포들과 다른 숙주방어들은 이들을 파괴하거나, 적어도 염증의 부위를 한정시키려고 한다. 이 과정에서 고름이 계속 형성될 수 있다. 이러한 만성 염증은 수년간 지속될 수도 있다.

염증의 원인이 제거되지 않았기 때문에, 숙주 방어는 유발원을 제한하여 더 이상 주변 조직으로 퍼지지 못하게 한다. 예를 들어, **육아종성 염증(granulomatous inflammation)**들은 육아종이 된다. **육아종(granuloma)**은 염증유발원을 둘러싸 격리시키는 주머니 모양의 조직이다. 육아종의 중심부에는 상피세포와 대식세포가 위치하고 있으며, 이 대식세포들은 거대한 다핵형 세포로 융합될 수 있다. 염증원 격리에 도움을 주는 콜라겐 섬유와 림프구가 중심부를 둘러싼다. 때로는 특정 질병과 연관된 육아종들은 고무종(*gummas*, 매독; ◀그림 20.14 p. 622), 나종(*lepromas*, 한센병, ◀그림 24.5 p. 762), 결핵 결절(tubercles, 결핵; ◀그림 21.13 p. 656)과 같이 특별한 이름으로 불린다.

결핵 결절은 대개 육아종의 중심지역에 괴저성(죽은) 조직을 가진다. 괴저 조직이 존재하는 한 염증반응은 계속 된다. 만약 괴저 조직이 적은 양으로 존재한다면, 이 병소부위는 칼슘이 침전되면서 딱딱해질 수 있다. 석회화된 병소지역은 결핵환자들에게서 일반적으로 나타난다. 코티손과 같은 항염증 약물이 주입되면, 결핵 결절에 의해 격리되었다가 풀려난 장기들에서 결핵의 징후나 증상이 다시 재발될 수 있다(2차 결핵).

발열

감염되거나 손상된 조직에서 온도가 증가하는 것은 국부적인 염증 반응의 한 증상이다. **발열(fever)**은 전신 체온의 증가를 의미하며, 종종 염증을 동반한다. 발열은 1968년에 처음 연구되었으며, 독일인 의사인 칼 분더리히(Carl Wunderlich)가 체온을 측정방법을 고안하였다. 그는 환자의 겨드랑이에 1피트짜리 온도계를 껴둔 채 30분 동안 놔두었다! 이 불편한 측정법을 이용하여 그는 열이 나는(*febrile*) 동안 인간의 체온을 기록할 수 있었다.

일반적인 체온은 약 37℃(98.6°F)이며, 개인마다 36.1℃~37.5℃(97°F~99.5°F) 사이의 정상온도에서 편차가 심하게 나타나지 않는다. 임상적으로 발열이란, 경구는 37.8℃(100.5°F) 이상, 직장은 38.4℃(101.5°F) 이상의 온도로 정의된다. 감염질환 시 발열이 40℃(104.5°F)를 초과하는 경우는 드물다. 만약 체온이 43℃(109.4°F)에 도달하면, 보통 사망한다.

적용

할머니, 땀을 흘리세요

당신이 열이 나서 침대에 누워있을 때, 발열이라는 것이 아플 때 나타나는 성가신 부작용만은 아니라는 사실을 믿기 힘들 것이다. 실제로 발열은 감염을 퇴치하는데 중요하다. 그러나 나이가 많은 사람들은 열을 내는 것이 어렵기 때문에, 할머니와 할아버지에게는 나쁜 소식이다. 하지만, 뉴어크 델라웨어대학교의 한 연구자는 아프고 나이가 많은 쥐들이 열을 높이는데 어려움을 겪지만, 100℃로 데워진 방은 도움이 된다는 것을 발견했다. 이 연구가 인간도 그런 높은 온도에서 사는 것이 좋다는 것을 반드시 의미하지는 않지만, 만약 이후의 연구에서도 같은 결과들이 도출된다면, 난방장치의 온도를 높이는 것이 할머니, 할아버지들이 감기나 다른 감염을 물리치는데 도움이 될 것이다.

체온은 뇌의 영역 중 시상하부(*hypothalamus*)의 온도조절중추에 의해 좁은 범위 안에서 유지된다. 발열이 시작되면 이 중추기전에서 온도가 재설정되고 더 높은 온도로 올라간다. 발열은 많은 수의 병원체나, 일부 면역 과정 (예 : 백신 반응)과 거의 모든 종류의 조직상해, 심지어는 심장마비에서도 일어날 수 있다. 주로 발열은 **발열원(pyrogen**, *pyro*는 그리스어로 '불' 을 의미함)이라고 불리는 물질에 의해 야기된다(◀14장 p. 418). **외인성 발열원(exogenous pyrogen)**에는 감염성 병원체의 외독소와 내독소가 포함된다. 이 독소들은 대식세포로부터 **내인성 발열원(endogenous pyrogen)**의 방출을 자극하여 발열을 유발한다. 내인성 발열원은 인터류킨-1(*interleukin-1*, IL-1)으로 불리는 또 다른 사이토카인이며, 이들은 혈류를 통해 시상하부로 이동하여 일부 신경세포에게 프로스타글란딘을 분비하도록 유도한다. 프로스타글란딘은 시상하부의 온도조절장치를 더 높은 온도로 재설정하고, 20분 이내에 체온을 올리기 시작한다. 이러한 상황에서도 체온은 여전히 조절되고 있지만, 신체의 "온도조절장치"는 더 높은 온도로 고정된다(발열 동안에도 한기를 느끼는 이유에 대해서는 14장 p. 418에서 설명하였다).

발열은 여러 가지 이로운 역할을 한다. (1) 그것은 많은 병원균의 최적성장온도 이상으로 체온을 올린다. 이것은 세균의 성장속도를 늦추어 제거해야할 미생물의 수를 줄여준다. (2) 어떤 미생물의 효소나 독소들은 높은 온도로 발열 시 불활성화 될 수 있다. (3) 발열은 체내에서 화학반응의 속도를 증가시킴으로써 면역반응의 수위를 높일 수 있다. 이것은 신체방어기전이 병원체를 공격하는 속도를 높여주어, 감염 기간을 줄일 수 있다. (4) 식세포 활동이 강화된다. (5) 항바이러스성 인터페론의 생산이 증가된다. (6) 리소솜의 분해활동이 증가하여, 감염된 세포와 자신들의 내부에 있는 미생물이 제거된다. (7) 발열로 인하여 환자가 통증을 느낀다. 이때 환자는 더욱 쉬고 싶어 하고, 신체는 더 이상 피해를 입지 않고, 감염과 싸우는데 전념할 수 있다.

감염이 진행되는 동안, 세포들은 **백혈구 내인성 매개물질(leukocyte endogenous mediator, LEM)**을 분비한다. LEM은 체온을 올리는데 도움을 주며, 소화관에서 흡수된 철의 양을 감소시키고 철 저장 침착물로 옮기는 비율을 증가시킨다. 따라서 LEM은 혈장 내에 철 농도를 낮춘다. 충분한 철이 없다면, 미생물의 성장은 느려진다(◀6장 p. 162).

현재 발열의 중요성이 재조명되고 있으며, 이 증상에 대한 임상적인 접근방법이 변화하고 있다. 과거에는 감염에 의해 발생되는 발열을 줄이기 위하여 대부분 일상적으로 아스피린과 같이 열을 내려주는 *해열제(antipyretic)*가 사용되었다. 하지만, 앞서 설명한 발열의 이로운 효과 때문에, 현재는 많은 의사들이 발열이 진행되도록 놔둘 것을 권장하고 있다. 게다가 약물치료가 회복을 지연시킨다는 증거도 있다. 하지만, 열이 40℃ 이상 올라가거나 발열로 인하여 환자의 상태가 악화될 때는 부득이하게 해열제가 사용되고 있다. 실제로 치료가 되지 않아, 발열이 심해지면, 신진대사율이 20% 증가되고, 심장에 더 무리가 가고, 수분 손실이 증가하고, 전해질 농도가 변하며 특히 아동에게서 경련이 일어날 수 있다. 그러므로 심각한 심장질환이나 체액과 전해질의 불균형을 가진 환자들 및 경련을 겪고 있는 아이들은 보통 해열제를 처방받는다.

✔ 중점 질문 사항

1. 염증의 중요한 징후와 증상을 열거하시오.
2. 염증과정에서 히스타민의 역할을 무엇인가?
3. 혈구누출, 고름, 부종, 육아종, 발열원에 대하여 정의하시오.
4. 발열의 4가지 장점을 열거하시오.

분자적 방어

세포성 방어, 염증, 발열과 함께 분자적 방어는 또 하나의 강력한 선천적방어벽을 대표한다. 분자적 방어에는 *인터페론(interferon)*과 *보체(complement)*의 작용이 포함된다.

인터페론

1930년대 초반, 과학자들은 한 바이러스에 의한 감염이 다른 바이러스의 감염을 일정시간동안 억제하는 것을 관찰하였다. 이후 1957년에, 바이러스를 억제하는 기능을 가지는 작은 용해성 단백질이 발견되었다. **인터페론(interferon**, in-ter-fer 'on)이라 불리는 이 단백질은 다른 세포에서 비리온의 복제를 "방해하였다(interfere)". 과학자들은 세균감염을 치료하기 위하여 항생제를 사용하는 것과 유사하게 바이러스 감염에는 이 분자들이 "마법의 탄환"으로 작용할 것으로 생각하였다. 앞으로 알아보겠지만, 그런 희망은 어느 정도 줄어들었다.

표 16.3

인간의 제1형과 제2형 인터페론의 특성

구 분	세포 근원	아류형	자극제	영 향
제1형				
알파-인터페론(INF-α)	백혈구	20	바이러스	주변의 세포에서 항바이러스성 단백질의 생산
베타-인터페론(INF-β)	섬유아세포	1	바이러스	INF-α와 동일
제2형				
감마-인터페론(INF-γ)	T 림프구와 자연살세포	1	바이러스와 다른 항원들	종양 파괴와 감염된 세포의 제거를 활성화

인터페론을 정제하기 위한 노력은, 많은 수의 인터페론 아류형들이 다른 동물 종에서도 존재하며, 하나의 종에서 만들어진 인터페론은 다른 종에서 효과를 갖지 않을 수 있다는 발견으로 이어졌다. 예를 들어, 닭에서 만들어진 인터페론은 다른 닭의 세포를 바이러스 감염으로부터 보호하는데 유용하다. 그러나 닭 인터페론은 쥐나 인간에게서 바이러스의 감염을 억제할 때는 소용이 없다. 한 동물 내에서도 조직마다 다른 인터페론이 존재한다. 인간은 알파(α), 베타 (β), 감마 (γ)의 3그룹의 인터페론을 가진다**(표 16.3)**. 단백질의 구조와 기능을 분석한 결과, *α-인터페론(α-interferon)*과 β-인터페론(*β-interferon*)은 비슷하여, *제1형 인터페론(type I interferon)*으로 불린다. *γ-인터페론(gamma-interferon)*은 구조적으로나 기능적으로 다르고, *제2형 인터페론(type II interferon)*이다.

인터페론들은 대개 종특이적이지만 바이러스에 대해서는 비특이적이다.

많은 연구자들은 인터페론의 작용기전에 대한 연구를 계속하고 있다. α-인터페론과 β-인터페론은 바이러스가 세포에 감염된 후 합성된다**(그림 16.7)**. 인터페론은 바이러스의 복제를 직접적으로 방해하지 않는다. 오히려, 바이러스 감염 후, 세포는 극미한 양의 인터페론만 합성하여 분비한다. 인터페론은 인접하고 있는 감염되지 않은 세포로 확산되어 표면에 결합한다. 인터페론과의 결합은 특정 유전자의 mRNA를 전사하도록 세포를 활성화시키고, 대부분 효소로 구성된 많은 양의 단백질들이 새롭게 번역된다. 이 효소들을 통칭하여 **항바이러스성 단백질(antiviral protein, AVP)**이라고 부른다. 바이러스들이 AVP를 생성과정 중에 있는 세포에 침입하여도, AVP 중 많은 단백질들이 바이러스의 복제를 방해한다.

인터페론들은 바이러스 감염이나 2중가닥 RNA, 내독소, 다수의 기생체에 반응하여 합성되고 분비된다.

AVP는 특이적으로 RNA 바이러스에 효과적이다. ◀10장(p. 278)에서 모든 RNA 바이러스들은 직접 dsRNA(Reoviridae)를 만들어 내거나, 또는 음성(–) 가닥 또는 양성(+) 가닥 RNA를 복제하는 동안 dsRNA 과정을 거쳐야 한다고 배웠다. 2개의 AVP들은 mRNA를 분해하여 바이러스의 mRNA의 번역을 제한한다. 그 결과, AVP는 바이러스의 핵산과 캡시드 단백질을 더 이상 합성되지 못하도록 막는다.

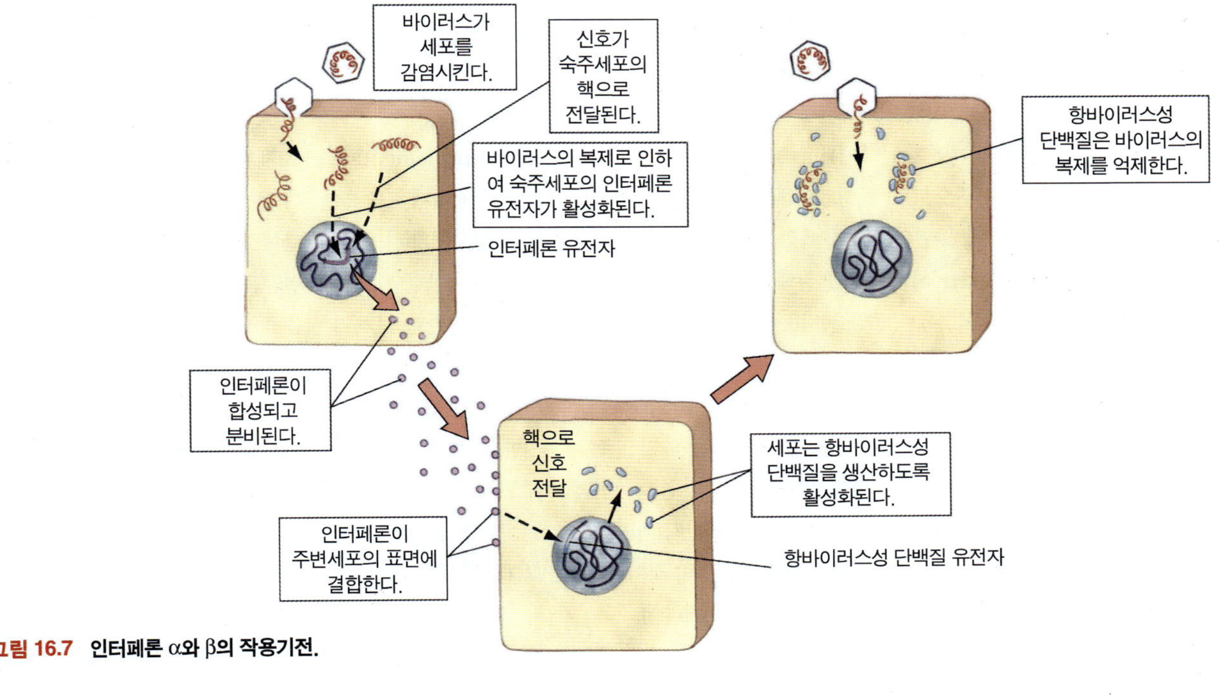

그림 16.7 인터페론 α와 β의 작용기전.

초기에 인터페론을 생산했던 감염세포들은 바이러스의 복제를 억제하는 세포들로 둘러싸이고, 바이러스의 확산은 저지된다.

감마-인터페론 역시 AVP 합성에 의해 바이러스의 복제를 억제할 수 있다. 하지만, 림프구나 NK 세포들은 γ-인터페론을 합성하기 위하여 바이러스에 감염될 필요는 없다. 오히려, 그것은 체내에 존재하는 특정 외부 항원들(바이러스, 세균, 종양세포)에 반응하는 비감염 림프구와 NK 세포에서 생산된다. γ-인터페론의 정확한 역할은 분명치 않지만, 세균이나 종양을 공격할 때 필요한 세포인 림프구와 NK 세포, 대식세포의 활성을 증가시키는 것으로 알려져 있다. 또한 항원 제시작용을 증가시켜 적응 면역을 향상시킨다(17장). 감마-인터페론(종양 괴사 인자-α(TNF-α)와 함께)은 감염된 대식세포가 스스로 병원균을 제거하도록 도와준다. 예를 들면, 대식세포가 *Mycobacterium bacilli*에 감염될 수 있다는 것을 앞서 설명하였다. 감염된 대식세포는 자신과 결합하는 γ-인터페론과 TNF-α에 의해 활성화된다. 따라서 대식세포 안에서 새로운 살균활성이 촉진되어 일반적으로 세균이 사멸되고 정상적인 대식세포의 기능이 회복된다.

치료를 위한 인터페론의 이용

바이러스 복제를 방해하는 능력 외에도, 인터페론은 적응 면역 방어를 강화할 수 있다. 그러므로 인터페론을 이용한 바이러스의 감염과 종양 치료가 가능하다. 불행하게도 감염된 동물세포는 매우 적은 양의 인터페론을 생산한다. 하지만, 오늘날에는 재조합 DNA 기술(◀8장 P. 228)을 이용하여 더 저렴하면서 풍부한 양의 재조합 인터페론(*recombinant interferon*, rINF)을 합성할 수 있다. 재조합 인터페론의 합성은 인터페론 유전자의 분리, 복제와 플라스미드로 삽입하여 진행된다. 재조합 플라스미드가 적절한 세균이나 효모 세포와 혼합되면, 일부 세포들은 유전자가 포함된 플라스미드를 내부로 받아들여 인간 인터페론 유전자를 얻게 된다. 매우 큰 배양기에서 세균이나 효모 세포들을 배양하고, 이들이 만들어낸 인터페론을 추출함으로써, 제약회사는 상대적으로 많은 양의 재조합 인터페론을 생산할 수 있다.

재조합 인터페론의 생산으로 이 단백질의 치료응용에 관한 연구가 본격화되었다. 1986년에, α-인터페론은 매우 드문 혈액암인 유모세포 백혈병(hairy cell leukemia)의 치료를 위해 FDA로부터 승인받았다. 이후 인터페론은 생식기 혹과 종양을 비롯한 여러 종류의 바이러스성 질병의 치료용으로 승인되었다. 하지만 대부분의 경우 인터페론은 치유가 아니라 치료이다. 따라서 환자들은 평생 약을 복용해야 한다. 예를 들어, 유모세포 백혈병에 걸린 환자가 약을 복용하지 않으면 90%의 환자에서 질병이 재발하는 결과를 낳는다. C형 간염 바이러스에 감염되면 6개월 동안 주당 3회를 치료받아야 한다. 만약 환자가 치료를 중단한다면, 6개월 후 70%의 환자에서 질병이 재발할 것이다.

다른 연구자들은 암을 치료하는 인터페론의 가치에 대하여 주목하였다. 일부 골암에 대한 조사에서, 대부분의 암 조직들을 수술로 제거하거나 방사선 조사에 의해 파괴시킨 후, 인터페론 치료가 전이(확산)의 발생률을 낮추는 것이 밝혀졌다. 인터페론이 어떻게 전이를 멈추게 하는지는 알려져 있지 않다. 어떤 암은 바이러스의 감염에 의한 결과로 생겨난다. 아마 이때에도 주입된 인터페론은 바이러스의 복제를 방해할 것이다. 골암 이외에도, 현재 인터페론은 신장세포암, 신장암, 흑색종, 다발성 골수증, 카르시노이드 종양과 몇몇 림프종을 치료하는데 사용된다. 또한 인터페론 치료법은 대식세포와 NK 세포에 의한 암세포의 파괴를 유도하여 암세포 성장을 막을 수 있다.

인터페론을 치료용으로 사용하는 것은 몇 가지 문제점을 가지고 있다. 몸 안으로 주입된 rINF은 오랜 기간 동안 안정적으로 존재하지 못한다. 때문에 인터페론이 감염부위에 도달하는 것이 쉽지 않다. 최근 연구에서는 화학적으로 변형시킨 rINF를 개발하였고, 이것은 체내에서 더 오랫동안 활성을 보였다. 또한, 인터페론(특히 α-인터페론)를 주입하면 피로나, 메스꺼움, 두통, 구토, 체중감소, 신경계 장애와 같은 부작용이 나타날 수 있다. 보통 발열이 인터페론의 생성을 증가시켜, 몸이 바이러스의 감염과 싸우는 것을 돕는 반면, 추가적인 인터페론의 주입은 부작용으로써 발열을 일으킨다. 고용량을 주입될 경우, 간, 신장, 심장, 골수에 독성이 유발될 수도 있다.

게다가, 몇몇 미생물에서는 인터페론에 대한 저항성이 증가되었다. 수두 바이러스와 같은 일부 DNA 바이러스들이 인터페론의 합성을 유도하지만, 인간 아데노바이러스들은 항바이러스성 단백질의 활성에 맞서는 저항기전을 가지고 있다. 또한 B형 간염 바이러스는 감염된 세포에서 충분한 인터페론의 생산을 유도하지 못하게 한다.

현재, 인터페론은 치료적 실효성을 볼 때 처음에 예견되었던 바이러스를 위한 마법의 탄환이 아닌 것은 분명하다. 그럼에도 불구하고, 인터페론은 생명을 위협하는 바이러스의 감염과 암을 치료하기 위해 여전히 사용되고 있다.

보체

보체(complement) 또는 **보체계(complement system)**는 숙주 방어체계에서 매우 중요한 역할을 하는 20개 이상의 커다란 조절단백질로 구성되어 있다. 이들은 간에서 만들어진 뒤, 비활성화 형태로 혈장을 통해 순환한다. 이 단백질들은 모든 혈장 단백질의 약 10%(중량비율)를 차지한다. 보체가 처음 발견되었을 때, 그것은 일부 면역학적 반응을 "보충해주거나(complemented)" "완성시키는(completed)" 단일 물질인 것으로 여겨졌다. 비록 보체는 면역 반응에 의해 활성화되지만, 비특이적으로 작용하기 때문에, 체내에 침투한 미생물의 종류에 관계없이 동일한 방어효과를 나타낸다.

보체계의 일반적인 기능은 (1) 식세포들의 식세포작용을 강화하고, (2) 미생물, 세균, 외피보유 바이러스를 직접 용해시키고, (3) 염증과 면역반응을 조절하는 펩티드 단편을 만드는 것이다. 뿐만 아니라, 보체는 침투 세균이 감지되자마자 작동하기 시작한다. 따라서 보체계는 숙주의 적응면역방어가 시작되기 훨씬 전부터 효과적인 숙주의 선천적면역방어를 구성하는 일원이 된다.

보체계는 연쇄반응의 형태로 작동된다. **연쇄반응(cascade)**이란 어떤 효과를 증폭하기 위한 일련의 반응들을 의미한다. 즉, 두 번째 반응에서는 첫 번째 반응보다 더 많은 생성물이 형성되고, 세 번째 반응에서는 보다 더 많은 생성물이 형성된다. 보체계에서 이미 발견된 20개의 혈청 단백질 중에서 13개는 연쇄반응에 직접 참여하고, 7개는 연쇄반응을 활성화시키거나 억제시킨다.

보체의 기능

보체계에 의해 수행되는 일련의 반응들은 **고전 경로(classical pathway)**와 **대체 경로(alternative pathway)** 또는 *프로페르딘 경로(properdin pathway)*의 2가지 경로로 구분된다(**그림 16.8a**). 고전 경로는 항체가 미생물과 같은 항원에 결합하면서 시작되며, C1, C4와 C2 (C는 보체를 의미함) 보체단백질이 관여한다. 대체 경로는 병원균 표면의 다당질에 보체단백질

보체계의 단백질에 부여된 번호들은 그들이 작용하는 순서가 아니라, 발견된 순서를 의미한다.

그림 16.8 보체계. **(a)** 보체 연쇄반응의 고전 경로와 대체 경로. 두 경로는 다른 방식으로 시작되지만, 보체계를 활성화시키기 위하여 단일화된다. **(b)** 고전 보체 경로의 활성화. 이 연쇄반응에서, 각 보체 단백질은 다음 단계의 보체 단백질을 활성화시킨다. C3b는 옵소닌작용에 중요하며, C5b와 함께 막공격 복합체를 형성한다. 또한 C4a와 C3a, C5a는 염증과 식세포의 주화성에 중요하다. (IgG는 17장에서 다루게 될 항체의 한 종류이다.)

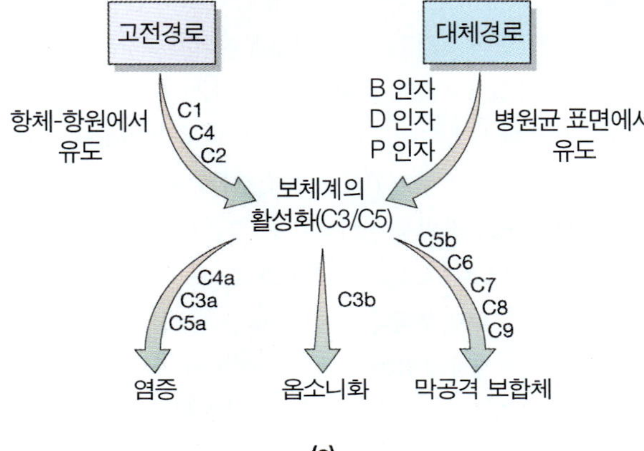

(a)

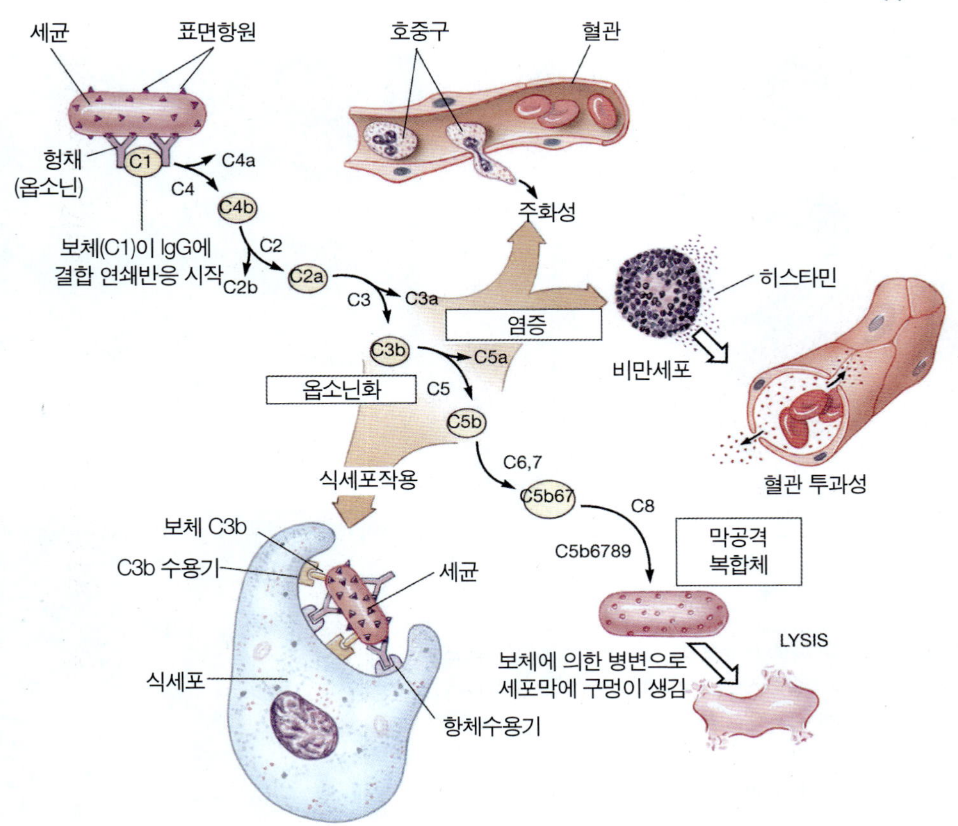

(b)

이 결합하여 활성화된다. 보체단백질인 B 인자, D 인자, P (프로페르딘) 인자들이 처음 단계의 C1, C4, C2를 대신한다. 그러나 양쪽 경로 모두 C3에서 C9가 포함된 동일한 연쇄반응을 활성화시킨다. 따라서 보체계의 결과는 C3의 생성경로와 관계없이 동일하게 된다. 하지만, 대체 경로가 고전 경로보다 감염에 대해 더 빨리 활성화된다.

선천적방어에 대한 보체계의 역할은 보체계의 핵심 단백질인 C3에 달려있다. 일단 C3이 반응에 관여하면 그것은 곧 C3a와 C3b로 나눠지고, 이들은 세 가지 분자적 방어(옵소닌화, 염증, 막공격 복합체)에 참여한다(**그림 16.8b**).

옵소닌화. 앞의 내용에서 피막이나 표면 단백질(M 단백질)을 가지고 있는 일부 세균들은 식세포가 자신에게 부착되지 못하도록 방어한다는 것에 대하여 알아보았다. 보체계는 이러한 방어에 대응하여, 세균을 효과적으로 제거할 수 있도록 돕는다. 먼저, **옵소닌(opsonin)**이라 불리는 특수한 항체가 감염원의 표면에 결합하여 둘러싼다. C1은 이 항체에 결합하고, 연쇄반응이 시작된다. C1은 C4를 C4a와 C4b로 분해시킨다. C4b와 C1은 C2를 C2a와 C2b로 나눈다. C4bC2a 복합체는 C3을 C3a와 C3b로 쪼갠다. 그 뒤, C3b는 미생물의 표면에 부착된다. 식세포의 원형질막에 있는 보체수용기가 C3b 분자를 인식하고, 식세포작용을 유도한다. 옵소닌에 의해 시작되는 이 과정을 **옵소닌화(opsonization)** 또는 면역 부착(*immune adherence*)이라고 부른다.

염증. 또한 보체계는 염증반응을 개시하고 강화할 수 있다. C3a와 C4a, C5a는 주화성을 자극하여 식세포작용을 유도하고 급성 염증 반응을 강화시킨다. 위의 세 가지 보체단백질들은 호염구와 비만 세포의 막에 부착하여 히스타민과 혈관의 투과성을 높여주는 다른 물질들의 분비를 촉진시킨다.

막공격 복합체. C3b로부터 유도되는 또 다른 방어는 세포 용해이다. **면역세포용해(immune cytolysis)**라고 불리는 이 과정을 통해서 보체 단백질은 미생물이나 다른 세포의 세포막에 병변(lesion)을 만든다. 이 병변으로 통해 세포안의 내용물이 밖으로 새어나오게 된다. 면역세포용해 과정은 C3b가 C5를 C5a와 C5b로 나누는 것으로 시작된다. C5b는 C6, C7과 결합하여, C5bC6C7 복합체를 형성한다. 이 단백질 복합체는 소수성(◀4장 p. 90)이어서 미생물의 세포막에 삽입된다. 그 뒤, C8은 막에 있는 C5b와 결합한다. 각 C5bC6C7C8복합체들은 세포막에 최대 15개의 C9 분자를 결합시킨다(**그림 16.9**). 이 단백질들이 세포막을 완전히 통과할 정도로 확장되면, 구멍이 생기면서 **막공격 복합체(membrane attack complex, MAC)**

완성된 MAC는 원형 관 형태를 이루는데 그 구멍의 크기는 70~100 옹스트롬이다(1옹스트롬 = 10^{-10} 미터)

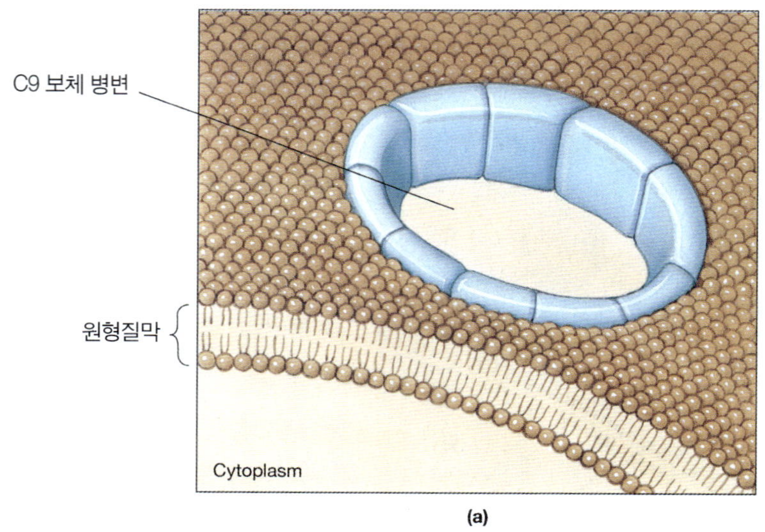

(a)

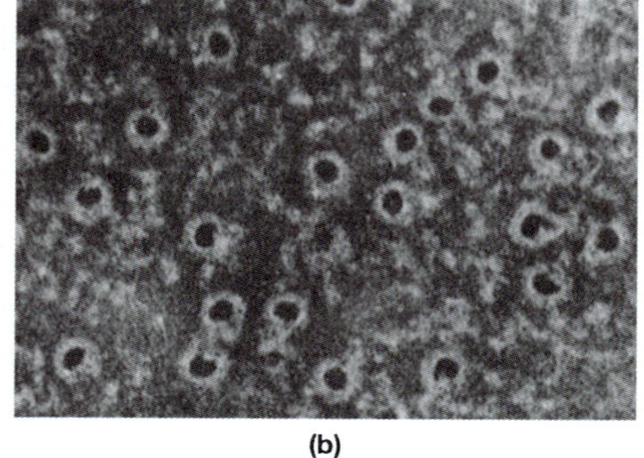
(b)

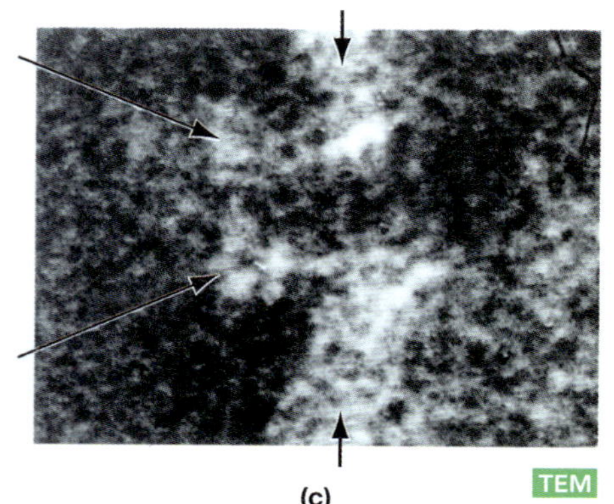

(c)

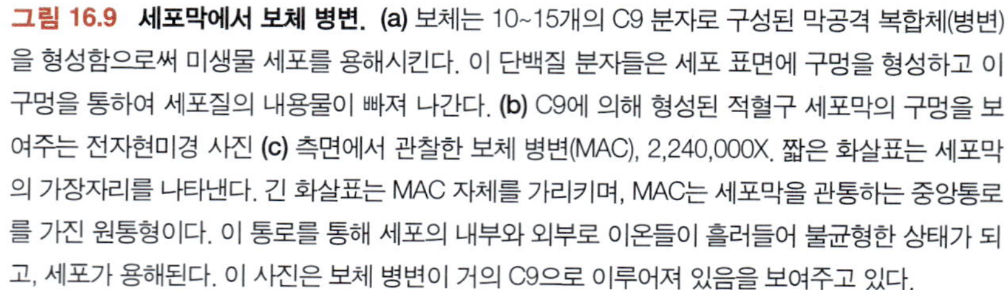
그림 16.9 세포막에서 보체 병변. (a) 보체는 10~15개의 C9 분자로 구성된 막공격 복합체(병변)을 형성함으로써 미생물 세포를 용해시킨다. 이 단백질 분자들은 세포 표면에 구멍을 형성하고 이 구멍을 통하여 세포질의 내용물이 빠져 나간다. **(b)** C9에 의해 형성된 적혈구 세포막의 구멍을 보여주는 전자현미경 사진 **(c)** 측면에서 관찰한 보체 병변(MAC), 2,240,000X. 짧은 화살표는 세포막의 가장자리를 나타낸다. 긴 화살표는 MAC 자체를 가리키며, MAC는 세포막을 관통하는 중앙통로를 가진 원통형이다. 이 통로를 통해 세포의 내부와 외부로 이온들이 흘러들어 불균형한 상태가 되고, 세포가 용해된다. 이 사진은 보체 병변이 거의 C9으로 이루어져 있음을 보여주고 있다.

적용

면역계의 발전

모든 생물체가 감염성 미생물에 의한 공격으로부터 스스로를 방어할 수 있을까? 척추동물에 한해서는 그렇다고 할 수 있다. 우리가 이 장에서 공부한 바와 같이 그들은 비특이적 방어기전을 가지고 있고, 17장에서 살펴볼 잘 발달된 특이적 면역방어도 가지고 있다.

감염에 대항한 방어는 동물에만 국한되지 않는다. 다른 생물계들도 보통 화학적 성질의 숙주 방어기전을 가지고 있다. 예를 들어 식물은 손상되거나 세균과 균류에 의한 감염부위를 격리시키기 위하여 화학적 방어를 사용한다. 사실 가지치기나 손상 이후, 감염에 얼마나 잘 저항할 수 있는 지 결정하는 중요한 인자는 식물의 화학적 또는 물리적 방어 능력이다. 많은 곰팡이는 식물 병원균이고 식물의 특정한 조직에 기생하면서 영양분을 얻는다. 식물에 침투하기 위해서 균류는 식물 세포를 통과해야 한다(◀11장 p. 321). 감염이 되면, 식물 세포는 균류의 세포벽에서 탄수화물 분자를 분비시키도록 하는 효소를 생산한다. 유도체(elicitor)라 불리는 곰팡이세포벽의 단편은 식물에서 면역반응과 유사한 반응을 촉발한다. 유도체에 의해 식물은 지질유사 화학물질인 피토알렉신(phytoalexin)을 생산한다. 피토알렉신은 식물 조직의 감염부위를 국소지역으로 제한함으로써 균류의 성장을 저해한다(그림 참조). 식물 생명공학자들은 이 반응을 균류의 감염에 취약한 식물에 교배하려고 노력하고 있다.

무척추동물 역시 침입자를 막기 위한 비특이적 방어를 가지고 있다. 무척추동물에게 식세포작용은 음식물을 섭취할 때에도 중요하지만, 표면에 계속 붙어있거나 제한된 공간에서만 서식하는 정주성의 유기체가 주변으로 퍼지지 못하도록 막을 때에도 필요하다. 그래서 식세포작용은 그들의 영역을 방어하는데 사용된다. 심혈관계를 가지지 않는 동물들에서는 유주세포가 몸을 떠돌아다니면서 손상되거나 나이든 세포들과 외부물질들을 삼킨다. 당신의 백혈구가 세균을 식세포작용할 때, 그들은 보다 단순한 형태의 개체로부터 보전되고 변형된 고전 기전을 사용하고 있는 것이다.

옵소닌화는 무척추동물에서도 관찰되며, 그들은 체액의 보체와 비슷한 물질을 생산한다. 예를 들어, 성게의 체강에 있는 체액은 인간의 보체 단백질과 비슷한 특징들을 다수 가진다. 실제로 보체 단백질은 식세포작용의 예처럼 초기 무척추동물로부터 유래하였을 것이다. 항미생물 효소의 분비는 단순한 원생동물에서도 존재하는 또 하나의 방어 수단이다. 그러므로 대부분의 동물들이 식세포작용과 옵소닌화와 같은 비특이적 방어 과정을 공유하고 있기 때문에 이러한 고대 기전들은 원시적 특징(primitive characteristic)으로 불리기도 한다.

거의 모든 무척추동물 역시 외래조직의 이식을 거부할 수 있다. 척추동물은 외래 조직을 두 번째 접하게 될 때 이식 거부가 더욱 격렬해지지만, 무척추동물에서는 그렇지 않다. 이차거부는 처음보다 더 천천히 진행되기도 한다. 무척추동물에서는 면역기억반응이 결여되어 있기 때문에 척추동물의 이러한 특이적 면역 방어는 진보된 특징(advanced characteristic)으로 간주된다. 이 방어에는 B 세포와, T 세포, 항체가 포함된다.

특이적 항체의 생산을 수반하는 면역방어는 모든 어류에서도 발견되지만, 가장 신속하고 복잡한 면역 방어들은 포유류와 조류에서 발견된다. 조류는 포유류에서는 찾아볼 수 없는 주머니형태의 파브리시우스낭(bursa of Fabricius)을 가지며, 이는 아마도 가장 진화된 형태의 면역계로 보인다. 닭의 경우, 골수의 미성숙 B 세포들은 파브리시우스낭으로 이동한다. 그곳에서 그들은 재빨리 성숙되도록 활성화되어 외부 물질을 인지할 수 있게 된다. 포유류에서는 B 세포가 골수에서 생기고 좀 더 천천히 성숙한다. 그러므로 면역계의 발전은 B 세포와 T 세포의 2부 체제로 끝이 난다. 17장에서 우리는 특이적 숙주 방어의 역할에 대하여 공부할 것이다.

나무의 몸통에 실험상 상처를 입힌 부위는 공격으로부터 벗어나기 위해 나무의 다른 부분으로부터 격리되어, 나무 전체로 감염이 퍼지는 것을 방지한다.

가 형성된다. MAC는 침투 미생물을 직접 용해시키는 역할을 수행한다. 다행스럽게도, 숙주의 세포막은 MAC에 의한 용해로부터 자신을 보호하는 단백질을 내포하고 있다. 이 단백질들은 활성화된 보체단백질이 숙주세포에 결합하지 못하도록 방해함으로써 피해를 입지 않는다. MAC는 많은 미생물 항원 중 어느 하나에 대한 항체를 검출하는데 사용되는 실험실 검사법인 보체 결합(*complement fixation*)의 기초가 된다. 검사법은 18장에 설명되어 잇다.

숙주 방어에 있어서 보체계의 가장 큰 장점은 일단 활성화되면, 연쇄반응이 빠르게 일어난다는 것이다. 매우 작은 양의 활성화 물질(세균)은 C1 몇 분자만을 활성화시킨다. 이것은 다음 단계인 많은 양의 C3 활성으로 이어진다. 하나의 C4b2a 분자는 1000분자의 C3을 C3a와 C3b로 쪼갤 수 있다. 그러므로 충분한 양의 C3b가 재빨리 옵소닌화와 염증을 유도하게 되고, 막공격 복합체를 생성하게 된다.

불행하게도, 보체계를 구성하는 단백질 중 하나 혹은 그 이상이 소실되면 보체의 기능을 상실한다. 보체활성이 결여되면 숙주는 대부분 후천적 혹은 선천적인 여러 질병(**표 16.4**)들에 취약하게 된다. 후천적 질환은 보체단백질의 일시적인 고갈로 인하여 발병하기 때문에, 세포가 다시 보체 단백질을 합성할 수 있을 때, 증상이 완화된다. 선천적인 보체 결핍은 하나 또는 그 이상의 보체 구성단백질을 합성하지 못하는 유전적 결함에 의해 기인한다.

보체 결핍의 가장 심각한 결과는 감염에 저항할 수 없다는 점이다. 다양한 보체 단백질 결핍 사례들이 관찰되고 있다. 놀라운 사실도

표 16.4

보체 결핍과 관련된 질병상태

질병상태	보체 결핍
심각한 수준의 재감염	C3
덜 심각한 재감염	C1, C2, C5
전신홍반루푸스 (전신성 면역질환)	C1, C2, C4, C5, C8
사구체신염 (신장의 면역질환)	C1, C8
임균성 감염	C6, C8
수막구균 감염	C6

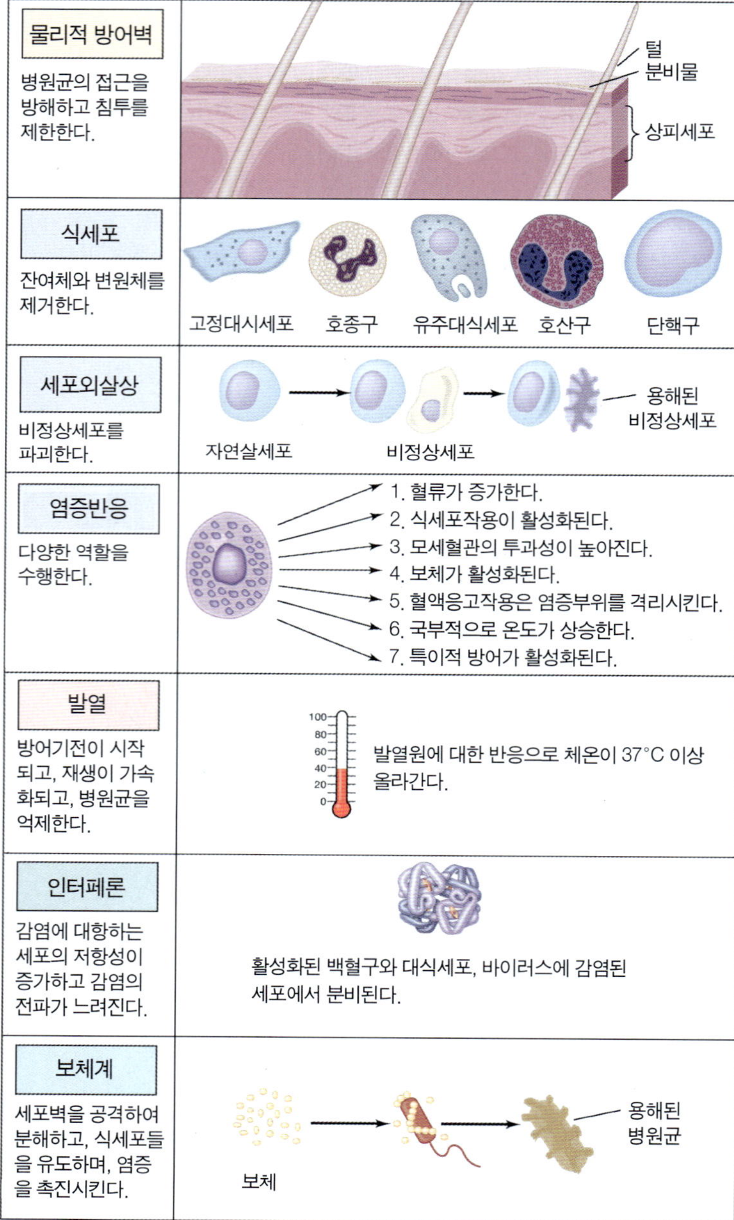

그림 16.10 **신체의 비특이적 방어기전들.**

아니지만, C3이 보체계의 중심 구성요소기 때문에 C3이 결핍될 때 손상된 보체기능의 증상이 가장 심하게 나타난다. C3 결핍 환자들은 주화성과 옵소닌화, 세포용해 모두 제 기능을 하지 못한다. 이 사람들은 화농균에 의한 감염에 특히 취약하다. MAC 구성성분(C5-C9)의 결핍은 특히 *Neisseria* 종에 의한 재감염과 관련이 있다. 보체 결핍은 바이러스 대한 방어에서는 크게 중요하지 않지만, Epstein-Barr 바이러스와 같은 몇몇 바이러스들은 세포에 침투하기 위해 보체수용기를 이용한다.

급성기 반응

급성 질병 환자들을 관찰해보면, **급성기 단백질(acute phase protein)**이라 불리는 특이한 혈액 단백질의 생산 증가를 수반하는 급격한 질병 반응, 즉 **급성기 반응(acute phase response)**의 특징을 발견할 수 있다. 급성기 반응에서 대식세포에 의한 병원균의 포식으로 일부 사이토카인의 합성과 분비가 활성화된다. 인터류킨-6(*interleukin-6*, IL-6)은 혈액을 타고 이동하며, 간에게 급성기 단백질을 합성하여 혈액 안으로 분비하도록 유도한다. 그러므로 급성기 단백질은 염증 반응과 숙주-특이 면역 방어와는 뚜렷하게 분별되는 비특이적 숙주 방어를 형성한다. 이 기전은 면역계 방어가 염증반응을 시작하기 이전, 즉 항체가 생성되기 이전에 외부 물질을 인식하는 것으로 보인다.

가장 잘 알려진 급성기 단백질은 C-반응 단백질(*C-reactive protein*, CRP)과 만노스-결합 단백질(*mannose-binding protein*, MBP)이다. 현재까지 모든 인간들은 CRP와 MBP를 생산할 수 있다고 보고되었다. CRP는 많은 세균의 세포막이나 균류의 원형질막에 존재하는 인지질을, MBP는 만노스당을 인지하여 결합할 수 있다. 일단 결합하면, 급성기 단백질은 옵소닌처럼 행동하여, 보체계와 면역세포용해를 활성화시키고, 식세포의 주화성을 증가시킨다. 만약 우리가 CRP와 MBP 활성을 촉진하는 방법을 알고 있다면, 세균과 곰팡이의 감염을 제거하기 위한 효과적인 치료법들이 개발되었을 것이다.

요약하자면, 선천적방어기전은 침투물질의 성질과 상관없이 작동된다. 그들은 병원체에 대한 신체의 첫 번째 방어선을 형성하는 반면, 적응방어기전(17장)은 두 번째 방어선을 형성한다. **그림 16.10**은 선천적방어의 주요 범주들을 보여준다.

중점 질문 사항

1. 인터페론은 무엇인가? 그들은 어디서, 어떻게 생산되는가?
2. 인터페론은 질병 치료에 어떻게 사용되는가?
3. 보체계의 고전 경로와 대체 경로를 설명하라.
4. 활성화된 보체 연쇄반응의 결과는 무엇인가?
5. 급성기 단백질의 기능은 무엇인가?

요약

선천적숙주방어와 적응숙주방어

- **선천적방어**는 침투 물질의 종류에 관계없이 작동하며, 때로는 특이적 방어가 활성화되기도 전에 효과적인 첫 번째 방어선을 형성한다.
- **적응방어**는 특정 침투 물질에 반응하며, 면역계에 의해 시작되고, 병원균에 대항한 두 번째 방어선을 형성한다.

물리적 방어벽

- 피부와 점막은 침투에 대항하는 물리적 방어벽으로 작용하며, 병원균의 생존을 저해하는 화학물질들을 분비한다.
- **점막**은 점액을 분비하는 얇은 세포층으로 이루어져 있다.

세포성 방어

방어 세포

- **혈구**들은 혈액에서 발견되지만, 골수에서 유래하며, 감염 시 세포성 방어벽을 형성한다.
- 방어 세포에는 **과립성 백혈구**(**호염구**와 **비만 세포**, **호산구**, **호중구**)와 **무과립 백혈구**(**단핵구**와 **림프구**)가 있다.

식세포

- **식세포**는 외부 물질을 삼키고 소화시키는 세포이다.
- 식세포에는 혈액이나 상처 난 조직의 호중구, 혈액의 단핵구, 고정/유주**대식세포**가 포함된다.

식세포작용의 과정

- **식세포작용**의 과정은 다음과 같다 : (1) 침투된 미생물 주위에 형성된 **주화성**은 식세포가 **사이토카인**을 분비하도록 도와준다. (2) 식세포가 미생물이나 기타 외부 물질을 둘러싸고, **파고솜** 안으로 삼키는 섭취가 진행된다. (3) 소화가 시작되며, 리소솜이 공포를 둘러싸고 그 안으로 효소를 분비하여 **파고리소솜**을 형성한다. 효소들과 디펜신은 파고리소솜의 내용물을 파괴하고, 미생물에 해독한 물질들을 만든다.
- 일부 미생물들은 캡슐이나 특수한 단백질을 생산하거나, 리소솜 효소의 분비를 억제하거나, 독소(**백혈구독소**와 **용혈소**)를 생산함으로써 식세포작용을 억제한다.

세포외살상

- 호산구는 세포독성 효소를 분비함으로써 기생충 감염을 방어한다.
- **자연살세포(NK)세포**는 바이러스에 감염된 세포와 특정 암세포와 바이러스에 감염된 세포를 사멸시키는 물질을 분비한다.

림프계

- **림프계**는 **림프관**과 **림프(결)절**, **흉선**, **비장**, **림프**로 구성된다.
- 혈액과 림프를 걸러내는 모든 림프 조직들은 방어벽이 병원균에 압도될 경우 오히려 감염되기 쉽다.
- 비특이적 방어는 식세포들의 활동으로 구성된다.

염증

염증의 특징

- **염증**은 손상된 조직에 대한 신체적 반응을 의미한다. 이것은 온도 상승과 적열, 부기, 고통 증상이 나타난다.

급성 염증의 과정

- **급성 염증**은 손상된 조직에서 분비된 히스타민에 의해 개시되며, 혈관이 확장되고, 혈관의 투과성이 높아진다(**혈관확장**). 또한 사이토카인의 활성 역시 염증의 개시에 관여한다.
- 혈관의 확장으로 적열과 온도상승이 나타나며, 증가된 투과성으로 **부종**(부기)이 나타난다.
- 손상된 조직에서는 혈액응고 반응이 시작된다.
- **브라디키닌**은 통점수용체를 자극하며, **프로스타글란딘**은 이 효과를 강화한다.
- 염증 조직에서는 백혈구의 생산을 촉진하는 사이토카인이 분비됨으로써 혈액 내에 백혈구의 수가 증가한다(**백혈구증가증**). 호중구와 대식세포는 혈액에서 손상된 부위로 이동한다(**혈구누출**).
- 백혈구와 대식세포는 미생물과 조직 잔해를 식세포작용 한다.

복구와 재생

- 복구와 재생이 진행될 때 모세혈관은 손상 부위에서 성장하고, 섬유세포들은 응고혈액들을 용해시켜 대체한다. **육아조직(granulation tissue)**은 결합조직 섬유(**섬유세포**에서 유래)와 상피 세포의 과성장에 의해 강화된다.

만성 염증

- **만성 염증(chronic inflammation)**은 지속적인 염증을 의미하며, 숙주 방어가 염증원을 완전히 제어하지 못하기 때문에 지속적인 조직의 상해가 일어난다.
- **육아종성 염증(granulomatous inflammation)**은 단핵구와 백혈구, 대식세포들이 괴사된 조직 주변에서 **육아종(granuloma)**을 형성하는 만성 염증이다.

발열

- **발열**은 **발열원**에 의해 체온의 증가를 의미하며, 시상하부에 있는 체온조절중추의 설정온도(온도조절장치)가 높아진다.
- **외인성 발열원** (주로 병원균과 그들의 독소)은 체외로부터 들어오고 **내인성 발열원**과 같이 작용하는 사이토카인을 자극한다.
- 발열과 이와 관련된 화학물질들은 면역반응을 증가시키고 혈장의 철 이온 농도를 낮춤으로써 세균의 성장을 억제한다. 또한 발열은 화학반응의 속도를 증가시키고, 일부 병원균의 최적생장온도 이상으로 체온을 높이며, 환자가 아픔을 느끼도록 한다(그러므로 활동성이 낮아진다). 또한 식세포작용이 향상되고, 인터페론의 생성이 증가되며, 리소솜에 의한 분해가 강화되어, 감염된 세포와 그들 내부에 있는 세균이 사멸된다.

- 해열제는 고열환자나 발열에 의해 증상이 악화되는 환자의 경우에만 권장되고 있다.

분자적 방어

인터페론

- **인터페론**은 비특이적으로 세포사멸을 유도하거나 **항바이러스성 단백질**을 생산하도록 세포를 자극하는 단백질이다.
- 인터페론은 재조합 DNA 기술에 의해 생산될 수 있고 특정 악성 종양의 치료에 효과적인 것으로 증명되었다. 다른 치료법의 적용은 연구 중에 있다.

보체

- **보체**는 활성화되어, 단백질의 연쇄반응을 일으키는 일련의 혈액단백질들이다. 보체계는 **고전 경로**와 **대체 경로**에 의해서 활성화될 수 있다.
- 보체계의 작용은 빠르고 비특이적이다. 이것은 옵소닌화와 염증, **막공격 복합체**의 형성을 통해 면역세포용해를 촉진시킨다. 옵소닌화 과정에서, 침투물질은 옵소닌(항체)과 C3b 보체단백질로 뒤덮이고, 이것은 식세포들에 의해 인식된다. **면역세포용해** 과정에서는 보체단백질이 침입자의 원형질막에 세포용해를 일으키는 병변을 형성한다.
- 보체의 결핍은 감염에 대한 저항을 감소시킨다.

급성기 반응

- 급성 질병 환자들에서는 특정 혈액 단백질(**급성기 단백질**)의 생산이 증가된다. 이 단백질은 염증반응에 관여하는 단백질과는 구별되며 항체가 만들어지기 전에 빠르게 작용한다. 이러한 단백질들은 염증을 개시하거나 강화하고, 보체를 활성화시키며, 식세포의 주화성을 촉진시킨다

용어 정리

toll 유사수용체(p. 468)
고름(p. 475)
고전 경로(p. 480)
과립성 백혈구(p. 467)
급성 염증(p. 474)
급성기 단백질(p. 482)
급성기 반응(p. 482)
내인성 발열원(p. 476)
농양(p. 475)
단핵구(p. 467)
대식세포(p. 467)
대체 경로(p. 480)
림프(p. 470)
림프결절(p. 472)
림프계(p. 470)
림프관(p. 470)
림프구(p. 472)
림프절(p. 470)
막공격 복합체(MAC)(p. 481)
만성 염증(p. 475)
면역세포용해(p. 481)
무과립 백혈구(p. 467)
발열(p. 475)
발열원(p. 476)
백혈구 내인성 매개물질(p. 476)
백혈구(p. 466)
백혈구독소(p. 470)
백혈구증가증(p. 474)
보체(p. 479)
보체계(p. 479)
부비강(p. 472)
부종(p. 474)
부착(p. 468)
브라디키닌(p. 474)
비만세포(p. 467)
비장(p. 472)
비특이적 방어(p. 464)
사이토카인(p. 468)
선천적방어(p. 464)
섬유세포(p. 475)
수지상세포(p. 467)
식세포(p. 467)
식세포작용(p. 468)
연쇄반응(p. 480)
염증(p. 472)
옵소닌(p. 480)
옵소닌화(p. 480)
외인성 발열원(p. 476)
용혈소(p. 470)
육아조직(p. 475)
육아종(p. 475)
육아종성 조직(p. 475)
인터페론(p. 477)
자연살(NK)세포(p. 470)
장-연관 림프 조직(p. 472)
적응방어(p. 464)
적혈구(p. 466)
점막(p. 465)
주화성(p. 468)
케모카인(p. 468)
특이적 방어(p. 464)
파고리소솜(p. 469)
파고솜(p. 469)
편도선(p. 472)
프로스타글란딘(p. 474)
피막(p. 472)
피부(p. 464)
항바이러스성 단백질(p. 478)
항히스타민(p. 474)
혈관확장(p. 474)
혈구(p. 466)
혈구누출(p. 474)
혈소판(p. 466)
혈장(p. 466)
호산구(p. 467)
호염구(p. 467)
호중구(p. 467)
흉선(p. 472)
히스타민(p. 474)

임상 사례 연구

난포성 섬유증(유전 질환) 환자들에서는 호흡 기도가 좀처럼 마르지 않을 정도로 많은 분비물이 생성된다. 이러한 분비물들이 쌓이게 되면 염증으로 진행되고, 손상된 세포들은 호흡 기도를 막을 수 있는 결합조직으로 대체된다. 이러한 잦은 감염은 선천적방어기전 중 어떤 장애의 결과인가?

요점 사고 문제

1. 다음의 경로를 통해서 체내로 침입하는 병원균과 싸울 때, 신체의 어떤 비특이적 숙주방어들이 작동하는가? (a) 손에 난 상처 (b) 폐로 흡입 (c) 부패된 음식의 섭취

2. 단핵구와 대식세포는 어떠한 관계인가?

3. 적당한 정도로 열을 내리는 것이 좋은 조치인가? 왜 그런가?

자가 진단 문제

1. 다음의 선천적방어기전을 이와 연관된 구조나 체액과 연결하시오.

___리소자임	(a) 비뇨생식기관
___강한 산성 pH	(b) 피부
___피지, 지방산	(c) 눈물과 침
___낮은 pH, 소변배출작용	(d) 위
___점액섬모승강장치	(e) 하기도
___식세포	(f) 기관지

2. 식세포는 강력한 선천적숙주방어들이다. 다음 중 신체에서 가장 중요한 식세포는 무엇인가?
(a) 혈소판
(b) 적혈구
(c) B 림프구
(d) 호중구
(e) 호염구

3. 건강한 피부는 박테리아 감염에 대한 가장 좋은 방어벽이다. 참일까 거짓일까?

4. 다음 중 숙주의 특이적 방어기전은 무엇인가?
(a) 점막층의 생성 (b) 국부지역의 염증
(c) 항체 (d) 열
(e) 위의 낮은 pH

5. 다음 중 림프계의 기능이 아닌 것은 무엇인가?
(a) 체세포 사이의 공간으로부터 여분의 체액을 수집
(b) 많은 비특이적 방어기전을 제공
(c) 심혈관계로 소화된 지방을 수송
(d) 철 제거
(e) 많은 특이적 방어기전을 제공.

6. 염증은 히스타민에 영향을 받는데, 어디에서 분비되는가?
(a) 호산구
(b) 적혈구
(c) 혈소판
(d) 호염구
(e) 백혈구

7. 대식세포에 관한 설명 중 맞는 것은?
(a) 조직에 고정되어 있다.
(b) 혈류를 타고 순환한다.
(c) 미생물을 삼키고 파괴한다.
(d) 식세포들이다.
(e) 모두 맞다

8. 옵소닌은 무엇인가? 그들이 어떠한 기능은 수행하는가?

9. 식세포작용을 피하기 위해서 병원성 세균들이 공통적으로 가지는 방어기전 중 하나는 무엇을 가지고 있기 때문일까?
(a) 선모
(b) 세포막
(c) 펩티도글리칸
(d) 피막
(e) 내생포자 형성

10. 식세포의 주화성은 어떤 화학물질에 의해 이끌려지는가?
(a) 항체
(b) 항원
(c) 사이토카인
(d) 인터페론
(e) 점액소

11. 세균은 어떻게 하여 식세포 안에서 생존할 수 있는가?
(a) 부착을 억제
(b) 파고리소솜 형성을 억제
(c) 보체의 활성을 저해
(d) 보체 생산
(e) 인터페론 생산

12. 다음의 백혈구들과 그들에 대한 올바른 설명을 연결하시오.

___ 호중구	(a) 알레르기 반응 다량 분비됨
___ 호산구	(b) 무과립 식세포
___ 림프구	(c) 가장 많은 수의 백혈구
___ 단핵구	(e) 특이적 방어에 관여함

13. 어떤 미생물의 M 단백질이 식세포의 부착을 방해함으로써 식세포작용을 방해하는가?
(a) 폐렴연쇄구균 (*Streptococcus pneumoniae*)
(b) 헤모필루스 인플루엔자균 (*Haemophilus influenzae*)
(c) 나병균 (*Mycobacterium leprae*)
(d) 화농성 연쇄구균 (*Streptococcus pyogenes*)
(e) 결핵균 (*Mycobacterium tuberculosis*)

14. 식세포에 발견되는 세포 소기관으로 섭취된 미생물들과 소화 효소, 디펜신이라 불리는 작은 단백질을 함유하고 있는 것은 무엇인가?
(a) 리소솜
(b) 파고리소솜
(c) 파고솜
(d) 위족
(e) 답 없음

15. 연충(helminth)과 같이 큰 기생충들은 주로 무엇에 의해 공격당하는가?
(a) 호염구
(b) 적혈구
(c) 혈소판
(d) 호중구
(e) 호산구

16. 세포 내 바이러스의 제거를 담당하는 세포는 무엇인가?
(a) 자연살세포
(b) 호산구
(c) 호염구
(d) 적혈구
(e) 혈소판

17. 수명이 다한 적혈구들을 분해하는 신체의 가장 큰 림프기관은 무엇인가?
(a) 흉선
(b) 간
(c) 비장
(d) 췌장
(e) 편도선

18. 염증의 주요 증상은 무엇인가?
(a) 체온의 상승
(b) 적열 상태
(c) 부기
(d) 감염 부위의 고통
(e) 모두 맞다

19. 고무종(gummas)과 나종(lepromas), 결핵 결절(tubercule)들처럼 감염과 염증 부위를 둘러싸고 격리시키는 조직부위를 일컫는 말은 무엇인가?
(a) 파이어 판
(b) 파고리소솜
(c) 육아종
(d) 파고솜
(e) 관련 조직에 따라 모두 맞다

20. 만성 염증을 치료하기 위해 코티손과 같은 항염증제를 사용할 때, 오히려 염증제로 인하여 질병이 초래될 수 있다. 참일까 거짓일까?

21. 백혈구 내인성 매개인자(LEM)는 원형질 내 무엇의 농도를 낮추는 작용을 하는가?
(a) 칼슘
(b) 철
(c) 마그네슘
(d) 산소
(e) 단백질

22. 세포들은 다음 중 어떠한 것에 반응하여 항바이러스성 상태로 들어가고, 항바이러스 단백질을 만드는가?
(a) 항원
(b) 지질다당체
(c) 특이 항체
(d) 인터페론
(e) 보체

23. 미생물을 용해시키는 막공격 복합체(MAC)는 어떤 성분으로 만들어지는가?
(a) 보체 (b) 항체
(c) 인터페론 알파
(d) 인터페론 감마
(e) 답 없음

24. 감염 시 생성되는 급성기 단백질은 무엇인가?
(a) 인터류킨-6
(b) C-반응 단백질
(c) 만노스-결합 단백질
(d) 모두 맞다
(e) 답 없음

25. 다음의 분자성 비특이적 방어기전 중 항상 존재하며 감염에 대해 즉각 반응하는 것은 무엇인가?
(a) 인터페론
(b) 항바이러스성 단백질
(c) 보체
(d) 급성기 단백질
(e) 내인성 발열원

26. 다음의 그림에서 식세포작용 과정의 주요 단계를 명시하고, 각 단계에서 어떤 일이 일어나는지 설명하시오.

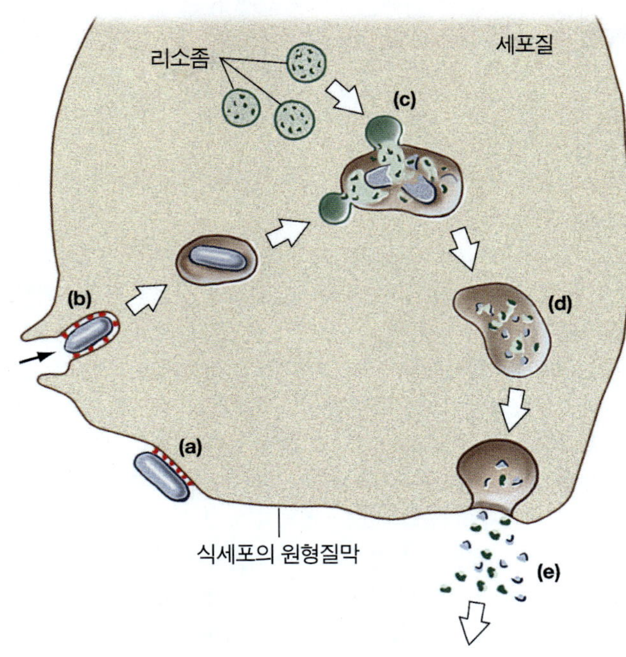

(a) ______________________
(b) ______________________
(c) ______________________
(d) ______________________
(e) ______________________

웹상에서 탐구 문제

http://www.wiley.com/college/black

당신이 이 장을 완벽히 공부했다고 생각한다면 알아야 할 더 많은 것들을 웹상에서 찾을 수 있을 것이다. 웹사이트를 방문해서 이 장에 대한 당신의 이해를 한층 높이고 아래의 질문에 대한 답을 찾아보시오.

1. 세포들을 먹는 세포로 알려진 식세포들은 먹이를 찾아 떠돌아다니던 미생물을 삼키고 분해하는 거대백혈구들이다. 식세포들에 대하여 더 조사해 보시오.

2. 당신은 알레르기 반응을 가지고 있는가? 그렇다면 이는 비만세포 때문이다. 비만세포가 당신의 면역반응을 증가시키는 사이토카인을 만드는 방법에 대하여 조사해 보시오.

17 면역학 I: 적응성 면역과 접종의 기본 원리

시작하며...

코작 군대가 오고 있다! 기마병들이 이미 마을을 포위했다. 꼭꼭 숨어라, 붙잡히면 접종 당한다!

나중에 내 할머니가 될 작은 여자 아이는 흐느끼면서 끌려갔다. 때는 1900년 경, 리투아니아에서 일어난 일이다. 선정을 베풀던 제정 러시아 황제는 모든 백성들에게 천연두 접종을 받도록 지시하였다. 마을 광장에서 어떤 군인이 칼을 꺼내 그녀의 팔뚝에 별 모양으로 상처를 내어 백신을 찔러 넣고 풀어 주었다. 그리곤 피 묻은 칼을 부츠에 쓱 닦은 후 "다음!" 하고 외쳤다. 그 후 석 달 동안 이 작은 테크라는 침대에 누워, 열에 시달리면서 팔에서 고름이 터져 흘러나왔다. 당시 마을 사람 절반은 사망하였다. 그녀는 회복된 후 다시는 어떤 접종도 받지 않겠다고 다짐하였다. 또한 그녀의 아이들이나 손자 손녀들이 접종 당하는 것을 바라지 않았다. 그녀는 나에게 접종이 악마나 죽음과 연상된다는 어조로 이야기를 들려주었다. 이렇게 백신에 대해 집단이 보여주는 부정적인 기억 때문에 세계 곳곳에서 접종에 대해 거부감을 갖게 되었다. 개발도상 국가에서 유난히 심하였다.

© Bettmann/Corbis

이 주제와 관련된 비디오는 WileyPLUS에서 볼 수 있습니다.

여러분이 어렸을 때 아마도 디프테리아, 파상풍, 백일해, 소아마비, 홍역, 수두, 유행성이하선염 등에 대한 여러 가지 예방접종을 받았을 것이다. 그러나 여러분의 부모나 조부모는 홍역과 유행성이하선염에 걸린 후 회복됨에 따라 면역되었을 것이다. 예방접종이나 질병을 통해 그 질병에 대한 특이 면역이 부여될 수 있다. 지난 장에서 보았듯이 숙주는 감염에 대해 선천적으로 갖고 있는 기본적인 방법으로 방어한다. 이 장에서는 어떻게 적응성 방어와 예방접종을 통해 숙주가 특정 감염성 병원체로부터 보호되는지를 다룬다. 그 다음 장에서는 앨러지, AIDS, 자가면역질환과 같은 면역체계의 이상 현상과 이 질병 들을 연구하는데 사용되는 테스트에 대해서 알아 볼 것이다.

면역학과 면역

면역(immune) 이란 말은 "부담으로부터 자유로운"이란 뜻이다. 일반적으로 **면역(immunity)**이란 개체가 감염체를 인지하여 자신을 보호하는 능력을 의미한다. 면역의 반대말인 감수성(susceptibility)이란 침투하는 감염체의 피해에 대한 숙주의 취약한 정도를 뜻한다.

이미 앞 장에서 보았듯이, 숙주는 감염체의 종류에 상관없이 일반적으로 방어할 수 있는 여러 가지의 방어 수단을 갖고 있다(◀16장 p. 464). 이러한 방어를 담당하는 면역을 선천성 면역(innate immunity)라 부른다. 반면에 적응성 면역(adaptive immunity)은 특정 감염체에 대해 생리적인 반응을 통해 획득하여 그 감염체만 방어하는 숙주의 능력이다.

면역학(Immunology)은 적응성 면역을 주로 다루는 학문이며 어떻게 면역체계가 특정 감염체와 독소에 대해 반응하는지를 다룬다. **면역체계(immune system)**는 여러 세포, 특히 림프구 그리고 흉선과 같은 기관으로 이루어져 있는데 이 들은 감염체에 대한 특이성 면역을 담당한다(◀16장 p. 470)

면역의 유형

선천성 면역(innate immunity)은 **유전성 면역(genetic immunity)**이라 불리기도 하는데 이는 유전적으로 그 특징이 결정되기 때문이다. 선천성 면역의 일종인 **종 면역(species immunity)**은 종 내의 모든 멤버에 공통적으로 적용된다. 예를 들어, 모든 사람은 애완동물이나 가축에 질병을 일으키는 많은 감염체에 대해 면역되어 있다. 동물도 마찬가지로 사람의 질병에 대해 면역되어 있기도 하다. 사람은 아무리 개 홍역(canine distemper)에 감염된 애완견과 접촉해도 이 병에 걸리지 않는데 그 이유는 감염에 요구되는 수용체가 없기 때문이다. *Mycobacterium avium*은 조류에게 결핵을 일으키지만 정상적인 면역체계를 갖고 있는 사람에게는 거의 영향을 주지 않는다(AIDS 감염자를 흔히 감염시킨다). 어떤 질병은 일부의 종에서만 나타난다. 임질균은 사람과 원숭이를 감염시키지만 다른 종은 거의 감염시키지 않는다. *Bacillus anthracis*(탄저균)은 모든 포유류와 일부의 조류에 탄저병을 일으키지만 대부분의 다른 동물은 해당되지 않는다.

◀16장에서 이미 논의한 바와 같이 선천성 면역도 병원체를 인지하는 능력이 있다. 대식세포와 같은 식세포는 peptidoglycan, lipopolysaccharide, 효모의 zymosan과 같은 병원체의 독특한 분자에 의해 활성화된다. 이 분자를 인지하는 식세포의 수용체를 pattern recognition receptors(PRRs) 또는 toll-like receptor(초파리에서 처음 발견된 단백질 수용체에 대한 명칭)라 부르는데 병원체의 특정한 분자들에 결합한다.

적응성 면역

선천성 면역과 대조적으로 **적응성 면역(adaptive immunity)** [또는 **획득 면역(acquired immunity)**이라 명명]은 유전되지 않고 다른 방식으로 부여되는 면역이다. 자연적으로 획득되거나 인공적으로 획득된다. **자연획득 적응성 면역(naturally acquired adaptive immunity)**은 일반적으로 질병에 걸려서 획득된다. 질병이 진행되는 동안 면역체계는 침입한 감염체가 갖고 있는 항원(antigen)이라 불리는 분자에 반응한다. 항원은 T 세포나 항체 생성을 활성화시키며, 같은 감염체가 후에 침입할 것을 대비하여 이에 대한 방어체계가 가동되도록 한다. 면역은 자연적으로 획득되기도 하는데 태반을 통해 태아로 또는 초유나 모유를 통해 항체가 전달되기도 한다. **초유(colostrum)**는 출산 후 유선에서 분비되는 최초의 체액이다. 영양 면에서는 모유에 비해 부족하지만 초유는 다량의 항체를 함유하고 있는데 이는 신생아의 내장 점막을 통해 혈액으로 유입된다. 그러나 유입된 항체는 짧은 기간 동안만 방어작용을 수행하며 곧 사라진다.

반면에, **인공획득 적응성 면역(artificially acquired adaptive immunity)**은 백신 접종을 통해 항원을 받거나 면역성이 있는 혈청을 받을 때 획득된다. 백신접종이나 혈청을 주사기로 찌르는 것은 자연스런 과정이 아니다. 즉 이러한 면역은 인공적으로 획득된다.

능동과 수동 면역

면역이 자연적으로 또는 인공적으로 획득되는 것과는 상관없이 능동적일 수도 있고 수동적일 수도 있다. **능동면역(active immunity)**은 사람 자신의 면역체계가 T 세포나 항체 생성, 또는 다른 방어 수단을 활성화시켰을 때 일어난다. 이 면역은 일생동안 유지되기도 하고 몇 주, 몇 달, 몇 년 만 유지되기도 한다. 항체가 중심이 되는 면역의 유지 기간은 항체가 얼마나 지속적으로 생성되느냐에 달려 있다. **자연획득 적응성 면역(naturally acquired adaptive immunity)**은 사람이 감염체에 노출되었을 때 형성된다. **인공획득 적응성 면역(artificially**

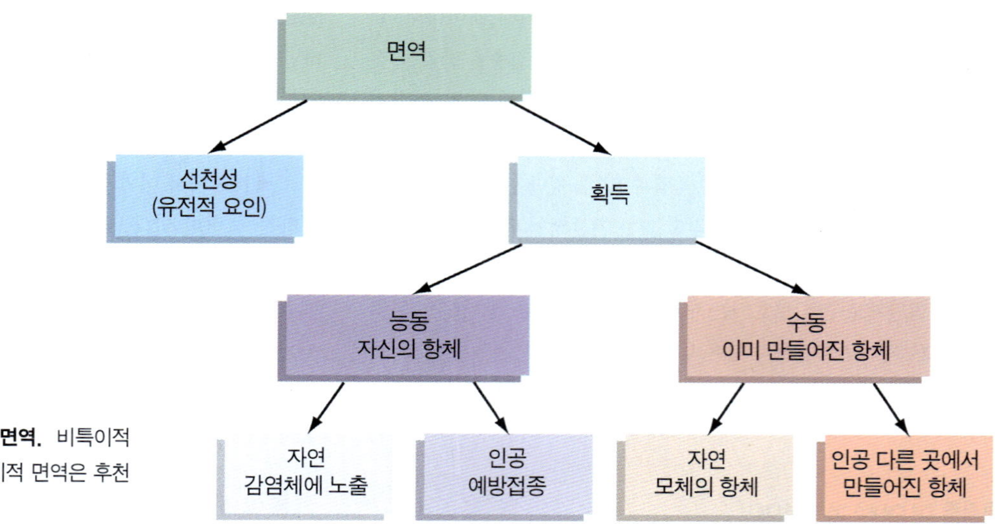

그림 17.1 다양한 유형의 면역. 비특이적 면역은 주로 선천성이며 특이적 면역은 후천성이다.

acquired adaptive immunity)은 사람이 살아 있는, 약화된, 죽은 병원체 또는 병원체의 독소가 포함된 백신에 노출되었을 때 부여된다. 이 2 종류의 능동면역에서, 숙주의 면역체계는 항원을 방어하기 위해 특이적으로 반응한다. 나아가, 면역체계는 일반적으로 반응했던 항원을 "기억하며" 재차 같은 항원이 들어올 때를 대비한 반응이 일어난다.

수동면역(passive immunity)은 이미 만들어진 항체가 체내로 들어올 때 나타난다. 이 면역은 수동적이다. 왜냐하면 숙주 자신의 면역체계가 항체를 생성하지 않기 때문이다. **자연획득 수동 면역 (naturally acquired passive immunity)**은 모체의 면역체계에 의해 생성된 항체가 자식에게 전달되어 나타난다. 출산부가 지속적으로 수유할 계획이 아닐지라도 며칠간은 수유를 권장한다. 왜냐하면 신생아는 초유를 통해 항체를 획득하기 때문이다. **인공획득 수동면역 (artificially acquired passive immunity)**은 이미 생성된 항체를 받은 경우이다. 예를 들어, 방울뱀에 물린 사람이 뱀독소에 대한 항체를 주입받을 수있다. 이 항체는 말이나 토끼와 같은 동물에서 생성된 것이다. 이러한 유형의 면역에서는 숙주의 면역체계가 작동되지 않는다. 이미 만들어진 항체나 제공된 면역은 몇 주에서 몇 달만 지속되다가 결국 소멸된다; 숙주의 면역체계는 새로운 항체를 생성할 수 없다. 여러 유형의 면역간의 관계가 **그림 17.1**에 예시되어 있다. 각 유형의 면역의 특징은 **표 17.1**에 요약되어 있다.

면역체계의 특성

항원과 항체

면역체계는 항원의 자극으로 그 작용이 시작된다. **항원 (antigen)**은 우리 몸이 낯설다고 동정하는 물질로 이것에 대해 면역반응이 일어난다. 면역원(immunogen)과 동일하게 여기기도 한다. 대부분의 항원은 큰 단백질 분자이며 복잡한 구조를 갖고 있고 분자량이 10 kd 이상이다. 탄수화물이나 당단백질(탄수화물과 단백질) 또는 핵단백질(핵산과 단백질)로 이루어진 항원도 있다. 단백질은 일반

표 17.1

면역 유형의 특징

특징	면역의 종류		
	선천성	능동 획득 면역	수동 획득 면역
작용물질	유전과 생리적 요인	항원에 의해 유도된 항체	이미 만들어진 항체
항체의 유래	없음	예방접종 되어있는 사람	모체의 혈장
유도 방법	유전적 발현	*자연적*: 질병에 걸림으로써 *인공적*: 백신을 접종함으로써	*자연적*: 태반이나 초유를 통해 항체를 받음으로써 *인공적*: γ글로불린 또는 면역 혈청을 받음으로써
면역이 일어나는 시간	항상 나타남	항원을 받은 후 5~14일	항체를 받은 후 즉시
면역의 지속 기간	평생	몇달~평생	몇일~몇주

적용

뉴스에서의 줄기세포

줄기세포는 죽거나 손상된 조직들을 대체하기 위해 사용된다. 줄기세포가 일단 특정한 장소에서 이식되면, 줄기세포는 일반적으로 그 장소에서 발견되는 유형의 기능적인 조직으로 분화된다. 줄기세포는 심장 발작에 의해 손상된 심장벽에 있는 근육을 재생시키고, 외상에 의해 손상된 뼈를 재생시키며, 죽은 뇌세포에 대해 도파민을 생산할 수 있는 뇌세포로 대체함으로써 파킨슨병을 치료하기 위해 사용되어왔다. 줄기세포 연구는 많은 논란의 대상이 되고 있다. 초기에는 유산된 태아로부터만 줄기세포를 얻을 수 있었는데, 많은 나라에서는 이러한 줄기세포를 사용한 연구와 치료를 금지했다. 나중에는 골수와 같은 성체 줄기세포가 발견되었고, 자신의 줄기세포를 치료에 사용할 수 있음이 밝혀졌다.

적으로 항원성(면역성)이 크다. 왜냐하면 탄수화물보다 좀 더 복잡한 구조로 되어 있기 때문이다. 크고 복잡한 단백질은 여러 개의 **항원결정기(epitope)**, 또는 **항원 결정인자(antigenic determinant)**라 불리는 부위를 갖고 있는데 여기에 항체가 결합한다.

항원은 바이러스, 세균, 사람의 세포 등의 표면에서 발견된다. 각 세포에 존재하는 항원의 정확한 화학적 구조는 DNA에 있는 유전정보에 의해 결정된다. 세균은 캡슐, 세포벽, flagella에 여러 항원을 갖고 있다. 이러한 항원에 대해 어떻게 인체가 반응하는지를 규명하는 것이 효과적인 백신을 제조하는데 크게 도움이 된다. 앞으로 알게 되겠지만, 적혈구에 있는 항원이 혈액형을 결정하고, 다른 사람의 세포에 있는 항원이 조직 이식에 대한 성공 여부를 결정한다.

합텐(hapten)이라 불리는 작은 분자는 큰 분자의 단백질과 결

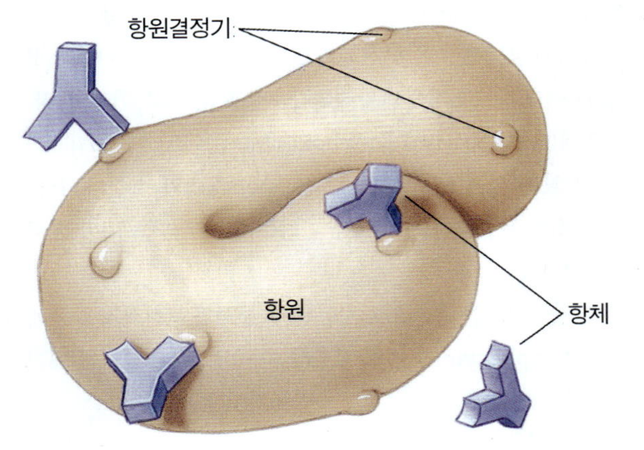

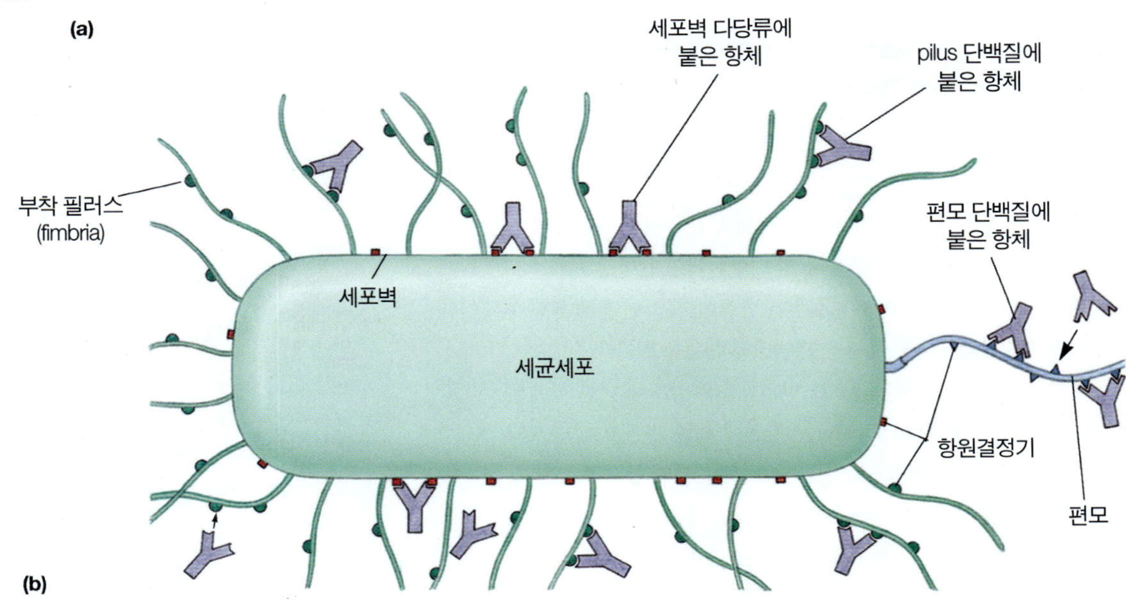

그림 17.2 전형적인 항원-항체 반응. (a) 항체는 epitope 또는 항원결정기라고 불리는 특정 화학 구조에 결합한다. **(b)** 그람 음성 박테리아 병원체는 아마도 여러 항원(면역원)을 갖고 있을 것이다(예를 들어 편모, 섬모, 세포벽). 각 항원은 여러 epitope를 갖고 있다. 대개 크고 복잡한 단백질 분자는 여러 개의 항원결정기를 갖고 있다.

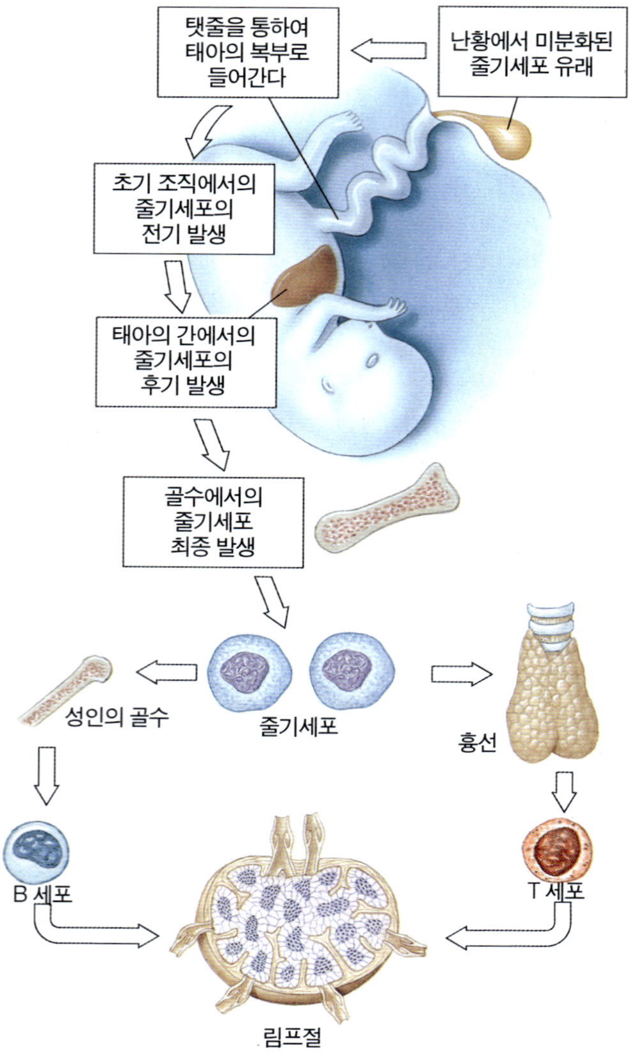

그림 17.3 줄기 세포가 B 세포와 T 세포로 분화. 각각 골수와 흉선에서 일어난다. 그 후 성숙한 림프구는 림프조직으로 이동한다.

합하면 면역성을 갖게 된다. 가끔 합텐은 체내 단백질과 결합하여 면역성을 갖기도 한다. 그러나 합텐 자신과 해당 체내 단백질은 스스로는 면역성이 없다. 예를 들어 페니실린은 합텐이다. 그런데 체내 단백질과 결합하면 강력한 과민성 반응인 앨러지 반응을 보인다.

외부 물질에 대한 가장 중요한 면역반응은 항원에 대한 항체를 생성하는 것이다. **항체(antibody)**는 항원에 대한 반응으로 생성되는 단백질로 항원에 특이적으로 결합한다. 각 종류의 항체는 특정 항원결정기에 결합하는데 이러한 결합은 항원을 반드시 비활성화시키는 것은 아니다. 전형적인 항원-항체반응이 그림 17.2에 모식화되어 있다.

항원과 항체의 농도에 대해 거론할 때 면역학자들은 타이터(titer)라는 말을 사용한다. 타이터란 주어진 반응을 일으키는데 필요한 물질의 양을 의미한다. 예를 들어, 어떤 항체의 타이터란 특정한 항원의 양을 중화시키는데 필요한 항체의 양을 가리킨다.

면역체계의 세포와 조직

특이적 면역반응은 림프구에 의해 이루어지는데 다른 백혈구나 적혈구, 혈소판과 마찬가지로 줄기세포로부터 유래한다. 초기 배발생 단계에서는 미분화된 줄기세포가 초기 혈액 섬(blood islands)이라 불리는 난황낭(yolk sac)에서 증식한다. 후에 이들은 제대(umbilical cord)를 통해 몸의 곳곳으로 이동하여 최종적으로 분화되어 특이적인 림프구가 된다.

줄기세포가 림프구로 분화하기 위해서는 면역체계 내 다른 조직의 영향을 받는다(그림 17.3). bursa에 해당되는 조직에서 분화, 성숙된 림프구는 **B 림프구(B lymphocyte**, 또는 **B 세포**라 지칭)로 된다. B 세포의 분화는 조류에서 처음 관찰되었는데 그 장소는 페브리어스소낭(bursa of Fabricius)이다(그림 17.4). 사람의 경우에는 페브리어스소낭에 해당되는 곳은 발견되지 않았고 골수에서 일어난다. B 세포는 몸의 여러 림프조직에서 발견된다 – 림프절, 지라, 편도선, 장-연관림프조직(gut-associated lymphoid tissues, GALT). GALT는 소화기관에 있는 림프조직으로 충수(appendix)와 소장에 있는 Peyer's patch를 포함한다. 혈액에 순환하는 림프구의 1/10이 B 세포로 알려져 있다.

일부의 줄기세포는 흉선으로 이동한 후 증식과 분화과정을 통해 **T 림프구(T lymphocyte**, 또는 **T 세포**라 지칭)로 된다. 성인이 되면

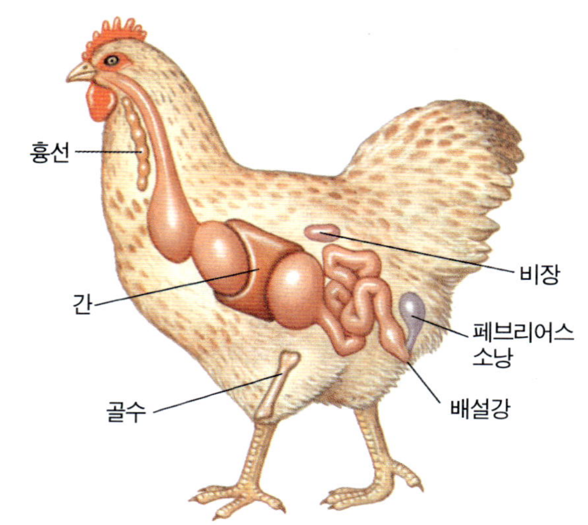

그림 17.4 페브리어스 소낭. 닭에서 B 세포가 발생하는 소낭이며 배설강의 위쪽에 자리잡고 있다.

표 17.2

사람 림프조직에서 B 세포와 T 세포의 비율[a]		
림프조직	B 세포 %	T 세포 %
소화기관에서 Peyer's patch와 림프조직	60	25
비장	45	45
림프절	20	70
혈액	10	75
흉선	1	99

[a] 100%가 되지 않는 경우는 일부 림프구가 아직 분화되지 않았기 때문임. E. J. Moticka. In R. F. Boyd and J. J. Marr(eds.), 1980. Medical Microbiology. New York: Little, Brown으로부터 발췌.

적용

체액성 면역 반응: 명칭의 의미는?

체액성 면역반응에서 체액성(humoral)이라는 용어는 체액(humor-umor로부터 옴, 라틴어로 "액체-liquid")이라는 단어에서 유래되었다. 이것은 원래 4가지 기본적인 체액을 가리켰다. 혈액, 담(가래), 황담즙, 흑담즙인데 고대 의사들은 건강한 삶을 누리기 위해 이들이 반드시 적절한 비율로 존재해야 한다고 믿었다. 만약 어떤 사람의 4가지 체액 중 하나라도 균형이 깨진 경우 "bad humor"라 불렀고 이 사람은 병에 걸릴 거라고 생각하였다. 이 획득 면역의 유형은 혈액 내를 순환하는 항체를 포함하고 있기 때문에 "체액성 면역반응(humoral immune response)"이라고 부르는 것은 타당성이 있는 것으로 보인다.

흉선은 크기가 줄어들지만 여전히 T 세포의 분화가 일어난다. 이 때 생성되는 세포의 수는 줄어든다. T 세포는 B 세포가 존재하는 림프조직에서 발견되며, 혈액에 순환하는 림프구의 약 3/4을 차지한다. 림프조직에서의 B 세포와 T 세포의 분포는 **표 17.2**에 요약되어 있다. 흉선에서 T 세포는 4가지 유형으로 분화된다: (1) 세포독성(킬러) T 세포[cytotoxic(killer) T cell], (2) delayed-hypersensitivity T cell, (3) 보조 T 세포(helper T cell), (4) 조절 T 세포(regulatory T cell). 이들 T 세포는 림프조직과 혈액으로 이동한다.

B 세포나 T 세포로 구별되지 않는 소수의 림프구가 조직이나 혈액에 존재하는데 **자연 살상 세포[natural killer(NK) cell]**가 이에 해당된다. 자연 살상 세포는 비특이적으로 암세포나 바이러스에 감염된 세포를 죽인다. 이 때 특이적인 면역반응은 일어나지 않는다. 세포독성 분자를 분비하여 자연적으로 죽이는데 표적세포의 세포막에 구멍을 내어 분해시키는 분자도 있고, 표적세포의 DNA를 조각내 **아팝토시스(apoptosis**, programed cell death)를 일으키는 분자도 있다. 인터페론은 자연 살상 세포의 성숙에 영향을 미친다.

면역체계의 이원성

림프구는 체액성 면역과 세포매개성 면역이란 2 가지 유형의 면역반응을 일으킨다. 일반적으로 체내에 들어온 외부 항원은 양쪽 면역반응이 일어나도록 자극한다.

체액성 면역(humoral immunity)은 혈액을 순환하는 항체에 의해 수행된다. 항원에 의해 자극되면 B 세포는 활성화되어 궁극적으로 항체를 분비한다. 체액성 면역은 세포밖에 존재하는 외부물질(세균의 독소, 세균, 그리고 세포안쪽으로 들어가기 전의 바이러스)의 방어에 우수한 효과를 보인다.

세포매개성 면역(cell-mediated immunity)은 T cell에 의해 수행된다. 세포매개성 면역은 세포수준에서 일어나는데 특히 항원이 세포 안에 들어와 있어 항체가 접근하기 어려운 경우에 유효하다. 이 면역은 바이러스에 감염된 세포를 제거하는데 탁월하며 이밖에 곰팡이, 기생충, 암세포, 이식된 조직에 대한 방어도 수행한다.

면역반응의 일반적인 원리

체액성 면역과 세포매개성 면역 반응은 다음의 공통적인 특징이 있다: (1) 자기와 비자기의 구별, (2) 특이성, (3) 다양성, (4) 기억. 각각에 대해 구체적으로 알아보겠다.

자기 / 비자기의 구별

면역체계가 외부물질에 반응하기 위해서는 숙주의 조직과 숙주에 이질적인 물질을 반드시 구별하여야만 한다. 면역학자들은 정상적인 숙주의 물질을 **자기(self)**라 하고 외부물질을 **비자기(nonself)**라고 부른다. **클론선택가설(clonal selection hypothesis)** **(그림 17.5)**은 Frank Macfarlane Burnet에 의해 1950년대에 처음으로 제안되었는데 면역체계가 자기와 비자기를 구분하는 방법을 설명하고 있다. 이 가설에 따르면, 배아는 수많은 림프구를 갖고 있으며 각각은 특정항원을 인지할 수 있도록 유전적으로 프로그램화 되어 있고 항체를 만들어 그 항원을 제거한다. 어떤 림프구가 발생을 마친 후에 항원을 만나서 인지하면 반복적으로 분열하여 하나의 클론을 형성하는데 이 클론은 같은 항체를 생성할 수 있는 동일한 자손 세포 집단을 이룬다. 만약에 발생도중에 정상적인 숙주의 물질(자기)를 만나면 림프구는 파괴되거나 비활성화된다**(그림 17.6)**. 이러한 기작으로 숙주의 조직을 파괴하는 림프구를 제거하여 자기에 대한 **관용(tolerance)**를 이루게

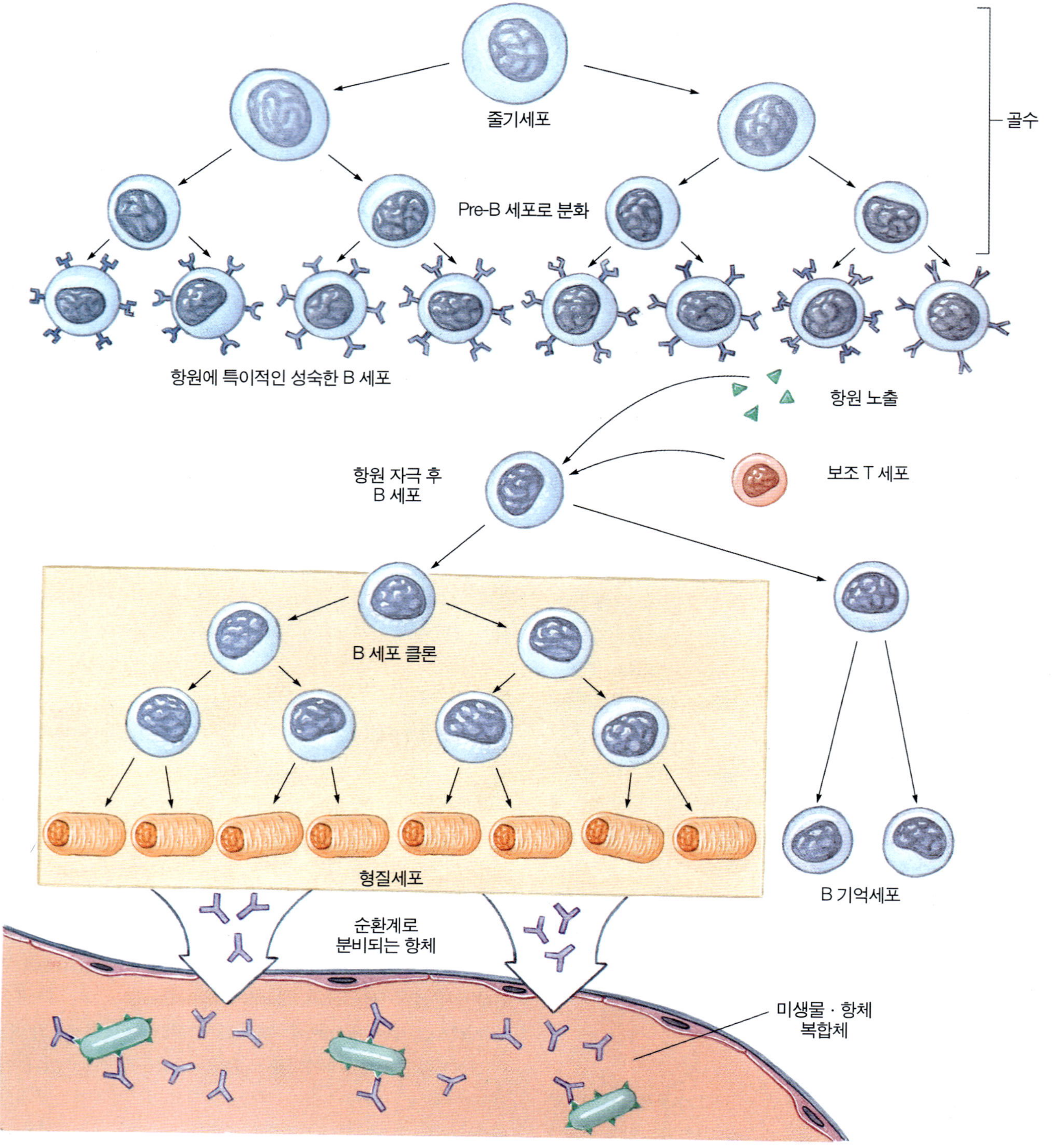

그림 17.5 클론 선택 가설. 이 이론에 따르면, 수많은 B 세포 중 하나가 특정한 항원에 반응하고 분열을 시작한다. 이로 인해 동일한 B 세포(클론) 군이 나타난다. 이 세포들은 최초의 항원결정기를 인지했던 항체만을 생성한다.

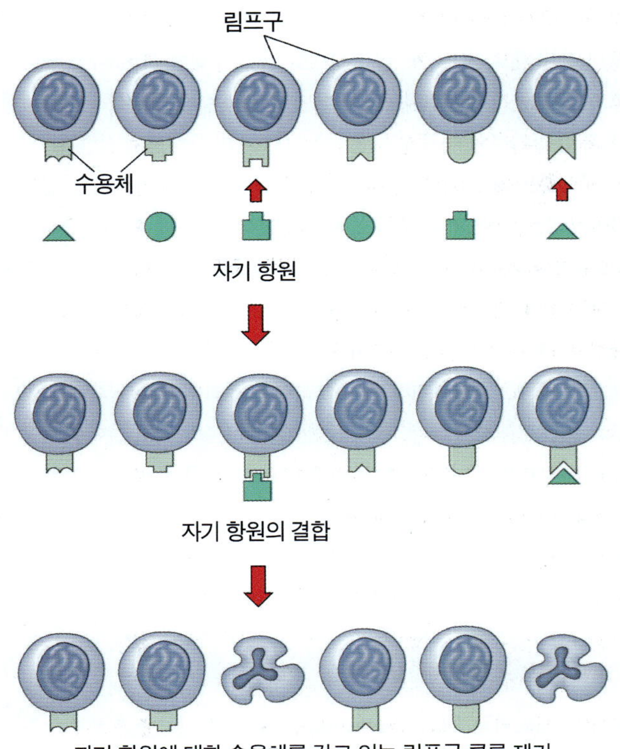

그림 17.6 클론 제거. 골수와 흉선에서 일어나는 이 과정으로 자기 항원을 인지하는 수용체를 갖고 있는 림프구가 제거된다. 림프구가 자기 항원과 결합하면 클론 제거 현상이 일어난다. 이 림프구는 세포핵의 응축과 분해로 죽게 된다. 자기항원 수용체가 없는 림프구는 살아 남는다.

된다. 또한 생존된 림프구는 선택되어 후에 숙주를 외부물질로부터 보호한다.

관용 현상은 종양 제거 후 방사선 치료나 기관이식 거부를 막기 위한 면역억제제 투여를 통해서도 획득될 수 있다. 이식거부를 주도하는 외부물질을 인지하지 못해 반응하지 못하게 되면 이에 따라 감염체에 대한 반응도 일어나지 않는다.

특이성

2살~3살 정도가 되면 면역체계는 완성되는데 수많은 외부물질을 비자기로 인지할 수 있다. 또한, 각 외부물질에 대해 다른 식으로 반응한다. 이러한 면역체계의 특징을 **특이성(specificity)**이라 부른다. 특이성 때문에 각 반응은 특정 외부항원에만 제한되고 다른 외부항원에 대해서는 일반적으로 상관이 없다. 그러나 특정 항체가 유사한 항원과 반응하는 **교차반응(cross-reaction)**이 일어나기도 한다. 예를 들어, 매독을 일으키는 세균은 사람의 심근 세포에 있는 합텐을 갖고 있다. 양 쪽에 있는 담체(carrier) 분자는 다르다. 그럼에도 불구하고 이 특정 합텐에 대한 항체는 심근 세포에 반응한다. 교차반응은 세균 사이에서도 일어난다. 예를 들어, 폐렴균 3 균주는 각각 A, B, C 항원을 발현하는데 A 항원을 발현하는 균주에 감염되어 회복된 사람은 항 A 항체를 갖게 되는데 이 사람은 B나 C 항원을 발현하는 균주의 감염에 약간의 저항성이 있다. 왜냐하면, 항 A 항체는 B나 C 항원과 교차반응하기 때문이다.

T 세포와 B 세포의 특이성은 항원과 만나기 이전에 일어나는데, B 세포는 골수에서 성숙하는 중에 그리고 T 세포는 흉선에서 성숙하는 중에 무작위적인 유전자의 재배열에 의해 결정된다.

다양성

면역체계가 특이적으로 반응하는 능력으로 특정 항원을 공격할 수 있다. 그러나 일생동안 사람은 수많은 외부 항원을 만나게 된다. **다양성(diversity)**이란 특징은 면역체계가 다양한 종류의 항체와 T 세포 수용체를 만드는 능력을 말하는데 이 들 각각은 다른 항원결정기(antigenic determinant)와 반응한다. 세균이나 외부 항원들은 한 종류 이상의 항원결정인자를 갖고 있는데, 면역체계는 각 항원결정인자에 대해 다른 항체를 생성한다. 면역체계는 한번도 만나지 않은 새로운 외부 항원에 대해서도 항체를 생성할 수 있다. 항원에 대한 노출이 항체와 T 세포 수용체의 다양성을 이루는데 필요하지 않다. 멸균상태에서 사육된 실험 동물도 여전히 다양한 수용체를 갖고 있는 B 세포와 T 세포를 보유하고 있다. B 세포는 10억 이상의 항원결정기나 항원에 대한 항체를 만들 수 있다고 추정된다.

기억

특이적으로 다양한 항원에 반응하는 능력이외에 면역체계는 **기억(memory)**하는 특징이 있다—즉, 이전에 만났던 물질을 인지할 수 있

적용

저 바이러스를 죽여라! 나 말고!

마우스의 치명적인 뇌수막염에서, 뇌는 바이러스와 싸우기 위해 생성된 림프구가 죽은 고름으로 덮혀 있다. 뇌의 손상은 바이러스가 아니라 림프구 때문에 일어난다. 출생 전에 바이러스로 감염된 마우스에서는, 성숙중인 면역체계는 이 바이러스를 "자기(self)"로 인지하는 것을 배워, 이 바이러스를 공격하지 않는다. 면역 반응이 일어나지 않으면, 바이러스는 모든 조직에 침투하지만 해를 입히지는 않는다. 그러나, 만약 후에 마우스가 정상적인 림프 조직을 이식받고 내성을 획득하지 않으면, 바이러스는 면역 반응을 유도한다. 이식된 림프조직으로부터 유래한 림프구는 뇌에 침투하여 손상을 입힌다. (우리는 다음 장에서 침투한 미생물에 의한 질병이 아니라 몸의 방어에 의한 질병의 경우에 대해 알아볼 것이다.)

표 17.3

특이적인 면역의 중요한 특징

특징	설명
자기와 비자기의 인지	면역체계가 숙주조직에 대하여 관용을 보이는 능력과 반대로 외부 물질을 인지하고 파괴하는 능력은 대개 배 발생과정 중 림프구 클론의 제거로 이루어진다.
특이성	면역체계가 외부 물질에 대해 특이하게 반응하는 능력
이질성	수 없이 많은 다양한 외부 항원에 대해 반응하는 면역체계의 특징
기억	면역체계가 이전에 반응한 외부 물질을 재차 인지하고 빠르게 반응하는 능력

다. 이러한 특징으로 면역체계는 한번 반응했던 항원에 대해 신속하게 방어할 수 있다. 첫 번째 항원을 만났을 때 항체를 생성하면서 동시에 면역체계는 **기억세포(memory cell)**을 만들어 수년 또는 수십년 동안 남아 있다가 신속하게 항체 생성을 시작할 수 있다. 결과적으로, 면역체계는 첫 번째 노출되었을 때 보다 두 번째 또는 그 이후에 노출되었을 때 훨씬 빠르게 항원에 반응한다. 이러한 기억세포의 불러들임에 의한 신속한 반응을 **회상반응(anamnestic response**, 2차 반응)이라 부른다. **표 17.3**에 **특이면역(specific immunity)**의 특성에 대해 요약되어 있다. 이러한 특성을 염두에 두고 체액성 면역과 세포매개성 면역에 대해 좀더 구체적으로 알아보도록 하자.

중점 질문 사항

1. 능동 면역과 수동 면역을 구별하시오. 각각의 예를 드시오.
2. 선천 면역과 획득 면역을 구별하시오. 각각의 예를 드시오.
3. 항원, 항원결정기, 합텐의 차이점은 무엇인가?
4. 세포성 면역과 체액성 면역을 구별하시오.

체액성 면역

체액성 면역은 첫째 B 세포가 특정 항원을 인지하는 능력이 중요하며, 둘째는 항원에 대해 몸을 보호하는 반응을 개시하는 것이 중요하다. 대부분의 경우 항원은 감염체의 표면이나 감염체가 생성하는 독소에 있다. 가장 흔한 반응은 항체를 생성하여 항원을 불활성화시켜 궁극적으로 감염체를 파괴하는 것이다.

B 세포는 세포막에 특이한 항체를 갖고 있는데 특정 항원에 즉시 결합할 수 있다. 항원의 결합은 B 세포를 **감작(sensitize)**시키거나, 활성화시켜 세포가 여러 차례 분열하도록 한다. 자손 세포는 기억세포로 일부 되고, 대부분은 형질세포로 된다. **형질세포(plasma cell)**는 크기가 큰 림프구이며 세포막에 있던 동일한 항체를 생성하여 분비한다. 활발한 하나의 형질세포는 초당 2,000개의 항체를 생성한다.

B 세포 표면에서 항체와 결합된 항원은 세포 안으로 함입되어 가공과정을 통해 짧은 조각으로 분해된다. 이 조각은 주조직복합체 II(major histocompatibility complex II, MHC II) 분자와 결합하여 B 세포 표면에 나타난다. 이를 항원을 제시(*presenting*)한다고 한다. 대식세포와 수지상세포도 이와 같이 항원을 제시할 수 있다. T 세포는 항원과 MHC II를 인지하는데, 그러면 활성화되어 궁극적으로 인터루킨 2(IL-2)를 생성한다. 항원을 제시한 B 세포와 직접 결합한 보조 T 세포는 B 세포를 자극하여 증식이 이루어지도록 하며 B 기억세포(B memory cell)가 형성되도록 한다. 보조 T 세포의 도움이 없이 B 기억세포가 형성되지 않는다. 어떻게 T 세포가 이와 같은 기능을 하는지에 대해서는 뒤에서 설명하기로 하자.

항체(면역글로불린)의 특징

항체[또는 **면역글로불린(Immunoglobulin, Ig)**]의 기본적인 단위는 Y-모양의 단백질이며, 4개의 폴리펩티드-2개의 동일 **경사슬 [light(L) chain]**과 2개의 동일 **중사슬 [heavy(H) chain]**으로 구성되어있다**(그림 17.7)**. 하나의 Y-모양의 분자를 단량체(monomer)라 부른다. 2 종류의 사슬은 이산화항결합으로 연결되어 있고 불변부위(constant region)와 가변부위(variable region)로 이루어져 있다. *불변부위*의 화학적인 구조가 면역글로불린의 종류를 결정한다. 각 사슬의 *가변부위*는 특이한 형태와 전하를 갖고 있는데 특정 항원과 결합하도록 한다. 각각의 면역글로불린은 L과 H 사슬의 끝에 있는 가변부위에 한쌍의 독특한 항원 결합부위를 갖고 있다. 하나의 B 세포 표면에 있는 여러 수용체의 항원결합 부위의 구조는 똑같다. 한 B 세포로부터 형성된 형질세포는 동일한 면역글로불린을 생성한다. 항체에 파파인 효소를 처리하면 이음매 부분이 분해되어 2개의 *Fab*(항원결합 조각)와 1개의 Fc(결정화 조각)로 나뉜다. Fab 부분은 항원결정기와 결합한다. Y의 꼬리에 해당하는 H 사슬의 Fc 부분은 보체(complement)와 결합하여 이를 활성화시킬 수 있고, 앨러지 반응이나 식세포의 옵소닌화에 관여하는 기능이 있다.

면역글로불린의 종류

사람과 다른 고등척추동물에는 5 가지의 면역글로불린 종류가 존재한다**(표 17.4)**. 각 class는 특정한 불변부위를 갖고 있는데 이를 기준으로 종류가 구분된다. 5개의 종류는 IgG, IgA, IgM, IgE, 그리고 IgD이다**(그림 17.8)**.

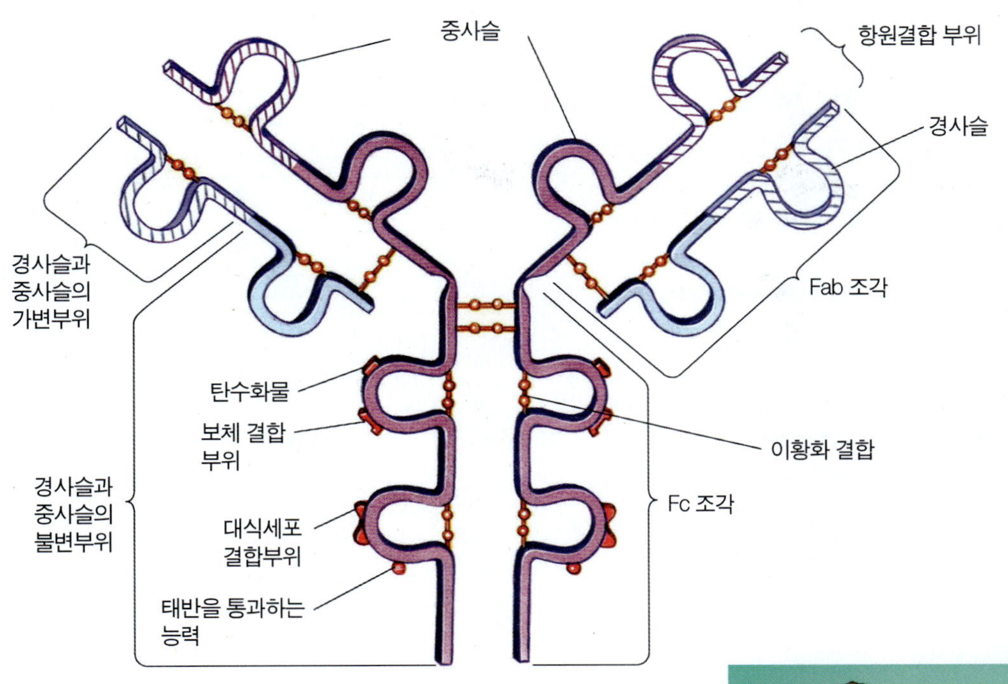

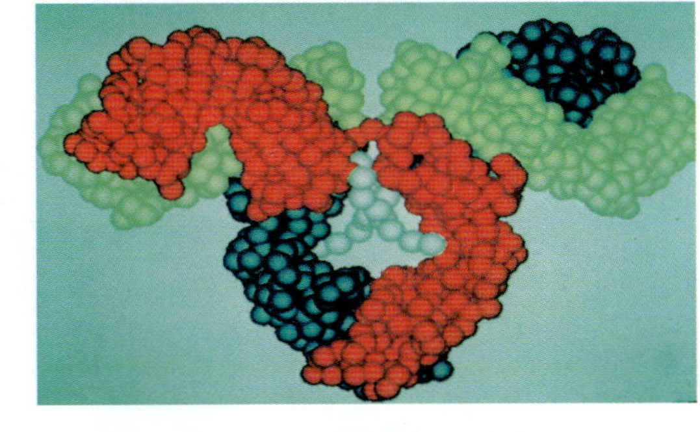
(b)

그림 17.7 항체의 구조. **(a)** 혈청에 가장 흔한 항체(면역글로불린)분자의 기본 구조는 Y 모양이며 이는 이황화결합으로 연결된 두 개의 중사슬과 두 개의 경사슬로 이루어져 있다. 경사슬과 중사슬의 가변부위를 구성하고 있는 Y 구조의 상단은 항체마다 그 구조가 다르다. 이러한 가변부위는 두 개의 항원결합부위를 형성하며(Fab 조각부위) 항체의 특이성을 결정한다. 항체의 나머지 부분의 구조는 종류마다 다르지만 종류 내에서는 항원의 인지 특이성과는 관계없이 동일하다. Fc 조각은 항체의 기능을 결정한다. **(b)** 항체 구조의 컴퓨터 모델. 두 개의 경사슬은 녹색이고, 중사슬 하나는 적색, 그리고 다른 하나는 청색으로 나타내었다. (R. Feldman/Visuals Unlimited)

IgG subclass의 구조는 소수의 아미노산에서 차이를 보이는데 각각의 생물학적인 작용에 영향을 미친다.

IgG, 혈액에 존재하는 종류 중 가장 많으며, 혈장 단백질의 20% 정도를 차지한다. 또한 IgG는 2차 면역반응에서 가장 많이 생성되는 항체이다. IgG의 항원결합부위는 병원체의 항원에 부착하고 항체의 꼬리 부분은 식세포 표면에 있는 수용체에 부착한다. 따라서, IgG에 의해 둘러싸인 병원체는 식세포에 의해 강하게 흡수된다. H 사슬의 꼬리 부분은 보체(complement)를 활성화시키기도 한다. 보체는 ◀16장에서 설명하였듯이, 미생물을 분해하거나 식세포를 유인하여 활성화시킬 수 있는 여러 단백질로 구성되어 있다.

IgG는 태반을 통해 모체에서 태아로 전달되는 유일한 종류(isotype)이며 태아를 보호하는 역할을 한다. 모유에도 IgG는 존재한다.

매일 사람은 5-15g의 분비성 IgA를 점막으로 분비한다.

IgA는 혈액에는 소량 존재하며 대부분은 눈물, 모유, 타액, 그리고 소화기, 호흡기, 비뇨생식기의 안쪽에 있는 점액질(mucus)과 같은 곳에 분비된다. 혈액에서는 2개의 H 사슬과 2개의 L 사슬이 한 단위로 되어 있는 단량체로 존재하며, 소량의 2량체, 3량체, 4량체가 존재한다. 분비성(secretory) IgA는 2량체로 J 사슬에 의해 결합되어 있으며 여기에 **분비성분(secretory component)**이 부착되어 있다. 이 성분은 IgA의 세포 통과를 가능하게 하며 IgA를 공격하는 단백질 가수분해 효소로부터 보호하는 기능이 있다. 호흡기, 비뇨생식기, 소화기의 점막 표면은 병원체의 중요한 침투 부위이다. IgA의 주 기능은 병원체의 항원에 결합하여 이들이 조직에 침투하는 것을 차단하는 일이다. IgA는 태반을 통과하지 못한다. 그러나 초유에는 다량 존재하여 신생아에게 면역기능을 부여한다.

적용

B 세포는 다양한 항체를 어떻게 구축하나

어떻게 B 세포는 접촉하는 거의 모든 외부 항원에 대한 항체를 만들 수 있을까? 이러한 다양성에 대한 열쇠는 각 B 세포에 있는 면역글로불린 유전자에 있다. B 세포가 골수에서 발생될 때, 각 항체 유전자의 조각이 무작위적으로 서로 만난다.

배 발생단계에서, 각각의 중사슬과 경사슬의 불변부위를 코딩하고 있는 상대적으로 적은 유전자 조각은 가변부위를 코딩하고 있는 수백 개의 유전자 부위와 인접해 있지 않다. 어떻게 경사슬이 만들어지는지 알아보자.

경사슬은 특정한 가변(V) 유전자 조각과 불변(C) 유전자 조각을 분리하고 있는 DNA가 제거될 때 형성되는데, 2개의 유전자 조각은 접합(J) 유전자 조각에 의해 연결된다. 이제 연결된 유전자 조각은 하나의 긴 DNA 서열의 기능적인 경사슬 유전자가 된다. 중사슬도 동일한 방식으로 형성된다. 전사와 번역과정을 거쳐, 경사슬 폴리펩티드가 생산된다. 경사슬 폴리펩티드들은 중사슬 폴리펩티드와 결합하여 기능적인 항체 분자가 된다. 그리하여, 항체 결합 부위의 다양성은 가변 부위 유전자 조각의 무작위적인 조합에 의해 가능하며 이들 가변 부위 유전자는 불변 유전자 조각과 결합하여 경사슬과 중사슬을 만든다.

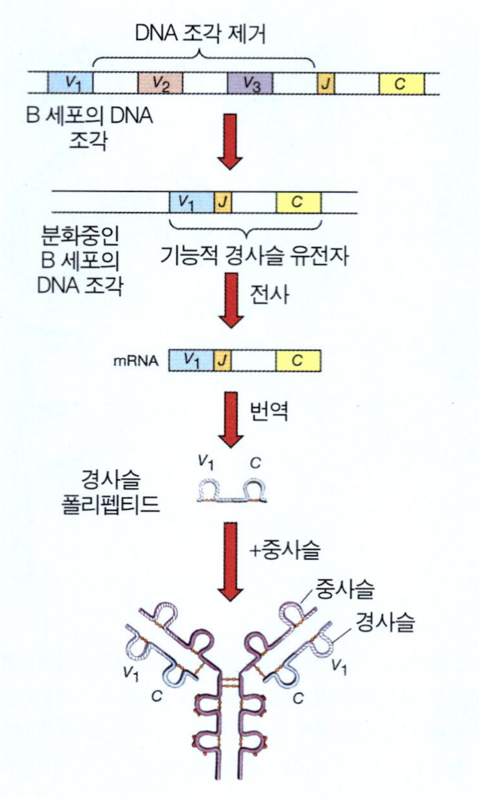

표 17.4

항체의 특성

특성	면역글로불린의 클래스 IgG	IgM	IgA	IgE	IgD
	중사슬, 경사슬	J 사슬	비분비성, 분비성, 분비조각		
단위	1	5	1 또는 2	1	1
보체의 활성	유	유, 강함	유	무	무
태반의 통과	유	무	무	무	무
식세포와의 결합	유	무	무	무	무
림프구와의 결합	유	유	유	유	무
비만세포와 호염구와의 결합	무	무	무	유	무
혈청에서의 반감기(일)	21	5-10	6	2	3
혈청 내 비율	75-85	5-10	10	0.005	0.2
장소	혈청, 혈관 밖, 태반 통과	혈청과 B 세포 세포막	상피 세포를 통과하여 이동	혈청과 세포 밖	B 세포 세포막

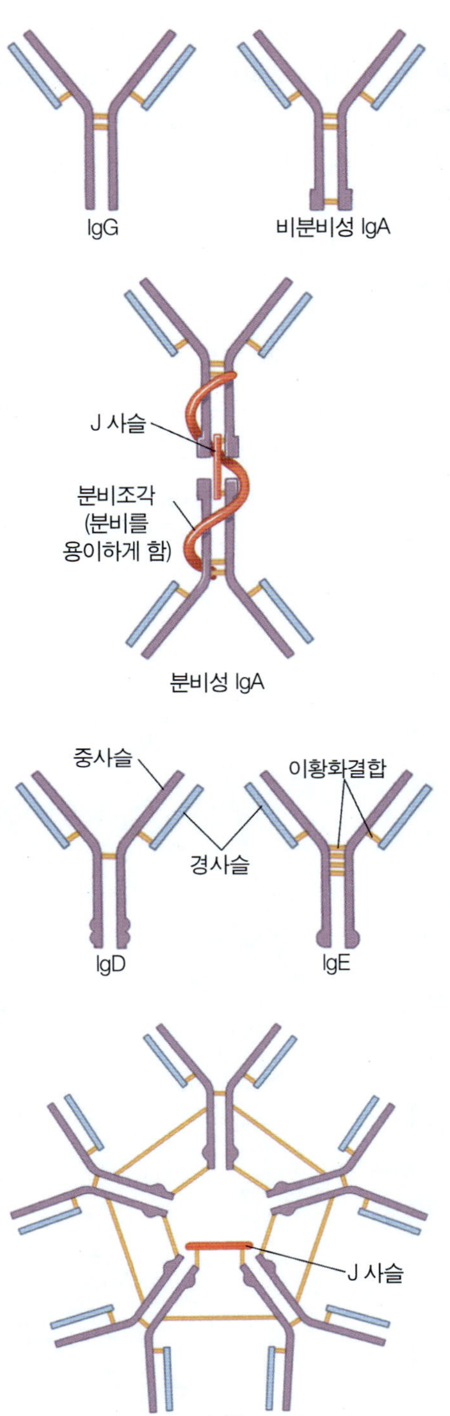

그림 17.8 여러 항체 class의 구조.

IgM은 B 세포 표면에는 단량체로 발견되고 형질 세포에 의해 분비되는 형태는 5량체이다. 1차면역반응의 초기에 혈액에 분비되는 최초의 항체이다. 5량체의 IgM은 J 사슬에 의해 꼬리 부분이 서로 결합되어 있어서 10군데의 항원결합부위를 갖고 있다. IgM이 항원에 결합하면 보체를 활성화시킬 수 있으며 미생물을 응집시킨다. 이러한 작용이 아마도 감염체에 대한 면역체계의 최초의 실행 결과일 것이다. IgM은 일생 중 태아에서 생성되는 최초의 항체이며 또한 유전되는 ABO 혈액형에 대해 형성되는 항체이다. IgM[M은 macromolecule(거대분자)를 뜻함]은 크기가 커 태반을 통과하지 못하며 대부분 혈액안에 머물고 있다. IgM이 높은 수준으로 존재한다는 것은 최근에 감염되었거나 항원에 노출되었음을 나타낸다.

IgE(reagin이라 부르기도 함)는 혈액에 있는 호염구나 조직에 있는 비만세포(mast cell)의 세포막에 있는 수용체와 특별한 친화도가 있다. IgE의 꼬리 부분은 이 세포들에 부착하고, 항원결합부위는 의약품, 꽃가루, 음식물 등과 같은 항원과 결합하여 앨러지 반응을 일으킨다. 자극을 받은 호염구나 비만세포는 히스타민과 같은 여러 물질을 분비하여 앨러지 증상을 일으킨다. ◀18장에서 보여줄 천식과 건초열은 IgE가 매개하여 일어나는 가장 흔한 앨러지이다. 앨러지 환자와 기생충에 감염된 사람에서 IgE 수치가 높게 나타난다. IgE는 혈액에 거의 나타나지 않으며 조직 체액에 주로 나타난다.

IgD는 거의 유일무이하게 B 세포 표면에 IgM과 함께 나타나며 거의 분비되지는 않는다. 항원의 수용체로 사용되며 그 기능은 명확하지 않다.

면역학자들은 항원과 항체의 농도를 거론할 때 타이터라는 용어를 흔히 사용한다. 타이터는 특정 부피의 체액에 포함된 물질의 양(농도)이다. 예를 들어, 감염이 진행되는 동안에 그 사람의 항체 타이터(혈청에 존재하는 항체의 농도)는 대개 증가한다. 증가된 항체 타이터는 체내에서 면역반응이 일어났다는 좋은 증거이다.

1차반응과 2차반응

체액성면역에서 항원에 대한 **1차반응(primary response)**은 B 세포가 그 항원을 처음으로 인지하였을 때 일어난다. 항원을 인지한 B 세포는 증식하고 분화되어 형질 세포로 되어 항체를 생성하기 시작한다. 며칠이 지나 항체는 혈장에 나타나기 시작하여 1주에서 10주에 걸쳐 양이 증가한다. 최초로 나타나는 항체는 IgM이며 직접 항원에 결합한다. 사이토카인의 영향을 받아 IgM을 만드는 B 세포는 운명이 바뀌어 IgG를 생성하는 형질 세포로 전환된다. IgM 생성이 줄어들면서 IgG 생성이 급격히 증가되며, 궁극적으로는 이 또한 생성이 점점 줄어들어 사라진다. 그러나, B 세포는 증식되어 기억세포로 되어 림프조직에 지속적으로 남아 있게 된다. 기억세포는 1차반응에서 관여하지 않지만 특정 항원을 인지할 수 있으며, 수개월에서 수년동안 생존할 수 있다.

항원이 기억세포에 의해 인지되면 **2차반응(secondary response)**이 일어난다. 처음 항원을 인지하던 B 세포 클론보다 숫자가 훨씬 많은 기억세포의 존재로 인해 1차반응보다 2차반응이 더 빠르게 일어난다. 일부의 기억세포는 증식하여 형질 세포로 되며, 나머지 기억세포는 증식하여 더 많은 기억세포로 된다. 형질 세포는 빠르게 그리고 다량의 항체를 생성한다. 2차반응에서도 1차반응과 같이 IgG를 생성하기 전에 IgM을 생성한다. 그러나 IgM은 적은 양을 짧은 기간동안만 생성하고 곧바로 1차반응 때 보다 훨씬 많은 IgG를 생성한다. 결과적으로, 신속하게 IgG 생성량이 증가하는 2차반응의 특징이 나타난다. **그림 17.9**에 1차반응과 2차반응이 비교되어 있다.

B 세포의 1차반응은 2가지 기작에 의해 일어난다. 첫 번째, B 세포는 항원에 의해 활성화되고, 증식되어 형질 세포로 될 수 있는데, 이 과정에 보조 T 세포(TH)는 관여하지 않는다. 이러한 항원을 **T-비의존적 항원(T-independent antigen)**이라 부른다. 이러한 반응에서는 보통 IgM 항체만 생성되고 B 기억세포가 생성되지 않는다. 대부분의 항원의 경우 B 세포는 같은 항원을 인지하는 TH의 도움이 필요하다. 이러한 항원을 **T-의존적 항원(T-dependent antigen)**이라 부른다. 이 반응에서 B 세포는 항원제시세포로 작용하며 TH과 접촉하게 된다. 활성화된 TH 세포는 사이토카인을 분비하여 B 세포를 활성화시켜, 증식, 분화 과정을 통해 기억세포와 형질 세포를 생성한다. 또한 항체전환(class switching) 현상을 일으켜 IgG 항체가 생성되도록 한다(그림 17.9).

항원-항체 반응의 여러 유형

체액성면역의 항원-항체반응은 세균의 감염을 방어하는데 대단히 유용하다. 또한 세포에 아직 침투하지 않은 독소나 바이러스를 중화시키기도 한다. 항체의 방어 유형은 병원체와 관련되어 인지하는 항원에 따라 결정된다.

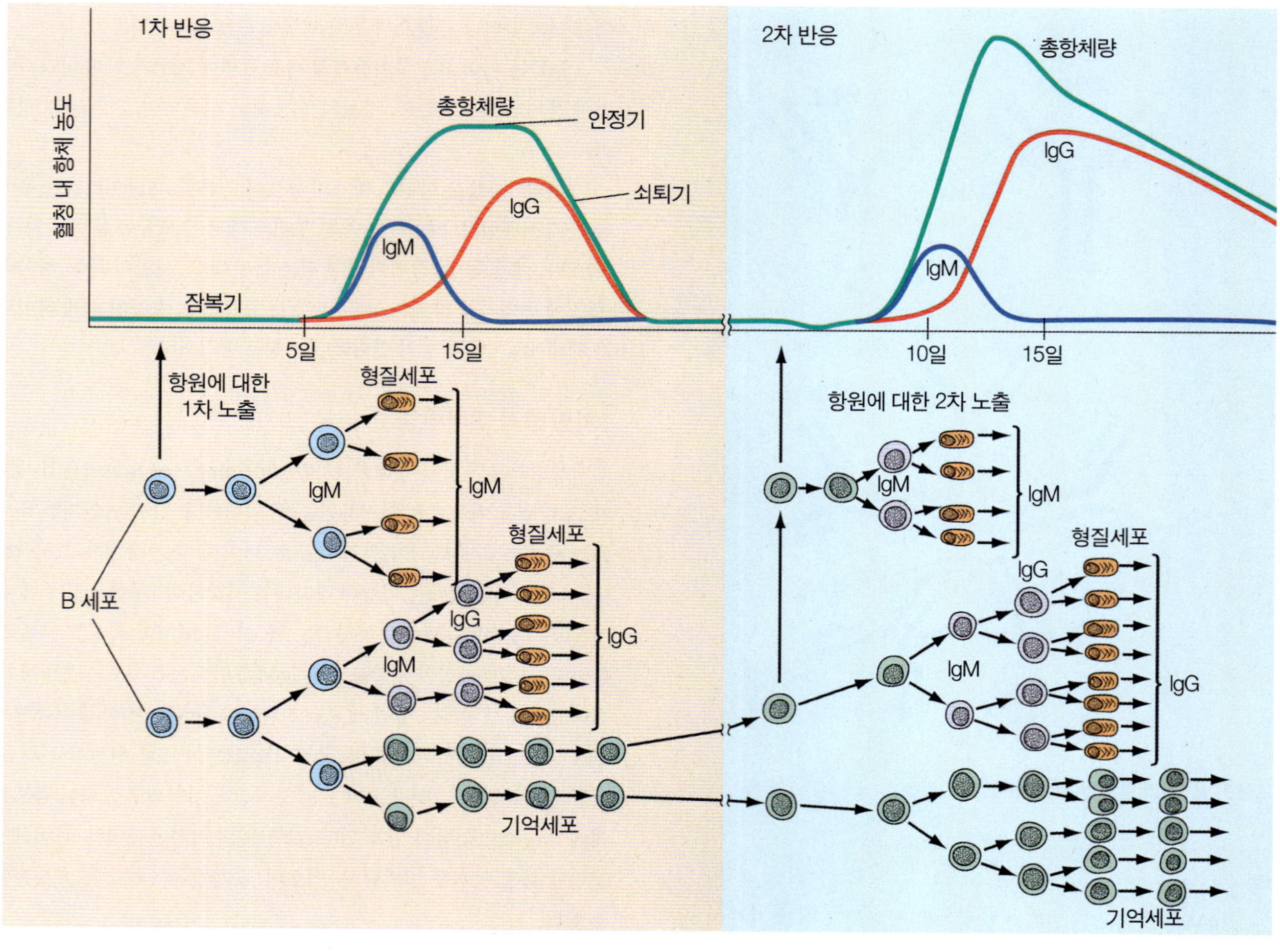

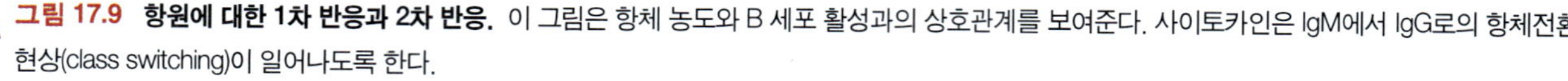

그림 17.9 항원에 대한 1차 반응과 2차 반응. 이 그림은 항체 농도와 B 세포 활성과의 상호관계를 보여준다. 사이토카인은 IgM에서 IgG로의 항체전환 현상(class switching)이 일어나도록 한다.

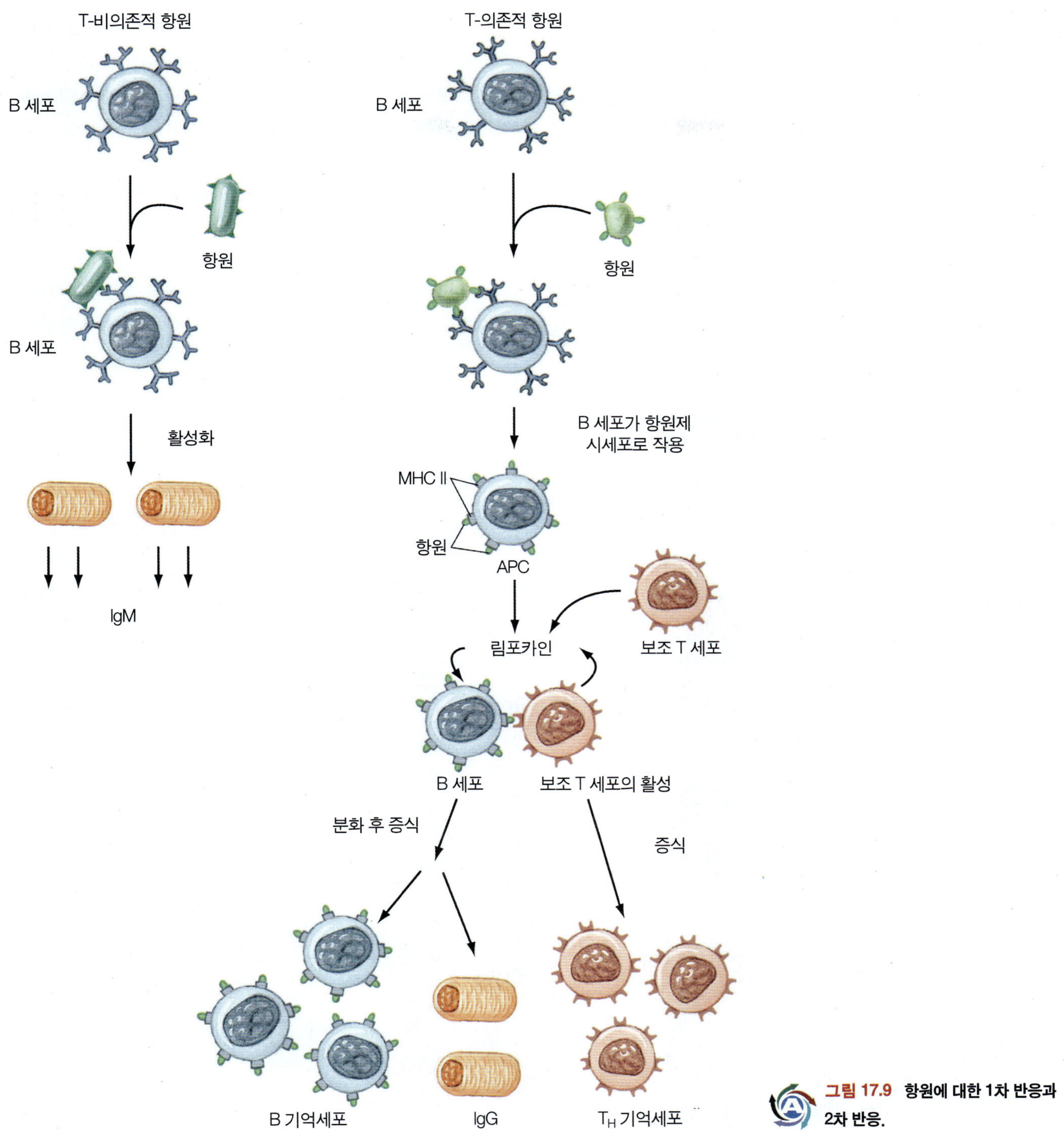

그림 17.9 항원에 대한 1차 반응과 2차 반응.

감염하기 위해 세균이나 바이러스는 반드시 세포 표면에 부착하여야만 한다. 눈물, 콧물, 침과 같은 분비물에 있는 IgA 항체는 미생물 항원에 결합하여 이들이 점막에 부착하지 못하도록 한다.

IgA의 방어작용을 피해 조직으로 들어온 미생물은 림프절이나 점막조직에서 IgE를 만난다. 내장점막조직(gut-associated lymphoid tissue, GALT)은 다량의 IgE를 분비하여 비만세포에 결합하는데, 이 세포는 히스타민을 비롯한 여러 물질을 분비하여 염증 반응을 일으키고 증폭시킨다. 여기에 IgG 항체와 보체도 손상된 조직에 유입된다.

림프조직에 도달한 미생물이 B 세포에 의해 인지되지 않으면 대식세포가 작용하여 B 세포에 항원을 제시한다. 항원을 인지한 B 세포는 항체를 생성하게 되는데 대개 보조 T 세포의 도움이 필요하다. 미생물에 존재하는 항원과 결합한 항체는 항원-항체 복합체를 형성한다.

이러한 항원-항체 복합체의 형성은 감염체를 비활성화시키는데 중요하다. 왜냐하면 이 과정이 감염체를 제거하는데 필요한 첫 단계이기 때문이다. 그러나 비활성화시키는 방법은 다양하며 이는 항원의 성격과 항체의 종류에 의해 결정된다. 이러한 비활성화 방법에는 응집, 옵소닌과정, 보체의 활성, 세포 파괴, 중화 등이 있다. 이와 같은 반응은 몸 안에서 일어나는데 실험실에서도 일어나게 할 수도 있다. 여기에서는 주로 병원체의 제거(파괴)라는 측면에서만 다루고자 한다. 실험실에서 응용하는 법에 대해서는 ◀18장에서 좀더 자세히 다룰 것이다.

세균 세포는 비교적 크기가 커서 항체와 결합되면 **응집(agglutination)**된다. IgM은 강한 응집현상을 보이며 IgG는 상대적으로 약한 응집현상을 보인다. 응집현상은 육안으로 관찰이 가능하여 항체나 항원의 존재를 확인하는데 사용될 수 있다. 일부 항체는 옵소닌으로 작용한다(◀16장 p. 480). 즉, 독소를 중화하고 미생물을 둘러싸 식작용이 되도록 하는 옵소닌작용을 한다.

보체는 ◀16장에서 다룬 바와 같이 감염체를 불활성화시키는데 관여하는 중요한 성분이다. IgG와 IgM은 강력하게 보체를 활성화시

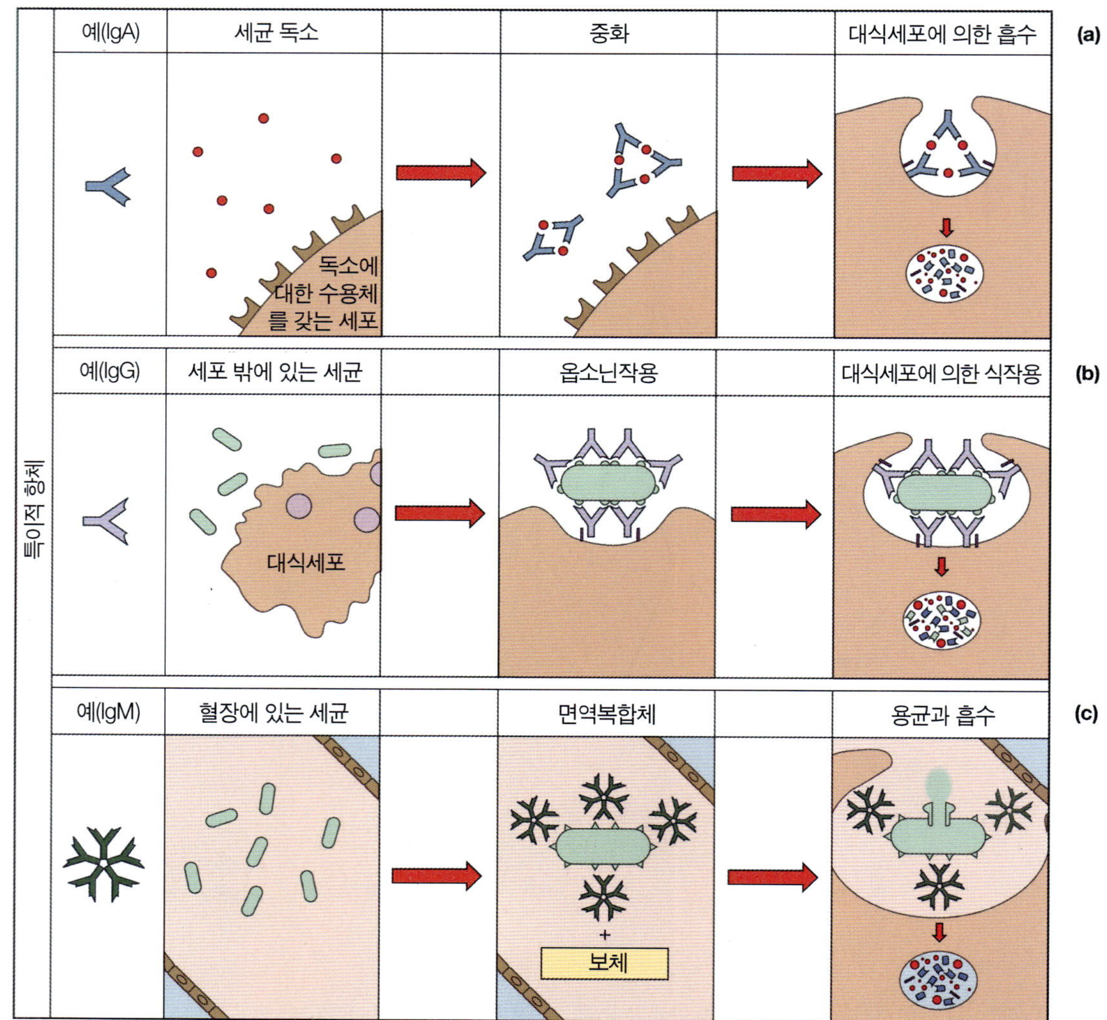

그림 17.10 체액성 면역에 의해 생성된 항체는 3가지 방법으로 외부 물질을 제거한다. **(a)** IgA 또는 IgG에 의한 병원체와 독소의 중화, **(b)** IgG에 의한 세균의 옵소닌 작용, 그리고 **(c)** IgM 또는 IgG 면역복합체에 의해 시작되는 세포 분해는 보체 단백질을 포함하는 세포막 공격 복합체(membrane attack complex)가 형성되어 일어난다.

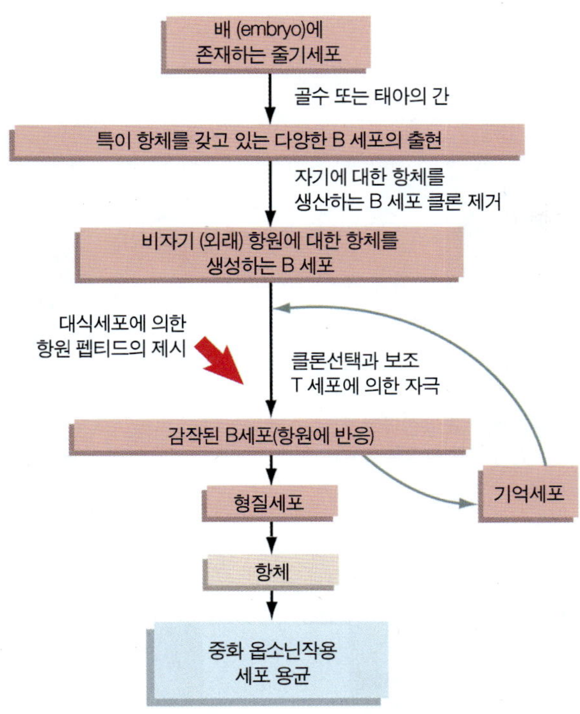

그림 17.11 **체액성 면역의 요약.**

킨다. IgA는 미약하다. 흔한 일은 아니지만 IgM은 보체의 도움없이 감염체의 세포막을 직접 분해하기도 한다.

일반적으로 세균의 독소는 항원 · 항체 복합체를 이루는 것만으로 비활성화 된다. 이를 **중화(neutralization)**라 부른다. IgG는 대표적으로 세균의 독소를 중화시키는 항체이다. 중화를 통해 숙주의 세포를 손상시키는 독소의 피해를 막을 수 있지만, 독소를 분비하는 세균을 파괴시키지는 못한다. 독소를 지속적으로 분비하는 세균을 제거하려면 항생제를 사용하여야 한다. 바이러스도 역시 중화에 의해 비활성화될 수 있다(**그림 17.10a**); IgM, IgG, IgA는 모두 효과적으로 중화시킬 수 있다. 외피(envelope)을 갖고 있는 바이러스는 보체에 의해 분해될 수도 있다(**그림 17.10b**).

지금까지 체액성 면역의 중요한 특징을 살펴보았다-어떻게 B 세포가 활성화되는지, 어떻게 항체가 합성되고 어떤 기능을 보이는지. 이와 같은 과정에 대해 **그림 17.11**에서 정리하였다.

중점 질문 사항

1. 다섯 가지 유형의 면역글로불린을 말해보시오. 이들의 구조와 특징을 비교하시오.
2. 1차 반응과 2차 반응은 어떻게 다른가?
3. 응집은 무엇인가? 중화는 무엇인가?

단일클론항체

단일클론항체(monoclonal antibodies)는 실험실에서 배양된 한 종류의 B 세포 클론으로부터 생성된 항체로 단일 특이성을 보인다. 단일클론항체를 만드는 1가지 방법은 종양세포인 myeloma 세포와 감작된(sensitized) B 세포를 융합하는 것이다. 종양세포를 사용하는 이유는 영구적으로 세포분열을 하기 때문이고, 이 때 B 세포는 특정 항체를 생성한다. 두 세포군을 섞어 배양하면 융합되어 혼성세포(*hybridoma*)가 만들어진다(**그림 17.12**; ◀8장 p. 233). 혼성세포는 양 쪽 세포의 유전정보를 갖고 있으며 무한정 분열하면서 다량의 항체를 생성한다. 항체의 특이성은 B 세포를 감작할 때 사용한 항원에 의해 결정되는데, B 세포 감작은 마우스를 해당 항원으로 면역하여 획득한다.

일반적으로 림프구군에 어떤 항원이 노출되면 여러 종류의 클론의 B 세포가 증식되어 후에 각각 여러 종류의 항체를 생성한다. 따라서 생성된 혼성세포는 여러 종류가 존재하며, 만약에 특정한 항체만을 원한다면 혼성세포군으로부터 원하는 혼성세포의 클로닝이 필요하다.

1975년에 처음으로 단일클론항체가 연구용으로 만들어졌는데 곧바로 과학자들은 이 것의 실용성을 알게 되었다. 이제는 단일클론항체를 대규모로 생산하는 공정들이 개발되어 널리 상용화되어 있다.

이론적으로 단일클론항체는 B 세포만 감작시킬 수 있으면 어떤 항원에 대해서도 가능하다. 현재 단일클론항체는 연구뿐만 아니라 진단과 치료에 사용되고 있다. 2010년 경 단일클론항체의 시장 규모가 303억 $에 이를 것으로 예측된다.

여러 가지 진단에 단일클론항체가 사용되는데, 일반적으로 기존의 방법보다 빠르고 정확하다. 예를 들어 단일클론항체의 사용으로 임신 10일만에 그 여부를 알 수 있다. 또한 단일클론항체는 간염, 독감, 허피스 바이러스, 클라미디아 감염의 진단에도 사용되고 있다. 암 진단에도 사용되는데 전립선암, 대장 · 직장암, 정소암, 갑상선암, 림프종, myeloma, 폐암 등의 진단과 병의 경과를 모니터하는데 활용되고 있다.

몇 가지 단일클론항체는 non-Hodgkin' s 림프종과 유방암의 치료에 사용되고 있다. 이 방법을 사용하기 위해서는 먼저 감염체나 종양세포에 대한 항체를 준비하고 이 항체에 적당한 약이나 방사선 물질을 붙여야만 한다. 이런 항체를 환자에 사용하려면 독성물질을 직접 해당 항원이 있는 곳으로 보내야만 한다. 치료용 단일클론항체의 장점은 선택적으로 문제 부위만 공격할 수 있다는 점이다. 또한 단일클론항체는 아이들의 호흡장애바이러스(respiratory syncytial virus, RSV)나 급성 신장이식거부 증세를 막는데 그리고 류마티스성 관절염 치료에도 사용되고 있다.

암환자의 치료에도 시도되고 있는데 단일클론항체의 사용에 따

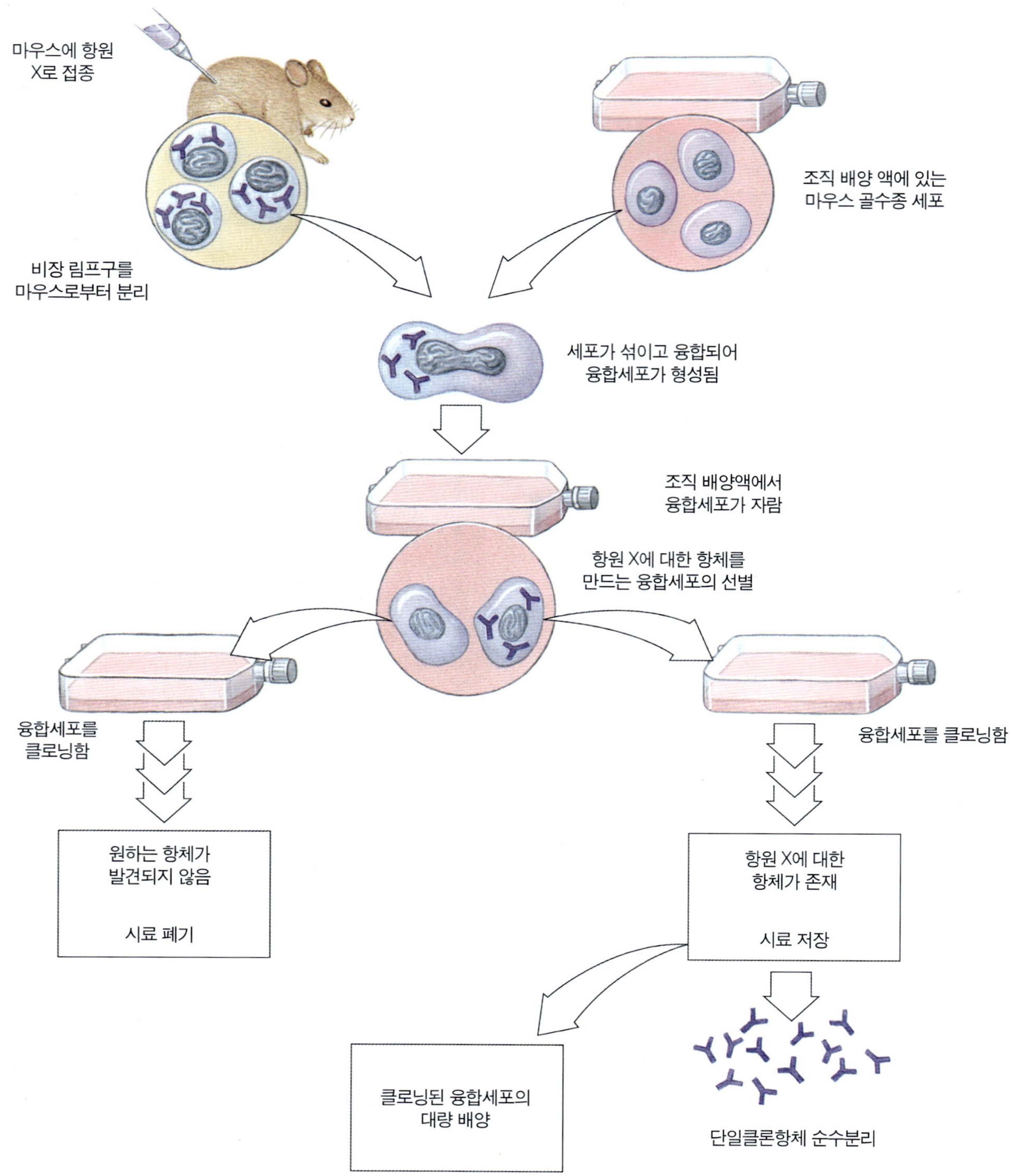

그림 17.12 단일클론항체의 생산. 배양 시 혼성 세포만 살아남는다. 왜냐하면 융합되지 않은 비장 세포는 분열할 수 없고, 융합되지 않은 쥐의 골수종 세포는 증식에 필요한 영양분을 흡수할 수 없기 때문이다.

라 생성되는 myeloma 단백질에 대한 앨러지 반응을 보이는 부작용이 흔히 관찰되고 있다. 이런 이유로 연구자들은 "인간화된(humanized)" 단일클론항체를 만들고 있는 중이다. 이 단일클론항체는 환자에서 앨러지를 일으키지 않고 악성종양을 죽일 수 있다. 인간화된 단일클론항체는 유전공학적 방법으로 사람의 불변부위와 마우스/사람의 가변부위를 붙여서 제조된다. 디프테리아 독소를 결합한 단일클론항체를 암 세포로 보내는 치료법이 시도되고 있다.

세포매개성 면역

세포매개성 면역은 B 세포와 항체로 이루어진 체액성 면역과는 다르게 T 세포의 직접적인 작용으로 이루어진다. T 세포는 외부 항원을 발현하는 세포와 직접적으로 접촉한다. 이러한 접촉으로 세포를 감염시킨 바이러스나 다른 병원체를 제거한다. 세포매개성 면역은 암세포의 제거, 일부의 앨러지 반응, 이식조직에 대한 면역반응 등에도 관여한다.

세포매개성 면역반응은 여러 종류의 T 세포의 작용으로 이루어지며, 림포카인이나 인터루이킨과 같은 **사이토카인(cytokine)**이라는 화학적인 매개 분자를 합성한다. 이 분야의 활발한 연구로 T 세포의 특징, 유래, 기능들과 사이토카인의 기능에 대해 밝혀지고 있다. 다음은 이 분야의 최근 지식에 대해 알아보고자 한다.

T 세포는 이미 언급한 바와 같이 흉선에서 발생하며 B 세포와는 달리 항체를 생성하지 않는다. 그러나 B 세포의 항체에 해당하는 특정 수용체 단백질을 갖고 있다.

세포매개성 면역반응

세포매개성 면역은 T 림프구의 반응으로 이루어진다. T 세포는 항원에 의해 직접 활성화되지 않는다. 세포매개성 면역은 주조직적합복합체(major histocompatibility cokplex, MHC)와 함께 발현되는 항원의 제시가 필요하다(◀18장). MHC 단백질은 세포간의 인지를 가능하게 한다. 2 종류의 MHC 단백질이 존재한다. 모든 핵을 갖고 있는 세포는 MHCI을 갖고 있다. **항원제시세포(antigen-presenting cell)**는 MHCII도 세포표면에 갖고 있다. 세포매개성 면역반응은 전형적으로 수지상세포, B 세포, 또는 대식세포의 항원(대개 병원체와 연관된) 가공단계로 시작된다. 대식세포나 수지상세포가 병원체를 식작용하면 이 병원체는 분해되고 조각이 되어 펩티드 형태로 세포표면에 나타난다. 이 과정이 항원의 가공(processing)이다. 대식세포가 펩티드를 MHCII와 함께 제시하면 해당 T 세포 수용체를 갖고 있는 T 세포가 이들을 인지한다. MHC가 없으면 T 세포는 항원을 인지하지 못한다. 보조 T 세포(T_H)는 항원제시세포의 MHCII와 함께 제시된 항원에 의해 활성화되며, 세포독성 T 세포(T_C)는 전형적으로 바이러스나 세포내 서식 병원성 세균(intracellular bacterial pathogen)에 감염된 세포, 암세포, 또는 이식된 외래조직의 세포가 발현하는 MHCI과 함께 제시된 항원에 의해 활성화된다. 활성화된 TH는 식세포를 비롯하여 다른 T 세포와 B 세포를 자극할 수 있다. 이런 반응에 대해 **그림 17.13**에서 정리하였다.

B 세포나 대식세포와 접촉한 T 세포는 세포분열을 거쳐 기억세포를 포함하여 여러 유형의 T 세포로 분화된다(**그림 17.14**). 각 세포는 항원에 감작되어 이와같은 과정을 시작하며, 세포매개성 면역이 담당하는 기능을 수행한다. 어떤 세포들은 세포에 직접 작용하며, 일부 세포들은 특정 면역반응을 시작하게 하는 화학물질인 류코프리엔이나 사이토카인을 분비하기도 한다. 세포매개 면역반응들을 그림 17.15에 요약하였다. 여러분이 다양한 종류의 T세포 기능에 대해 공부할 때 참조하길 바란다.

항원을 가공하는 대식세포는 림포카인인 인터루이킨-1(IL-1)을 분비하는데 이는 **보조 T세포(T helper (T_H) cells)**를 활성화시킨다. 그러면 T_H는 활성화되어 후에 IL-2와 감마인터페론과 같은 림포카인을 분비한다. IL-1과 IL-2는 **지연 과민성 T[delayed hypersensitivity T(T_D) 세포와 세포독성 T 세포(T_C)]**와 같은 T 세포를 활성화시킨다. T_C는 세포표면에 CD8이라는 당단백질을 갖고 있는데 T_C의 표시분자(marker)로 사용되고 있다. IL-1, IL-2 그리고 감마인터페론은 모두 미분화된 세포로 하여금 자연살상세포(natural killer, NK)로 분화되도록 한다.

이러한 세포들이 분화되는 도중에 일부 세포는 T 기억세포(T memory cell)로 된다. 체액성 면역에서와 같이 세포매개성 면역에서 형성된 기억세포는 오랫동안 남아 있다가 전에 반응했던 항원을 인지하여 신속하게 면역반응이 일어나도록 한다.

체액성 면역에서 다루었듯이, T_H는 B 세포의 증식과 분화를 자극한다. 면역반응으로 항원이 사라지게 되면 조절세포들의 등장으로 과도한 체액성 면역반응이나 세포매개성 면역반응이 일어나지 않는다.

활성화된 T_D 세포는 다음과 같은 여러 림포카인을 분비한다.

1. 대식세포 주화성 인자(macrophage chemotactic factor): 대식세포가 미생물에 접근하느 것을 용이하게 한다.
2. 대식세포 활성 인자(macrophage activating factor): 식세포 작용을 자극한다.
3. 이동 억제 인자(migration inhibiting factor): 대식세포가 감염장소를 떠나지 않도록 한다.
4. 대식세포 응집 인자(macrophage aggregation factor): 대식세포가 해당 장소에 밀집되도록 한다.

T_D 세포는 지연성 과민반응에 참여하기도 한다(◀18장).

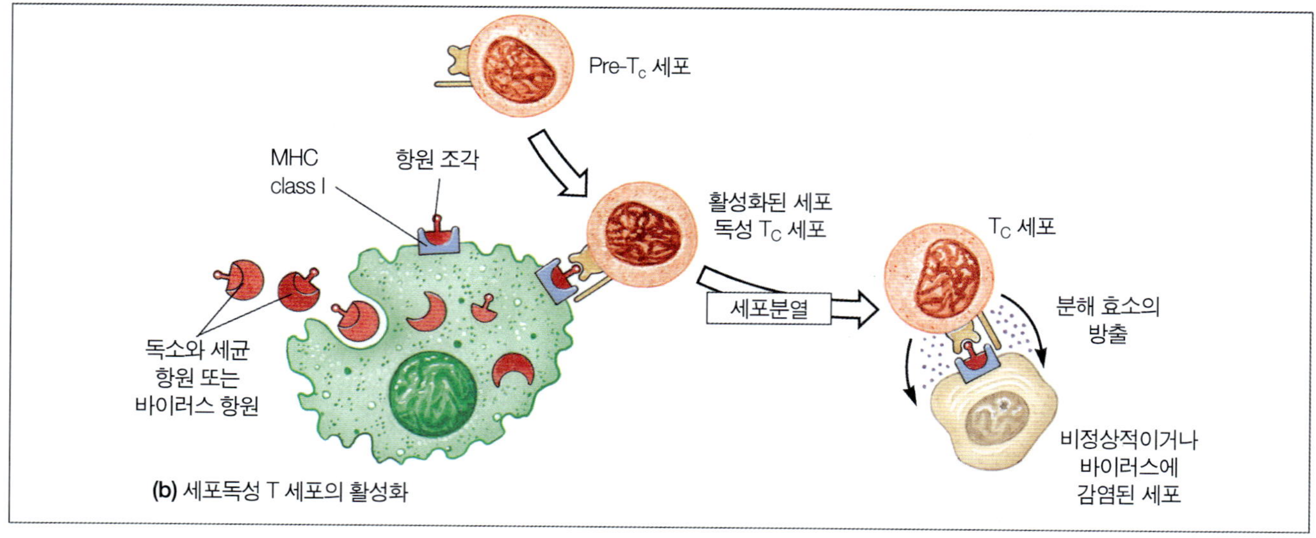

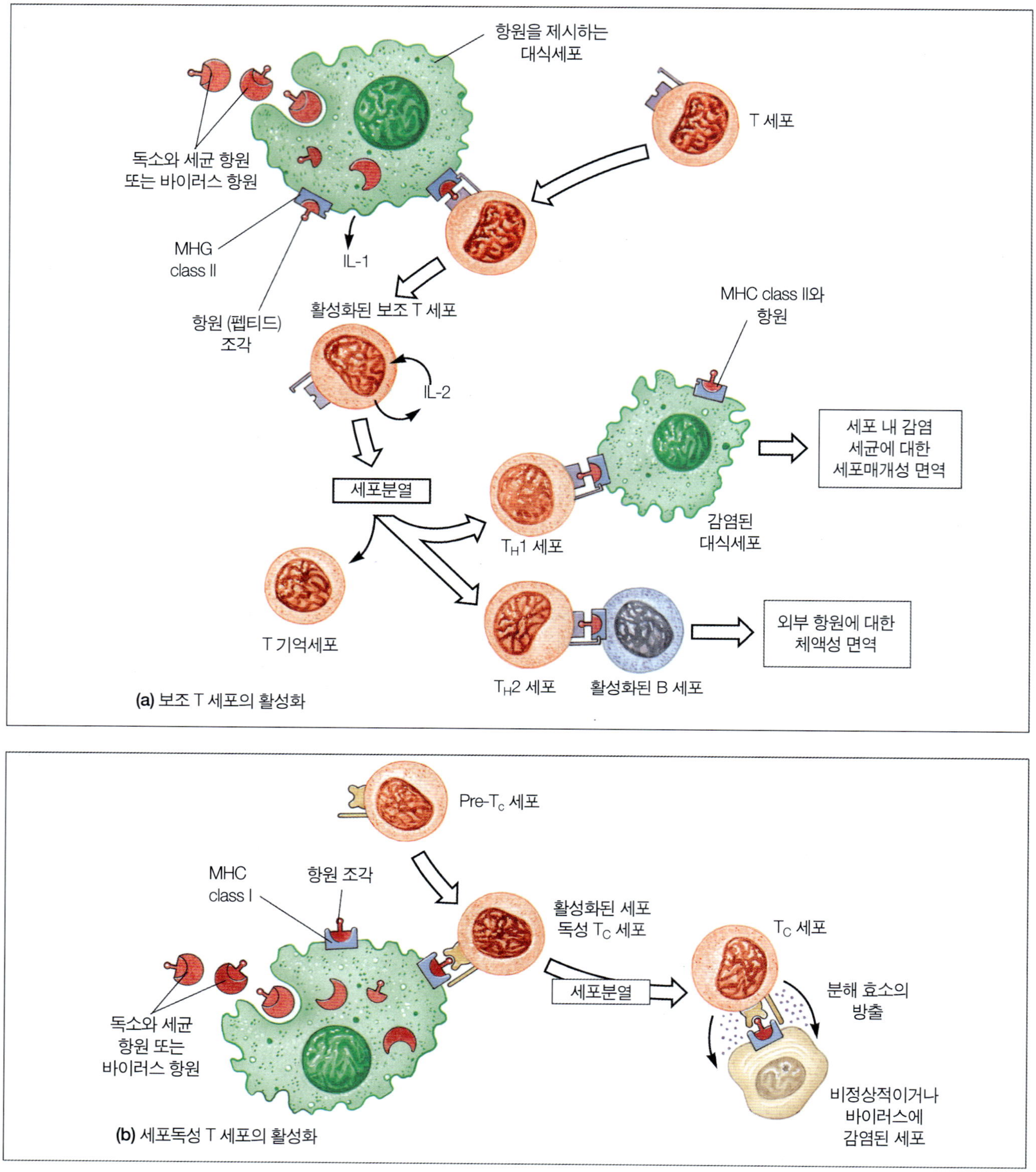

그림 17.13 세포매개 면역에서의 반응. (a) 대식세포는 항원을 가공하여 항원(펩티드) 조각을 MHC class II 분자와 함께 세포막에 삽입한다. 보조 T 세포는 MHC class II 분자와 펩티드 조각을 함께 인지하는 수용체를 갖고 있다. 결합으로 보조 T 세포는 활성화된다. 활성화된 T 세포는 보조 T 세포 1(TH1) 또는 보조 T 세포 2(TH2)로 분화한다. TH1은 감염된 대식세포를 활성화시켜 내부에 감염된 세균을 파괴한다. TH2는 B 세포에 의해 제시되는 MHC class II와 펩티드를 인지하면 활성화되며 후에 B 세포(체액성 면역 반응)를 활성화시킨다. (b) MHC class I과 함께 동일한 펩티드를 Tc에 제시하면 Tc는 활성화되어 감염된 세포, 특히 비정상적이거나 바이러스에 감염된 세포를 공격한다.

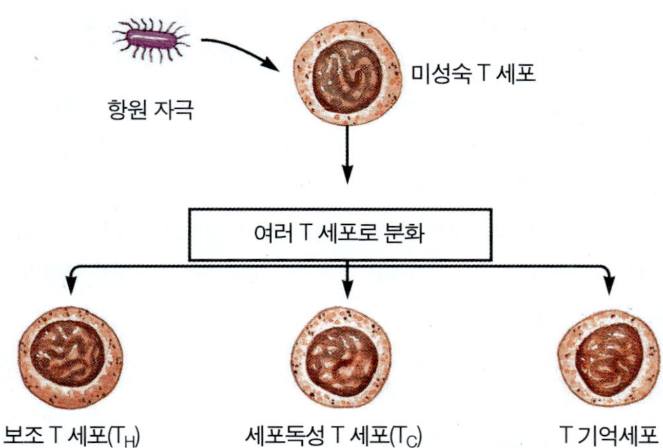

그림 17.14 T 세포의 유형. T 세포가 항원에 의해 자극을 받게되면 분화되어 몇 가지 유형의 T 세포가 되어 각각의 생물학적 기능을 수행한다.

T_C와 NK 세포는 감염된 숙주의 세포를 죽인다. 만약에 병원체가 체액성 면역을 회피하여 세포 안에 생존하게 되고 이를 세포매개성 면역이 제거하지 못하면 장기간에 걸쳐 감염을 일으킬 수 있다. 병원체가 T 세포 자체를 감염하여 파괴한다면 심각한 문제가 발생한다. 왜냐하면 T 세포는 바로 감염에 대항하는 세포이기 때문이다. AIDS가 이러한 질병이다. AIDS 바이러스는 T_H에 침투하여 이 세포들의 정상적인 면역 기능을 못하게 하고 결국은 세포를 죽인다. T_H 세포가 결핍되면 체액성 면역과 세포매개성 면역, 그리고 종양세포의 제거 등에 심각한 폐를 입힌다. 따라서, T_H 세포의 과도한 파괴로 AIDS 환자는 기회주의적인 감염과 여러 악성종양에 대해 감수성이 크게 증가된다.

살상 세포는 어떻게 죽이나

최근의 연구에 의하면 T_C와 NK 세포는 표적세포를 죽이기 위해 살상 단백질을 만들어 표적세포에 발사한다고 알려져 있다. 호산구도 유사한 단백질을 만들어 연충(helminth)이나 다른 기생충을 죽인다. 그런데 이런 살상 단백질은 숙주의 세포에서만 갖고 있는게 아니라

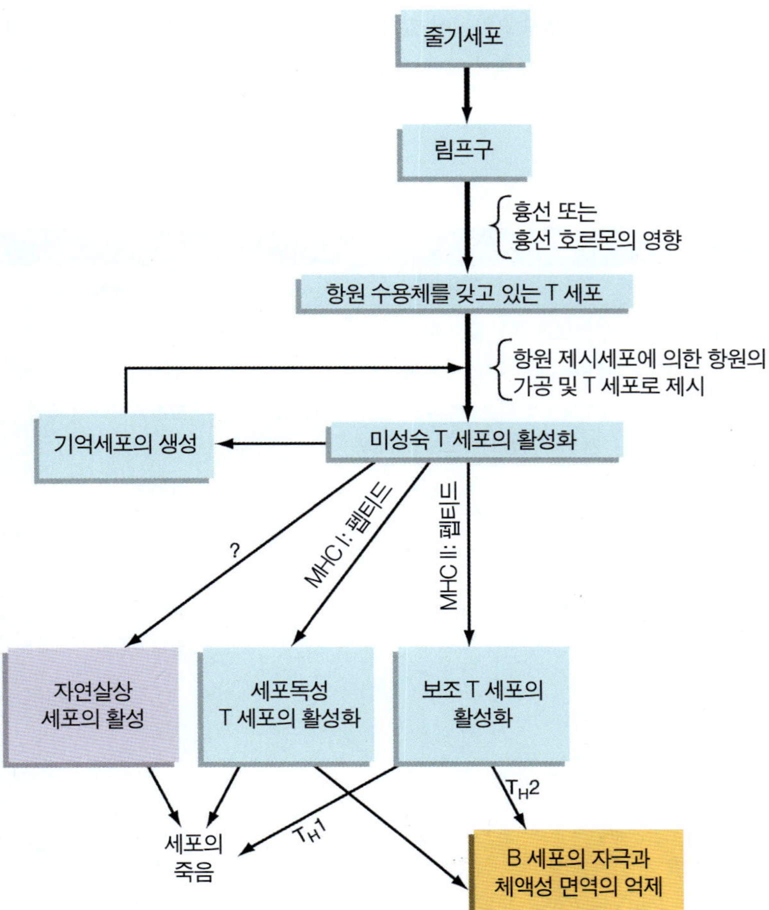

그림 17.15 세포매개성 면역의 요약. [CD는 cluster of differentiation(분화 집단)을 나타냄]

아메바성 설사를 일으키는 아메바나 일부 기생충과 곰팡이의 경우에서도 보인다. 이러한 살상 단백질을 연구하게 되면 언젠가는 아메바성 설사나 기생충에 의한 질병을 퇴치하는데 또는 AIDS나 악성종양을 치료하는데 활용될 수 있을 것으로 기대된다.

세포독성 T 세포는 주로 바이러스에 감염된 세포에 작용하고, NK 세포는 주로 암세포, 이식된 조직의 세포, 그리고 아마도 리케치아나 클라미디아와 같이 세포 내에 사는 감염체에 감염된 세포에 대해 작용하는 것으로 보인다. 세포독성 T 세포는 대식세포가 제시하는 항원에 결합한 후 나중에 바이러스에 감염된 세포를 공격한다. 그러나 NK 세포는 대식세포의 도움없이 직접 종양세포나 다른 세포에 부착한다. 만약에 표적세포가 MHC를 발현하지 않으면 NK 세포는 곧바로 이 세포를 공격하여 죽인다(18장).

위에서 언급한 두 종류의 살상세포(killer cell)는 살상 단백질인 **퍼포린(perforin)**이 들어 있는 과립을 갖고 있는데 표적세포에 부착하면 이 단백질을 방출한다. 퍼포린은 표적세포의 세포막에 구멍을 형성하여 세포 안에 있는 중요 분자가 빠져나오게 하여 죽인다. 이 과정은 보체의 작용과 비슷하다. 감염된 세포를 죽인 결과로 세포독성 T 세포는 바이러스의 숫자를 줄여 감염이 확산되는 것을 막는 효과를 보이지만 숙주의 세포도 제거되는 댓가를 치룬다. 마찬가지로 NK 세포도 종양세포가 분열하기 전에 이들 세포를 죽인다. 2 종류의 세포는 표적세포를 공격한 후에는 다른 표적세포로 이동한다.

이러한 효과적인 살상 기작에 대해 2가지 중요한 질문을 할 수 있다. 첫째, 어떤 기작으로 퍼포린이 이웃한 비감염세포를 공격하는 것을 막을까? 둘째는 어떻게 퍼포린에 의한 살상 세포 자신의 세포막의 공격은 차단될까? 퍼포린은 이웃한 세포를 공격하지 않는다. 왜냐하면 살상 세포가 표적세포와 접촉되었을 때만 퍼포린이 분비되기 때문이다. 두 번째 질문에 대해서는 그 답이 아직 명확하게 알려져 있지 않다. 살상 세포는 퍼포린이라는 단백질을 분비하여 퍼포린을 불활성화시키다고 제안된 바 있다.

활성화된 대식세포의 역할

결핵, 나병(Hansen씨 질병), 리스테리아병, 불루셀라병 등을 일으키는 세균 들은 대식세포의 식작용에 의해 들어와도 세포 안에서 증식을 계속한다. T_D 세포가 이러한 감염에 대해 림포카인 대식세포 활성 인자(macrophage activating factor)를 분비하여 대항한다. 대식세포 활성 인자는 대식세포로 하여금 세균에 독성이 있는 과산화수소(hydrogen peroxide)나 기타 효소의 분비를 촉진하여 염증반응을 증폭시킨다. 이러한 숙주의 방어에 살아남는 세균은 보호벽을 만들어 육아종(granuloma)을 형성한다.

지금까지 세포매개성 면역에 대해 알아 보았는데 전 과정이 그림 17.15에 요약되어 있으며, B 세포와 T 세포의 다양한 기능은 표 17.5에 기술되어 있다. 그림 17.11과 그림 17.15 그리고 표 17.5를 공

표 17.5

B 세포, T 세포, 대식세포의 특징

특징	B 세포	T 세포	대식세포
생성 장소	파브리셔스 소낭에 해당되는 조직	흉선 또는 흉선 호르몬	
면역 유형	체액성	세포 매개성, 그리고 체액성 면역 도움	체액성, 세포 매개성
세포의 종류	원형질막과 기억세포	세포독성 T 세포, 보조 T 세포, 억제 T 세포, 지연과민성 T 세포, 기억세포	고정되거나 움직임
표면 항체의 존재	예	아니오	아니오
외부 표면 항원의 존재	아니오	아니오	예
항원 수용체의 존재	예	예	아니오
수명	일부는 길고, 대부분은 짧음	길거나 짧음	길다
분비물질	항체	사이토카인	인터류킨-1
분포(% 백혈구)			
말초혈액	15-30	55-75	2-12
림프절	20	75	5
골수	75	10	10-15
흉선	10	75	10

부하면 체액성 면역과 세포매개성 면역의 대표적인 유사점과 차이점을 알 수 있으며, 나아가 특이면역의 윤곽을 파악할 수 있을 것이다.

초항원

포도상구균과 연쇄상균의 독소와 같은 **초항원(superantigen)**은 MHCII와 T 세포 수용체에 동시에 결합할 수 있다(◀19장). 이 때 초항원의 수용체 결합은 수용체의 항원 특이성과는 무관하여 다양한 특이성을 갖는 수용체와 결합하는 다클론성(polyclonal)을 보인다. 하나의 초항원은 대략 5%의 T 세포와 결합한다. 활성화된 T 세포는 정상적인 경우에 비해 100배정도 빠르게 대식세포와 결합하며 보조 T 세포는 다량의 IL-2를 분비한다. 많은 양의 IL-2는 분비 장소를 떠나 혈액을 통해 몸 곳곳으로 퍼져나가 헛구역질, 구토, 식욕부진, 쇼크를 일으킨다. 이렇게 과도하게 활성화된 T 세포는 원인이 되는 감염에 대해 대항하는데 사용되지 않는다. 많은 T 세포는 맹렬히 분열하며 결과적으로 죽게되어 세포가 고갈된다. 그러면 숙주는 오히려 감염에 취약하게 된다.

초항원은 자가면역질환을 일으키기도 한다. 자기를 인지하는 모든 T 세포가 제거되지 않으므로 초항원에 의해 이런 T 세포의 과도한 증식이 일어나면 숙주의 조직을 공격하는 자가면역 현상이 일어날 수 있다(◀18장). 류마치스성 관절염이나 다발성 경화증(mutiple sclerosis)과 같은 자가면역질환이 초항원에 의해 일어날 수 있다는 가능성이 제시된 바 있다.

점막면역체계

점막면역체계(MALT = mucosal associated lymphoid tissue)는 면역체계에서 가장 큰 부분을 차지하고 있으며 병원체가 침입하는 주요 부위이다. 이것은 전체적인 위장기관, 비뇨생식기관, 호흡기관 그리고 유선으로 구성되어 있다. 사람은 일반적으로 400 평방미터 크기의 점막을 갖고 있다. 이 체계의 일부인 장연관 림프 조직(gut-associated lymphoid tissue(GALT))은 맹장, 소장내의 Peyer's patchs, 편도선 그리고 아데노이드로 이루어져 있다. MALT 체계는 전신면역체계와는 분리되어 있다. 점막의 상피세포 표면에서의 병원체와의 면역반응은 혈액과 림프 내에서의 반응과는 차이가 있다. 장내의 M 세포는 상피 세포 사이에 산재되어 있다. 이 세포들은 표면에는 미세 융모가 없다. M 세포로 장강에 있는 항원이 들어오는데 이 항원은 바로 밑에 있는 수지상세포에 의해 식작용되고 가공되어 림프구에 제시된다. 그 후 림프구는 장간막 림프절(mesenteric lymph node)과 흉관을 거쳐 혈액으로 들어가며 최종적으로 다른 점막 표면으로 이동한다. 음식물 항원에 대한 경구관용현상으로 장내에서 일어나는 음식물에 대한 면역 반응이 차단된다. 점막 표면, 모유 그리고 초유에는 주로 IgA 항체가 존재한다. 성인의 혈청에는 2.5 mg/ml의 IgA가 함유되어 있는데, 출산 후 4일 동안의 초유에는 50 mg/ml이 함유되어 있다.

면역 반응을 조절하는 인자들

정상적인 환경에서 자란 젊고, 건강한, 성인은 대부분의 감염성 질병에 대한 방어력을 갖고 있다. 장애, 상처, 의학 치료, 환경적인 요소 그리고 심지어 나이까지 감염성 질병에 대한 저항성에 영향을 미친다. 저항성이 저하된 숙주를 **면역약화 숙주(compromised host)**라고 한다.

이 단원을 시작하면서 일부의 질병에 대해서 사람은 유전적으로 면역성을 확보하고 있다는 사실을 알아야 한다. 인종에 따라 질병에 대한 저항성과 감수성이 다르다. 흑인과 백인 군인이 동일한 환경(동일한 막사, 음식, 운동 체제 등)에서 생활하면, 흑인에게 결핵 발생률이 높게 나타나는 것을 볼 수 있다.

나이 또한 면역 반응에 영향을 미친다. 일반적으로, 유아나 노년층은 대부분 감염에 취약하다. 면역 체계는 2~3세가 지나야 완성되므로 그 이전의 유아들은 감염에 취약하다. 출생 직후의 신생아는 약간의 IgM을 생산할 수 있는데 그들은 모체의 IgG를 수동적으로 전달받는다. 노년층은 면역체계 특히, 세포매개성 반응이 노화 과정에서 기능이 감소하기 때문에 감염이나 종양에 걸리기 쉽다. 그렇기 때문에 유아나 노년층은 감염에 특별히 주의해야 한다.

또한 계절이 면역체계에 영향을 미친다. 예를 들면, T 세포의 숫자는 연중 6월에 가장 적게 나타난다. 악성육아종증(Hodgkin's disease)은 봄철에 진단하였을 때 가장 많이 나타난다. 이러한 현상으로부터 계절과 질병에는 상관관계가 있다고 믿게 되었다. 적은 숫자의 T 세포를 가지고 있는 AIDS 환자는 악성육아종증에 걸릴 확률이 11배 높다고 알려져 있다.

유전적 성향이나 나이는 우리가 피할 수 없지만 음식이나 환경에 의한 면역 조절은 가능하다. 지금부터 이러한 요소들이 어떻게 저항성이 기여하는지 알아보자.

적당한 양의 단백질과 비타민 섭취는 건강한 피부와 점막을 유지시켜주고 식균 작용을 활발하게 한다. 또한 림프구와 항체의 생성에도 관여한다. 부족한 영양 상태, 알콜 중독, 마약 중독 등도 면역반응을 떨어뜨려 감염에 대한 저항성을 낮춘다. 노년층의 부족한 영양 섭취는 면역반응을 더욱 감소시킨다.

1주일에 주 5일 45분씩 활기차게 걷는 적당한 운동으로 항체량을 20% 정도 증가시킬 수 있다. 이와 같은 증가는 운동중이나 운동 후 1시간 동안에 일어난다. 자연살상세포의 활성도 증가한다. 그러나 장

거리달리기와 같은 과도한 운동은 오히려 면역력을 감소시킨다. 마라토너들이 3시간 동안 빠른 속도로 달리기를 하였을 때 자연살상세포 작용의 30% 이상의 감소가 6시간에 걸쳐 일어난다. 장거리달리기 선수들은 기관지 감염에 특히 취약하다. 장거리 운동 후 12~24시간 동안에는 운동하지 않은 사람보다 병의 진전 속도가 6배나 증가한다.

임신 중에는 세포매개성면역이 크게 감소하는 시기이다. 1957년 뉴욕에서 인플루엔자 A가 유행하였을 때 임신부의 50%가 사망하였고, 같은 나이의 비임신부는 7%만이 사망하였다. 임신부의 체액성 면역은 특별한 감소가 관찰되지 않는다. IgG는 유일하게 태반을 통해 태아에게 전달되는 면역글로불린이다.

실험자원자를 새벽 3시까지 못 자게하면, 자연살상세포의 수가 50% 정도 감소한다. 다음 날 저녁 충분한 수면을 취하게 하면 세포수가 정상으로 회복된다.

외과적 상처는 미생물이 조직에 쉽게 접근하게 함으로써 감염이 쉽게 일어난다. 염증과정과 조직복구에는 많은 단백질 합성이 필요하다. 정상적인 상태에서는 미생물이 눈물, 오줌, 그리고 점막 분비물에 의해 씻겨 나가지만, 상처에 의한 손상으로 병원체의 조직 접근이 쉬워진다. 항생제는 가끔 병원체와 경쟁하는 공생세균을 파괴한다. 이러한 파괴와 항생제의 사용으로 기회주의적 감염이 시작되기도 한다.

오염원이나 방사능 노출과 같은 환경적인 요소도 감염을 쉽게 일어나게 한다. 흡연과 같은 대기 오염원은 호흡기 점막에 손상을 입혀 외부물질의 제거능력을 감소시킨다. 오염원은 또한 식세포 활성도 저하시킨다. 방사능 물질에 오래 노출되게 되면 면역세포들이 손상된다. 이러한 요인들은 면역학적인 장애를 유발시키고 이 장애는 유전이 될 수 있다. 면역억제제는 조직을 이식하였을 때 림프구나 식세포의 기능을 저하시킬 때 사용한다. AIDS는 T 세포가 파괴되는 질병이다. B 세포, T 세포가 결핍되면 면역체계의 결핍으로 나타난다. 이러한 장애가 어떻게 면역체계에 문제를 일으키는지에 대해서는 ◀18장에서 다룬다.

✓ 중점 질문 사항

1. 단일클론항체란 무엇이며, 어떻게 제조되는가? 또한 어디에 사용되는가?
2. 다양한 종류의 T 세포의 종류와 기능을 구별하시오.
3. NK 세포는 무엇인가? 또 어떤 기능을 갖고 있는가?

예방접종

전 세계적으로 매년 350만 명의 어린이들이 사망하는데 대부분은 5세 이하이다. 이들은 3가지 감염성 질병에 의해 사망하는데 이에 대한 예방접종은 가능하다. 홍역으로 200만 명, 파상풍으로 80만 명 그리고 백일해로 60만 명이 사망한다. 여러 종류의 설사병으로 400만 명이 사망하는데 일부의 설사병에 대해서는 예방접종이 가능하다. 사망자들은 대부분 후진국에서 발생한다.

전 세계적으로 약 80%의 어린이들이 홍역, 디프테리아, 백일해, 파상풍, 결핵, 소아마비와 같은 질병에 대해 접종되어 있다.

위와 같은 통계는 예방접종에 대한 3가지 중요한 사실을 극적으로 보여준다. 첫째, 예방접종은 사망자의 수를 확실히 줄여준다. 둘째, 일부 설사를 일으키는 감염성 질병에 대해서는 예방접종이 가능하지 않다. 그 이유는 설사를 일으키는 대부분의 미생물은 소화기관에서 문제를 일으키는데 이곳은 항체나 다른 면역 방어의 접근이 용이하지 않기 때문이다. 마지막으로, 후진국에서는 예방접종이 좀 더 실시되도록 노력해야만 할 것이다.

능동 예방접종

앞에서 언급한 바와 같이 능동면역을 일으키기 위해서는 감염체를 만났을 때에 이를 인지하고 파괴하는 면역체계가 유도되어야만 한다. **능동 예방접종(active immunization)**은 능동면역을 유도하는 과정이다. 이는 백신이나 변성독소를 투여함으로써 부여된다. **백신(vaccine)**은 면역체계에 반응하는 항원을 포함하고 있는 물질이다. 독성이 약한 미생물, 죽은 미생물 또는 미생물의 일부분으로부터 항원을 얻을 수 있다. **변성독소(toxoid)**는 불활성화된 독소이며 더 이상 위험하지 않다. 그렇지만 항원의 특징은 유지하고 있다.

능동 예방접종의 원리

접종하는 물질의 특징이 다를지라도 능동 예방접종의 원리는 기본적으로 동일하다. 백신이나 변성독소로 접종하였을 때 면역체계는 이를 외부물질로 인지하여 항체 또는 세포독성 T 세포나 기억세포를 생성한다. 이 면역반응은 질병의 경과 중에 일어나는 것과 동일하다. 질병 자체는 일어나지 않는다. 왜냐하면 병원체를 사용하지 않았고 병원성을 충분히 약화시킨 미생물을 사용하였기 때문이다. 다시 말해, 백신은 기본적인 항원의 성질은 유지되어 있지만 질병을 유발할 수 있는 능력은 없기 때문이다. 백신에 포함된 병원체는 숙주 내에서 증식할 수도 있지만 질병에 대한 증상은 나타나지 않는다. 마찬가지로 변성독소도 항원의 성질은 유지하면서 독성효과는 나타나지 않는다.

능동 예방접종에서 사용되는 물질의 특성이 면역력이 유지되는 기간을 결정하는 중요한 요인이다. 일반적으로 죽은 미생물, 미생물의 일부, 또는 변성독소로 만든 백신보다 살아있는 미생물로 이루어진 백신의 면역력이 오래 지속된다. 예를 들어, 홍역(풍진과 홍역 모두) 백신과 경구로 접종되는 소아마비 백신은 살아있는 바이러스를

공중 보건

세균는 면역체계를 피해 어디에서 숨나?

일부 세균에 대한 백신 개발은 왜 힘들까? 일부의 세균은 정말로 숨기 좋은 장소를 가지고 있다-식세포의 내부! 항체와 보체단백질은 식세포 내의 세균에 도달하지 못한다. 그런데 여러분은 식세포를 면역체계의 일부로 이해하고 있지 않는가? 세균은 어떠한 방법으로 식세포 내에 안전하게 숨을 수 있을까? 이러한 세포내에 사는 세균은 여러 가지 회피 기작을 갖고 있다. 이러한 세균들은 매우 위험한 병원체이다.

첫 번째 기작은 세균이 견고한 분자로 자신을 둘러싸는 것이다. 예를 들어, 결핵균(*Mycobacterium*)의 세포벽 성분인 wax 성분이나 살모넬라(*Salmonella*)의 부드러운 캡슐 성분이 있다. 그러면 식세포 리소좀 내의 효소나 독소는 세균에 도달하지 못하여 죽일 수 없다. 또는 죽일 수 있다 해도 하나의 식세포가 세포내에 있는 모든 세균을 죽일 수 없다. 이렇게 살아남은 소수의 세균은 세포내에서 증식하여 계속적으로 감염을 일으킬 수 있다.

또 다른 생존 기작은 식포(phagosome)와 리소좀의 융합을 차단하여 식포리소좀(phagolysosome)이 갖고 있는 살상 분자를 무력화시키는 것이다. 레지오넬라(*Legionella*) 세균이 이러한 융합을 차단한다. 식포는 대신에 미토콘드리아나 소포체와 같은 세포내 소기관과 융합한다. 식세포가 죽을 때 까지 레지오넬라 세균은 분열하여 식세포를 가득 채우게 되어 마침내 터져 모든 세균은 폐포로 방출된다.

식세포작용으로부터 살아남는 세 번째 기작은 식포가 리소좀과 융합하기 전에 식포로부터 빠져나오는 방법이다. 뇌수막염과 패혈증을 유발하는 리스테리아균은 식포막을 분해하는 물질을 만든다. 리스테리아균은 세포의 영양물에 자유롭게 접근할 수 있으면서 항체와 보체로부터 안전하게 숨을 수 있다.

세포내에 살 수 있는 세균의 그 밖의 예: *Brucella abortus, Chlamydia trachomatis, Escherichia coli, Legionella pneumophilla, Listeria monocytogenes, Mycobacterium tuberculosis, Mycobacterium leprae, Rickettsia richettsiae, Salmonella typhi, Shigella dysenteriae, Yersinia pestis.*

포함하고 있는데 면역력이 평생 유지된다. 근육으로 접종되는 소아마비백신은 죽은 바이러스를, 장티푸스 백신은 죽은 세균을 포함하고 있는데 3~5년간 면역력이 유지된다. 파상풍과 디프테리아의 변성독소는 대략 10년 간이다.

면역은 평생 지속되는 것이 아니기 때문에, 이를 유지하기 위해서는 흔히 추가 접종이 필요하다. 이미 알아본 바와 같이 1차 백신이나 변성독소의 접종은 질병에 걸릴 때와 유사한 1차 면역반응을 일으킨다. 재차 접종하면 미생물이 다시 침입했을 경우와 유사한 2차 면역반응이 일어난다. 따라서 추가 접종은 면역을 향상시켜 항체 생성량을 크게 증가시킨다. 이와 같이 추가 접종은 충분한 항체를 생성하는 기간을 증진하는 효과가 있다.

백신의 투여경로가 면역의 효과에 영향을 미칠 수 있다. 근육을 통한 백신의 투여에 비교하여 위장관 감염에 대한 경구백신을 사용하였을 때와 호흡기 감염에 대한 비강 에어로졸을 사용하였을 때에 좀 더 면역력이 지속된다.

백신과 변성독소, 특히 살아있는 미생물을 포함하고 있는 백신은 적절하게 보관하여야만 효능을 유지할 수 있다. 냉장보관이 필요한 백신도 있다. 홍역 백신의 냉장보관을 잘못하여 거의 접종이 되지 않았을 때도 있었다. 어떤 백신은 개봉한 후 몇 시간이나 며칠 이내에 사용해야만 한다. 그래서 진료소에서는 특별한 예방주사의 경우 선택된 날에만 제공해주고 있다.

일반적으로 예방접종은 질병에 이미 노출된 사람에게는 사용할 수 없다. 왜냐하면 질병의 잠복기간 보다 면역이 부여되는 시간이 더 길기 때문이다. 그러나 광견병 예방접종은 예외이다. 광견병은 긴 잠복기를 갖고 있으므로 광견병 바이러스가 뇌에 도달하기 전에 면역력이 생길 것을 희망하면서 예방 접종을 실시할 수도 있다. 바이러스가 뇌에 도달하는 시간이 길면 길수록 예방접종의 효과는 더 커질 가능성이 있다. 그래서 광견병에 걸린 동물에게 발목을 물렸다면 몸통이나 목을 물렸을 때보다 덜 위험할지도 모른다. 천연두도 병에 노출된 후에 접종으로 막을 수 있는 질병의 예이다. 앞으로 소개하겠지만, 능동면역과 달리 수동면역은 질병에 노출된 후에 질병을 차단하거나 질병의 정도를 감소시키는데 사용된다. 몇 가지의 백신과 변성독소는 미국에서의 사용에 특허가 되어 있다; 이들의 특성은 **표 17.6**에 요약되어 있다. 백신이 특별히 요구되는 사람들이 있다; 외국 여행이나 실험실 종사자. 특별히 사용되는 백신의 예가 **표 17.7**에 소개되어 있다.

권장 예방접종

표 17-8A와 **17-8B**에는 미국에서 최근 정상적인 유아, 어린이, 성인에게 권장되는 예방 접종이 소개되어 있다. **DTaP 백신**은 디프테리아 변성독소, 무세포(acellular) 백일해 세균 그리고 파상풍 변성독소를 포함하고 있다. 대부분의 어린이들은 구백일해(old whole cell pertussis) 백신으로 부작용을 겪지 않지만, 소수의 어린이들은 심각한 합병증으로 고생하였다. 미국에서는 일반적으로 Sabin과 Salk라는 **소아마비 백신(poliomyelitis vaccine)**이 사용된다. Sabin은 3가

공중 보건

중독에 대한 백신?

첫 번째 당신은 금연하지 못해 고생한 적이 있는가? 또는 코카인 중독에서 벗어나지 못하는 환자를 본 적이 있는가? 도울 수 있는 방법이 개발되고 있다! Celtic 제약은 항니코틴과 항코카인 백신을 임상시험 중에 있다. 바람직한 결과를 획득하여 최근에 대규모 연구를 수행하고 있다. 이 백신은 항니코틴과 항코카인 항체 생성을 증진시키기 위한 것이다. 항체는 환자 혈액내에서 니코틴이나 코카인에 결합하여 큰 복합체를 이루어 혈관-뇌방어벽(blood-brain barrier)을 통과하지 못한다. 이를 통해 약물을 사용하여 얻는 쾌락이나 기분 좋음을 막을 수 있다. 결국에 환자는 기쁨을 주지 못하는 약물을 지속할 이유가 없음을 알게 되어 약물을 그만두게 된다.

(© Cristina Pedrazzini/Photo Researchers, Inc.)

12주에 걸쳐 환자에게 백신을 투여한다. 금연 패치를 사용하여 실패하는 경우와 다르게 이 방법은 환자에게 확실하게 효과가 있다. 코카인 유래물(succinyl norcaine) 이나 니코틴 유래물(nicotinic butyric acid)을 콜레라 독소 B 단백질 소단위체와 결합시키고, 알루미늄 수산화 젤(aluminum hydroxide gel)를 보조제로 사용한다. 백신의 효능과 추가 접종의 간격은 현재 연구 중이다.

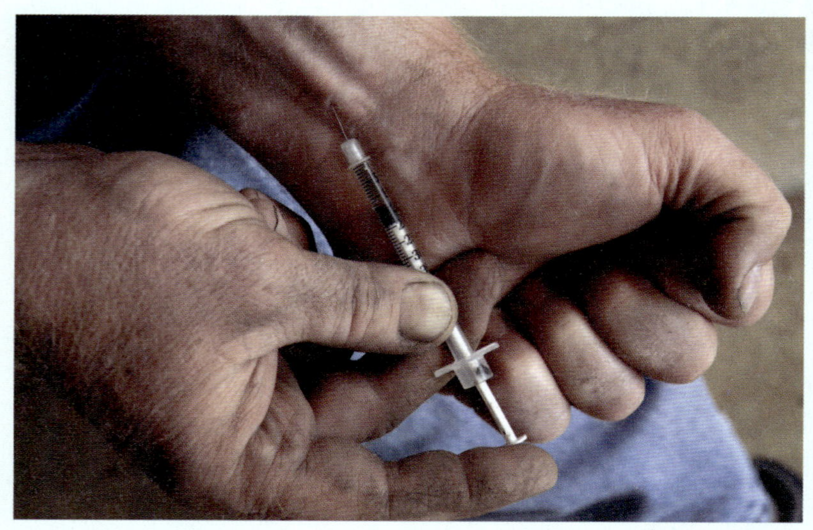
(Robin Nelsen/PhotoEdit)

세계적으로 흡연은 두 번째로 주요한 사망 원인이고, 코카인 중독에 의한 심장파열은 그 피해가 막심하다. 면역학이 이러한 2가지의 문제를 해결할 수 있기를 기대해 보자.

지 유형의 살아있는 소아마비 바이러스를 포함하고 있다. Salk는 죽은 바이러스를 포함하고 있다. 요즘 미국에서는 불활성화시킨 Salk 백신을 사용한다. 왜냐하면 Sabin 백신은 접종된 사람과 최근에 접종된 사람에 접촉된 사람에게 마비성 소아마비를 일으킬 수 있기 때문이다. 유사한 항원을 포함하고 있는 백신은 경구투여하거나 근육으로 주사할 수 있다. **MMR 백신**은 풍진, 홍역 그리고 유행성 이하선염 바이러스를 포함하고 있다. 이 백신은 동시에 3가지 질병을 예방할 때에 사용되며, 각 질병에 대해 각각 따로 사용할 수도 있다.

나이에 따라 권장되는 백신은 다르다. DTaP와 소아마비 백신은 생후 2개월에 투여하면 효과적이다. 그러나 MMR 백신은 12개월 전 유아에게는 투여하지 않는다. 이 백신을 만 1살 전에 투여하면 면역성이 충분히 부여되지 않는데 이는 면역체계가 아직 미성숙되었기 때문인 것으로 보인다. 뇌수막염(*Haemophilus influenzae*, type b, Hib)에 대한 백신은 1985년에 처음 사용되었는데 2살 이하의 어린이에게는 효과가 잘 나타나지 않았다. 미식품의약성(FDA)은 최근 연간 10,000건 발병하는 뇌수막염의 예방을 위해 새로운 **Hib 백신**을 승인하였다. 뇌수막염은 연간 어린이 500명의 목숨을 앗아가고, 정신지체나 귀머거리, 또는 다른 신경계통의 손상을 가져온다. Hib에 대한 예방접

표 17.6

능동 예방접종을 위한 사용 물질의 특징				
질병	**사용 물질의 특징**	**접종 경로**	**사용법 및 설명**	**효과 지속 기간**
탄저병	세포 단백질	피하	2,4주 6,12,18개월 해마다 추가 접종	모름
박테리아성 뇌수막염	다당류-단백질 결합체	근육	2,4,6,그리고 12-15개월; 75%의 효과	14-34년
콜레라	죽인 세균	피하, 근육, 진피내	주 2회 정도 간격으로; 50%의 효과; 여행 시 접종 필요	6개월
디프테리아	변성 독소	근육	4주 간격으로 3회 접종, 추가 접종 필요; 90% 효과	10년
A형 간염	비활성 바이러스	근육	2회, 1차 접종 후 6-18개월 후에 2차 접종	10년
B형 간염	바이러스 항원	근육	4주 간격으로 2회, 6개월이 지나 1 내지 2회 추가 접종	약 5년
바이러스성 인플루엔자	비활성 바이러스	근육	바이러스 유형에 따라 1내지 2회; 고위험성 환자와 병원 종사자에게 추천됨 ; 75% 효과	1-3년
폐렴	다당류	피하,근육	화학요법 전에 1회 접종	5-7년
홍역	살아있는 바이러스	피하	생후 15개월에 1회, 12세 가량에 재접종; 약 95% 효과; 노출 후 48시간 이내에 접종하면 질병을 막을 수도 있음	평생
뇌수막염	다당류	피하	1회, 질병이 유행할 때나 고위험성 환자에 추천됨	2살 이후 접종 시 평생 지속
유행성 이하선염	살아있는 바이러스	피하	1살 후에 1회; 95% 효과	평생
백일해	비세포성 단백질	근육	디프테리아와 동일	10년
페스트	죽은 박테리아	근육	4주의 간격으로 3회; 일부 국가를 여행할 때 필요	6개월
소아마비	죽은 바이러스	근육	2,4,6-18개월; 4-6세에 추가 접종	평생
광견병	죽은 바이러스	근육	1주의 간격으로 2회 접종,3차는 2주 후에; 80% 효과; 발병 가능성이 있을 때 사용	2년
풍진	살아있는 바이러스	피하	생후 15개월에 1회; 12세에 2차 접종 권장	평생
천연두	살아있는 우두 바이러스	진피내	1회; 90% 효과; 천연두 바이러스에 노출된 실험실 종사자나 군인들	3년
파상풍	변성 독소	근육	4주의 간격으로 3회, 추가 접종	10년
결핵	약화시킨 박테리아	진피내,피하	부적절하게 치료된 환자나 고위험군에 1회	평생?
장티푸스	살아있는 바이러스	경구	2일 간격으로 4회; 70% 효과; 여행자, 전염지역, 보균자에 권장	5년
황열병	살아있는 바이러스	피하	1회; 전염 지역 여행자에게 권장	10년

SC-피하; IM-근육; ID-진피내, O-경구

표 17.7

특별 예방접종과 실험에 사용되는 물질의 예

감염체	사용 물질의 특징	사용
Adenovirus	살아있는 바이러스	모집병
탄저균	항원 추출물	짐승과 그 가죽을 다루는 사람
Campylobacter	약화시킨 세균	실험용
콜레라균	대장균과 콜레라균의 변성 독소	좀 더 효율적인 예방 접종을 위한 실험용 경구 투여
Cytomegalovirus	살아있는 바이러스	실험용, 잠복 감염 가능성이 있음
Equine encephalitis virus	살아있는 비활성 바이러스	실험실 종사자와 실험용

표 17.8A

권장 예방접종법-2007년 미국
0-6세의 어린이

백신	출생	1개월	2개월	4개월	6개월	12개월	15개월	18개월	19-23개월	2-3세	4-6세
B형 간염[1]	HepB	HepB		각주1 참조	HepB				HepB series		
로타바이러스[2]			Rota	Rota	Rota						
디프테리아, 파상풍, 백일해[3]			DTap	DTap	DTap		DTap				DTap
Hib 뇌수막염[4]			Hib	Hib	Hib	Hib		Hib			
폐렴균[5]			PCV	PCV	PCV	PCV				PCV PCV	
비활성 소아마비 바이러스			IPV	IPV	IPV						IPV
인플루엔자[6]					Influenza(해마다)						
홍역, 유행선 이하선염, 풍진[7]						MMR					MMR
수두[8]						Varicella					Varicella
A형 간염[9]						HepA(2회)				HepA series	
수막구균 감염증[10]										MPSV4	

7-18세

백신	7-10세	11-12세	13-14세	15세	16-18세
파상풍, 디프테리아, 백일해[11]	*각주11 참조*	Tdap	Tdap		
유두종 바이러스[12]	*각주12 참조*	HPV(3회)	HPV series		
수막구균감염증[13]	MPSV4	MPSV4	MPSV4 MPSV4		
폐렴균[14]	PPV				
인플루엔자[15]	Influenza(해마다)				
A형 간염[16]	HepA series				
B형 간염[17]	HepB series				
비활성 소아마비 바이러스[18]	IPV series				
홍역, 유행성 이하선염, 풍진[19]	MMR series				
수두[20]	Varicella series				

이 일정표는 2006년 12월 1일 현재, 인가된 아동 백신 접종에 대한 권장 나이를 보여주고 있다. 추가적인 정보는 http://www.cdc.gov/nip/recs/child-schedule.htm.에서 찾아볼 수 있다. 권장 연령에 접종하지 않았다면 재차 방문하여 지시대로 접종받을 수 있다. 새로운 백신이 그 해에 인가되고 권장될 수도 있다. 인가된 조합 백신은 구성 성분이 알려져 있으며, 사용 금지된 성분이 포함되어 있지 않고, 미국식품의약국에서 매 회 투여량이 승인이 된 것이면 사용할 수 있다. 백신 제공자는 자세한 권장사항을 위해 예방접종자문위원회의 설명을 참고해야 한다. 접종에 따른 임상적인 심각한 부작용은 백신부작용보고체계(VAERS)에 보고해야 한다. 정확한 VAERS 양식과 작성 요령은 http://www.vaerds,hhs.gov이나 전화 800-822-7967로 문의할 수 있다.

권장 연령 범위

따라잡기(catch-up) 예방접종

고위험군

1. **B형 간염 백신(Hepatitis B vaccine, HepB).** (최소 연령: 출생 시)

출생 시

- 퇴원하기 전에 모든 신생아에게 단일 항원 결정기로만 만들어진 (monovalent) B형 간염 백신을 접종한다.
- 만약 산모가 간염표면항원(HBsAg)에 대해 양성이면 생후 12시간 내에 B형 간염 백신과 0.5ml의 B형 간염 면역글로불린(HBIG)을 접종한다.
- 만약 산모의 HBsAg 보유여부를 알 수 없다면, 생후 12시간 내에 B형 간염 백신을 접종한다. 가능한 빨리 HBsAg의 보유여부를 결정하고 양성이면 B형 HBIG를 접종한다. (태어난 지 일주일 전에 접종)
- 만약 산모의 HBsAg이 음성이면, 의사의 지시에 의해서만 접종이 늦춰질 수 있고, 산모의 음성 HBsAg은 유아의 진료 기록에 기재한다.

최초 접종 후

- 일체의 B형 간염백신 접종은 단일 B형 간염 백신이나 B형 간염 혼합 백신으로 실시되어야만 한다. 두 번째 접종은 생후 1-2개월에 실시한다. 마지막 접종은 생후 24주가 지나서 실시하여야만 한다. HBsAg 양성인 산모로부터 태어난 유아는 B형 간염 백신을 3회 이상 접종받은 후인 생후 9-18 개월 사이에 HBsAg 유무와 이에 대한 항체 검사를 받아야 한다(일반적으로 정기 방문시에 실시).

4개월 접종

- 혼합 백신을 생후에 접종하였을 때에는 4회의 B형 간염 백신의 접종이 허용된다. 만약 단일 B형 간염 백신을 생후에 접종하였다면 4개월 때의 접종은 필요하지 않다.

2. **로타바이러스 백신(Rotavirus vaccine, Rota).** (최소 연령: 6주)
   - 생후 6-12주 사이에 1차 접종을 실시한다. 일체의 접종을 생후 12주가 지나 시작해서는 안 된다.
   - 마지막 접종은 생후 32주까지 실시한다. 32주 이상 지나서 실시해서는 안 된다.
   - 이 연령대를 지나서 접종한 백신의 안정성과 효능에 대한 자료는 충분하지 않다.

3. **디프테리아, 파상풍 변성 독소 그리고 비세포 백일해 백신(Diphtheria and tetanus toxoids and acellular pertussis vaccine, DTaP).** (최소 연령: 6주)
   - 4번째 DTap의 접종은 생후 12개월 때에 실시할 수 있다. 단, 3번째 접종을 마치고 6개월이 지났을 때에.
   - 마지막 접종은 4-6세에 실시한다.

4. **Hib 뇌수막염 백신(*Haemophilus influenzae* type b conjugate vaccine, Hib).** (최소 연령: 6주)
   - 생후 2개월과 4개월에 PRP-OMP(PedvaxHIB 또는 ComVax [Merck]) 를 접종하였다면 생후 6개월에는 접종이 필요없다.
   - TriHiBit(DTap/Hib) 조합 백신은 1차 접종에 사용해서는 안 되고 Hib 백신을 접종한 12개월 이상 유아의 추가 접종에 사용될 수 있다.

5. **폐렴균 백신(Pneumococcal vaccine).** (최소 연령: 6주에 폐렴균 조합 백신[PCV] 접종; 2세에 폐렴균 다당류 백신[PPV] 접종)
   - 24-59개월의 고위험군에 PCV를 접종한다. 2세 이상의 고위험군에 PPV를 접종한다. MMWR 2000; 49(No.RR-9): 1-35 참조

6. **독감 백신(Influenza vaccine).** (최소 연령: 6개월에 3가의 비활성 독감 백신[TIV] 접종; 5세에 약화시킨 독감 백신[LAIV] 접종)
   - 6-59개월의 모든 유아와 0-59개월에 외부와 접촉한 모든 유아에게 독감 백신 접종이 권장된다.
   - 독감 백신은 고위험 요소와 병원종사자에 노출된 59개월 이상의 어린이와 고위험군에 노출된 사람들(가족 구성원 전체를 포함) MMWR 2006; 55(No.RR-10): 1-41 참조
   - 5-49세의 건강한 사람은 TIV 대신 LAIV를 접종할 수도 있다.
   - TIV를 접종하는 경우, 6-35 개월에 해당하는 유아는 0.25ml을, 3세 이상의 유아는 0.5ml을 사용한다.
   - 9세 이전에 처음으로 독감백신을 접종하는 경우에는 2회 실시한다 (4주 이상은 TIV를, 6주 이상은 LAIV로 나누어 접종한다).

7. **홍역, 유행성이하선염, 풍진 백신(Measles, mumps, and rubella vaccine, MMR).** (최소 연령: 12개월)
   - 4-6세에 2차 MMR 접종을 실시한다. 첫 번째 MMR은 4-6세 이전에 해야 하고, 1차 접종 후에 4주 이상의 간격이 요구되며 이 2번의 접종은 생후 12개월 후에 실시한다.

8. **수두 백신(Varicella vaccine).** (최소 연령: 12개월)
   - 4-6세 사이에 두 번째 수두 백신 접종을 한다. 수두 백신은 4-6세 전에 실시하고, 1차 접종 후에 3달 이상의 간격이 요구되며 이 2번의 접종은 생후 12개월 이후에 이루어져야 한다. 만약 2차 접종을 1차 접종 후 28일 이후에 했다면 더 이상의 2차 접종은 필요 없다.

9. **A형간염 백신(Hepatitis A vaccine, HepA).** (최소 연령: 12개월)
   - A형간염 백신은 생후 1년(12-23개월) 되는 모든 유아에게 접종을 권장한다 . 2회 접종의 간격은 최소 6개월이다.
   - 2세까지 예방 접종이 다 끝나지 않은 경우 다음번 방문 때 실시할 수 있다.

- A형간염 백신은 접종 프로그램이 나이든 어린이를 대상으로 하는 지역에 사는 어린이들에게도 권장된다. MMWR 2006; 55(No.RR-7):1-23 참조

10. **수막구균 다당류 백신(Meningococcal polysaccharide vaccine, MPSV4).** (최소 연령: 2세)
    - 뇌수막염 다당류 백신의 접종은 치명적 보체 결핍 또는 기질적/기능적 무비증을 보이는 2-10세 어린이와 다른 고위험군에게 실시한다. MMWR 2005; 54(No.RR-7): 1-21 참조

11. **파상풍, 디프테리아 변성 독소 그리고 무세포 백일해 백신(Tetanus and diphtheria toxoids and acellular pertussis vaccine, Tdap).** (최소 연령: 10세에 BOOSTRIX 접종, 11세에 ADACEL 접종)
    - 일체의 어린이 DTP/DTap 백신 접종을 마쳤고 파상풍과 디프테리아 변성 독소 백신(Td)의 추가 접종을 받지 않은 11-12세의 어린이들에게 실시한다.
    - 11-12세에 Td/Tdap 추가 접종을 받지 않은 13-18세의 청소년의 경우 어린이 DTP/DTap 백신 접종을 마쳤어도 1회의 Tdap를 접종해야 한다.

12. **유두종 바이러스 백신(Human papillomavirus vaccine, HPV).** (최소 연령: 9세)
    - 11-12세의 여아에게 HPV를 1차 접종한다.
    - 1차 접종을 마치고 2개월 후에 2차 접종을 하고, 1차 접종을 마친 6개월 후에 3차 접종을 실시한다.
    - 13-18세의 여자의 경우 접종한 적이 없으면 HPV를 접종한다.

13. **수막구균 백신(Meningococcal vaccine).** (최소 연령: 11세에 뇌수막염 조합 백신[MCV4] 접종, 2세에 뇌수막염 다당류 백신[MPSV4] 접종)
    - 11-12세의 연령과 전에 백신을 접종하지 않은 고등학생은 MCV4를 접종한다(약 15세).
    - 이전에 MCV4를 접종한 적이 없는 대학 1학년 기숙사생의 경우; MPSV4로 대체할 수있다.
    - 뇌수막염 백신은 치명적 보체 결핍 또는 기질적/기능적 무비증을 보이는 2-10세 어린이와 다른 고위험군에게 실시한다. MMWR 2005;54(No.RR-7):1-21 참조. MPSV4는 2-10세의 어린이에게 사용하고, MCV4나 MPSV4는 더 나이든 어린이에게 사용한다.

14. **폐렴균 다당류 백신(Pneumococcal polysaccharide vaccine, PPV).** (최소 연령: 2세)
    - 고위험군에 접종한다. MMWR 1997;46(No.RR-8):1-24와 MMWR 2000; 49(No.RR-9): 1-35 참조

15. **독감백신(Influenza vaccine).** (최소 연령: 생후 6개월에 3가의 비활성 독감백신 [TIV] 접종; 5세에 약화시킨 독감백신[LAIV] 접종)
    - 독감백신은 고위험 요소, 병원종사자 그리고 그 외 고위험군의 사람들에 노출된 사람(가족 구성원 전체를 포함)에게 매 년 접종해야 한다. MMWR 2006; 55(No. RR-10):1-41 참조.
    - 5-49세의 건강한 사람은 TIV 대신에 LAIV를 사용한다.
    - 9세 이하의 어린이가 최초로 접종을 받을 때는 2회 실시해야만 한다 (4주 이상은 TIV, 6주 이상은 LAIV로 나누어 접종).

16. **A형간염 백신(Hepatitis A vaccine, HepA).** (최소 연령: 12개월)
    - 최소한 6개월 간격으로 2회 접종해야 한다.
    - A형간염 백신은 접종 프로그램이 나이든 어린이를 대상으로 하는 지역에 사는 어린이들에게도 권장된다. MMWR 2006; 55(No.RR-7):1-23 참조

17. **B형간염 백신(Hepatitis B vaccine, HepB).** (최소 연령: 출생)
    - 처음으로 실시하는 경우, 3회의 접종을 실시한다.
    - 2회의 Recombivax HB는 11-15세 어린이의 접종에 인가된 백신이다.

18. **비활성 소아마비 백신(Inactivated poliovirus vaccine, IPV).** (최소 연령: 6주)
    - 일체의 비활성 소아마비 바이러스 백신(IPV)이나 일체의 경구 소아마비 바이러스 백신(OPV)을 접종을 받은 어린이의 겨우, 4세 이후에 3차 접종을 받았다면 4차 접종은 필요하지 않다.
    - OPV와 IPV를 추가 접종으로 사용된 경우에는 나이에 상관없이 4회의 접종이 필요하다.

19. **홍역, 유행성이하선염 그리고 풍진 백신(Measles, mumps and rubella vaccine, MMR).** (최소 연령: 12개월)
    - 만약 이전에 접종을 받지 않았다면, 1회 접종 당 4주 이상의 간격을 두고 2회의 MMR 접종을 받도록 한다.

20. **수두 백신(Varicella vaccine).** (최소 연령: 12개월)
    - 접종의 증거가 없는 사람의 경우 2회의 수두 백신을 접종한다.
    - 13세 이전의 어린이에게 최소 3개월 간격을 두고 2회 수두 백신을 접종한다. 만약 2차 접종을 1차 접종 후 28일 이후에 했다면 더 이상의 2차 접종은 필요 없다.
    - 13세 이후의 수두 백신 접종은 최소한 4주의 간격을 두고 2회 접종한다.

미소아과학회와 미주치의학회의 예방접종자문위원회의 의해 승인되었음.

표 17.8B

백신과 연령대를 고려한 권장 성인 예방접종법, 미국, 2006년 10월-2007년 9월

백신	19-49세	50-64세	65세 이상
파상풍, 디프테리아, 백일해(Td/Tdap)[1,※]	매 10년 마다 1회 Td 추가 접종 Td 대신에 1회의 Tdap		
유두종바이러스(HPV)[2]	3회(여성)		
홍역, 이하선염, 풍진(MMR)[3,※]	1회 내지 2회	1회	
수두[4,※]	2회(0, 4-8주)	2회(0, 4-8주)	
인플루엔자[5,※]	매년 1회	매년 1회	
폐렴균(다당류)[6,7]	1-2회		1회
A형 간염[8,※]	2회(0, 6-12개월, 또는 0, 6-18개월)		
B형 간염[9,※]	3회(0, 1-2, 4-6개월)		
수막구균감염증[10]	1회 또는 그 이상		

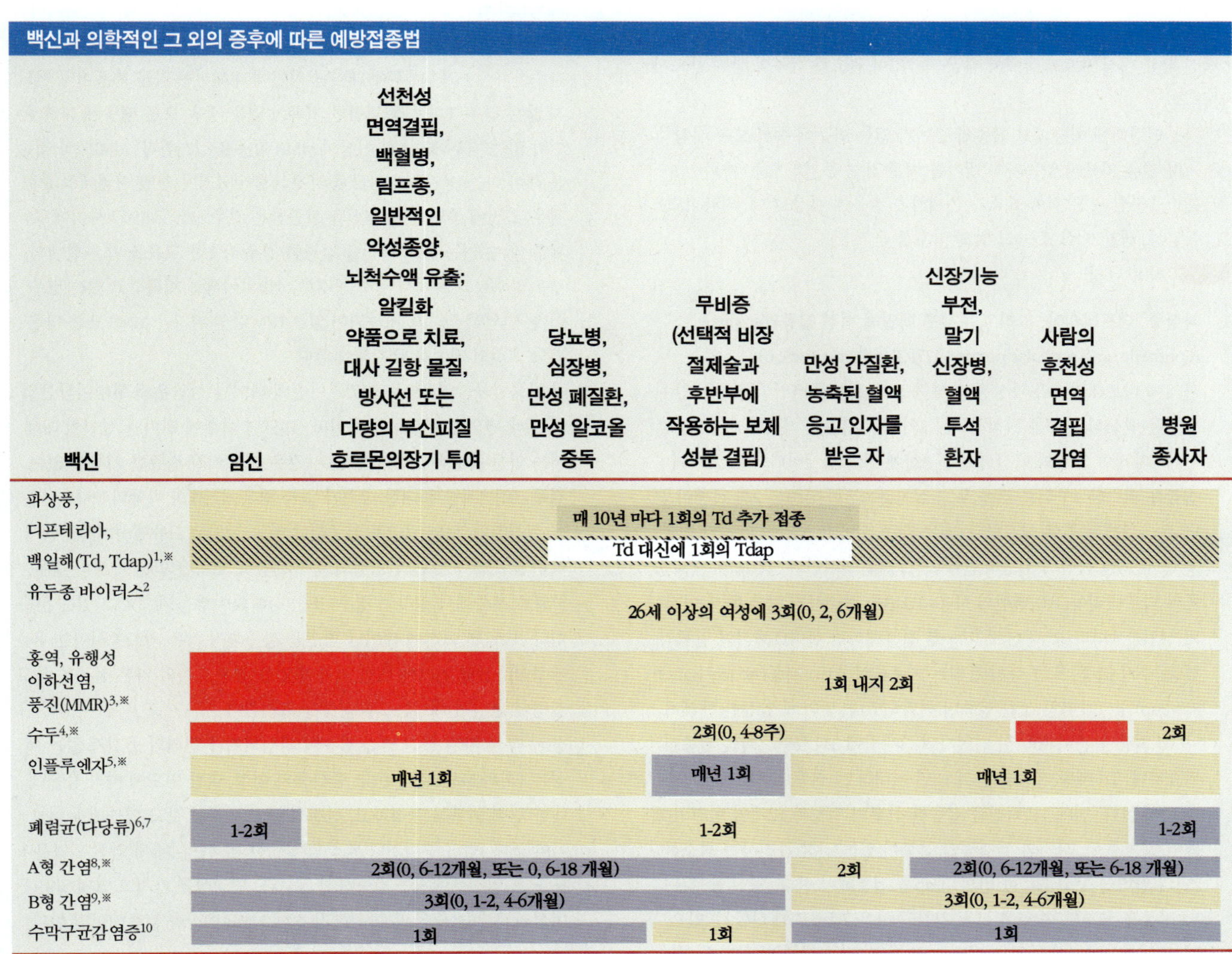

백신과 의학적인 그 외의 증후에 따른 예방접종법

백신	임신	선천성 면역결핍, 백혈병, 림프종, 일반적인 악성종양, 뇌척수액 유출; 알킬화 약품으로 치료, 대사 길항 물질, 방사선 또는 다량의 부신피질 호르몬의장기 투여	당뇨병, 심장병, 만성 폐질환, 만성 알코올 중독	무비증 (선택적 비장 절제술과 후반부에 작용하는 보체 성분 결핍)	만성 간질환, 농축된 혈액 응고 인자를 받은 자	신장기능 부전, 말기 신장병, 혈액 투석 환자	사람의 후천성 면역 결핍 감염	병원 종사자
파상풍, 디프테리아, 백일해(Td, Tdap)[1,※]	매 10년 마다 1회의 Td 추가 접종 Td 대신에 1회의 Tdap							
유두종 바이러스[2]		26세 이상의 여성에 3회(0, 2, 6개월)						
홍역, 유행성 이하선염, 풍진(MMR)[3,※]			1회 내지 2회					
수두[4,※]			2회(0, 4-8주)					2회
인플루엔자[5,※]	매년 1회			매년 1회	매년 1회			
폐렴균(다당류)[6,7]	1-2회	1-2회						1-2회
A형 간염[8,※]	2회(0, 6-12개월, 또는 0, 6-18 개월)				2회	2회(0, 6-12개월, 또는 6-18 개월)		
B형 간염[9,※]	3회(0, 1-2, 4-6개월)				3회(0, 1-2, 4-6개월)			
수막구균감염증[10]	1회			1회	1회			

이 일정표는 2006년 10월 1일 현재, 19세 이상의 성인을 위해 인가된 백신의 권장 접종 연령군과 일반적인 백신접종 정보를 보여준다. 인가된 조합 백신은 구성 성분이 알려져 있으며, 사용 금지된 성분이 포함되어 있지 않으면 사용될 수 있다. 여행시 사용법이나 그 해 나오는 모든 백신에 대한 자세한 권고에 대해서는 제조사의 설명이나 예방접종자문위원회의 설명을 참고한다(www.cdc.gov/nip/publications/ acip-list.htm). 접종에 따른 임상적인 심각한 부작용은 백신부작용보고체계(VAERS)에 보고해야 한다. 정확한 VAERS 양식과 작성 요령은 http://www. vaerds,hhs.gov이나 전화 800-822-7967로 문의할 수 있다. 백신 상해배상 청구에 대한 정보는 www.hrsa.gov/vaccine compensation program 또는 전화 800-338-2382를 통하여 획득할 수 있다. 백신 상해에 대한 서류 제출은 U.S. Court of Federal Claims, 717 Madison Place, N.W., Washington, D.C.20005; 전화, 202-357-6403을 이용한다. 위의 예방접종법에 대한 추가적인 정보와 사용 금지 백신에 대해서는 www.cdc.gov/nip 또는 영국과 스페인의 CDC-INFO 문의처 800-CDC-INFO(800-232-4830)에서 언제든지 확인할 수 있다.

* 백신 상해 배상 프로그램에서 제공. 주석: 이 권고를 각주와 함께 반드시 읽을 것

연령대에 해당되고 접종의 증거가 없는 범주에 속한 모든 사람(예, 예방접종 기록이 없는자와 댓가를 치룬 감염 증거가 없는 자)

유사한 다른 위험 요소가 존재하는 경우에 권장됨(예, 의학적으로, 직업상, 생활 방식 또는 그 밖의 징후를 근거로)

사용 금지

1. **파상풍, 디프테리아, 그리고 무세포 백일해 백신 접종(Tetanus, diphtheria, and acellular pertussis(Td/Tdap) vaccination).**
   과거에 디프테리아와 파상풍 변성 독소가 포함된 백신의 접종이 안된 성인은 백신의 접종을 시작하거나 1차적인 접종을 마쳐야만 한다. 성인의 1차적인 일체의 백신 접종은 3회에 걸쳐 실시한다: 최초 2회의 접종은 최소한 4주의 간격을 두고 실시하고 3회 접종은 2회 접종이 끝난 후 6-12개월 후에 실시한다. 최초 접종을 마친 성인이 마지막 접종을 한지 10년 이상이 지났다면 추가 접종을 실시한다. Tdap 또는 파상풍과 디프테리아(Td) 백신의 사용: Tdap를 접종하지 않은 65세 이전의 성인은 1회의 Td 대신에 Tdap를 접종해야만 한다(1차적인 일체의 접종, 추가 접종, 또는 상처 관리). 두 종류의 Tdap 제품(Adacel [sanofi Pasteur]) 중 1가지만 성인 접종이 허가되었다. 만약에 임신한 사람이나 Td 최종 접종이 10년이 넘었다면, 3개월에 2회 또는 3회의 접종이 필요하다; Td 예방 접종을 한지 10년 이내라면, 산후 즉시 Tdap 접종을 해야 한다. 전에 Td 백신을 접종한 산후의 여성과 12개월 이전의 접촉이 있는 유아, 환자와 직접적인 접촉이 있는 건강 관리사는 최소한 2년의 간격을 두고 1회 한 번의 Tdap를 접종해야 한다. 임신 동안은 Td 접종을 연기할 수 있고 산후 기간 동안은 Tdap로 대신할 수 있으며, 또는 Tdap는 여성 정보 검토를 한 후에 Td 대신에 접종할 수 있다(www.cdc.gov/nip/publications/acip-list.htm). Td의 접종 방법에 대한 권장 사항은 ACIP 권고를 참고한다(www.cdc.gov/mmwr/preview/mmwrhtml/00041645.htm).

2. **유두종 바이러스 백신 접종(Human papillomavirus(HPV) vaccination).**
   HPV는 백신 접종을 모두 마치지 않은 26세 이전의 여성 모두 접종할 것을 권장한다. 이상적으로는 성적인 활동을 통해 잠재적인 HPV에 노출되기 전에 접종해야 한다. 그럼에도 불구하고 성적인 활동이 왕성한 여성은 반드시 접종을 받아야 한다. 한 번도 감염되지 않은 채 성적인 활동을 하는 여성은 어떠한 HPV 백신으로도 접종의 효과를 충분히 볼 수 있다. 그러나 이미 감염으로 인하여 4가지 HPV 백신을 모두 접종했다면 그 효과가 줄어들 것이다. 완전한 예방 접종은 총 3회에 걸쳐 이루어진다. 2회 접종은 1회 접종을 마치고 2개월 후에 실시한다; 3회 접종은 1회 접종을 마치고 6개월 후에 실시한다. 임신 기간 중에는 접종을 권장하지 않는다. 만약 접종을 시작한 후 임신한 사실을 알았다면, 나머지 접종은 출산 후까지 미룬다.

3. **홍역, 유행성이하선염, 풍진백신 접종(Measles, mumps, rubella(MMR) vaccination).**
   홍역 백신: 1957년 이전에 태어난 성인은 홍역에 대해 면역된 것으로 간주한다. 1957년 이후에 태어난 성인에 대해서는 약물 복용이 금지되지 않은 경우, 1회 이상 접종한 기록이 없는 경우, 또는 접종에 대한 증거가 없는 경우에는 1회 이상의 MMR 접종을 실시한다. MMR 2차 접종을 해야 하는 성인은 1)최근 홍역에 노출되었거나 전염 지역에 노출된 경우; 2)전에 죽인 홍역 백신을 접종받은 경우 3)1963-1967 사이에 종류를 알 수 없는 홍역 백신을 접종한 경우 4)중등 교육을 받은 학생의 경우 5)의료 시설에서 일하는 경우 6)해외여행을 계획하고 있는 경우이다. 면역이 심하게 저하되어 있는 HIV 감염 환자는 MMR 또는 다른 홍역 백신의 접종을 금지해야 한다.
   유행성이하선염 백신: 1957년 이전에 태어난 성인은 유행성이하선염에 대해 면역된 것으로 간주한다. 1957년 이후에 태어난 성인에 대해서는 약물 복용이 금지되지 않은 경우, 1회 이상 접종한 기록이 없는 경우, 또는 접종에 대한 증거가 없는 경우에는 1회 이상의 MMR 접종을 실시한다. MMR을 2차 접종해야 하는 성인은 1)유행성이하선염이 만연된 지역에 있던 연령층의 경우 2)중등 교육을 받은 학생의 경우 3)의료 시설에서 일하는 경우, 또는 4)해외여행을 계획하고 있는 경우이다. 1957년 이전에 태어난 백신을 접종하지 않은 의료종사자는 유행성이하선염 면역에 대한 기록이 없을 경우, 1회의 기본 접종을 하고 질병이 전염될 때에는 2차 접종을 고려한다.
   풍진 백신: 과거 풍진 백신 접종이 의심되거나 면역의 증거가 없는 여성은 1회의 MMR 접종한다. 출산층의 여성, 출산 년도에 따라 풍진에 대한 면역 여부를 결정하고, 선천성 풍진 증후를 갖고 있는지 물어보아야 한다. 임신 중이거나 백신을 접종한 후 4주 이내에 임신 되었을지도 모를 임신부에게는 접종하지 않는다. 면역성을 가지고 있지 않은 여성의 경우는 출산 후 퇴원하기 전에 MMR 백신을 접종해야만 한다.

4. **수두백신 접종(Varicella vaccination).**
   수두에 대한 면역의 증거가 없는 모든 성인의 경우 2회의 수두 백신을 접종해야 한다. 특별히 고려되어야 할 경우는 1)심각한 질병을 갖고

있는 사람(예, 의료종사자와 면역이 손상된 사람의 가족 구성원)과 접촉한 사람 또는 2)노출이나 전염의 위험한 사람들(유아원 교사; 육아원 종사자; 대학생; 군대; 아이들과 같이 사는 청소년이나 성인들; 출산 연령층의 비임신부; 해외여행자)이 해당된다.

5. **독감백신 접종(Influenza vaccination).**
   의학적 징후: 천식을 포함한 심장혈관계와 폐 관련 조직 만성 질환; 만성 신진대사 질환, 당뇨병; 신장 기능 장애, 헤모글로빈 관련 질환, 또는 면역 억제 질환(약물 또는 HIV에 의한 면역 억제를 포함); 호흡기 기능이 저하되어 있거나 호흡기 분비에 이상이 있거나 숨쉬기의 위험도가 증가하는 경우(예를 들어, 인지 장애, 척추 손상, 또는 발작증, 신경 근육 장애); 그리고 독감이 유행할 때의 임신. 독감이 무비증과 연관되어 있다는 증거는 없다. 그러나 독감은 무비증 환자 중에 심각한 질병을 일으키는 세균의 2차 감염을 일으키기도 한다.
   직업상 징후: 극빈자 보호소에서 장기로 일하는 의료종사자나 일반종사자. 다른 징후: 육아원이나 장기 극빈자 보호소에서 일하는 사람들; 독감을 고위험군에게 전염시킬 수 있는 사람; 접종을 원하는 모든 사람들. 의학적으로 위험도가 낮으면서 건강하고 임신하지 않은 5-49세의 사람들이 특별 관리를 받고 있는 심각한 면역 기능 저하자와 접촉하지 않은 경우는 비강을 통한 독감백신[RuMist]이나 비활성 백신을 접종받을 수 있다. 그 밖의 다른 사람들은 비활성 백신을 접종한다.

6. **폐렴균 다당류 백신 접종(Pneumococcal polysaccharide vaccination).**
   의학적 징후: 폐 관련 조직의 만성적 질환(천식 제외); 심장 혈관계 질환; 당뇨병; 만성 간 질환, 알코올 남용에 의한 간 질환을 포함(예, 간경변증); 만성 신장 질환; 기능적인 또는 기질적인 무비증(예, 적혈구형 빈혈 또는 비장 절제 [만약 비장 절제 수술이 계획되어 있다면, 최소 수술 2주 전에는 백신 접종함]); 면역 억제 조건; 알킬화 물질, 대사 길항 물질, 또는 고농도의 부신피질 호르몬의 장기 투여; 그리고 달팽이관 이식 등의 화학치료요법. 다른 증후: 알래스카 원주민과 미국 인디언들, 그리고 육아원이나 장기 보호소에 있는 사람들.

7. **폐렴균 다당류 백신 재접종(Revaccination with pneumococcal polysaccharide vaccine).**
   만성 신장 질환이 있는 사람은 5년 후에 재접종을 하여야 한다; 기능적인 또는 기질적인 무비증(예, 선천성 면역결핍, HIV 감염, 백혈병, 림프종, 다발성 골수종, 파킨슨병, 일반적인 악성종양, 또는 기관이나 골수 이식); 또는 알킬화 물질, 대사길항물질, 또는 고농도의 부신피질 호르몬의 장기 투여의 화학치료요법. 65세 이상의 성인은 최초 접종을 마치고 5년 이상 지난 후에 재접종을 하고, 최초 접종이 65세 이전인 성인도 재접종을 실시해야 한다.

8. **A형 간염 백신 접종(Hepatitis A vaccination).**
   의학적 징후: 만성 간 질환과 혈액 응고 인자를 투여 받은 자. 행동적 징후: 남자 동성연예자 마약 중독자. 직업상 징후: A형 간염 바이러스에 감염된 유인원을 연구하는 사람이나 A형 간염 바이러스 연구실에서 일하는 사람. 다른 징후: 여행이나 일을 위하여 A형 간염 만연 전염 지역을 다녀온 사람(해당 지역 목록은 www.cdc.gov/travel/diseases.html 참조) 그리고 면역을 원하는 모든 사람들. 최근 사용되고 있는 백신은 0개월과 6-12개월, 또는 6-18개월에 2회 접종해야 한다. 만약 A형 간염, B형 간염 혼합백신을 접종하려면 0개월, 1개월, 6개월에 걸쳐 3회 접종을 실시한다.

9. **B형 간염 백신 접종(Hepatitis B vaccination).**
   의학적 징후: 신장병 말기 환자, 혈액 투석을 받는 환자 포함; 성병(STD)에 대한 진단이나 치료를 원하는 사람; HIV에 감염된 사람; 만성간 질환 환자; 그리고 혈액 응고 인자를 투여 받는 자. 직업상 징후: 혈액이나 감염 가능성이 있는 체액에 노출되어 있는 의료종사자나 보건요원들. 행동적 징후: 성생활이 문란한 사람(예, 성관계 상대자가 지난 6개월 동안 2명 이상인 경우); 약물 중독자; 남성과 남성 간의 성행위. 다른 징후: 만성 B형 간염자와 성행위를 한 자; 장애자 시설에서 일하는 직원들; 성병 진료소 모든 직원; 만성적인 B형 간염 바이러스가 유행하는 지역을 여행한 사람(해당 지역 목록은 www.cdc.gov/travel/diseases.html 참조); B형 간염 바이러스에 대하여 면역되고자 하는 모든 성인. 모든 성인에 대해 B형 간염 백신 접종이 권장된다; 성병 치료 시설; HIV 검사 및 치료 시설; 약물 남용 치료 시설 및 예방 시설; 약물 중독자 치료 시설 또는 남성 동성연예자의 질병 치료 시설; 교정 시설; 혈액 투석 환자를 위한 말기 신장질환 치료 시설; 장애자를 위한 시설. 특이적 징후: 혈액 투석을 받는 환자나 그 외 면역기능저하 환자는 40mg/ml(Recombivax HB)을 1회, 20mg/ml(Engerix-B)를 2회 투여한다.

10. **수막구균 감염증 백신 접종(Meningococcal vaccination).**
    의학적 징후: 기질적인 또는 기능적 무비증을 가지거나 보체 결핍 환자. 다른 징후: 기숙사에 사는 대학 신입생; 수막구균에 기본적으로 노출되는 미생물학자; 군인; 뇌수막염 만성 만연 지역을 여행하거나 살고 있는 사람(예, 사하라 사막 이남의 건조한 시기[December-June] 동안의 "뇌수막염 벨트"), 특히 원주민에 오래 노출된 사람. 매년 메카 참배를 위해 사우디아라비아를 찾는 여행객을 위해 정부 차원의 백신 접종이 필요하다. 뇌수막염 조합 백신은 55세 이전의 사람들에게 권장하며, 뇌수막염 다당류 백신을 접종할 수도 있다. 고감염 위험성을 가지고 있는 사람은 접종을 마친 5년 후에 뇌수막염 다당류 백신을 재접종 한다(예, 질병 만연 지역에 살고 있는 사람).

11. **Hib 뇌수막염 백신이 사용될 수 있는 특별한 조건. (Selected condition for which Haemophilus influenza type b(Hib) vaccine may be used.)**
    Hib 조합 백신은 6주에서 71개월의 어린이들에게 사용이 승인되어 있다. 권장 연령대에 포함되어 있지 않는 어린이의 경우나 Hib 감염 위험성을 갖고 있는 조건의 성인들에 대한 백신의 효능은 알려져 있지 않다. 그러나 연구결과에 의하면 적혈구성 빈혈, 백혈병 또는 HIV 감염자, 비장 절제 환자의 경우에 면역성이 잘 부여된다고 알려져 있다; 이러한 환자에 대한 백신 투여가 금지되어 있지 않다.

미국대학산부인과, 미국주치의협회, 미국대학의사협회의 예방접종자문위원회에 의해 승인되었음.

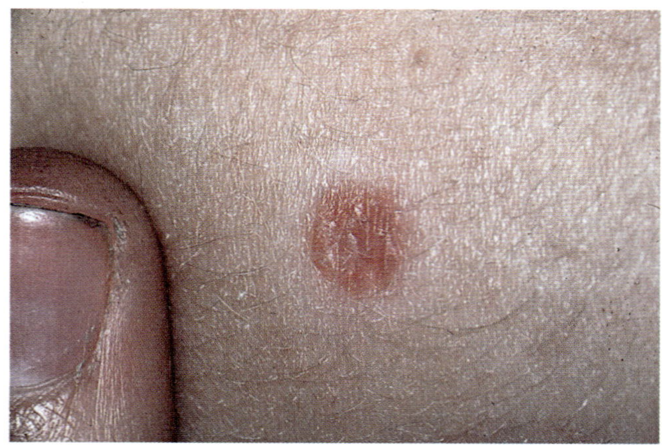

그림 17.16 BCG 백신을 접종했을 때의 접종 자극. BCG 백신은 일부 국가에서 결핵에 대해 접종으로 사용한다. 피하에 오랫동안 사라지지 않는 자국이 남아있다. (*Science Photo Library/Photo Researchers, Inc*)

종은 생후 2, 4, 6, 12, 15개월에 실시한다. 생후 15개월에서 5살 사이의 어린이들은 1회의 접종만 필요하다. 5살 이상의 어린이들은 예방접종을 받지 않아도 된다. 그 이유는 이 연령대가 되면 자연감염이 되어 능동면역이 생성되기 때문이다. 어린 나이 때는 Hib백신을 DTaP와 함께 혼합하여 사용할 수 있다. 여러분이 태어난 이후로 독감, A형 간염, B형 간염, 폐렴균, 로타바이러스, 수막구균감염증, 수두(어린이의 수두, 어른들의 대상포진) 그리고 **HPV**(자궁암 원인의 99%를 차지하는 유두종 바이러스)는 권장 백신에 추가되었다. 이들 중 당신에게 필요한 것이 있는가?

권장 백신은 선진국과 후진국 사이에 차이가 있다. 선진국에서의 권장백신은 미국과 비슷하다. 그러나 일부 국가에서는 결핵예방주사로 BCG(Bacille Calmette-Guerin) **(그림 17.16)** 백신을 사용하고 있다. 세계보건기구(WHO)는 과거 수십 년에 걸쳐 여러 나라에서 15만 명 이상의 사람들에게 BCG를 투여하였다. 그러나 미국에서는 사용하고 있지 않다. 왜냐하면 BCG가 처음 개발되었을 때 안전성과 효능에 대한 심각한 논쟁이 있었기 때문이다. 이제는 안전성과 효능이 입증되었지만 광범위하게 사용될 만큼 결핵의 발병률이 높지 않다. WHO는 후진국에서의 심각한 전염성 질병을 막기 위해 어린 나이에 예방접종을 권장하고 있다; 출생 직후에 BCG와 경구 소아마비백신; 생후 6주, 10주와 14주에는 DTaP와 소아마비백신, 그리고 9개월에는 홍역백신의 예방접종을 권장한다.

미국을 제외한 전 세계 75%의 신생아에게 BCG 백신을 접종한다.

백신의 위험성

심각한 감염성 질병을 막는데 백신은 실로 대단한 역할을 하고 있다. 그러나 백신의 대상을 결정할 때에는 신중하게 고려해야 한다. 왜냐하면 백신은 위험성이 있기 때문이다. 물론 질병의 발병률과 심각성도 결정시에는 반드시 고려해야 한다.

능동예방접종 부위에는 흔히 열, 불쾌감 그리고 통증이 나타난다. 이미 열과 불쾌감을 경험한 환자들에게 예방접종을 실시해서는 안 된다. 왜냐하면 백신 때문에 잘못되어 상태가 더욱 악화될 수 있기 때문이다. 더욱 중요한 사실은 진행되고 있는 감염에 의한 과도한 부담으로 면역체계는 백신에 대한 적절한 반응을 일으키지 않을 수도 있다는 것이다. 예방 접종에 따라 독특한 반응이 일어날 수도 있다. 예를 들면, 풍진백신은 관절에 통증을 일으키고, 백일해백신은 경련을 일으킨다. 가끔 독감 백신을 사용했을 때나 또는 달걀 단백질이나 항생제나 방부제를 포함하고 있는 백신을 사용하였을 때에도 엘러지가 나타날 수 있다. 그러나 접종을 받은 소수의 사람들에게만 이런 반응이 일어나며, 일반적으로는 질병보다는 정도가 훨씬 약하다. 극히 소수의 사람만이 죽거나 불치의 장애를 겪는다(소아마비 백신 논쟁에 대해 ◀24장 p. 770 참조). FDA는 백신의 위험성을 알리기 위해 백신 부작용 사례보고체계를 운영하고 있다.

살아있는 백신은 임신부, 면역결핍 환자, 방사선이나 부신피질 호르몬 의약품과 같은 면역억제제 사용 환자에게 특히 위험하다. 임신부의 경우에는, 살아있는 바이러스가 태반을 통과하여 면역체계가 미성숙한 태아를 감염시킬 수 있다. 이 바이러스는 또한 출산 장애를 일으킬 수도 있다. 면역결핍증이나 면역이 억제된 환자들에게는 약화된 바이러스도 질병을 유발할 정도로 위험할 수 있다. 따라서 AIDS 양성으로 판명된 환자들에게 살아있는 바이러스 백신을 사용해서는 안 된다. 모체로부터 AIDS 바이러스에 감염된 신생아에게 일반적인 권장 바이러스 예방접종을 실시할 경우에는 위와 같은 문제가 발생될 수 있을 것이다. 해외에 근무하는 군인, 공무원 그리고 그 가족에게 권장되는 살아있는 바이러스 백신을 접종하기 전에 AIDS 진단을 반드시 실시하여야만 한다.

수동면역

수동면역은 이미 준비된 항체를 면역되지 않은 사람에게 투여하는 것이다. 항체는 혈액의 혈청에 포함되어 있으므로, 수동면역에는 주로 **항혈청(antisera)**을 사용한다. 수동면역은 빠르게 이루어지지만 짧은 시간동안만 효력이 있다. 몸안에 순환하는 항체가 충분히 높은 타이터를 유지하는 동안만 효력이 있다. **수동면역(passive immunization)**에는 감마글로불린, 과잉면역혈청(hyperimmune serum) 또는 항독성 혈청이 사용된다. 그러나 이러한 혈청들이 보여주는 특이성과 면역효과는 여기에 포함되어 있는 항체의 종류와 농도에 따라 다르다.

면역 혈청 글로불린(Immune serum globulin)은 앞에서는 **감마글로불린**이라고 지칭하였음. 이것은 여러 사람으로부터 분리된 감마글로불린(항체가 들어있는 혈청의 일부)만 모아놓은 것이다. 이러한 종류의 감마글로불린은 전형적으로 충분한 항체를 포함하고 있어서 잘 알려진 질병인 유행성이하선염, 홍역과 A형 간염에 대한 수동면역을 부여할 수 있다. 제공자를 잘 선택하면 높은 타이터의 항체를 포함하고 있는 감마글로불린을 마련할 수 있다. 이렇게 하여 준비된 것을 **과잉면역혈청(hyperimmune sera)** 또는 회복기 혈청(*convalescent sera*)라고 한다. 예를 들어, 유행성이하선염에서 회복된 사람이나 최근 백신을 맞은 사람으로부터 획득한 감마글로불린에는 특별히 높은 타이터의 항유행성이하선염 항체가 포함되어 있다. 다른 질병의 경우에도 적용할 수 있다. 과잉면역혈청은 접종을 통해서도 얻을 수 있는데 동물인 말에 파상풍 독소를 접종한 후 말 혈청으로부터 항파상풍 독소 항체를 획득하기도 한다.

소 초유에 함유되어 있는 면역글로불린은 사람의 근무력증, 다발성경화증, 전신낭창, 류마티스성 관절염 치료에 성공적으로 사용되고 있다.

항독성항체(Antitoxins)는 식중독, 디프테리아, 파상풍을 일으키는 독소에 대한 항체이다. 파상풍 독소에 대한 수동면역에는 파상풍 면역글로불린을 사용한다. 감마글로불린은 파상풍 독소에 대한 항체를 포함하고 있다. 수동면역을 위해 현재 사용되고 있는 물질들의 특성은 **표 17.9**에 요약되어 있다.

수동면역은 면역되어 있지 않은 사람이 그 질병에 노출되었을 때에 사람에게 즉시 면역을 부여한다. 능동예방접종은 수동면역의 효과가 다 끝난 후에 실시한다. 항생제가 출현하기 전에는 수동 면역을 통해 폐렴과 여러 감염성 질병을 차단하거나 경감하였다. 현재 가장 흔하게 사용되는 수동면역은 파상풍 독소로 인해 생긴 상처를 보호하는데 사용되고 있다. 파상풍에 비해 디프테리아나 보툴리늄에 노출되는 경우는 적지만 이런 질병에도 수동면역이 사용될 수 있다.

수동면역은 뱀이나 거미에게 물렸을 때나 태아를 특정 면역 반응으로부터 보호하고자 할 때도 사용된다. 독사나 흑거미 독(venom)에 대한 항독혈청(anti-venins)을 응급 처치에 사용한다. 항독혈청은 조직에 아직 부착하지 않은 독 분자와 반응한다. 따라서 물리자마자 바로 항독혈청을 주입하게 되면 더욱 효과적이다.

Rh^-인 모체가 두 번째 Rh^+태아를 임신하였을 때에 태아에 대한 면역 반응이 일어난다. 좀 더 자세한 내용은 ◀18장에서 설명하겠지만, 첫 번째 Rh^+아이가 태어났을 때 모체는 Rh^+적혈구에 의해 감작된다. 그러면 모체의 면역체계는 항Rh항체를 만드는데, 이 항체는 두 번째 Rh^+태아에게 해를 끼칠 수 있다. 이와 같은 현상을 막기 위해서는, 첫째 아이 출산이나 유산 후 72시간 이내에 모체에게 항Rh 항체를 투여한다. 항독항체처럼, 항Rh항체는 Rh^+적혈구에 결합하여 모체의 면역 체계를 자극하기 전에 Rh^+적혈구를 파괴해버린다.

능동예방접종에서와 같이 수동면역도 약간의 위험성이 있다. 가장 대표적인 위험성은 엘러지 반응이다. 일부 항독소항체는 달걀이나 말로부터 생산되는데 이러한 다른 동물의 단백질을 포함한다. 이 단백질들이 엘러지 반응을 일으키는데 특히 두 번째 투여되었을 때 더욱 심하다. 이와 달리 사람으로부터 유래한 항체는 엘러지 반응이 약하게 일어난다는 면에서 좀 더 안전하다. 감마글로불린이나 과잉면역혈청을 정상적인 근육 내로 주입되지 않고 정맥 내로 잘못 주입하게 되면 큰 IgG 분자에 대한 알레르기 반응이 일어날 수도 있다. 좀 더 작은 분자로 이루어진 새로운 형태의 면역글로불린 IV는 안전하게 정맥

표 17.19

수동 면역을 위한 물질의 특성

물질	사용법
사람 감마글로불린	체액성 면역이 결핍 환자의 감염 재발을 방지하고 홍역이나 A형 간염에 대해 접종되지 않은 사람의 질병 증후를 막거나 감소시키기 위해
특정 감마글로불린	
풍진-대상포진 면역글로불린	고위험군 어린이의 수두를 막기 위해; 노출 4일 이내에 반드시 투여
B형 간염 면역글로불린	혈액이나 바늘을 통한 노출 후에 B형 간염을 막기 위해서, 또는 모체로부터 신생아에게 질병이 전파되지 않도록 하기 위해
이하선염 면역글로불린	이하선염에 노출된 성인 남성에 있어서 고환염(고환의 염증)을 막기 위해
백일해 면역글로불린	3세 이하의 어린이나 쇠약한 어린이에 있어서의 질병의 심각한 진전을 막고 사망률을 감소시키기 위해
광견병 면역글로불린	광견병이 의심되는 동물로부터 물린 후 광견병을 예방하기 위해서; 가능하다면 물린 장소에 적용하고 근육내로 투여함
파상풍 면역글로불린	접종되지 않은 환자의 외상에 파상풍이 일어나는 것을 막기 위해
소천연두 면역글로불린	현재 소천연두에 감염되어 있는 면역결핍 환자에 있어서 질병이 진전되는 것을 막기 위해

으로 투여될 수 있다.

수동면역의 또 다른 위험성, 적어도 단점은 투여된 항체가 숙주 자신의 항체 생산능력을 방해한다는 것이다. 이러한 현상은 투여된 항체가 항원에 결합하여 항원이 숙주의 면역체계를 자극하는 것을 막기 때문에 일어날 수 있다. 따라서 모체의 항체는 감염으로부터 유아를 보호할 수도 있지만 신생아 자신의 항체생산을 막을 수도 있다.

예방접종의 미래

면역학자들은 새로운 백신을 지속적으로 개발하고 있다. 효과적인 백신은 5가지 기준을 만족시켜야 한다;(1) 개발된 백신은 연구자들이 의도한 질병에 대해서 방어력이 있어야 된다. (2) 백신은 안전해야 되고 부작용이 없어야 된다. (3) 면역력은 지속성이 있어야 되는데 오랫동안 감염에 대해서 방어력이 있어야한다. (4) 백신은 백신항원에 대한 중화항체나 방어력이 있는 T 세포를 생성해야만 한다. (5) 백신은 안전성과 사용법이 실용적이어야 한다.

죽인 전세포 백신(*Whole-cell killed vaccines*, 1세대 백신)은 미생물 외부세포 물질(extraneous cellular materials)때문에 원하지 않은 부작용을 초래할 수 있다. 그러므로 미생물의 면역원성을 갖고 있는 부분만을 순수 분리하려고 노력하고 있다. 소단위백신(*subunit vaccines*, 2세대 백신)은 살아있는 미생물의 독성을 제거해서 만든 약화된 백신(*attenuated vaccines*)보다 좀 더 안전하다. 약화된 미생물은 언제든지 독성이 있는 상태로 역돌연변이가 일어날 가능성이 있다. 연구자들은 AIDS 백신으로 약화된 백신을 사용하기에는 위험성이 너무 크다고 여기고 있다. 그러나 다른 질병의 경우에는 사용되고 있는데 결핵에 대한 BCG 백신이 이 경우이다. 일반적으로 살아있는 미생물은 죽은 미생물보다 우수하고 지속성 있는 면역력을 일으킨다. 재조합 DNA백신(*Recombinant DNA vaccines*, 3세대 백신)은 독성을 갖고 있지 않은 미생물의 유전체에 특정 항원의 유전자를 삽입함으로써 제조한다. B형 간염바이러스 항원 유전자를 효모에 클로닝한 후 순수 분리하여 사용하는데, 매우 안전하고 효과적인 백신이다. 미국 너구리와 같은 야생동물 집단에서 광견병을 제거하는 방법으로 광견병바이러스 항원 유전자를 우두바이러스에 삽입하여 제조한 백신을 현재 테스트하고 있다.

백신 연구자들은 미국인들이 2025년경에는 30여개의 질병에 대해 접종될 것으로 믿고 있다. AIDS; 음부 포진(genital herpes); 독감; A형, B형, C형, E형 간염; 수두; 대상 포진 등이 여기에 포함된다. 이러한 예방접종은 3 단계의 연령층에 실시될 것이다: 어린이 질병에 대해서는 유아와 어린 아이들에게; 일부 성병에 대해서는 사춘기 이전의 청소년들에게; 독감과 대상포진에 대해서는 성인들에게.

중점 질문 사항

1. BCG 백신이란 무엇인가? 왜 미국에서는 이 백신을 사용하지 않는가?
2. 백신의 위험 요소는 무엇인가?
3. 감마 글로불린은 무엇인가? 면역성을 띠는 글로불린(immune globulin)은 무엇인가? 이들을 어떻게 준비하는가?
4. subunit vaccine(소단위 백신)은 어떻게 준비되는가? 왜 이 백신이 세포 전체를 죽인 백신(whole-cell killed vaccine)보다 나은가?

다양한 병원체에 대한 면역

이 장은 모든 병원체에 적용되는 면역의 기본원리에 초점을 맞추었다. 그러나 여러분이 면역체계가 어떻게 다양한 종류의 병원체에 반응하는지 그 방법에 대해 관심을 갖길 권한다.

세균

◀16장(p. 464)에서 보았듯이, 피부, 점막과 분비되는 위액과 같은 선천적인 방어로 세균들이 숙주 조직에 침입하는 것이 차단된다. 세균이 숙주에 감염되면 침투한 미생물에 대한 면역반응이 일어나 미생물은 식작용 될 수도 있다. 형질세포가 특이 항체를 생성하면, 항체는 세균이 침투하는 과정을 방해할 수 있다. 즉 항체는 세균의 pili나 캡슐에 결합하여 세균이 세포 표면에 부착하지 못하게 할 수 있다. 또한, 항체는 보체와 함께 세균을 옵소닌화하여 식작용이 쉽게 일어나게 하며, 다른 면역세포가 용혈시키는 과정을 도와주기도 한다. 세균의 독성을 중화시키거나 세균의 효소를 불활성화시킬 수도 있다.

바이러스

바이러스는 세포를 침투함으로써 감염한다—보통 통과하는 세포를 먼저 공격한다. 그리고 바이러스는 직접 폐와 같은 표적 기관으로 들어가거나 혈액을 돌아다니다가(viremia), 간이나 신경계와 같은 표적 기관이나 표적 기관계로 이동한다. 소아마비 바이러스는 소화기에 있는 세포에 침입하지만 신경말단으로 들어갈 수 있다.

면역반응은 바이러스가 감염된 곳이 어디든지 그 장소에서 일어난다. 인터페론, 분비성 IgA와 일부 IgG는 세포 표면에서 작용하는데 바이러스의 침투를 최소화하거나 차단한다. IgG과 IgM은 혈액 내에서 직접적 바이러스를 중화시키거나 보체를 활성화시켜 바이러스를 파괴한다. 마지막으로 Tc와 NK 세포는 바이러스에 감염된 세포를 몸에서 깨끗이 제거한다. 바이러스에 대항하는 면역체계의 메카니즘은 **그림 17.17**에 요약되어 있다.

바이러스 감염에 대한 획득면역 반응 이외에도 선천적 반응도 감염을 억제할 수 있다. 열은 바이러스에 대해 중요한 방어 요소이다.

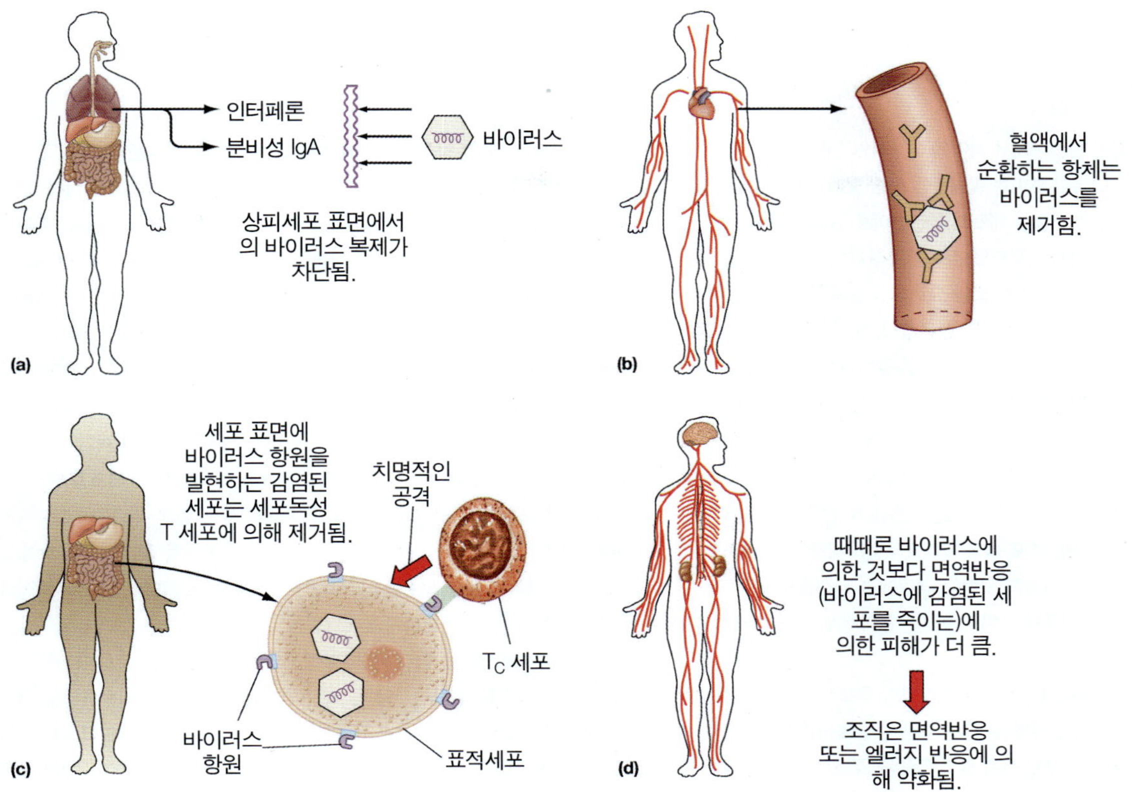

그림 17.17 **면역체계는 어떻게 바이러스와 싸우는가.**

인플루엔자, 파라인플루엔자, 감기 바이러스 등은 열에 민감하다. 이들은 기관지 상피세포에서 복제되는데, 이 곳은 온도인 정상 체온보다 낮은 33~35℃이다. 왜냐하면 바깥 공기가 항상 들어오기 때문이다. 체온이 1~2℃만 올라가도 바이러스의 복제 능력이 감소한다. 열의 또 다른 이점은 체온증가로 인터페론 생산량이 증가한다는 것이다 (◀16장 p. 476).

곰팡이(FUNGI, 진균)

일부 곰팡이 감염은 조직을 통과하면서 진행되어 세포를 하나하나 파괴한다. 곰팡이에 대한 면역은 아직도 잘 알려져 있지 않는데 기본적으로 세포매개성 면역이 중요하다. 곰팡이 피부(점막) 감염에는 IgA 항체와 T_H 세포가 관여할 것으로 보이는데, 후자는 사이토카인을 분비하여 대식세포를 활성화시킨다. 활성화된 대식세포는 곰팡이를 식작용하여 제거한다. 공생곰팡이는 세포매개성 반응에 의해 감염 장소가 제한됨이 분명하다. 이를 뒷받침 해주는 좋은 증거는 T 세포 기능에 문제있는 사람을 통해 발견할 수 있다. 이 사람들은 *Candida albicans*와 같은 기회주의적인 곰팡이에 쉽게 감염된다.

원생동물과 연충

원생동물과 연충은 크기와 복잡한 정도가 다르지만 몸에 침입하는 방법은 유사하다. 이들에 대항하는 숙주의 방어 또한 유사하다. 다만, 연충에 대한 알러지반응은 심각할 수 있는데 알러지반응은 병원균보다 숙주세포에 더 큰 피해를 준다. 회충 *Ascaris*의 표면의 항원은 알러지 반응을 일으키는 IgE 항체 생성을 강하게 유도한다. *Ascaris* 알러지를 가진 사람은 피부(점막)을 통해 항원을 다량 흡수함으로써 심각한 알러지반응이 나타난다. 심지어 회충이 보관된 용액에만 노출되어도 알러지반응이 일어난다. 생성된 다량의 IgE는 회충의 표면을 코팅하여 결국 죽게 만든다. IgE 항체는 연충을 방어하기 위한 진화의 산물이라 여겨지고 있다. 그러나 이 방어 작용이 항상 성공적인 것은 아니다.

기생하는 원생동물과 연충은 숙주와 상호작용하면서 숙주의 생존을 위협하지는 않는데 이는 자신의 기생을 확보하는 장치로 볼 수 있다. 이 병원체들은 만성적으로 숙주를 쇠약하게 하는 병을 일으키지만 대개 곧바로 생명을 위협하지는 않는다. 대부분의 기생충은 상대적으로 크기가 커서 식작용하기 어렵다. 개에 기생하는 사상충과 같은 큰 연충은 혈관을 막아 개를 즉사시킬 수 있다. 어떤 연충들은 식

적용

악성종양과 면역학

악성종양은 선진국에서 사망의 대표적인 원인 중 하나이고, 개발도상국에서 사망 원인이라고 보이는 발병률은 상승 중에 있다. 화학적 발암 물질, 방사선, 바이러스에 의한 정상 세포의 돌연변이로 인하여 악성종양세포가 증가할 수 있다; 세포 내에서 억제되었던 종양 유전자(암 생성 유전자)의 발현을 통해서(10장, p.303); 또는 이러한 발암 요소의 조합에 의해서

악성종양세포가 생겨나는 이유와는 상관없이, 많은 이 세포에는 정상 세포에서는 발현되지 않는 특이한 세포막 항원을 갖고 있다. 이 항원이 면역체계에 의해 파괴될 수 있는 이상적인 표적이다. 면역감시설(theory of immune surveillance)에 따르면, 세포 독성 T 세포와 NK 세포는 악성 종양으로 진전되기 전에 비정상적인 세포를 인지하고 파괴하는 것으로 알려져 있다. 만약 이 이론이 맞다면, 우리는 체내에 많은 종류의 잠재적인 종양세포(malignant cell)를 갖고 있지만, 세포 독성 T 세포와 NK 세포가 이 세포를 인지하지 못하여 결과적으로 파괴하지 못하는 경우에만 악성종양으로 진전된다는 것이다. 불행히도, 많은 종양과 악성종양은 면역체계에 의해 조절되지 않는다.

세포 독성 T 세포가 악성종양세포를 인지하지 못하는 1가지 이유는 악성종양세포 항원의 작용에서 찾아볼 수 있다. 항원은 항체의 형성을 촉진하고 이 항체는 악성종양세포에 피해를 주지 않고 항원과 결합한다. 이 결합은 항원이 T_C를 감작하기 전에 일어나지는 않지만, T_C가 악성종양세포를 공격하는 것을 차단한다. 어떤 종양 세포는 항원을 발현하지 않거나 또는 돌연변이를 통해 MHC class I의 발현을 억제하는 방법으로 면역체계를 회피한다. 이와 같은 세포들은 T_C에 의한 면역 반응은 회피할 수 있지만 NK 세포로부터 여전히 공격을 받게 된다.

그러나, 면역 반응에 의하여 악성종양세포가 파괴할 수 있다는 개념에 근거하여 연구자들은 면역독소와 암 백신을 개발하고 있다. 지난 장에서 언급하였듯이, 면역 독소는 항암제, 디프테리아 독소, 또는 방사선 물질이 결합된 미생물 독소와 같은 단일클론항체이다. 항체는 특정 악성종양세포 항원에 결합되도록 디자인되어 있다; 항체에 결합된 물질은 선택적으로 악성종양세포를 파괴할 수 있는 능력을 갖고 있다. 이러한 면역독소는 특정 세포(특정 항원을 가지고 있는 악성종양세포)를 인지하고 파괴할 것으로 기대된다. 하나 또는 그 이상의 암 세포 항원을 포함하고 있는 암 백신도 개발되고 있다. 이 백신은 특정 악성종양세포에 대한 면역을 유도한다.

면역독소와 암 백신을 개발하는데 있어서 가장 어려운 점은 여러 환자에서 발견되는 악성종양세포에는 다양한 항원이 발현된다는 사실이다. 면역독소나 백신이 탁월한 항암 효과를 보이려면 암 세포에 발현되는 항원에 반드시 특이적이어야 한다. 일부 악성종양세포는 T_H1의 활성을 억제하는 TGF-α와 같은 면역억제 사이토카인을 생산하기도 한다. 면역독소와 백신은 이러한 억제효과를 극복해야만 한다. 마지막으로, 일부 항원은 악성종양세포와 정상 세포에서 모두 발현되기도 하는데 면역독소와 백신이 악성종양세포에만 작용하는 것이 이상적인 치료이다.

1991년 10월에 환자 자신의 종양에 대한 접종으로 암을 제거하고자 하는 시도가 처음으로 이루어졌다. 악성 흑색 종양을 떼어내어 세포를 얻고, 이 암 세포의 유전체에 종양괴사인자(TNF) 유전자를 도입한 후, 다시 환자에게 주입하였다. 이와 같은 시도는 유전자 변형세포가 TNF를 충분히 분비하여 암의 내성을 극복하고 암 세포를 공격하기를 기대하는 것이였다. 그러나 아직까지 이 방법은 거의 성공적이지 못하였다.

한편, 예방접종을 통해 약 80% 정도의 간암을 막을 수 있게 되었다. 간암은 가장 흔하게 나타나는 암 중 하나이다. 간암의 80-90%는 원발성 간암(primary hepatocellular carcinoma)이다. 최근 이 암은 어린 나이에 B형 간염 바이러스에 감염되는 것과 관련이 있으며 특히 바이러스 보균과 관련이 크다고 알려져 있다. 간암 세포의 염색체에서 B형 간염바이러스 DNA가 발견될 뿐만 아니라 간암 세포로부터 바이러스가 분리되기도 하였다. 간암의 발병률은 B형 간염 발병률이 높게 나타나는 아프리카, 아시아 지역에서 매우 높다. B형 간염 바이러스에 대한 예방접종으로 백신을 맞은 자는 물론이고 보균자로 되는 것도 막을 수 있으며, 나아가 간암에 대해서도 막을 수 있게 될 것이다.

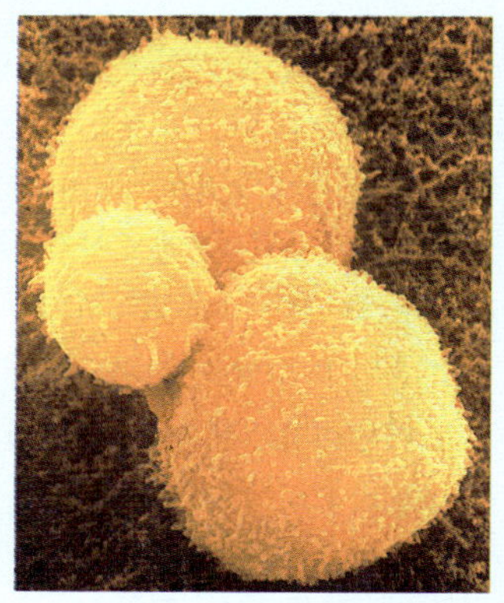

조그만 1개의 T 세포가 2개의 큰 암세포를 공격하고 있음(5,700X),. (Dr. Andreis Liepins/Photo Researchers, Inc)

세포의 공격을 받으면 독소를 분비하여 숙주에게 심각한 피해를 주기도 한다. 약으로 이 기생충을 죽이는 것도 위험을 초래할 수 있다. 어떤 연충을 죽일 수 있는 약을 주면 다량의 독성물질을 방출할 수 있다. 이런 관점에서 보면, 일단 기생충에 감염되면 기생충과 공존하는 것이 가장 바람직한 현상일 수도 있다.

많은 기생충들은 복잡한 생활주기를 갖고 있는데 하나 이상의 숙주와 동물을 매개로 사람을 감염시키기도 한다(◀11장 p. 311). 이처럼 기생충들은 여러 숙주에서 가장 적절한 조건을 이용할 수 있도록 항상 준비하고 있다. 일부 기생충들은 생활주기에 따라 여러 표면항원을 보유하기도 한다. 숙주는 항원에 대한 항체를 생성할 수 있을지라도 기생충들은 항원을 변화시킴으로써 숙주의 방어에서 벗어날 수 있다. 예를 들면 말라리아 기생충은 숙주 세포가 침입하기 전에 숙주의 항체 형성을 유도한다. 원생동물이 세포내에서 분열하는 동안, 다른 항원을 만들어 내는데 이미 만들어진 항체는 새로운 항원을 가

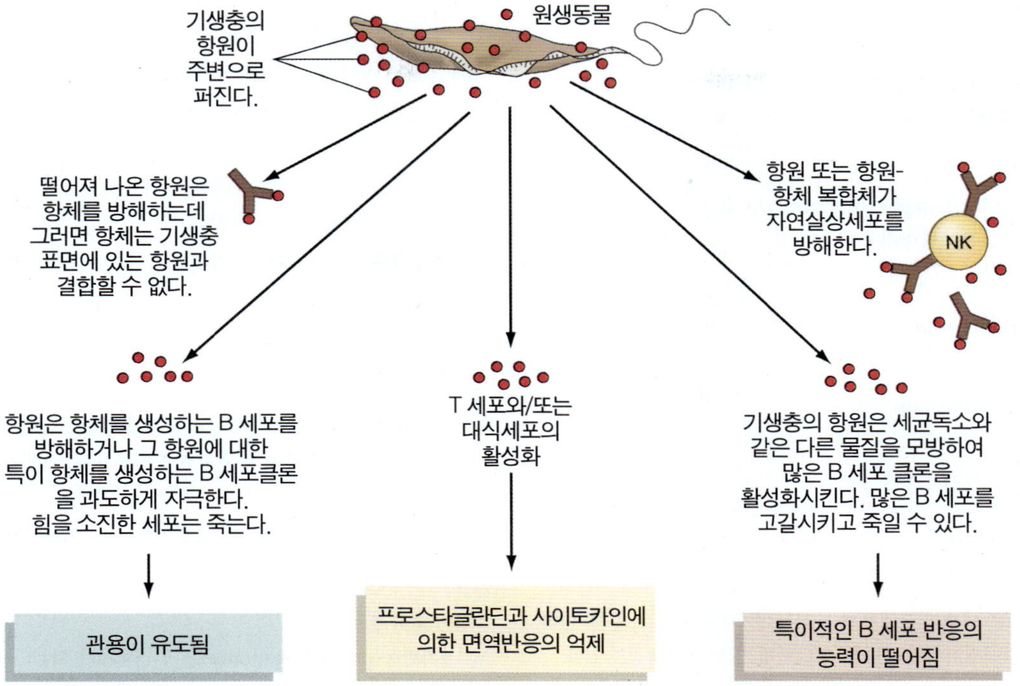

그림 17.18 기생원생동물의 항원은 어떻게 면역체계를 방해하는가.

진 기생충에는 효과가 없다.

숙주의 면역체계는 세포 매개 과정을 통하여 기생 원생동물이나 연충과 또한 싸운다. 대개 세포독성 T 세포는 기생충에 효과적이지 못하지만, 일부 T 세포는 대식세포를 활성화시키는 IL-3와 같은 사이토카인을 방출한다. 이러한 대식세포는 말라리아 기생충이나 편충과 같은 기생충을 공격할 수 있다. IL-5와 같은 사이토카인은 기생충 감염과 싸우는 호산구의 능력을 향상시켜 준다.

기생 원생동물과 연충이 면역반응을 방해하기 위한 기작은 다음과 같다:

1. 일부 원생동물은 세포에 침투함으로써 스스로를 보호한다. 일부 생활주기에서 포낭을 형성함으로써 숙주의 방어를 회피할 수 있다.
2. 원생동물은 정기적으로 또는 생식 주기마다 표면 항원을 변경함으로써 면역 인지를 회피한다. (항원 변이, antigenic variation)
3. 기생충들은 독소를 분비하여 림프구를 파괴하고, IgG 항체를 불활성화 시키는 효소를 분비할 수 있으며, 또는 수용성 항원을 분비하여 여러 가지 방법으로 숙주의 면역반응을 저해한다 (그림 17.18).
4. 세포 내 원생동물은 리소좀과 액포의 융합을 방해하거나, 리소좀의 효소에 의한 분해에 저항하거나, 또는 산화적 대사작용을 손상시킴으로써 식세포의 작용을 억제한다.

원생동물과 연충들이 숙주의 면역반응을 회피하거나 방해함으로써 숙주에 만성적인 감염을 일으켜 쇠약하게 한다는 것은 그리 놀랄만한 일이 아니다.

요약

면역학과 면역

- **면역학(Immunology)**은 **면역(immunity)**에 대한 학문이다. 면역은 감염체과 다른 외부물질을 인지하고 방어하는 능력을 말한다.
- **감수성(Susceptibility)**은 감염체에 대하여 취약한 것을 말한다. 면역은 어떤 감염체에 대해서도 작용할 때는 **선천적(innate)**이고 특정한 감염체에 대해서만 작용할 때는 **적응성(adaptive)**이다. **면역체계(immune system)**는 특정한 감염체에 대한 특이성 면역을 숙주에게 제공한다.

면역의 유형

선천성면역

- **선천성면역(innate immunity)**은 다양한 병원균의 이전의 노출 없이도 그에 대항하는 불특정적이고 유전적인 방어력을 제공해준다.

적응성 면역

- **획득 면역(Acquired adaptive immunity)**은 특정한 병원균에 노출된 후 특이적이고 비유전적인 방어력을 제공한다.

능동과 수동 면역

- **능동면역(active immunity)**에서는 자신의 면역체계에서 항체를 만든다.
- **수동면역(passive immunity)**에서는 이미 만들어진 항체를 몸에 주입하는 것이다.
- 면역의 유형은 그림 17.1에 예시되어 있다.

면역체계의 특징

항원과 항체

- **항원(antigen)**은 외부의 물질로써 특정한 면역반응을 일으킬 수 있다. 대부분의 항원은 단백질이지만 다당류, 핵단백질, 또는 당단백질도 있다.
- 각각의 항원은 몇 개의 **epitopes**, 또는 항원결정기(**antigenic determinant**)를 갖고 있다.
- **항체(antibody)** 또는 **면역글로불린(immunoglobulin)**은 항원에 반응하여 생성되는 단백질이다. 항체는 항원의 epitope에 결합한다.

면역체계의 세포와 조직

- 골수내의 림프 줄기세포로부터 림프구가 발생한다. 림프구는 골수 내에서는 **B 세포** 그리고 흉선에서는 **T cells**로 분화된다.

면역체계의 이원성

- 면역체계의 2가지 역할은 B 세포와 형질세포에 의해 수행되는 **체액성 면역(humoral immunity)**과 T 세포에 의하여 수행되는 **세포매개성 면역(cell-mediated immunity)**으로 구성된다.

면역반응의 일반적인 성질

- 면역반응은 **비자기(nonself)**와 **자기(self)**를 구분한다.
- **클론선택가설(clonal selection theory)**에 따르면, B 세포는 B 세포의 세포막에 항체는 항원의 특정 epitope을 인지한다. B 세포는 항원을 인지하고 반응을 일으키는데, 항원과 결합하여, 그것을 흡수하고, 가공하고, MHC class II를 통해 펩티드 조각을 T_{H2}에 제시한다. B 세포는 여러 번 분열하여 유전적으로 동일한 B 세포 **클론(clone)**을 만들어 다수 형질세포와 일부는 **기억세포(memory cells)**로 분화된다.
- **특이성(specificity)**은 수많은 항원의 epitope을 식별하여 반응하는 면역반응의 능력을 말한다.
- **다양성(divesity)**은 다양한 항원에 대응하여 다양한 항체나 이에 대한 물질을 생산할 수 있는 면역반응의 능력을 말한다.
- **면역기억(Immunological memory)**은 전에 반응했던 항원을 면역체계의 T 세포와 B 세포가 인지할 수 있는 능력을 말한다.

체액성 면역

- B 세포는 항원을 인지하기 전에 이미 만들어져 B 세포 세포막에 있는 항체를 통해 특정 항원을 인지하고 반응한다.
- B 세포가 항원을 인지하면 반응하는데, 항원과 결합하면 여러 번 분열한 후 다수의 형질세포와 약간의 기억세포 클론을 생성한다.
- 대부분의 B 세포는 형질세포와 기억 B 세포로 증식하거나 분화하기 위해서는 보조 T 세포의 도움이 필요하다.
- **형질세포(plasma cell)**는 항체를 생성하여 다량을 분비한다.
- **기억세포(memory cell)**는 동일한 항원이 다시 노출될 때 반응하기 위하여 림프조직에 남아있다.

항체(면역글로불린)의 특성

- 구조적으로, 항체는 2개의 **중사슬(heavy chain)**과 2개의 경사슬(light chain)로 구성되고 각각은 특정 항원에 방응을 할 수 있는 가변부위를 갖고 있다.
- 여러 종류의 항체 [**면역글로불린(immunoglobulins)**]에 대한 특징은 표 17.4에 요약되어 있다.

1차반응과 2차반응

- **1차반응(primary response)**은 면역체계가 외부의 항원을 최초로 인지하였을 때 일어난다.
- 기억세포는 같은 항원에 다시 노출 될 때 반응하기 위해 림프조직에 남아있다.
- **2차반응(secondary response)**은 B 기억세포와 T 기억세포에 의해 인식되어진 항원을 빠르고 효과적으로 제거한다. 1차와 2차 반응은 표 17.5에 요약되어 있다.

항원-항체 반응의 여러 유형

- 체액성 면역은 세균에 대한 효과적인 방어 수단인데, **응집(agglutination)**이나 옵소닌작용 후의 보체에 의한 분해, 접적인 IgM 작용과 중화를 통해 이루어진다. 독소와 일부 바이러스는 항체 **중화(neutralization)**에 의해 불활성화된다.

단일클론항체

- **단일클론항체(Monoclonal antibodies)**는 특정 epitope에 대한 항체를 만들기 위해 세포 배양을 통하여 실험실에서 획득하는 항체이다.
- 특정한 단일클론항체는 진단에 쓰이거나 감염성 질병과 암을 치료하는 수단으로 사용된다.

세포매개성 면역

- 세포매개성 면역은 바이러스의 감염과 종양, 이식한 조직에 대한 T 세포의 직접적인 작용으로 이루어진다.
- T 세포는 항체를 만들지는 않지만 항원수용체를 갖고 있다; 이 수용체는 외부 펩티드 조각을 가진 MHC 분자와 결합한다.
- 세포매개성 면역반응은 다른 종류의 T 세포의 활성과 분화를 유도시키며 사이토카인을 분비한다.

세포매개성 면역반응

- MHC class II 분자와 결합된 가공된 항원은 T 세포 수용체와 결합한

다. 다음으로, 대식세포로부터 분비된 IL-1과 T 세포에서 분비된 IL-2는 T 세포를 활성화시킨다. 후에 T_H1과 T_H2로 분화된다.

- 일부 병원성세균은 식작용된 후에 대식세포 내에서 분열할 수 있다. T_H1은 감마인터페론을 분비하여 감염된 대식세포를 활성화시켜 해당 세균을 제거하는데 도움을 준다.
- AIDS 바이러스는 T_H 세포를 파괴시키어 체액성/세포매개성 면역에 피해를 준다.

살상 세포는 어떻게 죽이나(HOW KILLER CELLS KILL)

- 세포독성 T 세포와 자연살상세포는 치명적인 perforin 단백질의 분비하여 표적세포를 파괴시킨다.

활성화된 대식세포의 역할(THE ROLE OF ACTIVATED MACROPHAGES)

- 일부의 병원성 세균은 식작용 된 후에 대식세포 내에서 자랄 수 있다. 대식세포를 활성화시키는 요소인 림포카인은 항균과정을 자극시켜 대식세포가 세균을 죽일 수 있도록 한다. 대식세포가 병원체를 죽이는 못하면 병원체는 보호벽을 만들어 육아종(granuloma)을 형성한다.

면역 반응을 조절하는 인자들(FACTORS THAT MODIFY IMMUNE RESPONCE)

- 오염되지 않은 환경에서 자란 건강한 성인의 방어력은 대부분의 감염성 질병을 막을 수 있다. 저항성이 감소된 숙주를 **면역기능약화 숙주(compromised hosts)**라고 한다.
- 숙주의 저항력을 감소시키는 원인으로는 나이, 스트레스, 계절 주기, 영양실조, 외상, 오염과 방사능 등이 있다. 보체의 결핍, 면역억제의약품, HIV와 같은 감염과 유전적 결함 등은 면역체계 기능을 손상시킨다.

예방 접종

능동 예방접종

- **능동 예방접종(active immunization)**은 질병에 걸렸을 때와 비슷한 반응을 유도한다. 예방접종은 면역체계에서 특정한 방어나 기억세포가 생기도록 한다.
- 능동 예방접종에는 **백신(vaccines)**과 **변성독소(toxoids)**을 사용한다. 백신은 살아 있거나, 약화시킨 미생물, 죽은 미생물, 미생물의 일부분 또는 변성독소를 이용하여 제조한다. 변성독소는 독소를 불활성화 시켜 만든다.
- 미국의 건강한 유아, 어린이, 성인을 위한 권장 예방접종은 표 17.8A와 표 17.8B에 요약되어 있다.
- 질병의 위협으로부터 벗어나게 해준 것이 능동 예방접종의 이점이지만 다소 위험성을 가지고 있다. 백신에 대한 반응은 심각한 부작용을 유발할 수 있지만, 이러한 부작용은 병에 걸릴 확률보다는 낮다.

수동 면역

- **수동 면역(passive immunization)**은 항체의 자연 수동면역과 동일한 원리로 일어난다.
- 수동 면역은 **혈청 글로불린(감마글로불린)**, 또는 **과면역(hyperimmune)**, **회복기 환자의 혈청(convalescent sera)**과 **항독소**와 같은 **항혈청**으로 부여된다
- 수동 면역의 이점은 일시적인 방어에만 한정되어 제공된다는 점이다; 부작용은 앨러지 반응이다.

예방 접종의 미래

- **소단위 백신(subunit vaccine)**은 **세포를 죽인 백신(whole-cell killed vaccine)**보다 부작용이 적고 **약화시킨 백신(attenuate vaccine)**보다 좀더 안전하다.
- **재조합 DNA 백신(recombinant DNA vaccine)**은 비병원성 미생물의 유전자에 병원성 유전자를 삽입시킨 항원의 유전자를 포함하고 있으며 매우 안전하다.

다양한 병원체에 대한 면역

세균

- 형질세포에 의해 생성된 항체가 세균 항원에 대한 중요 면역학적 방어수단이다. 세균에 대한 면역반응은 침투한 병원체의 식균작용을 증진시키는데 기여한다.

바이러스

- 바이러스 감염은 비특이적인 방어, 인터페론, 항체가 담당한다. 또한 세포매개성 면역을 담당하는 세포독성 T 세포와 자연살상세포는 바이러스에 감염된 세포를 파괴하는 중요한 역할을 한다.

곰팡이

- 곰팡이에 대한 면역반응에는 IgA 항체가 관여하는데 중심이 되는 방어는 세포매개성 면역이다.

원생동물과 연충

- 기생 원생동물과 연충에 대한 면역반응은 세포매개성이 중심적인 역할을 한다. T 세포가 분비하는 사이토카인은 대식세포를 활성화시키고 다른 림프구를 끌어들인다. 연충에 대한 알레르기 반응은 숙주에 더 위험할 수 있다.

용어 정리

1차 반응(P. 499)	과잉면역 혈청(P. 520)	기억(P. 496)	단일클론항체(P. 503)
2차 반응(P. 500)	관용(P. 495)	능동 면역(P. 489)	도움 T 세포(P. 505)
감마 글로불린(P. 520)	교차반응(P. 495)	능동예방접종(P. 510)	면역 글로불린(P. 496)
경 사슬(P. 496)	기억 세포(P. 496)	다양성(P. 495)	면역 혈청 글로불린(P. 520)

면역(P. 489)
면역체계(P. 489)
면역학(P. 489)
무거운 사슬(P. 496)
민감성(P. 296)
백신(P. 510)
변성독소(P. 510)
분비 성분(P. 497)
비자기(P. 493)
사이토카인(P. 505)
선천성 면역(P. 489)
세포독성 T세포(P. 505)
세포매개성 면역(P. 493)
소아마비 백신(P. 512)
수동면역(P. 490)
아팝토시스(p. 493)
유전적 면역(P. 489)
응집(P. 502)
인공 획득 면역(P. 489)
인공 획득적응성 능동 면역(P. 489)
인공적인 획득 수동 면역(P. 490)
자기(P. 493)
자연 살상 세포(P. 493)
자연적 수동면역(P. 490)
자연획득 적응성 면역(P. 489)
자연획득 후천면역(P. 489)
적정량(P. 492)
종 면역(P. 489)
중화(P. 503)
지연 과민성 T 세포(TD) (P. 505)
체액성 면역(P. 493)
초유(P. 489)
초항원(P. 508)
클론선택가설(P. 494)
특이 면역(P. 496)
특이성(P. 495)
항독성항제(P. 521)
항원(P. 490)
항원결정기(P. 491)
항원제시세포(P. 505)
항체(P. 492)
항혈청(p. 520)
형질세포(P. 496)
회상(P. 496)
획득 면역(P. 489)
B 림프구(P. 492)
B 세포(P. 492)
DTaP 백신(P. 511)
epitope(P. 491)
hapten(P. 492)
Hib 백신(P. 511)
HPV 백신(P. 512)
IgA(P. 497)
IgD(P. 499)
IgE(P. 499)
IgG(P. 497)
IgM(P. 499)
MMR 백신(P. 513)
perforin(p. 507)
T 림프구(P. 493)
T 세포 비의존 항원(P. 500)
T 세포 의존 항원(P. 500)
T 세포(P. 493)

임상 사례 연구

당신의 이웃이 최근에 림프종이라는 암 진단을 받고 화학요법을 받고 있다. 이 환자는 조리하지 않은 것을 먹지 말아야 한다는 교육을 받았다. 생선, 고기는 물론 야채도 날것으로 먹으면 안된다. 이 환자는 그 이유를 확실히 알 수 없었다. 이 환자가 당신이 미생물학을 수강한다는 것을 알고 그 이유를 질문한다면 무엇이라고 답변하겠는가?

요점 사고 문제

1. (a) 그들의 아이를 위한 어떤 백신도 또는(b) 백일해 백신 접종을 피하려는 부모가 있다면 당신은 어떻게 답변하겠는가?

2. 당신이 T 세포가 결핍된 채로 태어났다면, 정상적으로 B 세포가 작용할 수 있을까? 그렇거나 그렇지 않으면 그 이유는 무엇인가?

3. 2달된 아이를 둔 부모가 자주 가는 쇼핑몰에 아이와 함께 데리고 나가는 걸 즐거워하였다. 할머니는 지금은 독감 철이고 쇼핑몰에는 기침하고 재채기 하는 사람들로 가득차 있기 때문에 아이를 집에 두고 하자고 제안했다. 아이의 어마는 아이에게 모유 수유를 하기 때문에 자신의 모든 항체들이 아이에게 전달되어 쇼핑가에 있는 어떤 질병에도 문제가 없을 거라고 확신에 찬 목소리로 대답했다. 이후 아이가 아파 소아과에 갔는데 어떻게 독감에 걸릴 수 있는지 믿을 수 없다고 투덜대었다. 만약 당신이 의사라면, 아이 엄마의 믿음에 대해 무엇이 잘못이라고 지적할 수 있겠는가?

자가 진단 문제

1. 자연획득 능동 면역은 어떤 과정을 통하여 얻어지는지 가장 적절한 것은?
(a) 백신
(b) 초유
(c) 뱀독에 대한 혈청 투여
(d) 병원체 감염 후 회복
(e) 출생 시

2. 감염체에 대해 가장 지속성이 있는 면역은 어떤 것인가?
(a) 자연 획득 수동면역
(b) 인공 획득 수동면역
(c) 자연획득 능동면역
(d) 모두 맞다.
(e) 모두 아니다

3. 분자량이 큰 물질에 결합하여야만 면역 반응을 자극시키는 물질은?
(a) 항원 (b) 합텐
(c) 항체 (d) 바이러스
(e) milligen

4. B 세포와 와 T 세포로 분화하는 줄기세포는 형성되는가?
(a) 골수 (b) 순환계
(c) 림프절 (d) 간
(e) 비장

5. B 세포는 ______에서 성숙되는 반면 T 세포는 ______에서 성숙된다.
(a) 흉선/골수와 gut-associated lymphoid tissues(GALT)
(b) 비장/ 골수와 GALT
(c) 어린이/어른
(d) 골수와 GALT/흉선
(e) 간/신장

6. 다음 면역세포나 분자들 중 세포 내 병원체 파괴에 가장 효과적인 것은?
(a) 보조 T 세포 (b) 항체
(c) 세포독성 T 세포 (d) B 세포
(e) 보체

7. 항체의 다른 용어는?
(a) 항원 (b) 합텐
(c) 면연글로불린 (d) 효소
(e) 단백질

8. 독성이 감소되어 있으며 살아있는 미생물을 백신으로 사용할 때 이를 가리키는 말은?
(a) A toxoid (b) Virulent
(c) Denatured (d) Dormant
(e) Attenuated

9. 다량의 항체를 만들고 분비하는 B 세포를 지칭하는 것은?
(a) 기억세포(memory cells)
(b) 형질세포(plasma cells)
(c) 중성백혈구(neutrophils)
(d) 호염기성 백혈구(basophils)
(e) 살상세포(killer cells)

10. 항체의 특이성은 무엇에 의한 것인가?
(a) 항원과의 결합가
(b) 중사슬
(c) 경사슬
(d) 분자의 Fc부분
(e) 중사슬과 경사슬의 가변 부위

11. 응집반응에서 항원은 ______이다; 침강반응에서 항원은 ______이다.
(a) 모든 세포/수용성분자 (b) 수용성분자/모든 세포
(c) 박테리아/바이러스 (d) 단백질/탄수화물
(e) 단백질/항체

12. B 세포를 활성화시키는 것은?
(a) 보체 (b) 인터페론
(c) 항원 (d) 항체
(e) 기억세포

13. 항원의 가장 적절한 정의는 무엇인가?
(a) 체내의 외부물질
(b) 항체 생산을 유도하고 항체에 결합하는 화학물질
(c) 항체와 결합하는 물질
(d) 병원체
(e) B 세포를 활성화시키는 효소

14. 형질 세포(plasma cell)와 종양 세포(tumor) 간의 융합으로 만들어지는 세포는?
(a) myeloma (b) lymphoblast
(c) hybridoma (d) NK cells
(e) lymphoma

15. 단일클론항체가 단독으로 인지하는 것은?
(a) 항원 (b) epitope
(c) B 세포 (d) 박테리아
(e) 바이러스

16. 세포매개성면역은 __________에 의하여 이루어지고, 체액성 면역은 ______에 의하여 이루어진다.
(a) B 세포/T 세포 (b) T 세포/B 세포
(c) 항체/항원 (d) 항원결정부위/항원
(e) 항체/식세포

17. 자기 항원과 비자기 항원을 구별하는 면역체계의 능력은 어떤 면역의 특징인가? 가장 적당한 것은?
(a) 특이성 면역 (b) 세포매개면역
(c) 체액성면역 (d) 관용
(c) 항원면역

18. 기억세포에 대한 설명으로 옳지 않은 것은?
(a) 2차 반응이다
(b) 2차 면역에 관여한다
(c) 몇 달이나 몇 년을 분열 없이 생존할 수 있다
(d) IgM보다 IgG를 많이 생산하다
(e) 자연살상 세포이다.

19. 눈물, 모유, 침과 점액과 같은 분비에서 가장 많이 발견되는 항체는?
(a) IgA (b) IgM
(c) IgE (d) IgD
(e) IgG

20. 감염 시 혈액에 가장 먼저 분비되는 항체는?
(a) IgD (b) IgG
(c) IgA (d) IgE
(e) IgM

21. 항체에 의한 독소의 불활성화를 나타내는 용어:
(a) lysis (b) opsonization
(c) neutralization (d) attenuation
(e) lyophilization

22. 항원제시세포(APC)의 MHC에 비특이적으로 결합함으로써 면역체계를 과도하게 자극하는 항원은?
(a) 비특이적 항원 (b) 초항원
(c) 항원결정부위 (d) 독성쇼크증
(e) 초과저성

23. 세포매개면역과 체액성면역의 동시에 활성시킬 수 있는 백신은?
(a) 열처리로 죽인 것 (b) 변성독소
(c) 수명이 짧은 면역 (d) 살아있지만 약화시킨 것
(e) virion

24. 환자의 ______농도의 항체가 ______농도의 항체보다 감염에 대한 방어 능력이 크다.
(a) 높은/낮은 (b) 낮은/높은

25. DNA 백신은 ______항원을 만들어내는 세포를 자극할 수 있는 ______DNA를 포함하고 있다.
(a) RNA/사람 (b) 탄수화물/미생물
(c) 단백질/미생물 (d) 단백질/사람
(e) 지질/사람

26. 이 그림은 항체의 가변적 부위를 표현한 것이다.
항원이 결합하는 부위는 어디인가?
보체가 결합하는 부위는 어디인가?

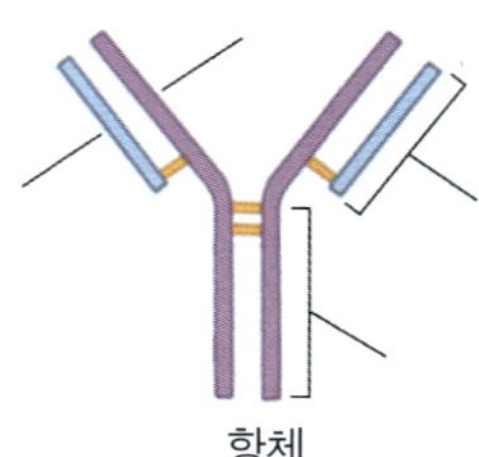

웹상에서 탐구 문제

http://www.wiley.com/college/black

이 장을 완벽하게 공부하였다고 생각하면, 좀더 웹상에서 도전해 볼 만한 것이 있다. 이 장의 개념을 정교하게 이해하기 위해 웹상에 가보세요. 그리고 아래 질문에 대한 답을 찾아보시오.

1. 어떻게 대식세포, T 세포와 B 세포가 상호작용하여 항체를 생성하는지에 관한 짧은 동영상을 보십시오.
2. 어떻게 B 세포가 항체 생성 공장이라 불리는 형질세포로 변하는지 찾아보세요.
3. 우리 몸은 어떻게 무수히 다양한 항체를 생성하여 일생을 통해 만나는 수백만의 세균과 바이러스로부터 우리를 보호할 수 있을까?

18 면역학 II: 면역학적 장애와 진단법

Courtesy National Library of Medicine

시작하며...

당신은 현재의 HIV/AIDS의 상황에 대해 얼마나 알고 있는가? 아래의 내용들에 대해 참 · 거짓을 말해 보아라.

_____ 대학 캠퍼스 내에서의 HIV 감염율은 일반 지역보다 10배 정도 높다.

_____ 15세 이하의 어린이 1500만명이 2003년말까지 AIDS 때문에 고아가 된다.

_____ 아프리카에서 대부분의 AIDS 감염은 마약을 하지 않는 이성애자 사이에서 발생한다.

_____ CDC에서 조사한 미국 내의 HIV 감염율은 다음과 같다.

22%는 흑인 남자　　32%는 흑인 여자

17%는 백인 여자　　8%는 백인 남자

_____ 전 세계적으로 새로 감염되는 25세 이하의 사람 중 절반은 35세 생일이 되기 전에 죽는다.

_____ 세계적으로 AIDS는 290만명의 사람을 매년 죽인다. 결핵은 매년 270만명의 사람을 전 세계에서 죽인다. 말라리아는 매년 세계적으로 100만명의 사람을 죽인다. 심장질환은 매년 1700만명의 사람을 죽음에 이르게 한다.

정답을 말해 보라. 모든 항목에 대한 정답은 참이다. 좀 더 많은 질문에 답해보시고 싶으면 온라인에서 스스로를 테스트해보아라. 자! 나와 함께 AIDS의 최악의 상황을 알기 위해 아프리카로 가봅시다.

 이 주제와 관련된 비디오는 WileyPLUS에서 볼 수 있습니다.

◀17장에서는 어떻게 특별한 면역반응이 위험한 물질로부터 우리 몸을 보호하는지를 배웠다. 그러나 그런 면역반응이 항상 우리 몸에 좋은 것만은 아니다. 때때로 체액성 혹은 세포성 면역 반응이 우리 인체를 생리적으로 불편하게 하기도 하며 심지어는 생명을 위협하기도 한다. 당신이나 당신이 아는 주변 사람들이 건초열이 유행하는 시기에 항상 콧물이나 눈물을 흘리고 다니는 사람일수도 있다. 혹은 다른 알레르기 질환이나, 수혈을 받은 사람, 혹은 좀 더 심각한 AIDS와 같은 심각한 면역학적 장애를 겪는 사람 일수도 있다.

이번 장에서는 면역적 반응이 잘못되어 부적절하거나 불충분한 반응이 되는 것에 대해 배울 것이다. 또한 면역학적 반응을 진단하고 측정하는 실험실적 방법과 임상적 방법들에 대해 공부 할 것이다.

면역학적 장애 개론

면역학적 장애(Immunological disorder)란 면역반응이 부적절하거나 불충분한 상태를 말한다. 대부분의 부적절한 반응이란 다양한 타입의 과민반응을 의미한다. 반면 불충분한 반응이란 면역결핍 때문에 일어난다.

과민반응

과민반응(hypersensitivity) 혹은 **알레르기(allergy)**란 면역 시스템이 외부 물질에 대해서 과도하게 반응하거나 부적절하게 반응한 것을 말한다. 이런 반응은 "좋은 것이 너무 많은 상태"라고 할 수 있다-즉 면역 시스템이 몸을 보호하기 보다는 해가 되지 않는 물질에 대해 위해한 반응을 유발 하는 것이다. 알레르기가 과민반응의 또 다른 이름임에도 불구하고 많은 사람들이 "알레르기"라고 부르는 대부분의 장애들은 면역학적 반응 때문에 일어나는 것은 아니다. 예를 들면 약에 의한 독극물 반응, 음식물에 대한 비알레르기 반응으로 인한 소화불량이나 감정적인 불안 등이 있을 수 있다.

과민반응은 4가지 타입이 있다: (1) 즉시형 과민반응(Type I); (2)세포독성 과민반응(Type II); (3) 면역복합체 과민반응(Type III); (4) 세포매개 혹은 지연형 과민반응(Type IV). 이 반응들은 어떤 요소가 면역반응에 관여하는지와 얼마나 빠르게 일어나는지를 가지고 나눈다. **즉시형(타입 I) 과민반응[Immedeate(type I) hypersensitivity]** 혹은 아나필락시스(*anaphylaxis*)라 부르는 반응은 이전에 한번 노출된 적이 있는 과민반응을 유발하는 알레르기 항원(allergen)을 외부 물질로 인식해서 나타나는 결과이다. 꽃가루, 음식물, 곤충의 침 등에 대한 알레르기가 즉시형 과민반응의 예이다. **세포독성(타입 II) 과민반응[Cytotoxic(type II) hypersensitivity]**은 세포, 특히 적혈구가 외부 물질로 인식되어 일어나는 면역 반응이다. 이 반응은 수혈 시 잘못된 혈액형을 수혈 받은 환자에게서 나타난다. **면역복합체(타입 III) 과민반응 [Immune complex(type III) hypersensitivity]**은 백신이나 미생물, 사람 자신의 세포에 있는 항원에 의해 일어난다. 큰 항원-항체 복합체가 형성되면 혈관벽에 침강되어 수 시간 안에 조직 손상을 유발한다. **세포매개(타입 IV)** 혹은 **지연형 과민반응 [Cell-mediated(type IV) or delayed hypersensitivity]**은 환경에서 유래한 외부 물질(예를 들면 넝쿨옻나무), 감염성 질환 유발 물질, 이식된 조직, 혹은 자신의 조직이나 세포에 대해 과민반응이 일어나는 것이다. 지연형 과민반응 T 세포(*Delayed hypersensitivity T cells*)가 외부에서 들어온 세포나 물질과 반응하여 과도한 조직 손상을 유발한다.

자가면역 질환(Autoimmune disorders)은 인체의 면역 시스템이 마치 자신의 조직을 외부 물질처럼 인식해서 과민반응이 일어나는 것이다. 항체나 T 세포가 자기항원을 공격한다.

면역결핍

면역결핍(immunodeficiency)이란 선천적으로 혹은 후천적으로 B 세포와 T 세포가 결여되어 항원에 대해 불충분한 면역 시스템이 반응하는 것을 말한다. 면역결핍 장애에서 약한 반응은 "좋은 것이 너무 적은 상태"를 의미한다. 이런 상태 자체가 위험한 것은 아니다. 단지 이런 상태 일 때는 감염에 민감하며 따라서 이런 감염 때문에 병이 심각해지거나 생명을 위협 받기까지 한다.

면역결핍은 선천적이거나 후천적(secondary)일 수 있다. **선천적 면역결핍(primary immunodeficiency)**은 유전적으로 혹은 발생학적으로 T 세포나 B 세포 혹은 둘 다가 결여된 사람에게서 일어난다. **후천적 면역결핍(secondary immunodeficiency)**은 T 세포나 B 세포가 발생은 정상적으로 되었으나 그 후 둘 중 하나에 손상을 입어 나타난 결과이다. 이러한 장애는 악성종양, 영양실조, AIDS 감염, 혹은 면역 시스템을 감소시키는 약에 의해 일어난다.

과민반응과 면역결핍에 의한 면역학적 장애에 대해 이제부터 좀 더 자세히 공부해 보자.

> **적용**
>
> **모유가 최고다**
>
> 모유를 먹은 아이보다 분유를 먹은 아이에게 음식알레르기가 더 일반적이다: 모유를 먹은 아이는 소젖에 있는 알레르기 물질에 노출 되지 않으며 모유에 있는 특정 성분이 아이의 덜 성숙한 장내벽을 감싸 주어 알레르기 물질이 아이의 장내로 들어오는 것을 막아 주는 것을 도와준다. 반면에, 분유를 먹은 아이는 너무 어린 시기부터 외부 물질에 노출되게 되어 이 아이들의 장내벽은 일생동안 알레르기 물질이 좀 더 잘 투과 할 수 있게 된다.

즉시형(타입 I) 과민반응

즉시형(type I) 과민반응 혹은 아나필락시스(*anaphylaxis*)는 전

적용

"녹아웃" 고양이

당신은 고양이를 좋아하지만 고양이에 대한 알레르기를 가지고 있습니까? 이젠 안심해도 된다. "형질전화 애완동물"이라는 뉴욕주, 시라큐스에 있는 작은 생명공학 회사가 조만간 알레르기를 유발하지 않는 유전적으로 변형된 고양이를 판매한다고 한다. 알레르기를 유발하는 고양이 60-90%는 모두 Fel dl 이라는 단 하나의 단백질 때문에 알레르기를 유발 시킨다. 이 단백질은 고양이 피부에 보습을 유지 시키는 역할을 하는 것으로 아마 알려지지 않은 다른 기능들을 가지고 있을 것이다. 이 단백질의 유전자는 수년전에 분리되어져서 염기서열이 확인 되었다. 이 유전자를 "녹아웃"(제거) 해버리면 알레르기 단백질 생산이 안 될 것이고 이런 일들이 고양이에게는 해가 없을 것이라고 생각한다. "녹아웃" 마우스는 이미 실험실에서 일반적으로 생산되어 실험에 사용되어지고 있다. 동일한 기술이 "녹아웃" 고양이를 생산하는데 사용 되었다. 일단 암수 고양이가 생산되어 지면 이 고양이들이 보통의 고양이들처럼 번식 할 것이다. 그러나 판매하기 전에 회사의 영업 이익을 보전하기 위해 이 고양이들을 거세 할 것이다. 그들은 한 마리당 750-1000달러 정도에 판매 할 예정이며 이런 고양이를 소유하는 것이 알레르기 치료 보다는 더 안전하다고 생각 할 것이다. 개를 좋아하는 사람은 운이 없는 편이다. 개의 알레르기는 여러 가지 알레르기 물질이 관여하기 때문에 1가지 단백질을 녹아웃하는 것으로 알레르기 문제가 해결 되지는 않는다.

형적으로 알레르기를 유발하는 항원(일반적으로 *알레르기 항원*, *allergen*, 이라 부른다)에 노출되었을 때 즉시 반응이 일어난다. 알레르기가 없는 사람들은 그런 항원에 대해 반응하지 않는다. **아나필락시스(anaphylaxix**, an´a-fi-lak´sis)(그리스어: *ana*, "against," *phylaxis*, "protection")는 항원에 대해 즉각적으로 과도하게 일어나는 알레르기 반응이다. 아나필락시스라는 용어는 부적절한 면역반응 때문에 치명적 영향이 숙주에 미치는 것을 의미한다. 이러한 영향은 면역반응에 의해 일어난 예방 효과를 의미하는 프로필락시스(*prophylaxis*)라는 단어의 반대말이다.

초기 연구자들은 그들이 **레아진(reagin**, re-a´jin)이라고 부르는 물질이 이러한 과민반응을 유발한다고 생각했다. 오늘날 우리들은 이 레아진이 IgE 항체로 이루어져 있음을 알고 있다. 그러나 레아진이라는 용어는 여전히 일부 알레르기 교과서에서 사용되고 있다.

아나필락시스는 알레르기 항원에 의해 만들어진 IgE 항체 때문에 일어나는 치명적 결과이다. 이 반응은 국소적이거나 전신적으로 일어 날수 있다. **국소적 아나필락시스(localized anaphylaxis)**는 피부의 홍반, 눈물, 두드러기, 천식, 소화불량으로 나타난다. **전신적 아나필락시스(generalized anaphylaxis)**는 기도 수축, 아나필락시스형 쇼크, 혈압의 갑작스런 급감에 따른 일반적인 현상 등 전신적이고 생명을 위협하는 형태로 나타난다.

알레르기 항원

즉시형 과민반응은 두번 이상 알레르기 항원에 노출되어 발생한다. **알레르기 항원(allergen)**은 일반적으로는 무해한 외부 물질(일반적으로 단백질이나 단백질에 결합된 화학물)이지만 과도한 면역 반응을 유발 할 수 있다. 알레르기 항원에 처음으로 노출되면 보통은 아무런 증세가 없이 지나간다. 알레르기 항원은 꽃가루, 집먼지, 곰팡이 같이 공기에 떠도는 물질이나 머리털이나 깃털, 피부로부터 유래한 작은 물질, 비듬 같은 것이다. 일반적으로 집먼지에는 아주 작은 진드기나 그들의 배설물 찌꺼기가 들어 있다. 이외에도 다른 알레르기 항원으로는 곤충의 침에 있는 독, 항생제, 음식물, 아황산염, 백신이나 진단, 치료용 약에 포함된 외부 물질 등이 있다. 알레르기 항원은 흡입, 섭취 혹은 주사에 의해 몸으로 들어 올 수 있다**(표 18.1)**.

즉시형 과민반응의 기작

Type I 과민반응의 전형적인 순서는 IgE 항체(*항 알레르기 항원*, *antiallergens*)를 생산하는 것을 포함한 감작(*sensitization*)과 알레르기 항원-IgE 반응(*allergen-IgE reaction*) 그리고 이러한 반응에 따른 국소

표 18.1

공통적인 알레르기 항원

섭취되는 알레르기 항원	흡입되는 알레르기 항원	주입되는 알레르기 항원
우유와 계란으로부터 유도된 동물성 단백질	코카인	세팔로스포린, 페니실린과 같은 항생제
아스피린	비듬	헤로인
과일	집먼지	부신피질자극호르몬과 동물성 인슐린 같은 호르몬
곡물	화장품가루	꿀벌, 호박벌, 말벌의 곤충독
호르몬 의약품	살충제	독사와 코브라의 뱀독
땅콩	진드기와 이들의 배설물	흑거미와 갈색은둔거미의 거미독
페니실린	풀, 나무, 잡초의 꽃가루	
해산물	곰팡이와 세균의 포자	

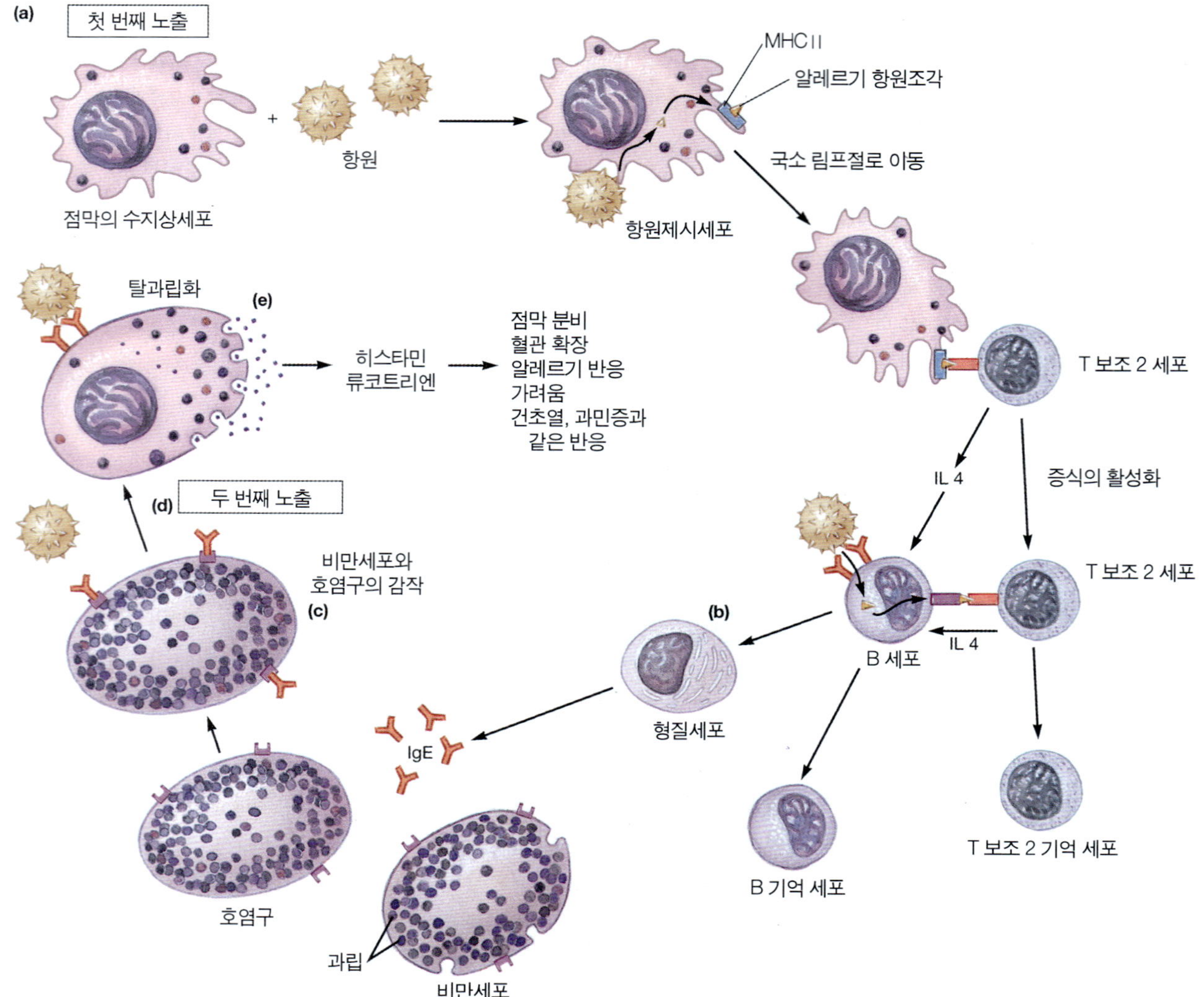

그림 18.1 즉시형(타입 I) 과민반응과 아낙필락시스 과민반응의 기작. **(a)** 알레르기 항원에 처음으로 노출되면 이 항원은 B 세포에 결합해서 탐식세포 표면에 알레르기 항원 조각을 제시한다. 알레르기 항원 조각이 제시되면 TH 세포가 활성화 되어 B 세포를 활성화 시킨다. **(b)** B 세포가 IgE 항체를 분비하는 형질세포로 발달된다. **(c)** IgE가 Fc 꼬리 부분을 이용하여 호염구와 비만세포에 결합한다. **(d)** 알레르기 항원이 감작된 비만세포와 호염구에 붙으면 IgE 분자를 교차 결합 시킨다. **(e)** 이 교차 결합이 알레르기 증세를 유발하는 히스타민과 다른 매개물질의 탈과립화를 촉진한다.

적/전신적 효과(*local and systemic effects*)로 나눌 수 있다. 이러한 반응은 전에 알레르기 항원에 노출된 적이 있는 사람에게만 나타난다. **감작(sensitization)**에서 알레르기 항원에 최초로 노출 되면 B 세포가 활성화 된다**(그림 18.1a)**. B 세포는 형질 세포로 분화되어 특정한 알레르기 항원에 대해 IgE 항체를 만들기 시작 한다**(그림 18.1b)**. IgE 항체는 호흡기와 장내에 존재하는 비만세포의 표면이나 혈액 내의 호염구에 항체의 Fc 부분을 부착하게 된다**(그림 18.1c)**. 이러한 Fc 부분으로 부착하게 되면 앞으로 동일한 알레르기 항원에 노출 될 때 IgE 항체가 자유롭게 항원에 결합 될 수 있는 항원 결합 위치를 남겨 놓게 된다. 이러한 감작의 순서가 모든 사람에게 다 나타나는 것은 아니다. 왜 어떤 사람들은 그러한 무해한 물질에 민감하고 다른 사람들은 그렇지 않은지 잘 이해되어 있지는 않다.

감작된 비만세포와 호염구가 동일한 알레르기 항원에 다시 노출되면 드디어 과도한 화학적 반응을 시작 할 준비가 된 것이다. 알레르기 항원이 첫 번째로 감작되어 지기 위한 양(*sensitizing dose*)이 상당이 많아야함에도 불구하고 두 번째 노출되는 양(*triggering* or *eliciting dose*)은 아주 작은 양만으로도 과민반응을 유도 할 수 있다. 동일한 알레르기 항원에 두 번째로 노출 되면 이 항원은 이미 감작된 비만세포와 호염구에 부착되어 IgE 항체들을 교차 결합 시키게 된다 **(그림 18.1d)**. 교차결합은 **탈과립**

Theophylline은 천식에 일반적으로 처방하는 약으로 먹거나 흡입하여 사용한다. 이 약은 탈과립을 유도하는 효소를 억제하는 작용을 한다.

표 18.2

즉시형 과민반응의 매개자 및 효능

매개 물질	효능
미리 형성된 매개 물질	
히스타민	혈관확장과 증가된 혈관투과성, 기관지 평활근 수축, 점막조직의 부종, 점액 분비, 가려움
중성구와 호산구 화학주성인자	중성구, 호산구, 다른 백혈구를 알레르기 반응이 발생한 장소로 유인
반응 매개 물질	
류코트리엔(SRS-A)	지속된 기관지 평활근 수축, 증가된 현관 투과성, 점막 조직의 부종, 점액 분비
프로스타글란딘 D_2	색전 형성, 기관지 평활근 수축, 혈관 확장

(degranulation)을 유도하여 비만세포와 호염구의 세포질에 있는 과립으로부터 미리 준비된 매개물질(*preformed mediator*)를 빠르게 방출 한다(그림 18.1e). **히스타민(histamine)**이 사람에서는 주요한 미리 준비된 매개물질이다. 히스타민은 모세혈관으로 퍼져 혈관의 투과성을 증대 시킨다. 이것은 또한 기관지의 평활근 수축의 원인이 되며, 분비물(mucus secretion)을 증가시키고 신경 말단을 자극해 고통과 간지러움을 유발한다.

프로스타글란딘(prostaglandins)과 **류코트리엔(leukotrienes)**는 탈과립 후에 비만세포에서 합성되어 분비되는 반응 매개물질(*reaction mediators*, 반응을 조절하는 화학물질)이다. 프로스타글란딘 D_2는 비만세포와 호염구에서 분비되는 세포전달분자로서 기관지의 평활근을 수축 시킨다. 느리게 반응하는 아나필락시스 물질(*slow-reacting substance of anaphylaxis*, SRS-A)은 동물에서 느리게 오랜 기간 동안 일어나는 기도협착의 원인이 되는 매개물질이며 3개의 류코트리엔 매개물질로 구성되어 있다. 이 류코트리엔들은 히스타민과 프로스타글란딘 D_2보다 100배에서 1000배 가량 강력해서 장기간 지속되는 기도협착의 원인이 된다. 히스타민처럼 류코트리엔과 프로스타글란딘 D_2는 확산되어 모세혈관의 투과성을 증가 시키고 두꺼운 점액의 분비를 증가 시켜 신경 말단을 자극하여 고통과 간지러움을 유발한다. 미리 준비된 매개물질과 반응 매개물질의 효능은 표 18.2에 정리하였다.

알레르기 항원에 감작된 사람이 다시 알레르기 항원에 여러번 노출되면 알레르기 증세가 나타나게 된다. 비만세포에 의한 이러한 알레르기 반응은 비알레르기 요인에 의해서도 역시 촉진 될 수 있다. 정신적 스트레스를 받거나 극단적인 기온에서 IgE나 알레르기 항원의 작용 없이 매개물질이 분비 될 수 있다. 차가운 공기는 기관지에 나열 되어 있는 비만세포의 세포막에 손상을 주어 천식을 촉진하는 매개물질을 분비하게 한다.

국소적 아나필락시스

아토피(Atopy, at´o-pe)의 문자적 의미는 "제자리에 놓이지 않은"이란 뜻이며 알레르기 반응이 국소적으로 일어나는 것을 말한다. 아토피 면역 반응은 알레르기 항원이 인체로 들어 온 그 바로 장소에서 처음으로 시작된다. 알레르기 항원이 피부로 들어오게 되면 팽진 발적 반응(*wheal and flare reaction*)이 일어나서 피부가 충혈 되거나 팽윤되고 가렵게 된다(그림 18.2). 만일 알레르기 항원을 흡입하게 되면

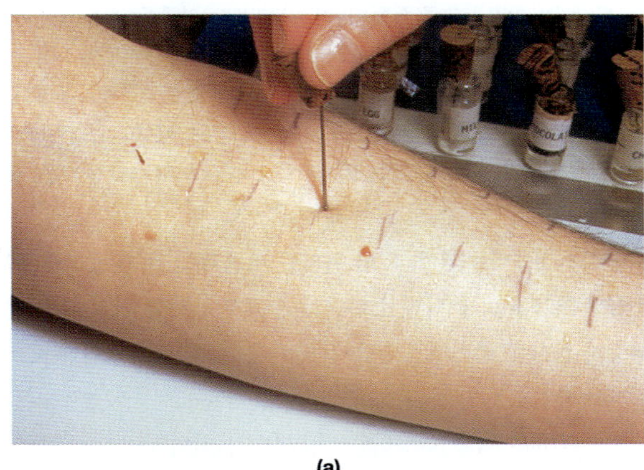

(a)

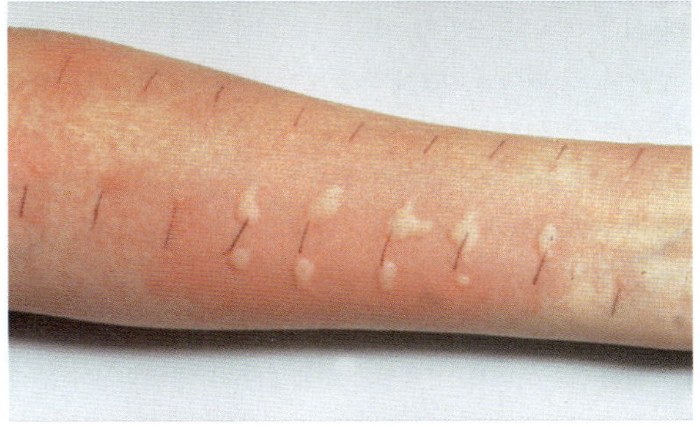

(b)

그림 18.2 알레르기 테스트. **(a)** 알레르기 항원으로 가능한 물질을 포크 모양의 갈퀴에 묻혀 환자의 피부에 넣는다. (*Southern Illinois University Biomed/Custom Medical Stock Photo, Inc*) **(b)** 만일 어떤 물질에 과민반응이 나타나면 팽진(희게 부풀어 오른 부분)과 발적(빨갛게 충혈된 부분) 반응이 피부에 나타나게 된다. 이런 일은 보통 과민반응이 주요 장기로부터 멀리 떨어져서 일어나도록 사지 말단 부분에 행해진다. (*VU/Southern Illinois University/Visuals Unlimited*).

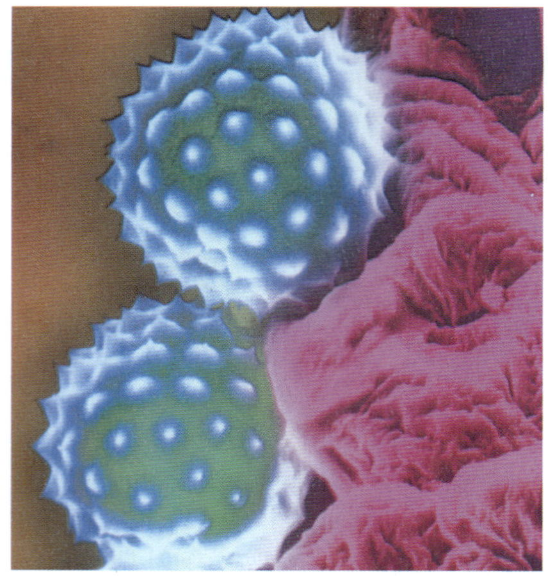

그림 18.3 두드러기쑥(Ambrosis) 꽃가루에 색을 입힌 SEM 사진(1,619X). 건초열을 유발하는 여러 꽃가루 중 하나. 이른 봄 알레르기를 유발하는 원인은 주로 오크나무, 느릅나무, 박달나무(특히 유럽), 네군도단풍나무 같은 나무의 꽃가루이다. 늦봄과 초여름에는 잔디꽃가루와 일부 활엽수 꽃가루가 주로 관여하고 있다. 늦여름과 초가을에는 두드러기쑥, 솔트부쉬, 러시아 엉겅퀴 꽃가루가 주로 알레르기 항원 역할을 한다. (*Ralph C. Eagle/Photo Researchers, Inc*).

호흡기관의 점액막이 충혈 되어 환자는 콧물과 눈물을 흘리게 된다. 알레르기 항원을 먹게 되면 소화관의 점액막이 충혈 되고 환자는 복부 통증과 설사를 호소하게 된다. 음식이나 약 같은 일부 알레르기 항원은 피부 발진도 유발 한다.

건초열(*hay fever*)나 계절적 알레르기 비염(*seasonal allergic rhinitis*)는 일반적으로 아토피의 일종이다. 2,000만명 이상의 미국인이 눈물이나, 재채기, 코막힘, 때로는 숨 가쁨 등의 전형적인 증세로 고통 받는다. 갓 베어낸 건초에 노출되어 나타나는 건초열은 1819년에 처음으로 증세가 알려졌으며 이제는 공기로 전파 되는 꽃가루-봄철의 나무 꽃가루와 여름의 잔디 꽃가루, 가을철의 두드러기쑥 꽃가루-에 노출되면 증세가 유발 된다고 알려져 있다**(그림 18.3)**. 미역취나 장미 같은 식물이 한동안 건초열을 유발한다고 알려져 왔으나 이것들의 꽃가루는 너무 커서 넓은 지역으로 공기를 통해 전파 되기 어렵다는 것이 알려지면서 그 오명을 벗게 되었다. 광범위하게 눈에 띄는 푸른 두드러기쑥의 꽃은 건초열 환자들에게는 엄청난 재앙을 안겨다 준다. 때때로 심각한 알레르기 비염(코 표면의 염증)은 부비강 감염, 중이 장애, 일시적인 청각 상실 등으로 진행 될 수 있다. 건초열과 일반 감기는 그 증세가 매우 유사함에도 불구하고 일반 감기와는 달리 건초열에서는 비후 분비물에 호산구가 증가되어 있는 점으로 구분할 수 있다. 혈액 내에서 호산구의 수적 증가 역시 알레르기 질환(혹은 장내 기생충 감염)을 의심하게 한다.

전신적 아나필락시스

어떤 아나필락시스 반응은 전신적이며, 심각하고 급속히 생명을 위협한다. 감작된 사람은 전신적 반응으로 가슴, 손바닥, 특히 얼굴 부위 피부의 갑작스런 홍조, 극심한 가려움, 두드러기가 나타나기 시작한다. 이러한 장애들은 결국 호흡기계 아나필락시스나 아나필락시형 쇼크로 진행된다.

호흡기계 아나필락시스(respiratory anaphylaxis)는 기도가 심각하게 수축되고 점액 분비물로 가득차서 결국 알레르기를 가진 사람이 질식하게 된다. 연간 4,000명 이상의 미국인이 호흡기계 아나필락시스에 의해 사망한다. 1,500만명 이상의 미국인은 **천식(asthma)**으로 고통 받으며, 천식은 알레르기 항원을 흡입하거나 먹었을 때, 정신적 스트레스를 받을 때, 아스피린을 먹었을 때, 차갑고 건조한 공기에 노출 되었을 때 발병한다. 천식은 또한 내재성 미생물에 대한 과만반응으로도 일어난다. 예를 들면, 어떤 환자들은 호흡기 점막에 일반적으로 살고 있는 *Moraxella catarrhalis*에 민감 할 수 있다.

아나필락시형 쇼크(anaphylatic shock)는 혈관이 갑자기 팽창되고 투과성이 증대 되어 급격하게 생명을 위협할 정도의 혈압 강하가 일어난다. 곤충 독에 민감한 사람은 곤충에 물리거나 침으로 쏘이

(a)

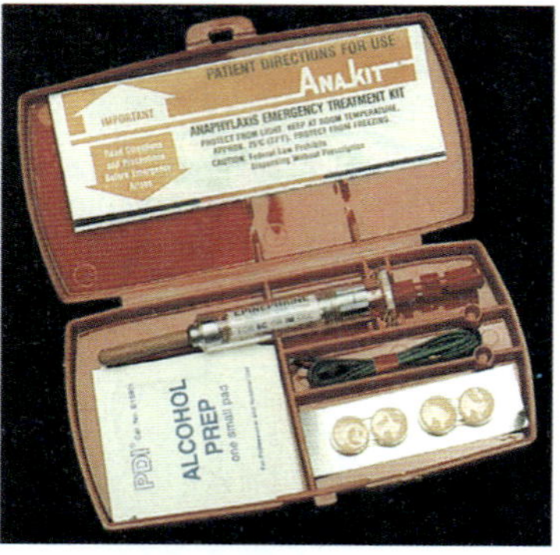

(b)

그림 18.4 꿀벌 침 알레르기. **(a)** 눈이 부풀어 올라 감겨졌으나 벌침 때문에 기도가 막히지는 않았다. 만일 기도가 막혔다면 더 심각한 반응이 일어났을 것이다. (Scott Camazine/Photo Reasearchers, Inc.) **(b)** 응급 시 사용 하는 아나필락시스 키트. 에피네피린이 들어 있는 주사기가 보인다. 곤충 침에 알레르기를 가진 많은 사람들이 이 키트를 항상 가지고 다닌다. 이것은 의사의 처방에 의해서만 이용 할 수 있다.

는 것이 가장 흔한 아나필락시형 쇼크의 원인이다(그림 18.4a).

전신적 아나필락시스는 반드시 신속히 치료되어져야 한다. 만일 에피네프린(아드레날린)을 신속히 투여하지 못하면 환자가 죽을 수 있다. 에피네프린은 호흡기관의 평활근을 풀어주거나 혈관벽의 수축을 풀어 주는 역할을 한다. 곤충 독에 감작된 사람은 종종 응급 아나필락시스 키트로 치료 한다(그림 18.4b). 이 키트에는 지혈대, 베나드릴제(항히스타민제), 그리고 2회 분량의 에피네프린을 가진 주사기가 들어 있다. 아나필락시스 반응을 이미 보이는 환자는 생명을 위협하는 증세가 매우 급격히 발병하기 때문에 이런 키트가 있는지 없는지가 삶과 죽음을 가르게 된다.

알레르기의 유전적 요소

미국에서는 5,000만명의 사람들이 다양한 알레르기를 가지고 있다. 많은 경우 유전적 요소가 알레르기 발생에 중요한 요인인 것 같다. 같은 가족 내의 식구들이 전형적으로 다른 알레르기 증세(예를 들면 한 사람은 천식, 다른 사람은 먼지 알레르기를 가지는 경우)를 가지고 있음에도 불구하고 모두 IgE 항체는 높은 농도로 가지고 있을 것이다. 최소한 아토피를 가진 아이들의 60%는 천식이나 건초열 같은 가족력이 있고 이 아이들 중 절반은 나중에 다른 알레르기가 발생 할 것이다. 따라서 아마도 알레르기는 탐식세포 같이 면역반응에 관여하는 다양한 세포의 막이나 기능 수행에 특징적인 유전자에 기반을 가지고 있을 것이다. 보통 세포막은 아주 작은 미생물이나 사실상의 모든 잠재적 알레르기 항원을 골라 낼 수 있다. 그러나 알레르기 환자들의 세포막은 꽃가루 같은 큰 물질에 대해 훨씬 큰 투과력을 가질 것이다. 심지어 알레르기 항원이 세포막을 통과해서 들어왔을 때 보통 사람들의 탐식세포들은 보통 이 항원을 제거해 버릴 것이다. 그러나 알레르기 환자들은 때때로 이러한 탐식 작용이 완벽하게 이루어지는 것에 실패 한다.

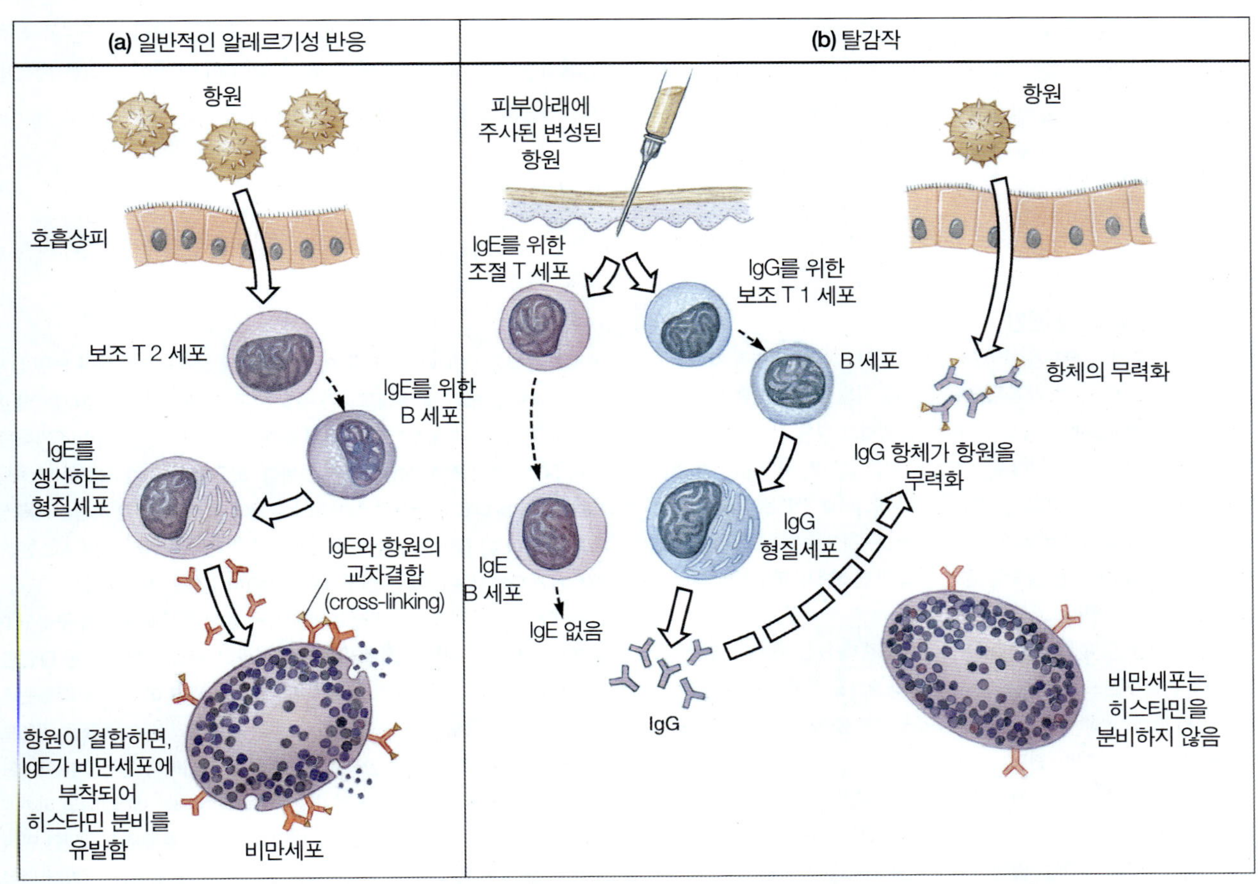

그림 18.5 알레르기를 멈추는 탈감작 반응(저감수성)의 예상 기작. **(a)** 일반적인 알레르기 반응에서 알레르기 항원의 자연스러운 노출이 보조 T 세포가 B 세포를 자극하여 IgE 항체를 만드는 형질 세포로 성숙되도록 촉진한다. IgE가 비만세포에 결합한 후 두 번째 알레르기 항원 노출이 탈과립을 유도한다. **(b)** 탈감작은 변성된 알레르기 항원의 주사에 의해 유도 될 수 있다. 이런 주사는 관용을 유도하여 B 세포가 IgE 항체를 만드는 형질세포로 성숙하는 것을 막는다. 알레르기 항원에 노출 되는 것 역시 B 세포가 IgG 항체 (방어항체)를 만드는 형질세포로 성숙되는 것을 촉진한다. 이러한 IgG 항체는 들어 온 알레르기 항원과 결합하여 이 항원이 비만세포 표면에 붙어 있는 IgE를 만나지 못하도록 해준다. 비만세포에 붙어 있는 IgE 항체와 알레르기 항원과의 복합체는 비만세포를 탈과립화 시켜 히스타민을 분비하도록 해준다. 따라서 이 과정을 억제하는 것이 알레르기 반응을 막는 가장 중요한 요소이다.

알레르기 치료

알레르기에 대한 1가지 치료법은 특정한 알레르기 항원과의 접촉을 피하는 것이다. 음식 알레르기를 가진 사람은 그들에게 과민반응을 유발하는 음식을 먹지 않는 것이다. 알레르기 항원이 무엇이든지간에 지속적인 노출이 비만세포에 의한 탈과립을 촉진 할 것이다**(그림 18.5a)**. **탈감작**(desensitization, 저감수성, hyposensitization)은 최근에 알레르기를 치료하는데 이용 가능한 유일한 방법이다. 만일 변성된 알레르기 항원을 피하주사하면("알레르기 주사") 이 주사가 면역관용 상태를 유도하여 B 세포가 활성화 되어 IgE를 생산하는 형질세포로 성숙 되는 것을 막는다**(그림 18.5b)**. 또한 알레르기 항원의 양을 점차 늘리면서 환자에게 주사를 하면 이 환자는 알레르기 항원에 대한 IgG 항체, 소위 말하는 **방어항체(blocking antibodies)**를 생산하게 된다. 알레르기 항원에 다시 노출 되었을 때, 이 방어항체들은 알레르기 항원이 IgE와 다시 반응 할 기회를 주지 않고 항원과 결합해 버리고 따라서 비만세포가 매개물질들을 분비하지 못하게 된다. 또한 알레르기 항원에 감작된 억제성 T 세포의 수가 탈감작 되는 동안 증가하게 된다. 따라서 IgG의 증가와 IgE의 감소가 함께 작용하여 환자들이 알레르기 항원에 덜 민감해 지도록 만들어 준다.

탈감작은 곤충 독이나 페니실린에 대한 알레르기 같은 약에 대한 알레르기 반응에 매우 성공적인 치료법이다. 불행이도 탈감작이 건초열 같은 대부분의 알레르기 증세를 완화시키지는 못한다. 또한 이것 자체의 주사가 아나필락시스형 쇼크를 유발하기도 한다. 왜냐하면 그 주사에는 환자들에게 알레르기를 유발하는 바로 그물질이 들어 있기 때문이다. 환자들은 일반적으로 알레르기 주사가 접종 된 후 병원에서 20-30분 정도만 머무르게 된다. 따라서 만일 전신적 아나필락시스 반응이 일어나면 응급치료가 신속히 이루어 질수 있어야 한다.

알레르기 주사는 흡입되는 알레르기 유발 물질에 의해 일어나는 알레르기 환자의 65-75%에서 효능을 보인다.

다른 알레르기 치료법이 증세를 완화 할 수는 있으나 알레르기 질환을 직접 치료하는 것은 아니다. 항히스타민제는 히스타민으로 인한 두드러기나 홍조를 중화 할 수는 있으나 기도를 수축하는 천식에서 SRS-A에 대해서는 작용 하지 못한다. 반면에 코티코스테로이드 같은 항염증제는 염증반응을 완화 할 수 있다. 2개의 새로운 항알레르기 약이 류코트리엔 생산을 방해 할 수 있다. 현재는 알레르기를 치료하는 더 좋은 치료법이 매우 필요한 상황이다. 따라서 우리가 류코트리엔의 특징과 IgE 항체에 대해 더 많이 아는 것이 이러한 치료법을 개발하는데 필요 할 것이라고 판단된다.

적용

알레르기의 원인

알레르기 환자가 미국 내 병원 방문자의 10% 가량을 차지하고 있다. 왜 면역 시스템이 종종 해롭지 않은 물질에 대해 그렇게 맹렬하게 반응하는가? 왜 어떤 사람들은 알레르기 때문에 고생하고 다른 사람들은 그렇지 않은가? 연구에 따르면 IgE 항체를 만드는 능력이 결여된 사람들은 폐 감염과 부비동염에 잘 걸리는 것으로 드러났다. IgG나 IgM을 만드는 능력이 결여된 사람들은 미생물 감염에 대해 종종 IgE를 만드는 것으로 확인 되었다. 이러한 관찰은 IgE가 알레르기를 유발할 뿐만 아니라 면역에서 필수적인 역할을 하고 있음을 나타내고 있다.

IgE는 기생충 감염에 대한 방어 작용을 도와준다(17장 p. 499). 또한 IgE 항체는 체외 기생충(진드기, 털진드기, 벼룩)에 대해서도 방어 작용을 한다. 미국 생물학자 Margie Profet은 IgE 항체가 독소를 먹었을 때 이에 대한 방어 작용의 보완 시스템이라고 생각한다.

"우리는 왜 아플까"라는 책에서 "새로운 과학인 다윈 의학"의 저자인 의사인 Randolph Nesse와 진화학자인 George Williams는 오늘날 존재하는 많은 알레르기는 150년 전에는 없었다고 주장 했다. 그들의 주장에 따르면 건초열은 1800년 초까지 영국에서는 없었으며 1950년대 초까지 일본에서는 매우 드문 질병 이였다. 그러나 최근 일본인의 10%가 건초열을 가지고 있다. Nesse와 Williams는 현대의 안락함이 원인이라고 주장한다. 두꺼운 카펫이 잘 깔려있는 집은 먼지 진드기의 최적의 양육 장소이며 꽃가루나 곰팡이 포자 같은 알레르기 유발 물질 덩어리의 보관 장소가 된다. 몇몇 연구에 따르면 알레르기 물질에 대해 상대적으로 깨끗한 집에서 양육된 아이들이 보통 집에서 길러진 아이들보다 덜 알레르기가 유발된다. 그러나 이러한 생각은 왜 어떤 사람만 알레르기에 걸리고 같은 집에 함께 거주하는 다른 사람이나 가족은 걸리지 않는지를 완전히 설명하지는 못한다. 최근의 연구 결과는 좀 더 복잡한데 이 결과에 따르면 잠재적 알레르기 물질에 일찍 노출 된 사람일수록 알레르기 유발이 더 줄어든다는 것이다. 확실한 것은 아직까지 면역 시스템과 알레르기에 대해서는 더 많은 연구가 이루어져야 한다는 사실이다.

약 15%의 미국인이 알레르기에 고통 받고 있기 때문에 누구라도 어떤 알레르기 물질에 대해 알레르기가 걸릴 확률이 15%는 되는 것은 당연한 일이다. 아토피 가족에서 부모 중 한 사람이 아토피라면 아이들 중 25%는 알레르기를 가질 확률이 있다. 만약 부모 모두가 아토피라면 그 확률은 50%로 증가 할 것이다. 따라서 어떤 알레르기는 가족들 사이에서 유전되며 아마도 어느 정도는 유전적 원인이 있을 것이다. Profet과 Nesse, Williams의 이론에 따르면 어떤 사람이 동시에 식물 독과 알레르기 유발 물질에 노출되면 면역 시스템이 IgE 항체를 만드는 것으로 식물 독에 반응 할 것이다. 여기서 면역 시스템은 알레르기 유발 물질을 "식물 독의 일부분"으로 인식하여 반응한다. 면역 시스템이 감작된 상태로 남아 있다가 나중에 알레르기 유발 물질에 단독으로 노출되면 식물 독이 없음에도 불구하고 IgE 반응을 유발 할 것이다.

유감스럽게도 알레르기의 원인이나 기원이 무엇이든 간에 우리들이 알레르기로 고통 받을 때 우리를 도와 줄 수 있는 유일한 것은 알레르기 약 뿐이다.

세포독성(타입 II) 과민반응

세포독성(타입 II) 과민반응은 특정한 항체가 면역 시스템에 의해 외부 물질로 인식되는 세포표면 항원과 반응하여 탐식작용 및 킬러 세포 작용 혹은 보체 매개 용해 등을 유도하는 반응이다. 항체가 결합하는 세포뿐만 아니라 주변 조직도 염증 반응 때문에 손상을 입게 된다. 전형적인 세포독성 과민반응을 유발하는 항원은 잘못된 혈액형을 수혈 할 때나 Rh 음성 어머니가 Rh 양성 아이를 출산 할 때 몸으로 들어오게 된다.

세포독성 반응의 기작

세포막의 항원이 처음으로 외부 물질로 인식되면 B 세포는 감작되어져서 다음번 항원의 노출에 대비해서 항체를 생산 할 준비를 하게 된다. 세포 표면 항원이 다시 노출되는 동안 항체는 항원에 결합하여 보체를 활성화 시키게 된다. 대식세포나 중성구 같은 탐식세포들이 이 부분을 공격하게 된다. 타입 II 과민반응의 기작은 연쇄상구균의 감염에 따른 류머티즘열이나 특정 바이러스의 감염, 수혈 반응 또는 신생아 용혈 질환(산모와 아이의 Rh 불일치) 같은 경우에 조직 손상의 원인이 된다.

세포독성 과민반응의 예

타입 II 과민반응인 세포독성 반응의 전형적인 예는 잘못된 수혈 반응이나 신생아 용혈 질환이다.

수혈반응

보통 사람의 적혈구는 서로 다른 혈액형을 만드는데 기본이 되는 표면 항원(혈액형 시스템)을 유전적으로 가지고 있다. **수혈 반응(transfusion reaction)**은 환자의 혈액 내에서 항원과 항체가 동시에 존재 할 때 일어난다. 이런 반응은 특정 혈액형 항원에 의해 촉진 된다. 이 책에서는 **ABO 혈액형 시스템(ABO blood group system)**을 결정하는 항원 A와 B에만 초점을 맞추어 설명 할 것이다. **표 18.3**에서 보여주는 것처럼 4가지 혈액형-A, B, AB, O-의 이름은 적혈구가 가진 항원 A, 항원 B, 항원 A와 B 그리고 어떤 항원도 없는 상태에 해당 되는 이름이다. 일반적으로 사람의 혈청 내에는 사람의 적혈구에 있는 항원에 대한 IgM이 존재하지 않는다. 그러나 만일 감작된 환자가 수혈 중에 다른 혈액 세포 항원을 가진 적혈구를 받으면 이 외부 항원에 대한 IgM 항체에 의해 타입 II 과민반응이 일어나게 된다. 외부 적혈구는 응집되고(덩어리가 되고), 보체를 활성화 시키며 혈관에 용혈(혈액 세포의 파열)을 유발하게 된다 **(그림 18.6)**. 수혈 반응의 증세는 열, 낮은 혈압, 등과 가슴의 통증, 메스꺼움, 구토 등이다. 수혈 반응은 보통 수여자와 공여자의 혈액형 항원의 교차 시험에 의해 막을 수 있으며 따라서 수혈 시 정확한 혈액형이 선별 되어져야만 한다**(그림 18.7)**.

미국에서 매 3초마다 수혈이 일어나며 매년 1200만 유닛의 혈액이 사용된다.

Rh(Rhesus) 같은 다른 적혈구 항원에 대한 수혈 반응도 일어난다. 그러나 보통 외부 물질로 인식되는 A와 B 항원에 대한 반응 보다는 덜 심각하게 일어난다. 왜냐하면 이런 항원 분자의 양이 A와 B항원에 비해 적기 때문이다.

표 18.3

ABO 혈액 시스템의 특징

혈액형	적혈구의 응집원	혈청에 존재하는 응집소
A	A	항-B
B	B	항-A
AB	A 와 B	응집소 없음
O	응집원 없음	항-A 와 항-B

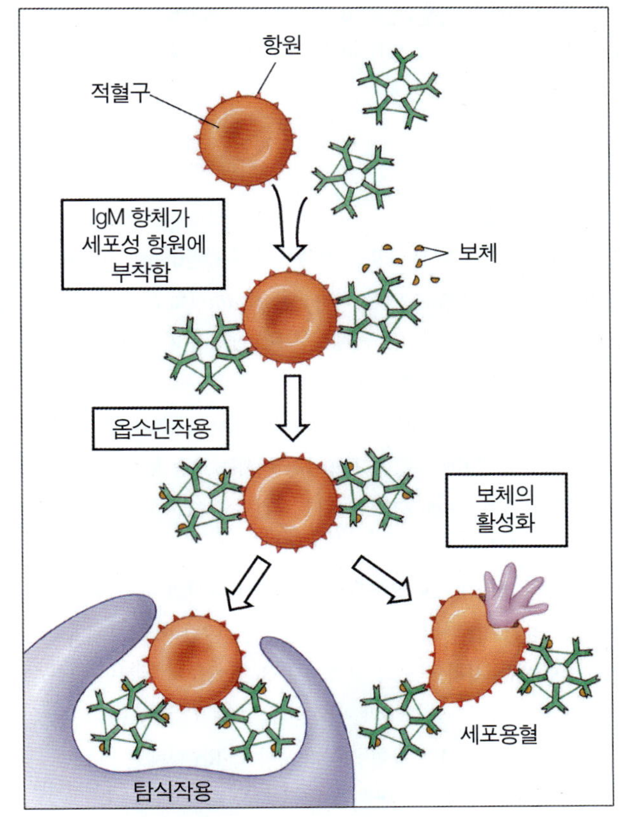

그림 18.6 세포독성(타입 II) 과민반응의 기작. 잘못 연결되어 수혈된 적혈구 항원은 보통 IgM에 결합한다. 보체가 활성화 되어 연이어 탐식작용이 일어나거나 적혈구 세포가 용혈 된다.

그림 18.7 혈액 타이핑과 수혈. 조심스런 혈액 타이핑과 수요자와 공여자의 혈액을 잘 조화 시켜 연결시키는 것으로 대부분의 수혈반응을 막을 수 있다. AB 혈액형을 가진 사람은 4종류의 혈액형 어떤 것이라도 안전하게 수혈 받을 수 있다. O 혈액형을 가진 사람은 어떤 혈액형에도 안전하게 수혈을 줄 수 있다(왜 이런지 설명 할 수 있는가?. 표 18.3을 참조하라). (*Larry Mulvehill/ Photo Researchers, Inc.*)

적용

일치되었다. 그러나 아직 일치되지 않았다.

때때로 혈액수혈 반응이 혈액 타입이 일치 됨에도 불구하고 발생하는 경우가 있다. 예를 들면 어떤 사람은 IgA 항체를 가지고 있지 않아 이 면역글로브린에 대해 관용을 가지지 못한다. 이런 사람이 수혈을 받게 되면 수혈 받은 피안에 있는 IgA에 대해서 항체를 만들게 된다. 그리고 난 후 계속되는 수혈이 수혈 반응을 유발하게 된다. 흥미롭게도 어떤 사람들은 첫 번째 수혈에서 수혈 반응이 나타난다. 이것은 이 사람들이 전에 IgA에 노출된 적이 있음을 말한다. 1가지 가능한 설명은 이 사람들이 이전에 IgA를 가진 피가 있는 덜 익은 고기를 먹어 감작 된 것이라는 설명이다.

신생아 용혈 질환

세포독성 반응의 또 다른 예로는 **신생아 용혈 질환(hemolytic disease of the newborn)** 혹은 태아 적아구증(*erythroblastosis fetalis*)이다. ABO 혈액형과 더불어 적혈구 세포는 Rh 항원을 가지고 있는데 이름처럼 이 항원은 레서스(Rhesus) 원숭이에서 처음 발견 되었다. 적혈구 세포 표면에 Rh 항원을 가지고 있으면 Rh-양성, 표면에 Rh 항원을 가지고 있지 않으면 Rh-음성이다. 항-Rh 항체는 보통 Rh-양성이나 Rh-음성 혈청 모두에 존재하지 않는다. 그 결과 감작은 Rh 항원-항체 반응에 반드시 필요하다.

감작은 일반적으로 Rh-음성인 산모가 아이의 아버지로부터 유전된 혈액형인 Rh-양성 태아를 출산 할 때 일어난다. 태아의 Rh 항원은 임신 중에는 거의 산모의 혈액 순환에 끼어들지 못하나 출산이나 유산, 낙태 시 자궁으로부터 새어 나온다(**그림 18.8a**). Rh-음성인 산모의 면역 시스템이 Rh 항원에 감작되어 항-Rh 항체를 만들면 다음에 Rh 항원과 만나게 되면 반응 한다.

보통 감작이 출산 시에 이루어지기 때문에 Rh-음성인 산모의 첫 번째 Rh-양성 태아는 용혈 질환에 걸리지는 않는다. 그러나 감작된 Rh-음성 산모가 두 번째부터 아이를 가지면 산모의 항-Rh 항체가 태반을 통과하여 태아에서 타입 II 과민반응을 유발 한다(**그림 18.8b**). 이러한 현상이 일어나면 태아의 적혈구 세포는 응집되고 보체가 활성화 되어 적혈구 세포가 파괴되게 된다. 이것이 신생아 용혈 질환이다. 이런 아이들은 태어 날 때부터 비대한 간과 비장을 가지고 태어난다. 왜냐하면 손상된 적혈구 세포를 제거하기 위해 이 장기들이 작용하였기 때문이다(**그림 18.8c,d**). 이런 아이들은 혈액 내에 적혈구 세포의 파괴로 생성된 과도한 비릴루빈 때문에 황달이 되어 노란색 피부를 가지고 있다.

신생아의 용혈 질환은 출산 후 72시간 안에 Rh-음성 산모에게 항-Rh IgG 분자(로감, Rhogam)을 근육 주사하여 예방 할 수 있다. 이 항체들이 엄마의 혈액내로 새어 들어온 태아 적혈구 세포의 Rh 항원과 결합 한다. 이러한 항-Rh 항체는 태아 적혈구 세포가 산모의 면역 시스템에 감작되기 전에 태아 적혈구 세포를 파괴해 버린다. 이러한 치료는 Rh-양성인 태아를 출산하거나, 사산, 유산한 모든 Rh-음성 산모에게 반드시 적용 되어야 한다. 최근에는 항-Rh 항체를 Rh-음성인 삼모가 임신 중일 때 주사하기도 한다. 임신 3개월과 5개월째에 수행 되어지는 이러한 처방은 심한 기침이나 재채기 때문에 태아의 항원이 산모의 혈액 순환으로 새어나와 일어나는 감작을 막게 된다. 항-Rh 항체(Rhogam)가 예방적으로 처치되기 전에 신생아 용혈 질환이 모든 임신의 0.5%에서, 사산의 12%에서 일어난다.

면역복합체(타입 III) 과민반응

면역복합체(타입 III) 과민반응은 항원-항체 복합체가 형성되어 일어난다. 보통 이러한 큰 면역 복합체는 탐식세포에 의해 탐식되어 제거되어진다. 과민반응은 항원-항체 복합체가 지속되거나 계속 만들어 질 때 일어난다.

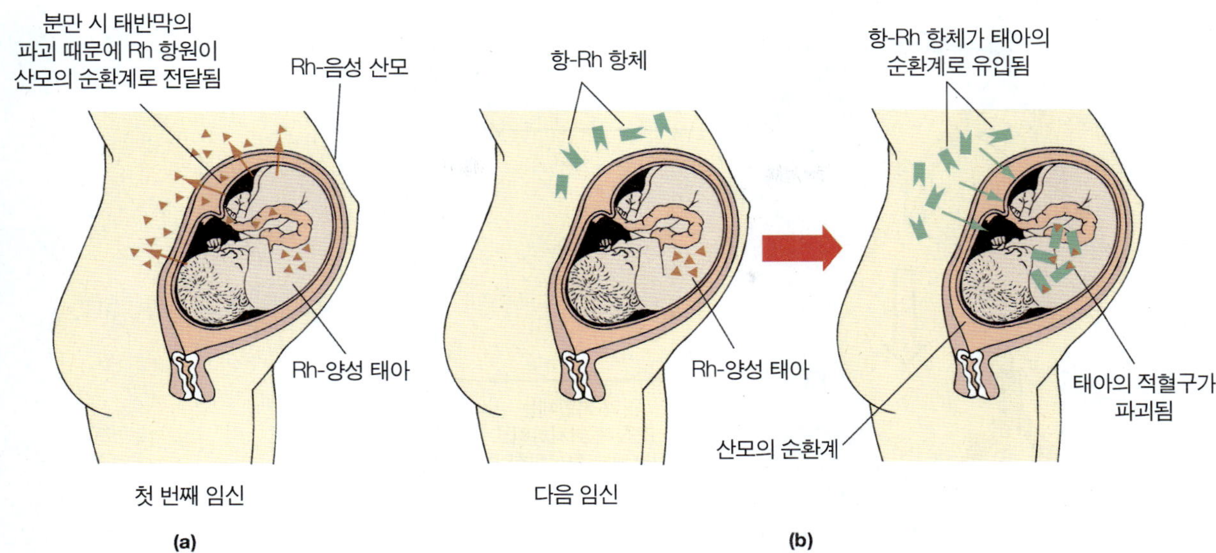

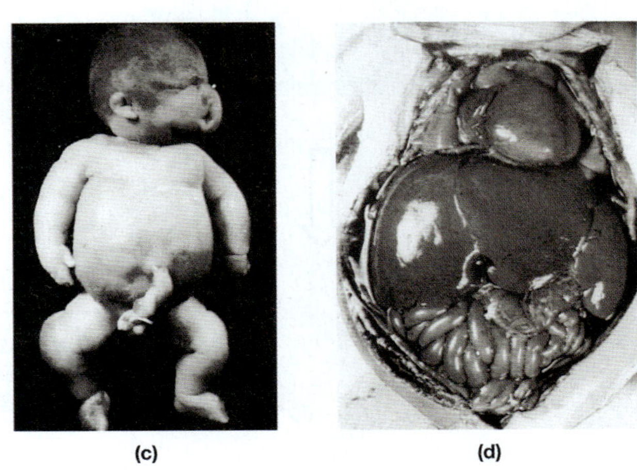

그림 18.8 신생아 용혈 질환의 원인과 효과. (a) 엄마가 Rh 음성이고 태아가 Rh 양성 일 경우에 발생하는 Rh-불합치 임신일 경우(이런 경우에는 일반적으로 아빠가 Rh 양성이다)의 각각의 단계를 나타내었다. **(b)** 출산 전이나 출산 때 Rh 항원이 태반을 가로질러 뚫고 들어가 산모의 혈액 속으로 들어간다. 산모는 항-Rh 항체를 만들게 되고 만들어진 항체가 다시 태반을 통과하여 태아에게 들어간다. 만일 항체의 생산이 출산 때까지 자극 받지 않는다 할지라도 결과적으로 만들어진 항체가 산모의 혈액 속에서 장기간 유지하게 되고 이것이 두 번째 Rh 양성 태아의 임신 때 태아의 적혈구를 공격하게 된다. 이런 현상을 막기 위해 로감(항-Rg 항체)을 임신 초기나, 출산 직후, 유산이나 사산 된 모든 경우에 주사한다. 로감은 항원의 노출을 줄여주어 항-Rh 항체의 생산을 감소시킨다. **(c)** Rh 불일치 때문에 일어난 용혈 질환에 영향을 받은 신생아(From Edith Potter, 꼬. Chicago: year Book Medical Publishers, 1947.) **(d)** 간이 비대해져 있다(From Edith Potter, 꼬. Chicago: year Book Medical Publishers, 1947.)

면역복합체 장애의 기작

아나필락시스와 세포독성 반응처럼, 면역복합체 장애도 감작 이후에 일어난다. 감작된 항원이 지속적으로 노출되면 특별한 IgG 항체가 혈액 내에서 항원과 결합하여 면역 복합체(*immune complex*)를 형성하고 보체를 활성화 시킨다**(그림 18.9)**. 항체는 혈관벽이나 다른 조직의 살아 있는 세포나 손상된 세포의 일부분에 결합한다. 일반적으로 큰 면역복합체는 간이나 신장에서 탐식 작용에 의해 제거된다. 그러나 종종 면역 복합체가 너무 작아서 간에 있는 쿠퍼세포에 단단히 결합되지 않아 혈액으로부터 제거되어 지지 않고 장기나, 조직, 관절 부분에 침착되게 된다. 결국 이러한 항원-항체 복합체와 보체가 호염구와 비만세포로부터 히스타민과 다른 매개 물질을 방출하게 만들어 전에 설명 했던 알레르기 반응을 유발하게 된다. 이런 활성화 부위에 주화성에 이끌려 모여든 탐식세포는 가수분해 효소를 분비하게 되고 분비된 효소 때문에 급격한 조직 손상이 유발되어지며, 만일 항원이 장기간 남아 있게 되면 만성화 될 수 있다.

면역복합체 장애의 예

전신성 혈청병과 국소성 아르더스 반응을 가진 면역복합체 장애를 살펴보자. 류마티스성 관절염과 전신성 홍반성 낭창 같은 다른 면역 복합체 장애는 이장의 후반부에 있는 자가면역 질환에서 다룰 것이다. 왜냐하면 이러한 장애들에 관여하는 항체들이 환자 자신의 조직과 반응하기 때문이다. 특정한 연쇄상 구균 감염으로 인한 급성 사구체 신염은 또 다른 면역복합 장애인데 신장의 사구체가 심각하게 손상을 받게 된다(◀ 20장).

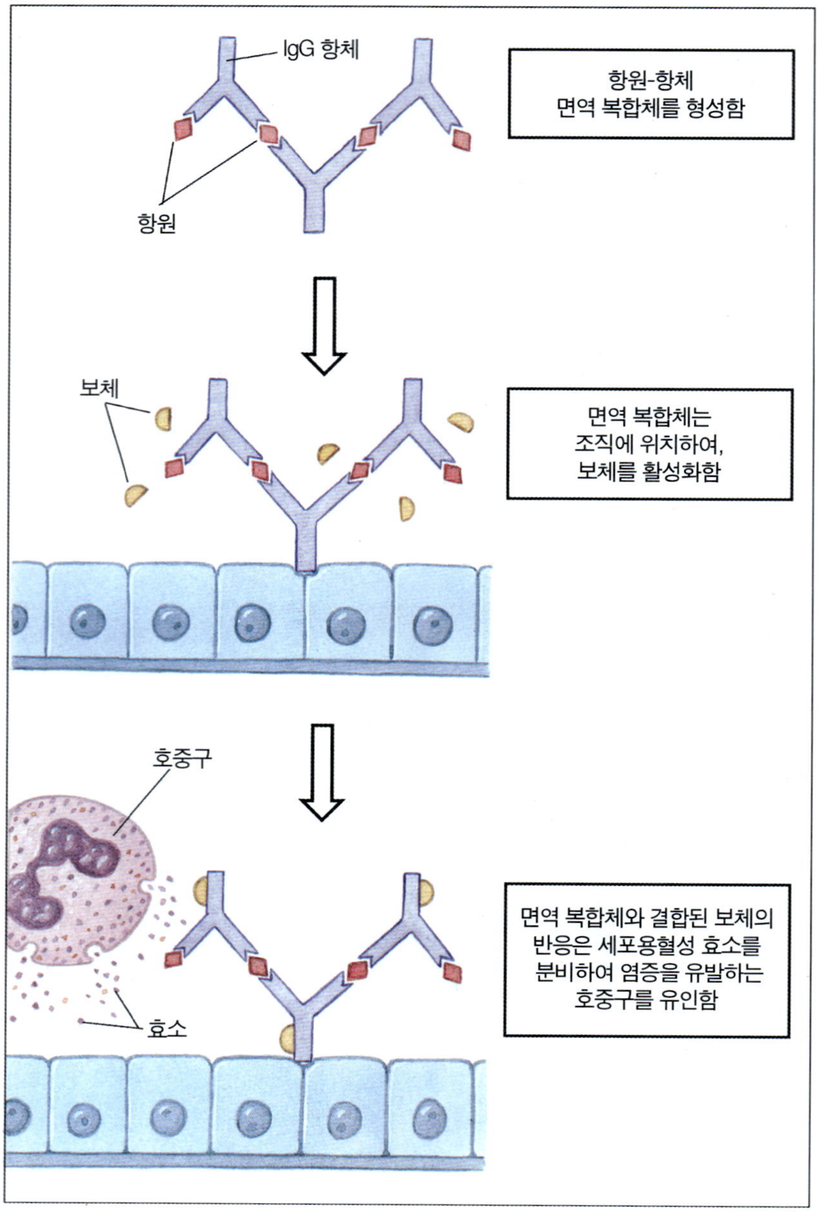

그림 18.9 면역 복합체(타입 III) 과민반응의 기작. 항원이 적절하게 감작되어 있는 사람에게 들어 왔을 때 면역 복합체가 생기게 된다. 결과적으로 면역 복합체가 침착되면 보체를 활성화 시키고 열, 가려움증, 발진, 출혈부위, 관절 통증, 급성 염증 등을 유발한다. 이런 일이 전신적으로 일어나면 혈청병의 원인이 된다.

혈청병(serum sickness)은 항생제가 생산되기 이전에 디프테리아 같은 감염성 질환에 대해 항독소 혈청을 과량을 주입하여 수동적으로 면역된 사람들에게서 주로 발견 되어졌다. 말에게 디프테리아 독소를 주입하면 말은 이 독소에 대해 항체를 생성하게 된다. 이 말 혈청을 주입받은 환자는 디프테리아 독소에 대한 항체뿐만 아니라 말 단백질도 함께 주입되어진다. 감작된 사람의 면역 시스템은 말 단백질에 대해 충분한 양의 항체를 만들어 내게 되고 두 번째로 말 혈청 단백질에 노출 되었을 때 사람의 항체로 구성된 면역복합체를 만들게 된다. 탐식세포에 의해 천천히 제거되어진 이러한 면역복합체는 신장의 사구체에 결합하게 된다. 이후 사구체의 여과 기능의 용량이 문제를 일으키면 단백질과 혈액세포들이 소변으로 배출되게 된다. 면역복합체는 또한 관절과 피부 혈관벽에 침착된다.

혈청병을 앓는 사람들은 보통 열이 나며, 림프절이 커지고 순환되는 백혈구의 수가 줄어들며, 주사 위치가 부풀어 오르게 된다. 혈청병으로부터 회복된 사람들은 혈액 내의 면역 복합체가 점차 사라졌으며, 사구체에서의 조직 손상이 회복되어졌다. 그러나 이 장애는 대부분의 디프테리아 환자들한테는 만성질환이 되어 버렸다. 그 이유는 말 혈청을 디프테리아 질환 과정 내내 매일 주사를 받았기 때문이다.

오늘날 혈청병은 매우 드문 질환이 되었으며 보통은 백신제제 안에 있는 말 혈청처럼 생물학적 생산품 안에 외부 물질로 재노출 되

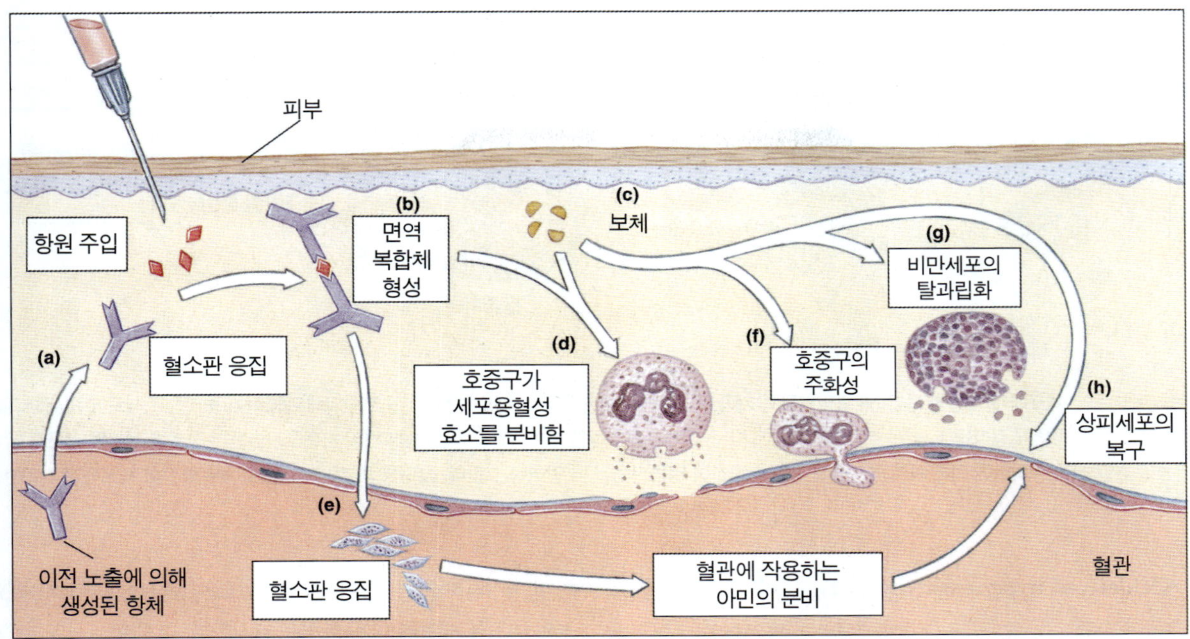

그림 18.10 아르더스 반응과 출혈부위가 생겨나는 기작. (a) 심한 경우에는 말 단백질 항원을 주사하면 (b) 면역 복합체가 형성된다. (c) 보체가 관련된 경우에는, (d) 중성구가 혈관벽에 손상을 주는 리소솜성 효소를 방출한다. (e) 면역 복합체는 또한 혈소판 응집을 유발하여 혈류를 방해한다. (f) 보체 역시 그 부위에서 더 많은 중성구를 끌어들이며 (g) 비만세포의 탈과립을 유발한다. (h) 결론적으로 혈소판과 보체가 혈관 수축을 촉진한다. 만일 그 세포들이 혈류를 끊어버리면 조직 괴사가 일어난다.

었을 때 발생한다. 유전공학적으로 생산된 백신의 장점은 그 안에 외부 물질 같은 것이 없다는 것이다. 어떤 생물학적 생산품의 사용을 고려 할 때는 반드시 그 환자가 그 제품에 대해 민감도가 어떤지를 먼저 확인해야만 한다. 적은 양의 제품을 피부 아래 근육이나 혈관으로 미리 주사해 본다. 혈관 주사 이후 팽진-발적 반응이 나타나거나 혈압이 20 포인트 이상 떨어지면 과민반응이 나타나는 것으로 간주해서 그 제품을 그 환자에게 사용해서는 안된다.

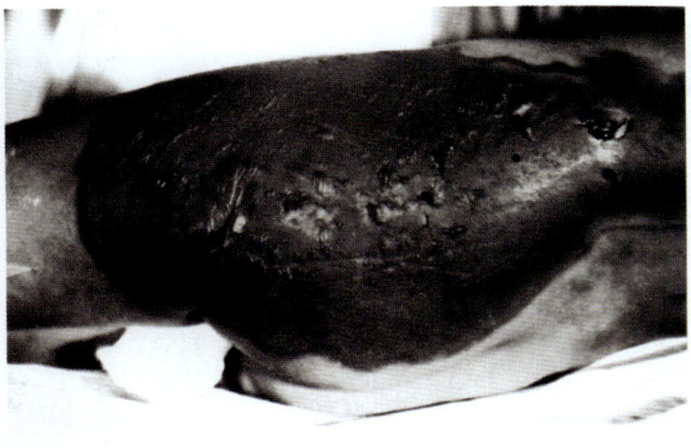

1903년 아르더스에 의해 발견된 **아르더스 반응(Arthus reaction)**은 항원 물질을 피부 아래의 피하로 주사하거나 근육으로 주사했을 때 피부에 나타나는 국소적 반응이다. 이것은 주로 그 항원에 대해 많은 양의 항체(대부분 IgG)를 가진 사람에게 나타난다. 4시간에서 10시간 안에 주사 부위 주변에 부종과 출혈이 나타나며 이것은 면역복합체와 보체에 의해 세포 손상과 적혈구 응집이 촉진되어 일어난다**(그림 18.10)**. 심각한 반응에서는 작은 응어리가 혈관을 방해하여 그 막혀버린 혈관에 의해 영양물질을 공급 받던 세포들이 죽게 된다**(그림 18.11)**. 드문 경우 항원이 주사되어지지도 않고 이런 증세가 일어난다. "비둘기 기르는 사람의 폐"는 건조된 비둘기 배설물을 통해 항원인 단백질이 이 사람의 폐로 흡입되어 그 사람의 폐에서 아르더스 반응을 유발한다.

그림 18.11 아르더스 반응. 엉덩이 부위에 과도한 출혈성 손상을 입어 조직 괴사 및 딱지형성이 일어난 환자(*Reproduced by permission from F.H. Top, Sr., Communicable and Infectious Diseases, 6th ed. St. Louis, Mosby-Year Book, Inc. 1968*)

세포매개(타입 IV) 과민반응

세포독성(타입 IV) 과민반응은 지연형 과민반응이라고도 불린다. 왜냐하면 증세가 12시간 정도 지나야 일어나기 때문이다. 이러한 반응들은 항체 때문이 아니라 T 세포-특히 T_H1 세포[때때로 **지연형**

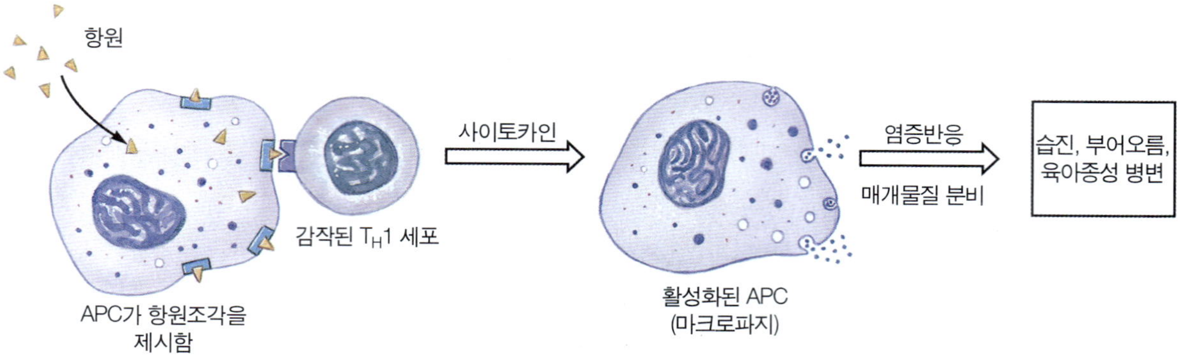

그림 18.12 **세포매개/지연형(타입 IV) 과민반응의 기작.** 이 타입의 반응은 타입 I, II, III처럼 B 세포에 의해 매개되기 보다는 T 세포에 의해 매개되는 반응이다. 특정 항원에 감작된 T 세포는 동일한 항원에 다시 연이어 접촉하면 사이토카인을 분비한다. 이 사이토카인들이 그 부위에 탐식세포를 끌어 들이는 염증반응을 유발한다. 탈과립에 의해 APC가 매개물질을 분비하여 염증반응을 더 일어나게 한다. 접촉성 피부염과 넝쿨옻나무 발진이 세포매개 과민반응의 예가 될 수 있다.

과민 T 세포(delayed hypersensitivity T, T_{DH}, cell)라 불린다]에 의해 매개되어진다.

세포독성 과민반응의 기작

세포독성 과민반응은 다음과 같이 발생한다. 처음으로 항원 분자에 노출되면 항원은 항원제시 세포에 결합하고 항원제시 세포는 항원의 일부분을 T_H1 세포(염증성 T 세포)에 제시하게 된다(◀17장 p. 505). 동일한 항원에 대해 APC 세포가 두 번째로 노출되면 감작된 T_H1 세포는 인터페론 γ와 유주저지인자(migration inhibition factor, MIF) 같은 사이토카인을 배출한다. 인테페론 γ는 항원을 탐식하는 대식세포를 활성화 시킨다. 항원이 미생물이라면 항상은 아니지만 일반적으로 대식세포가 이 미생물을 죽이게 된다. MIF는 대식세포의 이동을 막아 과민반응이 일어나는 장소에 대식세포를 가두어 놓는 역할을 한다. 다른 사이토카인들은 과민반응 그 자체의 원인이 될 것이다. 이러한 반응들은 부종, 팽윤, 육아종성 질환이나 피부가 까지거나 충혈 된 부분에서 일어난다. 전체 과정은 그림 18.12에 요약되어 있다.

세포독성 과민반응의 예

지연형 과민반응의 일반적인 3 가지 예는 각각 접촉성 피부염, 튜베르쿨린 과민반응, 육아종성 과민반응이며 이들은 세포독성 과민반응의 다양성을 나타내고 있다.

접촉성 피부염(contact dermatitis)은 넝쿨옻나무의 기름, 고무, 일부 금속물질, 염색약, 비누, 화장품, 플라스틱, 일반적인 약품 같은 알레르기 항원에 두 번 이상 연속적으로 노출 되었을 때 일어난다(표 18.4). 타입 I 과민반응과는 달리 타입 IV 과민반응은 가족들 사이에서 유전되는 것 같지는 않다. 면역반응을 유발하기 어려운 작은 분자들은 피부를 통과하여 상피에 존재하는 란게르한스 세포 표면 단백질과 결합하여 항원성을 가지게 된다. 이 항원들을 MHC class II를 이용하여 제시하고 있는 세포들이 림프절로 이동하여 항원제시 세포로 기능하여 T_H1 세포에 대해 항원을 제시한다. 다시 항원에 노출 되고 나서 4-8시간 안에 과민반응이 시작되며 48시간 안에 부종이 발생한다.

넝쿨옻나무의 기름인 우루시올(urushiol, u´ru-she-ol)이 미국에서 접촉성 피부염을 유발하는 주요 원인이다(그림 18.13). 대부분의 사람들은 넝쿨옻나무의 잎이나 다른 부분과 직접 접촉하여 과민반응이 일어나나 일부 사람들은 넝쿨옻나무가 포함된 나무를 태우는 연기를 흡입하여 과민반응에 걸리기도 한다. 넝쿨옻나무의 기름이 떨어져 호흡기 막과 접촉하면 특히 심각한 과민반응을 유발한다. 넝쿨옻나무에 감작된 사람은 어떤 나이라도 상관없이 전 생애에 걸쳐 넝쿨옻나무에 대한 반작용 없이 넝쿨옻나무와 접촉하면 항상 과민반응이 일어난다. 넝쿨옻나무에 대한 과민반응을 줄이는 1가지 방법은 접촉된 후 수분 안에 넝쿨옻나무의 기름이 피부에 침투해서 피부 세포와

표 18.4

선별된 접촉성 알레르기 항원

알레르기 항원	일반적인 접촉의 근원
벤조카인	국소 마취제
크롬	보석, 시계, 크롬 코팅 가죽, 시멘트
포름알데하이드	얼굴 조직, 손톱 경화제, 합성 섬유
라텍스	수술용 또는 실험용 장갑
니켈	보석, 시계, 스테인리스스틸과 백금으로 만든 물질
머캅토벤토시아졸	고무 제품
메타파이릴린	국소 항히스타민제
메르티올레이트	국소 소독제
네오마이신	국소 항생제
올레오레진	덩굴 옻나무와 비슷한 식물의 기름

(a)

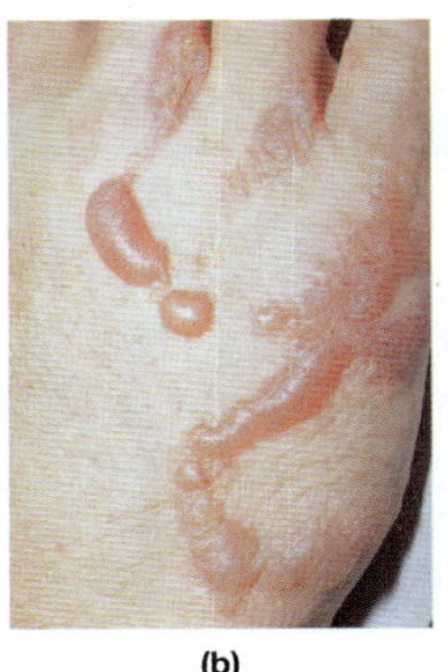
(b)

그림 18.13 넝쿨옻나무(타입 IV) 과민반응. **(a)** 특징적인 3잎 모양을 보여주는 넝쿨옻나무(*Toxicodendron radicans*)의 잎들. 넝쿨옻나무의 넝쿨 역시 자극적인 우루시올 기름을 가지고 있다. 따라서 넝쿨옻나무 잎이 떨어진 겨울철에 넝쿨옻나무를 구분해 내는 것이 매우 중요하다. (*Ed Reschke/Peter Arnold, Inc.*) **(b)** 액체가 포함된 수포를 보여주는 넝쿨옻나무피부염(*Beckman/Custom Medical Stock Photo, Inc.*)

화학적으로 결합하기 전에 강한 비누나 세정제로 접촉된 피부를 강하게 씻어내는 것이다. 일단 아무리 작은 양의 넝쿨옻나무 기름이라도 한번 감작된 사람은 다음에 노출되면 과민반응이 유도된다. 할퀸 상처는 넝쿨옻나무의 기름이 퍼지게 하지는 않지만 감염을 유도 할 수는 있다. 캐슈나 망고는 우루시올과 화학적으로 유사한 성분을 가지고 있어서 여기에 접촉된 일부 사람들에게 지연형 과민반응(소화불량을 포함)을 유도한다.

튜베르쿨린 과민반응(Tuberculin hypersensitivity)은 결핵균으로부터 유래한 항원성 리포단백질인 튜베르쿨린(*tuberculin*)에 노출된 사람에게서 감작이 일어난다. 나병의 원인 미생물 *Mycobacterium leprae*와 리슈만편모충증을 유발하는 원생동물 *Leishmania tropica*에서 유래한 항원도 감작된 사람에게 비슷한 반응을 유도한다. 항원은

적용

넝쿨옻나무? 근데 이건 여기서 자라지 않는데!

넝쿨옻나무와 유사한 접촉성 피부염이 2차 세계대전 이후 일본에 주둔한 미군들에서 발견되었다. 상흔이 팔꿈치나 팔꿈치와 손목 사이에서 생겨났으며 엉덩이 등에 말발굽 모양으로 나타나기도 했다. 넝쿨옻나무는 일본에서는 자라지 않는 걸로 알려졌기 때문에 의료진들은 매우 당황해 했다. 이 수수께끼는 과학자들이 우루시올을 소량 함유한 일본 식물의 기름을 이용해서 칠기 제품을 만든다는 걸 발견함으로서 해결 되었다. 칠기 안에 있는 우루시올이 소량이여서 일본 사람들은 감작 시키지 못하지만 이전에 넝쿨옻나무에 감작되어진 미국인들에게는 알레르기 반응을 유발 시킬 수 있었다. 칠기로 만든 주방 조리대에 팔꿈치나 그 주변을 올려놓기 때문에 그 부분에서 상흔이 나는 것이 설명되어졌으며 칠기로 만든 화장실 의자 때문에 말발굽 모양의 상흔이 생기는 것 역시 설명 되어졌다.

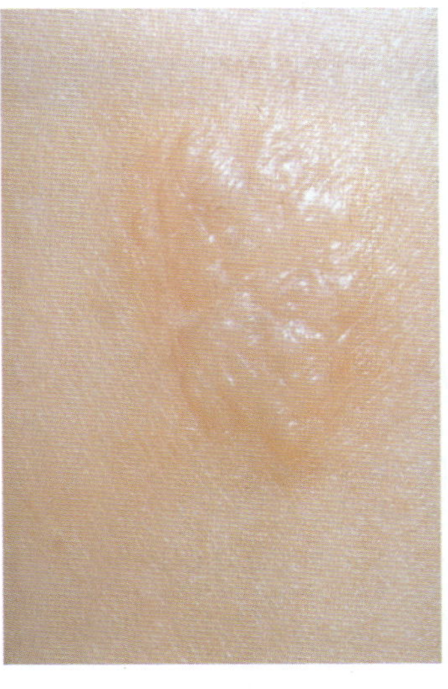

그림 18.14 튜베르쿨린 양성 반응. 48에서 72시간 안에 경화되어 부풀어 오른 부분이 나타나면 측정한다. 양성 반응은 5mm 이상 되어야 하며 2 mm 보다 작으면 음성, 3~4 mm 정도면 의심으로 판정한다. (*National Medical Slide/Custom Medical Stock Photo, Inc.*)

T_H1 세포를 활성화하여 사이토카인을 분비 시키고 이 사이토카인은 대량의 림프구, 단핵구, 대식세포를 진피로 침투 시킨다. 이렇게 되면 보통은 피부의 부드러운 부분이 부풀어 오르고, 딱딱해 지며, 때로는 붉게 되어 **경결(induration)**이라 불리게 된다**(그림 18.14)**. **튜베르쿨린 피부 시험(tuberculin skin test)**은 *Mycobacterium tuberculosis*(인형 결핵균)에서 유래한 정제된 단백질 유도체(purified protein derivative, PPD)를 피하지방에 주사한다. 만일 전에 결핵균에 감염된 적이 있거나 BCG 백신을 접종 받은 적이 있는 사람은 48시간 안에 경결이 형성된다. 경결의 충혈 정도가 아니라 지름과 높이가 향후 테스트가 필요한지 안한지를 결정한다.

세포 매개 과민반응에서 가장 심각한 형태인 **육아종성 과민반응(granulomatous hypersensitivity)**은 보통 대식세포가 병원체를 탐식 했으나 이 병원체를 죽이지 못했을 때 일어난다. 대식세포 안에서 병원체는 살아남아 때로는 계속 분열하기도 한다. 병원체의 항원에 감작된 T_H1 세포는 과민반응을 유도하고 다양한 세포들을 피부나 폐로 끌어 들인다. 피부(나종, leproma)나 폐(결핵, tubercle)에서 육아종이 발생한다. 이러한 종류의 과민반응은 모두 지연형 과민반응에 속하며 대부분 항원에 노출된 지 4주 이상 지나야 반응이 나타난다. 이러한 지속적이고 만성적인 항원 자극은 곰팡이와 기생충 감염뿐만 아니라 박테리아 질환인 선회병(listeriosis)에서 전형적으로 나타난다.

4 종류의 과민반응의 특징은 **표 18.5**에 정리되어 있다.

중점 질문 사항

1. 4종류의 과민반응의 타입과 이름을 적으시오. 각 반응의 주요한 매개자는 무엇인가?
2. 아나필락시스 반응의 징후와 증세는 무엇인가?
3. 어떻게 신생아 용혈 질환이 발생 하는가? 어떻게 이 질환을 막을 수 있는가?

표 18.5

과민반응의 특징

	타입 1	타입 2	타입 3	타입 4
특징	즉시형	세포독성	면역 복합체	세포 매개성
주요 매개 물질	IgE	IgG, IgM	IgG, IgM	T 세포
다른 매개 물질	비만세포, 호염구, 히스타민, 프로스타글란딘, 류코트리엔	보체	보체, 면역인자, 호산구, 중성구	림포카인, 대식세포
항원	가용성 또는 입자성 물질	세포 표면 물질	가용성 또는 입자성 물질	세포 표면 물질
반응 시간	수 초~30분	다양함(보통 수시간)	3~8 시간	24시간~4주 이상
반응 유형	국소적발진과 홍조, 기관지 과민성쇼크	적혈구 응집, 세포 파괴	급성 염증 반응	세포 매개성 세포 파괴
치료	탈감작, 항히스타민제, 스테로이드	스테로이드	스테로이드	스테로이드

자가면역 질환

자가면역 질환(autoimmune disorders)은 보통 자신의 항원에 대해서는 관용이 되어야함에도 불구하고 자기 자신의 세포나 조직의 특정한 항원과 과민반응이 일어나서 발생하게 된다. 이 항원은 자신의 조직에 대한 항체인 **자가항체(auto-antibodies)**를 생산하는 면역반응을 유도한다. 자가면역 반응 역시 T 세포 매개 반응일 수 있다. 이러한 질환은 다양한 종류의 과민반응에서 세포 파괴에 의해 특징지어진다. 자가면역 질환이 자가 항원에 대한 반응에서 발생함에도 불구하고 단일 기관이나 조직(기관-특이적)에 영향을 미치거나 많은 기관이나 조직에 영향을 미치는 전신성 반응을 보이는 등 매우 넓은 스펙트럼을 가지고 있다(**표 18.6**).

자가면역

자가면역(autoimmunization)이란 "자신"에 대한 과민반응이 일어

표 18.6

자가면역 질환의 범위

질환	영향 받는 기관과 조직	자가 항체 표적
장기 특이적 질환		
에디슨병	부신	부신 단백질
자가면역성 용혈성 빈혈	적혈구	적혈구 세포막 단백질
사구체신염	신장	신장과 연쇄상구균의 교차반응
그레이브스병	갑상선	갑상선 자극 호르몬 수용체
하시모토 갑상선염	갑상선	타이로글로불린
특발성 혈소판감소성 자반증	혈소판	혈소판 당단백질
소아당뇨	이자	베타세포와 인슐린
중증 근무력증	골격근	아세틸콜린 수용체
악성빈혈	위	비타민 B_{12} 결합 부위
면역후/감염후 뇌척수염	수초	수초와 홍역의 교차반응
조기 폐경	난소	황체
류마티즘열	심장	심장과 연쇄상구균의 교차반응
자연 남성 불임증	고환	정자
궤양성 대장염	결장	결장 세포
전신(파종성) 질환		
굿패스쳐 증후군	기저막	기저막
다발성 근염 및 피부근염	근육과 피부	세포핵
류마티스 관절염	관절	세포핵, 감마글로불린
경피증	결합조직	인
쇼그렌 증후군	눈물샘, 침샘	세포핵
루푸스(낭창)	많은 조직	세포핵, 히스톤

나는 과정을 말한다. 이러한 반응은 보통 지속적으로 장기간 일어나서 오랜 기간 조직 손상을 유발한다. 최근 들어 면역학자들은 이 과정을 좀 더 잘 이해하게 되었다. 자가면역에 대한 여러 가지 다른 기작들이 제시되었다.

1. 유전적 요소(*genetic factor*)가 자가면역 질환이 있는 사람에게 나타나는 경향이 있다. 예를 들면 단일 기관에 자가항체를 가진 부모의 아이들은 같은 기관이나 다른 기관에 대한 자가항체가 만들어질 가능성이 있다. 뒷장에서 보겠지만 어떤 조직 적합 항원에 대한 유전자를 가진 사람은 특정 자가면역 질환에 걸릴 위험도가 보통 사람보다 높다.
2. 유전적 경향 이외에도, **항원적(antigenic)** 혹은 분자적(*molecular*) **모방(mimicry)**이 발생 할 수 있다. T_H1 세포가 어떤 병원균의 항원과 유사한 조직 항원을 공격 할 수 있다. (연쇄상구균 발열원, *Streptococcus pyrogens*, 원인으로) 류마티스열을 앓는 아이는 나중에 류마티스 심장 질환을 앓게 된다. 그 이유는 이러한 아이들의 면역 시스템이 연쇄상구균 항원과 유사한 심장 밸브 조직을 "만나게" 되고 그러면 심장 밸브를 공격하게 되기 때문이다.
3. 일반적으로 흉선이 T 세포가 발달하는데 중요하다. T_H1 세포가 비자기 항원을 인식하는것과 더불어 클론 결실(*clonal deletion*)을 통해 자기항원 반응 T_H1 세포를 제거하지 못하게 되면 자기항원을 인식하는 T_H1 세포가 존재 하게 된다(◀17장 p. 495). 만일 이러한 T_H1 세포들이 살아남아 증식하게 되면 자기항원을 공격 할 수 있으며 항체를 만드는 B 세포를 자극하게 된다. 면역 시스템이 발달하는 동안 혹은 면역 결실이 일어나는 동안 조직 내에 숨어 있던 항원이나 B/T 세포와 만나지 않은 항원이 조직 손상이 일어 날 때 배출된다. 이러한 항원은 면역 시스템에 의해 외부물질로 인식되게 된다("교감성 실명" 박스를 보아라).
4. 돌연변이 때문에 특이한 단백질이 만들어지고 이 단백질에 B 세포가 반응하여 형질세포가 되어 자가항체를 생산한다.
5. 숙주의 세포막에 삽입된 바이러스 단백질이 항원으로 작용 하거나 바이러스-항체 복합체가 조직에 침착된다.
6. 부교감 신경계가 내부 장기 기능을 조절함과 동시에 교감 신경계는 면역 시스템을 조절하는 것을 도와준다. 만일 교감 신경계가 손상을 받으면 많은 수의 조절 T 세포가 줄어든다.

자가면역 질환의 예

자가면역 질환은 보통 만성 염증 장애로서 증세의 악화와 회복이 반복적으로 일어난다. 약 6% 정도의 사람들이 이 장애로 고통 받으며 보통 한 장기 이상에서 증세가 나타난다.

이 장애의 다양성을 이해하기 위해 앞으로 3가지 예를 살펴 볼 것이다.

중증 근무력증

중증 근무력증(myasthenia gravis)는 10,000명당 3명 정도의 비율로 발생하여 미국인 25,000명이 고통 받고 있는 자가면역 질환이다. 이 질환은 보통 여성은 20~30대에서 남성은 40~50대에서 영향을 미친다. 이 병은 보통 팔다리의 골격 근육에 영향을 미치며 또한 눈의 움직임, 말하는 것, 음식 삼키는 것 등에 영향을 준다. 이 질환의 전형적인 증세는 점점 허약해지는 것이며 근육의 피로도가 증가하게 된다. 눈꺼풀 처짐 현상이나 사물이 2개로 보이는 복시 현상도 흔히 나타난다.

보통 근육이 수축 할 때는 뉴론이 신경호르몬인 아세틸콜린을 뉴론과 근육 사이의 간극(연접, junction)에 분비한다(**그림 18.15**). 근육에 있는 아세틸콜린 수용체가 아세틸콜린과 결합하면 근육이 수

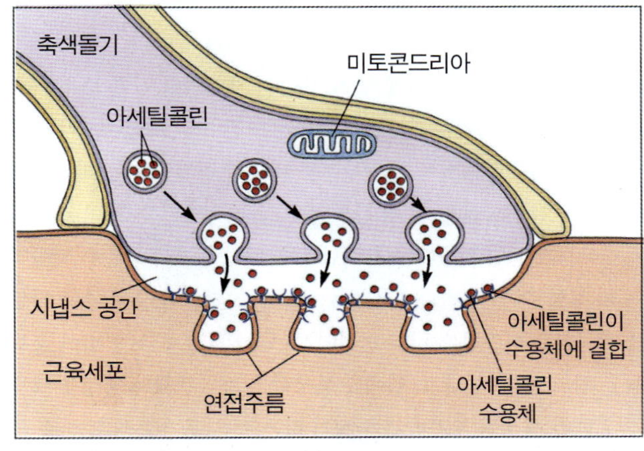

(a)

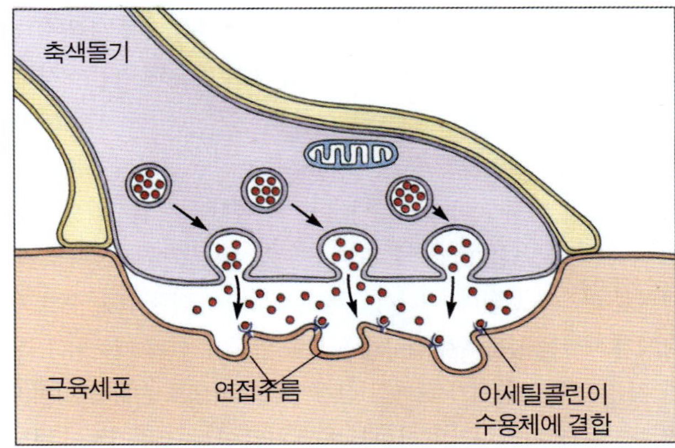

(b)

그림 18.15 중증근무력증. 이 장애는 신경근육이음부의 아세틸콜린 수용체가 없어서 일어난다. (a) 정상적으로 작동하는 신경근육이음부에는 아세틸콜린이 결합 할 수 있는 많은 수의 아세틸콜린 수용체가 존재한다. (b) 중증근무력증 환자는 아세틸콜린 수용체가 매우 적다.

적용

교감성 실명

일반적으로 수정체 단백질은 눈의 수정체피막 안에 들어 있다. 이 단백질들은 발생 동안에 절대로 림프구에 노출되지 않기 때문에 면역 시스템이 이 단백질들에 대해서는 관용을 가지고 있지 못하다. 때때로 눈이 손상을 입어 이 단백질들이 혈류로 노출 되고 거기서 이들이 면역 반응을 유발하게 된다. 이렇게 생겨난 항체들이 손상되지 않은 눈을 공격하게 된다. (항체를 전달하는) 혈액순환이 눈에서는 더 잘 일어나기 때문에 건강한 눈에서 면역 반응이 손상된 눈보다 더 심각하게 일어 날 수 있다. 때때로 이러한 현상이 교감성 실명이나 손상되지 않은 눈의 시력을 잃어버리게 한다.

축되게 된다. 중증 근무력증을 앓는 사람은 IgG 자가항체가 아세틸콜린 수용체를 막거나 아세틸콜린 수용체의 수를 감소시키는 작용으로 근육의 수축을 방해한다는 증거들이 제시되었다(**그림 18.15b**). 사실 대부분의 중증 근무력증 환자들은 정상인 사람들에 비해 단지 30-50% 정도의 아세틸콜린 수용체를 가지고 있다.

중증 근무력증이 가장 널리 알려진 자가면역 질환 중 하나임에도 불구하고 왜 자가항체가 생성되는지는 잘 모르고 있다. 1가지 가능성은 아세틸콜린 수용체의 일부분과 비슷한 항원을 가진 바이러스나 미생물에 감염되었을 때 이 감염원에 의해 유도된 면역 반응에 의해 자가항체가 생성 되었다는 가설이다. 한때 중증 근무력증은 치명적이며 치유 할 수 없는 질환으로 간주되었다. 그러나 오늘날 중증 근무력증 환자들은 다양한 약이나 면역억제 스테로이드를 처방 받아 충분히 삶을 영위 할 수 있다. 그럼에도 불구하고 자가항체의 생성을 억제하거나 한번 생성된 자가항체를 제거 하는 것은 불가능하다. 중증 근무력증을 가진 대부분의 사람은 흉선 암(보통 양성이나 때때로 악성)을 가지고 있다. 때로는 흉선의 수술적 제거가 질환을 치유 시킬 수 있으며 심지어는 암이 없는 환자들이 흉선을 제거 했을 때 절반 이상의 환자들에서 증세의 개선이 보인다.

근육이 약해짐에도 불구하고 대부분의 중증 근무력증을 앓는 여자 환자들은 아이를 가지고 있다. 이들의 아이들은 일시적으로 근육이 약해 질수 있다; 이 아이들은 태어난 첫 번째 주에는 마치 봉제 인형처럼 허약해 보인다. 왜냐하면 엄마로부터 유래한 적은 수의 자가항체가 태반을 통과해서 태아에 영향을 미칠 수 있기 때문이다. 분명한 것은 면역 복합체가 태아의 신경에 장기적으로 손상을 입히지는 것 같지는 않다. 왜냐하면 아이는 빠른 시일 안에 근육 기능이 정상이 되기 때문이다.

류마티스성 관절염

단일 기관에 문제를 유발하는 중증 근무력증과는 달리 **류마티스성 관절염(rheumatoid arthritis, RA)**은 손발의 관절 부위 대부분에 영향을 미치며 다른 기관으로 전파 될 수도 있다. 신체의 반대편에 있는 관절도 보통 쌍으로 영향을 받는다. 모든 관절염 중에서 RA가 가장 심각한 손상을 유발하며 이른 나이(30-40대 사이)에 발병한다. 이것은 가장 흔한 자가면역 질환 중의 하나이며 약 200만명의 미국인이 고통 받고 있다. 또한 RA는 남자보다는 2-3배 높게 여자에게서 발병한다. RA는 보통 관절의 연골에 염증을 유발하여 파괴하며 손가락 기형을 유발한다(**그림 18.16**). 계속된 연구에도 불구하고 RA의 원인은 분명치 않다. 어떤 연구자들은 감염성 물질(마이코플라스마와 바이러스)이 원인이 되어 항원 흉내를 유도하고 이것 때문에 궁극적으로 자기항원을 공격하게 될 것으로 생각한다. 또 다른 연구자들은 외부 물질로 면역 시스템에 인식된 자기항원이 관여 할 것으로 생각한다. 원인이 무엇이든 간에 T_H1 세포가 관절에서 MHC에 의해 제시된 자기항원을

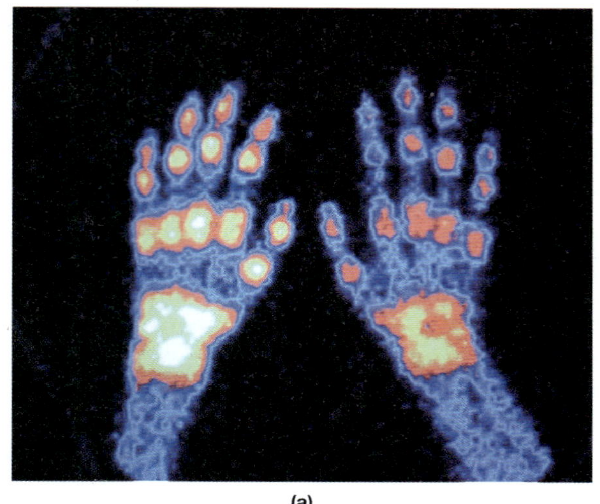

(a)

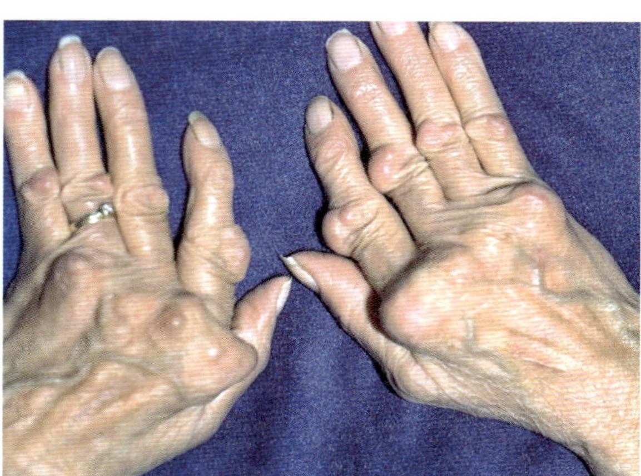

(b)

그림 18.16 류마티스성 관절염. 관절염증은 류마티스성 관절염 환자들이 겪는 전형적인 통증이다 **(b)**. 많은 경우, 관절염증과 관절파괴는 너무나 심각해서 환자들은 매우 보기 흉한 외관을 가지게 된다. **(a)**에서 보여주고 있는 감마선 사진은 부풀어 오른 관절을 밝은 점으로 보여주고 있다. *(top: CNRI/Photo Researchers Inc,; bottom: Custom medical Stock Photo)*.

적용

류마티스성 관절염에 대한 새로운 치료법

최근 연구 결과에 따르면 TNF-α가 유발하는 면역 반응 때문에 관절에서 뼈나 연골을 공격해 류마티스성 관절염이 유도된다고 알려졌다. 펜실베니아에 있는 생명공학 회사인 센토코에서는 TNF-α에 결합하는 유전공학적 항체를 생산하여 TNF-α가 더 이상 면역 반응을 유도 하지 못하게 했다. 한 연구결과에 따르면 플라시보 효과를 받은 환자와 비교해서 이 항체를 맞은 환자의 80%에서 증세가 급격히 감소했다. 그러나 이 항체들은 인체 내에서 오랜 기간 지속되지는 못했다. 따라서 추가 접종이 질병의 재발을 막는데 필요 했다.

인식한다. 항원과 결합한 T_H1 세포가 사이토카인을 분비 하면 관절에서 국소적 염증반응이 유도된다. 이것이 다형핵 백혈구와 대식세포를 끌어 들이면 이것들이 관절에 있는 연골을 파괴하는 것을 활성화 시키기 시작한다. 이러한 활성화는 라이소솜에서 유래한 분해효소의 분비와 관련이 있을 것이다(◀4장 p. 102). 또한 RA를 앓는 사람들은 IgG의 Fc 부분에 대한 T_H2 세포 의존 B 세포 반응을 가지고 있다. 이외에도 IgM:IgG 면역 복합체의 형성은 관절에 손상을 유발 할 수 있다. 이러한 자가항체를 **류마티스 요인(rheumatoid factors)**이라 하며 이것들은 RA 진단에 활용되어지고 있다. 이러한 모든 효소, 요인, 세포들은 염증 반응을 증가시켜 관절이 부풀어 오르고 고통스럽게 만든다.

RA에 대한 치료제가 없음에도 불구하고 몇몇 처방이 증세를 완화시킨다. 하이드로코르티존은 염증을 완화시켜 관절 손상을 줄여 주지만 오랜 기간 사용하면 뼈를 약화 시키고 보통의 면역반응을 감소시키는 등 원하지 않은 부작용이 생길 수 있다. 아스피린은 염증을 감소시켜 부작용 없이 고통을 완화 시킬 수 있다. 물리적 치료는 관절이 지속적으로 움직 일 수 있도록 해준다. 심각한 경우에는 손상된 관절을 수술적으로 대치하여 움직임을 회복시켜 줄 수 있다.

전신성 홍반성 낭창

약 200,000의 미국인이 전신성 면역질환인 **전신성 홍반성 낭창(systemic lupus erythematosus, SLE)**으로 고통 받고 있다. 이 이름은 늑대 얼굴(*lupus*의 라틴어 의미는 늑대)을 닮은 붉은 피부 발진(erythematose)에서 유래 하였다. 약 30%의 SLE 환자들이 코와 뺨에 나비 모양의 발진이 일어나며 햇빛 아래에서는 이것이 더 심해진다(그림 18.17). SLE는 남자보다 여자가 20-30배 더 잘 걸리며 여자들이 걸리는 경우의 80%는 가임기에 걸리게 된다. 흑인과 아시아 여자들이 다른 인종의 여자들보다 더 잘 걸린다.

SLE는 처음에는 DNA의 요소에 대한 자가항체(IgG, IgM, IgA)가 생기게 되나 혈액 세포, 뉴런, 다른 조직들에서도 생기게 된다. 보통 세포(피부, 장, 신장)가 죽어 가게 되면 항-DNA 항체가 이 세포들의 남은 부분을 공격하게 된다. 면역복합체가 진피와 표피 사이, 혈관, 관절, 신장의 사구체, 중추신경계 등에 침착된다. 이것들이 염증을 유발하고 이런 기관들의 정상적인 기능을 방해한다.

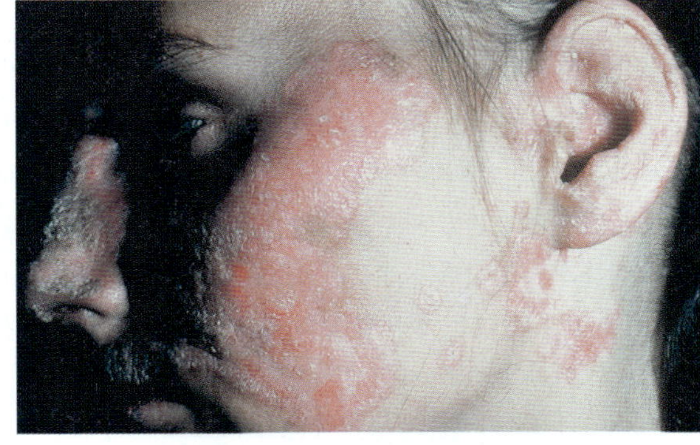

(a)

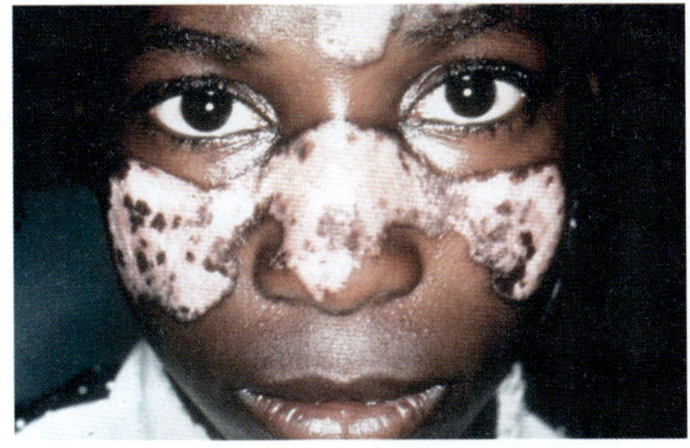

(b)

그림 18.17 홍반성 낭창. 전신성 홍반성 낭창에서 특징적인 나비모양 발진이 흰색 피부에서는 빨간색으로 나타나고 **(a)** (*Ken Greer/Visuals Unlimited*) **(b)** 검은색 피부에서는 희게 나타난다. (*Ken Greer/Visuals Unlimited*)

혈관, 심장 밸브, 관절에서 일어나는 염증은 보통 이 부분들의 기능을 방해하는 효과를 보인다. 관절염은 SLE의 가장 흔한 임상적 특징이다; 상체와 손에 있는 반점형 피부 발진은 일반적인 피부 증세이다. 이러한 피부 발진은 종종 햇빛에 노출되면 침착된다. 대부분의 SLE 환자는 사구체가 혈액에서 노폐물을 제거하는데 실패하여 신부전증으로 사망한다. SLE를 앓는 사람 중 남자들이 비전신성 원반 모양(nonsystemic *discoid* form)을 가지는 경향이 있다. 이것은 원반 모양의 피부 흉터로서 전신성 형태 보다는 덜 위험하다.

SLE는 현재까지 확실한 치료제는 없다. 그러나 일반적인 치료는 개개인의 질환 특징에 따라 다르게 한다. 열을 조절하기 위해서는 해열제를, 염증을 감소시키기 위해서는 코티코스테로이드를, 다른 자가면역 질환을 막거나 감소시키기 위해서는 면역억제제를 처방하는 정도이다.

이식

이식(transplantation)이란 **이식 조직(graft tissue)**라 불리는 조직을 한 위치에서 다른 위치로 옮기는 것을 말한다. **자가이식(autograft)**란 자신의 신체 일부를 다른 부분으로 이식하는 것을 의미하며 예를 들면 환자의 가슴 피부를 다리에 있는 화상 흉터를 치료하기 위해 이식하는 것을 말한다. 유전적으로 동일한 개체들 사이(사람의 쌍둥이나 상당히 높은 동계동물 개체)의 이식을 **동계이식편(isograft**, *iso*, Greek for "equal")이라 한다. 유전적으로 동일하지 않은 두 사람들 사이의 이식을 **동종이식편(allograft**, *allo*, Greek for "different")라 한다. 대부분의 이식은 이 범주에 든다. 다른 동물 종 사이에서 일어나는 이식은 **이종이식편(xenograft**, *xeno*, Greek for "foreign")이라 한다.

초기 이식 실험은 같은 종내의 한 개체에서 다른 개체로 피부를 이식하는 실험이였다. 이식 된 조직은 처음에는 괜찮아 보이나 이식 후 며칠에서 몇주 뒤에는 염증이 발생하여 떨어져 버렸다. 이러한 **이식거부 반응(transplant rejection)**은 처음에는 감염 때문이라고 생각 되어졌으나 이제는 수여자(즉, 숙주)의 면역 시스템에 의해 이식된 조직이 파괴된 것이라는 사실을 알고 있다. 이러한 반응은 T 세포가 관여하는 사람의 대부분의 기관 이식거부 반응을 설명 할 수 있다. 비자기로 인식된 이식은 거부된다. 훨씬 덜 일반적인 이식 효과는 **이식편대숙주병(graft-versus-host, GVH, disease)**이다. 이것은 이식 조직이 수여자의 조직에 대해 세포-매개 면역반응을 유도 할 수 있는 면역담당 T 세포를 가지고 있어서 일어난다. 이 반응은 종종 면역결핍 환자들이 골수를 이식 받았을 때 일어나며, 당연히 새 숙주에서 거부되어 질 수 있는 이식 조직이 실제로는 거부되어지지 않는다. 숙주의 세포들이 공여자의 T 세포에서 분비된 사이토카인들 때문에 반응 위치로 모여든다. 이 모여든 부분에서 숙주의 세포들 때문에 조직이 파괴되기 시작한다. 이 반응은 결국 간, 비장, 림프절을 비대 시키고, 빈혈, 설사, 몸무게 감소 등을 일으키며 심한 경우에는 이식 받은 수여자가 사망하기도 한다. GVH는 면역억제제가 면역 반응을 막기 위해서 사용되기 전에는 훨씬 일반적인 질환이였다.

조직적합 항원

모든 사람 세포 및 모든 척추동물의 세포들은 **조직적합 항원(histocompatibility antigens**, *histo*, Latin for "tissue")이라 불리는 자가항원 세트를 가지고 있다. 이 분자들을 만드는 유전자를 **주조직적합 복합체(major histocompatibility complex, MHC)**라 한다. 유일하게 일란성 쌍둥이만이 정확하게 동일한 MHC 분자를 가지고 있고 모든 가족 구성원들은 유사하거나 다른 MHC 분자 혼합물을 가지고 있다. 이러한 항원들은 신장, 심장 등 일반적인 이식 장기의 세포 표면에 위치하고 있다. 만일 공여자와 수여자의 조직적합 항원이 다르다면, 즉 수여자와 공여자가 혈연 관계가 아니라면, 수여자의 T 세포가 이식된 세포를 외부 물질로 인식하여 공여 조직을 파괴한다.

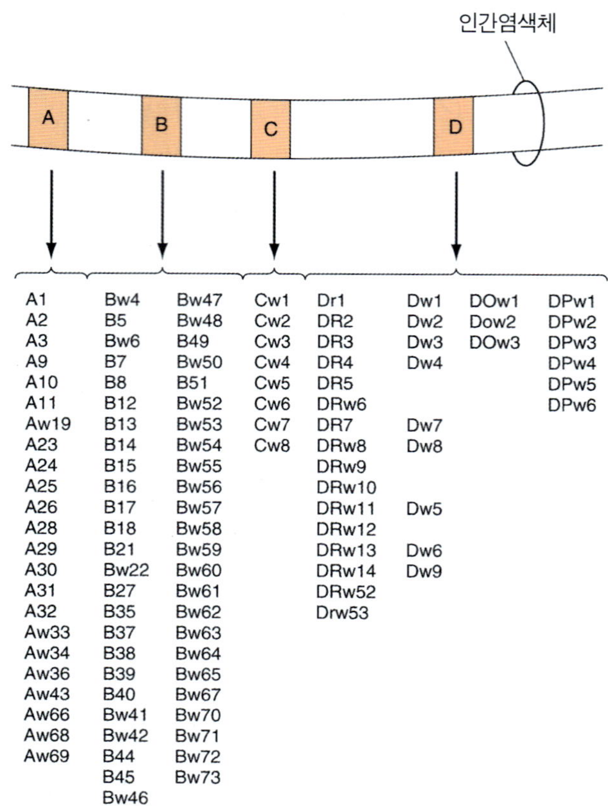

그림 18.18 사람 6번 염색체를 따라 나타나는 HLA 유전자와 그곳에서 만들어지는 다른 항원들.

동종이식편 거부반응을 막기 위해서 이식 조직이 수여자에는 없는 조직적합 항원을 가지고 있는지 없는지를 결정 할 필요가 있다. 적혈구 세포 항원처럼 조직적합 항원도 실험실 테스트를 통해 동정이 가능하며 따라서 수여자와 공여자 조직 간의 적절한 연결이 가능하다. 이러한 테스트는 조직 타이핑(*tissue typing*)이나 수여자 공여자 조직 적합성 테스트의 일종이다. 사람에게서 처음으로 한 연구가 백혈구와 항체와의 반응 연구였기 때문에 사람 세포의 MHC 분자를 **사람 백혈구 항원(human leukocyte antigens, HLAs)**라 부른다. 사람 HLA는 염색체 6번에 위치하고 있는 유전자 세트에 의해서 결정된다. 이것을 A, B, C, D로 표시한다(그림 18.18). 각 유전자 정보는 특정한 항원에 해당된다. 예를 들면 HLA-B는 매우 변이가 심하여 51개의 다른 항원에 대한 대립유전자를 가지고 있다. 전체적으로 약 120개의 다른 항원이 사람에게서 발견 되어졌으며 이들은 HLA 유전자에서 발현하고 있다. 결론적으로 조직 타입에 해당되는 각 사람들 사이에서 매우 높은 유전자 변이가 생기게 되는 것이다.

조직 타이핑을 할 때 각 개개인에 존재하는 모든 HLA을 타이핑 하는 것은 불가능하다. 그러나 HLA-DR 항원은 가장 강력하게 조직

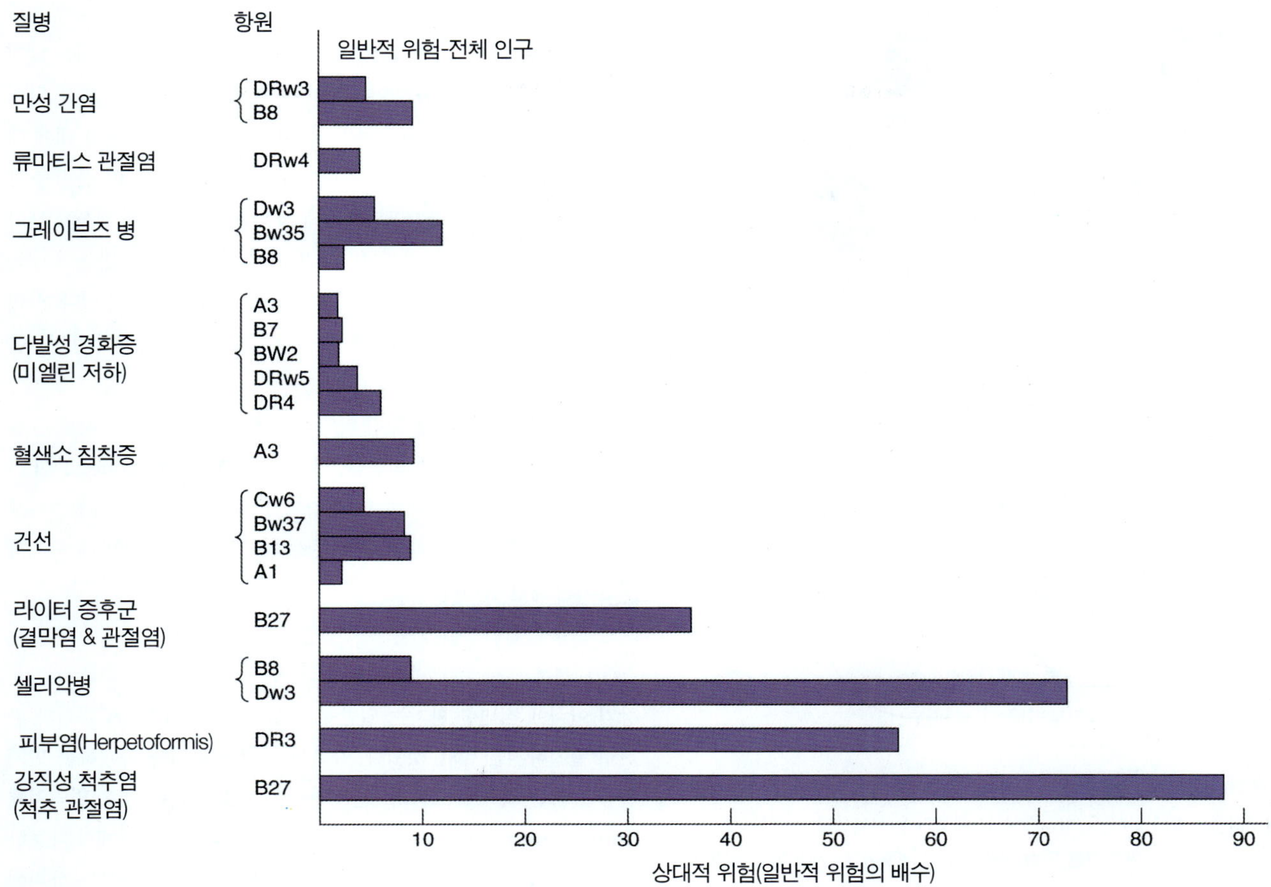

그림 18.19 특별한 HLA와 특정 질환 발병 위험도 증가와의 관계. 이 질환들의 대부분은 자가면역질환이다.

이식 거부 반응에 관여한다고 알려져 있다. 따라서 향후 조직을 이식 받을 수여자 조직의 HLA-DR 항원 20개는 타이핑을 한다. 공여자의 기관이 이용가능해지면 이것 역시 HLA-DR을 타이핑 한다. 수여자의 항원과 대부분 조화를 이루면 조직 이식이 이루어진다. 이러한 과정들이 조직 이식 거부의 확률을 줄여 줄 수 있다. 일란성 쌍둥이는 모든 HLA 항원이 동일하기 때문에 가장 이상적인 동종이식편이다. 그러나 같은 부모 아래의 형제 자매는 보통 일부 HLA 항원만이 일치된다. 어떤 HLA 항원의 존재는 특정 질병(**그림 18.19**)과 매우 높은 관계가 있으며 이러한 질병의 대부분은 자가면역 질환이다.

이식거부반응

다른 면역반응처럼 이식거부반응도 특이성과 기억력을 보여준다(◀ 17장 p. 496). 거부반응은 일반적으로 HLA-DR 항원이 부적절하게 연결된 것과 관련이 깊다. 탐식을 하기 위해 항원을 제시하고 있는 특정세포들이 거부반응이 될 가능성을 높인다. 거부반응을 수행하는 T 세포와 대식세포에서 HLA-DR 항원이 발견된다는 사실은 왜 이 항원이 이식 거부에 중요한지를 설명해주고 있다.

T 세포가 고형 조직, 예를 들면 신장, 심장, 피부 등의 이식 거부 반응에 중요한 역할을 담당한다. 동물 실험 결과에 따르면 동종이식편은 T 세포가 결여된 동물에서는 남아 있을 수 있지만 B 세포가 결여된 동물에서는 거부되어 진다. 더 정밀하게 이야기하자면 T_H2 세포가 거부반응을 유도한다(**그림 18.20**). 이 세포들은 세포독성 T 세포(T_C)를 자극하며, 자극된 T_C 세포는 세포매개 세포독성 반응을 통해 이식을 거부한다. T_H2 세포는 또한 B 세포를 활성화 시켜 형질 세포로 분화 시키고 용균 손상을 통해 거부반응의 원인이 되는 항체를 생산하게 한다. T_H1 세포는 대식세포를 자극하여 염증매개물질을 분비하게 하며 이것이 이식반응에서 세포독성 손상의 원인이 된다. 자연살해 세포 역시 이식거부 반응에서 특정한 역할을 한다.

이식거부 반응에 걸리는 시간은 수분에서 수개월까지 다양하다. 세포독성 과민반응인 초급성 거부반응(*hyperacute rejection*)은 이식이 이루어지는 순간에 이미 감작이 되어 있다. 예를 들면 신장이식에서 숙주의 혈액이 이식 조직에 공급되는 순간에 과도한 조직 파괴가 수분에서 수 시간 안에 발생한다(그러나 각막이식은 거부반응이 일어나지 않는다. 그 이유는 각막은 혈관이 없어서 항체가 각막에 도달 할 수 없

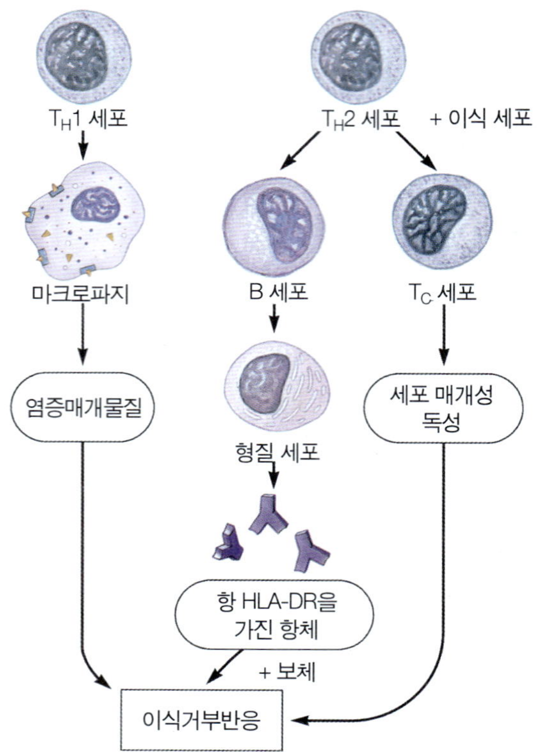

그림 18.20 이식거부반응. 세포성 면역반응과 체액성 면역반응의 조합으로 이식거부반응이 일어난다. T_H1(염증성 T) 세포가 탐식세포를 활성화 시키고 이 탐식세포가 염증매개인자를 만들어낸다. T_H2 세포가 T_C 세포와 B 세포의 활성화를 촉진한다. B 세포의 활성화는 항-HLA-DR을 포함한 항체를 만들어 내는 형질세포의 생산을 유도한다. 보체뿐만 아니라 염증매개인자, T_C 세포 매개 세포독성, 항체 등이 이식거부반응을 유도한다.

기 때문이다). 촉진 거부반응(*accelerated rejection*)은 세포들이 이식 조직에 도달하는데 시간이 필요하기 때문에 수일 정도 걸린다. 급성 거부반응(*acute rejection*)은 조직 이식 후 T 세포가 감작 되는 시간 때문에 며칠에서 1주 이상이 걸린다. 이식 후 수개월에서 1년 이상 걸리는 거부반응은 만성 거부반응(*chronic rejection*)이라 한다. 이러한 느린 반응은 주로 심장과 신장 이식에서 나타나며 숙주의 면역 시스템과 이식 조직 사이의 관계가 궁극적으로 기능장애를 유발하게 된다.

임신 기간 중 태아의 면역 관용

태아 유전자의 절반은 엄마로부터 유래 되지 않았다. 따라서 이 유전자의 상당수는 산모에게는 당연히 외부물질이다. 그렇다면 어떻게 산모가 태아를 외부물질로 인식해서 태아를 거부하여 유산하지 않는 것일까? 오랜 기간 아이를 출산하지 않은 여성의 경우에는 이런 일들이 벌어지곤 한다. 그러나 인류가 존속되어졌다는 사실은 어떤 식이든 태아가 관용되었다는 의미이다. 우리는 산모에게 외부 태아 단백질이 산모 혈액내로 들어 왔을 때 항체를 생성하는 Rh-부적합 임신에 대해 알고 있다. 왜 세포독성 T 세포와 NK 세포가 생성되어 태아를 공격하지 않는 것일까? 우리가 이러한 현상을 완전히 이해하고 있지는 않지만 다양한 요인이 작용하여 태아가 "면역학적 특권을 가진 위치(*immunologically privileged site*)" 에 있다고 할 수 있다. 태반 내에 태아가 위치하고 있는 부분의 표면과 내부의 세포들은 MHC 분자를 발현하고 있지 않다. 또한 어떤 HLA 분자들은 산모의 NK 세포가 태아의 세포를 죽이는 것을 방해한다고 알려져 있다. 태아가 만들어 내는 알파-페토단백질(AFP)은 면역억제 작용을 한다고 알려져 있다. 사이토카인과 보체 억제제 그리고 모든 것들이 협력하여 태아의 안전성을 유지하는데 기여하고 있다.

신기하게도 여성의 조직 타입이 남편과 매우 유사한 사람은 유산이나 불임으로 더 고통 받는다. 정자의 "이질성(foreignness)" 이 산모가 태아를 보호하기 위한 방해 항체를 생산하는 것을 촉진한다고 생각한다. 만일 세포들이 너무 비슷하다면 충분한 양의 방해 항체가 생산되지 않을 것이다.

면역억제

장기 이식에 직면한 환자는 일반적으로는 수여자의 HLA 항원과 완전히 일치하지는 않을 것이다. 따라서 이식된 장기를 파괴하는 면역반응을 막는 것이 중요하다. 면역 반응을 최소화 하는 것을 **면역억제(immunosuppression)**라고 한다. 이상적으로는 면역억제가 가능한 특화 되어야만 한다. 즉 면역억제는 이식된 조직에 존재하는 항원에 대한 면역반응에만 관용되어야하며 감염성 물질에 대한 면역반응은 계속 되어야만 한다.

실제 임상에서는 면역반응을 파괴하는 방사능이나 세포독성 약

적용

이식을 도와주는 변장된 조직

이식된 조직은 수여자의 면역 시스템이 이 조직을 외부 물질로 인식하면 거부 되어 진다. 그러나 과학자들은 항원으로 작용하여 거부 반응을 유발하는 외부 세포의 HLA를 덮어 버리는 것으로 외부 세포를 변장 시켜 조직 거부 반응이 일어나지 않도록 하는데 성공 했다. 일반적으로 항체가 세포 표면에 존재하는 항원에 결합하면 세포를 죽음으로 몰고 가는 반응을 시작한다. 과학자들은 항체를 변형시켜 이 변형된 항체가 외부 세포 표면 항원에 강하게 결합하지만 세포를 죽이지는 못하도록 만들었다. 사람의 이자 세포의 HLA를 "덮어버리고" 마우스에 이식하면 마우스의 면역 시스템이 이 사람 세포들을 인식하지 못하게 되고 따라서 이 세포들은 마우스 내에서 생존하여 6개월 이상 인슐린을 만들었다. 좀 더 연구하면 결국은 당뇨를 치료하는 이식법이 등장 할 것이다. 이러한 변장된 세포를 사용하는 장점은 현재 이식에 사용되는 면역억제제의 사용이 필요 없어지게 되는 것이다. 이런 면역억제제는 환자를 남은 생존 기간 내내 감염에 취약하게 하며 또한 종종 암의 빈번한 발생 같은 예상하지 못했던 부작용을 유발 시킨다.

이 거부반응을 최소화 하는데 사용되고 있다. 림프계 조직에 대한 방사능(*radiation*, X-rays) 조사가 면역 시스템을 억제하여 거부반응을 막는다. 방사능 조사는 감염성 미생물을 인식하는 면역 시스템의 기능 등 다른 기능 역시 파괴한다. 아자티오프린과 메토트렉세이트 같은 **세포독성 약(cytotoxic drugs)**은 많은 종류의 세포들에 손상을 입힌다. 이 약들은 DNA 합성을 방해하기 때문에 빠르게 분화하는 세포들에게 더 큰 손상을 입힌다. B 세포와 T 세포는 감작 된 이후 빠르게 분화되기 때문에 이 약들은 어느 정도 면역 시스템에 선택적으로 작용하게 된다.

방사능 조사와 세포독성 약들은 감염에 대한 T 세포의 반응을 손상 시킨다. 반면에 곰팡이 유래 펩타이드인 싸이클로스포린 A(CsA)는 T 세포를 죽이지는 않고 억제하며 B 세포에는 아무런 영향을 주지 못한다. 이런 효과가 면역억제를 막는데 매우 유용하다: 이 약을 멈추게 되면 T 세포가 다시 기능을 회복하게 되고 또한 B 세포의 작용에 의해 감염에 대한 저항을 보이게 된다. CsA 같은 면역억제 약의 사용이 장기 이식에 대하 성공율을 증가 시켰다. 그러나 CsA는 장기를 이식받은 수요자에 대해 암 발생의 위험도를 증가 시킨다.

약물반응

대부분의 약은 너무 작아서 알레르기 물질로 작용 할 수 없다. 그러나 만약 약이 단백질과 결합하여 생성된 단백질-약 복합체가 때때로 과민반응을 유발 할 수 있다. 4종류의 과민반응 모두에서 이러한 약물 반응이 관찰된다.

타입 I 과민반응은 다양한 약에 의해서 일어 날수 있으며 대부분의 반응은 국소적이다. 그러나 약이 주사 되었을 경우에는 때때로 전신적 아나필락시스 반응이 일어난다. 입으로 먹은 약은 천천히 체내에 흡수되기 때문에 과민반응이 일어날 확률이 덜하다. 과민반응이 일어나기 위해서는 먼저 감작이 되어 IgE 항체가 생산되어야 한다. 페니실린은 가장 안전한 약 중의 하나임에도 불구하고 이 약을 반복적으로 맞는 사람 중 5-10%의 사람은 감작 될 수 있다. 감작된 사람 중 약 1%의 사람에게서 과민반응이 일어 날수 있으며, 미국에서만 한해 300명의 사람이 페니실린 과민반응에 의해 사망한다.

타입 II 과민반응(**그림 18.21**)은 약들이 생체막에 직접 결합 하였을 때 일어난다; 약들이 혈장 단백질과 결합하고 이 복합체가 생체막에 붙으면 세포 항원이 자가항체 생산을 촉진하는 방법처럼 생체막을 변형 시킨다. 이러한 모든 반응은 IgG이나 IgM 혹은 보체가 관여한다. 적혈구, 백혈구, 혈소판 같은 타켓은 보체 매개 세포 용해에 의해서 파괴 된다. 술폰아미드, 퀴니딘, 메틸도파 같은 대부분의 항생제는 타입 II 과민반응을 유발한다.

타입 III 과민반응은 혈청병 같은 상태로 나타나며 면역 복합체를 형성하는데 관여하는 약에 의해서 유발된다. 증세는 약을 투여한 지 며칠 안에 일어나며 보체 시스템을 활성화 시키는 데 충분한 양의 면역 복합체가 축적되면 나타난다. 페니실린에 감작된 몇몇 환자들에게서 혈청병이 나타나기도 한다.

타입 IV 과민반응은 보통 약을 국소적으로 사용 했을 때 접촉된 피부에서 발생한다. 항생제, 항히스타민제, 국소 마취제, 라놀린 같은 첨가제 등이 종종 타입 IV 반응을 유도한다. 이런 약들을 취급하는 의학 종사자들이 때때로 타입 IV 과민반응에 걸린다.

면역결핍 질환

면역결핍 질환(immunodeficiency diseases)은 활성화된 림프구나, NK 세포 혹은 탐식세포가 없거나 부족해서 발생하며 또한 기능을 못하는 림프구나 탐식세포 때문에 일어나기도 한다; 때로는

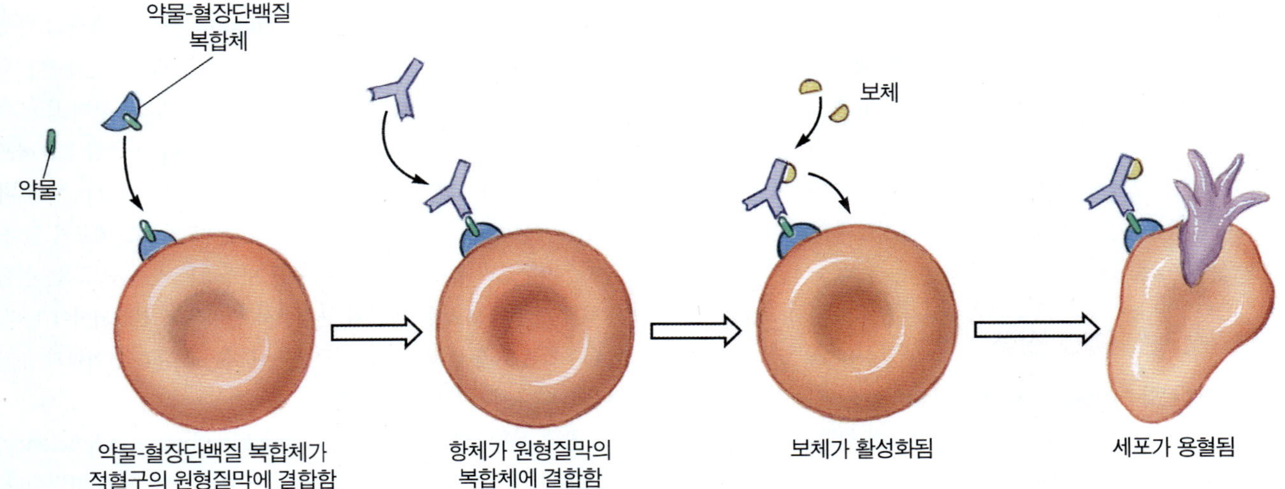

그림 18.21 타입 II 과민반응에 의한 약물반응. 약(혹은 인체의 신진대사 산물 중 하나)이 혈액세포의 생체막에 결합하거나 혈액(혈장) 단백질에 결합하여 복합체를 이루어 생체막에 결합해서 생체막 단백질을 변형한다. 자가항체-IgG나 IgM-이 만들어지면 복합체에 결합하여 세포를 용해하는 보체를 활성화 시킨다.

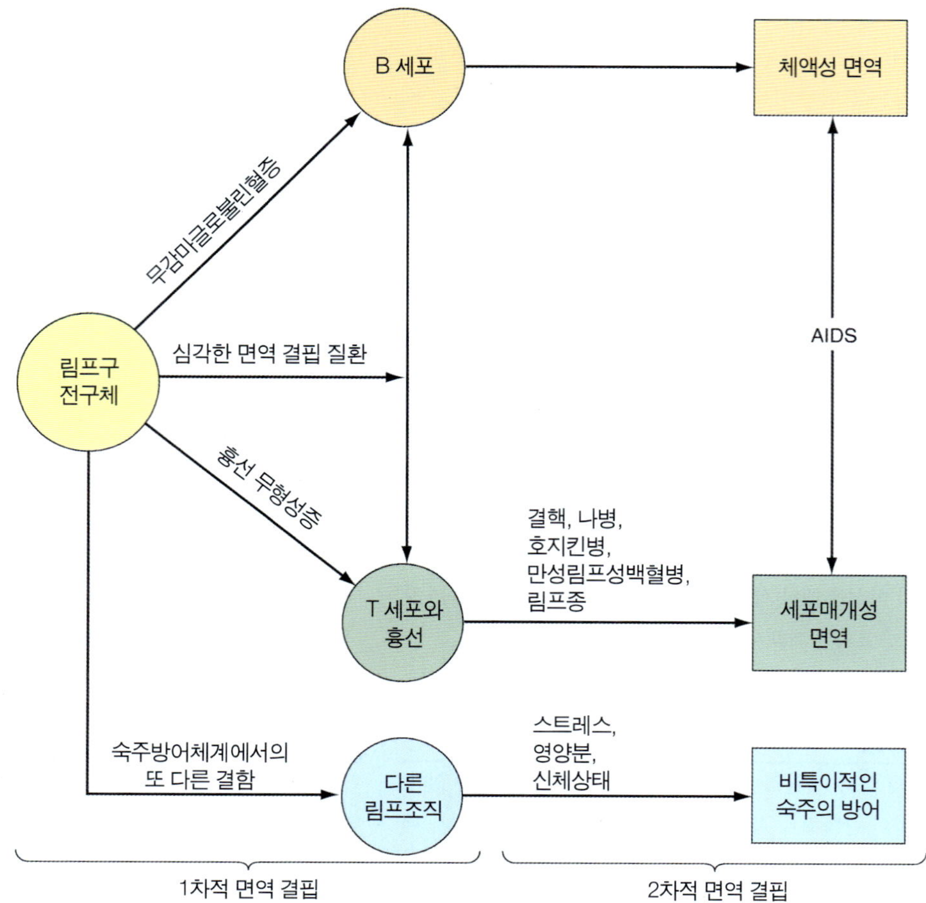

그림 18.22 면역결핍의 종류.

림프구가 파괴되어 유발되기도 한다. 이러한 질환은 당연히 기능적으로 문제가 있거나 불충분한 면역을 유도하게 된다. **1차 면역결핍 질환(primary immunodeficiency diseases)**은 흉선이나 파이어판 같이 일반적으로 발생되어져야 하는 기관이 발생 단계에서 발생이 되지 않아 유전적으로 결여되어 일어나게 된다. 그 결과 T 세포나 B 세포 혹은 T와 B 세포 모두가 없게 된다. **2차 면역결핍 질환(secondary immunodeficiency diseases)**은 (1) 나병, 결핵, 홍역, AIDS를 유발하는 감염원 (2) 호즈킨병 혹은 다발골수종 같은 악성종양 (3) 일부 화학치료요법제, 항생제, 방사능 조사 같은 면역 억제제 등에 의해서 일어난다. 이런 약들은 보통 T 세포와 B 세포가 정상적으로 발달한 후에 이 세포들에 손상을 준다(**그림 18.22**).

1차(선천성) 면역결핍 질환

무감마글로불린혈증(agammaglobulinaemia)은 처음으로 알려진 면역결핍 질환으로 B 세포가 결여 되어 있다. 이 질환은 남자 신생아에서 주로 발생하며 B 세포가 없어 항체 역시 생기지 않는 질환이다. 신생아가 태어 난지 9개월이 되면 엄마에게서 받은 모든 항체가 사라지게 된다. 이후 아이는 심각한 감염성 질환에 걸리게 되는데 그 이유는 아이가 IgM, IgA, IgD, IgE가 없고 아주 소량의 IgG만을 가지고 있기 때문이다. 무감마글로불린혈증 환자는 결여된 항체를 채우기 위해 면역 혈청(감마)글로불린을 과량으로 접종하며 또한 감염을 막기 위해 항생제와 함께 처리한다.

흉선 무형성증(DiGeorge syndrome)은 아마도 흉선의 발생 단계를 방해하는 약 때문에 발생하며 T 세포가 결여되어 일어난다. 세포 매개 면역이 기능을 하지 못하기 때문에 바이러스 질환이 보통 사람보다 더 심각하게 일어난다. B 세포는 정상임에도 불구하고 B 세포의 활성화에는 T_H 세포의 활성화가 요구 되어진다(◀17장 p. 500). 따라서 체액성 면역 역시 영향을 받아 기능을 하는 T_H2 세포가 없다. "누드" 마우스라고 불리는 흉선이 없는 마우스(**그림 18.23**)는 실험의 목적을 위해서 무균 상태의 환경에서 생식되고 번식되어야 한다. 이 마우스들은 흉성 무형성증 연구뿐만이 아니라 다른 면역학과 유전학 분야 연구에 사용되어지고 있다.

중증 복합 면역결핍증(severe combine immunodeficiency, SCID)은 B 세포와 T 세포 모두가 없어서 쇠약해 지는 질병이다. SCID는 몇몇 유전적 원인을 가지고 있다. 예를 들면, 이 질환에 걸린 환자는 림프구를 만드는 골수에 있는 줄기세포가 적절하게 발달하지

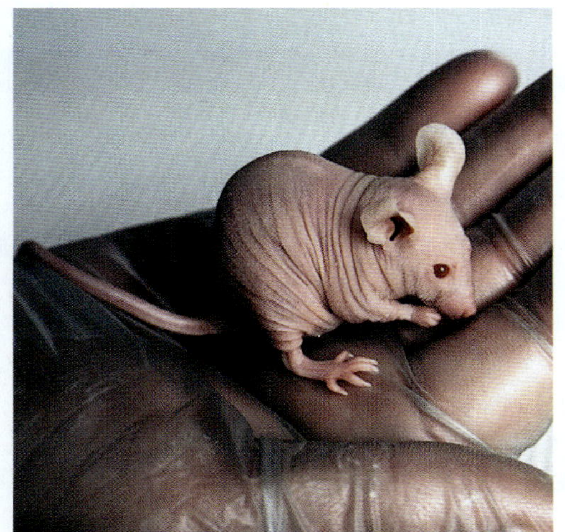

그림 18.23 누드 마우스. 이 동물은 흉선뿐만 아니라 털가죽이 없다. 이 마우스는 무균적 환경에서 제왕절개를 통해 태어나며 일생 동안 균이 없는 상태에서 자라야 한다. 왜냐하면 이 마우스는 T 세포가 완벽히 없기 때문이다. 이 마우스는 사람의 흉선 무형성증과 매우 유사한 경우이다. 과학자들은 면역 시스템의 다양한 연구에 이 마우스를 사용 한다. (*National Institutes of heal서/Photo Researchers, Inc.*)

못한다. 왜냐하면 아데노신 디아미나제 효소(adenosine deaminase, ADA)나 MHC 분자를 위한 IL-2 유전자가 결여되어 있기 때문이다. 이런 상태가 유전된 신생아는 만일 적절한 치료법이 생겨 날 때까지 무균 상태의 환경에서 지내지 않는다면 태어 난지 몇 해 안에 죽을 운명이다(p. 555의 "버블 소년" 이란 박스를 보시오).

만일 호환이 되는 공여자(보통 형제 자매)를 찾는다면 골수 이식이 SCID 환자에게 효과적일 수 있다. 만일 이식 조직이 호환성이 없다면 이식된 림프구는 수여자의 조직 안에서 면역학적으로 항원으로 반응 할 것이다. 이것은 또 다른 GVH 질환의 예이며 매우 치명적이다.

유전자 치료(*gene therapy*)는 결여된 유전자를 정상적으로 기능하는 치료용 유전자 카피로 대치하는 것으로 SCID 환자에 사용되어져서 놀라운 효과를 보았다. 몇몇 아이들로부터 골수를 제거하고 이 골수세포에 원래부터 없던 ADA(세포 성숙에 필수적임) 유전자를 대신하여 ADA 유전자를 가진 복제되는 결손(defective) 레트로바이러스를 "감염" 시킨 후 이 세포들을 다시 아이들의 몸으로 넣어 주었다. 감염된 골수를 이식 받은 아이들이 반복적으로 추가적인 골수 이식을 받았음에도 불구하고 치료를 받은 모든 아이들은 정상적인 삶을 살게 되었다.

2차(후천성) 면역결핍 질환

면역결핍 질환이 항상 유전에 의해서 일어나는 것은 아니다; 때때로 이 질환은 감염, 악성종양, 자가면역 질환 등 다양한 조건에서 후천적(*acquired*)으로 생겨 날 수 있다. 예를 들면, 선천성 풍진 감염은 T 세포의 기능과 항체 생산을 감소 시켜 신생아가 풍진 백신에 대해 면역 반응이 일어나지 못하게 하기도 한다. 일단 환자가 면역결핍이 되면 만성적으로 혹은 자주 재감염이 일어난다.

면역결핍을 유발하는 악성종양 중 림프계 조직에서 종양이 발생한 것은 T 세포 기능을 억제하고 골수에서 종양이 발생하면 T 세포 기능 및 항체 생산도 억제하게 된다. 자가면역 질환과 일부 신장 장애, 심각한 화상, 영양실조나 굶주림과 마취 역시 일시적 혹은 장기적 면역결핍을 유발 할 수 있다.

적용

버블 소년

SCID에 걸린 David은 모든 감염원으로부터 완전히 격리되어져야만 했다. 왜냐하면 이 아이는 B 세포와 T 세포 모두가 없기 때문이다. 이 아이는 일생 동안 특별히 디자인된 병균이 전혀 없는 "풍선" 속에서 살았다. 그 풍선은 필요한 것을 완비한 무균 우주복 같은 것이였다. David이 12살 되었을 때 면역 기능을 제공 해 줄 골수를 이식을 받았다. 골수 이식 후 그 아이에게 GVH 질환이 나타나는지를 조심스럽게 관찰 하였다. 5개월 후 그 아이에게 결국 GVH 질환이 나타났고 아이는 사망하였다. 부검에서 그 아이는 GVH로 죽은 것이 아니라 엡스테인 바 바이러스로 오염된 골수를 이식 받아 생긴 악성 종양 때문에 죽은 것으로 드러났다. 과학자들은 면역 결핍 때문에 생겨난 암세포에 대한 면역 감시의 결여가 아이를 죽게 만들었다고 결론 내렸다.

나사가 디자인 한 자가-완비 무균 우주복을 입은 6살의 David. 옆의 다른 장비는 밧데리로 충전되는 모터와 의자를 가진 유모차이다.

후천성 면역결핍증(AIDS)

가장 잘 알려진 2차 면역결핍 질환은 **후천성 면역결핍증(acquired immune deficiency syndrome, AIDS)**이다. 이 질환은 **인간 면역 결핍 바이러스(human imuunodeficiency virus, HIV)**에 의해서 일어나며, 이 바이러스는 렌티바이러스과에 속한다. AIDS는 최소한 2개의 다른 인간 면역결핍바이러스, HIV-1과 HIV-2,에 의해서 유발된다. 미국, 캐나다, 유럽에서 발생하는 대부분의 AIDS는 HIV-1에 의해서 발병한다. 서부 아프리카 특정 지역에서 가장 흔한 HIV-2는 독성은 좀 약한편 이다. 미국 혈액원에서는 헌혈된 피를 검색 할 때 두 타입의 바이러스 모두를 조사 하고 있다.

최근 DNA 염기서열 연구 결과에 따르면 HIV-2는 아프리카 수티 망가베이 원숭이에서 발견된 유인원 면역결핍 바이러스(SIV)와 매우 밀접한 관계가 있다. 즉 HIV-2는 SIV에 단지 돌연변이가 일부 일어난 동일한 바이러스라는 것이다. 그러나 HIV-1은 HIV-2/SIV 진

표 18.7

AIDS 환자에게서 자주 발견되는 감염

병원균	질병
세균	
Mycobacterium tuberculosis	결핵
Mycobacterium avium-intracellulare	파종성 결핵
Legionella pneumophila	폐렴
Salmonella species	위장 질환
바이러스	
Herpes simplex	피부와 점막의 상처, 폐렴
Cytomegalovirus	뇌염, 폐렴, 위장염, 열
Epstein-Barr	구내 헤어 백반증, 림프종
Varicella-zoster	수두, 대상포진
곰팡이	
Pneumocystis carinii	*Pneumocystis carinii* 폐렴
Candida albicans	점막과 식도 감염(질염)
Cryptococcus neoformans	뇌수막염, 신장 질환
Histoplasma capsulatum	폐렴, 파종성 감염, 열
기회감염성 곰팡이	기회에 따라 다양
원생동물	
Toxoplasma gondii	뇌염
Cryptosporidium species	심한 설사

화 계통수에서 아주 초기에 갈라져 나온 완전히 다른 바이러스이다. HIV-1이 SIV의 침팬지 버전 바이러스로부터 지난 100년 안에 진화되어 왔다는 것이 정설이다. 유럽에서 가장 오래전에 발견된 AIDS 케이스는 자이레에서 일했던 덴마크 외과의사에게 발견된 경우이다. 그녀는 1976년에 죽었다. 20세기 초반에 아프리카에서 발생한 AIDS 케이스는 거의 무시 되었을 것이며, 더구나 그 당시에 있었던 건강 관리 시스템과 케이스로는 더욱 수가 적었을 것이다.

HIV의 기원에 대한 초기 증거들은 1959년 이래 영국과 자이레에서 보관된 사람 혈액 샘플을 통해서 확인 되었는데 그 혈액들에서 HIV-1의 항체가 발견 되었다. HIV는 상대적으로 제한된 지역인 중앙아프리카 지역에서만 고립된 채 수십년 간 있었을 것이다. 시골 사람들이 도시로 급격히 유입되기 시작 했으며, 인구밀도가 급속히 증가하기 시작 했고 성적 접촉도 점점 빈번하게 일상적으로 일어나게 되었다, 이런 일들이 결국 HIV 감염자의 수를 폭발적으로 증가 시켰다. 최근에는 국제 여행이 급격히 증가하여 바이러스를 한 지역에서 전 세계 다른 국가로 신속히 전파 시킨다. 바이러스는 아마도 안정화 되기 전에 다양한 경로로 미국으로 유입 되었을 것이다.

바이러스는 점차적으로 그러나 냉혹하게 면역 세포들을 파괴한다. 기능을 할 수 있는 면역 시스템이 없어지면 인체는 다양한 악성종양이나 기회 감염에 노출된다. 이런 것들은 대부분 AIDS나 진행된 HIV 질환이 없는 보통 사람들에게서는 흔하지 않은 것이다. 이러한 합병증은-대부분 단독으로 발병하거나 복합적으로 일어난다-결국 매우 치명적인 결과를 가져 온다(**표 18.7**).

HIV는 특히 T_H 세포, 대식세포, 수지상 세포, 란게르한스 세포 같이 CD4를 표면에 가지고 있는 세포들을 타켓으로 해서 파괴한다. 바이러스는 CD4 분자와 T 세포의 CXCR4나 대식세포의 CCR5 같은 다른 단백질들에 결합한다. 바이러스의 막이 세포막과 융합하게 되고 바이러스 단백질들이 세포막에 남아 주변 세포들과 융합을 촉진한다. 따라서 HIV는 감염된 세포로부터 나오지 않고도 다른 세포에 감염 될 수 있다. 수지상 세포와 대식세포가 점막표면에서 HIV에 감염되면 림프절로 이동하여 T_H 세포를 감염 시킨다. 죽었거나 죽어가는 조직으로부터 HIV를 탐식한 대식세포는 기능은 못하지만 죽지는 않는다—사실 HIV가 감염된 대식세포가 T 세포보다 더 HIV를 많이 보관하고 있는 저장소이다. HIV가 감염된 대식세포는 뇌와 폐를 포함한 다양한 인체 장기로 바이러스를 전파한다. HIV의 4% 정도만이 혈액에 존재하고 나머지 96%는 림프절, 소장, 뇌 등에 존재한다. 바이러스의 감염 생활사는 10장에서 언급 하였다(◀10장 p. 291).

HIV가 사람에 감염되고 나면 바이러스와 면역 시스템간의 전쟁이 벌어진다. 초기에 바이러스가 많이 만들어지면 열, 피곤함, 몸무게 감소, 설사, 몸의 동통 등이 일어난다. 면역 시스템이 활성화 되면 B 세포가 만든 항체와 T_C 세포가 많은 HIV를 파괴한다. T_C 세포가 바이러스가 감염된 세포들을 파괴 하면 많은 면역 세포들이 죽은 세포들을 대치한다. HIV 질환이 진행되는 동안 매일 1억개의 바이러스가 만들어지고 파괴된 2억개의 면역 세포들이 다시 만들어진다! 초기 전투가 무승부로 끝남에도 불구하고 결국에는 최종적으로 바이러스가 승리한다. 세월이 갈수록 T_H 세포와 다른 면역 세포들이 다시 만들어지는 것이 점점 더 어려워진다. HIV는 레트로바이러스이기 때문에 바이러스 RNA 게놈의 DNA 카피를 만들기 위해서는 오류가 많이 발생하는 역전사 효소를 이용한다. 이러한 오류들은 결국 높은 돌연변이를 유발한다. 이러한 돌연변이들이 바이러스 표면 단백질에 다양성을 부여하여 더 이상 항체가 HIV를 인식하지 못하게 한다. 결국 면역 시스템은 바이러스와의 싸움을 계속해 나가지 못하게 된다.

예전에는 CD4 마커가 없는 세포는 AIDS 바이러스가 감염 할 수 없어 바이러스에 면역 된 상태 일 것으로 생각했다. 그러나 이제는 CD8 마커를 가진 세포가 자극 되면 CD4를 새로이 만들기 시작하는 것 같아 보인다.

활성화된 T_H 세포와 대식세포가 없다면 면역 시스템은 감염된 미생물을 "볼 수" 없다. T_H 세포의 수가 급격히 감소하기 때문에 B 세포가 감염과 싸우는 항체를 생산하는 형질 세포로 분화되는 것을 더 이상 자극하지 못한다(감염 초기에 나타나는 항 HIV 항체는 T_H 세포의 수가 너무 적어져서 더 이상 B 세포를 자극하지 못하게 되기 전에 만들어진 것이다). 비슷한 상황으로 사이토카인 역시 대식세포와 T_C 세포를 자극 할 정도로 더 이상 충분히 만들어지지 않는다. T_H 세포 수의 감소는 질병의 증세가 드디어 나타난다는 것을 의미 한다. 보통 사람은 T_H 세포수가 혈액 μl당 800에서 1200개 정도이다. 그 수가 400개 정도를 유지하는 감염자는 약 8% 정도가 18개월 안에 AIDS 증세를 보이기 된다. T_H 세포수가 200개가 된 감염자는 33%가 AIDS로 진행하고 그 수가 100개 미만으로 떨어지면 그 감염자는 18개월 안에 AIDS로 발전하게 된다.

HIV 질환과 AIDS의 진행

HIV 질환의 질병 진행 상황은 매우 잘 정리 되어 있다. 질병의 진행은 얼마나 많은 양의 바이러스에 노출 되었는지(*바이러스 존재량, viral burden*)와 얼마나 자주 반복적으로 노출되었는지에 따라 달라진다. CDC 분류법은 특정 증세나 표시가 있는지의 여부와 실험실 진단에 기초를 두고 있다. 따라서 그룹 1에서 3까지에 포함된 사람은 HIV 질환을 가지고 있다고 할 수 있다. 그룹 4에 포함된 사람은 AIDS로 진단된 사람이다(그림 18.24). 모백반증(혀에 흰색의 상흔이 보이는 질

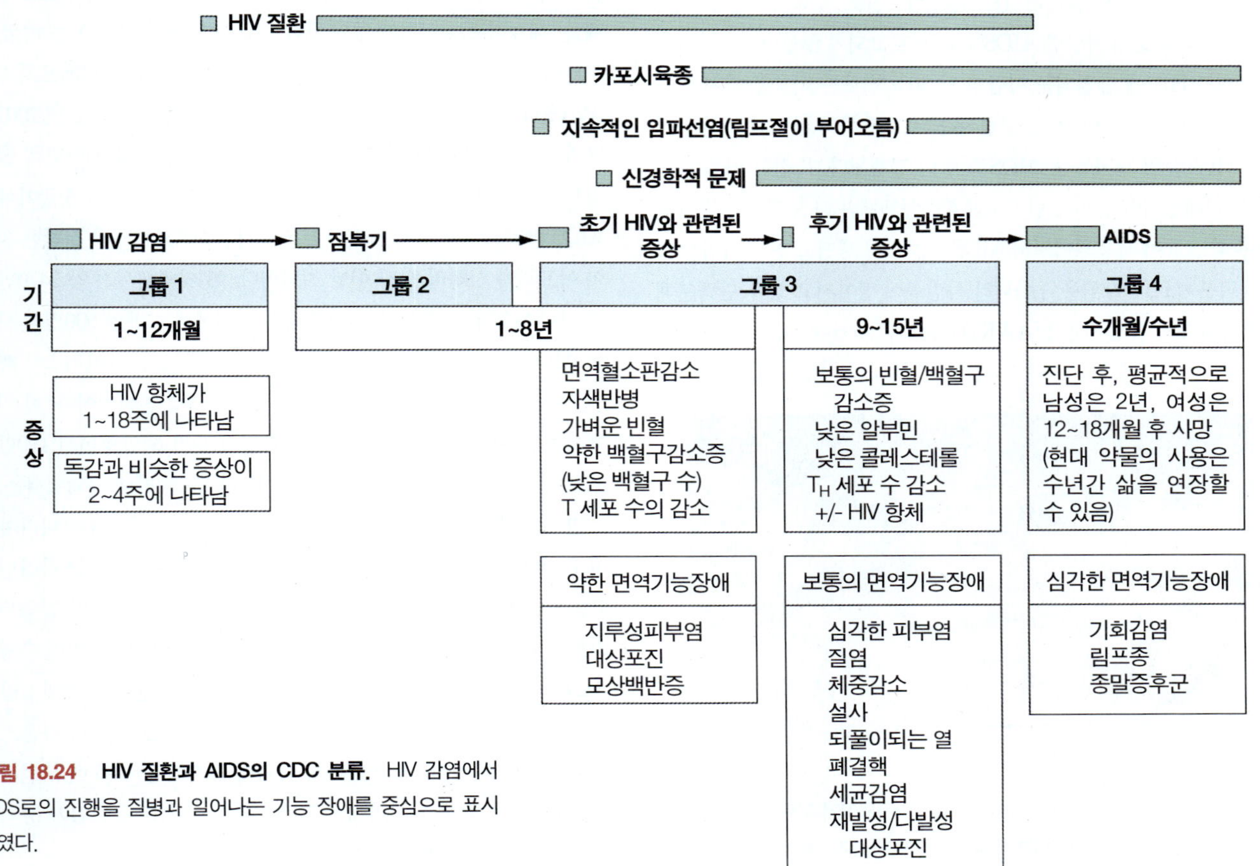

그림 18.24 HIV 질환과 AIDS의 CDC 분류. HIV 감염에서 AIDS로의 진행을 질병과 일어나는 기능 장애를 중심으로 표시하였다.

환)같은 질병이 대부분의 AIDS 환자에게서 나타남에도 불구하고 다른 기회 감염이나 암이 AIDS 환자들한테 다양하게 나타난다. 예를 들면, 단순 헤르페스 바이러스와 사이토메갈로바이러스처럼 잠복성 바이러스 감염을 유발하는 바이러스는 보통 사람에게서는 면역 시스템에 의해 억제 되지만 AIDS 환자에서는 급격히 발병하여 다양한 증세를 유발한다. 심각한 설사 증세는 크립토스포리디움(*Cryptosporidium*) 같은 기회감염병원체에 의해 일어나며(◀22장), 뇌염은 톡소포자충(*Toxoplasma gondii*)에 의해서(◀24장), 효모 감염은 칸디다 알비칸(*Candida albicans*)에 의해서 일어난다(◀19장). 폐포자충(*Pneumocystis carinii*)에 의해서 유발되는 폐렴은 AIDS 환자의 80%가 사망하기 전에 발병한다. 만일 환자들이 다른 기회 감염 때문에 사망하지 않는다면 환자의 약 50% 정도는 결핵균(*Mycobacterium tuberculosis*)이나 조류형 결핵균(*Mycobacterium avium-intracellulare*)에 의한 호흡기 질환이 발병 하게 된다. 전체적으로 약 88% 가량의 AIDS 환자가 기회 감염으로 사망한다.

대부분의 AIDS 환자는 건강한 사람들에게는 거의 발견 되지 않는 악성 종양이 발병한다. 사람 헤르페스 바이러스 8에 의해 발병하는 악성종양인 **카포시육종(Kaposi' s sarcoma)**은 혈관을 혈액으로 가득찬, 또 잘 터지는 뒤엉킨 덩어리처럼 자라게 한다. 피부나 내장에서 이 육종은 눈이 띄는 분홍색이나 보라색 반점을 나타 낸다**(그림 18.25)**. 이것이 소화기관, 폐, 간, 비장, 림프절로 퍼져 나간다. 그러나 카포시육종 때문에 사망한 AIDS 환자는 보고되지 않았다.

새로 HIV에 감염되는 사람의 약 30% 정도는 치료를 하지 않는다면 5년 안에 그룹 4로 병이 진행된다. 치료를 하지 않으면 15년 안에 90% HIV 감염 환자들은 AIDS로 병이 진행된다. 특정한 약들(특히 AIDS 칵테일이라 불리는 단백분해효소억제제와 다른 약들을 혼합한 약)이 최근 들어 사용되어져서 AIDS 환자들의 생명을 연장 시키고 있으며 덕분에 HIV 감염율이 아니라 사망률이 떨어지고 있다. 단백분해효소억제제의 복합체인 HAART(Highly Active Antiretroviral Therapy)와 역전사효소를 억제하는 2개의 뉴클레오타이드 유사체가 특히 바이러스 복제 억제에 매우 좋은 효과를 보이고 있다. HAART는 HIV에 감염된 환자의 생명을 획기적으로 증가 시켰다! 그러나 이것이 병을 치료 할 수 있는 것은 아니다. 더구나 부작용이나 돈이 없어서 투약을 중지하게 되면 매우 빠르게, 어떨 때는 한달 안에 사망하기도 한다!

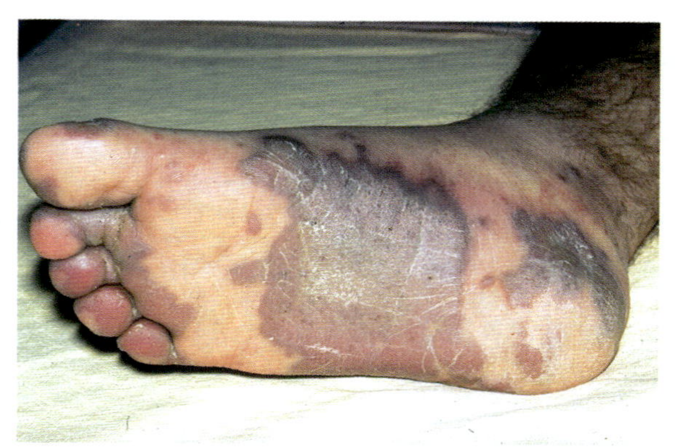

그림 18.25 카포시 육종. 이 혈관암은 AIDS 환자들에게 짙은 자주색 반점으로 나타난다. (*St. Mary' s Hospital Medical School/Photo Researchers, Inc.*)

AIDS 역학

AIDS는 세기의 유행병이라 불리고 있다; 사실 이 정도로 강렬한 충격을 준 질병은 지금까지 없었다. 2006년 현재 약 100만명의 미국인이 HIV에 감염된 채 살고 있으며 최소한 약 5만명의 새로운 감염자가 매년 생겨나고 있다; 시간당 4~5명 정도 감염되고 있으며 사실 실제 감염자 수는 더 많을 것이다. 놀랍게도 100만명의 감염자 중 25%만이 자신이 감염 된 사실을 알고 있다! 1981년과 2006년 말 사이에 약 2500만명 이상이 AIDS로 사망 했으며 2006년 한해에만 290만명이 죽었다. AIDS가 25세와 44세 사이 연령대의 사망 원인 중 6위를 차지하고 있다. 다행스러운 점은 미국 내에서 최근 몇 년간 새로운 HIV 감염자 수의 증가율은 점차 느려지고 있다.

AIDS의 대유행은 전 세계적 현상이다. 전 세계적으로 HIV 감염자의 70-80%는 이성간 성접촉에 의해 감염 되었다. 개발도상 국가에서 유아기 감염의 40% 정도는 모유 수유 때문에 일어난다. AIDS 때문에 전 세계적으로 1520만명의 고아들이 생겨난다. 이 수치는 미국 내 5세 이하의 모든 어린이들의 수보다도 많은 것이다. 세계보건기구(World Health Organization, WHO)의 공식 통계에 따르면 2007년 말까지 전 세계적으로 HIV에 감염된 사람의 수가 4000만명에 달할 것으로 추정하고 있다**(그림 18.26)**. 그러나 많은 개발 도상국가에서 AIDS 환자가 진단되지 않거나 보고되지 않고 있다. 가장 심각한 지역이 아프리카 사하라 사막 이남 지역이다. 이 지역에서는 약 2470만명의 사람이 감염되어 있다. 남아프리카 지역에서는 매일 600명의 사람이 AIDS로 사망하며 4명 중 1명이 AIDS로 죽는다. 바이러스가 빠르게 전파 되는 지역 중의 하나가 동아시아와 태평양 지역이다. 이 지역에서는 2000년에서 2003년 사이에 감염자 수가 64만명에서 130만명으로 증가 했다. 남미 지역에서는 약 170만명, 카리브 지역에서는 약 25만명의 사람이 감염 되어 있는 것으로 믿어진다. 감염율은 나라마다 아주 다양하다. 보츠와나는 가장 높은 감염율을 보이고 있는 나라인데 1992년 성인 감염율이 10%였으나 현재는 성인의 38.8%가 감염되어 3배 이상의 감염율 증가를 보여주고 있다. 태어났을 때의 기대 수명이 AIDS가 없을 때는 69세였으나 이제는 44세밖에 안된다. 스와질란드(38.6%), 짐바브웨이(33.7%), 레소토(31.5%) 등이 보츠와나 다음으로 감염자 비율이 높다. 이들 나라의 사회적 경제적 충격은 매우 엄청나다. 이런 암울한 통계 사이에서 그나마 좋은 소식은 우간다가 강력한 예방 홍보를 통해 14%의 감염율이 5%로 떨어진 것이다.

그림 18.26 2006년 세계 보건 기구(WHO)에서 조사한 전 세계 HIV 감염자 추정치. HIV 감염자는 약 4,200만명이며 이 중 어린이는 320만명이다.

누가 어떻게 AIDS에 감염 되는가

지금까지 알려진 모든 증거들에 따르면 일상적인 접촉을 통해서는 AIDS가 사실상 전염되지 않는다는 것이다. 대신 감염된 사람으로부터의 인체 분비물에 밀접하게 접촉한 경우나 감염된 어머니로부터 태아로 수직 감염 되는 경우에만 AIDS 바이러스에 감염 될 수 있다.

바이러스는 대부분 혈액, 정액, 질분비물을 통해 전염된다. 그러나 때로는 찢어지거나 찰과상을 입은 피부나 점막과 접촉해도 감염이 될 수 있는 것처럼 보인다. 이런 이유 때문에 인체 분비물을 교환하는 모든 과정은 HIV에 감염될 위험성을 가지고 있으며 다음과 같은 것들을 포함하고 있다.

1. *감염된 사람과의 성적 접촉.* 모든 종류의 성적 접촉—이성애, 동성애, 활동적, 비활동적, 질, 항문, 구강—은 HIV에 감염될 위험이 있다. 콘돔이 보통 감염율을 낮추어 줄 수는 있으나 전파를 완전히 차단하지는 못한다. 왜냐하면 보통 잘못된 방식으로 사용하거나 혹은 모든 종류의 콘돔이 HIV 감염을 막아주지 못하기 때문에 심각한 실패율을 보이고 있다(연구 결과에 따라 17에서 54% 수준). 자연 피부 상태의 콘돔은 바이러스가 통과 된다; 라텍스 콘돔이 훨씬 안전하다.
2. *혈관을 통해 약물을 하는 사람끼리 멸균되지 않은 주사 바늘의 공유*
3. *HIV에 오염된 혈액 수혈이나 혈액 산물의 수혈.* 1980년 초반의 AIDS 케이스는 대부분 HIV에 오염된 혈액의 수혈 때문에 발생 했다. 대부분의 감염자들은 혈액 응고를 적절히 유지하기 위해 혈액 산물을 주입 받은 혈우병 환자들이였다. 오늘날 수혈은 바이러스의 위협으로부터 상대적으로 안전한데 그 이유는 기증 받은 혈액에 대한 HIV 항체 검사와 재조합 DNA 기술에 의해 검사하기 때문이다. 대중들의 두려움에도 불구하고 새로운 멸균된 바늘의 사용 때문에 수혈을 통한 HIV 감염은 이제 거의 불가능하다.

최소한 아프리카에서 관리되는 250만 유닛의 혈액 중 1/4은 AIDS 바이러스 검사를 받지 않았다.

4. *감염된 엄마에서 태아로 수직 감염.* HIV 양성인 산모가 출산하는 태아의 약 25%는 HIV에 감염된다. 출산 도중에 자궁내의 태아로 전파 되거나 모유 수유 도중에 HIV 전파가 가능하다. 대략적인 연구에 따르면 갓 태어난 아이는 출산 전 보다는 출산 도중에 잘 감염 된다.

임신 기간 마지막 몇 주 동안 AZT를 처방 받으면 HIV 수직 감염을 절반으로 줄일 수 있다.

AIDS 환자나 HIV 감염자를 돌보는 의료 인력이 감염 될 위험성이 높다. CDC에서는 이러한 감염 위험을 최소화하기 위해 다음과 같은 예방책을 추천하였다(◀15장 p. 453, 보편적 예방책 부분을 참고하세요).

1. 감염된 환자의 혈액, 인체 분비물, 점막, 피부 조직을 다루거나 인체 분비물에서 떨어진 부산물을 취급 할 때는 반드시 *장갑, 마스크, 눈 보호 안경, 가운을 입어라.* 환자를 돌보고 난 후에는 이러한 물건들을 다 버리고 즉시 그리고 철저하게 손을 씻어라. 일반적인 다른 의료진처럼 치과의사와 치과 기술자들 역시 모든 환자들의 혈액, 침, 잇몸액 등을 잠재적으로는 감염된 사람에서 나온 것으로 고려해야만 하며 따라서 이러한 것들과 접촉을 막기 위해 위에서 언급한 보호 장구들을 해야만 한다.
2. *바늘이나 다른 날카로운 기구로부터의 부상을 피하라.* 이런 것들은 바늘에 구멍이 나지 않는 안전 용기에 버려라.
3. 응급 소생술시 *마우스 피스, 소생술 백 혹은 다른 호흡기 장치를 사용하라.*
4. 피부 조직에 상처가 있는 사람은 *직접 환자를 돌보거나 오염된 장비를 취급하지 말아야 한다.*

거의 모든 감염성 질환(예를 들면 결핵)이 그런 것처럼 HIV 감염 환자나 AIDS 환자 역시 의료진을 심각한 위험에 처하게 할 수 있음을 명심하라. 물론, 이 문제가 HIV 감염에 국한 된 것은 아니다; 다른 타입의 감염 역시 의료진의 생명을 심각하게 위협 할 수 있다.

AIDS 백신이란 무엇인가?

AIDS 백신의 전망은 밝지 않다. 과학자들은 2010년 이상까지 여러 시도와 실패가 반복되는 시기를 거칠 것으로 예상한다. 왜냐하면 HIV 연구가 예상하지 못한 여러 문제점을 노출했기 때문이다. 그 중의 하나는 HIV가 역전사 될 때의 부정확한 기작 때문에 높은 돌연변이율을 보인다는 점이다. 따라서 만일 한 바이러스 주에 대해서 성공적인 백신이 개발 된다면 다른 바이러스 주에 대해서는 그 백신이 효과를 보이지 못 할 것이며 따라서 처음과는 다른 새로운 바이러스 주가 등장 할 것이다. 매해 인플루엔자의 유행이 생기는 것이 인플루엔자 바이러스의 높은 돌연변이 때문이라는 점과 유사하다.

사실 백신의 개발은 더 많은 문제점에 봉착해 있다. 약독화 백신은 사용 할 수가 없다. 왜냐하면 그 백신은 DNA를 가지고 있어서 이 DNA가 숙주의 게놈에 삽입되고 아마도 나중에 AIDS를 유발 할 수 있기 때문이다. 홍역과 인플루엔자에서 성공적으로 사용된 불활화 백신은 AIDS에 사용 하는 것이 부적절하다. 왜냐하면 HIV와 다른 렌티바이러스를 위한 그러한 백신은 숙주를 심각한 감염 상태로 만드는 경향이 있다. 백시니아 바이러스에서 HIV 항원을 발현하는 재조합 바이러스는 숙주에 우두를 퍼뜨릴 수 있기 때문에 사용 할 수 없었다. 또한, 면역이 약화된 사람은 심각한 합병증이 발생 했다. 따라서 우리가 안전하고 효과적인 백신을 가지기 전에 많은 문제점들이 먼저 해결 되어야만 한다.

사회적 전망: 경제적, 법률적, 윤리적 문제들

AIDS와 HIV 환자는 다가오는 시대에는 심각한 경제적 문제를 증가시킬 것이다. 미국에서 병원에 입원하지 않은 AIDS 환자를 돌보는데 드는 의학적 비용이 매달 $2,000의 약값을 포함해서 매해 $36,000 이상이 든다. CDC의 추정에 근거하면 2001년에 모든 미국 내 AIDS 환자를 돌보는데 사용된 전체 총액이 20억불 정도였다. 만일 한해 소득이 개인 당 $12,000 이상인 미국에서 AIDS 환자를 돌보는 것이 부담이라면 한해 평균 소득이 개인당 $200 미만인 대부분의 개발도상국가에서는 거의 재앙적 수준의 부담이다.

미국법에 의하면 AIDS 테스트 결과를 포함한 모든 의학정보는 비밀을 보장 받는다. 또한 법에 따르면 고용과, 거주, 교육에서 동일한 기회를 제공 하도록 하고 있다. 그러나 많은 AIDS 환자들이 다양한 종류의 차별에 시달리고 있다. 감염되지 않은 시민들과 AIDS 환자들을 돌보는 의료진의 보호 받을 권리 역시 고려되어야만 한다. 다른 법률은 HIV 감염자가 질병을 퍼트리지 않아야하는 것과 또한 혈액 산물을 분배하는 책임에 대해서 다루고 있다.

대부분의 윤리적 문제는 법적 문제와 연관이 있다. 가장 중요한 문제는 어떻게 개인의 자유를 침해하지 않고 AIDS의 유행을 줄이냐 이다. 또 다른 문제는 의료진이 죽을 수도 있는 심각한 위험을 무릅쓰고 모든 환자를 돌보아야만 하는 도덕적 의무에 대해 심각하게 고려하게 한다. 가장 큰 위협이 될 수 있는 여전히 심각한 다른 문제는 의학적 자원의 배분 문제이다.

✓중점 질문 사항

1. 자가면역질환이란 무엇인가? 이 질환을 유발하는 원인은 무엇인가?
2. 중증근무력증, 류마티스성 관절염, 전신성 홍반성 낭창의 원인, 징후, 증세를 정리해 보라.
3. 이식거부 반응은 왜, 어떻게 일어나는가?
4. 1차 면역결핍과 2차 면역결핍의 차이를 설명하고 각각의 예를 들어라.

면역학적 테스트

◀17장에서는 어떻게 면역학적 다양한 반응들－응집, 보체와 IgM에 의한 세포용해, 바이러스와 독소에 대한 중화－이 감염원을 죽이는지를 보여 주었다. 이제 본문에서는 어떻게 이러한 반응들이 항원과 항체를 진단하고 양을 조사하는 실험실 진단 테스트로 이용되는지를 보여 줄 것이다. 이러한 실험실 진단법은 **혈청학(serology)**라는 면역학의 한 분야를 이루었으며 이러한 이름을 얻게 된 이유는 대부분의 테스트들이 혈청 샘플을 이용해서 수행되기 때문이다. 오늘날 이러한 실험실 테스트는 동물 조직 배양을 통해 얻어진 단클론 항체를 이용하고 있다(◀17장 p. 503). 본문에서 언급하는 테스트와 반응은 실험실 테스트와 임상 테스트를 위한 광범위하지만 불완전한 샘

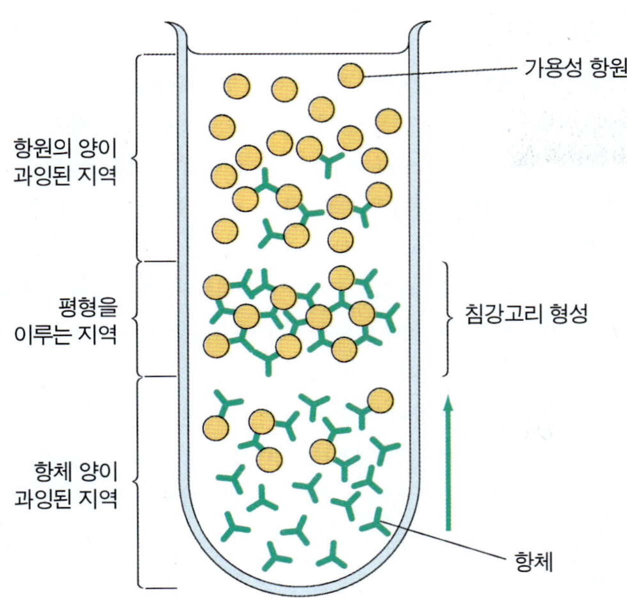

그림 18.27 항체를 위한 침강 테스트. IgG나 IgM 항체가 (둘 다 수용성일 때) 수용성 항원과 반응하면 이들은 빠르게 작은 복합체를 형성하여 시간이 지나면 용액 안에서 침강되어지는 큰 격자 모양을 형성한다. 그러나 이러한 침강은 항원과 항체가 적절한 비율이 되었을 때만 발생한다. 테스트에서 항체는 좁은 튜브의 바닥에 놓인다. 수용성 항원을 첨가하면 항원과 항체가 서로 서로를 향해 확산되어진다. 필요한 농도비가 얻어지면 (등가 영역) 침강이 일어나 튜브에 흐릿한 "침강 고리"가 나타난다.

플 수집을 나타내고 있다. "올바른" 테스트의 선택은 분석되어지는 감염원과 질병의 특징에 달려 있다.

침강테스트

역사적으로 최초로 개발된 혈청학적 테스트 중의 하나가 항원과 항체를 진단하는데 사용되는 **침강테스트(precipitation test)**이다(그림 18.27). 이 테스트는 **침강 반응(precipitation reaction)**이라는 반응을 기반으로 하는데 이 반응은 침강소(*precipitins*)라 불리는 항체가 항원과 반응하고, 서로서로를 향해서 확산되고 나면 눈에 보이는 침강을 형성하게 된다. 이러한 반응 도 중 항원-항체 복합체는 몇 초 안에 생성된다. 이러한 복합체가 수분에서 한 시간 안에 눈에 보이는 불투명한 격자 모양의 네트웍을 형성하게 된다.

특정한 항원-항체 복합체를 진단하는 민감도를 올리기 위해 침강 반응을 기반으로 한 다양한 변형 방법들이 개발 되었다. **면역 확산(immunodiffusion test)**은 침강 반응과 같은 원리를 기반으로 한다. 단지 유리판위의 고체화된 두꺼운 한천층 안에서 반응이 일어난다. 면역 확산은 혈청 표본에 존재하는 하나 이상의 항원 및 항체를 확인할 수 있다. 작은 구멍을 고체화된 한천 배지에 만들고, 여기에 항원과 항체를 각각 다른 구멍에 넣는다. 항원-항체 복합체는 각 구멍 사이에서 눈에 보이는 침강선을(염색 후에) 형성하게 된다. 확산이 일어난 후에 하나 이상의 침강선이 보일 수 있고 각 침강선은 각각 다른 항원-항체 복합체를 나타내는 것이다(그림 18.28). 침강선은 한천 표면을 세척하면 더 잘 보이게 할 수 있고 항원-항체 복합체를 염색 할 수도 있다. 면역 확산 테스트의 장점은 단 한번의 실험으로 여러 개의 항원과 1종류의 항체를 반응 시킬 수도 있고 여러 종류의 항체와 1종류의 항원을 반응 시킬 수도 있다.

혈청 샘플이 여러 개의 항원을 가지고 있을 때는 **면역전기영동법(immunoelectrophoresis)**을 사용하여 항원-항체 복합체를 분리해서 진단 할 수 있다. 항원을 한천이 코팅된 슬라이드 위의 구멍에 넣은 후 전류를 한천 겔을 통해 흐르게 한다. 이러한 과정을 **전기영동(electrophoresis)**이라 한다. 전기영동을 할 때 다른 종류의 항원 분자는 크기나 분자가 가진 전하에 따라 다른 속도로 움직이게 된다. 전기영동 후 항체를 슬라이드의 한면이나 양면을 따라 배치하면 확산이 일어나게 된다. 면역전기영동에 의해서 얻어진 결과는 면역확산 결과와 유사하다-항원과 항체에 의해 침강 된 밴드는 어디에 있던 비슷한 침강소 밴드를 형성한다(그림 18.29). 따라서 면역전기영동법의 장점은 혈청 안에 들어 있을 수 있는 다양한 항원을 분리 해 낼 수 있다는 점이다.

면역전기영동법과 방사면역확산법은 면역글로부린의 다양한 종

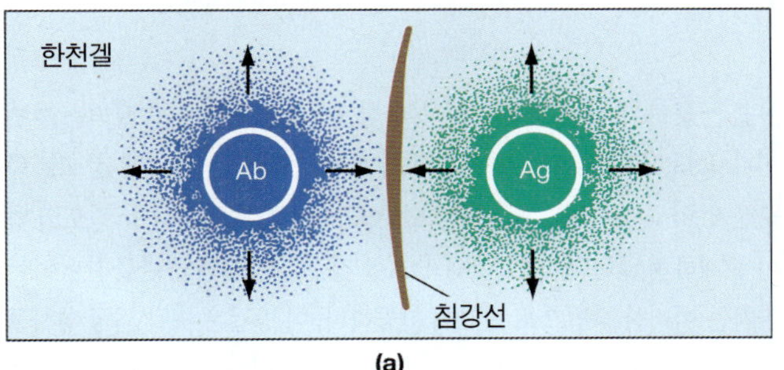

(a)

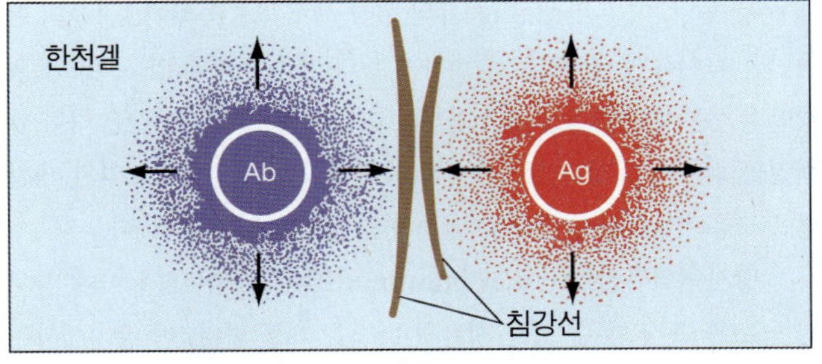

(b)

그림 18.28 면역 확산법. 이 방법은 침강반응을 변형 한 것이다. 한천 겔에 구멍을 뚫고 확인하고자 하는 수용성 항원(Ag)과 항체(Ab)를 넣는다. **(a)** 단일 항체와 항원이 구멍으로부터 확산되어 만나면 서로 반응하여 침강을 형성한다. 이것이 침강선이라 불리는 선을 만들고 이 선은 염색에 의해 보이게 된다. **(b)** 2종류의 항원-항체 복합체가 다른 확산 속도로 확산되면 서로 나누어진 침강선을 나타낸다.

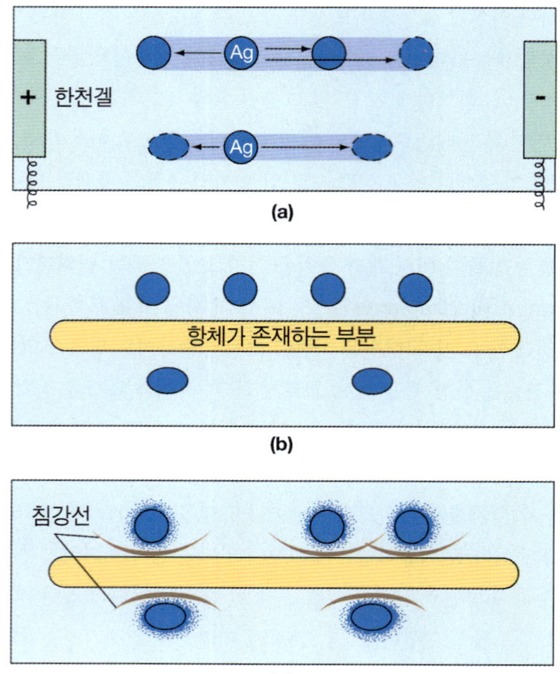

그림 18.29 면역전기영동법. (a) 한천 겔에 있는 항원이 전류에 의해 분리되어 진다. 양성 전하를 띠는 분자는 음극으로 끌려가고 음성 전하를 띠는 분자는 양극으로 끌려간다. (b) 구멍 사이의 한천을 잘라 항체를 넣는다. (c) 항원과 항체가 확산되어 만나 반응한 곳에 휘어진 침강선이 나타난다.

류를 구분하기 위해 병원 임상 실험실에서 일상적으로 수행되는 방법이다. IgG, IgM, IgA는 보통 침강소 밴드로 확인 할 수 있을 정도로 충분한 양이 존재한다. 그러나 IgE와 IgD는 보통 확인 가능할 정도의 양이 존재하지 않는다. IgG, IgM, IgA를 정상적인 양만큼 만들지 못하는 환자는 이러한 방법으로 진단이 가능하다. 이 방법은 또한 임상 의사들이 골수종 암(혈장 세포 암)을 가진 환자들을 진단하고 모니터링 하는데 사용 된다. 이 환자들은 1종류의 혈장 세포가 증폭되어 1종류의 항체만을 특이하게 대량으로 생산하게 된다. 방사면역확산법은 또한 혈장안의 성분인 혈액 응고 요소인 피브리노겐과 보체 요소 같은 다른 단백질들의 진단 및 정량에도 사용된다. 수의학 실험실에서도 역시 이 방법을 사용하여 동물 혈청 안에 있는 면역글로부린을 진단한다.

방사면역확산법(radial immunodiffusion)은 항원이나 항체의 농도를 측정 할 수 있는 정량적 방법을 제공 한다. 이 방식에서는 항체를 녹은 한천 안에 첨가하게 되고 이 용액을 유리 슬라이드 위에 두꺼운 층으로 부어 굳힌다. 농도별로 나누어진 항원을 한천 슬라이드 위에 만든 구멍에 넣는다. 확산이 된 후 항원의 농도는 항원 주위에 침강 된 링의 지름을 측정하여 결정 한다(그림 18.30). 비슷한 방법으로 항체의 농도도 항원을 포함한 겔 위에 만든 구멍에 다른 농도의 항체 샘플을 넣고 결정 할 수 있다.

응집반응

항체가 세포표면에 있는 항원과 반응하면 **응집(agglutination)**이 일어나거나 세포가 응집한 덩어리가 형성되게 된다. **응집반응(agglutination reaction)**을 이용하여 특정 감염원에 대한 항체의 양이 환자 혈액 내에서 증가하는 것을 확인 할 수 있다. 항체의 양을 **항체 역가(antibody titer)**라고 한다. 이것은 응집이 일어난 혈청의 가장 높은 희석값을 상대적으로 적용하여 결정한다. 예를 들면, 항원과 응집되어지는 항체의 희석 배수가 1:256에서는 응집이 되고 1:512에서는 응집이 일어나지 않는다면 이 항체의 타이터는 256이 되는 것이다. 항체 타이터가 시간이 가면서 증가된다면 환자의 면역 시스템이 이 병원균에 의해 공격 받고 있다는 의미이다. 특정 질병이 발병하기 전에는 환자의 혈청 안에 특정 병원균에 대한 항체가 없다가 질병이 진행 되면서 병원균에 대한 항체가 증가하기 시작한다는 것을 확인함으로서 특정 병원균에 대해 진단을 할 수 있다. 감염(혹은 면역)에 의해 혈청 안에 항체가 생기는 현상을 **혈청전환(seroconversion)**이라 한다. **시험관 응집시험(tube agglutination test)**은 이미 양이 알려진 항원(세포)에 대해 여러 단계로 희석된 환자 혈청을 반응 시켜 항체의 양을 측정하는 것이다.

응집반응은 종종 임상 실험실에서 직접 배양하거나 진단하기 어려운 병원균 때문에 발생하는 질병의 진단에 활용된다. 이 테스트는

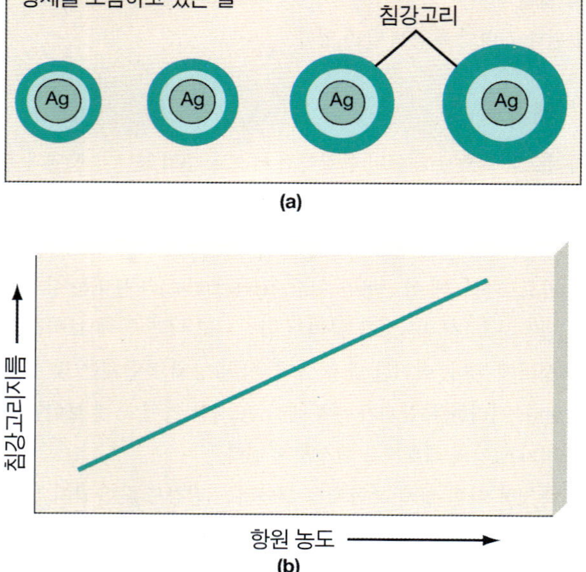

그림 18.30 방사면역확산법. (a) 항체가 들어 있는 한천판에 구멍을 내어 항원을 채운다. 항원이 밖으로 확산되면서 항체와 만나 복합체를 형성한다. 항원과 항체의 비가 적절하게 맞으면 복합체는 고리 모양으로 침강한다. (b) 고리의 지름은 항원 농도의 로그값에 비례하며 이것은 기준선을 그려서 결정 할 수 있다. 항체의 농도 역시 항원이 들어 있는 한천판에 구멍을 내고 항체를 위한 기준선과 나타난 고리의 크기를 비교하여 결정 할 수 있다.

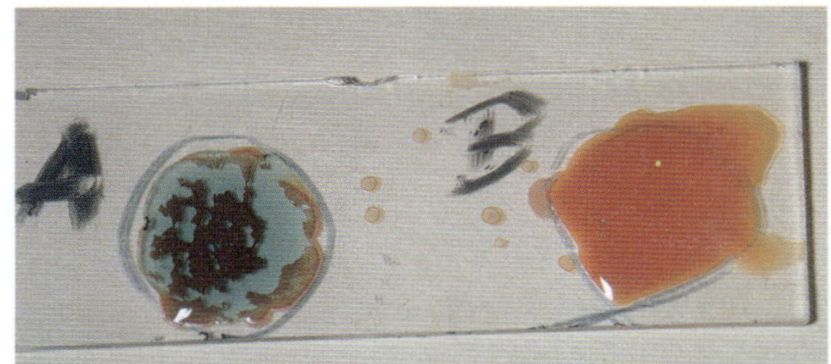

그림 18.31 적혈구응집. 혈액형을 판별하는 이 방법은 응집반응에 기초를 두고 있다. A에서는 적혈구가 세포의 항원에 대한 항체를 가진 혈청과 반응하였다. 세포와 항체 복합체가 함께 덩어리를 형성 하였다. B에서는 첨가된 혈청이 세포에 존재하는 혈액형 항원을 인식하는 항체를 가지고 있지 않아 덩어리를 형성하지 않았다. (*George Whiteley/Photo Researchers, Inc.*)

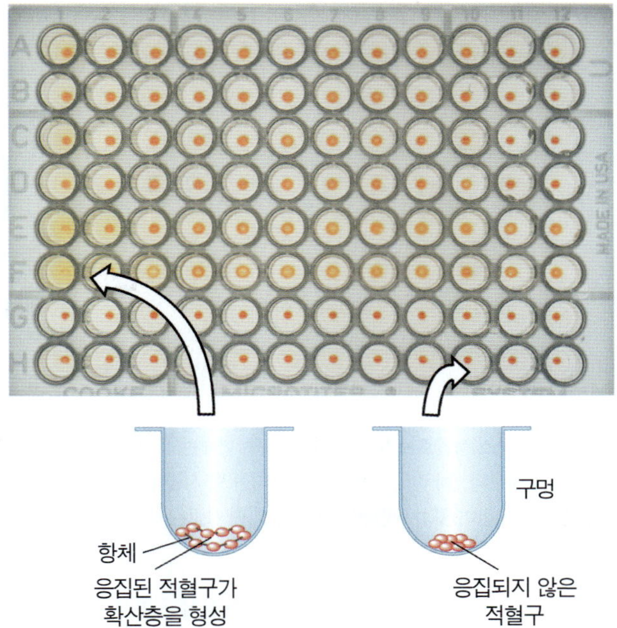

그림 18.32 마이크로타이터 플레이트. 적혈구응집반응은 종종 마이크로타이터 플레이트에서 수행되어진다. 이 플레이트는 96개의 플라스틱 구멍을 가지고 있으며, 따라서 많은 테스트를 동시에 진행 할 수 있다. 적혈구응집반응이 일어났을 때 항체와 항원이 반응한 것이다. 모든 구멍에 적혈구를 넣어준다. 양성 적혈구응집반응은 적혈구 세포의 확산 덩어리가 나타나고(F줄 1행) 음성 적혈구응집반응은 구멍의 바닥에 적혈구 세포덩어리가 보인다. ("빨간색 단추") (G와 H줄) (*Southern Illinois University/Visuals Unlimited*).

브루셀라증이나 파상열을 유발하는 3종류의 *Brucella*나, 야토병을 유발하는 *franciscella tularensis*, 단핵증을 유발하는 엡스타인 바 바이러스 등에 대한 항체를 진단하는데 사용 된다.

적혈구응집반응(hemagglutination)은 응집 반응과 유사한데 단지 적혈구 표면에 있는 항원을 이용한다는 점만 다르다. 적혈구응집반응은 혈액혈을 구분하는데 사용 된다**(그림 18.31)**. 또한 적혈구응집반응은 홍역이나 인플루엔자를 유발하는 바이러스를 진단하는데도 사용 할 수 있다. 이러한 바이러스들은 적혈구에 결합하여 적혈구를 교차로 연결하여 **바이러스성 적혈구응집반응(viral hemagglutination)**을 일으킨다. 이 반응은 바이러스에 대한 항체를 첨가함으로서 저해 시킬 수 있다. 이 항바이러스 항체가 바이러스와 결합하게 되면 더 이상 바이러스가 적혈구와 결합하지 못하게 된다. 이러한 방해는 **적혈구응집억제반응(hemagglutination inhibition test)**의 기반이 되며 이를 이용해서 홍역, 인플루엔자 및 다른 바이러스 질환을 진단하는데 사용한다.

오늘날, 이러한 다양한 응집반응이 플라스틱 마이크로타이터 플레이트(*microtiter plate*)위에서 행해진다. 이 플레이트들은 96개의 구멍을 가지고 있어 많은 샘플의 진단을 동시에 수행 할 수 있다. **그림 18.32**에서는 플레이트 구멍에 항체를 희석하여 넣은 후 후 동일양의 적혈구를 각 플레이트 구멍에 첨가 하는 것을 보여 주고 있다. 적혈구를 응집하기에 충분한 항체가 존재한다면 항체-세포 복합체가 구멍의 바닥에 넓은 면적에 걸쳐 가라 않을 것이다. 만일 항체 타이터가 낮다면 적혈구 세포는 구멍 바닥에 빨간색 "단추" 처럼 가라 않을 것이다.

이전에 우리는 신생아의 심각한 용혈성 질환이 산모(Rh 음성)와 태아(Rh 양성)사이의 Rh 요소의 불일치 때문에 일어난다는 것을 보았다. 항-Rh 항체가 적혈구 세포 표면의 Rh 항원에 결합하여 적혈구응집반응이 일어 날 수 있음에도 불구하고 항-Rh 항체와 응집 될 정도로 충분한 Rh 항원의 양이 없었다**(그림 18.33a)**. **쿰스 항글로브린 시험(Coomb' s antiglobulin test)**은 이러한 항체를 진단하기 위해 개발 되었다. 만일 항-Rh 항체로 덮힌 적혈구와 항-Rh 항체를 인식하는 항체를 처리하면 항체-항체-세포 복합체가 응집 된다**(그림 18.33b)**. 따라서 만일 환자의 혈청이 Rh 항체를 갖고 있거나 적혈구가 Rh 양성이라면 응집이 일어나게 된다.

인체의 자연 방어 기작은 항원-항체 복합체에 결합한 보체를 이용

적용

핑크색은 당신이 임신임을 알려 준다.

당신은 가정용 자가 임신 진단 키트가 응집반응을 변형한 것이라는 걸 알고 있는가? 이 테스트는 응집 억제 반응에 기초를 둔 것으로 매우 소량의 항원을 진단하는 매우 민감한 진단 방법이다. 라텍스 입자에 사람 융모막성생식자극호르몬(HCG)과 HCG 항체를 코팅한다. 임신한 여성의 HCG 함유 소변이 이 라텍스에 묻으면 라텍스 입자는 응집하지 않고 따라서 응집반응이 일어나지 않으면 임신한 것을 타나낸다. 만일 당신이 단 한번도 가정용 임신 자가 진단제를 사용해 본적이 없다 할지라도 당신은 여전히 응집 억제 반응에 노출 되어 있다. 많은 직장에서 장래의 고용인들에게 마약 테스트를 하기 위해 응집 억제 반응을 이용한다. 이 반응을 특정인이 코카인이나 헤로인 같은 불법적인 약물을 복용 했는지 안했는지를 결정하는데 사용한다.

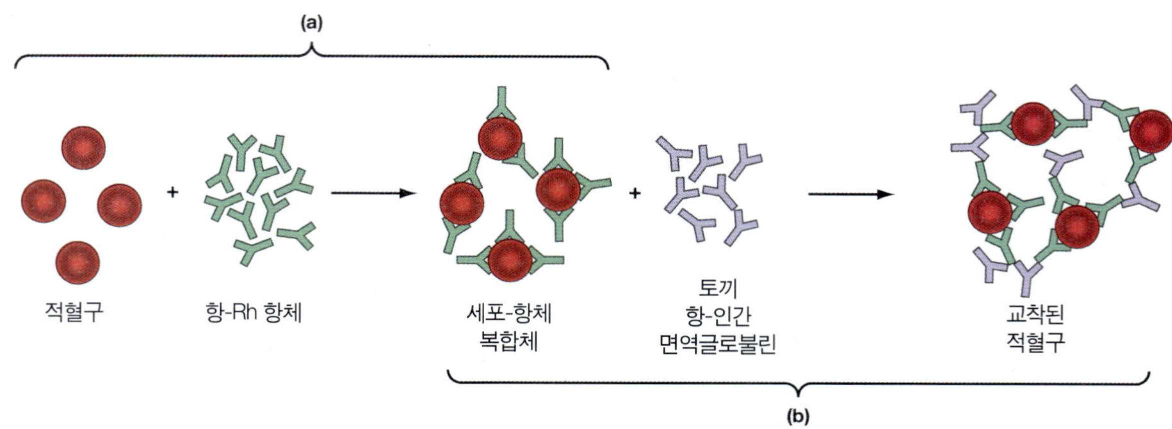

그림 18.33 쿰스 항글로브린 시험. **(a)** 항-Rh 항체는 적혈구 세포와 반응한다. 만일 Rh 항원이 혈액 세포에 있다 할지라도 이들이 적혈구응집반응을 유도하기에는 양이 부족하다. **(b)** 따라서 토끼에서 준비한 항-사람 항체를 분비하여 적혈구세포-항체 복합체와 반응시킨다. 만일 Rh 항원이 적혈구 세포에 존재한다면 적혈구응집반응이 일어난다. 이런 혈액 세포를 가진 사람은 Rh-양성이다.

해서 감염원을 파괴한다. 동일한 방법을 실험실이나 임상에서 아주 적은 양의 항체를 측정 하는데 사용한다. **보체고정시험(complement fixation test)**은 매우 복잡한 과정으로 열로 환자 혈청 안에 존재하는 보체를 불활화 시키는 것으로 시작한다. 이후 혈청을 희석하고 알려진 농도의 비인간화 보체와 테스트 항원을 따로 첨가 한다**(그림 18.34a)**. 항원은 찾고자 하는 항체에 특이적이다. 이 복합체를 배양해서 항원이 혈청 안에 존재하고 있는 항체와 반응하도록 해준다. 그다음으로 전형적인 지시 시스템인 양(sheep)의 적혈구와 이 적혈구에 대한 항체를 첨가해 준다. 테스트 항원에 대한 항체가 환자의 혈청에 존재하면 항원-항체 반응이 보체를 고정(결합) 시켜 준다. 따라서 혈구 세포는 용혈 되

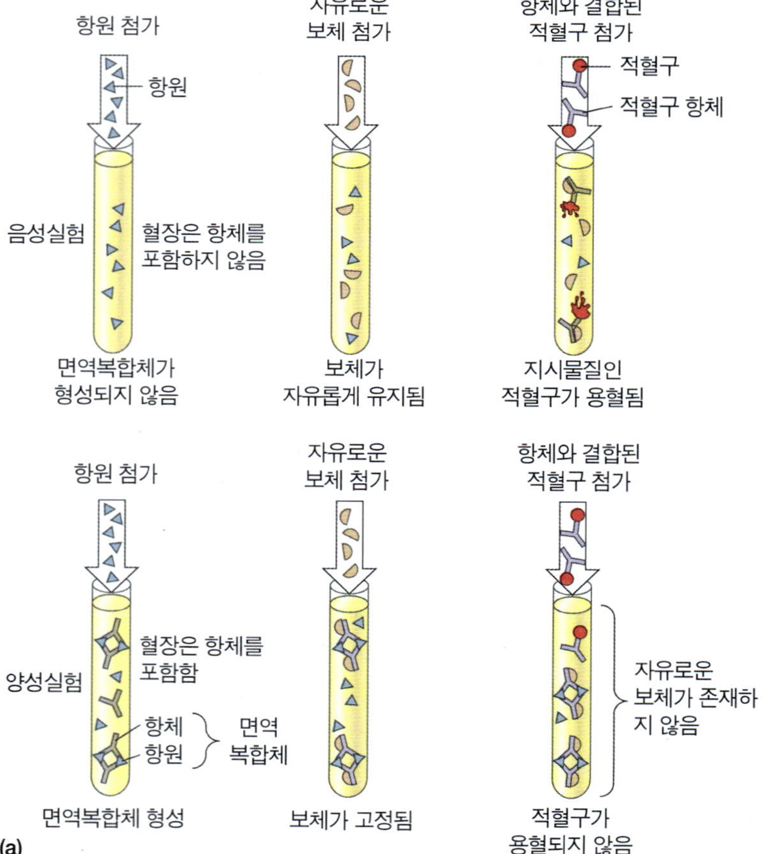

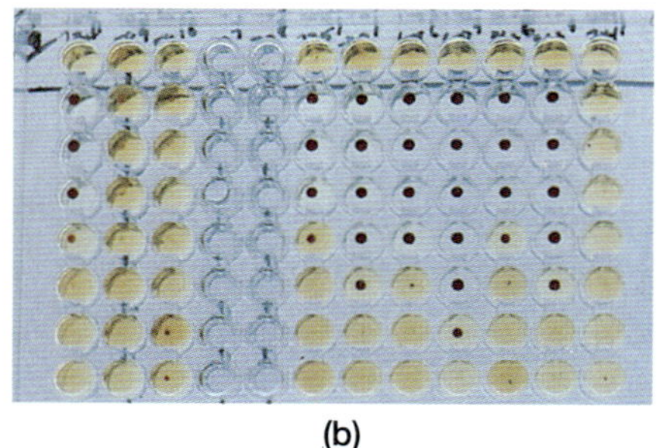

그림 18.34 항체를 위한 보체고정시험. **(a)** 첫 단계에서 테스트하고자 하는 혈청을 희석하고, 확인하고자 하는 항체에 대한 항원을 첨가한다. 만일 항체가 존재한다면 항체가 항원과 반응하여 면역복합체를 형성한다. 두 번째 단계에서 유리되어 있는 보체를 첨가한다. 만일 면역 복합체가 형성되어 있다면 보체가 이 복합체와 결합하여 고정된다; 만일 면역 복합체가 형성되어 있지 않다면 보체는 자유롭게 남아 있게 된다. 세 번째 단계에서 적혈구에 대한 항체 분자와 연결된 양의 적혈구를 첨가한다. 만일 유리 보체가 존재한다면 이 보체가 적혈구를 용혈 할 것이다. 이것이 음성이다–이것은 최초에 테스트한 혈청 안에 항체가 없음을 의미한다. 만일 모든 보체가 처음의 면역 복합체에 의해서 고정 되었다면 적혈구는 용혈 되지 않는다. 이것이 양성이다–이것은 항체가 처음의 혈청 샘플에 존재하고 있음을 의미한다. **(b)** 양성 테스트에서, 보체는 고정되어 적혈구가 용혈 되지 않는다. 대신 적혈구는 구멍의 바닥에 특징적인 빨간색 단추 모양을 형성하게 된다. (Leon J. LeBeau/Biological Photo Service/PO).

지 않고 이런 파괴되지 않은 세포들이 빨간색 단추처럼 형성되어 테스트는 양성으로 판정 된다(그림 18.34b). 그러나 만일 항체가 존재하지 않는다면 복합체에 존재하는 자유로운 보체가 지시 시스템에 의해 고정되어 세포를 용혈 하게 된다. 테스트 결과는 음성으로 판정한다. 보체고정시험은 백일해와 임질 같은 박테리아 질환과 히스토플라스마증 같은 곰팡이 질환을 진단하는데 사용된다. 매독을 진단하는 와이즈만 시험은 보체고정법을 이용한다.

중화반응(neutralization reaction)은 미생물 독소와 바이러스 항체를 진단하는데 사용된다. 디프테리아 항독소(디프테리아 독소에 대한 항체)의 존재에 의존하는 디프테리아 면역은 **쉬크 시험(Schick test)**에 의해 진단된다. 이 시험은 디프테리아 독소의 적은 양을 사람에게 접종하는 것으로 시작한다. 만일 이 사람이 디프테리아에 면역되어 있다면(혈액을 순환하고 있는) 디프테리아 항독소가 독소를 중화해버려 더 이상의 반응이 진행되지 않는다. 만일 그 사람이 디프테리아에 면역되어 있지 않다면 항독소도 없을 것이고 따라서 독소가 조직을 파괴 할 것이고 이것은 접종된 지 48시간 안에 접종된 위치가 충혈 되면서 부풀어 오르는 것으로 판정된다.

바이러스 중화(viral neutralization)는 항체가 바이러스에 결합하여 바이러스가 세포에 감염되는 걸 막게 될 때 일어난다. 실험실이나 임상에서 환자의 혈청과 바이러스를 배양되는 세포나 계태아에 첨가한다. 만일 혈청이 바이러스에 대한 항체를 가지고 있다면 이 항체들은 바이러스를 중화해서 배양되는 세포나 계태아에 감염 되는 것을 막아 줄 것이다.

표지항체 테스트

항체나 항원을 진단하는 가장 민감한 면역학적 방법은 매우 적은 농도라도 손쉽게 진단 할 수 있는 "분자 꼬리표"를 달은 항체를 이용하는 것이다. 사실 이것이 인식 할 수 있는 농도는 너무 낮아서 응집이나 침강이 일어나기 어려운 농도이다.

면역형광법(immunofluorescence)은 항체의 꼬리(Fc 부분)에 형광 염색 분자를 달은(꼬리에 붙인) 항체(보통 IgG)를 이용하는 방법이다. 예를 들면, 형광 이소티오시아네이트를 꼬리에 달은 IgG 항체는 자외선(UV)에 노출되면 밝은 노랑초록색을 발광한다. 형광이 달린 항체는 세포의 특정 위치나 조직에서 항원이나 다른 항체, 보체 등을 진단하는데 사용 된다(그림 18.35). 이러한 세포나 조직 샘플을 형광현미경 아래에서 조사 할 수 있기 때문에 이 기술은 실험실에서

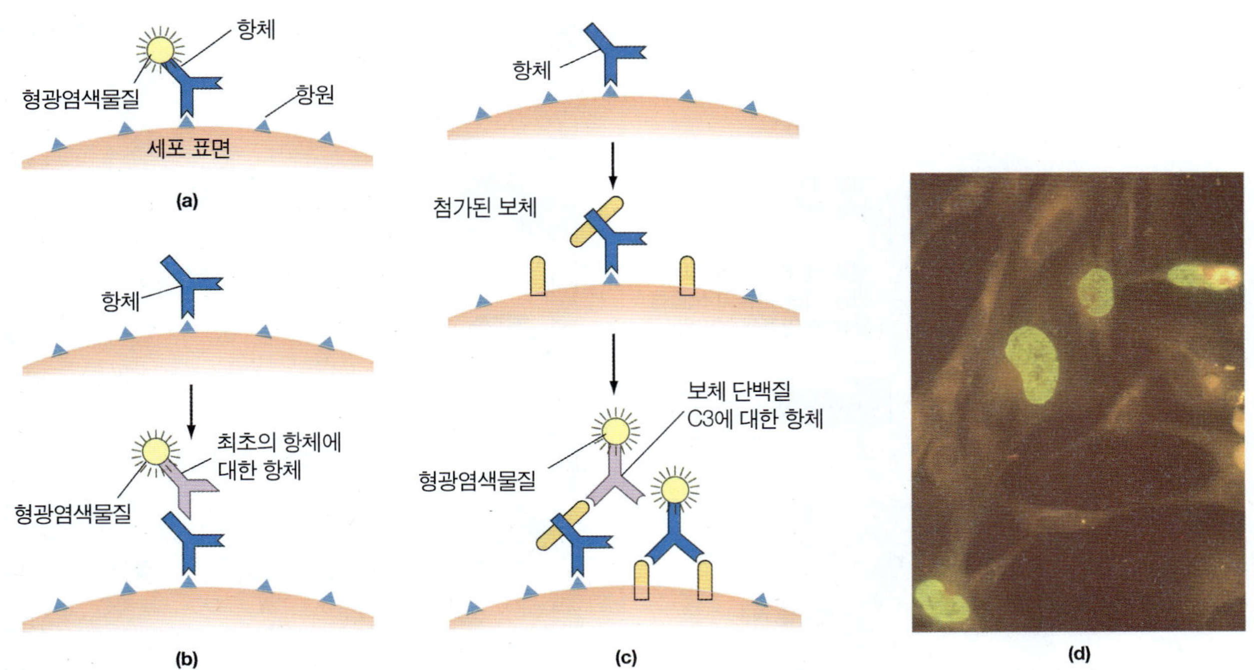

그림 18.35 면역형광법. 형광물질은 다른 분자들과 복합체를 이룰 수 있는 형광색소 분자이다. 형광현미경에서 자외선(UV)을 비추어주면 형광을 발하여 "표지된" 분자의 존재를 나타낸다. 조직에 있는 특정 항원의 존재를 직접적으로 확인하고자 할 때, **(a)** 그 항원에 대해 형광 표지된 항체 용액을 준비하여 세포나 얇은 조직편에 첨가하여 반응시킨 후 세척한다. 조직에 있는 항원과 복합체를 이룬 염색물질이 표지된 항체가 형광 현미경 상에서 보면 형광을 띤다. **(b)** 간접적인 방법으로는 찾고자 하는 항원에 대한 항체 자체에 표지를 달지 않는 것이다. 대신 그 항체의 존재여부는 원래 항체에 대해 형광이 표지된 항체(항-항체)를 사용하여 확인 한다. **(c)** 보체(단백질 C3)를 항체와 함께 조직편에 첨가한 후 보체 단백질 중의 하나에 대한 형광 표지 항체를 사용하여 항원-항체 복합체나 세포에 결합된 보체의 존재 유무를 확인 할 수 있다. **(d)** 인플루엔자 바이러스가 감염된 폐 세포에 대한 면역형광항체 염색(4,722X). 이 세포에 특정한 바이러스에 대한 형광 염색물질 표지 항체를 처리한다. 감염된 세포의 핵이 밝은 노란 초록색을 발하는 것은 바이러스 항원이 거기에 존재함을 나타낸다. *(Courtesy George A. Wistreich, East Los Angeles College).*

세포내 항원의 위치나 자가항체를 조사하는데 유용하게 사용된다. 다른 항체를 진단하는 형광이 달린 항체를 항-항체(*anti-antibody*)라고 한다; 마찬가지로 보체를 진단하는 것을 항-보체(*anti-complement*)라 한다. 면역형광법은 임질, 매독, HIV 감염, 재향군인병, 클라미디아 사이토메갈로바이러스병, 크립토스포리디움, 곰팡이 감염, 신장 생검에서 IgA 면역 복합체, SARS 바이러스 등의 진단에 활용 된다.

형광활성 세포분류기(FACS)

때때로 연구를 위해 세포의 특정 타입을 모을 필요가 있다. 예를 들면 AIDS 환자의 병의 진행 정도를 알기 위해 CD4나 CD8 T 세포의 양과 비율을 알 필요가 있다. 이 실험은 유세포분석기라는 기계를 기본으로 변형한 **형광활성 세포분류기(fluorescence-activated cell sorter, FACS)(그림 18.36)**를 사용하여 무균 상태에서 수행 할 수 있다. 하나의 세포를 가진 작은 방울을 연속해서 노즐을 통해 떨어뜨린다. 자외선의 레이저빔을 쪼일 때 세포가 형광을 띠면 검출기가 전극을 활성화 시켜 세포를 가진 물방울에 전하를 부여하게 된다. 자기장을 통과하면서 물방울이 떨어질 때 전하를 띤 물방울이 따로 준비된 통으로 휘어져 들어가게 된다. 세포가 레이저를 통과해서 떨어진 후 세포들은 분류되고 숫자가 세어진다.

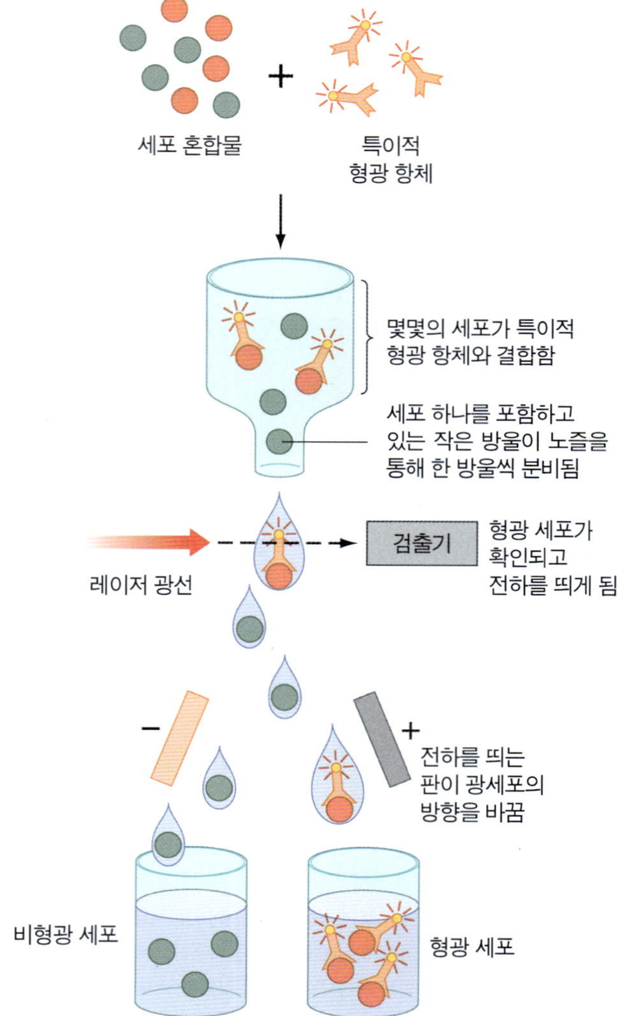

그림 18.36 형광활성 세포분류기(FACS).

방사면역분석시험(radioimmunoassay, RIA) 역시 항원과 항체의 아주 적은 양(나노 그램)을 확인 하는데 사용 된다. RIA로 시험 샘플 안에 존재하는 항체의 양을 측정하기 위해서는 알려진 항원을 생리식염수(소금)에 넣어 플라스틱 플레이트에서 반응 시킨다**(그림 18.37a)**. 어떤 항원 분자들은 플라스틱에 달라붙게 되고 붙지 않은 것들은 세척해 버린다. 측정하고자 하는 항체를 넣고 항원과 결합 하도록 반응 시킨다**(그림 18.37b)**. 그 후 방사능 동위원소가 달린 항-항체를 넣어준다**(그림 18.37c)**. 반응 후 결합되지 않은 항체들은 세척해 버린다. 플라스틱 구멍에 남아 있는 방사능 동위원소의 양을 방사선 계수관으로 측정하면 이것으로 실험 샘플 안에 존재 했던 항체의 농도를 결정하게 된다.

효소면역측정법(enzyme-linked immunosorbent assay, ELISA)는 RIA를 변형한 것으로 방사능 물질 대신에 효소 꼬리를 달고 있는 항-항체를 사용하는 방법이다**(그림 18.38a)**. 측정하고자 하

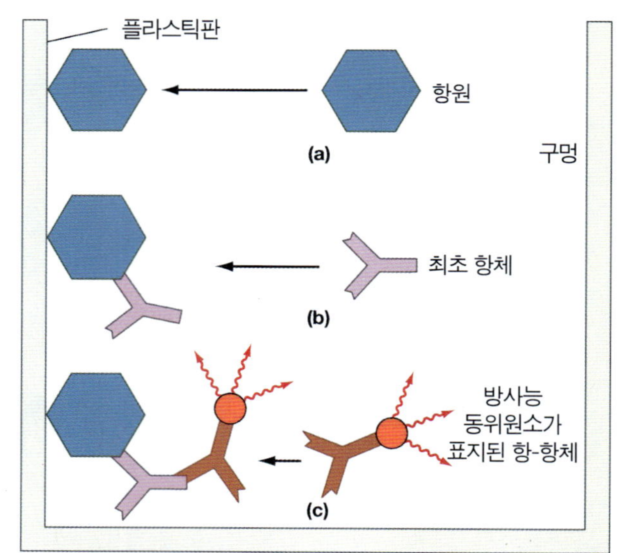

그림 18.37 방사면역분석시험(RIA)은 매우 적은 양의 항체를 확인하는데 사용한다. (a) 처음으로 항원을 플라스틱 플레이트 바닥에 붙인다. 붙지 않은 항원은 세척해 낸 후 확인하고자 하는 항체를 가진 용액을 첨가하여 반응시킨다. (b) 만일 항체가 존재한다면 항원과 반응한다. (c) 붙지 않은 항체를 세척한 후 일차 항체에 특이적인 방사능 표지 이차 항체(항-항체)를 첨가한다. 붙어 있는 방사능 표지 항-항체의 양을 측정한다; 이 측정치는 원래 용액에 존재 했던 항체의 농도와 비례한다.

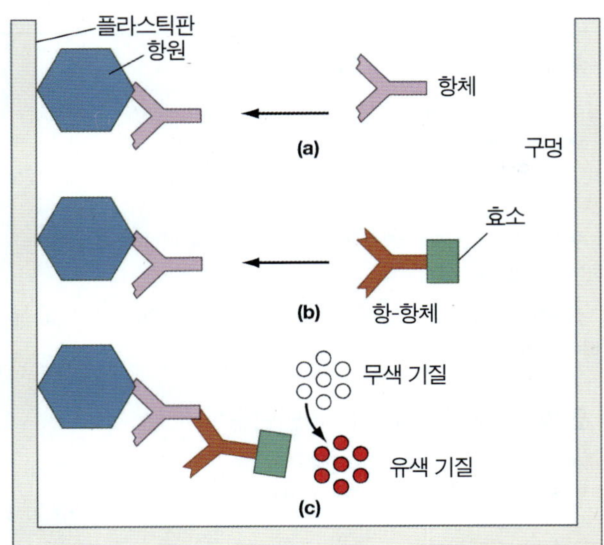

그림 18.38 **효소면역측정법(ELISA)는 RIA의 변형이다.** (a) RIA처럼 플라스틱 플레이트 구멍 바닥에 결합 시킨 항원에 확인하고자 하는 항체를 넣어 반응 시킨다. (b) ELISA에서는 항원-항체 반응 후 항-항체를 첨가한다. 그러나 RIA에서처럼 방사능 표지 물질을 사용하는 대신에 이 항체는 공유결합 된 효소를 가지고 있다. (c) 그 후 이 효소에 특이적인 기질을 첨가한다. 만일 이 효소가 처음 항체에 결합되어 있다면 촉매 반응을 유발해 색이 없는 기질을 색이 있는 산물로 변환 시킬 것이다. 이러한 ELISA 테스트는 혈액 샘플에서 HIV를 확인하는데 일반적으로 사용하고 있다.

는 항체를 항원과 반응 시킨 후 항-항체-효소 복합체를 넣어준다(그림 18.38b). 최종적으로 효소가 색을 띠는 물질로 변환 시킬 수 있는 기질을 넣어준다(그림 18.38c). 색을 띤 물질의 양이 항체의 농도와 비례한다. RIA와 ELISA는 항체나 항원을 측정하는데 가장 널리 사용 되어지는 방법들이다.

ELISA의 가장 중요한 응용 중 하나는 감염 후 6주안에 생성되는 HIV 항체를 확인하는 것이다. 이 시험법은 미국 혈액원에서 감염으로부터 혈액 산물들을 받는 사람들을 보호하기 위해서 혈액을 검사하는데 사용되어지고 있다. ELISA는 매우 민감한 방법이여서 미국적십자 혈액원에서는 위양성(실제로 HIV 항체가 없는데 색을 띤 물질이 검출 되는 것) 비율이 0.2%정도 된다고 보고 하였다.

HIV 감염을 확진하기 위해서는 가장 민감한 방법인 **웨스턴 블롯(Western blotting)**을 이용하여 ELISA 양성인 사람들의 샘플을 가지고 검사 한다. 웨스턴 블롯 실험은 HIV 단백질들을 각각 분리하기 위해 우선 면역전기영동법처럼 전하에 의해서 바이러스 단백질들을 겔 안에서 분리한다. 분리된 단백질들을 셀룰로스 필터 페이퍼로 옮긴("blotted")다. 다음으로 개개인의 혈청을 바이러스 단백질이 옮겨진 블롯 위에서 반응 시킨다. 만일 HIV 항체가 존재한다면 이 항체들은 분리되어진 HIV 단백질들과 반응 할 것이다. 이러한 항원-항체 복합체는 효소를 붙인 항인간 항체를 첨가해서 보이게 할 수 있다. 효소 기질을 첨가하면 색을 띤 밴드가 종이위에 모습을 나타낸다(그림 18.39). 따라서 웨스턴 블롯은 HIV 항체에 특이적인 바이러스 항원을 결정해 준다.

중점 질문 사항

1. 응집반응과 침강반응은 어떻게 다른가?
2. 항체 역가가 의미하는 것은 무엇인가?
3. RIA, ELISA, 웨스턴 블롯 방법을 비교하라

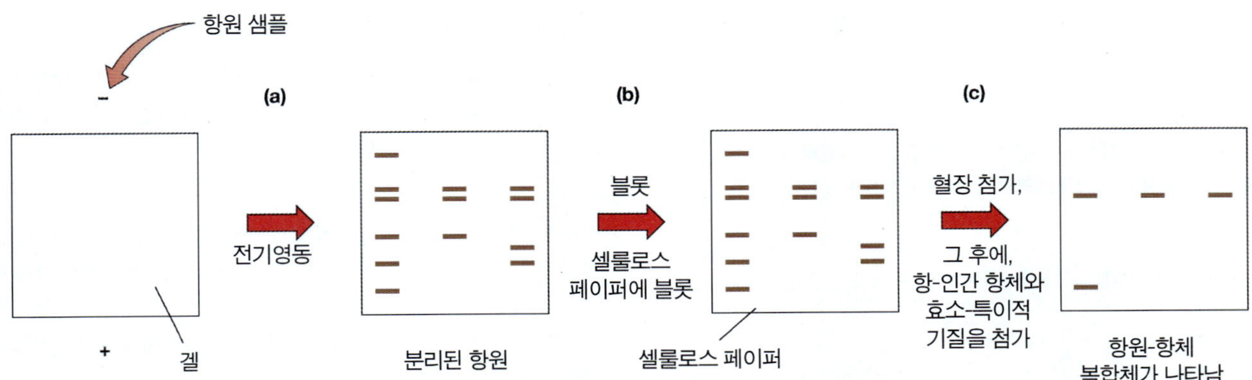

그림 18.39 **혈액에서 HIV 항원을 진단하는 웨스턴 블롯.** (a) 겔 안의 HIV 항원에 전류를 통해 분리하면 분리된 항원 밴드를 형성하게 된다. (b) 항원 밴드를 셀룰로스 페이퍼에 옮긴다(블롯한다). (c) 염색물질이 표지 된 HIV 항체를 첨가한다. 특정한 HIV 항원을 인식하는 특정 항체가 항원에 결합하여 눈에 보이는 밴드를 형성한다.

요약

면역학적 장애 개론

- **면역학적 장애**는 과도하거나 불충분한 면역반응 때문에 일어난다.

과민반응

- **과민반응** 혹은 **알레르기**는 항원에 대한 과도한 반응 때문에 일어난다.

면역결핍

- **면역결핍**은 불충분한 면역반응 때문에 일어난다. **선천적 면역결핍**은 유전적 혹은 발생학적 결여로 B 혹은 T 세포 또는 두 세포 모두가 없거나 기능적 장애를 가지게 된 경우이다. **후천적 면역결핍**은 B 혹은 T 세포가 정상적으로 발생된 후에 손상을 입어 생겨난 결과이다.

즉시형(Type I) 과민반응

- **아나필락시스**는 즉각적이고 과도한 면역반응에 의해 일어나는 위험한 반응이다.

알레르기 항원

- 알레르기 항원은 보통은 안전한 물질이다. 다만 알레르기 항원에 민감한 개인에게는 심각한 면역학적 반응을 유도하는 물질이다. 일반적인 알레르기 항원은 표18.1에 정리되어 있다.

즉시형 과민반응의 기작

- **즉시형 과민반응**의 기작은 그림 18.1에 정리되어 있다. 즉시형 과민반응의 매개물질은 표 18.2에 정리되어 있다.
- **감작**되는 과정은 영향을 받는 사람이 비만세포와 호염기성 세포에 결합 할 수 있는 IgE 항체를 만드는 것으로 시작한다. 그 후 다시 동일한 항원에 두 번 이상 노출 되면 히스타민 및 다른 매개물질들이 세포성 **탈과립화**에 의해 방출 된다. 반응성 매개물질의 합성은 즉시형 과민반응의 증세 때문에 일어난다.

국소적 아나필락시스

- **아토피**는 알레르기 항원에 대한 국소적 반응으로 히스타민 및 다른 매개물질들에 의해 팽진 발적 반응 및 다른 알레르기 증세가 나타나는 것을 말한다.

전신적 아나필락시스

- **전신적 아나필락시스**는 기도의 수축(**호흡성 아나필락시스**)나 혈압의 급격한 감소(**아니필락시스형 쇼크**)가 일어나는 전신 반응이다.

알레르기의 유전적 요소

- 유전적 요인이 알레르기가 발생하는 원인 중 하나로 생각되어 진다.

알레르기 치료

- 알레르기는 그림 18.5에서 보여준 것처럼 탈감작(저감수성)에 의해서 치료한다; 증세는 항히스타민제를 사용하여 완화 시킨다.

세포독성(Type II) 과민반응

세포독성 반응의 기작

- **세포독성 반응**의 기작은 그림 18.6에 정리되어 있다.

세포독성 반응의 예

- **수혈반응**은 수혈되는 적혈구 세포 표면 항원에 대한 항체가 생겨나서 적혈구가 **용혈** 되어 일어난다.
- **신생아 용혈질환**은 감작된 엄마로부터 생겨난 항-Rh 항체가 Rh 양성인 태아에 있는 Rh 항원과 결합 할 때 일어난다.

면역복합체(Type III) 과민반응

면역복합체 장애의 기작

- **면역복합체 장애**의 기작은 그림 18.9에 정리되어 있다.

면역복합체 장애의 예

- **혈청병**은 혈청안의 외부(때때로 동물) 항원이 항체와 결합하여 면역복합체를 형성하여 다양한 조직에 침착되어 일어난다.
- **아르더스 반응**은 부종과 출혈의 원인이 되는 항원 물질에 대한 (주로 주사되는 물질) 국소적 면역 반응이다.

세포매개(Type IV) 과민반응

세포독성 과민반응의 기작

- **세포매개 (지연형) 과민반응**의 기작은 그림 18.12에 정리되어 있다.

세포독성 과민반응의 예

- **접촉성 피부염**은 넝쿨옻나무, 금속, 혹은 다른 물질에 두 번 이상 연속으로 노출되면 발생하며 주로 부종이 발생한다.
- 다른 종류의 세포매개 과민반응은 **튜베르클린 과민반응**과 **육아종성 과민반응**이 있다.
- 4종류의 과민반응의 특징은 표 18.5에 정리 되어 있다.

자가면역 질환

- **자가면역 질환**은 세포 표면이나 조직 안에 있는 자기항원에 대한 과민반응으로 일어난다. 이러한 질환은 종종 자기항원에 대한 자가항체를 생산한다. 자가면역 질환은 또한 세포매개에 의해서도 일어난다.

자가면역

- **자가면역**은 면역 시스템이 자기 몸의 구성 성분을 외부 물질인 것처럼 인식 할 때 일어난다. 유전적 요인과 **분자적 모방**이 자가면역 질환을 유발하는 기작 중 하나이다.
- 자가면역 질환에서 생겨난 조직 손상은 세포독성, 면역 복합체, 세포매개 과민반응 때문에 일어난다.

자가면역 질환의 예

- 자가면역 질환의 예는 **중증 근무력증, 류마티스성 관절염, 전신성 홍반성 낭창** 등이 있다.

이식

- **이식**은 한사람의 몸의 한 부분에서 다른 부분으로 **이식 조직**을 옮기는 것이나 (자가이식), 유전적으로 동일한 사람 사이에서 옮기는 것과 **(동계이식)**, 한사람으로부터 동일하지 않은 다른 사람으로 옮기는 것과 **(동계이식)**, 다른 종간에 옮기는 것 **(이종이식)**을 포함한다.

조직적합 항원

- 유전적으로 결정적인 **조직적합 항원**은 모든 세포의 표면 막에 존재한다. 어떤 항원들은 특정 질환의 위험도를 증가시키는데 관련되어 있다.
- 이식 조직 중 **사람 백혈구 항원(HLA)**은 **이식거부반응**의 중요한 원인이다. 그러나 골수나 다른 타입의 이식조직에 있는 면역적격세포가 숙주의 조직을 파괴하여 **이식편대숙주병(GVH)**을 유발한다.

이식거부반응

- 이식거부반응은 외부 HLA가 존재하기 때문에 일어난다. **초급성 거부반응**은 타입 II 과민반응이며, 이미 감작된 수여자에게 일어난다. **촉진 거부반응**은 주로 세포-매개 (타입 IV) 과민반응이다. **만성 거부반응**은 수개월에서 수년에 걸쳐서 일어난다.

임신 기간 중 태아의 면역 관용

- 태아는 "면역학적 특권을 가진 위치" 에 존재하고 있다. 태반 내에 태아가 위치하고 있는 부분의 세포들은 MHC 분자를 발현하고 있지 않다. 다양한 분자들이 산모의 NK 세포가 태아를 죽이는 것을 방해하고 있다.
- 정자의 "이질성" 이 산모가 태아를 보호하기 위한 방해 항체를 생산하는 것을 촉진한다.

면역억제

- **면역억제**는 외부물질로 인식되어진 것에 대해 면역 시스템의 반응이 낮은 걸 의미한다. 면역억제는 **방사능 조사**와 **세포독성 약**에 의해서 일어난다. 이것은 조직거부반응을 최소화 할 수 있으나 감염원에 대한 면역 반응 역시 낮추게 된다.

약물반응

- 4종류의 과민반응 모두 면역학적 약물 반응에서 나타난다.

면역결핍 질환

- **면역결핍 질환**은 만들어진 림프구와 면역 시스템의 다른 구성 성분이 처음부터 없는 상태나**(1차 면역결핍 질환)** 이미 만들어진 림프구가 파괴되어 **(2차 면역결핍 질환)** 생기게 된다.

1차(선천성) 면역결핍 질환

- B 세포 결핍 혹은 **무감마글로불린혈증**은 체액성 면역의 결핍을 유도한다.
- T 세포 결핍(예를 들면 **흉선 무형성증**)은 세포성 면역과 체액성 면역의 결핍을 유도한다.
- B 세포와 T 세포 모두가 결여된 **중증 복합 면역결핍증(SCID)**은 체액성 면역과 세포성 면역 둘 다의 결핍을 유도한다.

2차(후천성) 면역결핍 질환

- 2차 면역결핍 질환은 감염, 악성종양, 자가면역 질환을 통해서 일어난다.
- **후천성 면역결핍증(AIDS)**는 **인간 면역결핍 바이러스(HIV)** 때문에 일어난다. HIV는 T_H 세포를 파괴하고 결국 모든 면역 기능이 망가진다.
- HIV 감염자는 여러 단계를 거쳐 AIDS로 병이 진행 한다. 그룹 4에 속한 개인은 기회감염과 **카포시육종** 같은 악성종양 때문에 고통 받는다.
- AIDS의 전 세계적인 유행 때문에 2007년 말까지 HIV에 감염된 사람이 4000만명 이상 나타 날 것이다.
- HIV 감염은 성접촉, 주사 바늘 공유, 혈액과 혈액 산물의 수혈, 엄마의 태반을 통해 태아로 전달되어 발생 한다.
- 의료진은 *항상* 일반적 주의 사항을 명심해서 숙달 해야만 한다.
- 사회적, 경제적, 법적, 윤리적 문제가 점차 증가하고 있다.

면역학적 테스트

- **혈청학**은 항원과 항체를 진단하기 위해 실험실에서 사용하는 방법이다.

침강테스트

- **침강테스트**는 항체를 진단하는데 사용된다. 이 시험법의 변형이 **면역확산, 면역전기영동법, 방사면역확산법** 등이다. 이 모든 방법들은 용액이나 한천 겔 안에서 항원-항체 복합체의 침강에 의존하고 있다.

응집반응

- **응집반응**은 항원 항체 조합에 의한 덩어리 형성에 달려 있다. 이러한 테스트는 **항체의 역가**나 **혈청전환**이 일어났는지 아닌지를 판단하는데 사용될 수 있다.
- **적혈구응집반응**은 바이러스에 의해서나 혹은 특정한 항원을 가진 적혈구에 항체가 결합하여 적혈구 세포가 덩어리지는 현상을 말한다. **적혈구응집억제반응**은 홍역이나 다른 바이러스에 의해 유발되는 질병의 진단에 사용된다. **쿰스 항글로브린 시험**은 Rh 항체를 진단하는데 사용된다.
- **보체고정시험**은 보체가 항원-항체 복합체에 결합(고정)되는지의 여부를 가지고 항원에 대한 특정 항체가 혈청 내에 존재하는지를 간접적으로 진단하는 방법이다.
- **중화반응**은 미생물 독소와 특정 바이러스에 대한 항체를 진단 할 수 있다.

표지항체 테스트

- **면역형광법**은 세포 표면이나 조직 안에서 면역 반응의 산물을 확인할 수 있게 해준다.
- **형광활성 세포분류기(FACS)**는 세포를 타입에 따라 분류하고, 모으고, 수를 셀 수 있게 해준다.
- 항원과 항체의 분석은 방사능 항체를 사용하거나**(방사면역분석시험)** 효소가 연결된 항체에 항원과 항체가 결합하여**(효소면역측정법, ELISA)** 수행 된다. **웨스턴 블롯**은 특정 항원에 대한 특정 항체를 진단 한다.

용어 정리

1차 면역결핍 질환(p. 555)
2차 면역결핍 질환(p. 555)
감작(p. 534)
경결(p. 545)
과민반응(p. 532)
국소적 아나필락시스(p. 533)
동계이식편(p. 550)
동종이식편(p. 550)
레아진(p. 533)
류마티스 요인(p. 549)
류마티스성 관절염(p. 549)
류코트리엔(p. 535)
면역결핍 질환(p. 555)
면역결핍(p. 532)
면역복합체 (타입 III) 과민반응 (p. 532)
면역억제(p. 553)
면역전기영동법(p. 562)
면역학적 장애(p. 532)
면역형광법(p. 566)
면역확산법(p. 562)
무감마글로불린혈증(p. 555)
바이러스 중화(p. 566)
바이러스성 적혈구응집반응 (p. 564)
방사면역분석시험(p. 567)
방사면역확산법(p. 563)
방어항체(p. 538)
보체고정시험(p. 565)
분자적 모방(p. ???)
사람 백혈구 항원(p. 551)
선천적 면역결핍(p. 532)
세포독성 약(p. 553)
세포독성(타입 II) 과민반응(p. 532)
세포매개(타입 IV) 과민반응 (p. 532)
수혈 반응(p. 539)
쉬크 시험(p. 566)
시험관 응집시험(p. 563)
신생아 용혈 질환(p. 540)
아나팔락시스(p. 533)
아니필락시스형 쇼크(p. 537)
아르더스 반응(p. 543)
아토피(p. 536)
알레르기 항원(p. 533)
알레르기(p. 532)
웨스턴 블롯(p. 568)
육아종성 과민반응(p. 545)
응집(p. 563)
응집반응(p. 563)
이식 조직(p. 550)
이식(p. 550)
이식거부반응(p. 530)
이식편대숙주병(p. 550)
이종이식편(p. 550)
인간 면역결핍 바이러스(p. 557)
자가면역 질환(p. 547)
자가면역(p. 547)
자가이식(p. 550)
자가항체(p. 547)
적혈구응집반응(p. 563)
적혈구응집억제반응(p. 564)
전기영동(p. 562)
전신성 홍반성 낭창(p. 550)
전신적 아나필락시스(p. 533)
접촉성 피부염(p. 544)
조직적합 항원(p. 551)
주조직적합 복합체(p. 551)
중증 근무력증(p. 548)
중증 복합 면역결핍증(p. 556)
중화반응(p. 566)
즉시형(타입 I) 과민반응(p. 532)
지연형(타입 IV) 과민반응(p. 532)
지연형 과민 T 세포(p. 544)
천식(p. 537)
침강 반응(p. 561)
침강테스트(p. 561)
카포시육종(p. 559)
쿰스 항글로브린 시험(p. 564)
탈감작(p. 538)
탈과립(p. 535)
튜베르쿨린 과민반응(p. 545)
튜베르쿨린 피부 시험(p. 545)
프로스타글란딘(p. 535)
항체 역가(p. 563)
항원적(p. 547)
혈청병(p. 542)
혈청전환(p. 563)
혈청학(p. 561)
형광활성 세포분류기(p. 567)
호흡기계 아나필락시스(p. 537)
효소면역측정법(p. 568)
후천성 면역결핍증(p. 557)
후천적 면역결핍(p. 532)
흉선 무형성증(p. 555)
히스타민(p. 535)
ABO 혈액형 시스템(p. 539)
Rh 항원(p. ???)

임상 사례 연구

한 여자 환자는 항상 치과를 방문하고 나면 갔다 온지 수 시간 안에 뺨과 입이 부풀어 오르는 고통을 당하고 있다. 이러한 반응의 원인은 무엇인가? 어떤 종류의 과민반응인가? 이런 문제를 없애기 위해 그녀의 치과 의사는 무엇을 해야만 하는가? 이것에 대해 좀 더 알고 싶다면 다음의 웹사이트를 방문해 보아라. http://www.shef.ac.uk/~arrp/case/case1-2.html

요점 사고 문제

1. 왜 현재의 상태가 자가면역질환이 "되어 질것이라고 믿는 것" 이 단순히 "지금" 자가면역질환이라고 말하는 것보다 안전한 언급인가?

2. 2명의 건강한 부모가 어떻게 심각한 선천적 면역결핍증세를 가진 아이를 출산할 수 있는가?

3. 당신이 의료진이라면 당신 생각에 HIV에 감염된 환자의 혈액을 취급 할 때와 다른 사람의 혈액을 취급할 때 무엇을 다르게 취급 할 것인가?

자가 진단 문제

1. 꽃가루는 어떤 종류의 과민반응을 유발하는가?
   (a) 세포독성 (타입 II) 과민반응
   (b) 면역복합체 (타입 III) 과민반응
   (c) 세포매개 (타입 IV) 과민반응
   (d) 즉시형 (타입 I) 과민반응
   (e) 지연형 (타입 V) 과민반응

2. 어떤 과민반응이 T 세포 매개 반응인가?
   (a) 타입 I
   (b) 타입 II
   (c) 타입 III
   (d) 타입 IV
   (e) 해답 없음

3. 다음 주 어느 것이 비만세포와 결합하여 교차 연결이 되어 결과적으로 탈과립화 하여 히스타민을 방출하게 하는가?
   (a) IgM
   (b) IgA
   (c) IgG
   (d) 인터류킨
   (e) IgE

4. 타입 I 알레르기 반응을 억제하는 탈감작은 인체가 ( )를 만들도록 자극하여 이루어진다.
   (a) IgE 항체와 항원 제시 세포
   (b) 항원(알레르기 항원)
   (c) 히스타민
   (d) IgG 항체와 조절 T 세포
   (e) 항히스타민

5. 이론적으로 ( )형 혈액은 모든 사람들에게 피를 나누어 줄 수 있다. 왜냐하면 이 혈액은 ( ) 없기 때문이다.
   (a) O / 항원
   (b) AB / 항체
   (c) A / 항체
   (d) O / 항체
   (e) A / IgE

6. 전신적 아나필락시스에서는 다음과 같은 일이 일어난다:
   (a) 팽진 발적 반응
   (b) 알레르기 비염
   (c) 발진
   (d) 쇼크
   (e) 두드러기

7. 타입 II 과민반응은 ( ) 의해서 일어난다.
   (a) IgE
   (b) 세포 독성 T 세포의 활성화
   (c) 꽃가루
   (d) IgV
   (e) 잘못된 혈액형의 수혈

8. 자가항체를 생산하는 일은 ( ) 때문에 일어난다.
   (a) B 세포의 돌연변이 클론의 출현
   (b) 동떨어진 (숨은) 조직에 대한 항체의 생산
   (c) 유전적 요소
   (d) 모두가 정답이 될 수 있다.
   (e) 어느 것도 정답이 아니다.

9. 다음 중 양성 튜베르쿨린 반응의 예는 무엇인가?
   (a) 타입 I 과민반응
   (b) 지연형 과민반응
   (c) 급성 접촉성 피부염
   (d) 습진
   (e) 꽃가루 알레르기 반응

10. 류마티스성 관절염은 ( ) 질환이며 ( )에 영향을 끼친다.
   (a) 알레르기 / 연골
   (b) 자가면역 / 신경
   (c) 자가면역 / 관절
   (d) 면역결핍 / 근육
   (e) 알레르기 / 근육

11. 넝쿨옻나무에 접촉하면 어떤 종류의 과민반응이 발생하는가?
   (a) 타입 III
   (b) 타입 I
   (c) 타입 II
   (d) 타입 IV
   (e) 타입 V

12. 유전적으로 동일하지 않는 두 사람 사이의 조직 이식을 ( )라 부른다.
   (a) 동계이식편
   (b) 동일이식편
   (c) 혈관이식편
   (d) 소화이식편
   (e) 동종이식편

13. 타입 III 면역 복합 질환의 예는?
   (a) 접촉성 피부염
   (b) 이식 거부
   (c) 혈청병
   (d) 아토피
   (e) 동종이식편

14. 이식편대숙주병은 이식받는 수여자가 면역 시스템이 없거나 기능이 떨어졌을 때나 발생하거나 기여자의 기관과 수여자가 서로 다른 (   ) 을 발현 할 때 발생한다.
(a) HLA
(b) T 세포
(c) 항체
(d) 자가항체
(e) 인터루킨

15. 무감마글로불린혈증은 (   )가(이) 결여되어 생긴 면역결핍 질환이다.
(a) T 세포
(b) MHC
(c) IgE
(d) 사이토카인
(e) B 세포

16. 다음 중 어떤 질환이 병리학적으로 AIDS와 가장 유사한가?
(a) SCID
(b) 흉선 무형성증
(c) 무감마글로불린혈증
(d) ADA 결핍증
(e) 쿠루

17. 면역결핍 바이러스(HIV)는 주로 어떤 면역 세포의 마커에 잘 결합하는가?
(a) CD8
(b) MHC
(c) CDC
(d) CD4
(e) GP120

18. AIDS를 앓는 사람은 아마도 (   ).
(a) 항체를 만들지 못한다
(b) T 세포 의존 항원에 반응한다.
(c) T 세포 비의존성 항원에 반응한다.
(d) 많은 수의 T 보조 세포를 가진다.
(e) 정답 없음

19. HIV는 (   )의 부정확한 기능 때문에 높은 돌연변이율을 가진다.
(a) 바이러스 막
(b) CD4 수용체
(c) 역전사 효소
(d) 단백질분해효소
(e) 불균등화효소

20. 임신진단은 다음 중 무엇의 존재를 진단하는 것인가?
(a) Rh
(b) 사람 융모막성생식자극호르몬(HCG)
(c) 태아 단백질
(d) 응집
(e) 정화 요인

21. 다음 중 무엇이 자가면역질환과 관련되어 있는가?
(a) 류마티스성 관절염
(b) AIDS
(c) SCID
(d) 무감마글로불린혈증
(e) CJD

22. 인체의 모든 세포는 어떤 종류의 주조직접합체를 발현하고 있는가?
(a) Class I
(b) Class II

23. 서로 다른 종간에 장기를 이식하는 것을 ( )라 한다.
(a) 동종이식편
(b) 동계이식편
(c) 소화이식편
(d) 혈관이식편
(e) 이종이식편

24. 항체와 가용성의 항원이 반응하여 격자 모양의 네트워을 형성하는 것을 (   )라 부른다.
(a) 응집반응
(b) 보체고정
(c) 면역형광
(d) 중화반응
(e) 침강반응

25. 다음 중 HIV 감염을 진단하는 2가지 시험법은 무엇인가?
(a) 응집과 중화반응
(b) 보체고정과 면역형광법
(c) 방사면역분석법과 면역형광법
(d) 효소면역측정법과 웨스턴 블롯
(e) 적혈구응집반응과 쿰스 항글로브린 시험

26. 그림 (   )은 단지 하나의 항원-항체 복합체에 의해 일어난 면역확산법을 나타내고 있으며 그림 (   )는 2개의 서로 다른 항원-항체 복합체가 존재하고 있음을 나타내고 있다.

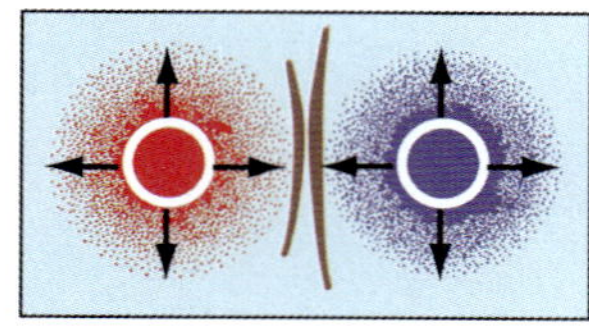
(a)

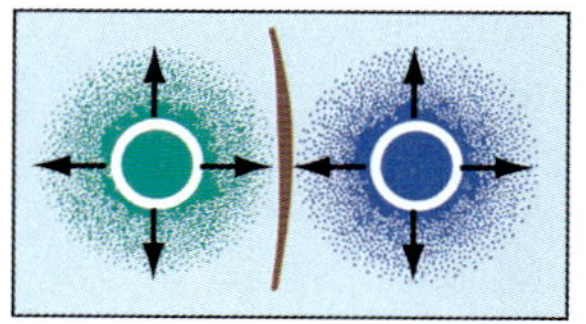
(b)

웹상에서 탐구 문제

http://www.wiley.com/college/black

만일 당신이 이 장을 완전히 이해했다고 생각한다면 웹상에 좀 더 도전적인 부분이 있다. 이 장의 개념에 대한 당신의 이해를 좀 더 미세하게 조정하기 위해 회사의 웹으로 가서 아래의 문제들에 대한 해답을 발견하시오.

1. 이것들은 우리 침대에 숨어 있고 소파와 카펫에도 숨어 있다. 진드기 같은 미세한 위생곤충들은 도처에 있으며 우리들의 기침과 알레르기 반응, 심지어는 호흡곤란이나 천식 같은 좀 더 심각한 문제를 유발하기도 한다. 웹에서 좀 더 많은 것을 배워라.
2. 만일 나의 자매와 내가 같은 혈액형을 가지고 있다면 왜 나는 나의 신장 하나를 자매 중 1명에게 줄 수 없는가? 그 이유를 웹 사이트에서 발견하라.

19 피부와 눈의 질병; 상처와 물린 상처

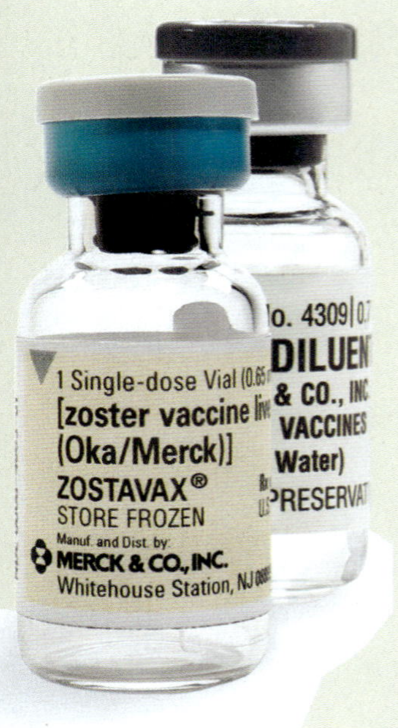

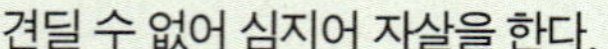
(Courtesy Merck & Company)

시작하며...

Peter 수녀는 도서관장이었다. 그녀는 최근에 들어온 모든 책들을 읽을 수 있고 오랜 애호 도서도 반복해서 읽을 수 있는 도서관에 있는 것을 매우 좋아 했다. 그러던 어느 날 그녀의 얼굴 피부는 가렵고, 욱신욱신 쑤시고 찌르듯이 아프기 시작했다. 그 증세는 더욱 악화되어 작은 수포도 생겼으며 고통스런 발진이 눈에도 발생하였다. 이 질병은 대상포진(shingles)으로 그녀가 어렸을 때 앓았던 수두(chickenpox)의 원인인 수두바이러스가 오랫동안 불활성 잠복상태로 있다가 재활성화 되어 생긴 것이다. 중년 나이의 Peter 수녀의 면역계는 약화되어 수두바이러스를 더 이상 잠복상태로 억제할 수 없었다. 이 바이러스는 신경 섬유를 따라 이동하면서 심한 통증을 유발하였고 신경을 손상시켰다. 그 결과로 그녀는 눈이 멀어 좋아했던 책을 다시는 읽을 수 없었으며 또한 하늘과 친구들도 볼 수 없게 되었다.

Klein 부인은 다른 증상을 겪었다. 칼로 손가락을 계속 찌르거나 감전되는 것과 같은 통증이 그녀의 손 전체에 생겼다. 그러나 발진이 없어지자 고통은 사라졌다. 이러한 고통은 그 후 10년 동안(그녀의 남은 일생 동안) 약화되지 않은 상태로 지속되었다. 당신이 구두끈을 맬 때, 글을 쓸 때, 나이프와 포크를 사용할 때, 심지어 잘 때에도 이러한 고통을 겪는다고 생각해 보라. 이 질병을 허피스감염후 신경통(postherpetic neuralgia)이라 하는데, 수두바이러스가 허피스바이러스과에 속하기 때문에 이렇게 명명하였다. 허피스감염후 신경통에 대한 좋은 치료법은 없다. 이 질병은 수개월 또는 수년 동안 지속된다. 어떤 환자는 매년 계속되는 지독한 고통을 견딜 수 없어 심지어 자살을 한다.

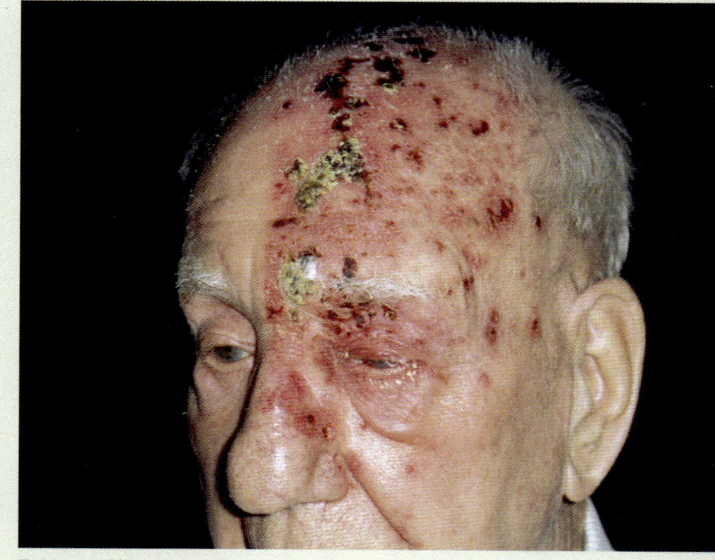
(P. Marazzi/Photo Researchers, Inc.)

한 세대가 지난 후에 Klein 부인의 딸의 허리 주변에 대상포진이 발생하였고 그녀는 남은 일생 동안 노출된 옷을 입을 수가 없었다. 현재 Klein 부인의 손녀는 이러한 고통에서 벗어나게 되었는데, 이는 대상포진 백신이 있기 때문이다. 허피스후 신경통을 퇴치하기 위한 연구를 수행 중인 국립보건원(National Institutes of Health, NIH)의 연구원들을 생각하며 시작하자.

이 주제와 관련된 비디오는 WileyPLUS에서 볼 수 있습니다.

이 교재의 18장까지는 미생물학의 일반적 원리에 대하여 설명하였지만 지금부터 인간의 감염성 질병을 이해하기 위한 미생물학의 응용적 원리에 대하여 설명하겠다. 질병에 대한 내용을 공부하면서 ◀14장의 고유미생물상(normal microflora, 정상세균총)과 ◀15장의 역학(epidemiology)에 대한 내용을 확인하도록 해라.

피부, 점막, 눈

피부

피부는 신체 중 가장 큰 단일 기관이다. 대부분의 미생물에 대한 물리적 방어벽인 피부는 비특이적 방어에 있어서 중요하다. 피부는 얇은 **표피(epidermis, 상피)**와 그 아래에 두꺼운 층인 **진피(dermis)**로 구성된다(그림. 19.1). 표피에는 혈관이 존재하지 않기 때문에 표피는 진피에 있는 혈관에서 확산된 영양물질로 영양분을 공급받는다. 표피는 여러 겹의 죽은 표피세포(*epithelial cell*)를 가지고 있는데, 이 세포들은 몸 내부에 있는 세포층의 손상과 감염에 대한 뛰어난 방어벽으로 작용한다. 진피에 접한 세포들은 일생동안 분열하고 표면으로 이동되어 표면에서 오래된 세포는 이탈된다. 그러므로 표피는 15-30일 마다 새 것으로 교체된다. 표피세포들은 **케라틴(keratin)**이라고 하는 방수성 단백질을 지니고 있어 수용성 물질들이 체내로 유입되는 것을 막아 준다. 또한 손바닥과 발바닥의 두꺼운 피부층은 피부의 손상 가능성을 감소시키는데, 굳은살(callus)은 일정하게 사용하는 부위에 있는 두꺼운 피부층을 말한다. 그래서 피부 표면 자체는 병원성 생물들과 외래 물질들이 체내로 유입되는 것을 막아준다.

피부는 감염에 대한 물리적 방어벽일 뿐만 아니라 피부 표면에는 다양한 고유미생물상이 서식하고 있다. 피부의 고유미생물상은 피부 표면의 넓은 영역을 차지하고 있기에 병원체(pathogen)들이 피부에

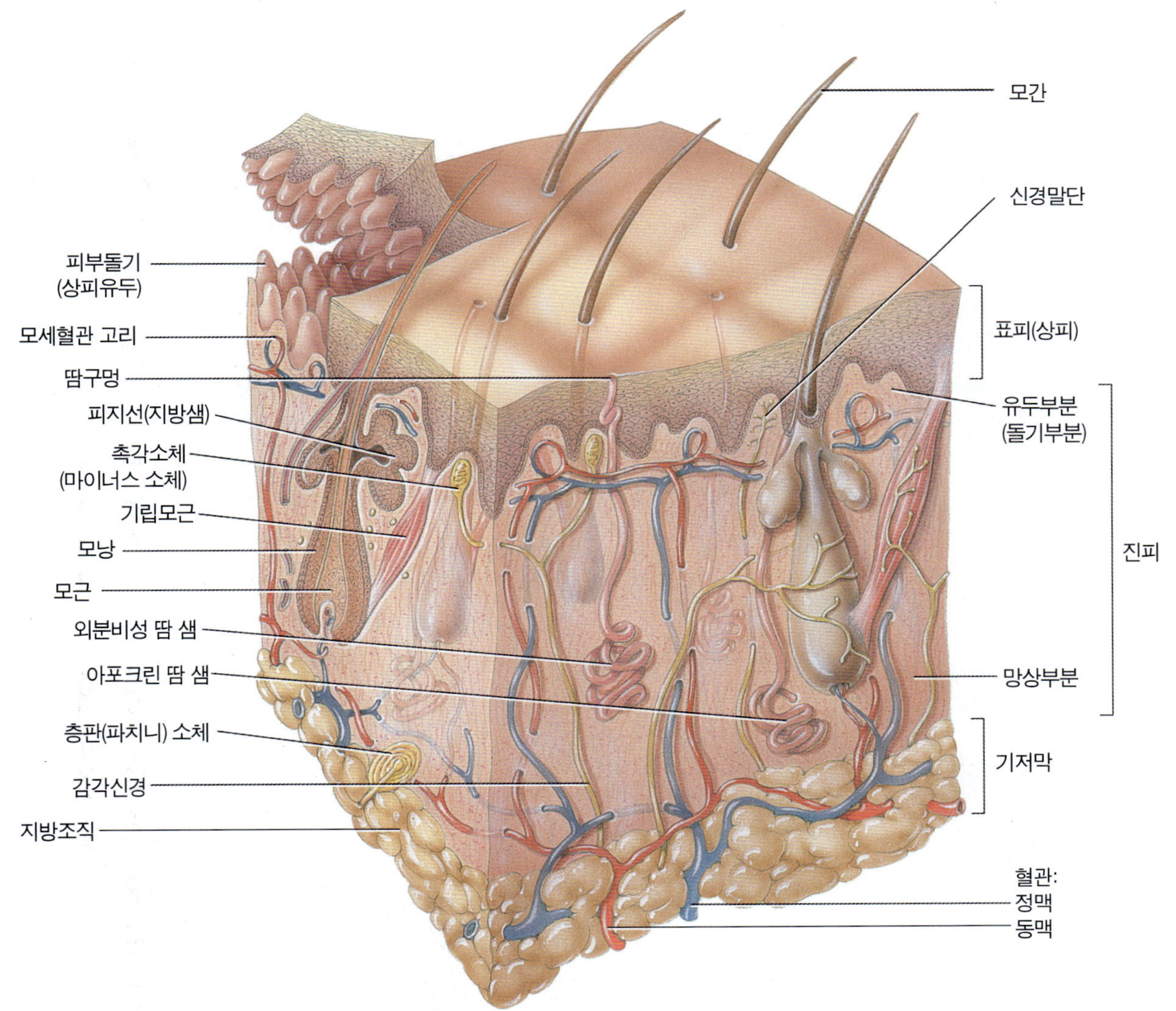

그림 19.1 피부. 표피와 표피 밑에 있는 진피로 구성된 피부는 감염에 대한 기계적 장벽을 형성한다. 피부 위로 분비되는 화학물질도 병원체의 공격과 감염을 방해한다.

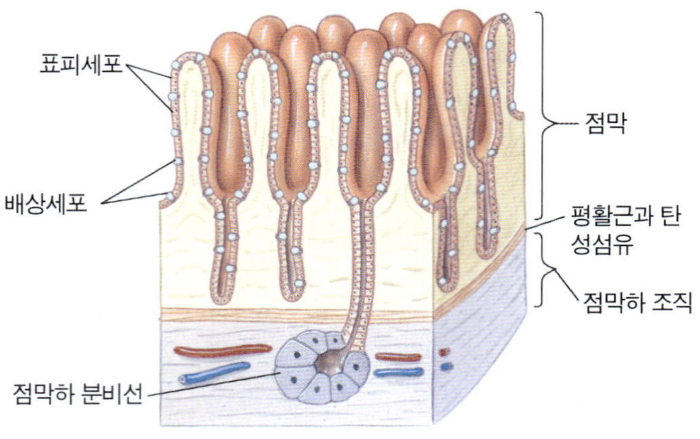

그림 19.2 점막. 피부와 거의 마찬가지로 점막은 조직을 덮고 있는 상피세포로 구성되어 있다. 배상세포(특수화된 상피세포)와 분비선에서 분비된 점액은 많은 잠재적인 병원체와 외래 물질들을 포획하고 제거한다.

부착하여 집락을 이루는 것은 어렵다(◀14장 고유미생물상 참조).

피부는 항미생물성 물질을 생산하는데, 이로 인해 피부는 미생물들의 생장에 더욱 좋지 않은 환경을 이룬다. 지방샘과 땀샘(sweat gland)들이 피부의 내구성 부위인 진피에 묻혀 있다. 대부분의 **지방샘(sebaceous gland**, 피지선)들은 주로 유기산과 지방으로 구성된 **피지(sebum)**라고 하는 기름성 분비물을 생산한다. 이 분비물은 고유미생물상에게 영양물질로 공급되기도 하지만 산성을 띠는 피지의 특성으로 인해 피부의 pH를 산성으로 유지시켜 병원체의 생장을 방해한다. 사춘기 때 피지 분비량이 증가하는데, 이는 몇몇 사람들에게 여드름을 유발시킨다. **땀샘(sweat gland)**은 몸 전체에 분포하며 피부의 땀구멍을 통해 수액성 분비물을 분비한다. 겨드랑이와 사타구니에 있는 땀샘에서는 유기 성분이 포함된 땀을 분비하여 그 부위의 pH를 낮추는데, 이로 인해 대부분의 병원체 생장이 다시 저해된다. 또한 땀에 들어 있는 고농도의 염도 많은 미생물들의 생장을 억제한다.

점막

점막(mucous membrane)은 외부에 개방된 신체 기관, 특히 호흡계, 소화계, 비뇨생식계 등과 같은 기관들을 덮고 있다. 피부처럼 점막은 얇은 표피층과 좀 더 두터운 결합조직층을 가지고 있다(그림 19.2). 표피층의 세포들은 미생물들의 침입을 막아주고 당단백질과 전해질들이 들어있는 짙은 수액성 물질인 **점액(mucus)**을 분비한다. 배상세포(*goblet cell*) 및 특정 분비선에서 생성된 점액은 표피세포 위로 보호막을 형성하여 점막의 건조와 손상을 막아준다. 점액은 병원체가 감염을 확고히 하기 전에 병원체를 포획하기도 한다. 점액의 pH(예, 질 점액)와 점액 내의 라이소자임(lysozyme)은 좋은 내재적 면역 기구이다. 더욱이 점액에 들어있는 분비성 IgA는 획득 면역 반응을 수행한다.

눈

눈은 공기에 노출되어 있기 때문에 매일 수백만 마리의 미생물들과 접촉하지만, 고유미생물상은 가지고 있지 않다. 눈은 감염 가능성을 낮추는 여러 가지의 외부 방어 구조를 지니고 있다. 실제로 이러한 구조들은 너무도 정교하게 작용하기 때문에 심각한 눈의 감염은 극히 드물다. 눈은 눈꺼풀, 속눈썹, **결막**(눈꺼풀의 내부 표면과 안구의 외부 표면을 덮고 있는 점막), 단단한 **각막**(환경에 노출된 안구의 투명한 구조물)등에 의해 물리적으로 보호된다(그림 19.3). 눈꺼풀과 속눈썹은 각막에 부착된 외래 물질들이 제거되도록 도와준다.

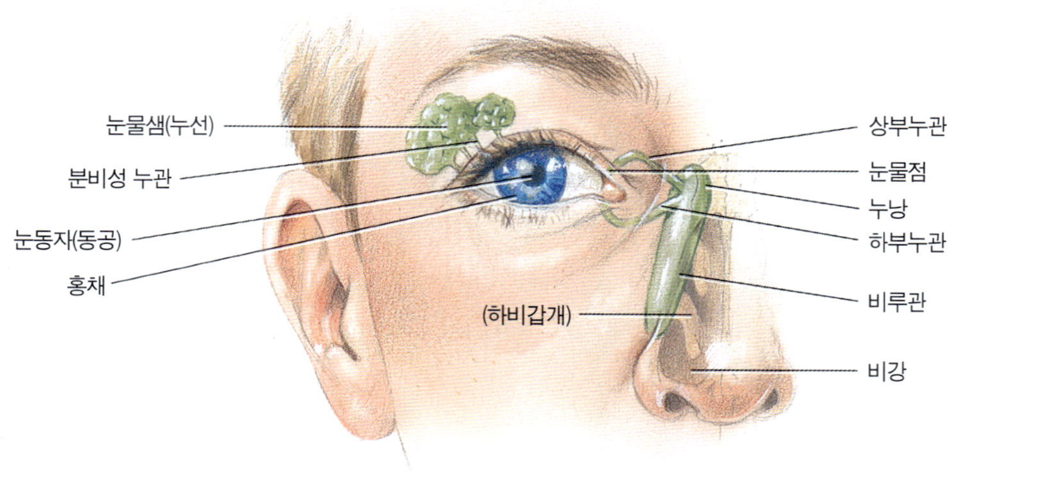

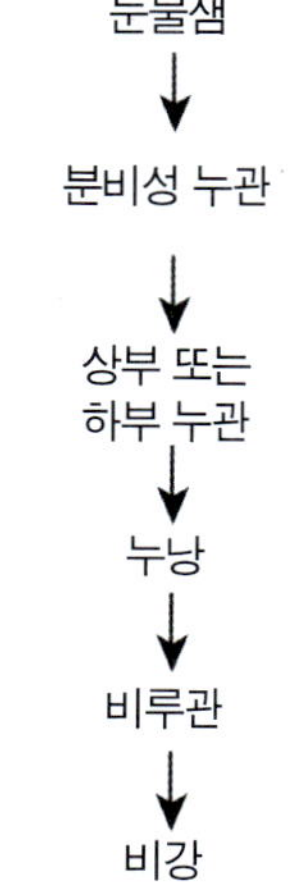

그림 19.3 눈의 구조. 눈의 표면 위로 생산되는 눈물에는 잠재적 감염들을 억제하는 항미생물 분자가 함유되었으며 눈물은 비강으로 빠져 나간다. 대부분의 눈 감염은 눈꺼풀, 결막, 또는 각막에서 일어난다.

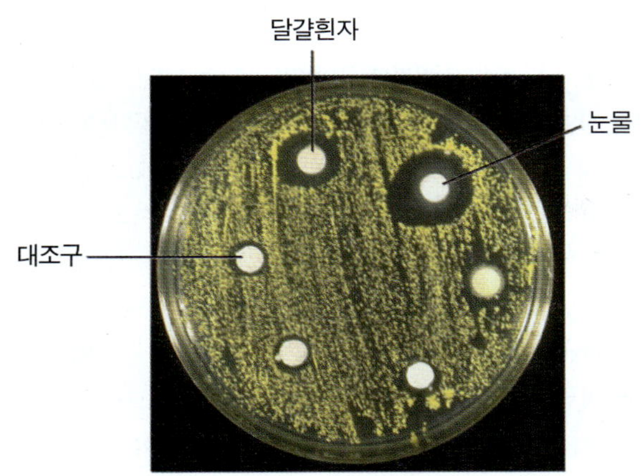

그림 19.4 눈물 속의 라이소자임. 눈물과 달걀 흰자위에서 추출한 라이소자임에 의한 *Micrococcus luteus*의 용균 현상. 대조구 원반에는 멸균 증류수를 스며들게 하였다.

눈은 항미생물성 물질도 생산한다. 눈은 **눈물샘(lacrimal gland)**을 가지고 있는데, 눈물샘은 눈물을 분비하여 각막을 항상 촉촉하게 해주며 눈물로 눈에 존재할 수 있는 미생물들을 씻겨 낸다. 안구 표면의 눈물은 누관(*lacrimal canal*)을 따라 이동하여 비루관(*nasolacrimal duct*)을 통해 비강(*nasal cavity*)에서 제거된다. 눈물에는 세균의 세포벽을 분해하는 효소인 라이소자임이 들어 있다. 이 효소는 두꺼운 펩티도글리칸층을 지닌 그람-양성 세균을 죽이는 데 특히 효과적이지만(그림 19.4; ◀4장, 세포벽 참조), 바이러스에는 효과가 없다. 다른 체내 분비물들과 마찬가지로 눈물도 특징적인 방어 물질들을 지니고 있다. 결막의 분비 세포는 점액성 물질을 분비하여 눈물에 부가하는데, 이 물질은 눈의 미생물을 포획하여 제거하도록 도와주는 것 같다.

피부의 고유미생물상

거의 $2m^2$에 달하는 피부로 덮여 있는 성인의 피부에는 막대한 수의 고유미생물상이 존재한다. 신체 부위에 따라 환경 조건이 매우 다르기 때문에 -예, 겨드랑이와 이마처럼- 각 신체 부위에는 다른 조성의 고유미생물상의 개체군들이 존재한다. (box "하지만 나는 청결을 유지할꺼야!" 참고) 습도가 높은 부위에서 거대 개체군이 유지되며 지방과 땀은 영양물질을 제공한다. 지방은 몇 종류의 미생물에 의해 대사되어 지방산을 생성하고 생산된 지방산은 피부의 특정 부위에 축적되어 산성 환경(pH 5.5)을 조성한다. 이러한 환경은 감염에 대한 1차 방어선인 내재적 방어 작용인데, 그 이유는 대부분의 미생물들은 이러한 pH에서 생존 또는 잘 생장할 수 없기 때문이다. 그러나 이렇게 생성된 지방산들은 불쾌한 향기를 가지고 있어 체취와 발 냄새의 원인이 된다(◀14장, 블러드하운드 참조)

땀에는 염(염화나트륨)이 풍부하게 들어 있다. 피부에 있는 염은 내재적 방어 기작의 또 다른 1차 방어선이다. 내염성(salt-tolerant) 미생물은 비교적 적다. 그러나 포도상구균은 고염 배지에서 잘 자라며 그래서 피부에 우세하게 존재하는 미생물 중 하나이다. 포도상구균속에 속하는 적어도 12가지의 종들이 피부에 살고 있다.

세 번째 내재적 방어 기작은 빠르고 지속적인 피부 세포의 벗겨짐이다. 케라틴을 함유한 새로운 피부 세포들이 피부 표면으로 올라와 표면에 도달하면 오래된 세포들은 완전히 케라틴화되어서 죽어 있다. 죽은 세포들이 떨어지면서 이 세포들에 집락을 형성한 미생물들도 제거된다. 때때로 특히 습도가 유지된 상태에서 피부에 케라틴-분해성 곰팡이가 서식하면 이들은 빠르게 증식하여 무좀과 같은 감염을 일으킨다.

피부에 서식하는 주요 미생물들은 *Staphylococcus*, *Micrococcus*, 코리네형 세균(예, *Corynebacterium* 과 *Propionibacterium acnes*)와 같은 그람-양성 세균들이다.

우연한 서식자 중 하나는 진드기인 *Demodex folliculorum*으로 이는 지방샘의 입구와 모낭 아래에서 서식한다. 당신은 당신의 눈썹과 속눈썹에 살고 있는 이 생물을 찾기 위해 눈썹을 들어 올릴지도 모른다.

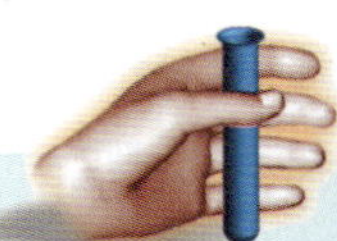

도전하라

하지만 나는 청결을 유지할거야!

당신의 피부를 숲, 사막, 습지 등과 같은 상이한 서식지들이 존재하는 대륙으로 생각하자. 모든 장소가 똑같이 미생물의 생장에 알맞지는 않다. 왜 피부에 있는 미확인된 생물개체수를 세려고 하지 않느냐? 어느 부위가 사막이며 어디가 미생물로 가득한가?

표준 크기의 멸균된 벨벳 또는 벨크로(Velcro)를 피부의 특정 부위에 무균적으로 누른 후, 누른 벨벳(또는 벨크로)을 영양 한천배지(nutrient agar) 또는 tryptic soy agar가 들어 있는 페트리접시의 표면에 올려놓고(우표를 누르는 것처럼 누르고) 37℃에서 48시간 동안 배양한 후 형성된 집락의 수를 세라. 피부의 서로 다른 곳에서 채취한 표준 크기의 시료에서 생장된 집락의 수를 비교하면 미생물의 생장이 "활발한 지점(hot spot)"을 알게 될 것이다.

여기에 비교할 몇 군데의 시료 채취 부위가 있다:

- 이마, 코(내부와 외부)
- 뺨, 겨드랑이, 등의 중앙 부위, 팔뚝
- 발가락 사이, 발등과 발바닥

비교할 다른 것들:

- 남성과 여성의 시료 : 면도한 뺨과 수염이 없는 뺨
- 겨드랑이 : 방취제를 처리한 겨드랑이와 처리하지 않은 겨드랑이
- 화장한 부위와 화장하지 않은 부위의 피부(한 사람의 얼굴에서)
- 세척 전과 세척 후의 손(세척한 후에 더 많은 집락을 보게 될까요. 왜 그렇게 생각을 할 수 있습니까?)
- 주름진 또는 접힌 피부와 매끄러운 피부

피부의 질병

피부는 신체를 덮고 있으며 체중의 15%를 차지하고 있다. 피부는 손상되었을 때를 제외하곤 대부분의 미생물들의 침입에 대한 효과적인 방어벽으로 작용한다(◀16장 물리적 장벽). 손상되지 않은 피부를 뚫고 침입할 수 있는 미생물은 매우 드물다. 그러나 점막은 비교적 침입이 용이하다. 지금부터 피부 표면이 미생물의 침입에 대한 방어에 실패했을 때 발생하는 피부 질병에 대하여 설명하겠다.

세균성 피부 질병

많은 세균들이 피부의 고유미생물상으로 발견된다. 보통의 경우 피부의 고유미생물상은 피부 표면의 물리적 장벽과 피부의 내재적 방어기작으로 인해 조직 내로 침입이 억제된다. 세균 및 기타 피부 감염들은 일반적으로 이러한 방어 기작이 실패한 경우에 발생하며 증상과 병력에 근거하여 진단한다.

포도상구균 질병

모낭염과 다른 피부 질환. 모든 사람들은 일정 시기에 여드름이 있었을 것이다. 이 경우 대부분의 원인은 포도상구균의 대표적 병원체인 황색포도상구균(*Staphylococcus aureus*)이다. 포도상구균성 피부 질병은 매우 일상적인데, 그 이유는 이 세균들은 피부에 거의 항상 존재하기 때문이다. 포도상구균에 속하는 세균들은 신생아가 태어난 지 24시간 이내에 피부와 상기도에 집락을 형성한다. (전체 성인과 어린이들의 절반이 *S. aureus*를 비강에 보유하고 있다.) 감염은 이 세균들이 모낭을 통해 피부에 침입할 때 발생하여 **모낭염(folliculitis)**을 일으키는데, 이는 **여드름(pimples)** 또는 **농포(pustules)**라고도 한다. 속눈썹의 기부에서 생긴 감염은 **다래끼(sty)**라고 한다. **농양(abscess)**은 더 크고 깊으며 고름이 있는 감염이며, 농양의 주변 부위를 **부스럼(furuncle)** 또는 **종기(boil)**라고 한다(그림 19.5). 매년 150만 명에 달하는 미국인들이 이러한 감염을 지니고 있다. 특히 목과 등에 감염이 더 심하게 퍼지면 **큰 종기(carbuncle)**라고 하는 커다란 피부 손상이 생긴다. 농양에 피막이 형성되면 세균들이 혈액으로 침입하는 것을 억제하지만 충분한 양의 항체가 농양에 도달하는 것도 방해한다. 그래서 항생제 처방과 더불어 보통 외과적으로 종기를 절제하고 고름을 제거하여 치유한다.

종기는 탁구공보다도 커질 수 있으며 매우 고통스럽다.

포도상구균 질병은 쉽게 전파된다. 무증상적 보균자(asymptomatic carrier)와 병원 근무자 및 병원 방문객들이 콧물과 매개체뿐만 아니라 피부를 통해 포도상구균을 종종 퍼뜨린다. 포도상구균은 도뇨관 또는 가시와 같은 이물질이 존재하는 경우에 나이 든 환자들에게 일반적으로 감염된다. 감염이 이루어지려면 5백만 마리의 균체가 피부에 주입되어야 하지만 수술 봉합사에 스며든 상태로 피부에 균체가 유입된다면 10마리만으로도 충분히 감염이 된다.

열상피부증. **열상피부증(scalded skin syndrome)**은 황색포도상구균 중 특정 외독소를 생산하는 균주에 의해 발병한다. 박탈성독소(*exfoliatins*)라고 말하는 2가지 서로 다른 독소가 알려져 있다. 한 독소의 유전자는 염색체에 있지만 또 다른 독소의 유전자는 플라스미드에 존재한다. 각기 다른 포도상구균들은 2종류의 외독소의 유전자를 모두 다 또는 1가지만 또는 둘 다 존재하지 않을 수도 있다. 이 외독소는 초기 감염 부위에서 혈류를 따라 멀리 이동하여 피부의 상층부를 분리시켜 잎모양으로 벗겨지도록 하기 때문에 박탈성독소라고 한다.

열상피부증은 주로 유아에게 발생하지만 어른에게도 꽤 발생하는데, 특히 독소쇼크증(toxic shock syndrome)이라는 질병의 말기에 나타난다. 이 질병의 초기에는 입 주변에 종종 희미한 붉은 부위가 나타난 후, 24~48시간 이내에 붉은 부위는 몸 전체에 넓게 퍼지고 물러지며 파열성 소포를 형성한다. 소포의 표피와 주변의 붉은 부위의

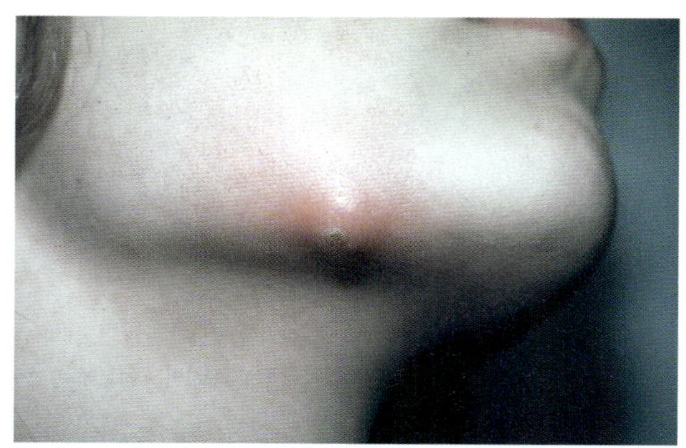

그림 19.5 부스럼. 이 깊고 고름이 찬 병변은 *Staphylococcus aureus*가 원인체이다.

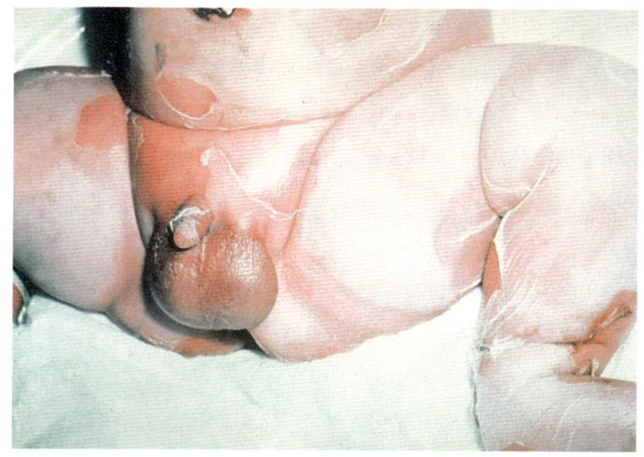

그림 19.6 유아에게 발생한 열상 피부증. 이 질병은 *Staphylococcus aureus*의 감염으로 발생한다. 붉은 부위의 피부는 벗겨져서 커다란 습진성의 파열 피부 부위를 나타낸다.

피부는 벗겨져서 커다란 습진성의 파열 피부 부위가 관찰된다(**그림 19.6**). 파열된 피부는 말라서 떨어지고 7~10일 이내에 피부는 정상으로 된다. 균혈증(bacteremia)이 일반적으로 나타나고 이는 36시간 이내에 패혈증(septicemia)을 유발하여 사망에 이르게 할 수 있다. 외독소들은 매우 높은 항원성을 가지고 있어(◀표 14.5) 이 질병이 재발하지 않도록 항체를 생산하도록 자극하지만 이 항체는 동일한 황색포도상구균 균주가 재감염하였을 때에만 작용한다.

연쇄상구균 질병

성홍열. **성홍열(scarlet fever** 또는 **scarlatina)**은 *Streptococcus pyogenes*(화농연쇄상구균)에 의해 발병하며 이 세균은 연쇄상구균성 인후염(strep throat)도 일으킨다. 붉은 발진을 일으키는 발적독소 [erythrogenic("red-producing") toxin]를 생산하는 용원성 파지를 지닌 연쇄상구균에 감염되면 성홍열이 발생한다. 이 독소를 경험했던 환자들은 독소를 중화할 수 있는 항체를 가지고 있어 성홍열은 걸리지 않지만 연쇄상구균성 인후염이 발병할 수 있다. 그러나 이러한 사람들은 아직도 다른 사람에게 성홍열을 전파할 수 있다. 3종류의 발적독소가 동정되었다. 한 사람에게서 각 독소에 대한 성홍열들이 각각 발생할 수 있다. 이 독소들은 화농연쇄상구균성 외독소(streptococcal pyrogenid exotoxin)라고도 한다.

미국에서 현재 나타나는 대부분의 성홍열을 일으키는 세균들은 병원성이 낮다. 지난 수십 년 동안 병원성이 더욱 높은 균주들이 있었으며 이들은 대단히 무서운 살인자였다. 그러나 병원성이 낮은 균주들도 사구체신염(glomerulonephritis) 또는 류머티스 열(rheumatic fever)와 같은 심각한 질병을 일으킬 수 있다. 페니실린의 사용으로 치사율이 상당히 감소하였다. 회복기 보균자(convalescent carrier)들은 회복 후 수주 또는 수개월 동안 비인강(nasopharynx)에서 감염성 균주를 배출할 수 있다. 매개물들도 연쇄상구균 감염의 중요한 근원이다.

공중보건

살을 파먹는 세균(Flesh-Eating Bacteria)

1994년 6월 영국에서 X-파일 같은 일화가 실제로 있었으며 같은 사건이 1998년에 텍사스에서 발생했다. 신문과 TV는 연쇄상구균 그룹A에 속하는 M1T1균주에 의해 사람이 사망하기 시작한 뒤에야 경고의 목소리를 내었는데, 이 균주는 시간당 수 인치의 무서운 비율로 살을 파먹는다. 최초로 감염한 조직이 괴사한 뒤에도 이 세균은 죽은 살 속에서 살면서 독소를 내뿜어 죽은 조직 주변으로 확산시켜 더 많은 조직의 괴사를 일으킨다. 항생제도 이 세균에게 무용지물인데, 그 이유는 죽은 조직에서는 순환계가 작동할 수 없기 때문이다. 치유 방법은 오로지 수술로 감염 부위를 제거하는 것인데, 비록 다리를 절단하는 한이 있어도 어쩔 수 없다.

호주의 연구자들이 최근에 이 무서운 독성이 연쇄상구균에 감염한 박테리오파지의 유전자에서 비롯된다는 것을 발견하였다. 이 유전자는 세균이 혈액으로부터 플라스미노젠(plasminogen) 단백질을 받아들여 세균의 표면에 코팅하도록 해준다. 이 단백질은 활성화되면 세포와 조직의 단백질들을 분해하는 단백질분해효소로 전환되어 살을 분해시킨다. 이 유전자는 또한 세균이 호중성 백혈구에 포획되어 죽는 것을 방해하는 효소도 생산한다.

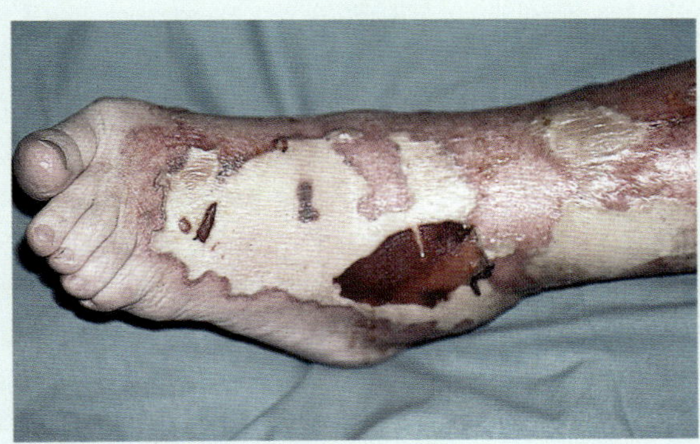

(Ken Greer/Visuals Unlimited)

단독. **단독(erysipelas**, 그리스어로 *erythros*는 '붉은', *pella*는 '피부' 라는 뜻)은 **성 엔서니 발적(St. Anthony's fire)**이라고도 하며 알려진지 2천년이 넘었으며 용혈성 연쇄상구균에 의해 발병한다. 항생제가 사용되기 전에 단독은 부상과 외과 수술 후에 자주 발생하였고 매우 경미한 찰과상을 입은 후에도 가끔 발생하였는데, 치사율이 높았다. 현재는 드물게 발생하며 치사율도 낮다. 질병은 세균 침입 부위

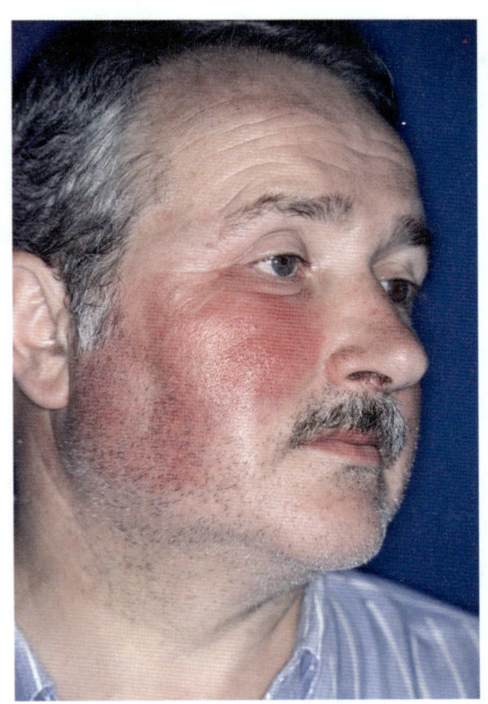

그림 19.7 단독.

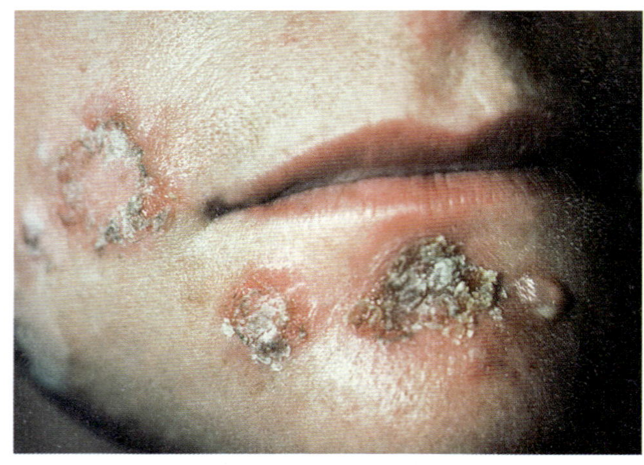

그림 19.8 농가진. 전염성이 큰 이 질병은 포도상구균이나 연쇄상구균 또는 두 종류가 함께 일으킨다.

에 작고, 밝게 부은 탄력있는 병변에서 시작한다. 초기 병변의 가장자리에서 연쇄상구균이 독소와 히알루론산분해효소(hyaluronidase)와 같은 효소를 생성하면서 생장하면 병변은 퍼진다(◀그림 14.5 참조). 병변은 너무 뚜렷하여 그림을 그린 것처럼 경계가 확실하게 나타난다(**그림 19.7**). 세균은 림프관을 통해 전파되어 패혈증, 농양, 폐렴, 심장내막염, 관절염을 유발할 수 있고 치료하지 않으면 사망한다. 이상하게도 단독은 같은 부위에 재발하는 경향이 있다. 면역력이 발달하는 대신에 환자들은 재감염에 대한 더 큰 감수성을 획득한다.

화농피부증과 농가진

화농피부증(pyoderma)은 고름이 생기는 피부 감염증으로 포도상구균, 연쇄상구균, 코리네세균(corynebacteria)등이 단독 또는 조합되어 일으킨다. **농가진(impetigo)**는 접촉성 전파가 매우 잘 일어나는 화농피부증으로 포도상구균, 연쇄상구균 등이 단독으로 또는 함께 이 질병을 유발한다. 초기 농포에 있는 액체에는 보통 연쇄상구균이 존재하지만, 뒤에 형성된 병변에는 2종류의 세균들이 모두 존재한다. 피부 감염증을 일으키는 연쇄상구균은 연쇄상구균성 인후염을 유발하는 세균과는 보통 다른 종류이다. 농가진은 거의 어린이에게만 한정적으로 발생하는데, 어른에게 발생하지 않는 이유는 알려지지 않았다. 손, 장난감, 가구 등을 통해 쉽게 전파되므로 탁아소를 통해 농가진은 빠르게 퍼져나갈 수 있다. 농가진으로 열이 나는 경우는 드물며 이 질병은 페니실린으로 쉽게 치료된다. 병변은 보통 흉터 없이 치유되지만 피부가 몇 주 동안 탈색될 수 있고 색소가 영원히 생기지 않을 수 있다.

여드름

여드름(acne, acne vulgaris)은 10대 청소년의 80% 및 많은 성인에게 발생한다. 거의 대부분의 경우 여드름은 지방샘(피지선)의 성숙과 다량의 피지(sebum) 분비를 촉진하는 남성 호르몬 때문에 생긴다. 여드름은 남성과 여성 모두에게 생기는데, 이 호르몬이 정소뿐만 아니라 부신에서도 생성되기 때문이다. 피지를 섭취하는 미생물은 지방샘의 관과 주변 조직에 감염한다. 모낭과 지방샘의 관이 피지와 케라틴(keratin)으로 막히면 가벼운 여드름인 "검은 점 여드름(blackhead)"이 생기는데, 이는 막힌 관의 표면이 산화되어 어두운 또는 검은색이 나타난 것이다. 매우 심한 경우[낭포성 여드름(cystic acne)에 막힌 관은 감염되고, 파열되고, 분비물들을 방출한다. 특히 Propionibacterium acnes는 이 부위에 감염하여 더욱 심한 염증과 조직 손상 및 흉터를 유발한다. 이러한 병변은 몸 전체에 넓게 퍼질 수 있으며 결합조직에서 낭포로 될 수도 있다.

여드름은 감염의 위험을 줄이기 위해 피부를 자주 세척하고 국소 연고제를 바르는 방법으로 처치한다. 때때로 여드름 환자에게 지방질 음식을 피하라고 권하지만 음식과 여드름의 상관관계는 확실하지 않다. 피부과 의사들은 여드름에 대한 세균의 감염을 조절하기 위해 테트라사이클린(tetracycline)과 같은 경구용 항생제를 적은 양으로 종종 처방하곤 한다. 그러나 항생제의 지속적인 사용은 장내의 고유미생물상을 고갈시키며 항생제에 대한 내성을 지니는 세균의 발달

공중 보건

기포목욕 장치(whirlpool bath)에는 무엇이 순환하고 있을까?

기포목욕 장치는 매일 올바르게 청소하고 살균하지 않으면 매우 위험할 수 있다. 따뜻한 물과 함께 있는 피부 박편, 지방, 분비물 등은 미생물들에게 완벽한 증식 조건을 만들어 준다. 기포목욕 장치에서 발생한 기포에는 미생물이 1 세제곱미터 당 수백만 마리가 존재할 수 있다. *Pseudomonas aeruginosa*는 빈번하게 집락을 형성하는 세균으로 이들은 제거하기가 매우 어렵다. 이 세균은 살균한 지 불과 몇 시간 만에 물에 다시 나타날 수 있다. 이 세균은 종종 기포목욕 장치의 튜브 벽이나 이 장치에 연결된 파이프의 내층에서 부착하여 생장한다. 살균법으로 물에 들어 있는 모든 미생물을 죽일 수도 있지만 동일 세균들이 표면에 부착하여 생물막(biofilm)을 형성하면 이들은 살균제들에 대한 내성이 매우 크다.

기포목욕 장치에서 자신의 눈을 심하게 비비는 사람은 각막 손상을 일으킬 수 있어 눈에 세균성 감염이 쉽게 생길 수 있다. *Pseudomonas* 감염은 심한 각막 손상과 시력 감퇴 또는 심지어 시력 상실의 원인이 될 수 있다. 일단 이 세균에 감염되면 거의 하룻밤 사이에 시력을 잃을 수 있으며 또한 기포를 흡입하면 *Psudomonas*성 폐렴에 걸릴 수 있는데, 이 징후는 매우 약한 예후이다.

기포목욕 장치에서 목욕한 많은 사람들의 몸에 발진이 생겼는데, 이는 *Pseudomonas*가 들어 있는 물에 몸을 담그고 있는 동안 과민반응이 일어났기 때문이다. 기포목욕 장치에서 일어날 감염에 대해 걱정해야 하는 미생물은 *Pseudomonas* 뿐만은 아니다. 2명의 나이든 미망인의 경우에는 포진 병변(herpes lesion)이 허벅지 뒷면에 발생하였는데, 포진 병변에 걸린 사람이 앉았던 뜨거운 관이 밑에 있는 기포목욕 장치 가장자리에 이 미망인들이 앉은 후에 이 병에 걸렸다.

을 초래할 수 있다(◀13장 항생제 내성의 획득). 비타민A와 관련된 분자에서 유래한 약제인 아큐테인(accutane)이 심하고 만성적인 여드름의 치료를 위해 현재 사용되고 있다. 이 약제는 처방을 중단한 후에도 수개월 동안 피지의 생산을 억제하는 것으로 알려져 있지만, 장출혈과 같은 심각한 부작용을 일으킬 수 있다. 임산부인 경우에는 단 몇 알만 복용해도 태아에게 심각한 해를 끼칠 수 있다. 대부분의 경우에 여드름은 신체가 사춘기의 호르몬 변화에 적응하고 지방샘의 기능이 안정화하게 되면 없어지거나 심한 정도가 약해진다.

화상 감염(burn infection)

심한 화상은 신체의 보호막을 심하게 손상시켜서 감염에 대한 최상의 조건을 제공한다. 화상으로 사망하는 환자의 80%는 화상 감염이 원인인데, 이 감염은 일반적으로 병원내 감염으로 이루어진다. 생명을 위협하는 화상 감염의 주요 원인균은 *Pseudomonas aeruginosa*이지만, *Serratia marcescens*와 *Providencia*속의 종들도 자주 화상에 감염한다. 이러한 그람음성 간균들 중 많은 종류가 항생제-내성을 나타낸다.

심한 화상 위에 형성된 두꺼운 껍질 또는 딱지를 **괴사딱지(eschar)**라고 한다. 괴사딱지 자체나 표면에서 자라는 세균은 큰 위협이 되지 않지만 괴사딱지 아래에서 생장하는 세균은 심각한 국소 감염을 일으키며 혈액으로 이동할 수 있다. 괴사딱지 아래의 감염 부위로 항생제가 도달하는 것은 어려운데, 그것은 괴사딱지에 혈관이 없기 때문이다. 항생물질 연고제는 괴사딱지를 통해 스며들 수 있는데, **창상절제(debridement**, 괴사조직 절제)라고 하는 외과적 절제 시술로 괴사딱지를 제거하면 항생물질이 감염부위에 도달하는 데 도움이 된다.

화상 환자를 화상 병동에 따로 격리 수용해도 화상 감염을 막는 것은 어렵다. 피부가 없기 때문에 화상 환자들은 피부의 감염 부위에 백혈구를 이동시킬 수단이 없다. 또한 이런 환자들은 화상 조직에서 조직액이 누출되기 때문에 체액과 전해질이 부족하다. 마지막으로 넓은 범위의 조직의 회복을 위해서는 대사물질의 요구가 증가하는데, 이들은 식욕을 잃는다는 것이다.

화상 감염은 치료만큼이나 진단도 어렵다. 감염의 초기 증상은 단지 식욕이 좀 없어지거나 피곤해지는 정도이다. 결정적인 진단은 괴사딱지 1g당 1만 마리 이상의 세균이 발견되면서 이루어진다. 화상 부위에 초록으로 변색된 부위가 나타나고 배양액에서 포도향의 냄새가 나면 *Pseudomonas aeruginosa*의 감염을 의심해야 한다. 이 세균은 피부를 부식시키는 조직-괴사 독소를 생산하며 항생제에 대해 극단적인 내성을 지니고 있고 수술용 세정제에서도 생장하는 것으로 확인되었다.

Take another look

화상 치료에 대한 정보를 더욱 알고 싶으면 세계에서 가장 뛰어난 화상 부대인 샌안토니오에 있는 미 육군 화상 부대에 대한 웹사이트를 조사해 보아라.

중점 질문 사항

1. 피부가 지닌 선천적 방어 기전에는 어떠한 것들이 있는가?
2. 포도상구균에 속한 세균들이 피부에 많이 존재하는 이유는 무엇인가?
3. 포도상구균에 의해 발병하는 피부 질병에는 어떠한 것들이 있는가?
4. 창상절제란 무엇이며, 이 시술법이 화상 치료를 위해 필요한 이유는 무엇인가?
5. 연쇄상구균이 원인인 피부 질병에는 어떠한 것들이 있는가?

바이러스성 피부 질병

풍진(독일 홍역)

질병. **풍진(Rubella)**, 또는 **독일 홍역(German measles)**은 **발진(exanthema)** 또는 피부에 붉은 반점(skin rash)이 생기는 질병으로 사람에게 발생하는 바이러스 질병 중 가장 온화한 것이다. 풍진의 주요 증상인 붉은 반점의 발진은 감염 후 16-21일이 지난 후에 처음 나타나는데, 발진이 나타나기 전에 풍진 바이러스는 혈액과 다른 조직에 퍼져 있다. 감염된 성인 여성은 일시적인 관절염과 관절통을 겪는 경우가 종종 있는데, 이는 바이러스가 관절막에서 증식하기 때문이다. 이러한 병증들은 성인 남자에게는 덜 발생한다.

선천성 풍진 증후군(congenital rubella syndrome)은 이 바이러스가 태반을 가로질러 발달 중인 태아에게 감염되어 발병한다. 임산부가 임신 초 8주 동안에 풍진에 감염되면 태아의 기관들은 심각한 손상을 입는데, 이는 이 시기에 태아의 기관이 발달하기 때문인 것 같다. 임신 18주 후에는 손상이 드물다. 풍진 바이러스가 태아에게 감염되면 많은 세포들을 죽이며 영구적으로 다른 세포에 감염하여 세포분열 속도를 감소시키고 염색체 변이를 유발한다. 많은 태아들이 사산되며 생존한 태아들은 귀머거리, 심장 기형, 간 이상, 저체중 등의 질병을 지닌다. 세계적으로 1년에 약 10만 명 정도의 환자가 발생한다.

선천성 풍진증후군을 예방하려면 여성들은 임신하기 전에 자신들의 풍진 면역력을 확인하여야만 한다.

발병률과 전파. 풍진 백신이 발달하기 전에는 거의 모든 사람들이 일정 시기에 풍진에 감염되었지만 많은 환자가 발생하지는 않았다. 어린이의 절반과 젊은 성인들의 90% 이상은 증상이 나타나지 않는다. 예방접종이 실시된 1969년에 미국에서는 인구 10만 명에 겨우 30명만이 풍진이 발병하였다. 현재 선천성 풍진을 포함한 풍진은 거의 박멸되어 2006년에는 총 8건 만이 알려졌다(그림 19.9).

전파는 감염된 환자의 호흡기 분비물을 통해 주로 이루어지는데, 환자에게서 발진이 나타나기 직전에서 발진이 나타난 후 약 1주일 동안 전파가 된다. 감염된 많은 사람들에게서 발진이 생기지 않기에 바

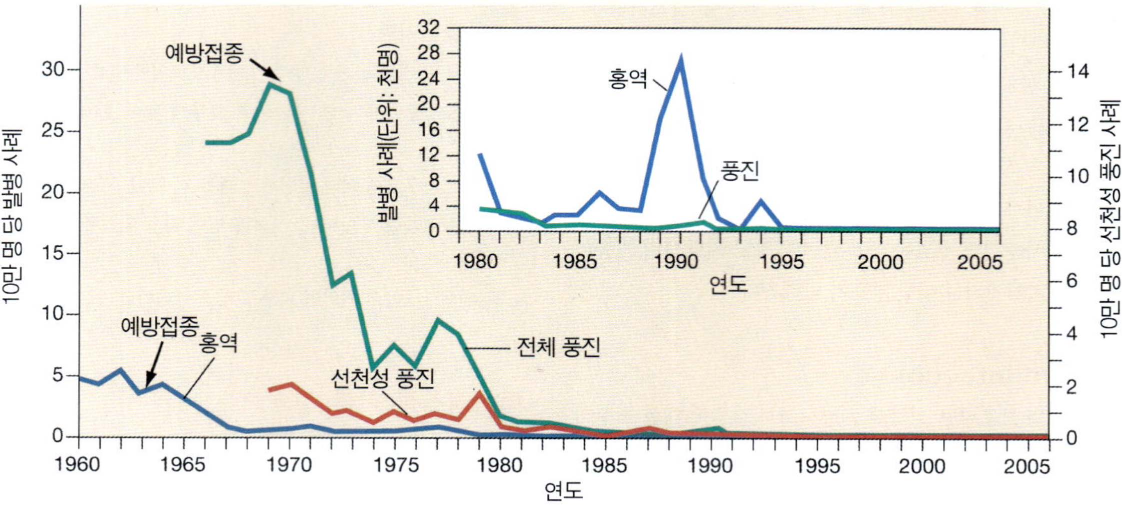

그림 19.9 미국에서의 독일홍역과 홍역의 발병 사례. 1960년대에 예방접종을 실시한 후에 발병 사례는 급격히 줄어들었다. 그러나 예방접종의 태만 때문에 홍역의 발병 사례는 일시적으로 증가하였다. (출처 미국질병관리본부)

이러스는 무의식중에 전파된다. 풍진은 접촉 전염성이 매우 높은데, 특히 5~14세 사이의 어린이들에게 전염성이 높다. 태어나기 전에 감염된 어린 아이는 풍진 보균자이다. 이들은 바이러스를 배출하여 병원 근무자와 임산부를 포함한 방문객들이 풍진에 접하도록 한다.

진단. 풍진은 여러 가지 실험 방법으로 진단할 수 있다. 풍진-특이적 항체 수치가 4배 증가한 것으로 판단하는 진단법은 신생아 보균자를 확인하는 것과 풍진에 노출된 임산부의 면역력 획득을 확인하는 데 특히 유용하다.

면역과 예방. 현재 사용되고 있는 풍진 백신이 유일한 풍진 예방법인데, 이 백신은 복합 약독화 바이러스 백신(MMR: Measles, Mumps, Rubella)에 포함되어 있다. 어린이들은 자신이 홍역에 걸리지 않기 위해서 뿐만 아니라 너무 어려서 예방접종을 할 수 없는 유아들에 대한 감염원으로 작용하지 않기 위해서도 풍진 예방접종을 받아야 한다. 면역력은 높게 유지되어야만 한다. 그렇지 않으면 질병은 급증할 것이다. 백신은 감염될 때 생성되는 항체보다 적은 항체를 생산하며 면역력은 감염에서 생기는 면역력보다 아마도 오래 유지되지 않을 것이다. 또한 면역화가 이루어진 수주일내에 비인두(nasopharynx)에 바이러스가 출현하여 어떤 사람들은 풍진의 약한 징후를 겪기도 한다. 임신초(9주 이내) 태아의 감염을 막기 위해 가임기의 여성은 임신 전에 2차 예방접종이 추천된다. 임신 시에 면역화가 진행되면 백신의 바이러스가 태아에게 감염될 수도 있다. 임산부의 자식으로부터 태아에게 바이러스가 전파되는 것을 막기 위해 임신 중인 엄마의 아이들의 면역화를 시행하여야 한다.

홍역

질병. **홍역(measles, 또는 rubeola)**는 홍역바이러스가 원인인 질병으로 발진과 함께 열을 동반한다. 이 파라믹소바이러스(paramyxovirus)는 림프 조직과 혈액에 침입한다. 홍역 바이러스는 코와 입 그리고 결막을 통해 체내로 들어오며 어린이는 감염된 지 9-11일 후에 어른은 20일 후에 증상이 나타난다. 열, 결막염, 기침 등과 같은 증상들이 나타나기 전에 위 입술과 구강 점막에 **코플릭 반점(Koplik spot)**이 나타나는데, 각 반점의 중심에는 청백색의 점이 있다(그림 19.10). 이러한 증상은 3-4일간 지속되며 더욱 악화되는 경

공중 보건

홍역과 그 외의 것들

당신의 개로부터 홍역이 옮겨질 수 있다고 생각해 본적이 있는가? 당신은 생각할 수 없었을 것이다. 왜냐하면 사람은 홍역의 유일한 숙주이기 때문이다. 하지만 개에게 질병을 일으킨 바이러스의 항원은 홍역 바이러스 항원과 유사하다. 홍역이 아마도 기원전 2,500년이 되어서야 나타났을 것이라는 가능성에 대해 알고 있었습니까? 홍역은 감염된 사람과 감수성이 있는 사람 사이의 연속적인 접촉에 의해서만 전파될 수 있으며, 바이러스는 잠재성을 발휘할 수 없기 때문에 신체 밖에서는 생존할 수 없고, 사람만이 유일한 저장 숙주이고 감염에 대한 면역력은 평생 지속되기 때문이다.

세계의 인구가 적어도 30만 명은 되어야 바이러스가 보존될 수 있는데, 기원전 약 2,500년이 되어서야 비로서 인구가 이 수치에 도달했다. 홍역은 아마도 이 시기에 인간의 병원체로서 출현했을 것이며 질병을 일으키는 바이러스로 돌연변이 되었을 것이다.

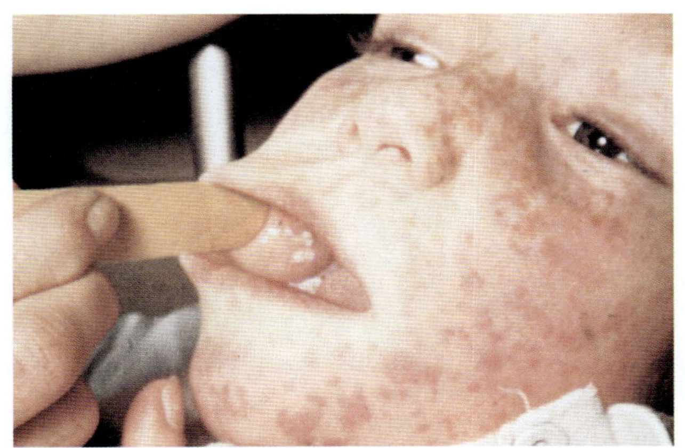

그림 19.10 홍역. 홍역에서 나타나는 전형적인 피부 발진과 뺨 안쪽 표면에 있는 코플릭 반점을 보여주고 있다.

우도 있다. 이 증상 뒤에 발진이 3-4일 동안 머리에서 팔, 몸통, 다리의 순서로 퍼지며, 퍼진 후 역순으로 수일 내에 사라진다. 홍역과 풍진은 발진의 형상에 근거하여 구분하는데, 풍진은 편평한 핑크빛의 발진을 나타내지만 홍역은 부풀어 오른 붉은 발진을 형성한다. 발진은 작은 혈관에서 T-세포와 바이러스에 감염된 세포가 반응하면서 나타나는 것이다. 세포성 면역이 결핍된 환자의 경우처럼 이런 반응이 없다면 발진은 나타나지 않겠지만 홍역 바이러스는 다른 기관으로 자유롭게 침입할 수 있다(◀18장, 그림 18.22 참조). 만약 홍역 바이러스가 폐, 신장, 또는 뇌에 침입한다면 일상적인 유아기 질병이 종종 치명적인 질병이 된다.

홍역의 가장 일상적인 합병증은 상기도와 중이의 감염이다. **홍역성 뇌염(measles encephalitis)**은 좀 더 심각한 합병증으로 1,000명의 환자 중에 1-2명에게만 발생하지만 치사율이 30%에 달하며 생존자의 1/3은 영구적인 뇌손상을 받는다. 또 다른 합병증인 **아급성 경화성 범뇌염(subacute sclerosing panencephalitis, SSPE)**은 20만 명의 환자 중 1명만 걸리며 대부분의 경우 사망한다. 홍역 바이러스가 뇌 조직에 영구적으로 존재하면서 진행되는 이 질병은 진행성 정신 질환과 근육 경직과 함께 신경 세포의 사멸을 일으킨다. SSPE는 일반적으로 3세 이전에 홍역에 걸렸던 어린이에게서 홍역을 치룬 후 6-8년 뒤에 나타난다. 영양실조의 어린이에게 홍역은 장염을 유발하여 과도한 단백질의 손실을 초래하고 대변으로 바이러스를 배출한다. 개발도상국에서는 홍역에 걸린 어린이들 중 15% 이상이 이 질병 또는 합병증으로 사망한다. 이렇게 높은 치사율의 많은 부분은 장기간에 걸친 인터루킨-12-매개성 면역억제(long-lasting interleukin-12-immunosuppression)의 결과라고 현재 알려져 있다. 2000년에는 홍역이 어린이 사망 원인 중 5위를 차지했는데, 그 해에 세계적으로 777,000명 이상의 사망자가 발생했다. 집중적인 면역 프로그램의 실시로 이렇게 우울한 통계치는 현재 감소하고 있다.

발병률과 전파. 홍역 바이러스는 높은 전염성을 지니며 유입은 호흡기를 통해 이루어진다. 감수성이 있는 사람이 기침이나 재채기로 바이러스를 분출하는 보균자와 직접적으로 접촉하면 99% 감염된다. 면역법이 널리 시행되기 전에는 대부분의 어린이들이 10세 이전에 홍역에 걸렸다. 주기적인 유행성 집단발병에 대한 면역이 시행되고 어린이들의 영양섭취가 충분한 미국과 같은 집단에서는 홍역은 심각하지만 치명적이지는 않다. 주기적인 유행성 집단 발병에 대한 면역력이 결핍되거나 영양상태가 나쁜 어린이들의 집단에서 홍역은 치명적이다. 1875년에 홍역이 피지(Fiji)에서 최초로 발병하였을 때 그 국가 인구의 30%가 홍역으로 사망하였다.

진단과 처치. 홍역은 그 증상으로 진단한다. 처치는 증상에 따른 고통을 약화시키고 합병증을 처치하는 것 밖에는 없다. 2차적인 세균 감염은 항생제를 이용하여 효과적으로 처치할 수 있다.

면역과 예방. 면역이 이루어지지 않은 집단에서는 3주 또는 4주 이상 진행되는 유행성 질병으로 수많은 환자가 발병하는데, 이 유행성 질병은 넓은 지역에 걸쳐 2~5년 주기로 보통 발생한다. 현재 홍역 백신으로 많은 개발도상국들에서 이러한 유행성은 억제된다. 미국에서는 의무 홍역 면역 프로그램의 시행으로 이 질병의 발병률이 크게 감소하였다(그림 19.9 참조). 홍역과 볼거리(유행성이하선염) 및 풍진 바이러스들의 약화된 바이러스(attenuated virus)를 포함하는 MMR 백신이 일반적으로 사용되면서 이 3가지 질병의 발병률이 동시에 감소하였다(◀17장, 능동 면역). 홍역의 박멸을 위해서는 집단의 약 90%가 면역이 되어야 한다. 종교적으로 면역을 거부하는 그룹과 면역의 중요성을 인식하지 못하는 이민자들 및 자식의 면역에 무관심한 부모들이 이 질병의 박멸을 어렵게 한다. 이러한 문제를 더 악화시키는 것은 연방정부가 치료를 위한 백신 구입에 사용할 예산을 삭감하고 있다는 것이다. 그래서 미국의 일부 가난한 어린이는 백신을 맞지 못하고 있다.

홍역에 걸린 후 획득하는 면역력은 일생 동안 유지된다. 최근에 어린 시절에 면역화된 대학생들 사이에서 홍역이 유행성으로 집단 발병한 사건으로 인해 백신에 의해 획득한 면역 또는 생후 15개월 전에 면역화된 어린이의 경우에는 면역이 평생 지속되지 않는다고 제안하고 있다. SSPE의 발병 감소가 백신 때문은 아니지만 SSPE의 발병률은 백신 사용 전에 비해 현격히 낮아지고 있다.

장미진(홍진)

장미진(roseola; rose-colored)은 1988년에 최초로 동정된 사람 허피스바이러스 6(human herpesvirus 6, HHV-6)가 원인체인 질병으로

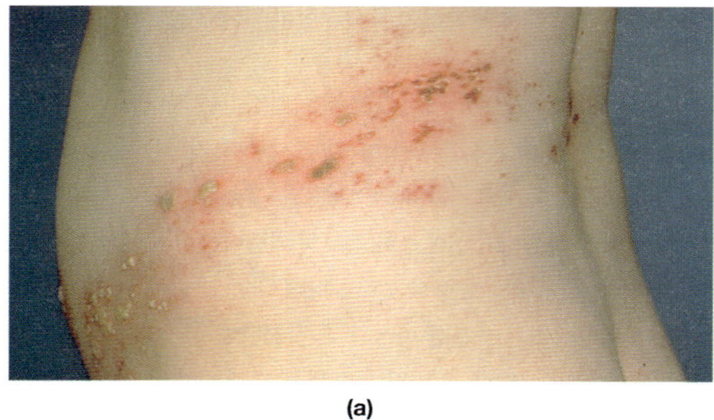

(a)

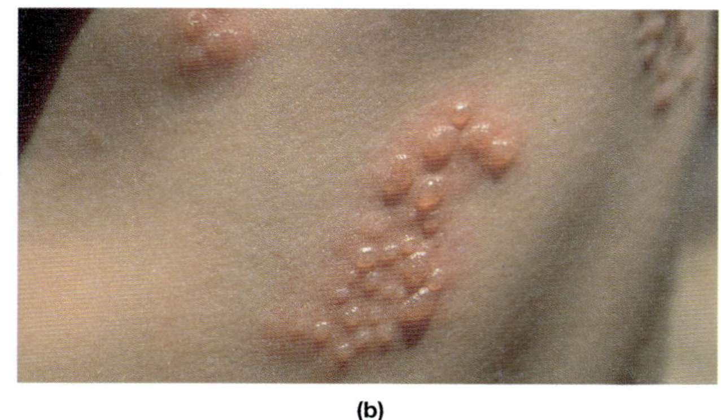

(b)

그림 19.11 대상포진. 대상포진의 병증은 일반적으로 유아기에 수두를 앓는 동안에 획득한 수두-대상포진 바이러스의 감염 때문에 발생한다. 이 바이러스는 성인기에 재활성화 되기 전까지 오랜 기간 동안 잠복상태로 존재할 수 있다. (a) 신경 경로에 따라 허리와 엉덩이 주변에 선 형태로 형성된 소포들. (b) 작은 노란 색의 소포는 말라서 딱지를 형성하면서 치유되지만 이 소포들은 극심한 고통과 가려움을 겪게 할 수 있다.

유아와 소아에게 발병한다. 과거에는 돌발성 발진(exanthem subitum; exanthem=발진, subitum=갑작스런)이라고 했다. 이 질병은 3-5일 간의 급작스런 고열로 발병하며 가벼운 경련이 수반되는 경우가 가끔씩 있다. 장미빛의 발진은 체온이 갑자기 정상으로 떨어진 후 나타나며, 1일 또는 2일 사이에 사라진다. 그러나 바이러스는 여전히 존재하며 T-세포에 평생 동안 잠복 감염한다. 면역력은 영구히 유지된다. 바이러스는 침샘에서 증식하고 성인의 침에 포함되어 배출된다. 전파는 침을 통해 이루어진다.

수두와 대상포진

하나의 바이러스, 두 가지 질병. 허피스바이러스에 속하는 **수두-대상포진 바이러스(varicella-zoster virus, VZV)**는 **수두(chickenpox, varicella)**와 **대상포진(shingles, zoster)** 모두의 원인체이다. 각 질병의 병변으로부터 같은 바이러스를 분리할 수 있다. 수두는 높은 전염성을 가진 피부병으로 보통 어린이에게 발생한다. 백신이 사용되기 전에는 거의 모든 사람들이 30세 까지 수두를 겪었다. 아마도 미국에서만 1년에 4백만 건 이상이 발병하였을 것이다. 백신의 사용으로 현재 발생 건수는 80% 이상 감소하였다. 면역력은 약 20년 동안 지속된다. 대상포진은 나이가 들고 면역력이 약화된(immunocompromised)사람에게 매우 빈번하게 생기는 산발성 질병이다. 선천적 수두 증후군(congenital varicella syndrome)도 약 5%의 미국인에게 발병하는 것으로 알려져 있다.

수두(chickenpox)는 닭(chicken)에 감염된다는 것이 아니며 또한 수두바이러스(pox virus)가 원인인 질병도 아니다. 허피스바이러스가 수두의 원인체이다.

수두의 경우에 바이러스는 상기도와 결막을 통해 유입되며 그곳에서 증식한다. 새로이 증식된 바이러스는 혈액을 따라 다른 조직으로 이동하여 여러 번 증식한다. 이러한 바이러스가 방출되면 열과 통증이 생긴다. 이 증상이 있은 후 14-16일 이내에 작고 불규칙적인 피부 병변이 나타난다. 그 발진에 액체가 채워져 진한 소포가 되며 소포는 터져서 마른 후 수일 내에 딱지(scab)가 생긴다. 병변은 바이러스가 증식함에 따라 2-4일 동안 잇달아서 생긴다. 소포는 두피와 몸통에서 시작하여 얼굴과 팔다리로 퍼지며, 입과 목구멍 및 생식기나 호흡기관과 위장에도 가끔씩 퍼지는 경우가 있다. 이러한 병변은 세균에 의한 2차 감염, 특히 *Staphylococcus aureus*에 대한 중요한 감염 통로이다.

수두는 경미한 소아 질병이라고 때때로 생각함에도 불구하고 이 질병은 치명적일 수 있다. 바이러스는 작은 혈관과 임파선에 줄지어 있는 세포에 침입하여 손상을 입힌다. 손상된 혈관에서는 보통 혈병이 순환하고 출혈이 생긴다. 수두성 폐렴(varicella pneumonia)에 의한 사망 원인은 폐의 혈관에 심한 손상이 생겨 적혈구와 백혈구가 폐포에 축적되는 것이다. 간과 비장 및 다른 기관의 세포들도 이 기관들의 혈관 손상 때문에 괴사한다.

대상포진은 수두에서 나타나는 고통스런 병변이 일반적으로 특정 신경이 존재하는 한 부위에 제한되어 나타난다(**그림 19.11a**). 이러한 발진은 수두를 앓으면서 획득한 잠복 상태의 바이러스에 의해 발생한다. 잠복기 동안에 바이러스들은 뇌와 척수 근처의 신경절에 잠복해 있다. 잠복 상태에서 활성화되면 바이러스는 신경절에 연관된 신경을 따라 이동하여 퍼지면서 피부에 통증과 화끈거림 및 쑤시는 아픔을 수반한다. 바이러스는 신경말단을 손상시켜 심한 염증을 유발하고 수두의 병변과 똑같은 피부 병변을 일으킨다(**그림 19.11b**). 증상은 가벼운 가려움증에서 지속적인 심한 고통까지 나타나며 두통, 열, 불쾌감 등이 수반될 수 있다. 병변은 종종 몸통에 허리띠 형태[대상(帶狀), zoster는 "허리띠"라는 뜻)로 나타나지만 얼굴과 눈에 감염될 수 있다. 대상포진은 아프거나 면역 이상이 있는 사람에게는 매우 심하다. 이런 환자들의 병변은 넓은 피부 표면에서 나타나며 감염되면 치명적이 될 수 있는 내부 기관까지 퍼지는 경우도 가끔씩 있다.

잠복기의 바이러스는 림프선 종양, 척수장애, 중금속 오염, 면역억제 등과 같은 이유로 감염된 사람의 세포-매개성 면역 기능이 임계점 이하로 저하되면 활성화된다. 바이러스를 재활성화시키는 원인을 확인할 수 없는 다른 사례도 있다. 새롭게 복제된 바이러스의 방출이 항체 생산을 증가시키지만 항체들이 바이러스의 복제를 중단시키지는 못하는 것 같다. 대상포진은 일반적으로 완전히 회복된다. 2차, 3차의 발병이 일어나는데, 이는 세포-매개성 면역과 국소적인 인터페론 생산 능력의 발달 정도에 따라 달라진다. 만성 대상포진은 AIDS 환자를 포함한 면역력이 저하된 환자에게 나타나는데, 오래된 소포는 치유되지 않는 반면 새로운 소포는 지속적으로 생겨나 환자는 매우 쇠약해질 수 있다.

발병률과 전파. 수두는 온대 지방의 산업화 사회에서 발생하는 풍토병(endemic disease)이며 3월과 4월에 발병률이 가장 높다. 최초의 감염은 일반적으로 5~9세 사이에 일어난다. 일반적으로 어른이 수두를 처음으로 앓는 경우에는 어린 아이보다 증세는 더 심하다. 대상포진도 연령에 따라 발병에 차이가 있는데, 대부분의 경우 45세 이후에 발생한다.

감염은 호흡 분비물과 딱지가 생긴 피부 병변이 아닌 물집(소포)에 있는 액체에 접촉에 의해서 전파될 수 있다. 단지 몇 가지 병변들 외에 다른 증상들이 없이 가볍게 수두를 앓은 어린이가 종종 질병을 전파시킨다. 불완전한 면역력을 지닌 어른이 수두에 걸린 어린이에게 노출되어 대상포진에 걸리는 경우는 드물지만, 감수성 있는 어린이가 대상포진을 앓고 있는 어른에게 노출되면 쉽게 수두에 걸릴 수 있다.

수두에 걸려본 적 없고 예방주사도 맞은 적 없는 임신부는 수두를 앓고 있는 어린이와 대상포진을 앓고 있는 사람과의 접촉을 피해야만 한다.

진단과 처치. 수두는 현재 신속하게 진단할 수 있는 실험적 방법이 활용되고 있지만, 보통은 임상증상의 진행 상황과 특성으로 진단한다. 대상포진과 다른 허피스 바이러스성 병변은 실험적인 시험법을 수행하지 않으면 식별이 불가능하다. 처치는 증상을 완화시키는 방법 밖에는 없는데, 아스피린은 라이 증후군(Reye' s syndrome) 때문에 어린이에게는 사용하지 않는다. 고통을 경감시키기를 바라면서 질병의 초기 단계에 어사이클로비어(acyclovir)가 일단 추천되지만 그 효과가 성공적인지는 판명되지 않았다. 면역이 억제된(immunosuppresed) 환자와 파종성 질병(disseminated disease)을 지닌 환자들의 감염에 대해 항바이러스 제제들의 사용이 시험 중이다. 대상포진의 증상이 나타난 후 2-3일 이내에 항바이러스제인 발트렉스(Valtrex)를 투여하면 질병의 고통이 완화된다. 극심한 신경 통증에는 뉴론틴(neurontin) 또는 리도카인 패취(lidocaine patch)가 때때로 도움이 된다.

면역과 예방. 어린 시절에 수두를 겪게 되면 대부분의 경우 평생 면역을 갖게 된다. 대상포진 형태로의 재출현은 VZV 항체가 낮은 농도로 존재하는 사람과 세포성-면역 작용이 약화된 경우에만 나타난다. 미국에서 수두백신을 사용하도록 허가한 1995년까지 수두는 전염성이 높은 최후의 유아 질병이었다. 일본에서 개발한 약화 수두 백신은 감염 후 72시간 경과 전에 주사해도 수두를 막는다. 이 백신은 전 세계 모든 어린이에게 사용되었다. 미국의 식품 의약청은 1995년에 이 백신의 일반적 사용을 승인하였다. 그러나 잠복기와 재활성화에 대한 기작이 확실하게 밝혀지지 않았기에, 면역학자들은 투여된 백신에 잠복 상태가 될 수 있는 바이러스가 포함될 가능성 때문에 약간의 망설임을 표시하고 있다. 백신에 포함된 바이러스의 재활성화의 결과로 초래되는 대상포진의 발병 사례가 알려졌음에도 불구하고 백신은 비교적 안전하고 효과적인 것으로 받아들여지고 있다.

2007년에 대상포진에 대한 새로운 백신인 대상포진 백신(Zostavax)이 소개되었다. 기본적으로 이 백신은 소아 수두 백신보다 더 강력한 차원의 백신으로 두 번째 예방 주사(booster shot)로서 작용한다. 어린 시절에 수두에 걸렸던 성인들에게 "작은 두 번째 예방 주사(mini booster shot)"로 작용될 천연 바이러스의 백신을 주사하면 성인들의 면역력 유지에 도움이 된다. 대상포진 백신은 대상포진의 발병률을 50%까지 감소시켰고 대상포진이 발병한 환자라 하더라도 그 증상과 고통을 크게 감소한 상태로 대상포진을 겪게 한다.

기타 수두 질병

천연두(두창). 세계보건기구(World Health Organization, WHO)는 1980년에 전 세계의 **천연두[두창(smallpox)]**는 박멸되었다고 공식적으로 선포하였다. 이 발표는 수십 세기 동안 이 질병 때문에 겪었던 아픔과 죽음에서 벗어났다는 것을 말한다.

천연두는 기원전 10,000년 이후 어떤 때 아시아 또는 아프리카의 작은 농경 정착지에서 처음으로 출현한 것 같다. 기원전 1160년에 이집트에서 사망한 이집트 국왕 Ramses 5세의 미라에는 얼굴, 목, 어깨, 팔 등에 천연두의 상흔이 있다. 천연두는 수세기 동안 인도와 중국의 마을들을 황폐화시켰으며 서기 302년에는 시리아에서 유행성(epidemic)으로 발생하였다. 서기 900년에 페르시아의 의사인 Rhazez는 이 질병에 대해 명확하게 설명하였다.

중앙아시아에서 돌아온 십자군들은 12세기에 유럽에 천연두를 가져왔다. 스페인인들은 1507년에 서인도에 천연두 바이러스를 전파하였고 Cortez의 군인들은 1520년에 멕시코에 이 바이러스를 전달하였다. 두 경우에 이 질병은 면역력이 없는 집단에 전달되어 마구 퍼져

나갔다. 350만 명에 달하는 아메리카 원주민들이 천연두로 사망한 것으로 추정되며 18세기 까지 절반 이상의 보스턴 거주자들이 천연두에 감염되었다. 노예 상인들이 16세기와 17세기 동안에 중앙아프리카에 천연두를 전달하였고 인도에서 이주한 사람들이 1713년에 남부아프리카에 천연두를 유입시켰다. 1789년에 천연두는 오스트레일리아에 도달하였다.

면역법에 대한 생각 자체는 천연두를 방지하고자 종두접종(variolation)을 시행한 아시아에서 비롯되었다. 이 방법은 천연두에 의한 흉터의 고름을 적신 실을 면역이 이루어지지 않은 사람의 상처에 문지르거나 또는 소매에 묶어두는 형태로 시행되었다. 이 방법으로 면역화가 이루어진 사람도 있었지만 살아있는 병원성의 바이러스를 사용하였기 때문에 유행성으로 발전하기도 하였다. 터키의 영국대사의 부인인 Mary Wortley Montague는 1717년에 이 방법을 영국에 소개하였다. 이 종두접종이 비록 높은 질병률(morbity, 이환율)과 치사율(mortality)까지도 나타냈지만 George Washington 장군은 1777년에 그의 군대에게 종두접종을 시행하라고 명령하였다. 1792년까지 보스턴 인구의 97%가 종두접종을 시행받았다.

천연두(smallpox)는 "Great pox"라고 알려진 매독과 대조되도록 이름지어 진 것이다.

천연두 면역법은 영국의 의사인 Edward Jenner에 의해 크게 개선되었는데, 그는 우두(cowpox)에 걸렸던 소젖을 짜는 여인들은 결코 천연두(smallpox)에 걸리지 않는다는 것을 알았다. 우리는 현재 덜 심각한 질병인 우두에 대한 면역력은 천연두에 대한 면역력도 부여한다는 것을 알고 있다. 1796년에 Jenner는 우두의 고름을 8살 소년에게 접종하였고 6주 후에 천연두의 고름을 접종하였다. Jenner가 예상한 데로 소년은 건강을 유지하였다. 1799년에 미국에서는 의사 Benjamin Waterhouse는 자신의 아이들을 면역시키고자 우두백신을 수행하였고 그 후에 아이들을 천연두에 노출시켰다.

그 후 우리는 우두 바이러스를 이용한 예방주사로 천연두를 방제할 수 있다는 것을 잘 알고 있음에도 불구하고, 1947년에 멕시코에서 온 면역화되지 않은 여행자들이 뉴욕시에서 12명의 사람을 감염시켰고 그들 중 2명은 사망하였다. 미국에서의 마지막 8명의 천연두 환자는 1949년에 리오그란데 대협곡(Rio Grande Valley)에서 발생하였다.

WHO에서 전 세계적인 천연두 면역법을 수립했던 1967년에 천연두는 33개국에서 여전히 유행성으로 발생하였지만, 1977년에는 전 세계에서 단 한 번의 자연 감염이 발생하였다(그림 19.12). 1978년 영국의 버밍엄의 실험실에서 환기구를 통해 천연두 바이러스가 배출되어 1명의 여성 의료 종사자가 감염되어 사망하였고, 그녀의 어머니는 약하게 천연두를 앓았고 회복하였으며, 바이러스를 배출시킨 실험실의 책임자는 살인죄로 수감되었다. 이러한 재앙이 있은 후 천연두 종균은 최상의 보존 설비를 갖춘 2곳의 연구소- 애틀란타에 있는 미국 질병관리본부(CDC)와 모스크바의 바이러스 예방 연구소-에서만 공식적으로 보존하도록 하였다. 그러나 천연두 감시는 계속되고 있다. 러시아가 생물학적 무기로 사용될 가능성이 있는 천연두 바이러스를 대량 배양하여 아마도 이들을 자신의 동맹국에게 제공할 것이라는 사실을 알고 있다. 천연두 바이러스의 "마지막 2개" 의 종균을 파괴하자는 협상은 중도에 결렬되었다.

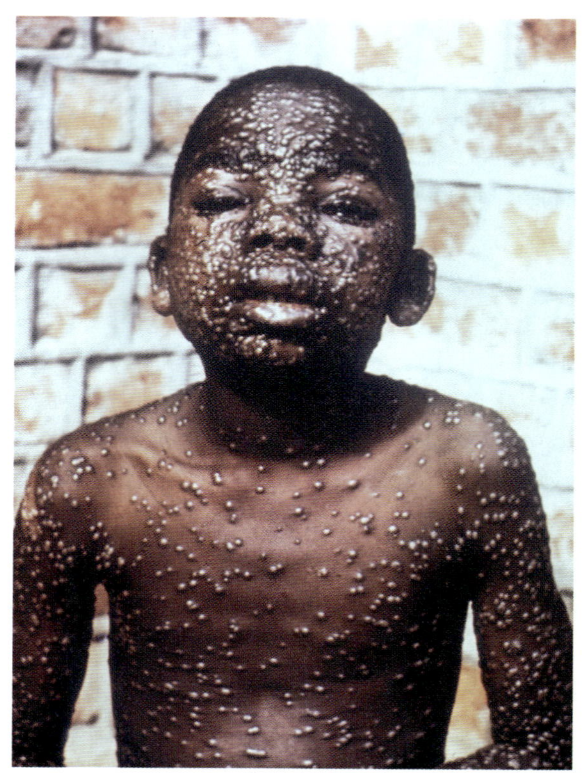

그림 19.12 천연두의 최후 사례 중의 한 경우. 상처는 얼굴과 팔에 셀 수 없을 정도로 많이 나타난다. 병이 진행됨에 따라 발포성의 상처는 불투명해지고 결국 딱딱해져 떨어진다. 흉터가 일반적으로 남는다.

천연두 바이러스는 목과 호흡기를 통해 유입된다. 12일간의 잠복기 동안 천연두 바이러스는 식세포와 혈액에 감염한다. 감염부위는 피부로 확산된 후 고름이 채워진 소포를 형성한다. 심각한 전신 증상으로 고열, 요통, 두통 등이 시작된다. 처음에 입과 목에서 시작된 소포는 빠르게 얼굴, 팔, 손, 몸, 다리의 순으로 퍼진다. 소포는 약 2주 이내에 혼탁해져서 농포(postule)화되고 딱지(crust)로 된다. 사망에 이르는 데에는 최초의 증상이 나타난 후 거의 10-16일 정도 걸린다(그림 19.13).

병변의 흔적으로 천연두와 백혈병, 우두, 매독을 구별하곤 한다. 면역이 이루어지지 않은 집단에서 천연두는 높은 접촉 전염성을 나타내지만 대대적으로 면역화된 집단에서는 매우 천천히 전파된다. 그러나 지구상에서 천연두는 박멸되었는데, 예방 접종의 효능이 생명을 위협하는 질병 자체의 위험성을 압도한 것이다.

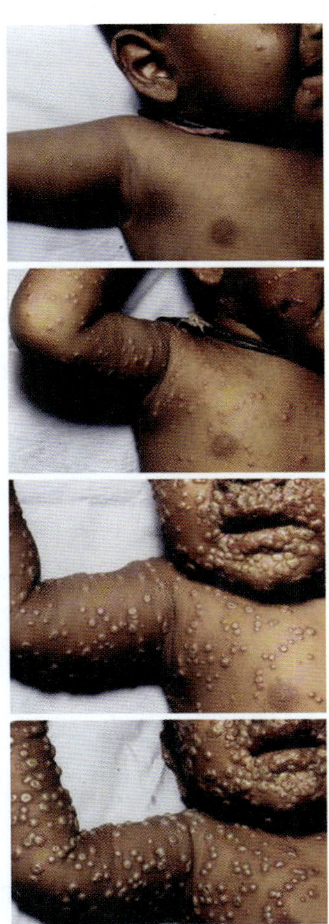

그림 19.13 천연두의 진행 경과

우두(cowpox). **우두(cowpox)**는 우두 바이러스가 원인이며 찰과상 부위에 병변(천연두와 유사한)과 림프절의 염증 및 열이 나게 한다. 우두 바이러스는 여러 가지 병변들과 천연두의 병변과 유사한 증상을 수반하는 진행성 질병의 원인이 될 수도 있지만 메티사존(methisazone)으로 치유할 수 있다. 소에게서 사람으로 전파되는 것으로 알려지고 있다.

우두는 천연두에 대한 면역을 위해 제너에 의해 사용되었을 뿐만 아니라 화학적 · 물리적 분석이 충분히 이루어진 최초의 동물 바이러스였다(1장. 면역학 참조). 현재의 우두 바이러스는 아마도 천연두 백신의 제조를 위한 공정을 위해 수세기 동안 송아지의 피부를 통해 전달되면서 약화된 것 같으며 더 이상 본래의 우두 바이러스는 아니다.

원숭이두창(Monkeypox). **원숭이두창(Monkeypox)**의 병변들과 치사율이 천연두와 매우 유사하여 천연두로 오인되곤 한다. 이는 서부 및 중앙아프리카 지역 특히 자이르와 콩고에서 주로 발생한다. 천연두와 원숭이두창은 모두 오쏘폭스바이러스(orthopoxvirus)가 원인체이므로 천연두 백신으로 이 2가지 질병을 막는다는 것은 그리 놀랄 일이 아니다. 천연두 예방접종의 중단과 함께 동물원의 원숭이들과 애완동물 가게에서 아프리카의 자이언트 쥐(giant rat)를 구입한 사람들에게 원숭이두창이 창궐하고 있다는 것을 우리는 알고 있다. 이러한 창궐은 천연두 예방접종의 중단 결과를 간과했기 때문이며 이는 우리 스스로에게 심각한 위협을 줄 수 있다. 몇몇 사람들은 원숭이두창이 유행하고 있는 지역에서는 천연두 면역법을 다시 시작해야한다고 제안하고 있다.

전염성 연속종(전염성 물렁종, Molluscum contagiosum). **전염성 연속종(Molluscum contagiosum)** 바이러스는 여러 가지 면에서 독특하다. 첫째, 이 바이러스는 폭스바이러스(poxvirus)에 속하는 주요 2그룹인 오쏘폭스바이러스(orthopoxvirus)와 파라폭스바이러스(parapoxvirus)와는 면역학적으로 다르다. 둘째, 이는 아주 약한 면역 반응만을 나타낸다. 셋째, 이 바이러스는 감염된 세포의 DNA합성은 중지시키지만 주변의 비감염 세포는 빠르게 분열하도록 유도한다. 그러므로 이 바이러스는 특정 질병을 유발하는 바이러스와 종양을 유발하는 바이러스의 중간체일 가능성이 있다. 전염성 연속종은 사람에게만 영향을 주며 세계적으로 나타나고 있다. 이는 하얀~밝은 핑크빛의 진주모양의 고통은 없는 종양성 생장이 일어나도록 한다(그림 19.14). 이 질병은 일반적으로 어린이와 젊은 청소년에게 나타나며 몇 년간 지속될 수 있다. 이는 사람들의 직접적인 접촉이나 놀이 도구와 수영장과 같은 설비에서 획득될 수 있다. 처치는 일반적으로 화학물질 또는 국지적 냉동(localized freezing)으로 제거하는 방법들이 있다.

사마귀

사마귀(wart) 또는 **유두종(papillomas)**은 **사람유두종 바이러스(human papillomavirus, HPV)**가 원인체이다. HPV는 특히 피부와 점막을 공격한다. 사마귀는 피부, 생식기, 호흡기관, 구강등과 같은 신체의 많은 부위에서 자유롭게 자란다. 바이러스 감염은 평생 지속된다. 심지어 사마귀가 사라지고 제거되어도 바이러스는 주위의 조직에 남아 사마귀가 재발하게 하거나 해로운 종양을 형성하게 할 수 있다.

사마귀의 특성. 사마귀는 모양과 가장자리 형태 및 병원성이 다양하다. 어떤 것은 눈에 거의 보이지 않지만 생장을 스스로 제한하는데, 즉 자라지 않거나 번지지 않으며 후두사마귀(laryngeal wart)와 같은 종류는 더 커지는 사마귀지만 양성이다. 몇 종류의 사마귀만이 악성 사마귀이다. 예를 들면 콘딜로마타 아쿠미나타(condylomata acuminata)라고 알려진 **생식기사마귀(genital wart)** (그림 19.15a)는 일반적으로 악성이 되지 않는다. 그러나 가시적인 사마귀를 형성하지 않는(만성적인 잠복 감염 상태로 존재하는) HPV 바이러

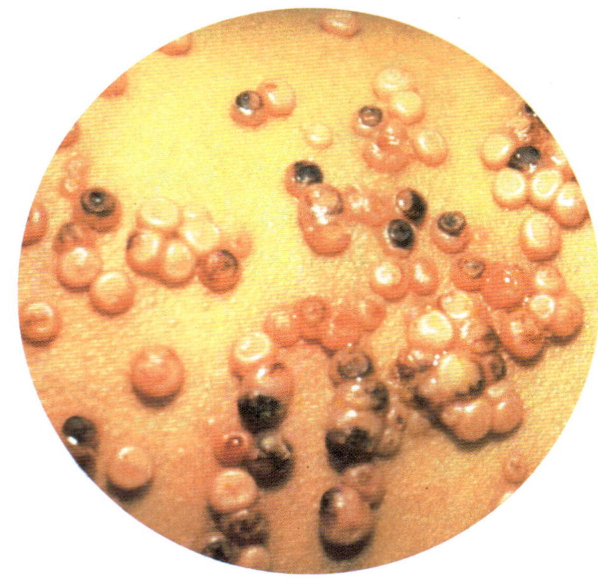

그림 19.14 전염성 물렁종. 종양성 생장체가 전염성 물렁종 바이러스에 감염되었을 때 발달한다.

스에 속하는 특정형(strain)들은 전체 자궁경부암의 99% 원인체이다. 자궁경부암은 현재 성병(sexually transmitted disease)으로 분류되고 있다. HPV에 속하는 4종류의 바이러스에 대한 새로운 백신인 가다실(Gardasil)이 자궁경부암의 70%를 예방한다고 알려졌다(◀10장, ◀20장의 생식기사마귀 참조). 현재 9~26세 사이의 여성들에게 가다실의 사용을 권장하고 있다. 가다실은 총 3회 접종받는 데 비용은 $360이다. 모든 유형의 사마귀들은 정상인보다 AIDS 환자나 다른 면역결핍 환자들에서 더욱 크게 자란다.

전파. 사마귀바이러스(papillomavirus)는 사람들 간의 직접적인 접촉이나 매개물과의 접촉으로 전파된다. **피부사마귀(dermal wart)**

공중 보건

몸보다는 마음

사마귀를 제거하기 위하여 의사에게 갔으며 치료를 위해 최면술사를 만나야 된다고 들었다고 상상해보자. Lewis Thomas에 따르면 사마귀는 "최면 요법으로 제거될 수 있다." 대조군의 연구에서 다수의 사마귀를 지닌 14명의 환자에게 최면을 걸었으며, 최면 암시는 신체의 한 부분에 있는 모든 사마귀가 사라진다는 것이었다. 몇 주일 이내에 9명의 환자에게 이러한 일이 발생하였으며 이들 중에는 착각하여 다른 곳의 사마귀를 파괴하였던 사람도 포함되어 있다. 그러나 최면술이 당신에게 적용되지 않았다면 당신은 사마귀가 없어지기를 기다릴 수밖에 없다. Thomas는 또한 사마귀는 "불가사의하게 종종 매우 갑자기 ... 종말을 맞이하여 흔적도 없이 사라진다."라고 말했다.

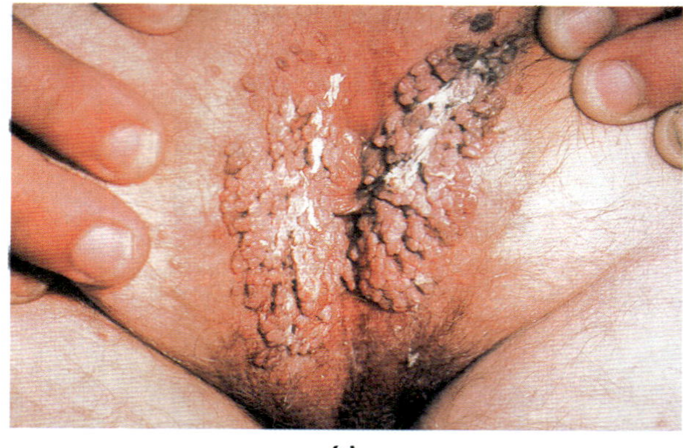

(a)

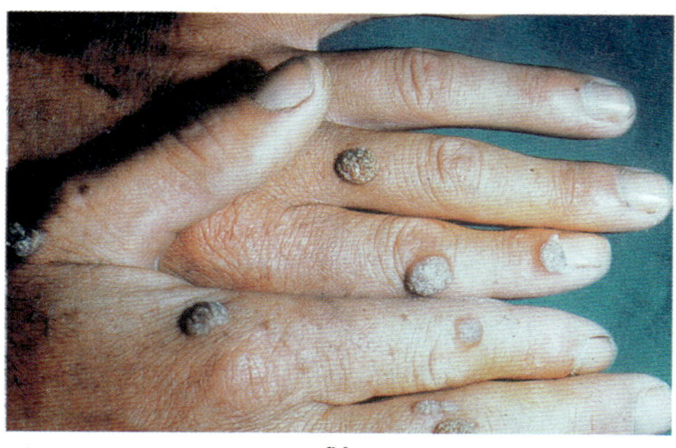

(b)

그림 19.15 사마귀. 사마귀는 사람 유두종바이러스가 원인 병원체이다. (a) 질 주변에 생긴생식기 사마귀. (b) 피부사마귀

(그림 19.15b)는 상처를 통해 바이러스가 피부나 점막으로 유입되면 형성된다. 생식기사마귀는 성적 접촉으로, 소아후두사마귀(juvenile onset laryngeal wart)는 감염된 산도를 통해 출산되는 동안에 전파된다. 이들의 잠복기는 다양한데, 피부사마귀는 1주~1개월이며 생식기사마귀는 8~20개월이다. 출산 시에 전파되는 생식기사마귀를 비롯한 사마귀들은 20장의 생식기사마귀 절에 설명되어 있다.

피부사마귀. 표피세포가 감염되어 바이러스가 증식하면 피부사마귀(Dermal wart)가 형성되고 이는 표피와 진피 사이의 기저막 위에 국한되어 존재한다. 아동들과 젊은 층에서 나이든 사람들보다 피부사마귀가 더 많이 나타난다. 어느 특정 시기에 소수의 피부사마귀가 생기며 이들은 대부분 2년 이내에 사라진다. 1개의 사마귀가 사라지면 보통 다른 사마귀들도 같이 사라진다. 이렇게 동시에 진행되는 자발적인 소멸은 아마도 면역학적인 현상 때문일 것이다.

진단과 처치. 사마귀들은 면역학적인 실험들과 조직을 현미경으로 관찰함으로서 구분한다. 효소면역학적인 방법과 면역형광항체를 이

적용

조류 감염들(algal infections)

대부분의 조류는 독립영양체이므로 기생체가 아니지만 프로토테카(*Prototheca*)와 같은 조류의 몇 균주들은 엽록소가 소실되어 다른 생물에 기생하여 생존한다. 이들은 물과 진흙에서 발견되며 피부 상처를 통해 체내로 유입된다. 1987년에 발생한 45건의 피부 프로토테카증(protothecosis) 중 2건이 깨끗한 가정의 수조에서 발생한 것으로 알려졌다. 최초의 피부 프로토테카증은 벼농사를 하는 농부의 발에서 발견되었으며 연이은 사례들의 대부분은 다리 또는 손에서 발생하였다. 면역결핍 환자에게서 이 기생체들은 소화관이나 복강(peritoneal cavity)에 침입할 수 있다. 소수의 피부감염자들이 요오드화칼륨(potassium iodide)의 복용이나 암포테리신 B(amphotericin B)와 테트라사이클린 주사에 대해 반응을 나타내지만 만족스러운 처치법이 발견되지 않고 있다.

용한 실험으로 현미경에서 확인되는 바이러스 질병의 약 3/4을 구별할 수 있다. 그러나 이 시험법은 사마귀바이러스 특히, 생식기사마귀와 후두사마귀, 진행성 악성사마귀들에 대해서는 가끔씩 실패를 초래하는데, 그 이유는 이들이 아주 적은 양의 항원을 생성하기 때문이다.

다양한 종류의 사마귀를 처치하는 아주 만족스러운 유용한 방법은 없다. 주로 사용되는 처치법은 조직을 액체 이산화탄소나 액체 질소로 냉동한 후 절제하는 냉동요법(cryotherapy)이다. 포도필린(podophylin), 살리실산(salicylic acid), 글루타르알데히드(glutaraldehyde)와 같은 화학약제와 외과 시술, 5-플루오르우라실(5-fluorouracil) 같은 항대사물질 및 바이러스 증식을 제어하는 인터페론 등이 사마귀를 제거하기 위해 사용된다. 대부분의 경우 재발한다.

중점 질문 사항

1. 선천성 풍진 증후군이 나타내는 위험성은 무엇인가?
2. 풍진 예방법에서 주의해야할 점은 무엇인가?
3. 풍진과 홍역의 차이점을 설명하라.
4. 어떻게 수두와 대상포진이 한 종류의 바이러스에 의해 발생하는가?

진균성 피부 질병

각질화된 조직을 침입하는 진균을 **피부진균(dermatophytes)**이라 하며 진균성 피부질환을 **피부진균증(dermatomycoses)**이라고 한다. 이러한 질병은 주로 3가지 속의 진균인 *Epidermophyton*, *Microsporum*, *Trichophyton*에 속하는 진균들에 의해 유발된다**(표 19.1)**. 이들은 다양한 종류의 백선(ringworm)을 일으키며 피부와 손톱 및 머리카락을 공격한다.

피하조직에 침입하는 진균들은 토양 또는 부패된 채소에 많이 존재하며 새의 배설물과 공기 중의 포자에서 발견될 수 있다. 이러한 진균들은 상처를 통해 조직으로 들어가며 때로는 림프관까지 확산된다. 피하의 진균성 감염은 일반적으로 천천히 점진적으로 번지며, 치료에 대한 반응도 마찬가지로 천천히 진행된다.

백선

백선(ringworm)은 다양한 형태(뒤에서 설명할 무좀을 포함하여)로 발생하며 전염성이 높다. 예를 들어, 두부백선은 미용실에서 위생적인 손질이 완벽하게 이루어지지 않은 경우에 쉽게 걸릴 수 있다. 피부, 머리카락, 손톱 등을 포함하는 대부분의 백선들은 그들이 나타난 조직의 이름을 인용하여 명명한다. **체부백선(tinea corporis, body ringworm)**은 중앙에 원형(ringlike)의 인편을 지니는 병변을 유발한다(병변의 모양 때문에 "백선(ringworm)"이라는 잘못된 이름이 기원되었다.). **고부백선[tinea cruris**, groin ringworm, "jock itch(완백선)"]은 사타구니에서 나타나는 백선이다**(그림 19.16)**. **손톱백선(tinea unguium)**은 손톱과 발톱이 두꺼워지고 탈색되는 질환이다. **두부백선(tinea capitis**, scalp ringworm)은 모낭에서 균사가 자라는 것으로 종종 원형 탈모로 진행된다. **수염백선(tinea barbae**, barber's itch)은 턱수염에 비슷한 병변이 생기는 것이다.

피부진균증이 심각한 질병을 초래하는 것은 없으며 병변은 일반적으로 다른 조직에 침투하지는 않지만 보기 흉하고 가려우며 오래 지속된다. 이들의 생장은 피부의 온도 때문에 촉진되는데, 체온보다

표 19.1

피부진균증과 병증에서 발견되는 병원체들

피부진균증	*Epidermophyton floccosum*	*Microsporum canis*	*Trichophyton mentagrophytes*	*Trichophyton rubrum*	*Trichophyton tonsurans*
체부백선	X	X	X	X	X
손톱백선	X			X	
고부백선	X		X	X	
두부백선		X	X		X
수염백선			X	X	
족부백선	X		X	X	

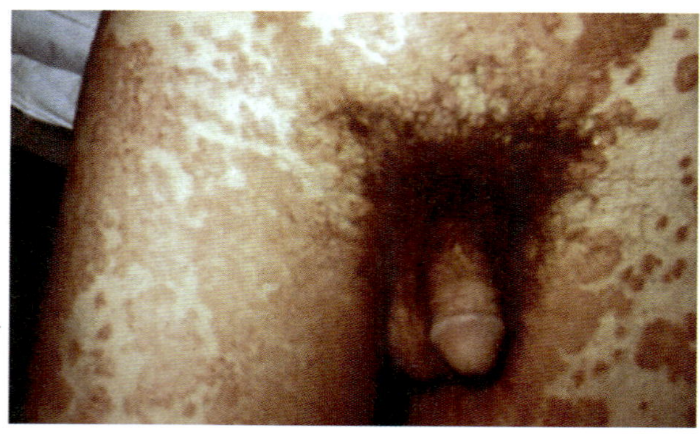

그림 19.16 고부백선, 사타구니에 생긴 백선(완선).

낫을 때 생장이 야기된다. 피부진균에 의한 피부 손상은 이차적으로 세균 감염을 유발할 수 있다.

진단과 처치. 백선은 병변 부위의 시료를 현미경으로 관찰함으로서 진단하지만 피부 자체에서도 종종 충분히 관찰이 된다. 비록 조직 내에서 진균은 일반적으로 포자를 형성하지 않지만 실험실에서 배양하면 종종 포자를 형성하며 연구자들은 새어나온 포자에 감염되지 않도록 특히 주의하여야 한다. 대학 실험실에서 실수로 열려진 페트리 접시에서 새어나온 포자가 빌딩의 환기장치를 통해 확산되면서 많은 수의 사람들이 감염된 사례가 있다.

처치는 일반적으로 모든 죽은 표피조직을 제거하고 항진균 연고제를 국소적으로 사용하는 방법으로 한다. 병변이 널리 퍼졌거나 진균이 조상(nailbed)에 감염된 경우처럼 국소적인 처치가 어려운 경우에는 그리세오풀빈(griseofulvin)을 경구 투여한다. 백선을 방지하기 위해서는 오염된 물체와 포자의 접촉을 피해야 한다.

무좀(족부백선). **무좀(athlete' s foot)** 또는 **족부백선(tinea pedis)**은 균사가 발가락들 사이의 피부에 감염하여 건성의 벗겨지는 병변을 일으킨다, 수포성-농포가 있는 병변은 축축하게 땀이 있는 발에 발달한다. 뒤이어 피부가 갈라지고 벗겨지며 세균에 의한 이차감염으로 발가락 사이의 가려움과 습진 및 백선 등이 유발된다. 백선 형태의 무좀은 고유 미생물상(normal flora)과 숙주 방어작용의 생태학적 불균형으로 초래된다. 무좀을 유발하는 진균은 환경에 널리 퍼져있는데, 이들은 신체가 진균을 제거하는 데 실패하면 조직에 감염한다. 무좀의 예방은 진균의 기회감염을 저지할 수 있도록 건강의 유지와 깨끗하고 건조한 발을 유지하는 데 달려있다. 미코나졸(miconazole)과 같은 항진균제도 무좀에 효과적이다.

피하성 진균 감염

스포로트릭스증. **스포로트릭스증(sporotrichosis)**은 *Sporothrix schenckii*에 의해 발병하는데, 이 진균은 식물을 통해 인체내로 들어오는데 특히 물이끼, 장미 가시, 매자나무 가시 등에 의해 체내로 유입된다. 이 질병은 다른 사람, 개, 고양이, 말, 설치류 등에 의해 전달될 수도 있다. 미국의 중서부 특히 미시시피강 유역에서 매우 흔한 질병이다. 초기 병변은 작은 상처 부위에 결절이 나타난다. 만성적 감염이 되면 결절은 궤양화하여 육아종이 되고 고름이 차며 림프관으로 쉽게 퍼질 수 있다. 드물지만 허파와 같은 내부 기관으로 진균이 퍼지기도 한다. 진단은 병변에서 채취한 조직과 고름의 시료를 배양하여 수행한다. 피부형과 림프형 질환은 포타슘 요오드로 파종형 감염(disseminated infection)은 암포테리신 B(amphotericin B)로 치료한다. 조경사 및 숲, 토양에서 일하는 사람들은 오염된 물질이 접촉하지 못하도록 상처가 있는 피부 부위를 보호하여야 한다.

분아진균증. 북미 **분아진균증(blastomycosis)**은 *Blastomyces dermatitidis*에 의한 진균증으로 이 진균은 미국의 중앙과 남동부의 토양에 아주 흔하게 존재한다. 이 진균은 허파와 상처를 통해 체내로 유입되며 피부와 피하 조직에서 흉한 궤양과 고름이 생기는 병변 및 많은 농

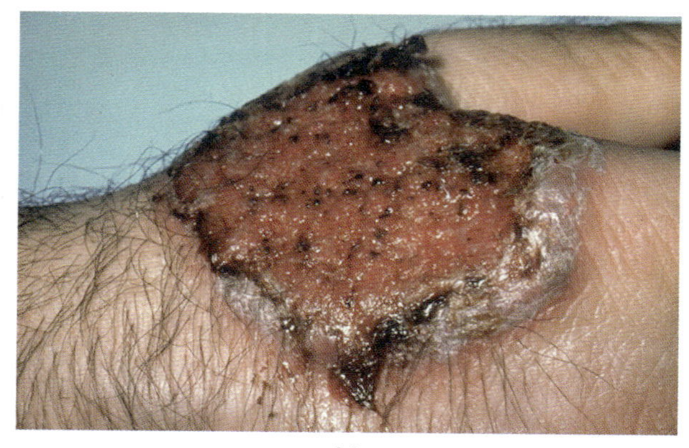

(a)

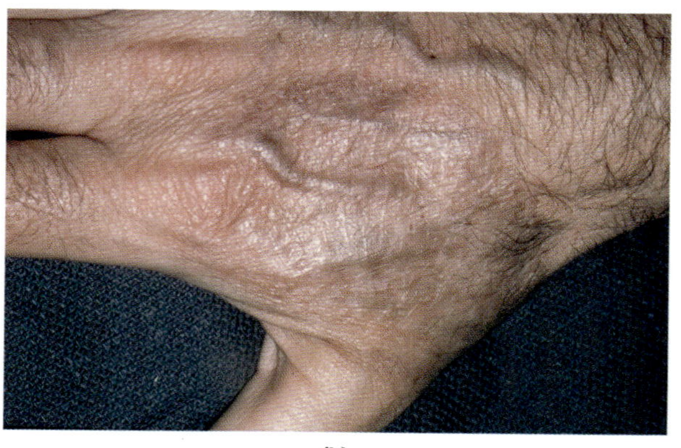

(b)

그림 19.17 분아균증의 병증. (a) 치료 전. (b) 항진균제로 치료 후.

양이 생기게 한다. 이러한 상태의 질병을 **분아진균성 피부염(blastomycetic dermatitis)**이라 하는데, 이유는 모르지만 주로 30~40대의 남자에게 주로 나타난다. 몇 몇의 경우에는 진균이 혈액을 통해 내부 기관으로 전파되어 **전신성 분아진균증(systemic blastomycosis)**을 일으키기도 한다. 폐는 포자를 흡입하여 직접 감염될 수 있고 진균들은 폐에서 다른 조직으로 전파될 수 있다. 이 질병은 보통 상대적으로 가벼운 호흡 질환, 열, 불쾌감 등의 증상을 유발한다. 가래와 고름에 있는 출아형의 효모를 확인하여 진단하며 암포테리신 B 혹은 약독성의 하이드록시스틸바미딘(hydroxystilbamidine)으로 치료한다.

기회감염성 진균 감염

몇 몇의 효모와 검은곰팡이 같은 특정 진균들은 인간의 저항성이 약해졌을 때 인간의 조직으로 침입한다. *Candida albicans*와 *Cryptococcus neoformans* 같은 2종류의 효모와 *Aspergillus fumigatus*와 *A. niger* 같은 곰팡이 그리고 *Mucor*와 *Rhizopus*와 같은 접합균류들이 많은 기회감염성 진균 질병(opportunistic fungal disease)을 일으킨다.

칸디다증. *Candida albicans*는 출아법으로 증식하는 타원형의 효모로 사람의 소화관과 비뇨생식관의 고유미생물상(normal flora)인 진균이다. 이 효모는 쇠약한 사람들의 하나 또는 여러 조직에서 **칸디다증(candidiasis)** 또는 **모닐리아증(moniliasis)**을 일으킨다. **아구창(trush)(그림 19.18a)**이라고 하는 표재성 칸디다증(superficial candidiasis)은 구강 점막에 우유빛의 작은 염증을 나타내는데, 특히 유아, 당뇨병 환자, 쇠약한 환자, 장기간 항생제를 복용한 사람들에게 많이 발생한다(◀13장 고유미생물상의 파괴 참조). **질염(vaginitis)**은 임신과 같은 요인에 의해 질 분비물에 당이 많이 함유된 경우, 경구 피임약을 사용했을 경우, 당뇨병 관리를 소홀히 한 경우, 여성이 밀착된 합성섬유의 속옷을 착용하여 질 주변을 습하고 따뜻하게 하여 효모의 생장을 촉진한 경우에 발생한다. 칸디다에 속하는 어떤 종들은 성적 전파도 된다. 장시간 손을 물에 담그고 일하는 통조림 공장의 인부들에게는 피부와 손톱에 가끔씩 병변이 생긴다**(그림 19.18b)**. 칸디다는 폐와 신장 및 심장에 침입할 수 있으며 또한 혈액을 통해 감염되는데, 이러한 경우에는 해당 기관에 심각한 독성반응을 일으킨다. 칸디다증은 결핵, 백혈병, AIDS와 같은 질병에 걸린 환자에게서 나타나는 가장 일반적인 병원내(nosocomial) 진균 감염이다.

병변, 가래, 삼출액 등에서 출아하고 있는 효모가 관찰되면 칸디다증으로 확진한다. 다양한 항진균제(antifungal drug)가 칸디다증의 치료를 위해 사용되고 있다. 칸디다는 도처에 존재하기 때문에 이들에 대한 감염은 신체를 건강하게 유지하면 대부분 막을 수 있다.

아스퍼질러스증. 사람에게 발생하는 **아스퍼질러스증(aspergillosis)**은 다양한 종의 *Aspergillus*가 원인체인데, 특히 *A. fumigatus*가 대표적 종이다. 이 곰팡이들은 부패하고 있는 식물체에서 생장한다. *Aspergillus*는 상처, 화상 부위, 각막 등을 통해 감염되거나 외이에 감염되어 귀지에서 증식하여 중이염을 일으킬 수 있다. 면역이 억제된 환자에게는 심각한 폐렴을 유발할 수 있다. 생체 조직에서 특징적인 균사를 확인하여 진단한다. 항진균제는 단순히 약간의 치료만을 할 뿐이다. 곰팡이는 도처에 존재하기 때문에 이들에 대한 노출은 피할 수 없으므로 예방은 숙주의 저항성에 전적으로 의존한다. 항원에 민감한 사람들에게 포자가 흡입되면 심각한 알레르기 증상을 일으킬 수도 있다.

인간만이 아스퍼질러스에게 영향을 받는 것이 아니다. 오래된 책의 쪽에 있는 바랜 색의 얼룩은 아스퍼질러스 속에 속한 곰팡이에 의한 종이 손상으로 나타난 것이다.

최근에 *Aspergillus*가 카리브해의 산호초에서 생장하는 부채꼴

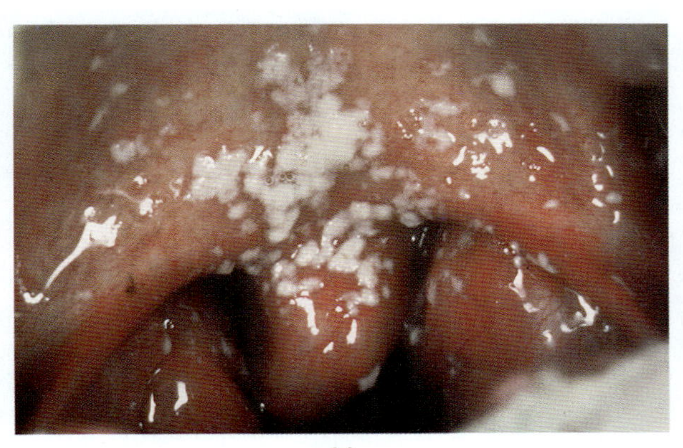
(a)

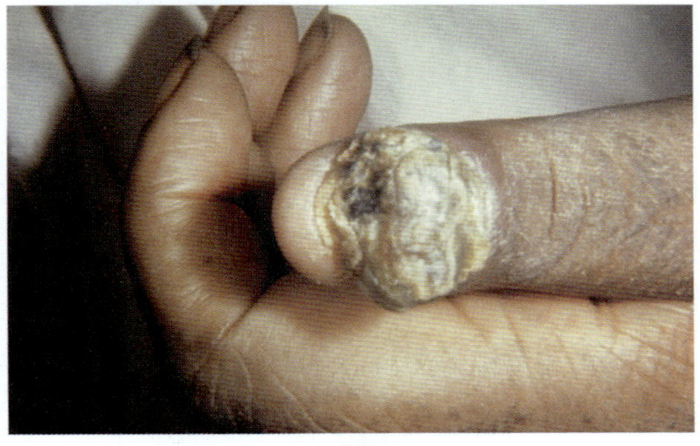
(b)

그림 19.18 칸디다증. 아구창은 구강에 우유빛의 작은 염증을 나타내는 칸디다 감염증으로, AIDS와 당뇨의 합병증과 장기간 항생제를 복용한 사람들에게 일반적으로 발생한다. **(b)** 손톱에 *Candida*가 감염되면 치유하기 매우 어렵다.

산호에게 소모성 질병을 일으키는 것으로 알려졌다. 이는 *Aspergillus*가 심지어 해양 환경을 침입하기에 충분한 능력을 지니고 있다는 것을 말한다.

접합균증. *Mucor*속과 *Rhizopus*속에 속하는 어떤 접합균류들은 치료받고 있지 않는 당뇨병 환자와 같은 감염되기 쉬운 사람들에게 감염하여 **접합균증(zygomycoses)**을 일으킨다. 감염이 확립되면 곰팡이는 폐와 중추신경 및 시각조직에 침입하여 급성 사망에 이르도록 하는데, 이는 곰팡이가 신체 방어기작을 피하기 때문이다. 내강과 혈관벽에 존재하는 넓은 균사를 확인하여 진단한다. 항진균제는 접합균류증에 대해 효과가 있을 수도 있고 없을 수도 있다.

허리케인 카트리나가 불어닥친 후 홍수가 일어나자 뉴올리언스의 많은 건축물들에는 해로운 곰팡이가 너무 많아져 사람이 살기에 적합하지 않았으므로 건물을 철거하여야만 했다.

다른 피부 질병

마두라족(madura foot) 또는 **마두라진균증(maduramycosis)**은 주로 열대지방에서 발생한다. 이 질병은 *Madurella*속의 곰팡이와 *Actinomadura*, *Nocardia*, *Streptomyces*, *Actinomyces*와 같은 섬유상 방선균류를 포함하는 다양한 토양생물에 의해 유발된다. 병원체들은 피부 찰과상을 통해 체내로 유입되는데, 특히 신발을 신지 않는 사람들에게 유입된다. 초기의 농양이 퍼지면서 연속된 병변을 형성하여 궁극에는 만성적인 육아종으로 된다. 치료하지 않으면 병원체들은 근육과 뼈로 침투하여 발은 육중하게 커진다**(그림 19.19)**. 마두라족은 고름 속에서 꼬여진 균사로 이루어진 백색, 황색, 적색 또는 흑색의 과립을 확인하여 진단한다. 소위 고름 속의 황입자(sulfur granule)는 황색 균사를 말하는 것이지 황(sulfur)을 의미하는 것은 아니다. 감염 초기에 항생제 치료를 하지 않고 장시간 방치하면 절단 수술이 요구된다. 예방은 상처를 통해 토양입자가 유입되지 않도록 하는 것이다.

주혈흡충(schistosome)에 속하는 몇 종의 기생충들의 유충(cercariae, larvae)들이 **물놀이 가려움증(swimmer's itch)**을 유발한다. 이러한 유충들은 새와 가축 및 영장류에 기생하며 사람의 피부에 파고들을 수 있다. 면역 반응은 발진과 가려움증을 유발하며 일반적으로 유충의 혈액 유입을 막고 주혈흡충증(schistosomiasis)을 유발 한다(12장 디스토마 참고). 물놀이 가려움증은 미국 전역에서 발생하지만 특히 5대호 지역에서 흔하다.

드라쿤쿨루스증(메디나충증, dracunculiasis)은 기니벌레(guinea worm)라고 하는 기생충에 의해 유발된다. 이 질병에 대해서는 11장에서 설명한다.

피부의 질병을 **표 19.2**에 요약한다.

눈의 질병

피부 질병과 마찬가지로 눈의 질병들도 환경에서 유입된 병원체 때문에 자주 발생하며 이 질병들은 신체의 외부 구역의 손상을 유발한다. 이러한 이유로 눈의 질병을 여기에서 설명한다.

세균성 눈병

신생아결막염

신생아결막염(ophthalmia neonatorum, conjunctivitis of the new born)은 눈의 화농성(pyogenic, pus-forming) 감염이며 *Neisseria gonorrhoeae*와 *Chlamydia trachomatis* 같은 병원체가 일으킨다. 산도(birth canal)에 존재하고 있던 병원체가 출산 시에 신생아의 눈에 들어간다. 감염으로 인해 각막에 염증이 생기는 **각막염(keratitis)**이 유발될 수 있는데, 이 질병은 발달하여 각막을 구멍 내고 파괴시켜 실명에 이르도록 할 수 있다. 1900년대 초에는 맹인을 위한 유럽기구의 어린이들 중 20~40%가 이 질병에 걸렸다. 개발도상국에

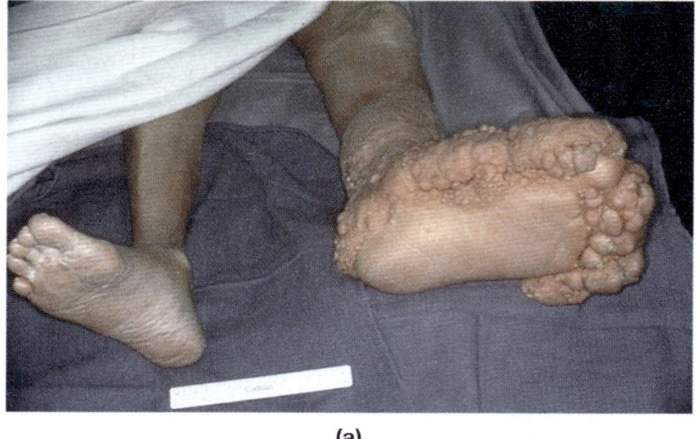

(a)

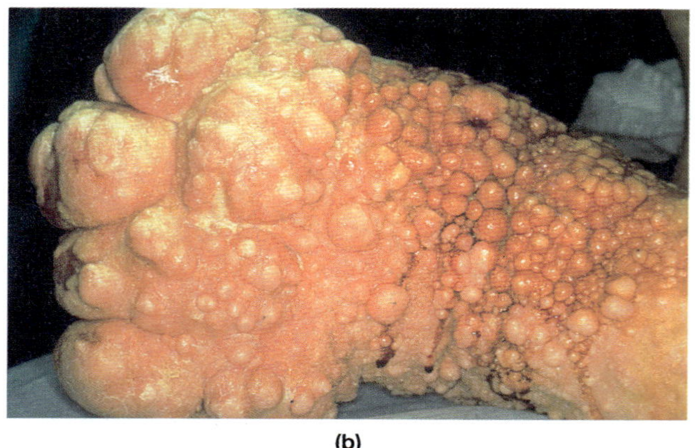

(b)

그림 19.19 마두라족. 이 질병은 진균 또는 곰팡이와 유사한 세균인 *Actinomyces*가 원인 병원체이다. 고름이 가득 찬 상처가 나타나고 다리의 절단이 필요할 정도로 발은 병원체에 의해 심하게 손상 받는다. **(a)** 아래에서 관찰한 마두라족. **(b)** 위에서 관찰한 마두라족

표 19.2

피부 질병의 요약		
질병	**병원체**	**특징**
세균성 피부질병		
모낭염	*Staphylococcus aureus*	피부농양; 피막이 형성되면 항체가 농양에 도달하지 못한다..
열상피부증	*S. aureus*	전체 피부 표면에 수포성 병증, 발열 ; 주로 어린이에게 발병
성홍열	*Staphylococcus pyogenes*	독소에 의해 인후염, 발열, 발진 유발 ; 류마티스열 및 다른 합병증을 유발할 수 있음
단독	*S. pyogenes*	피부 병증은 전신감염으로 번진다; 오늘날은 드물게 발병하지만 항생제를 사용하기 전에는 일상적으로 발병하였고 치명적이었다.
화농피부증과 농가진	포도상구균, 연쇄상구균	일반적으로 어린이에게 발병하는 피부 질환; 손과 매개물을 통해 쉽게 전파된다.
여드름	*Propionibacterium acne*	남성 성호르몬이 과다 분비되어 생기는 피부 병증; 2차 감염이 유발되며 10대에게 주로 발병
화상감염	*Pseudomonas aeruginosa* 및 다른 세균들	세균은 화상딱지 아래에서 생장, 병원내감염으로 종종 발병; 진단과 치료가 어려움; 원인 병원체는 전형적인 항생제내성을 나타냄.
바이러스성 피부질병		
풍진(독일홍역)	풍진바이러스	희미하고 도돌도돌한 발진을 나타내는 온화한 질병; 임신 초기에 감염되면 선천성 풍진을 일으킬 수 있음; 예방접종으로 발병율이 크게 낮아짐.
홍역	홍역바이러스	열, 결막염, 기침, 발진을 동반하는 심한 질병; 합병증으로 뇌염이 생김; 주로 어린이에게 발병; 예방접종으로 발병율이 크게 낮아짐.
장미진	human herpesvirus 6	갑작스런 발열 뒤에 장밋빛의 발진; 바이러스는 침샘에 잠복
수두	수두-대상포진 바이러스	피부 반점의 병증
대상포진	수두-대상포진 바이러스	고통스런 피부 병변이 보통 허리띠 형태로 나타남; 면역력이 약화된 성인에게 발생; 감수성 있는 어린이가 대상포진을 앓고 있는 어른에게 노출되면 쉽게 수두에 걸릴 수 있다.
천연두	천연두 바이러스	예방접종으로 완전히 박멸된 질병
기타 수두 질병	기타 수두바이러스	피부 표면에 맑거나 푸르스름한 소포 형성; 인간 감염은 드뭄
사마귀	사람 유두종 바이러스	피부사마귀는 자기-제한적이다. 악성 사마귀는 면역결핍환자들에게 나타난다.
진균성 피부질환		
피부진균증	피부진균	피부의 다양한 부위에 건조와 피부 벗겨짐의 병변; 치료가 어렵다.
스포로트릭스증	*Sporothrix schenckii*	궤양화된 고름이 찬 상해가 발달; 허파와 다른 기관으로 퍼질 수 있음
분아진균증	*Blastomyces dermatitidis*	허파와 상처에 궤양화된 고름이 찬 상해가 발달; 다른 기관으로 확산되는 경우도 있음
칸디다증	*Candida albicans*	구강이나 질의 점막에 불규칙한 염증 형성; 병원내 감염으로 면역결핍환자에게 확산되는 대표적 질병
아스퍼질러스증	*Aspergillus spp.*	면역결핍환자의 상처, 화상 부위, 각막, 외이 등을 통해 감염
접합균증	*Mucor*와 *Rhizopus spp.*	치료받지 않고 있는 당뇨환자에게 주로 발생; 병증은 혈관에서 시작하여 빠르게 확산 한다.
기타 피부 질병		
마두라족	다양한 토양 진균류와 방선균류	초기 병증이 퍼져 만성적 육아종이 된다; 절단 시술을 요구한다.
물놀이 가려움증	주혈흡충의 유충	유충이 피부에 파고들어 가려움이 생김; 면역 반응은 이 질병의 확산을 억제한다.
드라쿤쿨루스증	*Dracunculus medinensis*	오염된 물 속의 갑각류에게 섭취된 유충이 피부로 감염하여 상처에서 출현한다. 어린이들에게 심각한 과민반응을 일으킨다.

서는 여전히 이 질병이 유행하지만 높은 유아 사망률로 인해 정확한 감염의 사례를 측정할 수 없기 때문에 정확한 발병율은 알지 못한다. 신생아 때에 감염이 가장 일반적인 감염임에도 불구하고(그림 19.20) 성인들에게도 손 또는 매개물을 통하여 생식기로부터 눈으로 병원체가 전달될 수 있다.

페니실린이 치료약으로 사용된 적이 있었지만 항생제 내성 균주의 출현으로 지금은 테트라사이클린이 사용되고 있다. 테트라사이클린은 클라미디아종(chlamydias)과 다른 병원체들에 의한 질병에도 효과가 있는데, 이들은 산모에게도 감염될 수 있다. 예방적 조치로 인하여 선진국의 신생아결막염은 거의 박멸되었다. 1% 질산은 용액 몇 방울로 출산 직후의 신생아 눈을 세척하여 임질균(gonococcus)을 죽이지만 이 방법은 클라미디아종에는 효과가 없으며 눈에 통증을 일으킬 수 있다. 신생아결막염의 원인체로 알려진 세균들에 대해 페니실린, 테트라사이클린, 에리스로마이신 등과 같은 항생제들이 대부분 효과가 있지만 항상 그렇지는 않다.

세균성결막염

세균성결막염(bacterial conjunctivitis) 또는 유행성결막염(pinkeye)은 결막에 염증이 생기는 것으로 *Stphylococcus aureus, Streptococcus pneumoniae, Neisseria gonorrhoeae, Pseudomonas*에 속한 종들, *Haemophilus influenzae* biogroup *aegyptius* 등의 세균들이 원인 병원체이다. *Haemophilus influenzae* biogroup *aegyptius*의 BPF 클론은 브라질 자반열(Brazillian purpuric fever)을 일으키는데, 어린이에게 이 질병은 초기에 결막염을 유발하지만 그 후에는 과다 출혈과 수막염 증세를 나타내는 치명적인 상태가 될 수 있는 패혈증으로 발전한다. 세균성결막염은 특히 어린이들 사이에서 전염성이 매우 강하여 학교와 보육시설에서 빠르게 전파될 수 있다. 어린이들은 가렵고 눈물이 나는 눈을 문질러서 병원체를 친구들에게 전달한다. 더운 날씨에는 눈물의 물기에 유인되어 날아 앉았던 모기가 병원체를 다리에 묻혀서 다른 사람의 눈에 병원체를 전파할 수도 있다. 효과적인 치료법은 설폰아마이드(sulfonamide)가 포함된 연고제를 국소적으로 처치하는 것이다. 어린이는 이 병이 완전히 치료하고 나서야 학교에 등교하여야 한다.

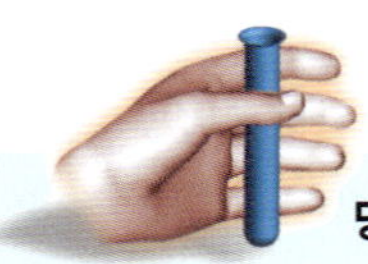

도전하라

당신의 건강과 미용화장품

삼푸, 콘택트렌즈용 수액, 마스카라(mascara), 콜드크림, 분무기 등을 가정용 멸균기에 넣어 두는가? 또는 당신은 당신 자신과 주변 환경에 미생물들을 문지르거나 살포하고 있는 중입니까? 생산품은 공장에서 품질 검사를 통과하였겠지만 가게의 진열대에 몇 개월 간 방치되면 상품에 첨가된 항미생물 "화장품 방부제"의 효능은 상실될 수 있다. 호텔 객실의 샴푸 병과 같은 1회용 용기들에 반복되어 채워지는 화장품에는 화장품 방부제가 첨가되지 않으며 사용할 때마다 화장품에 균체가 재접종 된다. 분무기의 경우에는 용기 내의 내용물과 노즐의 상태를 점검한다. 내용물이 멸균되어 있어도 노즐이 오염되어 있으면 공기 중으로 미생물이 퍼질 수 있다. 당신의 콘택트렌즈 보관함의 안쪽 면에 미생물의 생물막이 존재하지 않습니까?

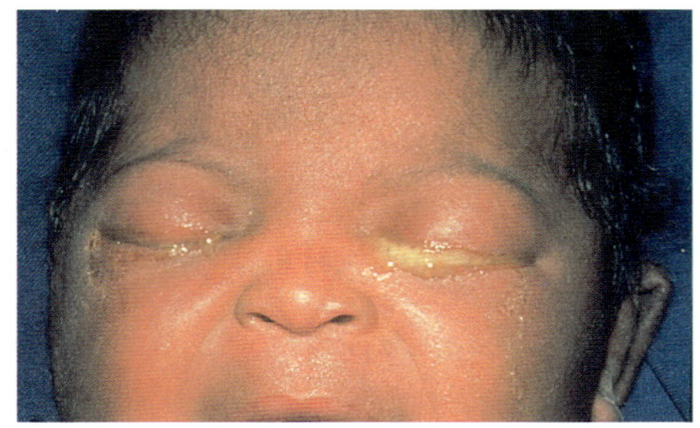

그림 19.20 신생아 결막염. 눈에 임질균이 감염되어 생기는 질병으로 주로 신생아에게 발병되는데, 신생아는 임질균으로 감염된 산도를 통해 출산되면서 이 병원체에 감염된다.그러나 성인들에게도 생식기로부터 눈으로 병원체가 전달될 수 있다.

트라코마

트라코마(Trachoma) (그림 19.21)는 "조각돌로 덮인" 또는 "험한"이라는 뜻의 그리스어에서 유래한 용어로 *Chlamydia trachomatis*의 특정 균주들에 의해 발병한다. 이 질병의 특징은 조각돌 모양의 소포를 지닌 심하게 비대해진 결막이 생기는 것이다. 눈꺼풀의 손상은 손눈썹이 눈 안쪽으로 향하게 하여 각막의 손상 및 파괴를 초래하며 실명에 이르도록 한다. 트라코마는 전 세계적으로 예방할 수 있는 실명의 원인 중에 가장 손꼽히는 것으로 매년 5억 명의 환자가 발생하고 이 중 2천만 명이 트라코마로 실명하고 있다. 최근의 연구 결과에 따르면 대부분은 아니지만 많은 경우에서 실제적인 실명 원인은 트라코마 자체가 아니라 오히려 트라코마에 감염된 조직에 세균이 2차감염하는 것이라고 알려지고 있다. 트라코마는 미국(남서부의 아메리칸 인디언의 제외)에서는 흔하지 않지만 아시아, 아프리카, 남미에서는 널리 퍼져있는데, 집단의 90%가 감염되는 경우도 있다. 파리가 중요한 전파 매개자이며 엄마와 자녀사이의 접촉이 사람 사이의 전달을 촉진한다.

트라코마는 기원전 1,500년에는 이짚트 파피루스(Egyptian papyri)라고 표사했다.

바이러스성 눈병

유행성각막결막염

유행성각막결막염(epidemic keratoconjunctivitis, EKC)은 아데

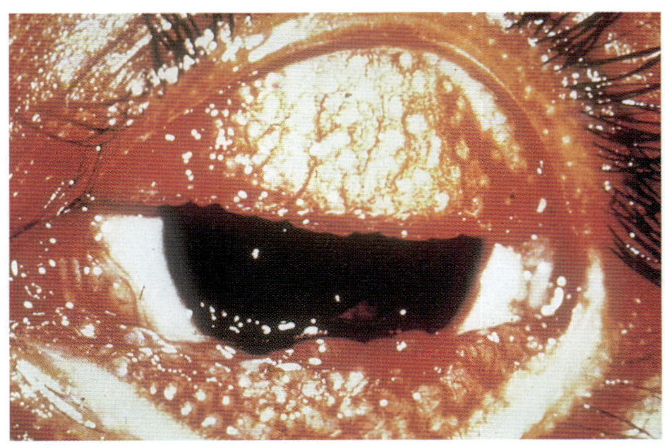

그림 19.21 트라코마. *Chlamydia trachomatis*에 의해 발병되는 세균성 질병으로 전 세계적으로 예방할 수 있는 실명의 원인 중에 가장 손꼽히는 것으로 매년 5억 명의 환자가 발생한다. 심하게 비대해진 결막에 있는 조각돌 모양의 소포를 보여주고 있다.

노바이러스가 원인이며 때로 "조선소 눈(*shipyard eye*)"라고 말하는데, 이유는 환경에 존재하는 먼지에 의하여 일꾼들이 자주 감염되기 때문이다. 8~10일의 잠복기 후에 결막에는 염증이 눈꺼풀에는 부종이 생기며 고통과 눈물이 수반되고 빛에 예민해진다. 2일 이내에 병증은 각막표피까지 번지고 경우에 따라 각막조직보다 더 깊은 곳까지 퍼지기도 한다. 각막에 생긴 혼탁은 2년 동안 유지될 수 있다. EKC는 안과 병원에 병원내 감염으로 감염될 수 있다.

급성출혈성결막염

또 다른 바이러스성 눈병은 1969년 가나에서 출현한 **급성출혈성결막염(acute hemorrhagic conjunctivitis, AHC)**으로 이는 엔테로바이러스(enterovirus)가 원인 병원체이다. 혈청학적 연구에서 이 질병은 그 이전에는 세계 어느 곳에서도 유행하지 않았다는 것을 보여주었다. 미국에서는 1981년에 처음으로 확인되었는데, 이 눈병은 인구가 과밀하고 비위생적인 환경이 고온다습한 기후 조건이 되면 주로 발생한다. AHC는 심한 고통, 빛에 심한 자극, 시야의 흐림, 결막하출혈 등의 증상을 일으키며 일시적으로 각막염증을 유발하기도 한다. 증상이 시작된 후 10일이 경과하면 완치된다. 드물지만 합병증으로 소아마비와 유사한 마비증이 생긴다.

기생충성 눈병

회선사상충증(사상충증)

회충인 *Onchocera volvulus*의 섬유상 유충이 아프리카의 많은 지역과 중앙아메리카에서 나타나는 **회선사상충증(onchocerciasis)**, 또는 **사상충증(river blindness)**의 원인 병원체이다(그림 19.22). 성충과 작은 유충은 피부 아래의 결절에 모여 있다. 날파리(blackfly)가 감염

공중보건

당신의 눈을 지켜라

소프트 콘택트렌즈가 1970년대에 유행하면서 렌즈사용자들 사이에서 진균 및 세균의 감염은 일상적인 현상이었다. 진균은 눈의 고유미생물(normal microflora)이 아니다. 일부 콘택트렌즈 사용자들에게 진균성 각막염(fungal keratitis)이 발생하였는데, 이는 렌즈에서 진균이 자란 후 눈의 표면을 공격했기 때문이다. *Fusarium*속에 속하는 진균이 이 질병의 일반적인 원인체이다. 자신의 렌즈에 작은 얼룩들을 제거할 수 없다고 불평하는 사람들은 그 작은 얼룩들이 렌즈에서 진균이 생장해서 생겼다는 것을 인식하지 못하고 있는 것 같다. 이러한 문제는 전형적으로 렌즈의 비위생적 관리와 부적절한 살균에서 비롯된다.

진균성 눈병은 2가지 이유에서 특별한 문제를 가지고 있다. 첫째, 세균의 처치에 사용하는 약제들만큼 효과적인 약제들을 진균에는 충분히 가지고 있지 않다. 둘째, 진균 감염들은 천천히 진행되기에 사람들이 초기 감염에 대해 매우 무관심하다는 것이다.

반대로 *Pseudomonas*와 같은 세균이 원인이 되는 세균성 눈병은 매우 빠르게 진행하여 24시간 이내에 심각한 눈병을 일으킨다. 마스카라의 부주의한 사용이 각막염을 일으키는 일상적인 감염인데, 이는 일반적으로 *Pseudomonas*가 원인체이다. 마스카라와 같은 화장품을 최초로 사용한 후 24~48시간이 경과하면 화장품 용기 안의 내용물에 *Pseudomonas* 및 다른 미생물이 생장하여 집락을 이룬다. 오염된 마스카라를 사용하여 눈썹 화장을 할 경우, 미생물이 각막에 유입되어 감염이 시작된다. 천천히 잠행적으로 진행되는 진균성감염과는 달리 세균감염은 감염되어 처방법을 찾는 3~4시간 이내에 감염자는 종종 충혈된 눈으로 고통 받는다.

화장품 특히 마스카라는 3~6개월을 사용해야 모두 소비한다. 화장품에 첨가한 미용방부제의 효능은 영원히 지속되지 않기에 세균이 빠르게 증식한다. 커다란 1년용 용기에 있는 화장품은 결코 구매하지 말아야 할 것이다.

된 사람을 물면 작은 유충은 날파리에 섭취되고 그 안에서 성숙하여 날파리의 구강 쪽으로 이동하게 된다. 이 날파리가 다른 숙주를 물면 감염성 유충이 새로운 숙주에게 전달되어 눈을 포함한 다양한 조직에 유충이 침투한다. 날파리가 만연하는 강물에 의존하여 살아가는 작은 마을의 거의 모든 거주자들은 반평생을 실명한 상태로 산다.

성충은 농양이 될 수 있는 피부결절을 일으킨다. 작은 유충은 피부 탈색과 살아 있는 유충 또는 죽은 유충의 독소에 대한 면역반응으로 생기는 심한 피부염을 일으킨다. 최악의 조직 손상은 이 벌레가 각막과 눈의 다른 곳에 침입하는 것이다. 침입 후 여러 해가 지나면 유충은 눈의 혈관을 섬유화시키고 약 40세 경에는 시력을 완전히 잃게 한다.

회선사상충증은 얇은 피부 시료에서 작은 유충을 확인하거나 피부에 있는 성충을 확인하여 진단한다. 약제 이버멕틴(ivermectin)은 성충을 빠르게 박멸하고 유충은 수주일 내에 죽인다. 약제는 유충을

그림 19.22 회선사상충증 또는 사상충증. 회충인 Onchocera volvulus이 원인 병원체인 질병인데, 날파리(blackfly)가 물면 미세섬유상 단계의 병원체 유충이 전파된다. 어떤 아프리카 마을의 경우에 거의 모든 성인들은 실명한 상태이기에 마을에서 유일하게 아직은 앞을 볼 수 있는 어린이가 인도해야만 한다. 비록 이 어린이도 이미 병원체에 감염된 상태로 결국 실명된 어른들처럼 시력을 잃어버릴 것이다.

빠르게 죽이는 데 유용하지만 많은 죽은 유충의 독소가 과민증(anaphylaqctic shock)을 일으킬 수 있다. 회선사상충증은 강을 따라 모여 있는 날파리를 방제하여 예방할 수 있다. DDT로 어느 정도의 날파리를 제거하고 있지만 생존한 날파리가 이 살충제에 대한 저항성을 나타내고 있고 DDT가 환경에 축적되고 있다.

우간다의 피그미족의 작은 신장은 회선사상충증 감염 때문이다. 임신한 여성이 *O. volvulus*에 감염되면(임신한 여성의 대부분이 감염된다) 기생체는 태아의 뇌하수체를 손상시킨다. 그 결과로 성장호르몬이 결핍되어 소인증이 된다. *O. volvulus*의 숲-서식(forest-dwelling) 균주들은 실명을 유발하는 것이 아니라 정신불안 및 심한 가려움증을 유발하는데, 이러한 질병은 9백만 명 이상의 감염된 아프리카인들에게 나타난다. 1996년부터 이버멕틴으로 치료하기 시작했다.

로아사상충증

*Loa loa*라는 눈에 감염하는 벌레는 아프리카 열대다우림에 만연하는 사상충으로 사슴등에(deer fly)에 의해 사람에게 전파된다. 성충은 피하조직과 눈에 서식하지만**(그림 19.23)** 미세사상충(microfilariae)은 낮에는 말초 혈관에 출현하고 밤에는 폐에 모여 있다. 사슴등에는 낮 동안 먹이 활동을 하면서 감염된 사람으로부터 미세사상충을 섭취한다. 섭취된 미세사상충은 등에 안에서 성숙한 후 등에의 구강 부위로 이동하였다가 등에가 먹이 활동을 할 때 다른 사람에게 전파된다. 염증을 일으키면서 피하조직을 통해 이동한 미세사상충은 각막과 결막에 자주 정착한다. 비록 이들이 일반적으로 실명을 유발하지는 않지만 1인치 이상 크기의 벌레가 눈 속에 존재하는 것을 발견할 때의 충격은 실로 어마 어마한 경험일 것이다. 실제로 *Loa loa*라는 말은 "네 안에 나타난 악마"라는 의미의 마법 용어에서 유래한 것으로 믿고 있다.

로아사상충증(Loaiasis)은 혈액에 있는 미세사상충 또는 피부나 눈에 있는 벌레를 확인하여 진단한다. 치료는 성충을 제거하거나 슈라민(suramin)이나 다른 약제를 사용하여 미세사상충을 제거하는 방법으로 수행한다. 사슴등에를 박멸하여 제어할 수 있지만 이는 매우 어려운 일이다.

눈에 대한 질병을 **표 19.3**에 요약한다.

공중 보건

목욕을 하느냐 마느냐

영국의 Bath에 있는 역사적인 목욕탕이 문을 닫았다. 왜? 수원(water source)이 아메바인 *Acanthamoeba*에 오염되었기 때문인데, 이 아메바가 1명의 목욕탕 이용자에게 치명적인 뇌감염을 일으켰다. 그러나 *Acanthamoeba*가 발견된 곳이 한 곳만은 아니었다. 1980년대 중반에 미국 질병관리본부(CDC)는 24건의 *Acanthamoeba* 각막염 사례를 보고하였는데, 이 중 20건의 사례는 콘택트렌즈 사용자에게 발생하였다. 그 이후로 100건 이상의 사례가 알려졌다. 이러한 상황을 초래하는 아메바는 오염된 콘택트렌즈 세척액뿐만 아니라 염수와 바닷물 및 뜨거운 욕조에서 발견된다. 이들은 대기 중의 먼지를 통해 수송될 수도 있다. 원생생물성 감염은 심각한 눈의 통증과 각막 상피세포의 파괴를 일으킨다. 케토코나졸(ketoconazole)이나 미코나졸(miconazole)로 치료에 성공한 몇 명의 환자가 있었지만 다른 사람들은 각막이식을 필요로 하였다.

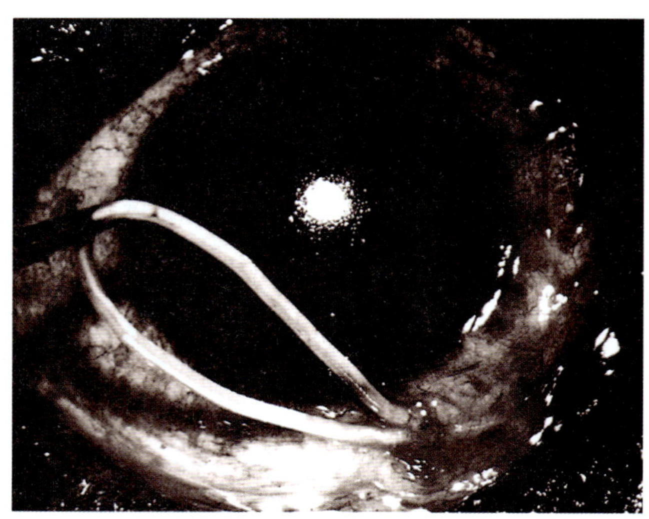

그림 19.23 환자의 눈에서 제거되고 있는 *Loa loa* 유충.

표 19.3

눈 질병의 요약

질병	병원체	특징
세균성 눈병		
신생아 결막염	*Neisseria gonorrhoeae*	산도를 통해 출산될 때 감염이 되면 각막에 염증이 생기며 실명까지 될 수 있다; 질산은이나 항생제의 처방으로 선진국에서는 거의 박멸되었다.
세균성결막염	*Haemophilus influenzae* biogroup *aegyptius*, *Stphylococcus aureus*, *Streptococcus pneumoniae*, *Neisseria gonorrhoeae*, *Pseudomonas* spp	어린이들에게 발병하는 매우 전염성이 큰 결막염
트라코마	*Chlamydia trachomatis*	각막과 결막에 대한 감염과 파괴; 예방할 수 있는 실명의 원인
각막염	세균, 바이러스, 진균	각막에 생기는 궤양; 주로 면역결핍환자와 당뇨병 환자에게 발생
바이러스성 눈병		
유행성각막결막염	Adenovirus	각막으로 번지는 결막의 염증; 먼지 입자로 전파되며 병원내 감염으로도 전파
급성출혈성결막염	Enterovirus	결막 아래의 심한 통증과 출혈; 인구가 밀집된 비위생적 환경에서 전염성이 높음
기생충성 눈병		
회선사상충증	*Onchocerca volvulus*	날파리에게 물리면서 피부에 유입된 미세사상충은 눈과 다른 조직에 침입한다. 피부염과 실명을 유발; 적도 지방에서 발생
로아사상충증	*Loa loa*	사슴등에게 물리면서 미세사상충은 피부에 유입된다; 결막과 각막에 염증을 유발한다.

중점 질문 사항

1. 당신이 무좀을 "잡았다"라고 말하는 것은 왜 잘못된 것일까?
2. 회선사상충증은 어떻게 전파되는가?
3. 아구창은 무엇이며 이 질병이 AIDS 환자에게 특히 일반적으로 생기는 이유는 무엇인가?
4. 신생아 결막염, 세균성결막염, 트라코마를 비교하라.

상처와 물림

정상적인 피부는 대부분의 감염성 질병에 대한 방어를 하지만 어떤 것은 손상되지 않은 피부를 관통할 수 있으며 점막이 항상 효과적인 장벽으로 작용하지 않는다는 것을 우리는 알고 있다. 또 다른 사례는 상처와 물림이 피부의 보호적 장벽을 파손하여 질병의 원인이 되는 생물의 유입을 허용한다(아마도 물림-연관성 질병으로 가장 잘 알려진 질병인 광견병은 23장에서 설명되어 있다. 그 이유는 광견병은 신경계에 매우 밀접하게 연관된 질병이기 때문이다).

상처 감염

가스괴저

깊은 상처에 연관된 질병인 **가스괴저(gas gangrene)**는 *Clostridium*에 속하는 둘 또는 그 이상의 종들의 복합 감염이 원인인데, 특히 *C. perfringens*(사례의 80~90%에서 발견됨. 웰치균)과 *C. novyi* 및 *C. septicum*이 대표적 세균 종들이다. 이러한 절대적 혐기성세균의 포자가 상처나 수술부위에 유입되어 순환 기능이 손상되어 죽은 조직과 무산소성 조직에 존재한다. 산소 농도가 낮은 신체 부위에서 포자는 발아하고 증식하여 독소와 콜라겐분해효소(collagenase), 단백질분해효소(protease), 지방분해효소(lipase) 등과 같은 효소를 생산하여 다른 숙주세포를 사멸시키면서 세균은 주변의 무산소 환경으로 전파된다.

가스괴저의 발병은 조직손상 후 12~48시간 이내에 급격히 나타난다. 세균이 생장하면서 근육의 탄수화물을 발효하여 가스(주로 수소)와 기포를 생성하여 조직의 뒤틀림과 괴사를 일으킨다**(그림 19.24)**. 이러한 조직을 **염발음 조직(crepitant tissue)**이라 하는데, 이는 환자가 움직일 때 기포에서 마찰음(찰깍, 딱딱, 뻥 등)이 나기 때문이다. 역겨운 냄새가 가스괴저의 대표적인 특징이어서 심지어 환자의 방에 들어가지 않아도 환자의 발병을 진단할 수 있다. 고열, 쇼크, 심한 조직손상, 피부를 검게 하는 것들이 이 질병이 빠르게 확산될 때 동반되는 증상이다. 치료하지 않으면 급성 사망한다. 진단은 임상적 증상을 근거로 하며 치료는 실험실 결과가 도달하기 전에 시작한다. 페니실린을 투여하고 죽은 조직을 제거하거나 사지를 절단한다. 가스괴저는 비위생적 환경에서 수행되는 불법 임신중절수술에서 종종 발생하는데, 이 경우에 보통 자궁적출을 해야 한다. 이 질병은 또한 고혈당을 지닌 당뇨병환자에게 더 흔하게 나타나는데, 이는 고혈당의 당분

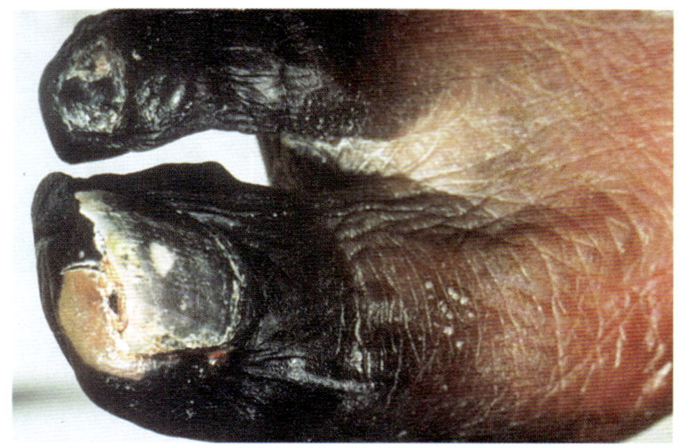

그림 19.24 가스괴저. 발이 이 질병에 걸려 발가락이 까맣게 변한 사진.

이 *Clostridia*가 발효하기에 충분한 탄수화물을 근육에 공급하기 때문이다. *C. pefringens*는 가끔씩 쓸개에 존재하여 복부 근육의 가스괴저 발병에 우발적 원인이 될 수 있는데, 이 경우 특히 담즙이 새는 경우에 쓸개나 담관에 대해 외과적 수술을 이행하여야 한다.

가스괴저를 치료하기 위해 고압산소실(hyperbaric oxygen chamber)를 사용하는 것은 다소 논란의 여지가 있다. 이 치료법은 환자를 100% 산소가 3기압으로 채워져 있는 고압산소실에 하루에 두 번 또는 세 번씩 각 90분간 두는 것이다. 고압의 산소를 투입하는 치료법의 실제적인 기작은 모르지만 아마도 고압의 산소가 절대적 혐기성 세균을 죽이거나 생장을 저해하는 것 같다. 가스괴저는 상처를 적절하게 소독하고 상처를 느슨하게 봉합하고 봉합할 때 배액법(drainage)을 수행하면 예방할 수 있다. 백신은 없다.

다른 혐기성 세균 감염들

Clostridia 이외에도 특정 포자를 형성하지 않는 혐기성 세균들이 다른 감염과 연관되어 있다. *Bacteroides*와 *Fusobacterium*에 속하는 종들은 소화관에 존재하는 고유미생물이며 *Bacteroides*는 사람의 분변 질량의 약 절반을 차지한다. *Fusobacterium*은 가끔씩 구강 감염의 원인이 되기도 한다. 이 세균이 외과 수술이나 사람이 무는 행위에 의해 복강, 생식기 또는 깊은 상처에 유입되면 그 곳에서도 질병을 일으킨다. 이러한 감염들은 치료가 어려운데, 그 이유는 이 세균들이 많은 종류의 항생제에 대해 내성을 나타내기 때문이다. 혐기성 세균이 원인인 종양은 외과적으로 고름을 짜내야 하며 보조적 치료요법으로 적절한 항생제를 처방하여야 한다.

고양이긁힘열

고양이는 서로 다른 두 종류의 세균이 원인인 **고양이긁힘열(cat scratch fever)**의 매개체인데, 원인세균 중 하나는 단모성 편모를 지닌 그람음성간균인 *Afipia felis*이며 다른 하나는 리케차인 *Bartonella(Rochalimaea) henselae*이며 후자가 더욱 일반적인 원인 세균이다. 이들은 모세혈관벽 또는 미세종기(microabscess)에서 주로 발견된다. 고양이긁힘은 AIDS 환자에서 발견되는 카포시육종(Kaposi' s sarcoma)과 유사한 병변이 생긴다. 다른 면역손상들 뿐만 아니라 AIDS 환자에게서 발견되는 또 다른 고양이긁힘 병변은 간상자반병(bacillary peliosis)으로 이는 골수와 간 및 비장에 충혈된 강(blood-filled cavity)이 형성되는 것이다. 아마도 고양이는 환경에서 이러한 병원체를 획득하여 발톱과 입으로 이들을 수송하는 것 같다. 고양이의 40% 이상이 특히 새끼 고양이가 자신은 병에 걸리지 않으면서 병원체를 운반한다. 고양이에 긁히거나 물리거나 또는 고양이가 핥을 때 사람에게 병원체가 전달된다. 고양이의 벼룩도 매개체가 될 수 있다. 감염 후 3~10일이 경과하면 감염 부위에 농포(pustule)가 나타나며 환자는 몇 주 동안 미열, 두통, 목 아픔, 결막염 등을 겪는다. 임상적 징후와 고양이와 접촉한 경험을 근거로 진단한다. 테트라사이클린(tertracycline)이나 도시사이클린(doxycycline)은 *Bartonella (Rochalimaea) henselae*가 원인인 질병 치료에 효과적인 항생제이지만 *Afipia*가 원인인 질병에 대해서는 효능이 없고 단지 전신 증세를 경감시킬 뿐이다. 백신은 없으며 고양이와의 접촉을 피하는 것이 유일한 예방법이다. 미국에서는 연간 25,000명 이상의 사례가 발생한다.

쥐물음열

쥐물음병(서교열, rat bite fever)의 한 종류는 *Streptobacillus moniliformis*가 원인 병원체로 이 세균은 전체 야생쥐와 실험쥐 중 약 절반에 가까운 쥐의 코와 목에 존재한다. 그러나 쥐에 물린 사람들 중 약 10%만이 쥐물음병을 앓는다. 대부분의 사례가 야생쥐에게 물려서 나타난 결과이고 그 중 절반은 인구과밀한 비위생적 환경에서 사는

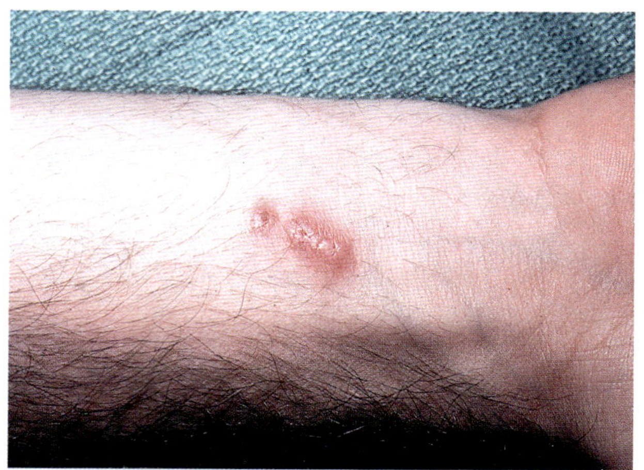

그림 19.25 고양이긁힘열의 상흔. 고양이에 긁히거나 물린 부위에 보통 21일 이내에 고름이 찬 결절이 나타난다.

12살 미만의 어린이에게 발생한 것으로 보고되었다. 이 질병은 또한 쥐, 다람쥐, 개, 고양이 등에 물리거나 긁혀도 초래될 수 있다.

쥐물음병은 물린 부위에 국소염증(이는 금방 사라진다)이 생기면서 시작된다. 1~3일 내에 두통이 시작되고 다른 곳, 특히 손바닥과 발바닥에 새로운 병증이 나타난다. 열은 간헐적으로 난다. 홍반의 분포와 형상이 로키산 홍반열(Rocky Mountain spotted fever)과 유사하여 가끔씩 혼동하기도 한다. 관절염으로 발전하면 관절에 영구적인 손상을 줄 수 있다.

쥐물음병의 또 다른 종류는 **나선형열(spirillar fever)**로 이는 *Spirillum minor*가 원인 병원체이다. 일본에서 최초로 소도쿠(sodoku)로 묘사된 이 질병은 전 세계에 걸쳐 존재하는 것으로 알려졌으며 질병의 특징에 대해서는 밝혀진 것이 별로 없다. 초기의 물린 상처는 금방 없어지지만 7~21일 후에 물린 곳이 부어오르고 때때로 터진 궤양을 형성한다. 오한과 발열 및 림프절이 부으면서 상처 부위 바깥쪽으로 붉은 또는 짙은 보라색의 발진이 생긴다. 3~5일이 경과하면 증상은 가라앉지만 이 증상들이 몇 일 후나 몇 주 후 또는 몇 달 후 심지어 몇 년 후에 다시 나타날 수 있다.

두 가지 종류의 쥐물음병 모두 삼출물(분비물)을 암시야 현미경으로 관찰하여 진단한다. 이 질병은 스트렙토마이신이나 페니실린으로 치료한다. 치료하지 않으면 치사율이 약 10%에 달한다. 설치류에 물린 사람들은 물린 부위를 살균해야 하며 의학적 치료를 받아야하며 쥐물음병의 증상들이 나타나는지 주의하여야 한다.

다른 물림 질병들

*Pasteuerella multocida*는 고양이나 개에게 물리거나 긁히면서 전파된다. 이 세균은 많은 종류의 야생 및 애완동물의 입과 비인두 및 위장관에 존재하는 고유미생물상을 구성하고 있는 세균이다. 감염되면 보통 24시간 이내에 일반적으로 물린 부위 주변의 부드러운 조직에 홍반이 생기면서 봉와직염(cellulitis)이 확산된다. 이 세균은 병원성 독소로 내독소를 생산하고 식세포작용에 대해 저항하는 캡슐이 있다. 그람음성간균에는 일반적이지는 않지만 페니실린이 치료제로 선택된다.

*Eikenella corrodens*는 사람의 입(이 세균은 만성적인 치주 질환과 종종 연관되어 있다)과 위장관에 존재하는 고유미생물상의 일부이다. 이는 사람들의 저작활동과 주먹으로 치아에 손상을 입힐 때에 기회감염된다. 비록 종기를 란셋으로 절개하여 고름을 짜내야 필요가 있기는 하지만 페니실린, 퀴놀론(quinolone), 세파로스포린(cephalosporin) 등과 같은 항생제로 치료한다.

절지동물의 물림에 의한 질병들

진드기 마비증

외부기생체(ectoparasite)인 진드기는 숙주의 피부에 부착하여 숙주에게 국소적 및 전신적 영향들을 끼친다. 숙주의 국소적 영향은 물린 부위에 가벼운 염증이 생기는 것이다. 전신적 영향은 일반적으로 단단한 몸체의 진드기(hard-bodied tick)의 어떤 종들이 머리 하부 근처의 목뒤에 부착하여 수 일 동안 섭식활동을 하였을 경우에 발생한다. 이 경우에 진드기는 진드기의 침샘에서 물은 상처부위로 항응고제(anti-coagulant)와 독소들이 피부 깊숙이 확산한다. 항응고제는 진드기가 흡혈을 하는 동안 숙주의 혈액이 응고되지 않도록 한다. 독소들은 특히 어린이들에게 **진드기 마비증(tick paralysis)**을 일으킨다. 비록 이 독소들의 정확한 화학적 조성을 알지는 못하지만 독소들이 진드기의 난소에서 생산되는 것 같다. 독소들은 열이 나게 하고 마비를 유발하는데, 최초에는 팔다리에 궁극에는 호흡, 말하기, 목넘김 등의 마비가 일어난다. 증상이 처음 나타났을 때 진드기를 제거하는 것이 영구적인 손상을 막는 것이다. 진드기를 제거하지 못하면 심장마비나 호흡마비가 일어나 사망에 이를 수 있다. 진드기는 사람과 가축 모두에게 영향을 끼친다.

수년에 걸쳐서 많은 다른 방법들이 유행하였지만 진드기를 제거하는 가장 좋은 방법은 족집게로 진드기를 피부에서 직접 제거하는 것이다.

털진드기유충 피부염

진드기(mite)란 용어는 특정 종을 나타내는 것이 아니라 종의 집합체를 언급하는 것이다. 외부기생체로서 성충 진드기는 숙주에 부착하여 흡혈하면서 충분히 자라고 나면 일반적으로 갑자기 죽는다. *Trombicula*과 진드기에 속하는 어떤 종의 유충인 털진드기유충(chigger)은 피부 속으로 들어가서 단백질 분해효소를 분비하여 물린 부위의 숙주 조직이 경화된 관을 형성하게 한다. 그런 다음 털진드기유충은 구강부를 관에 삽입하여 흡혈을 한다. 이들은 대부분의 사람에게는 가려움증과 염증을 일으키며 민감한 사람에게는 **털진드기유충 피부염(chigger dermatitis)**이라고 하는 심한 알레르기반응을 일으킨다. 털진드기유충은 특히 미국의 남서부 연안을 따라 널리 유행한다. 몇 종류의 미국 남부의 털진드기유충과는 달리 미국에서 발견되는 털진드기유충은 가려움증이 시작되기 몇 시간 전에 섭식활동을 멈추고 땅으로 떨어진다.

옴과 집먼지 알레르기

옴(scabies, 또는 sarcoptic mange)은 진드기인 *Sarcoptes scabiei*에 의해 생긴다. 심한 가려움을 수반하면서 병변의 전염성이 매우 강하다**(그림 19.26)**. 상처를 긁어서 피가 나면 이는 2차적 세균에게 감염기회를 제공한다. 옴은 사람간의 접촉에 의해서 전파되며 성행위에 의해서도 전파될 수 있다. 병원과 요양원에서 창궐하면 특히 문제가 심각하다. 셔츠와 시트와 같은 리넨제품의 살균과 철저한 격리가 이 질병의 만연을 막기 위해 필요하다.

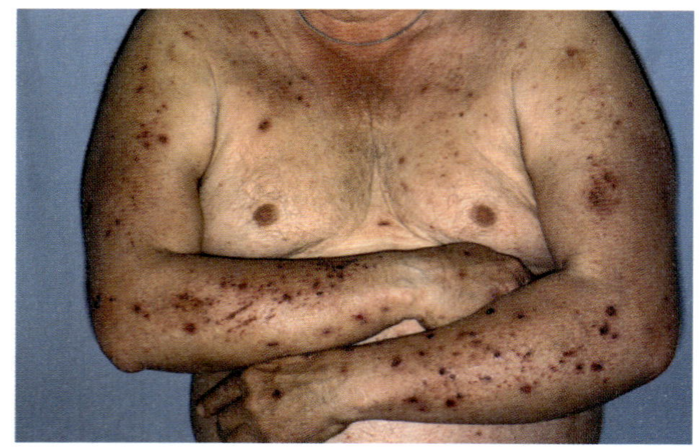

그림 19.26 옴

집먼지진드기는 도처에 있으며 또 다른 문제를 나타낸다. 우리 모두는 공기로 운반되는 진드기나 진드기의 배설물을 흡입한다. 이러한 현상은 비록 매력은 없는 일이지만 이것은 집먼지에 대해 과민반응을 나타내는 사람에게만은 질병의 원인이 된다. 사람에게 공생하는 두 종류의 진드기가 있는데, *Demodex folliculorum*은 모낭에서 *D. brevis*는 피지선에서 서식한다. 이 진드기들의 발견율은 연령대가 높아질수록 증가하는데, 청소년에게는 20%이고 중장년층에서는 거의 100%에 이른다.

벼룩물림

모래벼룩인 *Tunga penetrans*도 가끔씩 진드기(chigger)라고 하는데, 이유는 이 절지동물이 피부에 침입하여 그곳에 알을 낳기 때문이다. 모래벼룩은 심한 가려움, 염증, 고통 등을 유발하며 파상풍균 포자의 감염을 포함한 2차적 감염을 위한 장소를 제공한다. 상처의 외과적 제거와 멸균이 모래벼룩 감염의 치료에 사용되고 있다. 집과 애완동물의 벼룩은 수일에서 수주일간 잔존하는 살충제로 박멸한다. 신발을 신고 모래사장을 피하는 것이 모래벼룩이 옮는 것을 억제하는 데 도움이 된다. 비록 사람과 만나게 되는 모든 벼룩들이 귀찮은 존재지만 감염성 제재를 운반하는 벼룩들만이 공중보건에 위험이 있다.

이감염증

"사소한 것을 문제시 하는(nit-picking, 이를 잡아내는)", "참빗으로 이를 제거하다(going over with a fine-toothed comb)", "이가 들끓는(lousy)", "문제의 핵심(nitty-gritty)" 등의 일상적인 표현에서 이(lice)가 등장하는 것은 이(lice)가 오랜 세월동안 인간과 함께 했다는 것을 증명하고 있다. 살기 위해서 이는 자신의 생활사 중에 매우 짧은 기간일지라도 숙주에 머물러야만 한다. 이들은 자신의 알(nit)을 옷감과 머리카락의 섬유에 단단히 부착시킨다. *Pediculus humanus*에 속하는 2종류의 변종이 사람에게 기생한다. 한 종류는 항상 착복을 하는 온대기후지역 사람의 신체와 옷 표면에서 주로 서식하지만 다른 한 종류는 기후 조건에 관계없이 머리카락에서 서식한다. **이감염증(pediculosis)**은 이에 물린 부위의 발진, 염증, 가려움 등을 유발한다. 물린 부위에서 분비된 체액이 특히 두발 부위에서 진균의 2차 감염에 대한 이상적인 배지로 제공된다. 사면발이(crab louse)인 *Phthirus pubis* (◀그림 11.19b)는 신체이(body louse, *Pediculus humanus*)가 피부에 부착하는 것보다 훨씬 더 단단하게 피부에 부착하여 물린 부위(특히 음부에서)에 심한 가려움을 유발한다. 이는 사람들의 밀접한 신체 접촉에 의해 사람들 사이로 전파되지만 이 자체가 다른 질병도 전파하는 지는 알려지지 않았다. 살충제를 이의 박멸을 위해 사용할 수 있지만 이의 재발을 막기 위해 공중위생과 양호한 개인위생을 유지해야만 한다.

다른 곤충물림

진디등에(blackfly)는 심한 상처를 입히며 감수성이 높은 사람에게는 **진디등에열(black fly fever)**을 일으키는데, 이 질병은 염증반응과 메스꺼움 및 두통이 특징이다. 체체파리(tsetse fly)와 사슴파리(deer fly)같은 흡혈파리들은 쇠등에(horse fly)와 연관된 종류들로 이들은 모두 가축들에게 고통을 주며 때때로 빈혈의 원인이 된다.

구더기증(myiasis)은 구더기(파리유충)가 원인이 되는 감염이다. 야생동물과 가축들은 상처에 구더기가 슬어서 사는 구더기증에 대해 민감하다. 말파리(botfly, 연두금파리 ; greenish, metallic-looking fly)의 유충이 점막과 작은 상처를 뚫고 들어가면 인간구더기증(human myiasis)이 발병할 수 있다. 보통의 집파리(housefly)를 포함한 20종 파리들의 유충이 사람의 장에 서식할 수 있다. 이러한 파리의 한 종류가 *Gastrophilus intestinalis*라고 적절히 명명된 연두금파리이다. 흡혈 구더기로만 알려진 Congo floor maggot는 사람의 혈액을 흡혈한다. 이 구더기는 낮 동안에는 땅속과 돌 사이 또는 더러운 마루바닥 아래에 숨어 있다가 밤이 되면 일반적으로 잠든 숙주를 찾아 흡혈을 한다.

검정파리의 일종인 screwworm fly 유충은 상처나 귀와 같은 구멍을 통해 소에게 들어 간다(**그림 19.27**). 구더기는 동물의 피부 아래로 뚫고 들어가 심한 고통을 주고 감염된 구멍통로를 만든다. 한 마리의 송아지의 머리에 100개 이상의 구더기 터널이 만들어질 수 있으며 약해진 짐승은 식음을 전폐하면서 미쳐 버린다. 북미에서 screwworm이 박멸되기 전에는 목장주들은 수십억 달러의 손실을 입었다. 현재에도 세계의 다른 곳에서는 이러한 재앙이 계속되고 있다.

많은 종류의 모기들과 빈대 및 다른 흡혈 곤충들이 사람에게 흡혈하여 고통과 가려움을 안겨준다. 빈대는 낮 동안에 지면이나 벽 등의 갈라진 틈에 숨어 있다가 밤이 되면 잠들어 있는 흡혈대상을 찾아 흡혈한다. 물린 부위의 염증은 빈대의 타액에 의한 과민반응의 결과

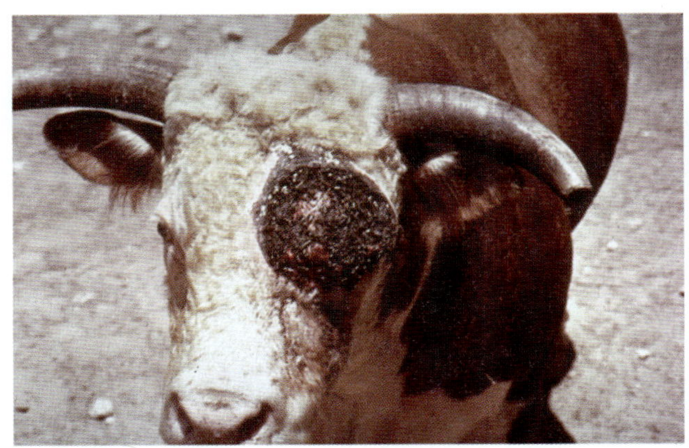

그림 19.27 소에게 감염한 screwworm 파리 유충(*Cochiomyia hominivorax*). 눈 근처에 알이 구더기로 부화하여 지금 눈을 먹고 머리 쪽으로 구멍을 내고 있는 사진.

적용

screwworm 박멸

screwworm 유충에게 커다란 해를 입은 소의 screwworm 유충을 방제하는 독창적인 방법은 1930년대에 미국농림성의 Edward Knipling에 의해 개발되었다. 그는 수컷 screwworm fly를 잡아 방사성 코발트를 쬐여 불임으로 만들었다. 단지 한차례의 짝짓기를 하는 암컷이 불임의 수컷과 짝짓기를 하면 비수정란을 산란하여 점차 적은 수의 새로운 파리가 번식되는 것이다. 불임의 수컷이 집단 내에 높은 비율로 존재하게 하기 위해 방사선을 쏘인 수컷을 자주 방사하여야만 한다. 곤충을 사용한 특히 말벌유충을 사용한 또 다른 방제법이 있는데, 말벌유충은 다른 곤충에 기생한다. 농부들은 농작물에 피해를 주는 해충에 기생하도록 가끔씩 고의로 말벌유충을 살포하여 농작물 훼손을 감소시킨다. 불임의 수컷을 사용하는 방법과 기생성 곤충을 방사하는 방법 모두는 자연친화적 방법이어서 대부분의 살충제에서 나타나는 환경오염을 유발하지 않는다.

표 19.4

상처와 물림에 의한 질병 요약

질병	병원체	특징
상처 감염		
가스괴저	*Clostridium perfringens*과 다른 종들	무산소 상태의 조직에 가스가 형성되는 깊은 상처 감염; 적절한 치료를 하지 않으면 조직의 괴사 및 사망을 초래
고양이긁힘열	*Afipia felis*와 *Bartonella (Rochalimaea) henselae*	긁힌 부위에 농포 발생, 열, 결막염
쥐물음열	*Streptobacillus moniliformis*	물린 부위의 염증; 상처의 확산; 간헐적인 발열
나선형열	*Spirillum minor*	쥐가 물은 부위의 염증은 사라진다; 시간이 경과한 후에 염증이 재발생하고 열이 나고 발진
Pasteurella multocida 감염	*Pasteurella multocida*	물린 부위의 염증
Elkenella corrodens 감염	*Elkenella corrodens*	물린 부위의 염증
절지동물 물림에 의한 질병		
진드기 마비증	다양한 진드기	진드기에게 물리면서 유입된 독소로 인한 염증과 심해지는 마비 증세
털진드기유충 피부염	*Trombicula*속 진드기	유충이 피부를 파고 들며 가려움과 염증을 유발; 심한 과민반응을 일으킬 수 있다.
옴	*Sarcoptes scabiei*	심하게 가려운 병변이 넓게 퍼짐; 다른 진드기는 먼지 알레르기의 원인이 되는데, 진드기의 배설물을 과민반응을 나타내는 사람이 흡입하는 경우에 나타난다.
벼룩물림	*Tunga penetrans*	성인 여성의 피부에 가려움과 염증 유발
이감염증	*Pediculus humanus*	이에게 물린 부위의 염증과 가려움; *Phthirus pubis*(신체이, 음부이)는 음부에서 발견
기타 곤충 물림에 의한 질병		
진디등에열	진디등에	감수성이 있는 사람이 물리면 심한 염증이 유발
구더기증	파리의 구더기	구더기가 동물의 상처에 감염; Congo floor maggot는 사람의 혈액을 흡혈; screwworm은 소에게 해를 입힌다.
모기 및 다른 벌레 물림	모기, 몇 종류의 파리, 빈대	통증, 가려움; 여러 종류의 곤충이 질병의 매개자로의 역할 수행

이다. 많은 곳을 물리면 특히 어린이에게는 빈혈이 유발될 수 있다. 모기들과 다른 곤충들은 효과가 오래가는 살충제를 이용하여 박멸할 수 있다. 이들은 집을 단단하게 짓고 초가지붕 대신에 고체지붕을 하고 가족들이 청결을 유지하면 방제할 수 있다.

상처와 물림 감염들을 **표 19.4**에 요약한다.

✓ 중점 질문 사항

1. 염발음(crepitant) 조직이란 무엇인가?
2. "이(nit)"란 무엇인가?
3. 오늘날 북미에 screwworm이 끼치는 경제적 영향은 무엇인가?

요약

이 장에서 설명한 질병에 대한 병원체 및 특성은 표 19.2, 표 19.3, 표19.4에 설명해 놓았다. 표에 정리한 내용은 요약에서는 언급하지 않는다.

피부, 점막, 눈

피부

- 피부는 외부의 **표피**와 내부의 **진피**로 구성되어 있다.
- 비특이적 방어를 하는 피부는 산성 분비물과 염도 있는 분비물을 포함한 항미생물적 물질과 방수의 **케라틴** 및 **피지**를 분비하는 물리적 보호벽이다.
- 피부 감염은 피부가 손상된 곳, **지방샘**과 **땀샘**의 관, 모낭 등에서 일어나며 손상되지 않은 피부에서도 가끔씩 감염이 일어난다.

점막

- 점막은 **점액**을 분비하는 세포로 이루어진 얇은 막이다. 병원체는 점액에 포획된다.

눈

- 눈의 보호와 연관된 눈 구조에는 눈꺼풀, 속눈썹, **결막, 각막, 눈물샘** 등이 있다.
- 눈물 속의 **라이소자임**은 살미생물제(microbicidal)이다. 눈에는 고유미생물이 없다.

피부의 고유미생물상

- 서로 다른 다양한 부위의 피부에 큰 집단의 고유미생물상이 존재한다. 피부의 주요 고유미생물상은 *Staphlyococcus*와 *Micrococcus*같은 그람양성세균과 코리네형 세균(coryneform bacteria)이다.
- 고유미생물상의 세균들의 대사 부산물들이 많은 병원체들에게 해를 주는 산성 pH환경을 조성한다. 땀샘의 염도 많은 미생물들의 생장을 저해한다.
- 지속적인 피부세포의 이탈은 피부에 집락화한 미생물들을 제거한다

피부의 질병

세균성 피부 질병

- 세균성 피부병은 일반적으로 직접접촉, 비말 또는 매개물로 전파된다.
- 대부분의 피부병(**열상피부증, 성홍열, 단독, 화농피부증**을 포함한)은 페니실린이나 다른 항생제로 치료한다. **여드름**을 항생제로 치료할 경우에는 항생제 내성 세균의 발전 가능성을 고려하여야 한다. 화상감염은 병원내 감염과 항생제 내성 세균에 의해 종종 일어난다.

바이러스성 피부 질병

- **풍진(독일 홍역), 홍역, 수두**의 바이러스들은 일반적으로 코 분비물을 통해 전파된다. 수두 질병들(**천연두, 우두, 전염성 물렁종**을 포함한)과 **사마귀(유두종)**는 일반적으로 직접접촉에 의해 전파된다.
- 바이러스성 피부병의 치료법들은 보통 증상을 완화하는 것이지 질병을 치유하는 것은 아니다. 사마귀는 적출하거나 화학적으로 치료한다.

진균성 피부 질병

- 진균성 피부병을 **피부진균증**이라고 한다. 피부진균증에는 **무좀(족부백선)**을 포함한 다양한 백선과 **스포로트리쿰증, 분아진균증, 칸디다증, 아스퍼질러스증, 접합균증** 등이 있다.
- 피하진균 감염증은 국소적 살진균제 치료에도 불구하고 종종 살아남는다. 심지어 전신감염증은 박멸하기가 매우 어렵다.
- 진균성 피부병은 치료가 어렵기 때문에 건강한 피부를 유지하고 상처로 오염되는 것을 피함으로서 예방하는 것이 특히 중요하다.

다른 피부 질병

- 진균과 세균에 의해 발생하는 다른 피부질병(**마두라족**과 같은)과 기생성 기생충에 의해 발병하는 피부질병(**물놀이 가려움증**과 **드라쿤쿨루스증**)도 있다.

눈의 질병

세균성 눈병

- 세균성 눈병에는 **신생아 결막염**과 **세균성 결막염(유행성 결막염)** 및 **트라코마** 등이 있다. 이 눈병들은 직접접촉, 매개물, 곤충매개자, 분만 중에 태아 감염 등을 통해 전파된다.
- 대부분의 세균성 눈병들은 항생제로 치료하고 위생관리로 예방한다.

바이러스성 눈병

- **유행성각막결막염**과 **급성출혈성결막염** 같은 바이러스성 눈병은 먼지 입자나 직접접촉으로 전파된다. 유용한 효과적인 치료법은 없으며 깨끗한 위생관리가 이러한 질병들을 막는 데 도움이 될 수 있다.

기생충성 눈병

- 곤충 매개자를 방제하는 것이 **회선사상충증(사상충증)**과 **로아사상충증**을 포함한 기생충성 눈병의 전파를 줄일 수 있다.

상처와 물림

상처 감염

- **가스괴저**와 다른 혐기성 감염들은 깊은 상처의 주의 깊은 소독과 고름을 짜내는 것으로 방지할 수 있으며 페니실린과 항독소로 치료하며 때때로 고압산소로 치료하기도 한다.

다른 혐기성 세균 감염들

- **고양이긁힘열**은 고양이에게, **쥐물림열**은 쥐에게 상흔을 입는 것을 피하면 예방할 수 있다. 실험실 종사자들은 쥐에게 물려 감염될 가능성이 있다는 것을 인지하여야 한다.
- *Pasteuerella multocida*와 *Eikenella corrodens*도 물림을 통해 감염된다.

절지동물의 물림에 의한 질병들

- **진드기 마비증, 털진드기유충 피부염, 옴, 이감염증, 구더기증** 등과 같은 질병들은 절지동물 물림이 원인이다. 이러한 질병들은 올바른 위생관리와 피부의 청결과 물림 방지를 통해 예방할 수 있다.

용어 정리

가스괴저(p. 597)
각막(p. 602)
각막염(p. 592)
결막(p. 602)
고부백선(p. 589)
고양이긁힘열(p. 598)
괴사딱지(p. 581)
구더기증(p. 600)
급성출혈성 결막염(p. 595)
나선형열(p. 599)
농가진(p. 580)
농양(p. 578)
농포(p. 578)
눈물샘(p. 577)
다래끼(p. 578)
단독(p. 579)
대상포진(p. 584)
독일 홍역(p. 581)
두부백선(p. 589)
드라쿤쿨루스증(메디나충증) (p. 592)
땀샘(p. 576)
로아사상충증(p. 596)
마두라족(p. 592)
마두라진균증(p. 592)
모낭염(p. 578)
모닐리아증(p. 591)
무좀(p. 590)
물놀이 가려움증(p. 592)
발진(p. 581)
백선(p. 589)
부스럼(p. 578)
분아진균성 피부염(p. 591)
분아진균증(p. 590)
사람유두종 바이러스(p. 587)
사마귀(p. 587)
사상충증(p. 595)
생식기 사마귀(p. 587)
선천성 풍진증후군(p. 581)
성 엔서니 발적(p. 579)
성홍열(p. 579)
세균성 결막염(p. 594)
손톱백선(p. 589)
수두(p. 584)
수두-대상포진 바이러스(p. 584)
수염백선(p. 589)
스포로트리쿰증(p. 590)
신생아 안염(p. 592)
아구창(p. 591)
아급성 경화성 범뇌염(p. 583)
아스퍼질러스증(p. 591)
여드름(p. 578)
여드름(p. 580)
열상피부증(p. 578)
염발음 조직(p. 597)
옴(p. 599)
우두(p. 587)
원숭이두창(p. 587)
유두종(사마귀) (p. 587)
유행성 각막결막염(p. 594)
이감염증(p. 600)
장미진(홍진) (p. 583)
전신성 분아진균증(p. 602)
전염성물렁종(p. 602)
점막(p. 576)
점액(p. 576)
접합균증(p. 592)
족부백선(p. 590)
종기(p. 578)
쥐물림열(p. 598)
지방샘(p. 576)
진드기 마비증(p. 599)
진디등에열(p. 600)
진피(p. 575)
질염(p. 591)
창상절제(p. 581)
천연두(두창) (p. 585)
체부백선(p. 589)
칸디다증(p. 591)
케라틴(p. 575)
코플릭반점(p. 582)
큰 종기(p. 578)
털진드기유충 피부염(p. 599)
트라코마(p. 594)
표피(p. 575)
풍진(독일 홍역) (p. 581)
피부사마귀(p. 588)
피부진균(p. 589)
피부진균증(p. 579)
피지(p. 576)
홍역(p. 582)
홍역(p. 602)
홍역성 뇌염(p. 583)
화농피부증(p. 580)
회선사상충증(p. 595)

임상 사례 연구

John은 자기와 함께 자는 고양이를 키우고 있다. 그는 최근에 습관성 백선에 감염되었다. 의사는 그에게 애완동물을 키우고 있느냐고 물었다. 의사가 왜 이런 질문을 하였다고 생각하는가? 백선의 징후와 증상은 무엇인가?

더 자세한 내용을 알고 싶으면 다음의 웹사이트를 방문해 보아라 :
http:/www.cdc.gov/healthypets/diseases/ringworm.htm

요점 사고 문제

1. 독일 홍역과 홍역은 비슷한 이름 갖고 있고 둘 다 발진을 나타내는 질병이다. 그러나 이들은 매우 다른 질병이다. 각 질병은 고유의 독특한 위험성을 나타낸다. 각 질병의 심각한 주요 병증은 무엇인가?

2. 불과 얼마 전 만 해도 미국의 거의 모든 어린이들은 풍진과 홍역 및 수두를 앓았다. 오늘날 이러한 질병은 매우 드물게 나타난다. 무엇이 이러한 변화를 일으켰는가?

3. 한 때 주요 치명적 질병이었던 천연두는 전 세계적으로 완전히 박멸된 최초의 질병이다. 이 질병이 이렇게 박멸되도록 한 주요 요소는 무엇인가?

자가 진단 문제

1. 인간의 피부 표면에 존재하는 주된 미생물은 ________이다.
   (a) 그람양성세균
   (b) 그람음성세균
   (c) 그람양성세균과 그람음성세균이 거의 같은 수로
   (d) 포자-형성 세균
   (e) 장내세균

2. 피부의 외층을 ________(이)라 하며 피부의 내층은 ________(이)라 한다.
   (a) 피부, 케라틴 (b) 진피, 피지
   (c) 점액, 표피 (d) 표피, 진피

3. *Staphylococcus aureus* 감염이 널리 퍼져서(주로 목과 등에) 생기는 중증의 손상을 ________(이)라고 한다.
   (a) 종기 (b) 부스럼
   (c) 큰종기(carbuncle) (d) 농양
   (e) 농포

4. 열상피부증은 ________가 생산하는 외독소(박탈독소)에 의해 발병한다.
   (a) *Streptococcus pyogenes* (b) *Staphylococcus aureus*
   (c) *Propionibacterium acnes* (d) *Pseudomonas aeruginosa*
   (e) *Demodex folliculorum*

5. 성홍열의 원인이 되는 미생물은 다음 중 무엇인가?
   (a) *Staphylococcus aureus* (b) *Propionibacterium acnes*
   (c) *Pseudomonas aeruginosa* (d) *Demodex folliculorum*
   (e) *Streptococcus pyogenes*

6. 고름을 형성하는 피부감염(화농피부증)의 원인이 되는 것은 ________이다.
   (a) Staphylococci
   (b) Streptococci
   (c) Corynebacteria
   (d) Staphylococci, Streptococci, Corynebacteria들의 복합체
   (e) 모든 문항의 병원체

7. 다음 중 농가진의 특징이 아닌 것은?
   (a) 일반적으로 어린이에게 발병
   (b) *Staphylococcus aureus*가 원인일 수 있다.
   (c) *Streptococcus pyogenes*가 원인일 수 있다.
   (d) 전염성이 크다.
   (e) *Pseudomonad*가 원인일 수 있다.

8. 막힌 피부공에서 증식하면서 피지를 대사하여 여드름을 유발시킬 수 있는 세균은 ________이다.
   (a) *Pseudomonas aeruginosa* (b) *Propionibacterium sp.*
   (c) *Serratia marcescens* (d) *Streptococcus pyogenes*
   (e) 여드름은 세균 감염이 원인이 아니다.

9. 화상 환자에게 종종 발생하는 병원내 감염은 ________가 원인이다.
   (a) *Streptococcus epidermis* (b) *Staphylococcus aureus*
   (c) *Pseudomonas aeruginosa* (d) *Corynebacterium*
   (e) *Candida albicans*

10. 코플릭 반점은 ________에 감염되었을 때 생긴다.
   (a) Rubella virus (b) *Staphylococcus aureus*
   (c) *Streptococcus pyogenes* (d) Varicella-zoster virus
   (e) Measles virus

11. 눈 결막의 염증(세균성 결막염)은 ________에 의하여 발생할 수 있다.
   (a) *Staphylococcus aureus* (b) *Streptococcus pneumoniae*
   (c) *Neisseria gonorrhoeae* (d) *Pseudomonas aeruginosa*
   (e) (a)~(d) 세균 모두

12. 가스괴저는 대부분 ________의 감염과 연관된 것 같다.
   (a) *Staphylococcus aureus* (b) *Clostridium perfringenes*
   (c) *Streptococcus pneumoniae* (d) *Neisseria gonorrhoeae*
   (e) *Pseudomonas aeruginosa*

13. 고압산소는 다음 중 어떤 미생물에게 감염되었을 때 치료방법으로 유용한가?
   (a) 그람양성세균 (b) 그람음성세균
   (c) 혐기성 세균 (d) 효모류
   (e) 바이러스

14. 세계에서 예방할 수 있는 맹인질환의 대표적인 원인 병원체는?
   (a) *Chlamydia trachomatis* (b) *Haemophilus influenzae*
   (c) *Neisseria gonorrhoeae* (d) *Staphylococcus aureus*
   (e) *Streptococcus pneumoniae*

15. 대상포진은 ________을 일으키는 바이러스와 같은 바이러스가 원인이다.
   (a) 홍역 (b) 천연두
   (c) 독일 홍역 (d) 수두
   (e) 간염

16. 다음 중 어떤 경우에 신생아의 눈을 항생제로 치료하는가?
   (a) 엄마가 임질에 걸렸을 경우
   (b) 엄마가 생식기 포진(genital herpis)에 걸린 경우
   (c) *Neisseria gonorrhoeae*가 신생아의 눈에서 분리된 경우
   (d) 항상
   (e) 엄마가 다수의 사람과 성적 교류를 한 경험이 있는 경우

17. 천연두에 대한 예방을 위해 사용하는 바이러스는 ________의 원인체이다.
   (a) 수두 (b) 홍역
   (c) 우두 (d) 전염성 물렁종
   (e) 사마귀

18. 사람 유두종바이러스는 ________의 원인이다.
   (a) 수두 (b) 홍역
   (c) 전염성 물렁종 (d) 사마귀
   (e) 우두

19. 피부에서 자라는 연한 핑크색을 띠며 아프지 않은 종양유사생장체는 아마도 ________의 감염 결과로 나타난다.
   (a) 수두 (b) 전염성물렁종 바이러스
   (c) 홍역 바이러스 (d) 사람유두종 바이러스
   (e) *Epidermophyton floccosum*

20. <u>*Tinea*</u> spp. 가 원인인 백선은 ________의 감염에 원인이 될 수 있다.
   (a) 사타구니 (b) 손톱
   (c) 두피 (d) 수염
   (e) (a)~(d) 모두

21. <u>*Candidia albicans*</u>은 아구창의 원인이 될 수 있다. 이 미생물은 ________ 종류의 미생물이다.
   (a) 섬유성 곰팡이 (b) 효모
   (c) 그람양성세균 (d) 그람음성세균
   (e) 바이러스

22. 다음의 병인체와 상관된 증상을 연결하라.

_____*Acanthamoeba* (a) 효모의 질 감염
_____*Sarcoptes scabiei* (b) 피부와 생식기의 사마귀
_____유두종바이러스 (c) 원생생물 각막염
_____*Chlamydia trachomatis* (d) 옴
_____*Neisseria gonorrhoeae* (e) 신생아 결막염
_____*Candida albicans* (f) 트라코마

23. 이감염증은 신체이(body lice)의 체내 침입으로 인해 심한 가려움증이 유발되는 질병이다. 참일까 거짓일까?

24. 다음의 질병들과 알맞은 병증을 서로 연결하라

_____물놀이 가려움증 (a) *Afipia*와 *Bartonella*
_____고양이 긁힘열 (b) 잔디등에가 물은자리의 선충류 유충
_____로아사상충증 (c) 사상충(filarial worm)
_____사상충증(river blindness) (d) 주혈흡충 유충
_____구더기증 (e) Screwworm 파리 유충

25. 알코올이 함유된 손 살균제를 과다 사용했을 때 나타날 수 있는 잠재적인 해로운 영향은 무엇인지 설명하라.

26. 다음 그림의 피부 각 부위 명칭을 기입하라.

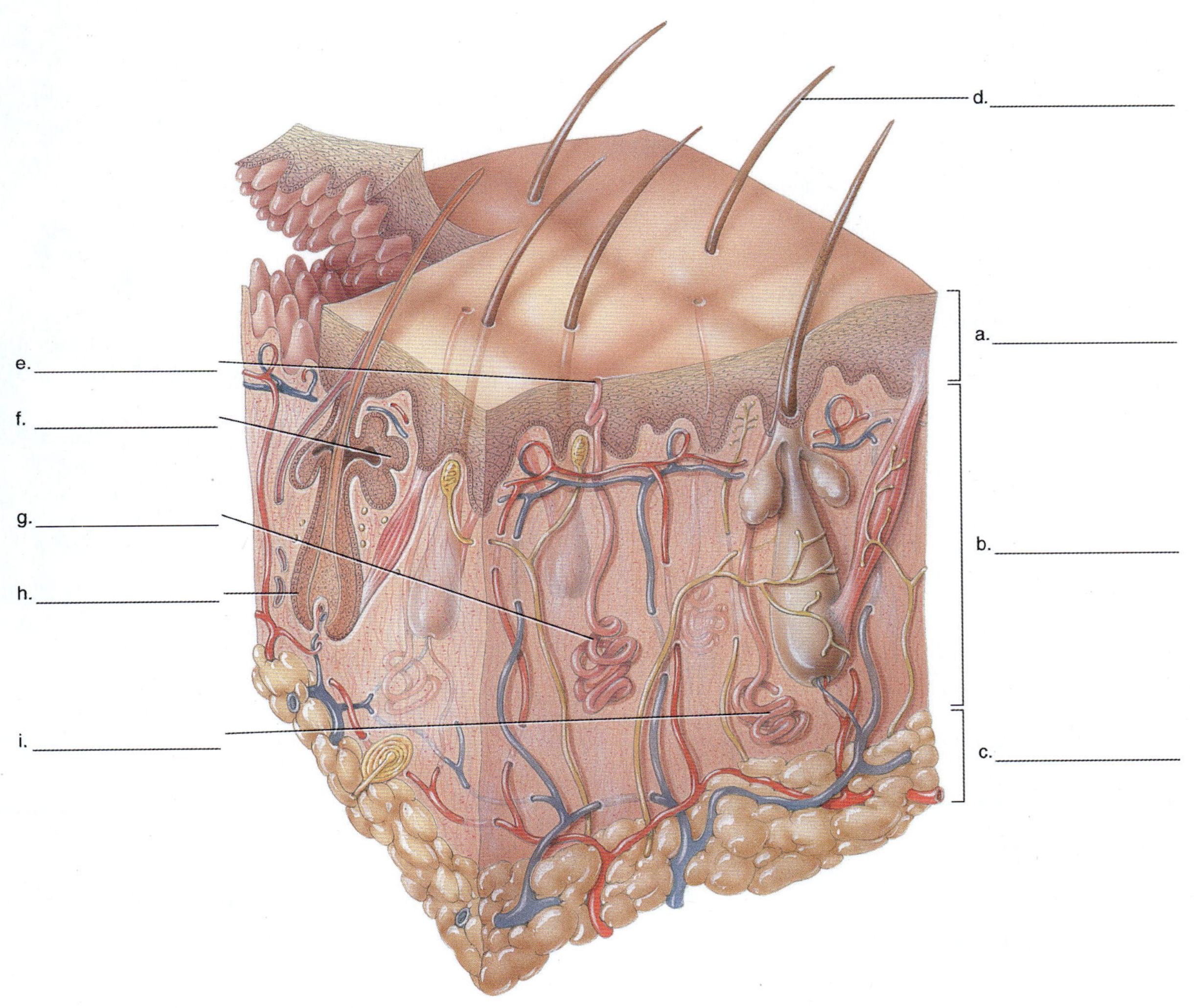

웹상에서 탐구 문제

http://www.wiley.com/college/black

이 장을 숙지했다고 생각하면 웹상에서 더 많은 내용에 대해 도전해 보아라. 이 장의 개념에 대한 세부적 이해를 위해 웹사이트에 가보고 아래에 제시된 문제의 답을 찾아라.

1. 20세기 초부터 *Staphylococcus*는 모든 질병을 유발하는 생물들 중에서 가장 지독한 것들 중의 하나로 분류되어 왔다. 사실 *Staphylococcus*의 어떤 종들은 당신의 피부를 무르게 하고 벗겨지게 하는 독소를 생산한다. 그렇다면 왜 건강한 사람의 20~30%가 피부 또는 콧구멍에 *Staphylococcus*를 가지고 있는 것일까? 그 이유를 웹에서 찾아라.

2. Edward Jenner는 천연두에 대한 최초의 백신을 개발한 업적을 세웠지만 천연두 예방접종의 실행은 Montagu가문의 Mary Wortley 여사에 의해 영국에 최초로 시행되었다. 이에 대한 자세한 내용을 웹에서 찾아라.

20 비뇨생식계 질환과 성병

시작하며...

소변이 마려우면 우리는 해결을 해야 하는데 어디서 할 것인가? 우리는 사회적으로 허용된 곳에 도달할 때까지 때때로 소변을 참아야만 한다. 하지만 아이들과 애완동물 그리고 야생동물의 경우 소변을 보는 특별한 장소가 없다. 소변은 병원균들의 탈출구임을 기억하라.

동물들은 요로에 렙토스피라균을 지니고 다닌다. 사슴, 쥐, 토끼 소들은 모두 땅에 오줌을 누는데, 비가 오면 남아있던 렙토스피라균은 강, 하천, 호수 및 연못으로 씻겨 내려간다. 이 물에서 입을 벌린 채 수영할 경우 렙토스피라병에 걸릴 수 있는데 진단하기 어려우며 때때로 치명적인 신장병을 야기한다. 소독된 수영장과 더 큰 규모의 물속에서 당신은 안전하다고 생각할 수 있어도 애완견 (Fido)이 아이들과 함께 풀장안으로 드나든 후에는 렙토스피라병을 생각해야 한다. 강에서 애완견이 당신보다 상류에서 수영하지 않게 해야 한다는 것이 최상이라는 점을 경험을 통해 알게 되었다. 애완견은 주인 위쪽에서 오줌을 누어 렙토스피라균에 감염되게 할 것이다. 가장 좋은 방법은 애완견 및 모든 애완동물들에게 렙토스피라 백신을 맞히는 것이다. 그리고, 렙토스피라균이 피부와 점막을 통해 들어갈 수 있다는 것을 명심하고 강아지를 목욕시키는 사람은 누구든지 자신의 손도 깨끗이 씻어야 한다.

(Kavaler/Art Resource)

이 주제와 관련된 비디오는 WileyPLUS에서 볼 수 있습니다.

비뇨생식계의 구성요소

비뇨계 / 여성 생식계 / 남성 생식계 / 비뇨생식계의 일반 세균총

성적으로 전염되지 않는 비뇨생식계 질환

세균성 비뇨생식계 질환 / 기생충성 비뇨생식계 질환

성병

후천성면역결핍증(AIDS) / 세균성 성병 / 바이러스성 성병

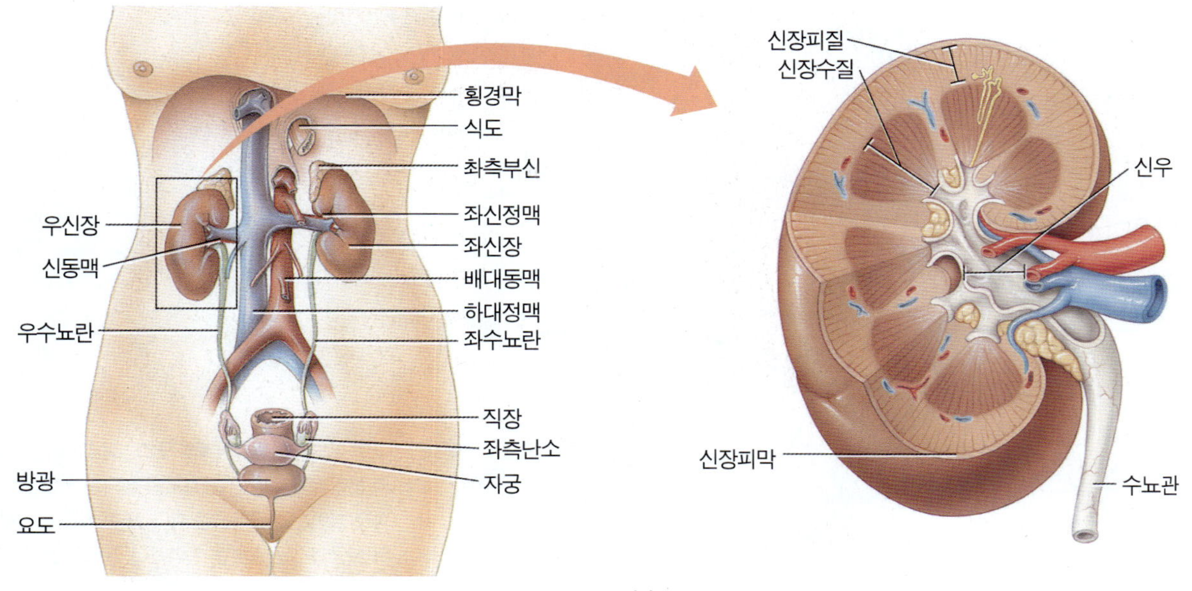

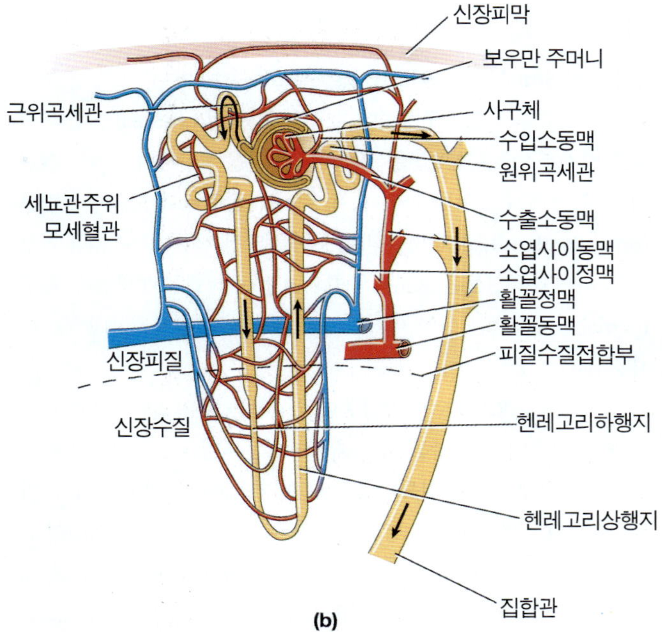

그림 20.1 비뇨계의 구조. **(a)** 신장의 확대사진을 포함한 정면도. 비뇨계의 감염은 종종 침입구로 작용하는 요도구 근처에서 일어난다. 비뇨계 밖으로 오줌의 흐름은 많은 잠재적 감염을 막는 경향이 있다. **(b)** 네프론의 구조

이 장에서 우리는 성병을 포함하여 비뇨생식계 질환에 대해 논의할 것이다. 병에 관한 다른 장에서 정상 세균총(◀14장 p. 404), 병의 진행(◀14장 p. 408), 그리고 신체의 방어(◀16, 17, 18장)에 대해 배운 것을 기억하라. 비뇨생식계 질환을 공부함에 있어 비뇨계와 생식계가 밀접하게 연관되어 있음을 상기하는 것이 중요하다. 한 기관에 감염되면 다른 기관에 쉽게 퍼진다.

비뇨생식계의 구성요소

비뇨생식계(**urogenital system**)는 두 기관 즉, 비뇨계와 생식계를 포함한다. 따라서, 비뇨생식계를 고려할 때 우리는 비뇨계와 여성생식계 그리고 남성생식계의 구조 및 감염부위를 알아보아야 할 것이다.

비뇨계

비뇨계(urinary system)는 1쌍의 신장과 수뇨관, 방광, 그리고 요도로 구성되어 있다**(그림 20.1a)**. **신장(kidneys)**은 체액의 구성을 조절하고 체내로부터 질소를 함유하는 다른 노폐물들을 제거한다. 이것을 수행하기 위해서 각 신장에는 **네프론(nephrons)**이라 불리는 약 백만 개의 기능적 단위를 포함한다**(그림 20.1b)**. 네프론에서 혈액내 혈청은 모세혈관의 집합체인 **사구체(glomerulus)**로부터 신세관으로 여과된다. 신장피질에서 시작하여 네프론은 노폐물을 포함한 용질과 혈액으로부터 수분을 제거한다. 이 물질들이 신장수질로 알려진 세관을 통과할 때 물,염 그리고 당과 같은 필수물질들은 혈액속으로 다시 들어간다. 신세관에 남아있는 노폐물인 **오줌(urine)**은 집합관을 통과하여 각 신장의 수뇨관을 지나간다. **수뇨관(ureter)**은 기본적으

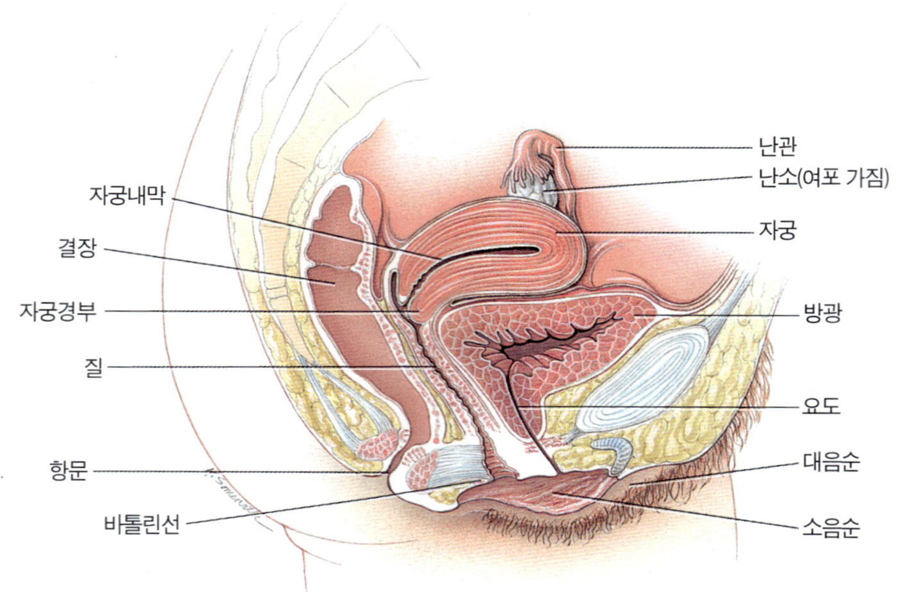

그림 20.2 여성생식계의 구조. 질의 입구는 요도와 분리되어 있다. 자궁경부의 점액을 포함하는 화학적 방어는 항균작용을 한다. 또한, 나팔관으로부터 자궁과 자궁경부를 통과하여 질로의 분비는 미생물감염을 줄여준다.

로 미생물이 없는 오줌을 **방광(urinary bladder)**으로 운반하며 **요(urethra)**도를 통해 기본적 배출될 때까지 여기에 저장된다. **소변검사(urinalysis)**는 pH와 물농도의 불균형, 당과 단백질과 같은 물질의 존재, 그리고 감염 및 물질대사 장애 그리고 다른 질병들과 연관된 상태를 밝혀준다.

여성 생식계

여성생식계(female reproductive system)는 난소, 난관, 자궁, 질 그리고 외부생식기로 구성되어 있다(**그림 20.2**). 쌍으로 구성된 **난소(ovaries)**는 난자와 주변의 상피조직을 포함하는 **난포(ovarian follicles)**라 불리는 세포집합체를 포함한다. 여성의 생식기간 동안 수정이 가능한 난자가 매달 하나씩 방출된다. **난관(uterine tubes)**은 난자를 받아 이것을 자궁으로 운반한다. 수정은 보통 난관에서 일어난다. **자궁(uterus)**은 수정된 난자가 발달하는 곳으로 배 모양의 기관이다. 자궁의 안쪽은 **자궁내막(endometrium)**이라 불리는 점막으로 되어있으며 이것의 바깥부분은 월경기간에 떨어져 나간다. **질(vagina)**도 안쪽이 점막으로 되어 있으며 **자궁경부(cervix)**(자궁의 아래쪽 좁은 부분의 입구)로부터 몸의 외부까지 확장되어 있다. 이것은 월경의 통로가 되고 성교동안 정자를 받아들이며 태아를 출산하는 통로가 된다. 여성의 외부 생식기는 성적으로 민감한 음핵과 두 쌍의 음순 그리고 점액을 분비하는 **바톨린선(vartholin glands)**을 포함한다. 여성들은 자식에게 영양분을 공급해야하기 때문에 **유선(mammary glands)**도 여성 생식계의 일부분으로 간주된다. 이 변형된 한선(땀샘)은 사춘기에 발달하는데 젖을 생산하는 지방질로 쌓인 선세포와 젖을 젖꼭지로 전달하는 유관을 포함한다.

남성 생식계

남성생식계(male reproductive system)는 정소와 정관, 특정 분비선들 그리고 음경으로 구성된다(**그림 20.3**). **정소(testes)**는 혈액 속으로 테스토스테론 호르몬을 분비하고 정자를 생산하며 정자는 일련의 관을 통해 요도로 운반된다. **정낭(seminal vesicles)**과 **전립선(prostate gland)**으로부터 분비된 분비물은 정자와 섞여 정액을 형성한다. 다른 분비선들은 요도를 매끄럽게 하는 점액을 분비한다. **음경(penis)**은 성교하는 동안 여성의 생식기 안으로 정액을 배출하는데 사용된다.

비뇨생식계에서 일반 세균총이 존재하는 곳은 일반적으로 감염이 되는 장소이다. 왜냐하면, 부분적으로는 직장(rectum)에 가깝고 미생물 성장에 적절한 따뜻하고 습한 환경을 제공하기 때문이다. 비뇨생식계의 일반 세균총은 남성과 여성의 요도입구 근처와 여성의 질에서 주로 발견된다. 비뇨생식계의 많은 감염병은 음부포진, 임질, 매독 그리고 임균성 요도염을 포함하며 성을 매개로 전달된다. 비뇨생

적용

청색 유방(토끼의 유방염)

생식계의 한 부분인 여성의 유방은 종종 감염된다. 일반적으로 황색포도상구균에 의해 야기되는 유방염 (유방감염)은 젖을 먹이는 어머니들에서 흔하게 발생한다. 일반적으로 적절한 항생제 치료로 후유증 없이 신속하게 치료된다. 이 병은 사람에게 한정된 것이 아니다. 예를 들어 토끼에서 유방염("청색 유방" 로 알려진)은 젖먹이 암컷에서 흔하게 나타나며 페니실린으로 치료 가능하다.

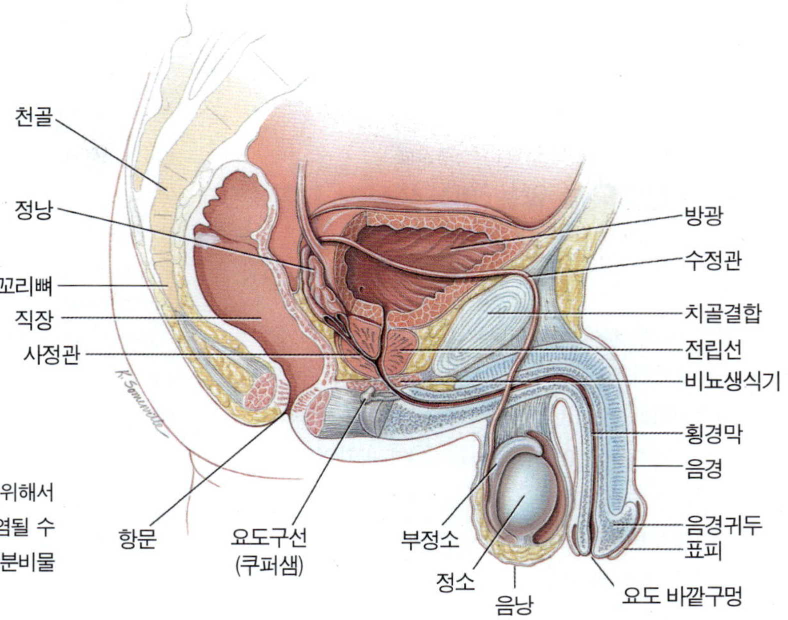

그림 20.3 남성생식계의 구조. 남성은 생식과 배뇨를 위해서 1개의 입구를 가지기 때문에 생식계와 비뇨계 모두 감염될 수 있다. 하지만, 라이소자임과 스페르민을 포함하는 화학분비물이 흘러서 병원균의 집락형성을 어렵게 만든다.

식계의 다른 부분들은 일반적으로 무균상태이지만 방어기작이 고장나면 감염으로 이어질 수 있다. 비뇨생식계의 방어기작은 아주 많다. 일반 세균총은 영양분과 공간을 위해 기회감염균 및 병원균과 경쟁하여 이들이 병을 일으키는 것을 막는다. 요도괄약근은 미생물에 대한 기계적 장벽으로 작용하고 또한 오줌이 역류하는 것을 막도록 도와준다. 요도를 통한 오줌의 흐름과 요도와 질을 통한 점액의 흐름은 미생물을 씻어내는 것을 도와준다. 생식기간 동안 요도와 질내의 낮은 pH는 병원균이 침투하는 것을 막는다. 정액은 침입하는 병원균을 파괴하도록 도와주는 라이소자임과 스페르민을 포함한다.

바이러스 크기의 작은 나노세균(nanobacteria)은 오줌 속에 살면서 주변의 칼슘과 다른 광물들을 침전시켜 신장결석의 형성을 유도한다.

이런 방어에도 불구하고, 비뇨생식관은 성을 매개로 한 질병에 대해서는 잘 보호되지 않는다. 임질과 매독 그리고 임균성 요도염을 유발하는 병원균들은 산성조건에서 잘 견디며 비뇨생식관의 정상 세균총과 성공적으로 경쟁한다.

비뇨생식계의 일반 세균총

건강한 사람의 요로는 요도입구 근처를 제외한 모든 부분이 무균상태이다. 요도 끝의 이런 세균집락 때문에 깨끗하게 채취한 소변에서도 요도 밖으로 씻겨 나온 세균을 포함하게 된다. 대장균(*Escherichia coli*)과 유산간균(*Lactobacillus*)은 가장 흔한 세균으로, 오줌 1 ml 당 100,000마리까지 존재한다. 그러나, 만약 오줌을 멸균된 바늘과 주사기로 방광에 직접 구멍을 내어 모은다면 건강한 사람의 경우 전형적으로 무균상태일 것이다.

산성 pH와 고농도의 염 그리고 요소의 농도는 오줌에서 세균의 성장을 지연시킨다. 하지만, 소변검체는 신속하게 실험실로 운반되어야 하며 실험이 지연될 경우 냉장보관 해야 한다. 왜냐하면, 미생물은 실온에 방치한 오줌에서 신속하게 증식하기 때문이다. 이런 일이 발생하면, 당신은 전형적으로 여러 종의 세균들이 많이 존재하는 것을 볼 수 있을 것이다. 가장 흔하게 발생하는 실제 요로감염에서는 1종류의 세균이 많은 수로 존재한다.

항산성 간균인 마이코박테리움 스메그마티스(*Mycobacterium smegmatis*)는 남성과 여성 모두의 외부생식기에 산다. 이 세균은 특별히 포경하지 않은 남성의 음경포피 아래에서 발견되며 여기서 피지라고 불리는 분비물 속에서 산다. 만약 소변검체를 모을 때 음경포피 아래를 깨끗하게 씻지 않을 경우, 많은 수의 마이코박테리움 스메그마티스가 검체속으로 들어가게 되며 신장결핵 환자의 오줌에서 발견되는 결핵균(*Mycobacterium tuberculosis*)과 혼동될 수 있다.

남성에서 요도의 마지막 1/3을 제외한 생식관에는 일반 세균총이 존재하지 않으며 무균상태이다. 여성 생식관의 경우 훨씬 더 복잡하다. 이곳에서 호르몬은 큰 역할을 수행한다. 가임기간 동안 유산간균은 질에 가장 많이 존재하는 세균이며 질 세포들에 존재하는 글리코겐을 먹고 산다. 글리코겐의 발효로 젖산이 생성되고 질의 pH를 대략 4.7이 된다. 유산간균을 제외한 대부분의 미생물들은 이런 산성 환경에서 생존할 수 없기 때문에 이것은 선천적 방어의 한 요소로 작용한다.

단세포 형태에서 실모양으로 변하는 캔디다 알비칸스(Candida albicans) 균주는 단일 형태로 존재하는 균주보다 감염을 더 잘 일으키는 것으로 보인다.

유년기와 폐경기 후 질벽의 세포들에는 글리코겐이 결여되어 있으며 이런 알칼리성 환경에서는 유산간균보다 연쇄상구균(streptococci)과 포도상구균(staphylococci)이 우점 세균이다.

성적으로 전염되지 않는 비뇨생식계 질환

세균성 비뇨생식계 질환

요로감염

요로감염(urinary tract infections, UTIs)은 임상실험에서 보이는 모든 감염 중에서 가장 흔한 것들 중 하나이다. 호흡기 감염 다음으로 많으며, 미국에서는 매년 830만명 이상에 달하고 300,000명이 병원에 입원한다. 요로감염은 **요도염(urethritis)**과 **방광염(cystitis)**을 일으킨다. 감염은 요도에서 방광으로 쉽게 전파되기 때문에, 대부분 감염은 적절히 **요도방광염(urethrocystitis)**이라 불린다. 감염인자들은 더 긴 남성의 요도(20-cm)보다는 짧은 여성의 요도(4-cm)를 통해서 더 쉽게 방광에 도달한다. 따라서, 여성들은 남성보다 40~50배 정도 더 잘 감염되며 30살 때 까지 모든 여성의 20%가 요로감염을 경험한다. 남성의 전립선은 요도와 방광에 밀접하게 연관되어 있어서 **전립선염(prostatitis)**은 종종 요로감염을 수반한다.

매년 5명의 여성 중 1명은 요로감염의 증상인 **배뇨통(dysuria)**과 배뇨시 작열감을 경험한다. 이 감염의 1/4은 만성 방광염으로 발전하며 이로 인해 수년 동안 간헐적으로 불운한 희생자들이 생긴다. 방광염의 증상은 지속적인 배뇨통, 빈번하고 갑작스런 배뇨 그리고 때때로 오줌속의 고름을 포함한다. 중년의 여성들은 요로감염에 걸리기 쉬우며, 몇몇 연령대에서는 12% 이상이 만성적으로 고통을 받는다(**표 20.1**).

요로감염에 걸린 사람은 일반적으로 소변을 누고 싶지만 단지 소량의 오줌만이 나온다고 불평한다.

요로감염의 주된 요인은 방뇨하는 동안 방광을 완전히 비우지 못하는 것이다. 남아있는 오줌은 미생물 성장의 원천으로 작용하여 감염을 조장한다. 오줌의 흐름과 방광을 완전히 비우는 것을 방해하는 어떤 요인이 요로감염에 걸리기 쉽게 한다. 방광은 때때로 늘어진 자궁이나 임신으로 인해 팽창된 자궁에 의해 압박받는다. 임신은 또한 요관을 통한 소변의 흐름을 감소시킬 수 있다. 심지어 횡경막의 고리도 오줌 비우는 것을 방해하기에 충분한 압력을 방광이나 요관에 가할 수 있다. 남성의 전립선은 나이가 들면서 점점 커져서 요도를 수축시키는 경향이 있다. 마지막으로, 문제는 기계적이기 보다는 행동적인데 있을 것이다: 어떤 사람들은 단지 충분할 만큼 자주 화장실에 가지 않는다. 남성과 여성 모두에게 방광을 자주 완전히 비우는 것이 중요하다. 완전하게 비울 수 없는 다양한 종류의 문제를 가진 사람들은 종종 요로감염증에 걸리는 경향이 있다.

표 20.1

나이와 성별에 따른 요로감염

나이	여성	남성
출생부터 4개월까지	0.7%	1.3%
4개월부터 5세까지	4.5%	0.5%
5세부터 60세까지	1-4%	<0.1%
60세 이상	12%	1-4%
초고령	30%까지	30%까지

적용

당신은 요로감염에 잘 걸립니까?

간단한 혈액검사로 당신이 동급생들 보다 요로감염에 더 잘 걸리는지 바로 알 수 있다. 뉴욕시 메모리얼 슬론-케터링 암센터(Memorial Sloan Kettering Cancer Center)의 연구자들은 루이스 혈액형군(Lewis blood group)의 2가지 특징적인 타입중 어느 하나를 가진 여성들이 요로감염증에 거의 4배나 더 잘 걸리는 것을 발견했다. 그들은 왜 그런지 확신할 수 없지만 이 2가지 타입의 혈액형을 가진 사람들의 요로를 구성하는 세포들은 감염으로 이어지는 세균부착에 더 감수성이 크기 때문이라고 생각한다. 만약 당신이 민감한 혈액형을 가진 여성 중 1명이라면 항생제 복용과 같은 예방치료에 대해 생각하고 싶을 것이다.

한 부위에서 유래된 요로감염증은 종종 "상행" 또는 "하행"함으로써 요관을 통해 퍼진다. 감염은 일반적으로 요도 아래쪽에서 시작되어 신장의 염증, 즉 **신우신염(pyelonephritis)**을 일으키는 원인이 되기도 한다. 드물게는 감염이 신장에서 시작되어 요도로 내려가기도 한다. 비록 요로감염이 임신중에 더 자주 발생하지는 않지만, 요로감염의 경우 보통 위로 올라가기 때문에 더 심각하다. 오줌에 세균이 존재하는 임신한 여성들의 경우 감염을 신속하게 치료하지 않으면 40%는 신우신염으로 발전된다. 하강하는 요로감염은 요도관 밖에서 유래한다. 치아농양과 같은 병소감염으로부터 혈류로 들어간 미생물은 신장에서 걸러질 수 있으며 단일감염 또는 만성 감염을 유발한다. 이런 이유 때문에 만성적이거나 자주 요로감염증에 걸리는 사람은 치과의사를 방문하여 진단되지 않은 잇몸감염이 원인이 아닌지 살펴보아야 한다.

요로감염의 80%는 대장균이 원인균이지만, 프로테우스 미라빌리스(*Proteus mirabilis*)와 크렙시엘라 뉴모니아(*Klebsiella pneumoneae*)처럼 대변에서 유래한 다른 장내세균도 감염을 유발할 수 있다. 특히 여성들의 경우 화장지를 뒤에서 앞으로 닦는 것과 같은 나쁜 위생습관은 대변속의 미생물을 요도 안으로 유입시킬 수 있다. 아이들에게 좋은 화장실 습관과 그 이유를 가르치는 것은 중요하다. 클라미디아(*Chlamydia*) 또는 우레아플라스마(*Ureaplasma*)에 의한 감염의 경우 보통 성

새로 발견된 표면부착 단백질 FimH는 대장균이 방광벽에 달라붙은 것을 도와 방광염을 일으킨다.

을 매개로 전달되며 후에 논의될 비임균성 요도염을 일으킨다.

모든 병원내 감염의 35-40%는 요로감염증이다. 외래환자는 한 번의 도관삽입술 후 요로감염에 걸릴 1%의 가능성을 가지지만, 입원 환자는 10%의 가능성을 가진다. 유치(留置) 도뇨관 시술을 받은 아주 많은 환자들은 사용 후 1주일 안에 요로감염이 발생한다. 왜냐하면 피부와 요도 아래쪽, 또는 도관에서 유래한 세균이 요도에서 군체를 형성하기 때문이다. 마비로 인해 영구적 도관을 가진 사람은 요로감염과 끝없는 싸움을 해야 한다. 표피포도상구균(*Staphylococcus epidermidis*)과 부생포도상구균(*Staphylococcus saprophyticus*)은 종종 유치 도뇨관을 가진 환자들에서 감염을 유발한다. 녹농균(*Pseudomonas aeruginosa*)은 종종 요도관을 관찰하는 기구를 사용할 때 감염을 유발한다. 하지만, 대장균은 원내 요로감염의 거의 절반을 유발하고, 프로테우스 미라빌리스(*Proteus mirabilis*)는 약 13%정도를 유발한다.

요로감염은 소변배양으로부터 검출된 미생물을 동정하여 진단한다 **(그림 20.4)**. 방광속의 정상 소변은 무균상태이지만 오줌은 요도의 아래쪽 부분을 통과할 때 불가피하게 세균에 오염된다. 심지어, 청결채취(clean-catch)에서도 중간뇨 검체는 ml당 10,000~100,000개의 미생물을 포함한다. 적은 수의 미생물만으로도 감염이 될 수 있다. 신우염과 급성 전립선염에서 미생물들은 때때로 아주 적은 수만

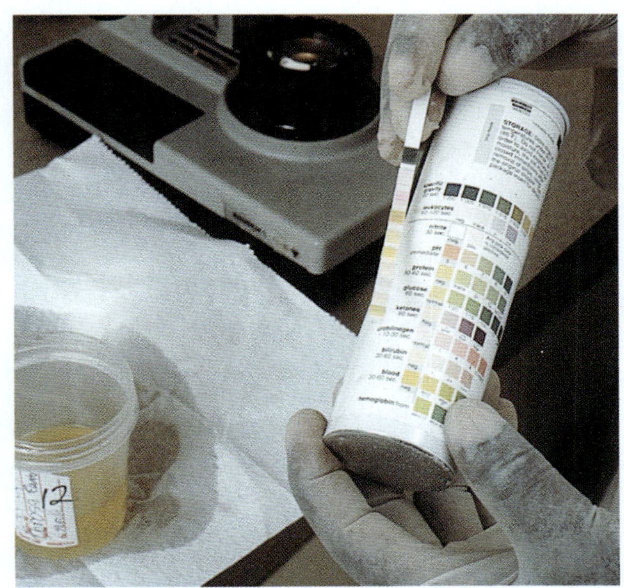

그림 20.4 소변샘플 분석. 이 검사에서 진단시약에 의해 생성된 색깔은 단백질과 질산염 같은 물질의 존재여부를 결정한다. 이들 물질은 요로감염에서처럼 세균의 성장을 나타낸다. 세균은 방광에서 성장하는 동안에 질산염을 생산한다. 따라서, 아침 첫 소변 표본이 가장 높은 농도의 질산염을 가질 것이다. 질산염 양성반응은 요로감염을 의미한다. 하지만, 어떤 세균은 질산염을 물질대사시키기 때문에, 질산염 음성반응이 세균감염을 완전히 배제하는 것은 아니다. (*Jon Meyer/Custom Medical Stock Photo, Inc.*)

이 요도로 들어간다. 하지만, 일반적으로 어떤 한 시점에서는 오직 1종류의 병원균만이 존재할 것이다. 소변에서 여러 종의 세균들이 발견된다는 것은 거의 항상 검체가 오염되었으므로 검사를 다시 해야 한다는 것을 의미한다.

요로감염은 원인균의 민감도에 따라 아목시실린(amoxicillin), 트리메토프림(tirmethoprim), 퀴놀론(quinolone) 또는 술폰아미드(sulfonamide)와 같은 항생제로 치료된다. 신속한 치료는 감염이 퍼지는 것을 막는다. 요로감염은 철저한 개인위생과 방광을 자주 완전히 비우는 것으로 예방할 수 있다.

전립선염

전립선염의 증상은 소변이 급하게 자주 마렵고 미열, 요통, 때로는 근육통과 관절통을 수반한다. 대부분의 남성들은 40세 까지 적어도 1번은 전립선 감염을 경험한다. 전립선염의 80%는 대장균이 원인이지만, 어떻게 세균이 전립선에 도달하는지는 아직도 확실하지 않다. 4가지 감염경로가 가능하다. (1) 요도를 통한 상승, (2) 오염된 소변의 역류, (3) 대변에 존재하는 미생물들이 직장으로부터 림프관을 통해 전립선으로 통과 (4) 혈액 미생물에서 유래. 비록 흔하지는 않지만, 만성 전립선염은 남성에서 지속적인 요로감염의 주요 원인이며 불임을 유발할 수 있다. 급성 전립선염은 보통 후유증 없이 적절한 항생제 치료에 잘 반응한다.

신우신염

신장의 염증인 신우신염은 보통 소변의 역류로 인한 미생물 오염으로 유발된다. 소변의 역류는 하부 요로관 막힘이나 해부학적 결함을 포함한 많은 요인들에 의해 일어날 수 있다. 특히 어린아이들은 종종 소변의 역류를 막지 못하는 불완전하게 형성된 요로판막을 가지고 있다. 대장균이 외래환자 발병의 90%와 입원환자 발병의 36%를 유발하지만, 캔다다와 같은 효모도 종종 감염을 일으킨다.

신우신염–그리고 어떤 다른 요로감염–은 증상이 없다. 신우신염의 증상은 때때로 오한과 열이 나는 것을 제외하고는 방광염과 구별되지 않는다. 묽은 소변은 잔뇨와 **야뇨증(nocturia)**으로 이어지는 과정에서 발견되는 또 다른 공통된 특징이다. 환자들은 제거되어야 할 신장결석이나 다른 방해물과 같은 기본적인 소인성 요인들을 확인하기 위해 조심스럽게 진료 받아야 한다. 신우신염은 하부 요로감염보다 더욱 치료하기가 어렵다. 그러나 니트로푸란토린(Nitrofurantoin), 설폰아미드(sulfonamide), 트라이메소프림(trimethoprim), 앰피실린(ampicillin), 젠타마이신(gentamycin), 시프로플록사신(ciprofloxacin) 그리고 퀴놀렌계(Quinolones)는 보통 효과적이다. 종종 이것들은 정맥주사로 시작된다. 신장기능이 손상되었을 경우 독성물질이 축적되는 것을 막기 위해 약을 신중하게 사용해야 한다.

사구체신염

사구체신염(glomerlonephritis) 또는 브라이트병은 염증을 유발하고 신장의 사구체에 손상을 입힌다. 이것은 때때로 연쇄상구균이나 바이러스 감염을 수반하는 면역 복합체 질환이다. 류마티스열 (화농성연쇄상 구균(*Streptococcus pyogenes*), 중 류마티스열을 유발하는 균주; ◀23장 p.720))에 대해 말하자면, 화농성연쇄상 구균의 신원발성(nephrogenic) 균주는 면역계에 의해 처리될 때 사구체 조직에 존재하는 조직성분과 유사한 세포벽 구성성분을 포함한다. 이것은 세균의 세포벽과 사람의 사구체 구성성분을 구별할 수 없는 항체 생산을 개시하여 항원-항체 복합체를 형성한다. 항원-항체 복합체는 신장에서 걸러지며 보체가 활성화 되어 사구체 모세혈관의 염증반응이 일어난다**(그림 20.5)**. 염증이 생긴 혈관에서 혈액과 단백질이 소변 속으로 새어 나간다. 새로 형성된 복합체를 포식하기 위하여 혈관 밖으로 대식세포의 유인과 이동 그리고 가수분해 효소의 방출은 신장의 사구체 손상을 더 증가시킨다.

사구체신염의 위험 때문에 연쇄상구균일 것으로 예상되는 목구멍과 다른 부위의 감염균 (◀21장 p.644)은 반드시 배양해야 하며 적절한 항생제를 투여해야 한다. 비록 대부분의 사람들은 사구체신염으로부터 완치되기까지 3~12달이 소요되지만, 어떤 사람들은 영구적으로 신장에 손상을 입기도 하고 일부는 죽는다.

렙토스피라병

렙토스피라병(leptospirosis)은 스피로헤타(spirochete)균인 렙토스피라균(*Leptospira interrogans*)에 의해 유발된다 **(그림 20.6)**. 이것은 보통 오염된 소변을 직접적으로 접촉하거나 물이나 토양을 통한 간접적 접촉을 통해 인간에게 전달된 동물원성 감염증이다. 개와 고양이 그리고 많은 야생 포유류들은 이 스피로헤타("Dog Germs" 를 기억하라. ◀15장 p.439)를 가지고 있다. 세계의 어떤 지역에서는 쥐의 50%이

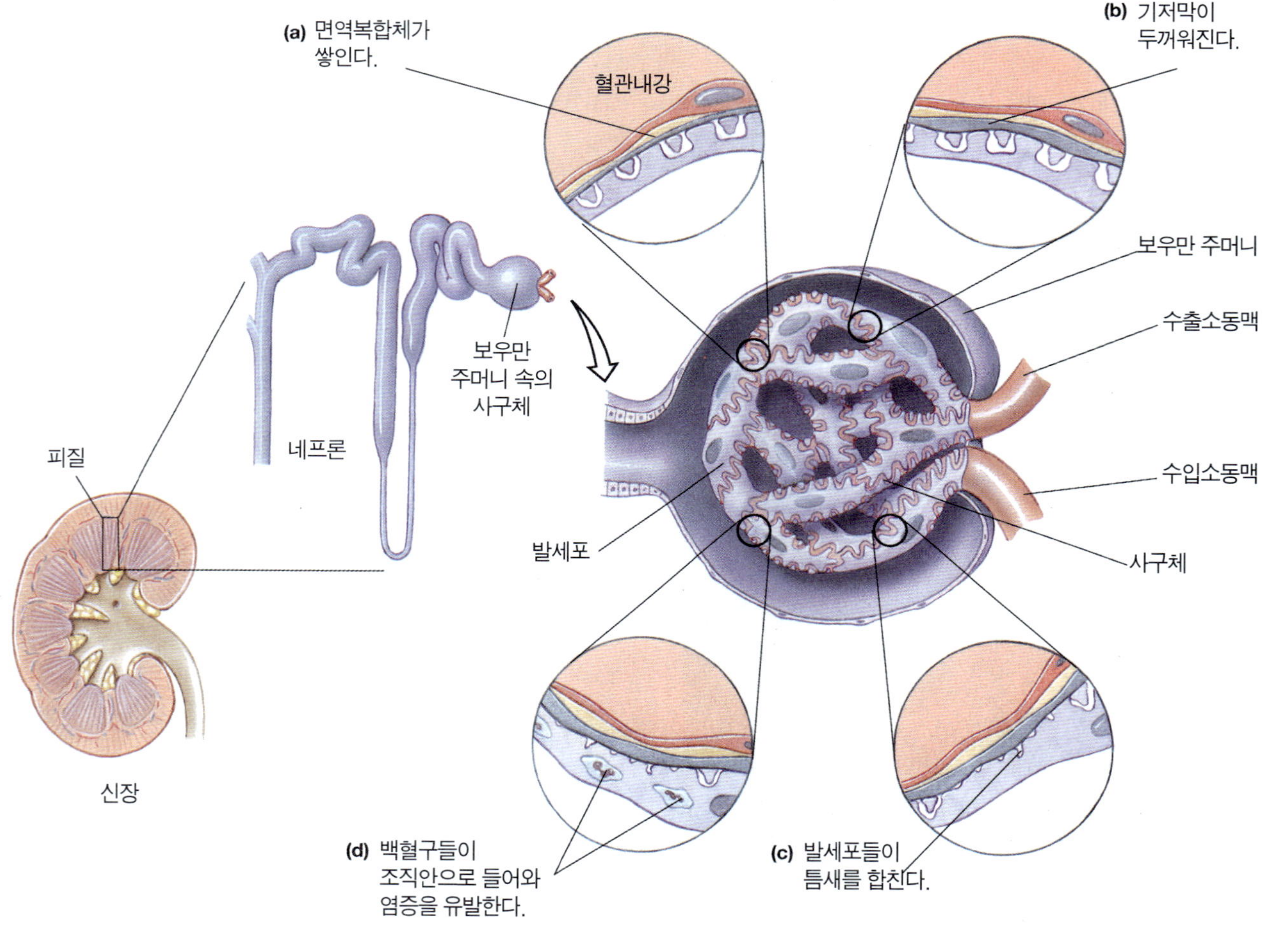

그림 20.5 사구체신염. 이 병은 **(a)** 신장 피질의 보우만 주머니에 위치한 사구체의 여과 표면에 면역복합체들이 쌓이고 **(b)** 세포 기저막이 두꺼워지고 **(c)** 정상적으로 여과기로 작용하는 사구체의 발세포들이 틈새를 합쳐서 **(d)** 백혈구가 조직속으로 유인될 때 일어난다. 신장의 기능은 떨어지며 때때로 신장이 기능을 못할 때 까지 감소된다.

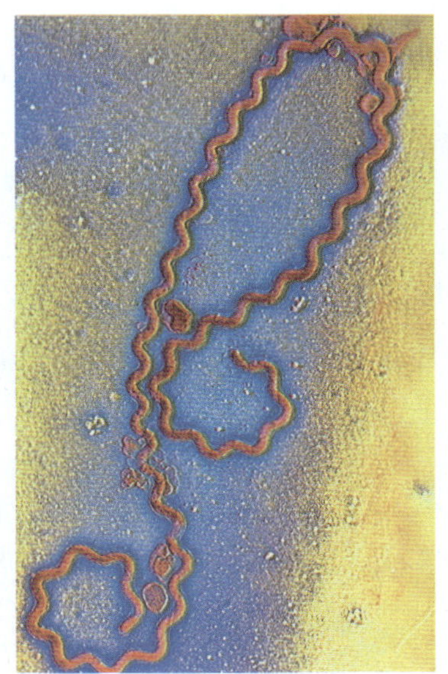

그림 20.6 렙토스피라균(*Leptospira interrogans*)의 컬러화된 투과전자현미경(TEM) 사진. 정상적으로 동물들에서 발견되는 이 스피로헤타는 때때로 사람에서 감염과 황달을 일으킨다(11,000X). (*CNRI//Photo Researchers, Inc.*)

적용

그러나 나는 내집밖으로 나가는 것을 원치 않아!

여러해 전에 의학미생물학을 수강하고 있던 학생시절, 나에게는 무뚝뚝하게 말씀하시는 나이 많으신 퉁명스럽게 대답하는 늙은 교수님이 계셨다. "교수님, 교수님의 개가 렙토스피라병에 걸리게 되면 어떻게 되는지 설명해 주세요. 증상이 어떤가요?" 하고 질문했다. "글쎄, 우리 개는 기분이 좋은 날도 있고 나쁠 때도 있어. 어떤 날엔 자기 바구니집 밖으로 나올 생각도 안해. 그리고 오줌을 많이 싸지." 하고 대답하셨다. 그런 다음, 우리는 사람이 렙토스피라병에 걸리면 어떻게 되는지 알고 싶었다. "아, 너희들도 기분 좋은 날도 있고 나쁠 때도 있지. 어떤 날엔 집 밖으로 나올 생각도 안하고 오줌을 많이 누기도 하지." 하고 말했다. 만약 여러분에게 이런 증상이 있으면 여러분 신장에 렙토스피라균이 있을 수도 있다. 렙토스피라균을 소변 밖에서 배양하는 것은 매우 어렵다. 많은 중년여성들은 이러한 증상이 있지만 소변배양으로는 음성이기 때문에 항생제 대신에 정신감정을 받으러 다닌다.

상이 렙토스피라의 운반체이다. 세균은 신장의 곡세뇨 관내에 살며 소변안으로 들어간다. 비는 종종 길과 토양으로부터 이들을 자연수 속으로 씻어낸다. 이들 세균은 소금기 있는 물이나 산성 물에서는 빨리 죽지만 중성이나 약염기성 물에서는 3달 이상 생존할 수 있다. 동물들이 풀을 뜯어먹는 목장에 인접한 연못이나 강은 특별히 오염되기 쉽다.

1995년 니카라과(Nicaragua)에서, 국지성 홍수는 렙토스피라병을 유발하여 400명이 병에 걸려으며, 150명이 입원했고, 40명이 폐출혈로 죽었다. 1996년에 코스타리카에서 급류 래프팅을 하고 돌아온 9명의 미국 여행자들은 렙토스피라병에 걸렸다. 렙토스피라병이 이전에 알려진 것보다 열대지방에서 더 중요한 질병의 원인일지도 모르며 신종 질병으로 보여질 수도 있다. 1997년에는 일리노이에서 철인3종 경기대회 참가자들이 병에 걸려 고통 받았다.

미생물들은 눈, 코, 입의 점막을 통해서 또는 피부의 찰과상을 통해 체내로 들어간다. 이 미생물들은 끝에 갈고리를 가지고 있어 환자 피부의 부드러운 부분, 발바닥이나 손바닥 속으로도 파고 들어갈 수 있다. 어린 아이들의 부모들은 종종 애완동물과의 접촉에 의해 감염된다. 어린이들은 강아지를 잘 돌볼거라고 약속하며 사달라고 조른다. 하지만 어른들이 애완동물을 따라다니며 청소하게 되고 렙토스피라균에 감염된다. 미국에서 가장 높은 발병률은 중년여성에게서 나타난다. 배변훈련을 제대로 받지 못한 개는 종종 개와 함께 수영장이나 어린이풀장을 이용한 모든 사람에게 영향을 미치는 집단감염의 원인이 되기도 한다.

10~12일의 잠복기 후에 렙토스피라병은 보통 열병으로 나타나고 만약 그렇지 않으면 비특이적 병으로 나타난다. 대부분의 경우 2~3주가 지나면 회복된다. 하지만, 치료하지 않을 경우 5~30%는 죽는다. 특별히 병독성이 강한 형태의 감염인 웨일증후군(*Weil's syndrome*)은 황달과 심한 간 손상이 특징이다.

진단은 혈액을 직접 현미경으로 관찰하여 이루어지지만, 종종 비특이적 증상이나 낮은 렙토스피라병 방병률 때문에 심지어 고려되지도 않는다. 혈액이나 오줌으로부터 렙토스피라균을 배양하는데는 특수 배지나 장시간의 배양기간(1-2주)이 요구된다. 대부분의 경우 증상이 없기 때문에 이 병에 정말 걸렸는지 아는 것은 어렵다. 일반적으로 미국에서 매년 100건 이하로 보고된다.

렙토스피라균은 발병 후 처음 2, 3일에는 거의 모든 항생제에 대해 감수성을 보이지만, 4일 후에는 영향을 받지 않는다. 환자들은 감염된 특정 렙토스피라 균주에 대해서는 장기간 동안 면역이 되지만 나머지 균주에는 그렇지 않다. 렙토스피라병은 애완견들에게 백신을 접종하거나 오염된 물에서 수영하거나 접촉하는 것을 피함으로써 예방할 수 있다.

세균성 질염

질염(vaginitis)은 일반적으로 질내 일반세균총이 항생제나 다른 요인들에 의해 방해받을 때 증식하는 기회감염균에 의해 유발된다. 소인성 요인들로는 당뇨병, 임신, 피임약 복용, 폐경기, 에스트로겐과 프로게스테론의 불균형에 의한 상태가 포함되는데 이들 모두는 질의 pH와 당의 농도를 변화시킨다. 몇몇 미생물들은 질염과 관련되어 있거나 적어도 질세균총 파괴의 지표로 사용된다. 가드네렐라 바지날리스(*Gardnerella vaginalis*)는 혐기성세균과 협력하여 질염 발병의 약 3분의 1을 차지한다. *Mobiluncus*는 다른 감염에서 발견되는데 이것은 별개의 세균이거나 *G. vaginalis*의 임상 변이형일 것이다.

질염의 소인성 요인에는 잦은 질세척, 질벽을 자극하는 탐폰(지혈용 솜뭉치), 꽉끼는 바지, 그리고 면안감이 없는 팬티나 팬티스타킹이 포함된다.

원생동물인 질트리코모나스(*Trichomonas vaginalis*)는 기회감염성일 수도 있으나 보통 성을 매개로 전달되며 질염 발병의 약 5분의 1을 차지한다. 곰팡이균인 캔디다(*Candida albicans*)는 다른 대부분의 질염을 유발한다.

가드네렐라 바지날리스. 아주 작은 그람음성 간균 또는 구형간균은 건강한 여성 20~40%의 정상적인 비뇨생식관에 존재한다. 가임기 여성에서 정상적인 질의 pH는 3.8~4.4이고 어린 여자아이나 늙은 여성에서는 거의 중성이다. 질의 pH가 5~6에 도달하면, 가드네렐라 바지날리스(*Gardnerella vaginalis*)는 질염을 유발하는 박테로이데스속(*Bacteroides*)과 펩토연쇄상구균(*Peptostreptococcus*)과 같은 혐기성 세균과 상호작용한다. 이들 세균들은 혼자서는 병을 일으킬 수 없다. 다른 혐기성 세균들이 가드네렐라와 상호작용하기 때문에 이런 종류의 질염은 때때로 비특이성 질염이라 불린다. 비특이성 질염(*Gardnerella vaginitis*)은 생선비린내가 나는 거품성 질분비물을 생산한다. 이 분비물은 보통 적은 양이긴 하지만 수백만 개의 미생물들을 함유하고 있다. 남성들은 때때로 여성의 질염에 해당하는 **귀두염(balantitis)**을 경험한다. 질염을 가진 여성과 성접촉후 음경에 외상이 나타난다.

진단은 분비물의 습식표본에서 아주 작은 간균 또는 구형간균으로 덮힌 단서세포(clue cells)인 질상피세포가 보이면 가능하다(그림 20.7). 메트로니다졸(Flagyl)은 질병이 지속되는데 필요한 혐기성 세균들을 박멸함으로써 질염을 억제하지만 정상적인 유산간균들을 질에 다시 거주시킨다. 이 결과는 비특이성 질염(*Gardnerella vaginitis*)은 혐기성 세균과의 연합을 필요로 한다는 개념을 뒷받침해준다. 앰피실린과 테트라사이클린도 때때로 치료에 이용된다. 질세척제로 사용되는 플레인 생요구르트는 항생제 처리로 죽은 정상 세균총의 유산간균들을 효과적으로 대체한다.

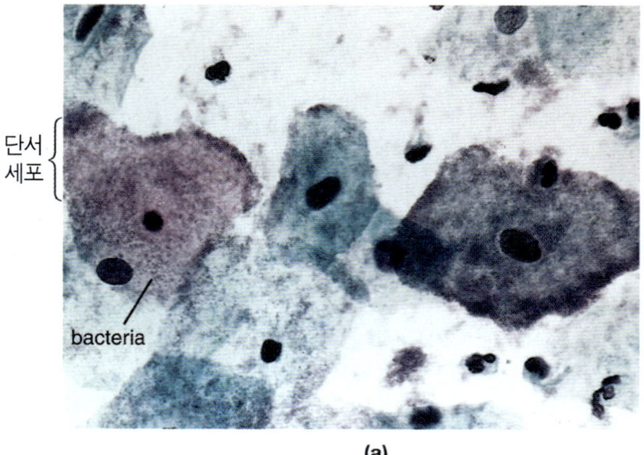

(a)

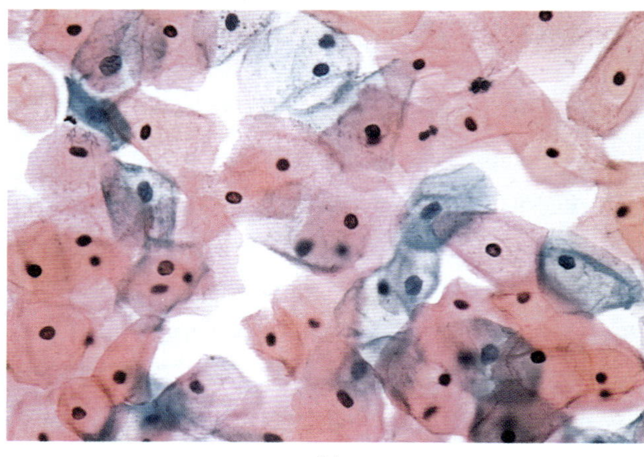

(b)

그림 20.7 **세균성 질염.** **(a)** 질도말에서 가드네렐라 감염의 단서세포(clue cell). 단서세포 표면에 달라붙어 있는 많은 세균들을 주목하라(507×). (*Science Photo Library/ Photo Researchers, Inc.*) **(b)** 정상 질상피세포에서는 그들 표면에 달라붙어 있는 두꺼운 층의 세균들이 보이지 않는다 (1,014×). (*Dr. E. Walker/Photo Researchers, Inc.*)

적용

효모의 감염을 알자

당신은 아마도 질 효모감염(vaginal yeast infection) 치료를 위한 수 많은 선전과 광고를 보았을 것이다. 그러나 당신은 정작 효모감염에 대해서 얼마나 많이 알고 있는가? 효모질염은 캔디다 알비칸스(*Candida albicans*)에 의해 가장 자주 유발되며 상처의 융기된 회색 또는 흰색 반 주위로 빨간 부위가 존재하며 분비물은 양이 적고 걸쭉하며 응유같다. 캔디다 알비칸스는 상대적으로 흔한 미생물로서 비임산부 여성 20%와 임산부 여성 30%의 정상총 미생물 중에서 발견된다. 이것은 단지 기회감염을 일으킬 때 특히 에이즈, 혈당조절이 안 되는 당뇨병(uncontrolled diabetes) 또는 항생제 치료중인 환자들에서 문제가 된다. 따라서 캔디다 질염이 대부분의 효모감염용 크림이나 알약들의 주요성분인 니스타틴(Nystatin)과 이미다졸(Imidazole)에 의해 효과적으로 치료될 수 있도록 당뇨병은 조절되어야 하며 항생제치료는 중단되어야 한다.

독소충격증후군

황색포도상구균(*Staphylococcus aureus*) 중 독소를 생성하는 특정 균주에 감염되면 **독소충격증후군(toxic shock syndrome. TTs)**이 생길 수 있다. 1977년 이전에는 매년 2~5건의 사건만이 보고되었지만, 발생률이 급격하게 상승하여 1980년 9월에는 약 320건이 보고된 이후, 1986년 이래로 매년 102~412건들이 보고되고 있다. 이러한 급격한 증가는 새로 나온 흡수력이 강한 탐폰과 연관이 있었다. 이 탐폰이 보통 시간보다 더 오랫 동안 질속에 있으며 질 벽내 작은 상처를 내며 세균들이 번식할 수 있는 적당한 환경조건을 제공하였다.

여성 5~15% 질미생물총 중에 황색포도상구균을 가지고 있지만 이들 중 극히 소수만 독소충격증후군(TSS)을 유발한다. TSS는 원래 대부분 월경하는 여성들에서 발병했지만 요즘에는 부스럼과 종기처

적용

경고: 독소충격증후군에 대한 중요한 정보

만약 당신이 탐폰을 자주 사용한다면, 상자 안에 있는 사용 설명서를 쉽게 버릴 것이다. 하지만 당신은 한번이라도 경고문을 읽어본 적이 있는가? 만약 읽어 보았다면 갑작스러운 열 (대개 섭시 38.9도 이상), 구토, 설사, 기절 또는 일어설때의 기절할 것 같은 느낌, 어지러움 또는 일광화상처럼 보이는 발진이 독소충격증후군의 위험신호라는 것을 알고 있을 것이다. 당신은 또한 30살 이하의 여성들에서 위험도가 더 높다고 보고된 것과 독소충격증후군 발병률은 월경을 하는 여성 100,000명 당 약 1-17건으로 추정된다는 것도 알고 있을 것이다. 당신은 생리기간 동안에 월경흐름을 통제하는데 필요한 최소 흡수력의 탐폰을 선택하여 생리대와 번갈아 사용하고 의사에게 어떤 다른 질문들을 함으로써 독소충격증후군의 발병위험을 줄일 수 있다.

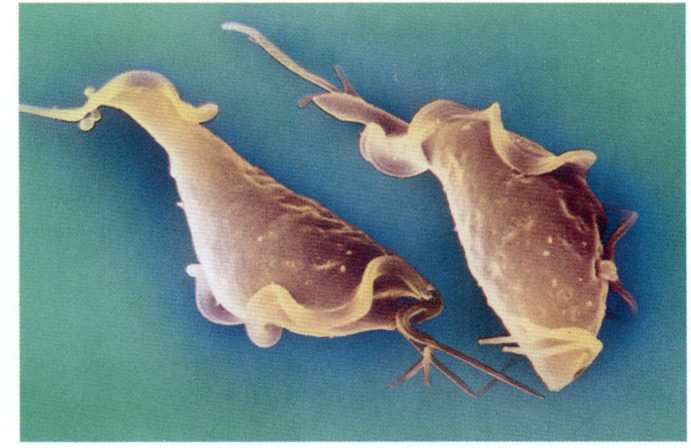

그림 20.8 질편모충. 주사전자현미경(534×)으로 관찰할 때 보이는 특징적인 파동막과 편모들을 주목하라. (*David M. Phillips/Photo Researchers, Inc.*)

럼 황색포도상구균의 병소감염을 가진 남성과 어린이 그리고 폐경기 여성들에서 많이 발병한다. 미생물들은 혈액 속으로 들어가거나 탐폰에 축적된 월경혈 속에서 자란다. 그들은 내독소의 영향을 증가시키는 외독소C를 생산한다. 하지만, 이들 독소들이 어떻게 병을 일으키는지는 정확히 알려지지 않았다. 임상증상에는 열, 저혈압(쇼크), 그리고 특히 몸통에 생겨 나중에 벗겨지는 붉은 발진이 포함된다. 응급처치로 쓰이는 나프실린(nafcillin)은 사망율을 3%로 줄일 수 있다. 사망 발생시에는 일반적으로 쇼크가 원인이다. 종종 재발할 가능성이 있으며 특히 다음 월경 주기동안에 가능성이 높다. 재발을 방지하기 위해 예방으로 항생제를 사용하기도 하지만 독소충격증후군을 경험한 여성들은 탐폰 사용을 중단하면 재발위험을 줄일 수 있다. 흡수력이 강한 탐폰을 바꾸지 않고 계속 사용하는 것이 대부분의 독소충격증후군 발병의 원인이지만, 일부의 원인이 되는 피임스펀지도 이런 이유 때문에 시장으로부터 배척되었다.

기생충성 비뇨생식계 질환

트리코모나스증

트리코모나스증(trichomoniasis)은 주로 성교에 의해 전파되지만 다른 종류의 질염과 유사하고 어린이들은(그리고 드물게 어른들은) 오염된 침구나 화장실 변기로부터 감염될 수 있기 때문에 여기서 설명할 것이다. 미국에서는 매년 약 740만 건의 트리코모나스 감염이 발생한다. 트리코모나스속 원생동물 중 적어도 3가지 종은 사람에게 알을 낳을 수 있다. 그러나 질편모충(*T. vaginalis*)만 트리코모나스증을 유발할 수 있다. 다른 종들은 공생체들이다; 장세포편모충(*T. hominis*)는 장에서 발견되고, 구강편모충(*T. tenax*)은 입에서 발견된다. 질편모충은 4개의 앞편모와 파동막을 가진 큰 편모충이다**(그림 20.8)**. 이것은 남녀 비뇨생식관 표면을 감염시키고 세균과 세포 분비물을 먹고 산다. 이것의 최적 pH는 5.5~6.0 이기 때문에, 질분비물이 비정상적인 pH를 가질 때만 질을 감염시킨다. 트리코모나스증의 증상은 심한 가려움과 특히 여성들에게서 날계란 흰자같은 많은 양의 하얀 분비물이 나오는 것이다.

트리코모나스증은 질이나 요도 분비물을 도말하여 현미경으로 관찰하여 진단하며 메트로니다졸(Flagyl) 사용과 여성에서는 정상 질 pH 회복으로 치료된다. 플라질(Flagyl)은 유산을 유발하기 때문에 임신중에는 사용하면 안된다. 하지만, 태아감염을 막기 위해 분만전에 감염을 제거하는 것이 중요하다. 식초를 이용한 질세척이 일반적으로 효과적이다.

트리코모나스의 다른 종들에 의한 증상들은 기생충이 유발할 수 있는 손상정도가 얼마나 다양한지 보여준다. *장세포편모충*(*T. hominis*)과 *구강편모충*(*T. tenax*)은 공생체들로 여겨진다. 하지만, *쇠세모편모충*(*T. foetus*)은 소에서 심각한 생식기 감염을 유발한다. 이것은 암소에서 자연유산을 유발하는 주요 원인이며 실제로 미국 가축 사육자들은 이것 때문에 매년 거의 100만 달러를 손해본다. 불행하게도 2004년에 발병했던 전염성 유산으로 알려진 *브루셀라 아보터스*(*Brucella abortus*) 세균감염은 빨리 통제하지 않으면 일순위로 트리코모나스를 대체하게 될 것이다. 2000년에 신종뇌질환의 원인인 웨스트나일 바이러스에 감염된 새들을 탐색 하던 중 야생생물 연구자들은 비둘기 떼가 웨스트나일 바이러스 대신 트리코모나스증으로 죽어가고 있다는 것을 발견하였다.

중점 질문 사항

1. 왜 요로감염은 남성보다 여성에서 더 흔한가?
2. 전립선염에서 4가지 감염통로를 구분하여 설명하라.
3. 사구체신염에서는 세균이 신장을 직접적으로 감염시키지 않는데 왜 신장조직이 손상되는가?
4. "단서 세포(clue cells)"란 무엇인가?

성병

성병(sexually transmitted diseases, STDs)은 최근 부분적으로는 변화하는 성행동 때문에 점점 심각한 공중보건문제가 되고 있다. 게다가, 몇몇 원인균들은 항생제들에 저항성을 획득하고 있으며 성병을 통제하기 위한 어떤 백신도 개발되지 않았다. 결과적으로 성병을 예방할 수 있는 유일한 수단은 원인균에 노출되는 것을 피하는 것이다.

후천성면역결핍증(AIDS)

AIDS는 많은 경우 성병이지만, 모두 다 성접촉으로 전염되는 것은 아니다. 우리는 ◀18장에서 면역계 질환과 함께 이것을 논의하였다 (p.555).

세균성 성병

임질

임질(gonorrhea)이란 용어는 정액을 의미하며 고름을 정액으로 오인한 그리스 내과의사 갈렌(Galen)에 의해 서기 130년에 만들어 졌다. 13세기에는 이 병이 성교(venereal: 로마신화에서 사랑의 여신 비너스로부터)를 통해 전파된다는 것이 알려졌다. 임질이 특정 질병임을 인식한 것은 19세기 중반이후였다. 그때까지는 매독의 초기증상이라고 생각했다. 원인균인 임질균(*Neisseria gonorrhoeae*)은 1879년에 독일의 내과 의사인 알버트 나이써(Albert Neisser)에 의해 처음으로 기술되었다. 임질균은 그람음성균이며 평평한 인접면을 가진 구형 또는 달걀형의 쌍구균이며 서로 마주보는 커피콩을 닮았다(그림 20.9).

건조는 1~2시간 안에 임질균을 죽이지만 이들은 감염매개물에서는 몇 시간동안 생존할 수 있다. 병원에서 세탁이 잘 안됐을 경우에 임질균이 생존했다는 보고가 있으며 건조된 고름덩어리에서도 6~7주 동안 생존할 수 있다. 따라서, 이 미생물은 보통 매우 약할 것으로 생각되지만 일부의 경우 매우 강하다.

임질균의 감염성은 몇 가지 방법에서 섬모(pili)와 관련이 있다. 부착용 섬모는 임질균이 소변과 함께 쓸려 내려가지 않도록 요로를 따라 존재하는 상피세포에 부착할 수 있도록 해준다(사실상, 상피세포의 막이 허물어지는 것은 이런 감염에 대한 몸의 방어기작 중 하나이다). 이 세균은 또한 정자에 부착하기 위해 섬모를 사용한다. 상상할 수 있듯이 헤엄치는 정자는 생식관의 상부 속으로 임질균을 운반할 것이다. 섬모가 없는 균주들은 일반적으로 비병원성이다. 임질균의 섬모에 대한 백신연구가 진행 중이지만 아직 성공하지 못했다.

임질균은 나팔관 속의 점막에 손상을 입히는 내독소(endotoxin)를 생산하며 병독성에 중요한 단백질분해효소와 포스포리파아제(phospholipase)와 같은 효소를 방출한다. 이들은 또한 분비물에 존재하는 면역글로불린 IgA를 절단하는 세포외 단백질분해효소를 생산한다(◀17장 p. 497). 임질균이 중성구에 달라붙으면 그들에 의해 포식된다(◀16장 p. 468). 포식작용은 세균의 일부를 죽이지만 생존한 세균은 다형핵 백혈구(polymorphonuclear leukocytes, PMNL)안에서 증식한다. 요도 분비물의 전형적인 습식표본은 세포질 안에 쌍구균을 가진 다형핵 백혈구를 보여 줄 것이다(그림 20.9). 임질균은 또한 그들의 대사작용을 위해 철수송단백질인 트랜스페린(transferrin)으로 부터 철을 얻는다.

질병. 임질은 미국에서 두 번째로 가장 흔하게 보고되는 법정전염병이다. 인간이 임질균의 유일한 자연숙주이다. 임질은 증상이 전혀 없거나 증상을 무시하는 보균자에 의해 전염된다. 남성의 40%와 여성의 60~80%가 감염후에 증상이 없는 상태로 남으며 5~15년 동안 보균자로 행동할 수 있다. 매우 극소수의 임질균으로도 감염을 일으킬 수 있다. 단지 1,000마리의 세균이 요도로 접종된 남성 집단의 절반에서 임질이 발생했다. 감염자와 한 번의 성접촉으로 약 3분의 1의 남성이 감염된다. 동일한 감염자와의 반복된 성접촉 후에는 남성의 4분

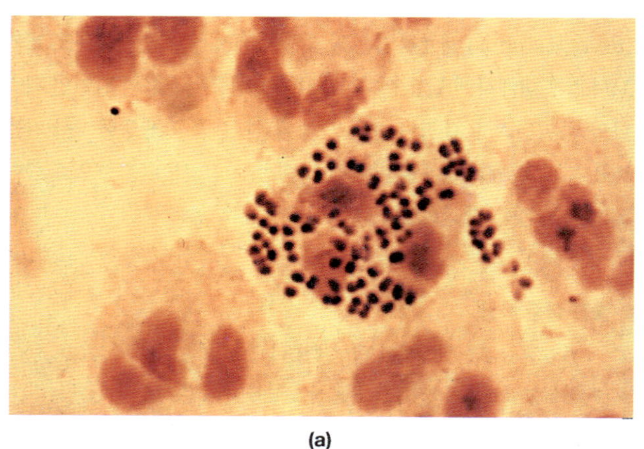
(a)

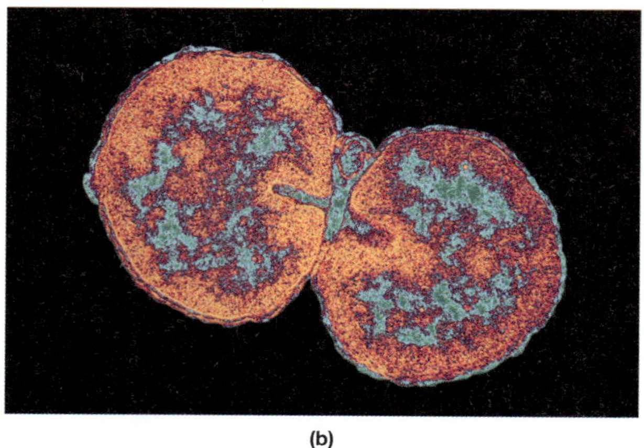
(b)

그림 20.9 쌍구균인 임질균(*Neisseria gonorrhoeae*). **(a)** 요도의 도말표본에서 백혈구의 세포질 속에 있는 작고 검은 자주색 점들 (4,807×) (*A.M Siegelman/Visuals Unlimited*) **(b)** 투과전자현미경(TEM)으로 96,051×배율로 확대. 쌍구균의 내부구조를 보여준다. (*Dr. David M. Philips/Photo Researchers, Inc.*)

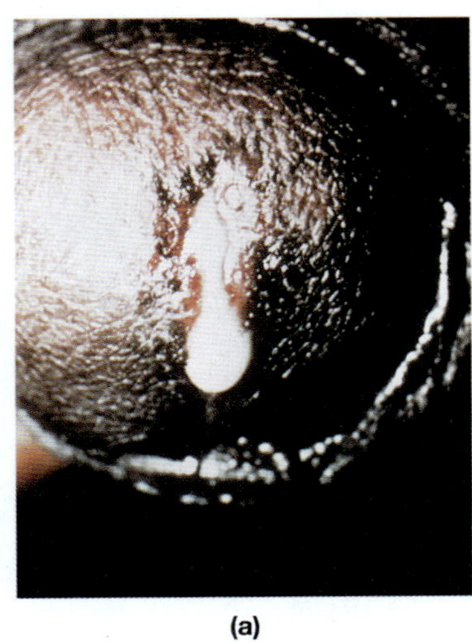

(a)

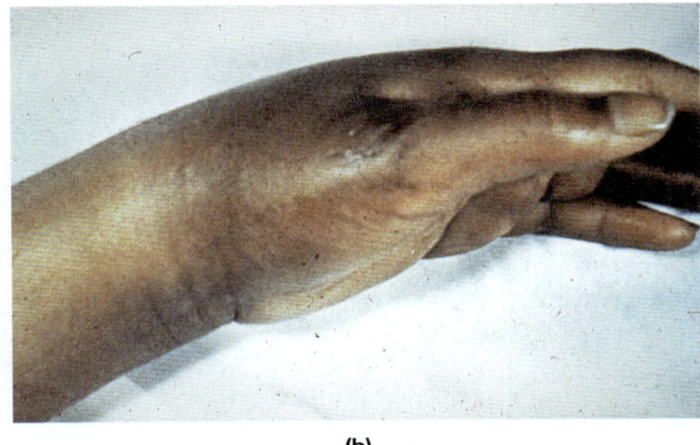

(b)

그림 20.10 임질의 증상. 때때로 다음 증상을 포함한다. (a) 남성에서 요도로 고름이 나온다 (*Kenneth Greer/Visuals Unlimited*) (b) 드물게는 합병증으로 임균에 의해 관절염이 유발된다(*Courtesy Centers for Disease Control and Prevention CDC*).

의 3이 결국 감염된다. 증상이 나타나는 남성들 중에서 95%가 14일 내에 요도로부터 고름이 떨어지며 많은 경우 더 빨리 증상이 나타난다(그림 20.10a). 전형적인 잠복기는 2-7일이다.

피임약과 자궁내 장치(IUD)는 현재 서구세계에서 나타나는 임질의 유행에 기여해 왔다(그림 20.11). 1960년대에 이들의 도입으로 성적 자유가 증가되면서 콘돔과 살정자제의 사용이 줄어들었다. 피임약을 사용하는 여성들은 임질균에 노출될 때 감염될 확률이 98%이다. 왜냐하면, 피임약이 질의 환경을 임질균의 성장에 유리한 쪽으로 바꾸기 때문이다. 비록 콘돔과 살정자제가 신뢰가 덜한 피임방법이지만, 이것들은 임질로부터 보호를 해준다. 임질은 자궁내막강과 나팔관 속으로 퍼지는데 IUD를 사용하지 않는 여성보다 사용하는 여성에서 2~9배 더 빠르게 퍼진다. 월경기간동안 혈관의 노출은 세균이 순환계로 들어가는 것을 허용하며 균혈증의 발달을 촉진시킨다. 임질이 발생한 부위는 또한 HIV에 쉽게 감염되도록 한다는 것이 알려졌다.

미국에서는 15~19세 연령대의 여성들에서 임질발병이 가장 높으며 100,000명 당 624.7명이다. 같은 연령대의 남성에서는 100,000명 당 평균 261.2명의 비율로 감염된다.

비록 임질은 성병으로 생각할 수 있지만, 이것은 몸의 다른 부분에도 영향을 미친다(그림 20.10b). 구강성교에 의해 노출된 사람들의 5%에서 발생하는 인두감염은 여성들과 동성애 남자들에서 가장 흔하다. 환자들에서 인후염으로 발달하지만, 대부분의 인두감염은 무증상이다. 감염된 조직은 균혈증을 일으키는 병소(病巢)로 작용한다. 특히 동성애 남성들에서 흔한 항문감염은 직장의 마지막 5~10 cm 에서 발생한다. 이 경우 증상이 없거나 변비, 고름, 그리고 직장출혈과 함께 고통스러울 수도 있다. 질에 임질균을 가진 여성들에서도 종종 항문감염이 발생한다. 이런 감염은 미생물이 함유된 질분비물 때문에 항문이 오염되기 때문에 항문성교를 하지 않아도 발생할 수 있다. 골반내 검사를 수행하는 의료직원들은 질 안으로 삽입하는 것 보다 항문조사용 장갑손가락을 사용함으로써 감염이 퍼지는 것을 막을 수 있다. 인두감염과 항문감염은 또한 성폭행을 당한 어린이들에게도 나타날 수 있다.

요도는 남성에서 임질감염이 가장 흔하게 일어나는 장소이다. 여성에서 가장 흔한 감염장소는 자궁경부이며 요도, 항문관 그리고 인두가 뒤따른다. 여성에서는 요도의 스킨선(Skene's gland)과 질출구 근처의 바톨린선(Bartholin' s gland) 또한 감염될 수 있다. 감염된 여성들 중 절반에서 **골반염증성질환(pelvic inflammatory disease, PID)**으로 발달하며 감염은 골반강을 통해 퍼진다. 스웨덴에서 행해진 연구에 의하면 불임은 종종 흉터로 인한 난관폐색 때문에 PID 이후에 나타난다. 불임율은 감염횟수에 따라 증가한다. 1번 감염된 후에는 13%, 2번 감염된 후에는 34%, 3번 감염된 후에는 75%이다.

전체 감염의 1~3%에서 일어나는 파종성 감염은 균혈증, 열, 관절통, 심장 내막염 그리고 고름물집과 출혈 및 괴사를 일으키는 피부병변을 만든다. 임질균이 관절에 도달하면 관절염을 일으킬 수 있다. 임균성 관절염은 16~50세의 사람들에서 가장 흔한 관절염이다. 임질의 또 다른 합병증은 골반을 배수하는 림프관의 감염이다. 흉터는 골반조직을 고착골반(frozen pelvis)으로 알려진 상태로 움직이게 못하게 하는 단단하고 경직된 조직을 만든다.

오염된 손이나 타올과 같은 매개물에 의한 임질균의 이동은 눈감염을 야기할 수 있다. 만약 치료하지 않으면, 각막의 심한 상처와 시력상실을 일으킨다. 신생아들은 감염된 산모의 산도를 통과하는 동안 신생아 안염(ophthalmia neonatorum)에 걸릴 수 있다(◀19장 p. 593). 부푼 눈꺼풀 뒤에 축적된 고름은 높은 압력으로 인해 앞으로 분출되어 건강관리요원들을 감염시킬 수 있다. 이런 감염은 즉각적인

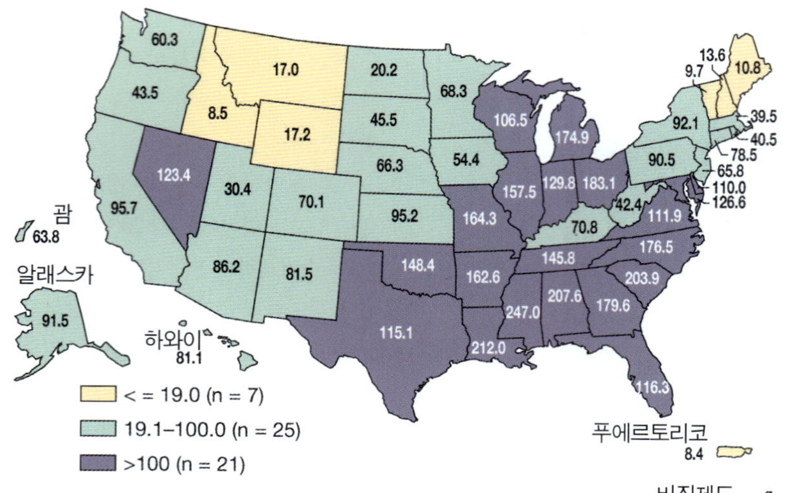

주: 미국과 외곽지역(괌, 푸에르토리코, 버진제도)의 총 임질 발병률은 인구 100,000명 당 114.2건이다. Healthy people 2010(국민건강 증진계획)의 목표는 인구 100,000명 당 19.0건이다.

(a) 인구 10만 명 당 사례

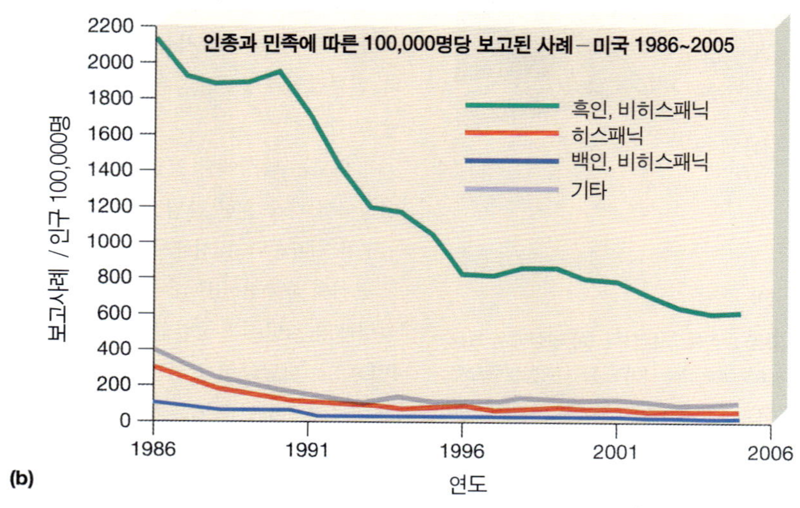

(b)

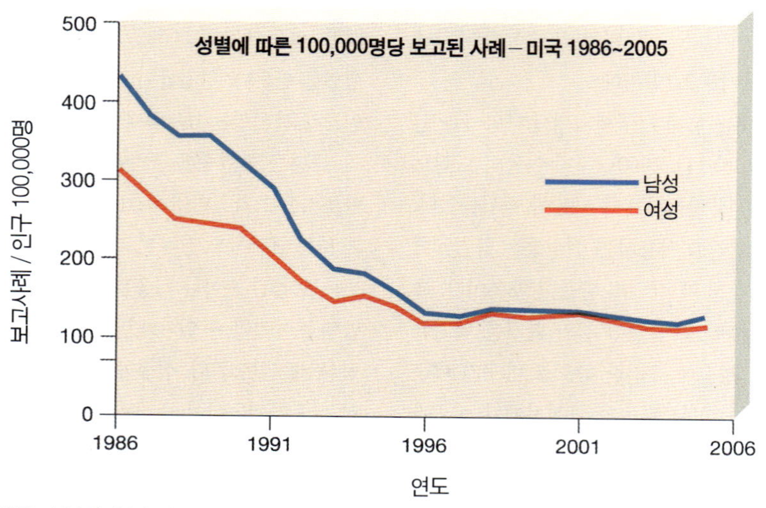

(c)

그림 20.11 미국에서의 임질 발병률. **(a)** 주(州) **(b)** 인종 **(c)** 성별(출처: CDC)

치료에도 불구하고 발생한다.

연령도 임질균 감염의 부위와 유형에 영향을 미친다. 출생 후 처음 1년 동안의 감염은 성인에 의한 눈 또는 질의 우연한 오염 때문에 발생한다. 1년에서 사춘기 사이에서 임질은 보통 성추행을 당한 소녀에서 외음질염으로 나타난다. 소녀의 질상피세포는 성인여성에 비해 케라틴을 덜 가지고 있어 감염에 더 취약하다. 소녀들은 배뇨통, 외음부와 회음부의 쓰라림, 배변시의 불쾌함 그리고 질 및 요도구로부터 녹황색의 분비물이 나온다. 소년과 소녀 모두 성적학대의 결과로 항문임질을 나타내는 고름이 가득한 항문분비물이 나올 수 있다. 병원에서 시트를 잘 세탁하지 않을 경우 그 시트위에 앉아 옮은 여자 소아 환자에게서 외음질염이 발생한다.

진단, 치료 및 예방. 임질균은 배양이 쉽지 않기 때문에 분자탐침을 사용한 동정방법으로 진단한다. 이 세균은 다소 까다로운 미생물로서 성장을 위해 높은 습도와 주위의 이산화탄소를 필요로 한다. 최적 성장온도는 35~37도 이고, 최적 pH는 7.2~7.6이다. 많은 종의 임질균이 존재한다. 스크리닝 검사결과 양성반응은 임질균 때문이 아닐 수도 있다. 따라서, 확인실험을 항상 해야 한다. 임질균 감염이 의심되는 환자로부터 얻은 샘플은 연구실로 옮겨 특정 배지에 직접 접종한 후 배양한다(◀6장 p. 169).

술폰아미드(sulfonamide)는 임질균 감염을 치료하기 위해 발견한 첫 번째 약이다. 일부의 균주들이 술폰아미드에 저항성을 갖게 되면서 페니실린이 사용되고 있다. 처음에 페니실린 G는 매우 적은 양으로도 효과가 있었지만 지금은 더 많은 양을 사용해야 한다. 임질균 중에 몇몇 균주들은 이 항생제를 분해할 수 있는 베타 락타마제(β lactamase) 효소를 생산하기 때문에 페니실린에 완전한 저항성을 갖는다. 미국질병통제센터(CDC)는 지금 세팔로스포린계(cephalosporin), 세프트리악손(ceftriaxone), 시프로플록사신(ciprofloxacin), 오플록사신(ofloxacin) 또는 레보플록사신(levofloxacin)에 아지스로마이신(azithromysin)이나 독시사이클린(doxycycline)을 첨가한 항생제를 단 1회 근육주사할 것을 권장한다. 가장 흔하게 사용되는 것은 세프트리악손과 아지스로마이신의 복합요법이다. 항생제 저항성이

공중 보건

시작도 하기 전에 끝나다

미국에서 임질을 치료하기 위해 새로운 퀴놀론계 항생제들을 사용하는데 신중을 가했다. 우리는 저항성 균주들이 선택적으로 번식하는 것을 원하지 않았기 때문에 특별한 경우에 한해 이것들의 사용을 제한하였다. 불행하게도, 퀴놀론은 필리핀에서 너무 빈번하게 사용되어 퀴놀론 저항성 임질균들이 이미 출현하였다. 만약 이 균주들이 미국에 퍼진다면, 퀴놀론은 임질을 치료하는데 쓸모없게 될 것이다. 현재상황(Update): 이 균주들은 1991년에 미국에 상륙하였고, 불행하게도 2007년 4월에 CDC는 퀴놀론계 약은 더 이상 임질을 치료하는데 유용하지 않다고 선언하였다. 이런 저항성은 동성간 성행위를 한 남성으로부터 5배나 더 빈번하게 발생한다.

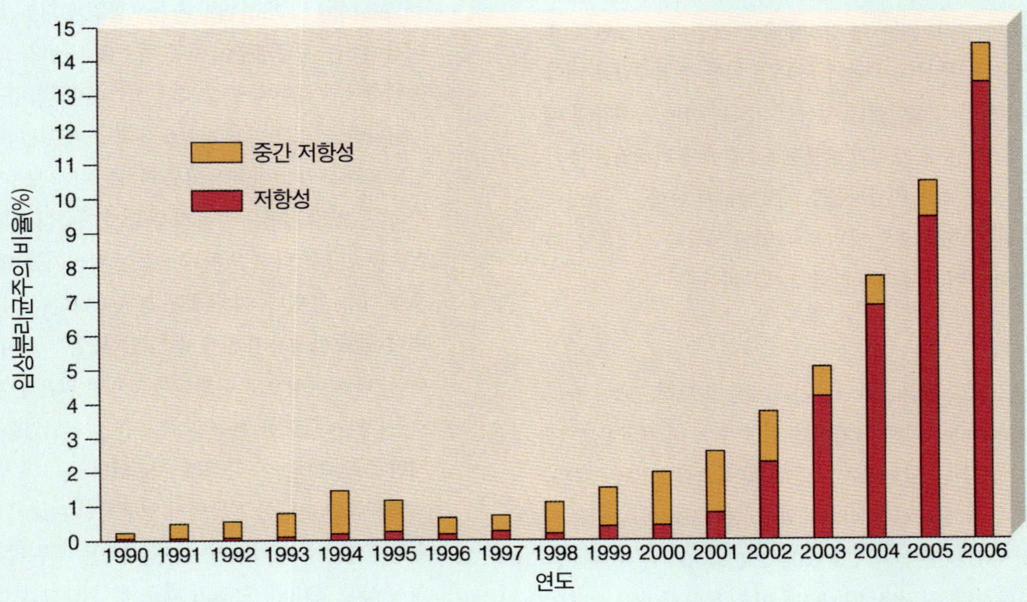

연도에 따른 시프로플록사신에 대한 중간저항성 및 저항성을 가지는 임질균 분리주의 백분율. 출처: 임질균 분리주 감시 프로젝트, 미국, 1990-2006, CDC. (Kavaler/Art Resource)

증가될 경우 임질균과 싸우는 것은 매우 어렵다. 세균들은 전형적으로 성섬모(sex pili)를 수단으로 항생제 저항성을 획득한다. 저항성 균주들과 싸우기 위해 또 다른 항생제를 발견하는 것이 항상 가능할 것인지는 의문이다. 2007년 4월에 CDC는 임질 및 골반염증성질환(PID)과 같은 관련 질환의 치료를 위해 플루오로퀴놀론(fluoroquinolone) 계열(예를 들면 시프로플록사신, 오플록사신 또는 레보플록사신)을 더 이상 추천하지 않는다. 유일하게 세팔로스포린계 항생제만이 여전히 권장되고 사용된다. 페니실린이나 세팔로스포린에 알러지가 있는 사람들에게는 스펙티노마이신 2g을 단 1회 근육주사할 것을 권장한다. 하지만 스펙티노마이신은 현재 미국에서 이용할 수 없다. CDC는 이 항생제가 사용가능하게 되면 자체 게시판에 공지할 것이다. 세픽심(cefixime)과 스펙티노마이신은 둘 다 인두감염을 치료하기에는 불충분하다. 왜냐하면, 이들은 제거하기가 매우 어렵기 때문이다. CDC는 또한 세픽심 400mg을 단 1회 구강복용량으로 권장한다. 불행하게도 400mg 알약은 현재 이용할 수 없으며 오직 주사용 현탁액만이 이용 가능하다. CDC는 또한 시프로(Cipro)와 다른 플루오로퀴놀론계 항생제에서와 같은 광범위한 저항성이 늦게 나타나길 바라면서 아지스로마이신의 무분별한 사용을 경고하고 있다. CDC와 세계보건기구는 권장한 절차대로 치료하면 95%는 치유된다는 견해를 가진다. 일단 저항성 균주가 미생물군집의 5%에 도달하면 이것은 권장치료법을 바꾸어야 하는 전환점이 된다. 플루오로퀴놀론계에 저항성을 가지는 균주는 현재 15%를 넘는다.

임질 환자들은 종종 다른 성병을 가진다. 7일 동안 독시사이클린을 경구투여하거나 아지스로마이신을 단 1회 복용하는 것은 동시에 존재할 수 있는 *클라미디아(Chlamydia)*를 죽이는데 유리한다. 임질 환자 중 45%는 또한 클라미디아에 양성반응을 보인다. 치료완료 후에도 병이 치유된 것을 확신하기 위해 7~15일 동안 추적배양을 해야 한다. 또한 7~14일 동안 음성이었던 여성의 15%는 아마도 재감염 때문에 6주에 다시 양성반응을 보이기 때문에 6주후에 추적배양을 추가로 하는 것이 좋다. 모든 성교 대상자들도 치료받아야 한다.

임질을 예방하는 가장 좋은 방법은 감염된 사람과 성접촉을 피하는 것이다. 아직 백신이 개발되지 않았기 때문이다.

매독

매독(syphilis)은 스피로헤타(spirochete)과 세균인 트레포네마 팔리듐(*Treponema pallidum*)에 의해 야기되는 성병이다. 이 세균은 까다로운 성장조건을 요구하며 활발하게 운동한다(◀그림 3.30b p. 69). 이 미생물은 인간과 함께 나란히 진화하였다. 트레포네마 팔리듐은 1905년 염색이 될 때까지 발견되지 않았다. 오늘날 미국에서 매독은 임질보다 훨씬 덜 흔하다. 하지만, 1960년대 이후 계속 증가한 성병으로, 1990년에 들어서는 점차 감소하는 추세이다(그림 20.12).

이 병은 보통 성적인 방법으로 전염되지만 침과 같은 체액으로도 전파될 수 있다. 그래서 치과의사나 치위생사들에게는 위험할 수 있다. 키스는 또 다른 형태의 전파경로이다. 음식, 물, 공기 또는 절지동물을 매개로 전염되지는 않는다. 인간이 매독의 유일한 숙주이다. 혈액을 냉장보관하면 존재하는 스피로헤타는 모두 죽기 때문에 헌혈 혈액은 매독에 대한 검사를 할 필요가 없다.

질병. 매독의 전형적인 증상은 다음과 같이 진행된다.

1. *잠복단계*: 몸에 들어간 후 2-6주의 기간이 지나면 매독균은 증식하여 온 몸에 퍼진다.
2. *초기 단계*: 평균적으로 감염 후 약 3주가 지나면 최초 감염 부위에서의 염증반응은 지름이 약 1/2인치 되는 딱딱하고 무통증의 분비물이 없는 **궤양(chancre)** 형성을 유발한다. 1개 이상의 초기 궤양은 보통 생식기에 생기지만 입술이나 손에 생길 수도 있다(그림 20.13). 여성에서 자궁경부나 다른 자궁 내부에 생긴 매독궤양은 종종 발견이 안 될 수도 있다. 환자는 종종 생식기에 생긴 궤양 때문에 당황해서 병원을 찾으며 단지 그것이 사라지기를 바란다. 그것은 어떤 흉터도 없이 약 4-6주 후에 사라진다. 환자는 모든 것이 다 나았다고 생각하지만 병은 단지 다음 단계로 넘어갔다.
3. *초기 잠복기*: 모든 외부증상은 사라지지만 매독에 대한 혈액검사를 하면 양성을 나타내며, 스페로헤타는 순환계를 통해 퍼지고 있는 중이다.
4. *2단계*: 증상은 5년에 이르는 기간 동안 나타났다 사라지고 다시 나타날 수 있는데, 이 기간에 환자는 매우 전염성이 높다. 이 증상들에는 구리빛의 발진이 손바닥이나 발바닥에 생긴다(그림 20.14a). 그리고, 다양한 농포발진과 피부발진도 나타난다. 여성에서는 자궁경부에 보통 병소를 가진다. 스피로헤타가 몸속에서 이동하며 통증성 백색 점막반이 혀, 볼 그리고 잇몸에 나타난다. 키스는 다른 사람들에게 스피로헤타를 퍼트린다. 이 병들은 아무일 없이 치유되고 환자는 다시 모두 다 나았다고 생각한다. 그러나, 병은 현재 다음 단계로 넘어갔다.
5. *2차 잠복단계*: 다시 모든 증상들이 사라지고 혈액검사도 음성으로 나올 수 있다. 이 단계는 경우에 따라서 지속될 수도 있고 병이 결코 발생하지 않을 수도 있다. 일부 환자들에서는 매독이 이 단계 이상으로 진행되지 않지만 많은 환자들에서 3단계로 진행된다. 또한 본인은 증세가 호전되었음에도 불구하고 태반을 통해 태아가 감염될 수도 있다.
6. *3단계*: 몸의 다양한 계통에서 영구적인 손상이 발생한다. 광범위한 증상들이 나타날 수 있다. 매독은 매우 많은 다른 질병들의 증상을 흉내낼 수 있기 때문에 "위대한 모방자"라고 불린다. 대부분은 심혈관과 신경계와 관련되어 있다. 혈관과 심장판막이 손상을 입는다. 오래 지속되는 경우, 심장판막에서 칼

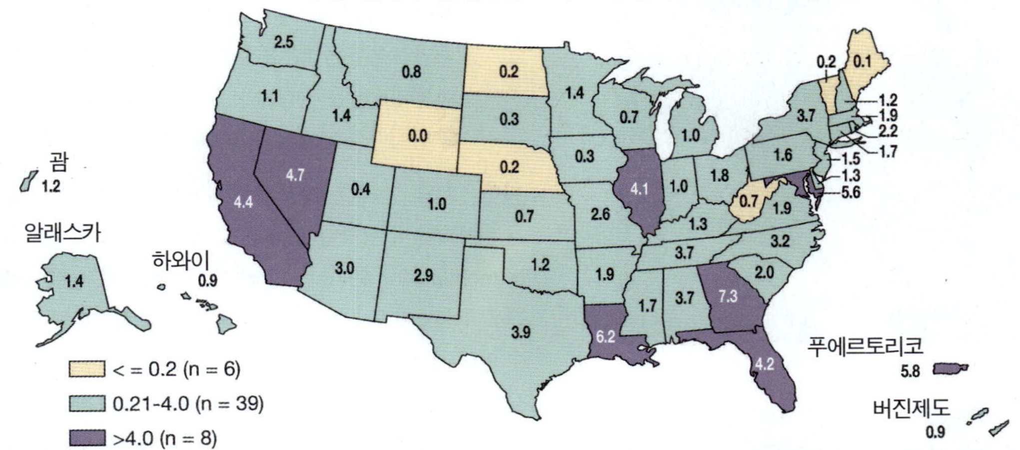

주: 미국과 외곽지역(괌, 푸에르토리코, 버진제도)의 총 매독(1단계와 2단계) 발병률은 인구 100,000명 당 3.0건이다. Healthy people 2010(국민건강증진계획)의 목표는 인구 100,000명 당 0.2건이다.

(a)

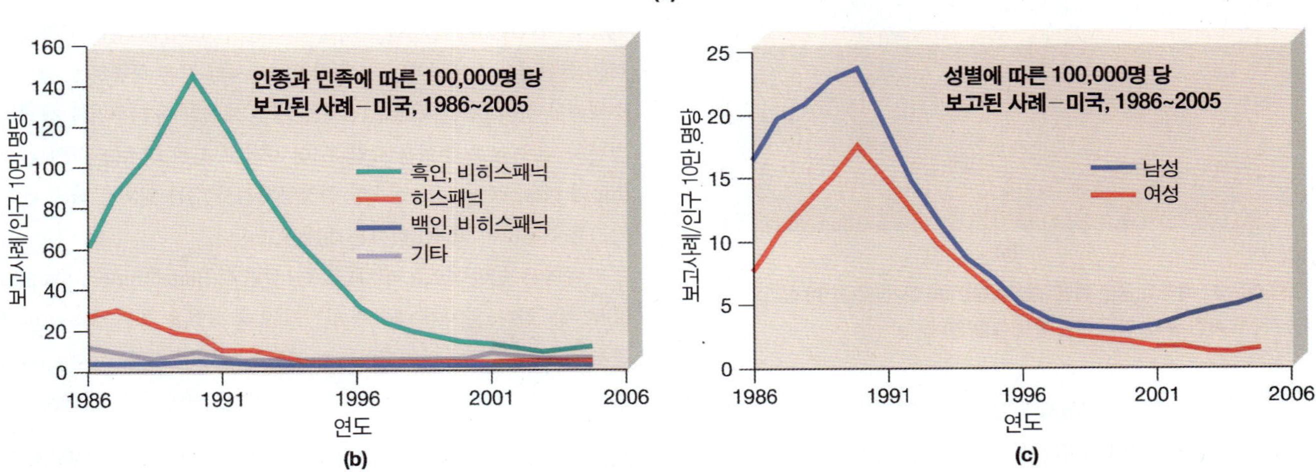

선천성 매독, 1살 미만의 유아 정상출생자
100,000명 당 보고된 사례 —미국, 1971~2005

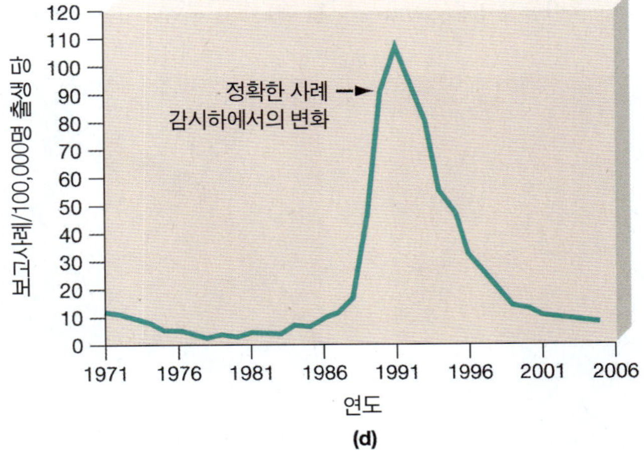

그림 20.12 미국에서의 매독 발병률. (a) 주(州) (b) 인종 (c) 성별 (d) 선청성 매독 발병률. 여성들이 매독에 더 많이 걸림에 따라 태아로 전염되는 것도 더 흔해짐 (출처: CDC).

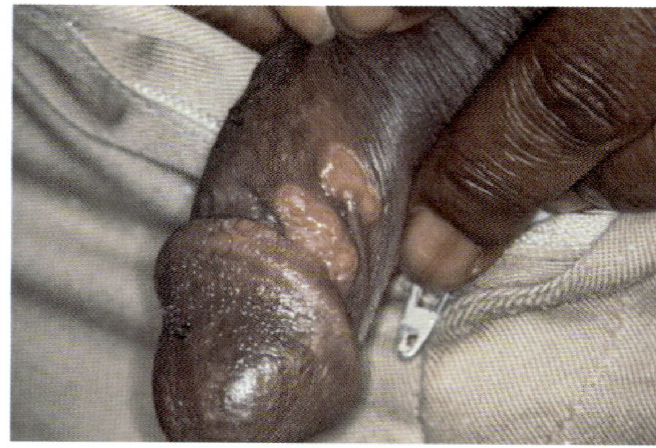

(a)

(b)

그림 20.13 **매독의 굳은 궤양 (경성하감).** **(a)** 성기 (음경) **(b)** 성기외 부위(얼굴). (위 두 사진 출처: 미국 질병 통제 예방 센터)

숨침착이 너무 심해서 흉부 X-ray로도 볼 수 있다. **신경매독(neurosyphilis)**이라 불리는 신경학적인 손상은 뇌막의 비대, 운동장애(ataxia) 즉 불안정한 걸음걸이 그리고 불완전마비(paresis) 즉 마비와 정신이상을 포함할 수 있다. 이 증상들은 종종 **고무종(gumma)**이라 불리는 육아종성 염증(granulomatous inflammation)이 형성되기 때문이다(◀16장 p. 475). 체내의 고무종은 전형적으로 신경조직을 파괴하는 반면 체외 고무종은 피부조직을 파괴한다(그림 20.14b). 정신질환이 신경손상을 뒤따른다. 항생제 이전 시대에는 정신병원 침대 중 반이나 되는 많은 수를 3단계 매독환자들이 차지하였다.

진단, 치료 그리고 예방. 진단검사에는 매독균에 특이적인 유전자 DNA검사, 형광항체 그리고 매독균 부동 시험법(treponemal immobilization test)이 포함된다. 활발하게 움직이는 매독균들은 트레포네마 팔리듐에 특이적인 항체를 붙여 암시야현미경으로 관찰할 수 있다. 항체에 의해 미생물들이 움직이지 못하면 98%는 매독이 확실하다. VDRL(Venereal Disease Research Laboratory)과 바세르만 검사(Wassermann test)와 같은 다른 혈액검사는 조직손상의 발견을 근거로 하기 때문에 거짓 양성(false positive) 판정 빈도가 높다. 인플루엔자가 심한 경우와 심근경색 그리고 자가면역질환은 거짓양성 반응을 나타내기에 충분한 손상을 야기할 수 있다. 따라서, VDRL과 같은 선별검사 후에는 반드시 형광항체검사와 같은 확증하는 검사를 수행해야 한다. 또한 VDRL 검사는 매우 깨끗한 유리용기와 세세한 것까지 매우 높은 주의를 요한다. 더 새롭고 훨씬 더 쉬운 RPR검사(rapid plasma reagin; 신속한 혈장항체검사법)는 일회용 판지 반응카드를 이용하며 VDRL검사를 대체하고 있다.

매독은 일반적으로 벤자딘 페니실린 G(Benzathine penicillin G)로 치료한다. 환자가 매독에 걸린지 오래 되었을 경우 계속적인 치료를 통해 매독균이 박멸되었는지 확인하는 것이 더 중요하다. 아직까지 백신이 개발되지 않았으며 회복되더라도 면역이 생기지 않는다.

선천성 매독. **선천성 매독(congenital syphilis)**은 트레포네마균이 태반을 통해 어머니로부터 아기에게 이동할 때 발생한다. 출생 직후 또는 짧은 시간 후에 유아는 톱니 모양의 앞니 즉 허친슨 치아(그림 20.15a), 구멍난 입천장, 칼모양의 정강이(다리 앞으로 정강이 뼈

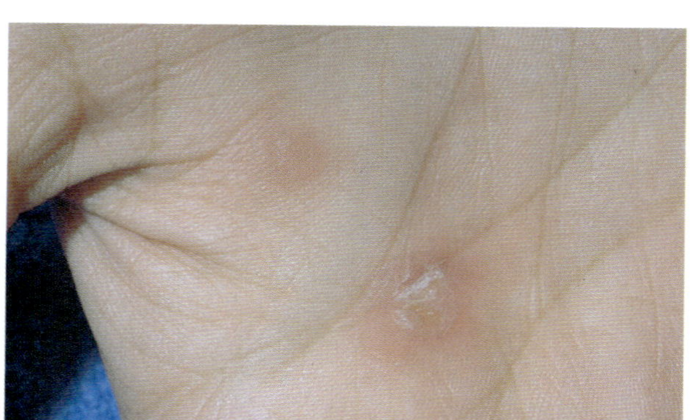

(a)

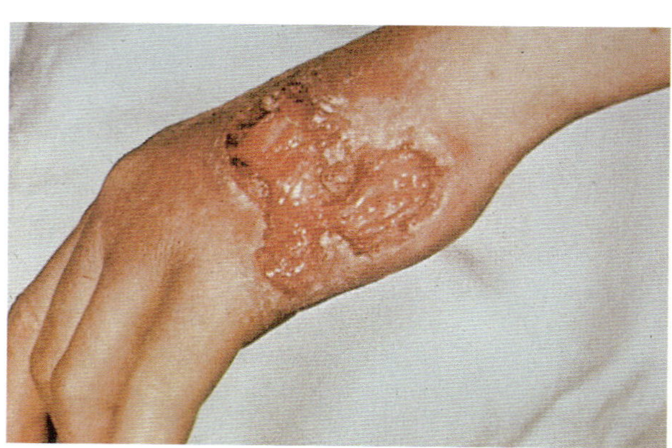

(b)

그림 20.14 **2단계와 3단계 매독의 증상.** **(a)** 전형적인 농포발진(2단계); (*Southern Illinois University/Visuals Unlimited*) **(b)** 고무종 (3단계). (*Science VU/Visuals Unlimited*)

가 날카롭게 돌출한다)(그림 20.15b), 안장코(평평하며 안장모양의 코)를 가진 늙은 모습의 얼굴(그림 20.15c), 그리고 콧물과 같은 증상을 보인다. 여성들은 임신하기 전에 반드시 매독검사를 받아야 한다. 만약 이미 임신을 하였다면 선천성 매독을 예방하기 위해 출생전 검사의 일부로 매독검사를 해야 한다.

무른궤양

무통증의 딱딱한 매독성 궤양과 구별하기 위해 부드러운 궤양이라 불리는 **무른궤양(chancroid)**은 헤모필루스 듀크레이(*Haemophilus ducreyi*)균에 의해 유발된다. 이탈리아의 피부과 의사인 아우구스토 듀크레이(Augusto Ducrey)가 1889년에 피부병소에서 이 균을 최초로 발견하였으며 이 병원균은 작은 그람음성 간균이다.

미국에서는 연간 106건 이하로 보고될 정도로 상대적으로 드물게 발생한다. 무른궤양은 아프리카, 카리브해 그리고 동남아시아의 개발도상국들에서 가장 빈번하게 나타난다. 이 병의 전세계적인 발병률은 임질이나 매독의 발병률 보다 훨씬 더 높은 것이 통설이다. 미국에서는 대부분의 경우 이민자들과 몇몇 군인들에서 발생한다. 1982년에 CDC는 캘리포니아 남부에서 발생건수가 연평균 29명에서 400명 이상으로 갑자기 증가했다고 보고하였다. 이들 중 90%는 히스패닉계 남성이었고 대부분 멕시코에서 이민온 사람들이었다.

질병. 무른궤양은 성접촉 3-5일 후 생식기에 하감(chancre)이라 불리는 부드럽고 통증이 있는 궤양으로 시작되는데 이 궤양은 쉽게 출혈한다. 종종 여성에서는 음순과 음핵에서, 남성의 경우 음경에서 발생한다. 하지만, 뚜렷한 병소가 없더라도 단지 소변 후 작열감 증상이 나타나도 감염일 수 있다. 무른궤양은 또한 혀와 입술에도 발생한다. 이 궤양은 생기는 위치와 상관없이 매우 점염성이 강하다. 때때로 병원관계자들은 단순히 환자와 접촉한 것으로 인해 감염되는 사례도 있다. 환자들의 약 1/3에서 무른궤양은 사타구니로 퍼지며 서혜(鼠蹊) 림프선종(bubo)이라 불리는 림프조직의 부어오른 덩어리를 형성한다. 이것들은 감염 후 약 1주일 후에 나타나며 크게 부풀어 피부표면으로 고름을 분비하면서 터질 수 있다(그림 20.16).

진단과 치료. 무른궤양은 병소로부터 긁어모은 것이나 서혜(鼠蹊) 림프선종(bubo)에서 나온 액체에서 미생물을 동정하여 진단한다. 무른궤양을 가진 환자들은 또한 종종 매독이나 다른 성병을 가지고 있다. 그래서, 어떤 한 성병에 양성진단을 받은 환자는 다른 성병에 대해서도 검사를 해봐야 한다. 치료되지 않은 병소는 몇 달 동안 지속될 수 있다. 종종 병이 자연적으로 치유되기도 한다. 감염에 의해 영구적인 면역이 생기지는 않는다. 따라서, 이 반복해서 이 병에 걸릴 수 있다. 이 병은 테트라사이클린, 에리스로마이신, 설파닐아미드 혹은 트리메토프림과 설파메톡사졸의 복합요법으로 치료한다. 약물치료로 병소

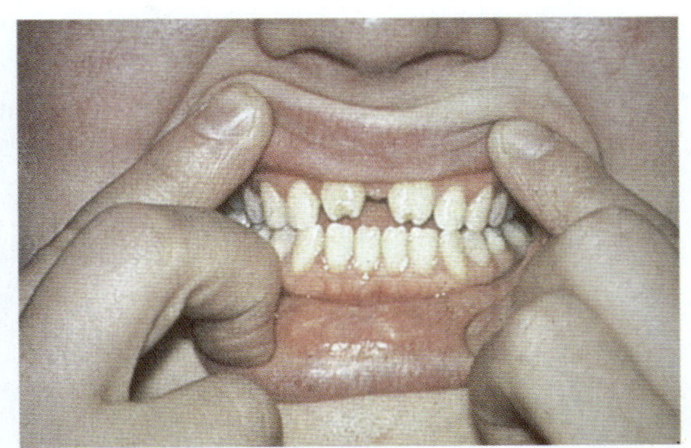

(a)

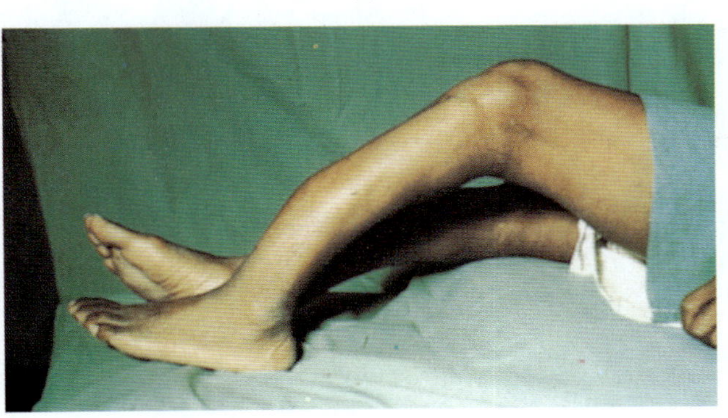

(b)

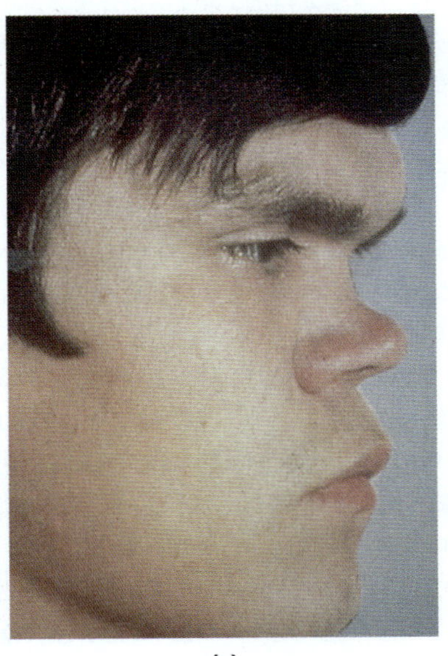

(c)

그림 20.15 선천성 매독의 증상. **(a)** 톱니 모양의 중앙 앞니를 보여주는 허친슨(Hutchinson's teeth) 치아. (*Science VU/Visuals Unlimited*) **(b)** 경골 앞쪽 끝의 아치형을 보여주는 칼모양의 정강이. (*Courtesy Kenneth E. Greer, M.D., University of Virginia Health Sciences Center*) **(c)** 비성호흡을 유발하는 안장코. (*Science VU/Visuals Unlimited*)

적용

호모사피엔스와 트레포네마 팔리듐(*Treponema pallidum*): 진화적 협력 관계

역사적으로 4가지 다른 질병들-매독, 열대 백반성 피부염(pinta), 매종(yaws), 그리고 베젤(bejel)-은 동일한 병원균인 트레포네마 팔리듐에 의해 유발되었다. DNA연구결과는 이들 4가지 질병의 원인균들이 매우 유사하다는 것을 보여준다. 열대 백반성 피부염의 원인균은 단지 최근에 트레포네마 팔리듐으로부터 현저하게 진화하였으며 분리된 종명으로 트레포네마 캐러티움(*Treponema carateum*)이 주어졌다. 연구자 해켓(C. J. Hackett)과 엘리스 허드슨(Ellis Hudson)은 트레포네마균이 인류의 생활양식의 변화에 따라 진화했다고 주장한다.

최초 병원균은 야생동물을 감염시켰으며 때때로 인수공통감염증(zoonosis)으로 사람을 감염시켰다. 이런 예로 병원균은 깊은 조직에는 미치지 않는 가벼운 피부질환인 열대 백반성 피부염으로 알려진 일련의 증상들을 유발하였다. 이것의 빨간색, 검은 회색이 도는 청색, 그리고 하얀색 병소는 피부의 외관을 손상시키나 생명을 위협하지는 않는다. 열대지방에서 발견된 이 균은 직접적인 피부접촉을 통해서 사람사이에 퍼졌다. 땀이 많고 따뜻한 피부는 트레포네마균에게 최적의 성장환경을 제공한다.

기원전 1만 년경에 아프리카로 추정되는 지역에서 병원균의 변이가 생겨 매종(yaws)이 생겼으며 인간이 밀접해 사는 마을에서 번성하였다. 매종 발병률이 가장 높은 곳은 열대 아프리카와 라틴 아메리카이다. 전형적인 증상은 깊은 삼출(oozing)성 피부손상이며 깊은 조직까지 침입하여 뼈를 침식할 수 있으나 내장에는 도달하지 않는다. 대부분의 환자들은 4-10세의 아이들이다.

기원전 7천 년경에 트레포네마균에 감염된 사람들이 북쪽으로 이동하기 시작하였다. 기후는 더 춥고 더 건조하여 더 많은 옷을 필요로 하였기에 피부 접촉을 통한 감염은 줄어들게 되었다. 병원균은 입, 사타구니, 겨드랑이처럼 따뜻하고 습한 곳에서 가장 잘 생존하였다. 새로운 숙주로의 전염은 대부분 키스와 같은 입 접촉이나 음식을 나눠 먹거나 같은 식기로 먹는 것을 통해 이루어졌을 것이다. 오늘날 이 질병은 비성병성 매독인 베젤로 알려져 있다. 베젤의 원인균은 마찬가지로 더 침습성이 매우 강하다. 이것은 매독의 경우와 유사한 육아종(granulomatous lesions)을 일으키며 뼈, 심혈관 그리고 신경계의 조직을 공격한다. 이 병은 나이가 들면 일반적으로 감염단계를 지나기 때문에 종종 어린 아이들에게 발생률이 높다.

베젤은 대부분 사춘기이전에 걸리며 성적으로는 전염되지 않는다. 결코 선천적으로 감염되지 않는다. 이것은 아마도 가임기 이전에 전염력을 잃기 때문이다. 베젤의 유행은 아프리카에서는 15세기에, 스코틀랜드와 노르웨이에서는 17세기와 18세기에 발생하였다. 오늘날 베젤의 전세계적인 발병은 매독의 발병보다 더 높다.

삶의 수준이 향상되고 사람들이 신체를 더 가리게 되면서 트레포네마균의 가장 확실한 감염수단은 성행위와 따뜻하고 습한 생식관을 통해서이다. 변화하는 인류의 생활양식에 따라 병원균은 진화하여 성병인 매독이 생겨났다. 매독의 초기의 궤양(chancre)은 매종의 병소와 유사한 것처럼 보인다. 매독은 훨씬 더 파괴적으로 장기를 침투하기 때문에 베젤보다 더 심각하다.

트레포네마균의 진화가 인간생활과 함께 했다는 증거가 또 있다. 첫째로, 4가지 질병 중 어떤 것도 서로 동일한 지역에서 발견되지 않는다. 둘째, 매종 감염은 매독의 동시감염을 막는다. 셋째, 매종에 감염된 사람들이 더 추운 기후로 이동하면 매종증상이 사라지고 대신 베젤의 증상이 나타난다. 분명히 트레포네마균은 새로운 환경에 매우 잘 적응한다. 실제로 매독은 지난 5세기 동안 상당히 진화해온 것으로 보인다. 1490년대에 쓰여진 설명들은 이 병을 몇 주 내에 감염자들을 죽이는 것으로 묘사하고 있다. 오늘날 이것들의 병독성은 훨씬 더 약해졌다. 잠복기만으로도 이것보다 더 길고 매독에 걸린 사람들은 수십년간 살 수 있다.

만약 병원균과 인류가 나란히 진화했다는 이론이 맞다면, 이 병원균을 신세계로부터 옮겨왔다고 콜럼버스의 선원들을 비난한 역사가들은 실수한 것이다. 콜럼버스 항해와 거의 같은 시기에 유럽에서 이 병이 나타난 것은 아마도 단지 우연의 일치일 것이다. 트레포네마균은 아메리카 발견 이전에 아프리카로부터 노예와 함께 유럽에 매독을 유발하는 병원균으로 진화한 것으로 보인다. 이 가설에 대한 증거는 뉴잉글랜드에 있는 아메리카 원주민들의 무덤에서 발견되었다. 신대륙 발견자들이 도착하기 전에 죽은 사람들의 시체에는 매독의 흔적이 보이지 않는다. 매독의 흔적들은 초기 유럽인들이 정착했던 시대에 매장된 젊은 원주민 여성들의 사체에서 처음 나타났다.

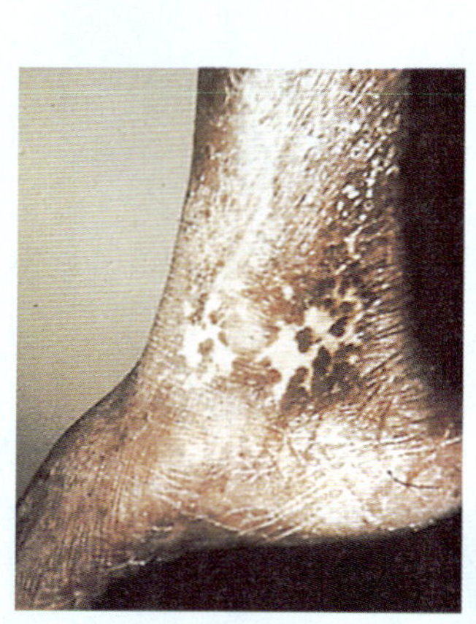
(a)

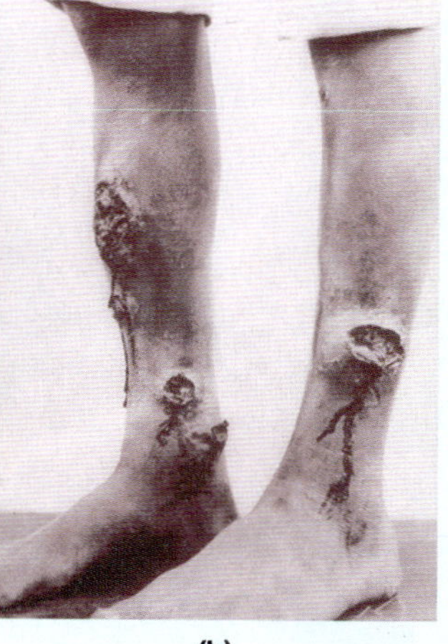
(b)

(a) 열대 백반성 피부염의 발진(*Courtesy Centers for Disease Control and Prevention CDC*) **(b)** 매종(yaws)에 의해 유발된 상처. 뼈 손상은 또한 매독에 의해 생긴 칼모양의 정강이와 유사하다. (그림 20.15) (*Science VU/Visuals Unlimited*)

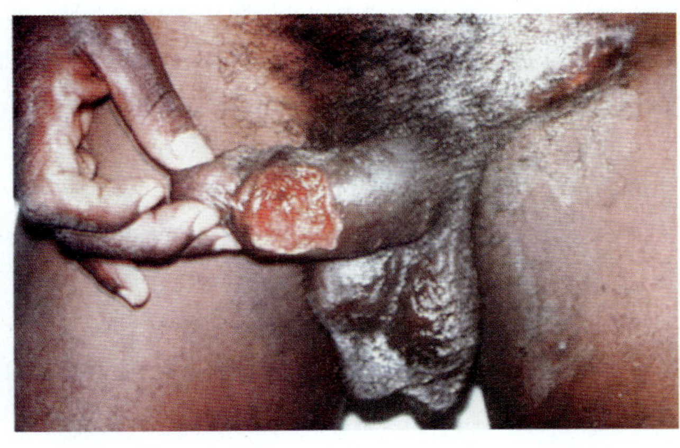

그림 20.16 음경에 생긴 무른궤양 병소. 배농성 림프선종이 인접한 사타구니에 존재한다. 무른궤양은 헤모필루스 듀크레이(*Haemophilus ducreyi*)균에 의해 유발된다. (*Courtesy Centers for Disease Control and Prevention CDC*)

는 쉽게 아물지만 많은 조직손상을 동반한 깊은 흉터가 남게된다.

비임균성 요도염

병명에서 알 수 있듯이 비임균성 요도염(Nongonococcal Urethritis, NGU)은 임질균 이외의 미생물에 의해 유발되는 임질과 유사한 성병이다. 대부분의 경우 *클라미디아 트라코마티스*(*Chlamydia trachomatis*)의해 유발되지만 어떤 경우는 마이코플라즈마(mycoplasma)에 의해 유발된다. 클라미디아 감염의 유병률(有病率)은 다른 어떤 성병보다 더 높으며 큰 폭으로 증가하고 있다**(그림 20.17)**.

클라미디아 감염. 클라미디아 트라코마티스는 복잡한 세포내 생활주기를 가지는 작은 구형의 세균이다(◀9장 p. 264). NGU를 유발하는 것 외에도 클라미디아 트라코마티스의 아종은 결막염과 성병성 림프육아종을 포함하여 다양한 질환을 일으킨다(나중에 논의될 것이다). CDC는 매년 3~5백만 명의 미국인들이 클라미디아 NGU에 걸리는 것으로 추정한다. 신생아에서 봉입체 결막염을 일으키는 아종은 또한 남성에서 NGU의 30~50%를 유발하고, 여성에서는 외음질염의 30-50%와 자궁경부염의 반을 유발한다. 감염되어 몸의 분비물에 병원균을 가진 많은 사람들은 클라미디아 감염을 특히 쉽게 옮긴다.

1~3주의 잠복기 후에 임질과 유사하나 다소 약한 NGU의 증상들이 시작된다. 특히 아침 첫 소변후에 약간의 물같은 요도 분비물이 관찰된다. 때때로 음경에서 따끔거리는 증상을 동반한다. 대부분 클라미디아 NGU감염은 자각증상이 없으며 다행히도 대부분의 클라미디아 성병은 합병증이나 후유증이 없다. 하지만, 부고환(고환으로부터 정액이 흘러나오는 통로)의 염증은 불임으로 이어질 수 있다.

20가지 이상의 다른 감염균들에 의해 유발되는 골반염증성 질환(PID)은 임질뿐만 아니라 NGU의 흔한 합병증이다. 클라미디아 PID는 불임과 자궁외 임신(배아가 자궁밖 예를 들면, 나팔관과 복강에서 발달을 시작한다)의 위험을 증가시킨다. 임신한 여성들을 조사한 결과 11%가 자궁경부에 클라마디아를 가지며 감염된 여성들 사이에서 산후 고열증은 일반적이다. 감염된 여성들의 아기들은 신생아 클라미디아 폐렴에 걸릴 수 있는데, 이 병은 생후 6개월 이하의 아기들에서 발병하는 모든 폐렴의 30%를 차지하는 드물게 치명적인 질병이다. 분만 후 2~3달 까지는 증상이 전형적으로 나타나지 않기 때문에 자궁경부 클라미디아 감염과의 연관성은 종종 간과된다.

클라미디아 감염은 발견하기 어렵다. 이 병에 걸린 여성의 약 80%와 남성의 약 10%는 증상이 없다.

클라미디아 감염은 통제하기 어렵다. 유아들은 감염된 어머니의 산도를 통해 나오면서 감염될 수 있다. 임질균에 의한 신생아 안염을 예방하기 위해 사용하는 질산은은 클라미디아를 막을 수 없지만 에리스로마이신은 둘 다 막는다. 성병 클리닉에서 매독과 임질을 치료하기 위해 사용하는 페니실린은 클라미디아 감염을 제거하지 못한다. 최근 증가추세의 클라미디아 감염은 모든 성 파트너가 치료를 받는다면 테트라사이클린과 설파제로 방지할 수 있다.

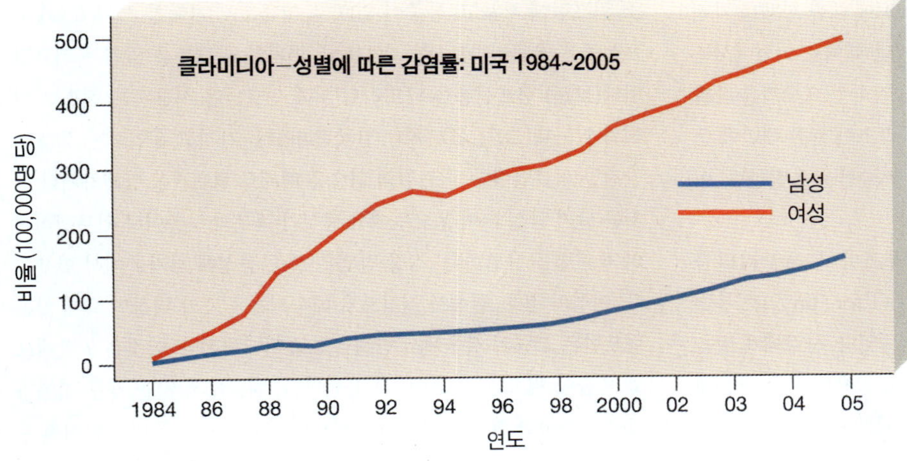

그림 20.17 성별에 따른 클라마디아 감염률 (인구 10만명당), 미국, 1984-2005.

공중 보건

무소식이 희소식이 아닐지도 모른다.

만약 당신이 클라미디아에 감염되었다면, 의사가 당신에게 세균검사 결과에서 음성반응이 나왔다고 말하는 것에 대비하라. 클라미디아는 표준 배양법으로는 선별할 수 없다. 사실상, 1983년 전에는 미국에서 겨우 200개의 연구실만 클라미디아를 배양할 수 있었다. 새롭게 개발된 효소면역분석법과 같은 진단검사와 단클론항체 검사가 도움을 주었다. 이 진단법은 예전에는 의심하지도 않았던 클라미디아 감염을 밝혀냈다. 클라미디아 감염은 현재 미국 사회에서 가장 만연한 질병중의 하나로 알려져 있다.

성인 **봉입체 결막염(inclusion conjuncitivitis)**은 손가락이나 수건을 통해 생식기에 있던 클라미디아 트라코마티스(*C. trachomatis*)를 자가접종함으로써 생길 수 있으며 특히 성적으로 활발한 젊은 성인들에서 흔하다. 이것은 트라코마를 아주 많이 닮았다(◀19장 p. 593). 수영장 소독에 염소가 널리 사용되기 전에는 "수영장 결막염"이라 불렸다. 이것은 재감염 될 수도 있다. 하지만, 부적당한 면역반응 때문인지 8가지 다른 감염성 균주들에 의한 감염때문인지는 확실하지 않다.

매년 약 75,000명의 유아들이 클라미디아에 의한 **봉입체 고름눈물(inclusion blennorrhea)**에 감염된다. 이 용어는 그리스어 "점액의 흐름"에서 유래하였다. 이것은 일반적으로 양성 결막염이며 분만 후 7~12일에 고름이 가득 찬 점액질의 분비물이 나오기 시작하는데 에리스로마이신 치료나 몇 주 혹은 몇 달 후에 자연적으로 가라앉는다. 만약 지속되면 유년기 트라코마와 구별되지 않으며 실명할 수도 있다.

마이코플라즈마 감염. 비임균성 요도염(NGU)은 또한 마이코플라즈마 호미니스(*Mycoplasma hominis*)균에 의해 유발될 수도 있는데 이 균은 정상적인 비뇨생식계 미생물들 사이에서 흔하게 존재하며 특히 여성에서 흔하다. 마이코플라즈마는 세포벽을 가지고 있지 않아 숙주세포의 세포막과 그들의 세포막을 융합시켜 감염된다. 이 감염은 매우 일반적이어서 성인의 반 이상이 *M. hominis*에 대한 항체를 가진다. *M. hominis* 대부분 NGU와 관련되어 있지만 때때로 여성에서는 골반염증성질환(PID)을 유발하고 남성에서는 기회성 요도염을 유발한다. 임신동안 자궁경부에 존재하는 마이코플라즈마 균은 태반에 군집을 형성하여 자연유산, 미숙아 출산 그리고 저출산을 유발한다. 이들은 또한 자궁외 임신을 조장한다.

NGU의 또 다른 병원균은 우레아플라즈마 우레알리티쿰(*Ureaplasma urealyticum*)이며 이전에는 T-균주(T for "tiny")로 불렸다. 미국에서는 100~250만 명의 사람들이 감염되었다. 사람에게 병을 일으키는 가장 작은 세균들 중의 하나로 알려져 있으며, 성장하는데 10% 요소(urea) 만 있으면 생육할 수 있다. 이 세균은 유전체 서열이 완전히 밝혀진 첫 번째 세균들 중의 하나이다. 성병 클리닉을 찾는 환자들 중 50~80%는 성적으로 전파되는 다른 병원균 외에 *U. urealyticum*을 가지고 있다. 이 미생물은 불임을 유발하는 전체 감염 중 반 이상을 차지한다. 남성에서는 정자수가 적고 정자의 움직임이 활발하지 않다. 이 병원균은 정자에 단단히 결합하여 성파트너에게 전파될 수 있다. 이들은 태아의 죽음, 습관성 유산, 미숙아 그리고 그 자체로 신생아 죽음의 주 원인이 되는 저체중 출산을 유발한다.

진단은 요도와 질 분비물 그리고 태반의 표면에서 유래한 미생물을 배양하여 이루어진다. 감염된 부부가 함께 치료를 받으면 60% 경우 임신이 된다. 반면, 치료를 받지 않은 부부들 중에서는 임신 성공률이 겨우 5%이다. 마이코플라마는 세포벽이 없기 때문에 페니실린은 효과가 없다. 따라서 다른 성병에 걸려 페니실린으로 치료를 받는 사람들은 NGU를 치료하지는 못할 것이다. 테트라사이클린은 또한 클라미디아도 제어할 수 있기 때문에 가장 흔히 사용된다. 트라사이클린에 저항성을 가지는 마이코플라즈마 균주의 15%는 에리스로마이신과 스펙티노마이신으로 치료한다.

성병성 림프육아종

또 다른 성병인 **성병성 림프육아종(Lymphogranuloma Venereum, LGV)**은 열대와 아열대 지역에서 흔하다. 미국(대부분 남동부 주)에서는 매년 겨우 약 250건의 사례가 발생하는 반면 에디오피아의 한 병원에서만 매년 10,000건이나 되는 많은 사람들이 치료를 받는다. 보고가 제대로 되지 않고 있는 이 질병은 여성보다 남성에서 약 20배 이상 더 높다.

질병. LGV의 원인균은 매우 침투력이 강한 클라미디아 트라코마티스 균주로 1940년에 처음 발견되었다. 이 병원균에 접촉한 후 7-12일 내에 감염부위에서 병소가 나타나는데 대부분 성기에 나타나고 때때로 구강에서 나타난다. 대부분의 경우 병소가 파열되어 흉터없이 치유된다. 다른 증상으로는 열, 무기력, 두통, 메스꺼움, 구토 및 피부 발진이 나타난다. 1주에서 2달 후에 병원균은 림프계를 침입하여 국소 림프절에 부풀고, 통증이 있으며, 고름으로 가득찬 서혜(鼠蹊) 림프선종을 유발한다(그림 20.18a). 환자들은 고통을 없앨 목적으로 서혜(鼠蹊) 림프선종을 터뜨리기 위해 면도날을 사용하는 것으로 알려져 있는데(그림 20.18b), 멸균된 바늘을 가지고 흡입하는 것이 더 안전한 치료법이다. 림프절의 염증은 때때로 림프관을 방해하거나 상처를 남겨 남성과 여성 모두에서 생식기 피부의 부종이나 외부생식기의 상피병을 유발한다. 직장 감염은 종종 동성애 남자들에서 발생한다. 여성의 경우, 질에서 직장으로 배수되는 림프와 직장벽 속에 있는 림프절은 25%의 경우에서 만성적으로 비대해진다. 이것은 일반적으로 수술이 필요한 직장차단을 유발한다. 치료하지 않을 경우 혈액과 고름이 가득한 항문 분비물이 생성되어 결국 직장천공으로 이어질 수

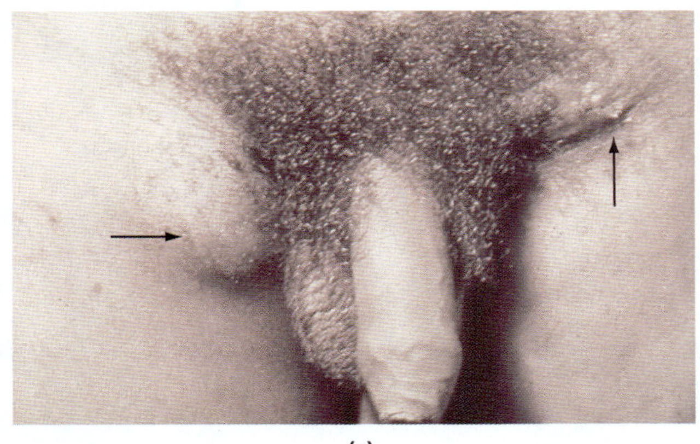

(a)

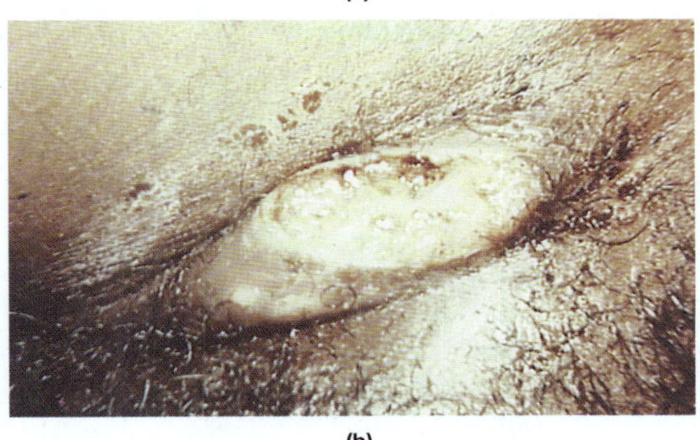

(b)

그림 20.18 클라미디아 트라코마티스에 의해 유발되는 성병성 림프육아종으로 좌우 양측의 림프선종. (a) 발달 초기(*Science VU/Visuals Unlimited*) (b) 배수를 위해 병소를 터뜨리는 크기에 도달한 후(*Courtesy Centers for Disease Control and Prevention CDC*).

있다. 손에서 눈으로 옮겨진 병원균들은 결막염을 일으킬 수 있다. 드물게 이 병은 뇌막염, 관절염 그리고 심막염으로 진행된다.

자연 치유는 때때로 감염에서 잠복을 의미한다. 최초 감염 후 수년 후에 성파트너를 감염시키는 남성들이 증거가 되듯이 잠복은 오래 지속될 수 있다. 만성적으로 감염되어 있으나 때때로 자각 증상이 없는 사람들의 생식관과 직장은 병원소로 작용한다.

진단과 치료. LGV는 림프절에서 유래한 고름에서 클라미디아를 요오드로 염색하여 발견함으로써 진단한다. 혈청검사도 가능하나 자주 거짓양성 결과를 보인다. 독시사이클린은 LGV를 치료하기 위해 선택된 약이다. 비대해진 림프절은 성공적인 항생제 치료 후에도 가라앉는데 4~6주가 걸릴 수 있다.

서혜 육아종

서혜 육아종(granuloma inguinale), 즉 도노반증(donovanosis)은 이전에 칼림마토박테리움 그래뉼로마티스(*Calymmatobacterium granulomatis*)로 알려졌던 작은 그람음성의 피막으로 덮힌 간균인 클렙시엘라 그래뉼로마티스(*Klebsiella granulomatis*)에 의해 유발된다. 이 병은 미국에서는 연간 약 50건이 보고될 정도로 흔하지 않으며 주로 동성애 남성들에서 발병한다. 인도, 서부 아프리카 해안, 남태평양 섬과 일부 남아메리카 국가에서는 흔한 질병이며 때때로 미국에 전파되기도 한다. 서혜부 육아종의 역학은 완전히 이해되지 않았다. 어떤 경우는 성적으로 전염되는 것처럼 보이나 다른 경우는 그렇지 않다. 성적인 경우에도 감염력은 낮으며 감염된 사람들의 많은 배우자들도 병에 걸리지 않는다.

서혜 육아종은 성교후 9-50일에 성기나 그 주위에 불규칙한 모양의 통증이 없는 궤양으로 나타나며 열병은 없다. 궤양은 오염된 손가락에 의해 몸의 다른 부위로 퍼질 수 있다. 궤양이 치유되면서 피부 착색은 사라진다. 치료하지 않으면 조직 손상은 확장될 수 있다. 병소를 긁어모은 것으로 부터의 진단은 **도노반 소체(donovan body)**라 부르는 거대한 단핵세포를 발견함으로서 확인할 수 있다**(그림 20.19)**. 앰피실린, 테트라사이클린, 에리스로마이신 그리고 젠타마이신과 같은 항생제는 치료에 효과적이다.

✓ 중점 질문 사항

1. 임질은 신체 어느 부위에 영향을 미치는가?
2. 임질에 한번 걸리면 면역이 생기는가? 매독의 경우는 어떠한가?
3. 서혜(鼠蹊) 림프선종(bubo)이란 무엇인가?
4. PID는 무엇인가? 무엇이 발병 원인인가?

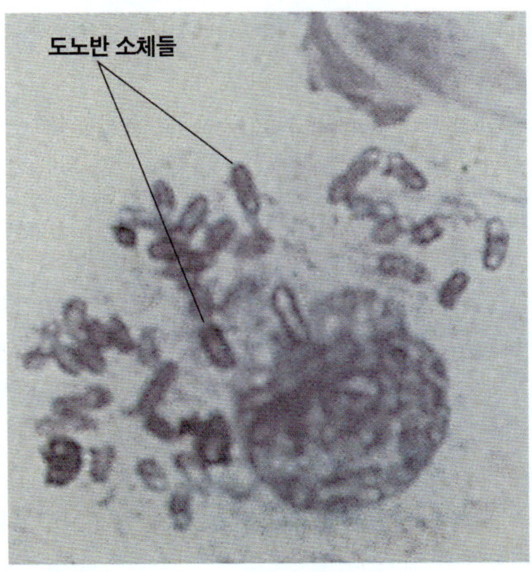

그림 20.19 서혜 육아종 병소의 스크레이핑(scraping). 클렙시엘라 그래뉼로마티스(*Klebsiella granulomatis*)에 의해 유발된다. 이 병소는 훨씬 커진 대식세포 안에 있는 피막으로 덮힌 세균들을 보여준다. 세균들은 닫힌 안전핀을 닮았으며 도노반 소체(*donovan body*)라 불린다.(*Courtesy Centers for Disease Control and Prevention CDC*)

공중 보건

헤르페스 싱글 클럽

당신은 싱글인가요? 당신은 생식기 헤르페스 보균자인가요? 그렇다면 당신은 "헤르페스 싱글 클럽"에 가입하고 싶을겁니다. 헤르페스에 걸린 몇몇의 사람들은 비보균자에게 병을 옮기지 않고도 다른 회원들과 성활동을 즐길 수 있다는 희망으로 이 클럽에 가입한다. 비록 이것이 외부인에게 헤르페스 감염이 퍼지는 것을 막을 수 있을 지라도 이것은 또한 헤르페스 보균자에게 잘못된 안전감을 갖게 할 수 있다. HSV-1과 HSV-2 모두에서 몇몇의 변종들이 존재하기 때문에 사람들은 서로 HSV 변종을 감염시킬 수 있다. 각각의 새로운 변종은 새로운 일차감염과 매우 심한 통증을 갖는 병소가 생길 수 있다.

바이러스성 성병

헤르페스바이러스 감염

2가지 아주 밀접하게 연관된 헤르페스바이러스가 인간에게 병을 일으킨다(◀10장 p.282). **제1형 단순 헤르페스 바이러스(HSV-1)**는 전형적으로 단순포진을 유발하고, 때때로 헤르페스 호미니스 바이러스(herpes hominis virus)라 불리는 **제2형 단순 헤르페스 바이러스(HSV-2)**는 전형적으로 생식기 포진을 유발한다. HSV-1과 HSV-2는 모두 4~10일의 잠복기를 가지며 같은 종류의 병소를 일으키고 입과 생식기 병소의 피부와 점막에서 분리되었다. 경구감염 중 90%는 HSV-1에 의해 일어나고 10%는 HSV-2에 의해 일어난다. 생식기 감염 중 85% HSV-2에 의해 일어나고 15%는 HSV-1에 의해 일어난다. 생식기에 HSV-1이 존재하고 입부위에 HSV-2가 존재하는 것은 대부분 구강성교 때문이다. 생식기 헤르페스는 단순 헤르페스 바이러스 감염 중 단연 가장 일반적이고 가장 심하다.

최초의 HSV-1 또는 HSV-2 감염은 특히 어린이들에서 증상이 없을 수도 있고 급성감염의 증상을 동반하거나 하지 않는 국소적 병소를 유발할 수 있다. 대부분의 성인들은 헤르페스 바이러스에 대한 항체를 가지고 있으나 오직 10~15%만이 증상을 경험한다. HSV-1과 HSV-2 감염 모두에서 수포가 각질세포 아래에 형성되어 바이러스에 의해 손상 받은 세포에서 나온 유동체와 세포잔해 그리고 염증세포를 채운다. 수포는 통증이 있으나 2차 세균감염이 없으면 흉터없이 2~3주안에 완전히 치료된다. 인접한 림프절은 부풀어 때때로 만지면 아프다.

잠복성(◀10장 p.282)은 헤르페스 감염의 특징이다. 전 세계 성인 인구의 80% 이상이 이 바이러스를 가지고 있으나 아주 적은 비율만 재발성 증상을 나타낸다. 활동성 감염의 2주 내에 바이러스는 감각뉴런을 거쳐 신경절로 이동한다(그림 20.20). 신경절 안에서 그들은 천천히 복제되거나 전혀 복제되지 않는다. 그들은 자발적으로 재활성화될 수도 있고 열, 자외선, 스트레스, 호르몬 불균형, 월경, 면역계 변화 또는 정신적 외상에 의해 활성화될 수도 있다. 감염은 부신, 간, 비장, 폐로 퍼져서 세포들을 죽일 수 있다. 치명적인 헤르페스 뇌염에서는 연화 및 변색병소가 뇌의 회색부와 백색부 모두에서 일어난다.

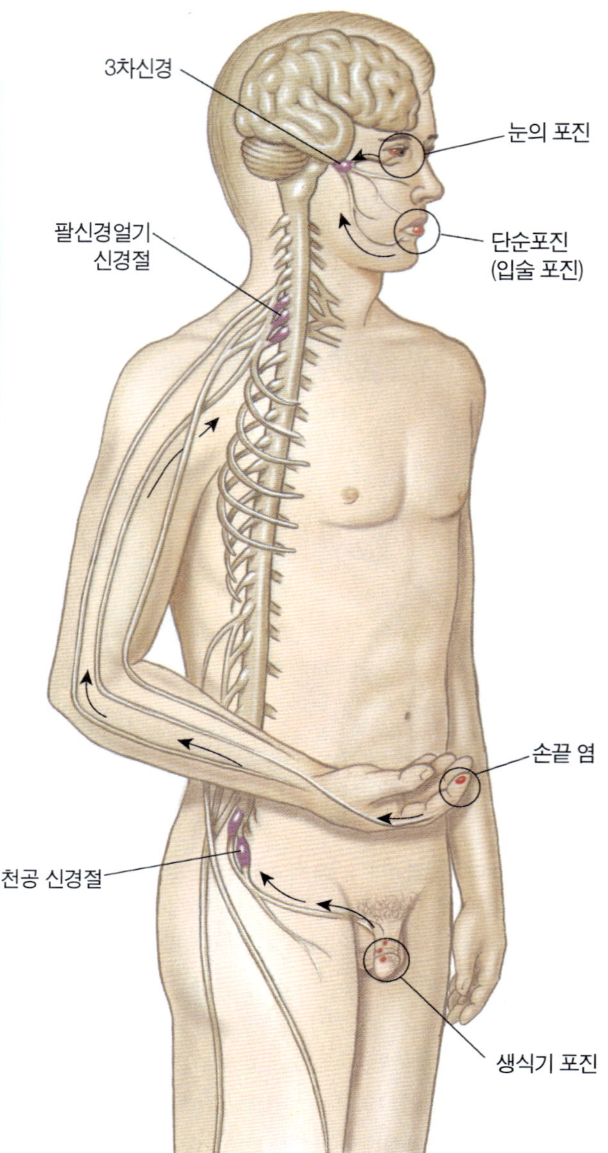

그림 20.20 단순 헤르페스 바이러스는 일단 감염되면 영구적인 손님으로 남는다. 병소가 생긴 후에 바이러스는 신경절로 이동하며 다음 발병시에는 이곳에서부터 처음 병소부위로 되돌아 간다. 드물지만 이런 패턴의 예외가 종종 삼차신경(5번 뇌신경)의 3가지가 만나는 삼차신경절(trigeminal ganglion)에서 일어난다. 아랫입술 병소의 바이러스는 시신경 가지를 따라 이동하여 눈에 악영향을 미치거나 뇌속의 뒤쪽으로 이동하여 뇌막염이나 뇌손상의 원인이 될 수 있다. 왜 때때로 이런 일이 일어나는지 모르지만, 다행히 이런 일은 아주 드물다.

재활성화된 후, 바이러스는 신경축삭을 따라 상피세포로 이동한다. 그리고 여기서 복제를 하여 재발성 병소를 유발한다. 이러한 병소들은 언제나 최초감염과 정확히 같은 위치에서 재발하며 원발병소

(primary lesion)보다는 더 작고, 바이러스도 더 적으며, 더 많은 염증세포를 가지고 있어 더 빨리 낫는다. 연속적인 재발은 일반적으로 그것이 결국 멈출 때까지 점점 증상이 완화된다. 바이러스가 신경세포안에 있는 동안에는 체액성 면역과 세포성 면역 모두 바이러스와 싸울 수 없다. 일단 바이러스가 표적 상피세포에 도착하여 복제하기 시작하면 항체는 바이러스를 중화시킬 수 있고 T세포는 바이러스에 감염된 세포를 제거할 수 있다. 이러한 면역학적 과정들은 재발한 병소의 소낭액으로부터 바이러스를 분리하는 것을 어렵게 만들며 또한 바이러스의 심각도와 존속기간을 줄인다. 재발은 1번 또는 2번으로 제한될 수도 있고 환자의 일생동안 주기적으로 나타날 수도 있으나 전형적으로 5~7번 나타난다. 비록 재발이 멈추었을지라도 바이러스는 신경절에 잠복하여 남아있으며, 긴 잠복성의 바이러스는 심한 스트레스, 정신적 외상 또는 면역기능 장애(예를 들면 AIDS 환자에서처럼)에 의해 재발될 수 있다.

증상이 없는 동안에 헤르페스 바이러스(HSV)를 흘리는 사람들은 심각한 문제가 된다. 여성 200명 당 1명 정도로 많은 수가 자각증상이 없을 때 바이러스를 옮기는 것으로 보고되었으며 어떤 경우에는 헤르페스에 감염되었다는 사실조차 모른다. 이런 여성들의 경우 출산 시 아기에게 심각한 위협이 된다.

생식기 헤르페스. 바이러스는 주로 성접촉에 의해 전달되기 때문에 **생식기 헤르페스(genital herpes)** 감염은 성관계 후에 걸린다. 하지만, 바이러스는 온수욕조와 같은 습한 곳에서 짧은 기간 동안 생존할 수 있다. 성관계의 변화, 특히 구강성교의 증가는 생식기 병소에서의 HSV-1 발생률과 구강병소에서의 HSV-2의 발생률을 증가시켰다. 2천만 명 이상의 미국인들이 현재 생식기 헤르페스를 가지고 있으며 매년 50만명이 새로 감염된다.

여성에서는 수포가 음순, 질, 자궁경부의 점막에 나타난다. 궤양은 종종 외음부 주위로 퍼지며 심지어는 허벅지 위에 나타날 수도 있다. 남성에서는 작은 수포가 음경과 포피에 나타나며 요도염과 진물이 동반된다(**그림 20.21**) 전립선과 정낭 또한 영향을 받을 수 있다. 여성, 남성 모두 병소에서의 극심한 통증과 가려움 그리고 사타구니에 있는 림프절의 종대(swelling)를 경험한다.

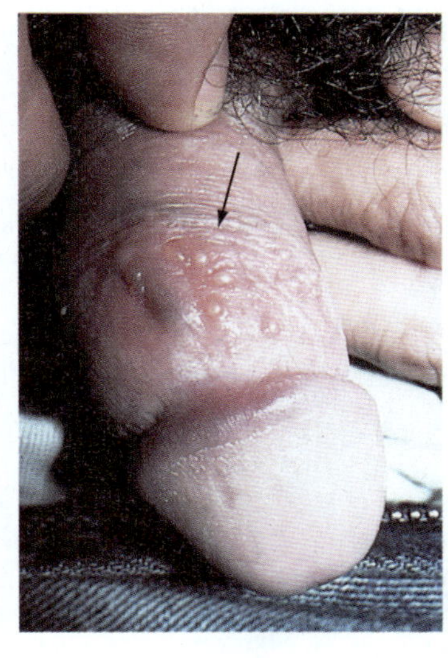

그림 20.21 음경 헤르페스 병소. (*CNRI/Phototake*)

헤르페스 바이러스에 감염된 사람은 바이러스를 방출할 때 언제든지 전염성이 있다. 바이러스 방출은 항상 활동성 병소가 존재할 때 일어나며 보통 병소가 나타나기 몇 일 전에 시작된다. 이것은 심지어 병소가 존재하지 않을 때에도 계속적으로 일어날 수 있다. 그래서 병소가 있을 때 성 접촉을 피한다고 해서 항상 병이 퍼지는 것을 막지 못한다. 최근에는 난잡한 성생활과 전염에 대한 걱정의 무시 및 부족으로 생식기 헤르페스 발병률이 엄청나게 증가되었다. 이 불치병은 현재 가장 흔한 성병 중의 하나가 되었다.

생식기 헤르페스에 감염된 여성들은 다른 3가지 심각한 문제를 겪는다. 첫째, 생식기 헤르페스에 감염된 여성의 경우 감염되지 않은 여성에 비해 유산비율이 더 높다. 둘째, 감염된 여성이 임신을 했을 때는 반드시 제왕절개로 출산해야 한다. 마지막으로, 감염된 여성은 AIDS 바이러스에 감염될 위험이 높다. 왜냐하면, 병소가 바이러스가 들어올 수 있는 열린 경로를 제공하기 때문이다.

신생아 헤르페스. 신생아 헤르페스(**그림 20.22**)는 태어날 때 또는 생후 3주까지 나타날 수 있다. 아기들은 대부분 HSV-2에 감염된 산도를 통해 나오면서 감염되나 오염된 장비나 병원 절차에 의해서도 감염될 수 있다. 드물게는 아기가 자궁 내에서 감염된다. 신생아들은 HSV에 감염되기 쉽기 때문에 감염된 사람들이 이들을 돌보면 안된다. 자신의 아기를 돌봐야 하는 감염된 엄마들은 철저하게 위생절차를 따라야 한다.

진단에 따르면 감염된 신생아의 2/3는 피부에 수포를 가지며

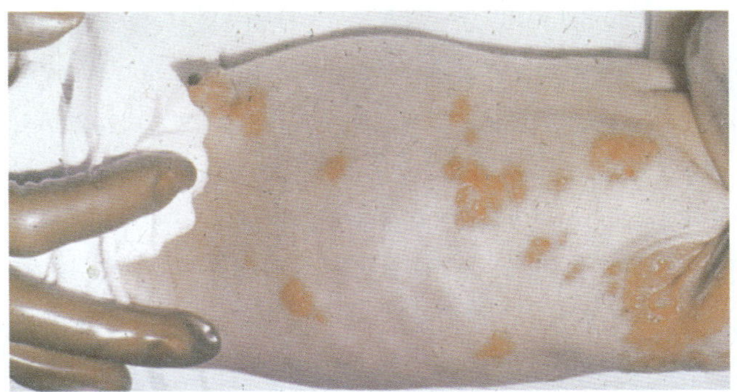

그림 20.22 신생아 헤르페스. 이런 형태의 헤르페스는 아기가 감염된 어머니의 산도를 통과할 때 얻게 된다. 이것은 제왕절개 출산으로 피할 수 있다. 때때로 병소들은 너무 광범위하여 거의 피부표면 전체를 덮는다. 이런 아이들은 깊은 뇌손상으로 고통받거나 생존하지 못한다. (*Courtesy Centers for Disease Control and Prevention*)

나머지는 이미 신경 또는 내장에 감염이 산재되어 있다. 피부감염은 감염된 아기의 70%에서 퍼져 있다. 파종성 감염을 가진 아기들은 식욕감퇴, 구토, 설사, 호흡곤란, 활동저하의 증상을 보인다. 일부는 또한 신경학적 증상, 황달, 그리고 안과 질환을 가진다. 파종성 감염을 가진 신생아들은 상태가 빠르게 악화되어 보통 10일 내에 사망한다. 살아남은 소수의 신생아들은 보통 중추신경계와 시력 손상을 가진다. 때때로 아기들은 단지 몇 개의 수포를 가지지만 잠복성 바이러스는 후에 큰 손상을 유발할 수 있다. 신생아 헤르페스 바이러스 감염의 빠른 진단과 치료는 생존과 신경학적 손상의 가능성을 줄이는데 필수적이다.

기타 단순 헤르페스 바이러스 감염. 헤르페스 감염의 다양한 증상들이 관찰되었다. 대부분은 HSV-1에 의해 유발되는 것으로 생각되나 HSV-2도 일부의 원인으로 여겨지고 있다. 여기에는 치은구내염, 구순포진, 각결막염, 헤르페스 수막뇌염, 헤르페스성 폐렴, 포진성 습진, 외상성 헤르페스, 검상포진, 생인손이 포함된다. HSV-1은 오염된 분비물과 병소와의 접촉을 통해 퍼지며 일반적으로 어린 시절에 친척, 간호사 또는 다른 아이들로부터 감염된다. 바이러스 발병율은 특히 가족, 병원 그리고 다른 기관 내에서 높다. 대부분의 사람들은 생애 첫 18개월 안에 HSV-1에 감염된다. 많은 경우 이러한 감염은 불분명하며 첫 번째 분명한 병소는 재활성될 때 나타난다.

치은구내염(gingivostomatitis)은 구강점막의 병소로 1세에서 3세의 어린이들에서 가장 흔하다. 2~20일의 잠복기 후에 작은 수포가 입주변에 7일 이상 나타난다. 각각의 수포에는 액체가 차고 딱지가 앉으며 2~3주안에 낫는다. 재발성 병소는 전형적으로 **구순포진(herpes labialis)** 형태로 나타나거나 입술에 열성 수포 형태로 일어난다. 만약 입 대신 눈이 최초의 감염 장소라면, 수포는 각막이나 눈꺼풀에 나타나 **각결막염(leratpcpmkimctovotos)**을 유발한다.

HSV 감염의 가장 심각한 증상은 헤르페스 수막뇌염인데 이것은 신생아, 어린이 또는 어른에서 일반적인 헤르페스 감염후에 나타날 수 있다. 바이러스가 중추신경계로 들어가기 위해 어떻게 뇌혈관장벽(blood-brain barrier)을 통과하는지는 최근에 발견되었다. 바이러스는 몇몇 알려지지 않은 요인이 재활성화 시킬 때까지 얼굴과 입부위에 분포하는 삼차신경의 신경절에 잠복상태로 존재한다. 그 다음에 혀나 입술과 같은 상피부위 바깥쪽으로 향하는 대신에 신경을 따라 뇌속으로 올라간다. 빠르게 발병하며 고열, 두통, 수막자극, 경련, 그리고 반사작용의 변화를 동반한다. 중년과 노년에서 수막뇌염은 어떤 선행증상 없이 나타날 수 있다. 환자는 의식혼란의 증가, 환각 그리고 때때로 발작을 경험한다. 대부분의 환자들은 8일에서 10일 이내에 사망하며 생존자들은 보통 영구적인 신경손상을 갖게 된다.

헤르페스성 폐렴(herpes pneumonia)은 드물게 일어난다. 이것은 보통 화상환자, 알콜중독자, AIDS나 다른 면역결핍 환자들에서만 볼 수 있다. **포진성 습진(eczema herpeticum)**은 바이러스가 피부를 통해 들어가는 것이 원인이 되어 생기는 일반적인 발진이다. **외상성 헤르페스(traumatic herpes)**는 화상이나 다른 상처부위의 외상을 입은 피부속으로 바이러스가 들어갈 때 발생한다. **검상포진(herpes gladiatorium)**은 레슬링선수의 피부상처에서 발생한다. **생인손(whitlow)**(그림 20.23)은 구강, 눈 그리고 아마도 성기의 헤르페스성 병소에 노출된 결과로 손가락에 헤르페스성 병소가 생긴 것이다. 따라서, 치기공사, 간호사 그리고 다른 의료 종사자들은 헤르페스성 병소를 가진 환자를 치료할 때 반드시 고무장갑을 사용해야 한다. 생인손을 가지고 있는 환자는 입, 눈, 성기 또는 다른 사람에게 전염시킬 수 있다.

> 적용
>
> **코티손을 쓰지 말라.**
>
> 만약 당신이 염증을 치료하기 위해 코티손(cortisone)을 사용하는데 익숙하다면, 헤르페스성 병소 특히 눈에는 이것을 사용하지 말 것을 명심하라. 코티손은 면역체계를 억제하기 때문에 바이러스 증식을 증가시키고 더 넓은 세포상처를 유발한다. 이 손상은 각막천공을 유발할 수 있다.

진단, 치료 그리고 예후. 헤르페스바이러스는 수포와 병소 기부의 세포들로부터 가장 쉽게 분리할 수 있으며 실험실에 다양한 종류의 세포에서 키울 수 있다. 바이러스의 세포변성효과는 배양시 빠르게 나타난다. 진단 시간은 신속한 면역검사로 인해 크게 줄어들었다. 빠른 진단은 분만중이거나 분만이 임박한 여성들에게 특히 중요하다. 왜냐하면, 제왕절개분만은 신생아가 바이러스에 노출되는 것을 막을 수 있기 때문이다.

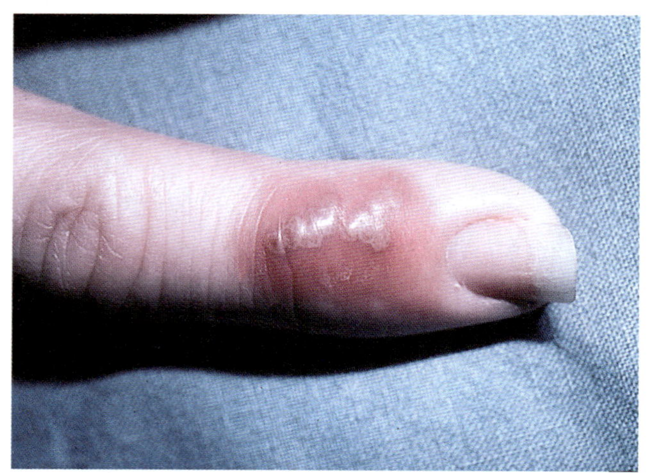

그림 20.23 **헤르페스성 생인손.** 헤르페스 바이러스 감염의 이런 형태는 손가락에 생긴 매우 통증이 심한 감염이며, 이것은 예를 들면 눈을 비비는 것을 통해 몸의 다른 부위로 퍼질 수 있다. 건강관리요원은 라텍스 장갑을 착용함으로서 자신을 보호해야 한다. *(Ken Greer/Visuals Unlimited)*

최근에 여러가지 약들이 HSV-1과 HSV-2 감염을 치료하는데 있어 다양하게 성공적으로 사용되고 있다. 트리플루오로티미딘(trifluorothymidine)은 눈의 헤르페스를 치료하는데 효과적이다. 비록 아시클로버가 재발을 확실하게 막지는 못하지만 병소가 퍼지는 것을 막고 바이러스 배출을 감소시키며 치료시간을 단축시킨다. 최초감염이 시작될 때 아시클로버를 사용하면 가장 좋은 결과를 얻을 수 있다. 감염초기에 아시클로바 Ara-A와 비다라빈(vidarabine)을 다양한 조합으로 사용하여 헤르페스 수막뇌염과 신생아 헤르페스 환자의 생존율을 증가시켜왔다. 성기헤르페스 증상을 완화시키는 것에 대한 예후는 그런대로 좋다. 대부분의 환자들이 아시클로버를 매일 바른다면 어떠한 재발도 없을 것이다 그러나 아시클로버 사용을 멈춘다면 헤르페스는 재발할 것이다. 어떤 치료도 잠복성 바이러스를 제거할 수는 없다.

면역과 예방. 헤르페스바이러스에 대한 면역학적 지식이 백신을 만들기에 충분함에도 불구하고 아직까지 사용가능한 백신은 없다. 백신이 사용가능하여 HSV 항체가 없는 모든 사람에게 투여될지라도 병을 뿌리째 뽑는데는 수년이 걸릴 것이다. 수많은 사람들이 이미 잠복성 바이러스를 가지고 있다. 따라서 잠복성의 원인이 되는 바이러스의 유전정보를 불활성화시키는 백신이 필요하다. 자연감염으로부터 형성되는 것과 동일한 항체를 만들게 하는 백신은 아마 효과가 없을 것이다. 이런 항체들은 분명히 잠복성 바이러스에는 효과가 없으며 그 백신 혼자서는 재발을 막을 수 없다.

HSV 감염을 막는 가장 좋은 방법은 HSV-1또는 HSV-2 병소를 가진 사람들과의 접촉을 피하는 것이다. 감염된 모든 사람들이 특히 활동성의 병소를 가지고 있을 때 성행위를 삼가면 새로운 성기 헤르페스 발병의 일부를 막을 수 있을 것이다. 만약 임산부들이 그들의 산부인과의사에게 헤르페스 감염을 알린다면 그들의 아이가 분만시 바이러스에 노출되는 것을 막을 수 있을 것이다. 이런 예방조치들 조차도 성기 헤르페스가 퍼지는 것을 막지는 못할 것이다. 대부분의 감염된 사람들은 병소가 나타나기 며칠 전에 바이러스를 방출한다. 따라서 어떤 사람들은 병소를 가지지 않고도 계속적으로 바이러스를 방출한다.

성기사마귀

인간유두종바이러스(human papillomavirus, HPV)에 의해 유발되는 **곤지롬(condylomas)** 또는 **성기사마귀(genital warts)**는 성적으로 난잡한 젊은 성인들에서 가장 자주 발생한다. 성기사마귀의 발병율은 현재 가장 흔한 성병 중의 하나가 될 정도까지 최근에 급속도로 증가하였다. 미국에서는 현재 약 2천만명이 HPV에 감염되어 있다. 성적으로 활발한 모든 남자와 여자 중 최소한 반은 그들 인생의 어느 지점에서 감염되며, 이들 여성 중 80%는 50세 이전에 감염된다. 대부분은 어떤 증상도 가지고 않으며 스스로 감염을 제거할 것이다. 현재 미국에서 젊은 여성들의 발병율은 20%이다. 감염된 사람의 성파트너 중 2/3에서도 또한 사마귀가 생긴다. 콘돔은 다른 성병을 막는 것 만큼 HPV 감염을 막는데는 유용하지 않다. 사마귀는 젖꼭지 모양이거나 편평하다. 사마귀는 남성에서는 음경, 항문 그리고 회음부에, 여성에서는 질, 자궁경부, 회음부, 항문에 나타난다.

피부사마귀처럼 (◀19장 p. 588), 성기사마귀는 염증과 때때로 심한 가려움을 유발한다. 그들은 지속되거나 저절로 퇴행할 수 있다. 성기사마귀는 종종 세균에 감염되며 수년 동안 지속된 이들은 악성 종양으로 변형될 수 있다. 몇몇 희생자들은 사마귀의 존재만으로도 심리적인 손상을 받는다. 사마귀는 임신동안에 일시적으로 수와 크기가 증가하나 출산 후 감소한다. 아기들은 출산하는 동안에 감염될 수 있다. 사마귀의 수는 면역억제된 환자들 그리고 **AIDS**와 다른 면역결핍 환자들에서 증가한다(사마귀의 치료는 ◀19장 p. 587에서 논의되었다).

어떤 HPV종에 감염되면 눈에 보이는 사마귀가 생길 수 있다. 다른 종들은 사마귀 형성없이 무증상감염을 유발한다. 감염의 각 형태는 90%의 경우에 일시적이며 평균 8개월동안 지속된다. 감염을 확립한 10% 중에서 1/10은 자궁경부, 음경 또는 항문에 암을 유발하며 악성으로 될 것이다. 한 연구에 의하면 932명의 자궁경부암 환자 중 99.7%가 HPV에 감염되어 있었다. 외음부 사마귀종(예를 들면, HPV 6형과 11형)은 일반적으로 암을 유발하지 않는다. 자궁경부 사마귀나 무증상감염을 유발하는 종들은(예를 들면, HPV 16형, 18형, 8형 등등) 불완전한 세포성 면역반응으로 인해 비일시적인 감염으로 진행되면 악성종양을 유발할 수 있다. 13개의 종들이 모든 HPV 암의 99%를 유발한다.

잠복기는 1~8개월 지속되며, 면역반응은 3~ 9개월 사이에 일어난다. 강한 면역계는 이 시기에 HPV 감염을 억제하거나 제거하여 암의 발생을 막을 수 있다. HPV는 몸을 순환하는 바이러스 혈증단계를 가지지 않으며 대신 생식기 부위에 머문다. 바이러스의 수는 3~6개월 동안에 정점에 달하며 보통 9개월이 되면 사라진다. 한 바이러스주(virus strain)에 의한 감염은 다른 바이러스주에 대해 교차방어를 하지 않는다.

자궁경부암은 미국여성들의 암중에서 9위에 해당한다. 그러나, 멕시코와 브라질과 같은 개발도상국에서는 자궁경부암이 여성사망의 주 원인이다. 미국에서 자궁경부세포검사(Pap smear)는 자주 외과수술이 성공할 수 있도록 충분히 빨리 자궁경부로부터 비정상적인 세포를 찾아낸다. 이 자궁경부세포검사를 정기적으로 하지 않는 나라에서는 암이 발견되었을 때 이미 여성을 살리기에는 너무 늦다. 자궁경부세포검사는 HPV 바이러스를 검출하는게 아니라 오직 비정상적인 세포들을 찾아내는데 이것은 아마도 시술자의 숙련도에 따라 오직 70%의 시간만으로도 가능하다. 새롭게 개발된 DNA검사(Hybrid Capture 2[W])는 암을 유발하는 HPV 13가지 모든 형을 찾아내며 비용은 $40에서 $70이다. 이 검사는 거짓 음성(false negative) 결과를 나타내지 않는다. 양성판정을 받은 여성들의 60%는 검사 후 4년에서 5년 후에 어떤 이상을 보인다. 이것은 Pap검사보다 훨씬 더 정확하나 이제 막 사용되고 있다. 백신연구는 모든 자궁경부암의 70%의 원인인 HPV 16형과 18형을 막는 백신인 '가다실(Gardasil)'을 만들었다. 이 백신은 6개월에 걸쳐 3번 맞게 되며 비용은 총 약$360이다. 더 자세한 내용은 ◀10장 p. 271의 삽화를 참고하라. 더욱 더 효과적인 두 번째 백신은 곧 시장에 출시될 것이다. 백신은 HPV를 100% 막지 못하기 때문에 여성들은 여전히 정기적인 자궁경부세포검사를 받을 필요가 있다. 한편 교육적 노력을 확대하여 모든 여성들이 자궁경부암은 매독과 임질과 같은 성병만큼 많이 걸릴 수 있고 DNA검사로 감염 여부를 알 수 있으며 백신을 맞으면 감염을 막을 수 있다는 사실을 알게 해야 한다.

후두 유두종

후두 유두종(laryngeal papillomas)은 기도를 막게 되면 위험해 질 수 있는 양성종양이다. 기도가 막힐 때 쉰소리, 목소리 변화, 호흡곤란이 나타난다. 아이들은 어른보다 더 쉽게 후두 유두종에 걸린다. 이런 폐색성 성장의 유일한 치료법은 때때로 매 2~4주 마다 외과적으로 적출하는 것이다. 또한 수술하는 동안 폐에 바이러스가 퍼질 위험도 있다. 후두 유두종은 보통 HPV-6과 HPV-11에 의해 유발되는데 이들은 성기사마귀를 가진 여성이 출산할 때 신생아를 감염시키는 것으로 생각된다.

거대세포바이러스 감염

거대세포바이러스(Cytomegalovirus Infections, CMVs)는 헤르페스바이러스의 광범위하고 다양한 그룹에 속한다. 일반적으로, 각 CMV 바이러스 주(strain)는 1종(species)만을 감염시킬 수 있다. 인간 CMV 감염의 대부분은 큰아이들과 성인에서 발생하며 임상적으로 확실한 증상이 없기 때문에 인식하지 못한다. 미국 성인의 80%가 이 바이러스를 지니고 있는 것으로 추정된다. 증상으로는 불쾌감, 근육통, 오래 지속되는 열, 비정상적인 간기능, 붓지 않는 림프절 염증이 포함된다. AIDS와 다른 면역결핍 환자들에서는 증상이 더욱 심하다.

처음에 바이러스는 인두중앙부로부터 회수할 수 있으며, 바이러스에 감염된 많은 호중성 백혈구들을 가지는 바이러스 혈증은 수 개월간 지속될 수 있다. 바이러스들은 복제되고 낮은 병원성을 가지나 수개월에 걸쳐 간헐적으로 배출되며 이 기간에 다른 사람을 감염시킬 수 있다. 바이러스는 침, 혈액, 정액, 모유와 같은 모든 체액에 존재하며 감염 후 심지어 1년 또는 그 이상에서도 소변에서 가장 자주 많은 양으로 발견된다. CMV의 증상이 나타나는 초기 공격에서는 세포성면역은 감소되고 보조 T세포와 억제 T세포의 비율이 역전된다. 하지만, 면역계는 회복기 동안 정상으로 되돌아 간다. 무증상 감염의 경우 세포성 면역은 활약 중이다. 많은 양의 오래 지속되는 항체가 CMV감염에 반응하여 생성되나 바이러스가 배출되는 것을 막지는 못한다. 바이러스는 일반적으로 바이러스를 배출하는 아이들과 장시간의 가까운 접촉을 통해 퍼진다. 그러나, 수혈, 장기이식, 성행위를 통해서도 퍼질 수 있다.

연구에 따르면 CMV는 감염된 아이들을 가진 면역성이 없는 부모들 중 5명당 1명꼴로 퍼져 있다.

태아와 신생아의 CMV 감염. 태아와 신생아에서 CMV 감염은 바이러스가 다양한 장기로 넓게 퍼질 수 있기 때문에 생명을 위협할 수 있다. 태아는 감염된 어머니의 태반을 가로지르는 바이러스에 의해 감염된다. 풍진 감염과는 달리, 어머니의 CMV감염은 거의 발견되지 않아서 태아의 위험성은 알 수 없다. 어머니의 항체는 또한 태반으로 들어가서 적은 양의 바이러스를 불활성화시킬 수 있다. 어머니의 호르몬은 CMV를 억제하나 이들의 영향은 임신이 진행됨에 따라 감소한다. 태아와 신생아 모두 그들의 면역계는 너무 미성숙해서 성공적인 방어를 할 수 없기 때문에 CMV에 대항하는 어머니의 방어체계에 의존한다. 어머니의 항체수준은 검사가 가능하다. 어린 아이들은 면역성이 없는 여성을 감염시키는 주요한 요인이다.

태아가 많은 수의 바이러스에 감염되는 중증 CMV감염에서는 (미국에서는 매년 약 4,000건) 자궁내 성장지연과 심각한 뇌손상이 생길 수 있다(그림 20.24). 많은 아기들이 내이(inner ear)에 CMV에 감염된 세포들을 가지고 있으며 신경손상으로 인해 청력 손상을 갖고 있다. 일부는 간손상을 동반하는 황달을 가지고 다른 일부는 시력손상을 가진다. 덜 심한 감염은(매년 또 다른 4,500~6,000건) 어떤 뇌부위 손상과 청력 및 시력 손상을 동반하기도 하고 그렇지 않기도 한 약한 중추신경계 이상을 유발한다. 사망률은 30% 정도로 높다.

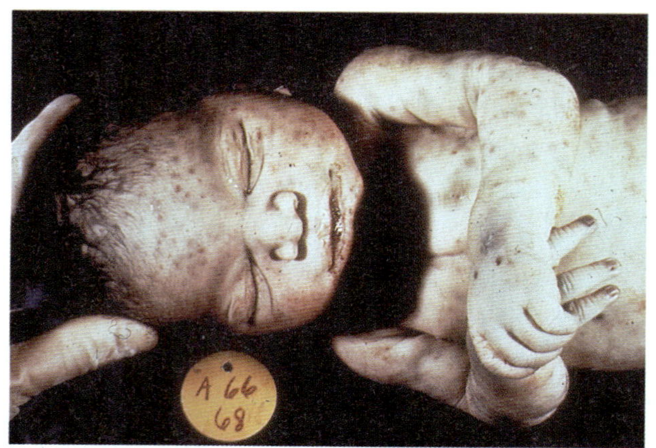

그림 20.24 선천적으로 감염된 거대세포바이러스로 인해 출생결함을 가진 신생아. 때때로 침샘 바이러스라 불리는 이 바이러스는 충분히 기능을 못하는 면역계를 가진 사람들에게 중대한 손상을 일으킬 수 있다. (*Courtesy Centers for Disease Control and Prevention*).

출생 후의 CMV 감염은 일반적으로 출생 전의 감염에 비해 영구적인 장애를 더 적게 유발한다. 하지만, 이러한 감염들은 중병의 원인이 될 수 있다. CMV에 감염된 아기들 중 5%는 전형적이며 일반적인 거대세포봉입체 질환(cytomegalic inclusion disease; CID)을 가진다. 또 다른 5%는 비전형적이며 덜 일반적인 감염을 가지며 나머지는 무증상이지만 만성적인 감염을 가진다. CID에 감염된 많은 신생아들은 심각한 정신장애 및 감각장애를 가진다. 여기에는 지적인 능력의 결여를 동반하는 비정상적으로 작은 뇌와 시력이 저하된 눈의 염증이 포함된다. 무증상인 경우 예후는 더 좋다. 그러나, 10%는 귀가 멀거나 다른 감각기관의 문제를 가지게 될 것이다. 어떤 이들은 훗날 지적인 장애와 행동학적 장애를 경험하게 될 것이다. 수혈로 인해 CMV에 감염된 아기들은 창백해지고 CID와 같은 증상을 보인다. 수혈을 받는

표 20.2

비뇨생식계 질환과 성병 요약

질병	병원균	특징
세균성 비뇨생식계 질환		
요로감염	대장균, *Proteus mirabilis*, 기타 다른 세균 종	배뇨통; 때때로 만성 방광염으로 발전; 종종 요관에서 위로 올라가거나 아래로 내려감
전립선염	대장균과 기타 다른 세균 종	배뇨통, 소변이 급하게 자주 마려움, 미열, 요통; 불임의 원인이 될 수 있음
신우신염	대장균과 기타 다른 세균 종 때때로 효모 *Candida*	신우(腎盂)의 염증, 종종 요로관 막힘에 의해 유발됨; 배뇨통, 야뇨증, 때때로 열이 남
사구체신염	다른 부위로부터 연쇄상 구균이나 바이러스 감염	면역복합체의 침전은 사구체에 염증을 유발함; 영구적인 신장손상을 유발할 수 있음
렙토스피라병	렙토스피라균	열, 비특이성 증상; 황달과 간손상을 일으키는 웨일증후군으로 발전할 수 있음
세균성 질염	혐기성세균과 함께 존재하는 *Gardnerella vaginalis*	생선비린내가 나는 거품성 질분비물; 통증과 염증
독소충격증후군	황색포도상 구균	독소가 혈액으로 들어가 열, 발진 그리고 죽음으로 이어지는 쇼크를 유발함
기생충성 비뇨생식계 질환		
트리코모나스증	질편모충	극심한 가려움, 많은 양의 하얀 분비물
세균성 성병		
임질	임질균	감염균은 점막을 손상시키는 내독소를 방출; 고름이 가득한 분비물; PID 유발하고 다른 조직을 감염시킴
매독	*Treponema pallidum*	초기단계에서 궤양이 형성됨; 2단계에서 점막병소와 발진이 생김; 3단계에서 영구적인 심혈관 및 신경계 손상이 종종 발생
무른궤양	*Haemophilus ducreyi*	통증과 출혈이 있는 병소가 성기에 나타남; 종종 서혜림프선종 형성
비임균성 요도염	*Chlamydia trachomatis*와 마이코플라즈마	물같은 요도 분비물, 염증, 때때로 불임; 신생아 감염과 태아사망을 유발할 수 있음
성병성 림프육아종	*Chlamydia trachomatis*	성기에 병소 나타남, 열, 무기력, 두통, 메스꺼움, 구토, 피부발진; 림프절은 고름으로 가득찬 서혜림프선종 형성
서혜 육아종	*Klebsiella graulomatis*	성기와 다른 부위에 통증이 없는 궤양; 궤양이 치유되면서 피부착색 사라짐
바이러스성 성병		
헤르페스바이러스감염	단순 헤르페스바이러스	열성수포는 보통 HSV-1에 의해 유발됨; 생식기 헤르페스는 HSV-2에 의해 유발됨(둘다 잠복성 바이러스임); 재발함, 고통스러운 수포성 병소; 신생아 헤르페스; 그리고 기타 다양한 증상
성기사마귀	인간유두종바이러스	성기, 질, 자궁경부의 사마귀; 염증과 때때로 심한 가려움; 모든 자궁경부암의 99%를 유발
거대세포바이러스 감염	거대세포바이러스	종종 증상이 없으나 태아, 신생아 그리고 면역결핍환자들에서는 심각함; 불쾌감, 근육통, 열, 림프절 염증, 신경손상, 태아와 신생아에서 사망

아기들은 보통 미숙아이며 수혈받기 전 쇠약한 상태이기 때문에 폐렴, 호흡곤란 그리고 사망이 뒤따를 수 있다. 더욱이 CMV감염은 다른 많은 장애들이 있을 때는 진단되지 않는다. 마지막으로, CMV는 클라미디아 트라코마티스(*Chlamydia trachomatis*)와 유레아플라스마 유레라이티쿰(*Ureaplasma urealyticum*)과 같은 다른 감염이 존재할 경우 때때로 1~6개월 된 신생아들에서 폐렴을 유발한다.

파종성 CMV. 중증 파종성 질환에서 바이러스는 많은 기관에 존재할 수 있다. 신장이 감염되면 면역복합체가 사구체에 침착된다. 그러나 신장장애는 신장이식에서의 경우를 제외하면 드물다. 무증상의 간염은 아이들과 어른 모두에서 발생한다. 폐감염은 신생아와 면역이 억제된 어른에서 공통적으로 일어난다. 뇌와의 관련성은 태아의 경우를 제외하면 드물다.

CMV는 면역이 억제된 환자들의 원발성 감염에서 가장 병독성이 강하다. 장기이식 후 1~4개월 사이에 환자는 열이 오래 지속되고 간과 비장이 비대해지는 전염성 단핵증에서와 같은 증상이 나타난다. 폐렴은 골수이식환자들에서 빈번하고 심각해서 사망률이 40%로 매우 높다. 간염은 보통 회복되나 눈손상은 진행성이며 회복되지 않는다.

진단, 치료 그리고 예후. CMV감염을 정확히 진단하기 위해서는 임상검체로부터 바이러스를 동정해야 하며 이 절차는 6주까지 걸릴 수 있다. 새로 개발된 더 빠른 기술은 바이러스 항체를 찾기 위해 단클론 항체를 사용한다. CMV 핵산에 특이적인 염기서열을 사용하는 핵산 탐침(probe)은 24시간 이내에 임상검체에서 바이러스를 동정하게 할 것으로 기대된다.

유아기에 CMV 감염을 효과적으로 치료하는 방법은 아직 없다. 태아에서 감염이 발생하면 예후가 좋지 않은데 왜냐하면 신생아에서 진단을 하기도 전에 이미 손상되었기 때문이다. 장기이식 전후에 투여한 인터페론과 과면역 감마 글로불린(hyperimmune gamma globulin)은 이식환자에서 CMV감염의 발병율과 심각성을 줄인다. 수혈이 필요할 때는 면역이 안된 수여자가 CMV에 감염되는 것을 최소화하기 위해 공여자와 수여자는 CMV 항원을 일치시켜야 한다. 또한, 수혈로 인한 CMV 전염을 피하기 위해서 혈청학적으로 CMV에 대해 음성인 공여자의 혈액은 신생아 특히 조산아에게 사용해야 한다. 효과적인 백신은 아직 존재하지 않는다.

이 장에서 논의한 질환의 원인과 특징은 **표 20.2**에 요약되어 있다.

중점 질문 사항

1. 성기헤르페스 바이러스 감염은 어떻게 걸릴 수 있는가?
2. 신생아 헤르페스 감염은 어떻게 피할 수 있는가?
3. 왜 자궁경부암이 현재 성병으로 분류되어 있는가?

요약

- 이 장에서 논의한 성병의 원인과 특징은 표 20.2에 요약되어 있다. 이 표에 있는 정보는 이 요약에서 반복되지 않는다.

비뇨생식계의 구성

- **비뇨생식계**는 **비뇨계**와 **생식계**를 포함한다. 비뇨계는 **신장**, **수뇨관**, **방광**, 그리고 **요도**로 구성되어 있다. 여성생식계는 **난소**, **난관**, **자궁**, **질**, **외부생식기**, 그리고 유선으로 구성되어 있다. 남성생식계는 정소, 정관, 분비선들, 그리고 음경으로 구성되어 있다.
- 비뇨생식계 감염은 질입구와 요도 근처에서 가장 흔하다.
- 비특이적 방어에는 요도괄약근, 소변배출을 통한 청소, 점막의 산도, 정상 세균총과의 경쟁이 포함된다.

비뇨생식계의 정상 세균총

- 정상적으로 요로는 요도입구 근처를 제외한 모든 부분에서 무균상태이다.
- 남성에서 요도의 마지막 삼분의 일을 제외한 생식관에는 정상 세균총이 존재하지 않으며 무균상태이다.
- 여성에서 가임기간 동안 유산간균(lactobacilli)은 질에 가장 많이 존재하는데 대부분의 다른 미생물들의 성장에 방해가 되는 산성 pH를 만든다. 유년기와 폐경기 후에는 연쇄상구균(streptococci)과 포도상구균(staphylococci)이 질의 알칼리성 환경에서 우세하게 존재한다.

보통 성적으로 전염되지 않는 비뇨생식계 질환

세균성 비뇨생식계 질환

- **요로감염**은 매우 흔하며 비뇨생식계를 통해 퍼지기 위해 올라가거나 내려갈 수 있다. 이것은 소변배양을 통해 진단되며 다양한 항생제로 치료된다. 그리고 요로감염은 철저한 개인위생과 방광을 완전히 비우는 것으로 예방할 수 있다.
- **전립선염**은 요로감염이 퍼져서 생길 수 있으며 보통 항생제로 치료된다.
- **신우신염** 또한 요로감염이 퍼져서 생길 수 있다. 신장기능이 손상되었을 경우 약이 유독한 수준으로 축적되기 때문에 치료하기 어려울 수 있다.
- **사구체신염**은 보통 면역복합체가 사구체에 축적되는 목구멍 및 다른 부위의 감염으로부터 생긴다. 다른 감염의 신속한 치료는 사구체신염의 위험을 최소화한다.
- **렙토스피라병**은 오염된 소변을 직접적으로 접촉하여 생기며 혈액을 현미경으로 관찰하여 진단한다. 항생제로 치료할 수 있으며 보통 사람에게 병을 옮기는 애완견들에게 백신을 접종함으로써 예방할 수 있다.
- 세균성 또는 다른 형태의 **질염**은 질내 정상 세균총이 방해받을 때 생긴

다. 비특이성 질염은 단서세포(clue cells)의 존재로 진단한다. 혐기성세균을 박멸하고 정상 세균총을 회복시키는 메트로니다졸로 가장 흔하게 치료한다.

- **독소충격증후군**은 흡수력이 강한 탐폰의 사용으로 가장 자주 발생한다. 이 병은 나프실린으로 신속하게 치료해야 하며 고흡수성 탐폰의 사용을 피함으로써 예방할 수 있다.

기생충성 비뇨생식계 질환

- **트리코모나스증**은 보통 성행위에 의해 전염되며 분비물의 도말표본을 통해 진단한다. 그리고 메트로니다졸로 치료한다.

성병

세균성 성병

- **임질**은 분자탐침을 사용하여 진단하며 일반적으로 세프트리악손과 아지로마이신 항생제의 복합요법으로 치료한다.
- **매독**은 면역검사로 진단하며 벤자딘 페니실린 G로 치료한다.
- **무른궤양**은 주로 개발도상국들에서 발생한다. 병소나 서혜 림프선종으로부터 미생물을 동정하여 진단하며 테트라사이클린과 다른 항생제들로 치료한다.
- **비임균성 요도염**의 방병률은 큰 폭으로 증가하고 있다. 분비물로부터 샘플을 배양하여 진단할 수 있다. 그리고 원인균의 감수성에 따라 에리스로마이신, 테트라사이클린 또는 다른 항생제들로 치료한다.
- **성병성 림프육아종**은 주로 열대와 아열대 지역에서 발생한다. 고름에서 클라미디아를 발견함으로 진단하며 테트라사이클린이나 다른 항생제로 치료한다.
- **서혜 육아종**은 인도와 여러 다른 나라에서 흔하다. 병소를 긁어모은 것에서 도노반 소체를 발견하여 진단하며 다양한 항생제로 치료할 수 있다.
- 앞의 모든 질환들은 일반적으로 성접촉을 통해 전파되며 이런 접촉을 피하는 것으로 예방할 수 있다. 이용할 수 있는 백신은 없다.

바이러스성 성병

- **생식기 헤르페스**는 단순 헤르페스바이러스 감염 중 가장 심한 경우이다. 수포액에서 바이러스를 발견하거나 면역검사로 진단한다. 아시클로바와 다른 항바이러스 제제로 치료할 수 있지만 완치할 수는 없다.
- **성기사마귀**는 자궁경부이형성증 및 자궁경부암과 구별되어야 한다. 모든 자궁경부암의 99% 이상은 바이러스에 의해 발생한다. 사마귀의 치료법은 ◀19장에서 논의되었다.
- **거대세포바이러스** 감염은 태아, 신생아, 그리고 면역억제 환자들에서 가장 치명적이다. 단클론항체 검사로 신속한 진단을 할 수 있으며 효과적인 치료법은 아직 없다.

용어 정리

각결막염(p. 630)
거대세포바이러스(p. 632)
검상포진(p. 631)
고무종(p. 622)
곤지롬(p. 631)
골반염증성질환(p. 617)
구순포진(p. 630)
궤양(p. 620)
귀두염(p. 614)
난관(p. 608)
난소(p. 608)
난포(p. 608)
남성생식계(p. 608)
네프론(p. 607)
도노반 소체(p. 628)
독소충격증후군 (p. 614)
렙토스피라병(p. 612)
매독(p. 620)
무른궤양(p. 623)
바톨린선(p. 608)
방광(p. 607)
방광염(p. 610)
배뇨통(p. 610)
봉입체 결막염(p. 626)
봉입체 고름눈물(p. 626)
비뇨계(p. 607)
비뇨생식계(p. 607)
비임균성 요도염(p. 625)
사구체(p. 607)
사구체신염(p. 612)
생식기 헤르페스(p. 629)
생인손(p. 631)
서혜육아종(p. 627)
선천성 매독(p. 623)
성기사마귀(p. 631)
성병(p. 616)
성병성 림프육아종(p. 626)
소변검사(p. 608)
수뇨관(p. 607)
신경매독(p. 622)
신생아 헤르페스(p. 630)
신우신염(p. 610)
신장(p. 607)
야뇨증(p. 611)
여성생식계(p. 608)
오줌(p. 607)
외상성헤르페스(p. 630)
요도(p. 607)
요도방광염(p. 610)
요도염(p. 610)
요로감염(p. 610)
유선(p. 608)
음경(p. 608)
임질(p. 616)
자궁(p. 608)
자궁경부(p. 608)
자궁내막(p. 608)
전립선(p. 608)
전립선염(p. 610)
정낭(p. 608)
정낭(p. 608)
정소(p. 608)
정액(p. 628)
제1형 단순 헤르페스 바이러스(p. 628)
제2형 단순 헤르페스 바이러스(p. 623)
질(p. 608)
질염(p. 613)
치은구내염(p. 630)
트리코모나스증 (p. 615)
포진성 습진(p. 630)
헤르페스성 폐렴(p. 630)
후두 유두종(p. 632)

임상 사례 연구

아내가 자궁경부암으로 죽은 남자가 재혼했다. 10년 후 그의 두 번째 아내 또한 자궁경부암으로 죽었다. 이것이 단지 슬픈 우연이 아닐 어떤 가능성이 있는가? 더 배우기 위해 다음 웹사이트에 가보라. http://www.reproline.jhu.edu /english/3cc/3refman/cxca_hpv1.htm

요점 사고 문제

1. 어떤 성병은 세균성이고 어떤 성병은 바이러스성이다. 이 2가지 범주의 치료에 있어 1가지 주요한 차이는 무엇인가?

2. 임질과 성기 클라미디아는 유사한 증상을 보일 수 있다. 만약 환자가 이런 증상으로 왔다면, 임질 또는 클라미디아 아니면 둘 모두에 감염되었는지 아니면 둘 모두에 감염되지 않았는지 당신은 어떻게 결정할 것인가?

3. 많은 다른 감염질환들의 발병율은 지난 50년간 미국에서 급격하게 줄어든 반면 성병은 여전히 주요한 문제로 남아 있다. 당신은 이런 불일치의 이유를 밝힐 수 있는가?

자가 진단 문제

1. 가임기 성인 여성의 질에 존재하는 정상 세균총은 주로 무엇으로 구성되어 있는가?
(a) 유산간균(*Lactobacillus*)
(b) 포도상구균(*Staphylococcus*)
(c) 연쇄상구균(*Streptococcus*)
(d) 마이코박테리아(*Mycobacterium*)
(e) 질은 정상적으로 무균상태이다.

2. 요로감염의 80%는 어떤 균에 의해 생기는가?
(a) 황색포도상구균(*Staphylococcus aureus*)
(b) 대장균(*Escherichia coli*)
(c) 프로테우스 미라빌리스(*Proteus mirabilis*)
(d) 표피포도상구균(*Staphylococcus epidermidis*)
(e) 녹농균(*Pseudomonas aeruginosa*)

3. 성인 여성의 방광은 정상적으로 어떤 세균이 증식하고 있는가?
(a) 유간산균(*Lactobacillus*)
(b) 포도상구균(*Staphylococcus*)
(c) 연쇄상구균(Streptococcus)
(d) 마이코박테리아(Mycobacterium)
(e) 방광은 정상적으로 무균상태이다.

4. 화농성 연쇄상구균(*Streptococcus pyogenes*)의 신원발성(nephrogenic) 균주는 어떻게 신장손상을 유발할 수 있는가?
(a) 사구체 조직성분과 교차반응하는 항체생산을 유발
(b) 독소
(c) 염분축적 증가
(d) 사구체조직에 있는 주머니의 성장
(e) 항체침전과 연이은 사구체조직 방해

5. 고흡수성 탐폰의 사용은 어떤 병에 대한 위험의 증가와 연관되어 있는가?
(a) 독소충격증후군
(b) 세균성 질염
(c) 신우신염
(d) 사구체신염
(e) 선모충병

6. 임신한 여성에서 요로감염은 무엇 때문에 더 심각한가?
(a) 태아감염을 유발한다.
(b) 신우신염으로 발전한다.
(c) 잔뇨를 유발한다.
(d) 소변의 흐름을 감소시킨다.
(e) 더 심각하지 않다.

7. 독소충격증후군은 어떤 세균이 생산한 초항원(superantigen) 때문에 유발되는가?
(a) 살모넬라(*Salmonella enterica*)
(b) 대장균(*Escherichia coli*)
(c) 클라미디아 트라코마티스(*Chlamydia trachomatis*)
(d) 임질균(*Neisseria gonorrhoeae*)
(e) 황색포도상구균(*Staphylococcus aureus*)

8. 트리코모나스증은 어떤 종류의 미생물에 의해 발병하는가?
(a) 원생동물(Protozoan)
(b) 세균(Bacterium)
(c) 바이러스(Virus)
(d) 프리온(Prion)
(e) 기생충(Helminth)

9. 트리코모나스증 치료를 위해 무엇을 선택해야 하는가?
(a) 페니실린
(b) 메트로니다졸
(c) 테트라사이클린
(d) 아시클로버
(e) 반코마이신

10. 임질균은 생식관과 요로의 상피세포에 부착하여 증식하기 위해 어떤 표면구조를 가져야 하는가?
(a) LPS
(c) 펩티도글리칸 (Peptidoglycan)
(c) 섬모(Pili)
(d) 협막(Capsule)
(e) 편모(Flagella)

11. 매독은 얼마나 많은 단계로 구분하는가 (잠복단계는 포함하지 않음)?
(a) 1
(b) 2
(c) 3
(d) 4
(e) 5

12. 다음 중 초기단계의 매독에서 발견되는 궤양에 대한 설명 중 맞는 것은?
(a) 사라지며 흉터를 남긴다.
(b) 매독의 모든 단계 동안 지속된다.
(c) 보통 얼굴에서 발견된다.
(d) 딱딱하고 통증이 없는 병소이다.
(e) 고통스럽고 화농성이다.

13. 매독에서 스피로헤타(spirochete)과 세균인 트레포네마(*Treponema*)가 침입하여 혈관, 심장, 그리고 중추신경계를 포함하여 몸의 다양한 부위에 손상을 입히는 단계는?
(a) 잠복단계
(b) 초기단계
(c) 2단계
(d) 3단계
(e) 4단계

14. 매독 치료를 위해 무엇을 선택해야 하는가?
(a) 반코마이신
(b) 설폰아미드
(c) 페니실린
(d) 아시클로버
(e) 단백질분해효소 저해제

15. 대부분의 비임균성 요도염은 무엇에 의해 유발되는가?
(a) 클라미디아 트라코마티스(*Chlamydia trachomatis*)
(b) 임질균(*Neisseria gonorrhoeae*)
(c) 대장균(*Escherichia coli*)
(d) 황색포도상구균(*Staphylococcus aureus*)
(e) 트레포네마 팔리듐(*Treponema pallidum*)

16. 다음 중 연결이 잘못된 것은?
(a) 임질-그람양성 쌍구균
(b) 매독-트레포네마 팔리듐(*Treponema pallidum*)
(c) 가드네렐라 바지날리스(*Gardnerella vaginalis*)－단서세포(clue cells)
(d) 독소충격증후군-황색포도상구균(*Staphylococcus aureus*)
(e) 생식기 헤르페스-잠복감염

17. 다음 중 골반염증성질환과 연관된 것은?
(a) 임질균(*Neisseria gonorrhoeae*)
(b) 대장균(*Escherichia coli*)
(c) 클라미디아 트라코마티스(*Chlamydia trachomatis*)
(d) a와 c 모두
(e) a,b 그리고 c

18. 마이코플라즈마가 대부분의 다른 세균과 다른 이유는 무엇이 없기 때문인가?
(a) 세포벽
(b) 세포막
(c) 핵산
(d) 편모
(e) 단백질

19. 생식기 헤르페스는 보통 어떤 헤르페스 바이러스에 의해 유발되는가?
(a) 제 1형 단순 헤르페스
(b) 제 2형 단순 헤르페스
(c) 대상포진(Herpes zoster)
(d) 헤모필루스 인플루엔자(*Haemophilus influenzae*)
(e) 클라미디아 트라코마티스(*Chlamydia trachomatis*)

20. 헤르페스바이러스는 몸의 어느 부위에서 잠복감염을 하는가?
(a) 신경절
(b) 담낭
(c) 위
(d) 소장
(e) 눈

21. 성기 사마귀는 무엇 때문에 생기는가?
(a) 트레포네마 팔리듐(*Treponema pallidum*)
(b) 헤르페스바이러스
(c) 클라미디아 트라코마티스(*Chlamydia trachomatis*)
(d) 인간유두종바이러스
(e) 임질균(*Neisseria gonorrhoeae*)

22. 미국에서 성인의 몇 퍼센트가 거대세포바이러스를 가지고 있는가?
(a) 10%
(b) 20%
(c) 50%
(d) 80%
(e) 100%

23. 태아는 임신기간동안 무엇에 의해 CMV로부터 보호되는가?
(a) 항생제
(b) 자신의 면역계
(c) 어머니의 면역방어
(d) 항바이러스제
(e) 조기진단과 치료

24. 인간유두종바이러스는 성기 사마귀외에 어떤 병에 관여하는 것으로 생각되는가?
(a) 설사
(b) 시력상실
(c) 관절염
(d) 청력상실
(e) 자궁경부암

25. 병소로부터 긁어모은 것에서 도노반 소체를 발견함으로 진단되는 병은?
(a) 서혜 육아종
(b) 매독
(c) 임질
(d) 생식기 헤르페스
(e) 성기 사마귀

26. 각 질환이 어떻게 진단되고 치료되는지 기술하기 위해 아래 표를 완성하라.

질환	진단 방법	치료
임질		
매독		
무른궤양		
성병성 림프육아종		
서혜 육아종		

웹상에서 탐구 문제

http://www.wiley.com/college/black

이 장의 내용을 다 이해했다고 생각되면 웹상에 당신이 알아야 할 것들이 더 있다. 이 장의 개념을 더 자세히 이해하고 아래 질문에 대한 답을 찾기 위해 웹사이트에 가보라.

1. 당신은 헤르페스바이러스가 전염성 단구증가증, 악성종양, 그리고 정신지체를 포함하여 1종류 이상의 병을 일으킬 수 있는 다능성의 바이러스라는 사실을 알고 있었는가?
2. 요로감염은 매년 8백만명 이상이 의사를 찾는 질환이다. 오직 호흡기 감염만이 요로감염보다 더 흔하다. 많은 여성들이 재발성 요로감염증을 가지고 있다. 요로감염을 가진 여성들 중 거의 20%는 다른 질환을 가지고, 이들 중 30%는 잇따라 다른 질환을 가지며 이들 중 80% 정도는 계속 재발할 것으로 추정된다. 왜 그런지 웹사이트에서 찾아보라.

호흡계 질환

21

Linda Stannard/Photo Researchers, Inc.

시작하며...

전 세계의 사람들은 조류 독감을 지켜보고 있다(◀10 장 p. 284~286). 이제까지는 사람과 사람 사이에 감염되는 큰 유행병으로 까지는 발전되지 않았다. 그러나 만약 그것이 큰 전염병으로 발전 한다면 미국에 있는 우리들은 무엇을 하여야 할까? 미국 정부관리들은 유행병이 세계의 다른 곳에서 발병한다면 그것이 미국에 도달하는데 대략 3개월 정도가 걸린다고 생각한다. 유행병을 막기에는 우리들이 너무 많은 항구를 가지고 있고 유행병을 전달하는 철새들을 막을 수도 없다. 따라서 우리들은 무엇을 하여야 할까? 가장 좋은 충고는 미리 피난처를 정하고 비축 음식, 약, 그리고 또 다른 필요한 것들을 준비하는것이다. 당신은 격리된 채로 3개월 동안 지낼 필요가 있다.

백신은 어떤가? 65세 이하 성인들에게 오직 45 % 만 유효한 것으로 알려져 있다. 충분한 백신이 없으며 모든 사람에게 충분한양의 백신은 앞으로도 없을 것이다. 정부는 백신 제조업체와 계약을 맺어 정부 창고에 백신을 비축할 것이며 어떤 사람도 판매를 하거나 사적으로 이용하는 것이 허용되지 않을 것이다. 또 다른 문제는 백신을 2개월 간격으로 2번 접종 받아야 하는 것이다. 어떤 지역에 유행병이 발병하기 시작 하기 까지 백신이 방출되지 않으면 사람들이 백신 예방 접종을 받기 전에 죽을 것이며 단지 45%만이 백신에 의해 보호될 것이다.

이 주제와 관련된 비디오는 WileyPLUS에서 볼 수 있습니다.

호흡계의 구성

상기도 / 하기도 / 귀 / 호흡계의 정상 세균

상기도 질병

세균성 상기도 질환/ 바이러스성 상기도 질환

하기도 질병

세균에 의한 하기도 질병 / 바이러스성 하기도 질병

곰팡이에 의한 호흡기 질환 / 기생성 호흡기 관련 질병

인간 호흡계는 다양한 세균, 바이러스, 곰팡이와 적어도 1마리의 기생충에 감염될 수 있다. 호흡기 감염이 성립되는지 아닌지는 숙주와 미생물체와의 관계(◀14장), 호흡계의 상태와 비특이적 방어기작(◀16장)에 달려있다. 호흡기 감염은 귀 감염을 포함하는 상기도 감염과 하기도 감염으로 나뉜다.

호흡계의 구성

호흡계(respiratory system)는 비강, 인두, 후두, 기관, 기관지 등을 포함하는 **상기도(upper respiratory tract)**와 폐로 구성되어 있는 **하기도(lower respiratory tract)**로 이루어져 있다**(그림 21.1)**. 이 전체 호흡계는 습기 있는 상피세포로 안쪽 표면이 덮여져 있다. 그러나 상기도의 상피세포는 점액을 분비하는 세포를 포함하고 있으며 섬모로 덮여있다.

공중 보건

우아한 결핵

수석 디자이너는 섬광 전구, 음악, 한줌의 직물과 함께 슈퍼모델에게 새 계절의 옷을 전시한다. 이것이 여러분이 보고 있는 이 사진과 무슨 관계가 있는가? 이 장면은 오페라 La Boheme의 영화판으로 19세기 후반에 결핵이 얼마나 유행했으며 결핵에 걸리면 피곤하고 얼굴이 창백해진다는것을 보여준다. 이 기간 동안 많은 예술들이 똑같이 창백하고, 밝은 분홍색 뺨으로 소파에 기대어있는 무기력한 여성을 결핵의 상징으로 보여주었다.

그러나 왜 결핵이 감탄의 대상이 되었을까 ? 그 당시에는 매우 지적이고 창조적인 사람이 결핵에 감수성이 있는것으로 믿어졌다. 시인, 예술가, 음악가의 우수성은 온기 없는 다락에서의 죽음으로 확인 되었다. 결핵으로 인한 죽음은 또한 미술에서도 두드러진 주제 였다. 사실 결핵이 유행병이 되었고 아름다움의 표준을 세웠다. 결핵이 아직까지 많은 최신 유행 모델의 여윈 모습의 메아리일까 ?

(Photofest)

상기도

호흡계는 공기로 부터 혈액으로 산소를 운반하고 혈액으로 부터 공기로 이산화 탄소를 제거 한다. 숨 쉴때 마다 공기에는 수백만의 미생물과 현탁 입자를 포함한다. 숨실때 약간의 미생물들과 입자는 공기가 **비강(nasal cavity)**을 통과하면서 털과 점액에 의해 제거된다. 두개골 내에 점막으로 싸여 있는 빈 공동인 **코 공동(nasal sinuses)**에 미생물이 침입하면 공동(sinus) 전염이 일어난다. 남아 있는 미생물과 입자들을 포함하는 공기가 **인두(pharynx)**를 통과하는데 인두는 호흡기계와 소화기계의 공동 통로이다. 청각에 관여하는 유스타키오관이 인두와 중이를 연결한다.

인두로 부터 공기와 남아있는 미생물이 딱딱한 벽으로 둘러 쌓인 관인 후두와 기관을 통과한다. **후두(larynx)**는 성대를 포함하는데 이들이 진동하면 소리가 난다. 후두개는 음식과 유동체가 후두에 들어가는것을 방해하는 펄럭이는 조직이다. **기관(trachea)**이 일차적인 **기관지(bronchi)**로 분지되며 모두 섬모로 둘러 쌓여 있다.

상기도는 흡입된 병원균에 의한 감염을 억제할 수 있는 다양한 종류의 정상 세균총을 포함한다.

비강과 인두를 둘러싸는 막에서 분비되는 점액은 미생물과 대부분의 입자 파편을 붙잡아 인두로 들어가는 것을 막는다. 또한 점액은 리소자임을 포함한다. 기침과 재채기는 기계적으로 점액을 흔들게 함으로 미생물이 점액에 노출되는것을 증가시켜 그들을 쫓아내는데 도움을 준다.

섬모의 진동은 일반적으로 세포를 그들의 환경을 통해 이동시키는데 도움이 된다(◀4장 p. 103). 그러나 비강과 기관지에서는 섬모가 상피 세포로 부터 확장된다. 이러한 세포들이 제자리에 고정되어 있기 때문에 미생물을 붙잡는것 보다는 세포표면으로 미생물과 입자를 이동 시킨다. 파편을 가진 점액은 인두로 올라온다. 이러한 기작을 **점액섬모 상승(mucociliary escalator)**이라고 하는데 기관에 있는 물질이 인두로 들어 올려져 침으로 뱉게 되거나 삼켜 지도록 한다. 그럼에도 불구하고, 상기도의 점막은 감염이 되는 일반적인 장소이다. 그러한 감염은 종종 공동, 중이, 심지어는 하기도로 퍼져 나간다.

하기도

기관지로 부터 공기가 폐로 보내진다. 제2기관지는 작은 **세기관지(bronchioles)**로 나눠져 기관지계로 알려져 있는 분기 구조를 형성한다. 이러한 복잡한 분기 배열은 산소가 폐로 들어오고 이산화탄소가 나가는데 노출되는 세포 표면적을 증가시킨다. 공기가 말단 세기

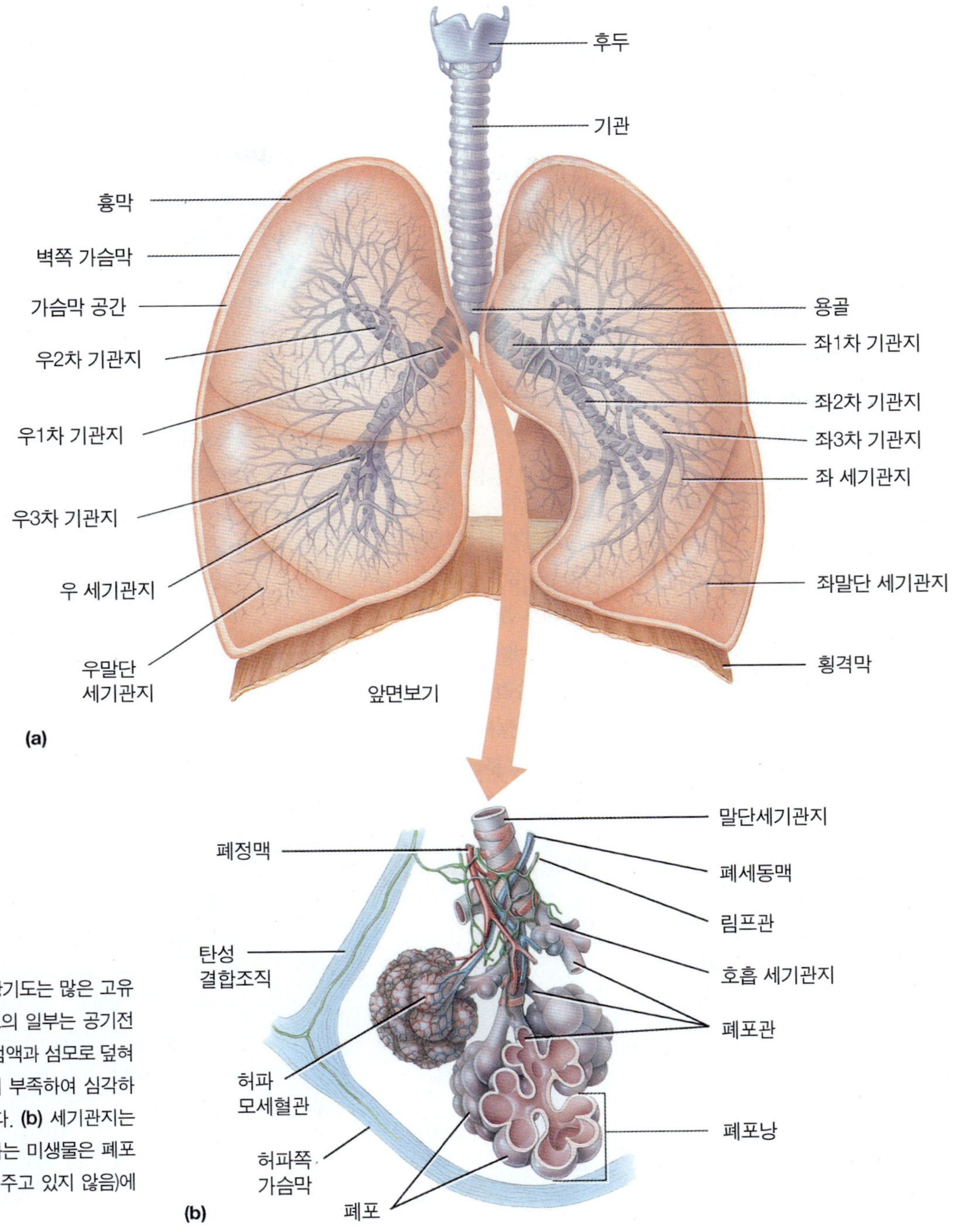

그림 21.1 호흡계 구조. **(a)** 상기도는 많은 고유의 미생물상을 포함한다. 상기도의 일부는 공기전파 물질을 잡아 제거할 수 있는 점액과 섬모로 덮혀 있다. 하기도는 숙주 미생물상이 부족하여 심각하고 위험한 감염이 일어나기 쉽다. **(b)** 세기관지는 폐포에서 끝난다. 폐포로 들어가는 미생물은 폐포에 있는 대식세포(여기서는 보여주고 있지 않음)에 의해 파괴될 수 있다.

관지를 통과하여 **호흡 세기관지(respiratory bronchioles)**로 들어간다**(그림 21.1b)**. 이러한 미세한 경로는 주머니 모양의 **폐포(alveoli)**에서 끝나는데 폐포는 무리(작은 마디)를 이루고 있다. 가스 교환이 일어나는곳은 폐포이다. 산소는 혈액으로 확산되고 혈액에 있는 이산화탄소는 폐포로 확산 된다. 기관지계, 폐포, 혈관, 림프관이 폐를 형성한다. 폐와 공동의 표면은 **흉막(pleura)**이라 불리는 막에 의해 덮혀 있고 흉막은 다른 조직에 윤활제 구실을 할 수 있는 장액을 분비한다.

기관지계를 감싸고 있는 점액 또한 인두를 통과한 외부 물질을 잡아둔다. 만약 상기도 방어 기작이 무너지고 미생물이 기관지나 세기관지에 도달하면 폐포에 있는 대식세포가 이들을 제거하는데 도움을 준다. 단지 미생물의 숫자가 미생물을 제거하기 위한 식작용의 능력을 초과할때나 감염이 혈관, 림프관을 통해 폐에 도달할때는 하기도 감염이 일어날수 있다.

귀

눈처럼, 귀도 환경에 노출되기 때문에 세균의 공격을 받는다. 귀는 감염을 막을 수 있는 자연적 방어 구조를 가지고 있다. 각각의 귀는 외이, 중이, 내이로 나뉜다**(그림 21.2)**. 외이는 피부로 덮여 있는 늘어진 모양의 **귓바퀴(pinna)**, 또는 auricle(일반적으로 귀라고 부름)과 많은 작은 털, 귀지샘을 가지고 안쪽이 피부로 되어 있는 **이도(auditory canal)**를 가지고 있다. **귀지선(ceruminous glands)**은 **귀지(cerumen)**를 분비하는 피지선이 변형된 것이다. 털과 귀지가 미생물과 외부 물질이 이도로 들어오는것을 막아준다. 그럼에도 불구하고 이도가 곰팡이에 감염될 수 있다.

고막(tympanic membrane) 또는 **eardrum(고막)**은 외이와 중이를 구분한다. 중이는 작고 공기로 채워진 공간에 소골편이라 불리는 조그만 뼈를 말하는데 소골편은 음파를 고막으로부터 내이로 전달한다. 만약 고막에 이상이 없다면 대부분의 중이 감염은 비인두(nasopharynx)로 부터 이관(유스타키오관)으로 이동한 미생물들에 의해 일어난다. 내이는 음파를 청각관련 뇌신경(VIII)에 의해 전달된 신경충격으로 변경시킨다.

외이와 중이 감염은 상대적으로 자주 어린이에서 일어나는데 그들의 이관이 짧고 넓기 때문에 미생물의 전달을 용이하게 한다. 상대적으로 내이는 병원체에 노출되기 어렵기 때문에 내이 감염은 드물다. 그러나 내이 감염이 일어난다면 **유양돌기 부분(mastoid area)**으로 쉽게 전염되는데 유양 돌기 부분은 이도 뒤나 아래에 위치하고 있는 두개골의 뼈 부분이 돌출된 곳이다. 유양 돌기와 뇌 사이는 오직 얇은 뼈에 의해 분리되어 있다. 따라서 유양 돌기가 감염되면(유양돌기염 으로 알려짐) 심각한데 감염이 뇌에 도달할 위험이 있기 때문이다.

호흡계의 정상 세균

호흡계의 기능 때문에, 호흡계 표면은 우리 피부에 있는 단단하고 각질화된 두꺼운 여러층의 조직으로는 덮혀 있을 수 없다. 우리가 숨쉬는 따뜻하고 축축한 공기와 더불어 공기교환은 순환계와 직접 접촉하는 매우 얇고 섬세한 세포 층을 요구한다. 폐포같은 경우는 하나의 편평한 상피세포들이 모세혈관에 눌려있는 상태로 존재한다. 이러한 세포 표면에 미생물이 집단으로 존재하면 공기교환을 방해하고 섬세한 세포에 충격을 준다. 따라서 하기도에 미생물이 집단 번식하는 것을

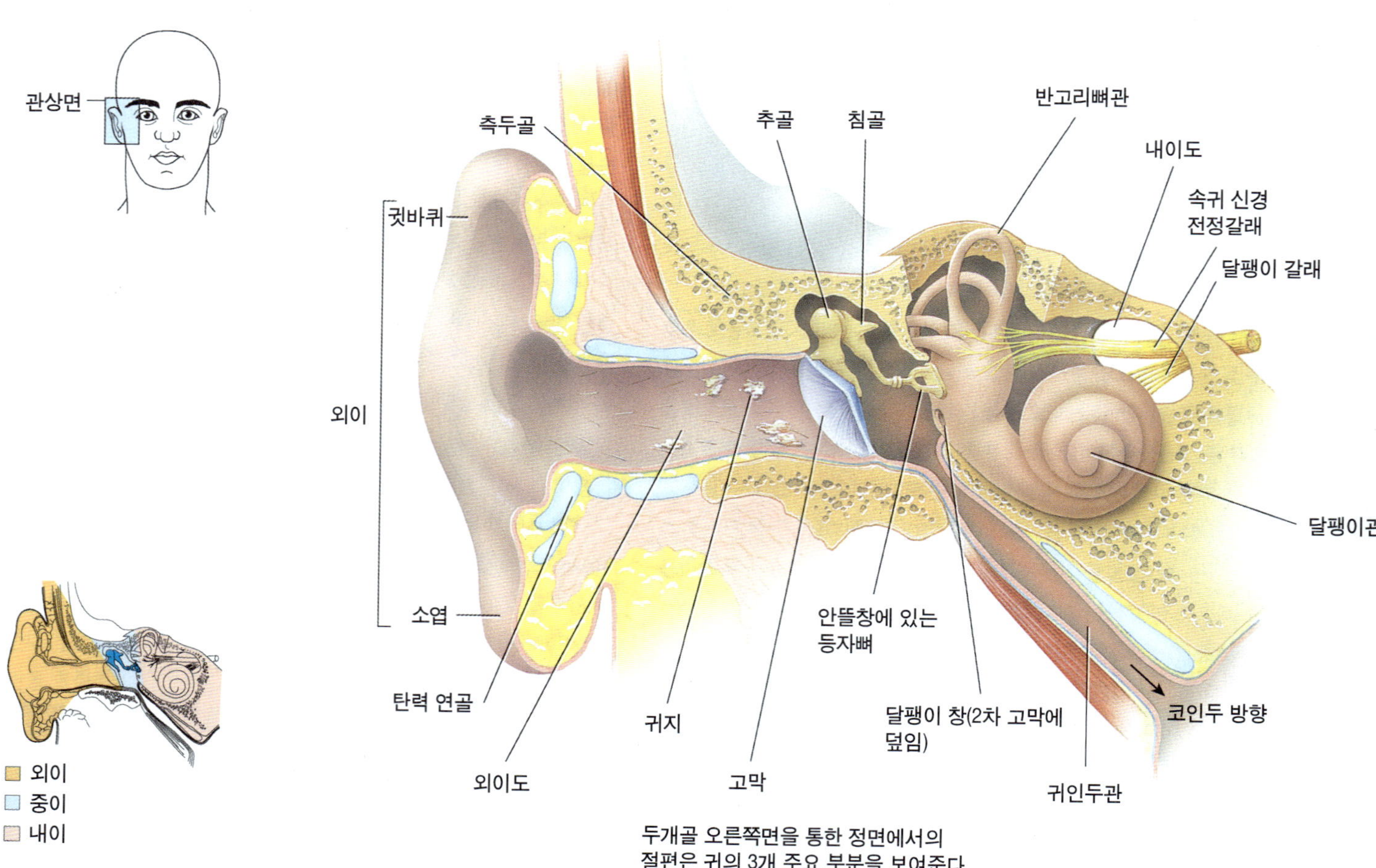

그림 21.2 귀의 구조. 외이는 귀에 있는 털과 귀지에 의해 이물질로부터 보호된다. 그럼에도 불구하고, 몇몇의 귀 감염이 외이에서 일어난다. 중이의 감염은 이관(유스타키오관)으로 올라가는 감염으로 부터 일어난다.

막기 위해 상기도가 많은 방어 기작을 갖고 있다는 것이 놀라운 일은 아니다.

건강한 폐는 일반적으로 무균 상태이다. 기관(후두 아래), 기관지, 더 큰 세기관지에는 정상 미생물 집단이 없다. 거기서 발견되는 유기체들은 단지 순간적으로 흡입된 미생물들이다. 그들은 점액섬모의 상승 작용에 의해 제거 된다. 흡연과 유독한 연기의 흡입은 점액섬모 상승작용을 떨어 뜨린다. 유기체 제거 실패는 감염을 야기 한다.

폐포내에서 대식세포가(◀16장, p. 467) 입자와 미생물을 삼킨다. 이러한 대식 세포들은 점액섬모 상승작용으로 목으로 이동한다. 그러나 모든 미생물이 호흡관의 중심 부분에 있는 점액에 잡히지는 않는다. *Mycobacterium tuberculosis*와 *Coccidioides immitis* 같은 균은 기관, 기관지에 남아서 폐포까지 공기로 이동 가능하다. 폐포에서는 대식세포에 의한 파괴가 불가능 하다. 사실, *M. tuberculosis*는 대식세포내에서 살수 있고 증식할 수 있어 폐포에 감염을 일으킨다. 기침 반사를 해치는 조건 또는 후두개가 후두가 꼭 맞지 않는 상황은 하기도가 감염에 쉽게 노출되도록 한다. 대부분의 후두, 기관, 기관지의 감염은 바이러스에 의한 것이다.

인두는 입에 있는 것과 같은 정상적인 미생물군을 가지고 있다. 이곳으로부터 분비물의 흡인은 하기도에서 폐렴을 유발한다. 인두는 자체적으로 방어 능력을 가지고 있는데 면역계(◀16장)에서 중요한 부분을 차지하는 편도선과 같은 림프계 조직을 가지고 있다. 여전히 잠재적 병원균으로 여겨지는 *Klebsiella pneumoniae*, *Streptococcus pneumoniae*, *Staphylococcus aureus*, *Haemophilus*종 등이 인두에서 살수 있으며 집단을 형성한다. 그들의 존재가 반드시 감염을 나타내지는 않는다. 예를 들면 당신이 인두에서 결핵이 나타나지 않았다면 결핵을 일으키기 위해서는 병원균이 성공적으로 기관지, 폐를 감염 시켜야 한다.

상기도는 감염에 대한 첫번째 방어 전선을 형성한다. 이 곳에는 피부에 있는 정상 세균과 같은 *Staphylococcus epidermidis*, *corynebacteria*가 많이 존재한다. *Staphylococcus aureus* 또한 여기에서 발견되는데 특히 콧구멍 앞쪽에 많이 존재 한다. 건강한 인구의 1/3이 어떠한 시기에 *S. aureus*를 가지고 있게 되는데 반은 일시적으로, 나머지 반은 영원히 *S. aureus*를 가지게 된다. 코가 *S. aureus* 운반체 역할을 하므로 아직 까지 정상 세균총이 만들어 지지 않은 신생아에게 쉽게 퍼져 나간다. 유해한 *S. aureus* 종을 가지고 신생아 시설에서 일하고 있는 보균자는 매우 위험하다. 왜냐하면 대부분의 신생아는 출산 후 24시간내에 주위 환경으로 부터 하나의 *S. aureus* 종에 의해 집단을 형성 하기 때문이다. 그러나 처음 24시간 동안 무해한 *S. aureus* 종이 신생아의 코 점액에서 집단을 형성하므로, 보다 더 유해한 다른 종의 *S. aureus*가 집단을 형성하는 것을 방해한다.

콧구멍 앞쪽에 잇는 콧털은 큰 입자들의 통과를 방해한다. 그들은 또한 공기가 소용돌이 치게하여 속도를 줄일 뿐 아니라 입자들이 점액에 자리 잡도록 한다. 점액은 분당 0.5 내지 1 cm 로 인두쪽으로 이동하는데 후비루(비공의 뒤쪽에서 인두로 떨어지는 점액의 방울)를 형성한다. 위(stomach)로 삼켜져 잡힌 미생물은 파괴된다. 코를 통한 통과는 콧털 처럼 코 속에 돌기나 뼈가 있어 공기가 소용돌이 치거나 흐름이 느려지게 된다.

평균적으로 성인 남자가 휴식시 분당 약 8마리의 미생물을 흡입하고 깊은 호흡을 할때는 더 많은 미생물을 흡입한다는것을 고려하면 호흡계의 방어 기작은 효율적이다. 매년 단지 약간의 호흡기 질병만이 발생하기 때문이다.

적용

알코올 중독과 폐렴

후두의 열기는 후두개에 의하여 담당하게 된다. 후두개는 음식과 유체가 후두로 들어가려는 것을 방지하는 조직이다. 후두개가 적당히 작동하지 않으면 유체가 폐로 끌어 당겨져 흡수 된다. 알코올 중독 환자들에 그러한 실패는 자주 폐렴을 유발한다. 알코올 중독자가 잘 때는 후두개가 벌어져 호흡과 함께 인두 분비물이 폐로 흡수된다. 만약 폐렴을 유발하는 유기체가 이 분비물들에 존재하면 폐를 감염 시킨다. 알코올 중독자는 "게으른 백혈구"를 가지고 있어 폐에서 미생물이 파괴되지 않는다. 즉 비알콜 중독자 보다 대식세포가 침입한 미생물을 파괴하는데 덜 효율적이다.

상기도 질병

세균성 상기도 질환

세균에 의한 상기도 질병은 매우 보편적이다. 특히 겨울에 환기가 제대로 되지 않는 곳에서 사람이 밀집되어 있으면 감염된 사람이나 보균자의 비말을 흡입함으로 쉽게 감염된다.

당신 주변에 감염된 사람이 많으면 감기에 걸리기 쉽지만 당신과 교제하는 사람들 중 더 많은 사람이 당신에 우호적인 지지자들이라면 감염에 저항할 수 있는 면역계가 더 활발하게 작동할 것이다.

인두염과 관련된 질병

인두염(pharyngitis) 또는 인후통은 인후의 감염이다. 주로 바이러스에 의한 감염이지만 때때로 세균에 기인한다. **후두염(laryngitis)**은 후두의 감염인데 종종 목소리에 영향을 미친다. **후두개염(epiglottitis)**은 후두개의 감염인데 기도를 막아 질식을 야기할 수 있다. 위막성 후두염(Croup)은 어린이에게 발견되는 바이러스 감염인데 후두와 후두개가 관여한다. 호흡 곤란, 후두의 경련, 막 형성이 일어난다. 감염이 공동(sinus cavities), 기관지, 편도선에 일어나면 이런 상태를 **정맥두염(sinusitis)**, **기관지염**

(bronchitis), **편도선염(tonsillitis)**이라고 부른다. 감염이 폐로 퍼지면 더 이상 상기도 질환이라 하지 않고 폐렴이라 부른다.

연쇄 구균에 의한 인두염. 인두염의 10% 이하가 그룹 A β-hemolytic *Streptococcus pyogenes*에 의해 일어난다. 이러한 감염을 패혈성 인두염이라 부르는데 5세에서 15세의 어린이에게서 가장 많이 발생하며 어른에게서도 종종 발견된다. 감염은 현재 감염된 사람이나 보균자의 비말을 흡입함으로 얻어진다. 개와 다른 애완동물도 보균체가 될 수 있다. 재발하고 집단으로 발생하는 질병에서 보균 상태를 진단하여 제거하는것은 어렵다. 오염된 음식, 우유, 물이 병을 퍼지게 함으로 감염된 사람이나 보균자가 음식을 다루지 않도록 해야 한다. 패혈성 인두염은 일반적으로 목에 염증이 생기고 목에 있는 아데노이드나 림프절도 부풀어 오른다. 편도선은 매우 허약하게 되고 흰색의 고름으로 채워진 외상으로 발전한다**(그림 21.3)**. 증상은 갑자기 한기, 두통, 급성 목 통증, 특히 삼킴, 종종 메스꺼움과 구토를 동반한다. 일반적으로 고열이 난다. 기침이나 코 분비가 없는 것이 일반적 감기와 구분하는데 도움이 된다. 특정 독소를 생산하는 비독성 파아지에 감염된 *S. pyogenes*종은 인두염과 더불어 성홍열을 일으킨다(◀19장 p. 579).

신속한 연쇄상구균 테스트가 가능해짐에 따라 세균 배양에 걸리는 24시간 이상 대신 15분 만에 의사가 연쇄상 구균에 의한 감염을 진단할 수 있다.

진단은 인후배양에 의해 이루어 지는데 목구멍을 면봉으로 발라 신속한 효소 표지 항체 검사법으로 몇 분내에 의사의 사무실에서 이루어 진다. 신속한 치료가 중요하다. 치료가 지연되면 *S. pyogenes*가 면역계와 반응하여 류머티즘열을 일으키는데(◀23장) 치료가 이루어지지 않은 경우의 3%에서 발생한다. 이러한 이유로 페니실린 이나 페니실린에서 기인한 다른 항생제를 인후배양 결과가 나오기 전에 종종 사용한다.

후두염과 후두개염. 후두염은 *Haemophilus influenza*와 *Streptococcus pneumoniae*같은 세균이나 바이러스 단독, 또는 세균과 바이러스 복합 감염에 의해 일어난다. 급성의 후두개염은 거의 *H. influenzae*에 의해 발생하였으나 오늘날은 *H. influenzae*에 대한 광범위한 면역으로 대부분 바이러스에 기인한다. 조직에 대한 염증으로 기도가 막히고 호흡 곤란으로 심지어는 사망에 이르게 된다.

삼키는 것이 고통스러울 때 (침을 흘릴 정도로), 소리가 나오지 않을때, 숨쉬는것이 어려울때 당신은 후두개염을 의심하여야 한다.

정맥두염. 정맥두염의 반 이상은 *Streptococcus pneumoniae*, *Moraxella catarrhalis*, *H. influenzae*에 의해 일어나고 몇 몇의 경우는 *Staphylococcus aureus*나 *Streptococcus pyogenes*에 의해 일어난다. 공동의 팽창은 배수를 느리게 하거나 방해하여 압력과 통증을 유발한다. 배수가 방해된 채로 있으면 점액이 축적되고 세균의 성장을 불러 일으킨다. 점액, 세균, 식세포로 구성된 분비물이 공동에 모인다. 만성의 정맥두염은 지속적으로 공동의 안쪽 부분에 충격을 주어 용종(부드럽고 매달린 성장)을 형성한다. 박테로이드와 같은 혐기성 세균 감염은 대부분 만성 정맥두염의 원인이다. 윗이의 뿌리는 상악골 공동과 매우 근접해 있는데 5~10 %의 공동 감염이 치과 치료에 기인한다. 공동에 습기있는 열을 적용, 에페드린(ephedrine) 같은 혈관수축신경약을 한 방울씩 코로 주입, 공기를 축축하게 하는것, 머리를 배출이 잘 되는 방향으로 두는것 등이 증상을 완화시키는데 도움을 준다. 페니실린

매년 1조 5천억 달러 이상의 공동 치료약이 미국에서 공동 병 증상 치료를 위해 구입된다.

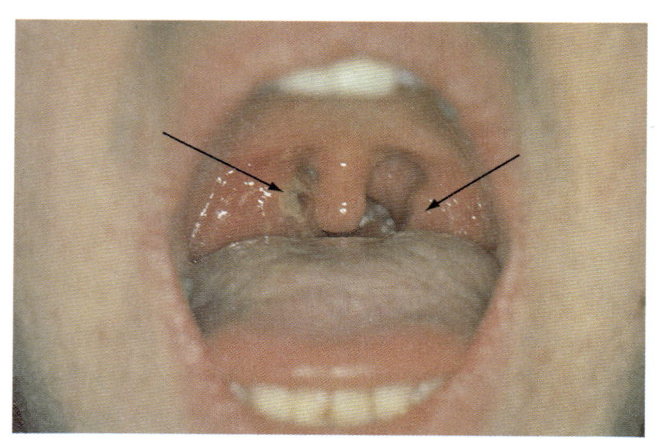

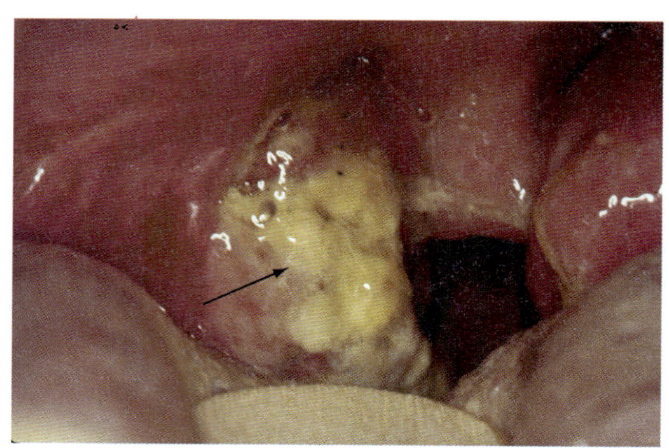

(b)

그림 21.3 패혈성 인두염. 일반적 형태의 인두염은 목쪽의 아데노이드가 팽창하고 붉게 되는**(a)** 특징이 있고 (Biophoto Associates/ Photo Researchers, Inc) 편도선에 하얗고 고름으로 채워진 외상이 발견된다**(b)**.*(Southern Illinois University/ Peter Arnold, Inc).*

과 같은 항생 물질과 불쾌감을 줄이기 위한 약물로 치료 하는것이 필요하다. 물이 공동에 무리한 영향을 주기 때문에 수영 하는 사람이나 잠수부는 정맥두염으로 종종 고생한다. 그러한 사람들은 코에 클립을 사용하여 물이 공동으로 들어 가는 것을 막고 잠수할때나 머리가 수중에 있을때 숨을 내쉼으로 물이 들어 오는 것을 방지한다

기관지염. 기관지염은 기관지와 세기관지가 관여하고 폐포까지 확장 되지는 않는다. 일반적으로 약 15%의 인구가 만성 기관지염을 가지고 있다. 나이든 사람에게 흔하며 흡연, 공기 오염, 석탄 가루 흡입, 면화 부스러기, 다른 입자들, 유전등과 관련있다. 환자는 점액, 유기체, 식세포를 포함하는 침을 기침으로 내 놓는다. 일반적 병원체는 *Streptococcus pneumoniae*, *Mycoplasma pneumoniae*, 다양한 종의 *Haemophilus*, *Moraxella*, *Streptococcus*, *Staphylococcus*를 포함한다. 감염은 폐의 폐포로 퍼져 폐렴을 유발한다. 진단은 침을 배양함으로 이루어 진다. 감염된 개인이 병원 치료를 찾을 때는 호흡막이 영구히 손상 되었을 때이다. 항생제 치료가 더 이상의 악화는 막을 수 있지만 이전의 수준으로의 회복은 불가능하다. 결국 심각한 호흡 부족 현상이 생긴다.

디프테리아

비록 미국에서 1년에 5 사례 이하로 **디프테리아(diphtheria)**가 보고 되지만 한때는 두려운 살인마였다. 세기전에는 30-50%의 환자가 죽었는데 대부분의 죽음은 4세 이하 어린이들이 질식사 하였다. 오늘날 디프테리아는 구소련 지역에서 문제가 되었는데 전염병 수준의 비율로 복귀 되었다. 1990년 이후 200,000 건이 발생하여 5000 사례의 죽음이 보고 되었다(◀15장 p. 429).

조지 워싱턴이 디프테리아에 의해 숨을 거두었을지 모른다.

디프테리아에서는 이 병에 뒤따르는 후유증과 유해한 증상들이 일반적이다. 이 병으로 부터 회복된 후에도 심장 근육에 염증이 생기는 심근염과 몇몇 신경에 염증이 생기는 다발성 신경염 때문에 죽음에 이르기도 한다. 환자들 중 20%에서 상당한 심장 기형이 발생한다. 마비를 포함하는 신경학적 문제가 심각한 사례인 경우 일어날 수 있다.

원인균. 디프테리아는 외독소를 만들 수 있는 유전자를 가진 프로파지(prophage)에 의해 감염된 *Corynebacterium diphtheriae* 에 의해 일어난다(◀10장 p. 290). 이 균은 그람양성의 막대기 모양인데 곤봉 모양의 세포들이 울타리 처럼 나란히 자란다(마치 수직의 통나무들이 오래된 성을 강화하기 위해 사용되는것 처럼). 이 세포들은 이염성 인 입자를 포함 하는데 이 입자는 메틸렌블루로 염색하였을때 붉게 변한다(그림 21.4). **디프테로이드(diphtheroids)**는 코, 목, 비인두, 비뇨관, 피부등에서 발견되는 corynebacteria 이다. 이 유기체는 독소를 생성하지 못하기 때문에 *C. diphtheria*와는 다르다. 기니아 피그

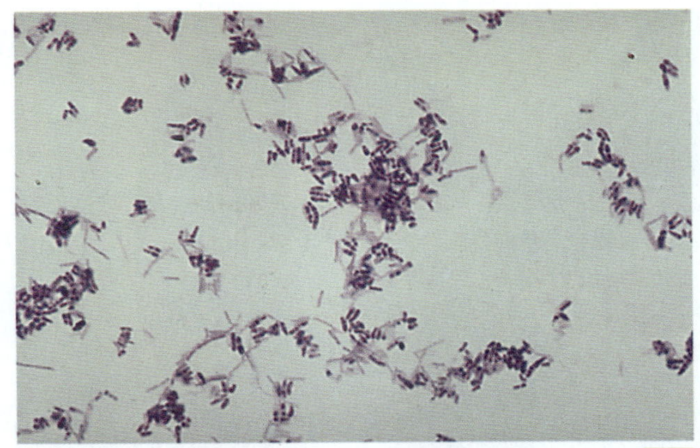

그림 21.4 디프테리아를 일으키는 *Corynebacterium diphtheriae*. LM 이염성 인 입자가 짙은 불그스레한 청색으로 염색된 현미경 사진 (2,801 X). (G. W. Willis, M.D./Visuals Unlimited)

(guinea pig)에 접종 하였을때 *C. diphtheriae*는 질병을 일으켰으나 디프테로이드는 질병을 일으키지 않았다. 어떤 실험실에서는 독소를 생성하는 균주를 찾기 위해 겔 확산 방법을 사용한다.

독소를 만들기 위해 세균은 용원성 프로 파지 상태의 박테리오파지에 의해 감염되어야 한다(◀10장 p. 290). 즉, 박테리오파지 DNA가 세균 염색체에 삽입되어야 하고 거기서 독소 생산 유전자가 발현되어야 한다. 세균이 파지에 감염 되는것을 방지하면 독소 생성 능력을 제거할 수 있다. 환자 혈액에서 철의 농도가 빈혈을 일으킬 정도의 낮은 수준을 유지하지 않으면 파지에 감염된 세포가 독소를 생성할 수 없다. 독소는 단백질 합성을 방해하여 세포를 죽음에 이르게 한다. 빠른 진단을 위해 독소 유전자를 검정할 수 있는 PCR 기술이 사용된다.

질병. 인간이 *C. diphtheriae*에 대한 유일한 자연 숙주이다. 이론적으로 디프테리아는 전 세계적으로 면역성을 줌으로 근절될 수 있다. 디프테리아는 기도 분비물의 작은 입자에 의해 퍼져 나간다. 감염은 노출 후 2~4일째 인두에서 시작된다. 유기체와 손상받은 상피세포, 섬유소, 혈액세포등이 합쳐져 **위막(pseudomembrane)**을 형성한다(그림 21.5). 비록 진정한 막은 아니지만 이 막을 제거하면 디프테리아를 가진 일부가 남게되고 피가 나올것 같은 표면이 드러나는데 이 표면은 곧 다른 위막에 의해 덮여지게 된다. 위막은 기도를 막아 질식을 일으킨다. 디프테리아는 깊은 곳의 조직을 침입하거나 다른 위치로 퍼져 나지지는 못하지만 신체 전역에 걸쳐 단백질 합성을 방해함으로 세포를 죽이는 강력한 독소이다. 심장, 신장, 신경계등이 가장 영향을 받기 쉽다.

디프테리아는 가끔 특별한 장소에서 발견된다. 상대적으로 적은 수의 혈관을 가진 비강을 감염할 수 있다. 비강에서는 혈액으로 독소가 거의 들어가지 않아 가벼운 질병만 일으킨다. 피부 디프테리아(*cutaneous diphtheria*)에서는 디프테리아가 또한 피부에 침입하여 조

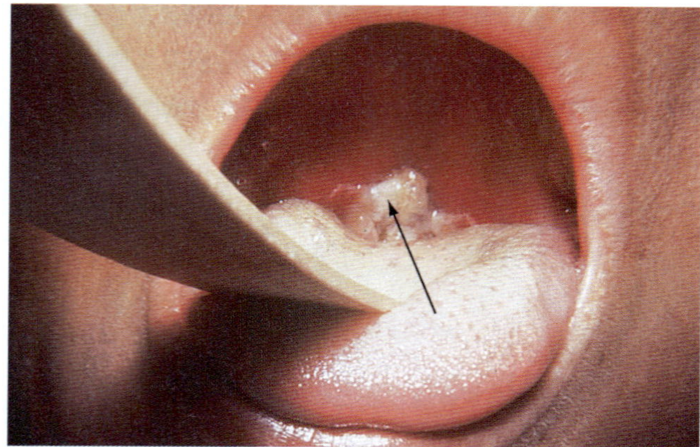

그림 21.5 디프테리아의 특징인 위막. 이것은 진정한 막은 아니다; 그보다는 밑에 있는 조직에 부착한다. 만약 떼어내면 피가 보이는 표면에 디프테리아가 약간 남아 있을 것이고 결국 위막이 재형성된다. 이것이 기도를 막으면 제거되어야 한다. (*Science VU/Visuals Unlimited*).

적용

디프테리아와 "사막 여우"

"사막여우"로 불리는 독일 장군 Erwin Rommel은 세계 2차대전에서 북아프리카 탱크전쟁을 지휘 하였다. 그는 항상 손수건이 코를 누르고 있는 상태로 뉴스영화에 보여졌는데 이것은 사막의 먼지때문이 아니라 코 디프테리아 때문이다. 그는 정기적 치료를 위해 베를린으로 되돌아왔는데 이때마다 군대는 그의 훌륭하고 카리스마적인 지휘 없이 남겨졌다. Rommel의 부재로 사기가 떨어진 군대의 전투 패배로 사실 연합국이 북아프리카 전투에서 나치를 패배 시켰을지도 모른다. 베를린에서 Rommel은 히틀러를 암살하려는 계획을 가진 장군과 만났다. 계획은 실패 하였으며 Rommel의 역할이 밝혀졌다. 게슈타포가 그를 사령부로 데려왔으며 그는 심장마비로 숨졌다. 이것은 여러 해 동안 디프테리아 독소에 노출되어 심장이 약해진 결과라 할 수 있다. Rommel이 디프테리아에 걸리지 않았다면 세계 제 2차 대전 결과가 달라졌을까 ?

직에 상처를 입힌다. 단지 적은 양의 독소가 혈액에 흡수된다. 피부 디프테리아는 위생 상태가 좋지 않은 지역에서 일어나는 열대성 질병이고 미국에서는 드물다.

치료와 예방. 디프테리아는 독소에 대항하는 항독소와 에리스로마이신(erythromycin)과 클린다마이신(clindamycin) 같은 항생제를 투여하여 치료한다. 이 질병은 DTP(디프테리아, 파상풍, 백일해)백신에 의해 예방할 수 있는데 이 백신에는 디프테리아 톡소이드(toxoid), 파상풍 톡소이드, 죽은 *Bordetella pertussis*가 포함되어 있는데 생후 2개월부터 계속적으로 접종 받는다. 어린 시절과 성인일때 추가접종이 요구된다**(그림 21.6)**. 과거 미국에서 디프테리아가 풍토병이었을때 성인들은 소량의 세균에 연속적으로 노출됨으로 면역성을 얻게 되었다. 그러한 노출이 자연 추가 접종의 역할을 하였다. 현재는 디프테리아가 더 이상 풍토병이 아니므로 면역은 백신에 의존 한다. 백신 재 접종을 받지 않으면 어린 시절 강력한 면역성을 가졌던 성인도 약해지는 면역성 때문에 결국 디프테리아에 걸리기 쉽다. 디프테리아가 전세계적으로 아직 잘 제어가 되지 않으므로, 특히 구소련, 백신 접종이 미국에서 전염병을 방지하기 위해 계속되어야 한다. 10년마다 성인의 백신 재접종에는 부상 당한 후 파상풍 톡소이드 단독 투여 보다는 디프테리아 톡소이드와 파상풍 톡소이드를 함께 투여함으로 백신 재접종을 돕는다.

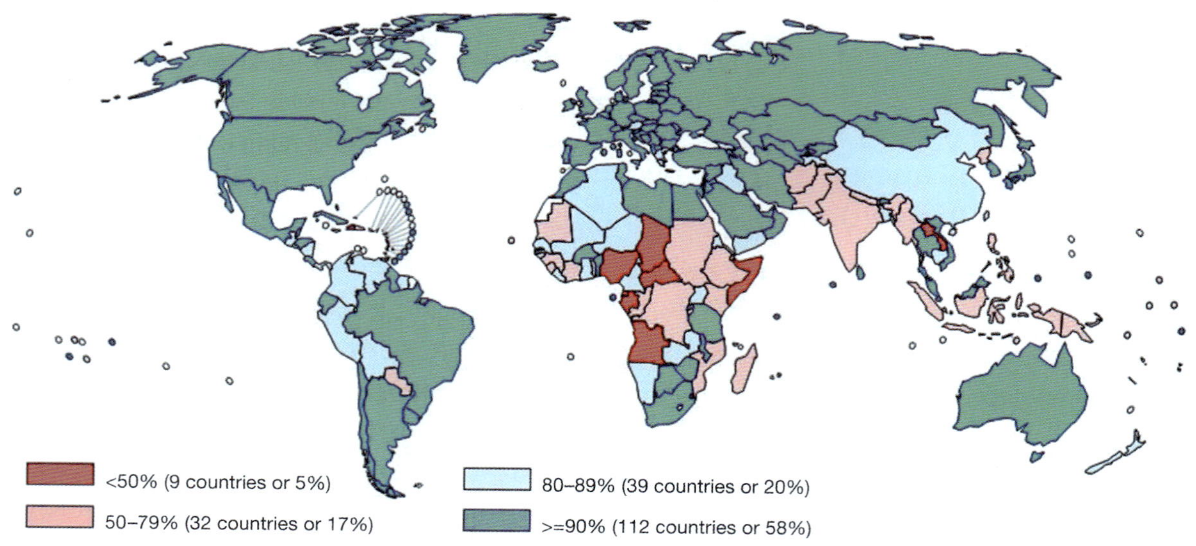

그림 21.6 2005년 유아들에 DTP3 백신을 접종했을때 면역성을 나타내는 범위. Source : WHO/ UNICEF coverage estimate, 1980-2005, as of August 2006 192 WHO Member States.

귀 감염

귀 감염증들은 일반적으로 중이에서 **중이염(otitis media)**이 생기고 외이도에서는 **외이염(otitis externa)**이 생긴다. 중이염은 고름 같은 분비물을 생성하기 때문에 삼출성 중이염(OME; otitis media with effusion)이라 불린다. *Streptococcus pneumoniae*, *S. pyogenes*, *Haemophilus influenzae*가 급성 증상의 반을 차지한다. 비록 적절하게 치료되지 못한 *Streptococcus*와 *Haemophilus*가 만성 증상을 일으키지만 다양한 혐기성균들이 종종 만성 감염과 관계가 있다. 외이염은 *Staphylococcus aureus*와 *Pseudomonas aeruginosa*에 의해 야기된다. Pseudomonad 감염은 이 미생물이 염소에 높은 저항성을 보이므로 수영하는 사람에 일반적이다.

OME 감염은 유스타키오관을 통해 인두를 통과하는 미생물에 의해 일어난다. 중이에서 생성된 고름의 압력에 의해 열과 귀앓이가 일어나지만 어떤 경우는 증상이 없기도 하다. 이 질병은 페니실린 항생제를 사용하여 치료한다. 합병증을 방지하기 위해 모든 유기체가 제거될 때까지 지속적으로 치료하는것이 중요하다. 비록 성공적인 치료후에도 중이에 살균한 액체가 남아 청각에 관여하는 작은 뼈의 진동을 손상시켜 소리 전달을 감소시킨다. 액체의 축적과 반복적인 중이 감염을 방지하기 위해 관(tube)이 때때로 삽입된다**(그림 21.7)**. 만약 언어 발달과정에 손상이 일어나면 언어는 역으로 영향을 받는다. 부주의하고 반항적으로 인식되었던 몇몇 어린이들은 실제 듣지를 못한다. 그런 어린이에게 학교는 악몽과 같다. 어린이가 나이가 들게 됨에 따라 유스타키오관은 모양이 변하고 중이로부터 오는 미생물들의 접근을 방해할 수 있는 각도를 발달시키므로 어린이와 그들의 부모에게는 안심이 된다.

바이러스성 상기도 질환

일반적인 감기

감기, 또는 **코감기(coryza)**는 다른 어느 질병보다 괴로움을 주고 근무시간의 손실을 가져다 주지만 생명을 위협하지는 않는다. 비록 매년 감염되는 숫자에 대한 정확한 통계는 없지만 미국인들이 감기 때문에 1년에 2억일 이상을 허비한다. 경제적으로는, 잃어버린 작업 시간을 관리해야 할 고용주에게 감기는 독이지만 감기 치료약을 만드는 제조업자와 소매상에게는 은혜로운 것이다. 감기 바이러스는 어디에나 연중 존재하지만 대부분의 감염은 초가을이나 초봄에 일어난다. 2~4일간의 배양 기간 후에 재채기, 점막의 염증, 지나친 점액분비, 기도 폐색등의 증상이 나타난다. 인후통, 불쾌감, 두통, 기침, 때때로 기관지염이 일어난다. 고름과 혈액이 코 분비물에 존재하고 질환은 약 1주일간 지속된다. 증상의 심각성은 상기도의 감염된 상피세포에서 분비되는 바이러스 양과 관련있다.

감기 바이러스에 의한 감염은 폐렴, 정맥두염, 기관지염, 중이염과 같은 2차 세균 감염에 걸리기 쉽게 한다. 이러한 감염이 감기에 시간, 불쾌감, 추가 비용 등을 더한다. 백일해와 같은 더 심각한 병과 호흡 융합 바이러스 (respiratory syncytial virus)에 의한 감염이 감기 초기에는 잘못 판단될 수 있기 때문에 정확한 진단과 계속적인 치료가 지연될 수 있다.

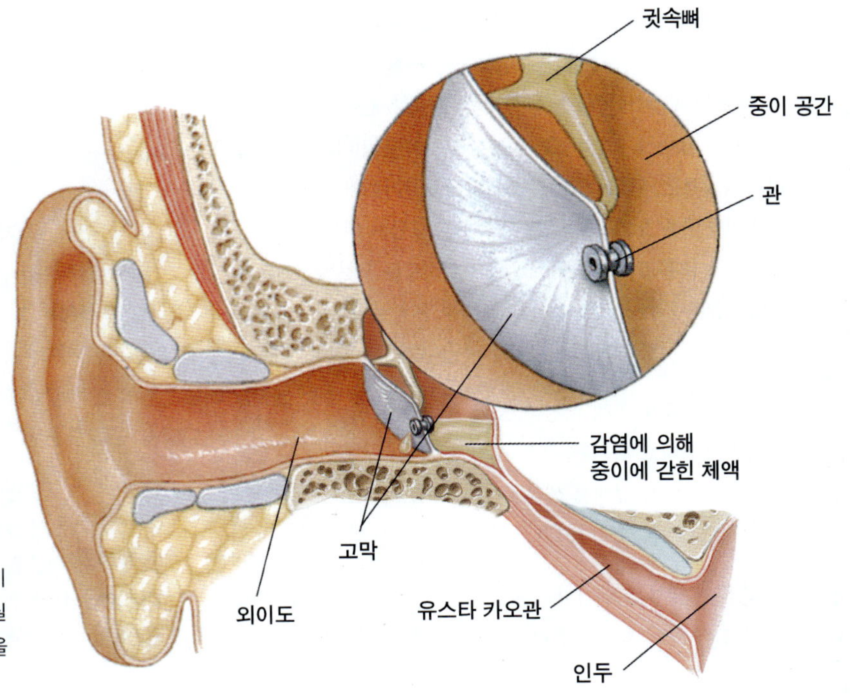

그림 21.7 중이 감염의 치료. 관(tube)은 배수를 촉진하기 위해 고막(중이)을 통하여 놓여진다. 이것은 의사의 사무실에서 행해질 수 있다. 관의 뒷쪽 끝부분에 있는 지골이 관을 제자리에 두도록 잡고 있다.

원인 병원체. 다른 계절 동안에는 다른 종의 감기 바이러스들이 우세하게 된다. 가을과 봄에는 라이노바이러스(rhinovirus)가 대부분이다. 파라인플루엔자 바이러스(parainfluenza)는 1년 내내 존재하며 늦은 여름에 가장 많다. 12월 중반에 코로나 바이러스(coronavirus)가 나타난다. 아데노바이러스(adenovirus)가 연중 낮은 농도로 존재한다. 대략 200마리의 다른 바이러스들이 감기의 원인이 된다. 비록 바이러스성이라고 보고 되지만 많은 상기도와 하기도 감염이 바이러스 때문은 아니다.

실제로 그들은 배양하기 힘든 *Chlamydophila pneumonia*에 의해 일어난다. 모든 바이러스성 호흡기 감염의 절반 정도를 쉽게 항생제로 치료할 수 있다.

라이노바이러스(rhino viruses)는 가장 일반적으로 감기를 일으키는 바이러스로 모든 감기의 반을 차지한다. 그들은 항생제, 화학요법, 소독제등에 저항성을 띄나 산성 조건에서는 빠르게 비활성화된다. 그들은 33~34 ℃에서 가장 잘 성장하기 때문에 공기의 이동이 온도를 낮추는 상기도의 상피세포에서 복제가 이루어진다. 라이노바이러스는 코 분비물과 인후 세척물로 부터 분리될 수 있다. 낮은 pH에 감수성을 나타내는것, 에테르와 클로로포름에 저항성을 띄는것, 바이러스 사이에 특이적인 성질의 결합등으로 확인 가능하다. 적어도 113개의 다른 라이노 바이러스가 동정 되었으며 모두 다른 항원을 가지고 있다. 자연 면역은 일시적이고 아직까지 효과적인 백신이 개발되지 않았다. 비록 어떤 사람이 몇몇의 라이노바이러스에 면역을 가지지만 다른 라이노바이러스에 의해 감기에 걸린다.

두번째로 가장 흔한 감기 원인 바이러스는 어디에서나 발견되는 코로나 바이러스이다. **코로나바이러스(corona viruses)**는 후광(관; 후광이나 왕관을 뜻하는 라틴어)을 주는 곤봉모양의 돌기를 가지고 있다. 돌출된 부위는 바이러스에 대항하여 항체를 생산하는 면역계를 자극할뿐 아니라 숙주세포에 부착할때 사용된다. 감기를 일으킬 뿐 아니라 급성 호흡기 질병을 일으키는데 어떤 경우는 약한 폐렴 또는 급성 위장염을 유발한다. 그들은 호흡기도와 소화관들의 상피세포를 감염한다. 소화관에서 흡수능력을 감소 시키고 설사, 탈수, 전해질 평형 이상을 야기한다.

전파. 감기 바이러스는 감염된 사람들과의 가까운 접촉에 의하기보다는 감염 매개물에 의해 퍼진다. 코를 풀고 사용된 종이를 다루므로 손가락이 오염되고 만지는 모든 것이 오염된다. 양심적으로 종이를 1번 사용하고 즉시 덮개를 씌운 콘테이너에 버리고 코를 닦은 후 손을 깨끗이 씻으면 라이노바이러스 확산을 줄일 수 있다.

진단과 치료. 대부분의 사람들은 감기를 스스로 진단하고 증상을 완화하는 치료약으로 치료를 한다. 의사의 처방 없이 팔린 항히스타민제는 우리 신체가 바이러스에 대항하여 자신을 보호하려고 하기 때문에 염증반응에 맞서 싸우는데 효과적이다. 어떤 종류의 인간 인터페론을 가지고 행한 실험에서 인터페론이 라이노바이러스 감염을 억제하거나 제한할 수 있는것으로 알려졌다. 그러나 인터페론이 점액의 진한 담요 밑에 있는 상피세포에 도달할 수 있도록 돕는 인자를 함께 사용하여야 한다.

감염을 막을 수 있는 충분한 양의 α 인터페론은 막을 자극하고 출혈을 일으킨다. 인터페론과 다른 인자의 여러 조합이 라이노바이러스 감염을 억제하기 위해 조사되고 있다.

파라인플루엔자

파라인플루엔자(parainfluenza)는 주로 어린이에서 비염(코 염증), 인두염, 기관지염, 폐렴등을 일으킨다. **파라인플루엔자 바이러스(parainfluenza viruses)**(paramyxoviruses; ◀10장 p. 280)는 처음에 코 와 목의 점막을 공격한다. 매우 가벼운 경우에는 불현성이다. 증상이 나타날때는 처음에 기침을 하고 2-3일째 목이 쉬고 거친 호흡 소리가 나며 목이 붉게 된다. 증상이 심해져 개짖는 듯한 기침, 음조가 높고 시끄러운 호흡 즉 천명(stridor)이 나타난다. 회복은 대체로 몇 일내로 일어난다.

인간을 감염할 수 있는 4 종류의 파라인플루엔자 바이러스중 2 종류가 위막성 후두염의 원인이 된다. **위막성 후두염(croup)**은 후두의 급성 폐색을 말하는데 파라인플루엔자 바이러스를 포함하는 여러 감염인자가 원인이다. 후두와 후두개는 부풀려지고 염증이 생긴다. 위막성 후두염의 음조가 높은 개 기침 소리는 바다표범의 짖는 듯한 소리로 후두와 후두개의 부분적 폐쇄에 기인한다. 차가운 안개 증발

적용

감기를 위한 치료

왜 소아마비에 대해서는 백신이 있고 감기에 대해서는 없는가? 소아마비바이러스는 단지 3개의 혈청형이 있다. 각 혈청형에 대한 별개의 백신이 만들어지면 일이 끝난다. 그러나 적어도 113개의 서로 다른 라이노바이러스가 있기 때문에 우리는 113개의 백신이 필요하며 코로나 바이러스와 아데노바이러스도 감기를 일으킨다. 소아마비 바이러스는 왜 3개의 혈청형만 존재할까? 소아마비 바이러스는 감염이 일어날려면 위의 산성조건에서 살아야 한다. 캡시드(capsid)에 돌연변이가 일어나면 이 바이러스가 낮은 pH에 감수성을 띄어 돌연변이체가 살아 남을 수 없다. 라이노바이러스는 이 괴로운 항로를 피해간다. 돌연변이에 의한 캡시드 변화가 라이노바이러스가 상기도의 방어기작을 쉽게 피해 살아 남도록 한다. 결과적으로 백신 연구자들이 따라 잡아야 할 감기 바이러스들이 너무 많이 존재한다.

표 21.1

상기도 관련 질환 요약

질환	원인체	특징
세균성 상기도 질환		
인두염	*Streptococcus pyogenes*	목에 염증; 기침없이 열이 나거나 또는 비강외로 점액이 나옴
후두염과 후두개	*Haemophilus influenzae, Streptococcus pneumoniae, Moraxella*	후두와 후두개에서 염증, 종종 목소리의 손실
정맥두염	*H. influenzae, S. pneumoniae, S. pyogenes, Staphylococcus aureus*	공동에의 염증, 때때로 심각한 고통
기관지염	*Streptococcus pneumoniae, Mycoplasma pneumoniae, and others*	점액 농즙성(점액과 고름으로 가득 채워진)기침과 기관지와 세기관지에 염증; 만성 경우에는 숨가쁨
디프테리아	*Corynebacterium diphtheriae*	위막을 가진 인두의 염증과 독소의 전신 효과
외이염	*Staphylococcus aureus, Pseudomonas aeruginosa*	외이 도관에 염증; 수영하는 사람에 일반적
중이염	*Streptococcus pneumoniae, S. pyogenes, Haemophilus influenzae*	압력과 고통을 동반한 중이의 고름으로 가득찬 감염
바이러스성 호흡기 관련 질병		
감기	Rhinoviruses, coronaviruses	인후통, 불쾌감, 두통, 기침
파라인플루엔자	Parainfluenza viruses	코 염증, 인두염, 기관지염, 위막성 후두염, 가끔 폐렴

기나 뜨거운 샤워로 부터의 높은 습도는 위막성 후두염 증상을 완화시킨다.

대부분의 어린이는 10살때 질병을 인지하든 하지 못하든 4종류의 파라인플루엔자 바이러스에 대해 항체를 가지고 있다. 이처럼 임상적으로 분명한 발병률은 비록 감소하지만 감염 발병률은 증가한다. 파라인플루엔자 감염의 유행과 일부 발생은 주로 가을에 일어나지만 때때로 유행성 감기 후인 초봄에 일어나기도 한다. 바이러스는 직접 접촉이나 큰 비말에 의해 전파된다. 원인 바이러스는 건조, 고온, 대부분의 소독제등에 의해 불활성화 되어 표면이나 환경에 오랫동안 살지는 못한다. 감염에 대한 저항은 점막에 의존하여 분비되는 분비형 IgA에 의해 이루어지지 혈액에 있는 IgG에 의해서 이루어지지는 않는다(◀17장, p. 497). 파라인플루엔자 바이러스에 의한 재감염은 드물기 때문에 분비 항체가 효과적인 면역 작용을 해야 한다. 그러나 파라인플루엔자 바이러스에 대한 백신을 만들고자 하는 노력은 아직 성공하지 못했다. 상기도와 관련된 질병이 **표 21.1**에 요약되어 있다.

중점 질문 사항

1. *Corynebacterium diphtheriae*에 있어서 박테리오파지 감염의 중요성은 무엇인가?
2. 어떻게 고막에 있는 관(tube)이 중이 감염을 방지하는데 도움이 되는가?
3. 감기는 어떻게 전염되는가?
4. 무엇이 인두염에서 가장 일반적인 원인이 되는가?
5. 왜 인두염이 바이러스에 의한 것인지 *Streptococcus pyogenes*에 의한 것인지 아는 것이 중요한가? 어떻게 이것이 결정되는가?

하기도 질병

세균에 의한 하기도 질병

하기도의 세균성 질병 중 역사상 가장 심각한 2개의 감염증은 폐렴과 결핵이다. 항생제의 출현은 이 두 질병을 상당히 억제 하는데 기여했다. AIDS의 확산, 이식환자를 위한 면역억제제 처방, 류머티스성 관절염과 다발성 경화증과 같은 자가 면역질환 치료를 위한 항염증제의 사용등으로 폐렴과 결핵이 다시 등장하게 되었다. 낮은 저항성, 과밀, 노화, 면역억제 요인등이 문제의 심각성에 기여한다. 만성 하기도 질환이 미국에서 10개의 주요 죽음 원인 중 심장병, 암, 뇌졸중에 이어 4번째로 기록되었다.

백일해

백일해(whooping cough or pertussis)는 오직 인간에게만 알려져 있는 전염성 강한 질병이다. 백일해는 "격렬한 기침"을 의미하고 중국인은 그것을 "100일간의 기침"으로 부른다. 비록 전세계적으로 분포되어 있지만 미국에서 발견되는 종은 다른 종들보다 덜 유해하다. 그러나 비행기 여행으로부터 언제든지 유해한 종을 북아프리카나 세계의 다른 지역으로 유입할 수 있게 한다. 백일해는 이 질병에 면역원성이 없어 80% 사람이 질병에 걸리게 되며, 개발 도상국에서는 중요한 건강상의 문제이다. 미국에서는 백신 안전에 관한 걱정과 부정적인 홍보로 몇몇 부모들이 어린아이가 백신 예방접종 받는 것을 단념했다. 그 결과 병의 발생이 1980년대에 2배로 증가하여 2003년도에는 8,400명에 이르렀다**(그림 21.8a)**. 질병은 산발성으로 일어나며, 특히 아기나 어린이에서 50%가 생후 1년내에 일어난다**(그림 21.8b)**.

백신의 발달 전에는 거의 모든 어린이가 백일해에 걸렸다. 오늘날 백신 접종을 예약한 성인은 백신 접종을 받지 않았거나 면역성이 떨어진 사람이다. 면역성은 백신 접종 후 5-10년이 되면 감소한다. 부분 면역은 질환의 심각성을 감소 시킨다. 많은 성인은 씩씩 거리는 소리를 내지 않기 때문에 오진되며 그런 사람은 감염을 확산 시킬 수 있는 보균자로 간주된다. 백일해는 미국에서 박테리아 백신으로 예방할 수 있는 질병들 중 가장 제어 하기 어려운 질병이다.

원인 병원체. *Bordetella pertussis*는 1906년에 처음으로 분리된 작고 호기성인 그람 음성 *coccobacillus*로서 백일해의 원인 병원체이다. 단지 백일해의 5% 정도가 *Bordetella paraperussis*와 *B. bronchiseptica*에 의해 일어나는데 이들은 가벼운 증상을 일으킨다. *B. bronchiseptica*는 개 호흡기도에 살고 있는 정상 세균인데 "개의 기관지염"을 일으킨다.

감수성이 있는 사람은 비말 감염된다. 유기체는 호흡 기도 안쪽을 덮고 있는 섬모에 존재한다. 심한 백일해일때 병원체를 내보내는데 운반자는 알려져 있지 않다. *Bordetella pertussiss*는 조직이나 혈관에 침입하지 않으나 병원성을 나타내는 몇 몇의 인자를 만들어 낸다. *Bordetella pertussiss*는 내독소, 외독소와 상기도에서 상피세포의 섬

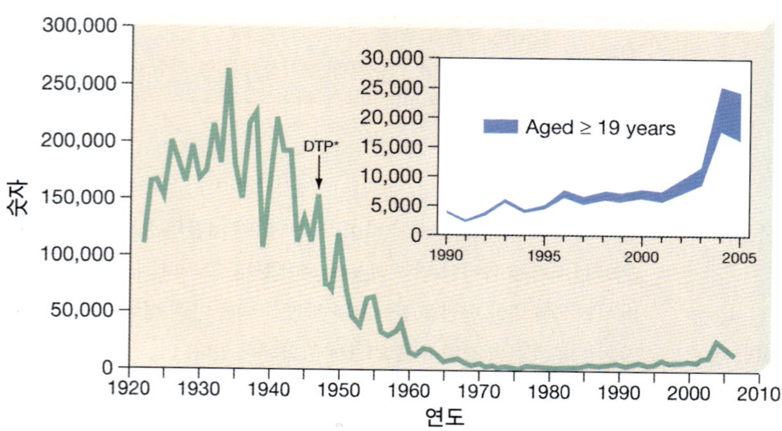

*전세계적 소아 디프테리아, 파상풍 독소, 백일해 백신의 도입

출처: 1950 - 2006, CDC, National Notifiable Diseases Survaillance System, and 1922 - 1949, passive reports to the Public Health Service

(a)

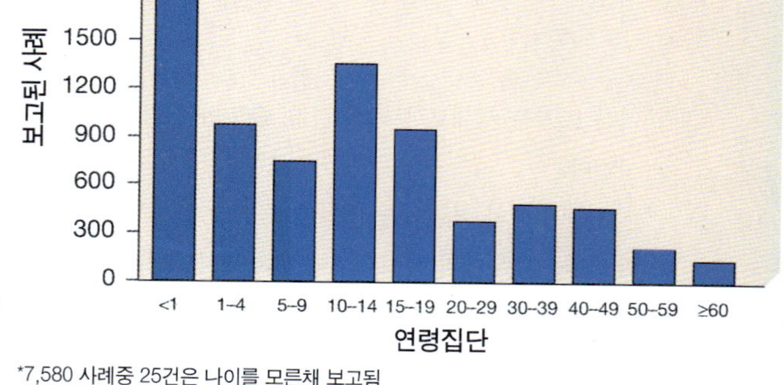

*7,580 사례중 25건은 나이를 모른채 보고됨.

(b)

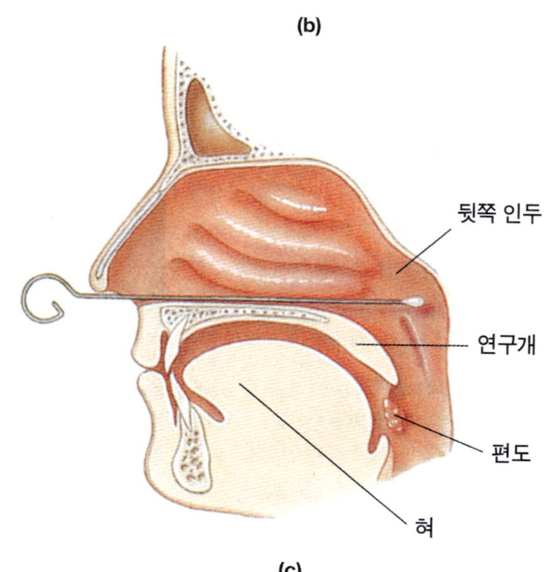

(c)

그림 21.8 미국에서 백일해의 발생률. (a) 연도별 (b) 세대별 (c) 백일해 배양 기술. 가늘고 유연성이 있는 철사에 부착된 면봉을 콧구멍으로 주입한다. 환자는 여러번 기침을 하도록 요구된다. (자료 : CDC)

적용

백일해 유행에 대한 진술

과거에, 맨하탄의 센트럴 파크에서 발작적인 기침을 하는 유아의 혈액으로 하얀 유니폼이 물들여진 보모가 종종 보였다. 유아는 또한 감염 미생물을 포함하는 연무질(aerosol) 분말을 만들어냈다. 당신은 아마 백일해를 본 것을 기억하지 못하겠지만 백일해에 걸린 사람을 본걸 기억하거나 자기 자신이 걸렸던 친척이나 친구에게 물어보라.

모에 부착하도록 도와주는 표면 항원인 혈구 응집소(hemagglutinins)를 생산한다. 독소는 섬모를 가진 상피세포를 파괴한다. 그 세포들은 사라지고 섬모화 되지 않은 세포는 남는데 이 세포들이 기도에 점액이 축적 되도록 한다.

질병. 7~10일간 잠복기 후 질병은 3가지 단계로 진행된다 : 카타르성, 발작성, 회복기. **카타르성단계(catarrhal stage)**는 발열, 재채기, 구토, 약하게 지속되는 기침의 특성이 있다. 1주나 2주 후에 **발작성 단계(paroxysmal stage)**가 시작되는데 점액이나 많은 세균이 기도를 막아 섬모를 움직이지 못하게 한다. 기도에 강하고 끈적끈적 하며 실 모양의 점액이 격렬한 발작성의 기침을 유발한다. 기도를 열어 놓지 못함으로 **청색증(cyanosis)**, 즉 혈액에 공급되는 산소의 부족으로 피부가 푸르게 된다. 유아에서는 기도를 열려 있는 상태로 유지하는 것이 어려운데 이것이 1살 이하의 유아에서 높은 비율의 사망이 일어나는 것을 설명한다. 공기를 뒤틀리게 잡아 끌기 때문에 씩씩 거리는 소리가 난다. 하루에도 여러번 기침을 하며 탈진이 된다. 때때로 기침이 너무 심각하여 출혈, 경기, 갈비의 부서짐등이 일어난다. 기침에 이은 구토는 탈수, 양분결핍, 전해질의 불균형을 일으키는데 모든 증상은 특히 유아에 위험하다.

1주에서 6주 동안의 발작성 단계 후에 때때로 더 시간이 지난 후 환자는 **회복기 단계(convalescent stage)**로 들어간다. 약한 기침이 가라 앉기 전 몇 달 동안 지속된다. 이 단계에 다른 병원체에 의한 2차 감염이 일어난다.

진단과 치료. 백일해는 코로 부터 얻어진**(그림 21.8c)** 유기체를 숯 혈액한천배지에 배양하여 진단하는데 숯 혈액한천배지는 potato-blood-glycerol 한천 배지를 대체한 배지다. 페니실린이 *B. pertussis*를 죽이지 못하기 때문에 다른 유기체의 성장을 방해하기 위해 사용된다. 일단 전형적인 균총이 나타나면 동정을 위해 형광 항체 염색이 사용된다. 백일해의 치료는 독소와 싸우기 위해 병의 초기에 주어지는 항독소와 2번째 단계인 발작성 단계를 최소화 하기 위해 주어지는 에리스로마이신을 포함한다(◀17장 p. 521). 항생제가 발작성 단계를 완전히 제거 하지는 못하지만 밖으로 배출되는 살아있는 유기체의 숫자를 감소 시킨다. 흡인, 수화, 산소 요법, 영양 주의, 균형적인 전해질 등이 2차감염을 막기 위한 부가적인 치료로 중요하다.

예방. 백일해의 세포 백신은 많은 생명을 구하였으나 완전히 안전하지는 않다. 미국에서 1938년에 227,319건이 1994년에 3,590건으로 줄었으나 매년 백신의 부작용으로 5~20명의 어린이가 사망하고 50명 정도가 영구적인 뇌손상의 고통을 겪고 있다. 아직까지 백신에 의해 고통 받는 어린이의 숫자가 백신이 없어 죽어가는 숫자보다는 적다. DNA 재조합 기술이 무세포 백신을 개발하는데 이용되고 있다. 이들은 단지 세균 단백질만 가지고 있어 그전에 백신을 준비하는 단계에서 발생하였던 부작용을 줄이거나 제거할 수 있다. 비세포 백신이 5번의 복용량으로 사용할 수 있도록 허가를 받았다. 그 전에는 4~5 복용량 사용되었다. aP(acellular Pertussis)는 비세포 백일해 백신을 나타낸다. 백신은 유아가 백신으로 주어진 항원에 면역 시스템이 반응할 수 있는 생후 2달부터 연속적으로 DTaP로 부터 시작된다. 백일해 항체가 태반을 통과할수 없어 유아가 백일해에 대한 수동면역을 얻지 못하므로 초기 면역이 중요하다. 그러나 백신 접종을 맞지 않은 7세 이상의 어린이나 성인은 그전 부터 가지고 있던 백신과의 반응 위험성 때문에 백신 접종을 권장하지 않는다. 이것은 10대나 성인의 많은 집단이 병에 감수성이 있지만 그들이 초기 백신 접종으로 방어될 수 있다고 잘못 생각하고 있다. 이 그룹에서의 발병률이 증가하고 있다.

병으로 부터의 회복은 면역성 때문이지만 일생 동안 일어나는 것은 아니다. 어른에서 이차감염이 알려져 있지만 일차 감염보다 증상이 가볍다. 미국은 현재 낮은 독성을 가진 *B. pertussis* 종을 가지고 있어 다행이다. 아프리카 종은 독성이 더 강하고 대륙으로 부터 미국에 옮겨오면 강한 전염성을 일으킨다.

적용

DTP 백신 책임

어린이가 백신의 도움을 받기 보다 해를 입었을 때 무슨 일이 일어날 수 있는가? 백일해나 다른 백신에 의한 사망이나 상해는 제조사에 대한 많은 소송을 초래 하였다. 몇 년 동안의 심사숙고 끝에 국가 백신 보상 법안이 국회를 통과하여 1988년 1월 1일 부터 발효되었다. 이법을 통해 신용 자금이 확보되었고 어린이당 25만 달러 최소 보상이 결정되었고 이 보상을 받아들인 부모는 더 이상의 재판 받을 권리를 포기 하는 것을 요구하였다. 그래서 매번 당신이 DTP 접종이나 MMR((홍역, 유행성 이하선염, 풍진)접종을 받을 때 내는 돈이 신용 자금으로 들어가며 자녀가 백신으로 인해 상처를 입은 부모에게 이 돈이 제공된다.

고전적인 폐렴

미국에서서는 폐렴에 의한 사망이 다른 어느 전염성 질병보다 많다. **폐렴(pneumonia)**은 허파 조직에 염증이 생기는 것으로 세균, 바이러스, 곰팡이, 어떤 기생충, 화학물질, 방사선, 알레르기에 의해 발생한다. 상기도 방어를 회피할 수 있는 병원체를 흡입 하였을때 감염형태의 질병이 발달한다. 이러한 유기체들이 상기도에 균총을 이루어 질병이 시작되고 심호흡, 기침이 방해 받았을때, 많은 양의 점액에 의해 우연히 하기도로 들어간다. 몇몇의 세균이 폐렴의 원인균으로 알려져 있는데 pneumococcus로도 알려져 있는 *Streptococcus pneumoniae*; *Staphylococcus aureus*; *Klebsiella pneumoniae*와 최근 10%의 대중으로 부터 폐렴을 얻은 원인균으로 알려진 *Mycoplasma pneumoniae*등을 포함한다. *Pseudomonas aeruginosa*는 또 다른 호흡기 병원균으로 면역 반응이 잘 일어나지 않는 사람이나 입원한 환자에서 폐렴을 일으킨다. 일단 유기체가 손상된 호흡 상피세포에 침입하면 선모에 의해 부착하고 증식한다**(그림 21.9)**.

폐렴의 분류. 폐렴은 대엽(lobar)이나 기관지의 감염 위치에 의해 분류된다. **대엽성폐렴(lobar pneumonia)**은 폐의 5개 큰 엽중 하나나 그 이상이 침범을 당한다. 그것은 미국에서 매년 50만명이 감염되는 매우 심각한 1차성 질환이다. *S. pneumoniae*가 모든 사례의 95%를 차지한다. 그러나 1881년으로 거슬러 올라가 *K. pneumoniae*가 처음으로 발견되었을 때는 이 균이 일차적인 원인균으로 생각하였다. 섬유소의 침전이 대엽성 폐렴의 특징이다. 이들이 응고될때 **경화(consolidation)**가 일어나고 공기가 있는 공간을 막는다. **늑막염(pleurisy)**은 늑막에 염증이 생긴것으로 호흡할때 통증을 느끼고 종종 대엽성 폐렴을 동반한다.

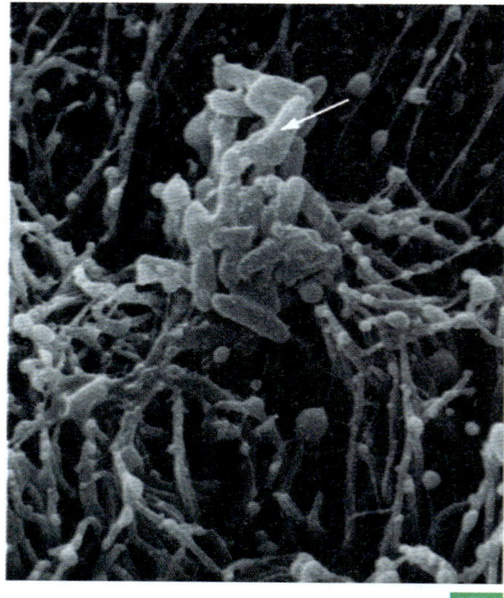

그림 21.9 폐렴을 일으키는 세균. 이 주사현미경 사진은 사람의 상피세포에 부착된 *Pseudomonas aeruginosa*(화살표)를 보여준다(배율은 모름) (제공 : *Dr. S. Girod de Bentzmann*)

기관지 폐렴(bronchial pneumonia)은 기관지들에서 시작하고 폐포를 향해 그 주변의 조직을 누덕누덕 기우는 방식으로 퍼져나간다. 비록 대부분 pneumococci에 의해 일어나지만 기관지 폐렴은 대엽성 폐렴과 2가지 면에서 다르다. (1) 기관지 폐렴은 인플루엔자 바이러스, 심장 질병, 다른 폐 질환과 같은 1차 감염후의 2차 감염에 의해 일어나며 (2) 대엽성 폐렴에서 일어나는 섬유소의 침전이 적다. 기관지 폐렴은 화학물질, 구토한 물질의 흡인, 다른 체액 등에 노출된 후 일어날 수 있다. 유아는 때때로 태어날때 양수를 흡입할 수 있는데 특히 제왕절개술을 시행할 때이다. 기관지 폐렴은 나이가 많고 쇠약한 환자에 많다. 사실 나이 많은 사람의 오래 끄는 괴로운 죽음을 면하게 해주므로 노인의 친구로 불리운다.

전파. 대엽성폐렴과 기관지 폐렴은 호흡 비말에 의해 전파 되는데 겨울에는 폐렴 환자와 접촉한 건강관리 종사자를 포함하는 보균자에 의해 전파된다. 밀접하게 연결되어 있는 집단 즉 군사기지내의 사람이나 유치원에 있는 어린이들의 60% 이상이 보균자가 될 수 있다.

질병. 며칠 동안의 가벼운 상기도 증상후에 갑자기 폐렴 구균성 폐렴이 나타난다. 감염된 사람은 심한 한기와 고열(106°F 이상)로 고생한다. 흉통, 기침, 혈액과 점액을 포함하는 침, 고름 등이 뒤따라 온다. 치료하지 않았거나 항생제를 투여한 후 24시간 이내에는 발병 후 열이 5~10일 만에 사라진다.

미국에서 폐렴구균성 폐렴은 4번째 주요 사망 원인이며 10대 사망원인 중 유일하게 전염성 질병이다. 즉각적이고 적당한 항생제 치료로 치사율이 5%이고 항생제 치료 없이는 30%의 치사율을 나타낸다. 이것은 잘 치료를 해도 사망률이 50%인 *Klebsiella* pneumonia와 비교된다. *Klebsiella*는 아주 심각한 폐렴을 일으키는데 이 폐렴은 폐에 만성의 궤양 장애와 폐 조직을 파괴 시킨다. 재빠른 의학적 치료의 실패는 미국에서 폐렴에 의한 사망률이 25% 대를 유지하게 한다. 폐렴에 노출되도록 하는 조건들은 노령, 한기, 약, 마취, 알코올 중독, 다양한 질병 상태등이다.

진단, 치료, 예방. 폐렴의 진단은 임상적 관찰, X-rays, 객담 배양 등에 바탕을 둔다. *Klebsiella* pneumonia는 일반적으로 세팔로스포린(cephalosporines)으로 치료한다. 페니실린은 폐렴구균성(pneumococcal) 폐렴을 치료하기 위한 약이나 높은 내성율이 여러 지역에서 보여지고 있다. 따라서 3세대 세팔로스포린인 이나 levofloxacin, gatifloxacin 과 같은 fluoroquinolone 이 종종 사용된다. 회복 후 면역성이 감염을 일으켰던 혈청형에 대해 몇 달 동안 지속된다. 이처럼 환자는 다른 혈청형이나 종에 의한 감염에 의해 폐렴으로 발전한다. 85가지 이상의 혈청형이 밝혀졌다. 이들중 23가지가 미국에서

85% 의 폐렴 구균성 폐렴의 원인이 된다. 인공 면역이 다가 백신인 Pneumovax에 의해 유도 될 수 있다. 이 백신은 23개의 혈청형 항원을 포함하는데 2세 이하의 어린이를 제외한 모든 연령대에서 80% 의 폐렴구균성 폐렴으로 부터 보호한다. 면역은 노년층이나 위험에 노출된 집단에 권장된다. 비록 2003년에 CDC가 65세 이상의 환자는 백신 접종후 5~7년 사이에 면역성이 보호 수준 이하로 감소한다고 언급하였지만 재 예방접종은 현재 10년마다 접종하는것이 권장되고 있다. 어떤 경우는 면역성이 2년간도 지속되지 않았다. Prevenar라는 항 *Streptococcus pneumonia* 백신이 2000년 2월에 도입 되었는데 폐렴과 귀 감염을 막기 위해 어린이에게 줄 수 있다. 귀 감염으로 미국에서 매년 2천 7백만 환자가 의사 사무실에 들린다. 그러나, 4번 복용량이 232달러이다. 제조업자는 첫해에 4억 6천 100 만달러를 팔았다. 그러나 prevnar가 수령자에 인슐린 의존 당뇨병을 일으킬 가능성이 있어 염려를 일으킨다.

마이코플라스마성 폐렴

세균성 병원체중 가장 작은 *Mycoplasma pneumoniae*는 보통 가벼운 증상과 가끔 불현성의 상기도 감염을 일으킨다. 3~10 %의 감염이 **1차성 비정형 폐렴(primary atypical pneumonia)** 또는 잠행성의 징후를 갖는 가벼운 마이코플라즈마성 폐렴을 일으킨다. 이병은 고전적 폐렴과 증상이 다르기 때문에 비정형이라 불린다. 어떤 환자는 호흡관과 관련된 어떠한 증상이나 신호가 없으며 단지 열과 으스스한 느낌이 있다. 환자는 종종 걸을 수 있기 때문에 이 병은 **걸어다니는 폐렴(walking pneumonia)**으로 불린다. 사망률은 0.1%보다 낮다. 비록 모든 연령대에서 발견되지만 이 병은 유치원 어린이에게는 드물고 5~19세 사이의 젊은 사람에게 흔하다. *Mycoplasma pneunmoniae*는 모든 비인플루엔자 폐렴의 20%를 차지한다.

전파는 비말형태의 호흡 분비물에 의하며 증상은 12~14일의 잠복 후에 나타난다. 열은 8~10일간 지속된 후 기침, 흉통과 함께 서서히 떨어진다. 마이코플라즈마성 폐렴의 이상한 특징은 폐포의 내부의 벽이 부풀어 오르고 폐포가 체액으로 채워지지 않아 폐포의 크기가 감소하는 것이다.

진단은 객담이나 비인두 면봉으로 부터 *M. pneumoniae*를 분리하는것이다. 이 과정은 유기체의 성장 속도가 늦기 때문에 2~3주 걸린다**(그림 21.10)**. 간접 면역 형광 검사, 라텍스 응집 반응, ELISA등의 혈청학적 방법이 병의 초기 진단에 유용하다. 상업적으로 판매되는 DNA 탐침자가 이용되는데 배양을 통한 실험 결과와 유사한 결과를 얻을 수 있다. 그러나 치료는 임상적 증상에 따른다.

Azithromycin 이나 fluroquinolone이 약으로 선택된다. 마이코플라즈마가 세포벽(페니실린이 항세균 작용을 하는 장소)이 없기 때문에 페니실린은 작용하지 못한다. 치료를 하지 않아도 좋은 예후를 보이는 경우가 있다. 백신이 아직까지 개발되지 않았으므로 예방은 감염된 사람과 그들의 분비물과 접촉하는것을 피하는것이다.

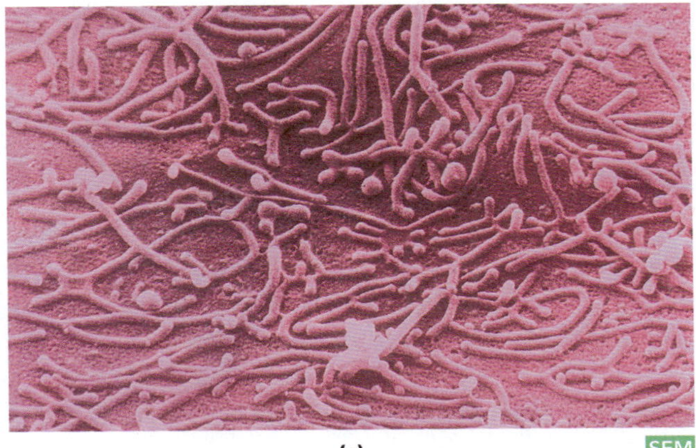

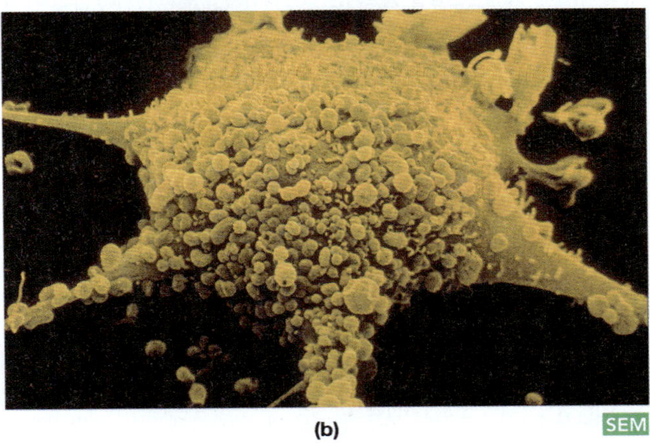

그림 21.10 마이코플라즈마. **(a)** 이 세포들은 세포벽이 모자라서 불규칙한 모양을 가진다(151,000X). **(b)** 많은 마이코플라즈마에 감염된 세포. (45,357X). (*Both photos: David M. Phillips/Visuals Unlimited*)

재향 군인병

1976년에 필라델피아에서 집회에 참석한 많은 퇴역군인들이 **재향군인병(Legionnaires' disease)**으로 알려진 불가사의한 병의 희생자가 되었다. 29명이 사망한 후 많은 조사를 거쳐 이전에 동정하지 못한 원인체가 *Legionella pneumophila*라는 것을 최종적으로 확인했다**(그림 21.11)**. CDC 연구자들은 수 십 년 전에 발생 하였던 병의 냉동혈액 샘플에서 *L. pneumophila*에 대한 항체를 발견하였다. 사람들은 어떻게 그렇게 오랫동안 이 병원균을 간과 하였는지 의아하게 생각하였으나 그 이전에 발견되었던 균과 충분히 달라 새로운 속(genus)이 만들어진 것이었다.

*Legionella pneumophila*는 약하게 그람 음성이며 까다로운 영양분을 요구하는 절대 호기성 바실러스 균이다. 이 균은 당을 발효시키지

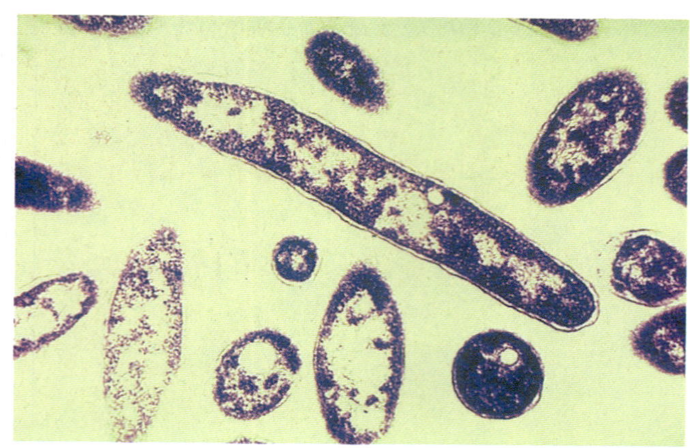

그림 21.11 재향군인병을 일으키는 *Legionella pneumophila* (53,361X). (*CDC/Photo Researchers, Inc.*)

않으며 모호한 생활사를 보인다. 20가지 이상의 레지오넬라 종이 동정되었다. 대부분 흙이나 물에 살며 보통은 병을 일으키지 않는다. 그러나 몇몇 종은 *Acanthamoeba*, *Naegleria*, *Hartmanella*, *Echinamoeba*등의 아메바에 세포내 기생체로 살수 있다. 이들 아메바 중 몇몇은 냉각탑, 샤워꼭지, 습지등에 집단을 이룰 수 있다. 재향군인병은 토양이나 물에 살고있는 유기체가 공기를 통해 환자의 폐로 연무질 형태로 들어감으로 전파된다. 사람 대 사람 감염은 아직까지 보고 되지 않았다. 에어컨, 장식용 분수, 식료품점의 분무기, 가습기, 환자방에 있는 증발기등이 질병의 확산과 관련 있다. 그런 도구들은 규칙적으로 소독 되어야 한다. 일단 흡입되면 레지오넬라균이 나선형으로 진행하는 아메바 모양의 식세포에 의해 잡아 먹힌다. 그들은 phagolysosome의 산성 조건에서 번성하여 결국은 세포를 파괴한다(◀16장 p. 469). 그들은 아메바 모양의 백혈구에 잘 적응하여 산다.

어떤 가족은 부글부글 끓는 온수 욕조를 전시하는 집 개량 상점에 들리는 동안에도 감염되었다.

2~10일 동안의 배양기간 후에 재향군인회병은 열, 한기, 두통, 설사, 구토, 폐에 있는 액체, 복부와 가슴에 통증, 드물게는 고문 당한 것 같고 정신 장애등의 증상을 보인다. 사망에 이르게 되었을때는 충격과 신부전에 기인한다. 폐에 의한 레지오넬라 병이 아닐때는 48시간의 잠복 후에 환자는 폐에 침투 없이 2~5일간 독감 증상으로 고생한다.

폰티악 열(Pontiac fever)은 가벼운 레지오넬라 병으로 1968년 미시간의 pontiac지역에서 발생하였으며 144명이 감염되었는데 95%가 보건에 관여하는 직장인이었다. 사망한 사람 없이 3~4일 후에 모두 회복 되었다.

레지오렐라 감염을 진단하기 위해 배양 뿐만 아니라 *L. pneumophila* 혈청형 1 (가장 일반적인 혈청형)에 대한 소변 항원 테스트도 함께 한다. Azithromycin, fluoroquinolone, erythromycin이 치료를 위해 사용되지만 다른 항생제는 영향이 없다. 재향군인회 병을 다른 폐렴과 구분하기 힘들기 때문에 에리스토마이신이 두번째 항생제인 페니실린과 함께 폐렴과 비슷한 질병을 치료하기 위해 사용된다. 레지오렐라 관련된 감염의 제어는 모든 마실 수 있는 물, 냉각탑, 현재 사용되지않지만 마실수 있는 물의 저장소등에서 충분한 염소 농도를 유지하는 것이다. 특히 병원 같은곳에서 병의 발생을 줄이려면 에어컨, 가습기, 이와 유사한 장비들의 표면을 정기적으로 청소해야 한다.

결핵

결핵(tuberculosis) 또는 **TB** (이전에는 consumption이라 불림)는, 3000년 된 이집트 미이라와 초기 인간들에 피골이 상접한 피해를 남겼듯이 고대 이후 인간을 괴롭혀 왔다. 결핵은 오늘날도 전세계적으로 중대한 건강 문제로 남아 있다. 세계 인구의 1/3이 결핵을 가지고 있다. 매년 300만명이 사망하고 1000만명의 새로운 환자가 생겨난다 **(그림 21.12)**.

미국에서의 발병률. 미국 국민들에서의 TB 발병률은 일정한 국가 보고서가 시작된 1953년 이후 1986년까지 매년 6%씩 감소하였다. 1980년에 일시적으로 증가한 것은 아시안이나 아이티 망명자들 때문인데 이들은 비좁고 비위생적인 캠프장과 탈출 보트에서 감염되었다. 불균형하게 많은 수의 비백인들과—흑인, 에스키모인, 아메리카 인디언, 히스페닉—때때로 전염된 지역의 사람들이 결핵으로 고생하고 있다**(그림 21.13)**. 1986년에 발병률이 2.6%로 증가 하였다. 많은 새로운 발생이 AIDS환자에서 보고 되었으며 다른 경우는 면역결핍, 혼잡, 스트레스, 소염제등의 사용으로 오래 전에 감염된 것을 재활성

1900년 전에 약 1/3 의 성인이 늙기 전에 TB에 의해 사망 하였다.

적용

멈추기 힘든 배회자

우리의 세포는 침입자를 죽이는데 꽤 인상적이다. 예를 들면 대부분의 우리 세포들은 작은 라이소좀(lysosome)이라 불리는 소화 효소 낭을 가지고 있다. 이들 효소는 탄수화물, 단백질, 핵산, 약간의 지질을 분해하며 세포내로 들어오는 어느 외부 물질이든 죽일 수 있도록 하는데 유효하다. 그러나 어떤 세균들은 우리 세포내로 들어와 어느 곳에서든 살수 있다. 어떻게 이것이 가능할까? Legionella pneumophila는 재향군인병을 일으키는데 대식세포를 공격한다. 어떤 세균은 숙주를 변화시켜 숙주의 라이소좀이 분해효소를 분비하지 못하게 한다. 그것이 왜 항생제가 필요한가 하는 이유며 우리 세포들이 스스로 세균을 항상 죽일 수 있는 것은 아니다.

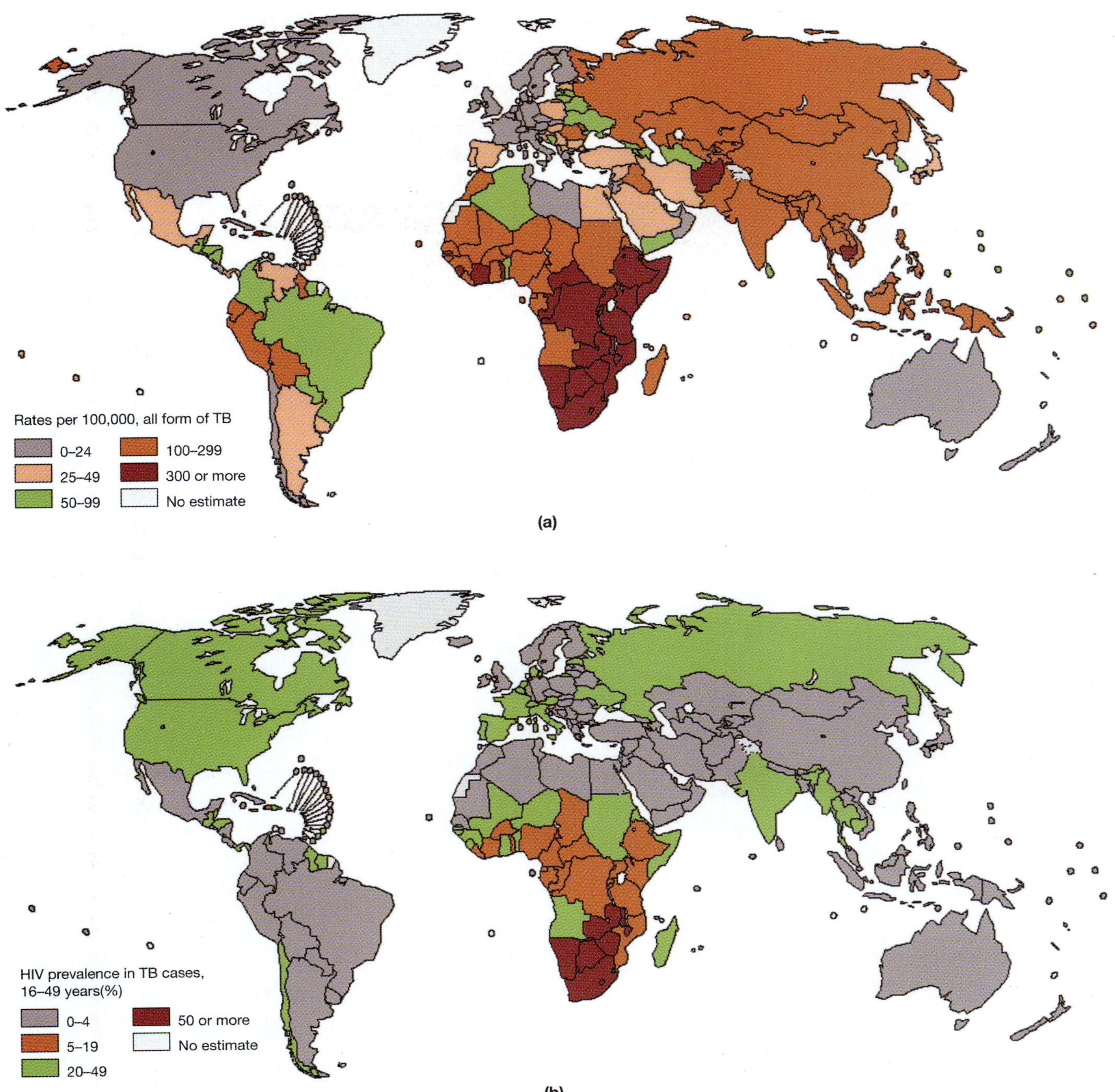

그림 21.12 전세계의 결핵. **(a)** 2003년 10만명당 대략적인 결핵 발병률 **(b)** 2003년 TB 에서의 HIV 감염 유행

화 시키기 때문이다. 1993년에 매달 보고된 새로운 사례는 1월에 778명에서 12월에 5,130명 으로 증가한다. 증가가 계속 되자 사람들은 결핵이 재발하여 AIDS보다 더 놀라운 역병이 될까봐 두려워 하고 있다. 결핵은 누구나 감염될 수 있는 공기 전파 질병이지만 AIDS는 행동을 변화시키면 HIV에 노출되는 기회를 줄일 수 있다.

원인 병원체

결핵의 원인물질은 마이코박테리움(*Mycobacterium*) 속이며 *M. tuberculosis*가 대부분의 결핵을 일으킨다(**표 21.2**). *Mycobacterium tuberculosis*는 Robert Koch에 의해 1882 년에 발견 되었고 유럽의 "흰색의 역병" 이라고 불렸다. 어떤 다른 병원체는 비정형 마이코박테리아로서 또한 결핵을 일으키는데 특히 AIDS 환자에서 *M.*

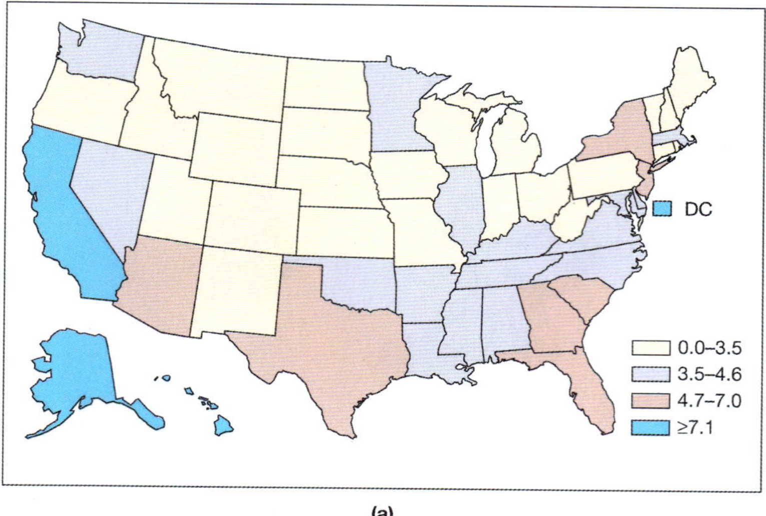

그림 21.13 2006년 미국에서 결핵의 발병률. (a) 주에 따라 (b) 장소에 따라 (c) 인종에 따라 (자료 : CDC).

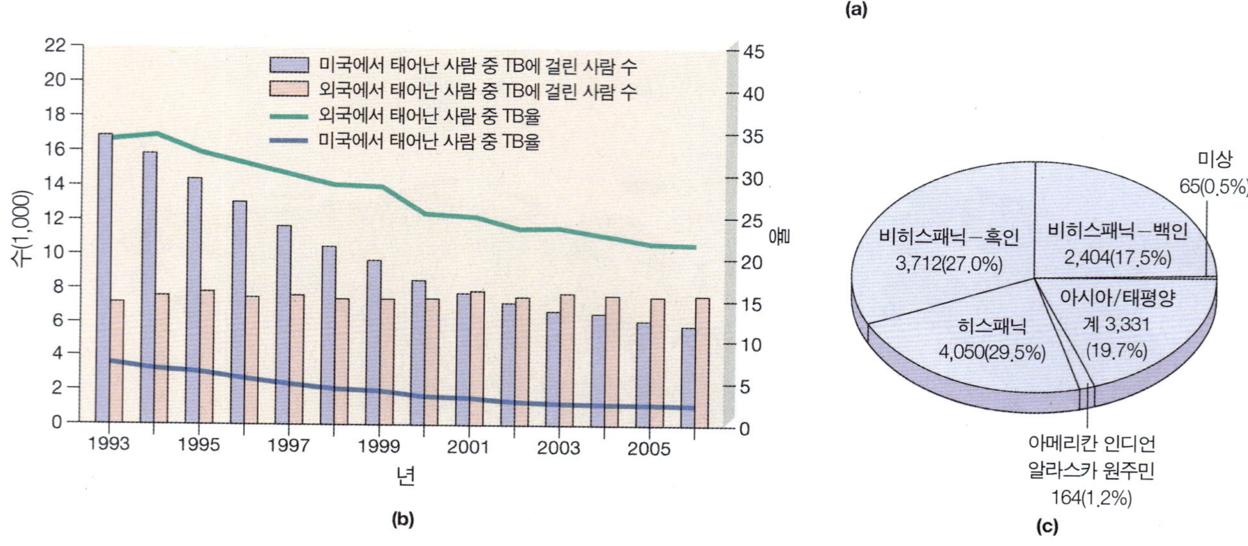

aviumintracellulare complex (MAC) 를 형성한다. 이러한 감염은 섭취에 의해서 얻어지고 혈관에 의해 신체에 있는 모든 기관으로 퍼져나간다. 그러므로 증상이 주로 호흡에만 한정 되는 것은 아니다. 모든 마이코박테리아는 ◀그림 3.32(p. 72)에 처럼 곧거나 약간 휘어진 막대 모양이며 항산성염색을 보여준다.

어떤 마이코박테리아의 특성은 결핵에서의 그들의 역할과 밀접하게 연관되어 있다. 마이코박테리아의 세포벽에 있는 왁스(wax)와 미콜산(mycolic acid)은 마이코박테리아의 그람염색을 어렵게 하고 환경에서 이 유기체가 살아가도록 하며 숙주의 방어로부터 보호한다. 절대 호기성 생물로 산소 농도 감소에 다소 민감하므로 산소가 많이 분포하는 폐의 선단이나 윗쪽에서 잘 자란다. 병원성의 마이코박테리아는 매우 오랜 생성 시간을(대부분의 박테리아가 20-30분 인것에 반해 12-18시간이 걸림) 가져 실험용 배지에 눈으로 볼 수 있는 집단을 형성하는데 오랜 시간이(8주 이상) 걸린다

1998년 6월에 파스퇴르 연구소의 미생물학자들이 Mycobacterium tuberculosis의 완전한 DNA 서열을 밝혀 4천개 이상의 유전자를 가지고 있음을 알았다.

마이코박테리아는 건조한것에 저항성이 커 마른 침에서 6-8 개월 살수 있는데 이것이 공중위생에 문제점을 야기한다. 그러나 이들은 직사광선에 매우 민감하다.

질병. 결핵은 기도 분비물의 비말(droplet nuclei) 또는 결핵 바실러스균을 포함하는 마른 침의 입자를 흡입함으로 얻어진다. 어린 아이와 나이든 사람에서 위험한데 학교, 보육원, 요양원 종사자등을 등을 조사하는것이 중요하다. 결핵 바실러스균이 흡입된 후 그들을 식작용하는 백혈구 내에서 매우 느리게 번식한다. 그들은 폐의 폐포에서 호중성 백혈구의 침윤과 체액 축적등의 숙주 반응을 이끌어 낸다.

표 21.2

인간에 질병을 일으키는 마이코박테리아

종	질환
Mycobacterium tuberculosis	결핵
M. avium-intracellulare (MAC complex)	인간에서 결핵 같은 질환으로 새와 돼지로 부터 전파
M. bovis	결핵, 소로 부터 전파; 인간이 아닌 영장류로 부터 전파될 수 있다.
M. fortuitum complex	상처 감염, 내재하는 카테터 감염
M. kansasii	결핵 같은 질환
M. leprae	한센병(나병)
M. marinum	인간에서는 피부 외상, 물고기에는 결핵
M. ulcerans	궤양 손상

결핵 바실러스균은 결국 호중성 백혈구를 터뜨리고 파괴한다. 나중에 대식세포와 림프구는 그 지역으로 이동한다. 폐포 대식세포가 살아있는 tubercle bacilli를 식작용 하지만, 거기서 다시 번식하여 그들의 새 숙주를 파괴한다. 죽은 식세포의 파괴는 감염능력이 있는 결핵 바실러스균을 분비한다. 독소가 생산되지 않는다. 추가적인 세포가 감염됨에 따라 급성 염증 반응이 일어난다. 특히 많은 폐 조직에서 많은 양의 체액이 분비 되는데 폐렴과 같은 증상을 나타낸다. 상처받은 곳은 회복 되지만 더 자주 중증의 조직괴사를 만들고 만성의 육아종 (granulomas) 또는 **결핵(tubercles)**이 되기 위해 응고된다(그림 21.14). 결핵은 중앙에 확대된 대식세포의 축적, tubercle bacilli를 포함하는 다핵의 랑게르한스 거대세포, 말초림프구, 대식세포, 새롭게 형성된 연결조직등을 포함한다. 결핵의 중심부는 파괴되어 더럽고 **치즈(caseous)** 모양을 띈다. 어떤 결핵 바실러스균은 림프계와 순환계에 접근한다. 노출 후 3~4주에 지연성 과민증과 세포성 면역이 발달한다. 그러나 이따금 숙주는 면역학적으로 반응하지 못한다. 폐에서 통제되지 않는 tubercle bacilli의 증식이 일어나 많은 수의 결핵이 형성된다. 결핵균이 순환계에 의해 다른 인체조직이나 유기체로 퍼져나간다. 이러한 조건을 **속립결핵(miliary tuberculosis)**이라 하는데 조(millet) 종자를 닮은 것처럼 작은 병변을 나타낸다. 숙주가 충분히 저항성을 가지면 병변을 캡슐에 넣는것 처럼 폐의 나머지 부분으로부터 분리할 수 있다. 혈관 근처의 병변은 혈관에 구멍을 내어 출혈을 일으키며 결핵의 주요한 증상인 혈담을 야기한다.

육아종은 생명력이 있는 유기체를 십 년 동안 벽으로 둘러쌓아 유지할 수 있다. 면역계가 나이나 다른 감염에 의해 손상될 때 육아종이 열려 질병이 재활성될 수 있다. 에이즈에 걸린 사람들은 종종 결핵을 가지고 있는데 새로운 감염이나 오래된 감염의 재활성 때문이다. 이민자들, 에이즈환자, 뉴욕과 워싱턴 같은 대도시의 거주자들의 첫 감염을 제외하면 미국에서의 대부분의 결핵은 첫번째 감염되는것 보다는 재활성에 의한 것이다.

뼈의 결핵은 특히 등뼈에 광범위한 부식의 원인이 될 수 있다

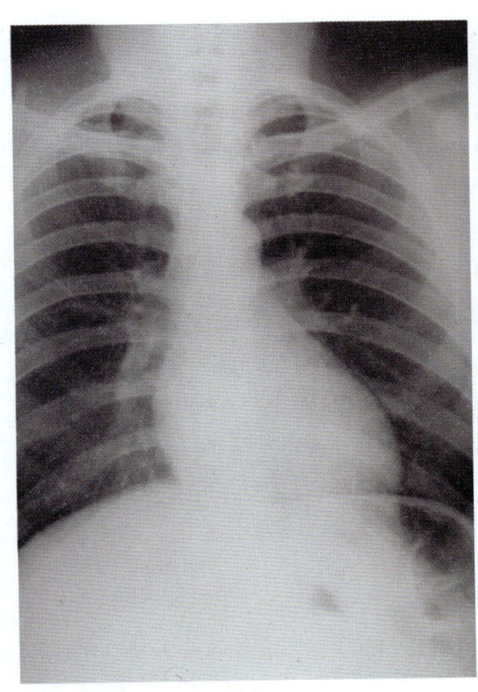
(a)

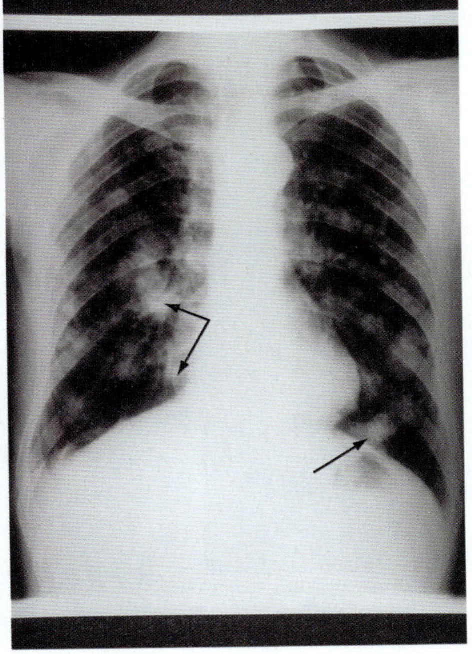
(b)

그림 21.14 결핵의 X-ray 사진. **(a)** 정상 가슴 X-ray, 엷은 흰선은 동맥과 다른 혈관들. 심장 아래 오른쪽 사분면에 하얗게 부푼것처럼 보인다 (Biophoto Associates/Photo Researchers) **(b)** 진행된 경우의 폐결핵; 흰색의 헝겊조각(화살표)은 질병이 일어난 곳을 가르킨다. 이 조각, 즉 결핵은 아마 살아있는 Mycobacterium tuberculosis를 포함할 것이다. 폐 조직과 기능이 이 병변에서 영구히 파괴된다. (Biophoto Associates/Photo Researchers, Inc.)

적용

안심은 병의 원인이 될 수 있다

만약 당신이 관절염으로 고생하고 있다면 의사가 당신이 코티손(cortisone)을 가지게 하지 않을 것이라는 것을 들었을 때 기뻐하지 않을 것이다. 그러나 조심해야 할 이유가 있다. 코티손이 나이가 많은 환자들의 관절염을 치료하기 위하여 사용될 때, 그 약이 결핵의 육아종성 병변에도 영향을 끼친다. 약이 병변을 벽으로 둘러싸는 인자에 반대로 작용하여 결핵균을 재활성화 시킨다. 관절염 환자의 고통을 제거해주는것이 숨어있는 결핵 병변을 활성화 하고 또 이 환자가 다른 사람, 특히 어린이를 감염시킬 수 있다. 따라서 코티손이 관절염의 통증을 경감시키는데 최선이 아니라는 의사의 말을 들어라!

(그림 21.15). 비뇨생식기관, 뇌막, 림프계, 복막등이 또한 폐 이외의 결핵에 감염되기 쉬운 곳이다. 에이즈 환자에서 종종 보이는 **파종성 결핵(disseminated tuberculosis)**은 감염된 세포가 주형이 된다. tubercle bacillus가 세포내에서 증식하므로 세포내 소기관과 막이 파괴 되고 그 이전 세포의 형상을 한 미생물 집단이 남는다. 이러한 과정이 장에서 일어날때 살아있는 마이코박테리움을 포함하는 장의 복제를 볼 수 있다.

비록 일차 결핵이 가장 폐에 영향을 주지만 소화관에도 또한 영향을 준다. 우유의 저온 살균법이 널리 퍼지기전에 특히 어린이에게서 일차 소화관 감염이 종종 보여졌다. 대부분 미살균 우유나 유제품에 의해 전파되는 *Mycobacterium bovis*에 의해 일어난다. 법에 의해 젖소는 규칙적으로 결핵에 대해 검사를 하고 감염된 동물은 살처분한다. 그러나 몇몇 암소들은 검사를 받지 않아 미살균,저온살균되지 않은 우유를 마심으로 건강을 위협한다. 오늘날 소화관의 결핵은 일차 폐 감염의 기침으로부터 나온 병원균이 포함된 침을 삼킴으로 인한 2차감염으로 일어난다.

그림 21.15 척주의 결핵. 몇몇의 하위 척추골이 감염의 결과 융합되었다. (Courtesy National Museum of Health and Medicine, Armed Forces Institute of Pathology).

진단, 치료, 예방. 결핵은 객담을 배양함으로서 진단하는데 병원균이 매우 느리게 자라므로 음성이라고 판정하기 전에 최소 8주 동안 배양을 하여야 한다. 유전적 탐침자가 마이코박테리아 동정을 위해 유용하다. 가슴 X-rays는 폐 외부의 병변을 밝히지는 못하며 폐에 있는 상대적으로 큰 병변만 발견할 수 있다. 따라서 검진은 X-rays보다는 피부 시험에 의해 행해진다. 피부 시험에서는 tuberculosis bacilli의 단백질로 부터 얻은 작은 양의 순수 단백질 유도체(PPD; purified protein derivative)를 피내 주사하여 48~72시간 후에 경결이나 부풀어 오른것을 관찰한다. 경결은 PPD에 대한 지연 반응이다. 피부 시험 결과 양성은 그전에 노출되어 어느 정도 면역 반응이 일어난 것을 나타낸다. 그것은 현재 감염되어 있다거나 그전에 감염 되었다는 것을 나타내는 것은 아니다. 면역반응은 감염을 방해하고 유기체를 제거하거나 벽으로 둘러 싼다. 사실 건강 관리 종사자, 선생님, 자주 피부 시험을 받는 사람들은 시험 재료 자체에 대한 민감성 때문에 결국 양성 반응을 보인다.

치료는 isoniazid와 rifapin으로 적어도 1년간 시행한다. 마이코박테륨의 많은 종들은(특히 건강한 사람에게는 드물고 에이즈 환자들에게는 자주 발견되는 부정형 종) isoniazid에 저항성을 가진다. 그런 균주들을 2번째 방어 라인이나 3번째 방어 라인의 약으로 처리하여야 한다. 만약 치료가 성공적이면 3주간의 객담 배양에서 마이코박테리아에 대해 음성이다. isoniazid가 개발되기 전에는 환자들이 결핵 요양소로 보내졌는데 그곳의 차고 신선한 공기가 치료 효과를 보인다고 생각했다. 환자는 몸을 따뜻하게 감싸져 하루 종일 바깥에 남겨졌다. 사실 휴식과 적당한 영양섭취는 어떤 환자들이 살아남도록 도움을 주었다.

결핵은 약독화된 BCG 백신이나 Calmette와 Guerin의 바실러스를 예방주사함으로서 방지할 수 있다. 프랑스 미생물학자인 Albert Calmette와 Camille Guerin은 1990년 초기에 파리의 파스퇴르 연구소에서 백신을 개발하였다. 결핵이 많이 유행하는 지역에서 광범위한 BCG 백신 예방접종이 이루어 지고 있다(◀17장 p. 520) 그러나 미국에서는 BCG백신의 사용이 허가 되지 않았다.

앵무병과 오르니토시스

1990년대 초 **앵무병(psittacosis)** 또는 parrot fever 가 발견되었는데 앵무새와 잉꼬를 포함하는 psittacine 새와 관련이 있는 호흡기 질환이다. 오늘날 오리, 닭, 칠면조를 포함하여 130여 다른 종의 새들이 이 형태의 질병을 가지고 있다. 대부분의 이 새들이 psittacine이 아니기 때문에 이 질병을 **오르니토시스(ornithosis)**(ornis는 그리스어로 "새"를 뜻함) 라고 불린다. 야생이나 사육되어지는 새는 종종 증상을 보이지 않고 감염된다. 그러나 과밀, 한기, 애완동물 가게로의 선적 같은 스트레스는 질병을 촉진할 수 있다. 이 두 질병의 증상은 *Chlamydophila psittaci*에 의해 야기되는데 직접 접촉, 감염능력이 있는 코 비말, 배설물등에 의해 퍼진다. 이 병원균은 감염된 새의 모든 기관에서 발견된다. 새들은 설사를 하고 코와 입으로부터 점액 농즙을 배출한다.

인간은 주로 새로부터 질병을 얻는다. 양계장 종사자들이 특히 감염되기 쉽다. 인간 대 인간 감염이 또한 증명 되었으며 환자들을 보살피는 의료 종사자가 질병에 감염 되기 쉽다. 이 병원균은 흡입되고 폐와 세망내피계등으로 전신적으로 퍼져 나가는데 특히 Kupffer 세포로 퍼져 나간다. 병의 대부분의 경우는 가벼운 증상과 자기 자신에만 국한 되나 몇 몇 환자들은 심각한 폐렴에 걸린다. 1-2 주의 잠복 후에 인후통, 기침, 호흡곤란, 두통, 열, 한기등의 증상이 갑자기 나타난다. 이 병은 임상적 증상으로는 다른 폐렴과 구별하기 어렵다. 결정적인 진단은 조직배양에 접종함으로 이루어진다. 그러나 이 미생물은 매우 감염력이 높아 특별히 잘 갖추어진 실험실에서 매우 경험이 많은 연구자에 의해 진단이 되어야 한다.

테트라사이클린을 처리하였을때 오르니토시스 폐렴의 치사율이 약 5%이고 처리가 되지 않았을 때는 대략 20% 이다. 백신이 없으므로 예방을 위해 미국에 들어오는 새들에 엄격한 검역 규정이 필요하다.

공중 보건

앵무새는 오르니토시스를 원하는가 ?

당신이 근처 애완동물 가게 창문에서 봤던 앵무새는 건강하고 그만한 가치가 있는가 ? 당신은 앵무새가 미국에 몰래 들여와질 수 있고 오르니토시스에 감염되어 있을 수 있다는 것을 알게 되면 놀랄것이다. 앵무새는 사로잡힌 상태에서는 쉽게 새끼를 낳지 않고 밀림으로 부터 수입되어야 한다. 생포, 선적, 질병을 검출하기 위해 검역과정에서의 보유등에 비용이 많이 들어가 앵무새는 3,000 달러 정도 한다. 이익을 증가시키기 위하여 사악한 상인은 앵무새에게 약을 주어 그들을 감싸므로 날개를 펄럭이지 못하게 하여 그들을 자동차 흙받이 밑에 묶어둠으로 비포장도로의 먼지나 배기가스에 노출된다. 수천의 앵무새들이 이 방법으로 매년마다 죽는다. 살아남은 몇몇의 앵무새는 검역없이 애완동물가게로 보내진다. 합법적인 애완동물 상인의 손에 넘겨졌을때 감염되어 있었다면 그들은 모든 무리를 감염시킬 수 있어 모든 새들이 죽을 것이다.

Courtesy United States Department of Agriculture)

Q 열

Q 열(Q fever)은 오스트레일리아의 Queensland에서 처음으로 기술되었다. Q는 "Queensland"를 나타내는것이 아니라 "query(의문)" 를 의미한다. 왜냐하면 어떤 병원균이 이 질병을 일으키는지 오랫동안 의문으로 남아 있었다. Q 열은 지금 리케차에 속하는 *Coxiella burnetii*에 의해 발생되는것으로 알려져 있다. 다른 리케차와는 달리 이 병원균은 세포밖에서 오래 살 수 있기 때문에 진드기 뿐만 아니라 공기로 감염될 수 있다. 어떻게 Q 열 병원균은 양털에서 7-9 개월, 6 개월 동안 마른 혈액, 물이나 탈지유에서 2년 이상 등 오랜 시간 동안 생존 할 수 있는지 의문이었으나 의문은 풀렸다. *C. burnetiis*는 대세포 변이체와 소세포 변이체의 2가지 형태를 가지고 있다**(그림 21.16)**. 전자 현미경을 이용한 연구에서 대세포 변이체 끝 부분에 내생포자가 형성 되어 다른 리케차의 성상과는 달리 저항성을 가진다.

일단 *C. burnetii* 내부에 내생포자와 비슷한 조직체가 만들어 지고 이것이 흡입되면 숙주 세포에 의해 식균작용이 일어난다. *Coxiella*는 숙주 세포의 phagolysosomes에서 성장한다. 거기서 그들은 숙주 세포 내부를 모두 차지할 때 까지 빠르게 성장하고 대사작용을 증가시켜 산성조건에 반응하는 특이한 성상을 나타낸다. 결국 세포는 파괴되고 새로운 병원체가 분비된다. 혈류에 의해 이 병원체가 퍼지고 다른 세포들을 감염 한다. 인체로 부터 어떤 탈출구도 없는 것 처럼 보인다. *Coxiella burnetii*는 전 세계에 존재하는데 특히 소와 양을 기르는 지역에 존재한다. 야생동물, 가정에서 기르는 양, 소 등이 *C. burnetii*의 일반적 숙주이다. 세균은 진드기에 물리거나 배설물, 생식기 분비등을 통해 전파된다. 인간은 병이 없는 감염된 동물의 연무질 비말을 흡입하므로 감염된다. 농부는 출산을 도와줄 때, 병원균을 가지고 있는 태반이 있다면 암소가 태어나거나 유산된 것으로부터 감염 될 수 있다(최

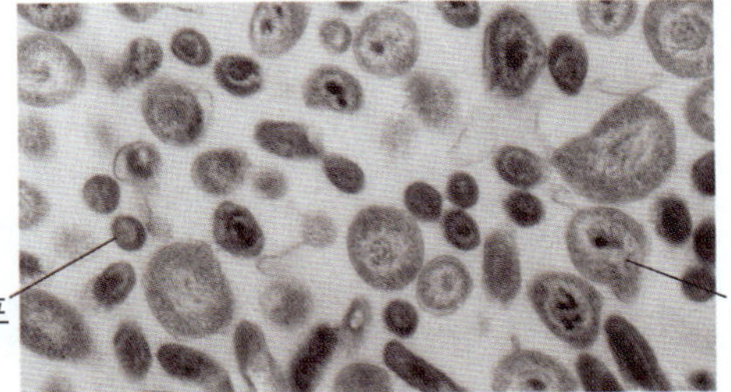

그림 21.16 ***Coxiella bumetii.*** 소세포 형태와 대세포 형태(16,008X). 대세포의 세포벽은 교차 결합이 없는 펩티드 글리칸을 거의 가지고 있지 않다. 따라서 다양한 세포 모양을 가진다. 대세포 형태 내부의 내생포자 같은 조직체가 아마도 유기체의 저항성에 관여 할 것이다. (Reproduced from T. F. McCaul & J.C. Williams, Journal of Bacteriology 147:1063-1076, Figure 1b, with permission of the American Society for Microbiology).

근에 캐나다에서 10여 명의 카드 플레이어들이 모두 Q 열에 감염되었는데 같은 방에 감염된 애완 동물인 고양이가 여러 새끼 고양이를 가지고 있었다). 도살장과 무두질 공장 노동자들은 동물의 가죽에 있는 건조한 진드기 배설물을 흡입하므로 감염된다. *Coxiella*는 건조에 저항성이 있기 때문에 오랫동안 환경에 생존한 채로 있을 수 있다. 인간으로의 전파는 감염된 동물의 우유 섭취에 의해 일어날 수 있다. 로스엔젤레스와 같은 지역에서는 약 10%의 암소가 이 병원균을 우유로 배출한다. 다른 지역은 비율이 더 낮다. 순간 살균(flash pasteurization)이 위험을 제거한다(◀12 장 p. 354). 사실 순간 살균은 우유의 살균과정 중에 발생하는 냄새 없이 Q 열 유기체들을 죽이기 위해 고안 되었다.

Q 열의 증상은 한기, 열, 두통, 불쾌감, 심한 땀등으로 제1기 비정형 폐렴과 유사하다. 잠복 기간은 18-20 일이다. 진단은 혈청학적 검사와 직접 면역 형광 검사에 의해 이루어진다. 치료는 테트라사이클린 또는 fluoroquinolone와 같은 항생제를 사용한다. 일생 동안의 면역이 Q 열의 감염 후 생겨난다. 직업적으로 노출되는 사람들을 위해 백신이 이용된다.

Q 열을 치료하지 않았거나 적절히 치료하지 못했을 경우는 오랫동안 완화된 상태로 1년 내내 지속된다. 코티손으로의 치료는 Q 열을 재활성시킬 수 있다. 만성인 경우 심장 내막염과 심장 판막 감염이 때때로 보여진다. 병원균이 항생제 요법에 반응하지 않으므로 심장 내막염은 변함없이 치명적이다. 특별한 종은 심장을 감염 시키도록 유전적으로 적응되어 매우 저항성이 크고 가장 심각한 질병을 유발한다. 다른 유전적 종들은 가벼운 질병을 일으킨다.

노카르디아증

노카르디아증(nocardiosis)은 조직 병변과 종기의 특성이 나타난다. 그것은 호기성이며, 항산성 염색이 되는 실 모양의 세균인 *Nocardia asteroides*에 의해 일어난다**(그림 21.17)**. 유기체들은 흙과 물에서 발견된다. 질병은 *N. asteroides*를 흡입함으로 시작된다. 1888년 소 만성 방선균병의 원인체로 처음 확인되었다. 인간에서 처음 감염 되는 장소는 폐인데 모든 경우의 3/4를 차지하나 피부나 다른 기관에서 생겨 나기도 한다. 병은 주로 면역 억제 환자에서 일어난다. 인간 대 인간 감염은 드물다. 치사율이 85% 보다 높은 것으로 보고되었으나 초기 진단과 sulfonamides와 trimethoprim를 함께 사용하는 적극적인 치료로 치사율을 50% 아래로 유지할 수 있다. 진단은 침이나 다른 표본에서 병원균을 발견하는 것과 배양 결과에 바탕을 둔다.

Nocardia 속은 프랑스의 세균학자이며 수의 병리학자인 Edmond Nocard (1850-1908)에 의해 이름지어졌다.

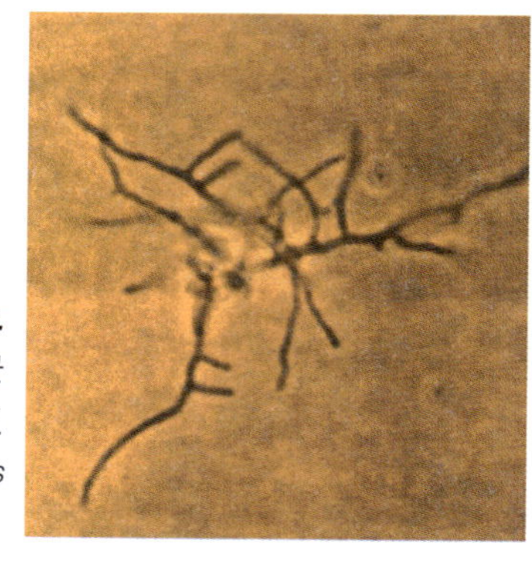

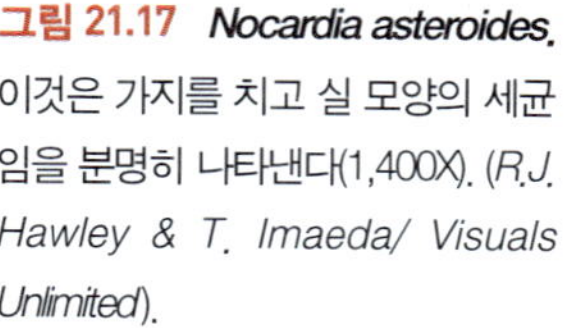

그림 21.17 *Nocardia asteroides*. 이것은 가지를 치고 실 모양의 세균임을 분명히 나타낸다(1,400X). (*R.J. Hawley & T. Imaeda/ Visuals Unlimited*).

✓중점 질문 사항

1. 어떤 위험이 백일해 백신과 관련 되는가?
2. 어떻게 기관지 폐렴이 대엽성 폐렴과 다른가?
3. 재향군인병을 방지 하기 위해 무슨 위생 규제가 따라야 하나?
4. 에이즈는 TB와 어떻게 관련되는가?
5. 어떤 유기체가 보행 폐렴이나 이형폐렴을 일으키는가?
6. 어떻게 배양 조건이 까다로운 *Legionella pneumophilia*가 phagolysosome 내에서 살아 남을 수 있는가?

바이러스성 하기도 질병

인플루엔자

인플루엔자(influenza)는 과거로부터 마지막 남아 있는 큰 역병이다. B.C. 412년에 히포크라테스가 유행성 감기 같은 발병을 기술한 이래 반복된 유행성 감기 유행과 전세계적 유행이 현재까지도 보고 되고 있다**(그림 21.18)**. 모든 기간 중에서 가장 큰 사상자를 낸 것은 1918-1919년에 전세계적으로 유행한 돼지 인플루엔자(또한 스페인 독감으로 알려짐)인데 2천에서 4천만명이 사망 하였다**(그림 21.19)**. 원인이 된 바이러스는 전에 없이 독성이 강했으며 제1차 세계 대전으로 인해 혼잡하고 위생 상태가 좋지 못해 바이러스 확산이 증가 하였다.

원인 병원체. 인플루엔자는 **오르토믹소바이러스(orthomyxoviruses)**에 의해 발생된다. 이 RNA바이러스는 감염 능력을 책임지고 있는 외막 표면 항원인 헤마글루티닌(hemagglutinin)을 가지고 있다. 이것은 적혈구와 다른 숙주 세포의 수용체에 특이적으로 결합한다. 어떤 인플루엔자 바이러스는 호흡 상피를 보호하는 점액층을 침투 하는데 도움을 주는 뉴라미니다아제(neuraminidase) 가지고 있다**(그림 21.20)**. 이 효소는 또한 감염된 세포에서 새로운 바이러스가 방출되는데도 역할을 한다. 이러한 성상이 실험실에서 인플루엔자 바이러스를 동정하는데 사용된다.

그들의 핵단백질 항원에 기초하여 A형, B형, C형 등 3 개의 주요한 인플루엔자바이러스 혈청형이 알려졌다. 인플루엔자바이러스는 **항원성 변이(antigenic variations)**나 항원성에 영향을 주는 돌연변이를 일으키는 경향이 있다. 이처럼 하나의 인플루엔자바이러스에 감염되어 생긴 면역은 다른 변이체에 의한 감염을 막는데는 불충분하다.

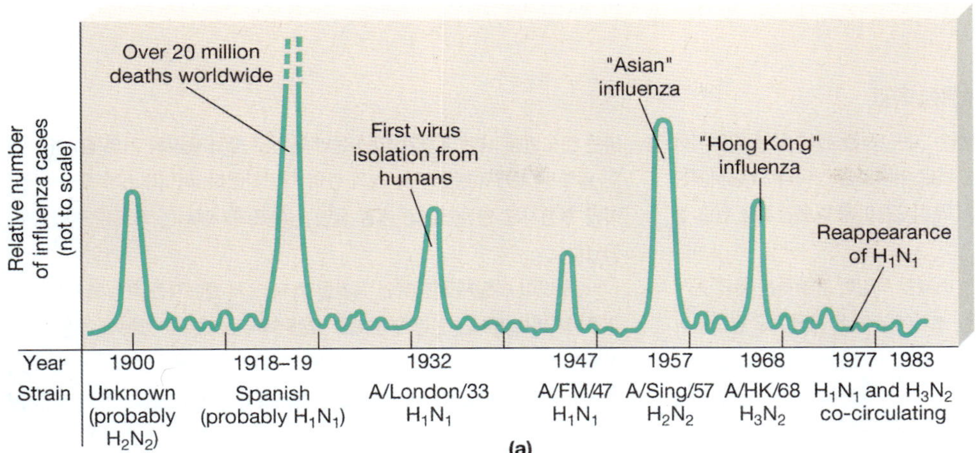

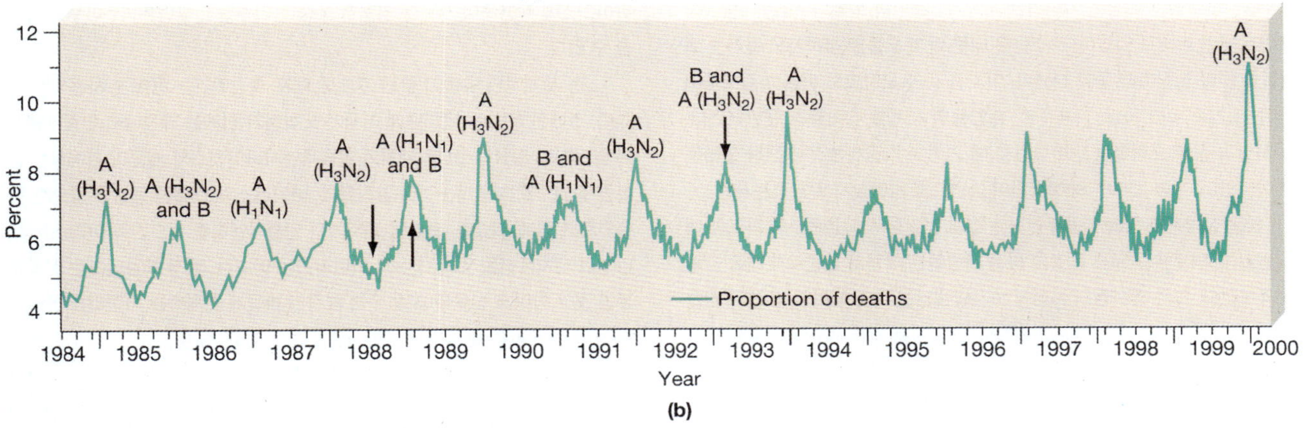

그림 21.18 미국에서의 인플루엔자 발병. **(a)** 1900년 이후; **(b)** 최근(121개 도시에서의 모든 사망 비율) 인플루엔자 변이는 hemagglutinin (H) 과 neuramini-dase (N)의 종류에 의해 표시 되었다(Source: CDC.).

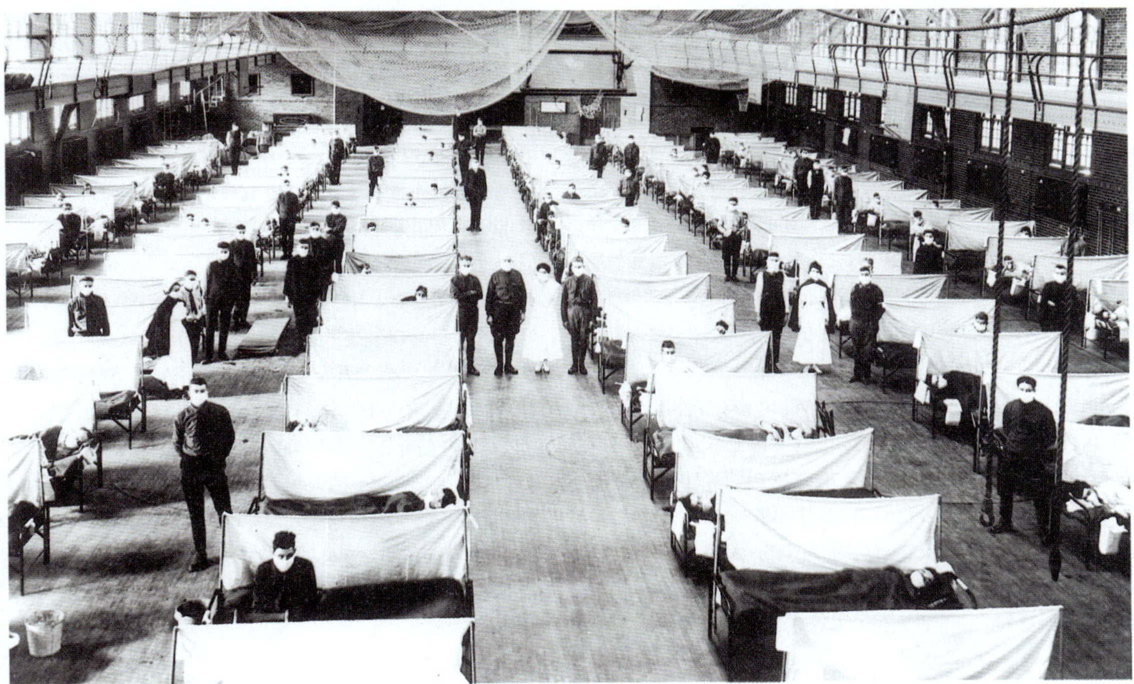

그림 21.19 돼지 인플루엔자. 1918년에 인플루엔자가 높은 비율로 전세계적으로 유행하는 동안에, 아이오와주립 대학교의 체육관은 일시적으로 병원 병실로 전환되었다(Courtesy Iowa State University Archives).

적용

1918년의 전 세계적 유행성 독감

어디에 그가 있을 수 있을까? 그는 1시간 전에 집에 있었어야 했다. 일상적일때는 이것이 그렇게 놀라운 일은 아니었을 것이나 그 당시에는 일상적이지 않은 시기였다. 그의 몸이 도시의 길모퉁이에 나뭇감처럼 위로 쌓아 올려진 사람들 중 하나일까?

그러한 두려움은 1918년의 전세계적 스페인 독감이 유행하는 동안 몹시 흥분한 가족의 마음을 통하여 가속되었다. 보기에 건강한 사람들도 경고없이 사망 하였다. 미국인이 전세계적으로 유행한 병으로 겨우 10 개월 내에 50만명이 사망 하였으므로 장의사는 수요를 충족 시킬 수 없었다. (미국 남북 전쟁이 비슷한 수의 사람을 죽이는데 4년 이상이 걸렸다). 필라델피아의 기록에 의하면 단지 하루 동안 매장을 기다리는 시체가 528구나 되었다. 많은 사람들이 발견되지 못한 상태로 있었다. 구조팀은 너무 아파 도움을 청하지도 못하는 희생자들을 찾아 집집마다 돌아 다녔다. 마차를 둥근 모양으로 만들고 길모퉁이에 멈추어 가족, 이웃사람, 가게주인, 행인등의 시체를 집어올려 운반하였다. 어떤 사람이 집에 도착하는것이 늦었을 때 가족이 걱정하는것은 전혀 놀라운 일이 아니었다. 누가 2500만의 미국인이 감염으로 사망할지 알았겠는가?

많은 질병들과 달리 인플루엔자는 젊고 건강한 사람들로부터 과도한 대가를 받았다. 몇몇은 고열로 죽었고 다른 사람들은 폐렴과 같은 2차 세균 감염에 굴복하였다. 많은 환자들의 직접적인 사망원인은 폐 손상이었다. 폐가 완전히 변질되기 전에 엄청난 압력이 가해진다 (검시에서 일관되게 폐가 범벅이 된 것처럼 보임). 만약 누르는 압박감이 경감되면, 환자는 생존의 기회를 얻는다.

1명의 의사가 10대 소녀의 침대 곁으로 불려 왔는데 해줄 수 있는 것이 거의 없었으나 부모를 안심시켰다. 갑자기 출혈이 코로 부터 시작되어 세사람을 적셨다. 발사하는 듯한 출혈은 폐에서의 압력을 감소시켜 그녀를 살렸다. 그러나 고열에서 살아남았던 사람들의 경우 종종 파킨스 병에 걸렸다. 우리는 지금 나이가 많으면 파킨스 병과 연관시키나 1918년 전 세계적으로 독감이 유행했을 때는 많은 어린이들을 포함하는 모든 연령대에서 파킨스병이 나타났다.

이 무시무시한 경험의 원인도 1918년대 연구자들이 보기에는 너무 작은 어떤 것이었는데 바로 돼지 독감 바이러스였다. 그들이 광학 현미경으로 본 것은 2차 세균 침입자였다(1마리의 바실러스균은 Haemophilus influenzae로 불리었는데 전세계적으로 유행한 질병의 원인체로 잘못 믿어 졌다). 실지로 뉴욕에 있는 한 가족의 6식구 모두가 서로 다른 종의 세균에 감염되었다. 의학계가 혼동한 것이 놀랄 일도 아니다. 백신을 만들려는 시도도 쓸데없는 것으로 판명되었다. 단지 몇몇 사람들만 바이러스 존재를 추측하였다.

이 바이러스는 어느 곳으로부터 시작되었을까? 미국과 유럽 군대가 세계 1차 대전의 마지막 달에 싸우고 있는 동안 1918년 4월에 프랑스에서 나타났다. 프랑스에서 스페인으로 바이러스가 퍼졌다. 그 해 여름 유럽 전역, 중국, 서아프리카로 퍼져 나갔다. 영어를 쓰는 국가들은 그것을 "스페인 숙녀"로 불렀다. 숙녀는 8월에 보스턴에 들어갔고 1달내에 미국 전역으로 퍼졌다. 그녀가 전 세계를 돌아다녀 전 세계적으로 유행하는 질병이 되었다. 그것이 1920년에 가라 앉았을 때까지 2천 5백만명 이상이 죽었다. 가장 큰 타격을 받은 국가는 인도인데 사망 숫자가 10년 동안의 인구 증가 숫자와 거의 같았다. 세계의 일부 국가에서는 인구의 거의 반이 사망하였다. 바이러스가 또한 인간이 아닌 희생자도 만들었는데 예를 들면 남아프리카에서는 개코원숭이가 희생되었다.

무엇이 이렇게 치명적인 독감을 가져 오게 했는지는 확실하지 않다. 인플루엔자바이러스는 인간 병원체로 오랜 역사를 가지고 있는데 가장 돌연변이를 많이 일으키는 바이러스 중 하나이다. 그러나 자연적인 돌연변이 과정은 인간의 도움을 받았다. 머스타드 가스(Mustard gas)는 프랑스에서의 참호전에 널리 사용 되었는데 강력한 알킬화제로 돌연변이 유발 인자이다. 그것이 바이러스에 작용하여 새로운 강력한 독성 변이주를 만들었는가? 아무도 확신할 수 없다.

전 세계적인 유행이 끝난 후에도 돼지 독감이라는 용어는 사용되지 않았다. 스페인 독감이 1918년에 미국에 도착하기 전에는 돼지에서 인플루엔자가 알려지지 않았다. 그 후 돼지가 인플루엔자바이러스와 세균이 관여하는 복잡한 질병으로 고생하는것이 알려졌다. 바이러스가 스페인 독감을 일으킨 한 원인으로 믿게 되었다. 오늘날 돼지에서 인플루엔자를 일으킨 바이러스는 인간에서 돼지독감을 일으키는 그 바이러스는 아니다. 돼지 독감이라는 이름을 붙인 것은 아마도 실수라고 할 수는 없지만 빠르게 진화하는 바이러스 변이주들이 1918년 이후 꽤 많이 돌연변이를 일으킨것 같다.

전세계적으로 유행하는 병의 원인체인 바이러스들이 아직까지 위협적인가? 1976년에, 미국 정부는 돼지 독감에 대한 광범위한 면역 프로그램을 준비하였다. 독감 바이러스는 거의 항상 지구의 서쪽으로 진행한다. 동쪽에서 문제가 되었던 바이러스를 조사하여 미국 공중 위생 관리자들은 다음 연도의 백신에 어떤 바이러스주를 포함할지 결정한다. 따라서 돼지 독감이 1975년에 아시아에서 발견되었을 때, 그것은 의료계를 공포에 떨게 하였다. 수 백만명의 사망자를 낼 수 있을 뿐만아니라 후유증도 있을 것이다. 1976년 전 세계적 유행으로 얼마나 많은 살아남은 사람들이 파킨슨병에 걸릴까 ?

초조하게 정부는 면역 예방 접종을 받도록 모두에게 권고하였다. 불안한 발달이 뒤따랐다. 돼지 독감 백신을 맞은 어떤 사람은 길랑-바레 증후군(Guillain-Barre syndrome)을 보여 완전히 마비 되었다(비록 많은 사람들이 완전히 회복 되었으나 적은 비율은 마비로 사망 하였다). 돼지 독감과 마비 중에서 어떤 것이 더 나쁜 것인가? 백신 클리닉 앞의 대기줄이 짧아졌다. 점점 소수의 사람만 백신 접종을 받으므로 돼지 독감이 유행하면 무슨일이 일어날까? 의료계는 기다렸으나 돼지 독감은 일어나지 않았다. 그것은 일시적 모면인가 아니면 단지 연기인가? 아무도 말할 수 없다.

한편, 알래스카 사람과 스칸디나비아 묘지의 영구 동토층에 묻힌 돼지 인플루엔자 희생자들의 냉동 시체를 마을 주민 모두를 피난 시킨 엄격한 고립 조건에서 발굴하였다. 재생시킨 돼지 인플루엔자 바이러스를 PCR과 DNA 서열 연구로 오늘날의 바이러스주와 비교하고 있다.

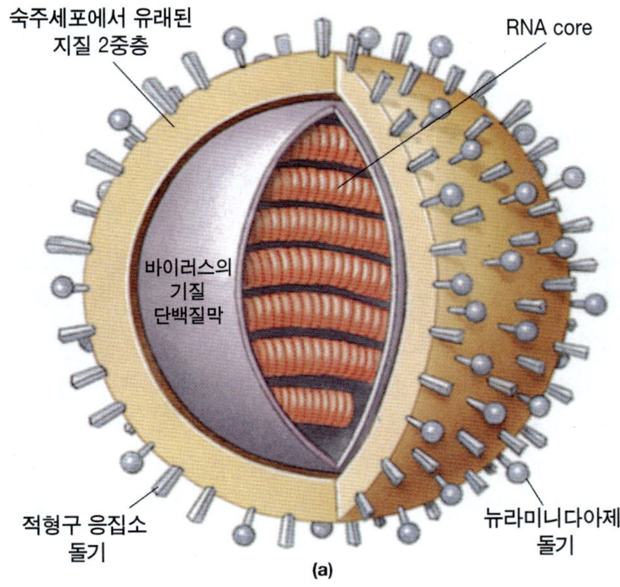

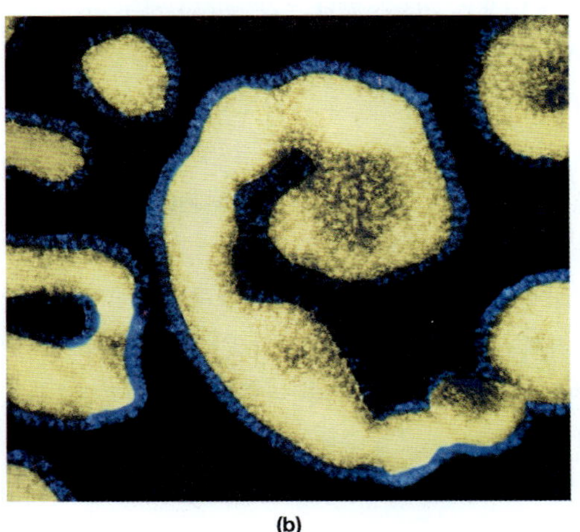
(b)

그림 21.20 인플루엔자 바이러스. **(a)** 바이러스는 바깥쪽 표면에 tinin, neuraminidase spike와 RNA core를 보여준다. **(b)** 인플루엔자바이러스 A형의 칼라 TEM 사진(85,243X) (*Dr. Dennis Kunkel/Phototake*).

인플루엔자바이러스 A형은 1933년에 처음으로 분리되었고 정기적으로 항원성의 변이를 일으키기 때문에 불규칙한 간격으로 유행병(epidemic)과 전세계적 유행병을 일으킨다. 2차적인 세균성 폐렴이 인플루엔자바이러스 A형 감염에서 가장 중요하고 심각한 합병증이다. 다양한 종류의 새와 포유 동물이 인플루엔자바이러스 A형에 감염되어 보유 숙주 역할을 한다.

인플루엔자 B 바이러스도 항원 변이를 일으키는데 인플루엔자 A 바이러스가 일으키는 것보다 덜 광범위 하고 속도도 늦다. 인플루엔자 B 바이러스에 의한 유행병은 지리적으로 제한되고 학교나 다른 연구소 주변에 집중적으로 일어나는 경향이 있다. 이 바이러스들은 오직 인간에서만 발견된다.

인플루엔자 C 바이러스는 인플루엔자 A, B 바이러스와 구조상 다르다. 인플루엔자 C 바이러스에 의한 감염은 거의 인식되지 않는다. 질병이 인식될때는 단일 가족이나 단일 교실에 있는 어린이에게만 국한된다. 인플루엔자 C 바이러스는 낮은 감염률을 나타내며 뉴라미니다아제 효소가 부족한데 이 효소를 갖고 있는 바이러스는 감염능력이 증가한다.

항원 변이. 인플루엔자 바이러스의 항원 변이는 항원연속변이와 항원불연속변이의 2가지 과정에 의해 일어난다. **항원연속변이(antigenic drift)**는 헤마그루티닌과 뉴라미니다아제를 암호하는 유전자에서 돌연변이가 일어난다. 그러한 돌연변이는 항체 생산을 촉진 시키는 항원의 부분이나 항체와 결합하는 부분의 형상을 바꾼다. 따라서 부모의 헤마그루티닌과 뉴라미니다아제에 대해 형성된 항체는 돌연변이된 자식 바이러스의 헤마그루티닌과 뉴라미니다아제를 방해하는데는 효과적이지 못하다. 만약 충분한 항원연속변이가 자연히 일어 난다면 인플루엔자 유행이 뒤따를 것이다.

항원불연속변이(antigenic shift)는 같은 세포를 서로 다른 두 바이러스가 감염한 후 유전자의 재조합이 일어 났을때 가능한데 예를 들면 조류인플루엔자와 인간 인플루엔자가 돼지 세포를 감염시키고 그들의 게놈 사이에 교환이 일어 났을때를 말한다. 그것은 아주 극적인 변화를 나타내는데 이전에 알려진 종류보다 항원적으로 대단히 다른 바이러스 변이주가 나타난다. 따라서 한 가지 형태의 헤마그루티닌에 대항하기 위해 형성된 항체는 다른 형태의 헤마글루티닌에 대해서는 보호하지 못한다. 항원불연속변이는 일반적으로 전세계적 유행에 선행한다. 이러한 바이러스 주들이 심각한 전 세계적 유행을 일으키므로 항원불연속변이가 드물다는것은 다행이다. 과거 100년 동안 6번 항원불연속변이가 일어났는데 1890, 1900, 1918, 1957, 1968,

공중 보건

독감 백신은 무엇인가?

항원성 변이 때문에 많은 다른 종류의 독감 바이러스가 있다. 어떻게 CDC가 매년 백신에 어느 바이러스를 포함할지 결정할 수 있는가? 매년마다 2월에 시작하는데 CDC는 다음 독감 시즌의 백신에 사용될 바이러스 주를 선택하기 위해 어떤 주가 가장 유행했으며 어떤 변이를 그들이 행했는지 관찰한다. 예를 들면, 2006-2007 시즌의 백신에 3개의 바이러스주가 포함 되었다: 인플루엔자 A/Wisconsin/67/2005 (H3N2)-like, B/Malaysia/2506/2004-like, A/New Caledonia/20/99-like (H_1N_1) 항원. 이들 바이러스주들은 그들이 처음 분리된 지리적 위치, 그들을 분리한 실험실에서 지정한 숫자, 분리된 연도에 의해 이름이 지어지는데 인플루엔자 A형인 경우는 hemagglutinin (H)과 neuraminidase (N)의 외막 항원 숫자를 기입한다. 백신은 인간에게 사용되기 전에 안전과 효과에 대해 철저히 평가 받는다. 당신이 매년마다 독감을 피하기 원하면 CDC가 당신을 도울 것이다.

1977년 이다. ◀10장 p. 283에서 "닭 독감"을 포함하는 최근 새로 생기는 인플루엔자바이러스에 대한 토론을 보라. 면역반응들은 항원 변화에 따라서 다양하다. 면역 반응은 마치 면역계를 피하려는 바이러스의 능력과 바이러스를 인지하여 무력화 시키려는 면역계 능력 사이의 경쟁에 의해 일어난다. 대부분의 바이러스에서 항원 변화는 적으나 존재하는 항체가 바이러스 감염을 방해한다. 바이러스는 항체가 부족한 사람들에게는 심각한 질병을 일으키나 유효한 항체를 가진 어떤 사람에겐 가벼운 병 또는 병을 일으키지 않는다. 숙주가 여러 다른 바이러스주에 노출되어 얻어진 항체들의 다양한 조합이 새로운 바이러스주에 의한 감염으로부터 숙주를 보호한다. 바이러스가 전염병을 일으키기 위해서는 대부분의 항체를 피할 수 있는 충분한 항원 변이가 수행되어야 한다.

인플루엔자바이러스는 핵을 가진 숙주세포의 세포질에서 복제가 일어나나 핵이 없는 적혈구에서는 일어나지 않는다. 그들이 감염시키는 세포에서의 인플루엔자바이러스 영향은 주목할만하다. 바이러스들은 그들의 외막을 숙주세포의 원형질막에서 출아할때 얻는데 숙주세포를 죽이지 않고 이것을 할 수 있다(◀10장 p. 295). 세포내의 고분자가 모두 소비되어 죽기 전에 숙주세포는 일반적으로 몇 시간에 걸쳐 분 당 수 천개의 바이러스를 만들어 낸다.

질병. 인플루엔자는 다른 많은 바이러스성 호흡기 감염 처럼 상대적으로 표면 감염이다. 바이러스를 포함하는 비말의 흡입이나 감염능이 있는 기도 분비물과의 간접 접촉에 의해 바이러스가 신체내로 들어간다. 구인두(oropharyngeal) 상피에 즉각적인 침입이 일어난다. 침입한 바이러스들은 증식하여 점액을 분비하며 섬모가 있는 상피세포를 포함하는 기도의 다른 부분으로 퍼져간다. 먼저 섬모가 파괴 되고 나서 세포가 손상된다. 심하게 손상된 세포는 죽고 딱지가 생긴다. 비록 숙주 세포가 즉시 재생을 시작하지만 완벽한 섬유를 가진 상피세포로 복구 되는데 10일 또는 더 많은 날이 소요된다.

보통 주요한 숙주 방어 기작인 점액섬모 상승의 소실은 세균이 침입하여 바이러스에 감염된 세포에 부착하는 것을 증진 시키도록 한다(p. 640). 손상된 식균 작용과 폐에서 유동체의 축적은 특히 폐렴과 같은 2차 세균 감염의 위험성을 증가 시킨다. 인플루엔자 바이러스 단독, 2차 세균감염 단독 또는 복합 감염에 의해 사망에 이를 수 있다. 비록 항생제는 세균 감염에 의한 사망을 감소 시킬 수 있지만 바이러스 감염에 대해서는 아무런 영향이 없다(◀13장 p. 389).

면역성이 없는 사람에서 병의 징후와 증상은 전염 후 36-48 시간에 나타나기 시작한다. 고열, 권태감, 근육통이 가장 일반적인 증상들이고 기침, 코 분비물, 인후통, 그리고 위장염(보통 어린이만)이 자주 일어난다. 열이 일반적으로 3일 지속된다. 전신 증상이 줄어들면 호흡기 관련 증상은 증가한다. 질병의 강도는 세포로부터 분비되는 바이러스양과 직접적으로 비례한다. 바이러스의 분비는 첫 권태감이 나타나면서 시작되고 최대로 높은 열과 인터페론이 생성되기 전 하루 동안 절정을 이룬다. 바이러스 분비는 처음 노출 후 8일 내에 멈춘다. 비록 1주 내에 급성의 단계는 끝나지만 피로, 기침, 나약함은 여러 주에 걸쳐 지속된다.

발병률과 전파. 북온대 지역에서 인플루엔자는 11월 말 또는 12월 초에 나타나 4월에 사라진다. 대부분의 연도마다 가장 많은 사례가 1월과 3월 중순에 보여진다. 어떤 지역에서는 5-7주 동안 가장 널리 유행한다. 실내의 많은 군중, 불충분한 공기순환, 건조한 공기가 바이러스 퍼짐을 촉진한다. 학교가 인플루엔자 전파에 이상적인 조건을 갖추고 있으며 발생의 진원지이다. 사람들은

곡식의 먼지는 농장의 동물과 농부에게 폐 염증을 일으키는 세균 내독소를 포함하고 있다.

표 21.3

감기, 인플루엔자, 폐렴의 차이점

증상	감기	인플루엔자	폐렴
열	드물다	특징적으로 높다 (100.4−104°F) 갑자기 발병하며 3~4일간 지속	높거나 높지 않거나
두통	이따금	현저하다	이따금
일반적 아픔과 고통	약간	보통; 종종 꽤 심각 하다	이따금 매우 심각
피로와 쇠약	매우 온화	극심하다. 한달간 지속될 수 있다	유형에 따라 일어날지도 모른다
탈진	결코 없다	일찍 일어날 수 있고 현저하다	유형에 따라 일어날지도 모른다
콧물과 코 막힘	일반적	가끔	특징이 아님
재채기	보통	가끔	특징이 아님
인후통	일반적	가끔	특징이 아님
가슴 불쾌, 기침	가볍고 적당; 헛 기침	심각할 수 있다	자주 일어나고 심각
합병증	공동과 귀 감염	기관지염과 폐렴 ; 생명을 위협할 수 있다.	다른 기관으로 광범위하게 이동한 감염은 특히 노년층과 쇠약한 사람의 생명을 위협할 수 있다.

종종 독감을 가지고 있다고 주장하지만 그들은 실질적으로 알레르기나 악성 감기로 고생하고 있다(**표 21.3**). 종종 "위 독감"으로 불리는 위장 문제는 아마도 전혀 독감이 아니고 대부분 다른 바이러스 감염 때문이다.

진단과 치료. 바이러스 분리를 위해 가장 좋은 견본은 될 수 있으면 질병 초기의 인두면봉 이다. 바이러스는 배아기의 병아리 계란과 다양한 세포주에서 배양할 수 있고 혈구 응집 억제와 면역 형광 항체 검사법으로 동정할 수 있다.

적당하게 효과적인 치료가 인플루엔자에서 가능하다. 아만타딘(amantadine)이 아마도 탈외피를 방해하여 인플루엔자 A형 바이러스 복제를 막는다(◀13장 p. 389). 증상이 나타난 직후 투여하면 질병 진행 과정을 줄이고 강도를 낮춘다. 선택된 개인을 짧은 기간 동안 보호하기에는 이 약이 유용하지만 환자가 특히 약을 잘 받아들이지 않으면 인플루엔자가 유행하는 동안 사용하는 것은 현실성이 없다. 더구나, 이 약은 사용자의 바이러스에 대한 항체 생산을 방해하며 몇몇 유쾌하지 못한 부작용을 수반한다. 리만타딘(rimantadine)이 더 효과적이고 독성은 적다(◀13장 p. 389). 리바비린(ribavirin)이 A형과 B형 바이러스 모두를 불활성화 시키는 것으로 증명되었다.

면역과 예방. 인플루엔자 바이러스의 돌연변이 능력 때문에 특히 만성 상태의 위험성이 높은 사람에게는 매년 예방 접종을 받는 것이 권장 된다. 사백신이 인플루엔자에 대해 효과적인 방어를 제공하고 매년 백신 접종은 항체의 다양성을 증가시켜 미래에 유행성 독감이 발생할 때 유용하다. 매년 접종을 받지는 않더라도 어느 정도는 보호를 해준다. 비록 예방접종을 맞은 개인이 때때로 독감 바이러스에 감염되지만 예방 접종을 받지 않은 사람 보다 짧은 지속기간과 가벼운 증상을 나타낸다. 더구나 짧은 지속 기간 동안 소량의 바이러스만 분비한다. 이처럼 면역성을 가지게 함으로써 다른 사람에게 질병을 퍼뜨리는 것을 감소 시킨다. 새로운 형태의 예방접종이 2003년에 처음으로 만들어졌는데 Flu Mist로 불리며 주사 보다는 흡입에 의한다(**그림 21.21**).

적용

독감 예방 접종이 심장마비를 예방

몇몇 바이러스들은 혈관에 염증을 유발하고 혈관 안쪽에 플라크를 축적하여 출혈이 일어나게 하는데 이것이 심장마비의 원인이 된다. 최근의 연구는 독감 예방 접종을 받은 그룹이 후두염과 이차 심장마비에 67% 낮은 사례를 보여 주었다. 2000년에 CDC는 독감예방 접종을 위한 추천 나이를 65세 이상에서 55세 이상으로 낮추었는데 이것은 심장마비를 경험할 수 있는 더 많은 세대를 포함하기 위함이다.

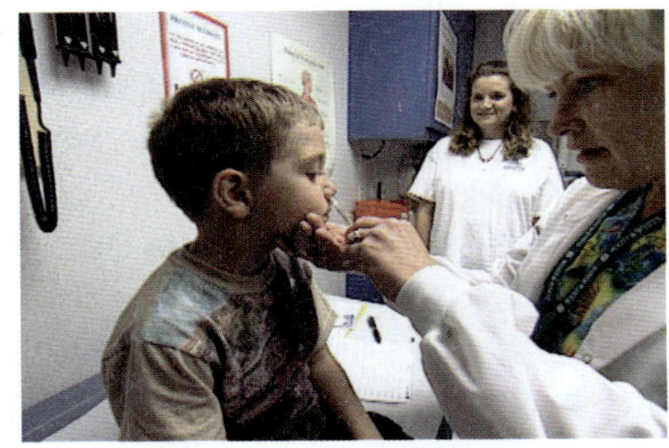

그림 21.21 Flu Mist 백신은 주사하기 보다 흡입 된다. *(Courtesy Wyeth-MedImmune, Inc.)*

인플루엔자에 저항성을 갖는 인간 유전자가 산타 바바라에 있는 캘리포니아 대학에서 동정 되었다. 이 유전인자는 인터페론에 의하여 시작된다. 이 유전자는 Mx라 불리는 특정한 단백질을 만드는데 바이러스가 RNA나 단백질을 만드는 것을 방해 한다.

중증 급성 호흡기 증후군

조용히, 2002년 11월에, 중국 사람들은 새로운 호흡기 질환으로 아프기 시작했다. 그러나 중국 당국은 305건의 "이형폐렴"이 2004년 2월에 보고되기 이전에는 이것에 대해 아무것도 말하지 못했다. 이것은 중증 급성 호흡기 증후군(SARS; severe acute respiratory syndrome)으로 불리었으며 코로나 바이러스(SARS-CoV, **그림 21.22**)에 의해 일어난다. 이 병은 다른 나라를 포함해 빠르게 퍼져 나갔다. 3월에 세계 보건 기구(WHO)가 전 세계적 SARS 경보를 공포하였다. 5월에 중국은 SARS 검역 명령을 어기는 사람은 누구든지 처형되거나 감옥에 간다고 경고 하였다. 2003년 7월에 유행이 선언 되었을때는 29개 국가에서 774명이 사망하였고 8,098명이 감염 되었다. 사망자중 350명이 중국에서 발생하였으며 미국에서는 없었다. 중국

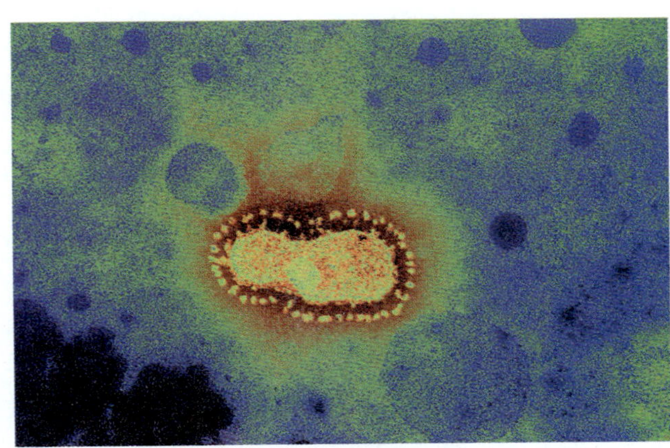

그림 21.22 SARS 바이러스 (253,467X). (Sercomi/Photo Researchers, Inc.)

정부는 10,000마리 이상의 사향 고양이들을 죽였는데 이들은 족제비 같은 동물로 야생 사냥감 시장에서 팔렸고 많은 레스토랑에서 맛있는 요리로 제공 되었다. 사육되는 집 고양이를 포함하는 다른 포유 동물도 이 바이러스를 가지고 있다.

중증 급성 호흡기 증후군의 증상은 고열, 마른 기침, 숨 가쁨, 호흡 곤란, 그리고 대부분의 X-rays는 폐렴을 나타낸다. 드물게 두통, 근경직, 의식 장애, 발진, 설사가 일어난다. 바이러스는 감염된 사람과의 가까운 접촉에 의하여 퍼지게 되는데 주로 숨을 내쉬거나 기침할때의 비말 때문이다. 사람들이 오염된 물체 표면을 만진 후 그들의 코, 입, 눈 등을 만짐으로 감염이 되고 키스나 껴안은 후에도 같은 방식으로 감염된다.

원인체인 코로나 바이러스는 인플루엔자 형이 아닌 일반 감기 바이러스와 관련되어 있다. 백신 개발이 진행중 인데 사람에게 적용은 2004년 가을에 시작하는것으로 되어 있다. 동물에 적용했을때 전도 유망한 것으로 나타났다. 많은 숫자의 바이러스 보유 동물과 바이러스가 쉽게 퍼지기 때문에 미래에 발생할 것으로 예측되나 2007년 까지는 새로운 발생이 일어나지 않았다.

호흡기 융합 바이러스 감염

호흡기 융합 바이러스(respiratory syncytial virus)는 1살 이하의 어린이나 특히 1-6달된 남자 유아에서 가장 일반적이고 가장 중요한 하기도 감염중에서 희생이 따르는 원인체이다. 바이러스 이름은 배양시 세포의 원형질막이 융합되어 독립된 성상을 잃어버리고 다핵성 덩어리인 **합포체(syncytia)**(단수는 syncytium)로 형성하는데서 유래한다. 질병은 **바이러스성 폐렴(viral pneumonia)**으로 바이러스가 호흡 기도를 감염하므로 3~4일 동안의 고열로 시작된다. 고열에 이어 과호흡증후군, 과다 팽창, 폐에 체액 침투등이 잇따른다. 만약 RSV를 가진 유아가 빠르게 펄스가 띄는 인공 호흡 장치에 놓여지면 집중 치료 육아실 전체를 감염시키기에 충분한 바이러스를 내 놓는다. 대규모의 발생은 재난을 초래 한다. 감염 후 수 주에서 수 개월간 바이러스가 분비 되는데 재 전염이 일반적이다. 더 나이가 많은 아이들과 성인에서는 RSV가 주로 상기도를 감염시키는데 코에 바이러스를 가진 어른이 육아실 감염의 원인이 될 수 있다.

RSV의 발생과 전파는 파라인플루엔자 바이러스와 매우 유사한데 양쪽 바이러스에 의한 동시 감염이 일반적이다. 바이러스는 코 분비물로 부터 효소 면역 검정법에 의하여 확인하거나 분비물에 있는 세포를 직접 면역 형광 검사로 확인한다. 리바비린이 질병의 지속 기간을 짧게 한다. 어떤 백신도 없다. 예방의 가장 좋은 방법은 유아가 대중이나 다른 감염원에 노출되는 빈도를 줄이는것이다.

한타바이러스 폐 증후군

1993년 5월과 6월에 미국의 남서부 4개 주의 모서리 지역 거주자 중에 24건의 중증 호흡기 질환이 보고 되었다. 건강했던 성인이 갑자기 병이 나서 몇 시간내에 사망하였다. 두려움은 아리조나, 콜로라도, 뉴 멕시코, 사망이 발생했던 나바호 정부의 일부지역까지 퍼져 나갔다. 연구자들은 질병의 원인체로 그전까지는 보고 되지 않은 한타바이러스를 동정하고 **한타바이러스 폐 증후군(hantavirus pulmonary syndrome)**이라 명명 하였다. 바이러스는 PCR 기술과 RNA 염기서열 분석(◀7장 p. 204)에 의해 모든 알려진 한타바이러스와는 전혀 다른 바이러스로 밝혀졌다. 한타바이러스 질병은 수 년동안 전 세계의 다른 지역에서 알려졌으나(◀23장) 신장 출혈 증상의 질환이었지 폐 질환은 아니었다. 새로운 바이러스는 분리된 지역의 이름을 따라

공중 보건

사랑은 모든 것을 정복하는가?

그는 구취를 가지고 있는가? 그녀는 너무 많은 양파를 먹었는가? 아니다, 이 결혼식은 2003년 5월 중국 베이징의 중심부인 Tianamen Square에서 거행되었다. 그 전날 중국 정부는 271명의 사람이 사망하였고 5,163명이 중증 급성 호흡기 증후군(SARS; Severe Acute Respiratory Syndrome)에 감염되었다고 발표하였다. 전세계 사례의 2/3가 중국에서 일어났다. 전세계적으로 최종 사망 숫자는 29개 나라에서 774명이며 감염된 사례는 미국 29건, 캐나다 44건을 포함하여 모두 8,098건 이다.

대만의 타이페이에서는 SARS 확산을 방지하기 위해 지하철로 여행하는 승객에게 강제적으로 마스크를 착용 하도록 하였다. 홍콩에서는 발생을 억제하기 위해 오랫동안 학교를 폐쇄 하였다. 어린이들은 동물 얼굴, 턱수염, 사나운 코 또는 입술, 금화로 불꽃 튀기는 모양등의 마스크를 하고 학교로 돌아왔다. 나이 많은 분들은 바이러스에 최후를 달라고 사원에서 기도하는 모습의 좀 더 수수한 가면을 착용하였다. 베이징에서는 SARS의 확산을 차단하기 위해 공항과 고속도로를 차단할것이라는 소문 때문에 거주자들이 많은 양의 물품을 샀다. 결국(질병으로부터) 승리가 선언 되었다. 그러나 SARS는 다시 돌아올 것이다. 사육하는 집 고양이를 포함하는 많은 종의 동물이 이 바이러스를 운반할 것이다.

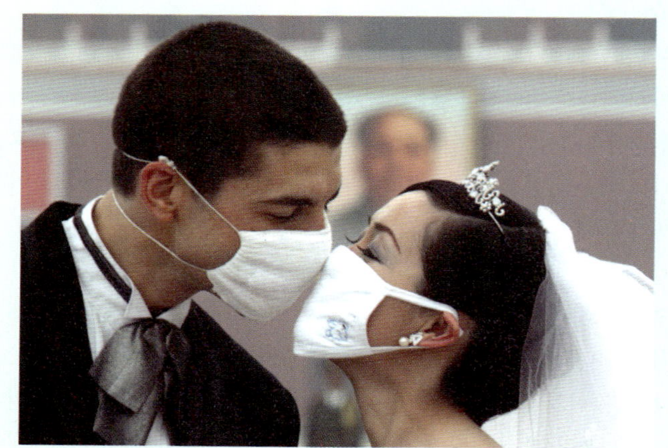

(©Reuters/Corbis Images)

공중 보건

주술사는 알고 있었다.

1993년 5월, 공중 위생 관리들은 당황케 되었다. 무엇이 미국 남서부 4개주의 모서리 지역에 불가사의한 호흡기 질환의 발생을 가져 왔는가? 정답은 항상 자연을 조심성 있게 관찰하는 나바호 주술사로 부터 나왔다. 이 주술사들은 그 해에 소나무 열매의 이례적인 풍작이 있었다는 것을 지적 하였다. 일반적으로는 매년 단지 적은수의 나무만 몇 주 동안 열매를 가지고 있는 반면에 그해에는 나바호 보호구역내 거의 모든 나무가 1년 내내 열매를 가지고 있었다. 설치류 동물은 풍작으로부터 가장 큰 열매를 굴속에 파 묻었다. 소나무 열매들을 얻으려는 사람들이 이 창고를 팠고 그들이 한타바이러스를 포함하는 설치류의 배설물과 소변에 노출 되었다. CDC 연구자들은 열매 수확량의 변화가 병의 발생에 관여하지 못하도록 하였으며 주술사에 감사해 했다.

Muerto Canyon virus라 불리었다. 거주자들로 부터의 불평으로 신 놈브레 (Sin Nombre) 바이러스로 이름이 제안되었고 채택 되었다.

치사율이 60%로 다른 한타바이러스 보다 10배 이상 높았다. 1994년 동안에 또 다른건의 HPS가 플로리다, 루지애나, 인디애나, 로드아일랜드등 미국 전역에서 발견 되었다. 각각의 경우 서로 다른 새로운 한타 바이러스가 원인체로 밝혀졌다. 각각의 바이러스는 건강해 보이는 설치류에 의해 운반되었으며 소변, 배설물, 침 등으로 바이러스가 분비 되었다. 신 놈브레 바이러스는 흰발 생쥐인 *Peromyscus maniculatus*에 의해 운반된다. 플로리다주의 다양한 바이러스는 코튼랫(Sigmodon hispidus)에 의해 운반 되는데 루지애나 바이러스주의 벡터는 아직 동정되지 않았다. 건조한 배설물로부터의 바이러스는 공기에 의해 전파되어 흡입하게 된다. 실내든 실외든 설치류 동물이 오염된 지역은 피해야 한다. 리바비린이 치료에 다소 유용하나 더 많은 연구가 필요하다.

급성 호흡기 질환

급성 호흡기 질환(ARD; acute respiratory disease)은 바이러스성 하기도 질환으로 가벼운 증상에서 중증의 증상까지 나타난다. 인후통, 기침, 다른 감기 증상, 열, 두통, 불안감등이 종종 보여진다. 10일간 지속되는 중증의 바이러스성 폐렴이 때때로 ARD에서 일어난다.

바이러스성 ARD의 경우는 미국과 유럽의 군사훈련 시설에서 보여졌다. 훈련 시작 후 3주에서 6주 사이에 유행이 시작된다. 이 유행병의 특징은 긴장된 조건하에 다른 지역으로 부터 온 사람들의 밀집됨에 기인한다. 그러나 유행이 비슷한 조건의 대학이나 연구소에서는 관찰되지 않아 다른 요인이 이병의 유행에 관여 하는것 같다.

아데노바이러스는 5살 이하 어린이에서 ARD 경우 중 대략 5%를 일으킨다. 대체로 증상은 가볍고 비특이적이다. 코 막힘, 기침, 코 분비물의 증상이 있는데 더 심각한 증상들인 편도선염, 인두염, 기관지염, 위막성 후두염, 결막염, 복통도 또한 나타날지 모른다. 아데노바이러스 폐렴은 모든 어린이 폐렴의 대략 10 %을 차지 하는데 이따금 치명적이다.

곰팡이에 의한 호흡기 질환

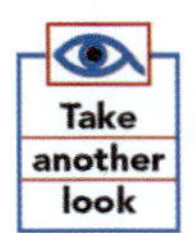

세균과 바이러스에 비하여 곰팡이는 덜 빈번한 호흡기 질환과 관련되어 있다. 대부분의 곰팡이 감염은 면역 결핍이나 쇠약한 환자에서 보여진다. 블라스토마이세스증(blastomycosis)은 대체로 피부병인데 또한 가벼운 호흡기 증상을 일으킨다 (◀19장, p. 589).

곰팡이는 "병에 걸리는 빌딩"으로서 건물의 내부에서 성장할 수 있으며 건물의 종사자를 감염시키고 알레르기 반응을 유도한다. 그러한 곰팡이인 *Stachybotrys atra*는 끊임없이 습기를 가지고 있는 집과 종종 홍수에 노출되는 집에서 성장한다. 어린이는 성인보다 더 *S. atra*에 민감하며 치명적인 폐 출혈로 발전된다. "병에 걸리는 빌딩"을 다시 조정하는 것은 힘들며 그것을 완전히 파괴하여야 한다.

콕시디오이드마이세스증

흙에 있는 곰팡이인 *Coccidioides immitis*는 **콕시디오이드마이세스증(coccidioidomycosis)**이나 San Joaquin 계곡 열의 원인이 된다**(그림 21.23)**. 이 병원체는 주로 미국 남서쪽이나 멕시코의 따뜻하고 건조한 지대에서 발견된다. 감염은 곰팡이 포자를 함유한 먼지 입자를 흡입한 결과 일어난다. 개, 소, 양, 야생 설치류 동물의 배설물에 포자가 있으며 포자가 공기에 의해 전파된다. 민감한 사람은 기차역의 플랫폼에 서서 잠깐 동안 맑은 공기를 호흡하는 것으로도 감염된다. 남서쪽 지역의 먼지 폭풍을 통과하는 여행자들도 감염될 수 있는데 병이 없으리라고 생각되는 지역으로 되돌아 온다. 최근에 이병의 발생이 캘리포니아에서 증가하고 있는데 부분적으로는 많은 먼지를 생산해 내는 화산활동 때문이다. 민감한 사람이 포자를 흡입하였을때는 인플루엔자와 비슷한 증상을 나타낸다. 콕시디오이드마이세스증은 항상 매우 감염성이 높고 스스로 제어하거나 점진적이다. 감염된 사람 중 1% 미만이 첫 감염 후 1년 이내에 뇌막이나 뼈로 유포된다. 유포는 백인보다 흑인에 더욱 일반적이다.

많은 작은 내생포자를 (번식하는 포자는 대개 감염능력이 없는데 세균의 내생 포자와는 혼동되지 않는다) 포함하는 큰 소구체는 침, 고름, 척수액, 생체 검사 조직등에서 발견될 수 있다**(그림 21.23b)**. 곰팡이는 배양시 솜털이 있고 흰 균사(콜로니)를 형성한다. 다양한 면역학적 시험이 진단을 돕는데 유용하지만 다른 곰팡이 병에 대한 항체를 가지고 있는 사람에게서는 위양성의 결과가 나올 수 있다. 이전에 곰팡이에 노출 되었는지를 결정하기 위해 피부 시험이 이용될 수 있다. 결핵 피부 시험과 비슷한 방식으로 행해지며 *C. immitis* 항원에

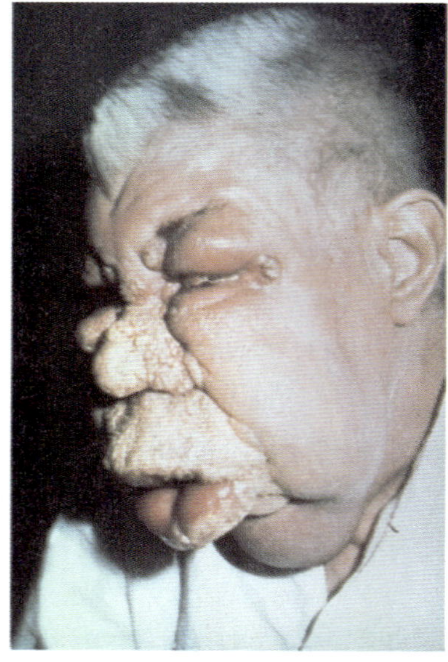

(a)

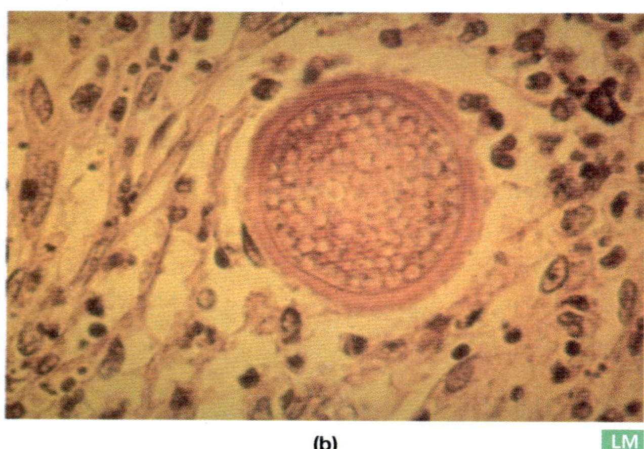

(b)

그림 21.23 콕시디오이드마이세스증. **(a)** 얼굴에서 콕시디오이드마이세스에 의한 피부발진. (*Courtesy National Institute of Allergy and Infectious Diseases*) **(b)** 많은 내생포자를 함유하고 있는 소구체를 보여주는 조직의 잘라진 부분(1,201X). (*Science VU/Visuals Unlimited*)

대한 지연성 과민증을 측정한다. 양성 피부 시험 반응을 나타내는 개인은 두 번째 질병의 공격에 면역성을 나타낸다.

일반적인 형태의 콕시디오이드마이세스증은 치료를 필요로 하지 않는 급성의 스스로 제어하는 감염이다. 그러나 전신적으로 퍼지는 감염일때는 치료가 요구된다. 암포테리신B가 가장 유효한 약으로 이용된다. azoles과 같은 새로운 폴리엔이 전망이 밝다. 치료에 실패하면 종종 치명적이다. 예방은 어렵지만 풍토병 지역의 먼지를 감소시키는것이 도움을 준다. 콕시디오이드마이세스증을 위한 백신이 개발 중이다.

히스토플라스마병

토양 곰팡이인 *Histoplasma capsulatum*가 **히스토플라스마병(histoplasmosis)** 또는 Darling's disease를 일으킨다. 이 질병은 미국 중부와 동부의 풍토병이나 전세계적으로 주요한 강 계곡에서 발견된다. 가장 높은 발병률은 미시시피와 오하이오 계곡에서 보여지는데 80%의 인구가 곰팡이에 노출 되었다는 면역학적 증거가 있다. *H. capsulatum*는 배설물과 혼합된 토양, 특히 닭장이나 박쥐 배설물을 포함하는 동굴에서 번성한다. 질병을 때때로 동굴 질병이라고 부르는데 동굴 먼지가 많은 사례들에 관여한다.

분생자(곰팡이 포자)를 흡입함으로 곰팡이는 신체내로 들어간다(◀11장 p. 324). 이 분생자는 대식세포에 의해 삼켜지는데 죽지는 않고 대식세포에 의해 신체 전역에 퍼진다. 사람 대 사람 감염은 일어나지 않는다. 비록 대 부분의 감염은 질병 증상을 나타내지 않지만 육아종성 장애가 민감한 사람의 폐와 비장에 생긴다. 많은 수의 분생자를 흡입하면 폐렴을 닮은 폐 감염을 일으킬 수 있다. 소수의 개인들, 특히 매우 젊은 사람, 매우 늙은 사람, 면역 억제재를 받은 사람은 *H. capsulatum*이 비장, 간, 림프절로 퍼질 수 있다. 빈혈증, 고열, 확대된 비장과 간이 파종성 히스토플라스마병에 나타나며 종종 죽음에 이른다.

진단은 감염된 인간 세포의 내부에 병원체의 작은 타원 세포를 현미경으로 동정함으로 이루어 진다. 체온에서 배양했을때 곰팡이는 발아하는 효모처럼 보이고 실온에서는 균사와 포자를 가진 균사체를 형성한다. 이전에 *H. capsulatum*에 노출되었는지 결정하기 위해서는 피내 피부 시험이 가능하다.

폐 히스토플라스마병을 위해 보조적인 치료가 사용되는데 암포테리신B가 때때로 파종성 질병을 치료하는데 효과적이다. 사람은 공기가 포자를 함유하는 닭장이나 동굴같은 환경에서 쉽게 감염된다. 몇몇 고용주들은 히스토플라스마병 피부 시험에 양성을 가진 사람을 고용하는데 그들은 히스토플라스마병에 면역성을 가져 높은 위험성을 가진 환경에서 일을 할 수 있다. 감염된 토양이나 배설물이 축적된 곳을 3% 포름알데하이드로 뿌려 주면 포자를 파괴할 수 있다.

효모균증

효모균증(cryptococcosis)은 *Filobasidiella* (이전에 *Cryptococcus*라 부름) *neoformans*에 의해 일어나고 출아하며 캡슐에 싸여 있는 효모이다. 효모균은 일반적으로 피부, 코, 입등을 통해 신체에 들어간다. 새들은 그들의 발과 부리에 곰팡이를 가지고 있다. 비록 새는 효모균증으로 고통 받지는 않지만 기회주의적 효모를 유포한다. 이 유기체들은 질소성 폐기물인 크레아틴에 번성하는데 크레아틴은 새 배설물에 고농도로 존재한다.

효모균증은 호흡 감염에 가벼운 증상을 나타내지만 많은 양의

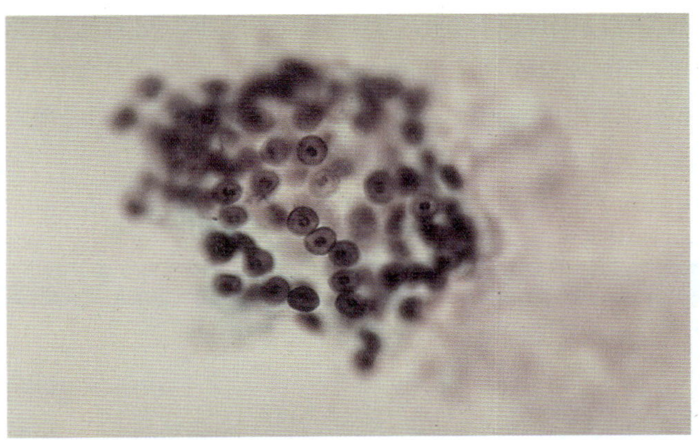

그림 21.24 객담에서의 *Pneumocystis jiroveci*. 유기체는 AIDS 환자에서의 빈번한 폐렴의 원인체이다(353X). (*G.W. Willis, M.D./Biological Photo Service*)

포자가 쇠약한 환자에 흡입되면 전신감염을 일으킨다. *Filobasidiella neoformans*는 종종 뇌척수막으로 퍼져 나가는데 뇌척수막은 두꺼워지고 매트처럼 되고 병원체는 뇌조직을 침입할 수 있다. 다른 기회적 곰팡이처럼 효모균증이 에이즈 환자들 사이에서 발병률이 증가하고 있다.

체액에서 병원체를 관찰하는 것이 진단을 위해 사용된다. 라텍스 응집 시험이 체액에서 캡슐을 가진 물질이 있는지 탐색하는데 사용된다. Flucytosine과 aphotericin B의 복합 투여가 전신 질병을 치료하기 위해 사용될 수 있다. *F. neoformans*는 비둘기 배설물에 번성하기 때문에 배설물을 알칼리로 정화시키거나 비둘기 개체수를 줄임으로 어느정도 예방할 수 있다.

뉴머시스티스 폐렴

이전에 *P. carinii* (그림 21.24)로 알려진 *Pneumocystis jiroveci*는 오랫동안 sporozoan 그룹의 원생 동물인 것으로 생각되었다. 지금은 기회감염성 진균인 것으로 생각된다. 그것은 폐의 세포들을 침입하여 폐포 격막들을 두껍게 하고 상피세포를 파괴한다. 그런 다음 세포에서의 거품 삼출액과 기생체가 폐포에 모아진다. **뉴머시스티스 폐렴(pneumocystis pneumonia)**으로 알려진 이 질병은 유아, 중년, 면역이 손상된 환자에서 발생한다. 최근 이 질병의 급격한 증가는 에이즈를 가진 환자를 감염시킬 수 있기 때문이다. 이 곰팡이는 다른 기관으로 퍼져 폐 이외의 감염을 야기한다.

진단은 생검의 폐 조직이나 기관지의 세척(기관지 관을 씻음)에서 유기체들을 발견하는 것으로 이루어진다. 뉴머시스티스 감염의 치료는 일반적으로 trimethoprim, sulfamethoxazole, pentamidine을 복합적으로 처방함으로 이루어 진다. HIV 보균자나 에이즈에 걸린 사람들은 예방 차원에서 이 약을 처방한다.

아스퍼질루스증

아스퍼질루스증(aspergillosis) (◀19장 p. 590)은 폐에서 일어날때 농부 폐 질환 이라고 부르는데 *Aspergillus fumigatus* 또는 *A. flavus*에 의해 발생한다. 다른 종의 아스퍼질루스와 심지어 다른 곰팡이속도 농부 폐질환을 일으킨다. 썩은 식물체나 퇴비 더미로 부터 포자의 흡입은 천식과 같은 임상적 알레르기를 일으키거나 하기도에 침습성 감염을 일으킨다. 곰팡이 균사 집단은 X-rays상에서 fungus ball 이나 aspergilloma로 보이게 충분히 크게 자란다. 이 집단은 가스교환을 방해하고 질식에 의한 사망의 원인이 된다. 폐에서 자라는 Aspergillus는 만성 천식을 유발하는 항원으로 간주된다. 암포테리신B는 침습성 감염 치료를 위한 약으로 선택된다. 면역억제, 면역 결핍(AIDS), 당뇨병 환자들이 정상 상태 위험도 보다 더 높다. Fungus balls은 치료하기 매우 어려운데 이들을 제거하기 위해 외과수술이 종종 필요하다.

기생성 호흡기 관련 질병

*Paragonimus westermani*에 의한 폐흡충은 아시아의 여러 지역이나 남태평양(그림 21.25)에서 발견된다. 폐흡충의 생활사는 알을 가진 배설물이 물로 방출되면서 시작된다. 알은 부화되어 먼저 달팽이를 침입한다. 그리고 나서 게 또는 가재를 침입하는데 거기서 마지막 유충 형태나 메타세르카리아로 발달한다(◀11장 p. 328). 사람이 감염된 조개를 먹었을때는 사람의 소장에서 소화되면서 메타세르카리아가 게나 가재를 떠난다. 그리고 나서 유충이 장을 뚫고 나와 복부의 벽에 일시적으로

사실상 알라스카에 있는 가축 무리중 모든 야생 사향소가 몇 몇 폐흡충의 숙주가 되는데 흡충은 1피트의 길이에 몇 인치의 두께를 가지고 있다. 그것을 생각하면 당신은 상당히 놀랄것이다.

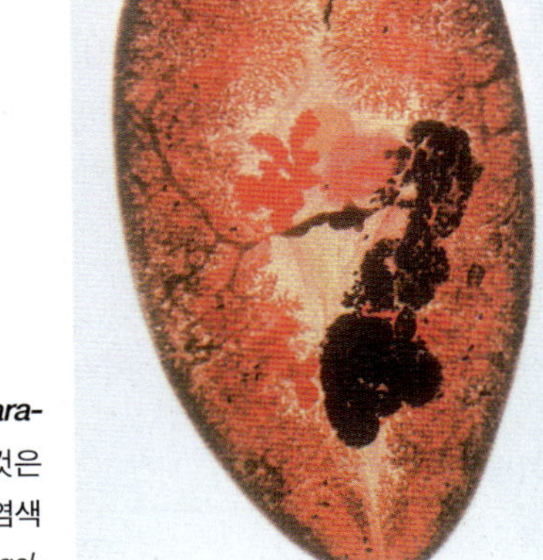

그림 21.25 폐 흡혈충인 *Paragonimus westermani*. 이것은 내부 구조를 보여주기 위해 염색된 벌레이다(13X). (*A.M. Siegelman/Visuals Unlimited*)

파묻힌다. 그들은 곧 그곳을 떠나 횡격막과 폐 주변의 막을 통과하여 세기관지에 도달한다. 유충은 성숙하여 성체가 되고 세기관지에서 알을 낳는다. 숙주가 기침을 할때 알이 인두로 이동하여 삼켜지고 배설물을 통해 신체 바깥으로 나간다. 감염된 사람은 만성의 기침, 혈담, 호흡곤란을 나타낸다. 진단은 객담에서 알을 발견하거나 여러 면역학적 검사로서 알 수 있다. Praziquantel이 폐흡혈충 감염에 효과적인 약이다. 감염은 조개를 먹기전에 요리를 함으로써 피할 수 있다. 하기도 관련 질병들은 **표 21.4**에 요약되어 있다.

표 21.4

하기도와 관련된 질환의 요약

질환	병원체	특징
세균성 하기도 질환		
백일해	*Bordetella pertussis*	열, 재채기, 구토, 가벼운 기침을 나타내는 카타르성 단계; 끈적끈적한 점액과 격렬한 기침이 있는 발작성 단계; 가벼운 기침이 있는 회복기 단계.
고전적 폐렴	*Streptococcus pneumoniae, Staphylococcus aureus, Klebsiella pneumoniae*	기관지 염증 또는 체액 축적과 열을 동반한 폐포의 염증
마이코플라즈마폐렴	*Mycoplasma pneumoniae*	기관지나 폐포의 가벼운 염증
재향군인병	*Legionella pneumophila*	폐의 염증, 열, 한기, 두통, 설사, 구토, 폐에 유동체 축적
결핵	*Mycobacterium tuberculosis*	폐와 때때로 다른 조직에서 결핵; 유기체는 벽으로 둘러 쌓인 병소에서 지속되고 재활성화 된다.
오르니토시스	*Chlamydophila psittaci*	새에 의해 폐렴같은 병이 인간에게 전파된다.
Q 열	*Coxiella burnetii*	마이코플라즈마폐렴과 유사한 병이지만 진드기, 에어로졸, 감염 매개물에 의해 전파된다.
노카르디아증	*Nocardia asteroides*	폐렴 같은 질병이 면역 결핍 환자에서 보여진다.
바이러스성 하기도 질환		
인플루엔자	Influenza viruses	바이러스는 항원 변이를 일으키기 쉬워 새로운 종이 전염을 일으킨다 ; 인두 중앙부 막의 염증, 열, 불쾌감, 근육통, 기침, 코 분비물, 위장염.
호흡 융합 바이러스 감염	Respiratory syncytial virus	호흡 기도의 열이 있는 질환; 바이러스성 폐렴을 일으킬 수 있다
한타바이러스 폐 증후군	Hantaviruses	열, 신장 이상; 심한 경우 쇼크, 출혈, 폐기종
급성 호흡기 질병	Adenoviruses	가벼운 기침과 코 배출; 바이러스성 폐렴을 일으킬 수 있다.
곰팡이와 관련된 호흡기 질환		
콕시디오 이데스증	*Coccidioides immitis*	인플루엔자 같은 질병; 뇌막이나 뼈로의 유포가 가능하다.
히스토플라스마증	*Histoplasma capsulatum*	민감한 개인의 폐와 비장에 육아종성 병변; 폐렴을 일으킬 수 있다.
효모균증	*Filobasidiella (Cryptococcus) neoformans*	일반적으로 가벼운 폐 질환; 폐렴과 뇌막으로의 유포가 일어날 수 있다.
블라스토마이세스증	*Blastomyces dermatitidis*	일반적으로 피부 질환(◀19장 참조); 때때로 폐로 유포되고 직접 흡입에 의해 얻어 진다; 가벼운 호흡기 증상
뉴머시스티스 폐렴	*Pneumocystis jiroveci*	폐포 격막의 파열, 거품이 있는 침 ; 주로 면역 결핍 환자에서 일어난다.
아스퍼질러스증	*Aspergillus species*	포자 흡입에 반응하는 알레르기성 천식 또는 폐의 침습성 감염; 곰팡이 덩이가 질식을 유발할 수 있다.
기생성 호흡기병		
폐흡충 감염	*Paragonimus westermani*	유충은 세기관지에서 성숙하고 만성의 기침, 피 섞인 가래, 호흡 곤란을 유발한다.

✓ 중점 질문 사항

1. 환자는 인후통, 코막힘, 재채기 증상을 가지고 있다. 이것은 감기, 독감, 폐렴 중 무엇인가?
2. 특이한 지리적 발생 경향을 보이는 곰팡이에 의한 호흡기 질환의 예를 드시오
3. 한타바이러스가 일으키는 서로 다른 증상은 무엇인가?
4. 항원 연속 변이가 어떻게 인플루엔자 유행과 관련되어 있는가?

요약

- 이 장에서 논의된 병원체와 질병의 특성은 표 21.1 과 21.4에 요약되어 있다. 표에 있는 정보는 이 요약에 중복되어 있지 않다.

호흡계의 구성

상기도

- **상기도**는 비강, 인두. 후두. 기관, 기관지로 이루어져 있다. 그것은 점액을 분비하는 상피세포로 안쪽이 채워져있고 섬모로 덮혀 있다.
- **점액섬모 상승**은 점액에 잡힌 미생물을 인두 쪽으로 옮기는 비특이적 방어다.

하기도

- **하기도**는 **세기관지**, **호흡 세기관지**, **폐포**로 이루어져 있고 폐를 형성한다. 폐의 표면과 그들이 차지하고 있는 공동은 **장액**을 분비하는 **흉막**으로 덮혀있다.

귀

- 외이는 **귓바퀴**와 **이도**로 구성 되어 있는데 안쪽은 귀지를 분비하는 **귀지선**으로 채워져 있다.
- **고막**은 외이와 중이로 나뉜다. 중이는 음파를 내이에 전달하는 3개의 소골편을 포함하는데 내이에는 내이 두개골 신경이 자극을 뇌로 전달한다.

호흡기계의 정상 세균총

- 건강한 폐는 대체로 무균 상태 이다. 후두, 기관, 기관지, 큰 세기관지는 정상 내재 세균총 이라기 보다는 일시적 세균총을 가지고 있다.
- 인두는 입과 유사한 정상 미생물상을 가지고 있다
- 인두위의 상기도는 피부와 비슷한 정상 미생물상을 가지고 있다.

상기도와 관련된 질환

세균성 상기도 질환

- **인두염**이나 인후통과 관련된 감염은 **후두염**, **후두개염**, **정맥두염**, **기관지염**을 포함한다. 이러한 질환들은 호흡 비말에 의해 전파된다. 만약 증상이 심하면 페니실린 또는 다른 항생 물질을 가지고 치료할 수 있다.
- **디프테리아**는 미국에서 더 이상 일반적인 병은 아니지만 단지 사람에게만 일어난다. 유기체와 용원성 프로파지 유전자로 부터 생산된 독소 둘다 병의 징후와 증상에 기여한다. 주요한 병의 징후는 공기의 흐름을 막는 **위막(pseudomembrane)**의 형성이다. 디프테리아는 호흡 비말에 의해 퍼지는데 항독소와 erythromycin, clindamycin과 같은 항생제로 치료하고 DTP 백신으로 예방한다.
- 귀 감염은 중이(**중이염**)와 외이(**외이염**)에서 발생한다. 병원체는 유스타키오관을 통해 중이에 도달하고 일반적으로 페니실린에 의해 제거될 수 있다.

바이러스성 상기도 질환

- 감기(**코감기**)는 비생체접촉매개물과 연무질에 의해 전파된다. 치료는 증상을 완화하는데 한정되고 백신은 없다.
- **파라인플루엔자** 감염은 불현성 질병으로부터 심각한 위막성 후두염까지 넓은 범위에 이른다. 대부분의 어린이는 10살때까지 **파라인플루엔자 바이러스**에 대한 항체를 만든다.

하기도 관련 질환

세균성 하기도 질환

- **백일해**가 전 세계적으로 분포되어 있으나 백신 접종이 발생률을 감소시켰다. 백일해는 호흡 비말에 의해 전파되는데 항독소와 erythromycin으로 치료한다. 백신이 질병을 예방하나 합병증이나 죽음을 야기 하기도 한다.
- 고전적인 **폐렴**은 **대엽**이나 **기관지**에 있을 수 있는데 그것은 호흡 비말이나 보균자에 의해 전파된다. Klebsiella 폐렴이 폐렴구균성 폐렴보다 더 중증이다. 페니실린이 폐렴구균성 폐렴을 위해 선택되고 고위험군을 위해서는 백신이 추천된다. 마이코플라즈마 폐렴은 호흡 비말에 의해 전파되고 erythromycin 이나 tetracycline을 사용하여 치료한다.
- **재향 군인회 병**은 오염된 물로 부터 연무질에 의해 전파되는데 erythromy-cin, azithromycin, 또는 fluoroquinolone으로 치료한다.
- **결핵**은 수세기 동안 전세계적으로 주요한 건강 문제였으며 미국에서 발병률이 증가하고 있다. 결핵은 호흡 비말에 의해 전파된다. 비활성의 그러나 살아있는 유기체가 둘러쌓인 **결핵**에서 수년동안 지속될 수 있다. 저항성을 띄는 유기체를 제외하고는 isoniazid로 치료 하였을때 효과적이었으며 저항성을 나타내는 유기체는 제2, 제3의 약으로 치료하여야 한다. 전 세계적으로 백신 사용이 가능하며 미국에서의 사용은 고위험의 개인에게 제한되어 있다.
- **앵무병**은 감염된 새로부터 인간으로 전파된다. 그것은 대체적으로 가벼운 증상을 나타내나 심각한 폐렴을 일으킬 수도 있다. 원인 유기체는 실험실에서 다루기에는 위험하다.
- **Q 열**은 진드기, 연무질 비말, 비생체접촉매개물에 의하여 전파된다. tetracycline으로 치료하고 직업적으로 노출되는 노동자를 위한 백신이 사용가능하다.
- **노카르디아증**은 병변과 종기에 의해 표시되고 주로 폐를 감염 시키나 피부나 다른 기관을 감염시킬 수 있다.

바이러스성 하기도 관련 질병

- **인플루엔자**를 일으키는 바이러스는 **항원 변이**(항원에 영향을 주는 돌연변이)를 나타낸다. 질병은 주로 12월부터 4월 사이에 발생한다. 그것은 혼잡하거나 환기가 제대로 이루어 지지 못하는 곳에서 전파되며 면역학적 검사를 통해 진단된다. 백신은 질병을 막을 수 있으나 그것의 효능은 항원 변이 때문에 줄어든다. 조류 독감은 ◀10장에서 논의 되었다.
- **중증 급성 호흡기 증후군(SARS)**은 코로나 바이러스에 의해 야기 되는데 백신이 아직 만들어 지지 않았다.
- **호흡기 융합 바이러스** 감염과 급성 호흡기 질환은 중요한 **급성 호흡 기도 질환**이다. RSV 감염은 특히 젊은이에 심각한 경향이 있다.
- **한타바이러스 폐 증후군**은 심각한 감염병으로 높은 치사률을 나타낸다. 한타바이러스는 주로 설치류를 감염 시키는데 그들의 배설물에서 발견된다.

곰팡이에 의한 호흡기 관련된 병

- 곰팡이에 의한 기회 감염은 주로 면역 부전이나 쇠약한 환자에게서 일어난다. 이러한 감염은 대체로 포자에 의해서 전파되는데 어떤 사람은 엠포테리신B로 치료될 수 있다.
- **미국에서 콕시디오이드마이세스증**은 따뜻하고 건조한 지역에서 일어난다. **히스토플라스마증**은 동부 주에서는 풍토병이고 **효모균증**은 감염된 새(특히 비둘기)가 있는 곳이면 어디서든지 일어난다.
- **뉴머시스티스 폐렴**은 기회주의적 곰팡이 감염으로 에이즈 환자를 사망하게 하는 일반적 원인체다.
- **아스퍼질러스증**은 곰팡이 포자를 흡입함으로 걸리는데 X-rays에서 보여지는 곰팡이 균사의 큰 덩어리 성장이 관여한다.

기생체에 의한 호흡기 관련 질병

- 폐 흡충 감염은 주로 아시아와 감염된 조개를 먹는 남태평양에서 주로 일어난다. 질병은 약으로 치료될 수 있으며 조개를 적당히 요리함으로 예방할 수 있다.

용어 정리

1차성 비정형 폐렴(p. 653)
걸어다니는 펠렴(P. 653)
결절(p. 657)
결핵(p. 654)
경화(p. 652)
고막(p. 642)
귀지(p. 642)
귀지선(p. 642)
귓바퀴(p. 642)
급성 호흡기 질환(p. 667)
기관(p. 640)
기관지 폐렴(p. 652)
기관지(p. 640)
기관지염(p. 644)
노카르디아증(p. 660)
뉴머시스티스 폐렴(p. 669)
늑막염(p. 652)
대엽성폐렴(p. 652)
디프테로이드(p. 645)
디프테리아(p. 645)
라이노바이러스(p. 648)
바이러스성폐렴(p. 666)
발작성 단계(p. 651)
백일해(p. 649)
백일해(p. 649)
보행 폐렴(p. 653)
비강(p. 640)
상기도(p. 640)
세기관지(p. 640)
속립결핵(p. 657)
아스퍼질러스증(p. 669)
앵무병(p. 658)
오르니토시스(p. 659)
오소믹소바이러스(p. 660)
외이염(p. 647)
위막(p. 645)
위막성 후두염(p. 648)
유양돌기 부분(p. 642)
이도(p. 642)
인두(p. 640)
인두염(p. 643)
인플루엔자(p. 660)
재향군인병(p. 653)
점액섬모 상승(p. 640)
정맥두염(p. 644)
중이염(p. 647)
중증 급성 호흡기 증후군(p. 665)
청색증(p. 651)
카타르성 단계(p. 651)
코 공동(p. 640)
코감기(p. 647)
코로나바이러스(p. 648)
콕시디오이드마이세스증(p. 667)
파라인플루엔자 바이러스(p. 648)
파라인플루엔자(p. 648)
파종성 결핵(p. 658)
편도선염(p. 644)
폐렴(p. 652)
폐포(p. 641)
폰티악 열(p. 654)
하기도(p. 640)
한타바이러스 폐 증후증(p. 666)
합포체(p. 666)
항원불연속변이(p. 663)
항원성 변이(p. 660)
항원연속변이(p. 663)
호흡계(p. 640)
호흡기 융합 바이러스(p. 666)
호흡세기관지(p. 641)
회복기 단계(p. 651)
효모균증(p. 668)
후두(p. 640)
후두개염(p. 643)
후두염(p. 643)
흉막(p. 641)
히스토플라스마병(p. 668)
Q 열(p. 659)

임상 사례 연구

Mildred는 그녀가 살고 있는 은퇴자 전용 주택지 건너편에 있는 식료품점에서 항상 식료품을 구입하였다. 최근에 그녀는 근육통, 쓰림, 불안감, 고열, 한기등의 독감 증상으로 아팠다. 그녀는 회복 되었으나 그 은퇴자 전용 주택지에 살고 있는 다른 사람들도 비슷한 증상을 가져 병원에 갔으며 그 중 1명은 사망하였다는 것을 들었다. 재향군인회 병이 거론되는것을 들었다. 이번 주에 그녀가 식료품점에 갔을 때 야채부가 개보수를 위해 폐쇄된것을 알았다. 그녀가 계산대 사무원에게 그것에 대해 묻자 지역 보건국에서 나와 몇가지 시험을 하였다고 하였다. 그 결과 새 물 뿌리는 장치가 그곳에 만들어졌다. Mildred의 증상이 재향군인회 병과 일치하는가? 그녀가 의사에게 갔다면 어떤 진단법이 행하여 졌을까? 왜 식료품점이 새 물 뿌리는 장치를 거기에 만들었다고 생각하는가? Mildred가 어떻게 *Legionella pneumophila*에 감염되었다고 생각하는가? 재향군인회 병의 발생과 감염을 방지하기 위한 방법에 대해 좀더 알고자 한다면 다음의 웹 주소를 방문하여라.

Outbreak at automotive plant http://www.q-nel.net.au/-legion/Legionnaire_Disease_Fords.html
www.ncbi.nlm.nih.gov/entrez/query.fcgi?cmd=Retrieve&db=PubMed&list_uids=11749746&dopt=Abstract

요점 사고 문제

1. 호흡계가 감염에 쉽게 노출되게 하는 몇 몇 요인은 무엇인가?

2. 의뢰인이 마이코플라즈마 폐렴에 감염 된것으로 진단 되었다. 페니실린계 항생제로 감염을 치료하는것이 좋은 선택이 될 것인가? 왜 되고 또는 왜 안 되는가?

3. Acapulco에서 2001년 봄 방학 후 수 백명의 대학생이 고열, 흉통, 기침등의 폐렴 증상을 가지고 학교로 돌아왔다. 가벼운 증상에서 꽤 심각한 증상까지 다양 하였다. 그들의 침에는 효모와 비슷한 세포가 포함되어 있었다. Acapulco는 축축한 기후와 유기토를 가지고 있다. 주중에 상당한 양의 바람이 있었다. 이들 학생에게 무엇이 잘못되었다고 생각하는가?

자가 진단 문제

1. 류머티스 열은 어떤 병원균에 의해 일어나는가?
(a) *Corynebacterium diptheriae*
(b) *Staphylococcus epidermidis*
(c) *Staphylococcus aureus*
(d) *Escherichia coli*
(e) *Streptococcus pyogenes*

2. 다음중 호흡기도와 연관된 비특이적 방어 기작이 아닌것은?
(a) 후두개
(b) 점액
(c) 점액 섬모 상승
(d) 식세포
(e) 위에 있는 것 모두 아님

3. 질환을 일으키기 위해서는 *Corynebacterium diptheriae*는(   ) 해야만 한다.
(a) 용혈소 생산
(b) 위막 만들기
(c) 독소를 생산하는 용원성 박테리오 파지에 감염
(d) 혈류 감염
(e) 곤봉 모양 되기

4. 인후통을 가진 대다수의 환자는 인두에 바이러스 감염을 가지고 있다. 사실인가 또는 거짓인가?

5. 다음의 호흡기 감염 중 항균제로 치료하여서는 안되는 것은?
(a) 이형폐렴
(b) Q 열
(c) 중이염
(d) 감기
(e) 폐결핵

6. 라이노 바이러스에 대한 백신의 개발은 어렵다. 왜냐하면:
(a) 그들은 항생제에 내성을 가진다.
(b) 그들은 낮은 pH에 저항성을 띈다.
(c) 많은 다른, 항원적으로 다양한 종이 있다.
(d) 라이노 바이러스는 면역계 방어에 저항성을 띈다.
(e) 라이노 바이러스는 매우 높은 비율로 복제를 한다.

7. 다음에 말하는 어떤 것이 크루프(croup)에 대해 사실인가?
(a) 후두의 심각한 장애의 원인이 된다
(b) 후두개의 염증이나 확장의 원인이 된다.
(c) 파라인플루엔자 바이러스이다
(d) 어린세대의 질환이다.
(e) 이것들 모두

8. 격렬한 기침은 백일해의 어떤 단계에서 관찰되는가?
(a) 일차 단계
(b) 폐렴 단계
(c) 발작성 단계
(d) 카타르 단계
(e) 회복기 단계

9. 청색증은 ( ) 할 때 일어난다.
(a) 혈액에 거의 산소가 있지 않을때
(b) 환자가 패혈증을 보일때
(c) 탈수가 일어날때
(d) 디프테리아 독소가 혈류에 들어갈때
(e) 기침이 출혈의 원인이 될때

10. 백일해를 위한 최적 요법은?
(a) 테트라사이클린
(b) 페니실린
(c) 항독소와 에리스로마이신
(d) 클로람페니콜
(e) 살아있고 약독화된 *Bordetella pertussis*

11. 페니실린들은 마이코플라즈마 폐렴에 효과가 없다. 왜냐하면:
(a) 마이코플라즈마는 바이러스이다.
(b) 마이코플라즈마는 베타락타마제를 가지고 있다.
(c) 마이코플라즈마는 너무 작다
(d) 마이코플라즈마는 진핵 생물이다
(e) 마이코플라즈마는 세포벽이 부족하다.

12. *Legionella pneumophila*는 대체로 ( )에 의해서 전파된다.
(a) 직접접촉
(b) 감염 매개물들
(c) 음식
(d) 혈액
(e) 연무질

13. 매년 얼마나 많은 결핵이 전세계적으로 보고 되는가?
(a) 10
(b) 10,000
(c) 100,000
(d) 3백만
(e) 천만명

14. 마이코플라즈마는 그람염색이 어려워 ( ) 같은 이유로 항산성 염색을 한다.
(a) 산성 조건에서도 살수 있는 능력
(b) 건조에 저항성
(c) 세포벽이 두껍고 밀납으로 되어 있음
(d) 햇빛에 저항성
(e) 펩티도글리칸층의 부족

15. 병원성 마이코박테리아는 다른 세균과는 달리 ( ) 세대기간을 가지고 있다.
(a) 12~18 분
(b) 20~30 시간
(c) 20~30 분
(d) 6~8 주
(e) 12~18 시간

16. 결핵의 임상 증상은 주로 ( ) 때문이다.
(a) 숙주 염증 반응
(b) 진균독소
(c) 내독소
(d) 점액 분비
(e) 외독소

17. 다음 미생물중 어떤 것이 앵무병을 일으키나?
(a) *Corynebacterium diphtheria*
(b) *Bordetella pertussis*
(c) *Chlamydia psittaci*
(d) *Streptococcus pneumonia*
(e) *Mycoplasma pneumonia*

18. 다음중 *Mycobacterium tuberculosis*에 대한 사실과 다른 것은?
(a) 6-8개월간 마른 침에 살아 있을 수 있다.
(b) 직사광선에 매우 저항성을 띈다.
(c) 대식세포내에 살 수 있다.
(d) 첫 감염 후 수년 동안 질환을 일으킬 수 있다.
(e) 호흡 분비물과 마른 침을 흡입함으로 전파된다.

19. Q 열은 감염된 진드기의 배설물, 감염된 동물의 에어로졸, 오염된 우유의 섭취에 의해 전파되는 폐 감염이다. 참인가 또는 거짓인가?

20. DPT 면역은 ( )를 위한 것이다.
(a) Diptheria, parainfluenza, tetanus
(b) Dermatomycoses, Pontiac fever, tuberculosis
(c) Diptheria, pertussis, tetanus
(d) Dermatomycoses, pertussis, tetanus
(e) Diptheria, pneumonia, tetanus

21. *Legionella pneumophila*의 어떤 종들은 습한 환경에서 많은 아메바에 내공생으로 살아 간다. 참인가 또는 거짓인가?

22. 인플루엔자 바이러스에서 항원 불연속 변이는 바이러스 항원의 급격한 변화로 나타난다. 이들은 ( )의 드문 결과로 일어날 것 같다.
(a) 2개의 다른 인플루엔자 바이러스가 동시에 한 세포를 감염한다.
(b) 2개의 독립된 바이러스가 용원적 변환
(c) 두 바이러스의 접합
(d) 돌연변이의 축적
(e) 위의 모두

23. 한타 바이러스 폐 증후군은?
(a) 보균 설치류의 마른 배설물과 소변의 흡입과 관련
(b) 아프리카와 라틴 아메리카에서만 증상이 보고
(c) 바이러스를 가진 설치류의 물어 뜯기에 의해 전파
(d) 생쥐(mice)가 아닌 쥐(rat)에 의해 일어남
(e) 백신에 의해 예방 가능

24. 다음의 미생물을 적절하게 설명한 항목과 연결하라.

___*Coryebacterium diphteriae* (a) 인두를 감염시키고 전신독소 생산
___*Streptococcus pneumonia* (b) 대부분의 대엽성 폐렴을 일으킴
___*Mycoplasma pneumonia* (c) 1차 비정형 폐렴을 일으킴
___*Histoplasma capsulatum* (d) 곰팡이가 닭으로 가득찬 토양이나 박쥐 분화석에 존재
___*Cryptococcus neoformans* (e) 효모로서 뇌척수막으로 퍼질 수 있는 가벼운 호흡 감염 야기

25. 다음의 유기체를 염색 반응과 모양에 따라 연결하라.

___*Streptococcus pyogenes* (a) 그람 음성, 막대 모양
___*Haemophilus influenzae* (b) 그람 양성, 막대 모양
___*Mycoplasma pneumonia* (c) 그람 음성, 구상간균
___*Legionella pneumophilia* (d) 그람 음성, 구균
___*Coryebacterium diphteriae* (e) 그람 양성, 구균
___*Bordetella pertussis* (f) 항산성 염색, 막대모양
___*Mycobacterium tuberculosis* (g) 염색 반응 없음

26. 주어진 그림을 이용하여 상부 호흡계와 하부 호흡계 각각 6개의 질환 이름을 붙여라. 감염될것 같은 각 호흡계의 특정한 부위를 가르키고 감염 원인체를 동정하고 각각이 세균, 바이러스, 곰팡이, 기생체중 어느 것에 의한 것인지 기술하라.

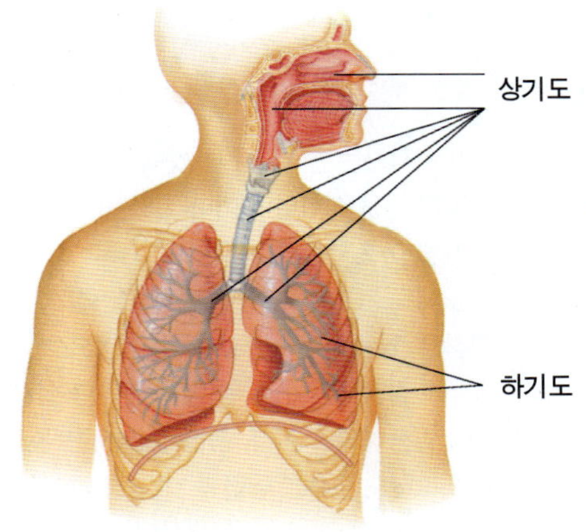

▌ 웹상에서 탐구 문제

당신이 이장에 있는 내용을 모두 이해하였다면 웹상에 있는 내용물에 도전하라. 이장의 개념을 이해한 것을 세부 조정하고 아래에 주어진 문제에 대한 답을 발견하기 위해 웹사이트로 가라.

1. 미국에서 이제까지 알려진 것 중 최악의 전염병, 그 질병이 현세기의 전쟁으로 인한 사망을 모두 합친 것 보다 더 많은 미국인을 사망케 하였는데 그에 관한 이야기를 웹사이트에서 읽어라
2. 에어컨에 너무 가깝게 서있지 말고 소용돌이 치는 온천에서 떨어져 있어라. 이 두 곳은 레지오렐라 세균에 의해 오염 되었을 수 있다. 웹사이트에서 더 많이 배워라

22 구강 및 위장관 질환

시작하며...

Monika Graff/Getty Images News and Sport Services

"오 주여, 내가 아프기 시작하는 건 가요? 내 뱃속이 파도처럼 요동치고 있어요. 이번 여행을 위해 얼마나 많은 돈을 절약하며 기다려 왔는데요! 이 여행이 이번 한 해 통틀어 유일한 휴가예요. 제발 아프지 않게 해주세요."

이런 소망과 기도에도 불구하고 최근의 크루즈 항해여행 동안 수백명의 사람들이 norovirus(예전 명칭은 "Norwalk-like-viruses") 감염으로 고생한 경우가 있다. 이 불쾌한 바이러스가 인체에 감염되면 구토, 복통을 동반한 설사, 구역질 같은 불쾌감을 일으키고 가끔 고열이 발생하게도 한다. 증상은 24시간에서 60시간 정도 지속된다. 특정한 치료방법이 없고, 단순한 수분 공급과 일반적인 설사약을 복용하는 수 밖에 없다. 항생제는 바이러스에 작용하지 않는다. 증상이 없어지면서 자연히 회복되지만 인체는 이 바이러스에 대한 면역이 생기지 않기 때문에, 반복적으로 이 바이러스에 감염될 수 있다.

그렇다면, 이들 크루즈 항해 여행객들은 어떻게 이 바이러스에 감염되었을까? 이 바이러스는 음식, 얼음, 식수를 통해 전파되거나, 신체접촉, 감염된 사람의 구토물 비말(aerosoled droplets) 흡입을 통해, 혹은 오염된 물체 표면에 접촉함으로써 감염될 수 있다. 전염성이 아주 강해 10개의 바이러스 과립(particle)이면 충분히 감염시킬 수 있다. 미국에서는 매년 2천3백만명의 환자가 보고 되며, 대부분 육지에서 감염된다. 하지만 당신이 이 크루즈항해 감염자들 중에 하나라면, 역시 재수가 없다고 볼 수 있다.

이제 이 크루즈선이 살균되는 과정, 또 이 감염을 피할 수 있는 방법에 대해 알아보자.

이 주제와 관련된 비디오는 WileyPLUS에서 볼 수 있습니다.

우리는 살아가면서 구강과 위장관의 질환을 직접적으로 경험하게 된다. 가끔씩 치아의 프라그(plaque)나 치석을 제거하고, 오염된 음식물을 섭취했을 때 구역질, 구토, 설사 등으로 고생한 경험이 있다. 다행히도 대부분의 경우 중증의 질병보다는 가벼운 불편함으로 끝나는 경우가 많다. 하지만 위생 시스템이 아직 발달되지 않은 지구상의 다른 지역에서 위장관 감염은 생명을 위협하는 주요한 문제가 되고 있다. 이 장에서는 가벼운 증상과 중증 모두를 포함하는 구강 및 위장관 질환에 대해 알아본다.

세계적으로 음식물매개 질환은 한 해에 약 15억명의 5세 이하 어린이들에게 설사를 발생시키는 것으로 알려지고 있으며, 이들 중 3백만명이 상이 목숨을 잃는다.

인체의 질환을 다룬 이전 장들과 마찬가지로 이 장에서도 정상 세균총과 기회 세균총의 병원성 발현 과정(◀14장), 역학(◀15장), 숙주 체계 및 숙주 방어(◀16장) 및 면역(◀17, 18장)의 지식이 독자들에게 요구되며, 세균, 바이러스, 진핵세포 미생물과 기생충들에 대한 특성을 충분히 숙지하고 있을 것으로 가정한다.

소화계통의 구성

소화계통(digestive system)은 입으로부터 직장까지 연결된 기다란 관(tract) 으로 구성되어 있으며, 음식물 소화를 돕는 부속기관들을 포함한다**(그림 22.1)**. 이 소화관(digestive tract)은 많은 종류의 기관들로 구성되는데, 입, 인두(pharynx), 식도, 위, 장 등이다. 한편 부속기관들로는 치아, 타액선(salivary gland), 간(liver), 담낭(gallbladder), 췌장 (pancreas) 등이다.

소화계통은 다음에 열거한 5가지 주요기능을 한다.

1. *이동*: 소화관을 통한 음식물의 이동
2. *분비*: 음식물을 분해하는 소화액 및 점액 (mucus)의 분비
3. *소화*: 크기가 큰 음식물은 크기가 작은 물질로 분해되어 소화관으로부터 혈류로 전달될 수 있다.
4. *흡수*: 소화된 음식 성분은 혈액과 림프(lymph)로 흡수
5. *제거*: 소화되지 않은 음식물과 장내 정상세균총의 제거

음식에는 많은 미생물들이 포함될 수 있으나 대부분의 소화관이 갖고 있는 많은 종류의 보호기작을 통해 사멸된다. 전체 소화관에 걸쳐서 점액내 당단백질인 **뮤신(mucin)**은 세균을 둘러쌈으로써 세균의 부착을 막는다.

입

입[혹은 *구강* (*oral cavity*)]은 점막(mucous membrane)으로 둘러싸여 있으며, 혀, 치아 및 타액선들을 포함한다. 입은 미생물이 들어오는 입구로서, 정상적인 입은 지구상의 인구수보다 많은 상주세균을 갖고 있다.

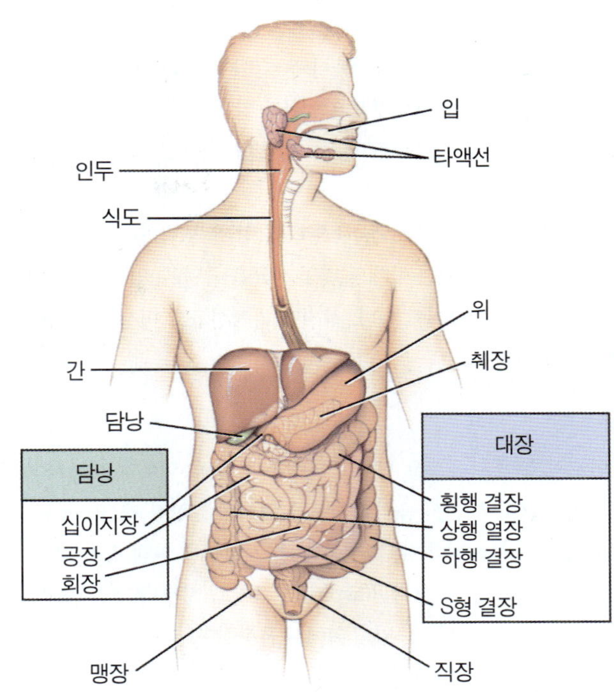

그림 22.1 소화계의 구조. 소화계의 정상 세균총은 병원균의 번식을 방해하고, 위액의 산과 효소는 대부분의 질환 유발체를 파괴한다. 구토와 설사는 세균독소를 포함하는 독성 물질 체계를 제거하는 배출 기작이다.

치아는 잇몸(gum) 윗쪽의 **법랑질(혹은 에나멜질; enamel)**로 덮여있는 *치관*(*혹은 크라운 crown*) 부위와 잇몸 아래쪽 **백악질(혹은 시멘트질; cementum)**으로 덮여있는 치근(root) 부위로 나뉜다 **(그림 22.2)**. 법랑질과 백악질 안쪽에는 상아질(혹은 덴틴; dentin)이라 불리는 구멍이 많은 물질들이 분포하고 그 아래에는 혈관과 신경이 있는 치수강(pulp cavity) 및 근관(root canal) 등이 위치한다. 각각의 치아는 백악질과 치조골(alveolar bone) 사이에 존재하는 치주인대(periodontal ligament) 섬유에 의해 연결되어 있는 전기소케트

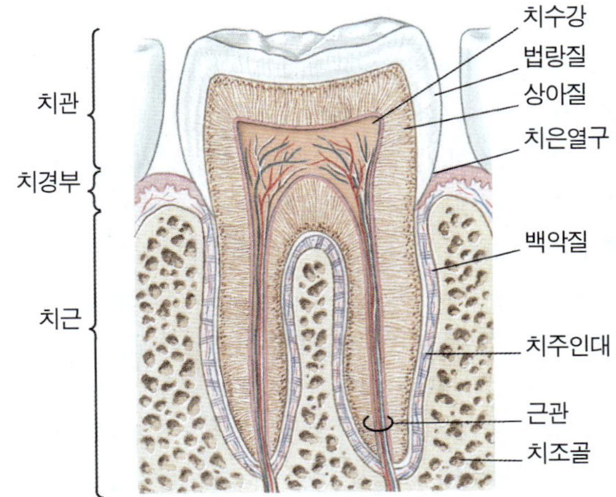

그림 22.2 전형적인 치아와 잇몸의 절개면.

(socket) 모양 구조에 고정되어 있다. 치관 부위의 법랑질은 인체에서 가장 단단한 물질이지만 미생물이 분비하는 산(acid)과 효소에 의해 공격받을 수 있다. 또한 미생물은 잇몸을 감염시킬 수 있고, 치아와 잇몸 사이에 낭(pocket)을 형성할 수 있으며, 치아를 지지하는 뼈까지 이동할 수 있다.

타액선(salivary glands)들은 타액(침)을 분비하는데, 타액 내에는 세균을 덮을 수 있는 항체와 몇몇 세균을 죽일 수 있는 라이소자임(lysozyme)이 포함되어 있다. 하지만 타액선들도 미생물에 의해 감염될 수 있다.

위

입안으로 들어온 음식은 씹히고 타액과 섞인 후 인두와 식도를 거쳐 위에 도착한다. 여기서 음식 혼합물은 위액의 강산과 펩신(pepsin)등 효소에 의해 분해된다. 위 자신은 끈적한 점액에 의해 강산으로부터 보호된다. 알코올, 아스피린(aspirin), 그리고 지질-투과성 약제들만이 이 점막층을 통과할 수 있어 위에서 흡수된다.

소장

부분적으로 소화된 음식은 위를 떠나 **소장(small intestine)**으로 들어온다. 여기서 간 (liver) 과 췌장(pancreas)에서 분비된 분비물과 섞인다. 간세포들은 담즙(bile)을 분비하는데, 담즙은 담즙염(bile salts), 콜레스테롤, 여타 지질 성분으로 구성되어 있으며 지방(fat) 분해를 돕는다.

소장에서 분해된 물질들은 혈류로 들어가며 간 문맥(portal vein)을 통해 간으로 직접 들어간다. 우리가 섭취하는 음식에는 많은 종류의 독소가 포함될 수 있는데 간은 이들을 해독한다. 간 같은 조직에서는 모세혈관(capillary)이 넓어져 혈관의 네트워크를 형성하는데 이를 **굴형 혈관(sinusoids)**이라 부른다. 이들 굴형 혈관은 쿠퍼(*Kupffer*) *세포*(식세포의 일종) 와 연결되어 있으며, 이 세포는 굴형 혈관을 통과하는 모든 죽은 혈액 세포, 세균, 혈액에 존재하는 독소들을 제거한다. 췌장은 혈액내로 호르몬을 분비하고, 소장으로 들어가는 관들에 소화액을 분비한다. 이 소화액들은 전분, 단백질, 지질 및 핵산을 분해하는 효소들을 포함하며, 위액으로부터 들어온 산성 물질들을 중화할 수 있는 중탄산염(bicarbonate)을 포함하고 있다.

소장은 벽의 주름이 있어 아주 넓은 내부 표면을 가지고 있다(축구 경기장의 약 1/10 정도). 벽의 주름에서 손가락처럼 튀어 나온 부분을 **융모(villi;** 단수는 villus)라 하며 점막 세포들의 막에 있는 주름은 **미세융모(microvilli)**라 부른다. 융모는 혈관과 림프관들을 포함하고 있다. 음식물 소화는 소장에서 완결된다. 간단한 당과 아미노산은 혈관으로 흡수되고, 지방은 림프관으로 흡수된다. 소장내 효소는 음식물내에 있는 대부분의 미생물을 죽이고, 바이러스를 불활성화시킨다. 또한, 회장(ileum)이라 불리는 소장의 아래쪽 끝 부분은 림프조직 집합체인 payer' s patch를 포함하는데, 이것은 림프구와 대식세포를 포함하고 있어 대장으로부터 올라오는 세균의 침입으로부터 소장을 보호한다.

대장

대장(large intestine) (혹은 결장(colon))은 맹장(appendix) 근처의 소장과 연결되어 직장(rectum)에서 끝난다. 대장에서의 소화는 정상세균총(normal microflora)의 세균들에 의해 이루어진다. 세균대사의 부산물인 아미노산, 사이아민(thiamine), 리보플라빈(riboflavin), 비타민 K와 B_{12}등이 대장에서 흡수되지만 양이 극히 적어 영양 필요량을 충족시킬 수는 없다. 많은 물이 흡수되고, 소화되지 않은 음식물은 대변으로 변환된다. **대변(feces)**은 3/4의 물과 1/4의 고체로 이루어지며, 직장에 보관돼 있다가 체외로 배출된다.

대장은 많은 미생물을 함유하고 있는데 이것들은 입이나 항문 등 인체의 입구를 통해 들어온 것이다. 하지만, 정상적인 경우 대장의 정상세균총은 기회성 세균이나 병원균들과 경쟁하여 그들의 성장과 번식을 막는다. 일반적으로 위장관 감염은 많은 수의 병원체가 인체 보호 기작을 압도할 때 일어난다. 감염이 일어날 때 조차도, 구토와 설사는 병원균이나 그들의 독소를 제거하는데 도움을 준다.

입과 소화계통의 정상세균총

입으로 들어가는 미생물이 구강 표면에 재빨리 흡착하지 않는 한 타액 흐름에 의해 씻겨져 소화관으로 들어간다. 타액 흐름의 양식은 사람마다 틀리다. 어떤 사람은 아주 효과적으로 음식물과 미생물을 씻어내는 반면, 어떤 사람은 그렇지 않다. 이 차이는 치아 우식(치아가 썩는) 과정에 큰 영향을 준다.

구강세균총의 생태학은 많이 알려지지 않고 있다. 400종 이상이 구강내에 살고 있는 것으로 확인되었지만, 아마도 훨씬 많은 종들이 아직 동정되지 않았을 것이다. 이 분야 연구는 치아 우식과 잇몸 질환과 관련된 세균에 집중되고 있다. 하지만, 볼(cheek), 혀(tongue), 구개(입천장; palate), 구강바닥에도 많은 세균들이 살고 있으며, 이 세균들은 아마 구강 악취에 기여하는 것으로 보인다.

사람의 식도는 확고한 정상 세균총을 갖고 있지 않는 것으로 보인다. 위(stomach)의 산성 pH는 일반적으로 세균이 군집하는 것을 허락하지 않는다. 위와 소장의 처음 2/3는 아주 적은 세균을 갖고 있다. 주로 lactobacilli 와 streptococci로서 이곳을 단지 통과할 뿐이다. 소장의 끝쪽 1/3은 움직임이 적기 때문에 미생물이 그 표면에 군집을 이룰 수 있다. 대부분이 그람-음성, 통성(facultative) 혐기성(anaerobic) 세균들이며, 특히 Enterobacteriaceae 과(family)의 세균들(예, *Escherichia coli*)과 절대(obligate) 혐기성 세균(예, *Bacteroides*와 *Clostridium*) 등이다. 대장내에서는 음식물이 장장 60시간 동안 유지될 수 있다. 이 긴 시간은 세균이 군집을 이루고 증식하도록 해준다. 대변 무게와 부피의 약 50%는 세균이 차지하며, 대부분은 *Bacteroides*이다.

하부 소화기에 있는 세균들은 상부 소화계통에서 완전히 소화되지 않고 흘러내려온 음식물을 이용한다. 이 세균들의 활동에 의한 부산물 중 하나는 비타민 K로서, 적절한 혈액응고 과정에 필요하다.

구강의 질환

믿고 싶지 않겠지만, 우리들 입은 세균의 번식장이다. 약 120억 마리의 세균이 건강한 사람의 입안에 살고 있다. 우리는 음식, 키스, 더러운 손가락 등등 많은 방법으로 세균을 주어 담는다. 그리고 세균은 입안에서 무럭무럭 자란다.

구강의 세균성 질환

치태

치태(dental plaque)는 치아표면에 연속적으로 형성되는 미생물과 유기물의 코팅(coating)이다. 치태형성은 그 자체로는 질환이 아니지만 치아 부식과 잇몸질환의 첫 단계이다. 치아 청소를 자주 깨끗이 해주면 치태형성을 감소시킬 수 있으나, 완전히 예방할 수는 없다. 치태는 양치질 후 24시간 안에 형성되기 시작한다. 정기적으로 제거해 주지 않는 한 치태는 치아에 아주 확실히 부착해 집에서 하는 양치질로는 제거할 수 없게 된다. 치태는 치과에서 하는 전문적인 시술로 제거될 수 있지만, 치과에서 나와 집에 돌아가기 전에 다시 형성되기 시작한다.

치태형성은 타액내 양전하를 띤 단백질들이 음전하를 띤 법랑질(enamel) 표면에 부착하면서 시작하여, 치아 표면에 피막(pellicle) 층을 형성한다. *Streptococcus mutans* 같은 구균(cocci)과 정상 구강 세균총의 몇몇 필라멘트 형(filamentous) 세균이 새로이 생긴 피막에 부착한다. 이 세균들은 수크로오스(자당; sucrose)를 글루코오스(포도당; glucose)와 프룩토오스(과당; fructose)로 가수 분해하여, 에너지 생산과 성장에 이용한다. *S. mutans*와 *S. sanguis* 같은 치태형성 세균은 수크로오스를 글루코오스 중합체 [예, 다당류(polysaccharide) 덱스트란(dextran)]로 전환시키는데, 이것들은 치태내 세균들을 서로 붙들 수 있는 연결다리 역할을 한다. 치태는 30여 종류의 세균 속(genera)과 그들의 생산물인 덱스트란, 타액 단백질, 미네랄(mineral)로 구성되어 있다(**그림 22.3**). 치태를 깨끗하게 정기적으로 제거해주지 않으면, streptococci, lactobacilli를 포함하는 산(acid) 생산 세균들이 치태내에 300-500 세균들로 구성된 두꺼운 층들을 만든다. 어떤 사람의 경우 치태내에 약 100억 마리의 세균을 갖고 있기도 하다! 이 세균들은 치태내에서 확산이 용이한 프룩토오스 및 다른 당들을 대사하여 치아 부식을 시작한다. 잇몸 주위에 치태가 축적되면 치아와 잇몸사이의 공간인 치은 열구(gingival crevice)내 세균도 보호할 수 있다. 이들은 이미 언급한 streptococci 뿐만 아니라 *Actinomyces*, *Veillonella*, *Fusobacterium*과 종종 나선균(spirochetes) 등이 포함된다. 치태가 축적되면, 열구(치은열구)가 혐기성 낭(pocket)으로 변하고 여기에 가득찬 세균은 잇몸을 자극하거나 치아를 받치고 있는 뼈를 파괴하기도 한다. 어떤 사람들은 잇몸주위의 치태가 치석[calculus(tartar)]으로 발전되기도 하는데, 이것 역시 잇몸을 자극하고 염증반응과 출혈을 일으키게 한다.

치아 우식증

질환. **치아 우식증(dental caries)** 혹은 치아 부식은 법랑질과 치아의 더 깊은 부위의 화학적 분해작용이다. 치아우식은 "썩은(rotten)"을 의미하는 라틴어 cariosus로 부터 유래하였으며, 식품에 많은 양의 정제된 당을 사용하는 선진국에서 가장 흔한 질병이다. 정기적으로 검사를 받지 않으면, 우식은 법랑질을 거쳐, 상아질(dentin) 및 치수강(pulp cavity)에 미치며, 결국에는 치아를 받치고 있는 뼈에 농양(abscess)를 일으킬 수 있다. 당은 치태내에 박혀있는 세균들에 쉽게 확산되 들어오지만, 세균 발효에 의해 생긴 산(acid)들

1960년대에 치아 우식이 전염성 질환임이 밝혀 졌다. 우식이 없는 쥐가 우식이 있는 쥐와 같은 우리에 키우면 우식이 발생된다. 키스하기 전에 키스상대에 대해 두번만 생각해 보자.

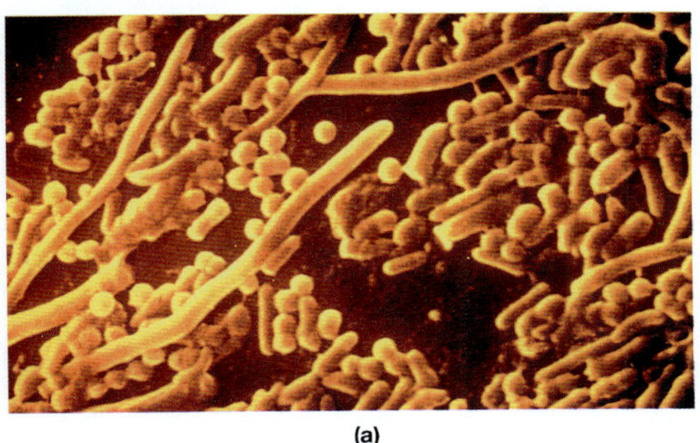
(a)

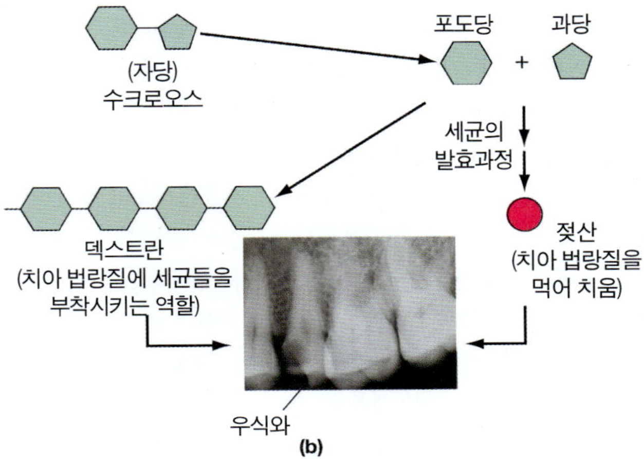

(b)

그림 22.3 **치태.** **(a)** 많은 종류의 세균들이 치태 퇴적물에 축적되어 있다 (42,689X). **(b)** 수크로오스로를 대사하여 생산된 끈적한 덱스트란은 세균들이 치아표면에 흡착할 수 있게 한다. 거기서 세균에 의해 생산된 젖산은 치아 법랑질을 먹어치우고 우식 공간을 형성한다.

적용

거기에는 한 동물원이 있어...

동물원은 재미있는 볼거리와 소리들로 넘쳐난다. 그러나 동물원의 동물들은 그들의 자연적인 야생환경에서는 겪지 않을 치과 문제들을 갖고 있다. 치아 교정의사이고 동물원 치과의사인 Edward Shagam 박사에 따르면 육식동물들이 가장 많은 치과 질환을 갖고 있다고 한다. 야생의 거친 고기와 뼈들을 씹으면서 구강 건강을 유지하는 대신, 동물원 손님에게 거친 행동을 막기위해 제공되는 으깬 고기를 먹는다. 식사후마다 치실을 사용할 수 없는 사람들 처럼 그들도 결국 잇몸 질환과 치아 부식으로 고통받는다. 동물원 우리를 물어뜯고 싸우며 부러지고 닳은 치아로 인해 생기는 근관(root canal) 치료 또한 문제이다.

은 치태밖으로 쉽게 확산되어 나오지 못한다. 산은 점차 법랑질을 용해하고, 단백질-분해 효소들은 남아있는 물질들을 파괴한다.

수크로오스와 *S. mutans* 활동의 조합은 치아 우식에 큰 영향을 미친다. 결과적으로, 수크로오스를 많이 그리고 자주 먹을수록, 치아 우식의 위험이 많아진다. 타액은 입안의 수크로오스를 헹구어 내는데 도움을 준다. 하지만 사람마다 타액 흐름 속도가 다르고 입의 구조가 달라 헹구어 내는 효율이 다르다. 당은 타액에 의해 잘 헹구어지지 않는 곳에 축적된다. 전분(starchy) 음식은 입안에서 극히 부분적으로 소화되지만, 끈적거리기 때문에 치아 표면에 붙을 수 있고 오랫동안 남아있어 치아 우식을 일으킬 수 있는 세균 활동이 가능하게 한다. "무설탕" 껌에 사용되는 당 알코올(sugar alcohol)인 소비톨(sorbitol)과 자이리톨(xylitol) 등은 것은 많은 세균들이 이들을 대사하지 못하기 때문에 치아 우식에 효과가 있다. 소비톨을 활용할 수 있는 *S. mutans*같은 세균은 소비톨을 대사하면서 산을 만들기는 하나 타액이 중화시킬 수 있는 정도의 낮은 속도이기 때문에 치태 부위의 pH를 떨어뜨리지는 못한다.

치료와 예방. 치아 우식은 우식부위를 제거하고 그 공간(우식와;cavity)을 레진(resin 플라스틱 물질) 이나 아말감[amalgam; 은(silver) 혼합물]으로 메움으로써 치료한다. 당분이나 끈적거리는 음식을 피하고, 치실을 이용하여 치아사이를 닦아주면 치아 우식 발생 빈도를 줄일 수 있다. 우식부위에 가장 많은 세균인 *S. mutans*에 대한 백신이 개발중인데, 그중 한 주사용 백신을 맞은 원숭이의 순환 IgG의 양이 증가하며, 다른 경구용 백신은 쥐에서 분비되는 IgA를 생산하는 것으로 확인되었다. 두 백신 모두 인체에서는 적절히 시험되지 않았다. 스트레스는 백신의 효과를 결정하는 중요한 요소가 될 것으로 보인다. 스트레스가 면역체계를 약화시키기 때문이다. 이 현상은 치과대학 학생이 여름방학때 보다 시험보는 기간에 타액 IgA의 분비가 적어진다는 사실이 발견된 뒤로 알려졌다(◀17장 p 497).

치아우식을 줄일 수 있는 가장 중요한 요소는 **불소 화합물(fluoride)**의 사용이다. 이것은 치아의 법랑질 표면을 강화하는 기능을 갖는다. 불소는 치아 법랑질의 용해도를 감소시켜 미네랄 유출을 막으며, 미네랄 함유를 증가시킨다. 불소가 어떻게 법랑질에 작용하는지 이해하기 위해, 치아 표면을 연필 한 묶음 처럼 다발로 이루어진 막대기들 끝이라고 상상해보자(**그림 22.4**). 그 막대기들이 아무리 빡빡하게 묶여있더라도 그 사이에는 작은 관(channel)들이 형성될 수 밖에 없다. 치태 세균에 의해 생산된 산들은 이 관들 사이로 스며들며, 법랑질 막대기를 녹인다. 관들이 더 커지면서 법랑질이 더 많이 녹게 된다. 결국, 우식 공간(cavity)를 형성하기에 충분한 법랑질이 부식된다. 불소는 이 막대들 사이를 단단한 미네랄 물질로 채움으로써 치아 표면을 강화하고 산의 침투를 방지한다. 불소는 인산염(phosphate)을 생산하는 효소의 활성을 억제하는데, 인산염은 세균이 영양분으로 사용하여 에너지를 얻을 수 있다. 인산염이 없으면 세균은 죽는다.

수많은 연구들을 통해 불소가 안전하며 치아 우식증 예방에 효과적이다는 것이 알려졌다. 상수도에 백만분의 1 농도로 첨가하면, 불소는 어린이의 치아 우식증을 60% 까지 줄일 수 있다. 치아우식증은

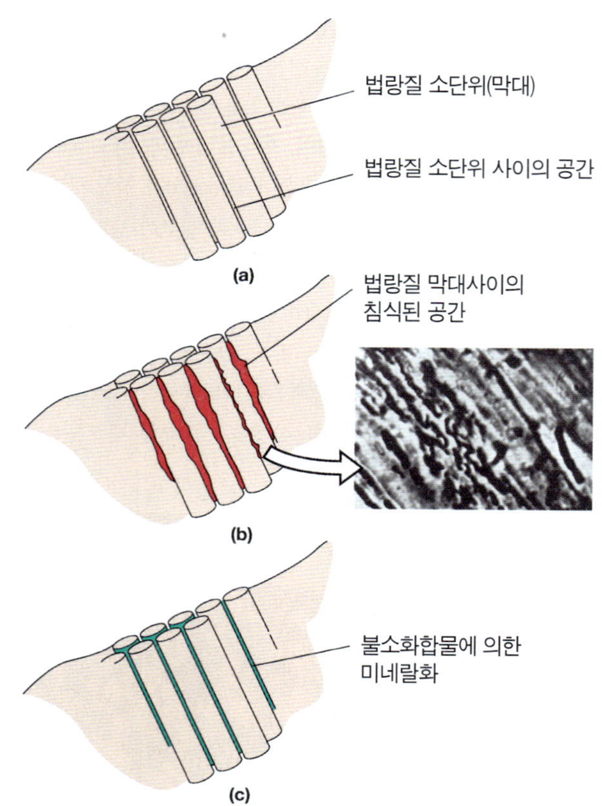

그림 22.4 치아 우식에서 불소의 효과. (a) 정상적인 치아 구조. (b) 법랑질 층 사이로 스며 내려오는 세균성 산의 결과로 형성되는 치아 우식. (c) 불소화합물에 의한 미네랄화는 법랑질 층 사이의 공간을 채워주고 산이 새어들어가는 것을 막는다.

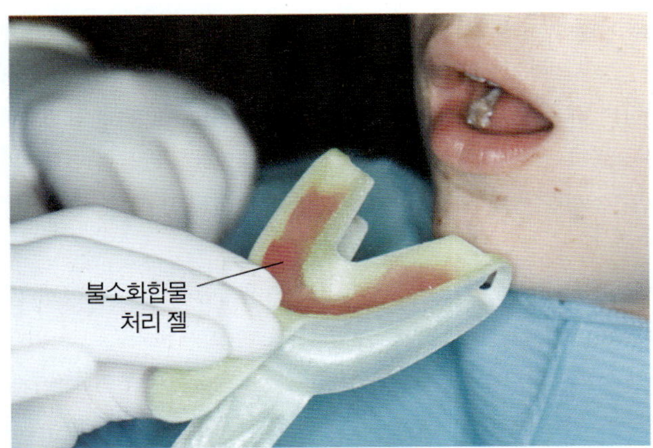

그림 22.5 치아의 불소처리. 적절한 구강 위생과 불소화합물을 포함하는 치약과 구강 세정제의 사용으로 치과 방문 횟수를 줄일 수 있다. 불소처리는 치과에서도 할 수 있다.

아동기와 사춘기에 가장 많이 발생하기 때문에 아동기 치아 우식증 예방을 위한 성공적인 프로그램이 매우 중요하다. 하지만, 미국 인구의 반 정도가 우물이나, 불소처리가 되지 않은 상수도를 식수로 이용한다. 불소 처리 상수도가 제공되지 않는 곳에서는 학교에서 어린이들에게 불소 알약이나 불소 젤(gel)을 제공한다. 치아가 형성되고 있는 어린이의 불소 섭취는 전체 치아를 강화하지만, 불소 젤을 이용한 국소적인 처리는 치아 표면에만 국한된다.

불소가 20세 이전에 가장 큰 도움이 되지만, 그 이후에도 불소가 포함된 식수나 치약 및 구강세정제를 사용하면 나이에 상관 없이 어느 정도 도움이 된다. 불소 젤 처치는 4세 때부터 성인이 될 때까지 6개월 마다 이루어져야 한다. 매번 치아 청소가 이루어지며 약간의 표면을 제거하고 국소적인 불소처리를 동반한 미네랄 성분의 제공은 표면의 회복을 돕는다 **(그림 22.5)**.

치아 우식을 예방하는 또 다른 방법은 치아표면에 기계적으로 결합할 수 있는 레진으로 치아를 코팅하는 것이다. 치아의 마찰면은 아주 작은 구멍이나 균열이 생길 수 있고 여기에 치태가 생기면 치솔로는 제거할 수 없다. 따라서 이 표면들은 치아의 매끈한 표면보다 치아 우식이 잘 생길 수 있다. 치아를 코팅하면 코팅제가 남아있는 한 (약 10년 이상) 거의 완벽한 보호를 할 수 있다. 특히 영구치가 맹출된(나온) 후인 6-7세 때 코팅제를 시술하면 우식이 많이 발생되는 기간 동안 지속될 수 있다. 코팅을 위해서는 먼저 치아를 깨끗이 청소하고, 산으로 약간 부식시킨 후 코팅제를 입힌다. 미세한 우식 부위는 코팅된 치아에서 성장을 멈추고, 우식 미생물이 죽으면서 점차 살균상태가 된다. 코팅제는 다른 충전물질이 없는 치아에만 적용될 수 있고, 어린이 뿐 아니라 성인에도 사용할 수 있다.

치주질환

질환. 세균이 치은(잇몸) 열구(gingival crevice) 에 들어가면 치아

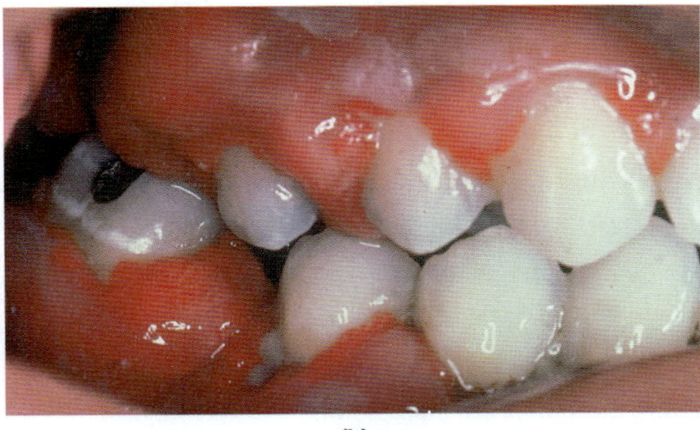

(b)

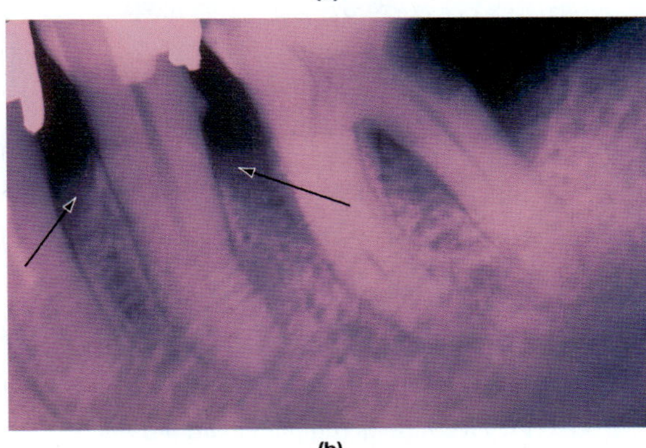

(b)

그림 22.6 진행된 치주 질환. **(a)** 중증의 잇몸 염증으로 **(b)** 치근을 둘러싼 뼈의 소실을 유발할 수 있고, 점차적으로 치아의 흔들림과 소실을 초래한다.

우식과 잇몸 염증을 동시에 일으킬 수 있다. **치주질환(periodontal disease)**은 잇몸 염증 및 치주인대와 치조골(alveolar bone) 부식의 결합이다**(그림 22.6)**. 이 질환은 일반적으로 고통이 없는 만성 감염으로써 10대 청소년과 성인 80%에게 영향을 주며, 치아 유실의 주된 요인이다.

역시 치태형성이 치주질환의 개시 단계이다. 치은 열구에 있는 미생물들은 내독소와 산을 만들어 염증반응을 일으킨다. 이 반응은 잇몸의 상피세포를 파괴하며, 질환이 진행되면서 새로운 그룹의 미생물들이 열구에 자리잡게 된다. 이 진행과정을 저지하지 않으면, 잇몸이 상하게 되며(치은 퇴축; gingival recession), 심지어는 괴사한다. 치아를 둘러싸고 있는 뼈와 인대에 부식이 일어나고 약해지면 치아가 흔들리게 된다.

65세 이상 미국인구의 33%는 치아가 남아있지 않다.

가장 약한 형태의 치주질환은 잇몸(치은)에만 국한된 **치은염(gingivitis)**이다. 치은염 중 가장 심한 것이 **급성 괴사성 궤양성 치은염(acute necrotizing ulcerative gingivitis; ANUG)**으로서 참호구강염(trench mouth)이라고 불리기도 하는데, 1차세계 대전 중 참호안에서 스트레스를 받는 병사들에서 흔히 발생했기 때문에 명명되었다. 현재 젊은이들에게 흔하며 스트레스가 발병의 중요한 요소로 보인다. ANUG는 항생제에 잘 반응하지만, 더 중증의 치주질환은 항

적용

미소

만약 당시의 치아 중 하나가 부식되어 인공치아를 사용해야 한다면, 너무 크게 걱정할 필요가 없다. 치과의사가 당신의 미소를 정상적으로 회복시켜주기 때문이다. 하지만 치과 의사뿐 아니라 미생물학자들에게 고마워 해야 한다. 인공치아에서 대체관절에 이르는 의학적 임플란트는 아주 빈번히 *Staphylococcus aureus*에 감염되어, 항생제가 잘 듣지 않는다. 최근 미생물학자들은 *Staphylococcus aureus*에 대한 수용체(receptor)에 결합하는 단백질을 합성하였으며, 현재 이 단백질은 임플란트 플라스틱에 사용되어 이 세균의 감염률을 크게 감소시키고 있다.

생제가 잘 듣지 않는다. 주기적인 검사가 이루어지지 않으면, 치주질환은 만성 **치주염(periodontitis)**으로 발전하며, 잇몸 뿐 아니라 치아를 지지하는 뼈와 조직에 영향을 준다. 치주염에 의해 발생한 치아 유실은 회복될 수 없다.

치주질환은 치태가 축적되는 상황에서 생기는데, 잠재적 병원성 세균들이 많이 자라게 된다. 그 세균 종류로는 *Porphyromonas gingivalis, Aggregatibacter actinomycetemcomitans, Prevotella intermedia, Bacteroides forsythus, Fusobacterium nucleatum* 및 다른 그람-음성 세균들이 포함된다. 나선균(spirochetes)을 포함하는 구강에 사는 많은 미생물들은 아직 분리, 배양, 동정되지 않고 있다. *Streptococcus mitis, S. snaguis, Veillonella* 종, *Actinomyces* 종들을 포함하는 몇몇 세균들은 병원성 세균들의 개체 밀도를 제어하는 데 도움을 줄 수 있다. 치태가 양치나 치실 사용으로 제거되지 않으면 칼슘(calcium)이 치태 표면에 침착하여 매우 거칠고 강한 껍질을 만드는데, 이를 **치석(tartar** 혹은 *calculus*)이라 부른다. 치석은 치아 표면에 강하게 결합한다. 치태가 많이 축적될수록 치석의 두께가 두꺼워진다. 치석은 잇몸에 출혈이 생기게 하고, 상황이 더 안 좋아지면 치은열구내에 염증 낭(pocket)이 형성되게 한다. 이 낭의 깊이를 측정함으로써 치주질환의 정도를 판가름한다.

1982년 Paul H Keyes는 자신이 수행한 치주질환 관련 미생물 연구에서 복잡한 미생물 환경을 연구하는 방법을 설명하였다. Keyes는 건강한 잇몸, 약한 염증을 가진 잇몸, 질환이 심한 잇몸으로부터 각각 치태를 얻었다. 위상차(phase-contrast) 현미경을 통해 관찰한 결과, 각 치태 샘플이 각각 독특하게 다른 미생물 군집을 가지고 있는 것을 확인하였다. 건강한 잇몸에서 분리한 치태는 비운동성 필라멘트성 세균, 몇 개의 구균들, 5개 이하의 백혈구 등이 발견되고, 아메바나 나선균은 없다. 약한 염증을 가진 잇몸의 치태는 훨씬 많은 종류의 미생물들이 발견되는데, 비운동성 세균들이 촘촘한 덩어리들을 이루고 그 주위로 운동성이 있는 나선균들과 회전하는 간균들이 수 없이 둘러싸고 있다. 몇몇 나선균과 백혈구가 관찰되나, 아메바나 트리코모나스(trichomonads)는 관찰되지 않는다. 질환이 심한 잇몸의 치태는 비운동성 필라멘트, 구균 및 수많은 운동성 미생물들의 덩어리들을 포함하며, 그 바깥쪽으로는 작은 물결에서 움직일 수 있고 한 표면에서 다른 표면으로 이동할 수 있는 나선균과 유연한 간균들의 집합체가 보인다. 항상 아메바가 관찰되고, 가끔씩 트리코모나스가 관찰되며, 백혈구는 셀 수 없이 관찰된다.

더 최근의 연구들은 구강에 있는 수많은 세균들 중 *Porphyromonas gingivalis*가 치주질환을 일으키는 주요 세균으로 보고 있다. 텍사스 대학의 연구자들은 이세균을 실험용 원숭이에 투여하여 치주질환이 폭발적으로 증가하는 것을 확인하기도 하였다. 또한 리팜핀을 사용하여 이 원숭이들을 치료하는데 성공하였다.

치태세균은 잇몸조직을 관통하지는 않는다. 대신 파괴적인 효소를 분비하고, 치태에서 퍼져나오는 세균 물질에 대한 염증 및 알러지 반응을 일으키게 함으로써 영향을 준다.

치료와 예방. 요즘의 만성 치주질환의 치료는 어느 정도 논쟁의 여지가 있으며, 환자에 따라 각 치료방법에 따른 반응이 틀리다. 항미생물 구강세정, 중탄산염(bicarbonate)과 과산화수소(hydrogen peroxide) 혼합물을 이용한 칫솔질, 치주낭 (periodontal pocket)의 외과적 제거, 빠르게 진행하는 경우에 대한 항생제 요법등이 치료에 이용된다. 만성 치주질환은 매일 하는 양치질로 어느 정도 예방할 수 있고, 더 중요한 것은 치과에서 낭의 치태를 자주 제거하는 것이다. 한번 세균들이 잇몸을 침습하면 치아와 잇몸사에에 낭을 형성하기 때문에 세균감염을 항상 주의깊게 관찰해야한다.

구강의 바이러스성 질환

이하선염

이하선염(mumps)은 홍역(measles) 바이러스와 유사한 1종류의 파라믹소 바이러스(paramyxovirus)에 의해 야기된다. 바이러스는 타액이나 비말(aerosol droplet)에 의해 감염되고 구강이나 호흡기관을

공중 보건

계속 칫솔질을 하세요

당신의 치과의사는 이런 얘기를 한번도 해준적이 없을 것이다. '매일 양치를 하지 않으면 자가면역 질환과 심장이상이 생길 수 있다.' 사실이다. 만성 치주질환은 모든 신체에 영향을 줄 수 있다. 심혈관계(cardiovascular system)는 특히 위험하다. 왜 그럴까?. 만성 감염은 면역체계를 활성화시키지만 가끔씩 자기 자신한테 반응하게 하여 심혈관계 자가면역 질환을 초래할 수 있다. 치주 세균은 잇몸에 난 상처를 통해 심혈관계로 침입할 수 있다. 치태에서 발견되는 *Streptococcus sanguis*의 적어도 한 균주는 동물에서 심장이상을 초래하고 인간에서는 혈소판 응집을 일으키는 것으로 알려졌다. 열심히 양치해라, 그러면 입 이상을 보호할 수 있을 것이다.

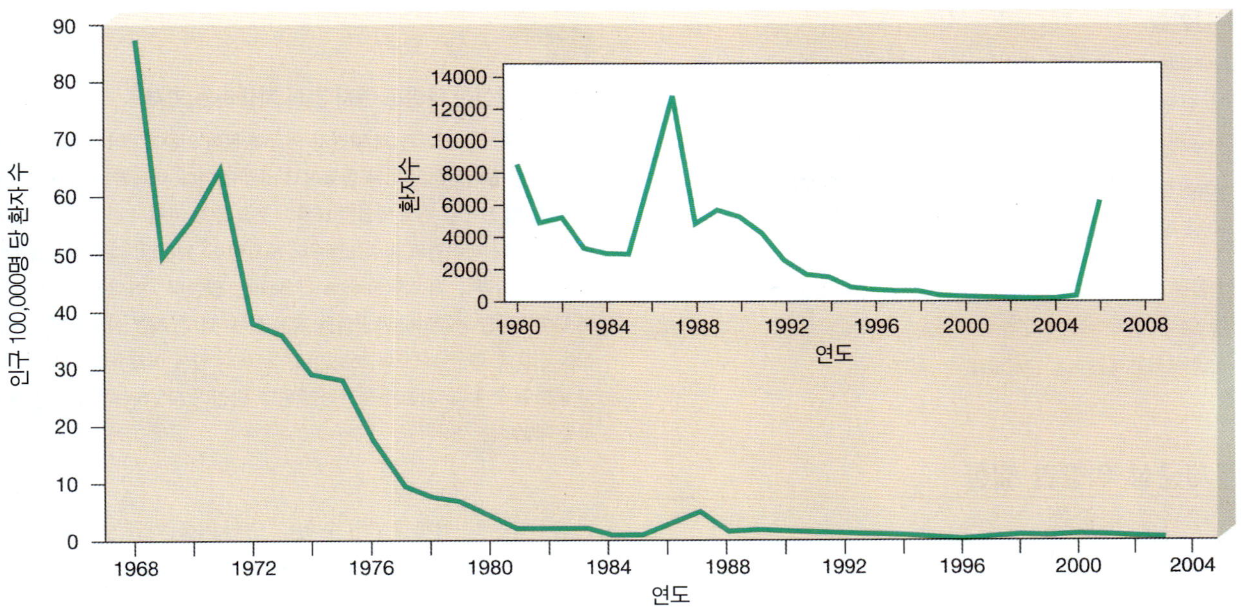

그림 22.7 미국내 이하선염의 발생. 1967년도에 백신이 만들어진 이후로, 환자 수가 뚜렷하게 감소하였다.(출처: CDC)

통해 인체로 들어와 비인두(oropharynx)의 세포들을 침입한다. 상기도(upper respiratory track)에서 복제가 개시된 후 혈액으로 이동하여 타액선에 이르고 종종 고환(testes)과 수막(meninges)같은 다른 선들(glands)과 기관들에도 들어간다. 감염이 시작된 후 14~21일이면 이하선(parotid gland)이 부어 오르고 7일 동안 지속된다. 감염된 사람으로부터 바이러스가 방출될 수 있어 이하선이 부어 오르기 전 7일 동안부터 붓기가 가라앉은 후 9일동안 전염성이 있다. 이하선염 바이러스는 증상이 있은 후 약 2주 동안 소변에 배출된다.

사람만이 이하선염 바이러스의 숙주이다. 전세계적으로 발견되는데 특히 봄에 심하다. 감염은 6~10세 어린이에게 가장 흔하며, 이 바이러스에 노출된 사람의 85%가 감염될 수 있으나 감염자의 20~40%는 증상이 없다. 증상이 없는 사람들도 오래동안 지속되는 면역력을 가질 수 있다. 사춘기가 지난 남성에게 질환이 생기면 약 20~30%가 **고환염(orchitis)**(고환의 염증)으로 발전되기도 한다. 이러한 감염은 불임을 초래할 수 있지만 아주 드물다. 감염자의 나이, 성별에 상관 없는 이하선염의 다른 합병증은 뇌수막염(meningoencephalitis), 눈과 귀 감염, 난소(ovary)와 췌장(pancreas)(여기서 염증이 일어나면 청소년 당뇨의 원인이 될 수 있다)등 이하선염 외에 다른 선들의 염증 등이 포함된다. 이하선염에 대한 효과적인 백신이 사용되고 있는데, 이것은 바이러스를 배발생 난(embryonated egg)에 수차례 계대 배양함으로써 병원성이 약화된 바이러스를 선택하여 제조된 것이다. 이 백신은 홍역과 루벨라(rubella) 백신과 혼합된 형태로 투여는데, 통상적으로 MMR 백신이라 불린다. 백신의 제조 허가가 이루어지고 사용된 1967년부터 이하선염 발생빈도가 급격히 줄어들었다(**그림 22.7**). 백신은 1957년 이후에 태어나고 이 질환에 면역력이 없는 모든 사람에게 권장되고 있으며, 신생아는 생후 15개월에 예방접종 받는다.

2006년 미국에서 6339명의 환자가 갑자기 발생했다. 이 바이러스는 2004-2006년에 영국에서 70,000명의 환자를 발생시킨 것과 같은 바이러스였으며, 이때 환자들은 예방접종을 받지 않은 18~25세 사람들이 대부분이었다.

표 22.1

구강 질환의 요약

질환	원인체	특성
구강의 세균성 질환		
치아 우식증	*Streptococcus mutans*와 다른 종들	미생물 대사로 생성된 산에 의한 치아 법랑질 및 다른 구조물의 부식
치주질환	많은 종류의 세균, *Porphyromonas gingivalis*	잇몸의 염증과 파괴, 치아 유실, 뼈의 부식
구강의 바이러스성 질환		
이하선염	Paramyxovirus	타액선들과 종종 고환, 부고환 및 타 조직의 염증과 팽창

다른 질환들

*Candida albicans*에 의해 생기는 구강감염인 아구창(*Thrush*)은 ◀19장에서 설명하였고, 그림 19.18a (p. 590)에 묘사하였다. Herpes simplex 바이러스는 입술과 입안에 발진 허피스(fever blister 혹은 cold sore)를 일으킨다(◀20장에서 설명).

구강 질환은 **표 22.1**에 요약하였다.

중점 질문 사항

1. 불소는 어떻게 치아 우식 감소에 도움을 줄까?
2. 치태와 치석의 차이를 구별하라

세균성 위장관 질환

세균성 식중독

식중독(food poisoning)은 독소 (toxin)에 오염된 음식을 섭취함으로서 발생한다. 또한 농약, 중금속 및 여타 독성물질에 오염된 음식물을 섭취함으로써 발생될 수 있다. 미생물 독소에 의해 생기는 식중독의 경우, 독소를 계속 생산 할 수 있는 미생물도 그 독소와 함께 섭취될 수 있다. 그러나 조직 손상은 독소의 활동 때문이다. 따라서 대부분 미생물성 식중독의 경우는 감염이라기보다 중독이라고 볼 수 있다. 독소는 미리 만들어져 있는 상태이기 때문에 중독 증상 징후가 감염 증상 보다 더 빠르게 나타난다. 식중독은 ◀1장에서 기술된 바와 같이 적절한 음식 취급 절차를 따름으로써 예방할 수 있다.

식중독을 일으키는 독소를 생산하는 세균은 *Campylobacter jejune*, *Staphylococcus aureus*, *Clostridium perfrigens*, *C. botulinum* 및 *Bacillus cereus*등이 포함된다. Staphylococci는 대부분 이 세균에 감염된 사람이 음식을 다룸으로써 음식에 들어간다. 다른 식중독원인 미생물은 물, 배설물, 하수와 거의 모든 음식물 안 어디에나 있는 토양 미생물이다. 이제 각 세균에 의해 야기되는 식중독의 특성을 살펴보자.

미국 정부 통계에 따르면, 미국 내에서 음식물을 통한 미생물 감염에 의해 매년 8천 백만명의 질환 발생이 보고되고 있다.

포도상 구균성 장중독증

몇몇 *Staphylococcus aureus* 균주는 식중독 혹은 **장중독증(enterotoxicosis)**을 일으키는데, 이것은 이 세균이 분비하는 외독소(exotoxin)인 **장독소(enterotoxins)**(장독소 A 혹은 D)에 의해 생기며, 장 표면을 화끈거리게 하고 장으로부터 수분흡수를 방해한다. 또한 구토를 유발하는 뇌신경을 자극하기도 한다. 이 세균은 열이나 건조 상태에 내성을 가지기 때문에, 음식물 취급자나 외부 환경으로부터 음식물에 쉽게 오염될 수 있다. 충분히 익히지 않은 음식물, 특히 냉장보관 되지 않은 음식물에서 증식하고 독소를 배출한다. 거의 모든 음식물은 *S. aureus*에 의해 오염될 수 있으며, 특히 전분(starch)이나 크림을 포함하는 음식물은 더 쉽게 오염될 수 있다. 크림 식품, 가금(닭 같은) 식품, 감자 샐러드 같은 피크닉 음식들이 주요 오염 대상이다. 음식의 형태나 맛, 냄새 등이 변하지 않기 때문에 오염상태를 쉽게 알 수 없다. 대부분의 외독소들과는 달리 이 세균의 독소는 열에 강해 30분 동안 끓여도 파괴되지 않는다. 따라서 음식물을 익혀도 세균은 죽을 수 있으나, 독소는 파괴되지 않는다(◀14장 p. 413).

S. aureus 장독소에 오염된 음식물이 장에 들어가면, 독소는 즉시 작용하며, 세균은 증식하지 않지만 지속적으로 독소를 생산한다. 독소가 장점막에 접촉하여 혈액내로 들어가고 혈액으로부터 다시 장에 돌아오면 조직파괴가 일어난다. 증상은 복통, 무기력, 구토, 그리고 굉장히 잦은 **설사(diarrhea)**등이며, 열은 없다. 오염된 음식물 섭취 후 1시간에서 6시간 후에 발생한다. 증상이 나타나기까지 걸리는 시간은 충분한 양의 독소가 흡수되는데 필요한 시간에 달려있다. 독소가 많이 들어있는 음식물을 섭취하면 증상이 빨리 일어나고, 독소가 적으면 그만큼 늦어진다. 증상이 한번 일어나면 약 8시간동안 지속된다. 이 질환은 자가-제한적 질환이기 때문에 건강한 성인은 별 다른 치료가 필요 없다. 신생아나, 노인들, 쇠약한 환자들은 심하게 앓을 수 있다. 이 감염에 대해 항체가 충분히 만들어지지 않기 때문에 식중독 후 회복되어도 면역력을 가질 수 없다. 따라서 *S. aureus*에 의한 식중독을 예방하기 위한 가장 좋은 방법은 위생적인 음식물-관리 절차를 따르는 것이다.

다른 종류의 식중독

*Clostridium perfringens*의 장독소 또한 식중독을 일으킬 수 있다(◀14장 P. 413). 포자 발생과정 동안만 방출되는 장독소는 덜 익혀진 음식물이 일정기간 따뜻하게 유지되는 동안 무산소 조건에서 생산된다. 주요 증상은 설사이다. *C. perfringens* 식중독은 *S. aureus* 식중독에 비해 늦게 발생되며(섭취 후 8~24시간), 더 오래 지속 된다(약 24시간). 이것 또한 자가-제한적이며 위생적인 음식물 취급에 의해 예방될 수 있다.

공중 보건

당신이 아마도 주저 없이 지불하는 가격

해산물 요리가 왜 비싼지 생각해 본적 있는가? 어패류의 경우를 예로 들자면, 양식과정이 너무 힘들어서 비쌀 것이다. 어패류는 영양분공급, 호흡, 수정 및 산란을 위해 일정한 해류가 필요하다. 가둬서 양식하기 때문에 비버, 너구리나 까마귀의 공격으로부터 보호할 수 있지만, 다른 적들로부터 보호하기가 어렵다. 과학자 Francis O' Beirn는 말한다. "어패류는 하나씩 일일이 닦아줘야만 곰팡이나 세균들을 제거 할 수 있다. 자연 상태에서는 그들 자신을 진흙에 파묻음으로써 보호한다." 그러니 양식 어패류의 가격이 비싸다고 불평할 수 없다. 이렇게 생각하면 된다. 당신이 지불하는 돈이 당신의 식중독을 예방하는 것이다.

C. perfringens 장독소가 식중독을 일으키지만 세균 자체도 조직을 침투할 수 있다. 포자가 상처로 유입되면 영양세포(vegetative cell)로의 발아가 가스 괴사(gas gangrene; ◀19장 P. 596), 혐기성 연조직염 (cellulitis; 결체조직의 염증)를 일으킨다. 영양세포는 증식하며 독소와 효소들을 방출하여 건강한 주위 조직에 확산시킴으로써 세포 파괴와 괴사를 일으킨다.

*C. botulinum*가 만드는 신경독소에 의해 야기되는 보툴리누스 중독증(botulism)은 독소에 오염된 음식을 섭취함으로써 발생한다. 일종의 식중독이지만 소화계통에 거의 영향을 미치지 않고 신경계에 영향을 미친다(◀2장에서 설명).

*Bacillus cereus*는 구토를 유발하는 독소를 분비한다. 잠복기간, 징후 및 증상은 *Staphylococcus* 식중독과 비슷하다. 섭취 후 12시간 이전에 증상이 나타나고 짧은 기간 동안 지속된다. 이러한 독소는 오염된 쌀이나 고기 접시 등에서 발견된다. *Bacillus cereus*는 물이나 흙에서 사체 기생생물로 존재한다. 폴리네시아(Polynesia) 지방에서 발생한 *Pseudomonas cocovenenans*에 의한 식중독은 봉크레크(bongkrek)라 불리는 원주민의 코코넛 요리와 연관이 있는 것으로 알려짐으로써 **봉크레크 질환(bongkrek disease)**이라 명명되었다. 이 세균은 강력하여 가끔 치명적인 독소를 생산하며 코코넛 요리에서 종종 발견된다.

세균성 장염과 장열

대부분의 사람에게 설사는 단지 유쾌하지 않은 불편함일 수 있으나, 치명적인 경우도 있다. 1900년 뉴욕지방에서 십만 명의 유아 설사 환자당 5,603명이 목숨을 잃었다. 현재는 십만 명 당 60명이내로 알려지고 있으나 이 질환은 여전히 생명을 위협하며, 유아의 경우 설사에 의한 사망이 수시간 안에 일어날 수 있다.

장염(enteritis)은 장의 염증이다. **세균성 장염(bacterial enteritis)**은 장 감염이며, 식중독과 같은 중독증은 아니다. 원인 세균은 장점막이나 더 깊은 조직을 침입하여 훼손한다. 주로 소장에 영향을 주는 장염은 항상 설사를 일으킨다. 대장에 영향을 미치면 많은 양의 점막과 가끔씩 혈액이나 농(pus)을 포함하는 심한 설사를 초래하는데, 이를 **이질(dysentery)**이라 한다. 몇몇 병원성 세균들은 장점막으로부터 전신으로 퍼져 전신감염을 일으키기도 한다. 대표적인 경우가 장티푸스 열(typhoid fever)이며 이러한 감염을 **장열(enteric fever)**이라고 부른다.

살모넬라증

살모넬라증(salmonellosis)은 *Salmonella*속의 몇 종류가 일으키는 흔한 장염이다. 미국내에서 1년간 발생하는 살모넬라증(장티푸스 열은 제외)은 1970년대 20,000건이 보고되었고, 1986년에는 65,000건으로 증가하다가 2006년에는 41,924건으로 감소하였다. 실제로는 이러한 보고 건수보다 훨씬 많은 경우가 보고되지 않은 것으로 보인다. 의료전문가들은 실제로 2백만건을 넘을 것으로 보고 있다. *Salmonella*의 분류는 최근에 개정되었는데, *Salmonella*속 내에 많은 종들을 3개의 종으로 줄여서 나누었다: *Salmonella typhi*, *S. choleraesuis*(보통 돼지 병원균), *S. enteritidis*등이다. *Salmonella*의 약 2,000 여 균주들은 그들의 표면 항원에 의해 동정되어 **혈청형(serovars)**으로 그룹화 할 수 있다. 1972년 전에는 2,000 여 각 균주마다 종명을 사용하였는데, 이제는 이들 균주의 대부분이 *S. enteritidis*로 통합정리 되었다. 따라서 예전 *S. typhimurium* 종은 이제 *S. enteritidis* 종의 한 혈청형(균주)이 되었다. 하지만 많은 연구자들은 아직도 *S. enteritidis* serovar *typhimurium*이라 표기하지 않고 예전대로 *S. typhimurium*이라고 표기하기도 한다. 혈청형의 동정(identification)은 질환이 창궐할 때 그 원인의 역학조사에 유용하다.

장티푸스를 일으키는 *S. typhi*이외의 *Salmonella* 종들은 가금류, 야생조류, 설치류등을 포함하는 많은 종류의 동물 장내에서 발견된다. 이들 숙주동물 내에서 확실한 질병을 일으키거나 혹은 아무런 해를 입히지 않고 보균상태로 존재하기도 한다. 미국에서는 익히지 않은 부활절 계란이나 자라의 판매가 금지되고 있는데, 이유는 이들을 가지고 놀던 어린이들이 살모넬라증에 걸렸기 때문이다. 약 90%의 애완용 파충류가 *Salmonella*를 지니고 있는 것으로 알려지고 있다. 부엌 싱크대에서는 절대로 거북이의 먹이통을 닦으면 안된다. 계란을 낳는 닭이 감염되면 계란도 감염된다는 것은 이제 많이 알려졌다. *Salmonella*는 오염된 물이나 음식물 운반자에 의해서도 감염될 수 있다. 작은 공간에서 양계나 양돈을 하는 것은 시장성 측면에서는 효율적일 수 있으나 *Salmonella*나 다른 병원성 세균을 동물들 사이에 쉽게 전파시킬 수 있는 위험을 안고 있다.

Salmonella 감염은 일반적으로 부적절하게 준비된 오염 음식물 섭취와 연관이 있다. 육류와 낙농 상품이 주요 원인 후보이며, 익히지 않은 계란을 함유한 음식물 또한 원인이 될 수 있다.

살모넬라증의 징후와 증상은 복통, 열, 피와 점액을 동반한 설사

공중 보건

새로운 둥지를 찾는 집잃은 세균

당신은 양계장 농부들이 갓 부화된 병아리에 세균을 뿌린다는 사실을 믿을 수 있겠는가? 사실이다. 하지만 그들이 뿌리는 세균은 Preempt라고 불리는 것으로, 성숙한 닭의 장에서 분리한 29종류의 살아있는 비독성 세균으로 구성되어 있다. 갓 부화한 병아리들은 이 세균들을 섭취하여 장에 이로운 세균들을 공급하게 된다. 이 세균들이 장내에 빠르게 그리고 많은 영역을 차지하게 됨으로써 장내 병원성 세균들이 들어오지 못하게 할 수 있다. 따라서 *Salmonella*, *Campylobacter*, *Listeria* 및 치명적인 *Escherichia coli* O157:H7 등은 감염시킬 새로운 동물을 찾아야만 할 것이다.

공중 보건

어머니는 가장 좋은 것들을 안다. 하지만 모든 것을 알 수는 없다.

어머니는 과일과 채소의 병균을 없애기 위해 물로 닦으라고 했을 것이다. 이는 물론 아주 좋은 습관이지만, 모든 세균을 제거 하기 위해 충분하지는 않다. 1998년에 연구자 Elizabeth Eherenfeld는 무균 콩 씨앗에 1억 마리의 *Escherichia coli*와 *Salmonella*를 묻힌 후 깨끗한 물로 세번 닦었다. 이렇게 해서 세균 수는 줄었지만, 1 그람당 약 백만개의 세균이 아직 남아 있는 것을 확인하였다. 이 세균수는 면역력이 약화된 사람에게 질병을 일으킬 수 있는 양의 수천 배에 달하는 양이다. 그렇다면 당신은 어떻게 당신을 보호하겠는가? 연구자들은 독성이 없는 정도의 식초와 과산화수소수의 혼합액을 사용하면 모든 *E. coli*를 제거할수 있을 것으로 보고있다. 혹은 비염소 항생물질을 수돗물에 타서 사용하면 모든 병균을 없앨 수 있을 것으로 보고 있다. 상업적인 소독제들도 유통되고 있다.

를 포함한다. 세균 섭취 후 8시간에서 48시간 후에 나타나며, 소장과 대장의 점막을 침투하는 세균의 능력과 관련이 있다. 열은 세균이 용해되면서 방출되는 독소인 내독소와 관련이 있다. 건강한 성인에서는 살모넬라증이 1~4일 지속되며 자가-제한적이다. 항생제는 보통 처치하지 않는데, 이것은 항생제를 처리하면 세균이 보균상태로 지속될 수 있고, 항생제 내성 세균이 생길 수 있기 때문이다. 유아나 노인, 쇠약한 환자의 경우 더 심하고 지속적인 증상이 생길 수 있는데, 이러한 경우는 항생제가 처방될 수 있다.

*Salmonella*의 다른 혈청형 또한 질환을 일으킬 수 있다. *S. typhimurium*과 *S. paratyphi*는 장 조직을 침투할 수 있고 혈액에 들어갈 수 있는 능력이 있기 때문에 더 심각한 중증 질환인 **소장 결장염(enterocolitis)** 또는 장열(enteric fever)을 일으킨다. 증상과 균혈증은 하루에서 10일 정도의 잠복기간 후에 나타난다. 고열과 오한 같은 장내 증상은 1주에서 3주 동안 지속된다. 담낭(gallbradder) 과 타 조직에서의 만성 감염 또한 흔하다. 환자의 회복기 후에 세균은 만성감염된 조직으로부터 지속적으로 대변을 통해 배출될 때, 보균 상태가 확립된다. 광범위 항생제가 보균상태의 세균을 제거할 수 있으나, 몇몇 보균자에서는 항생제가 장내 정상세균총의 평형을 무너뜨려 질환으로 활성화 될 수 있다.

살모넬라증과 장염의 예방을 위해 위생적인 음식물의 제공과 보균자의 세균 제거가 필요하다. 이 세균은 가금류나 다른 동물들이 저장소 역할을 하기 때문에 완전히 제거할 수 없으며, 효과적인 백신 또한 개발되어 있지 않다.

장열

장열(typhoid fever)은 가장 심각한 유행성 장 감염 중 하나로 *Salmonella typhi* **(그림 22.8)**가 원인균이다. 위생이 잘 유지되는 지역에서는 질환발생이 거의 없으나 불완전한 상하수도 시스템이 존재하는 곳에서는 더 자주 발생한다. 미국에서 이 질환이 유행할 때는 익히지 않은 조개, 과일 혹은 야채가 종종 이 병원균의 주요 공급원으로 제공된다. 1942년, 미국내 환자수가 5000명 이었으나, 최근 30년간은 한해 500명 이하의 환자가 미국내에서 보고되고 있다. 세균은 음식이나 식수를 통해 몸으로 들어가고 소장 상부의 점막을 침투한다. 여기서 림프조직으로 침투해 들어가며, 식세포에 포획된 후 전신으로 퍼져나간다. 세균은 식세포 내에서 증식할 수 있으며, 빠져나와 여타 숙주 세포내에서 계속 증식할 수 있다.

균혈증(bacteremia)과 패혈증(septicemia)은 증상이 나타날 때 동시에 일어난다. 첫째주 동안, 환자는 두통, 불안감 및 열로 고통을 받게 되며, 이것은 아마도 내독소에 의한 것으로 보고 있다. 둘째 주가 되면, 환자 상태가 더 나빠진다. 세균은 장 점막을 포함하는 많은 조직을 침투하며, 변에 섞여 나온다. *Salmonella typhi*는 담즙에서 증식하고, 담낭에 있던 이 세균은 장 점막과 점막주위의 Peyer' s patch 같은 림프 조직에 재 감염한다. 특징적인 "장미 반점"이 며칠 동안 몸통과 복부에 나타나고, 복부 팽창, 비장 비대 등이 공통적인 불편함이다. 하지만 보통 설사는 동반하지 않는다. 백혈구 수가 증가하는 다른 감염들과 달리 장열에서는 백혈구 수가 오히려 감소한다. 몇몇 환자들은 헛소리를 하기도 하고, 내장 출혈, 장 천공(장에 구멍이 남), 폐렴등의 합병증으로 고생한다. 시프로플록사신같은 플루로퀴놀론, 광범위로 작용하는 세팔로스포린 혹은 클로람페니콜 등의 항생제가 처방된다. 하지만 몇몇 *S. typhi* 균주는 클로람페니콜에 저항성을 갖는다.

미국 시민전쟁 당시, 81,360 명의 군인이 이질과 장티푸스로 사망했고, 93,443 명이 전투로 사망했다.

넷째 주가 되면, 증상이 줄어들고, 회복기가 시작되며, 면역력이 형성된다. 세포-매개성 면역이 차후 감염으로부터 보호할 수 있다. 세

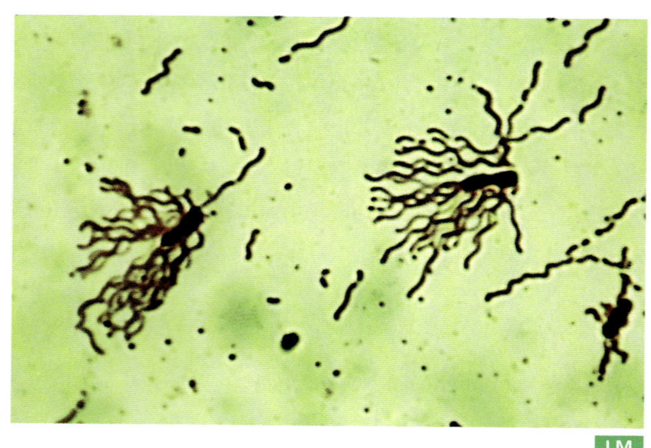

그림 22.8 장티푸스 열의 원인인 *Salmonella typhi*. 염색을 통해 관찰이 될 수 있는 편모를 주목하라. 보통의 광학 현미경으로는 관찰할 수 없다(5,000X).

공중 보건

Typhoid Mary의 전설

1901-Mary Mallon은 한 가족의 요리사로 일한다. 장티푸스를 앓고 있던 손님이 방문한 후, Mary가 장티푸스에 걸린다. 1달 후 이 집 세탁부가 장티푸스로 병들어 쓰러졌다.

1902- Mary는 다른 집에 고용된다. 2주 후 세탁부와 그 집의 다른 6 명의 가족이 장티푸스에 걸린다. Mary는 급히 그집을 떠난다.

1903- Mary는 New York Itacha의 한 집에서 요리사로 일하고 있을 때 수인성 장티푸스를 퍼트리기 시작했으며, 1300명을 죽게 한 것으로 현재 여겨지고 있다. Mary는 급히 그집을 떠난다.

1904- Mary는 Long island에 있는 한 집으로 옮긴다. 3주 동안 4명의 하녀가 장티푸스에 걸린다.

1906- Mary는 다시 새로운 곳으로 옮기고 거기서 일주일 내에 6명이 장티푸스를 앓게 된다. 한 여성이 죽는다. 이미 이 전염병의 용의자로 떠오른 Mary는 2주후 또 새로운 곳에 고용되고, 다시 2 주후 그곳의 세탁부가 장티푸스에 걸린다.

1907- 가명을 쓰기 시작하는 Mary는 다시 New York시의 한 가족의 요리사로 일한다. 2달 후 가족 중 두 명이 장티푸스에 걸리고 그중 한 사람이 죽는다. 장티푸스가 퍼진 후 Mary는 또 떠난다. 하지만, 이번엔 New York시 보건당국이 Mary를 추적하는데 성공한다. 1907년 3월, 그러나 Mary는 자신이 장티푸스 보균자인지 검사하고자하는 보건당국의 대변 샘플 조사를 거부한다. 결국 경찰에 의해 한 병원에서 조사를 받게 된다. 그녀의 대변에서 장티푸스 세균이 검출되었고, 그녀의 담낭에서 나온것으로 추정되었다. 이때는 어떠한 항생제도 없던 시기였기 때문에, 외과적 수술을 통해 그녀의 담낭을 제거하는 것이 그녀의 보균 상태를 끝내는 유일한 방법이었다. 그녀는 세균 질환을 믿지 않았기 때문에, 자신이 수술을 받으면 의사의 칼에 죽게 될 것이라 생각하여 수술을 거부했다. 그녀는 그녀가 더 이상 공중보건에 위협이 되지 않을 때까지 병원에서 격리보호 된다는 판결을 받는다.

1907-1910- Mary의 대변은 며칠 간격으로 배양되었는데, 어떤 날은 장티푸스 균이 없고, 어떤 날은 많은 수 가 나타나기도 하였다. 그동안, Mary는 "그녀의 의지와 상관 없이 투옥되었으며, 의사의 칼에 위협받고 있다" 고 알려지면서 대중적으로 유명한 인사가 되었다.

1910- 대중적인 동정심은 결국 Mary를 풀어주게 된다. 단 그녀는 다시는 요리사로서 일하지 않는다는 약속을 하였다.

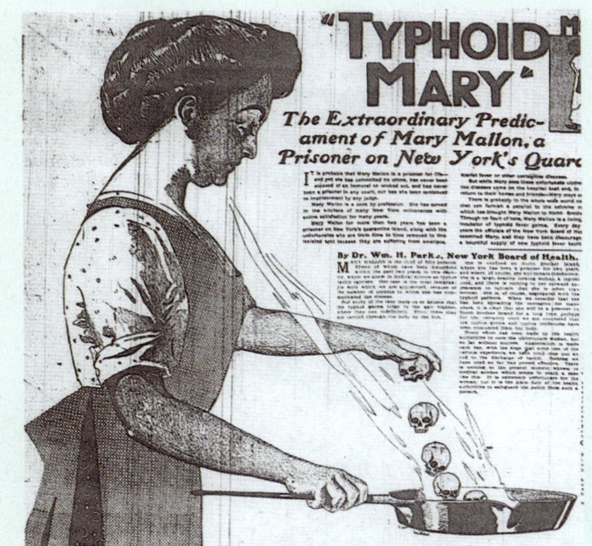
"TYPHOID MARY"

The Extraordinary Predicament of Mary Mallon, a Prisoner on New York's Quar

By Dr. Wm. H. Park, New York Board of Health.

(Courtesy The New York Public Library)

1915- New York의 Sloane 병원에서 25명의 장티푸스 환자가 발생했다. 대부분 의사와 간호사인 8명이 죽었다. 그 병원 요리사는 잠시 자리를 비웠다가 다시 돌아오지 않았다. 그녀는 Mary Mallon이라는 이름을 쓰지 않았으나, 보건당국에 붙잡혔을 때 Mary로 밝혀졌으며, 그녀는 요리사로서 일할 권리가 있고 요리사가 그녀가 가장 좋아하는 직업이라고 항변하였다.

그녀는 다시 병원에 격리되었다. 격리수용실에 도착하면서도 그 병원 부엌에서 일하고 싶어했으나, 거절 당했다. 그녀는 담당 제거 수술을 계속 거부했고, 병원에서 나가면 다시 요리사로 일하고 싶어했다. 보건당국으로서는 다른 방법이 없었다. 결국 그녀는 여생동안 격리수용실에서 살았다.

1938- Mary Mallon은 70세의 나이에 뇌졸중으로 사망했다.

만약 당신이 Mary Mallon 사건과 관련된 보건당국 공무원, 판사, 변호사, 의사 등이었다면 어떻게 했을까? 항생제와 백신이 개발되기 이전 시대에는 격리수용이 보편적인 판결이었다.

균의 표면 항원에 대한 항체가 생산되지만, 이들은 환자에 이용되기보다는 실험실 진단에 사용된다. Widal 시험은 이 항체를 검출함으로써 장티푸스의 진단에 사용된다. 현재 경구용 약독화 생균 백신이 개발 되어 있으며, 이 백신은 체액성 면역 뿐 아니라 세균의 점막 침입을 방지할 수 있는 분비성 항체(IgA)를 포함하는 세포성 면역을 촉진한다(◀17장 p. 497). 수회의 초기 투약 후, 매 3년마다 추가 투약이 필요하다. 장티푸스 발생을 방지하는 방법은 좋은 위생 및 하수 처리 시스템이라 볼 수 있다.

쉬겔라증

쉬겔라증(shigellosis) 혹은 **세균성 이질**(bacillary dysentery)은 주로 다음 *Shigella* 혈청형에 의해 발생한다**(그림 22.9)**. *Shigella dysenteriae* (serovar A), *S. flexneri* (serovar B), *S. boydii* (serovar C), *S. sonnei* (serovar D) 등이다. *S. sonnei*(serovar D)가 미국에서

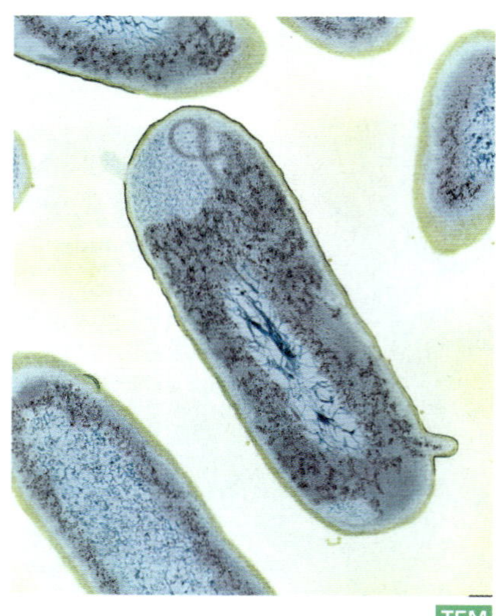

그림 22.9 ***Shigella*의 칼라 TEM.** 이 세균은 쉬겔라증(세균성 이질)을 일으킨다.

발생하는 쉬겔라증의 80%를 차지한다. 쉬겔라증은 기원전 4세기에 처음으로 묘사되었다. 살모넬라증 보다는 덜 침투적이지만 위생이 좋지않고 인구가 과밀한 지역에서는 빠른 속도로 전염될 수 있다. 침팬지나 고릴라 같은 다른 고등 영장류나 사람이 이 세균의 보유숙주이지만, 음식물에서도 약 한달 동안 생존할 수 있다.

이 병원균은 오염된 음식, 손가락, 파리, 대변, 또는 다른 매개물에 의해 전파될 수 있다. 이 세균에 오염된 물에서 놀거나, 목욕하거나 혹은 빨래를 하는 것도 *Shigella* 전염에 중요한 역할을 한다. 위생이 좋은 지역에서 감염은 주로 손을 잘 안닦는 사람들에 의해 일어난다.

1~10세 어린이들이 *Shigella*에 가장 감염되기 쉽고 미국에서 발생되는 유아 설사의 15%를 차지한다. 지난 수십년 동안 미국에서 매년 발생하는 쉬겔라증 환자수는 보고된 건수가 15,000명에서 20,000명 정도이고 실제 환자는 매년 약 450,000 명에 이를 것으로 보고 있다. 세계적으로 매년 1억 5천 만명의 환자가 보고 되고 있다. 최근에 가장 많은 발생건수가 보고되고 있는 곳은 어린이집이다. 10개의 균 정도면 감염을 일으키기 위해 충분하기 때문에, 잠시동안 위생 상태가 안 좋아져도 질병이 쉽게 확산될 수 있다. 개발도상국에서는 쉬겔라증에 의한 유아 사망률이 쉬겔라를 포함하는 다른 장내 병원균에 의한 탈수로 인한 전체 유아 사망률에서 1/3을 차지한다. 수액보충을 이용한 치료가 필요하지만 개발도상국에서는 여의치 않을 경우가 있다.

오염된 음식이나 물을 섭취하면, 쉬겔라는 위산에서도 살아남고, 소장으로 이동하여 여기에 흡착하고 또 대장에도 흡착한다. 이 병원균은 숙주세포를 침투하고 이 숙주세포가 특수한 필라멘트를 만들게 자극하여 근처의 숙주세포에도 침투가 가능하게 한다. 1~4일간의 잠복기 후에, 복통, 열, 피와 점액이 포함된 극심한 설사가 갑자기 나타난다. 징후와 증상의 정도는 A~ D까지의 혈청형 중에서 혈청형 A가 가장 심하고 혈청형 D로 갈수록 약하다. 중증의 경우 설사는 아주 위험한 단백질 결핍—*kwashiokor*(kwassh-e-or' kor; 소아영양결핍증)로 불림—과 vitamine B_{12} 결핍을 일으키며, 전해질 감소와 더불어 신경계 손상을 초래할 수 있다. 모든 혈청은 내독소에 의한 열 발생이 일어나고, *S. dysenteriae*는 신경독소로 작용하는 Shiga 독소 또한 생산할 수 있다. 이 신경독소 활성은 경련과 혼수상태를 일으키는 *S. dysenteriae* 질환의 비교적 높은 치사율과 관계가 있는 것으로 보인다. 모든 혈청형은 장 내면과 더 깊은 장막층의 궤양과 출혈을 일으키고, 증상은 2~7일간 지속되며 대개 자가-제한적이지만, 심한 탈수와 체액 및 전해질의 불균형을 초래할 수 있다.

쉬겔라는 대변의 산(acid)에 아주 민감하기 때문에, 쉬겔라증의 명확한 진단이 쉽지 않다. 이동 배지의 pH가 완충되지 않으면 대변내 쉬겔라 샘플이 유지되지 않는다. 생 검체는 내장의 내부검사 동안 내장의 손상부위를 닦아냄으로써 검출할 수 있다. 대변 검체물은 선택배지에서 배양할 수 있고 24시간 배양 후에 구별할 수 있는 콜로니가 나타난다.

어린이와 쇠약한 환자에게 처치가 필요한데, 체액과 전해질 공급이 회복에 필수적이다. 보통 항생제가 첨가되거나 첨가되지 않은 수화 체액이 사용된다. 항생제는 플로로퀴놀론이나 트리메토프림/설파메로자존 등이 사용된다. 많은 사람들에 불현상 감염이 되어있기 때문에 예방이 쉽지않다. 보통 1개월 미만으로 지속되는 보균 상태로 존재할 수 있고, 대변-구강 경로로 전파될 수 있다. 불결한 위생환경에서 대변으로, 손으로 혹은 날파리를 통해 전파시킬 수 있다. 쉬겔라증에서 회복한 뒤, 일시적으로 면역력을 가진다. 최근에는 비록 제한적이나마, *S. flexneri*와 *S. sonnei*의 특정 균주를 포함하는 경구용 백신이 개발되었고, 안전하고 효과적인 것으로 보인다.

아시아 콜레라 (아시아 지역에서 많이 발견되었기 때문에 이렇게 명명되었음)

콜레라 유행은 기후에 민감하지만, 항공위성을 이용해서 cholera 보균 수생동물의 먹이가 되는 해조류의 번성 상태를 탐지함으로써 발생빈도를 줄일 수 있다.

아시아 콜레라(Asiatic cholera)는 위생 환경이 불결하고, 대변이 오염된 물이 있는 지역의 사람들에게 쉽게 발병할 수 있다. 전 세계적으로, 매년 10만명 이상의 환자가 보고되고 있다. 미국에서는 매년 10명 이하로 보고되고 있다. 걸프 만의 조개에서 사람으로 전파되기도 하는데, 겨울이 춥지 않아서 vibrio가 죽지 않기 때문에 근처 수역은 1년 내내 이 세균에 오염될 수 있다. 간혹 면역력이 약화된 사람들은 *Vibrio vunificus*와 *V. parahemolyticus* 감염으로 사망하기도 한다. 아시아의 일부 지역을 포함하는 유행지역에서는 환자의 5~10%가 사망하고,

공중 보건

전 세계의 콜레라-그리고 우리 집 현관에 있는 콜레라

1982년 유명한 독일 위생학자 Max von Pettenkofer는 사람들이 지켜보고 있는 가운데, 약 10억 마리의 *Vibrio cholera*가 들어있는 배양용액을 마셨다. 그의 목적은 콜레라는 오염된 물에 의한 전염병이라는, 인도에서 수행된 Robert Koch의 연구를 반박하기 위한 것이었다. 그는 콜레라가 전염적이지 않을 뿐 아니라 음료수와도 상관이 없다고 굳게 믿었다. 대신에 흙과 세균의 상호작용에 의한 "흙 요인"이 큰 역할을 한다고 생각했으며, 이 질환의 예방은 이 흙 요인을 제거함으로써 가능하다고 생각했다. 며칠 후, 그는 약하지만 진짜 콜레라에 걸렸으며, 그의 대변에서 *V. cholera*가 검출되었다. 그러나, 그는 여전히 자신은 콜레라의 진짜 환자가 아니라고 우겼다. 또 며칠 후, 그의 조수가 실험을 반복했으며, 그동안 그는 심각하게 앓았지만 회복됐다. 이 실험에서 사용한 균주는 사실 병독성이 미약한 균주였다. 이균은 세균학자 George Graffky가 제공했는데, Max가 정말로 이 실험을 진행할 것으로 예상하고, 74세가 된 이 사람이 이 실험을 통해 죽지 않기를 바랐기 때문이다.

1991년 2월 페루 사람들은 이와 유사한 광경을 TV를 통해 지켜볼 수 있었다. 당시 페루 대통령, Alberto Fujimori은 그의 부인과 함께 날 생선을 먹는 장면을 촬영하며, 이 대중적인 음식이 안전한 먹거리라고 선언하였다. 그 후 45,000명의 페루인들이 콜레라 희생양이 되었고, 그 중 193명이 사망했었다. 페루 보건당국은 전염병의 확산을 줄이기 위해 날생선은 오염될 가능성이 높고 안전한 먹거리가 아니라고 선언하였다. 전세계의 의사들은 Fujimori의 페루 수산업을 위한 이 무모한 방어를 비판했다. 그는 그와 그의 부인이 먹은 생선이 평소 가난한 페루인들이 하수도에 오염된 강이나 근해에서 잡는 생선과 거리가 아주 먼 원해에서 잡은 것이라는 사실을 알리지 않았다. 페루 수산부 장관이 대통령과 똑같은 시연을 했을 때는 콜레라에 걸렸다.

1991년 4월 New Jersey의 8명은 에쿠아도르에서 밀수된 게 고기를 먹다가 콜레라에 걸렸다. 그리고 1991년 9월 알라바마 주정부는 멕시코만 인근 Dauphin island에서의 굴 채취를 금지했다. 그 지역 바다가 남미에서 창궐한 맹독성(*V. cholerae*)에 오염되어 있었다. 당국의 빠른 조치로 쉽게 콜레라 창궐을 예방할 수 있었지만, 콜레라는 이러한 제어를 피해서 보고되지 않은 여러 사람들에게 고통을 줄 수 있었을 것이다.

콜레라는 유럽인들이 처음으로 도착하기 수세기 전부터 인도대륙에 존재하고 있었다. 포르투갈 탐험가들은 이 사실을 16세기초에 기록하였으나, 콜레라는 1817년까지 다른 지역을 침범하지는 않았다. 현재 세계는 지구를 휩쓸 7번째 전세계적 콜레라 유행에 접해있다. 미국은 1932년에 시작해서, 1849년, 1866년의 전세계적인 2, 3, 4번 째 콜레라 유행을 겪었다. 1878년까지 이어진 4번째 유행에서는 5만명 이상이 사망했다. 1887년과 1892년에는 5번째 유행에서 감염된 항해 여행객들이 뉴욕시에 도착했다. 그러나 이번에는 콜레라에 대한 지식과 예방생활방침이 널리 알려져 확산을 방지할 수 있었다. 1832년 유행때는 콜레라가 신이 내린 처벌로 여겨지기도 했다. 실제로, 보건당국이 거리와 상수도를 청소해 달라는 탄원을 거절하기도 했다. 그렇게 함으로써 신의 의지에 저항할 수 있을 거라 생각했다. 돼지들이 뉴욕 거리를 활보하도록 내버려 뒀고, 휴일동안 쌓인 대변과 쓰레기들을 방치했다. 반대로, 1866년경 똑똑한 의사들은 콜레라가 오염과 무지에 의해 확산되는 전염병이라고 여겼다. 이 유행동안 의사와 시 공무원들은 통제 법안의 중요성을 인식하였으며, 이 법안들이 효력을 발휘하면서 전 세계적인 콜레라 유행이 미국내로 유입되는 것을 방지할 수 있었다.

1958년 인도네시아에서 시작되어 현재까지 유행하고 있는 균주는 *V. cholera* E1 Tor이다. 인도네시아에서 시작되어 마카오, 홍콩, 필리핀, 1965년엔 동유럽까지 퍼졌고, 아프리카와 아시아에서는 현재까지 기승을 부리고 있다. 1989년 사하라 사막 남쪽 아프리카에서 발생한 콜레라 환자 수는 세계에서 일어난 환자의 75%를 차지한다. 1994년 여름, 중앙아프리카 르완다의 부족 간 충돌로 인해 500,000명이 죽었고, 약 3백만 명이 주변국가인 자이르, 브룬다이, 탄자니아등으로 탈출했다. 난민들은 원시적인 막사를 짖고 생활하면서 본국의 학살이 잠잠해지길 기다렸다. 세계의 구호품이 도착하기 전에는, 수도시설 이나 위생시설이 없고, 음식도 부족한 상황에서 난민들은 콜레라, 이질, 말라리아에 걸렸다. 약 50,000명의 르완다 난민이 콜레라에 걸렸고, 처치를 받지 못해 수천 명이 죽었다. 적절한 처치가 제공되면 콜레라 환자는 회복될 수 있지만, 그들에게 부족한 체액을 대체할 깨끗한 물의 제공이 필수적이다.

위생환경이 불결하게 지속되는 곳에서는 이 질환을 제어하는 것이 상당히 힘들다. 보건 당국이 두려워하는 것은 콜레라가 남미에서 유행병으로 자리잡을 수 있고, 적절한 상하수도 시스템이 부족한 빈민 지역에서는 수십 년간 사망자를 발생시킬 것이라는 점이다. 1991년 1월, 아프리카로부터 배로 실려온 콜레라는 페루 리마의 북쪽 항구도시에 도착했다. 콜레라는 부적절하게 처리된 물, 감염된 사람들 혹은 오염된 음식물을 통해 리마로 확산되었다. 3개월 동안 약 175,000명이 병에 걸렸으며, 1,258명이 죽었다. 감염된 사람들 중 1/4 정도가 증상을 보인다는 사실을 감안하면 무수히 많은 페루인들이 감염되었을 것이다. 근처 나라로도 확산되었는데, 콜롬비아, 에쿠아도르, 칠레, 과테말라, 브라질, 멕시코, 미국 등을 포함한다. 현재 사용되는 백신은 접종한 사람의 반 정도만 효과적이며, 6개월 동안만 지속되기 때문에 세계보건기구는 백신 접종 캠페인을 권장하지 않고 있다.

많은 남미 나라들은 콜레라 확산에 대한 교육 프로그램을 만들었으며, 위생문제에 대한 실용적인 해결 방법을 제공하고 있다. 예를 들면, 페루 정부는 국민들에게 물 끓여먹기, 적절한 음식물 취급법, 음료수로부터 쓰레기와 하수를 멀리하기 등을 방송매체를 통해 홍보하고 있으며, 수백만 개의 염소정제 (chlorination tablet)를 배포하였다. 더 나아가, 의사와 간호사들에게 콜레라 처리방법에 대한 특별교육을 받게 하고, 음식물을 다루는 사람들에게 음식물을 안전하게 다루는 법을 교육하고 있다. 이러한 노력으로 페루의 많은 지역에서 콜레라 환자의 발생수가 눈에 띄게 줄고 있다.

그러나 뿌리 깊은 습관을 극복하기는 쉽지 않다. 콜레라와의 싸움은 무지와의 싸움이지만, 적절한 교육을 통해 이길 수 있을 것으로 보인다.

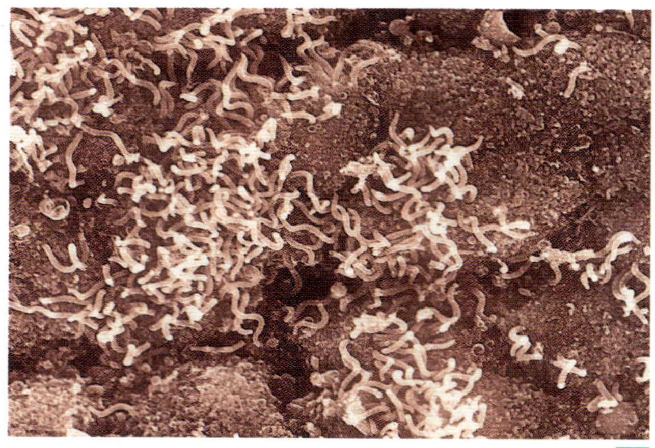

그림 22.10 ***Vibrio cholerae*의 칼라 SEM.** 이 세균은 아시아 콜레라를 일으킨다.

계절적인 유행기간 동안에는 환자의 75%가 사망한다.

원인세균인 *Vibrio cholera*(**그림 22.10**)는 사람 몸 바깥에서 차갑고 알칼리성인 물에 살 수 있다. 특히 유기물이나 대변 성분이 존재할 때는 더 잘 산다. 사람에게 섭취되면 장 점막에 침입하고 증식하며 무서운 장독소를 배출한다. 콜레라젠(*choleragen*)이라고 알려진 장독소는 소장의 상피 세포에 흡착하고 원형질막을 변화시켜 물이 아주 쉽게 통과할 수 있도록 만든다. 이러한 활성은 체액과 염소이온 배출을 크게 증가시키고 나트륨 이온의 흡수를 방해한다. 이때 장 내막층은 떨어지기 시작하여 수많은 작은 절편을 만든다. 쌀알과 비슷한 이 절편이 배설물 속으로 들어간다. 감염된 사람들은 심한 메스꺼움, 구토, 복통 및 설사를 경험한다. 대변은 빠르게 묽어지고 수많은 점막 절편들을 포함하여 "쌀뜨물 대변"이라고 불리게 되었다. 약 22 L의 체액과 전해질이 하루에 소실될 수 있고 모든 환자들은 나이에 상관없이 심한 탈수증에 걸린다. 엉덩이 부위에 구멍이 뚫린 천으로 만들어진 '콜레라 침대'가 사용되어 왔다. 구멍 밑으로 리터 눈금이 새겨진 양동이를 놓고, 유실된 체액을 측정하였다. 대부분의 사망은 혈액량 감소로 인한 쇼크에 의한 것이다.

체액과 전해질 보충이 가장 효과적인 콜레라 처치 방법이다. 1971년 인도와 파키스탄에서 발생한 유행 때는 의료인들이 이 보충치료가 가능했기 때문에 많은 사람들을 살릴 수 있었다. 독시사이클린, 테트라사이클린을 이용한 처치는 증상 지속 기간을 감소시킬 수 있지만, 세균이나 독소를 제거시키지는 못한다. 이 질환에서 회복되어도 면역력이 오래가지 못한다. 많은 회복환자들이 보균 상태로 남아있고 다른 사람을 감염시킬 뿐만 아니라 그들 자신도 재감염될 수 있다. 현재 사용 가능한 백신은 그렇게 효과적이지 못하며 널리 사용되지 않는다. 그러나 변성독소(toxoid) 형 백신이 개발 중이다. 콜레라 세균에 대해 분비되는 IgA를 이용한 백신 개발도 가능할 것으로 보인다.

E1 Tor형(처음 발견된 격리 수용소의 이름으로부터 명명)으로 알려진 *V. cholera* 균주는 전통적인 콜레라에 비해 느리게 발병시키지만 병 진행을 인지할 수 없는 상태로 발병되는 형태의 콜레라를 일으킨다. 콜레라 유행은 종종 항구 도시로부터 수송되는 물품의 검역이나 혹은 수송금지를 초래할 수 있다. 따라서 과거에 국가 경제가 수출에 의존하는 남미나 중미국가들은 수출품에 콜레라가 없고 "E1 Tor"만 있다고 보고를 하곤 했다. 그러나 두 형태의 질환은 근본적으로 같다. 현재까지 많은 나라들은 수많은 건수가 발생되었는데도 불구하고 콜레라가 없다고 선언함으로서 검역을 피하려 한다. 따라서 세계보건기구는 최근에 수입국이 콜레라의 존재를 발표할 수 있고 물품수입 여부는 이 발표에 따른다고 선언하였다.

비브리오증

비브리오증(vibriosis)이라고 불리는 장염은 대부분 *Vibrio parahaemolyticus*에 의해서 발생한다. 이 질환은 날 생선을 진미라고 여기는 일본에서 가장 흔하지만 이 세균은 해양 환경에 널리 퍼져있다. 미국에서는 주로 충분히 익히지 않은 오염된 생선이나 조개로부터 감염된다. 미국에서 가장 많이 발생하는 경우는 충분히 익히지 않고 적절히 냉장보관 되지 않은 게나 새우가 피크닉 파티에 제공될 때 이다. 어떤 경우는 오염된 생굴을 섭취함으로서 발생된다.

*Vibrio parahaemolyticus*는 오염된 물에 노출된 사람의 상처를 통해 감염할 수 있다. 장내로 들어오면 세균은 점막에 군락을 이루고 장독소를 분비한다. 메스꺼움, 구토, 설사 및 복통 증상들은 오염된 음식물을 섭취한 후 12시간이 지나면 나타난다. 그리고 2~5일 동안 지속 된다. 질환은 보통 처치하지 않고 백신 또한 개발되어있지 않다.

여행자 설사

매년 국제 여행을 하는 2억 5천명의 사람들 중에 1억 명이 넘는 사람들이 약하거나 심한 설사로 고통을 받는다. 이 여행자들 중에 30%는 밖으로 나오지 못하도록 격리되고 다른 40%는 그들의 외부 활동을 제한 받는다. **여행자 설사(traveler' s diarrhea)**라고 불리는 이 질병은 "델리배"(Delhi belly) 혹은 "몬테주마(Montezuma)의 복수" 등으로 불리기도 한다.

여행자 설사의 가장 흔한 원인은 병원성 *Escherichia coli* 균주이며 이 세균이 모든 환자의 40~70%를 차지한다. 균주들은 지리적 위치에 따라 다르기 때문에 여행자들은 여행지에서 새로운 균주에 노출된다. *E. coli*의 어떤 균주들은 사람 소화계통에 정상적으로 서식하는 균들이고 오직 몇몇 특정 균주만이 장염을 일으킨다. **장 침투성 균주(enteroinvasive strain)**들은 K항원이라고 불리는 특별한 표면 항원을 만드는 플라스미드를 갖고 있다. 이 항원은 균주가 점막 세포에 부착하고 침투할 수 있게 한다. **장 독성 균주들(enterotoxigenic strains)**

E.coli는 건조한 스텐레스 철 표면에 두 달 동안 생존할 수 있고 자연 속에서는 2~5달 동안 살 수 있다.

은 장독소를 만들 수 있는 플라스미드를 가지고 있고 섬모(pili 혹은 fimbriae)를 이용하여 점막에 부착한다. 이 세균들은 또한 신생아 설사에 주요 원인균이기도 하다. 여행자 설사의 다른 유발체로는 *Shigella, Salmonella, Campylobacter*등의 세균과 *Rotaviruses Giardia, Entamoeba*등의 원생 동물이 있다. 여행기간 동안의 시차 적응이나 스트레스등은 설사를 직접적으로 일으키지 않으나, 감염에 대한 저항 능력을 떨어뜨릴 수 있다. 어떤 여행자들은 병원체가 전혀 없는데도 불구하고 설사 증상을 보이기도 하는데 이런 경우는 음료수 안에 녹아있는 여느 때와 다른 물질들의 종류와 양 때문이며 이것들이 위장관에 이상을 초래할 수 있다.

여행자 설사의 증상은 메스꺼움, 구토, 설사, 위 확대증, 불안감 및 복통 등을 포함하고, 미미한 것에서부터 심각한 경우까지 아주 다양하다. 전형적인 것은 3~4일 동안 4-5회 변을 보는 것이다. 독소를 분비하는 균주보다 침습성 균주들이 체액손실을 더 많이 시킨다. 이 질환은 심한 탈수를 겪을 수 있는 유아에게 특히 위험한데, 분유를 먹는 유아가 모유를 먹는 유아보다 더 쉽게 감염될 수 있다. 신생아들은 정상 세균 층이 병원균들과 경쟁할 수 있을 정도로 구축되기 전에 특히 병원 종사자들로부터 병원균들을 획득할 위험이 높다. 유아기가 지난 어린이들은 외국에 여행을 하는 동안 자주 *E. coli*에 감염될 수 있다. 위생환경이 좋지 않은 나라에서는 가능성이 더 높아진다.

여행자들은 가끔 외국에 여행하기 전이나 혹은 여행기간 동안 항생제를 복용하기도 한다. 하지만 이 처방은 추천할 만한 것이 못된다. 왜냐하면 항생제가 그렇게 효과적이지 못하며 이러한 항생제 사용에 의해 항생제 내성 균주가 생길 수 있기 때문이다. 더 나은 처치는 항 설사 약품을 가지고 다니다가 증상이 나타나면 복용하는 것이다.

여행자 설사는 감염 후 생기는 과민성 장 증후군 형태로 수개월이나 수년동안 지속될 수 있다. 또한 젖당 분해 효소(lactase)를 생산하는 장 내막 세포를 훼손시킴으로써 젖당(lactose -우유에 있는 당-)에 대한 민감성을 증가시킬 수 있다. 따라서 설사를 앓고 있는 동안에는 유가공 식품이나 젖당을 함유하는 음식을 멀리해야 한다. 몇 주가 지난 후 이러한 음식들을 조금씩 섭취해야 하며 설사 증세가 없어지면 양을 늘릴 수 있다. 어떤 경우에는 젖당에 대한 정상적인 관용이 영원히 없어지기도 한다. *Escherichia coli*와 다른 세균들, 원생동물 *Giardia* 및 특정 기생충들은 젖당 민감성을 발생시킨다.

*Escherichia coli*는 설사를 일으키는 것 외에 더 많은 능력을 가지고 있다. 이 세균은 아주 중요한 지표 생물이다. *Escherichia coli*는 대변 성분으로 오염된 물에 항상 존재하기 때문이고 보통 다른 세균에 비해 많은 수로 존재하기 때문에 분리하기가 쉽다. 물에서 *E. coli*가 나오면 그것은 대변에 있는 어떠한 병원 세균도 같이 존재한다는 것을

공중 보건

어린이 수영장을 조심하세요....아마도 거기에는...

1998년 여름에 White water park이라는 곳에서 사고가 있었다. 설사를 앓고 있던 한 어린이가 어린이 수영장 안에서 실수로 배설을 했다. 배설물에 있던 *E.coli* O157:H7은 물 전체로 퍼져나갔고, 적어도 13명의 다른 어린이가 감염되었다. 이러한 사고는 흔히 발생되었으며, CDC에 따르면, 매년 미국에서 10,000-20,000건의 *E. coli* O157:H7 감염이 일어난다. 최근 이 세균 개체 하나까지도 검출할 수 있는 기술이 개발됐다. 정말 반가운 소식이다.

알려준다. **장출혈성(Enterohemorragic)** *E.coli* O157:H7은 유혈의 설사를 일으키고 많은 음식의 리콜 그리고 햄버거 요리방법의 변화를 초래하였다. 1987년 두 번의 유행이 시작되었는데 역학조사 결과 패스트푸드 음식점의 덜 익혀진 햄버거가 원인이었다. 미국 내 서쪽 4개 주에서 보고된 732명의 환자 중에 4명의 어린이가 사망했다. 일본에서는 1996년 6,000명이상의 학생들이 감염되었다. 영국에서 발생된 경우에는 소고기보다 양고기에서 감염된 것으로 보인다. 미국 질병 관리본부는 모든 환자들을 보고하기를 바라고 있다. 왜냐하면 많은 경우에 전혀 진단이 이루어지지 않고 통계가 불분명하기 때문이다. 미국에서만 한 해에 3,000명의 감염환자가 보고되고 있고 30명이 사망한 것으로 알려졌다. 유럽, 아시아, 아프리카, 남미에서의 발생 빈도는 잘 알려지지 않았고 캐나다에서는 자주 발생하는 것으로 알려져 있다.

1997년 12월 FDA는 마침내 고기로부터 E. coli같은 해로운 미생물을 제거하기 위해 방사선조사(radiation) 방법을 승인했다.

E. coli O157:H7는 건강한 가축 소의 장에서 발견되고 이것은 똥거름으로 전달된다. 고기만이 오염되는 것은 아니고 소의 똥거름으로 길러진 사과로 만든 주스 또한 치명적일 수 있다. 이 똥거름에 오염된 물을 마신 방문객들 또한 아플 수 있다. 이 세균에 오염되어 죽은 소를 처리한 분쇄기는 계속해서 많은 고기들을 오염시킬 수 있다. 1998년, 한 번의 사건으로 2,500만 파운드에 달하는 햄버거가 미국 농림부에 의해 회수되었다.

혈청 O157:H7의 명명은 세균막(somatic : O)과 편모(flagella : H)항원의 종류를 숫자화한 것이다. 이 균주는 쉬가(shiga)독소 1과 2라고 부르는 독소 하나 또는 둘을 생산한다.

쉬가독소는 *shigella*종들이 생산하는 독소와 동일하기 때문에 이와 같이 명명되었다. 무해한 *E. coli* 균주가 플라스미드를 전달받으면 킬러로 변할 수 있다. 100개의 균만 있으면 감염을 시작할 수 있고 3~4일 동안 잠복기를 갖는다. 증상은 복통, 무혈의 설사(보통 2~3일 후에 유혈 상태가 됨)로 시작된다. 환자의 1/3이 구토를 하고 열은 거의 없다. 어떤 경우에는 설사가 전혀 피를 포함하지 않는 경우도 있다.

감염된 환자의 6%, 특히 어린이와 노인은 **출혈성 요독 증후군(hemorrhagic uremic syndrome, HUS)**이라고 불리는 신부전증을 초래하기도 한다. 이 질환은 미국 내에서 어린이에게 신부전을 일으키는 가장 중요한 요인이다. 많은 종류의 진단 방법이 알려져 있다. 항생제를 이용한 치료는 도움이 되지 않는 것으로 보인다.

*E. coli*는 아주 다방면에 기회성 병원균이다. 대변으로 오염이 될 수 있는 우리 몸의 모든 곳을 감염할 수 있다. 뇨관과 생식관 그리고 장 천공을 통해 복강에까지 감염할 수 있다. 많은 균혈증에 존재하고, 패혈증을 일으키며 담낭(gallbladder), 뇌막(meninges), 피부외상, 폐 등에 감염할 수 있다. 쇠약하거나 면역이 결핍된 환자들에서는 더 잘 감염된다.

기타 종류의 세균성 장염

*Campylobacter jejuni*와 *C. fetus*의 특정 균주들은 음식물과 물에서 발견될 수 있으며 사람 위장염과의 관련성이 점점 증가하고 있다. 특히 유아나 노인, 쇠약한 환자들에서 더 많이 발견된다. *C. fetus*의 몇몇 균주들은 몇 종류의 가축들에 감염성 유산(abortion)을 일으킨다. 이 세균들은 음식 내에서 증식하지 않는 것이 확실하지만 덜 익힌 닭이나 저온살균 우유 그리고 비염소 처리 물에서 가공된 가금류에 전파될 수 있다. 오염된 가금류를 제대로 익히지 않으면 장염을 초래할 수 있다. 어떤 지역에서는 *Campylobacter*가 *Salmonella*를 능가하는 식품성 장 질환에 주요 원인이다. 대부분의 보건 기관들은 식품처리 공간이나 기구에서 *Campylobacter*를 조사한다. *Campylobacter*는 이제 가장 많이 보고되는 식품성 질환이다.

Campylobacter 감염은 매우 잦은 설사, 불쾌한 냄새가 나는 대변, 열, 복통 등을 일으킨다. 성인에게는 흔치 않지만 감염된 어린이의 2-10%에게 관절염을 일으키기도 한다. 다량의 체액이 손실되므로 탈수와 체액 및 전해질 불균형이 흔히 생긴다. 이 질환은 체액 및 전해질 보충을 통해 치료하고 때때로 테트라사이클린과 에리스로마이신을 처리한다.

여시니아증(yersiniosis)은 심한 장염으로서 *Yersinia enterocolitica*에 의해 생긴다. 이 질환은 서구 유럽에서 가장 흔하지만 미국 내에서도 가끔씩 보고된다. 이 독립적으로 생활하는 세균은 주로 해양 환경에서 발견되지만 많은 장소에서도 생존할 수 있다. 물, 우유, 해산물, 과일, 채소로부터 감염될 수 있다. 또한 이 세균은 체온보다 낮은 냉장 온도에서 빠르게 성장할 수 있기 때문에 냉장보관 중에도 감염될 수도 있다. 이 세균은 25℃에서 배양하면 쉽게 식별할 수 있다. 이는 이 온도에서 운동성이 있어 다른 세균과 쉽게 구별될 수 있기 때문이다. 여시니아증 증상들은 장독소의 분비와 연관되어 있고 다른 종류의 장염과 유사하다. 그러나 복통은 항상 심각할 정도이고 백혈구 숫자가 증가한다. 여시니아증은 증상의 유사성 때문에 맹장염으로 잘못 진단되는 경우도 있다.

> **적용**
>
> **콩먹을 사람 있어요?**
>
> 장내 가스 때문에 고생한 적 있는가? 아마 모두가 경험이 있을 것이다. 평균 한 사람은 하루에 약 1리터의 가스를 방출한다. 방귀라 불리는 이 가스는 당신이 소화하지 못한 성분을 장내세균이 대사하면서 발생한다. 강낭콩, 완두콩, 배추, 귀리 쌀겨, 바나나, 사과 및 고섬유 시리얼등의 복합 당류들은 장내세균들에 의해 분해되면서 수소 가스및 다른 가스들을 생산한다. 다른 그룹의 장내세균들은 수소를 소비한다. 이 두 그룹 장내세균들의 평형이 사람마다 방귀끼는 횟수의 차이를 만든다고 볼수 있다.
>
> 곰팡이 *Aspergillus niger*가 생산하는 성분을 모아 만든 상품 Beano는 사람이 갖고 있지 않은 당분해효소를 포함한다. α-galactosidase라 불리는 이 효소는 당의 α 연결을 자른다. 당이 대장의 세균에 도착하기 전에 분해함으로써 방귀의 양을 줄일 수 있다.

여시니아 감염에 새로운 원인이 알려졌는데 그것은 미국 남부지방의 곱창 요리이다. 곱창을 준비한 사람들은 손을 깨끗이 씻을 때까지 어린이와 접촉하거나 혹은 어린이가 사용하는 물건을 만지면 안된다. 어린이 또한 날것의 곱창을 만지면 안된다. 아틀란타 지역 15명의 어린이들이 곱창 취급자들과 접촉한 후에 감염되었다. 하지만 어른들은 괜찮았다.

위, 식도, 장의 세균성 감염

소화성 위궤양 및 만성 위염

최근 연구를 통해 소화성 위궤양과 만성 위염의 원인 세균과 위암의 공동인자를 밝혀내었다**(그림 22.11)**. *Helicobacter*(전에는 *Campylobacter* 라고 불렸음)**(그림 22.12)**는 1982년에 *Barry Marshall*과 J. Robin Warren에 의해 위의 생검 조직으로부터 처음 배양되었다. 그들은 이 발견과 관련연구로 2005년도에 노벨상을 받았다. 이 세균은 요소(urea)로부터 암모니아(ammonia)를 만듦으로써 위의 아주 강한 산성 환경에서 생존할 수 있다. 암모니아는 *Helicobacter*균 주위의 위산을 중화 시키는 것으로 보이며 이를 통해 이 세균은 생존하고 번식할 수 있는 것으로 보인다. 위 상피 세포층 바로 위에 존재하는 위 점막에서 군집을 형성하고 증식한다. 배양시에는 느리게 성장하며 미세 호기성(microaerophilic) 환경 및 영양 배지를 요구한다.

소화성 위궤양은 식도, 위, 십이지장에 이르는 점막들의 손상들이다. 이 손상은 죽은 염증 조직의 탈피와 산에 대한 노출에 의해서 생긴다. 이 상처들은 서서히 기관 표면에 구멍을 만들게 된다. 약 400만 명의 미국인들이 매년 궤양에 시달린다. 아마도 인구의 10%는 그들이 사는 동안 궤양에 시달릴 수 있다. 이 궤양 때문에 매년 46,000건의 수술이 이루어지고 14,000명을 죽게 한다.

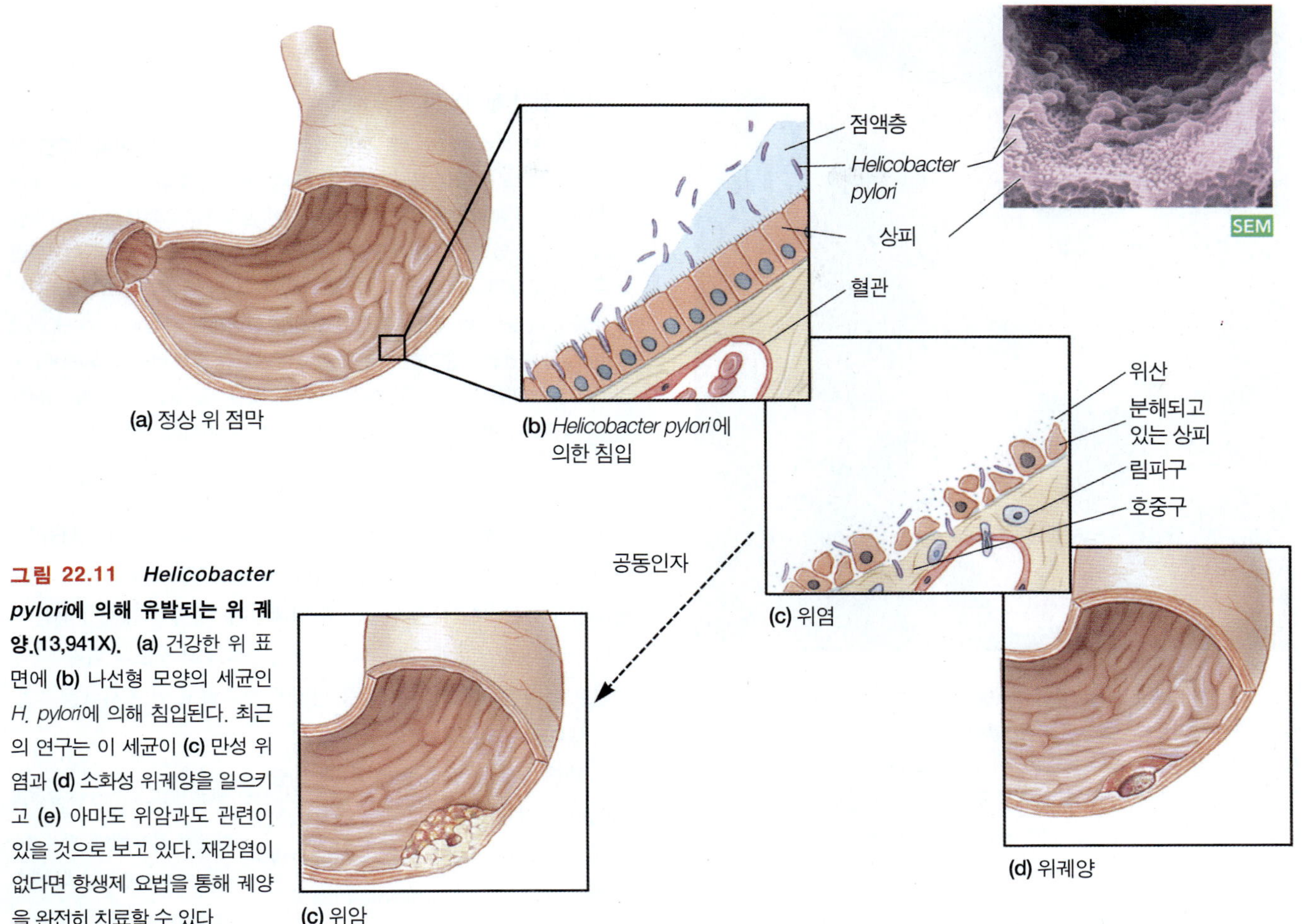

그림 22.11 *Helicobacter pylori*에 의해 유발되는 위 궤양.(13,941X). (a) 건강한 위 표면에 (b) 나선형 모양의 세균인 *H. pylori*에 의해 침입된다. 최근의 연구는 이 세균이 (c) 만성 위염과 (d) 소화성 위궤양을 일으키고 (e) 아마도 위암과도 관련이 있을 것으로 보고 있다. 재감염이 없다면 항생제 요법을 통해 궤양을 완전히 치료할 수 있다.

만성위염(chronic gastritis :stomach inflammation)은 인지할 수 없는 징후나 증상을 일으킬 정도로 약하거나 혹은 고통과 소화불량을 초래할 수 있다. 70년대에는 인구의 70~95%가 소화성 위궤양을 갖고 있었던 것으로 보인다. 심한 위염은 궤양으로 발전될 수 있다.

*H. pylori*는 십이지장 궤양 환자의 95%에서 발견되고 위궤양 환자의 70%에서 발견된다. 선진국에서는 어린이에게 감염되는 일은 거의 없으나 20세 이상에서는 나이가 1년씩 증가할수록 감염 빈도가 1%씩 증가한다. 전체 미국 성인 중에서 20~30%가 감염되어 있다. 개발도상국에서는 어린이에게서 흔히 발견되고 성인인구의 80%가 감염된 것으로 보인다. 라틴아메리카에서는 위암 발생률이 세계에서 가장 높은데 그만큼 *H. pylori* 감염률도 높다. 흥미롭게도 미국의 히스페닉계(Hispanics) 사람들 또한 75%의 감염률을 가지고 있다. 일본에서는 위암 발생률과 *H. pylori* 감염률이 감소하고 있다. 아마도 어릴 때 *H. pylori* 감염으로 고생한 사람이 오랜 기간 동안 만성 위염을 가지고 있으면 위암에 걸리기 쉬운 것으로 보인다. 따라서 어떤 과학자들은 *H. pylori*가 위암에 명확한 원인이라고 얘기하기를 꺼린다. 단지 공동인자일 뿐이라고 느낀다. 왜냐하면 *H. pylori*에 감염된 대부분의 사람들이 위암으로 발전할 확률이 거의 없기 때문이다. 이것은 아마도 균주간의 차이에 의한 것으로 보인다. *H. pylori*는 대부분의 사람 병원균보다 유전적 다양성이 많다. 하지만 여러가지 위암중에서 가장 흔한 위암(위장암;gastric intestinal)은 *H. pylori*감염과 89% 연관되어 있다.

H. pylori가 위에 부착하기 위해 사용하는 부착소(adhesin)가 검출되었다. 이것을 사용해서 백신을 만들면 H. pylori에 군락형성을 예방할 수 있을 것이다.

만성 H. pylori감염과 위암과 연관된 정보들은 국제 암 연구소로 하여금 H. pylori를 그룹1 발암인자로 분류하기로 하였다.

현재까지 아무도 감염경로 혹은 출구에 대해서 확실히 알지 못하고 있고 동물 보유 숙주도 알려지지 않았다. 하지만 *H. pylori* 감염을 제거함으로서 궤양을 예방하거나 치료하는 것은 매우 중요하다. 현재 사용되고 있는 타가멘트 같은 약은 궤양을 제어할 수는 있지만 치료하지는 못한다. 항생제 치료방법이 80~90%정도의 높은 치료율을 보이지만 이 항생제들은 매우 조심스럽게 사용되어야 한다. 위산분비를 약화시키는 약을 쓴 환자는 2년 안에 75~95%가 재발한다. 현재 연구자들은 더 나은 진단법, 약제, 그리고 치료방법들이 수년 안에 개발될 것

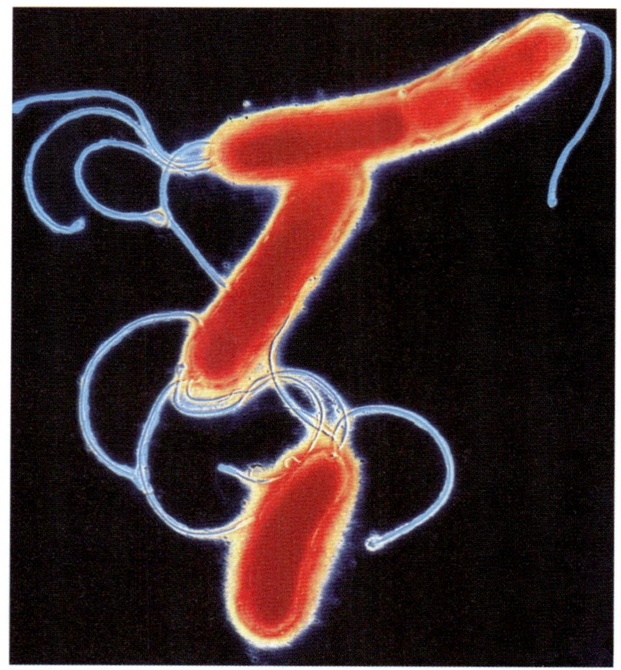

그림 22.12 ***Helicobacter pylori*(9,684X).** 위궤양은 이 세균에 의해 유발되는 것으로 알려졌다. 궤양은 항생제를 처리하여 이 세균을 죽임으로써 치유될 수 있다. 각 편모의 끝에 혹 (knob)이 있는것을 주목하라. 이것들이 *H. pylori*가 위 표면을 덮고 있는 두꺼운 점액을 뚫고 이동할 수 있게 한다. 정상적인 편모를 가지고 있는 타 세균들은 점액내에서 이동하지 못하고 갇혀있게 된다.

으로 예상하고 있다. 현재 90%가 넘는 환자들이 오메프라존(수소이온 펌프 억제제)과 하나 또는 다수의 항생제들(예, 메트로니다졸, 테트라사이클린, 아목시실린, 클라리소마이신) 및 비스무스를 2주 동안 복용함으로서 치료된다.

*H. pylori*의 동정은 위의 생검조직에서 세균을 직접 검출하는 방법, 생검 조직에서 urease존재를 검사하고 샘플을 특수 배지에 배양하는 것 등이다. *H. pylori*에 대한 특정 항체를 이용한 쉬운 혈청학적 방법이 개발 되었고 평가가 진행되고 있다.

위막성 대장염

위막성 대장염(*pseudomembranous colitis*)은 대장의 점막 표면위에 막으로 덮이는 현상을 말한다. 이것은 *Clostridium difficile*로 인해서 발생되며 징후와 증상, 진단, 치료방법은 ◀13 p. 382장에서 논의했다.

담낭과 담즙의 세균성 감염

담낭(gallbladder)과 그 부속 관들도 역시 세균감염의 장소이다. 간(liver)은 담즙을 생산하는데, 담낭에 보관되어 있다가 소장내로 천천히 분비된다. 지질을 포함하는 외막을 갖는 세균들은 지질을 분해할 수 있는 담즙의 활동에 의해 파괴된다. 대부분의 장 바이러스, 폴리오 바이러스(poliovirus) 그리고 A형 간염(hepatitis), 바이러스(다음 장에서 논함)는 지질 외막이 없어서 담즙 활성으로부터 보호된다. 장티푸스병과 같은 세균들은 담즙의 활성에 아주 내성이 강하기 때문에 담낭 안에서 성장할 수 있다. 이들은 담낭으로부터 장으로 퍼져 나와 대변으로 배출된다. 이들 세균을 담낭에 보유하고 있는 사람들은 증상이 없다.

콜레스테롤(cholesterol)과 칼슘(calcium)염 결정체들로부터 만들어진 담석(gallstone)은 담즙관을 막아 담즙의 흐름을 줄이고 담낭염(*cholecystitis*)혹은 담관염(*cholangitis*)을 유발한다. 담즙의 축척으로 인한 담낭의 팽창은 미생물(대부분 *E. coli*)들이 쉽게 혈류로 들어갈 수 있게 하는데 아마도 담낭 벽에 생긴 작게 찢어진 틈을 통해서 이동하는 것으로 보인다. 담낭의 감염은 간으로 올라갈 수 있다.

장내 세균은 만성 담석증과 관계가 있어 왔다. 항생제는 새로운 담석형성을 막지만 항생제가 다 사용되면 담석은 다시 생긴다.

담낭 감염의 진단은 반복되는 고통(담즙통: *biliary colic*), 메스꺼움, 구토, 오환, 혹은 종종 황달(통로가 막힌 담즙이 혈류 속으로 흡수되기 때문에 생김)등의 임상적 소견에 기초한다. 항생제를 즉시 사용하여도 담낭 감염은 치료가 되지 않는다. 외과적 수술에 의하거나 혹은 담석의 자발적인 배출에 의해 원인 장애물이 제거되어야 한다. 세균이 일으키는 위장관 질병은 **표 22.2**에 요약하였다.

공중 보건

쉽게 제거되지 않을 세균

*Helicobacter pylori*는 정말 불쾌한 세균이다. 궤양 (아마 위암도)을 일으키는 것으로는 성이 차지 않는 모양이다. 한 연구에 따르면, 정상인의 경우 실험대상의 40%가 발견된 반면 심장 질환 환자의 62%에서 H. pyroli가 발견되는 것으로 알려졌다. 이정도면 염려할 만한 수준이다. 미국인과 서부유럽인들의 거의 1/3이 이 세균을 갖고 있으며, 아시아와 다른 개발도상국에서는 그 비율이 더 높다. 이 세균을 제어할 수 있는 항생제인 metronidazole에 대한 *H. pyroli*의 내성또한 증가하고 있다. 감염된 사람들 중에 metronidazole에 대한 내성을 보이는 경우가 유럽에서는 40%, 개발도상국에서는 70% 이상이다. 이 세균보다 앞서갈 수 있는 과학의 발전이 이루어지길 기대한다.

✓ 중점 질문 사항

1. 설사와 이질을 구별하여라.
2. 콜레라가 지구의 서반구에서 문제가 되는가? 설명하라.
3. 여행자 설사를 피하기 위해 여행 전이나 여행기간 동안 항생제를 먹는 것이 좋지 않다고 이야기한다. 왜?
4. 무엇이 위궤양을 발생하게 하는가? 그리고 어떻게 치료하는가?

표 22.2

세균성 위장관 질환 요약

질환	원인체	특성
세균성 식중독		
포도상 구균성 장중독증	*Staphylococcus aureus*	열에 안정한 장독소는 조직 훼손, 복통, 메스꺼움, 구토를 유발함
다른 종류의 식중독	*Clostridium perfringens, C. botulinum, Bacillus cereus*	설사, 종종 장 감염 및 가스 괴저
세균성 장염과 장열		
살모넬라증	*Salmonella typhimurium, S. enteritidis*	복통, 열, 독소에 의한 피와 점액이 섞인 설사; 세균의 침입에 의한 소장 결장염; 만성 감염과 보균자 상태 유지
장티푸스 열	*Salmonella typhi*	세균은 점막과 림프관을 침입하고, 식세포와 다른 조직에서 증식함; 고열과 장미 반점; 보균 상태와 생명을 위협하는 합병증이 일어날 수 있음.
쉬겔라증	*Shigella* 균주들	세균은 장 병소를 유발하고 독소를 분비함; 증상은 경련, 열, 피와 점액을 포함하는 심한 설사
아시아 콜레라	*Vibrio cholerae*	세균은 장 표면을 침입하고, 강력한 독소를 분비하여 장표면의 투과도를 증가시킴; 증상은 메스꺼움, 구토, 심한 설사 및 체액 불균형을 포함함
비브리오증	*Vibrio parahaemolyticus*	세균은 점막에 군집을 이루고 독소를 분비; 메스꺼움, 구토 및 설사는 자가-제한적
여행자 설사	*Escherichia coli*의 병원성 균주들과 다른 세균들 (바이러스와 원생동물 포함)	세균은 점막을 침투하고 독소를 생산하며, 메스꺼움, 구토, 설사, 부종, 불쾌감, 복통을 유발; 감염후 합병증을 제외하면 자가-제한적; 신생아에 탈수 및 사망 초래
세균성 장염의 다른 종류들	*Campylobacter jejuni, C. fetus, Yersinia enterocolitica*	*Campylobacter* 종들은 신생아와 쇠약한 환자에게 장염을 유발; *Yersinia*는 독소를 분비하여 맹장염과 유사한 통증을 느끼게 하는 장염을 유발
상부 위장관의 세균성 감염		
궤양, 위암	*Helicobacter pylori*	궤양과 확실히 연관; 위암의 가능한 공동인자
담낭염, 담관염	대부분 *Echerichia coli*	결석에 의한 담즙관의 방해는 담낭과 담즙관의 염증을 유발; 담즙의 축적은 감염이 혈류나 간으로 퍼지게 함
위막성 대장염	*Clostridium difficile*	대장의 점막 표면에 위막 형성; 항생제 사용으로 인해 위장관 세균총이 변한 환자에서 일어남

다른 병원균에 의한 위장관 질환들

세균성 바이러스 질병

바이러스성 장염

rotavirus 감염은 유아와 어린이에게 일어나는 **바이러스성 장염(viral enteritis)**의 주요 원인이다. Rotavirus는 대변-구강 경로로 전달되며 장에서 증식하고 장 상피 층을 훼손한다. 48시간 내에 물 같은 설사를 유발한다. Rotavirus 감염은 개발도상국에서 유아의 이환율과 치사율의 주요 원인이다. 매년 30억~50억 명의 환자가 발생하는데 5살 미만 어린이에게서 500만에서 1,000만 명의 사망률이 기록되고 있다. 전 세계적으로 대부분의 어린이들은 4살 때까지 감염된다. 몇몇 국가에서는 어린이 사망의 1/3을 차지한다. 선진국에서도 병원 내 감염을 통해서 유아와 어린이들에게 감염될 수 있다. 이러한 감염을 방지하기 위해 입원한 어린이들에게는 특별한 보호가 있어야 한다. 미국에서는 겨울동안 환자수가 급격히 증가한다. 이러한 시기는 세균성 설사로부터 이 질환을 구분하는데 도움이 된다.

rotavirus는 2중가닥 RNA가 많은 양으로 복제되어 있어(대변 1g당 10^{10}개의 바이러스) 대변용액에서 전자 현미경을 통해 쉽게 찾을 수 있는 reovirus 이다**(그림 22.13)**. 따라서 바이러스를 확인하기 위해 농축시킬 필요가 없다. 캡시드(capsid)는 2중으로 되어 있고 외막이 없으며 2중 가닥 RNA 게놈이 10~12개의 단편으로 존재한다. 면역 전자 현미경(immunologic electron microscopy: 면역기법을 전자 현미경에 적용함)으로도 rotavirus를 식별할 수 있다. 환자의 혈청으로부터 얻은 항체는 진단용 검체에 있는 바이러스와 반응한다. 많은 병원들은 현재 ELISA 실험을 이용하여 배설물에서 rotavirus를 확인한다. 특정한 치료 방법은 없지만 체액과 전해질 균형을 회복시키는 것이 가장 중요하며 즉시 이루어져야 한다. 한 백신이 미국에서 승인되었으나 위험한 것으로 확인되어 회수 조치되었다.

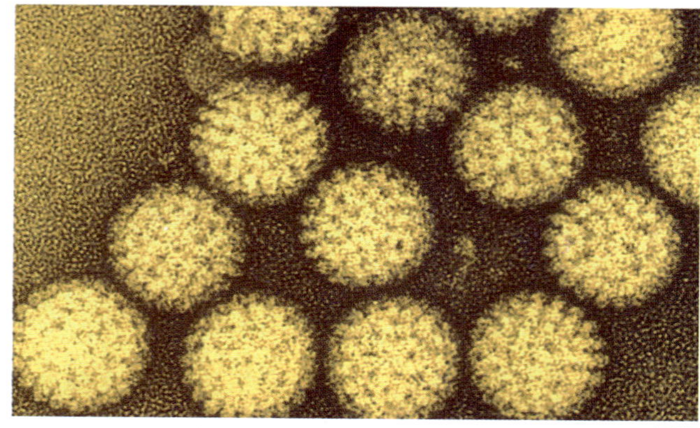

그림 22.13 **rotavirus.** 여기서 보는 것은 대변 용액내에 있는 노란색의 원형 물체로 보이는 rotavirus이다(650,000X). 작은 차바퀴 모양을 닮고 있으며, 설사의 원인이다.

> **적용**
>
> **모유수유의 또다른 장점**
>
> 당신이 여성이건 남성이건 간에 모유 수유의 장점을 귀가 아프도록 들어왔을 것이다. 모유의 항체가 신생아에게 전달된다는 사실도 잘 알려져 있다. 이 항체중에는 신생아 설사의 대부분 원인인 rotavirus에 대한 항체도 포함되어 있으며, 또한 모유에 포함된 한 탄수화물 복합체는 이 바이러스에 대한 저항성을 제공한다. 락터드헤린(lactadherin)이라고 알려진 이것은 아기의 위속에서 분해되지 않고 대신 장내로 이동하여 장내의 자연적인 성분 처럼 작용한다. rotavirus는 이것을 장내성분으로 여겨 달라붙는다. 하지만 이것은 아기의 배설물에 같이 섞여 배출됨으로써 rotavirus 감염 확률을 줄이게 된다.

rotavirus의 인체감염은 미국의 의료 업무에 중요하다. 바이러스에 대한 항체는 실제로 감염이 되지 않았음에도 불구하고 조사한 어린이 그룹의 90%에서 발견되었다. 왜 이러한 면역이 생겼으며, 이 질환을 제어할 수 있는 방법에 대한 더 많은 연구가 필요하다.

장염은 rotavirus 외 다른 바이러스에 의해서도 생길 수 있다. *Enterovirus*속에 속하는 echovirus(*e*nteric *c*ytopathic *h*uman *o*rphan viruses)같은 종들은 약한 위장 관 증상들을 유발할 수 있고 장세포들을 훼손할 수 있다. 다른 조직에도 감염할 수 있는데 특정 종들은 뇌수막염(뇌와 뇌막의 염증)을 일으킬 수 있다.

골수이식을 받은 환자들은 rotavirus, enterovirus 및 세균 *Clostridium difficile*에 감염되기 쉽다. 약 55%의 환자가 감염된다.

Norwalk virus(1968년도 오하이오주 Norwalk에서 유행이 생김)는 미국 내에서 생기는 급성 비세균 감염성 장염의 절반 정도를 일으킨다. *Norwalk virus* 감염은 유아나 취학 전 어린이보다 청소년 및 성인에 더 자주 감염된다. 유행은 1년 내내 일어날 수 있으며 학교, 캠프, 보육시설 그리고 유람선에서 흔히 발생한다. 이 감염은 미국 가정에서 2번째로 많이 발생하는 병이고(호흡기 질환 다음으로) 또한 전 세계적으로 일어난다. 증상은 1~2일 동안의 설사와 구토이며 혹은 두 증상이 함께 나타난다. 발병 후에 면역력이 생기지 않으며 백신도 없다. 깨끗한 위생 환경유지가 가장 좋은 방법이다.

간염

간염(hepatitis)는 간의 염증이며 보통 바이러스에 의해서 발생한다 **(그림 22.14**와 **표 22.3)**. 또한 아메바(amoeba)와 여러 종류의 독성 화학물이 일으키기도 한다. 가장 흔한 바이러스성 간염은 **A형 간염(hepatitis A)**이며 이전에는 **감염성 간염(infectious hepatitis)**이라고 불리기도 했다. A형 간염바이러스 (HAV)에 의해 일어나며 A형 간염 바이러스는 단일 가닥 RNA 바이러스로서 보통 대변-구강 경로

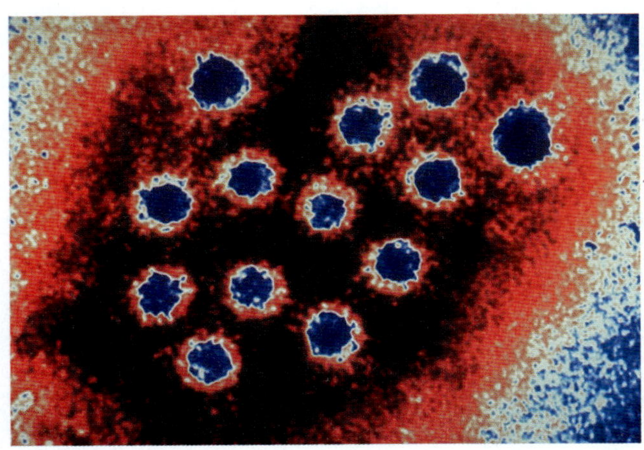

그림 22.14 A형 간염 바이러스(172,758X).

를 통해 전파된다. **B형 간염(hepatitis B)**은 예전에 **혈청 간염(serum hepatitis)**이라고 불렸으며, B형 간염바이러스(HBV)에 의해 일어난다. 2중 가닥 DNA바이러스로서 보통 혈액을 통해 전파된다. 세 번째 간염은 비경구적으로(혈액을 통해) 전파되며 이것은 적어도 두 바이러스에 의해서 발생한다. 이 유형은 HAV와 HBV가 없을 때 **C형 간염(hepatitis C : HCV)**으로서 진단된다. C형간염은 이전에 *non-A*, *non-B* (NANB)간염이라고 불렸다(그림 22.15). 네 번째 유형의 간염은 대변 구강의 경로로 전파되며 이전에 *non-A*, *non-B*, *non-C* 간염이라고 불렸고 현재는 **E형 간염(hepatitis E : HEV)**로 분류되었다. 특히 심한 유형의 질환인 **D형 간염(hepatitis D 혹은 delta hepatitis)**은 D형 간염 바이러스 (HDV)와 HBV가 공동으로 일으킨다. 그러나 HDV 혼자서는 질환을 일으키지 않는다; HBV가 없으면 감염시킬 수 없다.

A형 간염. A형 간염(hepatitis A)은 대부분 어린이들과 젊은 사람들에게 일어난다. 특히 가을과 겨울에 심하다. 한 집단이 HAV에 오염된 물, 음식 특히 조개류에 노출되면 전염병이 될 수 있다. 알려진 동물 보균 숙주는 없다. 패스트푸드 음식점에서 오염된 음식에 의해 일어나는 횟수가 많아지고 있다.

A형 간염은 15~40일간의 잠복기가 있고 급성 열병으로 시작된다. 입을 통해 체내로 들어간 후 바이러스(RNA picornavirus에 속함)는 위장 관에서 복제되며 혈액을 통해 간, 비장, 신장 등으로 퍼진다. 간염에서 흔히 볼 수 있는 피부가 노래지는 현상인 황달은 간 기능이 손상됨으로서 생긴다. 적혈구의 헤모글로빈(hemoglobin)이 파괴되면서 생기는 **빌리루빈(bilirubin)**이라고 불리는 노란색 물질을 간이 제거할 수 없기 때문에 생긴다. 간염의 다른 증상들은 불안감, 메스

표 22.3

바이러스성 간염의 비교

특성	A형 간염	B형 간염	C형 간염	D형 간염	E형 간염
다른 이름	감염성 간염; 유행성 간염; 짧은 기간 간염	혈청 간염	비경구적으로 점파된 non-A, non-B, 수혈 후 간염	델타 간염	장으로 감염된 non-A non-B, non-C 간염
원인체	HAV RNA virus, Picornaviridae	HBV DNA virus, Hepadnaviridae	HCV 적어도 2개의 미분류 RNA viruse; ? Flavivirus, ? Togavirus	HDV 결손 RNA virus; B형 간염 캡시드	HEV 2개의 미분류 RNA viruse; ? Calcivirus
전파	대변-구강	혈액과 기타 체액; 높은 비율로 태반을 통과함.	혈액과 혈액 제제; 가끔씩 태반을 통과함.	혈액, B 형 간염과 동시에 감염되어야만 하며; 태반을 통과할 수 있음.	대변-구강; 어린이 보다 어른에 더 흔함
잠복기	15-40 일; 평균 28일	45-180 일; 평균 90일	짧으면 2-4 주; 길면 8-12주	2-12주	2-6주
질환의 강도	자가-제한적; 보통 약하고, 심한경우는 이례적	준임상적에서 심한 경우까지; 대부분 완벽히 회복됨	준임상적에서 심한 경우까지; 대부분 자연히 회복됨	심함; 높은 치사율	중간 정도 하지만 임산부에 높은 치사율
보균 상태	없음	있음; 간암과 80% 연관	있음; 간암과 연관될 가능성	있음	없음
만성 간 질환	없음	있음	있음	있음	없음
백신	있음	있음	없음	없음	없음

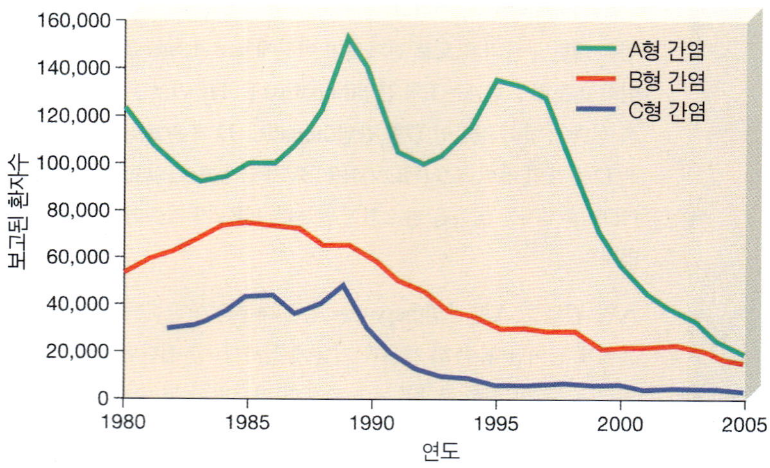

그림 22.15 간염. 연간 미국에서 보고되는 건수. (CDC자료)

* A형 간염 백신은 1995년에 처음으로 허가되었다.
B형 간염 백신은 1982년에 처음으로 허가되었다.
C형 간염 항체 시험이 1990년 5월부터 가능해졌다.

2001년 A형 간염 발생 빈도가 역사상 가장 낮은 것으로 나타났지만, A형 간염 발생이 매 10년마다 증가하는 순환기를 갖고 있어 다시 발생 빈도가 증가할 수 있다. B형 간염 발생 빈도 또한 감소하고 있지만, 무증상적 감염과 낮은 보고율 때문에 보고된 환자수는 실제 감염수(2001년에 약 78,000건의 새로운 감염) 보다 훨씬 많을 것으로 보인다. C형 간염 발생 추세; 1990년 이후 non-A non-B에 대한 보고는 HCV 항체에 양성판정을 보인 경우만 포함되어 있고 이들 대부분의 경우가 만성 HCV 감염을 대표하기 때문에 오류가 있다고 본다.

꺼움, 설사, 복통 그리고 2일에서 3주 동안 이어지는 식욕감퇴이다. 아마도 환자의 반은 증상을 보이지 않는다. 만성 간염은 드물며 대부분 완전히 회복된다. 회복 후에는 평생 동안 면역이 생긴다. HAV와 숙주 항체를 검출할 수 있는 면역학적인 검사가 활용된다. 간염 증상을 완화시키는 것 외에는 치료할 방법은 없다. 1995년 이후 A형 간염에 대한 백신이 사용되고 있다. 감마 글로불린(gamma globulin) 주사는 일시적인 면역을 제공한다. A형 간염은 미국의 대부분 지역에서 감소하였으나 아직 몇몇 지역은 많이 발생한다**(그림 22.16)**.

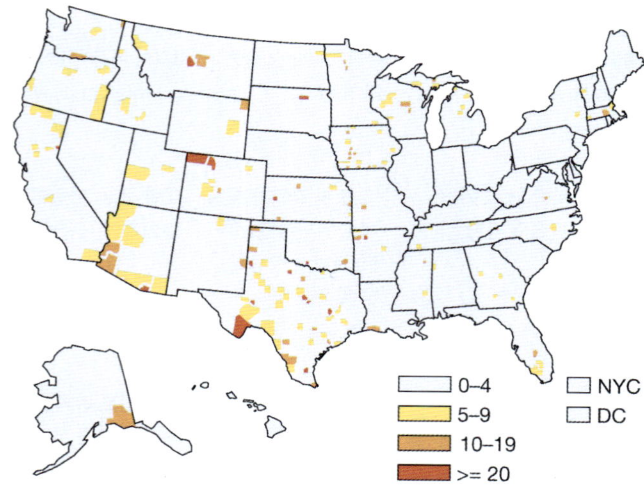

A형 간염 빈도는 미국 전체지역에서 감소하고 있다. 서부지역은 다른 지역에 비해 발생 빈도가 높은 역사를 갖고 있었으나 이 지역도 감소하고 있다. A형 간염 빈도는 매해마다 다르고 10년 주기로 증가하는 경향이 있어 이러한 감소현상이 유지되는지 계속 관찰할 필요가 있다.

그림 22.16 A형 간염. 2003년 미국과 미국영의 인구 100,000명당 발생 건수. (CDC 자료).

B형 간염. B형 간염(hepatitis B)은 일년 내내 같은 빈도로 모든 나이의 사람들에게 발생한다. 이것은 정맥을 통하거나 피부를 통한 주사에 의해 전파될 수 있다. 항문/구강 성생활 (남성 동성연애자들 사이에 흔함), 바이러스를 포함하는 체액(정액과 모유를 포함), 혈관 주사를 이용하는 마약 주사바늘 등에 의해서도 전파된다. 환자의 체액(특히 혈액)을 자주 다루는 의료종사자들은 일반인보다 이 질환에 많이 노출되어 있다. 인공 수정 중 오염된 정액을 통해 전파되는 경우도 생기고 있다.

B형 간염은 45-180일간의 잠복기(평균 90일)를 갖는다. 바이러스는 간, 림프조직 및 혈액생성 조직의 세포들에서 복제한다. 수년 동안 혈액 내에 존속함으로서 보균상태로 될 수 있다. 증상의 시작을 자각할 수 없으며 열은 흔하지 않다. 만성적이고 활발한 B형 간염이 자주 간세포를 파괴한다는 사실을 제외하면 전반적인 증상은 A형 간염과 비슷하다.

B형 간염 바이러스와 숙주의 항체를 검출할 수 있는 면역방법이 사용되고 있다. 치료는 몇 가지 증상을 완화시키지만 이 질환을 완전히 치료할 수는 없다. 1986년에 효과적인 백신이 개발되었고, HBV가 포함될 수 있는 혈액이나 체액을 다루는 의료 종사자들에게 고용주들이 이 백신을 제공해야 한다는 관련 법률이 생겨났다. 성 생활이 활발한 10대와 성인들은 예방접종이 필수적이다. 소아과의사들은 사춘기 이전의 어린이들에게 예방접종을 권한다. 왜냐하면 부모님들은 언제 그의 자식들이 성적으로 활발하게 될지 모르기 때문이다. 미국의 아기들은 현재 대부분 면역되어있다. 그러나 대부분의 노년층들은 여전히 보호되지 못하고 있다. 백신은 유전자 재조합 기술로 만들어져 안전하다. B형간염 바이러스 유전자들을 플라스미드에 삽입하였고 이 플라스미드를 효모세포에 삽입함으로서 인간 세포와의 접촉을 피할 수 있었다. 이런 효모가 만들어내는 백신이 약 200만명이 넘는 미국사람들에게 접종되었고 95%가 효과적이었다. B형 간염에 감염된 임산부에게 이 백신을 접종하면 신생아가 보균자로 되는 경우를 90%에서 23%로 감소시킨다. 감마글로불린을 백신과 함께 접종하면 5%까지 감소될 수 있다. 보균자의 약 40%정도가 간 질환으로 죽는다. 지구상의 몇 지역은 90%의 엄마들이 감염되어 있다. 미국의 보건 담당자들은 현재 모든 신생아가 출생과 동시에 예방접종을 받기를 추천한다. 하지만 이러한 예방접종은 비용이 많이 들며 실제로 이 백신이 정말 중요한 많은 개발도상국에서는 비용을 감당하기 힘들 것이다.

B형 간염바이러스는 Hepadnaviridae 과(family)에 속하며, 대단히 안정적이며 건조나 방사선조사에 저항성을 갖는다. 2중 가닥 원형 DNA는 한쪽 가닥의 틈을 갖고 있어 간세포 DNA로 삽입되는데 도움을 줄 수 있다. 간세포 DNA에 바이러스 DNA가 삽입되면 간세포 암종(carcinoma)에 기여할 수 있다. 이 암종은 일반인보다 B형 간염을 갖고 있는 사람들에게서 훨씬 자주 일어난다.

C형 간염. C형 간염(hepatitis C) 바이러스는 간 이식의 주요 원인이 되고 있으며**(그림 22.17)** 유전적으로 전염된 non-A, non-B 감염 환자로부터 감염되었다. C형 간염은 2가지 다른 잠복기(2~4주와 8~12주)를 가지고 있기 때문에 어떤 연구자들은 서로 다른 2종류의 바이러스가 있는 것으로 여긴다. 둘 다 RNA 바이러스인데 하나는 flavivirus 다른 한 가지는 togavirus에 속한다. C형간염은 다른 종류의 감염과는 달리 간 효소인 alanine transferase의 혈중 농도가 높다. 모든 유형 간염의 손상된 간세포로부터 많은 종류의 효소들이 혈액내로 방출되지만 이 특별한 효소는 HCV간염에서 비정상적으로 늘어

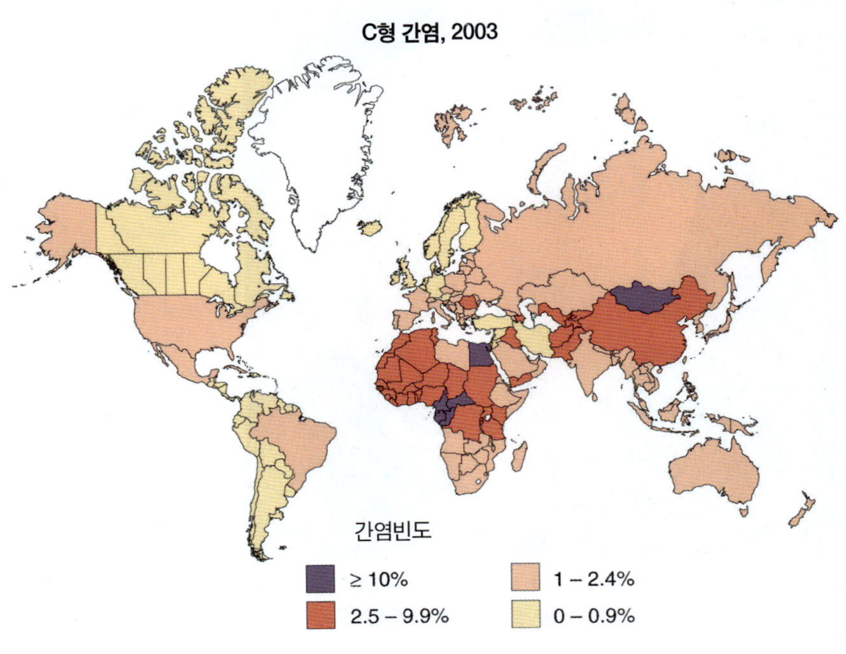

그림 22.17 C형 간염. 전세계 분포(WHO 자료).

난다. 이 질환은 보통 약하거나 불현성이지만 쇠약한 사람에게 심할 수 있고 한번 감염되면 약 80%가 만성이 된다. 약 20%의 만성 감염은 간 경련과 간암으로 진행된다. 백신이 아직 개발되어 있지 않으며 감염 후 자연적인 면역도 생기지 않는다. 전 세계적으로 1억7천만명의 HCV 보균자들 중에 400만은 미국에 살고 있다.

D형 간염. 세계적으로 1,500만명이 넘는 사람들에 영향을 주고 있는 D형 간염(hepatitis D)은 2~12주 동안의 잠복기를 가지고 있으며, HBV와 HDV에 동시에 감염될 때보다 HBV보균자가 HDV에 감염될 때 잠복기는 짧아진다. 불안전한 (defective) 바이러스라고 불리는 HDV는 혼자서 질환을 일으킬 수 없다. HDV는 복제를 위해 HBV 항원을 필요로 한다. HBV와 HDV는 동시에 작용하여 사망을 초래할 수 있다. HBV에 대한 예방 접종은 HDV감염 또한 예방할 수 있다. HDV에 대한 독립적인 백신은 없다.

E형 간염. 배설물에 오염된 상수도로 전염될 수 있는 E형 간염(hepatitis E)은 아시아와 아프리카 지역에 넓게 유행한다. 어린이들보다 성인에 더 흔하며 치사율은 낮다(1%). 하지만 임산부의 경우 20%에 달한다. 만성감염은 일어나지 않는다. 백신이 개발되어 있지 않으며 감염 후 자연 면역도 생기지 않는다. HEV의 한 균주는 사람뿐만 아니라 돼지도 감염시킬 수 있다. HEV감염 역학에서 돼지의 역할은 아직 모른다. HEV는 아마도 calcivirus에 속하는 RNA 바이러스에 의해서 생긴다.

간염 바이러스는 계속 새로운 것이 발견되고 있다. 최근에 다른 3가지 바이러스가 발견되었으며 간염 같은 질환과 연관이 있는 것으로 확인되었다. 만약에 이 바이러스들이 정말 간염을 일으키는 것으로 확인된다면 F형, G형, H형 바이러스라고 명명될 것이다. G형 간염은 흥미롭게도 대변-구강경로와 혈액경로를 통해 확산되는 것으로 보인다. 이것은 단일가닥 RNA 바이러스로서 만성 환자나 보균자를 발생시킬 수 있다. 어떤 연구자들은 잘 알려지지 않은 형태의 간염을 일으키는 바이러스가 수십 개가 될 것이라고 믿는다.

원생동물성 위장관 질환

지알디아증

편모를 가진 원생동물 *Giardia intestinalis*는 가끔씩 *G. lamblia*(그림 22.18a)라고 불리기도 했다. 1861년 Leeuwenhoek가 자신의 대변에 있는 생물체를 연구하다가 발견하였지만 이것은 훨씬 오래전부터 존재한 생명체이다. *Giardia*의 DNA를 조사한 결과 진핵생물 중 가장 원시적인 DNA를 가지고 있는 것으로 확인되었고, 오래된 원핵생물의 것과 유사하였다.

*Giardia*는 사람(특히 어린이)의 소장을 감염하고 **지알디아증(giardiasis)**이라고 불리는 질환을 일으킨다. 대변에 섞여 있던 포낭(cyst)이 섭취되어 위와 소장을 통과하면 운동성이 있는 영양체(trophozoites)가 대장으로 방출된다(◀11장 p. 316). 이 기생동물(parasite)은 장 벽에 달라붙을 수 있는 접착성 원반을 갖고 있다(그림 22.18b). 중증 감염에서는 모든 세포가 이 기생동물로 덮여있다. 이것은 점막으로부터 영양분을 섭취하고 포낭을 형성하여 점막에 놓는다. 이 포낭은 점액성 배설물을 통해 나오게 된다. 지알디아증의 증상은 장의 염증, 설사, 탈수 및 체중감소 등이다. 이 기생충은 장내 영양분 흡수지역의 대부분을 점령할 수 있기 때문에 어린이에게 감염되면 영양부족을 초래한다. 지방흡수가 크게 감소되며, 지용성 비타민

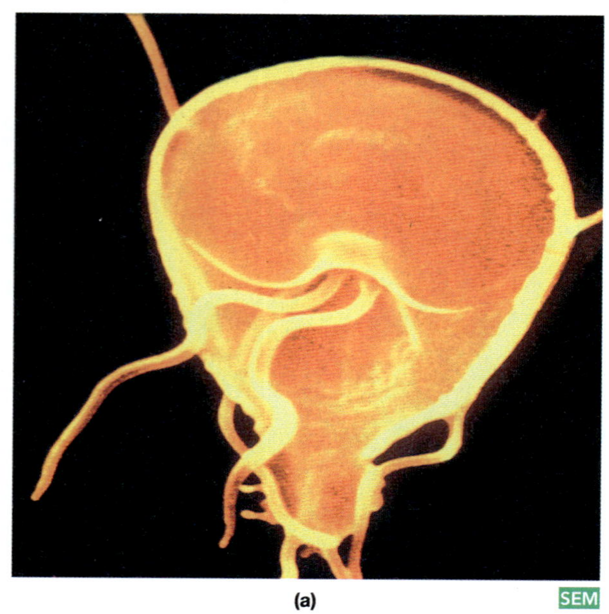

(a)

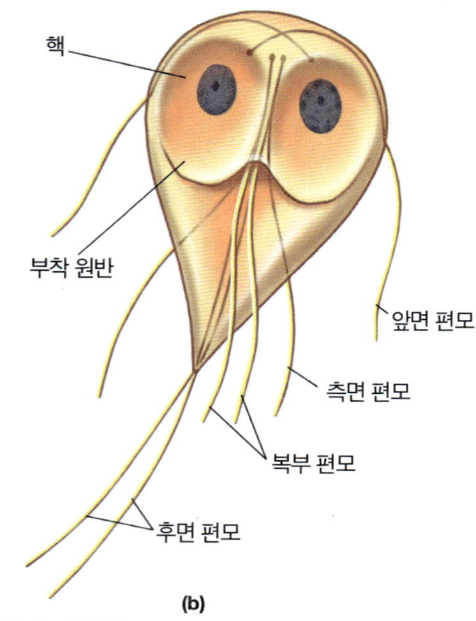

(b)

그림 22.18 ***Giardia intestinalis*, 설사를 일으키는 기생 원생동물.** **(a)** (35,600X). **(b)** G. intestinalis의 구조.

의 결핍이 흔히 생긴다. 설사는 많아지고 흡수되지 않는 지방에 대한 세균의 활동들 때문에 거품이 생긴다. 하지만 피가 섞이지는 않는데, 이것은 기생 원생동물이 세포를 침입하지 않기 때문이다. 감염된 어떤 사람들은 설사가 발생되기 이전에도 심한 관절염과 가려운 발진을 경험한다. *Giardia*의 이러한 반응성 관절염은 보통 관절염을 치료하기위해 사용하는 항염증제제가 잘 듣지 않는다. 따라서 항 원충제제를 사용하면 설사와 함께 관절염도 사라진다.

지알디아증은 음식, 물, 손이 배설물에 오염됨으로서 전파된다. 가끔씩 야생동물로부터 전파되기도 하는데, 미국 서부지역의 등산객이나 사냥꾼들이 감염되기 쉬워 비버 열(beaver fever)이라고 불리기도 한다. Colorado주 Aspen, 러시아의 Saint petersburg와 또 다른 많은 지역에도 상수원을 오염시킨 경우가 있고 많은 환자를 발생시켰다. 몇몇 어린이집에서는 약 70%의 어린이들이 감염되기도 했다. *Giardia* 포낭은 정상적인 하수처리나 염소처리에 의해 죽지 않는다. Pennsylvania의 몇몇 지역은 *Giardia* 포낭을 잡기위한 모래필터를 설치할 때까지 상업용 생수를 마시도록 하고 있다.

진단은 대변에서 원충 포낭을 현미경으로 관찰함으로써 이루어진다. *Giardia*는 장의 표면을 이루고 있는 점막층에서 발견된다. 이 점막층은 며칠 간격으로 방출된다. 대변에서 얻은 샘플은 이러한 점막을 포함하고 있다. 포낭을 포함하는 점막이 간헐적으로 나오기 때문에 며칠 동안 매일 대변 샘플을 확인하면 정확한 진단이 더 쉽게 이루어진다. 영양체는 가끔 물 같은 대변에서 발견되지만 한번 몸 밖으로 나오면 포낭 형성을 할 수 없다. 1회 설사에 약 140억 마리의 기생충이 포함되어있다. 면역형광(immnofluorescent) 항체기술과 ELISA 또한 진단에 사용된다.

metronidazole(Flagyl), furazolidine과 quinacrin(Atabrine)등이 지알디아증을 치료하는데 사용된다. 이 질환은 사람이나 동물의 배설물에 오염되지 않는 깨끗한 상수원을 유지함으로서 예방할 수 있다.

아메바성 이질과 만성 아메바증

아메바증(*Amebiasis*)은 주요 병원성 아메바인 *Entamoeba histolytica* **(그림 22.19)**에 의해서 발생된다. 이것은 처음에 심한 설사에 걸린 한 환자의 장 궤양으로부터 분리 되었고 이것을 개에 감염시켜 똑같은 질환이 발생하는 것을 확인하였으며 이 개로부터 다시 아메바가 분리되었다. 이 발견은 Koch의 가설(◀14장 p. 405)과 맞아떨어진다. 아메바증은 **아메바성 이질(amoebic dysentery)** 또는 갑자기 급성 단계로 전환되는 **만성 아메바증(chronic amebiasis)**이라고 불리는 아주 심한 급성질환이다. 대략 4억 명이 전 세계적으로 감염되어있고 대부분이 만성 아메바증이다. 감염인구 분포는 다양한데 캐나다에서는 1%, 미국에서는 5% 그리고 열대 지방에서는 40%에 이른다.

배설물에 오염된 음식이나 물에 있는 포낭을 섭취함으로서 이 기생동물에 감염된다. 섭취 후 위와 소장을 통과한 포낭은 깨지고 아메바 영양체를 대장에 방출한다. 영양체는 대장에서 무성생식으로 번식한다. 대장에서 정상세균 층을 이루고 있는 세균들을 영양분으로 이용한다. 숙주 내에서 거의 문제를 일으키지 않거나 혹은 장 점막을 침입할 수 있는데 장 점막에서 영원히 살 수 있다. 한번 장 점막을 침입하면 이 기생동물은 증식하고 심각한 궤양을 일으킨다. 간혹 단백질 분해효소를 이용하여 장벽을 분해할 수 있다. 따라서 혈관내로 들어갈 수 있고 혈액을 따라 다른 조직으로 이동할 수 있으며 배설물에 섞인 세균이 신체의 구멍에 들어갈 수 있게 만들어 복막염을 일으킨다. 아메바증 환자는 복부에 압통, 하루 30회 이상의 배변 그리고 체액 손실로 인한 탈수를 겪게 된다. 간과 폐 조직에 침입하면 농양을 형성한다. 모든 조직에서도 세균 감염에 의한 손상이 일어날 수 있다.

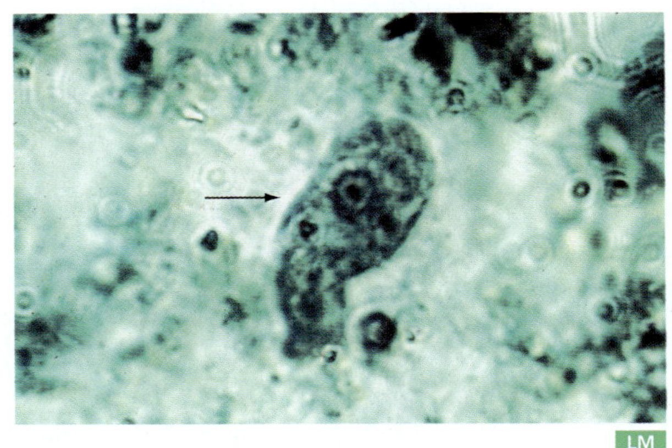

그림 22.19 ***Entamoeba histolytica* 영양체.** 활동하는 아메바 형태(3,860X).

배설물은 대장을 통과하는 동안 탈수되기 때문에 *E. histolytica* 영양체는 거기서 포낭을 형성한다. 포낭은 대변과 함께 체외로 나온다. 포낭은 차갑고 습기 있는 환경에서 약 30일까지 생존할 수 있고 물에 염소처리를 하더라도 죽지 않는다. 전염에 가장 흔한 방법은 대변-구강 경로이다. 파리와 바퀴벌레등도 매개체가 될 수 있다. 배설물이 묻을 수 있는 성생활 동안에도 감염될수 있다.

아메바 감염은 대변에서 영양체나 포낭을 찾음으로서 진단될 수 있으나 며칠 동안 수회의 대변 샘플을 계속해서 관찰해야 한다. 면역형광항체와 ELISA기법이 적용될 수도 있다. metronidazole은 세균에서 돌연변이를 일으키고 쥐에서 암을 발생시키는 것으로 확인되었지만 아메바증 치료에 광범위하게 사용된다. 항생제는 세균의 2차 감염을 예방하거나 치료하기 위해 사용된다. 이러한 감염은 물과 음식물의 위생적인 취급을 통해 예방할 수 있다.

발란티디움증

Balantidium coli(**그림 22.20**)는 인간에게 질환을 일으키는 유일한 섬모 원충이다. 전 세계에 퍼져있고 특히 열대지방에 많다. 하지만 필리핀을 제외하고는 사람에 감염된 경우가 극히 드물다. *Balantidium* coli 배설물에 있는 포낭에 의해 전염된다. 섭취된 후 포낭은 깨지고 대장

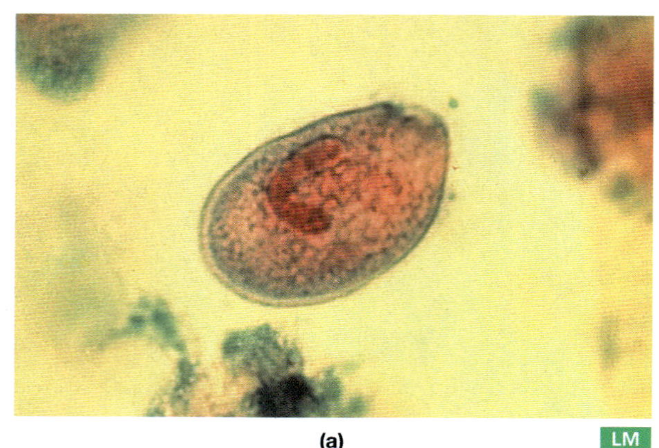

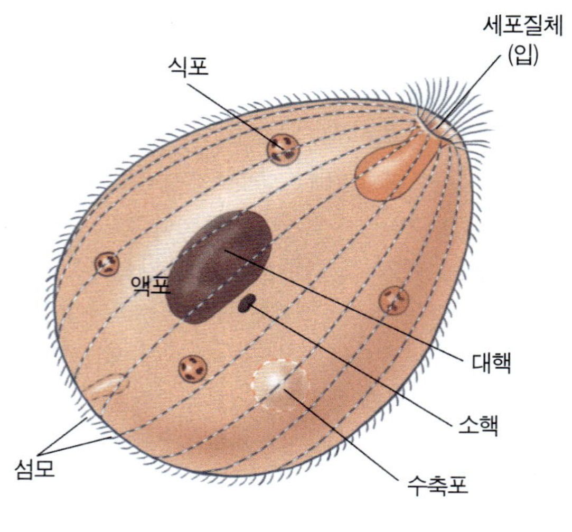

그림 22.20 *Balantidium coli.* 이 매우크고 섬모가 있는 원생동물이 설사를 일으킨다. 인체에 감염할 수 있는 것들 중에 유일하게 섬모가 있다. **(a)** 대변 표본 검사에서 찍은 사진(340X). **(b)** B. coli의 구조

벽을 침입할 수 있는 영양체를 방출하여 **발란티디움증(balantidiasis)** 라 불리는 이질을 일으킨다. 이 질환의 증상은 아메바성 이질과 비슷하다. 아메바성 이질에서처럼 발란티디움증의 장 천공도 치명적인 복강염으로 발전될 수 있다.

진단은 대변 샘플에서 영양체와 포낭을 찾는 것이다. 테트라사이클린과 메트로니다졸이 치료에 쓰이지만 몇몇 사람들은 치료 후에 보균자로 남는다. 배설물을 통해 전염되는 다른 것들처럼 좋은 위생 상태를 유지함으로서 감염을 예방할 수 있다. 돼지가 이 감염의 보유숙주이기 때문에 돼지 배설물과의 접촉을 피해야만 한다.

크립토스포리디움증

*Cryptosporidium*속 원충은 보통 전 세계적으로 기회 감염을 일으킨다. 고양이와 개로부터 대변-구강 경로를 통해 감염된다. 이것은 소화기와 호흡기 세포들의 막 내부나 혹은 막 하부에 산다. 섭취된 후 포낭이 장에서 터지면 장 세포를 침입하고 다른 조직으로 이동할 수 있는 원충을 방출한다. 1993년 *Cryptosporidium*이 Wisconsin주 Milwakee시의 하수처리 공장에 감염되어 약 403,000명의 시민들이 물 같은 설사로 고생했다. 2006년도에 미국에서만 5,140건의 환자가 보고되었다. 건강한 사람들에서는 이 질환이 자가-제한적이지만 면역력이 약한 환자에게서는 심한 설사를 유발할 수 있는데 하루에 25회 이상의 배변을 하게 되고 약 17 L의 체액손실이 일어난다. **크립토스포리디움증(cryptosporidiosis)**의 대부분 심한 경우는 AIDS환자에게서 일어난다. 효과적인 치료방법은 아직 발견되지 않았다.

1993년, Wisconsin 주 Milwaukee 시의 하수처리 공장이 Cryptosporidium에 오염되었을 때, 403,000명의 주민들은 병원에 입원할 정도로 설사가 심했다.

사이클로스포라증

*Cyclospora cayentanenisis*는 1996년 1,465명의 심한 설사환자를 발생시키며 주목을 받았다. 이 환자들은 과테말라로부터 미국으로 수입된 복분자(raspberry)를 먹고 발생하였다. 또 다른 전염도 1996년과 1997년에 이어졌는데 양상추, 바질(basil), 허브(herb)등이 포함되었다. 하지만 미생물학 문헌에서 여러 다른 이름으로 소개되었다. 1979년 처음으로 기술되었는데 "콕시디안(coccidian) 같은 몸체", "시아노박테리아(cyanobacterium)같은 몸체", "청녹색 조류(blue-green alga)","*Cryptosporidium*의 큰 형태"라고 묘사되었다. 마침내 1993년 현재의 이름을 얻었다. 소, 쥐, 가금류에서 유사한 질병을 일으키는 *Eimeria*의 종들과 가까운 유연관계가 있다.

*Cyclospora*는 대변-구강 경로를 통해 전파되는 난포낭(oocyst)를 생산한다. 10-100개의 난포낭만 있으면 감염을 일으키기에 충분하다. 약 7일간의 잠복기 후에 독감 같은 증상과 물 같은 설사, 위 확대증, 식욕부진, 복통, 체중저하 및 극심한 피로 증세로 시작된다. 이 질환은 적어도 1-2주 동안 지속되지만 6-7주 동안 지속되는 경우도 흔하며 재발되기도 한다. 아주 힘든 일이지만 대변에서 난포낭을 찾음으로서 진단할 수 있다. PCR을 이용한 검출은 대변에 포함된 성분들이 반응을 방해할 수 있고 DNA 추출이 힘들기 때문에 어렵다는 단점을 가지고 있다. trimethoprimsulfamethoxazole (Bactrim, Septra)을 7일 동안 처방함으로서 치료한다. 전통적인 항 원충제제는 도움이 되지 않는다. 이 새로운 질환의 출현에 관한 두 이론이 있다. 첫 번째는 *Cyclospora*의 병원성이 강한 균주가 최근에 나타났다는 것이고, 두 번째는 *Cyclospora*가 가축 내에서만 존재하다가 최근에 사람에게 옮겨진 종이라는 것이다.

곰팡이 독소의 영향들

곰팡이는 많은 수의 독소를 생산한다. 대부분은 *Aspergillus*와 *Penicillium* 속들의 균주들로부터 나온다. 사람에 미치는 다양한 영향

공중 보건

아플라톡신을 잡아라!

당신이 점심도시락으로 싸가지고 다니는 땅콩 버터-젤리 샌드위치는 당신에게 필요한 당분과 단백질 이상의 것을 갖고 있을 수 있다. 곰팡이 핀 땅콩으로 버터를 만들 경우, 땅콩 버터에는 아플라톡신이 들어있을 수 있다. 한 연구에서 실험한 땅콩버터 샘플들 중 7%가 아플라톡신을 함유하고 있었다. 유사한 독소들이 젤리에도 있을 수 있다. 젤리표면에 핀 곰팡이를 제거한다해도 독소가 아래쪽의 젤리로 확산되어 들어가 있을 수 있다. 다시말해 곰팡이 핀 표면을 제거하더라도 그 밑에 있는 젤리를 먹으면 안된다. 거기에다가, 곰팡이가 핀 빵으로 샌드위치를 만들면, 아주 강력한 발암 샌드위치를 점심으로 먹는 것이다.

은 근육 조정의 손실, 불안감, 체중감소 등을 포함한다. 어떤 것들은 발암인자이기도 하다.

Aspergillus flavus 및 다른 aspergillus는 **아플라톡신(aflatoxin)**이라 불리는 독성물질을 생산한다. 아플라톡신은 현재까지 발견된 것 중에 가장 강력한 발암 인자이다. 사람에 대한 독소의 영향은 완전히 밝혀지지는 않았지만 음식물에 포함되면 간암을 일으킬 수 있다. 이 독소는 곰팡이가 기생하는 곡물과 땅콩을 사용한 음식물을 통해 사람에게 전달된다.

*Claviceps purpurea*는 호밀(rye)과 밀(wheat)에 기생해서 성장한다**(그림 22.21)**. **맥각(ergot)**은 *C. purpurea* 영양체(vegetative) 구조의 이름이며, 동시에 독소 이름이 되고 곡물에 일으키는 질병 이름이기도 하다. 미국에서 자란 대부분의 이러한 곡류는 유전적으로 맥각균 곰팡이에 대한 저항성이 있다. 하지만 세계의 다른 지역에서 자란 곡류는 저항성이 없다. 맥각균은 사람에게 많은 종류의 영향을 미친다. 이 곰팡이가 호밀과 함께 수확이 되고 음식물에 섞이면 **맥각 중독(ergot poisoning)** 또는 맥각증(*ergotism*)을 일으킨다. 증상은 환각, 고열, 경기, 사지의 괴저(gangrene)등이며, 결국 사망을 초래한다. 많은 양을 사용할 때 맥각 중독을 일으키는 물질이 작은 양으로 쓰이면 치료에 쓰일 수 있다. 맥각균에서 유래된 약제는 출산 시 출혈을 조절해주고 임신 중절을 유도하며 편두통을 치료할 수 있고 고혈압을 낮출 수 있다.

나폴레옹이 우크라이나에 있을 때, 상한 곡물로 만든 음식물을 받았고, 그의 말은 맥각 중독으로 고생하였다.

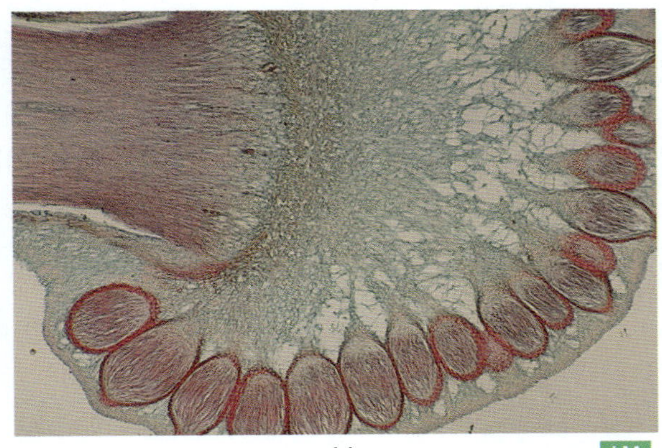

(a)

에르고타민

(b)

그림 22.21 맥각-생산 곰팡이. **(a)** 맥각을 생산하는 기생 곰팡이 *Claviceps purpurea*의 절개면 현미경 사진(65X). **(b)** 맥각-생산 곰팡이에 의해 생산되는 독성 알카로이드인 에르고타민(ergotamine)의 구조.

(a)

(b)

그림 22.22 치명적 독소-생산 버섯들. *Amanita* 버섯들은 RNA 중합효소를 억제하는 독소를 사용하여 대상 생물체를 죽인다. **(a)** 예전에 살충제로 사용되었던 *Amanita muscaria*. 설탕을 그 위에 뿌려 곤충들을 유혹하면, 곤충들은 살충제가 섞인 설탕을 조금씩 뜯어먹은 후 죽게된다. **(b)** 흔히 "파괴하는 천사"라고 부르는 *Amanita virosa*.

버섯독소는 여러 종류의 *Amanita*에서 발견되며 *Amanita*는 전 세계에 넓게 분포한다**(그림 22.22)**. 버섯독소인 phallotoxin, amatoxin은 간세포에 작용한다. 이것들은 구토, 설사 그리고 황달을 일으킨다. 충분한 양의 독소를 섭취하면 치명적이 될 수 있고 간에 손상을 입혀 기관 이식이 필요할 수도 있다.

중점 질문 사항

1. 백신에 의해 예방될 수 있는 감염은?
2. 어떤 사람들이 간염백신을 맞아야하는가?
3. 아플라톡신은 무엇인가? 출처와 효과는 무엇인가?

공중 보건

생선회(Sushi)

일본에서는 매년 수백명의 사람들이 그들이 좋아하는 식사를 통해 살아있는 기생충을 섭취한다. 대표적으로 저녁식사에 생선회를 먹고 이른 아침에 고통을 느끼며 일어나 병원으로 달려간다. 위내시경으로 위를 검사해 보면 *Anisakis* 애벌레가 위나 십이지장 점막을 뚫고 있는 것을 볼 수 있다. 어떤 경우는 이 원형 기생충에 의한 손상이 너무 심해 위의 일정 부분을 제거해야 할 경우도 있다. 조금 운이 있는 경우는 내시경에 부착된 집게로 제거할 수 도 있다. 이 감염은 아니사키스증(anisakiasis) 이라 불리며, 애벌레를 제거하는 방법 이외에는 치료방법이 없다.

당신이 미국에서 저녁식사로 생선회로 먹었을 때 아니사키스증에 걸릴 확률은 어느 정도일까?

미국내에서는 약 6회 내외의 경우가 보고되었고 흥미롭게도 상위 소화계통에서 문제를 일으켰다. 한 캘리포니아 주민은 백농어(white sea bass)회를 먹고 10일 후 인후부의 뒤쪽에 불편함을 느꼈다. 기침 후에 그는 그의 입안에서 약 8.5 cm 길이의 살아있는 기생충을 직접 꺼냈다. 다른 경우에도 유사하게 기침을 한 후 자신들의 기생충을 꺼낼 수 있었다. 어떤 사람은 찬 필레(fillet; 저민 생선) 요리를 먹은지 약 4시간이 지나서 이런 현상을 경험했다. 미국에서 생선회나 덜 익힌 생선을 먹는 많은 사람을 고려해 볼 때, 진단이 이루어진 경우가 극히 적기 때문에 걱정을 많이 할 필요는 없어 보인다, 적어도 현재까지는.

(R. Marcialis/Photo Researchers, Inc.)

기생충성 위장관 질환

많은 종류의 기생충들이 사람의 장에 기생할 수 있다. 어떤 것들은 다른 조직으로 침투할 수 있다. 대부분이 열대지방에 국한되어 있지만 어떤 것들은 미국에서도 풍토병을 일으킨다. 미국에 있는 의료종사자들은 환자들이 열대지방을 여행하다가 이러한 기생충에 감염되었을 수도 있다는 가능성을 염두해 두어야한다.

흡충 감염

식품성 흡충 감염이 4천만 세계인에 영향을 준다. 양의 간에 기생하는 흡충 *Fasicola hepatica* **(그림 22.23)**는 모든 흡충 중에 가장 연구가 많이 된 것이다. 남미, 쿠바, 유럽의 일부지역 및 북아프리카에서 사는 사람들에게서 발견된다. 이들의 매개 숙주는 달팽이다. 꼬리 유충(cercaria : 애벌레 형)은 달팽이 안에서 발생된다. 물에 방출된 후 성장하여 수중식물에 유충(metacercaria)의 형태로 포낭을 형성한다. 사람이 이러한 수중식물(특히, 물냉이)를 섭취하면 유충은 대장으로 이동되고 장벽을 뚫고 간으로 이동한다. 거기서 혈액으로부터 영양분을 얻고 담즙관을 막고 염증을 유발한다. 어떤 때는 눈, 뇌 혹은 폐로 이동한다. 성충은 담즙관과 담낭에서 찾을 수 있고, 약 10년간 생존한다. 대변 검체에서 알을 찾음으로서 진단한다. 감염된 사람은 bithionol과 기타 항 기생충제제로 치료될 수 있다. 감염은 익히지 않은 수중식물을 먹지 않음으로서 예방될 수 있다.

중국의 간 흡충 *Clonorchis sinensis*는 아시아에 널리 퍼져있다. 시골 지역 사람의 약 80%가 감염되어 있다. 여행자들이나 수입된 날 음식을 이용하는 사람들이 감염된다. 생활주기는 *Fasciola*의 것과 유사하다. 하지만 이것은 두 번째 매개 숙주를 필요로 하는데 대부분이 물고기이고 가끔씩 갑각류가 매개 숙주 역할을 한다. 유충은 십이지장에 포낭을 형성하고 간으로 이동한다. 성충은 담즙관에 자리 잡는다. 거기서 담즙관 상피를 파괴하고 관을 막으며 때로는 간에 구멍을

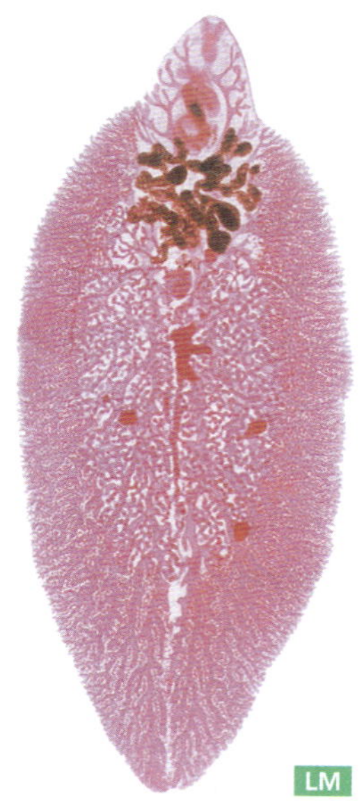

그림 22.23 양의 간 흡충 *Fasciola hepatica*. 이 검체는 내부구조를 관찰하기 위해 염색되었다 (2.5X).

내고 훼손하기도 한다. 간암의 발생빈도는 흡충 감염이 높은 곳에서 비정상적으로 높다. 하지만 흡충이 어떤 역할을 하는지는 알려지지 않았다. 대변에서 알을 찾는 것이 진단방법이지만 효과적인 치료방법이 없다. 이 기생충은 생선이나, 갑각류를 익힘으로서 제거할 수 있다. 하지만 날 생선이나 조개를 먹는 문화적인 습관과 음식을 익히기에 필요한 연료 부족은 감염을 지속시킬 수 있다.

다른 종류의 흡충 *Fasciolopsis buski* 는 동양의 돼지와 사람들에게 흔하다. 소장에서 살아가며 만성 설사와 염증을 유발한다. 몇 개의 흡충이 있으면 장폐색, 농양, 그리고 흡충의 대사산물에 포함되어 있는 독소에 대한 알려지 반응인 **해충 중독(verminous intoxication)**을 일으킬 수 있다. 항 기생충제제는 흡충의 몸통을 제거할 수 있다. 인체 감염은 달팽이들을 통제하고 익히지 않은 식물섭취를 피하며 거름에 인분을 쓰지 않음으로서 예방할 수 있다.

촌충 감염

인체 촌충 감염은 몇몇 종에 의해서 유발되는데 대부분이 전 세계적으로 퍼져있다. 촌충의 생활사에 대한 삽화는 ◀11장 p. 328에서 찾아 볼 수 있다. 인체 감염의 주된 원인은 익히지 않거나 덜 익힌 오염된 돼지고기나 소고기의 섭취이다. 촌충 감염은 감염된 개와 접촉하거나 감염된 날 생선의 섭취를 통해서도 일어날 수 있다.

돼지 촌충 *Taenia silium* **(그림 22.24a)**은 길이가 2~7m에 이른다. 소의 촌충 *T. saginata* 의 길이는 5~25m에 이른다. 이들 기생충들은 보통 익히지 않거나 덜 익힌 고기(특히 돼지고기)안에 있는 애벌레(larva)의 형태로 인체에 들어온다. 살아있는 애벌레는 성충으로 발육될 수 있다. 성충이 장에서 발육되면 많은 양의 영양분을 흡수하여 적당한 음식을 섭취하는 사람에게도 영양실조에 걸릴 수 있게 한다. 길고 리본모양인 이 기생충들은 엉켜서 장을 통과하는 물질의 흐름을 막을 수 있다. 장 내에 편절(proglottis : 촌충류의 각 마디 하나)이 아직 존재하면 각 편절에 6만개의 알을 가지고 있기 때문에 알이 방출되면 장내에서 자동 접종 된다. 이 알들은 혈류 내로 침투하여 인체 다른 곳으로 확산되는데 중추신경계(central nervous system : CNS)로 이동되는 것이 가장 염려스럽다.

애벌레**(그림 22.24b)** 대신 촌충 알을 먹거나 혹은 인체 내에서 자동 감염되면 알 껍질은 소장에서 분해되어 애벌레를 방출하고 애벌

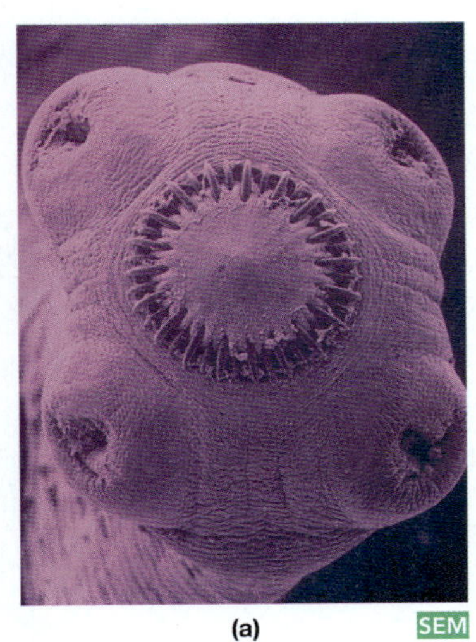

(a) SEM

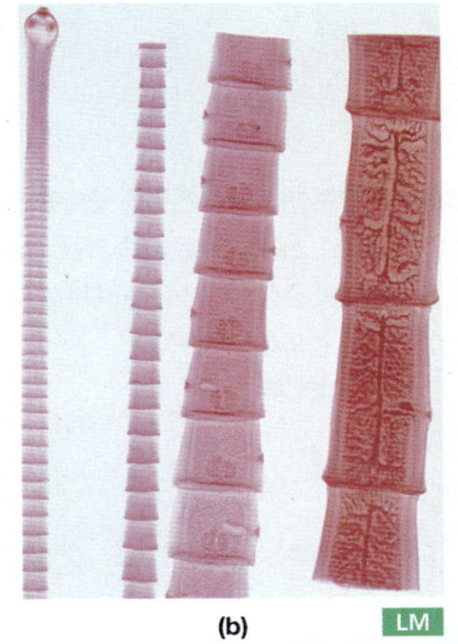

(b) LM

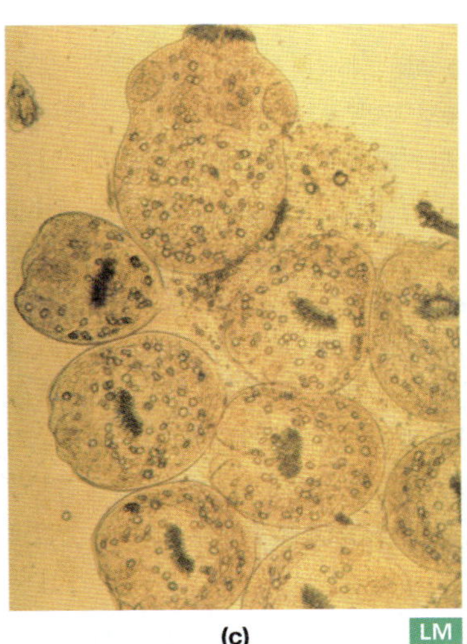

(c) LM

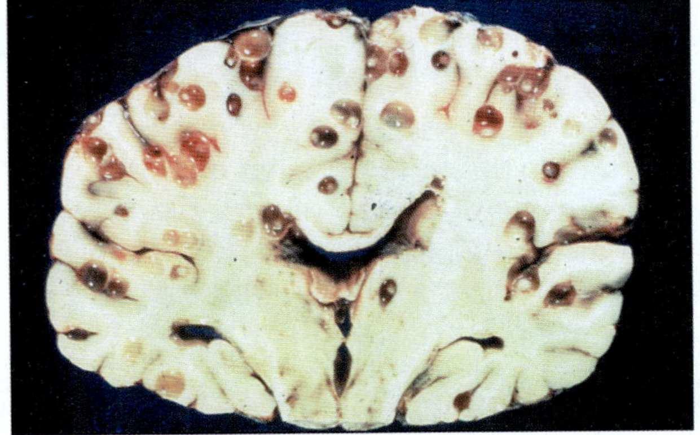

(d)

그림 22.24 촌충. **(a)** *Taenia solium*의 머리마디(scolex) 혹은 머리의 칼라 SEM. 흡판(sucker)과 22~36개의 이동성 고리를 보여준다. 이것들이 숙주의 장 표면에서 촌충의 부착을 돕는다(224X). **(b)** *T. pisiformis*의 편절(proglottids) 혹은 체절(body segments)(2X). 새로운 작은 것들은 머리마디 뒤쪽으로 자라고, 시간이 흐를 수록 크기가 커지고 머리마디로부터 뒤쪽방향으로 이동한다. 편절의 마지막 줄은 성숙 난으로 채워진다. **(c)** *Echinococcus granulosus*의 프로토스콜리스(protoscolice)(308X). 모래알 크기의 각 원형 구조는 촌충의 머리를 포함하며 완전한 성충으로 성장할 수 있다. 수백만개의 이러한 구조는 액체로 가득한 포충낭에서 발견된다. 전체 포충낭은 15리터의 액체를 포함할 수 있다. 뇌에는 더 큰 크기의 낭이 형성되어 광범위한 훼손을 줄 수 있다. **(d)** 뇌에서 발견되는 포충낭.

레는 장벽을 뚫고 혈액으로 들어간다. 애벌레는 60~70일 안에 여러 조직으로 이동하고 **낭미충[cysticercus** 혹은 방광충(bladder worm)]으로 발달된다. 낭미충은 타원형의 흰색 낭으로 구성되어 있는데 촌충머리가 그 안에 함입되어 있다. 사람의 경우 낭미충은 뇌에서 자주 발견되고 약 6 cm의 직경을 가지고 있다. 돼지가 촌충 알을 먹으면 낭미충은 근육으로 이동하고 포낭을 형성한다. 돼지의 방어 기전은 포낭내의 애벌레가 칼슘 침전물에 둘러싸이게 만든다. 사람의 경우 석회화(calcification)는 낭미충의 성장을 막지 못한다. 만약 뇌, 심장, 혹은 폐에 석회화가 진행되면 환자는 마비와 경기로 고생할 수 있다. 낭미충이 죽을 때 독소를 분비하는데 이것은 아주 심한 혹은 치명적인 알러지 반응을 일으킨다. 인체 촌충 감염은 사람의 배설물을 위생적으로 처리하고 고기와 생선을 충분히 익힘으로서 예방할 수 있다. 고기를 적어도 한 주 동안 −5℃에 얼려야만 이 기생충들을 죽일 수 있다.

사람은 감염된 개를 통해 *Echinococcus granulosus* 촌충의 알을 섭취한다. 특히 개가 어린이들의 얼굴을 핥을 때 섭취되기 쉽다. 이 촌충은 **포충낭(hydatid cysts)** **(그림 22.24c)**이라 불리는 포낭을 간, 폐, 뇌와 같은 중요한 조직에 생산한다(◀11장 p. 329). 수백개의 미성숙 촌충머리를 포함할 수 있고 그 크기가 포도만 하거나, 그보다 큰 포낭들은 인체기관에 압력을 준다. 특히 외과수술을 통해 이를 제거하는 동안 포낭이 깨지면 이 모든 감염체를 분비할 수 있다. 깨진 포낭은 또한 아나필렉시스 쇼크(anaphylactic shock)같은 심한 알러지 반응을 일으킬 수 있다.

사람은 감염된 곤충의 일부를 포함한 음식 안에 들어있는 *Hymenolepis nana* 촌충 알을 섭취 할 수 있다. 장내에 들어간 이 촌충은 설사, 복통 및 경기를 일으킬 수 있는데 어린이에게서 심하다. 세계적으로 인체에 감염하는 가장 흔한 촌충이며 미국 내에서도 감염빈도가 높아지고 있다.

많은 생선에 감염되는 촌충 *Diphyllobothrium latum*은 생선을 먹는 육식동물에서 흔히 발견된다. 익히지 않거나 덜 익힌 오염된 생선을 섭취함으로서 인체감염이 이루어진다. 생선 촌충감염은 스칸디나비아, 러시아, 발틱해(이곳의 어떤 지역에는 인구의 100%가 감염되어있다)에서 흔하다. 완전한 생활사를 위해 매개 숙주로서 작은 갑각류와 물고기를 필요로 한다. 사람이 감염된 생선조직을 섭취하면, 생선 근육 안에서 말려있는 이 촌충이 장으로 이동하고 거기서 성숙된다. 성충은 장에 흡착하고 알을 생산하기 시작한다. 장에 붙어 있는 상태로 많은 비타민 B_{12}를 흡수함으로써 사람이 비타민을 흡수하는 능

공중 보건

이민은 촌충 가방과 함께...

*Taenia solium*은 전세계를 통해 사람과 돼지 숙주내에서 운송된다. 중, 남미, 아프리카, 아시아 지역에서 가장 빈번히 유행된다 (지도 참조). 최근 선진국에서 심각한 공중 보건 문제가 되는 것은 두통, 발작, 뇌수종등의 증상을 보이는 신경낭미충증 (neurocysticercosis)이다. 간질에 대한 국제 협의체 (International League against Epilepsy)는 *Taenia solium*을 전세계 간질의 주요 원인으로 본다. 돼지 촌충의 명확한 숙주는 사람이며, 그 안에서 유성생식이 일어난다. 사람은 덜익혀진 돼지고기 안에 있는 낭미충을 섭취함으로써 감염된다. 사람 장내에서 정착하면, 이 기생충은 대변에 엄청난 양의 알을 쏟아낸다.

위생이 좋지 않은 몇몇 후진국에서는, 돼지들이 인분을 먹기도 하거나, 인분으로 돼지를 키우는 우리를 사용하기도 한다. 이러한 환경은 모든 돼지에 감염을 시킬 수 있어 살코기 1 Kg에 약 2,500 개의 낭미충이 감염된다. 감염에 대한 교육과 이해가 부족한 양돈업자들은 상수도 처리 시설이 갖춰지지 않은 곳에서 공짜의 영양분을 돼지에 공급하고, 동시에 인분을 청소할 수 있는 일석이조의 아주 좋은 방법이라 생각한다. 결과적으로, 이렇게 사육된 고기들이 *T. solium*이 없던 지역에 공급되어 새로운 감염지역으로 오염시키고, 사람들에게 신경낭미충증을 일으키게 한다. 실제로, 인도네시아 정부에 의해 발리섬의 돼지들이 다른 섬의 원주민들에게 공급됐을 때 이와 같은 일이 벌어졌었다.

낭미충증에 걸려 고생하기 위해서는 돼지고기를 먹을 필요도, 돼지와 접촉할 필요도 없다. 이 기생충에 감염된 음식물 취급자의 손으로부터 쉽게 얻을 수 있는 *T. solium* 알 몇 개만 삼키면 충분하다. 미국에서 발생한 환자의 경우는 대부분 멕시코 이민자와 연관되 있거나 멕시코에 다녀온 후 걸린 경우다.

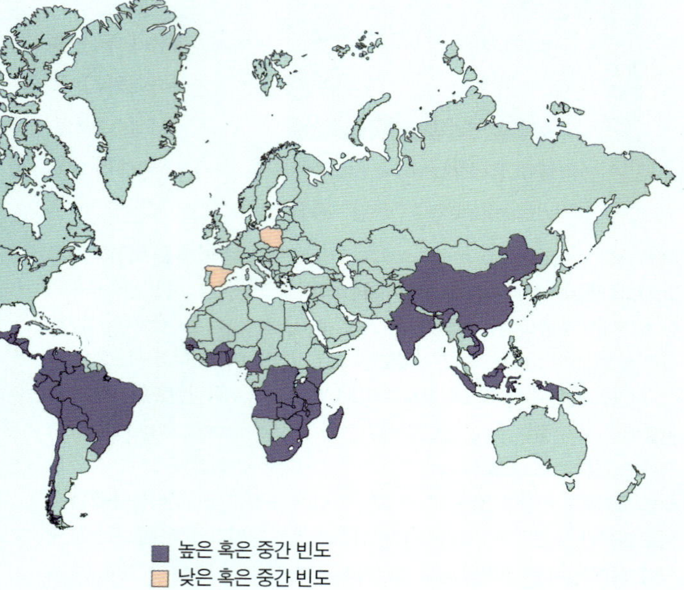

력을 훼손한다. 촌충감염에 의해 생기는 비타민 B_{12}결핍 혹은 악성 빈혈은 특히 필란드에서 많이 나타난다.

촌충감염은 대변에 있는 알이나 편절을 발견함으로서 진단한다. 감염은 niclosamide와 다른 항 기생충제제로 치료될 수 있다. 즉각적인 진단과 처방으로, 이 촌충이 장 이외의 조직으로 침투하기 전에 제거하는 것이 중요하다. 인체 감염은 익히지 않은 고기와 생선 그리고 감염된 개들을 피함으로서 완전히 예방할 수 있다.

선모충증

선모충증(trichinosis)은 작은 동그란 형태의 *Trichinella spiralis*에 의해 일어나며 종종 선모충(trichina worm)이라 불리기도 하였다. 이 기생충은 대부분의 것과는 달리 열대기후에서 보다 온대성 기후에서 더 흔하다(거의 모든 미국성인은 trichinella에 항체를 가지고 있고 따라서 적은 수를 지니고 있다. 하지만 이 적은 수로는 증상을 일으키지 않는 것으로 보인다.) 이 기생충은 덜 익힌 돼지고기 안에서 포낭으로 둘러싸인 애벌레형태(**그림 22.25**)로 소화관에 들어간다. 하지만 감염은 사슴고기나 소고기, 프랑스에서는 말고기를 통해서도 이루어진다. 장에서 포낭은 애벌레를 방출하고 성충으로 성장한다. 성충들은 교미를 하는데 교미 후 수컷은 죽고 암컷은 살아있는 애벌레를 생산한다. 그 후 암컷도 죽는다. 애벌레는 혈액과 림프관을 따라 간, 심장, 폐 그리고 다른 조직으로 이동한다. 이것들이 눈, 혀, 횡경막같은 골격근에 도착하면 포낭을 형성한다. 인체에서 포낭 형성은 이 기생충이 막다른 골목에 도착했다는 것을 의미한다. 더 이상 다른 숙주에 옮겨갈 수 없기 때문이다. 포낭을 형성한 기생충은 수년 동안 살아있으며 감염성이 있다.

이 기생충은 성충 형태로 혹은 포낭에 둘러싸인 애벌레 형태로 조직을 훼손할 수 있다. 암컷 성충은 장 점막을 뚫고 식중독 증세와 비슷한 증상을 만드는 독성물질을 분비한다. 돌아다니는 애벌레는 혈관과 자신이 들어갈 수 있는 모든 조직을 훼손한다. 심부전(heart failure), 신부전(kidney failure), 호흡 장애 및 독소에 대한 반응을 통해서 사망을 초래할 수 있다. 포낭에 둘러싸인 애벌레는 근육통을 유발한다. 이 선모충 병은 진단하기가 어렵지만 근육 생검과 면역학적 방법들이 가끔씩 효과적이다. 이 질환은 치료될 수 없기 때문에 증상을 완화시키는데 주력한다. 완전히 익힌 고기를 섭취함으로서 예방할 수 있다. 냉장고에서 동결시키는 것은 포낭으로 둘러싸인 애벌레를 죽일 수 없으며 전자레인지를 사용한 요리는 고기의 내부온도가 77℃가 되어야 안전하다. 전자레인지로 요리하는 것은 고기의 겉모양에 달려있다. 고기는 불규칙적인 형태이기 때문에 고기를 구울 때는 계속해서 돌려주어야 한다. *Trichinella*를 돼지고기에 실험적으로 감염시키고 전자레인지에 회전 없이 익혔을 때 기생충들이 살아있는 것을 항상 볼 수 있다. 미국에서는 돼지에게 익히지 않은 음식찌꺼기를 먹이지 못하도록 법률로 정하고 있다. 이 법률은 살아있는 선모충을 포함할 수 있는 익히지 않은 돼지고기 조각들이 돼지에 재순환됨으로서 감염시키는 것을 방지한다(**그림 22.26**).

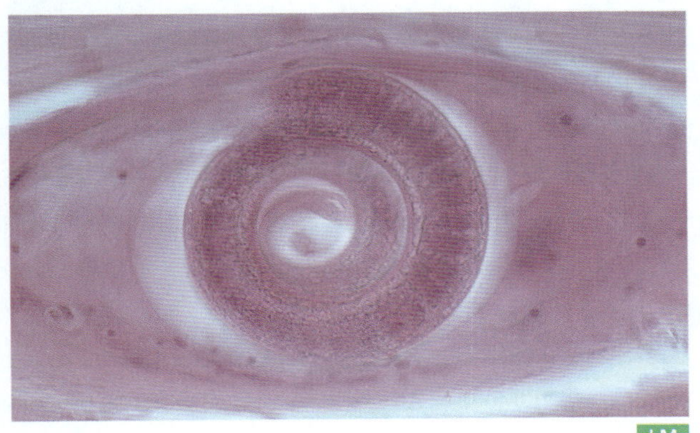

그림 22.25 ***Trichinella spiralis*.** 이 검체는 줄무늬 근육 섬유에 파묻혀 있는 낭 형태로 둥글게 감겨 있다(1,020X).

십이지장충 감염

십이지장충(hookworm)은 작고(11-13mm) 원형인 *Ancylostoma duodenale* 와 *Necator americanus* 의 두 종들 중 하나에 의해 발생된다. 이 기생충들은 복잡한 생활사를 가지고 있지만 한 숙주동물에서 일어나며 숙주동물은 사람일 경우가 종종 있다. 알은 습기가 있는 곳에서 빨리 부화한다. 식욕이 왕성한 애벌레를 방출하고 이 애벌레는 세균과 유기물 잔해를 먹고 자라 탈피를 하고 성숙한 기생 애벌레가 된다. 이들 애벌레가 피부 특히 팔이나 다리에 도달하면 그곳을 파고 들어가 혈관에 도달함으로서 심장과 폐로 이동할 수 있다. 애벌레는 폐 조직을 뚫는다. 몇몇은 기침에 의해 밖으로 나올 수 있으나 어떤 것은 식도를 통해 삼켜진다. 장에서 애벌레는 융모를 뚫고 들어가 성충으로 성숙된다. 성충들은 교미를 하며 다시 생활사가 시작된다. 세계적으로 5억 인구가 이 기생충에 감염되어 있다.

십이지장충이 피부를 뚫고 들어갈 때 숙주의 염증반응이 많은 십이지장충을 죽인다. 십이지장충이 뚫고 들어가는 곳에서 생기는 세균 감염은 **토양진(ground itch)**을 일으킨다. 폐에서는 기생충들이 수많은 작은 출혈(hemorrhage)을 유발한다. 전체 소장 내막에는 극심한 손상을 입힌다. 혈액을 먹고 살 수 있으며 복통, 식욕부진, 단백질 및 철 결핍 등을 일으켜 십이지장충에 걸린 사람은 게을러 보이기도 한다. 기생충 감염에 의한 것이 아닌 균형이 잡히지 않은 식생활을 가진 사람에게서 더 영향이 크다.

진단은 대변에서 알과 기생충을 찾음으로서 이루어진다. 하지만 이들을 찾기 위해서는 샘플이 농축되어야만 한다. tetrachloroethylene은 *Necator* 감염에 효과적이다. 값이 싸서 한꺼번에 많은 사람들에게 복용시킬 수 있다. bephenium hydroxynaphthalate과 몇 가지 다른 제

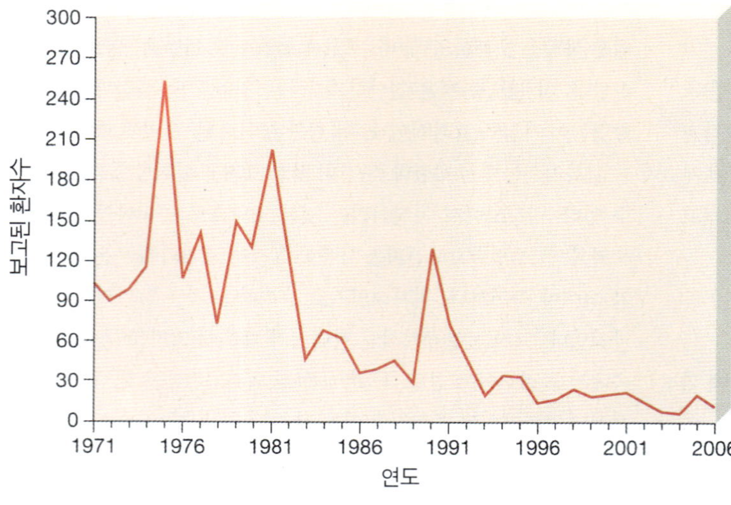

그림 22.26 선모충증. 1971년에서 2006년 까지 미국에서 보고된 환자수(CDC자료).

해부학 실험동안 해부되는 많은 고양이들의 장관은 아직 살아있을 수 있는 Ascaris lumbricoides에 의해 감염되어 있다.

제들은 비싸기는 해도 2종류의 십이지장충을 모두 죽일 수 있다. 영양보조제들(특히 철)은 모든 십이지장충 환자들에게 제공되어야 한다. 십이지장충은 인체 배설물의 위생적인 처리를 통해 예방할 수 있지만 인분을 거름으로 사용하는 것과 교육받지 못한 사람들이 임시 화장실을 사용하는 경우 등은 막기 힘들다. 공장 근로자들은 그들이 일하는 곳 근처에서 반복적으로 배변을 한다. 이 사람들이 만약에 감염되었다면 그들 자신에게나 혹은 다른 사람들에게 애벌레를 계속 제공하게 된다.

1991년 개 기생충 *Ancylostoma caninum* **(그림 22.27)**에 의한 인체 십이지장충 감염은 설사, 복통, 체중 저하의 장 기능 문제와 연관되어있다. 사람이 정상적인 숙주가 아닌 다른 종류의 십이지장충 애벌레는 종종 피부를 뚫고 들어와 피부 애벌레 이행증(*cutaneous larva migrans*) 또는 구선병(*creeping eruption*)을 일으킨다. 몇몇 피부염증은 이 기생충의 이동을 막기 위해 생기는 인체 방어기전에 의한 것이다. 이러한 감염은 감염된 개나 고양이로부터 비롯되며 thiabendazole로 치료한다.

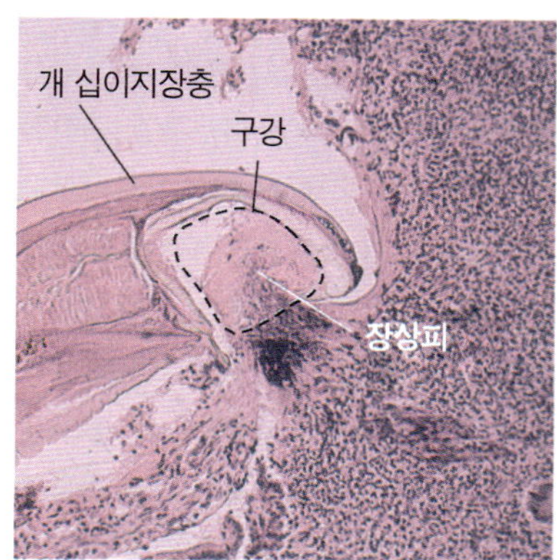

그림 22.27 개의 십이지장충, *Ancylostoma caninum*. 이 원형 기생충은 약 1 cm 길이이고 장상피에 흡착하여 혈액을 빨아들인다. 사진에서는 장의 큰 절편을 입안에 물고 있다(감염이 심할 경우 빈혈이 생길 수 있다).

회충증

Ascaris lumbricoides **(그림 22.28)**은 25-35 cm 길이의 크고 원형 기생충으로서 **회충증(ascariasis)**을 일으킨다. *Ascaris* 알에 오염된 음식이나 물을 섭취하여 감염된다. 장에 들어가면, 알이 부화하여 애벌레가 되고, 애벌레는 장벽을 뚫고 림프관이나 림프정맥에 들어간다. 애벌레는 거의 모든 조직을 침투할 수 있고 그곳에서 염증반응을 일으키지만, 대부분은 호흡관을 거쳐 인두로 이동하고 거기서 삼켜진다. 애벌레는 소장으로 이동하여 성숙하고, 알을 생산한다. 한 마리의 암컷이 하루에 생산하는 알은 200,000개이고, 죽을때까지 2천6백만개의 알을 생산할 수 있다. 암컷은 12~18개월 산다. 알은 산성에 강한 내성이 있으며, 2% 포르말린에서도 생장할 수 있다. 또한 건조한 환경에서도 저항성이 있어서, 사람들은 공기중에 있는 알을 통해서도 감염될 수 있다. 흙이 얼지 않는 미국 남부의 몇몇 지역은 어린이의 20~60%가 5~10개의 기생충에 감염되어 있다. 전세계 인구의 25%가

그림 22.28 크기가 큰 회충, Ascaris lumbricoides. 암컷은 35 cm 정도의 크기에 달하고 매일 수백개의 알을 생산할 수 있다. 알은 대변에 섞여 배출되고 흙에서 수개월에서 수년 동안 생존할 수 있다. 사진에서 보이는 약 800개의 이 회충들은 한 아동의 부검 시 회장에서 모두 분리한 것이다.

*Ascaris*에 감염되어 있다. mebendazole과 pyrantel 처방이 효과적이다. 만약 2차로 세균성 폐렴이 진행되면, 치명적이다.

Ascaris 기생충은 다음 3가지의 손상을 일으킨다.

1. 애벌레는 폐조직을 뚫고 들어가 회충성 폐렴(pneumonitis)을 일으키는데, 출혈, 부종(edema), 폐포의 막힘, 백혈구 괴사, 조직 파편화 등의 증상이 있다.
2. 성충은 영양실조를 일으킨다. 하지만 주로 장내 성분들을 먹고 살기 때문에 장 점막에 손상을 주지는 않는다. 성충은 알러지 반응을 일으킬 수 있는 독성 물질을 분비한다. 숫자가 충분히 존재하면, 장 폐색 또는 장 천공을 유발한다. 장 천공 후 생기는 복강염은 항상 치명적이다.
3. 돌아다니는 이 기생충은 간이나 다른 기관에 농양을 일으키고 가끔씩 다른 병 때문에 병원을 찾았던 환자의 코나 배꼽등의 열린 구멍에서 기어 나와 환자나 의사를 놀라게 하는 경우도 있다.

진단은 배설물에서 알을 찾음으로써 이루어진다. piperazine, mebendazole등의 약제는 성충을 뿌리뽑을 수 있지만, 애벌레를 제거할 수 있는 치료방법은 아직 없다. piperazine은 기생충의 근육을 일시적으로 이완시킨다. 장의 물질 흐름에 역행해서 움직이거나, 장벽에 달라붙을 수 없게 되면서, 장의 연동운동은 이 기생충들을 항문 밖으로 밀어내게 된다. 좋은 위생 환경이나 개인 청결을 통해 완전히 예방할 수 있다.

다른 형태의 회충인 *Toxocara* 종들은 보통 고양이와 개에 기생한다. 미국 내 98%의 개가 감염 되어있다. 감염률은 나이에 상관 없이 개와 고양이에서 모두 높다. 내장 애벌레 이환증(Visceral larva migrans)은 이 기생충들의 애벌레가 간, 폐, 뇌 등의 사람 조직으로 확산되는 것으로, 조직손상과 알러지 반응을 일으킨다. 인체 감염의 위험을 최소화하기 위해서는 애완동물의 기생충을 정기적으로 없애주고, 배설물을 조심스럽게 처리하며, 어린이들의 모래놀이통들을 애완동물들로부터 멀리해야 한다.

편충증

편충증(Trichuriasis)은 전세계에 골고루 분포 해있는 **편충(whipworm)** *Trichuris trichiura*에 의해 유발된다. 약 3억 인구가 감염 되어 있으며, 남동부 미국에도 감염률이 높다. 인체에 감염되기 위해서는 인체 배설물이 따뜻하고, 습기가 있고 해가 안드는 곳에 놓여져야 한다. 더러운 손을 입으로 빠는 어린이들이 특히 감염되기 쉽다. 대변에 섞여 있는 알들은 부분적으로 발달된 유충(embryo)을 포함한다. 알들이 인체에 들어가서 부화하면, 유충들은 Lieberkuhn의 소낭이라 불리는 장의 효소분비 선(gland)에 기어들어 가고, 거기서 발달한다. 이것들은 장 내강(lumen)으로 다시 돌아와서 처음 감염된 후 3개월 안에 완전한 성충이 된다.

성충은 장 점막에 손상을 주고 혈액을 영양분으로 이용한다. 만성 출혈, 빈혈, 영양실조, 독소에 대한 알러지 반응을 일으키고, 세균의 이차 감염을 쉽게 한다. 어린이에게는 대장 출혈을 일으킬 수도 있다. 대변에서 알을 찾음으로써 진단한다. mebendazole이 이 기생충을 제거하는데 효과적으로 사용되며, 위생적인 하수 체계가 재감염을 예방하는데 필수적이다.

분선충증

분선충증(strongyloidiasis)은 *Stronglyoides stercoralis*에 의해 유발된다(**그림 22.29**). 이 기생충 암컷은 특이하게도 처녀생식(*parthenogenesis*; 즉 암컷이 수컷과의 수정과정 없이 생식) 을 통해 알을 낳는다. 실제로, 인체나 배설물에서 이 기생균의 수컷을 발견하기가 쉽지 않다. 성충은 약 2.2 mm의 길이와 0.04mm의 폭을 가진 크기이며 소장에 흡착하여 더 깊숙한 층으로 뚫고 들어간 후 비감염성 애벌레를 포함하고 있는 알을 방출한다. 많은 알은 장내에서 부화되고 대변과 함께 배출된다. 흙에서, 애벌레가 자유로운 성충이 되거나, 감염성의 애벌레로 발육하여 새로운 숙주의 피부를 뚫고 들어간다. 피부를 뚫고 들어간 감염성 애벌레는 혈액을 통해 폐로 들어간다. 거기서 기관(trachea)으로 뚫고 들어가, 인두(pharynx)로 이동한 후 소화기관으로 섭취된다. 소장에 다다르면, 성충이 되고, 생활사를 다시 시작한다.

Strongylosides 애벌레는 침입 부위에 가려움, 종창(swelling), 출혈을 일으키는데, 종종 세균과 함께 감염되기도 한다. 이동하는 애벌레는 숙주내에서 면역반응을 일으키지만, 이 반응이 기생충을 제거하지 못한다. 폐 감염시에는 기침과 가슴이 타는 듯한 느낌이 일어나고, 장 감염시에는 장이 타는 듯한 느낌과 궤양이 발생한다. 어느 조직에서든

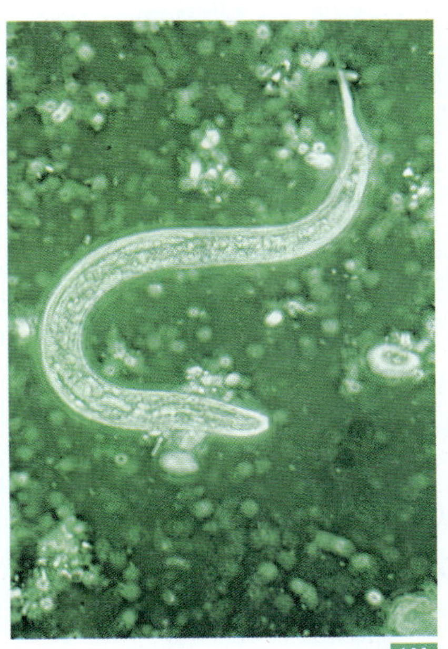

그림 22.29 ***Strongyloides stercoralis*.** 소장의 기생충이다.

표 22.4

위장관 질환을 일으키는 세균이외의 병원체 요약

질환	병원체	특성
바이러스성 위장관 질환		
바이러스성 장염	Rotavirus	바이러스 복제가 장상피를 파괴함; 5세 이하 어린이에 치명적인 설사와 탈수를 일으킬 수 있음
A형 간염	Hepatitis A virus	장세포 및 타 세포내에서 바이러스 복제는 불쾌감, 메스꺼움, 설사, 복통, 식욕부진, 열 및 황달을 유발함; 대부분 자가-제한적; 백신 있음
B형 간염	Hepatitis B virus	바이러스 복제와 증상은 발병이 잠행성이고 보통 열이 없다는 점 이외에는 A형 간염과 유사함; 만성 감염과 보균 상태 가능; 비경구적으로 전염; 백신 있음
C형 간염	알려지지 않음, 하지만 아마도 2가지가 포함될 것으로 보임	미약한 증상, 하지만 질환이 종종 만성형이다.
D형 간염	Hepatitis B와 Hepatitis D virus	치명적인 간염을 일으킴
E형 간염	Hepatitis E virus	중간정도 질환, 그러나 임산부에겐 치명적일 수 있음
원생동물성 위장관 질환		
지알디아증	*Giardia intestinalis*	장 벽에 흡착함; 점막을 섭취하고 염증, 설사, 탈수, 영양부족을 유발. 종종 반응성 관절염 유발
아메바성 이질	*Entamoeba histolytica*	점막에 궤양을 만들고 심한 급성 설사, 복부 압통 및 탈수를 유발; 장내에서 살 수 있고 잠복성 아메바증을 유발
발란티디움증	*Balantidium coli*	장벽을 침입; 이질을 일으키고 종종 장천공과 복막염을 유발
크립토스포리디움증	*Cryptosporidium* 종들	점막 세포안이나 그 하부에 살며 면역력약화 환자에서 설사를 일으킴
사이클로스포라증	*Cyclospora cayentanenisis*	이질, 종종 재발됨-면역력약화 환자에서는 심한 설사를 일으킴
기생충성 위장관 질환		
흡충 감염	*Fasicola hepatica, Clonorchis sinensis,Fasciolopsis buski*	장내에서 포낭을 배출하고 간으로 이동하여 관(duct)들을 막고 조직을 훼손시킴; *F. buski*는 장폐색, 농양, 해충 중독을 유발
촌충 감염	*Taenia solium, T. saginata, Echinococcus granulosis, Hymenolepsis nana, Diphyllobothrium latum*	대부분 감염은 포낭에 싸인 애벌레를 섭취함으로써 생김. 애벌레는 성숙하여 장점막을 침식함; 알을 섭취하면 인체내에서 낭미충이나 포충낭의 애벌레로 발육되어 뇌와 여타 중요 기관을 훼손할 수 있음
선모충증	*Trichinella spiralis*	장내에서 포낭의 애벌레가 방출되고, 성숙하면 새로운 애벌레를 생산하여 여러종류의 조직으로 이동하고 근육에서 포낭을 형성함으로써 통증을 유발함; 애벌레는 조직을 훼손하고 성충은 독소를 생산함
십이지장충 감염	*Ancylostoma duodenale, Necator americanus*	애벌레는 피부를 뚫고 들어가 혈관을 통해 심장과 폐로 이동; 기침을 통해 나온 애벌레는 소화관에 들어가 소장 융모를 파고들어감; 성충은 혈액을 영양분으로 삼아 생활하고, 복통, 식욕감퇴, 단백질 및 철이온 결핍을 초래함
회충증	*Ascaris lumbricoides*	알은 장에서 부화하고, 애벌레가 많은 조직에서 면역 반응을 유발함; 성충은 장내 영양분을 섭취함으로써 영양실조를 초래함; 여러 곳을 이동하면서 농양을 만듬
편충증	*Trichuris trichiura*	알은 장에서 부화하고, 유충은 Lieberkuhn 소낭을 침투하여 성숙함; 성충은 장 점막을 훼손하여 만성 출혈, 빈혈, 영양실조 및 독소에 대한 알러지 반응을 초래
분선충증	*Stronglyoides stercoralis*	피부를 통과하여 기관지까지 뚫고 들어가고 인두까지 기어 올라가 소화기관으로 삼켜짐; 성충은 장을 뚫고 들어가고 알을 낳음; 염증반응, 출혈, 많은 곳에서 면역반응을 일으키고 심한 설사와 체액손실을 초래함
요충증	Enterobius vermicularis	삼켜진 알은 소장에서 애벌레로 성숙함; 감염은 특히 어린아이들에게서 영양공급을 방해함.

지 세균의 2차 감염은 패혈증을 일으킨다. 장 감염시 설사와 체액 손상이 심하며, 전해질 공급 치료가 잘 듣지 않는다. 결국, 환자는 종종 심부전이나 호흡마비등의 합병증으로 목숨을 잃게 된다. 면역약화 환자들은 이 기생충이 위장을 벗어나 폐와 뇌막으로 퍼지면서 사망할 수 있다.

Strongyloides 감염은 애벌레가 흙이나 물에 오염되어 있다가 인체로 옮기면서 생긴다. 애벌레는 대량 감염시에만 배설물에서 발견될 수 있기 때문에 진단이 쉽지 않다. 면역 진단 방법이 개발 되고 있다. 부작용이 가장 적은 thiabendazole과 cambendazole을 사용하여 치료한다.

요충 감염

요충(pinworm) 감염은 작고 원형의 기생충인 *Enterobius vermicularis*에 의해 야기된다. 십이지장충 감염처럼 숙주동물의 교체없이 전체 생활사를 완결한다. 실제로, 인간만이 알려진 숙주이며, 지금까지 알려진 기생충들 중에서 전세계적으로 가장 넓게 분포한다. 사회적 빈곤층에 더 흔하지만, 상류층에서도 발견된다. 통계상 전세계 2억 9백만 인구가 요충에 감염되어 있고, 미국과 캐나다에는 약 천 8백만 명이 감염되어있다. 성충은 대장 상피에 흡착해 있고, 거기서 교미를 하며, 암컷은 알을 낳는다. 11,000-15,000개의 알을 품고 있는 암컷은 야간에 항문으로 이동하여 항문 바깥쪽으로 알을 낳으며, 다시 안으로 기어들어간다. 온도가 낮고 호기적인 환경이 알을 낳게하는 환경요소로 작용한다. 이 알들은 침구, 가려운 항문 주위를 긁은 손톱아래 때, 혹은 공기중에 있는 알들의 흡입을 통해 다른 사람에게 쉽게 전달된다. 섭취된 알들은 소장에서 부화하여 애벌레를 낳고 이것들은 대장내에서 성숙하고 복제한다. 어떤 경우는 위와 식도 심지어 코에까지 기어 올라갈 수 있다. 또 어떤 경우는 방광, 자궁, 팔로피오관(수란관 · 나팔관; fallopian tubes)을 통해 복강에 까지 이동한다.

당신의 개가 다른 개의 똥을 킁킁거리며 냄새를 맡을 때 개 요충 (즉 사람에 감염되지 않는) 알이 당신의 개에 감염될 수 있다.

보통 요충 감염이 인체를 쇠약하게 만들지는 않지만 상당한 불편감을 줄 수 있고, 적절한 휴식과 영양공급을 방해할 수 있다. 어린이의 경우 정도가 심하다. 많은 양으로 감염되면 직장을 밖으로 튀어나오게 할 수도 있다. 항문 주위의 알들을 발견함으로써 진단할 수 있고, 야간이나 잠에서 깨어난 직후, 나무로 만든 혀 누르는 기구(tonge depressor) 로 투명한 셀로판 테잎을 항문에 눌러 붙이면 요충을 발견 할 수 도 있다. 만약 가족 중에 요충을 갖고 있으면, 모든 가족 구성원이 전염되있는 것으로 봐야하며, 이들은 piparazine 이나 다른 구충제로 치료한다. 이런 구충제들은 대부분 저렴하며 비독성이다. 치료기간 중에 침대 시트등의 침구류, 옷, 수건등이 세척되야 하며, 집안 청소도 깨끗이 해야 한다. 치료와 청소는 10일 간격으로 반복되어야 한다. 이런 노력에도 불구하고, 가족의 재감염이 빈번하다. 재감염이 없으면, 감염자체는 자가-제한적이며 치료없이도 중지될 수 있다. 부모들이 명심할 것은 이 감염이 치명적이지는 않다는 것이다(◀그림 14.2 p. 402).

세균 이외의 병원체에 의한 위장관 질환은 **표 22.4**에 요약하였다.

✔중점 질문 사항

1. 촌충의 생활사를 기술하라. 생활사중 낭미충(cysticercus)과 포충낭(hydatid cyst) 이 나오는 단계는?
2. 전자 레인지에서 돼지고기를 안전할 정도로 충분히 익힐 수 있을까?
3. 요충 진단에 사용되는 기술을 서술하라.

요약

- 이 장에서 기술한 질환의 원인체와 특성은 표 22.1, 22.2, 22.4에 요약하였다. 이표들에 나와있는 정보는 이 요약부분에 다시 포함시키지 않았다.

소화계통의 구성

- **소화계통**은 입, 인두, 식도, 위 및 장으로 구성되어있는 기다란 튜브(tube) 이며, 이를 따라 치아, 타액선, 간, 담낭 및 췌장등의 부속기관들로 구성된다.
- 소화계통의 다섯가지 주요기능은 다음과 같다.

1. 소화관을 통한 음식물의 이동.
2. 소화액과 점액의 분비
3. 음식물의 소화
4. 소화된 음식물의 혈류로의 흡수
5. 소화되지 않은 음식물 성분과 장내 세균총의 제거

- 비특이적 보호는 점액, 위산, 간의 쿠퍼 세포(Kuffer cell), 점막하 림프조직의 반(patch), 정상세균총의 경쟁 등을 포함한다.

입과 소화계통액의 정상 세균총

- 사람의 구강내에는 아마도 수천종의 미생물이 살고 있고 그중의 반이상은 아직 동정되지 않고 있다. 따라서 구강내 생태학은 거의 이해되지 않고 있다.
- 식도는 위와 마찬가지로 확정된 정상 세균총이 없다. 소장의 첫 2/3는 일과성 세균을 포함하고 있으나, 마지막 1/3 의 표면은 장내세균 과(Enterobacteriaceae) 세균들과 절대 혐기성 세균들이 주로 군락을 이루고 있다. 대장내에서는 대부분이 *Bacteroides*인 세균들이 대변의 50%를 차지한다.
- 대장의 세균들은 비타민 K같은 중요한 대사산물을 생산한다.

구강의 질환

구강의 세균성 질환

- **치태**는 계속해서 형성되는 치아 표면의 코팅이며 유기물질과 혼합된 세균으로 구성된다.
- **치아 우식**(치아부식)은 치아의 법랑질과 더 깊숙한 부분의 화학적인 파괴를 말한다. 치아우식은 좋은 구강 위생, **불소**의 사용 및 코팅제의 적용을 통해 예방할 수 있다.
- **치주질환**은 잇몸, 치주인대 및 치조골 등을 포함하며, 치태형성을 억제함으로써 예방할 수 있다. 치태 제거 시술, 구강 세척, peroxide-sodium bicarbonate, 외과적 수술 혹은 항생제 등으로 치료한다.

구강의 바이러스성 질환

- **이하선염(mumps)**은 타액이나 비말에 의해 전염되며 전세계적으로 어린이에게 주로 일어난다. 백신을 통해 예방될 수 있다.

세균에 의한 위장관 질환

세균성 식중독

- **식중독**은 미리 생산된 독소를 섭취함으로써 발생한다. 음식물의 위생적인 관리, 적절한 익히기 및 냉장보관을 통해 예방될 수 있다. 세균의 독소가 중독을 일으킨다.
- 포도상 구균성 **장중독증**은 오염되고 냉장보관이 잘 이루어지지 않은 음식물, 특히 유제품과 가금류 제품을 섭취함으로써 발생한다.
- 다른 종류의 식중독은 항상 충분히 익히지 않거나 오염된 고기, 고기국물, 쌀등을 섭취함으로써 발생한다.

세균성 장염과 장열

- **장염**은 장의 염증이다. **장열**은 다른 조직을 침투하는 병원성 세균에 의해 일어나는 전신질환이다. 모든 장염과 장열은 대변-구강 경로를 통해 전염되며, 좋은 위생관리를 통해 예방될 수 있다.
- **살모넬라중**은 고위험 환자에게만 항생제가 처치되는 자가-제한성 장염이다.
- **장티푸스 열**은 *Salmonella typhi*에 의해 발생되는 장 감염으로써 chloramphenicol로 처치하며, 감염 후 세포면역이 생긴다. 사용되고 있는 백신은 효과가 제한적이다.
- **쉬겔라중** 혹은 **세균성 이질**은 항생제로 처치되야 하며 회복후에 면역이 생기지 않는다.
- 아시아나 위생환경이 좋지 않은 지역에서 흔한 **아시아 콜레라**는 체액과 전해질 보충 및 tetracycline으로 처치한다. 회복되면 아주 오래 면역이 생기지만 지속기간은 알려지지 않았다. 다량으로 전염됐을 때는 백신이 효과적이지 않다.
- **비브리오중**은 날 생선을 섭취할 때 흔 하게 생기는 약한 질환이다.
- **여행자 설사**는 매년 10억 이상의 여행자가 걸린다. 보통 자가-제한적이나 합병증이 생길 수 있다.
- *Escherichia coli*는 대변 오염의 지표이며, 기회성 병원균이다.

위, 식도, 장의 세균성 감염

- *Helicobacter pylori*는 위궤양과 만성 위염의 원인으로 여겨지고 있으며, 위암의 가능한 인자로도 여겨지고 있다.

담낭과 담즙의 세균성 감염

- 담즙은 지질막을 갖고 있는 대부분의 미생물체를 파괴할 수 있다. *Salmonella typhi*는 담즙에 저항력이 있어서 담낭에서 생존할 수 있으며 증상을 일으키지 않고 대변내로 흘러갈 수 있다. 담즙관을 막는 담석증은 보통 *E. coli*에 의한 담낭 및 담즙관내 감염을 유발할 수 있다. 감염은 혈류로 전파하거나 간으로 올라갈 수 있다.

다른 병원균에 의한 위장관 질환들

바이러스성 위장관 질환

- 대부분 바이러스성 위장관 질환은 오염된 식수나 음식의 섭취에 의해 일어나며 대변-구강 경로로 전염된다. 그러나 B, C, D형 간염는 오염된 혈액 과 다른 체액을 통해 전염된다.
- **로타바이러스** 감염은 개발도상국의 많은 어린이들을 사망케 한다.
- 바이러스성 **간염** 치료는 증상을 완화시킨다. 감마 글로불린은 A형 간염에 면역을 제공하고, A형 간염 과 **B형 간염**은 백신이 개발되어 있다. **D형 간염**은 B형 간염이 있을때만 감염될 수 있다.

원생동물성 위장관 질환

- 원생동물성 위장관 질환은 대변-구강 경로로 전염된 음식물에 의해 일어나며 좋은 위생관리를 통해 예방될 수 있다.
- 대변 검체에서 원생동물의 낭을 찾음으로써 진단되고 항-원생동물 제제를 사용하여 처치한다.
- **지알디아중**은 어린이에게 특히 잘 발생한다. **아메바성 이질**, **만성 아메바중** 및 **발란티디움중**등이 전세계적으로 일어나는데 대부분 열대지방이다. **크립토스포리디움중**은 면역약화 환자에게 주로 일어나지만 최근의 유행은 정상 면역을 가진 사람도 포함되었다.

곰팡이 독소의 영향들

- **아플라톡신**은 곰팡이 *Aspergillus*에 의해 생산되는 독소로서 곰팡이가 핀 곡물과 땅콩으로부터 사람에게 전염된다.
- **맥각 중독**은 *Claviceps purpurea*로 오염된 곡류를 섭취함으로써 일어난다. 적은 양의 **맥각균** 독소는 의학적으로 활용될 수도 있다.
- *Amantia* 종과 주로 연관이 있는 버섯독소는 구토, 설사, 황달, 환각증세를 유발한다. 양이 충분하면 치명적이 될 수 있다.

기생충성 위장관 질환

- 기생충 위장관 질환은 열대지역에서 흔하고 몇몇 종류의 흡충, 회충, 촌충 등을 포함한다.
- 인체에 감염되는 기생충은 몇몇 동물들, 어류, 식물, 달팽이, 갑각류 등도 숙주가 될 수 있는 복잡한 생활사를 갖고 있다.
- 대부분의 이들 질환은 대변 검체에서 알을 찾음으로써 진단한다. 오염된 물과 흙의 제거, 음식물의 충분한 익힘과 같은 좋은 위생 관리로 예방될 수 있다.

용어 정리

간염(p. 697)
감염성 간염(p. 698)
고환염(p. 683)
균형혈관(p. 678)
급성 궤사성 궤양성 치은염(p. 682)
낭미충(p. 706)
대변(p. 678)
대장(p. 678)
만성 아메바증(p. 701)
맥각 중독(p. 703)
맥각(p. 703)
뮤신(p. 677)
미세융모(p. 678)
바이러스성 장염(p. 696)
발란티디움증(p. 701)
백악질(p. 677)
법랑질(p. 677)
봉크레크 질환(p. 685)
분선충증(p. 709)
불소 화합물(p. 680)
비브리오증(p. 691)
빌리루빈(p. 698)
살모넬라증(p. 685)
선모충증(p. 707)
설사(p. 684)
세균성 이질(p. 688)
세균성 장염(p. 685)
소장 결장염(p. 686)
소장(p. 678)
소화계통(p. 677)
쉬겔라증(p. 688)
식중독(p. 684)
십이지장충(p. 707)
아메바성 이질(p. 701)
아메바증(p. 701)
아시아 콜레라(p. 690)
아플라톡신(p. 703)
여시니아증(p. 692)
여행자 설사(p. 691)
요충(p. 711)
융모(p. 678)
이질(p. 685)
이하선염(p. 683)
장독성 균주(p. 691)
장독소(p. 684)
장열(p. 685)
장열(p.687)
장염(p. 685)
장중독성(p. 684)
장출혈성(p. 691)
장침투성 균주(p. 691)
지알디아증(p. 700)
출혈성 요독 증후군(p. 692)
치석(p. 682)
치아우식증(p. 680)
치은염(p. 682)
치주염(p. 682)
치주질환(p. 681)
치태(p. 679)
크립토스포리디움증(p. 702)
토양진(p. 707)
편충(p. 709)
편충증(p. 709)
포충낭(p. 706)
해충 중독(p. 705)
혈청간염(p. 698)
혈청형(p. 686)
회충증(p. 708)
A형 간염(p. 698)
B형 간염(p. 698)
C형 간염(p. 698)
D형 간염(p. 698)
delta hepatitis(p. 698)
E형 간염(p. 698)
rotavirus(p. 696)

임상 사례 연구

독일 군부대 지역 고등학생들이 러시아로 소풍을 가 음료수 공장을 견학했다. 그들 모두에게 음료수병이 공짜로 제공됐다. 그 학생들이 여행을 마치고 돌아온 후 설사를 하기 시작했고, 거품이 많고 기름진 대변, 체중저하, 어떤 경우에는 고열이나 락토스 과민등을 겪게 됐다. 이들은 지알디아증(giardiasis)으로 진단 되었다. 군의 임상병리실에서는 학생들이 먹은 것과 똑같은 개봉되지 않은 음료수병 안에서 *Giardia intestinalis*를 발견하였다. 그렇다면 이 음료수병에서 발견된 *Giardia*는 어디에서 왔을까? 임상병리실에서는 어떻게 진단할 수 있었을까? 이질환을 일으키기 위해 필요한 최소의 포낭 숫자는 얼마일까? 이 가장 흔한 비세균성 위장관 병원균에 대해서 다음의 website를 참조해보기 바란다 (FDA Bad Bug Book, http://vm.cfsan.fda.gov/~mow/chap22.html)

요점 사고 문제

1. 식중독과 식품매개 감염을 비교하라. 임상적으로 조절하는 방법론에서 이 구분의 의미는?

2. 장티푸스 열과 장내 살모넬라증은 유사한 미생물에 의해 발생된다. 이 미생물들의 가장 중요한 차이점은 무엇이고 그들이 유발하는 질환은 각각 무엇인가?

3. 명백한 간염증상을 갖는 환자가 있다: 피부와 눈의 색이 노랗게 변하고, 식욕부진, 복통, 간 비대, 구역질, 설사등의 증상이다. 이 환자가 어떤 간염 형을 가지고 있는지 정확히 진단하는 것이 왜 중요한가?

자가진단 문제

1. 다음 문항 중 맞지 않는 사항으로 짝지워 진것은?
(a) 대장-많은 세균이 집락을 이룬다.
(b) 소장-많은 세균이 집락을 이룬다.
(c) 위-산성 성분이 많은 병원균을 죽인다.
(d) 대장내 세균-비타민 K를 생산한다.
(e) 뮤신-세균이 부착하는 것을 억제한다.

2. 다음 세균중 수크로오스를 치태형성에 도움을 주는 덱스트란과 같은 글루코오스 중합체로 변환시킬 수 있는 세균은?
(a) *Escherichia coli*
(b) *Streptococcus mutans*
(c) *Streptococcus mitis*
(d) *Staphylococcus aureus*
(e) *Streptococcus pyogenes*

3. 구강내 당분은 세균 발효과정을 통해 치아 법랑질을 서서히 녹일수 있는 _____으로 전환된다.
(a) 산 (b) 염기
(c) 폴리펩타이드 (d) 플라그
(e) 피막

4. 불소 처리는 치아 법랑질의 _______를(을) 방해함으로써 치아 우식 발생을 줄여준다.
(a) 탈미네랄화 (b) 재미네랄화
(c) 치태형성 (d) 발효
(e) 산도

5. 치아 주위의 뼈와 조직 모두에 영향을 주는 질환은 뭐라고 불리는가?
(a) 치아 우식 (b) 치태
(c) 치주염 (d) 치은염
(e) 참호 구강염

6. 치석은 치아표면에 다음중 어떤 미네랄 성분의 침전으로 유발되는가?
(a) 철 (b) 알루미늄
(c) 불소 (d) 마그네슘
(e) 칼슘

7. *Staphylococcus aureus*의 장독소는 _______를 일으킨다.
(a) 신경계 역류 (b) 설사
(c) 구토 (d) 윗답항 모두
(e) 답이 없다.

8. 대부분의 외독소와 달리 *Staphylococcus*의 장독소는_____
(a) 열에 안정적이다.
(b) 열에 불안전하다.
(c) 독성이 없다.
(d) 설사를 유발한다.
(e) 막에 붙어있다.

9. 대장에 영향을 주는 세균성 장염은 _____이라 불리는 유혈의 설사 뿐 아니라 조직 손상을 일으킨다.
(a) 식중독 (b) 장열
(c) 봉크레크 질환 (d) 무기력 마비
(e) 이질

10. *Salmonella typhi* 보균자는 무증상이 될 수 있다. 하지만 _______에 세균을 계속 지니고 있고 전염시킬 수 있다.
(a) 구강 (b) 담낭
(c) 피부 (d) 머리털
(e) 폐

11. 다음중 어떤 것이 Shiga-독소와 유사한 강력한 독소를 생산하는가?
(a) *Salmonella typhi*
(b) *Campylobacter jejuni*
(c) *Escherichia coli* O157:H7
(d) *Clostridium botulinum*
(e) *Clostridium perfringens*

12. 다음중 어떤 것이 식중독과 관계가 없을까?
(a) *Staphylococcus aureus*
(b) *Clostridium botulinum*
(c) *Bacillus cereus*
(d) *Clostridium perfringens*
(e) 답이 없다.

13. Campylobacter증 이후 합병증은 다음 중 무엇인가?
(a) 관절염 (b) 뇌손상
(c) 신장 손상 (d) 마비
(e) 실명

14. 다음 list 중 그람음성 위장관염의 창궐을 막는 가장 좋은 방법은?
(a) 음식을 뜨겁게 충분히 익힌다.
(b) 염화 식품
(c) 음식에 식초와 양념을 넣는다.
(d) 냉동건조 식품
(e) 음식을 냉장보관한다.

15. *Helicobacter*가 산성환경에서 생존하기 위해 생산하는 효소는?
(a) B-galactosidase (b) Coagulase
(c) Lactase (d) Amylase
(e) Urease

16. 다음 중 부적절한 관계의 쌍은?
(a) 햄버거-*Escherichia coli* O157:H7 (EHEC)
(b) 닭과 칠면조-*Salmonella enteritidis*
(c) 밥-*Bacillus cereus*
(d) 감자 샐러드-*Staphylococcus aureus*
(e) 답이없다.

17. 다음 중 담즙의 활동에 의해 가장 많이 영향받는 세포벽 성분은?
(a) 지질 (b) 단백질
(c) 탄수화물 (d) 포린
(e) LPS

18. 다음 중 어떤 바이러스가 위장관염과 물같은 설사를 일으키는가?
(a) *Giardia* (b) *Campylobacter*
(c) *Salmonella* (d) *Cryptosporidium*
(e) Rotavirus

19. 다음중 어떤 간염 바이러스가 오염된 물에 의해 전염되는가?
(a) B형 간염 (b) C형 간염
(c) A형 간염 (d) D형 간염
(e) Echovirus

20. 다음중 어떤 바이러스가 자신의 질환 유발을 위해 다른 바이러스 감염이 필요한가?
(a) B형 간염 (b) D형 간염
(c) Norwalk virus (d) Rotavirus
(e) Echovirus

21. 지금까지 얼마나 많은 종류의 간염 바이러스가 동정 되었는가?
(a) 4 (b) 5 (c) 6 (d) 7 (e) 8

22. 다음 중 어떤 원생동물 기생충이 장의 지방 흡수를 방해하는가?
(a) *Giardia* (b) *Cryptosporidium*
(c) Rotavirus (d) *Amoeba*
(e) A형 간염

23. 아플라톡신은 _____에 의해 생산된다.
(a) 세균 (b) 바이러스
(c) 정체불명의 생명체 (d) 곰팡이
(e) 원생동물

24. 다음중 어떤것이 원핵생물인가?
(a) *Cryptosporidium parvum*
(b) *Aspergillus niger*
(c) *Taenia solium*
(d) *Salmonella typhi*
(e) *Giardia lamblia*

25. 다음 중 어떤 감염이 대변속의 감염원인 생명체의 알을 확인함으로써 진단이 되는가?
(a) Rotavirus (b) *Vibrio cholerae*
(c) 기생충 (d) A형 간염
(e) *Aspergillus niger*

26. 다음 그림의 소화계 부분의 구조의 명칭을 제공하고 각 구조가 갖고있는 질환 예방 방법을 설명하시오.
(a) ______
(b) ______
(c) ______
(d) ______
(e) ______
(f) ______
(g) ______
(h) ______
(i) ______
(j) ______
(k) ______
(l) ______
(m) ______
(n) ______
(o) ______
(p) ______
(q) ______

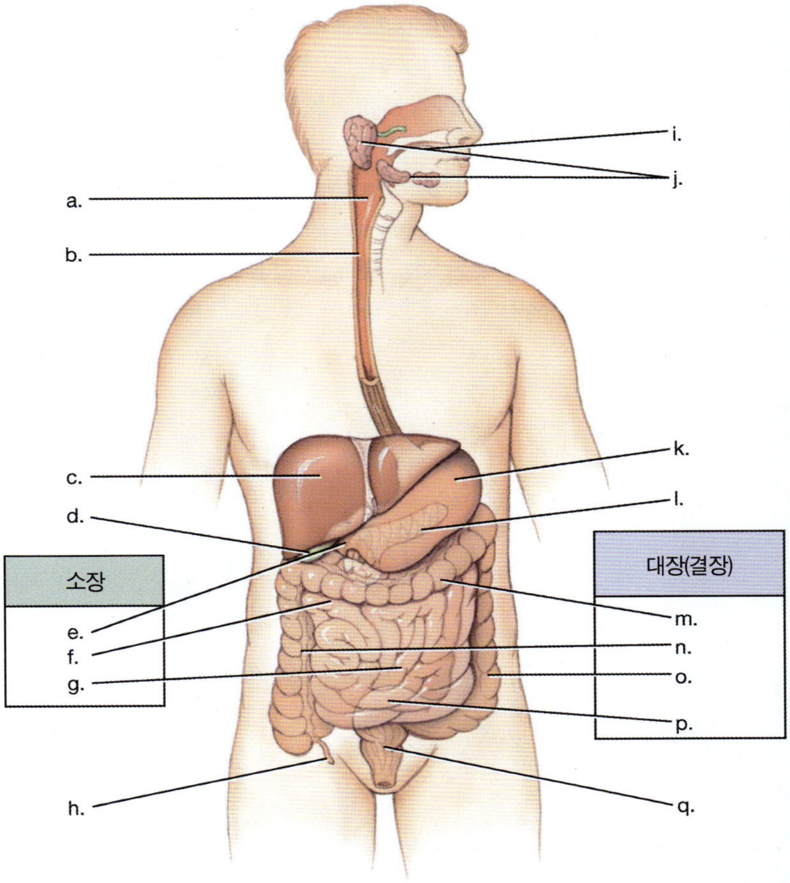

i.
j.
a.
b.
c.
d.
소장
e.
f.
g.
h.
k.
l.
대장(결장)
m.
n.
o.
p.
q.

웹상에서 탐구 문제

http://www.wiley.com/college/black

이 장을 전부 이해했다면, 웹상에 당신을 도전하는 것이 더 있다. 이책에서 제공하는 웹사이트에 가서 이장에 대한 내용를 더욱 자세히 이해해보기 바란다. 또한 아래의 질문에 대한 답을 찾아보기 바란다.

1. 대부분의 설사증세는 자가-제한적이어서 병원에 가거나 치료없이 회복된다. 그러나 몇몇 사람들의 경우 설사가 생명을 위협할 수도 있다. 그렇다면 당신의 설사가 그냥 단순한 불편함인지 심각하게 생명을 위협할 수 있는 질환인지 어떻게 결정할 것인가?
2. 치과에 가서 치아 우식을 예방할 수 있는 예방접종을 받는다고 상상해보라. 백신을 주사보다 코에 뿌려 예방한다면 더욱 좋을 것이다. 언제쯤 이러한 백신이 만들어질까?

심장혈관계 질병, 림프계 질병 및 전신병 23

시작하며...

David Schultz/Getty Images

"집 언덕위의 집(포크송 가사)" 옐로우스톤 국립공원에서 사슴과 영양의 많은 무리는 자신들의 서식지를 만든다. 당신은 또한 들소 떼에서 자유로이 퍼져있는 브루셀라증에 걸린 소를(Brucellosis) 찾을 수 있을지도 모른다. 브루셀라증은 전염성이 강한 세균성 질병으로 순환계에 영향을 준다. 이 질병이 소에게 감염이 되면, 고기와 우유의 생산을 저하시킬 뿐만 아니라 유산을 일으킨다. 조사에 따르면, 옐로우스톤 공원에 서식하는 무리 중, 절반이 브루셀라증에 감염되어 있으며, 대다수의 엘크(Elk)에서도 나타난다.

이 질병으로 인해 미국에서 소 사육자들은 매년 3,000만 달러 이상을 허비하고 있다. 대목장에서 브루셀라증이 발견되면, 모두 도살되며 피해액은 숫송아지 1마리당 1,000 달러 정도가 된다. 임신한 소의 경우는 유산된다. 백신 예방법이 있으나 그 효과는 매우 미미한 정도이다. 이에 박테리아파지(bacteriophage) 치료법이 시도될 수 있을 것이다. 그 이전에 앞서, 농장주와 공원관리자는 모든 가능한 예방법을 사용해야만 한다. 시간당 900달러로, 헬리콥터를 사용하여 들소무리를 공원 안쪽으로 이동시킨다. 국립공원과 몬타나의 야생동물 관리국에서는 2004년 1월부터 3월까지, 4,200마리의 야생 버팔로 무리 중에서 278마리가 사살되었다. 1800년대 중반, 3,500만 마리에 달했었지만 1920년에 이르러 단 23개체 밖에 남지 않았던 동물에게 총을 겨눈다는 것은 매우 슬픈 현실이다. 대목장의 가축 떼와 접촉을 피하기 위해, 어떤 농장주들은 공원안의 동물만을 위한 격리 먹이통을 설치 했다. 다른 농장주들은 여전히 라이플 소총을 지니고 있다.

이 주제와 관련된 비디오는 WileyPLUS에서 볼 수 있습니다.

심혈관계
심장과 혈관 / 혈액 / 심혈관계에서의 정상 미생물총(微生物叢)

심혈관계 및 림프계 질병
세균성 패혈증과 관련 질병 / 혈액과 림프의 기생충성 질병

전신병
세균성 전신병 / 리켓치아 및 관련 전신병 / 바이러스성 전신병 / 원생동물성 전신병

심혈관계와 림프계에 발병하는 질병은 종종 다른 기관계에도 영향을 미친다. 이는 감염인자가 혈액과 림프액을 타고 쉽게 퍼질 수 있기 때문이다. 그러므로 이번 장에서는 다양한 기관계에 영향을 주는 질병에 대해 알아보고자 한다.

심혈관계

심혈관계(cardiovascular system)는 심장, 혈관, 혈액으로 구성되어 있다(그림 23.1). 이 기관계는 신체 곳곳의 모든 세포에 산소와 영양분을 전달하며 이들로부터 이산화탄소와 노폐물을 제거한다. 또한 내분비샘으로부터 분비된 호르몬을 적절한 세포와 조직으로 이동시키고 완충액을 통해 혈액내의 pH를 조절하게 한다.

심장과 혈관

심장은 2개의 폐 사이에 위치하며, 장액이 포함된 심막낭 안에 위치한다. 심장 벽은 얇은 내부 심장내막과 두꺼운 심장근 그리고 심장 외막으로 구성되어 있다. 심장은 4개의 방, 즉 2개의 심실과 2개의 심방으로 구성되어 있으며 각 심실과 심방마다 다른 방으로 통하는 곳에 밸브가 존재하며 이는 혈류의 방향을 일정하게 한다. 심장의 우측에서 혈액이 나와 폐의 호흡기 구획으로 이동하며 심장의 좌측은 다른 모든 기관과 조직으로 혈액을 공급한다.

심장에서 떠난 혈액은 폐쇄된 공간의 혈관을 통해 순환되며, 다시 심장으로 돌아온다. 이 혈류는 모든 세포에 영양 공급과 노폐물 수거를 돕는다. 동맥은 심장으로부터 혈액을 받고 이 혈액은 소동맥으로 퍼져 나간 뒤, 모세혈관에 이른다. 이 혈액은 다시 소정맥과 정맥으로 이동하여 최종적으로 심장에 도착한다. 모세혈관 벽은 단층의 세포로 구성되어 있어 혈액과 조직사이 영양과 산소 이동이 원활하다. 중성구와 대식세포 같은 백혈구도 감염이 일어날 때 종종 모세혈관 벽 사이를 뚫고 이동하게 된다(혈구 누출).

혈액

혈액은 혈장과 혈구(세포와 세포절편)으로 구성되어 있다. 혈장의 90 % 이상은 물이며, 알부민, 글로불린, 피브리노겐 같은 단백질을 포함하고 있다. 글로불린 중에서 항체는 감염으로부터 신체를 보호하는데 매우 중요한 역할을 담당한다. 피브리노겐의 경우, 혈액누출방지에 중요하다. 혈장은 Na^+, K^+, Cl^- 같은 이온으로 구성된 **전해질(electrolyte)**로 이뤄져 있으며, 산소나 이산화탄소 그리고 각종 영양물질과 노폐물도 포함되어 있다. 혈장과 비교하여 장액의 경우, 세혈구와 응고인자를 제외한 나머지를 말한다.

백혈구와 혈소판 외에도 혈구에는 적혈구도 포함된다. 적혈구는 혈구 중에 많은 부분을 차지하며, 총 혈액 양에서 40~45%를 차지한다. 산소와 결합할 수 있는 분자인 헤모글로빈을 갖는 적혈구의 양은 산소운반 능력과 직결되어 있다.

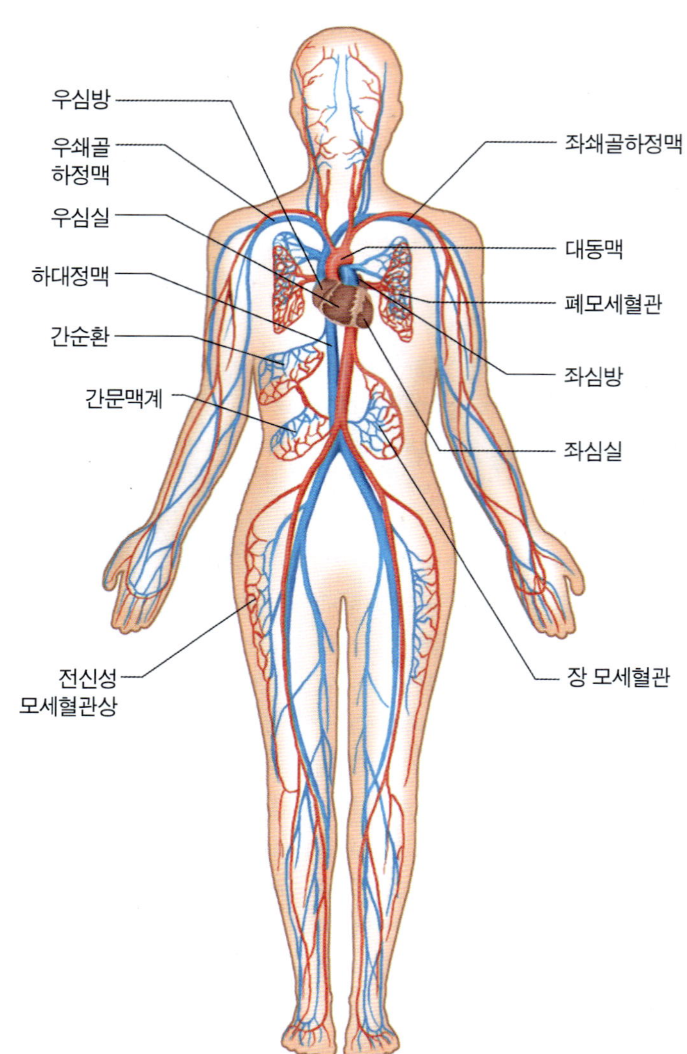

그림 23.1 심혈관계의 일반적 구조. 산화된 혈액은 적색으로 보여지고, 불산화된 혈액은 파랑색으로 보인다. 심혈관계는 정상적으로 무균상태로써 세균을 포함하고 있지 않다.

심혈관계에서의 정상 미생물총(微生物叢)

심혈관계에서는 정상미생물총이 존재하지 않는다. 이는 이 기관계가 폐쇄 시스템이기 때문이며, 통상, 혈액 및 혈관과 심장은 무균상태이다. 하지만, 건강한 개체에서, 미생물이 종종 혈류내로 들어가는 경우가 있으며, 이는 일시적인 **균혈증(bacteremia)**을 유발한다(14장 p. 416). 만일 감염된 세균이 제거되지 않는다면, 감염된 세균은 혈류를 타고 성장하며 증식하여, 혈액중독 즉, **패혈증(septicemia)**을 유발한다. 상처를 통해서 세균 유입이 시작되며 격한 양치질을 통해서도 가

공중 보건

사람에게 가장 절친한 친구의 최악의 적

애완견을 모기로부터 떨어뜨려놓거나, 예방약 처방을 해두는 것이 최고의 방법이다. 심장기생충인 개심장사상충(*Dirofilia immitis*)은 모기에 의해 전염된다. 개의 혈류에 한번 들어가면, 유충은 피부로 이동하고 성숙한 뒤에 심장으로 이동한다. 심장에서 사상충은 짝짓기를 하고 자손을 번식시킨다. 이 사상충 유충은 모기에 의해 먹혔을 때에만 감염성 유충이 된다. 성충으로 자란 사상충은 약 15~30 cm 가 되고 심장 우측에서 축적된다. 또한 폐나 간에서도 발견된다. 따라서 감염된 개들은 주로 심장과 폐에 심각한 손상을 입게 되어 죽음에 이른다.

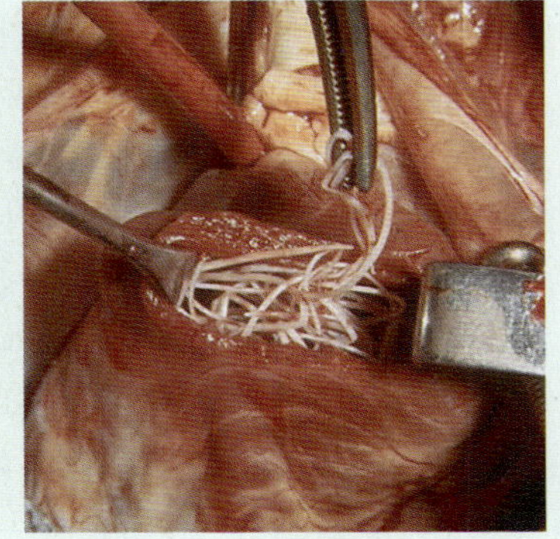

동물치료제 Ivermectin은 한달에 한번 투여되며 심장사상충으로부터 예방의 효과를 볼 수 있다. 하지만 감염되지 않은 개에게만 효력이 있다. 만일 성충이 존재한다면, 이 치료제로 제거될 수 있다. 하지만 사상충이 분해되면서 혈관을 막을 수 있는 독성물질과 찌꺼기들이 만들어지며 또 사상충이 존재했었던 심장의 벽을 약화시켜 개들에게 굉장히 위험할 수 있다.

능하다. 또는 화상이나 구진, 농양이 생긴 치아 같은 감염된 부위로부터 퍼질 수도 있다. 한번 혈류에 들어온 미생물은 항체나 식세포에 의해 제거된다(◀16장 및 17장). 심장의 판막 같은 곳은 세균이 부착되어 군체를 이루고 감염을 일으키기 쉬운 장소이다.

심혈관계 및 림프계 질병

세균성 패혈증과 관련 질병

패혈증

항생제 사용 전에는 패혈증은 종종 심각한 상태에 이르게 한다. 심지어 항생제를 사용하고도 이 질병은 아직 쉽게 치료하지는 못한다. 황색포도상구균(*Staphylococcus aureus*)과 폐렴연쇄구균(*Streptococcus pneumoniae*)같은 그람 양성균은 한때 대부분의 패혈증을 유발하는 균이었다. 오늘날, 광범위 항생제는 이런 균들에 의한 패혈증을 감소시켰다. 하지만 녹농균(*Pseudomonas aeruginosa*), 박테로이데즈 프라질리스(*Bacteroides fragilis*) 그리고 *Klebsiella*, *Proteus*, *Enterobacter*, *Serratia* 종과 같은 다른 세균종들도 패혈증을 유발한다. 이런 균들은 **패혈증쇼크(septic shock)**를 일으키며, 저혈압과 혈관파괴로 생명에 위협적인 패혈증을 동반한다. 현재 패혈증의 1/3은 그람

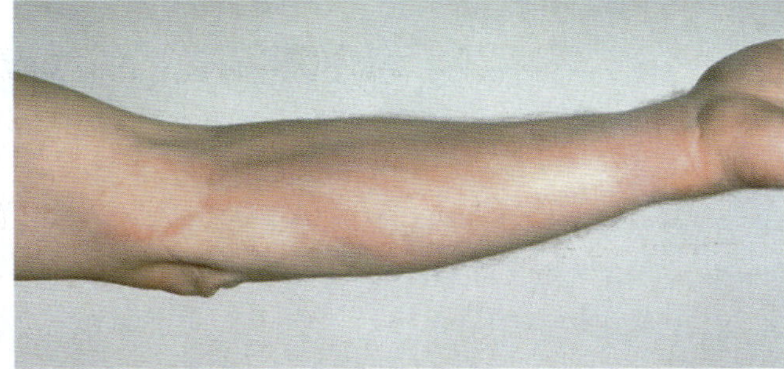

그림 23.2 화상감염부위의 림프관염. 팔에서 보이는 빨간줄 형태는 패혈증 증상으로, 림프관을 통해 균이 퍼진 모습을 나타낸다. 이러한 감염은 옛날에는 혈액중독(blood poisoning)으로 불렸다. (Barts Medical Library/Phototake)

음성 감염 쇼크이며 10%는 다수의 균에 의해 유발된다. 이런 균에 의해 만들어진 내독소는 직접적으로 쇼크에 관여한다. 항생제는 종종 상황을 더 나쁘게 한다. 항생제에 의해 균이 죽으면서 분해된 균으로부터 과량의 내독소가 나온다. 이는 숙주의 혈관에 매우 심각한 손상을 초래하며, 혈압이 더욱 낮아지게 된다. 패혈증쇼크의 일부 경우에서는 외독소를 생성하는 균들에 의해 일어난다.

증세의 경우, 열과 쇼크, **림프관염(lymphangitis)** 또는 피부아래 염증이 생긴 림프관에 붉은줄이 나타난다(**그림 23.2**). 모든 패혈증의 1/3은 병원에서 감염된 경우이며, 절개시술이 시행된지 24시간 이내에 나타난다. 균혈증에서 패혈증으로 이행되는 것은 급성 혹은 만성으로 일어날 수 있다. 그러므로 병원에 입원한 환자들, 특히 큰 수술을 받은 경우 주의 깊게 관찰하여야 한다. 패혈증은 50~70 %의 치사율을 보이며, 미국에서만 연간 35,000명의 사상자가 생겨난다.

패혈증의 진단은 혈액, 카테터 말단, 뇨, 또는 감염에 관련된 샘플을 채취하여 배양을 통해 이뤄진다. 패혈증 치료는 혈압을 반드시 높여주고 안정화시킨 뒤 적당한 항생제를 투여하여 균을 제거한다.

산욕열

산욕열(puerperal fever, childbed fever)은 산후패혈증이라고도 불리며, 이 질병은 항생제를 사용하기 전에는 주요 사망 원인이었다(◀1장 p. 13). 호흡기와 질내에서 정상균으로 존재하는 Group A, 베타용혈성 연쇄구균(*Streptococcus pyogenes*)에 의해 유발된다. 이 질병은 병원 직원들에 의해 옮겨질 수 있다. 연쇄구균(streptococci)은 염증이 생긴 자궁내막을 통과한 뒤, 혈액에 침투하여 패혈증을 유발한다. 이 질병의 징후와 증상은 오한, 발열, 골반염 확대와 압통 그리고 하혈이 있다. 산욕열을 진단하기 위한 혈액배지에 의해 연쇄구균이 분리될 수 있다. 페니실린은 저항성이 있는 균을 제외하고, 매우 효과적이다. 신속한 처리시 치사율은 매우 낮으나, 회복은 늦어서 많은 시일이 걸리며 재발 또한 보편적이다.

Group B 연쇄구균 질병

Group B 연쇄구균(*Streptococcus agalactiae*)는 미국과 유럽에서 신생아 패혈증과 뇌수막염을 일으키는 주요 원인균이다. 이 질병은 1,000명의 신생아 중 1~3명 꼴로 나타나며, 50%의 치사율을 지니고 있다. 뇌수막염에 감염되었다가 생존한 신생아 중에 30%는 중추신경계에 치명적인 손상을 입는다. Group B 연쇄구균은 일반적으로 질내에서 정상균으로 존재하며, 임산부 혹은 비임산부 여성 중에 10~30% 에서 발견된다. 출산 12시간 이전에 막이 파열되면 신생아가 세균에 쉽게 감염 될 수 있다. 감염의 대부분의 경우, 태어난 지 몇 일 안으로 발열이 있고, 호흡곤란과 혼수상태를 동반한다. 늦게 발병하는 경우에는, 태어난지 3주에서 8주에 나타나고, 대부분은 종종 뇌수막염으로 발병한다. 임신한 여성은 가능하다면 분만하기전, 후반 3개월에 Group B 연쇄구균에 대한 검사를 받아야 한다. 그리고 균이 발견된다면, 앰피실린(ampicilin) 또는 면역글로불린(immunoglobulin)을 처방받아야 한다. 감염된 산모로부터 나온 아기는 7일에서 10일간 앰피실린을 투여 해야 한다. 분만 전까지 균체가 검출되지 않는다면, 최소 분만 4시간 이전에 정맥주사로 모체에게 페니실린 G를 투여하여, 출산 동안 신생아의 혈류에 충분히 방어가 가능한 정도의 항생제가 있게끔 한다. 이 질병은 충분히 예방이 가능하다. 현재는 백신 투여하는 방법도 시도되고 있다.

류머티즘 열

류머티즘 열(Rheumatic fever)은 베타용혈성 연쇄구균 (*Streptococcus pyogenes*)에 의해 야기되어 다양한 조직에서 발병한다. 류머티즘 열에 대한 감염은 지난 수 십년 동안 잘 알려졌으나 그 감염기작에 대해서는 완전히 밝혀지지 않았다. 유전적인 요인이 질병소인에 어느 정도 관련이 있음이 일반적으로 12% 정도의 사람에게서 발견되는 특정 사람백혈구항원이 류마티즘 열 환자의 75%에서 존재한다는 사실로 유추할 수 있다.

류마티즘 열에 걸린 대부분의 환자들은 5~15세이다. 일반적으로 해당 질병은 패혈증 인두염이 시작된 뒤 2~3주내에 발병하고 빠르면 1주 이내, 늦으면 5주 후에 감염이 시작된다. 패혈증 인두염 증상은 류마티즘 열 증상이 시작 된 이후에 사라진다. 기본적인 임상 증상은 열, 관절염, 발진이다. 심장 승모판의 손상 증거는 류마티즘 열에 대한 특별한 진단법이 될 수 있다. 몇 주 혹은 몇 달 뒤에 특히 팔꿈치에 작은 혹이 생기는 것을 관찰할 수 있었다. 치료되지 않은 패혈증 인두염의 약 3%가 류마티즘 열로 진행된다. 연쇄구균의 배양과 혈청학적 실험은 진단에 매우 도움이 된다.

류마티즘 열에 의한 심장의 피해는 면역학적 반응에 의해 초래되기도 한다. 그래서 이는 자가면역질환 문제이다. 어떤 연쇄구균은 심장세포와 매우 유사한 항원을 지니고 있다. 하나의 항원에 결합하는 항체는 다른데도 붙는다. 이를 교차 반응이라고 한다. 면역 반응에서 림프구는 아마도 항원에 감작되고, 연쇄구균뿐만 아니라 심장 조직도 공격하게 된다. 결과적으로 심장에 초래되는 피해가 매우 심각할 수 있다. 항체 치료는 현재의 피해를 회복시킬 수는 없지만, 재발을 막을 수는 있다. 한번 류마티즘 열이 발병하면, 승모판 기형이 나타나고 이는 혈류의 역류현상을 일으키며, 심장의 판막표면에 세균의 침투를 용이하게 한다(이 조건을 세균성 심장내막염이라 하며 이후 다시 다룬다). 류마티즘 열에 노출될 수 있는 사람은 연쇄구균에 의한 감염을 방지하기 위해 치과 치료 또는 수술과정 전에 페니실린 같은 항생제를 처방받아야 한다.

류마티즘 열은 대동맥 협착증을 유발하여, 대동맥 판막의 열림을 좁게하며 이로 인해 심장의 좌심실 기능이 어려워진다.

교차반응 항체가 형성되기 전에 항생제를 이용하여 베타용혈성 연쇄구균을 즉시 치료하는 방법만이 실질적인 류머티즘 열 예방법이라고 할 수 있다. 아직까지 효과적인 백신은 없다. 현재 만들어진 백신을 투여 시 불완전한 항체가 생성 되기 때문이다. 그러나 언젠가 이 문제는 해결될 것이다. 스테로이드, 아스피린 같은 항염증제는 심장조직의 손상을 어느 정도 감소시킬 수 있다.

세균성 심장내막염

세균성 심장내막염(bacterial endocarditis) 또는 감염성 심장내막염은 생존에 굉장히 위협적인 감염이고 심장의 판막과 안쪽 내막에 염증을 일으킨다. 따라서 이 질병은 아급성 또는 급성이 될 수 있다. 3명의 환자 중에 2명은 아급성으로 나타나며, 발열, 불쾌감, 균혈증, 2주 이상 지속되는 역류하는 심장의 잡음이 나타난다. 이 질병은 류마티즘 열 또는 선천결함으로부터 판막심장증 병력이 있는 45세 이상의 사람에게 주로 나타난다. 곰팡이를 포함한 대부분의 미생물은 심장내막염을 일으킨다. 하지만 대부분의 경우 세균에 의해 일어나며 특히, 입이나 기도에 정상균으로 서식하고 있는 연쇄구균이나 포도알균 종에 의해 일어난다. 급성 심장내막염은 급속도로 병이 진행 되며, 심장판막을 파괴하여 며칠 안으로 죽음에 이르게 한다.

세균성 심장내막염에서 세균은 감염된 다른 신체 조직에서 심장으로 이동한다. 세균의 **증식(vegetation)**은 손상을 입은 심장판막 표면의 노출된 콜라겐 섬유에서 일어나며, 섬유소 탈락을 초래한다(그림 23.3). 섬유소에 세균이 일시적으로 흡착하고, 세균성 섬유소 덩어리를 형성한다. 세균의 증식은 심장의 정상적인 전기 충격에 의해 저해될 수 있다. 이 세균의 증식은 심장 판막의 변형을 일으키고, 유연성을 낮춰버리며 판막이 완전히 닫혀지지 않도록 한다. 심실이 수축할 때, 혈류는 심실에서 심방으로 역류하며, 심장의 펌프질 효과가 감소한다. 심장주변으로 액이 축적되는 울혈성 심부전증은 가장 흔한 합병증이며, 심장내막염에 의한 사망으로 직결된다.

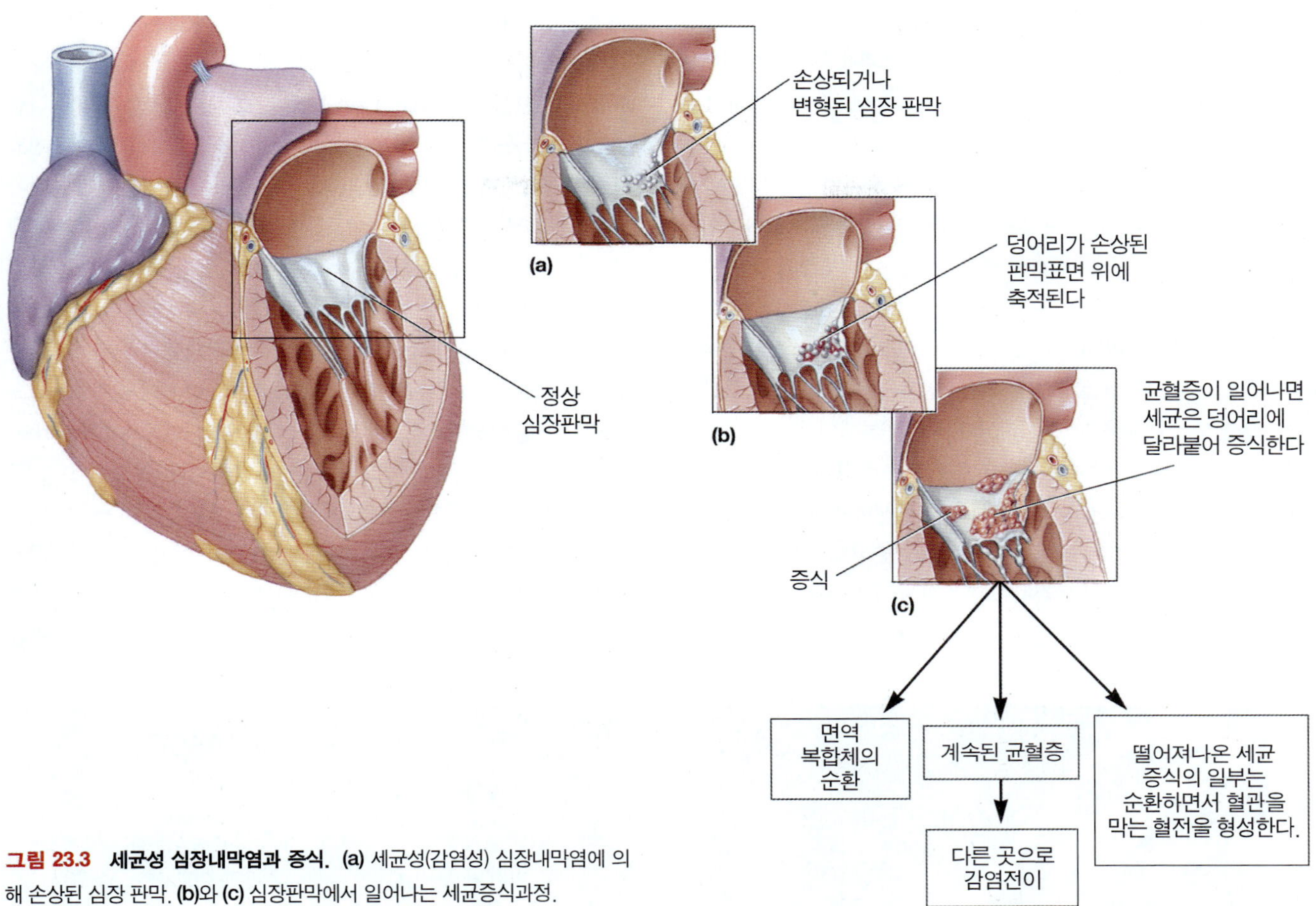

그림 23.3 세균성 심장내막염과 증식. (a) 세균성(감염성) 심장내막염에 의해 손상된 심장 판막. (b)와 (c) 심장판막에서 일어나는 세균증식과정.

세균성 심장내막염은 혈액 채취 및 배양으로 진단되며, 질병 원인체의 민감도에 부합하는 페니실린이나 다른 종류의 항생제를 사용하여 치료한다. 수술을 통해 판막을 교체하는 것도 필요하다. 치료를 하지 않는다면 죽음을 피할 수는 없다. 모든 환자들 중 절반은 항생제 치료를 받고 1/4은 수술을 통해 치료된다. 나머지는 죽음에 이르게 된다. 사망의 대부분의 경우는 정맥내 약물 남용자와 면역억제자에서 일어난다.

심장근육에 생기는 염증인 **심근염(myocarditis)** 그리고 심장을 보호하는 막에 생기는 염증인 **심장막염(pericarditis)** 또한 미생물에 의해서 일어난다. 대부분의 경우 바이러스에 의해 일어나지만 황색포도상구균(*Staphylococcus aureus*)에 의한 것이 40% 정도를 차지한다. 치료하지 않는 경우, 100%에 가까운 치사율을 보인다. 반면에 치료를 받는 경우 20~40%의 치사율을 보인다.

심장 동맥 질병과 죽상동맥경화증(동맥이 딱딱해지는 것)은 폐렴클라미디아(*Chlamydia pneumoniae*)와 관련되어 있다. 동맥에 형성되는 플라크의 90% 이상에서 클라미디아가 포함되어 있다. 그러나 아직까지 이것이 의미하는 바는 논쟁 중에 있다. 정신착란증을 동반하는 헤르페스 바이러스인 마렉병 바이러스는 닭에서 죽상동맥경화증을 일으키는 것으로 알려져 있다.

✔중점 질문 사항

1. 심혈관계의 정상 세균총에 대해 설명하시오
2. 패혈증 환자에게 항생제를 투여하면 패혈증 쇼크가 올 수 있는 이유는 무엇인가?
3. 심장에서 발견되는 세균증식은 무엇으로 이루어졌는가? 어떻게 그리고 왜 형성되는가? 그로 인해 무엇이 초래되는가?
4. 심혈관계에서 2가지 질병과 분만 시 이 질병들을 야기하는 세균에 대해 설명하시오

혈액과 림프의 기생충성 질병

주혈흡충증

주혈흡충(*Schistosoma*) 속에 속하는 세 종의 주혈흡충이 **주혈흡충증(schistosomiasis)**을 일으키며, 이 세 종은 생활환을 완성하기 위한 중간숙주로 각각 특정한 달팽이를 필요로 한다(그림 11.15 참조, ◀p. 328). 처음으로 동정된 연충은 독일 기생충학자인 Theodor Bilharz

에 의하여 1850년대에 최초로 밝혀졌으며, 이 질병은 빌하르쯔 주혈흡충증(*Bilharzia*) 라고도 한다. 빌하르쯔 주혈흡충증은 성서시대부터 알려졌다. 어떤 사람은 여호수아(Joshua)의 예리고(Jericho)에 대한 저주가 공동우물에 주혈흡충을 풀어놓은 것이라고 생각한다. 사실, 파라오시대의 이집트는 고대 작가들에게 월경하는 남자들의 땅이라고 불리었는데, 이는 주혈흡충이 만연하여 혈뇨가 일반화되어 있었기 때문이다. 이집트 미라의 방광벽에서 이 기생충의 충란이 발견되었다.

세계보건기구(WHO) 는 전 세계적으로 2억 5천만 건의 주혈흡충증을 보고하였다. 이 질병의 발생은 이집트에서 1960년대 아스완댐을 건설할 당시 두드러지게 증가하였다. 왜냐하면 댐에 물을 가두는 것이 중간숙주인 달팽이가 서식하는데 매우 좋은 환경을 조성하여 주었기 때문이다. *Schistosoma japonicum*은 아시아에서 발견된다. *S. haematobium*은 아프리카에서, *S. mansoni*(그림 23.4)는 아프리카, 남미, 그리고 카리브해에서 발견된다. 후자의 두 종은 노예무역 당시 남미로 전파되었을 것으로 여겨지나, *S. mansoni* 만이 그곳에서 적절한 숙주를 찾았다. 베트남(예를 들면, *S. mekongi*)과 다른 여러 지역에서 새로운 종이 보고되고 있다. 사람은 중간숙주인 달팽이로부터 나온 자유롭게 떠다니는 유충(cercariae)에 의해 감염된다(그림 23.4b). 사람이 달팽이가 우글거리는 물을 건널 때 유충이 피부를 뚫고 체내로 침입하여 혈관으로 이동하며, 폐와 간으로 이동한다. 흡충이 성숙하면 장과 간사이의 정맥이나 방광으로 이동하여 짝짓기를 하고 하루에 3,000개나 되는 알을 낳는다. 성충은 숙주의 항원으로 몸을 덮을 수 있는 특별한 능력을 갖고 있어서 숙주의 면역 기전을 피한다. 몇몇의 충란은 조직에 머무르며 염증을 유발하며, 나머지는 소장벽을 통과하여 분변을 통해 배출된다. 유충은 피부를 뚫고 지나가며 그 부위에 피부염을 일으키며 이동하는 동안 조직 손상을 일으킨다. 피낭유충(metacercariae)과 성충은 간으로 이동하고 침투하여 간경병을 일으킨다(그림 23.4c). 이 흡충은 다른 장기에도 침입하여 손상을 가져온다.

주혈흡충의 충란은 매우 항원성이 높으며, 이 충란에 대한 알러지 반응이 주혈흡충에 의해 유발되는 손상의 대부분을 차지한다. 만약 충란이 척수 근처에 방출되어 염증이 일어나면, 신경계질환을 유발한

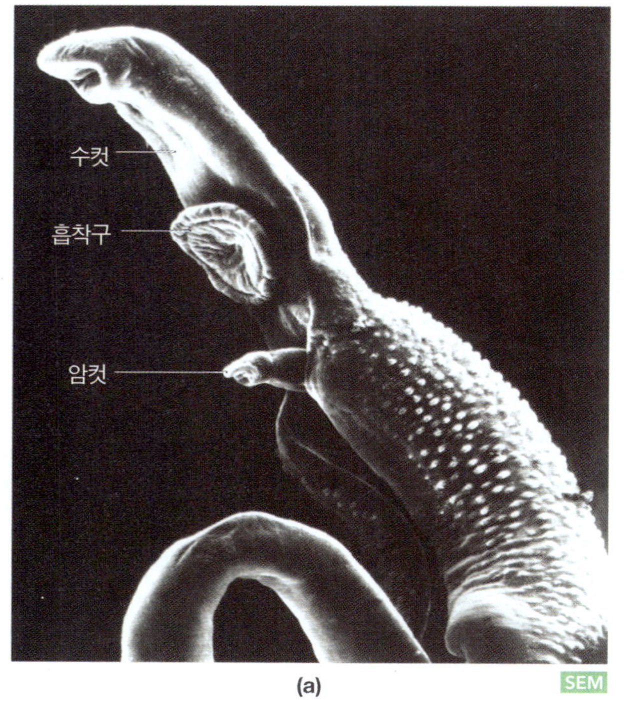

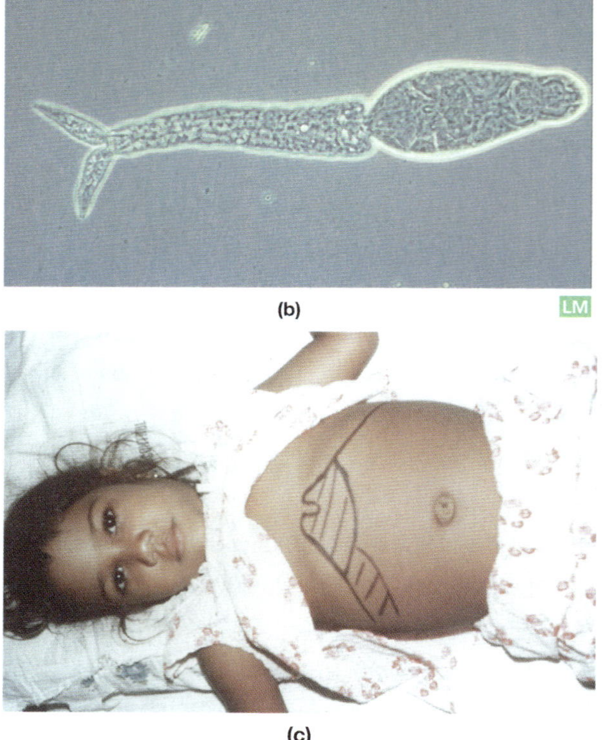

그림 23.4 주혈흡충증. 주혈흡충은 아프리카, 남미, 그리고 카리브해 유역에서 주혈흡충증을 유발하는 흡충이다. **(a)** 교배쌍 (mating pair). 암컷보다 더 큰 수컷이 몸의 홈을 이용하여 작은 암컷을 잡고 있다. 수컷은 머리 바로 아래의 흡착구를 이용하여 사람의 혈관벽에 자기자신을 부착시킨다. 면 섬유보다 가느다란 성충은 육안으로는 거의 보이지 않는다. 교배쌍은 사람의 몸에서 10년 정도 생존할 수 있다(배율 모름.) (*Courtesy National Institute of Allergy and Infectious Diseases/National Institutes of Health*) **(b)** 유충(160X) 은 달팽이에서 나와, 사람이 물을 건너거나 헤엄치는 동안 피부를 뚫고 침입한다. (*Sinclair Stammers/Photo Researchers, Inc.*) **(c)** 주혈흡충증을 앓고 있는 어린이. 이 질병의 주증상인 비대해진 간을 따라 윤곽선을 그려놓았다. (*Courtesy National Institute of Allergy and Infectious Diseases/National Institutes of Health*)

다. 충란은 주로 혈관을 손상시키지만 어떠한 혈관이 손상 받는지는 종에 따라 달라진다. *Schistosoma japonicum*은 소장의 혈관을 심각하게 손상시키며 *S. mansoni*의 경우 대장의 혈관을, *S. haematobium*은 방광의 혈관을 손상시킨다. 주혈흡충이 방광에 감염되었을 때는 배뇨시에 통증이 있고, 방광염, 그리고 혈뇨의 증상이 나타난다.

분변 또는 뇨에서 충란을 발견함으로써 진단이 이루어지지만, 20~30년 지속되는 만성감염의 경우에는 충란이 나타나지 않을 수도 있다. 주혈흡충 항원을 피내주사로 주사한 뒤 홍반의 넓이를 측정하거나, 보체고정검사를 수행하는 것은 좋은 면역학적 진단방법이다(◀ 18장 p. 564). 최근까지 주혈흡충증을 치료하는데 독성이 있는 안티몬 제제가 사용되었다. praziquantal 과 같은 몇 종류의 새로운 약이 독성은 적으면서 비교적 좋은 효과를 나타내는 것으로 보인다. 하지만 praziquantal 에 저항성이 있는 주혈흡충이 증가하고 있다.

주혈흡충증은 사람이 쓰레기를 강에 버리지 않거나 달팽이가 많이 서식하는 물에서 헤엄을 치지 않으면 완전히 예방할 수 있다. 배변 뒤나 배뇨 후에 몸을 씻기 위하여 지역의 강에서 헤엄치는 것은 감염이 일어나는 질병 전파의 중요한 수단이 된다. 달팽이 개체수를 줄이기 위하여 화학적 살충제를 사용하고 있지만, 다양한 강의 환경에 따른 적절한 살충제 농도를 정하는 것은 매우 어려운 일이다. 최근에는 유충을 갖고 있는 달팽이를 잡아먹는 달팽이를 이용하여 연구를 수행하였는데, 매우 가능성이 높은 결과를 보여주었다. 마지막으로, 백신을 개발하는 일이 진행 중이다. 시험중인 한 백신은 주혈흡충의 감염을 막지는 못하지만, 주혈흡충으로 인하여 발생되는 손상을 막아주었다.

사상충증

사상충증(filariasis)은 몇 종류의 회충류에 의하여 발생한다. *Wuchereria bancrofii* (그림 11.19 ◀p. 332) 은 열대병의 주원인체로, 세계보건기구는 전세계적으로 1억 2천만 건을 보고하였으며, 이중 30%는 인도에서, 30%는 아프리카에서 보고되었다. 성충은 사람의 림프절과 림프관에서 발견된다. 암컷을 미세사상충(*microfilariae*)이라 불리우는 자충을 방출한다. 이 자충들은 밤에는 말초혈관에 존재하고 낮에는 깊은 쪽, 특히 폐와 같은 기관의 혈관으로 돌아간다. 모기는 이 기생충이 생활사를 완성하는 필수적인 숙주로써, 빨간집모기(*Culex*) 종, 숲모기(*Aedes*) 종, 그리고 *Anopheles* 종 중에서 밤에 흡혈하는 몇 가지 종을 숙주로 삼는다. 모기는 사상충에 감염된 사람을 흡혈하면서 미세사상충을 같이 섭취하게 된다. 미세사상충은 모기에서 유충으로 성숙하여 모기의 입 부위로 이동한다. 모기가 또 다른 사람을 흡혈할 때, 사람이 이 유충에 감염되어, 전파된다. 유충은 혈관으로 들어가 성장하고 림프절과 림프관에서 번식하여 생활사를 완성한다. 성충은 림프관의 염증을 일으키고, 열을 발생시키며 감염부위의 림프관을 막아버린다. 수년 동안의 반복되는 감염은 **코끼리피부병(elephantiasis)**을 일으키는데, 이 질병은 림프관이 사상충에 의해 막힘으로써, 체액과 결합조직이 축적되어 다리, 음낭 또는 다른 신체부위가 크게 붓게 된다(그림 23.5a).

73개 국가 10억명 이상의 사람들이 코끼리피부병에 노출되어 있다. 그리고 이미 1억 2천만 이상의 사람들이 감염되었다

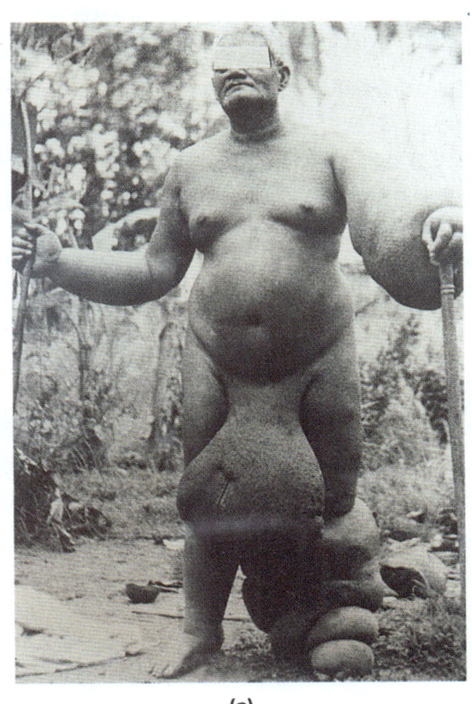

(a)

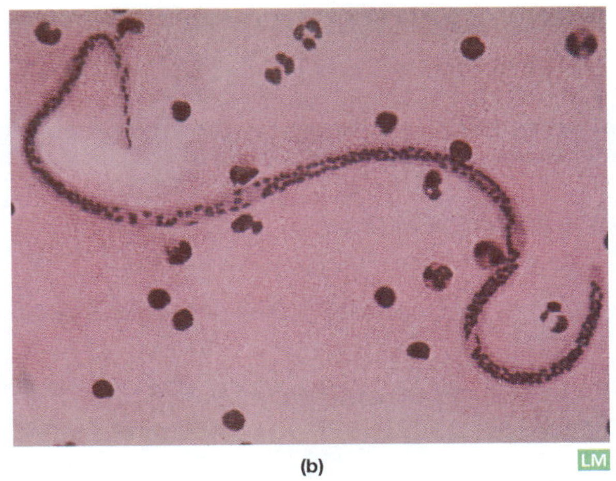

(b) LM

그림 23.5 코끼리피부병. (a) 회충인 *Wuchereria bancrofti*에 의해 음낭에 발생한 코끼리 피부병. 성충이 림프계를 막음으로써 종창이 발생한다. 코끼리피부병이 흔히 발생하는 또 다른 부위로는 다리가 있다(*Phototake*). **(b)** 생활사 중 미세사상충 단계(2,268X)는 모기에 의해 사람에 전파된다. (*Fred Marsik/Visuals Unlimited*)

공중 보건

선행기부

코끼리피부병(elephantiasis)은 사실 사상충에 의해 림프관의 충혈이 일어나서 발생하는 림프부종이다. 림프계통 사상충에 의한 질병을 근절하기 위하여 세계 은행, 세계보건기구, 그리고 제약회사인 글락소스미스클라인비참은 이 질병을 치료할 수 있는 약제인 알벤다졸(albendazole) 을 원하는 국가에 무상으로 지원하는 프로그램을 상호협력 하에 운영하기로 하였다. 감염된 지역의 모든 사람을 치료하기 위해서는 1년 동안 복용해야 할 양의 약이 4~5년 동안 지속 되어야 하기 때문에 글락소스미스클라인비참의 기부 지원은 수십억 분량의 알벤다졸을 필요로 한다. 전 세계 인구의 5분의 1 정도가 사상충 감염의 위험에 있다고 판단되기 때문에 이 질병을 박멸하는데 까지는 약 20년 정도가 소요될 것이다. 수십억 달러어치의 약을 제공하는 이 선물은 다른 구충이나 회충에 의한 질병 또한 감소시켜 감염이 만연되어 있는 국가의 공중 보건을 향상시켜 줄 것이다.

사상충증은 밤 중에 채혈한 혈액을 이용한 혈액도말에서 미세사상충을 찾거나, 피내 검사(피부조각생검)로 진단한다**(그림 23.5b)**. diethylcarbamiazine(Hetrazan)과 metronidazole은 이 질병을 치료하는데 효과가 있다. 종창된 다리는 압박붕대로 감아서 림프를 빠져 나오도록 한다. 변형이 심하지 않다면 다시 이전의 크기로 돌아올 수 있다. 이 질병을 관리하기 위해서는, 감염된 개인을 모두 치료하고 기생충을 옮기는 모기를 박멸해야 한다. 현재까지 미비한 진전이 이루어지고 있다.

심혈관계와 림프계의 질병이 **표 23.1**에 정리되어 있다.

전신병

세균성 전신병

탄저병

탄저병(anthrax)은 주로 양, 염소, 그리고 소와 같은 초식동물에 영향을 미치는 인수공통전염병이다. 육식동물은 이 질병에 감염된 동물의 살을 먹거나 탄저균 포자를 흡입함으로서 감염되지만 살아있는 동물간에는 전파되지 않는다. 매년, 전세계의 수천 마리의 동물이 탄저병을 앓고 있지만 사람에서는 오직 2만~10만 명 정도에서만 발병되며, 주로 아프리카, 아시아, 그리고 아이티 지역에서 발생된다. 1979년 러시아의 Sverdlovsk (현재는 Yelkaterinburg라 불리운다.) 지역에 있는 비밀 생물학적 무기 공장에서 발생한 탄저병은 88명을 감염시켰으며 그 중 77명이 사망하였다. 이 사건을 매우 상세하게 다룬 Jeanne Guillemin 의 *Anthrax: The Investrigation of a Deadly Outbreak*(1999, University of California Press) 를 보면 이 무시무시한 사고를 거짓으로 덮어버리려는 것을 폭로하고 있다. 미국의 보건기구는 탄저병을 박멸하고 다른 나라들로부터의 유입을 방지하기 위해 강한 노력을 기울이고 있다. 탄저균을 동봉한 편지가 워싱턴과 뉴욕으로 배달되고 플로리다주에 탄저균 포자가 퍼졌을 당시인 2001년도 이전에는 1980년까지 미국에서는 단지 5명의 사람 감염 증례만이 있었으며, 1970년 까지는 매년 6 증례 이하의 탄저균 감염이 보고되었다**(그림 23.6)**. 2006년에는 단 한 건의 탄저균 자연 감염 증례가 보고되었다. 무용단과 함께 여행중인 남자 1명이 탄저균 포자를 흡입하여 탄저병이 발병한 것이다. 그는 드러머였는데, 그의 드럼이 서아프리카에서 탄저균에 감염된 염소의 가죽으로 만든 것이었다.

질병. 탄저병의 원인균인 탄저균(*Bacillus anthracis*)은 1877년 로버트 코흐(Robert Koch)에 의하여 발견되었다. 탄저균은 크고, 그람양성

표 23.1

심혈관계와 림프계통의 질병 요약

질병	원인체	특징
세균성 패혈증과 그에 관련된 질병들		
패혈증	다양한 세균	감염원인체의 내독소, 열, 림프관염에 의한 패혈성 쇼크
산욕열	화농성 연쇄구균(*Streptococcus pyogenes*)	자궁의 원인체가 혈액으로 침범하여 패혈증을 일으키며, 골반부 팽만, 혈액성 분비물을 보임
류마티스열	화농성 연쇄구균(*Streptococcus pyogenes*)	면역반응 때문에 열, 관절염, 발진, 승모판 손상이 일어남
세균성 심내막염	황색포도상구균(*Staphylococcus*) 또는 연쇄구균(*Streptococcus*) 균주들	심장 판막과 내막의 염증과 증식성 병변, 열, 권태감, 균혈증, 심잡음, 사망을 유발할 수 있는 충혈성 심부전
혈액과 림프의 기생충성 질병들		
주혈흡충증	*Schistosoma haematobium, S. mansoni, S. japonicum*	유충에 의한 피부염, 충란에 의한 간경변, 충란에 대한 알러지 반응, 장과 방광의 조직 손상
사상충증	*Wuchereria bancrofti*	림프관의 염증과 폐색이 코끼리피부병을 유발, 열

탄저병 연도별 보고건수—미국 1951-2006

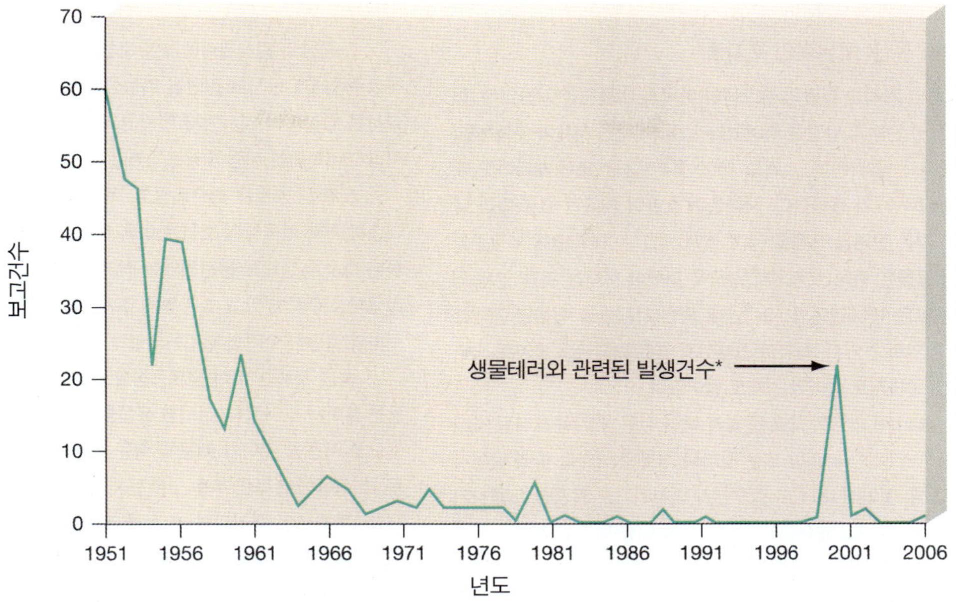

* 한 건의 동물유행병 연관 피부탄저병 증례는 2001년에 텍사스주에서 보고되었다.

2001년, 22건의 탄저병 증례 (11명은 흡입탄저병이며 11명은 피부탄저병[4명은 의증, 7명은 확진]) 는 전례 없는 생물학적 테러 때문에 발생한 것이다. 11명의 국제적인 증례 중 5명은 치명적이었다. 7개 주의 주민에서 증례가 발생하였다. 텍사스에서 추가로 한 건의 자연감염 증례가 보고되었다. 2006의 한 건의 증례는 아프리카에서 수입된 가죽 때문에 발생한 것이다. 탄저균(*Bacillus anthracis*)은 클래스 A 생물학적 테러 위험 원인체로 분류되어 있다.

그림 23.6 탄저병. 미국에서 1951년부터 2006년 사이의 보고건수를 연도별로 나타냄.

균이며 통성혐기성균으로 포자를 형성하는 간균이다. 포자는 공기가 있는 환경에서만 형성되며 조직이나 순환하는 혈액 중에서는 형성되지 않는다. 하지만 만약에 부검 중 감염된 동물의 혈액이 체외로 누출되어 탄저균이 공기 중에 노출되면 빠르게 포자를 형성한다. 수의사나 농부들은 흙이나 다른 물질들이 오염되지 않도록 매우 주의를 기울여야 한다. 포자상태에서 탄저균은 60년 이상, 아마도 심지어 100년 이상을 살아있는 상태로 존재하며, 목초지를 동물을 사육하는데 이용할 수 없도록 만든다.

생물학적 테러 외에 대부분의 사람 탄저병은 양모, 가죽, 고기 또는 뼈를 다루는 목장 또는 산업현장에서 직업적인 이유로 노출되어 포자와 접하여 발생하게 된다. 폐 탄저병 또는 양모업자병은 19세기 영국에서 직물업 종사자들을 이러한 직업병으로부터 보호하도록 하는 법률을 제정되도록 한 사건이었다.

사람의 탄저병은 3가지 종류의 임상적 형태로 나뉜다. 90% 는 피부탄저가 차지하며, 5% 는 폐탄저, 5% 는 장탄저가 차지한다. **피부탄저(cutaneous anthrax)**는 치료하지 않았을 경우 치사율이 10~20% 되지만 적절한 치료를 수행한 경우 단지 치사율이 1% 에 지나지 않는다. **폐탄저(respiratory anthrax)**는 치료에도 불구하고 거의 항상 치명적이다. **장탄저(intestinal anthrax)**는 치사율이 25~50% 정도 된다. 게다가 감염이 시작된 부위와 상관없이 만약 세균이 패혈증을 일으키는 혈행으로 들어간다면 이것은 약 5% 의 환자에서 수막염(거의 언제나 1~6일 사이에 사망에 이르게 함)을 유발한다.

피부탄저는 포자가 피부의 상피층에 들어간 뒤 2~5일 뒤에 발병

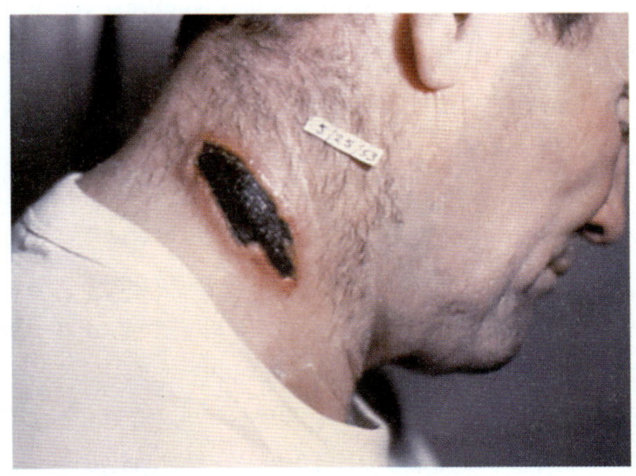

그림 23.7 피부탄저. 포자가 찰과상이나 베인 상처를 통하여 피부로 들어가 발아를 시작한다. 새롭게 유발된 균이 증식하여 국부적으로 내독소를 분비하고, 인접 조직을 침범하여 광범위한 조직 손상을 유발한다. (*Courtesy Centers for Disease Control*)

공중 보건

대초원의 유산: 치명적인 포자들

수세기 동안 거대한 집단의 들소들이 미국의 대평원을 거닐었다. 이 들소들은 주기적으로 탄저의 발발을 겪어왔다. 그들의 죽은 사체가 부패되면, 흙에 탄저균의 포자가 남게 된다. 그리고 1800년대 텍사스에서 캐나다로 대소몰이(great cattle drive) 가 행해졌다. 사체들이 소들이 지나간 길을 따라 남겨졌으며 흙에 더 많은 탄저균 포자를 남겨 놓게 되었다. 1930년대 목장주들은 탄저에 감염된 동물은 흙에 오염되지 않도록 다뤄야 한다는 것을 알게 되었다. 몇몇 목장주들은 1930년대와 1940년대 죽은 사채들을 태우던 거대한 모닥불을 여전히 기억하고 있다. 하지만 그때까지 흙은 탄저균의 포자로 오염되었고 심지어 오늘날까지도 살아있는 채로 남아있다.

갈수년 (dry year) 에 바람이 표토를 날려 버려 깊은 부위의 오래된 포자를 노출시켰다. 풍수년 (wet year) 이 또는 강이나 개울의 바닥을 따라 일어나는 침식작용이 표토를 씻어내 버리고, 갈수년과 마찬가지로 포자를 노출시키고 널리 퍼트렸다. 텍사스에서 캐나다에 이르기까지 매년 탄저 백신을 접종하는 것이 일상화되었다. 하지만 질병이 발발하지 않은 지 10~15년이 지난 뒤, 목장주들은 안전에 대한 개념을 잊고 백신의 사용을 중단하였다. 이것은 1993년 여름 동안 사우스 다코다에서 일어난 일이다.

1993년 8월, 사우스 다코다의 남동부지역의 백신하지 않은 육우들 집단이 아프기 시작했다. 3마리의 소가 죽은 8월 13일 이후에 수의사들이 호출되었다. 수의사는 폐기종으로 진단하였다. 8월 15일에 두 번째 수의사가 도착하였고, 그는 폐기종이라는 진단을 확정지었다. 목장주는 남은 소들을 도축장으로 이동시켜도 안전하다는 이야기를 들었다. 곧이어 19마리의 소가 죽었으며 9마리의 소가 즉시 도축장으로 이동되었고 남은 소들은 판매를 위한 가축 사육장으로 운반되었다.

도축장의 검시관들에게는 소들의 간이 건강한 상태로 보이지 않았다. 목장주들에게 탄저로 진단될 가능성이 있다는 것이 공지되었다. 8월 17일에 실시된 임상병리 검사에서 탄저균의 존재가 확정되었다. 다음날 아침, 즉시 격리 조치하라는 명령이 공포되었다.

도축된 동물은 회수되었고, 육가공장과 저장소는 증기로 소독되었다. 다행히 가축 사육장의 소들은 아직 한 마리도 팔리지 않은 상태였다. 모든 동물은 다시 목장으로 운반되었고 격리되었다. 그곳에서 동물들은 백신과 함께 항생제를 주사 받았고, 2주 뒤에 추가접종을 받았다. 가축 사육장에서 사용된 퇴비와 깔짚은 수거되어 소독되었다.

죽은 사체는 이미 정제공장으로 보내져 사체와 뼈와 지방 같은 부산물들은 삶아서 조려졌다. 이러한 생산물들은 결국 사람이나 다른 동물들에게 식용으로 사용될 것이기 때문에 죽은 19마리의 사체가 위험하였다. 젖소의 경우, 그 동물에서 나온 우유 또한 탄저균에 오염되었다.

주의 보건 검사관과 그 동물 집단을 다룬 사람들에게 탄저병의 발병을 막기 위하여 테트라사이클린이 투여되었다. 다행히도 사람에게는 발생되지 않았다. 하지만 그때까지 32 마리의 소가 죽었다. 마지막 13마리의 사체는 태워졌다. 마지막으로 소가 죽은 뒤 30일 뒤에, 남은 소 집단들은 격리에서 해제되었다. 그들의 소에 백신을 접종하지 않은 목장주들은 신속하게 백신을 접종하였다.

사우스 다코다 주와 다른 대평원이 있는 주는 주기적인 탄저병의 발병이 나타났다. 이것은 이제 그곳 생활의 일부가 되었다. 보건 당국은 먼 과거의 포자를 갖고 있는 대초원을 예의 주시하고 있다. 그리고 탄저균을 배양하길 원하는 잠재적 테러리스트들은 그들의 배양 초기 물질로 이용하기 위하여 대평원 흙을 주시하고 있다. 탄저균의 포자는 그곳에 있다.

한다. 포자가 들어간 부위에 직경 1~3cm 의 병변이 생기며**(그림 23.7)** 점차 확장된다. 결국 병변의 중심부가 검게 변하고 괴사되며 석탄 조각처럼 생긴 가피가 형성된다. 그래서 이 질병이 그리스어로 석탄을 의미하는 anthrax 로 이름지어졌다. 최후에 이 질병은 치료가 되기는 하지만 흉터를 남긴다. 이 질병으로부터의 회복은 전부가 아닌 일부 면역성을 갖도록 해 준다.

장탄저의 임상증상은 식중독(◀22장 p. 684)의 증상과 매우 비슷하다. 입부터 식도를 내려가며, 소화관의 어느 부위에서든지, 심지어 맹장에서도, 궤양이 형성될 수 있다. 이러한 궤양은 자주 패혈증을 일으키며 사망을 초래한다. 미국에서는 멸균되지 않은 염소의 젖으로 만든 수입산 치즈를 섭취해 발생되었다. 이 치즈는 의사들의 와인과 치즈 파티에서 제공되었다. 그들 중 몇몇은 감염의 근원지를 추적하였고, 그 결과 프랑스에 있는 치즈 공장이 문을 닫게 되었다.

폐탄저는 가장 치명적인 형태이며 이 때문에 생물학적 테러의 무기로 선택되었다. 자연적인 상태에서는 사람에서 흔하지 않으나, 방목하는 동물 중 코를 흙에 가까이 근접시키는 동물에서 흔하게 발생한다. 이때 흙에 탄저균의 포자가 있으면 감염이 된다. 포자가 폐로 흡입되면 폐포에서 발아가 시작된다. 폐포에서 포자는 대식세포에 의해 탐식되지만 포자는 죽지 않는다. 결국 포자가 대식세포를 죽이게 된다. 모든 포자가 발하하는데는 60일 정도의 시간이 걸린다. 그렇기 때문에, 포자에 노출되었다고 확진되거나 의심이 있은 뒤 항생제를 투여할 때 10일 또는 30일의 투약 후 항생제 투약을 정지하는 것은 위험한 일이다. 불행히도, 폐탄저의 초기증상은 감기나 독감과 같은 일반적인 호흡기 질병과 비슷하다. 이 시기의 항생제 투여는 도움이 된다. 하지만 노출이 의심되지 않을 경우 환자에게 바로 항생제를 투여하지는 않을 것이며, 이는 후에 환자를 살릴 수 없게 된다. 초기증상에 이어 거짓 안정기가 찾아온다. 증상이 약화되나 세균이 혈행으로 들어가 패혈성 쇼크를 유발한 뒤 2~3일 뒤에 패혈증과 사망을 초래한다. 종격(가슴의 중심 수직부위) 의 림프절이 매우 종대되고, 종격이 눈에 띄게 넓어진 것이 X-ray 사진 상에서 관찰된다. 사람에서 사람으로의 전파는 일어나지 않으며, 기관지에서 탄저균이 재채기로 배출되지 않는다.

협막(capsule)을 포함하는 병원성 인자는 글루타민산으로 구성되어 있으며, 하나의 플라스미드에 병원성 인자 유전자들이 운반된다. 두 번째 플라스미드는 부종인자, 치사인자와 보호항원의 3가지 외독소와 관련된 유전자를 운반한다. 질병이 유발되기 위해서는 3가지의 외독소 인자와 협막이 존재해야 한다. 2가지 플라스미드 중 하나라도 잃을 경우 탄저균은 병원성을 잃게 된다. 부종인자는 보호항원과 결합하여 종창을 유발하고 대식세포의 포식작용으로부터 보호받을 수 있도록 하는 부종독소를 형성한다. 치사인자는 보호항원과 결합하여 대식세포가 종양괴사인자-알파, 인터루킨-1β, 그리고 염증과 관련된 사이토카인을 분비하고, 사멸하도록 유도하는 치사독소를 형성한다. 외독소에 의한 독혈증은 폐와 림프절의 모세혈관내에 혈전을 형성하도록 하여 종격 종창을 일으켜 기도를 폐쇄시킨다. 이 질병은 거의 100% 치사율을 가진다. 2001년 테러공격시에 폐탄저가 발생된 집배원 중 매우 큰 노력으로 목숨을 구한 사람은 다시는 이전의 건강상태로 돌아가지 못하였다. 이들은 여전히 심각하게 건강이 좋지 않으며 일을 할 수 없는 상태여서 은퇴하였다.

진단, 치료, 예방. 탄저병은 혈액배양 또는 노출 가능성이 있었던 환자들의 손상된 피부 진찰에 의해 진단된다. 혈청학과 DNA 테스트들 역시 사용된다. 신속한 진단 방법들의 발달은 방어를 위해 중요하다. 탄저병은 시프로프록사신(Ciprot)으로 치료된다. 그러나, 페니실린, 독시사이클린, 에리스로마이신, 클로람페니콜과 같은 다른 항생물질들도 대개 성공적으로 사용된다. 2001년 발행된 탄저균은 페니실린과 다른 항생물질들로 저항성을 갖도록 유전학적으로 만들어졌다. 시프로는 새로운 약이므로 유전학적으로 만들어진 탄저균의 저항성을 피할 수 있었던 것으로 생각된다. 그래서, 시프로는 탄저병의 대표적인 약으로 선택되었다. 후에, 탄저균은 페니실린과 다른 흔한 항생물질들에 의해 민감하다는 것이 발견되었다. 그러나, 항생물질은 탄저균을 죽일 수는 있지만 탄저균이 생산한 치명적인 독소들을 비활성화시키지는 못한다. 따라서, 항생제를 투여 받는 환자들 역시 죽는다. 백신은 이용가능하며, 처음 18개월 동안 6번을 주사맞고, 이후로는 매년 추가접종을 받아야 한다. 백신은 탄저균으로부터 직업적으로 노출된 근로자에게 주어질 수 있다. 그러나, 기업들은 먼지가 없는 환경을 유지하고 내생포자 흡입을 예방하는 마스크를 제공하여야 한다. 근로자들의 교육과 감염 유무의 신속한 확인을 위해, 현장의 근로자 건강 지원 또한 중요하다. 면역성을 가지지 않는 방문자들은 근로 지역으로 접근을 금하여야 한다. 노동자들이 입던 옷들은 가족 구성원들이 그 옷을 만져서 감염되지 않도록 소독하고 깨끗이 세탁되어야 한다.

동물 면역은 예방의 의미에서 중요하다. 농부들은 탄저균의 포자가 오염된 골분의 사용을 피하고 감염된 동물들은 깊고, 석회로 소독된 구덩이에 매장하여야 한다. 석회는 지렁이가 탄저균 포자를 표층으로 가져오지 못하도록 막는다. 소각이 실시될 수는 있지만, 바람에 의해 오염된 사체와 포자가 퍼지지 않도록 적절하게 행해져야 한다. 동물에 맞도록 제작된 백신이 실수로 사람에게 접종되면 탄저병을 일으킬 수 있기 때문에 수의사는 감염된 동물들을 다룰 때, 또는 백신을 접종할 때 특히 조심하여야 한다.

흑사병

1937에서 1974년 까지 인수공통전염병인 흑사병이 미국에서 매년 10증례 미만 정도 보고되었고 어떤 연도에는 보고되지 않았다. 이후 1975년도에 20건이 1983년도에는 40건이 주로 록키 산맥의 시골지역에서 보고되었다(**그림 23.8**). 이 흑사병은 삼림 흑사병(*sylvatic plague*)으로써 얼룩다람쥐, 줄다람쥐, 사막쥐와 같은 야생 설치류에 의해 옮겨진다. 미국은 다행히 유럽 또는 도시 쥐가 주요 숙주인 도시형 흑사병(*urban plague*)으로 고통 받지 않았다. 흑사병은 세계의 다른 지역들에서 지방 특유의 풍토병으로 남아있다. 그러나 전 세계적으로 발병건수는 ◀1장에서 (p. 8)에서 언급된 대유행보다는 훨씬 작다.

질병. 흑사병의 원인균인 여시니아 페스티스(*Yersinia pestis*)는 길이가 짧은 그람 음성균이다. 식세포가 접근할 때 간균은 식세포를 죽이고 식세포작용을 저해하는 단백질들을 방출한다. 그들은 또한 숙주 면역체계의 염증반응을 감소시킨다. 다른 병독성의 유전자들은 보체 요소인 C3b와 C5a를 파괴하고, 섬유소덩어리를 분해하여 유기체의 퍼짐을 돕고, 숙주세포로부터 철의 흡수를 돕는다. 모든 병독성 요소들과 이외 다른 요소들이 합쳐서 매우 치명적인 흑사병을 야기하는데 일조했고, 역사상 가장 치명적인 대유행 질병 중 하나로 여겨지고 있다. 인수공통전염병으로써 흑사병은 감염된 설치류, 특히 쥐에 의해 병원체가 동물과 동물의 접촉으로, 또는 벼룩에 물려 사람에게로 전파되어 퍼진다. 흑사병에 감염되어 죽은 쥐들은 체온이 급감하고 혈액은 응고된다. 배고픈 벼룩은 온기와 혈액을 감지해 움직인다. 새로

공중 보건

미국에서의 흑사병?

여기서 오늘? 그렇다! 사실, 전염병은 서부 15개 주 지역에서 땅다람쥐, 줄다람쥐, 숲쥐, 프레리도그, 그리고 얼룩다람쥐들에서 상당히 유행한다. 실제로 흑사병은 1346년 "Black Death"처럼 유럽에서 많은 사람이 죽기 전에 중앙아시아 야생설치류 사이에서 지속되었던것으로 생각된다. 시골(삼림) 흑사병은 도시쥐를 감염하고 도시형 흑사병을 발병시킨다면, 우리는 큰 어려움에 처했을 것이다. 지금까지, 사람 흑사병은 산발적으로 미국 서부에서 발생하였고, 자연 보호 구역에서 사냥꾼들과 미국 토착인 사이에서 종종 발생 하였다. 그러나 우리는 운이 좋았다. 몇 년 전에 로스엔젤레스에서 애완동물 상점 주인은 사막 설치류를 팔 목적으로 사냥하였다. 불행히도 그는 위험한 동물들을 애완동물로 팔기 전에 흑사병에 의해 죽었고, 이는 사회적으로는 어쩌면 행운이었다.

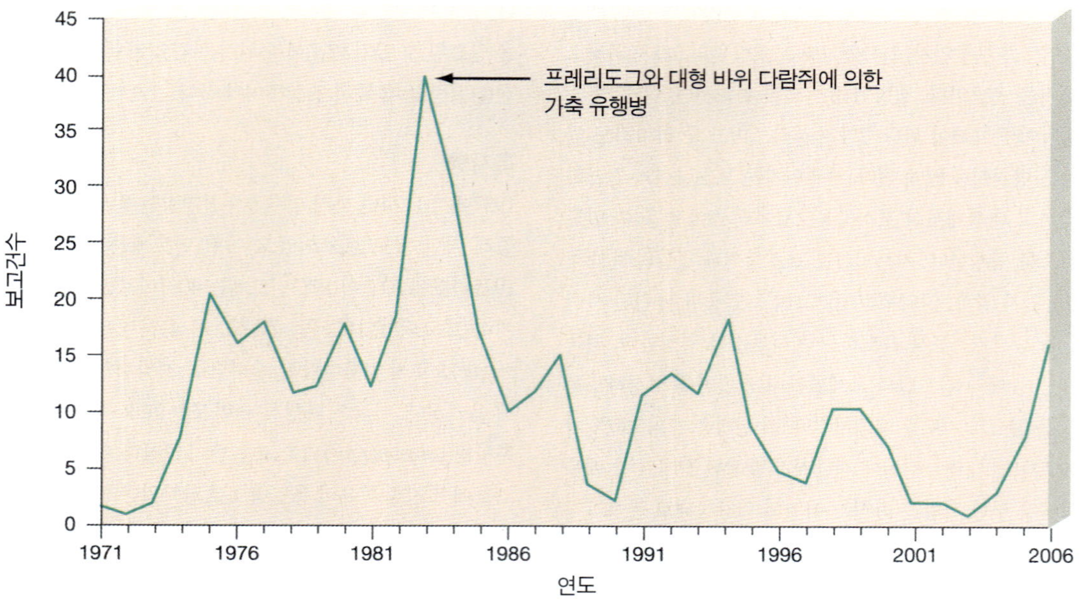

실험실에서 확인된 2가지 경우의 사람 흑사병이 2001년 미국에서 확인되었다. 유타주와 뉴멕시코 주에서 각각 한 건씩 보고하였는데 둘다 질병의 일차적인 서혜 임파선종 형태였다. 두 경우는 알려진 풍토병 지역에서 자연적으로 획득되었고 두 환자들도 회복되었다.

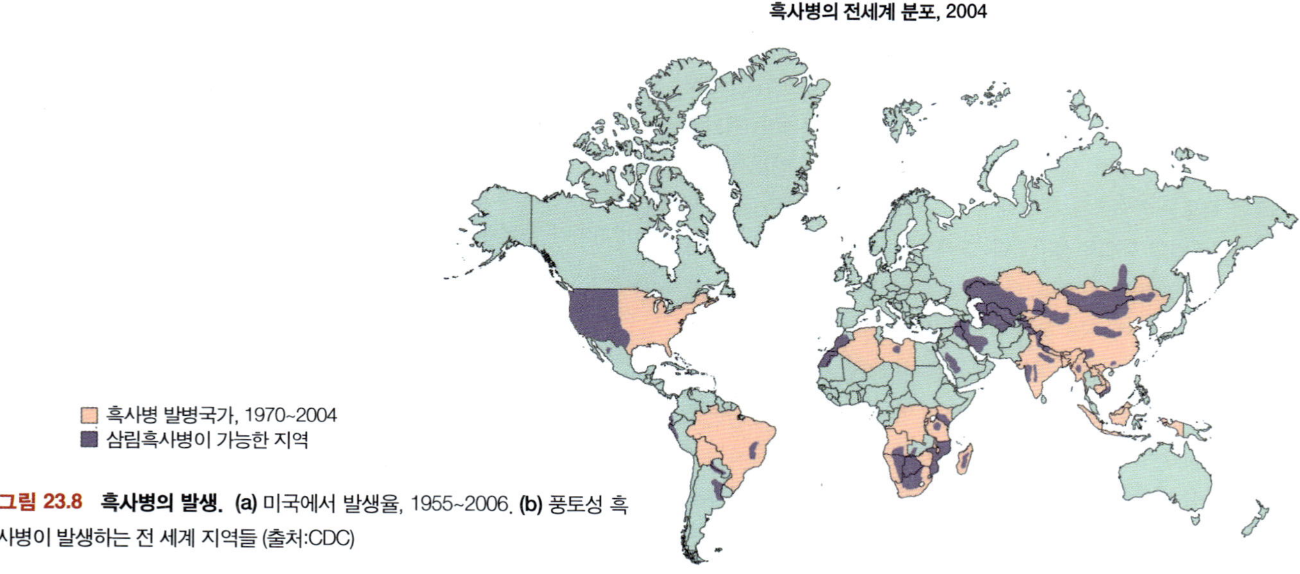

그림 23.8 흑사병의 발생. **(a)** 미국에서 발생율, 1955~2006. **(b)** 풍토성 흑사병이 발생하는 전 세계 지역들 (출처:CDC)

운 숙주는 주로 다른 쥐들이고, 쥐들이 아주 만연해 있는 서식지에 살거나, 흑사병에 감염된 동물의 시체와 접촉이 이루어질 때, 다음 숙주는 쉽게 사람이 될 수 있다.

벼룩도 흑사병 감염으로부터 고통을 겪는다. 병든 쥐에서 섭취된 흑사병 병원균은 증식하여 음식물(혈액)을 통과시키지 못할 정도로 벼룩의 소화관을 막아버린다. 벼룩은 배고파서 더욱 맹렬하게 물고, 물때마다 흑사병 원인체들은 퍼져나가 새로운 희생자들에게 감염된다. 결국, 벼룩은 죽지만, 이 사실은 만약 예방접종을 받지 않았다면 50~60%의 확률로 사망할 수 있는 사람 숙주에게는 결코 좋은 위안거리가 될 수 없다.

숙주 내부에서, 흑사병 간균은 증식하고 림프관을 따라 림프절로 이동하며, 그들은 특히 사타구니와 겨드랑이에서 **서혜임파선종 (buboes, 단수: bubo)**이라고 불리는 거대한 림프절 비대와 출혈을 야기시킨다 (그림 23.9). 서혜임파선종은 **림프절페스트 (bubonic**

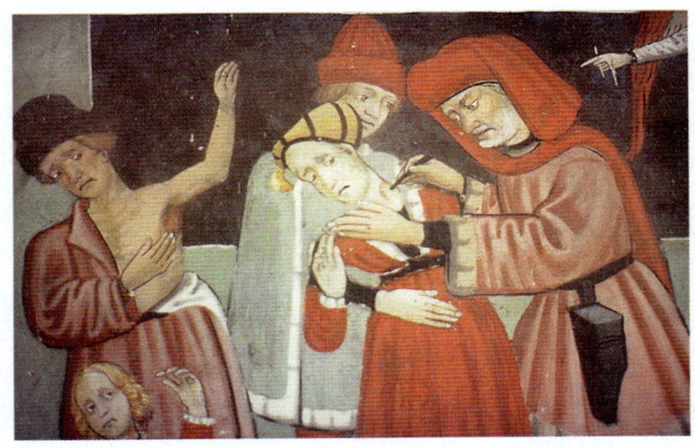

그림 23.9 서혜임파선종. 14세기 플랑드르 필사본의 그림에서 의사는 흑사병을 일으키는 서혜임파선종을 절개하고 있다. 두 번째 환자는 그의 겨드랑이 밑의 서혜임파선종 절개를 기다리고 있다. (*Granger collection*)

plague)의 특징이며, 2일에서 7일의 잠복기 후에 나타난다. 출혈은 피부를 검게 바꾸기 때문에 흑사병이라고 불린다. 림프절페스트로 인한 죽음은 적절한 시기의 항생물질 치료로 충분히 예방될 수 있다. 만약 그렇지 않으면 서혜임파선종의 출현 후 수일 이내에 사망한다. 만약 원인체들이 림파액에서 순환계의 조직으로 이동한다면 **패혈증 흑사병(septicemic plague)**으로 발달한다. 그것은 출혈, 몸의 모든 부분에서 출혈 및 괴사, 뇌막염, 폐렴의 특징을 나타낸다. 패혈증 흑사병은 현대 의학 최고 수준의 치료에도 불구하고 매우 치명적이다. **폐렴 흑사병(pneumonic plague)**은 폐에서 발생하고 기침하는 환자에서 배출된 비말을 흡입할 때 퍼질 수 있다. 그것 역시 최고 수준의 치료에도 불구하고 100%에 가까운 사망률을 가진다. 환자들과 함께 지내는 의료 관련 직원들은 림프절페스트 보다 폐렴 흑사병에 걸릴 확률이 크다.

진단, 치료, 그리고 예방. 흑사병은 형광항체법 또는 림프절로부터 나온 액체, 또는 가래를 도말 염색하여 여시니아 페스티스(*Yersinia pestis*)를 동정함으로써 진단될 수 있다. 흑사병은 스트렙토마이신, 테트라사이클린, 또는 둘 다 이용하여 치료된다. 다행히 아직까지 약에 저항성을 가지는 균주는 나타나지 않았다.

흑사병으로부터 회복되면 영구면역성을 획득한다. 백신은 희생자들의 가족들과 의료관련 직원들의 보호를 위해 이용된다. 그러나, 베트남 전쟁 중 흑사병 환자들을 치료하는 과정에서, 면역에 의해 보호되었던 노동자들마저 인두에 흑사병 병원체들이 존재하는 보균자가 될 수 있음이 밝혀졌다. 흑사병은 풍토병 지역을 여행하는 사람에게 예방접종하거나 쥐 개체수 조절, 야생 설치류 개체들의 감염에 대한 감시유지에 의해 예방될 수 있다. CDC 표본 조사는 도시 설치류들과 거의 접촉하지 않는 야생 농촌 설치류 사이에서만 흑사병이 나타남을 발견하였다. 그러나 흑사병은 1899년 샌프란시스코에 정박했던 중국 선박에 의해 처음 전파되어 캘리포니아 해안으로부터 동쪽방향으로 이동하였다. 만약 질병이 쥐약에 저항성이 강한 도시 쥐들에게 퍼진다면 사람들의 위험률은 증가할 것이다.

공중 보건

당신의 선조들은 전염병으로부터 어떻게 살아남았을까? 당신이 할 수 있는 최선은 무엇인가?

1665-1666년도에 영국의 북부지방에 위치한 작은 마을 Eyam의 흑사병 환자를 포함한 모든 거주자들은 1년 동안 그들의 도시에 격리되었다. 그들을 위한 음식은 도시 경계에 놓여 졌다. 1년 후에, 그들은 모두 죽은 것으로 추정되었다. 그들에게는 슬픈 일이지만 인근마을로 흑사병이 퍼지는 것은 막을 수 있었다. 그러나, 생존자들이 있었다. 이들 중의 일부는 전혀 아프지 않았고, 일부는 아팠지만 회복되었다. 이유가 무엇일까? 그들은 그들이 살아 남을 수 있었던 유전적 변이를 가지고 있었을지 모른다. 100여구가 넘는 시체를 매장했던 무덤을 파는 사람과 일주일 안에 남편과 아이 여섯 모두를 간호하다 그들 모두를 매장한 여성은 전혀 아프지 않았다. 이들은 다른 생존자들과 재혼하였으며 그들의 후손들은 대부분 Eyam에서 살았다. 오늘날 자손들의 DNA 염기서열을 분석한 결과, 그들 대부분은 CCR5 유전자에서 delta 32의 돌연변이를 가지고 있었다. 이 돌연변이는 흑사병 병원체균이 대식세포에 침투하는 것을 억제하여 질병이 일어나지 않도록 유도하였다. 유전학자들은 유럽에서 흑사병이 발발하는 시점과 일치하는 700년 전 유럽 사람들의 유전자에는 delta 32가 폭발적으로 많이 존재하고 있음을 발견하였다. 유럽 이주자의 미국인 후손들 또한 이 돌연변이를 가진다. 아프리카 사람, 아시아 사람, 인도 동쪽에 거주하는 사람들은 이 돌연변이를 가지지 않는다. 흑사병은 유럽 인구의 60에서 75%(3천5백만명)를 죽였다. delta 32 유전자의 두 복제체가 다 존재하는 것은 흑사병을 평생 막을 수 있음을 의미한다. 한 복제체만 있는 것은 질병을 얻는 것을 의미한다. 그러나 회복할 수 있는 싸움의 기회를 가질 수는 있다. 아예 복제체가 없는 것은 감염과 급격한 죽음을 의미한다. 명백하게도 delta 32는 그 옛날 선택적으로 얻을 수 있는 최고 수단이었다. 그러면 지금은 어떠한가? 에이즈 바이러스는 흑사병과 같은 방법으로 침입한다. delta 32 유전자에 대한 두 복제체의 존재는 대식세포를 감염시키는 HIV 양의 3,000배 정도를 억제한다. 한 복제체만 존재하는것은 당신이 천천히 감염되는 것을 의미하고 질병은 더욱 천천히 진행된다. 복제체가 없는 것은 당신이 감염에 매우 취약하다는 것을 의미한다. 영국과 미국에서 약 3백만의 사람들은 두 복제체를 가진다. 그들의 선조들로부터 수 백년을 가로질러 물려받은 경이로운 유산이다. 당신의 선조들은 당신에게 어떤 유전자를 남겨주었나?

야생토끼병

질병. **야생토끼병(tularemia)**은 야생토끼병균(*Francisella tularensis*)에 의해 발병하고 약 100여 종류의 동물들, 특히 솜꼬리토끼, 머스크랫, 그리고 설취류들과 진드기, 사슴파리와 같은 병독을 매개하는 절지동물에서 발견되는 인수공통전염병이다. 진드기에서의 병원균은 **난소전파(transovarian transmission)**—수정하기 전의 수정란에 감염—를 통한 전이로 난소에서 나오는 수정란 안에 삽입되고 그것에 의하여 다음 세대로 전달된다. 비록 사람 감염의 절반정도는

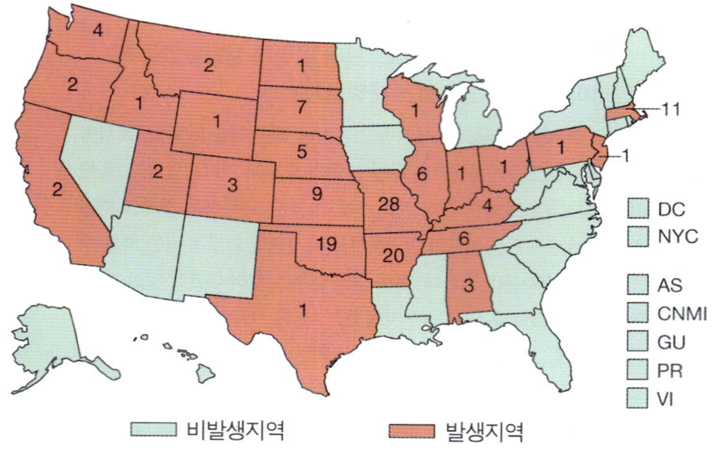

그림 23.10 **미국에서 야토병의 발병, 2004년.** (출처:CDC)

병독을 매개하는 운반체가 한 번도 확인되지 않았음에도 불구하고 야생토끼병균은 대부분 솜꼬리 토끼와 관련성이 있다. 야생토끼병은 항상 토끼 사냥 시즌 동안 많이 증가한다.

야생토끼병균은 전세계에 분포하고 있는 작은 그람 음성 구형간균으로 1911년 캘리포니아 Tulare 지방에서 처음 분리되어 그 지역명을 종명화 하였다. 그리고 초창기 이 균에 대해 많은 연구를 수행했던 에드워드 프란시스(Edward Francis)의 이름을 넣어 속명으로 지정하였다. 미국에서 야생토끼병의 연간 발생은 1939년 2,000 건에서 최근에는 200건 이하로 대폭 감소하였다(**그림 23.10**). 이 질병은 박제사들에게는 위험한 직업병일 수 있다.

야생토끼병균은 3가지 방법으로 감염될 수 있다. 첫 번째, 흔히 감염균들은 작은 상처, 찰상, 또는 물린 곳을 통하여 들어온다. 두 번째, 감염균들은 특히 감염된 동물을 박피하는 과정에서 형성된 에어로졸에 의해 체내로 흡입될 수 있다. 세 번째, 감염균들은 오염된 물 또는 육류등의 섭취로 위장관에 질병을 야기시킬 수 있다. 감염된 강쥐의 서식지 근처의 강에서 수영을 하거나 감염된 토끼를 덜 익혀 먹는 것은 감염의 근원으로 보고되었다. 균들을 수 년간 얼려도 병원균들을 파괴할 수 없다.

피부를 통한 균의 침투는 **궤양샘 야생 토끼병(ulceroglandular)**을 유발한다, 배양 48시간 후에 증상은 시작하고 오한과 떨림과 함께 40~41℃의 고열이 나타난다. 만약 치료하지 않는다면, 열, 다양한 두통, 그리고 서혜임파선종은 한 달 동안 지속될 수 있다. 때때로 궤양은 균이 침투하는 장소에 혀성되며, 동물들과 피부와의 접촉은 손에 궤양을 유발할 수 있다. 반면에 절지동물에 의한 물림은 사타구니 또는 겨드랑이에서 서혜임파선종을 야기시킨다. 환자는 1~2달 동안 무기력하고 빈번히 재발한다. 만약 치료하지 않는다면 사망률은 5%이다. 미국 개척자들에게 토끼는 주요한 식량이었고 야생토끼병 역시 그들 삶의 주요한 부분이었다. 1960년대 생물학적 전쟁이 금지되었을 때까지, 야생토끼병균은 정부 과학자들이 생물학적 전쟁에 사용하기 위해 연구한 병원체였다.

병변부위의 균혈증은 장티푸스 열과 유사한 패혈증인 **장티푸스성 야생토끼병(typhoidal tularemia)**을 유발할 수 있다. 오염된 손으로 눈을 만지는 것은 결막염의 원인이지만, 이것은 매우 드물게 일어난다. 병원체의 흡입 또는 혈액에 의한 균의 확산은 폐 조직 괴사와 30%의 사망률의 원인이 되는 기관지폐렴을 유발한다.

진단, 치료, 그리고 예방. 혈액배양을 이용한 진단은 어렵다. 높은 감염성의 병원체들은 보통의 실험실 배지에서는 증식하기 어렵다. 병원체들은 대식세포의 세포 내부에서 서식하면서 분해에 저항한다. 단지 50개의 병원균들로도 투여 경로와 관계없이 충분히 사람에 감염을 일으킬 수 있다. 실험실에서의 감염은 쉽게 일어날 수 있어서, 야생토끼병균의 배양은 여러 안전 장치와 특별한 공기 후드가 장착된 격리실험실에서 경험 많은 전문가에 의해서만 실험이 수행되어야 한다. 동물 접종 실험은 가급적 수행하지 말아야 한다. 응집 테스트는 진단의 표준 방법이다(◀18장 p. 562). 스트렙토마이신은 야생토끼병의 모든 형태에 대한 선택약제이다.

야생 보균 숙주에 존재하는 병원균을 제거하는 예방법은 비실용적이다. 그러므로 매우 증상이 심한 동물을 다루는 것은 피해야 한다. 감염된 숙주를 손으로 만질 때 장갑을 착용해야 하고 진드기가 많은 지역에서는 방어할 수 있는 옷을 입고 자주 옷과 피부를 살펴 진드기를 확인하여야 한다. 백신은 존재하나 영구면역 되지는 않아 매 3~5년 사이에 다시 접종 받아야 한다.

브루셀라증

질병. **파상열(undulant fever)**, **방병(bang's disease)**, **몰타열(malta fever)**이라고도 불리는 **브루셀라증(Brucellosis)**은 인수공통 전염병으로써 높은 감염력을 가진다. 브루셀라증은 브루셀라균의 몇몇 종에 의해 야기된다. 양 브루셀라균(*Brucella melitensis*)은 1887년 데이비드 브루스 경에 의해 몰타의 지중해 섬에서 분류되었다. 브루셀라균은 작은 그람 음성 간균이다. 각각의 균은 숙주에 따른 특이성을 갖고 있다: *B.abortus*는 소, *B.melitensis*는 양과 염소, *B.suis*는 돼지, 그리고 *B.canis*는 개. 추가적으로 각각의 종들은 사람을 포함한 몇몇의 다른 숙주들을 감염시킬 수 있다. 미국에서 브루셀라증의 발병률은 2차 세계대전말 매년 6,000 건 이상에서 1978년이래 연당 200 건 이하로 줄어 2006년도에는 106 건으로 급격히 감소하였다.

알래스카주에서 순록과 유라시아 순록은 브루셀라증 감염이 이루어져 병원체의 숙주동물로 알려져 있다. 이 동물들의 고기 섭취는 사람에게 감염을 야기시킬 수 있다.

브루셀라균은 동물 사료와 오염된 낙농제품을 통한 소화기와 에

어로졸을 통한 호흡기, 농장 또는 도살장에서 감염된 동물들과의 접촉에 의해 피부를 통하여 숙주들로 들어간다. 숙주 내부에서 균들이 증식하고 혈액에서 림파액으로 이동하여, 이들은 1~6주 안에 치명적인 균혈증을 야기시킨다. 통제되지 않은 감염은 세망내피계에서 육아종(◀16장 p. 475)을 형성한다. 브루셀라증은 오후에는 높고 발한 후 밤에는 낮은 열이 주기적으로 발생하며 서서히 발병한다. 증상은 육아종으로부터 혈류안으로의 세균의 방출에 의해 야기된다. 비장, 림프관, 간은 커지고 황달이 나타난다. 그러나 증상들은 진단될 수 없을 정도로 미미하다. 초기 급성 단계는 몇 주에서부터 6개월까지 지속된다. 회복은 자발적으로 이루어지지만, 장기간 아프고 신경과민으로 확대될 수 있다. 만약 정신적인 장애의 특징이 나타난다면 그 질병은 진단되지 않거나 적절하게 치료되지 않을 수 있다.

진단, 치료, 그리고 예방. 부루셀라증은 혈청학적 검사로 진단하고 테트라사이클린으로 치료한다. 스트렙토마이신, 젠타마이신, 또는 리팜피신은 심각한 경우 추가적으로 사용할 수 있다. 치료는 장기적으로 수행되어야 하는데, 이는 균이 혈중의 항생제에 효과적으로 방어를 잘 할 수 있기 때문이다. 사망이 일어난다면, 보통 심내막염 때문이다. 부루셀라증은 유제품을 살균하고, 동물집단을 백신하거나, 종사자들이 직업적으로 질병에 노출되는 것을 막기 위하여 보호의류를 착용하고 교육을 함으로써 예방할 수 있다. 현재 사람에 대해 좋은 효과를 나타내는 백신은 없다.

와이오밍과 몬타나에 있는 옐로우스톤 국립공원 근처 소 농장의 농장주들은 공원 외곽 지역을 돌아다니는 감염된 들소들로 인해 위험에 직면해 있다. 옐로우스톤에 서식하는 들소 집단의 50% 이상이 부루셀라증에 감염되어 있다. 추운 겨울, 먹을 것이 농장에 더 풍부할 경우 들소들이 농장의 소와 섞이게 될 수 있고, 질병을 농장의 소에게 전파할 수 있다. 사냥꾼들에게 국립공원을 벗어난 들소를 죽이는 것은 허가되어 있다. 어떤 해에는 거의 600 마리의 들소가 사냥꾼들에 의해 죽는다. 몬타나주는 지난 10년간 수백 만 달러를 들소집단에서 부루셀라증을 없애는데 사용하였다. 소에서 부루셀라균은 탄수화물인 에리스리톨(meso-erythritol)이 존재하는 유방, 태반, 자궁 그리고 태아에서 증식하며, 태아의 유산을 유발한다. 사람의 자궁에는 많은 부루셀라균이 글루코오스보다 더 선호하는 에리스리톨이 결핍되어 있기 때문에 유산이 나타나지 않는다. 동물의 부고환에도 이 당이 존재하지만 사람에는 존재하지 않는다.

재귀열

질병. **재귀열(Replapsing fever)**은 급성 절지동물 매개 질병으로 열이 나는 기간과 열이 나지 않는 기간이 교대로 반복되는 특징을 갖는다. 보렐리아(*Borrelia*) 속의 12종이 원인체이다**(그림 23.11)**. *Ornithodoros* 속의 진드기와 사람의 몸과 머리에 있는 *Pediculus* 속 이(lice), 2종류의 매개체가 재귀열을 전파한다. 15종의 진드기가 재귀열을 전파하는 것으로 알려져 있다. 이에 의한 감염을 **유행성 재귀열(epidemic relapsing fever)**이라 부르고, 진드기 유래 재귀열을 **풍토병 재귀열(endemic relapsing fever)**이라 부른다. 재귀열은 고대 그리스 시대에 나타났으며, 그때부터 전쟁, 기근, 그리고 자연재해와 같은 일로 인하여 사람이 과밀하게 모인 때에 나타났다. 재귀열이 유행할 때에는 치료받지 않는 경우 치사율이 30%에 이르렀다.

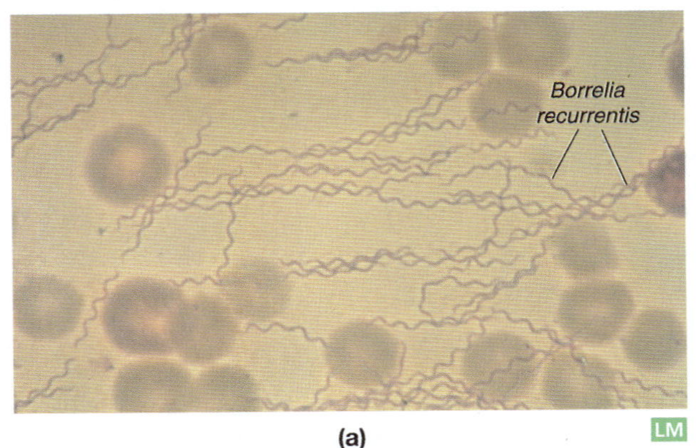

(a)

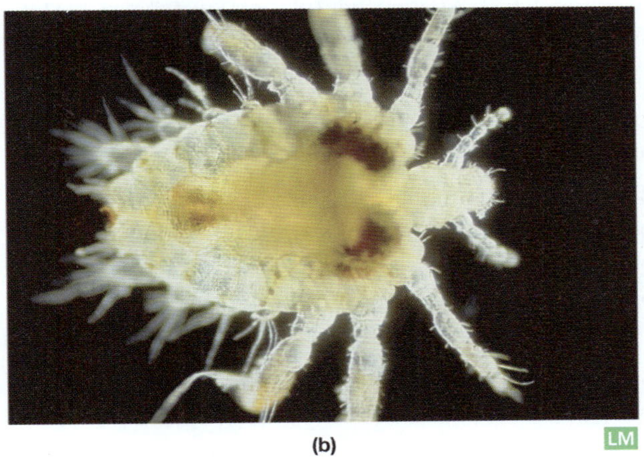

(b)

그림 23.11 재귀열. 이 질병은 **(a)** 진드기에 의해 매개된 *Borrelia recurrentis* (적혈구 사이; 1,275X) (*Eric Grave/Phototake*)나, **(b)** 몸이(body louse) 같은 (32X) (*National Medical Slide/Custom Medical Stock Photo, Inc.*) 다양한 *Borrelia* 종에 의하여 발생한다.

보렐리아는 크기가 크고, 나선형의 그람 음성균이다. 거칠고 좀 더 불규칙한 나선모양으로 인하여 염색 시 *Treponema*(매독) 스피로헤타와 구별된다.

재귀열의 전파는 매개체에 따라 다양하게 나타난다. 이(lice)를 눌러 터트리면 내용물이 할퀸 상처로 들어가게 되어 질병을 전파한다. 각각의 이는 감염원 숙주를 물 때 이 보렐리아균을 가지게 된다. 진드기의 경우, 물 때 분비되는 타액을 통하여 이 균을 전파하며, 난소를 통한 전파도 한다. 진드기는 먹을 것 없이 5년 동안 생존할 수 있으며, 이

기간 동안 감염성을 지닌 보렐리아를 갖고 있다. 매개체를 박멸하는 것은 불가능하다. 진드기는 주로 밤에 30분 정도 먹을 것을 섭취한다. 야영하는 사람이나 진드기를 매개하는 쥐가 만연한 집에 사는 주거자와 같은 피해자는 자신이 진드기에 물렸다는 것을 알아차릴 수 없다. 그래서 문진 시 이러한 병력을 알 수 없고, 이것은 진단을 어렵게 한다.

재귀열에 대해 우리가 알고 있는 대부분은 매독을 고열을 유발시켜 치료하던 항생제 시대 이전의 지식이다. 매독 환자를 고의로 재귀열이나 말라리아에 감염시키면, 고열이 매독균을 죽여 환자몸에는 좀더 다루기 쉬운 질병이 남아있도록 했다. 3~5일의 잠복기 뒤에, 재귀열은 갑작스러운 오한, 고열과 함께 시작된다. 고열이 3~7일 동안 지속된 후, 급통증 증상등이 나타나면서 열이 멈추게 된다. 다시 열이 재발하는 것이 나타나지 않는 16%의 환자를 제외한 대부분의 환자는 7~10일 뒤에 2~3일 동안의 고열을 겪게 된다. 일반적으로, 이러한 안정기에 뒤따르는 열의 경우 더욱 고열이 나타나며, 그래서 재귀열이라 부른다. 이 질병은 특히 임산부에게 위험한데, 이 균이 태반을 가로질러 태아에게도 감염되기 때문이다.

열이 재발하는 것은 균의 항원성에 의해 설명될 수 있다. 열이 나는 기간 동안에는 숙주의 면역반응이 대부분의 균을 죽이게 되며, 숙주가 인식하지 못한 항원을 표면에 가진 적은 수의 개체들만 남게 된다. 이 균은 안정기에 열을 충분히 재발시킬 수 있을 정도의 많은 수로 증식한다. 열이 재발한다는 것은 숙주의 방어 기전을 피할 수 있는 새로운 개체군이 나타났음을 의미한다.

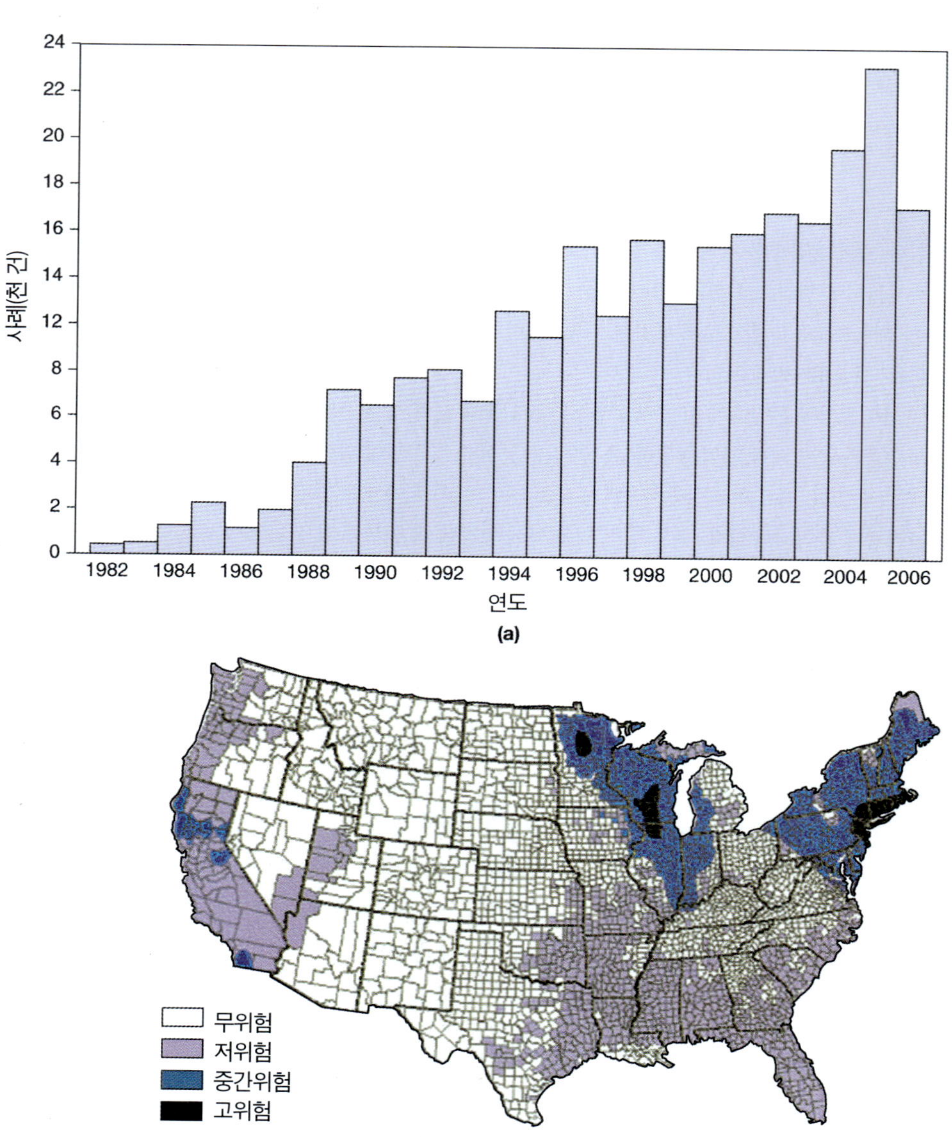

그림 23.12 미국에서 나타난 라임병의 발생율. 2006 **(a)** 질병이 급속도로 늘어난 것은 높아진 인식으로 인해 적절한 진단이 이루어졌기 때문일는지 모른다. **(b)** 하지만, 이 질병은 어떤 지역에서는 발생건수가 많이 생기고 있다. (출처: CDC)

적용

나선균에게 다시 허를 찔리다

몇몇 병원균들은 정말 영리하다. 그들은 현대의 약품과 백신에 대응하여 생존해야 하고 우리몸에서 항상 경계중인 면역계의 허를 찔러야 한다. 만약 당신이 이러한 측면에서 병원균을 바라본다면, 가장 영리한 병원균은 우리 주위에 가장 오랫동안 존재한 것일 것이다. 재귀열을 일으키는 나선균은 꽤나 영리할 것이다. 왜냐하면, 수 천년 동안 이들은 우리 주변에 있었기 때문이다. 보렐리아 나선균은 진드기에 물림으로써 인간에게 전염된다. 포유동물 숙주 내에서, 이 나선균은 주기적으로 외막의 항원을 다른 것으로 대체해 바꿔나간다. 이러한 과정은 아마도 나선균이 우리의 면역계를 회피할 수 있도록 해 줄 것이다. 당신은 이런 미생물들에게 존경을 표하지 않을 수 없을 것이다.

진단, 치료, 그리고 예방. 진단은 열이 오르는 시기에 얻은 혈액을 이용하여, 혈액 도말 염색법을 통해 병원균을 확인함으로써 이루어 진다. 테트라사이클린과 클로람페니콜은 재귀열을 치료하는데 사용된다. 병으로부터 회복된 후에 면역성은 보통 짧은 시간 유지된다. 백신이 없기 때문에 예방은 일차적으로 진드기와 이를 조절하는 것으로 이루어지고, 또한 공중보건교육이 이루어져야 한다.

라임병

질병. 생태계의 변화는 새로운 인간의 질병을 유발하거나 이전에 인식하지 못하였던 새로운 질병의 발생을 증가시키며, 이러한 것은 **라임병(Lyme disease)**의 예에 의해서 증명되었다. 산림과 산림개척지의 경계지역에 서식하면서 질병 원인체의 주요 보유숙주인 흰 꼬리 사슴은 청교도들이 정착한 때보다 더 많이 미국에 서식하고 있다. 정착자들에 의한 산림 개척은 적절한 서식지를 만들어 냈다. 식용으로서의 사슴 사냥이 감소되고, 사슴의 수가 기록적으로 증가하였다. 이러한 사슴수의 증가와 함께 1974년 예일대학교의 앨런 스티어와 그의 동료들에 의해 최초로 발견된 라임병이 나타나게 되었다. 라임병이라는 이름은 그 병의 증례가 최초로 발생되었다고 알려진 코네티컷 주 마을의 이름을 따라 지었다. 이 질병은 오늘날 3개의 대륙에서 발견되고 있으며 미국에서 46개 주 이상에서 발견되고 있다. 이 질병은 주로 사슴과 함께 메사추세츠 주의 케이프 코드에서부터 버지니아와 미네소타에서 흔하게 나타나고 있다(그림 23.12).

1982년에 몬타나에 있는 국립보건원 연구실의 윌리 부르그도퍼(Willy Burgdorfer)는 이전에 밝혀지지 않은 나선균인 라임병의 원인체인 *Borrelia burgdorferi*를 분리동정 하였다. 1985년까지 라임병은 미국에서 가장 흔하게 보고되는 진드기 유래 질병이었다. 이 원인체는 *Ixodes scapularis*라는 검은 다리 진드기에 의해 전파되는데, 이 진드기는 사슴이나 쥐 같은 작은 포유류를 흡혈한다. 이것은 최초로 사슴에서 발견되어서이며 주로 사슴 진드기로 설명되는데, 과학자들은 이 사슴진드기가 사실 검은 다리 진드기라는 것을 밝혔다. 이 진드기는 2년 동안의 생활사에서 3번 혈액을 섭취한다(그림 23.13a). 이 진드기가 한 번의 흡혈 시에 오염된 혈액을 섭취하면 그 후의 다음 개체에게 질병을 전파한다. 사람을 비롯하여 개, 말, 그리고 소도 감염될 수 있다. 진드기는 인구밀도가 높은 지역에서 전파되므로, 진드기 유래 감염의 위험성이 증가하고 있다.

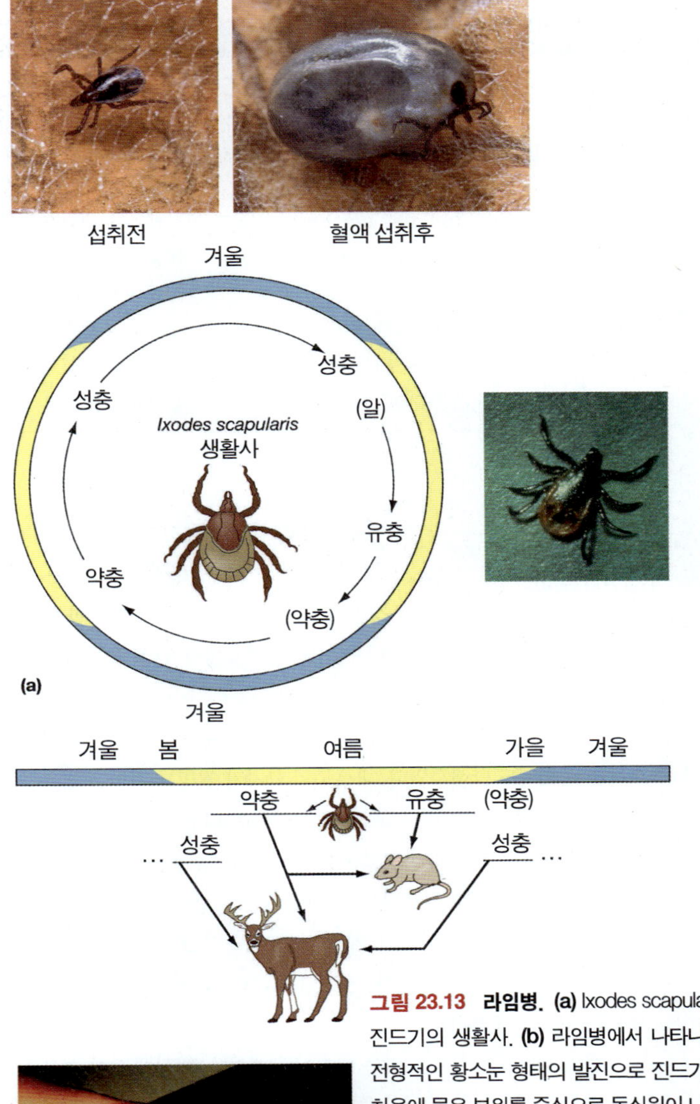

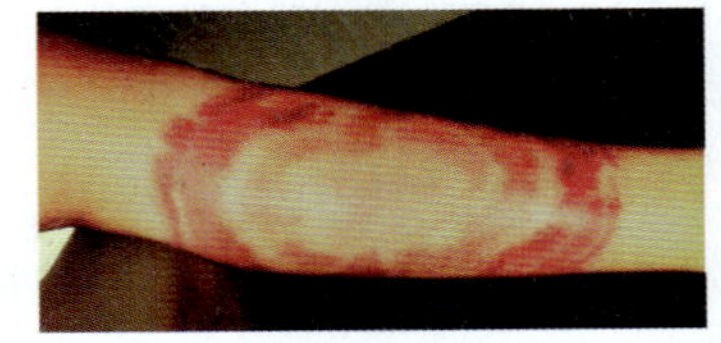

그림 23.13 라임병. **(a)** Ixodes scapularis 진드기의 생활사. **(b)** 라임병에서 나타나는 전형적인 황소눈 형태의 발진으로 진드기가 처음에 물은 부위를 중심으로 동심원이 나타나고 있다. (위: *Courtesy Scott Bower/USDA; 중간: Courtesy Centers for Disease Control and Prevention CDC; 아래: Courtesy Allen C. Steere/www.invasive.org*)

진단, 치료, 그리고 예방. 라임병의 증상은 다양하지만 대부분의 환자는 감염된 진드기에 물린 뒤 짧은 시간 뒤에 독감과 비슷한 증상을 나타낸다. 진드기에 물린 부위의 황소눈(Bull' s eye) 발진은 감

표 23.2

세균성 전신병

질병	원인체	특징
탄저	*Bacillus anthracis*	피부 병변의 괴사화; 호흡기 감염의 경우 항상 치명적; 장 감염의 경우 식중독과 비슷한 증상
흑사병	*Yersinia pestis*	림프절 페스트는 서혜임파선종의 종대를 일으키고, 출혈을 일으켜 피부가 검은색으로 변하게 함; 패혈증 흑사병은 원인체가 혈액을 침범하였을 때 발병하며, 많은 조직에서 출혈과 괴사를 일으킴; 원인체를 흡입하여 발생하는 폐렴 흑사병은 폐렴을 일으킴
야토병	*Franciscella tularensis*	궤양선성형은 고열, 두통, 서혜임파선종 종대를 일으킴; 균혈증은 티푸스성 야토병을 일으킴; 원인체의 흡입은 기관지폐렴을 유발; 보통 재발됨
부루셀라증	*Brucella* 종	증상의 점진적인 발현, 주기적인 열, 간과 림프절의 종대,황달
재귀열	*Borrelia recurrentis*	며칠 간의 고열, 일시적 휴지기, 원인체의 항원성이 변하여 일어나는 짧은 기간의 열; 태반감염
라임병	*Borrelia burgdorferi*	발진과 독감 같은 증상이 발생하고 후에 관절염과 신경, 심장 손상 유발; 태반감염

독시사이클린은 라임병, 기관지염, 심지어 말라리아를 치료하는데 사용할 수 있는 저렴하면서도 효능이 좋은 광범위 항생제이다.

염된 증례의 반 정도에서 나타난다**(그림 23.13b)**. 몇 주 또는 몇 달 뒤에, 다른 증상이 일어난다. 관절염은 가장 흔한 증상이지만, 신경세포에서 절연체인 수초가 탈락되면 알츠하이머나 다발성 경화증과 비슷한 증상을 나타낸다. 몇몇 환자에게서는 심근염도 발생하였다. 대부분의 환자가 질병 초기에는 병원을 찾지 않기 때문에, 라임병은 보통 관절염이 나타난 뒤 임상증상으로 진단된다. 항체검사도 실시되고 있다. 라임병은 독사이클린과 아목시실린과 같은 항생제로 치료하며 이 항생제들은 질병의 진행과정에서 일찍 투여될수록 효과가 좋다. 불행히도, 질병의 초기에는 오진되는 경우가 자주 발생한다. 게다가, 진단되지 않는 불현성 감염이 풍토병이 도는 지역에서 흔하다.

현재 사람을 대상으로 하는 백신이 존재하나, 백신에 의한 손상을 이야기하는 수많은 주장들이 있다. 라임병으로부터 개를 보호하는 더 좋은 백신 또한 나와 있다. 개는 사람보다 6배 더 질병 발생율이 높다. 고양이는 개에 비해서 잘 발병되지 않으며, 이것은 고양이가 지속적으로 털을 손질하기 때문일 수 있다. 소와 같은 다른 동물들 또한 감수성이 있다. 위스콘신의 낙농가에서는 60마리의 소 중 3/4이 라임병에 의해 유발된 관절염에 의해 다리 관절이 종대－몇몇의 소는 농구공 만하게 종대 되었다－되어 절뚝거리는 것을 발견하였다. 사람에서는 감염된 사람의 단지 10% 만이 라임병에 의한 관절염을 나타낸다. 연구자들은 라임병에 영향을 주는 유전적 소인을 찾아냈는데, 라임병에 걸린 89% 에서 HLA-DR 4 또는 RLA-DR 2 조직 항원(◀18장 p. 550)을 갖고 있었다. 감염된 후 처음 6주 동안의 항생제 투여는 만성적인 관절염을 예방하여 준다. 하지만 질병의 진행과정의 어떠한 지점을 지난 후에는 항생제가 더 이상 만성 관절염을 예방하는데 소용이 없다.

사람을 위한 좋은 백신이 존재하지 않기 때문에, 라임병은 오직 진드기에게 물리는 것을 피하는 것만으로 조절 가능하다. 하지만 진드기가 무는 것을 피하는 것은 어렵다. 왜냐하면 진드기, 특히 자주 나선균을 옮기는 미성숙한 형태의 진드기는 양귀비의 씨앗 정도의 크기로 매우 작아 알아차리기 힘들기 때문이다. 진드기가 만연한 지역에서는, 모자를 쓰고, 긴 팔 옷을 입고, 긴 바지를 입어야 하며, 양말을 바지 끝 단까지 끌어올려 신어야 한다. 진드기 살충제 또한 사용될 수 있다. 예방이 치료보다 훨씬 쉽다. 만성 라임병이 한번 발생하면, 태반을 가로질러 태아에 감염될 수 있다.

미래에는 공생 미생물과 선충이 라임병의 전파와 관련있는 절족동물 운반체인 사슴 진드기를 억제하는 데 이용될 수 있다.

이 질병을 조절하려는 과감한 시도가 52마리의 사슴 무리가 전부 죽었던 메사추세츠 주의 그레이트 아일랜드에서 시도되었다. 진드기 방지 이표(eartag)를 사슴과 쥐에 다는 것은 매우 어려운 작업이었지만 매우 효과적이지는 않았다. 연구자들은 살충제로 푹 적셔진 공 모양 솜을 쥐들 주변에 놔둬서 쥐들이 그 솜을 자신들의 집으로 가져가서 그곳의 진드기들을 죽이는 것을 시도하였다. 현재 진드기에 기생하는 유럽말벌을 진드기에 감염된 지역에 퍼트리고 있다. 이러한 생물학적 조절 방법은 매우 좋은 결과를 가져왔으며, 어떤 지역에서는 진드기를 거의 박멸하였다. 미국의 서쪽 해안에서는 라임병의 발생율이 낮은데, 이것은 진드기에게 독성이 있는 단백질 때문이다. 이 단백질은 혈액이 진드기의 주요 먹이가 되는 지역에서 도마뱀의 혈중에서 발견된다.

세균성 전신병은 **표 23.2**에 정리되어 있다.

✔중점 질문 사항

1. 왜 탄저균이 생물학적 테러의 좋은 병원체가 되는가?
2. 어떻게 침입구가 흑사병의 증상과 치사율에 영향을 미치는가?
3. 왜 라임병의 치료는 일찍 시작하는 것이 중요한가?

리케치아 및 관련 전신병

리케치아는 록키산홍반열(Rocky Mountain spotted fever)과 발진티푸스(typhus)의 원인 물질임을 확인한 하워드 T. 리케츠를 따서 이름지어졌다. 그와 또 다른 연구자인 바론 폰 프로바젝은 이들의 높은 전염성 미생물에 의한 실험실 감염으로 죽었다. 리케치아는 매우 작고, 그람 음성의 짧은막대균이며, 현미경으로만 보이는 절대 세포내 기생충이다(◀ 9장 p. 264). 발진티푸스를 유발하는 균들은 감염된 세포의 세포질 내에서 증식한다. 홍반열을 유발하는 균들은 핵과 세포질 모두에서 증식할 수 있다. 리케치아는 오직 세포내에서 배양될 수 있다. 자충포장란 또한 자주 사용되지만, 특별하게 격리실험실이 갖춰진 곳에서만, 그리고 매우 숙련된 기술자에 의해서만 다루어져야 한다. 실험실 설계와 기술 및 백신의 효력이 많이 개선되었음에도 불구하고, 실험실 감염은 매우 일반적이며, 때로는 치명적이다.

1984년 이전에는 오직 8가지의 리케치아 질병이 알려졌으나, 이후 13년 내에, 7가지 새로운 리케치아 질병이 발견되었다. 그들은 현재 새로 생겨난 질병 그룹으로 간주되고 있다. 리케치아 질병은 대개 여러 가지 특성을 가진다. 이 미생물은 혈관벽의 세포에 침투하고 상처를 입혀, 혈관벽에 틈을 유발한다. 이런 누출은 피부 병변과 특히 **점상출혈(petechiae, pe-te' ke-e; 단수:petechia)**을 야기시키며, 핀끝 크기의 출혈은 피부층에서 가장 일반적인 증상이다. 이는 또한 뇌와 심장같은 장기에서 괴사를 일으킨다. 그럼에도 불구하고 각 질병은 특별한 종류의 피부발진을 일으키고, 모든 리케치아 질병은 열, 두통, 극심한 허약, 간과 비장 확대를 일으킨다. 두통은 매우 고통스러울 수 있으며, 환자가 혼란스러움을 느끼게 할 수 있다.

Q 열을 제외하고(◀ 21장 p. 659), 리케치아 질병은 절지동물 운반자에 의해 척추동물 숙주 사이로 전달된다. 인간은 종종 동물원성 감염의 임시 숙주지만, 그들은 유행성 발진티푸스와 참호열의 단독 숙주이다. 미생물 배양의 위험때문에, 리케치아 질병은 보통 진단상의 발견과 혈청학적 검사로 진단되어진다. 이 질병은 테트라사이클린 또는 클로람페니콜로 치료된다; 이런 항생제조차 리케치아 들을 죽이지 못하고 단지 억제할 뿐이다. 치료법은 신체의 방어가 감염을 극복할 수 있을 때까지 지속되어야 한다. 종종 리케치아들은 전적으로 제거되지는 않는다. 그들은 림프절내에서 잠재적으로 남을 수 있고 첫 감염 후 20년이 지나도 재발하는 것으로 알려져 왔다.

발진티푸스

발진티푸스(typhus fever)은 유행성, 풍토성, 쯔쯔가무시를 포함하여, 다양한 형태로 발생한다. 브릴-진서병(*Brill-Zinsser*)은 풍토성 티푸스의 재발 형태이다.

고전적, 유럽, 또는 이-매개 티푸스라고 불리는 **유행성 티푸스(epidemic fever)**는 *Rickettsia prowazekii*에 의해 일어난다. 이 질병은 전쟁 지역이나 위생상태가 좋지 않은 지역에서 자주 발생한다. 1812년에 유행성 티푸스는 러시아에서 나폴레옹을 몰아내는데 도움을 주었다; 더 최근에는 1차 세계대전에서 3천만명의 러시아인이 감염되었고, 300만명이 죽었다. 전쟁의 역사속에는 발진푸스의 예로 가득 차있다. 발진티푸스는 전쟁 속에서 사령관이라고 불리울 정도로 큰 위력을 갖는다. 다른 예로, 한스 진저가 저술한 책인 '쥐, 이 그리고 역사(Rats, Lice, and History)'에서는 인간에서 나타나는 유행성 티푸스의 효과를 잘 나타낸 자료이다. 다만 2차 세계대전 중 살충제인 DDT의 발견으로 발진티푸스는 휴지기를 갖게 되었다.

> **적용**
>
> **미생물과 전쟁**
>
> 군인들은 좀처럼 전쟁에서 승리하지 못하였다. 그들은 전염병의 유행(epidemics)이 집중된 후에 적군을 소탕하는 경우가 더 많았다. 그리고 발진티푸스는 그의 형제 자매들인 흑사병, 콜레라, 장티푸스, 이질과 함께 시저, 한니발, 나폴레옹 그리고 역사속의 모든 장군들보다 군사적 행동을 더 많이 결정하였다. 전쟁 패배의 책임을 유행병(epidemics)이 지게 되었고, 장군들이 전쟁 승리의 영예를 얻었다. 사실 이것은 그 반대여야만 했었다.-Hans Zinsser, 1935

유행성 티푸스는 인간의 기생충(이)에 의해서 전염된다. 이는 감염된 인간에서 먹이를 얻은 후, 리케치아는 이 기생충의 소화관에 번식하며 이 기생충의 배설물들을 통해 방출된다. 이가 물때, 또한 배설물이 배출된다; 감염된 이는 다음 생물체를 물어서 알을 낳고, 몇 주 안에 발진티푸스로 인해 그들 자신또한 죽는다. 물린 부위를 긁게 되면 이 상처를 통해 미생물에 감염된다. 이는 감염된 인간을 물음으로서 전염되기 시작한다. 그들은 죽은 사체나 고열을 갖는 사람들을 떠나, 감염할 새로운 숙주로 이동한다.

약 12일 정도의 잠복기 후, 갑작스러운 열과 두통이 발병하고, 6~7일 정도가 지난 후, 발진을 동반하며 주신경을 통해 사지로 퍼진다. 그러나 손바닥 또는 발바닥에도 거의 영향을 미치지 않는다. 이런 증상이 시작되는 즉시, 항생제 치료를 실시 해야한다. 치료없이 이 질병은 3주 안에 사망하고, 3~40%의 사망률을 갖는다. 이 질병은 이 박멸, 살충, 청결한 환경을 유지하여 예방할 수 있다. 백신도 유용하다. 예외적으로 브릴-진서병이 발생할때를 제외하고는 회복하면 대개 평생 면역성을 가질 수 있다.

브릴-진서병(brill-zinsser disease) 또는 재발 발진티푸스(*recrudescent typhus*)는 발진티푸스의 재발이다. 이는 1930년대 뉴욕의 동유럽의 이주민들을 연구했던 네이던 브릴과 한스 진저를 기념하여 이름지어졌다. 첫 번째 감염과 비교해보면, 이 질병은 가벼운 증상을 보이고, 더 짧은 지속기간을 보이며, 피부발진을 드물게 야기시킨다. 이 질병은 때때로는 수년간 림프절에 잠복해 있던 병원체에 의해 재발된다. 브릴-진서병 환자에 기생하던 기생충에 의해 브릴-진서병은 병원체를 전파할 수 있고, 초기의 발진티푸스는 민감한 개체에 감염이 된다. 이 질병의 예방은 발진티푸스 자체를 억제함으로써 예방이 가능하고, 이미 감염된 환자에게 적절한 항생제 치료제를 투여함으로써 발병율을 감소시킬 수 있다. 적절한 치료에도 불구하고 발진티푸스의 일부 환자는 나중에 브릴-진서병으로 재발된다. 이것은 발병한 후 짧은 기간 형성된 항체의 유형에 의해 유행성 티푸스와는 구별될 수 있다. 유행성 티푸스는 먼저 IgM을 생성한 다음 IgG 항체를 생겨나게 하지만, 이에 반해 2차 반응이 있는 브릴-진서병은 무엇보다 먼저 IgG 항체를 만들어낸다(◀17장 p. 497).

풍토성 티푸스(endemic typhus) 또는 **생쥐 티푸스(murine typhus)**는 *Ricketssia typhi*에 의해 일어나는 벼룩매개 티푸스이다. 이것은 미국의 남동부와 멕시코만 지역, 특히 텍사스 지역과 같이 전세계의 일부 지역에서만 발생한다. 미국에서의 발병범위는 한 해마다 최소 100건 이하이다. 벼룩은 감염된 쥐의 배설물을 통해 배출된 다음, 인간을 물어 감염시킨다. 숙주가 물린 상처를 비빌 때 들어가거나, 또 다른 입구인 점막으로 이동한다. 10~14일의 잠복 후, 열과 오한이 발생하고, 갑작스러운 으깨는 듯한 두통이 나타나며, 그 뒤로 3~5일 안에 발진이 일어난다. 이 질병은 자체로 한정적이고, 치료를 하지 못한다면, 약 2주간 지속된다. 사망률은 약 2%이다.

털진드기병(scrub typhus) 또는 쯔쯔가무시 질병은 *Rickettsia tsutsugamushi*에 의해 유발된다. 쯔쯔가무시(tsutsufamushi)는 일본어로 "나쁜 작은 벌레"이다. 이 질병을 전파시키는 곤충은 일본, 호주, 동남아시아의 일부 지역에 사는 쥐의 진드기이다. 진드기는 숙주인 설치류에서 떨어져 나와, 인간을 물어서 감염시킨다. 털진드기병은 2차 세계대전과 베트남 전쟁 때 병사들이 저격수를 피하기 위해 진드기가 많은 지역을 포복하면서 문제가 되었다. 10~12일 잠복 후, 털진드기병은 급작스럽게 열, 오한, 두통을 동반한다. 많은 환자가 물린 자리에 피부가 벗겨지는 상처를 보였고 후에 일반적인 발진을 남긴다. 치료되지 않는 경우에는, 사망율이 50%까지 도달하였으나, 신속한

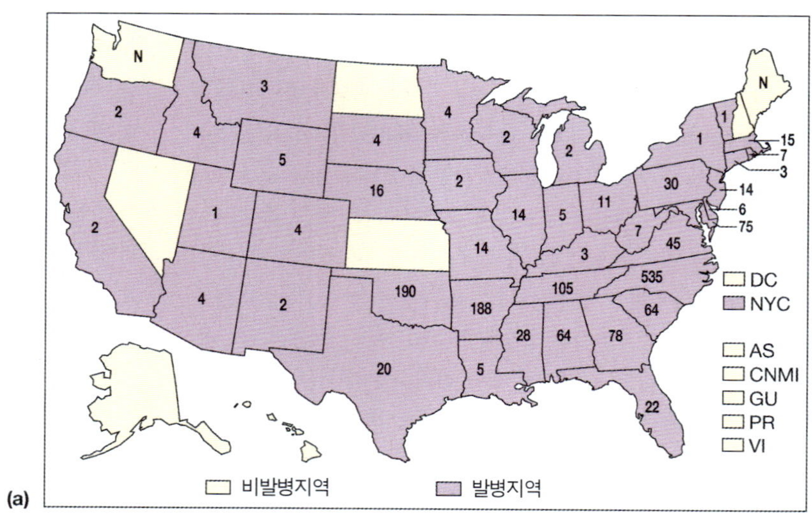

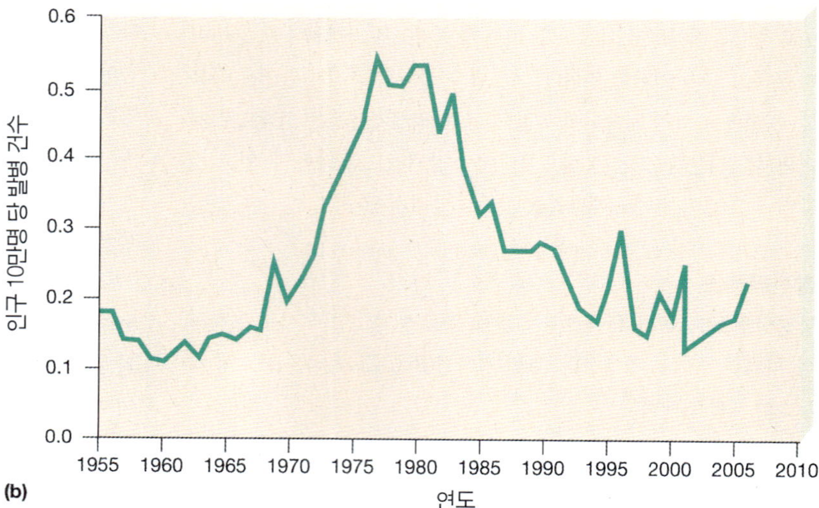

그림 23.14 미국의 록키산 홍반열(Rocky Mountain spotted fever) 발병율. (a) 주에 따라서 (b) 연도에 따라서 (출처: CDC)

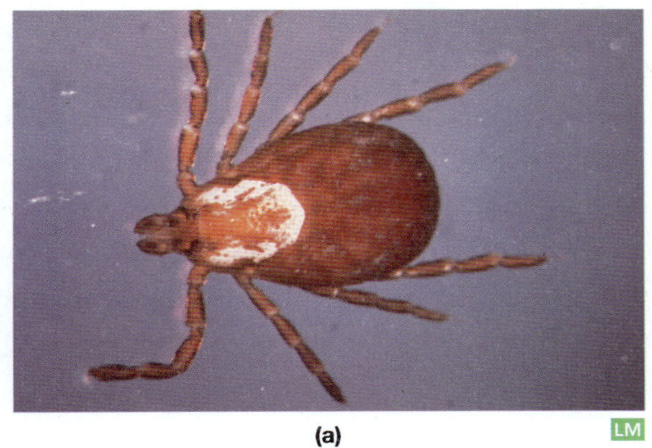
(a) LM

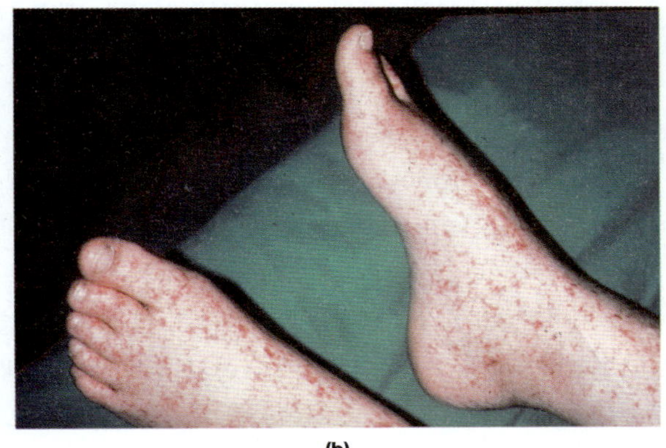
(b)

그림 23.15 록키산 홍반열. **(a)** 개 벼룩 *Dermacentor variabilis*를 포함한 운반체(20X). (*R. Calentine/ Visuals Unlimited*) ***(b)*** 환자의 발에서 질병의 특징적인 발진. (*Kenneth Greer/ Visuals Un limited*)

항생제 치료로 사망률이 아주 낮아졌다. 백신이 현재 개발되지 않았지만, 진드기 수의 조절에 의해 감염을 예방할 수 있다.

록키산홍반열

록키산홍반열(Rockey Mountain spotted fever)은 아이다호와 몬타나와 같은 록키산 지역에서 1900년대에 처음 알려졌다. 그런데 이것은 지리상 분포구역으로 볼 때 아팔래치안 홍반열(Appalachia spotted fever)이 더 적당한 이름이라고 제안되었다**(그림 23.14)**. 이것의 발병은 1930년대 이후로 해당 1,000건 이하로 머물렀으나, 진드기가 증가되고 있는 지역의 사람들에게서는 더욱 증가한 것으로 보인다. 이 질병은 *Rickettsia rickettsii*에 의해 야기되고, 진드기 *Dermacentor* 속에 의해 전파된다**(그림 23.15a)**. 3~4일 잠복 후, 열, 두통, 쇠약이 갑작스럽게 나타나고, 뒤이어 2~4일 이내에 발진이 일어난다**(그림 23.15b)**. 발진은 발목과 손목으로 시작하여 손바닥, 발바닥에 두드러지고, 몸통 쪽으로 진행된다-발진티푸스의 역진행이다. 반점은 피부표면 하의 혈관 손상으로 인한 출혈에 의해 야기된다. 반점들은 여러 손상부위의 출혈로 인하여 커지며, 몸 구석구석 기관의 혈관들은 비슷한 손상을 입게 된다.

종마다 병독성의 변화가 심하다. 마찬가지로 치사율이 5~80%의 변동을 보이고, 치료되지 않는 경우 평균 20% 정도의 치사율을 보인다. 신속한 항생체 치료를 지속하면 5~10%사이의 치사율을 갖는다. 록키산홍반열은 보호복과 진드기가 들끓는 지역을 방문하는 동안 피부와 의류를 빈틈없이 검사하는 것에 의해 예방될 수 있다. 특히 중요한 것은 아이들의 머리카락 검사이다. 오직 백신만 쓰는 것은 완전한 효과를 보지 못한다.

세계적으로 많은 다른 유형의 홍반열이 있다. 각각은 리케치아 종의 특이성에 의해서 야기되며 시베리안 홍반열(Siberian spotted fever)" 와 같이 전형적으로 지역에 따라 이름지어 진다.

리케치아폭스

리케치아폭스(rickettsialpox)는 *Rickettsia akari*에 의해 야기되고, 처음 발견된 것은 1946년 뉴욕이었으며, 현재는 러시아와 한국에서도 나타나는 것으로 잘 알려져 있다. 이것은 집쥐에서 발견되는 벼룩에 의해 옮겨진다. 이 질병은 비교적 경미하고, 수두의 증상과 비슷하다. 이 이유에서 수두나 다른 질병으로 오진되기 때문에, 발병률과 사망률의 통계는 신뢰할 수 없다. 그러나 치명적이지는 않다고 알려졌다. 이것은 설치류 수의 조절로 예방할 수 있다.

참호열

정강이열(*shinbone fever*)이라고도 불리는 **참호열(trench fever)**은, 이에 의해 사람들 사이에 전달되고, 전쟁기간 널리 퍼지며 비위생적인 상태하에서 전달되는 풍토성 티푸스와 비슷하다. 스트레스는 일반적으로 병에 걸리기 쉬운 요인이다. 원인체는 절대적으로 세포내 기생충이 아닐지라도 리케치아로 분류되는 세균인 *Bartonella (Rochalimaea) quintana*이다. 이 균은 인공적인 배지에서 배양될 수 있으며 세계적으로 분포하지만 거의 질병을 유발하지 않는다.

참호열은 1차 세계대전 중 매일 같은 옷을 입으며 참호에 사는 군인들 사이에서 처음 나타났다. 영국의 트렌치코드("trench coat")는 궂은 날씨 동안 은신처 없이 활동하는 군대를 보호하기 위해 개발되었지만, 완전하게 효과적이지는 않았다. 군인들과 트렌치코드를 포함한 그들의 옷은 몸의 이로 들끓기 시작했다; 지친 군인들은 더러움 속에서 질병으로 희생되어갔다. 1차 세계대전 후 질병은 사라졌고 2차 세계대전까지는 다시 나타나지 않았다. 참호열은 최근 도시의 빈민들 사이에서 발견되고 있다. 참호열의 증상은 5일간 열이 있고, 극심한 다리통증이 있지만, 많은 군인들은 감염 이후 19년정도 길게 우울증 및 정신혼란을 포함한 재발증상이 보고되었다. 백신은 아직 사용 가능하지 않고 이를 박멸하여 예방할 수 있다.

바르토넬라증

바르토넬라증(bartonellosis)은 *Bartonella bacilliformis*에 의해 야기되고, 페루의 의사인 A.L. 바톤(A.L. Barton)에 의해 이름지어졌고, 1901

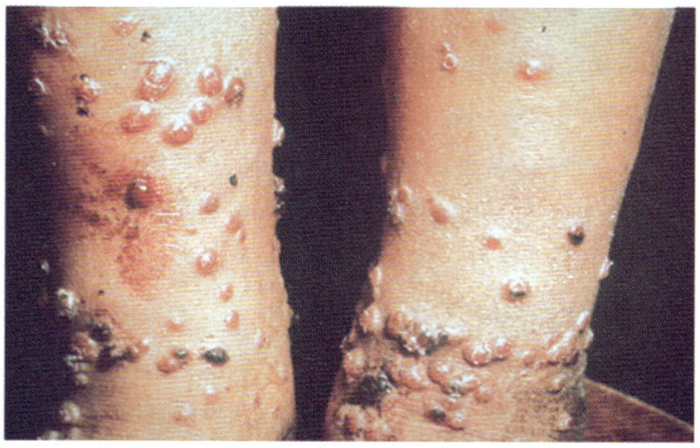

그림 23.16 베루가 페루아나의 병변부위. (미군 병리학 연구소 제공)

년 처음 기록 되었다. 이 질병은 2가지 형태로 나타난다. 먼저 **오로야열 (Oroya fever)**, 또는 Carrion' s disease는 심한 치명적인 열과 함께 극심한 빈혈을 나타내고, 다음으로 **베루가 페루아나(verruga peruana)**는 만성적이고, 치명적이지 않은 피부질병이다(그림 23.16). 이 두 질병은 페루의 안데스, 에콰도르, 콜롬비아의 서쪽 경사지에서 발견된다. 이곳은 모래파리(*phlebotomus*)의 서식지이고, 모래파리는 이 질병을 전파하는 생물체이다. 1885년 다니엘 캐리온(Daniel carrion)은 페루의 의학도로써, 베루가 페루아나 손상과 오로야열과의 관계를 보여주기 위해 자신에게 사마귀 물집에서 추출한 실험물질을 접종하였다. 그는 오로야열에 의해 39일 후 사망했으며, 명확한 관계를 증명하였다.

감염된 모래파리에 물림으로써 인간에게 전염된 후 *B.bacilliformis*가 피에 들어가고, 몇 주내지 4달 동안의 잠복기동안 증식한다. 바르토넬라증에 대하여 전염병학에서는 거의 알려져 있지 않지만, 인간은 유일한 보유숙주로 알려졌다. 오로야열은 치명적 열병, 용혈성 빈혈을 나타낸다. 베루가 페루아나는 단지 피부손상임에도 불구하고 1달에서 2년 동안 지속된다. 그러나 대개는 약 6개월의 지속기간을 갖는다. 상처는 자연스럽게 치유된다. 그러나 재발할 수 있다. 오로야열은 대체로 면역성이 없는 사람 안에서 발달하고, 베루가 페루아나는 부분적 면역성을 가지는 사람에게서 나타낸다. 페니실린, 테트라사이클린, 스트렙마이신은 오로야열을 치유하나, 베루가 페루아나는 치유하지 못 한다. 백신은 아직 개발되지 않았으며, 예방은 모래파리의 통제에 의존한다.

에를리히증

최근에 에를리히(*Ehrlichia*) 와 바르토넬라(*Bartonella*) 속에 속하는 리케치아는 사람병원체와 관련이 있다고 알려져 있다. 그들은 그람 음성 짧은 막대균이고, 현미경 수준의 절대 세포질내의 기생균이다.

에를리히증(Ehrlichiosis)은 원래 개의 질병으로 인지되었고, 현재는 사람에게 발견되었으며, 2006년 미국에서 1,025건이 보고되었다. 이를 야기시키는 *Ehrlichia canis* 와 *E.chaffeensis* 는 라임병을 전파시키는 개벼룩뿐만 아니라 개진드기에 의해서도 퍼져나간다. 임상적으로, 사람에게 나타나는 이 질병의 형태는 다른 리케치아 질병들과 유사하다. 대표적인 증상은 열, 두통, 간염, 그리고 근육통이다. 백혈구의 감소와 같은 혈액 이상은 흔하다. 홍반이 나타나지 않는 점이 록키산 홍반열과 에를리히증을 구분하게 한다. 백혈구 내에서 전형적인 에를리히증 세포질 함유물 발견은 에를리히증의 존재를 암시하는 것일 수도 있지만, 진단은 특별한 혈청학적인 검사들을 필요로 한다. 리케치아 질병의 특징들은 표 23.3에 요약되어 있다.

표 23.3

리케치아 질병의 요약

질병	원인균	발병지역	절지동물매개숙주	척추동물 숙주
발진티푸스 그룹				
유행성(고전적, 유럽형) 티푸스	*Rickettsia prowazekii*	전 세계	이	사람
브릴-진서병(재연성)	*R. prowazekii*	전 세계	(재발 감염)	사람
풍토성(생쥐) 티푸스	*R. typhi*	전 세계, 작은 지역에 산재	벼룩	설치류
털진드기병 그룹				
털진드기병(쯔쯔가무시 질병)	*R. tsutsugamushi*	일본, 서남아시아	진드기	쥐
홍반열 그룹				
록키산 홍반열	*R.rickettsii*	서반구	진드기	설치류, 개
리케치아폭스	*R.akari*	미국, 한국, 러시아	진드기	집쥐
참호열	*Bartonella (Rochalimaea) quintana*	전쟁기간 동안 전 세계	이	사람
바르토넬라증	*Bartonella bacilliformis*	안데스의 서부경사지	모래파리	사람만이 숙주로 알려짐
에르리히증	*Ehrlichia canis, E. chaffeensis*	남동 및 남중앙 미국	진드기	개, 사람

세균성혈관종증

세균성혈관종증(baciliary angiomatosis)은 다른 리케치아 미생물인 *Bartonella henselae*에 의해 야기된다. 이 질병은 피부의 소혈관과 내장기관에서 발병한다. 이것은 AIDS에 걸린 사람들이나 면역력이 약화된 환자들에게서 보여진다. 분자적 기법과 관련된 기술들이 진단에서 사용된다. 또한 이 미생물들은 고양이 흠집열(cat scratch fever)을 야기 시킨다(◀ 19장 p. 597).

중점 질문 사항

1. Q 열은 다른 리케치아 질병과 얼마나 다른가?
2. *Bartonella(Rochalimaea) quintana*와 다른 리케치아와 다른 점은?

바이러스성 전신병

뎅기열

뎅기열(dengue Fever) 은 1780년, 필라델피아의 벤자민러쉬(Benjamin Rush)라는 미국인 의사에 의해 처음으로 밝혀졌다. 이것은 또한, 심한 뼈 통증과 관절통을 야기 시키기 때문에 *breakbone fever*라고 불려졌다. 다른 증상들은 고열, 두통, 식욕감퇴, 구역질, 체력저하, 그리고 간혹 발진 등이 있다. 이 질병은 자가 회복질환이며, 증상이 10일 정도 진행된다. 뎅기바이러스(플라비비리대(Flaviviridae)과의 아보바이러스(arbovirus))는 4가지의 독특한 면역학적 유형이 있으며 이 4가지 중의 2가지는 질병 증상과 연관된다. 첫 번째 뎅기열 감염은 바로 나타나는 증상을 일으킨다. 다른 면역학 타입의 바이러스에 의한 두 번째 뎅기열 감염은 출혈 형태의 질병을 일으킨다. 출혈이 발생하는 동안 바이러스는 순환하는 림프구 안에서 복제한다. 이것은 이전의 감염에 의해 형성된 면역반응과 관련이 있다. 다른 증상들은 쇼크로 진전될 수 있는 빠른 호흡과 저혈압 등이다. 이 쇼크는 치료를 신속히 시작하면 원래의 상태로 되돌릴 수 있다. 혈청학 검사는 뎅기열의 진단에 이용가능하며, 바이러스의 1가지 면역학적 유형에 대응하는 백신이 면역성을 제공하는 것으로 보인다. 하나의 혈청형 바이러스 감염은 다른 혈청형에 대응하는 교차방어를 제공하지 못하므로, 한 사람은 일생 동안 뎅기열을 4번 겪을 수 있다.

뎅기열은 열대 지방에 주로 분포 되어 있고, 매년마다 오십만에서 삼백만 건을 일으키며, 때때로는 아열대 지방에서 증상이 발현하기도 한다. 이것은 101개 나라에서는 풍토병이다(**그림 23.17**). 일반적으로 남아메리카와 카리브 연안 지역은 현재 보건 당국이 이 질병을 신종 질병(emerging disease) 으로 인식하기에 충분할 정도로 뎅기열의 심각한 대발생을 경험하고 있다. 비록 일부 지역에서는 아시아의 호랑이 모기로 알려진 흰줄숲모기(*Aedes albopictus*)가 중요하지만 이것의 주된 운반체는, 이집트숲모기(*A. aegypti*)이다. 1985년 이래, 미국의 보건당국은 흰줄숲모기가 나타나거나 퍼지는 것에 관심을 가지게 되었다. 아시아에서 수입해 온 중고 타이어 외피에서 모기가 옮겨진 것이 확실시 된다. 최근 40년간 미국에서 뎅기열의 대발생은 1980년에 처음 나타났다. 그 이후, 미국에는 4가지의 혈청형이 나타났다. 급속한 전파와 공격적인 성향의 흰줄숲모기는 이전까지는 안전했던 지역에 뎅기열을 가져올 수 있다. 모든 뎅기열 혈청형 바이러스를 방어할 수 있는 백신이 없기 때문에, 모기를 줄이는 것은, 이 질병을 억제하는 초기 방법이다.

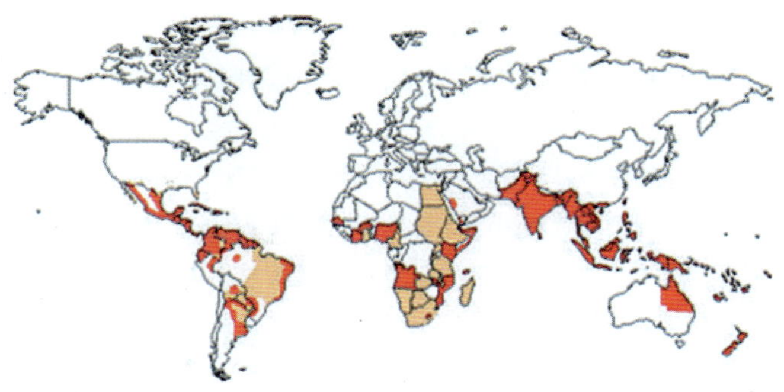

그림 23.17 전세계 뎅기열 분포도. 2006

황열

황열(yellow fever)은 카를로스 핀레이(Carlos Finlay)와 월터 리드(Walter Reed)에 의해 연구 되었는데, 1900년대 초기에 파나마 운하의 건설업에서 일하는 노동자들의 감염이 급증하여 건설 붕괴의 위기에 직면하게 되었다. 비록 아보바이러스인 플래비바이러스(◀ 10장 p. 280)를 동정할 수 있는 적당한 기술이 존재하지 않았음에도 불구하고 핀레이와 리드는 모기 운반체인 이집트숲모기를 동정하였고, 이 질병의 전파를 막는 적절한 방책을 마련했다. 현재 이 질병은 열대 지역이나 중미, 북미와 아프리카에 제한적으로 발병한다. 원숭이들은 감염되었을 때 보균자로써의 역할을 하고, 모기가 원숭이와 사람 양쪽을 물면 옮겨지게 된다. 최근 10년간 매년 12~304건의 발생건수가 보고 되었다. 그러나 대부분의 황열병의 발

1802년 노예폭동을 진압하다 25,000명의 군인 중 22,000명을 황열병으로 잃었다

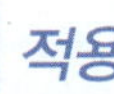

적용

노예판매상이 노예를 할인판매하면서 부수적으로 판 것은?

노예매매는 노예보다는 미국인들에게 더 많은 것을 가져다 주었으며 이것은 이집트숲모기라는 황열병모기를 들여오게 하였다. 이 모기들은 알을 대형범선의 물수조에 낳았고, 알에서 깨어난 후 선원의 피 속에서 대부분을 지냈다. 그리고 일단 배가 서반구 지역에 닻을 내리면서 이 모기들은 질병을 신속하게 퍼트리기 시작했다: 특히, 지독한 황열병은 20세기 초까지 끝나지 않았고 훨씬 더 엄청난 전염병인 뎅기열 및 뎅기출혈열이 나타났다.

생률은 제대로 보고되지 않고 있다. 전 세계적으로 실제 발생건수는 매년 약 200,000건 정도 되고 그 중 매년 30,000명 정도 사망하는 것으로 알려졌다.

황열병은 바이러스혈증과 함께 발열, 구역질, 구토가 동시에 일어난다. 간세포에서 바이러스 복제로 인한 간 손상이 황달을 일으켜 이 질병이 황열병으로 불리게 되었다. 이 질병의 지속기간은 짧다: 1주일 내 환자는 죽거나 회복된다. 대부분의 경우에 사망률은 5%정도이지만, 유행성 지역에서는 30%에 달한다. 두 종류의 황열바이러스는 백신을 만드는데 사용된다. Dakar 균주는 피부에 상처를 내어 피부안으로 주입되고, 반면 17D 균주는 피하지방부위로 투여된다. 이 두 백신주는 면역원성을 유발하는데 효과적이다.

전염성 단핵구증

1962년 데니스 버킷(Dennis Burkitt)는 동아프리카의 어린이에게 발견되는 버킷림프종(*Burkitt's lymphoma*)으로 불리어지는 림프성의 악성이 바이러스에 의해 야기됨을 제시하였다. 이 허피스바이러스(herpesvirus)는 현재 **엡스타인-바 바이러스(Epstein-Barr virus, EBV)** 또는 사람 허피스 바이러스 4형(human herpesvirus number 4) **(그림 23.18)**으로 불리며, 대부분 **전염성 단핵구증(infectious mononucleosis)**인 버킷림프종과 AIDS 환자에서 발견되는 질환인 입안털백색판증(oral hairy leukoplakia)을 일으키는 것으로 알려져 있다(표 10.3 ◀p. 282 참조). EBV는 주로 사람 B 림프구를 감염시킨다. 이 바이러스는 대부분 다른 허피스바이러스처럼 복제되며, 숙주세포의 핵막 안으로부터 외피를 얻는다. 이 바이러스는 아주 많은 유전자를 갖고 있으며 EBV의 DNA로부터 50개 이상의 다른 단백질이 생성된다.

EBV는 입인두(oropharynx)를 통하여 몸속으로 들어간다. 이 바이러스는 감염초기 상피세포를 감염시키고 궁극적으로는 B 세포에 감염된다. 바이러스가 몇 달내지 몇 년 동안 분비되는 지속감염이

그림 23.18 엡스타인-바 바이러스. 전염성단핵구증과 다른 요인과함께 버킷 림프종을 일으키는 바이러스의 컬러화 된 TEM (배율은 모름) 사진. *(Courtesy Centers for Disease Control)*

일어난다. 바이러스는 폐, 골수, 림프기관 같은 지역에 침투하여 특정 성숙 B 림프구에 감염된다. 바이러스는 B 림프구에 침투하는데 12시간 이상 걸리며, EBV 복제는 침투 후 6시간 내에 시작한다. 바이러스 DNA는 세포 DNA보다 더 빨리 복제한다. 바이러스 DNA는 환상의 플라스미드로 존재하거나, 세포 DNA내로 융합될 수 있다.

EBV는 림프구에 3가지 중요한 영향을 미친다.

1. 바이러스는 항체 생산세포에서 활동하여 EBV 항체의 생성을 이끌어낸다.
2. 세포 DNA로의 바이러스 유전자의 감염과 형질전환 (또는 숙주세포에서 자유플라스미드 형태로 바이러스 염색체가 존재)은 EBV 수용체를 가진 B 림프구에서 일차적으로 발생하는 복잡한 일이다. 세포들은 몇 가지 T 세포에 의해 인식되는 다양한 항원을 생산한다. 이 인식은 T 세포가 분열하도록 유도하여, 전염성 단핵구증에서 특징적으로 보여지는 림프구의 과다현상이 나타나게 한다.
3. 다른 항원들이 감염된 B 세포의 표면에 나타난다. 이들 항원은 전염성 단핵구증의 몇몇 증상을 야기하는 B 세포와 T 세포와의 상호작용에 중요한 역할을 담당하고 있는 것 같다.

EBV에 감염된 림프구의 증식은 세포독성 T 세포(cytotoxic T cells)와 항체와 보체를 생성하는 세포에 의해서 제한되어진다(◀17장 p. 507). 만약, 림프구 증식을 제한하는 것에 실패한다면, 조절되지 못한 B 세포증식은, B 세포 암이나 또는 버킷림프종을 생기게 할 수 있다.

전염성의 단핵구증은 많은 조직에 영향을 끼치는 급성의 질병이다. 림프계 조직은 염증을 일으키고, 다소의 간세포를 괴사시키고, 단핵세포를 간혈관에 축적하게 한다. 몇몇의 경우에는 심근염과 사구체신염이 보여진다. 이 질병의 잠복기간은 30일~50일 정도이다. 가벼운 증상–두통, 피로, 불안감–은 처음 3~5일 동안 일어나고, 그 후 질병이 악화된다. 환자의 80% 정도는 첫 주 동안 심한 인후염을 나타낸다. 비장이 커지고, 입인두에서 림프조직 세포들이 증식된다. 편도선은 회색의 삼출액에 쌓여있고, 부드러운 구개는 점상출혈이 있을 수 있다. 두 번째 감염은 베타-용혈성 연쇄구균에 의해 빈번히 일어난다. 또한, 이 질병은 큰 고통을 야기하며, 건강을 되찾는데 몇 주가 걸리지만, 죽음은 드물고, 보통 기초적인 면역반응의 결함에 의해 초래된다.

EBV 감염은 거대세포바이러스(cytomegalovirus) 감염, 톡소포자충증, 그리고 급성 백혈병과 비슷하기 때문에, EBV 감염을 진단하는 것은 쉽지 않다. EBV 감염의 구별되는 특징은 인후통을 동반하고, 림프구가 증가하며, 양과 사람의 적혈구 항원에 대한 항체가 존재한다는 것이다. 전염성 단핵구증 치료는 안정을 취하면서 이차 감염에 대비한 항생제 처방을 실시한다. 엠피실린은 전염성 단핵구증을 갖고 있는 환자에게 발진을 일으키기 때문에 사용을 피하여야 한다. 바이러스 캡시드 단백질에 대한 IgG 항체의 존재는 과거에 감염이 되

었다는 것을 의미하며, IgG 항체의 수는 면역성의 지표가 되어준다. 단백질에 대한 IgM 항체의 증가는 현재 감염의 증거가 된다. 이용할 수 있는 백신은 존재하지 않는다.

개발도상국에서는 전체 인구가 1살 무렵에 EBV 에 대한 항체를 갖고 있다. 유아기 때 이 바이러스에 노출되면 가벼운 증상 또는 무증상이며 이후의 감염에 대한 면역성이 형성된다. 생활수준이 높은 곳일수록, 나중에 더 심한 질병이 나타난다. 미국에서의 전염성 단핵구증의 발생은 비교적 부유한 십대나 청년에서 10~15%가 감염되는 높은 발병률을 보인다. 영향을 받는 연령층과 감염에는 많은 양의 접종량이 필요한 것으로 보여, '키스병(kissing disease)' 라 불리어진다. 사실 전염성 단핵구증은 전파성이 높지 않다. 이 질병으로부터 회복된 사람의 약 15% 가 타액에 낮은 양의 바이러스를 분비한다. 최근, 질병에 감염된 사람의 경우 약 18 개월 정도 지속적으로 바이러스를 분비한다. 면역이 저하된 사람의 약 50%는 대량의 바이러스를 분비한다. 한번 EBV에 감염되게 되면, 증상이 사라진다 하여도 마치 영구적인 감염과 같이 바이러스가 B 세포 내에 잠복해 있다. 면역억제는 바이러스가 재발되도록 한다. 정상적인 면역기능을 가진 사람의 경우, EBV 가 재발하여도 빠른 시간 내에 바이러스의 재발이 멈추게 된다.

버킷림프종. 턱 그리고 간과 비장 같은 내장의 종양인 **버킷림프종 (Burkitt' s lymphoma)**은 주로 어린아이들에게서 보여진다(그림 23.19). 버킷림프종은 EBV에 처음 감염되고 나서 약 6년 후에 나타나지만, 유전적인 것과 환경적 요인이 이 병의 확대에 중요한 역할을 한다. 이 종양은 종종 단세포로부터 발생한다. 영향을 받는 개체의 면역계가 정상상태이어도, 종양세포를 제거할 수는 없다. 버킷림프종은 말라리아가 풍토병으로 나타나는 아프리카 지역에 주로 발견된다. 그리고 말라리아에 걸린 기생충균의 감염은 바이러스의 성장률을 증강시키거나 면역반응을 억제한다.

다른 영향. 뚜렷한 지리적 분포를 보여주며 EBV와 관련성 있는 다른 종양은 코인두 악성종양(*nasopharyngeal carcinoma*)이며, 대부분 중국에서 나타나며, 서반구는 드물게 나타난다. 이것은 중국 남쪽 지역의 남성에서 가장 흔한 종양이고 모든 암의 약 20%를 차지한다. 유전적인 것과 문화적인 패턴이 이 종양에 걸리기 쉽게 한다. 염장된 물고기에 사용된 화학물질, 또는 중국의 전통적인 의학에서 사용되는 식물 추출물(*Euphorbiaceae*과 식물로부터)이 EBV의 복제를 유발할 수 있다.

면역적 결함을 가진 개체는 림프종의 형성에 특히 민감하다. 이것은 아마 악성종양세포를 제거하는데 필요한 면역 메커니즘이 결핍되었기 때문이다. 사이클로스포린 A는 장기이식 환자의 면역성을 낮추는데 사용되고 또한 기증자 장기의 림프구성 세포의 성장을 강화시킨다. EBV에 감염되었던 기증자의 장기는 아마 EBV가 포함되어 있을 것이다; AIDS를 포함한 여러 원인에 의한 면역 억제는 EBV를 방출시킬 수 있고 단핵구증 또는 악성종양을 유도할 수 있다. EBV가 없는 장기를 받는 수혜자 그 자신이 잠복성 EBV를 갖고 있다면, 장기 거부반응을 억제하는 면역억제제의 사용으로 다시 바이러스가 증식할 수 있다. 혈액수혈은 EBV를 전염시킬 수 있다.

만성 피로 증후군. 1985년부터 연구원들은 만성 EBV 증후군(*chronic EBV syndrome*)이 존재하는지 아닌지를 분석하는 실험을 시도했었다. 어떤 환자가 열과 전염성 단핵구증의 그것과 유사한 비특이성 증상의 지속적인 피로에 대해 언급할 경우, 모두는 아니지만 일부는 EBV 항체를 가지고 있다. 또 다른 사람들은 홍역이나 허피스바이러스 감염을 이전에 경험했었다. 증상과 과거 EBV 감염 간의 직접적인 연관성이 밝혀지지 않았기 때문에 이 병을 **만성 피로 증후군(chronic fatigue syndrome)**으로 다시 명명하였다. 이 증상이 하나 또는 그 이상이 연관된 바이러스성 질병인지, 아니면 심리학적 장애에 의한 것인지는 좀 더 많은 연구가 필요하다. 최근 몇몇 연구는 면역계 결핍을 지

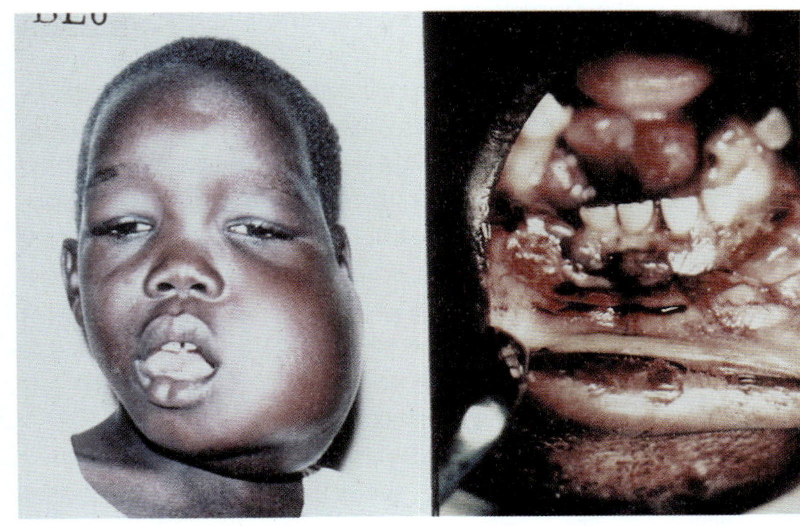

그림 23.19 버킷 림프종. ***(a)*** EBV 감염에 의해 초래되어 턱 부위에 형성된 암;주로 아프리카 어린이들에서 주로 나타남. (*Science VU/Visuals Unlimited*) ***(b)*** 입안쪽 모습. (*Science VU/Visuals Unlimited*)

적한다. 어린아이 질병인 장미진(roseola)의 원인체로 최근 알려진 사람 허피스 바이러스 6형 (Human herpes virus 6, HHV6) 또한 만성피로 증후군의 후보 원인체로 여겨지고 있다.

다른 바이러스 전염

필로바이러스 발열. **필로 바이러스(filovirus)** 또는 필라멘트 형태의 바이러스는 다양한 모양변화가 나타난다. 몇몇은 가지모양, 다른 것은 낚시바늘 또는 U 모양이고 또 다른 것은 원형이다. 그들은 나선형 캡시드와 130~4,000mm의 길이의 나선형 음성가닥 RNA를 갖고 있다(◀10장 p. 281). 2종류의 필로 바이러스는 사람의 질병과 관련성이 있다. **에볼라 바이러스(Ebola virus)**는 1976년에 처음 출혈열 증상의 유행을 초래했으며, 아프리카 자이르에 88%, 수단에 51%의 사망률을 야기시켰다. 거의 중앙 아프리카 시골지역 인구의 1/5은 에볼라 항체를 가지고 있다. 전파는 사람과 사람간의 접촉을 통해 이루어진다. 1995년 자이르에서 발생한 에볼라 바이러스의 발발은 세계적 뉴스가 되었고, 약 75% 사망률과 200건 이상의 기록을 남겼다. 마버그 바이러스(*Marburg virus*)는 독일의 한 연구자가 원숭이 신장 세포 배양을 준비하는 과정에서 출혈병으로 사망한 뒤 처음으로 발견되었다. 병원 내에서 마버그 바이러스 감염은 약 25%의 치사율에 달했다. 피부, 점액막, 그리고 내장기관의 출혈, 간세포, 림프조직, 신장, 그리고 생식선의 괴사와 뇌부종 또한 관찰되었다. 이 바이러스는 원숭이와 실험실에서 접종한 기니피그로부터 직접 분리되었다.

분야바이러스 발열. 분야바이러스에 의해 감염되면 열과 오한, 두통 그리고 근육통이 갑자기 시작된다. 비록 치명적이지 않고 영구적이지 않더라도 감염에 의해 일시적으로 무력화된다. 뇌염이 일어날 때, 이 증상이 느리게 나타나는 것은 신경조직에서 느리게 복제하는 바이러스때문이거나 또는 신경조직에서 복제 가능한 어떤 바이러스가 선택되었기 때문이다. 발굽을 가진 동물들과 쥐, 박쥐는 숙주동물이다. 열대지방과 온난한 숲에 사는 모기들은 병을 옮기게 된다.

라크로스 분야바이러스(*LaCrosse bunyavirus*)는 미국의 북동쪽 지역과 북중앙서 확인됐다. 이것은 성인들에게는 경미한 질병이지만 어린아이들에게는 발작, 경련, 정신장애, 마비를 일으킨다. 샌호아퀸 밸리지역 모기들로부터 분리된 분야바이러스인 캘리포니아 뇌염 바이러스(*california encephalitis virus*)는 사람에게 유사한 질병을 유발한다.

플레보바이러스(phleboviruses)라 불리는 분야바이러스는(모래파리인 *phlebotomus papatasii* 로부터 옮겨지기 때문이다) 감염된 사람에게서 분리되었다. **리프트 밸리열(Rift Valley fever)** 바이러스는 유행병을 야기하고 예측할 수 없는 독성을 가진다. 이것은 불시의 구토증상, 관절통, 심장박동이 느려지게 한다. 중앙 아프리카에서 1975년에 리프트밸리열에 의해 4명이 죽고 천명 이상이 감염되었다. 이집트에서 이 병이 나타난 2년 후엔 200,000명이 감염되고 598명이 죽었다고 기록되었다.

한타바이러스(*hantaviruses*)는 한국형 또는 유행성 출혈열, 신장 증후군이 포함된 출혈열과 관련성이 있다, 이 바이러스들은 유라시아 전역에 퍼져 있고 설치류에서 보균자를 찾아 퍼트린다. 그들은 모세혈관 누출, 출혈, 뇌하수체, 심장, 신장에서 세포죽음을 일으킨다. 신장 손상은 매우 치명적일 수 있고 저혈압은 빠른 시간 안에 쇼크를 유발해 환자의 1/3이 사망에 이르게 한다. 위장관이나 중추신경계에 출혈이 나타나거나 폐에 수용액이 축적되면 더 많은 사람이 사망에 이

공중 보건

에볼라 바이러스의 공포

1995년 4월과 5월에, 아프리카의 자이르에서 에볼라 바이러스가 발생했다. 이 발생은 1994년 12월에 감염된 산림노동자로 거슬러 올라간다. 바이러스에 감염된 사람들은 열과 근육통을 동반한 출혈열 증상이 나타났다. 대부분 환자들은 호흡기와 신장 문제와, 복부통증, 인두염, 심한 출혈 같은 것을 경험했다. 에볼라 환자의 혈액이 제대로 응고되지 않기 때문에, 주사바늘로 주입한 부분, 소화계, 내장기관, 피부로부터 출혈이 일어난다. 이 바이러스는 몸의 체액과 직접 접촉하여 퍼진다. 이러한 발생은 감염된 개개인을 격리시키고, 특별한 위험에 있는 사람은 소독한 바늘과 주사기, 병원 쓰레기와 시체의 처리, 그리고 병원용 개인 마스크, 가운 신발, 장갑을 사용함으로써 제한할 수 있다. 수천 달러 값어치의 공급품, 약, 혈장등이 최근에 발생한 에볼라 바이러스의 전파를 제한하기 위해 전세계 여러 나라에서 공급되었다.

에볼라 바이러스의 숙주는 아직 알려지지 않았다. 처음 알려진 에볼라 바이러스의 출현은 자이르와 수단의 서남부에 있는 에볼라강(바이러스 이름이 여기에서 유래됨) 근처에서 1976년 발생했다. 첫 번째의 자이르 대발생은 에볼라 바이러스가 감염된 멸균되지 않고 재사용된 주사기 바늘과 주사기에 의해 발생됐다. 1995년에 발생한 것을 포함해 대부분의 대발생은 병원의 좋지 않은 환경 때문이다.

1998년 중반까지 에볼라 바이러스는 자이르, 수단, 타이, 레스톤의 4종류가 있다. 자이레 에볼라와 수단 에볼라 바이러스는 사람을 감염시킬 수 있다. 타이 에볼라 바이러스는 다른 동물(아이보리 코스트의 타이 숲에서 자연적으로 감염된 침팬지)로부터 사람으로 전파된 첫 번째 에볼라 바이러스이다. 사람처럼 침팬지 감염은 사망에 이르게 할 수 있기 때문에 바이러스의 근원지는 침팬지는 아니다. 1989년 버지니아 레스톤 지역에 공수된 감염된 원숭이로부터 분리된 레스톤 에볼라 바이러스는 원숭이들 사이에서만 호흡기에 의한 전파로 바이러스 전이가 이루어지고 있다. 같은 공급처로부터 배로 두 차례 공수된 원숭이에서 레스톤 에볼라 바이러스가 발견되었다. 미국 정부는 현재 이 원숭이들의 수입을 금지하고 있다.

레스톤 에볼라 바이러스의 대발생에 관해 실제적 설명(몇몇 흥행영화와는 반대되는)을 위해 1994년 Random House에서 출판된 리처드 프레스톤(Richard Preston)의 "The Hot zone."을 읽어보길 권한다.

를 수 있다. 이와 같은 감염의 주요원인은 설치류 또는 그들의 노폐물 접촉이다. 몇몇 설치류는 대변이나 타액에서 30일간 바이러스를 분비하고 소변의 배설물에서는 1년간 지속된다. 사람은 10살 아래 또는 60살 이상의 사람은 거의 감염되지 않는다. 이것은 아마 감염된 동물과 접촉할 가능성이 적기 때문이다.

아레나바이러스 발열. 분야바이러스 처럼 아레나바이러스는 출혈열을 야기시킨다. **라사열(lassa fever)**은 아마 가장 널리 알려졌을 것이다. 그것은 인두장애로 시작해서 심한 간 손상으로 진행되는 아프리카 질병이다. 점액막으로부터 출혈이 일어나는 임상 건수의 20~30%는 예후가 좋지 않다. **볼리비아 출혈열(Bolivian hemorrhagic fever)**을 포함한 몇몇의 다른 아레나바이러스 감염은 특히 아프리카와 남아메리카 사람들에게 확인되었다.

볼리비안 출혈열과 다른 남아메리카 출혈열(*South American hemorrhagic fevers*)은 서서히 진행되는 양상과 계속 진행되는 양상의 다중시스템 질병이다. 이 바이러스는 림프조직과 뼈 골수를 공격하고 도관을 손상하고, 출혈, 쇼크를 야기시킨다. 그러나, 발병건수의 약 15%가 사망하며, 보통 중추신경계의 손상에 의해 초래된다. 바이러스가 어떻게 신경계에 영향을 미치는지는 아직 알려지지 않았다.

콜로라도 진드기 발열. **콜로라도 진드기 발열(Colorado tick fever)**은 **오르비바이러스(orbivirus)**(Reoviridae과)에 의해 야기되며, 다람쥐와 줄다람쥐 같은 숙주동물의 진드기가 개에 의해 사람에게 전해진다. 고농도의 바이러스혈증은 미성숙한 적혈구에 감염될 경우 일어난다. 환자는 두통, 요통, 열로 고생하지만 보통은 완쾌된다.

파보바이러스 감염. 두 파보바이러스 감염은 현재 각각 고양이와 개에게 영향을 미친다고 알려졌다. **범백혈구감소증(feline panleukopenia virus, FPV)**은 열이 심하고, 백혈구 세포 수가 감소하고, 고양이 장염을 일으키는 병이다. 이 바이러스는 혈액형성 조직과 임파조직에서 복제되며, 두 번째로 장 점액에 침입한다. 1978년에 새로운 바이러스인 **개 파보바이러스(canine parvovirus)**가 나타났고 지역적으로 전 지역에 개가 감염되었다. 이 바이러스는 처음 북아메리카, 유럽, 호주에 출현한 뒤 전세계적으로 빠르게 퍼졌다. 이 경우 모든 나이의 개에 심한 구토와 설사를 유발하고 그리고 3개월 이하의 강아지는 심근염으로 갑작스레 사망하였다. 개 파보바이러스가 이 지역에 처음 나타났을 때, 사망률은 종종 80%가 넘었다. 백신은 지금 범백혈구감소증과 개 파보바이러스 양쪽 모두에 이용할 수 있다.

골수무형성 위기. B19 이라고 불리는 *Erythrovirus*속의 구성원들은 겸상적혈구 빈혈증에서 적혈구 생성이 멈추는 기간인 **골수무형성 위기(aplastic crisis)**의 가장 적합한 병원체로 밝혀지게 되었다. 이 바이러스는 뼈 골수에서 신속하게 분열되는 세포에서 복제하는 것처럼 보인다. 감염된 아이들은 곧 심하게 고생한다. 정상적인 적혈구는 약 120일 동안 혈액에서 기능적으로 살아 남아있음에도 불구하고, 겸상적혈구 세포는 10~15일만 살게 된다. 그런 환경에서는 적혈구가 심하게 손상을 입는다. 바이러스에 대한 면역반응이 발전하기 때문에 아이들은 이와 같은 위기를 일반적으로 한 번만 경험한다. 골수무형성 위기가 전염성이 있다는 또 다른 증거는 비록 겸상적혈구 빈혈증 환자에서만 발생하지만 특별한 군집내에서 3~5년 주기로 발생한다.

제5발진열. 파보바이러스 B19은 적혈구세포가 형성되는 줄기세포를 파괴한다. 이것은 건강한 성인 또는 어린아이에게 큰 문제는 아니지만, 겸상적혈구 빈혈증 같은 만성적인 용혈성 빈혈증이 있는 사람과 적혈구를 정상 수준으로 유지하기 힘든 사람에게는 매우 심각하다. 그리고 바이러스에 감염된 임산부의 태아에게도 위험하다. 이 바이러스는 태반을 가로질러 태아에게 전이될 수 있고, 치명적인 빈혈증이 일어날 수 있다. 그러나 이 바이러스는 출산에 아무런 지장을 주지 않는다. 면역결핍 환자는 바이러스의 복제를 조절할 수 없고 아마도 만성 빈혈증이 발달될 것이다. B19이 겸상적혈구 빈혈증에 골수무형성 위기를 유발하는 원인체로 알려진 후, 보통 아이들에게 **제5발진열(fifth disease)**(전염성 홍반, *erythema infectiosum*)을 또한 유발하는 것으로 알려졌다. 이것은 5~14살의 아이들에게 흔하게 일어나나 종종 감지되지 않기도 한다. 아이들의 감염은 뺨에 선홍색의 발진이 나타나며, 이것은 몸통이나 사지로 퍼질 수 있다**(그림 23.20)**. 미열이 발진과 함께 나타난다. 종종 이 감염은 전체적으로 자각증상이 없다. 이 바이러스는 호흡기를 통해 퍼져나간다. 이 병은 자연적으로 회복되며, 일생동안 면역된다. 제 5발진열의 이름은 19세기 어린이 발진의 목록으로부터 온 것이다. 이 목록에서 첫번째 질병은 성홍열(scarlet fever)이고, 두번째는 홍역(rubeola), 세번째는 풍진(rubella), 네번째는 유행성 슈도성홍열(pseudoscarlatina, 패혈증의 일종), 그리고 5번째는 전염성 홍반(erythema infectiosum)이다.

콕사키 바이러스 감염. 콕사키 바이러스(*Coxsackie virus*)는 심낭과 심근에 친화성을 갖고 있다. 이 바이러스는 수막뇌염, 설사, 발진, 인두염, 간 질병을 일으킬 수 있다. 전염성 근육통, 당뇨병 그리고 이자, 심근, 심막의 염증은 콕사기 B 바이러스와 관련 있다. 콕사키 바이

> **적용**
>
> **잘못된 선택**
>
> 만약 당신에게 선택할 기회가 주어진다면 볼리비안 출혈열과 말라리아 중 어떤것을 선택하겠는가? 아마 아무것도 선택하지 않을 것이다. 그러나 이것은 볼리비아 사람들이 직면하였던 딜레마였다. 수년간 출혈열은 아주 큰 문제를 일으키지 않고 볼리비아에 존재해 왔다. 이 상황은 모기를 박멸함으로써 말라리아를 제거하기 위한 캠페인이 시작되면서 달라졌다. 많은 양의 살충제 사용은 수 많은 마을 고양이를 죽게 했다. 고양이 숫자가 줄어듬으로 인해 설치류 개체수가 늘어나 사람 주거지에 아레나바이러스가 출현하게 되었다. 이것은 출혈열 발병이 유행병 수준으로 확대되는데 큰 역할을 하였다.

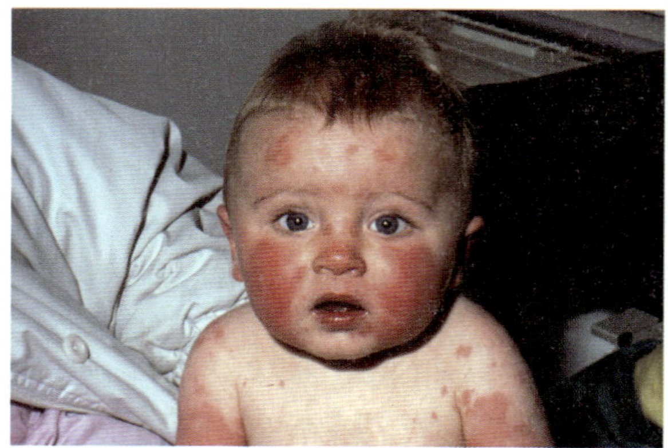

그림 23.20 B19 파보바이러스에 의해 유발된 제5발진열. *(H.C. Robinson/Photo Researcher, Inc)*

러스는 높은 전염성을 가지고 가족들과 공공시설 사이에서 쉽게 퍼진다. 대부분 전염성은 아마도 배설물에서 입으로 전달되었을 것이지만 바이러스는 코 분비물로부터 분리되기 때문에 감염 또한 호흡 매개물에 의해 일어날 것이다. 콕사키 바이러스 감염은 임신 기간 동안 선천적인 결점을 야기하지만, 그들의 발생률은 풍진 감염보다 더 낮고, 태아의 유산은 보통 권하지 않는다. 치료, 면역 또는 예방에 효과적인 수단은 아직 없다.

중점 질문 사항

1. 만약 당신이 전염성단핵구증에 감염되었다면 당신은 여전히 바이러스를 옮길 수 있는가? 그럴 수 있다면 어떤 일이 일어날 수 있는가?
2. B19 바이러스에 의해 유발되는 병은 무엇인가?

원생동물성 전신병

리슈만편모충증

Leishmania 속의 3종류의 원생동물은 인간에게서 **리슈만편모충증(leishmaniasis)**를 유발시킬 수 있다**(그림 23.21a)**. 이 원생동물은 모래파리에 의해 전달된다. 감염된 모래파리가 물면, 기생충들은 숙주의 혈액으로 들어가고 대식세포에 의해 식균작용이 일어나게 된다(◀16장 p. 469). 기생충들은 대식세포내에서 번식하고, 새로운 기생충들은 대식세포가 파괴될 때 방출된다. 리슈만편모충증은 모래파리 병원균의 고유종들이 서식하는 대부분의 열대 및 아열대 지역에서 풍토성 질병이다. 설치류들은 질병의 숙주보균자가 될 수 있다. 세계적으로 약 1,200만 발생건수가 WHO에 의해 보고된다.

질병. *Leishmania donovani*는 **칼라아자르(Kala azar**: 힌디어로 검은 독**)** 또는 내장 리슈만편모충증(*visceral leish maniasis*)을 유발한다. 증상은 높은 불규칙적인 열, 진행성의 병약함, 쇠퇴 그리고 광범위한 간과 비장확대로 인한 복부의 돌출을 포함한다. 면역계에 광범위한 손상은 기생충이 많은 수의 식세포들을 파괴할 때 초래된다. 만약 치료하지 않으면, 이 질병은 일반적으로 2~3년 내에는 치명적이며, 약화된 면역과 이차 감염의 환자에게는 6달 내에 치명적일 수 있다.

다른 리슈만편모충증은 그들의 증상이 더욱 국한적이며, 거의 치명적이지 않다. *L.tropica*는 모래파리가 물은 부위에 때때로 동양궤양(*oriental sore*)이라 불리는 피부 상해를 유발한다. *L. braziliensis*는 피부 및 점막 상해를 유발하며, 때때로 코와 구강 종양들을 유발한다 **(그림 23.21b)**. 동양궤양을 가진 사람들이 칼라아자르에 거의 걸리지 않는 것을 관찰하는 몇몇 부모들은 더 심각한 질병으로부터 그들을 보호하기 위해 몸의 눈에 띄지 않는 부위에 동양궤양을 고의로 아이들에게 감염시킨다.

진단, 치료 및 예방. 질병은 피부 및 점막 상처의 부스러기로부터

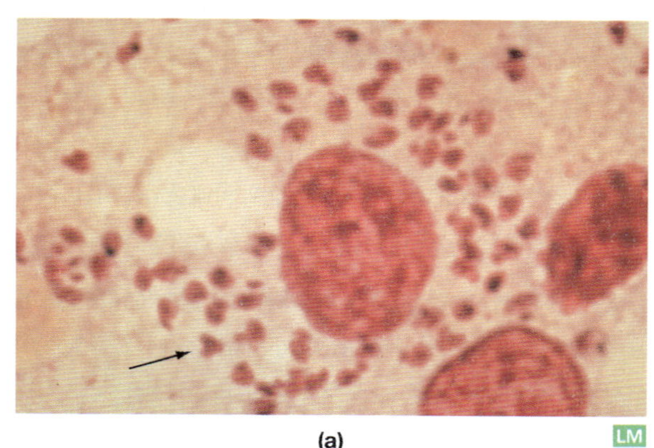

(a)

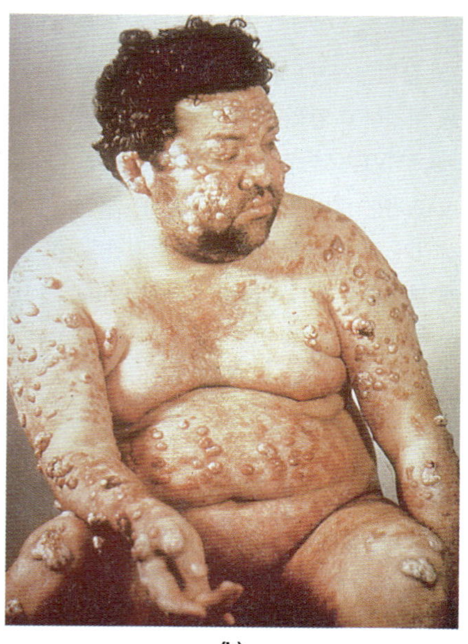

(b)

그림 23.21 리슈만편모충증. (a) *Leishmania donovani*는 세포사이에서 작은 점들처럼 보인다(2,335X) *(George A. Wistreich, East LosAngeles College)*. **(b)** 리슈만편모충증을 겪는 환자는 아마도 *L. braziliensis*에 의해 유발되었을 것이다*(Science VU/Visuals Unlimited)*.

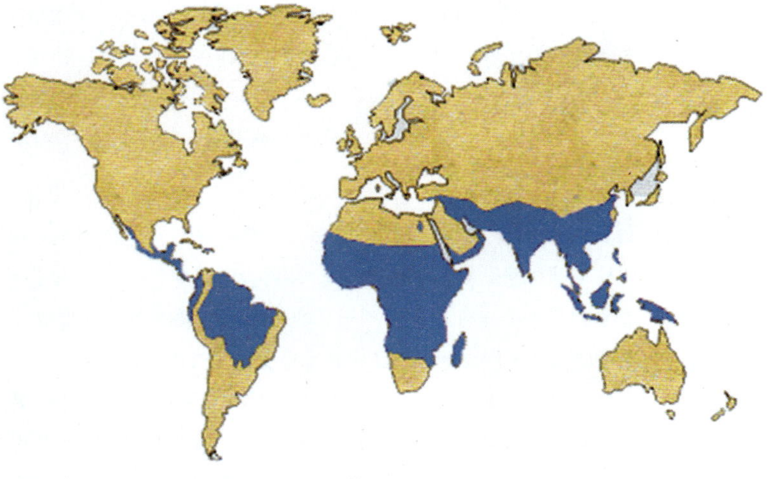

말라리아 분포지역, 2004

그림 23.22 말라리아의 전 세계적 발생, 2004. (출처: CDC)

그리고 칼라아자르내 혈액 도말에서 원생동물을 확인함으로서 진단된다. 안티몬 화합물은 칼라아자르와 피부 및 점막 상처 모두 치료하는데 사용되곤 한다. 그러나, 이런 약들은 매우 독성이 있다. 예방은 주로 모래파리 번식과 설치류 보균자 감염의 제거를 억제하는 것에 의존한다.

말라리아

원생동물 열원충(*Plasmodium*)의 여러 종들은 모든 기생충 질병들 중 가장 무서운 것 중의 하나로, **말라리아(malaria)**를 유발할 수 있다. 말라리아는 세계의 최대 보건관련 문제들 중 하나이다. 이는 대부분 열대지역에서 풍토적이다(**그림 23.22**). 전세계적으로 150만에서 3백만 건 정도 사망하는데 5세 이하 아이들에서는 백만 건 이상 발생하며 전체 발생건수는 5억 건 이상으로 어림잡아진다. 아프리카 및 인도의 거의 모든 어른들은 감염되어 왔고, 말라리아로 인한 매년 경제적 손실은 아프리카에서만 10억 달러가 넘어선다. 내성 균주는 급격히 증가하고 있으며, 사망률은 오르고 있다. 옛날에 말라리아는 미국으로부터 근절되어져왔다고 생각되었으나, 군인, 여행자 그리고 이주자들은 풍토 지역으로부터 미국으로 질병을 운반하여 2006년 1,245건을 유발했다.

열원충속의 구성원들은 아메바모양이며, 적혈구와 다른 조직들을 감염시키는 세포내 원생동물이다. 그들은 얼룩날개 모기(*Anopheles*)들의 물림을 통해서 인간으로 전달된다. 열원충 종들은 복잡한 생애주기를 가진다(그림 11.4 참조 ◀p. 317). 적어도 *P. vivax, P. malariae, P. ovale, P. falciparum*의 4가지 종들은 인간을 감염시킨다. 그들은 그들의 영향과 일부 경우에서는 적혈구 세포 내의 그들의 외형에 따라 그리고, 기생충 유발 질병의 성질에 의해 식별될 수 있다.

특정 개인, 특히 서부아프리카 흑인, 지중해 혈통의 사람들은 겸상적혈구성 빈혈의 유전자를 보유함으로써 말라리아로부터 보호된다. 이런 유전자가 2개 있으면 겸상적혈구성 빈혈을 유발하지만, 하나만 보유할 경우 유전자가 2개 있으면 말라리아가 적혈구 내에서 증식하는 것을 억제한다. 기생충이 세포로 들어올 때, 산소를 사용한다. 저산소 상태 하에서, 세포는 겸상이다(낫 모양 또는 찌그러진 가시형태). 비장은 말라리아 기생충이 생애주기를 완전히 완료하기 전에, 겸상세포 같은 비정상적으로 생긴 혈세포를 제거하므로, 증상이 적거나 발생하지 않는 수준으로 감염된 세포의 수가 줄어든다.

질병. 말라리아의 병리기전에서, 포자낭충(◀11장 p. 317)은 감염된 암컷 모기가 물면서 혈액으로 들어온다(수컷 모기들은 흡혈을 하기에 적합하지 않다). 기생충들은 한 시간 내에 혈액으로부터 사라지며 간과 다른 기관들의 세포들로 침투한다. 약 일주일 안에 그들은 영양체로서 적혈구내에 침투하고 생식력이 있는 분열소체를 방출하기 시작한다(**그림 23.23**). 열원충의 감염 종에 따라, 48~72시간의 간격으로, 혈구세포들은 특징적인 양식으로 파괴되며 다른 적혈구세포에

공중 보건

사막폭풍 작전과 리슈만편모충증

1991년 페르시아 걸프전에서 국가를 위해 헌신한 군인들은 대개 미생물에 의해 사망하리라고는 기대하지 않았다. 여러 리슈만편모충증의 발생은 사막 폭풍 작전에 포함된 미국 군부대 내에 확인되었다. 이 질병은 치료되지 않은 경우에 90%로 치명적이다. 최근 치료로 치사율을 10% 떨어뜨렸다. 그럼에도 불구하고, 여러 해 동안, 보건당국은 걸프전 참전군사로부터 이 질병이 퍼지는 것을 예방하기 위해 장기이식과 혈액 수혈을 금지했다. 이러한 일들은 오늘날 이라크와 아프가니스탄에서 근무하는 군대에서 다시 반복되고 있다.

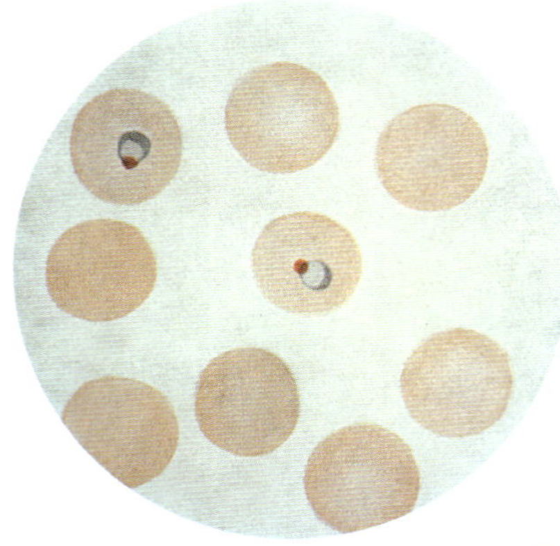

그림 23.23 말라리아의 원인인 열원충. 말라리아 기생충인 열대 열원충(*Plasmodium falciprum*)의 고리단계는 적혈구 내에서 검고 원형 구조로 보인다(1,500X). 이 단계에서, 분열소체들은 숙주의 적혈구에 침투하는 영양체들이 된다. (*Biophoto Associates/Photo Researchers, Inc.*).

감염하는 더 많은 분열소체들을 방출한다. 분열소체들의 방출은 동시에 진행되어 고열의 간격에 상응한다. 몇몇 분열소체들은 환자의 혈액을 먹이로 해야 하는 모기들이 유성생식을 할 수 있는 생식모세포가 된다. 보통의 말라리아 기생충들은 산성의 영양액포 내에서 분해하여, 그들의 단백질 필요량을 충족시키키 위해서 적혈구 내 헤모글로빈의 25~75%를 파괴한다. 초기 질병이 가라앉은 후에도, 휴지상태의 원생동물이 활성화될 때는, 간으로부터 다시 출현하여 질병의 새로운 주기가 시작되어 재발되곤 한다. 열대 열원충(*P. falciparum*)에 의해 유발된 감염 후에는 재발이 일어나지 않는데 이 종은 간 내에 남아있지 않기 때문이다.

말라리아 기생충의 4가지 종류 중 *P. falciparum*은 가장 무서운 질병들을 유발시키는데, 이는 적혈구를 응집시키고 혈관을 막기 때문이다. 이런 방해는 조직 **허혈(ischemia)**을 유발시키거나, 산소 및 영양결핍과 불순물 축적으로 혈액량이 줄어든다. 이 종은 또한 악성 말라리아(특히 맹독성이며, 급격히 치명적인 질병)와 **흑수열(blackwater fever)**로 불리는 상태를 유발한이다. 흑수열에서 많은 수의 적혈구가 용해되는데, 아마도 기생충에 대한 숙주의 자기면역반응 때문일 것이다. 헤모글로빈 파괴의 생산물은 황달과 신장손상을 유발한다. 헤모글로빈으로부터의 색소는 오줌이 거무스름해져 흑수열이라는 이름이 붙었다.

공중 보건

빈혈이 말라리아를 방어한다

당신이 빈혈을 겪고 있다면, 어떤 과학자들은 당신을 운좋다고 생각할 지도 모른다. 특정 유형 빈혈의 특성인 낮은 혈액 철분 양은, 말라리아에 대항하기 위한 면역계의 능력을 끌어올리는 것으로 보여 진다. 철분 킬레이트로 불리며 혈액으로부터 철분을 제거하는 화합물들은, 말라리아를 유발하는 기생충들의 DNA 복제를 방해하여 몸으로부터 기생충들을 제거하는 것을 돕는다. 킬레이트들은 또한 면역 반응을 선도하는 NO_3의 양을 끌어올리는 것으로 보인다. 하지만 이런 면역반응 또한 열과 염증을 일으킨다. 그것은 행운이 아니며, 과학자들은 단지 가벼운 부작용을 가진 효과적인 철분 킬레이트 계열의 약제를 개발하는데 더 많은 일들을 해야 함에 동의한다.

진단, 치료 및 예방. 말라리아를 진단하는 주요 수단은 적혈구 내에서 원생생물을 확인하는 것이다. 일부 감염의 원인이 되는 열원충 종은 기생충에 의해 침투된 적혈구의 특유한 모양에 의해 식별될 수 있다. 클로로퀸(Aralen)은 급성 단계에 있는 말라리아의 모든 형태에 최선의 약제이다. 말라리아의 치료에서 심각한 문제는 몇몇 계통, 특히 열대 열원충의 계통이 클로로퀸에 저항을 갖기 시작한다는 것이다. 클로로퀸과 함께 처방 했을 때 이런 내성을 이겨낼 수 있는 약제가 최근에 발견되었다. 이 방법은 원숭이에서 검사되었지만 아직 인간에게는 검사되지 않았다. 말라리아 지역에 들어갈 여행자는 들어가기 전 2주 동안, 머무는 동안, 그리고 그 지역을 떠난 후 6주 동안, 클로로퀸을 복용할 수 있다. 이 약제는 말라리아의 임상증상을 억제하지만, 감염예방에는 꼭 필요하지 않다. 말라리아가 클로로퀸에 내성이 있는 지역에서는, 라리암(Lariam)™이 사용된다. 그러나 몇 사람들에서 라리암™은 자살을 포함한 정신적 문제들을 유발시킬 수 있다. *P. vivax* 또는 *P. ovale*에 의해 유발되는 질병은 사람이 말라리아 지역을 떠난 몇 달 혹은 몇 년 후, 억제제를 복용했던 기간에도 나타날 수 있다. 프리마퀸은 간과 다른 조직들로부터 말라리아가 감염되었을 때 기생충을 제거하기 위한 최선의 약제이다.

말라리아를 운반하는 모기를 제거하려는 시도는 말라리아 억제 효과의 중요 수단이 되어왔다. 1960년대 초기에 살충제 DDT는 미국에서 말라리아를 운반하는 모기들을 박멸시키기 위해 성공적으로 사용되었다(하지만 이는 미국에서 이것의 독성 때문에 곧 금지되었다). DDT와 다른 살충제들은 또한 다른 지역에서 특히 아프리카에서 시도되어 왔다. 불행하게도, 모기가 잘 자라는 아프리카 같은 지역은 너무 광대해서 살충제 프로그램이 효과적이지 못했다. 특히 열대 열원충을 운반하는 몇몇 모기들은 현재 DDT와 다른 살충제들에 내성을 갖기 시작했다. 따라서, 살충제의 사용으로 인하여, 더 치명적인 기생충을 운반하는 모기들의 비율이 증가하면서 더욱 독성이 강한 말라리아를 출현시켰다.

CDC의 연구원들과 다른 연구소의 동료들은 최근 말라리아 기생충이 감염하는데 고도로 내성이 있는 *Anopheles gambiae* 계통의 모기를 개발하였다. 연구원들은 내성은 단순한 유전적 변이때문이며 자연 운반체 집단에 이러한 저항성을 유발하는 것이 가능하다고 믿고 있다. 만약 아프리카에서 가장 중요한 말라리아 운반체인 많은 수의 *A. gambiae*가 내성을 만들 수 있다면, 말라리아의 전파는 매우 감소될 수 있을 것이다.

4가지 새로운 모기 유전자가 발견되어왔다: 2가지는 모기 안에서 말라리아 기생충의 발생을 예방하는 것이고, 2가지는 기생충을 방어하는 것이다. 방어 단백질을 제거한다는 것은 기생충을 죽이는 일일 것이다.

또 다른 억제효과는 말라리아 백신을 개발하는 것이다. 1가지 문제는 기생충이 사람에게서 면역반응을 유발하는 기생충의 단계를 알아내는 것이다. 포자낭충에서 항원은 현재 판별되었고, 이 항원에 대한 유전자는 재조합 DNA기술을 사용하여 클로닝 될 수 있다. 따라서, 항원은 백신을 만들기 위해 사용되고 생산될 수 있다. 그러므로 큰 발걸음은 효과적인 백신의 개발 쪽으로 내딛어졌다; 운이 좋으면 백신은 가까운 미래에 사용될 수 있을 것이다. 그러나 백신이 사용되어질 때 조차, 말라리아가 유행하는 곳에 사는 많은 수의 사람들에게 투여하는 것은 엄청난 일이 될 것이다. 사람들의 협조를 얻는 방법과 백신을 분배하기 위한 정책이 필요할 것이다. 많은 양의 백신을 생산하는데에 대한 비용은 또 다른 주요 쟁점이 될 것이다.

톡소포자충증

톡소포자충(*Toxoplasma gondii*)**(그림 23.24)**은 가축 및 야생의 많은 온혈동물을 감염시키는 넓게 분포되어 있는 원생동물이다. 이것은 세포내 기생충이고, 많은 조직에 침투할 수 있다. 사람은 일반적으로 자연식품들, 특히 감염된 설치류들을 찾아 뒤지는 고양이 배설물의 접촉을 통해 감염되기 시작한다**(그림 23.25)**. 내부에서만 사육되거나, 건조된 고양이 음식, 통조림, 그리고 요리된 음식들을 먹는 고양이들은 기생충을 거의 갖고 있지 않다. 기생충을 전파시키는 또 다른 수단은 날것 또는 요리되지 않은 오염된 식품의 섭취이다. 많은 양의 스테이크 타르타르(생으로 갈려진 고기)를 소비하는 프랑스인은 세계에서 가장 높은 감염의 발생을 갖는다.

질병. 톡소포자충은 주로 사람에게 가벼운 림프절 염증만을 유발한다. 대부분 감염은 만성적이고, 증상이 없으며 스스로 제한된다. 그러나, 톡소포자충은 특히 발달된 배아, 신생 유아 그리고 때때로 어린 아이들에게 심각한 **톡소포자충증(Toxoplasmosis)**을 유발할 수 있다. 생물체는 감염된 모체의 태반을 건너 태아로 옮겨질 수 있다. 이는 뇌척수액의 축적, 이례적으로 작은 머리, 실명, 정신지체 그리고 움직임의 기능장애를 포함한 심각한 선천적 결함을 유발한다. 그러나 감염된 신생아의 반 정도만이 출산 시 증상을 보인다. 후에, 심각한 증상들은 3개월 정도의 유아에서 초기 성인집단내에서 특히 실명과 정신지체의 증상이 나타난다. 이는 사산아와 자연발생적인 조산아의 원인이 될 수 있다. 만약 감염이 출생 후에 나타난다면, 증상은 배아에서 보여지는 것보다 덜 심각하지만 유사하다. AIDS 환자와 같은 심각한 면역억제를 가진 환자들에게, 이 질병은 뇌염같이 나타날 수 있고 또한 피부병학적 문제들로 유발될 수 있다.

최근 연구는 톡소포자충증과 정신분열증 사이의 관련성을 언급하였다. 정신분열증의 50% 이상과 그들의 모체가 일반적 집단보다 훨씬 더 많이 톡소포자충증에 대한 양성 반응을 보였다. 우리는 톡소포자충증 감염이 행동에 변화를 유발한다는 것을 알고 있다. 감염된 쥐는 고양이를 두려워하지 않는다. 정신분열증은 명확한 생물학적 근거가 있다. 만약 정신분열증에 대한 증상이 전혀 없는 사람이 정신분열증을 보이는 사람으로부터 혈액을 받는다면, 또한 그는 여러 시간 동안 증상을 나타낼 것이다.

진단, 예방과 치료. 톡소포자충증은 혈액, 뇌척수액, 또는 조직에서 기생충을 발견하거나, 간접면역형광항체법, 또는 원인체의 동물접종 등으로 진단할 수 있다(◀18장 p. 565). 피리메타민과 트리설파피리딘은 톡소플라스마증을 치료하는데 병용하여 사용된다. 그러나 신생아감염 시 입은 영구손상을 되돌릴 치료제는 없다. 임산부의 경우 이 질병을 방어하기 위해서는 날고기와 고양이 분변 등을 멀리해야 한다.

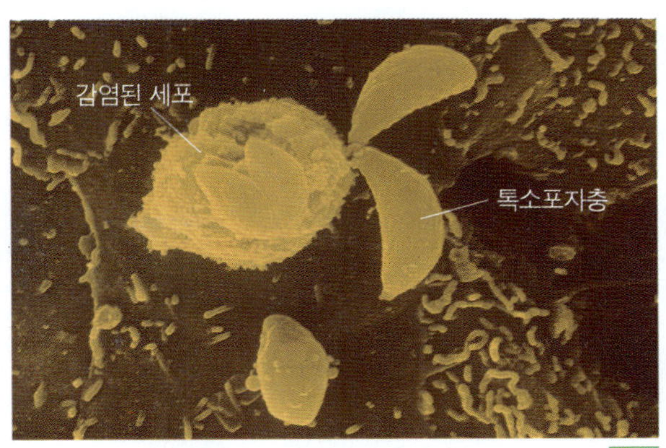

그림 23.24 톡소포자충증. 초승달 모양의 원생생물인 *Toxoplasma gondi* 가 그들이 증식했던 감염세포를 떠나고 있음(7,684X). 이 원충은 면역기능이 저하된 환자에게 위험 할 수 있으며, 임산부에서 선천성 결함(기형) 이나 유산을 초래 할 수 있다 (*Moredun Animal Health Ltd./Custom Medical Stock Photo, Inc*).

적용

세계를 하나로 결합하기 위한 말라리아의 사용

말라리아가 국제정치에 역할을 할 것을 누가 생각이나 했을 것인가? 요즘, 이것의 하는 일은 명확하다. WHO(국제보건기구)는 2010년까지 말라리아로부터의 전세계 사망을 반으로 줄이기 위한 노력으로 세계의 힘을 하나로 결합시켰다. Roll Back Malaria로 불리는 이 프로그램은, 말라리아에 관한 것으로 미국, 유럽, 아프리카를 선도로 37개 아프리카 지역을 포함한 Multilateral Initiative on Malaria(MIM)을 포함한다. 이는 정부, 국제은행 및 다른 국제기관들의 협력을 유도했다. 그리고 우리가 현재 서로 협력하는 것은 매우 좋은 일이다; 말라리아는 이미 약 5억 건의 병을 유발하고, 약제내성이 증가한 기생충 발생으로 인해 매년 세계적으로 사망이 3백만 건에 달하며, 중앙아시아와 동유럽 같은 새로운 지역으로 뻗고 있다. 모기장, 살충제, 의료용 약물들은 사용 가능하지만, 이들의 공급력은 점점 감소되고 있는 실정이다.

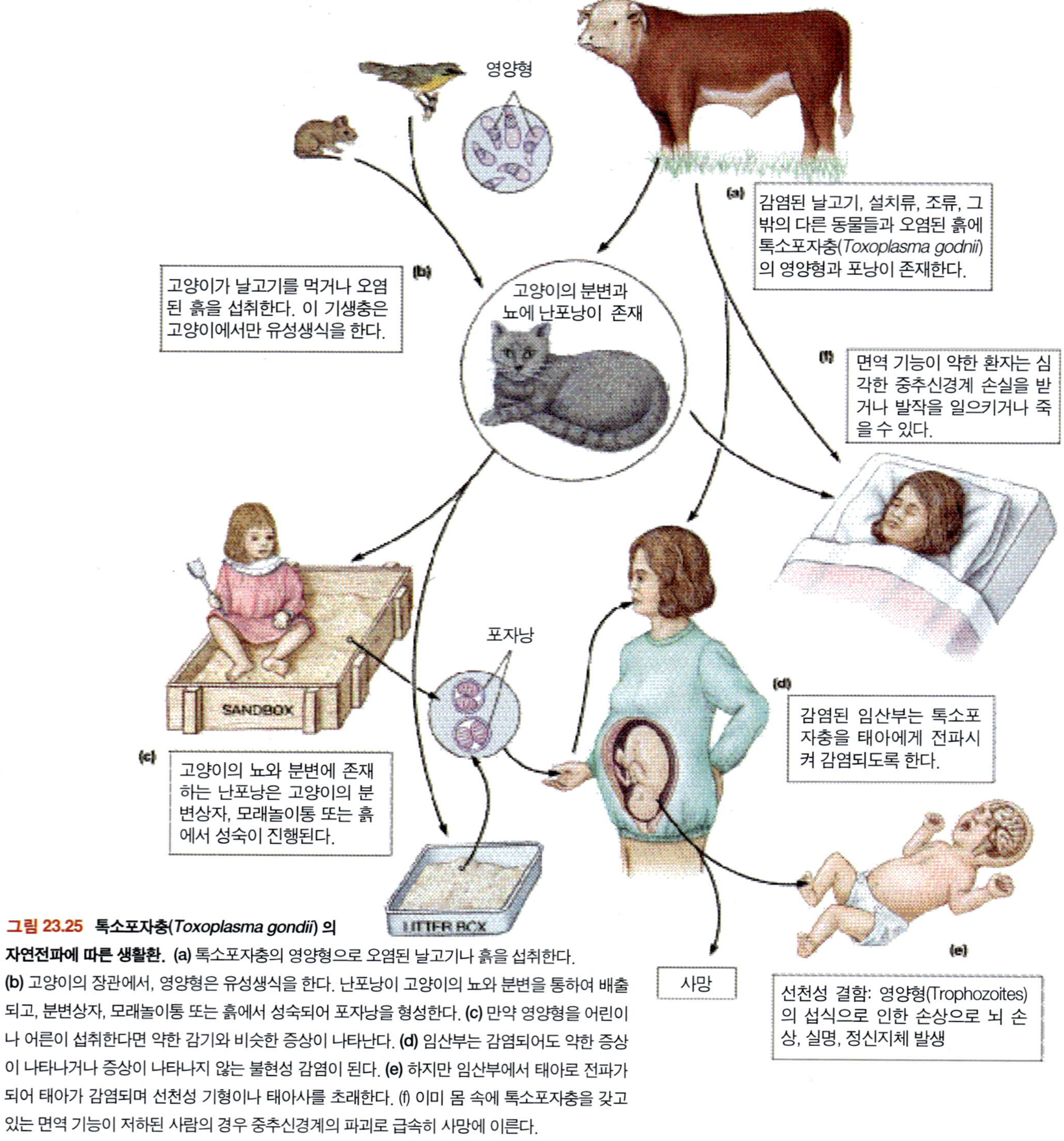

그림 23.25 톡소포자충(*Toxoplasma gondii*) 의 자연전파에 따른 생활환. (a) 톡소포자충의 영양형으로 오염된 날고기나 흙을 섭취한다. (b) 고양이의 장관에서, 영양형은 유성생식을 한다. 난포낭이 고양이의 뇨와 분변을 통하여 배출되고, 분변상자, 모래놀이통 또는 흙에서 성숙되어 포자낭을 형성한다. (c) 만약 영양형을 어린이나 어른이 섭취한다면 약한 감기와 비슷한 증상이 나타난다. (d) 임산부는 감염되어도 약한 증상이 나타나거나 증상이 나타나지 않는 불현성 감염이 된다. (e) 하지만 임산부에서 태아로 전파가 되어 태아가 감염되며 선천성 기형이나 태아사를 초래한다. (f) 이미 몸 속에 톡소포자충을 갖고 있는 면역 기능이 저하된 사람의 경우 중추신경계의 파괴로 급속히 사망에 이른다.

고양이는 매일 분변으로 천만개 정도의 난포낭(oocyst)을 분비할 수 있다. 이 난포낭들은 1일에서 5일내에 포자를 형성해 감염능을 획득할 수 있다. 임산부이외 다른 사람들은 감염 난포낭이 축적되는 것을 막기 위해 매일 고양이 깔개를 교환해 주는 것이 좋다. 따듯한 지역에서는 난포낭이 습지 등에 감염능을 유지한 채 일년간 생존할 수 있다. 모래상자 위에서 어린아이들이 물건을 갖고 놀다 임산부에 전달할 수 있는 환경이라면 고양이는 그 모래상자 부근에 접근을 금지 시켜야 한다.

바베스열원충증

포자충류(sporozoan)인 바베시아(*babesia*)의 여러 종류는 **바베스열원충증(babesiosis)**을 유발할 수 있다. 소는 진드기매개 원충인 *Babesia*

표 23.4

바이러스성 전신병과 원충성 전신병

질병	원인체	특징
바이러스성 전신병		
뎅기열 (Dengue fever)	Dengue fever virus	심한 골, 관절 통증, 고열, 두통, 식욕부진, 허약, 때때로 발진 동반
황열 (Yellow fever)	Yellow fever virus	열, 식욕부진, 구역질, 구토, 간손상, 황달
전염성 단핵구증 (Infectious mononucleosis)	Epstein-Barr virus	두통, 피로, 권태감, 보통 인후통 동반, 이차적인 연쇄구균 감염증 동반
기타 바이러스성 열병	Filoviruses, bunyaviruses, phleboviruses, arenaviruses, orbivirus, and coxsakie viruses	몇몇은 출혈열 유발; 몇몇은 뇌염, 관절통, 서맥, 적혈구감염, 설사, 발진, 인후통, 간의 질병, 수막염, 심장과 심장을 둘러싼 심낭의 감염 유발
원충성 전신병		
칼라아자르(Kala azar)	*Leishmania donovani*	불규칙한 열, 허약, 소모병, 증대된 간과 비장을 동반하는 내장 리슈만편모충증
국소성 리슈만편모충증	*L. tropica, L. braziliensis*	동양궤양, 피부, 점막의 리슈만편모충증
말라리아 (Malaria)	*Plasmodium* species	적혈구로부터 원충이 나오는 것과 관련된 고열기간; 재발되는 경우도 있음; 한 종은 악성 말라리아와 흑수열을 일으킬 수 있음
톡소포자충증 (Toxoplamosis)	*Toxoplasma gondii*	성인에서는 약한 림프절 감염일으킴; 태반을 통과하여 태아의 신경계에 심각한 손상을 유발할 수 있음; 또한 어린아이나 면역 기능이 저하된 환자의 경우 손상을 입힐 수 있음
바베스열원충증 (Babesiosis)	*Babesia microti*	고열, 두통, 근육통, 빈혈, 황달; 비장절제술을 받은 환자는 치명적임

*bigemina*에 의해 야기된 바베스열원충에 감염될 수 있다. 그러나 *B. microti*는 대부분 사람감염과 관련이 있다. 기생충은 감염된 진드기의 물림에 의해 혈액내로 침투하여 들어가 적혈구에서 증식한다.

질병. 많은 경우 무증상이지만 증상이 나타날 경우 감염자는 대부분 갑작스런 고열, 두통, 근육통 등의 증상으로 시작된다. 빈혈, 황달 등은 적혈구가 파괴될 때 증상이 나타날 수 있다. 증상은 몇 주간 계속 지속되다 지속적 보균 상태로 넘어간다. 만약 바베스열원충증이 비장이 절제된 사람에게 나타난다면 5~8일내에 치명적 상태가 될 수 있다. 이것은 결손된 적혈구를 파괴하는 신장기능이 상실되기 때문이다.

진단, 예방과 치료. 진단은 혈액 도말을 통해 확인할 수 있다. 그러나 이 기생충의 경우 열대열원충(*Plasmodium falciparum*)과 혼동될 수 있다. 클로로퀸은 선택 치료제로 사용될 수 있다. 그리고 진드기로부터의 물림을 방지하는 것이 가장 적합한 방어 수단일 수 있다.

비세균성 전신병은 **표 23.4**에 요약되어 있다.

✓ 중점 질문 사항

1. 겸상적혈구빈혈증 유전자를 갖는 것이 어떻게 말라리아로부터 보호될 수 있는가?
2. 여행자들은 언제 항말라리아 약제를 투여 받아야 하는가? 그 이유는?
3. 톡소포자충증에 대한 고위험군은?

요약

- 이 장에서 논의된 질병 원인체와 질병 특성은 표 23.1에서 23.4에 걸쳐 요약되어 있다. 이 표들에서 열거된 정보들은 이번 요약에는 다시 반복되지 않는다.

심혈관계

- **심혈관계**는 심장, 혈관계, 그리고 혈액 등으로 구성되어 있다.
- 심혈관계는 보통 무균 상태이지만 병원균이 혈액내로 들어 올 수 있고(세균혈증, *bacteremia*), 혈액에서 증식하여(패혈증, *septicemia*) 심판막, 심장막을 감염시킨다.

심혈관계 및 림프계 질병

세균패혈증과 관련 질병

- **패혈증** 혹은 혈액 중독은 혈액에서 세균이 증식하는 것을 말한다. 패혈증과 이와 관련된 질병은 샘플을 배양하여 진단하고 항생제로 치료한다.
- **류마티스성 열(rheumatic fever)과 세균성 심내막염(bacterial**

endocarditis)은 이전에 연쇄구균성 균에 감염된 환자에 주로 발병한다.

혈액과 림프의 기생충성 질병

- **주혈흡충증(schistosomiasis)**은 피부를 침투할 수 있는 주혈흡충 유충으로부터 확산될 수 있다. 그리고 대변에 있는 알을 찾음으로써 진단될 수 있다. 이 질병은 프라지퀀텔로 치료할 수 있고 감염된 달팽이의 제거나 달팽이가 만연한 곳을 피하여 예방할 수 있다.

- **사상충증(filariasis)**은 모기에 의해 전파되고 혈액내에 미세사상충을 찾음으로써 진단할 수 있다. 다이에틸 카바마진 또는 메트로니다졸로 치료할 수 있고, 만약 감염된 모기가 박멸된다면 사상충증 감염은 예방될 수 있다.

전신병

세균성 전신병

- **탄저병(Anthrax)**은 감염된 가축이나 무리에서 나온 *Bacillus anthrasis* 포자와의 접촉을 통해 전파된다. 탄저병은 혈액을 배양하거나 상처부위를 도말하여 진단하고 페니실린 또는 테트라사이클린 등으로 치료한다. 탄저병은 직업적으로 노출된 가축과 사람에게 예방접종하거나 감염된 동물의 매장을 통해 감염으로부터 방어할 수 있다.

- 흑사병은 중세시대 이래 주기적으로 발생해 왔으며 어떤 특정지역에서는 풍토병으로 남아 있고 미국에서는 계속 증가하고 있는 실정이다. 감염된 쥐로부터 나온 벼룩에 의해 전파되는 형태는 림프절이 부어오른 **서혜임파선종(buboes)** 또는 **림프절 페스트(bubonic plague)**으로 알려져 있다. 만약 질환이 순환기계통으로 전이되면 **패혈증 흑사병(septicemic plague)**라 불린다. 폐가 영향을 받으면 공기에 의해 전파되어 전염성이 강한 **폐렴 흑사병(pneumonic plague)**을 초래한다. 흑사병은 도말염색 또는 항체반응 검사 등을 통해 진단하고 스트렙토마이신 또는 테트라사이클린 등으로 치료한다. 쥐 숫자를 조절하거나 풍토병 지역에 들어가는 사람을 면역시킴으로써 질병을 제어할 수 있다.

- **야생토끼병(tularemia)**은 피부, 흡입, 섭취를 통해 전파될 수 있다. 야생토끼병은 응집반응 검사를 통해 진단될 수 있고, 치료제로는 스트렙토마이신을 사용한다. 감염된 포유동물이나 절족동물과의 접촉을 피함으로써 감염을 막을 수 있다. 백신접종은 단기적이라 완전히 감염을 예방할 수 없다.

- **부루셀라증(Brucellosis)**은 오염된 우유를 섭취한 동물의 피부 또는 흡입, 섭취 등을 통해 사람에게 전이된다. 부루셀라증은 혈청학적 검사를 통해 진단한다. 부루셀라증은 장기간 항생제를 사용하거나 감염된 동물과 오염 매개체등과의 접촉을 금함으로써 감염을 막을 수 있다.

- **재귀열(Relapsing fever)**은 이나 진드기에 의해 전파되고 혈액 도말을 통해 진단할 수 있다. 테트라사이클린이나 클로람페니콜로 치료가 가능하고 이나 벼룩과의 접촉을 금지하거나 박멸함으로써 예방이 가능하다.

- **라임병(Lyme disease)**은 감염된 사슴 또는 다른 동물로부터 나온 벼룩에 의해 전파된다. 라임병은 임상적 특성과 혈청학적 검사를 통해 진단한다. 라이병은 항생제로 치료를 하고 진드기로부터 물리는 것을 피함으로써 예방할 수 있다.

리켓치아병 및 관련 전신병

- **발진티푸스(typhus fever)**는 여러 형태로 나타난다. **유행성발진열(epidemic typhus)**은 사람몸에 존재하는 이에 의해 전파되고 대개 불결하고 사람이 많이 모이는 곳에서 발생한다. 항생제로 치료하지 않는다면 사망률이 높다.

- **브릴-진서병(Brill-Zinsser)** 또는 재발성 발진티푸스는 잠복성의 발진티푸스 감염이 재발하여 나타난다. **풍토성(endemic)**인 **생쥐티푸스(murine typhus)**는 벼룩이 숙주이다. 그리고 **털진드기병(Scrub typhus)**은 감염된 쥐의 좀진드기(mites)에 의해 전파된다.

- **록키산홍반열(Rockey Mountain spotted fever)**은 진드기가 숙주이고 주로 혈관에 손상을 입는다. 리케치아는 종류에 따라 다양한 병원성을 보이는데 치료하지 않는 경우 치사율은 매우 높다.

- **리케치아폭스(Rickettsialpox)**는 집쥐에 존재하는 좀진드기가 숙주이다. 이에 의해 전이되는 **참호열(Trench fever)**은 주로 불결한 환경에서 많은 스트레스를 받는 사람에게 잘 발생한다. 모래파리에 의해 전파되는 **바르토넬라증(Bartonellosis)**은 2가지 형태로 나타난다: **오로야열(Oroya fever)**은 생명을 위협하는 빈혈을 야기하는 급성열 질환이다. 그리고 **베루가 페루아나(verruga peruana)**는 자기제한 피부발진을 야기한다.

- 최근에 확인된 리케치아병과 유사한 사람 병원체에는 **에를리히증(ehrlichiosis)**을 야기하는 *Ehrlichia canis*와 *E. Chaffeensis*가 있고, **세균성 혈관종증(bacillary angiomatosis)**을 야기하는 *Battonella henselae*가 있다.

바이러스성 전신병

- 아르보바이러스에 의한 질병인 **뎅기열(Dengue fever)**은 혈청학적 검사로 진단이 가능하다; 1가지 면역학적 뎅기열 바이러스에만 효능이 있는 백신이 있다.

- 다른 아르보바이러스에 의한 질병인 **황열(Yellow fever)**은 임상학적 증상으로 진단을 할 수 있고, 백신으로 예방이 가능하다.

- **엡스타인-바 바이러스(Epstein-Barr virus)**에 의해 유발되는 **전염성 단핵구증(Infectious mononucleosis)**은 임상학적 증상으로 진단을 하고, 대증요법으로 치료를 하며, 이차감염을 막기 위해 항생제를 투여한다. 개발도상국 영유아들은 경증의 증상을 보이며 1살 무렵 항체가 생성된다. 그러나 선진국 환자들은 사춘기와 젊은이들 사이에서 좀 더 치명적인 양상을 보인다.

- **만성피로 증후군(Chronic fatigue syndrome)**은 전염성 단핵구증을 유발하는 엡스타인-바 바이러스와 관련이 있다. **버킷림프종(Burkitt' s lymphoma)**은 코인두암종(nasopharyngeal carcinoma)과 입안털백색반증(Oral hairy leukoplakia)과 관련이 있다.

- 다른 바이러스성 감염은 **필로바이러스열(에볼라 바이러스** 감염 같은), 번야바이러스열(**리프트 밸리 열**), 아레나바이러스열(**라사열, 볼리비안 출혈열**), **콜로라도 진드기열, 고양이 범백혈구감소 바이러스, 개 파르보바이러스, 제 5발진열** 등이 있다.

원생동물성 전신병

- **리슈만편모충증(Leishmaniasis)**은 모래파리가 존재하는 열대지방과 아열대 지방에서 주로 발생한다. 리슈만편모충증은 혈액도말과 상처부위 찰과 도말을 통해 진단한다. 안티몬을 치료제로 사용한다. 이 질병은 모래파리의 번식을 제어하고 설치류의 감염을 억제함으로써 예방이 가능하다.

- **말라리아(Malaria)**는 전 세계 공중보건을 가장 위협하는 질병 중의 하나이다. 말라리아는 매년 수백만 명의 사람을 사망시키고 사망자의 대부분은 어린아이들이다. 미국에서의 말라리아 감염은 풍토병 지역에서 건너온 사람들에 의해 일어난다. 말라리아는 암컷 얼룩날개(*Anopheles*)모기에 의해 전파되고 혈액도말을 통해 원생동물을 확인함으로써 진단한다. 활동성 질환은 클로로퀸(저항성 균주는 제외)을 사용하여 치료한다. 잠복하고 있는 기생 균주는 프리마퀸을 사용하여 제거한다. 모기를 제어할 수 있는 방법과 효과적인 백신을 찾기 위한 연구가 진행 중에 있다.

- **톡소포자충증(Toxoplasmosis)**은 주로 감염된 설치류를 잡아먹은 고양이의 분변과 오염된 날 음식 또는 완전히 익히지 않은 육류를 섭취한 사람에게 전파된다. 이 질병은 체액이나 조직에 존재하는 기생균을 찾음으로써 진단이 가능하고 파리메타민과 트리설파피리딘을 사용하여 치료한다. 이 질환은 오염 물질과의 접촉을 피함으로써 예방 할 수 있다.
- **바베스열원충증(babesiosis)**은 진드기에 의해 전파되고 혈액도말로 진단할 수 있다. 이 질병은 클로로퀸을 사용하여 치료하고 진드기와의 접촉을 피함으로써 예방할 수 있다.

용어 정리

개 파르보바이러스(p. 743)
골수무형성위기(p. 743)
궤양성 야생 토끼병(p. 730)
균혈증(p. 718)
난소전파(p. 729)
내장리슈만편모충증(p. 744)
뎅기열(p. 739)
라사열(p. 743)
라임병(p. 734)
록키산홍반열(p. 736)
류마티스열(p. 720)
리슈만편모충증(p. 744)
리케치아폭스(p. 737)
리프트밸리열(p. 742)
림프관염(p. 719)
림프절 페스트(p. 729)
림프절 확장 가래톳(p. 728)
림프절형 흑사병(p. 729)
만성피로증후군(p. 741)
말라리아(p. 745)
몰타열(p. 730)
바르토넬라증(p. 737)
바베스열원충증(p. 749)
발진티푸스(p. 735)
방병(p. 730)
버킷림프종(p. 741)
범백혈구감소(p. 743)
베루가 페루아나(p. 737)
볼리비아출혈열(p. 743)
부루셀라증(p. 730)
브릴-진서병(p. 735)
사상충증(p. 723)
산욕열(p. 719)
생쥐 티프스(p. 736)
서혜임파선종(p. 728)
세균성 심장내막염(p. 720)
세균성 혈관종증(p. 738)
심근염(p. 721)
심장막염(p. 721)
심혈관계(p. 718)
야생토끼병(p. 729)
에를리히증(p. 738)
에볼라바이러스(p. 742)
엡스타인-바 바이러스(p. 740)
오로야열(p. 737)
오르비바이러스(p. 743)
유행성재귀열(p. 731)
유행성티프스(p. 735)
장탄저(p. 725)
장티푸스성 야생토끼병(p. 730)
재귀열(p. 731)
전염성단핵구증(p. 740)
전해질(p. 718)
정상출혈(p. 735)
제 5발진열(p. 743)
주혈흡충증(p. 721)
증식(p. 720)
참호열(p. 730)
코끼리피부병(p. 723)
콜로라도진드기열(p. 743)
탄저병(p. 724)
털진드기병(p. 736)
톡소포자충증(p. 747)
파상열(p. 730)
패혈증 쇼크(p. 719)
패혈증 흑사병(p. 729)
패혈증(p. 718)
폐렴 흑사병(p. 729)
폐탄저(p. 725)
풍토성재귀열(p. 731)
풍토성티프스(p. 736)
플레보바이러스(p. 742)
피부탄저(p. 725)
필로바이러스(p. 742)
허혈(p. 746)
황열(p. 739)
흑수열(p.746)

임상 사례 연구

Ruth는 그녀의 첫 아기를 가졌다. 임신 36주 후 담당 의사는 세균배양을 통해 그녀가 그룹 B의 연쇄구균(*Streptococcus agalactiae*)를 가지고 있는지 검사를 실시했다. 배양 검사결과 양성이었다. Ruth는 곧 분만할 예정이어서 그녀의 담당 의사는 항생제를 투여 받으라고 Ruth에게 권하였으나 Ruth는 거절하였다. 현재 그녀와 그녀의 아기는 임상증상을 보이지는 않고 있다. 그녀는 왜 항생제를 투여 받아야만 하는가? 만약에 그녀가 항생제 투여를 받지 않는다면 어떤 일이 일어날 것인가? 이런 질문들에 대한 답을 얻고 질병 원인체에 대해 더 알기 원한다면 아래 주소의 웹 사이트를 방문해 보기 바란다: 다음 웹 사이트와 CDC내 다른 관련 사이트에서 이 질병과 예방법에 대해 더 많이 알 수 있다. http://www.cdc.gov/groupbstrep/gbs/hospitalguidelines.recommend.htm.

요점 사고 문제

1. 탄저병(Anthrax)은 테러리스트와 생물학전으로 보복을 가하려고 준비중인 국가에 가장 적합한 질병으로 여겨지고 있다. 탄저병의 어떤 특징이 이런 목적에 이상적인가?

2. 흑사병은 최근 미국에서 사람에게 산발적으로만 일어나고는 있으나, 역사적으로는 전 세계에 흑사병이 유행하여 수많은 사람이 사망한 적이 있다. 미국에서 이런 흑사병에 의한 대유행이 일어날 수 있으리라 생각하는가?

3. 절족동물-매개 질환은 주로 특이적 매개 운반체에 의해 발생한다. 왜 절족동물-매개 질환은 좀 더 다양한 절족동물에 의해 전파되지 않는가?

자가 진단 문제

1. 심장에 존재하는 정상 미생물총은:
(a) 그람-양성균 (b) 그람-음성균
(c) 진균 (d) 바이러스
(e) 답 없음

2. 내독소-유발 쇼크를 야기하는 패혈증과 가장 관련이 적은 세균은:
(a) 황색포도상구균 (b) 녹농균
(c) 클렙시엘라균 (d) 프로테우스균
(e) 세라티아균

3. 몸통에서 사지로 뻗어나간 빨간 줄무늬는 어떤 질병에 의한 것인가:
(a) 균혈증 (b) 부종
(c) 림프관염 (d) 라임병
(e) 패혈증

4. 화농성 연쇄구균(Streptococcus pyogenes)에 의해 유발되는 류마티스열은 대부분 어떤 기작에 의해 나타나는가?
(a) 세균이 심장세포로 침투할 때
(b) 심장세포로의 침투없이 심장세포에 세균이 증식할 때
(c) 심장내 항원과 박테리아에 대한 항체 사이의 반응에 의해
(d) 심장 근육세포로의 바이러스 감염이 일어날 때
(e) 세균에 의해 생성된 톡신에 의해

5. 패혈성 쇼크를 야기시키는 균은?
(a) 황색포도상구균
(b) 혈액에서 증식하는 모든 균
(c) 그람-음성균의 지질다당질
(d) 그람-양성균의 테이코산
(e) 답 없음

6. 산욕열은 어떤 세균에 의해 발생되는가:
(a) 화농성 연쇄구균 (b) 황색 포도상구균
(c) 녹농균 (d) 흑사병균
(e) 답 없음

7. 팔다리가 부풀어 오르는 코끼리피부병(elephantiasis)을 야기하는 회충은?
(a) *Shistosoma japonicum* (b) *Shistosoma mansoni*
(c) *Wuchereria bancrofti* (d) *Yersinia pestis*
(e) 답 없음

8. 표피감염을 일으키고 내생포자에 의해 전파될 수 있는 병원체는 ______________ 이다.
(a) 황색포도상구균 (b) 녹농균
(c) 페스트균 (d) 탄저균
(e) 화농성 연쇄구균

9. 페스트균(*Yersinia pestis*)에 대한 설명 중 옳은 것을 고르시오.
(a) 림프절 종대를 야기시킨다(서혜임파선종: buboes).
(b) 순환기계 감염으로 패혈증(septicemia)을 유발시킨다.
(c) 폐렴(pneumonia)을 유발시킨다.
(d) 야생 설치류에 의해 전파되는 지역에서는 삼림흑사병(야생흑사병: sylvatic plaque)라 불린다.
(e) 위의 a, b, c, d 모든 설명이 옳다.

10. 사람과 소, 모두에서 파상열(undulant fever)을 일으키는 병원체는 ______ 속에 속한다.
(a) 예르시니아(속) (b) 보렐리아(속)
(c) 브루셀라(속) (d) 페디큘러스(속)
(e) 연쇄구균(속)

11. 발열기(with fever)와 무열기(without fever)의 교대성 기간을 특징으로 하는 재귀열(relapsing fever)은 ___________ 속에 속하는 병원체들의 특징이다.
(a) 보렐리아(속) (b) 예르시니아(속)
(c) 브루셀라(속) (d) 페디큘러스(속)
(e) 연쇄구균(속)

12. 재귀열(relapsing fever)의 재발(the relapses)은 ____________ 의 변화에 의해 야기된다.
(a) 병원체의 항원
(b) 병원체에 의해 생산된 독소
(c) 병원체의 항생제 저항성
(d) 숙주 항체 반응의 감소
(e) 숙주 T-세포 반응의 감소

13. 라임병(Lyme disease)은 __________ 에 의해 야기되는 질병이고, 사슴과 검은 다리 진드기는 이 원인체의 전파와 관련 있는 병원체이다.
(a) *Ixodes scapularis*
(b) *Borrelia burgdorferi*
(c) *Rickettsia akari*
(d) *Bartonella bacilliformis*
(e) *Yersinia pestis*

14. 만일 당신이 미국 산림청에서 여름 방학 인턴쉽을 하려는 당신의 친구에게 다음과 같은 조언을 한다면, 이것은 당신의 친구가 _________ 에 걸릴 수 있다고 우려하기 때문이다.

조언 1. 바지 아랫단을 장화 속에 꼭 넣어라.
조언 2. 벌레 방충제를 꼭 사용해라.
조언 3. 진드기 구제에 매일 신경을 써라.

(a) 록키산 홍반열 (Rocky Mountain spotted fever)
(b) 흑사병(Plague)
(c) 라임병(Lyme disease)
(d) a 와 c
(e) a, b, 와 c

15. 전쟁의 과정에 영향을 미칠 수 있는 이매개성질병인 발진티푸스(epidemic typhus)는 ____________ 에 의해 유발된다.
(a) *Bartonella bacilliformis*

(b) *Rickettsia prowazekii*
(c) *Rickettsia akari*
(d) *Borrelia burgdorferi*
(e) *Yersinia pestis*

16. 라임병(Lyme disease)의 증상은 _________ 이다.
(a) 벌레 물린 부위의 표적발진 (bull' s eye rash)
(b) 감기 유사 증상
(c) 관절염
(d) 알츠하이머병 유사 증상
(e) 위의 a, b, c, d 모두

17. 림프절에서 병원체의 재활성화에 의해 야기되는 브릴-진서병은 과거에 _________ 을 앓았던 환자에게서 발견된다.
(a) 라임병 (b) 탄저병
(c) 흑사병 (d) 발진티푸스
(e) 브루셀라증

18. 초기감염은 대개 자기제한적이지만, 다른 바이러스 주에 의한 이차감염은 면역 반응을 통한 출혈성 질병을 야기한다. 이것은 _______________ 의 질병 양상이다.
(a) 뎅기열 (b) 발진티푸스
(c) 황열 (d) 리프트밸리열
(e) 위의 a, b, c, d 모두

19. 원숭이는 아메리카 대륙과 아프리카 대륙의 열대 지역에서 주로 발견되는 이 질병의 보유숙주이다. 이것은 ________이다.
(a) 발진티푸스 (b) 뎅기열
(c) 리프트밸리열 (d) 황열
(e) 위의 a, b, c, d 모두

20. 사람에서 전염성단핵구증(infectious mononucleosis)을 유발하는 병원체, 즉 엡스타인-바 바이러스(Epstein-Barr virus)는 주로 __________ 을 감염시킨다.
(a) 심근세포 (b) 폐포상피세포
(c) B 림프구 (d) 감각뉴런
(e) 장상피세포

21. 턱과 내장의 종양버킷림프종은 __________________ 에 일차감염 된 후 약 6년 후에 발생한다.
(a) 황열 바이러스 (b) 리프트밸리열 바이러스
(c) 에볼라 바이러스 (d) 뎅기 바이러스
(e) 엡스타인-바 바이러스

22. 필로바이러스속(Filoviruses)은 U-자형이거나 낚시바늘 모양의 독특한 형태를 가지고 있다. 이러한 필로바이러스에 의해 일어나는 질병은 _____________ 이다.
(a) 황열 바이러스 (b) 리프트계곡열 바이러스
(c) 엡스타인-바 바이러스 (d) 에볼라 바이러스
(e) 뎅기 바이러스

23. 유아질환인 제5발진열은 ______________ 에 의해 일어난다.
(a) 엡스타인-바 바이러스 (b) 콕사키바이러스
(c) 화농성 연쇄구균 (d) 황색포도상구균
(e) Erythrovirus B19

24. 겸상적혈구 빈혈에 대한 유전자를 하나만 보유하고 있는 사람은 ____________기전을 통해 말라리아에 대해 안전하다.
(a) 말라리아 기생충이 생산하는 독소를 중화하는 기전
(b) 말라리아 기생충이 적혈구내에서 증식하는 것을 억제하는 기전
(c) 과량의 적혈구를 만들어내도록 항진시키는 기전
(d) 모기가 사람을 발견해내는 것을 방해하는 기전
(e) 말라리아 기생충에 대한 항체를 인식하도록 하는 기전

25. 톡소포자충증(toxoplasmosis)에 대한 설명 중 옳지 않은 것을 고르시오.
(a) 원충성 질병이다.
(b) 고양이가 보유숙주이다.
(c) 분변/경구감염에 의해 전파된다.
(d) 건강한 성인에서 심각한 질병을 야기한다.
(e) 임신부에서 태아로 전염될 수 있다.

26. 동물에서 주로 발병하지만 사람에서도 발병하는 질병들을 ________ 라 부른다. (주관식)

웹상에서 탐구 문제

http://www.wiley.com/college/black

이번 장을 완벽하게 이해했다고 생각한다면 인터넷상에서 더 많은 도전을 해 볼 수 있습니다. 이번 장의 내용에 대해 여러분의 이해를 더 완벽히 돕기 위한 인터넷지침서(the companion web site)를 참고하시고, 아래의 문제에 대한 해답을 찾아보세요.

1. 라임병(Lyme disease)은 여러 질병들의 양상을 띠고 흉내내기에 최고의 모방자라고도 불립니다. 인터넷지침서에서 라임병에 대해 더 자세히 알아보세요.

2. 미국 육군 의무대의 월터 뤼드 소령이 당신의 도움을 필요로 합니다. 때는 1900년 6월 25일이고, 월터 뤼드 소령은 쿠바로의 전출을 명령 받았습니다. 그의 수백 명의 동료가 황열(Yellow Fever)로 죽었기 때문에, 월터 뤼드 소령은 그 원인을 찾고, 질병을 막아내야 하는 임무로 전출을 가게 된 것입니다. 여러분이라면 월터 뤼드 소령을 어떻게 돕겠는지 인터넷지침서에서 알아보세요.

24 신경계 질병

시작하며...

중국, 멕시코, 중아시아 지역의 전통음식을 즐겨 먹습니까? 고래 또는 바다표범의 지방을 발효시킨 알래스카의 전통음식, 발효된 바다표범의 물갈퀴, 발효된 물고기 머리(stink heads)와 생선의 알(stink eggs) 등은 어떻습니까? 전통적인 방법으로 만든 발효음식으로부터 보툴리누스 독에 중독될 수 있고, 그 예로 알래스카는 세계에서 보툴리누스 중독이 가장 많이 보고되는 지역이다.

고래나 바다표범의 내장 및 물고기의 아가미에는 보툴리누스 중독을 유발하는 포자가 많이 존재한다. 포획된 고래와 바다표범은 *Clostridium botulinum* 포자로 오염된 해안가에서 도축되기도 하며, 이와 같은 환경에서 만들어진 음식에는 당연히 포자가 존재하게 된다. 도축된 부위는 선선하고 얕은 구덩이에서 한두 달 발효시켰으며, 발효과정에서 삭은 뼈는 전통음식으로부터는 섭취하기 힘든 칼슘의 공급원으로 제공된다. 그러나 발효시키고자 하는 재료에는 탄수화물이 거의 없기 때문에 이와 같은 과정을 발효라 말하기에는 부족한 부분이 있다. 탄수화물 발효 과정에서 생성된 산성의 성분은 *Clostridium botulinum*을 죽일 수 있다. 발효 용기의 입구는 본래 나무나 잎사귀 또는 가죽으로 봉해져 왔으나, 현재는 간단히 비닐로 밀봉하거나 플라스틱 용기를 사용하여 보관하는데, 이것은 용기 내부를 산소가 없는 환경으로 만든다. 더욱이 보관 용기를 따뜻한 지표면에 보관하기도 하는데, 이것 모두는 *Clostridium botulinum*이 증식하기에 매우 적합한 환경이며, 이 과정에서 독이 생성된다. 음식을 섭취하게 될 몇 달 후에는 사람에게 치명적일 수 있는 양의 독이 축적 된다. 가끔은 발효를 촉진하기 위해서 유리재질의 밀봉 용기에 재료를 담아 가스레인지 옆에 보관하기도 하는데, 이 경우 일 주일이면 발효가 완성되지만 이 음식은 치명적인 패스트푸드일 가능성이 매우 높다. 알래스카(Alaska) 를 포함한 미국 전체에서 발병하는 보툴리누스 중독에 대하여 시작해 보자.

이 주제와 관련된 비디오는 WileyPLUS에서 볼 수 있습니다.

신경계의 구성요소
신경계에 존재하는 정상균총

뇌와 뇌척수막 질환
뇌와 뇌척수막에서 발병하는 감염성 세균 질환 / 뇌와 뇌척수막에서 발병하는 바이러스성 질환

그 외의 신경계 질병
세균성 신경계 질병 / 바이러스 기인성 신경 질병 / 신경계의 프리온 질병 / 신경계 기생충 질병

심혈관 질환과 임파선 질환처럼 신경계에서 발병하는 질병도 신체의 여러 기관에 영향을 준다. 본 장에서는 질병의 발전과정(◀14장), 숙주 시스템 그리고 숙주의 면역 체계에(◀16장, 17장) 대하여 학습할 것이다.

신경계의 구성요소

교과서를 탐독하는 중에도 우리 몸은 호흡하면서 바른 자세를 유지하는 것 이외에도 내용 이해를 위하여 수만 개의 신경 신호를 작동시키고 있다. 신체의 여러 기능들을 동시에 작동시키는 역할은 신경계의 뉴런(neuron)과 신경세포들이다. 구조적으로 **신경계(nervous system)**는 중추신경계와 말초신경계로 구성되어 있다 **(그림 24.1)**. 몸 전체에서 받아들인 감각신호는 **말초신경(peripheral nerve system, PNS)**을 경유하여 뇌와 척추로 구성된 **중추신경계(central nerve system, CNS)**로 전달되고, 전달된 자극에 대한 반응은 다시 말초신경계를 통하여 전달된다. 말초 신경계를 구성하는 **신경(nerve)**은 감각정보의 전달과 운동반응을 담당하는 신경섬유들로 구성되어 있다. 말초신경계의 신경세포 집합체를 **신경절(ganglia,** 단수: *ganglion*) 이라고 한다. 뇌와 척수는 결합조직으로 구성된 얇은 막 형태의 **뇌척수막(meninges)**으로 덮여 있으며, 이것은 뇌와 척수를 보호하는 역할을 한다. 뇌척수막으로 둘러싸인 뇌와 척수는 뇌척수액으로(*cerebrospinal fluid*)로 충전되어 있다.

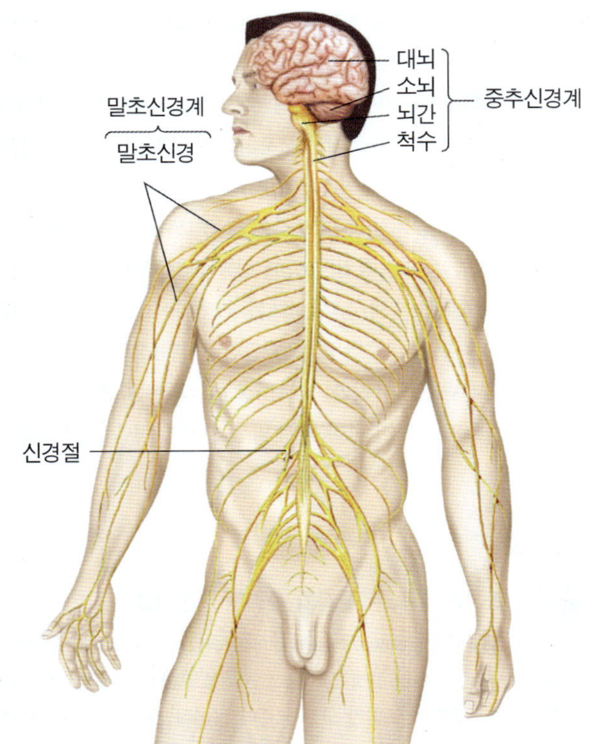

그림 24.1 신경계 구조. 신경계에는 보통 우리 몸에서 공존하는 미생물이 없다. 뇌척수막이나 감각신경절 부위에서 감염이 발생된다.

심혈관과 마찬가지로 신경계도 무균 상태이므로 정상세균총이(normal microflora) 존재하지 않으나, 혈액을 통해 세균과 바이러스 등의 병원균이 뇌척수액에 유입될 수도 있다. 중추신경계에는 두개골과 뇌척수막으로 둘러싸여 병원균 침입이 어려우며, 더욱이 소신경교세포(*microglial cell*)로 불리는 식세포(phagocytes)는 뇌와 척수를 공격하는 침입자를 파괴시킨다. 또한 뇌에 분포되어 있는 모세혈관은 우리 몸의 다른 곳에 있는 모세혈관과는 다르게 구멍이 없는 두꺼운 혈관벽을 갖고 있다. 이와 같은 **혈액뇌간문(blood brain barrier)** 형태의 모세혈관 때문에 뇌세포로 유입될 수 있는 물질은 매우 제한적이므로 미생물을 비롯한 독성물질 등은 통과되지 못한다. 심지어 뇌세포를 제외한 다른 세포에는 쉽게 유입될 수 있는 약물 또는 처방약의 경우에도 혈액뇌간문의 통과가 허용되지 않는다.

신경계에 존재하는 정상균총

신경계에는 미생물이 살지 않는다.

뇌와 뇌척수막 질환

뇌와 뇌척수막에서 발병하는 감염성 세균 질환

세균성 뇌수막염

세균성 뇌수막염(bacterial meningitis)은 뇌와 척수를 덮어 싸고 있는 뇌척수막에 염증이 발생한 것이다. 생명을 위협하는 이 질병의 원인균은 연령에 따라서 다르다**(표 24.1)**. 뇌수막염은 괴사(necrosis 죽은 조직)를 일으키며, 혈관을 차단시키고, 부종을 유발시켜 뇌의 혈압을 높이며, 뇌척수액의 흐름을 저하시키고 중추신경계를 손상시킨다. 초기증상으로서 두통과 열 그리고 오한 등이 나타나며, 드물게 발작을 일으키기도 한다. 급성과 만성으로 구분되며, 감염 징후가 나타난 후 수 시간 내에 쇼크와 심각한 합병증으로 사망하게 된다.

뇌수막염은 대부분 급성으로 발병하지만 만성도 있다. 급성 뇌수막염은 보균자를 통해 감염되거나 또는 우리 몸 안에 존재하는 세균 때문에 발병된다. 수술이나 상처부위를 통하여 세균은 뇌척수막으로 접근하기도 하지만, 한편으로는 폐렴이나 중이염 원인균이 혈액을 통하여 전이되어 발병하기도 한다. 연막 및 경막과 함께 뇌척수막을 구성하는 지주막은 균혈증을 유발하는 세균들을 물리치는 영역이지만, 만일 세균이 숙주생명체의 방어력을 무너뜨릴 경우에는 뇌수막염이 발병한다. 매독이나 결핵 등의 질병도 만성 뇌수막염을 일으키는데, 이와 같은 세균은 생장속도가 느리기 때문에 전형적인 뇌수막염 증상이 나타나기까지에는 몇 주가 소요된다.

뇌수막염은 뇌척수액을 배양하여 진단 할 수 있는데, 세균에 감염된 뇌척수액은 혼탁하고, 때로는 고름 때문에 주사기로 제거하기조차 어렵다. 원인균의 종류에 따라서 항생제 처치법이 달라진다. 결핵

표 24.1

세균성 수막염의 종류

나 이	가장 빈번한 발병원	내 용
신생아(0~2개월)	*Escherichia coli* 및 그 외 Enterobacteriaceae, *Streptococcus* 종	평균 50% 사망률, 약 40~50명 발병 / 100,000명, 어머니로부터 감염
유아기(2개월~ 5세)	*Haemophilus influenzae* b 형, *Neisseria meningitidis*	생후 6~8개월 영아에서 최고의 발병률, 전반적으로 약 180명 발병 / 100,000명
청년기(5세~40세)	*Nesseria meningitidis, Streptococcue pneumoniae*	단발성 또는 유행성
장년기(40세 이상)	*Streptococcus pneumoniae, Staphylococcus* 종	단발성

성 뇌수막염이 의심될 경우 이소니아지드 요법(isoniazid therapy)으로 즉시 처치해야 하며, 치료 기간은 일 년 또는 그 이상 지속된다. 드문 경우이지만 진균성 뇌수막염도 수년 간 치료를 요한다.

수막구균성 뇌수막염. 지난 10년간 미국에서 연간 2,000~3,000건의 뇌수막염은 *Neisseria meningitidis* 기인성이었다. 치료를 받지 않을 경우 그 사망률은 85%이고, 치료를 잘 받는다면 1%로 감소한다. 약 15%는 적절한 치료법을 찾지 못했기 때문에 사망하며, 12-24 시간 내에 적절한 항생제 치료를 하지 않으면 사망하게 된다. 2차 세계대전 당시 질병으로 인한 군인사망 원인의 대표적 질병이었다. 유아기가 가장 감염되기 쉬운 시기이며, 그 다음으로는 청소년기에서 청년기로 이르는 15~24세 사이가 위험하다. 여러분은 예방접종을 받았습니까? 점점 많은 대학이 뇌수막염 예방접종을 필수 사항으로 아니면 적어도 권장사항으로 요구하고 있다.

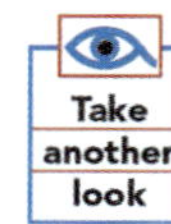

수막구균성 뇌수막염 세균은 비인두(nasopharynx)에 콜로니를 형성하고 혈액을 통하여 온몸으로 번지면서 빠르게 생장하여 뇌수막염을 일으킨다(**그림 24.2**). 워터하우스-후리더리센 증후군이(Waterhouse-Friderichsen syndrom) 나타나면 수막구균성 뇌막염 세균이 전신에 침투한 것이며(패혈증), 수 시간 이내에 내독소 쇼크로(endotoxin shock) 사망에 이르게 된다. 수막구균성 뇌막염 세균은 다른 종류의 세균보다 100에서 1,000배 이상 더 많은 내독소를 생성한다. 그러므로 병증은 매우 빠른 속도로 진행되며, 치료법을 찾기 위한 아주 짧은 망설임이 치명적 상황을 만들 수 있으며, 환자는 내독소(endotoxin) 쇼크로 한 시간 내에 사망에 이를 수 있다. 일반적으로 사망 원인은 혈액이 응고된 후에 부신(신장 상부에 위치)의 대량 출혈로 야기되는 필수 부신호르몬의 결핍 때문이다. 손가락으로 피부를 눌렀을 때 사라지지 않는 점상 피부 발진 증상을 보이는 뇌수막염 환자에서 간혹 적은 양의 출혈이 나타나는 경우도 있으나, 대부분의 경우 환자는 손가락이나 발가락 심지어는 사지를 잃을 수 있고, 아울러 넓은 부위에 피부 이식을 받아야 한다.

뇌수막염의 치료제로는 페니실린이 사용되고 있으며, 만연한 내성 변종으로 인해 슬폰아미드는(sulfonamides) 더 이상 효과를 나타내지 못한다. 현재 제 3세대 세팔로스포린(cephalosporin) 과 암피실린(ampicillin)도 사용되고 있다. 예방접종은 A 형과 C 형에 효과가 있지만 가장 흔한 B 형 수막구균성 세균에는 그 효과가 크지 않다. B 형의 표면은 사람의 세포에 존재하는 분자의 구조와 유사한 분자들로 덮여 있기 때문에 사람의 면역계가 인지하지 못한다. 감염의 위험성을 줄이기 위해서 과로하지 말고, 사람이 많이 모이는 곳은 피하는 것이 좋고, 뇌수막염 전염병 창궐 경험이 있는 군대에서는 뇌수막염의 전염을 차단하기 위하여 막사 내 침대와 침대사이에 적정한 거리를 두도록 하였다. 이것은 뇌수막염 창궐 원인균이며(사하라 사막 남쪽 지역은 A형이 대부분을 차지한다. ◀15장 p. 444) 150,000건이 발병되며 그 중 16,000명이 사망한다. 뇌수막염 환자가 처음 보고된 후, 2

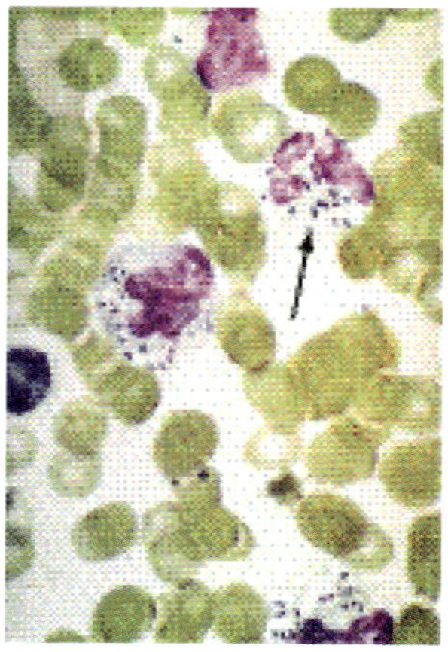

그림 24.2 수막구균성 뇌수막염. 뇌척수액 시료에서 발견된 수막구균성 뇌수막염을 일으키는 세균의 형태로서, 백혈구의 식세포작용으로 포식된 세균이 관찰된다. *(Courtesy Edward J. Bottone, Mount Sinai School of Medicine)*

적용

포스트-지노믹 결과가 빠르게 적용되었다.

TIGR(The Institute for Genomic Research, Rockville, MD)에서 *N. meningitidis* 세균의 게놈 정보에 대한 초안을 발표한지 3 개월 만에 이탈리아 제약회사에서 B형을 포함한 모든 균주에 공통적으로 존재하는 유전자 정보를 규명하였고, 모든 종류의 수막구균성 뇌수막염을 일으키는 모든 병원균을 한 번에 예방할 수 있는 백신을 만들었다. 즉 게놈 프로젝트를 통해 빠른 해결책을 찾았다.

차 감염자의 1/3은 최초 보고일로부터 2일 이내에 발생한다.

군대나 기숙사 또는 탁아시설 등의 폐쇄된 환경에서 생활하는 사람의 90%는 수막구균 보균자이며, 보균자 1,000당 1명만이 발병한다. 일반인의 경우 보균자 비율은 5~30% 정도인 반면에, 환자 가족의 경우에는 80~90%가 보균자이며, 항생제 처방으로 보균자 비율은 감소될 수 있다.

Haemophilus 뇌수막염. 백신이 개발되기 이전에 생후 1년안에 발병한 뇌수막염의 2/3의 원인세균은 *Haemophilus influenza* B형(hib)이며, 오늘날 미국에서 발병하는 1위의 뇌수막염은 *Haemophilus* 뇌수막염이 아니라 수막구균성 뇌수막염(meningococcal meningitis)이다. 어린이의 20~50%가 보균자이며, 어른의 경우에는 단지 3%만이 보균자이다. 사람은 출생 이후 *H. influenzae*에 노출되며, 이내 몸 안에서 항체가 생성되기 때문에 어른의 경우 발병률이 낮다. 3~6세 아동의 10%만이 항체를 가지고 있지 않으며, 6세가 지나면 모두 항체를 갖는다. 감염시 적절한 치료를 받지 않으면 뇌수막염은 치명적이며, 치료를 받더라도 1/3은 사망한다. 회복하더라도 30~50%는 심각할 정도로 지적능력이 떨어지며, 5% 정도는 중추신경 손상으로 영구적 장애를 갖는다. 미국을 포함한 전 세계적으로 지적 장애를 야기하는 주된 요인 중 하나는 *Haemophilus* 뇌수막염이다. 5세 이하에 Hib 예방백신을 처치할 경우 이 질병의 발병 가능성을 현저히 낮출 수 있다(◀17장 p. 516).

Streptococcus 뇌수막염. *Streptococcus pneumoniae*는 성인 뇌수막염의 주된 병원균으로서, 폐, 정맥동(sinus), 유양 돌기(mastoid), 또는 귀 등을 통하여 감염이 진행되고, 이후 혈액을 통해서 전신으로 퍼지게 된다. 사망률은 40%에 이른다.

리스테리아병. 리스테리아 질병(listeriosis)은 자연계에 널리 분포하는 그람 양성 간균인 *Listeria monocytogenes*에 의해서 발병된다. 주로 비위생적으로 가공된 우유, 치즈, 육류 및 채소 등의 음식물로 부터 감염되는 식품 기인성 질환으로서, 원인 세균은 저온과 고온의 모든 조건에서 생존할 수 있다. 종종 동물로부터 감염될 수 있으며, 면역계가 손상된 환자의 경우 특히 위험하다. 지난 수십 년간 자주 발병된 질병은 아니지만, 현재 신장이식 환자에게서 감염 빈도가 증가하는 질병이다. 임신 중인 여자가 감염되었을 경우에 세균은 태반을 경유하여 태아에게 감염되므로, 유산, 사산 또는 신생아 사망의 원인이 되기도 한다. 태아 사망원인 중 하나인 리스테리아병은 출생 후 수주 후에 발병하여 뇌수막염으로 진행되는 경우도 있다.

핫도그에서 발견된 어떤 세균은 Listeria 를 죽일 수 있는 bacteriocin을 생성한다.

리스테리아병을 유발하는 세균을 죽일 수 있는 새로운 박테리오파아지(bacteriophage) 제품이 미국에서 승인되었는데, 이 제품에는 한 종 또는 여러 종의 *Listeria* 세균을 죽일 수 있는 5종류의 서로 다른 박테리오파아지가 함유되어 있다. 한입 크기로 먹기 좋게 자른 멜론 조각 표면에 이 제품을 스프레이하면 간단히 리스테리아병을 예방할 수 있으며, 소비자는 이 상품에 대하여 관심을 가질 것이다. 박테리오파아지가 한 종류의 세균만 죽인다는 사실을 알지 못하는 사람은 바이러스로 덮여있는 과일을 자녀에게 먹일 수 없다고 목소리를 높이지만, 우리는 이미 1밀리리터 물에 100만 개의 박테리오파아지가 존재하는 물이나 음식을 섭취하고 있다. 바이러스는 모든 사람의 입 속에도 있으며, 오직 세균만이 해를 입는다. 박테리오파아지에 대한 지식을 시민들에게 알릴 필요가 있다.

적용

통행이 적은 길

뇌 감염이 치료되기 어려운 이유는 무엇인가? 왜냐하면 혈액뇌관문(blood-brain barrier)으로 인하여 뇌는 심혈관계와 분리되어있기 때문이다. 이 장벽은 몇몇 특정 물질만이 통과될 수 있는 특성을 갖는다. 감염으로부터 우리 몸을 보호하기 위하여 항체와 보체 단백질이 중요한 기능을 담당하는데, 이와 같은 방어체가 뇌조직에 도달하기 위해서는 여러 어려운 점이 있다. 페니실린과 같은 항생제는 평상시 혈액뇌관문을 통과하기가 어려우나, 만약 뇌척수막에 염증이 있을 경우에는 쉽게 통과된다. 대부분의 경우, 평균적으로 경구 또는 정맥주사 등으로 투여된 항생제 농도의 15% 정도만이 뇌척수액에 도달된다. 그러나 모든 항생제가 이와 같이 뇌에 도달되기 어려운 것은 아니다. 클로람페니콜과(chloramphenicol) 테트라사이클린(tetracycline) 등의 지용성 항생제는 혈액뇌관문을 쉽게 통과할 수 있다. 뇌에 도달하기까지의 여정이 수월하지는 않지만, 최소한 일부는 뇌에 안착한다.

뇌 농양

뇌 농양(brain abscesses) 을 유발하는 미생물은 두부의 상처로부터 감염되거나 또는 몸의 다른 곳에 존재하던 원인균이 혈액을 따라서 감염된다. 외상을 통하여 감염되므로 여러 종류의 미생물에 의한 혼합 감염 증상이 나타나기에 혐기성 및 호기성 미생물 모두가 관여한다. 대부분의 뇌농양 질병은 40세 이전에 발병하며, 발병률이 최고로 높은 연령대는 출생 후–20세와 50–70세이다. 점진적으로 감염 부위가 증가하여 뇌를 압박하며, 이 부분은 CAT(computerized axial tomography: 컴퓨터단층촬영)나 X-선을 통해 진단할 수 있고, 그 원인 요인은 혈청검사나 뇌척수액 배양 검사를 통하여 알 수 있다. 발병 초기에는 항생제로 치료 가능하나, 중증의 경우에는 외과적 수술을 통해 농양을 제거하는 방법을 사용한다. 심장을 비롯한 생명유지 장기를 조절하는 뇌 부위에 농양이 존재할 경우에는 수술이 불가하며, 치료를 받지 않을 경우 사망률은 50%에 이르고, 만일 적절한 치료를 받았을 경우 사망률은 5~10%이다.

뇌와 뇌척수막에서 발병하는 바이러스성 질환

바이러스성 뇌수막염

적절한 치료를 받지 않으면 치명적인 세균상 뇌수막염과는 달리 바이

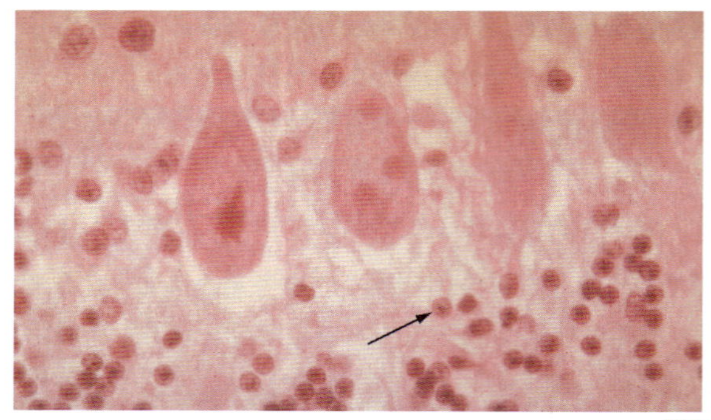

그림 24.3 네그리 소체(Negri body). 사람의 소뇌에서 광견병의 징후를 관찰할 수 있다(1768X). (*Science VU/visuals unlimited*)

러스성 뇌수막염은 생명이 위험할 만큼 치명적이지 않다. **바이러스성 뇌수막염(viral meningitis)** 약 40%는 엔테로바이러스(*Enterovirus*)가 원인이며, 15%는 유행성 이하선염을 일으키는 바이러스가 차지한다. 바이러스성 뇌수막염의 약 30%는 아직 규명되지 않았다.

공수병

기원전 5세기 데모크리토스(Democritus, 그리스 철학자)와 기원전 4세기 아리스토텔레스는 **공수병(rabies)**에 대하여 기술하였다. 파스퇴르는 감염인자가 중추신경과 말초신경 그리고 타액에 존재한다는 것을 발견함으로서 공수병 이해에 큰 기반을 다졌다. 그는 공수병 감염원을 약독화시킴으로서 질병을 예방할 수 있는 방법의 실마리를 제공하였고, 1903년 이탈리아 내과의사 Adelchi Negris는 뉴런에서 바이러스 집합체 또는 네그리소체(*Negri bodies*)로 알려진 내포체(inclusion bodies, ◀14장 p. 414)를 발견하였다(**그림 24.3**). 1958년 면역형광항체시험법(immunofluorescent antibody test, IFAT)이 발명되기 이전까지 네그리소체 존재 유무는 50년 이상 공수병 진단에 사용되었다. 지금까지도 사용되는 IFAT는 공수병이 의심되는 동물이 사람을 물었을 경우, 즉시 동물을 죽인 후 뇌에서 광견병 항원을 검사함으로서 감염여부를 진단할 수 있는 정밀한 시험법이다. IFAT가 발명되기 이전에는 의심되는 동물을 30일간 격리 관찰하면서 광견병 증상이 발견되기를 기다리거나 또는 네그리 소체가 형성될 때까지 잡아두고 있어야만 했다. 동물에게 물린 대부분의 경우는 공수병이 아니며, 혹시 공수병에 감염되었을 수도 있을 것이라는 심리적 압박감과 치료에 대한 위험이 IFAT를 통하여 해결되었다.

공수병을 일으키는 바이러스는 전 세계에 분포하고 있으며, 접촉한 모든 포유류는 감염되기 때문에 감염 가능성이 무한하다. 전 세계적으로 각 지역에는 독특한 서로 다른 종류의 공수병 바이러스가 발견되는데, 아시아, 아프리카, 멕시코 및 중남미의 경우 공수병은 개의 풍토병이다. 캐나다, 미국 및 유럽의 경우에 공수병 발병의 90%는 야생동물에서 발견되며, 개는 공수병으로부터 잘 관리되고 있다. 세계보건기구(World Health Organization: WHO)는 호주, 일본, 스웨덴 그리고 스페인을 포함한 60개 국가를 공수병이 없는 지역으로 선포하였으며, 이것은 예방접종과 철저한 검역의 결과라 할 수 있다. 불행히도 미국에서는 공수병이 다시 부상하는 질병 중 하나가 되었다. 이제는 개가 아닌 고양이가 공수병에 가장 많이 감염되는 애완동물로 조사되었다. 45년 전부터 라쿤(raccoon)의 공수병 발병률이 개보다 높아졌으며, 비슷한 시기 스컹크 공수병 발병건수는 3배 증가되었고, 박쥐 공수병 또한 급격히 증가 하였다. 텍사스 코요테(coyote)의 경우 1987년 발병건수 제로에서 현재는 대략 연간 100건 정도로 증가하였다. 1977년 사냥허가지역의 확대로 플로리다 라쿤은 미국 동부 해안을 따라서 버지니아 및 웨스트 버지니아에 이르는 지역까지 이동되었고, 그 결과 공수병이 동부 해안지역에 퍼지기 시작했다(**그림 24.4**). 보건당국은 "백신지대(vaccine corridor)"라 불리는 방법을 통해 서부 지역으로 공수병이 전염되는 것을 차단하려고 시도하였으나, 오하이오(Ohio)에서 그 경계선이 무너졌다. 서부지역으로 더 이상의 공수병이 퍼지는 것을 방지하기 위해 미끼 백신을 놓을 최선의 장소를 계산해 주는 수학적 모델이 사용되고 있다.

공수병에 감염된 동물을 빠르게 진단하는 것이 관건이다. 공수병 개의 50%는 감염 증상이 나타나기 전 3~6일에 침에서 바이러스가 발견되지만 대조적으로 공수병 고양이의 90%는 증상이 나타나기 하루 전에 침에서 바이러스가 발견된다. 동물이 평소와 다른 행동을 할 경우에는 공수병을 의심해 보아야 한다. 순한 야생동물이 사람에게 접근하거나 얌전하던 애완동물이 특별히 위협하지 않았는데도 공격적인 행동을 보이는 것은 공수병의 증상일 수 있다. 작은 야생동물과 애완동물은 역시 갑자기 잡을 경우 사람을 물기도 한다. 극심한 스트레스 상태에서는 무는 행동이 유일한 방어 방법이다. 사람들이 특히 어린 아이들이 야생동물을 만지지 않도록 교육시킨다면 어려운 상황을 피할 수 있다.

건강한 애완동물이라도 사람을 물었을 경우에는 대략 10일간 동물에게서 공수병 증상이 나타나는지를 잘 지켜봐야 한다.

공수병에 대한 감수성은 동물마다 다르게 나타나는데, 이것은 바이러스를 갖고 있는 보균 동물의 활동과 직접적인 상관관계가 있다. 여우, 코요테, 스컹크, 라쿤 그리고 박쥐는 감염이 매우 잘되는 동물이다. 공수병 개의 10~20%와 공수병 몽구스의 30%~40%는 생존하는 반면에, 공수병 여우가 생존한 기록은 없다. 박쥐의 경우는 특히 위험한데, 그 이유는 공수병 증상이 나타나지 않으면서 바이러스가 함유된 배설물과 타액을 사방에 오염시키기 때문이다. 텍사스에서 박쥐 동굴을 탐험하던 두 사람이 공수병에 감염되어 사망하였다. 개, 고양이, 소, 말, 그리고 양은 비교적 감염도가 낮다. 사람 경우 공수병 감염 여부는 동물에게 물릴 때 동물의 침에 바이러스의 존재 여부에 달려 있다. 비록 나중에 동물에게서 공수병 증상이 나타날 지라도 물릴

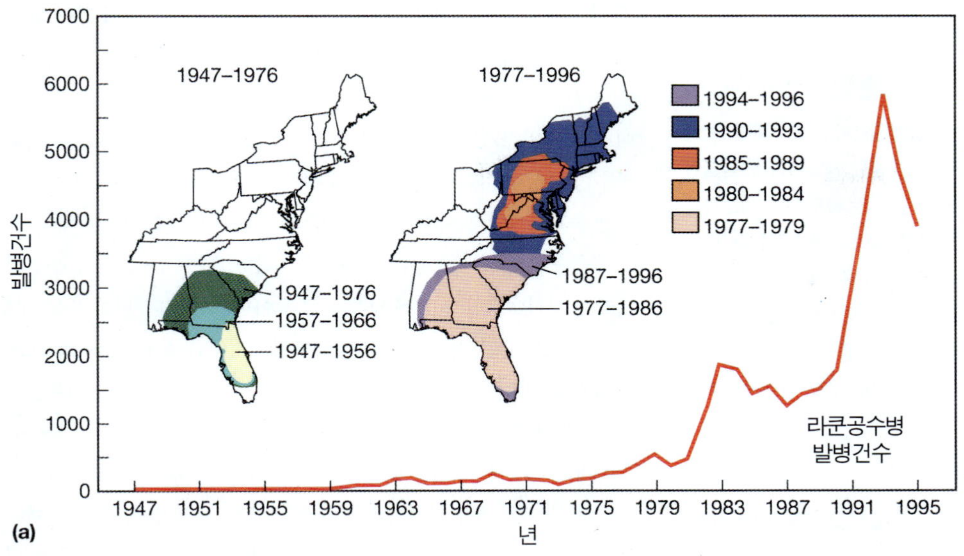

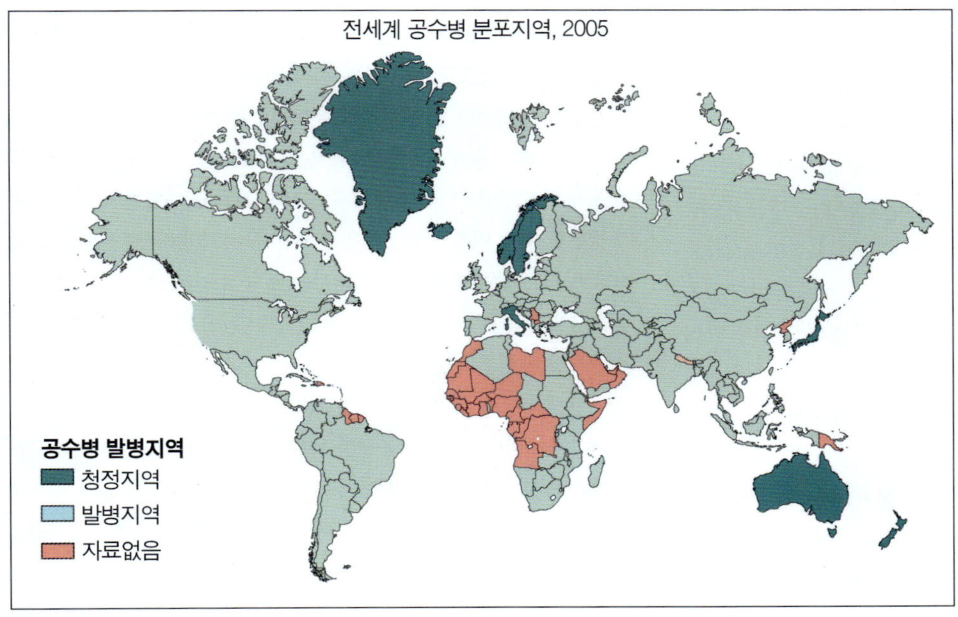

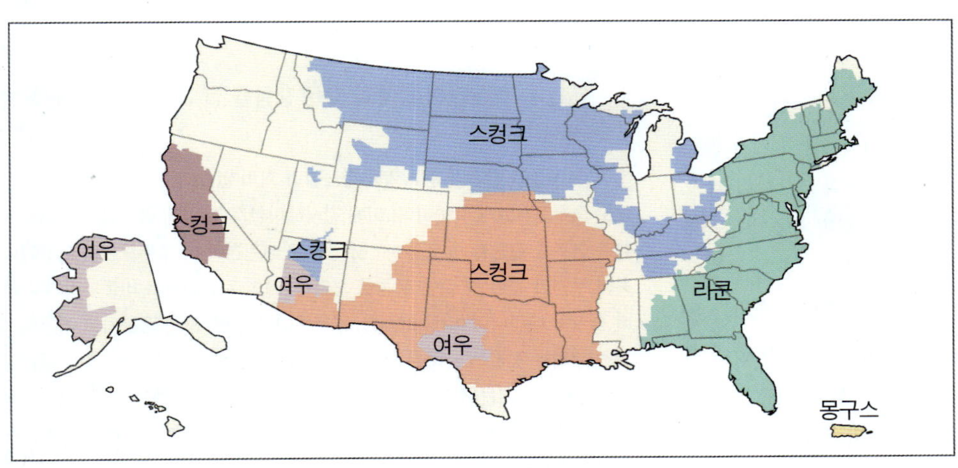

그림 24.4 공수병 전파. **(a)** 1947~1996년 사이에 미국에서 나타난 라쿤 공수병 확산 과정 **(b)** 전 세계 공수병 발병 지역, 2005 **(c)** 지역별로 공수병에 감염된 우점 야생 동물(CDC 자료)

적용

박쥐는 어떻게 공수병으로부터 생존할 수 있는가?

최근 미국에서 보고되는 공수병 발병원인의 거의 대부분은 박쥐 공수병 바이러스에 의한 것이다. 박쥐에게서 공수병은 치명적인데, 감염된 이후 단기간에 죽게된다. 그러나 어떤 박쥐는 3개월 동안 죽지 않고 생존하는 경우도 있으며, 그 중에서 많은 박쥐는 건강한 보균자의 상태로 전환된다. 동면 기간 동안 공수병 바이러스는 박쥐의 갈색지방에 증식하지 않고 머물러 있으며, 동면이 끝나 박쥐의 체온이 상승하면 바이러스는 곧 증식하여 몸속의 조직에 퍼지게 되며, 이때 다른 개체로 전염된다. 흡혈 박쥐는 공수병을 전염시키는 매개체이며, 실제로 남부지방의 소와 몇몇 사람에게 바이러스를 전염시켰다.

당시 타액에 바이러스가 없을 경우 감염되지 않는다.

질병. 공수병은 RNA 바이러스인 rhabdovirus에 속하는 **공수병 바이러스(rabies virus)**로 발병한다(◀그림 10.2c p. 280). 동물에게 물리거나 또는 피부의 상처 등을 통해 바이러스가 침투되면 공수병 바이러스는 1~4일 동안 상처 난 조직에서 복제된다. 신경계로 이동하면 척수에 도달할 때까지 천천히 증식하지만, 이후에는 축색에서의 세포질 이동을 통하여 뇌신경계로 빠르게 진입한다. 감염에서 증상이 나타날 때까지 소요되는 기간은 13일에서 2년 까지 다양하지만, 평균적으로 20~60일 사이에 증상이 나타난다. 증상이 나타나기까지 소요된 시간은 상처부위와 뇌 사이의 거리 및 신경 섬유와의 접근 용이도에 비례한다. 그러므로 뇌와 가깝고 신경이 많이 분포하는 얼굴을 물릴 경우 다리를 물린 것보다 증상이 빨리 나타난다. 공수병 바이러스는 주로 신경조직에 감염되지만, 침샘이나 호흡기관에 감염되기도 한다. 심지어 각막이식을 통해 공수병에 감염된 사례도 있다.

다른 감염성 질병과 달리 공수병은 긴 잠복기 때문에 감염 후 예방접종이 가능하다. 즉, 동물에 물린 후 예방접종을 받으면 감염을 차단할 수 있을 정도의 충분한 항체를 우리 몸에서 만들 수 있으나, 공수병 증상이 나타난 이후에는 예방접종으로 치료하기에는 너무 늦었고 결국 사망에 이르게 된다.

인간의 경우 감염 후 첫 증상은 두통, 열, 메스꺼움과 물린 부위의 마비 등이다. 이런 증상은 2~10일간 지속되며, 그 후에는 신경학적 증상이 급성으로 진행된다. 마비가 확대되면서 환자의 걸음걸이가 불편해진다. 물을 싫어하게 되고(hydrophobia), 특히 음식물을 삼킬 때 고통을 수반하는 인후 경련이 일어난다. 피부의 모든 감각기능이 민감해지면서 혐기증(aerophobia)이 나타난다. 혼돈, 흥분 및 환각 증상도 나타난다. 전형적인 공수병 증상이 나타난지 10~14일 내에 환자는 혼수상태에 빠지며 결국 사망에 이른다. 공수병에 감염된 환자 중 오직 두 명만이 완벽하게 치료된 것으로 보고되었다. 두 사람 모두 전에 예방접종을 받아서 항체를 갖고 있었으며 또한 공수병 동물에게 물린 것을 알고 있었기 때문에 즉시 치료를 시작하여 생명을 구할 수 있었다.

진단, 치료법 및 예방법. 공수병은 환자가 사망하기 전에 뇌와 피부 생체조직의 IFAT를 통하여 공수병 바이러스 항원의 존재유무도 진단한다. 항원이 발견되면 공수병 진단이 확정되지만, 만약 항원이 발견되지 않았더라도 공수병 가능성을 배제하지는 않는다. 간혹 공수병 증상이 나타난지 10~12일 사이에 뇌척수액 또는 혈청에 존재하는 중화항체를 검사함으로써 사망 전에 진단을 내리기도 한다.

공수병 동물에게 물렸을 경우 맨 처음 처치는 비누로 상처 부위를 깨끗이 씻어내고 또한 많은 양의 물로 닦아내는 것이다. 바이러스가 신경계에 도달하기 전에 고도면역공수병혈청(hyperimmune rabies serum)을 상처부위에 처치하여 바이러스를 중화시킨다. 인터페론을 상처부위에 처치하기도 한다. 일련의 백신주사는 중화항체 생성을 유도하며, 사람을 문 동물은 IFAT 검사를 위하여 의해 격리 관찰된다.

많은 국가에서 시행되는 공수병 예방의 가장 좋은 방법은 애완동물에게 예방접종을 하는 것이다. 공수병 백신을 함유한 작은 스펀지 조각을 라쿤의 먹이로 포장한 미끼을 사용하여 라쿤의 공수병을 감소시키려는 시도가 있었으며, 이때 라쿤은 공수병을 예방할 수 있을 충분한 양의 백신을 섭취하게 된다. 미국에서 수행된 이 방법의 일차 결과는 매우 좋게 분석되었다. 즉, 미끼백신을 살포한 야생 지역에서 포획된 라쿤 16 마리에게 공수병 바이러스를 투입한 결과 15마리가 생존했으나, 미끼백신을 투입하지 않은 지역의 라쿤은 미끼백신을 전혀 먹지 않았는지 여부에 대해서는 정확히 알 수는 없으나 16마리 모두 죽었다. 1에이커당 $1 비용의 미끼백신 하나로 야생 라쿤 공수병을 매우 효과적으로 감소시켰다.

야생동물과 접촉이 많은 수의사와 동물병원의 직원, 사냥꾼이나, 바이러스 연구자들은 공수병 예방 접종이 필요하다. 최초의 공수병 백신은 파스퇴르가 발명하였으며, 이것은 수년 동안 유일한 예방접종 방법이었다. 이 백신은 공수병에 감염된 토끼 척수의 건조물을 다음 토끼로 감염시키는 방법을 50회 반복하여 제작되었으며, 환자를 문 동물의 공수병 검사 결과가 나오기 전에 증상이 심각해 질 수 있기

적용

애완견이 다음과 같은 행동을 할 때 주의 깊게 관찰하시오!

애완견이 광견병에 노출될 가능성이 거의 없는 것은 공수병 백신을 법으로 의무화하였기 때문이며, 이에 감사해야한다. 어떻게 공수병 바이러스와 접촉 여부를 판단할 수 있을까? 첫 증상은 애완견이 마치 편도선이 아프거나 목에 무언가 걸린 것 같은 행동을 보인다. 병이 악화되면서 비틀거리거나 마비 증상이 나타나며(dumb rabies, 앉은뱅이 광견병) 또는 흥분하고 과격해지고 방해되는 것은 무엇이든 물려고 한다(furious rabies). 인후 근육에 경련이 발생하면서 삼키는 것이 어려워지며 침을 흘리는 것은 전형적인 공수병 증상이다. 이어서 애완견은 무기력해지며 의식 불명의 상태로 진행되며 결국 혼수상태로 빠지게 된다.

때문에 공수병이 의심되는 모든 경우에 사용되었다. 백신은 흡수가 천천히 진행되는 두터운 복부 피하에 14일 또는 그 이상 매일 주사하며, 이와 같은 투여 방법은 복통, 피로, 열 등의 불쾌감을 주기도 하고, 때때로 광견병을 감염 시키는 치명적인 부작용 가능성도 있었다. 비교적 최근에 제작된 사람의 이중 섬유아세포(fibroblast)에서 증식된 바이러스로부터 제조된 백신은 몇 번의 주사로도 강력한 중화항체를 생산할 수 있으며, 또한 부작용이 미미하다. 현재 0, 2, 7, 14 그리고 28일째 근육에 백신을 주사하고 추가적으로 고단위 면역글로브린을 물린 곳에 발라서 상처 주위에 스며들도록 한다.

뇌염

질병. **뇌염(encephalitis)**은 여러 종류의 토가바이러스(togavirus) 또는 플라비바이러스(flavivirus) 감염으로 뇌에 염증이 발생하는 질병이다. 서로 다른 종류의 바이러스로 발병되는 4종류의 뇌염에 대하여 살펴보자. **미동부 말뇌염(eastern equine encephalitis, EEE)**은 미국 동부 지역에서 흔한 뇌염이다. **미서부말뇌염(western equine encephalitis, WEE)**은 미국 서부 지역에서 흔한 뇌염(◀그림 15.6 p. 430)이며, **베네주엘라 말뇌염(Venezuelan equine encephalitis, VEE)**은 미국 플로리다, 텍사스, 멕시코 그리고 남미 국가에서 흔한 뇌염이다. **세인트루이스 뇌염(St. Louis encephalitis, SLE)**은 미국의 동부에서 서부지역에 이르는 중부지역에서 발병되는 뇌염(◀그림 15.3 p. 428). 토가바이러스로 발병되는 뇌염을 말뇌염(라틴어에서 equine은 말의 뜻)이라고 불리는 이유는 이것이 사람보다는 말에게 감염이 더 잘되기 때문이다. 이 바이러스의 일반적인 생활 주기(life cycle)는 모기에서 새, 다시 모기로, 그 다음에 말이나 인간 또는 다른 동물에 전염 되었다가 다시 모기로 돌아간다. 플라비바이러스로 발병되는 뇌염이 St. Louis 뇌염이라 불리는 이유는 1933년 St. Louis에서 처음 유행했기 때문이며, 주로 잉글리쉬 참새, 모기 그리고 인간 사이에서 전염된다.

뇌염 바이러스를 갖고 있는 모기에 물렸을 경우 바이러스는 피부에서 증폭되어 림프절(lymph node)로 퍼지면서 바이러스 감염 증상들이 나타난다. 매우 적은 수의 바이러스가 중추신경계에 침투되었을 경우 뉴런의 수축과 손상을 초래한다. 미서부 말뇌염은 매 여름마다 나타나며, 발병의 1/3 정도는 1세 미만의 유아에서 나타난다. 고열과 두통이 일반적인 뇌염증상이며, 경우에 따라서 발작을 일으키기도 한다. 미동부 말뇌염은 보다 위험한 뇌염으로 뇌조직의 심각한 괴사를 일으킨다. 50~80% 가 사망에 이르고, 생존자도 심각한 영구적 뇌 손상을 갖는다. 다행히 늪지의 새와 모기가 주된 매개 생물이므로 인간이 감염되는 경우는 드물다. 베네주엘라 말뇌염은 주로 말에게 발병하는 뇌염이며, 사람이 감염되었을 경우 독감과 비슷한 증상을 나타낸다.

세인트루이스 뇌염은 10년에 1번 꼴로 늦여름에 발병하는 뇌염으로서 특히 노인 환자에게 치명적인 감염성 질병이다. 감염되면 처음 으스스한 느낌이 들다가 열과 오한이 나는 바이러스 감염증상 등이 나타나며, 그 외 증상은 식욕 부진, 근육 류마티즘(근육통), 인후염 또는 기면증 등이다. 추가적으로 어떤 환자는 요로 감염증과 신경 장애가 나타나며 더 나아가 자각 혼돈과 경련을 일으키며, 세균의 이차 감염, 허파의 혈전과 위장 출혈과 같은 합병증이 생길 수도 있다. 대부분 경우 환자들은 합병증에서 회복되며 완치된다.

웨스트 나일 열병

최근에는 미국에서도 **웨스트 나일 열병(West Nile fever)**이 발생되지만, 나일강 유역과 이스라엘 지역에서는 오래전부터 유행하던 질병이다. 이것은 유행성 전염병이며 10년에 한번 정도로 창궐했었고, 사망 환자의 대부분은 70~80대 노인이었으며, 일부 어린아이도 포함되었다. 이민자들이 뉴욕을 경유하여 미국에 입국한 것과 같이, 이 질병은 1999년 아보바이러스(arbovirus)에 감염된 새를 수입하는 과정에서 바이러스가 미국에 유입된 것으로 추측하고 있으며, 적어도 43종의 모기를 매개로하여 60 여종의 새가 감염되었고 그리고 인간을 포함해서 헤아릴 수 없는 여러 종류의 동물들이 감염되었다. 1999년 뉴욕 거주자의 55명이 웨스트 나일 바이러스 뇌염에 감염되었으며, 그중에서 7명이 사망하였다. 당해 연도에 이 바이러스는 단지 반경 30 마일 정도의 구역 내에 퍼졌고, 이후 모기 퇴치 방역 작업을 했음에도 불구하고 2000년에는 반경 300 마일 넘게 확산되어, 미국 버지니아에서 케나다 그리고 펜실베니아와 뉴잉글랜드에 이르는 모든 지역으로 퍼져 나갔다. 2001년에는 미시시피 계곡까지 퍼졌으며, 그 다음해에는 동부 해안에서 서부 해안까지 미국의 전 지역으로 확산되었다. 2006년 발병률은 그림 24.5

공중 보건

파수꾼 임무를 부여받은 닭

미국전역의 용감한 닭이 웨스트나일 열병에 대항하는 전쟁에 참여하였다. 즉, 지역의 여러 곳에 닭장을 설치하고 자연 상태에서 모기가 닭을 물도록 방치한다. 만일 닭이 웨스트나일 바이러스에 감염된 모기에 물렸을 경우 바이러스에 면역력을 갖는 닭은 즉시 항체생성을 시작할 것이다. 정기적으로 공중보건 직원이 닭장을 방문하여 닭의 부리 안쪽에서 샘플을 채취하여 검사하고, 만일 양성반응이 나오면 지역 관리본부는 모기방역을 강화한다.

(Getty Images News and Sports Services)

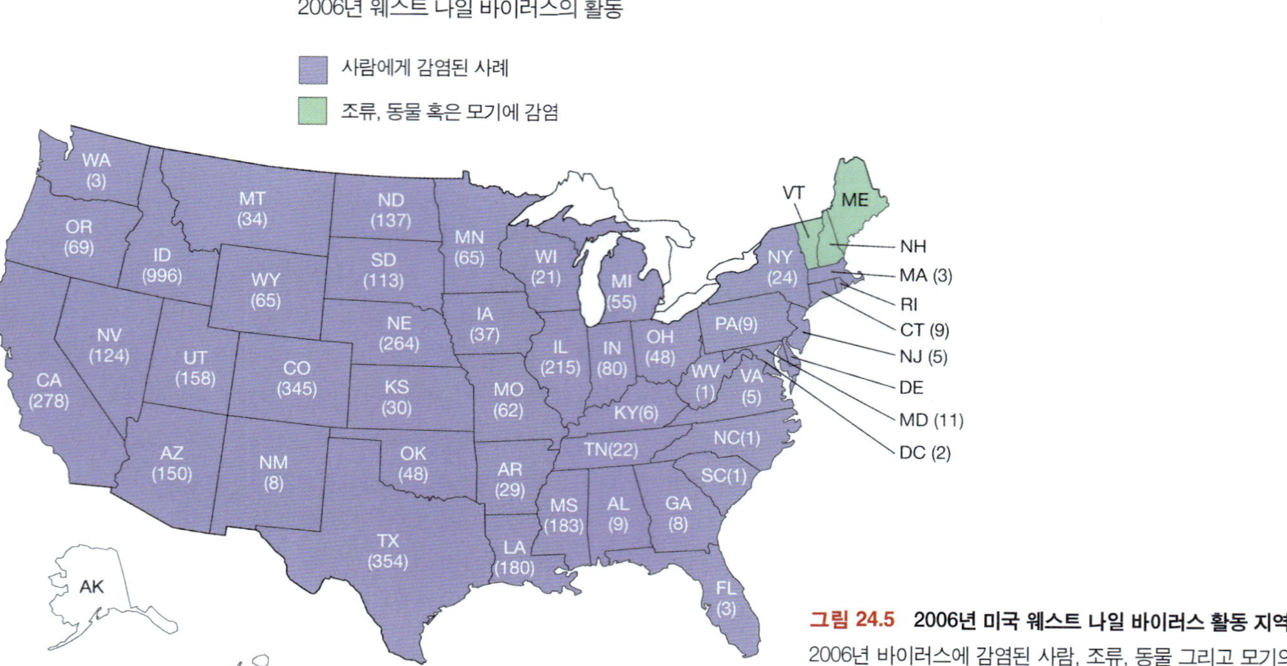

그림 24.5 2006년 미국 웨스트 나일 바이러스 활동 지역. 2006년 바이러스에 감염된 사람, 조류, 동물 그리고 모기의 분포를 나타낸 것이다. 인간의 감염 횟수는 숫자로 표시하였다. CDC Arbonet에 보고된 웨스트나일 바이러스 감염사례는 음영으로 표시하였다.

에 나타나 있다. 증상은 고열에서부터 신경계 감염이 이르기까지 다양하며, 주로 65세 이상의 당뇨병 환자의 사망률이 높다. 말, 라쿤, 박쥐, 토기 그리고 다른 여러 종의 포유동물과 여러 종류의 새에서 바이러스가 발견되었다. 까마귀와 어치의 치사율은 100%이다.

진단과 치료 그리고 예방. 뇌염은 감염이 의심되는 환자의 혈액이나 척수액을 생쥐 또는 세포주에 접종한 후, 이것으로부터 병인 요인을 분리하여 진단하기도 한다. 뇌염에 감염된 경우라 할지라도 세포주 배양 결과가 음성으로 판정될 수도 있는데, 이것은 환자가 병증을 자각하기 이전에 이미 바이러스 혈증(viremia) 시기가 지났기 때문이다. 항체의 존재 유무를 진단하는 혈청학적 방법은 병을 앓고 있거나 또는 완치된 후에라도 항시 사용할 수 있으며, 뇌염에 대한 치료는 단지 그 증상만을 완화 시키는 것이다. 말에게 사용하는 백신은 있지만, 이것은 높은 전염성을 갖고 있으므로 사람에게 사용하지는 않는다. 이미 발병률이 낮은 뇌염의 경우 매개체인 모기를 박멸하는 것이 가장 좋은 예방법이라 할 수 있다.

뇌와 뇌막에 발병하는 다른 바이러스성 질병

대상포진성수막뇌염. 일반적으로 입술의 발진을 유발하는 단순포진 바이러스(herpes simplex virus)는 **대상포진성수막뇌염(herpes meningoencephalitis)**을 일으키기도 한다. 일반적인 헤르페스 바이러스에 감염된 신생아, 어린이 또는 성인의 경우 그 증상이 수막뇌염으로 진행되는 경우도 있다. 바이러스는 삼차신경절(trigeminal ganglion)을 경유하여 뇌로 진입하며, 이때 열과 오한, 두통, 경련 및 반사작용 이상 등의 증상이 빠르게 나타난다. 중년이나 노인의 경우에는 수막뇌염으로 인한 혼동, 언어장애, 환각 그리고 경우에 따라 발작을 일으키기도 한다. 대부분의 환자들은 8~10일 사이에 사망하며, 치료되었다 할지라도 신경학상 손상이 나타난다.

폴리오마바이러스 감염. 폴리오마바이러스는 호흡기나 소화기를 통해서 몸속으로 침투하며, 최초로 바이러스에 감염된 세포에서 복제가 일어나기 시작하고, 결국 신장, 폐 그리고 뇌 등의 목표 장기에 도달한다. papovavirus에 속하는 폴리오마바이러스는 1960년대 희소돌기아교세포(oligodendrocyte) 의 비대해진 핵에서 발견되었는데, 이 세포는 수초(myelin)를 생성하는 세포이다. 수초는 일종의 지질단백질이며, 중추신경을 구성하는 신경섬유를 감싸는 물질이다. **진행성 다초성 백질뇌병증(progressive multifocal leukoencephalopathy)**으로 사망한 환자의 뇌로부터 수초가 없는 희소 돌기 아교 세포를 관찰할 수 있다.

진행성 다초성 백질뇌병증 발병 원인으로 알려진 JC 바이러스(JC바이러스라는 명칭은 폴리오마바이러스 최초 감염자의 이름에서 유래한 것임)는 잠행성이며, 초기 증상으로는 시력 저하와 언어능력 감퇴 등이다. 바이러스 감염의 전형적인 증상인 열과 두통이 나타나지 는 않는다. 정신적 퇴보와 사지 마비 등의 증상이 나타나며, 이어서 시력을 잃게 된다. 뇌척수액이 정상이며, 단지 비특이성 뇌파만이 나타나기 때문에 진단하기 어렵다. JC 바이러스는 희소돌기아교세포에 침투하여 세포를 죽이지만, 신경세포에는 아무런 영향을 주지 않는다. 간혹 젊은 환자의 경우, 바이러스 감염을 포함하는 복합적 증상으로 질병이 악화되기도 하지만, 어린 시절에 바이러스에 감염된 후 휴면한 바이러스의 재발에 의한 경우가 대부분이다.

다른 종류의 폴리오마바이러스도 여러 바이러스 감염 환자로부터 분리되었는데, 한 예로 BK 바이러스는 신장이식 환자의 소변에서 분리되었다. 면역능이 결여된 16세 소년에서 BK 바이러스 감염증상이 나타났고, 결국 신장세포에 존재하는 바이러스로 인하여 치료가 불가능한 신장손상을 초래하였다. 호흡기와 방광으로부터 아직 바이러스가 분리된 것은 아니지만 호흡기 질환과 방광염도 BK 바이러스와 관련이 있는 것으로 알려져 있다.

미국의 14세 이하 어린이 중 절반이 JC 바이러스 항체를 가지고 있으며, 4세 이하의 어린이에게서도 BK 바이러스 항체가 발견된다. 비록 JC 바이러스와 BK 바이러스가 수 년 동안 대부분의 인간에 존재하면서 질병을 일으키지 않더라도, 종종 면역결핍, 림프구 이상 증식 및 만성질병 등으로 재발하기도 한다. 임신, 당뇨, 장기이식, 항종양 치료, 그리고 AIDS를 포함한 면역결핍과 같은 질병은 polyomaviruses를 다시 활동시키게 하는 원인이 될 수 있다. 예를 들어 신장이식 환자의 신체에서 BK 또는 JC 바이러스가 증식하여 배출되는데, 이로 인하여 주위사람들에게 심각한 결과를 거의 발생시키지 않는다. 이 외에 T 세포 결핍으로 인한 확인되지 않은 바이러스 증식으로도 만성 질병이 유발되기도 한다. 실험동물 실험에서 JC 바이러스와 BK 바이러스 모두 암을 유발시키며, 인간에게도 유사한 증상이 나타날 수 있다. polyomavirus를 진단 할 수 있는 시험법이 아직 고안되지 않았기에 감염 여부를 판단할 방법도, 질병을 치료할 방법도 아직은 없다.

중점 질문 사항

1. 뇌수막염을 유발하는 병원균 5개를 나열하세요.
2. 박쥐가 공수병을 전염시키는 위험 동물군에 속하는 이유는 무엇인가?
3. 뇌염과 뇌수막염은 어떻게 다른가?

적용

아메바류의 침입자

만약 수영이나 뜨거운 입욕을 좋아하는 사람이라면 기회성 병원체 토양아메바 *Naegleria*와 *Acanthamoeba*에 대하여 알고 있는 것이 좋을 것이다. 수영을 즐기는 사람에게서, 코를 통해 몸속에 들어간 *Naegleria fowleri*는 신경을 따라서 뇌수막에까지 올라가 뇌수막염을 유발시킨다. *Acanthamooeba polyphage*는 덮개로 차단된 오염된 물이 담겨진 욕조의 수면에 모여서 존재하다가 덮개를 여는 순간 욕조 물 전체로 퍼진다. 감염되면 눈과 피부 궤양을 일으키며, 만일 이것이 중추신경을 점령하여 뇌척수염을 유발하면 수주내에 사망하게 된다.

그 외의 신경계 질병

세균성 신경계 질병

한센병

한센병(Hansen' s disease)은 **나병(leprosy)**의 학명으로서 성경에도 언급된 질병으로서 모든 영역 심지어 집도 나병에 걸렸다고 할 정도로 널리 알려진 병이다. 일단 나병으로 진단되었다 하더라도, 곰팡이나 바이러스에 의한 다른 종류의 피부병일 경우가 많으며, 아마도 이것은 환자가 기거했던 집 벽체에서 서식하는 곰팡이가 원인이었을 것으로 추정된다.

한센병은 빠른 속도로 인류로부터 사라지고 있는 질병이며, 지난 15년 동안 1,000만 명의 한센병 환자가 완치되었지만, 세계적으로 대략 250만 명의 한센병 환자가 있는 것으로 추정하고 있으며, 주로 아시아, 아프리카 그리고 남미에 분포되어 있다(**그림 24.6**). 한센병의 90%는 브라질, 마다가스카르, 모잠비크, 탄자니아 및 네팔 등의 국가에서 발병한다. 미국도 한센병 발병의 예외일 수는 없는데, 최고의 발병 예는 1985년에 보고된 361건이다. 대부분은 한센병이 풍토병인 국가에서 이주한 이민자들로서, 미국에 입국 할 당시 증상이 나타나지 않아 발견이 어려웠을 것이다. 아직까지 무증상 환자들에게서 한센병을 감지해 낼 수 있는 신뢰성 있는 검사 방법이 없지만, 결핵 피부반응 검사와 비슷한 **레프로민 피부 검사법(lepromin skin test)**을 이용하여 간혹 감염 여부를 확인할 수 있다. 건강 보건국 직원은 이민자의 한센병 감염성 여부에 주의를 기울여야 한다.

질병. 한센병을 유발하는 세균은 항산성 간균인 *Mycobacterium leprae*이다. *M. leprae*는 최초로 발견된 감염성 병원균이지만, 실험실 환경에서 세균의 생장속도가 매우 늦기 때문에 코흐의 가설(Koch' s Postulates)을 만족시키는 데는 많은 시간을 필요로 하였다. 한센병 세균의 분열 주기는 12일이다. 최근 9줄무늬 아르마딜로(◀ 14장 p. 407), 침팬지, 망가베이 원숭이 그리고 쥐 등의 다양한 숙주에서 *M. leprae*를 증식시키는 방법이 개발되어 연구에 사용할 수 있는 충분한 양의 세균을 얻을 수 있게 되었다. 피부 또는 비강 조직을 PCR 기법을 사용하여 분석하면 *M. leprae*을 간단히 진단할 수 있다.

세포안에서 M. leprae 간균은 다발로 묶여 있는 통나무들이 협박(capsule)으로 둘러싸인 모양의 독특한 형태를 취하고 있다.

임상적으로 한센병은 결핵양에서 나종형(lepromatous)에 이르기까지 다양한 양상으로 나타난다. **결핵양(tuberculoid)**은 마비성이며, 피부탈색 및 감각 소실 등이 나타난다(**그림 24.7a**). **나종형(lepromatous)**, 혹은 결정형 나병에서는 육아종의 반응으로 인하여 **나종(lepromas)**으로 불리는 거대하고 흉물스러운 조직 손상(**그림 24.7b**)이 일어난다. 잠복기는 평균적으로 결핵양은 2~5년이며 나종은 9~12년 이다.

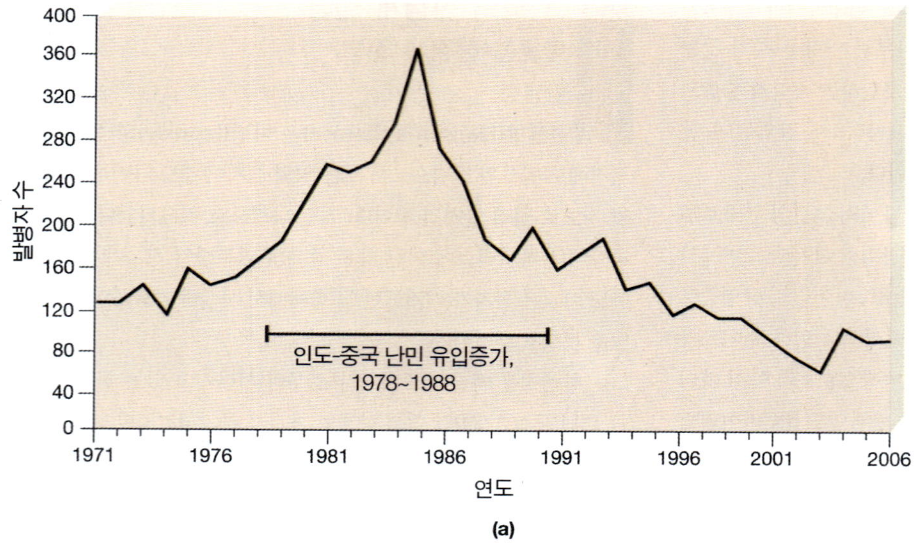

(a)

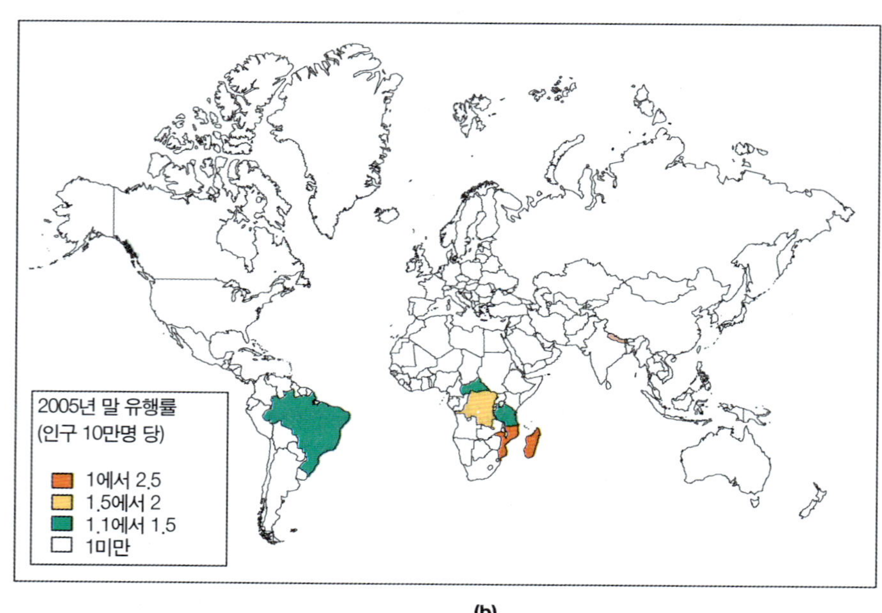

(b)

그림 24.6 한센병(나병) 발병률. **(a)** 미국; **(b)** 2005년 전세계 유행률(CDC 자료)

*Mycobacterium lepra*는 말초조직(peripheral tissue)을 비롯하여 피부와 점막을 파괴하는 유일한 세균으로 알려져 있다. 우리 몸에 서식하는 대부분의 미생물이 중추신경계를 제외한 전신에 분포된 것과는 달리 *M. lepra*는 코, 귀 그리고 손가락 등 비교적 체온이 낮은 부분을 선호한다. 나종형 증상은 혈액 1ml에 1,000개의 세균이 지속적으로 검출될 때 나타나며, 환자의 호흡기 분비물과 병소에서 발생하는 고름을 통하여 퍼진다. 한센병은 전염성이 높은 감염성 질병은 아니지만, 나병에 감염된 부모의 자녀처럼 환자와 접촉을 많이 할 수 밖에 없는 경우에는 다른 사람에게 전염될 수도 있다.

한센병은 병세가 진행되면서 손발이 변형되고**(그림 24.8)**, 중증에 도달하면 뼈도 파괴된다. 즉, 손가락과 발가락이 바늘 모양처럼 변형되며, 두개골에 작은 구멍이 형성되고, 치아를 에워싸고 있는 턱뼈의 파괴로 이빨이 빠지게 된다. 외과적 수술을 통하여 중증도의 장애를 갖는 손과 발을 재구성하기도 하며, 루이지애나 카빌에(Carville, Louisiana) 소재하는 미국공중보건소(U.S. Public Health Service) 산하기관인 국립 한센병 센터가(National Hansen' s Disease Center) 이 분야에서 선도적 역할을 하고 있으며, 현재 카빌은 외과의사를 위한 훌륭한 교육프로그램을 갖고 있는 지역이 되었다. 사람들이 가장 부담스러워하는 질병으로부터 습득한 외과적 처치법은 지난 10년간 당뇨환자 수 천명의 손상된 신체부위를 개선하는데 사용되어 삶의 질을 개선시켰다.

오래된 무덤에서 발굴한 해골을 대상으로 한센병에 대한 역학연

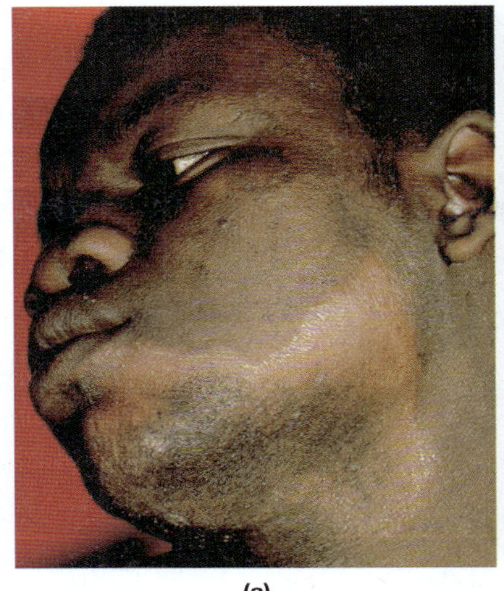

(a)

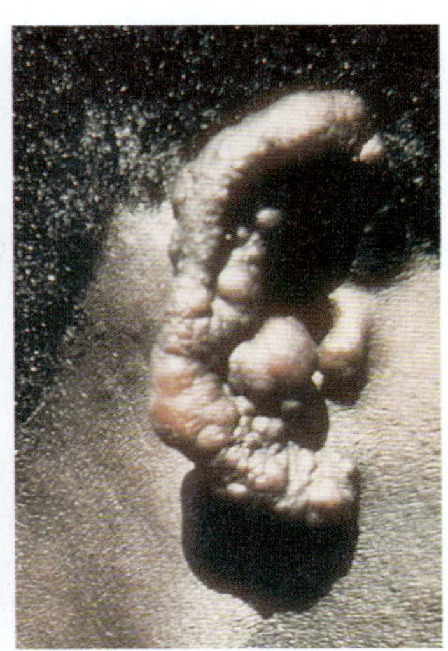

(b)

그림 24.7 한센병: 2가지 형의 극단적 증상.
(a) 결핵양(tuberculoid)에서 색소와 감각을 상실한 피부를 갖는 형. 핀을 병증 부위에 꽂아도 신경 및 신경말단이 손상되어 통증을 느낄수 없다. **(b)** 결절형(nodulor form)은 나종이라 불리는 육아종이 특징이다(ken Greer/Visuals Unlimted)

구를 수행한 결과 이 질병에 대한 증거들을 확보할 수 있었는데, 한센병은 과거로부터 현대로 전이된 감염성 질환이며, 병의 오진을 감안하더라도 과거 유럽에서의 발병률이 오늘날보다 훨씬 높았다.

영국에서 나병환자는 사망 후에도 일반 묘지가 아닌 격리된 장소에 매장되었다. 이 무덤의 해골을 조사한 결과, 대부분이 한센병을 앓았던 것으로 확인되었다. 어떤 유전적 요인이 한센병에 저항성을 갖게 했으며, 따라서 감수성의 개인은 사망하였을 것이며 내성을 갖는 사람의 집단이 점점 증가했을 것이다.

진단, 치료 그리고 예방법. 한센병은 PCR법, 항산성 염색법, 환부 및 생체조직 검사 등으로 진단한다. 치료제로는 댑손(dapsone), 클로파지민(clofazimine)과 리팜핀(rifampin) 등이 사용되며, 최근 dapsone 내성 세균이 출현하였다. 질병으로 야기되는 관절 손상은 지연시킬 수 있으나, 이미 손상된 조직을 재생할 수는 없다. 최근까지 한센병 환자들은 나병요양소(leprosarium)라 불리는 특수병원에서 격리치료를 받아왔다. 이제는 한센병 치료가 가능하므로 다른 사람에게 전염시키지 않는 제한된 환경에서 생활하는 것이 가능하다(아직은 각자의 방에서 생활해야 한다. 개인 침구와 식기를 사용하고 어린이와는 동일 공간에서 생활할 수 없다).

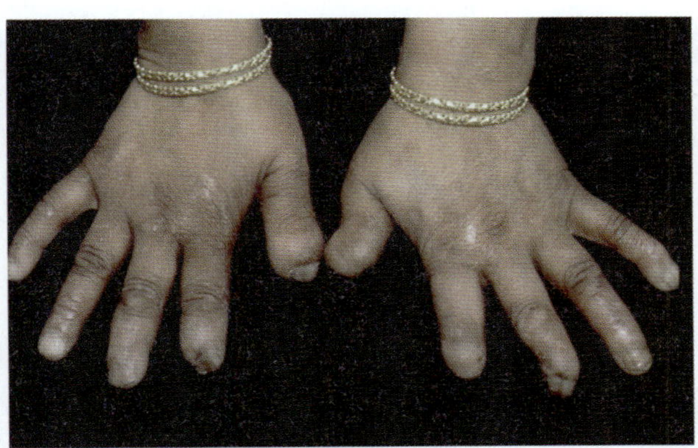

그림 24.8 한센병 환자의변형된 갈고리형 손가락. 초기에 외과적 수술을 통하여 변형된 부분을 교정시키면 나중에 절단을 방지할 수 있다. *(NMSB/Custom Medical Stock Photo, Inc.)*

한센병은 세포성 면역반응을 유도하며, 그 반응도는 약한 것에서부터 강한 것까지 다양하다. 비교적 심각하지 않은 결핵양 나병 환자의 경우 강한 면역반응을 소유하며, 피부항체 검사에서도 뚜렷한 양성 반응을 나타낸다. 그러나 약한 면역반응을 나타내면서 피부항체 검사에서 음성으로 판명되었을 경우에는 진행성 나종형 한센병을 앓고 있는 것으로 보여 진다. 면역 반응의 강약 정도에 따라서 음성에서 양성으로 또는 그 반대의 결과가 나타나기도 한다. 나종형 한센병 환자들은 다른 항원에도 세포성 면역반응을 보여준다. 따라서 나종형 한센병 환자의 면역력 결손은 단지 T 세포가 없거나 그 기능장애 때문에 발생되는 것은 아니다. 털과 흉선이 없는 누드 쥐(nude mouse), 즉 T 세포 부재 쥐는 한센병을 유발하는 세균을 증식시키는 개체로 활용 된다.

한센병을 예방하기 위한 백신은 아직 없다. 현재 백신이 사용가능하더라도 오랜 잠복기간을 갖는 한센병 특성상 그 효과를 확인하기 위해서는 수년이 소요된다. 세균감염으로부터 멀리하고 또 감염환경에 노출되었을 경우 예방적 화학요법 처치가 감염으로부터 해방될 수 있는 유일한 방법이다. 한센병 박멸 세계 연합회(The Global Alliance for Leprosy Elimination)에서는 전 세계의 모든 한센병 환자들에게 질병이 완치될 수 있도록 무료로 치료약을 공급하길 기대하고 있다.

파상풍

파상풍(tetanus)은 산소가 없는 혐기환경에서만 생장하는 그람양성 및 내생포자 형성 간균인 *Clostridium tetani* 가 일으키는 질병이다**(그림 24.9)**. 이 세균은 혐기시설이 완비된 실험실에서 증식될 수 있는데, *Clostridium tetani*의 내생포자는 건조한 환경, 살균제 그리고 열에 매우 강하다. 즉, 20분 동안 가열하여도 생존하며 직사광선이 없는 곳

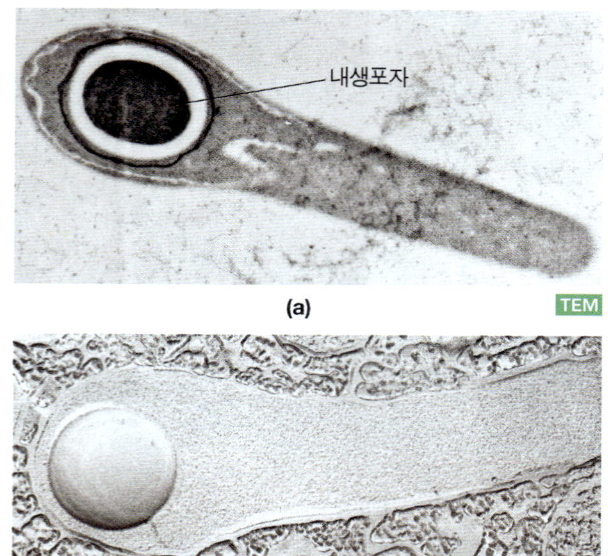

그림 24.9 파상풍 세균의 포자. **(a)** *Clostridium tetani*의 투과전자현미경 사진. 크게 확장된 어두운 부분이 내생포자이다.: 105,800X **(b)** 동결식각법으로 준비된 *Clostridium 간균*의 투과전자현미경 사진. 세균의 내부에 내생포자를 관찰할 수 있다. (*Biological Photo Service*)

Kitasato는 C. tetani를 분리하였다. 이 세균은 혈관으로 침투하지 않으며, 병증은 세균이 생성한 독에 의한 중독현상이라는 것을 발견하였다.

에서는 수 년 동안 생존 할 수 있다(◀4장 p. 92). 포자는 모든 토양에서 발견되며 특히 분변 비료가 많은 곳에 존재한다. 이 세균은 말과 소의 장에서 서식하는 정상균총에 속하며, 사람의 약 25%의 비율로 장속에서 서식하므로 환자용 변기, 지저분한 기저귀 또는 배설물로 오염 된 물건 등을 상처가 있는 손으로 취급하였을 경우 감염되게 된다.

1933년 파상풍 백신이 개발 된 이후, 미국에서는 점진적으로 파상풍 발병률이 감소하고 있으며, 1975년 이후 연 100건 이하의 발병률을 나타내고 있다. 파상풍은 노인, 특히 여성에게서 그 발병률이 높은데, 그 이유는 그들의 소아 시기에는 아직 백신이 개발 되지 않았으며, 또 남성들처럼 군복무 기간 동안의 예방접종 기회가 없었기 때문이다. 특히 정원을 가꾸는 노년생활에 파상풍 포자에 노출될 여지가 많으므로 노인들은 예방접종을 받아야만 한다. 할머니의 생일 선물로 파상풍 예방 접종을 권유하자.

질병. 파상풍은 깊숙이 베인 상처 조직이나 뾰쪽한 물체에 찔린 부위에 포자가 자리 잡았을 때, 즉 산소 이용이 제한적 조건일 때 발병한다. 일반적으로 녹슨 못을 밟았을 경우 파상풍에 감염된다고 알고 있지만 질병의 원인은 부식 때문이 아니고, 못에 있는 파상풍을 일으키는 세균의 내생포자로 발병된 것이다. 반짝이는 새 못도, 여기에 파상풍균 포자가 묻어있을 경우 부식된 못만큼이나 위험하다. 상처부위의 출혈은 파상풍 내생포자를 비롯한 다른 미생물들을 씻어주는 효과가 있다. 일단 상처를 통하여 조직으로 들어온 파상풍 내생포자는 독성이 강한 외독소를(exotoxin) 생성하며, 감염 후 4~10일이 지나면 증상이 나타나기 시작한다. 일반적으로 근육이 뻔뻔해 지면서 모든 근육에 경련이 발생한다. 활 모양으로 휘어진 척추와 움켜쥔 주먹, 잠겨진 턱(그러므로 lockjaw라고 불린다.) 등이 파상풍의 일반 증상이다 **(그림 24.10)**. 경련은 골절을 일으킬 정도로 심각할 수도 있으며, 결국 호흡에 관여하는 근육 등이 마비되고 심장 기능이 떨어지며 아주 드믄 경우를 제외하고는 환자의 대부분은 사망한다. 생존자는 일정기간 근육통을 겪지만, 그 외의 후유증은 없다. 백신이 개발되기 전에는 많은 군인 들이 파상풍으로 사망하였다. 전쟁터에서 말의 배설물과 퇴비등이 널려진 지역에서 상처 부위에 파상풍을 유발하는 세균감염은 피할 수 없는 것이었다. 전쟁과 연관된 파상풍 감염은 백신이 개발된 이후 거의 사라졌는데, 2차 세계대전 당시 파상풍 감염 사례는 12건 뿐이었다.

치료와 예방. 파상풍 톡소이드(toxoid) 백신은 독소에 대항하기

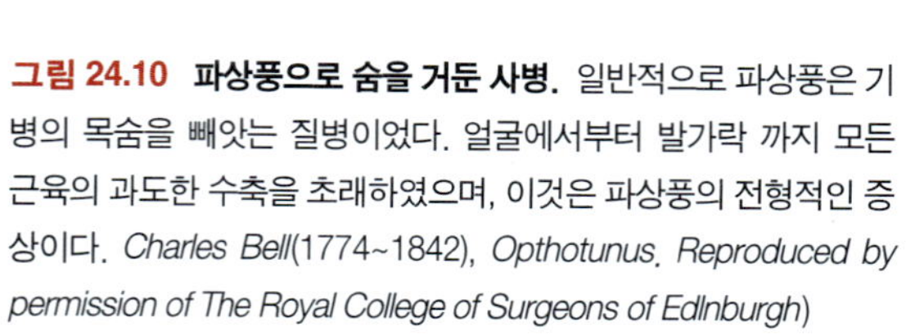

그림 24.10 파상풍으로 숨을 거둔 사병. 일반적으로 파상풍은 기병의 목숨을 빼앗는 질병이었다. 얼굴에서부터 발가락 까지 모든 근육의 과도한 수축을 초래하였으며, 이것은 파상풍의 전형적인 증상이다. *Charles Bell*(1774~1842), *Opthotunus. Reproduced by permission of The Royal College of Surgeons of Edinburgh*)

위한 일종의 예방백신이며, 예방접종을 하지 않은 환자를 처치할 때에는 항독소 및 항생제를 동시에 처방한다. 항독소는 감염된 사람이 독소에 대항하는 면역능이 활성화되기 전에 독소를 무력화시키므로 면역력 생성을 유발하지는 않는다. 그러므로 치료 후 파상풍으로부터 회복된 환자는 톡소이드 백신 예방접종을 받아야 한다.

신생아 파상풍(tetanus neonatorum)은 잘려진 탯줄을 통하여 감염된다. 어떤 경우에는 오염된 칼을 사용하여 탯줄을 절단하기도 하며, 심지어 잘려진 부분에 진흙을 바르기도 한다. 개발도상국에서 출생 후 한 달 이내의 신생아 사망의 10%는 바로 이 신생아 파상풍 때문이다.

보툴리누스 중독

보툴리누스 중독(botulism)은 소시지를 의미하는 라틴어의 단어 *botulus*에서 유래한 것이며, 주로 소시지를 섭취하였을 때 중독증이 발생했던 시대에 작명되었다. 보툴리누스 중독증은 내생포자를 생성하는 절대혐기성 세균인 *Clostridium botulinum* 의 강력한 외독소(신경독)에 의하여 발병된다(◀14장 p. 412의 "보툴리누스 독의 임상적 사용"을 참조). 이 질병은 다음 3가지 형태로 발병되는데, 식중독 보툴리누스, 영아 보툴리누스 및 창상 보툴리누스 등으로 구분된다. 보툴리누스 중독의 90%는 세균의 독소를 함유한 오염된 음식물로 인한 식중독 보툴리누스 형이며, 주로 집에서 조리된 완두콩 또는 고추 병조림이 그 원인이다(**그림 24.11**). 그러므로 식중독 보툴리누스 중독은 세균이 생성한 독으로 발병되는 것이지 세균이 조직으로 침투하여 발생된 질병이 아니다. 신생아 보툴리누스와 창상 보툴리누스는 세균이 조직에 침투하여 증식하면서 생성하는 독으로부터 발생되기 때문에 감염과 독 중독이 병행되어 나타난다. *C. botulinum*의 내생포자는 그 어떤 혐기성 세균의 포자보다 열에 강하다. 즉, 섭씨 100도의 온도에서 수 시간 생존이 가능하며, 120°C에서는 10 분 정도 견딜 수 있다. 또한 영하 190°C에서도 죽지 않고 생존할 수 있으며 자외선에도 저항력이 강하다. 북반구 대부분의 토양에서 발견되며, 특히 내생포자는 생존력이 매우 높고 산소가 존재하는 호기조건에서도 오랫동안 견딜 수 있다. 내생포자는 오직 혐기성 환경에서만 발아한다.

*C. butulinum*의 독소 생성 능력은 박테리오파아지의 존재 유무에 따라서 결정된다. 즉 파아지는 보툴리누스 독소생성에 관련된 정보를 갖고 있는데, 박테리오파아지와 함께 침투한 세균은 8개 독소중 하나를 생산할 수 있다. 서로 다른 8종류의 독소 중에서 4개는 사람에게 질병을 유발시키며, 나머지 독소는 다양한 동물들에게서 질병을 일으킨다. 만일 *C. butulinum*이 파아지를 소실했다면 더 이상 해당 독소를 생성하지 않을 것이며, 또한 새로운 파아지에 감염되었다면 이에 해당하는 독소를 생성할 것이다.

보툴리누스 독소는 그 어떤 독소보다 강력하다. 심지어 *Shigella*가 생성하는 독소나 파상풍 독소보다도 강력하다. 0.000005 μg의 적은 양으로도 쥐가 죽는다. 1 온스의 양으로도 미국의 전체 인구가 사망할 수 있다. 초기에 보툴리누스 독소는 외독소(endotoxin)로 간주되었으나, 현재 이 독소는 세포질에서 만들어지고 단지 세균이 죽거나 자가분해 되었을 경우에 주위 환경으로 방출된다고 알려져 있으며, 주로 숙주의 장에 존재하는 트립신 등의 단백질 가수분해효소의 작용으로 활성화된다. 이 독소는 무색, 무취, 그리고 무미의 특성을 지니고 있으며, 이것에 오염된 음식을 한 조각이라도 먹은 사람은 사망하게 된다. 만약 내생포자가 제거되거나 파괴되지 않는다면, 포자는 혐기환경에서 보관되는 저장식품에서 발아하여 많은 양의 독소를 방출할 것이다. 세균의 내생포자는 열에 대한 저항력이 매우 강하나, 독소는 단지 수분 가열하는 것만으로도 불활성화기 때문에, 가정에서 조리한 병조림 음식을 먹기 직전에 한번 가열하는 것만으로도 보툴리누스 식중독을 예방할 수 있다.

질병. 보툴리누스는 갑자기 발병하는 신경마비 질환으로서 그 진행이 매우 빠르다. 발병 즉시 치료받지 못하면 호흡 곤란으로 사망하게 된다. 독소는 뉴런과 근육 세포의 교류를 방해한다. 즉, 뉴런에서 근육

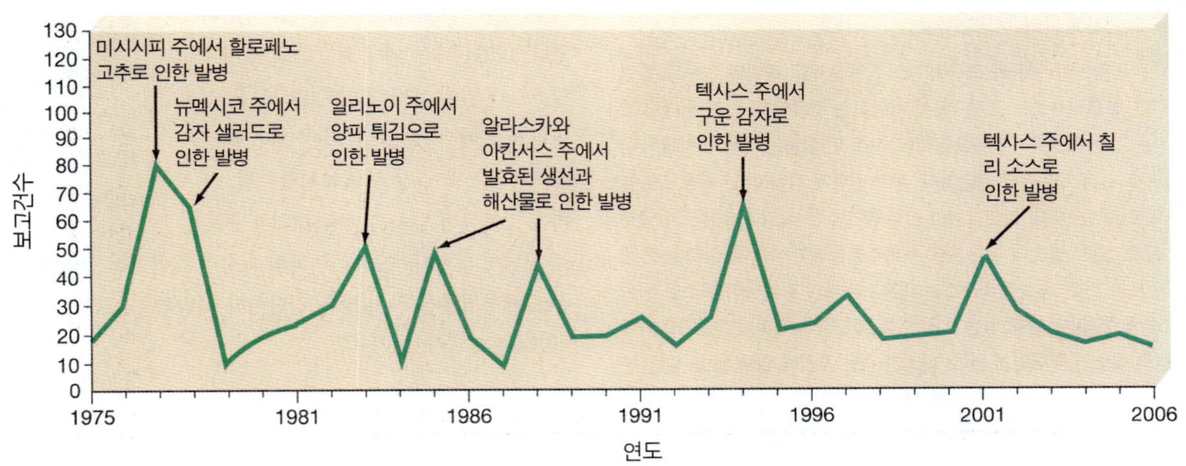

그림 24.11 미국에서 식중독 보툴리누스 발병. 발병시킨 음식물도 포함하였다. (CDC 자료)

보툴리누스 중독을 예방하기 위한 2-40-140 규칙.
약 2시간 이상 40°F(4.4℃) - 140°F(60℃)에서 방치된 가열하지 않은 고기, 드레싱 또는 샐러드는 먹지 않는다.

수축에 관여하는 아세틸콜린 분비를 저해함으로서 근육을 이완 상태로(마비) 만드는데, 초기에는 신체에서 적은 양의 근육이 적게 분포하는 부분(예: 눈)으로부터 시작해서 후두와 인두로 그리고 최종적으로 호흡기를 구성하는 근육으로 마비가 진행된다. 이로 인하여 나타나는 증상으로서는 사물의 복시현상, 말하기나 삼키는 것의 어려움 등이며, 결국 호흡곤란 증상이 나타난다. 열은 없으나 소화기 장애는 있을 수 있다. 보툴리누스 독은 항원으로 작용하지만, 이 병에서 완치된 사람도 항체를 가지고 있지 않는데, 그 이유는 항체 생성을 유도하기 위해서는 치사량 이상의 항원이 요구되기 때문이다.

진단과 치료. 기본적으로 진단은 임상적 증상과 혈청, 배설물 및 음식에 잔류하는 독소를 확인하여 확정한다. 독소를 확인하는 검사에는 약 24~96 시간이 소요되고, 보툴리누스 독소의 위험성과 신속한 치료를 위하여 다가 항독소가 즉시 환자에게 투여된다. 다가 항독소는 사람에게 질병을 유발시키는 모든 종류의 독에 대하여 효과를 갖고 있다. 환자의 호흡을 일정하게 유지하는 것이 매우 중요하다. 치료 기간은 약 2개월 정도이며 지속적으로 관찰하여야 한다. 식중독 보툴리누스는 세균의 생장으로 진행되는 것이 아닌 음식에 함유된 독소로 발병되므로 항생제 처치는 효과가 없다. 적정한 치료를 할 경우 치사율은 10% 미만이다.

영아 보툴리누스(infant botulism) 영아 보툴리누스는 1976년 처음 발견되었으며, 연간 30~100건의 발병이 보고된다. 북미에서 가장 많은 발병사례를 보여주는 곳은 캘리포니아 지역이며, 주로 영아에게 꿀을 먹여서 발병된다. 캘리포니아 지역 연구기관의 실험결과에 의하면 시중에서 판매되고 있는 꿀의 10%에서 보툴리누스를 일으키는 내생포자가 발견된다. 내생포자는 영아의 미성숙한 소화관에서 발아하여 생장하는데, 이것은 아마도 보툴리누스에 경쟁적으로 작용하는 장에 서식하는 토착 미생물의 부족으로 여겨진다. 세균의 독소는 장을 통하여 흡수되며, 이어서 영아는 혼수상태에 빠지고 젖을 빨거나 삼키지 못하게 된다. 그래서 이 질병을 "흐느적거리는 아이(floppy baby)" 신드롬이라 불리기도 한다. 보통 영아 보툴리누스는 6개월 이전의 아이에게 주로 발병되며, 12개월 후에는 발병률이 거의 없다. 부모가 1년 미만의 아이에게 꿀을 주지 않는다면 대부분의 경우 예방이 가능하다. 질병의 예후는 매우 좋으며, 사망률은 거의 없으나 수개월 동안 병원에 입원해야 한다.

창상 보툴리누스(wound botulism) 보툴리누스 중에서 가장 드물게 발병하는 질환이며, 1942년 이후 미국에서 연간 1건 이상 발병한 경우가 없다. 이것은 깊게 패인 상처에 포자가 감염되어 발생되며, 조직이 손상됨으로서 혈액순환 장애가 발생하고 그 결과 혐기 환경이 생성된다. 내생포자는 발아하고 증식하여 독을 생성한다. 부상 1주일 후 독은 혈액을 통하여 온몸에 퍼지며, 뉴런과 근육세포 사이에 결합하여 마비를 일으킨다. 사망률은 약 25%이다.

적용
오리에서의 보툴리누스

인간만이 식중독 보툴리누스 중독을 염려해야만 하는 유일한 동물은 아니다. 보툴리누스는 습지대에서 서식하는 조류에게, 특히 생태계 교란이 진행되는 기간에는 특히 위험요인이다. 사실 이 질병은 미국 서부에 서식하는 오리 개체 수 감소의 주요 원인이다. 새가 어떻게 감염될까? 폭풍으로 늪지 식물뿌리가 뽑히면 이내 분해작용이 진행되면서 물 속의 산소농도가 급감하고, 결국 산소고갈로 물속의 작은 수생 무척추동물들이 죽는데, 이때 죽은 동물의 소화기 또는 진흙 속 보툴리누스는 내생포자들이 발아하여 독소를 생산한다. 죽은 수생 무척추동물을 먹은 오리는 독소로 죽게 되며, 또한 오리 사체에는 상당량의 독소가 존재하게 된다. 파리가 죽은 오리에 알을 낳고, 알은 부하되고 이어서 독소가 함유된 구더기로 성장한다. 건강한 오리는 보툴리누스는 독소 구더기를 먹고 죽게 되며, 다시 파리가 알을 낳을 수 있는 장소로 제공된다. 이와 같은 순환은 그 지역의 모든 오리 개체가 없어질 때까지 계속 된다.

✓ 중점 질문 사항

1. 결핵성(tuberculoid) 한센병과 나종형(lepromatous) 한센병을 구분하세요.
2. 더 이상 한센병이 유럽에서 흔한 질병이 아닌 이유를 설명하여라. 왜 남아메리카에서는 흔한 질병이 되었는가?
3. 파상풍에 감염되어 치료된 환자가 예방접종을 또 받아야 하는 이유를 설명하여라. 면역되지 않은 이유는 무엇인가?
4. 식중독 보툴리누스에 감염되었을 경우 질병의 진행 증상을 순서대로 나열하세요.

바이러스 기인성 신경 질병

척수성 소아마비

척수성 소아마비(poliomyelitis)는 고대에도 발병하였던 질병으로 수천 년 전 이집트의 벽화에도 묘사되어 있다. 1950년도 미국에서만 해도 척수성 소아마비는 공포의 질병이었다. 1952년에는 역대 최고의 발병 횟수인 58,000건에 육박하였고, 부모들은 질병의 공포에서 벗어나지 못하였다. 캠프장, 수영장 및 극장은 폐쇄되었으며, 마비성 소아마비 발병은 마을 전체를 공포로 뒤덮어 버렸다. 오늘날 미국의 척수성 소아마비 발병은 종교적 이유로 예방접종을 하지 않은 집단이나 예방접종을 받지 못하는 불법 이민자들에게서 발병한다.

매개 전염동물의 부재와 효과적인 예방접종으로 Polio를 지구상에서 근절할 수 있게 되었다. 제 2형은 이미 2000년에 박멸되었다.

질병. 척수성 소아마비 질병은 뇌와 척수의 운동 뉴런에 선택적 친화력을 갖고 있는 세 종류의 폴리오바이러스(poliovirus/picornaviruses)로 발병된다. 비록 폴리오바이러스 감염증상이 눈에 띄게 드러

나지 않거나 또는 약하며 마비 증상이 없다 하더라도, 감염자의 약 1~2%의 경우는 바이러스가 중추신경계로 침투하여 고열, 몸의 등 부위 통증 및 근육 경련 등의 증상이 나타난다. 이완 상태에서 부분 또는 전신 마비 증상이 나타나는 경우는 1%도 안 된다. 마비증상의 종류와 그 정도는 척추나 뇌 신경계의 감염부위 및 손상 정도 또는 바이러스에 의한 신경세포 손상 정도에 따라서 결정된다. 수개월간 지속된 마비는 치료가 불가능하다. 영아나 노인층에서 폴리로바이러스 감염으로 기인된 마비증상은 고통을 수반하기도 한다. 영양부실, 과로, 코르티코스테로이드(corticosteroids), 방사능 그리고 임신 등은 병을 더욱 악화시킨다.

폴리오바이러스 감염률은 가난한 지역에서 성장하는 어린이의 경우가 부유한 지역의 아이들이나 청소년들 보다 낮으며, 때로는 부유한 지역의 아이들에게서 매우 심각한 마비성 폴리오바이러스 감염이 보고되는데, 그 이유는 부유한 지역의 좋은 위생환경은 바이러스와 접촉할 수 있는 가능성을 적게 해주기 때문이다. 즉 바이러스에 대한 자연 면역력을 키워야 한다.

진단, 치료 그리고 예방. 척수성 소아마비의 진단은 면봉으로 긁어 낸 인두의 조직이나 분변에서 분리한 바이러스를 배양하고, 배양된 바이러스를 대상으로 세포병리학적 검사를 통하여 진행된다. 동시에 혈청에 존재하는 바이러스에 대한 항체의 존재 여부로 진단할 수 있다. 치료를 통하여 증상이 다소 완화되지만, 호흡기 근육마비가 진행된 환자는 평생 철로 만든 허파(iron lung)의 도움을 받아야 한다 (그림 24.12).

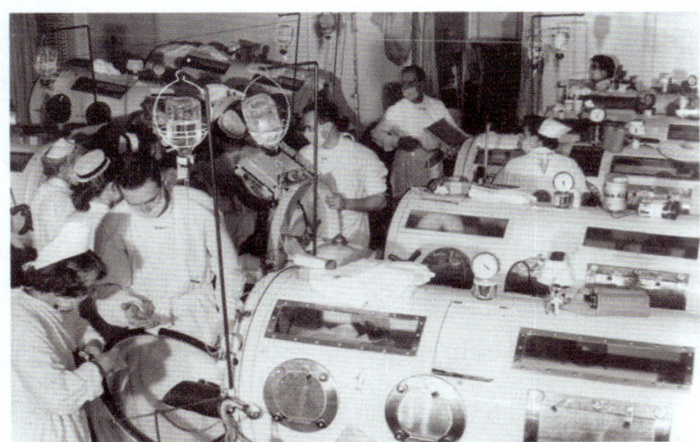

(a)

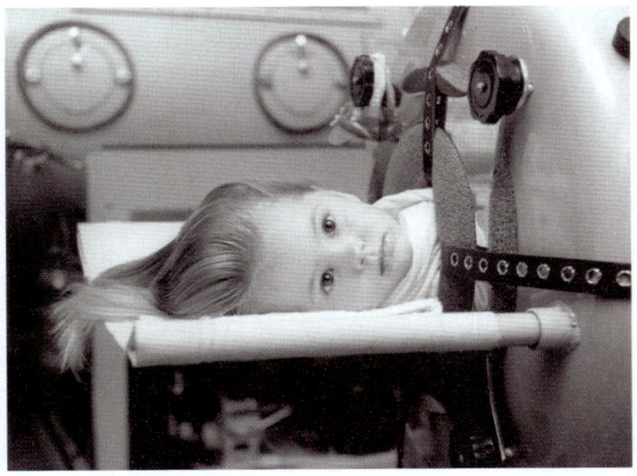

(b)

그림 24.12 폴리오. **(a)** 1955년 이전 미국에서 폴리오가 유행하였을 당시 철폐에서(환자 몸을 둘러 싸고 있는 금속 탱크) 처치를 받는 환자의 모습 **(b)** 2세의 여아사진. 환자는 수년간 철폐에서 지내며, 심지어 그곳에서 여생을 마치기도 한다. (*Couresy March of Dimes Birth Defects Foundation.*)

1955년 예방접종이 개발되기 전에는 오직 일반적인 공중보건 규정만이 폴리오바이러스 확산을 차단할 수 있는 유일한 지침이었다. 학교, 수영장 그리고 특히 어린 아이들이 많이 몰리는 장소는 폐쇄되었다. 곤충이 질병을 전염시킨다는 잘못된 지식으로 인해 다량의 살충제가 뿌려졌다. 현재에는 분변-구강 경로 또는 인두 분비물로 인해서 전염된다는 것을 알려져 있으며, 결국 여름철 분변으로 오염된 수영장이 얼마나 위험한지 이해하게 되었다. 예방 백신이 처음 개발된 몇 년 동안에는 전 인구에게 접종할 백신양이 충분하지 못했으므로, 오직 임신한 여성과 아이만 예방접종을 받을 수 있었다.

백신. 1955년에 소크소아마비(Salk polio) 주사제 백신이 사용 가능해졌다. 이것은 중성 pH에서 포르말린으로 바이러스를 불활성화시킨 것으로서 여전히 항원적 성질을 갖고 있었다. 불행하게도 기술이 완벽하지 못했기 때문에 일부 예방 백신에는 감염력을 가진 바이러스가 남아있기도 하였으며, 그 결과 예방접종을 받은 사람들 중에서 200건의 소아마비 증상이 보고되었고, 그중에서 10명 정도가 사망하였다. 1963년 약독화 바이러스로 제작된 구강투여용 Sabin 백신이 발명되었다. 이것은 각설탕 또는 설탕물과 쉽게 혼합되어 복용이 용이하였고, 아울러 면역력이 오랫동안 지속되었다. 위와 창자 등의 소화관에서 바이러스는 제거되기 때문에 배설물-입으로의 전염을 차단하는 등의 장점을 갖고 있었다. 예방접종으로 1955년 29,000건에 이르던 발병사례가 1969년 20건으로 감소하였으며, 이때 발병했던 환자는 예방접종을 받지 않은 사람과 면역력이 저하된 사람들 뿐이었다 (그림 24.13a). 1955년 10월 미국질병관리본부(CDC)는 백신으로 발생되는 소아마비 발병을 감소시키기 위하여 혼합 소아마비 백신을 추천하였다(다음 장의 박스를 확인). 유아는 생후 2개월 및 4개월에 불활성 백신 접종을 받고, 이어서 6개월과 18개월에 각각 약독화 생백신을 구강투여할 것을 권고하였다. 미국에서 소아마비 바이러스는 이미 박멸되었지만 여행자를 통하여 다른 국가로부터 옮겨올 수 있기 때문에 소아마비 바이러스를 예방하기 위하여 구강 예방접종을 실시하여야 한다(그림 24.13b).

소아마비 증후군(*postpolio syndrome*)은 과거 폴리오 감염으로부터 살아남은 사람들이 겪는 증상을 의미한다. 그들은 약화되거나 마비된 근육 때문에 부목이나 보조 장치를 사용 할 수 밖에 없다. 이들은 다른 사람에게 질병을 옮기지 않으며 또한 재발하지도 않는다. 이것은 아마도 소아마비를 앓고 있는 동안 너무 오랫동안 근육을 혹사시켜서 더 이상 사용할 수 없게 된 것이라고 믿고 있다.

적용

소아마비 백신에 관한 논쟁

Albert Sabin이 개발한 약독화 바이러스 백신은 전 세계에서 사용되고 있으나, 일부 국가에서는 과거 소아마비 예방에 사용되었던 Jonas Salk가 개발한 불활성 바이러스 백신을 다시 사용하고 있다. 어떤 백신이 더 유익한가? 미국에서 경구투여용 약독화 백신은 더 이상 사용되지 않으나, 이외의 다른 국가에서는 계속 사용되고 있다.

두 백신 모두 장단점이 있다. 불활성 바이러스 백신은 다른 소아 예방접종과 함께 접종될 수 있으며 또한 면역 결핍 환자에게도 사용 가능하다. 그러나 예방백신을 맞은 모든 사람이 항체를 만들지는 않으며, 따라서 추가 접종이 요구되기도 한다. 백신을 제조하기 위하여 감염력을 갖고 있는 바이러스를 사용하므로 바이러스가 완전히 불활성화 되지 않을 경우 비극이 일어날 수도 있다.

약독화 바이러스 백신은 일상에서 실제 바이러스에 감염되어 장(분비 면역글로빈 A: secretory IgA)이나 혈액에서 항체가 생성되는 것과 유사한 면역 반응을 유도한다. 이 방법으로 면역력을 소유한 사람들은 항체를 갖고 있기에 그들의 장에 바이러스를 보균하지 않으며, 따라서 다른 사람에게 전염시킬 가능성이 줄어든다. 소아마비 바이러스에 대한 면역력이 빨리 생성되며 또한 평생 지속되기도 한다. 경구투여용 백신은 특별한 기술을 필요로 하지 않기에 보다 많은 사람들에게 사용 가능하다. 경구투여용 백신은 주사제 백신보다 냉동하지 않은 상태로 더 오랫동안 보관할 수 있다.

불행히도 경구투여 생백신은 종종 돌연변이가 발생될 수 있기에 매우 위험할 수 도 있다. 생백신을 투여 받은 개개인의 장 조직에서 바이러스는 증식하여 대변으로 배출된다. 최근 예방접종 받은 아기의 기저귀를 갈아주는 가족이나 탁아소 보모 및 면역결핍 환자는 위생법에 준하는 규정을 준수하지 않을 경우 위험한 상황 즉 감염될 수도 있다. 미국에서는 경구투여용 소아마비 백신으로 인한 매년 6건 정도의 감염 사례가 보고되며, 대부분 최근 백신을 투여한 어린이와 접촉한 사람에게서 발병되었다. 1980년 이후 총 145건의 마비성 소아마비 감염사례 중 143건이 경구투여용 백신에 의한 것이다. 나머지 2건의 감염원인은 확인되지 않았다. 경구 투여용 생백신이 원인이 되어 소아마비가 발병한 사람에게 백신 권유로 인한 보상금 지급을 위해 경구투여용 백신 가격에 보상비용이 추가되었다. 이런 상황으로 경구투여용 백신은 생산비용이 낮음에도 불구하고 그 가격은 주사용 백신제보다 높게 되었다. 급성 척수 소아마비를 비롯한 기타 바이러스성 질병이 풍토병인 더운지역의 국가에서 반복적인 투여는 오히려 면역력 유도를 달성하지 못하는 경우가 있다. 아마도 이것은 환경에 존재하는 다른 바이러스에 대한 면역반응 집중으로 인하여 예방접종 대상 바이러스에 대한 면역반응이 제한받기 때문인 것으로 여겨진다. 마지막으로 모든 경구 투여용 생백신의 재료로 사용하는 약독화 바이러스는 면역결핍 환자나 면역저하환자에게는 사용할 수 없다.

사실상 소아마비 바이러스는 약독화 생백신과 불활성바이러스 백신을 혼용하여 사용하는 이스라엘에서는 박멸되었다. 이 방법은 더운 기후대에 위치하면서 상수원이 분변으로 오염되고 소아마비가 풍토병인 개발도상국에서 소아마비 예방에 희망을 줄 수 있으나, 두 종류의 백신을 구입하고 또 접종하는데 드는 비용문제로 그 시행이 지연되고 있다.

신경계의 프리온 질병

크로이츠펠트-야콥병(Creutzfeldt-Jakob disease, CJD)이 처음 발견 된 1920년 이래로 여러종류의 퇴행성 신경계 질병이 보고되었다. 비록 프리온의 존재가 보편적으로 받아들이지 않는다 할지라도 많은 과학자들은 이같은 질병이 **프리온(prion)**과 관련이 있다고 믿고있다(◀10장 p. 300). Stanley Prusiner는 1977년 프리온과 질병과의 상호관계에 대한 연구로 노벨상을 수여 받았다.

이 질병은 총체적으로 **전염성 스폰지 뇌질환(transmissible spongiform encepalopathies)**이라 할 수 있으며, 뉴런에 손상을 주어 마치 뇌 조직을 스폰지처럼 보이게 한다**(그림 24.14)**. 사람에서 발병하는 쿠루(*kuru*), CJD 및 게르만-스트라슬러(*Gerstmann-Strassler*) 병이라 일컫는 특이형 크로이츠펠트-야콥병; 양과 염소에서 발병하는 스크래피(*scrapie*), 밍크의 전염성 뇌질환(*mink encephalopathy*), 엘크와 뮬사슴에서 나타나는 만성적인 소모성 질환(*chronic wasting disease*), 영국의 광우병 또는 소의 스폰지형 뇌질환(*bovine spongiform encephalopathy*) 등이 이 질병군에 속한다. 더욱이 1991년 전염성 영국의 고양에게서 전염성 스폰지형 뇌질환이 29건 보고되었고, 베를린 동물원의 타조 2마리에게서 역시 같은 질병이 보고되었다.

미국 서부지역에 서식하는 엘크와 사슴 무리의 일부는 프리온에 감염되어 있다. 야생동물을 도축하던 젊은 남성에게서 CJD가 처음 관찰되었고 이미 여러명의 사상자가 생겼다. 미국은 원래부터 상재하던 프리온에 대한 문제에 봉착하고 있다.

프리온과 연관된 질병의 대표적 증상은 다른 감염성 질환에서 나타나는 전형적인 염증반응(inflammatory response)이 보이지 않는다는 것이다. 더욱이 중추신경계 전역에서 혈액으로부터 뉴런으로 물질통행을 조절하는 성상세포의(*astrocyte*) 크기가 증가하는데, 이 세포는 섬유성 아밀로이드(*amyloid*) 단백질을 대량으로 생성한다. 이는 알츠하이머와 같은 다양한 신경계 퇴행성 질환에서 나타나는 명백한 증상이다.

다른 감염성 인자들과 마찬가지로 프리온도 전염성이 있으나, 실질적으로 처음 감염 이후 증상이 나타나기까지는 수년이 걸린다. 뉴기니 지역에서 주로 발병하는 **쿠루(Kuru)**는 피부의 작은 상처를 통해서 전염된다. 이 질병이 주로 여자에게 발병하는 원인에 대해 많은 의문이 있었으나, 뉴기니에는 식인풍습이 있었고 또 여성들이 시체를 처리하는 과정중에 죽은 사람의 살점을 온 몸에 문지르는 습관이 있다는 것이 밝혀지면서 그 이유를 알게 되었다. 프리온에 감염된 사람의 조직이 상처를 통하여 여성이나 맨발로 장난치는 아이들의 혈액에 들어가고 이어서 뇌로 이동되면 결국 쿠루로 발병되는 것이다. 성인이나 청소년 남자는 여자와 어린이들과는 따로 지내기 때문에 쿠

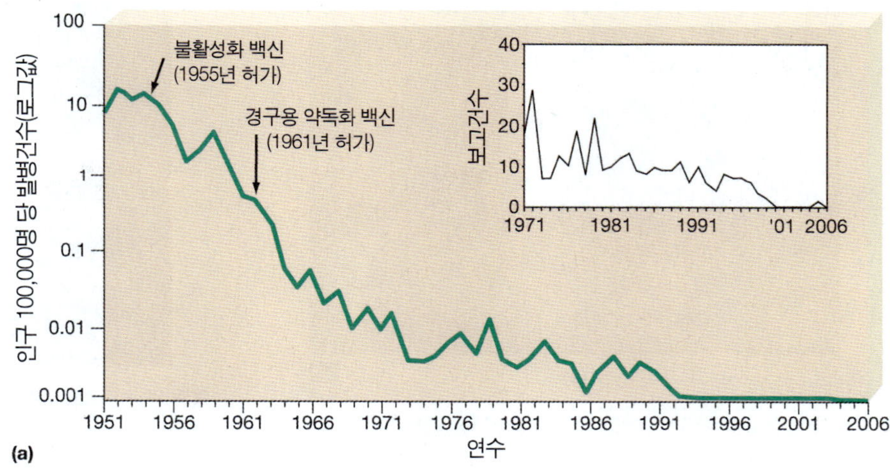

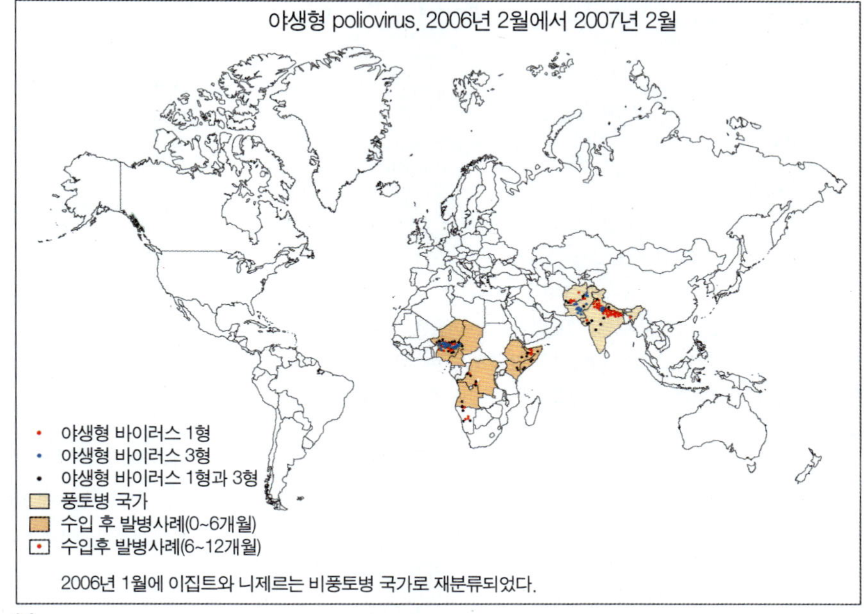

그림 24.13 소아마비 발병. **(a)** 미국의 소아마비 발병. 예방접종 시행 이후(최초로 Salk 접종, 그 이후 Sabin 접종) 아시아나 아프리카와 비교하여 발병률이 급격히 감소하였다. **(b)** 2007년에도 예방이 가능한 이 질병 때문에 많은 사람들이 고통받았다. 예방접종으로 질병을 예방할 수 있음에도 불구하고 매년 AIDS 사망자보다 더 많은 사람이 사망한다. (CDC 자료)

루에 걸리지 않는다.

미국 국립보건원(National Institutes of Health, NIH)의 연구원 D. Carleton Gajdusek는 쿠루에 대한 연구 업적으로 1976년 노벨상을 수여 받았다. 쿠루 프리온에 접촉된 사람들을 15년 동안 지속적으로 관찰한 결과, 첫 증상은 두통과 미미한 신체 동작의 부조화 그리고 실 없이 웃는 행동 등이다. 3개월 후 환자는 일어서거나 걷기 위해서는 목발의 도움이 필요하며, 그리고 다시 1 개월 이후 경련을 일으키는 것 외에는 움직일 수 없게 되었다. 그 때쯤이면 음식을 삼키기 위해 사용되는 근육들은 더 이상 움직일 수 없으며, 그로 인해서 영양상태가 매우 심각하게 나빠진다. 가족들이 미리 씹은 음식을 환자에게 투여하고 식도를 마사지하면서 먹을 것을 공급하더라도 환자는 1년 안에 사망한다(**그림 24.15**).

크로이츠펠트-야콥병 진단이 확정되지 않은 환자의 각막을 이식하거나 죽은 사람의 뇌하수체에서 분리한 성장호르몬을 주사 맞은 왜소증 어린이 그리고 크로이츠펠트-야콥병 환자에게 사용한 은 전극을 다른 환자의 수술중 뇌에 장착한 경우에 각각 쿠루 감염이 보고되었다. 당시에 사용한 은 전극은 적절한 방법으로 수차례 멸균되었으나, 17개월이 지난 다음 이것을 침팬지 뇌에 장착 한 결과 CJD에 감염되었다. 이 발견으로 기기를 사용하는 새로운 멸균법의 필요성이 대두되었다. 수년간 포름알데히드(formaldehyde) 용액으로 처리하여도 여전히 감염성을 갖고 있지만, 섭씨 121도 및 15 psi 압력의 고압멸균기에서 1시간동안 처리한다면 프리온의 감염력을 사라지게 할 수 있었다.

또 다른 NIH 연구원 Gajdusek와 Paul Broun은 스크래피에 감염된 햄스터의 뇌를 땅에 묻은 후 3년이 지나도 여전히 감염력이 존재

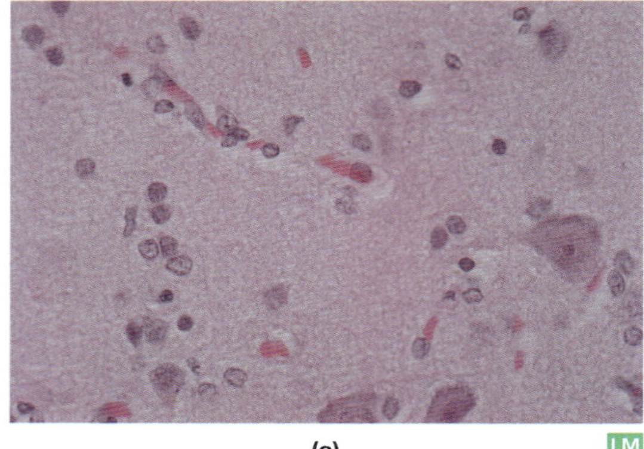

(a)

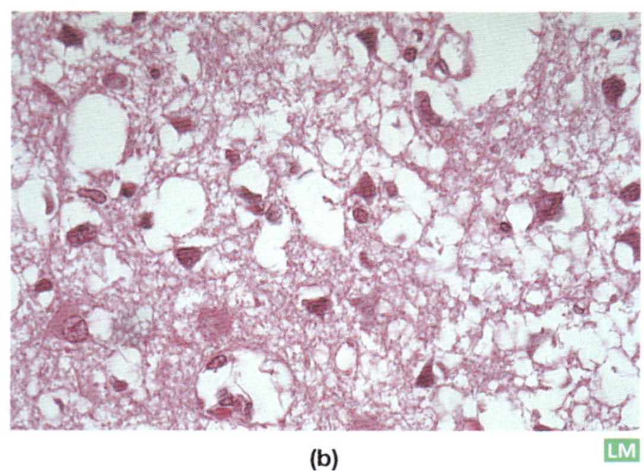

(b)

그림 24.14 프리온 기인성 질병, 크로이츠펠트-야콥병. (a) 정상인 뇌의 대뇌피질(370X). **(b)** 크로이츠펠트-야콥병을 앓고 있는 환자뇌의 대뇌피질. 조직에 많은 구멍이 발견되며, 이런 증상 때문에 크로이츠펠트-야콥병을 아급성 스폰지형 뇌질환이라고 한다. (*Courtesy Frederick C. Skvara, M. D.*)

하는 것을 확인하였으며, 따라서 감염성 물질은 특정 환경에서 10년 이상 그 성질을 잃어버리지 않을 수도 있다고 여겨졌다. 그러므로 감염된 동물이 묻힌 곳을 양이 지나치게 되면 **스크래피(scrapie)**에 감염되게 된다**(그림 24.16)**. 죽은 동물을 묻는 장소는 별도로 표시하고,

그림 24.15 쿠루. 쿠루를 앓고 있는 환자는 미리 씹은 음식을 먹여줘야 하는 상태에 까지 이르게 된다. New Guinea에서 식인의식이 사라진 이후 이 질병은 사라졌다. (*Courtesy D. Carleton Gajdusek, M.D.*)

그림 24.16 스크래피. 스크래피에 감염된 양은 몸에서 피가 날 때까지 울타리, 기둥 또는 나무에 몸을 비비거나 긁기도 한다. 스크래피는 매우 치명적인 질병이며, 아직 치료법이 없다. (*Courtesy United States Department of Agriculture*)

감염된 사체는 생석회를 덮는 등의 검증된 방법을 사용하여 질병 원인체를 박멸하고 처리해야 한다.

CJD 환자 대부분의 경우, 그 병인이 프리온에 의한 질병이라는 뚜렷한 증거는 아직 없다. Gerstmann-Strassler 징후가 가장 자세하게 연구된 사례인데, 100년 이상 모든 세대의 후손들에게서 크로이츠펠트-야콥병이 발병하였다. 이와 같은 유형의 크로이츠펠트-야콥병은 어떤 유전적 요인이 감염을 촉진시킬 수도 있다는 것을 보여주는 사례이지만 아직 그 기전은 밝혀내지 못하였다. 아마도 이것은 어떤 특정 유전자가 프리온 감염이 잘 되게 하는데 관여하거나 또는 몸에서 프리온 합성을 활성화시킬 것이라는 추측을 자아내게 한다.

1990년대에 **광우병(mad cow disease)(그림 24.17)**이 가장 심각하게 발병하였는데, 영국에서는 한 주에 400~500마리의 젖소가 죽어나갔다. 당시 감염된 소를 모두 도축하였기에 현재는 감소한 것

그림 24.17 광우병. 감염으로 죽은 소는 땅에 묻기보다는 화장을 해야 한다. (*Nigel Dickinson/Peter Arnold, INC*)

으로 보고되었다.

1960년대 말부터 영국에는 광우병이 존재했다고 알려져 있으며, 1987년 초부터는 그 발병 횟수가 기하급수적으로 증가하였다. 이와 같은 현상은 도축하고 남은 가축 부산물을 사료로 이용하기 위한 가공 처리법을 개선한 이후부터 나타나기 시작하였다. 즉 과거부터 사용하던 용매 추출법을 생략하고 그 대신에 부산물을 가열하는 공정으로 대체하였으며, 더욱이 양의 머리부위와 뇌 사용량을 증가하였다. 1990년대 후반기부터는 대부분의 유럽국가 목장에서 모든 종류의 가축에 영국에서 제조된 사료의 사용이 전면 금지되었음에도 불구하고, 탐욕과 무관심으로 인한 위법행위가 확산되었다. 2000년에는 유럽의 많은 국가에서 동물과 인간의 광우병 발병사례의 증가로 커다란 동요가 있었으며, 자연계에서 프리온이 생물 종간에 전염될 수 있겠는가에 대한 열띤 토론이 벌여졌다. 이와 관련된 연구를 실험실에서 수행한 결과 프리온은 생물 종간에 전염이 가능한 것으로 판명되었다. 영국 정부는 통상 행해지던 소머리 고기의 햄버거 사용을 금지시켰다. 또한 칼과 절단 톱은 절대로 척수를 건드리지 말아야 한다는 새로운 규정을 만들어 프리온의 전염을 차단하고자 하였다. 미국을 포함한 많은 국가에서는 영국의 소고기 및 소고기가 첨가된 가공식품 수입을 금지하였다. 그러나 미국은 2003년 5월 광우병 발병사례가 보고된 캐나다의 소고기를 계속 수입하고 있었다. 2003년 12월 캐나다 엘버타(Alberta)의 낙농장에서 탄생한 소를 미국 워싱턴에서 도축하였으며, 이때 광우병에 감염된 사실을 처음 알게 되었다. 이 사건으로 인하여 미국은 보다 철저하고 안전한 규정을 제정해야 한다는 목소리가 나오기 시작하였으나, 2004년 새로운 법이 시행되고 있음에도 불구하고 불법적으로 수만 톤의 캐나다 소고기가 수입되었다. 이후 텍사스에서 태어나고 도축된 소가 광우병에 감염된 사실이 확인되었으며, 몇몇의 경우에는 자연 돌연변이가 발생되었음이 확인되었다(◀그림 10.25 p. 302).

오랫동안 사람들의 관심 밖에 있었던 전염성 스폰지 뇌질환(transmissible spongiform encephalopathy, TSE)은 엘크와 사슴에게서 발병하는 **만성 소모성 질환(chronic wasting disease)**이라고 불리는데, 이 질병이 1977년 콜로라도에서 서식하는 야생 사슴에서 발견 된 이후 골치 거리로 부각되었다. TSE는 광우병(BSE)보다 전염력이 강하며 타액, 소변, 분변 그리고 털 등을 매개로 전염되므로 미국의 다른 주로 빠르게 확산되었다**(그림 24.18)**. 엘크 대농장에서 사육되어진 TSE에 감염된 무리를 다른 지역으로 운송하는 과정에서 전염이 확산되었다. 사슴과 엘크는 종종 방목하는 소들과 섞여서 지내므로, 야생동물의 프리온이 소에게 전염될 수 있다는 사실을 인지해야 한다. 사냥꾼들은 포획한 사슴과 엘크를 도축하여 식용할 경우 프리온 감염 여부에 대한 충분한 정보를 갖고 있어야만 한다. 그리고 사슴과 엘크를 먹이로 삼는 육식동물 특히 뇌와 중추신경을 주로 먹는 늑대와 퓨마 등의 야생동물이 프리온에 노출될 수 있다는 사실에 대하여도 주

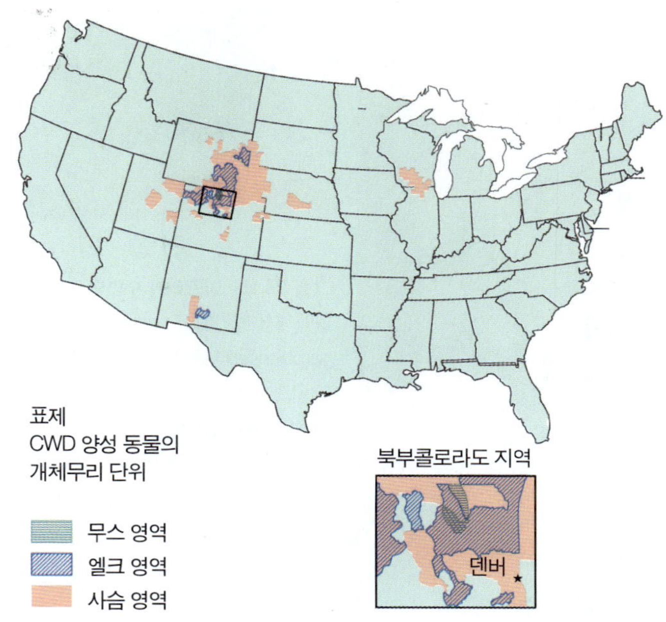

그림 24.18 미국에서 사슴과 엘크에서 발병되는 만성 소모성 질병 발생 지역.

지하고 있어야 한다. 오랫동안 이 같은 사실에 대한 무관심으로 인해 우리 인간들은 시한폭탄은 안고 살고 있는지도 모른다.

알츠하이머와 파킨슨병과 같이 천천히 진행되는 프리온 질환과 기타 다른 퇴행성 신경질환과의 상호 연계 가능성에 대하여 연구가 진행되고 있다. 1907년 Alois Alzheimer에 의해 최초로 기술된 알츠아이머 질환에 현재 2만명 이상의 미국인이 앓고 있으며, 이것은 65세 이상 인구 중 약 5%이상을 차지하는 분포이다. 사망한 알츠하이머 환자의 뇌를 해부한 결과 신경섬유매듭(*neurofibrillary tangles*)이나 플라크(*plaques*)에 아밀로이드 단백질이 침적되어 있으나 쿠루환자와 기타 스폰지형 뇌질환 환자에게서 발견되는 구멍 구조물은 발견되지 않았다. 아직 프리온이 단백질 침적이나 구조에 영향을 준다는 어떤 연구 결과도 없다. 쿠루, 크로이츠펠트-야콥병 및 스크래피(scrapie) 등은 실험동물에 전염시켜 질환기전을 연구하고 있으나, 아직 알츠하이머 질환에 대한 동물실험은 속도를 내지 못하고 있다. 아마도 이것은 실험동물 개체가 알츠하이머에 대한 질병감수성이 없거나 감염원이 부재했기 때문일 것으로 추측되지만 정확한 원인을 발견하지 못하였다. 그러나 소량의 베타 아밀로이드 단백질을 쥐의 뇌에 주입하면 알츠하이머와 유사한 질병이 발병되는 것이 최근 보고되었다. 가족력으로 봐서 적어도 알츠하이머와 크로이츠펠트-야콥 질환은 유전적 요인이 관여하는 것으로 이해되고 있다. 프리온과 퇴행성신경질환 그리고 이 두질병간의 상호작용 등의 분야는 향후 더 깊이 연구될 부분이 많다.

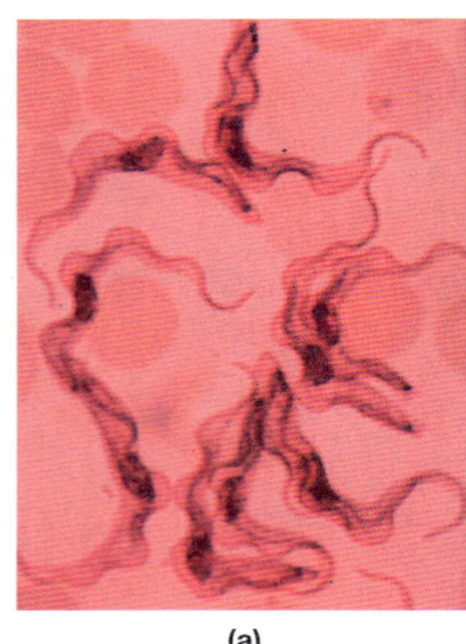

(a)

(b)

그림 24.19 아프리카 수면병. (a) 표본 혈액에서 발견된 *Trypanosoma brucei gambiense*(1707X)로 아프리카 수면병을 일으킨다. (b) 체체파리에 물리면 트리파노조마가 체내로 퍼진다. (© ABPL ImaGE LIBRARY/Animals/Earth Scenes)

신경계 기생충 질병

아프리카 수면병

아프리카 수면병(African sleeping sickness) 또는 **트리파노소마(trypanosomiasis)**는 아프리카의 적도지역에서 혈액에 기생하는 트리파노조마 속(*Trypanosoma*) 원생동물 감염으로 발병된다. 100 종 또는 그 이상의 기생충이 척추동물이나 무척추동물에 기생하지만, 오직 *T. brucei gambiense*와 *T. brucei rhodesiense* 두 종만이 사람에게 질병을 유발시킨다. 전형적으로 트리파노조마는 파동모양의 막과 편모를 가지고 있으나**(그림 24.19a)**, 생활사 중에서 편모가 짧아지거나 또는 소실되기도 하며, 아프리카 수면병은 반드시 감염된 체체파리에 물려야만 발병된다 **(그림 24.19b)**. 체체파리가 물 때 트리파노조마가 몸에 들어오며, 때때로 한 번에 수백 마리의 원생동물이 몸속에 들어오기도 한다. 트리파노조마의 생활사를 살펴볼 때 체체파리는 병원균 매개 곤충인 동시에 숙주 역할을 한다. 파리를 통해서 다른 사람으로 전염되며, 사냥용으로 사육되는 동물은 일종의 *T. brucei rhodesiense*의 자연 저장소가 된다.

체체 파리는 암수 모두 낮에만 문다.

질병. 아프리카 수면병은 일종의 진행성 질병으로서 질병의 진행 정도에 따라서 기생충이 발견되는 조직이 다르다. 즉, 혈액에 기생충이 침투한 다음 림프절 그리고 최종적으로 중추신경계에서 발견된다. 비록 기생충이 직접 세포에 침투하지는 않지만 신체의 모든 조직과 기관을 손상시킬 수 있다.

체체파리에 물리게 되면 그 부위에서 염증반응이 나타난다. 2 - 23일의 잠복기가 지난 후 약 한 주일 동안 계속 열이 나는데, 이때 기생 원생동물은 혈액에 존재한다. 그 이후 기생충은 림프절에서 방출되며, 환자는 첫 번째와 두 번째 단계에선 일상 활동이 가능 하나 가쁜 숨, 심장 통증, 시야가 흐릿해 지는 증상과 빈혈 그리고 무기력증 등의 다양한 증상이 나타나고, 결국 위험한 상태에 이르게 된다. 기생충이 중추신경계에 침투하면 두통, 무기력증, 경련 및 다리를 질질 끌면서 걷는 부조화 동작 등의 증상들이 나타난다. 병이 더욱 진행되면서 목 부위에 통증을 동반하는 마비 증상이 나타나며, 결국 환자는 음식물 섭취를 위해 일어나 앉지도 못하게 되어 쇠약해지며, 경련을 일으키고 잠에서 깨어나지 못하다가 의식불명의 상태에서 사망하게 된다.

T. brucei gambeiense 감염으로 발생되는 수면병은 그 진행속도가 느리기 때문에 만성질병이 되며, 만약 치료하지 않는다면 중추신경계에 이르기까지 수년이 걸리고 결국 심각한 병증으로 환자는 사망한다. *T. brucei rhodesiense* 감염 수면병은 보다 빠른 진행도를 나타내며, 중추신경계 손상이 뚜렷하게 발견되기 전에라도 종종 환자는 몇 개월 내 사망한다.

적용

나가나(Nagana)와 HDL

아프리카의 25% 지역은 체체파리가 매개하는 나가나 질병으로 가축을 사육하는 것이 불가능하며, 그 원인은 아프리카 기원성으로 여겨지는 편모충 기생생물인 *Trypanosoma brucei gambiense*때문이다. 아프리카의 대형 초식 동물의 피에서 살고 있는 트리파노조마는 숙주동물에게는 그 어떤 해도 입히지 않는데, 이것은 아마도 오랜 기간 숙주와 기생생물이 상호적응하면서 공존한 결과로 해석된다. 그러나 인간이 체체파리 서식영역으로 이주하면서 옮겨온 가축들은 *T. brucei brucei* 감염을 이겨내지 못한다. 사람이 체체파리에 물리면 기생충에는 감염되지만 질병으로 진행되지는 않는다. 즉, 기생생물은 사람의 혈액에서 빠르게 파괴된다.

사람 혈액에서 *T. brucei brucei*에 대항하는 성분은 무엇인가? 감염원에 대항하는 단백질이 이전에는 인식조차 되지 않았던 단백질이 그 답이라는 사실이 놀랍다. 혈장 콜레스테롤의 농도를 저하시키는 고밀도지단백질(High density lipoprotein: HDL)은 죽은 적혈구 세포에서 방출된 헤모글로빈과 결합할 수 있다. 이 결합은 헤모글로빈에 함유된 철이 중재하며, 결국 헤모글로빈이 몸안에서 순환한다. 체체파리에 물리게 되면 *T. brucei brucei* 이 사람의 혈관에 침투하게 되고, 혈액의 단백질-헤모글로빈 복합체는 트리파노조마 안으로 섭식되어 결국 리소좀 안에 위치하게 된다. 리소좀 내부의 산성 pH 환경과 효소작용으로 단백질-헤모글로빈으로부터 자유 라디칼(free radical)이 생성된다. 유리된 반응성 분자들은 리소좀 막을 파괴하고, 결국 리소좀 효소는 세포질로 방출되어 기생충을 분해시킨다.

오직 인간, 몇몇 원숭이 그리고 구세계 원숭이만이 트리파노소마 용해요소(*trypanosoma lytic factor*:TLF) 유전자를 소유한다. 유전공학 기술을 사용하여 이 유전자를 가축의 유전자에 이전시킨다면 트리파노조마 내성 소가 탄생될 수 있을 것이다.

진단과 치료 그리고 예방. 아프리카 수면병의 진단은 혈액에서 트리파노소마 기생충의 유무로 확인한다. 최근까지도 비소가 함유된 치료제를 사용하였지만 환자의 눈이 손상되었으며, 또한 이 약에 대하여 기생충이 빠르게 내성을 갖게 되었다. 현재에는 질병의 진행도에 따라서 펜타미딘(pentamidine), 수라민(suramin) 그리고 메랄소프롤(melarsoprol)이 순서대로 사용된다. 독성이 가장 약한 펜타미딘으로 기생충을 박멸하는데 실패했다면 다음에는 독성이 좀 더 강한 약을 사용한다. 메랄소프롤의 장점은 혈액뇌관문을 통과할 수 있는 치료제라는 것이며, 환자가 이 약의 높은 독성을 견딜 수만 있다면 수면병 말기 증상에도 사용될 수 있다. 질병이 중추신경계까지 전이되지 않았다면 어떤 약을 사용하든지 치료가 용이하다. 중추신경계로 기생충이 침투하였을 경우에는 베레닐과(berenil) 니트로이미다졸(nitroimidazole)를 혼합한 치료제를 사용한다.

체체파리는 넓은 지역(450만 평방 마일)에 퍼져있고 또한 많은 사냥용 동물에 이미 감염되었을 것이므로 예방은 거의 불가능 하다. 파리가 군집한 곳의 풀을 제거하고, 그 곳에 농약을 살포함으로서 어느 정도 체체파리를 제거할 수 있다. 또 다른 방법은 생식이 불가능한 수파리 방사 방법을 통해 체체파리 개체수를 현저하게 감소시키는 것이며, 이런 방법으로 산란된 알은 정상적으로 발생되지 않는다.

아프리카 수면병을 유발하는 트리파노소마는 숙주의 방어체계를 피할 수 있는 독특한 방법을 갖고 있다. 즉, 간헐적인 고열의 발생은 환자의 혈액에 기생충의 수가 급격히 증가한다는 것을 의미하며, 매번 기생충이 다량 증식할 때마다 당단백질 피막이 달라진다. 따라서 면역계가 트리파노소마 표면항원에 대한 항체를 만들어 냈을 때 이미 트리파노소마는 전과는 다른 표면항원을 가지고 있는 것이다. 이와 같은 표면항원 변이는 아프리카 수면병 예방을 위한 백신연구에 큰 어려움을 주고 있다. 트리파노소마가 사람의 몸 안에 처음 침투하였을 때에는 15종류의 항원만이 존재하였으나, 나중에는 100종류 또는 그 이상의 항원이 형성된다. 연구원들은 트리파노소마가 인간의 몸에서 생성하는 어떤 종류의 항원에도 면역력을 갖는 백신을 제작하기 위하여 노력하고 있다. 이런 종류의 백신은 침투한 트리파노소마가 질병을 일으키기 전에 공격함으로서 예방케 한다.

백신개발에는 엄청난 비용과 광범위한 예방접종 운영체계가 요구된다. 예를 들면, 홍역이나 유행성 이하선염을 예방하는 우수한 백신이 개발되었으나 아프리카 수면병이 만연하는 아프리카 지역 어린이에게는 충분히 제공되지 않았다. 이와 같은 현실은 수면병 백신이 개발되었을 경우 대량 예방접종의 실현 가능성에 대한 전망을 어둡게 한다. 연간 20,000 이상의 사람들이 수면병으로 사망할 것이다.

샤가스병: 중남미 수면병

샤가스병(Chagas' disease)은 *Trypanosoma cruzi* 감염으로 발병되며, 1909년 처음으로 발견한 브라질 내과의사 Carlos Chagas의 이름을 따서 명명하였다. 이 질병은 미국 남부에서 산발적으로 발병되며, 멕시코와 중앙아메리카 그리고 남아메리카 지역의 풍토병이다. 특히 남아메리카에서는 많이 발병된다. 1,800만 명의 사람들이**(그림 24.20)** 감염되며, 아프리카 수면병과 유사한 점이 있다. 트리파노소마의 유성생식 단계의 숙주인 침노린재 곤충을 매개로 사람에게 전염된다(◀11장 p. 335). 트리파노소마를 전염시키는 특정 곤충 종들은 특정지역에 서식하므로 멕시코 샤가스병과 남미 샤가스병의 매개 곤충 종은 서로 다르다. 침노린재 곤충은 종종 눈 주위를 물며, 이때 피부에 기생충을 배설한다. 사람들은 벌레에 물리면 보통 즉각적으로 손으

그림 24.20 1998년 전 세계 샤가스병 분포도. (CDC 자료)

적용

암살자 곤충

매년 샤가스 질병이 미국의 텍사스주 경계 지역에서 발생된다. 다행스런 것은 침노린재(kissing bug 또는 assassin bug)는 텍사스 주 이상의 북쪽 지역에서는 서식할 수 없다. 그러나 노린재과에 속하는 다른 종들이 미국 대부분 지역에서 서식하고 있다. 다른 곤충도 샤가스병을 전염시킬 수 있을까? 트리파노소마는 다른 곤충에서도 잘 자란다. 그러나 북쪽 지역에 서식하는 것은 물 때 배변하지는 않는다. 멕시코와 남미에 서식하는 침노린재는 무는 것과 배설하는 두 행동이 서로 연관관계가 있다. 북부 지역의 곤충도 실수로 문 곳 주위에 배변을 할 수 도 있기에 샤가스병을 전염시킬 가능성이 약간은 존재한다. 더 크게 우려 할 사항은 지구 온난화로 서식지 경계선이 미국 전역으로 확대되었을 가능성이 있다. 샤가스병은 치료제가 없다는 것을 기억해야 한다.

표 24.2

신경계에서 발병하는 감염성 질병

질병	원인체	특징
뇌와 뇌척수막에서 발병하는 감염성 세균질환		
세균성 뇌수막염	표 24.1	조직 괴사, 뇌 부종, 두통, 열, 산발적 발작
리스테리아 병	*Listeria monocytogenes*	태아와 면역결핍증 환자에게 나타나는 수막염
뇌 농양	혐기성 미생물	대량 증식하며 뇌를 압박함
뇌와 뇌척수막에서 발병하는 바이러스성 질환		
공수병	공수병 바이러스	신경과 뇌에 침투, 두통, 발열, 메스꺼움, 부분적 마비, 혼수상태, 면역력이 없으면 사망하게 됨
뇌염	뇌염 바이러스	중추신경계 뉴런 수축과 용해, 두통, 발열, 간혹 뇌 조직의 괴사와 경련
대상포진성수막뇌염	헤르페스 바이러스	발열, 두통, 뇌막 통증, 경련, 반사작용 이상
진행성 다초점성백질뇌병증	polyomavirus, JC virus	수초가 없는 뇌의 희소돌기아교세포에 감염, 지적능력 저하, 사지마비, 실명
세균성 신경계 질병		
한센병	*Mycobacterium leprae*	피부색소의 감소 및 감각이 소실되는 증상에서 피부와 뼈가 파괴되는 증상에 이르기까지 병의 징후가 다양함.
파상풍	*Clostridium tetani*	독소로 발생되는 질병, 근육 마비, 경련, 호흡기 근육 마비, 심장손상, 거의 사망함
보툴리누스 중독	*Clostridium botulinum*	식품의 부패로 생성된 독소는 아세틸콜린 방출을 억제, 즉각적 치료를 하지 않으면 마비와 사망을 초래함, 유아 및 외상성 보툴리누스은 내생포자가 발아하여 생성된 독소 기인성
바이러스 기인성 신경질병		
척수성 소아마비	여러 종류의 polioviruses	발열, 등 통증, 근육경련, 운동뉴런 손상으로 부분적 또는 전신의 흐느적거리는 마비 증상
신경계의 프리온 질병		
전염성 스폰지 뇌질환	프리온	뇌세포 사멸된 조직에 구멍이 생김, 뇌조직이 스폰지화, 아밀로이드 플라크 형성, 병증이 나타나기 전 오랜 잠복기, 병증이 나타난 후 빠른 진행 속도, 치료법 없음
신경계 기생충 질병		
아프리카 수면병	*Trypanosoma brucei gambiense, T. brucei rhodesiense*	발열, 쇠약, 빈혈증, 떨림, 발을 끄는 걸음걸이, 무감정, 기생충이 중추신경에 침투하면 쇠약해지고 경련이 나타나며 의식불명 등의 병증이 진행됨
샤가스병	*Trypanosoma cruzi*	피하염증, 림프조직 손상, 신경절 및 근육 손상, 근육통과 장, 심장, 골격근의 마비

로 문지르며, 이런 행동으로 기생충은 눈이나 피부에 들어가게 된다.

질병. 샤가스병은 벌레에 물린 자리 주변의 피하에 염증이 발생하면서 진행된다. 이어서 1~2 주 후에 기생충은 임파절로 이동하여 계속 번식하여 서로 결집된 **가성낭종(pseudocysts)**이라 불리는 결합체를 형성한다. 가성낭종이 파열되면 그 부위의 피부에 염증과 괴사가 발생된다. 이 기생체는 침습 또는 식세포작용을 통해 세포 안으로 들어가며, 림프조직과 모든 종류의 근육조직 그리고 특히 신경절을 둘러쌓고 있는 지지세포 등에 손상을 입힌다. 이 질환이 풍토병인 지역에 거주하는 감염된 청년의 3/4은 심장 신경절 손상으로 기인된 질환으로 사망한다.

샤가스병은 급성 또는 만성형의 두 종류가 있으며, 급성 샤가스병은 2세 이하의 유아에게 주로 발병하여 중증의 빈혈, 근육통 그리고 신경계 이상을 초래한다. 특히 중증의 급성 샤가스병은 3 - 4주 내에 환자를 사망에 이르게 하지만, 보통 정도의 급성 샤가스 질병은 몇 달이 지나면 회복될 수 있다. 주로 성인에게 나타나는 만성 샤가스병은 어린시절 감염으로 인해 발병된다. 위험성이 적고 뚜렷한 자각증상은 없으나 종종 여러 내장기관의 비대증을 일으킨다. 이 잠행성 질병은 신경계에 심각한 영향을 준다. 식도에 분포하는 신경의 85%가 그리고 결장에 분포하는 신경의 50%가 각각 손상되면 소화기관의 근육운동이 둔화되거나 정지하며, 심장의 경우에는 불규칙한 박동과 심장혈류에 영향을 주며, 중추신경계의 경우에는 운동신경 중추의 손상으로 마비를 일으키기도 한다. *T. cruzi*는 태반을 통해 전이될 수 있으므로, 산모가 만성 질환을 앓고 있는 경우 태아는 출산 후 심각한 급성 샤가스병을 갖고 태어나기도 한다. 일부 국가에서는 검사 받지 않은 혈액 수혈로 인해 감염되기도 한다.

진단, 치료법 그리고 예방법. 새로운 PCR 법을 사용하여 샤가스병을 보다 빠르게 진단할 수 있게 되었다. 일부 지역에서 지금까지도 사용되고 있는 오래된 진단법은 환자의 혈액을 동물에게 주입하는 것인데, 이 방법은 시간이 오래 걸리며 꽤 복잡한 과정을 거쳐야만 한다. 급성일 경우 고열 발생시 혈액에서 직접 기생충을 발견할 수 도 있다. 기니피그(guinea pig) 또는 쥐 등의 작은 동물에게 환자의 혈액을 주입하여 병의 징후를 관찰하기도 하는데, 이 기술을 외인 진단법 (*xenodiagnosis*) 이라고 한다. *Xenos*는 그리스어로 이방인 또는 외국인이란 뜻이며, 본 장에서는 인간이 아닌 다른 동물을 사용하는 것을 의미한다. 실험실에서 사육되고 아울러 기생충에 감염되지 않는 곤충을 환자에게 접촉시켜 물게 한 다음, 2~4 주 후 곤충의 내장에 트리파노소마 존재 여부를 관찰함으로서 만성 샤가스 병을 진단하는 방법도 있다.

몸 안의 다양한 요인들이 면역계의 T 세포를 활성화시킨다. Trypanosoma cruzi가 존재할 경우 T 세포는 어떠한 요인들로도 활성화되지 않는다.

질병을 진단할 수 있는 여러 방법이 있음에도 불구하고 아직까지 효과적인 치료법이 없다. 다른 종류의 트리파노소마 감염성 질병 치료제는 사용하지 않는데, 그 이유는 세포 안에 존재하는 기생충을 처치하기 위한 약이 세포 내부로 유입되지 않기 때문이다. 치료제와 백신개발 연구가 진행 중이며, 현재로서는 매개 곤충인 참노린재를 방역하는 것만이 질병으로 인한 불행을 막을 수 있는 유일한 방법이다. 살충제 살포가 어느 정도 참노린재 방역에 효과를 보이지만 벽체의 갈라진 틈이나 초가지붕에서 기어 다니는 벌레까지 박멸하는 것은 어렵다. **표 24.2**에 질병 유발 요인과 그 특성을 정리해 놓았다.

✓중점 질문 사항

1. 경구 투여용 생백신과 사백신의 장단점을 비교하시오.
2. 아프리카 수면병의 전염 과정을 설명하시오.
3. 샤가스병이 초래하는 손상은 무엇인가?

요약

- 이번 장에서 거론한 질병 요인과 그 특징들을 정리 한 것이 표 24.2이다. 표에 정리한 것은 다시 요약하지 않았다.

신경계의 구성요소

- 신경계는 **중추신경계(central nervous system, CNS)**와 **말초신경계(peripheral nervous system, PNS)**로 구성되어있다. 뇌와 척수는 중추신경계를 구성하고, **신경**들은 몸 전체에 분포하여 말초신경계를 구성한다. 말초신경계에서 신경세포체 집합을 **신경절**이라 부르며, **수막**은 뇌와 척수를 감싸고 있다.
- 중추신경계는 **혈액뇌간문**이라는 특수한 혈관벽을 갖는 모세혈관 때문에 보호되고 있다.
- 신경계에는 미생물이 존재하지 않는다.

뇌와 뇌척수막 질환

뇌와 뇌척수막에서 발병하는 감염성 세균 질환

- **세균성 뇌수막염**은 보균자로 부터 전염되며, 페니실린으로 치료가 가능하다. 소아용 *Haemophilus* 수막염의 감염을 차단하기 위한 예방백신이 있다.
- **리스테리아병**은 부적절하게 생산된 유제품을 통하여 감염되며, 태반을 통해 태아에게 전염될 수 있다. 면역결핍 환자에게는 매우 위험하다.
- **뇌 농양**은 상처나 이차 감염 때문에 발생된다. 감염 초기 항생제 요법은 치료에 효과적이며, 이후 고름이 뇌의 중요 부위에 위치하지 않는 이상 수술로 제거가 가능하다.

뇌와 뇌척수막에서 발병하는 바이러스성 질환

- **바이러스 수막염**은 보통 자가 면역력으로 치료되며 위험하지 않다.
- **공수병**은 일부 공수병 청정 국가를 제외하고는 전 세계적으로 분포되어 있다. 공수병은 수많은 작은 동물들이 매개체 역할을 하기 때문에 통제하기가 어렵다.
- 공수병은 IFAT로 진단하고 물린 곳을 세척하며 고도면역공수병혈청과 백신으로 치료한다. 애완동물이나 위험에 처한 사람에게 예방접종을 하고, 예방접종을 하지 않은 사람은 야생 동물과의 접촉을 멀리 하는 것으로 공수병을 예방할 수 있다.
- **뇌염**은 모기로 전염되며 종종 말이 감염되기도 한다. 때로는 배양된 혈액이나 세포의 척수액 또는 쥐에서도 발견된다. 말을 위한 백신이 있다.
- **헤르페스 뇌수막염**은 종종 헤르페스 감염 후에 나타난다.

그 외의 신경계 질병

세균성 신경계 질병

- **한센병(나병)**은 전세계적으로 수만명이 감염되었다. 감염자들은 감염 후에도 수년 동안 자각증상이 없었으며 진단을 위한 검사도 없었다. 댑손, 클로파지민 그리고 리팜핀이 치료를 위해 사용되며 백신은 없다.

- **파상풍**은 상처를 통해 포자가 몸속이 들어가 감염된다. 해독제와 항생제를 사용하여 치료한다. 만약 모든 사람들이 예방접종은 한다면 파상풍을 예방할 수 있다.
- **보툴리누스 중독**은 강한 신경독이 함유된 음식을 섭취했을 때 나타나며 다가 항독소를 사용하여 치료한다. **영아보툴리누스증**과 **창상 보툴리누스증**은 포자가 발아하여 독성을 생성한다.

바이러스 기인성 신경계 질병

- **척수성 소아마비**는 예방접종이 개발되기 전까지는 흔하고 매우 위험한 병이었다. 소아마비 바이러스 배양 여부 및 면역학적 방법을 사용하여 진단을 하였다. 치료법은 단지 증상 완화를 시켜주는 것 뿐이었고, 호흡기 근육마비 증상이 있을 경우에는 철폐장치를 사용하였다.
- 경구투여용 소아마비 백신과 주사용 소아마비 백신 모두 사용 가능하다. 각각의 예방접종 방법은 나름대로 장단점이 있다. 전 세계적으로 예방접종이 실시된 이후 척추성소아마비는 사라졌다.

신경계의 프리온 질병

- 감염 후 오랜 잠복기를 가지며, 뇌세포가 죽고 신경조직이 스폰지화 된다. 아밀라이드 플라크가 축적된다.
- 처음에는 경련이 나타나며 병의 악화 속도가 빨라서 곧 일어설 수 없게 되고 사망하게 된다.
- 프리온은 인간 또는 다른 여러 동물에게 **전염성 스폰지형 뇌질환(transmissible spongiform encephalopathy)**를 발병하게 한다. 프리온은 서로 다른 생물종간 전염이 가능하다.
- **쿠루**와 **크로이츠펠트-야콥병(Creutzfeldt-Jakob disease, CJD)**은 사람에게 질병을 일으키며, **스크레피**는 양에서 그리고 **광우병**은 소에서 발병된다.

신경계의 기생충 질병

- **아프리카 수면병**은 아프리카 적도지역에서 나타나며 체체파리를 매개로 전염된다. 혈액 내 기생충의 발견 여부로 진단하며 펜타미딘과 그 외의 약품을 사용하여 치료한다.
- **샤가스병**은 미국 남부지역을 비롯하여 남미 전 지역에 걸쳐서 나타나며, 다양한 곤충종들에 의해서 전염된다. 혈액내 기생충 발견 여부와 외인진단법 (xenodiagnosis)을 사용하여 진단한다. 효과적인 치료법은 없다.

용어 정리

가성낭종(p. 776)	대상포진성수막뇌염(p. 762)	세균성 뇌수막염(p. 755)	중추신경계(p. 755)
결핵양(p. 763)	레프로민 피부 검사법(p. 763)	세인트루이스 뇌염(p. 761)	진행성(p. 768)
공수병(p. 758)	리스테리아 증(p. 757)	스크래피(p. 772)	창상 보툴리누스(p. 768)
공수병 바이러스(p. 760)	만성 소모성 질환(p. 773)	신경(p. 755)	척수성 소아마비(p. 768)
광우병(p. 772)	말초신경계(p. 755)	신경계(p. 755)	쿠루(p. 770)
나병(p. 763)	미동부 말뇌염(p. 761)	신경절(p. 755)	크로이츠펠트-야콥병(p. 770)
나종(p. 763)	미서부 말뇌염(p. 761)	신생아 파상풍(p. 767)	트리파노소마(p. 774)
뇌 농양(p. 757)	바이러스성 뇌수막염(p. 758)	아프리카 수면병(p. 773)	파상풍(p. 765)
뇌수막염(p. 755)	베네주엘라 말뇌염(p. 761)	영아 보툴리누스(p. 768)	프리온(p. 770)
뇌염(p. 761)	보툴리누스중독(p. 767)	웨스트 나일 열병(p. 761)	한센병(p. 763)
진행성 다초성 백질뇌병증(p. 762)	샤가스 병(p. 775)	전염성 스폰지화 뇌질환(p. 770)	혈액뇌간문(p. 755)

임상 사례 연구

해리는 운전하고 학교로 돌아가는 길에 차에 치여 몸부림치며 괴로워하는 개 한 마리를 도로에서 발견하였다. 해리는 차를 멈추고 담요로 개를 덮어 동물병원을 향하여 이동하였다. 개를 담요로 덮을 때 개의 피가 해리의 온몸에 묻었고, 개에게 몇 군데 물리고 긁혔다. 동물병원으로 가는 도중에 개는 죽었고 해리는 그 개를 쓰레기통에 버렸다. 몇 주가 지난 후, 룸메이트는 해리의 이상한 행동은 발견하였는데, 그는 숨으려고 하고 창을 가렸으며 방에 빛을 들어오는 것을 싫어했다. 아무것도 먹지 않으려고 하였고 목이 말라도 물이나 다른 음료를 마시는 것을 거부하였다. 침대에 누워서 이상한 소리를 냈다. 결국 그의 룸메이트는 학교 양호실에 해리를 진단해 달라고 요청하였다. 그들은 해리를 강제로 병원에 입원시켰으며 그 병원에서 며칠 후에 사망하였다. 진단이 뭐였을까요? 어떤 경로로 감염이 되었을까요? 부상당한 동물을 돕기 전에 다시 한 번 생각하십시오. 이 이야기는 실제 있었던 이야기입니다.

요점 사고 문제

1. 미국에서 소아마비, 홍역, 유행성이하선염, 디프테리를 비롯한 그 외 질병등은 효능이 우수한 예방접종으로 사람 간 전염이 매우 드물게 나타난다. 사육되는 가축의 예방접종으로 면역력이 없는 사람도 병원균에 감염될 위험성이 매우 낮아졌다. 다른 사람의 예방접종으로 혜택을 받는 일부 예방접종을 받지 않는 사람의 행동은 윤리적으로 또는 기타 논쟁의 여지가 있다고 생각하는가?

2. 공수병은 병원균에 감염된 후에 예방접종이 가능한 몇몇 안되는 질병 중 하나이다. 이런 예방접종이 공수병에서 가능한 이유는 무엇인가?

3. 이전에는 한센병에 감염된 환자들을 강제적으로 나병요양소에 격리시킴으로서 다른 사람에게 전염되는 것을 방지했다. 효과적인 치료법이 개발된 이후, 격리 수용은 한센병 박멸에 도움을 주지 못한다고 간주되었다. 이 같은 견해의 배경은 무엇인가?

자가 진단 문제

1. 다음 중 치명적인 뇌수막염 감염과 연관된 것은 무엇인가?
(a) 혈관경화증
(b) 뇌압증가
(c) 뇌척수액의 감소
(d) 중추신경계의 기능 손상
(e) 위의 보기 모두

2. 신경계의 설명으로 올바르지 못한 것은?
(a) 중추신경계와 말초 신경계로 이루어져 있다.
(b) 중추신경계는 뇌와 척수로 이루어져 있다.
(c) 신경절은 뇌의 일부이다.
(d) 뇌척수막은 뇌와 척수를 감싸는 막이다.
(e) 병원균으로부터 보호받고 있다.

3. 2차 세계대전 당시 미군에가 가장 발병률이 높았던 질병의 병원균은:
(a) *Haemophilus influenzae type* A
(b) *Haemophilus influenzae type* B
(c) *Streptococcus pneumoniae*
(d) *Neisseria meningitidis*
(e) *Listeria monocytogenes*

4. 예방접종을 받지 않은 아이들에게 발병하는 가장 흔한 뇌수막염의 원인은 무엇인가?
(a) *Streptococcus pneumoniae*
(b) *Escherichia coli*
(c) *Staphylococcus*
(d) *Haemophilus influenzae*
(e) 답이 없음

5. Waterhouse Friderichsen Syndrome은 원인 병원균이 온 몸에 분포할 경우 발생되며, 내독소로 인한 쇼크와 사망을 초래한다. 이 병원균은 다음 중 어떤 것인가?
(a) *Haemophilus influenzae type* B
(b) *Haemophilus influenzae type* A
(c) *Neisseria meningitidis*
(d) *Streptococcus pneumoniae*
(e) *Listeria monocytogenes*

6. 이 미생물 기인성 질병에서 회복한 환자는 중추신경계의 영구적 손상을 입을 수 있으며, 이것은 전 세계적으로 후천적 지적장애의 대표적인 병이다. 이것은 무엇인가?
(a) *Haemophilus influenzae type* B
(b) *Haemophilus influenzae type* A
(c) *Neisseria meningitidis*
(d) *Streptococcus pneumoniae*
(e) *Listeria monocytogenes*

7. 성인 뇌수막염을 일으키는 대표적인 미생물은 무엇인가?
(a) *Haemophilus influenzae type* A
(b) *Neisseria meningitidis*
(c) *Haemophilus influenzae type* B
(d) *Listeria monocytogenes*
(e) *Streptococcus pneumoniae*

8. 수막염을 유발하는 세균 중에서 Gram 양성반응을 보이며 환자에게 내독소 쇼크를 일으키지 않는 것은 무엇인가?
(a) *Escherichia coli*
(b) *Neisseria meningitidis*
(c) *Listeria monocytogenes*
(d) *Haemophilus influenzae type* B
(e) 답이 없음

9. 만성 뇌수막염의 원인 병원균은 무엇인가?
(a) *Streptococcus pneumoniae*
(b) *Mycobacterium tuberculosis*
(c) *Staphylococcus*
(d) *Treponema pallidum*
(e) b와 D

10. *Listeria meningitidis*에 의해 발병하는 뇌수막염은 어떤 경로로 전염되는가?
(a) 음식
(b) 물
(c) 분무기
(d) 성 접촉
(e) 물리적 접촉 (성접촉 제외)

11. 다음 중 어떤 것이 혈액 뇌관문을 쉽게 통과할 수 있는가?
(a) 페니실린
(b) 보체
(c) 클로람페니콜
(d) 항체
(e) 위의 보기 모두

12. 다음 중 한센병 원인은 무엇인가?
(a) *Mycobacterium tuberculosis*
(b) *Mycobacterium leprae*
(c) *Listeria monocytogenes*
(d) *Clostridium botulinum*
(e) *Prions*

13. 형광면역항체법 (immunofluorescent antibody test: IFAT)은 뉴런에서 네그리 소체를 확인하는 오래된 시험법을 대신하였으며, 이 시험법으로 진단하는 질병의 원인균은 무엇인가?
(a) *Neisseria meningitids*
(b) *Enteroviruses*
(c) *Mumps virus*
(d) *Rabies virus*
(e) *Haemophilus influenzae*

14. 뇌염을 일으키는 바이러스는 무엇인가?
(a) *Togaviruses*
(b) *Enteroviruses*
(c) *Mumps virus*
(d) *Rabies virus*
(e) *Hepatitis viruses*

15. 중추신경을 감염시키는 Naegleria fowleri는 어떤 종류인가?
(a) 바이러스
(b) Gram 양성 박테리아
(c) Gram 음성 박테리아
(d) 아메바
(e) 곰팡이

16. 말초신경을 손상시키는 유일한 박테리아는 무엇인가?
(a) *Naegleria fowleri*
(b) *Mycobacterium leprae*
(c) *Streptococcus pneumorniae*
(d) *Neisseria meningitids*
(e) *Haemophilus influenzae*

17. 근육 경련으로 등이 아치형으로 구부러지며, 턱 근육에 경련을 일으키는 것은 무엇인가?
(a) *Clostridium tetani*
(b) *Clostridium Botulinum*
(c) *Mycobacterium lepra*
(d) *Mycobacterium tuberculosis*
(e) *Poliovirus*

18. 1933년에 개발된 백신은 다음 보기의 한 세균으로 발생되는 질병의 발병률을 낮추는데 효과적이었다. 이 병의 원인균은 무엇인가?
(a) *Clostridium botulinum*
(b) *Mycobacterium lepra*
(c) *Clostridium tetani*
(d) *Streptococcus pneumoniae*
(e) *Listeria monocytogenes*

19. 가장 흔한 Clostridium botulinum 원인 질병은 무엇인가?
(a) 유아
(b) 찰과상
(c) 폐 (공기전염으로 인한)
(d) 음식
(e) 답이 없음

20. 가장 강한 열 내성을 갖는 내생포자 생성 세균은 무엇인가?
(a) *Clostridium tetani*
(b) *Clostridium botulinum*
(c) *Mycobacterium leprae*
(d) *Streptococcus thermicos*
(e) *Listeria monocytogenes*

21. 뉴런과 근육의 연접부위에서 아세틸콜린 분비를 차단하여 마비를 일으키는 독소를 생성하는 균주는 무엇인가?
(a) *Clostridium botulinum*
(b) *Mycobacterium leprae*
(c) *Streptococcus thermicos*
(d) *Clostridium tetani*
(e) *Listeria monocytogenes*

22. 아프리카 수면병을 예방하는 것이 거의 불가능한 이유는 무엇인가?
(a) 트리파노소마는 표면 당단백질을 변형시키는 방법으로 숙주의 면역반응을 피한다.
(b) 체체파리가 넓은 지역에 퍼져있어서 박멸하기 어렵다.
(c) 백신은 서로 다른 여러 항원을 목표로 해야 한다.
(d) 위의 모든 보기
(e) a와 b

23. 폴리오바이러스 감염 후 병증이 나타나지 않아서 병을 진단할 수 없는 시기는 언제 인가?
(a) 어린이
(b) 청소년
(c) 청년
(d) 성인
(e) 위의 모든 보기

24. 소화기관 내의 바이러스를 제거하는데 효과적인 백신은 다음 중 어느것인가?
(a) 약독화 생백신
(b) 포르말린 사백신

25. 다음 중에서 프리온 감염과 그 외의 항원 감염을 구별하는 주요 특성은 무엇인가?
(a) 염증을 일으키지 않는다.
(b) 전염성이 없다.
(c) 성상세포를 증가시키지 않는다.
(d) 치명적이지 않다.
(e) 위의 보기 모두

26. 보기의 신경계에 영향을 주거나 감염을 일으키는 병원균의 이름을 나열하고, 감염경로와 증상을 설명하시오. 각 질병의 예방법과 치료법도 서술하시오.

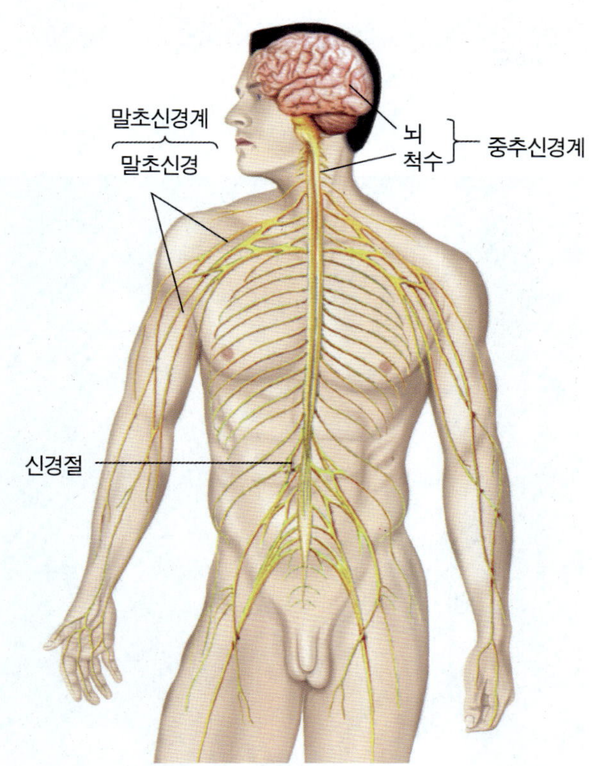

▌ 웹상에서 탐구 문제

http://www.wiley.com/college/black

본 장의 지식을 습득하였다면, 웹에서 보다 많은 지식을 탐색해 보시오. 관련 웹 사이트를 방문하여 이 장에서 언급된 기본 개념에 대한 이해의 폭을 높이고 또한 아래의 질문을 답하시오.

1. 미친개가 당신을 물지 않도록 하시오. 공수병에 감염되어 병증이 나타나면 치료법이 없다. 웹사이트에서 추가 정보를 확인하세요.
2. 철폐는 중세 고문 기구가 아닌 소아마비로 발생되는 환자의 고통을 치유하기 위한 의료용 기구이다. 웹사이트에서 추가 정보를 확인하세요.
3. 실내 상하수도 배관 설비와 위생처리 방법의 개선이 소아마비 발병률을 증가시켰다는 사실을 믿을 수 있는가? 웹사이트에서 사실을 확인하세요.

25 환경 미생물

시작하며...

미국 와이오밍주에 있는 옐로우스톤 국립공원에 가본적이 있는가? 이곳에가면 Old Faithful을 포함한 여러 간헐천과, 거대한 양의 가스와 함께 끓고 있는 진흙이 방출되는 분출구를 여러 곳 볼 수 있다. 옐로우스톤 국립공원은 지구 내부의 지열이 직접 방출되는 현상을 볼 수 있는 아주 독특한 장소다. 그리고 이와 비슷하게 지구내부의 열이 방출되는 지역이 심해의 해저에도 존재한다. 그러나 심해의 해저에서 지열이 방출되는 현상은 대양의 표면에서 8500 피트 아래로 내려가야 볼 수 있으므로 옐로우스톤 처럼 쉽게 관찰할 수는 없다. 심해의 해저에서 지구 내부의 열이 방출되는 곳은 물의 온도가 330℃(626°F)나 되는 물기둥이 만들어 진다. 이곳 지열이 올라오는 장소 중 일부는 거의 5층 높이에 해당하는 검은 굴뚝이 50개 이상 존재하는 굴뚝의 숲을 이루고 있고, 이들이 내뿜는 열은 대양의 순환에 영향을 줄 정도로 막대하다. 심해의 지열이 발산되는 곳이 지구에서 가장 생산적인 지역이라 해도, 어떻게 이런 혹독한 환경에서 생명체가 살수 있을까? 1977년에 심해의 해저에서 이런 장소가 처음 발견된 이후, 현재까지 지열이 발산되는 곳에만 특이적으로 존재하는 500종 이상의 새로운 생명체가 발견되었다.

웹 사이트에 접속해 지열이 분출되는 모습과, 이들이 분출되는 것을 도해적으로 설명한 자료, 그리고 이곳에 존재하는 동물과 미생물 집단 사진과 하얀색 연기를 분출하는 분출구 등을 확인하라

이 주제와 관련된 비디오는 WileyPLUS에서 볼 수 있습니다.

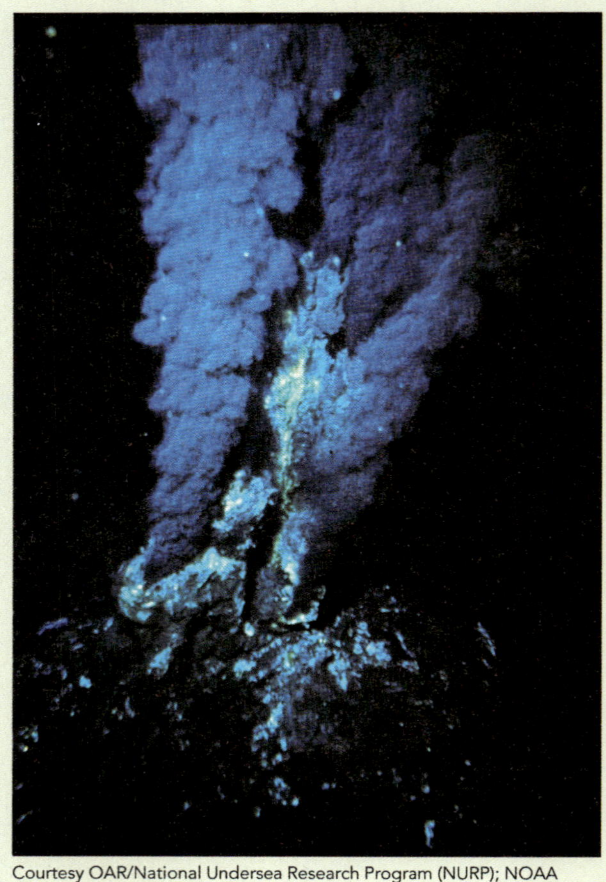

Courtesy OAR/National Undersea Research Program (NURP); NOAA

생태학 원리
생태계의 범위 / 생태계에서의 에너지 흐름

생물지구화학적 순환
물 순환 / 탄소 순환 / 질소 순환과 질소세균 / 황 순환과 황세균 / 기타 원소들의 생물지구화학적 순환 / 깊고 뜨거운 생물권

대기
대기에서 발견되는 미생물 / 대기중의 미생물 제어

토양
토양성분 / 토양 미생물 / 토양에 존재하는 병원성 균 / 동굴

물
담수환경 / 해양환경 / 열수구와 냉삼출 / 물의 오염 / 물의 정화

하수처리
1차 처리 / 2차 처리 / 3차 처리 / 정화조

생물 정화

생태학 원리

생태학(Ecology)은 생명체와 그들을 둘러싸고 있는 주변환경과의 관계를 연구하는 학문으로, 이러한 관계는 생물과 그들 주변을 둘러싸고 있는 **비생물적 요인(abiotic factors)**과의 상호 작용뿐만 아니라, 생명체끼리인 **생물적 요인(biotic factors)**과의 상호 작용도 포함된다. 따라서 **생태계(ecosystem)**는 주어진 영역내의 모든 생명체들과 그들을 둘러싸고 있는 모든 생물과 비생물적 요인들이 함께 포함된다.

생태계의 범위

생태계는 다양한 생물학적 단계로 구성되어 있다. **생물권(biosphere)**은 살아있는 생명체들이 서식하고 있는 지구의 일정 지역을 의미한다. 생물권은 지구의 물 공급원인 수권(*hydrosphere*)과 지구의 지각을 구성하고 있는 토양과 암석으로 된 암석권(*lithosphere*), 그리고 지구를 둘러싸고 있는 가스물질인 대기권(*atmosphere*)으로 구성되어 있다. 생물권에는 아주 다양한 생명체가 존재한다. 사막, 툰드라, 초원, 혹은 열대 우림과 같은 육상 생태계는 특정 기후나 토양의 종류 그리고 그곳에 서식하는 생명체들에 의하여 특징 지어진다. 수권은 담수 생태계와 해양 생태계로 나누어진다.

생태계내의 생명체들은 군집 속에서 살아간다. 생태학적 **군집(community)**은 주어진 환경에서 살아가는 모든 종류의 생명체로 구성되고, 특정 환경에 서식하는 미생물은 토착성생명체와 외래성 생명체로 구분할 수 있다. **토착성 생명체(indigenous organisms)**란 주어진 환경 속에서 항상 발견되는 생명체를 의미한다. 이들은 일반적으로 계절의 변화뿐 아니라, 환경에서 이용할 수 있는 영양소의 변화에도 잘 적응한다. 예로 *Spirillum volutans*는 고여있는 물에서 살고, 다양한 방선균(*Streptomycetes*) 종들은 토양에서, 그리고 대장균(*Escherichia coli*)은 사람의 소화기관에서 서식한다. 재앙적인 큰 변화를 제외한 일반적 환경 변화는 항상 토착성 생명체들의 삶이 지속 가능할 수 있도록 도와준다. **외래성 생명체(nonindigenous organisms)**는 환경 내에 일시적으로 거주하는 생명체를 말한다. 이들은 만약 주어진 환경이 그들에게 이로울 경우 엄청난 숫자로 불어나는 반면, 해로울 경우에는 금방 사라지게 된다.

군집은 동일 종(species)으로 구성된 개체군(*populations*)이 모여 형성된다. 일반적으로 다양한 개체군으로 형성된 군집은 적은 수의 개체군으로 구성된 군집에 비해 더욱 안정하다. 다양한 종들로 구성된 군집은 각 종들의 수가 상대적으로 일정하게 유지되는 안정적인 생태계를 만든다.

개체군의 기본 단위는 바로 각각의 생명체로, 각 생명체들은 특정한 거주지(*habitat*)와 생태적 지위(*niche*)를 갖는다. 거주지는 생명체의 물리학적 거점을 뜻한다. 미생물은 크기가 매우 작기 때문에, 미생물과 직접 접촉하고 있는 주변환경을 포함해서, 산소와 영양소 그리고 빛이 일정하게 유지되고 있는 **미세환경(microenvironment)**에

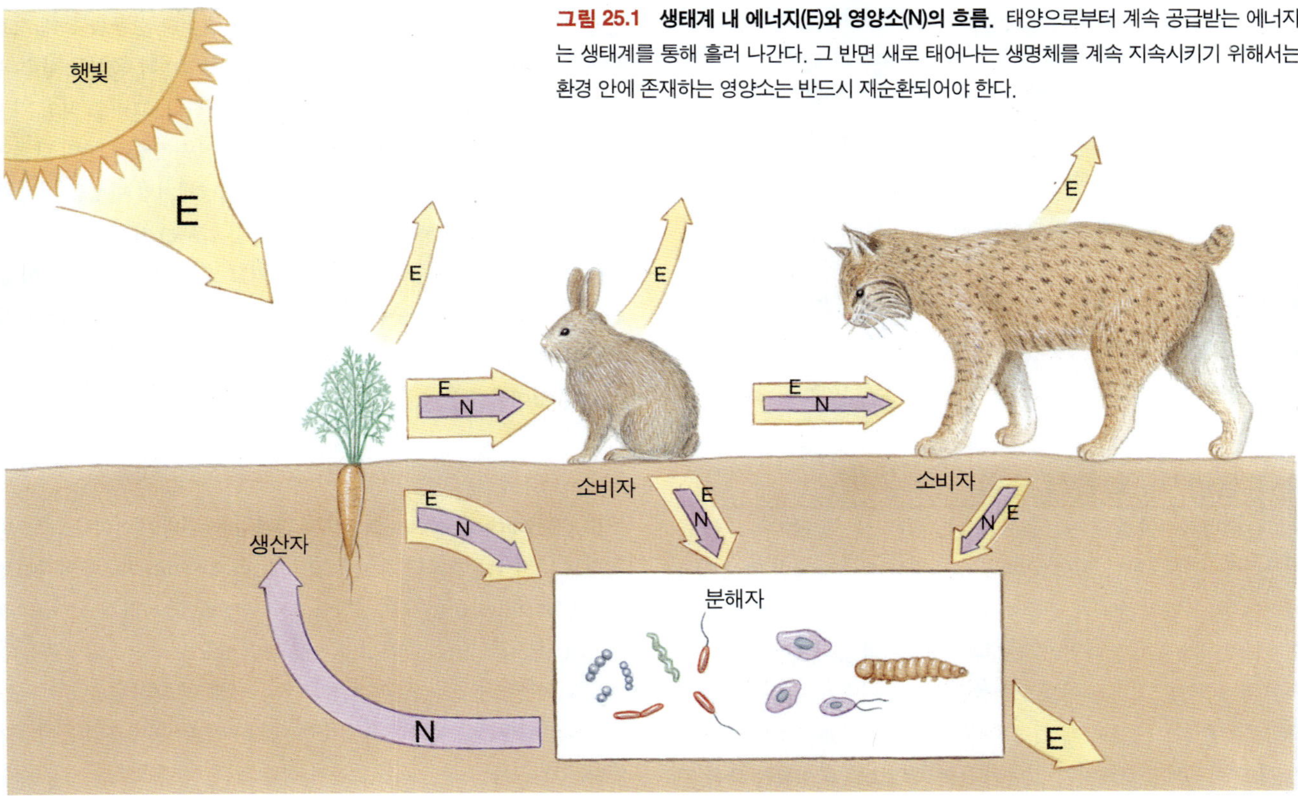

그림 25.1 생태계 내 에너지(E)와 영양소(N)의 흐름. 태양으로부터 계속 공급받는 에너지는 생태계를 통해 흘러 나간다. 그 반면 새로 태어나는 생명체를 계속 지속시키기 위해서는 환경 안에 존재하는 영양소는 반드시 재순환되어야 한다.

서식한다. 토양의 아주 작은 조각 하나도 세균에게 있어선 미세환경일 수 있다. 그리고 이런 미세환경은 세균에게 있어 광범위한 거대환경(*macroenvironment*)보다 더 중요하다. 생태적 지위는 주어진 환경의 생물, 비생물적 요인들을 이용하여 생태계에서 활동하는 역할의 크기를 의미한다. 미생물들은 생산자(*producers*), 소비자(*consumers*), 또는 분해자(*decomposers*)가 되기도 하다. 다음 부분에서 이에 대해 좀 더 자세히 알아보도록 한다.

생태계에서의 에너지 흐름

에너지는 생명체의 필수 요소로, 태양으로부터 오는 복사에너지가 생태계에 존재하는 대부분 생명체들의 에너지원으로 사용된다(무기물질에서 에너지를 얻는 화학무기영양세균은 여기에 해당되지 않는다 (◀5장 p. 138). 태양에서 나오는 에너지를 이용하는 생물들을 **생산자(producers)**(독립영양생물; autotrophs)라 한다. 이들은 토양과 물에서 공급받는 다양한 영양소를 원료로 이용하여, 성장하고 활동하는데 필요한 물질들로 합성할 때 태양에너지를 이용한다. 그리고 생산자의 몸에 저장된 에너지는 **소비자(consumers)**(종속영양생물; heterotrophs)가 생산자나 다른 소비자를 잡아 먹으며 영양소를 얻는 과정을 통해 생태계 내로 흘러 들어간다. **분해자(decomposers)**는 생산자와 소비자의 사체와 배설물을 소화하여 에너지를 얻을 뿐 아니라, 생산자가 다시 이용할 수 있게 영양소를 생태계로 방출한다. 생태계 내에서의 에너지와 영양소의 흐름을 **그림 25.1**에 요약하였다.

미생물은 생태계 내에서 생산자와 소비자 그리고 분해자의 역할을 담당한다. 세균(bacteria), 남세균(cyanobacteria), 원생동물(protists), 조류(algae)를 포함한 모든 광합성 생명체는 생산자에 속한다. 일반적으로 육지에서는 주로 녹색 식물이, 바다에서는 남세균이 주된 생산자로 활동한다. 소비자에는 종속영양을 하는 세균과 원생동물, 그리고 곰팡이가 포함된다(소비자의 관점을 좀 더 확장시킨 범위에서 바라보면 바이러스도 숙주가 갖고 있는 에너지를 새로운 바이러스 합성으로 전환시키므로 이들 역시 소비자로 행동한다고 볼 수 있다). 많은 종류의 미생물들은 분해자의 역할도 한다. 사실 미생물들은 유기물질의 분해에 있어 동물과 식물보다 훨씬 더 큰 역할을 한다.

생물지구화학적 순환

생명체들이 생명 현상을 유지하기 위해서는 물 분자와 그들 주변환경에서 얻은 탄소, 질소 및 다른 원소들을 생명체의 몸 안에 합류시켜야 한다. 만약 생태계 전반에 걸쳐 영양소의 흐름을 담당하는 분해자가 존재하지 않는다면 영양소들은 생명체의 몸과 배설물에 축적되어 있게 되고, 그 결과 이들 원소들을 이용하지 못하게 된 지구상의 생명체들은 바로 멸종하게 될 것이다. 즉 태양으로부터 에너지 공급이 계속된다 해도 분해자가 없다면 물과 영양소를 구성하는 화학 원소들은 움직이지 않고 생명체에 고정되어 있게 된다. 따라서 이 원소들은 살아있는 생명체들이 이용할 수 있도록 반드시 지속적으로 재활용 되어야만 한다. 원소들의 이러한 순환과정의 메커니즘을 통틀어 **생물지구화학적 순환(biogeochemical cycle)**이라 부른다. 이때 이 단어의 *bio*는 살아있는 생명체를 뜻하고, *geo*는 살아있는 생명체를 둘러싸고 있는 주변환경인 지구를 의미한다.

확대경

세균이 세상을 지속시킨다

세균은 우리 인간보다 훨씬 중요하다. 모든 장소에서 아주 다양하게 존재하는 세균들은 식물과 동물의 사체에서 탄소와 질소를 방출한다. 이들 세균과 효모가 없다면 에너지와 물질 합성에 계속적으로 이용되는 탄소와 질소가 재사용되지 못한 채 사체 안에 영원히 갇혀 있게 된다. 습지와 벌판 등에서 끊임없이 활동하는 이들 작은 후원자들은 사체 안에 갇혀있는 원소들을 방출해 환경으로 되돌려 주어 다른 생명체를 구성하는 몸의 일부분으로 순환하게 한다. 세균이 존재하지 않으면 동물과 식물 사이의 탄소와 질소 순환이 유지되지 않아 결국 모든 생물이 죽게 된다. 세균이 없으면 원소들은 과거에 죽었던 동물과 식물의 사체 안에 보존되어 있게 되어 후대의 생명체들을 위한 영양분으로 사용될 수 없다.… Hans Zinsser, 1935

물 순환

물 순환(water cycle 또는 **hydrologic cycle(그림 25.2))**은 물의 재순환 과정을 의미한다. 대기 중에 존재하는 습기는 강우를 통해 지표면에 도달하게 된다. 지표면에 도달한 물은 광합성과 음식물 섭취 과정을 통해 살아있는 생물체의 몸 속으로 들어간다. 그리고 잎의 기공을 통한 증산작용으로 증발하거나, 호흡과정의 부산물로 물이 만들어져 생명체 밖으로 빠져 나간다. 다른 모든 생명체처럼 미생물 역시 대사작용에 있어 물을 사용하지만, 미생물 중 일부는 아예 물속이나 매우 습한 환경에서 서식하기도 한다. 그리고 많은 미생물들은 물이 없는 상태에서도 살아남을 수 있는 포자(spores)와 포낭(cysts)을 만들기도 하지만, 영양세포(vegetative cells)가 살아가기 위해서는 반드시 물이 있어야만 한다.

탄소 순환

탄소 순환(carbon cycle; 그림 25.3)과정을 통해 이산화탄소(CO_2) 형태로 대기에 존재하던 탄소가 광합성(photosynthesis)과 화학합성(chemosynthesis)을 거쳐 생산자의 몸 속으로 들어가게 된다. 그리고 소비자는 생산자와 다른 소비자를 섭취 함으로서 탄소화합물을 얻게되고, 살아있는 생명체의 호흡과정과 사체 및 노폐물을 분해하는 분해자의 활동을 통해 이산화탄소는 대기 중으로 다시 흘러 들어가게 된다. 그리고 탄소화합물은 토탄과 석탄, 석유의 형태로도 저장될 수

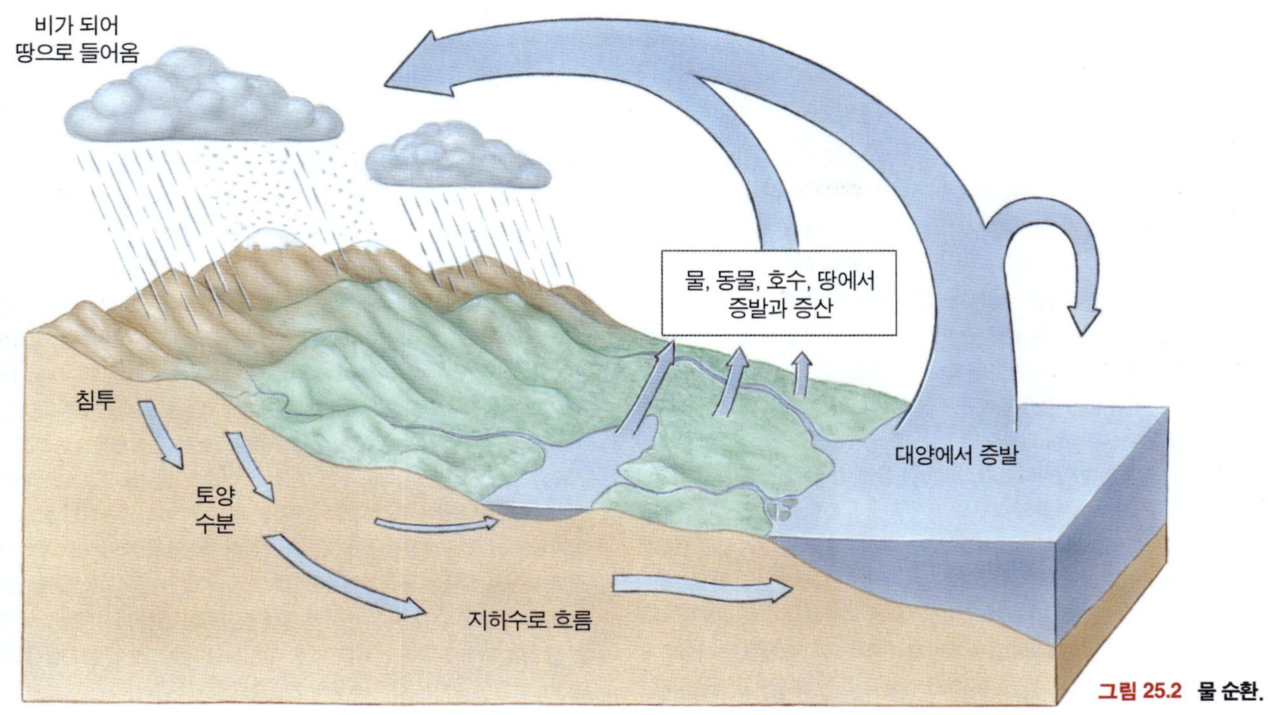

그림 25.2 물 순환.

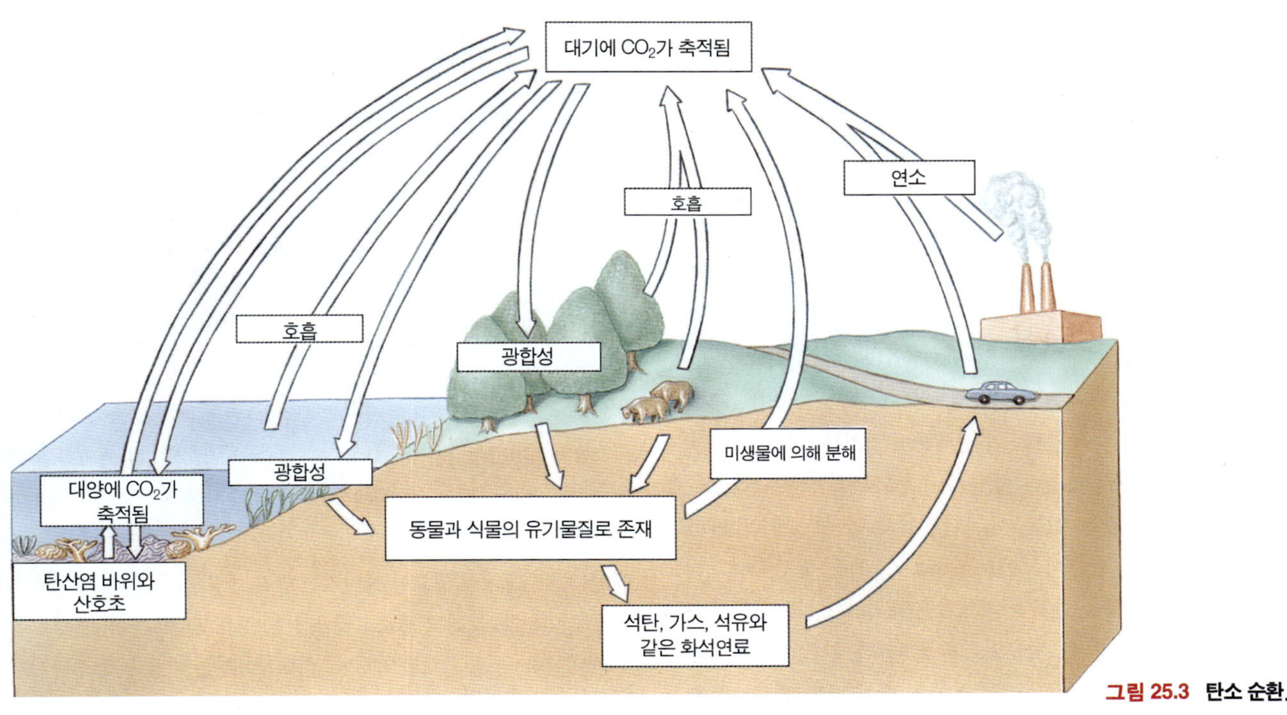

그림 25.3 탄소 순환.

있고, 이들이 연소될 때 탄소화합물들은 다시 대기 중으로 배출된다. 또 비록 전체적으로는 적은 부분이지만 상당한 양의 이산화탄소는 화산활동 및 탄산이온(carbonate ion; CO_3^{2-})을 갖는 암석의 풍화작용을 통해 배출되기도 한다. 그리고 바다와 탄산염을 갖고 있는 암석은 탄소의 가장 큰 저장소이지만, 이러한 저장소를 통한 탄소 순환은 매우 느리게 진행된다.

앞장에서 설명하였듯이, 모든 미생물은 생명 유지를 위해 탄소원을 필요로 한다. 살아있는 생명체로 들어가는 대부분의 탄소는 물과 대기에 존재하던 이산화탄소에서 기인한 것이다. 그리고 소비자가 섭취하는 설탕과 녹말에 들어있는 탄소도 역시 이산화탄소에서 시작

적용

온실효과(The Greenhouse Effect)

대기중의 이산화탄소와 수증기는 소위 온실효과라 불리는 지구표면을 덮는 담요 역할을 한다. 이들 가스들은 태양의 복사에너지가 지구의 대기를 통해 들어오게 해 준다. 그 결과 지구표면에 태양의 복사에너지가 도달하게 되어 지구 표면과 대기가 따뜻해 진다. 그러나 이 가스들은 지표면이 따뜻해져 생성된 대부분의 열 적외선을 붙잡아 지구로 다시 되돌려 보내므로 태양에너지를 지구라는 온실 안에 갇혀 있게 한다. 이 과정으로 지구 내부의 온도의 변화는 줄어들고 지표면의 온도는 상승한다.

인류는 100년 이상 석탄과 석유를 연소하며 상대적으로 많은 양의 이산화탄소를 방출하였다. 사실 대기중의 이산화탄소의 농도는 1958년 이후 10% 이상 증가하였다. 뿐만 아니라 광합성과정을 통해 이산화탄소를 흡수하여 산소를 지구에 공급해 주는 숲도 마구 베어져 지금껏 경험하지 못한 아주 빠른 속도로 없어지고 있다. 일부 과학자들은 이 과정이 지구 전체의 평균 온도를 높여주고, 생태계 내 생물체들의 균형에 변화를 주어 지구 온난화를 일으킨다고 생각하고 있다. 온난화 결과 온대지방은 너무 따뜻해져 밀을 비롯한 여러 곡식들을 재배할 수 없게 되고, 일부 지역은 가뭄이 나타나 새로운 사막이 만들어지고 있다. 또 온난화 현상은 극지의 얼음을 녹여 해수면을 상승시키고 바닷가에 있는 도시에 홍수를 일으킨다.

1998년의 첫 5달 동안, 지구 전체 온도가 0.5℃ 상승하였다. 온난화는 모기, 달팽이, 파리와 같은 감염성질병을 매개하는 동물들의 발생빈도를 증가시켜 이들 질병들을 확산시켰다. 이에 따라 일부 과학자들은 지구온난화 효과를 컴퓨터로 예측하는 프로그램을 개발하였다. 그 중 한 모델에 의하면 전체 지구 온도가 불과 3°C가 올라가는 21세기에는 매년 5천만 명에서 8천만 명의 새로운 말라리아 환자가 발생하고, 주혈흡충증(schistosomiasis), 아프리카 수면병(African trypanosomiasis), 댕기열(dengue fever), 황열병(yellow fever)과 같은 다른 질환들도 온난화에 따라 전 세계로 확산될 것이라 예측하고 있다.

바다에서 광합성을 하는 식물성 플랑크톤은 이산화탄소를 이용하므로 지구 온도에 영향을 준다(p. 798 "당신은 이것도 엘니뇨라고 생각하는가"를 보라). 1995년 6월에 과학자들은 태평양 일부 지역에 일반적인 함량의 철을 첨가했을 때 많은 식물성 플랑크톤의 성장이 촉진됨을 확인하였고, 이렇게 성장이 촉진된 식물성 플랑크톤들은 대기로부터 많은 양의 이산화탄소를 흡수하였다. 그러나 과학자들은 바다에 철을 첨가하여 전체 이산화탄소 양을 줄이는 방법에 대해 경고하고 있다. 철을 투입하면 먹이사슬에 변화를 주게 되어 온실효과를 일으키는 다른 종류의 가스들도 증가하게 된다.

된 것이다. 그러나 대기에 함유된 이산화탄소양은 0.03%로 극히 제한되어 있기 때문에 대기 중의 이산화탄소가 지속적으로 공급되기 위해서는 탄소의 재순환이 꼭 일어나야만 한다.

질소 순환과 질소세균

질소 순환(nitrogen cycle; 그림 25.4)은 대기중의 질소가 다양한 생물체들 몸속으로 들어간 뒤 다시 대기로 돌아오는 과정으로, 이 질소 순환은 분해자와 다양한 질소세균(nitrogen bacteria)에 의해 일어난다. 분해자는 탄소를 방출시키는 과정과 유사하게 효소들을 생산하여 사체와 노폐물에 포함된 단백질을 분해하며 질소를 방출한다. 단백질 분해 효소인 proteinases는 분자량이 큰 단백질을 작은 단백질로 분해하고, peptidases는 이들 작은 단백질의 펩티드 결합(peptide bond)을 절단하여 아미노산(amino acid)을 만든다. 그리고 deaminase는 아미노산에서 아미노기를 제거하며 암모니아를 방출하여 결국 질소 가스가 대기 중으로 되돌려진다. 많은 토양 미생물들은 하나 또는 그 이상의 이들 효소들을 생산하며, 클로스트리듐(Clostridia)과 방선균(actinomycetes) 그리고 많은 곰팡이들이 세포 밖에서 단백질을 분해하는 세포외 단백질 분해 효소(extracellular proteinase)를 생산한다.

질소세균은 질소의 순환에서 그들이 가지는 역할에 따라 다음과 같이 3가지 그룹으로 분류한다.

- 질소고정세균(nitrogen-fixing bacteria)
- 질화세균(nitrifying bacteria)
- 탈질세균(denitrifying bacteria)

질소고정세균

질소고정(nitrogen fixation)은 대기중의 질소(N_2)를 암모니아(NH_3)로 환원하는 과정으로, 질소고정을 하는 생명체는 지구에 살고 있는 모든 생명체가 이용하는 질소를 공급하는데 있어 필수적인 생명체이다. 일반적으로 지구에서 연간 약 2억 5천 5백만 톤의 질소가 고정되는데, 이 중 약 70%가 질소고정세균에 의해 고정된다. 질소를 고정하는 세균과 남세균은 남극과 같은 아주 낮은 온도, 온천과 같은 뜨거운 온도, 산성 조건, 소금의 농도가 높은 물, 건조한 사막과 물로 잠겨있는 홍수지역, 담수와 해수, 그리고 심지어 생명체의 소화기관에 이르기까지 아주 다양한 환경에 서식하며 질소를 고정한다.

질소고정에 필요한 에너지는 발효, 호기 호흡, 광합성 작용 등을 통해 얻는다. 그리고 질소고정을 하는 생명체들로는 자유 생활을 하는 미생물, 공생 관계를 약하게 맺고 살아가는 미생물, 공생관계가 반드시 유지되어야만 하는 미생물 등 아주 다양한 종류들이 존재한다. 그러나 공생관계가 있던 없던, 또 주변 환경이 어떻게 변하든 간에 모든 질소고정세균은 ATP 형태의 에너지뿐만 아니라 수소를 공급해주는 환원제인 **질소고정효소(nitrogenase)**를 반드시 가지고 있어야 한다. 그리고 산소가 존재하는 호기 환경에서 질소를 고정하는 미생물들은 산소에 민감한 nitrogenase가 불활성화 되는 것을 막기 위한 기작도 반드시 가지고 있어야 한다.

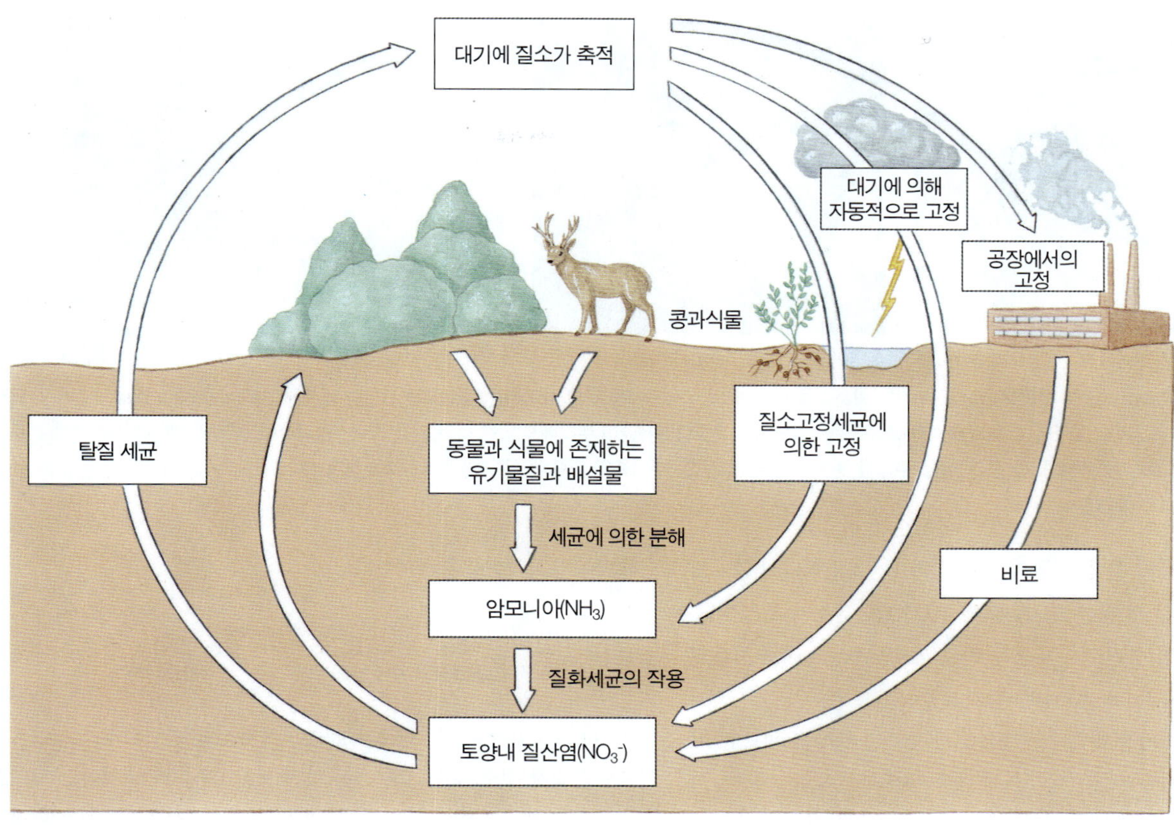

그림 25.4
질소 순환.

자유생활을 하는 호기성 질소고정세균에는 *Azotobacter* 속(genus)과 일탄소 화합물을 이용하는 메틸영양세균(methylotrophic bacteria)의 일부 종들, 그리고 남세균 등이 포함되어 있다. *Azotobacter*는 토양에 존재하는 다양한 탄소를 이용하는 종속영양생물로, 이들은 이용할 수 있는 유기 탄소의 양에 따라 성장이 달라진다. 메틸영양세균은 다양한 기질에서 발생하는 메탄과 메탄올, 그리고 수소를 이용하여 질소를 고정할 수 있다. 그리고 남세균은 황화수소로부터 공급받은 수소를 이용하여 질소를 고정시킬 수 있기 때문에 황화물이 존재하는 환경에서 질소 이용이 증가된다.

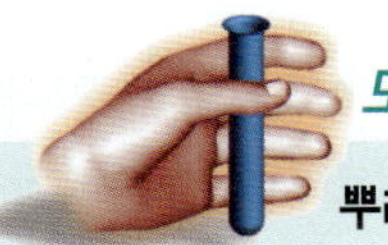

도전하라

뿌리혹 내의 질소고정세균

뿌리혹 내에 존재하고 있는 질소고정세균을 발견하고 관찰하는 것은 어렵지 않다. 질소고정세균을 관찰하기 위해서는 먼저 강낭콩과 완두콩 같은 콩과 식물의 뿌리를 캐내고, 뿌리혹에 붙어있는 더러운 물질들을 조심스레 씻어준 후, 뿌리혹을 깨끗한 슬라이드 글라스에서 으깨고, 몇 방울의 물을 첨가한 후, 백금이 등으로 얇게 펴준다. 그리고 슬라이드를 공기 중에서 건조시키고 빠르게 슬라이드를 불꽃위로 3-4차례 통과시켜 미생물들을 열로 고정시킨 후, 메칠렌 블루(methylene blue)로 1분 동안 염색하고 물로 씻어준 후, 공기 중에서 건조시키고 유침유를 떨어뜨려 관찰한다. 현미경에서 관찰되는 막대 모양의 세균이 바로 질소고정세균인 *Rhizobium*이다.

질소고정을 하는 통성 혐기성균에는 *Klebsiella, Enterobacter, Citrobacter, Bacillus*속에 속하는 종들이 포함된다. 그리고 *Clostridium, Desulfovibrio, Desulfotomaculum*과 광합성하는 Rhodospirillaceae와 같은 일부 편성 혐기성 세균들도 질소를 고정한다. 질소를 고정하는 *Klebsiella*의 일부 종들은 완두콩과 콩 등의 콩과식물(legumes) 뿌리와 사람과 동물의 장 속에서 발견되기도 한다. 그리고 폐렴환자에게서 발견되는 *Klebsiella pneumoniae*의 약 12%도 질소를 고정 한다. 토양이나 진흙 속에서 발견되는 여러 *Clostridium*은 다양한 유기물질들을 이용하여 에너지를 얻지만, 환경이 좋지 않을 경우에는 포자를 만들어 생존한다. 보통 *Clostridium*은 4.5~ 8.5까지의 넓은 범위의 pH에서도 생존할 수 있지만, 질소를 고정할 때의 최적 pH 범위는 5.5~6.5 사이로 좁아진다. 그리고 진흙이나 토양의 퇴적물에서 서식하는 혐기성 황산염 환원세균인 *Desulfovibrio*와 *Desulfotomaculum*는 pH 7~8의 범위에서 질소를 고정한다.

일부 질소고정세균은 유기 탄소원을 제공해 주는 다른 생명체들과 공생을 해야만 생존할 수 있다. 예를 들어 세계 여러 곳에서 발견되는 작은 이끼류인 *Azolla*의 잎에서 발견되는 남세균인 *Anabaena*(**그림 25.5a**)는 질소를 고정해서 이를 숙주인 *Azolla*에게 공급해 주고, *Azolla*는 질소고정에 필요한 환원력과 ATP형태의 에너지를

(a) SEM

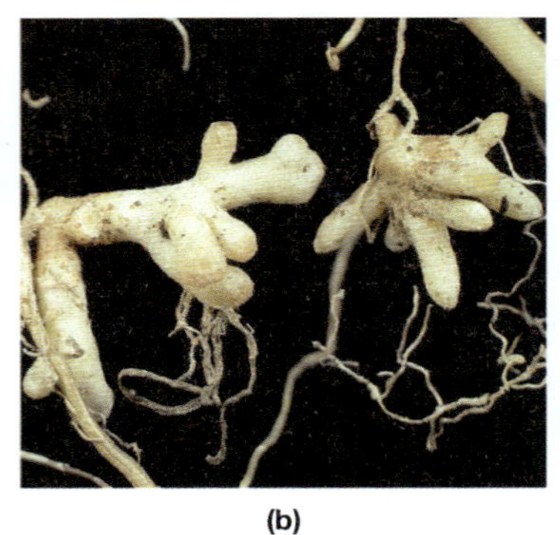

(b)

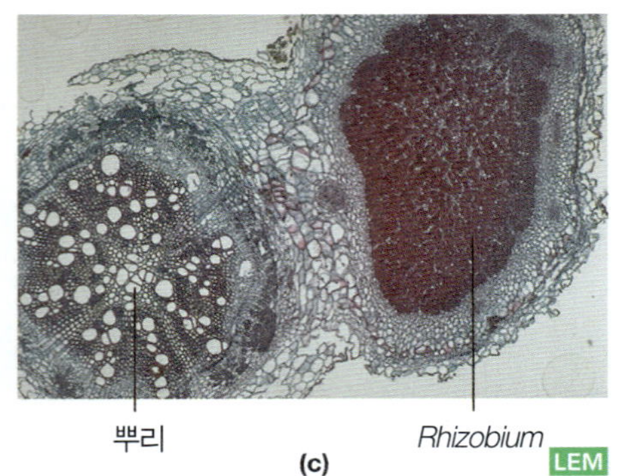

(c)

그림 25.5 ***Rhizobium* 세균과 뿌리혹.** **(a)** 물에 사는 양치식물인 *Azolla*와 공생관계를 갖고 살아가는 질소고정 사상형 남세균인 *Anabaena azollae*의 염주알 모양의 주사전자현미경 사진(1 ,228X). (*David Hall/Photo Researchers*) **(b)** 질소고정세균이 뿌리에 침입한 결과 만들어지는 콩과 식물 뿌리의 뿌리혹 사진. (*John D. Cunnungham/Visuals Unlimited*) **(c)** 콩과 식물 뿌리를 횡으로 절단한 사진. 뿌리혹의 안쪽에 *Rhizobium*이 조밀하게 들어있는 것이 보인다(1227X). (*A.M. Siegelman/Visuals Unlimited*)

*Anabaena*에 제공해 준다. 이들의 공생 결과 1년에 1 헥타르(약 2개의 축구장을 합친 것 같은 크기) 당 약 100 kg의 질소가 고정되고, 이들에 의해 고정된 질소가 무공해 비료(green manure)로 사용되어 동남 아시아에서의 벼 재배를 가능케 해준다.

공생을 하는 가장 대표적인 질소 고정 세균은 *Rhizobium*으로, 이 균은 보통 다양한 콩과 식물의 뿌리에 서식한다(**그림 25.5b**와 **c**). 이들은 공생 관계를 통해, 식물은 세균으로부터 이용 가능한 형태의 질소를 받고, 세균은 식물로부터 성장에 필요한 영양소를 공급 받는다. *Rhizobium*이 콩과 식물과 공생하게 되면 1년 동안 1 헥타르당 150에서 200 kg의 질소가 고정된다. 그러나 콩과 식물과 공생 하지 않는 경우에는 1년 동안에 1 헥타르당 공생관계 때의 2% 미만에 해당하는 3.5 kg의 질소 밖에 고정 시키지 못한다. 그래서 농부들은 수확을 많이 하기 위해 종종 질소고정세균을 완두콩과 콩의 씨앗과 섞어주기도 한다.

*Rhizobium*과 콩과 식물과의 공생 기작을 밝히기 위해 많은 연구가 진행되었다. *Rhizobium*은 아마도 콩과 식물의 뿌리에서 분비되는 분비물에 의해 영향을 받아 뿌리 근처에서 분열하는 것으로 생각된다. 이렇게 뿌리 근처에서 분열하여 개체 수가 늘어난 rhizobia들은 섬유소(cellulose)를 분해하는 효소와, 뿌리세포의 세포벽과 결합하는 섬유소 물질을 분비한다. 그리고 이들 rhizobia들이 뿌리세포와 결합을 하면 자유생활을 하던 막대 모양의 세포는 편모를 갖는 구형의 **유주세포(swarmer cell)**로 바뀌게 되고, 이렇게 바뀐 유주세포는 식물 성장 호르몬인 인돌 아세트산(indoleacetic acid)을 생성하여 식물의 뿌리털을 꼬이게 한다. 그 후 이들 유주세포들은 뿌리털에 침입하여 균사체 모양의 망상구조를 형성하고, 일부 뿌리 세포들을 죽이면서 증식한 후에 식물 세포가 분비하는 화학물질에 영향을 받아 뿌리 세포에 붙어 있는 커다랗고 불규칙한 모양의 **박테로이드(bacteroid)**로 변하게 된다. 그리고 식물의 뿌리 세포에 박테로이드가 축적되면 식물의 뿌리에 혹이 생성된다. 박테로이드는 질소고정효소를 갖고 있어 다음의 화학반응을 촉매한다.

$$\underset{\text{질소가스}}{N_2} + \underset{\text{수소가스}}{3H_2} \xrightarrow{Rhizobium} \underset{\text{암모니아}}{2NH_3}$$

그러나 질소고정효소는 산소가 있으면 불활성화되므로, 질소고정 과정은 산소가 질소고정효소와 접촉하지 못하도록 차단되어야만 일어난다. 이때 뿌리혹 안에 있는 박테로이드의 질소고정효소는 산소와 결합하는 붉은색 색소인 일종의 헤모글로빈(hemoglobin)을 이용해 산소로부터 보호받는다. 그리고 이 독특한 헤모글로빈 합성에 관한 유전 정보는 박테로이드와 식물 세포 안에 각각 일부분씩 존재하기 때문에, 오직 뿌리 혹에 박테로이드가 존재할 때에만 이 헤모글로빈이 만들어진다. 그리고 질소고정효소의 합성은 암모늄이온(NH_4^+)이 많을 때 억제되고, 이용할 수 있는 유리질소(free nitrogen)가 존재하면 활성화 된다. 따라서 고정된 질소가 적거나 유리질소를 이용할 수 있을 때에 질소고정이 일어난다.

비용을 절감하고 오염 문제를 해결하기 위해 세균의 질소 고정 유전자를 옥수수와 같이 자가 수정하는 주요 농작물에 주입시키기도 한다.

*Rhizobium*이 특정 콩과 식물에 침입하고, 이들이 침입한 뿌리에서 질소를 고정하는 능력은 종에 따라 다양하게 나타난다. 어떤 종은 콩과 식물에 전혀 침입하지 못하는 반면, 어떤 종은 특정 콩과 식물에만 침입한다. 이러한 침입 특수성은 하나의 유전자, 혹은 밀접하게 연관되어 있는 유전자 집단의 유전적 특징에 의해 결정된다. 따라서 이런 침입특성은 형질전환(genetic transformation)기작으로 바뀔 수도 있다(◀8장 p. 212). 그 결과 형질전환으로 인해 일부 *Rhizobium*은 전에는 침투 불가능 했던 콩과 식물에 침입할 수 있게 되기도 한다.

비록 공생적 질소고정이 주로 rhizobia와 콩과 식물에서 발생하지만, 질소고정에 관한 다른 공생관계도 비교적 잘 알려져 있다. 적은 양의 질소가 들어있는 토양에서 자라는 오리 나무는 rhizobia와 비슷

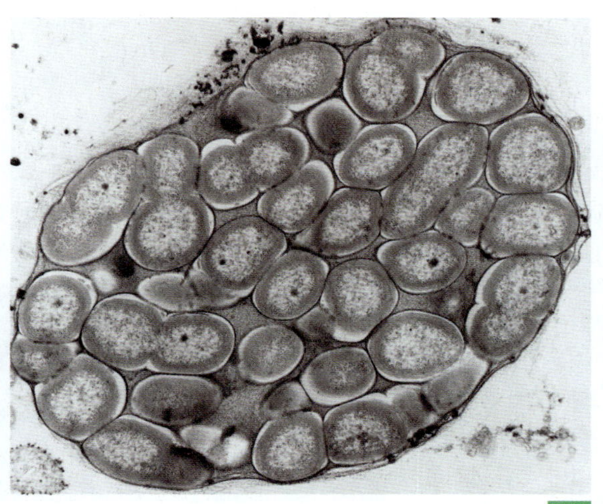

그림 25.6 질소고정세균인 *Nitrosomonas*의 주사전자현미경 사진. (17,750X). (*Paul W. Johnson/Biological Photo Service*)

한 뿌리혹을 만드는데, 이 오리나무의 뿌리혹에는 방선균인 *Frankia* 속의 질소고정세균이 들어있다.

질화세균

독립영양 세균에 의해 일어나는 **질화** 혹은 **질산화(nitrification)** 과정은 암모니아나 암모늄 이온이 아질산염 혹은 질산염으로 산화되는 과정으로, 이 과정은 대부분의 식물이 그들의 물질대사에서 이용할 수 있는 질소의 형태인 질산염(NO_3^-)이 생산되는 기작이므로 질소순환에 있어 매우 중요하다. 질화는 두 단계로 진행되고, 각 단계에서 질소가 산화되며 발생하는 에너지는 이들 반응을 일으키는 미생물들에게 포획되어 사용된다. 다양한 *Nitrosomonas*(**그림 25.6**) 종들과, 이들과 연관된 그람 음성 간균들이 질산염의 환원된 형태인 아질산염(NO_2^-)을 생산하고,

$$\underset{\text{암모늄이온}}{NH_4^+} + 1\tfrac{1}{2}\underset{\text{산소가스}}{O_2} \xrightarrow{\textit{Nitrosomonas}} \underset{\text{아질산염}}{NO_2^-} + \underset{\text{물}}{H_2O} + \underset{\text{수소이온}}{2H^+} + \text{에너지}$$

Nitrobacter 종들과 그와 관련된 그람 음성 간균들은 질산염을 생성한다.

$$\underset{\text{아질산염}}{NO_2^-} + \underset{\text{산소}}{\tfrac{1}{2}O_2} \xrightarrow{\textit{Nitrobacter}} \underset{\text{질산염}}{NO_3^-} + \text{에너지}$$

질화세균들은 이 과정에서 발생되는 에너지를 이산화탄소를 환원하는 독립영양적인 물질대사 과정에 이용한다. 그리고 질화반응은 산소가 필요한 반응이므로, 이 반응은 산소가 있는 물이나 토양에서만 일어난다. 더구나 아질산염은 식물에게 독성이 있으므로, 질산염을 제공하는 이 반응은 정해진 순서에 따라 일어나야만 하고, 토양에 아질산염이 과잉 축적 되는 것을 막아야만 한다.

적용

냄새가 지독한 가스들

1996년에 과학자들은 미국에서 발생하는 전체 온실가스의 약 6%가 일반적인 농업활동에서 발생하는 것을 확인하였다. 농업활동에 의해 방출되는 대부분의 온실가스는 사육하고 있는 가축의 장내에서의 발효 과정과 이들이 배설한 배설물을 처리하는 과정에서 발생한다. 즉 메탄(methane)과 아산화질소(nitrous oxide)가 발생되는 온실가스의 주된 성분이다. 메탄은 동물의 정상적인 소화과정을 통해 음식물이 미생물에 의해 발효될 때 발생된다. 소, 물소, 양, 염소, 낙타와 같은 반추동물이 메탄을 생성하는 주된 동물이다. 또 가축의 분뇨 처리과정에서도 메탄과 아산화질소가 생성된다. 메탄은 주로 분뇨의 혐기성처리 과정에서 생성되고, 아산화질소는 분뇨 내에 존재하는 유기 질소의 탈질 과정에서 생성된다. 따라서 방출되는 온실가스의 상당량은 가축의 음식물을 조절하거나, 분뇨를 호기적으로 처리함으로써 감소시킬 수 있다.

탈질세균

탈질(denitrification)은 질산염이 아산화질소(N_2O) 나 대기중의 질소가스로 환원되는 과정으로, 이 과정은 산소가 존재하는 토양에서는 일어나지 않고 침수된 토양 같이 산소가 결핍된 토양에서 주로 일어나는 과정이다(아래 식은 화학계수가 조정되지 않은 반응식임).

$$\underset{\text{질산염}}{NO_3^-} \rightarrow \underset{\text{아질산염}}{NO_2^-} \rightarrow \underset{\text{아산화질소}}{N_2O} \rightarrow \underset{\text{질소가스}}{N_2}$$

대부분의 탈질은 *Pseudomonas*균들에 의해 일어나지만, *Thiobacillus denitrificans*와 *Micrococcus denitrificans* 그리고 *Serratia*와 *Achromobacter*의 일부 종들에 의해서도 일어나기도 한다. 이 균들은 호기성 균으로 산소를 이용하지만, 산소가 없는 혐기 환경에서는 산소 대신 질산염을 수소 수용체(hydrogen acceptor)로 사용한다. 토양에 존재하는 질산염의 또 다른 환원 과정은 질산염을 암모니아로 환원시키는 과정으로, 일부 혐기성 균이 이화적 질산염 환원(*dissimilative nitrate reductions*)이라 불리는 이 과정을 수행한다. 이 전체과정은 다음과 같이 요약된다 (아래 식은 화학계수가 조정되지 않은 반응식임).

$$\underset{\text{질산염}}{NO_3^-} \rightarrow \underset{\text{수소가스}}{H_2} \rightarrow \underset{\text{암모니아}}{NH_3} \rightarrow \underset{\text{아산화질소}}{N_2O}$$

위에 있는 과정을 거치게 되면 생명체가 이용 가능한 질산염의 양은 감소되지만, 여하튼 토양 내에는 다른 형태의 질소가 유지된다.

탈질은 질산염을 토양으로부터 제거시켜 식물의 성장을 저해하는 해로운 과정을 통해 토양에 뿌려지는 비료 중 막대한 양의 질소가 손실된다. 탈질의 또 다른 해로움은 아산화질소의 생성이다. 아산화질소는 대기 중에서 일산화 질소(NO)로 전환되고, 전환된 일산화 질소는 성층권에서 오존과 반응한다. 오존은 자외선으로부터 지구의 생명체를 보호해 주는 역할을 하므로, 이 과정으로 많은 양의 오존이 파

적용

돼지의 분뇨문제 해결

애완용 돼지들은 귀엽다. 그러나 거의 50만 마리에 달하는 대부분의 돼지들이 집단으로 사육되면 여러가지 문제를 발생시킨다. 다 자란 돼지 한 마리는 매일 50~60 lb의 분뇨를 배출하므로 시간이 흐를수록 50만 마리의 몇 배가 되는 거대한 분뇨 더미가 만들어진다. 따라서 이렇게 많은 분뇨들이 물로 희석되거나 저류지(lagoon)에 저장되고, 또 저류지에 저장된 분뇨는 보통 한 밤 중에 비료로 사용하기 위해 경작지로 퍼 보내므로, 이 과정에서 발생하는 악취만으로도 주변에 사는 주민들을 밤중에 깨어나 구역질이 나게 하고 토하게 할 수 있다. 더구나 이들 분뇨들이 경작지로 들어 갈 경우 가끔 곡물이 필요로 하는 영양소의 양보다 더 많은 분뇨가 경작지로 들어가거나, 경작지에 뿌려진 분뇨가 비를 타고 강으로 유입되기도 한다. 이럴 경우 분뇨들에 의해 물이 오염되어 조류의 수화 현상과 물고기 폐사 등의 문제가 나타나기도 한다. 그리고 당연한 이야기 이지만 이런 강에서는 수영을 하지도 못하게 된다.

최근에 미국 농업부(Department of Agriculture)는 일본에서 사용되었던 기술을 양돈농장의 거대한 폐기물 처리에 적용하고 있다. 약 1/4에서 1/8 inch의 크기를 갖는 고분자의 겔 입자에 *Nitrosomonas*와 *Nitrobacter* 세균을 부착시킨 후, 공기 발생장치를 이용하여 발생한 산소와 이산화탄소, 폐수의 암모니아를 세균이 고정되어 있는 이들 입자에 들어 보내 세균의 영양분으로 사용되게 한다. 그리고 폐수가 처리되는 동안 이들 입자들이 펌프 밖으로 유출되지 않도록 스크린과 막으로 막아준다. 입자 안에서 세균은 암모니아를 아질산을 거쳐 질산으로 산화하고(질화 과정), 탈질 과정을 통해 이들 질산을 공중 질소(N_2)로 전환시킨다. 이들 질화 세균들은 열심히 일하는 작은 일꾼들이다. 점점 높아지는 암모니아 농도에서 2달에 걸쳐 적응된 후에는 10년 이상 계속 분뇨를 처리할 수 있다. 사진은 돼지의 분뇨 폐수가 들어있는 플라스크에서 12시간 동안 질화 세균을 처리한 효과를 보여 준다: 질화 세균으로 처리하지 않은 갈색의 플라스크에는 675ppm의 질소가, 처리한 플라스크에는 24 ppm의 질소가 들어 있다.

(Courtesy Agricultural Research Service, USDA)

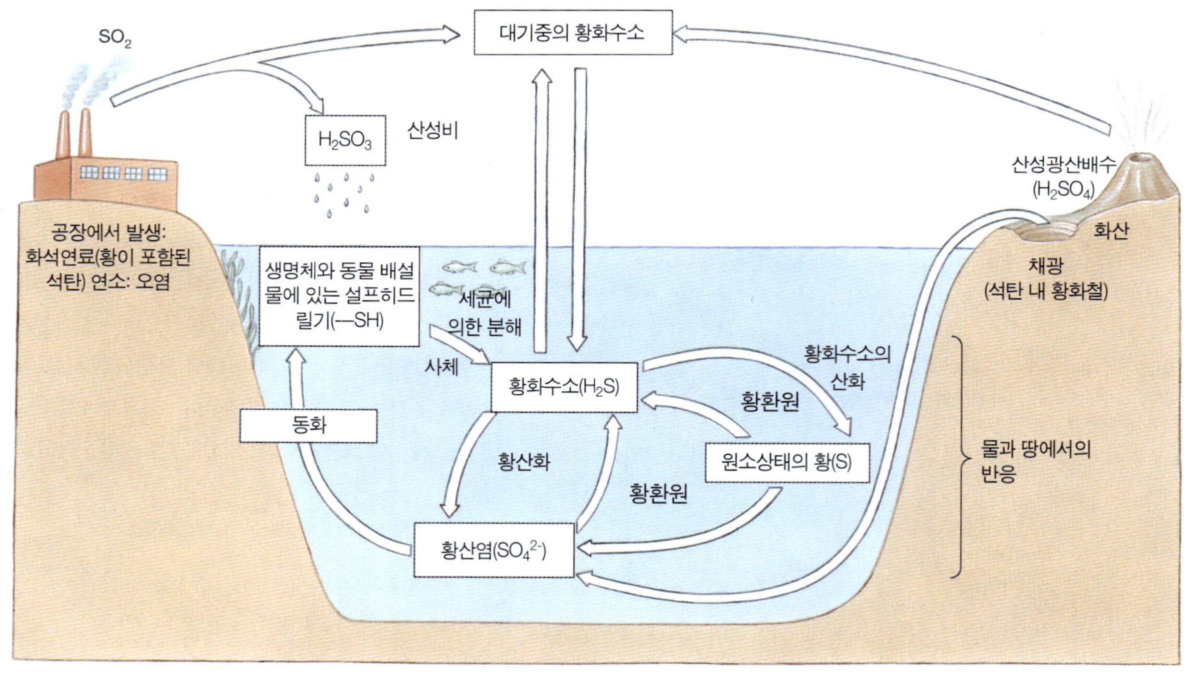

그림 25.7
황 순환.

괴되면 생명체들이 자외선에 과다 노출되어 암과 돌연변이 등의 발생이 증가하게 된다(◀7장 p. 202).

황 순환과 황세균

생태계에서의 **황 순환(sulfur cycle)**은 여러 면에서 질소 순환과 비슷하다**(그림 25.7)**. 사체의 단백질에 들어 있는 술프히드릴기(sulfhydryl; -SH)는 다양한 미생물에 의해 황화수소(H_2S)로 전환된다. 이 과정은 질소 순환 과정의 암모니아 방출과 유사하고, 이렇게 만들어진 황화수소는 생명체들에게 독성이 있으므로 바로 산화되어야만 한다. 황화수소는 원소상의 황(elemental sulfur)으로 산화된 다음, 이 원소상의 황은 대부분의 미생물과 식물들이 이용할 수 있는 황산염(SO_4^{2-})까지 산화되는데 이 과정은 질화 과정과 유사하다. 그리고 황의 순환은 황산염이 가장 일반적인 이온으로 존재하는 물, 특히 바닷물과 같은 수서환경에서 매우 중요하다. 일반적으로 황의 순환에 관여하는 유황 세균들은 황산염환원균, 황환원균 그리고 황산화균으로 분류한다.

황산염 환원균

황산염 환원(sulfate reduction)은 황산염(SO_4^{2-})이 황화수소(H_2S)로 환원되는 과정이다. 황산염을 환원하는 황산염 환원균은 아마도 30억년 이상 생존해 온 지구에서 가장 오래된 세균 중 하나인 것으로 생각된다. 이 황산염 환원균에는 *Desulfovibrio, Desulfomonas* 그리고 *Desulfotomaculum* 등 유연관계가 매우 가까운 속들이 포함되어 있다. 황산염 환원균들은 호기호흡의 최종전자수용체로 산소가 사용되는 것과 같이, 혐기호흡의 최종 전자수용체로 황산염을 사용하면서 이를 환원하여 많은 양의 황화수소를 생산한다. 그러나 이 과정이 일어나려면 황산염의 인산화를 위한 ATP 형태의 에너지가 있어야 한다. 즉 ATP와 결합해 황산염이 ADP-SO_4로 전환되어야 이를 전자수용체로 사용하면서 기질과 성공적으로 경쟁할 수 있게 된다.

황산염 환원균(**그림 25.8**)은 편성혐기성 생명체로, 거의 모든 혐기 환경에서 우점종으로 널리 분포 되어 있다. ◀6장 p. 157에서 이미 언급 했듯이 황산염 환원균에는 저온성균, 중온성균, 고온성균, 호염성균 등 다양한 균이 존재한다. 그러나 이들이 이용할 수 있는 유기 탄소원은 제한되어 있다. 즉 이들 균들 대부분은 젖산(lactate), 피루부산(pyruvate), 푸마르산(furmarate) , 말산(malate) 또는 에탄올을 이용하고, 일부 균은 포도당(glucose)이나 구연산(citrate)을 이용할 수 있다. 황산염 환원균들이 이용하는 이들 유기 탄소원은 대사된 후 보통 아세트산(acetate)과 이산화탄소가 생산된다. 일부 황산염 환원균은 다른 미생물에 의해 식물이 혐기적으로 분해된 분해산물을 이용하기도 한다. 또 *Desulfovibrio*와 *Desulfomonas* 그리고 *Desulfotomaculum*는 지방산과 다양한 유기산들을 이용하기도 한다.

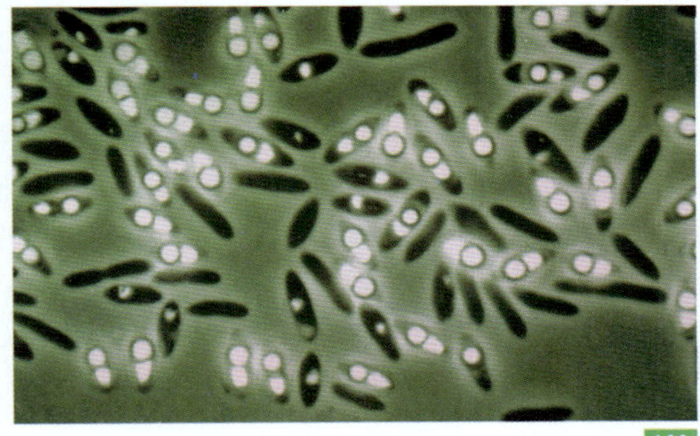

그림 25.8 황산염 환원세균인 *Desulfotomaculum acetoxidans*의 사진. 세포 내 구형의 포자와 가스입자를 주목하여라(위상차 현미경, 5000X) (*F. Widdel/Visuals Unlimited*)

황 환원균

황 환원(sulfur reduction)은 원소상의 황을 황화수소로 환원하는 것을 말한다. 황산염 환원균과 같이 황 환원균도 혐기성 균이다. 황 환원균은 세포 안이나 밖에 존재하는 원소상의 황을 황환원 과정 중에 사용하는 전자 수용체로 이용한다. 일반적으로 황은 원소 상태로 존재하거나 이황화 결합, 혹은 유기 분자내에 결합된 황으로 존재한다. 보통 황 환원 과정은 광합성을 하는 생명체가 광합성을 하지 못할 때에 에너지를 공급받는 과정으로 사용된다.

황 산화균

황 산화(sulfur oxidation)는 다양한 형태의 황이 황산염으로 산화되는 것을 말한다. 일반적으로 *Thiobacillus* 종류들이 황화수소, 황화제일철(ferrous sulfide) 또는 원소상 황을 황산(H_2SO_4)으로 산화시킨다. 이렇게 산화된 산이 이온화 되면 주변환경의 pH가 크게 감소하여 어떤 경우에는 pH가 1 또는 2보다 낮아지기도 한다. 황 산화균은 석탄광산의 광미에 존재하는 황화철을 산화하는 주된 생명체로, 이들이 생산하는 강한 산이 시냇물로 흘러 들어가면 물고기나 다른 수서 생명체들에게 강한 독성을 나타내기도 한다.

기타 원소들의 생물지구화학적 순환

지금까지 설명한 물, 탄소, 질소, 황의 순환 외에 인을 비롯한 다른 원소들도 역시 생태계를 순환한다. 미량원소를 포함하여 살아있는 생명체의 세포에 존재하는 모든 원소는 죽은 생명체에서 빠져 나와 살아있는 생명체가 다시 이용할 수 있도록 순환한다. 여기서는 그 외 원소들의 생물지구화학적 순환에 대한 설명을 인의 순환에 대해서만 간단히 설명하고 마치고자 한다.

인 순환(phosphorus cycle; 그림 25.9)은 유기물에 결합되어 있는 유기 인과 광물상태의 무기 인과의 전환이다. 토양 미생물은 적어도 두 가지 방법으로 인의 순환이 이루어지게 한다: (1) 토양미생물은 생명체의 분해 과정을 통해 유기 인산염을 무기 인산염으로 분해한다. (2) 토양미생물은 무기 인산염을 식물이나 미생물이 이용할 수 있는 물에 용해된 가용성 상태인 오르토인산염(orthophosphate) (PO_4^{3-})로 전환한다. 일반적으로 인은 다양한 환경에서 부족한 영양소이므로 이러한 인의 순환은 매우 중요하다.

깊고 뜨거운 생물권

논란의 여지가 다분한 토마스 골드의 저서 *깊고 뜨거운 생물권, 화석연료의 신화*(*The Deep Hot Biosphere, the Myth of Fossil Fuels* (2001)에는, 지표에서 수 마일 아래에 있는 지각까지 포함한 모든 지구의 지각에는 미생물들이 서식한다고 주장하고 있다. 지구 깊숙한 곳에 사

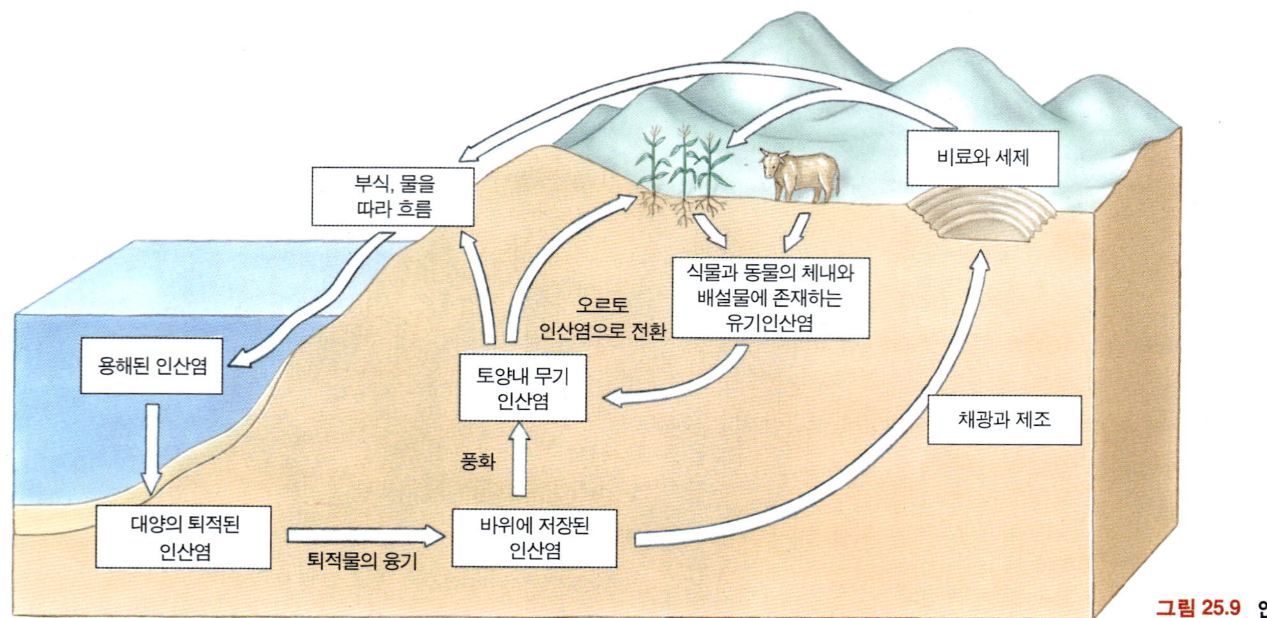

그림 25.9 **인 순환.**

는 이 균들은 매장된 석유와 메탄 가스를 먹고 산다. 매장된 석유와 메탄 가스는 행성 조각들의 응집으로 지구가 형성될 때 만들어진 지구의 고유 물질인 것으로 생각한다. 따라서 석유는 더 이상 동물과 식물의 잔재들이 압축되고 변형되어 생성된 것으로 보지 않는다. 원시 생명체는 지구 깊은 곳에서부터 시작되었고, 지표면이 식고 변화된 후에 이들 생명체들이 지표면으로 나오게 된 것으로 생각한다. 오늘날에도 지구 내부와 지표의 경계 면에서 화학물질들과 생명체들의 용승 현상을 발견 할 수 있다. 이 용승 현상은 태평양에 있는 갈라파고스 섬(Galapagos Islands) 동북쪽 해저 2.6 km에서 1977년에 처음 발견되었다. 이 장의 뒷부분에 이들 경계면 주변의 열수구(hydrothermal black-smoking vents)와 냉삼출(cold seeps) 그리고 메탄 생성과 황에 의해 생성된 동굴(sulfur bubbling caves) 등에 대해 언급할 것이다. 이 장의 첫 시작도 역시 이에 대한 이야기로 시작하였다.

중점 질문 사항

1. 독립영양생물과 종속영양생물 그리고 분해자에 대해 설명하라.
2. 질소고정이란 무엇인가? 그리고 질소고정을 하는 생물의 종류와 질소고정이 중요한 이유는 무엇인가?
3. 탈질 반응이 중요한 이유는 무엇인가?

대기

지금까지 생태학 원리와 생물지구화학적 순환에 대해 간단하게 언급하였다. 지금부터는 또 다른 환경인 대기와 토양과 물, 그리고 이곳에 존재하는 미생물들에 대해 알아보고자 한다.

대기에서 발견되는 미생물

대기에는 미생물의 대사와 성장에 필요한 영양소가 없기 때문에 미생물이 성장하지 않는다. 그러나 포자는 공기를 통해, 영양세포는 공기 중의 먼지입자와 물방울에 붙어 이동할 수 있다. 대기 미생물의 종류와 수는 대기 환경이 바뀌면 크게 달라진다. 다양한 종류와 많은 수의 미생물들이 사람들이 붐비고 건물 내 환기가 열악한 실내의 공기에 존재한다. 적은 수의 일부 미생물은 고도 3,000 m에서도 발견된다.

대기에서 발견되는 미생물 중 곰팡이의 포자가 가장 많다. 가장 많이 발견되는 곰팡이는 *Cladosporium* 속이다. 세균으로는 포자를 형성하는 호기성균인 *Bacillus subtilis*와 포자를 만들지 않는 *Micrococcus*와 *Sarcina* 같은 종류들이 일반적으로 많이 발견된다. 그리고 조류, 원생동물, 바이러스 등도 공기 중에서 분리되기도 한다. 병원미생물에 감염된 사람들은 기침이나 재채기 혹은 말하는 동안 입으로 방출되는 작은 물방울과 함께 병원미생물을 배출한다. 따라서 병원에 근무하는 사람들은 환자들에 의해 대기 중으로 방출되어 비교적 오랫동안 떠돌아다니는 작은 물방울인 연무질(aerosol)에 존재하는 병원체를 조심해야 한다(◀15장 p. 438).

대기에 있는 미생물 확인

대기 중에 존재하는 미생물은 평판배지나 액체배지 위로 떨어지는 미생물을 수집하여 검출할 수 있다. 또 특별히 고안된 원심분리기 같은 대기 공기 채집 도구를 이용하면 더 많은 대기 미생물을 검출할 수 있다(**그림 25.10a**).

대기중의 미생물 제어

대기에 존재하는 미생물들은 화학약품, 방사선, 여과, 층류 장치(laminar airflow) 등을 이용하여 제어할 수 있다. 트리에틸렌 글리콜(triethylene glycol)과 레조시놀(resorcinol), 젖산(lactic acid)과 같

적용

빌딩에서 얻는 병들

미국 환경보호국(Environmental Protection Agency: EPA)은 미국 근로자의 3천만 명에서 7천5백만 명이 그들이 일하는 건물에서부터 병을 얻을 위험이 있다고 추정하고 있다. 1970년대 말에 국립산업안전보건연구원(National Institute for Occupational Safety and Health; NIOSH)의 실내 공기 전문가들은 건물과 관련된 1,000건 이상의 질환에 대해 연구했고, 이중 일부 만성질환은 치명적임을 확인하였다. 빌딩증후군(Sick building syndrome; SBS)은 두통, 현기증, 메스꺼움, 눈의 화끈거림, 코의 출혈, 호흡기와 피부 질환 등과 같은 증상을 보이고, 이들 증상들은 환자에 따라 다양하게 나타난다.

그렇다면 감기나 알레르기에 의해 일어나는 병이 아니고 빌딩증후군이라는 것을 어떻게 알 수 있을까? 만약 병의 증상이 건물에서 오래 보낼수록 나빠지고, 건물에서 떠나면 호전된다면 분명 건물과 관계가 있는 것이다. 많은 빌딩증후군 경우 환기장치와 관련이 있다. 보온을 위해 내부 공기가 가급적 새어 나가지 않도록 새롭게 건축된 건물에 거주하는 사람들은 그들이 호흡하는 공기를 중앙환기장치에 의존한다. 이 장치는 바깥쪽에서 공기를 끌어들여 여과하고, 데워주거나 식힌 다음 환기구를 통해 건물 전체에 공기를 공급한다. 그리고 건물을 순환하고 환기구로 다시 돌아온 공기의 일부는 바깥으로 배출된다. 더러운 물질, 먼지, 곤충, 사상균, 곰팡이, 건물 재료의 입자들, 그리고 유기퇴적물 등이 이들 공기의 순환시스템에 있는 여과장치에서 발견된다. 환기장치에서 발견되는 그 어떤 것도 건물에 있는 사람들의 폐 속으로 들어갈 수 있다. 따라서 보통 여과장치를 교체해 주거나 적절한 청소를 해 줌으로써 환기 문제를 해결할 수 있다.

빌딩증후군을 일으키는 또 다른 가능성은 공기 양이 너무 적다는 것이다. 1930년대에 미국의 난냉방공조기술자협회(American Society of Heating , Refrigeration, and Air Conditioning Engineers)는 표준 환기양으로 한 사람 당 일분에 신선한 실외 공기 15 입방 피트가 있어야 한다고 정하였고, 최근에는 20 입방 피트로 표준 환기양을 변경하였다. 그러나 이것은 1,000 평방 피트당 일곱 사람이 넘지 않는 것을 기준으로 한 것으로, 사람이 더 많으면 더 많은 공기가 필요하다. 보풀이 이는 부드러운 직물과 인간이 만든 광물섬유(man-made mineral fibers; MMMF)에 의한 오염도 빌딩증후군을 일으킬 수 있다. 새로운 카펫, 패드를 댄 칸막이, 커튼, 천이나 직물로 된 가구 등은 공기 중으로 방산되는 휘발성 화합물로 처리된 물건들이다. 복사기, 종이 절단기, 레이저프린터, 청사진 복사기 등에서 방출되는 증기와 입자는 피부염 등을 일으킨다. 그리고 환기장치에서 잘 자라는 곰팡이, 사상균, 세균과 같은 생물학적 오염은 연무질(aerosol)로 전파된다. 최근에는 레지오넬라(Legionella) 종에 의해 발생하는 레지오넬라병과 같은 치명적인 세균도 환기장치에서 발견되었다(◀ 21장 p. 648).

만약 당신이 건물에 의해 병을 앓고 있다고 생각된다면 당신의 증상들을 열거해 보고, 환기장치를 점검하고, 환기구의 먼지를 세밀히 검사하고, 복사기 주변의 배출 장치 등을 점검하여라. 그리고 한 사람당 일분에 얼마나 많은 실외의 신선한 공기가 순환되는 지를 전문가들과 상담하여라. 그 결과 만약 당신이 이와 같은 빌딩증후군에 노출이 되었다면 이것에 대해 상의하고 이를 개선하라.

은 화학물질들을 연무질 형태로 분산시키면 방안에 존재하는 많은 미생물을 죽일 수 있다. 이들 화학물질들은 세균을 죽이는 살균능력도 좋고, 상온의 일반습도에서 오랫동안 떠돌아 다니며 살균제로 작용하고, 인간에게 독성도 없고, 또 방에 있는 물건들을 손상시키거나 변색시키지 않는 장점도 가지고 있다.

자외선은 투과력이 매우 낮아 공중 미생물과 직접 닿았을 때에만 살균제로서 작용한다(◀ 12장 p. 358). 따라서 자외선 전등을 이용하여 방안의 공기를 처리할 때는 자외선 등을 놓는 위치를 잘 고려해야 한다. 일반적으로 자외선 등은 사람들이 가끔 이용하는 방안의 공기를 청정하게 유지하는데 가장 좋은 도구 중 하나로, 실험하는 동안 꺼놓고 실험이 끝난 후 실험실을 떠나면서 자외선 등을 켜놓는다. 그리고 자외선 등이 켜져 있는 방에 들어갈 때는 눈을 화상으로부터 보호하기 위해 반드시 특수한 안경과 보호복을 착용해야 한다. 또 자외선 등은 통풍구를 통해 방으로 들어오는 미생물 수를 줄이기 위해 통

(a)

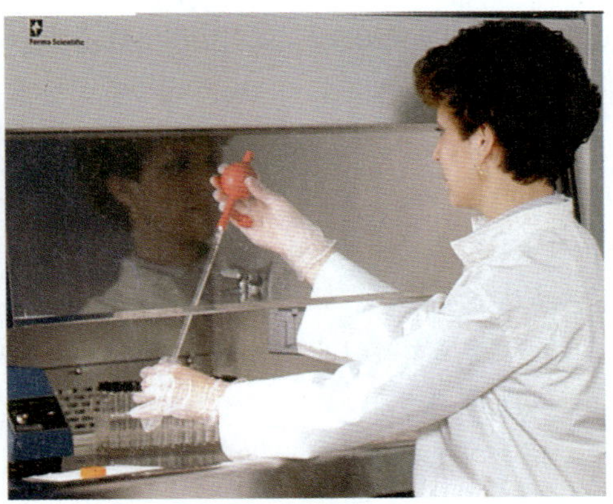

(b)

그림 25.10 대기 미생물의 측정. **(a)** 대기중의 세균과 곰팡이를 측정하는데 사용되는 공기채집장치(*Courtesy Graseby Andersen, Inc.*) **(b)** 대기중의 미생물 오염으로부터 실험자를 보호하는 층류후드(laminar flow hood) 장치에서 미생물을 분주하고 있는 장면. 이 장치는 열린 입구로부터 공기를 흡입한 후, 여과하여 장치안으로 배출하므로 실험자가 대기 미생물로부터 오염되는 것을 방지해 준다. (*Forma/Science VU/Visuals Unlimited*)

풍구에 설치하기도 한다.

공기 여과는 솜이나 유리섬유와 같은 섬유성 물질에 공기를 통과하는 과정으로, 거대한 발효탱크 안으로 살균된 공기를 주입해야 하는 산업체 등에서 유용하게 사용된다. 그리고 셀룰로오스 아세테이트(cellulose acetate) 필터를 장착한 층류 장치는 후드(hood) 아래로 들어오는 미생물을 제거하고(그림 25.10b), 입구를 통해 흡입된 공기는 여과한 후 안으로 들여보내준다.

토양

우리는 토양이 활성이 없는 물질이라고 생각할지 모른다. 그러나 사실은 그렇지 않다. 토양은 미생물과 작은 생물들이 아주 풍부하게 존재하고, 동물의 배설물과 사체로부터 유기물질이 유입되는 장소다. 미생물은 이런 유기물질들을 작은 분자량의 영양소로 분해하는 분해자로 작용하여 식물과 다른 미생물들이 이들 영양소들을 이용할 수 있게 해 준다. 그리고 동물 또한 그들의 영양소를 식물이나 다른 동물에게서 얻는다. 따라서 토양 미생물은 생태계의 원소 순환에 있어 매우 중요하다.

토양성분

토양은 표토(*topsoil*)와 심토(*subsoil*) 그리고 기반암(*bedrock*) 위에 존재하는 모재(*parental material*) 이렇게 3개의 층으로 구분된다(그림 25.11). 토양은 무기물질과 유기물질을 함유하고 있다. 무기물질로는 암석, 광물질(mineral), 물 그리고 가스가 있고, 유기물질로는 **부식토(humus**; 죽은 생물체)와 살아있는 생명체가 있으며, 각 토양마다 이들 구성성분의 상대적 비율이 크게 달라진다. 토양의 표면인 표토층은 산소와 영양분을 충분히 공급받기 때문에 엄청난 수의 미생물들이 존재한다. 그에 반해 표토층 아래쪽에 위치한 심토와 모재는 산소와 영양분이 고갈되어 적은 수의 생명체만이 존재한다.

토양에서 가장 풍부한 무기물질은 가루로 된 암석과 광물질이다. 화학 작용 또는 암석의 풍화작용으로 광물질과, 이들 광물질을 구성하고 있는 원소들이 토양에 방출된다. 대부분의 토양에서 가장 풍부하게 존재하는 원소는 실리콘, 알루미늄, 철이다. 그리고 칼슘, 칼륨, 마그네슘, 나트륨, 인, 질소, 황과 같은 원소들도 적은 양이지만 토양에 존재한다.

암석과 광물질 이외에도 토양에는 물과 이산화탄소, 산소, 질소 등의 가스가 포함되어 있다. 물 분자는 토양 입자에 붙어 있거나 토양 입자들 사이에 존재한다. 토양에 존재하는 물은 변화가 매우 심해, 최근에 온 비의 양과 같은 기후조건과 토양의 배수 상태 등에 따라 달라진다. 토양 내 가스들은 토양 입자 사이에 흩어져 있거나 물속에 용해된 상태로 존재한다. 토양 내 가스 농도는 토양 생물들의 물질대사 활동에 따라 달라진다. 대기와 비교하였을 때 토양 내에는 산소가 적고 이산화탄소가 많다.

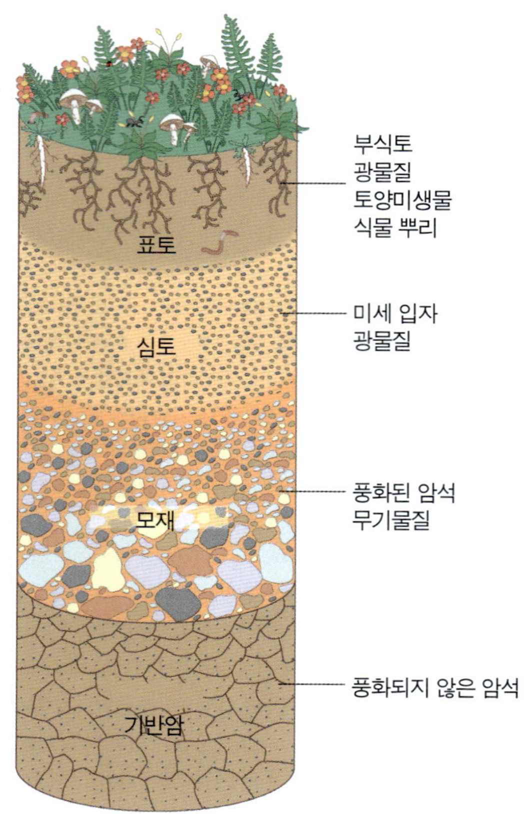

그림 25.11 **토양 단면도.** 토양 수직 단면의 주요 층

생물체가 죽고, 분해자가 복잡한 물질을 단순한 분자들로 분해하며서 부식토는 항상 변화하고 있다. 토양은 포함하고 있는 부식토의 비율이 제각기 다르며, 대부분의 토양은 2~10%의 부식토를 포함하지만, 토탄습지의 경우 부식토의 비율이 95%나 된다.

토양에는 미생물 이외에도 수많은 식물의 뿌리와 선충류, 지렁이, 달팽이, 민달팽이, 곤충, 지네, 노래기, 거미 등의 다양한 무척추동물, 그리고 몇몇 땅굴 속에 사는 파충류 및 포유류가 서식한다. 토양에는 이렇게 다양한 생물도 존재하지만, 미생물이 그 어떤 생물보다 가장 많은 종류와 수를 갖고 있다. 앞서 설명한 바와 같이 미생물들은 부식토를 다른 생물들이 사용할 수 있는 영양소로 바꾸어 준다. 그리고 이들 미생물 역시 토양의 영양소에 크게 의존한다. 영양소가 풍부할 때에는 미생물의 수가 급격히 증가하지만, 영양소가 결핍될 때에는 그에 따라 미생물의 수가 감소한다.

토양 미생물

토양에는 곰팡이, 조류, 원생동물 등 대부분의 미생물뿐 아니라 바이러스도 존재하지만, 토양에서 가장 많이 존재하는 것은 세균이다(그림 25.12). 토양에는 독립영양균, 종속영양균, 호기성균, 혐기성균 등 다양한 세균이 존재하지만, 이들은 다시 토양의 온도에 따라 중온성균, 고온성균으로 구분할 수 있다. 그 외에도 질소고정세균, 질화세균, 탈질세균

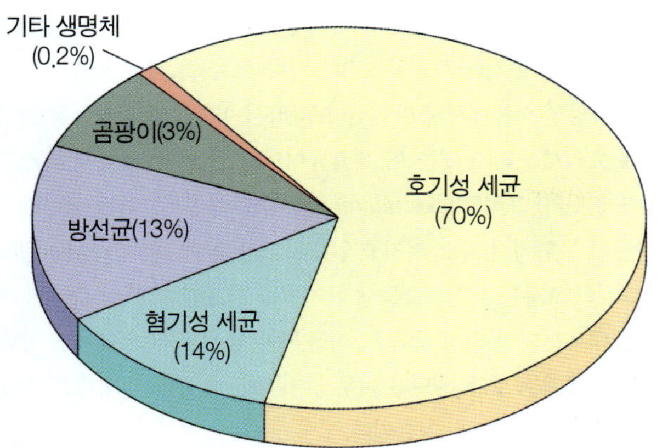

그림 25.12 토양에서 발견되는 여러 미생물들의 상대 비율. 기타 생명체에는 조류, 원생동물 바이러스 등이 포함된다.

도 존재하고, 섬유소, 단백질, 펙틴(pectin), 부티르산(butyric acid), 요소(urea)와 같이 독특한 물질들을 분해하는 세균들도 존재한다.

토양에 서식하는 곰팡이는 주로 사상균으로, 균사체와 포자 이 두 가지 형태 모두 주로 호기성 지역인 표토층에서 나타난다. 곰팡이는 토양에서 두 가지 기능을 담당한다. 이들은 섬유소와 리그닌(lignin) 같은 식물 조직을 분해하고, 그들의 균사체는 토양입자 주변에 그물망을 형성하여 토양이 부서지기 쉬운 구조를 갖게 한다(◀11장 p. 320). 그리고 사상균 이외에도 단세포형의 효모가 포도나무를 비롯한 여러 과일들이 자라는 토양에 풍부하게 분포한다.

남세균, 조류, 원생동물, 바이러스는 대부분의 토양에서 적은 수로 발견된다. 조류는 광합성이 가능한 표토층에서만 발견되지만, 사막을 비롯한 여러 불모지 토양에 유기물질을 축적시키는 데 있어 매우 큰 공헌을 한다. 그리고 토양의 세균을 포식하여 세균 군집이 일정하게 유지되게 하는데 도움을 주는, 주로 아메바와 편모충으로 구성된 원생동물들 역시 여러 토양에서 발견된다. 또 토양에는 대부분 세균에 감염되는 세균성 바이러스가 발견되지만, 일부는 곰팡이, 그리고 아주 드물게 식물에 감염되는 바이러스가 발견되기도 한다. 그러나 현재까지는 토양에서 발견되는 여러 식물 바이러스 중 극히 일부만이 동정되거나 분류되었다.

토양 속에 존재하는 비로이드(viroid)는 스스로 복제되고 전파되어 식물에게 심각한 질병을 일으키기도 한다. 또 토양에는 대부분이

> *적용*
>
> **곰팡이와의 뒤섞임**
>
> 녹병 곰팡이인 *Puccinia recondita*는 매년 밀과 귀리에 발생하여 수백만 달러의 손실을 가져온다. 곰팡이들의 포자가 식물의 잎 위에 떨어지면 가느다란 감염관(infection tubes)을 뻗어 기공에 침입하고, 곰팡이와 뒤섞여 만들어진 털 모양의 잎들은 감염관이 기공에 도달하기 전에 죽게 된다.

Baculoviridae와 Iridoviridae과(family)에 속하는, 곤충을 공격하는 바이러스도 존재한다. 그리고 동물 바이러스는 토양에서 살아가는 것은 아니지만 종종 인분 살포와 같은 인간 활동으로 토양에 들어간다. 토양에서의 바이러스 생존은 환경조건뿐 아니라 바이러스 종류에 따라 달라진다. 바이러스에 따라 수시간에서 수년 동안 생존하기도 한다.

토양에 존재하는 해충을 생물학적으로 제어하기 위해 바이러스를 사용할 수 있다. 적절한 바이러스를 토양에 주입하면 해충이 죽게 되고, 바이러스는 더 이상의 위협을 주지 않고 사라진다. 그러나 이런 바이러스의 사용은 정부의 승인을 받아야 한다. 셀러리 자벌레 나비(celery looper butterfly)는 유충단계의 셀러리 자벌레인 *Anagrapha falcifera*의 다핵다면체 바이러스(multiple nuclear polyhedrosis virus)를 토양에 투여하면 제어가 가능하다.

토양 미생물에 영향을 주는 요인들

토양 미생물들은 다른 모든 생명체들과 마찬가지로 주변 환경과 상호작용을 한다. 즉, 토양미생물의 성장은 비생물적 요인과 다른 생명체들에 의해 영향을 받는다. 이와 마찬가지로, 토양 미생물 역시 토양의 물리적인 성질과 토양의 다른 생명체들에 영향을 준다.

다른 모든 환경과 마찬가지로 토양의 비생물적 요인들로는 습도, 산소농도, pH, 온도 등이 포함된다. 토양의 습도와 산소농도는 밀접하게 연관되어 있다. 보통 토양 입자 사이의 빈 공간에 물과 산소가 들어있어 호기성 생명체들이 이곳에서 번창한다. 하지만 물에 잠긴 토양은 토양의 모든 빈 공간이 물로 채워져 있기 때문에 오직 혐기성 세균만이 성장한다.

토양의 pH는 2~9까지 다양한 범위를 가지는데, 이 pH는 토양에 어떤 종류의 미생물이 존재하는 지를 결정하는 중요한 요인이 된다. 대부분의 토양세균은 6~8사이의 pH를 최적 pH로 갖지만, 몇몇 곰팡이들은 거의 모든 pH 범위의 토양에서 살아갈 수 있다. 산성이 강한 토양에서는 곰팡이가 이용 가능한 영양소에 대한 세균과의 경쟁에서 우위를 점할 수 있기 때문에 번창하게 된다. 그러나 석회(lime)는 산성 토양을 중화시키고 세균의 수를 증가시킨다. 암모늄염을 포함을 포함한 비료는 다음 두 가지 영향을 토양에 미친다: (1) 식물에게 질소원을 제공해 준다. (2) 비료가 특정 세균에 의해 이용될 경우, 이들 세균이 질산을 배출하여 토양의 pH를 떨어뜨려주므로 곰팡이 수가 증가하게 된다.

토양의 온도는 영하에서부터 여름에 강한 햇빛에 노출 되었을 경우에는 표토층이 때론 60°C 이상까지 올라 가는 등 계절마다 다르게 변화한다. 중온성균과 고온성균은 따뜻한 토양과 뜨거운 토양에서 많이 서식하는 반면, 찬 온도에서도 살아갈 수 있는 중온성균(진정한 저온성균은 아니다)은 차가운 토양에서도 존재한다. 대부분의 토양 곰팡이는 중온성이고 주로 온화한 온도의 토양에서 발견된다. 놀랍게도 2003년에 미국의 고산지대에 위치한 차가운 토양에서 겨울 동안 엄청난 수로 증가하는 곰팡이가 발견되기도 하였다.

그리고 불과 몇 센티미터 밖에 안 떨어진 토양에서 채취한 시료들에서 조차, 토양의 물리적인 성질뿐 아니라 그 안에 서식하는 생명체들의 종류와 수가 매우 달라진다. 이러한 관찰 결과는 생태학자들에게 있어 미세환경이라는 개념을 정립하게 해 주었다. 생명체들간의 상호작용과 그들의 주변환경은 그들이 얼마나 가깝게 붙어있던지 간에, 서로 다른 미세환경에서는 매우 다를 수 있다.

토양 내 분해자의 중요성

분해자 역할을 하는 토양미생물은 토양에 존재하는 유기물질을 분해시켜 탄소순환 과정에 참여하게 하는 중요한 역할을 한다. 사체에 존재하는 다양한 유기물질들의 분해는 여러 미생물들이 단계적으로 작용하여 진행된다. 섬유소, 리그닌, 펙틴 같은 유기물은 식물의 세포벽에 포함된 유기물질이고, 글리코겐은 동물 조직에, 그리고 단백질과 지질은 동물과 식물 모두에 존재하는 유기물질이다. 이중 섬유소는 특히 *Cytophaga*에 속하는 세균과 여러 곰팡이에 의해 분해되고, 리그닌과 펙틴은 주로 곰팡이에 의해 분해 된다. 그리고 곰팡이에 의해 분해된 이들 분해 산물들은 다시 세균에 의해 더욱 분해된다. 원생동물과 선충류도 리그닌과 펙틴을 분해한다. 단백질은 곰팡이와 방선균 그리고 클로스트리디움 세균에 의해 아미노산으로 분해된다.

늪과 소택지처럼 물에 잠겨있는 혐기 환경에서는 주로 메탄이 생성된다. 메탄은 편성 혐기성 세균인 *Methanococcus*와 *Methanobacterium* 그리고 *Methanosarcina*에 의해 주로 생성된다. 이들 메탄 생성균은 탄소를 분해하여 메탄을 생성하는 것 외에도 수소가스를 산화하며 에너지를 얻는다.

$$\underset{\text{수소가스}}{4H_2} + \underset{\text{이산화탄소}}{CO_2} \rightarrow \underset{\text{메탄}}{CH_4} + \underset{\text{물}}{2H_2O}$$

유기물질들은 여러 대사과정을 통해 이산화탄소와 물 그리고 작은 유기 분자들로 분해된다. 일반적으로 생명체에 의해 만들어지는 이들 유기물질을 분해하는 미생물들이 생태계에 다양하게 존재하므로 탄소는 계속 순환될 수 있다. 그러나 인간이 만든 일부 유기물질들은 미생물들 분해에 대한 저항성을 갖고 있어 분해되지 않기 때문에, 이들 인간이 만든 합성물질들은 환경에 축적되어 환경을 오염시킨다.

질소원은 사체의 단백질 분해과정이나 질소고정 미생물의 활동으로 토양에 들어간다. 즉 질소원은 단백질의 분해 뿐 아니라 앞에서 언급한 자유 생활하는 미생물이나 콩과 식물의 뿌리에서 공생하는 미생물에 의해 가스 상태의 공중 질소가 고정되어 토양에 들어간다.

토양에 존재하는 병원성 균

토양의 주된 병원성 균은 식물 병원체로, 이들에 대한 많은 부분은 앞장에서 설명하였다. 그러나 일부 토양 병원성 균은 인간이나 동물에게 병을 일으키기도 한다. 토양에서 발견되는 주된 인간 병원성 균은 혐기성 포자 형성균인 *Clostridium*이다(◀24장 p. 765). *Clostridium tetani*는 상처 난 곳으로 침입하여 파상풍을 일으키고, *Clostridium botulinum*은 보툴리늄 식중독을 일으킨다. 또 이들 세균 포자는 식용가능한 다양한 식물에서도 발견된다. 따라서 이들 식용식물들을 불완전하게 요리했을 경우에는 이 세균들이 죽지 않아 치명적인 독소를 생산하게 된다. 그리고 *Clostridium perfringens*는 깨끗하게 처리하지 않은 상처 부위에서 가스 괴저를 일으키고, 토양에 존재하는 *Bacillus anthracis*의 포자는 초식동물들에 탄저병을 일으킨다. 사실 토양에 존재하는 대부분의 병원성 균들은, 이들 병원성 균들이 영양세포 상태로 존재하기에는 토양 온도가 너무 낮기 때문에 포자의 형태로 존재하며 온혈동물에 감염을 일으킨다.

동굴

동굴은 보통 다음 4가지 과정에 의해 만들어 진다.

1. 약산성의 빗물이 석회암을 용해시켜 동굴을 만든다.
2. 파도가 해안 절벽 아랫부분에 지속적인 타격을 주면, 침식되어 해양동굴이 만들어진다.
3. 화산에서 흘러나온 용암이 표면은 굳어 단단해 지고, 안쪽은 계속 액체상태로 흘러나가 용암동굴이 만들어 진다.
4. 최근에 알려진 새로운 동굴형성 과정으로, 미생물이 황산을 생성하고 이렇게 만들어진 황산이 바위를 부식시켜 동굴을 만든다. 전 세계의 석회암 동굴의 5%는 이 과정으로 만들어졌다.

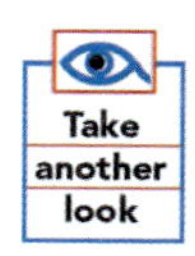

이 책의 ◀1장 첫 페이지에 미국 뉴멕시코주 칼즈배드(Carlsbad) 동굴 국립공원에 있는 아주 깊은 레추기야 동굴(Lechuguilla Cave)에 대해 설명했었다. 이 동굴과 멕시코에 있는 "빛의 집"이라는 뜻을 갖는 빌라루즈 동굴(Cueva de Villa Luz)은 미생물이 생성한 황산에 의해 용해 되어 만들어진 동굴이다. 이 동굴에 대한 기록은 미국 PBS(Public Broadcasting System)방송국의 NOVA 프로그램이 동굴의 미스터리(The Mysterious Life of Caves)란 제목의 다큐멘터리를 만들어 2002년 10월 1일 처음 방영하였다. 이 다큐멘터리에서 지구미생물학자(geomicrobiologist)인 Penelope J. Boston과 Diana Northrup이 이들 동굴을 직접 탐험해 동굴생성에 관여한 미생물의 역할을 설명하였고, 이런 결론을 도출하게 된 미생물에 관련된 몇 가지 실험도 실시하였다. 현재는 이 다큐멘터리를 개인이 구입할 수도 있다. 또 NONA는 레츄길라 동굴의 화려한 사진들과 과학자들의 인터뷰 등 이 다큐멘터리를 설명한 웹 사이트를 개설해 놓고, 동굴에 관한 많은 다른 웹 사이트들도 연결시켜 놓고 있다. http:// www.pbs.orglwgbh/nova/caves/about.html. 에 접속하면 다양한 정보를 얻을 수 있다.

칼즈배드와 레추기야 동굴은 이제 더 이상 만들어지지는 않는다. 그러나 빌라루즈 동굴은 현재에도 왕성하게 커지고 있다. 빌라루즈 동굴 바닥에서 계속 올라오고 있는 황화수소 가스 방울들이 물과 반응하

그림 25.13 레츄기아(Lechuguilla) 동굴에 있는 샹들리에 무도회장 (Chandelier Ballroom). 거의 길이가 20 피트 이상 되는 석고로 만들어진 이 샹들리에는 아마 세계에서 가장 큰 것일 것이다. 빨간 옷을 입은 사람과 그 크기를 비교해 보아라. (*Courtesy Sura Ballmann and Urs Widmer/Speleo Projects*)

여 황산을 만든다. 동굴 아래 깊은 곳에 묻혀 있는 석유매장지에 존재하는 미생물들이 석유를 이용하며 황화수소를 계속 빌라루즈 동굴로 방출한다. 동굴의 벽은 점액질로 구성된 끈 모양의 세균 집단인 **스노티(snottites)**로 덮여있다(p.1 사진). 이 세균들은 황을 산화해 황산을 생성한다. 그 결과 동굴전체가 자동차 배터리의 산성용액과 같은, 옷과 피부를 부식시킬 정도로 강력한 산성용액으로 덮여있게 된다. 그리고 황산의 부식작용 결과 아름다운 석고 결정체가 동굴에 생성되었다(**그림 25.13**). 이곳에 사는 세균은 극한미생물로 아마도 지구 내부에서 처음 지상으로 올라와 살아가는 미생물일 것이다. 우리가 화성과 목성의 위성과 같은 다른 행성을 탐험했을 때, 우리는 이 행성들 표면 아래에서 생존하는 이와 비슷한 극한미생물을 찾고자 할 것이다.

물

담수와 해수 심지어 빗물을 비롯한 모든 수서 생태계는 미생물 뿐 아니라 무기물질도 포함하고 있다. 그러나 이런 수서환경에 존재하는 대부분의 생명체에 대해서는 앞에 있는 여러 장에서 언급했으므로, 여기서는 수서 환경의 특성, 수서환경과 미생물과의 상호관계, 물을 통한 인간 병원체의 전달, 그리고 안전한 물을 공급하는 방법 등에 대해서만 이야기 한다.

담수 환경

담수환경에는 호수, 연못, 강, 시냇물과 같은 지표수와 지하의 암반층을 통과하는 지하수가 포함된다. 지하수에는 아주 적은 미생물만이 포함되어 있지만, 지표수에는 아주 다양한 종류의 많은 미생물들이 존재한다.

담수환경 중 연못과 호수는 층을 수직적으로 구분할 수 있다. 연안대(*littoral zone*) 또는 연못가(shoreline)는 연못주변의 얕은 지역으로 빛이 바닥까지 닿는다. 준조광대(*limnetic zone*)는 연못주변에서 중심부 쪽으로 들어간 곳으로, 빛이 통과하는 수심까지를 일컫는데 이곳에는 조류와 남세균 등이 서식한다. 그리고 준조광대와 연못의 퇴적물 사이를 심해저대 또는 심연대(*profundal zone*)라 하는데, 준조광대의 미생물이 죽으면 심연대로 떨어져 이곳에 존재하는 다른 생명체들의 영양소로 제공된다. 퇴적물 또는 저생대(*benthic zone*)는 생명체의 사체와 진흙으로 구성된 바닥을 일컫는다(**그림 25.14**).

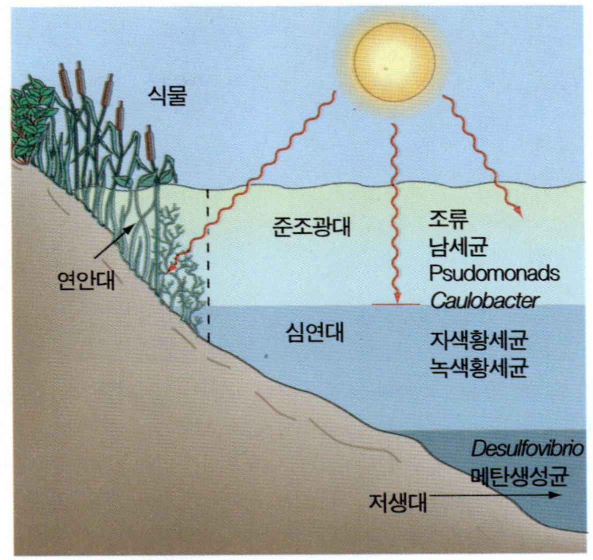

그림 25.14 전형적인 연못의 모식도. 각 구역에서 일반적으로 발견되는 생명체들은 오른편에 표시하였다.

수서환경의 수온은 0℃에서 거의 100℃까지 다양하나, 대부분의 수서 미생물은 중온에서 가장 잘 성장한다. 그러나 일부 고온성 세균은 거의 90℃에 가까운 간헐천 지역의 물에서 발견되고, 저온성 곰

> **확대경**
>
> **구경꾼의 코**
>
> 온천수는 지표면으로 밀려 올라온 마그마로부터 열을 받아 뜨거워진 물이다. 그리고 일반적으로 건강유지와 휴식을 위한 욕탕으로 사용되는 천연 온천수에는 고온성 세균과 금속이온을 환원하는 세균이 서식한다. 100°C 이상 되는 온도를 갖는 바위로 부터 뿜어져 나오는 뜨거운 온천수에는 광물질이 풍부하게 용해되어 있다. 많은 사람들이 광물질을 많이 함유하는 뜨거운 물인 천연 온천수가 목욕하는데 이로움을 주는 원천이라 생각한다. 황 산화물이 많이 용해된 뜨거운 온천수는 황을 고정하는 세균들이 성장할 수 있는 환경을 제공해 준다. *Desulfovibrio*와 *Desulfomonas*가 포함된 이들 세균들은 황을 환원하여 황화수소를 생산한다. 뜨거운 온천수의 기포로 방출되는 황화수소는 하수관 냄새나 썩은 계란냄새가 난다. 그러나 천연온천에서 맡을 수 있는 이들 나쁜 냄새들은 전혀 불쾌하게 느껴지지 않는다.

그림 25.15 조류의 수화(bloom). 연못에 영양소가 너무 많아지면 조류의 수화가 나타나고, 가끔 산소방울이 일부 조류의 하부에 모여 있어 보이기도 한다. 그러나 일반적으로 수화가 나타나면 너무 많아진 이들 조류가 죽어 분해될 때 요구되는 생물화학적 산소요구량(BOD)이 크게 증가하므로, 연못에 사는 물고기 같은 생명체들에게 필요한 산소가 고갈되기도 한다. (*Kevin and Betty Collins/Visuals Unlimited*)

광이와 세균은 거의 0℃의 물에서도 발견된다. 일반적으로 담수의 pH는 2부터 9까지 다양하게 나타난다. 비록 대부분의 미생물은 거의 중성인 pH에서 가장 잘 성장하나, 일부 미생물은 아주 강한 산성이나 알카리성 물에서도 발견된다. 대부분의 자연수에는 영양소가 풍부하다. 그러나 물에 따라 영양소의 양이 상당히 다르게 존재하기도 한다. 어떤 경우에는 영양소가 너무 풍부하여 수화(bloom)현상이 나타나, 물에서 생명체들이 한꺼번에 폭발적으로 증식하기도 한다**(그림 25.15)** (◀11장 p. 313 적조 참조)

산소는 수서환경의 미생물 성장을 제한하는 요인이 되기도 한다. 일반적으로 물속에 녹는 산소의 용해도는 비교적 낮아, 물의 산소 농도는 100 g 당 0.007 g을 넘지 못한다. 따라서 물속에 유기물질이 많이 함유되어 있으면, 분해자가 이들 유기물질을 산화하는 과정에서 산소를 소모해 버려 물속의 산소가 고갈된다. 일반적으로 강이나 시냇물 같이 흐르는 물은 계속적으로 산소를 공급받는다. 따라서 계속 물이 흐르는 강이나 시냇물보다 고여있는 물인 호수나 연못에서 산소 고갈 현상이 더 잘 일어난다.

비록 지구 표면의 70%가 물이지만, 인간이 이용할 수 있는 물은 오직 1% 정도다. 나머지 물은 바닷물로 존재하거나 빙하에 갇혀 있어 인간이 이용하지 못한다.

수서 환경의 미생물에 영향을 주는 또 다른 요인은 햇빛의 투과와 관련된 수심이다. 담수는 깊이가 아주 깊은 호수를 제외하고는 수심에 큰 영향을 받지 않지만, 바다는 수심이 매우 중요하다. 광합성 생명체들은 적절한 햇빛이 있는 곳에 한정되어 존재한다.

수서환경에 존재하는 미생물들은 물의 온도, pH, 물속에 용해된 무기물질, 햇빛이 투과하는 깊이, 물속 영양소의 양 등에 따라 달라진다. 호기성 세균들은 산소가 공급되는 곳에 서식하고, 혐기성 세균들은 산소가 결핍된 물에서 발견된다. 남세균과 황세균 그리고 진핵세포성 조류는 적절한 햇빛이 있는 곳에서 나타나고, *Desulfovibrio*와 메탄생성세균은 퇴적물에서 발견되며, 원생동물은 여러 담수환경에서 발견된다.

해양환경

바다는 지구표면의 약 70%를 차지하고 있어, 다른 모든 환경을 합한 것 보다 더 크고, 담수와 비교할 때 온도와 pH 변화가 매우 적다. 거의 250℃의 온도를 갖는 해저의 화산 분출구 근처(◀9장 p. 265)를 제외한 바닷물의 온도는 적도근처가 30~40°C, 극지와 깊은 바다가 0°C 정도로, 위치와 깊이에 따라 온도가 거의 일정하다. 그리고 바다의 pH는 많은 미생물들이 성장하기에 적합한 범위인 중성에서 약 알카리성(pH 6.5~8.3)이고, 또 바닷물에는 광합성 생명체에 필요한 이산화탄소가 충분하게 용해되어 있다.

또 바닷물은 담수에 비해 약 7배나 높은, 물 100 g에 약 3.3~3.7g의 소금이 용해되어 있다. 따라서 바닷물 속에서 살아가는 생명체들은 다양한 소금의 농도까지 견디어야 할 필요는 없지만, 반드시 높은 소금의 농도에서 견딜 수 있어야 한다.

그리고 바다는 담수보다 아주 커다란 범위의 정수압(hydrostatic pressure)을 갖는다. 정수압은 약 10 m 깊이로 내려갈 때 마다 1 기압씩 증가한다. 따라서 1,000 m 깊이의 물속은 해수면에 비해 약 100배 높은 압력을 갖는다. 고세균(Archaea)을 비롯한 포함한 일부 미생물들이 수심 1,000 m 이상 되는 태평양 해구에서 분리되었다.

바닷물은 깊이에 따라 햇빛의 투과와 산소농도가 달라진다. 계절과 위도와 물의 투명도에 따라 다르지만 수심 50~125 m 이내에서만 광합성 생명체가 필요한 햇빛의 강도가 유지된다. 산소는 바다 표면에서 물로 확산되거나, 햇빛이 투과되는 곳에서의 광합성작용 결과 방출된다. 따라서 수심이 깊은 곳에서는 산소도 없고 햇빛도 비추지 않는다.

바닷물의 영양소 농도는 수심과 바닷가와의 거리에 따라 달라진

확대경

당신은 이것도 엘니뇨라고 생각하는가?

대기중의 이산화탄소는 온실효과를 나타내는 가스의 하나로, 이들은 복사열을 붙잡아 지구 전체의 온도를 상승시킨다. 바다에 사는 식물성 플랑크톤은 광합성 작용을 통해 막대한 이산화탄소를 흡수하므로 지구의 온실가스를 줄여주는 역할을 한다. 최근에는 계절에 따라 변하는 식물성 플랑크톤 군집이 이전까지 우리가 알고 있던 것보다 더욱 많이 지구 온도에 영향을 주는 것으로 확인되고 있다. 그리고 예전에는 바다에는 바이러스가 상대적으로 적게 존재한다고 생각했었다. 그러나 최근 연구에 의하면 바다에는 거대한 바이러스 군집들이 존재하고, 이들 바이러스가 식물성 플랑크톤이 수행하는 광합성에 영향을 주는 것이 확인되고 있다. 즉 바이러스가 식물성 플랑크톤에 감염되어 이들을 파괴함으로써 지구의 기후 변화에 관여하고 있다고 추측되고 있다.

그림 25.16 영양소가 강물을 따라 흘러 바다로 들어간다. 밝은 색 부위가 침니(silt)를 갖고 있는 영양소가 풍부한 강물이다. (*Bruce F. Molnia/Biological Photo Service*).

다**(그림 25.16)**. 영양소가 풍부한 육지의 물이 흘러 들어가는 강과 바다가 만나는 곳과 바닷가에 가까운 곳은 영양소가 가장 풍부한 지역이다. 그러나 바닷물은 일반적으로 담수보다 인과 질소의 농도가 낮고, 외해는 상대적으로 희석되어 영양소의 농도가 상당히 낮다. 그리고 바다 표면에 서식하는 광합성 생명체들은 그 주변이나 깊은 바다에 사는 종속영양생명체들의 먹이원이 된다. 분해자는 일반적으로 바닥의 퇴적물에서 발견되는데, 이곳에서 사체를 분해하며 영양소를 방출한다.

바다에는 아주 다양하고 많은 미생물이 살고 있지만, 상세한 종과 수에 관해서는 아직 많은 것이 밝혀지지 않고 있다. 바다의 1차 생산자는 식물성 플랑크톤(*phytoplankton*)이라 불리는 광합성 미생물이다. 이들은 운동성을 갖고 있거나, 기름 방울이나 다른 방법을 이용하여 떠다니면서 햇빛이 비추는 곳으로 이동하며 살아간다. 이와 같은 식물성 플랑크톤의 종류로는 남세균, 규조류(diatoms), 쌍편모조류(dinoflagellates), 클라미도모나즈(chlamydomonads) 등이 있고, 다양한 원생동물과 진핵 세포성 조류도 여기에 포함된다**(그림 25.17)**.

바다의 많은 소비자들은 종속영양 세균들로, 이들은 서식하는 곳의 이용 가능한 영양소, 온도, pH에 따라 종도 달라진다. 바다에서 살아가는 가장 일반적인 종속영양 세균은 *Pseudomonas, Vibrio, Achromobacter, Flavobacterium*이고, 방산충(radiolarians)과 유공충(foraminiferans) 같은 원생동물과 다양한 곰팡이 역시 생산자를 포식하며 살아간다. 일반적으로 대부분의 이들 종속영양 생명체들은 햇빛이 투과하는 수심 아래 지역에 서식한다.

외해의 바다에는 ml 당 백만 이상의 세균이 존재한다.

이들 소비자들이 살고 있는 지역과 대양의 바닥 사이에는 생명체가 거의 존재하지 않는다. 그러나 대양의 바닥에 있는 퇴적물에는 많은 미생물이 존재한다. 바닥에 사는 생명체는 일반적으로 편성 또는 혐기성 분해자로, 이들 중 많은 수가 생물지구화학적 순환을 유지하는데 관여하여 암모늄 이온, 황화수소, 질소가스와 같은 물질들을 생산한다.

열수구와 냉삼출

대양 깊은 해저의 일부 장소에서는 지구 내부의 깊고 뜨거운 생물권을 벗어난 지구 내부물질과 열 등이 바닷물 속으로 흘러 들어온다. 따라서 이곳은 아주 급격한 화학물질의 농도 경사와 열적 경사가 만들어져 아주 독특한 극한 환경이 형성된다. 이곳에는 350°C의 매우 높은 온도를 갖는 황 화합물의 연무를 분출하는 검은 굴뚝(black smokers)으로 알려진 아주 커다란 구조물이 존재하는데, 이들을 **열수구(hydrothermal vent)**라고 한다**(그림 25.18)**. 그리고 이들과 달리 대륙 가장자리 깊은 바다에서 메탄과 황화수소 방울이 새어 나오는 차가운 지역을 **냉삼출(cold seep)**이라 부른다.

그림 25.18에서 보는 검은 굴뚝은 1997년과 1998년에 에디피스 렉스 계획(Edifice Rex sulfide recovery project)의 일환으로 연구를 위해 깊은 바다에서 실험실로 옮겨졌다. 옮길 당시 핀(Finn) 내부의 빈 공간을 통해 흘러나오는 열수는 302°C였고, 굴뚝의 바깥 온도는 0~10°C였다. 즉 5~42 cm 두께의 굴뚝을 사이에 두고 거의 300의 온도

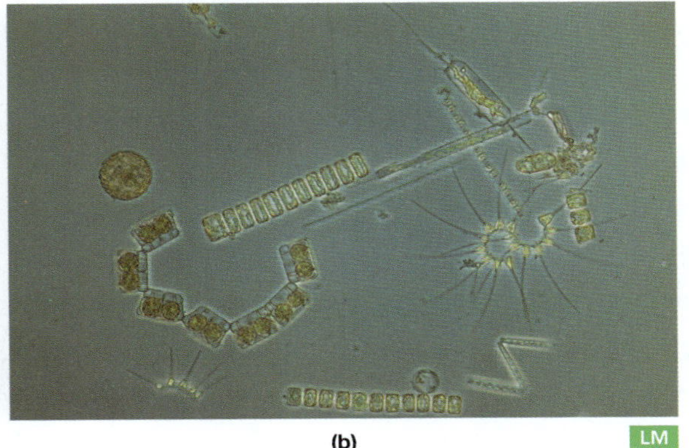

그림 25.17 바다의 생산자인 식물성 플랑크톤. **(a)** 해양성 규조류 *Isthmia nervosa* (625X) (*Manfred Kage/Peter Arnold, Inc.*) **(b)** 미국 로드 아일랜드(Rhode Island) 해협에서 수집된 규조류 (100X). (*Paul W. Johnson/Biological Photo Service*)

그림 25.18 열수구 굴뚝(hydrothermal vent chimney). 에디피스 렉스 계획(Edifice Rex project)의 일환으로 태평양 북서부에 위치한 후안 드 푸카 융기(Juan de Fuca Ridge)의 모트라 열수지역(Mothra Vent Field)에 있는 폴티 타워(Faulty Towers Complex)에서 핀(Finn), 로앤(Roane), 팡(Phang) 이라 불리는 3개의 황화물 배출 굴뚝을 실험실로 옮겨 연구하였다. 옮길 당시 핀은 302°C의 열수를 분출하고 있었다. (*Courtesy D. S. Kelley and J. R. Delaney, University of Washington*)

경사가 생긴 것이다. 이 굴뚝 벽의 안쪽에는 다양한 미생물 군집이 서식하는 많은 구역이 존재한다. 현미경으로 관찰한 결과 벽 전체에 걸쳐 모든 광물질 표면에 세균이 부착되어 있음이 관찰되었다. DNA 탐침(probe) 결과 바깥벽의 차가운 곳 부근에는 진정세균과 고세균이 혼합된 군집이 있었고, 그곳에서 안쪽 즉 뜨거운 곳으로 갈수록 대부분의 세균이 점차 고세균으로 바뀌었다. 그리고 이곳에 존재하는 미생물들은 대부분 아직까지 밝혀지지 않은 종류들로 배양도 되지 않지만, DNA 염기서열 분석 결과 이곳에 서식하는 미생물들은 고세균에 속하는 *Crenarchaeota*와 *Euryarchaeota*, 그리고 메탄생성세균인 *Thermococcales*와 *Archaeoglobales*와 유연관계가 가까운 종류들이었고, 호열성, 호기적인 종속영양세균인 *Bacillus*와 *Thermus* 속도 발견되었다. 그러나 아직도 많은 것이 밝혀지지 않고 있다.

냉삼출은 보통 캘리포니아의 몬터레이만(Monterey Bay)과 북부 캘리포니아의 대륙붕 사면에 위치한 일 리버 분지(Eel River Basin) 그리고 플로리다 에버 글레이즈(Everglades) 근처의 경사지 등 대륙의 가장자리를 따라 발견된다. 이곳에는 황화수소를 산화하는 미생물과 이들과 관련된 세균이 혼합되어 있는 미생물 집단과 대합조개 등 화학합성을 하는 생명체들의 군집이 존재한다. 그리고 이들 미생물 군집 중 메탄을 혐기적으로 산화하는 세균이 가장 일반적인 세균이고, 이곳에 서식하는 미생물의 대사결과 이들 지역에는 탄산염의 퇴적층이 형성되기도 한다.

이들 깊은 바다에 서식하는 미생물집단에 대한 지식은 열수구가 처음 발견된 이후에야 밝혀졌기 때문에 기껏해야 25년 정도밖에 되지 않지만, 열수구와 냉삼출에 관한 영상과 이곳에 존재하는 군집들에 대한 멋진 사진을 보여주는 여러 웹 사이트가 존재한다. http://oceanexplorer.noaa.gov/explorations/04fire/logs/april12/april12.html 또는 http://www.pmel.noaa.gov/vents/marianas/multimedia04.html 등의 웹 사이트를 방문해 보아라.

물의 오염

물에 어떤 물질이 들어가거나 물성분이 바뀌어 특정 목적에 사용될 수 없게 되면 그 물은 오염된 것으로 간주한다. 따라서 물의 오염에 대한 개념은 오염원과 사용 용도에 따라 상대적이다. 예를 들면 음용수는 병원성 세균과 독성물질이 들어있으면 오염된 물이다. 그러나 오염되어 음용수로 사용할 수 없는 물도 수영하는 데는 적합할 수 있고, 수영하는데 부적합한 물도 배를 타거나 공업용수나 발전소물로 사용할 수 있다. 미국 환경보호국(EPA; Environmental Protection Agency)은 음용수의 기준과 음용수를 검사하는 방법을 정립해 놓았다. 인간이 먹는데 적합한 물을 **음용수(portable water)**라 한다.

개발도상국에서는 깨끗한 물을 공급받지 못해 매일 3만 명이 사망하고 있다(WHO).

물의 오염물질

일반적인 물의 오염원은 하수나 동물 배설물과 같은 유기 폐기물, 산업폐수, 유류, 방사성물질, 토양의 부식과정에서 생성되는 퇴적물 그리고 열(heat)이다. 보통 물 속에 떠다니는 유기 폐기물들은 이들을 산화하는데 충분한 산소가 물 속에서 공급되면 미생물에 의해 분해된다. 이처럼 물질의 분해에 요구되는 산소 양을 **생물학적 산소요구량(biological oxygen demand, BOD)**이라 부른다. 일반적으로 BOD 값이 높으면 물 속에 있는 산소가 급격히 고갈되고, 많은 유기물이 분해되지 않은 상태에서 호기성 분해자의 수가 감소하면 혐기성 미생물 수가 증가한다. 그리고 병원성 세균, 바이러스, 원생동물자체도 유기 폐기물에 포함된다.

산업폐기물에는 금속, 광물, 무기 · 유기 화합물 그리고 일부 인간이 합성한 화학물질들이 포함된다. 금속, 광물, 그리고 일부 무기물질들은 물의 pH와 삼투압을 변형시키고, 일부는 인간이나 다른 생명체에 독성을 나타낸다. 대부분의 분해자들은 인간이 합성한 화합물질들을 분해하는 효소를 갖고 있지 않으므로 이들 인간이 합성한 화학물질들은 물속에서 잘 분해되지 않는다. 유류 또한 중요한 오염물질이고, 방사성 물질들은 자연적으로 방사능이 붕괴될 때까지 살아있는 생명체들에게 해로운 방사능을 지속적으로 방출한다.

토양입자, 모래, 토양이 부식되며 방출되는 광물들은 농업이나 광업 그리고 건설활동 등으로 물속에 유입된다. 질산염과 인산염 그리고 다른 영양소들도 세제, 비료, 동물의 배설물 등을 통해 물속으로 유입된다. 이렇게 영양소가 풍부해진, 소위 **부영양화(eutrophication)** 된 물은 조류나 식물의 성장을 과도하게 촉진한다. 식물이 너무 성장해 밀집되면 햇빛이 물을 투과하지 못하게 되고, 그 결과 많은 조류와 식물이 죽게 되어 물속에는 이들 사체들에 의한 유기물질이 많아지게 된다. 그리고 이들 사체들에 의한 유기물질들이 많아져 BOD가 높아지게 되면 물속의 산소가 고갈되므로, 결국 물속에는 유기물질들이 분해되지 않은 채 계속 남아있게 된다.

그리고 많은 양의 뜨거운 물이 강과 호수 그리고 바다에 유입되면, 열(heat)을 갖는 이 뜨거운 물도 오염원으로 작용한다. 물의 온도가 증가하면 산소의 용해도가 감소한다. 온도가 변하고 산소가 감소하면 이 곳 수서 환경의 생태적 균형이 크게 변하게 된다. **표 25.1**에 전체적인 물 오염 영향을 요약하였다.

물속에 존재하는 병원성 균

물속에 존재하는 병원성 미생물은 보통 인간의 분변오염에 의해 나타난다. 물이 일단 분변에 의해 오염되면, 분변을 통해 배설된 많은 세균과 바이러스 그리고 일부 원생동물 등의 병원체들이 물속에 존재하게 된다. 물을 통해 전염되는 가장 일반적인 병원성 균들을 **표 25.2**에

표 25.1

물 오염 영향

오염원	영향	비고
유기 폐기물(하수, 부패중인 식물, 동물 배설물, 식품가공공장, 유류 정제, 가죽, 제지, 직물 공장의 폐기물)	물의 생물화학적 산소요구량이 증가함	이용할 만한 충분한 산소가 존재한다면 물속에 존재하는 미생물들에 의해 이 물질들이 분해될 수 있다. 그러나 물속에 산소가 결핍되면 혐기성미생물에 의한 분해만 일어나게 되고, 수중식물들은 죽게 되며, 동물들은 죽거나 다른 곳으로 이주하게 된다.
병원성 미생물	오염된 물을 마신 사람이 발병함	상수처리 과정을 통해 거의 모든 세균은 처리되지만, 간염바이러스 같은 일부 바이러스는 처리되지 않아 인간에게 병을 일으킨다. 따라서 바이러스도 제거할 수 있는 좀 더 효과적인 상수처리시설이 요구된다.
무기화학물질과 광물질	물의 산도와 염도를 증가시키고 독성을 나타냄	대부분 이들 화학물질들은 상수처리과정에서 제거할 수 있으나, 인간에게 독성을 나타내는 수은 같은 중금속은 상수시설로 들어오지 못하도록 방지해야 한다.
합성유기화학물질(제초제, 살충제, 세제, 플라스틱, 공장에서 발생하는 폐기물)	출산에 영향을 주고, 암, 신경계 손상과 다른 질병 등을 일으킴	이들은 잘 분해되지 않는 물질들이므로, 물을 처리하는 과정에서 물리, 화학적 방법을 총동원하여 제거해야만 한다. 이들 물질 중 많은 종류가 먹이 사슬을 통해 생체 내에 들어가 농축된다.
식물영양소	수생식물의 과도한 증식으로 종종 통제가 안됨(부영양화), 음용수에 불쾌한 냄새나 맛을 나타냄	물속에 존재하는 과도한 인산염과 질산염을 제거하는 물 처리과정은 비용이 많이 들고 어려운 과정이다.
땅이 침식되어 만들어진 퇴적물	침니가 수로를 막고, 댐 주변의 수력발전 장비를 파손시킴, 빛의 물 투과를 감소시켜 광합성 식물에 영향을 주어 물속의 산소농도가 감소함	
방사성폐기물	많은 양에 노출되면 암과 출산율 감소 그리고 방사성 질환을 일으킴	먹이사슬을 통해 생체 내에 농축될 수 있다. 이들 방사성 폐기물들은 물속에서 제거하기 어렵기 때문에 이들이 물속으로 유입되지 않도록 하는 것이 매우 중요하다.
열수	물속에 용해되는 산소를 감소시키고 생명체의 서식지 환경과 생명체 종류를 변화시킴, 일부 수생 생명체의 성장을 촉진시키나 물고기 같이 유용한 생명체의 성장은 감소시킴	

표 25.2

물에 의해 전파되는 인간의 수인성 질환

미생물	미생물이 일으키는 병
Salmonella typhi	장티푸스
그 외 *Salmonella* 종	살모렐라 중독 (위장염)
Shigella 종	쉬겔라균 중독 (세균성 이질)
Vibrio cholerae	아시아 콜레라
Vibrio parahaemolyticus	위장염
Escherichia coli	위장염
Yersinia enterocolitica	위장염
Campylobacter fetus	위장염
Legionella pneumophilia	레지오넬라증 (폐렴)
Hepatitis A virus	간염
Poliovirus	소아마비
Giardia intestinalis	지알디아증 질병
Balantidium coli	발란티디움 대장염
Entamoeba histolytica	아메바성 이질
Cryptosporidium parvum	크립토스포리디움증(위장염)

요약하였다. 물이 분변으로 오염되었는지의 여부는 보통 대장균(*Escherichia coli*)을 물 시료에서 분리하여 판단한다. 대장균은 인간의 소화관에서 서식하는 일반적인 미생물이므로 이들이 물속에서 존재한다는 것은 그 물이 바로 분변으로 오염되었다는 것을 대변해 준다. 이와 같이 어떤 상태를 대변해 주는 대장균과 같은 생명체를 **지표생물(indicator organism)**이라 한다.

중점 질문 사항

1. 대기와 물에 조사한 자외선이 미생물에 미치는 효과는 무엇인가?
2. 대부분의 미생물은 토양의 어느 곳에서 발견되는가?
3. 토양 미생물에 영향을 주는 요인 4가지는 무엇인가?
4. BOD 의미와 BOD 실험에서 미생물이 하는 역할에 대해 설명하라.

물의 정화

정화 방법

인간이 마시는 물의 정화(water purification) 방법은 수원지의 청정 정도에 따라 달라진다. 깊은 우물에서 퍼 올린 물이나 산의 시냇물이 모여있는 비교적 깨끗한 저수지 물은 안전한 물을 만드는데 아주 조금만 노력을 기울여도 된다. 그 반면 산업폐수나 동물폐수가 섞여있는 강물과 도시의 하류에 위치한 하수를, 마시기에 안전한 물로 만들려면 막대한 비용이 들어가는 처리를 해야 한다. 이런 하수들의 첫 번째 처리과정은 고형물질들이 가라앉을 때까지 침전조에 놓아두는 것이다. 이때 점토와 같은 부유하는 교질들(colloid)을 **응집(flocculation)**하고 침전시키기 위해 명반(aluminum potassium sulfate)을 첨가하기도 하는데(◀2장 p. 33), 이 과정에서 많은 미생물들도 침전되어 제거된다.

응집과정을 거친 후에는 물을 **여과(filtration)**시킨다. 여과는 모래 층에 물을 통과시키는 과정으로 침전과정에서 처리되지 않고 남아있던 거의 모든 미생물들이 제거된다. 그리고 여과과정에서 모래 대신 활성탄을 사용하기도 하는데, 활성탄을 사용할 경우 모래에서는 제거되지 않는 유기화합물도 제거하는 이점이 있다. 마지막으로 물에 염소를 첨가하여 소독한다. 물에 염소를 첨가하는 **염소화(chlorination)** 과정을 통해 세균은 급격히 감소하게 된다. 그러나 염소화 과정을 거쳐도 바이러스와 병원성 원생동물의 포낭(cyst)은 잘 처리되지 않는다. 일반적으로 미생물을 처리하는데 요구되는 염소의 양은 물속에 유기물질이 많이 존재할수록 많이 요구된다. 그리고 염소는 일부 유기물질과 결합하여 발암물질로 전환되기도 한다. 그러나 염소와 유기물질의 장기간에 걸친 상호작용 효과를 평가하는 작업은 매우 어려워, 아직도 현대의 물처리 과정에서 사용되는 염소화 과정이 인간의 암에 대한 위험성을 증가시킨다는 확실한 증거는 확인되지 않고 있다.

미국 상수도 시설의 98% 이상이 물 소독에 염소를 사용한다.

수질검사

일반적으로 물의 수질검사는 **대장균군(coliform bacteria)**을 이용해서 실시한다. 대장균을 포함한 대장균군은 그람음성 세균이면서, 포자를 형성하지 않는 호기성 또는 통성 혐기성 세균으로 젖당을 발효하여 산과 가스를 생성하는 세균을 일컫는다. 대부분 도시의 상수 처

적용

단지 물만 안마시면 된다

1993년 봄 미국 역사상 가장 좋지 않았던 수인성 질환이 밀워키에서 발병하였다. 수도물이 원생동물에 오염되어 40만 명 이상의 위장염 환자가 발병하고, 100명 이상이 사망하였다. 이 도시의 수돗물 처리시설은 수인성 질환을 일으키는 원생동물인 *Cryptosporidium parvum*을 음용수로부터 제거하는 적절한 여과장치를 사용하지 않았었다. 그리고 최근 라스베가스에서 HIV감염자 35명이 사망하였는데, 이들의 사인도 수돗물 오염과 연관되어 있다.

*C. parvum*과 같이 병을 일으키는 미생물 외에도 납, 질산염, 비소, 라돈과 같은 화학물질도 물을 오염시킨다. 심지어 물을 소독하는 염소도 분해되는 유기물질과 반응하여 부산물로 발암물질을 생성한다. 물의 가장 주된 오염원은 매립된 도시폐기물과 산업폐기물, 각 가정의 정화조(septic tank), 그리고 현재 사용하고 있거나 폐쇄된 유전, 주유소, 석탄광, 금속광산, 주유소의 지하 저장 탱크와 살충제와 비료, 그리고 부적절하게 버려지고 있는 자동차의 오일 등이다.

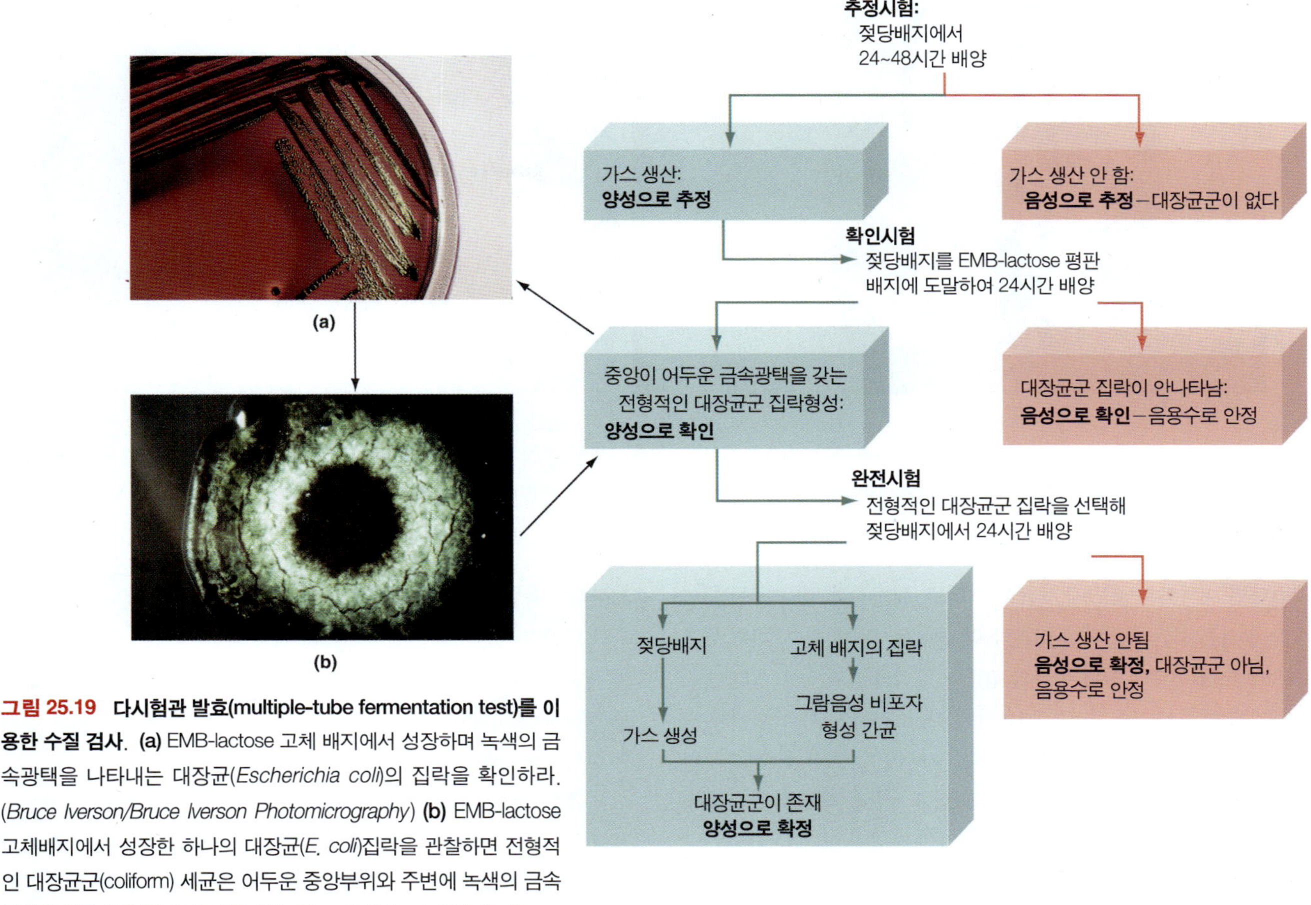

그림 25.19 다시험관 발효(multiple-tube fermentation test)를 이용한 수질 검사. **(a)** EMB-lactose 고체 배지에서 성장하며 녹색의 금속광택을 나타내는 대장균(*Escherichia coli*)의 집락을 확인하라. (*Bruce Iverson/Bruce Iverson Photomicrography*) **(b)** EMB-lactose 고체배지에서 성장한 하나의 대장균(*E. coli*)집락을 관찰하면 전형적인 대장균군(coliform) 세균은 어두운 중앙부위와 주변에 녹색의 금속광택을 갖고 있음을 알 수 있다. (*Harkisan Raj/Visuals Unlimited*)

리 시설에서 주기적으로 대장균군의 존재여부를 검사하고, 만일 대장균군이 특정 수치 이상으로 존재하면 그 물은 마시는데 적당하지 않다는 지표가 된다. 현재 물의 대장균군 검사에는 다시험관 발효법(multiple-tube fermentation method), 막 여과법(membrane filter method), ONPG와 MUG 시험법의 3가지 방법이 사용된다.

다시험관 발효법(multiple-tube fermentation method)은(그림 25.19) 추정시험, 확정시험, 완전시험의 3단계 실험으로 실시된다. **추정시험(presumptive test)**은 lactose broth가 들어있는 시험관을 사용한다. 즉, 각 시험관에 물 시료를 각각 10 ml, 1 ml, 그리고 0.1 ml을 첨가하고 24시간에서 48시간 동안 35°C에서 배양하며 가스가 형성되는 것을 관찰한다. 가스가 형성되면 대장균군이 존재함을 추정하는 증거가 된다. 미생물학자들은 추정시험을 이용한 최확수(MPN; most probable number)법을 통해 시료 내에 존재하는 대략적인 미생물 수를 계산해 낸다(◀6장 p. 153).

그러나 대장균군이 아닌 다른 균들도 가스를 생산하므로, 대장균의 존재를 확실히 하기 위해 추가적인 실험이 반드시 요구된다. **확정시험(confirmed test)**은 추정시험에서 가스를 생성하는 것으로 나타난 물 시료를 희석하여 그람 양성균의 성장을 억제하는 eosin-methylene blue(EMB) 평판배지에 도말하여 확인하는 시험법이다. 만약 이 물 시료에 정말 그람 음성균인 대장균군이 존재한다면, 이 균이 성장하며 산(acid)을 생성하게 된다. 따라서 이 물 시료를 24시간 배양하면 대장균군에 의해 만들어진 산성조건에서 eosin과 methylene blue 색소가 미생물 집락에 흡수되어, 대장균군 집락 가운데는 어둡고 주변은 녹색의 금속광택을 나타내게 된다. 즉 이런 집락이 나타나면 대장균군이 존재함을 확인해 주는 것이다. 그리고 **완전시험(completed test)**은 어둡고 금속광택을 나타내는 집락을 lactose broth와 사면평판배지에 접종하여 lactose broth에서는 산과 가스가 생성되고, 사면평판배지에서 자란 균은 현미경으로 관찰해 그람 음성의 비 포자 간균이 확인된다면 이 물 시료는 분명 대장균군이 존재하는 양성 시료가 확실하다는 것을 최종적으로 확인하는 시험법이다.

막 여과법(memhrane filter method; 그림 25.20)은 0.45 μm의 구멍크기를 갖는 멸균된 여과막을 통해 100 ml의 물 시료를 여과시킨 여과막을, 미리 배양하기에 적당한 배지로 포화시킨 흡수 패드(pad)위에 올려놓고 배양하는 시험법이다. 만약 물 시료에 세균이 존

(a)

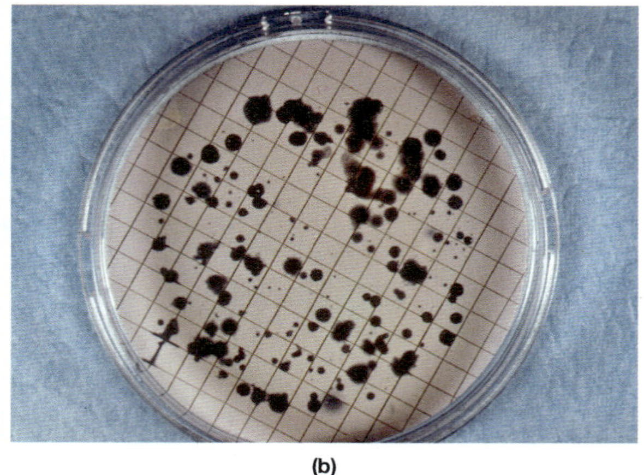

(b)

그림 25.20 막여과법(membrane filter test)을 이용한 수질 검사법. (a) 물 시료를 여과한 후 여과막 위에 걸린 미생물을 배양액이 들어있는 패드 위에 올려놓고 배양한다. (*Leon J. LeBeau/Biological Photo Service*) **(b)** 배양 후에 대장균군의 집락수를 계수한다. (*Raymond B. Otero/Visuals Unlimited*)

재한다면 여과막의 표면에 세균이 걸리고, 일정시간 배양 후에는 여과막에 걸린 세균의 집락이 여과막 위에서 형성되게 된다. 시험 결과 100 ml의 물 시료에 하나 이상의 집락이 형성되면 이 물은 인간이 이용하기에 부적합한 물이라는 지표가 된다. 그리고 여과막 위에서 집락이 나타나면 이들을 확인하기 위해 추가적인 실험이 실시된다. 일반적으로 막 여과법은 다시험관 발효법보다 세균을 빠르게 검출할 수 있고, 많은 양의 물 시료를 검사할 수 있다는 장점이 있다.

ONPG와 MUG 시험법은 대장균군이 분비하는 효소를 이용하여, 이 효소가 존재할 경우에는 기질이 생산물로 전환하며 색의 변화가 나타나는 것을 기반으로 한 시험법이다(◀5장 p. 120). 이 시험법은 물 시료를 기질인 ONPG (*O*-nitrophenyl-β-D-galactopyranoside)와 MUG (4-methylumbelliferl-β-D-glucuronide)가 첨가된 영양배지에서 배양한다. 만일 대장균군이 존재한다면 적당한 배양 후에 β-galactosidase와 β-glucuronidase가 배지에 분비되고, 분비된 β-galactosidase는 ONPG를 가수분해하여 노란색을 나타내고, β-glucuronidase는 MUG를 가수분해하므로 자외선을 조사하면 푸른 형광성이 나타나게 된다(**그림 25.21**). 일반적으로 이 시험법은 수질을 검사하는 다른 방법들과 연계하여 사용한다.

미국질병통제센터(CDC)의 추산에 따르면 미국에서는 오염된 물로 인해 매년 940,000명이 병을 앓고, 900명이 사망한다.

그리고 시판되고 있는 Easyphage™ 시험 키트는 대장균군 자체를 확인하는게 아니고 대장균군이 존재할 때 검출되는 bacterophage를 검사하는 시험법으로(**그림 25.22**), 이 키트는 물 뿐 아니라 음식물 검사에도 사용된다.

대장균군 외에도 음용수에는 때로는 유해(nuisance) 미생물로 불리는 여러 미생물들이 들어있다. 비록 이들 미생물들은 인간에게 병을 일으키지는 않지만 이들은 물의 맛이나 색, 냄새 등에 영향을 준다. 또 일부는 수도관 안에 불용성의 침전물을 만들기도 한다. 이들 유해 미생물들에는 황세균, 철세균, 점액형성세균, 조류 등이 포함된다. 황화수소를 생산하는 *Desulfovibrio* 같은 황세균과, 황산을 생성하는

그림 25.21 ONPG와 MUG 시험법. ONPG 양성인 물 시료는 노란색을 나타낸다. MUG에서 양성인 물 시료는 자외선을 조사하면 푸른빛의 형광성을 나타낸다. 대장균군이 없는 물 시료는 변하지 않는다. (*Colibert photo courtesy of IDEXX Laboratories*)

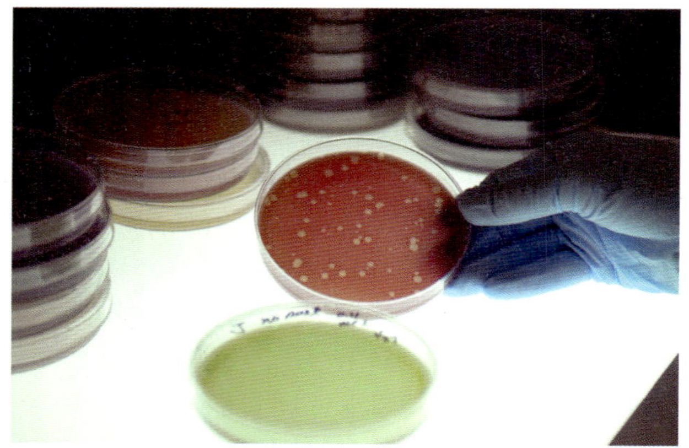

그림 25.22 Easyphage™ 법. 이 방법은 박테리오파아지(bacteriophages)를 이용하여 음식물이나 음용수에 대장균군이 존재하는 것을 확인하는 시험법이다. 배양 접시에서 성장하고 있는 특정세균에서 용균반(plaque)이 나타나는 양성 반응은 음식물이나 음용수에 대장균군이 있음을 확인해준다. 음식물이나 음용수에 대장균군이 존재하지 않으면 박테리오파아지가 나타나지 않는다. (*Courtesy Scientific Methods, Inc.*)

*Thiobacillus*는 철관을 부식시킨다. 철세균은 불용성의 철 화합물을 침전시켜 수도관 안의 물 흐름을 방해한다. 남세균과 진핵세포성 조류와 규조류는 햇빛이 비치면 물속에서 급격하게 증식하여 물을 정화하는 여과 장치를 막아버린다. 물속에 존재하는 이들 여러 유해미생물들을 확인하는 작업은, 각각의 미생물에 따라 각기 다른 시험법이 요구되기 때문에 매우 어려운 작업이다. 그래서 이들 유해미생물에 관한 시험은 정기적으로 실시하지 않고, 시민들이 특정한 물맛이나 냄새 그리고 색에 대해 항의를 할 경우에 실시한다.

그리고 산업폐수가 유입된 강물을 공급 받아 사용할 경우, 물 속에 여러 유기물질이 오염되어 있기도 한다. 이 경우 비록 이론적으로는 화학물질을 분석하는 실험방법을 통해 이들 물질들을 검출하는 것이 가능하기는 하지만, 이런 분석방법은 거의 시행되지 않고 있다.

하수처리

하수(sewage)는 이미 사용되었거나 오염물질이 포함되어 있는 물을 일컫는 말로, 보통 하수에는 약 99.9%의 물과 0.1%의 고체나 물에 녹는 오염물질이 포함되어 있다. 일반적으로 하수에는 생활 폐기물(사람의 분변, 세제, 윤활유, 그리고 인간이 생활하며 하수구에 버리는 물질들)과 산업용 폐기물(산과 여러 화학 폐기물, 그리고 식품가공 과정에서 버려지는 유기물질 등) 그리고 빗물 등을 통해 운반되어 하수로 흘러 들어가는 폐기물 등이 혼합되어 있다.

하수 처리는 비교적 최근에 시행된 처리 방법으로, 얼마 전 까지만 해도 미국의 큰 도시들도 하수를 처리하지 않고 강이나 바다로 흘려 보냈다. 그리고 지중해 주변의 많은 도시들은 아직도 아무런 처리 없이 하수를 흘려 보내고 있다. 일반적으로 물의 흐름이 빠르고 산소가 풍부한 강물로 적은 양의 하수가 흘러 들어 갈 경우에는 강에 존재하는 분해자의 활동으로 자연적으로 하수가 정화된다. 그러나 강이 자연 정화할 수 있는 것 보다 많은 양의 하수가 흘러 들어가면 과부하가 걸리게 된다. 이럴 경우 도시의 하류 지역은 어쩔 수 없이 도시의 상류지역에서 버린 폐기물이 들어있는 강물을 사용하게 된다. 다행히도 현재 대부분의 미국 도시들은 하수처리시설을 갖추고 있다.

하수처리의 과정은 1차, 2차, 3차 처리의 3단계로 이루어 진다 (그림 25.23). **1차 처리(primary treatment)**는 물리적인 처리 과정으로 하수에서 고형물질을 제거하는 과정이고, **2차 처리(secondary**

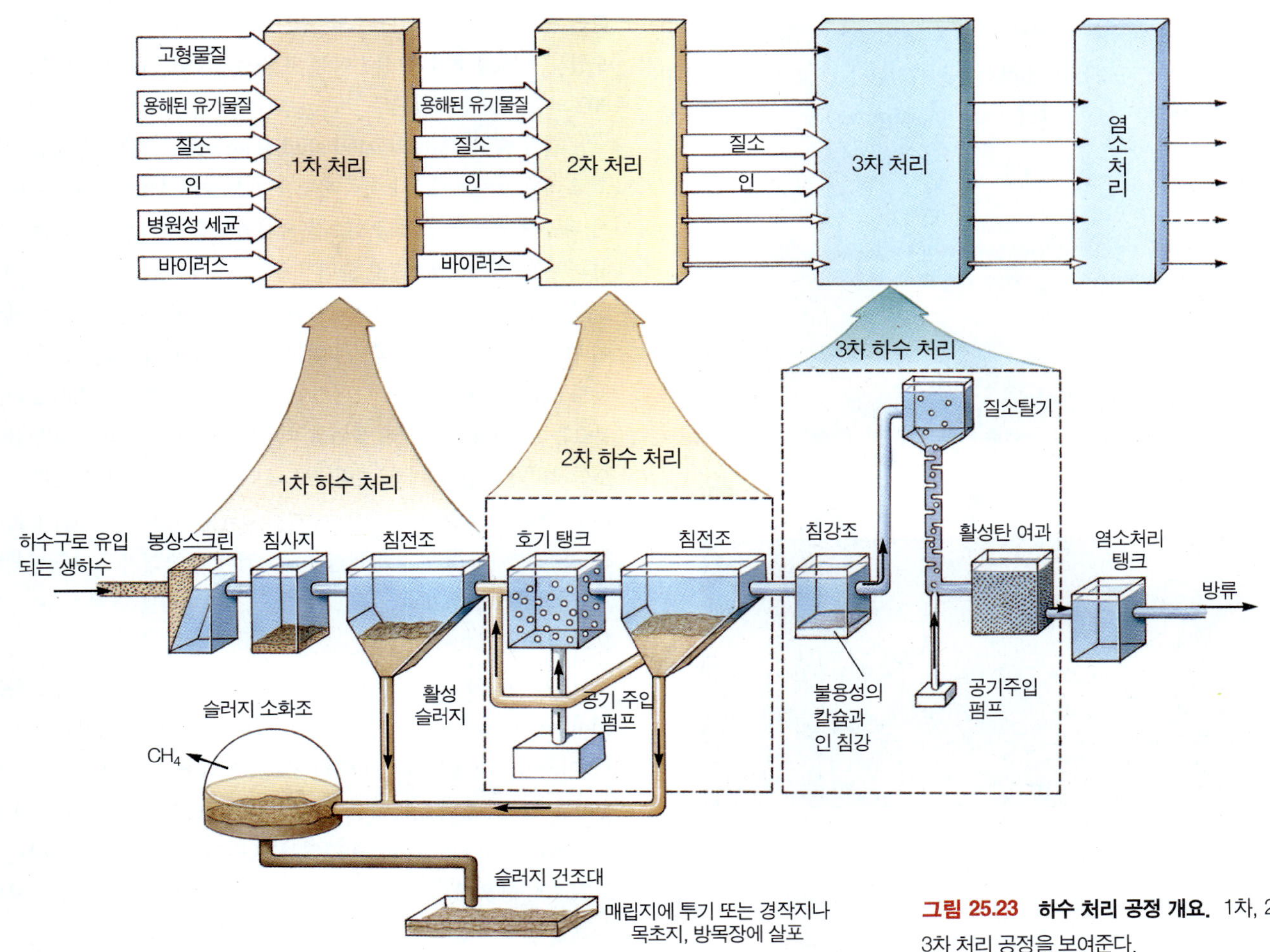

그림 25.23 하수 처리 공정 개요. 1차, 2차 3차 처리 공정을 보여준다.

그림 25.24 **살수여상법.** 살수여상법은 2차 처리과정에서 사용되는 방법이다. (*R.F. Ashley/Visuals Unlimited*)

treatment)는 분해자의 활성을 이용하는 생물학적 처리 과정으로 1차 처리 후 남아있는 고형물질을 제거하는 과정이며, **3차 처리(tertiary treatment)**는 물리, 화학적 처리 과정으로 마실 수 있을 정도로 깨끗한 물을 만드는 과정이다. 지금부터 각 처리 과정에 대해 자세히 알아보도록 한다.

1차 처리

처리되지 않은 하수가 하수처리시설로 들어오게 되면, 물리적 처리 과정인 1차 처리 과정을 통해 폐기물을 제거한다. 스크린은 물위에 떠다니는 큰 부유물질들을 그리고 스키머(skimmer)는 기름 물질을 제거한다. 그 다음 하수는 일련의 침전 탱크들로 들어가 작은 입자들을 가라앉힌다. 하수 안에 포함되어 있던 고형 물질의 절반 정도가 이 과정을 통해 제거된다. 또 이 과정에서 응집제를 사용하여 고형물질들을 더욱 응집시켜 제거하므로, 고형물질 대부분은 1차 처리 과정에서 제거된다. 그리고 침전 탱크에 가라앉은 슬러지(sludge)는 처리시설에 따라 간헐적으로 또는 지속적으로 제거한다.

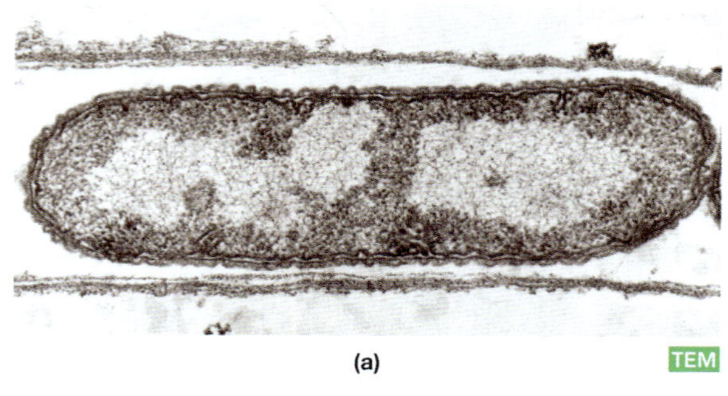

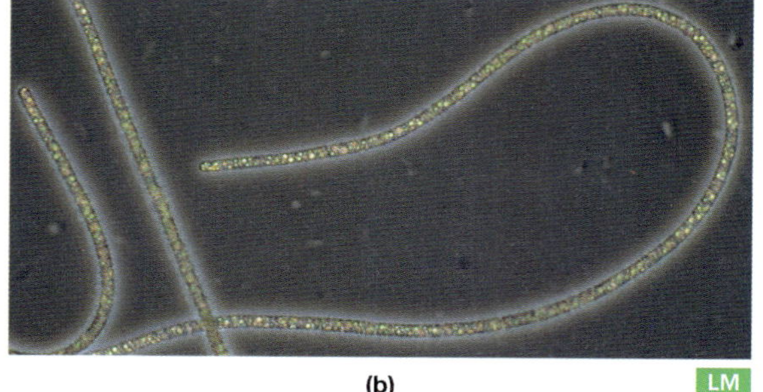

그림 25.25 **살수여상법에서 관찰되는 2종류 협막 세균.** **(a)** *Sphaerotilus* (29,300X); (*Judith F.M. Hoeniger, University of/Biological Photo Service*) **(b)** *Beggiatoa* (400X). (*Paul W. Johnson/ Biological Photo Service*)

2차 처리

1차 처리를 거친 하수는 2차 처리 과정으로 들어간다. 이 과정은 살수여상법과 활성 슬러지법의 2종류 처리 방법이 있고, 이 두 과정 모두 호기성 미생물의 분해 활동을 이용한 방법이다. 2차 처리 과정 중의 하수는 BOD가 높기 때문에 산소를 계속 공급해야 한다.

살수여상법(trickling filter systems; 그림 25.24**)**은 2 m 깊이를 메우고 있는 바위 조각들 위로 하수를 뿌리는 과정이다. 각각의 돌의 지름은 5~10 cm가량이며, 이들 돌의 표면은 *Sphaerotilus*와 *Beggiatoa* 같은 호기성 미생물들의 점액성 막으로 둘러 싸여 있다(그림 25.25). 이 방법은 보통 하수에 산소가 공급되어 살포되므로 호기성 균들이 하수 내 유기물을 분해할 수 있게 된다. 일반적으로 살수여상은 활성 슬러지법 보다 효율적인 면에서는 뒤지지만 운영은 훨씬 수월하다. 보통 하수가 살수여상 과정을 거치면 하수에 들어있던 약 80%의 유기물이 제거된다.

활성 슬러지법(activated sludge systems)은 1차 처리를 마치고 흘러나온 하수에, 2차 처리 과정을 거친 **슬러지(sludge)** 일부를 다시 되돌려 첨가한 후 계속 산소를 공급하며 저어주면서 하수를 처리하는 과정이다. 일반적으로 슬러지에는 하수에 있는 유기물을 분해시킬 수 있는 많은 호기성 미생물이 들어 있다. 그러나 섬유모양의 세균이 활성 슬러지 처리 과정에서 빠르게 증식하면 이 슬러지들은 가라앉지 않고 물 위에 떠돌아 다니기도 한다. 따라서 **팽화(bulking)**라고 부르는 이 현상으로 인해 물위를 떠다니는 물질들이 방류되는 물을 오염시키기도 한다. 작은 시내에서 나뭇잎이 썩어갈 때 빠르게 증식하고 수화를 일으키기도 하는 협막세균인 *Sphaerotilus* (그림 25.25a)가 이와 같은 팽화 현상을 일으켜 활성 슬러지 공정을 방해하기도 한다. *Sphaerotilus*의 실 모양의 구조는 필터를 막히게 하고, 또 분해 되지 않고 떠돌아 다니는 유기물 덩어리를 형성하기도 한다.

1차 처리와 2차 처리 과정에서 생성된 슬러지는 **슬러지 소화조(sludge digester)**로 주입된다. 슬러지 소화조는 산소가 차단된 곳으로, 이곳에서는 혐기성균이 슬러지를 소화하며 작은 분자량을 갖는 유기물과 이산화 탄소와 메탄가스로 분해한다. 슬러지 소화조에서 생성된 메탄가스는 이 소화조를 가열하거나 다른 처리 시설의 동력원으로 사용될 수 있다. 이 과정을 거치면서도 소화가 되지 않은 슬러지들은 건조된 후, 토양 개량제로 사용되거나 매립된다(그림 25.26).

그림 25.26 슬러지 처리. 도시 폐수 슬러지를 농장에 뿌려주는 과정은 영양소를 토양에 되돌려 주는 과정이다 그러나 만약 슬러지 처리가 불완전하다면 이 과정을 통해 병원성 균 역시 토양에 들어간다.

3차 처리

2차 처리 과정을 거친 유출수에는 원래 하수가 갖고 있던 유기물의 5-20% 밖에 포함하고 있지 않아 그대로 강물로 흘려 보내도 큰 문제는 없다. 그러나 2차 처리를 거치고 흘러나온 유출수에는 강에 있는 식물의 성장을 촉진시켜주는 인산염과 질산염이 많이 포함될 수도 있다. 3차 처리 과정은 물리, 화학적 방법을 이용하는 막대한 비용이 드는 과정이다. 물을 여과하는 과정에는 모래와 활성탄이 사용된다. 그리고 다양한 화학 응집제를 사용하여 인산염과 작은 입자들을 응집시켜 침전시킨다. 탈질 세균은 질산염을 질소가스로 전환시킨다. 그리고 마지막으로 살아남은 미생물들을 죽이기 위해 염소가 사용된다. 3차 과정을 거친 물은 강의 어느 곳으로도 부영양화 걱정 없이 배출이 가능하다. 3차 처리를 거친 물은 바로 가정집에서 재사용 될 수 있을 정도로 깨끗하다. 그러나 염소가 포함된 물이 냇가나 호수로 방류되면 발암물질을 생성할 수도 있고, 이렇게 생성된 발암물질은 먹이 사슬로 들어가거나 먹는 물을 통해 직접 인간의 몸으로 들어올 수 도 있다. 따라서 물을 방류하기 전에 염소를 제거 하는 것이 훨씬 안전하지만, 현재 큰 비용이 들지 않음에도 불구하고 염소를 제거한 후 물을 방류하는 곳은

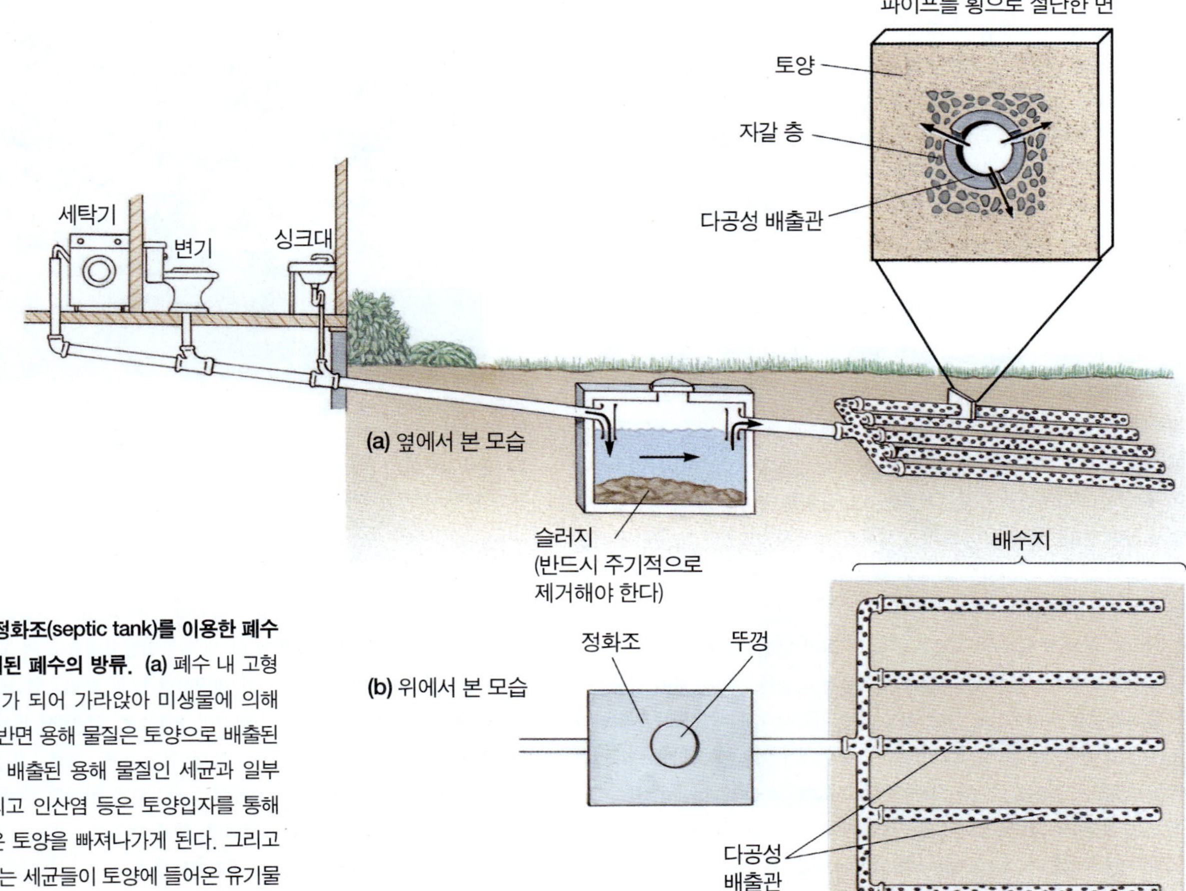

그림 25.27 정화조(septic tank)를 이용한 폐수의 처리와 처리된 폐수의 방류. (a) 폐수 내 고형 물질은 슬러지가 되어 가라앉아 미생물에 의해 분해 된다. 그 반면 용해 물질은 토양으로 배출된다. (b) 이렇게 배출된 용해 물질인 세균과 일부 바이러스, 그리고 인산염 등은 토양입자를 통해 여과되고, 물은 토양을 빠져나가게 된다. 그리고 토양에 존재하는 세균들이 토양에 들어온 유기물질들을 분해한다.

거의 없다. 최근에는 방류수의 최종 처리에 염소 대신 자외선을 조사하기도 한다(◀12장 p. 358). 자외선은 물에 발암물질을 만들지 않으면서 미생물을 제거 한다. 그리고 특히 유럽에서는 염소처리 대신 오존처리를 한다. 오존 발생기는 간단히 설치할 수 있고 비용도 많이 들지 않으며 물속에서 발암 물질을 만들지도 않는다.

정화조

미국의 시골에 위치하는 5,000만의 가구는 도시의 하수관과 그에 관련된 처리 시설을 이용할 수 없다. 따라서 이런 가정들은 뒤뜰에 설치한 **정화조(septic tank)**를 이용한다(**그림 25.27**). 집 주인들은 정화조 안의 농축된 고형 슬러지를 잘 분해할 수 있게 적응된 유용 미생물들이 죽지 않게 독성물질이나 기름찌꺼기 등이 정화조 안으로 들어가지 않게 하거나 오물이 넘치지 않게, 주의를 해야만 한다. 또 오물이 집으로 역류하는 것을 방지하기 위해 분뇨 운반차를 이용해 정화조 내의 오물을 옮겨 주어야 한다. 그리고 정화조가 정상적으로 작동할 때에도 주기적으로 정화조에서 슬러지를 빼내 하수처리시설로 옮겨야 한다.

정화조 안의 오물에 들어있는 성분들은 주변 환경으로 계속 배출된다. 정화조의 오물은 배수관의 구멍을 통해 새어 나와 세균과 바이러스 일부를 걸러내고, 인산과 결합할 수 있는 자갈 층을 거쳐 토양으로 들어간다. 토양 세균들은 이들 유기물질을 분해시킬 수 있다. 그러나 정화조의 오물이 버려지는 배수지(drainage fields)는 반드시 정화조의 오물이 우물로 침투될 수 없는 곳에 위치해 있어야 한다. 배수지가 언덕이나 인구 밀집지역에 위치하면 복잡한 문제들이 발생하게 된다. 지하수면이 너무 높거나 토양으로의 투과가 불충분한 바위 같은 지역은 배수지로 사용 할 수 없다. 그리고 배수지로 10년 이상 사용하면 배수지가 막혀 더 이상 사용되지 못하게 된다.

생명공학

환경 정화에의 미생물 이용

1991년에 동독에서 생산되는 자동차 트라반트의 생산이 중단되었다. 2기통 엔진을 갖는 이 차는 독일이 통일된 후 서독의 메르세데스와 BMW와 경쟁상대가 되지 못했기 때문이다. 지위의 상징인 트라반트 한대를 사기 위해 10년 동안 저축한 사람들이 나중에 이 차가 돈만 잡아먹는 괴물이라는 것을 발견했을 때의 괴로움을 생각해 보라. 트라반트를 좀 더 큰 차로 바꾸고자 하는 소비자들에게는 트라반트의 중고매매가 금지되었을 뿐만 아니라, 차를 폐기하는 데도 300불 이상을 더 지불해야 했다. 독일은 매립 공간이 부족할 뿐 아니라, 매립하는데 많은 비용을 지불해야 한다.

미생물의 생물 분해 능력과 인간이 만든 물질을 분해하는 미생물 활성을 이용한 생물공학이 이 문제의 해결책으로 제시되었다. 트라반트는 주로 플라스틱으로 만들어져 있다. 또 이 차는 매우 가벼워 두 사람이 들어서 대형 쓰레기 수납기인 덤스터 위로 올릴 수 있다. 이 플라스틱은 상당부분이 구 소련 공화국에서 들여온 섬유소가 주 성분인 농업폐기물을 섞어 만든 것으로 미생물에 의해 쉽게 생분해 되었다. 과학자들은 트라반트의 플라스틱이 오래 전에 묻힌 곳에서 이들 플라스틱을 분해하는 미생물들을 찾아냈고, 이 미생물들은 과잉 공급된 트라반트들을 더 빨리 분해시키는 데 사용되었다. 베를린에 있는 한 생명공학 회사는 트라반트를 오직 작은 퇴비 더미만 남기고 20일 내에 분해하는 세균을 개발했다고 주장하였다.

꿈의 종말. 버려진 수십 대의 트라반트 차들이 베를린의 고물수집상에 쌓여있다. 이곳에서 과학자들이 플라스틱이 주 성분인 이 차들을 분해하는 미생물을 찾고 있다. 동독사람들은 한때 이 꿈의 차를 사기 위해 여러 해 동안 저축했었다. (© *AP/wide World Photos*)

소다수병과 일회용 기저귀 같은 폐기 플라스틱은 계속 증가하여 이미 매립지에 포화상태로 묻혀 있다. 일부 회사들은 미생물에 의해 분해되는 생분해성 플라스틱을 생산하기도 한다. 사실, 이런 플라스틱도 미생물을 이용하여 만든다. Poly-β-hydroxyalkanes (PHAs)는 생분해가 가능한 폴리에스테르(에스테르 결합으로 형성된 고분자: 2장 39쪽)로 *Alcaligenes eutrophus*같은 세균이 만드는 물질이다. *A.eutrophus*는 과립형태의 PHAs를 세포 안에 탄소 저장원으로 다량 저장한다. *A.eutrophus*는 쉽게 이용할 수 있는 탄소인 포도당을 세포 안에 만들어 놓은 후 어려울 때를 대비해 PHAs를 저장물질로 다량 생산한다. 그리고 탄소원이 고갈되면 이 세균은 과립형태로 미리 저장되어 있던 이 탄소원을 이용한다. 따라서 이 세균들을 병과 플라스틱 봉지를 만드는 PHAs 생산에 이용할 수 있을 뿐 아니라, PHAs로 만들어진 생산품이 사용된 후에는 이들을 분해하는 용도로도 사용할 수 있다.

비록 오래된 트라반트와 그들의 플라스틱은 귀찮은 존재이기는 하나, 이들은 오염된 토양이나 오염된 물처럼 해를 끼치지는 않는다. 위험한 화학 오염물질은 토양과 물에서 반드시 제거해야만 한다.

생물정화

생물정화(bioremediation)는 자연계에서 분리되었거나 유전공학적으로 만들어진 효모나 곰팡이 그리고 세균 등의 미생물을 사용하여, 해로운 물질의 독성을 줄이거나 독성이 없는 물질로 전환시키는 과정을 말한다. 미생물들은 자연계에서 다양한 유기 화합물들을 분해하며 성장과 생존에 필요한 영양소와 탄소원과 에너지로 사용한다. 따라서 생물정화는 오염원을 탄소원이나 에너지원으로 이용하는 미생물의 성장을 촉진하여 오염원을 감소시키는 과정이다.

생물정화는 석유 제품과 탄화수소를 분해하기 위해 1970년대 말부터 사용되었다(◀5장 p. 135 미생물에 의한 정화 참조). 1989년 3월 초대형 유조선 엑손 발데즈(*Exxon Valdez*)호가 알래스카의 프린스 윌리엄 해협 주변에서 좌초되어, 이 유조선에서 4천2백만 리터(천백 만 갤런)의 원유가 유출되어 해안선을 오염시켰다. 해변의 자갈과 모래는 거의 50 cm 이상 원유로 뒤덮여 이를 제거하기 위한 다양한 방법들이 동원되었다. 처음에는 방재, 고압의 뜨거운 물 분사, 기름을 제거하는 스키머 투여, 손으로 닦아내기 등 전통적인 방제 방법이 동원되었다. 그러나 이 방법들은 돌 밑이나 해변의 퇴적물 사이에 부착된 원유는 제거하지 못했기 때문에 해변은 여전히 검고 끈적거렸다.

미국 환경보호국의 과학자들은 방제를 촉진하기 위해 생물정화 방법을 사용하기로 결정하였다. 그들은 해변에 서식하는 미생물의 성장을 촉진하고, 이 미생물들이 탄소원으로 원유를 사용하는 것을 증진시키기 위해 해안가에 영양소인 비료를 살포하였다. 비료를 뿌리지 않은 지역이 계속 끈적한 기름으로 덮여 있는 것에 비해, 비료를 뿌린 지역은 0.3 m 깊이까지 원유가 제거되었다. 비료 처리가 시도된 한 해안지역의 해변은 탄화 수소의 60%와 독성이 강한 다환방향족 탄화수소(polycyclic aromatic hydrocarbons; PAHs)의 45%가 세균에 의해 3개월 내에 분해되었다. 엑손 발데즈호에서 유출된 원유처리는 생물정화의 대표적인 성공 사례다.

생물 정화의 또 다른 최근의 성공 사례는 원유에 의해 발생되는 독성을 미생물을 이용하여 해독하는 것이다. 1995년에 과학자들은, 1991년 페르시아 걸프전 때 파괴된 유정과 송유관에서 흘러나온 원유가 고여 오염되었다가 식물들이 자라나며 자연적으로 회복된 지역에 대해 연구하고 있었다. 쿠웨이트사람인 Samir Radwan과 그의 동료들은 원유로 적셔져 있던 사막에서 자라는 야생화의 뿌리가 매우 실하고 원유도 전혀 없는 것을 확인하였다. 이들은 원유로 오염되었던 모래에서 세균과 곰팡이를 분리한 결과, 기름을 이용하는 것으로 잘 알려진 *Arthrobacter*와 같은 미생물들을 분리하였다. 이들은 기름으로 오염된 토양에서 자라며, 뿌리 주변에 기름을 분해하는 미생물을 갖는 식물을 배양함으로써 저렴하고 안전하게 자연적으로 원유를 정화하는 방법을 찾게 될 것이라 확신하고 있다.

생물정화의 활용은 매우 빠르게 확대되고 있다. 매립장의 쓰레기 분해에 생물정화를 이용한 성공사례는 이미 잘 알려져 있고, 석유 등 여러 물질들이 저장된 지하탱크에서 이들 물질들이 누출되어 오염된 지하수나 토양의 정화에도 생물정화를 이용하고 있다. 또 목재의 방부 산업에도 생물 정화가 적용될 수 있을 것으로 보인다. 미국에서는 매년 목재의 방부를 위해 콜타르(coal tar)에서 증류된 기름성 액체인 크레오소트(creosote)를 45만 톤 정도 사용한다. 이 크레오소트가 종종 탱크에서 새어 나와 토양과 지하수로 들어가 토양과 지하수를 오염시킨다. 백색부후균인 *Phanerochaetc chrysosporium*은 목재 보존 지역의 주된 오염물질인 펜타클로로페놀(pentachlorophenol)을 분해하는 것으로 알려져 있다. 또 이 곰팡이는 다이옥신(dioxin)과 PCBs(polychlorinated biphenyls, PAHs)를 비롯한 토양에 존재하는 또 다른 독성물질도 분해할 수 있다.

현재의 생물정화는 오직 자연적으로 존재하는 미생물만을 이용한다. 그러나 과학자들은 유해 폐기물이 있는 지역에 사용할 수 있는 미생물을 개발하기 위해 유전공학기술을 이용하여 실험하고 있다. EPA는 유전공학으로 개발된 균들이 현장에 사용되기 전에, 인간의 건강 또는 환경에 위험을 줄 수 있는 가능성 여부를 평가하는 유해물질 관리법(Toxic Substance Control Act)에 따라 안정성 실험을 할 것을 요구하고 있다

생물정화의 사용은 이로운 점도 있고 불리한 점도 있다. 이로운 점은 생물정화가 생태학적으로 안정한 자연적인 처리과정이라는 점이다. 생물 정화는 오염물질을 다른 곳으로 이전시키지 않고, 오염된 장소에서 화학물질을 분해하며 처리한다. 그리고 생물정화는 유해 폐기물을 정화시키는 다른 방법들 보다 일반적으로 적은 돈이 든다. 불리한 점은 생물정화는 굴착과 소각과 같은 다른 정화 방법에 비해 오래 걸리고, 복합적으로 오염된 지역에의 사용에는 아직 무리가 있다는 점이다. 생물정화 방법을 완전하게 사용하기 위해서는 앞으로도 더 많은 연구가 진행되어야 한다. 그럼에도 불구하고 생물정화의 앞날은 아주 밝다. 과학자들이 생물정화를 좀 더 현실적으로 사용할 수 있는 방법을 개발할 때, 이 방법은 환경을 보호하면서 오염된 물질을 처리하는 더욱 중요한 수단이 될 것이다.

중점 질문 사항

1. 대장균군을 정의 하라. 대장균군이 병원체가 아닌데도 왜 그들이 중요한가?
2. 하수처리의 1, 2, 3차 처리 과정을, 각 과정에서 제거되는 물질로 비교 설명하라.
3. 정화조에서 오물이 넘치는 것에 대해 매우 조심해야 하는 이유를 설명하라.
4. 생물 정화의 장점과 단점은 무엇인가?

요약

생태학 원리

- **생태학**은 생명체와 그들을 둘러싸고 있는 주변환경과의 관계를 연구하는 학문이다.

생태계의 범위

- **생태계**는 주어진 영역내의 모든 **생물적 요인**과 **비생물적 요인**들을 포함한다. 그리고 생태계에는 **토착성 생명체** 뿐 아니라 종종 **외래성 생명체**도 살고 있고, 생태계 내에서 살아가는 모든 생명체들이 모여 **군집**을 형성한다.

생태계에서의 에너지 흐름

- 생태계에서 에너지는 태양에서 **생산자**로, 그리고 생산자에서 **소비자**로 흘러간다. **분해자**는 다른 생명체의 사체나 배설물을 소화하며 에너지를 얻는다. 따라서 이 과정을 통해 영양소가 방출되어 순환된다.

생물지구화학적 순환

- 에너지는 계속해서 사용될 수 있으나, 영양소는 사체나 배설물로부터 반드시 재순환 되어야 다른 생명체들이 이용할 수 있다.

물 순환

- **물 순환** 과정은 그림 25.2에 요약하였다.

탄소 순환

- **탄소 순환** 과정은 그림 25.3에 요약하였다.

질소 순환과 질소세균

- **질소 순환** 과정은 그림 25.4에 요약하였다.
- **질소고정**은 공중 질소가 암모니아로 환원되는 과정이다. 이 과정은 자유생활을 하는 일부 호기성 미생물과 혐기성 미생물에 의해서도 수행되지만, 대부분은 *Rhizobium*에 의해 일어난다.
- *Rhizobium*은 콩과식물의 뿌리주변에 모여 **유주세포**로 변형되고, 이들은 뿌리세포로 침입하여 **박테로이드**로 다시 변한다. 그리고 박테로이드가 갖고 있는 **질소고정효소**에 의해 질소고정과정이 촉매된다.
- **질화**는 암모니아가 아질산염을 거쳐 질산염으로 산화되는 과정이다. 이때 암모니아에서 아질산염으로 산화되는 과정은 *Nitrosomonas*가 관여하고, 아질산염에서 질산염으로 산화될 때는 *Nitrobacter*가 관여한다.
- **탈질**은 질산염이 아산화질소를 거쳐 질소가스로 환원되는 과정이다. 이 과정은 특히 물에 잠긴 토양에 존재하는 많은 미생물에 의해 수행된다.

황 순환과 황 세균

- **황 순환** 과정은 그림 25.7에 요약하였다.
- 다양한 세균들이 **황산염환원, 황 환원, 황 산화** 과정을 수행한다.

기타 원소들의 생물지구화학적 순환

- **인 순환**과정은 그림 25.9에 요약하였다.
- 생명체의 몸 안에서 발견되는 모든 원소들은 반드시 순환해야 한다.

깊고 뜨거운 생물권

- 지구 깊은 곳에서 발견되는 세균들은 지각을 뚫고 나온 생명체들이다. 지구내부에 원래 존재하고 있던 석유와 가스를 먹고 생존하는 세균들이 아마도 지각 아래에 살고 있을 것이다.

대기

대기에서 발견 되는 미생물

- 미생물은 공기를 통해 전파되지만 공기 중에서 성장하지는 않는다. 대기중의 미생물은 평판배지를 대기에 노출시켜 고체 배지위로 떨어지거나, 액체배지 속으로 떨어지는 미생물로 확인한다.

대기중의 미생물 제어

- 대기중의 미생물은 화학약품과 방사선 그리고 여과장치와 층류 장치를 이용하여 제어할 수 있다.

토양

토양 성분

- 토양은 암석, 광물질, 물, 가스 등의 무기물질과 유기물질(부식토) 그리고 미생물로 구성된다.

토양 미생물

- 거의 대부분의 중요한 미생물들이 토양에서 발견된다.
- 토양미생물에 영향을 주는 물리적 요인들로는 습도, 산소농도, pH, 온도가 있다.
- 토양에 존재하는 미생물들은 영양소를 이용하고 배설물을 방출하는 과정을 통해 그들이 서식하는 주변환경의 특성을 변화시킨다.
- 토양미생물은 탄소순환과 모든 형태의 질소순환에 있어 분해자로서 중요한 역할을 한다.

토양에 존재하는 병원성 균

- 토양에 존재하는 병원성균은 주로 식물과 곤충에 영향을 준다.
- 토양에서 발견되는 다양한 *Clostridium* 종들은 중요한 인간병원체들이다.

동굴

- 지하에 퇴적된 석유를 이용하는 미생물은 황화수소를 방출하고, 이 황화수소가 물과 반응하면 황산이 생성된다. 이렇게 생성된 산은 바위를 부식시켜 동굴을 만든다.
- 동굴 벽에서 자라나는 또 다른 세균들도 황을 이용해 황산을 만들고, 이렇게 점액 모양의 세균 집락의 실에 붙어 떨어지는 황산은 동굴을 더욱 확장시킨다.

물

담수환경

- 담수환경은 낮은 염분 농도를 갖고 온도와 pH와 산소농도의 변화가 심하다는 특징이 있다.
- 담수에서는 모든 중요한 미생물들이 다 발견된다. 그러나 일반적으로 담수에는 세균이 가장 풍부해 산소가 있는 곳에서는 호기성세균이, 산소가 결핍된 곳에서는 혐기성세균이 존재한다.

해양 환경

- 해양환경은 높은 농도의 염분을 갖고 온도와 pH와 산소농도가 비교적 적게 변한다는 특징을 갖고 있다. 또 바다 밑으로 들어갈수록 수압은 증가

하고 투과되는 햇빛은 감소한다. 담수에서처럼 해양에서도 모든 중요한 미생물들이 발견된다. 수면 근처에서는 광합성 생명체들이, 수면과 수면 아래쪽은 종속영양생물이, 그리고 바닥의 퇴적물에는 분해자들이 살고 있다.

열수구와 냉삼출

- 급격한 화학물질의 농도 경사와 열 경사로 인해 아주 독특한 극한 환경이 형성된 이곳은 진정세균과 고세균 뿐아니라 고등생물도 서식하는 생산성이 매우 높은 지역이다.

물의 오염

- 물에 어떤 물질이 들어가거나 물 성분이 바뀌어 특정 목적에 사용될 수 없게 되면 그 물은 오염된 것으로 간주한다.
- 물의 오염으로 나타나는 영향을 표 25.1에 요약하였다.
- 많은 병원성 균이 물을 통해 전파된다.
- 수인성 병원균에 대해 표 25.2에 설명하였다.

물의 정화

- 물의 정화과정에는 부유물질의 **응집, 여과, 염소화** 과정이 포함된다.
- 수질검사는 **대장균군**을 검출하는 방법으로, 이 수질검사에는 **다시험관 발효법, 막여과법, ONPG와 MUG 시험법**과 세균성 파아지를 분변성 지표로 사용하는 **Easyphage 시험법**™이 있다.

하수처리

- **하수**는 이미 사용되었거나 오염물질이 포함되어 있는 물이다.

1차 처리

- **1차처리**는 고형물질을 물리적으로 제거하는 과정이다.

2차 처리

- **2차 처리**는 호기성 세균의 물질 분해능력을 이용해 유기물질을 제거하는 과정이다.

3차 처리

- **3차 처리**는 대부분의 유기물질, 질산염, 인산염과 살아있는 미생물을 화학적, 물리적 방법으로 제거하는 과정이다.

정화조

- **정화조**에서 들판으로 배출된 하수에 존재하는 유기물질들을 토양 세균들이 분해한다.

생물정화

- 자연계에 존재하는 미생물이나 유전공학적으로 만들어진 미생물은 해로운 물질들을 탄소원과 에너지원으로 이용하여 독성이 약하거나 독성이 없는 물질로 전환시킨다.

용어 정리

1차 처리(p. 805)
2차 처리(p. 805)
3차 처리(p. 806)
군집(p. 783)
깊고 뜨거운 생물권(p. 792)
냉삼출(p. 799)
다시험관 발효법(p. 803)
대장균군(p. 802)
막 여과법(p. 803)
물 순환(p. 784)
미세환경(p. 783)
박테로이드(p. 788)
부식토(p. 794)
부영양화(p. 801)
분해자(p. 784)
비생물적 요인(p. 783)
살수여상법(p. 806)
생물권(p. 783)
생물적 요인(p. 783)
생물정화(p. 808)
생물지구화학적 순환(p. 784)
생물학적 산소요구량(p. 800)
생산자(p. 784)
생태계(p. 783)
생태학(p. 783)
소비자(p. 784)
스노티(p. 797)
슬러지 소화조(p. 806)
슬러지(p. 806)
여과(p. 802)
열수구(p. 799)
염소화(p. 802)
완전시험(p. 803)
외래성 생명체(p. 783)
유주세포(p. 788)
음용수(p. 800)
응집(p. 802)
인 순환 (p. 791)
정화조(p. 808)
지표생물(p. 802)
질소 순환(p. 786)
질소고정(p. 786)
질소고정효소(p. 786)
질화(p. 789)
추정시험(p. 803)
탄소순환(p. 784)
탈질(p. 789)
토착성 생명체(p. 783)
팽화(p. 806)
하수(p. 805)
확정시험(p. 803)
활성 슬러지법(p. 806)
황 산화(p. 791)
황 순환(p. 790)
황 환원(p. 791)
황산염 환원(p. 791)
ONPG와 MUG 시험법(p. 804)

임상 사례 연구

헬렌은 머리에 가렵고 비늘이 일어나는 붉은 반점이 생겨 의사와 상담했다. 의사가 그녀에게 두부에 백선이 생겼다고 알려주었을 때 그녀는 충격을 받았다. 헬렌은 "내 주변에 백선에 걸린 사람이 없고, 백선을 옮길만한 사람과 접촉하지 않았을 뿐 아니라, 비교적 다른 사람과 떨어져 청정하게 생활하였고, 내가 주로 활동하는 곳은 정원이다"라고 말하고 있다. 당신은 헬렌에게 이 병이 어디에서 감염되었다고 말해 주겠는가?

요점 사고 문제

1. 여러 종류의 항 세균성 물질들에 관한 다양한 광고를 통해 많은 사람들이 모든 세균이 인간에게 해로움을 준다는 인상을 받게 되었다. 따라서 세균이 세상에서 완전히 없어진다면 좀 더 나은 세상이 될 것이라 생각하고 있다. 세상에 세균이 없다면 어떻게 되겠는가?

2. 3차 처리과정은 마시기에 적당한 물을 방출하기 위해 물리, 화학적 처리방법을 사용한다. 당신은 이 책에서 3차 처리에 관련된 부분을 읽었을 때 어떤 생각이 들었는가? 당신은 하수를 마실 수 있게 처리하는 방법이 혁신적인 고안이라고 생각하는가?

3. 일반적으로 물이 분변으로 오염되지 않고 안전한지를 판단하기 위해 지표 생물로 분변성 대장균군(가장 주된 균은 대장균)을 사용하여 검사한다. 그러나 최근에는 이 방법을 이용한 수질 검사방법에 대해 의문을 갖기 시작했다. 이 방법에 대해 의문을 갖게 된 이유는 무엇인가?

자가 진단 문제

1. 생태계에서 독립영양생물은 어디에 속하는가?
(a) 생산자 (d) 기생생물
(b) 소비자 (e) 모두 해당 안 됨
(c) 분해자

2. 생태계에서 대부분의 미생물은 어디에 속하는가?
(a) 생산자 (d) 기생생물
(b) 소비자 (e) 모두 해당됨
(c) 분해자

3. 매년 지구에서 고정되는 질소량 중 질소고정 세균에 의해 고정되는 질소량은 얼마인가?
(a) 10% 미만 (d) 70%
(b) 20% (e) 90%
(c) 50%

4. 가장 대표적인 공생적 질소고정세균의 속은 무엇인가?
(a) *Klebsiella* (d) *Clostridium*
(b) *Acinetobacter* (e) 모두 해당 안됨
(c) *Rhizobium*

5. 식물이 가장 잘 이용하는 질소의 형태는 무엇인가?
(a) 질산염 (d) 암모니아
(b) 아질산염 (e) 암모늄이온
(c) 분자상태 질소

6. 분자상태의 산소대신 미생물에 의해 이용되는 질소의 형태는 무엇인가?
(a) 암모늄이온 (d) 암모니아
(b) 질산염 (e) 모두 해당 안 됨
(c) 분자상태 질소

7. 미생물과 식물이 가장 잘 이용하는 황의 형태는 무엇인가?
(a) 아황산염 (d) 황산염
(b) 황화수소 (e) 모두 이용 안 함
(c) 원소상 황

8. 황산염 환원세균은 어디에 속하는가?
(a) 혐기성균 (d) 고온성균
(b) 저온성균 (e) 호염성균
(c) 중온성균

9. *Thiobucillus* 속 세균들은 다음 중 무엇을 산화하여 황산을 생성하는가?
(a) 황화수소 (d) 모두 이용함
(b) 황화철 (e) 모두 이용 안 함
(c) 원소상 황

10. 토양에서 가장 많이 발견되는 미생물은 무엇인가?
(a) 곰팡이 (d) 세균
(b) 조류 (e) 바이러스
(c) 원생동물

11. 다음 토양미생물 중 인간과 동물에게 잠재적 병원체가 될 수 있는 가장 대표적 속은 무엇인가?
(a) *Thiobacillus* (d) *Azotobactcr*
(b) *Rhizobium* (e) 모두 해당 됨
(c) *Clostridium*

12. 다음 오염 물질 중 생물화학적 산소요구량(BOD)에 가장 직접적으로 영향을 미치는 것은 무엇인가?
(a) 중금속 (d) 폐광에서 나오는 폐 광물
(b) 유기 폐기물 (e) 농장에서 흘러나오는 비료
(c) 소금

13. 다음 중 하수를 처리하지 않고 강으로 흘러 보낼 경우 발생되지 않는 사항은 무엇인가?
(a) 건강에 위협이 된다. (d) 세균을 죽인다.
(b) BOD를 증가시킨다. (e) 해당되는 것이 없다.
(c) 용존 산소를 감소시킨다.

14. 분변으로 오염된 물의 지표생물로 주로 이용되는 미생물은 무엇인가?
(a) *Escherichia coli*
(b) *Clostridium tetani*
(c) *Clostridium botulinum*
(d) *Cyanobacteria*
(e) 모두 사용될 수 있음.

15. 음용수와 세탁용수를 만들기 위해 폐수와 상수처리시설을 개발하면 미생물에 의해 발병되는 병을 박멸하는 데 도움을 줄 수 있다. 다음 중 이들 병원균에 해당되지 않는 것은 무엇인가?
(a) *Escherichia coli*와 장내독소에 의해 일어나는 병
(b) *Vibrio cholerae*
(c) *Giardia lamblia*
(d) *Toxoplasma gondii*
(e) 해당되는 것이 없다.

16. 미국에서 발병된 가장 해로운 수인성 질환은 무엇인가?
(a) *Escherichia coli*
(b) *Salmonella typhi*
(c) *Cryptosporidium parvum*
(d) *Clostridium botulinum*
(e) 모두 해당 안됨

17. 다음 미생물 중 인간에 의해 오염되지는 않지만 물 처리시설에서 발견되어 귀찮게 하는 유해(nuisance) 미생물은 무엇인가?
(a) *Coliform bacteria* (d) *Thiobacillus*
(b) *Rhizobium* (e) *Clostridium*
(c) *Arthrobactcr*

18. 미생물의 분해능력을 이용한 하수의 생물학적 처리방법은 다음 중 주로 어떤 처리 방법에서 사용되는가?
(a) 1차 처리 (d) 고도처리
(b) 2차 처리 (e) 모두 해당 됨
(c) 3차 처리

19. 다음 중 부산물에 의해 발암물질이 생성되는 폐수의 주된 처리과정은 무엇인가?
(a) 염소화(Chlorination) (d) 모래여과(Sand filtration)
(b) 오존화(Ozonation) (e) 탄소여과(Carbon filtration)
(c) 자외선 처리(UV)

20. 다음 중 부영양화를 막기 위한 3차 처리과정에서 제거되는 물질은 무엇인가?
(a) 황산염과 질산염 (d) 질산염과 인산염
(b) 인산염과 황산염 (e) 과도한 산소
(c) 병원성 세균

21. 생물정화의 가장 큰 단점은 무엇인가?
(a) 처리기간이 오래 걸린다.
(b) 다른 처리법 보다 비용이 많이든다
(c) 탄화수소의 오염을 처리하는데 사용할 수 없다.
(d) 생물반응조에 오염된 토양을 제거시켜야 한다.
(e) 환경에 새로운 미생물을 도입시켜야 한다.

22. 다음 중 질소고정효소를 갖고 있는 세균은 무엇인가 ?
(a) 질화세균 (d) 질소세균
(b) 탈질세균 (e) 모두 해당 됨
(c) 질소고정세균

23. 다음 중 토양에서 서식하며 자유생활을 하는 질소고정세균은 무엇인가?
(a) *Nitrobactcr* (d) *Azotobacter*
(b) *Rhizobium* (e) *Clostridium*
(c) *Thiobucillus*

24. 대기에서 발견되는 가장 일반적인 미생물은 무엇인가?
(a) 세균 포자 (d) 그람 양성세균
(b) 곰팡이 포자 (e) 그람 음성세균
(c) 곰팡이 균사체

25. 호수와 연못 같은 담수환경에서 종종 모자라는 영양소는 무엇인가?
(a) 탄소 (d) 인
(b) 질소 (e) 무기물
(c) 산소

26. 다음 도식을 이용하여 생태계에서 에너지가 어떻게 흘러가는지를 설명하고, 이 과정 중에 나오는 (a), (b), (c), (d)를 정의하라.

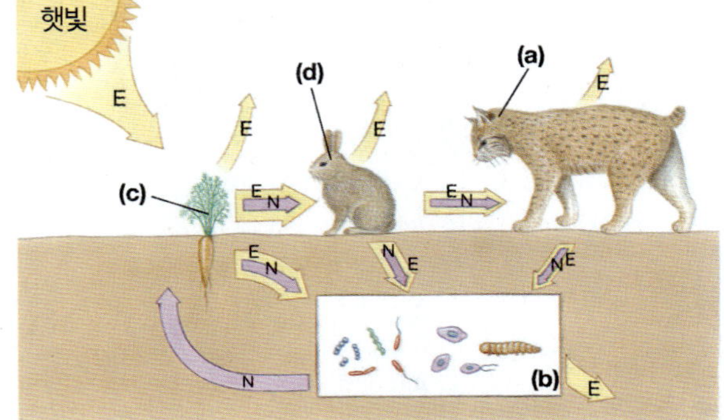

웹상에서 탐구 문제

http://www.wiley.com/college/black

여러분이 이 장을 완전히 공부했다고 생각한다면 더 많이 알아야 할 것들을 웹상에서 찾을 수 있을 것이다. 웹사이트를 방문해서 이 장에 대한 여러분의 이해를 한층 더 높이고 아래의 질문에 대한 답을 찾아보시오.

1. 일부 미생물들은 폐수에 있는 해로운 오염물질들을 제거하는 능력이 있다. 이들이 어떻게 이런 일을 수행하는지 웹사이트에서 찾아보아라.
2. 산호초가 아주 위험할 정도로 빠르게 죽어가고 있고, 이 상태로 가면 20년에서 40년 이내에 지구 전체 산호초의 70% 이상이 사멸할 것이다. 이렇게 산호초가 죽어가는 원인이 무엇인지 웹 상에서 찾아보아라.

응용 미생물학 26

(top: Stockdisc/Getty Images;
bottom: Stockbyte/Getty Images)

시작하며...

Pennsylvania의 Kennett Square에 위치하고 있는 Philips사의 버섯농장의 총관리인인 Jim Agelucci가 버섯재배 장소로 걸어가면서, "당신은 버섯이 Pennsylvania에서 가장 인기 있는 시장용 작물이라는 것을 알고 계셨습니까?" 라고 물었다. 나는 버섯 산업이 매우 큰 산업이고, 또한 미생물학에 대한 많은 지식을 요구하는 사업이라는 것을 알지 못하고 있었다. 매년 미국에서는 7억3천5백만 파운드 이상의 버섯들이 생산되고, 이들 중 47퍼센트는 Pennsylvania에서 생산된다. 그리고 Pennsylvania에서 생산되는 버섯들 중 44%는 바로 여기, 즉 미국에서 가장 큰 생산지인 체스터구(Chester Country)에서 생산된다.

비록 갈색의 *Agaricus bisporus* 버섯이 더 크고 더 고기 질감이 있고, 더 맛있고, 저장수명이 더 길고, 생산성(제곱피트 당 더 많은 작물이 생산됨을 의미)이 더 높음에도 불구하고, 미국인들은 흰색 봉오리를 가진 *Agaricus bisporus*를 더 좋아한다. 현재, 유전공학자들은 갈색 균주의 더 좋은 특성들을 사람들이 원하는 흰색 균주와 결합하려고 노력 중이다. 사실상, 오늘날 재배되는 단추모양의 버섯 중 거의 모든 종류가 유전자 조작된 균주들이고, 회색을 띄고 있다. Phillips사는 또한 포타벨로 버섯(Portobello), 맛버섯(Nameko), Winecaps 버섯, 그리고 마이타케(mitake) 버섯과 같은 특별한 버섯을 소량씩 키우는 것을 실험하는 중이다. 이러한 버섯들은 모두 미국인들이 처음 접하는 것들인데, 미식가용 레스토랑과 특별 제품을 취급하는 가게에서 선보이고 있다. 일단 경작방법이 더 개발되면, 생산성이 증가할 것이고, 더 많은 미국인들이 이러한 진미들을 즐길 수 있을 것이다. 대부분의 특별한 버섯들은, 일부는 샐러드로 날로 먹을 수도 있지만 반드시 요리되어야 한다. 나와 함께 Phillips사의 버섯농장에 가서 버섯 재배가 얼마나 복잡한지 한번 알아보도록 하자!

이 주제와 관련된 비디오는 WileyPLUS에서 찾아볼 수 있다.

이 주제와 관련된 비디오는 WileyPLUS에서 볼 수 있습니다.

사람들은 오랜 세월동안 미생물들을 사용해 왔다. 식품과 의약품 제조에 미생물들을 이용하는 방법들을 오랫동안 발견해 왔고, 오늘날은 다른 산업에도 미생물을 다양하게 적용하고 있다. 또한 생명공학이 빠르게 진보하고 있기 때문에 응용미생물학의 미래는 매우 밝아 보인다. 미생물학이 응용되는 많은 분야 (식품에서 광업에의 응용까지)를 고려함과 동시에, 음식물의 부패와 보존 방법들에 대해서도 살펴볼 것이다.

식품에서 발견되는 미생물들

인간이 먹거나 마시는 것은 어느 것이든지 미생물들도 먹는 영양분으로 이용할 수 있다**(그림 26.1)** 인간이 소비하는 대부분의 물질들은 토양에서 자라나는 식물에서 얻거나, 또는 토양과 접촉하므로 토양 미생물이 함께 존재하는 동물로부터 얻는다. 비록 토양 미생물은 일반적으로 사람들에게 병원균이 되지는 않지만, 음식물 부패의 원인이 될 수 있다. 수확이나 도축으로 얻은 음식물들을 인간이 소비하는 과정 중에, 이들 식량들이 미생물로 오염될 기회가 아주 흔하게 발생한다. 식품을 다루는 사람들의 비위생적인 관습과 작업 환경으로 인해 종종 식품이 병원균으로 오염된다. 가정과 특히 레스토랑에서의 부적절한 음식 저장과 조리 과정으로 인해 음식이 병원균으로 더욱 더 오염될 수 있다. 또한 조리된 음식의 부적절한 냉장은 식중독의 주요 원인이 된다.

응급실 환자의 20%는 음식물로 인한 질병으로 인해 응급실을 찾는다.

세계화는 식품 안전에 영향을 미친다. 위생 기준이 훨씬 낮은 제 3 세계의 나라들로부터 수입된 과일과 채소로 인해 질병과 기생충들이 유입될 수 있다. 이 나라의 근로자들이 식품으로 인한 질병으로 감염되어 있는가? 수세식 화장실이 있는가? 손 씻는 시설은 구비되어 있는가? 이 근로자들이 이러한 시설들을 이용하는가? 소비자는 먹기 전에 이 식품들을 주의 깊고 철저하게 세척하는가? 겨울에 수입한 신선한 딸기류 일지라도, 알지 못하는 추가비용이 들 수도 있다.

그림 26.1 식품에 존재하는 미생물. 미생물들은, 곰팡이로 덮인 이 오렌지들에서 볼 수 있는 바와 같이, 인간이 이용하는 것과 동일한 식품을 영양원으로 이용한다.

곡물

적절하게 수확되었을 때, 호밀과 밀과 같은 다양한 식용 곡물은 건조된 상태이다. 수분이 없기 때문에 미생물들은 이 곡물에서 거의 살 수 없다. 그러나 만약 습기있는 상태에 저장되면, 곡물은 쉽게 곰팡이와 다른 미생물들로 오염될 수 있다. 곤충, 새, 그리고 설치류들 또한 미생물과 같은 오염물질을 곡물에 전파할 수 있다.

맥각(ergot)이라고 알려진 곰팡이인 *Claviceps purpurea*에 감염된 가공되지 않은 곡물은 맥각중독증(ergotism)의 원인이 된다. 이 곰팡이에 의해 생합성되는 화합물은 환각성 물질로, 만약 사람이 섭취하면 행동 습성이 바뀌거나 심지어 치명적일 수 있다. 땅콩과 몇몇 곡물을 감염시키는 *Aspergillus*의 특정한 종은 아플라톡신(aflatoxins)를 생산한다. 이러한 독성 화합물은 강력한 돌연변이원이며 발암성 물질로 알려져 있다(◀22장 p. 703).

대부분 곡물은 빵과 씨리얼을 만드는데 이용된다. 사람들은 수천년 동안 빵을 만들어 왔고, 영국 박물관에 전시된 몇몇 종류의 빵은 4,000년이 된 것도 있다. 효모로 빵을 부풀리는 일은 우연히 발견되었지만, 현재도 많은 양의 이산화탄소를 생산하는 *Saccharomyces cerevisiae*의 특별한 종이 밀가루 반죽을 부풀리기 위해 첨가되고 있다. 이 과정은 나중에 더 자세히 설명될 것이다.

가공되지 않은 곡물과 같이, 빵도 다양한 곰팡이에 의해 쉽사리 오염되고 부패된다. *Rhizopus nigricans*는 가장 흔한 빵 곰팡이이지만, 이외에도 *Penicillium, Aspergillus, Monilia*의 몇몇 종들 또한 빵에서 잘 번식한다. 분홍색을 띄는 빵 곰팡이인 *M. sitophila*에 의한 감염은 제빵업자들이 특히 두려워하는데, 그 이유는 일단 빵이 이 곰팡이에 의해 오염되면, 이 균주를 제빵소에서 제거하기가 거의 불가능하기 때문이다. 호밀빵은 특히 *Bacillus*종에 의해 쉽게 감염되는데, 이 종은 특히 빵의 단백질과 녹말을 가수분해하고, 빵의 질감을 끈적끈적하게 한다. 빵을 굽는 과정 중에 이 균주를 완전히 죽이지 못하면, *Bacillus* 포자가 발아하여 갓 구워낸 빵을 급속도로 광범위하게 손상시킨다.

과일과 채소

수백만개의 공생 박테리아. 특히 *Pseudomonas fluorescens*와 같은 박테리아가 과일과 채소 표면에서 발견된다. 이러한 식품들은 또한 흙, 동물, 공기, 물에서, 또한 식품을 집거나 운반, 저장 및 가공하는데 사용되는 장비들로부터 유래한 미생물들로 쉽게 감염된다. *Salmonella, Shigella, Entamoeba histolytica, Ascaris*와 같은 병원균들과 다양한 바이러스들이 채소와 야채 표면으로 전파될 수 있다. 그러나 대부분의 식물성 식품들의 표피는 왁스가 함유되어 있고 항미생물 물질들을 방출하기 때문에, 식물 내부 조직으로 미생물이 침투하기가 어렵다.

캔탈룹(Cantaloupe)은 특별한 문제점이 있는데, 캔탈룹의 그물 모양의 껍질에 *Salmonella*가 균막을 형성하고, 이 균막이 껍질 아래에 있는 식물조직으로 뻗어나가게 된다**(그림 26.2)**. 또한 껍질 둘레의 털과 셀룰로오스 분비물로 인해 박테리아가 캔탈룹의 껍질 표면에 단단하게 꽉 들러 붙어있다. 박테리아로 뒤덮혀 있는 균막층의 위쪽 부분이 보호제 역할을 하므로, 균막층의 안쪽 깊은 곳에 위치한 박테리아는 소독 용액을 처리해도 죽지 않는다. 멕시코에서 미국으로 수입해 온 멜론 중 5% 가량에 이러한 *Salmonella* 층이 존재한다. 만약 껍질을 통과해서 멜론을 자른다면, 과육의 잘려진 표면으로 박테리아가 전파될 수 있다. 따라서 캔탈룹의 표면을 소독하면 이런 일이 방지될 것이다.

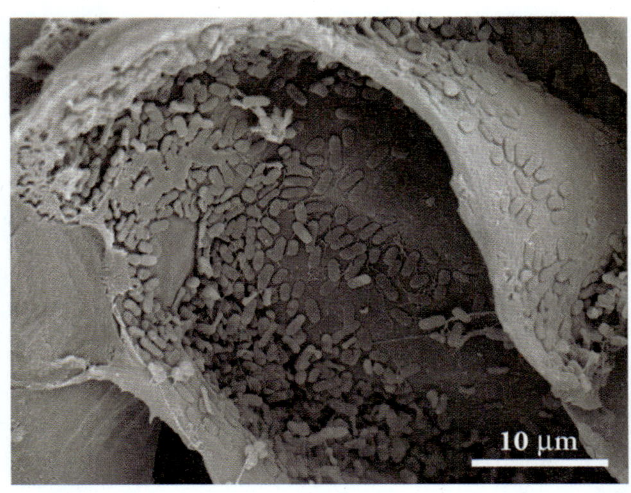

(a)

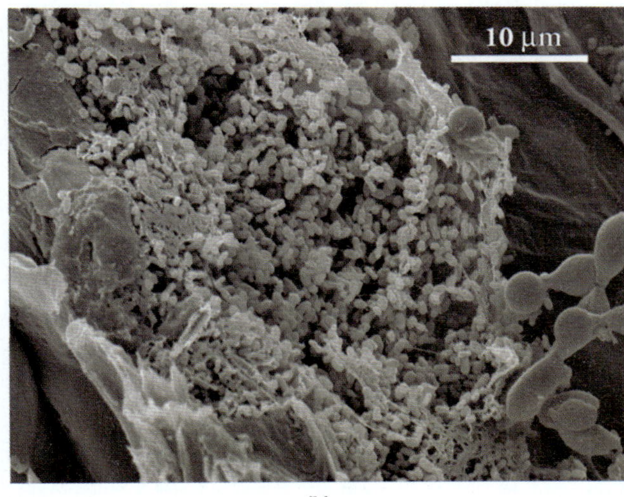

(b)

그림 26.2 캔탈룹(Cantaloupe)의 주사형 전자현미경 사진(SEM). (a) *Salmonella poona*가 접종된 캔탈룹의 그물 네트에 부착해서 막필름을 형성하고 있는 초기 단계의 사진. 캔탈룹 껍질의 SEM(x2,500) 사진. 캔탈룹의 한 지점에 미생물을 접종하고, 2시간 동안 건조시킨 후, 절개하여 SEM 사진을 위해 전처리 했다. (허가: *Bassam A. Annou, USDA-ARS Food Safety Intervention Technologies Research Unit, Wyndmoor, PA*) (b) 72시간 동안 건조시킨 후, 절개하여 SEM 사진을 위해 전처리 했다. (허가: *Bassam A. Annou, USDA-ARS Food Safety Intervention Technologies Research Unit, Wyndmoor, PA*)

현재, 미국 농무부(USDA) 과학자인 Bassam Annous 박사는 캔탈룹의 표면에 인공적으로 감염시킨 *Salmonella* 균종에서 99.999%를 제거할 수 있는 표면 저온살균공정을 개발하였다. 캔탈룹들을 화씨 169도의 물에 3분간 잠기게 한 후**(그림 26.3)**, 각각의 캔탈룹을 플라스틱 백으로 밀봉시킨 후, 얼음물 수조에서 급속도로 냉각시킨다. 이 백은 처리된 과일이 다시 오염되는 것을 막아 준다. 더구나, 원래 존재하던 부패 원인 미생물들도 표면 저온살균공정에서 제거되기 때문에 저장수명도 늘어난다. 이 모든 과정을 수행해도 캔탈룹의 품질은 영향을 받지 않는다.

Annous 박사는 또한 망고, 파파야 및 토마토를 가지고 연구해 왔는데, 그 결과는 가능성을 보여준다. 그러나 표면 저온처리 방법은 잎으로 구성된 제품을 살균하는데 있어서는 해결방안으로 보이지 않는다. 이 방법은 오히려 그 생산물을 더 파괴할 것으로 보인다. 상추와 시금치가 현재 어떻게 가공처리 되는지 토론하기 위해서는 전에 배웠던 ◀12장의 p. 350를 참고해라.

어떤 채소들은 미생물에 의한 공격과 부식에 취약하다. 잎이 무성한 채소와 토마토는 *Erwinia carotovora*가 일으키는 박테리아성 부패병에 민감하다. 곰팡이인 *Phytophthora infestans*는 1846년 아일랜드의 감자 기근의 원인균 이었다. 이러한 작물 손상을 예방하는데 도움을 주기 위하여 생명공학기술이 요구된다. 예를 들어, 야생 겨자식물에서 발견되는 병원균 저항성 유전자를 콩과식물에 주입하여 질병에 대한 저항성을 갖는 콩과식물을 개발하려는 시도가 이루어지고 있다. 마찬가지로, 박테리아인 *Pseudomonas syringe*에 저항하는 식물을 보호하는 유전자를 옥수수, 콩, 토마토 식물에 조만간에 주입할 지도 모른다.

과일들도 마찬가지로 미생물의 활동에 의해 쉽게 부패된다. 토마토, 호박, 멜론은 곰팡이인 *Fusarium*에 의해 손상을 입기 쉬운데, 이 곰팡이는 부패병의 원인균이며, 토마토의 표면을 갈라지게 한다. 감염된 토마토에서 이 곰팡이를 묻힌 과일파리들이 이동하여, 건강한 토마토에 이 곰팡이를 옮기고 토마토 표면의 갈라진 틈에 알을 낳는다. 다른 곤충들은 토마토를 먹기 위해 토마토에 침투하는데, 이때 토마토 안으로 *Rhizopus* 균를 주입한다. 이 균주는 펙틴을 분해시켜 토마토를 물자루로 바꿀 수 있다. 신선한 과일 쥬스는 높은 농도의 당과 산성의 내용물 때문에 곰팡이, 효모, 그리고 박테리아인 *Leuconostoc*과 *Lactobacillus* 종의 성장에 훌륭한 배지가 된다. 포도와 딸기류들은 매우 다양한 곰팡이들에 의해 손상을 입으

예전에는 가족농장에서 키운 소수의 병든 닭들이 오직 소수의 사람들에게 영향을 미쳤으나, 오늘날에는 1000마리 이상의 공장에서 닭들을 키우므로 훨씬 더 많은 사람들에게 영향을 미칠 수 있다.

그림 26.3 캔탈롭의 표면 저온살균. 뒷 부분의 사진으로, 캔탈롭이 화씨 169도에서 3분 동안 수조에 잠겨 있다가 올라오고 있다. (허가: *Bassam A. Annous, USDA-ARS Food Safety Interbention Technologies Research Unit, Wyndomoor, PA*)

며, 복숭아와 같은 핵과(stone fruit)들은 많은 수가 *Monilia fructicola*가 원인균인 갈색부패증으로 밤사이에 파괴될 수 있다. 사과에서 자라나는 *Penicillium expansum*은 사과쥬스을 쉽게 오염시킬 수 있는 독성물질인 파툴린(patulin)을 생산한다. 다른 곰팡이인 *Penicillium* 종은 감귤류 과일에서 파랗고 초록색을 띠며 자란다.

육류와 가금류

육류를 제공하는 동물들은 창자와 배설물, 가죽과 발굽, 때때로 조직에 다양하고도 많은 미생물들을 지닌 채 도살장으로 온다. 이러한 미생물들 중에서 최소한 70종의 병원균이 확인되었다. 미국 도살장에서 거의 모든 동물들의 시체들은 수의사 또는 훈련된 검사자들에 의해 조사되며, 이들 중 병에 걸린 것으로 판정된 것들은 폐기 처분된다(**그림 26.4**). 이러한 조사에도 불구하고 고기가 기생충으로부터 안전하다는 것을 보장할 수는 없다. 검사자들이 시체의 표면과 심장(기생충들이 종종 이곳에 대량 서식함)을 조사하지만, 각각의 육류 조각들을 안쪽까지 자세히 들여다 볼 수는 없다. 2003년 12월 미국에서 첫 번째 광우병(BSE, bovine spongiform encephalopathy) 사례가 나타나자, 육류 조사에 대해 더 엄격한 법의 집행을 촉구하는 강력한 요구가 계속되고 있다(◀25장 p. 772). 도살장에서 확인되는 가장 흔한 질병들 중에는 농양, 폐렴, 패혈증 인두염, 장염, 독혈증, 신장염, 심막염 등이 있다. 림프절이 부풀어 오르는 증상을 보이는 림프절염은 특히 양과 어린양에서 흔히 발견된다.

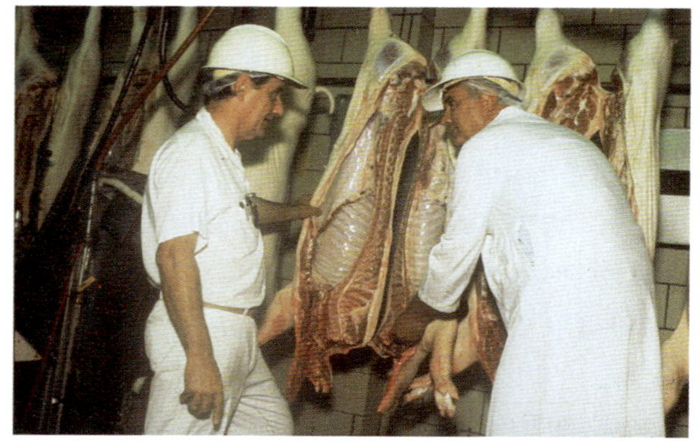

그림 26.4 도살장에서의 육류 검사. 검사는 사람이 소비하는 육류를 안전하게 소비자에게 공급하는데 도움을 주지만 그 안전을 보장 할 수는 없다. (허가: *United States Deparment of Agriculture*)

심지어는 도축된 동물들의 시체가 냉장실에 장기간 보관되는 경우에도 미생물들이 때때로 육류를 부패시킨다. 몇몇 곰팡이들은 냉장 보관된 육류에서도 자라는데, 특별히 *Cladosporium herbarum*은 냉동된 고기에서도 자랄 수 있다. *Rhizopus*와 *Mucor* 균사체는 매달려있는 육류의 표면에서 보풀이 있는 흰색의 모양을 띄면서 자란다 ("위스커"라고 불림). 세균인 *Pseudomonas mephitica*는 황화수소을 배출하는데, 저산소 조건에서는 냉장 육류를 녹색으로 변색시킨다. *Clostridium*의 몇몇 종은 커다란 시체의 깊은 조직 속에 **'뼈악취(bone stink)'** 라고 불리는 부패를 유발시킨다.

분쇄된 고기에는 때때로 기생충 알들이 포함되어 있고, 다량의

공중 보건

당신은 전자레인지를 믿을 수 있습니까?

나는 오늘밤 너무 피곤해서 요리를 할 수 없다. 오늘 그냥 닭고기 스튜를 전자레인지에 넣어 데워먹자. 그러나 명심해라! 스튜는 따뜻하게 데우기만 하면 먹을 수 있는 "heat and serve" 식품이 아니다. 그것들은 요리가 되지 않았으므로 스튜 안에 숨어 있을 수도 있는 병원균을 파괴하기 위해 철저하게 요리되어야 할 필요가 있다. 당신은 반만 익은 닭고기를 먹으려 하지 않을 것이다. 그러므로 당신은 전자레인지에서 데운 닭고기 스튜를 먹지 않는 것이 더 좋다.

2007년 가을에 32개 주의 175명 이상의 사람들이 Banquet 상표의 고기 스튜로 인해 *Salmonella*에 감염되었을 때, 위와 같은 사실을 발견했다. 한 미네소타 가정에서는 19개월 된 딸이 심각하게 아파서 의식을 잃고, 발작을 하며, 화씨 104°C의 열이 나고, 1시간 당 6개에서 8개의 기저귀를 갈아야 할 정도의 설사를 계속하였다. 그녀는 또 다른 6주 동안 설사를 계속했다. 또 다른 174건의 사건이 있었는데, 33명이 병원에 입원하였지만 다행히도 사망한 사람은 한명도 없었다.

ConAgra 사는 처음에는 소비자들이 설명서를 적절하게 따르지 않은 것에 대하여 비난했지만, 그 후 그 설명서가 충분히 명확하게 작성되어 있지 않았다는 사실을 인정하였다. 3일 후, Con Agra 사는 마침내 그들의 고기 스튜를 리콜하였다. 이 회사의 늦장 대처에 대한 소송이 제기되었다. 설명서에는 중간 또는 높은 와트가 가능한 전자레인지에서는 4분 동안 높은 와트로 요리하고, 낮은 와트의 전자레인지에서는 6분 동안 요리하라고 명시되어 있었다. 미네소타 가족은 7.5분 동안 전자레인지를 사용하였다. 한 과학자가 1,000와트 전자레인지를 4분 동안 사용했더니, 스튜를 화씨 45°까지 데울 수 있었다. 스튜의 안전한 온도는 화씨 165°이다. 6분 동안 사용 후에는 스튜의 윗 부분은 화씨 204°였지만, 안쪽 깊숙한 부분은 화씨 127°였다.

젖산균과 곰팡이들이 항상 함유되어있다. 대부분 지역에서 정육점은 2개의 별도의 육류 분쇄기(하나는 돼지고기를, 다른 하나는 다른 종류의 육류를 가는 것)를 보유하고 있어야 한다. 이 실행규칙을 장려하고 있는데, 그 이유는 선모충병(trichinosis)의 원인이 되는 기생충인 *Trichinella spiralis*를 함유하고 있는 돼지고기의 작은 조각이 다른 육류로 전혀 전파될 수 없을 정도로 분쇄기를 철저하게 세척하기가 어렵기 때문이다 (◀11장 p. 330). 분쇄 육류에 존재하는 젖산균은 장내 병원균의 성장을 지연시키는 산을 생산한다. 그렇지만 분쇄된 육류는 심지어 냉장보관 될 때에도 쉽게 부패하므로, 하루 이틀 안에 이 육류를 사용하지 않는다면 냉동 보관하여야만 한다. 모든 육류, 특히 분쇄된 육류는 병원균을 완전히 죽이기 위해 철저하게 요리되어야만 한다.

20종 이상의 세균 종이 손질된 가금류에서 발견되었는데, 음식점에서 가금류를 잘못 다루어 식품이 매개된 질병이 발생하고 있다. 이러한 질병들 중 거의 절반이 *Salmonella*에 의해 발생하는 것으로 밝혀졌고, 1/4은 *Clostridium perfringens*에 의해, 또 다른 1/4은 *Staphylococcus aureus*에 의해 각각 발생했다. 냉동만으로는 가금류에서 *Salmonella*를 제거할 수 없다. *Pseudomonads*와 몇몇 그람음성 세균들이 가금류를 흔히 오염시켜, 점액성 물질과 불쾌한 냄새를 일으킨다.

대부분의 사람들은 아마도 딱딱한 껍질로 둘러싸여 있는 달걀의 경우, 미생물의 오염으로부터 안전하다고 생각할지도 모른다. 대부분

적용

품질 나쁜 달걀을 조심하라!

Salmonella 종은 많은 동물숙주에서 발견되는데 특히 가금류에서 많이 발견된다. 가금류 산업에서 Salmonella에 대한 최근 조사는 소비자를 안심시키지 못하고 있고, 따라서 소비자들은 가금류 생산품들이 앞으로도 매우 오염될 거라고 예상할 수 있다. Salmonellar가 다량 존재하는 곳에서 우리들을 방어하기 위해서는 어떤 조치들을 취할 수 있을까?

우선 모든 계란 껍질들이 오염되어 있다고 가정하고, 이것들을 취급한 후에는 손을 씻어라(그러나 계란은 세척하지 마라. 계란을 씻으면, 미생물들이 계란 속으로 들어가는 것을 방지하는데 도움을 주는 계란의 표면 보호코팅이 벗겨지기 때문이다). *Samonella*는 가금류의 장내 미생물군 중의 일부인데, 계란은 배설물, 깃털, 오염된 표면과 항상 접촉한다. 깨진 계란은 사람들에게 소비용으로 팔릴 수 없지만, 몇몇 지역에서는 애완동물 사료로 판매될 수 있다. 미생물들이 계란 안으로 들어가면, 계란 내부는 영양이 풍부한 배지이므로, 그 안에서 미생물들이 빠르게 증식할 수 있다.

오염된 달걀들을 파괴하고 있다. *(허가: United States Department of Agriculture)*

계란의 큰 쪽 끝, 또는 작은 쪽 끝을 위쪽으로 해서 냉장시키는가에 따라 냉장 결과에 차이가 생길 것인가? 식품학자들은 계란의 큰 쪽 끝을 위로 향하게 할 것을 추천한다. 왜 그럴까? 목표는 난황과 거기에 존재하는 배아가 계란의 중심과 가능한 한 가까운 곳에 위치하도록 하는 것이다. 이 경우 달걀 속으로 침투한 미생물이 껍질에서 난황까지 이동해야 하는 거리가 최대화된다. 흰자위에는 박테리아에게 해를 끼치는 화학 물질들로 가득 차 있다. 리소자임(lysozymes)은 박테리아의 세포벽을 분쇄시켜 많은 미생물들을 죽인다. 영양분, 비타민, 그리고 철이온, 구리이온, 아연이온들은 흰자위에서 단백질들과 다른 물질들에 의해 단단히 싸여 있기 때문에 박테리아가 이것들을 사용할 수 없다. 영양분들이 고갈되어 있고, 리소자임에 의해 분쇄되기 때문에 박테리아는 계란 내에서의 이동과정 중에 살아남지 못한다. 그 결과, 배아는 안전하게 살아남는다.

그러나 왜 큰 쪽 끝을 위로해서 저장해야 하는가? 지질이 풍부한 난황은 마치 기름이 물 위로 떠오르고자 하는 것처럼 위로 올라가려는 자연적인 경향이 있다. 새들의 알에는 2개의 난대(chalaza)라고 불리는 로프 같은 끈이 있다(다음에 날계란을 깰 때 한 번 그것들을 찾아보아라.), 이들은 해먹(그물침대)의 로프와 비슷한 역할을 수행하는데, 즉, 계란의 껍질로부터 내부쪽으로 난황을 부유시킨다. 더 큰 난대는 계란의 작은 쪽 끝부분에 있는데, 난황을 아래쪽으로 더 잘 잡아줄 수 있어서, 보호막 역할을 하는 계란 흰자위의 가장자리 부분으로 난황이 너무 가까이 올라가는 것을 막아줄 수 있다.

또한, 우리들이 빵을 구울 때, 만일 밀가루 반죽에 달걀을 넣는 경우라면, 날반죽을 맛보고 싶어 하는 충동을 억제해야 한다. 만약 반죽에 계란이 포함되어 있다면, 심지어, 분말계란이라고 할지라도, 반죽에는 *Salmonella*균이 포함되어 있을 수 있다. 반죽으로 들어간 계란껍질 조각들로 인해, 비록 신속히 이 조각들이 제거된다 할지라도, 미생물들이 반죽 안으로 접종될 수 있다. 또한, 날계란의 경우 감염된 암탉이 낳거나, 발견되지 않은 흠집이 있거나, 물속에 잠겨있었을 때에는, 계란 내부까지 오염될 수 있다.

최종적으로, 날 것의 가금류를 주의해서 다루어라. 가금류는 배설물에 포함된 미생물들에 의해 자연적으로 오염된다. 그리고 오염은 깃털을 뽑는 과정과 내장적출 과정의 특정 단계 중에 수조에 가금류를 담아두는 산업적 관행 때문에 더욱 악화된다. 이 물은 *Salmonella* 배양액이 되고, 가금류의 표면은 이 미생물들로 균일하게 오염된다. 따라서 가금류를 신속하게 사용하고, 오염된 포장물질과 액상 즙을 주의 깊게 처분해라. 만약 가금류를 주방용 조리대나 도마 위에 올려놓았다면, 그 위에 다른 음식물들을 놓기 전에 뜨거운 비눗물로 이것들의 표면을 철저하게 비벼서 세척해라. 그리고 손을 완전하게 씻기 전에는 다른 음식물들을 손대지 말아라.

의 계란은 안전하다. 그렇지만 계란 껍질에는 작은 구멍이 있으며, *Pseudomaonad*와 다른 종류의 박테리아, 곰팡이인 *Penicillium, Cladosporium, Sporotrichum*들이 계란 껍질에서 자란다. 이러한 미생물들은 껍질의 작은 구멍을 통과하여 계란 내부를 오염시킬 수 있다. *Salmonella*도 또한 계란 껍질 상에서 생존하여 부서진 달걀로 들어가거나, 부서진 작은 달걀 껍질과 함께 음식 속으로 들어갈 수 있다. *S. pullorum*에 감염된 암탉은 감염된 계란을 낳는다. 닭의 내장들을 꺼내 세척해 본 적이 있는 사람은 달걀이 난관 아래쪽으로 상당한 거리를 지나가서야 껍질에 둘러싸여진다는 것을 확실히 관찰했을 것이다. 정액은 난관의 가장 상부 부근에서 껍질이 없는 달걀을 수정시킨다. (정자가 어떻게 달걀을 수정시키는지에 대해 궁금해 본 적이 있는가?) *Salmonella*와 같은 박테리아도 또한 달걀이 껍질로 둘러 쌓이기 전에 달걀 내부로 들어 갈 수 있다. 이는 달걀이 부서지지 않아도 달걀 안이 *Salmonella* 균으로 가득 찰 수 있음을 제시해 주는 것이다! CDC의 보고에 따르면 10,000개의 계란 중 1개는 껍질 내부에 *Salmonella*가 존재한다고 한다. 따라서 계란이나 식품을 철저하게 요리하지 않는다면 달걀 껍질이나 내부에 존재하는 병원균들이 언제든지 사람에게 전파될 수 있다. 달걀술(eggnog)과 같이 날달걀을 먹는 것은 언제나 위험이 따른다.

생선류와 조개류

신선한 생선에는 미생물이 다량 존재한다. 몇몇 종류의 장내 세균, *Clostridia*, 장내 바이러스, 그리고 기생충들이 신선한 생선 내부 또는 표면에서 흔히 발견된다. 이러한 미생물들 중 다수는 얼음 조각들로 채워진 생선들이 선적될 때에도 살아남는데, 특히 생선들이 매우 밀착된 상태로 포장되거나 또는 오염된 포장상자의 벽부분에 눌릴 때 살아남는다.

굴이나 대합과 같은 조개류에는 생선류에 존재하는 것과 동일한 종류의 다양한 미생물들이 존재한다. 생굴에는 대표적으로 *Salmonella typhimurium*이 존재하며, 때때로 *Vibrio cholerae*도 살고 있다. 대합조개는 특히 인체 감염의 원천이라고 할 수 있는데, 왜냐하면 이것들은 필터를 이용하여 먹이를 먹기 때문이다. 즉, 대합은 물을 필터링 하고 미생물들을 추출하여 먹이를 섭취한다. 만약 대합조개들이 정도가 심한 폐수, 적조, 그리고 다량의 병원균 또는 독소 발생원에게 노출되었다면, 대합조개를 캐는 행위는 이러한 유기체들이 줄어들 때까지 금지되는 것이 좋다. 가리비는 인간에게 질병을 덜 옮기는데, 그 이유는 가리비의 소화관은 먹지 않고, 오직 근육 부분만 인간이 섭취하기 때문이다.

Photobacterium phosphoreum으로 오염된 생선은 붉은 빛을 낸다. 이 세균이 질병을 유발한다고 아직까지 보고된 바는 없지만, 이 현상은 생선이 신선하지 않다는 것을 제시한다.

갑각류 중에서는 새우가 가장 오염되기 쉽다. 몇몇 조사에 따르면, 판매용 빵에 포함된 과반수 이상의 새우에서 그램 당 백만 마리 이상의 세균(그리고 5,000마리 이상의 대장균)이 존재하고 있는 것으로 나타났다. 이런 높은 수치의 세균수는 새우를 냉동시키기 이전의 처리 과정 중에 세균이 번식한 결과로 보인다. 바닷가재(랍스터)와 게는 새우보다 훨씬 더 부패하기 쉬우며, 다양한 종류의 장내 병원균을 운반할 수 있다. 미국의 걸프만을 따라서 부적절하게 요리된 게들이 콜레라를 전파시키고 있다. 게들에는 또한 *Clostridium botulinum*(◀24장 p. 767)과, 병원성 곰팡이인 *Cryptococcus* 및 *Candida* 균들이 살고 있다. 그러나 명심해야 할 점은 해산물, 또는 어떤 음식물이든지, 이들에게 단지 미생물들이 존재한다고 해서, 그 음식물이 상했거나 병원균으로 오염되었다는 것을 반드시 의미하는 것은 아니라는 점이다. 실제로 과산화수소를 생산하는 *Lactobacillus bulgaricus*는 해산물에서 발견되는 다른 미생물들의 성장을 방지하기 위해 이용될 수 있다.

적용

해산물의 안전성

1997년부터 FDA는, 국내든 해외든, 해산물 가공업자, 포장업자, 창고업자는 "위험 분석 및 중요 문제점 (Hazard Analysis and Critical Point)" 즉, HACCP라고 알려진 최신의 식품안전프로그램을 따를 것을 요구하고 있다. 이 프로그램의 목표는 식품 유래 질병을 유발하는 위험성을 규명하고 예방하는 것이다. 과거에는 안전을 보장하기 위하여 전적으로 제조 공정의 현장 점검과, 제조된 수산 식품의 무작위 견본 채취에 의해 산업을 감시했다. 비록 해산물 소매업자들은 HACCP 규정에서 면제되어 있지만, FDA는 이들도 다른 추천된 실행사항과 함께 HACCP를 기반으로 한 식품안전규칙을 적용할 것을 장려하고 있다. HACCP 프로그램은 수산식품 산업이 본래부터 가지고 있는 위험성에 대비해서, 중요 문제점들을 분석, 규명, 예방, 감시, 교정, 검증, 기록하는 7가지의 예방 단계를 적용함으로써 안전에 대한 위험성을 줄이고 있다. HACCP 프로그램의 특별한 점은 수산식품산업 종사자들 자체의 책임하에 안전프로그램을 설계하고 실행하도록 했다는 점이다.

우유

현대의 기계화된 우유제조법과 처리법으로 인해 생우유의 미생물의 함유 정도가 매우 감소되었다(**그림 26.5**). 그러나 우유의 생산량 증가를 위한 젖소의 개량으로 인해 세균이 쉽게 번식할 수 있을 정도로 예외적으로 커다란 젖과 젖꼭지를 가지는 젖소가 만들어 졌다. 이러한 소들에게서 짜낸 우유 중 처음 몇 밀리리터는 밀리리터 당 15,000마리 만큼이나 되는 세균를 포함할 수 있는 반면, 마지막으로 짜낸 우유에는 미생물이 없다. 신선하게 짜낸 우유에 있는 미생물은 대부분 *Staphylococcus epidermidis*와 *Micrococcus*지만, *Pseudomonas, Flavobacterium, Erwinia*, 그리고 기타 곰팡이들도 존재할 수 있다.

우유가 소비되기 이전에 미생물들이 우유에 들어갈 기회가 많이 있다. 기계적 착유(젖짜기)의 경우와는 반대로, 손으로 착유할 경우에

적용

젖당 민감성 대처하기

젖당 민감성(lactose-intolerant) 사람들은 락타아제 효소를 생산할 능력이 없기 때문에 젖당을 포도당과 갈락토오스로 분해할 수 없다. 불행히도 이 과정은 장속에서 일어나는데, 여기서 젖당분해(lactose-positive) 미생물들이 젖당을 소화시키는 과정에서, 가스와 산을 방출한다. 젖당 민감성의 사람들은 그들이 견딜 수 있는 양보다 더 많은 젖당을 섭취하면, 방귀, 근육 경련, 구토, 설사를 경험한다. 조상이 아프리카, 아시아, 동양 근처, 지중해 지역, 남북미 인디안 등의 많은 사람들이 젖당 민감성이다. 칼슘이 식품의 중요한 부분이므로, 젖당 민감성인 사람들은 유제품이 아닌 칼슘이 풍부한 식품들, 또는 칼슘 보충제를 먹거나, 또는 젖당을 감소시킨 식품들과 락타아제 효소 제품을 구입해야 한다.

는 소의 몸에 존재하는 미생물들이 우유로 들어갈 수 있다. 이러한 미생물들 중에는 우유에 구린내가 나게 하는 *Escherichia coli*와, 우유 안에서 끈적이는 점액성 물질을 생성하는 세균으로, 특히 여름에 번창하는 *Acinetobacter johnsoni* (이전의 이름은 *Alcaligenes viscolactis*)가 있다. 우유는 저장, 운반, 가공 과정 중에 용기 내의 어떤 미생물에 의해서도 오염되며, 이미 우유에 존재하는 미생물도 우유에서 번식할 수 있다. 우유의 전염성 미생물은 보통 감염된 소 또는 우유 취급자의 비위생적인 습관 때문에 발생한다. 병이 걸린 소는 *Mycobacterium bovis*와 *Brucella*종을 우유에 옮길 수 있다. 낙농업에 이용되는 가축들은 결핵 검사를 받고(전염된 가축은 무리에서 격리됨), brucella병(파상열)에 대한 백신 주사를 맞는다. 따라서 이러한 병들이 사람에게 전염될 위험성은 낮다.비위생적으로 유유를 다룰 때 *Staphylococcus aureus*, *Salmonella*종, 그리고 다른 종류의 장내 세균이 우유를 오염시킬 수 있다. 액체우유를 저온살균만 하고 멸균하지는 않은 상태로 분유(건조밀크)를 제조할 경우, 분유의 수분 함유량이 10% 정도에 이르면, 여기에서도 박테리아와 곰팡이가 생존할 수 있다. *Pseudomonas*종과 흙에 사는 몇몇 미생물들은 냉장된 우유 안에서도 번식한다. 이러한 미생물들은 저온성 미생물(온도가 더 높은 환경에서 정상적으로 번식하지만, 냉장고 온도인 5℃에서도 자랄 수 있음)이다. 이들은 또한 식수를 정화시키기 위해 일반적으로 사용되는 염소농도에서도 살아남는다.

그림 26.5 회전 목마식의 착유실(milking parlor). 우유를 짜는 것과 우유 처리 과정의 기계화로 생우유에 포함된 미생물 함유량이 크게 감소하였다. (*Jane Latta/PhotoResearchers*)

우유를 시큼하게 만드는 미생물에는 *Streptococcus lactis*와 *Lactobacillus* 종들이 포함된다. 이러한 미생물들이 충분한 젖산을 생성하여 우유의 pH를 4.8 이하로 떨어뜨리면, 우유 안에 있는 단백질들이 응고하게 되는데, 이를 보고 우유가 쉬었다고 말한다. 우유가 시큼해졌다고 해서 사람들이 마시기에 불안전한 것은 아니지만, 우유의 외관상 모습과 맛을 크게 변화시킨다. 음식물을 상하게 하는데 관여하는 다양한 미생물들을 **표 26.1**에 요약 제시하였다.

Lactobacillus 호산성균은 우유에 젖산을 증가시키는데, 이로 인해 젖당 민감성인 사람들이 이 우유를 소화시킬 수 있게 된다.

다른 종류의 먹을 수 있는 물질 들

사람들은 주 영양소를 섭취 할 뿐만 아니라, 미생물들로 오염되기 쉬운 설탕, 양념, 조미료, 차, 커피, 그리고 코코아를 소비한다. 신선하고, 건조되고 정제된 설탕은 소독된 것이지만, 가공하지 않은 사탕수수즙은 *Aspergillus*, *Saccharomyces*, *Candida*와 같은 곰팡이와 *Bacilllus*, *Micrococcus*를 포함한 기타 박테리아 종들의 성장을 돕는다. 대부분의 미생물들은 여과과정에서 제거되고, 남아있는 종들도 즙을 증발시킬 때 열에 의해 죽는다. 설탕이 들어간 음식물들은 특히 상하기 쉬운데, 그 이유는 설탕은 많은 종류의 미생물들에게 훌륭한 영양분이 되기 때문이다. 55~60℃ 사이에서 가장 잘 번식하는 통성 혐기성 미생물인 *Bacillus stearothermophilus*는 식품의 가공 공정 중에 빠르게 증식할 수 있다. 또 다른 호열성 혐기성 세균인 *Clostridium thermosaccharolyticum*은 캔을 부풀게 만드는 원인인 가스를 생산한다. 이와는 대조적으로 고농도로 농축된 설탕은 방부제의 역할을 한다. 젤리, 잼, 사탕, 캔디과일 들과 같이 설탕이 고농도로 함유된 식품은 삼투압이 충분히 높아서 미생물들의 성장이 방해받는다.

이른 봄에 단풍나무로부터 수액을 채취한다. 그 수액은 날씨가 더워짐에 따라 점점 더 오염된다. 단풍 수액에서 증식하는 미생물 중에는 *Leuconostoc*, *Pseudomonas* 및 *Enterobacter*가 있다. 이러한 미생물들이 비록 다량의 설탕을 소비하지만, 수액이 증발해 버려서 시럽이나 설탕으로 변화되면 그 미생물들은 결국 죽게 된다.

꿀은 *Rhododendron* 또는 *Datura*와 같은 식물의 화밀에서 만들어진 것이라면 꿀 안에 독성물질이 포함될 수 있다. 꿀에는 또한 *Clostridium botulimum*의 포자가 함유될 수 있다. 포자들이 비록 꿀 안에서는 발아하지 않지만, 그 꿀을 섭취한 신생아 몸속에서 이 포자들이 발아할 수 있다. 이 포자들에서 나오는 독소는 '영아저긴장증후

표 26.1

음식물 부패와 관련된 미생물들

음식	미생물	부패 종류
곡물		
빵	*Rhizopus nigricans*	빵 곰팡이
	Penicillium 종	
	Aspergillus 종	
	Monilia sitophilia	
	Bacillus 종	단백질 및 전분 가수분해-끈적끈적한 구조
과일과 채소		
잎줄기 채소	*Erwinia carotovora*	무름병
감자	*Phytophthora infestans*	감자역병
토마토, 멜론	*Fusarium* 종	무름병, 열피(cracking skin)
포도, 딸기, 핵과	*Monila fructicola*	잿빛무늬병(갈변)
사과	*Penicillium expansum*	패툴린(사과 사이다를 오염시키는 독성물질)
육류		
	Rhizopus 종	휘스커, 육류의 표면에 하얀 보풀 생김
	Mucor 종	
	Pseudomonas 종	냉장 육류 표면이 녹색으로 변색
	Clostridium 종	뼈악취(bone stink) 부패
가금류		
	Pseudomonads	점액성물질 유발
	Penicillium	계란 껍질 오염
	Clostridium 종	
	Sporotrichum 종	
우유		
	Acinetobacter johnsoni	점액성물질 유발
	Streptococcus lactis	우유의 신맛 유발
	Lactobacillus 종	

군(floppy baby syndrome)' 의 원인이 된다. 일반적으로, 미국에서 매년 70에서 100건의 신생아 보툴리늄 독소증이 보고되고 있다.

향신료는 식품보존과 방부처리 목적으로 수백년 동안 사용해오고 있어서 항생물질이라는 평을 듣고 있는데, 이는 잘못된 것이다. 즉

적용

Bon bon 초콜릿(내부에 크림이 함유된 초콜릿) 폭탄

사탕은 일반적으로 미생물의 오염으로부터 안전한데, 그 이유는 사탕의 높은 설탕 농도로 인해 삼투압이 너무 높아져 대부분의 미생물들이 살아남을 수 없기 때문이다. 때때로 초콜릿 안에 가득 찬 크림이 *Salmonella* 또는 *Clostridium*으로 감염될 때가 있다. 초콜릿 애호가들은 clostridia가 생산하는 가스로 인해 그들의 가장 좋아하는 초콜릿이 폭발되었음을 발견하고서 놀라워 하곤 한다.

향신료는 음식의 부패를 방지하기 보다는 부패 냄새를 감추어 준다. 향신료에서 박테리아를 처음으로 발견한 Leeuwenhoek는 후추열매가 들어 있는 물에 세균들이 매우 많이 존재한다고 보고하였다. 향신료 속에서 발견되는 많은 미생물들 중**(표 26.2)** 대부분은 병원성이 아니다. 요리할 때 사용되는 적은 양의 향신료는 건강을 위협할 정도는 아닌 것으로 보인다.

샐러드드레싱, 케찹, 피클, 머스타드 소스와 같은 양념은 보통 산성이 매우 강하다. 낮은 pH로 인해 미생물들이 대부분 성장하지 못하지만, 이러한 음식물들도 냉장보관 되지 않는다면, 몇몇 곰팡이들이 그 음식물들에서 성장할 수 있다.

미국인들은 다량의 탄산음료와 커피를 마시고 있으며, 차와 코코아는 비교적 덜 마신다. 제조공장의 자동화된 장비로 인해 탄산음료를 무균상태로 준비할 수 있지만, 시럽은 기계적 결함이 있는 경우

표 26.2

양념들에 존재하는 세균 수

	건조 시료 1 g당 존재하는 미생물 수				
양념 종류	**호기성 세균 총수**	**콜라이형(coliforms) 세균**	**효모와 곰팡이**	**호기성 포자**	**혐기성 포자**
말린 월계수 잎	520,000	0	3,300	9,200	<2
정향	3,000	0	18,005	<2	<2
카레	<7,500,000	0	70	>240,000	>240,000
마저럼	370,000	0	18,000	54,000	>24,000
파프리카 가루	<5,500,000	600	2,300	>240,000	>620
후추	<2,000,000	0	15	>240,000	>24,000
세이지	6,800	0	10	7	>1,700
타임	1,900,000	0	11,000	160,000	>24,000
튜머릭	1,300,000	50	70	>110,000	>240,430

출처: Karson and Gunderson, 1965; 1986 Food Technology 저널에서 인용.

곰팡이로 오염될 수 있다. 레스토랑에 대량으로 팔린 시럽도 또한 오염될 수 있다. 막 수확한 커피콩은 다양한 곰팡이들과 곤충들이 매개한 미생물들로 쉽게 오염된다. 커피 녹병균의 원인 곰팡이인 *Hemileia vastarix*는 아시아에서의 커피 경작지를 황폐화시켰고, 현재는 남아메리카에서 심각한 문제가 되고 있다. 수분을 머금고 있는 차 잎은 차를 끓일 때 불쾌한 냄새의 원인 곰팡이인 *Aspergillus*와 *Penicillium*에 의해 쉽게 오염된다.

미생물들은 판매용의 카카오나 커피를 제조할 때 유용하게 사용된다. 박테리아인 *Erwinia disolvens*는 커피 열매의 외부 껍질에 있는 펙틴을 분해시키기 위해 사용된다. 다른 박테리아는 코코아와 초콜릿을 만들어내는 카카오 열매의 껍질을 분해시키는데 사용된다. 이 열매들은 그 후 발효 박테리아로 처리한다. 열매의 과육을 알코올로 바꾸는 효모는 초콜릿의 맛과 향을 발달시키기 위해서도 필수적으로 이용된다.

적용

영국인을 위한 차 또는 커피

실론(현재의 스리랑카)의 커피 재배지들이 1860년대에 녹병으로 파괴되었을 때, 그 농장들을 차 재배지로 전환시켰다. 실론에서 나오는 커피 공급에 의존하고 있었던 영국 사람들은 마시던 것을 차로 바꿀 수밖에 없었다. 그러므로 녹병균의 원인균인 저급한 곰팡이가 영국을 차 마시는 사람들의 나라로 바꾸는데 중요한 역할을 한 것이다. 이보다 20년 전에, 아일랜드 사람들은 매우 운이 없었다. 1840년대 후반 곰팡이성 질병이 감자 작물들을 파괴하였을 때, 아일랜드의 인구를 먹일 수 있는 대체 작물이 없었다. 백만명이 굶어 죽었고, 백만명 이상이 이주하였다.

이러한 재난이 오늘날에도 일어날 수 있을까? 불행하게도, 그 대답은 아마도 "그렇다"일 것이다. 오늘날 재배하는 식용 작물의 대부분은 잠재적으로 병과 해충에 취약하다. 그 이유는 이러한 작물들이 단형(monotype), 즉 순수한 종으로서, 야생 식물들에게는 전형적인 유전적 다양성이 이 작물들에게는 없기 때문이다. 그러므로 식물 전염병이 발생하면 전체 농작물 가운데로 매우 빠르게 전파될 수 있다. 농업 과학자들은 질병과 곤충에 저항성을 지닌 식물 종을 개발하기 위해 유전자 조작 기술을 사용하고 있다. 예를 들어, 녹병에 저항성을 지니는 커피와 같은 것이다 (또한 카페인 함량이 원래 낮은 다양한 종들도 한 예에 속함). 그러나 이러한 식물들은 새로운 미생물들(돌연변이종이거나 이전에 재배된 식물은 감염시키지 못했던 미생물들)에게 취약하게 될 수 있는 위험성이 항상 존재한다. 이러한 사건이 1970년대에 미국의 옥수수 작물에서 발생했는데, 그 결과 커다란 경제적 손실을 안겨 주었다.

중점 질문 사항

1. 우유를 가장 오염시키기 쉬운 미생물은 무엇인가?
2. 꿀이 가지고 있는 위험성은 무엇인가?
3. 뼈악취(bonestink)는 무엇인가?
4. 어떤 종류의 병원성 세균이 달걀과 관련되어 있는가?

질병 전파 방지 및 음식물의 부패

음식물 유래의 질병은 주로 미생물, 또는 이것들이 방출하는 독소의 직접적인 효과 때문이다(**표 26.3**). 그러나 질병은 또한 음식물에서 미생물들의 활동으로 인한 결과이기도 하다. 산업화로 인해 음식물 유래 병원균의 확산이 증가되었다. 대규모 가공공장에서 위생이 철저하게 지켜지지 않는다면, 많은 양의 음식물들이 오염될 소지가 있다. 많은 사람들에게 급식을 제공하는 기관에서 오염된 음식물은 많은 환자들이 발생하는 원인이 될 수 있다. 특히 패스트푸드와 같은 편의 식품의 인기도가 증가하면서 감염의 위험성 또한 증대되고 있다.

◀19장에서 설명한 장 질병 이외에도 여러 많은 질병들이 음식물들에 의해 전파될 수 있다. *Klebsiella pneumoniae*는 사람의 소화기관에서 흔하게 발견된다. 이 균은 호흡계의 병원균으로 주로 인식되

표 26.3

식품과 우유로 전파되는 병원성 미생물들

미생물	질병	매개체
Staphylococcus aureus	식중독	감염된 음식물 취급자, 비냉장된 음식물, 감염된 소 유래의 우유
Clostridium perfringens	식중독	비냉장된 음식물
Bacillus cereus	식중독	비냉장된 음식물
Clostridium botulinum	보툴리늄식중독	비적절하게 처리된 통조림
Salmonella 종	살모넬라증	감염된 음식물 취급자, 불량 위생시설, 오염된 해산물
Shigella 종	시겔라균식중독	감염된 음식물 취급자, 불량 위생시설
장관병원성대장균 (Enteropathogenic *Escherichia coli*)	여행자설사증	감염된 음식물 취급자(때로는 증상을 보이진 않음), 불량 위생시설, 오염된 고기
캄필로박터(*Campylobacter*)	위장염	설익힌 닭고기와 생우유
비브리오콜레라균(*Vibrio cholerae*)	콜레라	불량 위생시설
장염비브리오균(*Vibrio parahamolyticus*)	아시아인 식중독	설익은 생선과 조개류
리스테리아균(*Listeria*)	리스테리아병	비적절하게 처리된 우유
A형 간염바이러스 (Hepatitis A virus)	간염	감염된 음식물 취급자

350종 이상의 프랑스 치즈 중 절반 이상이 저온 살균되지 않은 생우유로 제조된다. 면역력이 약한 사람들은 브리(Brie), 카망베르(Camembert) 및 블루베인드(blue-veined) 치즈와 같은 연질 치즈를 먹어서는 안된다.

고 있지만, 신생아의 경우에는 설사의 원인이 되고, 농양, 병원내 상처 감염과 요로 감염의 원인균이 될 수 있다. 결핵은 저온 살균되지 않은 우유, 치즈, 감염된 동물 유래의 육류와 같은 음식물들을 매개로 하여 전파될 수 있다.

여러 질병들이 감염된 육류를 섭취하는 사람들에게 전파될 수 있다. 이런 병들 중에는 탄저병, 브루셀라병, 큐열, 그리고 리스테리오증이 있다. 육류 검사 절차 때문에 동물과 육류를 다루는 사람은 소비자들 보다 이러한 병들에 더 흔하게 노출된다. *Yersinia enterocolitica*가 원인균인 Adirondack병은 감염된 고기의 섭취로 인해 전파된다고 알려져 있지만, 이 병은 또한 우유와 물을 통해서 전파될 수도 있다. 이 질병은 경미한 위장염에서 심각한 위장염, 관절염, 사구체신염, 장티푸스와 같은 치명적인 패혈증, 맹장염으로 착각하기 쉬울 정도로 소장이 붓는 치명적인 회장염을 포함하여 다양한 증상들을 나타낸다. 사람들은 또한 감염된 돼지고기의 섭취에 의해 *Erysipellothrix rhusiopathiae*에 감염될 수 있다. 그 결과 얻게 되는 질병(동물에게 걸리면 단독(erysipelas), 사람에게 걸리면 유단독증(erysipeloid)이라고 불림)은 돼지, 양, 및 칠면조를 감염시킨다. 이 병은 피부에 난 상처를 통해 포장 노동자들과 농부들에게 가장 잘 감염이 될 수 있다. 이 미생물은 피부, 관절 및 기도를 감염시킬 수 있다.

바이러스들은 자주 음식물을 통해 전파된다. 장내바이러스들은 종종 음식물의 비위생적 취급으로 인해 전파되는데, 특히 자각 증상이 없는 음식물 취급자들에 의해서 전파된다. 음식물의 비말감염(droplet infection)은 에코바이러스(echovirus)와 콕사키(coxsackie) 호흡기 감염 바이러스를 전파시킬 수 있다. 소아마비 바이러스는 우유와 다른 음식물을 통해서 전파될 수 있고, A형 간염바이러스는 오염된 물에서 잡은 조개로부터 전염될 수 있다. 독감과 비슷한 병인 림프구 맥락수막염을 일으키는 바이러스는 쥐에 의해 음식물로 퍼져나갈 수 있다.

우유는 많은 병원균이 자라는 데 있어서 이상적인 영양분이다. 우유에는 다른 음식물에서도 발견되는 병원균들과 독소 생산 미생물들뿐만 아니라, 소에서 유래하는 미생물들도 포함될 수 있다. 이러한 미생물들 중에는 *Mycobacterium bovis*, *Brucella* 종, *Listeria monocytogenes*, 그리고 *Coxiella bunetii*가 포함된다. *Bacillus anthracis*와 같은 포자를 생산하는 미생물들은 감염된 소나 흙으로부터 우유로 들어온다. 그러나 우유에는 리소자임, 응집소, 림프구, 락테닌(lactenin)을 포함하여 기타 항박테리아성 물질들이 또한 포함되어 있다. 락테닌은 티오시아산염, 젖과산화효소(lactoperoxidase) 및 과산화수소의 혼합물이다. 이것은 또한 사람의 모유 및 다른 신체 분비물들에도 존재하며, 신생아의 장내 감염을 방지하는데 도움을 줄 수 있다. 발효된 우유에는 *Leuconostoc cremoris*와 같이 병원균을 죽이는 박테리아가 포함되어 있다. 음식물과 우유에서 부패와 질병의 전염을 방지하는 결정적인 요소는 이들을 취급하는데 있어서 청결을 유지하는 것이다. 다른 상식적인 관행들(즉 신선한 식품을 신속하게 사용하는 것, 조심스럽게 냉장하는 것, 그리고 음식물 저장 시 신속하고 적절하게 가공처리 하는 것)도 또한 병의 전염과 부패를 방지하는데 도움을 준다.

음식물 보존

음식물을 보존하기 위해 사용되는 많은 절차들은 인류 문명 초기에 시작된 관행에 기반을 두고 있다. 연중 안정하게 음식물을 공급할 수 있게 된 것이 인류가 유목 생활을 포기하고 마을에 정착하여 살게 하는데 결정적인 역할을 하게 되었다. 이러한 관습들은 다음과 같은 간단한 관찰에 근거하고 있는 듯하다: 건조된 채로 보존된 곡물에는 곰팡이가 피지 않았다. 건조된 음식물이나 소금에 절인 음식물은 장기간 먹을 수 있는 상태로 남아 있었다. 그리고 우유를 시게 만들거나 치즈로 만들면 신선한 우유보다 훨씬 더 오랜 기간 동안 먹을 수 있었다. 식품과 우유 보존을 위한 현대기술은 여전히 이러한 초기 방법들을 사용하지만, 열, 냉장 및 다른 특화된 방법들도 또한 사용한다.

음식물 보존을 위한 다수의 방법들이 ◀12장의 항미생물적인 물리적 방법에서 이미 설명된 바 있다. 이러한 방법들 중에는 습식열을 이용하여 통조림을 만드는 것; 냉장, 냉동; 동결건조와 건조; 그리고 방사능을 이용하는 것 등이 포함된다. 또한 다수의 화학적 식품 첨가물들이 음식물의 부패현상을 지연시키기 위해 사용된다.

통조림 제조

음식물을 보존하기 위한 가장 공통된 방법은 고압의 습식열을 사용해서 **통조림을 제조(canning)**하는 것이다. 이 방법은 실험실의 고압멸균기와 유사한데, 철로 된 캔이나 유리병**(그림 26.6)** 안에 과일, 야채 및 육류를 보존하는데 사용된다. 적절하게 수행되는 경우, 통조림을 제조함으로써 대부분의 열저항성 내생포자들 뿐만 아니라 모든 해로운 부패성 미생물들을 파괴시킬 수 있고, 부패현상을 방지하며, 질병 전파의 위험성도 막을 수 있다. 이렇게 제조된 음식물은 수년 동안 식용 상태로 남아 있을 수 있다.

그림 26.6 상업적 통조림 제조 장비. 통조림 제조는 모든 미생물들과 그들의 내생포자들을 파괴시킴으로써 식품 부패와 질병 전파를 방지한다. *(Larry lefever/ Grant Heilman Photography)*

적용

가정에서의 통조림 제조

Clostridium botulinum 포자는 대부분의 신선한 음식 표면에 존재한다. 이 박테리아 포자는 산처리와 열처리를 동시에 수행해서 제거시킬 수 있다. *C. botulinum*은 pH 4.5 아래에서는 증식하거나 독성 물질을 생산하지 못하므로, 매우 산성인 음식물은 오염 위험성이 없다. 레몬즙, 시트르산, 또는 식초를 첨가하여 특정 식품들을 산성화시킬 수 있다. 산도가 낮은 저산성 식품들은 끓는 물로는 안전하게 살균되지 않으므로, 열과 압축된 수증기를 이용하여 멸균시켜야만 한다. 모든 저산성 식품들은 화씨 240~250°의 온도에서 살균되어야 하는데, 이 온도는 통조림 캔의 압력이 10~15 psi에 도달해야 달성된다. 식품을 멸균하는데 필요한 시간은 통조림으로 만들어지는 식품의 종류, 통조림 병에 식품을 압축하는 방법, 그리고 통조림 병의 크기에 따라 달라진다. 또한 가정에서 보존식품 가공에 필요한 시간은 집의 고도에 따라 달라진다. 그러므로 모든 지시사항을 신중하게 따르는 것이 중요하다.

*Bacillus stearothermophilus*와 같은 몇몇 호열 혐기성 내생포자는 상업적 통조림이 제조된 후에도 여전히 살아 남아있을 수 있다. 그러므로 통조림 식품은 차의 트렁크 또는 뜨거운 다락방과 같은 고온의 환경에서 저장해서는 안된다. 상승한 온도에서 내생포자가 발아, 성장해서, 음식물 부패의 원인이 될 수 있기 때문이다. 보통 이 경우에 가스가 생산되는데, 이로 인해 통조림의 끝부분들이 부풀게 되어 손으로 눌려졌다 팽창했다 하는 현상이 발생한다. 또한 이러한 부패현상으로 인해 보통 신맛을 내는 산이 생성된다. 이러한 변화를 "**호열혐기성 부패(thermophilic anaerobic spoilage)**"라고 부른다. 그러나 어떤 경우에는 포자의 성장으로 인한 부패현상이 있을지라도, 통조림이 가스로 인해 팽창하지 않는 일이 생겨나는데, 이러한 부패를 "**비팽창성 산성부패(flat sour spoilage)**"라고 부른다. 통조림들은 또한 **중온성 부패(mesophilic spoilage)** 현상에 의해서도 부풀어 오르는데, 이러한 현상은 통조림 제조 절차가 부적절하게 수행되었거나, 통조림의 밀봉이 부서졌을 때 발생한다. 이러한 종류의 부패는 상온에서도 일어날 수 있는데, 바로 이 점이 적절하게 제조되고 밀봉된 통조림이지만 고온에서 저장된 경우에 발생하는 호열성부패 및 비팽창성 산성부패와 다른 점이다.

부적절하게 제조된 통조림 식품의 경우 보튤리누스 중독(botulism)과 다른 종류의 부패 위험성이 있으므로, 가내 통조림 제조업자들은 최신의 우수 통조림제조 안내서를 따라야만 한다. 현재 미국 농림부(USDA)에서는 모든 약산성 음식물들은 가압 요리방식으로 제조할 것을 추천하고 있다. 또한 USDA는, 예전에는 고온에서 포장하고 왁스로 봉인했던 젤리와 잼과 같은 식품들의 경우에도, 다른 통조림 식품에서와 같이 끓는 수조에서 가공하고 뚜껑으로 봉인함으로써 곰팡이 독소의 축적을 방지할 것을 권장하고 있다(◀12장 p. 356

의 "가내 통조림 제조(Home Canning)" 박스를 참고할 것). *가내에서 또는 상업적으로 생산되었든지, 통조림 중 그 끝부분이 부풀어 오른 것은 반드시 제거해야만 한다.*

비록 많은 조미료들이 열가공 처리공정을 거치지만, 조미료의 몇몇 특성 그 자체가 식품을 보존하는데 도움을 준다. 젤리와 잼에 있는 설탕은 삼투압을 증가시켜서 미생물의 증식을 저해한다(사카린은 이런 효과가 없다. 그래서 인공 감미료 제품의 경우 부패를 방지하기 위해 고농도 설탕의 경우보다 좀 더 엄격한 예방책이 요구될 수 있다). 이와 유사하게, 피클과 시큼한 맛을 내는 식품의 높은 산성도 또한 미생물의 증식을 막는데 도움을 준다.

냉장과 냉동

0℃보다 약간 높은 온도(약 4℃)에서의 냉장은 단지 며칠 동안 음식물을 보존하는데 적당하다. 냉장으로는 식품 독성을 유발하는 저온성 미생물의 증식을 막지 못한다. 식품 보존을 위한 다른 흔한 방법인 냉동은 0℃ 보다 낮은 온도(대부분 가정 냉장고의 냉동실은 영하 10℃ 정도임)에서 식품을 저장하는 것을 의미한다. 모든 종류의 식품들은 몇 개월 동안 냉동시켜 보존할 수 있으며, 어떤 것은 훨씬 더 오랜 기간 동안 보존할 수 있다. 냉동의 장점은 통조림 보다 음식물의 자연적인 맛을 더 잘 보존할 수 있다는 것이다. 그러나 냉동은 2가지 단점이 있다: (1) 몇몇 식품들의 경우 해동되면 다소 부드러워지게 되고 외양이 손상되는데, 특히 과일과 수분이 많은 야채들은 이런 현상이 더욱 심하다. (2)냉동으로 인해 비록 대부분 미생물들의 성장이 방지되지만, 미생물들이 파괴되는 것은 아니다. 식품을 해동하자마자 미생물들이 자라나기 시작한다. 사실상, 식품의 냉동과 해동은 실제로 미생물들의 증식을 촉진시킨다. 얼음 결정으로 인해 냉동된 식품의 세포와 원형질막 그리고 세포벽에 구멍이 나게 되어 식품에서 영양분들이 빠져나가게 된다. 이러한 영양분들은 미생물의 성장을 촉진하기 위해 쉽게 이용될 수 있다. 결론적으로 말하자면 식품을 해동시키고 재냉동시키는 일은 결코 수행하지 않는 것이 중요하다.

건조와 동결 건조

건조(수분제거)는 식품보존을 위해 사용되는 가장 오래된 방법들 중 하나이다. 어느 정도의 수분은 미생물의 성장에 필수적이다. 이상적으로 90% 이상의 물이 제거된다면, 식품들은 이 상태대로 저장될 수 있다. 건조는 미생물의 증식을 멈추게 하지만, 식품의 표면, 또는 내부에 존재하는 모든 미생물들을 죽이는 것은 아니다. 태양빛에 의한 건조와 같은 자연적인 방법에 의해, 또는 식품 표면 위로 습도가 조절된 뜨거운 바람을 불어넣는 것과 같은 인공적인 방법에 의해 식품의 수분을 제거한다. 염, 고농도의 설탕 또는 화학방부제 등이 건조 과정동안 종종 첨가되는데, 이는 삼투압을 변화시키고 수분의 양을 감소시키는 역할을 한다.

현재 **동결건조(lyophilization,** 냉동 건조)는 식품 공장에서, 특히 인스턴트 커피와 제빵용의 건조 효모를 준비하는데 거의 독점적으로 사용된다(이 기술은 배양된 세균을 보존하는데 사용된다; ◀12장 p. 357). 동결건조에는 냉동된 식품을 진공에서 건조하는 것도 포함된다. 이 공정을 적용할 경우 일반 건조 방법 보다 더 높은 품질의 식품을 생산할 수 있다.

방사능 조사

보존의 한 방법으로 식품에 방사능을 조사하는 것은 여전히 새롭고 상당히 논쟁거리인데, 그 이유는 방사능의 위험성에 대한 공적인 관심 때문이다. 식품의 미생물들을 조절하기 위해 사용되는 방사능에는 2가지 종류(비이온화 방사능과 이온화 방사능)가 있다.

비이온화 방사능의 한 형태인 자외선(UV) 방사능은 투과력이 약하므로 사용하는데 제한이 있다. 방사선의 파장과 방사선에 식품이 노출된 시간에 따라 방사능 보존방법의 효과가 결정된다. UV 방사선은 식품 가공 장비와 표면을 위생적으로 소독하는데 효과적이다. 비이온화 방사능의 또 다른 형태인 마이크로파는 음식물의 준비, 요리, 가공 처리하는 데에는 유용하게 이용되지만, 보존 용도로는 사용되지 않는다. 마이크로파는 미생물들을 직접적으로 죽이지 않는다. 그러나 요리 과정에서 발생되는 열이 미생물들을 살균할 수 있다. 그러므로 전자레인지를 사용하는 동안 식품을 자주 회전시키는 것이 중요하다.

감마선과 같은 이온화 방사능은 투과 능력이 뛰어나고 살균적이다. 식료품의 종류에 따라 다르지만, 이러한 종류의 방사선은 식품의 포장 전, 또는 후에 사용될 수 있다. 60번 코발트 또는 137번 세슘에서 나오는 감마선은 오랜 기간 동안 몇몇 유럽 국가들과 일본에서 식품 보존을 위해 사용되어 왔다. 미국 식약청(FDA)은 특정 식품을 보존하는데 이러한 방사선이 안전하다고 발표해 왔다. 방사선은 신선한 생선들이 시장으로 운반되는 동안 미생물들의 증식을 억제하고, 양념류 속의 곤충들을 죽이는 데 성공적으로 사용되어 왔다. 또한 방사선은 신선한 야채와 과일의 부패를 줄이는 데에 효과적인 것으로 밝혀졌다. 매우 최근에 USDA는 신선한 가금류의 경우에도 방사선을 사용하자는 규정을 제안하였다. 사람들은 방사능이 조사된 식품들에 대해 많은 회의론을 가지고 있다. 따라서 방사능은 미생물들을 죽이는 것이지, 음식물 자체를 방사성 물질로 변화시키는 것은 아니라는 사실이 강조되어야만 한다.

화학 첨가물

많은 종류의 화학 물질들이 미생물들을 죽이거나 성장을 저해하기 위해서 다양한 음식물에 첨가되고 있다. 몇 가지 예들과 화학 물질들의 사용법을 여기에 제시한다.

몇몇 식품에서 자연적으로 발생하는 유기산들은 병원균들과 독소를 생산하는 세균들의 증식을 막는데 충분할 정도로 pH를 낮춰 준

적용

뜨거운 방사능 논쟁: 감마선이 식품에 안전할까?

어떤 식품보전 방법이 양파를 싹이 트지 않은 채로 3개월 동안 저장할 수 있게 하고, 냉장된 딸기를 싱싱하게 3주 동안 보존하며, 가금류에서 Salmonella를 실질적으로 제거할 수 있을까? 그 답은 방사능이다. 그러나 방사능 식품은 당신 주위에 있는 가게에 진열되지 않을 것이다. 비록 방사능 사용이 FDA에서 승인을 받고, 세계보건기구, 미국의사협회 및 Julia Child에서도 승인을 받았지만, 방사능은 미국에서 큰 규모의 한 가금류 회사에서만 사용되고 있고, 오직 1개의 미국 회사만 과일과 식품을 방사능 처리하는 사업에 참여하고 있다. 비록 지지자들은 방사능이 박테리아와 곤충들로부터 식품의 오염을 막아주는데 효과적인 방법이라고 옹호하지만, 비평가들은 방사능 살균을 실행할 경우, 살균되는 미생물들이 끼치는 해로움보다 방사능이 더 큰 해로움을 끼칠 수 있다고 주장한다. 웹사이트에 가서 이 장에 대한 찬반 의견을 더 많이 읽어보고, 실제적인 방사능 처리 방법도 읽어보아라.

(Courtesy International Atomic Energy Agency)

다. 벤조산, 소르빈산, 프로피온산과 같은 산들은 마가린, 과일 쥬스, 빵, 그리고 기타 구운 식품에서 효모와 곰팡이들의 성장을 방해한다.

에틸렌옥사이드와 프로필렌옥사이드와 같은 알킬화합물들은 오로지 견과류와 향신료에만 사용된다. 산성 pH에서 가장 효과적인 이산화황은 미국의 경우 건조된 과일을 표백시키거나, 포도주 양조장에서 세균들과 원하지 않는 효모들을 제거할 때에만 사용된다. 반응성이 매우 높은 산소 형태인 오존은 조개류에서 대장균 박테리아들을 죽이기 위해 사용되고, 음료에 사용되는 물을 소독하는데 사용된다. 이 방법은 찌꺼기를 남기지 않는다는 장점이 있다. 오존의 단점은 오존이 지방을 산화시키기 때문에 음식 맛을 불쾌하게 만드는 경향이 있고, 오존을 섭취하는 경우, 분자물질들, 특히 폐의 리소자임을 손상시킬 수 있다는 점이다.

아마도 첫 번째로 사용된 음식 첨과물 중의 하나인 것으로 알려진 염화나트륨은 식품에서 삼투압을 증가시켜 대부분의 미생물들이 증식하는 것을 막아 준다. 고기를 절이는데 사용되는 소금은 특히 고기조직 깊숙이 있는 *clostridia*의 성장을 막는데 유용하다. 그렇지만 소금으로 절여진 식품이라도 표면에는 곰팡이가 결국 성장한다. 소금은 박테리아를 탈수시키고 박테리아로 하여금 물과 영양분들을 섭취하는 것을 어렵게 만든다. 최근의 발견에 따르면 소금은 삼투압을 증가시키는 것뿐만 아니라 고기의 표면에 전하를 생성하여 박테리아가 표면에 달라붙는 것을 방지한다고 한다.

다른 화학 첨가물들은 특별한 용도가 있다. 하이포아염소산 나트륨과 같은 할로겐 화합물들은 물과 식품 표면을 살균한다. 염소기체는 식품 가공 장비에서 미생물들의 성장을 막는다. 질산염과 아질산염은 육류, 특히 간 고기와 차가운 고기 덩어리에서 미생물의 증식을 억제한다. 그러나 요리하는 동안, 이것들은 발암성 물질로 간에 해로운 니트로사민으로 전환될 수 있다. 질산염과 아질산염이 계속 사용되어 왔는데, 그 이유는 이것들을 대체할 좋은 대체물이 없기 때문이며, 특별히 소시지의 경우에는 더욱 그렇다. 보툴리누스 중독(botulism)이라는 이름은 소시지의 Latin 단어에서 온 것이다. 아질산염을 사용하기 전까지는 소시지로 인한 식중독이 매우 흔한 현상이었다. 아질산염을 사용하는 또 다른 이유는 색깔을 선명하게 유지하기 위해서인데, 특히 신선한 고기의 빨간색을 선명하게 유지시켜 준다. 탄산음료에서 이산화탄소는, 몇몇 곰팡이들은 영향을 받지 않지만, 미생물들을 죽이는 작용을 한다. 또한 이산화탄소는 과일의 숙성을 막고, 선적하는 동안 부패를 줄여 준다. 마지막으로, 사급암모늄염(quaternary ammonium compounds)(quats)은 많은 종류의 물건들을 소독하기 위해 사용될 수 있다. 예를 들어 가정도구, 소의 젖통, 신선한 야채, 달걀의 표면 등을 위생적으로 소독하는데 사용될 수 있다.

항생물질들

몇몇 나라에서는 식품과 우유에 항생물질들이 첨가된다. 미국에서는 항클로스트리듐 물질로서 *Streptococcus lactis*에 의해 우유의 발효과정 동안 자연적으로 생산되는 박테리오신(baceriocin)인 nisin 만이 사용될 수 있다. 식품과 우유에 항생물질을 사용하는 것은 다음과 같은 이유로 금지되고 있다:

- 위생을 청결히 하지 않고 항생물질들에 의존할 수 있다.
- 병원성 미생물들이 항생물질들에 대해 저항성을 갖게 되어, 그 병원균들이 원인균인 질병의 치료가 어렵거나 불가능해질 수 있다.
- 인간이 항생물질들에 민감성을 띠게 되고 결국 알레르기 반응으로 고통을 겪을 수 있다.
- 항생물질들이 우유를 발효시키거나 치즈를 만드는데 필수적인 미생물들의 활동을 방해 할 수 있다.

우유의 저온살균법

우유에 의한 질병과 부패를 방지하기 위해서는 우선적으로 낙농 가축과 우유 취급자 모두가 건강함을 유지하여야 한다. 과거에는 때때로 소의 결핵이 소의 우유로부터 사람에게 전염되었다. 많은 아이들이 어릴 때에 감염되었고, 보통 15세 이전에 사망했다. 3년마다 낙농 가축들의 결핵감염 여부를 의무적으로 조사한 결과 미국에서 이 질병의 발생 건수가 현저하게 감소하였다(3년은 감염된 결핵이 전염가능한 단계로 진행되는데 걸리는 시간이다).

우유는 청결은 하지만, 살균되지는 않은 조건에서 수집된 후, 보통 저온살균법으로 처리된다. 현재 2종류의 저온살균법이 사용되고 있다:

- **고온 단시간 살균법(HTST)**, 즉 **순간살균처리법(flash pasteurization)**이라고도 불리며 우유를 적어도 15초 동안 71.6℃까지 가열한다.
- **저온 장시간 살균법(LTLT)**, 즉 **보온법(holding method)**으로 우유를 최소한 30분 동안 62.9℃까지 가열한다.

두 방법 모두 우유에서 쉽게 발견되는 병원균들을 파괴함으로써, 신맛을 나게 하는 미생물들의 수를 감소시킨다. 저온살균 후에는 우유를 신속하게 식힌 후, 사용될 때까지 봉인된 용기에 넣어 냉장보관 한다.

우유는 저온살균법 이외의 방법에 의해서도 보존되고, 안전하게 마실 수 있는 상태로 유지될 수 있다. 유럽과 증가 추세인 미국 일부에서는 우유를 간단한 저온살균 보다는 **초고온 처리 방법(ultra-high temperature treatment, UHT)**으로 살균한다. UHT 우유는 3초 동안 87.8℃까지 가열된다. 이러한 우유는 무균포장이라고 불리는 봉인된 종이용기에 담겨져서, 냉장되지 않은 채로 약 6개월간 보관될 수 있다. 우유는 또한, 캔 속에 멸균된 농축우유 상태로 보존될 수 있다. 이 제품은 동일 부피의 물을 첨가함으로써, 다시 우유로 될 수 있다. 멸균된 우유는 완전히 무균상태이지만, 우유를 살균하기 위한 열처리 과정으로 인해 우유의 맛이 변화된다.

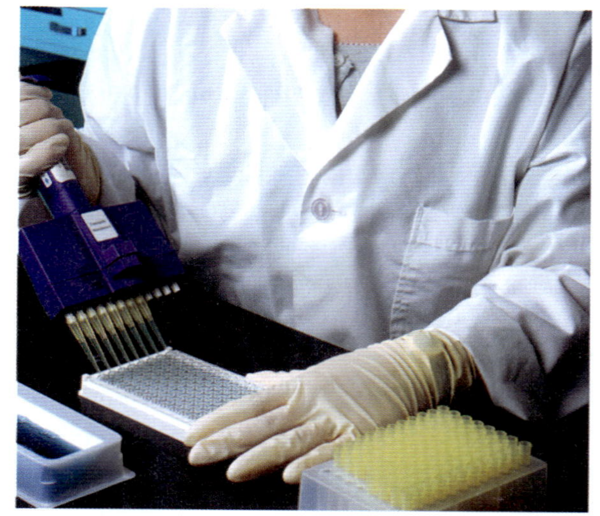

그림 26.7 선모충병(trichinosis) 검사. 이 새로운 혈액검사 키트는 돼지에게서 선모충병의 감염을 탐지해 낼 수 있다. (*Tim McCabe/United States Department of Agriculture*)

다양한 화학 물질들이 때때로 우유에 첨가된다. 과산화수소를 우유에 첨가하면 대부분의 병원균을 파괴하는데 필요한 온도가 낮아

표 26.4

우유의 품질을 결정하는 테스트들

테스트	설명	목적 및 중요성
탈인산가수분해효소 (phosphatase) 테스트	저온살균 과정 동안 파괴되는 탈인산가수분해효소의 존재 유무 조사	저온살균과정 동안 적정량의 열이 가해졌는지 결정함. 탈인산가수분해효소의 활성이 남아있다면 병원균이 존재할 가능성이 있음.
환원효소 (reductase) 테스트	우유의 세균수를 간접적으로 측정함. 메틸렌블루가 무색으로 환원되는 속도가 우유시료의 세균수와 정비례함.	우유시료의 세균수를 측정함. 고품질의 우유에는 세균이 거의 존재하지 않으므로 표준농도의 메틸렌블루가 5.5시간 이내에는 환원되지 않음. 저품질 우유의 경우 많은 수의 세균이 존재하므로 2시간 이내에 메틸렌블루가 환원됨.
표준평판균수 (Standard plate count) 측정	살아있는 세균 수를 직접 측정함. 희석시킨 우유를 한천이 포함된 배지와 섞은 후 48시간 동안 배양; 콜로니 수를 측정(계수)하면, 원시료에 존재하는 세균수를 계산할 수 있음.	우유시료의 세균수를 측정함. 1ml당 다른 우유와 섞이기 전의 생우유에 존재하는 세균수가 100,000을 초과해서는 안됨. 또는 저온살균 후에는 20,000을 초과해서는 안됨.
콜라이형(coliforms)균 테스트	물의 경우에 사용되는 테스트와 동일함(◀25장)	콜라이형 세균의 조재 유무 결정. 테스트 결과가 양성이면 분변 물질로 오염되었음을 의미함.
병원 성균 테스트	병원성 균의 존재 유무 탐지. 의심이 가는 병원성 균의 종류에 따라 테스트 방법이 다름.	병원성 균을 확인함. 보통 의무조항은 아니나, 우유의 병원성 균의 출처를 알아내는데 도움을 줄 수 있음.

진다. 그러나 mycobacteria는 이 방법에 의해서 파괴되지 않기 때문에 미국에서는 이 방법이 금지되어 있다.

식품과 우유 생산에 대한 기준

미국에서 식품과 우유의 생산은 연방, 주, 그리고 지역의 법령에 의해 신중하게 규제를 받기 때문에 미국의 소비자들은 다른 나라들 보다 더 안전하게 보호받을 수 있다. 이러한 규제에도 불구하고, 식품 첨가제 사용 또는 열처리 등으로 인해 몇몇 위험성들이 남아있다. FDA는 육류와 가금류의 검사, 정확한 라벨 부착, 그리고 주의 경계를 넘어 들어오는 생산품들에 대한 품질기준을 규정하고 있다. 기타 비슷한 규정들이 많은 주와 각 지방기관에서 시행되고 있다. 그리고 USDA는 현재 육류와 가금류들을 현미경을 이용해서 검사할 것을 제안하고 있는데, 이는 현재까지 적용된 요구사항 보다 훨씬 엄격한 것이다(**그림 26.7**). 연방과 주 정부는 현재 이 문제에 대해 논쟁하고 있는 중이다.

많은 식품 생산자들은 자신들의 생산품들에 대해 품질검사를 지속적으로 수행한다. 예를 들어 통조림 제조회사들에서는 식품들 안에 존재하는 미생물들의 수를 최소화하기 위한 노력의 일환으로, 가공처리 과정 중에 식품의 견본을 채취하여 그 속에 존재하는 미생물의 수를 센다. 우유는 미생물이 증식하는데 있어서 매우 좋은 영양분이기 때문에 몇가지 검사들을 받아야만 한다(**표 26.4**). 이러한 검사들로 인해 소비자들이 실질적으로 더 양질의 우유를 보장받을 수 있다.

식품으로서의 미생물과 식품 생산에 있어서의 미생물

식품으로서의 조류, 곰팡이 그리고 박테리아

세계 인구의 급속한 성장으로 인간 식품에 대한 요구가 상당히 증가하고 있다. 현재의 출생률이 계속 이어진다면, 지구의 인구는 약 40년 안에 50억에서 100억으로 2배가 될 것으로 예상된다. 이 큰 숫자를 실감하기 위해서, 인구가 1분당 약 156명씩, 하루에 225,000명씩, 또는 40일마다 900만명(뉴욕시의 인구에 해당함)씩 늘고 있다고 생각해 보아라. 심지어는 현재에도 개발도상국에서는 25,000명의 사람들이 매일 기아로 죽고, 더 많은 사람들이 영양실조로 고생하고 있다. 이러한 상황을 비추어 볼 때 인류의 식량 공급이 증대되어야 함은 명백하다. 균근 곰팡이들을 곡물 수확량을 증가시키는 수단으로 농장에 분배하는데 (묘목을 심는 흙에 첨가제로 넣어 사용됨), 이 균들이 어떻게 배양되는지 인터넷에서 찾아보아라.

미생물 중에서 효모들이 인류의 식량을 증진하는데 많은 가능성을 보여주고 있다. 효모들은 단백질과 비타민의 훌륭한 공급원인데, 이들은 곡물 껍질, 옥수수 속대, 감귤 껍질, 종이, 오수와 같은 다양한 폐기물들을 이용해서 증식할 수 있다. 이 중 어느 1종류의 배지에 접종된 효모 1kg은 배양 후 약 100kg의 단백질을 생산할 수 있는데, 이 양은 콩 1kg당 얻는 단백질 양의 1,000배이고, 쇠고기 1kg당 얻는 단백질 양의 100,000배이다. 효모식품 제품은 아프리카, 오스트레일리아, 프에르토리코, 하와이, 플로리다, 그리고 위스콘신에서 제조되고 있다. 대만에서는 매년 약 73,000톤 정도의 효모식품을 만들어, 이중 대부분을 가공 식품의 첨가물용으로 미국에 수출한다. 건조된 효모는 건강식품 가게에서 영양분 보충제로 판매된다. 폐기물을 이용해서 효모들을 배양하면 미국에서의 식량 공급을 50%에서 100%까지 늘릴 수 있을 것이다. 그러나 여기에는 몇 가지 단점이 있다. 효모 생산을 시작하기 위해서는 비싼 장비가 필요하다. 그리고 더 중요한 것은 사람들이 효모들을 바람직한 음식으로 받아들이게 하는 방안이 마련되어야 한다는 것이다. 현재 효모들은 주로 동물사료로 쓰이고 있다. 사람의 소화 기관은 단지 소량의 단세포식료품(효모 또는 조류)을 소화시킬 수 있다. 단세포식료품에 함유되어 있는 많은 양의 핵산 부산물들은 맛을 악화시킬 수 있으므로, 이들의 양을 줄이기 위해서는 효모를 가공해야만 한다.

미생물인 조류 배양도 인간의 식량 보급량을 증가시키는 또 다른 유망한 방안이다(**그림 26.8**). 세네데스무스(*Scenedesmus*)와 클로렐라와 같은 조류 미생물은 아시아, 이스라엘, 중앙아메리카, 몇몇 유럽 국가들, 심지어 미국 서부에서도 배양되어 왔다. 조류는 또한 아이스크림의 첨가 성분으로 사용되어 왔다 (또한 기저귀 및 화장품과 같은 비식품용의 소비 상품으로 사용되어 왔다.)

인간 식품으로서의 조류의 사용은 먹이 연쇄를 줄여 준다. 다시 말해서, 만약 사람이 조류를 영양분으로 취하는 생선을 섭취하는 대신 조류를 바로 먹는다면, 조류가 사람들에게 생선류에 비해서 더 많은 식량을 공급해 줄 것이다. 생선 1 kg을 만드는데 약 100,000kg의 조류가 필요하다. 조류를 배양하는 연못의 경우, 연못 1 에이커당 40톤의 건조 조류를 생산할 수 있다. 이는 1 에이커의 콩밭에서 얻는 콩

그림 26.8 조류 배양에 의한 식품의 생산 증대. 아시아에서는 많은 적조들이 해양 목장(바다에서의 농업)에서 자란다. 몇몇 스시롤을 감쌀 때 사용되는 것으로, 압축된 적조를 건조시킨 시트 모양의 Nori는 이러한 방법으로 생산된다. *(Biophoto Associates/Photo Researches Inc.)*

단백질 양의 40배이고, 쇠고기에서 얻을 수 있는 단백질 양의 160배에 달한다. 그러나 지금까지 조류의 배양은 조류가 자랄 수 있을 정도의 다량의 오수가 발생하는 도시 지역에서만 경제적으로 타당하다는 것이 증명되어 오고 있다. 사람들로 하여금 조류를 식량으로 인정하게 하는 방안도 마련되어야 하지만, 오수에서 조류를 키우는 것에는 잠재적인 건강 위험성이 있는데, 왜냐하면 조류 생산품이 바이러스 병원균을 포함할 수도 있기 때문이다.

심지어 몇몇 박테리아도 식량으로 이용된다. 시안세균인 *Spirulina*는 아프리카, 멕시코에 있는 알칼리성의 연못에서 수백년 동안 자라왔고, Peru의 Inca인들은 이 세균을 키웠었다. 이 시안세균을 수확하고, 태양빛으로 건조한 후, 모래를 제거하기 위해 세척한 후, 사람들이 먹는 케이크 형태로 만들었다. 건조된 *Spirulina*의 약 65%가 단백질이며, 이는 많은 개발 도상국가들에서 매우 유용한 식량이다. 1 에이커의 *Spirulina* 배양지에서, 동일한 면적의 토지에서 재배한 밀이 생산하는 단백질 양의 100배, 같은 넓이에서 키운 육류로부터 얻을 수 있는 단백질 양의 1,000배에 달하는 수확량을 얻을 수 있다. 멕시코의 고대 아즈텍 사람들은 이 *Spirulina*를 먹었다.

만약 기술적 어려움이 극복될 수 있고, 그 생산물들이 인간 식량으로 받아들여 질 수 있다면, 효모들, 조류들, 그리고 몇몇 박테리아는 세계의 식품 공급량을 늘릴 수 있을 것이다. 그러나 식량으로서 미생물들을 사용하는 것은 기껏해야 사람들로 하여금 인간의 숫자를 조절할 수 있도록 단지 약간의 시간을 벌어 줄 뿐이다.

식품의 생산

빵, 치즈, 와인 제조에 미생물들을 사용하는 것은 문명 그 자체만큼이나 오래되었다. 어떤 미생물인지 규명되기 훨씬 이전부터 우유를 이용해서 치즈와 발효 음료들을 만들었고, 미생물들을 이용해서 빵을 부풀게 했다. 현대의 식품 생산에서는 다양한 식품들을 만들기 위해 특정 미생물들이 목적에 맞게 사용되고 있다.

빵

빵 제조시 **빵 발효(leavening agent)**가 빵을 부풀게 하는 미생물로 사용된다. 즉, 효모를 반죽을 부풀게 하는 가스를 생산하기 위해 사용한다. 특별한 *Saccharomyces cerevisiae* 종을 밀가루, 물, 소금, 설탕 및 쇼트닝의 혼합물에 첨가한다. 이 혼합물을 약 25°C에서 몇 시간 동안 발효되도록 한다. 발효과정 동안, 효모 세포는 약간의 알코올과 다량의 이산화탄소를 생산한다. 이산화탄소 기체 방울이 반죽 안에 갇힘에 따라, 반죽의 부피는 더 커지게 되고, 반죽은 더 가볍고 섬세한 질감을 가지게 된다. 이 반죽을 구웠을 때, 알코올과 이산화탄소는 방출된다. 그 결과 빵은 가벼워지고 작은 구멍이 많아지는데 이는 이산화탄소 기체 방울에 의해 만들어진 공간들 때문이다. 집에서 빵을 굽는 사람들은 종종 활성 건조효모를 사용하는데, 이것은 효모 세포를 동결건조하여 준비한 것이다.

빠르게 자라는 유전자 재조합 효모를 이용함으로써 반죽을 부풀게 하는 시간을 반으로 단축시켰다.

유제품

미생물들은 매우 다양한 유제품들을 제조하는데 사용된다. 미국에서 잘 알려져 있는 발효된 버터밀크는 *Strptococcus cremoris*를 저온 살균한 탈지유에 첨가한 후, 원하는 밀도, 맛과 산도에 이를 때까지 발효가 일어나도록 하여 만든다. 다른 미생물들, 즉 *Streptococcus lactis*, *S. diacetylactis*와 *Leuconostoc citrovorum*, *L. cremoris*, 또는 *L. dextranicum*은 발효 산물의 다양성으로 인해 다른 맛을 내는 버터밀크를 만든다. 사워크림(sour cream)은 이러한 미생물 중의 한 미생물을 크림에 넣어서 제조한다. 요거트는 *Strptococcus thermophilum*와 *Lactobacillus bulgaricus*를 우유에 첨가하여 만든다. 이러한 미생물들은 다른 발효산물들을 생성하기 때문에 생산된 요거트는 다른 질감과 독특한 맛을 가지게 된다.

다음에 고활성의 요구르트를 구입하게 되면, 이 요구르트에 막대모양의 Lactoacillus bulgaricus 균주가 대량 존재함을 현미경을 통해 관찰해 보아라.

발효된 우유 음료는 다양한 나라에서, 특히 동부유럽에서, 특정한 미생물이나 미생물 군을 우유에 첨가하여 수백년동안 제조되어 왔다. 그 생산품들은 산도와 알코올 포함량에 따라 다양하다(**표 26.5**). 유산균 우유는 *Lactobavillus acidophillus*를 살균한 우유에 첨가하여 만들어진다. 살균해 줌으로써, 살균되지 않은 우유에 이미 존재하고 있는 미생물들에 의해 수행되는 다양한 발효 현상을 방지할 수 있다. 불가리 우유는 *L. bulgaricus*에 의해 만들어진다. 이는 버터밀크와 유사한데, 단지 류코노스톡(*leuconostoc*) 세균이 내는 독특한 맛이 결여되어 있고, 산성을 더 많이 띈다는 점이 다르다. 발칸반도의 생산품인 케피어(kefir)는 소, 염소 및 양의 우유로부터 제조되는데, 발효과정은 보통 양가죽으로 만든 가방에서 수행된다. 러시아 생산품인 쿠미스(koumiss)는 암말의 우유로부터 만들어진다. 케피어와 쿠미스에서는 *Streptococcus lactis*, *L. bulgaricus* 및 효모가 젖산, 알코올 및 기타 다른 부산물들을 생산한다. 이러한 생산품들은 보통 연속발효 공정(발효산물을 계속 제거하면서 신선한 우유를 계속 공급하는 발효 방법)에 의해 만들어진다.

치즈

대부분의 치즈 제조공정에서 첫 번째 단계는 젖산 박테리아와 **레닌(rennin)**(송아지의 위에 있는 효소) 또는 박테리아 유래의 효소를 우유에 첨가하는 것이다. 박테리아는 우유의 신맛을 제공하고, 효소는 우유 단백질인 카세인을 응고시킨다. 응고된 부분인 **응유(curd)**는 치즈를 만드는데 사용되고, 액체 부분인 **유장(whey)**은 치즈 제조과정에서 발생하는 폐기물인데(**그림 26.9**), 때때로 젖산을 유장에서 추출한다. 응유와 유장을 분리시킬 때, 제조되는 치즈의 종류에 따라 제

적용

효모반죽(sourdough) 빵

아! 오븐에서 나오는 뜨거운 빵의 신선한 향기. 그러나 여기 큰 포장마차를 타고 미국의 대초원을 달리는 개척자가 있다고 하자. 또는 취사마차를 타고 가는 카우보이 일 수 도 있다. 둘 중 어느 경우이든지간에, 밖으로 달려 나가 효모를 구매할 수 있는 식품점이 근처에 없다고 하자. 이 경우 그 시대 사람들은 어떻게 했을까? 그들은 이 전에 구웠던 빵 덩어리의 일부를 저장하고, 다음에 빵을 구울 때 이것을 발효 접종균(starter)으로 사용하기 위하여 밀가루 저장통 속에 깊숙이 넣어 두었다. 내가 가장 좋아하는 빵은 효모반죽(sourdough)으로 만든다. 효모반죽을 배양할 때, 가장 중요한 미생물은 효모인 Candida milleri(공식적으로는 *Saccharomyces exiguus*)와 젖산박테리아인 *Lactobacillus sanfrancisco* 인데 이들은 1:100의 비율로 존재한다. 독일의 시큼한 맛을 내는 호밀빵에는 13종의 젖산 박테리아와 4개 종의 효모가 다소 다른 비율로 혼합되어있다. 이 효모는 맥아당를 제외하고는 모든 종류의 당을 이용해서 증식할 수 있다. 반면에 젖산 박테리아는 맥아당를 요구한다. 효모는 에탄올(빵을 굽는 중에 증발됨)과 CO_2(빵에 작은 구멍을 만듦)를 생산한다, 젖산 박테리아는 젖산과 아세트산을 생산하는데, 이것들은 효모반죽 빵에 신 맛과 향이 나게 한다. 그로 인한 산성 pH(3.6~4.0)로 인해 효모를 제외한 대부분의 다른 미생물들의 성장이 저해된다. 또한 젖산 박테리아는 항생물질인 시클로헥시미드(cycloheximide)를 생산함으로써 효모를 제외한 다른 많은 종류의 미생물들을 죽인다.

효모반죽 빵을 굽는 것과 관련된 광범위한 조리법과 설명서를 인터넷으로 찾아보아라. 당신은 또한 빵반죽을 위한 발효 접종균(starter)을 무료로 배송받을 수 있다. http://www. nyx.net/~dgreenw/sourdoughfaqs.html/#sources에서 알아보아라.

(Burke/Triolo Productions/Jupiter Images)

거되는 수분의 양이 다르다. 연질 치즈(soft cheese)의 제조 시에는 응유로부터 수분이 단순히 빠져나가도록 하면 되지만, 경질 치즈(hard cheese)를 만들기 위해서는 더 많은 수분을 제거하기 위해 열과 압력을 사용한다. 거의 모든 치즈들을 소금에 절이는데, 이렇게 하면 물이 제거되고, 원하지 않은 미생물들의 성장을 방지하며, 치즈의 맛을 내는 데 도움을 준다.

표 26.5

발효된 우유 음료들

Characteristics	Beverages and Countries Where Made
젖산 1% 미만	사워크림, 발효된 버터우유 (미국), 발효우유(Filmjolk)(핀란드)
2~3% 젖산 함유	요구르트(미국); 이집트에는 레벤(leben), 아르메니아에서는 matzoon, 불가리아에서는 naja, 인도에서는 dahi로 불림.
	Tarho (헝가리)
	Kos (알바니아)
	Fru-fru (스위스)
	Kaimac (유고슬라비아)
	산성우유(미국)
1~3% 알코올 함유	Koumiss, kefir 과 araka (구 소련)
	Fuli와 puma (핀란드)
	Taette (노르웨이)
	Lang (스웨덴)

크림 치즈, 코티지(cottage) 치즈, 리코타(ricotta) 치즈와 같은 몇몇 치즈들은 숙성시키지 않지만, 그 외의 대부분의 치즈는 숙성시킨다. 압축된 특정한 형태의 응유에서 미생물들이 활동하게 하는 것도 숙성단계에 포함된다. 연질 치즈는 압축된 응유의 표면에 미생물들을 접종시키거나, 자연적으로 생겨난 미생물들의 활동에 의해서 숙성된다. 치즈를 숙성시키는 효소들은 치즈의 표면에서 중앙 쪽으로 확산되어야 하기 때문에, 연질 치즈의 크기는 상대적으로 작다. 이와는 대조적으로, 경질 치즈는 응유 내부로 살포된 미생물들의 활동에 의해 숙성된다. 미생물들의 활동이 확산에 의해 영향을 받지 않기 때문에, 이러한 치즈들은 그 크기가 상당히 클 수 있다**(그림 26.10)**. 치즈는 서늘하고 습한 환경에서 미생물들에 의해 숙성된다. 대다수 현대 공장들은 치즈 숙성을 환경적으로 조절되는 공간에서 수행하지만, 몇몇 공장은 초창기에 사용하던 동굴과 비슷한 자연산 동굴을 여전히 사용하여 치즈를 숙성시킨다.

치즈들은 밀도(연질에서 경질), 숙성과정에 관련된 미생물들의 종류, 그리고 숙성 기간에 의해서 분류될 수 있다**(표 26.6)**. 숙성시키는 기간은 연질 치즈를 만들 때(1~5개월)가 경질 치즈를 만들 때(2~16개월) 보다 더 짧다.

응유 분해와 발효 등과 같은 미생물들의 활동이 치즈를 숙성시키는 동안에 일어난다. 숙성 단계 이전의 응유는 단백질과 젖당으로 구성되어 있으며, 만일 치즈가 우유 전체로부터 제조된 것이라면, 여기에 지방까지 포함되어 있다. 미생물들이 응유에 작용할 때, 미생물들은 먼저 젖당을 젖산과 알코올, 휘발성 산과 같은 기타 부산물로 분해한다. 단백질 분해효소는 단백질을 분해하는데 경질 치즈에서보다는 연질 치즈에서 더 광범위하게 분해한다. *Brevibacterium linens*와 곰팡이인

(a)

(b)

(c)

그림 26.9 고우다(Gouda) 치즈 제조. **(a)** 젖산 박테리아와 레닌 효소가 저온살균된 우유에 첨가된다. 이 박테리아가 우유를 시게하고, 레닌은 우유 단백질인 카세인을 응고시킨다.(*John Colwell/Grant Hellman Photography*) **(b)** 우유는 고체인 응유(curd)와 액체인 유장(whey)로 변환된다. 응유에서 물기를 빼내고, 이것을 테에 끼운 후, 압축기에서 압착한다. (*John Colwell/Grant Hellman Photography*) **(c)** 압축된 치즈를 테에서 빼내고, 소금물을 넣은 통(소금 용액)에서 부유시킨다. 고농도의 소금으로 인한 삼투압에 의해 치즈에서 더 많은 수분이 추출되고(◀ 4장, p.108을 상기할 것) 치즈가 딱딱해 진다. 소금은 또한 치즈에 맛을 첨가하고, 원하지 않은 미생물들의 증식을 방지한다. (*John Colwell/Grant Hellman Photography*)

*Pencillium camemberti*는 특별히 단백질 분해효소를 능숙하게 분비한다. 특히 *Penicillium roqueforti*가 분비하는 리파제(지방분해효소)는 버터산, 카프로산, 카프릴산과 같은 짧은 사슬로 이루어진 지방산을 방출한다. 이러한 산들과 이들의 산화물들은 치즈의 맛에 중요한 영향을 끼친다. 치즈 숙성 단계에서 발효의 효과는 스위스 치즈에서 가장 쉽게 볼 수 있다. *Propionibacterium* 속 박테리아는 젖산을 발효해서, 프로피온산, 아세트산, 이산화탄소를 생산한다. 이 산들은 치즈의 맛을 내고, 응유에 갇힌 이산화탄소로 인해 치즈에 특징적인 구멍이 생겨난다.

다른 생산품들

매우 다양한 식품들과 발효식품들이 전 세계에서 제조되고 있는데, 이 단락에서는 극히 일부만 설명한다(맥주, 와인, 증류주(spirits)는 나중에 설명).

식초. 식초는 에틸알코올로부터 아세트산 박테리아인 *Acetobacter aceti* **(그림 26.11)**에 의해 만들어진다. 이 박테리아는 알코올을 아세트산으로 산화시키는 역할을 한다. 상업용으로 생산되는 식초는 약 4%의 아세트산을 포함하고 있다. 사과 식초는 발효된 사과즙 안에 있는 알코올로부터 만들어지고, 포도 식초는 포도주에 존재하는 알코올로부터 만들어진다.

사워크라우트. 사워크라우트(Sauerkraut)는 16세기에 유럽에서 처음으로 만들어졌다. 양배추 잎에 자연 상태에서 존재하는 박테리아가 양배추 바깥쪽의 겹겹으로 존재하는 잎에서 활동한다. 소금은 양배추에 존재하는 수분을 밖으로 뽑아내기 때문에, 충분한 양의 건조 소금을 양배추 잎 사이에 뿌려 소금농도가 2~3%가 되도록 한다. 그 후, 양배추를 단단하게 포장하고 적재해서 산소가 없는 환경을 만든다. 비록 대다수 미생물들은 이러한 환경에서 증식할 수 없지만, 호염성 미생물인 *Lactobacillus*와 *Leuconostoc*은 이러한 조건에서 발효를 수행할 수 있다. 이들은 젖산, 아세트산, 이산화탄소, 알코올 및 약간의 기타 물질들을 생산한다. 상온에서 2-4주가 지난 후에, 발효된 양배추로부터 사워크라프트가 생산되는데, 이것은 섭취할 때까지 냉장 보관하거나, 통조림으로 만들어서 보관할 수 있다.

피클. 피클(Pickles)은 본질적으로 사워크라우트를 제조할 때와 동일한 과정에 의해 만들어진다. 신선한 오이를 통째로, 잘게 썰어서, 또

그림 26.10 고우다(Gouda) 치즈의 숙성. 응유가 특정 형태로 압축된 후에 응유에서의 미생물들의 활동이 숙성 과정에 포함된다. 치즈가 건조하게 되는 것을 막기 위해 치즈를 플라스틱으로 코팅한다. 그 다음, 치즈를 숙성실에 있는 선반에 놓아 두는데, 그 곳에서 응유 전체로 퍼진 미생물들이 치즈를 숙성시킬 것이다. 고우다 치즈는 경질 치즈이기 때문에, 크기에 따라 3개월에서 1년 정도 상대적으로 긴 기간 동안 숙성되어야만 한다.

는 갈아서 소금물에 쌓아 넣고, 며칠에서 몇 주 동안 발효되도록 한다. *Leuconostoc mesenteroides*가 5% 이하 농도의 소금물에서 활동하는 주요 발효 미생물이다. 반면에 Pediococcus는 높은 농도의 소금물(5%이상)에서 더 동적이다. 피클 제조시의 어려운 점은 발효통의 표면에 효모층이 형성되지 못하게 하는 것이다. 직사 태양광선과 자외선은 이러한 문제점을 해결하는데 도움을 준다. 발효가 끝난 후, 식초와 향료를 신맛을 내기 위해 피클에 첨가하며, 피클에 단맛을 주기 위해 설탕도 첨가한다. 대부분의 피클은 저온살균 한다. 단피클(sweet pickle)과 피클 렐리시(*pickle relish*)와 같은 몇몇의 피클들은 발효과정을 도입하지 않고 제조한다. 소금물에 피클을 몇 시간 동안 담근 후,

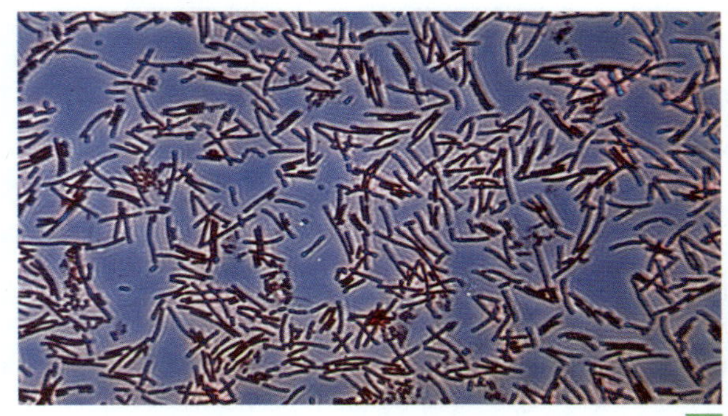

LM

그림 26.11 발효식품: 식초. 식초는 박테리아를 이용해서 제조된다. *Acetobacte raceti* (412X). 이 미생물은 에탄올을 아세트산으로 산화시킨다. (*David M.Phillips/Visuals Unlimited*)

식초와 조미료로 맛을 내고, 열가공한 후 밀봉한다. 이 모든 과정이 어떤 부엌에서든지 하루 안에 행해질 수 있다.

올리브. 불쾌한 맛을 주는 매우 쓴 페놀글루코시드(phenolic glucoside)인 oleuropein을 가수분해 하기 위해 올리브(Olives)는 알칼리성 용액으로 처리한다. 초록색 올리브는 5%에서 8%의 소금용액에서 *Leuconostoc mesenteroides*와 *Lactobacillus plantarum*으로 발효시킨다. 이것을 물에 넣어 포장한 후 저온 살균한다. 익은 올리브는 색깔이 불그레한 갈색을 띨 때 수확하되, 너무 익은 올리브는 수확하지 않는다. 이들을 검게 만들기 위하여 탄닌산으로 산화시키고, 묽은 소금용액(5% 이하)에서 발효시킨 후, 물에 넣어 통조림으로 포장하고, 116°C에서 50분간 가공한다.

포이. 남태평양에서 흔한 음식인 포이(Poi)는 타로토란 식물의 뿌리를 갈아서 제조한다. 간 뿌리의 가루반죽을 자연 상태에서 존재하는 일련의 미생물들에 의해 발효되도록 하면, *Pseudomonads*와 대장균이 발효를 처음으로 시작하고, 그 후 젖산균들이 발효 과정을 이어서 진행한다. 효모는 이 발효 혼합물에 알코올을 첨가시켜 준다.

표 26.6

숙성 치즈의 분류

견고성과 숙성기간	치즈제품 예	숙성 관련 미생물
연질 치즈(1~2 달)	림버거(Limburger)	*Streptococcus lactis, S. cremoris, Brevibacterium linens*
연질 치즈(2~5 달)	브리(Brie) 및 카망베르(Camembert)	*S. lactis, S. cremoris, Penicillium camemberti,* 및 *P. candidum*
반경질 치즈(1~8 달)	뮌스터(Muenster) 및 브릭(Brick)	*S. lactis, S. cremoris, B. linens*
반경질 치즈(2~12 달)	로크포르(Roquefort) 및 블루(Blue)	*S. lactis, S. cremoris,* 및 *P. roqueforti* 또는 *P. glaucum*
경질 치즈(3~12 달)	체더(Cheddar) 및 콜비(Colby)	*S. lactis, S. cremoris, S. durans,* 및 *Lactobacillus casei*
	에담(Edam) 및 고우다(Gouda)	*S. lactis* 및 *S. cremoris*
	그뤼에르(Gruyere) 및 스위스(Swiss)	*S. lactis, S. thermophillus, S. helveticus, Propionibacterium shermani,* 또는 *L. bulgaricus* 및 *P. freudenreichii*
경질 치즈(12~16 달)	파르메산(Parmesan) 및 로마노(Romano)	*S. lactis, S. cermoris, S. thermophillus,* 및 *L. bulgaricus*

(a)

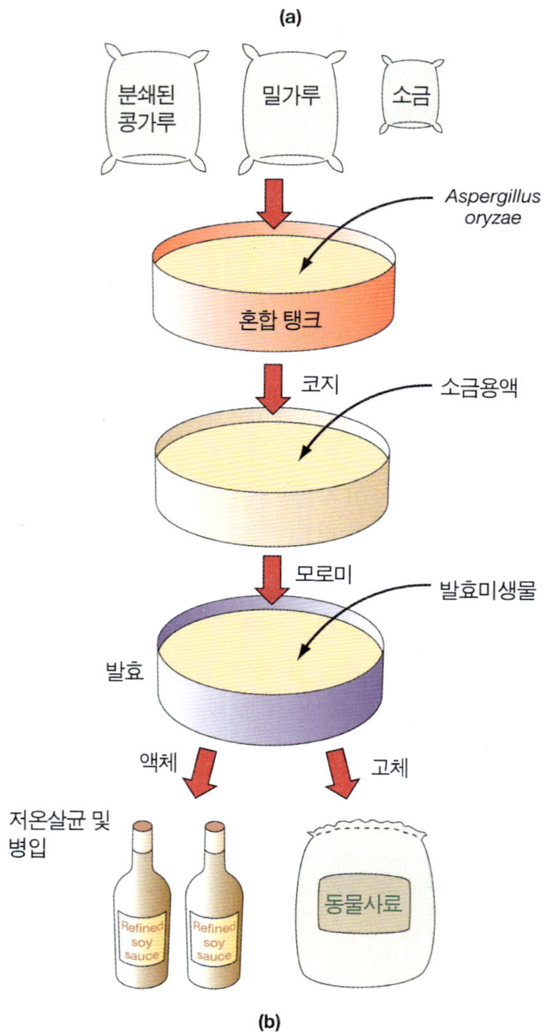

(b)

그림 26.12 간장 제조. **(a)** 콩과 밀의 발효가 커다란 강철통에서 수행된다. (*Bill Franz Photography*) **(b)** 도식으로 나타낸 간장 발효공정

간장. 간장(Soy Sauce)은 단계별 공정을 거쳐 만들어진다**(그림 26.12)**. 녹말을 발효 가능한 포도당으로 분해시키기 위해, 소금을 첨가한 으깬 콩과 밀의 혼합물에 곰팡이인 *Aspergillus oryzae*를 접종한다. 코지(koji)라고 불리는 이 발효 산물에 모로미(moromi)라고 불리는 혼합물을 만들기 위하여 같은 양의 소금 용액을 섞는다. 모로미를 가끔 저어주면서 낮은 온도에서 8~12개월 동안 발효시킨다. 발효 미생물은 주로 세균인 *Pediococcus soyae* 와 효모인 *Saccharomyves rouxii*와 *Torulopsis* 종으로, 젖산, 다른 산과 알코올이 생산된다. 발효과정이 완료되자마자 모로미의 액체와 고체 부분을 분리시킨다. 액체 부분은 병에 담아 간장으로 사용하고, 고체 부분은 때때로 동물 사료로 사용한다.

콩발효 산물. 기타 콩 생산품(Soy product)으로 미소, 두부, 수푸(sufu) 등이 있다. 미소는 간장을 만들 때처럼 콩가루 반죽을 발효해서 만든다. 두부는 콩이 부드럽게 엉긴 연질응유 (soft curd)이다. 두부는 두유를 만들기 위해 분쇄한 콩으로부터 만들어지는데, 효소의 활동을 억제하기 위하여 두유를 끓여 준다. 응유(curd)를 칼슘 또는 마그네슘 황산염과 함께 침전시킨 후 압력을 가해, 연질치즈와 비슷한 정도의 밀도를 갖는 부드러운 형태로 가공한다. 수프는 콩응유에서 성장하는 곰팡이들에 의해 만들어 진다. 응유 조각들을 소금과 구연산의 혼합물에 적신 후, *Mucor* 균으로 접종하고, 응유 조각들이 이 균으로 덮일 때까지 배양한다. 곰팡이로 둘러 쌓인 이 조각들을 라이스 와인을 섞은 소금물에서 6주 동안 숙성시킨다.

발효 육류. *Lactobacillus plantarum*, *Pediococcus cerevisiae*와 같은 미생물들은 살라미, 건조 소시지, 레바논 볼로냐 소시지와 같은 육류를 발효시킴으로써 육류에 맛을 더해 준다. 혼합산 유산발효(heterolactic acid fermentation)는 육류를 보존하는데 도움을 주며, 또한 코를 쏘는 냄새가 나게 한다. 컨트리 햄의 표면에서 자연적으로 성장하는 *Penicillium*과 *Aspergillus*와 같은 곰팡이들은 육류의 특유의 맛이 나도록 도와준다.

✓ 중점 질문 사항

1. 비팽창성 산성부패(flat sour spoilage) 현상이란 무엇인가?
2. 냉동했다가 해동된 식품이 미생물에 의한 부패에 더 취약한 이유가 무엇인가?
3. 서로 다른 저온살균법이 존재하는 이유는 무엇인가?
4. 치즈 생산 과정을 설명해 보아라.

맥주, 와인, 증류주

맥주와 와인은 당즙을 발효시켜 만드는 것에 반해 위스키, 진(gin), 럼(rum)주와 같은 증류주는 당즙을 발효시킨 후 그 발효산물을 증류시켜 만든다. **증류(distillation)**에 의해 고체 및 비휘발성 물질들로부터 알코올과 다른 휘발성 물질들을 분리시킨다. *Saccharomyces* 균주는 모든 발효 알코올 음료를 만드는데 필수적인 미생물이다. 각각 독특한 특성을 갖는 많은 다양한 종들이 개발되어 왔는데, 생산 균주와 그 균주의 이용법 등은 모두 양조업자의 비밀로

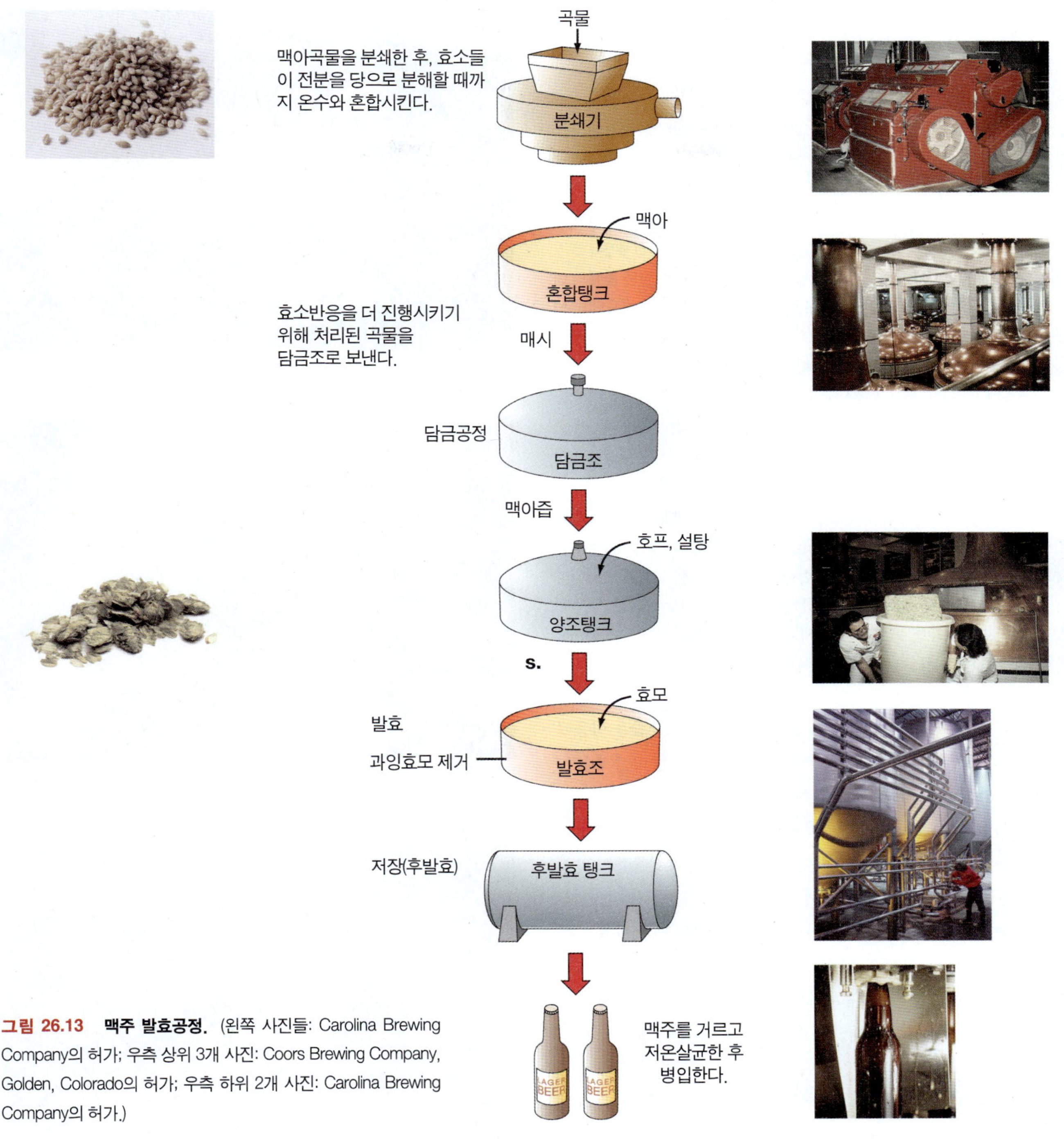

그림 26.13 맥주 발효공정. (왼쪽 사진들: Carolina Brewing Company의 허가; 우측 상위 3개 사진: Coors Brewing Company, Golden, Colorado의 허가; 우측 하위 2개 사진: Carolina Brewing Company의 허가.)

주의 깊게 보호되고 있다.

맥주를 만들기 위해서는, 발효과정 동안 당을 제공하는 녹말분해 효소들의 농도를 증가시키기 위해 곡물(주로 보리)을 일부 발아시킨다(**그림 26.13**). 이 **맥아(malt)** 곡물을 빻아 뜨거운 물(약 65°C)과 혼합시켜 **매시(mash)**를 만든다. 몇 시간 후에 **맥아즙(wort)**이라고 불리는 액체 진액이 그 혼합물로부터 분리된다. 호프(호프 식물의 꽃방울)를 맛을 내기 위해 맥아즙에 첨가한 후, 효소의 활동을 멈추게 하고 단백질들을 침전시키기 위해 이 혼합물을 끓인다. 그 후 *Saccharomyces* 균주를 접종한 후 발효시키면 에틸알코올, 이산화탄소 및 기타 다른 물질들이 생산되는데, 이 중에는 아밀알코올, 이소아밀알코올과 아세트산 및 부티르산이 포함되며, 이로 인해 맥주의 풍미가 더해진다. 발효 후, 효모를 제거하고, 필터로 맥주를 거르고, 저온살균한 후, 병에 넣는다.

대부분의 와인은 비록 모든 다른 과일, 또는 견과류나 민들레꽃

적용

맥주에 없는 것

양조 공정에서 배출되는 발효 찌꺼기에는 상당한 양의 비타민, 단백질, 탄수화물 등이 포함되어 있다. 이러한 폐기물들을 강으로 방출하는 것은 몇몇 지역에서 금지되어 있는데, 그 이유는 이것들이 강물을 부영양화 시켜 조류를 이상증식 시키는 원인이 되기 때문이다. 몇몇 양조장은 이러한 발효 폐기물을 건조시켜 동물사료의 보강제로 판매하거나, 또는 영국 전역에서 인기 있는 오스트레일리아의 유명 제품인 Vegemite로 판매하는데, 짙은 금색의 이 제품은 빵의 스프레드(spread)로 사용되고, 스튜의 맛을 내는 데 이용되며, 비타민 B가 매우 풍부하다. 매우 많은 양의 Vegemite가 2차 세계대전 때 고향의 맛을 보게 하고, 비타민도 공급하기 위해 오스트레일리아 부대에 공급되었다.

효모는 또한 비타민들을 생산하기 위해 특별하게 배양될 수 있다. 특정한 Candida 효모 종은 건조질량 1g당 0.1mg의 리보플라민을 생산하여 배양액 중으로 분비할 수 있다. 이 공정이 상업적으로 개발되기에는 아직도 부족한 면이 있다. 그 이유는 배지 중에 존재하는 미량의 철성분이 생산균주에게 독성이 있는데, 배양 장비에 거의 항상 이러한 철 성분이 존재하기 때문이다. 커피와 다른 식물에 기생하는 몇몇 종의 고등균류(곰팡이)들은 미량의 철에 의해 성장이 저해받지 않기 때문에, 리보플라민을 생산하는데 상업적으로 이용될 수 있다.

*Saccharomyces uvarum*은 자외선에 의해 비타민 D로 전환될 수 있는 스테롤인 에고스테롤을 생산한다. 이 배양공정은 탄소원이 충분하고 생산균주를 통기성 발효조에서 배양하면 상업적으로 경제성이 있다.

으로부터도 만들어 질 수 있지만, 주로 포도에서 추출한 즙을 이용해서 제조한다**(그림 26.14)**. 즙에 이미 존재할 수도 있는 야생 효모들을 죽이기 위해 즙을 이산화황으로 처리한 후, 당과 *Saccharomyces* 균주를 이 즙에 접종해서 발효를 진행시킨다. 비록 에틸알코올이 발효의 주산물이지만 맥주의 경우와 비슷하게 기타 다른 부산물들이 와인의 풍미를 증가시켜 준다. 맥주와 와인 제품 모두 다, 사용된 즙과 효모 종의 독특한 특성에 따라 최종 산물의 풍미가 결정된다. 발효가 끝나면 액체 와인을 사이펀으로 빨아 올려 효모 침전물과 분리시키고, 만약 필요하다면, 부유 물질을 제거하기 위해 숯과 같은 물질을 사용하여 액체 와인을 맑게 해 준다. 마지막으로 최종 산물을 병에 넣고 서늘한 장소에서 숙성시킨다.

증류주는 다양한 식품들, 즉 맥아보리(스카치위스키), 호밀(라이위스키, 진), 옥수수(버번), 와인 또는 과일쥬스(브랜디), 감자(보드카), 그리고 당밀(럼) 등을 발효시켜 만든다. 발효 후 증류과정을 통해 알코올과 풍미를 제공하는 다른 휘발성 물질들을, 고체 물질과 비휘발성인 물질들로부터 분리시킨다. 증류공정 때문에 증류주의 알코올 함유량은 40~ 50%에 이르는데, 이는 전형적으로 알코올이 12%인 와인과 6%인 맥주보다 월씬 더 높다(와인은 더 높은 수치의 알코올을 포함하지 않는데, 그 이유는 알코올 농도가 12~15%에 이르면 발효를 수행하는 효모들이 자신이 생산한 알코올로 인해 심각한 해를 입기

(a)

(b)

(c)

그림 26.14 와인 발효. **(a)** 와인 발효공정의 시작공정으로 포도즙과 효모 혼합물에 급속도로 거품이 인다.(*Fred Lyon*) **(b)** 이 혼합물을 발효공정이 끝날 때까지 2층 높이의 스테인리스 발효통에 저장한다.(*Sylvain Grandadam/Photo Researchers, Inc.*) **(c)** 그 후 와인은 나무통으로 이송되어 숙성되는데, 때때로 수년간 숙성되기도 한다. 숙성기간 동안 와인 맛이 부드러워지고, 충분하게 성숙된다. (*Photo Researchers, Inc.*)

때문이다). 셰리주(sherry)와 코냑(cognac)과 같은 독한 와인을 제조하기 위해서는, 발효 과정 후 여분의 알코올을 첨가해 준다.

산업미생물학과 제약미생물학

산업미생물학(industrial microbiology)은 유용한 제품의 제조를 돕거나 폐기물을 처리하기 위해 미생물을 이용하는 것을 다루는 학문이다. **제약미생물학(pharmaceutical microbioloby)**은 산업미생물학의 특별한 한 부분으로 질병을 예방하거나 치료하는데 사용되는 제품의 제조와 관련된 것을 다룬다. 오늘날 많은 산업공정과 제약공정에서는 ◀8장에서 이미 살펴본 바와 같이 유전공학 지식을 이용하고 있다.

산업미생물학은, 비록 원시적 형태이지만, 8,000년 보다 더 이전에 바벨론 인들이 맥주를 만들기 위해 곡물을 발효시켰을 때 시작되었다. 그러나 19세기에 파스퇴르가 발효과정을 연구하기 이전까지는 발효에 대해 사람들이 아는 것이 거의 없었다. 그 후 수십년을 거치면서, 다양한 연구자들이 발효와 발효산물에 대해 연구하였지만, 그들이 발견한 대다수의 연구 결과들은 제1차 세계대전에서 폭발물들을 만드는데 필요한 자원의 부족으로 인하여, 발효산물을 폭발물 재료원료로 이용하기 시작했을 때 까지는 무시당하고 있었다. 글리세롤과 아세톤은 폭발물들과 기타 물질들을 만드는데 사용된다. 독일은 글리세롤을 만들기 위한 발효공정을 개발했고, 영국은 아세톤을 만들기 위해 *Clostridium acetobutylicum*을 이용하는 아세톤-부탄올 발효공정을 사용하였다. 아세톤-부탄올 발효의 부수적인 중요점은 산업용 발효조에서 순수한 균주를 유지 배양하는 기술이 개발된 것이다.

플레밍이 1928년에 *Penicillium notatum*이 *Staphylococcus aureus*를 죽인다는 사실을 우연히 발견한 것이 항생물질 산업의 시작이었다(◀13장 p. 367). 오늘날 항생물질의 제조는 제약미생물학에서 매우 큰 구성 분야이다. 항생물질의 개발과 함께, 다양한 백신의 개발과 산업적 생산이 이루어졌다. 항생물질, 백신 및 다른 많은 의약품들을 제조하기 위해서는 모두 순수배양 기술이 요구된다.

최근에 유전공학 기술은 세포들이 기존에는 합성하지 못했던 생명공학 제품을 합성하거나, 세포들이 평상시에 생합성하는 대사물질의 경우, 그 생산성을 증가시키기 위해 사용되어 왔다. 유전공학 기술로 인해 세포들이 특정한 산업적 그리고 제약적 과정을 수행하도록 체계적으로 조작될 수 있을 것이다. 이러한 기술은 현재의 가능한 어떤 공정보다도 당연히 더 효과적이고, 더 많은 이익을 창출할 수 있을 것이다.

오늘날 대단히 많은 종류의 물질들이 미생물들의 도움으로 제조된다. 다양한 종류의 효모류, 곰팡이류, 세균들, 방선균들이 제조공정에서 사용된다. 미생물들은 그 자체가 단백질로서의 역할을 할 수 있기 때문에 때때로 유용하게 사용된다. 미생물들로 이루어진 동물사료를 **단세포단백질(single-cell protein, SCP)**이라고 부른다. 단세포단백질은 생산성도 높고, 가격도 비교적 저렴한 단백질이 풍부한 중요한 식품이다. 종종 고부가가치 물질들이 미생물의 대사과정을 통해 생합성된다.

유용한 대사 과정들

미생물 유래의 복잡한 분자물질들과 대사단계의 최종 물질들을 상업적으로 이익이 될 만한 정도로 대량 생산하기 위해서는 미생물의 대사과정을 조작해야 한다. 자연 상태에서 미생물들에게는 유도 및 억제와 같은 유전자 조절기작이 존재하는데, 이러한 기작은 미생물들로 하여금 필요한 양만큼만 대사물질을 생합성하도록 한다(◀7장, p194). 산업면에서 볼 때, 미생물들의 조절 기작을 조작하여 미생물들로 하여금 사람에게 유용한 물질을 대량으로 계속적으로 생산하도록 하는 것이 매우 중요한 일이다. 산업미생물학자들은 몇 가지 방법으로 이 일을 이루어 낸다: (1) 미생물들이 사용할 수 있는 영양분을 변화시킴. (2) 배양환경의 조건을 바꿈. (3) 손상된 대사 조절 기작으로 인하여 원하는 물질을 과량으로 생합성할 수 있는 돌연변이 미생물들을 선별함. (4) 미생물들이 특별한 생합성 능력을 가질 수 있도록 미생물들을 유전공학적인 방법에 의해 체계적으로 조작함. 몇몇 경우에서 이러한 노력이 매우 성공적으로 나타났다. 곰팡이인 *Ashbya gossypii* 산업균주는 리보플라빈(비타민)을 이 균주가 사용하는 양보다 20,000배 만큼이나 더 많은 양을 생산한다. *Propionibacterium shermanii*와 *Pseudomonas denitificans* 산업균주는 코발라민(비타민 B_{12})을 이들이 사용하는 양보다 50,000배 정도 더 많은 양을 생산한다.

산업미생물학의 문제점들

미생물들로 하여금 시험관 안에서 유용한 대사과정을 수행하도록 하는 것과, 산업 환경인 커다란 스케일에서 이익이 될 수 있도록 그 대사과정을 적응시키는 것은 매우 다른 것이다. 대부분의 산업적 과정은 커다란 발효조에서 수행되어 왔다. 많은 새로운 미생물들의 대사과정들이 연구용의 작은 발효조에서는 제대로 작동할지라도, 산업용의 커다란 발효조에서는 동일하게 작동하지 않는 경우가 흔히 발생하므로, 발효조의 규모 확대에 대한 연구가 체계적으로 이루어져야 한다(**그림 26.15**). 또한, 오늘날 대다수의 산업 미생물 균주들은 돌연변이주 선별을 통해서, 또는 유전자 조작에 의해서 매우 광범위하게 변경되었으므로, 그들의 대사산물들이 사람에게는 유용하지만 생산균주 자체에게는 불필요하거나 심지어 독성을 가질 수도 있다.

미생물들을 죽이거나 또는 살아있는 상태에서, 대사물질을 분리 정제하기 위해서는 종종 기술적인 어려움들을 극복해야 한다. 생산물인 대사물질이 세포 내에 존재한다면, 이 대사물질을 회수하기 위해 원형질 막을 부수어야 한다. 원형질막은 미생물들을 포함하고 있는 배양액을 높은 압력의 노즐을 통과시킴으로써, 또는 대사물질이 침전

(a)

(b)

그림 26.15 발효를 위한 규모 확대. 어떤 발효는 연구용의 작은 발효조 (b)에서는 잘 수행될지라도, 산업용의 큰 발효조 (a) (Philadelphia의 맥주 공장 사진)에서는 만족할 정도로 잘 수행되지 않으므로, 발효조의 규모 확대에 대한 연구가 체계적으로 이루어져야 한다. (*Science VU/Visuals Unlimited*)

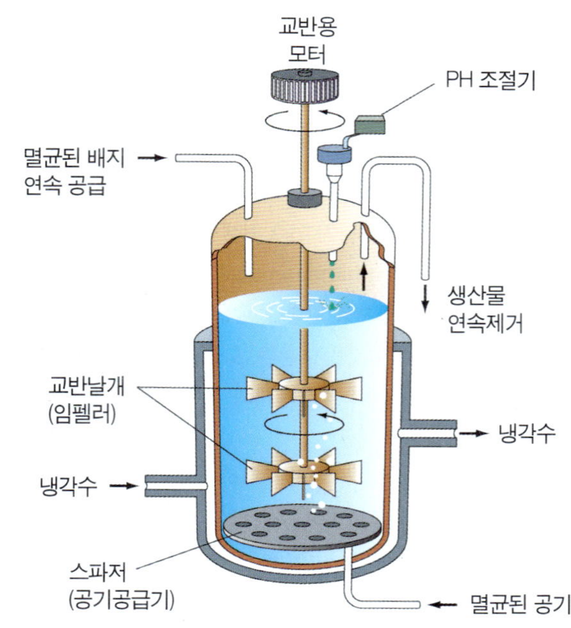

그림 26.16 연속식 생물반응기(발효기). 연속 발효공정에서 멸균된 배양배지가 발효기의 한 쪽에서 공급되고, 생산물을 포함한 배양액이 다른 쪽에서 계속 회수된다.

되도록 하기 위해 미생물들을 알코올 또는 소금물에 넣어줌으로써 파열될 수 있다. 분쇄된 미생물들로부터 얻은 대사물질들은 적당한 크기와 전하를 띤 합성수지 담체를 이용해서 수집될 수 있다. 세포외로 분비되는 생산물들은 때때로 미생물들을 파괴하지 않고도 상대적으로 쉽게 회수할 수 있다. 이 경우 **연속생물반응기(continuous reactor,** 발효조)를 이용할 수 있는데, 여기서 멸균된 배지는 반응기의 한쪽 편에서 계속 공급되고, 생산물질을 포함하고 있는 배양액이 반응기의 다른 한쪽 편에서 계속적으로 회수된다(**그림 26.16**). 연속생물반응기는 온도와 pH가 정밀하게 조절되는 조건에서 운전하는데, 많은 종류의 산업용 발효공정에서 이용되고 있다.

유용한 유기 화합물 생산품들

간단한 유기화합물들

용매와 유기산과 같은 간단한 유기화합물들은 미생물의 도움으로 제조될 수 있다. 용매에는 에탄올(에틸알코올), 부탄올, 아세톤, 그리고 글리세롤이 포함된다. 유기산에는 아세트산, 젖산, 구연산 등이 포함된다. 비록 현재 미생물들이 이러한 물질들을 만드는데 항상 사용되는 것은 아니지만, 미생물들에 의한 이들의 생산은 석유로부터 유래한 원료물질의 가격이 상승함에 따라 경제적으로 가능하게 될 것이다. 특히 미생물들의 생산 능력을 증가시키기 위해 미생물들의 유전자를 체계적으로 조작할 수 있다면 더욱 가능성이 있다.

연간 매출액이 약 3억 달러에 달하는 산업 화학제품인 에탄올은 용매로서 사용될 뿐만 아니라 부동액, 염색, 세제, 접착제, 살충제, 폭발물, 화장품, 의약품의 제조에도 사용된다. 또한 에탄올은 단독으로, 또는 가솔린과 혼합해서 연료로도 이용된다. 비록 미생물학자들이 새로운 방법을 개발하고 있는 중이지만, 현재로서는 미생물들을 알콜성 음료를 만들기 위해 사용하는 방법과 똑같은 방법으로, 산업적 목적을 위한 에탄올을 생산하는데 이용한다. 1가지 새로운 방법으로서, 나무에서 셀룰로오스를 추출하여 당으로 분해시키고, 이것을 호열성 클로스트리디아(clostridia)를 이용하여 발효시키는 방법이 있다. 이러한 미생물들은 고온에서 활동적이기 때문에 그들의 물질대사 속도는 다른 미생물의 경우 보다 더 빠르고, 따라서 알코올을 더 빠른 속도로 생산해 낸다. 또한 발효조에서 회수한 물질들이 이미 가열된 상태이므로, 생산물을 증류하고 정제하는데 에너지가 적게 든다. 또 다른 방법으로는 당을 발효시키는데 있어서 효모보다 그 속도가 2배나 빠른 박테리아인 *Zymomonas mobilis*를 사용하는 것이다(**그림 26.17**).

효모에 속하는 *Pachysolen tannophilus*는 5탄당으로부터 상대적으로 많은 양의 알코올을 생산한다. 이러한 특성은 곡물이 5탄당과 6

그림 26.17 알코올 생산. 생촉매로 *Zymomonas mobilis* 균주를 사용하는 에탄올의 산업적 생산 장비. (허가: Warren Gretz, National Renewable Energy Laboratory)

탄당 모두를 포함하고 있기 때문에 중요하다. 따라서 6탄당 만을 이용하는 효모들에 의해 알코올을 생산하는 것은 실제로 곡물로부터 상당한 양의 에너지를 추출하지 못하고 있는 것이다. 연료용 알코올을 생산하는 것은 현재 거의 손익분기점에 가까이 있다: 즉 6탄당으로부터 알코올의 형태로 얻어진 에너지가 그것을 생산하는데 요구되는 에너지와 거의 같다. 따라서 5탄당과 6탄당 모두로부터 에너지를 추출하는 공정은 훨씬 더 경제적일 것이다.

전분에서 활동적인 *Clostridium acetobutylicum* 또는 당에서 활동하는 *C. saccharoacetobutylicum*은 부탄올과 아세톤 모두를 생산한다. 부탄올은 브레이크액, 합성수지, 가솔린 첨가물의 제조에 사용되며, 아세톤은 주로 용매로 사용된다.

글리세롤은 효모 발효시 아황산나트륨을 첨가하여 만들어진다. 아황산나트륨은 효모의 대사경로를 변화시켜 알코올이 아닌 글리세롤이 주생산물이 되도록 한다.

미생물에 의해 생산되는 유기산들 중에서 아세트산(식초)은 많은 양이 고무, 플라스틱, 살충제, 사진용 물품들, 염색, 그리고 의약품들의 제조에 사용된다. 아세트산박테리아는 에탄올을 산화시켜 아세트산으로 만든다. 그러나 호열성 박테리아는 셀룰로오스로부터 아세트산을 만들어 낼 수 있으며, *Acetobacterium woodii*와 *Clostridium aceticum*은 수소와 이산화탄소로부터 아세트산을 생합성할 수 있다. 미생물들에 의해 만들어지는 기타 유기산들에 젖산과 구연산이 포함된다. *Lactobacillus delbrueckii*는 대사과정을 통해 포도당을 젖산으로 변형시키는데, 젖산은 음식물을 산성화 시키는 데에, 합성섬유와 플라스틱을 제조하는 데에, 그리고 전기도금 하는 데에 사용된다. 곰팡이인 *Aspergillus niger*는 당밀을 발효 기질로 사용할 때, 구연산을 매우 효과적으로 생산한다. 구연산은 식품을 산성화 시키거나 식품의 풍미를 개선시키는데 널리 이용된다.

항생물질들

항생물질 산업은 페니실린의 제조와 함께 1940년대에 시작되었으며 **(그림 26.18a)**, 약 100종류의 항생물질들이 그 때 이후로 대량으로 제조되어 왔다. 현재 전 세계 항생물질의 시장 가치는 매년 50억 불을 초과한다.

산업미생물학자들은 미생물들이 특정한 항생물질을 대량으로 생합성하게 하는 방법을 찾으려고 열심히 연구하고 있다. 한 가지 효과적인 방법은 돌연변이를 유도하여 모균주보다 더 많은 양의 항생물질을 생산하는 고생산성 균주을 선별하는 것이다. 이러한 방법은, 개량된 발효 공정과 연계되어서, 매우 성공적인 결과를 보여주었다. 예를 들어, 이전에 배양액 1리터 당 60 mg의 페니실린을 생산했던 *Penicillium chrysogenum* 종은 현재 1리터당 20 g을 생산하는데, 여기에다 유전공학을 적용할 경우 더 효과적인 방법이 개발될 것이다.

(a)

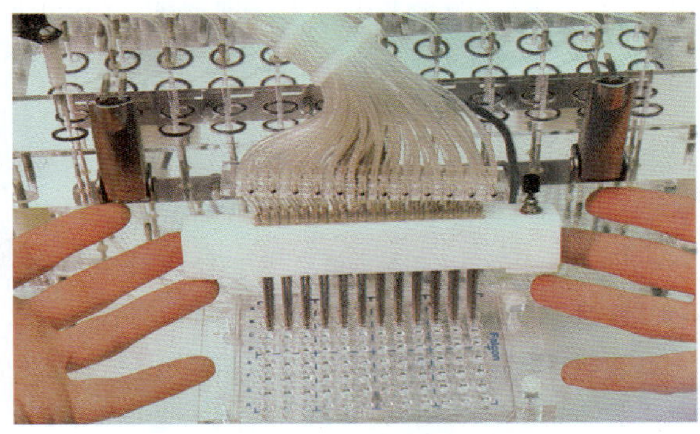

(b)

그림 26.18 페니실린 생산. **(a)** 배양 곰팡이인 *Penicillium notatum*의 표면에 보이는 황갈색의 작은 방울이 이 균주가 생산한 항생물질인 penicillin이다. (A.McClenaghan/Science Photo Library/Photo Researchers, Inc.) **(b)** 현재 합성 및 반합성 항생물질들이 연구실에서 개발되어서, 미생물들이 생산하는 천연 항생물질들과 함께 사용된다.(Dan McCoy/Rainbow)

현재 알려진 모든 항생물질 중 단지 2% 만이 판매되는 이유는 많은 항생물질들이 치료용으로 사용되기에 너무 독성이 강하거나, 현재 이미 사용되고 있는 항생물질들보다 약효가 더 효과적이지 못하기 때문이다. 병원균들이 항생물질들에 대하여 계속적으로 저항성을 가지게 되기 때문에 산업미생물학자들은 새로운 항생물질을 찾아야할 뿐만 아니라, 현재 사용되고 있는 항생물질들을 더욱 효능이 있도록 지속적으로 개량해야 한다. 산업미생물학자들은 항생제의 효능을 증가시키고, 치료 특성을 개선하며, 항생물질들이 병원성 미생물들에 의해 불활성화 되는 현상을 극복하는 방법들을 찾고 있다. 이러한 노력의 결과 반합성 항생물질(semisynthetic antibiotics)(**그림 26.18b**)이 개발되었는데, 제조공정에서 이 물질의 분자 구조의 일부분은 미생물들에 의해서 생합성되며, 나머지 부분은 화학자들이 개발한 유기합성 방법으로 만들어 진다(◀13장 p. 367). 이러한 협력의 성과는 몇몇 병원성 미생물들이 분비하는 효소인 베타-락타마제의 작용에 의해 베타-락탐환이 파괴되어, 그 결과 불활성화되어 버리는 베타-락탐계열의 항생물질들(페니실린과 세팔로스포린)을 화학자들이 유기화학적으로 어떻게 변형시켰는가을 살펴보면 잘 설명된다. 방선균 미생물에 의해 생합성되는 클라블람산(clavulanic acid)은 베타-락타마제 효소의 활성을 비가역적으로 저해시킴으로써, 베타-락타마제가 항생물질을 불활성화시키는 것을 방지할 수 있다. 항생물질인 어그멘틴(augmentin)은 반합성 항생물질인 아목시실린과 클라블람산으로 구성되어 있어서 항생효과가 훌륭할 뿐만 아니라 베타-락타마제에 대해서도 저항성을 갖는시장성이 매우 큰 의약품이다.

효소들

산업공정에서 쓰이는 모든 효소들은 살아있는 유기체들에 의해서 생합성된다. 파파야 과일로부터 고기를 부드럽게 하게 하는 효소인 파파인을 추출하는 공정과 같은 몇몇의 예외적인 경우를 제외하고는, 공업용 효소들은 대부분 미생물들에 의해 만들어진다. 효소들은 실험실에서 화학적으로 합성하기 보다는 미생물들로부터 추출하는데, 그 이유는 실험실에서 효소를 합성하는 것은 너무 복잡해서 아직 실용적이지 못하기 때문이다. 다른 단백질과 마찬가지로 효소는 특정한 순서의 아미노산들의 복잡한 사슬로 구성되어 있다. 미생물들은 유전 정보를 이용해서 효소를 쉽게 합성하는 반면, 유기화학적으로 효소를 합성하는 과정은 다량의 시간이 소요되고 비용도 많이 든다. 효소들은 산업 공정에서 그들의 특이성 때문에 특별히 유용하다. 효소들은 특정 기질에 대해 작용해서 특정 생산물을 생산하므로 생산물 분리 정제공정에서의 문제점들이 최소화 될 수 있다.

과학자들은 극한성 세균이 모진 환경에서 살아갈 수 있게 해주는 효소들에 관해 관심을 갖고 있는데, 그 이유는 이 효소들이 산업용으로 이용될 수 있을 것이기 때문이다.

효소들을 생산하는데 산업미생물학자들이 사용하는 방법에는 돌연변이주들을 선별하는 것과 유전자를 조작하는 방법이 포함한다. 많은 양의 효소를 생산하는 돌연변이주를 선별하는 방법은 현재도 이용되고 있는 효율적인 기술이며, 유전자 조작방법은 이보다는 약간 덜 효과적이다. 항생물질 생합성 경로와 비교해 볼 때, 효소 생합성 경로는 더 간단하고, 더 소수의 유전자들이 관여한다. 따라서 유전자 조작법은 몇몇 효소의 생산량을 증가시키고, 산업적 생산을 가능하게 하는 전망이 매우 큰 방법이다. 알려져 있는 2,000개의 효소 중 단지 약 200개만이 현재 상업적으로 생산되고 있으므로, 이 분야에서 상당한 발전이 이루어질 여지가 충분히 있다.

상업적으로 유용한 효소들 중, 프로테아제와 아밀라아제가 가장 많이 생산되고 있다. 단백질을 분해하고, 세척력을 높이기 위해 세제에 추가되는 프로테아제는 곰팡이인 *Aspergillus* 종과 박테리아인 *Bacillus* 종에 의해 공업적으로 만들어진다. 또한 아밀라아제는 전분을 당으로 분해시키는 효소인데, 이 효소 역시 *Aspergillus* 종에 의해 만들어진다. 다른 유용한 분해효소는 효모인 *Saccharomycopsis*가 생산하는 리파아제와, 곰팡이인 *Trichoderma*와 효모인 *Kluyveromyces*가 생합성하는 락타아제가 있다. 또 다른 중요한 공업적 효소는 전화효소(invertase)(포도당 이성화효소)로 *Saccharomyces*를 이용해서 생산한다. 이 효소는 포도당을 과당으로 전환시키는데, 과당은 많은 종류의 가공식품에서 감미료로 사용된다.

단백질 분해 효소들. 70년 보다 더 이 전에 췌장 유래의 효소가 옷에 손상을 주지 않고 도축자의 앞치마에 묻어있는 혈흔을 없애기 위해 처음 사용되었다. 이 효소들은 세탁 보조제로 사용되었는데, 비누에 의해서 불활성화 되는 것으로 밝혀졌다. 1970년대에 뜨거운 물에서 세제와 함께 있어도 활성을 잃지 않는 박테리아 유래의 단백질 분해효소가 세제에 첨가되었다. 이것이 처음 실행되었을 때, 세제 공장의 노동자들에게서 호흡기 질환과 피부염이 발생했다. 이러한 질병들의 원인이 공기 중에 떠다니는 효소 분자 때문인 것으로 밝혀짐에 따라, 이 효소들이 세제에서 제외되었다. 오늘날, 효소들은 빨래 물에서 용해되도록 코팅되어 있는 과립형태로 세재에 첨가되므로, 노동자들의 작업공간에 떠다니지 않는다.

단백질 분해효소는 또한 배수세척제에도 첨가되는데, 이 세제는 특히 욕실의 하수구를 종종 막는 머리카락을 용해시킬 때 유용하게 사용된다. 리파아제가 함유된 배수세척제도 부엌의 배수시설에서 제 역할을 확실히 잘 수행할 것이다.

종이 제조에 사용되는 효소들. 더 순수한 셀룰로오스 목재펄프를 생산할 목적으로 목재의 거친 물질인 리그닌의 대부분이 고가의 화학적 방법을 통해 제거되어야, 궁극적으로 고품질의 종이를 제조할 수 있다. 곰팡이인 *Phanerochaete chrysosporium*은 리그닌과 셀룰로오스 모두를 분해시킬 수 있는 효소들을 분비한다. 만약 이러한 효소들을 분리 정제할 수 있다면, 셀룰로오스는 변화시키지 않고, 오직 리그닌만을 분해시키기 위해 정제된 효소를 선택적으로 사용할 수 있을

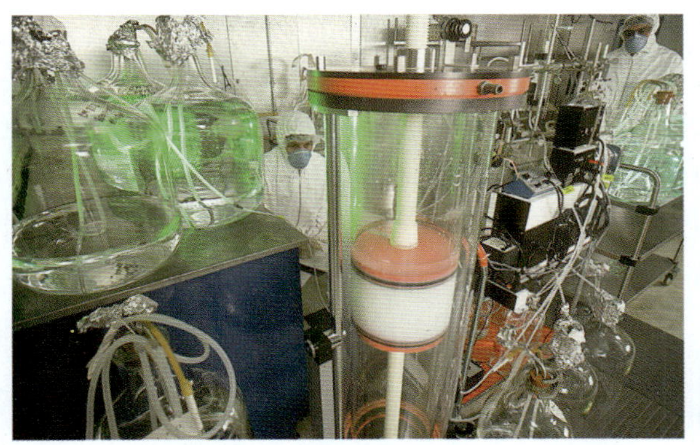

그림 26.19 B형 간염백신이 유전자 재조합 기술에 의해 생산된다. 기술자들은 재조합된 효모세포로부터 중요한 단백질을 분리하기 위해 크로마토그래피 컬럼을 사용한다. (*Hank Morgan/Photo Researchers, Inc.*)

것이다. 이 공정이 완벽하게 수행된다면, 값 싼 방법으로 양질의 종이 생산용 목재펄프를 마련할 수 있을 것이다. 이 연구의 부산물들도 사람에게 이익을 줄 수 있다. 리그닌을 분해하는 또 다른 효소가 *Streptomyces* 박테리아 종에서 발견되었는데, 이 효소는 리그닌을 쥐의 항체 생산량을 증가시키는 분자로 변화시킨다. 이러한 현상이 언젠가 사람에게도 똑같이 일어날 수 있지 않을까?

아미노산들

미생물에 의한 아미노산 생산은 상업적으로 성공적인 산업이 되었다. 동물들은 단백질을 생합성하는데 20개의 다른 아미노산들을 사용한다. 20개 중 8개는 필수 아미노산으로, 동물들이 체내에서 이를 합성할 수 없기 때문에 음식을 통해 섭취되어야 한다. 필수 아미노산중의 하나인 리신은 미생물 발효를 통해 매년 30,000톤 이상 제조된다. 리신은 *Corynebacterium glutamicum*의 돌연변이 종에 의하여 생산되는데, 이 종은 아미노산의 대량 생산을 촉진시키기 위해 그 생합성 대사경로가 변경된 것이다. 리신은 동물사료에 영양 보조제로 첨가되며, 또한 사람들 용으로 건강식품 가게에서 판매되고 있다.

또 다른 미생물 발효제품인 글루타민산도 또한 *C. glutamicum*의 돌연변이 종에 의해 생산된다. 이 돌연변이주는 글루타민산 탈수소효소를 많이 생산해서, 글루타민산의 생산성을 증가시킨다. 이 박테리아는 비오틴이 결여된 배양배지에서 배양되는데, 이로 인해 생산 박테리아의 원형질막의 투과성이 증가하는 현상이 발생한다. 원형질막의 이러한 특성으로 인해 생산균주 밖으로 글루타민산의 분비가 가능해 진다. 글루타민산은 맛을 증진시키는 monosodium glutamate (MSG)를 만드는데 사용되며, 매년 약 200,000톤이 생산된다. 다른 미생물 유래의 아미노산에는 페닐알라닌, 아스파르트산, 트립토판이 있다.

기타 미생물 유래 생산품들

비타민, 호르몬 및 단세포단백질은 산업 미생물들이 생산하는 또 다른 유용한 물질들 중에서 주 부류에 속하는 생산물들이다. 비타민 B_{12}와 리보플라빈을 생산할 수 있는 미생물들의 경우, 그 생합성 능력을 크게 증폭시킨 성공적인 균주개량의 한 예로 일찍부터 이용되고 있다. 백신도 물론 매우 유용한 물질인데**(그림 26.19)**, 간염 백신의 개발에 대해서는 ◀8장 p.230에서 이미 설명한 바 있다.

미생물들은 또한 스테로이드 호르몬들을 생산하는데 사용된다. 이 과정을 **생물전환(bioconversion)**이라고 부르는데, 이는 미생물에 존재하는 효소에 의하여 한 성분이 다른 성분으로 전환되는 반응을 의미한다. 생물전환 공정을 호르몬 합성에 첫 번째로 적용한 기술은 프로게스테론을 수산화 시키기 위하여 곰팡이인 *Rhizopus nigricans*

(a)

(b)

그림 26.20 미생물을 이용한 광업. 미생물들의 활동에 의해 많은 장소에서 채광이 더 쉬워지고 있다. **(a)** 미생물을 이용한 추출(extraction) 공정은, 종래의 화학적 접근법들이 경제적으로 적당하지 않은 경우, 광석에서 구리를 농축하는데 도움이 된다. 산성 용액이 광물더미의 표면에 첨가되면, *Thiobacillus ferrooxidans*와 같은 호산성 박테리아가 황산동을 빠르게 산화시키는 촉매제의 역할을 한다. (Corale L. Brierley/Visuals Unlimited) **(b)** 이러한 늪에 있는 미생물들은 낮은 등급의 광물들로부터 금속들을 재생한다. 미생물들의 활동에 의해 추출되는 이온들 중에는 제2철이온(II)(주황색)과 제1철이온(I)(초록색)이 포함된다. (Corale L. Brierley/Visual Unlimited)

를 이용한 것이다. 이 미생물을 이용함으로써 담즙산에서 코티존을 만드는 화학적 합성공정을 37단계에서 11단계로 단순화시킬 수 있었다. 그 결과 그램당 코티존의 가격이 200달러에서 6달러로 줄어 들었다(지속적인 공정개선으로 현재는 코티존의 그램당 가격이 0.70 달러 이하이다). 현재 공업적으로 생산될 수 있는 다른 호르몬 중에는 인슐린, 인간 성장호르몬, 소마토스타틴(성장호르몬 방출 억제 인자)이 포함된다. 이들은 개량된 *Escherichia coli* 종을 이용하여, 유전자 재조합 기술에 의해 만들어진다.

단세포 단백질은, 이미 언급한 바와 같이, 단백질이 풍부한 미생물 자체가 생산품이다. 이제품은 현재 동물사료로 사용되고 있는데, 언젠가는 사람들의 식량으로 사용될 지도 모른다. 단세포 단백질들의 중요한 이점은 이 단백질들이 보다 싼 가격의 물질들을 영양분으로 이용해서 만들어 질 수 있다는 것이다. 특정 *Candida* 종은 종이펄프 폐기물을 이용해서, *Saccharomycopsis*는 석유 폐기물을 이용해서, 또한 세균인 *Methylophilus*는 메탄 또는 메탄올로부터 단세포 단백질을 생산한다.

미생물과 광업

광물이 많은 광석이 점점 고갈됨에 따라 덜 농축된 원천으로부터 광물을 추출해내는 방법이 필요해지고 있다. 이러한 필요성으로 인해 광물로부터 금속을 추출하는데 미생물을 이용하는 분야인 **생습식제련(biohydrometallurgy)**이라고 알려진 새로운 학문분야가 생겨났다. 광물에서 금속들을 추출할 때 일어나는 반응 종류인 무기화학 반응의 결과로 인해 구리와 다른 금속들이 부서진 광물잔재로 부터 추출된다고 원래부터 생각되고 있었다. 그런데 이러한 금속 추출과정이 *Thiobacillus ferrooxidans*라는 미생물의 활동 때문이라는 것이 밝혀졌다. 이러한 화학무기영양성 호산성 박테리아는 구리, 아연, 납, 그리고 우라늄과 결합하고 있는 황을 각각의 황화 광물로 산화시키면서 살아가는데, 이러한 미생물들의 활동에 의해 순수한 금속이 방출된다. 저등급의 광물에 있는 구리는 종종 황화구리의 상태로 존재한다. 이러한 광물에 산성의 물을 분무했을 때, *T. ferrooxidans*는 황광물에 존재하는 황을 공기중의 산소를 이용하여 황산염으로 산화시키는 반응으로부터 에너지를 얻는다. 이 박테리아는 구리를 사용하지 않는다. 즉, 이 균주는 단순히 구리를 사람이 회수하여 사용할 수 있는 형태인, 물에 용해되는 형태로 전환시키는 역할만 수행한다**(그림 26.20a)**.

다른 광물들도 또한 미생물들에 의해 추출될 수 있는데, *T. ferrooxidans*는 상기와 같은 과정을 거처 황화철로부터 철을 방출시킨다**(그림 26.20b)**. 서로 비슷한 미생물인 *T. ferrooxidans*와 *T. thiooxidans*이 함께 존재하는 경우, 각각의 미생물이 구리와 철 광물을 따로 부식시키는 것보다 더욱 빠르게 이 광물들을 부식시킬 수 있다. 또한 미생물인 *Leptospirillum ferrooxidans*와 *T. organoparus*은 각각 따로 존재할 경우에는 황철광(FeS_2)와 황동광($CuFeS_2$)을 부식시킬 수 없지만, 함께 존재하면 이 광물들을 부식시킬 수 있다. 다른 종류의 박테리아들은 우라늄을 채취하기 위해 사용될 수 있으며, 결국에는 박테리아가 비소, 납, 아연, 코발트, 금 등을 추출하기 위해 사용될 수 있을 것이다. 그러나 현재로서는 광물을 채취하는 공정에서 미생물들을 실질적으로 사용하는 광산회사는 거의 없는 실정이다.

미생물을 이용한 폐기물 처리

하수처리 시설(◀25장 p. 805)은 미생물을 이용하는 폐기물 처리시스템의 대표적인 예이다. 하수처리의 경우, 화학 오염 물질이나 독성 폐기물을 처리할 때 관련되어 있는 어려운 문제점들과 비교하면, 그 문제점은 상대적으로 단순하다. 몇몇 폐기물들은 환경 안에 지속적으로 존재하면서 야생동물과 인류에게 공급되는 물을 오염시킨다. 화학적 폐기물들을 처리하기 위해 미생물들을 이용하는 방법인 생물적 환경정화(bioremediation) 기술은 독성 물질의 축적으로 인해 발생하는 가공할 만한 환경적 재앙을 피하는데 도움을 줄 수 있을 것이다(◀25장 p. 809).

3종류의 미생물종들이 폴리염화비페닐(PCB) 화합물 중 가장 독성이 높은 것 중의 하나인 Arochlor 1260을 불활성화 시킨다는 것이 발견되었다. 다른 미생물들은 시안화물과 다이옥신과 같은 화학적 물질의 독성을 제거한다는 것과, 바다에 유출된 기름을 분해한다는 것이 밝혀졌다. 유전공학 방법을 적용해서 고엽제인 오렌지제(Agent Orange)의 독성을 제거할 수 있는 박테리아를 개발하였고, 다른 독성물질들을 제거할 수 있도록 기존의 박테리아를 개량하는 연구가 진행중이다.

독성물질들을 분해할 수 있는 미생물들을 개발하는데 있어서의 문제점 중 하나는 폐기물들 속에서 발견되는 미생물들의 유전자적 특성에 대해 이용 가능한 정보가 별로 없다는 것이다. 이 분야에 관련되어 있는 많은 연구자들은 폐기물들에서 발견되는 미생물들에 대해 노력을 기울이고 있는데, 그 이유는 이 미생물들이 폐기물들에 대한 분해 능력을 이미 갖추고 있을 것이기 때문이다. 연구자들은 이러한 미생물들을 개량하여 다른 폐기물들을 분해할 수 있도록 만드는 방법이, 폐기물을 분해하는 능력이 없다고 알려진 이미 잘 알고 있는 미생물들을 사용하는 것보다 다소 용이하다고 생각한다.

✔ 중점 질문 사항

1. 단세포단백질(single-cell protein)의 기원과 용도는 무엇인가?
2. 산업 미생물학적 방법으로 생산되는 효소와 아미노산을 몇 개 제시하여라.
3. 미생물들이 폐기물들의 처리와 광업 분야에서 어떻게 도움을 주는가?

요약

식품에서 발견되는 미생물들

- 사람들이 먹는 식품은 어떤 것이든지 미생물들에도 영양분이 된다.
- 식품 안에 있는 많은 미생물들은 공생한다. 어떤 종들은 부패를 일으키고, 몇몇 종들은 사람에게 질병의 원인이 된다.

곡물들

- 습기 찬 지역에 저장된 곡물들은 다양한 곰팡이들로 오염된다.
- 빵을 만들기 위해 밀가루 반죽에 효모를 일부러 접종한다.

과일과 야채들

- 과일과 야채들은 균류들에 의한 부패병에 잘 걸리고, 쉽게 손상된다.

육류와 가금규

- 육류와 가금류에는 다양한 종류의 미생물들이 포함되어 있다. 이 중 몇몇 종은 동물원성 감염증의 원인균이다. 가금류는 정형적으로 *Salmonella*, *Clostridium perfringens*와 *Staphylococcus aureus*로 오염된다.

생선류와 조개류

- 해산물은 몇몇 박테리아와 바이러스 종으로 오염될 수 있다.

우유

- 우유에는 소와, 우유를 다루는 사람과, 환경에서 온 미생물들이 포함될 수 있다.

다른 먹을수 있는 물질들

- 설탕은 다양한 종류의 미생물들의 성장을 돕는다. 그러나 이들은 설탕 정제과정 중에 죽는다.
- 조미료들에는 많은 양의 미생물들이 포함되어 있다. 양념은 곰팡이들의 성장을 도울 수도 있다.
- 탄산음료에 들어가는 시럽은 곰팡이들로 오염될 수 있다.
- 차, 커피 및 코코아는 건조되지 않은 상태로 보관된다면, 쉽게 곰팡이들에 의해 오염된다.

질병 전파 방지 및 음식물의 부패

- 식품과 우유로 전염되는 공통적인 질병들이 표 26.3에 제시되어 있다.
- 좋은 위생법을 따르면 식품 유래의 질병이 발생할 수 있는 기회가 감소한다. 식품과 우유에서 질병의 전파와 부패를 방지하는데 있어서 가장 중요한 요소는 이들을 취급할 때 청결을 유지해야 한다는 점이다.

식품 보존

- 식품 보존 방법들 중에는 **통조림**, 냉장보관, 냉동보관, **동결건조**, 건조, 이온화 방사선 및 화학적 첨가물을 사용하는 방법 등이 포함된다.

우유의 저온살균법

- 우유를 보존하는 방법들 중에는 저온살균법과 멸균법이 포함된다.

식품과 우유 생산에 있어서의 기준

- 식품과 우유를 생산하는데 있어서 특정한 기준들은 연방법, 주법, 지역법으로 존속되고 있다. 우유의 품질을 평가하는 테스트들을 표 26.4에 요약해 놓았다.

식품으로서의 미생물과 식품 생산에 있어서의 미생물

식품으로서의 조류, 곰팡이, 그리고 박테리아

- 인구수의 급격한 증가로 새로운 식품원이 필요하게 되었다.
- 효모들은 다양한 폐기물들에서 자랄 수 있고, 단백질과 비타민을 저렴하게 공급하는 좋은 영양원이 될 수 있다. 효모를 배양하는 장비는 고가여서, 사람들이 효모를 식품으로 받아들일 수 있도록 이들을 설득하려는 노력이 필요하다.
- 조류는 호수 및 하수에서 자랄 수 있으며 단백질의 훌륭한 공급원이다. 조류를 배양할 때의 문제점은 바이러스 오염의 위험성과, 사람들이 조류를 식품으로서 받아들이려 하지 않는다는 것이다.

식품의 생산

- 효모는 빵을 부풀리는데 사용된다.
- 특정 박테리아의 발효 능력을 버터우유, 사워크림(sour cream), 요거트, 다양한 발효 음료, 치즈를 만드는 데 이용한다.
- 치즈를 만들 때, 우유의 **유장(whey)**은 버리고, 미생물들이 응유를 발효시켜 치즈의 풍미와 질감을 나게 한다.
- 미생물 발효에 의해 생산되는 다른 식품들 중에는 식초, 사워크라우트, 피클, 올리브, 포이, 간장, 기타 간장 제품, 살라미, 레바논 볼로냐 소시지, 건조 소시지가 있다.

맥주, 와인, 증류주

- 맥주는 맥아 곡물로부터 만들어 진다; 호프를 첨가하고, 그 혼합물을 발효시킨다.
- 와인은 과일즙을 발효시켜 만든다.
- 증류주는 다양한 물질들을 발효시킨 후, 그 생산물을 증류시켜 만든다.

산업미생물학과 제약미생물학

- **산업미생물학**은 유용한 제품들의 제조를 돕거나 폐기물들을 처리하기 위해 미생물들을 이용하는 것을 다루는 학문이다.
- **제약미생물학**은 의학적으로 유용한 물질들을 제조하는데 미생물들을 이용하는 것을 다루는 학문이다.

유용한 대사 과정들

- 산업적으로 미생물 공정을 개량하는 것에는 미생물들이 사용할 수 있는 영양분들을 변경시키는 것, 배양환경 조건들을 바꾸는 것, 유용한 물질들을 과량 생합성하는 미생물 돌연변이 균주들을 선별하는 것, 유전공학적인 방법에 의해 미생물들을 개량하는 것 등이 포함된다.

산업미생물학의 문제점들

- 산업미생물의 1가지 문제점은 대규모 배양공정을 개발하는 것이고, 다른 문제점들은 생산물들의 회수공정과 관련된 기술들이다.

유용한 유기화합물 생산품들

간단한 유기화합물들

- 미생물들은 알코올, 아세톤, 글리세롤, 유기산을 만들 수 있다. 이러한

생산품들을 만드는 미생물 공정은 미래에는 경제적으로 더 가능성이 있는 공정이 될 것이다.

항생물질들

- 항생물질들은 *Streptomyces, Penicillium, Cephalosporium, Bacillus* 종들로부터 얻어진다.
- 많은 항생물질들은 베타-락탐환을 가지고 있다. 미생물들이 베타-락탐환을 파괴하지 못하도록 항생물질의 분자구조를 변형시켜 반합성 항생물질들을 제조한다.

효소들

- 미생물들로부터 추출된 효소들 중에는 프로테아제, 아밀라아제, 락타아제, 리파아제, 전화효소(invertase)가 있다. 이들은 세제, 배수시설 세척제, 식품의 영양강화제, 종이의 제조공정에 이용된다.

아미노산들

- 리신, 글루타민산과 같은 몇몇 아미노산들은 미생물들을 이용하여 생산할 수 있다.

기타 미생물 유래 생산품들

- 비타민과 호르몬은 보통 미생물들을 조작해서 만드는데, 이 경우 생산균주들은 이 유용한 물질들을 과량으로 생합성한다.
- **단세포단백질**은 단백질이 풍부한 미생물 자체가 생산품인데, 주로 동물사료로 사용된다.

미생물과 광업

- 미생물들은 현재 저등급의 광석에서 구리를 추출하는 데 사용된다. 미생물들이 추출할 수 있는 다른 광물 중에는 철, 우라늄, 비소, 납, 아연, 코발트, 니켈 등이 있다.

미생물을 이용한 폐기물 처리

- 하수처리 시설(◀25장)에서는 폐기물을 처리하기 위해 미생물들을 사용한다.
- 몇몇 미생물들이 독성 폐기물들을 처리할 수 있는 것으로 밝혀졌고, 현재, 다른 종류의 미생물들을 개발하고 규명하기 위한 연구가 진행 중이다.

용어 정리

고온 단시간 살균법(p. 829)
단세포단백질(p. 838)
동결건조(p. 826)
레닌(송아지의 위에 있는 효소)(p. 832)
매시(p. 835)
맥아(p. 835)
맥아즙(p. 835)
보온법(p. 829)
비팽창성 산성부패(p. 826)
빵 발효 효모(p. 830)
뼈악취(p. 819)
산업미생물학(p. 838)
생물전환(p. 842)
생습식제련(p. 843)
순간살균처리법(p. 829)
연속식 반응기(연속식 발효조)(p. 839)
유장(p. 832)
응유(p. 832)
저온 장시간 살균법(p. 829)
제약미생물학(p. 838)
중온성 부패(p. 826)
증류(p. 835)
초고온 처리(p. 829)
통조림 제조(p. 825)
호열혐기성 부패(p. 826)

임상 사례 연구

결혼한 젊은 학생이 임신했다. 그녀의 남편은 자신은 아이의 아버지가 아니라고 주장하며 그녀로부터 도망가 버렸고, 그의 행방은 결코 알려지지 않았다. 어린 어머니는 경제적으로 어려웠다. 일해야 하고, 대학교를 끝내야 하고, 그녀의 아이를 돌봐야 했기 때문이다. 그녀는 시골 외곽에 살고 있었다, 그러던 어느 날, 학교로 차를 몰고 가는 길에 그녀는 "애완 달걀(Pet eggs)"이라고 광고하며 달걀을 매우 싸게 파는 닭농장을 지나가게 되었다. 이것들은 깨진 달걀들이었다. 돈을 절약하기 위해 그녀는 일부의 달걀을 사서, 스크램블드 에그로 요리하여 그녀의 어린 아들에게 먹였다. 아들은 거의 죽을 정도로 매우 아팠고, 겨우 살아났으나, 남은 일생동안 매우 심각한 정신 박약자가 되었다. 이러한 일이 어떻게 발생할 수 있었을까? 당신은 당신의 애완동물을 위해 이런 달걀들을 살 것인가? 불행하게도 이 이야기는 실화이다.

요점 사고 문제

1. 당신의 미생물학 교실에서 파티를 하고 있는데, 여기에서 소비되는 모든 것이 미생물들에 의해 생산된다고 가정하자. 당신이 가져갈 수 있는 물건들에는 어떤 것이 있을까?

2. 섭취하기에 안전하게 하기 위하여 식품은 살균되어야만 하는가?

3. 전국적으로 *Salmonella* 균이 갑자기 발견되었는데, 이 사건은 같은 공장에서 생산된 몇몇 건조된 씨리얼 제품으로 인해 일어났다. 건조된 씨리얼에 있는 *Salmonella*는 *Salmonella* 균과 관련해서 우리에게 어떤 점을 시사하는가?

자가 진단 문제

1. *Claviceos purpurea*에 감염된 식품에서는 환각성 화합물들이 만들어질 수 있다. 이 미생물은 어떤 종류인가?
   (a) 곰팡이 (b) 원생동물
   (c) 조류(alga) (d) 세균
   (e) 아메바

2. 과일과 야채에서 발견되는 아래의 미생물들 중에서 어떤 것이 사람에게 질병을 가장 적게 유발할까?
   (a) *Salmonella spp.*
   (b) *Shigella spp.*
   (c) *Pseudomonas fluorescens*
   (d) *Entamoeba histolytica*
   (e) *Ascaris spp.*

3. 1846년 아일랜드의 감자 기근의 원인 곰팡이는 무엇인가?
   (a) *Erwinia carotovora* (b) *Pseudomonas syringae*
   (c) *Monilia sitophila* (d) *Rhizopus nigricans*
   (e) *Phytophthora infestans*

4. 냉장된 육류를 초록색으로 변색시키는 원인균은 무엇인가?
   (a) *Pseudomonas syringae* (b) *Monilia sitophila*
   (c) *Rhizopus nigricans* (d) *Pseudomonas mephitica*
   (e) *Pseudomonas fluorescens*

5. 식당에서 일어나는 음식물 관련 사고의 약 50%는 가금류와 관련하여 다음의 어떤 균이 원인인가?
   (a) *Salmonella spp.* (b) *Clostridium perfringens*
   (c) *Staphylococcus aureus* (d) *Escherichia coli*
   (e) *Pseudomonas mephitica*

6. 암탉은 다음의 어떤 균에 감염되었을 때 감염된 달걀을 낳는가?
   (a) *Clostridium perfringens* (b) *Staphylococcus aureus*
   (c) *Escherichia coli* (d) *Pseudomonas mephitica*
   (e) *Salmonella pullorum*

7. 달걀의 흰자위 중 무엇이 달걀에 침투하는 박테리아를 죽이는데 도움을 줄까?
   (a) 라이소자임 (b) 과산화수소
   (c) 염산 (d) 이산화염소
   (e) 위의 모든 것

8. 이 생물체의 근육 부분은 먹되, 소화기관은 먹지 않기 때문에 이것은 사람에게 질병을 덜 옮긴다. 이 생물체는 무엇인가?
   (a) 바다 대합조개 (b) 가리비
   (c) 굴 (d) 재첩
   (e) 모두 다 아님

9. 막 짜낸 우유에서 가장 흔한 미생물은?
   (a) *Staphylococcus epidermidis* (b) *Staphylococcus aureus*
   (c) *Mycobacterium bovis* (d) *Escherichia coli*
   (e) 모두 다 아님

10. 우유에서 성장할 수 있는 병원균은?
    (a) *Coxiella burnetti* (b) *Mycobacterium bovis*
    (c) *Brucella spp.* (d) *Listeri monocytogenes*
    (e) 위의 모든 것

11. 미생물들로부터 얻을 수 있는 유용한 생산품들은?
    (a) 아미노산
    (b) 알코올과 같은 단순 유기화합물
    (c) 단세포단백질
    (d) 위의 모든 것
    (e) a 와 b 가 정답

12. 식품이 상업용 통조림으로 가공된 후에도 다음의 어떤 균의 내생포자가 통조림 안에 존재할 수 있는가?
    (a) *Monilia sitophila*
    (b) *Rhizopus nigricans*
    (c) *Bacillus stearothermophilus*
    (d) *Clostridium perfringens*
    (e) *Staphylococcus aureus*

13. 고대 문명에서 식품을 보존하기 위해 발명한 방법들 중 오늘날에도 여전히 사용되고 있는 방법은 다음 중 어느 것인가?
    (a) 통조림 (b) 건조
    (c) 산성 보관 (d) 진공건조
    (e) b 와 c 가 정답

14. 비이온화 방법과는 대조적으로, 이온화 방사능(감마선 등)을 식품을 보존하기 위해 사용하는 방안은 이로 인해 식품이 방사능을 띠게 될 수도 있다는 이유 때문에 저지되고 있다. 이 이유에 타당성이 있는가?

15. 소금이 음식물을 보존하는데 어떻게 도움을 주는가?
    (a) 삼투압을 증가시킴
    (b) 염소가 미생물들을 저해함
    (c) 소금의 나트륨이 미생물들을 저해함
    (d) b 와 c가 정답
    (e) 모두 다 아님

16. 유기산(벤조산, 소르빈산, 프로피온산)을 식품에 첨가하면 인간 병원성균의 증식을 막아줄 수 있다. 어떤 기작이 이것을 설명해 주는가?
    (a) 미생물의 성장에 요구되는 철 및 다른 이온과 결합함.
    (b) pH를 낮추어 줌.
    (c) 세포의 원형질막을 파괴함
    (d) DNA 복제를 방해함
    (e) 단백질 합성을 감소시킴

17. 다음 식품들 중 미생물들의 활동에 의해 생산된 것이 아닌 것은 어떤 것인가?
    (a) 사우워크래프트 (b) 식초
    (c) 피클 (d) 올리브
    (e) 간장

18. 폐기물에서 자랄 수 있고, 많은 양의 단백질을 제공하기 때문에 식량원으로 유망한 미생물의 종류는 다음 중 어느 것인가?
(a) 조류 (b) 곰팡이
(c) 효모 (d) 그람양성 세균
(e) 그람음성 세균

19. *Spirulina spp.*는 식량원으로 사용되어 왔다. 이러한 미생물들은 어떤 종류의 미생물인가?
(a) 시안세균 (b) 효모
(c) 곰팡이 (d) 조류
(e) 모두 다 아님

20. 발효 낙농 유제품을 만들기 위해 우유에 첨가될 수 있는 미생물은 다음 중 어느 것인가?
(a) *Sterptococcus lactis* (b) *Streptococcus cremoris*
(c) *Leuconostoc citrovorum* (d) *Lactobacillus bulgaricus*
(e) 위의 모든 것

21. 치즈 제조 시 소금을 유장에 첨가하는 이유는 무엇인가?
(a) 원치 않는 미생물의 성장을 막기 위해서
(b) 치즈의 풍미를 증가시키기 위해서
(c) 물을 제거하는데 도움을 주려고
(d) 위의 모든 것

22. *Aspergillus oryzae*는 다음 중 어느 것을 만들기 위해 사용되는 미생물인가?
(a) 경질 치즈 (b) 요구르트
(c) 코타지 치즈 (d) 간장
(e) 피클

23. 다음 중 어느 것이 미생물들의 활동에 의해 만들어질 수 있는 화합물인가?
(a) 에탄올 (b) 아세톤
(c) 부탄올 (d) 글리세롤
(e) 위의 모든 것

24. 다음 중 어느 것을 산화시킬 수 있는 능력 때문에 *Thiobacillus ferrooxidans*가 광업 공정에서 유용한가?
(a) 황 (b) 구리
(c) 철 (d) 금속산화물
(e) 은

25. 살균된 배지가 반응기(발효조)로 계속적으로 공급되고, 생산물과 함께 배양액이 계속 제거되는 연속배양 반응기에서, 배양중인 미생물들은 성장단계 중 어떤 단계에 있을까?
(a) 적응기 (b) 지수성장기 단계
(c) 정체기 (d) 사멸기
(e) 무슨 단계인지 모름

26. 아래에 제시된 각각의 그림에서, 어떻게 미생물들이 우유에 들어가는지를 설명하고, 그것들이 어떤 질병을 유발할 수 있는지를 나열하여라.

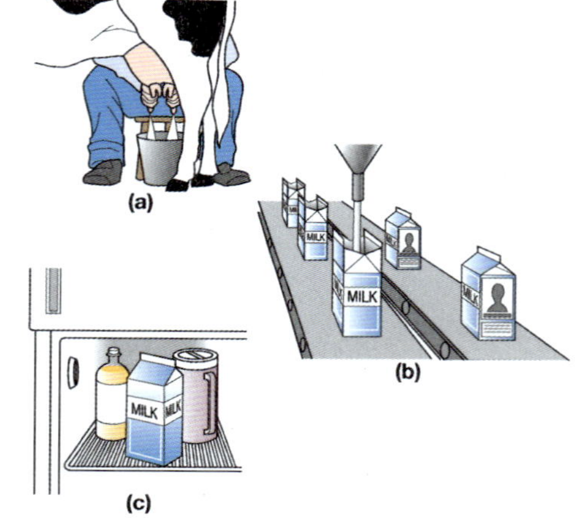

▮ 웹상에서 탐구 문제

http://www.wiley.com/college/black

만약 당신이 이 장을 완전히 이해했다고 생각한다면, 웹상에 당신에게 도전이 될 만한 것들이 더 많이 있다. 협력 사이트에 가서 이 장의 개념에 대한 당신의 이해도를 세밀하게 정리해보고, 아래의 질문들에 대한 답들을 찾아보아라.

1. 모든 사람들은 육류, 어류, 채소들이 증기압력 통조림 제조기를 사용하여 통조림화되어야한다는 것을 알고 있다. 그런데 토마토는 왜 예외인가? 답을 웹사이트 상에서 찾아보아라.
2. 만약 통조림으로 저장된 배가 분홍색 또는 파란색이라면 이것을 먹어도 좋은가? 초록색으로 변한 겨자 소스는 어떠한가? 이 질문들에 대한 답을 웹사이트에서 탐색해보아라.
3. 방사능 처리된 콩은 빛이 나는가? 그리고 돌연변이된 돼지고기를 먹는 것이 여전히 안전한가? 웹사이트에서 이 질문들에 대한 답을 발견해보아라.
4. 과학자들은 저장 수명을 늘리고, 위험한 박테리아를 죽이기 위해 소량의 방사능으로 초콜릿 케이크와 아이스크림을 조사하기를 원한다. 그렇다면 이 케이크는 여전히 똑같은 맛일까? 웹사이트에서 이에 대한 답을 탐색해보아라.

미터법 측정, 변환과 수학용 계산

미터법 접두어

피코(pico, p) = 10^{-12}

나노(nano, n) = 10^{-9}

마이크로(micro, μ) = 10^{-6}

밀리(milli, m) = 10^{-3}

센티(centi, c) = 10^{-2}

데시(deci, d) = 10^{-1}

킬로(kilo, k) = 10^{3}

길이

1 킬로미터(kilometer, km) = 0.62 마일(mile)

1 미터(meter ,m) = 39.37 인치(inches) = 3.281 피트(feet)

1 미터(meter) = 100 센티미터(centimeters)
= 1000 밀리미터 (millimeters)

1 센티미터(centimeter ,cm) = 10 밀리미터(millimeters)
= 0.394 인치(inch)

1 밀리미터(millimeter ,mm) = 0.0394 인치(inch)

1 마이크로미터(micrometer ,μm) = 10^{-6} 미터(meter)

1 나노미터(nanometer ,nm) = 10^{-9} 미터(meter)

1 암스트롱(angstrom ,Å) = 10^{-10} 미터(meter)

부피

1 리터(liter ,l) = 1.057 쿼트(quarts)

1 리터(liter) = 1000 밀리리터(milliliters)

1 밀리리터(milliliter ,ml) = 1 세제곱 센티미터(cm^3)
= 0.061 큐빅 인치(cubic inch)

1 밀리미터(mm^3) = 10^{-3} 세제곱 센티미터(cm^3) = 10^{-6} 리터(liter)

질량

1 킬로그램(kilogram ,kg) = 1000 그램(grams)
= 2.205 파운드 (pounds)

1 파운드(pound) = 453.6 그램(g)

1 그램(gram, g) = 1000 밀리그램(milligrams) = 0.0353 온스(ounce)

1 온스(ounce) = 28.35 그램(g)

1 밀리그램(milligram, mg) = 10^{-3} 그램(g)

1 마이크로그램(microgram, μg) = 10^{-6} 그램(g)

온도

화씨 (°F) = 9/5(°C) + 32

섭씨 (°C) = 5/9(°F − 32)

0°C = 32°F (물의 어는 점)

100°C = 212°F (물의 끓는 점)

37°C = 98.6°F (정상체온)

지수(과학적) 표기법

매우 큰 수나 작은 수는 보통 1과 10 사이의 수에 10을 제곱하여 지수 (과학적 표기)로 나타낸다. 지수를 표기할 때는 10의 오른쪽 위에 작게 표시한다.

수	지수형태	지수
1,000,000	1×10^6	6
100,000	1×10^5	5
10,000	1×10^4	4
1,000	1×10^3	3
100	1×10^2	2
10	1×10^1	1
1		
0.1	1×10^{-1}	−1
0.01	1×10^{-2}	−2
0.001	1×10^{-3}	−3
0.0001	1×10^{-4}	−4
0.00001	1×10^{-5}	−5
0.000001	1×10^{-6}	−6
0.0000001	1×10^{-7}	−7

1보다 큰 수는 양의 지수를 가지며 정확한 수를 계산하기 위해 숫자만큼 10을 곱해야 한다. 예를 들어 5.2×10^3은 5.2에 10을 3번 곱해야 한다.

$$5.2 \times 10^3 = 5.2 \times 10 \times 10 \times 10 = 5.2 \times 1000 = 5200$$

이렇게 되면 소수점은 오른쪽으로 세 자리 이동하게 된다.

$$5\underbrace{200}_{1\,2\,3}.$$

일반적으로 사용되는 십진수를 표기하기 위해서는 양의 지수의 숫자만큼 소수점을 오른쪽으로 이동시켜야 한다.

1보다 작은 수는 음의 지수를 가지며 정확한 수를 계산하기 위해 숫자만큼 10을 나눠야 한다(또는 1/10을 곱한다). 이런 법칙에 따라, 3.7×10^{-2}는 3.7을 10으로 2번 나눠야 한다.

$$3.7 \times 10^{-2} = \frac{3.7}{10 \times 10} = \frac{3.7}{100} = 0.037$$

이렇게 되면 소수점은 왼쪽으로 두 자리 이동하게 된다.

$$0.\underbrace{03}_{2\,1}7$$

일반적으로 사용되는 십진수로 나타내려면 음의 지수의 숫자만큼 소수점을 왼쪽으로 이동시켜야 한다.

십진수를 지수표기로 변환하기

1 보다 큰 수를 십진수에서 지수로 변환하기 위해서, 먼저 소수점을 중심으로 왼편으로 한 자리 숫자만 남도록 소수점을 오른쪽으로 이동시킨다. 이 때 소수점을 움직인 자릿수가 지수표기에 필요한 양의 지수가 된다.

$$6\underbrace{35781}_{5\,4\,3\,2\,1}. = 6.35781 \times 10^5$$

1 보다 작은 수를 십진수에서 지수로 변환하기 위해서, 먼저 소수점을 중심으로 왼편에 0이 아닌 한 자리 숫자만 남도록 소수점을 오른쪽으로 이동시킨다. 이 때 소수점을 움직인 자릿수가 지수표기에 필요한 음의 지수가 된다.

$$0.\underbrace{0004}_{1\,2\,3\,4}26 = 4.26 \times 10^{-4}$$

지수 곱셈

지수 형태의 두 수를 곱할 때는 지수를 더한다. 예를 들어

$$\begin{aligned}(3.5 \times 10^3) \times (4.2 \times 10^4) &= 3.5 \times 4.2 \times 10^{(3+4)}\\ &= 14.7 \times 10^7\\ &= 1.47 \times 10^8 = 1.5 \times 10^8\end{aligned}$$

(반올림)

$$\begin{aligned}(5.2 \times 10^4) \times (4.6 \times 10^{-3}) &= 5.2 \times 4.6 \times 10^{[4+(-3)]}\\ &= 23.92 \times 10^1\\ &= 2.392 \times 10^2 = 2.4 \times 10^2\end{aligned}$$

(반올림)

지수 나눗셈

지수 형태의 두 수를 나누기 위해서는 지수를 뺀다. 예를 들어

$$\begin{aligned}\frac{4.1 \times 10^4}{6.2 \times 10^6} &= \frac{4.1}{6.2} \times 10^{(4-6)} = 0.6613 \times 10^{-2}\\ &= 6.613 \times 10^{-3} = 6.6 \times 10^{-3}\end{aligned}$$

(반올림)

$$\begin{aligned}\frac{6.6 \times 10^3}{8.4 \times 10^{-2}} &= \frac{6.6}{8.4} \times 10^{[3-(-2)]} = 0.7857 \times 10^5\\ &= 7.857 \times 10^4 = 7.9 \times 10^4\end{aligned}$$

(반올림)

pH 공식

산성과 염기성 용액을 표현하는 가장 편리한 방법은 용액에 존재하는 양성자 혹은 수소 이온(H^+) 농도로 표시하는 것이다. 따라서 용액의 pH를 계산하기 위해서는 용액의 H^+농도($[H^+]$로 표기함)를 알아야 한다. 거꾸로, 여러분이 용액의 pH를 알고 있다면 수소 이온 농도 $[H^+]$를 계산할 수 있다. 양쪽 모두 간단한 로그방정식으로 계산된다.

$$pH = -\log_{10}[H^+]$$

이 공식에서 $[H^+]$를 리터 당 몰수로 계산할 때, 용액의 pH는 $[H^+]$의 음의 로그값(10을 밑으로 함)과 같다. 예를 들어 물은 일반적으로 $[H^+] = 10^{-7}$ moles/liter이다. 이때 물의 pH는 $-\log_{10}[10^{-7}] = -(-7) = 7$이다. 위액의 수소 이온 농도는 $[H^+] = 10^{-2}$ moles/liter이다. 그러므로 여러분의 위액의 pH는 2이다.

반대로 여러분이 pH를 알고 있다면 pH공식을 이용하여 $[H^+]$를 계산할 수 있다. pH = 5인 동물세포의 구조를 생각해 보자. 이 구조의 $[H^+]$는 10^{-5} moles/liter 이다. 산 중화물의 pH 값은 9이며, $[H^+] = 10^{-9}$ moles/liter이다.

세균과 바이러스의 분류 B

세균의 분류

원핵생물의 속(genus)에 대한 개괄적인 분류는
"BERGEY' S MANUAL OF SYSTEMIC BACTERIOLGOY"(2판, 2004년, Springer-Verlag)의
분류방침을 따랐다.

Domain *"Archaea"*
PhylumAI. *Crenarchaeota phy. nov.*
Class I. *Thermoprotei class. nov.*
Order I. Thermoproteales
Family I. Thermoproteaceae
Genus I. Thermoproteus
Genus II. Caldivirga
Genus III. Pyrobaculum
Genus IV. Thermocladium
GenusV. Vulcanisaeta
Family II. Thermofilaceae
Genus I. Thermofilum
Order II. *Caldisphaerales*
Family I. Caldisphaeraceae
Genus I.Caldisphaera
Order III. *Desulfurococcales ord. nov.*
Family I. Desulfurococcaceae
Genus I. Desulfurococcus
Genus II. Acidolobus
Genus III. Aeropyrum
Genus IV. Ignicoccus
GenusV. Staphylothermus
GenusVI. Stetteria
GenusVII. Sulfophobococcus
GenusVIII. Thermodiscusgen.nov.
Genus IX. Thermosphaera
Family II. Pyrodictiaceae
Genus I. Pyrodictium
Genus II. Hyperthermus
Genus III. Pyrolobus
Order IV. *Sulfolobales*
Family I. Sulfolobaceae
Genus I. Sulfolobus
Genus II. Acidianus
Genus III. Metallosphaera
Genus IV. Stygiolobus
GenusV. Sulfurisphaera
GenusVI. Sulfurococcus
PhylumAII. *Euryarchaeota phy. nov.*
Class I. *Methanobacteria class. nov.*
Order I. *Methanobacteriales*
Family I. Methanobacteriaceae
Genus I. Methanobacterium
Genus II. Methanobrevibacter
Genus III. Methanosphaera
Genus IV. Methanothermobacter
Family II.Methanothermaceae
Genus I.Methanothermus
Class II. *Methanococci class. nov.*
Order I. *Methanococcales*
Family I. Methanococcaceae
Genus I. Methanococcus
Genus II. Methanothermococcus gen. nov.
Family II. Methanocaldococcaceae fam. nov.
Genus I. Methanocaldococcus gen. nov.
Genus II. Methanotorris gen.nov.
Class III. *Methanomicrobia*
Order I. *Methanomicrobiales*
Family I. Methanomicrobiaceae
Genus I. Methanomicrobium
Genus II. Methanoculleus
Genus III. Methanofollis
Genus IV. Methanogenium
Genus V. Methanolacinia
Genus VI. Methanoplanus
Family II. Methanocorpusculaceae
Genus I.Methanocorpusculum
Family III. Methanospirillaceae fam. nov.
Genus I.Methanospirillum
Genus II. Methanocalculus
Order II. *Methanosarcinales ord. nov.*
Family I. Methanosarcinaceae
Genus I.Methanosarcina
Genus II. Methanococcoides
Genus III.Methanohalobium
Genus IV. Methanohalophilus
Genus V.Methanolobus
GenusVI.Methanomethylovorans
Genus VII.Methanomicrococcus
Genus VIII. Methanosalsumgen.nov.
Family II.Methanosaetaceae fam.nov.
Genus I.Methanosaeta
Class IV. *Halobacteria class. nov.*
Order I. *Halobacteriales*
Family I. Halobacteriaceae
Genus I.Halobacterium
Genus II. Haloarcula
Genus III.Halobaculum
Genus IV. Halobiforma
Genus V.Halococcus
Genus VI. Haloferax
Genus VII.Halogeometricum
Genus VIII. Halomicrobium
Genus IX. Halorhabdus
GenusX.Halorubrum
GenusXI. Halosimplex
GenusXII.Haloterrigena
GenusXIII. Natrialba
GenusXIV.Natrinema
GenusXV. Natronobacterium
GenusXVI.Natronococcus

GenusXVII. Natronomonas
GenusXVIII.Natronorubrum
ClassV. *Thermoplasmata class. nov.*
Order I. *Thermoplasmatales ord. nov.*
Family I. Thermoplasmataceae fam.nov.
Genus I. Thermoplasma
Family II. Picrophilaceae
Genus I. Picrophilus
Family III: Ferroplasmatacaea
Genus I. Ferroplasma
ClassVI. *Thermococci class. nov.*
Order I. *Thermococcales*
Family I. Thermococcaceae
Genus I. Thermococcus
Genus II. Palaeococcus
Genus III. Pyrococcus
ClassVII. Archaeoglobi class. nov.
Order I. *Archaeoglobales ord. nov.*
Family I.Archaeoglobaceae fam.nov.
Genus I.Archaeoglobus
Genus II. Ferroglobus
Genus III.Geoglobus
ClassVIII. Methanopyri class. nov.
Order I. *Methanopyrales ord. nov.*
Family I.Methanopyraceae fam.nov.
Genus I.Methanopyrus
Domain *"Bacteria"*
PhylumBI. *Aquificae phy. nov.*
Class I. *Aquificae class. nov.*
Order I. *Aquificales ord. nov.*
Family I. Aquificaceae fam. nov.
Genus I.Aquifex
Genus II. Calderobacterium
Genus III.Hydrogenobaculum
Genus IV. Hydrogenobacter
GenusV.Hydrogenothermus
GenusVI. Persephonella
GenusVII. Sulfurihydrogenibium
GenusVIII. Thermocrinis
Genera incertae sedis
Genus I.Balnearium
Genus II. Desulfurobacterium
Genus III. Thermovibrio
PhylumBII. *Thermotogae phy. nov.*
Class I. *Thermotogae class. nov.*
Order I. *Thermotogales ord. nov.*
Family I. Thermotogaceae fam.nov.
Genus I. Thermotoga
Genus II. Fervidobacterium
Genus III.Geotoga
Genus IV. Marinotoga
GenusV. Petrotoga
GenusVI. Thermosipho
PhylumBIII. *Thermodesulfobacteria*
Class I. *Thermodesulfobacteria*
Order I. *Thermodesulfobacteriales*
Family I. Thermodesulfobacteriaceae
Genus I. Thermodesulfobacterium
Genus II. Theromodesulfatator
PhylumBIV. *"Deinococcus-Thermus"*
Class I. *Deinococci*
Order I. *Deionococcales*
Family I. Deinococcaceae
Genus I.Deinococcus
Order II. *Thermales ord. nov.*
Family I. Thermaceae fam. nov.
Genus I. Thermus
Genus II. Marinithermus
Genus III.Meiothermus
Genus IV. Oceanithermus
GenusV.Vulcanithermus
PhylumBV. *Chrysiogenetes phy. nov.*
Class I. *Chrysiogenetes class. nov.*
Order I. *Chrysiogenales ord. nov.*
Family I. Chrysiogenaceae fam. nov.
Genus I.Chrysiogenes
PhylumBVI. *Chloroflexi*
Class I. *"Chloroflexi"*
Order I. *"Chloroflexales"*
Family I. "Chloroflexaceae"
Genus I. Chloroflexus
Genus II. Chloronema
Genus III. Heliothrix
Genus IV. Roseiflexus
Family II. Oscillochloridaceae
Genus I. Oscillochloris (moved)
Order II. *"Herpetosiphonales"*
Family I. "Herpetosiphonaceae"
Genus I. Herpetosiphon
Class II. *Anaerolineae*
Order I. *Anaerolinaeles*
Family I. Anaerolinaeceae
Genus I.Anaerolinea
Genus II. Caldilinea
PhylumBVII. *Thermomicrobia phy. nov.*
Class I. *Thermomicrobia class. nov.*
Order I. *Thermomicrobiales ord. nov.*
Family I. Thermomicrobiaceae fam.nov.
Genus I. Thermomicrobium
PhylumBVIII. *Nitrospira*
Class I. *"Nitrospira"*
Order I. *"Nitrospirales"*
Family I. "Nitrospiraceae"
Genus I. Nitrospira
Genus II. Leptospirillum
Genus III. Magnetobacterium
Genus IV. Thermodesulfovibrio
PhylumBIX. *Deferribacteres phy. nov.*
Class I. *Deferribacteres class. nov.*
Order I. *Deferribacterales ord.nov.*
Family I. Deferribacteraceae fam.nov.
Genus I.Deferribacter
Genus II. Denitrovibrio
Genus III. Flexistipes
Genus IV. Geovibrio
Genera incertae sedis
Genus I. Synergistes
Genus II. Caldithrix
PhylumBX. *Cyanobacteria*
Class I. *"Cyanobacteria"*
Subsection I.
Family I.
Form genus I.Chamaesiphon
Form genus II. Chroococcus
Form genus III.Cyanobacterium
Form genus IV. Cyanobium
Form genus V.Cyanothece
Form genus VI. Dactylococcopsis
Form genus VII.Gloeobacter
Form genus VIII. Gloeocapsa
Form genus IX. Gloeothece
Form genusX.Microcystis
Form genusXI. Prochlorococcus
Form genusXII. Prochloron
Form genusXIII. Synechococcus
Form genusXIV. Synechocystis
Subsection II
Family I.
Form genus I.Cyanocystis
Form genus II. Dermocarpella
Form genus III. Stanieria
Form genus IV. Xenococcus
Family II.
Form genus I.Chroococcidiopsis

Form genus II. Myxosarcina
Formgenus III. Pleurocapsa
Subsection III.
Family I.
Formgenus I.Arthrospira
Formgenus II. Borzia
Formgenus III.Crinalium
Formgenus IV. Geitlerinema
Genus V.Halospirulina
Formgenus VI. Leptolyngbya
Formgenus VII.Limnothrix
Formgenus VIII. Lyngbya
Formgenus IX. Microcoleus
FormgenusX.Oscillatoria
FormgenusXI. Planktothrix
FormgenusXII. Prochlorothrix
FormgenusXIII.
Pseudanabaena
FormgenusXIV. Spirulina
FormgenusXV. Starria
FormgenusXVI. Symploca
GenusXVII. Trichodesmium
FormgenusXVIII. Tychonema
Subsection IV.
Family I.
Formgenus I.Anabaena
Formgenus II. Anabaenopsis
Formgenus III.Aphanizomenon
Formgenus IV. Cyanospira
Formgenus V.
Cylindrospermopsis
Formgenus VI.
Cylindrospermum
Formgenus VII.Nodularia
Formgenus VIII. Nostoc
Formgenus IX. Scytonema
Family II.
Formgenus I.Calothrix
Formgenus II. Rivularia
Formgenus III. Tolypothrix
Subsection V.
Family I.
Formgenus I.Chlorogloeopsis
Formgenus II. Fischerella
Formgenus III.Geitleria
Formgenus IV. Iyengariella
Formgenus V.Nostochopsis
Formgenus VI. Stigonema

PhylumBXI. Chlorobi phy. nov.
Class I. *"Chlorobia"*
Order I. *Chlorobiales*
Family I. Chlorobiaceae
Genus I.Chlorobium
Genus II. Ancalochloris
Genus III.Chlorobaculum
Genus IV. Chloroherpeton
Genus V. Pelodictyon
Genus VI. Prosthecochloris
PhylumBXII. *Proteobacteria*
Class I. *"Alphaproteobacteria"*
Order I. *Rhodospirillales*
Family I. Rhodospirillaceae
Genus I.Rhodospirillum
Genus II. Azospirillum
Genus III. Inquilinus
Genus IV. Magnetospirillum
GenusVI. Rhodocista
GenusVII.Rhodospira
GenusVIII. Rhodovibrio
Genus IX. Roseospira
GenusX. Skermanella
GenusXI. Thalassospira
GenusXII. Tistrella
Family II.Acetobacteraceae
Genus I.Acetobacter
Genus II. Acidiphilium
Genus III.Acidisphaera
Genus IV. Acidocella
GenusV.Acidomonas
GenusVI. Asaia
GenusVII.Craurococcus
GenusVIII. Gluconacetobacter
Genus IX. Gluconobacter
GenusX.Kozaki
GenusXI.Muricoccus
GenusXII. Paracraurococcus
GenusXIII. Rhodopila
GenusXIV.Roseococcus
GenusXV. Rubritepida
GenusXVI. Stella
GenusXVII. Teichococcus
GenusXVIII.Zavarzinia
Order II. *Rickettsiales*
Family I. Rickettsiaceae
Genus I. Rickettsia
Genus II. Orientia

Family II.Anaplasmataceae
Genus I.Anaplasma
Genus II. Aegyptianella
Genus III.Cowdria
Genus IV. Ehrlichia
GenusV.Neorickettsia
GenusVI.Wolbachia
GenusVII.Xenohaliotis
Family III. "Holosporaceae"
Genus I.Holospora
Genera incertae sedis
Genus I.Caedibacter
Genus II. Lyticum
Genus III.Odyssela
Genus IV. Pseudocaedibacter
GenusV. Symbiotes
GenusVI. Tectibacter
Order III. *"Rhodobacterales"*
Family I. "Rhodobacteraceae"
Genus I.Rhodobacter
Genus II. Ahrensia
Genus III.Albidovulum
Genus IV.Amaricoccus
GenusV.Antarctobacter
GenusVI. Gemmobacter
GenusVII.Hirschia
GenusVIII. Hyphomonas
Genus IX. Jannaschia
GenusX.Ketogulonicigenium
GenusXI. Leisingera
GenusXII.Maricaulis
GenusXIII. Methylarcula
GenusXIV.Oceanicaulis
GenusXV. Octadecabacter
GenusXVI. Pannonibacter
GenusXVII. Paracoccus
GenusXVIII.
Pseudorhodobacter
GenusXIX. Rhodobaca
GenusXX. Rhodothalassium
GenusXXI.Rhodovulum
GenusXXII. Roseibium
GenusXXIII.
Roseinatronobacter
GenusXXIV. Roseivivax
GenusXXV.Roseobacter
GenusXXVI. Roseovarius
GenusXXVII.Rubrimonas

GenusXXVIII. *Ruegeria*
GenusXXIX. *Sagittula*
GenusXXX. *Silicibacter*
GenusXXXI. *Staleya*
GenusXXXII. *Stappia*
GenusXXXIII. *Sulfitobacter*
Order IV. *"Sphingomonadales"*
Family I. *Sphingomonadaceae*
Genus I. *Sphingomonas*
Genus II. *Blastomonas*
Genus III.*Erythrobacter*
Genus IV. *Erythromicrobium*
Genus V.*Erythromonas*
Genus VI. *Novosphingobium*
Genus VII. *Porphyrobacter*
Genus VIII. *Rhizomonas*
Genus IX. *Sandaracinobacter*
GenusX. *Sphingobium*
GenusXI. *Sphingopyxis*
GenusXII.*Zymomonas*
OrderV. *Caulobacterales*
Family I. *Caulobacteraceae*
Genus I.*Caulobacter*
Genus II. *Asticcacaulis*
Genus III.*Brevundimonas*
Genus IV. *Phenylobacterium*
OrderVI. *"Rhizobiales"*
Family I. *Rhizobiaceae*
Genus I.*Rhizobium*
Genus II. *Agrobacterium*
Genus III.*Allorhizobium*
Genus IV. *Carbophilus*
Genus V.*Chelatobacter*
Genus VI. *Ensifer*
Genus VII. *Sinorhizobium*
Family II.*Aurantimonadaceae*
Genus I.*Aurantimonos*
Genus II. *Fulvimarina*
Family III. *Bartonellaceae*
Genus I.*Bartonella*
Family IV. *Brucellaceae*
Genus I.*Brucella*
Genus II. *Mycoplana*
Genus III.*Ochrobactrum*
Family V. *"Phyllobacteriaceae"*
Genus I. *Phyllobacterium*
Genus II.*Aminobacter*
Genus III.*Aquamicrobium*
Genus IV. *Defluvibacter*
Genus V. *"Candidatus Liberibacter"*
Genus VI. *Mesorhizobium*
Genus VII.*Nitratireductor*
Genus VIII. *Pseudaminobacter*
Family VI. *"Methylocystaceae"*
Genus I.*Methylocystis*
Genus II. *Albibacter*
Genus III.*Methylopila*
Genus IV. *Methylosinus*
Genus V. *Terasakiella*
Family VII. *"Beijerinckiaceae"*
Genus I.*Beijerinckia*
Genus II. *Chelatococcus*
Genus III.*Methylocapsa*
Genus IV. *Methylocella*
Family VIII. *"Bradyrhizobiaceae"*
Genus I.*Bradyrhizobium*
Genus II. *Afipia*
Genus III.*Agromonas*
Genus IV. *Blastobacter*
Genus V.*Bosea*
Genus VI. *Nitrobacter*
Genus VII.*Oligotropha*
Genus VIII. *Rhodoblastus*
Genus IX. *Rhodopseudomonas*
Family IX.*Hyphomicrobiaceae*
Genus I.*Hyphomicrobium*
Genus II. *Ancalomicrobium*
Genus III.*Ancylobacter*
Genus IV. *Angulomicrobium*
Genus V.*Aquabacter*
Genus VI. *Azorhizobium*
Genus VII.*Blastochloris*
Genus VIII. *Devosia*
Genus IX. *Dichotomicrobium*
GenusX. *Filomicrobium*
GenusXI. *Gemmiger*
GenusXII.*Labrys*
GenusXIII. *Methylorhabdus*
GenusXIV. *Pedomicrobium*
GenusXV. *Prosthecomicrobium*
GenusXVI.*Rhodomicrobium*
GenusXVII. *Rhodoplanes*
GenusXVIII. *Seliberia*
GenusXIX. *Starkeya*
GenusXX. *Xanthobacter*
Family X. *"Methylobacteriaceae"*
Genus I.*Methylobacterium*
Genus II. *Microvirga*
Genus III. *Protomonas*
Genus IV. *Roseomonas*
Family XI. *"Rhodobiaceae"*
Genus I.*Rhodobium*
Genus II. *Roseospirillum*
Class II. *"Betaproteobacteria"*
Order I. *"Burkholderiales"*
Family I. *"Burkholderiaceae"*
Genus I.*Burkholderia*
Genus II. *Cupriavidus*
Genus III. *Lautropia*
Genus IV. *Limnobacter*
GenusV. *Pandoraea*
GenusVI. *Paucimonas*
GenusVII. *Polynucleobacter*
GenusVIII. *Ralstonia*
Genus IX. *Thermothrix*
GenusX. *Wautersia*
Family II. *"Oxalobacteraceae"*
Genus I. *Oxalobacter*
Genus II. *Duganella*
Genus III. *Herbaspirillum*
Genus IV. *Janthinobacterium*
GenusV. *Massilia*
GenusVI. *Oxalicibacterium*
GenusVII. *Telluria*
Family III. *Alcaligenaceae*
Genus I. *Alcaligenes*
Genus II. *Achromobacter*
Genus III. *Bordetella*
Genus IV. *Brackiella*
GenusV. *Derxia*
GenusVI. *Kersteria*
GenusVII. *Oligella*
GenusVIII. *Pelistega*
Genus IX. *Pigmentiphaga*
GenusX. *Sutterella*
GenusXI. *Taylorella*
Family IV. *Comamonadaceae*
Genus I. *Comamonas*
Genus II. *Acidovorax*
Genus III. *Alicycliphilus*
Genus IV. *Brachymonas*
GenusV. *Caldimonas*
GenusVI. *Delftia*
GenusVII.*Diaphorobacter*

GenusVIII. Hydrogenophaga
Genus IX. Hylemonella
GenusX. Lampropedia
GenusXI. Macromonas
GenusXII.Ottowia
GenusXIII. Polaromonas
GenusXIV.Ramlibacter
GenusXV. Rhodoferax
GenusXVI.Variovorax
GenusXVII. Xenophilus
Genera incertae sedis
Genus I.Aquabacterium
Genus II. Ideonella
Genus III.Leptothrix
Genus IV. Roseateles
GenusV.Rubrivivax
GenusVI. Schlegelella
GenusVII. Sphaerotilus
GenusVIII. Tepidomonax
Genus IX. Thiomonas
GenusX.Xylophilus
Order II. *"Hydrogenophilales"*
Family I. "Hydrogenophilaceae"
Genus I.Hydrogenophilus
Genus II. Thiobacillus
Order III. *"Methylophilales"*
Family I. "Methylophilaceae"
Genus I.Methylophilus
Genus II. Methylobacillus
Genus III.Methylovorus
Order IV. *"Neisseriales"*
Family I. Neisseriaceae
Genus I.Neisseria
Genus II. Alysiella
Genus III.Aquaspirillum
Genus IV. Chromobacterium
Genus V.Eikenella
Genus VI. Formivibrio
Genus VII. Iodobacter
Genus VIII. Kingella
Genus IX. Laribacter
Genus X. Microvirgula
GenusXI. Morococcus
GenusXII. Prolinoborus
GenusXIII. Simonsiella
GenusXIV.Vitreoscilla
GenusXV. Vogesella
OrderV. *"Nitrosomonadales"*
Family I. "Nitrosomonadaceae"
Genus I.Nitrosomonas
Genus II. Nitrosolobus
Genus III.Nitrosospira
Family II. Spirillaceae
Genus I. Spirillum
Family III. Gallionellaceae
Genus I.Gallionella
OrderVI. *"Rhodocyclales"*
Family I. "Rhodocyclaceae"
Genus I.Rhodocyclus
Genus II. Azoarcus
Genus III.Azonexus
Genus IV. Azospira
Genus V.Azovibrio
Genus VI. Dechloromonas
Genus VII.Dechlorosoma
Genus VIII. Ferribacterium
Genus IX. Propionibacter
GenusX. Propionivibrio
GenusXI. Quadricoccus
GenusXII. Sterolibacterium
GenusXIII. Thauera
GenusXIV.Zoogloea
OrderVII. *Procabacteriales*
Family I. Procabacteriaceae
Genus I. Procabacter
Class III. *"Gammaproteobacteria"*
Order I. *"Chromatiales"*
Family I. Chromatiaceae
Genus I.Chromatium
Genus II. Allochromatium
Genus III.Amoebobacter
Genus IV. Halochromatium
Genus V. Isochromatium
Genus VI. Lamprobacter
Genus VII.Lamprocystis
Genus VIII. Marichromatium
Genus IX. Nitrosococcus
GenusX. Pfennigia
GenusXI. Rhabdochromatium
GenusXII. Rheinheimera
GenusXIII. Thermochromatium
GenusXIV. Thioalkalicoccus
GenusXV. Thiobaca
GenusXVI. Thiocapsa
GenusXVII. Thiococcus
GenusXVIII. Thiocystis
GenusXIX. Thiodictyon
GenusXX. Thioflavicoccus
GenusXXI. Thiohalocapsa
GenusXXII. Thiolamprovum
GenusXXIII. Thiopedia
GenusXXIV. Thiorhodococcus
GenusXXV. Thiorhodovibrio
GenusXXVI. Thiospirillum
Family II. Ectothiorhodospiraceae
Genus I.Ectothiorhodospira
Genus II. Alcalilimnicola
Genus III.Alkalispirillum
Genus IV. Arhodomonas
Genus V.Halorhodospira
Genus VI. Nitrococcus
Genus VII. Thioalkalispira
Genus VIII. Thioalkalivibrio
Genus IX. Thiorhodospira
Family III. Halothiobacillaceae
Genus I.Halothiobacillus
Order II. *Acidithiobacillales*
Family I. Acidithiobacillaceae
Genus I.Acidithiobacillus
Family II. Thermithiobacillaceae
Genus I. Thermithiobacillus
Order III. *"Xanthomonadales"*
Family I. "Xanthomonadaceae"
Genus I.Xanthomonas
Genus II. Frateuria
Genus III. Fulvimonas
Genus IV. Luteimonas
Genus V.Lysobacter
Genus VI. Nevskia
Genus VII. Pseudoxanthomonas
Genus VIII. Rhodanobacter
Genus IX. Schineria
GenusX. Stenotrophomonas
GenusXI. Thermomonas
GenusXII.Xylella
Order IV. *"Cardiobacteriales"*
Family I. Cardiobacteriaceae
Genus I.Cardiobacterium
Genus II. Dichelobacter
Genus III. Suttonella
OrderV. *"Thiotrichales"*
Family I. "Thiotrichaceae"
Genus I. Thiothrix
Genus II. Achromatium

Genus III.Beggiatoa
Genus IV. Leucothrix
GenusV. Thiobacterium
GenusVI. Thiomargarita
GenusVII. Thioploca
GenusVIII. Thiospira
Family II. Franciscellaceae
Genus I. Franciscella
Family III. "Piscirickettsiaceae"
Genus I. Piscirickettsia
Genus II. Cycloclasticus
Genus III.Hydrogenovibrio
Genus IV. Methylophaga
GenusV. Thioalkalimicrobium
GenusVI. Thiomicrospira
OrderVI. *"Legionellales"*
Family I. Legionellaceae
Genus I.Legionella
Family II. "Coxiellaceae"
Genus I.Coxiella
Genus II. Aquicella
Genus III. Rickettsiella
OrderVII. *"Methylococcales"*
Family I. Methylococcaceae
Genus I.Methylococcus
Genus II. Methylobacter
Genus III.Methylocaldum
Genus IV. Methylomicrobium
GenusV.Methylomonas
GenusVI. Methylosarcina
GenusVII.Methylosphaera
OrderVIII. *"Oceanspirillales"*
Famliy I. "Oceanospirillaceae"
Genus I.Oceanospirillum
Genus II. Balneatrix
Genus III.Marinomonas
Genus IV. Marinospirillum
GenusV.Neptunomonas
GenusVI. Oceanobacter
GenusVII.Oleispira
GenusVIII. Pseudospirillum
Genus IX. Thalassolitus
Family II.Alcanivoraceae
Genus I.Alcanivorax
Genus II. Fundibacter
Family III. Hahellaceae
Genus I.Hahella
Genus II. Zooshikella
Family IV.Halomonadaceae
Genus I.Halomonas
Genus II. Carnimonas
Genus III.Chromohalobacter
Genus IV. Cobetia
GenusV.Deleya
GenusVI. Zymobacter
Family V. Oleiphilaceae
Genus I.Oleiphilus
Family VI. Saccharospirillaceae
Genus I. Saccharospirillum
Order IX. *Pseudomonadales*
Family I. Pseudomonadaceae
Genus I. Pseudomonas
Genus II. Azomonas
Genus III.Azotobacter
Genus IV. Cellvibrio
Genus V.Chryseomonas
Genus VI. Flaviomonas
Genus VII.Mesophilobacter
Genus VIII. Rhizobacter
Genus IX. Rugamonas
GenusX. Serpens
Family II.Moraxellaceae
Genus I.Moraxella
Genus II. Acinetobacter
Genus III. Psychrobacter
Family III. Incertae sedis
Genus I.Enhydrobacter
OrderX. *"Alteromonadales"*
Family I. "Alteromonadaceae"
Genus I.Alteromonas
Genus II. Aestuariibacter
Genus III.Allishewanella
Genus IV. Colwellia
Genus V. Ferrimonas
Genus VI. Glaciecola
Genus VII. Idiomarina
Genus VIII. Marinobacter
Genus IX. Marinobacterium
GenusX.Microbulbifer
GenusXI. Moritella
GenusXII. Pseudoalteromonas
GenusXIII. Psychromonas
GenusXIV. Shewanella
GenusXV. Thalassomonas
OrderXI. *"Vibrionales"*
Family I. Vibrionaceae
Genus I.Vibrio
Genus II. Allomonas
Genus III.Catenococcus
Genus IV. Enterovibrio
Genus V.Grimontia
Genus VI. Listonella
Genus VII. Photobacterium
Genus VIII. Salinivibrio
OrderXII. *"Aeromonadales"*
Family I. Aeromonadaceae
Genus I.Aeromonas
Genus II. Oceanomonas
Genus III.Oceanisphaera
Genus IV. Tolumonas
Family II. Succinivibrionaeae
Genera incertae sedis
Genus I. Succinivibrio
Genus II. Anaerobiospirillum
Genus III.Ruminobacter
Genus IV. Succinimonas
OrderXIII. *"Enterobacteriales"*
Family I. Enterobacteriaceae
Genus I.Escherichia
Genus II. Alterococcus
Genus III.Arsenophonus
Genus IV. Brenneria
Genus V.Buchnera
Genus VI. Budvicia
Genus VII.Buttiauxella
Genus VIII.Calymmatobacterium
Genus IX. Cedecea
GenusX.Citrobacter
GenusXI. Edwardsiella
GenusXII.Enterobacter
GenusXIII. Erwinia
GenusXIV.Ewingella
GenusXV. Hafnia
GenusXVI.Klebsiella
GenusXVII. Kluyvera
GenusXVIII.Leclercia
GenusXIX.Leminorella
GenusXX. Moellerella
GenusXXI.Morganella
GenusXXII. Obesumbacterium
GenusXXIII. Pantoea
GenusXXIV. Pectobacterium
GenusXXV. Phlomobacter
GenusXXVI. Photorhabdus

GenusXXVII. Plesiomonas
GenusXXVIII. Pragia
GenusXXIV. Proteus
GenusXXX. Providencia
GenusXXXI. Rahnella
GenusXXXII.Raoultella
GenusXXXIII. Saccharobacter
GenusXXXIV. Salmonella
GenusXXXV. Samsonia
GenusXXXVI. Serratia
GenusXXXVII. Shigella
GenusXXXVIII. Sodalis
GenusXXXIX. Tatumella
GenusXL. Trabulsiella
GenusXLI.Wigglesworthia
GenusXLII. Xenorhabdus
GenusXLIII.Yersinia
GenusXLIV. Yokenella
OrderXIV. "Pasteurellales"
Family I. Pasteurellaceae
Genus I. Pasteurella
Genus II. Actinobacillus
Genus III.Gallibacterium
Genus IV. Haemophilus
Genus V.Lonepinella
Genus VI. Mannheimia
Genus VII. Phocoenobacter
Class IV. "Deltaproteobacteria"
Order I. "Desulfurellales"
Family I. "Desulfurellaceae"
Genus I.Desulfurella
Genus II. Hippea
Order II. "Desulfovibrionales"
Family I. "Desulfovibrionaceae"
Genus I.Desulfovibrio
Genus II. Bilophila
Genus III.Lawsonia
Family II. "Desulfomicrobiaceae"
Genus I.Desulfomicrobium
Family III. "Desullfohalobiaceae"
Genus I.Desulfohalobium
Genus II. Desulfomonas
Genus III.Desulfonatronovibrio
Genus IV. Desulfothermus
Family IV. "Desulfonatronumaceae"
Genus I.Desullfonatronum
Order III. "Desulfobacterales"
Family I. "Desulfobacteraceae"
Genus I.Desulfobacter
Genus II. Desulfotibacillum
Genus III.Desulfobacterium
Genus IV. Desulfobacula
GenusV.Desulfobotulus
GenusVI. Desulfocella
GenusVII.Desulfococcus
GenusVIII. Desulfofaba
Genus IX. Desulfofrigus
GenusX.Desulfomusa
GenusXI. Desulfonema
GenusXII.Desulforegula
GenusXIII. Desulfosarcina
GenusXIV.Desulfospira
GenusXV. Desulfotignum
Family II. "Desulfobulbaceae"
Genus I.Desulfobulbus
Genus II. Desulfocapsa
Genus III.Desulfofustis
Genus IV. Desulforhopalus
GenusV.Desulfotalea
Family III. "Nitrospinaceae"
Genus I.Nitrospina
Order IV. "Desulfarcales"
Family I. Desulfarculaceae
Genus I.Desulfarculas
Genus II. Desulfuromusa
Family II. "Geobacteraceae"
Genus I.Geobacter
Genus II. Tricholorobacter
OrderV. "Desulfuromonales"
Family I. "Desulfuromonaceae"
Genus I.Desulfuromonas
Genus III.Malomonas
Genus IV. Pelobacter
OrderVI. "Syntrophobacterales"
Family I. "Syntrophobacteraceae"
Genus I. Syntrophobacter
Genus II. Desulfacinum
Genus III.Desulforhabdus
Genus IV. Desulfovirga
Genus V. Thermodesulforhabdus
Family II. "Syntrophaceae"
Genus I. Syntrophus
Genus II. Desulfobacca
Genus III.Desulfomonile
Genus IV. Smithella
OrderVII. "Bdellovibrionales"
Family I. "Bdellovibrionaceae"
Genus I.Bdellovibrio
Genus II. Bacteriovorax
Genus III.Micavibrio
Genus IV. Vampirovibrio
OrderVIII. Myxococcales
Suborder I. Cystobacterineae
Family I. Cystobacteriaceae
Genus I.Cyctobacter
Genus II. Anaeromyxobacter
Genus III.Archangium
Genus IV. Hyalangium
Genus V.Melittangium
Genus VI. Stigmatella
Family II.Myxococcaceae
Genus I.Myxococcus
Genus II. Corallococcus
Genus III. Pyxicoccus
Suborder II. Sorangineae
Family I. Polyangiaceae
Genus I. Polyangium
Genus II. Byssophaga
Genus III.Chondromyces
Genus IV. Haploangium
Genus V. Jahnia
Genus VI. Sorangium
Suborder III. Nannocystineae
Family I. Nannocystaceae
Genus I. Nannocystis
Family II. Haliangiaceae
Genus I. Haliangium
Family III. Kofleriaceae
Genus I. Kofleria
ClassV. "Epsilonproteobacteria"
Order I. "Campylobacterales"
Family I. Campylobacteraceae
Genus I.Campylobacter
Genus II. Arcobacter
Genus III.Dehalospirillum
Genus IV. Sulfurospirillum
Family II. "Helicobacteraceae"
Genus I.Helicobacter
Genus II. Sulfurimonas
Genus III. Thiovulum
Genus IV. Wolinella
Family III. Nautilaceae
Genus I.Nautila
Genus II. Caminibacter

Family IV.Hydrogenimonaceae
Genus I.Hydrogenimonas
PhylumBXIII. *Firmicutes*
Class I. *"Clostridia"*
Order I. *Clostridiales*
Family I. Clostridiaceae
Genus I.Clostridium
Genus II. Acetivibrio
Genus III.Acidaminobacter
Genus IV. Alkaliphilus
Genus V.Anaerobacter
Genus VI. Aerotruncus
Genus VII.Bryantella
Genus VIII. Caminicella
Genus IX. Caloramator
GenusX.Caloranaerobacter
GenusXI. Coprobacillus
GenusXII.Dorea
GenusXIII. Faecalibacterium
GenusXIV.Hespellia
GenusXV. Natronincola
GenusXVI.Oxobacter
GenusXVII.Parasporobacterium
GenusXVIII. Sarcina
GenusXIX. Soehngenia
GenusXX. Tepidibacter
GenusXXI. Thermobrachium
GenusXXII. Thermohalobacter
GenusXXIII. Tindallia
Family II. "Lachnospiraceae"
Genus I.Lachnospira
Genus II. Acetitomaculum
Genus III.Anaerofilum
Genus IV. Anaerostipes
Genus V.Butyrivibrio
Genus VI. Catenibacterium
Genus VII.Catonella
Genus VIII. Coprococcus
Genus IX. Johnsonella
GenusX. Lachnobacterium
GenusXI. Pseudobutyrivibrio
GenusXII. Roseburia
GenusXIII. Ruminococcus
GenusXIV. Shuttleworthia
GenusXV. Sporobacterium
Family III. "Peptostreptococcaceae"
Genus I. Peptostreptococcus
Genus II. Anaerococcus
Genus III. Filifactor
Genus IV. Finegoldia
Genus V. Fusibacter
Genus VI. Gallicola
Genus VII.Helcococcus
Genus VIII. Micromonas
Genus IX. Peptoniphilus
GenusX. Sedimentibacter
GenusXI. Sporanaerobacter
GenusXII. Tissierella
Family IV. "Eubacteriaceae"
Genus I.Eubacterium
Genus II. Acetobacterium
Genus III.Anaerovorax
Genus IV. Mogibacterium
Genus V. Pseudoramibacter
Family V. Peptococcaceae
Genus I. Peptococcus
Genus II. Carboxydothermus
Genus III.Dehalobacter
Genus IV. Desulfitobacterium
Genus V.Desulfonispora
Genus VI. Desulfosporosinus
Genus VII.Desulfotomaculum
Genus VIII. Pelotomaculum
Genus IX. Syntrophobotulus
GenusX. Thermoterrabacterium
Family VI. "Heliobacteriaceae"
Genus I.Heliobacterium
Genus II. Heliobacillus
Genus III.Heliophilum
Genus IV. Heliorestis
Family VII. "Acidaminococcaceae"
Genus I.Acidaminococcus
Genus II. Acetonema
Genus III.Alisonella
Genus IV. Anacroarus
GenusV.Anaeroglobus
GenusVI. Anaeromusa
GenusVII.Anaerosinus
GenusVIII. Anaerovibrio
Genus IX. Centipeda
GenusX.Dendrosporobacter
GenusXI. Dialister
GenusXII.Megasphaera
GenusXIII. Mitsuokeller
GenusXIV. Papillibacter
GenusXV. Pectinatus
GenusXVI.Phascolarctobacterium
GenusXVII. Propionispira
GenusXVIII. Propionispora
GenusXIX.Quinella
GenusXX. Schwartzia
GenusXXI. Selenomonas
GenusXXII. Sporomusa
GenusXXIII. Succiniclasticum
GenusXXIV. Succinispira
GenusXXV. Veillonella
GenusXXVI. Zymophilus
Family VIII. Syntrophomonadaceae
Genus I. Syntrophomonas
Genus II. Acetogenium
Genus III.Aminobacterium
Genus IV.Aminomonas
GenusV.Anaerobaculum
GenusVI. Anaerobranca
GenusVII.Caldicellulosiruptor
GenusVIII. Carboxydocella
Genus IX. Dethiosulfovibrio
GenusX. Pelospora
GenusXI. Syntrophospora
GenusXII. Syntrophothermus
GenusXIII. Thermaerobacter
GenusXIV. Thermanaerovibrio
GenusXV. Thermohydrogenium
GenusXVI. Thermosyntropha
Order II. "Thermoanaerobacteriales"
Family I. "Thermoanaerobacteriaceae"
Genus I. Thermoanaerobacterium
Genus II.Ammonifex
Genus III. Caldanaerobacter
Genus IV. Carboxydobrachium
GenusV.Coprothermobacter
GenusVI. Gelria
GenusVII.Moorella
GenusVIII. Sporotomaculum
Genus IX. Thermacetogenium
GenusX. Thermoanaeromonas
GenusXI. Thermoanaerobacter
GenusXII. Theremoanaerobium
GenusXIII. Thermovenabulum
Family II. Thermodesulfobiaceae
Genus I. Thermodesulfobium
Order III. *Haloanaerobiales*
Family I. Haloanaerobiaceae
Genus I.Haloanaerobium

Genus II. *Halocella*
Genus III. *Halothermothrix*
Family II. *Halobacteroidaceae*
Genus I. *Halobacteroides*
Genus II. *Acetohalobium*
Genus III. *Haloanaerobacter*
Genus IV. *Halonatronum*
Genus V. *Natrionella*
Genus VI. *Orenia*
Genus VII. *Selenihalanaerobacter*
Genus VIII. *Sporohalobacter*
Class II. *Mollicutes*
Order I. *Mycoplasmatales*
Family I. *Mycoplasmataceae*
Genus I. *Mycoplasma*
Genus II. *Eperythrozoon*
Genus III. *Haemobartonella*
Genus IV. *Ureaplasma*
Order II. *Entomoplasmatales*
Family I. *Entomoplasmataceae*
Genus I. *Entomoplasma*
Genus II. *Mesoplasma*
Family II. *Spiroplasmataceae*
Genus I. *Spiroplasma*
Order III. *Acholeplasmatales*
Family I. *Acholeplasmataceae*
Genus I. *Acholeplasma*
Genus II. *Phytoplasma*
Order IV. *Anaeroplasmatales*
Family I. *Anaeroplasmataceae*
Genus I. *Anaeroplasma*
Genus II. *Asteroleplasma*
Order V. *Incertae sedis*
Family I. *"Erysipelotrichaceae"*
Genus I. *Erysipelothrix*
Genus II. *Bulleidia*
Genus III. *Holdemania*
Genus IV. *Solobacterium*
Class III. *"Bacilli"*
Order I. *Bacillales*
Family I. *Bacillaceae*
Genus I. *Bacillus*
Genus II. *Amphibacillus*
Genus III. *Anoxybacillus*
Genus IV. *Exiguobacterium*
Genus V. *Filobacillus*
Genus VI. *Geobacillus*
Genus VII. *Gracilibacillus*
Genus VIII. *Halobacillus*
Genus IX. *Jeotgalibacillus*
Genus X. *Lentibacillus*
Genus XI. *Marinibacillus*
Genus XII. *Oceanobacillus*
Genus XIII. *Parapiobacillus*
Genus XIV. *Saccharococcus*
Genus XV. *Salibacillus*
Genus XVI. *Ureibacillus*
Genus XVII. *Virgibacillus*
Family II. *Alicyclobacillaceae*
Genus I. *Alicyclobacillus*
Genus II. *Pasteuria*
Genus III. *Sulfobacillus*
Family III. *Caryophanaceae*
Genus I. *Caryophanon*
Family IV. *"Listeriaceae"*
Genus I. *Listeria*
Genus II. *Brochothrix*
Family V. *"Paenibacillaceae"*
Genus I. *Paenibacillus*
Genus II. *Ammoniphilus*
Genus III. *Aneurinibacillus*
Genus IV. *Brevibacillus*
Genus V. *Oxalophagus*
Genus VI. *Thermicanus*
Genus VII. *Thermobacillus*
Family VI. *Planococcaceae*
Genus I. *Planococcus*
Genus II. *Filibacter*
Genus III. *Kurthia*
Genus IV. *Planomicrobium*
Genus V. *Sporosarcina*
Family VII. *"Sporolactobacillaceae"*
Genus I. *Sporolactobacillus*
Genus II. *Marinococcus*
Family VIII. *"Staphylococcaceae"*
Genus I. *Staphylococcus*
Genus II. *Gemella*
Genus III. *Jeotgalicoccus*
Genus IV. *Macrococcus*
Genus V. *Salinicoccus*
Family IX. *"Alicyclobacillaceae"*
Genus I. *Alicyclobacillus*
Genus II. *Pasteuria*
Genus III. *Sulfobacillus*
Family X. *"Thermoactinomycetaceae"*
Genus I. *Thermoactinomyces*
Family XI. *Turcibacteriaceae*
Genus I. *Turcibacter*
Order II. *"Lactobacillales"*
Family I. *Lactobacillaceae*
Genus I. *Lactobacillus*
Genus II. *Paralactobacillus*
Genus III. *Pediococcus*
Family II. *"Aerococcaceae"*
Genus I. *Aerococcus*
Genus II. *Abiotrophia*
Genus III. *Dolosicoccus*
Genus IV. *Eremococcus*
Genus V. *Facklamia*
Genus VI. *Globicatella*
Genus VII. *Ignavigranum*
Family III. *"Carnobacteriaceae"*
Genus I. *Carnobacterium*
Genus II. *Agitococcus*
Genus III. *Alkalibacterium*
Genus IV. *Allofustis*
Genus V. *Alloiococcus*
Genus VI. *Desemzia*
Genus VII. *Dolosigranulum*
Genus VIII. *Granulicatella*
Genus IX. *Isobaculum*
Genus X. *Lactosphaera*
Genus XI. *Marinilactibacillus*
Genus XII. *Trichococcus*
Family IV. *"Enterococcaceae"*
Genus I. *Enterococcus*
Genus II. *Atopobacter*
Genus III. *Melissococcus*
Genus IV. *Tetragenococcus*
Genus V. *Vagococcus*
Family V. *"Leuconostocaceae"*
Genus I. *Leuconostoc*
Genus II. *Oenococcus*
Genus III. *Weissella*
Family VI. *Streptococcaceae*
Genus I. *Streptococcus*
Genus II. *Lactococcus*
Family VII. *Incertae sedis*
Genus I. *Acetoanaerobium*
Genus II. *Oscillospira*
Genus III. *Syntrophococcus*
Phylum BXIV. *Actinobacteria phy. nov.*
Class I. *Actinobacteria*
Subclass I. *Acidimicrobidae*

Order I. Acidimicrobiales
Suborder I. "Acidimicrobineae"
Family I. Acidimicrobiaceae
Genus I.Acidimicrobium
Subclass II. Rubrobacteridae
Order I. Rubrobacterales
Suborder II. "Rubrobacterineae"
Family I. Rubrobacteraceae
Genus I.Rubrobacter
Genus II. Conexibacter
Genus III. Solirubrobacter
Genus IV. Thermoleophilium
Subclass III. Coriobacteridae
Order I. Coriobacteriales
Suborder III. "Coriobacterineae"
Family I. Coriobacteriaceae
Genus I.Coriobacterium
Genus II. Atopobium
Genus III.Collinsella
Genus IV. Cryptobacterium
GenusV.Denitrobacterium
GenusVI. Eggerthella
GenusVII.Olsenella
GenusVIII. Slackia
Subclass IV. Sphaerobacteridae
Order I. Sphaerobacterales
Suborder IV. "Sphaerobacterineae"
Family I. Sphaerobacteraceae
Genus I. Sphaerobacter
Subclass V. Actinobacteridae
Order I. Actinomycetales
Suborder V. Actinomycineae
Family I. Actinomycetaceae
Genus I.Actinomyces
Genus II. Actinobaculum
Genus III.Arcanobacterium
Genus IV.Mobiluncus
GenusV.Varibaculum
Suborder VI. Micrococcineae
Family I. Micrococcaceae
Genus I.Micrococcus
Genus II. Arthrobacter
Genus III. Citricoccus
Genus IV. Kocuria
Genus V.Nesterenkonia
Genus VI. Renibacterium
Genus VII.Rothia
Genus VIII. Stomatococcus
Genus IX. Yania
Family II. Bogoriellaceae
Genus I.Bogoriella (moved)
Family III. Rarobacteraceae
Genus I.Rarobacter (moved)
Family IV. Sanguibacteraceae
Genus I. Sanguibacter
Family V. Brevibacteriaceae
Genus I.Brevibacterium
Family VI. Cellulomonadaceae
Genus I.Cellulomonas
Genus II. Oerskovia
Genus III. Tropheryma
Family VII. Dermabacteraceae
Genus I.Dermabacter
Genus II. Brachybacterium
Family VIII.Dermatophilaceae
Genus I.Dermatophilus
Genus II. Kineosphaera
Family IX.Dermacoccaceae
Genus I.Dermacoccus
Genus II. Demetria
Genus III.Kytococcus
Family X. Intrasporangiaceae
Genus I. Intrasporangium
Genus II. Arsenicoccus
Genus III. Janibacter
Genus IV. Knoellia
Genus V.Ornithinicoccus
Genus VI. Ornithinimicrobium
Genus VII.Nostocoidia
Genus VIII. Terrabacter
Genus IX. Terracoccus
GenusX. Tetrasphaera
FamilyXI. Jonesiaceae
Genus I. Jonesia
Family XII. Microbacteriaceae
Genus I.Microbacterium
Genus II. Agreia
Genus III.Agrococcus
Genus IV. Agromyces
Genus V.Aureobacterium
Genus VI. Clavibacter
Genus VII.Cryobacterium
Genus VIII. Curtobacterium
Genus IX. Frigoribacterium
GenusX.Leifsonia
GenusXI. Leucobacter
GenusXII.Mycetocola
GenusXIII. Okibacterium
GenusXIV. Plantibacter
GenusXV. Rathayibacter
GenusXVI.Rhodoglobus
GenusXVII. Salinibacterium
GenusXVIII. Subtercola
Family XIII. "Beutenbergiaceae"
Genus I.Beutenbergia
Genus II. Georgenia
Genus III. Salana
FamilyVII.Promicromonosporaceae
Genus I. Promicromonospora
Genus II. Cellulosimicrobium
Genus III.Xylanibacterium
Genus IV. Xylanimonas
Suborder VII. Corynebacterineae
Family I. Corynebacteriaceae
Genus I.Corynebacterium
Family II.Dietziaceae
Genus I.Dietzia
Family III. Gordoniaceae
Genus I.Gordonia
Genus II. Skermania
Family IV.Mycobacteriaceae
Genus I.Mycobacterium
Family V. Nocardiaceae
Genus I.Nocardia
Genus II. Rhodococcus
Family VI. Tsukamurellaceae
Genus I. Tsukamurella
Family VII. "Williamsiaceae"
Genus I.Williamsia
Suborder VIII. Micromonosporineae
Family I. Micromonosporaceae
Genus I.Micromonospora
Genus II. Actinoplanes
Genus III.Asanoa
Genus IV. Catellatospora
Genus V.Catenuloplanes
Genus VI. Couchioplanes
Genus VII.Dactylosporangium
Genus VIII. Pilimelia
Genus IX. Spirilliplanes
GenusX. Verrucosispora
GenusXI. Virgisporangium
Suborder IX. Propionibacterineae
Family I. Propionibacteriaceae

Genus I. Propionibacterium
Genus II. Luteococcus
Genus III.Microlunatus
Genus IV. Propioniferax
Genus V. Propionimicrobium
Genus VI. Tessaracoccus
Family II. Nocardioidaceae
Genus I.Nocardioides
Genus II. Aeromicrobium
Genus III.Actinopolymorpha
Genus IV. Friedmanniella
Genus V.Hongia
Genus VI. Kribbella
Genus VII.Micropruina
Genus VIII. Marmoricola
Genus IX. Propionicimonas
Suborder X. *Pseudonocardineae*
Family I. Pseudonocardiaceae
Genus I. Pseudonocardia
Genus II. Actinoalloteichus
Genus III.Actinopolyspora
Genus IV.Amycolatopsis
Genus V.Croissiella
Genus VI. Kibdelosporangium
GenusVII.Kutzneria
GenusVIII. Prauserella
Genus IX. Saccharomonospora
GenusX. Saccharopolyspora
GenusXI. Streptoalloteichus
GenusXII. Thermobispora
GenusXIII. Thermocrispum
Family II.Actinosynnemataceae
Genus I.Actinosynnema
Genus II. Actinokineospora
Genus III.Lechevalieria
Genus IV. Lentzea
GenusV. Saccharothrix
Suborder XI. *Streptomycineae*
Family I. Streptomycetaceae
Genus I. Strepstomyces
Genus II. Kitasatospora
Genus III. Streptoverticillium
Suborder XII. *Streptosporangineae*
Family I. Streptosporangiaceae
Genus I. Streptosporangium
Genus II. Acrocarpospora
Genus III.Herbidospora
Genus IV. Microbispora
GenusV.Microtetraspora
GenusVI. Nonomuraea
GenusVII. Planobispora
GenusVIII. Planomonospora
Genus IX. Planopolyspora
GenusX. Planotetraspora
Family II.Nocardiopsaceae
Genus I.Nocardiopsis
Genus II. Streptomonospora
Genus III. Thermobifida
Family III. Thermomonosporaceae
Genus I. Thermomonospora
Genus II. Actinomadura
Genus III. Spirillospora
Suborder XIII. *Frankineae*
Family I. Frankiaceae
Genus I. Frankia
Family II.Geodermatophilaceae
Genus I.Geodermatophilus
Genus II. Blastococcus
Genus III.Modestobacter
Family III. Microsphaeraceae
Genus I.Microsphaera
Family IV. Sporichthyaceae
Genus I. Sporichthya
Family V. Acidothermaceae
Genus I.Acidothermus
Family VI. "Kineosporiaceae"
Genus I.Kineosporia
Genus II. Cryptosporangium
Genus III.Kineococcus
Suborder XIV. *Glycomycineae*
Family I. Glycomycetaceae
Genus I.Glycomyces
Order II. *Bifidobacteriales*
Family I. Bifidobacteriaceae
Genus I.Bifidobacterium
Genus II. Aeriscardovia
Genus III. Falcivibrio
Genus IV. Gardnerella
Genus V. Parascardovia
Genus VI. Scardovia
Family II.Unknown Affiliation
Genus I.Actinobispora
Genus II. Actinocorallia
Genus III.Excellospora
Genus IV. Pelczaria
Genus V. Turicella
PhylumBXV. *Planctomycetes phy. nov.*
Class I. *"Planctomycetacia"*
Order I. *Planctomycetales*
Family I. Planctomycetaceae
Genus I. Planctomyces
Genus II. Gemmata
Genus III. Isosphaera
Genus IV. Pirellula
PhylumBXVI. *Chlamydiae phy. nov.*
Class I. *"Chlamydiae"*
Order I. *Chlamydiales*
Family I. Chlamydiaceae
Genus I.Chlamydia
Genus II. Chlamydophila
Family II. Parachlamydiaceae
Genus I. Parachlamydia
Genus II. Neochlamydia
Family III. Simkaniaceae
Genus I. Simkania
Genus II. Rhabdochlamydia
Family IV.Waddliaceae
Genus I.Waddlia
PhylumBXVII. *Spirochaetes phy. nov.*
Class I. *"Spirochaetes"*
Order I. *Spirochaetales*
Family I. Spirochaetaceae
Genus I. Spirochaeta
Genus II. Borrelia
Genus III.Brevinema
Genus IV. Clevelandina
Genus V.Cristispira
Genus VI. Diplocalyx
Genus VII.Hollandina
Genus VIII. Pillotina
Genus IX. Treponema
Family II. "Serpulinaceae"
Genus I. Serpulina
Genus II. Brachyspira
Family III. Leptospiraceae
Genus I.Leptospira
Genus II. Leptonema
PhylumBXVIII. *Fibrobacteres*
Class I. *"Fibrobacteres"*
Order I. *"Fibrobacterales"*
Family I. "Fibrobacteraceae"
Genus I. Fibrobacter
PhylumBXIX. *Acidobacteria*
Class I. *"Acidobacteria"*

Order I. *"Acidobacteriales"*
Family I. "Acidobacteriaceae"
Genus I.Acidobacterium
Genus II. Geothrix
Genus III.Holophaga
PhylumBXX. *Bacteroidetes phy. nov.*
Class I. *"Bacteroidetes"*
Order I. *"Bacteroidales"*
Family I. Bacteroidaceae
Genus I.Bacteroides
Genus II. Acetofilamentum
Genus III.Acetomicrobium
Genus IV. Acetothermus
Genus V.Anaerophaga
Genus VI. Anaerorhabdus
Genus VII.Megamonas
Family II. "Rikenellaceae"
Genus I.Rikenella
Genus II. Alistepes
Genus III.Marinilabilia
Family III. "Porphyromonadaceae"
Genus I. Porphyromonas
Genus II. Dysgonomonas
Genus III. Tannerella
Family IV. "Prevotellaceae"
Genus I. Prevotella
Class II. *"Flavobacteria"*
Order I. *"Flavobacteriales"*
Family I. Flavobacteriaceae
Genus I. Flavobacterium
Genus II. Aequorivita
Genus III.Arenibacter
Genus IV. Bergeyella
Genus V.Capnocytophaga
Genus VI. Cellulophaga
Genus VII.Chryseobacterium
Genus VIII. Coenonia
Genus IX. Croceibacter
GenusX.Empedobacter
GenusXI. Gelidibacter
GenusXII.Gillisia
GenusXIII. Mesonia
GenusXIV.Miricauda
GenusXV. Myroides
GenusXVI.Ornithobacterium
GenusXVII. Polaribacter
GenusXVIII. Psychroflexus
GenusXIX. Psychroserpens
GenusXX. Riemerella
GenusXXI. Saligentibacter
GenusXXII. Tenacibaculum
GenusXXIII.Weeksella
Family II. "Blattabacteriaceae"
Genus I.Blattabacterium
Class III. *"Sphingobacteria"*
Order I. *"Sphingobacteriales"*
Family I. Sphingobacteriaceae
Genus I. Sphingobacterium
Genus II. Pedobacter
Family II. "Saprospiraceae"
Genus I. Saprospira
Genus II. Haliscomenobacter
Genus III.Lewinella
Family III. "Flexibacteraceae"
Genus I. Flexibacter
Genus II. Belliella
Genus III.Cyclobacterium
Genus IV. Cytophaga
GenusV.Dyadobacter
GenusVI. Flectobacillus
GenusVII.Hongiella
GenusVIII. Hymenobacter
Genus IX. Meniscus
GenusX.Microscilla
GenusXI. Reichenbachia
GenusXII.Runella
GenusXIII. Spirosoma
GenusXIV. Sporocytophaga
Family IV "Flammeovirgaceae"
Genus I. Flammeovirga
Genus II. Flexithrix
Genus III. Persicobacter
Genus IV. Thermonema
Family V. Crenotrichaceae
Genus I.Crenothrix
Genus II. Chitinophaga
Genus III.Rhodothermus
Genus IV. Salinibacter
Genus V. Toxothrix
PhylumBXXI. *Fusobacteria phy. nov.*
Class I. *"Fusobacteria"*
Order I. *"Fusobacteriales"*
Family I. "Fusobacteriaceae"
Genus I. Fusobacterium
Genus II. Ilyobacter
Genus III.Leptrotrichia
Genus IV. Propionigenium
Genus V. Sebaldella
Genus VI. Streptobacillus
Genus VII. Sneathia
Family II. Incertae sedis
Genus I.Cetobacterium
PhylumBXXII. *Verrucomicrobia*
Class I. *Verrucomicrobiae*
Order I. *Verrucomicrobiales*
Family I. Verrucomicrobiaceae
Genus I.Verrucomicrobium
Genus II. Prosthecobacter
Family II.Opitutaceae
Genus I.Opitutus
Family III. Victivallaceae
Genus I.Victivallis
Family IV.Xiphinematobacteriaceae
Genus I.Xiphinematobacter
PhylumBXXIII. *Dictyoglomi*
Class I. *"Dictyoglomi"*
Order I. *"Dictyoglomales"*
Family I. "Dictyoglomaceae"
Genus I.Dictyoglomus
PhylumBXXIV. *Gemmatimonadetes*
Class I. *Gemmatimonadetes*
Order I. *Gemmatimonadales*
Family I. Gemmatimonadaceae
Genus I.Gemmatimonas

바이러스의 분류

바이러스의 분류는 세균의 분류처럼 많은 변동이 있어왔다. 대부분의 바이러스들은 그들의 합성이나 분자생물학에 근거한 자료가 희박했기 때문에 분류조차 되어있지 않았다. 현재 대략 30,000가지 이상의 바이러스들이 실험실이나 세계각처의 정보원에서 연구되고 있다고 추정된다.

여기에 설명된 바이러스의 정보와 분류들은 10장(표 10.1과 표 10.2)을 참고하였다. 그 밖의 정보들은 "Human Virogology : A Text for Students of Medicine, Dentistry, and Microbiology(L. Collier and J. Oxford, 1993, Oxford University Press)나 "Virology(J. Levy, H. Fraenkel-Conrat, and R. Owens, 2d ed., 1994, Prentice-Hall)을 참조하기 바란다.

부록에서는 주로 척추동물에 감염되는 21가지의 바이러스 과(family)에 대하여 설명하였다. 따라서, 여기에 설명된 바이러스들은 108가지의 바이러스 과(family)나 아직 분류되지 않은 5000가지 이상의 바이러스 속(genera), "Virus Taxonomy - Seventh Report of the International Committee on Taxonomy of Viruses"(van Regenmortal, et al., 2000, Academic Press)에 비하면 극히 일부분이라고 할 수 있다.

1. Picornaviridae 과

속:

외피 없음, 다면체, 한 가닥의 양성-극성 RNA 바이러스. 바이러스의 합성과 성숙은 숙주세포의 세포질에서 일어나며, 세포 용균을 통해 방출된다.

2. Caliciviridae 과

속:

외피 없음, 다면체, 한 가닥의 양성-극성 RNA 바이러스. 바이러스의 합성과 성숙은 숙주세포의 세포질에서 일어나며, 세포 용균을 통해 방출된다.

3. Togaviridae 과

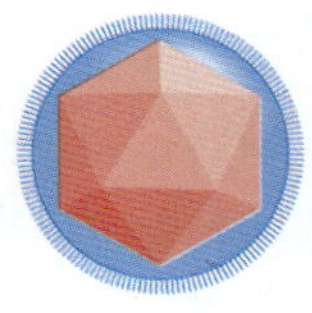

속:

외피가짐, 다면체, 한 가닥의 양성-극성 RNA 바이러스. 합성은 숙주세포의 세포질에서 일어나고, 성숙은 숙주세포의 세포질막에서부터 형성된 뉴클레오캡시드에서 진행된다. 바이러스(Arterivirus)는 세포 용균을 통해 방출되며, 대부분의 바이러스는 절지동물과 척추동물에서 증식한다.

4. Flaviviridae 과

속:

외피가짐, 다면체, 한 가닥의 양성-극성 RNA 바이러스. 합성은 숙주세포의 세포질에서 일어나고, 성숙은 숙주세포의 소포체와 골지체의 막에서 발아되어 진행된다. 대부분의 바이러스는 절지동물에서 증식한다.

5. Coronaviridae 과

속:

외피가짐, 나선형구조, 한 가닥의 양성-극성 RNA 바이러스. 합성은 숙주세포의 세포질에서 일어나고, 성숙은 숙주세포의 소포체와 골지체의 막에서 발아되어 진행된다. 바이러스는 세포 용균을 통해 방출된다.

6. Rhabdoviridae 과

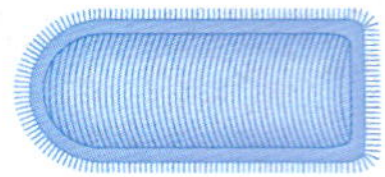

속:

외피가짐, 나선형구조, 한 가닥의 음성-극성 RNA 바이러스. 합성은 숙주세포의 세포핵에서 일어나고, 성숙은 숙주세포의 세포질막에서 발아되어 진행된다. 대부분의 바이러스는 절지동물에서 증식한다.

7. Filoviridae 과

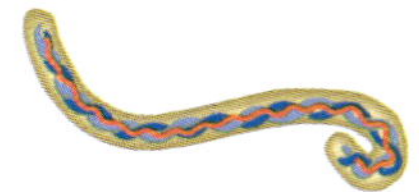

속:

외피가짐, 긴 필라멘트 형, 가끔 가지를 형성하거나, U자, 6자, 원형 구조. 한 가닥의 음성-극성 RNA 바이러스. 합성은 숙주세포의 세포질에서 일어나고, 성숙은 숙주세포의 세포질막에서 발아되어 진행된다. 바이러스는 세포 용균을 통해 방출된다. 이 바이러스들은 "생물학적 안전수준 4단계" 의 병원체이므로, 최대 오염기준이 갖춰진 연구실에서만 다뤄진다.

8. Paramyxoviridae 과

속:

외피가짐, 나선형구조, 한 가닥의 음성-극성 RNA 바이러스. 합성은 숙주세포의 세포질에서 일어나고, 성숙은 숙주세포의 세포질막에서 발아되어 진행된다. 바이러스는 세포 용균을 통해 방출된다. Morbillivirus들은 만성감염을 유발한다.

9. Orthomyxoviridae 과

속:

외피가짐, 나선형구조, 한 가닥의 음성-극성 RNA 바이러스 (8개의 분절 가짐). 합성은 숙주세포의 세포핵에서 일어나고, 성숙은 숙주세포의 세포질에서 진행된다. 바이러스들은 숙주세포의 세포질막에서 발아되어 방출된다. 이 바이러스들이 혼합되어 감염될 때 유전자들이 섞일 수 있다.

10. Bunyaviridae 과

속:

외피가짐, 구형, 한 가닥의 음성-극성 RNA 바이러스 (3개의 분절 가짐; Phlebovirus는 양쪽극성의 한 가닥 RNA). 합성은 숙주세포의 세포질에서 일어나고, 성숙은 골지체 안에서 진행된다. 바이러스는 세포 용균을 통해 방출된다. 가장 가까운 바이러스들끼리 혼합되어 감염될 때 유전자들이 섞일 수 있다.

11. Arenaviridae 과

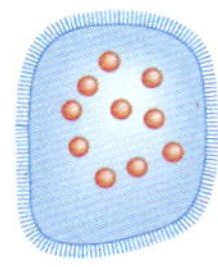

속:

외피가짐, 나선형구조, 한 가닥의 양쪽극성 RNA 바이러스 (2개의 분절 가짐). 합성은 숙주세포의 세포질에서 일어나고, 성숙은 숙주세포의 세포질막에서 발아되어 진행된다. 비리온들은 리보솜을 포함하고 있다. 인간에 감염하는 병원체인 Lassa, Machupo, Junin virus들은 바이러스들은 "생물학적 안전수준 4단계"의 병원체이므로, 최대 오염기준이 갖춰진 연구실에서만 다뤄진다.

12. Reoviridae 과

속:

속마다 외형이나 물리화학적 특성이 다르다. 일반적으로 비리온들은 외피가 없으며, 다면체형에 두 가닥 RNA 바이러스(10~12개의 분절 가짐). 합성은 숙주세포의 세포질에서 일어나고, 바이러스들은 세포 용균을 통해 방출된다. 비리온은 리보솜을 포함하고 있다.

13. Birnaviridae 과

속:

외피 없음, 다면체, 두 가닥 RNA 바이러스(2개의 분절 가짐). 합성과 성숙은 숙주세포의 세포질에서 일어나며, 바이러스들은 세포 용균을 통해 방출된다.

14. Retroviridae 과

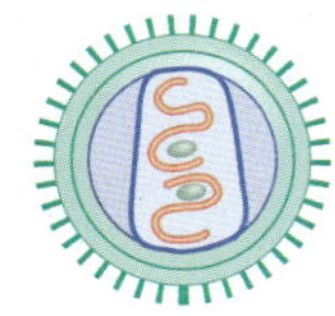

속:

외피가짐, 구형, 단일가닥의 음성-극성 RNA 바이러스 (2개의 동일 가닥 가짐). 합성은 숙주세포의 세포질에서 일어나고, 성숙은 숙주세포의 세포질막에서 발아되어 진행된다. 이 바이러스들은 역전사효소를 포함하고 있다. Spumavirus와 Lentivirus 속을 제외한 retrovirus들은 백혈병이나 암을 유발하는 RNA 종양바이러스 들이다.

15. Hepadnaviridae 과

속:

외피가짐, 다면체형, 부분적으로 두 가닥 RNA 바이러스. 합성은 숙주세포의 세포핵에서 일어난다. 표면항원의 생산은 세포질에서 일어난다. 주로 만성감염되며, 만성질환이나 종양형성과 연관되어 있다.

16. Parvoviridae 과

속:

외피 없음, 다면체형, 한 가닥의 음성-극성(Parvovirus) 또는 양성-극성과 음성-극성(나머지) RNA 바이러스. 합성과 성숙은 빠르게 분열하는 숙주세포, 특히 세포핵에서 일어난다. 바이러스들은 세포 용균을 통해 방출된다.

17. Papovaviridae 과

속:

외피 없음, 다면체형, 두 가닥의 DNA 바이러스. 합성과 성숙은 숙주세포의 세포핵에서 일어난다. 바이러스들은 세포 용균을 통해 방출된다.

18. Adenoviridae 과

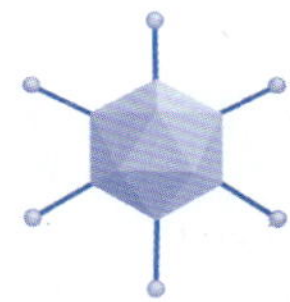

속:

외피 없음, 다면체형, 두 가닥의 DNA 바이러스. 합성과 성숙은 숙주세포의 세포핵에서 일어난다. 바이러스들은 세포 용균을 통해 방출된다.

19. Herpesviridae 과

아과:

속:

외피가짐, 다면체형, 두 가닥의 DNA 바이러스. 합성과 성숙은 숙주세포의 세포핵에서 일어나며, 핵막에서 발아된다. 대부분의 허피스바이러스들이 만성감염이지만, 비리온들은 숙주세포의 세포질막이 파열될 때 방출될 수도 있다.

20. Poxviridae 과

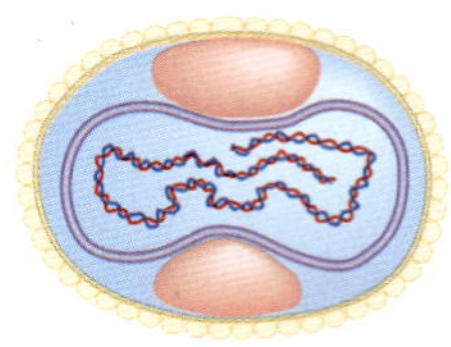

아과 :

속 :

외막가짐, 큰 벽돌(또는 알)형태의 두 가닥 DNA 바이러스. 합성과 성숙은 숙주세포의 세포질 중 바이로플라즘(viroplasm, "바이러스 공장")으로 불리는 곳에서 일어난다. 바이러스들은 세포 용균을 통해 방출된다.

21. Irdoviridae 과

속 :

외피가짐(어떤 곤충바이러스에서는 결여되어 있음), 다면체형, 두 가닥의 DNA 바이러스. 합성은 숙주세포의 세포핵과 세포질에서 일어난다. 대부분의 비리온들은 숙주세포와 함께 존재한다.

미생물학에서 주로 사용되는 영어단어의 어근

a-, an-	: 아닌, 없는, 가지지 않는 무생물의, 살아있지 않은; anaerobic, 공기가 없는 상태의
acantho-	: 가시모양의 *Acanthamoeba*, 가시모양의 돌기를 가지는 아메바
actino-	: 광선을 가지는 *Actinomyces*, 햇살모양으로 보이는 집락을 형성하는 세균
aero-	: 공기 aerobic, 공기가 있는 상태의
agglutino-	: 응집된, 서로 붙어있는 hemaglutinatin, 혈액 세포의 응집
albo-	: 흰색 *Candida albicans*, 흰색 균류
amphi-	: 주변의, 두 배의, 양쪽의 Amphitrichous는 세균의 양쪽 끝에 편모를 가진다.
ant-, anti-	: 반대의, 대항하는 Antibacterial 물질은 세균을 죽인다.
archaeo-	: 고대의 Archaeobacteria는 고대의 생물과 닮았을 것으로 추측된다.
arthro-	: 연결의 arthritis, 관절부위에 생긴 염증
asco-	: 주머니, 자루 Ascospore는 주머니 모양의 자낭에 담겨 있다.
-ase	: 효소를 나타냄 lipase, 지방을 분해하는 효소
aureo-	: 금빛의 *Staphylococcus aureus*는 금색의 집락을 형성한다.
auto-	: 혼자힘으로 autotrophs, 스스로 영양을 공급하는 생물
bacillo-	: 막대 *bacillus*, 막대모양의 세균
basid-	: 밑부분의 basidium, 끝에 포자를 가지고 있는 균류세포
bio-	: 생명 biology, 살아있는 생물에 대한 학문
blast-	: 발아 blastospore, 발아에 의해 형성된 포자
bovi-	: 소 *Mycobacterium bovis*, 소에서 결핵을 일으키는 세균
brevi-	: 짧은 *Lactobacillus brevis*, 짧은 막대모양의 세균
butyr-	: 버터 Butyric acid는 썩은 버터에서 나는 고약한 냄새의 원인이다.
campylo-	: 곡선의 Camphylobacter, 곡선형태의 세균
carcino-	: 암 carcinogen은 암을 유발한다.
caryo-, karyo-	: 중심의, 핵의 prokaryotic cell의 핵은 구분되어 있지 않다.
caseo-	: 치즈 caseous, 치즈모양의 손상
caul-	: 줄기, 대, *Caulobacter*, 줄기모양의 세균
ceph-, cephalo-	: 머리의, 뇌의 encephalitis, 뇌에 생긴 염증
chlamydo-	: 투로 가려진 *Chlamydia*는 쉽게 관찰되지 않는 세균이다.
chloro-	: 녹색 chlorophyll, 녹색 색소
chromo-	: 색깔이 있는 Metachromatic granules은 세포를 다양한 색으로 염색시킨다.
chryso-	: 금빛의 *Streptomyces chryseus*, 금빛의 집락을 형성하는 세균
-cide	: 죽이다 fungicide는 균류를 죽인다.
co-, con-	: 같이, 함께 congenital, 태어나면서부터 함께한
cocc-	: 딸기 *Streptococcus*, 사슬형태의 구형 세균
coeno-	: 공통적으로 공유된 coenocytic, 많은 핵들이 격막에 의해 분리되지 않은
col-, colo-	: 결장 coliform 결장(대장)에서 발견되는 세균
conidio-	: 먼지 conidia, 균류에서 생성되는 작은 먼지형태의 포자
coryne-	: 곤봉 *Corynebacterium diphtheriae*, 곤봉모양의 세균
-cul	: 작은 molecule, 작은 덩어리
cut-, -cut	: 피부 cutaneous, 피부의
cyan-	: 푸른 cyanobacteria, 이전에는 남조류로 불렸다.
cyst-, -cyst	: 방광 cystitis, 방광에 생긴 염증
cyt-, -cyte	: 세포 leukocyte, 백혈구
de-	: 제거 decolorize, 색을 제거하다
dermato-	: 피부 dermatitis, 피부에 생긴 염증
di-, diplo-	: 둘, 두배의 diplococci, 한 쌍의 구형세균
dys-	: 나쁜, 결점의, 아픈 dysentery, 장관계 질병
ec-, ecto-, ex-	: 바깥의, 외부의 ectoparasite, 체외에서 발견되는 기생충
em-, en-	: 안의, 내부의 encapsulated, 캡슐 내부의
-emia	: 혈액의 pyemia, 혈액의 고름
endo-	: 내부의 endospore, 세포 내부에서 발견되는 포자
entero-	: 장 enteric bacteria, 장에서 발견되는 세균
epi-	: 꼭대기의, 도처에 epidemic, 일시적으로 전세계에 걸쳐 퍼진 질병
erythro-	: 붉은 lupus erythematosus는 붉은 발진이 나타난다.
etio-	: 원인 etiology, 질병의 원인을 연구하는 학문
eu-	: 진정한, 좋은, 보통의 eukaryote, 진핵을 가지는 세포
exo-	: 외부의 exotoxin, 세포 외부로 분비되는 독소
extra-	: 외부의, 이상으로 extracellular, 세포의 외부
fil-	: 실 filament, 세포의 가는 사슬
flav-	: 노란 flavivirus, 황열병의 원인 바이러스
-fy	: 되다, 만들다 solidify, 고형화되다
galacto-	: 우유 galactose, 유당에서 만들어진 단당류
gamet-	: 결혼 gamete, 알이나 정자와 같은 생식세포
gastro-	: 위 gastroenteritis, 위나 장에서 생긴 염증
gel-	: 딱딱해지다, 응고시키다 gelatinous, 젤리형태의
gen-, -gen	: 발생시키다 pathogen, 병을 일으키는 미생물
-genesis	: 기원, 발생 pathogenesis, 질병의 발생

germ, germin- : 발아 germination, 포자에서부터 자라는 과정
-globulin : 단백질 immunoglobulin, 면역계에서 생산된 단백질
haem-, hem- : 혈액 hemagglutinatin, 혈액 세포의 응집
halo- : 염분 halophilic, 염분이 높은 환경에서 살아가는 생물
hepat- : 간 hepatitis, 간에 생긴 염증
herpes : 기다 herpes 대상포진 발병시 소포가 신경경로를 따라 연속적으로 발진한다.
hetero- : 다른, 그 외의 heterotroph, 다른 영양원에서 영양분을 얻는 생물
histo- : 조직 histology, 조직에 대한 학문
homo- : 같은 homologous, 같은 구조를 가지는
hydro- : 물 hydrologic cycle, 물의 순환
hyper- : 이상의, 위에 hyperbaric oxygen, 대기압의 산소보다 높은 산소분압
hypo- : 낮은, 아래의 hypodermic, 피부 밑으로 진행되는
im-, in- : 아니다 insoluble, 녹지 않는
inter- : 사이의 intercellular, 세포 사이의
io- : 보라색 iodine 원소의 기체는 보라색이다.
iso- : 같은, 동일한 isotonic, 동일한 삼투압을 가지는
-itis : ~에 생긴 염증, 뇌막에 생긴 염증
kin- : 움직이는 kinetic energy, 운동 에너지
leuko- : 흰색 leukocyte, 백혈구
lip-, lipo- : 지방, 지질 lipoprotein, 지방과 단백질의 성질을 모두 가지는 분자
-logy, -ology : ~에 대한 학문 microbiology, 미생물에 대한 학문
lopho- : 다발 lophotrichous, 한 다발의 편모를 가짐
luc-, luci- : 빛 luciferase, 빛의 생성반응을 촉매하는 효소
luteo- : 노란 *Micrococcus luteus*, 노란 집락을 형성하는 세균
lys-, lysis : 베어 가르다 cytolysis, 세포의 파열
macro- : 거대한 macrocondidia, 거대 포자
meningo- : 막 meninges, 뇌막
meso- : 중간 mesophile, 중온에서 가장 잘 자라는 생물
micro- : 작은, 조그만 microbiology, 작은 생물에 대한 학문
mono- : 하나의, 혼자의 monosaccharide, 당 하나의 단위
morph- : 외형, 형태 pleiomorphic는 다양한 다른 형태를 가짐
multi- : 많은 multicellular, 많은 세포를 가짐
mur- : 벽 muramic acid, 세포벽의 구성성분
muri-, mus- : 쥐 murine, 쥐의
mut-, -mute : 변화하다 mutagen, 유전변이를 일으키는 물질
myc-, -myces : 균류 *Actinomyces*, 균류와 비슷한 세균
myxo- : 점액, 분비물 myxomycetes, 점액의 사상균
necro- : 죽음, 시체 necrotizing toxin은 조직의 괴사를 일으킨다.
nema-, -nema : 실 *Treponema*, 실모양의 선충류
nigr- : 검은 Rhizopus nigricans, 검은색의 사상균
oculo- : 눈 binocular, 두 개의 접안렌즈를 가지는 현미경
-oid : 같은, 닮은 toxoid, 독소와 비슷한 무해한 분자
-oma : 종양 carcinoma, 상피세포의 종양
onco- : 덩어리, 종양 oncogene, 종양을 유발하는 유전자
-osis : ~한 상태 brucellosis, 브루셀라에 감염된 상태
pan- : 모든, 보편적인 pandemic, 세계각지에 영향을 미치는 질병
patho- : 비정상의 pathology, 비정상의 질환에 대한 학문
peri- : 주변의 peritrichous, 생물체 주위에 편모가 고르게 분포함
phago- : 먹는 phagocytosis, 세포를 함입하여 섭식함
-phile, philo-, -phil : 좋아하는, 선호하는 capnophile, 정상수준 이상의 이산화탄소 농도를 요구하는 생물
-phob, -phobe : 싫어하는, 겁내는 hydrophobic, 물에 반발하는
-phore : 가지고 있는, 운반하는 electrophoresis 기법에서는 전류에 의해 이온이 운반된다.
-phyte : 식물 dermatophyte, 피부를 공격하는 균류
pil- : 머리카락 pilus, 세균표면에 나온 머리카락 모양의 관
-plast : 형성된 부분 chloroplast, 식물세포 내부에 있는 녹색 소기관
pod-, -pod : 발 podocyte, 신장의 족세포
poly- : 다수의 polyribosome, 전달 RNA의 동일부위에 결합한 다수의 리보솜들
post- : 뒤에, 후에 post-streptococcal glomerulonephritis, 연쇄상구균의 감염이후에 나타나는 신장의 상해
pre-, pro- : 전에, 앞에 prepubertal, 사춘기 이전의
pseudo- : 거짓의 pseudopod, 발처럼 보이는 돌기, 의족
psychro- : 추운 psychrophilic, 극한 추위를 좋아하는
pyo- : 고름 pyogenic, 고름이 나오는
pyro- : 불, 열 pyrogen, 열을 발생시키는 물질
rhin- : 코 rhinitis, 코점막에 생긴 염증
rhizo- : 뿌리 mycorrhiza, 균류와 식물 뿌리가 공생하여 생장함
rhodo- : 붉은 *Rhodospirillum*, 붉은 색의 거대한 나선형 세균
-rrhea : 흐름 diarrhea, 점액 변의 비정상적인 흐름
rubri- : 붉은 *Rhodospirillum rubrum*, 붉은 색의 거대한 나선형 세균
saccharo- : 당 polysaccharide, 많은 수의 당이 서로 연결되어 있음
sapro- : 썩은, 부패한 saprophyte, 사체에서 살아가는 생물
sacro- : 살집 sarcoma, 근육이나 관절조직에 형성된 종양
schizo- : 분리하다 schizogony, 말라리아 기생충의 분열형태
-scope, -scopy : 보다, 관찰하다 microscopy, 작은 사물을 관찰하기 위하여 현미경을 사용함
sept-, septo- : 구분, 벽 septum, 세포 사이의 벽
septi- : 썩은 septic, 세균에 의해 분해됨
soma-, -some : 몸, chromosome, 채색된 부분(염색 시)
spiro- : 나선 spirochete, 나선형 세균
sporo- : 포자 sporocidal, 포자를 죽이는
staphylo- : 다발의, 포도송이 같은 staphylococci, 무리지어 자라는 구형의 세균
-stasis, stat- : 멈춘, 변화 없는 bacteriostatic은 박테리아의 성장을 멈출 수 있다.

strepto- : 꼬인 Streptobacillus, 꼬인 사슬모양의 간균

sub- : 밑의, 아래의 subclinical, 임상으로 명확히 드러나지 않는 징후나 증상

super- : 위의, 이상의 superficial mycosis, 균류의 표피조직 감염

sym-, syn- : 함께 symbiosis, 함께 생활함

tact-, -taxis : 접촉 chemotaxis, 화학물질에 반응하여 위치를 찾거나 움직임

tax-, taxon- : 배열 taxonomy, 생물의 분류

thermo- : 열 thermophile, 고온을 좋아하거나 요구되는 생물

thio- : 황 *Thiobacillus*, 황화수소를 황산염으로 산화시키는 생물

tox- : 독 toxin, 해로운 물질

trans- : 통과한, 가로질러 transduction, 한 세포에서 다른 세포로 유전정보의 이동

trich- : 머리카락 monotrichous, 하나의 머리카락 같은 편모를 가짐

-troph : 영양, 섭취 phototroph, 빛 에너지를 이용하여 영양분을 만드는 생물

uni- : 하나의, 혼자의 unicellular, 하나의 세포로 이루어진 생물

undul- : 물결치는 undulant fever, 열이 오르내리는 질병

vac-, vaccin- : 소 vaccine, 최초에 소의 피부에 접종하여 만들어진 질병예방 물질

vacu- : 빈 vacuole, 세포질에서 빈 것처럼 보이는 소기관

vesic- : 물집, 기포 vesicle, 작은 물집모양의 외상

vitr- : 유리 *in vitro*, 실험실의 유리제품에서 자란

xantho- : 노란 Xanthomonas oryzae, 노란 집락을 형성하는 세균

xeno- : 외부의, 외래의 xenograft, 다른 종에서 이식

zoo- : 동물 protozoan, 최초의 동물

zygo- : 멍에를 매다, 결합시키다 zygote, 수정란

-zyme : 발효시키다 enzyme, 생물학적 촉매. 어떤 종류는 발효시 필요하다.

임상검체 관리의 안전수칙

다른 작업환경, 특히 환자들과 교류하는 작업 중에는 학교나 병원 실험실이 안전하게 유지되는 것이 중요하기 때문에 연방정부에서는 다양한 규제와 권고안을 제정하였다. 하지만 이는 너무 광범위해서(어떤 것은 거의 200쪽이나 된다.) 전체분량을 이곳에 싣는 것은 어렵다. 그래서 필수 안전지침에 대한 소개로, 이 책에서는 다음과 같은 몇 가지 지침을 소개하고자 한다. 또한 이와 관련된 심층연구를 하고자 하는 독자들을 독려하고자 몇몇 중요한 참고자료들도 열거하였다.

1983년 CDC(미국질병통제센터)는 "혈액과 체액예방"을 주제로 하는 분야를 포함하여 "병원에서 격리예방을 위한 지침"을 발표하였다. 이 권고안에서는 혈액감염 병원균에 감염된 환자나 감염 의심환자의 혈액이나 체액을 다룰 때 지켜야 할 예방수칙들이 상세하게 설명되어 있다.

1987년 8월 CDC는 "의료관리 시설에서 HIV 바이러스의 예방을 위한 권고안"을 발표하였다. 1983년 발표된 지침과는 반대로, 1987년의 권고안에서는 혈액과 체액 예방수칙이 혈액감염 상태와 상관없이 모든 환자들에게 적용되었다. 이 혈액과 체액 예방수칙은 모든 환자들에게 적용되었기 때문에 "보편적인 혈액과 체액 예방수칙" 또는 더 간단하게 "보편적인 예방수칙"으로 불리고 있다.

이 문서들이 발표되면서, 예를 들어 '이 예방수칙은 어느 체액의 경우에 적용되는가'와 같은 안건에 대한 명확한 설명이 요구되었다. 이후 1988년 6월 24일 CDC의 MMWR에서 "개정: 의료관리 시설에서 인간 면역결핍 바이러스, B형 간염 바이러스 및 다른 혈액감염 병원균의 전염을 예방하는 보편적인 예방 수칙"이 발표되었다.

최근 이와 관련된 두 개의 보고서(CDC 1987.8월, 1988.6월) 사본은 국제 AIDS 정보센터(P.O. Box 6003, Rockville, MD 20850)에서 이용할 수 있다.

CDC는 이 두 가지의 문서에서 날카로운 기구를 다룰 때 다음과 같은 권고안을 제시하고 있다.

1. 주사바늘, 칼, 그 밖의 다른 날카로운 기구 또는 장치를 사용할 때(예를 들어 손으로 예리한 기구를 다룰 때나 기구를 사용 후에 씻을 때, 사용한 주사바늘을 처리할 때) 부상을 방지하기 위해 주의해야 한다. 손으로 사용한 주사바늘의 뚜껑을 닫지 말 것, 손으로 주사기에서 바늘을 제거하지 말 것, 손으로 사용한 바늘을 구부리거나, 부러뜨리거나, 조작하지 말 것. 사용한 주사기와 바늘, 칼날, 그 밖의 다른 날카로운 물품들은 버릴 때 구멍이 뚫리지 않는 용기에 버려야 한다. 또한 이 용기는 평소에 사용하기에 가까운 곳에 두어야 한다.

2. 보호장비를 착용하여 '보편적인 예방수칙'이 적용되는 혈액이나 다른 액체들과 같은 혈액 및 체액에 노출되지 않도록 한다. 보호장비들은 반드시 작업의 수행과정 중 노출이 예상되는 유형에 적합한 것이어야 한다.

3. '보편적인 예방수칙'이 적용되는 혈액이나 기타 체액이 손이나 다른 피부에 닿았을 때는 즉시 깨끗이 씻어야 한다.

정맥절개(혈액 샘플 채취)시 장갑을 사용하는 것이 권장되지만, 관통상을 방지할 수는 없다. 혈액감염 병원균의 전염이 거의 없다고 알려진 시설(예를 들면, 자원봉사자 헌혈센터)에서는 숙련된 사혈전문 의사들만 정맥절개 시 장갑을 사용하도록 권고하는 등 느슨한 규제안을 적용하고 있다. 이러한 시설기관에서는 정기적으로 그들의 방침을 점검해야한다. 장갑은 정맥절개 시 장갑을 사용하는 종사자를 위해 항상 준비되어야 한다. 또한, 다음의 일반적인 지침들이 적용된다.

1. 피부에 상처나 찰과상이 있는 의료기관의 종사자가 정맥절개시술을 할 때는 장갑을 사용한다.

2. 의료기관의 종사자가 비협조적인 환자의 정맥절개시술과 같은 경우 혈액에 손이 오염되었다고 판단되면 장갑을 사용한다.

3. 유아나 아이들의 손가락채혈이나 발목채혈을 시술할 때 장갑을 사용한다.

4. 정맥절개 시술을 교육받는 사람들은 장갑을 사용한다.

1989년 3월 환경보호국(EPA)은 의료폐기물에 의해 해변이 심각하게 오염되는 것을 방지하기 위한 일환으로 "의료폐기물의 관리와 추적에 대한 표준안"을 새로이 발표하였다(Federal Register, 3월 24, 1989, pp.12325-95). 1989년 5월 미국 노동성 산하 노동안전위생국(OSHA)은 "혈액감염 병원균에 대한 직업적 노출"에 대한 새로운 규정을 발표하였다(Federal Register, 5월 30, 1989, pp.23041-139). 두 발표문에는 반드시 따라야할 절차에 관한 상세한 정보가 수록되어 있다.

또한 1989년 2월 CDC에서 제의된 후, 1989년 6. 23일 MMWR에서는 유용하면서도 자세히 설명된 "의료기관 및 치안기관 종사자에게 인간 면역 결핍 바이러스와 B형 감염 바이러스의 전염 예방에 관한 수칙"을 발표하였다.

실험 실습을 주로 담당하고 있는 종사자들에게는 "교육환경에서 감염물질의 처리(G. Ballman, 미국 임상 실험실, 7월 1989, pp.10-11)"을 추천한다. 비슷한 주제의 출판물로는 CDC가 분류한 4단계의 생물학적 안전수준을 설명하고 각 단계의 예방수칙을 제시하고 있는 "미생물학 및 생물의학 실험실에서의 생물학적 안전성(CDC,U.S. 미국 보건복지부, 공공의료서비스, 1988)"이 있으며, 생물학적 안전수준의 분류체계를 평가하는 "미생물의 위험수준 분류(C. Robinson and T.H. Hatifield, 대학과학교육저널, 5월 1995, pp. 407-9)"도 있다.

대사 경로

1단계

기질(포도당)이 세포 안으로 들어와 인산화된 6탄소가 형성된다(fructose 1,6-diphosphate).

단계 1: 헥소키나아제(hexokinase)는 ATP에서 포도당으로 인산기를 이동시켜 포도당-6-인산(glucose 6-phosphate)을 형성한다.

단계 2와 3: 포도당 분자는 과당-6-인산(fructose 6-phosphate)으로 재배열되고, 두 번째 인산기가 더해져서 과당-1,6-이인산(fructose 1,6-diphosphate)이 된다. 포스포프룩토키나아제(phosphofructo-kinase, 다른자리 입체성 효소)는 세 번째 단계에서 작용한다.

2단계

6탄소가 2개의 3탄소로 쪼개지면서 ATP 2분자가 생성된다. NAD 2분자는 환원된다.

단계 4: 6탄당인 과당(fructose)이 알돌라아제(aldolase)에 의해 서로 다른 두 개의 3탄당-인산으로 나눠진다.

단계 5: 디히드록시아세톤인산(dihydroxyacetone phosphate)은 재배열되어 글리세르알데히드-3-인산(glyceraldehyde 3-phosphate)이 형성된다.

단계 6: 또 다른 인산기가 더해지고 2개의 수소 원자와 전자가 NAD로 전달된다.

단계 7: 포스포글리세르산키나아제(phosphoglycerate kinase)는 ATP를 합성하기 위해 ADP에 인산기 전달을 촉진시킨다.

3단계

피브루산(pyruvic acid)이 형성되고 2분자의 ATP가 더 생산된다.

단계 8과 9: 남아있는 인산기가 포스포글리세르산자리옮김효소(phosphoglyverate mutase)에 의해 가장자리 탄소원자에서 가운데 탄소원자로 옮겨지고, 에놀라아제(enolase)에 의해 물 분자가 제거된다.

단계 10: 인산기 그룹은 또 다른 ATP분자를 합성하기 위해서 피브루산 인산화효소에 의해 ADP로 전달된다.

그림 E.1 해당과정(glycolysis, Embden-Meyerhof 경로) 해당과정의 10 단계는 각 단계별 특이효소에 의해 진행되며 효소는 보라색 타원으로 표시하였다(5장 설명 참조. 그림 5.11은 이 과정을 간략하게 보여준다(◀p. 125)).

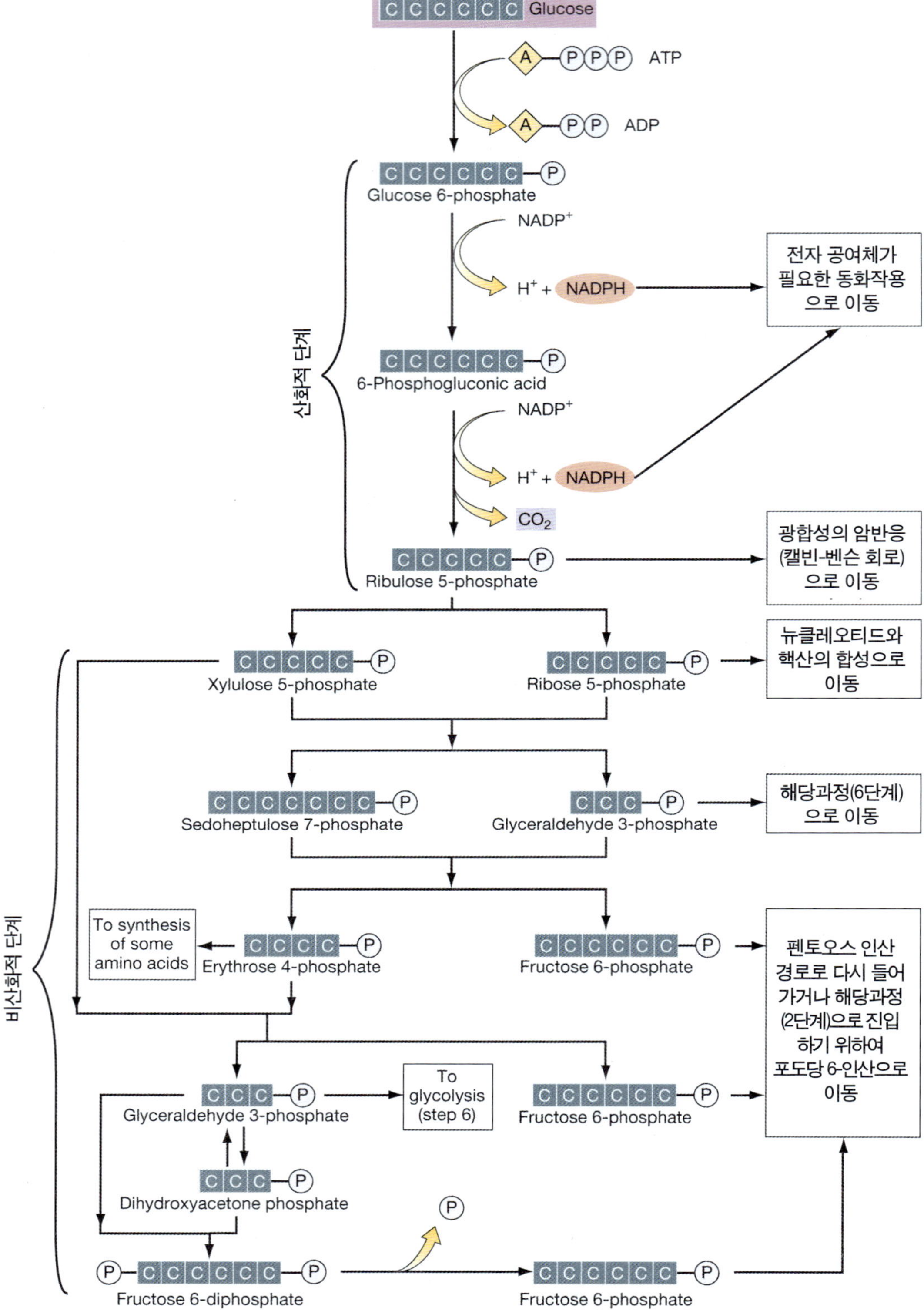

그림 E.2 펜토오스 인산 경로(pentose phosphate pathway, phosphogluconate pathway)이 대사경로는 해당과정과 함께 일어난다. 이 대사경로를 통해 포도당과 펜토오스(5탄당)는 다른 경로로 분해된다. 이 경로는 세 가지 중요한 역할을 한다. (1) 이 경로는 펜토오스 중간대사물이며, 박테리아가 핵산을 합성하기 위해 반드시 필요한 리보오스를 제공한다. (2) 이 경로의 중간 화합물은 몇몇 아미노산을 합성하는데 사용될 수 있다. (3) 펜토오스 인산 경로는 NADP를 NADPH로 환원시킨다. NADH와 같은 보조효소는 전자 수용체이며 환원력을 가지고 있다. 여러가지 중간화합물의 최종 결과물이 나타나 있다. 명료하게 표현하기 위하여 이 반응을 촉진시키는 특정 효소와 생화학 기질의 구조식은 생략되었다(이 경로에 대한 설명은 5장 참조(◀p. 126)).

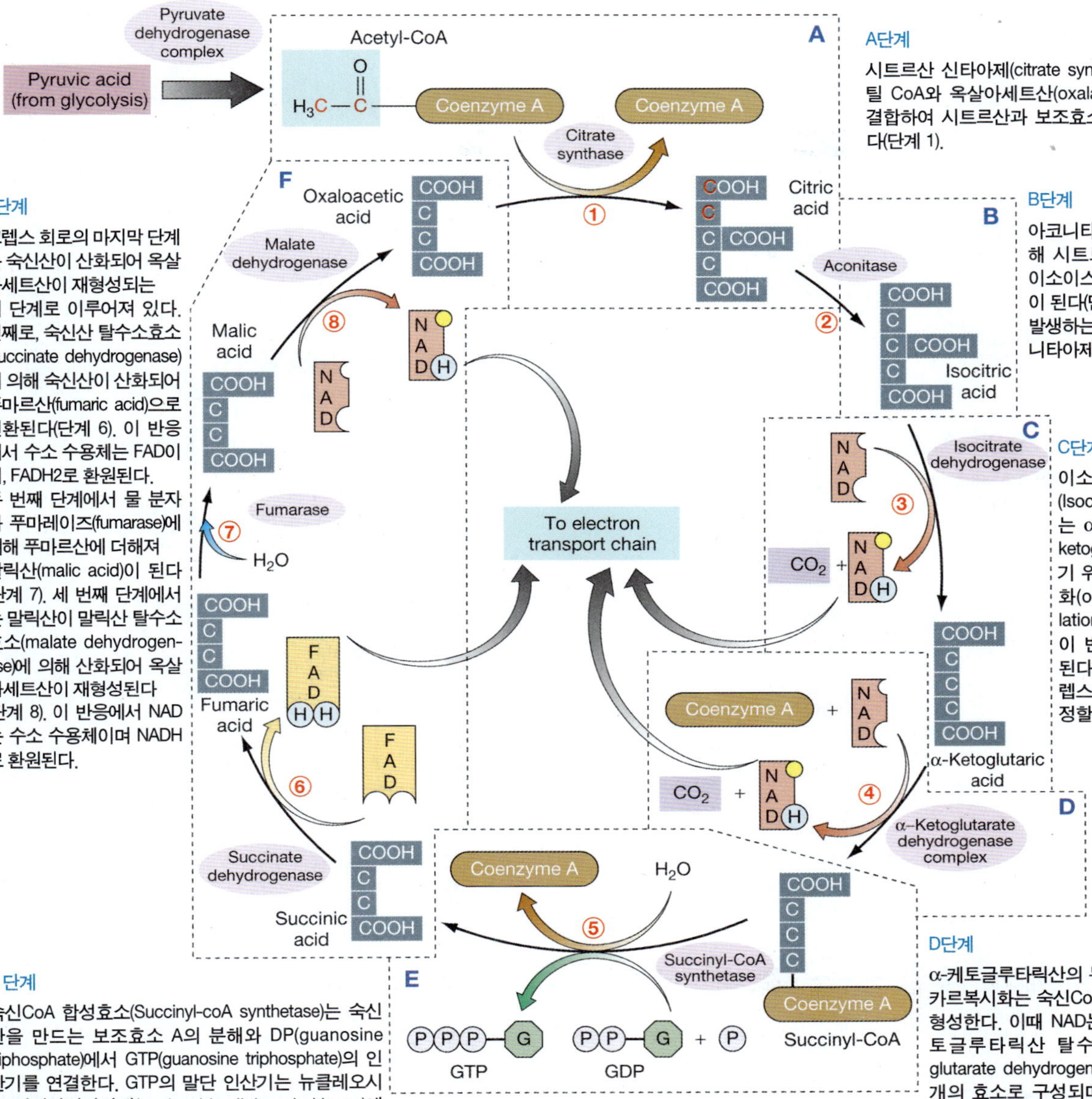

A단계

시트르산 신타아제(citrate synthase)가 아세틸 CoA와 옥살아세트산(oxalacetic acid)에 결합하여 시트르산과 보조효소 A가 생성된다(단계 1).

B단계

아코니타아제(aconitase)에 의해 시트르산은 더 산화 되어 이소이스트르산(isocitric acid)이 된다(단계 2). 이 재배열에서 발생하는 두 반응은 모두 아코니타제에 의해 촉진된다.

C단계

이소시트르산 탈수소효소(Isocitrate dehydrogenase)는 α-케토글루타릭산 (α-ketoglutaric acid)를 형성하기 위해 산화적 탈카르복시화(oxidative decarboxylation)를 촉진한다(단계 3). 이 반응에서 NAD는 환원된다. 이 반응의 속도가 크렙스회로의 전체 속도를 결정할 정도로 중요하다.

D단계

α-케토글루타릭산의 두 번째 산화적 탈카르복시화는 숙신CoA(succinyl-CoA)를 형성한다. 이때 NAD는 환원된다. α-케토글루타릭산 탈수소효소(α-ketoglutarate dehydrogenase) 복합체는 세 개의 효소로 구성되며, 아세틸 CoA를 만드는 피루브산 탈수소효와 비슷하게 작용한다.

E 단계

숙신CoA 합성효소(Succinyl-coA synthetase)는 숙신산을 만드는 보조효소 A의 분해와 DP(guanosine diphosphate)에서 GTP(guanosine triphosphate)의 인산기를 연결한다. GTP의 말단 인산기는 뉴클레오시드 이인산키나아제(nucleoside diphosphokinase)에 의해 ADP로 전달되며, 이 때 ATP가 생성된다.

F단계

크렙스 회로의 마지막 단계는 숙신산이 산화되어 옥살아세트산이 재형성되는 세 단계로 이루어져 있다. 첫째로, 숙신산 탈수소효소(succinate dehydrogenase)에 의해 숙신산이 산화되어 푸마르산(fumaric acid)으로 전환된다(단계 6). 이 반응에서 수소 수용체는 FAD이며, FADH2로 환원된다. 두 번째 단계에서 물 분자가 푸마레이즈(fumarase)에 의해 푸마르산에 더해져 말릭산(malic acid)이 된다(단계 7). 세 번째 단계에서는 말릭산이 말릭산 탈수소효소(malate dehydrogenase)에 의해 산화되어 옥살아세트산이 재형성된다(단계 8). 이 반응에서 NAD는 수소 수용체이며 NADH로 환원된다.

그림 E.3 크렙스회로(Krebs Cycle (시트르산 회로 혹은 TCA(tricarboxylic acid cycle)로 불림) 피루브산을 아세틸 CoA로 전환하는 반응은 크렙스회로 보다 먼저 진행된다(그림 5.16 참조). 이 반응은 3가지 효소를 포함하는 피루브산 탈수소효소 복합체(pyruvate dehydrogenase complex)에 의해 촉진된다. 크렙스 회로의 8단계들은 보라색 타원으로 표시된 각각의 특이적인 효소에 의해 촉진된다(설명은 5장을 참조하시오. 그림 5.17은 이 과정을 간략하게 보여준다(◀p. 130)).

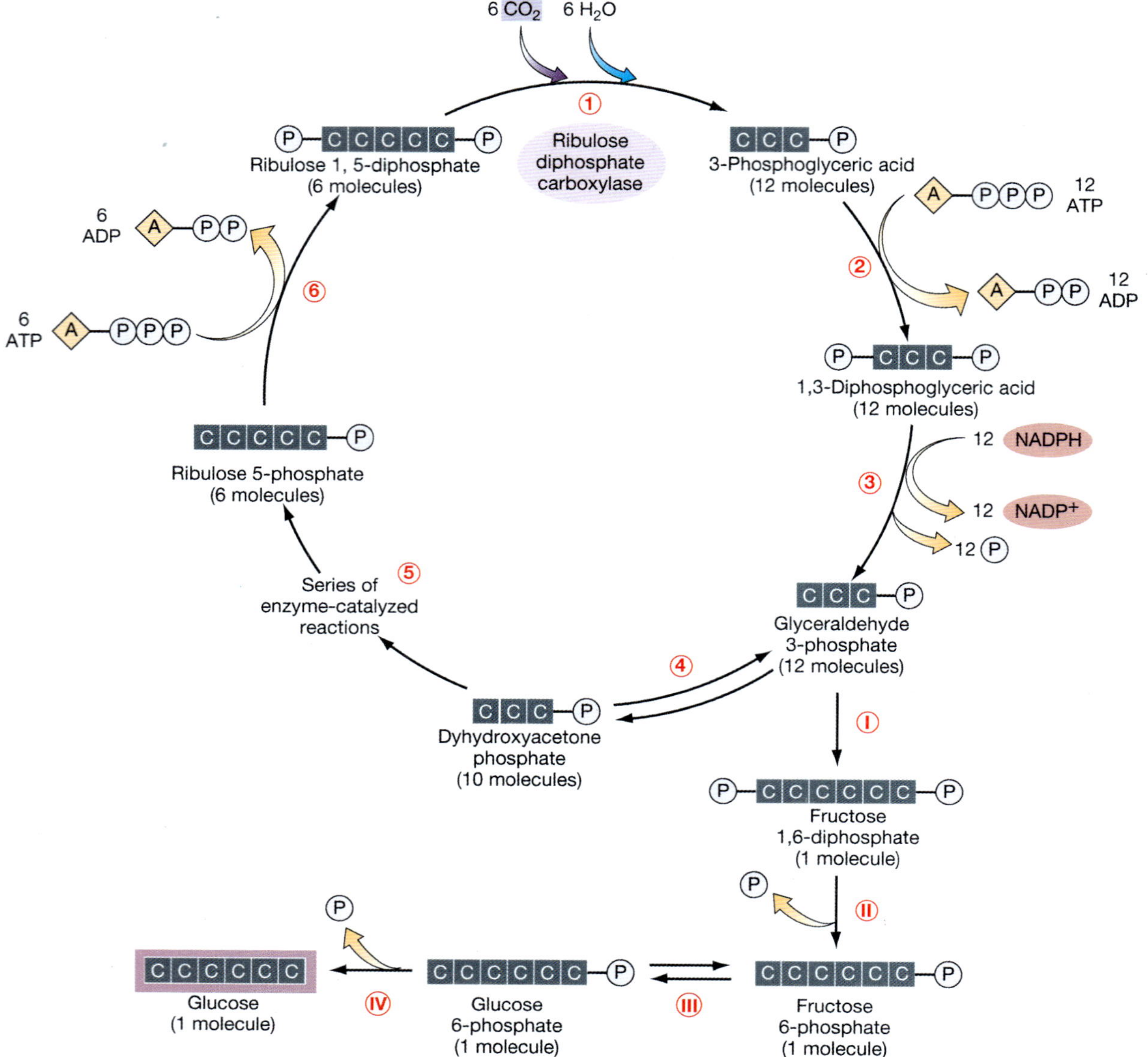

그림 E.4 캘빈-벤슨회로(Calvin-Benson cycle, 광합성의 암반응) 캘빈-벤슨회로의 각 단계들은 간략화를 위해 생략되었지만, 특이적인 효소들에 의해 촉매된다. 1단계에서 3단계까지 12개의 3탄소 중간체가 생성된다. 이 세 단계들은 광인산화 산물(ATP와 NADPH)에 의존적이다. 모든 12개의 3탄소들은 6탄당 분자를 형성하기 위하여 (1단계에서 4단계까지) 화학반응을 거친다. 다른 10개의 3탄소 분자는 재활용되어(4단계에서 6단계) 6개의 5탄소 분자가 형성된다. 이들은 ATP에 의해 리불로스-1,5-이인산(ribulose-1,5-diphosphate)로 인산화된다. 각 5탄소 분자들은 이산화탄소 분자와 결합하는 일련의 과정을 다시 시작한다. 이 단계의 촉매효소는 생물학 환경에서 가장 일반적인 효소인 리불로스이인산 카르복실라아제(ribulose diphosphate carboxylase)이다(과정에 대한 설명은 5장 참조 ◀p. 137)).

용어해설

abiotic factors(비생물적 요인) 생명체와 연관된 주변 환경의 물리적 특성

ABO blood group system(ABO 혈액형 시스템) 적혈구 표면의 혈액 항원 A와 B의 존재 유무를 기반으로 한 혈액 타입 구분 방법 중의 하나

abortive infection(유산성감염) 바이러스가 감염성 후손을 만들기 위해서 자신의 모든 유전자들을 발현해야하지만 그러하지는 못하고, 그러나 세포에는 침입하는 바이러스 감염

abscess(농양) 조직 손상으로 움푹 꺼진 부분에 축적된 고름

absorption(흡수) 빛이 물체에 투과되거나 반사되지 않고 유지되거나 다른 형태의 에너지로 전환 혹은 생체 내에서 사용되어지는 현상.

accidental parasite(우연기생생물) 정상 숙주와는 다른 생물체에 침입한 기생생물

acid(산) 물에 녹으면서 수소이온을 방출하는 물질

acidophile(호산성세균) pH 4.0~5.0 사이의 환경에서 가장 잘 자라는 산을 좋아하는 생물

acme(절정) 감염 질병의 과정에 있어서 징후나 증상이 가장 격렬한 시기(전격형, fulminating이라고도 불림)

acne(여드름) 피부의 모낭과 지방샘(피지선)이 세균에 감염되어 있는 상태

acquired immune deficiency syndrome, AIDS(후천성 면역결핍증) 감염된 사람의 면역 시스템을 파괴하는 인간면역결핍바이러스에 의한 감염성 질환

acquired immunity(획득면역) 유전이 아닌 방법으로 획득된 면역

acridine derivatives(아크리딘 유도체) DNA의 이중나선의 염기 사이에 끼어들어 틀이동돌연변이를 야기할 수 있는 화학적 돌연변이원

activated sludge systems(활성 슬러지법) 1차 폐수처리 과정을 거친 폐수에 유기물을 분해하는 호기성 미생물이 들어있는 슬러지를 첨가하고 공기를 주입하며 섞어주면서 폐수를 처리하는 방법

activation energy(활동 에너지) 화학반응을 시작하기 위해 필요한 에너지

active immunity(능동면역) 숙주의 면역 체계가 스스로 항체를 생산하거나 외부 물질에 방어할 때에 생성되는 면역

active immunization(능동 예방접종) 면역반응 자극을 통해 집단면역을 유도하여 질병을 방지하는 백신사용

active site(활성부위) 기질과 결합하는 효소의 표면 부위

active transport(능동수송) 농도구배에 역행하여 막을 가로지르는 분자나 이온들의 이동; ATP에 저장된 에너지를 소모한다.

acute disease(급성 질병) 급속하게 전개되고 빠르게 진행되는 질병

acute hemorrhagic conjunctivitis(급성출혈성 결막염) 엔테로바이러스(enterovirus)가 원인 병원체인 눈병

acute inflammation(급성 염증) 상대적으로 짧은 기간 지속되는 염증으로 이 기간 동안 숙주 방어는 침투 미생물을 파괴하고 손상된 조직을 복구한다.

acute necrotizing ulcerative gingivitis, ANUG(급성 궤사성 궤양성 치은염) (참호구강염이라고도 불림) 치주질환의 중증 형태

acute phase protein(급성기 단백질) C-반응 단백질이나 만노스-결합 단백질과 같이 급성기 반응 동안 비특이적 숙주방어기전에 의해 생성된 단백질

acute phase response(급성기 반응) 급성기 단백질과 같은 특수 혈액단백질을 생산하는 급성 질병에 대한 반응

acute respiratory disease(급성 호흡기 질환) 고열, 두통, 불쾌감 뿐만 아니라 추운 증상을 갖는 전염성의 바이러스 질환; 때때로 바이러스성 폐렴을 일으킨다.

adaptive defense(적응 방어) 바이러스와 병원성 세균과 같은 특정 항원에 반응함으로써 저항성을 가지게 되는 숙주 방어

adaptive immunity(적응성 면역) 숙주가 감염병원체에 특이적인 생리적 반응을 함으로써 그 병원체를 방어하는 능력

adenovirus(아데노바이러스) 중간 크기의 DNA를 갖는 캡시드바이러스로 화학약품에 아주 저항성이 있으며 호흡기질환과 설사병을 일으킴

adherence(부착) 숙주세포의 표면에 미생물이 접촉하는 것

adhesin(부착물질) 미생물이 숙주세포에 부착할 때 역할을 하는 부착 섬모(fimbriae)와 캡슐을 구성하는 단백질 혹은 당단백질

adsorption(흡착) 복제과정 중에 바이러스가 숙주세포에 붙음

aerobe(호기성 생물) 산소를 이용하는 개체, 산소를 반드시 필요로 하는 개체도 포함

aerobic respiration(호기성 호흡) 호기성 개체들이 크렙스 회로와 산화적 인산화를 통한 유기분자의 이화작용으로부터 에너지를 얻는 과정

aerosol(에어로졸) 공기 중에 균일하게 퍼져있는 액상의 미립자

aerotolerant anaerobe(산소내성혐기성균) 대사에 산소를 사용하지는 않지만 산소가 있어도 죽지 않는 세균

aflatoxin(아플라톡신) 강력한 발암원인 곰팡이 독소; *Aspergillus flavus*와 다른 aspergilli에 오염된 곡물이나 땅콩으로 만든 음식에서 발견된다.

African sleeping sickness(아프리카 수면병) (트리파노조마증, Trypanosomiasis이라고도 불림) 아프리카의 적도 지역에서 혈액 기생성 원생동물인 트리파노조마(*Trypanosoma*) 감염으로 발생하는 질병

agammaglobulinaemia(무감마글로불린혈증) B세포가 발달 되지 않아 항체를 만들어 내지 못하는 일차 면역결핍 질환

agar(한천) 어떤 해조류에서 추출되며 미생물 생장용 배지를 굳히는데 쓰이는 다당류

agglutination reaction(응집반응) 항원과 항체가 서로 반응하여 응집, 즉 세포가 서로 뭉치는 현상이 일어나거나 다른 큰 덩어리를 만드는 현상

agglutination(응집) 항체와 세포 표면에 있는

항원이 반응하여 세포가 서로 뭉치는 현상

agranulocyte(무과립 백혈구) 세포질에 과립이 결여되어 있거나 둥근 핵을 가지는 백혈구(단핵구 또는 림프구)

alcoholic fermentation(알코올 발효) 피루브산이 환원 상태의 NAD(NADH)의 전자에 의해 에틸 알코올로 환원되는 경로의 발효

algae(조류) [단수: alga] 원생생물계와 식물계에 속하며 광합성을 하는 진핵세포성 개체

alkaline(알칼리성) (염기라고도 불림) 수산 이온(OH-)이 풍부하여 pH가 7.0 이상일 때의 조건

alkaliphile(호염기성세균) pH 7.0에서 11.5 사이의 환경에서 가장 잘 자라는 염기를 좋아하는 생물

alkylating agent(알킬화제) 알킬그룹(–CH3)을 DNA 염기에 첨가하여 형태를 변형시켜 염기쌍에서의 실수를 야기하는 화학적 돌연변이원

allele(대립형질) DNA 분자의 동일한 위치(자리)에서 한 특성에 대한 상이한 정보를 가지는 다른 형태로서 존재하는 유전자 형태

allergen(알레르기 항원) 감작된 사람에게 진행된 면역 반응을 유도 할 수 있는 보통은 해 가 없는 외부 물질

allergy(알레르기 혹은 과민반응) 면역 시스템이 외부 물질에 대해 과도하게 혹은 부적절하게 일어나는 현상

allograft(동종이식편) 유전적으로 동일하지는 않지만 동종의 개체 사이에서 일어나는 조직 이식

allosteric site(다른 자리 부위) 비경쟁적 저해제가 결합하는 부위

alpha(a) hemolysin(알파 용혈독소) 적혈구를 부분적으로 용해시키는 효소의 한 종류, 혈액 한천배지에서 콜로니 주변에 녹색환을 나타냄

alpha(α) hemolysin(알파 용혈) 세균 효소에 의한 적혈구의 불완전한 분해

alternative pathway(대체 경로) 보체계 단백질들이 활성화되는 일련의 연속된 비특이적 숙주 반응 중 하나

alveolus(폐포) 호흡세기관지끝에 무리를 지어 배열되어 있는 주머니 모양의 구조로서 세포 한 층의 두께로 되어 있으며 거기서 공기교환이 일어난다.

amantadine(아만타딘) 인플루엔자 A 바이러스의 침투를 예방하는 항바이러스제

amebozoa(아메바류) 위족에 의해 이동하고 식세포작용에 의해 먹이를 소화하는 원생동물의 주요 군(예; *Amoeba* 종 들)

ames test(에임스테스트) 영양요구 박테리아에서 돌연변이를 일으키는 능력을 바탕으로, 특정 물질의 돌연변이 성질을 판단하는데 사용하는 테스트

amino acids(아미노산) 아미노기와 카르복실기를 포함하는 유기산, 단백질의 구성요소

aminoglycosides(아미노글리코사이드) 세균의 단백질 합성을 방해하는 항생제

amoebic dysentery(아메바성 이질) *Entamoeba histolytica*에 의해 유발되는 급성의 중증 아메바증

amoeboid movement(아메바운동) 아메바나 몇몇 백혈구 같은 벽이 없는 세포에서 일어나는 위족에 의한 움직임

amphibolic pathway(양성대사) 에너지나 합성 반응을 위한 빌딩블럭을 생산할 수 있는 물질대사 경로

amphitrichous(양극성) 세균의 세포 양쪽 끝에 편모가 존재함

anabolic pathway(동화작용 경로) 생물학적으로 중요한 분자를 합성하는데 에너지가 사용되는 일련의 화학반응 경로

anabolism(동화작용) 단순 구성물로부터 큰 분자로 합성될 때 에너지가 사용 되는 화학작용(합성이라고도 불림)

anaerobe(혐기성 생물) 산소를 이용하지 않는 개체, 산소에 노출되면 죽는 개체도 포함

anaerobic respiration(혐기성 호흡) 전자 전달 사슬에서 최종 전자 수용체가 산소가 아닌 무기분자(예; 황산염, 질산염) 인 호흡

analytical study(분석 역학) 질병이 발생한 집단에서 원인과 결과의 연관성을 확립하는 것에 중점을 두는 전염병연구

anamnestic response(2차 면역 반응) (2차반응 참조) 기억 세포가 작동되어 빠르게 일어나는 면역반응

anamorphic(무성생식형) 곰팡이의 생활환 중 무성적 부분

anaphylactic shock(아나필락시스형 쇼크) 알레르기 반응 때문에 갑작스럽게 극단적으로 혈압이 떨어지는 현상

anaphylasis(아나필락시스) 보통 안 좋은 영향을 미치는 급작스럽고 과도한 면역반응

angstrom(옹그스트롱) 0.0000000001 m나 10^{-10} m와 같은 측정단위. 현재는 공식적으로 사용되지 않음.

animal passage(동물이동) 병원균에 의해 감염되기 쉬운 동물의 종을 따라 병원균의 빠른 전파

animalia(동물계) 모든 동물이 속한 생물계

anion(음이온) 음전하를 띄는 이온

anionic(acidic) dye(음이온(산성) 염료) 산성염료, 색소에 음이온을 지닌 세균염색에 사용되는 음이온성 화합물.

anneal(재결합) 상보적인 염기서열이 많은 부위에서 수소 결합에 의해 DNA의 이중 가닥으로 결합하는 것으로 DNA 혼성화와 관련되어 사용된다.

antagonism(길항작용) 2개의 항생제를 동시에 복용함으로 인해 효과를 줄이는 작용

anthrax(탄저병) endospore(내생포자)에 의해 전파되며, 피부(cutaneous), 호흡(respiratory → 이 경우, Woolsorter's disease라고도 함), 그리고 창자(intestinal) 탄저 형태로 존재하는 *Bacillus anthracis*(탄저균)에 의해 야기되는 인수공통전염병

antibiosis(항생작용) 세균 또는 곰팡이에 의한 항생제의 자연적인 생성

antibiotic(항생물질) 다른 미생물을 파괴하거나 생장을 억제할 수 있는 미생물에 의해 만들진 화학물질

antibiotics(항생제) 미생물에 의해 만들어진 화학물질이며, 다른 미생물의 생장을 억제하거나 파괴함

antibody titer(항체 역가) 혈액에 존재하는 항체의 양. 보통은 응집반응으로 측정한다.

antibody(항체) (면역글로불린이라고도 불림) 항원에 특이적으로 반응한 결과로 생성되는 단백질로서 해당 항원에 특이적으로 결합할 수 있다.

anticodon(안티코돈) mRNA 코돈에 상보적인 tRNA 상의 3-염기 서열로, 각 코돈과 이에 상응하는 아미노산 사이의 연결을 담당

antigenic determinant(항원결정부위) 에피톱(epitope) 참조

antigenic drift(항원연속변이) 헤마글루티닌과 뉴라미니다제를 암호화하는 유전자의 돌연변이로인한 항원변이 과정

antigenic presenting cell(항원표지세포) 항원을 분해하여 세포 표면에 펩티드를 제시할 수 있는 대식세포, 수지상세포, B세포와 같은 면역 세포

antigenic shift(항원불연속변이) 바이러스 유전자의 재결합에의해 야기되는 항원변이 과정

antigenic mimicry(항원 모방) 감염원의 항원

과 유사한 자가 항원

antigenic variations(항원성 변이) 항원연속변이와항원불연속변이에의해일어나는인플루엔자바이러스의돌연변이

antihistamine(항히스타민) 히스타민에 의한 증상을 완화시켜주는 약물

antimetabolite(대사길항물질) 세포의 중요한 대사작용을 방해하는 물질

antimicrobial agent(항미생물제) 미생물에 의한 질병 치료에 사용되는 화학요법 제제

antiparallel(역평행) DNA 이중나선에서 두 가닥이 반대 반향의 두미(head-to-tail)로 배열

antiseptic(방부제) 미생물을 죽이거나 그들의 생장을 저해하기 위해 조직의 외부에 안전하게 사용할 수 있는 화학제

antiserum(면역혈청) [복수형: antisera] 항체를 포함하고 있는 혈청

antitoxin(항독소) 특정 독소에 대한 항체

antiviral protein(항바이러스성 단백질) 바이러스의 복제를 저해하는 인터페론에 의해 유도되는 단백질

apicomplexan(정복합체포자충류) (포자충류라고도 불림) 일반적으로 복잡한 생활환을 갖는 *Plasmodium*과 같은 기생성의 원생동물

aplastic crisis(골수형성부전발증) (골수무형성위기라고도 불림) 적혈구 생성이 멈추는 시기

apoenzyme(아포효소) 효소의 단백질 부분

apoptosis(세포사멸) 유전적인 프로그램에 의해 세포가 죽는 현상

arachnid(거미) 몸이 두 부분으로 되어 있고 4쌍의 다리 및 먹이를 포획하고 찢는데 사용되는 구기를 갖는 절지동물

Archaea(고세균) 생물의 세 도메인중 하나; 모든 구성원은 세포벽에 펩티드글리칸을 결여하고 있으며 여러 가지 측면에서 진정세균과 구분이 되는 세균생물

arenavirus(아레나바이러스) RNA를 갖는 피막보유바이러스로 라싸열과 여러 출혈열을 일으킴

arthropod(절지동물) 키틴성의 외골격, 체절성의 몸, 일부 혹은 모든 체절과 연결된 부속지 등의 특징을 갖는, 생물체 중 가장 커다란 군을 구성하고 있다.

arthus reaction(아르더스 반응) 항원 물질을 피하 혹은 피내 주사를 해서 피부에 나타나는 국소적 반응. 면역복합체(타입 III) 과민반응

artificially acquired active immunity(인공적인 획득 능동 면역) 살아있거나 약화된 또는 죽은 병원체나 그들의 독소를 포함하는 백신에 노출되면 숙주의 면역체계는 이들을 방어하기 위해 스스로 특이적인 반응을 일으킴(예; 항체를 생성)

artificially acquired adaptive immunity(인공적인 획득 적응면역) 숙주의 면역 체계가 백신과 같은 인공적인 방법에 의하여 반응이 자극되어질 때 생성됨

artificially acquired passive immunity(인공적인 획득 수동면역) 다른 숙주에 의해 생성된 항체를 새로운 숙주에 주입되었을 때 나타남(예; 감마글로불린 주사)

ascariasis(회충병) 큰 회충 *Ascaris lumbricoides* 알에 오염된 음식물을 섭취함으로써 생기는 질환

Ascomycota(자낭균문) 자낭균류 참조

ascospore(자낭포자) 자낭균류의 각 자낭 내에서 생산된 8개의 유성포자 중 하나

ascus(자낭) 유성생식 동안 자낭균류에 의해 만들어진 주머니 모양의 구조

aseptic technique 배양액이 주위 환경의 잡균에 오염될 가능성을 최소화하는데 사용되는 일단의 과정

Asiatic cholera(아시아 콜레라) *Vibrio cholera*에 의해 생기는 중증 위장관 질환; 불결한 위생과 대변에 오염된 물이 있는 지역에서 흔하다.

aspergillosis(아스퍼질러스증) (소위 농부 폐병, farmer' s lung disease라고 불림) *Aspergillus*에 속한 다양한 종들이 유발하는 피부 질환으로 면역력이 약화된 환자에게는 심각한 폐렴을 일으킬 수 있다

asthma(천식) 흡입 되거나 흡수 된 항원 때문에 혹은 내재하는 미생물에 대한 과민반응 때문에 일어나는 호흡기성 아나필락시스 반응

athlete' s foot(무좀) (소위 족부백선, tinea pedis이라고 불림) 곰팡이의 균사가 발가락 사이에 침입하여 생기는 둥근형태의 버짐으로 발가락의 피부를 건조시키고 벗겨지게 한다.

atom(원자) 물질의 가장 작은 화학 단위

atomic force microscope, AFM(원자간 힘현미경) 진보된 주사터널링현미경의 한 종류. 원자크기에서 1 μm 크기의 구조를 입체적으로 볼 수 있음.

atomic number(원자번호) 특정한 원소의 원자의 양성자 수

atomic weight(원자량) 원자의 양성자와 중성자 수의 합

atopy(아토피) 알레르기 항원이 우리 몸에 들어온 바로 그 장소에서 처음으로 발생하는 국소적 알레르기 반응

atrichous(무모성) 편모가 없는 세균의 세포

attachment pilus(접착선모) (핌브리아로 불림) 세균이 표면에 접착할수 있게 하는 선모의 종류

attenuation(감쇠작용) (1) 유전자 산물이 필요하지 않을 경우에 오페론의 전사를 미리 종결시키는 유전적 조절 기작. (2) 약독화, 생물체의 질병-유발 능력의 감쇠

auditory canal(이도) 많은 작은 털과 귀지선을 포함하는 피부로 덮혀 있는 귀 바깥쪽 부분.

autoantibody(자가항체) 자신의 조직에 대한 항체

autoclave(고압멸균기) 고압의 습열에 의해 멸균하는 기구

autograft(자가이식) 신체의 일부 조직을 다른 부분으로 이식하는 것

autoimmune disorder(자가면역 질환) 자신의 인체 내의 세포에 있는 항원에 대해 과민반응을 유발한 면역 질환

autoimmunization(자가면역) "자신" 에 대해 과민반응이 일어나는 과정; 인체의 구성 성분에 대해 외부 물질로 인식하여 면역반응이 일어 날 때 생긴다.

autotroph(독립영양생물) 유기 분자를 합성하기 위해 이산화탄소 기체를 사용하는 개체

autotrophy(독립영양) "자가 영양" 생물분자의 합성을 위해 탄소 원자의 원천으로 CO_2를 사용

auxotroph(영양요구주) 특정 효소를 합성하는 능력을 상실한 영양적으로 결함이 있는 돌연변이체

axial filament(축사) (endoflagellum으로도 불림) 스피로헤타의 세포질 실린더의 끝부분 근처에 부착하여 스피로헤타의 몸이 코르크마개뽑이 처럼 회전하게 하는 표면 아래의(subsurface) 섬유

B cell(B세포) (B 림프구 참조)

B lymphocyte(B 림프구) (B세포라고도 불림) Fabricius 낭이나 그 유사 조직에서 생성되고 성숙되며, 항체를 생성하는 형질 세포로 분화된다.

babesiosis(바베시아증) (바베스열원충증이라고도 불림) 정복합체포자충류인 *Babesia microti* 또는 다른 *Babesia* 종에 의해 야기되는 원충성 질병

bacillary angiomatosis(간균성 혈관종증) 리켓치아 원인체인 *Bartonella hensalae*에 의해 야기되는 피부나 내장의 작은 혈관의 질병

bacillary dysentery(세균성 이질) shigellosis 참조

bacillus(간균) 막대모양의 세균

bacteremia(균혈증) 세균이 혈액으로 운반되지만 수송 중에는 증식하지 않는 감염

bacteremia(세균혈증) 세균이 혈관을 통해 이동하지만 증식하지는 않는 감염증

bacteria(세균) [단수: bacterium] 모든 원핵생물체

bacteria(세균) 대문자 B로 나타낼 때는 생물의 세 도메인중의 하나의 이름

bacterial conjunctivitis(세균성 결막염) (소위 유행성결막염, pinkeye이라고도 불림) 다양한 세균들이 원인인 전염성이 매우 높은 결막염

bacterial endocarditis(세균성 심내막염) 심장의 내막과 판막에 일어나는 감염 이나 염증 (감염성 심내막염이라고도 함)

bacterial enteritis(세균성 장염) 장 점막 혹은 더 깊은 조직내 세균 침입에 의해 생기는 장감염

bacterial lawn(세균밭) 페트리디쉬 내의 한천 표면에 자라는 세균의 균일한 층

bacterial meningitis(세균성 뇌수막염) 뇌와 척수를 감싸고 있는 뇌척수막에 세균이 감염되어 발생하는 염증

bactericidal(살균성) 세균을 죽이는 제제의 성질

bacteriocin(박테리오신) 어떤 세균들에 의해 분비되어 같은 종의 다른 균주들이나 관련된 종들의 성장을 억제하는 단백질

bacteriocinogen(박테리오시노젠) 박테리오신의 생산을 지시하는 플라스미드

bacteriophage(박테리오파아지) (파아지라고도 불림) 세균을 감염시키는 바이러스

bacteriostatic(정균성) 세균의 생장을 저해하는 제제의 성질

bacteroid(박테로이드) 일반적으로 *Rhzobium*의 유주세포가 변형되어 밀집된덩어리로 발견되는 부정형 세포로 콩과식물의 뿌리에 뿌리혹을 형성한다.

balantidiasis(발란티디움증) 섬모를 갖는 원생동물 *Balantidium coli*에 의해 유발되는 이질

balantitis(귀두염) 음경의 감염

Bang' s disease(방그병) Brucellosis 브루셀라증, Undulant fever 파상열, Malta fever 말타열이라고도 불림; *Brucella* 몇몇종에 의해 일어나는 인수공통전염병. 인간에게 높은 감염력을 가진다.

barophile(호압균) 높은 정수압을 받고도 사는 생물

Bartholin gland(바톨린 선) 여성 외부 생식기의 점액-분비 기관

bartonellosis(바르토넬라증) Oroya fever 나 verruga peruana의 형태로 일어나는 *Bartonella bacilliformis*에 의한 리켓치아성 질병

base analog(염기유사물질) DNA상의 질소성 염기에 유사한 분자구조를 가진 점돌연변이를 유발하는 화학적 돌연변이원

base(염기) 수소이온과 결합하거나 수산이온을 공여하는 물질

Basidiomycota(담자균문) 곤봉상균류 참조

basidiospore(담자포자) 담자균류의 유성 포자

basidium(담자기) 짧고 가느다란 줄기위에 4개의 외생 포자를 갖는 담자균류가 만드는 곤봉 모양의 구조

basophil(호염구) 조직으로 이동하여 히스타민을 분비함으로써 염증반응의 개시를 돕는 백혈구

benign(양성) 무해함

beta oxidation(베타 산화) 지방산을 2-탄소 조각으로 분해하는 물질대사 경로

beta(β) hemolysin(베타 용혈독소) 세균의 효소에 의한 적혈구의 완전한 용해

bilirubin(빌리루빈) 적혈구의 헤모글로빈의 분해로 생기는 노란색의 물질

binary fission(이분법) 세균세포의 성분이 두 배로 늘어난 세균세포가 똑 같은 모양의 두 세포로 분열하는 과정

binocular(쌍안) 2개의 접안렌즈로 구성되어있는 광학현미경을 말함.

binomial nomenclature(이명법) 개개의 생물을 속명과 종 형용어로 지정하는 린네에 의해 개발된 분류의 체계

biochemistry(생화학) 유기화학의 부문으로 생물 체계의 화학 작용을 학습

bioconversion(생물전환) 세포내의 효소에 의해 화합물이 다른 화합물로 전환되는 반응

biogeochemical cycle(생물지구화학적 순환) 영양소로 사용되는 원소와 물이 재순환되는 기작

biohydrometallurgy(생습식 제련) 광물에서 금속을 추출하기 위해 미생물을 사용하는 것

biological oxygen demand, BOD(생물학적 산소요구량) 물속에 용해된 유기물질성 폐기물을 분해하는데 요구되는 산소량

biological vector(생물학적 매개체) 병원체를 활발히 전파하는 생물체로서 병원체는 그 생물체 안에서 그들 생활사의 일부를 완성한다.

bioremediation(생물정화) 자연계에 존재하는 미생물이나 유전공학적으로 개발된 미생물을 이용해 해로운 물질들을 덜 해롭거나 독성이 없는 물질로 전환하는 과정

biosphere(생물권) 살아있는 생명체들이 서식하는 지구 영역

biotic factors(생물적 요인) 생물권에 존재하고 있는 생명체

blackfly fever(진디등에열) 잔디등에에게 물려서 생기는 질병으로 증상의 특징은 염증 반응과 메스꺼움 및 두통이다.

blackwater fever(흑수열) 황달이나 신장질병을 야기하는 *Plasmodium falciparum* (열대열원충)에 의한 말라리아

blastomycetic dermatitis(분아진균성 피부염) *Blastomyces dermatitidis*가 원인인 진균성 피부질환으로 흉터와 흉한 궤양 및 고름이 생기는 병변이 특징이다

blastomycosis(분아진균증) 상처를 통해 *Blastomyces dermatitidis*가 유입되어 발생하는 진균성 피부질환

blocking antibody(방해항체) 알레르기 항원의 양을 증가 시켜서 알레르기 환자에서 유도한 IgG 항체. 이 IgG 항체가 알레르기 항원이 IgE 항체와 반응하기 전에 알레르기 항원과 복합체를 형성한다.

blood agar(혈액한천배지) 적혈구의 파괴 즉 용혈을 일으키는 미생물을 동정하는데 쓰이는 양의 피를 함유한 한천 배지

blood-brain barrier(혈액 뇌관문) 뇌에 존재하는 혈관을 일컫는 용어로서, 모세혈관 벽이 두껍고 또한 통로 역할을 하는 구멍이 존재하지 않으므로 제한된 물질만이 뇌조직으로 유입될 수 있다.

Body tube(경통) 시료로부터 접안렌즈로 이미지가 전달되는 현미경의 한 부분.

boil(종기) 부스럼(furuncle) 참조

Bolivian hemorrhagic feve(볼리비안 출혈열) 잠행성 발병과 진행성양상을 나타내는 arenavirus에 의한 multisystem 질병

bone stink(뼈악취) *Clostridium* 미생물에 의해 유발되는, 커다란 시체의 깊은 조직의 부패

bongkrek disease(봉크레크 질환) *Pseudomonas cocovenenans*에 의해 유발되는 식중독. 폴리네시아 원주민이 즐기는 코코넛 요리의 이름에서 명칭이 유래되었다.

botulinum(보툴리누스) (보툴리즘, botulism 이라고도 불림) *Clostridium botulinum*으로 발생되는 질병. 음식에 함유된 독소를 섭취했을 때 발병하는 보툴리누스가 가장 흔하며, 이 질병은 감염이 아니라 중독이다.

bradykinin(브라디키닌) 조직상해와 연관되어 통증을 일으키는 것으로 생각되는 작은 펩티드

brain abscess(뇌농양) 머리 상처나 몸의 다른 상처로부터 유입된 미생물이 뇌로 침투하여 고름이 생성되는 질병

bread mold(빵곰팡이) (접합균문으로도 불림) 격벽이 없는 키틴성의 균사로 구성된 복합적인 균사체를 갖는 곰팡이

bright-field illumination(명시야조명) 광학현미경의 집광기를 통과한 가시광선에 의해 만들어지는 조명.

Brill-Zinsser disease(브릴-진서병) 재발성 발진티푸스, recrudescent typhus라고도 함. 림프절에서 잠복하고 있는 병원체의 재활성화에 의해 야기되는 재발성 발진티푸스 감염증

broad spectrum(광범위) 다양한 미생물들을 공격하는 항생제의 활성 범위

bronchial pneumonia(기관지 폐렴) 기관지에서시작되어폐포쪽을둘러싸는조직으로퍼져나갈 수있는폐렴

bronchiole(세기관지) 공기를전달하는기관지의미세하게세분화된부분

bronchitis(기관지염) 기관지의감염

bronchus(기관지) [복수: bronchi] 공기를 폐로 전달하거나 폐로부터 전달하는 세분화된 기관

brucellosis(브루셀라증) (파상열, Undulant fever/말타열, Malta fever이라고도 함) 여러 종의 브루셀라 종에 의해 일어나는 높은 감염력의 인수공통전염병

bubo(가래톳) pus(농)의 축적에 의한 감염 부위, 특히 서혜부와 겨드랑이 부위의 종창을 의미하며, bubonic plaque (림프절 페스트)와 같은 질병의 특징임

bubonic plaque(림프절 페스트) *Yersiniapestis*(페스트균)에 의해 야기되고 flea (벼룩)에 물려 전염되는 세균성 질병으로 원인균이 혈액과 림프액을 통해 이동함.

budding(출아법) 기존의 세포 표면에서 작은 세포가 새로이 발생하는 효모와 일부 세균의 생식 과정

bulking(팽화) 사상체 형태의 세균이 증식하여 슬러지가 가라앉지 않고 폐수 위를 떠 다니는 현상

bunyavirus(부니야바이러스) RNA를 갖는 피막보유바이러스로 여러 형태의 호흡기 질환과 출혈열을 일으킴

Burkitt' s lymphoma(버킷림프종) Epstein-Barr virus에 의해 야기되는 jaw(턱)의 종양으로, 주로 아프리카의 어린이에게서 나타남.

burst size(방출량) (바이러스 수율이라고도 불림) 복제과정 중에 방출된 새 비리온의 수

burst time(방출시기) (복제과정에 있어서) 흡착으로부터 파아지 방출까지의 시간

cancer(암) 비정상세포의 통제 불가능한 침입성 증식

candidiasis(칸디다증) (모닐리아증, moniliasis 이라고도 불림) 구강에 아구창이나 질염이 발생하는 피부병으로 효모의 일종인 *Candida albicans*가 원인 병원체이다.

Canine parvovirus(견파보바이러스) 개에서 심각한 질병을 일으키는 파보바이러스

canning(통조림 제조) 음식물을 보존하기 위해 고압의 습식열을 이용하는 것

capnophile(호탄산균) 생장을 위해 이산화탄소를 선호하는 생물

capsid(캡시드) 핵산을 보호하며 바이러스의 모양을 결정하는 바이러스의 단백질 껍질

capsomere(캡소미어) 바이러스 캡시드를 만드는 단백질 집합체

capsule(협막 혹은 피막) (1) 생명체가 분비한 세포벽 바깥의 보호 구조. (2) 림프절과 같은 기관을 덮고 있는 결합 섬유들의 망상 구조물.

carbapenems(카바페넴) 세균의 세포벽에 작용하는 살균성 항생제

carbohydrates(탄수화물) 탄소, 수소, 산소로 구성된 화합물로 대부분의 생명체의 주 에너지원

carbon cycle(탄소순환) 대기 중에 존재하는 이산화탄소 형태의 탄소가 생명체나 비생명체로 들어간 후 다시 대기 중으로 나와 순환하는 과정

carbuncle(큰 종기) 특히 목과 등 위쪽이 감염되어 생기는 고름이 찬 커다란 상처

carcinogen(발암물질) 암-발생 물질

cardiovascular system(심혈관계) 신체의 각 부분에 산소와 영양분을 공급하고, 이로부터 이산화탄소와 다른 대사산물을 제거하는 신체계통

carrier(보균자) 관찰 가능한 증상이나 임상적 신호 없이 전염성 병원체가 잠복 중에 있는 개체

cascade(연쇄반응) 보체계에서와 같이, 효과가 증폭되어 나타나는 일련의 연속적인 반응들

casein hydrolysate(유단백가수분해물) 우유 단백질에서 유래한 많은 아미노산을 함유한 물질; 배지의 보강성분으로 쓰임

caseous(치즈 모양) 결핵을앓고있는환자의폐조직에서형성되는치즈모양의특징적인병변

cat scratch fever(고양이긁힘열) *Afipia felis* 또는 *Bartonella(Rochalimaca) henselae*(이 세균이 더 일반적 원인)가 원인인 질병으로 고양이에게 긁히고 물리면서 전파된다

catabolic pathway(이화작용 경로) 고분자를 저분자로 분해하며 에너지를 얻는 일련의 화학반응 과정

catabolism(이화작용) 분자의 화학적 분해로서 에너지를 방출한다

catalase(카탈레이즈) 과산화수소를 물과 산소로 전환하는 효소

catarrhal stage(카타르성단계) 고열, 재채기, 구토, 가볍고 건조한 지속적 기침을 특징으로 하는 백일해의 단계

cation(양이온) 양전하를 띄는 이온

cationic(basic) dye(양이온(염기성)염료) 염기성염료, 색소에 양이온을 지닌 세균염색에 사용되는 양이온성 화합물.

cavitation(진공현상) 세포의 세포질 내부에 빈 공간의 형성

cell culture(세포배양) 흩어진 세포로부터 단층을 형성하는 배양과 세포현탁액의 연속배양

cell line(세포주) 계대배양의 결과로 얻어지는 우점종을 이루는 세포유형

cell membrane(세포막) (Plasma membrane 이라고도 불림) 세균 세포의 세포질과 바깥환경 사이의 경계를 형성하는 선택적 투과성의 지질단백질 이중층.

cell nucleus(세포핵) 핵막으로 둘러싸여 있고 핵질, 인, 염색체(전형적으로 두쌍)을 포함하는 구분된(distinct) 세포기관.

cell theory(세포설) 슐라이덴과 슈반에 의해 확립된 이론으로 세포가 모든 생물체의 기본적인 단위가 됨

cell wall(세포벽) 대부분 세균, 조류, 균류, 식물 세포의 바깥 층으로, 세포의 형태를 유지함.

cell-mediated(type IV) hypersensitivity(세포매개(타입 IV) 과민반응) (지연형 과민반응이라고도 불림) 환경, 감염성 물질, 이식된 조직, 인체 자신의 악성종양 같은 외부 물질에 의해서 유도된 알레르기 반응; T 세포에 의해 조절된다.

cell-mediated immunity(세포매개성면역) T세포가 B세포를 활성화시키거나 병원체에 감염된 세포, 암세포, 이식세포 등을 직접 죽이는 작용을 포함하고 있는 면역반응

cellular slim mold(세포성 점균류) 위변형체를 형성하기 위해 집합하는 아메바성 식세포로 구성된 진균과 유사한 원생생물

cementum(백악질) 잇몸 아래 치아의 뼈처럼 단단한 덮개

central nervous system, CNS(중추신경계) 뇌와 척수로 구성됨

cephalosporins(세팔로스포린) 세포벽 합성을 억제하는 항생제

cercaria(유미유충) 달팽이나 연체동물 숙주로부터 출현한 자유 유영하는 흡충의 유생

cerumen (귀지) 귀지

ceruminous glands (귀지선) 귀지를분비하는 변형된피지선

cervix(자궁경부) 자궁의 아래쪽 좁은 부분의 입구

Chagas' disease(샤가스병) 미국의 남부와 남미 지역에서 *Trypanosoma cruzi* 감염으로 발병되는 질병이며, 특히 멕시코에서는 풍토병이다. 침노린재가 매개하여 전염된다.

chancre(궤양) 딱딱한, 무통증, 비배출성 외상; 초기 단계 매독의 증상

chancroid(무른궤양) 부드럽고 통증을 수반하며, 생식기의 피부 외상을 일으키는 *Hemophilias ducryi*균에 의해 일어나는 성병으로 피가 쉽게 남.

chemical bond(화학 결합) 분자 형태의 원자에서 전자의 상호작용

chemical equilibrium(화학 평형) 기질이나 생산물의 농도에 순변화가 없는 정류 상태

chemically nondefined media(비한정합성배지) 복합배지(complex media) 참조

chemiosmosis(화학 삼투) 전자 전달에 의해 양성자 기울기가 만들어지고, ATP의 합성을 이끌기 위해 사용되는 에너지 획득의 과정

chemoautotroph(화학독립영양생물) 환산염과 질산염과 같은 간단한 무기 물질을 산화시켜 에너지를 얻는 독립영양생물

chemoheterotroph(화학종속영양생물) 이미 만들어져 있는 유기분자를 분해하여 에너지를 얻는 종속영양생물

chemokine(케모카인) 감염부위로 식세포들을 유도하는 사이토카인

chemostat(연속배양장치) 신선한 배지를 연속적으로 주입하여 배양액의 지수생장을 유지하는 장치

chemotaxis(주화성) 화학물질 쪽 혹은 반대쪽으로 움직이는 생물의 비임의적인 움직임

chemotherapeutic agent(화학요법제 또는 약) 질병 치료를 위한 특정 화학물질

chemotherapeutic index(화학요법지수) 몸무게 킬로그램 당 특정 약물의 최대 허용량을 질병의 치료효과가 나타나는 최소 약물 용량으로 나눈 것

chemotherapy(화학요법) 다양한 질병의 치료를 위해 화학 물질을 사용

chickenpox(수두) 수두-대상포진 허피스바이러스가 원인인 전염성이 매우 높은 피부질병으로 주로 어린이에게 발생한다.

chigger dermatitis(털진드기유충) 피부염 털진드기 *Trombicula*의 유충에 의해 생기는 심한 과민반응

childbed fever(산욕열) (puerperal fever, puerperal sepsis라고도 불림) Vaginal(질)이나 호흡기계의 정상세균총인 β-hemolytic streptococci에 의한 질병으로, 주로 출산 시에 의료종사자에 의해 유입되어 야기됨.

chitin(키틴) 대부분의 진균의 세포벽과 절지동물의 외골격에서 발견되는 다당류

Chlamydiae(클라미디아) 비운동성의 작은 구형 세균; 절대세포내 기생체로 복잡한 생활사를 갖는다.

chloramphenicol(클로람페니콜) 단백질 합성을 억제하는 정균제

chlorination(염소화) 세균을 죽이기 위해 염소를 물에 투여하는 것

chloroplast(엽록체) 진핵세포에서 발견되는 엽록소를 포함하는 세포기관으로 광합성을 수행함.

chloroquine(클로로퀸) 말라리아원충에 효과가 있는 항원충제

chromatin(염색질) 세포내의 미세한 실 같은 염색체의 양상.

chromatophore(색소체) 광합성세균과 시아노박테리아 내부의 막

chromosomal resistance(염색체 저항성) 염색체 DNA의 변이로 인한 미생물의 약물 내성

chromosome mapping(염색체 지도작성) 염색체의 유전자순서를 결정하는 것

chronic amebiasis(만성 아메바증) 원생동물 *Entamoeba histolytica*에 의해 유발되는 만성 감염

chronic disease(만성 질병) 급성질환보다 훨씬 더 천천히 전개되는 질병, 보통 정도가 훨씬 심하지 않고 오랫동안 지속됨

chronic fatigue syndrome(만성피로증후군) chronic Epstein-Barr virus 증후군이라고도 불림) 지속적인 피로나 발열 등의 증상을 유발하며 단핵구증과 유사한 원인 불명의 질병

chronic inflammation(만성 염증) 염증유발원과 이를 제거하려는 식세포나 다른 숙주방어들 사이의 관계가 지속적이면서도 불분명하게 떨어져 있는 상태

chronic wasting disease(만성소모성질병) 프리온이 원인으로 사슴과 엘크에서 발병되는 해면상 뇌질환

ciliate(섬모충류) 표면 대부분을 덮고 있는 섬모에 의해 이동하는 원생동물

cilium(섬모) [복수: cilia] 파동의 형태로 때리며 움직일 때 사용되는 짧은 세포 돌기

citric acid cycle(시트르산 회로) 크렙스 회로와 같음

clonal selection hypothesis(클론선택가설) 항원에 노출되었을 때 어떻게 특정 항원에 대항하여 항체가 생성되고, 동일한 항체를 생산하는 세포의 클론이 나타나는지를 설명하는 가설

clone(클론) 하나의 세포로부터 유래되어 유전적으로 동일한 세포들

club fungi(곤봉상 균류) (담자균문이라고도 불림) 담자기에포자를 형성하는 버섯, 독버섯, 녹병균, 깜부기병균을 포함하는 진균

coagulase(코아귤라제) 혈액을 응고(혈전 형성)를 촉진시키는 세균이 생산하는 효소

coarse adjustment(조동조절) 대물렌즈와 시료사이의 거리를 빠르게 조절하는 현미경의 초점 조절.

coccidioidomycosis (콕시디오이드마이세스증) (valley fever로도 알려짐) 토양 곰팡이인 *Coccidioides immitis*에 의해 일어나는 곰팡이 호흡기 질환

coccus(구균) [복수: cocci] 둥근 모양의 세균

codon(코돈) 번역 과정에서 특정 아미노산을 지정하는 mRNA 상의 3-염기 서열

coelom(체강) 고등동물에서 소화관과 체벽사이의 공간

coenzyme(조효소) 효소와 결합하거나 느슨하게 연결되어 있는 유기 분자

cofactor(보조 인자) 효소의 기능을 위해 필요로 하는 무기 이온

cold seep(냉삼출) 바다 밑바닥에 존재하는 대륙 가장자리 근처의 메탄가스가 세어 나오는 곳

으로 이곳에는 바닷물에 의해 차가워진 화학물질이 존재하고 열적 경사가 형성되어 있다.

colicin(콜리신) 일부 대장균 균주들에 의해 분비되어 다른 대장균주들의 성장을 억제하는 단백질

coliform bacteria(대장균군) 포자를 형성하지 않는 호기성 또는 통성 혐기성 그람 음성 세균으로 젖산을 발효해 산과 가스를 생성한다. 이 균들이 특정 숫자 이상 존재하면 물이 분변으로 오염되었다는 지표가 된다.

colloids(콜로이드) 너무 커서 용액 형태로 될 수 없는 미립자가 액상에 분산되어 있는 형태

colonization(군집화) 피부나 점막과 같은 상피세포 표면에 있어서 미생물의 성장

colony(집락) 하나의 세포가 분열하여 이루어진 자손의 집단

colony-forming unit, CFU(집락형성단위) 집락을 형성시킬 수 있는 살아 있는 세균 세포

colorado tick fever(콜로라도진드기열) 두통, 요통, 또는 발열을 주증상으로 하며, 개 진드기에 의해 운반되는 orbivirus 에 의한 야기되는 질병

colostrum(초유) 출산 직후 모유가 나오기 전에 유선으로부터 분비되는 단백질이 풍부한 액체

commensal(편리공생생물) 다른 생물체의 안 또는 밖에서 살면서 그 생물체에 해를 끼치지는 않고 이익을 얻는 생물체

commensalism(편리공생) 한쪽이 이익을 주고 다른 한 쪽은 이익이나 손상이 없는 공생관계

common-source outbreak(병의 창궐 원인) 오염된 물질에 접촉함으로써 발생하는 전염병

communicable infectious disease(전염성 질병) 하나의 숙주로부터 다른 곳으로 전파될 수 있는 감염성 질병 (접촉성 전염병이라고도 함)

community(군집) 일정한 환경 내에 존재하는 모든 종류의 살아있는 생명체

competence factor(반응요소) 배지에 분비되어 세균의 DNA흡수를 도와주는 단백질

competitive inhibitor(경쟁적억제제) 활성부위에 결합하여 기질과 경쟁하는 기질과 비슷한 구조의 분자

complement system(보체계) 보체(complement) 참조

complement(보체) 혈액을 따라 순환하는 20개 이상의 거대 조절단백질군이며 활성화되면, 다양한 미생물에 대항하여 비특이적 방어기전을 형성한다.

complement fixation test(보체고정시험) 적은 양의 항체를 진단하기 위해 사용하는 복잡한 혈청학적 방법

complementary base pairing(상보적 염기쌍) 아데닌과 티민(또는 우라실) 염기 또는 구아닌과 시토신 염기 사이의 수소 결합

completed test(완전시험) 다시험관 발효법에서 대장균군을 최종적으로 확인하는 시험법으로, eosin-methylene blue, EMB 평판배지에서 성장한 집락을 액체배지나 사면배지에 접종하여 확인한다.

complex medium(복합배지) 비교적 잘 정의되어 있으나 제조할 때 마다 화학성분이 조금씩 달라지는 물질을 함유한 배양 배지

complex virus(복합형 바이러스) 박테리오파아지나 폭스바이러스 같이 피막이나 특별한 구조를 갖는 바이러스

compound light microscope(복합광학현미경) 하나 이상의 렌즈를 가진 광학현미경

compound(화합물) 2개 이상의 원소의 원자로 이루어진 화학 물질

compromised host(타협숙주) 저항력의 감소로 좀더 감염되기 쉬운 개체

conclusion(결론) 실험결과들의 분석을 거친 최종적 결과

condenser(집광기) 광선을 모아서 시료를 통과하게 만드는 현미경 장치

condyloma(곤지롬) genital wart(생식기 사마귀) 참조

confirmed test(확정시험) 다시험관 발효법에서 대장균군을 검사하는 2번째 시험법으로, 가스를 생산하는 배지 가운데서 가장 희석이 많이 된 배지를 eosin-methylene blue(EMB) 평판배지에 도말하여 대장균군을 확인한다.

confocal microscopy(공초점현미경) 형광화학염료 분자 활성화를 통해 발광 시키기 위해 자외선빔을 사용하는 현미경.

congenital rubella syndrome(선천성 풍진증후군) 태반에 전달된 바이러스가 배발생 과정의 태아에게 감염되어 태아의 사망이나 손상을 유발하는 풍진 병발증

congenital syphilis(선천성 매독) 출산 전 트레포네마 균이 태반을 통해 엄마로부터 태에게 전염되는 매독

conidium(분생포자) [복수: conidia] 어떤 세균이나 균류에서 무성생식으로 생성되어 구슬 모양을 이루는 작은 기층 포자

conjugation(접합) (1) 접합섬모를 통하여 하나의 세균으로부터 다른 세균으로의 유전정보의 이동 (2) 섬모충류들간의 정보교환

conjugation pilus(접합선모) 2세균을 함께 부착하여 유전 물질 교환의 수단을 제공하는 섬모의 일종.

conjunctiva(결막) 눈의 점막

consolidation(경화) 대엽성폐렴에 섬유소가 축적된 결과 공기공간이 방해

constitutive enzyme(구성효소) 생물체에 유효한 영양물질에 상관없이 항상 합성되는 효소

consumer(소비자) (종속영양생물, heterotrophy이라고도 불림) 생산자나 다른 소비자들을 포식하여 영양소를 얻는 생명체

contact dermatitis(접촉성 피부염) 알레르기 항원이 피부에 두 번째 접촉 되었을 때 나타나는 세포매개(타입 IV) 과민반응 질환

contact transmission(접촉전파) 직접적 및 간접적 또는 비말 등에 의해 전파되는 질병의 형태

contagious disease(접촉성 전염병) 전염병 질병 참고

contamination(오염) 무생물체 혹은 피부와 점막의 표면 위에 미생물이 존재

continuous cell line(연속성 세포주) 세포배양 시 오랜 세대를 걸쳐 번식할 수 있는 세포

continuous reactor(연속식 반응기) (연속식 발효조라고도 불림) 산업미생물학과 제약미생물학 분야에서 이용되는 장치로서, 미생물을 죽이지 않고 미생물 유래의 제품을 생산, 분리 정제하는 데 이용됨.

control variable(통제변수) 실험도중에 변하지 말아야할 요소

convalescence period or stage(회복기) 손상된 조직이 회복되고 치료가 되면서, 환자가 체력을 다시 얻는 감염질병의 단계

convalescent period of stage(회복기 단계) 조직이 복구되고 치료되어 신체가 힘을 얻어 회복되는 감염질환의 단계

coomb' s antiglobulin test(쿰스 항글로브린 시험) 항-Rh 항체를 진단하는 면역학적 방법

core(포자핵) 내생포자의 살아있는 부분

cornea(각막) 환경에 노출된 안구의 투명한 부위

corona viruses(코로나바이러스) 감기와 급성 상기도호흡질환을 일으키며 곤봉모양의 돌출부를 가진 바이러스

cortex(피질) 내생포자의 두 인지질막 사이에 발

달한 펩티도글리칸의 층상구조

coryza(코감기) 일반감기

countable number(계산가능수) 한천 평판 위에 명확하게 분리된 상태로 형성되어 세기에 적절한 집락의 숫자(30~300 사이)

covalent bond(공유 결합) 원자 쌍 공유에 의해 형성된 원자 사이의 결합

cowpox(우두) 림프절의 염증, 열 등의 증상을 나타내는 질병으로 우두 바이러스(vaccinia virus)가 원인이다. 이 바이러스는 천연두와 원숭이두창에 대한 백신을 만드는 데 사용된다.

crepitant tissue(염발음 조직) 가스괴저의 기포에 의해 생긴 뒤틀린 조직

creutzfeldt-jakob disease, CJD(크로이츠펠트-야콥병) 프리온이 원인으로 사람에게서 발병하는 전염성 해면상 뇌질환

crista(크리스타) [복수형: cristae] 미토콘드리아 내막의 주름

cross-reaction(교차반응) 특정 항체가 유사한 구조를 지닌 다른 항원과 결합하는 면역반응

cross-resistance(교차내성) 공통된 기전을 통한 2개 또는 그 이상의 유사한 항생제에 내성

croup(위막성 후두염) 음조가 높고 심한 기침을 특징으로 하는 급성후두폐색

crustacean(갑각류) 각 체절에 한 쌍의 부속지를 갖는 주로 수생의 절지동물

cryptococcosis(효모균증) 출아하고 피낭성효모인 *Filobasidiella neoformans*에 의한 곰팡이 호흡질환

cryptosporidiosis(크립토스포리디움증) *Cryptosporidium* 속 원생동물에 의해 유발되는 질환으로 AIDS환자에게 흔하다.

curd(응유) 세균 유래의 효소첨가 시 생겨나는 우유의 고체상 부분으로, 치즈를 제조하는데 이용됨

cutaneous anthrax(피부탄저병) 내생포자가 피부의 상피세포층에 침입한 후 2~5일 사이에 피부의 표면에 나타나는 *Bacillus anthracis*에 의한 감염병

cyanobacteria(시안세균) 광합성을 하는 원핵성 단세포 생물로 모네라계의 구성원

cyanosis(청색증) 혈액에산소부족으로푸른피부를특징으로함

cyclic photophosphorylation(순환적 광인산화) 엽록소에서 활성화된 전자가 물의 분해나 NADP의 환원이 없이 ATP를 생산하기 위해 이용되는 경로

cyst(포낭) 어떤 세균에 의해 형성되는 둥글고 두꺼운 벽으로 둘러싸인 세포. 내생포자를 닮았음.

cysticercus(낭미충(속)) (방광충이라고도 불림) 타원형의 흰색 낭으로 구성되어 있는데 촌충머리가 그 안에 함입되어있다.

cysticercus(낭미충) 안에 촌충의 머리를 갖고 있는 달걀 모양의 하얀 주머니

cystitis(방광염) 방광의 염증

cytochrome(사이토크롬) 전자 전달 사슬에서 기능하는 전자 운반체; 헴단백질

cytokine(사이토카인) 숙주 방어에 특정한 역할을 하는 수용성 단백질로 그 종류가 다양함

cytomegalovirus, CMV(거대세포 바이러스) 광범위하고 다양한 그룹의 헤르페스 바이러스 중 하나로 보통 정상 성인들에게서는 아무런 증상이 없지만 에이즈 환자들과 선천적으로 감염된 아이에게는 심각한 영향을 미칠 수 있음.

cytopathic effect, CPE(세포변성효과) 바이러스가 세포 안에 만드는 가시적인 효과

cytoplasm(세포질) 진핵생물의 세포핵을 제외한 세포 내부의 반유동체의 물질

cytoplasmic streaming(세포질유동) 세포질이 진핵세포의 한 부분에서 다른 쪽으로 흐르는 과정

cytoskeleton(세포골격) 진핵세포를 지지하고 단단함과 형태를 제공하며, 세포 움직임을 제공하는 단백질 섬유의 망상조직.

cytotoxic (type II) hypersensitivity(세포독성(타입 II) 과민반응) 세포, 특히 적혈구 세포, 표면에 존재하는 항원에 의해 유도되는 알레르기 반응으로 항원들을 면역 시스템이 외부 물질로 인식한다.

cytotoxic drugs(세포독성 약) DNA 합성을 방해하는 약으로서 면역 시스템을 억제하거나 이식 거부 반응을 막는 역할을 한다.

cytotoxic T cell(세포독성 T세포) 바이러스에 감염된 세포를 파괴하는 림프구

dark repair(암수선) 활성에 빛을 필요로 하지 않는 여러 효소에 의해 손상된 DNA가 수선되는 기작; 결함이 생긴 뉴클레오티드 서열을 절단하고 변화하지 않은 DNA 사슬에 상보적인 DNA로 대체

dark-field illumination(암시야조명) 광학현미경에서 시료를 통과하지 않고 반사되는 빛을 일컬음, 결과적으로 어두운 배경에 밝은 이미지를 만듦.

daughter cell(딸세포) 세포분열에 의해 탄생한 동일한 두 세포 가운데 하나

deaminating agent(탈아민물질) 질소성 염기로부터 아미노 그룹(-NH_2)을 제거하여 점돌연변이를 야기하는 화학적 돌연변이원

death phase(사멸기) 하강기(decline phase) 참조

debridement(창상절제) 화상을 입은 조직 위에 형성된 단단한 딱지 또는 껍질을 외과적으로 제거하는 시술

decimal reduction time, DRT(십진 감소시간) 특정 온도에서 주어진 개체군 내의 생물을 90% 죽이는데 필요한 시간의 길이

decline phase(하강기, 쇠퇴기) (1) 세균 생장곡선의 주요 네 단계 중 네 번째 단계로 배지 조건이 악화되어 세포가 분열 능력을 잃고 죽어가는 단계(사멸기라고도 함). (2) 쇠퇴기, 질병의 진행 과정에서 숙주의 신장된 방어력이 병원균을 압도하여 증상이 진정되기 시작하는 시기

decomposer(분해자) 생산자나 다른 소비자의 배설물이나 사체를 소화하며 영양소를 얻는 생명체

deep hot biosphere(깊고 뜨거운 생물권) 전체 지구지각의 수마일 아래 깊은 곳에는 지구가 형성될 때 만들어져 퇴적된 석유와 메탄가스를 먹고 사는 미생물 집단이 서식한다는 학설

defined synthetic medium(한정합성배지) 조성 화학물질의 종류와 양이 정확히 알려진 배지

definitive host(고유숙주) 성체이며 유성생식이 가능한 기생생물을 갖고 있는 숙주

degranulation(탈과립) 알레르기 항원을 두 번째 만난 후에 감작된 비만 세포와 호염기 세포에 의해서 히스타민과 알레르기 반응 유도 매개자가 분비되는 것

dehydration synthesis(탈수합성반응) 화합 유기 분자를 구성하는 화학 반응

delayed(type IV) hypersensitivity(지연형(타입 IV) 과민반응) 세포매개(타입 IV) 과민반응 참조

delayed hypersensitivity (T_D) cell(지연 과민성 T 세포) 이 T 세포(염증성 TH1)들이 세포매개(타입 IV) 과민반응에서 림포카인을 생산한다.

deletion(결실) DNA로부터 하나, 또는 그 이상의 질소성 염기가 제거됨. 보통 틀이동돌연변이를 생성

delta hepatitis(델타 간염) hepatitis D를 참조

denaturation(변성) 구상 단백질의 구조를 유지하고 있는 수소결합과 다른 약한 결합이 파괴됨으로 그 결과 생물학적 활성을 잃게 된다

dendritic cell(수지상세포) 신경세포의 수상돌기와 유사하게 연장된 긴 세포막을 가지는 세포

dengue fever(뎅기열) (breakdown fever라고도 불림) 중증의 뼈와 관절통을 유발하는 바이러스성 전신 질병

denitrification(탈질) 질산염이 아산화 질소나 질소가스로 환원되는 과정

dental caries(치아우식) (치아부식이라고도 불림) 치아의 법랑질과 더 깊은 곳의 침식

dental plaque(치석) (치태라고도 불림) 치아 에나멜 위에 미생물과 유기물의 계속적인 코팅

deoxyribonucleic acid, DNA(디옥시리보핵산) 하나의 세대로부터 다음 세대로 유전 정보를 전달 할 수 있는 핵산

dermal wart(피부사마귀) 표피세포에 바이러스가 감염되어 생긴 사마귀

dermatomycosis(피부진균증) 진균에 의한 피부질병

dermatophyte(피부진균) 피부와 손톱 및 발톱의 각질조직에 감염하는 진균

dermis(진피) 피부의 두꺼운 내부 층

descriptive study(기술 역학) 전염병학에서 질병의 사례 횟수, 집단 내 에서 질병의 사람의 종류, 발생한 지역, 발생한 기간 등을 기록하는 역학

desensitization(탈감작) 알레르기 항원의 양을 점차적으로 증가시켜 주사하여 알레르기를 치료하는 방법

deuteromycota(불완전균문) 불완전균류 참조

diapedesis(혈구누출) 모세혈관 벽 사이로 새어나와 혈액에서 염증조직으로 백혈구가 빠져나가는 과정

diarrhea(설사) 정상보다 많은 횟수의 배변 및 설사

diatom(규조류) 편모가 없고 유리 같은 외부 껍질을 갖는 조류 또는 식물 유사 원생생물

dichotomous key(이분법 검색표) 생물을 동정하는데 사용되는 분류 검색표; 특징을 묘사하는 서술문으로 한 쌍(either, or)씩 구성되어 있다.

differential medium(분별배지) 미생물에 의해 특정 생화학반응이 일어나면 육안으로 관찰할 수 있는 변화(색깔의 변화 또는 pH 변화)를 보이는 성분을 함유하여 미생물들을 분별할 수 있는 배지

differential stain(분별염색) 여러종류의 세균이나 다양한 생체조직의 구조를 구별하기 위해 그람염색과 같이 2개 이상의 염료를 사용하는 염색법.

diffraction(회절) 빛 파동들이 작은 구멍을 통과할 때 다른 파장들로 나눠지는 현상

DiGeorge syndrome(흉선 무형성증) 흉선이 적절하게 발달하지 않아 생긴 일차 면역결핍질환으로 결과적으로 T세포가 결핍된다.

digestive system(소화계통) 섭취된 음식물을 체내 에너지 생산과 조직으로 동화될 수 있는 물질로 바꾸는 인체 시스템

digital microscope(디지털현미경) 디지털카메라와 미리 입력된 소프트웨어로 구성된 현미경.

dikaryotic(2핵성) 세포질 융합이 일어났으나 핵은 융합하지 않아서 2개의 핵을 갖고 있는 진균세포를 지칭

dilution method(희석법) 화학요법제의 알려진 양을 포함한 연속된 시험관들에서 미생물을 배양하여 항생제 감수성 시험을 하는 방법

dimer(2합체) DNA 사슬에서 같이 연결된 두 개의 인접 피리미딘. 보통 자외선에 노출된 결과로 생성

dimorphism(2형성) 서식지 변화에 따라 자신의 구조를 변화시킬 수 있는 생물체의 능력

dinoflagellate(쌍편모조류) 2개의 편모를 갖는 조류 또는 식물 유사 원생생물

diphtheria(디프테리아) *Corynebacterium diphtheriae*에의해야기되는중증의상기도호흡질환; 이어서 심근염과 다발성 신경염을 일으킬 수 있다.

diphtheroids(디프테로이드) 정상인의 목 배양에서 발견 되는 세균으로 외독소를 생산 하지 못하나 디프테리아를 일으키는 세균과는 구별되지 않는다.

dipicolinic acid(디피콜린산) 내생포자의 포자핵심에 존재하여 내열성에 기여하는 산

Diplo-(디플로) 세균이 하나의 평면으로 분할하여 한쌍의 세포를 형성함을 나타내는 접두사.

diploid fibroblast strain(2배체 섬유모세포) 빠르고 연속적으로 분열할 수 있는 태아능을 갖고 있는 태아조직으로부터 유래한 세포

diploid(2배체) 1쌍의 염색체를 갖는 진핵세포.

direct contact transmission(직접 접촉 전파) 사람과 사람의 신체 접촉을 통해 전파되는 질병의 형태

direct fecal-oral transmission(직접적 분변-구강 전파) 배설물에서 유래된 병원체가 직접적 접촉을 통해 씻지 않은 손을 거쳐 입으로 전파되는 직접접촉전파 질병

direct microscopic count(직접검경계수법) 현미경 슬라이드를 파내어 눈금을 새긴 특수한 계수기에 일정 부피의 배양액을 채워 놓고 그 안에 있는 세균의 수를 계수하여 세균의 생장을 측정하는 방법

disaccharides(2당류) 2개의 단당류로 이루어진 탄수화물 형태

disease(질병) 몸의 모든 정상적인 기능을 수행하지 못하도록 건강의 상태를 방해(유행병학 그리고 감염질병 참조)

disinfectant(소독제) 미생물을 죽이기 위해 무생물에 사용하는 화학제

disinfection(소독) 물질의 내외에 있는 병원성 생물의 수를 질병 위험이 없는 수준까지 감 소시키는 것

disk diffusion method(디스크확산법 또는 커비-바우어 방법) 항생제의 감수성을 결정하기위해 사용되는 방법으로 항생제 디스크를 균이 접종된 페트리 디쉬위에 올리고 성장 억제환을 관찰

displacin(디스플라신) 염색체로부터 유전자를 제거 또는 대체하는 분자

disseminated tuberculosis(파종성 결핵) 전신에 퍼지는 결핵의 한 유형; 현재는 AIDS 환자에게 보여지고 일반적으로 *Mycobacterium avium-intercellulare*에 의해 야기된다.

distillation(증류) 고체와 비휘발성 물질로부터 알코올 및 다른 휘발성 물질을 분리해 내는 공정

divergent evolution(분기진화) 공통조상 종의 후손들이 분리된 종으로 동정되어질 수 있을 정도로 충분한 변화를 거치는 과정

diversity(다양성) 다양한 epitope과 반응하는 수많은 종류의 항체와 T세포수용체를 생성하는 면역 체계의 능력

DNA hybridization(DNA 혼성화) 두 생물의 각각의 DNA의 이중 가닥을 분리한 후 두 생물의 분리된 가닥을 결합하도록 하는 과정

DNA polymerase(DNA 중합효소) 각 복제가지 뒤를 따라 이동하며 원래의 가닥에 상보적인 새로운 DNA 가닥을 합성하는 효소

DNA replication(DNA 복제) 새로운 DNA 분자의 생성

DNA tumor virus(DNA 종양바이러스) 종양을 유발하는 동물 바이러스

domain(도메인) 계보다 상위의 분류 계급으로 고세균, 세균, 진핵생물로 구성된다.

donovan body(도노반 소체) 서혜육아종(granuloma inguinale)의 존재가 확인된 병변의 상처에서 발견되는 큰 단핵 세포

dracunculiasis(드라쿤쿨루스증) (메디나충증이라고도 불림) 기니벌레(guinea worm) *Dracunculus medinensis*라고 하는 기생충에 의해 유발되는 피부질환

droplet nucleus(비말) 마른 점액으로 이루어져 미생물이 묻어있는 입자를 말함

droplet transmission(비말 감염) 비말이나 작은 점액을 통해 감염되는 것

DRT or D value(십진 감소시간) 특정 온도에서 주어진 개체군 내의 생물을 90% 죽이는데 필요한 시간의 길이

drugs(제제, 약) 화학요법제

DTaP vaccine(DTaP 백신) 디프테리아, 파상풍, 그리고 비세포성 백일해 백신

dyad(이분염색체) 진핵세포에서 유사분열이나 감수분열에 의해 분할될 준비가 된 쌍으로된 염색체의 세트

dysentery(이질) 점액을 포함하는 중증의 설사이며 간혹 혈액과 농을 포함하기도 한다.

dysuria(배뇨통) 배뇨시 타는 듯한 통증

eastern equine encephalitis, EEE(북미동부말뇌염) 뇌염 바이러스의 한 종류이며, 북미 동부 지역에서 많이 발병한다. 사람보다 말에서 빈번하게 발병된다.

ebola virus(에볼라 바이러스) 출혈성 열병을 야기하는 Filovirus 속의 바이러스

eclipse period(암흑기) 바이러스가 흡착하고 숙주세포를 침입하는 동안에 세포 내에서 바이러스가 발견되지 않는 기간

ecology(생태학) 살아있는 생명체와 그들을 둘러싸고 있는 주변환경과의 관계를 공부하는 학문

ecosystem(생태계) 일정한 환경 내에 존재하는 모든 생명적 요인과 비생명적 요인

ectoparasite(외부기생생물) 다른 생물체의 표면 위에서 사는 기생생물

eczema herpeticum(포진성 습진) 헤르페스 바이러스가 피부를 통하여 침입함으로서 일반적으로 발진이 일어남; 종종 치명적임

edema(부종) 부기가 생긴 조직에서 액이 축적됨

ehrlichiosis(에르리히증) *Ehrlichia canis*나 *E. chaeffeensis*에 야기되며 개나 사람에게서 발병되는 진드기 매개성 질병

electrolyte(전해질) 용액에서 이온화되는 물질

electron acceptor(전자수용체) 화학반응에서의 산화제

electron donor(전자공여체) 화학반응에서의 환원제

electron micrograph(전자현미경사진) 전자현미경으로 만들어지는 이미지 사진.

electron microscope, EM(전자현미경) 광선과 유리렌즈 대신에 전자빔과 전자기를 사용하여 이미지를 만드는 현미경.

electron transport(전자 전달) 전자쌍들이 사이토크롬과 다른 요소들 사이에 전달되는 과정

electron transport chain(전자전달 사슬) (호흡 사슬로도 불림) 전자를 산소(최종 전자 수용체)로 흐르게 하는 일련의 요소들

electron(전자) 음전하를 띄는 원자 내에서 생기는 미립자로 원자의 핵 주위를 돈다.

electrophoresis(전기영동) 겔 상에 있는 항원을 통해 전하가 흐르도록 하여 항원이나 단백질 같은 큰 분자를 분리하기 위해 사용하는 방법

electroporation(전기천공법) 순간적인 전기충격으로 세포막에 일시적인 구멍을 만들어 외부 DNA를 가진 벡터가 들어가게 하는 것

element(원소) 1종류의 원자로 구성된 물질

elephantiasis(코끼리피부병) 연충인 *Wuchereria bancrofti*에 의한 림프관폐쇄로 체액이 저류되어 사지나 고환, 혹은 다른 부위의 종대가 나타나는 질병

emerging virus(신흥 바이러스) 전에는 풍토병이었던 바이러스나 "종간의 장벽"을 뛰어넘어 다른 종으로 그들의 숙주범위를 팽창시킨 바이러스

enamel(법랑질) 치아의 관(크라운)을 덮는 강한 표면

encephalitis(뇌염) 다양한 종류의 바이러스나 세균이 뇌에 침투하여 발생되는 염증

endemic relapsing fever(유행성재귀열) 여러 종의 *Borrelia*에 의해 야기되는 진드기 매개성 재귀열

endemic typhus(발진티푸스, 발진열) *Rickettsia typhi*에 의해 야기되는 벼룩 매개성 열병

endemic(고유성) 특정한 집단 안에 끊임없이 존재하는 질병을 나타냄

endergonic(에너지 흡수성) 에너지가 필요한 화학 반응

endocytosis(세포내흡입) 물질을 원핵세포 내부로 이동하기 위해 세포막 함입으로 소낭을 형상하는 과정.

endoenzyme(세포내효소) 효소를 생산하는 세포 안에서 작용하는 효소

endoflagellum(축사) axial flament 참조

endogenous infection(내인성 감염) 몸에 이미 있던 기회 감염성의 미생물에 의해 야기된 감염

endogenous pyrogen(내인성 발열원) 시상하부로 순환하는 단핵구와 대식세포에서 주로 분비되는 발열원으로 체온을 상승시킨다.

endometrium(자궁내막) 자궁 내 점막

endoplasmic reticulum(소포체) 원핵세포의 세포질내에 관(tube)과 판(plate)을 형성하는 광범위한 막의 체계; 단백질과 지질의 합성과 운송에 관여한다.

endospore(내생포자) *Bacillus*나 *Clostridium*과 같은 몇몇 세균 내에 형성되는 저항력이 있는 휴지상태의 구조로서 불리한 환경에서 살아남게 함.

endosymbiotic theory(내부공생설) 진핵세포의 세포소기관들이 진핵생물 내에 공생관계로 살던 원핵생물로 부터 유래했다는 가설.

endotoxin(내독소) (지질다당류라고도 함) 그람음성균 세포 벽에 결합되어 있다가 세균이 죽을 때 방출되는 독소.

end-product inhibition(최종산물저해) 되먹임저해(feedback inhibition)을 보시오

enrichment medium(농화배지) 특정한 생물의 생장을 촉진하는 성분을 함유한 배지

enteric fever(장열) 장티푸스 열 같이 장점막으로부터 신체 전체로 퍼지는 전신 감염

enteritis(장염) 장의 염증

enterocolitis(소장 결장염) 장조직을 침투하고 균혈증을 일으키는 *Salmonella typhimurium*과 *S. paratyphi*에 의해 생기는 질환

enterohemorrhagic strain of *Escherichia coli*(장출혈성 대장균) 피가 섞인 설사를 유발하고 가끔씩 치명적이다. 오염된 음식으로부터 전염된다.

enteroinvasive strain(장침투성 균주) 점막세포에 흡착하고 침투하는데 필요한 표면항원(K 항원)을 생산하는 플라스미드 유전자를 갖는 대장균

enterotoxicosis(장독소중독증) food poisoning 참조

enterotoxigenic strain(장독성 균주) 장독소를 생산하는 플라스미드를 갖는 대장균 균주

enterotoxin(장독소) 장의 조직에 작용하는 외독소

enterovirus(엔테로바이러스) 피코나바이러스의 3가지 핵심 그룹 중 하나로 신경세포, 근육세포, 호흡기계 및 피부를 감염할 수 있음

envelope(피막) 바이러스의 캡시드 외부에 존재하는 이중 막으로 숙주의 막으로부터 발아할 때 획득함

enveloped virus(피막보유바이러스) 캡시드 외부에 이중 막이 있는 바이러스

enzyme induction(효소유도) 특정 영양물질을 대사하는데 필요한 효소를 코드하는 유전자가 그 영양물질의 존재로 활성화되는 기작

enzyme repression(효소억제) 특정 대사물질의 존재로 그 물질을 합성하는데 사용되는 효소를 코드하는 유전자가 억제됨

enzyme(효소) 세포에서 화학 반응의 속도를 조절하는 단백질 촉매

enzyme-linked immunosorbent assay, ELISA(효소면역측정법) 방사능 물질 대신에 항-항체에 기질이 있으면 색깔이 변하도록 하는 효소를 붙여 사용하는 방사면역법의 변형

enzymes(효소) 세포에서 화학 작용의 속도를 조절할 수 있는 단백질 촉매

enzyme-substrate complex(효소-기질 복합체) 효소와 기질의 느슨한 연결체

eosinophil(호산구) 알레르기 반응과 기생충 감염 시 다수 존재하는 백혈구

epidemic keratoconjunctivitis, EKC(유행성 각막결막염) (소위 조선소 눈, shipyard eye이라고 불림) 아데노바이러스가 원인인 눈병

epidemic(유행병, 유행성 전염병) 단기간에 높은 비율로 발생하는 질병

epidemiologic study(역학 연구) 인구의 질병 확산에 관한 연구활동

epidemiologist(역학자) 역학을 연구하는 과학자

epidemiology(역학) 집단 내에 확산되는 질병의 요인과 기작을 연구하는 학문

epidermis(표피) 피부의 얇은 외층

epiglottitis(후두개염) 후두개의감염

epitope(에피톱) (항원결정기라고도 불림) 항체와 결합하는 구체적인 항원분자의 부위

epsilometer test(입실로미터 시험법) 항생제 감수성을 결정하고 MIC(최소억제농도)를 측정하기 위한 시험으로 항생제가 농도 기울기로 포함된 플라스틱 스트립을 사용하는 최신 버전의 확산 시험법

epstein-Barr virus(엡스타인-바 바이러스) 감염성 단핵구증과 버킷림프종을 야기하는 바이러스

ergot poisoning(맥각 중독) 맥각을 섭취함으로써 생기는 질환. 호밀(rye)과 밀(wheat)에 기생하는 곰팡이 *Claviceps purpurea*가 생산하는 독소에 의해 유발된다.

ergot(맥각) 호밀(rye)과 밀(wheat)에 기생하는 곰팡이 *Claviceps purpurea*가 생산하는 독소로서 사람이 섭취하면 맥각 중독을 일으킨다.

erysipelas(단독) (소위 성 엔서니 발적, St. Anthony' s fire이라고 함) 용혈성 연쇄상구균에 의해 발병하며 림프관을 통해 전파되어 패혈증과 여러 질병을 일으킨다

erythrocyte(적혈구) 적혈구(red blood cell)

erythromycin(에리스로마이신) 단백질 합성을 방해하여 정균 효과를 가지는 항생제

eschar(괴사딱지) 심한 화상 부위 위에 형성된 두꺼운 껍질 또는 딱지

ethambutol(에탐부톨) 특정 마이코박테리아 균주에 효과가 있는 항생제

eubacteria(진정세균) 진정한 세균

euglenoid(유글레나류) 대개 1개의 편모와 색이 있는 안점을 가진 조류 또는 식물 유사 원생생물

eukarya(진핵생물 도메인) 생물의 3도메인 중의 하나; 모든 구성원이 진핵성이다.

eukaryote(진핵생물) 진핵세포로 구성된 생물

eukaryotic cell(진핵세포) 분리된 세포 핵과 막으로 이루어진 다른 기관들을 갖는 세포.

eutrophication(부영양화) 계면활성제, 비료, 동물 거름으로 인해 물의 영양분이 농축되어 조류의 과생장과 연이은 산소 고갈을 초래한다.

exanthema(발진) 피부 발진(rash)

exergonic(에너지 방출성) 에너지가 방출되는 화학 반응

exocytosis(세포외방출) 진핵세포 내의 소낭이 세포막과 융합된후 그 내용물을 진핵세포로 부터 방출하는 과정

exogenous infection(외인성 감염) 주변환경으로부터 미생물이 생체 내로 들어와 생기는 감염

exogenous pyrogen(외인성 발열원) 내인성 발열원의 분비를 자극함으로써 발열을 일으키는 감염원의 외독소나 내독소

exon(엑손) 진핵세포에서 단백질을 코드하는 유전자(또는 mRNA) 구역

exonuclease(말단핵산가수분해효소) DNA 절편을 제거하는 효소

exosporium(포자외막) 모세포에 의하여 어떤 내생포자의 포자외각에 형성되는 지질 단백질막

exotoxin(외독소) 숙주의 조직 혹은 그 주변에 미생물이 분비하는 용해성 독소

experimental study(실험적 연구) 질병 발생에 대한 가설을 시험하기 위해 설계된 역학 연구

experimental variable(실험변수) 실험에서 고의로 변경되는 인자

exponential rate(지수증식속도) 일정 시간 간격으로 배양액의 개체군 농도가 배증하는 세균 생장 속도

extracellular enzyme(세포외효소) 체외효소(exoenzyme) 참조

extrachromosomal resistance(염색체외 저항성) 내성 플라스미드의 존재로 인한 미생물의 약물 내성

extreme halophile(극호염성균) 대염호(Great salt Lake), 사해, 증발염수호 혹은 염장식품의 표면과 같은 고염환경에서 자라는 고세균

extreme thermoacidophile(극호열성 호산성균) 매우 뜨거운 산성환경을 필요로 하는 생물; 보통 고세균 도메인에 속한다.

F^- cell(F세포) F 플라스미드가 결여된 세포; 수용세포 또는 수용세포라고 불리운다.

F^+ cell(F세포) F 플라스미드를 가지고 있는 세포; 공여세포 또는 수컷세포라고 불리운다.

F pilus(F 필러스) 접합을 위한 F세포와 F세포의 연결고리

F plasmid(F 플라스미드) F 섬모의 형성을 위한 단백질들의 유전자를 가지고 있는 플라스미드

F′ Plasmid(F′ 플라스미드) 세균염색체로부터 부정확하게 잘려 나와서 염색체 유전자의 일부를 가지고 있는 F 플라스미드

Fab fragment(Fab 분절) 항원결합부위를 갖는 항체 부위

facilitated diffusion(촉진확산) 수송분자의 도움으로 막을 가로지르는(높은 농도에의 지역에서 낮은농도로) 확산과정(농도구배를 낮춤). ATP는 필요하지 않음.

facultative anaerobe(통성혐기성균) 산소가 존재하면 호기성 대사를 수행하나 산소가 고갈되면 혐기성 대사로 전환하는 세균

facultative parasite(조건기생생물) 숙주를 의지해서 살거나 자유생활을 할 수 있는 기생생물

facultative psychrophile(통성저온균) 20°C 이하에서 가장 잘 자라나 20°C 이상에서도 자랄 수 있는 생물

facultative thermophile(통성고온균) 37°C 이상에서 잘 자라나 37°C 이하에서도 자랄 수 있는 생물

facultative(통성) 특정한 환경 조건의 존재 또는 부재에 견딜 수 있는

FAD 플라빈 아데닌 다이뉴클레오타이드, 수소 원자와 전자를 운반하는 조효소

fastidious(까다로운) 실험실에서는 맞추어주기 어려운 특별한 영양요구성을 보이는 미생물을 지칭

fats(지방) 글리세롤과 하나 이상의 지방산으로 구성된 화합 유기 분자

fatty acids(지방산) 탄소 원자와 그들과 관련된 카르복실기 한쪽 끝에 있는 수소의 긴 사슬

feces(대변, 분, 똥, 배설물) 대장에서 생산되고 직장에서 보관되는 고체 폐기물

feedback inhibition(되먹임저해) (최종산물 저해로도 불림) 대사경로에서 참여하는 중간물질의 하나 또는 전형적으로 그 최종산물의 농도에 의한 대사경로의 조절로서, 경로상의 효소를 방해

feline panleukopenia virus, FPV(고양이 범백혈구감소바이러스) 고양이에서 중증의 질병을 야기하는 parvovirus

female reproductive system(여성 생식계) 난소, 난관, 자궁, 질 및 외부 생식기로 구성된 주요 생식계

fermentation(발효) 당화작용에서 생산되는 피루브산의 혐기성 물질대사

fever(발열) 비정상적으로 체온이 상승함

fibroblast(섬유아세포) 응고혈액을 녹이고 피브린을 대체하는 새롭게 형성된 결합조직으로 육아조직을 형성함

fifth disease(제5병) (전염성홍반병, erythema infectiosum이라고도 불림) B19 *Erythrovirus*에 의해 어린 아이에서 발병하는 질병으로, 주로 볼에 발진을 일으키고 미열을 동반함.

filariasis(사상충증) 모기에 의해 운반되는 선충류에 의한 혈액이나 림프의 질병

filovirus(필로바이러스) 모양에 있어 독특한 변이성을 보이는 실모양의 바이러스. 에볼라바이러스와 마르부르그바이러스는 인간의 질병과 관련 있음

filter paper method(여과지법) 화학제의 항미생물 성질의 평가방법으로 접종된 한천 평판에 올려놓은 원형 여과지를 이용한다

filtration(여과법) (1) 일정 부피의 물 또는 공기를 세균이 통과할 수 없는 작은 구멍을 가진 여과막에 걸러 세균 개체군의 크기를 측정하는 방법. (2) 막필터를 이용하여 배지로부터 세균을 걸러내는 멸균 방법. (3) 정수장에서 침전과정을 거친 물을 모래층에 통과시켜 잔존 미생물을 걸러내는 수처리 방법

fimbria(접착선모) attachment pilus 참조

fine adjustment(미동조절) 대물렌즈와 시료 사이의 거리를 미세하게 조절하는 현미경의 초점 조절.

five-kingdom system(5계 분류체계) 생물을 5계 중의 하나로 분류하는 분류체계

flagellar stain(편모염색) 편모의 표면을 염료나 은 같은 금속으로 코팅해서 편모를 관찰하기 위한 기술.

flagellum(편모) [복수; flagella] 운동력을 부여하는 특정 세포의 길고, 가늘고, 나선형인 부속기관.

flash pasteurization(순간살균처리법) 고온 단시간 살균법에 설명

flat sour spoilage(비팽창성 산성부패) 포자들의 성장으로 인한 부패로서, 이 경우 통조림 캔이 가스로 불룩해지는 현상은 없음

flatworm(편형동물류) (편형동물문으로도 불림) 원시적이고, 체절이 없고, 자웅동체임. 그리고 때때로 기생성인 벌레

flavivirus(플라비바이러스) 작은 2중가닥 RNA 바이러스로 황열병 같은 다양한 뇌염을 유발함

flavoprotein(황색단백질) 산화적 인산화에 관여하는 전자 운반체

flocculation(응집) 물을 정화하는 과정에서 점토와 같은 부유성 고형물질을 침강시키기 위해 명반을 첨가하는 것

fluctuation test(방황변이시험) 화학물질에 대한 저항이 유도보다 자발적으로 발생한다는 것을 결정하는 테스트

fluid-mosaic model(유동 모자이크 모델) 단백질이 인지질 이중층에 분산되어 있다는 막구조의 현재 모델.

fluke(흡충류) 복잡한 생활환을 갖는 편형동물; 내부 혹은 외부 기생생물

fluoresce(형광) 짧은 파장의 빛이 조사되었을 때 특정한 색의 빛을 발산하는 현상

fluorescence Microscopy(형광현미경) 자외선을 사용하여 분자를 활성화 시켜 다른 색들의 빛을 내게 하는 현미경.

fluorescence-activated cell sorter, FACS(형광활성 세포분류기) 연구를 위해 무균 조건에서 특정 종류의 세포를 모으고 양을 측정하는 장치

fluorescent antibody staining(형광항체염색법) 항원의 존재유무를 알기위해 형광물질을 항체에 붙여 사용하는 형광현미경 작업

fluoride(불소 화합물) 세균 효소의 활성을 억제하고 치아 표면을 강화함으로써 치아 우식을 감소시키는 화합물

focal infection(병소감염) 병원미생물이 다른 곳으로 이동할 때 특별한 지역에 제한되는 감염

folliculitis(모낭염) (여드름 또는 농포라고도 불림) 병원성 세균이 모낭에 침입하여 생기는 국부 감염증

fomite(매개물) 의류, 접시, 돈과 같은 질병을 옮길 수 있는 무생물 물질

food poisoning(식중독) (장중독증이라고도 불림) 이미 만들어진 독소나 다른 독성물질에 오염된 음식을 섭취함으로써 생기는 위장관 질환

formed element(혈구) 혈액의 약 40%를 차지하는 세포 및 세포의 단편들

frameshift mutation(틀이동 돌연변이) 하나 또는 그 이상의 염기의 결실, 삽입으로부터 초래되는 돌연변이

freeze-etching(동결식각법) 전자현미경 관찰 전에 동결되어 파쇄된 시료의 표면으로 부터 수분을 증발 시켜 시료의 표면을 더 많이 노출 시키는 기법

freeze-fracturing(동결파쇄법) 전자현미경 관찰시 세포의 내부구조를 드러나게 하기위해 세포조직을 동결 시키고 나서 칼로 잘라내는 기법.

fulminating(전격형) acme(절정) 참고

functional group(작용기) 단위와 같이 화학 작용에서 일반적으로 관여하는 분자의 부분이며 분자 일부의 화학적 특성을 제공한다

fungi Imperfecti(불완전균류) (불완전균문이라고도 불림)그들의 생활환 동안 유성생식시기가 발견되지 않아서 불완전이라 이름 지어진 진균 군

fungi(균류) [단수: fungus] 주변환경으로부터 영양분을 흡수하며 광합성을 하지 않는 진핵생물계

furuncle(부스럼) (종기라고도 불림) 크고 깊으며 고름이 차는 감염

gamete(배우자) 남성(수컷) 또는 여성(암컷)의 생식세포

gametocyte(배우자모세포) 자성 혹은 웅성의 생식세포

gamma globulin(감마글로불린) 면역 혈청 글로불린 참조

ganglion(신경절) 뉴런의 신경세포체 집합

gas gangrene(가스괴저) 2종 또는 그 이상의 *Clostridium*속의 세균들이 연합하여 종종 유발되는 심한 상처 감염

gene amplification(유전자증폭) 유전공학의 기술로서 특정 유전자를 가지고 있는 플라스미드나 박테리오파지를 숙주세포 안에서 빠른 속도로 복제하는 것

gene transfer(유전자이동) 형질전환, 형질도입 또는 접합을 통하여 생명체들 사이에 유전정보를 이동시키는 것

gene(유전자) 염색체나 플라스미드 내에서 기능적 단위를 형성하는 DNA 뉴클레오티드의 선형 서열

generalized anaphylaxis(전신적 아나필락시스) 아나팔락시스형 쇼크 참조

generalized transduction(일반형질도입) 형질도입의 한 종류로서 감염된 세균의 조각난 염색체의 일부가 우연히 바이러스 복제기간 중에 새 파지입자 안에 들어와 다른 세균세포로 이동되는 것

generation time(세대기간) 개체군의 수가 두 배로 늘어나는데 걸리는 시간

genetic code(유전암호) 각 코돈과 특정 아미노산 사이의 일대일 관계

genetic engineering(유전공학) 다양한 기술을 이용하여 유전정보를 조작하여 생명체의 특성을 바람직한 방향으로 변화시키는 것

genetic fusion(유전자융합) 유전공학의 기술로서 유전자를 염색체의 한 곳에서 다른 위치로 옮기는 것; 또는 두개의 서로 다른 오페론의 유전자들을 연결시키는 것

genetic homology(유전적 상동성) 생물 간 DNA 염기서열의 유사성

genetic immunity(유전성 면역) 타고난 또는 선천적으로 부여되는 면역

genetics(유전학) 유전의 과학으로, 유전자의 구조 및 조절, 세대간의 이들 유전자의 전달 과정에 관한 학문

genital herpes(생식기 헤르페스) 제2형 단순헤르페스 바이러스 참조

genital wart(생식기 사마귀) (소위 콘딜로마, condyloma라고 불림) 성관계를 통해 전파되는 바이러스에 의해 생기는 사마귀로 종종 악성이 되어 높은 비율의 자궁경부암 발병을 일으킨다

genome(게놈) 생명체나 바이러스의 유전정보

genotype(유전자형) 한 생물체의 DNA에 들어있는 유전정보

genus(속) 하나 이상의 종으로 구성되는 분류군; 명명의 이명법체계에서 생물의 첫 번째 이름(예; *Escherichia coli*에서 *Escherichia*)

germ theory of disease(미생물 병인론) 미생물(세균)은 다른 개체에 침투하여 병을 유발할 수 있다는 이론

german measles(독일 홍역) 풍진(rebella) 참조

germination(발아) 포자 또는 내생포자가 동면을 끝내고 영양세포로 발달하는 첫 단계

giardiasis(편모충증) 편모를 가진 원생동물 *Giardia intestinalis*에 의한 위장관 이상

gingivitis(치은염) 치주질환의 약한 형태로서 잇몸에 염증이 생긴다.

gingivostomatitis(치은구내염) 입에서 나오는 점액 분비 막의 병변

glomerulonephritis(사구체 신염) (브라이트 병이라고도 불림) 신장의 사구체에 염증을 유발하고 손상을 입힌다.

glomerulus(사구체) 네프론에 있는 모세관들이 실꾸리형으로 모여 있는 것

glycocalyx(당질피질) 세포벽의 바깥에서 발견되는 다당류를 함유하는 모든 물질을 일컫는 단어

glycolysis(해당과정) 포도당을 피루브산으로 분해하고 약간의 ATP를 생산하기 위해 이용되는 혐기성 물질대사 경로

glycoprotein(당단백질) 세포나 바이러스 피막 표면 밖으로 빠져나온 탄수화물과 단백질로 이루어진 긴 돌출물 분자. 어떤 바이러스 당단백질은 숙주세포의 수용체에 부착하며 어떤 것은 바이러스와 세포막의 융합을 돕는다.

glycosidic bond(글리코시드 결합) 2개의 단당류 사이의 공유 결합

golgi apparatus(골지체) 소포체로부터의 물질을 받아 변형하고, 운반하는 진핵세포의 세포소기관

gonorrhea(임질) *Neisseria gonoherreae*으로 인한 성병

graft tissue(이식 조직) 한 부분에서 다른 부분으로 이식된 조직

graft-versus-host, GVH disease(이식편대숙주병) 숙주 항원이 숙주 조직을 파괴 할 수 있는 이식세포에 대해서 면역학적 반응을 유도하여 생기는 질환

gram molecular weight(그램 분자량) mole에서 확인

gram stain(그람염색) 세균들을 분별하기 위해 크리스탈바이올렛, 요오드, 알코올을 사용하는 분별염색법의 한가지. 그람양성세균은 어두운 보라색으로 그람음성세균은 분홍이나 적색으로 염색 된다.

granulation tissue(육아조직) 조직이 회복될 때 나타나며 모세혈관과 섬유세포로 이루어진 부서지기 쉽고, 거칠며 붉은 빛의 조직

granule(과립) 세포질에 용해되지 않는 단단한 물질들을 함유하며 막에 의해 속박되지 않은 세포함유물.

granulocyte(과립성 백혈구) 과립성 세포질을 가지고 형태가 불규칙하며 엽상의 핵을 가지는 백혈구(호염구와 비만 세포, 호산구, 호중구)

granuloma inguinale(서혜육아종) (donovanosis으로도 불림): *Calymmatobacterium granulomatis*으로 인한 성병

granuloma(육아종) 만성 염증에서 상피세포, 대식세포, 림프구, 아교섬유의 집합

granulomatous hypersensitivity(육아종성 과민반응) 탐식세포가 감염원을 탐식 했으나 감염원을 죽이는데 실패 했을 때 일어나는 세포매개과민반응

granulomatous inflammation(육아종성 염증) 육아종이 형성됨으로써 구별되는 특수한 종류의 만성 염증

griseofulvin(그리세오풀빈) 곰팡이의 증식을 방해하는 항진균제

ground itch(토양진) 십이지장충에 의해 구멍이 생긴 인체 기관에 일어나는 세균 감염

group translocation reaction(작용기 전달반응) 물질을 화학적으로 변형하여 세포 밖으로 확산되지 못하게 하는 세균의 능동수송 과정.

growth(동조생장) 대수증식기의 세포들이 모두 같은 시점에 분열하는 가상적인 생장 양상

gumma(고무종) 육아종 염증, 매독 증상으로 조직을 파괴함

gut-associated lymphatic tissue, GALT(장-연관 림프 조직) 림프절 중, 특히 소화관, 호흡관, 비뇨관의 조직을 합쳐서 부름. 항체 생성의 주요 장소.

halophile(호염세균) 생장하는데 높은 농도의 염을 요구하는 염을 좋아하는 생물

hanging drop(현적표본) 생물체의 운동성을 관찰하기 위해 암시야조명을 사용하는 특별한 형태의 습식표본.

hansen' s disease(한센병) 나병의 공식 병명이며, *Mycobacterium leprae*가 발병 원인세균이다.

나종형에서 결핵 양형에 이르기까지 다양한 병증이 나타난다.

hantavirus pulmonary syndrome (한타바이러스 폐 증후군) "신놈브레" 한타바이러스로 중증 호흡기 질환을 일으킨다.

haploid(반수체) 하나의 쌍이 아닌 염색체를 포함하는 진핵세포

hapten(합텐) 큰 분자(carrier)와 결합할 때 항원 결정기로 작용하는 작은 분자

heat fixation(열고정) 공기건조된 도말표본을 화염통과 시켜 생물체를 죽이고 슬라이드에 잘 고착 되고 염색이 용이하도록 만드는 기법

heavy chain(중사슬) 면역글로불린 분자를 구성하는 2쌍의 동일 사슬 중 큰 사슬

helminth(연충) 좌우대칭형을 갖는 벌레; 선형동물과 편형동물을 포함

hemagglutination inhibition test(적혈구응집억제반응) 홍역, 인플루엔자 및 다른 바이러스들을 진단하는데 사용하는 혈청학적 방법으로 항체가 바이러스와 결합하여 바이러스 적혈구응집반응을 막는 것에 기초한다.

hemagglutination(적혈구응집반응) 적혈구 세포의 응집(덩어리지는 현상) 반응; 혈액형 분류에 사용

hemolysin(용혈독소) 적혈구 용해하는 효소

hemolytic disease of the newborn(신생아 용혈 질환) (태아적모구증이라고도 불림) 엄마에서 유래된 항체에 의해 손상된 적혈구 세포를 파괴하는 것 때문에 영향을 받은 신생아의 간과 비장이 신생아가 태어 날 때부터 비대해져서 태어나는 질환; 엄마는 Rh 음성이고 태아는 Rh 양성일 때 발생 한다.

hemorrhagic uremic syndrome, HUS(출혈성 요독 증후군) 신장 손상과 요도에 출혈을 일으키는 대장균의 O157:H7 균주 감염

hepadnavirus(헤파디엔에이바이러스) 작은 피막보유 DNA 바이러스로 환형 DNA를 갖으며 B형 간염을 일으킴

hepatitis A(A형 간염) (이전에는 감염성 간염이라 불림) 대변-구강 경로를 통해 전염되는 단일가닥 RNA 바이러스에 의해 유발되는 대표적 바이러스성 간염

hepatitis B(B형 간염) (이전에는 혈청 간염이라 불림) 혈액이나 정액을 통해 전염되는 이중가닥 DNA 바이러스에 의해 유발되는 간염

hepatitis C(C형 간염) (이전에는 non-A non-B 간염이라 불림) 간의 효소 alanine transferase가 높은 농도로 발현되며 보통 증세가 미약하거나 뚜렷하지 않으나 면역약화 환자에게는 중증일 수 있다.

hepatitis D(D형 간염) (델타 간염이라고도 불림) D형 간염과 B형 간염 바이러스가 동시에 유발하는 감염. D형 간염 바이러스는 불완전한 바이러스로서 B형 간염 바이러스의 도움없이는 복제할 수 없다.

hepatitis E(E형 간염) 대변에 오염된 급수를 통해 전염되는 간염

hepatitis(간염) 간의 염증; 대부분 바이러스에 의해 유발되지만 가끔씩 아메바나 독성 화학물질에 의해서도 생긴다.

hepatovirus(헤파토바이러스) 피코나바이러스의 3가지 핵심 그룹 중 하나로 신경에 감염하며 A형 간염을 일으킨다.

herd immunity(집단면역) 한 집단 내에 특정 질병에 대한 면역성이 있는 개인의 비율

heredity(유전) 한 생물체로부터 그 자손으로의 유전적 형질의 전달

hermaphroditic(자웅동체(성)의) 한 생물체내에 자성과 웅성의 생식계를 다 갖고 있는 것

herpatitis delta virus, HDV(간염 델타바이러스) (간염 D형 바이러스라고도 불림) 간염 B형 바이러스와 간염 D형 바이러스가 같이 존재할 때 간염을 일으킴. 간염 D형 바이러스는 결손바이러스로 도우미인 간염 B형 바이러스가 없으면 복제가 불가능함.

herpes gladiatorium(검상포진) 레슬링 선수들의 피부 상처에 발생하는 헤르페스 바이러스에 의해 감염; 접촉 또는 매트에 의해 전염

herpes lavialis(구순포진) 입술의 단순 포진(입가의 발진).

herpes meningoencephalitis(헤르페스뇌수막염) 헤르페스 바이러스 감염으로 발병하며, 영구적 신경손상 또는 사망에까지 이르게 하는 치명적 질병이다. 기끔 일반 헤르페스 감염을 수반하거나 삼차 신경절로 전이되기도 함.

herpes pneumonia(헤르페스 폐렴) 화상 환자, 에이즈 환자 그리고 알콜 중독자에게 나타나는 드문 형태의 헤르페스바이러스 감염

herpes simplex virus type 1(제1형 단순 헤르페스 바이러스, HSV-1) 전형적으로 단순 포진(입가의 발진)과 구강에 병변을 일으키는 바이러스로, 드물게는 생식기에 병변을 일으킴.

herpes simplex virus type 2(제2형 단순 헤르페스 바이러스) HSV-2; herpes hominis virus라고도 불림) 전형적으로 성기 헤르페스를 일으키는 바이러스이나 구강 병변도 발생시킬 수 있음.

herpesvirus(허피스바이러스) 크기가 비교적 큰 피막보유 DNA 바이러스로 숙주세포 내에서 오랜 시간 동안 잠복함.

heterotroph(종속영양생물) 생물분자를 생산하기 위해 구성 물질을 이용하는 개체

heterotrophy(종속영양) "타가 영양" 생물분자의 합성을 위해 유기 분자로부터 탄소 원자를 이용

Hib vaccine(Hib 백신) 뇌수막염균 (*Haemophilus influenzae*, type b, Hib)에 대한 백신

high frequency of recombination(Hfr) strain(고빈도재조합) F세포의 1종류로서 F 플라스미드가 세균 염색체에 끼어들어가 있는 것

high temperature short-time(HTST) pasteurization(고온 단시간 살균법) (순간살균처리법이라고도 불림) 우유를 최소한 15초 동안 71.6°C까지 가열하는 공정

high-energy bonds(고에너지 결합) 가수분해시 에너지를 방출하는 화학 결합; 에너지는 가수분해 산물로부터 다른 화합물로 전달 될 수 있다

histamine(히스타민) 알레르기 반응이 일어 날 때 호염기 세포 및 조직에서 분비되는 아민

histocompatibility antigens(조직적합 항원) 일란성 쌍둥이를 제외한 모든 사람 개개인에게 특이적인 모든 종류의 사람 세포막에 있는 항원

histone(히스톤) 진핵세포 염색체의 구조에 직접적으로 기여하는 단백질.

histoplasmosis(히스토플라스마병) (Darling' s disease라고도 알려짐) 토양 곰팡이인 *Histoplasma capsulatum*에 의해 일어나며 미국 중부와 동부 지방에 전염성을 일으키는 곰팡이 호흡기 질환이다.

holding method(보온법) 저온 장시간 살균법에 설명

holoenzyme(전효소) 아포효소와 조효소 또는 보조 인자로 구성되는 기능적 효소

homolactic acid fermentation(동종 젖산발효) 환원된 NAD(NADH)로부터 전자를 사용해서 피루브산을 직접적으로 젖산으로 만드는 경로

hookworm(십이지장충) 2종류의 작고 원형인 기생충 *Ancylostoma duodenale*와 *Necator americanus*가 일으키는 질환으로 피부와 다리를 뚫고 혈관으로 들어간 후 폐와 장 조직을 뚫고 들어간다.

horizontal transmission(수평 전파) 악수, 키

스, 염증 또는 성적인 접촉을 통해 질병을 일으키는 병원균이 직접적으로 닿아서 전파 되는 것

host range(숙주범위) 미생물이 감염할 수 있는 생물의 다른 유형

host specificity(숙주특이성) 기생생물이 성숙할 수 있는 서로 다른 숙주들의 범위

host(숙주) 또 다른 생물체를 지니고 있는 어떤 생물체

HPV vaccine(HPV 백신) 자궁암 원인의 99%를 차지하는 유두종 바이러스에 대한 백신

human imuunodeficiency virus, HIV(인간 면역결핍 바이러스) AIDS를 유발하는 레트로 바이러스의 한 종류

human leukocyte antigens, HLA(사람 백혈구 항원) 이식에서 공여자와 수여자의 조직이 양립 가능한지를 결정하는 실험실 진단에서 사용하는 림프구 항원

human papillomavirus, HPV(사람유두종 바이러스) 피부와 점막을 공격하는 바이러스로 유두종 또는 사마귀의 원인이 된다

humoral immunity(체액성 면역) 세균, 세균의 독소 그리고 세포막 내부로 들어가기 전의 바이러스의 방어에 매우 효과적인 면역반응

humus(부식토) 토양의 비생물적 유기 성분

hyaluronidase(히알루로니다아제) 미생물이 생산하는 효소로 조직의 세포들을 함께 유지시키는 히알루론산을 분해하여 미생물이 조직에 보다 접근하기 쉽도록 함

hybridoma(혼성세포) 암세포와 다른 세포, 대개 항체생산 백혈구세포의 융합으로 생겨난 세포

hydatid cyst(포충포) 많은 촌충 머리를 갖고 있는 확장된 포낭

hydrogen bonds(수소 결합) 수소 원자의 일부 양전하를 띄는 부분과 산소 또는 질소 원자의 일부 음전하를 띄는 부분 사이의 비교적 약한 인력

hydrologic cycle(물 순환) water cycle 참조

hydrolysis(가수분해) 많은 복합 유기 분자로부터 단순 생성물이 생성되는 화학 반응

hydrophilic(친수성) 물을 좋아하는.

hydrophobic(소수성) 물을 거부하는.

hydrostatic pressure(정수압) 정지한 물이 가하는 압력

hydrothermal vent(열수구) 대양 바닥에 일부 존재하는 커다란 검은 굴뚝모양의 구조물로 황화합물과 거의 350°C에 달하는 매우 뜨거운 연무를 방출한다

hyperimmune serum(과잉면역혈청) (회복기 혈청이라고도 불림) 특정한 종류의 항체로 구성되어 있으며 높은 역가를 지니는 면역혈청 글로불린의 집합

hyperparasitism(중복기생) 기생생물 그 자체가 기생생물을 갖는 현상

hypersensitivity(과민반응) (알레르기라고도 불림) 보통은 반응이 일어나지 않고 무시되어지는 항원에 대해 면역 시스템이 부적절하게 반응하여 유발되는 질환

hypertonic(고장성) 세포 안 보다 높은 농도의 용해된 물질을 함유하는 용액.

hypha(균사) 진균 또는 방선균류의 긴 실모양의 세포 구조

hypothesis(가설) 관찰된 조건이나 현상에 대한 실험적인 설명

hypotonic(저장성) 세포 안 보다 낮은 농도의 용해된 물질을 함유하는 용액

IgA 혈액과 분비조직에 존재하는 항체 class

IgD 드물게 분비되며 B세포의 표면에 존재하는 항체 class

IgE 조직에 있는 비만세포(mast cell)나 혈액에 있는 호염구의 세포막에 있는 수용체와 결합하는 항체 class; 앨러지나 급작성(Type I)과민성면역반응에 관여

IgG 혈액에 존재하는 대포적인 항체 class; 2차 면역반응에서 가장 많이 생성되는 항체

IgM 1차 면역반응의 이른 시기에 주로 혈액에 분비되는 최초의 항체 class(5개의 면역글로불린의 rosette)

imidazoles(이미다졸) 곰팡이의 세포막을 파괴하는 항진균제

immedeate (type I) hypersensitivity(즉시형(타입 I) 과민반응) (아나필락시스 반응이라고도 함)이전에 노출된 적이 있는 알레르기 항원 때문에 일어나는 외부물질(알레르기 항원)에 대한 반응

immersion oil(이멀견오일) 유리-공기 경계면에서의 굴절을 막아주는 물질.

Immune complex (type III) hypersensitivity(면역복합체(타입 III) 과민반응) 백신에 존재하는 항원이나, 미생물에 있는 항원 혹은 자기 자신의 세포에 있는 항원 때문에 면역 시스템에 의해 유도되어진 과도하고 부적절한 면역반응

immune cytolysis(면역세포용해) 보체의 막공격 복합체가 세균의 세포막에 상해를 주고, 이를 통해 세균의 내용물이 새어나오는 과정

immune serum globulin(면역 혈청 글로불린) (감마글로불린이라고도 불림) 여러 사람으로부터 분리된 혈청에서 항체 분획만을 모은 것

immune system(면역체계) 감염체에 대한 특이적인 면역을 제공하는 숙주의 체계

immunity(면역) 감염체에 대항하여 스스로를 방어하기 위한 숙주의 능력

immunocompromised(면역기능저하) 면역결핍증 혹은 면역억제제 때문에 또 다른 질병과 싸워야 함으로 약해진 면역체계

immunodeficiency disease(면역결핍 질환) 림프구가 없거나 기능이 손상 되거나 유해해서 생겨나는 면역 질환

immunodeficiency(면역결핍) 림프구(B 혹은 T세포)의 결핍이 선천적이거나 태어난 후에 얻어지는 상태

immunodiffusion test(면역확산법) 침강반응이 한천 겔 배지에서 일어나는 혈청학적 진단 방법

immunoelectrophoresis(면역전기영동법) 항원을 먼저 전기영동에 의해 분리하고 나서 겔을 통해 항체와 반응을 시키는 혈청학적 진단 방법

immunofluorescence(면역형광법) 형광 물질을 항체에 달고 항원, 다른 항체 혹은 조직에 있는 보체를 진단하는 방법

immunoglobulin(면역 글로불린) (항체라고도 불림) 특정 에피톱에 반응한 면역체계에 의해 생성된 방어 단백질

immunological disorder(면역학적 장애) 부적절하거나 불충분한 면역 시스템 때문에 생겨나는 질환

immunology(면역학) 특이 면역과 어떻게 면역체계가 특정 감염체에 대해 반응하는지를 다루는 학문

immunosuppression(면역억제) 방사능 조사나 세포독성 약에 의해 면역반응을 최소화 화는 것

impetigo(농가진) 포도상구균, 연쇄상구균, 또는 두 세균이 함께 일으키는 전염성이 높은 피부 고름증(pyoderma)

inapparent infection(불현성 감염) 무증상 감염, 증상을 일으키기엔 너무 적은 생물이 존재 하거나 숙주의 방어기작이 효과적으로 병원균을 막게 되어 증상을 일으키지 못하는 감염

incidence rate(발생률) 특정기간 동안 100,000명의 인구집단 내에서 특정한 질병이 새롭게 발생된 수

inclusion blennorrhea(봉입체 고름눈물) 영

유아 눈에 가벼운 클라미디아 감염.

inclusion conjunctivitis(봉입체 결막염) *Chlamydia trachomatis*의 자가접종 됨으로써 클라미디아 감염

inclusion(봉입체) 세균의 세포질에서 발견되는 과립이나 소낭.

incubation period(잠복기) 감염질병의 단계에 있어서 감염으로부터 징후와 증상이 나타나는 시기의 사이

index case(지침증례) 어떤 질병이 최초로 밝혀진 사례

index of refraction(굴절률) 매질을 통과할 때 광선이 휘어지는 정도를 나타내는 수치

indicator organism(지표생물) 물속에 이들 생명체들이 존재할 경우 그 물은 분변으로 오염되었다는 것을 암시해 주는 *Escherichia coli*와같은 생명체

indigenous organism(토착성 생명체; native organism) 주위진 환경에 자연적으로 존재하는 생명체

indirect contact transmission(간접적 접촉 전파) 매개물을 통한 질병의 전파

indirect fecal-oral transmission(간접적 분구전파) 한 생물의 배설물을 통해 다른 생물로 병원균이 감염되어 질병이 전파되는 것

induced mutation(유도돌연변이) 돌연변이율을 증가시키는 돌연변이원으로 불리는 물질에 의해 생성되는 돌연변이

inducer(유도자) 리프레서 단백질에 결합하여 불활성화 시키는 물질

inducible enzyme(유도효소) 어떤 때는 활성을 갖고 어떤 때는 불활성 상태인 유전자에 의해 암호화되는 효소

induction(유도) 약독파아지(프로파아지)가 스스로 숙주 염색체에서 빠져나오는 현상으로 복제에 있어서 용균주기를 개시한다.

induration(경결) 튜베르쿨린 과민반응 때문에 생겨난 부풀어 오르고, 딱딱하고 충혈 된 피부

industrial microbiology(산업미생물학) 미생물 유래의 유용한 산물의 제조, 또는 폐기물의 처리를 돕기 위해 미생물을 사용하는 것과 관련된 미생물학의 한 분야

infant botulism(영아 보툴리누스 중) 플로피 아기 증후군(floppy baby syndrome)으로 부르기도 한다. 영아에게 *Clostridium botulinum* 포자로 오염된 꿀을 섭취시켰을 경우 발생하는 보툴리누스 중

infection(감염) 숙주의 체내에서 일반적으로 현미경으로 볼 수 있는 기생 생명체의 증식

infectious disease(감염성 질병) 감염원 (박테리아, 바이러스, 균류, 원생동물, 기생충)에 의하여 야기되는 질병

infectious hepatitis(전염성 간염) A형 간염을 보라

infectious mononucleosis(전염성 단핵구증) 여러 장기에 영향을 미치는 급성 질병으로 Epstein-Barr virus에 의해 야기됨.

infestation(체내침입) 살아있는 숙주의 내부나 외부에 기생충이나 절지동물의 존재

inflammation(염증) 미생물 감염에 의해 손상된 조직에 반응하는 체내 방어기전

influenza(인플루엔자) 유행성으로 오르토믹소바이러스에의한 바이러스성 호흡기 감염

initiating segment(개시부위) Hfr 균주와의 접합에서 수용세포로 이동되는 F 플라스미드의 부분

innate defense(내재방어) 어떠한 종류의 침투물질에 대해서도 작용하는 비특이적 숙주방어. 여기에는 물리적 방어벽, 화학적 방어벽, 세포성 방어, 염증, 발열, 분자적 방어가 포함된다.

innate immunity(선천성 면역) 유전적으로 결정되어 있으며 감염에 대처하기 위해 숙주에 이미 존재하고 있는 면역

insect(곤충) 3 부분으로 나누어진 몸, 3쌍의 다리, 고도로 특수화된 구기를 갖는 절지동물류

insertion(삽입) DNA로의 하나 또는 그 이상의 염기 첨가. 보통 틀이동돌연변이를 유발

interferon(인터페론) 바이러스에 감염된 세포가 아직 감염되지 않은 세포에 결합하여 분비하는 작은 단백질로써, 바이러스의 복제를 방해하는 항바이러스성 단백질을 분비하도록 유도한다.

intermediate host(중간숙주) 성적으로 미성숙된 시기의 기생생물을 갖고 있는 생물체

Intestinal anthrax(장 탄저병) *Bacillus anthrax*에 의해 내장에서 나타나는 감염증으로, 혈류로 유입된 세균이 패혈증(septicemia)을 일으키고, 수막염(meningitis)까지 야기함.

intoxification(중독) 질병을 야기시키는 미생물 독소의 섭취

intron(인트론) (사이 지역으로도 불림) 진핵세포에서 단백질을 코드하지 않는 유전자 구역

invasive stage or phase(침입기) 증세를 일으키는 시작으로 몸으로 질병의 전파

ionic bond(이온 결합) 원자 사이의 화학 결합으로 반대 전하 사이의 인력

ions(이온) 전기적 전하를 갖는 원자로 하나 이상의 전자를 얻거나 잃을 때 생성됨

iris diaphragm(조리개) 시료를 투과하는 빛의 양을 조절하는 현미경 조절장치

ischemia(허혈) 조직으로 유입되는 혈류량이 줄어 들어, 산소와 영양소의 부족, 그리고 대사산물의 축적을 일으킴.

isograft(동계이식편) 유전적으로 동일한 개체 사이에서 일어난 조직 이식

isolation(격리) 전염성 질환을 가진 환자를 걸리지 않은 사람들로부터 접촉을 막는 것

isomers(이성질체) 분자의 다른 형태로 같은 분자식을 가지지만 다른 구조를 하고 있음

isoniazid(이소니아지드) 결핵을 일으키는 마이코박테리아에 대해 정균 효과가 있는 길항대사물질

isotonic(등장성) 세포 안과 같은 농도의 용해된 물질을 함유하는 용액; 세포 부피의 변화를 야기하지 않음.

isotopes(동위원소) 특별한 원소의 원자로 중성자의 수가 다름

kala azar(칼라 아자르) *Leishmania donovani*에 의해 일어나는 내장 리슈만편모충증

kaposi' s sarcoma(카포시육종) AIDS 환자에게서 주로 일어나는 악성 종양으로 혈관이 엉켜서 성장해 복잡한 덩어리를 이루고 여기에 혈액이 차서 쉽사리 터져버리는 질환

karyogamy(핵융합) 2배체 세포를 만들기 위해 핵이 융합하는 과정

keratin(케라틴) 피부 세포에서 있는 방수성 단백질

keratitis(각막염) 각막의 염증

keratoconjunctivitis(각결막염) 각막과 눈꺼풀에 물집이 나타남

kidneys(신장) 소변을 형성하는 한 쌍의 장기

kirby-Bauer methods(커비-바우어 방법) 디스크 확산법

Koch' s Postulates(코흐의 가설) 19세기에 로버트 코흐에 의해 확립된 네 가지 가설; 특정 개체가 특정 질병의 원인이 되는 것을 증명함

Koplik' s spot(코플릭반점) 홍역의 초기에 윗입술 점막에 나타나는 붉은 반점으로 중앙에 푸른 빛의 점을 띈다

krebs cycle(크렙스회로) (삼카르복실산 회로,

시트르산 회로로도 불림) 아세틸 그룹이라고 불리는 2-탄소 단위물질이 CO_2와 H_2O로 물질대사되는 일련의 효소 촉매화학 반응

kuru(쿠루병) 프리온이 원인으로 사람의 뇌에 발병하는 전염성 해면상 뇌질환이다. 식인풍습 또는 조직 및 장기 이식과 관련되어 있음

lacrimal gland(눈물샘) 눈물을 생산하는 눈의 분비선(분비샘)

lag phase(적응기) 세균의 크기는 증가하나 숫자는 증가하지 않는 세균생장곡선의 첫 번째 주요 단계

lagging strand(지체가닥) DNA 합성 중 짧은 길이로 합성되는 새로운 DNA 가닥으로 불연속적인 DNA 절편

large intestine(대장, 큰창자) 물을 흡수하고 소화되지 않은 음식을 대변으로 전환하는 장의 아래쪽 지역

laryngeal papilloma(후두 유두종) 헤르페스 바이러스로 인해 유두종이 성장하면 기도를 차단하는 경우 위험할 수도 있다; 출산시 생식기 사마귀가 있는 산모에 의해 영유아들에게 종종 감염됨.

laryngitis (후두염) 후두감염, 종종 목소리를 잃는다.

larynx(후두) 소리상자

lassa fever(라사열 출혈성) 열병으로 arenavirus에 의해 일어나며, 인두의 병변으로 시작해서 중증의 간 손상을 야기함.

latency(잠복성) 복제할 능력을 얻을 때까지 숙주 세포내에 오랫동안 남아있는 능력

latent disease(잠복성 질환) 증상이 나타나기 전이나 공격들 사이에 활성이 없는 기간의 질병

latent period(잠복기) 박테리오파아지 생장곡선의 일정 기간으로 침입 후부터 생합성까지의 시간

latent viral infection(잠복성 바이러스 감염) 어린 시기에 감염이 있고 잠복되어 있다가 일생 중 어느시기에 재활성화 되는 헤르페스바이러스의 전형적인 감염

lateral gene transfer(수평적 유전자이동) 같은 세대의 세포들 간의 유전자이동

leading strand(선도가닥) DNA 복제 중 연속적인 가닥으로 합성되는 새로운 DNA 사슬

leavening agent(빵발효 효모) 밀가루 반죽을 부풀게 하는 가스를 생산하는 효모와 같은 물질

legionnaires' disease (재향군인병) *Leginella pneumophila*에 의한 질환으로 공기를 통해 전파된다.

leishmaniasis(리슈만편모충증) *Leishmania* 속의 3종의 원충에 의해 야기되는 전신 질병으로, 모래파리에 의해 전파됨.

lepromatous(나종형 나병) 결절형 한센병 (나병)으로서 피부조직 손상으로 인한 육아종성(granulomatous) 증상을 나타내는 나병

lepromin skin test(레프로민 피부 반응 검사) 한센병(나병) 진단법. 투베르쿨린 검사(결핵 감염 검사)와 유사함.

leprosy(나병) 한센병 참고

leptospirosis(렙토스피라병) 점액 분비 세포막이나 피부를 통해 체내로 침입하는 *Leptospira interrogans*로 인한 동물원성 감염증

leukocidin(류코시딘) 연쇄상구균과 포도상구균 뿐만 아니라 여러 가지 세균에서 생산되는 외독소로 식세포를 파괴함

leukocyte(백혈구) 백혈구(white blood cell)

leukocyte-endogenous mediator, LEM(백혈구 내인성 매개물질) 철 흡수를 감소(철 저장 증가)시키는 동안 체온 상승을 도와주는 물질

leukocytosis(백혈구증가증) 혈액 내에 순환하는 백혈구의 수가 증가함

leukocytosis(백혈구증가증) 혈액에서 순환하는 백혈구의 숫자가 증가하는 증상

leukostatin(류코스타틴) 독소를 분비하는 미생물을 잡아먹는 백혈구의 작용을 방해하는 외독소

leukotriene(류코트리엔) 탈과립 후에 비만세포에서 분비되는 반응 매개물질로서 장기간의 기도 수축, 팽창 및 모세혈관의 투과율 증가, 진한 점액 분비 증가, 고통과 가려움증을 유도하는 신경 말단의 자극 등을 유발한다.

L-form 불완전한 세포벽을 가진 불규칙한 모양의 자연 생성된 세균.

ligase(연결효소) DNA를 연결하는 효소

light chain(경사슬) (L 사슬) 면역글로불린 분자를 구성하는 2쌍의 동일 사슬 중 작은 사슬

light microscopy(광학현미경) 가시광선을 이용하여 시료를 관찰하는 현미경의 일반적인 명칭.

light-dependent(light) reactions(광종속(광)반응) 빛에너지가 엽록소의 전자를 들뜨게 하기 위해 사용되는 광합성의 일부, 이 들뜬 전자는 ATP와 NADPH를 생성하기 위해 사용됨

light-independent(dark) reacions(광독립(암)반응) (탄소 고정이라고도 불림) 이산화탄소 기체가 환원상태의 NADP(NADPH)로 부터의 전자에 의해 환원되어 다양한 탄수화물 분자, 주로 포도당을 생성하는 광합성의 일부

lipid A(지질 A) 그람음성균의 세포벽에서 발견되는 독성물질

lipids(지질) 화합물 중 하나의 그룹으로 물에 녹지 않는 화합물

lipopolysaccharide, LPS(지질다당류) (내독소, endotoxin라고 불림) 그람음성균 세포벽의 외막의 일부

listeriosis(리스테리아병) 뇌수막염의 일종으로 *Listeria monocytogenes* 감염으로 발병한다. 특히 면역력이 약한 사람들에게는 매우 치명적이다.

loaiasis(로아사상충증) 사상충 *Loa loa*가 원인인 적도지방의 눈병

lobar pneumonia(대엽성폐렴) 폐의 5개 엽 중 하나 또는 그 이상이 감염된 폐렴형

local infection(국소감염) 몸의 특정 지역에 국한된 감염

localized anaphylaxis(국소적 아나필락시스) 특정 기관/조직에 국한되어 일어나는 즉시형(타입 I) 과민반응으로 피부 충혈, 지속적 눈물, 두드러기 등이 일어난다.

locus(유전자자리) 염색체 상에서 유전자의 위치

log phase(대수증식기) 세포가 지수증식속도 또는 대수증식속도로 분열하는 세균생장곡선의 두 번째 주요 단계

logarithmic rate(대수증식속도) 지수증식속도(exponential rate) 참조

lophotrichous(속모성) 세균 세포의 한쪽 또는 양쪽 모두에 두 개 또는 그 이상의 편모를 갖는것.

low temperature long-time(LTLT) pasteurization(저온 장시간 살균법) (보온법이라고도 불림) 우유를 최소한 30분 동안 62.9°C까지 가열하는 공정

lower respiratory tract(하기도) 공기교환이 일어나는 폐포와 얇은 벽으로 둘러쌓인 세기관지

luminescence(발광) 흡수된 광선이 장파장에서 재발산 되는 현상

lyme disease(라임병) deer tick(사슴 진드기)이 운반하는 *Borrelia burgdorferi*에 의해 야기되는 질병

lymph node(림프절) 림프 내 미생물을 제거하는데 도움을 주며 림프관을 따라 존재하는 피막으로 싸인 구형의 구조물

lymph(림프) 림프모세관에서 발견되며, 과잉의 체액과 모세혈관 벽을 통해 손실된 혈장단백질들

lymphangitis(림프관염) 림프관의 충혈로 피부 하층에서 빨간색 줄무늬가 나타나는 패혈증의 증상

lymphatic system(림프계) 심혈관계와 밀접한 관계가 있으며, 체내 조직과 장기를 거쳐 림프관으로 림프를 수송하는 신체의 체계로써, 숙주 방어와 특이 면역에 중요한 기능을 한다.

lymphatic vessel(림프관) 혈액순환계로 림프를 되돌려주는 관

lymphocyte(림프구) 특이적 면역을 담당하며, 림프 조직에서 많이 발견되는 백혈구

lymphogranuloma venereum(성병성 림프육아종) *Clamydia trachomatis*로 인한 성병으로 림프 체계를 공격함.

lymphoid nodule(림프결절) 많은 조직들에서 발견된 작고 피막이 덮이지 않은 림프 조직의 집합체, 특히 소화관, 호흡관, 비뇨관에 모여 있는 장-연관 림프조직(GALT)을 총칭함. 이들은 항체 생산의 주요 장소이다.

lyophilization(동결건조) 미생물을 보존하기 위한 수단으로서 미생물을 동결시켜 건조시키는 것

lysis(용균) 세포나 세포막이 터짐으로 인해 세포가 파괴되는 것

lysogen(용원균) 약독파아지와 박테리아의 혼성체

lysogenic(용원) 용원성 상태의 세균세포

lysogenic conversion(용원성 전환) 같은 종류의 파아지가 동일 세포 내 추가적으로 감염하는 것을 방해하는 프로파아지의 능력. 혹은 비독소 박테리아가 약 독성파아지에 의해서 독소를 만들어내는 전환.

lysogeny(용원성) 약독파아지가 새로운 바이러스의 복제나 용균 없이 바이러스 DNA를 숙주 염색체에 통합시킴으로써 세균 내 존재하는 능력

lysosome(리소솜) 동물세포내에 존재하며 가수분해효소를 포함하는 막으로 둘러싸인 작은 세포소기관

lytic cycle(용균주기) 박테리오파아지가 박테리아 세포를 감염하고 복제하여 결국 세포를 용해하는 순차적인 과정

lytic phage(용균파아지) 독성파아지를 보시오.

macrolides(마크로라이드) 단백질 합성을 억제함으로써 항세균 성질을 가지며, 에리스로마이신과 같이 거대고리구조를 가지는 화합물

macrophage(대식세포) 조직에서 발견되며, 먹이를 찾아서 식세포작용을 하는 백혈구

mad cow disease(광우병) 소에게서 나타나는 전염성 해면상 뇌질환이며, 프리온이 원인으로 발병하는 질병

madura foot(마두라족) (마두라진균증, maduromycosis이라고도 불림) 다양한 미생물들(진균과 방선균류)이 원인 병원체인 적도 지역의 질병으로 맨발의 피부를 통해 자주 감염된다

maduromycosis(마두라진균증) 마두라족 참조

magnetosome(마그네토좀) 주자기성 세균이 합성한 자철광(Fe_3O_4)이 저장된 막으로 이루어진 소낭. 이들은 크기가 거의 일정하고, 작은 자석의 줄처럼 나란히 배열되어 있다.

major histocompatibility complex, MHC(주조직적합 복합체) 면역 인식 반응에 필수적인 세포 표면 단백질 그룹

malaria(말라리아, 학질) 여러 종의 *Plasmodium*에 의해 일어나는 원충성 질병으로, 모기에 의해 전파됨.

male reproduction system(남성 생식계) 정소, 정관, 특정 분비선 및 음경으로 구성된 주요 생식계

malignant(악성) 암이 되는 종양을 일컬음

malt(맥아) 전분분해효소의 농도를 증가시키기 위해 부분적으로 발아시킨 곡물

malta fever(말타열) Brucellosis와 동일(여러 종의 브루셀라 종에 의해 일어나는 높은 감염력의 인수공통전염병).

mammary gland(유선) 젖을 만들고 젖을 유두로 보내는 유관을 포함한 변형된 땀샘 분비기관

mash(매시) 분쇄된 후 뜨거운 물과 혼합된 상태의 맥아 곡물

mast cell(비만 세포) 알레르기 반응 동안 히스타민을 분비하는 백혈구

mastigophoran(편모충류) *Giardia*같이 편모를 갖고 있는 원생동물

mastoid area(유양돌기) 귀개구부 뒤쪽에 관자뼈가 많은부분

matrix(매트릭스) 액체로 찬 미토콘드리아의 내부 공간

maturation(성숙) 복제과정에서 새로 만들어진 구성요소들이 조립되어 완전한 비리온이 되는 과정

MBC(최소살균농도) 미생물을 죽이는 항생제의 최소 농도

measles encephalitis(홍역성 뇌염) 많은 생존자들에게 영구적인 뇌 손상을 가져오는 홍역 합병증

measles(홍역) (rubeola라고도 불림) 홍역바이러스가 림프조직이나 혈액에 침입하여 발생하는 질병으로 발진이 생기면서 열이 난다.

mebendazole(메벤다졸) 회충에 의한 포도당 흡수를 방해하는 항기생충제

mechanical stage(재물대 톱니) 슬라이드를 고정하고 슬라이드의 움직임을 정확하게 조절할수 있게 해주는 현미경재물대의 부가장치

mechanical vector(기계적 매개체) 기생생물이 이동하는 동안에 그 안에서는 그들 생활환의 어떤 부분도 완성할 수 없는 매개체

medium(배지) 미생물이 소모하여 자랄 수 있는 영양물질의 혼합물

meiosis(감수분열) 염색체수를 반으로 줄이는 진핵세포에서의 분열과정.

membrane attack complex, MAC(막공격 복합체) 침투세균의 세포막에 병변을 만들어 용해시키는 보체계의 단백질군

memhrane filter method(막 여과법) 물속에 존재하는 대장균군을 검출하는 시험법으로, 세균을 여과막으로 여과한 후 이 여과막을 배지 위에 올려놓고 세균을 배양한다.

memory cell(기억세포) 수명이 긴 B 또는 T 림프구로 회상반응 또는 2차 반응을 수행함

meninges(뇌척수막) 3겹으로 구성된 막으로서 뇌와 척수를 보호한다.

merozoite(분열소체) 감염된 적혈구 또는 간세포에서 발견되는 말라리아 영양체

mesophile(중온균) 25~40℃ 사이에서 가장 잘 자라는 생물로 대부분의 세균이 여기에 포함됨

mesophilic spoilage(중온성 부패) 부적절한 통조림 제조 공정으로 인한 부패, 또는 통조림의 봉인(sealing)이 부서져서 생겨나는 부패

messenger RNA(전령RNA) 단백질에서 아미노산의 배열을 지시하는 정보를 DNA로부터 옮겨주는 RNA

metabolic pathway(물질 대사 경로) 한 반응의 생성물이 다음 반응의 기질로 작용하는 일련의 반응들

metabolism(대사과정) 살아있는 개체에서 수행되는 총체적인 모든 화학 과정들

metacercaria(낭충) 최종 숙주로 들어가기 전, 흡충의 발달 중 유미유충 이후의 포낭에 싸인 시기

metachromasia(변색성) 단일염료로 염색되었을 때 다양한 색을 나타내는 성질

metachromatic granule(변색성 과립) (볼루틴, volutin이라고 불림) 변색성을 나타내는 폴리인산과립

metastasis(전이) 악성 종양이 신체조직으로 퍼져나가는 것을 일컬음

methanogen(메탄생성균) 고세균 그룹 중의 하나로 메탄가스를 생성한다.

metronidazole(메트로니다졸) 트리코모나스 감염에 효과적인 항원충제

MIC(최소억제농도) 항생제 감수성을 결정하는 희석법에서 미생물의 성장을 억제시키는 항생제의 최소 농도

microaerophile(미호기성균) 소량의 산소가 존재할 때 가장 잘 자라는 세균

microbial antagonism(미생물 길항작용) 병원균의 성장을 효과적으로 성장하지 못하게 병원균과 경쟁하는 정상균총의 능력

microbial growth(미생물생장) 세포분열로 인한 세포 숫자의 증가

microbiology(미생물학) 미생물에 대한 학문

microenvironment(미세환경) 미생물과 직접 접촉하고 있는 주변환경을 포함하여, 산소와 영양소 그리고 빛이 일정하게 유지되고 있는 서식지

microfilament(미세섬유) 진핵세포의 세포골격 일부를 구성하는 단백질 섬유.

microfilaria(소형유생) 덜 성숙한 미생물적 선형동물 유생

micrometer(마이크로미터) 0.000001 m나 10^{-6} m와 같은 측정단위. 예전에는 마이크론(μ)으로 불렸음.

microorganism, microbe(미생물) 현미경으로 연구되어야 하는 생물체; 바이러스를 포함.

microscopy(현미경 관찰) 매우 작은 사물을 맨눈으로 관찰 가능하게 해주는 기술

microtubule(미세소관) 섬모, 편모의 구조와, 진핵세포의 세포골격을 형성하는 단백질 소관.

microvillus(미세융모) [복수: microvilli] 동물세포 표면으로부터 뻗어나온 미세 돌기

miliary tuberculosis(속립결핵) 조그마한 병변을 나타내며 모든 조직을 침범하는 결핵의 한 형태

miracidium(흡충섬모유생) 알로부터 출현한 섬모를 갖고 자유 유영하는 흡충의 첫 번째 유생

mitochondrion(미토콘드리아) 진핵세포에서 에너지를 얻는 산화 과정을 수행하는 세포소기관

mitosis(유사분열) 진핵세포의 세포핵이 분열하여 동일한 딸 핵을 형성하는 과정.

mixed infection(혼합감염) 2개 이상의 병원체가 동시에 존재하면서 야기되는 감염

mixtures(혼합물) 어떠한 비율로든 둘 이상의 물질이 혼합되어 있으며 화학적 결합은 아님

MMR vaccine(MMR 백신) 홍역, 유행성 이하선염, 풍진에 대한 혼합백신

mole(몰) (그램 분자량이라고도 불림) 물질의 무게로 물질 분자에서 원자의 원자 무게의 합을 그램으로 나타낸 것

molecular mimicry(분자적 의태) 길항대사 물질에 의한 정상 분자의 작용을 모방

molecule(분자) 둘 이상의 원자가 화학적 결합으로 연결된 것

molluscum contagiosum(전염성물렁종) 유연한 피부종양을 일으키는 바이러스 감염

monera(모네라) (원핵생물계로도 불림) 단세포성이며 진정한 핵을 결여하고 있는 원핵생물계

moniliasis(모닐리아증) 칸디다증(candidiasis) 참조

monkeypox(원숭이두창) 오쏘폭스바이러스(orthopoxvirus)가 원인인 질병으로 이는 서부 및 중앙아프리카 지역 특히 자이르와 콩고에서 주로 발생한다. 원숭이두창의 병변들과 치사율이 천연두와 매우 유사하여 천연두로 오인되곤 한다.

monoclonal antibody(단클론항체) 배양된 혼성화세포의 클론에 의해 실험실에서 생산되는 한 종류의 순수한 항체

monocular(단안) 1개의 접안렌즈를 가진 광학현미경

monocyte(단핵구) 먹이를 찾아 돌아다니는 식세포성 백혈구, 조직으로 이동한 뒤, 대식세포로 불린다.

monolayer(단층) 하나의 세포 두께로 플라스틱이나 유리 표면에 붙은 세포층

monosaccharides(단당류) 단순한 탄수화물, 몇 개의 알코올 기와 알데히드기 또는 케톤기와 함께 탄소 사슬이나 환으로 구성 되어 있다

monotrichous(단모성) 하나의 편모만 갖는 세균 세포.

morbidity rate(발병률) 전체의 인구 수 중에서 특정 질병을 가진 환자의 수

mordant(매염제) 세포나 세포구조에 염색제가 고착되도록 하는 화학물질.

mortality rate(사망률) 전체의 인구 수 중에서 특정 질병으로 사망한 환자의 수

most probable number, MPN(최적예측수) 평판계수법으로는 확실하게 측정할 수 없을 정도로 적은 숫자의 미생물을 함유한 시료의 미생물 생장을 측정하는 통계적 방법

mother cell(모세포) 세포의 크기가 대략 두 배로 늘어나 두 개의 딸세포로 분열하려고 하는 세포로서 어버이세포라고도 함

mucin(점액(소)) (뮤신이라고도 불림) 점액내 당단백질로서 세균을 덮어 세균의 흡착을 방해한다.

mucociliary escalator(점액섬모 상승) 섬모를 가진 세포가 관여하는 기작으로 기관지에 있는 물질이 점액에 잡혀 인두로 이동, 내 뱉어 지거나 삼켜진다.

mucous membrane, mucosa(점막) 외부에 노출된 체강 조직과 기관을 둘러싸는 막

mucus(점액) 점막에서 분비되는 당단백질과 전해질로 이루어진 걸죽하지만 물기가 있는 분비물

multiple-tube fermentation method(다시험관 발효법) 음용수에 존재하는 대장균군을 검출하는 3단계 시험법

mumps(이하선염(유행귀밑샘염)) (볼거리라고도 불림) 한 파라믹소바이러스에 의해 유발되는 질환으로서 타액에 의해 전염되고 인두의 세포들을 침입한다.

murine typhus(발진열) Endemic typhus 와 동일(Rickettsia typhi에 의해 야기되는 벼룩 매개성 열병).

mutagen(돌연변이원) 돌연변이율을 증가시키는 물질

mutation(돌연변이) 한 생물체의 DNA에서의 영구적 변화

mutualism(상리공생) 서로 다른 종의 두 생명체가 이익을 서로에게 주는 관계로 살고 있는 공생의 한 형태

myasthenia gravis(중증 근무력증) 골격근, 특히 사지 주변의 근육과 눈 움직임, 언어, 음식 삼키는 것과 관련된 근육에 특이적으로 생긴 자가면역 질환

mycelium(균사체) 진균에서, 긴 실모양 구조(균사)가 가지치고 서로 교차된 덩어리

mycology(균학) 진균에 관해 연구하는 학문

Mycoplasmas(마이코플라즈마) 세포막, RNA, DNA를 함유하나 세포벽은 없는 매우 작은 세균

mycosis(진균증) 진균에 의해 초래된 질병

myiasis(구더기증) 구더기(파리 유충)가 체내에 침입하여 생기는 질환

myocarditis(심근염) 심장근의 염증

NAD 니코틴아마이드 아데닌 다이뉴클레오타이드, 수소 원자와 전자를 운반하는 조효소

naked virus(나출바이러스) 피막이 없는 바이러스

nanometer(나노미터) 0.000000001 m나 10^{-9} m와 같은 측정단위. 예전에는 밀리마이크론(mμ)으로 불렸다.

narrow spectrum(협범위) 몇몇 미생물만 공격하는 항생제의 활성 범위

nasal cavity(비강) 공기가 따뜻해지거나 공기가 통과할때 입자가 털에 의해 제거되는 상기도부분

nasal sinus(코 공동) 점액성막으로 안쪽이 덮혀있는 두개골내 빈공동

natural killer (NK) cell(자연살상세포) 바이러스에 감염된 세포와 악성종양세포, 이식된 조직세포들을 공격하는 백혈구

naturally acquired active immunity(자연적 획득 능동 면역) 숙주가 감염체에 노출되었을 때, 종종 질병을 일으키는데 이에 대해 면역체계가 방어적으로 반응함

naturally acquired passive immunity(자연적 획득 수동 면역) 다른 사람으로부터 만들어진 항체가 숙주에게 전해졌을 때(예: 모유) 획득되는 면역

negative sense RNA(음성가닥 RNA) 양성가닥 RNA의 상보적인 염기로 만들어진 RNA가닥

negative stain(배질염색) 시료의 주위를 염색하는 기법, 시료는 염색되지 않음.

nematode(선충류) 선형동물 참조

neonatal herpes(신생아 헤르페스) 보통 HSV-2와 함께 영유아에게 감염되며, 바이러스에 오염된 산도를 통과하는 동안 감염 되는 일이 가장 흔함.

neoplasm(신생물, 종양) 국소적인 종양

neoplastic transformation(종양성 형질전환) DNA 종양바이러스의 감염에 의한 숙주세포의 통제 불가능한 분열

nephron(네프론) 혈액이 걸러져 흐르도록 하는 신장의 한 기능성 단위

nerve(신경) 온몸에 분포되어 있는 감각과 운동 신호를 서로 연결하는 신경섬유 다발

nervous system(신경계) 환경과 신체활동의 상호 관계를 조절하는 계로서 뇌와 척수 그리고 신경으로 구성됨.

neuron(뉴런) 전도성 신경세포

neurosyphilis(신경매독) 뇌막의 비대, 운동장애, 마비 및 광증 등을 포함하는 신경계 손상은 매독으로부터 기인함.

neurotoxin(신경독소) 신경계의 조직에 작용하는 독소

neutral(중성) pH 7.0의 용액

neutralization reaction(중화반응) 박테리아 독소와 바이러스 항체를 진단하기 위해 사용하는 면역학적 방법

neutralization(중화) 항원-항체 복합체의 형성을 통해 미생물이나 이들의 독소를 불활성화 시키는 현상

neutrons(중성자) 원자의 핵 속에 존재하는 전하를 띄지 않는 원자 내에서 생기는 미립자

neutrophil(호중구) 다형핵백혈구(polymorphonuclear leukocyte, PMNL)로도 불림. 식세포성 백혈구

neutrophile(호중성세균) pH 5.4~8.5 사이의 환경에서 가장 잘 자라는 생물

niclosamide(니클로사마이드) 탄수화물 대사를 방해하는 항기생충제

nitrification(질화) 암모니아나 암모늄이온이 아질산염이나 질산염으로 산화되는 과정

nitrogen cycle(질소순환) 대기 중에 존재하는 질소가 여러 생명체를 거쳐 다시 대기로 돌아오는 과정

nitrogen fixation(질소고정) 대기중의 질소가 암모니아로 환원되는 것

nitrogenase(질소고정효소) 질소 고정하는 박테로이드에 있는 효소로, 질소와 수소가스를 반응시켜 암모니아를 만드는 반응을 촉매 시킨다.

nocardiosis(노카르디아증) 조직병변과 종기로 특징지워지는 호흡질환; 실모양의 세균인 *Nocardia asteroides*에 의해 일어난다.

nocturia(야뇨증) 야간 배뇨, 종종 요로 감염의 결과

nomarski microscopy(노마스키 현미경) 차등 간섭대비 현미경. 굴절율의 차이를 이용하여 3차원 이미지에 가깝게 구조를 보이게 함.

noncommunicable infectious disease(비전염성 질병) 하나의 숙주에서 다른 숙주로 전파되지 않는 감염원(전염원)에 의하여 발생되는 질병

noncompetitive inhibitor(비경쟁적 저해제) 효소의 다른 자리 부위(활동부위 이외의 부위)에 결합하는 분자, 활동자리의 모양을 변형시켜 효소가 더 이상 기능할 수 없게 함

noncyclic photoreuction(비순환적 광환원) 엽록소로부터 들뜬 전자가 물 분자의 분해와 동시에 ATP를 생성하고 NADP를 환원시키기 위해 사용되는 광합성 경로

nongonococcal urethritis(비임균성 요도염, NGU) 대부분 *Clamydia trachomatis*와 미코플라스마에 의해 전염되는 임질과 유사한 성병

nonindigenous organism(외래성 생명체) 주어진 환경에서 일시적으로 발견되는 생명체

noninfectious disease(비감염성 질병) 감염원과 다른 어떤 요소가 일으키는 질병

nonself(비자기) 숙주에 의해 외부물질로 인지되는 항원

nonsense codon(비전사코돈) (종결코돈으로도 불림)유전자에서 아미노산을 코드하지 않는 3-염기 세트

nonspecific defense(비특이적 방어) 침투 물질에 관계없이 작용하며 병원균에 대항하는 숙주 방어

nonsynchronous growth(비동조생장) 대수증식기의 세포가 동시에 분열하지 않고 각각의 세포가 세대기간 중 서로 다른 어떤 시점에 분열하는 자연적인 생장 양상

normal microflora(정상 미생물 균총) 체내 혹은 피부 위에 있으면서 일반적으로 질병을 일으키지 않는 미생물(정상균총이라고도 불림)

nosocomial infection(원내감염) 병원 또는 다른 치료기관에서 질병의 감염

notifiable disease(신고대상질병) 의사가 보건부 단체에 신고해야 할 특정 질병

nuclear envelope(핵막) 진핵세포에서 세포핵을 둘러싸는 이중막

nuclear pore(핵공) 핵과 세포질 사이의 물질 수송을 가능하게 하는 핵막의 구멍

nuclear region(핵양체) (nucleoid라고 불리기도함) 세균의 DNA, RNA, 몇몇 단백질들의 주요 위치. 완전한 핵은 아님.

nucleic acids(핵산) 뉴클레오티드의 긴 중합체로 유전적 정보를 암호화 하고 단백질 합성을 지휘한다

nucleocapsid(뉴클레오캡시드) 바이러스의 핵산과 캡시드의 복합체

nucleoid(핵양체) Nuclear region 참조

nucleolus(인) [복수: nucleoli] 진핵세포의 핵에서 RNA를 함유하며 리보솜을 조립하는 장소로 사용되는 부위

nucleoplasm(핵질) 핵막으로 둘러싸인, 진핵세포의 세포핵 내의 반유동성 부분

nucleotide(뉴클레오티드) 질소 염기와 5탄당, 하나 이상의 인산기로 구성된 유기 화합물

numerical aperture(개구수) 빛을 집광하는 능력. 렌즈로 들어올수 있는 빛의 최대각도.

numerical taxonomy(수리분류) 매우 많은 특징들의 정량평가에 기초한 생물의 분류

nutritional complexity(영양적복잡성) 생물이 자라기 위해 섭취해야하는 영양분의 수

nutritional factor(영양요인) 환경에 존재하는 생물의 종류와 생장에 영향을 주는 생화학적 요인

objective lens(대물렌즈) 사물의 확대된 이미지를 만들기 위해 시료에 가장 가까이 위치한 현미경 렌즈

obligate aerobe(편성호기성균) 생장을 위해 산소를 요구하는 세균

obligate anaerobe(편성혐기성균) 산소가 있으면 죽는 세균

obligate intracellular parasites(절대적 세포내기생체) 오직 살아있는 숙주세포 내에서 살거나 증식할 수 있는 바이러스나 유기체

obligate parasite(절대기생생물) 생활환의 일부 또는 전부를 한 숙주의 안 또는 밖에서 보내야만 하는 기생생물

obligate psychrophile(편성저온균) 20°C 이상에서는 생장하지 못하는 생물

obligate thermophile(편성고온균) 37°C 이상에서만 자라는 생물

obligate(편성) 특정한 환경조건을 필수적으로 요구하는

octet rule(8전자 규칙) 원자는 화학적으로 안정하기 위해 최외각에 8개의 전자를 가지고 있어야 한다는 원리

ocular lens(접안렌즈) 대물렌즈에 의해 만들어진 이미지를 더 확대시키는 현미경 렌즈

ocular micrometer(접안경마이크로미터) 현미경 접안렌즈내에 크기가 새겨진 유리판, 보이는 사물의 실제 크기를 계산하는데 사용함.

okazaki fragment(오카자키단편) DNA 복제 과정 중 지체가닥에서 형성되는 짧고, 불연속적인 DNA 절편의 하나

onchocerciasis(회선사상충증) (사상충증, river blind라고도 알려짐) 선충인 *Onchocera volvulus*의 섬유상 유충이 원인인 눈병으로 날파리(blackfly)가 전파한다. 아프리카의 많은 지역과 중앙아메리카에서 유행하는 질병

oncogene(암유전자) 암을 유발하는 유전자

ONPG and MUG test(ONPG와 MUG 시험법) 대장균군 세균이 분비한 효소가 기질과 반응해 생성물을 형성하면 색이 변하는 원리를 이용한 수질 검사방법

oomycota(난균문) 물곰팡이 참조

operon(오페론) 구조유전자와 전사를 조절하는 조절부위 모두를 포함한 밀접하게 관련된 유전자 서열

ophthalmia neonatorum(신생아 안염) 눈의 화농성 감염이며 *Neisseria gonorrhoeae*가 일으킨다(신생아결막염으로도 알려짐)

opportunist(기회감염균) 일반적으로 질병을 일으키지 않는 상주 및 일시적균총이지만, 어떤 환경 조건 하에서는 질병을 유발할 수 있는 미생물

opsonin(옵소닌) 미생물의 표면에 결합될 때 식세포작용을 촉진시키는 항체

opsonization(옵소닌화) 미생물을 항체(옵소닌)와 C3b 보체 단백질로 둘러싸서(면역 부착으로도 불림) 식세포들에게 잘 유도되도록 하는 과정

optical microscope(일반광학현미경) 복합광학현미경을 보라

optimum pH(최적 pH) 미생물이 가장 잘 자라는 pH

orbivirus(오비바이러스) 콜로라도 진드기열을 야기하는 바이러스의 종류

orchitis(고환염) 고환의 염증; 사춘기 이후 남성에서 이하선염 바이러스에 의한 증상

organelle(세포소기관) 진핵세포에서 발견되는 막으로 둘러싸인 내부 기관.

organic chemistry(유기 화학) 탄소를 포함한 화합물을 연구

ornithosis(오르니토시스) *Chlamydia psittaci*에 의해 일어나는 폐렴 같은 증상을 나타내며 새(이전에는 psittacosis와 parrot fever로 불림)로부터 얻어진다.

orthomyxoviruses(오르토믹소바이러스) 중간크기의외막을가진 RNA 바이러스로 모양이 구형부터 실 모양까지 다양하며 점액에 친화성을 갖는다.

osmosis(삼투성) 물 입자가 농도가 높은 곳 에서 농도가 낮은 곳으로 선택투과막을 가로질러 이동하는 특수한 형태의 확산

osmotic pressure(삼투압) 삼투성에 의한 물 입자의 순호름을 막기위해 요구되는 압력.

otitis externa(외이염) 외이도의 감염

otitis media(중이염) 중이의 감염

outer membrane(외막) 그람음성균의 세포벽의 일부를 형성하는 이중막

ovarian follicle(난포) 난자가 들어있는 난소내 세포집합체

ovary(난소) 여성에서, 난포들을 생산하는 한 쌍의 분비선 중 하나로, 난자와 호르몬 분비 세포들이 들어 있음.

oxidation(산화) 전자와 수소 원자를 잃는 것

oxidative phosphorylation(산화적 인산화) 인산기가 ADP와 결합하여 ATP를 형성함으로써 전자의 에너지가 고에너지 결합으로 얻어지는 과정

pandemic(판데믹, 유행병) 전 세계에 퍼지게 되는 전염병

papilloma(유두종(사마귀)) 사마귀(wart) 참조

papovavirus(파포바바이러스) 작은 캡시드바이러스로 인간에게 양성 혹은 악성 사마귀, 자궁경부암을 일으킴

parainfluenza virus(파라인플루엔자 바이러스) 초기에 코와 목의 점막을 공격하는 바이러스

parainfluenza (파라인플루엔자) 주로 어린이에서 코염증, 인두염, 기관지염, 때때로 폐렴을 일으키는 바이러스성 질환

paramyxovirus(파라믹소바이러스) 중간 크기의 피막보유 RNA 바이러스로 점액에 친화성이 있음

parasite(기생생물) 다른 생물체 즉 숙주의 내·외부에 살면서 해를 입히는 생물체

parasitism(기생) 하나의 생명체인 기생체는 상호관계로부터 이익을 받으나, 숙주인 다른 생명체는 그것에 의해 손상을 입는 공생관계

parasitology(기생충학) 기생생물에 관해 연구하는 학문

parfocal(등초점) 초점을 맞힌 후 배율을 변환시켜도 초점이 틀리지 않고 정확히 맞는 것을 의미

paroxysmal stage (발작성 단계) 점액과 많은 양의 세균이 기도를 막아 심한 기침을 일으키는 백일해의 한 단계

parvovirus(파보바이러스) 소형의 캡시드바이러스

passive immunity(수동면역) 이미 만들어진 항체가 숙주에 유입되었을 때 나타나는 면역

passive immunization(수동 예방접종) 이미 준비된 항체를 숙주에 주입하여 면역을 유도하는 과정

pasteurization(저온살균) 부패를 일으키는 병원체와 기타 생물을 죽이는 약한 가열 방법

pathogen(병원균) 숙주에게 질병을 유발 시킬 수 있는 생명체

pathogenicity(병원성) 질병을 일으키는 능력

pediculosis(이감염증) 이에 의한 감염증으로 물린 부위에 발진, 피부염, 가려움이 유발된다

pellicle(외피) (1) 필리를 부착시켜 공기와 물의 접촉면에 흡착한 세균의 얇은 층 (2) 원생동물류 세포의 단단해진 원형질막 (3) 플라크 형성 초기 치아 표면위의 얇은 막

pelvic inflammatory disease, PID(골반염증성 질환) 여성의 골반강 내 감염으로, *Neisseria gonoherreae*와 클라미디아 등 여러 가지 미생물들에 기인함.

penetration(침입) 복제과정에서 숙주세포로 바이러스가 들어옴

penicillin(페니실린) 세포벽 합성을 억제하는 항생제

penis(음경) 성교시 정액을 여성 생식기 안으로 전달하는 데 쓰이는 남성 생식 기관의 일부.

peptide bonds(펩티드 결합) 하나의 아미노산의 아미노기와 다른 하나의 아미노산의 카르복실기의 공유 결합

peptidoglycan(펩티도글리칸) (뮤레인(murein)이라고 불리기도함) 세균 세포벽에서 지지망을 형성하는 구조적 중합체.

peptone(펩톤) 펩타이드를 많이 함유하고 있는 단백질의 효소 가수분해 산물; 복합배지의 일반적인 성분

perforin(펄포닌) 세포독성 T세포가 분비하는 세포독소로 감염된 숙주세포의 세포막에 구멍을 형성함

pericarditis(심장막염) 심장을 둘러싸는 막의 염증

periodontal disease(치주질환) 잇몸염증, 세멘텀의 부식 및 치아를 지지하고 있는 치주인대와 치조골 부식 등의 조합

periodontitis(치주염) 치아를 지지하고 있는 뼈와 조직에 영향을 미치는 만성치주질환

peripheral nervous system, PNS(말초신경계) 중추신경계에 포함되지 않는 신경

periplasmic enzyme(주변세포질효소) 그람음성세균에 의해 만들어져 세포막과 외막 사이의 주변세포질공간에서 작용하는 효소

periplasmic space(주변세포질 공간) 그람음성균의 세포막과 외막 사이의 주변세포질로 채워진 공간

peritrichous(주모성) 편모가 세균 세포의 표면 전면에 분포되어 있는 것

permanent parasite(영구기생생물) 일단 숙주에 침입하면 계속 숙주의 내 · 외에 남아 있는 기생생물

permease(투과효소) 세포막을 통과하는 능동수송에 관련된 효소 복합체

peroxisome(퍼옥시좀) 동물세포에서는 아미노산을 산화하고 식물세포에서는 지방을 산화하는 효소가 채워져 있는 세포소기관.

pertussis(백일해) whooping cough를 보라

petechia(점출혈) 피부 주름부에서 빈번한 점상출혈로, 주로 리켓치아성 질병에서 볼 수 있음.

pH(수소 이온) 농도의 표현을 의미하며, 용액의 산도를 의미한다

phage(파아지) bacteriophage를 보시오

phage therapy(파아지 치료법) 표적 박테리아를 공격하는 아주 특이적 바이러스를 사용함. 일반적으로 인간의 소화기와 다른 장소에 살아가는 박테리아에게는 영향이 없음.

phage typing(파지형) 서로 다른 세균들 간의 유사성과 차이점을 결정하는데 박테리오파지를 이용하는 것

phagocyte(식세포) 외부 물질을 섭취하여 소화시키는 세포

phagocytosis(식세포작용) 액포의 형성에 의해 고체를 세포 안으로 끌어들여와 소화하는 것.

phagolysosome(파고리소솜) 리소솜과 파고솜의 융합으로 형성된 구조물

phagosome(파고솜) 식세포에 의해 삼켜진 미생물 주위로 형성된 액포

pharmaceutical microbiology(제약미생물학) 질병의 치료나 방지에 이용되는 제품의 제조와 관련된, 산업미생물학의 특별한 분야

pharyngitis (인두염) 일반적으로 바이러스에 의한 인두 감염이나 때때로 세균에 의해서 일어난다. 목이 아프다.

pharynx(인두) 목구멍, 관이 중이에 연결되며 호흡계와 소화계의 일반적 통과 경로

phase-contrast microscopy(위상차현미경) 세포내의 다양한 구조들의 작은 굴절율의 차이를 더 벌어지게 하는 집광기를 가지고 있는 현미경

phenol coefficient(페놀 계수) 소독제의 효능을 페놀과 비교하는데 사용되는 수치 계수

phenotype(표현형) 생물체에 나타나는 특정한 관찰할 수 있는 특징

phlebovirus(플레보바이러스) 모래파리인 *Phlebotomus papatsii*에 의해 운반되는 Bunyavirus 의 한 종

phospholipids(인지질) 글리세롤과 두 개의 지방 산, 극성 머리로 구성된 지질; 모든 막에서 찾을 수 있다

phosphorescent(인광) 광선이 더 이상 비추어지지 않아도 사물에 의해서 계속되는 빛의 발산.

phosphorus cycle(인 순환) 무기 인산염과 유기 인산염 사이의 인의 순환적 이동

phosphorylation(인산화) 주로 ATP로부터의 인산기가 다른 분자에 첨가되는 것; 일반적으로 분자의 에너지를 증가시킴

phosphotransferase system, PTS(인산기전달효소체계) 당 분자들을 능동 수송을 통해 세포 안으로 이동시키기 위해 포스포에놀피루베이트로부터 에너지를 사용하는 기작

photoautotroph(광독립영양) 빛에서 에너지를 얻는 독립영양

photoheterotroph(광종속영양) 빛에서 에너지를 얻는 종속영양

photolysis(광분해) 빛에너지가 물 분자를 양성자, 전자, 산소 분자로 나누기 위해 사용되는 과정

photoreactivation(광회복) 광수선을 보시요

photosynthesis(광합성) 빛에서 에너지를 얻어 이산화탄소로부터 탄수화물을 제조하기 위해 사용

phototaxis(주광성) 빛에 가까이 가거나 멀어지는 개체의 비무작위적 움직임

phylogenetic(계통발생학적) 진화적 유연관계에 관련된

physical factor(물리적요인) 서식 생물의 종류와 생장에 영향을 미치는 온도, 수분, 압력, 또는 방사선 같은 환경적 요인

picornavirus(피코나바이러스) 소형의 캡시드 바이러스로 폴리오, 감기, 간염을 일으키는 바이러스의 그룹

pilus(선모) [복수형: pili] 세균이 표면에 접착하거나(접착선모, attachment pilus), 접합하기 위해(접합선모, conjugation pilus) 사용하는 작고 속이 빈 돌기.

pimple(여드름) 모낭염(folliculitis) 참조

pinna (귓바퀴) 주머니모양의 귀의 부구조

pinworm(요충) 위장관 질환을 일으키는 작고 둥근 기생충인 *Enterobius vermicularis*

placebo(플라시보) (속임약이라고도 불림) 효과

가 없는 치료약으로써 보통 해롭지 않은 물질로 이루어져 약물 대체로나 약물의 효과를 환자들을 통해 실험할 때 쓰임

plantae(식물계) 모든 식물이 속한 생물계

plaque assay(용균반점시험) 세균밭의 바이러스를 증식하여 용균반점을 계수하고 바이러스 수율을 결정하는 바이러스시험

plaque(용균반점) 바이러스가 세포 용해를 한 곳에 생기는 세균밭의 투명한 영역

plaque-forming unit(용균반점형성단위) 세균밭에 존재하는 파아지를 대략적인 수로 계산된 용균반점. 왜냐하면 주어진 용균반점은 하나 이상의 파아지에 의해 형성되기 때문이다.

plasma cell(형질세포) B세포가 최종 분화된 세포로 B세포 표면에 발현되는 항체와 동일한 항체를 분비함

plasma membrane(세포막) (Cell membrane 이라 불림) 세균 세포의 세포질과 바깥환경 사이의 경계를 형성하는 선택적 투과성의 지질단백질 이중층

plasma(혈장) 혈액 중 혈구를 제외한 액체 부분

plasmid(플라스미드) 세포 안에 염색체외의 작고, 환형이고, 독립적으로 복제하는 DNA로서 다른 세포로 이동이 가능하다.

plasmodial slime mold(변형점균류) 다핵성의 아메바성 덩어리 또는 변형체로 구성되었고, 천천히 이동하고 사체를 식세포화하는 진균유사 원생생물

plasmodium(변형체) 변형점균류의 생활환 중 한 시기에 형성하는 세포질의 다핵성 덩어리

plasmogamy(세포질 융합) 진균에서 반수체 배우자가 융합하여 세포질이 섞이는 유성생식과정

plasmolysis(원형질분리) 고장액에서 있는 세포에서 수분이 빠져나가 세포막이 세포벽에서 분리되면서 세포가 쭈그러드는 현상

platelet(혈소판) 거대핵세포(megakaryocyte)로 불리는 거대 세포의 단편들로 수명이 짧고, 혈액응고기전에 중요한 구성요소

pleomorphism(다형성) 최적 환경에서의 단일 배양이라도 세균이 다양한 형태를 갖는 현상.

pleura(흉막) 폐의 표면과 폐가 차지하는 공간을 덮는 장막

pleurisy(늑막염) 호흡에 통증을 주는 장막의 염증; 종종 대엽성 폐렴과 동반된다.

pneumocystis pneumonia(뉴머시스티스 폐렴) *Pneumocystis carinii*에 의해 발생하는 곰팡이 호흡 질환

pneumonia(폐렴) 세균, 바이러스, 곰팡이에 의해 발생하는 폐 조직의 염증

pneumonic plaque(폐렴성페스트) 기침하는 환자의 비말 (aerosol droplet) 에 의해 전파되는 비교적 치명적인 plaque (페스트)

polar compound(극성 화합물) 원자 사이에 같은 전자를 공유함으로 인해 전하의 다른 분포를 갖는 분자

poliomyelitis(척추성 소아마비) (급성회백수염) 폴리오바이러스 감염으로 척수와 뇌의 운동 신경을 손상시키는 감염성 질병

polyacrylamide gel electrophoresis, PAGE(폴리아크릴아미드겔 전기영동) 분자의 크기에 근거하여 세포로 부터 단백질을 분리하는 기술

polyenes(폴리엔) 막 투과성을 증가시키는 항진균제

polymer(고분자) 반복되는 서브유닛을 갖는 긴 사슬

polymerase chain reaction(중합효소연쇄반응) 세포가 필요없이 수십억 또는 그 이상의 동일한 DNA 절편 카피를 빠르게 합성하는 기술

polymyxins(폴리믹신) 세포막을 손상시키는 항생제

polynucleotides(폴리뉴클레오티드) 많은 뉴클레오티드의 사슬

polypeptides(폴리펩티드) 많은 아미노산의 사슬

polyribosome(폴리리보솜) (폴리좀, polysome으로도 불림) 하나의 mRNA의 다른 부위에 붙어있는 긴 사슬의 리보솜

polysaccharides(다당류) 글리코시드 결합으로 많은 단당류가 연결되어 있는 형태의 탄수화물

pontiac fever(폰티악 열) 가벼운 증상의 레지오렐라증 변종

porin(포린) 극성 분자를 비선택적으로 주변 세포질 공간으로 운반하는 그람음성균의 외막에 있는 단백질

portable water(음용수) 인간이 마시기에 적합한 물

portal of entry(침입구) 미생물이 사람의 몸 조직에 침투할 때에 침투하기 쉬운 신체 부위

portal of exit(출구) 미생물이 사람의 몸에서 사라질 수 있는 신체 부위

positive sense RNA(양성가닥 RNA) 바이러스에 필요한 단백질의 정보를 암호화한 RNA 가닥

pour plate method(주가평판법) 연속희석한 배양액을 한천용액에 섞어 멸균된 페트리 접시에 부어 집락을 얻는 순수배양 방법

pour plate(주가평판) 순수배양을 얻기 위해 분리된 집락이 형성된 한천 평판

poxvirius(폭스바이러스) 모든 바이러스 중에서 가장 크고 복잡한 DNA 바이러스

precipitation reaction(침강 반응) 침강소라 불리는 항체가 항원과 결합하여 격자 모양의 분자 네트웍을 형성하여 용액 안에서 침강되어지는 면역학적 방법

precipitation test(침강테스트) 침강 반응에 기초를 둔 항체 측정 면역학적 방법

prediction(예측) 가설이 맞을 때 얻어지는 예상된 결과

preserved culture(보관배양) 휴면 상태로 보관한 순수 배양

presumptive test(추정시험) 다시험관 발효법의 첫번째 시험법으로 물 시료가 첨가된 lactose broth에서 가스가 생성되면, 이 물은 대장균군이 존재한다는 추정적인 근거가 된다.

prevalence rate(유병률) 어떤 시점에서 특정 질병에 감염된 환자의 수

primaquine(프리마퀸) 원생동물을 죽이는 물질로 단백질 합성에 관여하는 항생제

primary atypical pneumonia(1차성 비정형폐렴) (mycoplasma pneumonia와 walking-pneumonia라고도 불림) 잠행적으로 발병하는 가벼운 증상의 폐렴

primary cell culture(1차 세포배양) 계대배양을 통하지 않고 동물로부터 직접 얻은 세포로 배양하는 방법

primary immunodeficiency diseases(1차 면역결핍 질환) T세포나 B세포가 유전적으로 발생학적으로 결여되어 없거나 기능을 못해서 생기는 질환

primary infection(1차 감염) 이전에 건강한 사람에 있어서 최초의 감염

primary response(1차 반응) 숙주의 B세포가 항원을 처음으로 인지하였을 때 일어나는 체액성 면역반응

primary structure(1차 구조) 폴리펩티드 사슬에서 아미노산의 특이적 서열

primary treatment(1차 처리) 하수에 존재하는 고형물질을 제거하는 물리적인 처리 방법

prion(프리온) 오직 단백질로만 구성된 감염체로서 핵산을 전혀 갖고 있지 않음

privileged site(특권부위) 자궁, 고환, 전안방과

같이 적응성 면역체계로부터 격리된 신체 부위

probe(탐침자) 상보적인 DNA 염기서열을 동정하는데 사용할 수 있는 단일가닥의 DNA 절편

prodromal phase(전구기) 감염질병에 있어서 불쾌감이나 때로는 두통과 같은 비특이적인증상이 짧게 나타나는 시기

prodrome(전구증) 질병의 시작을 나타내는 증상

producer(생산자; autotroph, 독립영양생물) 태양 에너지를 이용해 유기물을 합성하는 생명체

productive infection(생산성감염) 바이러스가 세포에 들어가 후손을 생산하는 바이러스성 감염

proglottid(편절) 생식기관을 포함하고 있는 촌충의 체절들 중의 하나

progressive multifocal leukoencephalopathy(진행성 다소성 백색질 뇌병증) JC polyomavirus 감염으로 발병하며, 지적능력 퇴보, 사지 마비, 시력 상실 등의 증상이 나타난다.

prokaryotae(원핵생물계) 모네라 계의 다른 이름으로 진정세균, 시안세균, 그리고 고세균을 포함한 모든 원핵 생물로 구성된다.

prokaryote(원핵생물) 세포핵과 막으로 둘러싸인 세포내 구조가 없는 미생물; 모네라계(원핵생물계)의 모든 세균이 원핵생물이다.

prokaryotic cell(원핵세포) 세포 핵이 없는 세포; 모든 세균이 포함됨.

promiscuous(프로미큐어스) 자가이동이 가능한 플라스미드로서 다른 종으로의 이동도 가능한 플라스미드를 말할 때 사용(F 필러스를 형성하는 유전자 가짐)

propagated epidemic(유행병) 사람과 사람의 접촉으로 인해 생기는 전염병

prostaglandin(프로스타글란딘) 종종 통증을 증가시키는 세포성 조절자

prostaglandins(프로스타글란딘) 세포 조절자로서 종종 고통을 증가 시키는 반응 매개물질

prostate gland(전립선) 남성 요도의 시작 부분에 위치한 분비선으로 정액의 구성 요소 중 하나인 우윳빛 액체를 분비한다.

prostatitis(전립선염) 전립선의 염증

protein profile(단백질 분석) 세포내에 포함된 단백질을 가시화하는 기술; 폴리아크릴아미드겔 전기영동에 의한다

proteins(단백질) 펩티드 결합에 의해 연결된 아미노산의 중합체

protist(원생생물) 원생생물계의 구성원인 단세포 진핵생물체

protista(원생생물계) 단세포성이나 진핵생물의 전형적인 세포내소기관을 갖는 생물계

proton(양성자) 원자의 핵에 위치하고 있는 양전하를 띈 원자내의 미립자

proto-oncogene(원형암유전자) 제어되지 않은 조건에서 암을 유발하는 정상 유전자. 종종 바이러스의 통제 아래에 있는 정상 유전자를 말함

protoplast fusion(원형질체융합) 유전공학의 기술로서 다른 두 종류 세포의 세포벽을 제거함으로써 원형질을 융합하여 유전물질들이 합쳐지게 하는 것

protoplast(원형질체) 세포벽이 제거된 그람양성 세균

prototroph(원영양체) 정상적인, 비돌연변이 생물체(야생형으로도 불림)

protozoa(원생동물) [단수: protozoan] 원생생물계에 속하는 단세포이며, 현미경으로 관찰해야 하는 동물의 성질을 지니는 원생생물

provirus(프로바이러스) 숙주세포 염색체로 삽입된 바이러스 DNA

pseudocoelom(위체강) 고등동물에서 발견되는 완전한 내층이 결여된 선충의 전형적인 원시적 체강

pseudocyst(가성낭종) 샤가스병 환자의 임파절에서 발견되는 트리파노조마 원생동물의 집합체

pseudomembrane (위막) 바실루스균, 상처 받은 상피세포, 섬유소, 디프테리아 감염에 기인한 혈액세포의 결합이 기도를 막아 질식의 원인이 된다.

pseudoplasmodium(위변형체) 개개의 세포성 점균류 세포가 집합하여 이루어진 다핵성 덩어리

pseudopodium(위족) 아메바운동과 관련된, 일시적인 발 모양의 세포질의 돌출부.

psittacosis (앵무병) ornithosis를 보라

psychrophile(저온균) 15~20°C 사이에서 가장 잘 자라는 찬 곳을 좋아하는 생물

puerperal fever(산욕열) childbed fever 와 동일. (Vaginal(질)이나 호흡기계의 정상세균총인 β-hemolytic streptococci에 의한 질병으로, 주로 출산 시에 의료종사자에 의해 유입되어 야기됨.)

pure culture(순수배양) 단 1종의 생물만을 함유하는 배양

purines(퓨린) 핵산 염기인 아데닌과 구아닌

pus(고름) 죽은 식세포들과 그들이 소화시킨 물질이나 조직 잔해물들이 쌓여 형성된 액체

pustule(농포) 모낭염(folliculitis) 참조

pyelonephritis(신우신염) 신장의 염증

pyoderma(화농피부증) 포도상구균, 연쇄상구균, corynebacteria가 단독으로 또는 연합하여 유발하는 고름이 생기는 피부질환

pyrimidines(피리미딘) 핵산 염기인 티민, 시토신, 우라실

pyrogen(발열인자) 시상하부의 중추에 작용하는 물질로 신체의 "자동온도조절장치"를 정상온도보다 더 높은 온도로 작동시키는 역할을 함

Q fever (Q 열) *Coxiella burnetii*에 의해 발생하는 폐렴 같은 질환이다. *Coxiella burnetii*는 리켓차로 세포외에서 오랫동안 살수 있으며 진드기나 공기에 의해 전파된다.

quarantine(검역) 전염병을 지니거나 노출된 환자나 동물을 일반인들부터 격리시키는 것

quaternary ammonium compounds (quat)(4차 암모니움 화합물) 질소 원자에 부착된 4개의 유기물 작용기를 가지는 양이온 세제

quaternary structure(4차 구조) 2개 이상의 폴리펩티드 사슬로 연결된 단백질 분자 형태의 3차원 구조

quinine(퀴닌) 말라리아 치료를 위해 사용되는 항원충제

quinolones(퀴놀론) DNA 복제를 억제하는 항세균제

quinone(퀴논) (조효소 Q라고도 불림) 비단백질, 산화적 인산화에서의 지용성 전자 운반체

R factor(R 요인) 내성 R플라스미드

R group(R 기) 아미노산에서 중심 탄소 원자에 붙어 있는 유기 화학 기

rabies virus(공수병 바이러스) 유전물질로서 RNA를 갖고 있는 랩도 바이러스(rhabdovirus) 동물에 물려 전염된다.

rabies(공수병) 뇌와 신경계에 바이러스가 감염되어 물을 무서워하고 또 비행 공포증 등의 병증을 나타내는 질병이다. 동물에 물려 감염된다.

rad(라드) 조직 1 그람에 흡수되는 방사 에너지의 단위

radial immunodiffusion(방사면역확산법) 항원 주변에 침강된 고리의 지름을 통해 항원이나 항체 농도를 측정하는 혈청학적 방법

radiation(방사능) X-선이나 자외선같이 돌연변이원으로 작용하는 광선

radioimmunoassay, RIA(방사면역분석시험) 방사능 동위원소 항-항체를 이용하여 매우 적은

양의 항원이나 항체를 진단하는 기술

radioisotopes(방사성동위원소) 원자내의 미립자와 방사능을 방출하는 경향이 있는 불안정한 핵 동위원소

rat bite fever(쥐물림열) 야생쥐와 실험쥐에 물려서 전파되는 *Streptobacillus moniliformis*가 원인 병원체인 질병

reactants(반응물) 화학적(효소적) 반응에서 사용되는 물질

reagin(레아진) 면역글로부린 E(IgE)의 예전 이름; 알레르기에 매우 중요하다.

recombinant DNA(재조합 DNA) 제한효소와 DNA연결효소에 의해 다른 두 종의 DNA를 연결한 것

recombination(재조합) 두 세포로부터의 DNA를 연결하여 재조합 세포를 만드는 것

reduction(환원) 전자와 수소 원자를 얻는 것

reference culture(기준배양) 최초 분리 당시의 세균 특성이 유지된 보관배양

reflection(반사) 빛이 사물로부터 산란되는 현상

refraction(굴절) 다른 밀도를 가진 두 개의 매질을 통과 할 때 빛이 휘는 현상

regulator gene(조절유전자) 리프레서 단백질의 합성을 통해 오페론의 구조유전자의 발현을 조절하는 유전자

regulatory site(조절부위) 오페론의 프로모터와 오퍼레이터 지역

Relapsing fever(재귀열) 다양한 종류의 *Borrelia* 중에서, 특히 *B. recurrentis*에 의해 야기되는 질병으로, lice(이)에 의해 전파됨.

release(방출) 보통 숙주세포를 죽이고 만들어진 새 비리온이 숙주로부터 나옴

rennin(레닌; 송아지의 위에 있는 효소) 송아지의 위에서 분리해 낸, 치즈제조에 이용되는 효소

reovirus(레오바이러스) 중간 크기의 RNA 바이러스로 피막이 없으며 이중의 캡시드를 갖는다. 인간의 상기도와 소화기를 감염함

replica plating(복제평판법) 한 배지에서 다른 배지로 콜로니를 옮기는데 사용하는 기술

replication curve(복제곡선) 실험실에서 파아지가 감염된 세균을 관찰함으로써 바이러스 증식(생합성 및 성숙)을 나타냄

replication cycle(복제주기) 숙주세포 내에서 바이러스 증식을 보여주는 일련의 단계

replication fork(복제분지) 복제과정 중 DNA 이중나선의 두 가닥이 갈라져 새로운 상보적 DNA가닥이 형성되는 부위

repressor(억제자) 오페론에서 오퍼레이터에 결합하는 단백질로, 인접한 유전자의 전사를 방해함

reservoir host(보유숙주) 다른 숙주로 전파될 수 있는 기생생물에 의해 감염된 생물체

reservoir of infection(병원소) 미생물이 살아남거나 감염시킬 수 있는 부위

resident microflora(상주균총) 언제나 신체의 내부나 외부에 존재하는 여러 가지 미생물의 종들

resistance (R) plasmid(내성 플라스미드) 다양한 항생제 또는 독성금속에 내성을 제공하는 유전자를 가지고 있는 플라스미드

resistance transfer factor, RTF(내성전달인자) 내성플라스미드의 구성성분으로서 접합에 의해 플라스미드를 이동하게 하는 것

resistance(내성) 항생제에 의한 손상을 견디는 미생물의 능력

resistance(R) gene(내성유전자) 내성 플라스미드의 구성성분으로서 특정 항생제나 독성금속에 내성을 부여하는 유전자

resistance(R) plasmid(R factor) 여러 가지 항생제나 독성금속에 내성을 부여하는 유전자들을 가지고 있는 플라스미드

resolution(분해능) 2개의 개체를 겹쳐서 보이지 않고 분리되고 독립적으로 보이게 하는 광학 장치의 해상 능력.

resolving power, RP(해상력) 광학기기 분해능의 수치화된 척도

respiratory anaphylaxis(호흡기계 아나필락시스) 기도가 수축되고 점액 분비물로 가득 차게 되어 생명을 위협하는 알레르기 반응

respiratory anthrax(호흡탄저병) 'Woolsorter's disease' 라고 불리며, *Bacillus anthracis*에 의해 야기되는 호흡기 질병으로 치명적임.

respiratory bronchioles (호흡 세기관지) 폐포에서 끝나는 하부 호흡계의 미세한 통로

respiratory syncytial virus(호흡기 융합 바이러스) 1살 이하의 어린이에 영향을 미치는 하부 호흡계 감염의 원인체; 배양 중인 세포의 원형질막을 융합시켜 다핵의 덩어리를 형성하게 한다(합포체).

respiratory system(호흡계) 대기의 산소를 혈액으로 전달하고 혈액으로부터 이산화탄소와 다른 노폐물을 제거하는 신체 시스템

restriction endonuclease(제한효소) 정확한 염기서열에서 DNA를 절단하는효소

restriction enzyme(제한효소) restriction endonuclease의 다른 말

restriction fragment length polymorphism, RFLP(제한효소절편길이다형성) 제한효소에 의해 잘려진 DNA의 작은 조각들에 의해 나타나는 다형성

retrovirus(레트로바이러스) RNA를 DNA로 바꾸는 역전사효소를 갖는 피막보유바이러스

reverse transcriptase(역전사 효소) RNA를 DNA로 복사하는 레트로바이러스에서 발견되는 효소

Rh antigen(Rh 항원) 특정 적혈구 표면에서 발견된 항원; 레서스 원숭이 세포에서 발견 되었다.

rhabdovirus(랍도바이러스) 막대모양의 피막보유 RNA 바이러스로 곤충, 어류, 여러 동물과 식물을 감염함

rheumatic fever(류마티스열) 심장의 손상을 일으키는 β-hemolytic streptococcus(β-용혈성 연쇄상구균)에 의해 감염증으로 다발적 장애를 야기함.

rheumatoid arthritis, RA(류마티스성 관절염) 주로 관절에 영향을 주나 다른 조직으로도 침범이 되는 자가면역 질환

rheumatoid factors(류마티스 요인) 류마티스성 관절염 및 유사한 질환을 앓는 사람의 혈액에서 발견되는 IgM

rhinovirus(리노바이러스) 상기도의 세포에서 복제하는 바이러스로 감기를 일으킴

ribonucleic acid, RNA(리보핵산) 세포대 단백질 제조부위로 DNA의 정보를 운반하고 단백질 조립시 직접 관여하거나 참여하는 핵산

ribosome(리보솜) 세포질에 위치하고 RNA와 단백질을 포함하며 단백질을 합성하는 장소.

rickettsiae(리케치아) 작은 비운동성의 그람음성 세균; 포유동물과 절지동물 세포의 절대세포내 기생체

rickettsialpox(리켓치아성 두창) chicken pox(수두)와 유사한 증상의 리켓치아성 질병으로, *Rickettsia akari*에 의해 야기되며, 집쥐에서 발견되는 진드기에 의해 전파됨.

rifamycin(리파마이신) RNA 합성을 억제하는 항생제

rift Valley fever(리프트계곡열) Buny avirus 에 의해 일어나는 유행성 질병

ringworm(백선) 전염성이 높은 진균성 피부병으로 회선상의 병변을 일으킬 수 있다

river blindness(사상충증) 회선사상충증(onchocerciasis) 참조

RNA polymerase(RNA중합효소) 전사과정 중 노출된 DNA의 한 가닥에 결합하여 DNA 주형으로부터 RNA의 합성을 촉매하는 효소

RNA primer(RNA시발체) 중합효소가 부착하여 DNA 복제가 시작되는 분자

RNA tumor virus(RNA 종양바이러스) 종양이나 암을 일으키는 레트로바이러스를 지칭함

rocky Mountain spotted fever(록키산홍반열) *Rickettsia rickettsia*에 의해 일어나는 질병으로 진드기에 의해 전파됨.

roseola(장미진) (홍진이라고도 불림)사람허피스바이러스 6(human herpesvirus 6, HHV-6)가 원인인 질병으로 유아와 소아에게 발생한다. 예전에는 돌발성발진(exanthem subitum)이라고 함

rotavirus(로타바이러스) 대변-구강 경로를 통해 전염되어 장내에서 복제하고 설사와 장염을 유발하는 바이러스

roundworm(선형동물) (선충이라고도 불림) 긴 원통형의 체절이 없는 몸과 두꺼운 큐티클층으로 된 벌레

rRNA, ribosomal RNA(리보좀RNA) RNA의 한 형태로서, 특정 단백질과 함께, 리보좀을 구성

rubella(풍진) (독일 홍역, German measles라고도 불림) 피부 발진을 일으키는 바이러스성 질병으로 심한 선천성 질병의 원인이 될 수 있다

rubeola(홍역) measles 참조

sac fungus(자낭균류) (자낭균문이라고도 불림)유성생식 동안 주머니 모야의 자낭을 형성하는 다양한 그룹의 구성원

salmonellosis(살모넬라증) 복통, 고열 및 피와 점액이 섞인 설사의 증상이 있는 장염으로 *Salmonella* 종들에 의해 유발된다.

sapremia(패혈증) 부생균이 혈액으로 대사산물을 방출할 때 야기되는 감염 증상

saprophyte(부생생물) 죽은 혹은 썩은 유기물을 먹고 사는 생물체

sarcina(팔련구균) 8개의 구균이 정육면체 모양을 이룬 구균 집단

sarcoptic mange(옴) scabies 참조

satellite nucleic acid(위성핵산) (비루소이드로 알려짐) 조그만 단일가닥 RNA로 복제를 위한 유전자가 없다. 복제를 위해 헬퍼바이러스(혹은 "위성")가 필요함

satellite virus(위성바이러스) 조그만 바이러스로 500~2,000 nt 길이의 단일가닥 RNA을 갖는데 복제를 위한 유전자가 없다. 복제를 위해 헬퍼바이러스(혹은 "위성")가 필요함

saturated fatty acid(포화지방산) 오직 탄소-수소 단일 결합을 포함하는 지방산

scabies(옴) (sarcoptic mange라고도 함) 진드기인 *Sarcoptes scabiei*에 물려서 생긴는 심한 가려움증. 전염성이 매우 강함.

scalded skin syndrome(열상피부증) 몸 전체에 크고 무른 소포가 형성되는 포도상구균의 감염증

scanning electron microscope, SEM(주사전자현미경) 시료의 표면을 연구할 수 있는 전자현미경의 한 종류.

scanning tunneling microscope, STM(주사터널링현미경) 주사탐침현미경으로도 불림. 전자구름 사이로 형성되는 전자의 터널링 현상을 통해 독립분자들과 살아있는 시료 뿐만 아니라 용액 속에서도 사용이 가능함.

scarlet fever(성홍열) (scarlatina라고도 불림) 발적독소(erythrogenic toxin)를 생산하는 *Streptococcus pyogenes*(화농연쇄상구균)가 원인인 질병

schaeffer-fulton spore stain(쉐퍼-플톤 포자염색) 내생포자를 관찰할 수 있는 분별염색법의 한 기법.

schick test(쉬크 시험) 디프테리아에 대한 면역을 측정하는 방법

schistosomiasis(주혈흡충증) (Bilharzia라고도 불림) 주혈흡충인 *Schistosoma*에 의해 야기되는 혈액과 림프의 질병

schizogony(분열생식) 한 세포에서 많은 세포가 만들어지는 다중 분열

scolex(두절) 장 벽에 붙을 수 있는 흡반과 때때로 갈고리를 갖고 있는 촌충의 머리 끝부분

scrapie(스크래피) 양의 뇌에 발병하는 전염성 해면상 뇌질환으로서, 극도의 가려움증이 이 병의 특성이다. 감염된 양은 나무나 울타리 등에 몸을 계속 비벼대는 행동을 한다.

scrub typhus(쯔쯔가무시병) *Rickettsia tsutsugamushi*에 의해 야기되는 발진열로, 쥐에서 기생하는 진드기에 의해 전파됨.

sebaceous gland(지방샘) 피지라고 하는 지방물질을 분비하는 피부구조물로 모낭과 연관되어 있다

sebum(피지) 지방샘에서 분비되는 지방물질

secondary immunodeficiency disease(후천적 면역결핍 질환) T세포와 B세포가 정상적으로 발달하고 난 후 이 세포들이 손상을 받아 나타나는 질환

secondary infection(2차 감염) 특히 1차감염에의하여 약해진 환자에 있어서 1차감염에 이어지는 감염

secondary response(2차 반응) 재차 항원에 노출되었을 때 나타나는 적응성 면역반응

secondary structure(2차 구조) 나선이나 병풍구조와 같은 폴리펩티드 사슬의 접힘 또는 감김

secondary treatment (2차 처리) 1차 처리 후 남아있는 고형폐기물을 생물학적 방법으로 처리하는 하수처리 법

secretory vesicle(분비소낭) 골지체에서 온 물질을 저장하는 막으로 둘러싸인 작은 기관.

selective medium(선택배지) 특정 미생물의 생장은 촉진하나 여타 미생물의 생장은 억제하는 배지

selective toxicity(선택독성) 숙주에 심각한 손상을 일으키지 않으면서 유해한 미생물에만 작용하는 항생제의 능력

selectively permeable(선택투과성) 어떤 특정 분자와 이온의 통과는 막는 반면, 다른 것들의 통과는 가능하게 함.

self(자기) 생물체가 항원이나 외부인자로 인지하는 않는 분자

semen(정액) 사정시의 남성의 액체 분비물로, 정자와 다양한 성적 분비물과 기타 분비물이 혼합되어 있음

semiconservative replication(반보존적 복제) 새로운 DNA 2중나선 복제는 한 가닥의 모 DNA에 새로운 한 가닥의 DNA가 합성되어 이루어짐

seminal vesicle(정낭) 정액 구성 요소를 형성하는 주머니 같은 구조

semisynthetic drugs(반합성제제) 부분적으로 미생물에의해 합성되고 부분적으로 실험실에서 합성한 항생제

sense codon(전사코돈) 아미노산을 코드하는 DNA(또는 mRNA) 3염기 세트

sensitization(감작) 항원에 처음 노출되어 숙주가 그 항원에 대한 면역 반응을 유발하는 것

septic shock(패혈쇼크) endotoxins(내독소)에 의해 일어나며 저혈압과 blood-vessel collapse (혈관허탈) 을 동반하는 치명적인 패혈증

septic tank(정화조) 하수가 집결되는 땅밑에 묻힌 탱크. 고형물질이 슬러지가 되어 가라앉으므로 반드시 주기적으로 퍼서 슬러지를 버려야 한다.

septicemia(패혈증) (blood poisoning이라고도 함)혈액 내에서 병원체의 급속한 증식을 야기하는 감염증

septicemic plaque(패혈성 페스트) 림프절 페스트 세균이 림프계에서 순환계로 전파될 때 나타나는 치명적 형태의 페스트

septum(격벽) [복수: septa] 진균 세포를 분리시키는 가로 벽

sequela(후유증) 질병으로부터 회복 후 그것의 잔존효과

serial dilution(연속희석) 미생물 배양 원액을 10배씩 연속적으로 희석하는 과정

seroconversion(혈청전환) 감염의 결과로 그 혈청 내에 존재하는 특정한 항체의 확인

serology(혈청학) 항원 및 항체를 진단하는 실험실적 방법을 다루는 면역학 분야

serovar(혈청형) 균주를 의미 하며, 아종 범주에 속한다.

serum hepatitis(혈청간염) B형 간염 참조

serum killing power(혈청 살상력) 항생제를 투여받은 환자의 혈장을 첨가한 세균현탁액에서 항생제의 효능을 확인하기 위해 사용되는 시험

serum sickness(혈청병) 혈청내의 외부 항원이 면역 복합체를 형성하여 조직에 침착되어 생기는 면역 복합 질환

serum(혈청) 혈액에서 혈구와 응고인자가 제거되고 남은 액체

severe combine immunodeficiency, SCID(중증 복합 면역결핍증) 줄기세포가 적절하게 발달하지 못해서 B세포와 T세포 모두 결여된 일차 면역결핍 질환

sewage(하수) 사용된 물이나 사용된 물이 들어있는 폐기물

sexually transmitted disease, STD(성병) 성활동에 의해 확산되는 전염병

shadow casting(음영처리) 금이나 팔라디움 같은 중금속으로 시료를 코팅하여 3차원 입체효과를 주는 기법

shigellosis(쉬겔라증) (세균성 이질이라고도 불림) 장내 상피세포들을 침입하는 몇몇 *Shigella* 균주에 의해 유발되는 위장관 질환

shingles(대상포진) 수두-대상포진 허피스바이러스가 재활성화되어 생기는 만성질환으로 주로 연로한 사람과 면역이 약화된 사람에게 자주 나타난다

shrub of life(계통림) 생물의 초기 진화에 대한 현재의 이해를 반영한 그림; 여기에는 하나의 조상계통이 아닌 많은 뿌리가 있으며 많은 가지들이 교차와 합류를 반복한다.

sign(징후) 종창 혹은 발적과 같이 환자를 시험하면서 관찰할 수 있는 질병의 특성

simple diffusion(단순확산) 입자의 높은 농도에서 낮은 농도로의 순이동; 세포로부터의 에너지를 요구하지 않음.

simple stain(단순염색) 1가지 염색제를 사용하여 세포의 형태와 배열을 관찰함.

single-cell protein, SCP(단세포단백질) 미생물들로 구성된 동물사료

sinus(부비강) 조직에서 식세포들이 늘어서 있는 커다란 통로

sinusitis (정맥두염) 굴공동의감염

sinusoid(굴형, 굴형 혈관) 확대된 모세혈관

sinvasivenes(침습) 숙주내에 거주하는 미생물의 능력

skin(피부) 미생물 감염에 대한 물리적 방어벽을 대표하며 신체의 가장 큰 단일 장기

slime layer(점질층) 세포벽에 느슨하게 결합되어있는 얇은 보호 조직으로, 세포를 건조로부터 보호하고, 영양분 포획을 도우며 때로는 세포들이 함께 결합하는 것을 돕는다.

slime mold(점균류) 진균과 유사한 원생생물

sludge digester(슬러지 소화조) 혐기성 세균에 의해 슬러지가 이산화탄소와 메탄 가스 같은 단순한 유기물로 분해되는 거대한 발효 탱크

sludge(슬러지) 물을 처리하고 남은 고형물질로, 이곳에는 유기물질을 분해하는 호기성 생명체가 들어있다.

small intestine(작은창자, 소장) 소화과정이 완결되는 곳으로 장의 위쪽 부분

smallpox(천연두) (두창이라고도 불림) 예전에는 전세계적으로 심각한 질병을 일으켰던 바이러스성 질환이지만 지금은 박멸되었다

smear(도말표본) 액상시료를 얇은 층으로 현미경슬라이드에 펼쳐 놓은 것.

snottites(스노티) 미생물이 생산하는 황산에 의해 바위가 용해되어 만들어진 동굴의 벽에서 자라나는 점액질 실 모양의 미생물 집단. 이들 세균 집단이 황을 산화시켜 황산을 만들고 이렇게 만들어진 황산이 동굴 벽에서 똑똑 떨어진다.

solute(용질) 용매가 용액 형태로 녹아있는 물질

solution(용액) 어떤 분자가 균일하게 분산되어 서로를 분리할 수 없는 둘 혹은 그 이상의 물질이 혼합되어 있는 혼합물

solvent(용매) 물질들을 녹여 용액상태로 만드는 매질

sonication(초음파처리) 음파에 의한 세포의 파괴

specialized transduction(특별형질도입) 형질도입의 한 종류로서 프로파지가 세균염색체로부터 잘려나올 때 그 주변의 유전자들이 우연히 포함되어 도입되는 세균 DNA가 프로파지 주변의 유전자들로 제한되는 것

species immunity(종 면역) 선천적으로 유전되는 면역

species(종) 많은 공통의 특성을 갖는 생물들의 그룹; 가장 좁은 범위의 분류군

specific defense(특이적 방어) 특정 침투 병원균에 반응하여 작동되는 숙주방어

specific epithet(종 형용어) 명명의 이명법체계에서 속명 다음에 오는 생물의 두 번째 이름(예: *Escherichia coli*에서 coli)

specific immunity(특이성 면역) 특정 미생물에 대한 방어

specificity(특이성) (1) 효소의 특징으로 특정 기질을 수용하고 하나의 특정 반응에 대한 촉매작용을 함 (2) 바이러스의 특징으로 숙주 세포의 특정 형태에 따라 제한적 (3) 각 항원에 대항하는 고유의 면역반응을 일으킬 수 있는 면역 체계 능력

spectrum of activity(활성 범위) 항생제가 효능을 나타내는 미생물의 범위

spheroplast(스페로플라스트) 세포벽이 없고 용해되지는 않은 그람음성균.

spike(스파이크) 바이러스 캡시드나 피막에서 나온 당단백질 돌출물로 숙주세포와 융합하거나 부착할 때 이용됨

spindle apparatus(방추기관) 유사분열과 감수분열 중의 염색체 이동을 인도하는 진핵세포 세포질의 미세소관 체계

spirillar fever(나선형열) *Spirillum minor*가 원인인 쥐물림열의 일종, 일본에서는 처음에 서교증(sodoku)이라고 함

spirillum(나선균) [복수: spirilla] 유연한 물결 모양의 세균

spirochete(스피로헤타) 나선 모양의 운동성 세균.

spleen(비장) 가장 큰 림프 장기. 혈액여과기 역할을 한다.

spontaneous generation(자연발생설) 살아있는 개체가 무생물로부터 발생하였다는 이론

spontaneous mutation(자연발생 돌연변이) DNA의 변화를 일으키는 것으로 알려진 물질이 없어도 발생하는 돌연변이; 보통 DNA 복제과정 중 실수로 발생

sporadic disease(산발적발생병해) 대규모로 큰 위험이 아닌 소규모로 분리된 사례의 국지적 질병

spore coat(포자외각) 내생포자의 피질 주위에 형성되는 케라틴 유사 단백질 물질

spore(포자) 진균류나 방선균에 의해 형성되는 저항성의 생식 기구; 세균의 내생포자와는 다름.

sporocyst(포자포낭) 달팽이나 연체동물의 몸에서 발달하는 흡충의 유충형

sporotrichosis(스포로트리쿰증) *Sporothrix schenckii*에 의해 발병하는데, 이 진균은 보통 식물에서 체내로 유입된다.

sporozoit(포자소체) 감염됨 모기의 침샘에 존재하는 말라리아 영양체

sporulation(포자형성) 내생포자 또는 포자의 형성

spread plate method(도말평판법) 희석 배양액 시료를 한천 평판 위에 올려놓고 표면 골고루 도말하여 순수 배양을 얻는 방법

St. Anthony's fire(성 엔서니 발적) 단독(erysipelas) 참조

St. Louis Encephalitis, SLE(세인트 루이스 뇌염) 미국 중부 지역에서 발병하는 뇌염의 한 종류

stain(착색제) 염료라고도 불림. 세포내 구조물들과 결합하여 색을 나타나게 하는 분자.

standard bacterial growth curve(세균의 표준 생장곡선) 시간에 따라 세균 숫자를 그래프에 기입하여 세균의 생장 단계를 보여주는 곡선

staphylo-(포도상) 무작위적인 분열평면에 의해 형성된, 포도모양의 무리로 배열되어 있는 세균 세포 집단을 일컫는 접두사.

start codon(개시코돈) 단백질 합성에서 아미노산 서열로 시작되는 mRNA 분자에서의 첫 번째 코돈; 박테리아에서 개시코돈은 메치오닌을 코드

stationary phase(정지기) 새로 세포가 태어나는 속도와 오래된 세포가 죽는 속도가 같아 살아있는 세포의 수가 일정해지는 세균 생장곡선의 세 번째 주요 단계

sterility(무균성) 물질 내부 또는 표면에 살아있는 생물이 없는 상태

sterilization(멸균) 물질 내부 또는 표면에 있는 모든 미생물의 사멸 또는 제거

steroids(스테로이드) 4개의 링 구조를 가진 지질로 콜레스테롤과 스테로이드 호르몬, 비타민 D를 포함하고 있음.

stock culture(보존배양) 실험실에서 사용하기 위하여 순수한 상태로 분리하여 보관한 예비 배양

stop codon, terminator codon(종결코돈) mRNA 분자에서 번역되는 마지막 코돈으로, mRNA로부터 리보좀의 분리를 야기

strain(균주) 종 내에서 다른 하위그룹과 구별이 되는 특징을 하나 이상의 공유하는, 종의 하위그룹

streak plate method(획선평판법) 한천 평판의 표면에 세균을 묻혀 가볍게 획선을 그어 도말하여 분리된 집락을 얻는 순수배양 방법

strepto-(연쇄상) 하나의 분열평면에 의해 형성된, 사슬로 배열되어있는 세균 세포 집단을 일컫는 접두사.

streptokinase(스트렙토키나아제) 세균이 생산하는 효소로 혈전을 소화하거나 용해시킬 수 있음

streptolysin(용혈소) 식세포를 죽이는 연쇄구균에 의해 생산되는 독소

streptomycin(스트렙토마이신) 항세균물질로 단백질 합성을 막는 항생제

stroma(스트로마) 엽록체 내의 액체로 채워져 있는 부분.

stromatolite(스트로마톨라이트) 따뜻한 산호초나 온천에 흔히 나타나는 살아있거나 혹은 화석화된 광합성 원핵생물의 층화된 매트

strongyloidiasis(분선충증) 원형 기생충 *Stronglyoides stercoralis* 그리고 이것과 유연관계에 있는 기생충들에 의해 유발되는 기생충 질환

structural gene(구조유전자) 특정 폴리펩티드의 합성에 대한 정보를 지닌 유전자

structural proteins(구조 단백질) 세포, 세포의 부분과 막의 구조에 기여하는 단백질

sty(다래끼) 속눈썹 아래에 생기는 감염

subacute disease(아급성 질환) 급성질환과 만성질환 사이의 중간에 속하는 질환

subacute sclerosing panencephalitis, SSPE(아급성 경화성 범뇌염) 홍역 바이러스가 뇌 조직에 영구적으로 존재하여 생기는 홍역합병증으로 거의 대부분 치명적이다.

subclinical infection(무증상 감염) 불현성 감염, 잠복 감염

subclinical infection(아임상적 감염) 불현성 감염 참고

subculture(계대배양) 존재하는 배양세포를 배양액이 담겨있는 새 배양용기로 옮기는 방법

substrate(기질) (1) 효소 작용에 관여하는 물질. (2) 세포가 성장할 수 있거나 포자가 발아 할 수 있는 표면이나 음식 원

sulfate reduction(황산염 환원) 황산염 이온이 황화수소로 환원되는 것

sulfonamides(설폰아미드 또는 설파제) 엽산의 합성을 차단하는 합성 정균제

sulfur cycle(황 순환) 황이 생태계를 통해 순환하는 것

sulfur oxidation(황 산화) 여러 형태의 황이 황산염으로 산화하는 것

sulfur reduction(황 환원) 원소상태의 황이 황화수소로 환원하는 것

superantigens(초항원) 세균독소와 같은 강력한 항원은 많은 수의 T세포를 활성화시키어 대규모의 면역반응을 일으키는데 독성쇼크를 보이는 질병을 유발하기도 함

superinfection(중복감염) 정상균총의 제거로부터 2차적 감염. 가끔 항생제 저항 미생물인 병원성균의 군집화를 일으킴

superoxide dismutase(초산화물불균화효소) 초산화물을 산소와 과산화수소로 전환하는 효소

superoxide(초산화물) 반응성이 매우 높은 환원형 산소종으로 편성혐기성균을 죽임

surface tension(표면 장력) 얇고, 눈에 보이지 않는 탄성막이 생기는 물의 표면 현상

surfactant(계면활성제) 표면 장력을 감소시키는 물질

swarmer cell(유주세포) 콩과식물의 뿌리털에 침입하는 편모를 갖는 구형의 *Rhizobium* 세균으로 보통 뿌리에 뿌리혹을 형성한다.

sweet gland(땀샘) 피부의 땀구멍으로 수액성 분비물을 분비하는 피부구조물

swimmer's itch(물놀이 가려움증) *Schistosoma*(주혈흡충)에 속하는 몇 종의 기생충들의 유충들이 유발하는 피부질환

symbiosis(공생) 2개의 다른 생명체의 종류들이 함께 생존

symptom(증상) 증상은 통증 혹은 구역질과 같은 환자만이 관찰할 수 있거나 느낄 수 있는 질병의 특성

syncytium (합포체) [복수: syncytia] 세포 배양

시 다핵의 덩어리, 예를 들면 호흡기 융합 바이러스에 의해 일어난다.

syndrome(증후군) 함께 발생하는 징후와 증상의 조합

synergism(상승작용) 2개의 항생제 사용시 단독사용 했을 때 보다 함께사용 했을 때 더 좋은 효과

synthesis(합성) 새로운 핵산과 바이러스 단백질이 만들어지는 바이러스의 복제단계

synthetic drugs(합성제제) 실험실에서 화학적으로 합성된 항생제

synthetic medium(합성배지) 조성이 정확하거나 비교적 잘 정의된 물질을 이용하여 실험실에서 조제한 생장 배지

syphilis(매독) 성적으로 전염되는 질병으로, 스피로헤타와 매독균으로 인한 성병

systemic blastomycosis(전신성 분아진균증) *Blastomyces dermatitides*가 내부 기관 특히 허파에 침입하여 생기는 질병

systemic infection(전신감염) 신체의 전신에 영향을 미치는 감염 (generalized infection이라고도 함)

systemic lupus erythematosus, SLE(전신성 홍반성 낭창) DNA나 다른 인체 구성성분에 대해 항체가 만들어져서 일어나는 광범위하게 퍼지는 전신성 자가면역 질환

T cell(T세포) T 림프구 참조

T lymphocyte(T 림프구) (T세포라고도 불림) 흉선으로부터 유래된 세포로서 세포매개성 면역 반응에 관여

tapeworm(촌충) 동물의 작은 창자 내의 기생생물로서 성체 시기를 살고 있는 편형동물

tartar(치석) 치태 표면에 침착하여 매우 거칠고 강한 껍질을 형성하는 칼슘(calcium) 침전물

taxon(분류군) [복수: taxa] 종, 속, 과, 목과 같은 분류에 사용되는 범주

taxonomy(분류학) 분류의 과학

TCA cycle(TCA 사이클) 크렙스 회로와 같음

T-dependent antigen(T세포 의존 항원) B세포를 활성화시키기 위해 보조 T세포(TH2)의 작용을 요구하는 항원

teichoic acid(타이코산) 그람양성균 세포벽의 펩티도글리칸에 부착된 중합체.

teleomorphic(유성생식형) 진균 생활환 중 유성적 부분

temperate phage(약독파아지) 독성감염을 유발하지 않는 바이러스로 숙주세포에 프로파아지로 삽입되어 자신의 게놈을 복제함

temperate phage(용원성파지) 용균성 감염을 일으키지 않는 박테리오파지, 대신 DNA가 프로파지로서 숙주세포 염색체에 끼어들어가 함께 복제되는 것

template(주형) 복제나 전사에서 새로운 뉴클레오티드 중합체의 합성에 뽄으로 사용되는 DNA

temporary parasite(임시기생생물) 숙주로부터 먹이를 구하고 그 숙주를 떠나는 기생생물(무는 곤충과 같은 것)

teratogen(기형발생인자) 태아의 발생 중 기형을 유발하는 물질

teratogenesis(기형발생) 태아의 발생 중 기형이 생기는 것

terminator(종결자) 종결코돈을 보시요

tertiary structure(3차 구조) 구 형태로 접힌 단백질 분자

tertiary treatment(3차 처리) 하수를 마실 수 있을 정도의 깨끗한 물로 배출하기 위한 물리, 화학적 처리 방법

test(피각) 탄산칼슘과 일부 원생생물에게 흔히 있는 것으로 이루어진 껍질

testis(정소) [복수: testes] 테스토스테론과 정자를 생산하는 한 쌍의 남성 생식 분비선

tetanus neonatorum(신생아 파상풍) 파상풍의 일종이며, 신생아의 잘려진 탯줄을 통해 감염된다.

tetanus(파상풍) *Clostridium tetani* 감염으로 발병하고 근육이 뻣뻣해지면서 마비가 진행되며, 결국 사망에 이른다.

tetracyclines(테트라사이클린) 단백질 합성을 억제하는 항생제

tetrad(사쌍구균) 4개의 구균이 입체 모양을 이룬 구균 집단

thallus(엽상체) 뿌리, 줄기 또는 잎이 전혀 없는 형태로 진균의 특징

T-helper cell(보조 T세포) 항체를 생성하기 위해 B세포과 함께 참여하는 T 세포의 종류

therapeutic dosage level(치료적 투약량) 병원균을 성공적으로 제거할 수 있는 약물농도 수준

thermal death point(열 사멸점) 24시간 배양된 중성 pH의 액체배양에서 10분 내에 모든 세균을 죽이는 온도

thermal death time(열 사멸시간) 특정 온도에서 특별한 배지 내의 모든 세균을 죽이는데 필요한 시간

thermophile(고온균) 50~60°C 사이에서 가장 잘 자라는 열을 좋아하는 생물

thermophilic anaerobic spoilage(호열 혐기성 부패) 내생포자의 발아와 성장으로 인한 부패로서, 이 경우 가스와 산이 생성되어 통조림캔이 불룩해지는 현상이 발생함

thrush(아구창) 구강의 점막에 우윳빛의 염증이 생기는 것으로 칸디다증의 증상이며 *Candida albicans*가 원인 병원체이다

thylakoid(틸라코이드) 엽록소를 포함하는 엽록체의 내막.

thymus gland(흉선) 흉골 아래쪽에 위치한 다엽성의 림프 기관이며 림프구를 T 세포로 분화시킨다.

tick paralysis(진드기 마비증) 외부 기생체인 진드기에 물렸을 때, 진드기의 침샘에서 물은 상처부위로 유입된 항응고제(anticoagulant)와 독소에 의해 생기는 열과 마비증이 특징인 질병

tincture(요오드팅크) 유기수은 화합물 merthiolate를 알코올에 녹인 용액

T-independent antigen(T세포 비의존 항원) B세포를 활성화시키는데 보조 T세포(TH2)의 작용이 요구되지 않는 항원

tinea barbae(수염백선) 모창(Barber' s itch), 수염에 병증이 생기는 백선

tinea capitis(두부백선) 두피백선, 모낭에 균사가 생장하여 생기는 백선으로 원형 탈모가 종종 발생한다.

tinea corporis(체부백선) 중심부위에 인편이 있는 둥근 모양 병변을 나타내는 백선

tinea cruris(고부백선) (완선, jock itch이라고도 불림) 사타구니 백선으로 사타구니 부위의 피부에 생기는 백선

tinea pedis(족부백선) 무좀(athlete' s foot) 참조

tinea unguium(손톱백선) 손톱과 발톱의 경화와 탈색을 초래하는 백선

tissue culture(조직배양) 단일조직의 배양으로 비교적 균일한 세포를 배양해 바이러스의 효과를 테스트하거나 개체를 증식하기 위한 배양방법

titer(적정량) 어떤 반응이 일어나는데 요구되는 물질의 양

togavirus(토가바이러스) 작은 피막보유 RNA 바이러스로 수많은 포유류 세포와 곤충세포에서 증식함

tolerance(관용) 항원에 대해서 더 이상 면역반

응을 일으키지 않는 상태

toll-like receptor, TLR(toll 유사수용체) 병원균을 인식하는 식세포의 분자

tonsil(편도선) B 세포와 T 세포의 형태로 면역방어에 기여하는 림프 조직

tonsillitis(편도선염) 편도의세균감염

total magnification(총확대율) 접안렌즈의 배율과 대물렌즈 배율을 곱한 배율

TORCH series(TORCH 계열) 임신부와 신생아에 나타날 수 있는 기형발생 질병을 확인하는 혈액 테스트의 일종

toxic dosage level(독성적 투약량) 숙주의 손상을 야기시키는데 필요한 약물의 양

toxic shock syndrome, TSS(독소충격증후군) 황색 포도상 구균(*Staphylococcus aureus*) 중 특정 독소 생성균주에 의해 감염; 종종 흡수력이 강한 탐폰의 지속적 사용과 종종 연관됨.

toxin(독소) 다른 생물체에게 유독한 물질

toxmeia(독혈증) 혈액에서 외독소의 존재나 전파

toxoid(변성독소) 화학 처리에 의해 불활성화된 외독소이지만 항원성은 유지되고 있기 때문에 독소에 대한 접종에 사용됨

toxoid(변성독소) 화학적 처리로 불활성화된 외독소로 항원성은 가지고 있기 때문에 독소에 대한 면역을 위해 사용할 수 있음

toxoplasmosis(톡소포자충증) 신생아에서 선천적 장애를 유발하는 Toxoplasma gondii 에의 한원충성질병

trace elements(미량원소) 생장에 필요한 아주 적은 양의 구리, 철, 아연, 그리고 코발트 이온 같은 무기물

trachea (기관) 숨통

trachoma(트라코마) *Chlamydia trachomatis*가 원인인 눈병으로 눈을 멀게 할 수 있다

transcription(전사) DNA 주형으로 부터의 RNA 합성

transduction(형질도입) 박테리오파지에 의해 하나의 세균에서 다른 세균으로의 유전정보의 이동

transformation(형질전환) 노출된 DNA의 이동에 의해 생명체의 특성이 변하는 것

transfusion reaction(수혈 반응) 서로 일치되는 항원과 항체가 동시에 혈액에 존재할 때 일어나는 반응

transgenic(형질전환) 외부 DNA(유전자)의 도입에 의해 생명체의 특성이 영구적으로 변하는 상태

transient microflora(일시적균총) 상주균총이 있는 곳에서 어느 기간 및 조건 하에 어떤 생명체의 체내나 피부에 존재하는 미생물

translation(번역) mRNA상의 정보로부터 단백질을 합성

transmissible spongiform encephalopathies(전염성 해면상 뇌증) 프리온에 의한 질병으로 뇌조직에 여러 개의 구멍이 발생되며, 그 형상이 스폰지와 흡사하다. 크로이츠펠트-야콥병, 광우병, 쿠루병, 스크래피, 만성 소모성질환 등이 이에 속한다.

transmission electron microscope, TEM(투과전자현미경) 시료의 박막을 하용하여 세표의 내부구조를 연구할 수 있는 전자현미경의 1종류

transmission(투과) 사물을 통과하는 빛의 경로

transovarian transmission(난소전파) 난소에서 일어나는 진드기의 세대에서 세대간의 교체를 통한 병원체의 전파

transplant rejection(이식거부반응) 숙주 면역시스템 때문에 이식 조직이나 이식된 기관이 파괴되는 것

transplantation(이식) 한 부분에서 다른 부분으로 조직을 옮기는 것

transposable element(전위인자) 하나의 플라스미드에서 다른 플라스미드나 염색체로 옮겨질 수 있는 이동성 유전적 서열

transposal of virulence(독성의 전이) 정상숙주로부터 병원균이 연속적으로 수많은 개개인인 새로운 숙주를 통하여 병원성균이 전이되는 실험기법. 최초의 숙주에서 병원성을 완전히 잃거나 줄이는 결과를 가지고 옴

transposition(전위) 세균이나 진핵세포의 특정 유전적 서열이 위치를 옮기는 과정

transposon(트랜스포존) 전위와 관계없는 한 개 이상의 유전자와 함께 전위를 위한 유전자를 포함하고 있는 이동성 유전적 서열

traumatic herpes(외상성 헤르페스) 화상이나 다른 외상을 입은 피부로 바이러스가 들어가서 감염된 헤르페스

traveler' s diarrhea(여행자설사) 병원성 대장균에 의해 유발되는 일반적인 위장관 질환

trench fever(참호열, shinbone fever) *Rochalimaea quintana*에 의해 야기되는 리켓치아성 질병으로 발진티푸스와 유사한 양상을 나타내고 lice(이)에 의해 전파되며, 특히 전쟁 중의 비위생적 상태에서 잘 일어남.

triacylglycerol(트리아실글리세롤) 글리세롤에 세 개의 지방산이 결합되어 있는 형태의 분자

trichinosis(선모충증) 선충 *Trichinella spiralis*에 의해 유발되는 기생충 감염으로 덜익힌 고기(보통 돼지고기)속에 포낭으로 둘러싸인 애벌레 형태로 소화관을 통과한다.

trichocyst(섬모포) 먹이를 잡기 위해 섬모충류가 가진 촉수 모양의 구조

trichomoniasis(트리코모나스증) 비뇨 생식기계 기생 질병으로, 주로 성교에 의해 감염되며, 특히 여성에게서, 극심한 가려움과 많은 양의 백색 분비물이 나온다.

trichuriasis(편충증) 편충 *Trichuris trichiura*에 의해 유발되는 기생충 질환으로 장점막을 훼손시켜 만성출혈을 일으킨다.

trickling filter systems(살수여상법) 표면이 유기물질을 분해하는 호기성 생명체로 덮여있는 바위조각들 위로 하수를 뿌려 처리하는 방법

tRNA, transfer RNA(운반RNA) 세포질에서 단백질 분자로 배치하기 위하여 리보좀으로 아미노산을 옮기는 RNA

trophozoite(영양체) *Plasmodium* 같은 원생동물의 영양형

trypanosomiasis(트리파노조마증) 아프리카 수면병 참조

tube agglutination test(시험관 응집시험) 다양한 농도로 희석된 환자의 혈청과 알려진 양으로 넣은 항원과의 반응에 의해 항체 역가를 재는 혈청학적 방법

tubercle (결핵) 결핵환자의 폐에 응고된 손상이나 만성육아종이 형성된 것

tuberculin hypersensitivity(튜베르쿨린 과민반응) 감작된 사람이 결핵균에 노출되었을 때 일어나는 세포 매개 과민반응

tuberculin skin test(튜베르쿨린 피부 시험) 인형 결핵균의 단백질을 정제하여 피하로 주사하면 이전에 결핵균에 노출된 적이 있는 사람에게는 경결이 생기는 반응을 이용하여 결핵을 진단하는 면역학적 방법이다.

tuberculoid(결핵양형) 일종의 무감각성 한센병(나병)이며, 피부색소와 감각이 사라진다.

tuberculosis (결핵) 주로 *Mycobacterium tuberculosis*에 의한 질환

tularemia(야생토끼병) 솜고리토끼와 연관이 있으며, *Franciscella tulaensis*에 의해 일어나는 인수공통전염병

tumor(종양) 종종 바이러스 감염에 의해 야기되는 통제 불가능한 세포분열

turbidity(탁도) 미생물의 존재를 나타내는 배양 시험관의 뿌연 정도

tympanic membrane(고막) (eardrum으로도 불림) 외이와 중이를 구분하는 막

type strain(표준균주) 세균의 원래의 참고균주, 순수배양에서 단일 분리된 후손

typhoid fever(장티푸스 열) *Salmonella typhi*에 의해 유발되는 전염성 장 감염; 위생환경이 좋은 곳에서는 흔하지 않다.

typhoidal tularemia(티프스형야토병) 야토병의 병변으로 인한 세균혈증으로 인해 야기되는 패혈증으로 typhoidal fever(장티푸스)와 유사함.

typhus fever(발진열) (발진티푸스라고도 불림) 리켓치아성 질병으로 epidemic, endemic 그리고 scrub typhus(쯔쯔가무시병) 의 형태로 나타남.

ulceroglandular(괴양성과립) *Franciscella tularensis*의 피부를 통한 유입으로 야기되는 야토병의 한 형태를 나타내는 것으로, 피부의 궤양과 림프절의 종대를 특징으로 함.

ultra-high temperature(UHT) treatment(초고온 처리) 온도를 3초 동안 87.8°C 까지 가열함으로써 우유와 낙농제품을 멸균하는 방법

uncoating(탈외피) 세포로 들어온 동물 바이러스의 단백질 껍질이 단백분해효소에 의해 제거되는 과정

undulant fever(파상열) Brucellosis 와 동일. (여러 종의 브루셀라 종에 의해 일어나는 높은 감염력의 인수공통전염병)

universal precautions(보편적 예방조치) 의학연구실과 병원에서 질병 전달의 위험이 줄어든 CDC에 의해 인정된 지침

unsaturated fatty acid(불포화 지방산) 적어도 하나의 인접한 탄소 원자 사이의 이중 결합을 포함한 지방산

upper respiratory tract (상기도) 코공동, 인두, 후두, 기관, 기관지, 큰 세기관지

Ureaplasmas(우레아플라즈마) 특이한 세포벽을 갖는 세균으로 영양소로 스테롤을 요구한다.

ureter(수뇨관) 오줌을 신장으로부터 방광으로 운반하는 관

urethra(요도) 배뇨시(방뇨) 소변이 방광에서 바깥으로 지나가는 관

urethritis(요도염) 요도 염증

urethrocystitis(요도 방광염) 요도와 방광에 걸친 요로 감염을 설명하기 위해 쓰이는 일반적인 용어

urinalysis(소변 검사) 소변의 실험실 분석

urinary tract infection, UTI(요로 감염) 요도염 또는 방광염을 일으키는 세균성 비뇨생식기 감염

urine(소변) 신장 세관에 수집된 노폐물

urogenital system(비뇨 생식계) (1) 체액의 조성을 조절하고 신체로부터 특정 노폐물들을 제거하며 (2) 신체가 성적 생식에 참여할 수 있게 해주는 신체계

use-dilution test(사용-희석 시험) 특정 시험세균의 표준 준비물을 사용하여 화학제의 항미생물 특성을 평가하는 방법

uterin tube(난관) (나팔관 또는 수정관으로도 불림) 난자들을 난소에서 자궁으로 전달하는 관

uterus(자궁) 배-모양의 기관으로 이곳에 수정된 난자가 착상 및 발육함.

vaccine(백신) 항원을 포함하고 있는 물질로서 면역체계가 이에 반응함

vacuole(액포) 세포질이나 진핵세포 내에서 음식물이나 기체 같은 물질을 저장하는 막으로 둘러싸인 기관.

vagina(질) 여성 생식기의 도관, 경부로부터 신체 외부까지 연장됨.

vaginitis(질염) 질의 감염, 정상 질의 균총이 항생제 또는 다른 요인들에 의해 방해를 받을 때 번식하는 기회 감염균에 의해 종종 발생함.

variable(변수) 실험에서 변할 수 있는 것들

varicella-zoster virus, VZV(수두-대상포진 바이러스) 수두와 대상포진의 원인 병원체인 허피스바이러스

vasodilation(혈관확장) 급성 염증 동안 모세혈관과 세정맥 벽의 확장

vector(매개체) (1) 자기 복제를 할 수 있는 DNA 운반자 ;대개 플라스미드, *박테리오파이지*, 진핵생물성 바이러스 (2) 질병 유발 생물체를 한 숙주에서 다른 숙주로 전파할 수 있는 생물체

vegetable cell(영양세포) 활발하게 영양분을 대사중인 세포.

vegetation(증식) 세균성 심내막염에서 손상된 심장판막 표면의 증식을 말하는 것으로, 노출된 아교섬유가 fibrin(섬유소) 의 침착을 야기하고, 또한 여기에 일시적인 세균의 부착을 초래함.

vehicle(전파체, 전파자) 저장소에서 민감한 숙주까지 감염인자인 무생물 운반체

venezuelan equine encephalitis(베네수엘라 말뇌염) 플로리다, 텍사스, 멕시코 그리고 남미 지역에서 발생하는 바이러스성 뇌염이다. 사람보다 말에서 발병률이 높다.

verminous intoxication(해충 중독) 간 흡충류의 대사산물에 의해 생긴 독소에 대한 앨러지 반응

verruga peruana(바르토넬라증) 만성의 비 치명적인 피부 질병을 나타내는 바르토넬라증의 한 형태

vertical gene transfer(수직적 유전자이동) 부모로부터 자식으로의 유전자 이동

vertical transmission(수직전파) 병원균이 모체에서 산도를 통해, 태반을 통해, 난자 또는 정자로 자손에게 전파되는 질병의 직접적 접촉 전파

vesicle(소낭) 세포내의 막으로 싸인 봉입체.

vibrio(비브리오) 쉼표모양의 세균

vibriosis(비브리오증) *Vibrio parahaemolyticus*에 유발되는 장염으로 제대로 익히지 않은 오염된 생선이나 조개류를 섭취함으로써 걸린다.

villus(융모) (융털이라 고도 불림) [복수: villi] 점막표면에서 뻗어나온 다세포 돌기; 흡수기능을 담당한다.

viral enteritis(바이러스성 장염) 로타바이러스에 의해 유발되는 위장관 질환으로 설사가 특징이다.

viral hemagglutination(바이러스성 적혈구응집반응) 홍역이나 인플루엔자 바이러스가 적혈구와 결합하여 일어나는 적혈구 응집반응

viral infection(지속성 바이러스 감염) 수 개월 혹은 수 년에 걸쳐 숙주내에서 바이러스들을 지속적으로 생산

viral meningitis(바이러스성 뇌수막염) 일반적으로 자가 면역력으로 치유되며, 치명적인 질병이 아니다.

viral neutralization(바이러스 중화) 항체와 바이러스가 결합하는 반응으로 환자의 혈청 안의 바이러스 유무를 확인하는 면역학적 시험

viral pneumonia (바이러스성 폐렴) 호흡기 융합바이러스와 같은 바이러스에 의한 질환

viral yield(바이러스 수율) 방출량을 보시오.

viremia(바이러스혈증) 바이러스가 혈액 내로 전이되는 감염. 그러나 전이 중 증식하지 않음

virion(비리온) 완전한 바이러스 입자

viroid(비로이드) 바이러스보다 작고, 캡시드가

없는 감염성 RNA 입자로 다양한 식물에 병을 유발함

virulence factor(병원성인자) 미생물들이 감염과 질병을 일으킬 수 있는 구조적 및 생리학적 특성

virulence(독성) 병원균에 의해 일어나는 질병의 강도

virulent phage(독성파아지) (용균파아지라고도 불림) 박테리아 세포를 감염할 때 궁극적으로 숙주세포를 용해하여 죽이는 용균주기를 수행하는 박테리오파아지

virulent phage(lytic phage)(용균성파아지) 세균을 감염하여 세포를 파괴하고 숙주세포를 죽이는 용균성 생활주기를 하는 박테리오파아지

virus specificity(바이러스 특이성) 바이러스가 감염하는 생물의 특이한 세포의 유형을 의미함

virus(바이러스) 단백성 껍질 안에 핵산(DNA 혹은 RNA) 중심부로 구성된 초현미경적 크기의 기생성 비세포성 미생물

virusoid(비루소이드) (또한 위성핵산으로 알려짐) 조그만 500~2,000 nt의 길이를 갖는 단일가닥 RNA로 복제를 위한 유전자가 없다. 복제를 위해 헬퍼바이러스(혹은 "위성")가 필요함

vitamin(비타민) 생물이 합성하지 못해 생장을 위해 공급해주어야 하는 물질

volutin(볼루틴 과립) (Metachromatic granule이라고도 불림) 폴리인산과립.

walking pneumonia(보행 폐렴) primary atypical pneumonia를 보라

wart(사마귀) (유두종이라고도 불림) 사람유두종 바이러스가 감염하여 피부와 점막에서 생장하며 나타나는 것

water cycle(물 순환; hydrologic cycle) 빗물로 떨어진 물이 생명체에 섭취된 후, 호흡과 증발 과정으로 대기로 돌아가며 순환하는 과정

water mold(물곰팡이) (난균문이라고도 불림) 편모를 갖는 무성포자(유주자)와 긴 운동성의 배우자를 만드는 진균 유사 원생생물

wavelength(파장) 연속되는 빛파장의 연속되는 마루사이의 거리(골 사이의 거리)

west Nile fever(웨스트나일열) 모기를 매개로 전염되는 바이러스성 질병으로서, 최근 그 심각성이 부각되는 병이다.

western blot(웨스턴 블롯) 단백질을 이동 시켜 동정 하는 방법

western equine encephalitis(북미서부말뇌염) 미국 서부지역에서 흔하게 발병되는 바이러스성 뇌염 중 하나이다. 사람보다 말에서 발병률이 높다.

wet mount(습식표본) 살아있는 생물체를 함유하는 유체방울을 슬라이드 위에 위치시키는 기법

wetting agent(물얼룩방지제) 지방 물질을 통과하기 위해 흔히 다른 화학제와 같이 사용되는 세제용액

whey(유장) 세균 유래의 효소첨가 시 생겨나는 우유의 액상부분으로 폐기물로 취급됨

whipworm(채찍벌레) 장의 편충증 감염을 일으키는 *Trichuris trichiura*

whitlow(생인손) 구강, 안막, 그리고 생식기 포진에 노출되면서 손가락에 나타나는 헤르페스성 병변

whooping cough(백일해) (pertussis라 불림) 주로 *Bordetella pertussis*에의해일어나는매우전염성이강한호흡기질환

wort(맥아즙) 매시로부터 얻어낸 액상 추출물

wound botulism(창상 보툴리누스 중) 보투리누스 중 중에서도 흔히 발병하지 않는 질병이다. 심한 상처와 함께 포자가 감염되면 혈액순환이 원활하게 진행되지 않으므로 혐기환경이 조성되고, 그 결과 *Clostridium botulinum*이 증식하여 병증이 나타나게 된다.

xenograft(이종이식편) 다른 종 사이에서의 이식

yeast extract(효모추출물) 배지 성분을 보강하기 위하여 여러 가지 비타민, 조효소, 그리고 뉴클레오사이드를 함유한 효모로부터 추출한 물질

yellow fever(황열병) 열대 우림에서 발견되는 바이러스성 전신 질병으로, *Aedes aegypti*모기에 의해 운반됨.

yersiniosis(한글문) *Yearsinia enterocolitica*에 의해 유발되는 중증 장염

ziehl-Neelsen acid-fast stain(지엘-닐센 항산성염색) 한센병(나병)이나 결핵균과 같이 산이나 알코올에 의해 착색되지 않는 생물체를 염색하기위한 염색법.

zones of inhibition(억제 환) 디스크 확산법에서 미생물의 증식을 억제시키는 약물 주위로 나타나는 투명한 부위

zoonosis(동물성 병, 인수공통전염병) 동물에서 사람으로 전염 될 수 있는 질병

zygomycosis(접합균증) *Mucor*속과 *Rhizopus*속에 속하는 특정 곰팡이 종들이 허파, 중추신경, 안와(eye orbit)조직에 침입하여 유발하는 질병

zygomycota(접합균문) 빵곰팡이 참조

zygospore(접합포자) 빵곰팡이에서, 접합자를 둘러싼 두꺼운 벽으로 된 저항성의 포자를 생산하는 구조

zygote(접합자) 생식체(난자와 정자) 의 결합에 의해 형성된 세포

임상사례 연구의 답

1장

AIDS의 원인(병인)은 인간 면역결핍 바이러스(human immunodeficiency virus, HIV)인 것으로 드러났다. 병의 원인물질로써, 세균이나 곰팡이와 같은 것들을 배재하기 위하여 많은 테스트들이 시행되었다. 초기 연구에서는 (미국에서 전염초기 기간) 샌프란시스코, 캘리포니아 지역의 동성애 남자들이 감염집단에서 가장 많았다.

2장

지질은 물에 잘 녹지 않는다. 지질은 공유 결합을 형성하고 있어서 물에 녹기 위해 필요로 하는 전하를 가지고 있지 않다. 미생물학 실험에서 사용되는 색소는 물에는 녹으나, 왁스와 같은 지질을 통과하는 것은 어렵다. 또한 항생물질들도 지질을 통과하는 것이 어렵다. Leprosy와 TB 박테리아는 숙주 세포 안에서 살기 때문에 이들이 항생제에 도달하기 어렵게 된다.

3장

환자로부터 분리된 세균배양 검체로 반드시 3개의 슬라이드를 만들어야 한다. 반응을 시키기 위해 3가지 항체를 각 슬라이드에 각각 한 방울씩 첨가해야 한다. 각 슬라이드에는 의심되는 각기 다른 3가지 생물체들이 들어있게 된다. 형광현미경을 사용하여 각각의 슬라이드를 관찰한다. 만약 형광염료가 붙어있는 항체가 슬라이드의 세균에 부착되면 세균은 형광색을 띄게 되고 양성반응을 보이게 된다. 반응이 일어나지 않은 세균은 음성반응을 보이게 될 것이다

4장

입가의 발진은 허피스 바이러스 때문에 생긴다. 바이러스는 무세포성이며, polymyxin이 분열할 세포막을 갖고 있지 않다.

5장

효소는 40°C 이상의 온도에서 변성되기 시작하는 단백질이며, 결국 그의 활성을 잃을 것이다. 사망 그리고/혹은 비가역적인 뇌의 손상은 약 109°F(43°C)에서 일어날 수 있다. 몇 명의 아이들은 또한 높은 온도의 발열과 경련을 나타낼 것이다.

6장

암모니아는 세균의 주위를 둘러 싼 위산을 중화하는 염기이다.

7장

특정 바이러스의 모든 균주는 모두 동일한 것은 아니라고 캐시에게 말해야 한다. 바이러스는 변이를 한다. 그녀가 갖고 있는 헤르페스 바이러스 균주는 아마 매리가 감염된 균주와는 달리 acyclovir의 작용으로부터 보호하는 thymidine kinase에 돌연변이가 일어났을 것이다.

8장

접합과 내성전달인자의 이동.
서로 다른 세균들에서 같은 플라스미드를 찾아본다.

9장

미생물은 보통 단순히 관찰하여 동정할 수 없다. 일련의 실험들을 수행해야 한다. 그 시험들 중 어떤 것들은 시간이 걸리며 특히 우선 미생물이 배양되어야 할 때 그러하다. 병원균이 곰팡이로 동정되어졌을 시점에서는 감염을 성공적으로 치료하기에는 너무 늦었다. 세균을 죽이는 항생제는 흔히 곰팡이는 죽이지 못한다. 즉시 항균항생제로 치료를 시작하였다면 감염이 그렇게까지 진행되지 않았었을 것이며 환자는 구할 수 있었을 것이다.

10장

맞습니다. 바이러스가 세포 내에서 증식해야만 하기 때문에 어려울 수 있지만 코흐의 가정은 준수될 수 있습니다. 이는 다른 세포들은 항상 존재한다는 것을 의미합니다. 과학자들은 아직도 조직배양세포에서 순수 배양한 바이러스를 분리할 수 있습니다.

11장

가장 가능성 있는 감염체는 돼지 선형동물인 *Trichinella spiralis*이다. 이 동물은 근육에서 가장 잘 발견될 것이다. 포낭 내의 꼬여 있는 벌레처럼 보일 것이며, 선형동물 또는 원형동물이다. George는 덜 익은 돼지고기를 먹어서 감염된 것이다.

12장

맞습니다. 손을 비누와 물로 씻는 것은 피부 표면에서 대부분의 정상 균총과 기름을 제거한다. 이는 다른 생물을 위한 보금자리를 제공하여 거기에서 살고 또한 임상의사의 손에 감염을 유도할 수 있다. 이를 피하기 위해 일부 병의원에서는 피부의 세균을 죽이지만 천연 기름은 제거하지 않는 소독제 손 크림을 현재 사용하고 있다.

13장

수많은 쟁점이 있다. 질병의 과정이 너무 빠르다. 알러지나 바이러스 감염, 세균감염이 가지는 문제점들은 명확하지 않다. 항생물질은 알러지나 바이러스 감염에 대해서 별다른 효과가 없다. 불필요한 항생물질의 사용은 자신의 몸에 있는 민감한 세균들의 항생물질에 대한 내성을 증가시킬 수 있다. 만약 세균에 감염되었을 때 항생물질이 옳지 않는 방법일수도 있습니다. 또한 투약하는 약이나 약의 개수는 자신에게 감염된 세균에 대해서 옳지 않는 방법일 수도 있습니다. 마지막으로 당신은 당신의 친구에게 지적을 함으로써 도울수 있습니다. 당신의 몸에 질병을 일으키는 많은 세균이 존재하는 이유는 내재 와 적응 면역계가 존재하는 세균을 죽일수 없기 때문입니다. 그 세균들

은 질병을 일으키게 되고, 항생물질 내성 세균의 종류가 많아질 것입니다.

14장

대부분 오토바이를 타다가 넘어진 사람들에게 일어나는 감염은 기회주의적인 것에 기인한다. 왜냐하면 벗겨진 피부와 열상이 신체를 감염에 노출되도록 하기 때문이다. 그러나 자갈과 먼지는 매우 다양한 미생물을 포함할 수 있기 때문에, 노출된 상처의 이용성과 관계없이 일부 미생물은 일시적으로 머무르면서 질병을 확립하는 것이 항상 가능하다.

15장

병원 직원이 손을 씻을 수 있도록 환자 방 입구에 싱크대를 설치한다. 간단한 답: 병원 직원은 각 환자들을 다룰 때 마다 손을 씻는다. 살균성이 있는 알콜성 젤을 제공한다. 사용하고 수두나 결핵같은 전염성 질병을 않고 있는 환자의 방에 필터를 사용한다.

16장

점액섬모승강장치계(mucociliary escalator system)는 기관지에 있는 물질들을 인두 쪽으로 밀어 올려 뱉거나 삼키게 한다. 백일해나 폐렴구균성 폐렴, 슈도모나스 패혈증, 만성기관지염 등은 보통 이 장치계에 의해 제어되지만, 앞의 환자들의 경우에는 심각한 감염으로 이어질 수 있다.

17장

화학치료법은 흔히 T cell과 B cell의 수를 감소시킨다. 따라서, 화학치료를 받으면 감염에 좀더 감수성을 보인다. 날로 먹는 음식에는 세균과 바이러스가 더 포함되어 있을 수 있다. 요리를 통해 세균과 바이러스는 쉽게 죽일 수 있다.

18장

이러한 반응은 그녀의 치과 의사가 손에 낀 라텍스 고무장갑 때문이다. 이러한 과민반응은 접촉성 피부염이다. 이 문제를 해결하기 위해서는 치과의사는 폴리비닐 크롤라이드로 만든 장갑을 껴야만 한다.

19장

고양이와 개를 포함한 많은 종류의 동물들도 백선에 걸리며 감염원이 될 수 있다. 고양이의 경우에 핑크 빛의 코는 유일한 백선의 징후인 것 같다. 두피의 백선은 일반적으로 두피 표면의 부분적 대머리를 만든다. 피부의 다른 부분에는 붉은색을 띠는 반지모양의 발진이 생길 수 있으며 가려움을 유발하기도 한다. 발진 부위는 건조해져서 벗겨질 수 있고 또는 짓무르고 딱딱해질 수도 있다.

20장

우연이 아닐 수도 있다. 그가 자궁경부암의 99%를 유발하는 인간유두종바이러스인 HPV에 감염되었을 수도 있기 때문이다.

21장

맞습니다. Mildred의 증상은 재향군인병과 일치한다. 만약 그녀가 의사를 찾아 갔다면 진단 시험은 직접 형광 항체 현미경법, ELISA, 타액 시료에서의 유전자 탐침자로 PCR등을 포함한다. 세균은 물에서 살 수 있고 아마도 감염의 원인은 식료품점의 야채 코너에 뿌려지는 물 때문일 것이다.

22장

가능한 오염원은 음료를 만들때 사용되거나 음료수병을 세척할 때 사용된 물일 것이다. 적절히 멸균된 물을 사용하면 오염을 방지할 수 있었을 것이다. 임상 실험실에서는 대변 검체에서 영양체나 포낭을 찾을려고 했거나 배양할려고 했을 것이다. 수백개에서 수천개의 개체가 있어야 질환을 일으키는 세균과 달리 질환을 일으키기 위한 최소의 포낭 개수는 하나 혹은 몇 개면 충분하다.

23장

Ruth와 그녀 아기의 피부 조직 안정성이 파괴되어 질병이 일어난 경우라면, 출산 시 Ruth와 그녀의 아기는 *Streptococcus agalactiae*에 감염되었을 수도 있다. 이 경우, 항생제가 병원체의 수를 줄일 수 도 있고, 또한 병원체가 혈류로 진입하는 것을 막도록 도울 수도 있을 것이다. 하지만, 항생제 처방이 없다면, 아기는 아마도 패혈증, 폐렴, 혹은 수막염으로 고생할 수도 있다. 아기의 엄마인 Ruth 또한 패혈증이나 연부 조직의 감염으로 발전할 수 도 있고, 출산 전이라면 사산의 위험도 뒤따를 것이다.

24장

1. 다른 사람들이 예방접종을 받으므로 나는 예방접종을 받지 않아도 된다는 사고는 사회적으로 무책임한 행동이다. 이런 행동이 일반화 되면 곧 예방접종을 하지 않는 사람의 수는 집단면역에서 요구하는 최소 수준보다 낮아질 것이다. 현대에서조차도 예방접종을 받지 않는 사람들은 여러 종류의 질병 위험성에 노출되어 있다. 예를 들면 파상풍의 경우인데, 이 질병은 사람을 통하여 전염되는 질병은 아니다. 이 외의 다른 질병들도 전세계적으로 일정 수준의 발병이 보고되는데, 예방접종을 하지 않은 사람들에게는 최소한 그 만큼의 위험성이 존재하는 것이다.

2. 공수병은 다른 질병과 달리 바이러스가 신경계를 통해 천천히 뇌까지 도달하기 때문에 잠복기가 길다. 이러한 특성으로 인해 다섯 차례의 백신을 투여하여 능동면역을 유도할 수 있는 충분한 시간을 가질 수 있다.

3. 이따금씩 감염성 질환에 감염된 환자를 격리 수용하자는 제안이 있다. 그러나 효과적인 치료 방법이 있을 경우에 이와 같은 방법은 질병의 전염을 차단하는데 오히려 악영향을 끼친다고 여겨진다. 역사적으로 살펴볼 때, 본인의 의사와 무관하게 격리수용에 직면하면 사람들은 자신의 질병을 숨기기 때문에 치료받지 못하고 병증이 심해진다. 추가적으로 감염성 질환의 격리수용에 대한 윤리적 문제점이 부각된다.

25장

토양에는 백선을 일으킬 수 있는 곰팡이의 포자들이 들어있다. 이들은 토양에 존재하는 죽어있는 유기물질들을 먹으며 토양에서 살아간다. 헬렌이 정원에 있는 토양을 파내고 낙엽을 긁는 동안 토양에 있던 일부 곰팡이 포자가 공기 중으로 들어가 헬렌의 머리에 옮겨 앉을 수 있다. 또 바람 부는 날에는 그냥 밖에 있기만 해도 곰팡이 포자가 헬렌의 머리에 떨어질 수 있다.

26장

Salmonella 세균이 깨진 틈을 통해 달걀로 침투한 후 그 안에서 번식하여, 질병과 뇌의 손상을 유발시키는 많은 양의 내독소를 생산했음에 틀림없다. 만일 달걀이 완전하게 요리되지 않았다면, *Salmonella* 세균이 그 아이의 몸속에서도 번식하여 더 많은 독소를 생산했었을 것이다. 그 농부는 이러한 달걀을 인간에게 또는 애완동물용으로도 절대로 판매하지 말았어야만 했다.

요점 사고 문제의 답

1장

1. 오늘날, 새로운 백신이나 약제들은 우선 실험동물을 사용하여 안정성이 입증되어야 한다. 만약, 적당한 실험동물모델을 찾을 수 없다면, 인간의 세포나 조직을 배양하여 테스트가 진행되어야 할 것이다. 그 후, 처음에는 소규모에서 나중에는 다수의 사람들을 대상으로 안정성 테스트를 수행한다. 유효성 테스트도 가능하면 실험동물을 이용하여 시작하며 점차적으로 사람의 수를 늘려가면서 테스트한다. 인간에게 질병원인물질을 주입한 것 보다 질병이 치명적이라면, 사람들을 면역시키고, 그들이 본업으로 돌아가 자연적으로 원인물질에 노출될 수 있으므로, 오랜 기간 관찰한다. 그 후, 면역된 사람들의 감염율과 면역되지 않은 대조군의 감염율을 비교한다.

2. 모든 전문가들이 이 이론에 동의하지는 않지만, 많은 미생물학자들은 원인이 밝혀지지 않은 질병이 존재하는 한 코흐의 가설은 계속 중요한 가치를 지니게 될 것이라고 믿고 있다. 오늘날 많은 경우에서 사람을 대상으로 감염시키는 대신 분리된 인간의 세포나 조직을 이용하여 실험이 수행되고 있다.

3. 미생물학에 대한 현존지식들을 계속 늘어나고 있는 원으로 생각해보라. 우리의 지식이 늘어날 때, 알려진 것과 알려지지 않은 것 사이의 경계(원의 경계부)도 점진적으로 증가한다. 미래의 대학원생들에게 연구주제가 바닥날 가능성은 거의 없다.

4. 우리가 반 루벤후크의 관찰에 대하여 많은 것을 알고 있는 이유는 그가 관찰한 것들을 기술한 편지를 런던왕립협회에 보냈기 때문이다. 이 편지들은 다른 사람들이 그가 관찰한 것과 그 연구의 중요성을 이해할 수 있을 정도로 상세하게 기술되었다. 과학자들은 자신의 연구 결과들을 발표하고 출판함으로써 다른 과학자들이 그 결과들을 검증할 수 있다. 이것을 통해 과학자들은 결과에 대해 토의하고, 비평하며, 관찰을 개선하거나, 생물학의 이해를 도와 실용적인 적용을 가능케 하기 위하여 다른 관찰결과들의 토대를 마련하기도 한다.

5. 기술은 여전히 중요한 역할을 하고 있다. 새롭게 개발된 기법들은 과학자들이 미생물 세계의 탐험에 사용되는 도구가 되기도 한다. 예를 들어, 깊고 뜨거운 분출구에 서식하는 미생물을 연구하기 위해서는 과학자들이 실험실에서 미생물을 배양하도록 매우 높은 압력과 온도를 유지시켜 주는 기술이 필요하다. 여러분은 이 수업의 실험부분으로 광학현미경을 사용할 것이다. 우리가 매우 작은 물질을 볼 수 있게 해주는 현미경이 더욱 개발되어 과학자들이 너무 작아 광학현미경으로는 보이지 않던 바이러스를 관찰하게 되었고 심지어 주사 터널링 현미경과 같은 도구를 이용하여 DNA와 같은 생물학 분자들의 연구가 가능해졌다.

2장

1. 물은 여러 가지 화합물을 용해 시킬 수 있으며, 모든 세포의 원형질을 이상적으로 만들 수 있다. 물 분자의 강력한 인력은 물의 얇은 막이 세포막을 덮어 수분을 유지할 수 있게 한다. 물은 또한 작은 온도 변화에 의해 많은 열을 얻거나 잃을 수 있고, 생명체가 그들의 기능을 하기 위한 이상적인 온도를 유지하는데 도움을 준다. 마지막으로, 물은 살아가는데 필수적인 많은 화학반응에 관여한다. 그렇다면 물이 없는 행성에 생명이 존재할까? 확실히 어떤 형태의 생명체도 우리와 같이 살아 갈 수 없다.

2. 4개의 원자가를 가지는 각 탄소 원자는 4개 이상의 다른 원자와 결합 할 수 있으며, 아주 큰 복합 분자를 형성할 수 있다. 또한, 탄소가 단일, 이중 공유 결합을 형성할 수 있는 능력은 가능한 화합물의 다양성을 증가시킨다. 아마도 우주 어디에선가는 생물 체계가 몇 개의 다른 원소를 기본으로 하여 발전 되었을 것이나, 지구상 어떤 생활 형태와는 매우 다르게 보일 것이다.

3. 단백질 분자의 형태의 변화(단백질 변성)에 의한 많은 일반적인 항균제 연구가 이루어 지고 있다. 어떤 단백질의 기능은 매우 정확한 3차원 형태에 의존하기도 한다. 형태의 어떤 변화라도 일반적인 기능으로 만들 수는 없다.

4. DNA는 세포에 필수적이다. DNA는 단백질을 만들기 위한 정보를 포함하고 있다. 만약 DNA에 정보가 파괴 된다면 단백질은 새로운 단백질을 만들어 사용 된다. 파괴된 DNA를 대신할 정보를 얻을 곳이 없다면 DNA는 파괴 될 것이다.

5. p.301의 그림 10.24는 같은 단백질의 2개의 다른 형태(접힘 형태)를 보여주고 있다. 어쨌든, 미리 알지 못했더라도, 비정상적인 형태는 주형의 정상적인 접힘이 비정상적인 형태로 보여지게 된다.

3장

1. 리사의 배양액은 5일이 된 것이다. 이틀이상 방치된 배양액의 그람양성 미생물은 종종 그람음성으로 보이게 된다. 따라서 시간이 오래지난 리사의 배양액은 그람양성처럼 보이게 된 것이다.

2. 크레이그 슬라이드의 미생물들은 모두 적색으로 보일 것이다. 크레이그가 넣지 않은 요오드는 크리스탈바이올렛이 그람양성 미생물과 잘 부착되는데 필요한 매염제이므로 요오드를 첨가하지 않은 체 크레이그가 탈색과정을 진행할 때 두 미생물들은 보라색을 잃게 되었기 때문이다.

3. 팀의 문제는 빛의 파장길이에 있다. 2000배 배율의 정교한 광학현미경이라고 하더라도 빛의 파장길이의 한계로 인해 초점을 정확하게 맞출 수 없다. 1000배 이상의 확대를 위해서는 전자현미경을 사용하는 것이 필요하다.

4장

1. 원핵생물과 진핵생물의 다른점의 본질은 원핵생물은 뚜렷하게 구분되는 핵과 다른 막으로 싸인 내부 기관이 없다는 것이다.

2. 사람 세포는 세포벽을 갖고 있지 않아서 세포 벽의 성장을 방해하는 약물에 의해 영향을 받지 않는다.

3. 내부공생설에 따르면, 미토콘드리아나 엽록체 같은 진핵생물의 특정 세포소기관들은 오래 전 작은 원핵세포가 큰 세포에 의해 삼켜져 있을 때 유래된것이다. 그러므로 모든 효소와, 세포소기관들이 함유하는 다른 필수 요소들은 원핵세포에 존재하며 기능을 한다.

5장

1. 대장균과 같은 세균은 통성 혐기성 미생물로 불리며, 호기성과 혐기성 환경 모두에서 살 수 있다. 따라서 그들은 인간의 신체의 많은 다른 부위를 감염시킬 수 있다.

2. 굉장히 많은 물질 대사의 다양성을 가짐으로써, 미생물들은 거대한 범위의 서로 다른 환경, 즉 우리가 보기에는 살아있는 것이 존재하는 것 자체가 불가능해 보이는 많은 장소에서 살아남을 수 있었다.

3. 우리는 가지고 있지 않지만, 병원균만이 가지고 있는 효소를 탐색하여 미생물의 물질대사 경로를 연구함으로써 많은 효과적인 약들이 개발되어 왔다. 먼저 이런 효소가 발견되면, 효소의 기질과 비슷하여 효소의 활동 자리를 막거나 또는 활동 자리의 모양을 바꾸는 효소의 다른 부위에 결합하는 분자를 합성하는 것이 가능해질 것이다.

6장

1. 오후 3시에는 초기 100마리의 세균이 1,638,400 마리로 불어나 있을 것이다. 오후 5시까지는 18 세대가 경과하였을 것이다.

2. 어떤 생물도 계속하여 무한정으로 증식할 수는 없다. 영양분의 고갈과 독성 대사노폐물의 축적 같은 요인들에 의해 개체군의 크기는 궁극적으로 제한된다.

3. 포도상구균은 높은 농도의 NaCl(실제로 7.5%)을 함유한 배지를 사용하면 손쉽게 분리된다.

7장

1. 세균과 같이, 한 세트의 유전자를 가진 생물체에서 우성과 열성 유전자와 같은 것은 없다. 생물체가 특정 유전자를 가지고 있다면 그것은 발현될 수 있다. 인간은 수 천개의 "숨은" 유전자를 보유한 반면, 세균에서는 맞지 않는다.

2. DNA가 복제하는 능력은 생물의 연속성의 근간이다. 유전자가 복제할 수 없다면, 세포분열은 불가능할 것이다. 세포가 분열할 때, 각 딸세포는 특정 유전자 세트만을 전달받아 곧 죽게될 것이다.

3. 모든 단백질은 매우 정확한 아미노산 서열을 가지고 있어야 한다. 유전자의 역할은 특정 단백질에 대한 아미노산 서열을 결정하는 것이다. 그 정보는 코돈의 형태로 유전자 내에 담겨있다. 세 개의 연속적 뉴클레오티드인, 각 코돈은 하나의 특정 아미노산에 대한 유전암호를 나타내며, 코돈의 서열은 단백질에서의 아미노산 서열을 결정한다.

8장

1. 접합, 형질전환 또는 형질도입과 같은 재조합 과정을 통해 항생제내성 유전자가 하나의 세균으로부터 다른 세균으로 쉽게 이동한다. 새로운 항생제내성 병원균들이 동물로부터 사람에게 전파될 위험은 사료의 항생제사용을 최소화하고, 도살장이나 정육점에서 위생규칙을 철저히 따르고, 식육들을 제대로 조리함으로써 감소시킬 수 있다.

2. 플라스미드는 염색체와 독립적으로 복제하여 같은 플라스미드를 아무때나 만들 수 있다. 플라스미드는 하나의 세균에서 다른 세균으로 쉽게 움직일 수 있어서 세균이 자신의 염색체를 보존하면서도 유전자들을 주고 받을 수 있게 해준다.

3. 물론 이 문제의 해답은 개인의 가치관이나 경험에 따라 달라질 수 있다. 예를 들어 유전공학적으로 만든 인슐린에 자신의 생존을 의지하는 사람은 형질전환 생명체를 좋아할 것이다. 이와 유사하게, 빠르게 증가하는 세계 인구의 먹을 것을 걱정하는 사람들은 유전자변형 식물들을 찬양할 것이다.

9장

1. 과학에서 가장 오래된 전통중의 하나는 결과를 출판하고 정보를 공유하는 것이다. 이렇게 하여 과학자들은 이미 수행한 모든 연구를 반복할 필요가 없다. 생물에 이름을 붙이는 단일 체계가 없었다면 과학이 앞으로 나아가기가 매우 어려웠을 것이다. 만일 같은 생물이 세상의 모든 지역마다 이름이 달랐다면 어떻게 서로 다른 지역의 과학자들이 정보를 공유할 수 있었을까? 생물학은 매우 천천히 진보하였을 것이다.

2. 식물, 동물과 같은 고등 생물의 종은 보통 그들의 짝짓기와 생식 가능한 자손을 낳는 능력에 근거하여 종을 규정한다. 세균은 짝짓기 없이 생식하므로 세균 종을 규정하는 데는 다른 분류형질이 필요하다. 나아가 현재 세균 종이라 불리우는 것 내에서의 유전적 다양성의 정도는 (예를 들어 대장균의 서로 다른 모든 타입에 대하여 생각해보자.) 흔히 식물이나 동물 종 내의 다양성에 비해 훨씬 클 것이다. 세균 사이의 어디에 선을 그어 종을 구별하느냐하는 것은 매우 주관적일 수 있다.

3. 오늘날의 DNA 혹은 RNA에 기초한 어떤 실험이든 파스퇴르에게는 상당히 낯설어 보일 것이다. 핵산과 유전자의 화학적 특성에 대하여 1950년대까지 거의 알려진 바가 없었고, 파스퇴르는 1895년에 죽었다.

10장

1. 바이러스의 극도의 단순성은 박테리아 같은 세포성 생명체에서 발견되는 대부분의 공격받기 쉬운 특징을 없앤다. 보통 항생제는 바이러스에는 없는 세포벽, 원형질막 및 세포질을 공격한다.

2. 바이러스는 공격받기 쉬운 부분이 없기 때문에 대부분의 현재와 미래의 항바이러스제는 바이러스 증식과정의 일부를 차단하는 작용을 한다. 예를 들면 바이러스는 바이러스 표면의 결합부위나 숙주세포 표면의 수용체 부위를 차단하는 항바이러스제에 의해 숙주세포에 흡착하는 것이 방해받게 된다. 항바이러스제의 한 종류는 핵산합성을 차단시킨다. 다른 약품은 HIV의 복제를 완성하는 단백질을 잘라 냄으로써 차단한다.

3. 생물학 전문가조차도 이 문제에 수긍하지 않는다. 전통적인 생각을 고수하는 사람들은 바이러스를 생물이나 무생물로 분류하는 경향이 있다. 바이러스가 생명체의 특성을 조금은 가지고 있지만 다른 것이 결여된 점(세포 없음, 대사작용 없음, 숙주세포로부터 많은 도움을 받지 않고는 복제할 수 없음)을 지적하는 사람들은 바이러스를 준생명체로 언급하는 것이 오히려 더욱 편리하다.

11장

1. 부패한 생물체가 환자를 감염시키면, 당신은 HIV 감염, 당뇨, 백혈병 또는 또 다른 암인지를 밝히기 위해 검사해 보도록 할 것이다. 또한 당신은 병원체에 대한 신체 방어능력을 손상시킬 수 있는 알코올 중독이나 약물 중독의 가능성 역시 찾아내기를 원할 것이다.

2. 더욱 잘 적응된 기생생물은 자신의 숙주에서 살아남는다. 만약 기생생물이 자신의 숙주를 죽이면, 기생생물은 숙주와 함께 죽는다. 이러한 이유 때문에, 질병은 시간이 흐를수록 덜 치명적으로 되는 경향이 있다. 예를 들면, 더욱 치명적인 병원체는 숙주를 죽이고 자신도 죽는 반면 덜 치명적인 균주는 살아남는다.

3. 페니실린은 세균 세포벽의 합성에 영향을 주는 물질로 세균에 매우 특이적이다. 이 장에서 설명된 생물체들은 세포벽이 아주 없거나 또는 세균 세포벽과는 화학적 조성이 매우 다른 세포벽을 갖는다. 따라서, 이 장에서 거론된 것 중 페니실린으로 방제될 것은 아무 것도 없다.

12장

1. 미생물에 대한 지금의 피해망상의 시대에 많은 사람들은 그들의 식품과 음료에 세균이 전혀 없기를 기대한다. 사실 저온살균은 선택적 공정으로 병원체 또는 부패 생물 같은 특정 표적 생물을 죽이는데 충분한 열만을 이용한다. 따라서 저온살균 제품은 멸균 제품이 아니며 멸균될 필요도 없다. 일반 대중은 대부분의 미생물이 해롭지 않으며 많은 경우에 유익하다는 사실을 알아야 할 필요가 있다.

2. 아니다. 자외선, X-선과 감마선은 모두 병원체의 핵산을 손상시켜 죽인다. 프리온은 핵산이 없으므로 이 방사에너지 형태에 상당히 저항성이 있다.

3. 농축 소독제 용기에는 "사용할 때마다 희석하시오"라는 주의사항이 있다. 희석 후 수 개월 저장 시 그 제품은 분해되어 효능이 사라진다. 이 이야기의 교훈은 주의사항을 잘 보라는 것이다.

13장

1. 동일한 화학물질이라도 어떤 종에게는 치명적이 될 수도 있는반면 다른 종에게는 해롭지 않을수 있다. 이런 선택독성의 개념은 오늘날의 항균 치료에 기본이다(항상 이렇지는 않다). 오늘날 사용되어지는 약은 숙주의 일부가 아닌 어떤 병원균의 생리적 특성이나 해부학적인 측면에 영향을 주는 것이다. 흔한 예로는 세포벽을 파괴하거나 억제하는 효소는 우리몸에 존재하지 않는다.

2. 일반적으로 항생물질을 생성하는 미생물들은 토양이나 다른 지역에 많은 수가 존재한다. 구체적으로는 토양 1g에는 세균과 곰팡이종이 12종류가 영양분을 섭취하기 위해 서로 경쟁하면서 존재한다. 이런 유기체들은 그들의 서식지에서 다른 유기체들보다 좋은 이점을 가짐으로 인해서 항생제는 방출한다.

3. 병원환경에 항생물질에 노출된 세균은 그런 항생물질에서도 살아남을 수 있다. 반면 항생물질에 노출이 덜 된 세균은 그런 항생물질에 대해서 민감해진다.

14장

1. 생명을 위협하는 인간의 질병에 대하여 코흐의 가설의 3단계를 수행하기 위한 첫 번째 접근은 미생물에 민감한 동물 숙주를 찾는 것이다. 또 다른 접근 방법으론 사람을 감염시키는 것이 아니라 분리된 인간 세포 또는 조직을 감염시키는 것이다. 이러한 세포나 조직에서 전개된 같은 병적인 변화가 질병에 걸린 사람에서도 관찰되는 지에 대하여 알아본다.

2. 전염성 질병에 있어서 단계들은 병원균 집단의 상승과 감소를 동반한다.

3. 암의 많은 종류가 한때는 퇴행성 상태로 전망되었으나 현재는 바이러스성 감염으로 인한 결과로 인식하고 있다. 대부분의 위궤양은 현재 박테리아 감염으로 인식하고 있다. 그리고 최근에는 죽상경화증에서 원인이 되는 인자로서 *Chlamydia pneumoniae*가 가능한 역할을 한다는 연구가 혼돈되고 있다. 이것에 관하여는 "시간이 말할 것이다"

15장

1. 만약 질병이 인간에게 드물게 발병한다면 보균자는 인간이 아닐 것이다. 대부분의 이런 질병은 그 보균자가 동물이다. 병원균은 물이나 토양에 남아있을 수 있다.

2. 전염병이 급격히 일어나고 급격히 감소하는 경우 식당에서 오염된 음식물을 제공하는 것처럼 일반적인 근원에 의한 창궐을 나타낸다. 사람대 사람의 전이는 보통 천천히 전개되고 오랜 시간에 걸쳐 줄어들게 된다.

3. 왜 병원내 감염이 자주 일어나는지에는 많은 이유가 있다. 입원해 있는 각 개인들의 불완전한 건강은 이들 원인 중 가장 중요하다. 나이 많음, 항암치료, 항생제의 투여 그리고 면역 결핍 질환 같은 환자들은 병원균에 대항할 능력이 부족하다. 모든 환자는 잠재적으로 병원균을 보유할 기회가 항상 열려있다. 모든 환자는 병원균에 감염될 여지가 있고 병원내 직원들과 방문자들은 문제를 일으킬 수 있는 생물체들을 보유할 가능성이 높다. 또한 항생제와 방사능의 광범위한 사용은 병원균이 내성을 갖게 하는 원인을 제공하기도 한다.

16장

1. (a) 손에 난 작은 상처에서 염증이 시작되어, 상처부위로 다수의 식세포들이 이동될 수 있으며, 식세포들은 주변에 존재하던 어떠한 병원균들도 먹어치운다. (b) 당신의 폐 속으로 흡입된 병원균들은 일반적으로 점막에 걸러지고, 호흡섬모에 의해 인두 쪽으로 옮겨져, 삼켜진 뒤, 위산에 의해 제거된다. (c) 부패된 음식을 통해 입으로 섭취된 병원균들은 강력한 위산과 소화효소를 만나게 된다. 불행하게도, 몇몇 병원균들은 살아남아 소화계 감염을 시작하지만, 그 뒤 식세포들의 공격을 받는다.

2. 단핵구가 신체 조직의 모세혈관으로 유출되어 성숙과정을 거쳐 대식세포가 된다.

3. 아니다. 아스피린을 복용하거나 온도를 내리기위해 다른 방법을 취하는 것은 좋은 생각이 아니다. 발열은 우리 자신의 신체방어를 가속화하고, 병원체의 생장을 느리게 하여 병원균과의 싸움을 도와준다. 오직 발열이 너무 심해질 때에만, 체온을 낮추기 위해 사용되도록 권장되고 있다.

17장

1. (a) 질병은 백신보다 더 치명적이고 손해를 끼칠 수 있다. (b) 이제는 무세포 백일해 백신을 사용하고 있다. 이 백신은 수년전에 사용하던 whole-cell 백신이 보인 피해를 보이지 않아 훨씬 안전하다.

2. 일부 B cell의 기능에 T cell의 도움이 필요하다. T cell의 도움이 없으면 B cell의 기능은 불완전하다.

3. 모체의 혈액 속에 있는 모든 유형의 항체가 모유로 분비되지 않는다. 예를 들어 백일해 항체는 부재. 또한 모체가 가장 최근에 유행하고 있는 질병에 걸리지 않을 수 있다 (독감 바이러스는 해마다 변함). 따라서 모체는 현재 유아가 걸린 모든 질병에 대한 항체를 갖고 있지 않을 것이다. 또한 있다 해도 항체량이 방어할 만큼의 양 이하일 수도 있다.

18장

1. 세포내 기생물질 때문에 일어나는 인식 못했던 감염에 대한 인체의 정상적인 반응이 자가면역질환이 될 가능성은 항상 존재한다. (당신의 인체가 감염된 세포를 파괴하기 위해서 바이러스나 다른 세포내 감염원과 거래를 한다는 사실을 항상 명심해야 한다)

2. 선천성 면역결핍증세는 전형적으로 열성유전자 때문에 일어난다. 따라서 두 건강한 부모는 질환을 유발하는 유전자를 가진 이질접합보인자이며 두 사람 모두 아이의 유전자가 문제가 생기는데 기여한 것이다.

3. 전혀 달리 취급되지 않는다! 모든 혈액과 인체 분비물은 동일하게 취급되어져야만 한다. 당신은 누구의 혈액이 HIV 보균자인지, 감염바이러스 B 혹은 C 보균자인지 구분할 필요가 없다.

18장

1. 독일 홍역(풍진)은 배아나 태아에게는 아주 커다란 위협을 주는 질병으로 사산 또는 영구적인 장애를 유발하지만, 그렇지 않은 경우에는 매우 온화한 질병이다. 대조적으로 홍역은 심한(심지어) 치명적으로 위험한 뇌염 또는 면역억제를 나타낸다.

2. 미국에서 이 질병들은 유아기 시절에 면역화가 일상적으로 이루어진다. 심지어 면역화가 완전히 이루어지지 않은 유아들이라 할지라도 일반적으로 집단면역에 의해 보호된다.

3. 첫째, 천연두는 사람만이 유일한 보유체(reservoir)이기에 박멸되었다 (병원체가 토양, 물, 또는 야생 동물에 살 수 있었다면 박멸되는 것은 아마도 불가능했을 것이다.). 둘째, 효과적인 백신을 사용하였기 때문이다. 마지막으로 세계보건기구(WHO)가 빈곤한 개발도상국들의 면역화 프로그램을 도와주었기 때문이다. 모든 개인들이 면역화되지 않더라도 집단면역으로 질병이 박멸될 수 있다. 현재 소아마비와 홍역도 세계적으로 거의 박멸된 상태이다.

20장

1. 세균성 감염은 일반적으로 적절한 항생제를 사용함으로써 몸에서 없앨 수 있다. 반면, 바이러스성 감염은 항생제로 치료할 수 없다. HIV와 단순포진과 같은 일부의 경우, 항생제로 질병의 위험성을 줄일 수 있으나, 바이러스성 감염에 대한 치료를 세균성 감염 치료처럼 할 수 있는 정도는 아직 이르지 못했다.

2. 먼저, 어떤 사람이 임질과 클라미디아 둘 모두에 감염된 경우; 한가지가 검출되었다면, 다른 한가지를 검사하는 것을 잊지 말아야 한다. 임질균은 그람염색, 배양, 항체 혹은 DNA 분자기법으로 검사할 수 있다. 클라미디아균은 슬라이드 염색을 해도 보이지 않고, 배양배지에서도 생육하지 않기에 형광항체법 또는 다른 항체기법과 DNA 분자기법으로 검출해야 한다.

3. 이 질문에 대해 단순하게 답할 수는 없지만, 전문가들이 성병의 높은 발생 원인으로 증명한 몇가지 요인이 있다. 아마 당신은 더 좋은 대답을 할 수 있을 것이다. (a) 50년전 그들이 그랬던 것 보다 사람들은 어린 시기에 더 빈번하게 성행위를 하게 되었으며 더 많은 성 파트너를 갖게 되었다. (b) 50년 전에는 출산을 조절하는 피임약이 유효하게 사용되지 않았다. 피임약의 사용으로 콘돔 사용에 대한 동기가 줄었고, 이로 인해 임질과 여러 성병에 의한 질 감염이 명확하게 증가하였다. (c) 성병의 가장 큰 원인은 아주 젊은 사람들에게 이들 질병의 증상과 전파 및 예방이 잘 알려지지 않았다는 것이다. (d) 더군다나 HIV는 성병에 대한 연구비의 정책적 지원이 미흡하다. 대다수 일반 질병은 더 많은 연구비가 지원되고 있다. (e) 사람들은 성병에 걸렸을 때 "나에게 일어날 리 없어"라고 거부한다. (f) 많은 사람들은 잠재성 있는 성 파트너와 함께 성병을 떠올리는 것을 꺼려하거나, 수줍어서 의사소통 기술이 결여되었고, 잠시 동안 로맨스가 깨지길 원하지 않는다.

21장

1. 인간의 호흡계는 많은 표면 부위를 포함하는데 섬세한 막으로 되어 있는 조직이며 테니스 코트와 크기가 비슷하다. 우리들 각자는 매일 거대한 양의 공기를 흡입하고 우리가 흡입하는 모든 호흡은 미생물체를 포함하는데 그들 중 일부는 감염능력이 있다. 다행스럽게 적어도 비흡연자에게는 폐로부터 이 미생물을 제거할 수 있는 섬모라는 효과적인 기작이 있다.

2. 아니다. 페니실린은 훌륭한 선택이 아니다. 페니실린은 세균 세포벽의 합성을 방해 하기 때문에 세포벽이 없는 마이코플라즈마에는 적당하지 않다.

3. 이 학생들은 히스토플라스마병을 가지고 있다. 그들이 더 어린 그룹에 속하든 더 나이 많은 그룹에 속하든 그들의 병이 다른 기관으로 전파 되는 등 중증의 증상을 나타낸다.

22장

1. 식중독은 *Staphylococcus aureus*이나 *Clostridium botulinum* 혹은 *Clostridium perfringens* 등의 미생물이 상온에 있는 음식에서 성장하고, 장독소를 분비하여 발생된다. 음식물-매개 감염은 Salmonella나 Vibrio등의 세균을 포함하는 음식물이 제대로 익지 않거나 음식물을 익힌 후에 병원균에 오염되는 경우에 발생한다. 항생체는 세균성(바이러스성은 아님) 음식물-매개 감염에 도움을 줄 수 있으나, 식중독에는 효과가 없다. 식중독의 경우 독소를 중화할 수 있는 항독소가 유용하다.

2. 장티푸스열은 사람에게만 국한되지만, 장 살모넬라증은 항상 사람을 포함하는 동물에서 발생한다(사람간의 전파도 가능). 장티푸스열은 항상 전신감염인 반면, 살모넬라증은 항상 장에 국한된다 (몇몇 경우는 전신감염으로 발전될 수 있음). 장티푸스열은 간혹 살모넬라증의 대표적 증상인 설사를 동반하기도 한다.

3. 미국내 대부분의 간염은 A형, B형, C형 간염이다. 적절한 진단은 간염의 확산을 막을 수 있다. A형 간염은 대변 오염물이 음식물을 통해 다른 사람들에게 전염다; 따라서 A형 간염 보균자는 음식물을 다뤄서는 안된다. B형 및 C형 간염은 혈액과 다른 체액을 통해 전염되며, 성행위를 통해서도 전염될 수 있다. A 형 간염은 만성감염을 일으키지 않는다; 감염에서 회복된 사람은 이 바이러스에 의한 간 손상이 더 이상 일어나지 않는다. B형 및 C형 간염 모두 지속적 만성감염이며, 치명적인 질환 미래에 발생할 수 있

다. 따라서, 두 간염 모두 긴시간 동안 관찰해야 하며, 간경변(cirrhosis), 간부전(liver failure) 및 간암 위험을 줄일 수 있는 인터페론 주사가 필요하다.

23장

1. 탄저병은 포자형성 원인체에 의해 야기된다. 이러한 포자들은 다양한 조건하에서 오랜 기간 동안 생존할 수 있고, 다양한 형태로 감염을 야기한다. 피부를 통하여 감염될 수 도 있고, 포자를 흡입하여 감염에 이르기도 하고, 또 감염된 음식물의 섭취를 통해서도 탄저병에 걸릴 수 있다. 테러에 이용되는 경우는 끔찍한 결과를 초래할 수 도 있다.

2. 설치류가 보유숙주이고 미국에 서식하는 다양한 종류의 설치류를 감안한다면, 어느 시점에 이르러 유행성 질환으로 자리잡을 가능성이 있다. 주변 환경이 쥐들로 만연하기도 하고, 또한 병원체가 종종 좀더 병원성이 강한 독성 돌연변이주로 변하기도 한다. 물론 페스트의 전파에 대한 많은 부분이 밝혀졌고, 또 미국 대부분의 지역에서 공중보건 당국의 효과적인 활동이 이루어지고 있어서, 심각한 유행성 질병이 될 수 있는 확률은 거의 미미하다고 볼 수 있다. 결국, 초기의 몇몇 페스트 사례로 인해 보건 당국자들의 설치류와 벼룩에 대한 방제 노력을 기대할 수 있고, 아마도 사람간의 전파가 일어나기 전에 감염자들에 대한 조치가 있을 것이다.

3. 절지동물에 의해 전파되는 질병은 대개 매개체를 필요로 하고, 이 매개체 내에서 병원체의 중요한 생활환의 일부를 형성한다. 병원체의 생리활동 역시 매개체와 해부, 생리학적으로 깊은 연관이 있고, 이러한 매개체가 바뀌어 버리면 병원체의 성장에 장애를 초래할 수도 있다.

24장

개에 물려서 해리는 공수병으로 사망하였다. 종종 공수병에 감염된 동물은 방향감각을 잃고 헤매면서 주행하는 자동차에 달려들기도 한다. 어머니께서 정류장에서 버스를 기다리고 계실 때, 공수병에 감염된 여우가 정류장으로 돌진하였고, 마침 그때 다가오는 버스에 여우는 치여 죽었다.

25장

1. 세균이 없는 세상이 좋은 것 만은 아니다. 그 이유로는 첫째, 세균이 없다면 아마 우리는 매우 굶주리게 될 것이다. 우리가 음식으로 먹는 모든 동, 식물은 그들이 자라나기 위해서는 식물에 의존해야만 한다. 그리고 이들이 의존하고 있는 식물들도, 이들의 성장에 필요한 질산성 질소를 토양 세균의 생산에 의존한다. 질소순환, 탄소순환, 황순환과 같은 원소들의 자연적인 순환은 세균에 의해 이루어진다. 둘째, 세균이 없으면 호흡에 필요한 산소가 모자라게 된다. 대기 중에 존재하는 산소의 상당량이 예전에는 남조류라 불리었던 남세균의 광합성 부산물로 생성된다.

2. 의심의 여지 없이, 하수를 처리해서 음용수로 사용하는 아이디어는 역겹고 위험해 보인다. 그러나 이것은 전혀 혁신적인 방법이 아니다. 큰 강을 따라 위치하는 대부분의 도시는 물을 강에서 끌어들여 처리한 후 가정에서 사용하고, 이들이 사용하고 난 하수는 그 도시보다 하류에 위치한 도시에서 다시 음용수로 사용할 수 있게끔, 하수를 처리해서 하류로 흘려 보낸다.

3. 지표생물로 분변성 대장균군을 사용하여 물이 분변으로 오염 되었는지를 검출하는데 있어 발생할 수 있는 문제점은, 분변에서 기인하는 일부 바이러스와 원생동물이 분변성 대장균군보다 물속에서 더 오래 생존한다는 점이다. 따라서 대장균군으로 검사하여 음성으로 판명된 물 시료도 여전히 병원성균을 가지고 있을 수 있다. 우리는 다가올 미래의 수질 검사 방법에는 몇 가지 변화가 있기를 기대해 본다.

26장

1. 그 파티에는 먹을 수 있는 것이 매우 많다. 빵(효모 발효제품), 치즈(세균 또는 곰팡이 발효제품), 요거트(세균 발효제품), 피클과 사워크라우트(세균 발효제품), 경질 살라미(세균과 곰팡이 발효제품), 그리고 흑색 올리브(세균 발효제품) 등을 가져가서 먹을 수 있을 것이다. 또한 효모에 의해 생산된 맥주와 와인도 가져갈 수 있다.

2. 아니다. 멸균된 음식만을 먹을 필요는 없다. 우선 음식물들에는 많은 양의 비병원성 미생물들이 포함되어 있고, 이 음식물들을 섭취하는 것은 매우 안전하다. 저온살균된 우유는 멸균된 제품이 아니다. 대부분의 과일과 채소도 많은 미생물들을 지니고 있다. 또한 소량의 요거트에는 일부러 첨가해줘서 배양시킨 수십억 마리의 미생물들이 포함되어 있음을 잊지 말아라. 매우 소수의 음식물에서만 미생물이 전혀 존재하지 않는다. 심지어는 상업적으로 멸균된 음식이라고 알려져 있는 통조림 음식일지라도 세균의 포자들을 포함하고 있는데, 저장온도가 높을 경우, 이 포자들이 발아해서 통조림 캔 내에서 성장하면서 음식물을 부패시킬 수 있다.

3. *Salmonella* 세균은 완전히 건조한 상태에서도 몇달 동안 견딜 정도로 건성에 매우 강하다. 또한 이 사건은 *Salmonella* 세균이 동물 유래가 아닌 음식물들을 포함해서, 거의 모든 종류의 음식물들과 음료들을 오염시킬 수 있다는 것을 우리들에게 알려준다. 심지어는 오렌지쥬스도 *Salmonella* 세균의 주요 발생원이 되고 있다.

자가 진단 문제의 답

1장

1. 참 2. 거짓
3. (d)
4. (1) 미생물은 간단한다. (2) 많은 수의 세균이 실험결과를 통계적으로 의미있게 만들어 준다. (3) 미생물은 빠르게 성장하며, 유전학 실험에서 쉽게 사용될 수 있다.
5. (e) 6. 거짓
7. (c) 조류, (f) 세균, (a) 곰팡이, (e) 원생동물, (b) 바이러스, (d) 기생충
8. 곰팡이, 조류
9. (d) 10. (b)
11. (c) 12. (e)
13. (b) 14. (d)
15. 거짓 16. (c)
17. (e) 18. (a)
19. 본문의 코흐의 가설 참고
20. 참
21. (d) 에를리히, (c)제멜바이스, (b)훅, (e) 슐라이덴과 슈반, (a) 제너
22. 베이저링크는 바이러스의 특징을 처음으로 기술했고, 플레밍은 페니실린을 발견하였으며, 메치니코프는 면역계의 식세포 활동의 기능을 규명하였다.
23. 거짓 24. 참
25. (a)
26. (a) 배양액과 플라스크의 목 부분을 가열하면 살아있는 모든 세포들은 죽는다(주의 : 만약 배양액에 열에 저항성을 갖는 세균의 내생포자가 있었다면, 단순한 가열로는 그들이 파괴되지 않는다). 또한 가열을 함으로써 내부의 남아있던 공기가 밖으로 배출되어 세균을 가지고 있는 먼지들이 제거되었다. (b) 공기가 다시 플라스크로 들어오도록 배양액의 열을 식힌다. 플라스크의 백조목으로 구부러진 부분에는 목 부위로 직접 들어간 먼지와 세균들이 가둬진다. 배양액에는 더 이상 미생물의 성장이 진행되지 않는다. (c) 플라스크를 기울여 멸균된 배양액이 구부러진 목에 있는 먼지나 미생물과 닿게 한다. 플라스크를 다시 기울여 오염된 물질이 배양액으로 들어가게 하면 플라스크는 다시 오염된다.

2장

1. (c) 2. (a)
3. 거짓 4. (d)
5. 탄소(C), 수소(H), 산소(O), 질소(N), 칼슘(Ca), 인(P), 황(S)
6. (b) 공유 결합; (c) 수소 결합; (e) 이온 결합
7. (e) 8. 감소/증가
9. (e) 10. 거짓
11. (b)
12. (a) 글리코겐; (a) 녹말; (c) 셀룰로오스
13. 참 14. (e)
15. (d) 16. (e)
17. (e) 18. 진실
19. (c) 20. (a)
21. (d) 뉴클레오티드; (b) 지방산; (e) 알데히드; (a) 아미노산; (c) 케톤
22. (b)
23. (d) 다당류; (e) 폴리펩티드; (c) 지방; (b) DNA; (c) 스테로이드
24. 참 25. (e)
26. 디펩티드 분자. (a) 아미노기; (b) 펩티드 결합; (c) 변이기; (d) 카르복실기

3장

1. (e) 2. (e)
3. (c) 4. 맞음
5. (b) 반사, (d) 투과, (a) 굴절, (c) 흡수, (e) 형광
6. (c)
7. 100배 배율렌즈는 매우 작아서 아주 적은 양의 빛만이 들어오게 된다. 이멀젼오일을 사용하지 않는다면 빛은 유리슬라이드와 공기를 통과 할때 회절된다. 그러나 이멀젼오일을 사용할 경우 빛과 공기의 접촉이 없어지므로 렌즈로 들어오는 빛의 양이 증가된다. 즉, 빛은 100배 배율의 대물렌즈를 효과적으로 통과할 수 없지만 이멀젼오일을 사용하면 빛은 공기를 통과하며 회절되는 현상 없이 이동이 가능하다. 그러므로 더 많은 빛이 100배 배율의 대물렌즈를 통과할 수 있고 좋은 이미지를 보여 줄 수 있는 것이다.
8. (b)
9. p.61를 보시오.
10. (d) 11. (c)
12. (b)
13. 보라색/크리스탈바이올렛
14. 매염제는 시료에 염료가 잘 결합 되도록 해 준다. 요오드는 그람염색과정에서 매염제로 사용된다.
15. 참 16. (d)
17. 참 18. (d)
19. (e) 20. (d)
21. (b)
22. p. 68의 표3.2를 보시오
23. (d)
24. (c) 위상차현미경, (d)형광현미경, (b)투과전자현미경, (a)명시야현미경, (e)암시야현미경,(f)주사전자현미경
25. p. 61를 보시오
26. 4가지 기능, p. 59를 보시오. (a) 접안렌즈, (b) 손잡이, (c) 초점조절, (d) 조명, (e) 집광기, (f) 재물대, (g) 대물렌즈

4장

1. (b) 2. (c)
3. (c) 구균; (a) 바실러스; (d) 나선균; (f) 비브리오; (b) 포도상구균; (e) 테트라드
4. 참
5. p. 89 그림 4.7b 참조
6. (c) 7. (b)
8. (e) 9. (e)
10. (c)
11. p. 109 그림 4.31참조
12. (d) 13. (d)
14. p. 93 그림 4.12참조
15. (c)
16. (c)세포벽; (b)지질다당류; (c)편모; (d)섬모; (a)타이코산
17. (d)
18. 참
19. 세포막/미토콘드리아
20. (d)
21. 참
22. (e) 세포골격; (b) 리소솜; (a) 조면소포체; (c) 활면소포체; (d) 핵
23. (e)
24. (d) 엑소사이토시스; (e) 단순확산; (a) 삼투성; (c) 능동수송; (b) 촉진확산
25. (c)
26. (a) 편모; (b) 봉합체; (c) 리보솜; (d) 선모(핌브리애); (e) 염색체; (f) 협막 또는 점액층; (g) 세포벽; (h) 세포막; (i) 세포질; (j) 플라스미드; 기능은 p.111~112 참조.

5장

1. (d)
2. (c) 광독립영양체
 (a) 화학독립영양체
 (b) 광종속영양체
 (d) 화학종속영양체
3. (d)
4. (c) 산화; (a) 이화반응; (d) 동화반응; (e) 환원; (b) 인산화
5. (b)
6. 동화작용: 단백질,탄수화물,지질,DNA,RNA의 생산; 이화작용: 단백질,지질,등의 소화 및 분해
7. 획득 / 방출
8. 거짓
9. 거짓
10. 참
11. 경쟁적 저해제는 활동 부위를 차지하는 반면에, 비경쟁적 저해제는 다른 자리 부위를 차지한다.
12. (e) 13. (d)
14. (b) 15. 이온의
16. (e) 17. (e)
18. (a) 19. (d)
20. 참
21. 그들은 산을 생산한다.
22. (c) 23. (b)
24. (b)
25. (b) 화학삼투; (a) 해당작용; (f) 전자 전달 사슬; (c) 발효; (d) 광합성; (e) 크레브스 회로
26. (a) 아포효소; (b) 보조인자; (c) 기질; (d) 활동 부위; (e) 조효소; (f) 다른 자리 부위; (g) 홀로효소

6장

1. 참 2. (d)
3. 거짓 4. (e)
5. (b) 6. (c)
7. (b) 8. (d)
9. (c) 10. 참
11. (e) 12. (d)
13. (b)
14. (e) 산소내성 혐기성균; (b) 편성호기성균; (c) 호탄산균; (d) 미호기성균; (e) 통성 혐기성균; (a) 편성 혐기성균
15. (a) 16. 거짓
17. (c) 18. (c)
19. 거짓 20. (a)
21. (e)
22. (a) 저온균; (b) 호산성균; (c) 고온균; (d) 중온균
23. (e) 24. 참
25. (c) 26. b; c; a; b; d

7장

1. (c) 표현형; (f) 자손; (d) 구성효소; (e) 돌연변이원; (a) 대립유전자; (b)유도유전자
2. (d) 3. (b)
4. (c)
5. (d)광회복;(a)번역;(b)전사;(f)복제가지;(e)효소유도;(b)복제
6. (b) 7. (c)
8. (d) 9. (b)
10. (a) 11. (d)
12. (c) 13. (c)
14. (b) 15. (b)
16. (e) 17. (e)
18. (b) 19. (c)
20. (c) 21. (e)
22. (e)
23. (d) 유도자; (e) 오페론을 차단하기 위하여 리프레서가 결합하는 장소; (b) 전사를 개시하기 위하여 프로모터 부위에 결합하는 물질; (d) 오페론을 "on" 상태로 유지하기 위하여 리프레서와 결합; (c) Z,Y,A; (a) 오페론으로부터 아마 어느 정도 거리에 위치하며 프로모터의 조절를 받지 않음
24. (d) 25. (d)
26. (a) 틀이동(결실)은 메시지의 해독에 상당한 변화를 초래할 것이다. (b) 점돌연변이(염기치환) 종결신호를 해독하고 만드는데 상당한 변화를 초래할 것이다. (c) 틀이동(두개 염기의 삽입)은 메시지의 해독에 상당한 변화를 초래할 것이다.

8장

1. (b) 2. (e)
3. (a) 4. (b)
5. (c) 6. (a)
7. (b) 8. 거짓
9. (a) 10. (a)
11. (d) 12. (c)
13. (e) 14. (a)
15. (a) 16. (b)
17. (d) 18. (c)
19. (c) 20. (a)
21. (d) 22. (e)
23. (d) 24. (d)
25. (a) 용균성 생활주기 (b) 용원성 생활주기 (c) 속이 빈 파지머리와 파지 DNA들이 조립된다. (d) 파지가 세균 DNA와 함께 복제된다. (e) 파지가 세균세포벽의 수용체에 흡착하여, 뚫고, DNA를 주입한다.

9장

1. (a) 2. (e)
3. (a) 4. (b)
5. (d) 6. (c)
7. (b) 8. 거짓
9. (e) 10. (d)
11. (e) 12. (a)
13. (e) 14. (d)
15. (c) 16. (b)
17. (a) 18. (a)
19. (b) 20. (c)
21. (e) 22. (e)
23. (c) 동물계 ; (d) 식물계; (a) 원생생물계; (e) 모네라계; (b) 균류계
24. (d) 25. (c)
26. (1) 숙주세포에 부착; (2) 식세포작용에 의해 침입; (3) 망상체로 전환; (4) 망상체의 재생산; (5) 망상체의 응축; (6) 기본소체의 방출; (a) 숙주세포; (b) 핵; (c) 망상체; (d) 기본소체

10장

1. (b) 2. (c)
3. (a) 4. (c)
5. (e) 6. (d)
7. (b) 8. (b)
9. (a) 10. (d)
11. (c) 12. (b)
13. (d) 14. (c)
15. (b) 16. (e)
17. (c) 18. (c)
19. (d) 20. (a)
21. (d) 22. (d)
23. (c) 오소믹소바이러스
 (d) 단순포진바이러스
 (a) Epstein-Barr 바이러스
 (b) 대상포진바이러스
 (f) 리노바이러스
 (e) 헤파디엔에이바이러스
 (g) 레트로바이러스
24. 기형발생/세포거대바이러스/단순포진바이러스/루벨라(독일 홍역)
25. (d)
26. 파아지 생육곡선: (a) 잠복기; 침입에서 성숙까지의 기간 (b) 암흑기; 침입에서 생합성까지의 기간 (c) 바이러스 수율(방출량); 하나의 숙주세포로부터 방출되는 후대 파아지의 수

11장

1. (d) 2. (e)
3. 고유 숙주(b); 중간 숙주(a)
4. (b)
5. 살아 있는 숙주에 의해 운반(전달)되는 생물
6. (c) 7. (d)
8. (e) 9. (b)
10. (e) 11. (d)
12. (b) 13. (c)
14. (b) 자낭균류 ; (d) 물곰팡이류 (a) 빵곰팡이류; (c) 곤봉상균류 ; (e) 2형성 진균
15. (c) 16. (c)
17. (d) 18. (d)
19. (d) *Wucheria bancrofit*
 (c) *Taenia species*
 (b) *Trichinella spiralis*
 (a) *Enterobius vermicularis*
 (e) *Fasciola hepatica*
20. (d) 21. (c)
22. (a) 23. (d)
24. (d)
25. 거미류 (e) ; 갑각류 (c); 곤충 (d)
26. (a) 두절 ; (b) 편절. 가장 오래된 편절은 촌충의 끝에 위치하며, 가장 새로운 것은 두절 뒤의 가장 근접한 편절.

12장

1. (d) 정균성, (a) 살균성, (b) 살바이러스성, (e) 살포자성, (f) 살진균성, (c) 살세균성
2. (e)
3. (c)
4. 무생물 / 살아있는 조직
5. (e)
6. (e)
7. (d)
8. (c)
9. 참
10. 거짓
11. (b)
12. (d)
13. (c)
14. (c)
15. (c) 과산화수소; (a) 4차 암모니움 화합물; (e) Hexachlorophene; (f) 이소프로필알코올; (b) 요오드포; (d) chlorohexadine
16. (d)
17. (d)
18. (b)
19. (d)
20. (e)
21. (b)
22. (c)
23. p. 354~355 참조
24. 미생물 배양의 냉동건조(보전)
25. (e)
26. 소독제 A는 그람-양성 세균에 대해 약간의 저해효과를 가지나 그람-음성 세균에는 효과가 없다. 소독제 B는 2종류 세균 모두에 효과가 없다. 소독제 C와 D는 그람-양성 세균에는 매우 효과적이지만 그람-음성 세균에는 약간만의 영향을 갖는다.

13장

1. (b)
2. (c)
3. 그곳에는 많은 곰팡이와 세균들이 산다.
4. 세균발육저지제(Bacteriostatic)는 미생물의 성장을 억제하지만 소독약은 미생물을 죽인다.
5. (d)
6. (d)
7. (a)
8. (e)
9. (e)
10. (a)
11. (c)
12. (e)
13. (d)
14. (c)
15. (b)
16. (d)
17. (b)
18. (d)
19. (e)
20. (c)
21. (d) 아시클로비어; (b) 겐사이클로비어; (c) 아지도티미딘; (e) 이독수리딘; (a) 리바비린
22. (a)
23. (a)
24. (b)
25. (d)
26. Box1: 세포벽 합성의 억제; 항생물질; 페니실린, 살균제, 세팔로스포린, 반코마이신.
    Box2: 세포막 분열의 기능; 항생물질; 폴리마이신
    Box3: 단백질 합성의 억제 ; 항생물질; 테트라시클린, 에리스로마이신, 스트렙토마이신, 세팔로스포린
    Box4: 핵산합성의 억제; 항생물질 ; 리파마이신(전사), 퀴놀론(DNA 복제), 메트로니다졸
    Box5: 대사길항물질로써의 역할; 항생물질 ; 솔폰아마이드, 틀리메소프림

14장

1. (b)
2. (d)
3. (e)
4. (c)
5. (d) 혹은 (e)
6. (b)
7. (c)
8. (a)
9. (d)
10. (b)
11. (e)
12. (a)
13. (e)
14. (c)
15. (a)
16. (b)
17. (c)
18. (e)
19. (b)
20. (a)
21. (a)
22. (e)
23. (a)
24. (e)
25. 거짓
26. (a) 잠복기는 감염으로부터 징후와 증상의 출현이 나타나는 사이의 시기이다. (b) 전구기는 병원균이 조직에 침투하는 동안의 기간이다. 이것은 초기에 비특이적인 증상으로 나타난다. (c) 침입기는 질병으로 인한 전형적인 징후나 증세를 사람이 경험하는 시기이다. 이 기간 동안에 절정에서 징후나 증상이 최고조에 달한다. (d) 절정은 징후와 증상이 가장 강한 시기이다. (e) 쇠퇴기는 징후와 증세가 이 시기에 감퇴하며, 숙주방어가 병원균을 극복하는 단계이다감소 단계는 증상과 징후가 진정되고, 숙주 방어는 병원균을 극복하는 단계이다. (f) 회복기는 손상된 조직이 회복되고 환자가 체력을 다시 얻는 회복 기간은 손상된 조직이 회복되고 환자는 건강을 되찾는 시기이다.

15장

1. (d)
2. 거짓
3. (a)
4. (c)
5. (d)
6. (b)
7. (e)
8. (c)
9. (b)
10. (c)
11. (d)
12. (c)
13. (a)
14. (e)
15. (a)
16. (b)
17. (c)
18. (d)
19. (a)
20. (b)
21. (b)
22. (c)
23. (d)
24. (a)
25. (b) 인수공통전염병; (d) 접촉감염; (a) 비말핵; (c) 외인감염; (e) 내인감염
26. (c) 특정 질병에 대해 면역력이 있는 인구비율이 높은 경우 인구집단 전체가 질병에 대한 저항력이 생기는 것을 집단 면역이라 한다. 집단 면역은 면역력이 없는 사람들이 질병에 감염되는 것을 막을 수 있다. 질병의 발생률은 매우 낮고 집단 내에 쉽게 전파되지 않는다. 그렇지 않다. 인구집단의 10%가 면역력을 얻는 것을 걱정 할 필요가 없다는 의미가 아니다. 이러한 사람들이 면역력을 가지지 못한 데에 여러 이유가 존재한다. 이들은 다른 질병에 노출되어 질병에 걸릴 수 있는 위험을 가지고 있다. MMR 면역백신의 찬반양론과 집단면역: 아동기에 자폐증 발병과 백신접종이 대략 같은 시기에 나타났기 때문에 MMR 면역백신의 접종이 자폐증의 발병과 연관되어있다고 할 수 있다. 14장에서 다루었던 코흐의 가설을 기억하는가? 이러한 질병이 항상 MMR면역 백신의 접종에 의해 발생하는지, 또한 이러한 것들로서 면역백신과 자폐증의 상관관계를 정의 할 수 있을까? 자폐증의 역학과 MMR면역백신의 상관관계를 연구하는 학자들은 그 둘 사이의 연관성을 찾지 못했다. 약물과 치료과정에서는 어떤 위험이 발생 할 가능성이 있다. 질병을 막기 위한 백신의 접종으로 질병의 중증정도를 유지하기 어려운 경우 더 이상 예방접종이라고 할 수 없다. MMR면역백신 접종이 불가능한 나라에서는 질병에 의해 죽거나 생존자들은 남은 삶 동안 심각한 문제를 가지고 살아가게 된다.

16장

1. (c) 리소솜, (d) 강한 산성 pH, (b) 피지, (a) 낮은 pH, 소변배출작용 (f) 점액섬모승강장치, (e) 식세포
2. (d)
3. 참
4. (c)
5. (d)
6. (d)
7. (e)
8. 옵소닌은 미생물에 결합하는 항체들이며, 보체연쇄반응을 개시하여 미생물을 사멸시키는 식세포작용을 강화한다.
9. (d)
10. (c)
11. (b)
12. (c) 호중구, (a) 호산구, (d) 림프구, (b) 단핵구
13. (d)
14. (b)
15. (e)
16. (a)
17. (c)
18. (e)
19. (c)
20. 참
21. (b)
22. (d)
23. (a)
24. (d)
25. (c)
26. 각 단계는 다음과 같다. (a) 침투 미생물 주위로 주화성이 형성된다. 식세포의 세포막이 미생물의 표면에 부착한다. (b) 섭취가 일어난다. 식세포들은 미생물이나 외부 물질들은 둘러싸고 파고솜 안으로 삼킨다. (c) 소화가 진행되며, 리소솜이 공포를 에워싼 뒤, 효소를 내부로 분비한다. 효소들은 파고리소솜 내부

의 물질들을 분해하고 미생물에게 해독한 물질을 생산한다. (d) 파고리소솜 내부에 소화되지 않고 남아있는 물질을 잔여체라고 부른다. (e) 식세포들은 잔여체를 원형질막으로 이동시킨 뒤, 배출한다.

17장

1. (d) **2.** (c)
3. (b) **4.** (a)
5. (d) **6.** (c)
7. (c) **8.** (e)
9. (b) **10.** (e)
11. (a) **12.** (c)
13. (b) **14.** (c)
15. (b) **16.** (b)
17. (d) **18.** (e)
19. (a) **20.** (e)
21. (c) **22.** (b)
23. (d) **24.** (a)
25. (c)
26. 항원은 항체의 Fab 부분에 결합한다. 보체는 항체의 Fc 부분에 결합한다.

18장

1. (d) **2.** (d)
3. (e) **4.** (a)
5. (a) **6.** (d)
7. (e) **8.** (d)
9. (b) **10.** (c)
11. (d) **12.** (e)
13. (c) **14.** (a)
15. (e) **16.** (a)
17. (d) **18.** (c)
19. (c) **20.** (b)
21. (a) **22.** (a)
23. (e) **24.** (e)
25. (d)
26. 빈칸을 채우시오: *b*; *a*

19장

1. (a) **2.** (d)
3. (c) **4.** (b)
5. (e) **6.** (e)
7. (e) **8.** (b)
9. (c) **10.** (e)
11. (e) **12.** (b)
13. (c) **14.** (a)
15. (d) **16.** (d)
17. (c) **18.** (d)
19. (b) **20.** (e)
21. (b)
22. (c) *Acanthamoeba*; (d) *Sarcoptes scabiei*; (b) 유두종바이러스; (f) *Chlamydia trachoma-tis*; (e) *Neisseria gonorrhoeae*; (a) *Candida albicans*
23. 참
24. (d) 물놀이 가려움증; (a) 고양이 긁힘열; (c) 로아사상충증; (b) 사상충증(river blindness); (e) 구더기증
25. 고유미생물상이 파괴될 수 있다. 그 결과로 감염의 원인이 되는 병원체의 과생장이 이루어질 수 있다.
26. (a) 표피(상피); (b) 진피; (c) 기저막; (d) 모간; (e) 땀구멍; (f) 피지선(지방샘); (g) 땀샘; (h) 모낭; (i) 아포크린 땀샘

20장

1. (a) **2.** (b)
3. (e) **4.** (a)
5. (a) **6.** (b)
7. (e) **8.** (a)
9. (b) **10.** (c)
11. (c) **12.** (d)
13. (d) **14.** (c)
15. (a) **16.** (a)
17. (d) **18.** (a)
19. (b) **20.** (a)
21. (d) **22.** (d)
23. (c) **24.** (e)
25. (a)
26.

질환	진단 방법	치료
임질	배양법	페니실린/광범위한 약물
매독	암시야현미경/형광항체	페니실린/광범위한 약물
무른 궤양	병소에 있는 세균을 관찰	테트라사이클린
성병성 림프육아종	고름에 함유된 것을 찾음	테트라사이클린
서혜 육아종	도노반체를 찾음	광범위한 약물

21장

1. (e) **2.** (e)
3. (c) **4.** 참
5. (d) **6.** (c)
7. (e) **8.** (c)
9. (a) **10.** (c)
11. (e) **12.** (e)
13. (e) **14.** (c)
15. (c) **16.** (a)
17. (c) **18.** (b)
19. 참 **20.** (c)
21. 참 **22.** (a)
23. (a)
24. (a) *Cprynebacteriumdiphtheria*; (b) *Streptococcuspneumoniae*; (c) *Mycoplasmapneumonia*; (d) *Histoplasmacapsulatum*; (e) *Cryptococcusneoformans*
25. (e) *Streptococcuspyogenes*; (c) *Haemophilusinfluenzae*; (g) *Mycoplasmapneumoniae*; (a) *Legionellapneumophilia*; (b) *Corynebacteriumdiphtheriae*; (c) *Bordetellapertussis*; (f) *Mycobacteriumtuberculosis*
26. 상기도; 표 21.1을 보라; 하기도, 표 21.4를 보라

22장

1. (b) **2.** (b)
3. (a) **4.** (a)
5. (c) **6.** (e)
7. (d) **8.** (a)
9. (e) **10.** (b)
11. (c) **12.** (e)
13. (a) **14.** (a)
15. (e) **16.** (e)
17. (a) **18.** (e)
19. (c) **20.** (b)
21. (e) **22.** (a)
23. (d) **24.** (e)
25. (c)
26. (a) 인두; (b) 식도; (c) 간; (d) 담낭; (e) 십이지장; (f) 공장; (g) 회장; (h) 맹장; (i) 입; (j) 타액선; (k) 위; (l) 췌장; (m) 횡행 결장; (n) 상행 결장; (o) 하행 결장; (p) 구불 결장; (q) 직장. 모든 위장관 계는 상피세포로 연결되는데 이들은 상피조직을 형성하여 혈류나 타 조직으로부터 들어오는 병원균을 차단할 수 있다.
- 입: 타액선은 세균을 죽이는 라이소자임과 세균에 반응하는 항체들을 포함하는 점액을 분비한다.
- 위: 낮은 pH
- 소장: 연동(peristalsis), 간은 독소를 중화한다, 점액
- 대장: 정상 세균총

23장

1. (e) **2.** (a)
3. (c) **4.** (c)
5. (c) **6.** (a)
7. (c) **8.** (d)
9. (e) **10.** (c)
11. (a) **12.** (a)
13. (b) **14.** (d)
15. (b) **16.** (e)
17. (d) **18.** (a)
19. (d) **20.** (c)
21. (e) **22.** (d)
23. (e) **24.** (b)
25. (d) **26.** Zoonoses

24장

1. (e) **2.** (c)
3. (d) **4.** (d)
5. (b) **6.** (a)
7. (e) **8** (c)
9. (e) **10.** (a)
11. (c) **12.** (b)
13. (d) **14.** (b)
15. (d) **16.** (a)
17. (a) **18.** (c)
19. (d) **20.** (d)
21. (a) **22.** (d)
23. (a) **24.** (a)
25. (a)
26. 문제에 대하여 여러 종류의 답안이 작성될 수 있을 것이다. 다음은 한 예이다.
(a) 뇌: 세균성 뇌수막염, 어떻게 뇌로 전염되는지는 아직 불분명함, 뇌척수액에서 세균이 증식하여 발병되는 질병, 질병을 일으키는 독성물질 등이 생성됨. Haemophilus influenzae가 일

으키는 세균성 뇌수막염은 백신으로 예방되며, 감염되면 항생제로 치료한다.
(b) 공수병: 감염동물에 물림으로서 전염되며, 바이러스가 혈액을 따라서 뇌로 이동된다. 애완동물을 비롯한 다른 동물들도 예방접종을 받아야 하며, 특히 야생동물을 취급하는 사람도 예방접종을 받아야 한다. 감염되면 백신으로 처치한다.
(c) 소아마비: 소화기관인 창자에서 침투하고, 혈액을 경유하여 뇌로 이동된다. 백신으로 질병을 예방할 수 있다. 손상된 근육은 지지대 또는 철폐 호흡기 등의 지지요법으로 처치한다.
(d) 웨스트 나일열: 모기에 물려서 발병되며, 아직 예방 백신이 없다. 오직 보조처치가 유일한 처치 방법이다.

척수
(a) 세균성 뇌수막염: 뇌 참조
(b) 소아마비: 뇌 참조

신경절
(c) 샤가스병: Trypanosoma cruzi가 감염된 노린재에 물리거나 노린재 배설물이 혈액에 침투하여 발병한다. 배설물이 눈에 들어가서(물린 부위 또는 배설물을 문지른 손으로 눈을 비볐을 경우) 혈액으로 침투되어 발병되기도 한다. 심장 신경절을 손상시키며, 효과적인 치료약이 없다. 살충제를 살포하여 매개곤충을 제거하는 것이 예방법이다.

보툴리누스 중독
(d) 보툴리누스 중독(Botulism): 음식물에 함유된 독소를 섭취하였을 경우 발병된다. 창자에서 흡수된 다음 신경-근육 연접에 위치하는 말초신경에 도달하여 근육마비를 유발한다. 적절한 방법으로 통조림을 제조하거나 음식물 조리하여 예방할 수 있다. 보조요법과 항독소 처방으로 치료된다.

25장

1. (a) **2.** (c)
3. (d) **4.** (c)
5. (a) **6.** (b)
7. (d) **8.** (a)
9. (d) **10.** (d)
11. (c) **12.** (e)
13. (d) **14.** (a)
15. (d) **16.** (c)
17. (d) **18.** (b)
19. (a) **20.** (d)
21. (a) **22.** (c)
23. (d) **24.** (b)
25. (c)
26. 생태계의 에너지 흐름은 태양에서 기인한 에너지가 생산자(c)와 소비자(d와 a)로 흘러 들어간 후, 다시 사체와 다른 생명체가 배설한 물질을 소화하여 에너지를 얻는 분해자(b)로 흘러 들어간다.

26장

1. (a) **2.** (c)
3. (e) **4.** (d)
5. (a) **6.** (e)
7. (a) **8.** (b)
9. (a) **10.** (e)
11. (d) **12.** (c)
13. (e) **14.** 거짓
15. (a) **16.** (b)
17. (c) **18.** (c)
19. (a) **20.** (e)
21. (d) **22.** (d)
23. (e) **24.** (a)
25. (b)
26. 우유는 다음의 요인에 의해 오염될 수 있다. (a) 소 취급자와 우유 취급자로부터, (b) 포장공장에서, (c) 심지어는 냉장실에 보관 중에도. 질병으로는 살모네라증(살모넬라균에 의한 식중독), 리스테라아감염증, 결핵, 브루셀라병, Q 열병 등이 포함된다.

국문 찾아보기

ㅊ

영문 찾아보기

B

C

D

E

I

K

L

M

N

O

p

Q

T

U

V

W

X~Z

기타

Diseases and the Organisms that Cause Them

BACTERIAL DISEASES—ALSO SEE APPENDIX B

Disease	Organism	Type*	Page
acne	*Propionibacterium acnes*	R, +	580
actinomycosis	*Actinomyces israelii*	I, +	591
anthrax	*Bacillus anthracis*	R, +	97, 724–727
bacterial meningitis	*Haemophilus influenzae*	R, −	755
	Neisseria meningitidis	C, −	444, 756
	Streptococcus pneumoniae	C, +	757
	Listeria monocytogenes	R, −	757
bacterial vaginitis	*Gardnerella vaginalis*	R, −	613
botulism	*Clostridium botulinum*	R, +	413, 684, 767–768
brucellosis (undulant fever, Malta fever)	*Brucella* sp.†	CB, −	730–731
cat scratch fever	*Afipia felis*, *Bartonella henselae*	R, − CB, NA	597
chancroid	*Haemophilus ducreyi*	R, −	623
cholera (Asiatic cholera)	*Vibrio cholerae*	vibrio, −	413, 688–690
conjunctivitis	*Haemophilus aegyptius*	CB, −	593
dental caries	*Streptococcus mutans*	C, +	679–681
diptheria	*Corynebacterium diptheriae*	R, +	645–646
ehrlichiosis	*Ehrlichia* sp.	R, NA	738
endocarditis	*Enterococcus faecalis*	C, +	720–721
food poisoning	*Staphylococcus aureus*	C, +	413, 684
	Streptococcus pyogenes	C, +	720
	Clostridium perfringens	R, +	413, 684
	Clostridium botulinum	R, +	685
	Bacillus cereus	R, +	685
	Listeria monocytogenes	R, +	757
	Campylobacter sp.	R, −	373, 684–685, 692
	Shigella sp.	R, −	413, 687–688
	Salmonella sp.	R, −	334, 685–686
	Vibrio parahaemolyticus	R, −	688
gas gangrene	*Clostridium perfringens* and others	R, −	595–596
gonorrhea	*Neisseria gonorrhoeae*	C, −	616–620
granuloma inguinale (donovanosis)	*Calymmatobacterium granulomatis*	R, −	627
Hansen's disease (leprosy)	*Mycobacterium leprae*	R, A-F	407, 763–765
Legionnaires' disease (legionellosis)	*Legionella pneumophilia*	R, −	653–654
leptospirosis	*Leptospira interrogans*	S, −	612–613
listeriosis	*Listeria monocytogenes*	R, +	757
Lyme disease	*Borrelia burgdorferi*	S, −	334, 733–734
lymphogranuloma venereum	*Chlamydia trachomatis*	coccoid, NA	626–627
Madura foot (maduromycosis)	*Actinomadura*, *Streptomyces*, *Nocardia*	I, +, some A-F	591
nongonococcal urethritis (NGU)	*Chlamydia trachomatis*	R, VAR	625–626
	Ureaplasma urealyticum	I, NA	626
ornithosis (psittacosis)	*Chlamydia psittaci*	coccoid, NA	659
Oroyo fever (Carrion's disease, bartonellosis)	*Bartonella bacilliformis*	coccoid, −	737–738
peptic ulcer	*Helicobacter pylori*	R, −	692–694
periodontal disease	*Porphyromonas gingivalis* and others	R, −	681–682
pharyngitis (strep throat)	*Streptococcus pyogenes*	C, +	643–644
plague (black death) bubonic plague pneumonic plague	*Yersinia pestis*	R, −	334, 727–729
pneumonia	*Streptococcus pneumoniae*	C, +	652–653
	Klebsiella pneumoniae	R, −	128, 172, 652, 670
pneumonia, atypical (walking pneumonia)	*Mycoplasma pneumoniae*	I, NA	653
pseudomembranous colitis	*Clostridium difficile*	R, +	694–695
puerperal fever (childbed fever)	*Streptococcus pyogenes*	C, +	719
Q fever	*Coxiella burnetti*	CB, NA	334, 659–660
rat bite fever	*Spirillum minor*	S, −	597
	Streptobacillus moniliformis	R, −	597
relapsing fever	*Borrelia* sp.	S, −	731–733
rheumatic fever	*Streptococcus pyogenes*	C, +	720
rickettsialpox	*Rickettsia akari*	CB, NA	737
Rocky Mountain spotted fever	*Rickettsia rickettsii*	CB, NA	736–737
salmonellosis	*Salmonella* sp.	R, −	685–686
shigellosis (bacillary dysentery)	*Shigella* sp.	R, −	687–688
skin and wound infections (scalded skin syndrome, scarlet fever, erysipelas, impetigo, etc.)	*Staphylococcus aureus*	C, +	578
	Staphylococcus epidermidis	C, +	579
	Streptococcus sp.	C, +	579
	Providencia stuartii	R, −	580
	Pseudomonas aeruginosa	R, −	580–581
	Serratia marcescens	R, −	197, 580
syphillis	*Treponema pallidum*	S, −	620–624
tetanus	*Clostridium tetani*	R, +	765–767
toxic shock syndrome	*Staphylococcus aureus*	C, +	614–615
trachoma	*Chlamydia trachomatis*	coccoid, NA	593
trench fever	*Rochalimaea quintana*	CB, NA	334, 737
tuberculosis	*Mycobacterium tuberculosis*	R, A-F	654–658
tuberculosis, avian	*Mycobacterium avium*	R, A-F	655
tularemia	*Francisella tularensis*	R, −	334, 729–730
typhoid fever	*Salmonella typhi*	R, −	686–687
typhus, endemic (murine typhus)	*Rickettsia typhi*	CB, NA	736
typhus, epidemic	*Rickettsia prowazekii*	CB, NA	735
typhus, recrudescent (Brill-Zinsser disease)	*Rickettsia prowazekii*	CB, NA	735
typhus, scrub (tsutsugamushi disease)	*Rickettsia tsutsugamushi*	CB, NA	736

Diseases and the Organisms that Cause Them (*Countinued*)

BACTERIAL DISEASES—ALSO SEE APPENDIX B

Disease	Organism	Type*	Page
verruga peruana (bartonellosis)	*Bartonella bacilliformis*	coccoid, –	737
vibriosis	*Vibrio parahaemolyticus*	R, –	690
whooping cough (pertussis)	*Bordetella pertussis*	CB, –	649–651
yersiniosis	*Yersinia enterocolitica*	R, –	692

*Key to types:
C = coccus
CB = coccobacillus
R = rod
S = spiral
I = irregular
– = Gram-negative
+ = Gram-positive
VAR = Gram-variable
A-F = acid-fast
NA = not applicable
†Species

VIRAL DISEASES

Disease	Virus	Reservoir	Page
aplastic crisis in sickle cell anemia	erythrovirus (B19)	humans	743
avian (bird) flu	influenza	birds	660–663
bronchitis, rhinitis	parainfluenza	humans, some other mammals	648–649
Burkitt's lymphoma	Epstein-Barr	humans	740–741
cervical cancer	human papillomavirus	humans	271, 587 631
chickenpox	varicella-zoster	humans	277–282 583–584
coryza (common cold)	rhinovirus	humans	277, 647–648
	coronavirus	humans	648
cytomegalic inclusion disease	cytomegalovirus	humans	632
Dengue fever	Dengue	humans	334, 739
encephalitis	Colorado tick fever	mammals	334, 743
	Eastern equine encephalitis	birds	277, 428, 761
	St. Louis encephalitis	birds	761
	Venezuelan equine encephalitis	rodents	280, 761
	Western equine encephalitis	birds	280, 335, 428, 761
epidemic keratoconjunctivitis	adenovirus	humans	593–594
fifth disease (erythema infectiosum)	erythrovirus (B19)	humans	277, 743
hantavirus pulmonary syndrome	bunyavirus	rodents	277, 666
hemorrhagic fever	Ebola virus (filovirus)	humans (?)	277, 742
	Marburg virus (filovirus)	humans (?)	277, 742
hemorrhagic fever, Bolivian	arenavirus	rodents and humans	743
hemorrhagic fever, Korean	bunyavirus (Hantaan)	rodents	277, 742
hepatitis A (infectious hepatitis)	hepatitis A	humans	277, 696–698
hepatitis B (serum hepatitis)	hepatitis B	humans	277, 699
hepatitis C (non-A, non-B)	hepatitis C	humans	699
hepatitis D (delta hepatitis)	hepatitis D	humans	700
hepatitis E (enterically transmitted non-A, non-B, non-C)	hepatitis E	humans	700
herpes, genital	usually herpes simplex type 2, sometimes type 1	humans	277, 629–631
herpes, oral	usually herpes simplex type 1, sometimes type 2	humans	277, 628
HIV disease, AIDS	human immunodeficiency virus (HIV)	humans	277, 555–560
infectious mononucleosis	Epstein-Barr	humans	740
influenza	influenza	swine, humans (type A)	277, 280, 513 660–664
		humans (type B)	277, 280, 515, 660–664, 757
		humans (type C)	660–664
Lassa fever	arenavirus	rodents	743
measles (rubeola)	measles	humans	277, 581–582
meningoencephalitis	herpes	humans	630, 762
molluscum contagiosum	poxvirus group	humans	586
monkeypox	orthopoxvirus	humans, monkeys	586
mumps	paramyxovirus	humans	682–683
pneumonia	adenoviruses, respiratory syncytial virus	humans	652–653
poliomyelitis	poliovirus	humans	277, 768–771
rabies	rabies	all warm-blooded animals	758–761
respiratory infections	adenovirus	humans	667
	polyomavirus	none	762
Rift Valley fever	bunyavirus (phlebovirus)	humans sheep, cattle	742
roseola	human herpes virus-6	humans	583
rubella (German measles)	rubella	humans	277, 581–582
SARS (sudden acute respiratory syndrome)	coronavirus	animal	665–666
shingles	varicella-zoster	humans	277, 583–585
smallpox	variola (major and minor)	humans	277, 585–586
viral enteritis	rotavirus	humans	696
warts, common (papillomas)	human papillomavirus	humans	277, 586–588
warts, genital (condylomas)	human papillomavirus	humans	277, 586–588, 631–633
West Nile	West Nile	birds	761
yellow fever	yellow fever	monkeys, humans, mosquitoes	277, 280, 334, 739

The tables of fungal and parasitic diseases appear on the following page.

Diseases and the Organisms that Cause Them (*Concluded*)

UNCONVENTIONAL AGENTS

Disease	Agent	Resevior	Page
chronic wasting disease	prion	elk, deer	773
Creutzfeldt-Jacob disease	prion	humans	769–770
kuru	prion	humans	770
mad cow disease (bovine spongiform encephalopathy)	prion	cattle	772–773
scrapie	prion	sheep	771
tomato stunt	viroid	plants	

FUNGAL DISEASES

Disease	Organism	Page
aspergillosis	*Aspergillus* sp	590, 669
blastomycosis	*Blastomyces dermatitidis*	589–590
candidiasis	*Candida albicans*	590
coccidioidomycosis (San Joaquin valley fever)	*Coccidioides immitis*	667–668
cryptococcosis	*Filobasidiella neoformans*	668–669
ergot poisoning	*Claviceps purpurea*	816
histoplasmosis	*Histoplasma capsulatum*	668
Pneumocystis pneumonia	*Pneumocystis carinii*	669
ringworm (tinea)	various species of *Epidermophyton*, *Trichophyton*, *Microsporum*	588–589
sporotrichosis	*Sporothrix schenckii*	589
zygomycosis	*Rhizopus* sp., *Mucor* sp	590–591

PARASITIC DISEASES

Disease	Organism	Type	Page
Acanthamoeba keratitis	*Acanthamoeba culbertsoni*	protozoan	439
African sleeping sickness (trypanosomiasis)	*Trypanosoma brucei gambiense* and *T. brucei rhodesiense*	protozoan	334, 773–775
amoebic dysentery	*Entamoeba histolytica*	protozoan	701
ascariasis	*Ascaris lumbricoides*	roundworm	708
babesiosis	*Babesia microti*	protozoan	749
balantidiasis	*Balantidium coli*	protozoan	701–702
Chagas' disease	*Trypanosoma cruzi*	protozoan	334, 775–776
chigger dermatitis	*Trombicula* sp.	mite	598
chigger infestation	*Tunga penetrans*	sandflea	598
Chinese liver fluke	*Clonorchis sinensis*	flatworm	704
crab louse	*Phthirus pubis*	louse	599
cryptosporidiosis	*Cryptosporidium* sp.	protozoan	702
dracunculiasis (Guinea worm)	*Dracunculus medinensis*	roundworm	330, 591
elephantiasis (filariasis)	*Wuchereria bancrofti*	roundworm	331–332, 723
fasciiolopsiasis	*Fasciolopsis buski*	flatworm	705
giardiasis	*Giardia intestinalis*	protozoan	700
heartworm disease	*Dirofilaria immitis*	roundworm	312, 719
hookworm	*Ancylostoma duodenale* (Old World hookworm)	roundworm	707
	Necator americanus (New World hookworm)	roundworm	707
leishmaniasis	*Leishmania braziliensis*	protozoan	334, 744
kala azar	*L. donovani*		
oriental sore	*L. tropica*		
liver/lung fluke (paragonimiasis)	*Paragonimus westermani*	flatworm	327, 669–670
loaiasis	*Loa loa*	roundworm	330, 595
malaria	*Plasmodium* sp.	protozoan	317–318, 443, 745–747
pediculosis (lice infestation)	*Pediculus humanus*	louse	599
pinworm	*Enterobius vermicularis*	roundworm	711
river blindness (onchocerciasis)	*Onchocerca volvulus*	roundworm	594–595
scabies (sarcoptic mange)	*Sarcoptes scabiei*	mite	598
schistosomiasis	*Schistosoma* sp.	flatworm	328, 721–723
sheep liver fluke (fascioliasis)	*Fasciola hepatica*	flatworm	704
strongyloidiasis	*Strongyloides stercoralis*	roundworm	709–711
swimmer's itch	*Schistosoma* sp.	flatworm	591
tapeworm infestation (taeniasis)	*Hymenolepsis nana* (dwarf tapeworm)	flatworm	705–707
	Taenia saginata (beef tapeworm)	flatworm	326–327, 705–707
	Taenia solium (pork tapeworm)	flatworm	705–707
	Diphyllobothrium latum (fish tapeworm)	flatworm	705–707
	Echinococcus granulosus (dog tapeworm)	flatworm	705–707
toxoplasmosis	*Toxoplasma gondii*	protozoan	747–749
trichinosis	*Trichinella spiralis*	roundworm	330, 707
trichomoniasis	*Trichomonas vaginalis*	protozoan	615
trichuriasis (whipworm)	*Trichuris trichiura*	roundworm	709
visceral larva migrans	*Toxocara* sp.	roundworm	709